中国科学院科学出版基金资助出版

谨以此书纪念涂光炽先生诞辰一百周年

秦岭造山带钼矿床成矿规律

Molybdenum Mineralization in Qinling Orogen

陈衍景　李　诺　邓小华　杨永飞　Franco Pirajno 等　著

科 学 出 版 社
北　京

内 容 简 介

本书采用成矿地质背景→钼矿床类型划分→各类典型矿床解剖→成矿规律总结→成矿省对比的结构体系，对秦岭造山带钼矿床已有研究成果进行了多层次、多尺度、多方面的立体式总结。论证秦岭作为典型大陆碰撞造山带蕴含着世界最大钼矿带，钼成矿作用具有长期性和多期性，钼矿床类型丰富，超大型矿床聚集等特色；以现代造山-成矿理论为指导，以流体包裹体的化石功能为切入点，以揭示成矿物质“源—运—储”为研究主线，采用从宏观到微观逐层深入的方式研究和描述各类型代表性矿床的地质地球化学特征；通过区域地质演化和矿床地质特征对比，揭示矿床成因，建立成矿模式，指出找矿标志和方向。本书将矿床作为地球动力学研究的探针，强调大陆碰撞造山作用对大规模钼成矿事件的关键制约。

本书可供从事矿床学教学、科研和生产的各类地质人员参考。

审图号：GS(2019)5812 号

图书在版编目(CIP)数据

秦岭造山带钼矿床成矿规律 / 陈衍景等著 . —北京：科学出版社，2020. 12
ISBN 978-7-03-067013-7

Ⅰ. ①秦… Ⅱ. ①陈… Ⅲ. ①秦岭-造山带-钼矿床-成矿规律-研究
Ⅳ. ①P618. 650. 1

中国版本图书馆 CIP 数据核字（2020）第 234844 号

责任编辑：王　运 / 责任校对：张小霞
责任印制：肖　兴 / 封面设计：图阅盛世

科学出版社 出版
北京东黄城根北街 16 号
邮政编码：100717
http://www.sciencep.com
北京九天鸿程印刷有限责任公司 印刷
科学出版社发行　各地新华书店经销
*
2020 年 12 月第 一 版　开本：889×1194　1/16
2020 年 12 月第一次印刷　印张：59 1/2
字数：1 850 000
定价：798. 00 元
（如有印装质量问题，我社负责调换）

序

秦岭处于我国中央造山系的核心部分，记录了华北与扬子古老陆块的碰撞造山作用，是典型大陆碰撞造山带。秦岭矿产资源丰富，探明钼储量接近千万吨，是世界最大的钼矿带和钼金属生产基地。它的矿床类型多样，地质现象丰富，除常见的斑岩型、夕卡岩型和浆控石英脉型钼矿之外，还有罕见的岩浆热液形成的碳酸岩脉型和萤石脉型，以及变质热液形成的断控石英脉型和长英质脉型钼矿，可称为“钼矿床类型展览馆”。研究表明，秦岭地区至少存在 1850Ma、1760Ma、850Ma、430Ma、250～200Ma、160～130Ma、125～105Ma 等 7 次钼成矿事件，又可谓“钼成矿历史博物馆”。

巨大的资源储量、丰富的矿化类型和多期的成矿事件构成了秦岭钼矿床的地质特色，吸引着地质学家和矿床学家不断去研究创新。新技术、新方法和新理论被运用到矿床实例研究中，提升了矿床地质和成因认识水平，积累了大量高质量数据和资料。显然，收集和分析这些成果和资料，总结矿床地质地球化学特征，揭示矿床成因和成矿规律，建立成矿模式，提出植根于秦岭钼矿床的成矿理论，将会促进矿床学、区域成矿学等学科发展，更好地服务于勘查实践。

《秦岭造山带钼矿床成矿规律》一书作者及其同事长期研究秦岭钼矿床，解剖了重要矿区和代表性矿床，他们发现大型、超大型钼矿床爆发于古洋盆消失后的燕山期，这与已有的岩浆弧或裂谷成矿模式并不吻合，因此提出了碰撞型或大别型斑岩钼矿床的新概念和大陆碰撞钼成矿模式。这个新理论用于找矿预测，效果显著。基于上述研究和勘查实践，作者们系统总结了秦岭钼矿床地质地球化学特征，揭示了成矿规律，完成了本专著。

该书共 8 章。第 1 章介绍和分析了秦岭造山带区域构造格架和构造单元，讨论了相应的超大陆旋回和地质演化过程，提出华北南缘古元古代末期陆弧和裂谷并存；秦岭在三叠纪兼有洋壳俯冲和大陆碰撞的地质属性；在燕山早期秦岭处于大陆碰撞造山的地质环境，在燕山晚期太平洋板块俯冲诱发的弧后伸展作用强烈。第 2 章提出了浅成作用概念，以区分于岩浆作用和变质作用，将流体成矿作用分为岩浆、变质和浅成三个端元类型，确定了判别热液矿床类型的流体包裹体标识体系，对秦岭钼矿床进行了新的类型划分。第 3 至 6 章分别介绍了斑岩型、斑岩-夕卡岩型、岩浆热液脉型及造山型钼矿床的典型矿床地质地球化学特征和成因模式。第 7 章论述了秦岭钼矿床成矿规律，对于地壳加厚区和古老基底区有利于钼成矿、热液成矿过程具四阶段性、碰撞型斑岩钼矿床成矿流体富 CO_2 等着重做了介绍。第 8 章对比了秦岭钼矿带和大别山、科迪勒拉等钼矿省/带的地质地球化学特征，系统总结了钼成矿规律。

该书以造山-成矿理论和比较矿床学为指导思想，以作者新的理论和概念为主线，以流体包裹体的化石功能为切入点，以揭示成矿物质“源—运—储”为路径，通过矿床实例研究、成矿规律分析和全球对比的方式，阐述了大陆碰撞钼成矿理论，探讨了在金属成矿中的特殊性和普遍性。这本书是长期的研究和实践的总结，还介绍了一些矿床研究的新的技术方法，是传统矿床学研究与现代测试方法相结合解决成矿和找矿问题的总结。此外，这本书视矿床为地球动力学研究的探针，强调了大陆碰撞造山作用对大规模钼成矿事件的制约，也是通过成矿物质的动力过程讨论地质事件动力学过程的研究示范。

秦岭钼矿带为钼成矿理论发展提供了得天独厚的条件，需要持续研究、创新。长达 180 多万字的

《秦岭造山带钼矿床成矿规律》出版，弥补了自 1991 年以来缺乏研究总结的缺憾。它虽然不能完全涵盖或解释秦岭钼矿床研究的进展和问题，但是为未来实施高水平研究奠定了基础，是今后成矿理论和找矿勘查的重要参考读物。

翟裕生 翟明国

中国科学院院士

2020 年 10 月 23 日

前　言

秦岭造山带呈东西向横亘于中国大陆腹地，东接大别-苏鲁造山带，西连昆仑山/阿尔金山脉，是中国中央造山带的核心部分。中央造山带位于大陆内部，最终形成于中生代华北克拉通和扬子克拉通之间的陆陆碰撞造山作用，以发育苏鲁-大别-秦岭超高压榴辉岩带而闻名世界，是全球最典型大陆碰撞造山带之一。

秦岭造山带矿产资源丰富，是我国钼、金、银、铅锌、汞锑、镍、铁、钨、金红石等金属矿产和重晶石、毒重石、萤石、红柱石、夕线石、蓝晶石、石墨等非金属矿产以及独山玉等宝玉石矿产的重要产地。其中，钼资源极具优势，包括金堆城、南泥湖、三道庄、上房沟、鱼库、鱼池岭、夜长坪、雷门沟、东沟等超大型钼矿床（>50 万 t），石家湾、大湖、石窑沟等几十个大、中、小型钼矿床，探明钼金属储量接近千万吨，是世界最大钼矿带，我国最重要的钼金属生产基地。

秦岭钼矿床地质勘查经历了两个大发展时期，即 1950～1980 年和 2000～2020 年。1949 年新中国成立，百废待兴，秦岭地区迎来了大规模的现代地质调查和找矿勘探工作，至 1980 年即发现了南泥湖、三道庄、上房沟和金堆城等世界级超大型钼矿床。按照 20 世纪 80 年代我国工业需求，秦岭已有钼矿床储量可以满足数百年，钼矿床勘查不再被作为重点，因此秦岭地区在 1980～2000 年期间基本没有重要钼矿床发现。随着 1999 年国家开始实施新一轮地质大调查，秦岭造山带钼矿找矿勘查不断突破，新发现了东沟、鱼池岭等超大型矿床和石窑沟、竹园沟多个大型矿床；新的勘探工程使鱼库、夜长坪和雷门沟等矿床的钼储量均已突破 50 万 t，达到超大型矿床规模。同时，除斑岩型、夕卡岩型外，发现了一些鲜见的矿床类型，如碳酸岩脉型、萤石脉型、侵入体相关的石英脉型、断裂构造控制的石英脉型、混合岩化长英质脉型，使秦岭成为“世界钼矿床类型展览馆”。

找矿新发现和勘查突破吸引了众多学者关注和研究秦岭钼矿床。运用新技术、新方法和新理论开展研究，快速积累了大量高质量的研究数据和资料，获得了很多新发现，提出了一些新观点。显然，系统总结这些研究成果、资料和数据，分析对比矿床地质地球化学特征，认识矿床成因，揭示成矿规律，建立成矿模式，提出植根于秦岭造山带的钼矿床成矿理论，将会推动矿床学、区域成矿学等学科发展和找矿勘查。

通过实施国家自然科学基金项目（41630313、U1906207、U1603341、41202050、40730421、40352003、41072061）和国家杰出青年科学基金项目（40425006），国家 973 计划项目“华北大陆边缘造山过程与成矿”（2006CB403508）和“华北克拉通前寒武纪基底重大地质事件与成矿”（2012CB416602），国家地质大调查项目以及博士后基金项目（2013T60028，2012M520107，2012M510261），我们对秦岭钼矿床进行了综合调研，解剖研究了重要矿床和不同类型的代表性矿床，收集、总结和分析了已有成果和资料，基本查明了秦岭造山带地质演化特点，钼矿床地质地球化学特征、成因类型和形成规律，建立了相关矿床成矿模式和区域成矿模式，揭示了钼矿化与造山作用及造山带阶段性构造演化的密切联系。发现东秦岭北坡至少存在 1850Ma、1760Ma、850Ma、430Ma、250～200Ma、160～130Ma、125～105Ma 等 7 次钼成矿事件，堪称“钼成矿历史博物馆”。然而，绝大多数钼矿床和 93% 的钼资源量爆发式形成于燕山期（160～105Ma）。成矿发生在古特提斯洋盆消失之后的大陆碰撞造山或/和后碰撞构造环境，而非洋壳俯冲所致的岩浆弧或弧后裂谷带，与岩浆弧和裂谷区成矿、大陆碰撞不成矿的国际主流观点相矛盾。燕山期斑岩钼矿床地质地球化学特征不同于 Climax 型或 Endako 型斑岩钼矿床，据此提出了碰撞型或大别型斑岩钼矿床的概念。显然，秦岭钼矿床的资源优势和地质特色呼唤我们不断去研究创新，建立更符合地质实际、更科学而实用的成矿新理论或新模式。

《秦岭造山带钼矿床成矿规律》作为“造山带成矿规律丛书”之一，采用成矿地质背景→钼矿床类型划分→各类典型矿床解剖→成矿规律总结→国内外矿床对比的结构体系，对秦岭造山带钼矿床已有研究成果进行了多层次、多尺度、多方面的立体式总结。本书着眼于世界典型大陆碰撞造山带蕴含的世界最大钼矿带，钼矿集中区经历长期、多次钼成矿事件，钼矿床类型丰富，以及超大型矿床聚集等得天独厚的自然优势，以现代造山-成矿理论和比较矿床学为指导，以流体包裹体的化石功能为切入点，以揭示成矿物质“源—运—储”为研究主线，采用从宏观到微观逐层深入的方式研究和描述各类型代表性矿床的地质地球化学特征；通过区域地质演化和矿床地质特征对比，揭示矿床成因，建立成矿模式，指出找矿标志和方向。本书视矿床为地球动力学研究的探针，将成矿作用与区域构造演化密切结合，突出大陆碰撞造山作用对大规模钼成矿事件的关键制约。

本书分为 8 章。第 1 章概要介绍秦岭造山带形成、演化，包括区域构造格架和构造单元划分，超大陆构造旋回和地质演化，讨论了 4 个重大疑难问题；提出古元古代末期华北南缘陆弧与裂谷并存；秦岭三叠纪类似于现今的地中海，洋陆俯冲与陆陆碰撞共存，由前者向后者转变；燕山早期和中期属于同碰撞和后碰撞环境，燕山晚期明显受到太平洋板块俯冲的弧后伸展作用影响。第 2 章分析了热液矿床分类的问题，提出了浅成作用概念，将流体成矿作用分为岩浆、变质和浅成三大类，建立了快捷、准确区分热液矿床类型的流体包裹体标识体系，将秦岭地区钼矿床划分为岩浆热液矿床（包括斑岩型、夕卡岩型及岩浆热液脉型）、变质热液矿床（造山型）。第 3、4、5、6 章分别介绍了斑岩型、斑岩-夕卡岩型、岩浆热液脉型及造山型钼矿床之典型矿床的地质背景、矿床地质、矿床地球化学、成矿年代学等方面研究成果，分析了成因意义和标志性地质地球化学特征，建立了不同类型钼矿的成矿模式。第 7 章总结归纳了钼矿成矿规律，发现秦岭钼成矿作用倾向于发生在造山带内部地壳加厚区，受古老克拉通基底和断裂构造控制，并具有多期性、空间差异性和类型差异性，多期次钼矿化导致华熊地块聚集燕山期大型、超大型钼矿床；成钼岩体具有高硅富钾、贫钙铁镁的特征，多为壳源；发现辉钼矿 Re 含量可作为斑岩系统物质来源的判别标志，低于 50×10^{-6} 者壳源为主，大于 50×10^{-6} 者幔源为主；总结了成矿流体性质及演化规律，揭示了成矿过程的四阶段性；发现 CO_2 与钼矿化密切相关，多子晶富 CO_2 包裹体是碰撞型斑岩钼矿床的重要标志。第 8 章对比了秦岭与国内外其他钼金属成矿省/带的异同，特别是大别成矿带和科迪勒拉成矿带，以及中亚造山带、华南-长江中下游成矿省。

本书是几十位研究人员长期劳动的集体成果，内容设计由陈衍景和 Franco Pirajno 完成，陈衍景、李诺、邓小华和杨永飞负责组织各章节编写和统稿。各章节执笔人如下：第 1 章陈衍景和李诺；第 2 章陈衍景、李诺、邓小华、Franco Pirajno；3.1 节、3.2 节杨永飞，3.3 节李诺，3.4 节李晶、钟日晨，3.5 节朱赖民，3.6 节李诺、陈衍景；4.1 节杨永飞，4.2 节杨艳、张静，4.3 节武广，4.4 节李晶、祁进平，4.5 节李诺、杨永飞、陈衍景；5.1 节宋文磊、许成，5.2 节、5.3 节邓小华，5.4 节陈衍景；6.1 节邓小华，6.2 节李诺、倪智勇，6.3 节李诺，6.4 节陈衍景、李诺、邓小华；第 7 章陈衍景和李诺；第 8 章李诺，8.1 节、8.2 节得到王玭、杨永飞、吴艳爽、钟军、邓小华协助。此外，Thomas Ulrich、傅斌、李秋根、姚军明、弓虎军、糜梅、李文博、于杰、齐楠、肖兵、李犇、祁进平、张颖、郭波、张博、朱明田、刘军、许晨、展恩鹏、黄柏诚、邱志伟等博士或硕士参加了部分野外和室内研究。作者多次更新修缮稿件，试图呈献一份资料新颖齐全的总结，无法赶上日新月异的勘查和研究进展，实为遗憾。此外，限于作者水平，书中错误和不妥之处在所难免，敬请读者批评指正！

涂光炽院士、欧阳自远院士和胡受奚教授、冯钟燕教授作为第一作者的导师，悉心指导了本专著的科研和写作。翟裕生院士和翟明国院士对本书写作给予具体指导和热情推荐。本书研究工作长期得到众多专家的指导和大力支持，特别是孙枢、王德滋、常印佛、张国伟、陈毓川、赵文津、郑绵平、汤中立、金振民、许志琴、叶大年、莫宣学、李曙光、杨树锋、贾承造、朱日祥、刘丛强、郑永飞、陈骏、毛景文、侯增谦、杨经绥、李献华、肖文交、赵国春、吴福元、张宏福等院士，范宏瑞、倪培、蒋少涌、徐夕生、于津海、王孝磊、孙晓明、李建威、张宏飞、郑海飞、吴元保、张世红、张连昌、张辉、张正伟、张复新、孙勇、张成立、董云鹏、陈福坤、杨晓勇、周涛发、张寿庭、赵太平、孙亚莉、熊小林、梁华英、夏斌、夏萍、孙卫东、张进江、刘树文、赖勇、陈斌等研究员/教授。野外工作得到河南省有色金属地质勘查总院、河南省地质调查院、河南省灵宝金源矿业股份有限公司、中金集团下属公司、洛阳栾川钼业集团股份有限公司、金堆城钼业集团有限公司、武警黄金部队等单位的大力支持和帮助。国家自然科学基金委员会马福臣、柴育成、姚玉鹏、熊巨华、郭进义、任建国、于晟、刘羽和应思淮教授对基金项目研究提出了宝贵的指导性建议。作者受到太多单位和个人的帮助，无法一一列举，在此一并致谢！

目　　录

第1章　秦岭造山带形成和演化

中央造山带东西向横亘于中国大陆腹部，富蕴多种矿产资源，被誉为中国的金腰带。秦岭造山带位于中央造山带核心位置，夹持于北缘三门峡-宝丰断裂和南缘龙门山-大巴山断裂之间，由华北与华南古大陆板块的碰撞造山作用最终形成。从北向南，秦岭造山带分为华熊地块、北秦岭增生带、南秦岭褶皱带和松潘褶冲带等4个构造单元，划分边界分别是栾川断裂、商丹断裂和勉略断裂。历经30多亿年的地质演化，秦岭造山带经历了与Kenor（基诺）、Nuna/Columbia（努纳/哥伦比亚）、Rodinia（罗迪尼亚）、Gondwana（冈瓦纳）和Pangaea（盘古或潘吉亚）超大陆聚合、裂解相关的重大构造事件和环境变化事件。秦岭造山带构造位置特殊，地质演化历史悠久、过程复杂，形成了多种优势矿产资源，尤其以钼矿床为典型。

本章简要介绍秦岭造山带30多亿年的演化历史、重大地质事件和主要构造单元的岩石组成，重点讨论或澄清与钼成矿关系密切的4个重要问题：

（1）华北克拉通南缘早前寒武纪结晶基底由多个地块或地体组成，这些地块或地体在2.5Ga之前或2.05Ga之前各自独立演化，在造山纪（2.05～1.8Ga）最终碰撞拼贴在一起。

（2）熊耳群和西阳河群为同期发育的火山岩建造，其构造背景有陆缘弧、大陆裂谷和地幔柱之争。本章阐明大陆裂谷发育镁铁质-长英质双峰火山岩建造，陆缘弧则发育安山质-长英质双峰式火山岩建造，熊耳群形成于陆缘弧，西阳河群形成于大陆裂谷。

（3）秦岭造山带广泛发育三叠纪复理石、碳酸盐等海相地层，证明三叠纪仍有古特提斯洋残存，很难属于后碰撞或碰撞后伸展构造环境，而应与现今的地中海相当，大洋板块俯冲与大陆碰撞并存，并由前者逐步向后者转化。

（4）秦岭造山带的燕山运动实际包括了200～160Ma的同碰撞挤压造山、160～130Ma的后碰撞伸展构造和125～100Ma的陆内构造作用，地壳快速隆升剥蚀，伴随大规模花岗岩浆活动和热液成矿作用；约130Ma之后，秦岭造山带明显受到太平洋板块俯冲远距离效应的影响，古特提斯构造演化转变为滨太平洋构造活动。

1.1　构造格局和存在问题

秦岭和喜马拉雅山脉是世界范围内最具代表性的大陆碰撞造山带。与正处于大陆碰撞造山阶段的喜马拉雅山脉相比，秦岭经历了从碰撞前到碰撞后的构造演化过程，能够完整地提供大陆碰撞造山过程构造、岩浆、流体、成矿作用的特征和演化。

秦岭造山带横亘中国大陆腹地，西连帕米尔、昆仑、阿尔金，东接大别、苏鲁造山带，是我国中央造山带（Central China Orogenic Belt，CCOB）的核心组成部分（图1.1A）。在大地构造上，它焊接着华北和扬子克拉通，位于古亚洲构造域与特提斯构造域的转换带（Huang and Chen，1987；图1.1B），形成于古特提斯洋北支的最终闭合和随后的大陆碰撞造山作用（Chen et al.，2014；Chen and Santosh，2014）。自东向西，它穿越东部伸展构造区和西部挤压构造区，是研究挤压构造与伸展构造交替、转换和叠合现象及其机制的关键地区；在地质发展史上，它经历了复杂而长达3.0Ga的漫长地质演化，发育了自新太古代至今的各地质时期的地层，完整地记录了大陆裂解、洋盆产生、大洋消减、大陆增生、大陆碰撞、大陆内部构造演化等过程，是研究岩石圈板块运动不同阶段转换、继承、演化的理想地区（陈衍景等，2004）。因此，秦岭造山带是认识中国陆区乃至东亚大陆构造和古特提斯洋演化的一把钥匙（张国伟等，2001；Ernst et al.，2008），也是认识超大陆旋回的关键地区（Zhao et al.，2004；陈衍景等，2009）。

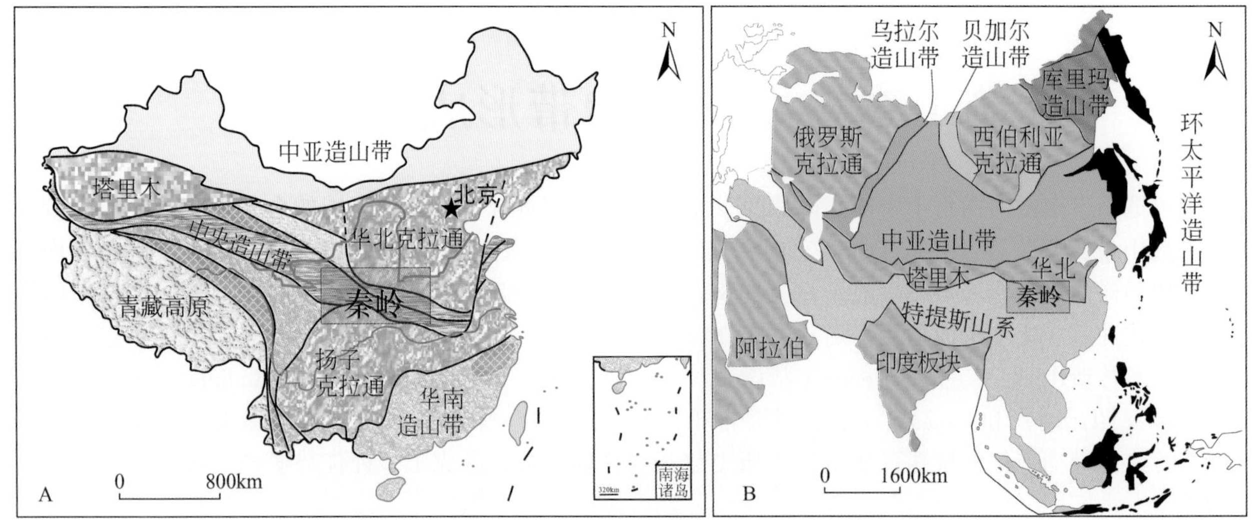

图 1.1　秦岭造山带大地构造位置

A. 中国构造格局，显示秦岭位于中国陆区的核心（Chen et al.，2014）；
B. 亚洲构造格局，显示秦岭位于特提斯山系最北部（修改自 Sengor and Natal'in，1996）

秦岭造山带最终形成于扬子与华北两大古板块碰撞造山作用。在中生代最终碰撞之前，扬子和华北板块都经历了各自独立的形成和演化；在碰撞造山过程中，华北板块南缘和扬子板块北缘发生了强烈的构造变形、活化，参与了碰撞造山作用，成为造山带的一部分。据此，学者们确定了秦岭造山带的构造格架和地体构造单元（图 1.2）。总体而言，龙门山-大巴山断裂和三宝断裂（三门峡-宝丰断裂；陈衍景等，1990b）限定了中生代碰撞造山作用的空间范围，分别构成造山带的南边界和北边界，即主边界逆冲断裂和反向边界逆冲断裂（陈衍景，1996），即 Main Boundary Thrust（MBT）和 Reverse Boundary Thrust（RBT）。

秦岭造山带内部，自北向南分别以栾川、商丹和勉略 3 条缝合带为边界，划分为华熊地块或活化的华北克拉通南缘（HXB）、北秦岭增生带（NQL）、南秦岭褶皱带或微陆块（SQL）和以松潘褶皱带（SPFT）为代表的扬子克拉通北缘褶冲带等 4 个重要构造单元。其中，栾川缝合带长期被作为华北地台与秦岭地槽的分界，是 1800 ~ 1600Ma 期间古洋盆（宽坪洋）向北俯冲到华北古大陆板块之下的记录（胡受奚等，1988；贾承造等，1988；陈衍景等，1992；Zhao G C et al.，2002；Deng et al.，2013a，2013b）；商丹缝合带分隔着南秦岭褶皱带和北秦岭增生带，保存着新元古代至早古生代的蛇绿混杂岩（Huang and Chen，1987；胡受奚等，1988；许志琴等，1992），记录着古商丹洋的向北俯冲消减和华北古板块南缘的地壳增生作用，被作为华北板块与扬子板块的缝合带，或者劳亚大陆与冈瓦纳大陆的分界（Chen and Santosh，2014；Zhou et al.，2016）；勉略缝合带发育晚古生代至三叠纪的蛇绿混杂岩，是秦岭造山带内最年轻的缝合带，记录着秦岭地区古洋盆的最终消失和华北与扬子两大古板块之间最晚一次的碰撞造山作用（张国伟等，1995，2001；Li et al.，1996；Yin and Nie，1996；Zhu et al.，1998）。

长期而复杂的地质演化，造就了秦岭造山带类型丰富、储量巨大、特色鲜明的矿产资源（图 1.2）。西秦岭（陕甘川）是世界第二大卡林型-类卡林型金矿省（陈衍景等，2004），蕴含阳山超大型金矿（>300t Au）；华北克拉通南缘是我国第二大造山型金矿集中区和黄金产地（陈衍景等，2009）；东秦岭钼矿带是世界第一大钼矿省（李诺等，2007），蕴含 9 个超大型钼矿床和一批大中型钼矿床；秦岭是全球性三大汞锑矿带之一的秦岭-西亚汞锑矿带的重要组成部分（涂光炽和丁抗，1986），以公馆-青洞沟汞锑矿田为代表（Zhang Y et al.，2014）；南秦岭蕴含我国最重要的陕甘铅锌矿田和鄂陕川钡矿田（毒重石/重晶石）；东秦岭最新发现一批脉状银铅锌矿床，成为我国最重要的银铅锌成矿省之一，也是世界首例且最大的造山型银铅锌成矿省（陈衍景等，2009；Zhang et al.，2016）。可见，秦岭造山带确属我国最重要的矿产资源储集地，被誉为中国“金腰带”。

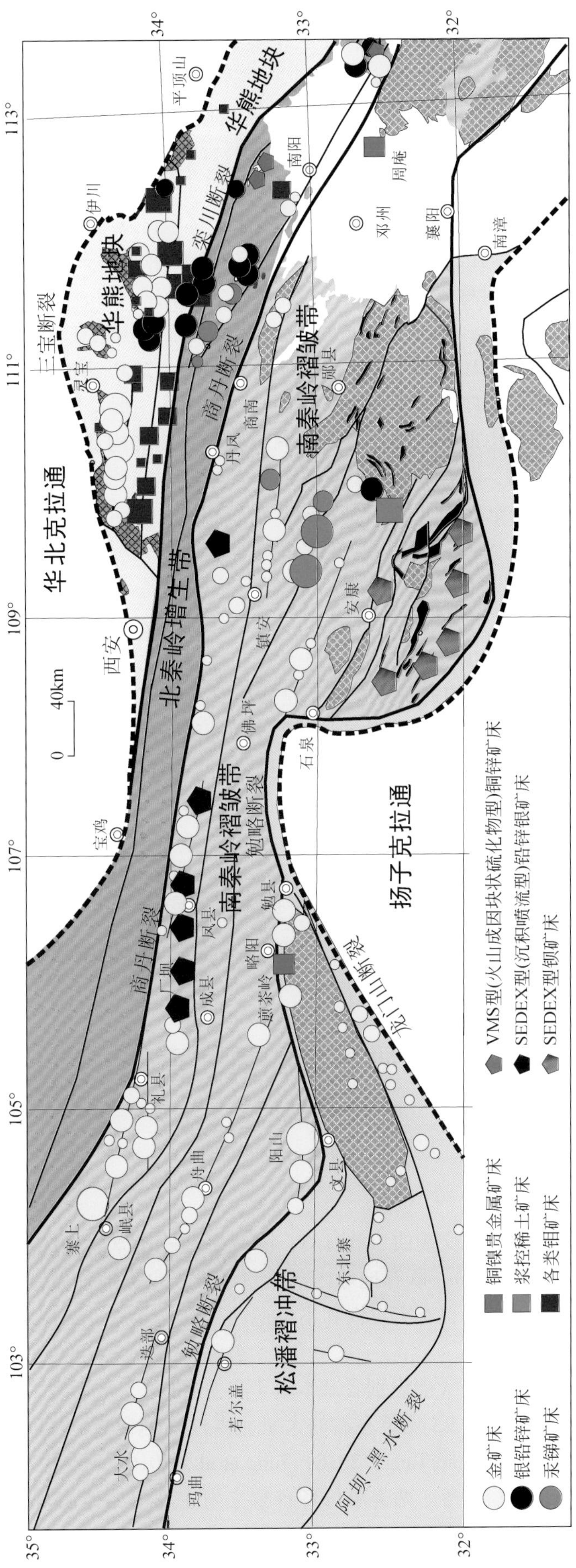

图 1.2　秦岭造山带构造格局和优势矿床分布示意图（陈衍景等，2009，略有修改）

秦岭造山带构造地理位置独特、地质现象复杂、矿产资源丰富，吸引着几代地质学家潜心研究，其地质研究程度高，问题认识深刻，现象描述准确，在100多年的中国地质科学发展史中扮演着重要角色，是我国地质理论和成矿理论的主要策源地，也是我国地质学家成长的摇篮。自李春昱等（1978）以板块构造理论探讨秦岭-祁连构造演化以来，秦岭造山带构造格局和演化研究进入新的历史时期，很多重大地质问题得到了合理认识和共识。例如，大地构造重建和构造解析表明它为多期俯冲-碰撞的复合型大陆碰撞造山带，造山带浅层向南推覆与深部扬子板片向北俯冲并存（张国伟等，2001）。地球化学研究揭示出造山带内部块体构造复杂，不同块体具有不同地球化学特征，显示区域地球化学不均匀性（张本仁等，2002）。中生代拆离滑脱和陆内俯冲作用强烈，造山带地壳加厚并快速隆升（许志琴等，1986，1992）。地球物理探测揭示造山带结构为不对称扇形的蘑菇云朵状，岩石圈深、中、浅部的构造方向不同，显示立交桥结构的特点（张国伟等，1995；Yuan，1996）。造山带侧向缩短作用在侏罗纪仍然非常强烈，结束于侏罗纪与白垩纪之交（Zhu et al.，1998）。127Ma左右，或130～125Ma期间，造山带构造体制发生转折，此前发生顺造山带方向的挤压增厚型剪切作用，花岗岩浆穹窿作用促发伸展构造；127Ma之后，韧性剪切作用属于伸展减薄型，切割造山期花岗岩体，岩石圈减薄导致伸展构造作用（张进江等，1998）。造山带经历多期次多类型的成矿事件，蕴含多种类型的矿床（胡受奚等，1988），最强烈的花岗质岩浆活动和热液成矿作用发生于侏罗纪与白垩纪之交（陈衍景和富士谷，1992；Chen et al.，2007；陈衍景等，2009；Mao et al.，2011）。

虽然秦岭造山带地质研究程度和认识水平较高，但仍有一些问题尚未解决或存在争议（陈衍景等，2009），最突出的3个问题是：①关于熊耳群的构造背景，陆缘弧（Zhao G C et al.，2002，2004，2009；He et al.，2009，2010；Deng et al.，2013a，2013b）与裂谷或地幔柱之争仍在激烈进行（Zhao T P et al.，2002；Peng et al.，2008）。②三叠纪的构造背景，究竟是碰撞后（张国伟等，2001；Li et al.，1994；张本仁等，2002；Sun et al.，2002），洋陆俯冲与大陆碰撞并存（陈衍景等，2009；陈衍景，2010；Jiang et al.，2010；Dong et al.，2011，2012；刘树文等，2011），还是碰撞前的洋陆俯冲（李诺等，2007；Ni et al.，2012；Li et al.，2015b；Chen and Santosh，2014；Chen et al.，2014）。③燕山期（侏罗纪和早白垩世）秦岭造山带强烈隆升，发生大规模花岗岩浆活动、成矿作用，其构造背景存在同碰撞、碰撞后、陆内造山、非造山、克拉通破坏、岩石圈减薄甚至地幔柱等多种解释，且缺乏关于碰撞造山作用结束时间和地质标志的讨论。

鉴于上述，本章简要介绍秦岭造山带地质演化历史，重要构造单元的物质组成、构造属性、次级单元划分，并着重讨论几个重要问题。

1.2 地质演化和重大事件

1.2.1 地球演化概述

地球演化历史是一部渐变与突变的交响曲（图1.3；陈威宇和陈衍景，2016，2018）。地质历史上发生了多次重大地质事件（Condie，2016），既有地球内部能量诱发，也有地外事件或能量诱发，甚至兼而有之。这些事件具有旋回性和脉动性，也有突发性和不可逆性（陆松年等，2016），往往被不同时期的沉积物记录下来。

外生地质作用主导的表生环境转变（能识别者基本限于突变事件），常表现为沉积岩岩性组合、元素地球化学或者生命演化的明显改变，如23亿年左右的大氧化事件（陈衍景，1990；Holland，2002；Tang and Chen，2013；Young，2014；Chen and Tang，2016；Tang et al.，2016）。环境突变事件常由地外事件引起，如地外星体撞击、银河系周期运动等。两类事件各自独立发生，可相伴出现，也可呈现此消彼长的关系，认识这些事件的时间和性质是认识地球演化历史和规律的钥匙，也是科学家长期研究的重要热

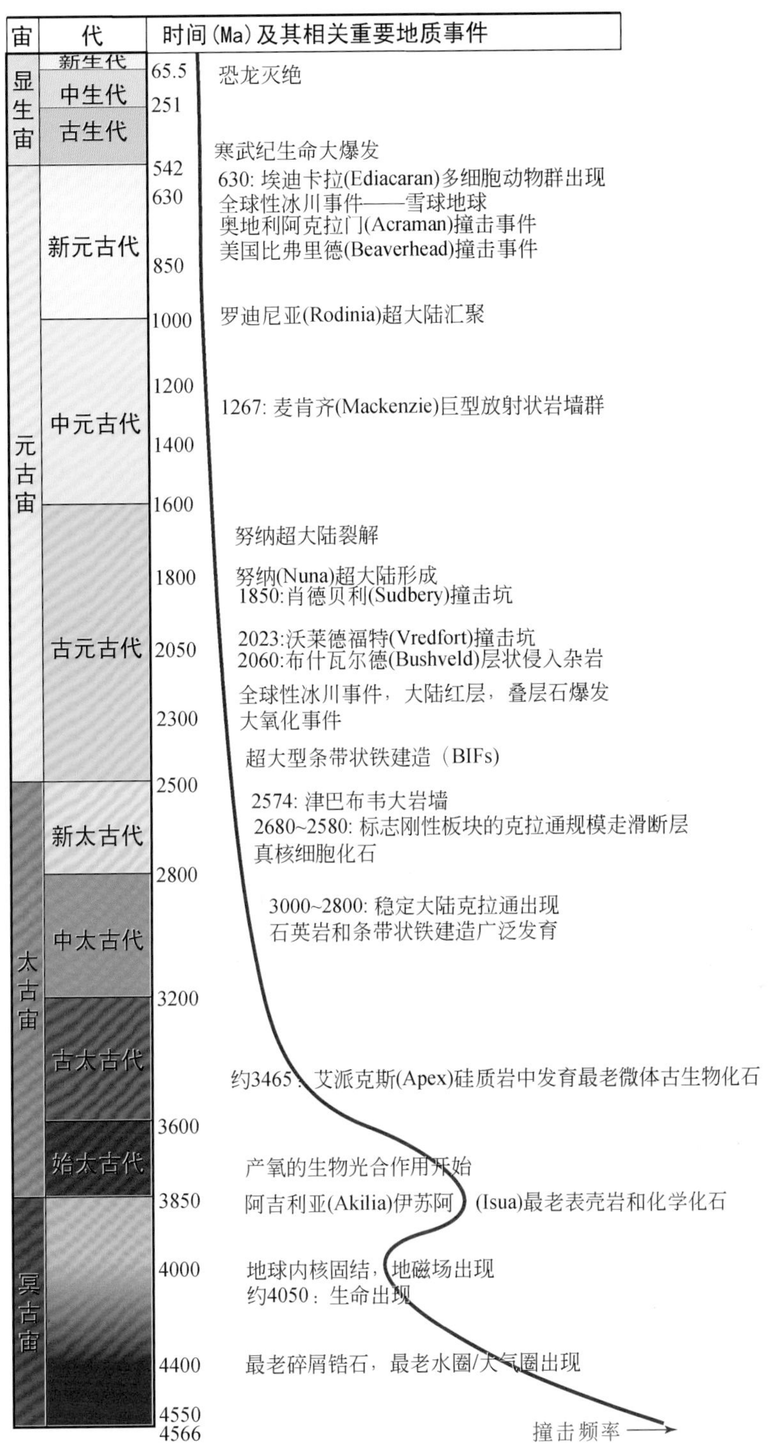

图 1.3　重大地质事件和地史分期（Gradstein et al.，2004；转引自陈威宇和陈衍景，2016）

点问题。秦岭造山带至少经历了两次全球性的重大表生环境变化和多次影响范围较大的构造热事件（图 1.3）。其中，两次全球性表生环境变化事件分别发生在 2300Ma 和 540Ma 左右，前者被作为成铁纪和层侵纪的分界，甚至被建议为太古宙与元古宙的分界（陈衍景等，1994）或过渡宙与元古宙的分界（Gradstein et al.，2004），后者则是寒武纪生命大爆发（Shu，2008；张兴亮和舒德干，2014）的序幕。

内生地质作用主导的构造热事件常由地幔柱活动、板块俯冲、大陆碰撞以及超大陆裂解等岩石圈板块运动形式的转变引起，常常以代表沉积间断的不整合作为记录，如造山纪的 Nuna（或 Columbia）超大陆汇聚事件（Zhao G C et al.，2002；Piper，2015）。重大构造热事件具有区域不等时性和穿时性，也显示旋回性和脉动性，常伴随大规模岩浆活动。

现代陆缘碎屑沉积物较全面记录了大陆表面出露岩石的年龄信息，不同规模的河流系统的沉积物碎屑锆石较好记录了不同范围的区域地表岩石组成和年龄信息。南秦岭阳山金矿田白垩纪东河群沉积物中的碎屑锆石和三叠纪花岗岩的继承锆石研究显示，在太古宙-元古宙之交或过渡宙（Transition Eon：2600～2300Ma；Gradstein et al.，2004）、古元古代晚期（2050～1600Ma）、中-新元古代之交、早古生代和古生代-中生代之交（约200Ma）发生了重要构造-岩浆事件，它们与Kenor（基诺）、Nuna/Columbia（努纳/哥伦比亚）、Rodinia（罗迪尼亚）、Gondwana（冈瓦纳）、Pangaea（盘古或潘吉亚）等全球性超大陆事件一致，可视为超大陆事件的一部分（图1.4；毛世东等，2013；Mao et al.，2014；Zhou et al.，2016）。这些锆石年龄信息所反映的构造热事件在秦岭造山带及两侧的华北克拉通南缘或/和扬子克拉通北缘均有显著表现，尤其以区域性构造不整合为特征。例如，华北克拉通南缘约2550Ma的石牌河不整合（运动）、约1850Ma的中岳运动、约1000Ma的晋宁运动，约430Ma的加里东运动和约200Ma的印支运动。

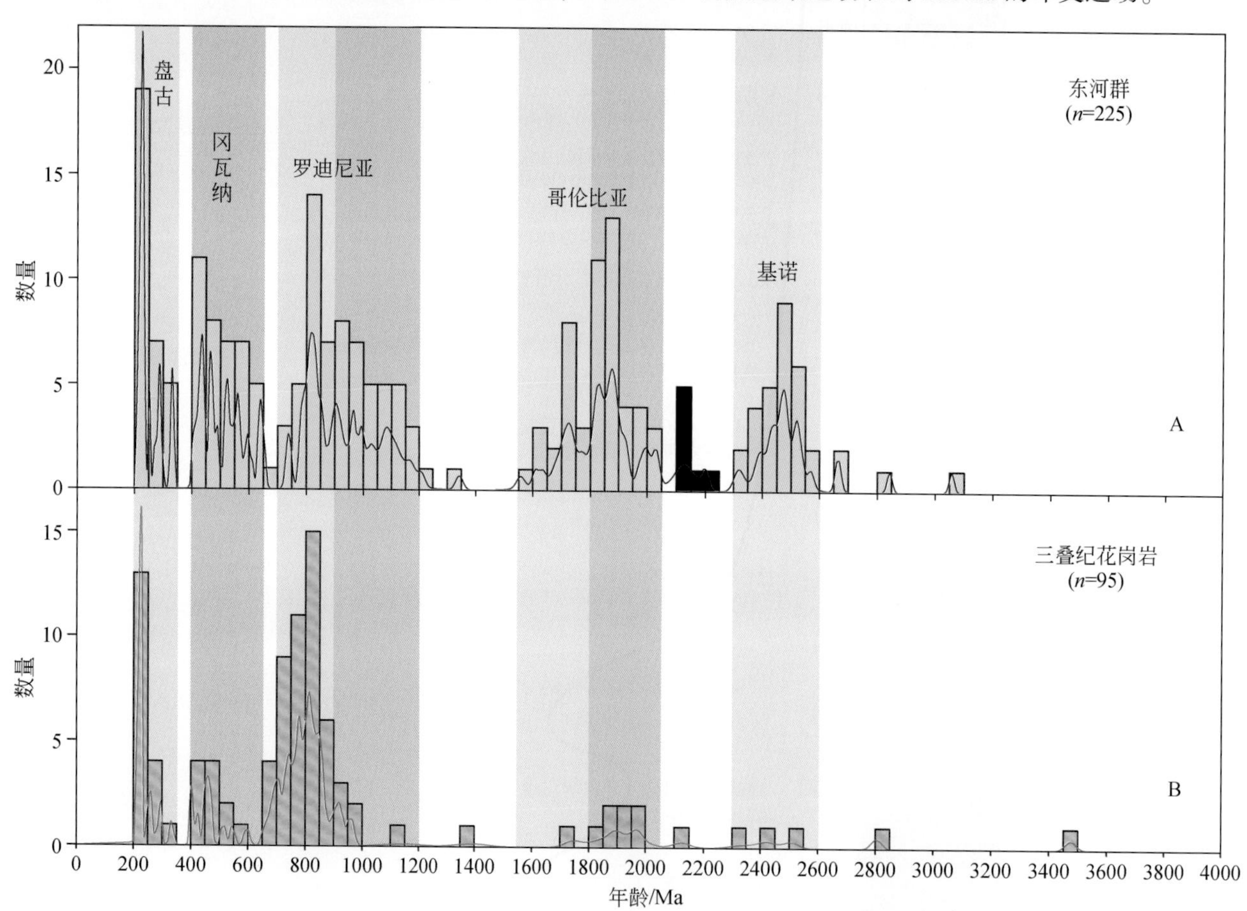

图1.4 甘肃阳山金矿田三叠纪花岗岩锆石和白垩纪沉积物碎屑锆石年龄及构造事件（Zhou et al.，2016）

东河群分布于南秦岭微陆块（即南秦岭褶皱带）南缘的山间盆地，沉积物源区岩石为晚古生代—三叠纪地层和三叠纪花岗岩类，其锆石代表了晚古生代—三叠纪地层碎屑物质的来源。通过对比研究这些碎屑锆石与来自华北克拉通、扬子克拉通、北秦岭和南秦岭的锆石的铪同位素组成（图1.5），Zhou等（2016）确定：①磨圆度较高的年龄>400Ma的锆石主要来自华北古板块（华北克拉通+北秦岭增生带），指示南秦岭微陆块在400Ma时与华北古板块拼合，并得以接收来自华北古板块风化剥蚀形成的碎屑物质；②年龄为340～208Ma的碎屑锆石磨圆度较差，基本保留了自形-半自形特征，没有经过长距离搬运，应为来自附近三叠纪花岗岩类或者晚古生代—三叠纪地层沉积时捕获的同沉积岩浆锆石，与该期南秦岭为岩浆弧的认识吻合；③东河群沉积时间不早于145Ma，其中碎屑锆石年龄最小值为208Ma，存在208～

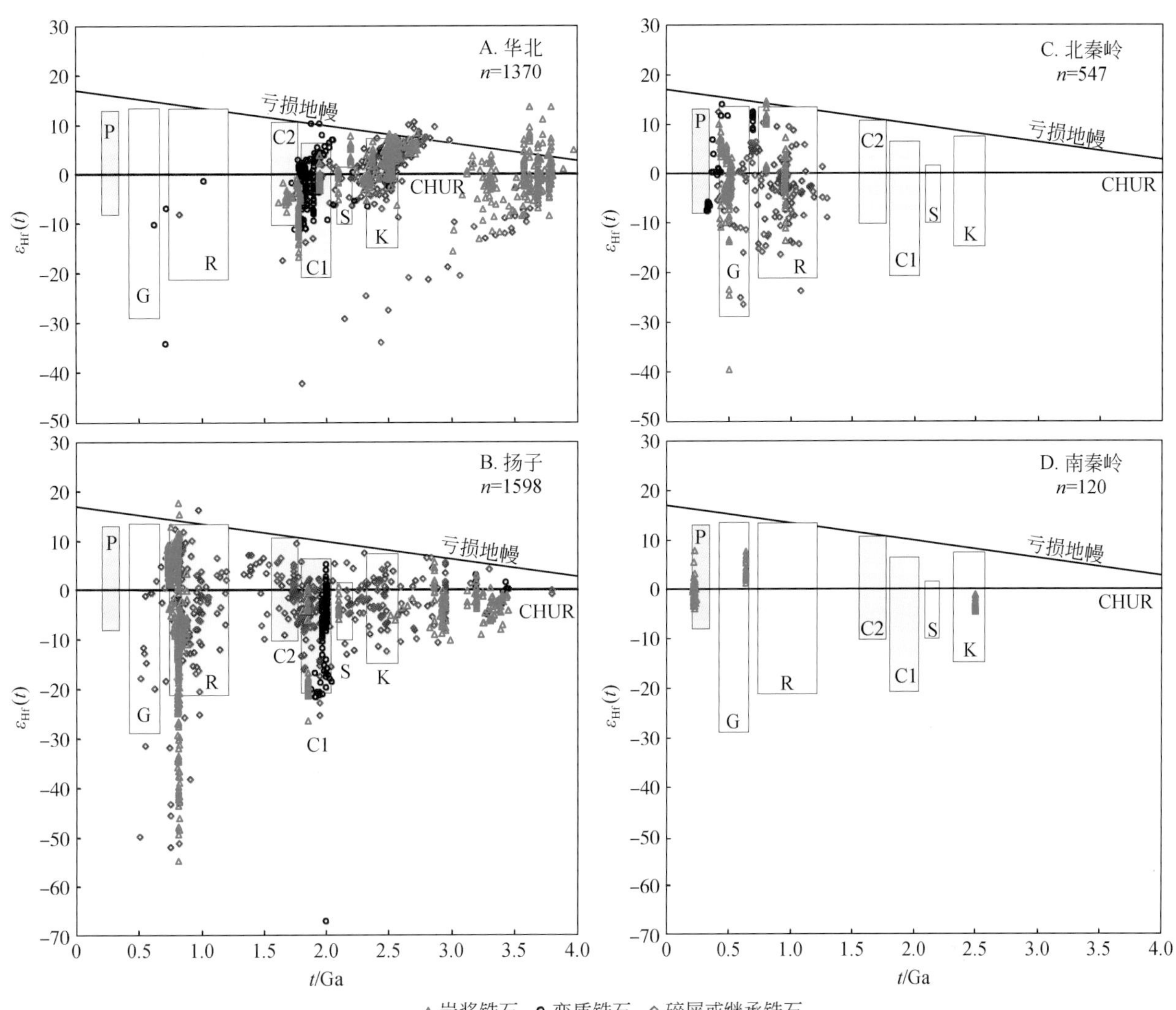

图 1.5　阳山金矿田白垩纪沉积物与相关构造单元的锆石铪同位素对比（Zhou et al.，2016）
图中方框代表东河群不同年龄区间的锆石铪同位素组成范围，不同构造单元的锆石铪同位素资料用数据点表示，数据来源详见 Zhou et al.，2016 注释

145Ma 的年龄间隙，表明阳山金矿田及邻区至少缺乏 208～145Ma 的火山喷发，与碰撞造山作用早期缺乏火山岩发育的普遍特征一致（Chen and Santosh，2014）。根据碎屑锆石年代学及铪同位素特征，结合前人研究成果，Zhou 等（2016）讨论并拟定了秦岭造山带的形成演化历史及其与邻区构造单元的关系（图 1.6）。

由图 1.6 可见，目前我们基本清楚了晚古生代以来秦岭造山带的构造演化及其与华北克拉通和扬子克拉通之间的关系。就新元古代和早古生代而言，我们搞清了北秦岭增生带与华北克拉通的关系以及南秦岭微陆块与扬子克拉通之间的关系，尚不确定华北古板块（NCC+NQL）与华南古板块（YC+SQL）之间的关系。

关于中元古代及更早的构造演化，认识的不确定性更大。在南秦岭微陆块和扬子克拉通北缘，中元古代及更老地质体出露有限，尚无法较好探讨该时期的构造演化。在北秦岭造山带，中元古代或更老的岩石出露较多，学者们提出了北秦岭增生带构造属性及其与华北克拉通相关联的多种观点，大致分为裂谷和岩浆弧两类。在华北克拉通南缘，广泛发育不同时期的前寒武纪岩石，较好记录了前寒武纪地质演化（陈衍景等，2009；Zhai and Santosh，2011）。因此，本书主要依据华北克拉通南缘的研究结果讨论秦岭造山带的形成演化历史。

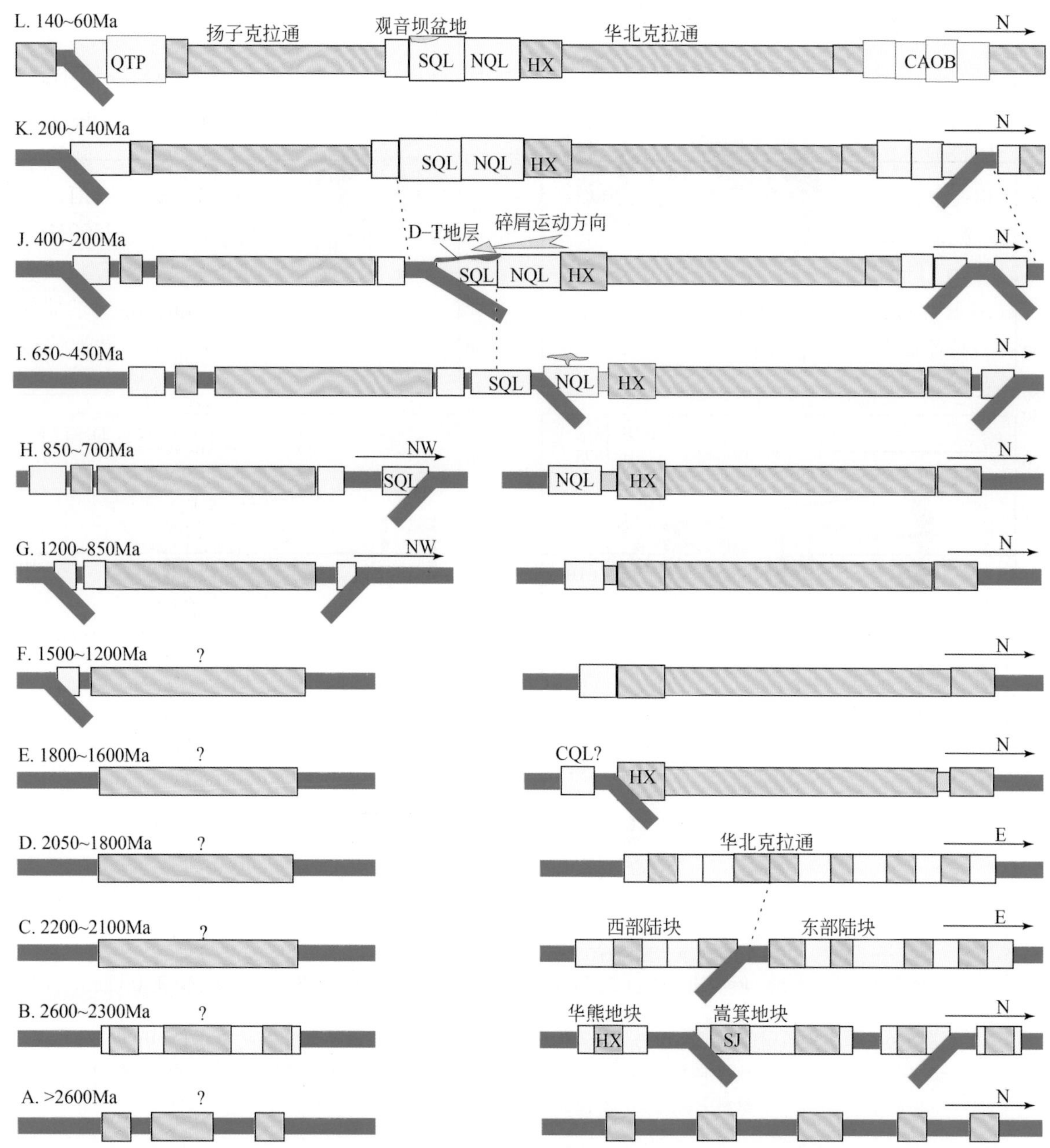

图 1.6 秦岭造山带及邻区构造演化（Zhou et al.，2016；略有修改）

CAOB. 中亚造山带；CQL. 中秦岭地体；NQL. 北秦岭；SQL. 南秦岭；QTP. 青藏高原；HX. 华熊地块；SJ. 嵩箕地块

1.2.2 秦岭造山带形成与超大陆旋回

秦岭造山带最终形成于华北和华南两个古板块的碰撞，其形成演化自然包括了华北古板块南缘和华南古板块北缘的形成演化，总体可分为三个不同时期，即 1800Ma 以前的克拉通形成、1800 ~ 200Ma 期间的古大陆边缘增生和 200Ma 之后陆内构造演化（含碰撞和碰撞后），经历了多次重大构造热事件：①太古宙末期的陆壳快速生长和基诺（Kenor）超大陆形成，②造山纪（2050 ~ 1800Ma）陆块汇聚碰撞和努纳（Nuna）超大陆形成，③新元古代初期罗迪尼亚（Rodinia）超大陆汇聚与裂解，④冈瓦纳（Gondwana）超大陆聚合和加里东运动，⑤古特提斯洋板块消减闭合与盘古（Pangaea）超大陆形成，⑥华北与扬子大陆板块碰撞和碰撞后陆内构造演化。

1.2.2.1　基诺和努纳超大陆事件

1800Ma 之前（又称早前寒武纪），华北和扬子克拉通各自形成，它们都由多个地块和地体拼贴而成，不同地块和地体也都有其相对独立的形成发展历史，岩石组成也不尽相同。在早前寒武纪，由于地热梯度较高和热对流较快，不同地块、地体之间的相对运动速度较快，持续时间较短，表现为“微陆块”的快速聚合和离散，显示泛威尔逊旋回的特征（陈衍景和富士谷，1992）。特别是在 2500Ma 之前，岩浆活动强烈而广泛，形成了多期次多类型的火山-沉积岩建造，尤其以绿岩带为代表。2700 ~ 2500Ma 期间，陆壳快速增生，陆块之间拼合（Zhai and Santosh，2011；Zhai et al.，2016），可能形成了基诺（Kenor）超大陆（Kerrich et al.，2000；Condie，2016）。此间，至少形成了华北克拉通的主要块体，甚至东部陆块和西部陆块，或者整个华北克拉通雏形出现。在华北克拉通南缘，华熊、嵩箕和中条三个不同地块均有陆壳或陆核发育（图 1.7；详见 1.3 节）；在扬子克拉通北缘也出露了鱼洞子群。

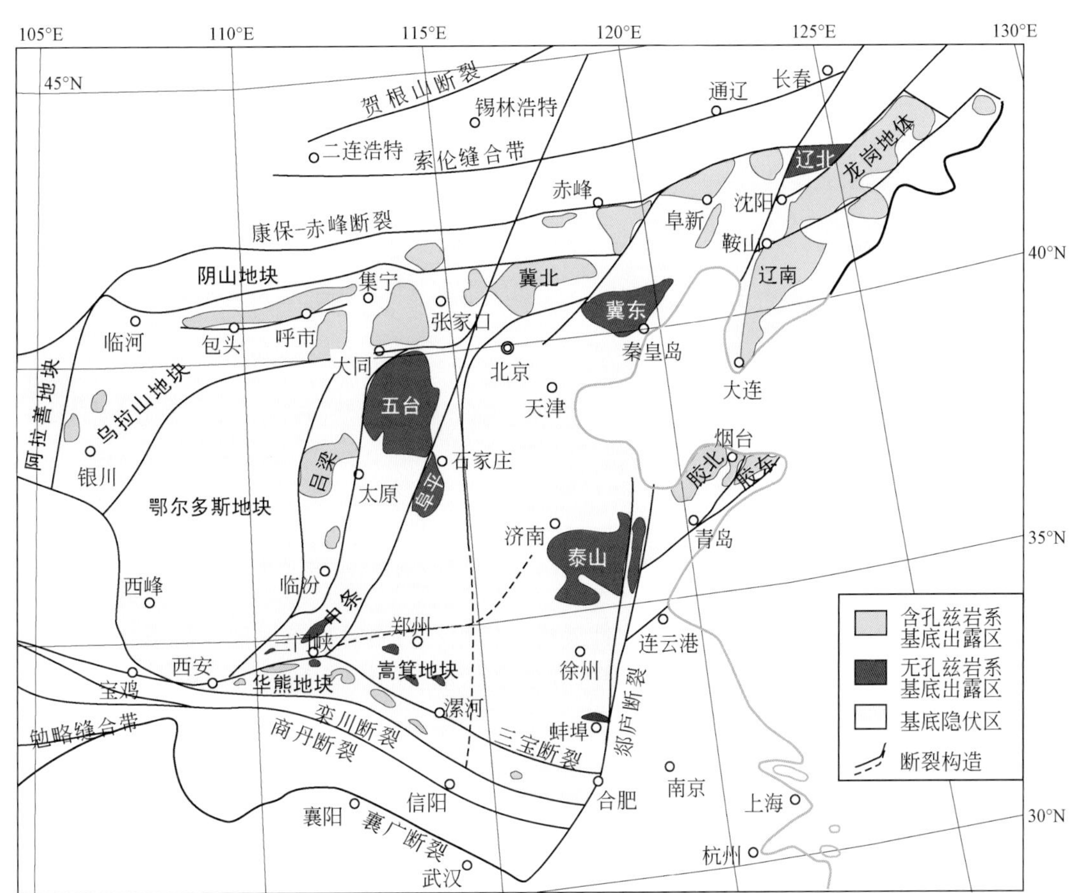

图 1.7　华北克拉通早前寒武纪变质基底分布及构造格局（据 Chen et al.，1998；Zhao et al.，2005；Wan et al.，2006；Zhai and Santosh，2011；底图据寸珪，1992）

特别说明：华北克拉通的南边界是栾川断裂，位于信阳市以北；部分学者误把商丹断裂当成栾川断裂，而将华北克拉通南边界置于信阳市附近，甚至信阳市以南

在古元古代早期，即 2500 ~ 2050Ma（成铁纪和层侵纪），世界各大陆发育稳定盆地沉积，伴随水圈-大气圈快速从还原性转变为氧化性，出现了地质历史上的第一次全球性冰川事件（Tang and Chen，2013 及其引文），即 2300Ma 环境突变事件或大氧化事件（陈衍景，1990；Chen and Tang，2016 及其引文），形成了蕴含著名富铁矿床的巨量条带状铁建造（BIF）。在古元古代晚期的造山纪（2050 ~ 1800Ma），世界主要大陆块汇聚为 Nuna 超大陆，伴随俯冲-碰撞造山作用，古元古代早期的盆地闭合，地层褶皱变形和变质。此间，华北和扬子克拉通的众多地块和地体拼贴在一起，组成了具有较大规模的古大陆板块，

即华北克拉通。就华北克拉通南部而言，至少由华熊、嵩箕和中条（-鄂尔多斯）等 3 个地块拼合而成（陈衍景等，1988，1990b，1991a；Zhao et al.，2005）。在拼合碰撞过程中，火山岩建造发生变质或再次变质，形成不同变质程度的绿岩带；碳硅泥岩系则变质为含石墨矿床的孔兹岩系或孔达岩系（khondalite series）（Li et al.，2015a；李凯月等，2018，2020）。

1.2.2.2 罗迪尼亚超大陆汇聚事件

1850 ~ 850Ma 被称为“寂寞的十亿年”（Boring Billion Years；Condie，2016 及其引文），世界主要克拉通都比较稳定。这期间，华北克拉通（或大陆板块）总体向南增生，造就了北秦岭增生造山带。扬子克拉通向北增生，形成以秦岭微陆块、碧口地体变质基底为代表的增生带。

1850 ~ 1600Ma 期间，古宽坪洋板块沿栾川断裂向北俯冲在华北克拉通之下，华熊地块沦为岩浆弧，发育熊耳群陆弧火山岩建造；在嵩箕地块（东部陆块）与鄂尔多斯地块（西部陆块，可能包括中条山地体）之间出现追踪张方向的被动裂谷（passive rift），发育西阳河群（图 1.8）；栾川断裂与瓦穴子断裂之间残存宽坪群蛇绿混杂岩带，可视为该期增生杂岩（陈衍景等，1992；详见 1.6 节）；随后，以秦岭群为代表的中秦岭地体（即秦岭地轴）与华北克拉通拼贴碰撞，陆弧体制结束。栾川断裂北侧的龙王幢 A 型花岗岩体测得了 1625±16Ma 的锆石 U-Pb 年龄（陆松年等，2003），被解释为碰撞后伸展背景的产物，也可能是熊耳群火山岩的同期岩浆活动。

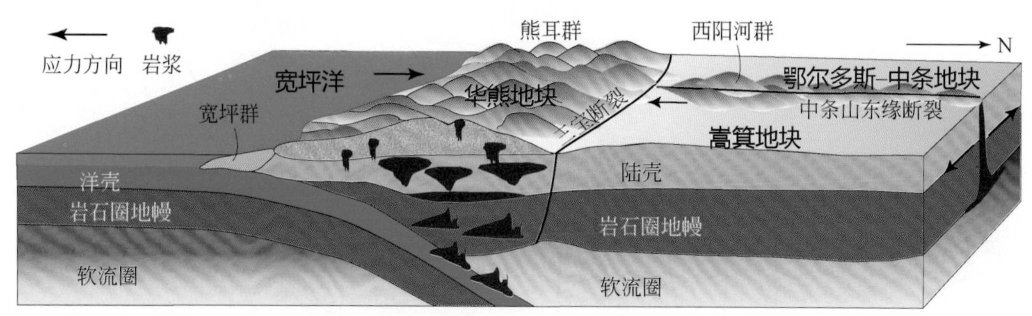

图 1.8　古元古代末期（固结纪）华北克拉通南缘的构造格局

1600 ~ 1200Ma 期间，华北古板块南缘发生伸展构造作用。沿秦岭群基底地体与华北克拉通拼贴带发育拉张盆地，沉积官道口群和陶湾群（中元古代至早古生代地层的构造叠覆体）底部层位，沿三门峡-宝丰断裂发育断陷盆地沉积汝阳群，在嵩箕地块内部发育五佛山群（图 1.9）。该时期岩浆作用微弱，东河群样品中只获得一粒锆石记录（$^{207}Pb/^{206}Pb$ 年龄为 1344±13Ma；毛世东等，2013），与官道口群高山河组和汝阳群云梦山组的火山岩夹层年龄相当，后者局部最厚达 134m，Rb-Sr 等时线年龄为 1394±42Ma 和 1267Ma（吕国芳等，1993 及其引文）。

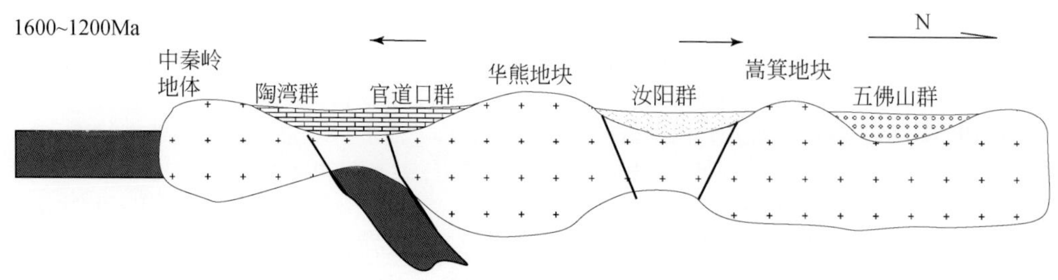

图 1.9　华北古板块南缘中元古代早期（1600 ~ 1200Ma）地层沉积环境及其构造背景

1200 ~ 1000Ma 期间，在上述盆地分别沉积栾川群、部分陶湾群和洛峪群，华北古板块南缘的构造背景和沉积环境与中元古代早期基本一致。随后，约在 850Ma 之前，伴随 Rodinia 超大陆汇聚，华北古板块南缘和中秦岭地体发生挤压造山事件，即晋宁（或 Grenvillian）运动，秦岭群、官道口群、栾川群和部分陶湾群发生变质变形，并被 980 ~ 930Ma 的同碰撞或后碰撞花岗岩类侵入（张成立等，2004；Chen et al., 2006）；松树沟蛇绿岩全岩 Sm-Nd 等时线年龄为 1030Ma，也被认为是晋宁运动的响应（Dong et al., 2008）。

扬子克拉通北缘和南秦岭褶皱带出露了多个前寒武纪变质地体（图 1.10），其形成年龄落入 1850 ~ 850Ma 范围，如陡岭地体、武当地体、安康地体、碧口地体等。研究表明，在 1850 ~ 1400Ma 期间，扬子克拉通北缘发生裂解离散作用，汉南地体、黄陵地体、神农架地体等与扬子克拉通分离并向北漂移，表现为地体离散型被动大陆边缘。在 1400 ~ 900Ma 期间，这些地体与扬子克拉通拼贴在一起；在扬子克拉通北缘，随县、桐柏、陡岭、武当、安康等岩浆弧地体形成，并通过增生造山作用与扬子克拉通拼贴为统一的大陆板块，即华南古板块（贾承造等，1988；胡受奚，1988；陈衍景和富士谷，1992）。扬子克拉通及其周缘的晋宁期构造变形、变质、岩浆事件强烈，被作为区分扬子克拉通与华北克拉通的标志（Zheng，2003）。显然，这些中元古代或前寒武纪地体构成了扬子克拉通北缘和“南秦岭微陆块”的变质基底。

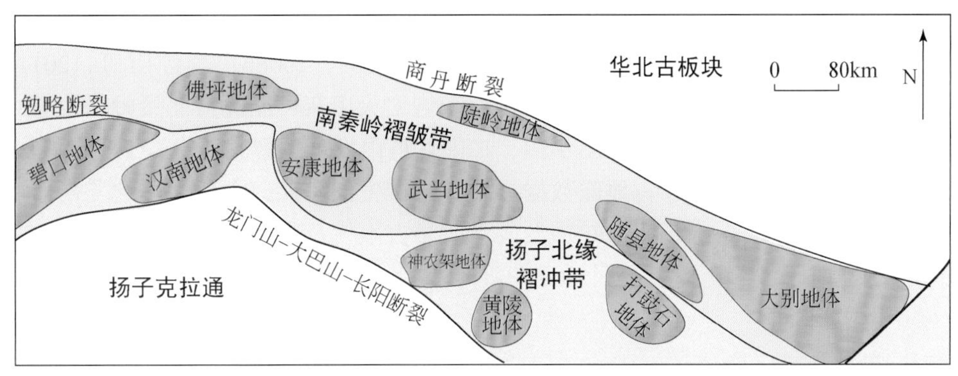

图 1.10　扬子北缘和南秦岭褶皱带前寒武纪地体分布示意图（修改自贾承造等，1988）

1.2.2.3　原特提斯洋开合与罗迪尼亚超大陆裂解和冈瓦纳大陆聚合

在晋宁运动之后，罗迪尼亚超大陆裂解尾随着碰撞后的伸展构造作用，导致原特提斯洋（特提斯构造域的新元古代—早古生代洋盆）打开。扬子克拉通东南缘在南华纪发生裂解事件（Zhang et al., 2008a, 2008b）；扬子陆块西缘和西北缘发育大量年龄为 860 ~ 740Ma 的花岗岩类与镁铁质侵入岩（Zhou et al., 2002；Li et al., 2003；陆松年等，2005；凌文黎等，2006；Sun et al., 2009）。例如，碧口地体碧口群火山岩锆石 SHRIMP 年龄为 840 ~ 776Ma（闫全人等，2003），沉积岩碎屑锆石年龄峰值为 805Ma（Sun et al., 2009）。该地体北缘铧厂沟金矿含矿细碧岩锆石 U-Pb 年龄为 800Ma（林振文等，2013），煎茶岭镍矿区发育锆石 U-Pb 年龄为 859±26Ma 的花岗斑岩和锆石 U-Pb 年龄为 844±26Ma 的钠长斑岩（代军治等，2014）。随县地体西北缘的周庵铜镍铂族元素矿床的锆石 U-Pb 年龄为 766Ma（Yan et al.，2012）。陡岭地体毛堂群和武当地体的耀岭河群都属于 800 ~ 700Ma 的火山-沉积岩建造。该时期锆石 $\varepsilon_{\mathrm{Hf}}(t)$ 值具有较大的分布范围，显示其母岩浆既有起源于古老物质的再循环，也有起源于形成不久的新生地壳的再熔融，说明扬子板块北缘不但地壳生长强烈，而且地壳物质重熔改造作用显著。在华北克拉通南缘和北秦岭增生带，造山后伸展作用强烈，发育碱性花岗岩类和基性岩浆岩。例如，河南方城双山正长岩体的锆石 U-Pb 年龄为 844.3±1.6Ma（Bao et al., 2008），栾川县侵入栾川群的辉长岩锆石 U-Pb 年龄为 830±6Ma（Wang X L et al., 2011）。伴随罗迪尼亚超大陆裂解，二郎坪洋盆打开（图 1.11）。

新元古代晚期至早古生代，即 650 ~ 400Ma，商丹洋（原特提斯洋）板块俯冲到华北古板块之下，华北古板块南部表现为西太平洋型沟-弧-盆体制的活动大陆边缘（图 1.11）。中秦岭地体为岛弧区，发育岛弧火山-沉积建造（部分秦岭群）；在瓦穴子断裂与朱夏断裂之间出现具洋壳性质的二郎坪弧后盆地，发育二郎坪群；沿商丹断裂带及其北侧断续发育蛇绿混杂岩带，即洋淇沟-陈阳坪蛇绿岩带；在早古生代晚期，冈瓦纳大陆或劳亚大陆汇聚时，即加里东运动，华南古板块与华北古板块碰撞，原特提斯洋和二

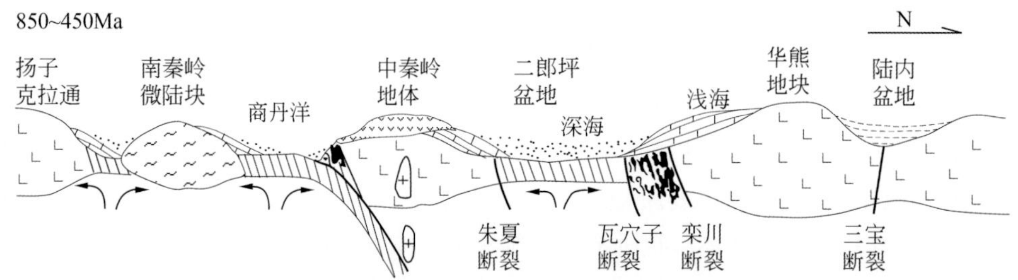

图 1.11　新元古代—早古生代秦岭造山带及邻区构造格局（陈衍景和富士谷，1992）

郎坪弧后盆地闭合，华北古板块南缘的北秦岭增生造山带形成；扬子克拉通北缘的地体拼合（拼合方式存在认识分歧），构成南秦岭微陆块统一基底。上述认识的直接证据有：①漂池和灰池子花岗岩基的同位素年龄分别为约 495Ma 和 434～421Ma（王涛等，2009）；②华南古板块新元古代晚期地层中发育多个薄层火山凝灰岩，凝灰岩层分布面积广阔，遍及扬子克拉通及其东南缘、西北缘，层位和厚度稳定，锆石 U-Pb 年龄为 663～555Ma（Zhou et al.，2004；Zhang et al.，2005，2008b；李佐臣等，2011；毛世东等，2013；周传明，2016；Zhou et al.，2016），这些火山凝灰岩之火山灰可能源自北秦岭增生造山带的弧岩浆作用；③秦岭群记录了大量 450～400Ma 变质年龄，二郎坪群内发现了辉钼矿 Re-Os 年龄为 429Ma 的造山型钼多金属矿化（李晶等，2009）；④古地磁数据显示，在古生代时期，志留纪华北与扬子克拉通最为接近（图 1.12；Zhu et al.，1998）；⑤扬子克拉通及南秦岭早古生代及更老地层的变质变形程度明显高于其上覆的泥盆纪—三叠纪地层，两套地层之间可见角度不整合或沉积间断，如毛堂群、太阳顶群、梅子垭组等均发生了绿片岩相变质。

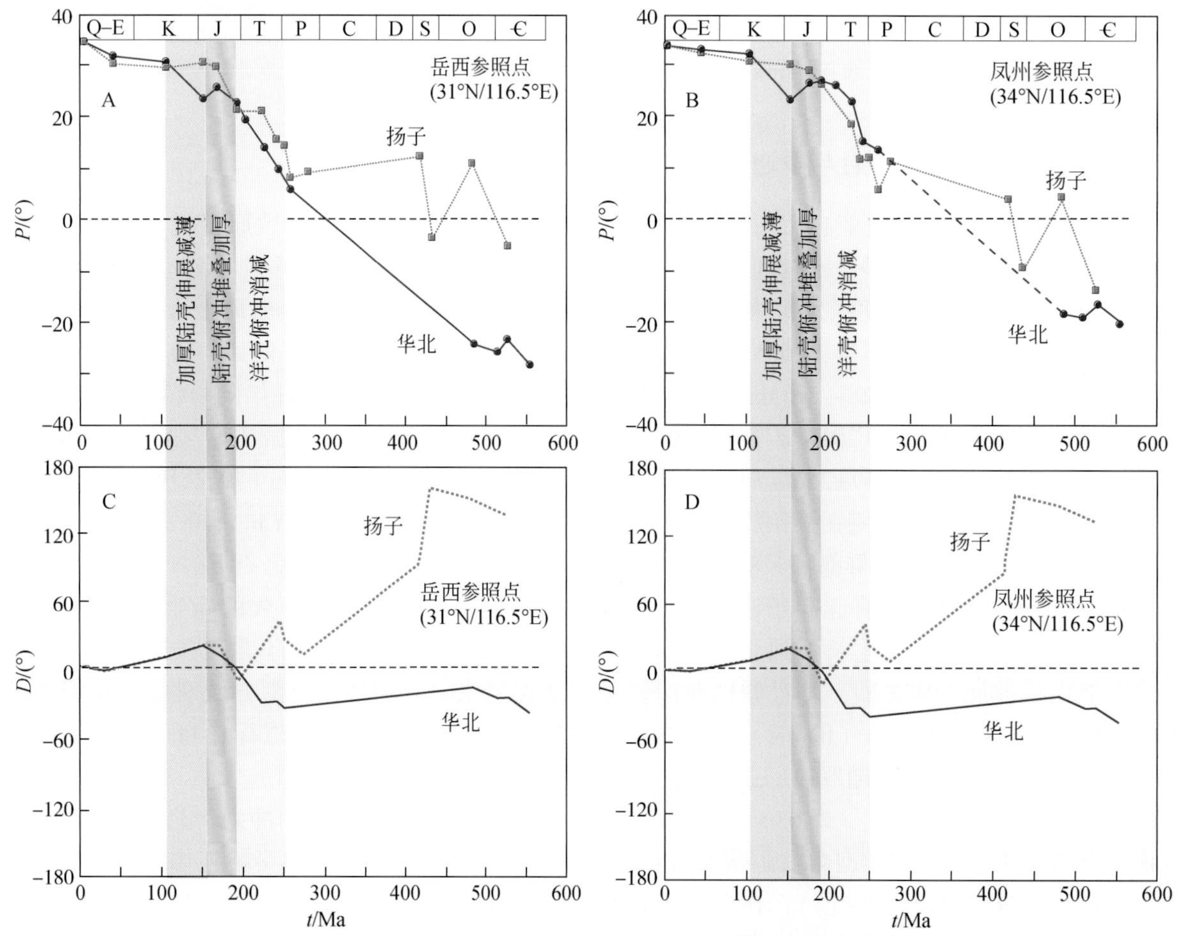

图 1.12　显生宙华北和扬子克拉通相对位置变化（古地磁数据来自 Zhu et al.，1998）

P 代表 paleolatitudes（古纬度），*D* 代表 declinations（磁偏角）

1.2.2.4　古特提斯洋开合与盘古超大陆聚合

勉略洋在泥盆纪开始打开、扩张，西延经东昆仑、阿尔金、西昆仑、中亚细亚至海西造山带，东延经大别、胶东南至朝鲜半岛，形成古特提斯海北支的狭窄洋盆。在泥盆纪—三叠纪，古特提斯海域覆盖了扬子克拉通及其周缘地区，包括勉略洋北侧的南秦岭微陆块；海域主体表现为陆表海特点，广泛发育碳酸盐台地沉积。鉴于秦岭造山带总体缺乏晚古生代花岗岩类侵入体和火山岩地层，但大量发育三叠纪Ⅰ型花岗岩类（特别是花岗闪长岩），我们认为古特提斯洋发育晚期，特别是三叠纪，勉略洋才大规模向北俯冲到南秦岭-华北古板块之下，使秦岭造山带演变为安第斯型岩浆弧（图 1.13）。宽度有限的勉略洋盆很快消减完毕，古特提斯洋北支彻底闭合，扬子克拉通与南秦岭-华北古板块接触碰撞。几乎同时或稍后，古特提斯洋南支闭合，印支-羌塘陆块与扬子-柴达木-塔里木-华北联合大陆碰撞，形成南昆仑、阿尼玛卿、甘孜-理塘、右江-哀牢山等造山带（许志琴等，2012；Zhong et al.，2000），完成了盘古(Pangaea）超大陆东部的汇聚。

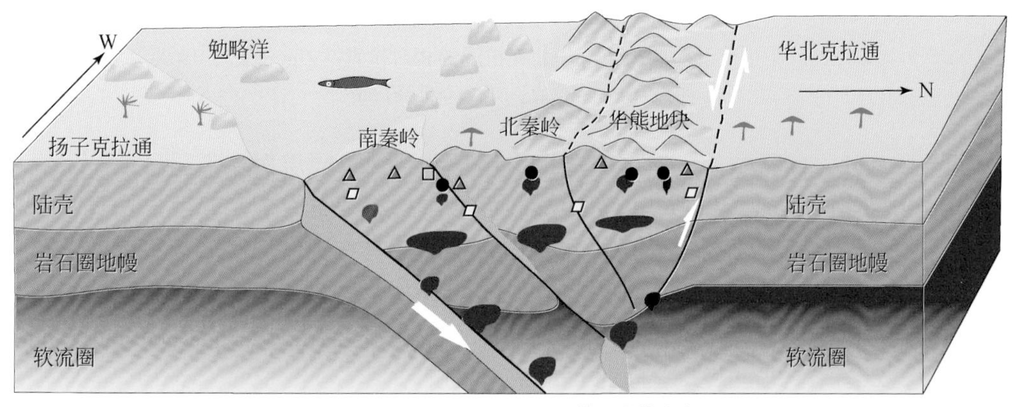

图 1.13　三叠纪秦岭造山带构造背景（Chen and Santosh，2014）

支持上述认识的证据有：①东河群最年轻的碎屑锆石年龄峰出现在 340～208Ma，集中于 250～208Ma（图 1.4），与盘古超大陆汇聚时间吻合。这些锆石通常呈自形-半自形棱柱状，Th/U 值较高（0.25～0.70），成分振荡环带清楚，属于近源搬运沉积的岩浆锆石。②勉略缝合带以北的秦岭地区广泛发育三叠纪花岗岩类（Li et al.，2015b 及其引文）。这些花岗岩曾被认为形成于后碰撞环境（张国伟等，2001；杨荣生等，2006；Zhu et al.，2011），但更多地表现了弧岩浆特征（Jiang et al.，2010；陈衍景，2010；Chen and Santosh，2014）。③前人关于勉略带蛇绿岩残片和黑沟峡火山岩的同位素年代学研究结果显示，勉略洋壳至少在 350～242Ma 期间发育（Lai et al.，2008），彻底闭合时间不早于 220Ma（陈衍景，2010 及其引文）。④古地磁资料显示，华北与扬子之间的勉略洋盆于三叠纪自东向西拉链式闭合（图 1.14）。

一个令人困惑的问题是，东河群中有较多 350～250Ma 的近源岩浆锆石，它们究竟来自弧岩浆作用还是裂谷岩浆作用，尚待研究。

1.2.2.5　燕山期碰撞造山带形成和碰撞后构造演化

伴随古特提斯洋板块俯冲消减直至彻底消亡，扬子板块相对于华北大陆板块（含南秦岭微陆块和北秦岭增生带）而言不断向北漂移，并在约 195Ma 时实现“零距离”拼合（图 1.12，1.15A）。在约 195Ma 至约 155Ma 之间，扬子板块继续向北漂移，相对参考点纬度位于华北板块以北，呈现与华北板块“负距离接触”的现象；这种“负距离接触”在晚侏罗世（约 155Ma）达到高峰（图 1.12）。显然，这种现象

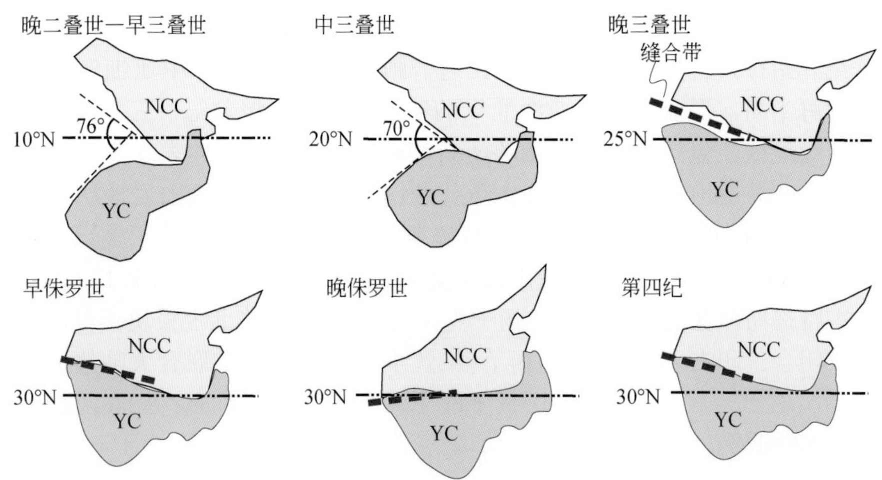

图 1.14　中生代及前后扬子与华北克拉通的相对位置（Zhu et al.，1998）
YC. 扬子克拉通；NCC. 华北克拉通

缘于侏罗纪两个大陆板块之间强烈的碰撞挤压造山作用，一系列不同层次、不同尺度、不同样式的陆内或 A 型俯冲作用（堆叠构造、薄皮构造、推覆构造、拆离构造、滑脱构造）导致造山带及两侧大陆边缘的地壳缩短、叠覆、增厚、隆升（图 1.15B）。然而，固体物质具有弹性回跳属性，决定着挤压加厚地壳和岩石圈的强烈伸展。在早白垩世，一些大型构造带的性质发生改变，出现了典型伸展构造现象，发育含陆相火山岩的断陷红盆地，且盆地逐步由小变大（陈衍景和富士谷，1992；Chen and Santosh，2014）。此时，古地磁资料显示扬子与华北板块之间的“负距离接触”现象逐渐减弱，至 105Ma 时恢复为保持至今的“零距离接触”关系（图 1.12 和图 1.15C）。

伴随上述碰撞造山作用和造山后构造演化，花岗岩类岩浆活动强烈，其岩浆形成深度不断增大，由侏罗纪的壳源改造型花岗岩，经侏罗纪与白垩纪之交的高钾富碱的壳源为主的花岗岩类，向早白垩世（130 ~ 105Ma）壳幔混源的碱性或 A 型花岗岩类演化。在晚白垩世—新生代，长英质岩浆岩不再发育，代之出现碱性玄武岩类。

在此过程中，秦岭造山带受到印度–澳大利亚板块和太平洋板块与欧亚板块的相互作用的远距离影响，挤压与拉张交替进行，造山带总体向东蠕散，呈现西部挤压、东部伸展的现象。与西部相比，东部出露基底较多，岩石变质程度较深，岩浆岩时代较新，成矿时代较新。

1.2.3　秦岭重大地质事件及表现形式

秦岭造山带地壳生长和构造演化呈现周期性和脉动性（胡受奚，1988）。每个周期都表现为一次重大地质事件的发生和结束，使重大地质事件成为地史分期的主要依据（图 1.16）。下面简述秦岭造山带所经历的重大地质事件及地史分期意义。

1. 约 3000Ma 青羊沟运动

嵩箕地块嵩山地体的最老岩石为石牌河杂岩，主要由变闪长岩和 TTG 质片麻岩组成，前人获得了 2997Ma 的 Rb-Sr 等时线年龄；箕山地体最老的岩石为于窑杂岩，主要由混合岩、混合片麻岩和 TTG 质片麻岩组成，测有 2890Ma 的 Rb-Sr 等时线年龄（转引自陈衍景等，1988，1989b，1990a；胡受奚，1988）。显然，石牌河杂岩和于窑杂岩指示着 2890 ~ 3000Ma 期间的一次强烈陆壳生长事件，导致华北克拉通南缘硅铝质陆核出现。杂岩体内含有较多的深变质表壳岩包体，登封君召青羊沟地区尤其发育，而且部分岩石包体具有科马提岩的化学成分，因此，这些表壳岩包体被作为>3000Ma 的绿岩带的残留体，称为青羊沟绿岩带（陈

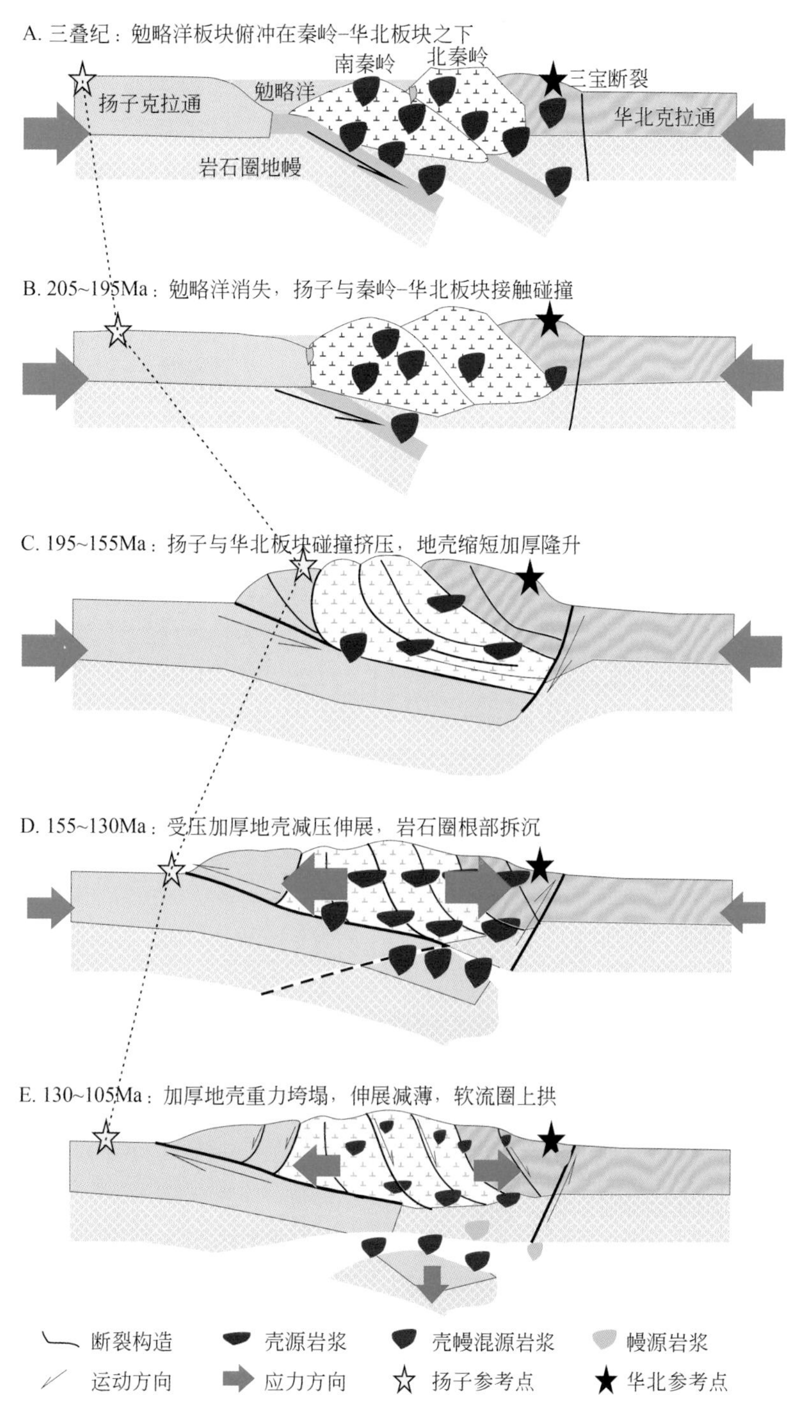

图 1.15　秦岭造山带中生代构造演化

衍景等，1988）。相应地，以破坏并残留青羊沟绿岩带的 TTG 质岩浆侵入为特征的构造热事件被称为青羊沟运动。青羊沟运动被作为新太古代与中太古代+古太古代的分界（王鸿祯和李光岑，1991）。

2. 约 2550Ma 石牌河运动

发现于嵩山地体的登封市君召镇的石牌河附近，表现为君召群底砾岩不整合在石牌河杂岩之上（胡受奚，1988；陈衍景等，1989b，1990a）。在箕山地体表现为君召群底砾岩不整合在于窑杂岩之上；鲁山地体表现为荡泽河群底部浅粒岩不整合在背孜群顶部厚约 2m 的含蓝晶石铁建造之上；舞阳地体表现为铁山庙组（相当于荡泽河群）底部浅粒岩层不整合在赵案庄组之上；熊耳地体为石板沟组（相当于荡泽河

地史分期		嵩箕/中条地块	华熊地块	北秦岭	南秦岭	扬子克拉通
陆内构造演化		河流冲积 湖泊沉积	河流冲积 湖泊沉积	河流冲积 湖泊沉积	河流冲积 湖泊沉积	河流冲积 湖泊沉积
	100Ma	燕山运动B				
	早白垩世	断陷盆地红色 磨拉石-火山岩	断陷盆地红色 磨拉石-火山岩	断陷盆地红色 磨拉石-火山岩	断陷盆地红色 磨拉石-火山岩	断陷盆地红色 磨拉石-火山岩
	145Ma	燕山运动A				
	侏罗纪	湖沼沉积	缺失	缺失	缺失	潟湖沉积
	200Ma	印支运动				
大陆板块边缘增生	三叠纪	三叠纪煤系	缺失	缺失	碎屑岩-碳酸盐岩	碎屑岩-碳酸盐岩
	253Ma					
	晚古生代	晚石炭世— 二叠纪煤系	缺失	缺失	泥盆纪—二叠纪 碎屑岩-碳酸盐岩	泥盆纪—二叠纪 碎屑岩-碳酸盐岩
	约430Ma	加里东运动	加里东运动			
	早古生代	寒武纪—奥陶纪 碳酸盐岩-碎屑岩	局部寒武纪— 奥陶纪碳酸盐岩	部分陶湾群 和二郎坪群 火山-沉积岩	梅子垭组和 太阳顶群 浅变质岩	寒武纪—志留纪 黑色页岩-碳酸 盐岩-磷块岩建造
	540Ma	少林运动	少林运动			
	震旦纪 630Ma 南华纪	九女洞群 含冰碛岩 沉积建造	三岔口组和 鱼库组钙质 角砾-沉积岩	部分陶湾群 碳酸盐岩和二 郎坪群火山岩	零星冰碛岩 和耀岭河群 火山岩建造	含冰碛岩、 富锰磷矿床 的沉积建造
	850Ma	澄江运动	澄江运动			
	拉伸纪	边缘：洛峪群碎屑岩 内部：五佛山群上部地层	栾川群浅变质 碳质细碎屑岩	?	毛堂群变质 火山-沉积岩	碧口群 火山-沉积岩
	1000Ma	晋宁运动	晋宁运动			
	狭带纪 1200Ma 延展纪 1400Ma 盖层纪	边缘：汝阳群碎屑岩间夹火山岩 内部：五佛山群下部碎屑沉积岩	官道口群 碳酸盐岩-碎屑岩	?	陡岭群或 武当群变质 火山-沉积岩	昆阳群上部 火山-沉积岩系 四堡运动 昆阳群下部 变质火山- 沉积岩系
	1600Ma	崤熊运动	崤熊运动			
	固结纪	西阳河群火山岩	熊耳群火山岩	宽坪群蛇绿岩		
克拉通形成	1850Ma	中岳运动	中岳运动			
	造山纪	克拉通盆地 嵩山群沉积岩系	铁铜沟群 山间磨拉石建造	部分秦岭群片麻岩	?	崆岭群或鱼洞子群变质岩系
	2050Ma	嵩阳运动	嵩阳运动			
	层侵纪	安沟群 双峰火山岩	水滴沟群孔兹岩系 崤山群火山岩			
	2300Ma	大氧化事件	大氧化事件			
	成铁纪	君召群绿岩带	荡泽河群绿岩带			
	2550Ma	石牌河运动	石牌河运动			
	新太古代	石牌河TTG杂岩	背孜型 绿岩带			
	3000Ma	青羊沟运动				
	中太古代	青羊沟型绿岩带				

图 1.16　秦岭重大地质事件和构造层划分对比（陈衍景和富士谷，1992，略有修改）

群）科马提岩流不整合在背孜群草沟组片麻岩之上。迄今，不整合之上的岩石尚未获得大于 2.55Ga 的同位素年龄，但获得了 2.55～2.3Ga 之间的同位素年龄；不整合之下的岩石获得了大于 2.55Ga 的年龄。不整合之下的岩石均遭受较强烈的混合岩化，尤其以嵩山石牌河杂岩、箕山地体于窑杂岩、鲁山地体背孜群、熊耳地体背孜群（草沟组）表现突出；不整合之上的岩石混合岩化较弱，尤其以嵩山地体君召群、鲁山地体荡泽河群为代表。以上表明，石牌河运动发生在2550Ma 左右，代表一次强烈的构造热事件或造山事件，造成地壳硅铝化或陆壳增生。

3. 约 2300Ma 大氧化事件或郭家窑运动

谷敬尧（1979）、孙枢等（1985）、陈衍景等（1988）在嵩山地体君召地区和箕山地体安沟地区识别或肯定了安沟群（或老羊沟组）与下伏君召群（或郭家窑组、金家门组）之间的微角度不整合现象，不整合上下岩石变质程度差异较大，指示二者之间存在一次构造热事件，称之为郭家窑运动（胡受奚，1988；陈衍景等，1988）。在华熊地块，不同地体均见荡泽河群绿岩带（主要岩性为斜长角闪岩、角闪片麻岩和黑云母片麻岩）被水滴沟群孔兹岩系覆盖，且二者在岩石组合、元素地球化学特征等方面差异显著，记录了全球性环境突变或大氧化事件（陈衍景等，1988，1989a；陈衍景和富士谷，1990）。该事件发生在2300Ma左右（陈衍景，1990；陈衍景等，1991b，1994，1996，2000；汤好书等，2008，2009；Tang et al.，2011，2013，2016；Chen and Tang，2016；Tang and Chen，2013），在鲁山地体表现为水滴沟群底部发育厚度不足1m的夕线石云母石英片岩层，具有古风化壳特征。

4. 约2050Ma嵩阳运动

张伯声（1951）发现并命名，指嵩山群与下伏变质基底岩石之间的不整合，在嵩箕地块早前寒武纪地体普遍可见。在华熊地块峭山地体半宽金矿区及附近，可见铁铜沟组与下伏岩石的不整合。不整合之下的岩石和地层普遍发生了至少达绿片岩相的变质和强烈的褶皱变形，不整合之上的嵩山群或同期地层总体为石英砾岩、砂岩等高成熟度沉积物，因此不整合曾被作为太古宙与元古宙的分界。但是，同位素地质年代学资料显示其可能发生在2050Ma左右，属古元古代内部层侵纪与造山纪的分界。该事件中，峭山-中条-嵩箕地块与太华复合地体开始拼合，逐步形成华北克拉通南缘早前寒武纪基底（陈衍景等，1991a；陈衍景和富士谷，1992）。

5. 约1850Ma中岳运动或吕梁运动

指嵩山地区五佛山群与下伏嵩山群之间的不整合（张尔道，1954），在华熊地块表现为熊耳群与下伏地层之间的不整合，在中条地块表现为西阳河群与下伏地层间的不整合。不整合之下的所有岩石和地层都有明显的变形和变质，而不整合之上的地层（限于华北克拉通地区）基本没有变质现象，变形较弱，产状较缓，呈盖层特征，指示不整合代表一次强烈的造山事件（胡受奚和郭继春，1989）。中岳运动之后，嵩箕地块、中条地块、华熊地块等华北克拉通的众多陆块或地体已经拼贴在一起，构成了统一的华北克拉通，为其后进入现代特征板块构造体制提供了大陆板块（陈衍景和富士谷，1992）。因此，该事件是克拉通形成期和古大陆边缘增生期的分界（图1.16）。值得强调，该事件发生在1850Ma左右，具有全球性，是全球地壳演化的重要转折时期（胡受奚和郭继春，1989），代表了努纳或哥伦比亚超大陆的汇聚（Zhao G C et al.，2002，2009），通常被作为早前寒武纪（Early Precambrian）与晚前寒武纪（Late Precambrian）的分界。

6. 约1600Ma峭熊运动和约1400Ma四堡运动

峭熊运动系符光宏（1981）命名，在峭山、熊耳山地区表现清楚，为官道口群或汝阳群与下伏岩石（特别是熊耳群）之间的不整合，在嵩箕地块为五佛山群与下伏岩石的不整合。根据原有同位素年龄资料，熊耳群形成年龄被确定为1840～1450Ma（如：胡受奚，1988），因此峭熊运动被认为是1400Ma左右的构造热事件，与华南地区的约1400Ma的四堡运动相当。然而，越来越多的高精度锆石U-Pb年龄显示熊耳群形成于1800～1600Ma，属古元古代末期的固结纪，因此本书将峭熊运动及相关不整合作为华北克拉通古元古代与中元古代的分界，界线年龄为1600Ma左右。至于分隔昆阳群上部与下部的四堡运动的发生时间，仍沿用过去的观点，即1400Ma左右（图1.16）。值得强调的是，在华北克拉通地区，峭熊运动和四堡运动都表现较弱，没能造成不整合上下地层在变质、变形方面的显著差别。尽管如此，峭熊运动结束了熊耳群火山岩发育。

7. 约1000Ma晋宁运动

据胡受奚（1988），晋宁运动在扬子克拉通表现为板溪群等变质地层与上覆未变质地层的不整合；在华北克拉通南缘表现为官道口群、汝阳群和五佛山群下部（兵马沟组和马鞍山组）与上覆栾川群、洛峪群和五佛山群上部（葡峪组、骆驼畔组以及何家寨组）之间的微角度不整合或平行不整合；在南秦岭表现为毛堂群与下伏陡岭群之间的不整合，耀岭河群与下伏武当群的不整合。该事件与罗迪尼亚超大陆汇聚事件同步，扬子板块北缘及南秦岭地区发生地体拼贴，扬子板块东缘发生江南古岛弧与闽浙古陆的碰撞拼合，造就了广泛的中元古代造山带。晋宁运动之后，华北古板块南缘发生拉张，二郎坪海盆打开，演化为西太平洋式的沟弧盆体系。晋宁运动是中元古代与新元古代的分界。

8. 约850Ma 澄江运动

在华北克拉通南缘也称为叶舞运动（符光宏，1987），指九女洞群不同层位的地层与下伏地层的超覆不整合现象。在南秦岭陡岭地体表现为陡山沱组微角度不整合在毛堂群之上，在扬子克拉通表现为莲沱组超覆在下伏地层之上。澄江运动之后，扬子克拉通广泛接受南华纪和震旦纪的冰碛岩、磷块岩、碳酸盐以及富锰沉积。扬子克拉通周缘可见火山岩夹层（如苏家河群），被作为罗迪尼亚超大陆裂解的标志。澄江运动是新元古代早期与中期的分界，即拉伸纪与南华纪或成冰纪的分界。

9. 约540Ma 少林运动

地矿部地质研究所（1959）在登封少林寺西山命名，原指寒武系与五佛山群之间的超覆不整合。本书用之代表华北克拉通普遍可见的寒武系与下伏震旦系之间的超覆现象或平行不整合现象（沉积间断）。在南秦岭陡岭地体及附近表现为下寒武统梅树村阶和筇竹寺阶的缺失，在扬子克拉通表现为连续沉积或短期沉积间断。因此，少林运动实为古陆块的抬升和海退。重要的是，此期间发生了地质环境突变和生物演化飞跃（许靖华等，1986），特别是寒武纪生命大爆发（Shu，2008），是元古宙与显生宙的界线。

10. 约430Ma 加里东运动

在华北克拉通地区表现为上石炭统与中下奥陶统之间的长期间断，在北秦岭表现为晚古生代地层的缺失和早古生代岩石的变形变质（如二郎坪群），在南秦岭微陆块表现为晚志留世和早泥盆世地层不同程度的缺失以及早古生代地层的变形变质（如梅子垭组），在扬子克拉通表现上泥盆统五通组砂岩平行不整合在早古生代地层之上。加里东运动伴随于冈瓦纳大陆汇聚事件，在秦岭地区为扬子-南秦岭与华北-北秦岭两个大陆板块沿商丹断裂的拼合碰撞作用。因此，二郎坪群和秦岭群中的早古生代岛弧火山-沉积建造发生强烈变形和变质，形成了空间范围颇大的北秦岭加里东期增生带。

11. 约200Ma 印支运动

印支运动实为古特提斯洋的俯冲消减作用和扬子克拉通与秦岭-华北古板块之间沿勉略缝合带的大陆碰撞造山作用，主要发生在三叠纪末期。它彻底结束了秦岭地区的海相沉积史，使古特提斯洋北支闭合隆起，形成秦岭山链，导致中-上三叠统局部缺失，侏罗纪—白垩纪地层与下伏泥盆纪—三叠纪地层或更老构造层之间的角度不整合。

12. 燕山运动

主要发生在侏罗纪和白垩纪，表现为侏罗纪和白垩纪内部以及二者之间的不整合或沉积间断，白垩纪与新生代之间的地质事件被作为燕山运动的最后一幕。通常，200 ~ 66Ma 的侏罗纪和白垩纪被称为燕山期，包括早期 200 ~ 160Ma，中期 160 ~ 130Ma，晚期 130 ~ 100Ma，末期 100 ~ 66Ma。在秦岭和东部地区，燕山早期表现为强烈的碰撞挤压造山作用，中期是挤压和伸展脉动性交替，晚期为伸展构造作用，末期则进入拉张阶段。

1.3 华北克拉通南缘变质基底的形成和演化

1.3.1 华北克拉通南缘早前寒武纪块体构造

华北克拉通以发育早前寒武纪（>1800Ma）变质基底为特征。1984 年之前，学者们普遍认为华北克拉通拥有统一的早前寒武纪变质基底，变质程度越高的岩石或地层时代越老。因此，高角闪岩相至麻粒岩相变质的太华超群被置于绿片岩相至角闪岩相变质的登封群之下，太华超群代表下地壳岩石，登封群代表上地壳基底；褶皱构造的背斜核部出露太华超群，向斜核部出露登封群（河南省地质矿产局，

1989）。随着 1984 年构造地层地体（tectonostratigraphic terrane）或地体概念的提出和随后的广泛应用（Howell，1994），学者们发现华北克拉通实由多个地块、地体拼贴而成（图 1.7），地块或地体之间常有明显不同的物质组成和构造样式，经历了彼此独立的形成演化史（胡受奚，1988；Chen et al.，1989；陈衍景和富士谷，1992；胡受奚等，1997；Zhao G C et al.，2002；Zhai and Santosh，2011）。

研究表明，华北克拉通南缘由华熊地块、嵩箕地块和中条地块共同构成（图 1.17），三宝断裂（陈衍景等，1990b）与栾川断裂之间属华熊地块，中条山东缘断裂将三宝断裂以北的区域分割为西部的中条地块和东部的嵩箕地块。上述三个地块早前寒武纪基底性质、构造线方向、变质程度、含矿性等方面明显不同，而且其盖层发育程度、物质组成也有显著差异（表 1.1），晚前寒武纪和显生宙岩浆活动和成矿作用也有悬殊差异（陈衍景等，1991a）。特别是：①就基底构造线而言，华熊地块主体为 NWW 至 EW 向，嵩箕地块为近 NS 向，中条地块则为 NE 向；②华熊地块基底中发育大量孔兹岩系或孔达岩系（khondalite series），蕴含石墨矿床及夕线石、蓝晶石矿床，而嵩箕和中条地块则缺乏孔兹岩系及相关矿床；③华熊地块总体缺失古生代至三叠纪地层，而嵩箕地块和中条地块大量发育古生代至三叠纪地层，尤其以煤系和铝土矿为特征；④华熊地块显生宙岩浆作用和热液成矿作用强烈，尤其以印支期和燕山期显著，嵩箕地块迄今未见显生宙花岗岩类或热液矿床，中条地块只是偶见显生宙花岗岩类小岩体或脉岩。

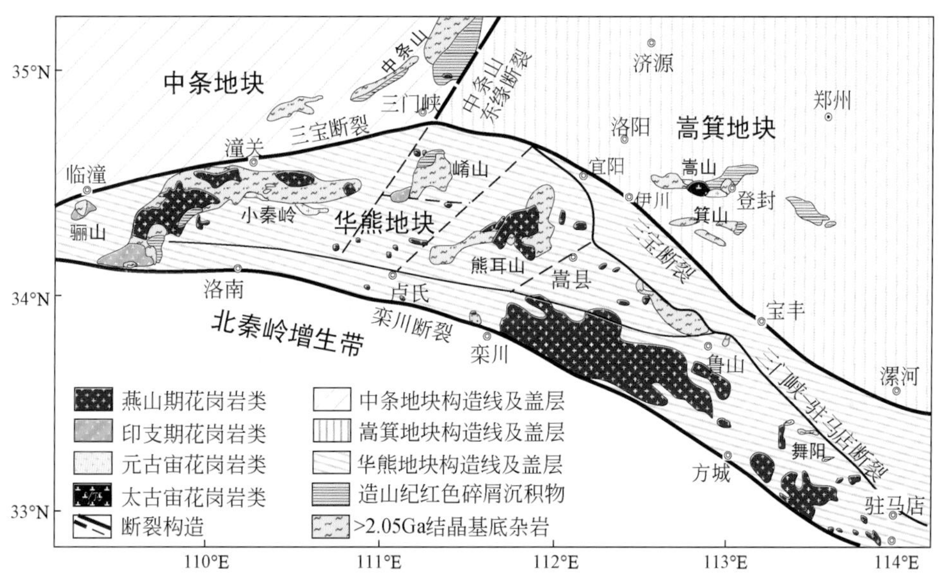

图 1.17　华北克拉通南缘的块体构造格局（陈衍景等，1991a，略有修改）

表 1.1　华北克拉通南缘不同地块岩石建造划分和对比（据陈衍景等，1991a，略有修改）

年龄/Ma	华熊地块		中条/鄂尔多斯地块	嵩箕地块
	太华复合地体	崤山地体		
<66	冲积物	冲积物	含盐类陆相盆地	含盐类陆相盆地
145 ~ 66	红色磨拉石-火山岩	红色磨拉石-火山岩	河湖相沉积	河湖相沉积
200 ~ 145	缺失	缺失	河湖相沉积	河湖相沉积
252 ~ 200	缺失	缺失	三叠纪湖沼相煤系	三叠纪湖沼相煤系
420 ~ 252	缺失	缺失	晚石炭世—二叠纪煤系	晚石炭世—二叠纪煤系
540 ~ 420	缺失	缺失	寒武纪—中奥陶世碳酸盐岩	寒武纪—中奥陶世碳酸盐岩
850 ~ 540	陶湾群碳酸盐岩	陶湾群碳酸盐岩	九女洞群碎屑岩-冰碛岩	九女洞群碎屑岩-冰碛岩
1000 ~ 850	栾川群碳硅泥岩系	栾川群碳硅泥岩系	洛峪群碎屑岩	上五佛山群碎屑岩
1600 ~ 1000	官道口群砂岩-碳酸盐岩	官道口群砂岩-碳酸盐岩	汝阳群碎屑岩	下五佛山群碎屑岩

续表

年龄/Ma	华熊地块		中条/鄂尔多斯地块	嵩箕地块
	太华复合地体	崤山地体		
1800～1600	熊耳群火山岩	熊耳群火山岩	西阳河群火山岩	西缘西阳河群火山岩
2050～1850	铁铜沟组山间磨拉石	铁铜沟组山间磨拉石	中条群克拉通盆地沉积*	嵩山群克拉通盆地沉积
2300～2050	水滴沟群孔兹岩系	崤山群双峰火山岩	绛县群双峰火山岩	安沟群双峰火山岩
2550～2300	荡泽河群绿岩带	天爷庙混合岩-花岗岩	涑水混合岩-花岗岩	君召群绿岩带
3000～2550	背孜型绿岩带	?	?	石牌河 TTG 杂岩
>3000	?	?	?	青羊沟型绿岩带

* 含担山石群。

华熊地块包括了自东向西的霍邱、舞阳（含叶县）、鲁山、熊耳山、崤山、小秦岭和骊山等早前寒武纪变质地体，除崤山地体之外，其他 6 个地体的早前寒武纪岩石组合相似，均以发育太华超群（原称太华群）的水滴沟群孔兹岩系为标志（图 1.18），故称之为太华复合地体（陈衍景等，1991a）。崤山地体早前寒武纪变质基底虽然也曾被称为“太华群”（河南省地质矿产局，1989），但岩性组合显著不同于太华复合地体，主要发育天爷庙混合片麻岩-混合岩-混合花岗岩杂岩和局部的绿片岩相变质的崤山群双峰式火山岩，缺乏孔兹岩系（图 1.18）。

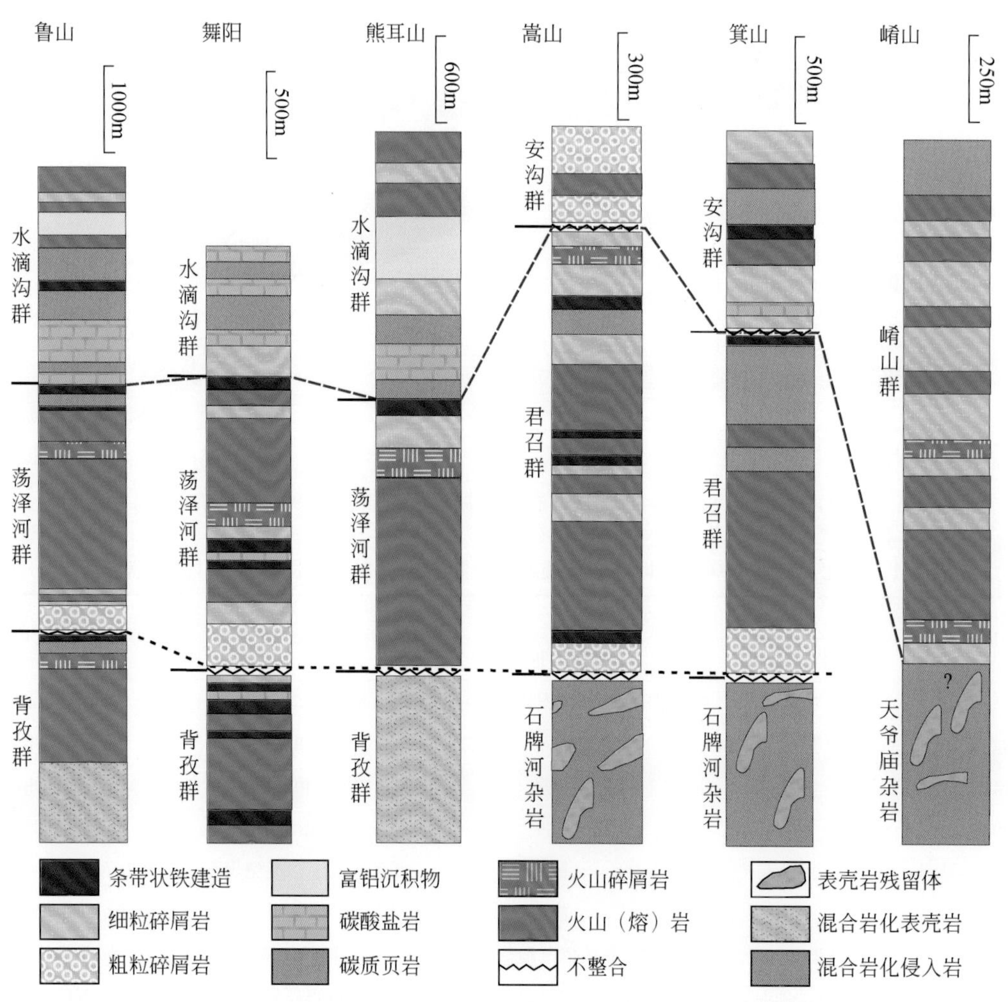

图 1.18　华北克拉通南缘早前寒武纪结晶基底划分对比（据 Chen and Zhao，1997）

以中条山东缘断裂为界，三宝断裂以北的华北克拉通南缘分为嵩箕地块和中条地块。嵩箕地块以发育原“登封群”和嵩山群为特征，包括了嵩山、箕山等早前寒武纪变质地体，其盖层为五佛山群。嵩箕地块不发育孔兹岩系，总体缺失熊耳群，仅其西缘济源地区有相当于熊耳群的西阳河群。中条地块同样缺乏孔兹岩系，盖层以西阳河群为特征。

上述 3 个地块之间的早前寒武纪岩石建造存在明显差异，特别是孔兹岩系发育程度不同。尽管如此，3 个不同地块常被笼统地归入南北向的 Trans-North China orogenic belt（Zhao et al., 2004; Zhai and Santosh, 2011），即华北克拉通中央造山带。

1.3.2　青羊沟型绿岩带的发育和原始地壳的性质

嵩箕地块嵩山地体最老的岩石单位是石牌河杂岩，它由变质的 TTG 岩石和变闪长岩组成，变闪长岩的 Rb-Sr 等时线年龄为 2997Ma（胡受奚，1988；陈衍景和富士谷，1992），表明石牌河杂岩形成于约 3000Ma。石牌河杂岩内含有较多表壳岩包体（图 1.18），包体形成时间无疑早于石牌河杂岩，即在 >3000Ma。表壳岩包体以角闪岩、斜长角闪岩、角闪片麻岩和少量长英质片岩为主，部分样品的化学成分和科马提岩一致。这些表壳岩包体与印度 Sargur 绿岩带和津巴布韦 Sebakwian 绿岩带（Goodwin，1981）在产状、岩石组合、时代等方面非常相似（表 1.2），被认为是华北克拉通第一次或原始绿岩带（primary greenstone）的残留体，称为青羊沟型绿岩带（陈衍景等，1988）。

表 1.2　青阳沟型绿岩带与相似绿岩带对比（陈衍景等，1988）

类型	青阳沟型	Sargur 型	Sebakwian 型
产区	嵩箕地块	印度	津巴布韦
产出	呈小包体残存于石牌河杂岩（混合岩和花岗质侵入岩组成）	呈残留体断续散布在半岛片麻岩中，单体可达 10～20km 长	呈残留体断续散布在莫沙贝、沙贝尼等基底片麻岩中
岩性	橄榄岩、科马提岩、玄武岩、火山碎屑岩、安山岩、BIF（?）	橄榄岩、科马提岩、玄武岩、火山碎屑岩、石英岩、泥质岩、BIF	橄榄岩、科马提岩、玄武岩、BIF（?）
时代	>3000Ma	>3100Ma	>3300Ma
基底	无	无	无

由于第一次绿岩是各大陆最早的表壳岩，它们应代表各大陆最原始地壳的组分（Goodwin，1981）。已知的第一次绿岩的岩石建造均以超镁铁质和镁铁质岩石为主，表明原始地壳应属硅镁质（simatic）（Glikson，1976；陈衍景等，1988）。关于原始地壳的成因观点较多，航天和遥感技术的探测结果以及比较行星学研究成果均支持星子堆积或撞击成因（欧阳自远，1989，1990，1991），即原始地壳或第一次绿岩是伴随强烈星子或小星体的撞击而形成。

1.3.3　背孜型绿岩带和石牌河杂岩的形成——古陆核出现

由于构成原始地壳和整个地球的星子之间在物质成分、放射性元素含量、残留能（residual energy）等方面是不均一的，这种不均一性势必导致星子之间的物质和能量的交换，即对流和扩散。对流和扩散作用一方面造成地球表面广泛的火山作用，另一方面使地壳表面产生广泛的小规模离散和会聚。离散区发生星子内部物质（星子幔）的部分熔融，产生较多的超镁铁质-镁铁质岩浆，形成新的硅镁壳，即原始洋壳（如背孜群）；会聚区则发生原始硅镁壳的部分熔融，产生较多的中性、酸性岩浆，使原始硅镁壳硅铝化，形成原始硅铝壳，即原始陆壳（如石牌河杂岩）。

上述构造-岩浆作用使原始硅镁质地壳分化为洋区和陆区，洋区的离散作用形成新的洋壳，陆区的会聚作用形成新的陆壳。这种构造-岩浆作用体制类似于现代板块构造作用体制（如 Wilson cycle，即威尔逊旋回），但因地球早期地温梯度高，其规模或影响范围较小，会聚和离散速度较快，在整个地球表面广泛发生，有泛威尔逊旋回的特征（陈衍景，1990；陈衍景和富士谷，1992）。

太华复合地体在大约 3～2.55Ga 期间（石牌河旋回或石牌河期）位于离散区，发育了以镁铁质、超镁铁质火山岩为主的背孜型绿岩带。背孜型绿岩带含较多的科马提岩，甚至橄榄质科马提岩，与南非 Barberton 绿岩带和印度 Kolar 绿岩带颇为相似（表 1.3），代表原始洋壳。

表 1.3　背孜型绿岩带与世界同类绿岩带对比（陈衍景等，1988）

类型	背孜型	Kolar 型	Barberton 型
产区	华熊地块	印度半岛	Kaapvaal 克拉通
产出形式	NWW 带状，长 5～60km，背形构造	线型带状，最长 10～50km	线型带状，向斜构造
岩性	科马提岩、橄榄岩、玄武岩、英安岩、页岩、泥质岩、斜长岩、BIF，偶见碳酸盐岩	科马提岩、橄榄岩、玄武岩、斜长岩，少量石英岩、泥质岩、BIF	科马提岩、玄武岩、英安岩、流纹岩、页岩、石英岩、杂砂岩、砾岩
岩性序列	超镁铁质-镁铁质-长英质火山岩→泥岩和 BIF	火山岩（主要）→变泥质岩和 BIF	旋回性超镁铁质→长英质火山岩-沉积岩
形成时代	3000～2550Ma	>3100Ma	3400～3200Ma
基底构造	不稳定地壳，未见基底	不稳定地壳，未见基底	不稳定地壳，未见基底

嵩箕地块在 3～2.55Ga 期间属于会聚区，发育了具有岩浆弧特点的奥长花岗岩、英云闪长岩、花岗闪长岩和闪长岩等中酸性侵入体，构成石牌河杂岩。石牌河杂岩侵入破坏了青羊沟型绿岩带（原始硅镁质地壳），诱发了变质作用和混合岩化作用，使青羊沟型绿岩带以断续包体形式残留于石牌河杂岩中，并成为石牌河杂岩的一部分。显然，石牌河杂岩总体属于花岗质或硅铝质，代表古陆核或陆块，可能形成于原始岩浆弧环境。

1.3.4　君召群和荡泽河群绿岩带及其构造背景

2550Ma 左右的石牌河运动伴随基诺超大陆会聚事件，导致石牌河杂岩和背孜型（群）绿岩带发生角闪岩相-麻粒岩相变质和不同程度的混合岩化。其间，嵩箕地块的陆壳范围扩大，硅铝化程度增高，古陆块特征更显著；太华复合地体背孜群也发生了变质作用和硅铝化，特别是混合岩化，使地壳物质组成趋近于现代岛弧。

石牌河运动之后，即 2550～2300Ma 期间（相当于新太古代末—成铁纪或过渡宙），太华复合地体处于拉张背景，在背孜群基底之上发育荡泽河型绿岩带。鉴于背孜群在成分上与现代岛弧类似，故岩浆作用显示了大洋裂谷的特征，其火山岩以含科马提质玄武岩类为主，以英安岩类为次，具有双峰特征（图 1.19）。无疑，玄武岩类是地幔部分熔融的产物，英安岩类则由背孜群部分熔融形成，不排除部分英安岩源于玄武岩浆的结晶分异。

嵩箕地块在 2550～2300Ma 期间处于岩浆弧背景，在石牌河杂岩构成的陆壳基底上发育君召群火山-沉积建造，即君召型绿岩带。君召群为玄武岩-玄武安山岩-安山岩-英安岩-流纹岩建造，以玄武岩-玄武安山岩为主，英安岩为次，双峰特征不明显，缺乏超镁铁质岩，具有岩浆弧火山岩的特征（图 1.19）。玄武岩和玄武安山岩由俯冲洋壳的部分熔融形成，英安岩和流纹岩则可能是石牌河杂岩部分熔融的产物。

君召群和荡泽河群均为发育在变质基底之上的绿岩带，属 Glikson（1976）所称的次生或二次绿岩（secondary greenstone），类似于印度 Dharwar 绿岩带（Goodwin，1981），其上部均发育条带状铁建造（表 1.4）。与君召群相比，荡泽河群火山岩更偏基性，线型分布特征更明显，变质程度更深，混合岩化更强，可能缘于其下伏基底的硅铝化程度更低。

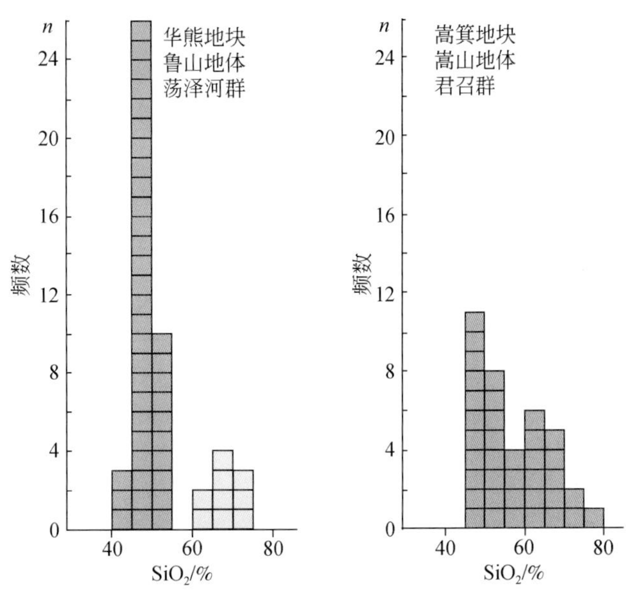

图1.19　荡泽河型和君召型绿岩 SiO_2 直方图（陈衍景和富士谷，1992）

表1.4　荡泽河型、君召型绿岩带与世界同类绿岩带对比（陈衍景等，1988）

类型	荡泽河型	君召型	达瓦尔型	布拉瓦约型
产区	华熊地块	嵩箕地块	印度	津巴布韦
产出形式	长5～50km，线带状分布，紧闭褶皱	长达20～60km，面型分布，开阔褶皱	长达400km，面型分布，开阔构造	中小型，面型分布，线状褶皱
岩性	玄武岩、科马提岩、安山岩、英安岩、杂砂岩、砾岩、石英岩、BIF、碳酸盐岩、泥质岩	玄武岩、英安岩、安山岩、流纹岩、杂砂岩、砾岩、泥质岩、石英岩、BIF、碳酸盐岩	杂砂岩、砾岩、石英岩、BIF、玄武岩、安山岩、流纹岩、火山碎屑岩	玄武岩、英安岩、流纹岩、安山岩、科马提岩、石英岩、砾岩、杂砂岩、BIF
岩性序列	浅海浊流沉积→铁镁质-长英质火山岩→化学沉积	陆架相沉积→镁铁质-长英质火山岩→浅海沉积	基底陆架相→浊流沉积+火山岩	超镁铁质→长英质火山岩→沉积岩
形成时代	2550～2300Ma	2550～2300Ma	2600～2300Ma	2700～2500Ma
基底及时代	>2550Ma背孜型绿岩带	>2550Ma石牌河杂岩	3500Ma半岛片麻岩	>3500Ma莫沙贝或沙贝尼片麻岩
与基底关系	不整合	不整合	不整合	不整合

值得说明的是，在华熊地块峪山地体，此期构造层为天爷庙混合片麻岩、混合岩，其岩石组合特征与荡泽河群或君召群差别较大，与中条地块的涑水杂岩（孙大中等，1991）相似。我们认为，在2300Ma之前，峪山地体并不属于华熊地块，而可能属于中条地块（图1.20A）。

1.3.5　嵩阳期构造层发育和峪山地体的离散与拼贴

在君召群和荡泽河群发育末期或之后，即2300Ma左右，华北克拉通南缘发生了构造热事件，称为郭家窑运动。该事件之后，地热梯度和火山作用明显减弱，岩浆作用以基性岩墙侵入为特征。与此同时，全球地质环境发生了突变，大气圈和水圈由还原性变为氧化性（Chen，1988；陈衍景，1990），被称为大氧化事件（GOE；Holland，2002）。伴随环境突变，巨厚的苏必利尔湖型BIF广泛发育，大气温度降低，发生全球性休伦冰川事件（Tang and Chen，2013；Chen et al.，2019；Young，2013，2019），含叠层石的厚层碳酸盐地层广泛沉积，碳酸盐岩碳同位素正异常（Tang et al.，2011），以及其他方面的根本性转变，

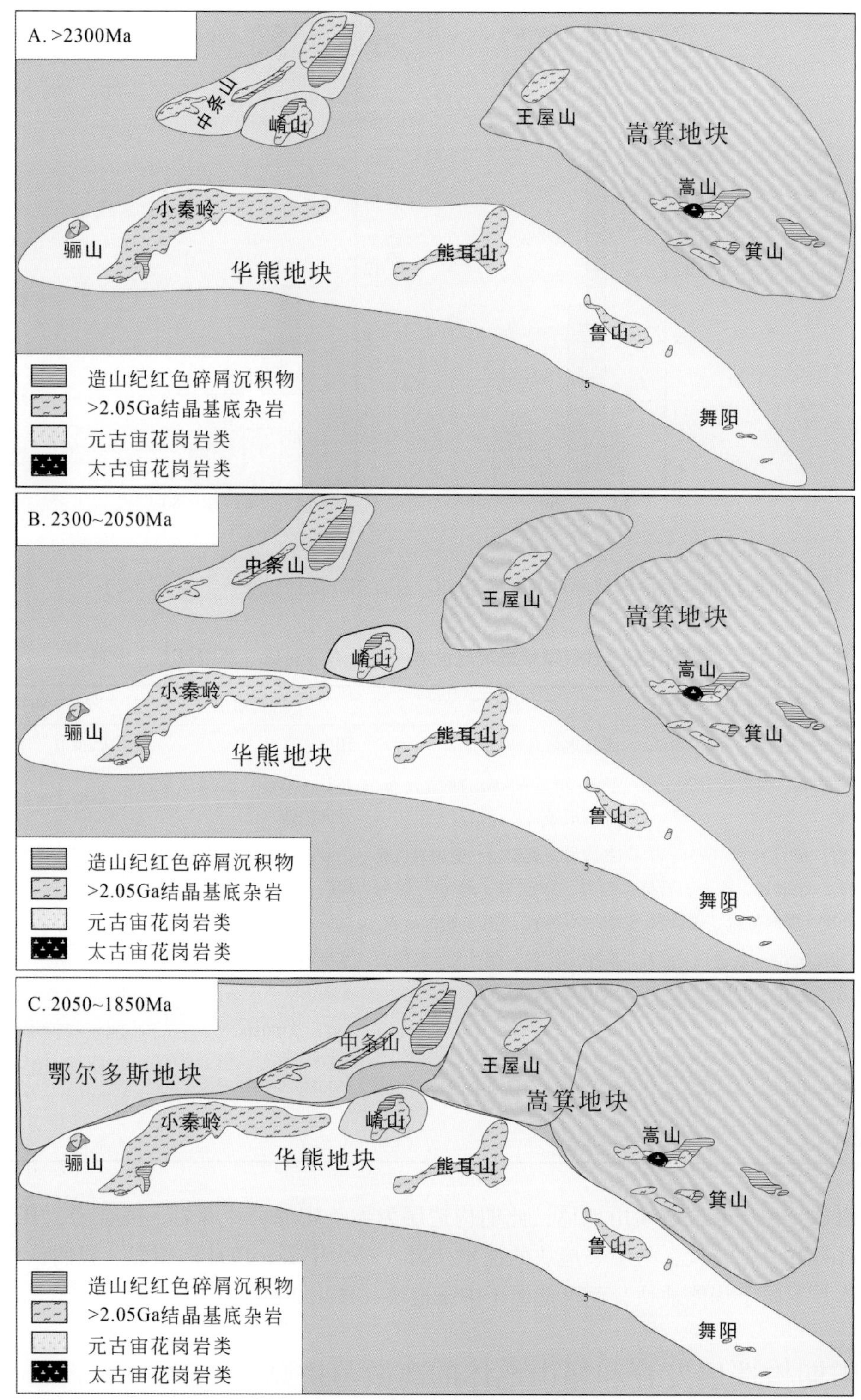

图 1.20　古元古代华北克拉通南缘地体离散和拼合过程示意

导致多类型矿床爆发式形成（图 1.21；陈衍景和汤好书，2018；汤好书等，2018）。

在层侵纪，华熊地块太华复合地体发育了水滴沟群孔兹岩系，蕴含丰富的石墨、夕线石以及 BIF 铁矿床，其原岩相当于碳硅泥岩系（含碳质的碳酸盐岩、硅质岩、泥岩等），夹少量双峰式的碱性橄榄玄武岩和流纹岩（陈衍景等，1988；季海章和陈衍景，1990）。同期，崤山地体发育崤山群（陈衍景等，1989a），嵩箕地块为安沟群（孙枢等，1985；张国伟等，1989），中条地块为厚度较大的绛县群（孙大中

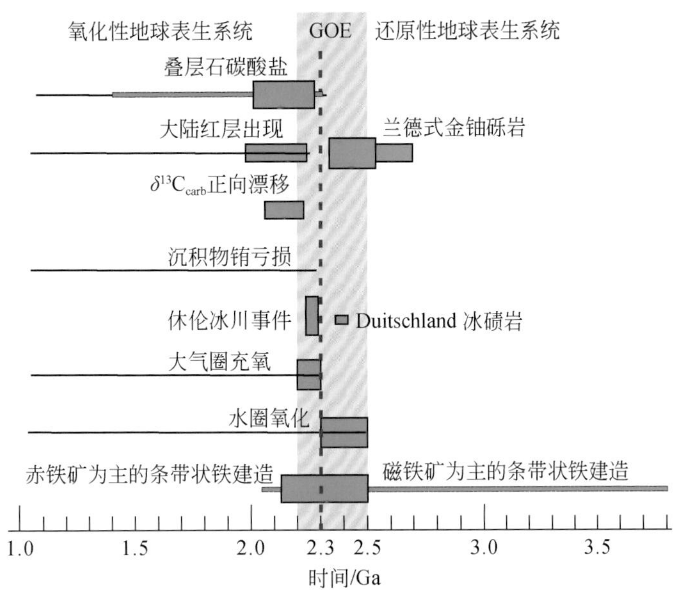

图 1.21　大氧化事件谱系（Tang and Chen，2013；陈衍景和汤好书，2018）

等，1991），它们均以裂谷环境的双峰火山岩（图 1.22）为主，间夹碎屑沉积岩，偶见化学沉积的 BIF 和碳酸盐，火山岩同位素年龄都落入 2300～2050Ma 范围（胡受奚，1988；Li et al.，2015a 及其引文）。

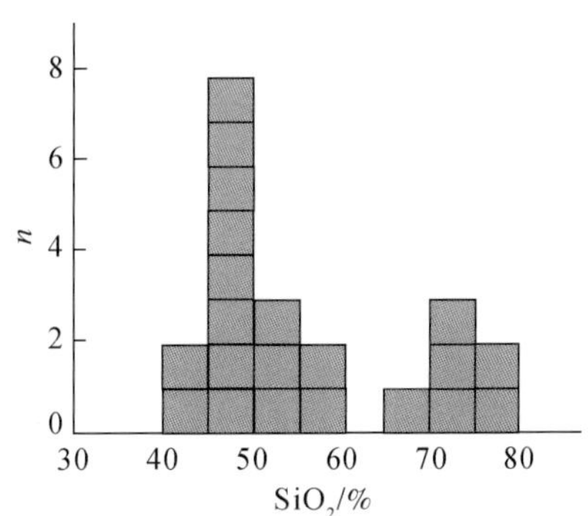

图 1.22　崤山群火山岩 SiO_2 直方图（陈衍景和富士谷，1992）

需要说明，崤山群变质程度与嵩箕地块安沟群和中条地块绛县群相似，均为绿片岩相，与太华复合地体的角闪岩相-麻粒岩相的水滴沟群大相径庭（表 1.1；图 1.18）。表明崤山地体与嵩箕地块、中条地块处于统一的裂谷构造环境。华北克拉通南缘不同地块、地体的双峰火山岩的同位素年龄均集中在 2250～2100Ma，与克拉通内部五台地区滹沱群内火山岩建造时代一致，也与世界其他克拉通层侵纪火山岩年龄相一致（Tang and Chen，2013；陈威宇等，2018），被作为大氧化事件结束的标志。在华北克拉通南缘，2050Ma 左右的嵩阳运动终止了层侵纪地层发育。

1.3.6　中岳期构造层和克拉通化

在造山纪（2050～1800Ma），先后发生了嵩阳运动（2050Ma 左右）和中岳运动（1850Ma 左右），嵩阳运动使崤山地体与太华复合地体拼贴在一起，组成华熊地块（图 1.20B）；随后，中岳运动使华熊地块与中条地块、嵩箕地块拼合为统一的华北克拉通南缘早前寒武纪基底。造山纪的造山事件导致太华复合地体发生角闪岩-麻粒岩相的变质作用，崤山地体、中条地块、嵩箕地块等在嵩阳期发生绿片岩相变质。

嵩阳运动之后，华北克拉通南缘>2.1Ga 的岩石普遍变质和硅铝化，形成了成熟度较高的结晶基底，克拉通化基本完成。其后，嵩箕地块和中条地块沉积了层位稳定的嵩山群和中条群，它们都以石英砾岩、砂岩等所谓的“嵩山石英岩”为特征，属典型的稳定克拉通盆地沉积建造，指示两地块的陆壳成熟度较高。此间，华熊地块呈现隆起的山脉特点，大部分地区（舞阳、鲁山、熊耳山、小秦岭）缺失中岳期沉积，仅在崤山地体北部和骊山地体的坝源地区发育了少量山间磨拉石建造——铁铜沟组。然而，铁铜沟组主要由石英砾岩、石英砂岩等组成，依然显示了较高的陆壳成熟度。

1850Ma 左右的中岳运动是全球性造山事件，完成了努纳超大陆的会聚，结束了华北克拉通南缘不同陆块彼此独立的形成演化史，并使造山纪构造层发生变形和变质。

1.4　熊耳群和西阳河群的构造背景：DI 指数的应用

1.4.1　主要观点及分歧

熊耳群和/或西阳河群为一套没有遭受明显变形变质的古元古代固结纪火山岩建造，广泛出露于栾川断裂以北的华北克拉通南缘，厚达 7.6km（图 1.23），角度不整合于强烈变质变形的早前寒武纪地层或岩石（如太华超群）之上，上被未变质的汝阳群或官道口群以及更上层位的沉积地层超覆或低角度不整合覆盖，盖层特征鲜明（胡受奚，1988；陈衍景和富士谷，1992）。熊耳群和西阳河群的主要岩性为玄武安山岩、安山岩、英安岩和流纹岩，以安山岩类和英安岩类为主，罕见 SiO_2<49% 的玄武岩；火山岩以碎屑岩为主，熔岩为次，总体为陆相喷发（孙枢等，1981，1985；关保德等，1988；胡受奚，1988；贾承造等，1988；He et al.，2009）。SHRIMP 和 LA-ICP-MS 方法获得的锆石 U-Pb 年龄显示熊耳群喷发始于 1.84Ga，结束于 1.45Ga，集中于 1.78～1.65Ga（表 1.5；孙大中等，1991；Zhao T P et al.，2002；Zhao G C et al.，2002，2004，2009；He et al. 2009；Cui et al. 2011；Zhang et al.，2012），形成于哥伦比亚超大陆聚合事件之后（Rogers and Santosh，2002，2009；Zhao G C et al. 2002，2004；Santosh，2010；Meert and

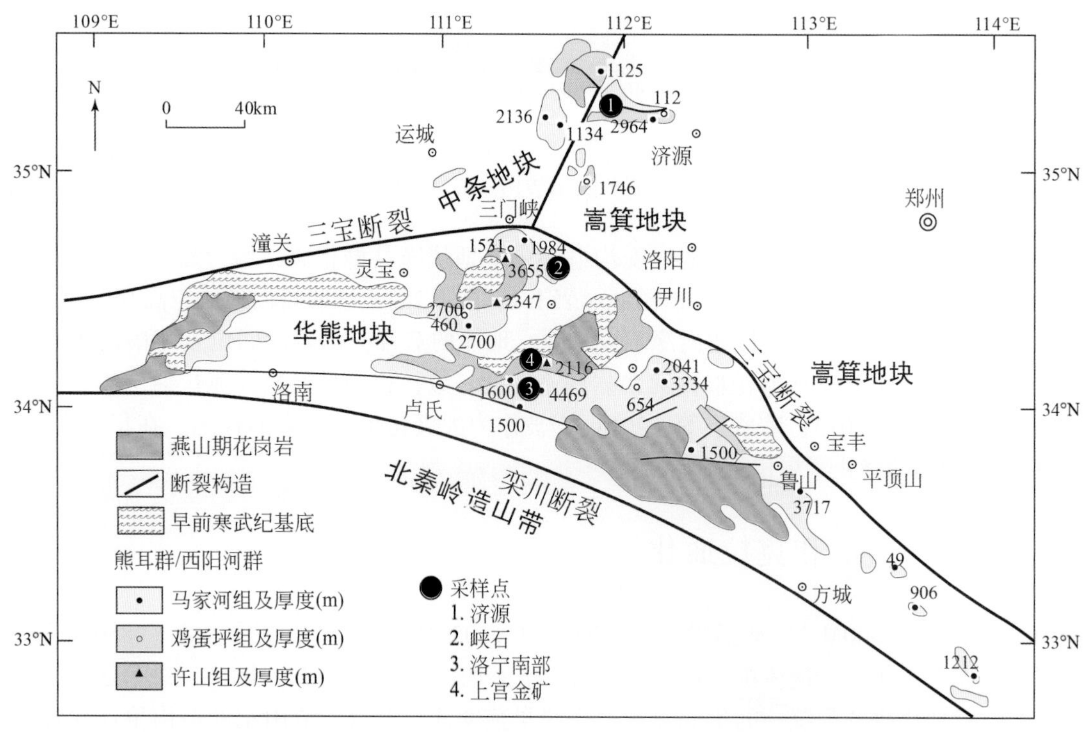

图 1.23　熊耳群和西阳河群火山岩分布及厚度（修改自陈衍景和富士谷，1992）

Santosh，2017）。一种观点认为它们代表了华北克拉通向南增生的大陆边缘岩浆弧（胡受奚，1988；贾承造等，1988；陈衍景等，1992；Zhao et al.，2009；He et al.，2009；Deng et al.，2013a，2013b；Li et al.，2014，2015a），另一种观点认为其代表大陆裂谷作用（孙枢等，1981，1985）、哥伦比亚超大陆裂解或地幔柱活动（Zhao T P et al.，2002；Pirajno and Chen，2005；Peng et al.，2007，2008；Pirajno，2013）。

表 1.5　熊耳群和西阳河群同位素年龄

序	地质体	岩石名称	测试方法	年龄/Ma	文献
1	中条山许山组	英安斑岩	单颗锆石 U-Pb 一致线	1826±32	孙大中等，1991
2	中条山许山组	英安斑岩	SHRIMP 锆石 U-Pb	1840±14	孙大中等，1991
3	中条山许山组	流纹岩	常规锆石 U-Pb 上交点	1829±17	孙大中等，1991
4	中条山许山组	火山岩	全岩铷锶等时线（n=9）	1635±6	孙大中等，1991
5	中条山许山组	玄武安山岩	SHRIMP 锆石 U-Pb	1767±47	He et al.，2009
6	熊耳山马家河组	辉石闪长岩	单颗锆石 U-Pb 一致线	1761±16（n=3）	赵太平等，2001
7	熊耳山马家河组	辉石闪长岩	LP-ICP-MS 锆石 U-Pb	1550～3080（n=24）	赵太平等，2001
8	熊耳山马家河组	流纹斑岩	单颗锆石 U-Pb 一致线	1959±44	赵太平等，2001
9	熊耳山马家河组	流纹斑岩	LP-ICP-MS 锆石 U-Pb	1685～2745（n=10）	赵太平等，2001
10	外方山鸡蛋坪组	流纹斑岩	锆石 SHRIMP U-Pb	1800±16	赵太平等，2004
11	外方山马家河组	流纹斑岩	锆石 SHRIMP U-Pb	1776+20/−19	赵太平等，2004
12	熊耳山 W24	闪长岩	锆石 SHRIMP U-Pb	1789+26/−20	赵太平等，2004
13	熊耳山 W21	辉绿岩	锆石 SHRIMP U-Pb	1773±37	赵太平等，2004
14	崤山许山组	玄武安山岩	锆石 SHRIMP U-Pb	1783±20	He et al.，2009
15	外方山许山组	英安岩	锆石 SHRIMP U-Pb	1783±13	He et al.，2009
16	外方山许山组	流纹岩	锆石 LA-ICP-MS U-Pb	1778±8	He et al.，2009
17	崤山鸡蛋坪组	流纹岩	锆石 LA-ICP-MS U-Pb	1778±5. 5	He et al.，2009
18	外方山鸡蛋坪组	流纹岩	锆石 LA-ICP-MS U-Pb	1751±14	He et al.，2009
19	熊耳山鸡蛋坪组	英安岩	锆石 SHRIMP U-Pb	1450±31	He et al.，2009
20	崤山马家河组	安山岩	锆石 LA-ICP-MS U-Pb	1778±6. 5	He et al.，2009
21	眼窑寨组	次火山岩	锆石 SHRIMP U-Pb	1781±12	柳晓艳等，2011
22	陕西熊耳群	玄武安山岩	锆石 LA-ICP-MS U-Pb	1810±41	呼延钰莹和路玉，2016
23	官道口岩体	石英正长斑岩	锆石 U-Pb	1731±29	任富根等，2000
24	眼窑寨岩体	正长辉长岩	锆石 U-Pb	1750±65	任富根等，2000
25	庙岭岩体	霓辉正长岩	锆石 U-Pb	1644±14	任富根等，2000
26	崤山熊耳群	石英闪长岩	斜锆石 SIMS U-Pb	1789. 4±3. 5	崔敏利等，2010
27	崤山熊耳群	石英闪长岩	锆石 SIMS U-Pb	1778±12	崔敏利等，2010
28	崤山熊耳群	花岗斑岩	锆石 SIMS U-Pb	1786. 4±7. 7	崔敏利等，2010
29	外方山熊耳群	流纹斑岩	锆石 LA-ICP-MS U-Pb	1763±15	Wang et al.，2010

无论是裂谷观点还是陆缘弧观点，其重要支撑之一是华北克拉通南缘与北秦岭增生带物质组成的时空协和关系。在栾川断裂和商丹断裂之间，从北向南依次发育主要由宽坪群、二郎坪群和秦岭群构成的3个构造地层地体，地体之间的边界断裂分别是瓦穴子断裂和朱夏断裂（图1.24）。其中，宽坪地体的宽坪群主要岩性为斜长角闪岩、角闪片岩、绿泥片岩、云母片岩，以及部分蛇纹岩化的超镁铁质岩，原岩以大洋拉斑玄武岩为主，是大洋环境发育的火山-沉积建造，代表古洋壳（孙枢等，1985；胡受奚，1988；贾承造等，1988）。宽坪群同位素年龄变化于1974～943Ma（表1.6），最大和最小者皆为锆石 U-Pb 年龄。最大锆石 U-Pb 年龄1974Ma来自黑云母石英片岩（表1.6），无法排除原岩为沉积岩的可能性；最小锆石

U-Pb 年龄 943±6Ma（第五春荣等，2010）可能来自后期侵入体，甚或二郎坪群或陶湾群。除前述最大和最小年龄之外，其余锆石 U-Pb 或 Pb-Pb 年龄全部落入 1827～1681Ma 范围，与熊耳群、西阳河群年龄相当，被认为形成于 1850～1400Ma（孙枢等，1981，1985；胡受奚，1988；贾承造等，1988），特别是 1753±14Ma 左右（何世平等，2007）。因此，孙枢等（1981、1985）、胡受奚（1988）、贾承造等（1988）确定宽坪群为代表古元古代末期大洋地壳的蛇绿混杂岩。

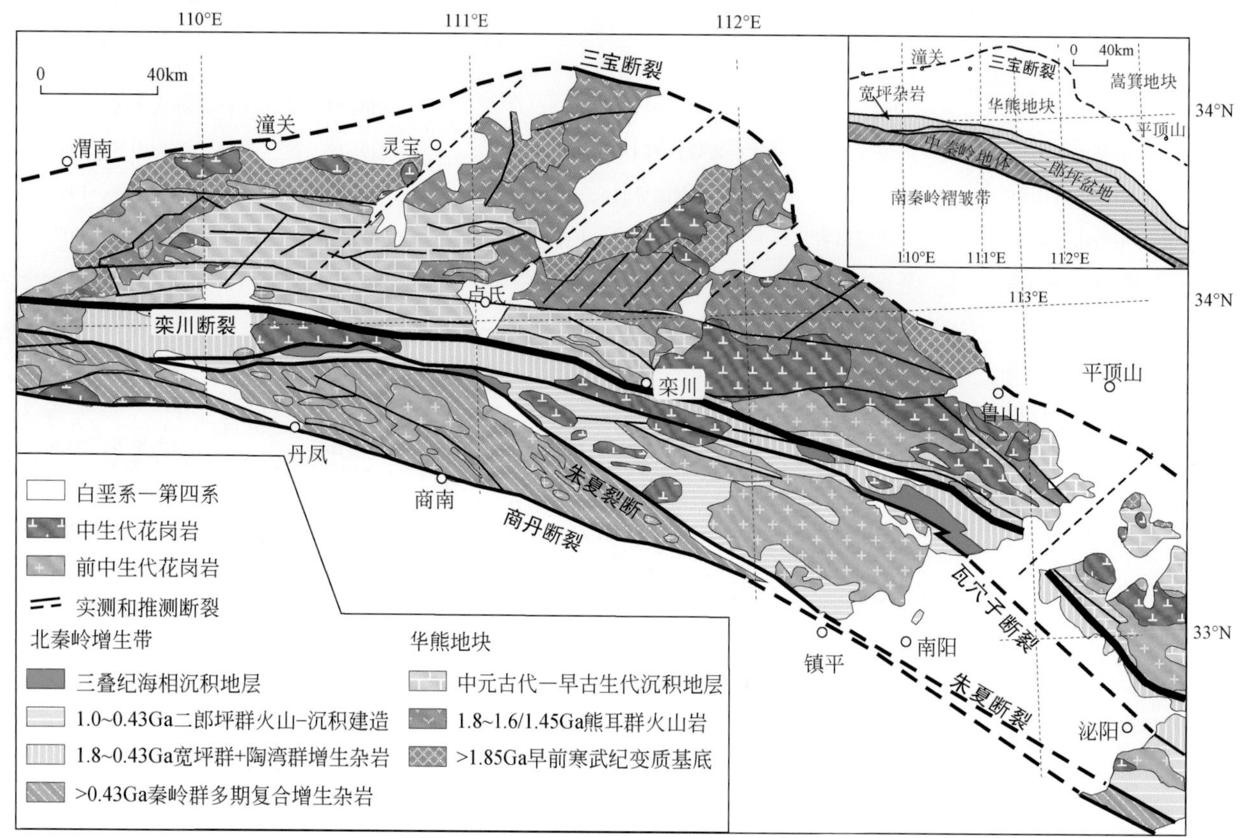

图 1.24　华北古板块南缘增生构造（底图改自马丽芳，2002）

表 1.6　宽坪群同位素年龄

序	岩石名称	测试对象	测试方法	年龄/Ma	文献
1	绿片岩	锆石	U-Pb	1827±11	李靠社，2002
2	斜长角闪岩	锆石	U-Pb	1753±14	何世平等，2007
3	黑云母石英片岩	锆石	U-Pb	1974	张维吉，1987
4	黑云母石英片岩	锆石	U-Pb	1741	张维吉，1987
5	黑云母石英片岩	锆石	U-Pb	1681	张维吉，1987
6	黑云母石英片岩	锆石	Pb-Pb	1730	张维吉，1987
7	黑云母石英片岩	黑云母	K-Ar	1872	张维吉，1987
8	绿片岩	全岩	Rb-Sr	1704	张维吉，1987
9	斜长角闪岩	角闪石	K-Ar	1516	张维吉，1987
10	变基性火山岩	全岩	Rb-Sr	1411±30	高洪学等，1989
11	斜长角闪岩	角闪石	K-Ar	1404	贾承造等，1988
12	斜长角闪岩	角闪石	K-Ar	1393	董申保，1986
13	斜长角闪岩	全岩	Sm-Nd	1382±30	裴先治等，1997

续表

序	岩石名称	测试对象	测试方法	年龄/Ma	文献
14	斜长角闪岩	角闪石	K-Ar	1250	董申保，1986
15	绿片岩	全岩	Sm-Nd	1085±44	张寿广等，1991
16	斜长角闪岩	全岩	Sm-Nd	1153±28	张寿广等，1991
17	变基性火山岩	全岩	Rb-Sr	1442	王荣华，1987
18	黑云母石英片岩	全岩	Rb-Sr	1089	王荣华，1987
19	黑云母石英片岩	全岩	Rb-Sr	1021	王荣华，1987
20	黑云母石英片岩	全岩	Rb-Sr	1004	王荣华，1987
21	钠长阳起片岩	全岩	Sm-Nd	1142±18	张宗清等，1994
22	斜长角闪岩	全岩	Sm-Nd	986±169	张宗清和张旗，1995
23	绿片岩	锆石	U-Pb	943±6	第五春荣等，2010

关于熊耳群、西阳河群和宽坪群的性质及其形成构造背景，长期存在认识分歧，主要观点是：①熊耳群和西阳河群属同一套双峰火山岩建造，形成于裂谷环境，也就是三叉裂谷的废弃一支，即裂陷槽或拗拉槽（aulacogen），而继续扩张的两支裂谷发展为宽坪洋，由宽坪群蛇绿混杂岩所代表（孙枢等，1981，1985；关保德等，1988；张国伟，1989；杨忆，1990；张国伟等，2001；张本仁等，2002）。②熊耳群和西阳河群是安第斯型活动大陆边缘的单峰火山岩建造（胡受奚，1988；贾承造等，1988），是宽坪群蛇绿混杂岩代表的古大洋板块俯冲到华北克拉通南缘之下的产物。③宽坪群蛇绿混杂岩记录了古大洋板块沿栾川断裂向北俯冲到华北克拉通南缘之下，在陆缘岩浆弧发育具有双峰特征的熊耳群火山岩建造，俯冲挤压诱发了与陆弧垂直的陆内被动裂谷，发育了西阳河群双峰火山岩（陈衍景和富士谷，1992；陈衍景等，1992）。此外，个别学者提出熊耳群和西阳河群是古元古代末期地幔柱活动的产物（Zhao T P et al.，2002；Peng et al.，2008；Zhai and Santosh，2011），但尚未发现诸如苦橄岩或科马提岩等有力的岩石学标志，本书仍将之归入裂谷观点或其派生的观点。下面简述三种观点的主要依据和薄弱之处。

1.4.2　裂谷和地幔柱

孙枢等（1981，1985）认为熊耳群、西阳河群形成于裂陷槽的主要根据是：

（1）熊耳群-西阳河群火山岩呈三角形分布。南界是栾川断裂，西北界是绛县-潼关断裂，东北界是推测的铁山河-洛阳-背孜断裂，形似三角形（图 1.25A）。而且，火山岩建造厚度沿崤山-中条山（NNE）方向最大。该空间分布特征被认为由三叉裂谷系统形成（图 1.25B），其中两支进一步扩张为宽坪群所代表的古洋盆（图 1.25C）。

（2）据孙枢等（1981，1985）报道，熊耳群和西阳河群火山岩在（Na_2O+K_2O）-SiO_2 图、（Na_2O+K_2O）-（Na_2O/K_2O）图、米德尔莫斯特火山岩分类图上，多数样品落入碱性火山岩区，少部分落入非碱性火山岩区。其中，非碱性火山岩在 SiO_2、FeO^*（全铁含量）、TiO_2随 FeO^*/MgO 值变化图上为 Fenner 趋势的拉斑玄武岩系列，TiO_2含量高于岛弧拉斑玄武岩。而且，K_2O 一般高于 1.5%，也高于岛弧拉斑玄武岩。

（3）当火山岩 SiO_2<62% 时，Na_2O/K_2O 值随 SiO_2 含量增高而逐渐减小；当 SiO_2>68% 时，Na_2O/K_2O 值骤减（表 1.7）。因此，SiO_2<62% 的火山岩其 Na_2O/K_2O 值远高于 SiO_2>68% 者，表明二者并非同源产物，其酸性成员源于陆壳重熔。

（4）熊耳群和宽坪群火山岩均显示双峰特征（表 1.7），但二者差异显著。宽坪群主要由玄武岩和流纹岩组成，缺乏 SiO_2 含量介于 53.5%~68% 的安山岩和英安岩；相反，熊耳群以玄武安山岩-安山岩和英安岩为主体，玄武岩和流纹岩相对较少。而且，两群岩石 Na_2O/K_2O 值悬殊，反映了构造环境和喷发环境的显著差异。

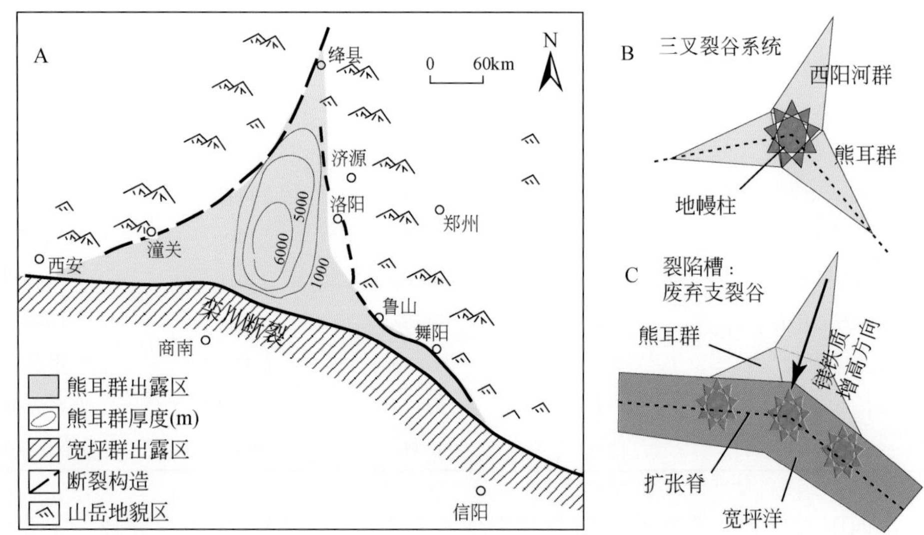

图 1.25 熊耳群和西阳河群火山岩空间分布及成因模式
A 图修改自孙枢等，1981；B、C 图为三叉裂谷演化示意图

表 1.7 熊耳群和宽坪群主要类型火山岩 Na_2O/K_2O 值的范围/平均值（孙枢等，1981）

SiO_2/%	豫西地区熊耳群	陕西坝源-洛源熊耳群	宽坪群
<53.5	0.50 ~ 2.16/1.26	1.30 ~ 2.47/1.86	3.41 ~ 14.50/8.60
53.5 ~ 62.0	0.60 ~ 3.65/1.34	0.88 ~ 1.84/1.51	
62.0 ~ 68.0	0.35 ~ 0.70/0.56		
>68.0	0.02 ~ 0.16/0.09	0.32 ~ 0.34/0.33	0.41 ~ 1.40/0.80

孙枢等（1981，1985）准确揭示了熊耳群-西阳河群和宽坪群火山岩建造的岩石学和岩石化学特征及其差异，科学解释了 SiO_2>68% 火山岩的陆壳重熔成因，为正确认识两群火山岩构造背景奠定了基础。尽管如此，裂谷（含地幔柱）观点尚需阐明如下现象：

（1）部分熊耳群和西阳河群样品 K_2O、TiO_2 含量较高，虽然可以用裂谷观点解释，但也可能缘于区域地球化学异常。事实上，熊耳群下伏基底岩石的 K_2O 含量总体高于世界同类岩石（表 1.8；陈衍景和富士谷，1992；陈衍景等，1988）。

（2）世界典型大陆裂谷火山岩建造都以玄武岩为主，英安岩-流纹岩为次，相对缺乏中性的安山岩类。与此相反，熊耳群以玄武安山岩、安山岩和英安岩为主，含少量流纹岩和极少量玄武岩（表 1.9）。据贾承造等（1988）统计，SiO_2 变化于 52%~70% 的岩石占 85.45%；阎中英（1985）统计表明，SiO_2 变化于 52.22%~70.28% 的岩石占 83.6%。

（3）DI（differentiation index）直方图是判别双峰或单峰火山岩建造及其构造背景的最直接而有说服力的指标（Martin and Piwinskii，1972；Condie，1982），但裂谷观点支持者（孙枢等，1981，1985）并没有提供具有典型裂谷火山岩特征的 DI 或 SiO_2 含量的直方图。

（4）熊耳群与宽坪群具有陡变或截然不同的岩石学和岩石地球化学特征，很难解释为同一裂谷体系的逐步演化，即由大陆裂谷逐步扩张为洋盆。

（5）裂谷或地幔柱常有铬铁矿、铜镍硫化物和/或钒钛磁铁矿等岩浆矿床发现，但与熊耳群有关的这类矿床至今尚未发现；相反，熊耳山区却发育 1.76Ga 的寨凹斑岩钼铜成矿系统（Deng et al.，2013a，2013b）。

表 1.8　熊耳群火山岩与世界同类火山岩 K_2O 含量对比

火山岩类型	SiO_2/%	K_2O/%	参考文献
玄武岩，熊耳群	50.75	2.17	贾承造等，1988
玄武岩，华北克拉通南缘基底	48.30	1.30	陈衍景等，1992
玄武岩，中国平均	48.28	2.51	南京大学地质学系，1980
玄武岩，全球平均	50.2	1.0	Winter，2009
安山岩，熊耳群	56.60	3.00	贾承造等，1988
安山岩，华北克拉通南缘基底	54.32	1.96	陈衍景等，1992
安山岩，中国平均	56.75	2.01	南京大学地质学系，1980
玄武安山岩，全球平均	54.3	2.1	Winter，2009
安山岩，全球平均	60.1	2.5	Winter，2009
英安岩，熊耳群	65.92	5.01	贾承造等，1988
流纹英安岩，华北克拉通南缘基底	66.24	2.59	陈衍景等，1992
英安岩，中国平均	65.70	2.83	南京大学地质学系，1980
英安岩，全球平均	64.9	2.5	Winter，2009
流纹英安岩，全球平均	66.2	3.1	Winter，2009
流纹岩，全球平均	71.5	4.1	Winter，2009

表 1.9　熊耳群中不同类型火山岩所占比例

岩石类型	N=261（贾承造等，1988）			N=378（阎中英，1985）		
	SiO_2 含量/%	样数	比例/%	SiO_2 含量/%	样数	比例/%
玄武岩	44.0～52.0	11	4.21	46.60～52.20	32	8.46
玄武安山岩	52.0～53.5	28	10.73	52.22～59.89	199	52.65
安山岩	53.5～62.0	125	47.89	60.14～64.44	47	12.43
英安岩	62.0～70.0	70	26.82	64.82～70.28	70	18.52
流纹岩	>70.00	27	10.34	70.64～78.24	30	7.94

* 对于同一岩石类型，如玄武安山岩，两组学者使用的 SiO_2 含量范围差别较大，导致统计的比例不同。

1.4.3　大陆边缘岩浆弧

胡受奚（1988）、贾承造等（1988）认为熊耳群和西阳河群是陆弧环境，主要依据是：

（1）栾川断裂是宽坪群和熊耳群的分界，它已被李春昱等（1978）作为古俯冲带。栾川断裂以南的宽坪群具备蛇绿混杂带特征，同位素年龄主要集中在 1850～1400Ma（表 1.6），与熊耳群年龄相当，代表熊耳群发育期的古洋壳。

（2）贾承造等（1988）和阎中英（1985）统计表明，熊耳群火山岩建造以安山岩为主、英安岩为次（表 1.9）。值得说明，无论是裂谷观点，还是岩浆弧观点，熊耳群这一岩石组合特征被共识（如，陈衍景等，1992；赵太平等，1994；He et al.，2009；Wang et al.，2010）。很明显，熊耳群基本缺乏大陆裂谷或地幔柱活动区大量发育的玄武岩类，更无裂谷或地幔柱火山岩建造中常见的超基性岩。

（3）在分异指数 DI 直方图上，熊耳群与埃塞俄比亚等裂谷背景火山岩建造迥然不同，与喀斯喀迪斯、阿留申群岛等岩浆弧火山岩建造颇为相似（图 1.26）。

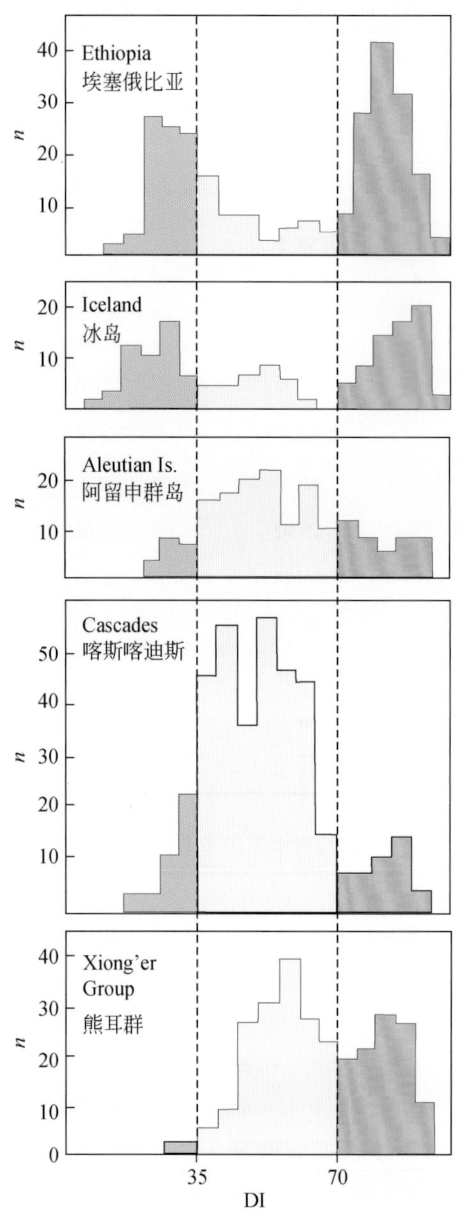

图 1.26　熊耳群与典型构造环境火山岩 DI 直方图对比（据陈衍景和富士谷，1992；其中，熊耳群引自贾承造等，1988；其他地区引自 Martin and Piwinskii，1972）

（4）据阎中英（1985）计算，熊耳群火山岩皮克科钙碱指数（CA）为 52.6，属碱钙系列；里特曼指数 σ 集中在 1.8 ~ 4.0（表 1.10），属富碱钙碱系列。据贾承造等（1988）计算，σ = 1.5 ~ 3.6，属钙碱性系列。

表 1.10　熊耳群各类火山岩里特曼指数（σ）（贾承造等，1988）

岩类	玄武岩	安山岩	英安岩	流纹岩
SiO_2/%	44.0 ~ 53.5	53.5 ~ 62.0	62.0 ~ 70.0	>70.0
里特曼指数 σ	3.59±1.67	3.07±1.17	2.46±0.75	1.50±0.66

（5）在王德滋修订的 SiO_2-(Na_2O+K_2O) 图、Hyadman 的 A-F-M 图、都城秋穗的 TiO_2-(FeO^*/MgO) 图、Pearce 的（Er/Y）-Er 图、Varne 的 Nb-Ba 和 La-Ba 图等判别图上，熊耳群火山岩均落入岩浆弧区或呈钙碱性火山岩趋势（详见胡受奚，1988；贾承造等，1988；陈衍景和富士谷，1992）。

(6) 熊耳群火山岩 K_2O、K_2O/Na_2O、K_2O/SiO_2、K_2O+Na_2O、(K_2O+Na_2O)/Al_2O_3 等从南向北增高(表 1.11；图 1.27)，显示了陆弧火山岩的陆相极性地球化学变化特征。

表 1.11　熊耳群/西阳河群火山岩成分的南北变化（陈衍景和富士谷，1992）

成分	洛宁南部熊耳群（n=23）	河滩–峡石熊耳群（n=11）	济源西阳河群（n=43）
K_2O/%	3.22	3.26	3.79
Na_2O*/%	2.63	2.57	2.94
Al_2O_3*/%	13.64	13.77	13.65
SiO_2*/%	63.14	61.51	59.22
K_2O/Na_2O	1.22	1.26	1.29
Na_2O/SiO_2*	0.42	0.42	0.50
K_2O/SiO_2	0.051	0.053	0.064
(K_2O+Na_2O)/%	5.85	5.84	6.73
(K_2O+Na_2O)/Al_2O_3	0.43	0.42	0.49

* 根据贾承造等（1988）的数据计算。样品采样位置示意于图 1.23。

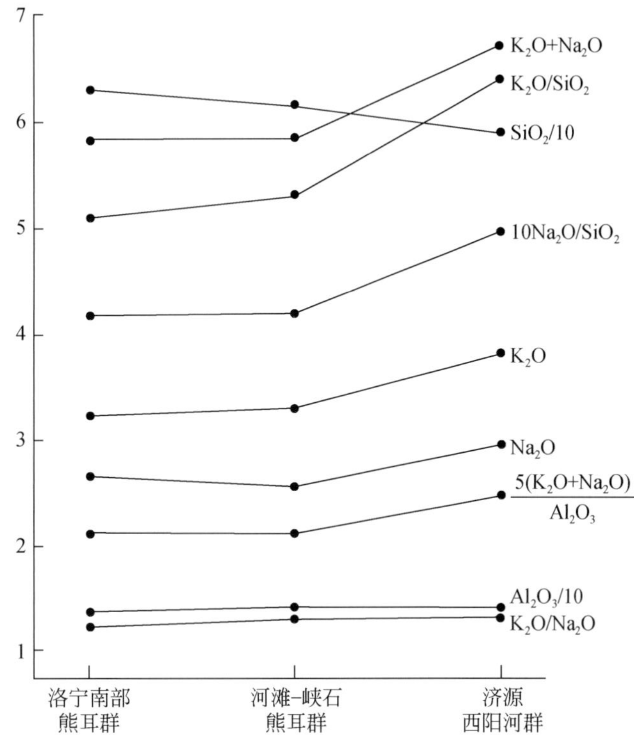

图 1.27　熊耳群与西阳河群火山岩岩石化学对比（陈衍景和富士谷，1992）

陆缘岩浆弧观点与熊耳群火山岩特征基本一致，但存在下列不一致现象：

(1) 与典型岩浆弧的单峰式钙碱性火山岩（贾承造等，1988）相比，熊耳群和西阳河群火山岩的碱含量偏高，有较明显的双峰特征，尤其是 K_2O/Na_2O 在 SiO_2 62%～68% 范围突然变化（孙枢等，1981，1985）。

(2) 如果熊耳群和西阳河群属于同一陆弧的火山岩建造，其 K_2O、SiO_2、K_2O/Na_2O、(K_2O+Na_2O)/Al_2O_3等自南而北应逐渐升高，但实际情况是熊耳群明显低于西阳河群（图 1.27），SiO_2 含量不增反降（表 1.11）。

(3) 自南而北，镁铁质岩石应减少，长英质火山岩应增多。事实恰相反，玄武岩较多地见于北部的西阳河群（张德全等，1985），很少见于南部的熊耳群。

（4）孙枢等（1981，1985）所指出的熊耳群和西阳河群等厚线呈 NNE 向，而不是平行于俯冲带的 WNW 向，需要进一步解释。

1.4.4　陆弧与裂谷并存

为了解决裂谷和陆弧观点所不能解释的一系列问题或现象，陈衍景等（1992）注意到采样位置直接影响了学者们关于固结纪火山岩组合特征及构造环境的认识。晋南西阳河群研究者都主张火山岩具双峰特征，形成于裂谷环境（如：张德全等，1985；关保德等，1988；杨忆，1990；孙大中等，1991）。相反，豫西熊耳群研究者中，一部分认为熊耳群是单峰火山岩建造，形成于陆弧环境（如：阎中英，1985；胡受奚，1988；贾承造等，1988）；一部分学者（孙枢等，1981，1985）主张是双峰火山岩，形成于裂谷环境。显然，熊耳群火山岩是单峰还是双峰火山岩，是认识分歧的关键，有必要进一步研究核实。

陈衍景和富士谷（1992）对熊耳山上宫金矿区 20 件剖面实测样品进行了岩石化学分析，发现其 DI 指数以及 K_2O、MgO、K_2O+Na_2O 和 MgO+CaO 含量具有双峰特征（图 1.28）。左右峰的 DI 范围分别为 40～65 和 80～90，左峰明显大于右峰（图 1.28E）。左峰 17 件样品 SiO_2 含量为 49.77%～60.05%，属安山岩和玄武安山岩；3 件右峰样品 SiO_2 含量为 64.0%、66.50% 和 72.25%，属于英安岩或流纹岩。如果以 DI=70 作为界线，该双峰也清楚地显示在贾承造等（1988）所做的 DI 直方图中（图 1.28F），只是当时世界范围内尚未认识该类双峰的存在。赵太平等（1994）和 Wang 等（2010）分别收集处理了 836 件和 1032 件样品分析数据，更有力地证明了熊耳群火山岩的双峰特征（图 1.29，图 1.30），较大的左峰代表安山岩和玄武安山岩，较小的右峰代表英安岩和流纹岩。赵太平等（1994）还认为熊耳群火山岩左、右峰的 DI 值分别为 52 和 85，或 SiO_2 含量分别为 57% 和 70%。总之，熊耳群确实具有双峰特征，但该双峰不同于裂谷区或地幔柱活动区火山岩的双峰，可能属于陆缘弧火山岩的特征。

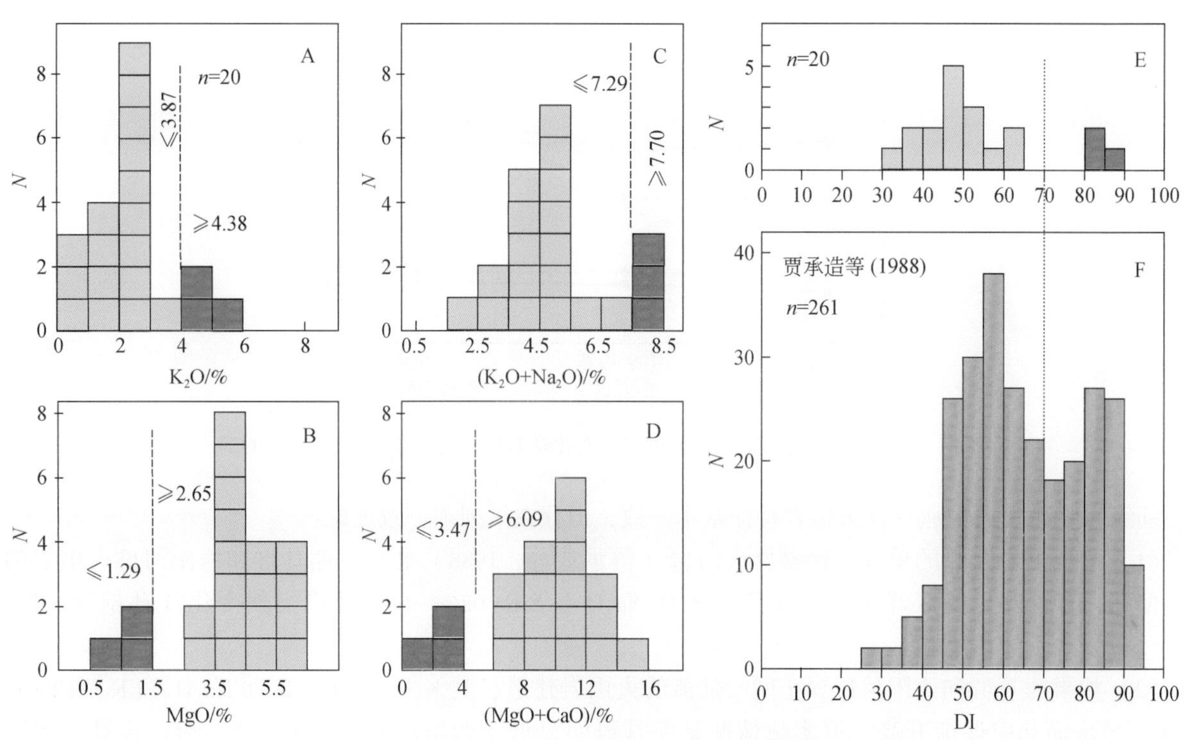

图 1.28　熊耳群双峰式地球化学特征（图 A～E 引自陈衍景和富士谷，1992）

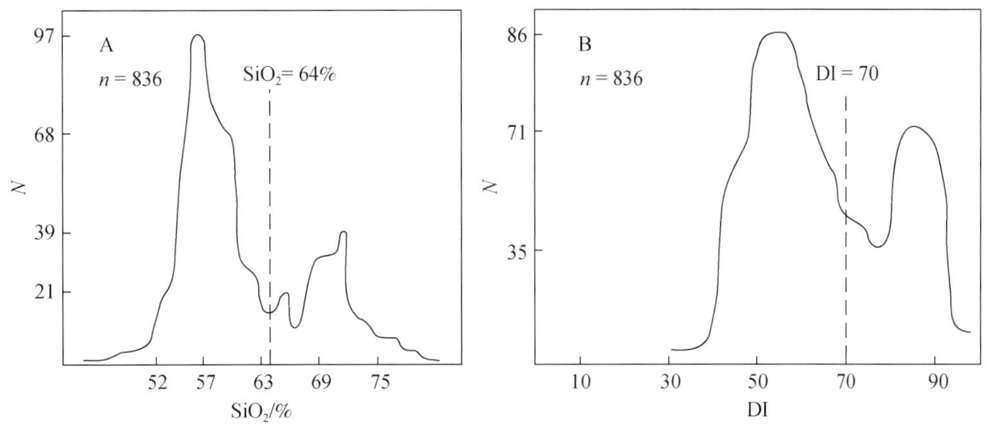

图 1.29　熊耳群 SiO_2 和 DI 直方图（赵太平等，1994）

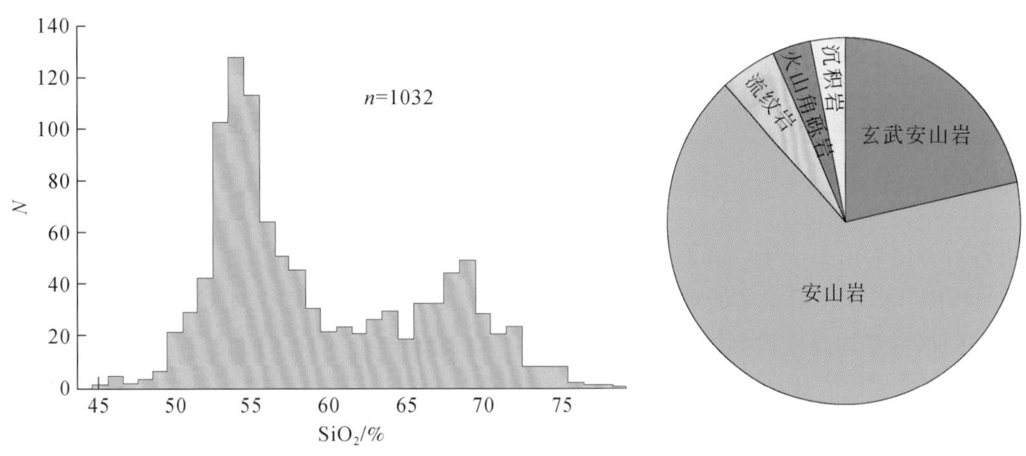

图 1.30　熊耳群 SiO_2 含量直方图和岩性组合（Wang et al.，2010）

根据熊耳群和西阳河群火山岩的空间分布、岩性组合和地球化学特征，陈衍景等（1992）提出了陆弧与裂谷并存的构造模式（图 1.8），NWW 向分布的熊耳群为陆弧火山岩，沿豫晋边界发育的 NNE 向西阳河群为裂谷火山岩，展布形态上二者近乎直交（图 1.8）。该模式尚可解释如下区域地质事实和疑难问题或现象：

（1）基底构造有利于陆弧-裂谷并存。华熊地块中岳期构造线为 NW 至 EW 向，嵩箕地块为南北向，中条地块为 NNE 向，三块体之间发育三宝断裂和中条山东缘断裂（图 1.17）。显然，基底构造有利于沿中条山东缘断裂发育被动裂谷（图 1.17）。

（2）区域构造格局。具有蛇绿混杂岩特征的宽坪群呈狭窄带状（宽约 10km）分布于栾川断裂与瓦穴子断裂之间（图 1.24），与熊耳群火山岩平行分布，形成时代一致，构成了宽坪洋板块俯冲到华熊地块之下的轮廓。不难理解，由南向北的挤压俯冲必然导致近东西向拉伸，使处于追踪张方向（NNE）的中条山东缘断裂演变为西阳河裂谷，该类型裂谷被称为被动裂谷（Turcotte and Emerman，1983）。

（3）火山岩的倒 T 形分布。前人曾描述为三角形，更确切地说是倒 T 形（图 1.23）。熊耳群分布在三宝断裂以南，呈 NWW 向；西阳河群则在三宝断裂以北，即三门峡市以北，沿中条山断裂发育，呈 NNE 向带状。熊耳群和西阳河群两个火山岩带在三门峡附近直交，构成倒 T 形。值得特别说明的是，在三门峡—济源一线以南和三宝断裂以北的广大范围内，没有发现同期火山岩，与“三角形分布”的描述不符。

（4）中元古代地层空间分布。熊耳群火山岩以陆相为主，发育时华熊地块处于山地地貌，此地貌特点与裂谷不相符，与陆缘弧相称。熊耳群形成之后，华熊地块南缘发育“弧前盆地”性质的官道口群，北缘沿三宝断裂发育具“弧后盆地”性质的汝阳群（图 1.31）；汝阳群在三门峡附近呈近直角转为 NNE，呈带状上叠在西阳河群之上（图 1.31），显示了 NWW 向陆弧链接 NNE 向被动裂谷的轮廓（图 1.8）。

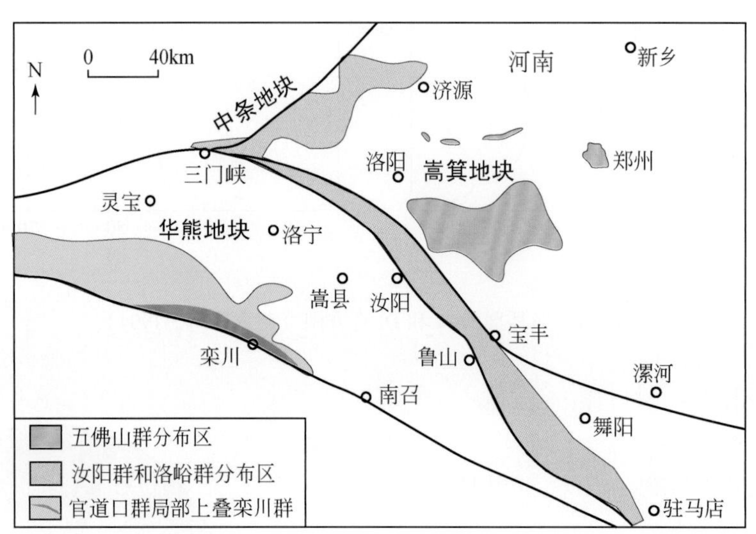

图 1.31　华北克拉通南缘中元古代地层发育轮廓（据胡受奚，1988，略有修改）

（5）岩石组合以安山岩为主。熊耳群和西阳河群均以（玄武）安山岩-英安岩为主，总体符合岩浆弧火山岩建造的特征。K_2O 含量偏高的现象可能源自区域性地球化学异常，因为下伏基底中玄武岩、安山岩、英安岩的 K_2O 含量均高于世界同类岩石（表 1.8；陈衍景和富士谷，1992）。与熊耳群相比，西阳河群内的玄武岩和玄武安山岩比例显著增大，流纹岩比例也有增加，双模式特征更明显。例如，山西垣曲地区，西阳河群含较多枕状熔岩，岩枕成分为玄武岩、玄武安山岩，个别为橄榄玄武岩（张德全等，1985）。

（6）熊耳群岩石化学双众数特征。在 $SiO_2=62\%\sim68\%$ 时，K_2O/Na_2O 骤增（孙枢等，1981），说明 $SiO_2<62\%$ 的火山岩 K_2O/Na_2O 低，为壳幔物质共同熔融形成；$SiO_2>68\%$ 的火山岩 K_2O/Na_2O 高，源自陆壳物质部分熔融。在 DI 直方图上，熊耳群和喀斯喀迪斯陆弧火山岩都出现了 DI=70 的低谷，显示了双众数特征。但是，该双峰特征截然不同于埃塞俄比亚等大陆裂谷带双模式火山岩 DI 直方图（图 1.26）。

（7）熊耳群与宽坪群和西阳河群之间地球化学差异显著。熊耳群与宽坪群有截然不同的岩石组合和地球化学特征，如 K_2O/Na_2O 值，说明二者不属于同一裂谷作用不同阶段的产物。华熊地块南缘和北缘的熊耳群 K_2O、Na_2O、K_2O+Na_2O、K_2O/SiO_2、Na_2O/SiO_2、$(Na_2O+K_2O)/Al_2O_3$ 等没有明显差别，但熊耳群与西阳河群之间差别较大（图 1.27、表 1.11），表明熊耳群与西阳河群也不属于同一套火山岩建造。与熊耳群相比，西阳河群 SiO_2 含量更低，碱含量更高，大陆内部裂谷火山岩特征明显。

（8）锶同位素组成。已有 $(^{87}Sr/^{86}Sr)_i$ 值主要为 0.7034 ~ 0.7072（表 1.12），与岩浆弧花岗岩类 $(^{87}Sr/^{86}Sr)_i$ 值（0.703 ~ 0.710）相一致。表 1.12 中有两组数据高于 0.710，其中一组数据 0.712，相应年龄为 1710±74Ma，但样品地质和分析测试信息不完整；另一组数据为 0.7101±0.0007，但相应的等时线年龄为 951±56Ma，与地质事实不符。如果这两组数据具备参考价值，则显示部分火山岩来自大陆壳物质的部分熔融。

（9）孙大中等（1991）获得西阳河群火山岩锆石 U-Pb 同位素年龄有 1840Ma、1826Ma、1454Ma、1459Ma、1439Ma，与宽坪群和熊耳群时代相当（表 1.5、表 1.6），符合同期被动裂谷火山岩的特点。宽坪洋板块向北俯冲到华北克拉通之下，使华熊地块演变为陆缘岩浆弧，沿嵩箕地块与中条地块缝合带（中条山东缘断裂）发育西阳河裂谷。

表 1.12　熊耳群和西阳河群锶同位素组成

序号	样品地质和采样点	年龄/Ma	$(^{87}Sr/^{86}Sr)_i$	参考文献
1	河南舞阳（中国科学院地质研究所）	1710±74	0.712	胡受奚，1988
2	山西垣曲鸡蛋坪组 8 件样品	951±56	0.7101±0.0007	乔秀夫等，1985
3	山西绛县许山组 9 件样品	1635±6	0.7072	孙大中等，1991
4	山西垣曲许山组 7 件样品	1459±48	0.7071±0.0006	乔秀夫等，1985
5	山西垣曲马家河组 4 件样品	1439±35	0.7069±0.0004	乔秀夫等，1985
6	垣曲马家河组和许山组 11 件样品	1454±36	0.7070±0.0004	乔秀夫等，1985
7	河南陕县 4 件细碧岩样品	1650±26	0.7061±0.0011	黄萱和吴利仁，1990
8	河南陕县 1 件细碧岩样品	1650	0.7059	黄萱和吴利仁，1990
9	陕西金堆城 1 件样品	1650	0.7034	黄萱和吴利仁，1990

陆弧与裂谷并存的构造模式，不但能解释单用陆弧观点或裂谷观点所不能解释的一系列现象，而且与该区构造-岩浆演化和矿床空间分布特点等地质实际更为吻合，科学解释了古元古代末期华北古板块南缘陆壳增生的机制和构造背景。而且，这次陆壳增生事件伴随了钼矿化和钼金属富集（Deng et al.，2013a，2013b），使熊耳群成为东沟等多个大型、超大型钼矿床的赋矿围岩和矿源层。

1.4.5　不同构造背景的火山岩组合——DI 直方图形态

不同构造背景岩浆作用的特点不同，岩石被作为研究岩石圈物质组成和构造性质的探针。长期以来，岩石大地构造学家习惯性认为单峰火山岩建造形成于挤压构造背景或汇聚板块边界，双峰火山岩建造形成于拉张背景或离散板块边界（Condie，1982；陈衍景和富士谷，1992）。对于熊耳群，一组学者认为是裂谷环境的双峰火山岩，另一组学者则认为是陆弧环境的单峰火山岩建造，两种观点截然对立。值得重视的是，类似对立观点还常见于很多地区不同时代的火山岩建造，如新疆北部早古生代火山岩、泥盆纪火山岩、石炭纪火山岩等，这可能暗示了已有认识方法或理论依据的不足。前述表明，熊耳群具双峰特征，却形成于陆弧背景，这对传统观点提出了挑战：陆弧区如何发育双峰火山岩？它与裂谷区双峰火山岩有何差别？其他构造环境的火山岩又该发育何种组合样式的火山岩呢？等等。需要进一步深入探讨、研究。

图 1.26 上，大陆裂谷和大洋裂谷都存在 DI<35 的高峰（埃塞俄比亚、冰岛），岛弧和陆弧（阿留申和喀斯喀迪斯）恰恰缺少 DI<35 的火山岩。据此，可将 DI<35 的峰作为区分拉张背景（裂谷）和挤压背景（岛弧、陆弧等）的标志。实际上，DI<35 的岩石是镁铁质或超镁铁质岩浆岩，这些岩石只能由地幔部分熔融或称一次部分熔融（mantle 或 first partial melting）所形成。因此，强烈的地幔部分熔融是拉张背景的特征。

岛弧和陆弧岩浆作用主要源于俯冲洋壳的部分熔融或二次部分熔融（second partial melting），或由洋壳部分熔融诱发的富集地幔楔的部分熔融，所形成火山岩 DI 值集中于 35～70，属安山岩类。岩浆弧火山岩 DI 直方图上缺乏 DI<35 的样品，意味着缺乏来自原始地幔或亏损地幔直接部分熔融形成的火山岩。

裂谷带的地幔部分熔融和岩浆弧区的俯冲洋壳部分熔融都发生于深部，属于深部熔融作用，形成的岩浆上涌时必然引起浅部岩石圈的局部热异常，导致浅部物质的部分熔融（图 1.32），我们称其为浅部派生熔融（induced shallow-level partial melting）。当浅部物质为洋壳时，引起的浅部熔融仍属洋壳熔融，主要形成 DI=35～70 的火山岩。因此，如图 1.26、图 1.32 所示，浅部物质为洋壳的岛弧和大洋裂谷带均有此种浅部熔融作用所形成的 DI=35～70 的火山岩（如阿留申岛弧和冰岛），而大陆裂谷区则没有（如埃塞俄比亚裂谷）。

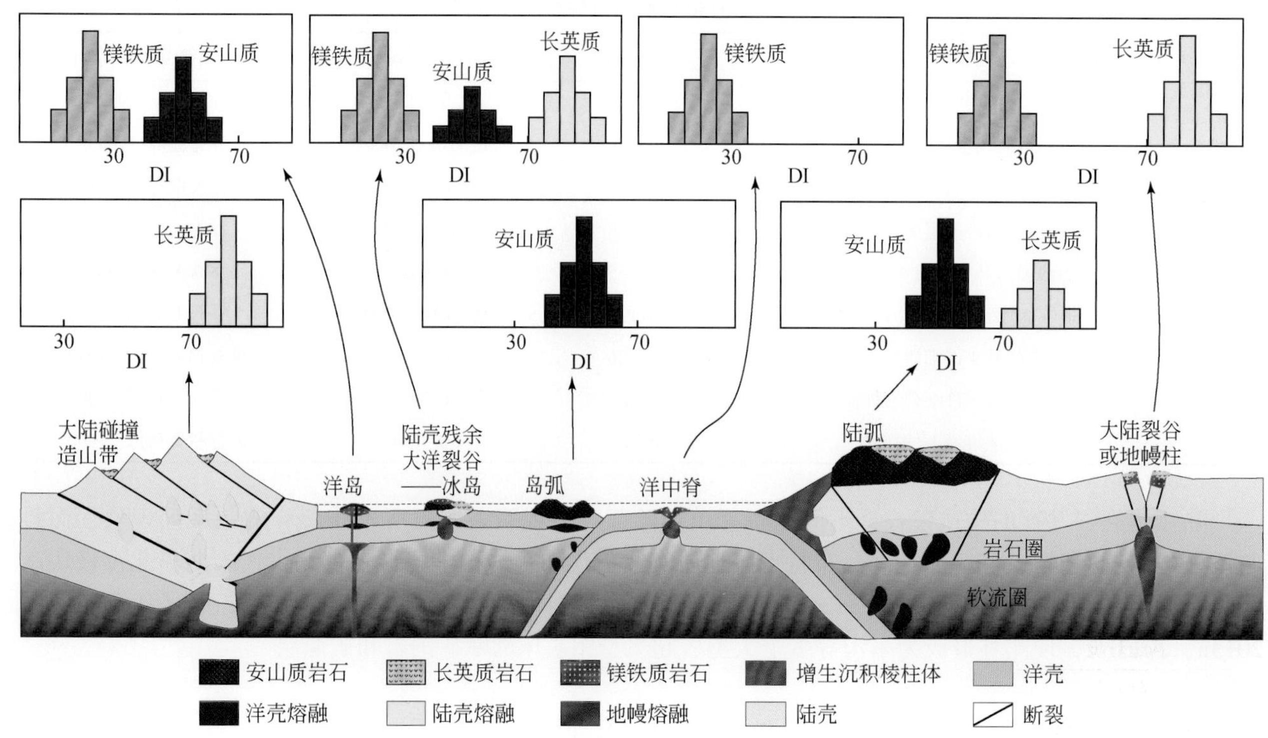

图 1.32　不同构造环境的火山岩组合示意及其成因模型

当浅部物质为陆壳时，应引起陆壳部分熔融，称为三次部分熔融（third partial melting）。与二次部分熔融相比，三次部分熔融的产物势必更偏酸性或长英质，DI 更高，一般大于 70。如此一来，存在大陆地壳的大陆裂谷、陆弧和有陆块残留的大洋裂谷等，都应或多或少地发育 DI>70 的火山岩，而没有陆壳的岛弧等构造环境则应缺少 DI>70 的火山岩。与分析相吻合的事实是，埃塞俄比亚大陆裂谷、有陆壳残余的冰岛大洋裂谷、安第斯陆缘弧、熊耳群陆缘弧等都清楚地显示了 DI>70 的高峰，而缺乏陆壳的阿留申岛弧则没有呈现 DI>70 的高峰。

由上可知，一、二、三次部分熔融分别以形成 DI<35、35～70、>70 的火山岩建造为主，因此火山岩组合的峰态应由形成火山岩的部分熔融类型所决定。三种部分熔融作用都存在时，DI 图上应有<35、35～70 和>70 三个峰，此背景只能是冰岛，既有深部的地幔部分熔融，也有浅部的洋壳部分熔融，还有残余陆壳的部分熔融。只有一次、二次或三次部分熔融时，DI 图上只出现一个峰，其范围为 DI<35、DI=35～70 或 DI>70，其构造背景只能分别是洋中脊、岛弧或碰撞造山带（陆内俯冲作用的火山岩区）。一次和二次部分熔融同在时，有 DI<35 和 35～70 两个峰，属大洋裂谷区。一次和三次部分熔融同在时，有 DI<35 和 DI>70 两个峰，属大陆裂谷背景。二次和三次部分熔融作用同在时，出现 DI=35～70 和 DI>70 两个峰，属陆弧区。

表 1.13 和图 1.32 总结了上述各种构造背景与可能的火山岩组合情况。作为验证，图 1.33 为大别地区晚侏罗世火山岩 SiO_2 含量直方图，显示了以长英质火山岩为主体的单峰特征，与理论分析结果一致。

应该补充说明，一次、二次和三次部分熔融形成的火山岩或侵入岩在成因类型上分别相当于幔源型（M 型）、同熔型（I 型）和改造型（S 型）。如此，DI 指数可以作为判别岩石成因的参考指标之一。

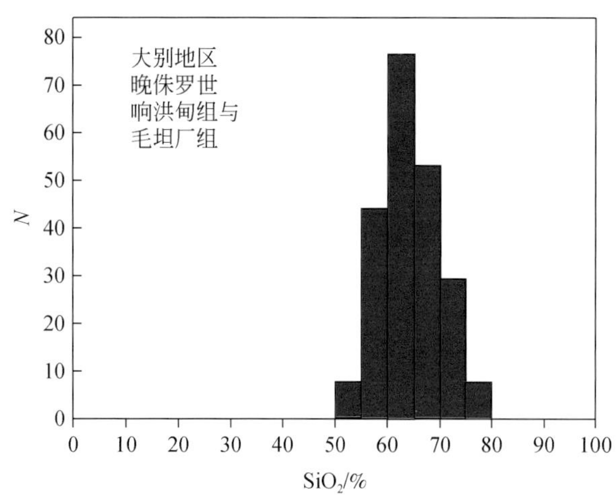

图 1.33　大别地区晚侏罗世火山岩 SiO_2 含量直方图（戴圣潜等，2003）

表 1.13　不同构造背景火山岩组合特征及 DI 峰态

构造环境	岩浆来源	岩石性质	DI 峰值	实例
洋中脊	软流圈地幔	镁铁质	<35	大西洋中脊
大洋岛屿或裂谷	地幔，洋壳	镁铁质，少量安山质	<35，35～70	夏威夷
有残留陆块的洋中脊	软流圈地幔，洋壳，陆壳	镁铁质，长英质，安山质	<35，35～70，>70	冰岛
大陆裂谷	软流圈地幔，陆壳	镁铁质，长英质	<35，>70	埃塞俄比亚
陆弧	洋壳，富集地幔，陆壳	安山质，长英质	35～70，>70	Cascades，熊耳群
岛弧	洋壳，富集地幔	安山质	35～70	阿留申群岛
大陆碰撞带	陆壳	长英质	>70	大别山侏罗系

1.5　三叠纪构造背景——现今的地中海

秦岭造山带的形成经历了古特提斯洋北支洋盆发育、洋陆俯冲和大陆碰撞。关于盆山转变过程细节，如洋盆闭合的具体时间，三叠纪构造环境、岩浆作用和成矿作用特征等，认识仍然较为薄弱或存在分歧。结合前人地球物理、区域地球化学和构造地质研究成果，本节通过重点分析三叠纪沉积作用、岩浆作用和成矿作用的特点，论证秦岭三叠纪构造背景恰似现今地中海，古特提斯洋自东向西拉链式闭合，洋陆俯冲作用与陆陆碰撞作用并存，洋陆俯冲作用逐渐变弱、消失，陆陆碰撞作用逐渐增强直至华南与华北-秦岭联合大陆之间全面碰撞。

1.5.1　认识、分歧及问题

秦岭造山带构造位置独特，经历多期次而复杂的重大地质事件，很多问题的认识存在争议，三叠纪（200～251Ma）构造背景就是之一（陈衍景等，2009；陈衍景，2010；Chen and Santosh，2014；Li et al.，2015b；Li and Pirajno，2017）。

多数学者认为，秦岭造山带在经历了元古宙和古生代多期次的大洋裂解、大洋俯冲和陆缘增生之后，勉略或古特提斯洋北支在古生代末—三叠纪期间自东向西逐渐闭合，扬子与华北陆块之间自东向西碰撞（大别-苏鲁地区始于 240Ma 之前；Ernst et al.，2008），于三叠纪进入碰撞后或陆内构造变形时期（例如：李春昱等，1978；胡受奚，1988；贾承造等，1988；张国伟，1989；陈衍景和富士谷，1992；Li et al.，

1996；张国伟等，2001；张本仁等，2002；Zhu et al.，2011；Liu et al.，2016；Liao et al.，2017）。但是，该观点尚需解释如下地质事实或问题：

（1）既然古特提斯洋在晚古生代闭合，三叠纪进入后碰撞构造演化阶段，那么，为什么古地磁研究结果指示华南（含扬子克拉通）和华北两个大陆板块在古生代并没有接触，甚至其西部在三叠纪仍有较大距离（Zhu et al.，1998；Chen and Santosh，2014）？

（2）既然三叠纪已经进入后碰撞或碰撞后的陆内构造演化阶段，为何在扬子北缘和南秦岭（即勉略带及其两侧）大量发育三叠纪的海相沉积物（图 1.34），甚至是复理石建造（Meng and Zhang，1999），而且与二叠纪地层整合接触。大陆碰撞造山作用究竟是造成地壳加厚隆升、山脉形成，还是导致地壳减薄沉陷、盆地发育？能否从沉积学、岩相古地理学、古生物学角度判别？判别依据或标准/标志又是什么？

（3）大量研究证明，秦岭燕山期爆发大规模成矿作用，但关于印支期成矿作用的报道甚少（李诺等，2007；陈衍景等，2009；陈衍景，2010；Chen and Santosh，2014；Li and Pirajno，2017），那么，是否存在较大规模的印支期成矿事件？形成了哪些类型的矿床？与燕山期成矿事件有何异同和成因联系？

（4）秦岭造山带在晚古生代发生了古特提斯洋（勉略洋）板块俯冲消减作用（Li et al.，1996；Yin and Nie，1996；张本仁等，2002），应该发育晚古生代沟-弧-盆体系的岩浆作用及成矿作用，那么，为何至今罕见晚古生代弧火山岩或侵入岩报道？为何至今尚未发现晚古生代斑岩型、浅成低温热液型等沟-弧-盆体系的优势成因类型的矿床？究竟是否存在与晚古生代大洋板块俯冲相关的岩浆弧？它究竟在哪里？

（5）印支期岩浆作用较为强烈（Li et al.，2015b）。在没有确定晚古生代岩浆弧的条件下，为何把秦岭三叠纪花岗岩类划归同碰撞或碰撞后岩浆岩（Wang et al.，2007）？三叠纪花岗岩类的岩石学、地球化学特征如何？是与大陆碰撞或碰撞后构造体制的岩浆岩相似，还是更符合碰撞前的增生弧岩浆岩的特征（Li et al.，2015b）？

（6）秦岭造山带大量发育燕山期花岗岩类（胡受奚等，1988；Chen et al.，2000；Bao et al.，2017；Li et al.，2018），这些花岗岩类是古特提斯构造演化的碰撞-后碰撞体制的产物，还是更符合古太平洋俯冲的岩浆弧或弧后裂谷背景？

针对上述问题，我们研究认为三叠纪的秦岭与现今的地中海相当，既有大陆板块碰撞，也有大洋板块俯冲，古特提斯洋尚未完全闭合，全面的大陆碰撞尚未开始，构造格局总体处于碰撞前的洋陆俯冲体制或洋盆自东向西拉链式缝合的过程，而非碰撞后（图 1.13）。主要依据如下：

（1）古地磁研究揭示三叠纪之前扬子与华北属于两个彼此独立的陆块，白垩纪中期以后二者之间的相对位置基本未变（Zhu et al.，1998；图 1.12，图 1.14），三叠纪—早白垩世期间发生强烈的造山带地壳缩短、陆块旋转等（图 1.12、图 1.13、图 1.14；Chen and Santosh，2014）。

（2）反射地震等地球物理探测和研究证明，秦岭造山带的造山隆升作用发生在晚三叠世—早白垩世期间（Yuan，1996）。

（3）区域地球化学研究表明，南秦岭与北秦岭在中生代之前差异较大，中生代及其后差异大幅度减小（张本仁等，2002）。

（4）秦岭地区海相沉积作用在泥盆纪—三叠纪期间连续进行，三叠纪沉积范围从东北向西南逐步退缩（杜远生，1997；张复新等，1997），指示海盆逐步关闭消失（详见 1.5.2 节）。

（5）研究区缺失侏罗纪沉积地层，前侏罗纪地层全部变形和变质，白垩纪及其后沉积地层没有变形变质，表明侏罗纪发生强烈的构造变形、陆内俯冲和前陆褶冲作用（许志琴等，1986；胡受奚，1988；陈衍景和富士谷，1992；详见 1.6 节）。

（6）伴随从东到西的拉链式缝合作用，发生了大陆碰撞体制的超高压变质作用。在苏鲁-大别地区为 240～220Ma（Ernst et al.，2008）；在勉略地区，沿勉略带高压榴辉岩矿物-全岩 Sm-Nd 等时线年龄为 192±34Ma，黑云母氩氩坪年龄为 199.6±1.7Ma（Zhang Z Q et al.，2002），发生于 200～199.6Ma。

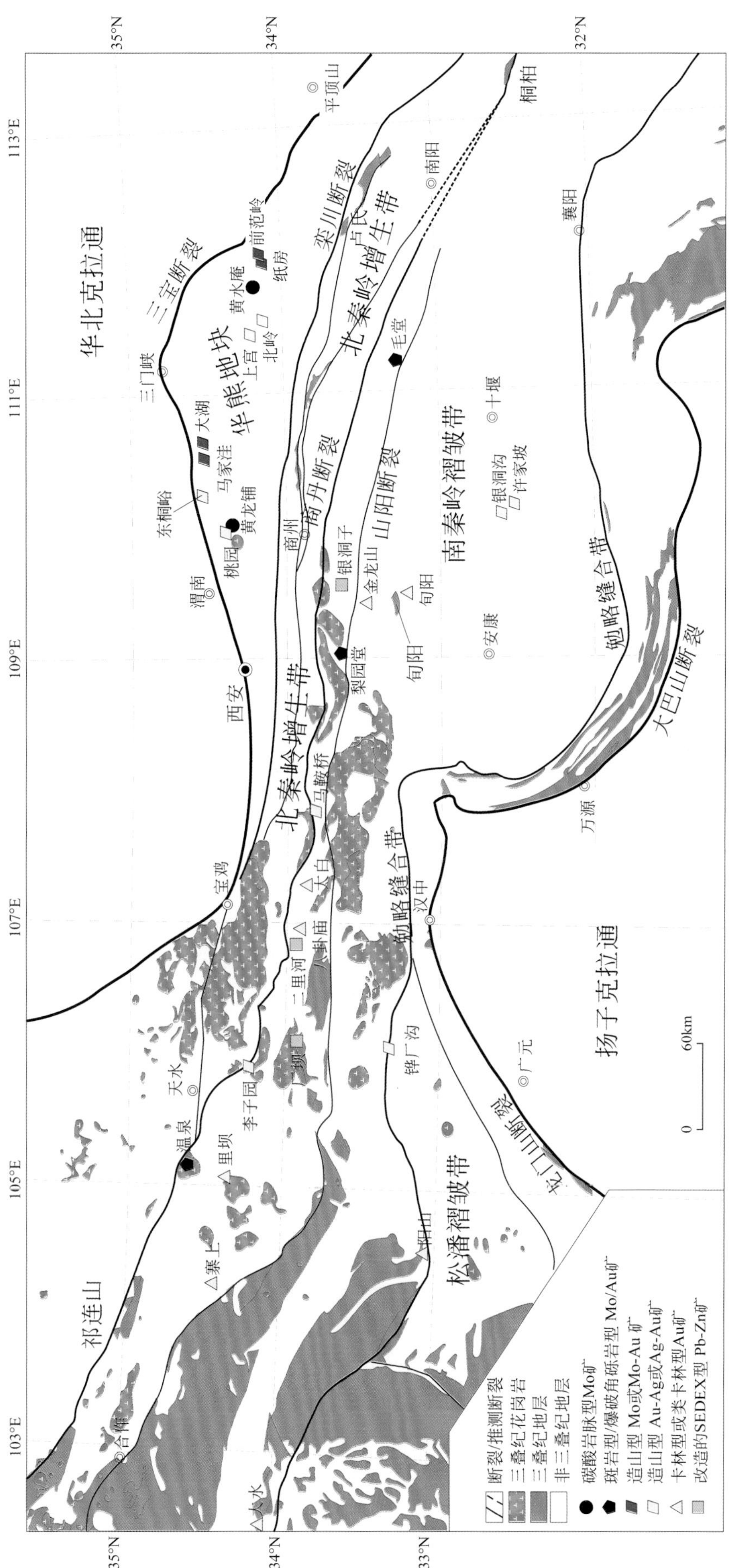

图1.34 秦岭造山带三叠纪地层、岩浆岩和矿床分布示意图（Chen and Santosh，2014）

（7）在青海-甘肃交界处的西秦岭地区，三叠纪地层中含有较多安山岩夹层，次为流纹岩夹层。由勉略洋俯冲产生的陕西大巴山黑沟峡火山岩的 Sm-Nd 等时线年龄为 242±21Ma，Rb-Sr 等时线年龄为 221±13Ma（Li et al.，1996），虽然原作者把这些年龄解释为变质年龄，但我们认为属火山喷发年龄，指示三叠纪陆缘火山弧的存在。

（8）广泛发育的三叠纪花岗岩类主要为钙碱性准铝质，具有高 Sr 低 Y、Yb 含量以及高 Sr/Y、高 La/Yb 值、高 Mg# 等地球化学特征，与陆弧花岗岩类一致（Li et al.，2015b；详见 1.5.3 节）。

（9）最新研究显示，秦岭存在较强的印支期成矿事件，而且矿床成因类型和金属元素组合具有指向北的极性分带特点，符合大陆边缘岩浆弧的成矿规律（见 1.5.4 节；Chen and Santosh，2014；Li and Pirajno，2017）。

总之，三叠纪洋陆俯冲与陆陆碰撞并存的构造模式与沉积地层学、岩浆岩石学、矿床学、古地磁学等多方面资料吻合，也与其前古生代和其后侏罗纪—白垩纪（燕山期）构造、岩浆、沉积、成矿等研究结果谐和一致。

1.5.2 沉积作用

扬子地块（YC）及邻区广泛发育三叠系海相地层，并整合覆盖于二叠系（长兴阶期的“金钉子”，Gradstein et al.，2004）之上。在华北地块内部，三叠系沉积单元以湖泊相含煤沉积物为主，整合覆盖于石炭系-二叠系含煤地层之上（彭兆蒙和吴智平，2006）。这种二叠系与三叠系之间的整合关系并不支持前述的扬子地块与华北地块在二叠纪-三叠纪之交发生碰撞的观点。并且，扬子和华北地块内部侏罗系或白垩系的磨拉石建造或非海相地层广泛发育，且不整合覆盖三叠系或以前的地层单元，表明三叠纪-侏罗纪之交曾发生了重要的构造事件，此即印支运动（Huang and Hsu，1936）。

秦岭造山带连接了扬子地块与华北地块，且不同程度地发育三叠系沉积物（图 1.34，图 1.35）。这些三叠系沉积物广泛发育于松潘褶皱带和南秦岭西段，零星出露于北秦岭，但未见于华熊地块。在松潘褶皱带和南秦岭地区，三叠系至泥盆系中未见不整合，表明古生代到三叠纪之间为连续沉积（杜远生，1997；张复新等，1997；马丽芳，2002；Zhang J et al.，2014）。它们的变形与变质特征类似（许志琴等，1986）。秦岭造山带的各个构造单元常见白垩系磨拉石建造与上侏罗统冲积物之间的不整合接触（图 1.35）；晚侏罗世—白垩纪岩石单元未见构造变形，不整合覆盖于前侏罗纪岩石之上（陈衍景，2010）。

1.5.2.1 松潘褶皱带

在扬子地块北缘的松潘盆地广泛发育三叠系沉积物，整合覆盖于泥盆系、二叠系之上，构成了前陆褶皱冲断带（许志琴，1992；图 1.34，图 1.35，图 1.36）。据孟庆任等（2007）研究，在松潘地体西部的马尔康地区，下三叠统菠茨沟组由灰黑色板岩、凝灰岩、砂岩和少量角砾状灰岩组成，含瓣鳃类、牙形刺、放射虫及腕足动物化石；在松潘地体东部，下三叠统菠茨沟组则表现为典型的浅水沉积，为中-厚层状生物灰岩，显著区别于其他地区的细粒沉积（图 1.36）。中三叠统下部为郭家山组（北东部地区）或扎尕山组（马尔康地区）。郭家山组由厚层生物灰岩和泥质灰岩组成，而扎尕山组则为薄层细砂岩、粉砂岩/泥岩以及薄层灰岩等，含大量化石，如瓣鳃类、海百合、腕足动物和牙形石。中三叠统上部的杂谷脑组主体由薄层细砂岩和粉砂岩/泥岩组成，在地体东部覆于扎尕山组之上。杂谷脑组含基性火山岩和火山碎屑岩，发育瓣鳃类和菊石化石，但化石不及扎尕山组丰富，且品种也更为单一。上三叠统地层自下而上分别是侏倭组、新都桥组、如年各组、格底村组、两河口组和雅江组，由砾岩、砂岩向泥岩转变，沉积物粒度逐步变细，构成了浊积岩系列（图 1.36）。侏倭组和如年各组含薄层灰岩、泥质灰岩和火山岩夹层。在道孚-炉霍地区，侏倭组含玄武岩夹层，如年各组为灰岩、角砾灰岩、安山质玄武岩、橄榄玄武岩、玄武质角砾岩、火山碎屑岩和硅质岩以及同沉积滑塌层。格底村组以发育砾岩为特征，见砾岩与薄层细砂岩和粉砂岩层交互共生。两河口组由砂岩和粉砂质组成，含厚壳瓣鳃类化石。雅江组下部以砂岩

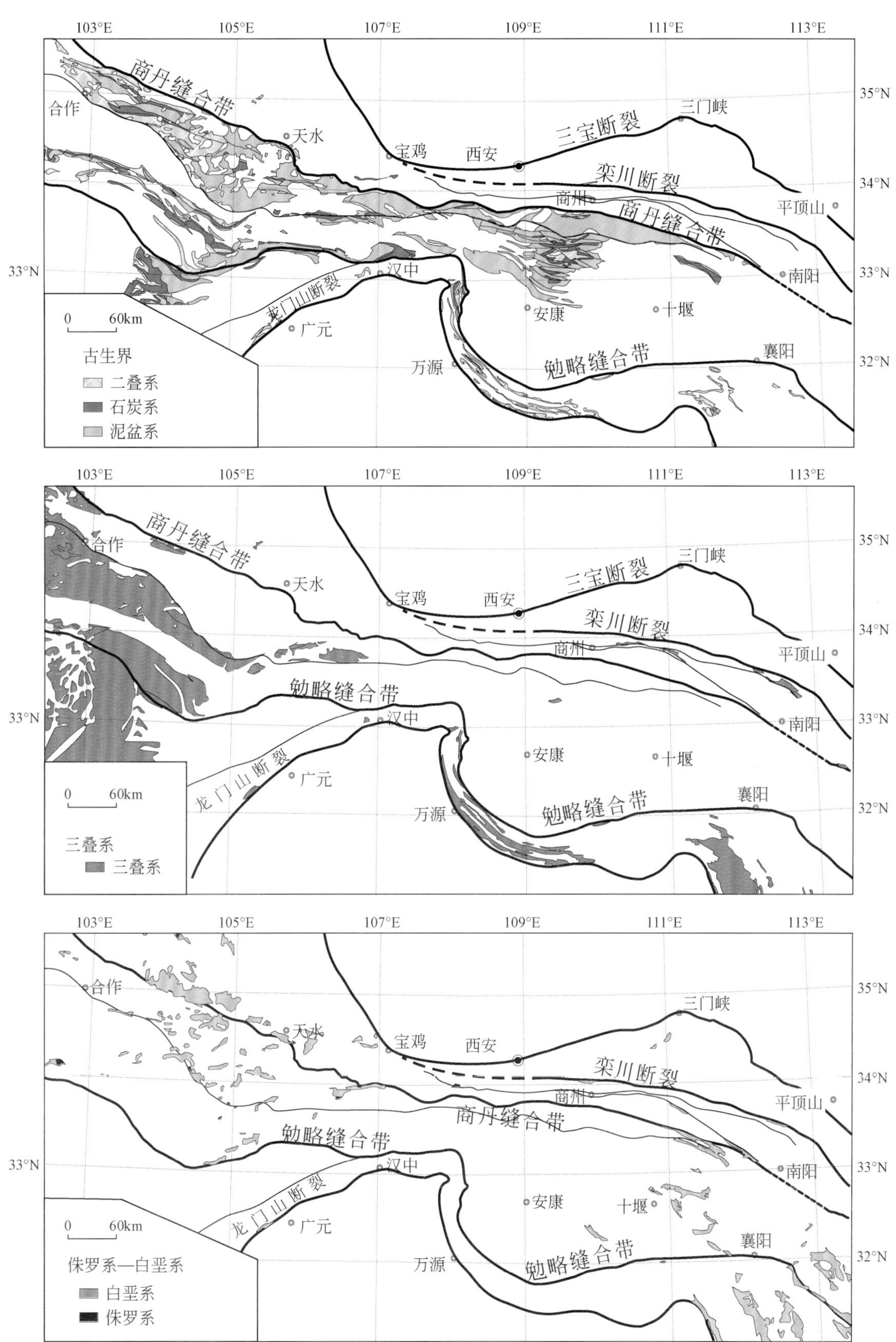

图 1.35　秦岭造山带泥盆纪至白垩纪沉积地层空间分布（Chen and Santosh，2014）

为主，向上逐渐过渡为粉砂岩和泥岩，含火山碎屑岩夹层。

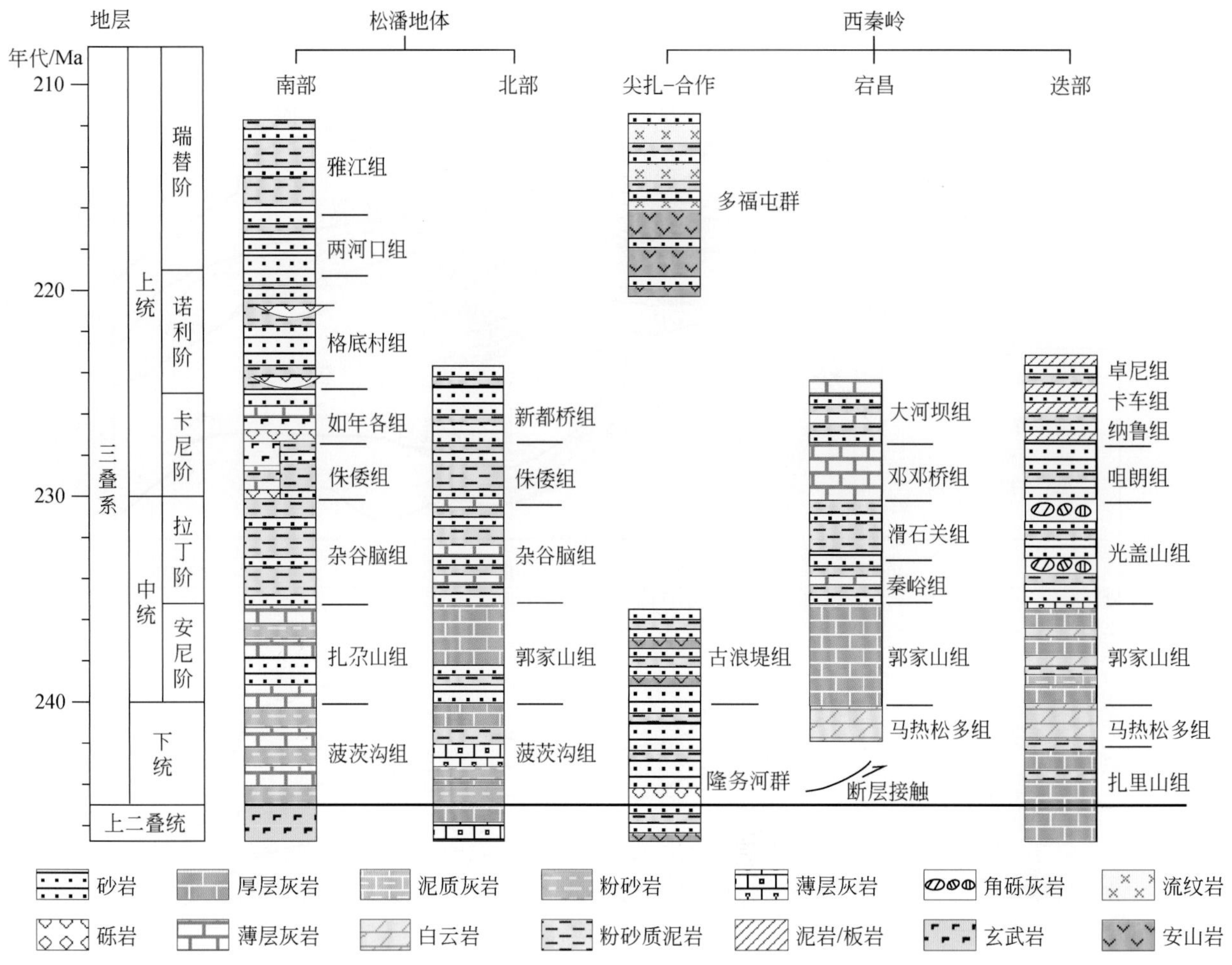

图 1.36　秦岭不同地区三叠系地层柱状图（修改自孟庆任等，2007；Chen and Santosh，2014）

1.5.2.2　南秦岭

许多学者曾对南秦岭西部的三叠纪地层开展研究工作（Lai et al.，1995；Jin and Li，1995；李永军等，2003；Li X H et al.，2012）。甘肃迭部地区的三叠系发育相对较全（包括扎里山组、马热松多组、郭家山组、光盖山组、咀朗组、纳鲁组、卡车组和卓尼组），下部以碳酸盐岩（含牙形石）为主，上部为硅质碎屑岩（含瓣鳃类化石）与角砾岩互层，可能形成于同沉积滑塌作用（孟庆任等，2007）。

在合作—尖扎一带发育下-中三叠统浊积岩和上三叠统的火山-沉积岩系（图 1.36）。浊积岩由砾岩、砂岩和泥岩组成，可依据化石特征进一步划分为下三叠统的隆务河群（或山尕岭群）和中三叠统的古浪堤组（图 1.36）。火山-沉积岩系主要包括安山岩、流纹岩、砂岩和泥岩，是短期活动的岩浆弧火山作用产物（图 1.36）。

宕昌地区三叠系下部与迭部类似，但上部以碳酸盐岩为主，其中邓邓桥组普遍含放射虫化石（图 1.36）。凤县-两当地区的下三叠统留凤关群可能是合作地区隆务河群的东延，主要由灰色砂质斑岩和灰岩组成，含有瓣鳃类和菊石，与被动大陆边缘的复理石沉积相当（Zheng et al.，2012），下部为西坡组，上部为任家湾组。其中，西坡组厚约 4500m，是一套厚的浊积岩系含复理石层。

旬阳-镇安地区的三叠系包括下部的金鸡岭组和上部的岭沟组，二者呈整合接触。金鸡岭组厚 663m，以灰岩和泥质灰岩为主（含少量页岩夹菊石、瓣鳃类和腕足动物化石），主要分布在镇安西部，整合覆盖于二叠系龙洞川组之上。岭沟组主要分布于岭沟地区，厚 300m，由钙质灰岩和砂岩组成，含少量泥质灰岩夹层（张复新等，1997）。旬阳地区泥盆系—三叠系连续分布，未见不整合；其中三叠系厚 400m，包括泥质灰岩和砂岩（Zhang Y et al.，2014）（图 1. 37）。

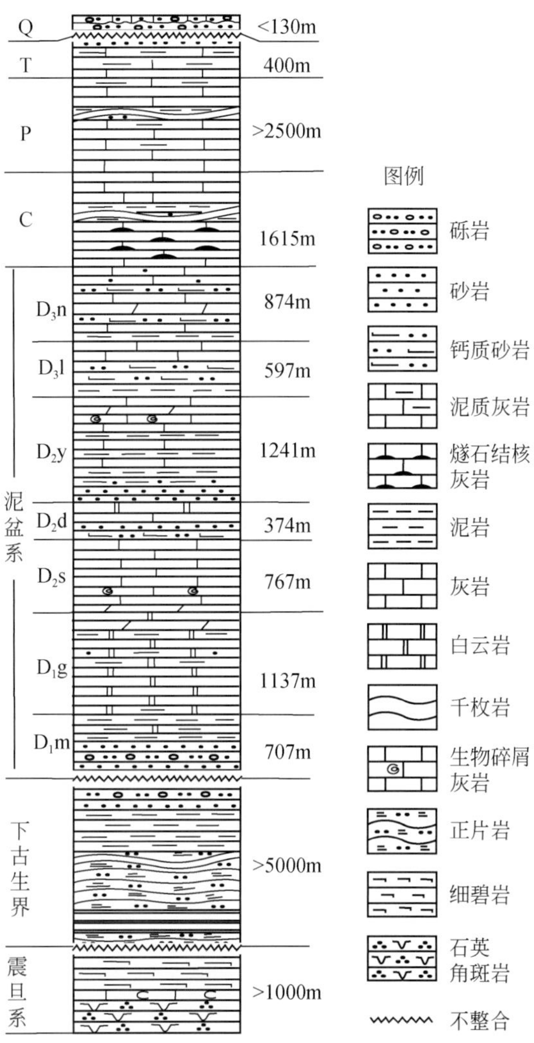

图 1. 37　陕西旬阳盆地新元古代以来地层柱状图（张复新等，1997；Zhang Y et al.，2014），可见泥盆系至三叠系为连续沉积，其中未出现不整合或沉积间断

1. 5. 2. 3　北秦岭和华熊地块

泥盆系—三叠系在商丹断裂和三宝断裂之间几乎缺失，表明该区属古特提斯时的隆升大陆边缘。然而，在商州-洛南、卢氏-南召和桐柏地区零星出露有少量三叠系，但缺乏深入研究。其中，商州-洛南和卢氏-南召地区的三叠系推覆于前泥盆纪变质岩之上（张国伟等，2001）。在桐柏地区商丹缝合带的蛇绿岩残片和下古生界—三叠系沉积物中发现有三叠纪放射虫化石（殷鸿福等，1991；冯庆来等，1994；杜远生，1997；杜远生等，1997），推测其来自南秦岭。

总之，西秦岭三叠纪沉积由大陆架碳酸盐台地相经大陆坡向盆地相演化，表明此时洋盆尚未闭合。由泥盆纪到三叠纪发生连续沉积，三叠纪末—中侏罗世的地层缺失，且侏罗纪以前和以后的岩石其变形变质特征截然不同，表明侏罗纪发生了强烈的构造运动，包括洋陆转换、构造变形、陆内（A 型）俯冲、前陆褶皱冲断和地壳隆升，并伴随大规模成矿作用（陈衍景，2010）。

1.5.3 三叠纪岩浆岩类型、成因和空间分带性

关于秦岭印支期花岗岩成因存在如下不同观点：①张本仁等（2002）认为秦岭主洋盆闭合于志留纪—泥盆纪，晚石炭世开始碰撞并在330～280Ma期间发育同碰撞花岗岩类，中三叠世末秦岭已经全面隆升成山，在晚三叠世—白垩纪期间接受磨拉石堆积，晚三叠世及其以后的花岗岩类皆为碰撞后花岗岩类；②依据勉略缝合带黑沟峡地区变质火山岩的Sm-Nd等时线年龄为242±21Ma，Rb-Sr等时线年龄为221±13Ma，认为火山岩遭受陆陆碰撞-变质的时间是242～220Ma（Li et al.，1996），借此认为印支期花岗岩属于同碰撞型（Sun et al.，2002），形成于陆陆碰撞的初期（Zhang J et al.，2002）或挤压向伸展转变期（弓虎军等，2009）；③赞同陆陆碰撞发生在242～220Ma，但认为印支期的沙河湾、秦岭梁等花岗岩岩体形成于造山后拉张背景（Lu et al.，1996；Wang et al.，2007）；④考虑到秦岭中生代花岗岩类发育存在200～160Ma或200～170Ma间歇期，>200Ma的印支期花岗岩类具有弧岩浆的岩石学和地球化学特征，<160Ma的燕山期花岗岩类属于碰撞型（Chen et al.，2000，2007），李诺等（2007）首先提出秦岭印支期花岗岩类属于岩浆弧（含滞后性岩浆弧）或弧-陆过渡带的产物，而Jiang等（2010）认为211Ma之前和之后的花岗岩类分别形成于洋陆俯冲和大陆碰撞体制；⑤考虑到大陆碰撞体制的陆壳俯冲尾随于碰撞前的洋壳俯冲，而陆壳俯冲并置换弧下堆积的残留洋壳需要一定时间，许成等（2009）、倪智勇等（2009）和陈衍景等（2009）将秦岭印支期岩浆岩肢解为“南秦岭钙碱性花岗岩带”和“北秦岭富碱花岗岩-碳酸岩带”，提出前者形成于大陆碰撞体制或滞后性岩浆弧，后者形成于深部残余洋壳的低程度部分熔融。

由上可见，目前关于印支期花岗岩特征、成因及其构造意义的研究和认识较为薄弱。一些学者依据花岗岩研究厘定构造背景，甚至单凭同位素年龄而确定岩石成因及其构造背景（前者不是后者的判定依据）。应该说，这类研究不符合成因岩石学或“岩石探针”研究的规则，很难准确认识秦岭印支期岩浆岩成因及其构造意义，反而导致误判或分歧，甚至导致自相矛盾。事实上，秦岭印支期岩浆岩类型复杂，包括了埃达克岩、钙碱性花岗岩、高钾钙碱性花岗岩、碱性花岗岩类、“奥长环斑花岗岩”、碳酸岩等等。如果单凭其中某个岩体甚或某类岩浆岩判别构造环境，很难避免认识的片面性，甚至得出错误的结论。原因正如Condie（1988）所指出，“特定构造背景的某种典型岩石类型往往可以在其他构造背景发育”，例如，洋中脊可以发育OIB（洋岛玄武岩），而弧后盆地可以出现MORB（洋中脊玄武岩）。如此一来，我们必须全面分析秦岭印支期各类岩浆岩的成因、空间分布、时间序列及其构造背景，方可较好地判别印支期的大地构造环境。

1.5.3.1 岩性和空间分布

秦岭造山带三叠纪花岗岩类广泛分布于103°E与110°E之间（图1.34），以花岗闪长岩和二长花岗岩为主，其次为石英闪长岩、英云闪长岩和花岗岩（Li et al.，2015b）。这些花岗岩类复杂多样，既有S型，又有I型。其中，S型花岗岩较少或罕见，主要在勉略缝合带北侧发育，构成“对花岗岩带”的改造型或S型花岗岩带（杨树锋，1987），以阳山花岗斑岩、胭脂坝二长花岗岩最具代表性，其暗色矿物以黑云母为主，可见少量石榴子石、白云母和/或电气石。地球化学分析表明，这些花岗岩属钙碱性-高钾钙碱性系列的过铝质花岗岩（A/CNK>1.1）。岩体富集LREE，亏损HREE，Eu负异常明显（δEu平均为0.61），表明其源于陆壳重熔和/或结晶。在原始地幔标准化的微量元素分布图上，它们富集Rb、K、U、Th，亏损Nd、Ta、P和Ti。

I型花岗岩广泛分布于西秦岭，以角闪石和黑云母为主要的暗色矿物，不含白云母、石榴子石或其他过铝质矿物。部分岩体可发育镁铁质微细粒包体。这些花岗岩显示向北的成分极性，由钙碱性系列向钾玄岩转变，多数属准铝质-弱过铝质系列，A/CNK多数小于1.1。它们具有较高的LREE/HREE值，亏损Nb、Ta和Ti，Ba、Sr和Y变化较大。

1.5.3.2　向北的极性分带

以商丹断裂、山阳断裂和栾川断裂为界，Li 等（2015b）将 I 型花岗岩由南向北划分为 4 个带。带 1 夹持于勉略缝合带与山阳断裂之间，包括迷坝、新院、张家坝、光头山、龙草坪、西岔河、西坝、五龙、老城等；带 2 属南秦岭地体北缘，分布于山阳断裂与商丹断裂之间，包括温泉、柏家庄、中川、碌础坝、糜署岭、黄渚关、香沟、东江口、柞水、曹坪、沙河湾岩体；带 3 属北秦岭增生造山带，包括石门、宝鸡、秦岭梁、老君山 1 和翠华山岩体；带 4 为华熊地块，仅在老牛山岩体局部发现，岩性为二长花岗岩、石英闪长岩及石英二长岩。值得说明，胭脂坝岩体（Jiang et al.，2010）和阳山金矿区的花岗岩脉（Mao et al.，2014）毗邻勉略缝合带，反而显示了强过铝质的 S 型花岗岩特征，它们形成于弧前沉积物的变质脱水-低温熔融作用（胡受奚等，1988；Ernst，2010）。

图 1.38 显示，上述花岗岩具有由南向北的地球化学极性。除华熊地块外，由南向北，岩体的 K_2O、K_2O+Na_2O、SiO_2、Th、U、Rb、K_2O/Na_2O、Rb/Sr 逐渐升高，而 Na_2O、Al_2O_3 和 $Mg^{\#}$ 降低，其 $\varepsilon_{Nd}(t)$ 和 $(^{87}Sr/^{86}Sr)_i$ 等同位素组成和锆石 $\varepsilon_{Hf}(t)$ 逐渐降低（图 1.39），显示由南向北的渐变（Li et al.，2015b）。而且，由南东向北西，LILE（Cs、Rb、U、Th、K）增高，Ba 和 Sr 降低，也指示岩浆源区更为成熟（Zeng et al.，2014）。

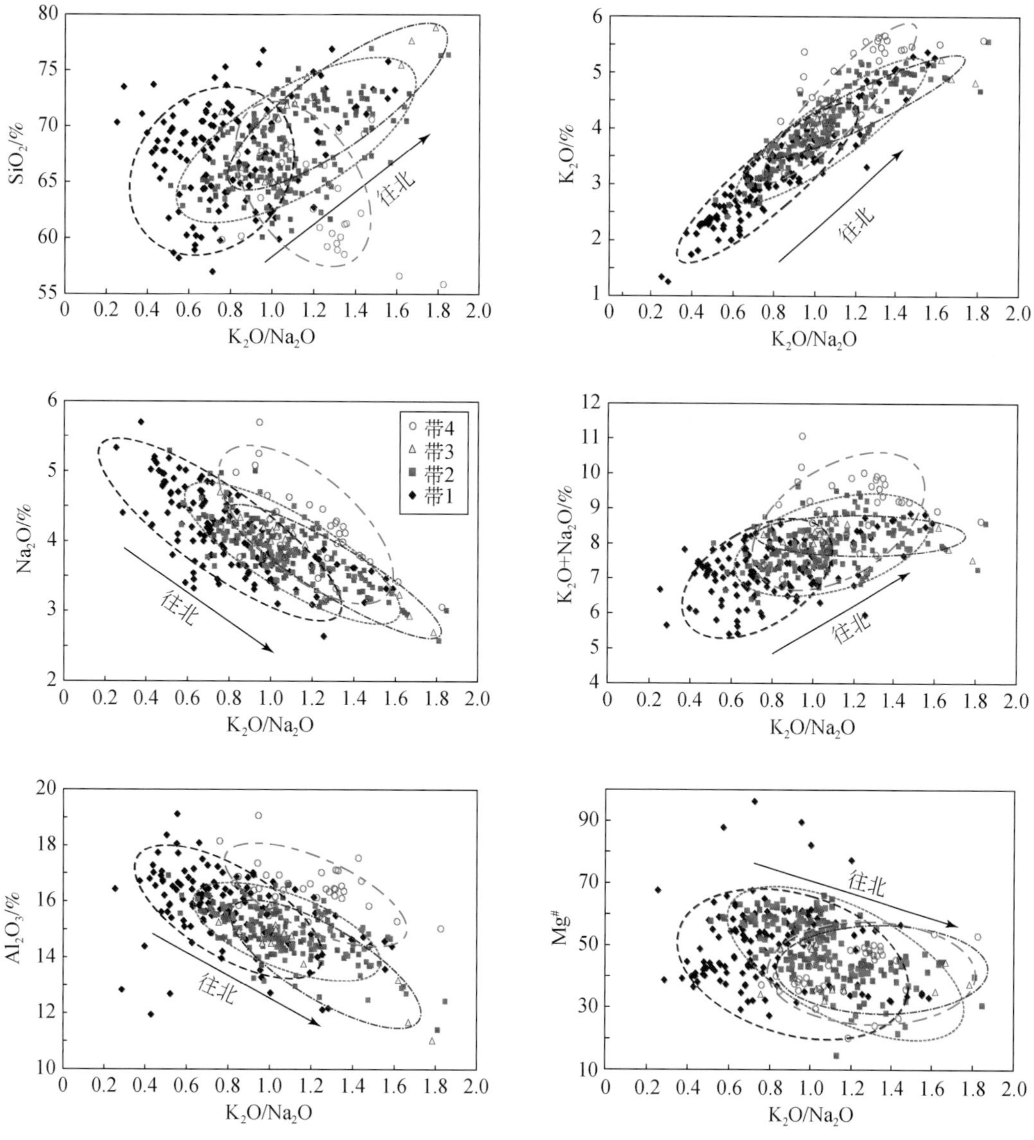

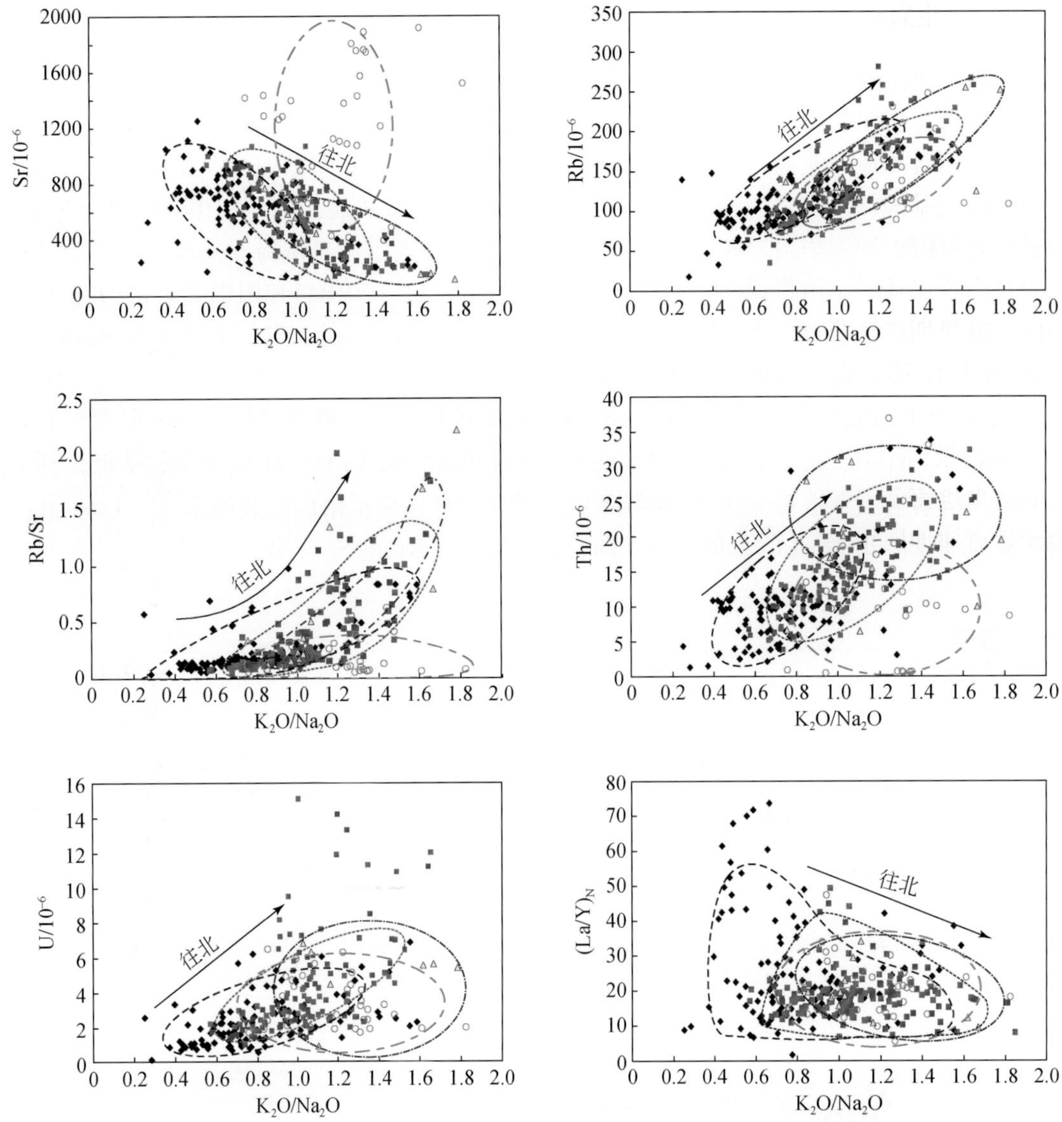

图 1.38　秦岭三叠纪 I 型花岗岩显示向北的地球化学极性（Li et al.，2015b）

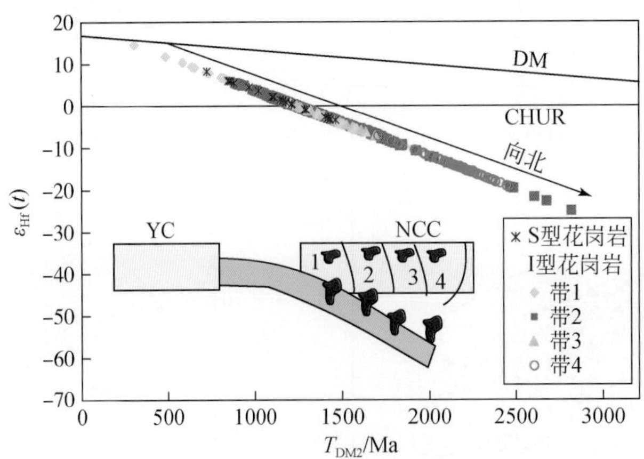

图 1.39　秦岭三叠纪 I 型花岗岩的锆石 $\varepsilon_{Hf}(t)$ 和 T_{DM2}（Hf）亦具有极性分带（据 Li et al.，2015b 修改）

图中缩写：DM. 亏损地幔；CHUR. 球粒陨石均一化源区；YC. 扬子克拉通；NCC. 华北克拉通

1.5.3.3　岩浆岩演化及其构造意义

秦岭三叠纪I型花岗岩的地球化学极性和I型/S型花岗岩的分带特征等无法解释为大陆碰撞体制（包括同碰撞和后碰撞）的产物，可归因于以勉略洋为代表的古特提斯洋板块的俯冲作用（陈衍景，2010；Li et al.，2015b）。而且，该观点也与秦岭地区三叠纪之前和之后的花岗岩特征及演化相一致。例如，已报道的晚古生代花岗岩基本局限于秦岭造山带内部（参见：卢欣祥等，2000；Wang et al.，2009；Dong et al.，2011），与同时期碳酸盐岩和硅质碎屑岩的沉积空间基本一致（图1.40）。三叠纪之后，在200～160Ma时期，秦岭造山带出现了明显岩浆活动间断，仅有极为零星岩浆岩给出了200～180Ma的同位素年龄，该间断与陆陆碰撞早期挤压背景下不利于岩浆发育的规律相一致（Chen et al.，2000，2005a，2007）。随后，在160～130Ma广泛发育花岗岩类，包括钾长花岗岩、二长花岗岩、石英二长花岗岩、石英闪长岩和花岗闪长岩，以及少量闪长岩和正长岩，类似于KCG组合（Barbarin，1999），常见于陆陆碰撞由挤压向伸展转换阶段（陈衍景，2013）。而在125Ma之后形成花岗岩较少，包括太山庙岩基（叶会寿等，2008）和东沟花岗斑岩（叶会寿等，2006；戴宝章等，2009），属高分异的I型花岗岩，甚至接近于A型花岗岩，被认为形成于后碰撞伸展阶段。

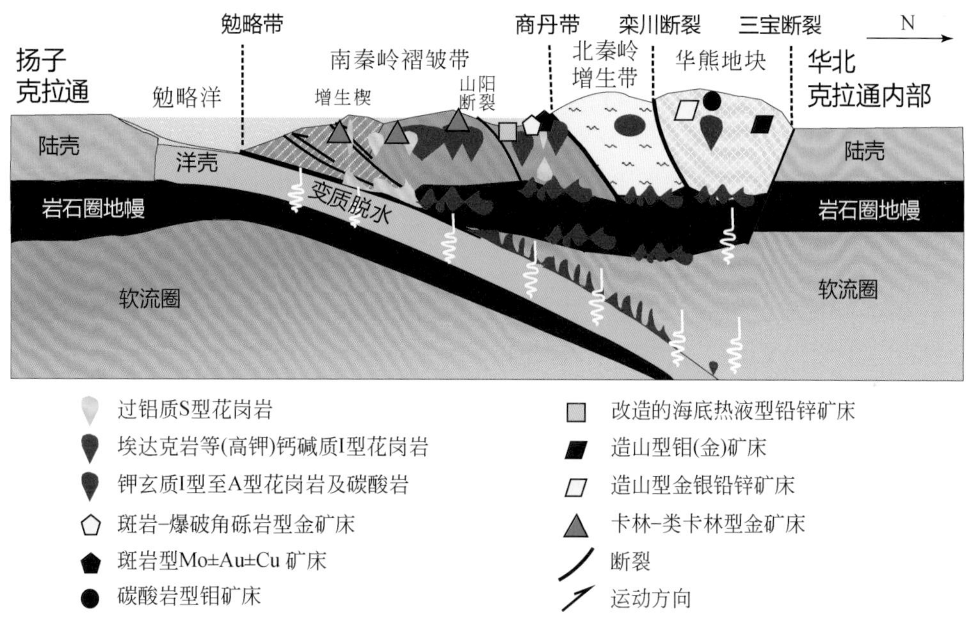

图1.40　秦岭三叠纪构造背景，展示花岗岩类的极性分带和金属矿床的分布（Chen and Santosh，2014）

上述印支期岩浆岩岩石地球化学和空间分布特征表明：①晚古生代勉略洋向北俯冲消减的设想无法得到同期岩浆弧杂岩的支持，而岩浆弧杂岩恰恰是重建活动大陆边缘最关键的依据（Sengor and Natal'in，1996）；②燕山期广泛发育的碰撞型花岗岩类指示燕山期已经存在强烈的大陆碰撞造山作用，而大陆碰撞前应该存在大洋板块的俯冲消减，这要求印支期存在洋陆俯冲体制；③秦岭印支期岩浆岩的多样性和空间分带性与大陆碰撞体制的构造-岩浆特点不相符，而与洋陆俯冲体制的岩浆作用特征十分吻合。因此，我们有必要设想秦岭印支期仍存在洋陆俯冲作用，并以此解释岩浆岩成因和分布。

1.5.4　三叠纪成矿作用和成矿类型

按照现有的板块构造-成矿模式（陈衍景，2013），无论三叠纪的秦岭造山带是处于洋陆俯冲体制还是大陆碰撞体制，都应该发育多种类型的成矿系统。然而，过去关于秦岭造山带三叠纪的成矿作用探讨较少。虽然黄典豪等（1994）曾报道黄龙铺热液碳酸岩脉型钼矿床的辉钼矿Re-Os模式年龄为220～

231Ma，等时线年龄为221Ma，但秦岭印支期成矿作用的识别和研究仍被长期忽视。最近10年的勘查和研究进展显示，秦岭造山带存在一次重要的印支期成矿事件（表1.14；Chen and Santosh，2014；Li and Pirajno，2017）。

1.5.4.1 三叠纪热液矿床

秦岭地区富含低温的浅成热液矿床，可进一步划分为沉积岩容矿的低温Hg-Sb矿床（涂光炽和丁抗，1986）、卡林型Au矿、MVT型（密西西比河谷型）Pb-Zn矿床和砂岩型U矿或Cu矿，火山岩容矿或浅成低温热液型的Au-Ag±Cu矿床，以及海底热液喷流系统的SEDEX型（沉积喷流型）和VMS型（火山成因块状硫化物型）矿床（陈衍景等，2007，2009）。其中，西秦岭是世界第二大的卡林型-类卡林型金矿省（Kerrich et al.，2000；陈衍景等，2004），多数矿床集中于松潘褶皱带和南秦岭西部。金成矿年龄为220～100Ma，以约170Ma为高峰（陈衍景等，2004）。最新的锆石U-Pb和（U-Th)/He定年以及含钾矿物的$^{40}Ar/^{39}Ar$定年约束了李坝、大水和八卦庙矿床的成矿时代分别为约216Ma，213～210Ma和233～222Ma（冯建忠等，2003；Zeng et al.，2012，2013；Han J S et al.，2014）。陕甘Pb-Zn±Ag矿带夹持于商丹缝合带和山阳断裂之间，蕴含了厂坝、李家沟、八方山、四方山、二里河、银洞子等大型Pb-Zn矿床（>0.5Mt Pb+Zn；图1.2和图1.34），其赋矿围岩为泥盆系碎屑岩-碳酸盐岩-重晶石-燧石层，曾被认为属SEDEX型（王俊发和张复新，1991；祁思敬等，1993；王集磊等，1996），并被多数学者认可。但最新获得的成矿年龄集中于三叠纪（表1.14），表明应属MVT型（毛景文等，2012）。例如，厂坝-李家沟和二里河矿区的闪锌矿Rb-Sr等时线年龄分别为222.4±5.2Ma（毛景文等，2012）和220.7±7.3Ma（胡乔青等，2012），与二里河矿床的黄铁矿Re-Os等时线年龄（226±17Ma；Zhang et al.，2011）在误差范围内一致。秦岭造山带同时还发育有沉积岩容矿的低温U矿和Hg-Sb矿床。其中U矿见于拉尔玛和李坝金矿（陈衍景等，2004）；Hg-Sb矿床则以旬阳Hg-Sb矿（图1.34；Zhang Y et al.，2014）和金龙山Au矿田为代表（图1.34；Zhang J et al.，2006，2014）。由于缺乏可靠的数据，已有成矿年龄变化于印支期和燕山期。

秦岭广泛发育造山型或变质热液型矿床，除造山型金矿床之外，还有Ag、Mo、Cu和Pb-Zn矿床（陈衍景，2006；陈衍景等，2009；Pirajno，2009，2013），而且多数形成于三叠纪（表1.14）。据卢欣祥等（2008）研究，东桐峪金矿钾长石Rb-Sr等时线年龄为208.2Ma，桃园金矿热液绢云母K-Ar年龄211Ma，北岭金矿热液石英$^{40}Ar/^{39}Ar$年龄形成于216.04Ma。在小秦岭地区识别出大湖造山型Au-Mo矿床，其辉钼矿Re-Os等时线年龄为218±41Ma（李诺等，2008），热液独居石SHRIMP U-Th-Pb年龄为216Ma（Li et al.，2011）。邻近的马家洼Au-Mo矿床成矿时代类似，辉钼矿Re-Os等时线年龄为231±11Ma（王义天等，2010）。这些三叠纪矿床往往经历了燕山期矿化叠加。并且，华熊地块的造山型钼矿，如外方山矿田的纸房、八道沟、香椿沟、前范岭等，均形成于三叠纪（表1.14；Deng et al.，2016，2017）。在南秦岭，许家坡金矿和银洞沟Ag-Au-Pb-Zn矿床也被认为形成于三叠纪（表1.14）。产于勉略缝合带的铧厂沟金矿床SHRIMP磷钇矿和独居石U-Pb年龄为209±5Ma（Zhou et al. 2014b）。南秦岭北缘的李子园Au-Ag矿床和马鞍桥Au矿亦形成于三叠纪（Zhu et al.，2010；Yang et al.，2012）。

秦岭地区的部分岩浆热液矿床与三叠纪侵入岩有关，包括斑岩型、斑岩-爆破角砾岩型、斑岩-夕卡岩型、与侵入岩有关的石英脉型和不常见的碳酸岩脉型。南秦岭东北缘的毛堂金矿属斑岩-爆破角砾岩型，其黄铁矿$^{40}Ar/^{39}Ar$年龄为222.95±7.58Ma（卢欣祥等，2008）。华熊地块的黄龙铺和黄水庵Mo(-Pb)矿赋存于碳酸岩脉中，其辉钼矿Re-Os等时线年龄分别为221.5±0.3Ma（Stein et al.，1997）和208.4±3.6Ma（曹晶等，2014）。南秦岭温泉钼矿床的辉钼矿Re-Os年龄为214.4±7.1Ma，成钼岩体的锆石U-Pb年龄为216～223Ma（Zhu et al.，2011；Cao et al.，2011）。桂林沟、月河坪、新铺、大西沟、深潭沟、梨园堂等钼矿床（点）的成矿年龄亦为印支期（表1.14）。而且，印支期含钼斑岩系统与燕山期斑岩钼矿存在一系列显著区别（Li and Pirajno，2017）：①燕山期斑岩钼矿系统集中于华熊地块（Chen et al.，2000；李诺等，2007），印支期斑岩钼矿系统则产于南秦岭（图1.34）；②燕山期成矿岩体以浅侵位的小岩体为主，常见钾长花岗岩、黑云母花岗岩和二长花岗岩（Chen et al.，2000；李诺等，2007），印支期成钼岩体既可为小斑岩体（如梨园堂），亦可为多期次的复式岩基（如温泉、胭脂坝）；③与燕山期成钼岩体（Li et al., 2018 及其引文）相比，印支期成矿岩体 K_2O 更低，Al_2O_3、MgO、CaO 和 Na_2O 更高，Y 正异常不如燕山期显著，在全岩 Sr-Nd 和锆石 Lu-Hf 同位素体系方面差别较大，显示不同岩浆源区（Jiang et al., 2010; Cao et al., 2011; Zhu et al., 2011; Dong et al., 2012）；④与金堆城、鱼池岭等燕山期富 CO_2 斑岩钼成矿系统（Li N et al., 2012b）相比，印支期温泉钼矿（邱昆峰等，2014，2015）的钾长石化和硅化较弱，泥化更强烈，仅发育水溶液包裹体（韩海涛，2009），而且包裹体群体成分中 CO_2 含量低（王飞，2011）。

表 1.14　秦岭三叠纪矿床及其成矿年龄（修改自：陈衍景，2010；Li and Pirajno，2017）

矿床/省份	成矿元素	测试对象	测试方法	年龄/Ma	资料来源
浅成热液矿床					
大河/河南	Hg-Sb	蚀变岩型	全岩 Rb-Sr 等时线	199±5	卢欣祥等，2008
厂坝-李家沟/甘肃	Pb-Zn	改造的 SEDEX 型矿石	闪锌矿 Rb-Sr 等时线	222.4±5.2	毛景文等，2012
二里河/陕西	Pb-Zn	改造的 SEDEX 型矿石	黄铁矿 Re-Os 等时线	226±17	Zhang et al., 2011
		改造的 SEDEX 型矿石	闪锌矿 Rb-Sr 等时线	220.7±7.3	胡乔青等，2012
		成矿后闪长斑岩	锆石 LA-ICP-MS U-Pb	214±2	王瑞廷等，2011
		成矿后闪长斑岩	锆石 SHRIMP U-Pb	221±3	Zhang et al., 2011
大水/甘肃	Au	上盘花岗闪长岩	锆石 SHRIMP U-Pb	213.3±2.5	Zeng et al., 2013
		上盘花岗闪长岩	锆石（U-Th)/He	210.9±4.8	Zeng et al., 2013
		下盘闪长岩脉	锆石（U-Th)/He	210.8±4.9	Zeng et al., 2013
		下盘闪长岩脉	磷灰石（U-Th)/He	211.4±6.3	Zeng et al., 2013
		下盘火山碎屑岩	锆石 SHRIMP U-Pb	212.6±4.8	Zeng et al., 2013
		花岗岩株	锆石 SHRIMP U-Pb	213.7±2.7	Han J S et al., 2014
		花岗岩株	锆石 SHRIMP U-Pb	215.1±2.5	Han J S et al., 2014
		花岗岩脉	锆石 SHRIMP U-Pb	210.2±1.6	Han J S et al., 2014
李坝/甘肃	Au	含金石英脉	石英 $^{40}Ar/^{39}Ar$ 坪年龄	210.6±1.3	Feng J Z et al., 2003
		含金石英脉	石英 $^{40}Ar/^{39}Ar$ 等时线	205.0±3.5	Feng J Z et al., 2003
		蚀变的成矿前花岗斑岩	锆石 SHRIMP U-Pb	221.9±1.0	Zeng et al., 2012
		蚀变的成矿前花岗斑岩	白云母 $^{40}Ar/^{39}Ar$ 坪年龄	216.4±1.6	Zeng et al., 2012
		蚀变的成矿前花岗斑岩	白云母 $^{40}Ar/^{39}Ar$ 坪年龄	216.8±1.4	Zeng et al., 2012
		蚀变的成矿前闪长岩	斜长石 $^{40}Ar/^{39}Ar$ 坪年龄	227.6±1.4	Zeng et al., 2012
		蚀变的成矿前闪长岩	角闪石 $^{40}Ar/^{39}Ar$ 坪年龄	214.2±1.1	Zeng et al., 2012
		蚀变的成矿前闪长岩	黑云母 $^{40}Ar/^{39}Ar$ 坪年龄	216.0±1.5	Zeng et al., 2012
		矿化板岩	白云母 $^{40}Ar/^{39}Ar$ 坪年龄	216.4±1.3	Zeng et al., 2012
八卦庙/陕西	Au	矿石	方铅矿 U-Pb 等时线	222.1±3.5	卢欣祥等，2008
		石英脉	石英 $^{40}Ar/^{39}Ar$ 坪年龄	232.6±1.6	卢欣祥等，2008
变质热液矿床					
李子园/甘肃	Au-Ag	成矿前至同成矿期斑岩	锆石 LA-ICP-MS U-Pb	229.2±1.2	Yang et al., 2012
马鞍桥/陕西	Au	成矿前花岗岩	锆石 LA-ICP-MS U-Pb	242.0±0.8	Zhu et al., 2010
铧厂沟/陕西	Au	矿石	磷钇矿/独居石 SHRIMP U-Pb	209±5	Zhou et al., 2014b
银洞沟/湖北	Ag	含银石英脉	流体包裹体 Rb-Sr 等时线	205±6	陈衍景等，2004
	Ag	蚀变围岩	白云母 K-Ar	216	陈衍景等，2004
	Ag-Au	含 Ag-Au 石英脉	白云母 $^{40}Ar/^{39}Ar$ 坪年龄	231±2	Yue et al., 2014

续表

矿床/省份	成矿元素	测试对象	测试方法	年龄/Ma	资料来源
许家坡/湖北	Au	蚀变围岩	透闪石 K-Ar	218	陈衍景等，2004
	Au	蚀变围岩	黑云母 K-Ar	224	陈衍景等，2004
	Au	蚀变围岩	黑云母 K-Ar	211.5	陈衍景等，2004
东桐峪/陕西	Au	含金石英脉	钾长石 Rb-Sr 等时线	208.2	卢欣祥等，2008
15 号脉/河南	Au	蚀变围岩	白云母 K-Ar	238±5	卢欣祥等，2008
张家坪/河南	Au	矿石	黄铁矿 $^{40}Ar/^{39}Ar$ 坪年龄	208	卢欣祥等，2008
桃园/河南	Au	蚀变围岩	绢云母 K-Ar	211	卢欣祥等，2008
上宫/河南	Au	早期蚀变岩	Rb-Sr 等时线	242±11	Chen et al.，2008
		早期石英脉	石英 $^{40}Ar/^{39}Ar$ 坪年龄	223±25	Chen et al.，2008
庙岭/河南	Au	含金石英脉	石英 $^{40}Ar/^{39}Ar$ 坪年龄	246～180	卢欣祥等，2008
北岭/河南	Au	含金石英脉	石英 $^{40}Ar/^{39}Ar$ 等时线	216	卢欣祥等，2008
大赵峪/河南	Au	含金石英脉	黄铁矿 $^{40}Ar/^{39}Ar$ 坪年龄	244±61	卢欣祥等，2008
大湖/河南	Mo-Au	矿石	辉钼矿 Re-Os 模式年龄	223.0±2.8	李厚民等，2007
	Mo-Au	矿石	辉钼矿 Re-Os 模式年龄	223.7±2.6	李厚民等，2007
	Mo-Au	矿石	辉钼矿 Re-Os 模式年龄	232.9±2.7	李厚民等，2007
	Mo-Au	矿石	辉钼矿 Re-Os 等时线	218±41	Li et al.，2011
	Mo-Au	矿石	热液独居石 SHRIMP U-Th-Pb	216±5	Li et al.，2011
马家洼/河南	Au-Mo	矿石	辉钼矿 Re-Os 等时线	232±11	王义天等，2010
前范岭/河南	Mo	矿石	辉钼矿 Re-Os 等时线	239±13	高阳等，2010
大西沟/河南	Mo	矿石	辉钼矿 Re-Os 模式年龄	235.0±3.3	Gao et al.，2013
		矿石	辉钼矿 Re-Os 模式年龄	215.0±3.1	Gao et al.，2013
毛沟/河南	Mo	矿石	辉钼矿 Re-Os 模式年龄	230.9±3.3	Gao et al.，2013
		矿石	辉钼矿 Re-Os 模式年龄	231.6±3.5	Gao et al.，2013
		矿石	辉钼矿 Re-Os 模式年龄	238.8±3.2	Gao et al.，2013
纸房/河南	Mo	矿石	辉钼矿 Re-Os 模式年龄	235.0±3.3	Gao et al.，2013
		矿石	辉钼矿 Re-Os 模式年龄	233.8±3.4	Gao et al.，2013
		矿石	辉钼矿 Re-Os 模式年龄	237.7±3.4	Gao et al.，2013
		矿石	辉钼矿 Re-Os 模式年龄	237.4±3.3	Gao et al.，2013
		矿石	辉钼矿 Re-Os 模式年龄	235.0±3.3	Gao et al.，2013
		矿石	辉钼矿 Re-Os 加权平均年龄	243.8±2.8	Deng et al.，2016
八道沟/河南	Mo	矿石	辉钼矿 Re-Os 加权平均年龄	246±10	Deng et al.，2017
香椿沟/河南	Mo	矿石	辉钼矿 Re-Os 加权平均年龄	246.0±1.1	Deng et al.，2017
岩浆热液矿床					
毛堂/河南	Au	蚀变爆破角砾岩	黄铁矿 $^{40}Ar/^{39}Ar$ 坪年龄	223±8	卢欣祥等，2008
温泉/甘肃	Mo	矿石	辉钼矿 Re-Os 等时线	214.4±7.1	Zhu et al.，2009
		黑云母二长花岗岩	黑云母 K-Ar	223-226	Zhu et al.，2009
		黑云母二长花岗岩	锆石 LA-ICP-MS U-Pb	223±3	Cao et al.，2011
		二长花岗斑岩	锆石 LA-ICP-MS U-Pb	225±3	Cao et al.，2011
		二长花岗斑岩	锆石 LA-ICP-MS U-Pb	216.2±1.7	Zhu et al.，2011
		花岗斑岩	锆石 LA-ICP-MS U-Pb	217.2±2.0	Zhu et al.，2011

续表

矿床/省份	成矿元素	测试对象	测试方法	年龄/Ma	资料来源
新铺/陕西	Mo	石英脉型矿石	辉钼矿 Re-Os 等时线	197.0±1.6	代军治等，2015
桂林沟/陕西	Mo	辉钼矿矿石	辉钼矿 Re-Os 等时线	195.5±5.0	张红等，2015
		花岗斑岩	锆石 LA-ICP-MS U-Pb	210.8±5.0	Jiang et al.，2010
		花岗斑岩	锆石 LA-ICP-MS U-Pb	222±1	刘树文等，2011
		花岗斑岩	锆石 LA-ICP-MS U-Pb	208±2	刘树文等，2011
		花岗斑岩	锆石 LA-ICP-MS U-Pb	209±2	刘树文等，2011
		花岗斑岩	锆石 LA-ICP-MS U-Pb	201.6±1.2	Dong et al.，2012
		花岗斑岩	锆石 LA-ICP-MS U-Pb	199±1.4	张红等，2015
		花岗斑岩	锆石 LA-ICP-MS U-Pb	201±3.1	张红等，2015
		花岗斑岩	锆石 LA-ICP-MS U-Pb	198±11	张红等，2015
梨园堂/陕西	Mo	斑岩体	锆石 LA-ICP-MS U-Pb	210.1±1.9	Xiao et al.，2014
		矿石	辉钼矿 Re-Os 等时线	200.9±6.2	Xiao et al.，2014
黄龙铺/陕西	Mo-Pb	矿石	辉钼矿 Re-Os 等时线	221	黄典豪等，1994
		矿石	辉钼矿 Re-Os 加权平均年龄	221.5±0.3	Stein et al.，1997
黄水庵/河南	Mo	矿石	辉钼矿 Re-Os 等时线	208.4±3.6	曹晶等，2014

1.5.4.2　矿床时空分布和构造演化

成矿系统往往由多种地质作用综合作用而成，可作为地球动力学研究的有效探针（陈衍景等，2008；Pirajno，2015）。秦岭地区三叠纪之前和之后的成矿系统亦为秦岭三叠纪构造演化提供重要依据。秦岭晚古生代成矿系统以 SEDEX 型 Pb-Zn 矿床为主，多赋存于泥盆系中，如厂坝–李家沟、毕家山、邓家山、罗坝、铅硐山、二里河、银洞子等（王俊发和张复新，1991；祁思敬等，1993；王集磊等，1996；薛春纪，1997），这些矿床往往经历了后期改造（王瑞廷等，2011；王天刚等，2011），部分具有印支期年龄（Zhang et al.，2011；胡乔青等，2012；毛景文等，2012），显示了印支期构造叠加。在印支构造运动之后，秦岭经历了燕山期大规模岩浆活动和热液成矿作用（李诺等，2007；陈衍景等，2007，2009；Mao et al.，2008），被认为发生于同碰撞到后碰撞体制，尤其是碰撞过程的挤压向伸展转变期。这表明，秦岭三叠纪经历了洋壳俯冲，三叠纪成矿系统可能发育于活动大陆边缘。

秦岭三叠纪发育不同类型的成矿系统，包括卡林型 Au 矿，造山型 Au、Ag 和 Mo 矿，斑岩–爆破角砾岩型 Au 矿，斑岩型 Mo 矿和碳酸岩脉型 Mo 矿，且空间上分布如下：①Au-Ag-Pb-Zn 矿床分布于南部，而 Au-Mo 矿床集中于北部；②浅成热液矿床出露于商丹断裂以南，而岩浆热液矿床多集中于山阳断裂以北（图 1.34）。对于钼矿而言，斑岩型钼矿分布于南秦岭西段，与同期花岗岩共生（Li et al.，2015b），而碳酸岩脉型钼矿和造山型钼矿则集中在秦岭造山带的东北部。时间上，造山型钼矿形成最早（集中于 220～250Ma），随后是碳酸岩脉型（集中于 205～225Ma）和斑岩型（集中于 195～220Ma）。考虑到造山型和斑岩成矿系统主要形成于陆陆碰撞或增生造山过程的挤压向伸展转变期（陈衍景和富士谷，1992；Groves et al.，1998；Goldfarb et al.，2001；陈衍景，2006），而碳酸岩脉和相关矿化多发育于伸展环境和相关的陆内裂谷（Pirajno，2015），我们认为上述特征可用沿勉略缝合带的 B 型俯冲解释（图 1.34）。即秦岭造山带东北部由挤压（220～250Ma）向伸展转换（205～225Ma）。古特提斯洋的闭合在东秦岭和大别地区可能发生在 220Ma 之前，但在秦岭西南部至少持续到约 200Ma。

1.5.5　小结

（1）南秦岭西部和松潘褶皱带广泛发育三叠系海相地层，并整合覆盖于泥盆系—二叠系之上，表明此时古特提斯洋尚未闭合。这亦与古地层资料一致，表明三叠纪时扬子地块和华北地块由洋盆相隔，并在晚三叠世—早侏罗世逐渐闭合。

（2）由南向北，秦岭三叠纪岩浆岩具有岩石学和地球化学的成分极性。这与活动大陆边缘相似，但不同于裂谷或同碰撞至后碰撞环境。碳酸岩脉和 A 型花岗岩形成于华熊地块的伸展或裂解背景，可能表明经历了由挤压（>200Ma）向伸展（<225Ma）的转变。

（3）秦岭三叠纪矿床显示了向北的极性：浅成热液矿床局限于南秦岭，岩浆热液矿床集中于北秦岭和华熊地块，而浅成热液矿床可能经历了三叠纪之后的风化剥蚀。Au、Ag、Pb-Zn 矿床集中在南部，而 Au 和 Mo 矿多产出于北部，表明沿勉略缝合带发生了 B 型俯冲。

（4）三叠纪秦岭造山带的构造背景与现代地中海相当，西秦岭发生洋陆俯冲，而东秦岭则发生陆陆碰撞。三叠纪的南秦岭、北秦岭和华熊地块作为活动大陆边缘，与沿勉略缝合带的北向俯冲有关。古特提斯洋最北支于三叠纪末最终闭合。

1.6 燕山期构造作用：古特提斯转为滨太平洋体制

造山运动或构造运动与造山期，具有鲜明的区域性。所谓全球性构造运动只是相对的、偶然的。通常，在同一造山期内，不同地区或构造域具有截然不同特点的造山运动或构造作用。例如，现今的喜马拉雅山脉处于挤压造山隆升状态，冰岛属裂解扩张体制，日本属大洋板块俯冲诱发的岩浆弧陆壳增生地区，而日本海和松辽盆地则处于弧后伸展状态。

燕山运动命名于燕山地区（Wong，1927），系指发生于侏罗纪—白垩纪期间的华北克拉通北缘的构造-岩浆-成矿事件。大量研究显示，燕山运动在整个中国东部和邻区均有强烈响应，伴随大规模岩浆活动和成矿作用，但关于燕山运动的性质及其与印支运动的关系，中国东部与古太平洋板块等相邻板块之间的关系等，却认识不一，争论激烈。最近 20 年，很多学者认识到中国东部构造环境在燕山期发生了重大转折（如：胡受奚等，1994；翟明国等，2003；董树文等，2007；陈根文等，2008；Dong et al.，2018）或“挤压向伸展转变”（陈衍景和富士谷，1992；张进江等，1998；Zhang and Zheng，1999；陈衍景，2002），也就是挤压加厚的岩石圈发生伸展-减薄，继而断陷、张裂，导致晚白垩世和新生代大量发育碱性玄武岩（刘嘉麒，1999）和碱性火山-次火山杂岩（王德滋和周新民，2002）。在秦岭地区，燕山期构造作用样式复杂、多变（Dong et al.，2016），总体表现为过程完整的华南与华北古大陆板块之间的碰撞造山作用，晚期至碰撞后又受到太平洋板块和印度-澳大利亚板块与欧亚板块相互作用的远距离影响。

1.6.1 燕山期大陆碰撞造山作用

1.6.1.1 大陆碰撞造山作用的机制、过程和时间

大陆碰撞造山作用是两个陆块之间的接触挤压，接触带地壳破碎、堆叠、隆升成山的过程。对于大陆碰撞造山的构造机制，虽然缺乏统一的模型（Sengor，1990），但学者们共识大陆碰撞造山带内普遍存在一系列不同尺度、不同型式、不同深度的板片或块体堆叠现象（图 1.41A），这些堆叠构造可被看作不同样式和规模的陆内俯冲或 A 型俯冲作用。当我们从不同的侧面观察和研究这种堆叠构造时，它们可被称为推覆构造、厚皮构造、薄皮构造（Hsu，1979）、拆离构造、滑脱构造（层滑和倾滑）和 A 型俯冲等。据此，我们认为碰撞造山作用或大陆碰撞造山带形成的构造机制就是挤压所致的多种多样的陆内俯冲或陆壳板片堆叠。

通常，在接触碰撞的两个大陆边缘发育强烈而复杂的陆内俯冲或陆壳板片堆叠构造，它们在几何形态上构成对称型或不对称型扇状堆叠构造（图 1.41A）；大陆内部则相对稳定，缺乏陆内俯冲或陆壳板片

堆叠现象，也缺乏同期的热液蚀变、花岗岩类和热液矿床；在大陆内部稳定区与边缘活动造山带之间，往往发育一条规模宏大的超壳或超岩石圈逆掩断裂带，它隔挡了造山带内部堆叠构造或陆内俯冲作用向两侧大陆内部的延续，被作为大陆碰撞造山带与大陆内部稳定区的分界（陈衍景等，1990b，1991a；Sengor，1990）。就非对称型造山带而言，与造山带内堆叠构造倾向一致的边界断裂称为主边界逆冲断裂（main boundary thrust，MBT），反之，则称为反向边界逆冲断裂（reverse boundary thrust，RBT）；就对称型造山带而言，两条 MBT 也互为 RBT。无论如何，强烈的大陆碰撞造山作用或陆内俯冲作用，只发生在造山带的两条边界断裂所限制的空间范围内。例如，秦岭造山带的大陆碰撞造山作用被限定在三宝断裂（三门峡-宝丰断裂）与龙门山-大巴山断裂之间。

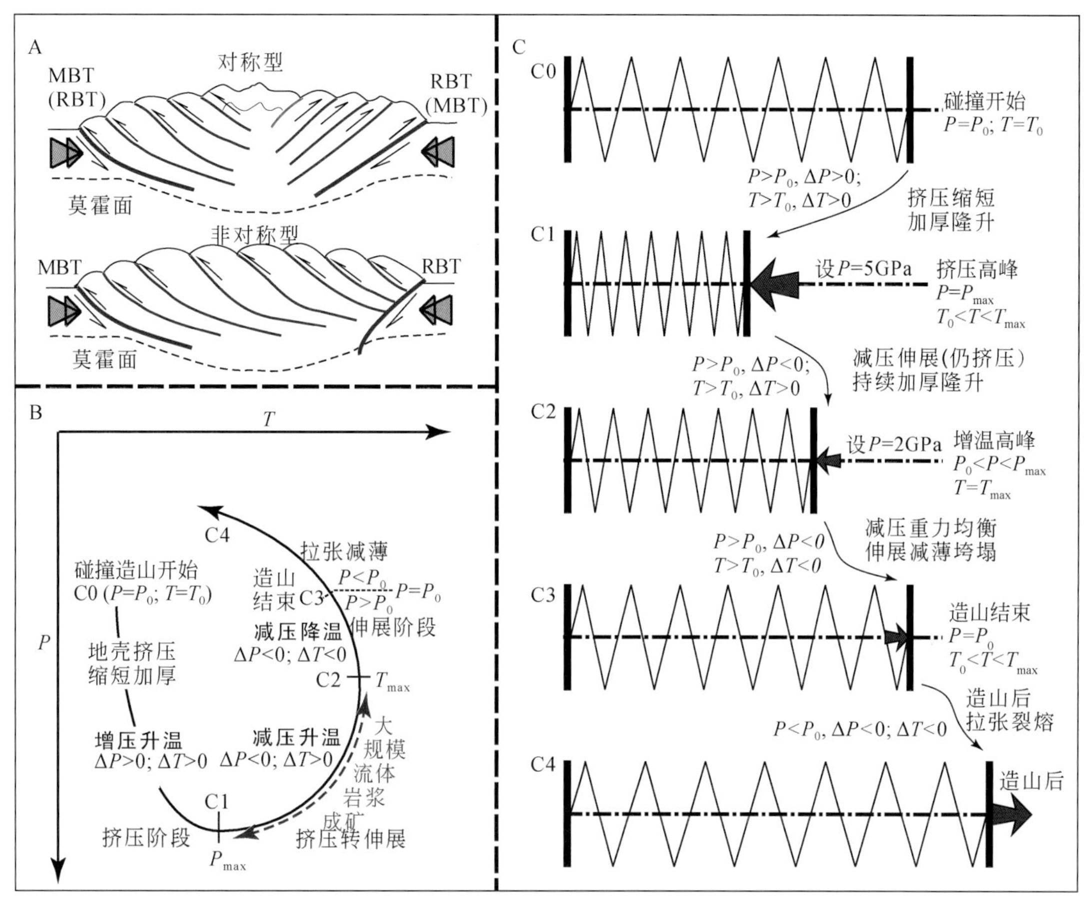

图 1.41　碰撞造山带造山机制、空间和时间演化示意图

A. 扇状堆叠构造样式及空间（引自 Sengor，1990）；B. 大陆碰撞造山过程的 P-T-t 轨迹（陈衍景，2002），时间点 C0、C1、C2、C3、C4 的应力状态示意于图 C；C. 大陆碰撞造山带形成演化过程应力场性质及变化的弹簧示意，包括：C0 至 C1 属挤压缩短、加厚、隆升，C1 至 C2 属挤压环境下的减压伸展（弹性回跳是固体物质的固有属性）、大陆或岩石圈加厚，C2 至 C3 属减压或释压条件下的造山带垮塌或块断造山及其重力均衡调整，C3 至 C4 属岩石圈拉张裂熔或深熔侵蚀致裂的减薄裂解作用

正如一次旅行有往、有返、有滞留一样，任何事件皆有始有终。大陆碰撞造山作用也不例外，它始于两大陆接触碰撞挤压，历经接触带地壳受压变形、缩短加厚、隆升成山，结束于碰撞挤压应力消退（图 1.41B 中时间点 C0 至 C3）。众所周知，应力能可转变为热能，固体介质中力的传递速度大于热，这决定了大陆碰撞造山过程中的 T_{max} 总是滞后于 P_{max}（图 1.41B）。根据压力和温度变化，以 P_{max} 和 T_{max} 为界，大陆碰撞造山过程可分为增压升温、减压升温和减压降温等 3 个截然不同的物理化学过程，分别称为挤压期、挤压向伸展转变期和伸展期（图 1.41B）。鉴于固体物质的弹性回跳属性，我们以弹簧受力变化而形象地表征大陆碰撞造山过程中地壳和岩石圈地幔的构造变形特点及其演变规律（图 1.41C）：①在挤压期（图 1.41B 的时间点 C0 至 C1），挤压应力逐渐增加至 P_{max}（图 1.41C1），造山带地壳拆离破碎，侧

向变形缩短，水平逆掩叠覆，垂向加厚隆升（图 1.41A）；其间，应力能转变为热能，造山带升温，岩石变质脱水，局部部分熔融，出现花岗岩浆。②在挤压向伸展转变期（图 1.41B 的时间点 C1 至 C2），也就是挤压应力达到高峰 P_{max} 之后，压应力减小，但挤压应力仍然存在，造山带岩石圈发生弹性回跳和减压伸展；由于造山带仍然处于挤压状态，地壳和岩石圈继续缩短加厚，并因压力非匀速减小而呈现瞬时性的挤压-伸展交替现象，但温度却持续增高，直至 T_{max}（图 1.41C2）。显然，挤压向伸展转变期的减压升温条件促发了碰撞造山过程中最强烈的流体作用、岩浆作用和热液成矿作用（图 1.41B）。③伸展期（时间点 C2 至 C3），虽然挤压应力仍然存在（$P>P_0$），但造山带岩石因温度高（T_{max} 附近）而塑性大，难以支撑强烈的构造变形和地壳加厚，代之发生造山带伸展垮塌、重力均衡调整、地壳或岩石圈根部拆沉，呈块断造山特征，伴随断陷盆地发育；伸展期应力能变热能的速度小于热能耗散速度，造山带温度逐步降低，流体作用、岩浆活动和热液成矿作用远不如前面的挤压向伸展转变期，仅局部发育碱性或 A 型花岗岩类。

不难看出，在碰撞造山过程中（图 1.41B 中的 C0 至 C3 时间点），侧向挤压应力始终存在。在碰撞造山作用结束时（图 1.41B 的 C3 时间点），侧向挤压应力消失（$P=P_0$），两个大陆最终焊合为一个新的相对稳定的大陆，其后经历相对统一的陆内构造作用。碰撞造山作用结束之后，碰撞造山带地区往往惯性地尾随短期的陆内裂谷或裂熔作用（时间点 C3 至 C4，图 1.41C4），原因是伸展期岩石圈根部拆沉造成软流圈顶面起伏不平，造山带垮塌和块断作用为软流圈物质上涌提供了通道，可诱发裂谷作用甚至次生地幔柱活动，发育较多碱性玄武岩类。当然，这种碰撞后的陆内裂谷或裂熔作用，甚至碰撞期的构造-岩浆作用，可以被其他板块作用复合加剧、继承，也可被终止或改变运动方式。前一种情况以中央造山带东部为代表，即东秦岭-大别-苏鲁造山带地区，碰撞晚期的减压熔融和碰撞后裂熔作用均被太平洋板块俯冲引发的弧后伸展所加强，大量发育 128～100Ma 时期的偏碱性-碱性中酸性岩浆岩以及 100Ma 以后的玄武岩类。后一种情况以中央造山带西部为典型，即西秦岭-昆仑山地区，碰撞后的裂熔作用被拉萨地块和印度次大陆的碰撞造山作用提前终止，改变为挤压隆升作用，因此<128Ma 的岩浆岩贫乏（Chen et al., 2007）。

为了避免把拉张与伸展两个截然不同的物理概念混淆使用，导致关于碰撞造山结束标志及时间厘定方式争论不休，这里有必要补充说明：①伸展不同于拉张，前者是固体物质受压之后的弹性回跳属性所决定的物理现象，是物体受到外力之后的反作用，后者则是物体受到的外力；②减压伸展是伴随挤压作用的一种现象，地壳或岩石圈不见得减薄，也可以持续加厚，因为侧向挤压作用仍然存在，只是挤压力变小而已。

1.6.1.2 秦岭造山带陆内俯冲作用

华南与华北古大陆之间的碰撞造山作用彻底结束了两个大陆板块的海相地层发育史，两大陆接触碰撞的边缘地带，即缝合带及其两侧，形成高耸的山脉。研究表明，秦岭造山带南北边界分别为龙门山-大巴山断裂和三宝断裂，造山带内地壳缩短、加厚作用强烈，存在一系列倾向北的陆壳俯冲或指向南的薄皮及厚皮板片推覆堆叠构造（图 1.42，图 1.43；许志琴等，1986；胡受奚，1988；贾承造等，1988；张国伟，1989；胡志宏等，1990；陈衍景和富士谷，1992；袁学诚，1997；张国伟等，2001）。总体而言，除边界逆冲断裂之外，这些陆壳俯冲的深度浅于莫霍面（图 1.43A），只有勉略断裂和商丹断裂切过了莫霍面，呈现主滑脱带（main central thrust，MCT）特征。南边界表现为秦岭造山带沿长阳-龙门山-大巴山断裂向南逆掩推覆到扬子克拉通基底及不同时代的盖层地层之上，与造山带内部的逆掩推覆构造的指向一致，属主边界逆冲断裂；北边界表现为华熊地块太华超群或熊耳群沿三宝断裂（宝鸡-西安-潼关-三门峡-鲁山-驻马店）向北逆掩推覆到嵩箕地块不同时代的盖层地层之上，被逆掩的地层包括了前寒武纪的汝阳群、洛峪群、九女洞群以及早古生代、晚古生代煤系或三叠纪煤系地层（详见陈衍景和富士谷，1992；张国伟等，2001），逆掩方向与造山带内的推覆方向相反，断裂深度明显超过造山带内的陆内俯冲，属反向边界逆冲断裂（图 1.43；Chen et al., 2000）。

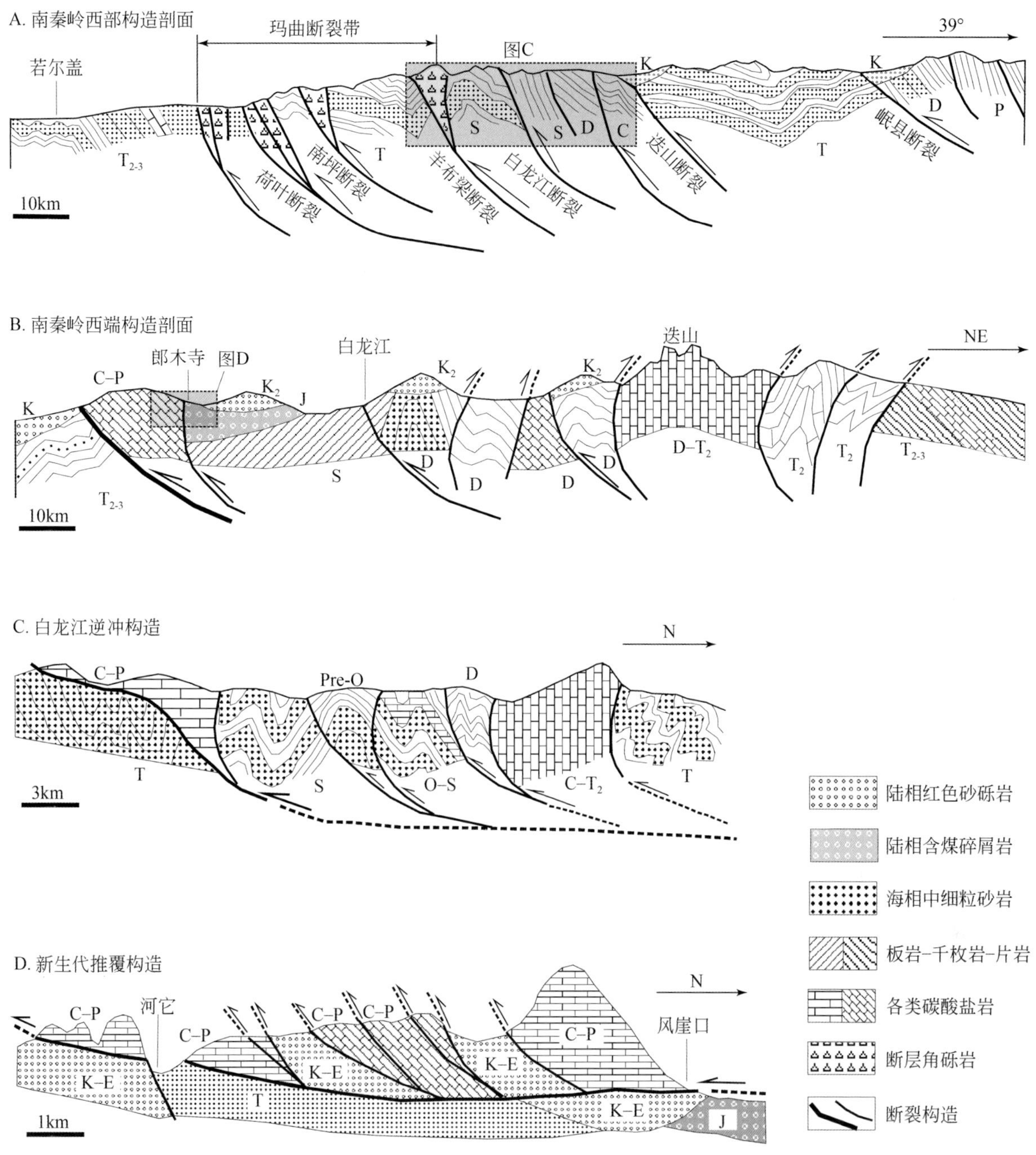

图 1.42　南秦岭西部的逆冲推覆构造（据杜子图和吴淦国，1998，略有修改）

Pre-O. 前奥陶系；O. 奥陶系；S. 志留系；D. 泥盆系；C. 石炭系；P. 二叠系；T. 三叠系；J. 侏罗系；K. 白垩系；E. 古近系

马丽芳（2002）编制了秦岭造山带构造地球物理剖面图（图 1.44），同样显示了前述构造现象，证明隆升造山的主要机制是不同样式和规模的陆内俯冲或 A 型俯冲，秦岭造山带属于非对称扇形大陆碰撞造山带。

我们认为秦岭造山带的 A 型俯冲作用或碰撞造山作用在侏罗纪最强烈，主要依据是：①秦岭造山带缺失侏罗纪地层，白垩纪断陷盆地大量出现，发育红色磨拉石建造，少数曾被作为侏罗纪的沉积建造（图 1.42D）现被证明为白垩纪，如甘肃文县观音坝盆地的东河群（Zhou et al.，2016）；②造山带内的前侏罗纪地层普遍变质变形，侏罗纪之后的沉积物没有变形变质（图 1.42A、B、C）；③造山带早、中侏罗世岩浆岩贫乏，大量发育晚侏罗世—早白垩世花岗岩类（160/155 ~ 105Ma），指示造山挤压高峰 P_{max} 发生在 160Ma 左右；④古地磁数据显示 155Ma 左右华北与扬子之间呈现最大程度的“负距离接触”，即最大幅度地叠置在一起（参见图 1.12，图 1.15）。

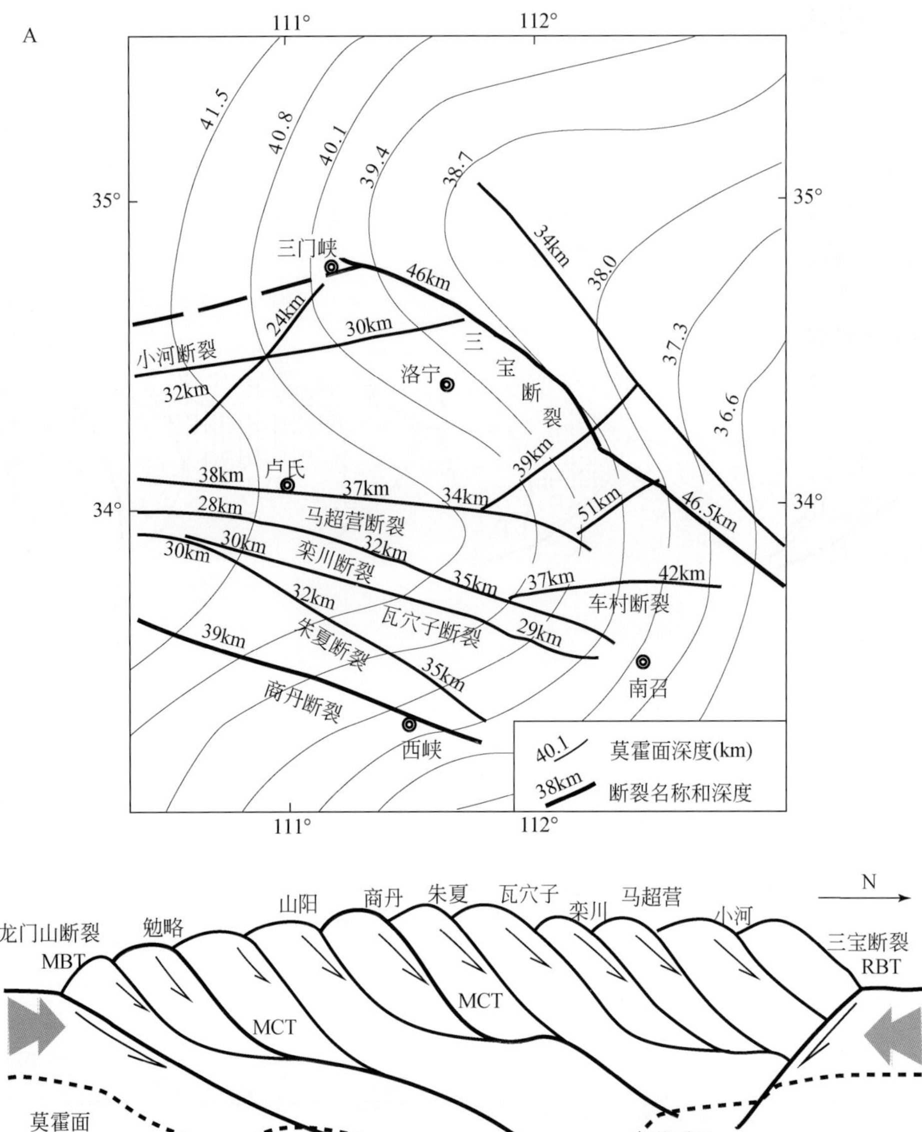

图 1.43 豫西南地区莫霍面和断裂深度及秦岭造山带构造模式（Chen et al.，2000，修改）

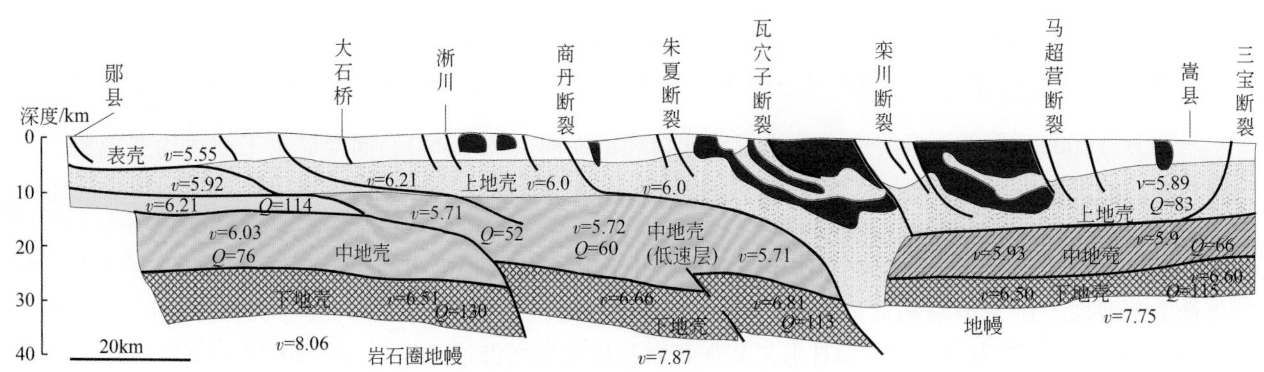

图 1.44 秦岭造山带地质地球物理剖面及陆内俯冲现象（马丽芳，2002，略有修改）

v 为地震波速度，单位 km/s；Q 为电阻率，单位 Ω · m

1.6.1.3　华南-华北古大陆全面碰撞的起始时间和地质标志

关于秦岭造山带的形成时间，即华南与华北古板块碰撞造山作用开始和结束时间，学者们提出了多种观点。例如，张本仁等（2002）认为秦岭主洋盆闭合于志留纪-泥盆纪，晚石炭世开始大陆碰撞，330～280Ma 期间发育同碰撞花岗岩类，中三叠世末已经全面隆升成山，在晚三叠世—白垩纪期间接受磨拉石堆积，晚三叠世及其以后的花岗岩类皆为碰撞后花岗岩类。依据勉略缝合带黑沟峡地区变质火山岩的 Sm-Nd 等时线年龄为 242±21Ma，Rb-Sr 等时线年龄为 221±13Ma，认为火山岩在陆陆碰撞过程中发生变质，碰撞时间为 242～220Ma（Li et al.，1996；张国伟等，2001；Sun et al.，2002；Zhang J et al.，2002）。总体而言，绝大多数学者都曾一致地认为陆陆碰撞始于古生代末期，在三叠纪达到高潮（李春昱，1978；许志琴等，1986；胡受奚，1988；陈衍景和富士谷，1992；张国伟等，2001）。最近，一些学者又提出大陆碰撞始于 211Ma（Jiang et al.，2010）、216Ma（Dong et al.，2012）或 215Ma（刘树文等，2011），以及 205～195Ma（李诺等，2007；陈衍景，2010；Chen and Santosh，2014；Li et al.，2015b，2018）。

关于大陆碰撞造山作用起始时间，之所以存在分歧，是因为对碰撞造山作用的过程及其与碰撞前、碰撞后构造作用的差异尚缺乏科学而统一的认识，也因此缺乏共识的大陆碰撞事件及碰撞造山作用开始和结束的地质标志（李继亮等，1999；Chen et al.，2007）。我们认为，大陆碰撞造山作用总是晚于大洋板块俯冲消减和洋盆闭合，局部的大陆碰撞应尾随于洋盆局部闭合（如地中海），全面的大陆碰撞应尾随于两大陆之间洋盆的彻底闭合（如喜马拉雅地区），判断大陆碰撞造山作用开始的主要依据有：①海相沉积结束，出现陆相磨拉石，以及二者之间的角度不整合和沉积间断；②海洋生物活动结束，陆相生物化石发育；③古地磁数据显示两分离的大陆合并为一体，甚至显示陆内俯冲所致的负距离接触；④以 I 型花岗岩类和安山岩建造为代表的弧岩浆活动结束，以 S 型花岗岩为代表的壳源岩浆岩大量发育；⑤以 VMS、SEDEX 为代表的海相成矿系统不再发育，出现钨锡等矿床和煤矿床，斑岩铜金矿床被斑岩钼矿床或铜钼矿床替代。按照这些标志，秦岭地区的古洋盆在晚三叠世彻底闭合，全面大陆碰撞应始于三叠纪-侏罗纪之交，即 205～195Ma（参见 1.5 节和陈衍景等，2004；杨荣生等，2006；Chen and Santosh，2014；Li et al.，2015b；Li and Pirajno，2017）。

1.6.1.4　秦岭造山带伸展构造作用

陈衍景和富士谷（1992）最早报道了秦岭地区燕山期伸展构造现象：①在由变质岩-混合岩-花岗岩构成的崤山变质核杂岩西南边缘的申家窑金矿区，发现 1 号含金蚀变带赋存于倾向 SWW 的断裂构造带内；断裂带混合岩透镜体中的长英质脉体变形轮廓指示其早期 NEE 向逆冲断层，但混合岩透镜体和毗邻伟晶岩透镜体的形态均指示断裂带晚期为指向 SWW 的滑塌构造（见 1.6.4 节），这说明含矿断裂属于崤山变质核杂岩隆升时的西南边缘断裂构造之一。②在熊耳山的瑶沟金矿区，发现近 EW 向 14 号带以及一组 NE 向金矿脉赋矿断裂均存在先挤压逆冲后滑塌伸展的构造形迹，指示矿区向 SE 方向垮塌伸展（见 1.6.4 节）。③秦岭造山带及边缘大量发育中新生代断陷盆地，形态与伸展构造模式中的箕状盆地一致（陈衍景和富士谷，1992），含有火山岩和盐类蒸发沉积物，如叶舞盆地（陈衍景和富士谷，1992；佟子达等，2016）、宝丰盆地（谢桂青等，2007）。

基于这些伸展构造的识别，陈衍景和富士谷（1992）提出：①固体物质的弹性回跳属性决定了碰撞造山带在挤压应力松弛时发生伸展。②挤压背景下，大陆碰撞造山带的厚大山根导致莫霍面及岩石圈底面下凹，出现重力负异常；挤压应力松弛或消失之后，重力均衡调整使莫霍面或软流圈顶面展平，造山带快速隆升、伸展和去顶。因此，弹性回跳和重力均衡作为两种动力，导致大陆碰撞造山带发生侧向和垂向伸展及拆离垮塌。

张进江等（1998）在秦岭造山带北缘（小秦岭-崤山-熊耳山）开展了详细的伸展构造研究，提出了系统性的创新观点（图 1.45）：①伸展构造作用伴随于整个造山过程，包括同造山伸展和后造山伸展；②同造山伸展构造顺造山带走向发育，即 SEE-NWW 方向，伴随走滑增厚型剪切作用和同造山花岗岩发育（图 1.45A）；③同造山伸展期间的拆离断层可穿切 135Ma 的小秦岭娘娘山岩体等同造山花岗岩体（图 1.45B、C），并可被 123Ma 的后造山花岗岩或长英质脉岩穿切（图 1.45D），指示同造山伸展拆离作用发生在 135 ~ 123Ma；④后造山阶段造山带重力垮塌、均衡调整，伸展方向与造山带走向几乎垂直，伴随减薄型剪切作用，可伴随少量岩浆岩（图 1.45D）。鉴于同造山剪切带白云母氩氩坪年龄为 127Ma，故确定同造山伸展发生在 127Ma 之前，后造山垮塌伸展发生在 123Ma 之后（图 1.45D），127 ~ 123Ma 发生了伸展构造型式的改变。

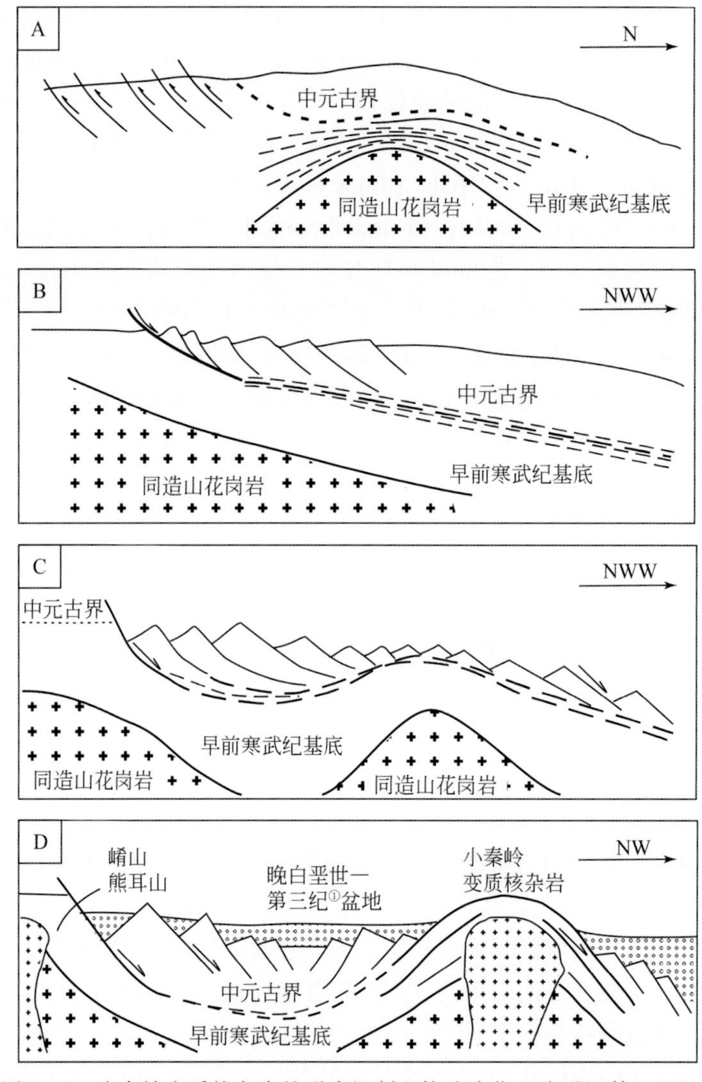

图 1.45　小秦岭变质核杂岩的形成机制和构造演化（张进江等，1998）

A. 135Ma 之前的地壳增厚和同造山岩浆侵位形成颈缩伸展，产生纯剪切机制；B. 135 ~ 123Ma 的同造山拆离伸展，产生简单剪切的叠加；C. 变质核杂岩的抬升；D. 123Ma 之后的岩浆上拱导致造山后垮塌伸展。早前寒武纪基底为变质核杂岩的基底岩系，中元古界为上盘岩系。

①第三纪（系）的名词现已废弃，一般根据实际情况改用古近纪（系）或新近纪（系）。本书中部分资料来自前人文献，为尊重原文及保证科学性，个别地方仍使用第三纪（系）的说法。

秦岭地区在早白垩世突然出现大量断陷盆地，发育红色磨拉石建造，盆地底部或下部常见较多中酸性火山岩类（以宝丰大营组为代表）。这些火山岩具有高钾富碱特征，甚至部分为碱性火山岩（田湖盆地出现白榴石响岩），源自下地壳或地幔部分熔融，形成时代与 130 ~ 105Ma 的高钾富碱花岗岩类（Li et al., 2018）相当，均属造山带垮塌伸展环境的产物。例如，据佟子达等（2016）研究，叶县–舞阳盆地底部新发现了粗面岩和粗安岩等火山岩，其锆石 LA-ICP-MS U-Pb 年龄为 129±1Ma，铪同位素组成和部分继承锆石年龄均显示了岩浆主要来自太华超群部分熔融的信息，说明太华超群可能作为加厚或岩石圈地壳底部发生了拆沉、熔融，指示秦岭造山带北缘的大规模垮塌伸展作用始于 130Ma 左右。另据谢桂青等（2007）

研究，宝丰盆地大营组火山岩主要由玄武质粗安岩和粗安岩组成，其 SiO_2=54.06%～59.24%，Na_2O+K_2O=8.04%～9.37%，δEu=0.71～0.84，$(^{87}Sr/^{86}Sr)_i$=0.7067～0.7084，$(^{143}Nd/^{144}Nd)_i$=0.5117～0.5118，显示了源区物质以下地壳为主、地幔为次的信息。宝丰大营组火山岩 SHRIMP 锆石 U-Pb 年龄为 117±2Ma（谢桂青等，2007），与造山带垮塌伸展高峰时间 116Ma（张进江等，1998）相一致。

1.6.1.5　碰撞造山作用的结束时间和地质标志

目前，关于秦岭大陆碰撞造山结束的时间和标志，学者们认识分歧较大，观点多样，早至三叠纪（Li et al.，1996；Sun et al.，2002），晚到早白垩世末（本书作者），更多地主张早侏罗世末（如，Zhang J et al.，2002）、侏罗纪-白垩纪之交（陈衍景和富士谷，1992）或 130～125Ma（张进江等，1998；Li et al.，2018），分别相当于图 1.41B 中的 C0、C1、C2、C3 等时间点。学者们曾用作碰撞结束的地质标志有：①榴辉岩相变质（Li et al.，1996），②不同成因类型花岗岩类发育（胡受奚，1988；Sun et al.，2002；刘树文等，2011）；③断陷盆地磨拉石建造发育（李继亮等，1999；张国伟等，2001）；④变质核杂岩形成和伸展构造样式的变化（张进江等，1998）；等等。

为便于研究揭示大陆碰撞造山带地质演化与成矿作用演化的耦合关系，特别是大陆碰撞造山作用本身的特点和演化，我们将 205～195Ma 作为秦岭造山带大陆碰撞造山开始时间，105Ma 作为秦岭造山带碰撞造山结束时间，把秦岭造山带碰撞造山作用划分为①挤压造山期 200～160Ma，②挤压-伸展转变期或减压伸展期 160～130Ma，③垮塌伸展期 130～100Ma。105～100Ma 期间大陆碰撞造山作用（包括后碰撞垮塌伸展作用）彻底结束，其后属于陆内构造体制，或者说其后的构造演化与扬子-华北之间的大陆碰撞没有直接联系。

综合已有研究成果，提出如下地质现象作为判别大陆碰撞造山作用结束的标志，或者后碰撞伸展作用结束的标志：①高钾钙碱性或钾玄质长英质火山岩发育结束，以秦岭造山带北坡的大营组为代表，此后不再发育长英质火山岩建造，但可出现玄武岩类（中国东部始于 98Ma）；②长英质侵入岩或花岗岩类（含 A 型花岗岩）发育结束，此后不再发育或相当长时期内不再出现长英质侵入岩，如秦岭-大别造山带尚未发现<100Ma 的花岗岩类；③垮塌伸展减薄型剪切带或拆离断层发育，并切割同造山或后造山花岗岩类；④造山带地层或岩石不再发生区域性变形或变质，特别是垮塌伸展期及其以后的沉积物不发生区域变质和变形；⑤造山带隆升剥蚀速度陡降，例如，年龄为 130～110Ma 的大别斑岩钼矿带的存在就指示着 110Ma 甚或 130Ma 至今大别造山带隆升剥蚀厚度不超过 6km；⑥古地磁资料显示参与碰撞的两个大陆板块的相对位置不再变化，此后两大陆具有完全相同的运动轨迹，在秦岭-大别造山带始于 105Ma（详见 Zhu et al.，1998；Chen and Santosh，2014）；⑦最后，也最重要，前述碰撞造山结束之前的各种现象发生于或适合于 RBT 与 MBT 之间的大陆碰撞造山带内部，造山结束后的现象则适合于碰撞造山带及其两侧大陆，证明它们作为碰撞造山作用结束标志的科学性和有效性。例如，130～105Ma 的火山岩和花岗岩类仅出现在三宝断裂以南和龙门山-大巴山断裂以北，未见于三宝断裂以北或龙门山-大巴山断裂以南，显然属于秦岭大陆碰撞造山带所特有。

1.6.1.6　大陆板块内部地质作用与板块远距离效应

碰撞造山作用结束之后，即 100Ma 之后，秦岭造山带内很少有岩浆活动，至少不再有长英质岩浆活动，说明造山带趋于稳定，完全进入陆内构造演化时期。在陆内构造演化期，由于造山带本身较为稳定，来自外部的远距离的构造事件对造山带的影响也就突显出来，即板块构造远距离效应（far-field impact）。不难理解，造山带内部构造作用与板块远距离效应之间存在一定程度的消长关系。那么，秦岭造山带在 100Ma 之前也受到了板块远距离效应的影响，而且，时间越早表现越不明显，160～130Ma 的影响程度明显弱于 130～100Ma，致使 130～100Ma 被更多学者划归碰撞后的陆内构造演化期。

在空间上，秦岭造山带陆内构造演化时期主要受南部的印度-澳大利亚板块和东部的太平洋板块与欧亚板块相互作用的影响，表现为脉动性的挤压或拉张，造山带向东蠕散，呈现西部挤压、东部伸展的现象。与西秦岭相比，东秦岭出露基底更多，出露岩石的变质程度更深，岩浆岩年龄变新，年轻热液矿床变多。

关于板块作用远距离效应，郭令智先生很早予以重视，并用其分析解释我国西部东西向山脉形成与印度-欧亚大陆碰撞的联系（杨树锋，1987；陈衍景和富士谷，1992）；胡受奚（1988）通过分析板块远距离效应科学解释了华南、秦岭等地燕山期花岗岩类的成因。为深刻理解板块边缘地质作用向板块内部传递，并引起板内构造薄弱带活动的机制和过程，陈衍景和富士谷（1992）提出板缘地质作用向板内传递的实质是能量传递（热和力或动能和势能），热能沿岩石圈侧向传递的效率远不如应力能，应力的远距离传递是板块作用远距离效应的关键。假设应力能在岩石圈的侧向传递类似于电能沿导体的传递，引进应力差 P、应力流 F、应力阻 R 等概念，分别与电压、电流、电阻等概念相对应，切断岩石圈或地壳不同深度层次的断裂带等构造薄弱带相当于电路中的电器，使应力传递受阻，导致应力能转变为热能。如此，$F=P/R$，$Q=F^2R$。

中国大陆板块南缘和东缘分别与印度-澳大利亚板块和太平洋板块接触。印度-澳大利亚板块的地体或陆块与中国大陆碰撞时，板块边缘的南北向挤压势必传入大陆内部，在秦岭造山带的构造薄弱带发生应力聚集和释放，使先存断裂复活。同样，板块边缘碰撞挤压之后的伸展构造作用也可使秦岭造山带发生南北向伸展。不难理解，太平洋板块向中国大陆俯冲作用的速度、角度等变化也会使秦岭-大别-苏鲁造山带相应地发生应力场变化。郯庐断裂带和太行山断裂带隔挡了中国大陆东缘地质作用向中国大陆内部（含秦岭-大别地区）的传递，构成了重力等地球物理梯度带、新构造活动带、晚中生代—新生代岩浆活动带以及地壳和岩石圈厚度的梯级变化带，并导致中央造山带自西向东分段梯级变化，使西秦岭、东秦岭、大别山、苏鲁造山带之间存在多方面的显著差异。例如，东秦岭及其以东地区罕见白垩纪以来的挤压推覆构造，西秦岭地区则有强烈的新生代逆掩推覆构造作用（图 1.42B）。在甘南碌曲县郎木寺地区，可见白垩系和古近系沉积物被三叠系及更老地层逆掩覆盖（图 1.42D）。

应当指出，中央造山带的东西差异在侏罗纪和早白垩世就已经表现出来，但该时期岩浆活动和成矿作用（160～100Ma）局限于秦岭造山带内部，而没有出现在扬子克拉通或华北克拉通（Chen et al., 2005），故被归为秦岭碰撞造山带自身演化的产物，而非太平洋板块俯冲的直接产物。但是，郯庐断裂带及其以东的华北克拉通地区则有 130～100Ma 中酸性岩浆活动。

1.6.2 沉积作用演化及其构造指示

图 1.35 显示，秦岭造山带，特别是西南部，发育大面积的古生代地层，以及大面积的三叠纪地层，但缺乏大面积的侏罗纪和/或白垩纪沉积地层，后者主要为星散分布且规模较小的断陷盆地。这一特点与前述秦岭造山带构造演化特点吻合，说明侏罗纪是最主要的造山隆升时期，白垩纪为最强烈的减压伸展时期。下面简单介绍河南省燕山期沉积作用演化，以及东秦岭叶舞盆地和西秦岭观音坝盆地的研究结果。

1.6.2.1 河南省燕山期沉积作用时空变化

河南省地处秦岭造山带与华北克拉通结合带，是研究秦岭造山带与华北克拉通相互作用，以及造山带与克拉通沉积作用演化的协变或脱偶现象的理想地区。图 1.46 为河南省燕山期及其前后的沉积物分布情况，可以看出秦岭造山带北坡和华北克拉通南缘沉积作用的时空变化：

（1）晚三叠世和侏罗纪沉积物总体局限于三宝断裂以北发育，且从早到晚盆地范围变小；三宝断裂以南基本没有晚三叠世和侏罗纪沉积盆地，说明属于山岳地貌。以上表明，该时期三宝断裂以南处于强烈的挤压隆起状态，碰撞造山作用较强。

（2）白垩纪，三宝断裂以南突然出现大量沉积盆地，盆地规模较小，多沿 NWW 向或 NE 向断裂发育，具有典型断陷盆地的特点。这表明地壳运动或构造演化形式在侏罗纪-白垩纪之交发生了快速改变，此前三宝断裂以南为挤压隆起状态，此后为伸展断陷状态，造山带发生了重力垮塌。

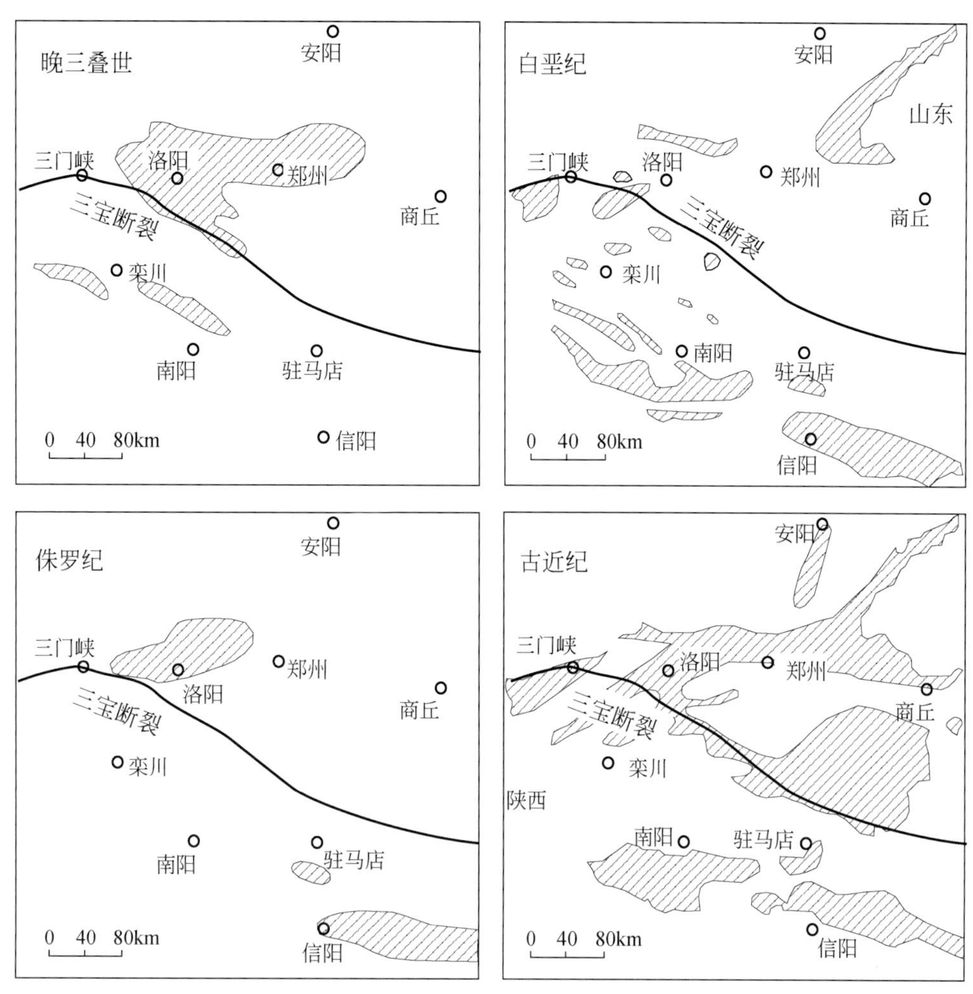

图1.46　河南省中新生代盆地演化（据河南地质矿产局，1989，修改简化）

（3）古近纪，在三宝断裂以北或沿三宝断裂带发育的断陷盆地生长、扩大并逐步连成规模较大的盆地；三宝断裂以南的诸多小盆地也逐渐合并，最终演化为规模较大的山间或山前盆地，如南阳盆地；同时，秦岭造山带内部栾川、西峡、淅川等地的盆地逐渐消失，或者向南阳盆地退缩。此外，与白垩纪相比，NW至NWW向的盆地减少，NE至NNE向盆地增多、增大，或者前者演变为后者。以上表明，该期地壳运动一方面表现出更显著的垮塌或断块抬升等块断造山运动的特点，另一方面显示了东西向拉张作用逐渐增强的状态，应与古太平洋板块向欧亚大陆俯冲所引起的弧后拉张密切相关。

1.6.2.2　东秦岭北麓的叶舞盆地

叶舞盆地长期被作为新生代断陷盆地，其第三系蕴含丰富的盐岩、卤水和低成熟度油气，地质勘查和研究备受重视（陈光汉和张庆国，1989；马庆元，1993；赵全民等，2002；赵鹏飞等，2012；佟子达等，2016）。陈衍景和富士谷（1992）根据勘探揭示地层厚度变化和盆地形态认为它是一个北边断层围限向南超覆沉积的单剪作用形成的箕状断陷伸展盆地。结合最新的勘探发现，佟子达等（2016）开展了岩石学、地球化学和年代学研究，确定其为早白垩世开始发育的断陷伸展盆地。

叶舞盆地（包括舞阳、叶县等凹陷）位于河南省鲁山、襄城、叶县、舞阳、西平等县境内，面积约1900km^2（图1.47A）。在大地构造上，叶舞盆地位于华熊地块北缘，平顶山凸起以南，呈北西西向狭长形展布，东与周口拗陷相接。叶舞盆地北边界为倾向南的鲁山-漯河断裂（三宝断裂带的主要断裂之一），该断裂具有先逆冲后正断的特点，控制盆地沉积物南薄北厚、逐层向南超覆的不对称箕状断陷

(图 1.47B、C)。盆地南侧出露基底，基底岩石时代变化范围大，包括石炭纪含煤岩系、早古生代寒武纪碳酸盐岩、震旦纪罗圈组、新元古代洛峪群以及太华超群变质岩系。总体而言，盆地内沉积物自下而上发育上白垩统胡岗组，古近系玉皇顶组、大仓房组、核桃园组和廖庄组，新近系上寺组，以及第四系(陈光汉和张庆国，1989；马庆元，1993；李风勋等，2009)。

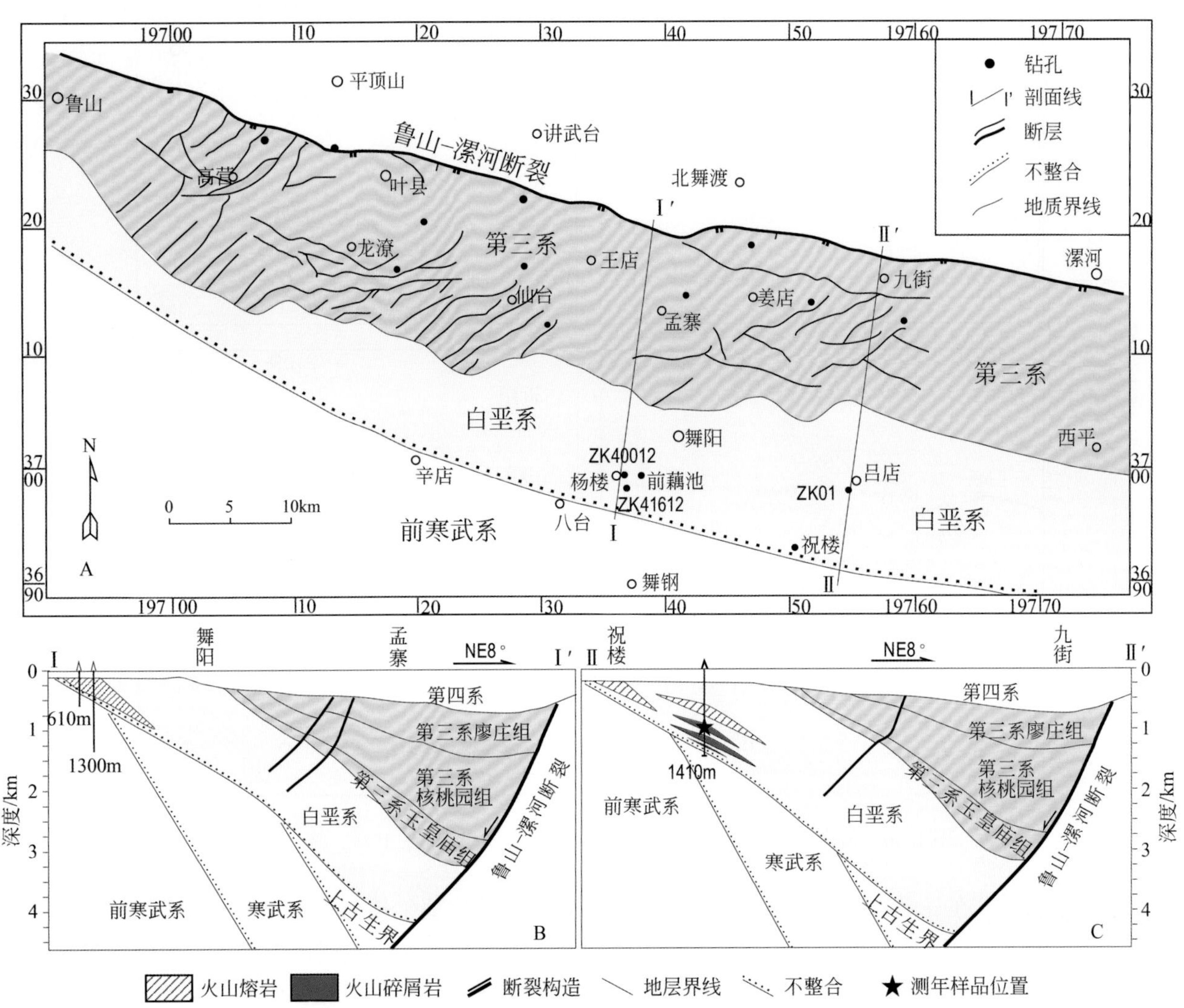

图 1.47　河南叶舞盆地沉积物地质图（A）和剖面图（B，C）（据孔敏等，2010；佟子达等，2016，略有修改），显示盆地为箕状伸展盆地，白垩纪沉积范围最大，新生代盆地狭缩

叶舞盆地南边局部出露太华超群变质岩系，蕴含著名的舞阳超大型铁矿床，盆地中段南部存在一个低缓磁力异常带。河南省有色金属地质矿产局第四地质大队（2010）认为该低缓磁异常可能系深部铁矿引起，实施了以寻找铁矿为目的的钻探工程。钻探工作发现盆地底部存在一套未曾变质变形的中酸性火山岩–沉积岩系，其厚度从南向北逐渐增大，达 1000m（图 1.48）。

佟子达等（2016）系统研究了 ZK01 钻孔岩心，确定钻孔深度 1343m 以下为前寒武系灰岩和泥灰岩，369 ~ 1343m 深度范围为火山岩–沉积岩互层，钻孔深度 369m 以浅为第四系和第三系冲积物（图 1.48）。在厚 974m 的火山–沉积岩建造中，火山岩主要为红色粗安岩、粗面岩和粗安质火山角砾岩，565 ~ 762m 深度为安山玢岩与凝灰质粗安岩，784 ~ 1252m 深度为粗安质火山角砾岩及粗面岩，角砾成分主要为安山玢岩；沉积岩主要是河湖相的灰色、紫红色砂岩、砾岩等粗碎屑岩类。他们对孔深 950m 和 1000m 处的紫红色粗面岩（样品 WY-1）和粗安质火山角砾岩（WY-2）进行了锆石 LA-ICP-MS 定年和地球化学研究。

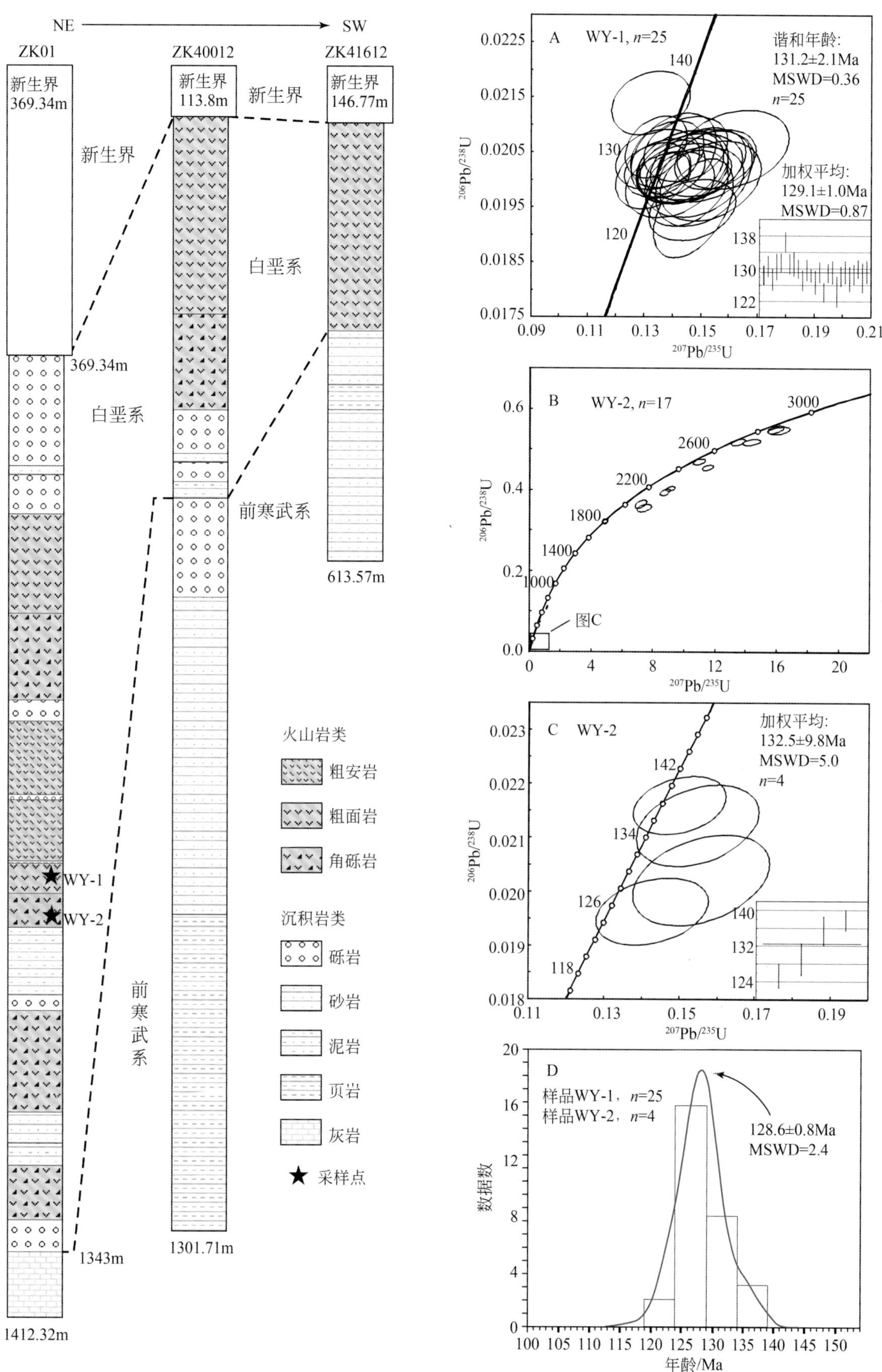

图 1.48 叶舞盆地钻孔柱状图及锆石 U-Pb 年龄（据佟子达等，2016）

WY-1 样品 25 颗锆石^{206}Pb/^{238}U 年龄变化于 124Ma 与 136Ma 之间，其加权平均年龄为 129.1±1.0Ma，MSWD=0.9（图 1.48），应可代表岩浆喷发年龄。WY-2 样品 17 粒锆石给出的年龄变化于 125Ma 与 2931Ma 之间，只有 4 颗锆石^{206}Pb/^{238}U 年龄落入中生代（图 1.48），分别为 125、129、135、138Ma，其加权平均年龄为 132.5±9.8Ma（MSWD=5.0），误差范围内与 WY-1 样品的 129±1Ma 一致，表明火山岩形成于 129Ma 左右；WY-2 样品的其他 13 颗继承锆石^{207}Pb/^{206}Pb 年龄为 1033～2931Ma，与华北克拉通南缘主要岩性的时代一致。此外，火山岩之早白垩世锆石 $\varepsilon_{Hf}(t)$ 变化于-21.82～-19.10，T_{DM2}变化于 2.39～2.56Ga，与太华超群主体岩石年龄一致。以上表明，火山岩主要源自华北克拉通南缘深部早前寒武纪岩石的部分熔融作用，早白垩世造山带垮塌伸展和软流圈上拱诱发了加厚岩石圈和下地壳的减压受热部分熔融。因此，这类碱性-偏碱性中酸性火山岩的喷发，很大程度上指示造山带伸展作用十分强烈。

1.6.2.3 西秦岭南部的观音坝盆地

据毛世东等（2013）、Zhou 等（2016）研究，甘肃省文县北部的观音坝盆地位于勉略缝合带北侧，南秦岭微陆块的南缘，盆地沉积物为一套紫红色砂砾岩、泥岩、灰色页岩（图 1.49），出露约 150km^2，呈 NEE 向展布，并与西北部的徽县-成县盆地断续相连。该套沉积物产多种植物化石，限定其时代为侏罗纪—白垩纪；1999 年 1∶5 万区域地质调查中（董翰等，2000），发现了鱼类化石 *Lycoptera* sp.，属早白垩世标准化石分子，使该套地层被厘定为早白垩世东河群。

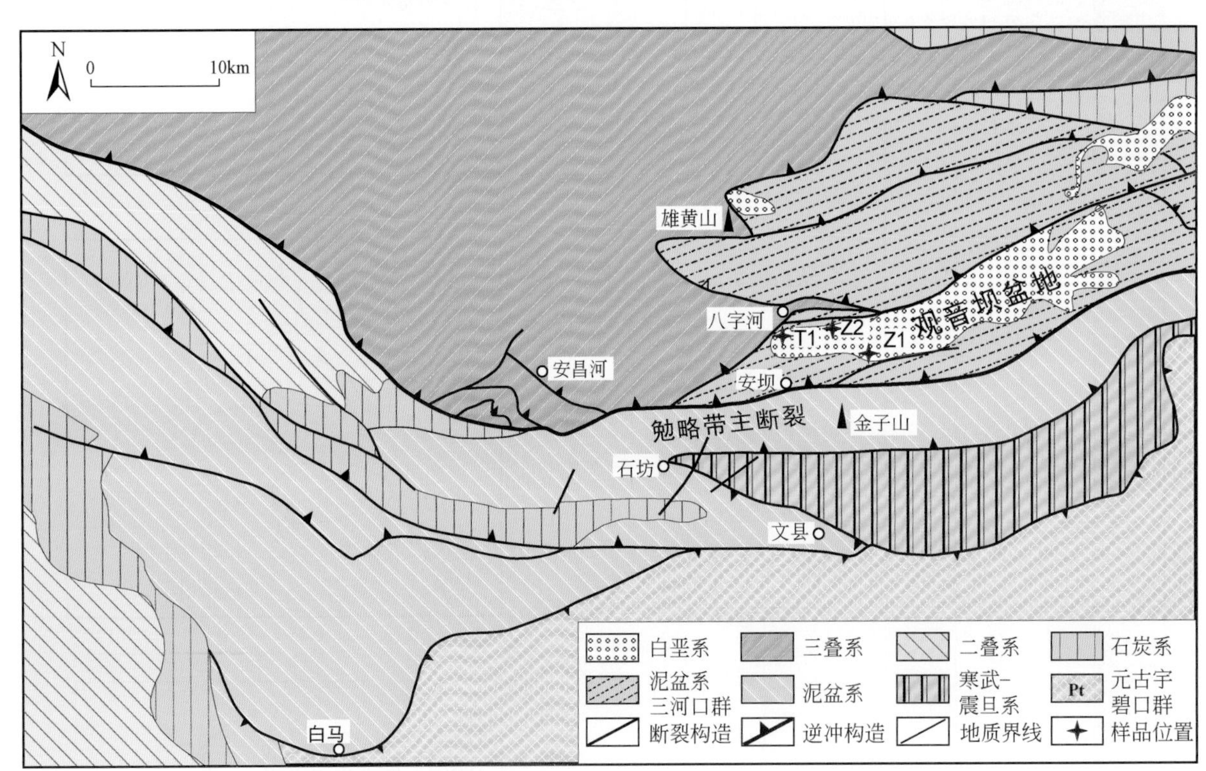

图 1.49 甘肃文县观音坝盆地区域地质图（节引自毛世东等，2013）

观音坝盆地的东河群主要沿八字河断裂南侧的八字河断续分布，呈角度不整合覆盖于强变形、低级变质的泥盆系三河口群、三叠系等地层之上（图 1.49，图 1.50A），总体呈现红色磨拉石建造特征。东河群自下而上划分为 3 个岩性组（图 1.51A）：田家坝组、周家湾组和鸡山组，各组之间为整合接触。其中，田家坝组厚约 89.81m，主要岩性为灰紫色厚层-块状粗砾岩、砂砾岩，局部夹泥质粉砂岩透镜体（图 1.50B、D），属近源洪积物；周家湾组厚约 614.61m，为一套浅紫红色系碎屑岩建造，主要岩性为粗砾岩（图 1.50C）、砂砾岩、砂岩、粉砂岩、泥页岩，呈韵律出现，属湖相沉积。鸡山组厚约 273.76m，为一套巨厚层砾岩，夹砂岩透镜体，砂岩具水平纹层，具湖岸沉积特点。

图 1.50　东河群砾岩及其与下伏三河口群不整合接触关系（Zhou et al., 2016）

A. 下白垩统东河群不整合在泥盆系三河口群之上；B. 田家坝组红色砾岩夹红色泥质岩薄层；C. 周家湾组巨砾砾岩（样品 Z1）；D. 田家坝组弱磨圆、弱分选性砾岩（样品 T1）。缩写：Qz. 石英岩；Ca. 碳酸盐岩；Ss. 片岩；Gr. 花岗质岩

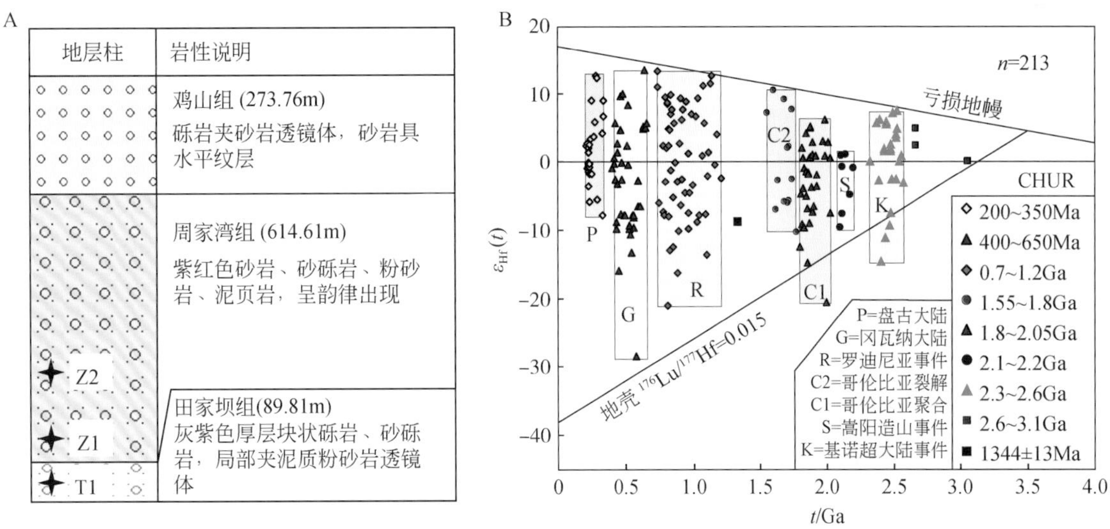

图 1.51　观音坝盆地东河群地层柱状图及样品层位和锆石年龄分布（Zhou et al., 2016）

东河群 3 件砂砾岩样品碎屑锆石 LA-ICP-MS U-Pb 定年获得 225 组有效年龄数据，其分布范围是 3059 ~ 208Ma，反映了东河群碎屑沉积岩物源区组成的复杂性，也就是南秦岭褶皱带物质组成及其来源的复杂性（毛世东等，2013）。其中，213 件锆石 Lu-Hf 同位素研究进一步证明这些碎屑锆石最初来源的多元性（Zhou et al., 2016），包括了华北克拉通基底及前寒武纪地层、北秦岭增生带、扬子克拉通基底和海西印

支期花岗岩类（图 1.51B）。分析表明：①东河群沉积物碎屑锆石完整地记录了基诺、哥伦比亚、罗迪尼亚、冈瓦纳和盘古等 5 次全球性超大陆事件（图 1.51B）。②作为白垩纪磨拉石，东河群沉积时间不早于 145Ma，其最小碎屑锆石年龄为 208Ma，源区中缺乏年龄为 208～145Ma 的锆石，表明观音坝盆地及邻区（西南秦岭）缺乏 208～145Ma 的火山喷发，与碰撞造山作用早期缺乏火山岩发育的普遍特征一致（Chen and Santosh，2014）。③东河群属于典型的断陷盆地红色磨拉石建造，指示着白垩纪造山带发生伸展作用，其最小碎屑锆石年龄指示华北与扬子全面碰撞始于 208Ma 之后，那么，最强烈的地壳挤压造山隆升作用应发生在 208～145Ma，即侏罗纪。④东河群缺乏火山岩夹层，且碎屑锆石中缺乏<145Ma 的锆石年龄，一方面与支持其沉积于白垩纪的认识一致，另一方面指示西秦岭伸展构造作用较弱，至少未能到达垮塌、裂熔、火山喷发阶段。

1.6.3 岩浆作用演化及其构造指示

1.6.3.1 概述

陈衍景和富士谷（1992）总结河南东秦岭地区中新生代岩浆作用的主要特点或基本事实是：①在中新生代地层中，只有白垩系和第三系含有火山岩。②白垩纪火山岩（大营组）以中酸性为主，酸性岩和中性岩为次，碱含量偏高，主要源自下地壳部分熔融。③第三纪火山岩（大安组）主要为陆相橄榄玄武岩，碱含量高，属碱性-强碱性玄武岩系列（河南地质矿产局，1989），源自地幔低程度部分熔融。④中生代酸性-中酸性侵入岩占河南省不同时期、不同类型侵入岩出露总面积的 48.3%（河南省地质矿产局，1989），它们集中于晚侏罗世和早白垩世（160～100Ma），三叠纪或早侏罗世岩体较少。⑤新生代或喜马拉雅期只有少量镁铁质侵入岩，缺乏长英质侵入岩；中生代晚期或燕山期恰相反，主要发育长英质侵入岩，镁铁质侵入岩较少。⑥从早到晚，燕山期长英质侵入岩碱含量增高，岩浆起源深度增大，侵位深度变浅，陆壳改造型或 S 型减少，同熔型或 A 型增多，幔源型花岗岩类贫乏。

岩浆作用的构造背景及其演化趋势被解释为：①早中侏罗世（200～160Ma），强烈挤压作用提升了长英质组分的熔点，既不利于花岗岩浆形成，也不利于岩浆上升侵位，故缺乏花岗岩类。②晚侏罗世—早白垩世初期（160～130Ma）区域热异常强烈、挤压作用减弱，地壳长英质组分（含花岗岩类）大规模熔融，形成大量花岗岩类。③早白垩世晚期（130～100Ma）造山带地壳重力垮塌伸展、拆沉，发育偏碱性火山岩和碱性花岗岩类。岩浆岩以长英质、壳源为主，缺乏镁铁质、幔源型，表明伸展构造作用局限于地壳层次，地壳或岩石圈没有裂断。④晚白垩世，造山带区域热异常消失，故缺乏长英质岩浆活动。⑤第三纪，地壳或岩石圈局部拉断裂熔，出现碱性玄武岩和碱性镁铁质侵入体，沿三宝断裂带发育大安组玄武岩。

鉴于秦岭地区燕山期花岗岩类与多数大型和所有超大型钼矿床密切相关，其特征和构造背景研究资料丰富，下面重点介绍。

1.6.3.2 花岗岩类地质地球化学特征

华北与扬子大陆最终沿勉略缝合带碰撞（张国伟等，2001；Dong and Santosh，2016），燕山期花岗岩类均出现在勉略缝合带北侧（图 1.52、图 1.53D）。花岗岩类在南秦岭、北秦岭和华熊地块的形成年龄分别是 142～150Ma、144～161Ma 和 140～160Ma，华熊地块还大量发育了 128～140Ma 的花岗岩类（Li et al.，2018）。年龄小于 128Ma 的花岗岩类只见于东秦岭造山带的北部。例如，靠近勉略缝合带的老君山和石门沟花岗岩，是南秦岭最年轻的中生代花岗岩类；东沟、太山庙、伏牛山等岩体，则产于华熊地块的东部。

在秦岭造山带中东部广泛发育晚侏罗世—早白垩世花岗岩类（图 1.52），伴随重要成矿作用。例如，华山、文峪和娘娘山花岗岩体伴随文峪、东闯和杨砦峪等造山型金矿形成，金堆城、南泥湖、上房沟、东沟、鱼池岭等小岩体伴随了斑岩或斑岩-夕卡岩型钼矿系统（Li et al.，2018，及其引文）。

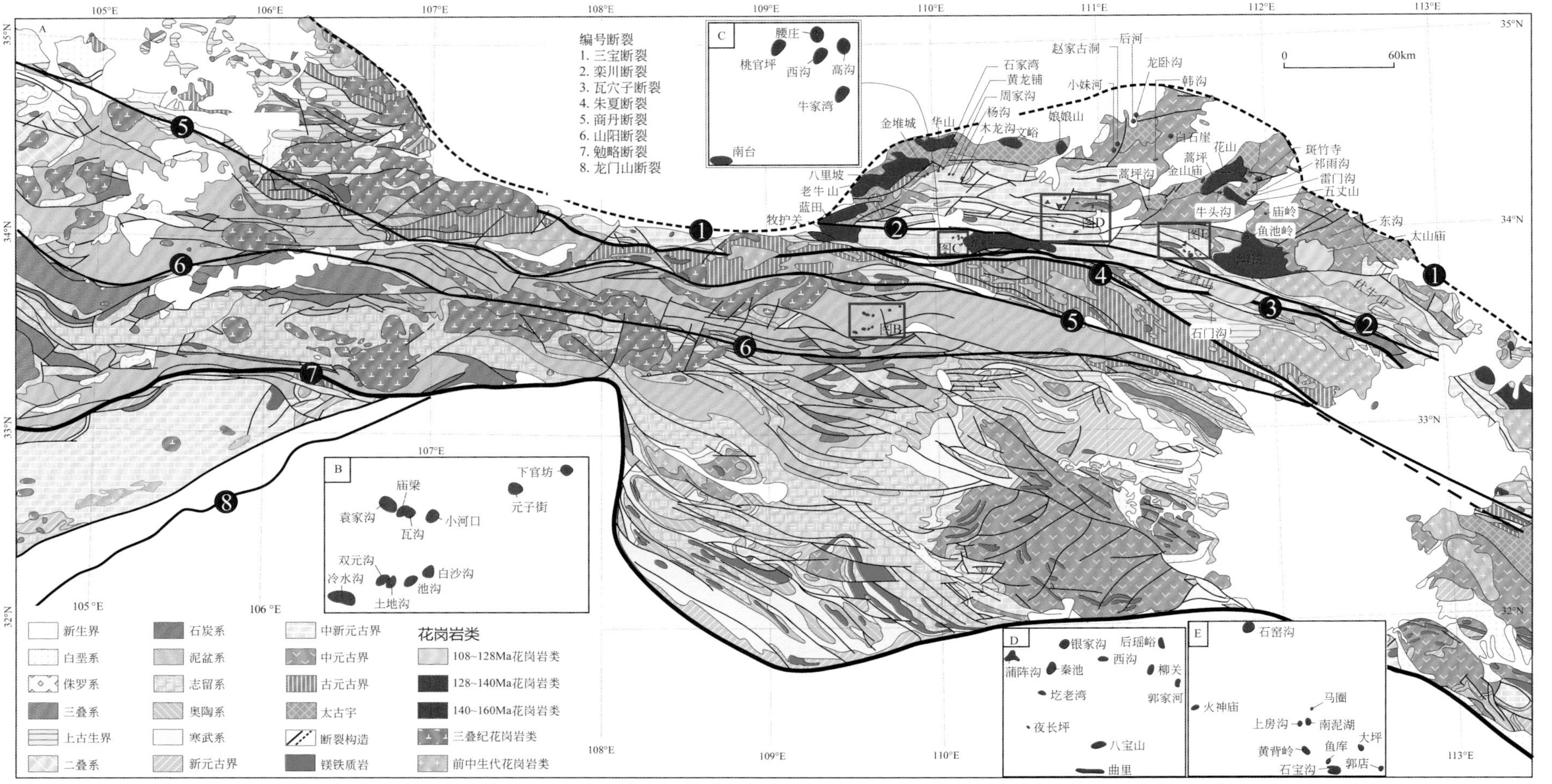

图1.52 燕山期花岗岩类在秦岭造山带的分布（修改自Li et al., 2018）

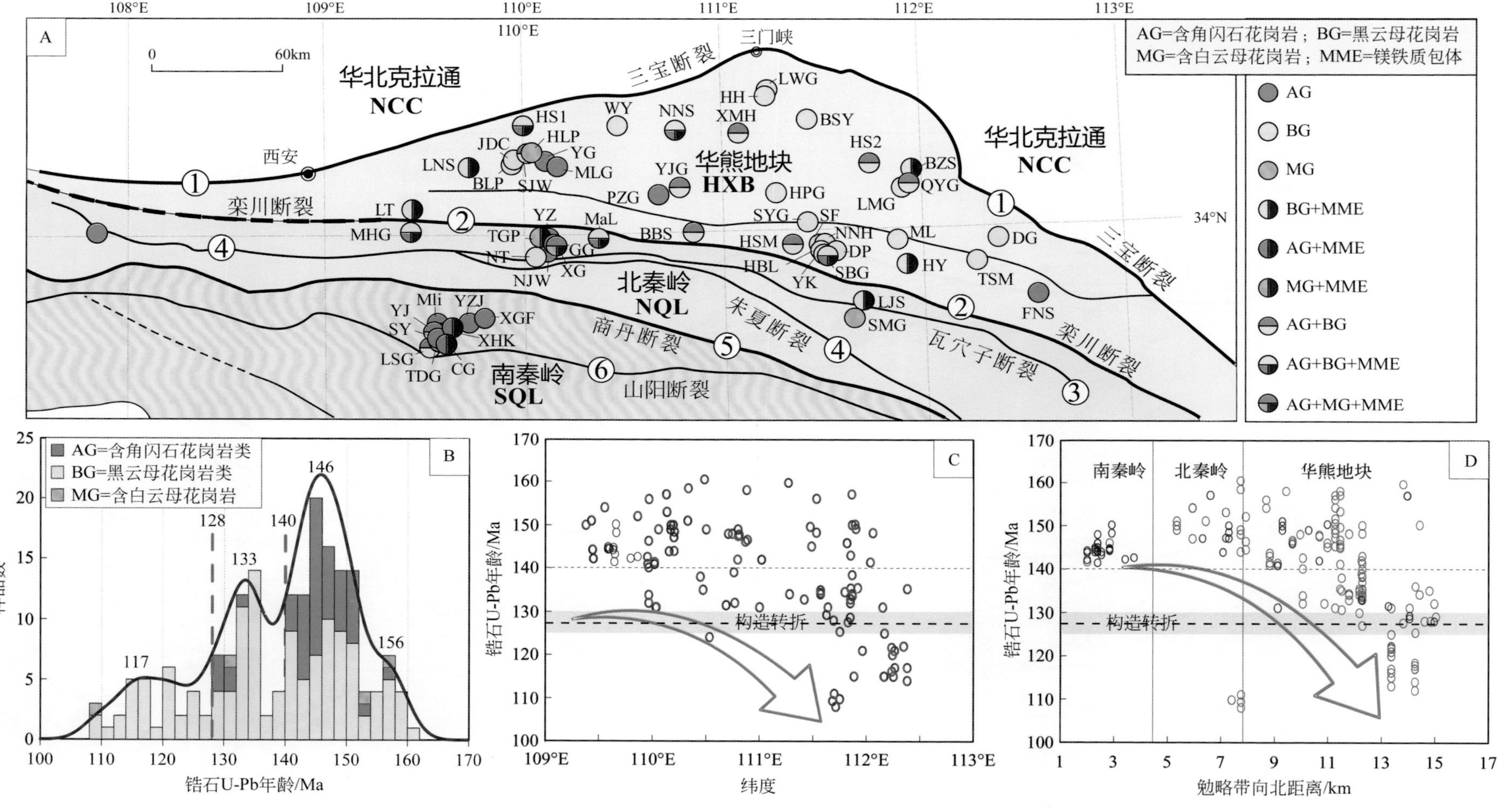

图1.53 秦岭燕山期花岗岩类的空间（A）、时间（B）及年龄纬向（C）、经向（D）变化（Li et al.，2018）

岩体名称缩写：BBS. 八宝山；BLP. 八里坡；BSG. 白沙沟；BSY. 白石崖；BZS. 斑竹寺；CG. 池沟；DG. 东沟；DP. 大坪；FN. 伏牛山；GG. 高沟；HBL. 黄背岭；HH. 后河；HLP. 黄龙铺；HPG. 蒿坪沟；HS1. 华山；HS2. 花山；HSM. 火神庙；HY. 合峪；JDC. 金堆城；LJS. 老君山；LMG. 雷门沟；LNS. 老牛山；LWG. 龙卧沟；LSG. 冷水沟；LT. 蓝田；MHG. 牧护关；MaL. 莽岭；Mli. 庙梁；ML. 庙岭；MLG. 木龙沟；NJW. 牛家湾；NNH. 南泥湖；NNS. 娘娘山；NT. 南台；PZG. 蒲阵沟；QYG. 祁雨沟；SBG. 石宝沟；SF. 上房；SJW. 石家湾；SMG. 石门沟(南沟)；SY. 双元沟；SYG. 石窑沟；TB. 太白；TDG. 土地沟；TGP. 桃官坪；TSM. 太山庙；WG. 瓦沟；WY. 文峪；XG. 西沟；XGF. 下官坊；XHK. 小河口；XMH. 小妹河；YG. 杨沟；YJG. 银家沟；YJ. 袁家沟；YK. 鱼库；YZ. 腰庄；YZJ. 元子街

据 Li 等（2018），燕山期早期（160 ~ 200Ma）出现岩浆活动间断，之后在燕山中晚期（108 ~ 160Ma）爆发大规模花岗岩浆作用。这次大规模花岗岩浆作用可以进一步分为三个幕次，即 140 ~ 160Ma、128 ~ 140Ma 和 108 ~ 128Ma（图 1.53）。鉴于前两个幕次花岗岩类在岩石学、地球化学及构造背景方面的相似性较大，本书将燕山期花岗岩类分为两期，即燕山中期（128 ~ 160Ma）和燕山晚期（108 ~ 128Ma），以便于分析两期花岗岩类的特征、成因及构造背景的差异。

燕山期花岗岩类的岩石类型包括花岗闪长岩、石英闪长岩、花岗岩、二长花岗岩、钾长花岗岩等，矿物成分以钾长石、斜长石和石英为主，黑云母是最常见的铁镁矿物，其次是角闪石和白云母。Li 等（2018）以镁铁质矿物将秦岭花岗岩类细分为含角闪石、黑云母和含白云母三类，提出角闪岩和黑云母共存是初生地壳物质贡献的标志，如娘娘山、八宝山、火神庙等岩体。此外，部分岩体还发育镁铁质包体（MME），如蓝田、老牛山、华山、娘娘山等岩体。

燕山期花岗岩类显示高 SiO_2、富碱、低 $Mg^{\#}$ 值（图 1.54），具壳源特征。它们 LILE、Pb、LREE 富集，HFSE、HREE 亏损（图 1.55、图 1.56），高（$^{87}Sr/^{86}Sr)_i$ 值、负 $\varepsilon_{Nd}(t)$ 和 $\varepsilon_{Hf}(t)$ 值，显示前寒武纪下地壳物质再循环的特征（图 1.57）。Sr-Nd-Hf 同位素体系还显示了区域不一致性，反映了深部地壳成分的区域差异（Li et al., 2018）。

秦岭燕山期花岗岩类锆饱和温度（T_{Zr}）（Watson and Harrison，1983）普遍偏低。50 个岩体中，43 个岩体的平均锆饱和温度低于 800℃，7 个岩体平均锆饱和温度高于 800℃，但仍未超过 860℃（Li et al., 2018）。在所调研的 64 个岩体中，40 个岩体含有继承锆石。这种低温岩浆的形成除了黑云母或角闪石脱水熔融外，似乎还需要其他来源的流体加入（Miller et al., 2003）。

1.6.3.3　燕山中期与晚期花岗岩类对比

燕山中期（128 ~ 160Ma）花岗岩广泛分布于 109° ~ 112°E。它们以含黑云母和角闪岩的花岗岩类为主，包括蓝田、老牛山、石宝沟、牧护关、西沟、莽岭等岩体；在桃官坪和西沟岩体可以见到少量白云母。燕山晚期岩体局限于华熊地块（HXB）和北秦岭（NQL）的东部（112° ~ 113°E）（图 1.53），多含黑云母，只有伏牛山岩体含少量角闪岩（Gao et al., 2014），石门沟花岗斑岩含有少量白云母（杨晓勇等，2010）。

与燕山中期岩石相比，燕山晚期花岗岩类高分异特征较明显，SiO_2 含量较高，Al_2O_3、FeO^T、MgO 和 CaO 含量较低，碱性或偏碱性趋势明显（图 1.54；详见 Li et al., 2018）。稀土元素和微量元素特征也有许多差异（图 1.55，图 1.56），Y、Rb、Nb、Ta、Zr、Hf 含量较高，Sr、Ba 含量较低，Eu 亏损明显，表明岩浆起源深度小于 40km。与此相反，较多的>128Ma 花岗岩类没有显示明显的 Eu 亏损，Sr、Ba 亏损不显著，甚至出现正异常，属于加厚下陆壳部分熔融所形成的埃达克质岩。这类具有埃达克岩特征的花岗岩类多分布于秦岭造山带最北部，如文峪、娘娘山和龙卧沟等。

从图 1.57 可以看出，在燕山中期的花岗岩中，>140Ma 者比 128 ~ 140Ma 者具有更大变化范围的（$^{87}Sr/^{86}Sr)_i$、$\varepsilon_{Nd}(t)$ 和 $\varepsilon_{Hf}(t)$、T_{DM2}(Nd) 和 T_{DM2}（Hf），说明前者物质来源更为复杂。造成这一现象的重要原因是，南秦岭花岗岩比北秦岭和华熊地块的花岗岩具有更低的（$^{87}Sr/^{86}Sr)_i$、T_{DM2}(Nd) 和 T_{DM2}(Hf)，更高的 $\varepsilon_{Nd}(t)$ 和 $\varepsilon_{Hf}(t)$，且南秦岭发育较多>140Ma 的花岗岩，但缺乏<140Ma 花岗岩。除南秦岭花岗岩之外，>140Ma 和<140Ma 的燕山中期花岗岩类具有特征相似、数据范围相对集中的同位素组成，且（$^{87}Sr/^{86}Sr)_i$值较高，$\varepsilon_{Nd}(t)$ 和 $\varepsilon_{Hf}(t)$ 较低，T_{DM2}(Nd) 和 T_{DM2}(Hf) 较大（一般大于 1500Ma），说明华熊地块和北秦岭的花岗岩类更多地来自古老地壳物质的部分熔融或再循环。

燕山晚期花岗岩只出现在北秦岭和华熊地块，与同区燕山中期花岗岩相比，它们的 Sr-Nd-Hf 同位素组成变化范围变大，而且显示了更多地幔或初生地壳成分，即（$^{87}Sr/^{86}Sr)_i$变低，$\varepsilon_{Nd}(t)$ 和 $\varepsilon_{Hf}(t)$ 增高（部分为正值），T_{DM2}(Nd) 和 T_{DM2}(Hf) 变小，出现较多<1500Ma 者（图 1.57）。这一特征表明燕山晚期比燕山中期花岗岩浆作用受到更多的地幔作用影响，可能与造山带垮塌伸展、软流圈上拱、岩石圈局部裂熔有关。

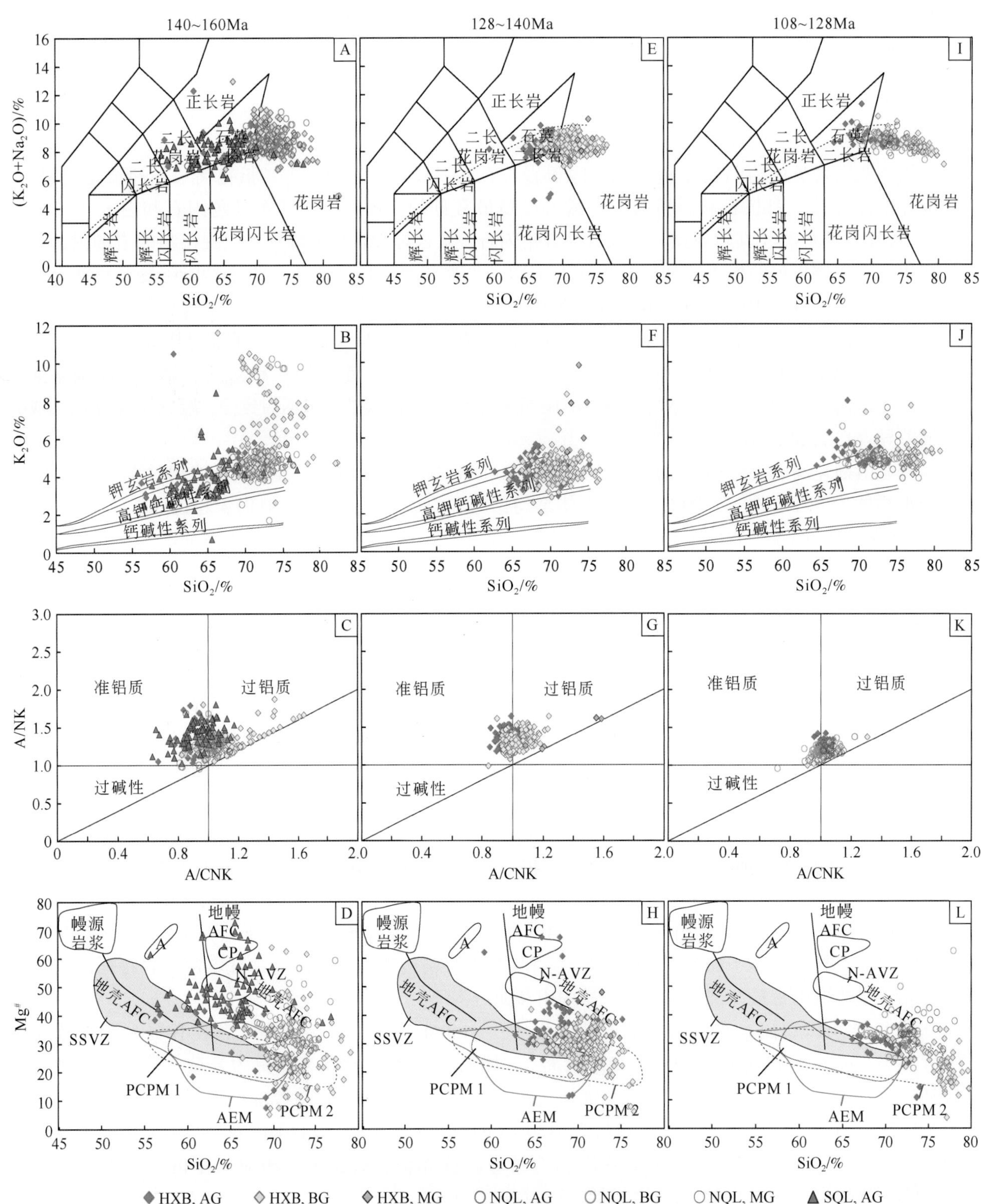

图 1.54 燕山期花岗岩类 SiO_2 与 K_2O、K_2O+Na_2O、$Mg^{\#}$协变图和 A/NK-A/CNK 图（Li et al., 2018）

构造单元缩写（下同）：HXB，华熊地块；NQL. 北秦岭；SQL. 南秦岭。花岗岩类型缩写（下同）：AG. 含角闪石花岗岩；BG. 含黑云母花岗岩；MG. 含白云母花岗岩。A. 阿留申 Adak 岛埃达克岩；AEM. 高温高压实验获得的石榴子石-角闪岩和榴辉岩高压部分熔融产物；CP. 阿根廷 Cerro Pampa 埃达克岩，N-AVZ 和 AVZ. 安山岩和英安岩；SSVZ. 安第斯南部火山岩带第四纪火山岩；PCPM1. 含水（1.7%~2.3%）的高钾玄武岩在 7kbar（$1kbar=10^5kPa$），825~950℃条件下部分熔融产物；PCPM2. 低钾玄武岩在 8~16kbar，1000~1050℃条件下部分熔融产物。图中地幔 AFC 曲线依据 Depaolo（1981）公式计算而得，设定同化混染和结晶分异的比例为 2，分离结晶产物为 80% 角闪石+20% 单斜辉石

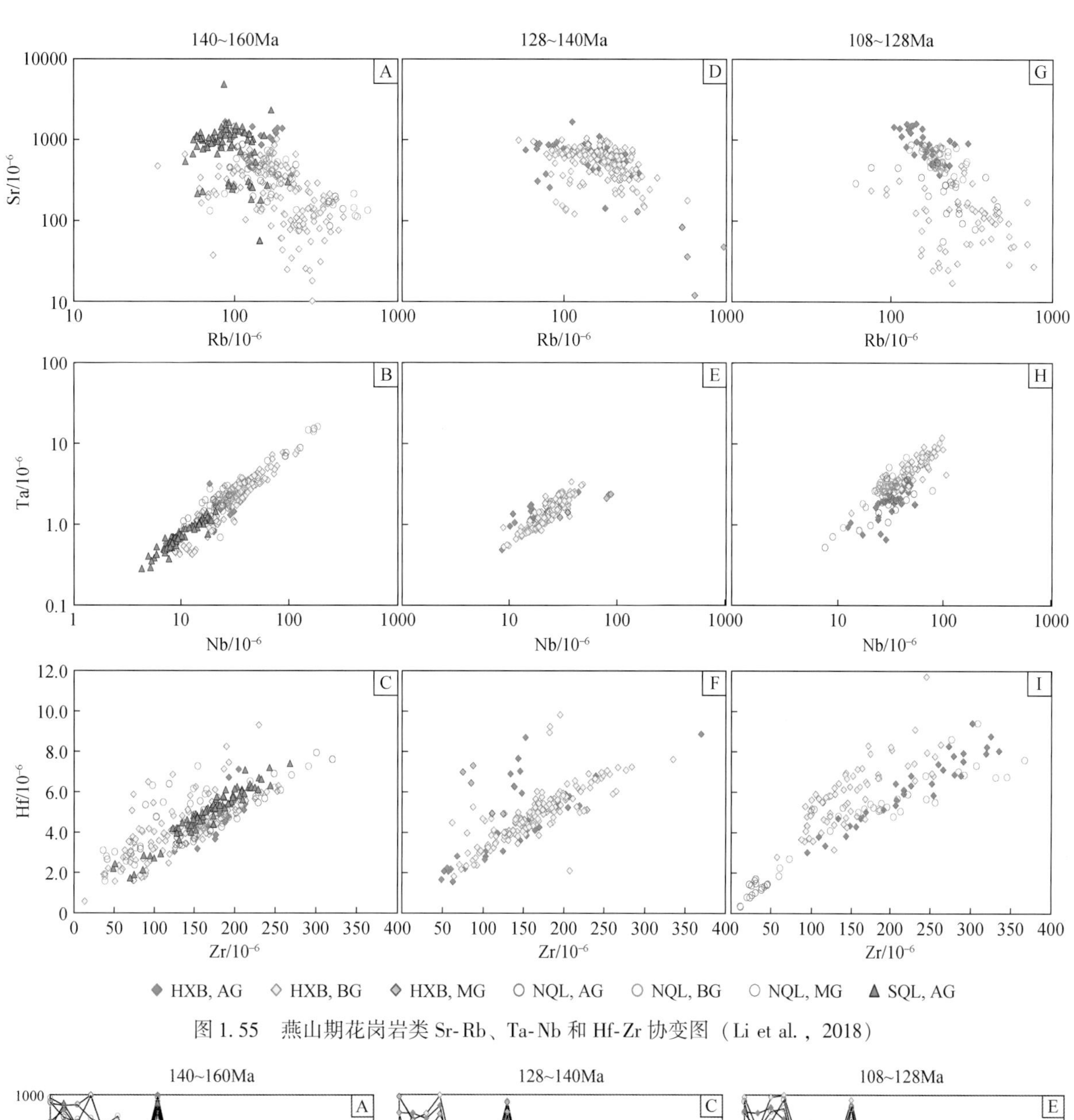

图 1.55　燕山期花岗岩类 Sr-Rb、Ta-Nb 和 Hf-Zr 协变图（Li et al.，2018）

140~160Ma　128~140Ma　108~128Ma

样品/原始地幔

Rb Ba Th U Nb Ta La Ce Pb Pr Sr Nd Zr Hf Sm Eu Gd Tb Dy Y Ho Er Tm Yb Lu

样品/球粒陨石

La Ce Pr Nd Sm Eu Gd Tb Dy Ho Er Tm Yb Lu

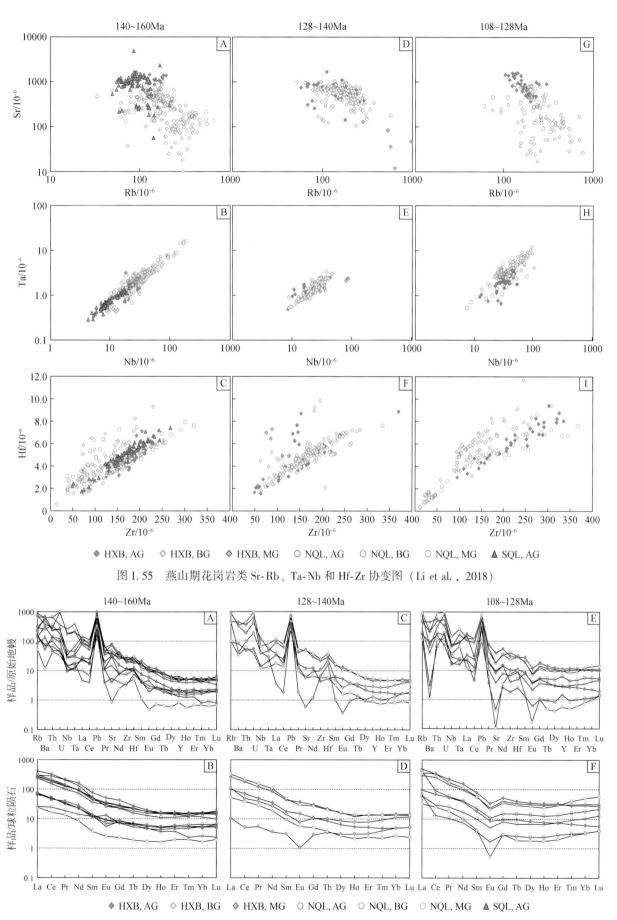

HXB, AG　HXB, BG　HXB, MG　NQL, AG　NQL, BG　NQL, MG　SQL, AG

图 1.56　燕山期花岗岩类微量和稀土元素配分图（Li et al.，2018）

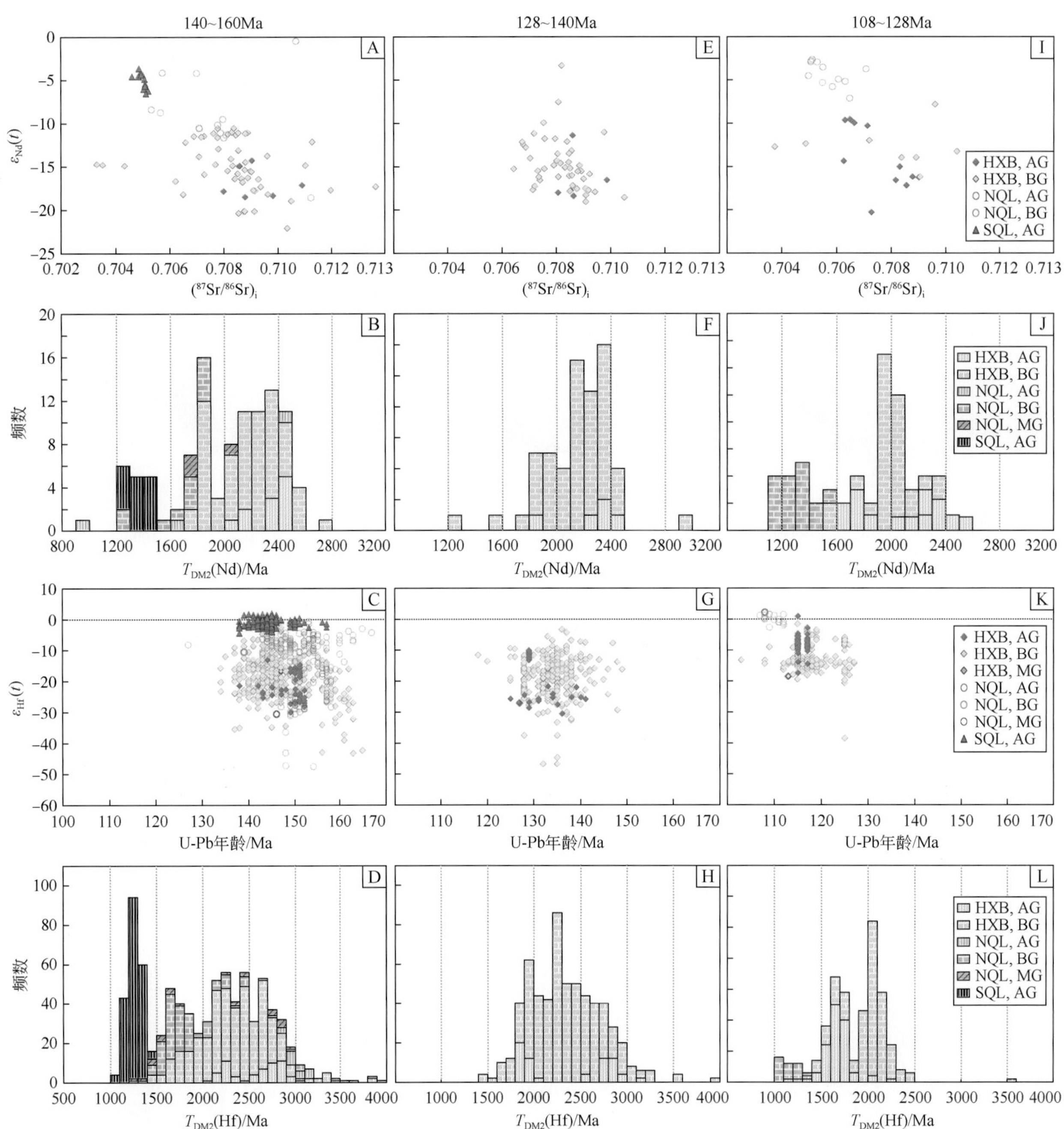

图 1.57　燕山期花岗岩类 $\varepsilon_{Nd}(t)$-$(^{87}Sr/^{86}Sr)_i$ 和 $\varepsilon_{Hf}(t)$-年龄协变图，以及 T_{DM2}(Nd) 和 T_{DM2}(Hf) 直方图（Li et al., 2018）

1.6.3.4　花岗岩类对构造作用的指示

关于秦岭燕山期花岗岩类时空分布和地质地球化学特征，已有三种构造模式予以解释。

第一种观点主张燕山期为华北与华南大陆板块的同碰撞-后碰撞构造作用期，秦岭燕山期花岗岩体是世界范围后碰撞花岗岩的典型代表（Harris et al., 1986；胡受奚，1988；陈衍景和富士谷，1992；Chen et al., 2007；Li et al., 2012a；杨阳等，2012；Yang et al., 2015；Zheng et al., 2015, 2019）。该观点的证据有：①燕山期花岗岩类（年龄为 108～160Ma）明显晚于三叠纪-侏罗纪之交（210～195Ma）的最后一次洋盆闭合（Chen and Santosh, 2014；Li et al., 2015b）约 40Ma，类似于海西和阿尔卑斯造山带后碰撞花岗岩类形成时间滞后于洋盆闭合时间约 40～50Ma（Harris et al., 1986），也类似于我国主要构造域大规模后碰撞花岗岩类年龄滞后于最晚洋盆闭合时间约 50Ma（陈衍景，2002；Chen et al.，2007）；②花岗岩类主要为高钾钙碱性、准铝质到过铝质，LREE 和 LILE 相对富集，HREE 和 HFSE 相对贫化，表现出大陆地壳来源的特征；③大部分样品的 Sr-Nd 和 Lu-Hf 同位素显示了典型壳源花岗岩的特征。然而，该模型尚不能解释秦岭造山带西部与东部晚燕山期花岗岩类发育的差异，也不能解释燕山中期和晚期花岗岩类地球化学和岩石学的差异。

第二种模式涉及晚侏罗世至早白垩世陆内俯冲（胡受奚，1988；陈衍景和富士谷 1992；Dong et al.，2016）。该模式主张南北向挤压导致晚侏罗世—早白垩世期间秦岭造山带地壳缩短、拆离、逆掩堆叠，华北和扬子分别向南和向北俯冲到秦岭造山带之下（Chen et al.，2000）；然后，即早白垩世晚期至古近纪，造山带垮塌（Dong et al.，2016）。据此，燕山中期（160～128Ma）和燕山晚期（128～108Ma）花岗岩类分别形成于同碰撞和后碰撞构造背景。该模型与秦岭花岗岩类的下地壳部分熔融成因相一致，也符合 160～128Ma 和 128～108Ma 花岗岩类地球化学特征及其差异。在加厚地壳深部熔融形成的同碰撞花岗岩类一般是过铝质 S 型花岗岩甚或淡色花岗岩，具有高 Rb/Zr 和 Ta/Nb，低 K/Rb，在喜马拉雅地区尤其丰富（Harris et al.，1986）。然而，秦岭燕山期花岗岩缺乏过铝矿物，却含较多角闪石、单斜辉石等镁铁质矿物，具有 I 型花岗岩特点，反而偏离 S 型花岗岩特征。

第三种观点基于中国东部古太平洋板块向西俯冲（如：Mao et al.，2011；Pirajno and Zhou，2015；Zhu et al.，2015），其证据有：①中国东部的华南、长江中下游、秦岭东部、大别山、胶东半岛、燕山东部、辽吉地块、吉黑褶皱带等不同构造单元的燕山期（侏罗纪和白垩纪末）地质作用和特征类似，包括普遍发育 I、A、S 型花岗岩类岩石，出现断陷盆地和变质核杂岩（如胡受奚等，1997，1998；Chen et al.，2000，2005a；Wu et al.，2005；徐夕生和谢昕，2005；李诺等，2007；Zhao and Zheng，2009；Mao et al.，2011；Pirajno，2013，2015）；②燕山期岩浆岩呈 NE 和 NNE 向展布，与近南北或 NNE 向的大兴安岭-太行山-武陵山重力梯度带平行，构造-岩浆活动可能是欧亚板块和太平洋板块相互作用的结果（Xu，1990；王德滋等，1998；邓晋福等，1999）；③花岗岩体主要沿 NNE 向断裂侵位，特别是在 NNE 向和 E-W 向构造交汇处（Mao et al.，2010）。但是，太平洋俯冲模式无法解释燕山期岩浆活动的南北向差异。例如，燕山期花岗岩类在秦岭东北部和大别山广泛发育，在三宝断裂以北的豫北、皖北等地缺乏；它们在胶东地区常见，但在鲁南和苏北缺失（Chen et al.，2005a，2007）。

考虑到这些因素，我们提出了新的秦岭燕山期构造-岩浆演化模型（图 1.58）。三叠纪陆弧岩浆活动减弱和停止，势必尾随了华北古板块与扬子古大陆碰撞（Li et al.，2015b）。与俯冲洋壳相比，俯冲陆壳无法释放足够的流体而导致规模熔融（Zheng et al.，2003，2019），因此在 195～160Ma 挤压期间出现了岩浆作用间断（Li et al.，2015b）。大陆碰撞导致陆壳俯冲、增厚、变质脱水以及陆壳部分熔融（碰撞后），形成高钾钙碱性花岗岩类。大别山千鹅冲斑岩钼矿床的埃达克岩指示陆壳加厚作用在 130Ma 时仍然存在，稍后发生了一次构造转折事件（图 1.58A；Mi et al.，2015），白垩纪东秦岭和大别山造山带活化表现为冷却速率转变（董树文等，2005；胡圣标等，2005；Hu et al.，2006），高分异 I 型花岗岩类形成，左旋张扭或拉分盆地出现（Han Y et al.，2014）。该转变事件可能与古太平洋板块俯冲到欧亚大陆之下有关，因此，大兴安岭-太行山-武陵山重力梯度带与俯冲边缘大致平行。此外，130～120Ma 太平洋超级地幔柱事件可能造成了俯冲速率提高或板块俯冲方向、角度的改变（图 1.58B；Wu et al.，2005；Goldfarb et al.，2007；Sun et al.，2007；Pirajno and Zhou，2015；Zhu et al.，2015）。所有这些因素都会导致或加强岩石圈板块的挤压和随后的应力松弛或扩张，从而导致岩浆底侵、地壳熔融和高度分异 I 型花岗岩浆形成，以及裂谷构造发育（图 1.58B）。太平洋板块持续俯冲和俯冲板块回撤导致了弧后伸展和日本海打开（图 1.58C），使 128～100Ma 的花岗岩类和同源火山岩只出现在南北向重力梯度带东侧，特别是东部沿海地区。有趣的是，中国东部几乎不发育 100～90Ma 以后的长英质火成岩（Chen et al.，2017a，2017b）；而大陆碱性玄武岩自 98Ma 开始发育（刘嘉麒，1999）。

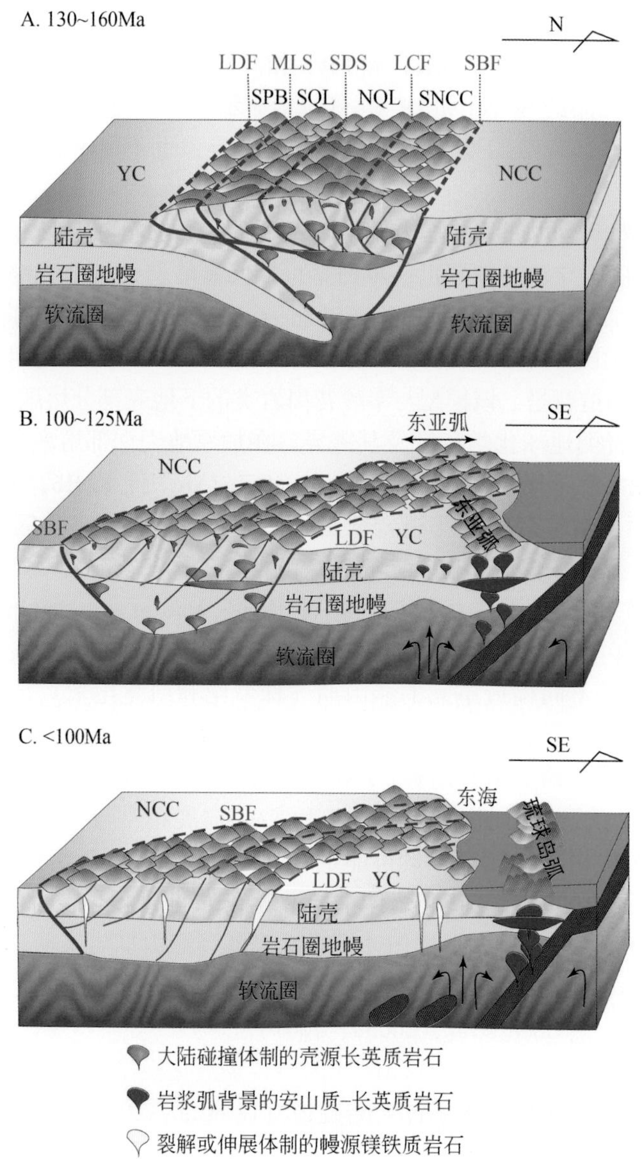

图 1.58　秦岭造山带及其邻近地区燕山期构造演化示意图

缩写：NCC. 华北克拉通；YC. 扬子克拉通；SPB. 松潘褶皱冲断带；SQL. 南秦岭褶皱带；NQL. 北秦岭增生带；SNCC. 华北克拉通南缘；LDF. 龙门山-大巴山断裂；MLS. 勉略缝合带；SDS. 商丹缝合带；LCF. 栾川断裂；SBF. 三宝断裂

通过研究燕山期岩浆作用特征，可以得出如下结论：

（1）早中侏罗世（200～160Ma），秦岭造山带强烈碰撞挤压、地壳缩短加厚，但缺乏花岗岩类发育。

（2）晚侏罗世—早白垩世初期（160～128Ma），碰撞挤压作用减弱，造山带减压伸展（与挤压缩短交替），区域热异常显著，地壳长英质组分大规模熔融，形成大量花岗岩类，花岗岩类地质地球化学特征受造山带内部物质组成控制。

（3）早白垩世晚期（128～100Ma），碰撞挤压作用消失，造山带发生重力垮塌、伸展拆沉，发育偏碱性的壳源火山岩和花岗岩类，指示伸展作用主要在地壳层次，岩石圈裂断-熔融作用局限。

（4）燕山中期和燕山晚期花岗岩类具有不同的岩性组合、地球化学特征和空间分布特征。燕山中期花岗岩类主要来源于加厚下陆壳部分熔融，燕山晚期花岗岩类受地幔或年轻地壳物质影响较大。燕山中期埃达克岩较多，燕山晚期缺乏，说明加厚地壳在128Ma之前仍然存在。

（5）秦岭造山带的东西差异和秦岭与大别、苏鲁造山带的岩浆作用差异表明，130～125Ma期间（约128Ma）发生了构造转折事件，苏鲁造山带等中国东部从古特提斯构造域转变为滨太平洋构造域。

1.6.4　矿床探针对燕山期构造演化的指示

1.6.4.1　矿床是地球动力学的探针

矿床是一种独特而复杂的地质体，往往是多种地质过程综合作用的结果，比其他地质体更全面或完整地记录了大陆演化的作用和过程，避开了简单地质体只能记录某方面信息的片面性，使基于矿床研究而得出的结论更全面、可信。矿床勘查评价过程中，地质学家详细查明了矿体的三维形态、内部结构、元素和矿物含量及其空间变化，为获得科学理论认识提供了全面而坚实的基础。因此，矿床是研究地球动力学或构造背景及演化的有效探针（陈衍景等，2008，2009）。

不同性质的构造背景孕育不同的优势成矿类型和矿种。例如，大陆裂谷或地幔柱有利于铬铁矿、铜镍硫化物、钒钛磁铁矿、铂族元素等成矿，洋壳俯冲所致的岩浆弧有利于斑岩型铜金钼成矿。表 1.15 初步建立了矿床类型与构造背景的关系，用于确定某种构造背景的主攻矿床类型和矿种，也可用于根据矿床类型及其地质地球化学特征重建大地构造格局和演化历史（陈衍景等，2008）。

表 1.15　主要矿床类型的标志性地质地球化学特征和构造环境

成矿类型	成矿系统发育的地质条件	构造环境
岩浆型	镁铁质-超镁铁质岩浆经历充分的结晶分异作用，或者镁铁质-超镁铁质岩经历强烈的热液交代蚀变	地幔柱，大陆裂谷，蛇绿岩残片
镁铁质岩浆热液型*	地壳中浅部；高温、高盐度、富 CO_2 的岩浆流体	大陆裂谷，地幔柱，弧后伸展
长英质岩浆热液型**	中深成矿床（>4km），静岩压力系统的中高温、高盐度岩浆流体，可富含 CO_2，可混入大气降水热液	碰撞带，陆缘弧或弧后大陆区
伟晶岩型	中高级变质岩-混合岩-花岗岩地体；深成（>5km）矿床，静岩压力，变质/岩浆成因的流体-熔体过渡相，高盐度、富挥发分、高温、高氧逸度	大陆碰撞带，大陆边缘弧根部
斑岩型，爆破角砾岩型	地壳浅部（1～4km）；静岩压力系统的高温高盐度岩浆流体演化为静水压力系统的低盐度大气降水热液；包裹体盐度达 60%	岩浆弧、碰撞带、断裂岩浆带
夕卡岩型，铁氧化物型	地壳中浅部；静岩压力系统的高温高盐度岩浆热液演变为静水压力系统的低盐度大气降水热液；包裹体盐度达 60% 或更高	岩浆弧、碰撞带、断裂岩浆带
造山型/变质热液型	多产于变质地体；地壳中部（4～18km），>200℃；构造超压变质流体±浅成热液；流体富 CO_2（5%～30%），低盐度（<10%）	增生楔，碰撞或陆内造山带
沉积岩容矿的浅成热液型	地壳中浅部（<10km），<350℃；浅成热液±变质/岩浆热液，流体贫 CO_2（<10%），低盐度（<10%）。MVT 型铅锌矿、卡林型金矿	弧后盆岭省，碰撞造山带
火山岩容矿的浅成热液型	地壳浅表（<2km）；静水压力系统的大气降水浅成热液±岩浆热液，流体贫 CO_2、低盐度（<10%）。浅成低温热液金银矿床	岩浆弧、碰撞带、断裂岩浆带
火山岩容矿海底喷流系统	增生型造山带的海相火山岩地体；海底水-岩界面处的热液活动，一般>100℃，静水压力，循环海水±岩浆水。VMS 型铜锌矿床	洋脊或裂谷、弧或弧后盆地
沉积岩容矿海底喷流系统	碰撞型造山带的沉积岩建造；海底水-岩界面处的热液活动，一般>100℃，静水压力，循环海水±岩浆/变质水。SEDEX 型铅锌矿床	弧前盆地，大洋台地

* 碳酸岩型稀土、铌、钼等矿床，金伯利岩型或钾镁煌斑岩型金刚石矿床。

** 与深成花岗岩有关的石英脉型、云英岩型、蚀变花岗岩型钨、锡、铍、铌钽、稀土元素等矿床。

值得注意的是，秦岭造山带在侏罗纪-白垩纪之交从碰撞挤压向伸展转变的结论源自矿床研究（陈衍景和富士谷，1992），也就是通过研究豫西金矿床成矿规律，首先在秦岭造山带识别出伸展构造现象，认识到“豫西金成矿地球动力学背景是碰撞挤压向伸展的转变期”，进而论证了“挤压向伸展转变期大规模成矿”是一个普遍规律。下面我们简单列举 3 类矿床对秦岭燕山期构造背景的约束，即：①砂金矿床时空分布限定大量岩金矿床在白垩纪快速形成并剥蚀裸露于地表；②造山型金等矿床限定秦岭造山带在燕山期处于同造山过程的挤压向伸展转变体制；③斑岩成矿系统限定燕山期秦岭造山带是大陆碰撞造山带，而非大洋板块俯冲的岩浆弧或增生型造山带。

1.6.4.2 砂金矿床的时空分布及其构造意义

人类很早就认识到砂金与岩金（内生金矿床，几乎全部属于热液矿床）之间的空间和成因关系，并根据砂金分布或水系异常寻找岩金矿床。事实上，砂金矿主要是由岩金或富金地质体派生的，它们常在岩金矿床或矿集区附近。例如，南非兰德金矿是23亿年之前形成的砾岩型金矿或古老砂金矿床，其储量和产量均占全世界的半数以上，它源自被砾岩不整合覆盖的 Barberton 绿岩带中的断控脉状金矿床（Bache，1987）；加拿大休伦超群 Gongwadon 组内有冰碛岩型金矿（Mossman and Harron，1983），金被证明来自 Abitibi 绿岩带中的新太古代造山型金矿床；美国西部蒙大拿州、内华达州等是世界著名的砂金产地，那里也是重要的岩金矿床成矿省，尤其以卡林式金矿为特征；西澳大利亚是世界重要的砂金产地，那里同样有以 Gold Mile 金矿为代表的大量岩金矿床。就秦岭造山带而言，砂金与岩金的时空分布情况及其意义是：

（1）砂金与岩金的空间关系。有岩金就有砂金，已探明的砂金矿床往往分布在岩金矿床或矿集区附近的断陷盆地、水系中，例如，熊耳山金矿田周围的洛河、伊河上游及相关潭头、田湖、旧县、洛宁等盆地均有砂金发现（详见寸珪，1992）。同样道理，有砂金就有岩金，砂金是溯源寻找岩金矿床的最重要线索，甘肃阳山超大型金矿带就是沿嘉陵江上游砂金矿床溯源追索而发现的；没有岩金就没有砂金，例如，在大别山和登封–临汝地区，既没有砂金，也没有岩金。显然，砂金源自岩金，砂金可示踪岩金（寸珪，1992）。

（2）砂金矿床与岩金矿床的基因继承性。砂金矿床中自然金的成色和微量元素组合往往保留了源区岩金矿床的自然金成分特征，砂金矿床中往往含有大量来自岩金矿床的砾石，尤其以含金石英脉砾石为典型，这些砾石在组构、矿物成分、元素组合等方面与岩金矿床一致，较好保留了源区岩金矿床的成因信息。例如，强立志和张荫树（1987）研究发现丹江、淇河、老灌河流域的砂金矿床源于陡岭地体蒲塘式金矿床的风化剥蚀和搬运沉积（陈衍景和富士谷，1992）。

（3）砂金矿床只见于新生代沉积物。秦岭造山带及中国东部广泛发育太古宙至新生代的沉积物，特别是早白垩世断陷盆地红色磨拉石沉积建造，但是，砂金矿床只发现于新生代沉积物中，迄今尚未在白垩纪及更老沉积物中发现砂金矿床。这一现象表明，岩金矿床没有在白垩纪之前大量裸露于地表，甚或没有形成，否则，白垩纪沉积物中应有砂金矿床；同时，既然第三纪冲积物中已有较多砂金矿床，那么，第三纪及其以前，应有大量岩金矿床形成并裸露于地表，否则，新生代砂金即是无米之炊；前两个推论限定，大量岩金矿床在白垩纪开始裸露于地表。

（4）早白垩世及更早地层缺乏显著金丰度异常。秦岭造山带太古宙至早白垩世地层不但缺乏古砂金矿床，而且缺乏显著高的金丰度异常。除桐柏歪头山组含矿碳质绢英片岩建造金丰度达 4.8×10^{-9} 之外，其他不同构造单元不同时代岩石地层单位的金丰度均变化于 0.4×10^{-9} ~ 2.3×10^{-9}，造山带腹地镇平盆地的早白垩世沉积物的金丰度为 0.9×10^{-9}（详见陈衍景等，1993）。这表明侏罗纪及其以前漫长时期并没有形成大量岩金矿床，至少没有裸露剥蚀，否则，白垩纪或更老的沉积物应有显著的金丰度异常。

（5）岩金矿床可赋存于前侏罗系各类岩石建造。秦岭造山带岩金矿床赋矿地层不受岩性和时代限制，从最老的岩石地层单元太华超群，经古元代末期的熊耳群火山岩、秦岭群、二郎坪群等变质岩系，到晚古生代—三叠纪沉积地层，均有金矿床发现。而且，三叠纪地层是西秦岭卡林型–类卡林型金矿省最有利的赋矿层位（陈衍景等，2004）。值得说明的是，这些金矿赋矿地层都遭受了不同程度的变形和变质。由于造山带内缺乏侏罗系，也不存在侏罗系含矿性问题；白垩系局限于断陷盆地，尚无金矿床发现。这些信息表明，岩金矿床大规模形成于侏罗纪—白垩纪，在白垩纪快速剥蚀裸露于地表。

综合上述，秦岭造山带砂金矿床仅仅赋存于第三系和第四系等新生代冲积物中，岩金矿床必须在侏罗纪和白垩纪大规模形成，而且必须快速隆升并遭受风化剥蚀而裸露于地表，指示侏罗纪—白垩纪秦岭造山带构造背景发生了挤压向伸展转变，此时的减压增温条件导致大规模流体活动和金成矿作用。

1.6.4.3　造山型成矿系统——造山过程的忠实记录

造山型矿床是断裂构造控制的脉状中温中深成热液矿床（Groves et al., 1998；Pirajno, 2009；Goldfarb et al., 2019；陈衍景，2006；陈衍景等，2007）。顾名思义，它产于造山带内，形成于造山过程，成矿流体来自变质脱水作用，是造山作用的忠实记录。说明如下：

秦岭造山带蕴含大量燕山期断控脉状造山型矿床，包括金、银、铜、铅锌、钼等。赋矿断裂普遍具有先压后张或先逆冲后滑塌的特征。张进江等（1998）对华北克拉通南缘金矿床与变质核杂岩的关系开展了专门研究，发现很多赋矿断裂是变质核杂岩隆升剥露过程中的拆离断层（图 1.45），尤其以小秦岭、崤山和熊耳山 3 个变质核杂岩为典型代表。陈衍景和富士谷（1992）注意到，小秦岭—熊耳山一带多数金矿床的赋矿断裂向南倾斜（含 SW 和 SE），与马超营断裂等近东西向区域性构造（陆内俯冲带）的倾向相反，缘于向北下俯冲的陆壳板片回撤诱发的构造反转，一方面改变原有断裂构造性质和倾向等产状，另一方面诱发新的向南倾斜的滑塌伸展构造作用，如熊耳山的上宫和瑶沟金矿（图 1.59）、崤山的申家窑金矿（图 1.60）以及小秦岭金矿田樊岔（展恩鹏等，2019）和文峪金矿（Zhou et al., 2014a）。

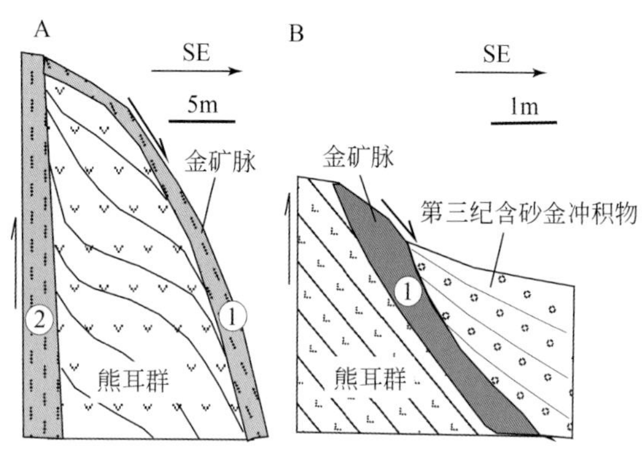

图 1.59　熊耳山瑶沟金矿赋矿断层构造变形与伸展盆地示意（陈衍景和富士谷，1992）

图 A 示意逆掩性质的 1 号和 2 号矿化断裂带叠加了伸展期的正断层作用；图 B 示意 1 号矿化带隆升剥蚀，且被第三纪含砂金冲积物直接覆盖

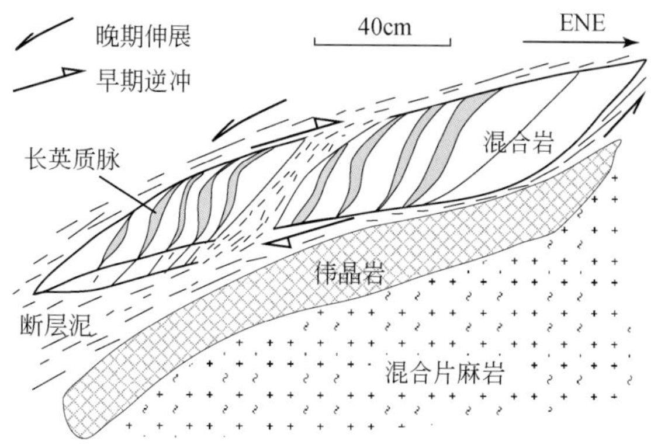

图 1.60　河南崤山申家窑金矿 1#含矿构造蚀变带的构造变形素描（陈衍景和富士谷，1992）

混合岩构造透镜体形态指示构造带经历了晚期 WSW 方向的滑塌正断作用，混合岩透镜体内的长英质脉体形态指示构造带曾为逆冲断层

赋矿断裂带往往发育糜棱岩，记录了成矿早期的韧性变形、逆掩剪切作用；糜棱岩带及其中的矿脉又发生脆性变形或破碎、角砾化，记录了低角度剪切、滑塌作用（张进江等，1998）。重要的是，韧性变

形构造带叠加后期脆性破碎的空间位置，或者由此造成的局部虚脱、扩容带，往往是成矿物质富集的最佳位置，蕴含厚大富矿体，证明挤压向伸展转变过程发生了大规模矿化。

依据脉体之间穿切关系和脉体矿物组合，造山型矿床成矿过程包括 3 或 4 个阶段，从早到晚是（图 1.61 和图 1.62）：①早阶段以含粗粒黄铁矿的乳白色石英脉或脉状交代石英岩为代表，通常脉厚大于 10cm，普遍遭受韧/脆性的剪切变形、破碎、角砾化，矿物普遍碎裂、角砾化并显示波状消光、边缘细粒化或亚颗粒化、动态重结晶等现象，形成于挤压或压扭构造背景（图 1.61A、B、C 和图 1.62A、B）。②中阶段为细粒石英-多金属硫化物网脉，充填于早阶段石英脉角砾之间或石英脉及围岩的裂隙之中（图 1.61B、C 和图 1.62C），网脉厚度集中在 1 ~ 10mm，矿物粒度细，自形程度低，杂质含量高，以烟灰状黄铁矿为标志，缺乏动态重结晶现象，网脉很少遭受构造变形，应形成于挤压造山作用的伸展期，至少在网脉形成之后没有经历强烈的挤压或压扭性构造变形事件。需要说明，该阶段也可分为石英-黄铁矿网脉和石英-多金属硫化物网脉 2 个阶段（四阶段划分法）或 2 个亚阶段（三阶段划分法）。③晚阶段以石英-碳酸盐网脉为代表，脉厚 1 ~ 50mm，常具梳状和晶簇构造，多沿张性裂隙贯入充填，没有显示构造变形（图 1.61D 和图 1.62D、E），形成于造山晚期或造山后。如此三阶段或四阶段演化特征强有力地证明了流体成矿作用始于挤压或压扭条件，爆发于挤压向伸展转变体制，结束于伸展垮塌环境（陈衍景和富士谷，1992；陈衍景等，2004；Chen et al.，2005a），可作为造山作用由早期挤压加厚隆升转变为晚期伸展垮塌的标志。重要的是，秦岭造山带燕山期造山型成矿系统普遍可见这种三阶段成矿现象。例如，桐柏山区的银洞坡金矿，东秦岭内乡地区的银洞沟银矿（图 1.62），熊耳山区的铁炉坪银矿（图 1.61）和上宫金矿，小秦岭地区的文峪、枪马、樊岔等金矿以及大湖金钼矿床。

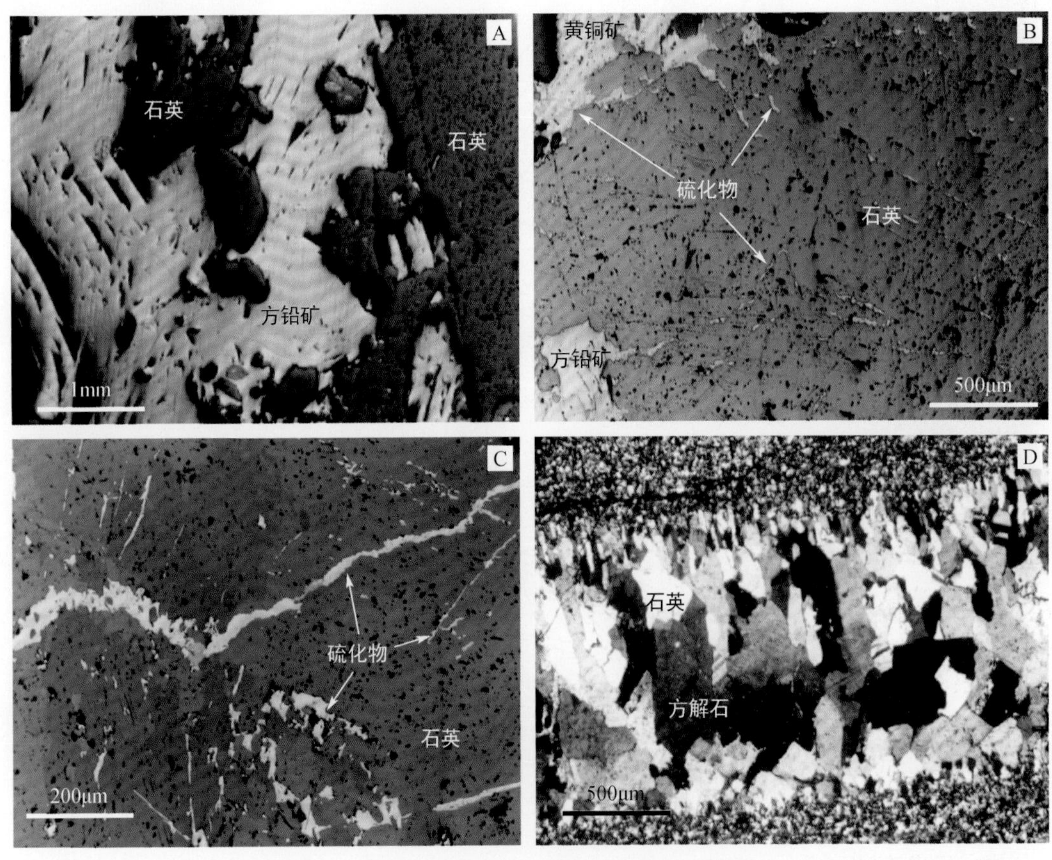

图 1.61 铁炉坪银矿矿石结构（Chen et al.，2005b）

A. 早阶段石英脉破碎为角砾，方铅矿三角孔被挤压成条带，指示其经历了挤压或压剪变形；B. 早阶段石英矿物被中阶段多金属硫化物沿边缘或微裂隙充填、交代；C. 充填于早阶段石英微裂隙的多金属硫化物勾画出微裂隙方向及共轭特征，显示石英脉遭受剪切变形；D. 具有梳状构造的晚阶段石英-碳酸盐网脉沿张性裂隙穿切矿体或贯入围岩，指示裂隙发生了伸展扩容，而梳状构造的完好保存则指示其后矿区没有经历显著的构造变形事件。早阶段至晚阶段矿石组构和矿物学特征发生规律性变化，限定成矿作用发生在挤压向伸展转变期

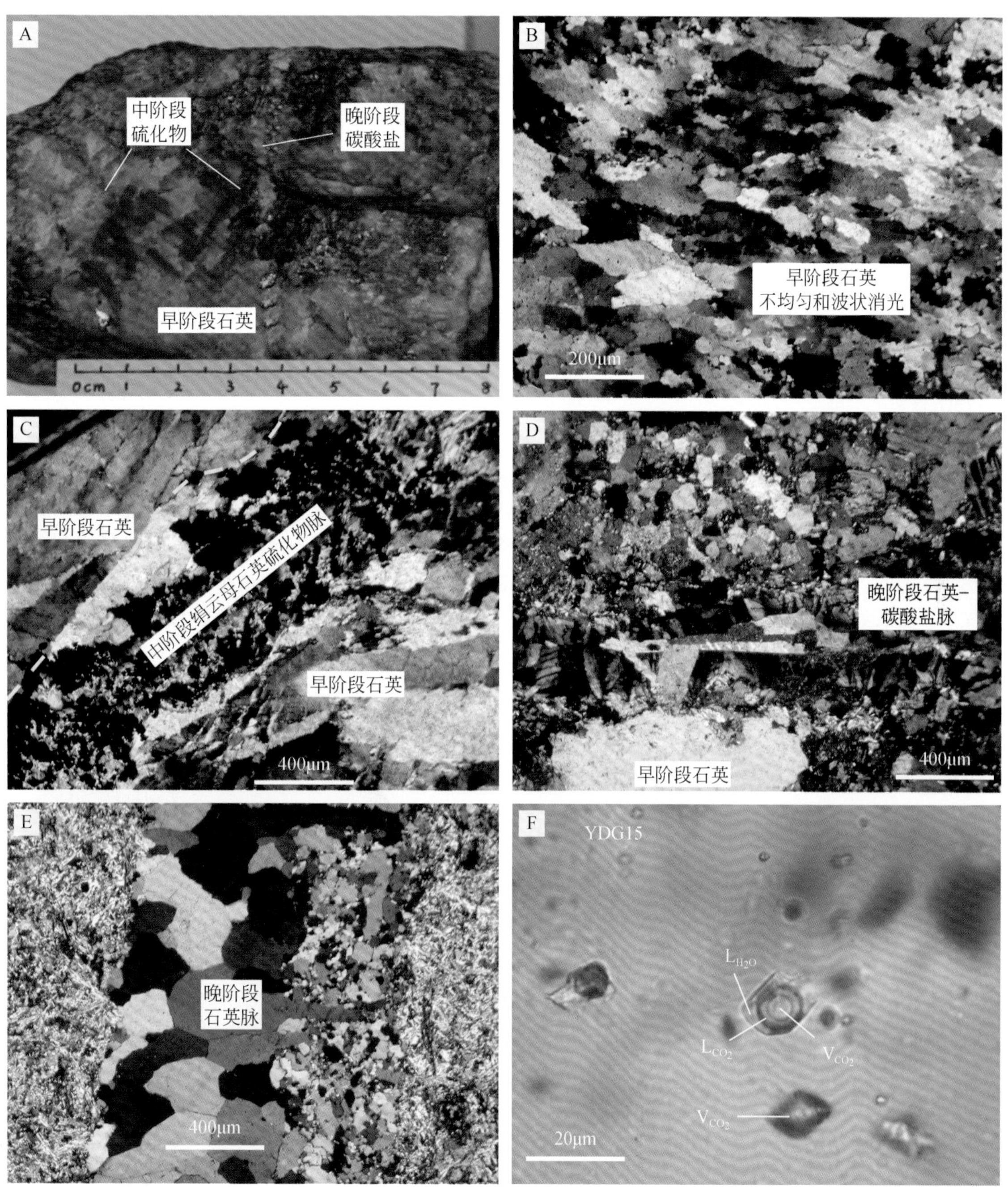

图1.62　河南内乡银洞沟银多金属矿床矿石组构和流体包裹体（部分照片选自张静等，2004；Zhang et al.，2016）

A. 早阶段石英脉破裂后被中阶段细粒石英-硫化物网脉切穿，二者被晚阶段碳酸盐细脉切割，标本。B. 早阶段石英脉遭受变形后，呈现消光不均匀、波状消光、边缘细粒化和动态重结晶等现象。C. 中阶段细粒石英-绢云母-硫化物细脉贯入破碎早阶段粗粒石英脉的裂隙，后者发育定向裂隙、消光不均匀。D. 具有梳状结构的晚阶段石英-碳酸盐网脉。E. 充填于蚀变绿片岩相火山岩的晚阶段石英网脉，石英颗粒缺乏变形痕迹。F. CO_2-NaCl-H_2O型包裹体和气体包裹体（纯CO_2）共存

流体包裹体岩相学观察表明，造山型矿床以发育富CO_2包裹体（C型）和水溶液包裹体（W型）为特征，很多矿床只发育这两种类型，指示成矿热液主要是低盐度富CO_2流体。少数矿床除发育C型和W型包裹体之外，尚可见纯CO_2包裹体（PC型）、含子晶包裹体（S型）。在不同成矿阶段的矿物中，晚阶段矿物只有水溶液包裹体，缺乏其他3类包裹体；早阶段矿物发育大量富CO_2包裹体（图1.62F）和富气相水溶液包裹体，偶见纯CO_2包裹体（图1.62F）；中阶段矿物除含C型和W型包裹体外，偶见PC型或S型。显然，成矿流体由早阶段富CO_2，演变到晚阶段贫CO_2，势必经历了以CO_2逸失为特征的沸腾作用

（陈衍景和富士谷，1992），尾随了贫 CO_2 浅成热液混入（陈衍景等，2007，2009）。

流体包裹体显微测温学研究表明，流体包裹体均一温度从早到晚逐渐降低，盐度也略有降低；沸腾包裹体组合在中阶段矿物中常见，有时也可在早阶段矿物中发现。根据测温结果估算的包裹体捕获压力从早到晚也有明显的降低趋势（表 1.16），指示成矿深度逐渐降低，也就是地壳不断抬升。例如，阳山金矿区地壳从成矿早阶段到中阶段抬升剥蚀了 2km；文峪金矿和大湖金钼矿床的资料显示，从成矿早阶段到中阶段，小秦岭地区地壳抬升剥蚀了 3km。显然，成矿过程就是造山带地壳快速隆升-剥蚀的过程，即造山作用。

表 1.16　部分造山型矿床流体压力估算结果

矿床	早		中		晚		资料来源
	压力/MPa	深度/km	压力/MPa	深度/km	压力/MPa	深度/km	
阳山金 a	约 222	约 8.5	约 168	约 6.5			李晶等，2007
冷水北沟铅锌银 a			70～200	约 7	70～80	7～8	祁进平等，2007
银洞沟银 b	280～320	10～11.4	250～277	8.9～9.9	90～92	9～9.2	张静等，2004
大湖 b	约 331	11.8	约 237	8.5			Ni et al.，2014
文峪 b	139～399	14	111～316	11			Zhou et al.，2014a
枪马 b			100～285	约 10			Zhou et al.，2015
樊岔 b	108～295	10.8	97～261	9.7			展恩鹏等，2019
上宫 b	200～285	7.1～10.5	100～160	3.5～5.7			范宏瑞等，1998
玲珑 b	123，325	12±4	162～191	5.8～6.9	45，187	4.5～6.7	张祖青等，2007
三山岛 b	≥300	≥10.7	120～200	4.3～7.1			Fan et al.，2003

注：早、中阶段按照静岩压力计算深度，晚阶段按照静水压力计算（括号内数据按静岩压力计算），注 a 者设矿区岩石密度为 2.6g/cm^3，注 b 者设岩石密度为 2.8g/cm^3。

1.6.4.4　斑岩型矿床地质地球化学特征及其构造意义

岩浆热液矿床包括斑岩型、爆破角砾岩型、IOCG 型、夕卡岩型和石英脉型等，可形成于大洋板块俯冲所致的陆缘弧和岛弧背景，也可形成于与大洋板块俯冲没有直接联系的大陆碰撞造山带、构造活化带、断裂或裂谷岩浆带等（Kerrich et al.，2000；Chen et al.，2007；陈衍景等，2007；Pirajno，2009，2013）。我们研究发现（陈衍景和李诺，2009；Chen et al.，2017a，2017b；Pirajno and Zhou，2015），这两大类构造背景的同类矿床之间存在一些明显的地质地球化学差异（表 1.17），它们可以作为区分两类构造背景的重要指标。

表 1.17　大陆内部与活动大陆边缘浆控高温热液型成矿系统的对比

特征	岩浆弧（陆缘弧或岛弧）	大陆内部（碰撞造山带、断裂带等）
主导性构造机制	大洋地壳/岩石圈俯冲变质脱水-熔融	大陆地壳/岩石圈变质脱水-熔融
源区岩石学特征	海水浸泡的洋壳，缺乏碳酸盐	贫水的大陆壳，含碳酸盐
源区化学成分	富 Na，Cl，H_2O；贫 K，F，CO_2	贫 Na，Cl，H_2O；富 K，F，CO_2
岩浆岩特征	钙碱性，缺乏碱性岩和碳酸岩	高钾钙碱性，可见碱性岩、碳酸岩
稀土元素地球化学	LREE/HREE 高，负 Eu 异常弱	LREE/HREE 低，负 Eu 异常强
同位素地球化学	I_{Sr}低，ε_{Nd}和ε_{Hf}高，$\delta^{18}O$ 低	I_{Sr}高，ε_{Nd}和ε_{Hf}低，$\delta^{18}O$ 高
流体特征	K/Na 低，F/Cl 低，CO_2/H_2O 低	K/Na 高，F/Cl 高，CO_2/H_2O 高
围岩蚀变	云母化、绿泥石化等富水蚀变强烈	钾长石、碳酸盐和萤石等贫水蚀变强烈
成矿元素组合	铜-金-钼	钼、钨、锡、稀土、金
流体包裹体	富 CO_2 包裹体少见	各类富 CO_2 包裹体常见
代表性矿床	安第斯新生代斑岩铜金矿带	大别山燕山期斑岩钼矿带

秦岭造山带发育大量燕山期斑岩型、爆破角砾岩和斑岩-夕卡岩型矿床，如金堆城、鱼池岭、东沟、雷门沟等斑岩钼矿床（第 3 章），伴随钨、铁、铜的南泥湖-三道庄、上房沟和秋树湾等斑岩-夕卡岩型钼成矿系统（第 4 章），祁雨沟爆破角砾岩型金矿床（Chen et al.，2009），祁 189 斑岩金矿床（齐楠等，2019）。已有研究资料表明，这些矿床的共同特征是钾长石化强烈，可见显著的萤石化和碳酸盐化，流体包裹体类型复杂，特别是大量发育富 CO_2 包裹体和含子晶的富 CO_2 包裹体，这些特征排他性地指示秦岭燕山期属于大陆内部构造环境，与大洋板块俯冲没有必然联系。

一般认为，斑岩型矿床成矿深度不超过 5km（Pirajno，2009）或 4km（Kerrich et al. 2000），爆破角砾岩型矿床（如祁雨沟）成矿深度则更浅。如此一来，斑岩型和爆破角砾岩型矿床的保存意味着地壳剥蚀去顶厚度不超过 5km。东沟超大型斑岩钼矿床是秦岭造山带最年轻的斑岩钼矿床之一，其锆石 U-Pb 年龄和辉钼矿 Re-Os 年龄均介于 112 ~ 117Ma 之间，成矿深度约 3.2km（Yang et al.，2015）。由此可见，自 112Ma 以来，东秦岭北坡的抬升剥蚀厚度只有 3km 左右；又因为秦岭造山带出露大量印支期和燕山期造山型矿床，这些矿床形成深度往往在 10km 左右或更深，因此推断大规模快速抬升剥蚀只能发生在 112Ma 之前。

1.6.5　小结

（1）秦岭造山带是世界范围内地质特征最典型、地质现象最复杂、造山过程最完整、矿床类型最丰富的大陆碰撞造山带，其燕山期构造运动属于记录完整的大陆碰撞造山作用。大陆碰撞造山作用始于约 200Ma，结束于约 100Ma，持续了 100Ma，从早到晚包含了 P-T-t 轨迹所展示的增压升温、减压升温和减压降温等 3 个截然不同的物理化学或热力学阶段，分别发生在 200 ~ 160Ma、160 ~ 128Ma 和 128 ~ 100Ma，相当于燕山运动早期、中期和晚期。

（2）与大陆碰撞造山带构造几何模型一致，秦岭造山带大陆碰撞造山作用的主要机制是 A 型俯冲或陆壳板片挤压叠覆，它们发生于南部龙门山-大巴山主边界逆冲断裂和北部三门峡-宝丰反向边界逆冲断裂之间，以勉略缝合带和商丹缝合带为主滑脱带。大陆碰撞挤压、地壳缩短加厚作用主要发生在燕山早期（200 ~ 160Ma），燕山中期造山带地壳发生脉动性减压伸展（与挤压缩短交替），燕山晚期造山带发生重力垮塌、伸展去根。

（3）秦岭造山带燕山期构造作用复杂，特别是燕山晚期，受到印度-澳大利亚板块和古太平洋板块的远距离效应影响。从西秦岭开始，经东秦岭、桐柏山、大别山，至苏鲁造山带，中央造山带表现出明显的阶梯式东西向差异，反映了太平洋板块俯冲所致的弧后伸展作用渐次增强，古特提斯构造体制在 130Ma 之后逐步变为滨太平洋构造体制。在郯庐断裂带以西的华北克拉通内部罕见 130 ~ 100Ma 的岩浆岩，郯庐断裂带及其以东的华北克拉通地区则有 130 ~ 100Ma 中酸性岩浆活动。

（4）秦岭造山带缺少侏罗系沉积，星散分布众多小规模断裂控制的白垩纪红色磨拉石建造，指示造山带地壳挤压抬升作用在侏罗纪达到顶峰，在白垩纪早期重力垮塌伸展，断陷盆地大量出现。显然，早白垩世发生了构造转折事件，转折时间可能在 130 ~ 125Ma。

（5）秦岭造山带燕山期岩浆作用强烈，主要发育花岗岩类和少量长英质火山岩（大营组）。总体而言，燕山早期（200 ~ 160Ma）岩浆活动较弱，花岗岩类稀少；燕山中期（160 ~ 128Ma）花岗岩类分布广泛，含较多埃达克岩，主要来源于加厚下陆壳部分熔融；燕山晚期（128 ~ 100Ma）花岗岩类高钾富碱，缺乏埃达克岩，伴有少量富碱中酸性火山岩，源区物质含较多年轻地壳或地幔组分，形成于造山带地壳伸展减薄、重力垮塌环境。

（6）秦岭造山带砂金矿床丰富，但始现于第三纪，前新生代沉积物中未见砂金，也未见明显的金丰度异常，指示内生或岩金矿床突然大规模形成于燕山期，并在燕山期遭受快速剥蚀，裸露于地表，表明燕山期发生地壳快速隆升。

（7）秦岭地区保存大量斑岩和爆破角砾岩型矿床，它们形成于 100Ma 之前，形成深度不超过 10km，甚至浅于5km，指示秦岭造山带的风化剥蚀去顶作用主要发生在100Ma之前，100Ma之后的剥蚀去顶作用较弱。秦岭地区的斑岩成矿系统普遍高钾富氟，流体含大量CO_2，指示成岩成矿物质主要来自大陆地壳或岩石圈，而不是俯冲消减的大洋板块，表明太平洋板块俯冲没有直接为秦岭斑岩矿床提供成岩成矿物质，但可能通过弧后拉张的方式造就了有利的构造环境。

（8）造山型矿床早阶段脉体及矿物遭受挤压变形、构造破碎和角砾化，中阶段细粒他形多金属硫化物贯入充填早阶段脉体裂隙或胶结早阶段矿物组合的角砾，晚阶段脉体充填于张性裂隙并发育梳状和晶簇、晶洞构造，它们忠实地记录了由挤压收缩经剪切走滑到伸展扩容的造山作用过程。小秦岭文峪金矿和大湖金钼矿床研究证明，从成矿早阶段到中阶段，小秦岭地区地壳快速抬升了3km，确证成矿过程就是造山带地壳快速隆升的造山过程。

参考文献

曹晶，叶会寿，李洪英，李正远，张兴康，贺文，李超. 2014. 河南嵩县黄水庵碳酸岩脉型钼（铅）矿床地质特征及辉钼矿Re-Os同位素年龄. 矿床地质，33（1）：53-69

陈根文，夏换，陈绍清. 2008. 华北地区晚中生代重大构造转折的地质证据. 中国地质，35（6）：1162-1177

陈光汉，张庆国. 1989. 舞阳凹陷叶县盐田地质特征. 河南地质，7（2）：1-7

陈威宇，陈衍景. 2016. 地球时光旅游（上、中、下）. 科学画报，(2-4)：32-33

陈威宇，陈衍景. 2018. 大氧化事件在山西滹沱群中的记录：碳酸盐岩碳同位素资料分析. 岩石学报，34（12）：3709-3720

陈威宇，陈衍景，李秋根，李建荣，李凯月，疏孙平，陈西，佟子达. 2018. 山西五台山滹沱群四集庄冰碛岩碎屑锆石年龄及其对大氧化事件研究意义. 地学前缘，25（5）：1-18

陈衍景. 1990. 23亿年地质环境突变的证据及若干问题讨论. 地层学杂志，14（3）：178-186

陈衍景. 1996. 陆内碰撞造山体制的流体作用模式及与成矿的关系——理论推导和东秦岭金矿床的研究结果. 地学前缘，3（3-4）：282-289

陈衍景. 2002. 中国区域成矿研究的若干问题及其与陆陆碰撞的关系. 地学前缘，9（3）：319-328

陈衍景. 2006. 造山型矿床、成矿模式及找矿潜力. 中国地质，33（6）：1181-1196

陈衍景. 2010. 秦岭印支期构造背景、岩浆活动及成矿作用. 中国地质，37（4）：854-865

陈衍景. 2013. 大陆碰撞成矿理论的创建及应用. 岩石学报，29（1）：1-17

陈衍景，富士谷. 1990. 早前寒武纪沉积物稀土型式的变化——理论推导和华北克拉通南缘的证据. 科学通报，35（18）：1460-1408

陈衍景，富士谷. 1992. 豫西金矿成矿规律. 北京：地震出版社，1-234

陈衍景，李诺. 2009. 大陆内部浆控高温热液矿床成矿流体性质及其与岛弧区同类矿床的差异. 岩石学报，25（10）：2477-2508

陈衍景，汤好书. 2018. 全球大氧化事件序列重建//翟明国等. 华北克拉通前寒武纪重大地质事件与成矿. 北京：科学出版社：145-179

陈衍景，富士谷，胡受奚. 1988. 华北地台南缘不同类型绿岩带的主元素特征及意义. 南京大学学报地学版，(1)：70-83

陈衍景，富士谷，胡受奚，陈泽铭. 1989a. 河南嵖山变质地体变质沉积物的稀土元素特征及意义. 江苏地质，(3)：16-18

陈衍景，富士谷，胡受奚，陈泽铭，周顺之，林潜龙，符光宏. 1989b. 石牌河运动与“登封群”解体. 地层学杂志，13（2）：81-87

陈衍景，富士谷，胡受奚，陈泽铭，周顺之. 1990a. “登封群”内部的底砾岩和登封花岗绿岩地体的构造演化. 地质找矿论丛，5（3）：9-21

陈衍景，胡受奚，富士谷. 1990b. 三门峡-宝丰断裂存在的证据及若干问题讨论. 南京大学学报地学版，(3)：75-84

陈衍景，富士谷，胡受奚，陈泽铭，周顺之. 1991a. 华北克拉通南缘的地块差异性及其成矿意义. 大地构造与成矿学，15（3）：265-271

陈衍景，季海章，周小平，富士谷. 1991b. 23亿年灾变事件的揭示对传统地质理论的挑战——关于某些重大地质问题的新认识. 地球科学进展，6（2）：63-68

陈衍景，富士谷，强立志. 1992. 评熊耳群和西阳河群形成的构造背景. 地质论评，38（4）：325-333

陈衍景，富士谷，胡志宏，陈泽铭，严正富. 1993. 豫西主要岩石建造的金丰度. 地质论评，39（1）：64-72

陈衍景，欧阳自远，杨秋剑，邓健. 1994. 关于太古宙-元古宙界线的新认识. 地质论评，40（5）：483-488

陈衍景，杨秋剑，邓健，季海章，富士谷，周小平，林清．1996. 地球演化的重要转折——2300Ma 时地质环境灾变的揭示及其意义．地质地球化学，(3)：106-125
陈衍景，刘丛强，陈华勇，张增杰，李超．2000. 中国北方石墨矿床及赋矿孔达岩系碳同位素特征及有关问题讨论．岩石学报，16（2）：233-244
陈衍景，张静，张复新，Pirajno F，李超．2004. 西秦岭地区卡林-类卡林型金矿床及其成矿时间、构造背景和模式．地质论评，50（2）：134-152
陈衍景，倪培，范宏瑞，Pirajno F，赖勇，苏文超，张辉．2007. 不同类型热液金矿系统的流体包裹体特征．岩石学报，23（9）：2085-2108
陈衍景，肖文交，张进江．2008. 成矿系统：地球动力学的有效探针．中国地质，35（6）：1059-1073
陈衍景，翟明国，蒋少涌．2009. 华北大陆边缘造山过程与成矿研究的重要进展和问题．岩石学报，25（11）：2695-2726
崔敏利，张宝林，彭澎，张连昌，沈晓丽，郭志华，黄雪飞．2010. 豫西崤山早元古代中酸性侵入岩锆石/斜锆石 U-Pb 测年及其对熊耳火山岩系时限的约束．岩石学报，26（5）：1541-1549
寸珪．1992. 中华人民共和国黄金矿产图集．廊坊：冶金工业部黄金管理局
代军治，陈荔湘，石小峰，王瑞廷，李福让，郑崔勇．2014. 陕西略阳煎茶岭镍矿床酸性侵入岩形成时代及成矿意义．地质学报，88：1861-1873
代军治，鱼康平，王瑞廷，袁海潮，王磊，张西社，李剑斌．2015. 南秦岭宁陕地区新铺钼矿地质特征、辉钼矿 Re-Os 年龄及地质意义．岩石学报，31（1）：189-199
戴宝章，蒋少涌，王孝磊．2009. 河南东沟钼矿花岗斑岩成因：岩石地球化学、锆石 U-Pb 年代学及 Sr-Nd-Hf 同位素制约．岩石学报，25（11）：2889-2991
邓晋福，莫宣学，赵海玲，罗照华，赵国春，戴圣潜．1999. 中国东部燕山期岩石圈-软流圈系统大灾变与成矿环境．矿床地质，4：309-315
第五春荣，孙勇，刘良，张成立，王洪亮．2010. 北秦岭宽坪岩群的解体及新元古代 N-MORB. 岩石学报，26（7）：2025-2038
董翰，张海峰，魏振伟．2000. 南秦岭文县白垩纪地层研究新进展．西北地质，33（3）：1-5
董申保．1986. 中国变质作用及其与地壳演化的关系．北京：地质出版社，1-76
董树文，胡健民，李三忠，施炜，高锐，刘晓春，薛怀民．2005. 大别山侏罗纪变形及其构造意义．岩石学报，21（4）：1189-1194
董树文，张岳桥，龙长兴，杨振宇，季强，王涛，胡建民，陈宣华．2007. 中国侏罗纪构造变革与燕山运动新诠释．地质学报，81（11）：1449-1461
杜远生．1997. 秦岭造山带泥盆纪沉积地质学研究．武汉：中国地质大学出版社，1-130
杜远生，冯庆来，殷鸿福，张宗恒，曾宪友．1997. 东秦岭-大别山晚海西-早印支期古海洋探讨．地质科学，32（2）：129-135
杜子图，吴淦国．1998. 西秦岭地区构造体系及金成矿构造动力学．北京：地质出版社，1-145
范宏瑞，谢亦汉，王英兰．1998. 豫西上宫构造蚀变岩型金矿成矿过程中的流体-岩石反应．岩石学报，14：529-541
冯建忠，汪东波，王学明，邵世才．2003. 甘肃礼县李坝大型金矿床成矿地质特征及成因．矿床地质，22：257-263
冯庆来，杜远生，张宗恒，曾宪友．1994. 河南桐柏地区三叠纪早期放射虫动物群及其地质意义．地球科学，19（6）：787-794
符光宏．1981. 舞阳地区兵马沟组的发现及意义．河南地质，(4)：81-87
高洪学，李栓禄，成学涛．1989. 中元古界宽坪群岩石化学及微量元素特征．陕西地质，7（1）：11-27
高阳，李永峰，郭保健，程国祥，刘彦伟．2010. 豫西嵩县前范岭石英脉型钼矿床地质特征及辉钼矿 Re-Os 同位素年龄．岩石学报，26（3）：757-767
弓虎军，朱赖民，孙博亚，李犇，郭波．2009. 南秦岭沙河湾、曹坪、柞水岩体锆石 U-Pb 年龄、Hf 同位素特征及其地质意义．岩石学报，25（2）：248-264
谷敬尧．1979. 河南北中部前震旦纪地层及含铁层位的划分与对比．河南地质科研所成果 6 号
关保德，耿午晨，戎治权，杜慧英．1988. 河南东秦岭北坡中-上元古界．郑州：河南科学技术出版社
韩海涛．2009. 西秦岭温泉钼矿地质地球化学特征及成矿预测．中南大学博士学位论文
何世平，王洪亮，陈隽璐，徐学义，张宏飞，任光明，余吉远．2007. 北秦岭西段宽坪岩群斜长角闪岩锆石 LA-ICP-MS 测年及其地质意义．地质学报，81（1）：79-87

河南省地质矿产局 . 1989. 河南省区域地质志 . 北京：地质出版社，1-772
河南省有色金属地质矿产局第四地质大队 . 2010. 河南省舞阳矿区外围师灵地区铁矿地球物理勘查工作报告
呼延钰莹，路玉 . 2016. 小秦岭熊耳群火山岩锆石 U-Pb 年龄及其地球化学特征 . 地质科技情报，35（5）：1-8
胡乔青，王义天，王瑞廷，李建华，代军治，王双彦 . 2012. 陕西省凤太矿集区二里河铅锌矿床的成矿时代：来自闪锌矿 Rb-Sr 同位素年龄的证据 . 岩石学报，28（1）：258-266
胡圣标，郝杰，付明希，吴维平，汪集旸 . 2005. 秦岭-大别-苏鲁造山带白垩纪以来的抬升冷却史——低温年代学数据约束 . 21（4）：1167-1173
胡受奚 . 1988. 华北与华南古板块拼合带地质和成矿 . 南京：南京大学出版社，1-558
胡受奚，郭继春 . 1989. 距今 1850±150Ma——地球发展演化的重要转折时期 . 地质论评，35（6）：566-573
胡志宏，胡受奚，周顺之 . 1990. 东秦岭燕山期大陆内部挤压-俯冲背景的 A 型孪生花岗岩带 . 岩石学报，6（1）：1-12
胡受奚，赵懿英，胡志宏 . 1994. 中国东部中新生代活动大陆边缘构造-岩浆作用演化和发展 . 岩石学报，10（4）：370-381
胡受奚，赵懿英，徐金方，叶瑛 . 1997. 华北地台金成矿地质 . 北京：科学出版社，1-220
胡受奚，王鹤年，王德滋，张景荣 . 1998. 中国东部金矿床地质学和地球化学 . 北京：科学出版社，1-343
黄典豪，吴澄宇，杜安道，何红蓼 . 1994. 东秦岭地区钼矿床的铼-锇同位素年龄及其意义 . 矿床地质，13（3）：221-230
黄萱，吴利仁 . 1990. 陕西地区岩浆岩 Nd、Sr 同位素特征及其与大地构造发展的联系 . 岩石学报，6（2）：1-11
季海章，陈衍景 . 1990. 孔达岩系及其矿产 . 地质与勘探，（11）：11-13
贾承造，施央申，郭令智 . 1988. 东秦岭板块构造 . 南京：南京大学出版社，1-130
孔敏，石万忠，宋志峰 . 2010. 舞阳凹陷盐岩沉积与构造的响应关系 . 沉积学报，28（2）：299-306
李春昱，刘仰文，朱宝清，冯益民，吴汉泉 . 1978. 秦岭及祁连山构造发展史 . 西北地质，（4）：1-12
李风勋，左丽群，熊翠，金贝贝，王冶 . 2009. 舞阳凹陷古近纪核桃园期岩相古地理研究 . 吐哈油气，14（4）：316-319
李厚民，叶会寿，毛景文，王登红，陈毓川，屈文俊，杜安道 . 2007. 小秦岭金（钼）矿床辉钼矿铼-锇定年及其地质意义 . 矿床地质，26（4）：417-424
李凯月，陈衍景，佘振兵，汤好书，陈威宇 . 2018. 胶北荆山群张舍石墨矿碳同位素特征及其地质意义 . 地学前缘，25（5）：19-33
李凯月，汤好书，陈衍景，薛莅治，王玭，孙之夫 . 2020. 胶北地体荆山群大理岩碳氧同位素地球化学特征及其对 Lomagundi-Jatuli 事件的指示 . 岩石学报，36（4）：1059-1075
李继亮，孙枢，郝杰，陈海泓，侯泉林，肖文交，吴继敏 . 1999. 碰撞造山带的碰撞事件时限的确定 . 岩石学报，15（2）：315-320
李晶，陈衍景，李强之，赖勇，杨荣生，毛世东 . 2007. 甘肃阳山金矿流体包裹体地球化学和矿床成因类型 . 岩石学报，23（9）：2144-2154
李晶，仇建军，孙亚莉 . 2009. 河南银洞沟银金钼矿床铼-锇同位素定年和加里东期造山-成矿事件 . 岩石学报，25（11）：2763-2768
李靠社 . 2002. 陕西宽坪岩群变基性熔岩锆石 U-Pb 年龄 . 陕西地质，20（1）：72-78
李诺，陈衍景，张辉，赵太平，邓小华，王运，倪智勇 . 2007. 东秦岭斑岩钼矿带的地质特征和成矿构造背景 . 地学前缘，14：186-198
李诺，孙亚莉，李晶，薛良伟，李文博 . 2008. 小秦岭大湖金钼矿床辉钼矿铼锇同位素年龄及印支期成矿事件 . 岩石学报，24（4）：810-816
李永军，赵仁夫，刘志武，董俊刚 . 2003. 西秦岭三叠纪沉积盆地演化 . 中国地质，30（3）：268-273
李佐臣，裴先治，刘战庆，李瑞保，丁仁平，张晓飞，陈国超，刘智刚，陈有，王学良 . 2011. 扬子地块西北缘后龙门山南华纪—早古生代沉积地层特征及其形成环境 . 地球科学与环境学报，33（2）：117-124
林振文，秦艳，周振菊，岳素伟，曾庆涛，王立新 . 2013. 南秦岭勉略带铧厂沟火山岩锆石 U-Pb 年代学及地球化学研究 . 岩石学报，29（1）：83-94
凌文黎，高山，程建萍，江麟生，袁洪林，胡兆初 . 2006. 扬子陆核与陆缘新元古代岩浆事件对比及其构造意义——来自黄陵和汉南侵入杂岩 LA-ICPMS 锆石 U-Pb 同位素年代学的约束 . 岩石学报，22（2）：387-396
刘嘉麒 . 1999. 中国火山 . 北京：科学出版社，1-219
刘树文，杨朋涛，李秋根，王宗起，张万益，王伟 . 2011. 秦岭中段印支期花岗质岩浆作用与造山过程 . 吉林大学学报（地球科学版），41（6）：1928-1943
柳晓艳，蔡剑辉，阎国翰 . 2011. 华北克拉通南缘熊耳群眼窑寨组次火山岩岩石地球化学与年代学研究及其意义 . 地质学

报，85（7）：1134-1145
卢欣祥，董有，肖庆辉 . 2000. 秦岭花岗岩大地构造图 . 西安：西安地图出版社
卢欣祥，李明立，王卫，于在平，时永志 . 2008. 秦岭造山带的印支运动及印支期成矿作用 . 矿床地质，27（6）：762-773
陆松年，李怀坤，李惠民，宋彪，王世炎，周红英，陈志宏 . 2003. 华北克拉通南缘龙王幢碱性花岗岩 U-Pb 年龄及其地质意义 . 地质通报，22（10）：762-768
陆松年，陈志宏，李怀坤，郝国杰，相振群 . 2005. 秦岭造山带中两条新元古代岩浆岩带 . 地质学报，79（2）：165-173
陆松年，郝国杰，相振群 . 2016. 前寒武纪重大地质事件 . 地学前缘，23（6）：140-155
吕国芳，关保德，王耀霞 . 1993. 豫西高山河组云梦山组火山岩特点及其构造背景 . 河南地质，（1）：37-43
马丽芳 . 2002. 中国地质图集 . 北京：地质出版社
马庆元 . 1993. 舞阳凹陷含盐地质特征 . 中国煤田地质，5（3）：32-34
毛景文，周振华，丰成友，王义天，张长青，彭惠娟，于淼 . 2012. 初论中国三叠纪大规模成矿作用及其动力学背景 . 中国地质，39（6）：1437-1471
毛世东，陈衍景，周振菊，鲁颖淮 . 2013. 南秦岭东河群碎屑锆石 U-Pb 年龄及其板块构造意义 . 岩石学报，29（1）：67-82
孟庆任，渠洪杰，胡健民 . 2007. 西秦岭和松潘地体三叠系深水沉积 . 中国科学，37（增刊 I）：209-223
南京大学地质学系 . 1980. 火成岩岩石学 . 北京：地质出版社
倪智勇，李诺，张辉，薛良伟 . 2009. 河南大湖金钼矿床成矿物质来源的锶钕铅同位素约束 . 岩石学报，25（11）：2823-2832
欧阳自远 . 1989. 天体化学 . 北京：科学出版社，1-386
欧阳自远 . 1990. 地外天体撞击地球导致全球生物灭绝的研究——八十年代固体地球科学发展中的重大进展//欧阳自远，章振根 . 80 年代地质地球化学进展 . 重庆：科学技术文献出版社重庆分社：260-265
欧阳自远 . 1991. 八十年代我国天体化学研究进展//中国矿物岩石地球化学学会 . 八十年代中国矿物学岩石学地球化学研究回顾 . 北京：地震出版社：122-126
裴先治，李厚民，李国光，张维吉，王全庆，李志昌 . 1997. 东秦岭“武关岩群”斜长角闪岩 Sm-Nd 同位素年龄及其地质意义 . 中国区域地质，16（1）：38-42
彭兆蒙，吴智平 . 2006. 华北地区三叠纪地层发育特征及原始沉积格局分析 . 高校地质学报，12（3）：343-352
齐楠，王玭，陈衍景，许强伟，方京，周振菊，闫建明，邓轲 . 2019. 河南祁雨沟金矿田 189 号矿床流体包裹体与矿床成因研究 . 大地构造与成矿学，43（3）：558-574
祁进平，陈衍景，倪培，赖勇，丁俊英，宋要武，唐国军 . 2007. 河南冷水北沟铅锌银矿床流体包裹体研究及矿床成因 . 岩石学报，23（9）：2119-2130
祁思敬，李英，曾章仁，梁文艺，隗合明，宁晰春 . 1993. 秦岭热水沉积型铅锌（铜）矿床 . 北京：地质出版社，1-89
强立志，张荫树 . 1987. 淅川、西峡地区砂金来源的探讨 . 河南地质，5（3）：1-6
乔秀夫，张德全，王雪英，夏明仙 . 1985. 晋南西洋河群同位素年代学研究及其地质意义 . 地质学报，59（3）：258-269
邱昆峰，李楠，Taylor R D，宋耀辉，宋开瑞，韩旺珍，张东旭 . 2014. 西秦岭温泉钼矿床成矿作用时限及其对斑岩型钼矿床系统分类制约 . 岩石学报，30（9）：2631-2643
邱昆峰，宋开瑞，宋耀辉 . 2015. 西秦岭温泉斑岩钼矿床岩浆-热液演化 . 岩石学报，31（11）：3391-3404
任富根，李惠民，殷艳杰，李双保，丁士应，陈志宏 . 2000. 熊耳群火山岩系的上限年龄及其地质意义 . 前寒武纪研究进展，23（3）：140-146
孙大中，李惠民，林源贤，周慧芳，赵凤清，唐敏 . 1991. 中条山前寒武纪年代学、年代构造格架和年代地壳结构模式的研究 . 地质学报，65（3）：216-231
孙枢，从柏林，李继亮 . 1981. 豫陕中-晚元古代沉积盆地 . 地质科学，（4）：314-322
孙枢，张国伟，陈志明 . 1985. 华北断块区南部前寒武纪地质演化 . 北京：冶金工业出版社，1-267
汤好书，陈衍景，武广，赖勇 . 2008. 辽北辽河群碳酸盐岩碳氧同位素特征及其地质意义 . 岩石学报，24（1）：129-138
汤好书，陈衍景，武广，杨涛 . 2009. 辽东辽河群大石桥组碳酸盐岩稀土元素地球化学及其对 Lomagundi 事件的指示 . 岩石学报，25（11）：3075-3093
汤好书，陈衍景，杨晓勇 . 2018. 巨量元素富集与特色成矿//翟明国等 . 华北克拉通前寒武纪重大地质事件与成矿 . 北京：科学出版社：180-238
佟子达，张静，周振菊，夏小洪，王伟中，张源有 . 2016. 河南舞阳凹陷底部火山岩的发现及其锆石年代学和 Hf 同位素地球化学研究 . 大地构造与成矿学，40（3）：574-586

涂光炽，丁抗．1986．全球性第三条汞锑矿带——秦岭-中亚细亚汞锑成矿带//涂光炽．涂光炽学术文集．北京：科学出版社：8-13
王德滋，周新民．2002．中国晚中生代花岗质火山-侵入杂岩成因与地壳演化．北京：科学出版社，1-295
王德滋，任启江，邱检生．1998．中国东部与中生代陆相火山作用及其有关金成矿的地质学和地球化学//胡受奚，王鹤年，王德滋，张景荣．中国东部金矿地质学及地球化学．北京：科学出版社：267-338
王飞．2011．西秦岭温泉钼矿床地质-地球化学特征与成矿动力学背景．西北大学硕士学位论文
王鸿祯，李光岑．1991．国际地层时代对比表．北京：地质出版社
王集磊，何伯墀，李建中，何典仁．1996．中国秦岭型铅锌矿床．北京：地质出版社
王俊发，张复新．1991．秦岭泥盆系层控金属矿床．西安：陕西科学技术出版社
王荣华．1987．陕西秦岭群、宽坪群、陶湾群变质岩系地质年代学研究．秦岭区测，29（2）：56-70
王瑞廷，李芳林，陈二虎，代军治，王长安，许小峰．2011．陕西凤县八方山-二里河大型铅锌矿床地球化学特征及找矿预测．岩石学报，27（3）：779-793
王涛，王晓霞，田伟，张成立，李伍平，李舢．2009．北秦岭古生代花岗岩组合、岩浆时空演变及其对造山作用的启示．中国科学（D辑），39（7）：949-971
王天刚，倪培，沈昆，王国光，赵超，丁俊英．2011．西秦岭厂坝-李家沟铅锌矿床流体包裹体特征及成因意义．南京大学学报（自然科学版），47（6）：731-743
王义天，叶会寿，叶安旺，李永革，帅云，张长青，代军治．2010．小秦岭北缘马家洼石英脉型金钼矿床的辉钼矿 Re-Os 年龄及其意义．地学前缘，17（2）：140-145
谢桂青，毛景文，李瑞玲，叶会寿，张毅星，万渝生，李厚民，高建京，郑熔芬．2007．东秦岭宝丰盆地大营组火山岩 SHRIMP 定年及其意义．岩石学报，23（10）：2387-2396
徐夕生，谢昕．2005．中国东南部晚中生代-新生代玄武岩与壳幔作用．高校地质学报，11（3）：318-334
许成，宋文磊，漆亮，王林均．2009．黄龙铺钼矿田含矿碳酸岩地球化学特征及其形成构造背景．岩石学报，25（2）：422-430
许靖华，Oberhänsli H，高计元，孙枢，陈海泓，Krähenbühl U．1986．寒武纪生物爆发前的死劫难海洋．地质科学，（1）：1-6
许志琴．1992．中国松潘-甘孜造山带的造山过程．北京：地质出版社，1-190
许志琴，卢一伦，汤耀庆，Mattauer M，Matte P，Malavieille J，Tapponnier P，Maluski H．1986．东秦岭造山带的变形特征及构造演化．地质学报，60（3）：237-247
许志琴，侯立玮，王宗秀．1992．中国松潘-甘孜造山带的造山过程．北京：地质出版社，1-190
许志琴，杨经绥，李化启，王瑞瑞，蔡志慧．2012．中国大陆印支碰撞造山系及其造山机制．岩石学报，28（6）：1697-1709
薛春纪．1997．秦岭泥盆纪热水沉积．西安：西安地图出版社
闫全人，王宗起，闫臻，Hanson A D，Druschke P A，刘敦一，宋彪，简平，王涛．2003．碧口群火山岩的时代——SHRIMP 锆石 U-Pb 测年结果．地质通报，22（6）：456-458.
阎中英．1985．熊耳群火山岩石化学特征．河南地质，（2）：44-48
杨荣生，陈衍景，张复新，李志宏，毛世东，刘红杰，赵成海．2006．甘肃阳山金矿独居石 Th-U-Pb 化学年龄及其地质和成矿意义．岩石学报，22（10）：2603-2610
杨树锋．1987．成对花岗岩带和板块构造．北京：科学出版社，1-98
杨晓勇，卢欣祥，杜小伟，李文明，张正伟，屈文俊．2010．河南南沟钼矿矿床地球化学研究兼论东秦岭钼矿床成岩成矿动力学．地质学报，84（7）：1049-1079
杨阳，王晓霞，柯昌辉，李金宝．2012．豫西南泥湖矿集区石宝沟花岗岩体的锆石 U-Pb 年龄、岩石地球化学及 Hf 同位素组成．中国地质，39（6）：1525-1542
杨忆．1990．华北地台南缘熊耳群火山岩特征及形成的构造背景．岩石学报，6（2）：20-29
叶会寿，毛景文，李永峰，郭保健，张长青，刘珺，闫全人，刘国印．2006．东秦岭东沟超大型斑岩钼矿 SHRIMP 锆石 U-Pb 和辉钼矿 Re-Os 年龄及其地质意义．地质学报，80（7）：1078-1088
叶会寿，毛景文，徐林刚，高建京，谢桂清，李向前，何春芬．2008．豫西太山庙铝质 A 型花岗岩 SHRIMP 锆石 U-Pb 年龄及其地球化学特征．地质论评，54（5）：699-711
殷鸿福．杨逢清，赖旭龙．1991．秦岭晚海西一印支期构造古地理发展史//叶连俊，钱祥麟，张国伟．秦岭造山带学术讨论

会论文选集．西安：西北大学出版社：68-77
袁学诚，1997. 秦岭造山带地壳构造与楔入成山．地质学报，71：227-235
翟明国，朱日祥，刘建明，孟庆任，侯泉林，胡圣标，李忠，张宏福，刘伟．2003. 华北东部中生代构造体制转折的关键时限．中国科学（D 辑），33（10）：913-920
展恩鹏，王玭，齐楠，许晨，郝蛟龙，李宗彦，陈衍景．2019. 河南灵宝樊岔金矿床成矿流体和同位素地球化学研究．矿床地质，38（3）：459-478
张本仁，高山，张宏飞，韩吟文．2002. 秦岭造山带地球化学．北京：科学出版社，1-188
张伯声．1951. 嵩阳运动和嵩山区的五台系．地质论评，16（1）：79-81
张成立，刘良，张国伟，王涛，陈丹玲，袁洪林，柳小明，晏云翔．2004. 北秦岭新元古代后碰撞花岗岩的确定及其构造意义．地学前缘，11（3）：33-42
张德全，乔秀夫，周科子．1985. 山西垣曲中元古代枕状熔岩的研究．矿物岩石及测试，4（1）：1-10
张尔道．1954. 河南嵩山前寒武纪地层．地质学报，34（2）：197-208
张复新，魏宽义，马建秦．1997. 南秦岭微细粒浸染型金矿床地质与找矿．西安：西北大学出版社，1-190
张国伟．1989. 秦岭造山带的形成及其演化．西安：西北大学出版社，1-192
张国伟，张宗清，董云鹏．1995. 秦岭造山带主要构造岩石地层单元的构造性质及其大地构造意义．岩石学报，11（2）：101-114
张国伟，张本仁，袁学诚，肖庆辉．2001. 秦岭造山带与大陆动力学．北京：科学出版社，1-855
张红，陈丹玲，翟明国，张复新，宫相宽，孙卫东．2015. 南秦岭桂林沟斑岩型钼矿 Re-Os 同位素年代学及其构造意义研究．岩石学报，31（7）：2023-2037
张进江，郑亚东，刘树文．1998. 小秦岭变质核杂岩的构造特征、形成机制及构造演化．北京：海洋出版社，1-120
张静，陈衍景，李国平，李忠烈，王志光．2004. 河南内乡县银洞沟银矿地质和流体包裹体特征及成因类型．矿物岩石，24（3）：55-64
张寿广，万渝生，刘国惠，丛曰祥，赵子然．1991. 北秦岭宽坪变质地质．北京：北京科学技术出版社，1-119
张维吉．1987. 宽坪群的层序划分及时代归属．西安地质学院学报，9（1）：15-29
张兴亮，舒德干．2014. 寒武纪大爆发的因果关系．中国科学：地球科学，44：1155-1170
张宗清，张旗．1995. 北秦岭晚元古代宽坪蛇绿岩中变质基性火山岩的地球化学特征．岩石学报，11（增刊）：165-177
张宗清，刘敦一，付国民．1994. 北秦岭变质地层同位素年代学研究．北京：地质出版社，1-191
张祖青，赖勇，陈衍景．2007. 山东玲珑金矿流体包裹体地球化学特征．岩石学报，23（9）：2207-2216
赵鹏飞，严永新，杨香华．2012. 舞阳凹陷始新统核桃园组物源示踪与砂体展布模式．海洋地质与第四纪，32（3）：37-44
赵全民，刘喜林，范传军，乔桂林，肖学，何运平．2002. 舞阳、襄城盐湖盆地未熟−低熟油成藏模式．地质科技情报，21（4）：23-26
赵太平，周美夫，金成伟，关鸿，李惠民．2001. 华北陆块南缘熊耳群形成时代讨论．地质科学，36（3）：326-334
赵太平，翟明国，夏斌，李惠民，张毅星，万渝生．2004. 熊耳群火山岩锆石 SHRIMP 年代学研究：对华北克拉通盖层发育初始时间的制约．科学通报，49（22）：2342-2349
周传明．2016. 扬子区新元古代前震旦纪地层对比．地层学杂志，40（2）：120-135
Bache J J. 1987. World gold deposits：a geological classification. London：North Oxford Academic
Bao Z W，Wang Q，Bai G D，Zhao Z H，Song Y W，Liu X M. 2008. Geochronology and geochemistry of the Fangcheng Neoproterozoic alkali- syenites in East Qinling orogen and its geodynamic implications. Chinese Science Bulletin，53（13）：2050-2061
Bao Z W，Sun W D，Zartman R E，Yao J M，Gao X Y. 2017. Recycling of subducted upper continental crust：Constraints on the extensive molybdenum mineralization in the Qinling-Dabie orogen. Ore Geology Reviews，81：451-465
Barbarin B. 1999. A review of the relationships between granitoid types，their origins and their geodynamic environments. Lithos，46（3）：605-626
Cao X F，Lu X B，Yao S Z，Mei W，Zou X Y，Chen C，Liu S T，Zhang P，Su Y Y，Zhang B. 2011. LA-ICP-MS U-Pb zircon geochronology，geochemistry and kinetics of the Wenquan ore-bearing granites from West Qinling，China. Ore Geology Reviews，43：120-131
Chen Y J. 1988. Catastrophe of the geological environment at 2300Ma//Abstracts of the Symposium on Geochemistry and Mineralization of Proterozoic Mobile Belts. Tianjing，13

Chen Y J, Santosh M. 2014. Triassic tectonics and mineral systems in the Qinling Orogen, central China. Geological Journal, 49 (4-5): 338-358

Chen Y J, Tang H S. 2016. The Great Oxidation Event and its records in North China Craton//Zhai M G, Zhao Y, Zhao T. Main Tectonic Events and Metallogeny of the North China Craton. Berlin: Springer: 281-303

Chen Y J, Zhao Y C. 1997. Geochemical characteristics and evolution of REE in the Early Precambrian sediments: evidences from the southern margin of the North China craton. Episodes, 20 (2): 109-116

Chen Y J, Hu S X, Fu S G, Chen Z M, Zhou S Z. 1989. Gold deposits in greenstone belts controlled by the structural pattern of the granite-greenstone terrain//Proceedings of International Symposium on Gold Geology and Exploration. Shengyang: Publishing House of Northeast University of Technology: 53-57

Chen Y J, Guo G J, Li X. 1998. Metallogenic geodynamic background of gold deposits in Granite-greenstone terrains of North China Craton. Science in China (Series D), 41: 113-120

Chen Y J, Li C, Zhang J, Li Z, Wang H H. 2000. Sr and O isotopic characteristics of porphyries in the Qinling molybdenum deposit belt and their implication to genetic mechanism and type. Science in China (Series D), 43 (1): 82-94

Chen Y J, Pirajno F, Qi J P. 2005a. Origin of gold metallogeny and sources of ore-forming fluids, in the Jiaodong province, eastern China. International Geology Review, 47 (5): 530-549

Chen Y J, Pirajno F, Sui Y H. 2005b. Geology and D-O-C isotope systematics of the Tieluping silver deposit, Henan, China: implications for ore genesis. Acta Geologica Sinica (English Edition), 79: 106-119

Chen Y J, Chen H Y, Zaw K, Pirajno F, Zhang Z J. 2007. Geodynamic settings and tectonic model of skarn gold deposits in China: an overview. Ore Geology Reviews, 31: 139-169

Chen Y J, Pirajno F, Qi J P. 2008. The Shanggong gold deposit, eastern Qinling Orogen, China: isotope geochemistry and implications for ore genesis. Journal of Asian Earth Science, 33 (3-4): 252-266

Chen Y J, Pirajno F, Li N, Guo D S, Lai Y. 2009. Isotope systematics and fluid inclusion studies of the Qiyugou breccia pipe-hosted gold deposit, Qinling orogen, Henan province, China: implications for ore genesis. Ore Geology Reviews, 35 (2): 245-261

Chen Y J, Santosh M, Somerville I D, Chen H Y. 2014. Indosinian tectonics and mineral systems in China: an introduction. Geological Journal, 49: 331-337

Chen Y J, Wang P, Li N, Yang Y F, Pirajno F. 2017a. The collision-type porphyry Mo deposits in Dabie Shan, China. Ore Geology Reviews, 81: 405-430

Chen Y J, Zhang C, Wang P, Pirajno F, Li N. 2017b. The Mo deposits of Northeast China: a powerful indicator of tectonic settings and associated evolutionary trends. Ore Geology Reviews, 81: 602-640

Chen Y J, Chen W Y, Li Q G, Li J R. 2019. Discovery of the Huronian Glaciation Event in China: evidence from glacigenic diamictites in the Hutuo Group in Wutai Shan. Precambrian Research, 320: 1-12

Chen Z H, Lu S N, Li H K, Li H M, Xiang Z Q, Zhou H Y, Song B. 2006. Constraining the role of the Qinling orogen in the assembly and break-up of Rodinia: tectonic implications for Neoproterozoic granite occurrences. Journal of Asian Earth Science, 28: 99-115

Condie K C. 1982. Plate Tectonics&Crustal Evolution. 2nd edition. New York: Pergamon Press

Condie K C. 1988. Precambrian tectonic settings and secular geochemical variations. International Symposium on Geochemistry and Mineralization of Proterozoic Mobile Belt (abstracts), September 6-10, 1988, Tianjin, 14-15

Condie K C. 2016. Earth as an Evolving Planetary System. London: Elsevier

Cui M L, Zhang B L, Zhang L C. 2011. U-Pb dating of baddeleyite and zircon from the Shizhaigou diorite in the southern margin of North China Craton: constrains on the timing and tectonic setting of the Paleoproterozoic Xiong'er group. Gondwana Research, 20 (1): 184-193

Deng X H, Chen Y J, Santosh M, Yao J M. 2013a. Genesis of the 1. 76 Ga Zhaiwa Mo-Cu and its link with the Xiong'er volcanics in the North China Craton: implications for accretionary growth along the margin of the Columbia supercontinent. Precambrian Research, 227: 337-348

Deng X H, Chen Y J, Santosh M, Zhao G C, Yao J M. 2013b. Metallogeny during continental outgrowth in the Columbia supercontinent: isotopic characterization of the Zhaiwa Mo-Cu system in the North China Craton. Ore Geology Reviews, 51: 43-56

Deng X H, Chen Y J, Santosh M, Yao J M, Sun Y L. 2016. Re-Os and Pb-Sr-Nd isotope constraints on source of fluids in the Zhifang Mo deposit, Qinling Orogen, China. Gondwana Research, 30: 132-143

Deng X H，Chen Y J，Pirajno F，Li N，Yao J M，Sun Y L. 2017. The Geology and geochronology of the Waifangshan Mo-quartz vein cluster in Eastern Qinling，China. Ore Geology Reviews，81：548-564

Depaolo D，1981. Trace element and isotopic effects of combined wallrock assimilation and fractional crystallization. Earth and Planetary Science Letters，53：189-202

Dong S W，Zhang Y Q，Li H L，Shi W，Xue H M，Li J H，Huang S Q，Wang Y C. 2018. The Yanshan orogeny and late Mesozoic multi-plate convergence in East Asia—Commemorating 90th years of the "Yanshan Orogeny". Science in China (Series D)，61：1888-1909

Dong Y P，Santosh M. 2016. Tectonic architecture and multiple orogeny of the Qinling Orogenic Belt，Central China. Gondwana Research，29：1-40

Dong Y P，Zhou M F，Zhang G W，Zhou D W，Liu L，Zhang Q. 2008. The Grenvillian Songshugou ophiolite in the Qinling Mountains，Central China：implications for the tectonic evolution of the Qinling orogenic belt. Journal of Asian Earth Science，32：325-335

Dong Y P，Zhang G W，Neubauer F，Liu X M，Genser J，Hauzenberger C. 2011. Tectonic evolution of the Qinling orogen，China：review and synthesis. Journal of Asian Earth Science，41 (3)：213-237

Dong Y P，Liu X M，Zhang G W，Chen Q，Zhang X N，Li W，Yang C. 2012. Triassic diorites and granitoids in the Foping area：constraints on the conversion from subduction to collision in the Qinling orogen，China. Journal of Asian Earth Science，47：123-142

Dong Y P，Yang Z，Liu X M，Sun S S，Li W，Cheng B，Zhang F F，Zhang X N，He D F，Zhang G W. 2016. Mesozoic intracontinental orogeny in the Qinling Mountains，central China. Gondwana Research，30：144-158.

Ernst W G. 2010. Late Mesozoic subduction- induced hydrothermal gold deposits along the eastern Asian and northern Californian margins：oceanic versus continental lithospheric underflow. Island Arc，19 (2)：213-229

Ernst W G，Tsujimori T，Zhang R，Liou J G. 2008. Permo- Triassic collision，subduction zone metamorphism，and tectonic exhumation along the East Asian continental margin. Annual Review of Earth and Planetary Science，35 (1)：73-110

Fan H R，Zhai M G，Xie Y H，Yang J H. 2003. Ore- forming fluids associated with granite- hosted gold mineralization at the Sanshandao deposit，Jiaodong gold province，China. Mineralium Deposita，38：739-750

Gao X Y，Zhao T P，Bao Z W，Yang A Y. 2014. Petrogenesis of the early Cretaceous intermediate and felsic intrusions at the southern margin of the North China Craton：implications for crust-mantle interaction. Lithos，206：65-78

Gao Y，Ye H S，Mao J W，Li Y F. 2013. Geology，geochemistry and genesis of the Qianfanling quartz-vein Mo deposit in Songxian County，Western Henan Province，China. Ore Geology Reviews，55：13-28

Glikson A Y. 1976. Stratigraphy and evolution of Primary and Secondary greenstone：significance of data from shields of the southern Hemisphere//Windley B F. The Early History of the Earth. London：Wiley：257-277

Goldfarb R J，Groves D I，Gardoll S. 2001. Orogenic gold and geologic time：a global synthesis. Ore Geology Reviews，18：1-75

Goldfarb R J，Hart C，Davis G，Groves D. 2007. East Asian gold：deciphering the anomaly of Phanerozoic gold in Precambrian cratons. Economic Geology，102：341-345

Goldfarb R J，Qiu K F，Deng J，Chen Y J，Yang L Q. 2019. Orogenic gold deposits of China. SEG Special Publications，22：263-324

Goodwin A M. 1981. Archean plates and greenstone belts//Kroner A. Precambrian Plate Tectonics. Amsterdam：Elsevier：105-135

Gradstein F M，Ogg J G，Smith A G，Bleeker W，Lourens L J. 2004. A new geologic time scale，with special reference to Precambrian and Neogene. Episodes，27 (2)：83-100

Groves D I，Goldfarb R J，Gebre-Mariam M，Hagamann S G，Robert F. 1998. Orogenic gold deposits：a proposed classification in the context of their crustal distribution and relationship to other gold deposit types. Ore Geology Reviews，13：7-27

Han Y，Wang Y，Zhao G，Cao Q. 2014. Syn- tectonic emplacement of the Late Mesozoic Laojunshan granite pluton in the eastern Qinling，central China：an integrated fabric and geochronologic study. Journal of Structural Geology，68：1-15

Han J S，Yao J M，Chen Y J. 2014. Geochronology and geochemistry of the Dashui adakitic granitoids in the western Qinling Orogen，central China：implications for Triassic tectonic setting. Geological Journal，49：383-401

Harris N B，Pearce J A，Tindle A G. 1986. Geochemical characteristics of collision- zone magmatism. Geological Society，London，Special Publications，19：67-81

He Y H，Zhao G C，Sun M，Xia X P. 2009. SHRIMP and LA- ICP- MS zircon geochronology of the Xiong'er volcanic rocks：

implications for the Paleo-Mesoproterozoic evolution of the southern margin of the North China Craton. Precambrian Research, 168: 213-222

He Y H, Zhao G C, Sun M. 2010. Geochemical and isotopic study of the Xiong'er volcanic rocks at the southern margin of the North China Craton: petrogenesis and tectonic implications. Journal of Geology, 118: 417-433

Holland H D. 2002. Volcanic gases, black smokers, and the great oxidation event. Geochimica et Cosmochimica Acta, 66: 3811-3826

Howell D G. 1994. Principles of Terrane Analysis: New Applications for Global Tectonics. 2nd edition. London: Springer, 1-246

Hsu K J. 1979. Thin-skinned plate tectonics during Neo-Alpine orogenesis. American Journal of Science, 279: 353-366

Hu S B, Raza A, Min K, Kohn B P, Reiners P W, Ketcham R A, Wang J Y, Gleadow A J W. 2006. Late Mesozoic and Cenozoic thermotectonic evolution along a transect from the north China craton through the Qinling orogen into the Yangtze craton, central China. Tectonics, 25 (6) . DOI: 10. 1029/2006TC001985

Huang J Q, Chen B W. 1987. The Evolution of the Tethys in China and Adjacent Regions. Beijing: Geological Publishing House

Huang T, Hsu K. 1936. Mesozoic orogenic movements in the Pinghsiang Coalfield, Kiangsi 1. Bulletin of the Geological Society of China, 16 (1): 177-193

Jiang Y H, Jin G D, Liao S Y, Zhou Q, Zhao P. 2010. Geochemical and Sr-Nd-Hf isotopic constraints on the origin of Late Triassic granitoids from the Qinling orogen, central China: implications for a continental arc to continent-continent collision. Lithos, 117: 183-197

Jin H J, Li Y C. 1995. Sedimentary evolution models of Lower Triassic deep-water carbonate rocks of west Qinling Mts. Science in China Series B, 38: 758-768

Kerrich R, Goldfarb R, Groves D, Garwin S, Jia Y. 2000. The characteristics, origins, and geodynamic settings of supergiant gold metallogenic provinces. Science in China (Series D), 43: 1-68

Lai S C, Qin J F, Chen L, Grapes R. 2008. Geochemistry of ophiolites from the Mian-Lue suture zone: implications for the tectonic evolution of the Qinling Orogen, central China. International Geology Review, 50: 650-664

Lai X L, Yin H F, Yang F. 1995. Reconstruction of the Qinling Triassic paleo-ocean. Earth Science, 20 (6): 648-656

Li N, Pirajno F. 2017. Early Mesozoic Mo mineralization in the Qinling Orogen: an overview. Ore Geology Reviews, 81: 431-450

Li N, Chen Y J, Fletcher I R, Zeng Q T. 2011. Triassic mineralization with Cretaceous overprint in the Dahu Au-Mo deposit, Xiaoqinling gold province: constraints from SHRIMP monazite U-Th-Pb geochronology. Gondwana Researh, 20: 543-552

Li N, Chen Y J, Pirajno F, Gong H J, Mao S D, Ni Z Y. 2012a. LA-ICP-MS zircon U-Pb dating, trace element and Hf isotope geochemistry of the Heyu granite batholith, eastern Qinling, central China: implications for Mesozoic tectono-magmatic evolution. Lithos, 142-143: 34-47

Li N, Ulrich T, Chen Y J, Thomsen T B, Pease V, Pirajno F. 2012b. Fluid evolution of the Yuchiling porphyry Mo deposit, East Qinling, China. Ore Geology Reviews, 48: 442-459

Li N, Chen Y J, Deng X H, Yao J M. 2014. Fluid inclusion geochemistry and ore genesis of the Longmendian Mo deposit in the East Qinling Orogen: implication for migmatitic-hydrothermal Mo-mineralization. Ore Geology Reviews, 63: 520-531

Li N, Chen Y J, McNaughton N, Ling X X, Deng X H, Yao J M. 2015a. Formation and tectonic evolution of the khondalite series at the southern margin of the North China Craton: geochronological constraints from a 1. 85-Ga Mo deposit in the Xiong'ershan area. Precambrian Research, 269: 1-17

Li N, Chen Y J, Santosh M, Pirajno F. 2015b. Compositional polarity of Triassic granitoids in the Qinling Orogen, China: implication for termination of the northernmost paleo-Tethys. Gondwana Research, 27 (1): 244-257

Li N, Chen Y J, Santosh M, Pirajno F. 2018. Late Mesozoic granitoids in the Qinling Orogen, Central China, and tectonic significance. Earth-Science Reviews, 182: 141-173

Li S G, Wang S S, Chen Y Z, Liu D L, Qiu J, Zhou H X, Zhang Z M. 1994. Excess argon in phengite from eclogite: observations from dating of eclogite minerals by Sm-Nd, Rb-Sr, and $^{40}Ar/^{39}Ar$ methods. Chemical Geology, 112: 343-350

Li S G, Sun W D, Zhang G W, Chen Y J, Yang Y C. 1996. Chronology and geochemistry of metavolcanic rocks from Heigouxia valley in the Mian-Lue tectonic zone, south Qinling—Evidence for a Paleozoic oceanic basin and its close time. Science in China (Series D), 39 (3): 300-310

Li X H, Li Z X, Zhou H W, Liu Y, Liang X R, Li W X. 2003. SHRIMP U-Pb zircon age, geochemistry and Nd isotope of the Guandaoshan pluton in SW Sichuan: petrogenesis and tectonic significance. Science in China (Series D), 46: 73-83

Li X H, Wang C S, Liu S G, Ran B, Xu W L, Zhou Y, Zhang Z J. 2012. Lithofacies of the Upper Middle Triassic Guanggaishan Formation in both sides of the Bailongjiang uplift, southwestern Qinlingor ogenic belt: implications to the basin analysis. Earth Science, 37: 679-692

Liao X Y, Wang Y W, Liu L, Wang C, Santosh M. 2017. Detrital zircon U-Pb and Hf isotopic data from the Liuling Group in the South Qinling belt: provenance and tectonic implications. Journal of Asian Earth Sciences, 134: 244-261

Liu L, Liao X Y, Wang Y W, Wang C, Santosh M, Yang M, Zhang C L, Chen D L. 2016. Early Paleozoic tectonic evolution of the North Qinling Orogenic Belt in Central China: insights on continental deep subduction and multiphase exhumation. Earth-Science Reviews, 159: 58-81

Lu X X, Dong Y, Chang Q L, Xiao Q H, Li X O, Wang X O, Zhang G W. 1996. Indosinian Shahewan rapakivi granite in Qinling and its dynamic significance. Science in China (Series D), 39 (3): 266-272

Mao J W, Xie G Q, Bierlein F, Qu W J, Du A D, Ye H S, Pirajno F, Li H M, Guo B J, Li Y F, Yang Z Q. 2008. Tectonic implications from Re-Os dating of Mesozoic molybdenum deposits in the East Qinling-Dabie orogenic belt. Geochimica et Cosmochimica Acta, 72 (18): 4607-4626

Mao J W, Xie G Q, Pirajno F, Ye H S, Wang Y B, Li Y F, Xiang J F, Zhao H J. 2010. Late Jurassic-Early Cretaceous granitoid magmatism in Eastern Qinling, central-eastern China: SHRIMP zircon U-Pb ages and tectonic implications. Australian Journal of Earth Science, 57 (1): 51-78

Mao J W, Pirajno F, Xiang J F, Gao J J, Ye H S, Li Y F, Guo B J. 2011. Mesozoic molybdenum deposits in the east Qinling-Dabie orogenic belt: characteristics and tectonic settings. Ore Geology Reviews, 43 (1): 264-293

Mao S D, Chen Y J, Zhou Z J, Lu Y H, Guo J H, Qin Y, Yu J Y. 2014. Zircon geochronology and Hf isotope geochemistry of the granitoids in the Yangshan gold field, western Qinling, China: implications for petrogenesis, ore genesis and tectonic setting. Geological Journal, 49 (4-5): 359-382

Martin R T, Piwinskii A J. 1972. Magmatism and tectonic settings. Journal of Geophysical Research, 77: 4966-4975

Meert J G, Santosh M. 2017. The Columbia supercontinent revisited. Gondwana Research, 50: 67-83

Meng Q R, Zhang G W. 1999. Timing of collision of the North and South China blocks: controversy and reconciliation. Geology, 27 (2): 123-126

Mi M, Chen Y J, Yang Y F, Wang P, Li F L, Wan S Q, Xu Y L. 2015. Geochronology and geochemistry of the giant Qian'echong Mo deposit, Dabie Shan, eastern China: implications for ore genesis and tectonic setting. Gondwana Research, 27 (3): 1217-1235

Miller C F, McDowell S M, Mapes R W. 2003. Hot and cold granites? Implications of zircon saturation temperatures and preservation of inheritance. Geology, 31: 529-532

Mossman D J, Harron G A. 1983. Origin and distribution of gold in the Huronian Supergroup, Canada—the base for Witwatersrand-type paleoplacers. Precambrian Research, 20: 543-583

Ni Z Y, Chen Y J, Li N, Zhang H. 2012. Pb-Sr-Nd isotope constraints on the fluid source of the Dahu Au-Mo deposit in Qinling Orogen, central China, and implication for Triassic tectonic setting. Ore Geology Reviews, 46: 60-67

Ni Z Y, Li N, Zhang H. 2014. Hydrothermal mineralization at the Dahu Au-Mo deposit in the Xiaoqinling gold field, Qinling Orogen, central China. Geological Journal, 49 (4-5): 501-514

Peng P, Zhai M G, Guo J H, Kusky T, Zhao T P. 2007. Nature of mantle source contributions and crystal differentiation in the petrogenesis of the 1.78 Ga mafic dykes in the central North China craton. Gondwana Research, 12 (1-2): 29-46

Peng P, Zhai M G, Ernst R E, Guo J H, Liu F, Hu B. 2008. A 1.78 Ga large igneous province in the North China craton: the Xiong'er volcanic province and the North China dyke Swarm. Lithos, 101 (3-4): 260-280

Piper J D A. 2015. The Precambrian supercontinent Palaeopangaea: two billion years of quasi-integrity and an appraisal of geological evidence. International Geology Review, 57: 1389-1417

Pirajno F. 2009. Hydrothermal Processes and Mineral Systems. Berlin: Springer, 1-1250

Pirajno F. 2013. The Geology and Tectonic Settings of China's Mineral Deposits. Berlin: Springer, 1-679

Pirajno F. 2015. Intracontinental anorogenic alkaline magmatism and carbonatites, associated mineral systems and the mantle plume connection. Gondwana Research, 27: 1181-1216

Pirajno F, Chen Y J. 2005. The Xiong'er Group: a 1.76 Ga large igneous province in east-central China? http://www.largeigneousprovinces.org/June LIP of the Month

Pirajno F, Zhou T F. 2015. Intracontinental porphyry and porphyry-skarn mineral systems in eastern China: scrutiny of a special case "made-in-China". Economic Geology, 110 (3): 603-629

Rogers J J W, Santosh M. 2002. Configuration of Columbia, a Mesoproterozoic supercontinent. Gondwana Research, 5 (1): 5-22

Rogers J J W, Santosh M. 2009. Tectonics and surface effects of the supercontinent Columbia. Gondwana Research, 15 (3-4): 373-380

Santosh M. 2010. Assembling North China Craton within the Columbia supercontinent: the role of double- sided subduction. Precambrian Research, 178: 149-167

Sengor A M C. 1990. Plate Tectonics and Orogenic Research After 25 Years. Earth-Science Reviews, 27: 1-207

Sengor A M C, Natal'in B A. 1996. Paleotectonics of Asia: fragments of synthesis//Yin A, Harrison T M. The tectonic evolution of Asia. Cambridge: Cambridge University Press: 486-640

Shu D G. 2008. Cambrian explosion: birth of animal tree. Gondwana Research, 14: 219-240

Stein H J, Markey R J, Morgan J W, Du A, Sun Y. 1997. Highly precise and accurate Re- Os ages for molybdenite from the East Qinling molybdenum belt, Shaanxi Province, China. Economic Geology, 92 (7-8): 827-835

Sun W D, Li S G, Chen Y D, Li Y J. 2002. Timing of synorogenic granitoids in the South Qinling, central China: constraints on the evolution of the Qinling-Dabie orogenic belt. Journal of Geology, 110: 457-468

Sun W D, Ding X, Hu Y H, Li X H. 2007. The golden transformation of the Cretaceous plate subduction in the west Pacific. Earth and Planetary Science Letters, 262: 533-542

Sun W H, Zhou M F, Gao J F, Yang Y H, Zhao X F, Zhao J H. 2009. Detrital zircon U- Pb geochronological and Lu- Hf isotopic constraints on the Precambrian magmatic and crustal evolution of the western Yangtze Block, SW China. Precambrian Research, 172: 99-126

Tang H S, Chen Y J. 2013. Global glaciations and atmospheric change at ca. 2. 3 Ga. Geoscience Frontiers, 4: 583-596

Tang H S, Chen Y J, Wu G, Lai Y. 2011. Paleoproterozoic positive $\delta^{13}C_{carb}$ excursion in the northeastern Sino- Korean craton: evidence of the Lomagundi Event. Gondwana Research, 19: 471-481

Tang H S, Chen Y J, Santosh M, Zhong H, Yang T. 2013. REE geochemistry of carbonates from the Guanmenshan Formation, Liaohe Group, NE Sino-Korean Craton: implications for seawater compositional change during the Great Oxidation Event. Precambrian Research, 227: 316-336

Tang H S, Chen Y J, Li K Y, Chen W Y, Zhu X Q, Ling K Y, Sun X H. 2016. Early Paleoproterozoic metallogenic explosion in North China Craton//Zhai M G, Zhao Y, Zhao T P. Main Tectonic Events and Metallogeny of the North China Craton. Berlin: Springer: 305-327

Turcotte D I, Emerman S H. 1983. Mechanism of active and passive rifting//Morgan P, Baker B H. Processes of Continental Rifting. Tectonophysics, 94: 39-50

Wan Y S, Wilde S A, Liu D Y, Yang C X, Song B, Yin X Y. 2006. Further evidence for 1. 85 Ga metamorphism in the central zone of the North China Craton: SHRIMP U-Pb dating of zircon from metamorphic rocks in the Lushan area, Henan Province. Gondwana Research, 9 (1-2): 189-197

Wang T, Wang X X, Tian W, Zhang C L, Li W P, Li S. 2009. North Qinling Paleozoic granite associations and their variation in space and time: implications for orogenic processes in the orogens of central China. Science in China Series D- Earth Sciences, 52 (9): 1359-1384

Wang X L, Jiang S Y, Dai B Z. 2010. Melting of enriched Archean subcontinental lithospheric mantle: evidence from the ca. 1760 Ma volcanic rocks of the Xiong'er Group, southern margin of the North China Craton. Precambrian Research, 182 (3): 204-216

Wang X L, Jiang S Y, Dai B Z, Griffin W L, Dai M N, Yang Y H. 2011. Age, geochemistry and tectonic setting of the Neoproterozoic (ca 830Ma) gabbros on the southern margin of the North China Craton. Precambrian Research, 190 (1-4): 35-47

Wang X X, Wang T, Jahn B M, Hu N G, Chen W. 2007. Tectonic significance of Late Triassic post-collisional lamprophyre dykes from the Qinling Mountains. Geological Magazine, 144: 837-848

Watson E B, Harrison T M. 1983. Zircon saturation revisited: temperature and composition effects in a variety of crustal magma types. Earth and Planetary Science Letters, 64: 295-304

Winter J D. 2009. Principles of Igneous and Metamorphic Petrology. 2nd edition. Pearson: Prentice Hall, 1-702

Wong W H. 1927. Crustal movements and igneous activities in Eastern China since Mesozoic time. Bulletin of the Geological Society of China, 6 (1): 9-37

Wu F Y, Lin J Q, Wilde S A, Zhang X O, Yang J H. 2005. Nature and significance of the Early Cretaceous giant igneous event in eastern China. Earth and Planetary Science Letters, 233: 103-119

Xiao B, Li Q G, Liu S W, Wang Z Q, Yang P, Chen J, Xu X. 2014. Highly fractionated Late Triassic I-type granites and related molybdenum mineralization in the Qinling orogenic belt: geochemical and U-Pb-Hf and Re-Os isotope constraints. Ore Geology Reviews, 56: 220-233

Xu Z. 1990. Mesozoic volcanism and volcanogenic iron-ore deposits in eastern China. Geological Society of America Special Papers, 237: 1-49

Yan H Q, Ding R Y, Tang Z L, Wang Y L, Liu S, Ma J H, Hu Y Q, Chen K N. 2012. Zircon U-Pb Age and Geochemistry of the Ore-hosting Ultramafic Complex of Zhou'an PGE-Cu-Ni Deposit, Henan Province, Central China. Acta Geologica Sinica (English Edition), 86: 1479-1487

Yang T, Zhu L M, Zhang G W, Wang F, Lu R K, Xia J C, Zhang Y Q. 2012. Geological and geochemical constraints on genesis of the Liziyuan gold-dominated polymetal deposit, western Qinling orogen, central China. International Geology Review, 54: 1944-1966

Yang Y F, Chen Y J, Pirajno F, Li N. 2015. Evolution of ore fluids in the Donggou giant porphyry Mo system, East Qinling, China, a new type of porphyry Mo deposit: evidence from fluid inclusion and H-O isotope systematics. Ore Geology Reviews, 65: 148-164

Yin A, Nie S Y. 1996. A Phanerozoic palinspastic reconstruction of China and its neighboring regions//Yin A, Harrison T M. The Tectonic Evolution of Asia. Cambridge: Cambridge University Press: 442-485

Young G M. 2013. Precambrian supercontinents, glaciations, atmospheric oxygenation, metazoan evolution and an impact that may have changed the second half of Earth history. Geoscience Frontiers, 4: 247-261

Young G M. 2014. Contradictory correlations of Paleoproterozoic glacial deposits: local, regional or global controls? Precambrian Research, 247: 33-44

Young G M. 2019. Aspects of the Archean-Proterozoic transition: how the great Huronian Glacial Event was initiated by rift-related uplift and terminated at the rift-drift transition during break-up of Lauroscandia. Earth-Science Reviews, 190: 171-189

Yuan X C. 1996. Velocity structure of the Qinling lithosphere and mushroom cloud model. Science China Earth Science, 39: 235

Yue S W, Deng X H, Bagas L. 2014. Geology, isotope geochemistry and ore genesis of the Yindonggou Ag-Au (-Pb-Zn) deposit, Hubei Province, China. Geological Journal, 49: 442-462

Zeng Q T, McCuaig T C, Hart C J R, Jourdan F, Muhling J, Bagas L. 2012. Structural and geochronological studies on the Liba goldfield of the West Qinling Orogen, Central China. Mineralium Deposita, 47: 799-819

Zeng Q T, Evans N J, McInnes B I A, Batt G E, McCuaig C T, Bagas L, Tohver E. 2013. Geological and thermochronological studies of the Dashui gold deposit, West Qinling Orogen, Central China. Mineralium Deposita, 48: 397-412

Zeng Q T, McCuaig T C, Tohver E, Bagas L, Lu Y J. 2014. Episodic Triassic magmatism in the western South Qinling Orogen, central China and its implications. Geological Journal, 49: 402-423

Zhai M G, Santosh M. 2011. The early Precambrian odyssey of North China Craton: a synoptic overview. Gondwana Research, 20: 6-25

Zhai M G, Zhao Y, Zhao T P. 2016. Main Tectonic Events and Metallogeny of the North China Craton. Berlin: Springer

Zhang F, Liu S W, Li Q G, Sun Y L, Wang Z Q, Yan Q R, Yan Z. 2011. Re-Os and U-Pb geochronology of the Erlihe Pb-Zn deposit, Qinling orogenic belt, central China, and constraints on its deposit genesis. Acta Geologica Sinica (English Edition), 85: 673-682

Zhang J, Chen Y J, Shu G M, Zhang F X, Li C. 2002. Compositional study of minerals within the Qinlingliang granite, southwestern Shaanxi Province and discussions on the related problems. Science in China (Series D), 45: 662-672

Zhang J, Chen Y J, Zhang F X, Li C. 2006. Ore fluid geochemistry of the Jinlongshan Carlin-type gold deposit ore belt in Shaanxi Province, China. Chinese Journal of Geochemistry, 25: 23-32

Zhang J, Li L, Gilbert S, Liu J J, Shi W S. 2014. LA-ICP-MS and EPMA studies on the Fe-S-As minerals from the Jinlongshan gold deposit, Qinling Orogen, China: implications for ore-forming processes. Geological Journal, 49: 482-500

Zhang J, Chen Y J, Su Q W, Zhang X, Xiang S H, Wang Q S. 2016. Geology and genesis of the Xiaguan Ag-Pb-Zn orefield in Qinling orogen, Henan province, China: fluid inclusion and isotope constraints. Ore Geology Reviews, 76: 79-93

Zhang J J, Zheng Y D. 1999. The multiphase extension and their ages of the Xiaoqinling metamorphic core complex. Acta Geologia Sinica, 73: 139-147

Zhang S H, Jiang G Q, Zhang J M, Song B, Kennedy M J, Christie-Blick N. 2005. U-Pb sensitive high-resolution ion microprobe ages from the Doushantuo Formation in south China: constraints on late Neoproterozoic glaciations. Geology, 33: 473-476

Zhang S H, Jiang G Q, Dong J, Han Y G, Wu H C. 2008a. New SHRIMP U-Pb age from the Wuqiangxi Formation of Banxi Group: implications for rifting and stratigraphic erosion associated with the early Cryogenian (Sturtian) glaciation in South China. Science in China (Series D), 51: 1537-1544

Zhang S H, Jiang G Q, Han Y G. 2008b. The age of the Nantuo Formation and Nantuo glaciation in South China. Terra Nova, 20: 289-294

Zhang S H, Li Z X, Evans D A D, Wu H C, Li H Y, Dong J. 2012. Pre-Rodinia supercontinent Nuna shaping up: a global synthesis with new paleomagnetic results from North China. Earth and Planetary Science Letters, 353-354: 145-155

Zhang Y, Tang H S, Chen Y J, Leng C B, Zhao C H. 2014. Ore geology, fluid inclusion and isotope geochemistry of the Xunyang Hg-Sb orefield, Qinling Orogen, central China. Geological Journal, 49: 463-481

Zhang Z Q, Zhang G W, Tang S H, Xu J F, Yang Y C, Wang J H. 2002. Age of Anzishan granulites in the Mianxian-Lueyang suture zone of Qingling orogen: with a discussion of the timing of final assembly of Yangtze and North China blocks. Chinese Science Bulletin, 47: 1925-1930

Zhao G C, Cawood P A, Wilde S A, Sun M. 2002. Review of global 2.1-1.8 Ga orogens: implications for a pre-Rodinia supercontinent. Earth-Science Reviews, 59: 125-162

Zhao G C, Sun M, Wilde S A, Li S Z. 2004. A Paleo-Mesoproterozoic supercontinent: assembly, growth and breakup. Earth-Science Reviews, 67 (1-2): 91-123

Zhao G C, Sun M, Wilde S A, Li S Z. 2005. Late Archean to Paleoproterozoic evolution of the North China Craton: key issues revisited. Precambrian Research, 136 (2): 177-202

Zhao G C, He Y H, Sun M. 2009. The Xiong'er volcanic belt at the southern margin of the North China Craton: petrographic and geochemical evidence for its outboard position in the Paleo-Mesoproterozoic Columbia Supercontinent. Gondwana Research, 16 (2): 170-181

Zhao T P, Zhou M F, Zhai M G, Xia B. 2002. Paleoproterozoic rift-related volcanism of the Xiong'er Group, North China craton: implications for the breakup of Columbia. International Geology Review, 44 (4): 336-351

Zhao Z F, Zheng Y F. 2009. Remelting of subducted continental lithosphere: petrogenesis of Mesozoic magmatic rocks in the Dabie-Sulu orogenic belt. Science in China (Series D), 52 (9): 1295-1318

Zheng N, Li T D, You G Q, Zhang S H, Cui J T, Cheng M W. 2012. Lithofacies characters and significance of the submarine fan of the Liufengguan Group in Qinling. Acta Geologica Sinica (English Edition), 86: 174-188

Zheng Y F. 2003. Neoproterozoic magmatic activity and global change. Chinese Science Bulletin, 48: 1639-1656

Zheng Y F, Fu B, Gong B, Li L. 2003. Stable isotope geochemistry of ultrahigh pressure metamorphic rocks from the Dabie-Sulu orogen in China: implications for geodynamics and fluid regime. Earth-Science Reviews, 62: 105-161

Zheng Y F, Chen Y X, Dai L Q, Zhao Z F. 2015. Developing plate tectonics theory from oceanic subduction zones to collisional orogens. Science in China (Series D), 58: 1045-1069

Zheng Y F, Mao J W, Chen Y J, Sun W D, Ni P, Yang X Y. 2019. Hydrothermal ore deposits in collisional orogens. Science Bulletin, 64: 205-212

Zhong D L, Ding L, Liu F T, Lu J H, Zhang J J, Ji J Q, Chen H. 2000. Multi-oriented and layered structures of lithosphere in orogenic Belt and their effects on Cenozoic magmatism—A case study of western Yunnan and Sichuan, China. Science in China (Series D), 43: 122-133

Zhou C M, Tucker R, Xiao S H. 2004. New constraints on the ages of Neoproterozoic glaciations in South China. Geology, 32: 437-440

Zhou M F, Yan D P, Kennedy A K, Li Y Q, Ding J. 2002. SHRIMP U-Pb zircon geochronological and geochemical evidence for Neoproterozoic arc-magmatism along the western margin of the Yangtze Block, South China. Earth and Planetary Science Letters, 196: 51-67

Zhou Z J, Chen Y J, Jiang S Y, Zhao H X, Qin Y, Hu C J. 2014a. Geology, geochemistry and ore genesis of the Wenyu gold deposit, Xiaoqinling gold field, southern margin of North China Craton. Ore Geology Reviews, 59 (1): 1-20

Zhou Z J, Lin Z W, Qin Y. 2014b. Geology, geochemistry and genesis of the Huachanggou gold deposit, western Qinling Orogen, central China. Geological Journal, 49 (4-5): 424-441

Zhou Z J，Chen Y J，Jiang S Y，Hu C J，Qin Y，Zhao H X. 2015. Isotope and fluid inclusion geochemistry and genesis of the Qiangma gold deposit，Xiaoqinling gold field，Qinling Orogen，China. Ore Geology Reviews，66：47-64

Zhou Z J，Mao S D，Chen Y J，Santosh M. 2016. U-Pb ages and Lu-Hf isotopes of detrital zircons from the southern Qinling Orogen：implications for Precambrian to Phanerozoic tectonics in central China. Gondwana Research，35：323-337

Zhu L M，Ding Z J，Yao S Z，Zhang G W，Song S G，Qu W J，Guo B，Lee B. 2009. Ore-forming event and geodynamic setting of molybdenum deposit at Wenquan in Gansu Province，Western Qinling. Chinese Science Bulletin，54：2309-2324

Zhu L M，Zhang G W，Lee B，Guo B，Gong H J，Kang L，Lu S L. 2010. Zircon U-Pb dating and geochemical study of the Xianggou granite in the Ma'anqiao gold deposit and its relationship with gold mineralization. Science China Earth Sciences，53：220-240

Zhu L M，Zhang G W，Chen Y J，Ding Z J，Guo B，Wang F，Lee B. 2011. Zircon U-Pb ages and geochemistry of the Wenquan Mo-bearing granitioids in West Qinling，China：constraints on the geodynamic setting for the newly discovered Wenquan Mo deposit. Ore Geology Reviews，39：46-62

Zhu R X，Yang Z Y，Wu H N，Ma X H，Huang B C，Meng Z F，Fang D J. 1998. Paleomagnetic constraints on the tectonic history of the major blocks of China during the Phanerozoic. Science in China（Series D），41：1-19

Zhu R X，Fan H R，Li J W，Meng Q R，Li S Y，Zeng Q D. 2015. Decratonic gold deposits. Science China Earth Sciences，58（9）：1523-1537

第2章　秦岭钼矿床成因类型

热液矿床分类一直是矿床研究领域的老大难问题，目前分类混乱、类型繁多，秦岭钼矿床也不例外。为了科学地揭示秦岭钼矿床的地质特征和成矿规律，服务于找矿勘查，本章讨论了热液矿床成因类型划分的依据，提出了浅成作用的概念，将热液成矿系统划分为浅成热液型、变质热液型和岩浆热液型三类，分析了三类热液的性质和差异，建立了甄别三类成矿系统的流体包裹体标识体系，然后结合单个矿床地质地球化学解剖研究，对秦岭钼矿床进行了较为合理的成因类型划分。

2.1　热液矿床分类的问题和依据

任何矿床都是由地质作用形成、产于某种地质环境、与周围岩石具有成分差异的特殊地质体。热液成矿过程受构造、岩浆、地层、流体等多种地质因素的制约，矿床产出形式多种多样，加之流体成矿系统的复杂性和地球科学家对于各类地质作用的物理化学条件、过程及其产物特征等认识的不确定性或分歧，致使：①成矿系统分类的思路、依据不一致，分类方案繁多、混乱，甚至个别类型名称是没有依据地随意提出的；②一些重要或典型的矿床类型叫法不一，成因纷争；③一些概念“形同意异”或“形异意同”或“亦此亦彼”（涂光炽，2003），更严重地表现在概念之间相互涵盖。以热液金矿床为例，文献中至少出现过如下名称（参见陈衍景和富士谷，1992；陈衍景等，2007；陈衍景，2010；本书不再罗列具体文献）：石英脉型、重晶石脉型、碳酸盐脉型、白钨矿-石英脉型、辉锑矿-石英脉型、黄铁矿石英脉型、硫化物石英脉型，构造蚀变岩型、蚀变破碎带型、断裂破碎带型、剪切带型、韧性剪切带型，层控型、BIF层控型、含金铁建造型、碳质层控型、VHMS或VMS型（块状硫化物型）、不整合型，海相/陆相火山岩型、细碧岩型、滑石菱镁岩型、微细粒浸染型、沉积岩型、浊积岩型、砾岩型、砂岩型、黑色页岩型、碳硅泥岩型、浅变质碎屑岩型、板岩型或VSH（victoria slate hosted）型、绿岩带型，花岗岩型、碱性岩型、侵入体内外接触带型、夕卡岩型、爆破/隐爆角砾岩（筒）型、斑岩型、铁氧化物型或IOCG型、铜镍硫化物型，火山热液型、岩浆热液型、变质热液型、海底热液型、大气降水热液型，低温热液型（low-temperature hydrothermal）、浅成低温热液型（epithermal）、中温热液型、中温中深成热液型（mesothermal）、高温热液型、改造型（reworking）等，更有以典型矿床名称命名的Carlin型、Carlin-like型、Witwatersrand（或Rand兰德）型、Hemlo型、Homestake型、Olympic Dam型、Abitibi型或Kolar型、Murutau型以及焦家式、玲珑式、河台式、上宫式、祁雨沟式、团结沟式、阿希式、沃溪式，还有各种各样的成矿系列及其亚系列名称，成矿元素组合分类的多种名称，等等。如果考虑到其他成矿元素或矿种的类型名称，恐怕世界上很难有一位矿床学家能够说清楚究竟有多少个矿床类型名称。而且，新的名词还在不断涌现，充分显示了对矿床类型命名的随意性，也使人怀疑当前矿床类型名称的科学性和必要性。

对于不少学者或勘查人员而言，单就搜索、记忆繁多的矿床类型名称，已经不堪重负，更难理解其内涵、特征、成因，掌握其富集规律以及勘查评价技术要领，在概念使用和成矿模型运用方面难免出现偏差和错误。而且，不少矿床类型名称与《矿床学》《普通地质学》《岩石学》等教材的内容、科学逻辑等无法衔接，成为固体地球科学研究中的“不相容元素”，已经给矿床学教学和研究造成了极大的困难，降低了成矿理论在矿床勘查中的指导作用。因此，摒弃一些不合理的命名，建立简单易行、科学实用，又与其他学科内容上谐和、逻辑上贯通的矿床分类方案，已经非常迫切和必要。

事实上，热液矿床是成矿流体活动的产物，认识成矿流体的性质和流体作用的规律是把握热液矿床特征，准确确定热液矿床成因类型、成矿模式、勘查要领的关键。因此，成矿流体的起源、运移，萃取和搬运成矿物质的能力和规律，卸载成矿物质的条件、场所，即“源—运—储”，自然成为热液矿床研究的主题和难题。成矿流体活动记录在热液矿物及其流体包裹体中，流体包裹体是唯一能够直接观察并记录流体活动的“化石”，是研究古流体活动及其成矿作用的“探针”。

近年来，流体包裹体研究技术、思路和结果解释获得了飞速进步，使得科学家对于成矿流体的性质有了更为深刻而准确的认识，进而使基于流体性质而进行热液成矿系统（翟裕生等，2002）分类成为可能。同时，利用流体包裹体指纹技术，建立甄别热液矿床成因类型的流体包裹体标识体系，也显得十分必要和迫切。

鉴于上述，考虑到现有《普通地质学》、《岩石学》、《地球化学》和《矿床学》等教材的概念、内容及其科学逻辑关系，结合热液矿床流体包裹体研究的最新进展，本书采用比较矿床学研究思路（涂光炽和李朝阳，2006），将热液成矿系统分为岩浆热液、变质热液和浅成热液矿床三大成因系列，初步确定了不同成因系列成矿流体的性质，特别是成矿系统的流体包裹体特征及其差异。

2.2　浅成作用及其重要性

矿床类型的划分总体上是按照成矿地质作用的性质而进行的。根据《普通地质学》等相关分支学科将地质作用划分为内营力和外营力两部分，矿床也被相应地分为内生矿床和外生矿床；外生矿床被区分为机械沉积矿床（砂矿）、胶体沉积矿床、生物化学沉积矿床、蒸发沉积矿床、生物沉积矿床、风化壳矿床、风化沉积矿床等，内生矿床被分为岩浆矿床、伟晶岩矿床、夕卡岩矿床、热液矿床、变质矿床等（如胡受奚，1982；翟裕生等，2011）。除热液矿床之外，其他类型矿床的成因基本清楚，认识一致，很少争议。很大程度上，这种地质作用类型和矿床类型的划分是成功的、科学的、实用的，分类依据实为成矿地质作用性质及其温度、压力（深度）差异。

在《普通地质学》和《岩石学》等学科教材中，沉积等外生地质作用的温度上限为50℃，变质作用的起始温度为200～300℃（起始温度随岩性变化而有所不同），岩浆作用温度至少为岩浆结晶分异的最低共结点温度573℃。如此，存在一个明显的盲区，即没有概念描述50～300℃温度范围的地质作用。如以地温梯度30℃/km计算，50～300℃温度范围的相应深度小于10km，属于地壳或岩石圈的浅层。正是在这一认识盲区（50～300℃、0～10km深），恰是地质作用和成矿作用异常活跃的空间，大量热液金属、非金属矿床以及能源矿床（油气、煤、铀矿）在此空间形成或就位（涂光炽，2003）。因此，有必要将发生在温度50～300℃、深度0～10km的各类内生地质作用定义为浅成作用（epizonogenism；陈衍景，2010，图2.1，表2.1），由浅成作用形成的热液矿床为浅成热液矿床（epizonogenic hydrothermal deposit）。

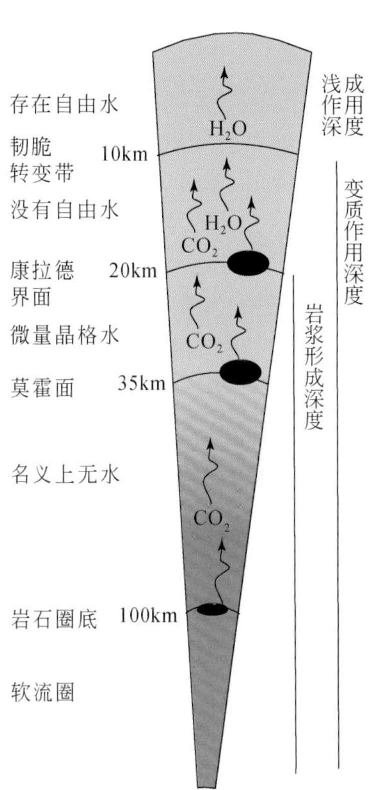

图 2.1　浅成作用及其与岩石变质、熔融作用的空间关系

表 2.1　内生地质作用、成矿作用和热液矿床分类（设地温梯度为 30℃/km）

地质作用	岩浆作用	变质作用	浅成作用
深度范围	康拉德界面及以下	>10km	<10km
温度范围	>573℃	>200℃	50～300℃
固体产物	岩浆岩/岩浆矿床	变质岩/变质矿床	浅成岩/浅成矿床
热液类型	岩浆热液	变质热液	浅成热液
热液成矿系统	岩浆热液矿床	变质热液矿床	浅成热液矿床

浅成作用包括了前人曾使用的浅成低温热液作用（epithermal process；岩浆驱动的大气降水循环作用；Lindgren，1933）、改造作用（reworking；涂光炽，1986）、沉积成岩作用（diagenesis；限于沉积岩）以及低温低压条件的退变质作用（retrograde metamorphism）等。与后者相比，含义更准确，与变质作用、岩浆作用以及沉积等表生作用的界线清楚，而且在地质作用温度、深度等方面填补了一个显著的认知盲区。更重要的是，对于像早前寒武纪结晶基底等早已固结成岩的变质岩、岩浆岩、沉积岩，如果在很长时期以后（如中生代）再次遭受<300℃、<10km 的构造-流体作用时，无法使用 diagenesis，retrograde metamorphism，epithermal process 等概念表述，但可使用浅成作用予以概括。

值得强调，浅成作用的空间范围恰恰是人类“入地”和开发地下资源所能迈出的第一步，当前人类对于矿产资源的勘查和开采活动，甚至工程地质活动等，都是在浅成作用的空间范围进行的，地质勘探工作总体尚未达到浅成作用的最大深度，这充分显示了研究浅成作用的重要性。浅成作用不但可以形成石油、汞、锑、金、银、铅、锌、铀、铜等矿床，而且即使是变质矿床、变质热液矿床、岩浆矿床、岩浆热液矿床等，其成矿晚期或成矿后，也都必定经历浅成作用或强或弱的改造之后，才能被人类所触及或开发。那么，认识、筛分或剔除浅成作用的改造，也是正确认识各类成矿系统特征及其差异的关键问题之一。例如，华南地区与陆壳改造型花岗岩有关的钨锡石英脉矿床和胶东金矿省的变质热液型金矿床都曾被错误地作为大气降水热液作用的产物（张理刚，1990），原因就是以叠加改造的浅成作用代替了全部的流体成矿过程，忽视了成矿系统的发育机制和流体成矿过程早、中阶段的重要性（陈衍景等，2007）。最近研究表明，很多岩浆矿床（如铜镍硫化物矿床、钒钛磁铁矿矿床）也在成矿后发生了浅成热液蚀变（陈衍景等，2009）。

事实上，很多学者早就认识到浅成作用的重要性，并从各自的研究领域或侧面予以命名。据 Winkler（1976），成岩作用（diagenesis）发生的温度压力条件与前述浅成作用相当，但其运用已被共识性地局限于沉积岩的沉积作用之后。值得说明的是，Winkler（1976）强调成岩作用与区域变质作用的应力变形状态和流体压力系统的差异，变质条件的构造作用总体属于韧性变形，流体为静岩或超静岩压力体系（$P_f \geq P_l$）；成岩作用条件的构造变形总体属于脆性，流体系统的压力介于静水压力与静岩压力之间（$P_l > P_f > P_h$），并以静水压力体系为主导；同时，认识到 H_2O 和 CO_2 是流体的最主要成分。

与岩浆活动有关的流体成矿作用长期被重视，矿床成因研究曾一度呈现岩浆一元论的局面（详见胡受奚，1982）。Lindgren（1933）将与岩浆活动有关的热液矿床划分为汽化高温热液矿床（hypothermal）、中温热液矿床（mesothermal）和浅成低温热液矿床（epithermal），其界线温度分别是 350℃和 200℃（胡受奚，2002）。显然，浅成低温热液作用和部分中温热液作用的温度条件属于前述浅成作用的范畴。但是，浅成低温热液作用（epithermal process）被限定为岩浆驱动的发生于中酸性火山岩中的大气降水主导的流体作用，浅成低温热液矿床被限定为产于陆相火山岩中的低温热液矿床（Pirajno，2009；Chen Y J et al.，2012）。对于发生在沉积岩中的同样属于浅成、低温的热液作用及其形成的矿床，则不能称为 epithermal（浅成低温热液），文献中用低温热液（low-temperature hydrothermal）来描述。这种情况一方面反映了用词的严格，另一方面也说明了由缺乏浅成作用的概念所造成的困难。实际上，二者的流体来源和温度、压力等物理化学条件却非常相似。

基于大量热液矿床实例研究，涂光炽（1979，1986，1987，1988）提出了改造作用（reworking）的概念，用于概括在沉积作用与变质作用之间的 50～300℃温度范围的地质作用和成矿作用，从而将成矿地质作用分类方案由“三分法”（沉积、变质和岩浆）拓展为更完善的“四分法”，即岩浆作用、变质作用、改造作用和沉积作用。而且，涂光炽（1986）还指出变质热液矿床与改造热液矿床的差别在于前者发育富 CO_2 流体包裹体，后者不发育。然而，改造作用有时被单纯地理解为先成矿床或地质体在后期地质作用中发生物质成分、结构构造或产出形式等方面的变化的过程，包括遭受岩浆作用或变质作用的改造。如此，改造作用的温度、压力范围被扩大，包括了岩浆作用、变质作用和浅成作用，也过分强调了多次地质/成矿作用的叠加，与涂先生提出的改造作用的含义差别较大。因此，在某种程度上说，“改造作用”易使人误解为先成矿床或地质体遭受后期构造热事件的叠加作用。

总之，浅成作用概括了发生在地下10km以浅、50～300℃温度范围的各类内生地质作用过程，概念简单、清晰，含义准确，在物理化学条件方面与变质作用、岩浆作用等内生地质作用以及沉积作用等表生地质作用的界线分明，且连续贯通。需要补充说明的是，既然不同类型地质作用之间存在物理化学条件的连续性，也自然存在地质作用特征上的过渡性。例如，在变质作用与岩浆作用之间的过渡通常被称为混合岩化。因此，文献、教材以及本书中所划分的地质作用类型实为不同地质作用的端元！

2.3　三类热液成矿系统及其流体性质和包裹体标识体系

2.3.1　热液成矿系统的三分法

鉴于热液矿床是成矿流体的固体沉淀物或/和成矿流体与围岩相互作用的产物，成矿流体的性质和活动规律可作为判别矿床成因、揭示矿体分布规律的重要依据。意即，可将热液成矿系统简单地划分为与《普通地质学》、《矿床学》和《岩石学》等教材内容相一致的3个端元性的类型或系列，即岩浆热液矿床、变质热液矿床和浅成热液矿床。各成矿类型发育的构造背景见图2.2，标志性地质特征详见陈衍景等（2007）和陈衍景（2010）。

浅成热液成矿系统(起源深度<10km, T<300℃, 低盐度-贫CO_2流体)
○海底热液矿床　⊗沉积岩容矿的浅成热液矿床　●火山岩容矿的浅成热液矿床
岩浆热液成矿系统(起源深度>10km, T>300℃, 高盐度-含CO_2流体)
■与岩浆侵入体密切相关的斑岩型、爆破角砾岩型、夕卡岩型、云英岩型、各种脉型
变质热液成矿系统(起源深度>10km, T>200℃, 低盐度-富CO_2流体)
★构造控制的造山型Au, Ag, Pb-Zn, Cu, Mo等矿床

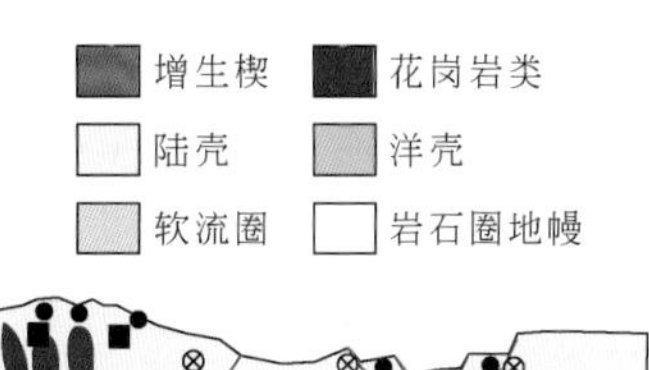

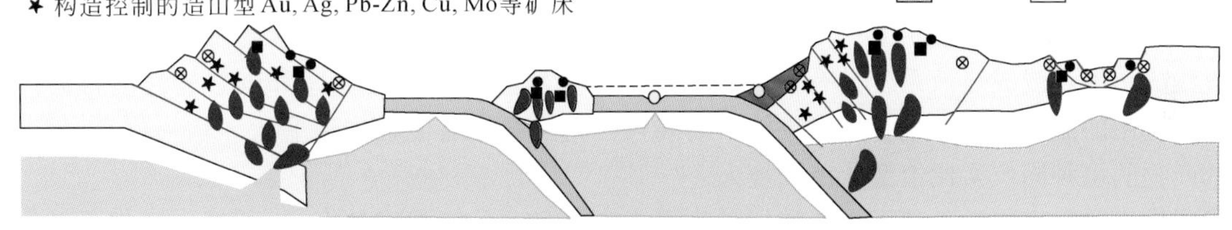

图2.2　不同类型金矿系统发育的板块构造背景（据陈衍景，2013）

科学而实用的成矿作用分类使得很多复杂的问题简单化，而且能够使我们运用简单的科学原理或知识去正确理解和把握不同类型矿床的地质和成矿流体特征及其差异。物理化学知识告诉我们，热液中的气体（此处指H_2O以外的可挥发性组分，气相H_2O称为水蒸气）含量随压力增高而增高，随温度增高而降低；溶质在热液中的溶解度或盐度随温度的增高而增高（陈衍景等，2007）。由于H、C、O是地球的主要组成元素，热液的最主要成分是H_2O和CO_2（Winkler，1976），次为CH_4、CO、N_2等，因此，为讨论方便，我们以CO_2代表除H_2O以外的气体总量。众所周知，CO_2汽化温度显著高于H_2O，决定了富CO_2流体通常形成于较大的压力条件下，那么，盐度、CO_2含量、H_2O含量（或CO_2/H_2O含量比值）可以很好地标定热液的特征和来源（图2.3）。据此，下面分析3类热液成矿系统的流体性质及流体包裹体标识体系。

2.3.2　浅成热液成矿系统

浅成热液矿床（epizonogenic hydrothermal deposit）包括三种情况：①产于陆相火山岩、次火山岩中，由岩浆驱动的循环大气降水热液作用形成的后生低温热液型的金、银、铅锌、铜、铀钼等金属矿床和一

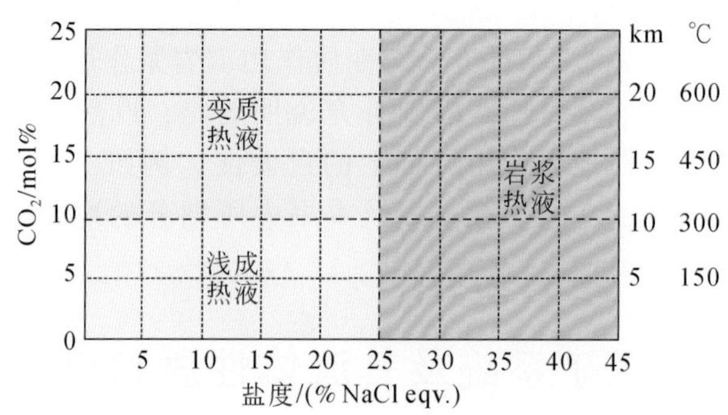

图 2.3 不同类型热液的盐度和 CO_2 含量及其与温度、压力的关系

些非金属矿床，惯称浅成低温热液型（epithermal），本书称为火山容矿的浅成热液型（volcanic-hosted epizonogenic hydrothermal，简写为 VEH 或 VHEH），可进一步划分为高硫型和低硫型。②产于沉积建造中，由循环大气降水热液或活化盆地卤水作用形成的后生低温热液矿床，可称为沉积容矿的浅成热液型（sedimentary-hosted epizonogenic hydrothermal，简写为 SEH 或 SHEH），包括了文献中常见的卡林型金矿、MVT 型铅锌矿、砂岩型铜矿、砂岩型铀矿、汞锑矿床和一些低温分散元素矿床。③由发生在岩石圈与水圈界面处的海底热液作用（sea-floor hydrothermal，简写为 SFH）形成的同生热液矿床，常称热水沉积矿床或块状硫化物矿床，根据容矿地层中火山岩的多寡区分为 VMS 或 VHMS 型（volcanogenic massive sulfide 或 volcanic-hosted massive sulfide）和 SEDEX 型（sedimentary exhalation）。很明显，热水沉积作用是介于内生与外生之间的成矿地质作用，即沉积成矿作用发生在地壳表面，具有外生作用的特征，但由地球内部能量驱动。

浅成热液来自地壳浅部（<10km），因地壳浅部断裂系统多为脆性而可与地表水连通（Winkler，1976），成分受地表水（海水和大气降水）制约明显；在浅成作用的温度范围（50～300℃），多数硅酸盐矿物不发生变质，沉积物等表壳岩（supracrustal rock）脱孔隙水、结晶水、吸附水、矿物层间水等自由水，形成浅成热液。浅成热液系统具有开放性，其流体来源复杂，流体储库和围岩岩性组合的性质差异较大，热液作用的温度较低，且有外来流体不断混入，同位素分馏很难达到平衡（均一化）。因此，浅成热液及其产物的多种同位素比值变化范围较大。

在浅成作用的物理化学条件下，碳酸盐矿物不能热分解（分解温度较高），无法向流体系统提供较多 CO_2；流体系统因压力低、深度浅，使 CO_2 很容易逃离流体系统。因此，浅成热液以 H_2O 为主，CO_2 等气体含量低；与之相应，浅成热液成矿系统大量发育水溶液包裹体，而不发育富 CO_2 包裹体，更不会出现纯 CO_2 包裹体。又因为硅酸盐等矿物不能热分解，只有一些 NaCl、KCl、$CaSO_4$ 等可以分解或溶解，所以流体盐度低；成矿系统不发育含子晶（子矿物）包裹体，除非是流体因沸腾而瞬时过饱和时，可出现透明盐类子矿物的包裹体。值得说明的是，浅成作用的温度-压力条件恰恰覆盖了石油的生油门限（120℃和 180℃），因此可在浅成热液成矿系统中发现石油包裹体或含烃类包裹体，如我国西南低温热液矿床（涂光炽，1998）和甘肃阳山金矿（李晶等，2007）。

总体而言，浅成热液成矿系统的流体包裹体组合极为简单（Kerrich et al.，2000；Heinrich，2007 及其引文），主要发育水溶液包裹体，偶见含子晶包裹体、石油包裹体（有机包裹体）及含 CO_2 包裹体，具体说明如下：

（1）水溶液包裹体。此类包裹体可为富气相、富液相和纯液相，是浅成热液矿床中最基本的包裹体类型。这类包裹体均一温度集中在 50～300℃，盐度多变化于 3.5%～15% NaCl eqv.，CO_2 含量低于 5mol%。包裹体气液比变化较大，可见相似温度下的异相均一现象，即沸腾包裹体组合（Barnes，1997；Heinrich，2007）。

（2）含子晶包裹体。此类包裹体极为罕见，多仅含盐类子矿物，且气相成分为 H_2O，不出现含多种子矿物的包裹体，更无气相组分为 CO_2 的含子矿物包裹体。在浅成热液成矿系统中，这类包裹体的出现通常被解释为流体沸腾的结果，或者有少量岩浆热液混入。

（3）石油包裹体（有机包裹体，图2.4H、I）。这类包裹体发现于美国西部、中国滇黔桂和陕甘川成矿省的个别微细粒浸染型金矿床或SHEH型矿床中（陈衍景等，2001，2004），它们的均一温度很少超过250℃（卢焕章等，2004）。

（4）含CO_2包裹体。此类包裹体极为罕见，均一温度多在200℃以上，捕获压力达200MPa或更高（苏文超，2002；李晶等，2007）。发育此类包裹体的矿床往往被解释为浅成热液矿床与变质热液矿床之间的过渡类型。

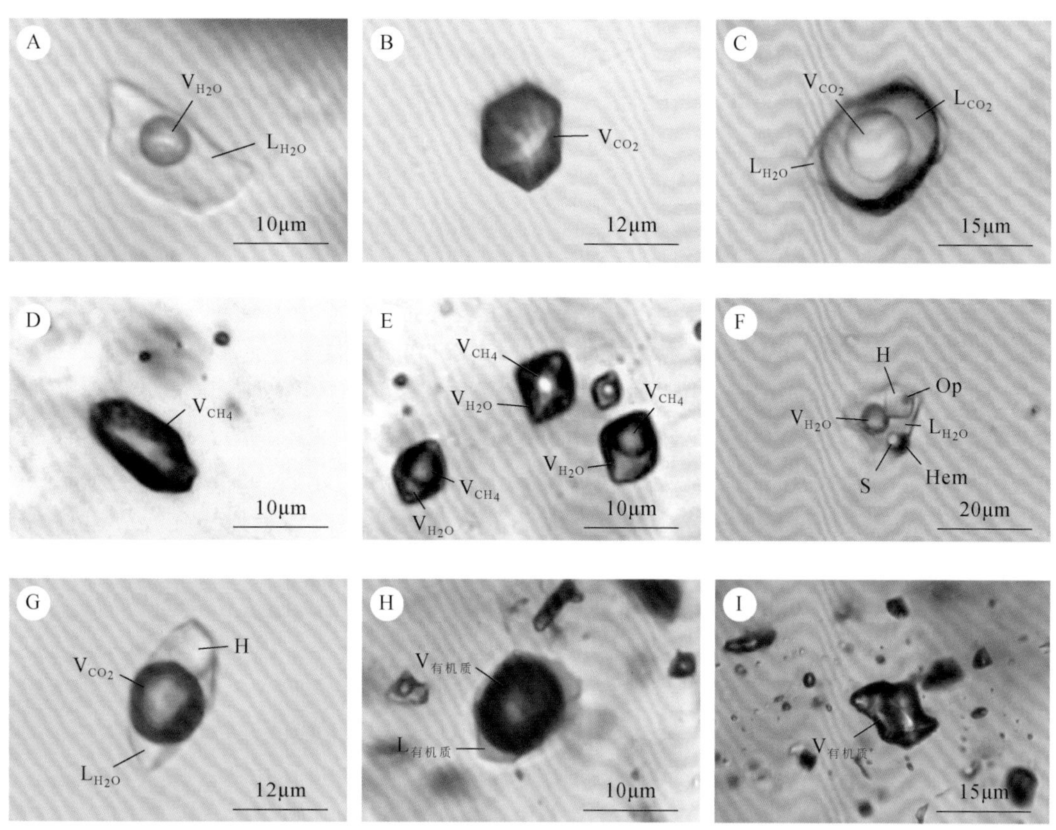

图2.4　热液矿床常见流体包裹体类型

A. 水溶液包裹体，由气相H_2O和液相H_2O组成，河南土门钼矿床；B. 纯CO_2包裹体，由CO_2气相组成，河南龙门店钼矿床；C. 含CO_2三相包裹体，由气相CO_2、液相CO_2和液相H_2O组成，河南大湖金钼矿床；D. 纯CH_4包裹体，由单一的CH_4气相组成，河南秋树湾钼矿床；E. 含CH_4包裹体，由气相CH_4和液相H_2O组成，河南秋树湾钼矿床；F. 含子矿物多相包裹体，气相为H_2O，子矿物相包括石盐、钾盐、赤铁矿及未知暗色子矿物，河南鱼池岭钼矿床；G. 含子矿物多相包裹体，气相为CO_2，子矿物相为石盐，河南龙门店钼矿床；H. 气液两相有机质包裹体，贵州太平洞金矿（顾雪祥提供）；I. 气相有机质包裹体，贵州太平洞金矿（顾雪祥提供）。图中缩写：L_{H_2O}. 液相H_2O；V_{H_2O}. 气相H_2O；L_{CO_2}. 液相CO_2；$L_{有机质}$. 液相有机质；V_{CO_2}. 气相CO_2；V_{CH_4}. 气相CH_4；$V_{有机质}$. 气相有机质；H. 石盐；S. 钾盐；Hem. 赤铁矿；Op. 未知暗色子矿物

2.3.3　变质热液矿床

变质热液矿床（metamorphic hydrothermal deposit）又称造山型矿床（orogenic-type deposit），系由造山型金矿的概念和成因模式拓展而来（陈衍景，2006），缘于派生成矿热液的区域变质作用总是伴随于造山作用（包括俯冲增生造山、大陆碰撞造山、陆内走滑造山和陆内挤压造山等）。造山型金矿是指由变质热液形成的构造控制的脉状金矿床，在时间和空间上与造山作用有关，包括了文献中常见的石英脉型、韧性剪切带型、构造蚀变岩型、绿岩带型、浊积岩型等金矿床（Groves et al.，1998；陈衍景，2006），涵盖

了23个储量>500t的金矿床，是最重要的黄金资源（Bierlein et al.，2006）。在我国大陆碰撞造山带，不但大量发育造山型金矿（Chen Y J et al.，2005a，2005b，2006，2008，2012；Chen H Y et al.，2001，2012a，2012b；Mao et al.，2002；Zhang et al.，2012a），而且发育了大量造山型的银矿床、铜矿床、铅锌矿床、钼矿床以及钨锑金矿床（详见陈衍景，2006；陈衍景等，2009及其引文），如河南铁炉坪银矿（Sui et al.，2000；Chen et al.，2004，2005b）、河南围山城银金铅锌成矿带（Zhang et al.，2011，2013）、新疆乌拉斯沟铜矿（Zheng et al.，2012）和内蒙古霍格乞铜矿（Zhong et al.，2012，2013）、新疆铁木尔特铅锌矿（Zhang et al.，2012b）、河南龙门店钼矿床（Li N et al.，2011b）和大湖金钼矿床（Li N et al.，2011a；Ni N et al.，2012）、甘肃寨上金钨矿床（马星华等，2009）。最近，国外也识别出来造山型或变质热液型的贱金属矿床，如挪威的钨钼矿床（Larsen and Stein，2007）、伊朗西北Sanandaj-Sirjan变质带的Zinvinjian铜铅锌金矿床（Asadi et al.，2018）、德国Bavaria的Kupferberg铜锌矿床（Höhn et al.，2017）。值得特别重视的是，我国陆区大陆碰撞造山带特别发育，有利于形成造山型矿床，寻找造山型矿床的找矿潜力巨大。另外，除大量造山型矿床沿断裂带发育之外，某些特殊岩性层或构造面也同样具有圈闭变质热液并形成层控造山型矿床的能力，如河南银洞坡金矿床（Zhang et al.，2013）和半宽金矿床（陈衍景和富士谷，1992）。因此，变质热液型或造山型矿床可根据定位和产状特点进一步划分为断控和层控两种样式。

变质流体伴随区域变质作用而产生，其形成深度一般大于10km，温度高于200℃。由于岩石变质之前势必经历浅成作用，后者使大量自由水脱出，致使变质流体只能来自矿物热分解作用，即含羟基矿物（云母、绿泥石、蛇纹石等）变质分解和碳酸盐矿物热分解而脱CO_2作用（如$CaCO_3+SiO_2 \longrightarrow CaSiO_3+CO_2$），因此，$CO_2/H_2O$值明显高于浅成热液。由于盐类矿物在浅成作用阶段已经分解，变质过程中基本没有硅酸盐矿物溶解，因此变质流体盐度偏低，甚至低于浅成热液。此类变质流体沿通道上升、运移并与围岩反应时，硅化、钾化、碳酸盐化成为不可缺少的蚀变类型。例如，流体CO_2活度高，一方面可促进围岩中含K、Na、Ca、Mg等矿物（如长石类、角闪石、云母等）的溶解，使成矿物质被活化萃取再沉淀；另一方面有利于CO_2渗透到围岩而发生碳酸盐化，尤其以河南上宫金矿强烈的早阶段铁白云石化为典型实例（Chen et al.，2006）。需要说明，当较多硅酸盐矿物在高级变质过程中熔化并进入熔-流体相时，则在概念上属于岩浆作用的范畴，至少属于混合岩化作用，所形成的流体属于岩浆热液。

与浅成热液相比，变质热液来源较简单，流体是矿物通过变质反应而去水、去气、去易溶（熔）组分的产物。因此，变质流体的多种同位素比值的变化范围较小，造山型成矿系统的同位素组成也相对集中。

总体而言，变质流体具有低盐度、富CO_2的特点，其盐度通常低于10% NaCl eqv.，CO_2等气体含量为5～30mol%或更高，可见H_2O-CO_2不混溶现象（Kerrich et al.，2000；Fan et al.，2003；陈衍景，2006；Mernagh et al.，2007）。变质流体往往沿造山带内的断裂构造向浅部低压处运移，尤其是剪切带，流体压力变化于超静岩（supralithostatic）与静水（hydrostatic）系统之间，遵循断层阀模式（Sibson et al.，1988），流体温度多介于200～500℃之间（Kerrich et al.，2000；Mernagh et al.，2007）。伴随造山作用和变质作用从挤压经挤压-伸展构造转换向伸展演化，变质流体系统不断发生沸腾，与外来流体混合，从超静岩压力演化为静水压力体系（陈华勇等，2004；张静等，2004；祁进平等，2007；李晶等，2007）；流体的CO_2等气体含量逐渐降低，演变为贫CO_2的水溶液，表明经历了以CO_2逸失为特征的流体沸腾或相分离（Phillips and Evans，2004；Chen et al.，2005b，2006），局部残余流体盐度可升高至50% NaCl eqv.（Hagemann and Luders，2003；Mernagh et al.，2007；Zheng et al.，2012；Zhang et al.，2012b）；流体系统由封闭逐步开放，浅成热液不断注入、混合，成矿流体从变质热液演化为大气降水热液（陈衍景，2006）。造山型流体成矿系统整体呈现三阶段演化特点（陈衍景，1996）。

鉴于上述成矿流体的性质和三阶段演化规律，造山型成矿系统以发育大量含CO_2包裹体（CO_2-H_2O体系）和水溶液包裹体为特征（Groves et al.，1998；Kerrich et al.，2000；Hagemann and Cassidy，2000；陈衍景，2006），偶见纯CO_2包裹体和含子晶包裹体。具体说明如下：

（1）含 CO_2 包裹体。表现为两相（$L_{CO_2}+L_{H_2O}$）或三相（$V_{CO_2}+L_{CO_2}+L_{H_2O}$，即“双眼皮”）（图 2.4C）。此类包裹体的盐度通常<5% NaCl eqv.，见于成矿早阶段和中阶段，晚阶段不发育。

（2）水溶液包裹体。可见于不同阶段的热液矿物，但从早到晚比例增多，晚阶段矿物只发育此类包裹体，盐度从<3% NaCl eqv. 变化到 10% NaCl eqv. 以上。

（3）纯 CO_2 包裹体。由两相或单相 CO_2 组成（图 2.4B），可含部分 CH_4 或 N_2；偶尔见于早、中阶段结晶的矿物中，晚阶段矿物不发育。

（4）含子晶包裹体（图 2.4G）。可在个别造山型矿床的中阶段矿物中偶尔观察到，如澳大利亚 Wiluna 矿床（Hagemann and Luders，2003）、河南冷水北沟铅锌银矿床（祁进平等，2007）、河南纸房钼矿床（后述）、新疆铁木尔特铅锌矿床（Zhang et al.，2012b）和乌拉斯沟铜矿床（Zheng et al.，2012）。子晶多为 NaCl 等盐类矿物，被解释为早阶段 CO_2-H_2O 流体沸腾所致（Hagemann and Luders，2003；陈华勇等，2004；祁进平等，2007）。

2.3.4　岩浆热液矿床

岩浆热液矿床（magmatic hydrothermal deposit）的突出特点是产于岩浆侵入体内部或侵入体附近的围岩中，初始成矿流体来自岩浆热液，尔后演化为岩浆热驱动的大气降水热液，通常早阶段成矿温度较高（>350℃），也据此称“浆控高温热液型（intrusion-related hypothermal type）”（陈衍景和李诺，2009），相关研究工作较多，认识较为深入。该类矿床涵盖了文献中常见的斑岩型、爆破角砾岩型、夕卡岩型、铁氧化物型或 IOCG 型（iron oxide copper-gold system）、云英岩型以及多种样式的岩浆热液脉型矿床或浆控热液脉状矿床（intrusion-related vein）。岩浆热液脉型矿床的典型代表有华南的钨锡石英脉、东秦岭的辉钼矿石英脉（如寨凹钼矿，邓小华等，2008）和辉钼矿萤石脉（如土门钼矿，邓小华等，2009a）以及一些含金石英脉（Baker，2002；Mernagh et al.，2007）。

不同类型的岩浆热液矿床的形成深度不同，变化范围较大。但无论如何，岩浆热液的初始起源深度一般大于 20km。因为岩浆热液最初伴随着岩浆的产生而进入熔体-流体系统，初始起源温度不低于 600℃，相应深度>20km（设地温梯度为 30℃/km）。在一定程度上，岩浆相当于超高级变质作用所派生的熔体-流体系统，是多种硅酸盐、氧化物、碳酸盐等矿物分解的综合产物。随岩浆上侵、结晶分异及其与围岩相互作用的进行，分泌出高盐度、富挥发分的岩浆热液，尔后热液进一步上升、演化和与围岩-流体系统相互作用，形成岩浆热液成矿系统。由于岩浆热液成矿系统与围岩中的流体系统之间存在悬殊的盐度、温度和挥发分含量等方面的差异，成矿系统自然向降低盐度、温度和挥发分含量的方向演化，使成矿系统中心和早阶段发育高温蚀变组合以及多种类型的流体包裹体，外围和晚阶段发育低温蚀变以及低盐度、低 CO_2 含量的水溶液包裹体（陈衍景和李诺，2009）。

与浅成和变质热液及其成矿系统相比，岩浆热液及其成矿系统具有更小变化范围的各种同位素比值，甚至部分同位素比值表现为地幔物质的特征。

已有研究表明，岩浆热液成矿系统的流体包裹体组合极为复杂（Ulrich et al.，1999，2002；范宏瑞等，2000；Baker，2002；Ulrich and Heinrich，2002；Mernagh et al.，2007；李诺等，2007；李光明等，2007；陈衍景和李诺，2009；Li et al.，2011，2012a，2012b），主要类型如下：

（1）水溶液包裹体（图 2.4A）。气液比变化大，均一温度和盐度变化范围均较大，不同成矿阶段的矿物均有发育，但晚阶段矿物的包裹体全部属于该类型，而且均一温度基本低于 250℃，盐度低于 10% NaCl eqv.。

（2）含 CO_2 包裹体。常见于大陆内部岩浆热液成矿系统的早、中阶段矿物中，常与含子矿物的包裹体共生，均一温度多高于 300℃，甚至在 600℃以上仍不均一，盐度变化范围较大，CO_2/H_2O 变化也较大，甚至可见纯 CO_2 包裹体。

（3）含子晶包裹体。包裹体中含有一个或多个子矿物，常见子矿物包括盐类（钠盐、钾盐、石膏、碳酸盐)、硫化物(黄铜矿等)、氧化物(赤铁矿、磁铁矿)等(图2.4F)。此类包裹体系岩浆热液矿床所特有，而且普遍发育，主要见于热液成矿过程的早、中阶段，均一温度多高于250℃，盐度可高达75% NaCl eqv. 以上。特别强调，此类包裹体的流体相成分可以是CO_2-H_2O体系，也可为水溶液（NaCl-H_2O）体系。但是，我们研究发现，岛弧区岩浆热液成矿系统只发育流体相为水溶液的含子晶包裹体，不发育流体相为CO_2-H_2O体系的含子晶包裹体，而大陆内部岩浆热液成矿系统的含子晶包裹体之流体相既可为水溶液，也可为CO_2-H_2O体系，甚至为纯CO_2（陈衍景和李诺，2009）。

（4）纯碳质CO_2包裹体。由两相或单相CO_2组成，含部分CH_4或N_2，或者主要由CH_4组成（图2.4D、E），含部分CO_2或N_2或其他气体。此类包裹体偶尔见于大陆内部岩浆热液成矿系统的早、中阶段形成的矿物中。

（5）熔体包裹体。此类包裹体不属于流体包裹体的范畴，可在岩浆热液成矿系统的斑晶矿物中发现，能够辅助证明成矿系统与岩浆作用的密切关系，为研究岩浆阶段成矿物质富集和来源提供重要信息，但不能用于解释热液作用阶段成矿物质运移、沉淀规律。

值得特别指出的是，在过去的文献和一些教材中（如卢焕章等，2004），严重忽视了岩浆热液成矿系统中大量CO_2的存在及其重要作用（涂光炽，2003）。本书作者们研究发现，岩浆热液成矿系统是否含CO_2，是区分大陆内部环境与大洋岛弧环境的有力标志，特别是区分大陆碰撞体制与大洋俯冲体制斑岩矿床的重要标志。

总之，浅成热液盐度低、贫CO_2，变质热液盐度低、富CO_2，岩浆热液盐度高、CO_2含量变化范围大。与成矿热液的性质相对应，浅成热液矿床只发育低盐度、贫CO_2的水溶液包裹体，罕见CO_2包裹体或含子晶包裹体；变质热液矿床大量发育低盐度、含CO_2包裹体，流体沸腾或相分离可导致含子晶包裹体的偶然发育；岩浆热液矿床大量发育高盐度的含子晶包裹体，特别是多子晶包裹体（陈衍景等，2007），岛弧与陆内的差别在于是否出现含CO_2的包裹体。据此，建立甄别不同类型热液矿床的流体包裹体标识体系（表2.2）如下：

（1）只见水溶液包裹体——浅成热液矿床；

（2）见大量含子晶包裹体——岩浆热液矿床；

（3）见大量含CO_2包裹体，但不含或偶含子晶包裹体——变质热液矿床。

表2.2 不同类型热液成矿系统的流体包裹体成分类型

包裹体类型	浅成热液型	变质热液型	岩浆热液型	
			陆内	岛弧
H_2O	++++++	+++	++	++++
CO_2/CH_4	无	+	偶见	无
CO_2-H_2O	无	++++	++	无
H_2O+子晶	无	偶见	++	++++
CO_2-H_2O+子晶	无	偶见	++	无
CO_2+子晶	无	无	偶见	无

需要强调，由于岩浆热液成矿系统和变质热液成矿系统往往在成矿过程的中、晚阶段混入大气降水热液——浅成热液作用，成矿中、晚阶段捕获的流体包裹体不能有效地指示矿床成因，因此，只有成矿早阶段的流体包裹体才能作为成因判别依据。

2.4 秦岭地区钼矿床分类

依据上述分类方案，结合我们的实际研究，将秦岭地区钼矿可分为岩浆热液矿床和变质热液矿床两类，迄今秦岭地区尚未发现浅成热液型钼矿床（图2.5）。

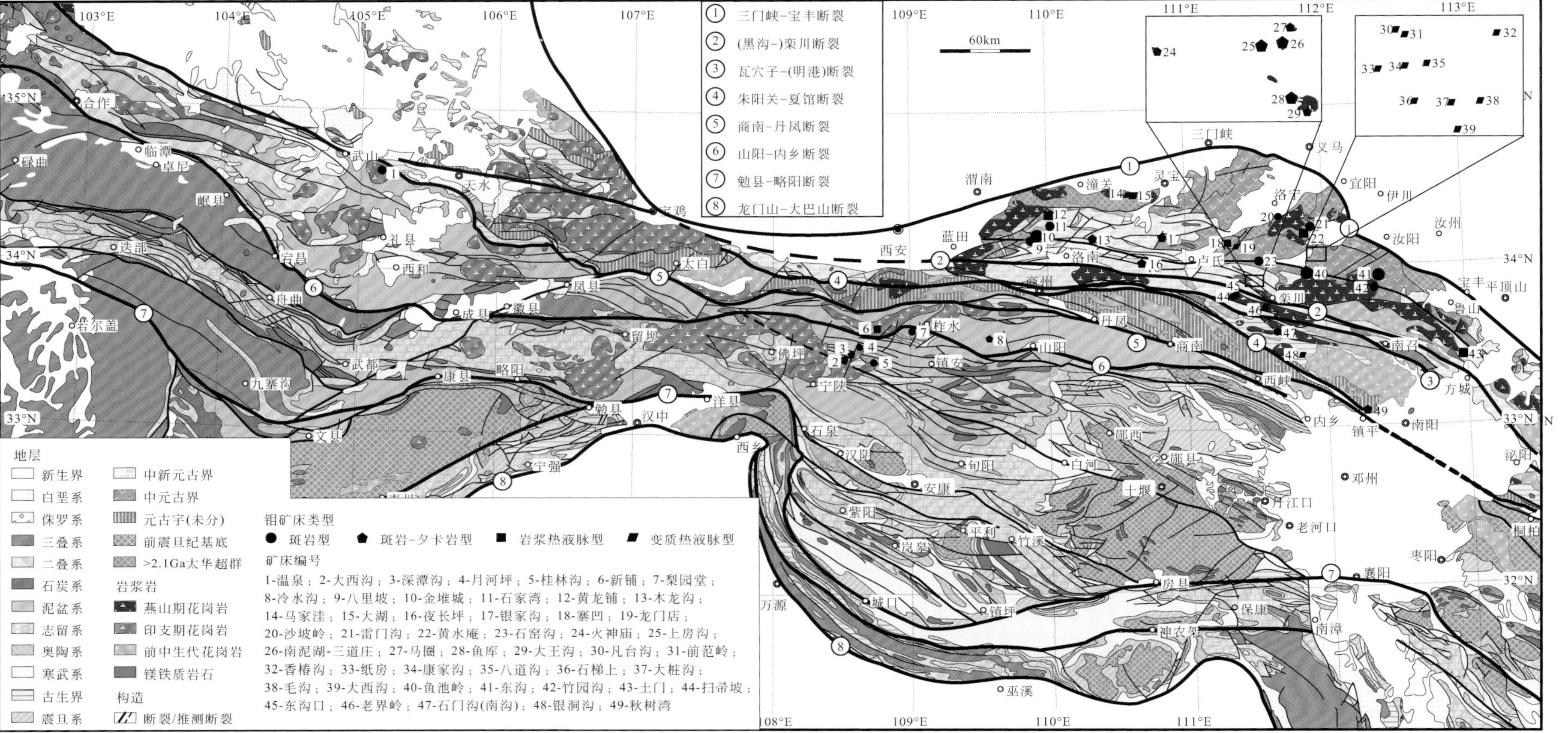

图2.5 秦岭地区钼矿床分布图

岩浆热液矿床是区内最主要的钼矿类型，贡献了98%以上的钼金属资源（图2.6）。该类矿床可进一步划分为斑岩型、夕卡岩型和岩浆热液脉型（包括碳酸岩脉、石英脉、萤石脉等）矿床，以前两者为主，区内九个超大型矿床（金堆城、南泥湖、三道庄、上房沟、鱼池岭、东沟、夜长坪、雷门沟、鱼库）皆为此类，其他典型矿床包括：温泉、月河坪、冷水沟、八里坡、石家湾、木龙沟、银家沟、马圈、竹园沟、石窑沟、沙坡岭、石门沟（南沟）、秋树湾等（表2.3）。碳酸岩脉型钼矿是区内所特有的钼矿产出形式，典型矿床为陕西黄龙铺和河南黄水庵。关于赋矿碳酸岩成因，目前尚存争议，许成等（2009）称之为“岩浆碳酸岩”，而罗铭玖等（1991）、李永峰等（2005）则认为其属热液成因。尽管如此，流体包裹体所揭示的成矿流体属岩浆热液成因是毋庸置疑的。此外，秦岭地区尚见独具特色的含钼石英脉（例如，河南寨凹钼矿）、含钼萤石脉（河南土门钼矿）等岩浆热液脉型钼矿。变质热液型或造山型钼矿床是在秦岭地区识别出的钼矿新类型，以含钼石英脉形式产出于断裂带内，典型矿床实例有纸房、前范岭、大湖等（表2.3）。在造山型矿床中，造山型钼矿床具有更高的成矿温度、压力和深度，位于造山型成矿系统元素空间分带模型的最深部（李诺，2012；陈衍景，2013；详见后述）。

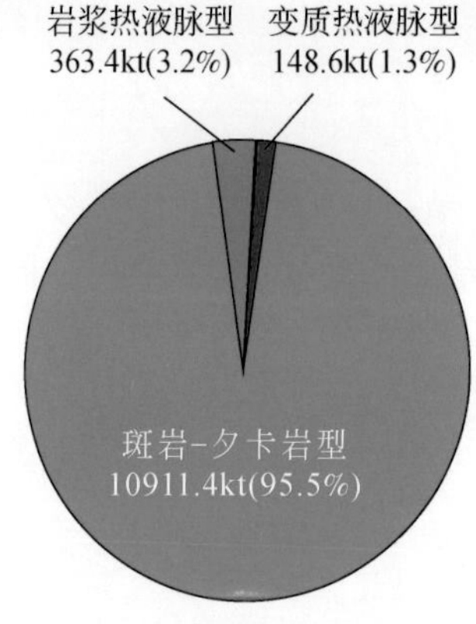

图2.6　秦岭地区不同类型钼矿床储量占比图

正如前述，两类端元性钼成矿系统之间亦有过渡。河南龙门店钼矿床以长英质脉体形式产出，成矿流体具有高温、高盐度的特征，流体包裹体类型包括纯 CO_2 包裹体、含 CO_2 包裹体、含子晶包裹体和水溶液包裹体，其中多数含子晶包裹体仅含立方体石盐，个别包裹体除石盐外尚见透明或暗色粒状子矿物，符合岩浆热液脉型矿床特征（李诺，2012）。然而，矿区无成矿期岩浆岩发育，Re-Os同位素定年显示钼矿化作用同步或稍滞后于大规模的区域变质作用（Li N et al.，2011b），赋矿构造和矿体地质特征均与造山型矿床一致。李诺（2012）将其归为与混合岩化有关的脉状热液钼矿床，认为混合岩的长英质脉体并非就地重熔形成，而是外来熔-流体注入形成。因此，可认为龙门店矿床代表了岩浆热液矿床钼矿与造山型钼矿之间的过渡类型。为强调龙门店钼成矿与区域变质作用之间的关系，本书将该矿床归入造山型矿床部分讨论。

表 2.3　秦岭地区主要钼矿床地质特征简表

序号	矿床/县市/省	类型	矿种	钼储量/品位	矿床规模	赋矿围岩	控矿构造	矿体形态/产状	矿体规模	围岩蚀变	矿石矿物	脉石矿物	资料来源
1	温泉/武山/甘肃	P	Mo	12×10^4t/0.048%	大型	温泉花岗岩体	断裂和节理裂隙	似层状、不规则脉状/岩体内部		钾长石化、硅化、绢云母化、绿帘石化、绿泥石化、碳酸盐化、沸石化	辉钼矿、黄铁矿、黄铜矿、方铅矿、闪锌矿	钾长石、石英、斜长石、黑云母、绢云母、绿泥石、绿帘石	Qiu et al., 2017；Zhu et al., 2011；韩海涛，2009；王飞等，2012
2	大西沟/宁陕/陕西	PS	Mo	？/0.70%	小型	黑云二长花岗岩	北西向断裂	脉状、似层状/岩体内部及外接触带		硅化、钾长石化、夕卡岩化、绢云母化、绿泥石化	辉钼矿、白钨矿、黄铁矿、磁黄铁矿	石英、钾长石、透辉石、透闪石、方解石、萤石	于恒彬，2013
3	深潭沟/宁陕/陕西	PS	Mo	？/>0.1%	小型	花岗岩，寒武-奥陶系石瓮子组灰岩	岩体侵入构造	透镜状	长约77m，厚0.8～1.36m		辉钼矿、黄铁矿、黄铜矿	钾长石	于恒彬，2013
4	月河坪/宁陕/陕西	S	Mo		小型	黑云母花岗岩与中泥盆统古道岭组灰岩		透镜状/外接触带		夕卡岩化、钾长石化、硅化、绿帘石化、绢云母化	辉钼矿、黄铁矿，及少量磁黄铁矿、方铅矿、闪锌矿等	透辉石、石榴子石、符山石、透闪石、长石，及少量石英、方解石等	李双庆等，2010；于恒彬，2013
5	桂林沟/镇安/陕西	P	Mo	？/0.2%～0.5%	小型	古元古界陡岭岩群黑云石英片岩	NE向、NW向和近SN向等三组断层及节理裂隙	脉状/外接触带	长30～360m，厚度0.2～8.5m，斜深16～239m	云英岩化、硅化、绿泥石化、绢云母化、钠长石化、钾长石化	辉钼矿、钼华，次为黄铁矿、黄铜矿、斑铜矿，少量磁黄铁矿、白钨矿	石英、白云母、黑云母、钾长石、微斜长石、白云石	王娅娅等，2013；张红等，2015
6	新铺/柞水/陕西	V	Mo	1.2×10^4t/0.12%	中型	东江口花岗闪长岩	NE向断裂带	脉状，似层状/岩体内	宽0.5～4.2m	钾化、硅化、绢云母化、绿帘石化、绿泥石化	辉钼矿、黄铁矿、黄铜矿为主，次为磁铁矿、钛铁矿、褐铁矿	石英、斜长石、钾长石、白云母为主，次为绿泥石、绢云母等	代军治等，2015
7	梨园堂/柞水/陕西	P	Mo		小型	中泥盆统沉积岩		脉状、透镜状/岩体内		钾长石化、硅化、绢云母化、绿泥石化、碳酸盐化	辉钼矿、黄铁矿、黄铜矿	钾长石、石英、斜长石、黑云母、绢云母	Xiao B et al., 2014

续表

序号	矿床/县市/省	类型	矿种	钼储量/品位	矿床规模	赋矿围岩	控矿构造	矿体形态/产状	矿体规模	围岩蚀变	矿石矿物	脉石矿物	资料来源
8	冷水沟/镇安/陕西	PS	Cu，Mo	？/0.023%	小型	中泥盆统沉积岩		脉状、透镜状/接触带上	长 20～350m，宽 0.4～3.77m	钾长石化、硅化、绢云母化、夕卡岩化	黄铜矿、辉钼矿、黄铁矿、磁黄铁矿、方铅矿	钾长石、石英、斜长石、黑云母、绢云母、阳起石、透闪石	Xie G Q et al., 2017；Li Q G et al., 2011
9	池沟/山阳/陕西	PS	Cu，Mo		小型	中泥盆统沉积岩		脉状、透镜状/接触带上	长为 500～300m	夕卡岩化、硅化、绢云母化、绿泥石化、黑云母化	黄铜矿、黄铁矿、辉钼矿、闪锌矿、方铅矿	石英、石榴子石、绿帘石、绿泥石、绢云母	谢桂青等，2012；闫臻等，2014
10	南台/商州/陕西	P	Mo	1.24×10⁴t/0.093%	中型	宽坪群大理岩、花岗斑岩	接触带构造	透镜状、似层状	长>400m，宽>260m，厚一般为 32m	透闪石化、透辉石化、硅化、碳酸盐化、绿帘石化、叶蜡石化、绿泥石化、黑云母化、绢云母化	辉钼矿、黄铁矿、磁黄铁矿、磁铁矿、黄铜矿、闪锌矿	有石英、透辉石、方解石以及绢云母、长石、绿泥石、滑石、蛇纹石、黑云母、磷灰石、锆石、萤石	柯昌辉等，2012
11	扫帚坡/栾川/河南	P	Mo	？/0.03%～0.15%		宽坪群片岩	NS 向、NE 向断裂	脉状、透镜状、板状/岩体内部及外接触带	长 90～210m，厚 3.6～55m	硅化、钾长石化、绢云母化、绿泥石化、黑云母化	辉钼矿、黄铁矿、白钨矿	石英、钾长石、斜长石、绢云母、黑云母、角闪石、绿泥石	孟芳，2010；孟芳等，2012b
12	老界岭/栾川/河南	P	Mo		小型	老君山花岗岩		脉状、透镜状/岩体内					孟芳等，2012a，2012b
13	石门沟(南沟)/西峡/河南	P	Mo	0.84×10⁴t/0.09%～0.21%	小型	燕山期黑云母二长花岗岩		椭圆状、脉状、透镜状/岩体内部		硅化、钾长石化、青磐岩化、绢云母化	辉钼矿、黄铁矿、闪锌矿、黄铜矿、方铅矿、辉铋矿、磁铁矿	石英、钾长石、斜长石、白云母、黑云母、方解石、绢云母、绿泥石	杨晓勇等，2010；邓小华等，2011
14	银洞沟/镇平/河南	O	Ag，Au，Mo			二郎坪群变质碎屑岩	NW 向断裂	脉状/与岩体无关		硅化、绿泥石化、绢云母化	黄铁矿、磁黄铁矿、闪锌矿、方铅矿、辉钼矿	石英、绿泥石、绢云母	李晶等，2009
15	秋树湾/镇平/河南	PS	Cu，Mo	0.2×10⁴t/0.12%	小型	秦岭群雁岭沟组片麻岩、大理岩	NW、NE 向断裂	似层状、透镜状/夕卡岩内	长 150～250m，宽 3～10m	硅化、钾长石化、绢云母化、夕卡岩化、青磐岩化	黄铜矿、辉钼矿、黄铁矿、闪锌矿、方铅矿、磁黄铁矿	石英、透辉石、石榴子石、绿帘石、方解石	郭保健等，2006；李晶，2009

续表

序号	矿床/县市/省	类型	矿种	钼储量/品位	矿床规模	赋矿围岩	控矿构造	矿体形态/产状	矿体规模	围岩蚀变	矿石矿物	脉石矿物	资料来源
16	八里坡/华县/陕西	P	Mo	0.92×10^4t/0.066%	小型	熊耳群安山岩		似层状/岩体内部及外接触带		钾长石化、硅化、绿帘石化、绢云母化	黄铁矿、辉钼矿、黑钨矿、方铅矿	钾长石、石英、绢云母、绿帘石	焦建刚等，2009；焦建刚等，2010b
17	金堆城/华县/陕西	P	Mo	97.8×10^4t/0.099%	超大型	熊耳群火山岩；官道口群高山河组	NE-NEE和NW－NNW断裂	扁豆状/岩体内部	长2200m，宽600～800m，厚600～700m	钾长石化、硅化、黑云母化、青磐岩化、绿帘石化、绢云母化	辉钼矿、黄铁矿、黄铜矿、方铅矿、闪锌矿、磁铁矿	石英、钾长石、斜长石、黑云母、绢云母、绿帘石、萤石、方解石	朱赖民等，2007；郭波，2009；杨永飞等，2009a；焦建刚等，2010a
18	石家湾/华县/陕西	P	Mo	14.3×10^4t/0.071%	大型	熊耳群安山岩；官道口群高山河组	NE、NW向断裂复合控矿	似层状/岩体外接触带		硅化、钾长石化、黑云母化、绿泥石化、绿帘石化、碳酸盐化	黄铁矿、辉钼矿、黄铜矿、方铅矿、闪锌矿	斜长石、钾长石、石英、绢云母、绿泥石、萤石、绿帘石	胡受奚等，1988；赵海杰等，2010
19	黄龙铺/洛南/陕西	C	Mo，Pb	34×10^4t/0.183%	大型	熊耳群火山岩，官道口群高山河组砂岩、板岩	NE、NW向断裂复合	似层状、透镜状/岩体内部	长1240m，宽1100m，厚103m	碳酸盐化、黑云母化、绿帘石化、硬石膏化、沸石化	黄铁矿、辉钼矿、方铅矿、硬石膏	石英、方解石、钡天青石、钾长石、黑云母、绿帘石、沸石	Xu et al.，2010；许成等，2009；李六全，2008；张俊杰等，2014
20	木龙沟/洛南/河南	PS	Mo，Fe	$>10\times10^4$t/0.07%	大型	官道口群巡检司组燧石条带白云岩	NWW、NNE向断裂	似层状、透镜状/岩体外接触带及夕卡岩	长120m，宽<55m	夕卡岩化、硅化、碳酸盐化、绢云母化、绿泥石化	磁铁矿、黄铁矿、磁黄铁矿、辉钼矿、黄铜矿、闪锌矿	石英、钾长石、斜长石、透辉石、橄榄石、蛇纹石、绢云母、方解石	胡受奚等，1988；王平安等，1998
21	大湖/灵宝/河南	O	Au，Mo	10×10^4t/0.24%	大型	太华群片麻岩、混合岩	近EW向韧性剪切带	脉状/与岩体无关	最长900m，厚0.1～1m	硅化、绢云母化、高岭石化	辉钼矿、黄铁矿、黄铜矿、方铅矿	石英、钾长石、斜长石、方解石、绢云母、高岭石	Mao et al.，2008；李诺等，2008；倪智勇等，2008；简伟，2010
22	夜长坪/卢氏/河南	PS	Mo，W	60×10^4～80×10^4t/0.133%	超大型	官道口群龙家园组燧石条带白云岩	NWW和NNE断裂复合	环状/岩体内部及外接触带的夕卡岩	长>800m，宽>500m，厚150～230m	夕卡岩化、硅化、碳酸盐化	黄铁矿、磁铁矿、辉钼矿、白钨矿、黄铜矿、闪锌矿	透辉石、阳起石、金云母、绿泥石、滑石、石英、方解石、斜长石、钾长石	胡受奚等，1988；毛冰等，2011；晏国龙等，2013
23	银家沟/灵宝/河南	PS	Fe，Cu Mo，Zn，Pb	0.54×10^4t/0.096%	小型	官道口群龙家园组燧石条带白云岩	NE、EW向断裂	透镜状/岩体内部	厚5～91m	夕卡岩化、钾长石化、硅化、碳酸盐化、绢云母化	黄铁矿、磁铁矿、辉钼矿、黄铜矿、方铅矿、闪锌矿、磁黄铁矿	透辉石、白云石、阳起石、透闪石、石英、绢云母、钾长石	李永峰等，2005；李铁钢等，2013

续表

序号	矿床/县市/省	类型	矿种	钼储量/品位	矿床规模	赋矿围岩	控矿构造	矿体形态/产状	矿体规模	围岩蚀变	矿石矿物	脉石矿物	资料来源
24	寨凹/洛宁/河南	V	Mo	0.1×10^4t/0.064%		太华超群黑云角闪斜长片麻岩	NNE向断裂	脉状/岩体外接触带	宽10~15m	硅化、碳酸盐化、绢云母化	辉钼矿、黄铁矿、黄铜矿、闪锌矿、磁黄铁矿	石英、萤石、白云母、方解石、绿泥石	邓小华等，2008a；邓小华等，2009b；李厚民等，2009
25	龙门店/洛宁/河南	O	Ag，Mo			太华群混合岩、角闪岩		脉状/浅色体内部及外接触带		钾长石化、硅化、碳酸盐化、绿帘石化、阳起石化、透闪石化、电气石化	辉钼矿、黄铜矿、黄铁矿、磁黄铁矿、磁铁矿	石英、钾长石、方解石、绿帘石、绿泥石、阳起石、透闪石、电气石	Li et al., 2011b；李诺，2012
26	火神庙/栾川/河南	S	Mo	5.25×10^4t/0.11%	中型	栾川群碳硅泥岩系		透镜状/接触带	长约500m，宽50~150m	夕卡岩化、钾长石化、黑云母化、硅化、绢云母化	辉钼矿，其次为黄铁矿，含少量的磁黄铁矿、黄铜矿、方铅矿、闪锌矿	透辉石、透闪石、石英、钾长石、黑云母、方解石、绿帘石、绿泥石	王赛等，2014；辛志刚，2010
27	上房沟/栾川/河南	PS	Mo，Fe	72×10^4t/0.135%	超大型	栾川群碳硅泥岩系	NWW、NNE向断裂	倒杯状、透镜状/岩体外接触带	800~900m×400~700m×1000m	夕卡岩化、硅化、钾长石化、绢云母化、黑云母化、碳酸盐化	黄铁矿、磁铁矿、辉钼矿、白钨矿、闪锌矿、磁黄铁矿	透辉石、透闪石、阳起石、金云母、蛇纹石、滑石、绿泥石、石英、方解石、钾长石	胡受奚等，1988；杨艳等，2009；Yang et al., 2013
28a	南泥湖/栾川/河南	PS	Mo，W	>124×10^4t/0.076%	超大型	栾川群碳硅泥岩系	NWW、NNE向断裂	层状、似层状、透镜状/岩体外接触带	长400~600m，宽200~400m，厚50~70m	夕卡岩化、钾长石化、硅化、绢云母化、绿泥石化、碳酸盐化、沸石化	黄铁矿、磁黄铁矿、辉钼矿、黄铜矿、方铅矿、闪锌矿、白钨矿	阳起石、绿帘石、石英、钾长石、黑云母、萤石、方解石、绿泥石、绿帘石、沸石	王耀升等，2018；Yang et al., 2012；黄典豪等，1994；李永峰等，2003；杨永飞等，2009b
28b	三道庄/栾川/河南	S	Mo，W	88×10^4t/0.115%	超大型	栾川群碳硅泥岩系	NWW、NNE向断裂	层状、似层状/远离接触带的夕卡岩内	长1400m，宽800~1050m，厚250m	夕卡岩化、钾长石化、硅化、绢云母化、绿泥石化、碳酸盐化、沸石化	黄铁矿、磁黄铁矿、辉钼矿、黄铜矿、方铅矿、闪锌矿、白钨矿	石榴子石、透辉石、阳起石、绿帘石、石英、黑云母、萤石、方解石、绿泥石、绿帘石、沸石	胡受奚等，1988；黄典豪等，1994；石英霞等，2009

续表

序号	矿床/县市/省	类型	矿种	钼储量/品位	矿床规模	赋矿围岩	控矿构造	矿体形态/产状	矿体规模	围岩蚀变	矿石矿物	脉石矿物	资料来源
29	鱼库/栾川/河南	PS	Mo，W	Mo：150×10^4t/0.055%~0.186%；WO_3：30×10^4t/0.06%~0.13%	超大型	栾川群碳硅泥岩系	黄背岭背斜北东翼	层状、似层状/岩体外接触带、斑岩体顶部	长 1400m，宽 200~800m	硅化、绢云母化、钾长石化、夕卡岩化、绿泥石化、碳酸盐化	辉钼矿、白钨矿、黄铁矿、磁黄铁矿、磁铁矿、闪锌矿、方铅矿、黄铜矿	钾长石、石英、透辉石、石榴子石、绢云母、萤石、电气石	严海麒等，2011；Guo et al.，2018
30	石宝沟/栾川/河南	PS	Mo，W	Mo：20×10^4t/0.05%~0.1%、WO_3：17.12×10^4t/0.07%~0.18%	大型	栾川群碳硅泥岩系		似层状/接触带	长 68m，宽 202m	钾长石化、硅化、夕卡岩化、碳酸盐化、绢云母化	辉钼矿、黄铁矿、磁铁矿、白钨矿、磁黄铁矿	石英、石榴子石、透辉石、钾长石、方解石、绿帘石	吕伟庆等，2014；杨阳等，2012
31	马圈/栾川/河南	PS	Mo，W	1×10^4t/0.109%	中型	官道口群杜关组白云石大理岩	NWW、NNE 向断裂	似层状/夕卡岩内	长 1000m，宽 120~150m，厚 7.98~37.6m	夕卡岩化、硅化、绢云母化、绿泥石化、碳酸盐化	黄铁矿、辉钼矿、磁黄铁矿、方铅矿、闪锌矿、黄铜矿、白钨矿	透辉石、石榴子石、斜长石、方解石、萤石、石英	胡受奚等，1988
32	石窑沟/栾川/河南	P	Mo	15.2×10^4t/0.068%	大型	熊耳群安山岩	NE 向断裂与 EW 向断裂交汇处	似层状/岩体及其内外接触带	长 600m，宽 400m，厚 1071m	硅化、绢云母化、钾长石化、绿泥石化、碳酸盐化	辉钼矿、黄铁矿、黄铜矿、闪锌矿、方铅矿、磁黄铁矿	石英、钾长石、绢云母	Han et al.，2013；高亚龙等，2010
33	沙坡岭/洛宁/河南	P	Mo	0.85×10^4t/0.08%	小型	太华超群斜长片麻岩、斜长角闪岩		脉状/岩体外接触带	长 150~620m，厚 3~6m	硅化、钾长石化、青磐岩化	辉钼矿、黄铁矿、磁铁矿、黄铜矿	钾长石、石英、绿泥石、绿帘石	苏捷等，2009；刘军等，2011
34	黄水庵/嵩县/河南	C	Mo，Pb	？/0.078%	中型	太华超群黑云斜长片麻岩	SE 向断裂	透镜状、似筒状/岩体内部	长 100~380m，厚 20~30m	硅化、钾长石化、碳酸盐化、重晶石化	辉钼矿、方铅矿、黄铁矿、闪锌矿、磁铁矿	钾长石、石英、方解石、重晶石、萤石、绿泥石、绿帘石、绢云母、高岭石	胡受奚等，1988；黄典豪等，2009
35	雷门沟/嵩县/河南	P	Mo	85×10^4t/0.079%	超大型	太华超群片麻岩、混合岩	NE、NW 向断裂	板状/岩体内外接触带	长 1000~2000m，宽 200~1000m，厚 50~250m	硅化、钾长石化、绢云母化、绿泥石化、碳酸盐化	辉钼矿、黄铁矿、方铅矿、自然金	石英、钾长石、斜长石、绢云母	河南省地质矿产勘查开发局第三地质勘查院，2016；李永峰等，2006；李晶，2009；陈小丹等，2011

续表

序号	矿床/县市/省	类型	矿种	钼储量/品位	矿床规模	赋矿围岩	控矿构造	矿体形态/产状	矿体规模	围岩蚀变	矿石矿物	脉石矿物	资料来源
36	凡台沟/嵩县/河南	O	Mo	?/0.03%~0.11%	小型	熊耳群安山岩	北东向断裂	脉状、似层状	长260~900m，宽0.8~1.5m	硅化、钾长石化、绢云母化、绿泥石化、萤石化、碳酸盐化	辉钼矿、黄铁矿、方铅矿、黄铜矿	石英、钾长石、绢云母、绿泥石、萤石	赵伟等，2016
37	前范岭/嵩县/河南	O	Mo		中型	熊耳群安山岩	岩层节理及裂隙	脉状、层状/与岩体无关	厚2~10m	硅化、钾化、青磐岩化	以黄铁矿、辉钼矿为主，少量黄铜矿、方铅矿等	以石英为主，少量方解石、萤石等	高阳等，2010a；高阳等，2010b；Gao et al.，2013，2018a，2018b
38	香椿沟/嵩县/河南	O	Mo	1×10^4t/0.2%~2.74%	中型	熊耳群鸡蛋坪组流纹斑岩	NW向断层	层状、似层状	长度1100m，厚度1.35~30.74m，延伸342~484m	钾化、硅化、绢云母化及绿泥石化	主要有黄铁矿、辉钼矿、方铅矿、闪锌矿，少量黄铜矿、磁黄铁矿、赤铁矿、铜蓝、褐铁矿等	主要为石英，次为钾长石、金红石、萤石、方解石以及绢云母、绿泥石等	Deng X H et al.，2017
39	纸房/嵩县/河南	O	Mo	0.8×10^4t/0.07%~0.30%	小型	熊耳群鸡蛋坪组流纹斑岩	主要为NE、NEE及NS向正断层	脉状、层状/与岩体无关	长度100~2800m，厚度0.39~10.86m，延伸80~550m	硅化、钾化	主要为黄铁矿、辉钼矿；次为方铅矿、黄铜矿、闪锌矿等	主要为石英，次为钾长石、金红石、萤石、方解石、绢云母等，以及少量重晶石、磷灰石、锆石、独居石等	邓小华等，2008b；邓小华，2011
40	康家沟/嵩县/河南	O	Mo			熊耳群安山岩	断层	脉状、层状		硅化、钾化、绢云母化、碳酸盐化			Deng X H et al.，2017
41	八道沟/嵩县/河南	O	Mo	0.76×10^4t/0.12%	小型	熊耳群鸡蛋坪组流纹斑岩	NW、NE向层间剪切构造带	层状、似层状、板状	长度630~980m，厚度2.41~3.54m，延伸300~350m	钾化、硅化、少量绿泥石化、绢云母化	主要为黄铁矿、辉钼矿，少量方铅矿、闪锌矿、黄铜矿、褐铁矿等	主要为石英，次为钾长石、金红石、方解石、萤石等	Deng X H et al.，2017
42	石梯上/嵩县/河南	O	Mo			熊耳群安山岩	断层	脉状、层状		硅化、钾化、绢云母化、碳酸盐化			赵伟等，2016

续表

序号	矿床/县市/省	类型	矿种	钼储量/品位	矿床规模	赋矿围岩	控矿构造	矿体形态/产状	矿体规模	围岩蚀变	矿石矿物	脉石矿物	资料来源
43	大庄沟/嵩县/河南	O	Mo	1.0×10^4t/0.03%~0.34%	中型	熊耳群鸡蛋坪组流纹斑岩	NE向缓倾斜的脆性断裂	似层状	长度100~860m，厚度0.3~17.0m，延伸80~700m	钾化、硅化	主要有黄铁矿、方铅矿、辉钼矿，次为黄铜矿、闪锌矿、斑铜矿、白钨矿、白铅矿、辉铋矿等	主要有石英、长石，次为重晶石、萤石、角闪石、方解石等	温森坡等，2009；Deng X H et al., 2017
44	毛沟/嵩县/河南	O	Mo			熊耳群安山岩		脉状、层状		硅化、钾化、绢云母化、碳酸盐化			Deng X H et al., 2017
45	大西沟/嵩县/河南	O	Mo	1.3×10^4t/0.03%~0.27%	中型	熊耳群鸡蛋坪组流纹岩	NE向缓倾斜的脆性断裂	层状、似层状、板状	长度500~1600m，厚度0.3~5m，延伸44~240m	钾化、硅化，少量绢云母化、绿帘石化	主要为黄铁矿、方铅矿、辉钼矿，次为黄铜矿、闪锌矿、斑铜矿、白钨矿、黑钨矿、赤铁矿、褐铁矿、钼华等	主要为石英、钾长石，次为方解石、绿泥石、斜长石、榍石等	Deng X H et al., 2017
46	鱼池岭/嵩县/河南	P	Mo	54×10^4t/0.06%	超大型	合峪花岗岩体		筒状、透镜状/岩体内部		硅化、钾长石化、绿泥石化、绿帘石化、绢云母化、碳酸盐化	辉钼矿、黄铁矿、黄铜矿、方铅矿	石英、钾长石、绢云母、萤石、绿帘石、绿泥石	Li et al., 2012b；周珂等，2009；李诺等，2009a；李诺等，2009b
47	东沟/汝阳/河南	P	Mo	71×10^4t/0.113%	超大型	熊耳群火山岩	NE向断裂	似层状/岩体外接触带	长2000m，宽1800m，厚47~254m	硅化、钾长石化、黑云母化、绢云母化、绿泥石化、碳酸盐化	辉钼矿、黄铁矿、黄铜矿、方铅矿、闪锌矿、白钨矿	石英、钾长石、斜长石、黑云母、绿泥石、绿帘石、绢云母、萤石	叶会寿等，2006；杨永飞等，2011
48	竹园沟/汝阳/河南	P	Mo	10×10^4t/0.09%	大型	太山庙花岗岩基	NE向断裂	似层状、透镜状/岩体内部	长960m，宽860m，厚50~150m	钾长石化、硅化、绢云母化、萤石化、绿泥石化	辉钼矿、磁铁矿、黄铁矿、黄铜矿、方铅矿、闪锌矿	石英、钾长石、萤石、黑云母、绿泥石、绢云母	黄凡等，2010
49	土门/方城/河南	V	Mo	0.04×10^4t/?	小型	栾川群碳硅泥岩系	NW向断裂	脉状、透镜状/岩体外接触带	长约1300m，宽60~70m	硅化、绢云母化、碳酸盐化	辉钼矿、黄铁矿、黄铜矿、闪锌矿、方铅矿	萤石、方解石、石英、绢云母	邓小华，2011；邓小华等，2009a

类型：P. 岩浆热液矿床之斑岩型；PS. 岩浆热液矿床之斑岩-夕卡岩型；S. 岩浆热液矿床之夕卡岩型；C. 岩浆热液矿床之碳酸岩脉型；V. 岩浆热液脉型；O. 造山型。

参考文献

陈华勇，陈衍景，倪培，张增杰 . 2004. 南天山萨瓦亚尔顿金矿流体包裹体研究 . 矿物岩石，24（3）：46-54

陈小丹，叶会寿，毛景文，汪欢，褚松涛，程国祥，刘彦伟 . 2011. 豫西雷门沟斑岩钼矿床成矿流体特征及其地质意义 . 地质学报，85（10）：1-15

陈衍景 . 1996. 陆内碰撞体制的流体作用模式及与成矿的关系——理论推导和东秦岭金矿床的研究结果 . 地学前缘，3（3-4）：282-289

陈衍景 . 2006. 造山型矿床、成矿模式及找矿潜力 . 中国地质，33（6）：1181-1196

陈衍景 . 2010. 初论浅成作用和热液矿床成因分类 . 地学前缘，17（2）：27-34

陈衍景 . 2013. 大陆碰撞成矿理论的创建及应用 . 岩石学报，29（1）：1-17

陈衍景，富士谷 . 1992. 豫西金矿成矿规律 . 北京：地震出版社，1-234

陈衍景，李诺 . 2009. 大陆内部浆控高温热液矿床成矿流体性质及其与岛弧区同类矿床的差异 . 岩石学报，25（10）：2477-2508

陈衍景，张静，刘丛强，何顺东 . 2001. 试论中国陆相油气侧向源：碰撞造山成岩成矿模式的拓展和运用 . 地质论评，47（3）：261-271

陈衍景，张静，张复新，Pirajno F，李超 . 2004. 西秦岭地区卡林–类卡林型金矿床及其成矿时间、构造背景和模式 . 地质论评，50（2）：134-152

陈衍景，倪培，范宏瑞，Pirajno F，赖勇，苏文超，张辉 . 2007. 不同类型热液金矿系统的流体包裹体特征 . 岩石学报，23（9）：2085-2108

陈衍景，翟明国，蒋少涌 . 2009. 华北大陆边缘造山过程与成矿研究的重要进展和问题 . 岩石学报，25（11）：2695-2726

代军治，鱼康平，王瑞廷，袁海潮，王磊，张西社，李剑斌 . 2015. 南秦岭宁陕地区新铺钼矿地质特征、辉钼矿 Re-Os 年龄及地质意义 . 岩石学报，31（1）：189-199

邓小华 . 2011. 东秦岭造山带多期次钼成矿作用研究 . 北京大学博士学位论文

邓小华，陈衍景，姚军明，李文博，李诺，王运，糜梅，张颖 . 2008a. 河南省洛宁县寨凹钼矿床流体包裹体研究及矿床成因 . 中国地质，35（6）：1250-1266

邓小华，李文博，李诺，糜梅，张颖 . 2008b. 河南嵩县纸房钼矿床流体包裹体研究及矿床成因 . 岩石学报，24（9）：2133-2148

邓小华，糜梅，姚军明 . 2009a. 河南土门萤石脉型钼矿床流体包裹体研究及成因探讨 . 岩石学报，25（10）：2537-2549

邓小华，姚军明，李晶，孙亚莉 . 2009b. 东秦岭寨凹钼矿床辉钼矿 Re-Os 同位素年龄及熊耳期成矿事件 . 岩石学报，25（11）：2739-2746

邓小华，姚军明，李晶，刘国飞 . 2011. 河南省西峡县石门沟钼矿床流体包裹体特征和成矿时代研究 . 岩石学报，27（5）：1439-1452

范宏瑞，谢奕汉，郑学正，王英兰 . 2000. 河南祁雨沟热液角砾岩体型金矿床成矿流体研究 . 岩石学报，16（4）：559-563

高亚龙，张江明，叶会寿，孟芳，周珂，高阳 . 2010. 东秦岭石窑沟斑岩钼矿床地质特征及辉钼矿 Re-Os 年龄 . 岩石学报，26（3）：729-739

高阳，李永峰，郭保健，程国祥，刘彦伟 . 2010a. 豫西嵩县前范岭石英脉型钼矿床地质特征及辉钼矿 Re-Os 同位素年龄 . 岩石学报，26（3）：757-767

高阳，毛景文，叶会寿，孟芳，周珂，高亚龙 . 2010b. 东秦岭外方山地区石英脉型钼矿床地质特征及成矿时代 . 矿床地质，29（增刊）：189-190

郭保健，毛景文，李厚文，屈文俊，仇建军，叶会寿，李蒙文，竹学丽 . 2006. 秦岭造山带秋树湾铜钼矿床辉钼矿 Re-Os 定年及其地质意义 . 岩石学报，22（9）：2341-2348

郭波 . 2009. 东秦岭金堆城斑岩钼矿床地质地球化学特征与成矿动力学背景 . 西北大学硕士学位论文

韩海涛 . 2009. 西秦岭温泉钼矿地质地球化学特征及成矿预测 . 中南大学博士学位论文

河南省地质矿产勘查开发局第三地质勘查院，2016. 河南省嵩县雷门沟矿区中西段钼矿详查报告

胡受奚 . 1982. 矿床学 . 北京：地质出版社，1-200

胡受奚 . 2002. 交代蚀变岩岩石学及其找矿意义 . 北京：科学出版社，1-264

胡受奚，林潜龙，陈泽铭，盛中烈，黎世美 . 1988. 华北与华南古板块拼合带地质与成矿 . 南京：南京大学出版社，1-558

黄典豪，吴澄宇，杜安道，何红廖 . 1994. 东秦岭地区钼矿床的铼锇同位素年龄及其意义 . 矿床地质，13（3）：221-230

黄典豪，侯增谦，杨志明，李振清，许道学 . 2009. 东秦岭钼矿带内碳酸岩脉型钼（铅）矿床地质地球化学特征、成矿机制及成矿构造背景 . 地质学报，83（12）：1968-1984
黄凡，罗照华，卢欣祥，陈必河，杨宗峰 . 2010. 河南汝阳地区竹园沟钼矿地质特征、成矿时代及地质意义 . 地质通报，29（11）：1704-1711
简伟 . 2010. 河南小秦岭大湖金钼矿床地质特征、成矿流体及矿床成因研究 . 中国地质大学（北京）硕士学位论文
焦建刚，袁海潮，何克，孙涛，徐刚，刘瑞平 . 2009. 陕西华县八里坡钼矿床锆石 U-Pb 和辉钼矿 Re-Os 年龄及其地质意义 . 地质学报，83（8）：1159-1166
焦建刚，汤中立，钱壮志，袁海潮，闫海卿，孙涛，徐刚，李小东 . 2010a. 东秦岭金堆城花岗斑岩体的锆石 U-Pb 年龄、物质来源及成矿机制 . 地球科学——中国地质大学学报，35（6）：1011-1022
焦建刚，袁海潮，刘瑞平，李小东，何克 . 2010b. 陕西华县八里坡钼矿床岩石地球化学特征及找矿意义 . 岩石学报，26（12）：3538-3548
柯昌辉，王晓霞，杨阳，齐秋菊，樊忠平，高非，王修缘 . 2012. 北秦岭南台钼多金属矿床成岩成矿年龄及锆石 Hf 同位素组成 . 中国地质，39（6）：1562-1576
李光明，李金祥，秦克章，张天平，肖波 . 2007. 西藏班公湖带多不杂超大型富金斑岩铜矿的高温高盐度高氧化性成矿流体：流体包裹体证据 . 岩石学报，23（5）：935-952
李厚民，叶会寿，王登红，陈毓川，屈文俊，杜安道 . 2009. 豫西熊耳山寨凹钼矿床辉钼矿铼锇年龄及其地质意义 . 矿床地质，28（2）：133-142
李晶 . 2009. 秋树湾和雷门沟斑岩矿床成矿流体与铼锇同位素研究 . 中国科学院广州地球化学研究所博士学位论文
李晶，陈衍景，李强之，赖勇，杨荣生，毛世东 . 2007. 甘肃阳山金矿流体包裹体地球化学和矿床成因类型 . 岩石学报，23（9）：2144-2154
李晶，仇建军，孙亚莉 . 2009. 河南银洞沟银金钼矿床铼锇同位素定年和加里东期造山-成矿事件 . 岩石学报，25（11）：2763-2768
李诺 . 2012. 东秦岭燕山期钼金属巨量堆积过程和机制 . 北京大学博士学位论文
李诺，陈衍景，赖勇，李文博 . 2007. 内蒙古乌努格吐山斑岩铜钼矿床流体包裹体研究 . 岩石学报，23（9）：2177-2188
李诺，孙亚莉，李晶，薛良伟，李文博 . 2008. 小秦岭大湖金钼矿床辉钼矿铼锇同位素年龄及印支期成矿事件 . 岩石学报，24：810-816
李诺，陈衍景，倪智勇，胡海珠 . 2009a. 河南省嵩县鱼池岭斑岩钼矿床成矿流体特征及其地质意义 . 岩石学报，25（10）：2509-2522
李诺，陈衍景，孙亚莉，胡海珠，李晶，张辉，倪智勇 . 2009b. 河南鱼池岭钼矿床辉钼矿铼-锇同位素年龄及地质意义 . 岩石学报，25（2）：413-421
李六全 . 2008. 陕西黄龙铺-河南栾川地区钼矿床地质特征及控矿因素 . 陕西地质，26（2）：9-32
李双庆，杨晓勇，屈文俊，陈福坤，孙卫东 . 2016. 南秦岭宁陕地区月河坪夕卡岩型钼矿 Re-Os 年龄和矿床学特征 . 岩石学报，26（5）：1479-1486
李铁钢，武广，陈毓川，李宗彦，杨鑫生，乔翠杰 . 2013. 豫西银家沟杂岩体年代学、地球化学和岩石成因 . 岩石学报，29（1）：46-66
李永峰，毛景文，白凤军，李俊平，和志军 . 2003. 东秦岭南泥湖钼（钨）矿田 Re-Os 同位素年龄及其地质意义 . 地质论评，49（6）：652-659
李永峰，毛景文，胡华斌，郭保健，白凤军 . 2005. 东秦岭钼矿类型、特征、成矿时代及其地球动力学背景 . 矿床地质，24（3）：292-304
李永峰，毛景文，刘敦一，王彦斌，王志良，王义天，李晓峰，张作衡，郭保健 . 2006. 豫西雷门沟斑岩钼矿 SHRIMP 锆石 U-Pb 和辉钼矿 Re-Os 测年及其地质意义 . 地质论评，52（1）：122-131
刘军，武广，贾守民，李忠权，孙亚莉，钟伟，朱明田 . 2011. 豫西沙坡岭钼矿床辉钼矿 Re-Os 同位素年龄及其地质意义 . 矿物岩石，31（1）：56-62
卢焕章，范宏瑞，倪培，欧光习，沈昆，张文淮 . 2004. 流体包裹体 . 北京：科学出版社，1-487
吕伟庆，刘建军，吴飞，张衡 . 2014. 河南省栾川县石宝沟钼矿矿床地质特征及成因探讨 . 中国钼业，38（4）：20-24
罗铭玖，张辅民，董群英，许永仁，黎世美，李昆华 . 1991. 中国钼矿床 . 郑州：河南科学技术出版社，1-452
马星华，刘家军，李立兴，毛光剑，郭玉乾 . 2008. 甘肃寨上金矿床成矿流体性质与成矿作用探讨 . 岩石学报，24（9）：2069-2078

毛冰，叶会寿，李超，肖中军，杨国强 . 2011. 豫西夜长坪钼矿床辉钼矿铼锇同位素年龄及地质意义 . 矿床地质，30（6）：1069-1074

孟芳 . 2010. 豫西老君山花岗岩体特征及其成矿作用 . 中国地质大学（北京）硕士学位论文

孟芳，毛景文，叶会寿，周珂，高亚龙，李永峰 . 2012a. 豫西老君山花岗岩体 SHRIMP 锆石 U-Pb 年龄及其地球化学特征 . 中国地质，39（6）：1501-1524

孟芳，叶会寿，周珂，高亚龙 . 2012b. 豫西老君山地区钼矿地质特征及辉钼矿 Re-Os 同位素年龄 . 矿床地质，31（3）：480-492

倪智勇，李诺，管申进，张辉，薛良伟 . 2008. 河南小秦岭金矿体大湖金-钼矿床流体包裹体特征及矿床成因 . 岩石学报，24（9）：2058-2068

祁进平，陈衍景，倪培，赖勇，丁俊英，宋要武，唐国军 . 2007. 河南冷水北沟铅锌银矿床流体包裹体研究及矿床成因 . 岩石学报，23（9）：2119-2130

石英霞，李诺，杨艳 . 2009. 河南栾川县三道庄钼钨矿床地质和流体包裹体研究 . 岩石学报，25（10）：2575-2587

苏捷，张宝林，孙大亥，崔敏利，屈文俊，杜安道 . 2009. 东秦岭东段新发现的沙坡岭细脉浸染型钼矿地质特征、Re-Os 同位素年龄及其地质意义 . 地质学报，83（10）：1490-1496

苏文超 . 2002. 扬子地块西南缘卡林型金矿床的成矿流体地球化学研究 . 中国科学院地球化学研究所博士学位论文

涂光炽 . 1979. 矿床的多成因问题 . 地质与勘探，6：1-5

涂光炽 . 1986. 论改造成矿兼评现行矿床成因分类中的弱点//涂光炽 . 涂光炽学术文集 . 北京：科学出版社：1-7

涂光炽 . 1987. 中国层矿矿床地球化学（第二卷）. 北京：科学出版社，1-298

涂光炽 . 1988. 中国层矿矿床地球化学（第三卷）. 北京：科学出版社，1-380

涂光炽 . 1998. 低温地球化学 . 北京：科学出版社，1-266

涂光炽 . 2003. 成矿与找矿 . 石家庄：河北教育出版社，1-454

涂光炽，李朝阳 . 2006. 浅议比较矿床学 . 地球化学，35：1-5

王飞，朱赖民，杨涛，郭波，罗增智 . 2012. 西秦岭温泉钼矿床地质-地球化学特征与成矿过程 . 地质与勘探，48（4）：713-727

王平安，陈毓川，裴荣富 . 1998. 秦岭造山带区域矿床成矿系列、构造-成矿旋回与演化 . 北京：地质出版社，1-161

王赛，叶会寿，杨永强，苏慧敏，杨晨英，李超 . 2014. 河南栾川火神庙钼矿床辉钼矿 Re-Os 同位素年龄及其地质意义 . 地质通报，33（9）：1430-1438

王耀升，刘申芬，王俊鹤，秦学业，刘国庆，崔小玲 . 2018. 东秦岭南泥湖钼铅锌银多金属矿田地球物理场特征与深部找矿预测 . 中国地质 . 45（4）：803-818

温森坡 . 2009. 河南嵩县大桩沟钼矿床地质特征与成矿潜力分析 . 地质与勘探，45（3）：247-252

谢桂青，任涛，李剑斌，王瑞廷，夏长玲，郭延辉，代军治，申志超 . 2012. 陕西柞山盆地池沟铜钼矿区含矿岩体的锆石 U-Pb 年龄和岩石成因 . 岩石学报，28（1）：15-26

许成，宋文磊，漆亮，王林均 . 2009. 黄龙铺钼矿体含矿碳酸岩地球化学特征及其形成构造背景 . 岩石学报，25（2）：422-430

辛志刚 . 2010. 栾川黑家庄钼矿区成矿地质特征及找矿启示 . 西部探矿工程，22（5）：101-102

严海麒，云辉，程兴国，王丽华 . 2011. 河南栾川东鱼库钼（钨）矿床地质特征及找矿标志 . 矿产与地质，25（5）：385-391

晏国龙，任继刚，肖光富，潘登 . 2013. 豫西夜长坪钼矿区岩体地球化学特征及其与成矿关系的探讨 . 矿产勘查，4（2）：154-166

闫臻，王宗起，陈雷，刘树文，任涛，徐学义，王瑞廷 . 2014. 南秦岭山阳-柞水矿集区构造-岩浆-成矿作用 . 岩石学报，30（2）：401-414

杨晓勇，卢欣祥，杜小伟，李文明，张正伟，屈文俊 . 2010. 河南南沟钼矿矿床地球化学研究兼论东秦岭钼矿床成岩成矿动力学 . 地质学报，84（7）：1049-1079

杨艳，张静，杨永飞，石英霞 . 2009. 栾川上房沟钼铁矿床流体包裹体特征及其地质意义 . 岩石学报，25（11）：2563-2574

杨阳，王晓霞，柯昌辉，李金宝 . 2012. 豫西南泥湖矿集区石宝沟花岗岩体的锆石 U-Pb 年龄、岩石地球化学及 Hf 同位素组成 . 中国地质，39（6）：1525-1542

杨永飞，李诺，倪智勇 . 2009a. 陕西省华县金堆城斑岩型钼矿床流体包裹体研究 . 岩石学报，25（11）：2983-2993

杨永飞，李诺，石英霞 . 2009b. 河南栾川南泥湖斑岩钼（钨）矿床流体包裹体研究 . 岩石学报，25（10）：2550-2562

杨永飞，李诺，王莉娟 . 2011. 河南省东沟超大型钼矿床流体包裹体研究 . 岩石学报，27（5）：1453-1466
叶会寿，毛景文，李永峰，郭保健，张长青，刘珺，闫全人，刘国印 . 2006. 东秦岭东沟超大型斑岩钼矿 SHRIMP 锆石 U-Pb 和辉钼矿 Re-Os 年龄及其地质意义 . 地质学报，80（7）：1078-1088
于恒彬 . 2013. 东秦岭宁陕–镇安一带晚印支–早燕山期构造–岩浆演化与金钼成矿特征分析 . 长安大学硕士论文
翟裕生，邓军，汤中立 . 2002. 古陆边缘成矿系统 . 北京：地质出版社，1-384
翟裕生，姚书振，蔡克勤 . 2011. 矿床学 . 北京：地质出版社，1-417
张静，陈衍景，李国平，李忠烈，王志光 . 2004. 河南内乡县银洞沟银矿地质和流体包裹体特征及成因类型 . 矿物岩石，24（3）：55-64
张俊杰，米静远，李明培 . 2014. 陕西洛南黄龙铺碳酸岩脉型钼矿床成矿机理探析 . 价值工程，(26)：301-302
张红，陈丹玲，翟明国，张复新，宫相宽，孙卫东 . 2015. 南秦岭桂林沟斑岩型钼矿 Re-Os 同位素年代学及其构造意义研究. 岩石学报，31（7）：2023-2037
张理刚 . 1990. 成岩成矿理论和找矿 . 北京：北京工业大学出版社，1-200
赵海杰，毛景文，叶会寿，侯可军，梁慧山 . 2010. 陕西洛南县石家湾钼矿相关花岗斑岩的年代学及岩石成因：锆石 U-Pb 年龄及 Hf 同位素制约 . 矿床地质，29（1）：143-157
赵伟，黄传计，黄锦锦，胡德高 . 2016. 河南省嵩县凡台沟钼矿地质特征及找矿方向 . 中国钼业，40（1）：21-23
周珂，叶会寿，毛景文，屈文俊，周树峰，孟芳，高亚龙 . 2009. 豫西鱼池岭斑岩型钼矿床地质特征及其辉钼矿铼锇同位素年龄 . 矿床地质，28（2）：170-184
朱赖民，张国伟，郭波，李犇 . 2007. 东秦岭金堆城大型斑岩钼矿床 LA-ICP-MS 锆石 U-Pb 定年及成矿动力学背景 . 地质学报，81（12）：1-18
Asadi S，Niroomand S，Moore F. 2018. Fluid inclusion and stable isotope geochemistry of the orogenic-type Zinvinjian Cu-Pb-Zn-Au deposit in the Sanandaj-Sirjan metamorphic belt，Northwest Iran. Journal of Geochemical Exploration，184：82-96
Baker T. 2002. Emplacement depth and carbon dioxide-rich fluid inclusions in intrusion-related gold deposits. Economic Geology，97：1111-1117
Barnes H L. 1997. Geochemistry of Hydrothermal Ore Deposits. New York：John Wiley & Sons，1-798
Bierlein F P，Groves D I，Goldfarb R J，Dub B. 2006. Lithospheric controls on the formation of provinces hosting giant orogenic gold deposits. Mineralium Deposita，40：874-886
Chen H Y，Chen Y J，Liu Y L. 2001. Metallogenesis of the Ertix gold belt，Xinjiang and its relationship to Central Asia-type orogenesis. Science in China（Series D），44（3）：245-255
Chen H Y，Chen Y J，Baker M J. 2012a. Evolution of ore-forming fluids in the Sawayaerdun gold deposit in the Southwestern Chinese Tianshan metallogenic belt. Journal of Asian Earth Sciences，49：131-144
Chen H Y，Chen Y J，Baker M J. 2012b. Isotopic geochemistry of the Sawayaerdun orogenic-type gold deposit，Tianshan，northwest China：implications for ore genesis and mineral exploration. Chemical Geology，310-311：1-11
Chen Y J，Pirajno F，Sui Y H. 2004. Isotope geochemistry of the Tieluping silver deposit，Henan，China：a case study of orogenic silver deposits and related tectonic setting. Mineralium Deposita，39（5-6）：560-575
Chen Y J，Pirajno F，Qi J P. 2005a. Origin of gold metallogeny and sources of ore-forming fluids，in the Jiaodong province，eastern China. International Geology Review，47（5）：530-549
Chen Y J，Pirajno F，Sui Y H. 2005b. Geology and D-O-C isotope systematics of the Tieluping silver deposit，Henan，China：implications for ore genesis. Acta Geologica Sinica（English Edition），79（1）：106-119
Chen Y J，Pirajno F，Qi J P，Li J，Wang H H. 2006. Ore geology，fluid geochemistry and genesis of the Shanggong gold deposit，eastern Qinling Orogen，China. Resource Geology，56（2）：99-116
Chen Y J，Pirajno F，Qi J P. 2008. The Shanggong Gold Deposit，Eastern Qinling Orogen，China：isotope Geochemistry and Implications for Ore Genesis. Journal of Asian Earth Sciences，33：252-266
Chen Y J，Pirajno F，Wu G，Qi J P，Xiong X L. 2012. Epithermal deposits in North Xinjiang，NW China. International Journal of Earth Sciences，101：889-917
Deng X H，Chen Y J，Pirajno F，Li N，Yao J M，Sun Y L. 2017. The geology and geochronology of the Waifangshan Mo-quartz vein cluster in eastern Qinling，China. Ore Geology Reviews，81：548-564
Fan H R，Zhai M G，Xie Y H，Yang J H. 2003. Ore-forming fluids associated with granite-hosted gold mineralization at the Sanshandao deposit，Jiaodong gold province，China. Mineralium Deposita，38：739-750

Gao Y, Mao J W, Ye H S, Li Y F. 2018a. Origins of ore-forming fluid and material of the quartz-vein type Mo deposits in the East Qinling-Dabie molybdenum belt: a case study of the Qianfanling Mo deposit. Journal of Geochemical Exploration, 185: 52-63

Gao Y, Ye H S, Mao J W, Li Y F. 2018b. Geology, geochemistry and genesis of the Qianfanling quartz-vein Mo deposit in Songxian County, Western Henan Province, China. Ore Geology Reviews, 55: 13-28

Groves D I, Goldfarb R J, Gebre-Mariam M, Hagemann S G, Robert F. 1998. Orogenic gold deposits: a proposed classification in the context of their crustal distribution and relationship to other Au deposit types. Ore Geology Reviews, 13: 7-27

Guo B, Yan C H, Zhang S T, Han J W, Yun H, Tan H Y, Song Q C, Meng F X. 2018. Geochemical and geological characteristics of the granitic batholith and Yuku concealed Mo- W deposit at the southern margin of the North China Craton. Geological Journal, https://doi.org/10.1002/gj.3372

Hagemann S G, Cassidy K F. 2000. Archean orogenic lode Au deposits. Reviews in Economic Geology, 13: 9-68

Hagemann S G, Luders V. 2003. P-T-X conditions of hydrothermal fluids and precipitation mechanism of stibnite-gold mineralization at the Wiluna lode-gold deposits, Western Australia: conventional and infrared microthermometric constraints. Mineralium Deposita, 38 (8): 936-952

Han Y G, Zhang S H, Pirajno F, Zhou X W, Zhao G C, Qu W J, Liu S H, Zhang J M, Liang H B, Yang K. 2013. U-Pb and Re-Os isotopic systematics and zircon Ce^{4+}/Ce^{3+} ratios in the Shiyaogou Mo deposit in eastern Qinling, central China: insights into the oxidation state of granitoids and Mo (Au) mineralization. Ore Geology Review, 55: 29-47

Heinrich C A. 2007. Fluid-fluid interactions in magmatic-hydrothermal ore formation. Reviews in Mineralogy & Geochemistry, 65: 363-387

Höhn S, Frimmel H E, Debaille V, Pašava J, Kuulmann L, Debouge W. 2017. The case for metamorphic base metal mineralization: pyrite chemical, Cu and S isotope data from the Cu-Zn deposit at Kupferberg in Bavaria, Germany. Miner Deposita, 52: 1145-1156

Kerrich R, Goldfarb R, Groves D, Garwin S, Jia Y F. 2000. The characteristics, origins, and geodynamic settings of supergiant gold metallogenic provinces. Science in China (Series D), 43: 1-68

Larsen R B, Stein H J. 2007. Re-Os dating of orogenic W-Mo deposits in the mid Norwegian Caledonides. Abstracts with Programs, Geological Society of America, 39 (6): 276

Li N, Chen Y J, Fletcher I R, Zeng Q T. 2011a. Triassic mineralization with Cretaceous overprint in the Dahu Au-Mo deposit, Xiaoqinling gold province: constraints from SHRIMP monazite U-Th-Pb geochronology. Gondwana Research, 20: 543-552

Li N, Chen Y J, Santosh M, Yao J M, Sun Y L, Li J. 2011b. The 1.85Ga Mo mineralization in the Xiong'er Terrane, China: implications for metallogeny associated with assembly of the Columbia supercontinent. Precambrian Research, 186: 220-232

Li N, Chen Y J, Ulrich T, Lai Y. 2012a. Fluid inclusion study of the Wunugetu Cu-Mo Deposit, Inner Mongolia, China. Mineralium Deposita, 47 (5): 467-482

Li N, Ulrich T, Chen Y J, Thompson T B, Pease V, Pirajno F. 2012b. Fluid evolution of the Yuchiling porphyry Mo deposit, East Qinling, China. Ore Geology Reviews, 48: 442-459

Li Q G, Liu S W, Wang Z Q, Wang D S, Yan Z, Yang K, Wu F H. 2011. Late Jurassic Cu-Mo mineralization at the Zhashui-Shanyang district, South Qinling, China: constraints from Re-Os molybdenite and laser ablation-inductively coupled plasma mass spectrometry U-Pb zircon dating. Acta Geologica Sinica (English Edition), 85 (3): 661-672

Lindgren W. 1933. Mineral Deposits. 4th edition. New York: McGraw Hill, 1-930

Mao J W, Goldfarb R J, Zhang Z W, Xu W Y, Qiu Y M, Deng J. 2002. Gold deposits in the Xiaoqinling-Xiong'ershan region, Qinling Mountains, central China. Mineralium Depoista, 37: 306-325

Mao J W, Xie G Q, Bierlein F, Qu W J, Du A D, Ye H S, Pirajno F, Li H M, Guo B J, Li Y F, Yang Z Q. 2008. Tectonic implications from Re-Os dating of Mesozoic molybdenum deposits in the East Qinling-Dabie orogenic belt. Geochimica et Cosmochimica Acta, 72: 4607-4626

Mernagh T P, Bastrakov E N, Zaw K, Wygralak A S, Wyborn L A I. 2007. Comparison of fluid inclusion data and mineralization process for Australia orogenic gold and intrusion-related gold systems. Acta Petrologica Sinica, 23 (1): 21-32

Ni Z Y, Chen Y J, Li N, Zhang H. 2012. Pb-Sr-Nd isotope constraints on the fluid source of the Dahu Au-Mo deposit in Qinling Orogen, central China, and implication for Triassic tectonic setting. Ore Geology Reviews, 46: 60-67

Phillips G N, Evans K A. 2004. Role of CO_2 in the formation of gold deposits. Nature, 429 (6694): 860-863

Pirajno F. 2009. Hydrothermal Processes and Mineral Systems. Berlin: Springer, 1-1250

Qiu K F, Marsh E, Yu H C, Pfaff K, Gulbransen C, Gou Z Y, Li N. 2017. Fluid and metal sources of the Wenquan porphyry molybdenum deposit, Western Qinling, NW China. Ore Geology Reviews, 86: 459-473.

Sibson R H, Robert F, Poulsen H. 1988. High-angle reverse faults, fluid pressure cycling and mesothermal gold quartz deposits. Geology, 16 (6): 551-555

Sui Y H, Wang H H, Gao X L, Chen H Y. 2000. Ore fluid of the Tieluping silver deposit of Henan Province and its illustration of the Tectonic model for collisional petrogenesis, metallogenesis and fluidization. Science in China (Series D), 43: 108-121

Ulrich T, Heinrich C A. 2002. Geology and alteration geochemistry of the porphyry Cu-Au deposit at Bajo de la Alumbrera, Argentina. Economic Geology, 97: 1865-1888

Ulrich T, Gunther D, Heinrich C A. 1999. Gold concentrations of magmatic brines and the metal budget of porphyry copper deposits. Nature, 299: 676-679

Ulrich T, Gunther D, Heinrich C A. 2002. The evolution of a porphyry Cu-Au deposit, based on LA-ICP-MS analysis of fluid inclusions: Bajo de la Alumbrera, Argentina. Economic Geology, 97: 1889-1920

Winkler H G F. 1976. Petrogenesis of Metamorphic Rocks. Berlin: Springer, 1-334

Xiao B, Li Q G, Liu S W, Wang Z Q, Yang P T, Chen J L, Xu X Y. 2014. Highly fractionated Late Triassic I-type granites and related molybdenum mineralization in the Qinling orogenic belt: geochemical and U-Pb-Hf and Re-Os isotope constraints. Ore Geology Reviews, 56: 220-233

Xie G Q, Mao J W, Wang R T, Meng D M, Sun J, Dai J Z, Ren T, Li J B, Zhao H J. 2017. Origin of the Lengshuigou porphyry-skarn Cu deposit in the Zha-Shan district, South Qinling, central China, and implications for differences between porphyry Cu and Mo deposits. Mineral Deposita, 52: 621-639

Xu C, Kynicky J, Chakhmouradian A R, Qi L, Song W L. 2010. A unique Mo deposit associated with carbonatites in the Qinling orogenic belt, central China. Lithos, 118: 50-60

Yang Y F, Li N, Chen Y J. 2012. Fluid inclusion study of the Nannihu giant porphyry Mo-W deposit, Henan Province, China: implications for the nature of porphyry ore-fluid systems formed in a continental collision setting. Ore Geology Reviews, 46: 83-94

Yang Y F, Chen Y J, Zhang J, Zhang C. 2013. Ore geology, fluid inclusions and four-stage hydrothermal mineralization of the Shangfanggou giant Mo-Fe deposit in Eastern Qinling, central China. Ore Geology Reviews, 55: 146-161

Zhang J, Chen Y J, Yang Y, Deng J. 2011. Lead isotope systematics of the Weishancheng Au-Ag belt, Tongbai Mountains, central China: implication for ore genesis. International Geology Review, 53 (5-6): 656-676

Zhang J, Chen Y J, Pirajno F, Deng J, Chen H Y. 2013. Geology, isotope systematics and ore genesis of the Yindongpo gold deposit, Tongbai Mountains, central China. Ore Geology Reviews, 53: 343-356

Zhang L, Chen H Y, Chen Y J, Qin Y J, Liu C F, Zheng Y, Jansen N. 2012a. Geology and fluid evolution of the Wangfeng orogenic-type gold deposit, Western Tian Shan, China. Ore Geology Reviews, 9: 85-95

Zhang L, Zheng Y, Chen Y J. 2012b. Ore geology and fluid inclusion geochemistry of the Tiemurt Pb-Zn-Cu deposit, Altay, Xinjiang, China: a case study of orogenic-type Pb-Zn systems. Journal of Asian Earth Sciences, 49: 69-79

Zheng Y, Zhang L, Chen Y J, Qin Y J, Liu C F. 2012. Geology, fluid inclusion geochemistry and $^{40}Ar/^{39}Ar$ geochronology of the Wulasigou Cu deposit in Altay, Xinjiang, China and their implications for ore genesis. Ore Geology Reviews, 49: 128-140

Zhong R C, Li W B, Chen Y J, Huo H L. 2012. Ore-forming conditions and genesis of the Huogeqi Cu-Pb-Zn-Fe deposit in the northern margin of North China Craton: evidence from ore petrologic characteristics. Ore Geology Reviews, 44: 107-120

Zhong R C, Li W B, Chen Y J, Yue D C, Yang Y F. 2013. P-T-X conditions, origin, and evolution of Cu-bearing fluids of the shear zone-hosted Huogeqi Cu-(Pb-Zn-Fe) deposit, northern China. Ore Geology Reviews, 50: 83-97

Zhu L M, Zhang G W, Chen Y J, Ding Z J, Guo B, Wang F, Lee B. 2011. Zircon U-Pb ages, geochemistry of the Wenquan Mo-bearing granitoids in West Qinling, China: constraints on the geodynamic setting for the newly discovered Wenquan Mo deposit. Ore Geology Reviews, 39: 46-62

第3章　斑岩型钼矿床

斑岩型钼矿床是世界最常见的钼成矿类型，也是最主要的钼金属来源。秦岭是世界最重要的钼矿带，其钼资源量的90%以上来自斑岩型和斑岩-夕卡岩型矿床，分别以金堆城和南泥湖为典型代表。斑岩型与斑岩-夕卡岩型之间在岩浆-流体成矿作用方面并无明显差别，只是围岩条件不同，前者多为单钼矿床，后者则为钼多金属矿床。鉴于其重要性和矿床数量较多，本书分两章介绍，本章介绍斑岩型钼矿床，第4章介绍斑岩-夕卡岩型钼矿床。

秦岭地区斑岩型矿床包括超大型的金堆城、东沟、鱼池岭、雷门沟矿床，石家湾、石窑沟等大型矿床，以及八里坡、沙坡岭、石门沟、温泉、梨园塘、胭脂坝等中小型矿床。它们全部形成在中生代，包括印支期（三叠纪）和燕山期（侏罗纪—白垩纪），但大型、超大型矿床全部形成在燕山期（160～100Ma）。印支期矿床与美洲西部的陆弧型（Endako型）斑岩矿床相似，矿体产于岩体内部及接触带。燕山期矿床不同于陆弧型，也不同于美国西部的裂谷型（Climax型），而是本书作者们提出的碰撞型或大别型，其矿体既可产于岩体内，也可产于岩体之外的围岩中，更多地产于斑岩体及接触带。国外未见报道的“斑岩体之外斑岩型矿化”的奇异现象，尚见于大别山、天山等大陆碰撞造山带，原因值得深入探究。

我们研究发现，碰撞型与陆弧型斑岩矿床的突出差别在于岩浆-流体性质。前者 CO_2/H_2O、F/Cl 和 K/Na 值高，后者则低；前者常见含 CO_2 包裹体、含子晶 CO_2 包裹体、多子晶 CO_2 包裹体、纯 CO_2 包裹体，后者缺乏这些包裹体；前者钾长石化、萤石化、碳酸盐化等“贫水蚀变”强烈，绢云母化、绿泥石化、泥化等“富水蚀变”弱，后者恰相反。

本章精选5个矿床详细介绍，它们涵盖且代表了秦岭造山带不同构造背景、时代、围岩条件和矿化样式的斑岩矿床。其中，甘肃温泉钼矿床是最重要的印支期斑岩矿床，也是陆弧型斑岩钼矿；鱼池岭、雷门沟、金堆城和东沟是最重要的燕山期斑岩钼矿床，也是典型碰撞型斑岩钼矿床，其矿体定位空间恰恰从岩体内变化到岩体外，围岩分别是花岗岩、变质岩、火山岩+沉积岩和火山岩。最后，本章基于5个矿床进行了斑岩型钼成矿规律的讨论。

3.1　东沟钼矿床

东沟超大型斑岩钼矿床位于河南省汝阳县，是21世纪秦岭造山带发现的最大的钼矿床，探明钼资源储量71万t，平均品位0.113%（李诺等，2007）。该矿床原为20世纪80年代发现的八亩地钼矿化点，因位于合峪-太山庙花岗岩基北侧而被按照CMF模式（Chen et al.，2004；Pirajno，2009）解释为P带斑岩-爆破角砾岩型矿床，找矿潜力被多次预测、强调（如：陈衍景和富士谷，1992；陈衍景，1998），并在21世纪取得勘查突破。东沟矿床作为大陆碰撞成矿理论指导找矿预测评价的成功范例，显示了合峪-太山庙花岗岩基以北的找矿潜力，证明了CMF模式的科学性和实用性，其地质地球化学特征是具有特殊科学意义的待研究问题。而且，与秦岭造山带其他斑岩钼矿床相比，东沟矿床具有4个特点。①矿体产状特殊：矿体产于岩体的外接触带或围岩，而非斑岩体内部。②成矿岩体特殊：东沟花岗斑岩属高分异I型花岗岩（Li et al.，2018），而非钙碱性系列的I-S过渡型花岗岩（李诺等，2007）。③成矿时代特殊：东沟斑岩钼矿床形成于112～117Ma（叶会寿等，2006；戴宝章等，2009），而非130～150Ma。④构造位置特殊：东沟矿床位于地壳厚度较小的秦岭造山带北缘的盆山交界处，而非地壳厚度较大的秦岭造山带内部。显然，这些特殊性也是需要进一步研究、解释的问题。

鉴于东沟钼矿床的科学研究意义和找矿实践价值，本节系统总结了该矿床已有的地质、地球化学和同位素年代学资料，并对其成矿流体系统进行了详细解剖（杨永飞等，2011）。

3.1.1　成矿地质背景

3.1.1.1　区域地质

东沟斑岩型钼矿床位于秦岭造山带华熊地块（或称“华北克拉通南缘”）的外方山地区。除东沟钼矿外，区内还产出有王坪西沟、西灶沟、老代仗沟、三元沟等一系列铅锌矿床（点），共同组成了外方山钼铅锌多金属矿集区（图3.1）。

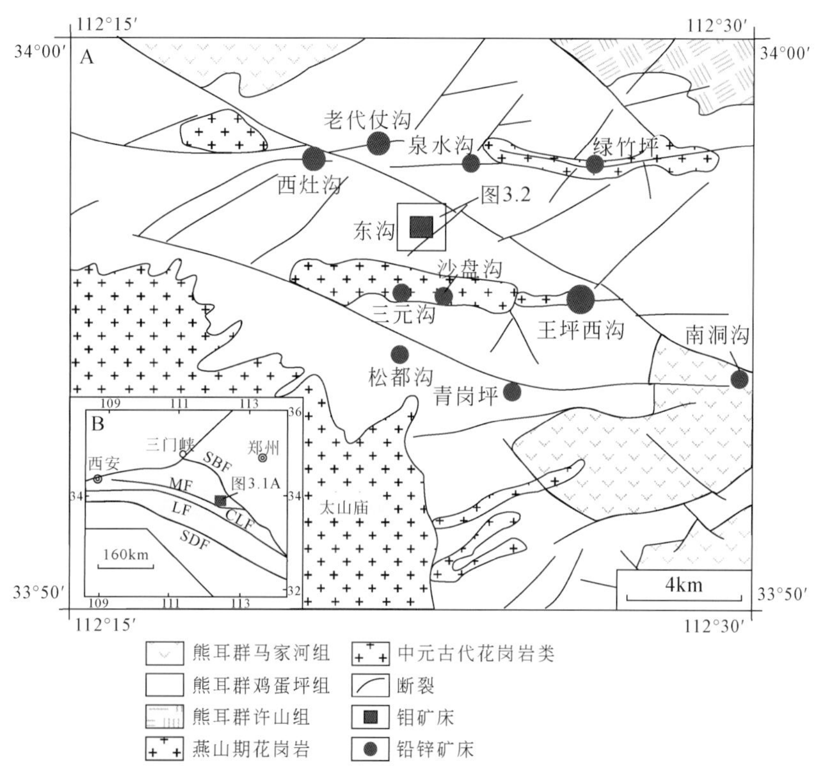

图3.1　东沟钼矿区域地质略图（据马红义等，2006修编）

SBF. 三门峡-宝丰断裂；MF. 马超营断裂；CLF. 车村-鲁山断裂；LF. 栾川断裂；SDF. 商南-丹凤断裂

矿集区内出露地层简单，主要为中元古代熊耳群。熊耳群是一套以玄武安山岩、安山岩为主的陆相火山岩建造（陈衍景和富士谷，1992），含少量英安岩、流纹岩。自下而上，熊耳群可分为四个组：大古石组、许山组、鸡蛋坪组及马家河组，但大古石组在研究区范围内未见出露。许山组为一套大面积分布的中基性火山熔岩建造，主要岩性为玄武安山质、安山质和少量英安-流纹质熔岩，缺少沉积夹层。鸡蛋坪组以中基性与中酸性熔岩互层为特征，含少量喷发相火山碎屑岩及沉积岩夹层。马家河组以中基性熔岩为主，亦见大量沉积岩夹层，主要岩性为玄武安山岩、安山岩、凝灰岩和细碎屑沉积岩（Zhao et al.，2009及其引文）。

区内褶皱构造简单，地层呈单斜形式产出，总体走向NW-SE，倾向SW，倾角20°～30°（马红义等，2006）。断裂构造广泛发育，以NW向、近EW向断裂为主，规模较大、延伸远。NE向次级断裂与NW向、近EW向断裂相互交织，形成棋盘格子状构造体系，控制着区内主要多金属矿床的产出。

区域内岩浆活动发育，主要为中元古代中酸性石英二（闪）长岩和燕山晚期太山庙花岗岩基（图3.1）。其中中元古代石英二（闪）长岩类的产出明显受近EW向断裂控制，呈岩脉或岩株形式产出，岩性为石英二长岩、石英闪长岩和闪长岩。前人获得其锆石U-Pb年龄为1440Ma（吕献廷等，1988）。燕山期太山庙花岗岩基位于东沟矿区南部，北东部与熊耳群火山岩呈侵入接触关系，西部侵入合峪岩体，南部与伏牛山岩体呈断裂接触，呈近等轴状圆形，出露面积约 290km^2。该岩基可分为三个岩相单元，由早到晚依次为中粗粒碱长花岗岩、中细粒碱长花岗岩和碱长花岗斑岩，其中中粗粒碱长花岗岩 SHRIMP 锆石 U-Pb 年龄为 115±2Ma（叶会寿等，2008）。据叶会寿等（2006，2008）、黄凡等（2009），太山庙花岗岩的 SiO_2 含量为 70.63%～77.65%，K_2O+Na_2O 含量为 7.85%～10.43%，K_2O/Na_2O 为 0.93～2.39，A/CNK 为 0.91～1.31，总体具高 Si、富 K，贫 Fe、Mg、Ca 的特征。岩体的稀土总量为 95.78×10^{-6}～333.37×10^{-6}，轻重稀土分馏较强，具明显负 Eu 异常（$\delta Eu=0.11\sim0.61$）。在稀土元素的球粒陨石标准化图解中总体表现为向右倾斜、左陡右平，Eu 处有“V”形谷的特征。岩石富集 Rb、K、U、Th 等大离子亲石元素及 Nb、Ta、Zr、Y 等高场强元素，亏损 Sr、Ba 等过渡元素。

3.1.1.2 矿区地质

东沟钼矿床位于矿集区中部，其地理坐标为东经 112°22′～112°23′，北纬 33°56′30″～33°57′30″。矿区内出露地层主要为中元古代熊耳群鸡蛋坪组部分层位（图 3.2），岩性以安山岩和玄武安山岩为主，含少量火山碎屑岩，以富钾质为特征。鸡蛋坪组可分为四个岩性段：第一岩性段主要为英安岩，含少量安山岩、玄武安山岩、凝灰岩和沉积岩夹层；第二岩性段主要为安山岩和玄武安山岩，夹少量英安岩、火山碎屑岩；第三岩性段主要为英安岩夹少量杏仁状安山岩、玄武安山岩；第四岩性段主要为安山岩，少量英安岩夹层。前人采用 SHRIMP 及 LA-ICP-MS 锆石 U-Pb 方法获得其形成年代为 1.78～1.75Ga（Zhao et al.，2004，2009）。矿区内主要发育北东向断裂构造，并控制了东沟花岗斑岩体的产出。该花岗斑岩体出露于矿区中部，是东沟斑岩钼矿床的成矿母岩，其地质地球化学特征详见“3.2.2 成矿岩体特征”部分。

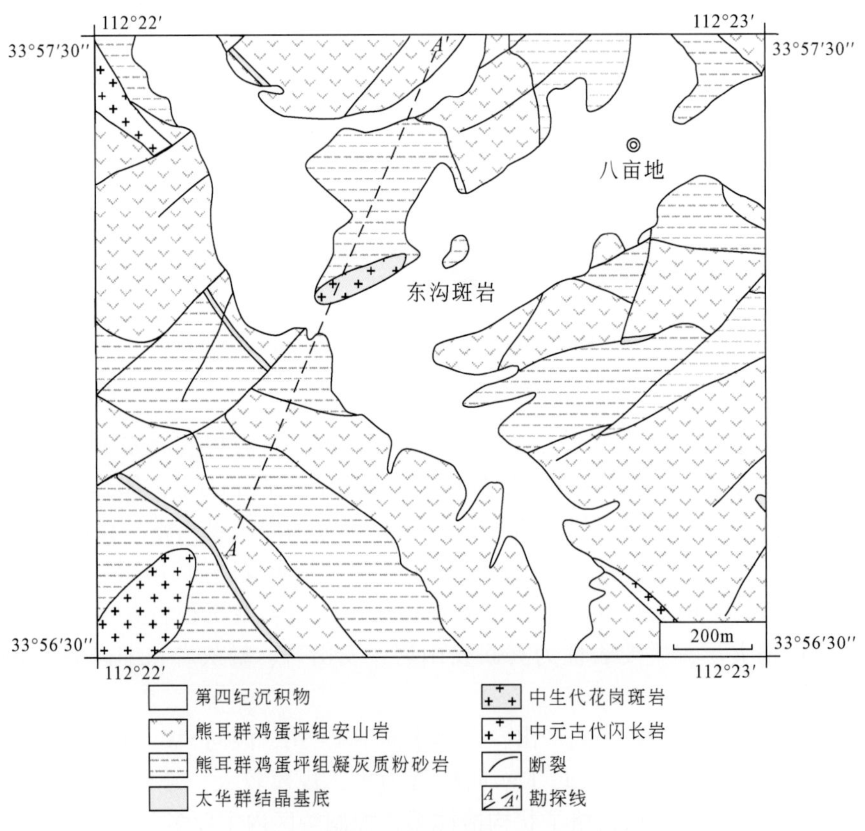

图 3.2 东沟钼矿床地质简图（据叶会寿等，2006 修编）

表 3.1　东沟花岗斑岩体主量元素含量

（单位:%）

样品号	SiO_2	TiO_2	Al_2O_3	Fe_2O_3	FeO	MnO	MgO	CaO	Na_2O	K_2O	P_2O_5	H_2O^+	烧失量	总和	K_2O/Na_2O	K_2O+Na_2O	A/CNK	资料来源
DG4	79. 66	0. 09	10. 86	0. 57	0. 09	0. 01	0. 07	0. 14	2. 47	5. 05	0. 01	0. 34	0. 50	99. 86	2. 04	7. 52	1. 11	叶会寿等，2006
DG5	79. 77	0. 10	10. 91	0. 64	0. 09	0. 01	0. 06	0. 43	2. 51	5. 17	0. 02	0. 32	0. 54	100. 57	2. 06	7. 68	1. 04	叶会寿等，2006
07DG-01	77. 81	0. 11	11. 74	0. 30	0. 15	0. 02	0. 04	0. 35	2. 88	5. 60	0. 00		0. 88	99. 88	1. 94	8. 48	1. 03	戴宝章等，2009
07DG-02	78. 62	0. 10	10. 91	0. 16	0. 18	0. 02	0. 08	0. 36	2. 28	6. 24	0. 00		0. 83	99. 78	2. 74	8. 52	0. 98	戴宝章等，2009
07DG-03	80. 78	0. 08	9. 89	0. 43	0. 05	0. 02	0. 05	0. 38	1. 79	5. 26	0. 00		1. 08	99. 81	2. 94	7. 05	1. 06	戴宝章等，2009
07DG-04	78. 56	0. 12	11. 52	0. 50	0. 10	0. 01	0. 04	0. 37	3. 16	4. 65	0. 04		1. 04	100. 11	1. 47	7. 81	1. 06	戴宝章等，2009
07DG-05	77. 34	0. 12	12. 11	0. 29	0. 14	0. 01	0. 06	0. 52	3. 04	5. 15	0. 04		0. 92	99. 74	1. 69	8. 19	1. 05	戴宝章等，2009
07DG-06	77. 37	0. 13	12. 01	0. 46	0. 20	0. 03	0. 10	0. 41	2. 95	5. 34	0. 04		0. 83	99. 87	1. 81	8. 29	1. 06	戴宝章等，2009
H0706	78. 92	0. 06	10. 82	0. 68	0. 12	0. 04	0. 12	0. 50	2. 46	5. 27	0. 02	0. 37	0. 63	100. 01	2. 14	7. 73	1. 01	黄凡等，2009
D-049A	76. 94	0. 05	11. 81	0. 33	0. 91	0. 03	0. 10	0. 52	1. 54	7. 69	0. 02	0. 05	0. 12	100. 11	4. 99	9. 23	1. 00	黄凡等，2009
CK1904-YH1	77. 04	0. 10	11. 61	1. 54	0. 85	0. 02	0. 08	0. 48	3. 62	4. 14	0. 03			99. 51	1. 14	7. 76	1. 03	李济营等，2010
CK1904-YH2	77. 10	0. 09	11. 61	1. 53	1. 00	0. 02	0. 11	0. 42	3. 61	4. 53	0. 02			100. 04	1. 25	8. 14	1. 00	李济营等，2010
CK2328-YH1	75. 53	0. 15	11. 92	2. 30	1. 50	0. 05	0. 15	0. 64	3. 68	4. 23	0. 03			100. 18	1. 15	7. 91	1. 01	李济营等，2010
CK2328-YH2	73. 70	0. 15	12. 04	1. 75	0. 85	0. 04	0. 15	0. 74	2. 86	5. 68	0. 02			97. 98	1. 99	8. 54	0. 99	李济营等，2010
CK3112-YH1	80. 00	0. 14	10. 00	1. 02	0. 60	0. 07	0. 14	0. 62	2. 46	4. 66	0. 06			99. 77	1. 89	7. 12	0. 98	李济营等，2010
CK3120-G1	75. 97	0. 16	12. 23	1. 82	0. 60	0. 13	0. 13	0. 48	3. 03	5. 51	0. 02			100. 08	1. 82	8. 54	1. 03	李济营等，2010
CK3928-G2	74. 52	0. 14	12. 60	1. 74	0. 92	0. 12	0. 24	0. 42	3. 44	4. 91	0. 09			99. 14	1. 43	8. 35	1. 07	李济营等，2010

表 3.2 东沟花岗斑岩稀土元素含量 （单位：10^{-6}）

样品号	La	Ce	Pr	Nd	Sm	Eu	Gd	Tb	Dy	Ho	Er	Tm	Yb	Lu	Y	∑REE	δEu	资料来源
DG4	26.30	37.50	3.09	8.29	1.16	0.14	1.59	0.22	1.20	0.28	1.22	0.24	2.14	0.39	9.74	83.76	0.32	叶会寿等，2006
DG5	25.60	39.60	3.34	9.46	1.55	0.19	2.03	0.29	1.78	0.41	1.73	0.32	2.70	0.47	15.50	89.47	0.33	叶会寿等，2006
07DG-01	13.68	21.10	1.96	5.69	0.93	0.08	0.77	0.11	0.86	0.22	0.79	0.15	1.21	0.24	6.61	47.79	0.28	戴宝章等，2009
07DG-02	15.21	28.26	1.89	5.08	0.64	0.06	0.62	0.07	0.50	0.13	0.47	0.09	0.76	0.14	3.88	53.92	0.28	戴宝章等，2009
07DG-03	26.93	49.99	2.90	7.15	0.69	0.05	0.66	0.05	0.31	0.08	0.29	0.06	0.50	0.10	2.55	89.76	0.24	戴宝章等，2009
07DG-04	11.55	21.46	1.87	5.31	0.82	0.05	0.78	0.11	1.03	0.28	1.15	0.24	1.97	0.39	8.91	47.01	0.19	戴宝章等，2009
07DG-05	14.46	27.08	2.24	6.21	0.89	0.07	0.77	0.11	0.87	0.23	0.94	0.18	1.48	0.30	7.87	55.83	0.28	戴宝章等，2009
07DG-06	23.73	36.64	2.92	7.54	1.00	0.07	1.02	0.13	1.11	0.31	1.21	0.24	2.13	0.43	9.34	78.48	0.22	戴宝章等，2009
H0706	31.50	47.70			1.51	0.16	1.03						1.93		10.30	101.98	0.37	黄凡等，2009
D-049A	55.60	83.00			2.80	0.23	1.97						4.60		22.50	182.78	0.28	黄凡等，2009

表 3.3 东沟花岗斑岩微量元素含量 （单位：10^{-6}）

样品号	Sc	Ti	Cr	Co	Ni	Zn	Ga	Rb	Sr	Zr	Nb	Mo	Cs	Ba	Ta	Hf	Pb	Th	U	V	资料来源
DG4	2.16		9.85	0.72	2.48			332	21.2	75.6	69.5			121	4.94	3.45		34.1			叶会寿等，2006
DG5	2.00		7.50	0.71	1.33			260	41.0	94.6	62.3			157	5.57	4.32		40.7			叶会寿等，2006
07DG-01	0.99	677	9.43			4.05	17.7	345	20.2	114	54.8	11.2	1.61	114	7.28	5.5	7.36	19.2	4.72	9.27	戴宝章等，2009
07DG-02	0.41	630	2.67			14.6	13.3	426	20.6	94.5	49.5	6.23	1.90	137	4.29	4.77	13.3	17.4	5.51	5.80	戴宝章等，2009
07DG-03	0.36	458	1.65			17.3	12.9	540	11.8	101	62.6	27.6	2.78	65.0	3.61	5.18	23.3	22.3	3.91	6.10	戴宝章等，2009
07DG-04	1.16	736	4.95			17.3	17.7	309	8.75	134	97.0	18.0	1.41	43.0	8.47	6.41	17.7	29.5	11.0	3.93	戴宝章等，2009
07DG-05	1.04	748	4.02			6.63	18.1	417	10.8	100	73.2	34.9	1.93	87.0	7.34	4.92	15.2	27.8	7.15	4.69	戴宝章等，2009
07DG-06	1.56	786	2.09			3.99	19.2	370	9.48	129	68.4	14.4	1.90	42.0	5.63	5.88	9.22	28.7	7.55	4.55	戴宝章等，2009

3.1.2　成矿岩体特征

3.1.2.1　岩体地质与岩性

东沟花岗斑岩呈 NE 向侵入熊耳群鸡蛋坪组火山岩中，地表长约 205m，宽 50m，出露面积约 0.01km^2（图 3.2）。据矿产勘查资料，岩体向深部变大，NW 向延伸，顶面总体呈缓倾状，长约 1550m，宽 850m，面积约 1.32km^2。岩石呈肉红色，具有斑状结构，块状构造。其中斑晶含量 15% 左右，主要由石英、钾长石和斜长石组成，石英斑晶边部常见熔蚀结构，基质为细粒的石英、斜长石、钾长石和少量黑云母，副矿物包括磁铁矿、锆石、榍石、金红石等。

3.1.2.2　元素地球化学特征

东沟花岗斑岩的主量元素、微量元素、稀土元素特征如表 3.1、表 3.2、表 3.3 所示。

东沟花岗斑岩的 SiO_2 含量为 73.70%～80.78%，平均 77.63%；K_2O+Na_2O 含量为 7.05%～9.23%，平均 8.05%；K_2O/Na_2O 为 1.14～4.99，平均 2.03；A/CNK 为 0.98～1.11，平均 1.03，属准铝质到弱过铝质；MgO 为 0.04%～0.24%，CaO 为 0.14%～0.74%。总体上，岩体具有高硅、富碱、高钾，贫铁、镁、钙的特征，与东秦岭其他含钼岩体特征一致（陈衍景等，2000；李诺等，2007a）。

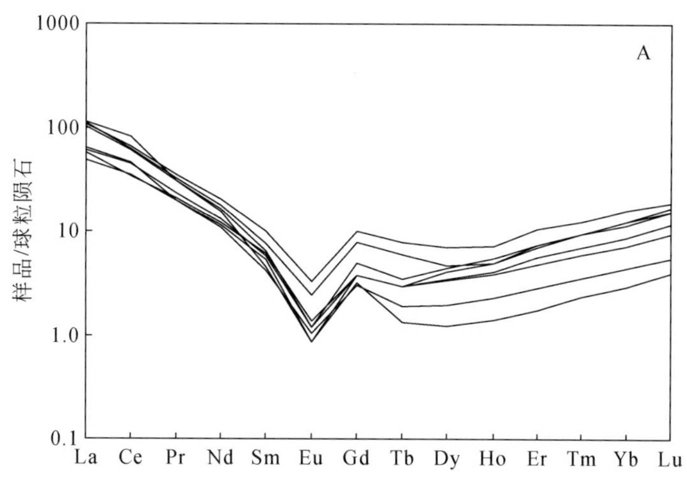

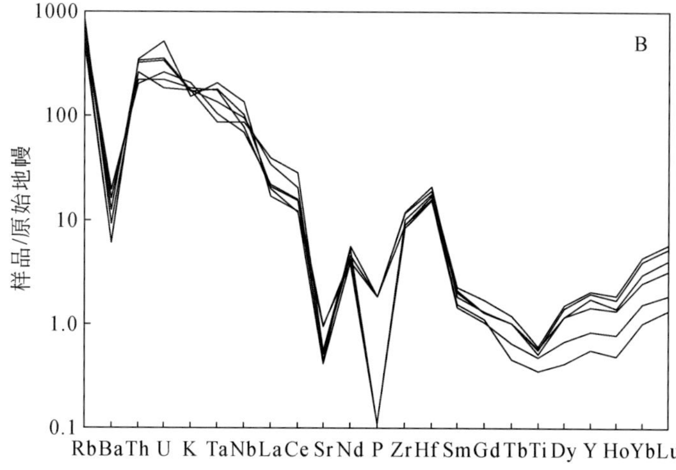

图 3.3　东沟花岗斑岩体球粒陨石标准化稀土元素配分曲线（A）和原始地幔标准化微量元素蛛网图（B）

东沟花岗斑岩体稀土和微量元素数据来自叶会寿等，2006；戴宝章等，2009；标准化数据据 Sun and McDonough，1989

岩体的稀土总量为 $47.01\times10^{-6}\sim182.78\times10^{-6}$，具较高的 LREE/HREE 和明显的 Eu 负异常（δEu = 0.19 ~ 0.37）。在球粒陨石标准化图解中，稀土元素配分曲线表现为向右倾斜，Eu 处有 "V" 形谷，中稀土相对于轻稀土和重稀土更亏损（图 3.3A）。微量元素分析显示，岩石富集 Rb、U、Th 等大离子亲石元素及 Zr、Hf、Nb、Ta 等高场强元素，明显亏损 Sr、Ba 及 P 等元素。在原始地幔标准化的微量元素蛛网图中可见明显的 Sr、Ba 及 P 的凹谷以及 Sm、Gd、Tb、Ti、Dy、Ho、Y 等元素构成的连续低谷（图 3.3B）。

主量、微量元素地球化学特征显示，东沟花岗斑岩具有高硅、高钾、富碱，贫钙、镁、铁的特征，在 K_2O-SiO_2 图解中位于高钾钙碱性-钾玄岩系列区域（图 3.4A）；稀土配分模式呈右型海鸥型，显示明显的 Eu 负异常；在花岗岩构造环境判别图解中，样品点均落于板内花岗岩区或板内花岗斑岩与同碰撞花岗岩交界区域（图 3.4B、C、D）。

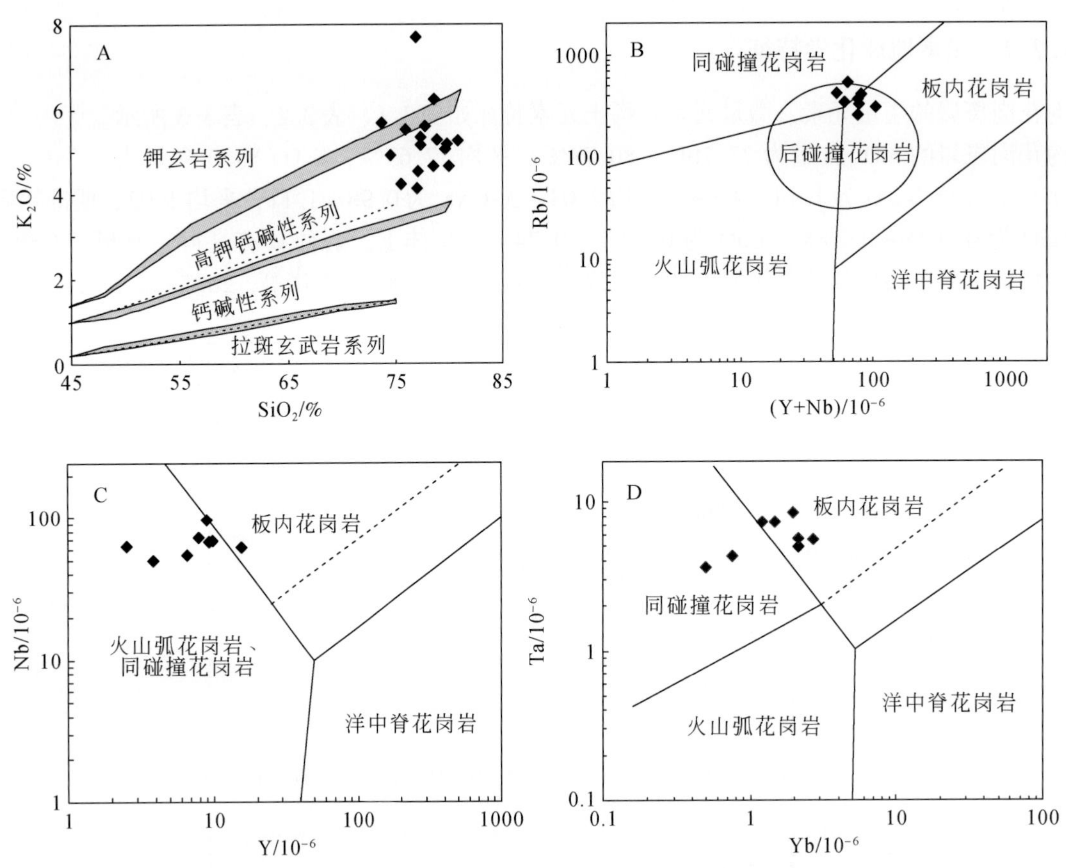

图 3.4　东沟花岗斑岩体 K_2O-SiO_2 图解（A）和花岗岩构造环境判别图解（B、C、D）（据 Pearce et al.，1984；Pearce，1996）

数据见表 3.1、表 3.2、表 3.3

3.1.2.3　同位素地质年代学及地球化学

1. 同位素地质年代学

对于东沟花岗斑岩的成岩作用时代，叶会寿等（2006）和戴宝章等（2009）分别采用锆石 SHRIMP 和 LA-ICP-MS U-Pb 方法开展了研究，获得了较好的效果。

叶会寿等（2006）所测样品（DG-B5）来自斑岩体北东部，地理坐标：东经 112°22′48″，北纬 33°57′00″。样品的 SHRIMP 锆石 U-Pb 定年结果见表 3.4。多数样品点数据谐和（图 3.5A），但分析点 89.1 有不正常的 $^{207}Pb^*/^{206}Pb^*$ 及 $^{207}Pb^*/^{235}U$ 值，分析点 101.1 具较高的放射性成因铅，分析点 127.1 有较高的普通铅校正值。其余 11 个分析点给出的 $^{206}Pb/^{238}U$ 加权平均年龄为 112±1Ma（MSWD = 1.06）。

表3.4　东沟花岗斑岩SHRIMP锆石U-Pb测试结果（叶会寿等，2006）

测点号	含量				比值							年龄/Ma	
	^{206}Pbc /%	U /10^{-6}	Th /10^{-6}	^{206}Pb* /10^{-6}	Th/U	^{207}Pb*/^{206}Pb*	1σ	^{207}Pb*/^{235}U	1σ	^{206}Pb*/^{238}U	1σ	^{206}Pb/^{238}Pb	1σ
83.1	6.77	428	381	6.94	0.92	0.017	97	0.041	97	0.01760	2.5	112.5	2.9
89.1	8.65	367	407	6.01	1.15					0.01739	3.9	111.2	4.2
92.1	3.12	561	308	8.93	0.57	0.108	12	0.268	12	0.01795	2.7	114.7	3.1
93.1	6.02	603	515	9.92	0.88	0.032	57	0.079	57	0.01800	2.3	115.0	2.7
101.1	2.02	705	633	12.1	0.93	0.0439	14	0.118	14	0.01952	1.4	124.6	1.7
108.2	2.92	748	689	10.7	0.95	0.048	29	0.106	29	0.01612	2.2	103.1	2.3
110.1	4.41	317	488	4.82	1.59	0.038	44	0.088	44	0.01691	2.8	108.1	3.0
117.1	0.34	8114	2714	130	0.35	0.0475	2	0.1213	2.1	0.01852	0.58	118.3	0.7
118.1	6.66	3576	1403	58	0.41	0.0468	13	0.114	13	0.01761	1	112.6	1.1
122.1	5.58	423	382	6.64	0.93	0.021	66	0.051	66	0.01726	2.4	110.3	2.6
124.1	2.95	477	576	7.39	1.25	0.045	25	0.108	25	0.01751	2	111.9	2.0
127.1	23.92	350	704	7.54	2.08	0.083	45	0.217	46	0.01910	4.8	122.0	5.8
128.1	6.87	241	237	3.96	1.02	0.024	86	0.06	86	0.01784	3.2	114.0	3.7
133.1	1.38	398	428	6.13	1.11	0.0493	7.3	0.1203	7.6	0.01769	2	113.1	2.2

注：Pbc和Pb*分别表示普通铅和放射性成因铅，普通铅用实测的^{204}Pb校正。

戴宝章等（2009）所测两件东沟花岗斑岩体样品地理坐标为：东经112°22′47″，北纬33°57′1.4″。样品的LA-ICP-MS锆石U-Pb测年结果列于表3.5。除DG5-18颗粒得到1709Ma的年龄外，其余锆石年龄基本较谐和，集中于115Ma左右（图3.5B、C）。得到两件样品的^{206}Pb/^{238}U加权平均年龄（Mean）分别为114±1Ma（MSWD=0.33）和117±1Ma（MSWD=0.33）。

表3.5　东沟花岗斑岩LA-ICP-MS锆石U-Pb测试结果（戴宝章等，2009）

点号	^{232}Th /10^{-6}	^{238}U /10^{-6}	Th/U	年龄/Ma							
				^{207}Pb/^{206}Pb	1σ	^{207}Pb/^{235}U	1σ	^{206}Pb/^{238}U	1σ	^{208}Pb/^{232}Th	1σ
dg2-01	409	340	1.20	114	141	113	7	113	2	123	17
dg2-02	649	189	3.43	163	116	114	5	112	2	100	9
dg2-03	493	108	4.58	232	159	119	8	113	2	104	10
dg2-04	549	157	3.49	272	189	120	9	112	3	94	11
dg2-05	974	184	5.30	155	138	114	6	113	2	107	12
dg2-06	1550	606	2.56	1667	107	274	13	140	3	211	64
dg2-07	768	215	3.57	150	238	117	11	115	4	120	35
dg2-09	1514	955	1.59	162	165	114	8	112	3	130	72
dg2-10	731	197	3.71	162	182	115	8	113	3	97	19
dg2-11	752	178	4.21	183	161	118	8	115	3	87	9
dg2-12	1324	349	3.80	217	114	119	5	114	2	101	11
dg2-13	633	155	4.09	147	297	117	16	116	5	181	70
dg2-14	1420	549	2.59	218	81	121	4	116	2	113	13
dg2-15	730	176	4.14	164	278	118	15	116	5	139	42
dg2-17-2	2251	1567	1.44	211	68	119	3	114	2	105	16
dg2-18	2502	1501	1.67	1618	40	228	4	117	2	142	18
dg2-19	854	190	4.50	831	168	156	11	115	3	122	29
dg2-20	2375	693	3.43	1271	61	192	5	116	2	143	24
dg5-01	2594	2168	1.20	115	76	119	4	119	2	123	16

续表

点号	^{232}Th /10^{-6}	^{238}U /10^{-6}	Th/U	年龄/Ma							
				$^{207}Pb/^{206}Pb$	1σ	$^{207}Pb/^{235}U$	1σ	$^{206}Pb/^{238}U$	1σ	$^{208}Pb/^{232}Th$	1σ
dg5-02	1562	396	3.95	615	114	142	7	115	2	137	19
dg5-04	2111	2012	1.05	538	85	139	5	117	2	108	15
dg5-05	569	129	4.40	608	123	145	7	119	3	110	10
dg5-06	990	301	3.29	292	312	126	16	117	6	90	26
dg5-07	3128	454	6.89	159	189	118	9	116	2	107	11
dg5-08	1192	313	3.81	677	149	148	9	117	3	135	22
dg5-10	1959	319	6.14	1377	135	203	12	117	3	84	17
dg5-11	1476	227	6.51	1638	200	233	20	119	5	123	35
dg5-13	950	285	3.33	954	254	169	17	118	5	183	72
dg5-14	2421	1275	1.90	599	107	145	6	119	2	124	30
dg5-15	644	155	4.17	88	177	115	8	117	3	117	17
dg5-16	5563	1320	4.21	733	98	151	6	116	2	124	29
dg5-17	1094	268	4.08	133	197	115	9	115	3	102	23
dg5-18	64	31	2.06	1709	83	1712	35	1715	33	1494	276
dg5-19	3977	420	9.48	1015	183	170	13	116	4	75	20
dg5-20	1139	273	4.17	437	154	134	8	118	3	109	21

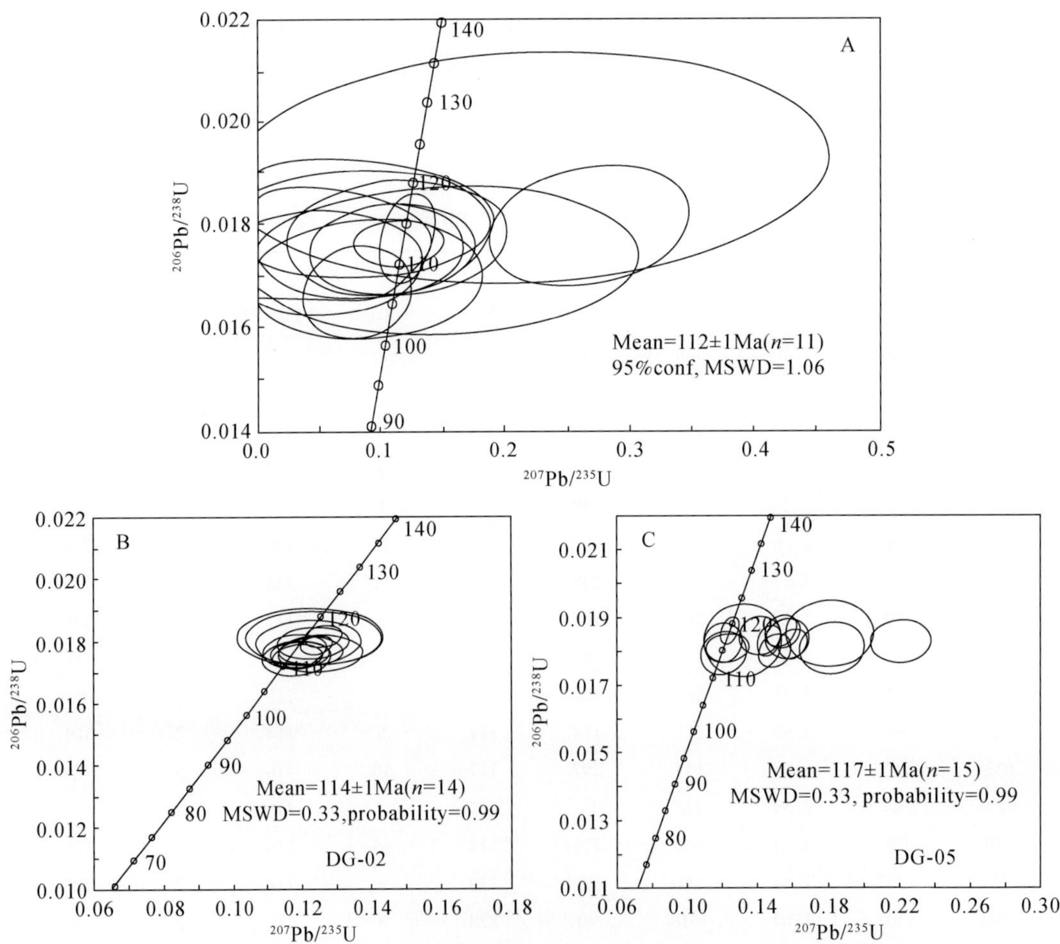

图 3.5 东沟花岗斑岩体 SHRIMP 锆石 U-Pb 年龄谐和图（A）（叶会寿等，2006）和东沟花岗斑岩体 LA-ICP-MS 锆石 U-Pb 年龄谐和图（B、C）（戴宝章等，2009）

上述测年结果限定东沟花岗斑岩体形成于112～117Ma，即早白垩世晚期。

2. 铅同位素

东沟花岗斑岩体的铅同位素研究较少，仅有一组数据（表3.6）。样品的$^{206}Pb/^{204}Pb$、$^{207}Pb/^{204}Pb$和$^{208}Pb/^{204}Pb$测试值分别为17.6720、15.4610、38.1720；μ值（$^{238}U/^{204}Pb$）为9.28，显示深源铅特点；ω值（$^{232}Th/^{204}Pb$）为38.33，显示铅源的物质成熟度较高；Th/U为4.0。东沟花岗斑岩体与区域的太山庙花岗岩基的铅同位素组成在$^{207}Pb/^{204}Pb$-$^{206}Pb/^{204}Pb$关系图中投影到地幔平均演化曲线到造山带平均演化曲线之间（图3.6A），在$^{208}Pb/^{204}Pb$-$^{206}Pb/^{204}Pb$关系图中投影到下地壳平均演化曲线到造山带平均演化曲线之间（图3.6B）。

表3.6　太山庙花岗岩和东沟花岗斑岩Pb同位素组成特征（燕长海和黄任远，1991）

岩体	$^{206}Pb/^{204}Pb$	$^{207}Pb/^{204}Pb$	$^{208}Pb/^{204}Pb$	$^{235}U/^{204}Pb$	$^{238}U/^{204}Pb$	$^{232}Th/^{204}Pb$	Th/U
太山庙	17.4300	15.4795	38.0840	0.06709	9.25086	39.1812	4.09886
东沟	17.6720	15.4610	38.1720	0.06729	9.27761	38.32875	3.99832

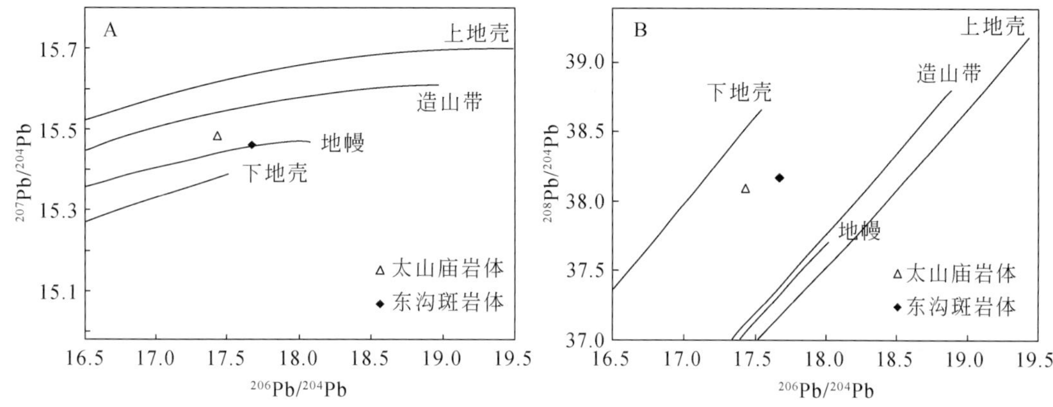

图3.6　东沟花岗斑岩体铅同位素构造模式图

东沟花岗斑岩体铅同位素据表3.6；底图据Zartman and Doe，1981

3. 锶钕同位素

戴宝章等（2009）对东沟花岗斑岩的4件样品进行了全岩Sr-Nd同位素分析（表3.7），获得样品的$^{87}Sr/^{86}Sr$测试值为0.77405～0.82286，各样品的$^{87}Rb/^{86}Sr$值均很高，变化于58.3～110.0。经年龄校正扣除放射性成因Sr后得到（$^{87}Sr/^{86}Sr$）$_i$为0.6254～0.6787，明显偏低，推测可能是由样品的Rb/Sr值过高所致。因此，样品的Sr同位素组成不能用于岩石成因讨论。同时由于不同样品的Rb/Sr值存在明显差异，不排除岩石Rb-Sr体系在成岩后发生扰动的可能（戴宝章等，2009）。此外，付治国等（2006）曾测得东沟岩体黑云母的（$^{87}Sr/^{86}Sr$）$_i$为0.718±0.0023，但未给出具体同位素数据。

东沟花岗斑岩体的$^{147}Sm/^{144}Nd$测试值为0.08～0.10，$^{143}Nd/^{144}Nd$测试值为0.51166～0.51182。经年龄校正扣除放射性成因Nd后得到（$^{143}Nd/^{144}Nd$）$_i$为0.51160～0.51176，计算得到$\varepsilon_{Nd}(t)$为-17.3～-14.3，相应的Nd单阶段模式年龄为1.54～1.73Ga，两阶段模式年龄为2.07～2.31Ga，显示岩浆源区主要为古老地壳。

4. 锆石铪同位素

戴宝章等（2009）对两件东沟花岗斑岩体样品所含锆石进行了Hf同位素测试（表3.8），发现所有测试点均具有负的$\varepsilon_{Hf}(t)$值，主要集中于-18.7～-10.1，相应的Hf单阶段模式年龄为1.28～1.69Ga，两阶段模式年龄为2.53～3.29Ga，显示岩浆源区主要为古老地壳物质，与Nd同位素测试结果一致。有两个点具有较高的Hf同位素组成，$\varepsilon_{Hf}(t)$分别为-3.4（t=117Ma）和-2.4（t=1715Ma）。在$\varepsilon_{Hf}(t)$-t图解中（图3.7），Hf同位素数据均投于球粒陨石演化线之下。

表 3.7　东沟花岗斑岩 Sr-Nd 同位素组成（戴宝章等，2009）

样品号	$Rb/10^{-6}$	$Sr/10^{-6}$	$^{87}Rb/^{86}Sr$	$^{87}Sr/^{86}Sr$	$(^{87}Sr/^{86}Sr)_i$	$Sm/10^{-6}$	$Nd/10^{-6}$	$^{147}Sm/^{144}Nd$	$^{143}Nd/^{144}Nd$	1σ	Nd（i）	$\varepsilon_{Nd}(t)$	1σ	T_{DM1}/Ga	T_{DM2}/Ga
07DG-02	425.5	20.57	58.32	0.77405	0.67874	0.64	5.08	0.08	0.511661	6	0.511602	−17.3	0.1	1.68	2.31
07DG-04	309.0	8.75	99.58	0.79379	0.63104	0.82	5.31	0.10	0.511820	8	0.511747	−14.5	0.2	1.73	2.09
07DG-05	416.9	10.79	108.98	0.80355	0.62545	0.89	6.21	0.09	0.511782	3	0.511714	−15.1	0.1	1.68	2.14
07DG-06	370.1	9.48	110.06	0.82286	0.64298	1.00	7.54	0.08	0.511822	6	0.511760	−14.3	0.1	1.54	2.07

注：Sr 同位素测试过程中采用$^{86}Sr/^{88}Sr=0.1194$对质量分馏进行校正；Nd 同位素测试过程中采用$^{146}Nd/^{144}Nd=0.7219$校正质量分馏。

表 3.8　东沟花岗斑岩锆石 Hf 同位素组成（戴宝章等，2009）

点号	t/Ma	$^{176}Yb/^{177}Hf$	$^{176}Lu/^{177}Hf$	$^{176}Hf/^{177}Hf$	2σ	$^{176}Hf/^{177}Hf(t)$	$\varepsilon_{Hf}(t)$	T_{DM1}/Ma	T_{DM2}/Ma	$f_{Lu/Hf}$
DG2-01	113	0.057666	0.002226	0.282178	26	0.282174	−18.7	1565	3287	−0.93
DG2-02	112	0.021386	0.000840	0.282242	20	0.282240	−16.4	1420	3081	−0.97
DG2-03	113	0.021499	0.000853	0.282286	19	0.282284	−14.8	1360	2941	−0.97
DG2-04	112	0.022430	0.001020	0.282238	20	0.282236	−16.5	1432	3094	−0.97
DG2-05	112	0.035489	0.001526	0.282261	19	0.282258	−15.7	1419	3025	−0.95
DG2-07	115	0.052013	0.002064	0.282337	21	0.282332	−13.0	1331	2785	−0.94
DG2-08	112	0.062498	0.003012	0.282299	18	0.282293	−14.5	1421	2912	−0.91
DG2-10	113	0.032425	0.001421	0.282301	17	0.282298	−14.3	1359	2896	−0.96
DG2-11	115	0.027546	0.001062	0.282297	17	0.282294	−14.4	1352	2905	−0.97
DG2-12	114	0.052011	0.002297	0.282301	22	0.282296	−14.3	1392	2901	−0.93
DG2-13	116	0.023714	0.001051	0.282341	18	0.282339	−12.8	1289	2764	−0.97
DG2-14	116	0.045666	0.001789	0.282258	19	0.282255	−15.8	1433	3029	−0.95
DG2-15	116	0.030133	0.001307	0.282245	17	0.282242	−16.2	1433	3068	−0.96
DG2-17	114	0.116427	0.005528	0.282200	17	0.282188	−18.1	1686	3237	−0.83

续表

点号	t/Ma	$^{176}Yb/^{177}Hf$	$^{176}Lu/^{177}Hf$	$^{176}Hf/^{177}Hf$	2σ	$^{176}Hf/^{177}Hf(t)$	$\varepsilon_{Hf}(t)$	T_{DM1}/Ma	T_{DM2}/Ma	$f_{Lu/Hf}$
DG2-19	115	0.045689	0.002182	0.282337	19	0.282332	-13.0	1335	2785	-0.93
DG5-01	119	0.061958	0.002778	0.282241	13	0.282235	-16.4	1498	3087	-0.92
DG5-02	115	0.075443	0.003246	0.282268	15	0.282261	-15.6	1478	3010	-0.9
DG5-04-1	115	0.096931	0.004660	0.282434	23	0.282426	-10.1	1282	2527	-0.86
DG5-04-2	117	0.077755	0.003550	0.282340	25	0.282332	-13.0	1382	2782	-0.89
DG5-05	119	0.022172	0.000977	0.282275	15	0.282273	-15.0	1379	2968	-0.97
DG5-06	117	0.044923	0.001685	0.282292	15	0.282288	-14.6	1381	2922	-0.95
DG5-07	116	0.081347	0.003737	0.282293	13	0.282285	-14.7	1461	2933	-0.89
DG5-08-1	117	0.031364	0.001182	0.282320	21	0.282317	-13.5	1323	2830	-0.96
DG5-08-2	117	0.035178	0.001323	0.282608	46	0.028261	-3.4	921	1918	-0.96
DG5-09	117	0.029385	0.001109	0.282243	15	0.282240	-16.2	1429	3073	-0.97
DG5-11	119	0.057412	0.002389	0.282260	14	0.282255	-15.7	1454	3023	-0.93
DG5-14	119	0.053359	0.002426	0.282236	13	0.282230	-16.6	1491	3102	-0.93
DG5-15	117	0.079321	0.003042	0.282298	17	0.282291	-14.4	1425	2911	-0.91
DG5-16	116	0.051382	0.002307	0.282314	14	0.282309	-13.8	1373	2857	-0.93
DG5-17	115	0.040982	0.001604	0.282275	17	0.282271	-15.2	1403	2979	-0.95
DG5-18	1715	0.019971	0.000746	0.281649	17	0.281625	-2.4	2233	2894	-0.98
DG5-19	116	0.053845	0.002171	0.282344	16	0.282339	-12.8	1325	2762	-0.93
DG5-20	118	0.072210	0.002754	0.282290	16	0.282284	-14.7	1425	2933	-0.92

注：$\lambda^{176}Lu = 1.865\times10^{-11}\ a^{-1}$（Scherer et al., 2001）；$\varepsilon_{Hf}(t)$ 的计算利用 Blichert 等（1997）推荐的球粒陨石 Hf 同位素值（0.282772）以及 Lu/Hf 值（0.0332）；Hf 模式年龄计算时采用当前亏损地幔的$^{176}Hf/^{177}Hf$值（0.28325；Nowell et al., 1998）和$^{176}Lu/^{177}Lu$值（0.0384；Griffin et al., 2000）。

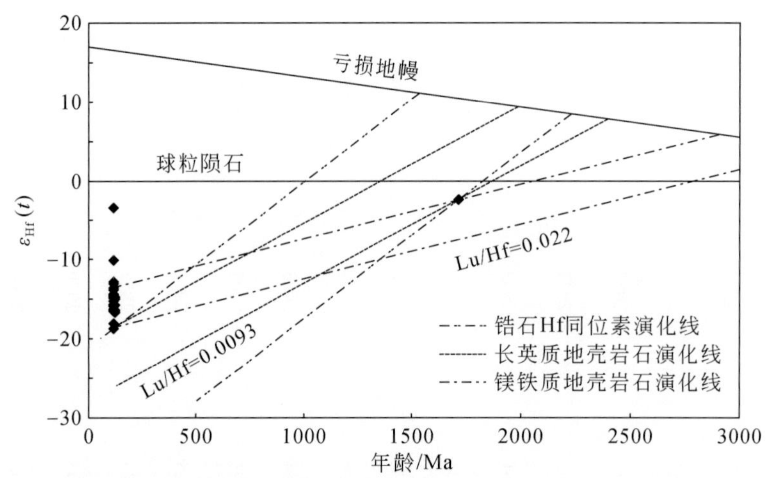

图 3.7　东沟花岗斑岩体 Hf 同位素组成与 U-Pb 年龄相关关系图解（戴宝章等，2009）

3.1.2.4　岩体成因

东沟花岗斑岩体的锆石 U-Pb 年龄为 112±1～117±1Ma。由秦岭造山带构造演化历史可知，在早白垩世晚期，秦岭造山带区域主应力方向已经由南北向转换为近东西向，进入了伸展构造体制，同时受到太平洋构造域的影响加剧，故东沟花岗斑岩体应形成于板内构造环境。

东沟花岗斑岩的 $\varepsilon_{Nd}(t)$ 为-17.3～-14.3，Nd 单阶段模式年龄为 1.54～1.73Ga，两阶段模式年龄为 2.07～2.31Ga；锆石 $\varepsilon_{Hf}(t)$ 集中于-18.7～-10.1，相应的单阶段模式年龄为 1.28～1.69Ga，两阶段模式年龄为 2.53～3.29Ga；表明岩浆主要源于 1.7～2.1Ga 的地壳物质（戴宝章等，2009）。同时，东沟花岗斑岩锆石 Hf 同位素组成具有较大的变化范围，且个别样品具有明显大的 $\varepsilon_{Hf}(t)$ 值（-3.4），表明成岩过程中可能有部分幔源或新生地壳物质加入。叶会寿等（2008）、戴宝章等（2009）、Yang L 等（2013）；Wang C M 等（2015）认为太山庙花岗岩基和东沟斑岩体属于铝质 A 型花岗岩，但 Li N 等（2018）依据：①岩体中缺乏钠闪石-钠铁闪石、霓石-霓辉石、铁橄榄石等可作为 A 型花岗岩鉴定标志的碱性暗色矿物；②Zr(58×10^{-6}～263×10^{-6}，多数<250×10^{-6})、Zr+Nb+Y+Ce(58×10^{-6}～477×10^{-6}，多数<350×10^{-6}）显著低于典型的 A 型花岗岩；③在 Zr-10000Ga/Al 和 FeO*/MgO-10000Ga/Al 判别图解中，多数样品跨越 A 型和 I、S & M 型花岗岩的边界，而在 FeO*/MgO-(Zr+Nb+Ce+Y) 和 (K_2O+Na_2O)/CaO-(Zr+Nb+Ce+Y) 判别图解中，多数样品落入高分异 I 型花岗岩的范围内；④基于锆饱和温度计计算的岩体形成温度介于 740～800℃，低于典型 A 型花岗岩的形成温度，故将其归类为高分异的 I 型花岗岩。

叶会寿等（2006）和戴宝章等（2009）推断东沟花岗斑岩体可能是太山庙花岗岩基的小岩枝或高分异产物。而黄凡等（2009）通过岩体年龄、地质学、岩石学、岩石地球化学和温度场分析，认为东沟花岗斑岩是独立于太山庙岩基的另一次岩浆活动的产物，二者不具有演化分异关系而可能来自于相似的源区。

3.1.3　矿床地质

3.1.3.1　矿体特征

东沟钼矿床主要矿体赋存于东沟花岗斑岩体外接触带的熊耳群火山岩中，Mo 资源储量约占整个矿床的 98%，平均品位约 0.12%。矿体形态严格受到斑岩体顶面形态制约，平面上为不规则椭圆状，NW-SE 向长 1800m，NE-SW 向宽 1700m，面积约 1.76km²；剖面上，岩体浅部呈环状外倾，深部呈近水平的似层状产出，厚度约为 47～254m，平均厚度约 148m（付治国等，2006；图 3.8）。在内接触带花岗斑岩体顶面赋存次要工业矿体，呈似层状，东西长 600m，南北宽 300～600m，厚度变化大，平均厚度为 10m 左

右，Mo 资源储量约占整个矿床的 2%，平均品位约 0.12%。

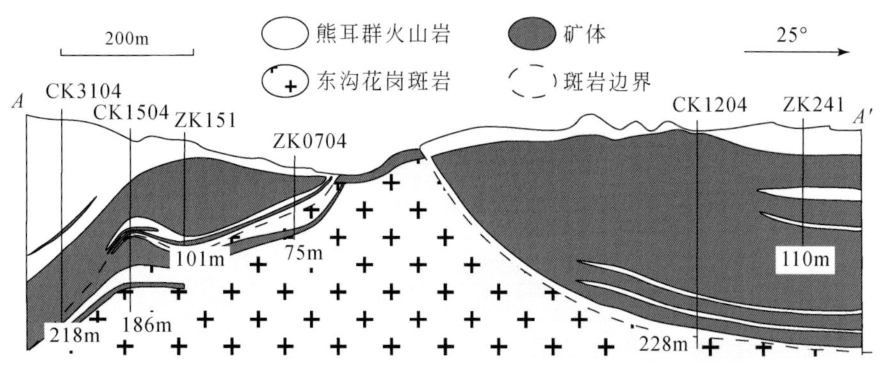

图 3.8　东沟钼矿床纵 04 勘探剖面图（据付治国等，2006 修编）

3.1.3.2　矿石组构

矿石类型以蚀变熊耳群火山岩为主，含少量蚀变花岗斑岩型。矿石中网脉发育，常见脉体包括钾长石脉、石英-钾长石脉、石英-硫化物脉、辉钼矿脉、方解石-萤石脉等（图 3.9A～F）。矿石矿物主要为辉钼矿，含很少量的磁铁矿、黄铁矿、黄铜矿、方铅矿和闪锌矿等。辉钼矿铅灰色，粒径 0.01～0.05mm，多呈鳞片状、叶片状集合体分布于石英脉内部或沿脉壁分布，亦见呈浸染状或薄膜状分布的辉钼矿（图 3.9K）。黄铁矿为自形-半自形粒状（图 3.9L），常在脉中呈浸染状分布，贯穿于整个成矿期。脉石矿物主要为石英、钾长石、斜长石、绿柱石、黑云母、角闪石、白云母、萤石、方解石、绿泥石等。常见的矿石结构包括叶片状结构、鳞片状结构、半自形-他形粒状结构、交代结构、斑状结构。矿石构造主要有浸染状、细脉浸染状、网脉状、薄膜状构造等。

3.1.3.3　围岩蚀变特征

矿床发育典型的斑岩蚀变组合，自岩体向外呈现有规律的面型蚀变：①钾化，包括钾长石化和黑云母化，主要表现为花岗斑岩内部钾长石沿边缘、裂隙、晶间交代斜长石，呈团块状或脉状分布的黑云母，以及充填于围岩裂隙中的钾长石细脉、石英-钾长石细脉（图 3.9G、H）；②绢英岩化，表现为绢云母和石英交代斜长石、钾长石和黑云母，以及呈细脉状充填于裂隙中的石英-绢云母（图 3.9I）；③硅化，表现为石英对斑岩体和围岩的交代以及各种沿裂隙充填的石英-（硫化物）网脉，与钼矿化关系密切；④青磐岩化，主要见于矿体边部，发育绿泥石、绿帘石、方解石等特征蚀变矿物，并见石英-方解石脉、方解石脉、方解石-萤石脉（图 3.9J）。

3.1.3.4　成矿阶段的划分

根据矿物共生组合、矿石组构及脉体穿插关系，可将热液成矿过程分为早、中、晚三个阶段：①早阶段为钾长石-石英阶段，发育钾长石+石英+黑云母+少量辉钼矿组合，以钾长石脉、钾长石-石英脉、石英脉、钾长石-辉钼矿脉形式产出，脉体细小，辉钼矿呈鳞片状分布于钾长石脉体中央。②中阶段为石英-硫化物阶段，以石英+辉钼矿±钾长石±绿柱石±少量其他硫化物（包括黄铁矿、黄铜矿、方铅矿、闪锌矿等）组合为特征，见石英-钾长石-硫化物脉、石英-(钾长石)-绿柱石-硫化物脉、石英-硫化物脉、薄膜状辉钼矿脉等，脉体较宽，钼矿化显著。辉钼矿或以鳞片状在围岩或网脉中呈浸染状产出，或以薄膜状沿脉壁、裂隙分布。黄铁矿多呈自形-半自形粒状产出，黄铜矿往往为他形晶。③晚阶段为石英-碳酸盐-萤石阶段，以出现低温的方解石和萤石为特征，主要发育无矿石英脉、石英-萤石-碳酸盐脉、萤石-方解石脉，基本不含硫化物，无钼矿化。

主要热液矿物生成顺序见图 3.10 所示。

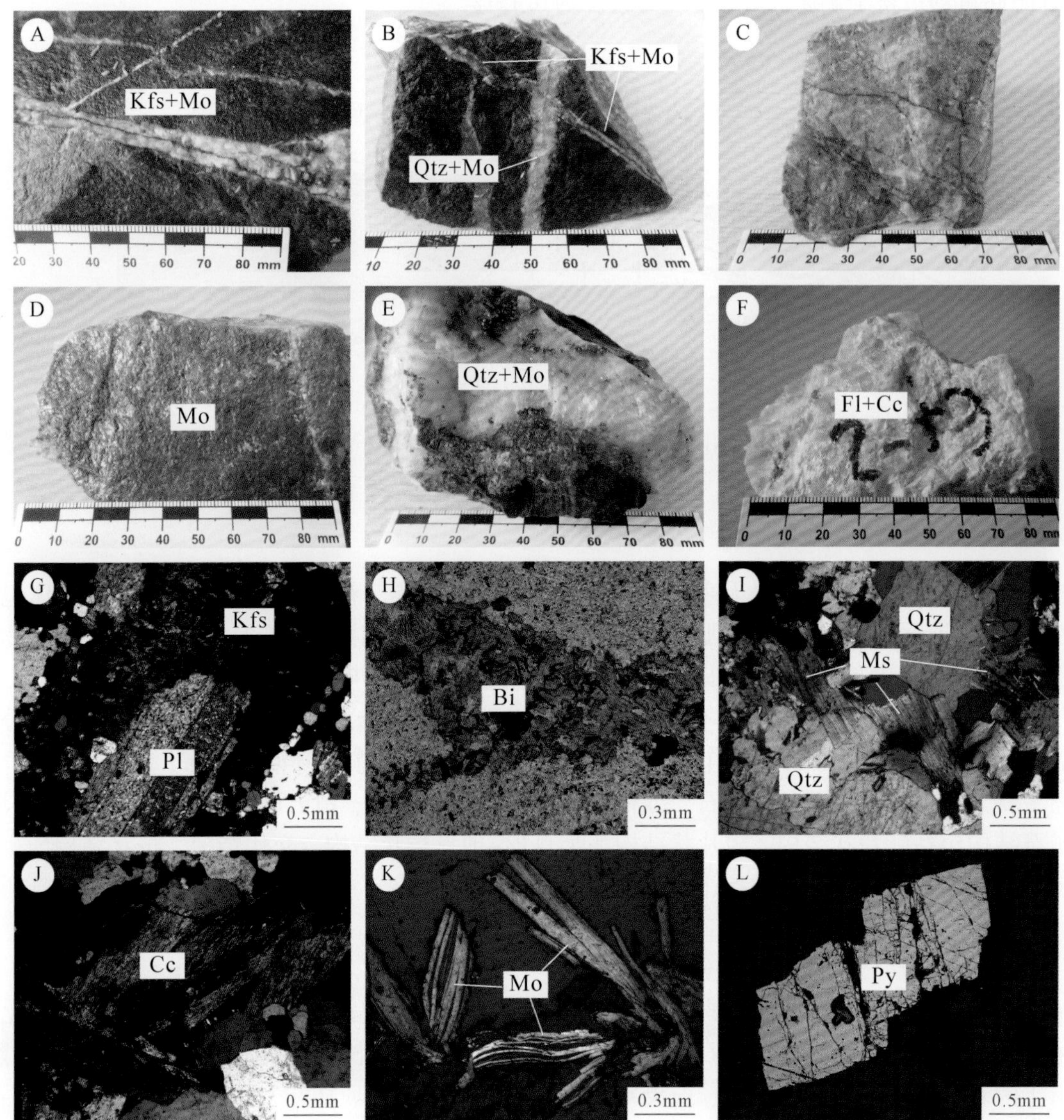

图 3.9 东沟钼矿床矿化、蚀变特征（杨永飞等，2011）

A. 早阶段钾长石-辉钼矿脉；B. 中阶段石英-硫化物脉穿插早阶段钾长石-辉钼矿脉；C. 中阶段石英-辉钼矿网脉；D. 中阶段薄膜状辉钼矿脉；E. 中阶段石英-辉钼矿脉；F. 晚阶段萤石-方解石脉；G. 钾长石包边；H. 黑云母脉；I. 石英绢云母脉；J. 晚阶段方解石脉穿切中阶段石英硫化物脉；K. 叶片状辉钼矿；L. 自形-半自形黄铁矿。图中缩写：Bi. 黑云母；Cc. 方解石；Fl. 萤石；Kfs. 钾长石；Mo. 辉钼矿；Ms. 白云母；Pl. 斜长石；Py. 黄铁矿；Qtz. 石英

3.1.4 流体包裹体地球化学

3.1.4.1 样品与测试

杨永飞等（2011）对东沟钼矿进行了详细的流体包裹体研究，研究样品包括来自东沟钼矿床地表和坑道的蚀变安山岩型矿石、斑岩型矿石，涵盖了各成矿阶段。

流体包裹体显微测温分析在中国科学院地质与地球物理研究所完成，所用仪器为 LINKAM THMSG600 冷热台，测试温度范围为-196 ~ 600℃，在-120 ~ -70℃温度区间的测定精度为±0.5℃、-70 ~ +100℃区间精度为±0.2℃，100 ~ 500℃区间精度为±2℃。采用美国 FLUID INC 公司提供的人工合成流体包裹体样

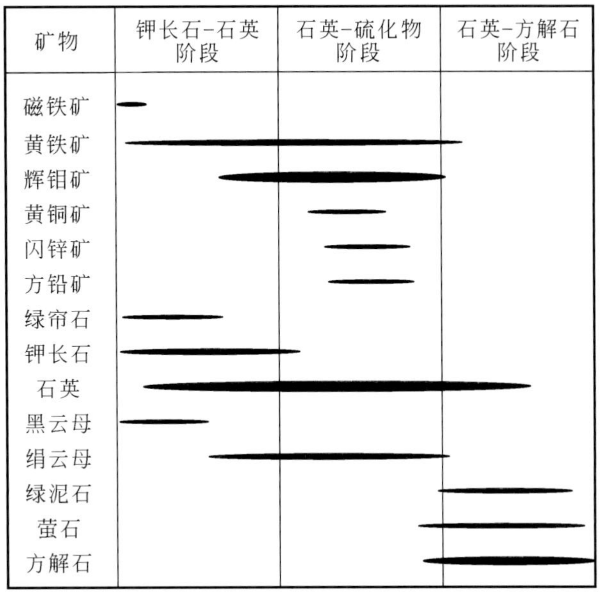

矿物	钾长石-石英阶段	石英-硫化物阶段	石英-方解石阶段
磁铁矿			
黄铁矿			
辉钼矿			
黄铜矿			
闪锌矿			
方铅矿			
绿帘石			
钾长石			
石英			
黑云母			
绢云母			
绿泥石			
萤石			
方解石			

图3.10　东沟钼矿床热液矿物生成顺序（杨永飞等，2011）

品对冷热台进行了温度标定。测试过程中，升温速率一般为1～5℃/min，含CO_2包裹体相变点附近升温速率为0.2℃/min，水溶液包裹体相变点附近的升温速率为0.2～0.5℃/min，基本保证了相转变温度数据的准确可靠。

CO_2-H_2O型包裹体的盐度根据笼合物熔化温度由Collins（1979）方法计算得到，水溶液包裹体的盐度根据冰点温度据Bodnar（1993）的盐度-冰点关系表查出。对于含子晶多相包裹体的盐度，若存在石盐子晶则根据石盐子晶熔化温度按Hall（1988）方程计算得出，若只有不熔子矿物则根据冰点温度据Bodnar（1993）的盐度-冰点关系表查出。然而，由于实际测温过程中部分子矿物未能熔化，所计算的盐度未包括不熔子矿物的贡献，即低于实际盐度。各类包裹体的密度利用Flincor软件（Brown，1989）计算获得。

单个流体包裹体成分的激光拉曼显微探针测试在北京大学造山带与地壳演化教育部重点实验室完成，测试仪器为RM-1000型拉曼光谱仪，使用514.5nm氩激光器，计数时间为10s，每1cm^{-1}（波数）计数一次，100～4000cm^{-1}全波段一次取峰，激光斑束大小为2μm，光谱分辨率±2cm^{-1}。

3.1.4.2　流体包裹体岩相学

东沟钼矿床各成矿阶段脉石矿物中广泛发育流体包裹体，其类型丰富，形态多样（图3.11）。根据流体包裹体成分以及室温下相态（卢焕章等，2004；陈衍景等，2007），将包裹体分为如下3类：

CO_2-H_2O型包裹体（C型）：此类包裹体含量较少，主要在早、中阶段热液石英中发育。多呈负晶形、椭圆形、不规则形孤立分布，长轴长度集中于5～25μm。CO_2/H_2O变化于20%～80%。多数该类包裹体室温下可见典型“双眼皮”特征（图3.11A、B），即$V_{CO_2}+L_{CO_2}+L_{H_2O}$，部分在室温下表现为两相（$V_{CO_2}+L_{H_2O}$），冷冻过程中出现$CO_2$液相。

水溶液包裹体（W型）：发育广泛，见于成矿各阶段。早、中阶段热液石英中大量发育原生W型包裹体，孤立分布或成群分布，主要为负晶形、椭圆形、不规则形和长条形（图3.11C、D），长轴长5～30μm，气液比为10%～85%。中阶段热液绿柱石中该类包裹体呈长条状产出，长轴方向与绿柱石解理方向一致。晚阶段热液石英和萤石中原生W型包裹体多呈负晶形、椭圆形，气液比为10%～25%；次生水溶液包裹体发育，呈椭圆形和不规则形，成群分布，气液比一般小于10%。

含子晶多相包裹体（S 型）：见于早、中阶段热液石英中，多孤立分布，负晶形、长条形、不规则形。长轴长度一般 5 ~ 25μm，个别可达到 40μm，气相所占比例一般为 5% ~ 40%，气相成分主要为 H_2O。包裹体中可含有一个或多个子矿物（图 3.11E、I），包括石盐子矿物、黑色点状不透明子矿物和不规则状透明子矿物；除石盐外，其他子矿物在加热过程中不熔。根据子矿物成分，可细分为含石盐子晶的 S1 型包裹体和只含不熔子晶的 S2 型包裹体。激光拉曼显微探针分析（见后）表明，黑色不透明子矿物主要为黄铜矿；部分不规则状透明子矿物为方解石，另有部分子矿物属拉曼惰性组分，不能识别。

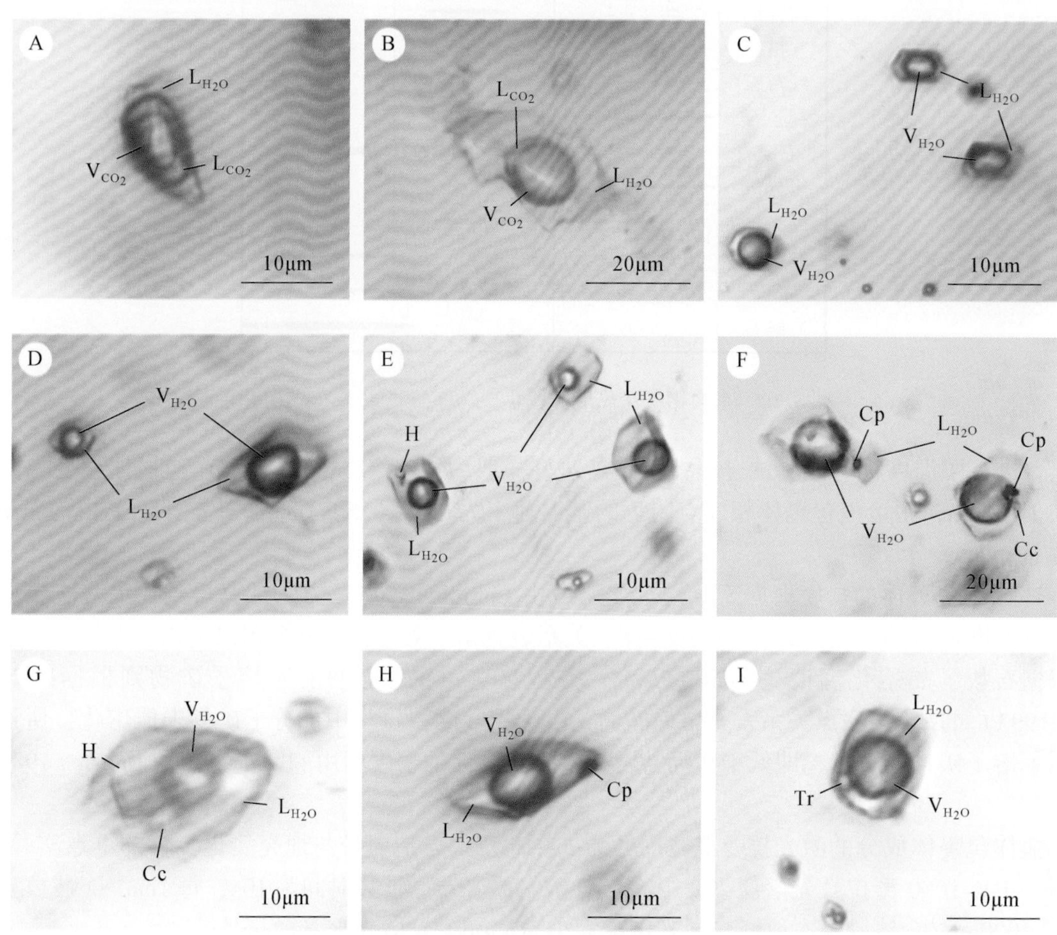

图 3.11　东沟钼矿床流体包裹体显微照片（杨永飞等，2011）

A. C 型包裹体；B. 富水溶液相的 C 型包裹体；C. 呈石英负晶形的 W 型包裹体；D. 富液相的 W 型包裹体；E. 富液相 W 型包裹体和含石盐子晶的 S 型包裹体；F. 含黄铜矿、方解石子矿物的 S 型包裹体；G. 含石盐、方解石子矿物的 S 型包裹体；H. 含黄铜矿子矿物的 S 型包裹体；I. 含未知透明子矿物的 S 型包裹体。图中缩写：V_{CO_2}. 气相 CO_2；L_{CO_2}. 液相 CO_2；V_{H_2O}. 气相 H_2O；L_{H_2O}. 液相 H_2O；H. 石盐；Cp. 黄铜矿；Cc. 方解石；Tr. 未鉴定透明粒状子矿物

3.1.4.3　流体包裹体热力学

1. 显微测温结果

杨永飞等（2011）对东沟钼矿床各成矿阶段的流体包裹体进行了详细的显微测温分析，获得数据 419 件，结果列于表 3.9 和图 3.12、图 3.13。

表 3.9　东沟钼矿床流体包裹体显微测温结果（杨永飞等，2011）

阶段	矿物	类型	N	T_{m,CO_2}/℃	$T_{m,ice}$/℃	$T_{m,cla}$/℃	$T_{m,halite}$/℃	T_h/℃	W/(% NaCl eqv.)	ρ/(g/cm^3)
早	石英	C	15	−58.3 ~ −56.6		2.3 ~ 5.8		380 ~ 515(V)	7.7 ~ 12.8	0.39 ~ 0.65
		W	42		−14.6 ~ −5.1			372 ~ 550(L，V)	8.0 ~ 18.3	0.57 ~ 0.81
		S1	4				263 ~ 402	141 ~ 215(L)*	35.6 ~ 47.7	
		S2	39		−14.1 ~ −9.0			318 ~ 516(L，V)	12.9 ~ 17.9	
中	石英	C	24	−57.9 ~ −56.6		−1.5 ~ 7.6		268 ~ 398(V，L)	4.6 ~ 17.0	0.26 ~ 0.73*
		W	143		−14.6 ~ −3.3			220 ~ 440(L，V)	5.3 ~ 18.3	0.59 ~ 0.95
		S1	15				197 ~ 416	125 ~ 376(L)*	31.7 ~ 49.2	
		S2	52		−14.6 ~ −4.7			210 ~ 436(L)	7.5 ~ 18.3	
	绿柱石	W	20		−10.3 ~ −4.3			182 ~ 387(L)	6.8 ~ 14.3	0.67 ~ 0.94
		S2	20		−11.6 ~ −6.0			248 ~ 396(L)	9.2 ~ 15.6	
晚	石英	W	45		−4.6 ~ −0.3			125 ~ 225(L)	0.5 ~ 7.3	0.86 ~ 0.98

注：N 为测试包裹体个数；T_{m,CO_2} 为固相 CO_2 初熔温度；$T_{m,cla}$ 为笼合物熔化温度；T_{h,CO_2} 为 CO_2 部分均一温度；$T_{m,ice}$ 为冰点温度；T_h 为完全均一温度，括号中的 V 和 L 分别代表均一至气相（V）或液相（L）。* 指除不熔子矿物外 S1 型包裹体气泡消失温度；$T_{m,halite}$ 为石盐子晶熔化温度；W 为盐度（S 型包裹体的盐度未包含不熔子矿物的贡献）；ρ 为密度。

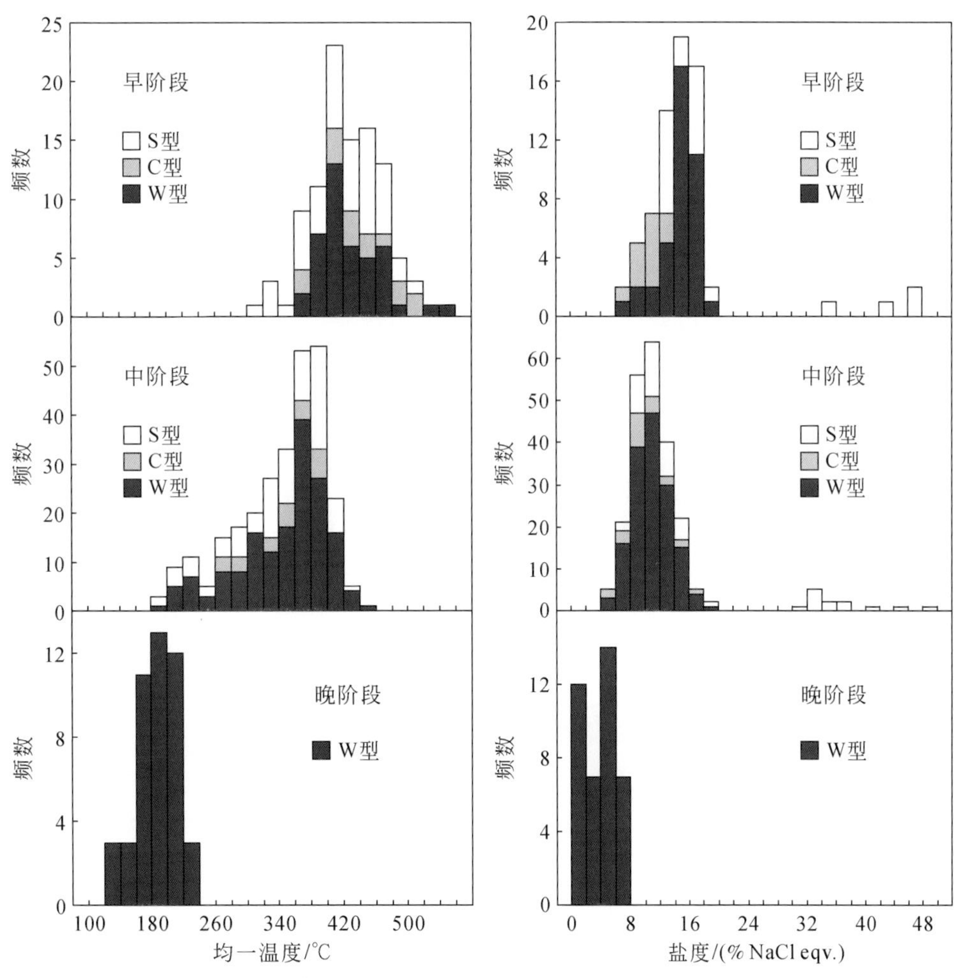

图 3.12　东沟钼矿床各成矿阶段包裹体均一温度和盐度直方图（杨永飞等，2011）

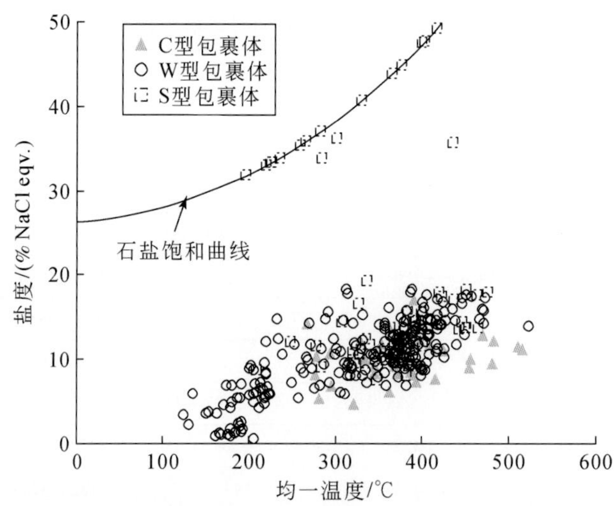

图 3.13　东沟钼矿床各成矿阶段包裹体盐度-均一温度图（杨永飞等，2011）

早阶段热液石英中原生包裹体以 W 型和 S 型为主，见部分 C 型包裹体。C 型包裹体冷冻后回温过程中测得 CO_2 固相的初熔温度为-58.3 ~ -56.6℃，接近于或略低于纯 CO_2 的三相点（-56.6℃），表明除 CO_2 外可能含其他气相组分，但激光拉曼测试仅见 CO_2，可能由其他组分含量低于拉曼光谱的检测限所致（卢焕章等，2004）；继续升温，获得笼合物消失温度为 2.3 ~ 5.8℃，对应水溶液相的盐度为 7.7% ~ 12.8% NaCl eqv.；部分均一温度介于 14.3 ~ 26.3℃之间，部分均一至气相；完全均一温度为 380 ~ 515℃，均一至气相；计算获得流体密度为 0.39 ~ 0.65g/cm³。W 型包裹体冰点温度为-14.6 ~ -5.1℃，对应盐度为 8.0% ~ 18.3% NaCl eqv.；密度为 0.57 ~ 0.81g/cm³，完全均一温度集中于 372 ~ 550℃，均一至气相或液相。S 型包裹体较为发育，气相成分以 H_2O 为主，部分为 CO_2；子矿物见黄铜矿、方解石、石盐及未知透明粒状矿物。S1 型包裹体加热过程气泡先于石盐子晶消失，气泡消失温度为 141 ~ 215℃，石盐子晶消失温度为 263 ~ 402℃，包裹体均一到液相，相应流体盐度为 36% ~ 48% NaCl eqv.，不包括不熔子矿物的贡献。S2 型包裹体冰点温度为-14.1 ~ -9.0℃，盐度为 12.9% ~ 17.9% NaCl eqv.，加热过程中子矿物不熔，气液相均一温度为 318 ~ 516℃，均一到液相或气相。

中阶段是主要的钼矿化阶段，以发育石英-硫化物网脉为特征。该阶段热液石英中大量发育 W 型和 S 型，以及少量 C 型包裹体。C 型包裹体 CO_2 初熔温度为-57.9 ~ -56.6℃，笼合物消失温度为-1.5 ~ 7.6℃，计算得到盐度为 4.6% ~ 17.0% NaCl eqv.；CO_2 部分均一温度变化于 13.4 ~ 31.1℃之间，部分均一至气相；完全均一温度介于 268 ~ 398℃之间，集中于 360 ~ 390℃，均一至液相或气相；计算获得流体密度为 0.26 ~ 0.73g/cm³。W 型包裹体冰点温度为-14.6 ~ -3.3℃，对应盐度为 5.3% ~ 18.3% NaCl eqv.；加热过程大部分包裹体均一至液相，少量向气相均一，个别为临界均一，均一温度为 219 ~ 440℃；获得流体密度为 0.59 ~ 0.95 g/cm³。S 型包裹体多孤立分布，子矿物主要为黄铜矿，其次为少量石盐、方解石等。S1 型包裹体加热过程中多数气泡先于石盐子晶消失，少数石盐子晶先消失，石盐消失温度为 197 ~ 416℃，计算得盐度为 32% ~ 49% NaCl eqv.；气泡消失温度为 125 ~ 376℃，包裹体均一到液相。S2 型包裹体冰点温度为-14.6 ~ -4.7℃，盐度为 7.5% ~ 18.3% NaCl eqv.，气液相均一温度为 210 ~ 436℃，主要向液相均一，个别均一到气相。

中阶段热液绿柱石中只观察到 W 型和 S2 型包裹体。其中，W 型包裹体冰点变化于-10.3 ~ -4.3℃，对应盐度为 6.8% ~ 14.3% NaCl eqv.，计算得到流体密度为 0.67 ~ 0.94g/cm³。这类包裹体于 182 ~ 388℃均一到液相。S2 型包裹体气相成分为 H_2O，未见 CO_2；多含黄铜矿子矿物，加热过程中不熔。获得 S2 型包裹体的气液相均一温度为 249 ~ 396℃，向液相均一，流体盐度约为 9.6% ~ 15.6% NaCl eqv.。

晚阶段热液石英和萤石中仅含 W 型包裹体，其冰点温度为-4.6 ~ -0.3℃，对应盐度为 0.5% ~ 7.3% NaCl eqv.；密度为 0.86 ~ 0.98g/cm³，包裹体全部均一至液相，均一温度变化于 125 ~ 225℃之间，峰值为 180 ~ 200℃。

2. 包裹体最小捕获压力及深度估算

根据 H_2O-CO_2 包裹体的部分均一温度、部分均一方式、部分均一时 CO_2 相所占比例及完全均一温度，利用流体包裹体数据处理 Flincor 程序（Brown，1989）以及 Bowers 和 Helgeson（1983）公式，获得早、中阶段流体包裹体最小捕获压力分别为 63～117MPa 和 12～67MPa。

考虑到斑岩成矿系统多次流体沸腾、水压致裂、沉淀愈合等循环进行，认为，早阶段流体处于超静岩压力或静岩压力；而中阶段流体处于静岩压力与静水压力的转换交替状态，其最高压力端元代表静岩或超静岩压力系统，低端代表静水压力系统。鉴于矿区围岩主要为安山岩和凝灰质粉砂岩，取其平均密度 2.5g/cm^3，则早阶段成矿深度为 2.5～4.7km，中阶段为 1.2～2.7km。据此，认为东沟钼矿床最大成矿深度应大于 4.7km。

3.1.4.4　流体包裹体成分分析

单个包裹体的激光拉曼显微探针分析显示，不同阶段同一类型的包裹体其成分类似：

C 型包裹体中气相仅见 CO_2 特征峰（1285cm^{-1} 和 1389cm^{-1}）（图 3.14A），未见其他成分，水液相亦仅见宽缓的水峰。

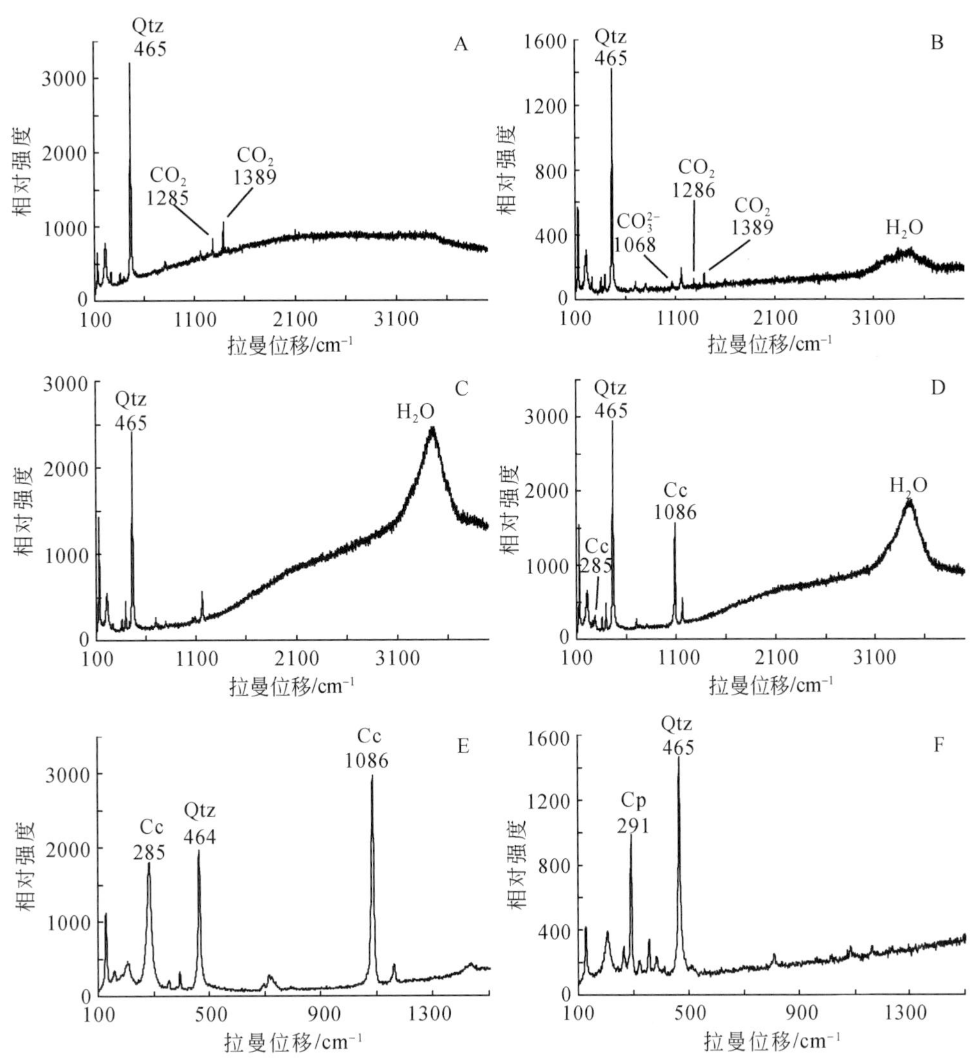

图 3.14　流体包裹体激光拉曼（LRM）图谱（杨永飞等，2011）

A. C 型包裹体气相中的 CO_2；B. 早阶段 W 型包裹体气相中的 H_2O 和少量 CO_2，液相中的 H_2O 和 CO_3^{2-}；C. W 型包裹体气液相中的 H_2O；D. S 型包裹体中的方解石子晶和液相的 H_2O；E. S 型包裹体中的方解石子晶；F. S 型包裹体中的黄铜矿子晶。Qtz. 石英；Cp. 黄铜矿；Cc. 方解石

W 型包裹体气相成分以 H_2O 为主（图 3. 14C），部分产于早、中阶段的该类包裹体气相中含少量 CO_2，液相中含有少量 CO_3^{2-}（图 3. 14B）。

S 型包裹体液相成分以 H_2O 为主，气相成分可分为 H_2O 和 CO_2 两种。部分透明子矿物具有 1086cm^{-1} 和 285cm^{-1} 特征峰（图 3. 14D、E），指示其为方解石；另有部分透明子矿物无特征峰显示。不透明子矿物多具有 291cm^{-1} 特征峰（图 3. 14F），指示子矿物为黄铜矿。

结合包裹体岩相学和激光拉曼显微探针分析结果，认为早、中阶段成矿流体为 H_2O-CO_2-NaCl 体系，晚期演变为 H_2O-NaCl 体系。

3. 1. 4. 5 成矿流体性质与演化

东沟含矿斑岩体形成深度较大，岩浆中初始水含量较低，而 K 含量较高（戴宝章等，2009）。这种岩浆在流体出溶前往往经历了一定程度的结晶（Candela and Holland，1986；Robb，2005），因此 Mo 作为不相容元素在残留岩浆中富集。随后，由岩浆分异出的流体亦继承了岩浆富 K、富 Mo 的特征。此外，在早阶段见水溶液包裹体、CO_2-H_2O 包裹体及含子晶多相包裹体，表明初始成矿流体属 H_2O-CO_2-NaCl 体系。获得流体包裹体均一温度集中于 380 ~ 550℃，C 型和 W 型包裹体盐度为 7. 7% ~ 18. 3% NaCl eqv.，表明初始成矿流体具有高温、富 CO_2 的特征。随温度降低，这种高温、富 CO_2、高碱金属离子含量的初始岩浆–流体系统自然导致黑云母、钾长石、钠长石、石英等造岩矿物的形成，通常表现为“碱交代”（胡受奚等，2002）。在此阶段，S1 型包裹体盐度为 36% ~ 48% NaCl eqv.（未包括不熔子矿物的贡献），气泡先于石盐子晶消失，同时岩相学观察未见明显的后期改造，表明该类包裹体可能于较高压力下捕获（Bodnar，1994；Becker et al. 2008），或是非均匀捕获的结果，其盐度不能代表原始成矿热液的盐度。同时流体见 C 型、W 型和 S 型包裹体共存，包裹体中气相（CO_2 相或 H_2O 气相）所占比例变化较大（介于 25% ~ 80% 之间），包裹体均一温度相近而均一方式多样，也表明早阶段石英捕获了不均一的流体。由于该阶段氧逸度和 CO_2 含量较高，流体系统中的 S^{2-} 活度低，不利于硫化物沉淀，系统矿化较为微弱。且此时由于含矿岩浆尚未完全固结，形成的脉体主要由高温矿物组成，脉体形态不规则状，脉壁呈锯齿状，延伸不远。

早阶段蚀变不但消耗了系统的热量和溶质，而且导致流体的温度和盐度降低。获得中阶段流体温度集中于 260 ~ 410℃，C 型和 W 型包裹体盐度介于 4. 62% ~ 18. 28% NaCl eqv. 之间，含石盐子矿物的 S1 型包裹体盐度变化于 32% ~ 49% NaCl eqv. 。由于碱金属离子和 OH^- 大量消耗，流体酸性程度增高，即 H^+ 活度增高，导致 $2H^++CO_3^{2-}\longrightarrow H_2O+CO_2\uparrow$，流体中 CO_2 大量逃逸；[SiO_3^{2-}] 或 SiO_2 的消耗导致流体黏度降低，渗透能力增强；而流体与围岩中 Fe 的反应（Heinrich，2005）降低了流体的氧逸度，导致 $Mo^{6+}\rightarrow Mo^{4+}$，$SO_4^{2-}\rightarrow S^{2-}$。上述流体性质的一系列变化势必导致早阶段“碱交代”之后，发生以流体沸腾、CO_2 逸失和大量硫化物沉淀为特征的广泛的“酸交代”（胡受奚等，2002）或“酸性淋滤”（Heinrich，2005）。在该阶段形成的脉体多在斑岩固结后由于流体高压致裂形成，脉体往往较为平直，宽度较大，延伸较远，缺少蚀变晕。值得注意的是，在早、中阶段 S 型包裹体中常见黄铜矿子矿物，表明初始流体中 Cu、Fe 含量较高。但东沟钼矿床中除大规模的辉钼矿沉淀外，罕见有黄铁矿、黄铜矿等 Fe-Cu 硫化物形成。这可能是 Cu、Fe、S 等元素发生了选择性逃逸，最终导致了东沟钼矿中仅见辉钼矿沉淀而缺失黄铁矿、黄铜矿等，而在邻近的王坪西沟、西灶沟、老代仗沟、三元沟等地则广泛发育黄铁矿、方铅矿、闪锌矿等硫化物。这一现象亦见于美国 Questa 斑岩钼矿床（Klemm et al.，2008），但这种成矿元素选择性逃逸的具体机制尚待进一步研究。

随着斑岩系统裂隙的大量发育，高氧逸度的地下水不断混入成矿流体系统并循环对流，由斑岩岩浆侵入带来的热能逐渐消耗，流体氧逸度、酸度不断增高。晚阶段流体温度已降低至 125 ~ 225℃；盐度亦较低，变化于 0. 5% ~ 7. 3% NaCl eqv.，且不发育含子矿物多相包裹体；流体中 CO_2 含量显著下降，未见含 CO_2 包裹体出现。上述特征表明初始的岩浆流体系统已逐步被大气降水热液代替。在该阶段，基本没有硫化物形成，脉体规模也大大减小，脉体变窄。

综上，东沟斑岩钼矿床成矿流体由高温、富 CO_2 的岩浆热液向低温、贫 CO_2 的大气降水热液演化，流体温度的降低、大气降水的混合是导致成矿物质沉淀的主要因素。

3.1.5 氢氧同位素特征

3.1.5.1 样品与测试

氢氧同位素研究样品来自东沟钼矿床地表和坑道的蚀变安山岩型矿石、斑岩型矿石，包括早阶段钾长石-石英脉，中阶段石英-钾长石-辉钼矿脉、石英-辉钼矿脉、无矿石英脉。将脉体分离破碎、过筛，粒级达40~60目，然后在实体显微镜下挑出石英用于分析，石英纯度在99%以上。

氢氧同位素测试工作在中国地质科学院矿产资源研究所完成。石英的氧同位素分析采用BrF_5法制样（Clayton and Mayeda，1963），先把石英样品碎至200目左右，然后把样品在真空条件下500~680℃与纯五氟化溴进行恒温反应释放出氧气，用冷冻法分离杂质组分，收集纯净的氧气于700℃在铂催化剂的作用下与石墨恒温反应生成CO_2用于质谱分析。石英中包裹体水的氢同位素分析首先由加热爆裂法获取包裹体内水，经过去气处理提纯，再将水蒸气在850℃与金属铬反应制备H_2用于质谱分析（万德芳等，2005）。质谱分析使用MAT-252质谱仪，$\delta^{18}O$和δD测试精度分别为±0.2‰、±2‰。

3.1.5.2 测试结果

东沟钼矿床的氢氧同位素组成列于表3.10，其中成矿流体的$\delta^{18}O$值利用平衡分馏方程$1000\ln\alpha_{石英-水}=3.38\times10^6/T^2-3.40$（Clayton et al.，1972）计算而得。分析获得石英的$\delta^{18}O$值集中在+8.5‰~+10‰，计算得到与其平衡的水的$\delta^{18}O$值为1.9‰~+5.5‰；石英中流体包裹体水的δD值为-89‰~-59‰。将本次所得数据与叶会寿等（2006）所获得数据投影至δD-$\delta^{18}O$关系图上（图3.15）可见，除一个中阶段样品的δD值较高外（DG0807），其余样品的δD值均低于变质水；一个早阶段样品投于岩浆水范围，中阶段样品投影点靠近岩浆水范围，表明早阶段成矿流体应为岩浆流体，中阶段有一定大气降水加入，但仍以岩浆水为主。上述氢氧同位素研究表明东沟钼矿床的成矿流体由早阶段的岩浆热液向晚阶段的大气降水热液演化。

此外，叶会寿等（2006）获得一个花岗斑岩样品中石英的氢氧同位素数据与大气降水热液相近，可能为晚阶段硅化成因，也可能是由于计算时所用温度偏低。

表3.10 东沟钼矿床的氢氧同位素组成（SMOW标准）

样品号	产状	$\delta^{18}O_{石英}$/‰	$\delta^{18}O_{水}$/‰	δD/‰	温度/℃	资料来源
DG02	石英-辉钼矿脉	9.2	4.4	-77	370	本书
DG03	无矿石英脉	8.8	1.9	-71	300	本书
DG0301	石英-辉钼矿脉	8.9	4.8	-71	400	本书
DG0303	石英-钾长石脉	9.1	5.9	-77	440	本书
DG0702	石英脉	9.7	4.7	-71	360	本书
DG0807	石英-长石-辉钼矿脉	8.5	4.4	-59	400	本书
MMDG-B3-1	石英-辉钼矿脉	10	2.9	-82	296	叶会寿，2006
MMDG-B5	东沟斑岩	9.5	-2.9	-89	190	叶会寿，2006

3.1.6 成矿年代学

3.1.6.1 辉钼矿Re-Os同位素年代学

叶会寿等（2006）对东沟钼矿床两件辉钼矿-钾长石-石英脉样品（DG-1和DG-2）进行了辉钼矿

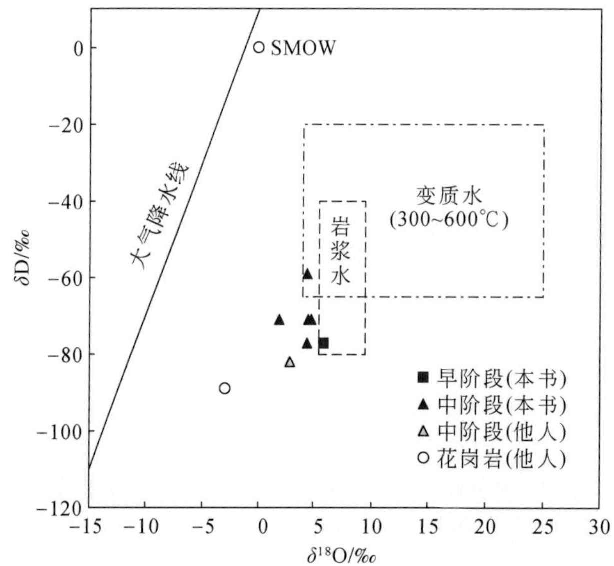

图 3.15 东沟钼矿床成矿流体氢氧同位素投影图（底图据 Taylor，1974，数据见表 3.10）

Re-Os 同位素测年，结果见表 3.11。获得样品的 Re 含量分别为 4.19×10^{-6}和 4.04×10^{-6}，Re-Os 模式年龄分别为 116.5±1.7Ma 和 115.5±1.7Ma，表明成矿作用发生于早白垩世晚期。

表 3.11 东沟钼矿床辉钼矿 Re-Os 测年结果（引自叶会寿等，2006）

样品号	样重/g	$Re/10^{-6}$	$^{187}Re/10^{-6}$	$^{187}Os/10^{-9}$	模式年龄/Ma
DG-1	0.10843	4.19±0.06	2.64±0.04	5.12±0.04	116.5±1.7
DG-2	0.12179	4.04±0.05	2.54±0.03	4.89±0.04	115.5±1.7

注：表中误差均为 2σ，$\lambda(^{187}Re)=1.666\times10^{-11}\ a^{-1}$（Smoliar et al.，1996）。

3.1.6.2 成矿地球动力学背景

叶会寿等（2006）所获东沟钼矿床成矿年龄为 115.5～116.5Ma，与成矿岩体年龄（112～117Ma，叶会寿等，2006；戴宝章等，2009）在误差范围内一致，表明东沟斑岩钼矿床成岩成矿系统形成于早白垩世晚期。地球化学特征表明，东沟花岗斑岩属高分异 I 型花岗岩，形成于板内环境；成岩成矿物质主要来源于古老地壳。结合区域构造演化，认为早白垩世晚期，秦岭造山带已进入伸展构造体制。受中国东部大规模岩石圈拆沉作用影响，岩石圈减薄，软流圈物质上涌，导致强烈的壳-幔相互作用和伸展作用，地壳物质部分熔融，最终导致了东沟斑岩钼矿床成岩成矿系统的形成。东沟斑岩钼矿床与石门沟（108.0±2.8Ma，邓小华，2011）、南沟（103±17～107±0.61Ma，杨晓勇等，2010）等钼矿床共同代表了燕山晚期秦岭造山带伸展构造体制的钼成矿事件。

3.1.7 总结

东沟超大型钼矿床产于华熊地块的外方山地区，成矿母岩——东沟花岗斑岩属高分异的 I 型花岗岩。该花岗斑岩形成于 112～117Ma，具有高硅、富碱、高钾，贫铁、镁、钙的特征；稀土元素配分曲线表现为向右倾斜，Eu 负异常显著。岩石富集 Rb、U、Th 等大离子亲石元素及 Zr、Hf、Nb、Ta 等高场强元素，明显亏损 Sr、Ba 及 P 等元素。同位素地球化学特征显示其岩浆来源于古老地壳，可能有部分新生地壳或幔源物质的加入。

以岩体为中心，矿床发育典型的斑岩蚀变分带，由内向外依次为钾化带、绢英岩化带和青磐岩化带，钼矿体主要赋存于斑岩体外接触带的熊耳群火山岩中。矿石发育浸染状、细脉浸染状、网脉状、薄膜状构造，辉钼矿以细脉浸染状、浸染状和薄膜状产出。流体成矿过程可分为早、中、晚三个阶段，分别以钾长石±石英±辉钼矿脉、石英-多金属硫化物网脉以及石英-萤石-碳酸盐脉为特征。流体包裹体与氢氧同位素研究表明，初始成矿流体为岩浆热液，具有高温、高盐度、富 CO_2 特征；随着成矿作用的进行，成矿流体向低温、低盐度、贫 CO_2 的大气降水热液演化。

辉钼矿 Re-Os 同位素年代学研究表明成矿作用发生于 115.5～116.5Ma，同步于东沟斑岩体的侵位时代。东沟斑岩钼矿床成岩成矿作用发生于早白垩世晚期秦岭造山带伸展构造体制，成矿物质主要来源于地壳。

3.2　金堆城斑岩钼矿床

金堆城钼矿床位于陕西省华县境内，已探明 Mo 资源储量 97.8 万 t，平均品位 0.099%，达超大型规模（李诺等，2007）。该矿床由陕西省地质局金堆城地质队于 1955 年发现，1959 年提交了《陕西华县金堆城钼矿最终地质勘探报告》，同年开始小规模开采，如今已发展成为集钼采矿、选矿、加工等为一体的综合钼矿基地，是中国最重要的钼金属供应基地之一。

由于规模巨大，类型典型，且产于碰撞造山带内部，金堆城钼矿床具有重要的科学研究价值。前人从地质、地球化学、成矿流体、成矿时代及成矿地质背景等方面进行了大量研究，积累了丰富资料（黄典豪等，1987，1994；刘孝善和孙晓明，1989；徐兆文等，1998a，1998b；朱赖民等，2008；郭波等，2009；Zhu et al.，2010）。本书详细总结了前人的研究成果，并在此基础上重点对成矿流体系统进行了解剖（杨永飞等，2009a），以期提高对矿床成因的认识，丰富陆内体制钼金属成矿理论。

3.2.1　地质背景

金堆城斑岩钼矿床位于秦岭造山带东段，华北克拉通南缘。矿区内主要地层为熊耳群和官道口群高山河组（图 3.16）。出露的熊耳群岩性为安山岩和玄武安山岩，含少量流纹岩类、凝灰岩，以富钾质为特征；其南侧以碌碡沟断裂为界，被官道口群高山河组不整合覆盖，北侧被老牛山花岗岩侵入。高山河组分布于矿区南部，沿碌碡沟断裂不整合覆盖于熊耳群火山岩之上，为滨海-浅海相碎屑岩沉积建造，自下而上可分为 3 个岩性段：下段为紫红色砾岩、粉砂岩，灰白色石英岩夹变石英砂岩和泥板岩；中段为变石英砂岩夹泥砂质板岩；上段为厚层紫红-灰白色石英岩夹变石英砂岩。

矿区内褶皱和断裂构造发育（图 3.16）。矿区中部和东北部分别发育有背斜和向斜构造，由熊耳群火山岩构成，轴向近东西。区内断裂构造包括 NE 向、近 EW 向和 NW 向三组。NE 向断裂主要为矿区北侧的燕门凹张性断裂，倾向南，具多次活动的特点，形成一张性断裂破碎带，限定了钼矿化北界。矿区南侧近 EW 向碌碡沟断裂，属逆冲压性断裂，倾向南，倾角 70°左右，限定了钼矿化南界。NW 向断裂倾向南西，倾角 75°左右，控制着金堆城花岗斑岩及矿区内花岗斑岩脉的侵位。

区内岩浆岩包括加里东期辉绿岩（陕西省地质局，1979）、中生代老牛山花岗岩基和金堆城含矿花岗斑岩（朱赖民等，2008；郭波，2009；Zhu et al.，2010）。

加里东期辉绿岩呈透镜状侵入于矿区南部高山河组板岩及石英砂岩中，长 1425m，宽 40～180m，出露面积 0.22km^2（图 3.16）。据郭波（2009），岩体垂向、侧向分带明显：岩体上部边缘见有宽约 1cm 的玻璃质冷凝边，边部为宽约 3m 的杏仁状细粒辉绿岩，向内过渡为中细-中粒辉绿岩；岩体下部细粒辉绿岩带较窄，未见杏仁状构造。岩石呈暗绿色，具辉绿结构、嵌晶含长结构，块状和杏仁状构造，主要组成矿物包括辉石（50%～60%）、斜长石（30%～35%）、石英（<5%）、钾长石（0～2%）及钛铁矿（5%～8%），副矿物见磷灰石、榍石等；杏仁直径一般在 3mm 以下，含量 15%～30%，以方解石充填为主，次为绿泥石、石英。岩石蚀变强烈，辉石、斜长石多已蚀变为角闪石、纤闪石、黑云母、绿泥石、

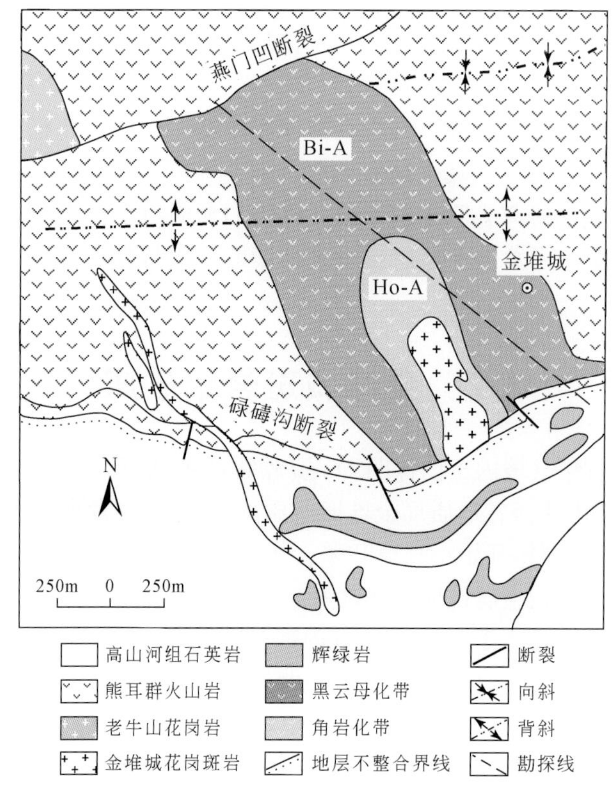

图 3.16 金堆城钼矿床地质略图（据黄典豪等，1987）

绢云母等，但辉绿结构尚有保存；由中心向边缘岩石蚀变逐渐增强，依次出现下列矿物组合：辉石-角闪石-纤闪石-绿泥石、角闪石-纤闪石-绿泥石-(黑云母)-(绿帘石)、绿泥石-黑云母-绿帘石、绿泥石-黑云母-方解石-(钠长石)（郭波，2009）。郭波（2009）开展了地球化学研究，发现岩体的 SiO_2 含量为 45.07%～57.05%，平均为 49.36%；TiO_2 含量为 1.34%～3.09%，CaO 含量为 1.90%～7.49%，MgO 含量为 3.18%～13.56%，Na_2O 含量平均为 1.99%，K_2O 含量平均为 1.67%，属偏铝质的高钾钙碱性系列岩石。岩体具有较高的 ΣREE 含量（109.64×10^{-6}～160.40×10^{-6}），LREE/HREE 为 6.68～8.46，$(La/Yb)_N$ 值为 7.61～12.93，显示较高的轻重稀土元素分馏程度；无 Eu 负异常和 Ce 异常（$\delta Eu=0.95$～1.20，$\delta Ce=0.99$～1.03）。在原始地幔标准化的微量元素配分图解中，岩体富集 La、Ce、Th、U、Nb、Ta、Zr、Hf 和 Ti，亏损 Ba、Rb、Sr、K、P、Y 等。

老牛山杂岩体仅在矿区西北角少量出露。岩体由角闪二长岩、石英闪长岩、石英二长岩和黑云母二长花岗岩组成，以黑云母二长花岗岩为主体，石英二长岩和石英闪长岩中发育镁铁质包体（Ding et al., 2011；齐秋菊等，2012）。根据岩石粒度可将黑云母二长花岗岩分为边缘相、过渡相和中心相三个相带：中心相为粗粒似斑状黑云二长花岗岩，灰白色，似斑状花岗结构；过渡相基本上围绕中心相分布，为中粗粒黑云母二长花岗岩，灰白色，花岗结构，矿物粒度一般 2～5mm；边缘相为中细粒及细粒黑云母二长花岗岩。上述三个岩相带的矿物组成相似，主要由斜长石、钾长石、石英、黑云母组成，副矿物包括磷灰石、锆石和榍石等（朱赖民等，2008）。锆石 U-Pb 定年结果表明，老牛山岩基由印支期和燕山期两次岩浆活动形成：Ding 等（2011）测得角闪二长岩、石英闪长岩、石英二长岩和黑云母二长花岗岩的 LA-ICP-MS 锆石 U-Pb 年龄分别为 215±4Ma、227±1Ma、217±2Ma 和 228±1Ma；齐秋菊等（2012）测得石英闪长岩、石英二长岩、粗粒和中粒黑云母二长花岗岩的 LA-ICP-MS 锆石 U-Pb 年龄分别为 223±1Ma、223±1Ma、214±1Ma 和 152±1Ma；朱赖民等（2008）测得细中粒黑云母二长花岗岩的 LA-ICP-MS 锆石 U-Pb 年龄为 146.35±0.55Ma；焦建刚等（2010a）测得中粒黑云母二长花岗岩的 LA-ICP-MS 锆石 U-Pb 年龄为 144.5±4.4Ma。据 Ding 等（2011）和齐秋菊等（2012），印支期角闪二长岩、石英二长岩和石英闪长岩的

$(^{87}Sr/^{86}Sr)_i$为0.70638～0.70750，$\varepsilon_{Nd}(t)$ 值为-17.0～-11.3，Nd两阶段模式年龄 T_{DM2}为1.7～2.4Ga；锆石 $\varepsilon_{Hf}(t)$ 为-25.1～-7.6，Hf两阶段模式年龄 T_{DM2}为1.7～2.8Ga。印支期粗粒黑云母二长花岗岩的$(^{87}Sr/^{86}Sr)_i$为0.70609～0.70826，$\varepsilon_{Nd}(t)$ 值为-14.9～-9.2，Nd两阶段模式年龄 T_{DM2}为1.7～2.1Ga；锆石 $\varepsilon_{Hf}(t)$ 为-19.6～-9.0，Hf两阶段模式年龄 T_{DM2}为1.8～2.3Ga。郭波（2009）和齐秋菊等（2012）获得燕山期黑云母二长花岗岩的 $(^{87}Sr/^{86}Sr)_i$为0.70748～0.70924，$\varepsilon_{Nd}(t)$ 值为-16.8～-12.5，Nd两阶段模式年龄 T_{DM2}为2.1～2.3Ga；锆石 $\varepsilon_{Hf}(t)$ 为-24.8～-17.2，Hf两阶段模式年龄 T_{DM2}为1.9～2.8Ga。

燕山期金堆城花岗斑岩体为金堆城斑岩钼矿床的成矿母岩，其地质地球化学特征详见"3.2.2成矿岩体"部分。

3.2.2　成矿岩体特征

3.2.2.1　岩体地质与岩性

金堆城花岗斑岩体沿340°方向呈岩枝状侵入于熊耳群玄武安山岩中，地表出露长400m，宽150m，面积0.067km²（图3.16）。岩体深部长2000m，宽400m，最宽处达450m，具有南高北低、南窄北宽、南薄北厚、由北朝南东向上侵入的特征（郭波，2009）。岩石呈浅肉红色，斑状结构，斑晶为石英、钾长石，含量在岩体边部为10%～20%，内部可达50%；基质主要为钠长石（5%～15%）、钾长石（20%～45%）、石英（25%～35%）、斜长石（5%～25%）和白云母（5%），局部可见黑云母；副矿物以磁铁矿、磷灰石为主，见有锆石、金红石等（郭波，2009）。

3.2.2.2　元素地球化学特征

金堆城岩体的主量、微量和稀土元素组成见表3.12、表3.13和表3.14。

金堆城花岗斑岩的 SiO_2 含量在68.59%～82.41%之间，平均为74.91%；Al_2O_3含量在6.87%～15.07%之间，平均为12.24%；MgO含量在0.10%～0.77%之间，平均为0.30%（表3.12）。计算获得岩体的 K_2O+Na_2O 变化于2.15%～10.31%，平均为7.40%；K_2O/Na_2O 为0.72～37.54，平均12.75；铝指数A/CNK为0.99～3.46，平均1.30；里特曼指数（σ）为0.15～3.98，平均1.89；镁指数（$Mg^{\#}$）较低，变化于14～43，平均23。总体上，岩体属准铝质-过铝质的高钾钙碱性-钾玄岩系列花岗岩（图3.17）。

岩体的ΣREE含量为 18.01×10^{-6}～159.14×10^{-6}，平均 87.06×10^{-6}，LREE/HREE为3.23～16.11，$(La/Yb)_N$介于2.39～20.55之间，显示较高的轻重稀土元素分馏。在球粒陨石标准化的稀土元素配分曲线图上显示为右倾斜的曲线；Eu负异常中等到不明显（δEu=0.37～0.97），Ce异常较弱或显示为正异常（δCe=0.79～1.02）（图3.18A），说明源区存在斜长石残留。

岩体具有较低的Sr（37×10^{-6}～284×10^{-6}）、Y（3.4×10^{-6}～17.9×10^{-6}）和Yb（0.42×10^{-6}～2.57×10^{-6}）含量。在原始地幔标准化的微量元素蛛网图上（图3.18B）可以看出，岩体富集Rb、Ba、Th、U、K、Sr和Y等大离子亲石元素；而亏损Nb、Zr、P、Ti等高场强元素。这种Nb、Ta和Ti的亏损可能与金红石的分离结晶或作为源区残留有关（Villaseca et al.，2007）。在花岗岩构造环境判别图解中，多数样品点投影于同碰撞花岗岩到后碰撞花岗岩过渡区（图3.19）。

3.2.2.3　同位素地质年代学及地球化学

1. 同位素地质年代学

对于金堆城花岗斑岩的成岩年龄，前人曾采用多种方法进行研究，结果列于表3.15。

表 3.12 金堆城花岗斑岩体主量元素特征

（单位:%）

样品号	SiO_2	TiO_2	Al_2O_3	$Fe_2O_3^T$	MnO	MgO	CaO	Na_2O	K_2O	P_2O_5	LOI	总计	σ	Na_2O+K_2O	K_2O/Na_2O	A/CNK	A/NK	$Mg^\#$	来源
J-1	75.26	0.18	12.84	1.95	0.03	0.17	0.80	3.18	4.55	0.03	0.51	99.50	1.85	7.73	1.43	1.11	1.26	15	陕西省地质局，1979
J-2	78.34	0.05	12.15	0.95	0.02	0.10	0.60	2.73	4.68	0.01	0.54	100.17	1.55	7.41	1.71	1.14	1.27	17	陕西省地质局，1979
J-3	76.85	0.05	12.34	1.33	0.02	0.11	0.28	1.53	6.69	0.02	0.45	99.67	2.00	8.22	4.37	1.20	1.26	14	陕西省地质局，1979
金 8401	73.09	0.17	13.89	2.10	0.01	0.32	1.42	3.72	4.41	0.07	0	99.22	2.20	8.13	1.19	1.03	1.27	23	聂凤军和樊建廷，1989
金 8402	73.28	0.18	13.84	2.00	0.03	0.17	0	3.18	4.55	0.03	0.51	100.50	1.97	7.73	1.43	1.36	1.36	14	聂凤军和樊建廷，1989
金 8403	74.5	0.17	13.17	1.69	0.04	0.40	0.32	2.70	5.63	0.04	0.91	99.57	2.20	8.33	2.09	1.18	1.25	32	聂凤军和樊建廷，1989
金 8404	74.09	0.33	12.64	3.04	0.02	0.32	0.34	1.25	0.90	0.02	0.15	99.40	0.15	2.15	0.72	3.46	4.17	17	聂凤军和樊建廷，1989
L101	74.41	0.04	13.04	0.80	0.04	0.13	0.51	0.78	8.77	0.02	1.11	99.53	2.90	9.55	11.24	1.11	1.21	24	王新，2001
L103	68.59	0.59	13.00	7.75	0.18	0.66	1.46	2.43	4.94	0.17	2.23	100.02	2.12	7.37	2.03	1.08	1.39	14	王新，2001
L303	78.14	0.04	11.18	0.53	0.02	0.10	0.52	1.19	7.70	0.01	0.68	99.99	2.25	8.89	6.47	0.99	1.09	27	王新，2001
L401	74.22	0.11	12.71	1.34	0.04	0.21	0.98	1.23	7.58	0.04	1.43	99.71	2.49	8.81	6.16	1.06	1.24	24	王新，2001
L403	72.87	0.13	14.01	1.65	0.06	0.24	1.21	3.75	5.09	0.05	1.10	99.66	2.62	8.84	1.36	1.01	1.20	22	王新，2001
D1301	71.49	0.27	15.07	2.94	0.02	0.77	0.14	0.21	6.51	0.09	2.70	99.76	1.59	6.72	31.00	1.97	2.04	34	王新，2001
D1302	71.63	0.18	14.86	1.53	0.05	0.58	0.80	2.05	6.29	0.07	1.92	99.66	2.43	8.34	3.07	1.28	1.46	43	王新，2001
JD11	76.22	0.11	9.83	2.46	0.01	0.39	0.76	0.16	6.07	0.06	2.31	98.38	1.17	6.23	37.94	1.20	1.44	24	郭波，2009
JD12	82.41	0.04	6.95	1.91	0.01	0.20	0.52	0.14	4.72	0.02	1.82	98.74	0.60	4.86	33.71	1.11	1.30	17	郭波，2009
JD13	75.92	0.11	9.80	2.42	0.01	0.40	0.77	0.17	6.08	0.06	2.48	98.22	1.19	6.25	35.76	1.19	1.43	25	郭波，2009
JD14	82.17	0.04	6.87	1.89	0.01	0.19	0.52	0.11	4.70	0.02	1.75	98.27	0.59	4.81	42.73	1.11	1.30	17	郭波，2009
JD21	69.73	0.04	14.41	1.51	0.02	0.28	0.74	0.55	9.76	0.03	1.93	99.00	3.98	10.31	17.75	1.12	1.26	27	郭波，2009
JD-1	74.00	0.20	13.00	1.89	0.10	0.30	1.00	2.20	6.00	0.00	1.50	100.00	2.17	8.20	1.80	1.08	1.28	24	焦建刚等，2010a
JD-10	73.20	0.15	12.60	2.09	0.09	0.37	1.08	1.63	6.61	0.04	2.08	99.90	2.25	8.24	2.67	1.07	1.28	26	焦建刚等，2010a
JDC-54c	72.89	0.14	13.12	1.89	0.02	0.13	0.73	1.49	6.97	0.03	1.85	100.19	2.39	8.46	4.68	1.23	1.31	11	李洪英等，2011
JDC-54d	74.06	0.14	12.50	1.20	0.01	0.07	0.66	1.36	7.93	0.03	1.29	100.03	2.78	9.29	5.83	1.09	1.15	9	李洪英等，2011
JDC-82	73.71	0.14	12.94	0.98	0.04	0.30	0.90	1.53	7.18	0.04	1.71	100.92	2.47	8.71	4.69	1.16	1.26	32	李洪英等，2011

续表

样品号	SiO_2	TiO_2	Al_2O_3	$Fe_2O_3^T$	MnO	MgO	CaO	Na_2O	K_2O	P_2O_5	LOI	总计	σ	Na_2O+K_2O	K_2O/Na_2O	A/CNK	A/NK	$Mg^{\#}$	来源
JDC-96	73.10	0.08	12.26	1.31	0.02	0.06	0.56	0.54	9.87	0.04	1.28	99.68	3.60	10.41	18.28	1.01	1.06	7	李洪英等，2011
JDC-100	73.16	0.16	12.79	1.00	0.01	0.28	0.70	1.18	8.46	0.06	1.20	99.95	3.08	9.64	7.17	1.09	1.15	30	李洪英等，2011

表3.13　金堆城花岗斑岩体稀土元素特征

（单位：10^{-6}）

样品号	La	Ce	Pr	Nd	Sm	Eu	Gd	Tb	Dy	Ho	Er	Tm	Yb	Lu	ΣREE	LREE/HREE	$(La/Yb)_N$	δEu	δCe	来源
L303	12.21	25.78	2.95	10.86	2.44	0.46	2.37	0.40	2.49	0.52	1.64	0.26	2.08	0.33	64.79	5.42	3.97	0.58	1.01	王新，2001
L403	27.46	52.54	5.30	18.89	3.71	0.66	3.10	0.52	2.74	0.60	1.75	0.25	1.89	0.28	119.69	9.75	9.82	0.59	1.02	王新，2001
L101	9.08	19.16	2.39	10.93	3.98	0.47	3.74	0.64	3.54	0.74	2.31	0.34	2.57	0.38	60.27	3.23	2.39	0.37	0.96	王新，2001
L401	29.69	55.08	5.69	20.18	4.14	0.66	2.99	0.48	2.43	0.48	1.59	0.22	1.53	0.22	125.38	11.61	13.11	0.57	0.99	王新，2001
D1301	36.95	57.21	7.78	27.82	4.69	0.81	3.32	0.50	2.73	0.57	1.74	0.24	1.84	0.27	146.47	12.07	13.57	0.63	0.79	王新，2001
JD01	6.03	11.43	1.37	5.34	1.24	0.35	1.08	0.18	1.13	0.21	0.62	0.10	0.75	0.12	29.95	6.15	5.43	0.92	0.93	朱赖民等，2008
JD02	3.49	6.88	0.86	3.48	0.73	0.17	0.69	0.10	0.61	0.11	0.34	0.06	0.42	0.07	18.01	6.50	5.62	0.73	0.93	朱赖民等，2008
JD03	13.65	24.92	2.84	10.29	1.84	0.54	1.58	0.25	1.45	0.28	0.87	0.14	0.97	0.17	59.79	9.47	9.51	0.97	0.94	朱赖民等，2008
JD11	34.87	64.74	6.84	24.97	4.24	0.87	3.26	0.42	2.17	0.42	1.14	0.18	1.25	0.20	145.57	15.10	18.85	0.72	0.98	郭波，2009
JD12	9.93	19.11	2.09	8.09	1.70	0.39	1.41	0.20	1.15	0.23	0.63	0.10	0.69	0.11	45.83	9.14	9.72	0.77	0.98	郭波，2009
JD13	38.32	70.97	7.48	27.67	4.50	0.90	3.40	0.43	2.22	0.43	1.17	0.18	1.26	0.21	159.14	16.11	20.55	0.70	0.98	郭波，2009
JD14	10.59	19.58	2.10	8.01	1.67	0.39	1.37	0.20	1.12	0.22	0.62	0.10	0.68	0.11	46.76	9.58	10.52	0.79	0.97	郭波，2009
JD21	24.92	49.07	5.34	19.17	3.19	0.67	2.47	0.34	1.88	0.37	1.05	0.17	1.25	0.20	110.09	13.24	13.47	0.73	1.00	郭波，2009
JDC-54c	21.50	36.20	4.47	16.40	3.34	0.47	3.18	0.50	2.90	0.58	1.86	0.28	1.96	0.30	93.94	7.13	7.87	0.43	0.86	李洪英等，2011
JDC-54d	12.00	19.30	2.66	10.00	2.10	0.33	1.81	0.30	1.71	0.36	1.15	0.18	1.20	0.19	53.29	6.72	7.17	0.51	0.80	李洪英等，2011
JDC-82	18.20	27.10	3.59	13.20	2.39	0.54	2.45	0.38	2.36	0.46	1.46	0.23	1.75	0.28	74.39	6.94	7.46	0.68	0.77	李洪英等，2011
JDC-96	10.30	14.90	2.15	8.52	1.57	0.39	1.52	0.25	1.46	0.28	0.85	0.12	0.85	0.13	43.29	6.93	8.69	0.76	0.74	李洪英等，2011
JDC-100	16.40	27.70	3.38	13.10	2.39	0.58	2.06	0.33	1.71	0.34	1.04	0.17	1.06	0.19	70.45	9.21	11.10	0.78	0.86	李洪英等，2011

表 3.14　金堆城花岗斑岩体主要微量元素特征　（单位：10^{-6}）

样品号	Ba	Rb	Sr	Y	Zr	Nb	Th	U	Hf	Cs	Ta	来源
L303	450	307	108	—	59	54.0	17.6	—	3.92	—	4.73	王新，2001
L403	1240	282	284	—	123	44.5	21.9	14.5	4.56	—	3.60	王新，2001
L101	338	390	72	—	36	70.4	19.3	25.1	2.60	2.20	7.20	王新，2001
L401	1309	376	162	—	104	49.6	21.2	18.9	3.80	2.90	3.00	王新，2001
D1301	1664	349	182	—	253	45.7	27.1	6.13	7.92	—	2.71	王新，2001
JD01	638	220	77	5.40	63	21.0	11.6	9.64	3.10	1.38	2.14	朱赖民等，2008
JD02	103	74	37	3.40	37	14.3	4.30	2.50	1.90	0.69	1.31	朱赖民等，2008
JD03	620	291	220	8.80	85	22.4	22.2	27.1	4.00	2.82	2.31	朱赖民等，2008
JD11	1428	283	117	14.3	136	49.0	12.7	3.38	3.58	2.05	2.48	郭波，2009
JD12	276	192	60	7.80	43	41.3	11.3	6.91	2.19	1.27	2.99	郭波，2009
JD13	1453	299	117	14.6	144	51.9	13.1	3.83	3.79	2.20	2.83	郭波，2009
JD14	274	194	60	7.90	39	37.7	10.6	6.76	1.91	1.28	2.72	郭波，2009
JD21	902	422	182	11.4	85	35.7	21.7	6.98	4.07	3.69	3.77	郭波，2009
JDC-54c	686	308	97	17.9	112	63.6	22.0	13.5	3.94		3.51	李洪英等，2011
JDC-54d	411	358	56	10.7	100	60.0	15.1	10.9	4.02		3.67	李洪英等，2011
JDC-82	603	333	79	12.8	109	46.4	17.7	15.2	4.42		3.59	李洪英等，2011
JDC-96	926	466	110	7.74	56	30.0	9.45	9.43	2.33		1.62	李洪英等，2011
JDC-100	1418	385	212	9.36	123	47.3	12.4	5.72	4.05		2.93	李洪英等，2011

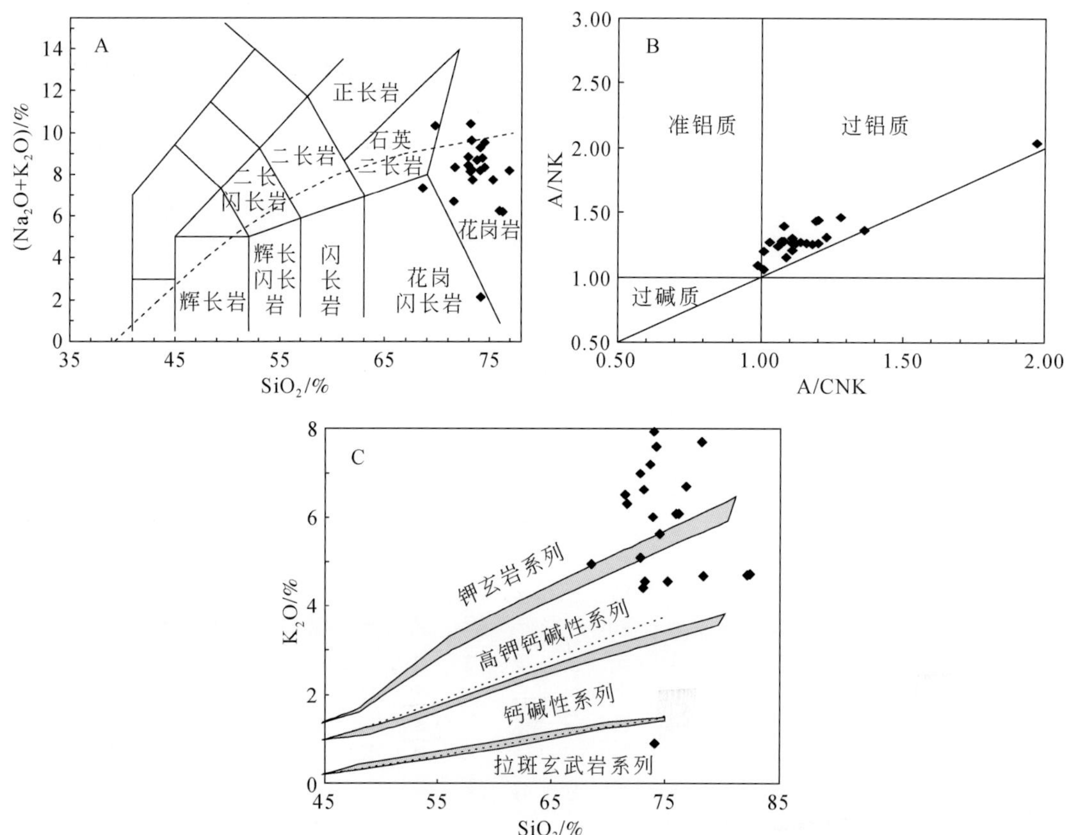

图 3.17　金堆城花岗斑岩体 SiO_2-(Na_2O+K_2O) 图解（A）、A/CNK-A/NK 图解（B）以及 SiO_2-K_2O 图解（C）

图 A、B、C 底图分别据 Middlemost，1994、Irvine and Baragar，1971 和 Rickwood，1989；数据见表 3.12

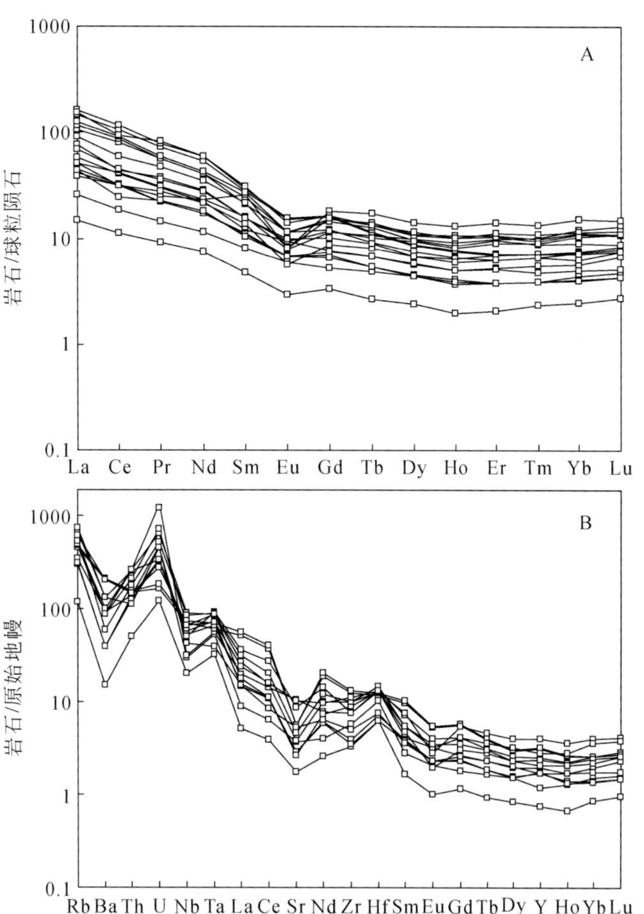

图3.18　金堆城花岗斑岩体球粒陨石标准化稀土元素配分曲线（A）和原始地幔标准化微量元素蛛网图（B）

标准化数据据 Sun and McDonough，1989，金堆城花岗斑岩体稀土元素和微量元素数据见表3.13和表3.14

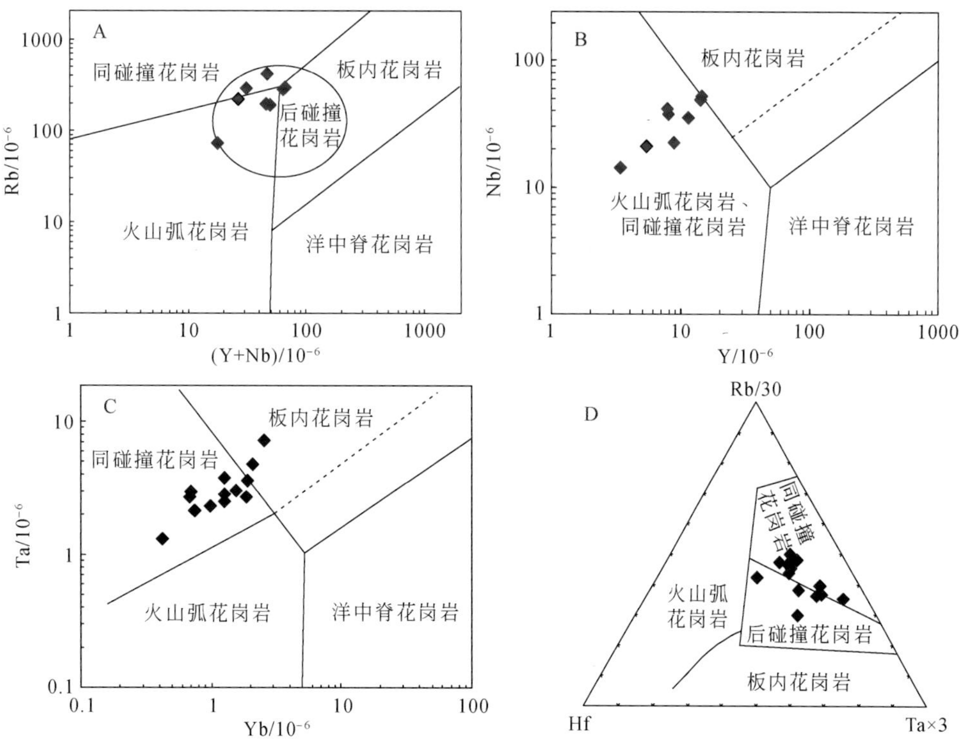

图3.19　金堆城花岗斑岩体 Rb-(Y+Nb) 图解（A），Nb-Y 图解（B），Ta-Yb 图解（C）以及 Rb/30-Hf-Ta×3 图解（D）

数据见表3.12、表3.13和表3.14；底图据 Pearce et al.，1984；Pearce，1996

表 3.15　金堆城花岗斑岩成岩年龄

测试矿物	测试方法	样品/点数	年龄/Ma	资料来源
全岩	Rb-Sr	不详	146 ~ 161	胡受奚等，1988
全岩	Rb-Sr 等时线	9	132	李先梓等，1993
锆石	LA-ICP-MS U-Pb	19	140.95±0.45	朱赖民等，2008
锆石	LA-ICP-MS U-Pb	26	141.5±1.5	郭波，2009
锆石	LA-ICP-MS U-Pb	26	143.7±3.0	焦建刚等，2010a

胡受奚等（1988）采用全岩 Rb-Sr 方法获得金堆城成岩作用时代为 146 ~ 161Ma，但样品特征及样品数不详；李先梓等（1993）采用 Rb-Sr 方法对 9 件全岩样品进行了分析，获得等时线年龄为 132Ma。然而，Rb-Sr 方法由于易遭受后期扰动而备受争议。最近朱赖民等（2008）、郭波（2009）和焦建刚等（2010a）分别采用 LA-ICP-MS 锆石 U-Pb 方法对金堆城花岗斑岩的侵位时代进行了限定（图 3.20，表 3.16），获得 $^{206}Pb/^{238}U$ 加权平均年龄分别为 140.95±0.45Ma（$n=19$，MSWD=0.16）、141.5±1.5Ma（$n=26$，MSWD=2.5）和 143.7±3.0Ma（$n=26$，MSWD=5.9），精确限定了岩体侵入作用发生于 141Ma。

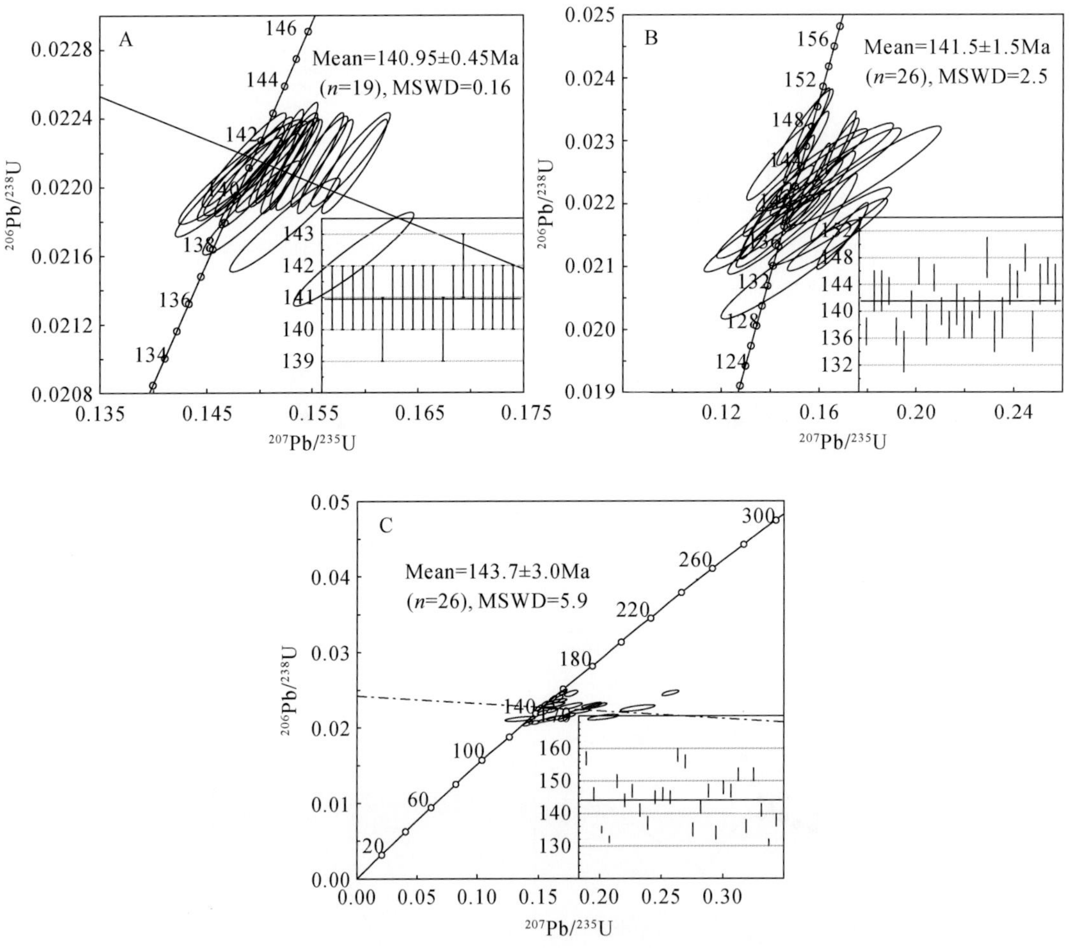

图 3.20　金堆城花岗斑岩体 LA-ICP-MS 锆石 U-Pb 谐和图

A. 据朱赖民等，2008；B. 据郭波，2009；C. 据焦建刚等，2010a

表3.16 金堆城花岗斑岩LA-ICP-MS锆石U-Pb定年结果

样品	元素含量/10^{-6}			Th/U	同位素比值						年龄/Ma					
分析号	Pbc	^{232}Th	^{238}U		^{207}Pb/^{206}Pb	1σ	^{207}Pb/^{235}U	1σ	^{206}Pb/^{238}U	1σ	^{207}Pb/^{206}Pb	1σ	^{207}Pb/^{235}U	1σ	^{206}Pb/^{238}U	1σ
JD01-2	56. 1	691. 3	2117. 2	0. 33	0. 04908	0. 00114	0. 14966	0. 00325	0. 02211	0. 00018	152	56	142	3	141	1
JD01-3	66. 4	932. 9	2510. 1	0. 37	0. 05342	0. 00134	0. 15894	0. 00375	0. 02158	0. 00018	347	58	150	3	138	1
JD01-4	33. 7	405. 8	1290. 2	0. 31	0. 05190	0. 00089	0. 15864	0. 00246	0. 02216	0. 00018	281	21	150	2	141	1
JD01-6	73. 1	671. 8	2847. 1	0. 24	0. 05016	0. 00073	0. 15302	0. 00195	0. 02212	0. 00018	202	15	145	2	141	1
JD01-7	54. 8	762. 9	2070. 2	0. 37	0. 05074	0. 00082	0. 15495	0. 00225	0. 02214	0. 00018	229	19	146	2	141	1
JD03-2	19. 8	167. 4	785. 8	0. 21	0. 04867	0. 00135	0. 14826	0. 00388	0. 02209	0. 00020	132	66	140	3	141	1
JD03-3	36	381. 6	1408. 8	0. 27	0. 04850	0. 00117	0. 14710	0. 00333	0. 02200	0. 00019	124	58	139	3	140	1
JD03-4	60. 1	740. 7	2321. 9	0. 32	0. 04870	0. 00098	0. 14825	0. 00272	0. 02208	0. 00018	133	48	140	2	141	1
JD03-5	151. 2	1847. 2	5879. 9	0. 31	0. 05014	0. 00056	0. 15306	0. 00141	0. 02213	0. 00017	201	10	145	1	141	1
JD03-6	70. 3	1319. 8	2605. 7	0. 51	0. 04982	0. 00079	0. 15225	0. 00218	0. 02216	0. 00018	187	19	144	2	141	1
JD03-7	78. 3	801. 9	3094. 8	0. 26	0. 04937	0. 00092	0. 15000	0. 00252	0. 02204	0. 00018	165	45	142	2	141	1
JD03-9	214. 7	1780. 8	8600. 2	0. 21	0. 05087	0. 00063	0. 15549	0. 00164	0. 02216	0. 00018	235	11	147	1	141	1
JD03-10	84. 9	1158. 1	3202. 6	0. 36	0. 04948	0. 00110	0. 14928	0. 00307	0. 02188	0. 00018	171	53	141	3	140	1
JD03-13	112. 1	1530. 2	4338. 5	0. 35	0. 05122	0. 00065	0. 15623	0. 00172	0. 02212	0. 00018	251	12	147	2	141	1
JD03-14	114. 6	2207. 7	4234. 1	0. 52	0. 04994	0. 00063	0. 15303	0. 00168	0. 02222	0. 00018	192	12	145	1	142	1
JD03-16	100. 9	1240. 6	3979. 4	0. 31	0. 04863	0. 00094	0. 14855	0. 00262	0. 02216	0. 00018	130	47	141	2	141	1
JD03-17	67. 2	965. 1	2609. 7	0. 37	0. 04973	0. 00095	0. 15170	0. 00262	0. 02213	0. 00018	182	46	143	2	141	1
JD03-19	68. 2	627. 7	2754. 1	0. 23	0. 05212	0. 00075	0. 15901	0. 00203	0. 02212	0. 00018	291	15	150	2	141	1
JD03-20	52. 4	676	1999. 4	0. 34	0. 05074	0. 00123	0. 15241	0. 00346	0. 02178	0. 00018	229	57	144	3	139	1
JD03-21	122. 5	1521. 7	4830. 5	0. 32	0. 04966	0. 00059	0. 15191	0. 00152	0. 02218	0. 00018	179	11	144	1	141	1
JD03-23	114	625. 3	4785. 7	0. 13	0. 04899	0. 00090	0. 14945	0. 00245	0. 02212	0. 00019	148	44	141	2	141	1
JD23-01	5. 28	181. 73	148. 34	1. 23	0. 05649	0. 00469	0. 16748	0. 01359	0. 02150	0. 00038	472	190	157	12	137	2
JD23-03	1. 22	40. 93	41. 43	0. 99	0. 05780	0. 00683	0. 17883	0. 02072	0. 02244	0. 00052	522	268	167	18	143	3
JD23-04	4. 05	125. 89	122. 86	1. 02	0. 05377	0. 00576	0. 16683	0. 01775	0. 02250	0. 00046	361	203	157	15	143	3
JD23-05	16. 69	472. 15	651. 07	0. 73	0. 05111	0. 00122	0. 15838	0. 00398	0. 02247	0. 00032	246	32	149	3	143	2

续表

样品	元素含量/10^{-6}			Th/U	同位素比值						年龄/Ma					
分析号	Pbc	^{232}Th	^{238}U		$^{207}Pb/^{206}Pb$	1σ	$^{207}Pb/^{235}U$	1σ	$^{206}Pb/^{238}U$	1σ	$^{207}Pb/^{206}Pb$	1σ	$^{207}Pb/^{235}U$	1σ	$^{206}Pb/^{238}U$	1σ
JD23-06	3. 43	149. 17	120. 25	1. 24	0. 05725	0. 00235	0. 16957	0. 00698	0. 02148	0. 00035	501	62	159	6	137	2
JD23-07	1. 25	45. 61	47. 29	0. 96	0. 05141	0. 00665	0. 14847	0. 01884	0. 02095	0. 00052	259	285	141	17	134	3
JD23-08	5. 96	132. 3	240	0. 55	0. 05139	0. 00282	0. 15719	0. 00826	0. 02219	0. 00035	258	128	148	7	141	2
JD23-09	18. 8	530. 73	700. 12	0. 76	0. 05334	0. 00122	0. 16895	0. 00409	0. 02297	0. 00033	343	30	159	4	146	2
JD23-10	4. 56	240. 65	137. 29	1. 75	0. 05518	0. 00568	0. 16452	0. 01664	0. 02163	0. 00041	419	235	155	15	138	3
JD23-11	7. 4	347. 63	217. 06	1. 6	0. 05302	0. 00196	0. 16682	0. 00623	0. 02281	0. 00036	330	56	157	5	145	2
JD23-12	4. 87	176. 33	172. 26	1. 02	0. 05488	0. 00205	0. 16609	0. 00625	0. 02194	0. 00035	407	56	156	5	140	2
JD23-13	3. 47	115. 47	125. 75	0. 92	0. 04773	0. 00363	0. 14188	0. 01048	0. 02156	0. 00038	86	170	135	9	138	2
JD23-14	2. 01	66. 66	70. 56	0. 94	0. 05233	0. 00319	0. 16014	0. 00967	0. 02219	0. 00042	300	103	151	8	141	3
JD23-15	2. 15	48. 4	65. 86	0. 73	0. 04605	0. 00244	0. 13791	0. 00687	0. 02172	0. 00040	0	115	131	6	139	3
JD23-16	4. 88	222. 56	163. 29	1. 36	0. 04605	0. 00230	0. 13758	0. 00649	0. 02167	0. 00036	0	108	131	6	138	2
JD23-17	4. 1	113. 62	128. 1	0. 89	0. 04715	0. 00324	0. 14331	0. 00954	0. 02204	0. 00037	57	152	136	8	141	2
JD23-18	3. 42	135. 64	110. 25	1. 23	0. 04814	0. 00238	0. 15410	0. 00761	0. 02321	0. 00040	106	80	146	7	148	3
JD23-19	2. 01	49. 57	63. 35	0. 78	0. 04835	0. 00477	0. 14363	0. 01387	0. 02154	0. 00044	117	220	136	12	137	3
JD23-20	1. 9	62. 39	55. 42	1. 13	0. 04657	0. 00480	0. 13962	0. 01415	0. 02175	0. 00041	27	216	133	13	139	3
JD23-21	4. 64	99. 66	105. 73	0. 94	0. 05257	0. 00579	0. 16367	0. 01772	0. 02258	0. 00046	310	252	154	15	144	3
JD23-23	10. 5	281. 87	402. 6	0. 7	0. 04849	0. 00148	0. 15080	0. 00475	0. 02255	0. 00035	123	45	143	4	144	2
JD23-24	17. 61	562. 38	618. 25	0. 91	0. 04890	0. 00143	0. 15705	0. 00475	0. 02329	0. 00036	143	42	148	4	148	2
JD23-26	3. 8	79	84. 29	0. 94	0. 04605	0. 00533	0. 13668	0. 01560	0. 02153	0. 00041	0	230	130	14	137	3
JD23-27	7. 99	245. 29	233. 04	1. 05	0. 05055	0. 00494	0. 15703	0. 01505	0. 02253	0. 00043	220	223	148	13	144	3
JD23-28	5. 01	144. 46	174. 83	0. 83	0. 04899	0. 00191	0. 15462	0. 00610	0. 02289	0. 00038	147	61	146	5	146	2
JD23-30	2. 65	99. 85	75. 11	1. 33	0. 04605	0. 00298	0. 14388	0. 00895	0. 02266	0. 00040	0	142	136	8	144	3
JDC-01	25. 28	112. 44	255. 62	0. 44	0. 07571	0. 00203	0. 25778	0. 00510	0. 02466	0. 00028	1087	22	223	4	157	2
JDC-02	65. 04	217. 27	510. 79	0. 43	0. 05589	0. 00226	0. 17621	0. 00684	0. 02287	0. 00027	448	92	165	6	146	2
JDC-03	223. 4	820. 44	2612. 33	0. 32	0. 05797	0. 00140	0. 16962	0. 00277	0. 02119	0. 00023	529	18	159	2	135	1
JDC-04	233. 04	803. 61	2942. 89	0. 27	0. 05062	0. 00172	0. 14394	0. 00462	0. 02062	0. 00023	224	81	137	4	132	1

续表

样品分析号	元素含量/10^{-6}			Th/U	同位素比值						年龄/Ma					
	Pbc	^{232}Th	^{238}U		$^{207}Pb/^{206}Pb$	1σ	$^{207}Pb/^{235}U$	1σ	$^{206}Pb/^{238}U$	1σ	$^{207}Pb/^{206}Pb$	1σ	$^{207}Pb/^{235}U$	1σ	$^{206}Pb/^{238}U$	1σ
JDC-05	397.68	669.19	3458.76	0.19	0.05063	0.00208	0.16358	0.00644	0.02347	0.00028	224	97	154	6	150	2
JDC-06	389.15	2567.6	4167.88	0.62	0.07396	0.00308	0.23019	0.00916	0.02257	0.00027	1040	86	210	8	144	2
JDC-07	240.69	844.55	2254.03	0.37	0.06214	0.00183	0.19776	0.00535	0.02308	0.00026	679	64	183	5	147	2
JDC-08	340	1173.59	3877.4	0.30	0.05032	0.00113	0.15302	0.00300	0.02205	0.00024	210	53	145	3	141	2
JDC-09	218.87	1142.33	2352.98	0.49	0.06844	0.00275	0.20288	0.00777	0.02150	0.00026	882	85	188	7	137	2
JDC-10	323.87	880	3538.32	0.25	0.04806	0.00101	0.15064	0.00183	0.02272	0.00024	102	13	142	2	145	2
JDC-11	241.83	964.52	2607.63	0.37	0.05044	0.00108	0.15916	0.00202	0.02288	0.00025	215	13	150	2	146	2
JDC-12	297.08	1048.08	3294.53	0.32	0.04769	0.00101	0.14936	0.00185	0.02272	0.00024	84	13	141	2	145	2
JDC-13	523.46	927.83	5145.28	0.18	0.04982	0.00104	0.17051	0.00207	0.02483	0.00027	187	13	160	2	158	2
JDC-14	68.79	311.05	632.44	0.49	0.05213	0.00147	0.17660	0.00391	0.02457	0.00028	291	30	165	3	156	2
JDC-15	266.66	708.63	2180.1	0.32	0.04605	0.00301	0.13459	0.00866	0.02120	0.00024			128	8	135	2
JDC-16	304.93	1258.72	3491.47	0.36	0.05175	0.00131	0.15901	0.00362	0.02229	0.00024	274	59	150	3	142	2
JDC-17	96.5	398.1	869.25	0.46	0.04994	0.00255	0.15903	0.00789	0.02309	0.00028	192	118	150	7	147	2
JDC-18	115.89	418.04	1364.89	0.31	0.05407	0.00192	0.15659	0.00527	0.02100	0.00024	374	82	148	5	134	2
JDC-19	279.15	1644.11	3008.51	0.55	0.04835	0.00103	0.15463	0.00203	0.02322	0.00025	116	14	146	2	148	2
JDC-20	563.71	1032.02	715	1.44	0.10391	0.00221	3.06603	0.03499	0.21422	0.00232	1695	9	1424	91	251	12
JDC-21	118.2	298.18	1264.17	0.24	0.06116	0.00180	0.19413	0.00524	0.02302	0.00027	645	65	180	4	147	2
JDC-22	292.32	788.22	3088.46	0.26	0.04921	0.00103	0.16163	0.00203	0.02386	0.00026	158	13	152	2	152	2
JDC-23	200.65	733.94	2202.5	0.33	0.05628	0.00229	0.16593	0.00645	0.02138	0.00025	464	92	156	6	136	2
JDC-24	215.69	748.08	2280.59	0.33	0.05039	0.00125	0.16577	0.00301	0.02391	0.00027	213	22	156	3	152	2
JDC-25	236.81	658.58	2493.39	0.26	0.05984	0.00219	0.18275	0.00634	0.02215	0.00026	598	81	170	5	141	2
JDC-26	380.41	1433.09	4589.65	0.31	0.05032	0.00116	0.14209	0.00226	0.02053	0.00023	210	18	135	2	131	1
JDC-27	829.18	1389.39	4403.29	0.32	0.10404	0.03615	0.25515	0.08808	0.01779	0.00071	1697	774	231	71	114	4
JDC-28	169.58	799.65	1885.82	0.42	0.05833	0.00188	0.17461	0.00523	0.02171	0.00026	542	72	163	5	138	2

注：JD01、JD03 样品数据来自朱赖民等，2008；JD23 样品数据来自郭波，2009；JDC 样品数据来自焦建刚等，2010a；Pbc 表示普通铅含量。

2. 全岩氧同位素

为探讨岩体成因，前人曾对金堆城花岗斑岩的氧同位素进行了分析（表 3.17）。孙晓明（1986）测得金堆城花岗斑岩全岩的 $\delta^{18}O$ 变化于 8.4‰～10.0‰，平均 9.3‰；胡受奚等（1988）测得金堆城花岗斑岩两个全岩样品的 $\delta^{18}O$ 分别为 8.4‰和 10.3‰；王新（2001）发现新鲜的边部细粒花岗斑岩和中部粗粒花岗斑岩具有相同的全岩 $\delta^{18}O$，均为 10.2‰，钾化花岗斑岩的 $\delta^{18}O$ 为 10.0‰和 10.3‰，含矿脉花岗斑岩的 $\delta^{18}O$ 为 9.0‰（表 3.17）。上述结果表明，金堆城花岗斑岩的 $\delta^{18}O$ 较高，亦证实了岩体属陆壳重熔成因（Chen et al.，2000）。

表 3.17　金堆城花岗斑岩体氧同位素组成

编号	岩石	$\delta^{18}O$/‰	来源
	金堆城花岗斑岩	8.4～1.0（9.3）	孙晓明，1986
	金堆城花岗斑岩	8.4	胡受奚等，1988
	金堆城花岗斑岩	10.3	胡受奚等，1988
L101	金堆城边部细粒钾化花岗斑岩	10.0	王新，2001
L103	金堆城边部细粒花岗斑岩	10.2	王新，2001
L303	金堆城含矿脉花岗斑岩	9.0	王新，2001
L401	金堆城中部粗粒钾化花岗斑岩	10.3	王新，2001
L403	金堆城中部粗粒花岗斑岩	10.2	王新，2001

注：括号内为平均值。

3. 全岩锶钕同位素

李先梓等（1993）、郭波（2009）、焦建刚等（2010a）、李洪英等（2011）曾先后对金堆城花岗斑岩开展了全岩锶钕同位素研究，获得岩体的 $^{87}Sr/^{86}Sr$ 测定值为 0.71660～0.76610（表 3.18）。根据岩体的锆石 U-Pb 年龄（t = 141Ma）反算得到成岩时的 $^{87}Sr/^{86}Sr$ 初始比值（I_{Sr}）为 0.70347～0.72205，平均 0.71005。岩体的 $^{143}Nd/^{144}Nd$ 测定值为 0.511700～0.511995（表 3.19），Nd 单阶段模式年龄 T_{DM1} 除一个较大为 4.7 外，其他集中于 1.8～2.3Ga 之间，两阶段模式年龄为 1.9～2.3Ga，表明金堆城花岗斑岩体主要来源于地壳物质的部分熔融。在 $\varepsilon_{Nd}(t)$-$(^{87}Sr/^{86}Sr)_i$ 图解中（图 3.21），样品点主要投于第四象限，与华北克拉通南缘晚侏罗世到早白垩世花岗岩范围相当。另有三个样品点的 I_{Sr} 值较小，可能是由于测试样品遭受了钾化蚀变，导致样品的 $^{87}Rb/^{86}Sr$ 值过高。

表 3.18　金堆城花岗斑岩体全岩锶同位素组成

样号	$Rb/10^{-6}$	$Sr/10^{-6}$	$^{87}Rb/^{86}Sr$	$^{87}Sr/^{86}Sr$	I_{Sr}	数据来源
	185	72	7.4838	0.72810	0.71310	李先梓，1993
	253	50	14.5290	0.74030	0.71118	李先梓，1993
	186	59	7.8260	0.73530	0.71962	李先梓，1993
	260	123	6.1096	0.71660	0.70436	李先梓，1993
	241	32	21.9800	0.76610	0.72205	李先梓，1993
	202	97	6.0455	0.72290	0.71078	李先梓，1993
	222	92	6.9935	0.72510	0.71108	李先梓，1993
	248	94	8.4284	0.72860	0.71171	李先梓，1993
JD11	283	117	7.0088	0.72315	0.70910	郭波，2009
JD12	193	60	9.3268	0.72983	0.71114	郭波，2009
JD13	299	117	7.4050	0.72308	0.70824	郭波，2009

续表

样号	$Rb/10^{-6}$	$Sr/10^{-6}$	$^{87}Rb/^{86}Sr$	$^{87}Sr/^{86}Sr$	I_{Sr}	数据来源
JD14	195	60	9.4234	0.72982	0.71093	郭波，2009
Q-JD-1	304	52	17.0100	0.74393	0.70984	焦建刚等，2010a
Q-JD-2	304	85	10.3500	0.73214	0.71140	焦建刚等，2010a
Q-JD-3	289	131	6.3900	0.72143	0.70862	焦建刚等，2010a
JDC-7	92	2	11.0930	0.72590	0.70367	李洪英等，2011
JDC-36	129	3	6.9252	0.71830	0.70442	李洪英等，2011
JDC-82h	79	2	12.1400	0.72780	0.70347	李洪英等，2011
JDC-100	212	2	5.2504	0.71680	0.70628	李洪英等，2011

注：I_{Sr}是根据$^{87}Rb/^{86}Sr$和$^{87}Sr/^{86}Sr$值按$t=141Ma$反算得到，选择Rb的衰变常数为$\lambda_{Rb}=1.42\times10^{-11}a^{-1}$（Steiger et al.，1977）。

表3.19 金堆城花岗斑岩体全岩Nd同位素组成

样号	$Nd/10^{-6}$	$Sm/10^{-6}$	$^{147}Sm/^{144}Nd$	$^{143}Nd/^{144}Nd$	$\varepsilon_{Nd}(t)$	T_{DM1}/Ga	T_{DM2}/Ga	数据来源
JD11	24.97	4.24	0.1026	0.511749	-15.7	1.9	2.2	郭波，2009
JD12	8.09	1.70	0.1270	0.511810	-14.9	2.3	2.1	郭波，2009
JD13	27.67	4.50	0.0983	0.511751	-15.5	1.8	2.2	郭波，2009
Q-JD-1	12.27	2.38	0.1171	0.511857	-13.8	2.0	2.1	焦建刚等，2010a
Q-JD-2	8.60	2.51	0.1767	0.511995	-12.2	4.7	1.9	焦建刚等，2010a
Q-JD-3	17.24	3.37	0.1183	0.511891	-13.2	2.0	2.0	焦建刚等，2010a
JDC-7	353.00	12.90	0.1130	0.511800	-14.3	2.0	2.1	李洪英等，2011
JDC-36	309.00	14.40	0.1192	0.511800	-14.2	2.2	2.1	李洪英等，2011
JDC-82h	333.00	13.20	0.1095	0.511800	-13.8	2.0	2.1	李洪英等，2011
JDC-100	385.00	13.10	0.1103	0.511700	-15.2	2.1	2.3	李洪英等，2011

注：计算过程中选择衰变常数$\lambda_{Sm}=6.54\times10^{-12}a^{-1}$（Lugmair et al.，1978）。

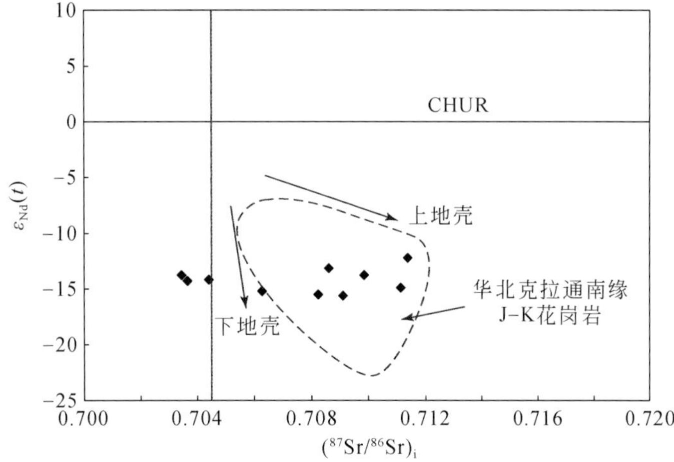

图3.21 金堆城花岗斑岩体$\varepsilon_{Nd}(t)$-$(^{87}Sr/^{86}Sr)_i$图解

金堆城花岗斑岩体数据据郭波（2009）、焦建刚等（2010a）和李洪英等（2011）；图中华北克拉通南缘晚侏罗世—早白垩世花岗岩Sr-Nd同位素数据来自尚瑞钧和严阵（1988）、陈岳龙等（1996）、张宗清等（2006）、包志伟等（2009）、郭波（2009）、焦建刚等（2010a）、赵海杰等（2010a）、王晓霞等（2011）及Zhao等（2012）

表 3.20　金堆城花岗斑岩体 Pb 同位素组成

样品号	测试对象	$Pb/10^{-6}$	$Th/10^{-6}$	$U/10^{-6}$	$^{206}Pb/^{204}Pb$	2σ	$^{207}Pb/^{204}Pb$	2σ	$^{208}Pb/^{204}Pb$	2σ	$(^{206}Pb/^{204}Pb)_t$	$(^{207}Pb/^{204}Pb)_t$	$(^{208}Pb/^{204}Pb)_t$	资料来源
JD11	全岩	33. 08	12. 66	3. 38	17. 671	0. 001	15. 499	0. 001	38. 131	0. 002	17. 531	15. 492	37. 959	郭波，2009
JD12	全岩	23. 48	11. 34	6. 91	17. 974	0. 001	15. 516	0. 001	38. 191	0. 002	17. 669	15. 501	38. 026	郭波，2009
JD13	全岩	33. 79	13. 14	3. 83	17. 675	0. 001	15. 500	0. 001	38. 138	0. 003	17. 557	15. 494	38. 006	郭波，2009
JD14	全岩	24. 22	10. 56	6. 76	17. 974	0. 001	15. 516	0. 001	38. 190	0. 002	17. 685	15. 502	38. 042	郭波，2009
JD-1	钾长石				17. 564	0. 006	15. 471	0. 006	37. 919	0. 007				焦建刚等，2010a
JD-2	钾长石				17. 594	0. 009	15. 462	0. 010	37. 896	0. 012				焦建刚等，2010a
JD-3	钾长石				17. 594	0. 008	15. 462	0. 008	37. 876	0. 010				焦建刚等，2010a
Q-JD-1	全岩				17. 725	0. 007	15. 530	0. 007	38. 090	0. 008				焦建刚等，2010a
Q-JD-2	全岩				17. 696	0. 009	15. 528	0. 011	38. 099	0. 014				焦建刚等，2010a
Q-JD-3	全岩				17. 969	0. 009	15. 503	0. 010	38. 109	0. 012				焦建刚等，2010a
JDC-7	全岩				17. 812	0. 002	15. 463	0. 001	37. 976	0. 003				李洪英等，2011
JDC-34	全岩				17. 690	0. 002	15. 462	0. 002	38. 039	0. 005				李洪英等，2011
JDC-36	全岩				18. 026	0. 003	15. 498	0. 002	38. 139	0. 005				李洪英等，2011
JDC-54a	全岩				18. 079	0. 002	15. 483	0. 002	38. 104	0. 005				李洪英等，2011
JDC-54b	全岩				17. 946	0. 002	15. 469	0. 001	38. 031	0. 003				李洪英等，2011
JDC-55	全岩				17. 788	0. 001	15. 468	0. 001	38. 109	0. 003				李洪英等，2011
JDC-80	全岩				17. 630	0. 002	15. 458	0. 001	37. 963	0. 003				李洪英等，2011
JDC-82	全岩				17. 568	0. 002	15. 445	0. 002	37. 856	0. 004				李洪英等，2011
JDC-100	全岩				17. 800	0. 002	15. 469	0. 001	37. 990	0. 003				李洪英等，2011
JDC-101	全岩				17. 908	0. 003	15. 471	0. 002	38. 006	0. 006				李洪英等，2011

4. 全岩铅同位素

如表3.20所示，金堆城花岗斑岩体全岩的$^{206}Pb/^{204}Pb$的测试值为17.568～18.079，平均17.810；$^{207}Pb/^{204}Pb$测试值为15.445～15.530，平均15.486；$^{208}Pb/^{204}Pb$测试值为37.856～38.191，平均38.066。依据铅同位素比值、岩体U-Pb年龄及岩石U、Th和Pb的含量可反算获得岩体形成时的铅同位素比值；同时考虑到钾长石中U、Th含量低，钾长石的铅同位素组成也用于代表岩体形成时的铅同位素组成。据此，获得岩体的初始（$^{206}Pb/^{204}Pb$）$_t$为17.531～17.685，平均值为17.599；（$^{207}Pb/^{204}Pb$）$_t$为15.462～15.502，平均为15.484，（$^{208}Pb/^{204}Pb$）$_t$为37.876～38.042，平均值37.960（表3.20）。李洪英等（2011）的样品由于缺少对应的U、Th和Pb的含量，未能进行反算。在$^{207}Pb/^{204}Pb$-$^{206}Pb/^{204}Pb$图解中，样品点主要落在地幔演化线和造山带演化线之间，在$^{208}Pb/^{204}Pb$-$^{206}Pb/^{204}Pb$图解中，样品点主要落在造山带演化线和下地壳演化线之间（图3.22）。

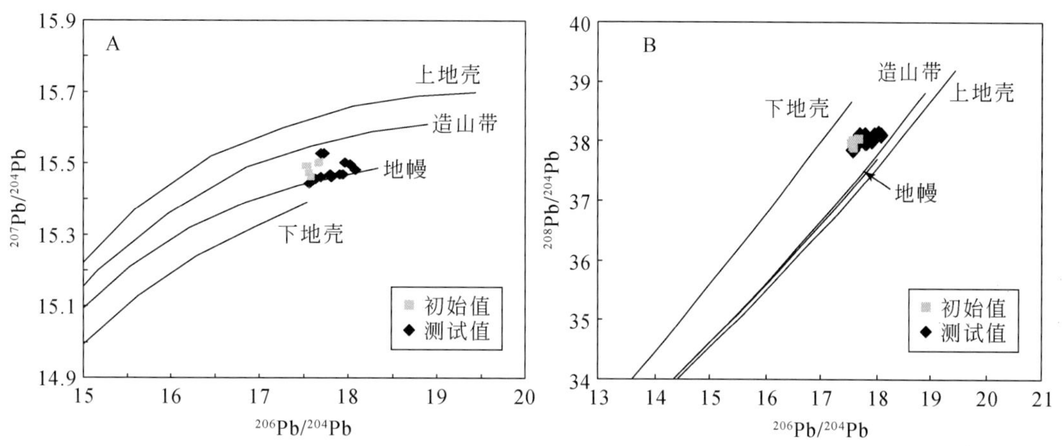

图3.22　金堆城斑岩体铅同位素组成（数据见表3.20；底图据Zartman and Doe，1981）

5. 锆石铪同位素

据郭波（2009），金堆城花岗斑岩的锆石$^{176}Lu/^{177}Hf$为0.000287～0.001862；$^{176}Hf/^{177}Hf$的变化范围为0.282020～0.282436（表3.21），加权平均值为0.282268（图3.23A）。计算获得锆石的$\varepsilon_{Hf}(t)$变化于−23.7～−8.9之间，平均值−15.0；$f_{Lu/Hf}$集中于−0.99～−0.94；二阶段模式年龄T_{DM2}变化范围在1439～2187Ma（表3.21）之间，加权平均值1751Ma。在$\varepsilon_{Hf}(t)$-t图解上，多数样品点落入亏损地幔及球粒陨石演化线之下，介于1.4Ga和1.9Ga地壳演化线之间（图3.23B）。

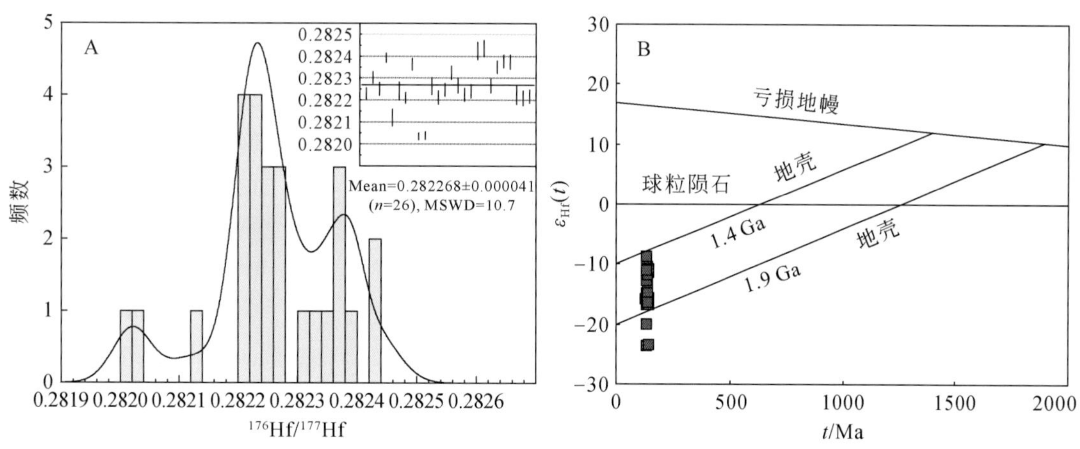

图3.23　金堆城花岗斑岩体锆石Hf同位素组成（A）和$\varepsilon_{Hf}(t)$-t图解（B）（引自郭波，2009）

表 3.21 金堆城花岗斑岩体锆石 Hf 同位素组成（郭波，2009）

样品号	年龄/Ma	$^{176}Yb/^{177}Hf$	$^{176}Lu/^{177}Hf$	$^{176}Hf/^{177}Hf$	2σ	$\varepsilon_{Hf}(t)$	2σ	T_{DM1}/Ma	T_{DM2}/Ma	$f_{Lu/Hf}$
JD23-01	137	0.029815	0.000799	0.282229	0.000026	−16.26	1.38	1434	1812	−0.98
JD23-03	143	0.011245	0.000320	0.282303	0.000027	−13.50	1.40	1316	1677	−0.99
JD23-04	143	0.024938	0.000700	0.282250	0.000029	−15.39	1.46	1402	1773	−0.98
JD23-05	143	0.058262	0.001612	0.282393	0.000021	−10.43	1.27	1234	1521	−0.95
JD23-06	137	0.028323	0.000757	0.282120	0.000039	−20.13	1.72	1584	2007	−0.98
JD23-07	134	0.010165	0.000287	0.282241	0.000041	−15.86	1.78	1399	1789	−0.99
JD23-08	141	0.034633	0.001010	0.282210	0.000025	−16.90	1.36	1470	1847	−0.97
JD23-09	146	0.066116	0.001846	0.282363	0.000028	−11.45	1.42	1285	1575	−0.94
JD23-10	138	0.039200	0.001074	0.282020	0.000031	−23.69	1.50	1737	2187	−0.97
JD23-11	145	0.051085	0.001369	0.282021	0.000036	−23.50	1.62	1748	2183	−0.96
JD23-12	140	0.038054	0.001078	0.282264	0.000039	−15.00	1.72	1397	1751	−0.97
JD23-13	138	0.029692	0.000865	0.282212	0.000031	−16.86	1.51	1461	1843	−0.97
JD23-14	141	0.010856	0.000293	0.282247	0.000029	−15.52	1.45	1392	1778	−0.99
JD23-15	139	0.012886	0.000347	0.282325	0.000031	−12.81	1.52	1287	1639	−0.99
JD23-16	138	0.023317	0.000607	0.282266	0.000034	−14.94	1.57	1377	1746	−0.98
JD23-17	141	0.028287	0.000763	0.282224	0.000030	−16.37	1.49	1441	1820	−0.98
JD23-18	148	0.023573	0.000618	0.282240	0.000031	−15.63	1.50	1413	1789	−0.98
JD23-19	137	0.017817	0.000457	0.282425	0.000040	−9.31	1.76	1152	1459	−0.99
JD23-20	139	0.014773	0.000385	0.282436	0.000037	−8.88	1.66	1135	1439	−0.99
JD23-21	144	0.023628	0.000620	0.282265	0.000032	−14.82	1.53	1378	1745	−0.98
JD23-23	144	0.068784	0.001862	0.282351	0.000029	−11.90	1.45	1302	1596	−0.94
JD23-24	148	0.063749	0.001685	0.282377	0.000030	−10.87	1.48	1258	1547	−0.95
JD23-26	137	0.023394	0.000605	0.282374	0.000033	−11.14	1.55	1228	1552	−0.98
JD23-27	144	0.043058	0.001336	0.282224	0.000043	−16.34	1.84	1462	1821	−0.96
JD23-28	146	0.027265	0.000734	0.282209	0.000034	−16.77	1.57	1460	1845	−0.98
JD23-30	144	0.016539	0.000444	0.282217	0.000030	−16.50	1.48	1438	1830	−0.99

注：$\lambda^{176}Lu = 1.867\times10^{-11}\ a^{-1}$（Söderlund et al., 2004）；$\varepsilon_{Hf}(t)$ 的计算利用 Blichert 等（1997）推荐的球粒陨石 Hf 同位素值（0.282772）以及 Lu/Hf 值（0.0332）；Hf 模式年龄计算时采用当前亏损地幔的 $^{176}Hf/^{177}Hf$ 值（0.28325；Nowell et al., 1998）和 $^{176}Lu/^{177}Lu$ 值（0.0384；Griffin et al., 2000）。

3.2.2.4 岩体成因

上述研究表明，金堆城花岗斑岩体形成于 141Ma，属高钾钙碱性系列花岗岩，具有高硅、富碱、富钾，贫钙、铁、镁的特征。岩体的轻重稀土元素分馏程度较高，Sr、Y 和 Yb 含量较低，总体上富集大离子亲石元素（LILE）而亏损高场强元素（HFSE）。

全岩 Sr-Nd 同位素分析表明，金堆城花岗斑岩具有较低的 $\varepsilon_{Nd}(t)$ 值（−15.7 ~ −14.9），Nd 两阶段模式年龄 T_{DM2} 介于 1.9 ~ 2.3Ga 之间，$(^{87}Sr/^{86}Sr)_i$ 为 0.70345 ~ 0.72205；铅同位素数据点投影于地幔与造山带以及下地壳与地幔演化线之间（图 3.22）。锆石 Hf 同位素研究显示，金堆城花岗斑岩锆石 $\varepsilon_{Hf}(t)$ 的变化范围在−23.7 ~ −8.9 之间，相应的二阶段模式年龄 T_{DM2} 变化范围在 1439 ~ 2187Ma。上述同位素研究均表明，金堆城花岗斑岩岩浆可能主要来自古老地壳的部分熔融。纵观区域地层，官道口群最底层高山河组下部泥质板岩 Rb-Sr 等时线年龄为 1394±43Ma，而侵入冯家湾组的花岗岩脉 U-Pb 年龄为 999Ma（河南省地质矿产局，1989），则官道口群成岩年龄应介于 999 ~ 1394Ma 之间；太华超群原岩年龄为 2.84 ~ 2.26Ga，并于 2.1 ~ 1.8Ga 发生强烈的变形、变质作用（Wan et al., 2006；Xu et al., 2009；Zhao et al., 2009）；熊耳群火山岩的形成时限为 1.45 ~ 1.78Ga，集中于 1.75 ~ 1.78Ga（Zhao et al., 2009 及其引文），认为熊耳群和太华超群年龄与金堆城花岗斑岩的两阶段 Nd 模式年龄和 Hf 模式年龄相当，可能为金堆城花岗斑岩的主要来源。

然而，当我们利用已有太华超群的 Hf 同位素数据（第五春荣等，2007，2010；Xu et al., 2009）进行反算时发现，在 t = 141Ma 时（金堆城花岗斑岩侵入时代），太华超群的 $\varepsilon_{Hf}(t)$ 变化于−62.3 ~ −42.2，平均-51.8，远低于金堆城花岗斑岩的 $\varepsilon_{Hf}(t)$，表明其不可能作为金堆城花岗斑岩的唯一来源。同理，利用 Wang 等（2010）的 Hf 同位素数据，获得 $t=141$ Ma 时熊耳群的 $\varepsilon_{Hf}(t)$ 变化于-49.0～-45.7，亦低于金堆城花岗斑岩的 $\varepsilon_{Hf}(t)$。因此，上述两单元之一或其混合均不能满足金堆城花岗斑岩的 Hf 同位素特征；除上述源区外，尚需一个具有高 $\varepsilon_{Hf}(t)$ 的源区（如初生地壳或地幔）。

3.2.3　矿床地质

3.2.3.1　矿体特征

金堆城钼矿体以金堆城花岗斑岩为中心产出于岩体内部及其内外接触带中（图 3.24）。矿体呈一连续扁豆体沿 325°～145°方向展布，地表出露长约 1600m，深部钻孔控制长度约 2200m，厚 600～700m。钼矿化由岩体向四周逐渐减弱。

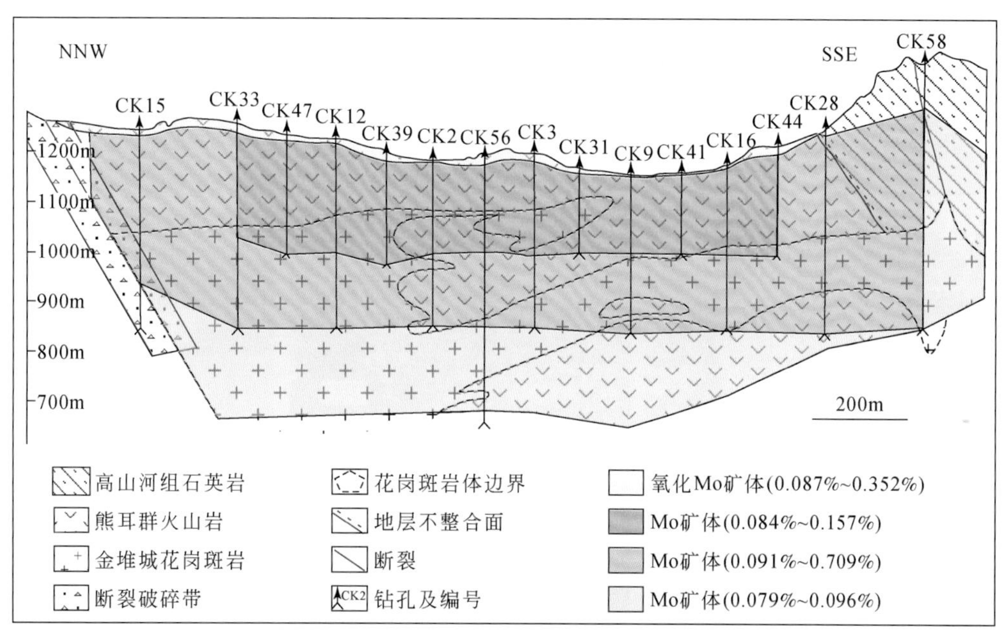

图 3.24　金堆城钼矿床 9 号勘探线剖面图（据 Mao et al.，2011）

3.2.3.2　矿石成分和组构

1. 矿石成分

金堆城钼矿矿石类型以玄武安山岩型（图 3.25A、B）和花岗斑岩型（图 3.25C、D）为主，少量为石英岩型。矿石矿物以辉钼矿和黄铁矿为主，其次为黄铜矿、方铅矿、闪锌矿和磁铁矿；脉石矿物主要为钾长石、斜长石、石英、黑云母，其次为绢云母、白云母、萤石、绿帘石、方解石等。辉钼矿呈鳞片状（图 3.25K）、聚片状、板状，可呈团块状集合体分布于石英脉中，团块直径一般为几至几十毫米；或与黄铁矿、磁铁矿组成平行条带状构造，嵌布在脉石中；或形成薄膜状沿围岩或岩体裂隙分布；或呈浸染状嵌布于各类脉体中。黄铁矿以自形晶为主（图 3.25J），呈浸染状或脉状分布于脉体中。黄铜矿主要呈他形粒状产出（图 3.25J、L），磁铁矿以半自形-自形晶形式（图 3.25J）呈浸染状分布于石英脉中。

2. 矿石组构

矿石结构复杂，主要有斑状结构（图 3.25G）、鳞片状结构、片状结构、放射状结构、包含结构、交代残余结构等。常见网脉状、细脉浸染状和浸染状构造，其中网脉状构造十分发育，见石英-钾长石脉（图 3.25A、B）、石英-辉钼矿脉（图 3.25C）、石英-多金属硫化物脉（图 3.25A-D）、黄铁矿-沸石-萤石-石英脉、石英-方解石-硫化物细脉、石英-绢云母-硫化物脉（图 3.25E）、石英-方解石-萤石脉（图 3.25F）、方解石脉等。

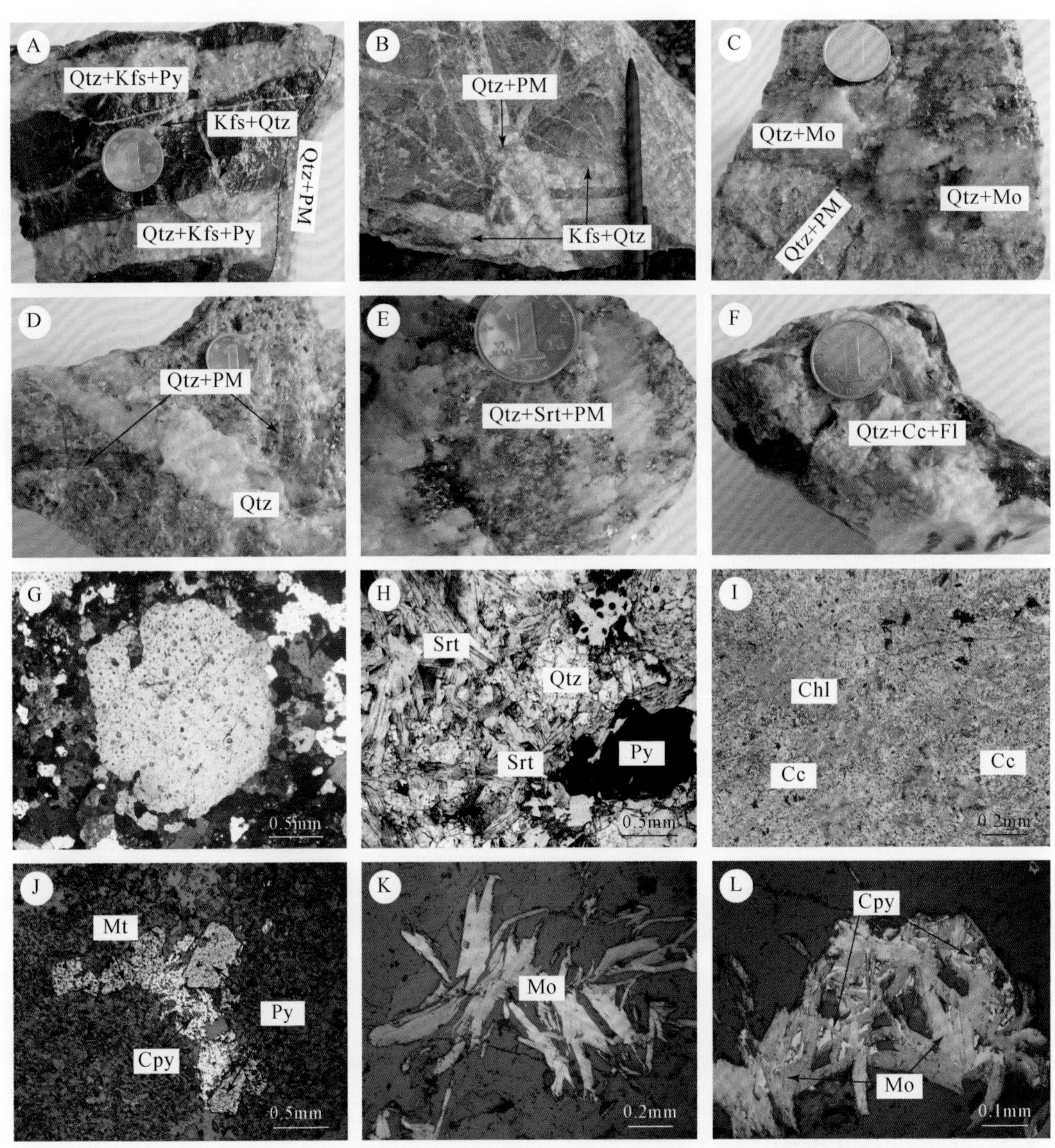

图 3.25　金堆城钼矿床矿石岩相学照片（部分照片引自杨永飞等，2009a）

A. 安山岩型矿石，早阶段钾长石-石英细脉被早阶段石英-钾长石-黄铁矿脉穿切，后二者被中阶段石英-硫化物脉穿切；B. 安山岩型矿石，中阶段石英-硫化物脉穿切早阶段钾长石-石英脉；C. 斑岩型矿石，中阶段石英硫化物脉穿切中阶段石英-辉钼矿脉；D. 斑岩型矿石，中阶段石英-硫化物脉被晚阶段石英脉穿切；E. 中阶段石英-绢云母-硫化物脉；F. 晚阶段石英-方解石-萤石脉；G. 金堆城斑岩中石英斑晶；H. 绢英岩化蚀变，石英、绢云母、黄铁矿共生；I. 青磐岩化蚀变，绿泥石和方解石共生；J. 中阶段磁黄铁矿、黄铁矿和黄铜矿共生；K. 中阶段叶片状辉钼矿；L. 中阶段辉钼矿与黄铜矿共生。图中缩写：Cc. 方解石；Cpy. 黄铜矿；Chl. 绿泥石；Fl. 萤石；Kfs. 钾长石；Mo. 辉钼矿；Mt. 磁铁矿；PM. 多金属硫化物；Py. 黄铁矿；Qtz. 石英；Srt. 绢云母

3. 矿石微量元素特征

郭波等（2009）对金堆城斑岩钼矿床熊耳群玄武安山岩、高山河组石英岩和板岩、玄武安山岩型矿石、石英岩型矿石、蚀变围岩（硅化和青磐岩化玄武安山岩）以及矿石中的黄铁矿样品进行了稀土及微量元素分析，结果列于表 3.22，球粒陨石标准化配分曲线如图 3.26 所示。

表3.22　金堆城钼矿床围岩、矿化围岩、矿石及矿石中黄铁矿的稀土和微量元素分析结果（郭波等，2009a）　（单位：10^{-6}）

样品号	M0603	M0604	M0605	M0607	M0608	M0609	M0610	JD09	JD10	JD04	JD05	JD06	M0606	JD13	JD23-1	JD22-1	JD24
La	38.74	40.09	29.74	50.08	69.51	10.74	9.15	0.48	14.10	22.85	33.76	46.56	16.07	5.87	2.50	1.76	4.73
Ce	86.97	84.65	70.96	95.91	147.78	19.71	17.02	0.98	21.98	53.79	71.85	87.26	30.06	13.97	4.50	3.51	8.84
Pr	11.49	10.82	9.74	11.01	17.68	2.38	2.01	0.14	2.86	7.53	9.28	11.17	3.53	1.73	0.51	0.44	1.18
Nd	48.51	44.46	41.38	40.56	66.59	8.82	7.60	0.60	10.32	32.53	37.58	46.56	12.91	6.69	1.80	1.54	4.00
Sm	9.33	7.93	8.05	6.68	13.62	1.65	1.39	0.17	1.67	6.35	7.31	8.89	2.25	1.62	0.34	0.35	0.78
Eu	2.35	2.17	2.17	1.35	3.21	0.36	0.31	0.04	0.43	1.65	1.45	2.75	0.41	0.49	0.07	0.06	0.19
Gd	8.76	7.54	7.91	5.16	11.05	1.27	1.01	0.17	2.11	6.12	6.87	8.98	1.50	2.15	0.31	0.24	0.71
Tb	1.38	1.18	1.20	0.75	1.73	0.18	0.14	0.02	0.37	0.92	1.07	1.40	0.20	0.39	0.05	0.04	0.09
Dy	8.33	6.91	7.12	3.75	9.46	0.85	0.75	0.12	2.00	5.60	6.16	8.57	1.07	2.52	0.23	0.17	0.41
Ho	1.58	1.31	1.38	0.67	1.60	0.15	0.13	0.02	0.33	1.06	1.18	1.63	0.18	0.48	0.05	0.03	0.06
Er	4.40	3.70	3.78	1.94	4.51	0.46	0.39	0.06	0.78	3.12	3.49	4.69	0.54	1.38	0.15	0.09	0.17
Tm	0.64	0.52	0.55	0.31	0.68	0.07	0.06	0.01	0.10	0.47	0.54	0.7	0.08	0.21	0.02	0.01	0.02
Yb	3.66	3.06	3.09	2.13	4.26	0.45	0.38	0.06	0.57	3.06	3.37	4.57	0.51	1.26	0.13	0.09	0.12
Lu	0.47	0.41	0.37	0.34	0.58	0.06	0.05	0.01	0.08	0.46	0.54	0.67	0.08	0.21	0.02	0.01	0.02
ΣREE	226.61	214.73	187.44	220.64	352.26	47.15	40.38	2.87	57.71	145.51	184.45	234.42	69.37	38.96	10.69	8.36	21.31
LREE/HREE	6.76	7.72	6.38	13.66	9.40	12.5	12.87	5.14	8.09	5.99	6.95	6.51	15.7	3.53	10.05	11.12	12.35
$(La/Yb)_N$	7.15	8.86	6.51	15.88	11.02	16.02	16.35	5.05	16.61	5.04	6.78	6.89	21.29	3.15	12.65	13.63	26.28
$(La/Sm)_N$	2.61	3.18	2.32	4.72	3.21	4.09	4.15	1.75	5.32	2.27	2.91	3.3	4.5	2.28	4.63	3.17	3.84
δEu	0.79	0.86	0.83	0.70	0.80	0.75	0.79	0.79	0.70	0.81	0.62	0.94	0.69	0.81	0.67	0.64	0.8
δCe	0.97	0.95	0.98	0.96	0.99	0.91	0.93	0.9	0.81	0.96	0.95	0.9	0.93	1.03	0.94	0.93	0.88
Ba	969	582	1421	802	637	80	63	15	18	752	1173	271	9	2	11	5	5
Rb	369	281	273	257	525	23	14	14	27	447	540	72	3	0	7	4	7
Sr	185	215	219	16	54	8	11	10	11	44	147	347	11	359	8	7	7
Y	41.9	35.0	36.9	17.1	58.2	4.0	3.7	0.6	10.1	28.8	34.1	44.9	5.6	20.0	1.7	1.1	2.2
Zr	207	179	192	207	198	286	123	6	82	196	224	180	106	0	9	6	4
Nb	12.4	9.9	10.8	14.3	15.1	1.2	0.4	0.1	0.2	37.0	80.9	10.1	1.2	0	5.0	1.1	0.7
Th	5.03	3.28	2.88	14.47	10.15	1.25	0.73	0.11	0.76	3.51	4.24	6.15	1.30	0.22	0.91	0.59	0.67
Pb	9.7	14.9	21.5	3.9	31.6	2.0	2.0	21.1	2.0	13.9	21.4	32.9	2.0	3.18	37.29	8.36	

续表

样品号	M0603	M0604	M0605	M0607	M0608	M0609	M0610	JD09	JD10	JD04	JD05	JD06	M0606	JD13	JD23-1	JD22-1	JD24
Ga	22.80	24.88	22.94	25.01	29.85	3.10	1.99	1.50	2.75	23.85	27.5	27.9	0.44	0.31	4.34	2.33	2.15
Zn	252.2	300.7	683.8	71.6	288.6	2.0	2.0	7.7	10.0	259.8	273.3	149.3	2.00	2.37	830.02	350.66	
Cu	52	370	82	24	412	5	8	18	12	252	237	248	8	3	111		167
Ni	29	24	27	40	33	2	2	2	2	16	11	16	2	11	11	36	3
V	150	138	149	113	137	13	8	3	9	127	119	147	5				
Cr	174	150	153	138	147	16	3	3	10	101	108	97	6	1	5	4	2
Hf	11.22	7.32	10.41	5.96	5.56	9.16	3.66	0.13	2.35	5.71	8.27	7.74	3.47	0.01	0.27	0.29	0.13
Cs	18.50	18.93	15.41	4.06	5.13	0.19	0.13	0.16	0.30	20.96	20.59	4.13	0.10	0.02	0.09	0.06	0.07
Sc	33.62	25.32	27.36	16.57	13.80	1.40	1.02	0.94	1.46	21.24	22.55	21.28	0.79	1.27	1.41	1.29	0.81
Ta	0.73	0.61	0.62	0.93	1.01	0.22	0.06	0.01	0.04	0.70	2.73	0.67	0.07	0	0.12	0.23	0.04
Co	72	94	61	33	44	270	306	545	429	114	105	144	300	2	124	33	23
Li	38.56	36.59	32.69	10.61	46.62	3.55	2.80	2.51	3.40	112.99	159.75	21.56	1.80				
U	0.87	2.13	0.83	2.59	2.56	0.51	0.29	0.21	1.11	2.15	3.23	2.00	0.93	0.03	0.32	0.15	0.51
W	207	510	185	118	221	1550	1532	693	1579	710	282	959	1823				
Sn	1.72	8.82	5.27	2.29	11.34	0.97	0.88	1.72	1.64	9.51	15.03	7.46	0.90		0.50	0.39	26.76
Mo	1.01	1.42	3.36	4.11	3.94	5.41	1.73	4.49	9.52	1505.90	904.20	4.56	293.59	0.22	406.09	16.94	123.22
As	0.74	0.74	0.55	0.45	0.45	0.45	0.26	0.36	0.55	0.45	0.36	0.36	0.74				
Bi	0.84	9.11	3.77	20	5.99	20	0.22	5.22	0.96	0.31	0.33	4.07	20.00	0.01	2.83	2.67	
In	0.14	0.49	0.50	0.15	0.84	0.02	0.02	0.06	0.04	0.15	0.18	1.00	0.05				
Mn	1636.0	1571.9	2063.6	390.7	1095.3	65.1	38.2	49.7	91.5	1245.0	2037.0	2722.6	35.7				
Sb	0.14	0.16	0.14	0.19	0.14	0.34	0.16	0.19	0.24	0.14	0.14	0.14	1.58				
Tl	5.01	3.60	3.85	1.59	4.29	0.20	0.10	0.08	0.21	3.08	3.30	0.62	0.05				
Ag	0.06	0.31	0.26	0.12	0.39	0.07	0.04	0.45	0.08	0.23	0.31	0.27	0.22				
Cd	0.23	0.38	2.14	0.05	0.05	0.04	0.03	0.59	0.24	1.87	1.30	0.22	0.49				

注：样品 M0603、M0604、M0605 为熊耳群玄武安山岩，M0607、M0608 为高山河组板岩，M0609、M0610、JD09、JD10 为高山河组石英岩，JD04 为硅化玄武安山岩，JD05 为安山岩型矿石，JD06 为青磐岩化玄武安山岩，M0606 为石英岩型矿石，JD13、JD23-1 为花岗斑岩型矿石中黄铁矿，JD22-1 为玄武安山岩型矿石中黄铁矿，JD24 为石英岩型矿石中黄铁矿。

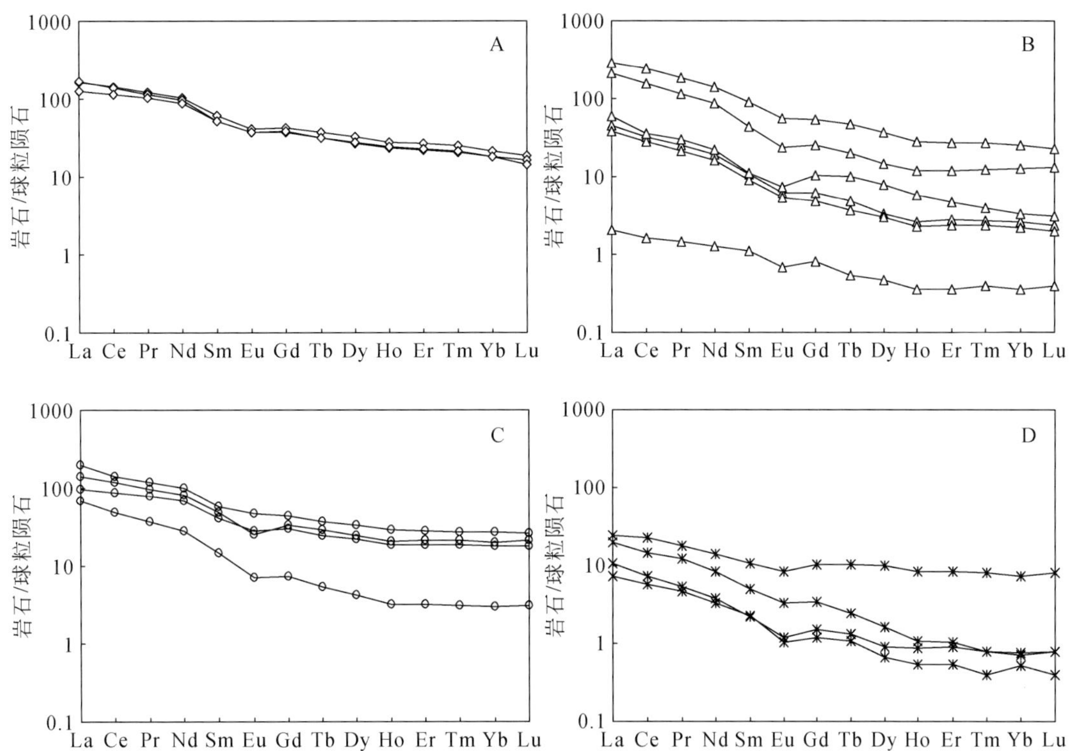

图3.26　金堆城钼矿床围岩地层中熊耳群玄武安山岩（A）、高山河组石英岩和板岩（B）、矿石（C）及矿石中黄铁矿（D）球粒陨石标准化稀土元素配分曲线

数据据表3.22，据郭波等，2009a；标准化数据据 Sun and McDonough，1989

熊耳群玄武质安山岩的 ΣREE 变化范围在 $187.44\times10^{-6}\sim226.61\times10^{-6}$，平均值 209.57×10^{-6}；δEu 值在 0.79～0.86，δCe 介于 0.95～0.98 之间，显示了弱的 Eu 和 Ce 负异常；LREE/HREE 的值为 6.38～7.72，$(La/Yb)_N$ 介于 6.51～8.86 之间，$(La/Sm)_N$ 介于 2.32～3.18 之间，表明轻稀土元素较富集，轻重稀土元素之间的分馏程度不明显（图3.26A）。

高山河组石英岩的 ΣREE 介于 $2.87\times10^{-6}\sim57.71\times10^{-6}$ 之间，平均 37.03×10^{-6}；δEu 为 0.70～0.79，平均 0.76；δCe 介于 0.81～0.93 之间，平均 0.89,；LREE/HREE 值在 5.14～12.87 之间，平均 9.65；$(La/Yb)_N$ 值为 5.05～16.61，平均 13.51，$(La/Sm)_N$ 值为 1.75～5.32，平均 3.83，显示轻稀土元素富集，轻重稀土元素分馏程度较高（图3.26B）。高山河组板岩的 ΣREE 介于 $220.64\times10^{-6}\sim352.26\times10^{-6}$ 之间，平均 286.45×10^{-6}；δEu 为 0.69～0.80，平均 0.75；δCe 的变化范围为 0.96～0.99，平均 0.97；LREE/HREE 值介于 9.40～13.66 之间，平均 11.53，$(La/Yb)_N$ 值在 11.02～15.88 之间，平均 13.45；$(La/Sm)_N$ 值在 3.21～4.72 之间，平均 3.97，表明轻稀土元素富集，轻重稀土元素分馏程度较高（图3.26B）。

考虑到 REE^{3+} 在黄铁矿晶格中替代 Fe^{2+} 是比较困难的，黄铁矿中 REE 主要赋存在流体包裹体中，则黄铁矿的 REE 组成可以直接反映成矿流体中 REE 特征（李厚民等，2003；毕献武等，2004；毛光周等，2006）。黄铁矿单矿物的 ΣREE 的变化于 $8.36\times10^{-6}\sim38.96\times10^{-6}$ 之间，平均 19.83×10^{-6}；δEu 的值为 0.64～0.81，平均 0.73；δCe 介于 0.88～1.03 之间，平均 0.94。LREE/HREE 介于 3.53～12.35 之间，平均 9.26；$(La/Yb)_N$ 值为 3.15～26.28，平均 13.93；$(La/Sm)_N$ 值在 2.28～4.63 之间，平均 3.48。黄铁矿稀土元素配分与含矿花岗斑岩相似，均表现为右倾斜的配分曲线（图3.26D），其特征参数也与含矿花岗斑岩相似。考虑到不同类型矿石、矿化围岩（硅化玄武安山岩和青磐岩化玄武安山岩）的稀土元素配分曲线与含矿花岗斑岩一致（图3.26C），说明其成矿物质来源的同源性。高山河组石英岩型矿石的 REE 含量较无矿石英岩高，特别是 LREE 的含量显著增加，推断是受到了富集 LREE 的热液的影响。

由以上分析看出，矿石中黄铁矿的稀土元素组成与含矿花岗斑岩相似，而与围岩熊耳群玄武质安山岩差异较大，说明成矿热液继承了斑岩岩浆的稀土元素特征。各种矿石及矿化围岩对球粒陨石配分曲线显示了很好的谐和性，表明其成矿物质来源的同源性；并且其配分曲线与含矿花岗斑岩相似，表明成矿物质来源与斑岩同源。

3.2.3.3　围岩蚀变特征

金堆城钼矿床围岩蚀变表现出典型的斑岩型蚀变特征，自斑岩体向外呈现有规律的面型蚀变：①钾化，主要表现为花岗斑岩的钾长石交代、微斜长石和微斜条纹长石形成聚合斑晶以及充填于围岩裂隙中的钾长石细脉、石英-钾长石细脉；②绢英岩化（图3.25H），主要见于含矿花岗斑岩体的顶部，表现为绢云母和石英交代斜长石、钾长石和黑云母等，并伴随有浸染状黄铁矿化等硫化物化；③硅化，最为强烈，主要表现为充填于岩体和围岩裂隙中的各类含石英细脉；④青磐岩化、碳酸盐化（图3.25I），主要见于矿体边部，在黑云母化玄武安山岩中发育绿泥石、绿帘石等蚀变矿物，并充填有石英-方解石脉、方解石脉。

3.2.3.4　成矿阶段划分

根据矿物共生组合、矿石组构及脉体穿插关系（图3.25），可将流体成矿过程分为早、中、晚三个阶段：①早阶段矿物组合为钾长石、石英及少量黄铁矿，以发育钾长石脉、钾长石-石英±黄铁矿脉、石英脉为特征，硫化物较少，见自形-半自形黄铁矿呈浸染状产出，粒度较小。②中阶段以发育石英-硫化物±钾长石网脉、石英-辉钼矿脉、石英-硫化物±萤石±方解石网脉、硫化物网脉等多金属硫化物网脉为特征，辉钼矿化显著，矿物组合主要为石英、少量钾长石、黄铁矿、辉钼矿、磁铁矿、黄铜矿、方解石等。辉钼矿或呈片状产出于围岩或网脉中，或呈薄膜状沿脉壁、裂隙分布，黄铁矿、磁铁矿主要呈自形-半自形粒状产出，黄铜矿往往为他形晶。③晚阶段以出现低温的绿泥石和方解石为特征，主要发育无矿石英脉、石英-萤石-碳酸盐脉、石英-碳酸盐脉，基本不含硫化物。

各成矿阶段的矿物生成顺序见图3.27所示。

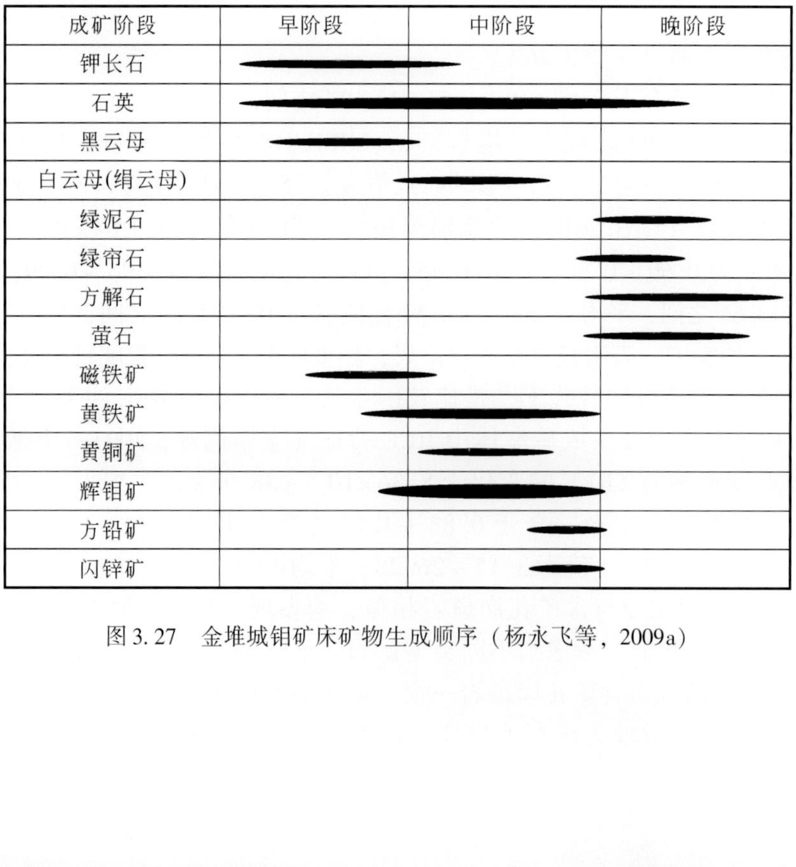

成矿阶段	早阶段	中阶段	晚阶段
钾长石			
石英			
黑云母			
白云母(绢云母)			
绿泥石			
绿帘石			
方解石			
萤石			
磁铁矿			
黄铁矿			
黄铜矿			
辉钼矿			
方铅矿			
闪锌矿			

图3.27　金堆城钼矿床矿物生成顺序（杨永飞等，2009a）

3.2.4　流体包裹体地球化学

3.2.4.1　样品和测试

杨永飞等（2009a）对金堆城斑岩钼矿的成矿流体进行了详细研究，所用样品全部采自金堆城钼矿床的露天采场，包括斑岩型矿石、安山岩型矿石，涵盖了不同成矿阶段的矿石样品，其中早阶段石英脉样品2件，中阶段石英–硫化物样品10件，晚阶段石英–碳酸盐脉和石英–萤石脉样品各1件。

流体包裹体显微测温分析在中国地质大学（北京）地质过程与矿产资源国家重点实验室流体包裹体室完成，所用仪器为LINKAM MDSG600冷热台，与德国ZEISS公司的偏光显微镜匹配进行包裹体观察及冷热台测试工作。采用美国FLUID INC公司的人工合成流体包裹体标准样品进行了温度标定。显微测温过程中，升温速率为1～5℃/min，相变点附近降低为0.3～1℃/min。

CO_2-H_2O型包裹体的盐度根据笼合物熔化温度由Collins（1979）方法计算得到；水溶液包裹体的盐度根据冰点温度据Bodnar（1993）的盐度–冰点关系表查出。鉴于本矿床含子晶多相包裹体只含不熔子矿物，其盐度根据冰点温度由Collins（1979）方法或Bodnar（1993）的盐度–冰点关系表得出，由于实际测温过程中硫化物子矿物等未能熔化，所计算的盐度未包括未熔化子矿物的贡献，低于实际盐度。CO_2-H_2O型包裹体和水溶液包裹体的密度利用Flincor软件（Brown，1989）计算获得。

单个包裹体成分的激光拉曼显微探针测试在北京大学造山带与地壳演化教育部重点实验室完成，测试仪器为RM-1000型拉曼光谱仪，使用514.5nm氩激光器，计数时间为10s，每$1cm^{-1}$（波数）计数一次，$50\sim4000cm^{-1}$全波段一次取峰，激光斑束大小为2μm，光谱分辨率$\pm2cm^{-1}$。

3.2.4.2　流体包裹体岩相学

金堆城钼矿床各成矿阶段脉石矿物中广泛发育流体包裹体，其类型丰富，形态多样（图3.28）。根据流体包裹体成分以及室温下相态（卢焕章等，2004；陈衍景等，2007），将包裹体分为如下4类：

纯CO_2包裹体（PC型）：为纯气相（V_{CO_2}）或气液两相（$L_{CO_2}+V_{CO_2}$）的CO_2，主要见于早阶段和中阶段石英脉中，孤立分布。形态以椭圆形和负晶形为主（图3.28A），颜色较深，长轴长度集中于5～20μm，常与CO_2-H_2O型包裹体（见后）密切共生。

CO_2-H_2O型包裹体（C型）：此类包裹体在早、中阶段热液石英中大量发育，孤立分布或成群分布，多呈负晶形、椭圆形、长条形或不规则形产出，长轴长度主要为5～20μm，少部分达到30～40μm。CO_2相（$V_{CO_2}+L_{CO_2}$）体积分数变化于10%～85%。多数C型包裹体室温下可见典型“双眼皮”特征（图3.28B），即$V_{CO_2}+L_{CO_2}+L_{H_2O}$，少数在室温下为两相（$L_{CO_2}+L_{H_2O}$），冷冻过程中出现$CO_2$气泡。

水溶液包裹体（W型）：见于成矿各阶段。中阶段石英中该类包裹体一般孤立分布，主要为椭圆形、不规则形、负晶形和长条形（图3.28I），长轴长5～40μm，气泡体积分数集中于5%～40%。晚阶段萤石和石英中部分水溶液包裹体呈线性或面状分布，属次生成因。形态多为不规则形、椭圆形，长轴长度一般5～20μm，气液比一般小于10%。

含子晶多相包裹体（S型）：见于早、中阶段石英中，多孤立分布。以负晶形、椭圆形、长条形为主，少量为不规则形。长轴长度一般5～20μm，个别可达到30～40μm，气相体积分数一般为5%～25%。其气相成分可为CO_2（SC型）（图3.28C～F）或H_2O（SW型）（图3.28G、H）。子矿物多为黑色不透明，呈现小圆点状、六边形、长条状产出；另有部分透明子矿物呈椭圆形、方形、长条形和片状产出。此外尚见红色赤铁矿子矿物（图3.28C）及六边形状透明子矿物（疑似白云母，图3.28E）。激光拉曼显微探针分析（见后）表明黑色不透明子矿物主要为黄铜矿；透明子矿物常见方解石和硬石膏，另有部分透明子矿物不具备拉曼特征峰。所有子矿物在加热过程中均无明显变化。需要指出的是，该矿床缺乏其他斑岩成矿体系常见的含石盐子矿物多相包裹体。

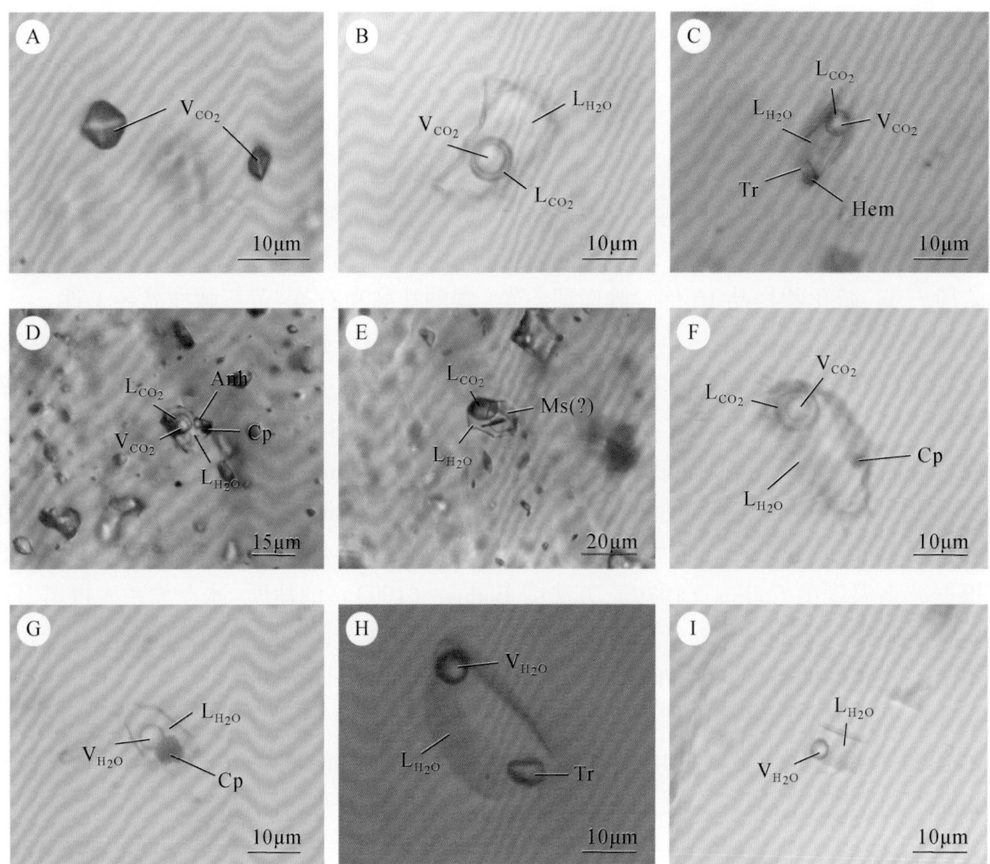

图 3.28　金堆城钼矿床流体包裹体显微照片（部分照片引自杨永飞等，2009a）

A. PC 型包裹体；B. C 型包裹体；C. 含赤铁矿和未知子矿物的 SC 型包裹体；D. 含硬石膏和黄铜矿子矿物 SC 型包裹体；E. 含疑似白云母子矿物的 SC 型包裹体；F. 含黄铜矿子矿物的 SC 型包裹体；G. 含黄铜矿子矿物的 SW 型包裹体；H. 含未知透明子矿物的 SW 型包裹体；I. 萤石中 W 型包裹体。图中缩写：V_{CO_2}. 气相 CO_2；L_{CO_2}. 液相 CO_2；V_{H_2O}. 气相 H_2O；L_{H_2O}. 液相 H_2O；Anh. 硬石膏；Cp. 黄铜矿；Tr. 未鉴定透明粒状子矿物；Ms. 白云母

3.2.4.3　包裹体热力学

1）显微测温结果

金堆城钼矿流体包裹体显微测温分析结果见表 3.23 和图 3.29。

表 3.23　金堆城钼矿床流体包裹体显微测温结果（杨永飞等，2009a）

阶段	矿物	类型	N	$T_{m,ice}$/℃	$T_{m,cla}$/℃	T_d/℃	T_h/℃	W/(% NaCl eqv.)	ρ/(g/cm³)
早	石英	C	47		3.6～7.0	224～329	276～369(V, L)	5.7～11.1	0.83～0.99
		W	5	-6.8～-6.1			271～306(L)	9.3～10.2	0.81～0.87
		S	12			228～332		7.5～9.3	
中	石英	C	127		3.3～7.3	185～271	155～280(L, V)	5.1～11.5	0.85～1.05
		W	27	-8.8～-4.3			92～259(L)	6.9～12.6	0.89～1.04
		S	36			190～244	135～279(L)*	6.4～10.2	
晚	萤石	W	34	-7.6～-4.5			97～207L)	7.2～11.2	0.95～1.03

注：N 为测试包裹体数目；$T_{m,cla}$ 为笼合物熔化温度；$T_{m,ice}$ 为冰点温度；T_h 为完全均一温度，* 指除 S 型包裹体气液相均一温度；T_d 为包裹体爆裂温度；W 为盐度（S 型包裹体的盐度未包含不熔子矿物的贡献）；ρ 为密度；括号中的 V 和 L 分别代表均一至气相（V）或液相（L）。

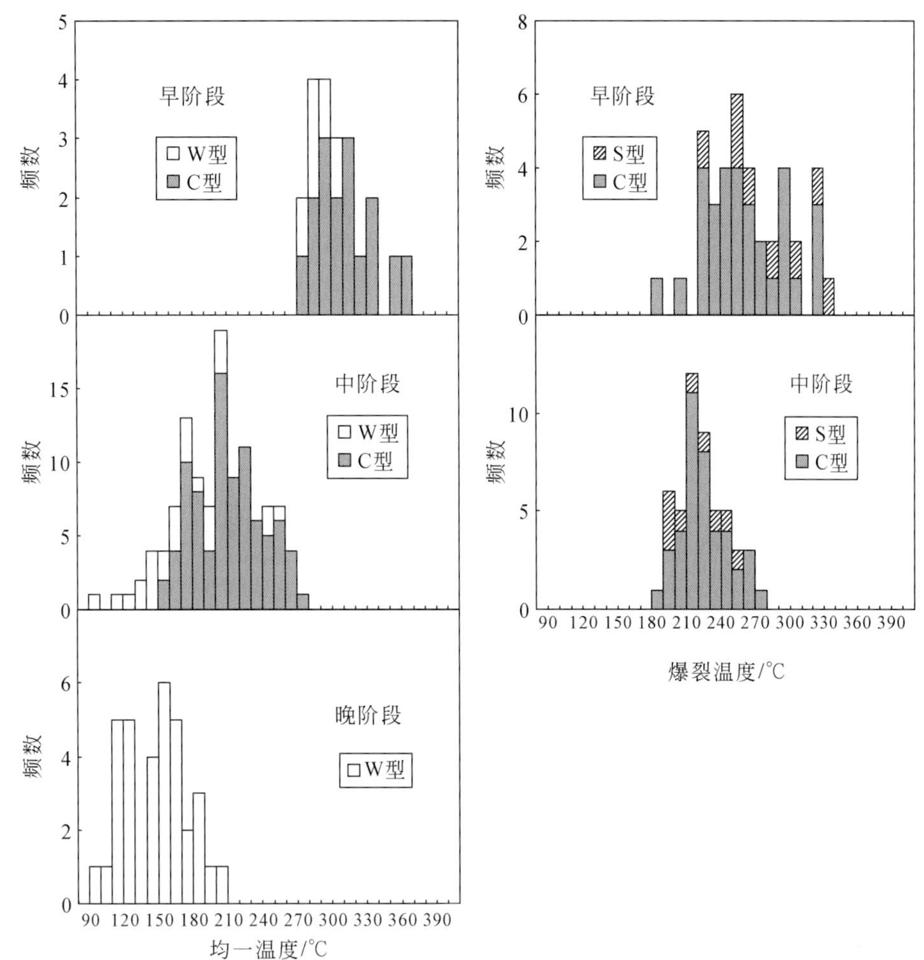

图3.29　金堆城钼矿床不同成矿阶段流体包裹体均一温度和爆裂温度直方图（杨永飞等，2009a）

早阶段热液石英中发育大量原生包裹体，以W型和C型为主，PC型和S型较少。C型包裹体中CO_2相（$L_{CO_2}+V_{CO_2}$）所占体积比例变化于25%～85%；冷冻后回温过程中测得CO_2固相的初熔温度为-62.4～-58.0℃，低于纯CO_2的三相点（-56.6℃），表明CO_2相不纯，但激光拉曼测试未检测出其他组分，可能由其他组分含量低于拉曼光谱的检测限（卢焕章等，2004）所致。获得该类包裹体的笼合物消失温度为3.6～7.0℃，计算得到对应水溶液相的盐度为5.7%～11.1% NaCl eqv.；部分均一温度介于10.5～31.1℃之间，均一至液相；在加热至完全均一过程中易爆裂，爆裂温度主要为224～329℃，完全均一温度为276～369℃，均一至气相或液相；计算获得流体密度变化于0.83～0.99g/cm³。W型包裹体气液比集中于15%～40%，测得其冰点温度为-6.8～-6.1℃，对应盐度为9.3%～10.2% NaCl eqv.；密度为0.81～0.87g/cm³，完全均一温度集中于271～306℃，主要均一至液相。该阶段S型包裹体较少，气相成分多为CO_2，所占比例为15%～45%；子矿物主要为黄铜矿，见部分赤铁矿和硬石膏子矿物，而缺乏石盐子晶。加热过程中子矿物不熔化，包裹体在达到完全均一前发生爆裂，爆裂温度为228～332℃。

中阶段是钼矿化的主要阶段，发育PC型、C型、W型和S型包裹体，以C型和W型为主。PC型包裹体多孤立分布于含矿较少的石英脉中，形成略早。C型包裹体中CO_2相所占比例变化于10%～85%之间，固态CO_2初熔温度为-60.6～-57.6℃，笼合物消失温度为3.3～7.3℃，计算得到盐度为5.1%～11.5% NaCl eqv.；CO_2部分均一温度变化于11.1～31.1℃之间，均一至液相或临界均一；爆裂温度为185～271℃，均一温度介于155～280℃之间，集中于180～190℃和210～230℃，均一至液相或气相；由Flincor软件计算获得流体密度为0.85～1.05g/cm³。W型包裹体的气液比变化于10%～40%，冰点温度为-8.8～-4.3℃，对应盐度为6.9%～12.6% NaCl eqv.；加热过程均一至液相，均一温度为92～259℃；

流体密度为0.89~1.04g/cm^3；应有晚阶段W型包裹体叠加。S型包裹体多孤立分布，气相体积分数一般为10%~40%；子矿物主要为黄铜矿、方解石、未知透明子矿物和疑似白云母子矿物；加热过程中流体相以气泡消失而均一，此时温度为135~279℃；继续加热直至包裹体爆裂子矿物仍不熔，该爆裂温度一般190~244℃。中阶段PC型和S型包裹体发育，四种类型包裹体共存，且均一温度较为相近，而均一方式多样，表明流体发生了沸腾。

晚阶段热液石英和萤石中仅含W型包裹体，多呈椭圆形和不规则形，长轴长度变化于5~40μm，气液比为5%~15%。原生包裹体多呈孤立分布，而大量呈线状和面状分布者应为次生包裹体。获得原生包裹体的冰点温度为-7.6~-4.5℃，对应盐度为7.2%~11.2% NaCl eqv.；密度为0.95~1.03g/cm^3，均一温度变化于97~207℃之间，集中于110~190℃，包裹体全部均一至液相。

2）包裹体捕获压力及深度估算

根据H_2O-CO_2包裹体的部分均一温度、部分均一方式、部分均一时CO_2相所占比例及完全均一温度，利用流体包裹体数据处理Flincor程序（Brown，1989）以及Bowers和Helgeson（1983）公式，获得各阶段流体包裹体捕获压力：早阶段为143~243MPa，中阶段为22~115MPa，晚阶段由于缺乏C型包裹体而无法计算。

考虑到斑岩成矿系统具多次流体沸腾、水压致裂、沉淀愈合等循环进行的特点，流体压力系统属于超静岩压力或静岩压力与静水压力的转换交替状态，我们认为，早阶段压力为静岩或超静岩压力，而中阶段由于流体沸腾其最高压力端元代表静岩或超静岩压力系统，低端代表静水压力系统。据此，考虑矿区主要为熊耳群安山岩和官道口群高山河组石英岩，设矿区岩石平均密度为2.7g/cm^3，则估算得到早阶段成矿深度为5.3~9.0km，中阶段成矿深度为2.2~4.3km，较国内外斑岩成矿深度（1~5km）略大。

3.2.4.4 流体包裹体成分

1）单个包裹体成分的激光拉曼显微探针分析

激光拉曼显微探针分析结果显示各阶段同类型包裹体的流体成分类似（杨永飞等，2009a）：

PC型包裹体，除CO_2特征峰（1282cm^{-1}和1386cm^{-1}）外未见其他谱峰，表明其成分为纯CO_2（图3.30A）。C型包裹体CO_2相成分仅见CO_2特征峰（1282cm^{-1}和1387cm^{-1}），未见其他成分，水液相亦仅见宽缓的水峰（图3.30B）。W型包裹体成分以H_2O为主（图3.30C），部分产于早、中阶段的包裹体气相中含少量CO_2。S型包裹体，液相成分以H_2O为主，气相成分可分为H_2O和CO_2两种。不透明子矿物多具有290cm^{-1}特征峰（图3.30D），指示子矿物为黄铜矿。透明子矿物有：方解石，显示1086cm^{-1}和284cm^{-1}特征峰（图3.30E）；硬石膏，显示1029cm^{-1}、1017cm^{-1}、675cm^{-1}和627cm^{-1}特征峰（图3.30F）；另有部分透明子矿物无特征峰显示。

由上述包裹体岩相学和激光拉曼显微探针分析结果可知，早、中阶段成矿流体为NaCl-H_2O-CO_2体系，晚期为NaCl-H_2O体系。

2）气相群体成分

刘孝善和孙晓明（1989）采用气相色谱法对金堆城钼矿的群体包裹体气相成分进行了分析，结果见表3.24。流体包裹体气相成分以H_2O和CO_2为主，含少量CH_4。一方面，由成矿早阶段到晚阶段，气相成分中的H_2O呈逐渐增多的趋势（101.9mL/100g→190.43~233.04mL/100g→208.75~251.84mL/100g），而CO_2（24.34mL/100g→10.39~11.19mL/100g→10.38~15.26mL/100g）和CH_4（7.4mL/100g→4.67~5.29mL/100g→0.97~4.91mL/100g）呈逐渐减少的趋势，这亦与杨永飞等（2009a）的岩相学观察相吻合。另一方面，CO_2含量由早阶段到中阶段明显减少，而由中阶段到晚阶段变化不明显，表明CO_2的大量逸失发生于中阶段。

3）液相群体成分

据刘孝善和孙晓明（1989），金堆城流体包裹体的液相中阳离子以Na^+、K^+、Ca^{2+}为主，含少量Mg^{2+}、Fe^{3+}、Cu^{2+}和Zn^{2+}；阴离子中主要有Cl^-、F^-、HCO_3^-和SO_4^{2-}（表3.25），其中HCO_3^-和SO_4^{2-}测定误差较大。

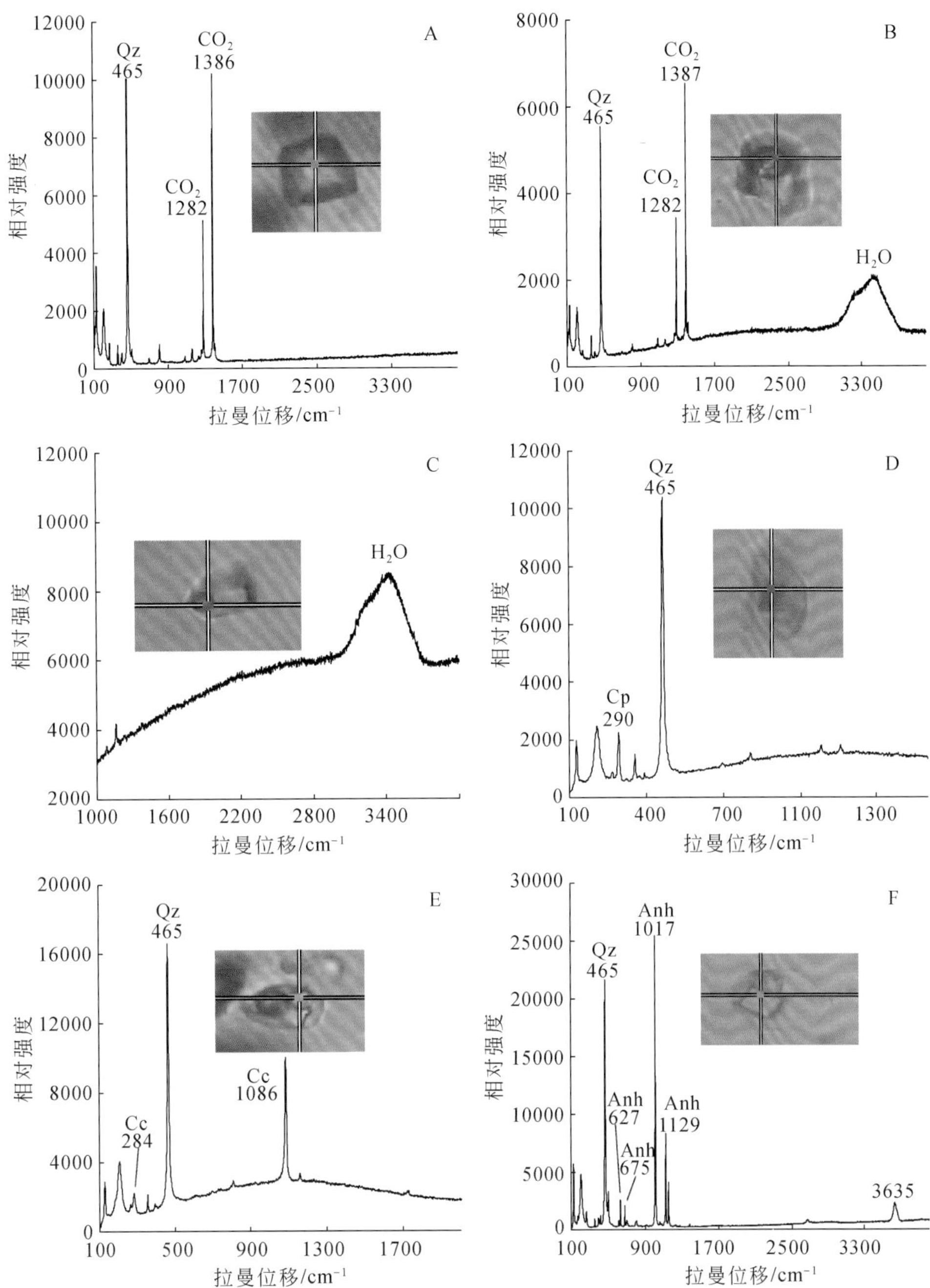

图3.30 金堆城钼矿床流体包裹体激光拉曼（LRM）图谱（杨永飞等，2009a）

A. PC型包裹体中的CO_2；B. C型包裹体气相中的CO_2，液相中H_2O；C. W型包裹体液相中的H_2O；D. S型包裹体气相中的黄铜矿子矿物；E. S型包裹体气相中的方解石子矿物；F. S型包裹体中的硬石膏子矿物。Qz. 石英；Cc. 方解石；Anh. 硬石膏

表3.24 金堆城钼矿床流体包裹体气相成分（刘孝善和孙晓明，1989）（单位：mL/100g）

阶段	样号	H_2O(l)	CO_2(g)	CH_4(g)
早	J118813	101.90	24.34	7.4
中	J121033	190.43	10.39	4.67
	J121008	233.04	11.19	5.29
晚	J121034	237.90	10.38	3.15
	J120040	251.84	14.61	4.91
	J118825	208.75	15.26	0.97

注：表中括号内l指液相，g指气相。

表 3.25 金堆城钼矿床流体包裹体液相成分（刘孝善和孙晓明，1989）

（单位：10^{-6}）

成矿阶段	样品编号	K^+	Na^+	Mg^{2+}	Fe^{3+}	Cu^{2+}	Zn^{2+}	Ca^{2+}	HCO_3^-	F^-	Cl^-	SO_4^{2-}	稀释倍数
早	J121003-2	1235. 33	11735. 6	247. 1	1729. 5	988. 3	247. 07	5064. 9	22335. 9	3839. 5	10500. 3	6176. 1	12353
	J120038	2607. 92	3294. 2	1235. 3	549. 0	137. 3	—	54903. 6	30883. 3	4392. 3	4117. 8	15098. 5	13726
	J122016	2717. 73	22235. 9	247. 1	1358. 9	1111. 8	—	11241. 5	16059. 3	3829. 5	10500. 3	13588. 6	12353
	J122006	864. 73	2717. 7	123. 5	494. 1	123. 5	49. 41	1853. 0	12353. 3	1729. 5	1182. 4	6176. 7	12353
	J118806	4174. 72	4329. 4	1700. 8	2628. 6	—	—	125241. 6	92771. 6	8504. 1	2783. 2	38654. 8	10737
中	J123029-1	2455. 84	19363. 4	188. 9	2928. 1	377. 8	113. 35	2738. 2	15112. 9	188. 9	3589. 3	25030. 7	9446
	J122017	6328. 52	17663. 2	755. 6	377. 8	661. 2	255. 00	3211. 5	1889. 1	2550. 3	1416. 8	44016. 3	9446
	J121006	3660. 15	16765. 8	472. 3	826. 5	472. 3	519. 50	23968. 1	20307. 9	21488. 6	3069. 8	17120. 1	11806
	J132029	755. 64	7839. 8	566. 7	377. 8	1133. 5	188. 00	33720. 6	19835. 7	5572. 9	7556. 4	14168. 3	9446
	J123015	944. 56	3117. 0	755. 6	188. 9	94. 5	—	62812. 9	55728. 8	3589. 3	1889. 1	4250. 5	9446
	J121029-2	2266. 93	8028. 7	1039. 0	—	—	—	47888. 9	36365. 4	9917. 8	14168. 3	7556. 4	9446
	J120036-1	1889. 11	7178. 6	1133. 5	377. 8	—	—	79153. 7	59979. 2	7367. 5	17001. 9	6611. 9	9446
	J120026	674. 68	8103. 5	134. 3	269. 9	3103. 5	674. 68	944. 6	10525. 0	1889. 1	1349. 4	8096. 2	13493. 6
	J122052	661. 19	6800. 8	944. 6	188. 9	188. 9		49966. 0	47227. 2	2550. 3	9445. 6	84. 2	9446
	J122024	566. 73	7367. 5	1133. 5	188. 9	283. 4		58751. 3	48172. 3	3022. 6	1889. 1	11806. 9	9446
晚	J122018	4540. 41	16443. 6	859. 0	2208. 9	122. 7	417. 23	10798. 8	19634. 2	13498. 5	1595. 3	6381. 1	12271
	J123029-2	1374. 39	8160. 4	85. 9	515. 4	85. 9	60. 13	1030. 8	12884. 9	3607. 8	1460. 3	2147. 5	8590
	J120036-2	1181. 12	3865. 5	1073. 8	859. 0			64532. 1	67860. 7	3328. 6	2302. 2	16106. 2	10737
	J118853	1288. 49	1374. 4	1030. 8	515. 4			84697. 0	63136. 2	1717. 9	1717. 9	15032. 4	8590
	J121034	859. 00	3006. 5	773. 1	1460. 2			73014. 7	59700. 2	4724. 5	2147. 5	22763. 4	8590
	J120040	1073. 75	4490. 2	683. 3	390. 5			68329. 3	55834. 8	3123. 6	1404. 2	13177. 8	9761
	J122049-1	859. 00	9191. 3	1030. 8	343. 6	944. 9	171. 80	50337. 2	41403. 6	2920. 6	3006. 5	12884. 9	8590

由表 3.25 可知：①各阶段成矿流体均富含 Ca^{2+}、HCO_3^- 和 SO_4^{2-}，与激光拉曼显微探针分析中检测出方解石和硬石膏子矿物结果一致，其中 Ca^{2+} 和 HCO_3^- 由早到晚呈逐渐增加的趋势，这可能是由于围岩熊耳群地层中安山岩和大理岩夹层中的 Ca 进入成矿热液系统导致 Ca^{2+} 增加，而大气降水的加入可能导致 HCO_3^- 的增多（刘孝善和孙晓明，1989）；②各阶段热液流体显示出富 F^-、贫 Cl^- 的特征，流体的 F^-/Cl^- 摩尔比值可高达 15.8；③由早阶段到晚阶段，K^+ 含量逐渐降低，可能为早阶段钾化蚀变以及石英–钾长石脉中钾长石结晶对 K^+ 不断消耗所致。需要注意的是，受当时测试条件限制，除已检测出的 SO_4^{2-} 外，不能排除流体中以 HS^- 及 H_2S 等形式存在的硫（刘孝善和孙晓明，1989）。

3.2.4.5 成矿流体性质与演化

流体包裹体研究表明，金堆城钼矿早、中成矿阶段发育大量 PC 型、C 型和 S 型包裹体，表明成矿流体富含 CO_2。液相群体成分分析表明，成矿流体中富含 F^-，F^-/Cl^- 最高可达 15.8；同时脉体中可见萤石的发育，而 S 型包裹体中未见石盐子矿物出现，表明成矿流体富 F 贫 Cl。成矿流体中 K^+ 含量高，大范围钾化蚀变以及脉体中钾长石的发育说明流体富 K。综上，认为金堆城斑岩钼矿床成矿流体以富 CO_2、高 F/Cl 值、富 K 为特征，与东秦岭其他燕山期斑岩钼矿床一致（杨艳等，2009；李诺等，2009a；陈衍景和李诺，2009 及引文；杨永飞等，2011；Yang et al.，2012；Li et al.，2012c），但明显不同于岩浆弧区富 Cl^-、贫 CO_2 的流体，证实陆内与岩浆弧背景的斑岩型矿床的成矿流体性质存在明显差异。陈衍景和李诺（2009）总结了中国大陆内部不同构造单元的 60 个浆控高温热液矿床（包括斑岩型矿床在内）的成矿流体特征，发现陆内环境的斑岩成矿流体普遍具有高盐度、富 CO_2 的特征，认为这种流体性质的差异缘于其源区物质成分的差别，即：由富 H_2O、富 Cl、富 Na、贫碳酸盐（即贫 CO_2）的洋壳俯冲所派生或诱发的岩浆流体系统必然具有较低的 CO_2/H_2O、F/Cl 和 K/Na 值，属于贫 CO_2 的 H_2O-NaCl 体系，成矿系统中罕见 CO_2-H_2O 包裹体；而由贫 H_2O、贫 Na、贫 Cl，高 K、富 F、富碳酸盐地层的陆壳产生的流体势必相对贫水、贫 Cl、贫 Na、富 F、富 K。

金堆城早阶段成矿流体具有中高温、高氧逸度、富 CO_2 的特点，流体包裹体均一温度集中于 280 ~ 370℃，C 型和 W 型包裹体盐度为 5.7%~11.1% NaCl eqv.；S 型包裹体中虽然缺乏石盐子矿物，但可见黄铜矿、赤铁矿、硬石膏等子矿物。计算获得早阶段成矿流体压力可达 143 ~243MPa。这种具岩浆热液特征的流体携带成矿元素运移并与围岩发生反应，诱发钾长石化、硅化等蚀变，同时沿构造裂隙充填，形成钾长石脉、钾长石–石英脉等，此即钾长石–石英阶段。此阶段硅酸盐组分含量高，流体黏度大，蚀变矿物多为架状或层状硅酸盐矿物和氧化物，结晶温度较高，因此主要发育在岩体内部或内接触带。由于流体氧逸度较高，而 S^{2-} 活度低，不利于硫化物沉淀，故早阶段基本无 Mo 矿化。

早阶段大量新生矿物的形成使得围岩孔隙减少，流体运移受阻而在局部发生封闭、累积。当流体压力达到并超过上覆岩石的静岩压力时必然导致围岩发生超压致裂，形成容矿空间。封存于围岩中的低温、较高密度的流体（大气降水热液）迅速进入斑岩岩浆–流体系统，并被斑岩岩浆系统加热后上升，从而构成流体对流循环系统，使斑岩体及其附近发生热、冷两种流体的混合，导致大量多金属硫化物以微细网脉形式沉淀充填于裂隙系统，即发生中阶段钼矿化。该阶段脉石英中 PC 型和 S 型包裹体明显增多，显示流体沸腾的发生。获得的包裹体均一温度集中于 170 ~270℃，成矿温度降低；C 型和 W 型包裹体的盐度为5.1%~12.6% NaCl eqv.，基本与早阶段持平，但成矿压力为 22 ~115MPa，比早阶段大大降低，指示发生了减压沸腾。中阶段硫化物大量沉淀，包裹体中亦出现大量黄铜矿子矿物，显示中阶段流体氧逸度较低，而硫逸度（f_{S2}）较高，还原性较强。该阶段流体密度为 0.85 ~1.05g/cm^3，较早阶段有升高趋势，显示有大气降水的加入。

随地下水不断混入成矿流体系统并循环对流，由斑岩岩浆侵入带来的热能逐渐消耗，流体氧逸度、酸度不断增高，流体温度、盐度、CO_2 含量不断降低，初始的岩浆流体系统逐步被大气降水热液所代替。由于成矿物质已消耗殆尽，在晚阶段，基本没有金属硫化物形成。晚阶段只发育 W 型包裹体，均一温度集中于 110 ~190℃，盐度为 7.2%~11.2% NaCl eqv.，密度为 0.95 ~1.03g/cm^3，属低温低盐度的大气降水热液。

3.2.5 矿床同位素地球化学特征

3.2.5.1 碳同位素特征

成矿热液中的碳主要有 3 种可能来源：一是深源地幔射气或岩浆来源，其碳同位素组成 $\delta^{13}C_{PDB}$ 变化范围为-8‰～-4‰，平均值-5‰（Taylor，1986）；二是沉积碳酸盐岩的脱气或含盐卤水与泥质岩相互作用，这种来源的碳同位素组成具有重碳同位素的特征，其 $\delta^{13}C_{PDB}$ 的变化范围为-2‰～3‰，海相碳酸盐 $\delta^{13}C_{PDB}$ 大多稳定在 0 左右（Veizer et al.，1980）；三是各种岩石中的有机碳，有机碳一般富集 ^{12}C，因而碳同位素组成很低，其 $\delta^{13}C_{PDB}$ 变化范围为-30‰～-15‰，平均为-22‰（Ohmoto，1972）。

刘孝善和孙晓明（1989）、郭波（2009）对金堆城钼矿中的方解石开展了碳同位素研究（表 3.26），获得其 $\delta^{13}C_{PDB}$ 变化范围为-6.0‰～-4.6 ‰，平均-5.5‰，与深源地幔岩碳的碳同位素组成相近，指示成矿流体含深部碳（图 3.31）。

表 3.26 金堆城钼矿床方解石 C-O 同位素组成

样品号	矿物	$\delta^{13}C_{PDB}$/‰	$\delta^{18}O_{PDB}$/‰	$\delta^{18}O_{矿物-SMOW}$/‰	$\delta^{18}O_{水-SMOW}$/‰	数据来源
C01	方解石	-4.9	-16.5	13.9	-1.2	刘孝善和孙晓明，1989
C03	方解石	-4.6	-18.9	11.4	-3.7	刘孝善和孙晓明，1989
J123031	方解石	-6.0	-20.3	10.0	-5.1	刘孝善和孙晓明，1989
JD18	方解石	-6.5	-25.8	4.4	-10.7	郭波，2009

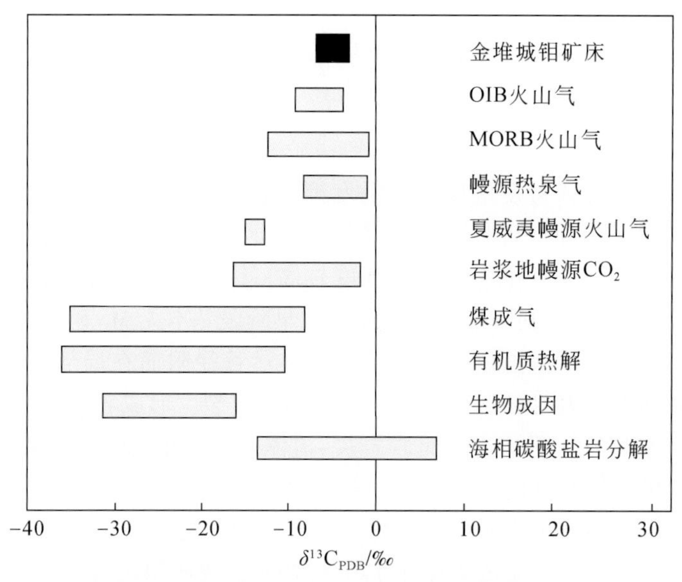

图 3.31 金堆城钼矿床方解石及其他地质体碳同位素组成（据郭波，2009）

3.2.5.2 氢氧同位素特征

金堆城矿床不同成矿阶段石英样品的氢氧同位素组成见表 3.27。早阶段石英的 $\delta^{18}O_{石英}$ 为 8.7‰～10.2‰，计算得到与之平衡的成矿热液的 $\delta^{18}O_{水}$ 为 6.4‰～8.0‰；石英内流体包裹体水的 δD 值为-97‰～-57‰，显示岩浆流体特征；在 δD-$\delta^{18}O$ 图解中（图 3.32），投影点位于岩浆水范围及其附近。中阶段石英的 $\delta^{18}O_{石英}$ 为 8.8‰～9.9‰，流体的 $\delta^{18}O_{水}$ 为-1.7‰～3.3‰，测得石英内流体包裹体的 δD 值为-84‰～

-65‰；在 δD-$\delta^{18}O$ 图解中（图 3.32），投影点位于岩浆水与大气降水线之间。晚阶段石英的 $\delta^{18}O_{石英}$ 为 8.4‰～9.9‰，成矿热液的 $\delta^{18}O_{水}$ 为-10.1‰～1.9‰，石英内流体包裹体的 δD 值为-121‰～-80‰；在 δD-$\delta^{18}O$ 图解中（图 3.32），投影点更接近于大气降水线。由成矿早阶段→中阶段→晚阶段，成矿流体的 $\delta^{18}O$ 和 δD 值有逐渐降低的趋势。上述特征表明，早阶段主要受到来自深部岩浆热液的影响，晚阶段伴有大气降水加入（孙晓明等，1998）。

表 3.27 金堆城钼矿床石英的氢氧同位素组成（SMOW 标准）

成矿阶段	$\delta^{18}O_{石英}$/‰	δD/‰	成矿温度/℃	$\delta^{18}O_{水}$/‰	数据来源
早	10.0	-97	500	7.8	孙晓明等，1998
早	9.0	-66	500	6.8	孙晓明等，1998
早	9.6	-57	500	7.4	孙晓明等，1998
早	9.7	-97	500	7.3	孙晓明等，1998
早	8.7	—	500	6.4	郭波，2009
早	10.2	-78	500	8.0	郭波，2009
早	9.7	-77	500	7.5	郭波，2009
中	9.9	-65	310	3.3	孙晓明等，1998
中	9.0	-84	220	-1.5	孙晓明等，1998
中	8.8	-79	220	-1.7	孙晓明等，1998
晚	8.4	-121	120	-10.1	孙晓明等，1998
晚	9.9	-80	262	1.9	孙晓明等，1998

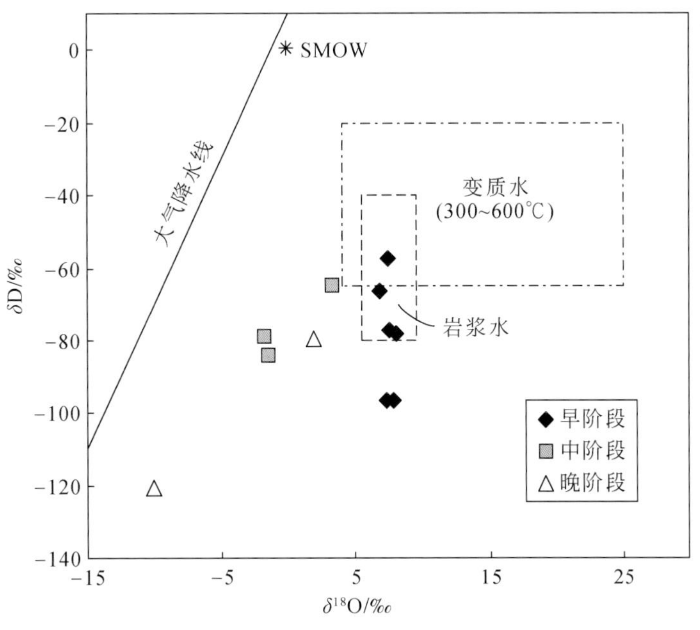

图 3.32 金堆城钼矿床氢氧同位素组成（数据见表 3.27）

3.2.5.3 硫同位素特征

热液矿物的硫同位素组成取决于其源区物质的 $\delta^{34}S$ 值和含硫物质在热液中迁移沉淀时的物理化学条件。对于金堆城钼矿床，含硫矿物均为硫化物，未见硫酸盐，表明矿床形成于还原环境，流体中硫主要以 HS^- 和 S^{2-} 形式存在（刘孝善和孙晓明，1989），则热液黄铁矿的 $\delta^{34}S$ 应与整个流体的 $\delta^{34}S$ 近似，其 $\delta^{34}S$

值可代表流体的 $\delta^{34}S$ 值（Ohmoto，1972）。

金堆城钼矿床硫化物的 $\delta^{34}S$ 值列于表 3.28。黄铁矿的 $\delta^{34}S$ 值介于-3.9‰～5.6‰之间，平均 4.09‰；辉钼矿 $\delta^{34}S$ 值的变化范围在 2.90‰～6.2‰之间，平均值为 4.21‰；一件方铅矿样品的 $\delta^{34}S$ 值为 0.8‰。从早阶段到中阶段，硫化物的 $\delta^{34}S$ 值变化不明显。这些硫化物的 $\delta^{34}S$ 均为较小的正值，其分布具明显的塔式效应（图 3.33），显示深源硫的特征。

表 3.28 金堆城钼矿床硫同位素组成（CDT 标准）

样品号	矿物组合	阶段	矿物	$\delta^{34}S$/‰	来源
J118806	石英-黄铁矿-钾长石	早	黄铁矿	4.2	刘孝善和孙晓明，1989
J117607-2	石英-黄铁矿-钾长石	早	黄铁矿	2.8	刘孝善和孙晓明，1989
J118806	石英-黄铁矿-钾长石	早	辉钼矿	2.9	刘孝善和孙晓明，1989
ZK1603-1	石英-黄铁矿-钾长石	早	黄铁矿	5.4	黄典豪等，1984a
ZK1603-2	石英-黄铁矿-钾长石	早	黄铁矿	4.6	黄典豪等，1984a
ZK1600	石英-黄铁矿-钾长石	早	黄铁矿	4.5	黄典豪等，1984a
ZK1608-1	石英-黄铁矿-钾长石	早	黄铁矿	4.6	黄典豪等，1984a
ZK1603-1	石英-黄铁矿-钾长石	早	方铅矿	0.8	黄典豪等，1984a
J121032	黄铁矿-辉钼矿-钾长石-石英	早	黄铁矿	2.0	刘孝善和孙晓明，1989
J118802	黄铁矿-辉钼矿-钾长石-石英	中	黄铁矿	3.7	刘孝善和孙晓明，1989
J120027	黄铁矿-辉钼矿-钾长石-石英	中	黄铁矿	-3.9	刘孝善和孙晓明，1989
J120026	黄铁矿-辉钼矿-微斜长石-石英	中	黄铁矿	2.9	刘孝善和孙晓明，1989
J120042	黄铁矿-辉钼矿-微斜长石-石英	中	黄铁矿	3.5	刘孝善和孙晓明，1989
J122032	黄铁矿-辉钼矿-微斜长石-石英	中	黄铁矿	4.3	刘孝善和孙晓明，1989
J117610-1	黄铁矿-辉钼矿-钾长石-石英	中	黄铁矿	1.3	刘孝善和孙晓明，1989
J121043	黄铁矿-辉钼矿-钾长石-石英	中	黄铁矿	3.9	刘孝善和孙晓明，1989
J120026	黄铁矿-辉钼矿-钾长石-石英	中	辉钼矿	3.9	刘孝善和孙晓明，1989
J120039	黄铁矿-辉钼矿-钾长石-石英	中	辉钼矿	4.9	刘孝善和孙晓明，1989
J131029-2	黄铁矿-辉钼矿-微斜长石-石英	中	辉钼矿	3.0	刘孝善和孙晓明，1989
J122035	黄铁矿-辉钼矿-微斜长石-石英	中	辉钼矿	4.2	刘孝善和孙晓明，1989
J124001	黄铁矿-辉钼矿-微斜长石-石英	中	辉钼矿	3.2	刘孝善和孙晓明，1989
JD07	黄铁矿-辉钼矿-钾长石-石英	中	黄铁矿	5.0	郭波，2009
JD08	黄铁矿-辉钼矿-钾长石-石英	中	黄铁矿	5.4	郭波，2009
JD13	黄铁矿-辉钼矿-钾长石-石英	中	黄铁矿	5.1	郭波，2009
JD14	黄铁矿-辉钼矿-钾长石-石英	中	辉钼矿	5.6	郭波，2009
JD15	黄铁矿-辉钼矿-钾长石-石英	中	辉钼矿	6.2	郭波，2009
ZK1603-1	黄铁矿-辉钼矿-钾长石-石英	中	黄铁矿	4.4	黄典豪等，1984a
ZK1603-2	黄铁矿-辉钼矿-钾长石-石英	中	黄铁矿	3.7	黄典豪等，1984a
ZK1600	黄铁矿-辉钼矿-钾长石-石英	中	黄铁矿	5.6	黄典豪等，1984a
ZK1608-1	黄铁矿-辉钼矿-钾长石-石英	中	黄铁矿	4.5	黄典豪等，1984a
ZK1608-2	黄铁矿-辉钼矿-钾长石-石英	中	黄铁矿	5.4	黄典豪等，1984a
ZK1618-1	黄铁矿-辉钼矿-钾长石-石英	中	黄铁矿	4.7	黄典豪等，1984a
ZK1618-2	黄铁矿-辉钼矿-钾长石-石英	中	黄铁矿	5.1	黄典豪等，1984a
ZK1620-1	黄铁矿-辉钼矿-钾长石-石英	中	黄铁矿	4.7	黄典豪等，1984a
ZK1620-2	黄铁矿-辉钼矿-钾长石-石英	中	黄铁矿	4.4	黄典豪等，1984a

续表

样品号	矿物组合	阶段	矿物	$\delta^{34}S$/‰	来源
ZK1603-1	黄铁矿-辉钼矿-钾长石-石英	中	辉钼矿	3.9	黄典豪等，1984a
ZK1603-2	黄铁矿-辉钼矿-钾长石-石英	中	辉钼矿	4.5	黄典豪等，1984a
ZK1600	黄铁矿-辉钼矿-钾长石-石英	中	辉钼矿	4.5	黄典豪等，1984a
ZK1608-1	黄铁矿-辉钼矿-钾长石-石英	中	辉钼矿	4.0	黄典豪等，1984a
ZK1608-2	黄铁矿-辉钼矿-钾长石-石英	中	辉钼矿	3.8	黄典豪等，1984a
ZK1603-1	黄铁矿-辉钼矿-钾长石-萤石-石英	中	黄铁矿	4.6	黄典豪等，1984a
ZK1603-2	黄铁矿-辉钼矿-钾长石-萤石-石英	中	黄铁矿	4.8	黄典豪等，1984a
ZK1600	黄铁矿-辉钼矿-钾长石-萤石-石英	中	黄铁矿	4.7	黄典豪等，1984a
ZK1608-1	黄铁矿-辉钼矿-钾长石-萤石-石英	中	黄铁矿	4.8	黄典豪等，1984a
ZK1608-2	黄铁矿-辉钼矿-钾长石萤石-石英	中	黄铁矿	4.7	黄典豪等，1984a
ZK1618-1	黄铁矿-辉钼矿-钾长石-萤石-石英	中	黄铁矿	4.8	黄典豪等，1984a
ZK1618-2	黄铁矿-辉钼矿-钾长石-萤石-石英	中	黄铁矿	5.2	黄典豪等，1984a
ZK1603-1	黄铁矿-辉钼矿-钾长石-萤石-石英	中	辉钼矿	4.5	黄典豪等，1984a
ZK1603-2	黄铁矿-辉钼矿-钾长石-萤石-石英	中	辉钼矿	4.2	黄典豪等，1984a
J118843-1	黄铁矿-辉钼矿-钾长石-萤石-石英	中	黄铁矿	3.8	刘孝善和孙晓明，1989
J118843-2	黄铁矿-辉钼矿-钾长石-萤石-石英	中	黄铁矿	4.0	刘孝善和孙晓明，1989

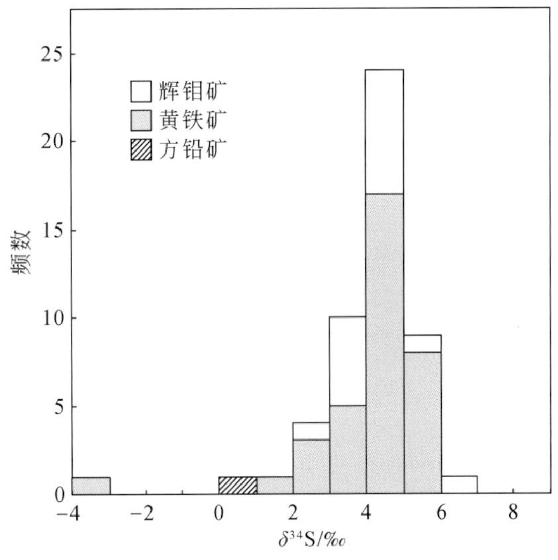

图 3.33　金堆城钼矿床硫同位素组成（数据见表 3.28）

3.2.5.4　铅同位素特征

金堆城钼矿床硫化物、脉体钾长石、含矿花岗斑岩钾长石、含矿花岗斑岩全岩（已换算成初始 Pb）和地层岩石（全岩测试值）的铅同位素组成见表 3.29。硫化物、钾长石和含矿花岗斑岩的铅同位素组成较为接近，$^{206}Pb/^{204}Pb$ 为 17.284 ~ 18.251（平均值 17.631），$^{207}Pb/^{204}Pb$ 为 15.417 ~ 15.528（平均值 15.481），$^{208}Pb/^{204}Pb$ 为 37.680 ~ 38.198（平均值 37.969），表明硫化物的铅可能主要来源于花岗斑岩。熊耳群安山岩的 $^{206}Pb/^{204}Pb$ 为 16.125 ~ 17.707（平均值 16.722），$^{207}Pb/^{204}Pb$ 为 15.271 ~ 15.495（平均值 15.364），$^{208}Pb/^{204}Pb$ 为 36.346 ~ 38.001（平均值 37.054）。可见熊耳群的铅同位素比值比硫化物、钾长石和含矿花岗斑岩明显偏低，如果再扣除掉地层全岩岩石中因 U、Th 衰变而加入的放射性成因铅，则熊耳群初始铅同位素比值会更低，因此认为矿石和斑岩中的铅不可能单独来自熊耳群。官道口群在 141Ma 时$^{206}Pb/^{204}Pb$ 为 18.007 ~ 18.312，$^{207}Pb/^{204}Pb$ 为 15.498 ~ 15.500，$^{208}Pb/^{204}Pb$ 为 38.555 ~ 38.887，明显高于熊耳群和硫化物、钾长石、花岗斑岩，不能排除硫化物铅来自熊耳群和官道口群混合铅的可能。

表 3.29　金堆城钼矿床及区内主要地质体铅同位素组成

样品号	样品描述	矿物	$^{206}Pb/^{204}Pb$	$^{207}Pb/^{204}Pb$	$^{208}Pb/^{204}Pb$	资料来源
	黄铁矿-萤石-钾长石-石英脉	方铅矿	17.284	15.417	37.724	黄典豪等，1984b
JD07	金堆城斑岩型矿石	黄铁矿	17.477	15.485	37.983	郭波，2009
JD23	金堆城斑岩型矿石	辉钼矿	17.589	15.490	38.198	郭波，2009
	黄铁矿-萤石-钾长石-石英脉	钾长石	17.536	15.438	37.680	黄典豪等，1984b
JD01	金堆城含矿花岗斑岩	钾长石	17.872	15.508	38.082	郭波，2009
JD02	金堆城含矿花岗斑岩	钾长石	18.251	15.528	38.115	郭波，2009
JD-1	金堆城花岗斑岩	钾长石	17.564	15.471	37.919	焦建刚等，2010a
JD-2	金堆城花岗斑岩	钾长石	17.594	15.462	37.896	焦建刚等，2010a
JD-3	金堆城花岗斑岩	钾长石	17.594	15.462	37.876	郭波，2009
JD11	金堆城含矿花岗斑岩	全岩	17.531	15.492	37.959	郭波，2009
JD12	金堆城含矿花岗斑岩	全岩	17.669	15.501	38.026	郭波，2009
JD13	金堆城含矿花岗斑岩	全岩	17.557	15.494	38.006	郭波，2009
JD14	金堆城含矿花岗斑岩	全岩	17.685	15.502	38.042	郭波，2009
M0603	熊耳群安山岩	全岩	17.707	15.495	38.001	郭波，2009
M0605	熊耳群安山岩	全岩	17.005	15.427	37.710	郭波，2009
JD22	熊耳群安山岩	全岩	16.982	15.427	37.594	郭波，2009
XIR01	熊耳群巨斑安山岩	全岩	16.907	15.421	36.346	罗铭玖，1992
XIR02	熊耳群安山岩	全岩	16.647	15.300	36.876	罗铭玖，1992
XIR03	熊耳群杏仁安山岩	全岩	16.439	15.271	36.489	罗铭玖，1992
XIR04	熊耳群闪长玢岩	全岩	16.451	15.358	36.887	罗铭玖，1992
XIR05	熊耳群闪长玢岩	全岩	17.123	15.383	37.310	赵太平，2000
XIR06	熊耳群高钾玄武安山岩	全岩	16.303	15.294	36.672	赵太平，2000
XIR07	熊耳群玄粗岩	全岩	16.125	15.349	36.443	赵太平，2000
XIR08	熊耳群高钾安山岩	全岩	16.258	15.275	37.267	赵太平，2000
B27	官道口群二云片岩	全岩	18.007	15.498	38.555	祁进平，2006
B28	官道口群云母片岩	全岩	18.312	15.499	38.887	祁进平，2006
B29	官道口群云母石英片岩	全岩	18.212	15.500	38.815	祁进平，2006

注：官道口群全岩的铅同位素组成已根据 U、Th、Pb 含量换算到 $t=141$ Ma 时的铅同位素组成，初始数据据祁进平（2006）。

在 Zartman 和 Doe（1981）的铅构造模式图解中（图 3.34），含矿花岗斑岩及矿石铅同位素组成投点接近，表明二者具有相同的铅源，但显著区别于熊耳群火山岩样品和官道口群样品。在$^{207}Pb/^{204}Pb$-$^{206}Pb/^{204}Pb$ 图解中，含矿花岗斑岩及矿石主要落在地幔演化线和造山带演化线之间；在$^{208}Pb/^{204}Pb$-$^{206}Pb/^{204}Pb$ 图解中，含矿花岗斑岩及矿石主要落在造山带演化线和下地壳演化线之间。

3.2.5.5　氦氩同位素特征

已有研究显示（Stuart et al.，1995；Burnard et al.，1999），不同来源的流体$^{3}He/^{4}He$ 和$^{40}Ar/^{36}Ar$ 有明显的区别，如：①大气饱和水（ASW），包括大气降水和海水等，其特征$^{3}He/^{4}He$（Rc）和$^{40}Ar/^{36}Ar$ 同位素组成分别为 1Ra（Ra 为空气中$^{3}He/^{4}He$ 值）和 295.5；②深源地幔流体，其特征$^{3}He/^{4}He$ 和$^{40}Ar/^{36}Ar$ 值

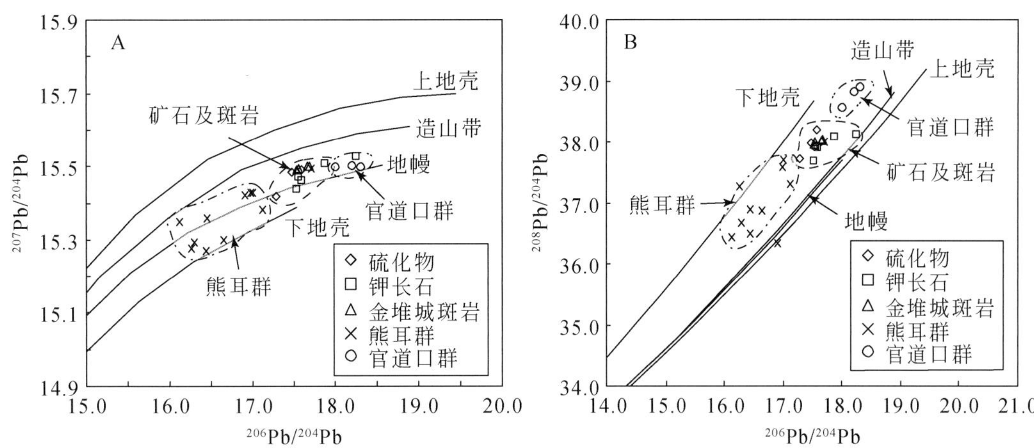

图3.34　金堆城斑岩体、硫化物及区域地质体铅同位素组成（数据见表3.29，底图据 Zartman and Doe，1981）

分别为6～9Ra和>40000；③地壳流体，主要指与地壳岩石发生相互作用的饱和空气大气水，其特征^{3}He/^{4}He和^{40}Ar/^{36}Ar组成分别为0.01～0.05Ra和>295.5。因此，氦氩同位素常用于成矿流体来源及演化研究。

朱赖民等（2009）采集了金堆城钼矿床地下坑道及采场中新鲜且无后期改造的黄铁矿，对其中的流体包裹体进行了氦氩同位素测试，结果列于表3.30。两个黄铁矿样品的^{40}Ar/^{36}Ar值分别为95.68和316.04，接近或高于大气氩的同位素组成（^{40}Ar/^{36}Ar=295.5；Stuart et al.，1995）；^{3}He/^{4}He为1.83Ra和3.41Ra，远高于地壳特征值（0.01～0.05Ra），但又低于地幔值，说明成矿流体中存在大量地幔氦，并有部分放射性地壳^{4}He的加入。^{40}Ar*/^{4}He值为0.004和0.194，明显低于地幔流体的^{40}Ar*/^{4}He值（0.33～0.56；Dunai and Baur，1995）以及地壳流体的^{40}Ar*/^{4}He的平均值（0.156；Stuart et al.，1995）。在^{3}He-^{4}He同位素演化图解、Rc/Ra-^{40}Ar/^{36}Ar图解以及Rc/Ra-^{40}Ar*/^{4}He图解（图3.35）上可见样品点均落在地幔流体和地壳流体之间。另已有研究表明，相对于^{40}Ar，地下水从流经岩石中优先获取^{4}He（Tongerson et al.，1988；Hu et al.，1998，2004），则现代大气降水^{40}Ar*/^{4}He值明显降低。金堆城钼矿床成矿流体的^{40}Ar*/^{4}He大大低于正常地壳和地幔流体的^{40}Ar*/^{4}He值，可能说明一种低温（<200℃）地下水参与了成矿。

表3.30　金堆城及邻区钼矿床黄铁矿中流体包裹体的氦氩同位素组成（朱赖民等，2009）

样品编号	矿床	Rc/10^{-6}	Rc/Ra	^{4}He	^{3}He	^{38}Ar/^{36}Ar	^{40}Ar/^{36}Ar	^{40}Ar	^{36}Ar	^{40}Ar*/^{4}He	F^{4}He
JD21	金堆城	2.56±0.05	1.83±0.04	1.77E-07	4.37E-13	0.188±0.002	295.68±0.86	1.13E-06	3.85E-09	0.004	277.79
JD23-1	金堆城	4.77±0.03	3.41±0.02	5.77E-07	2.60E-12	0.184±0.002	316.04±0.47	1.72E-06	5.44E-09	0.194	640.88
HN09	东沟	3.38±0.11	2.42±0.08	5.98E-08	1.91E-13	0.197±0.003	296.93±2.14	8.52E-07	2.89E-09	0.068	125.03
HN10	东沟	5.10±0.02	3.64±0.02	1.82E-06	8.53E-12	0.186±0.002	346.39±0.42	1.89E-06	5.48E-09	0.153	2006.75
HN34	三道庄	1.94±0.05	1.38±0.03	1.98E-07	3.74E-13	0.189±0.003	301.64±1.12	1.17E-06	3.90E-09	0.12	306.76
HL02-1	石家湾	2.93±0.04	2.09±0.03	2.20E-07	6.19E-13	0.188±0.003	299.12±2.33	1.44E-06	4.87E-09	0.079	272.96
HL02-3	石家湾	1.93±0.03	1.38±0.02	3.41E-07	6.31E-13	0.190±0.001	298.96±1.20	1.70E-06	5.69E-09	0.058	362.11

注：Rc为样品的^{3}He/^{4}He值，Ra为空气的^{3}He/^{4}He值（取1.40×10^{-6}）；^{40}Ar*表示扣除空气^{40}Ar后的过剩氩，^{40}Ar* =（^{40}Ar）$_{样品}$－295.5×（^{36}Ar）$_{样品}$。F^{4}He为样品中^{4}He/^{36}Ar与大气^{4}He/^{36}Ar的比值（大气的^{4}He/^{36}Ar=0.1655）。

与金堆城钼矿床类似，东秦岭东沟、三道庄、石家湾钼矿床黄铁矿中流体包裹体^{40}Ar/^{36}Ar值分别为296.93～346.39，^{3}He/^{4}He为1.38～3.64Ra，^{40}Ar*/^{4}He值为0.058～0.153。在氦氩同位素相关图解中（图3.35），东沟、三道庄、石家湾钼矿床样品点与金堆城钼矿床样品点投于相近位置，表明东秦岭钼矿床成矿流体可能是一个地幔流体和地壳流体混合的结果，同时还存在大气成因的低温地下水端元。

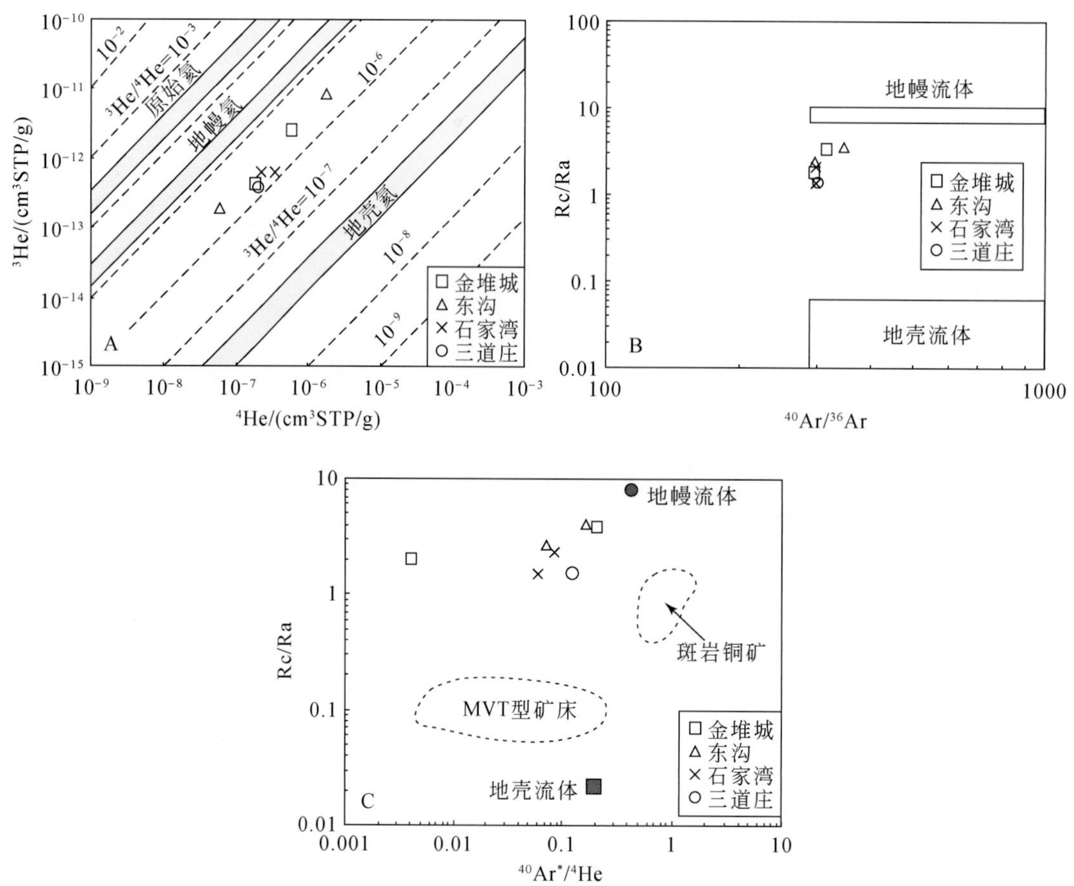

图 3.35 金堆城及邻区钼矿床^3He-^4He（A）、Rc/Ra-$^{40}Ar/^{36}Ar$（B）和 Rc/Ra-$^{40}Ar^*/^4He$（C）图解（据朱赖民等，2009）

3.2.5.6 成矿物质来源

如前所述，矿石及矿石中黄铁矿的微量元素特征表明成矿物质来源于斑岩体，而不可能完全来自围岩熊耳群。硫同位素研究发现，除一个黄铁矿的$\delta^{34}S_{CDT}$为负值（-3.87‰）外，其余硫化物的$\delta^{34}S_{CDT}$介于0.8‰~6.19‰之间，均为较小的正值，其分布具明显的塔式效应，与幔源硫接近，表明硫主要为幔源硫。铅同位素研究表明，硫化物与花岗斑岩体具有相似的 Pb 同位素组成，落入熊耳群和官道口群之间。热液方解石的碳同位素表明流体中碳以深源为主。石英的氢氧同位素组成表明，初始成矿热液为岩浆热液，从成矿早阶段到晚阶段，成矿流体由岩浆热液向大气降水热液演化。金堆城钼矿床的黄铁矿流体包裹体的$^3He/^4He$远高于地壳特征值，是地壳比值的 20~300 倍，并在一定程度上与地幔特征值趋近，$^{40}Ar/^{36}Ar$值比较接近或高于大气氩的同位素组成，$^{40}Ar^*/^4He$值明显低于地幔流体以及地壳流体，说明成矿流体早期主要来自深部岩浆，晚期则有大气降水的加入。

3.2.6 成矿年代学

3.2.6.1 辉钼矿 Re-Os 同位素定年

对于金堆城矿床的成矿作用时代，前人曾采用辉钼矿 Re-Os 同位素方法进行了限定。黄典豪等（1994）对来自黄铁矿+辉钼矿+石英脉（J82-1）、黄铁矿+辉钼矿+钾长石+石英脉（J82-9）的2件辉钼矿样品进行了分析，获得其模式年龄分别为129±7Ma 和131±4Ma；并对一件钼精矿样品（J82-0）进行了7

次测定，获得其加权平均年龄为 139±3Ma。Stein 等（1997）对一件钼精粉样品（JDC-5）进行了两次重复测定，得到两个相近的辉钼矿 Re-Os 年龄：138.3±0.8Ma 和 138.4±0.8Ma（表 3.31）。此后，金堆城辉钼矿样品（GBW04436）被列为 Re-Os 定年的一级标准物质，其推荐值为 139.6±3.8Ma（Du et al.，2004）。综上，认为金堆城钼矿床的成矿作用发生于 139Ma，即早白垩世，略晚于金堆城花岗斑岩的侵位（141Ma）。

表 3.31　金堆城钼矿床辉钼矿 Re-Os 同位素含量及模式年龄

样品号	样重/g	Re/10^{-6}	^{187}Re/10^{-6}	^{187}Os/10^{-9}	模式年龄/Ma	资料来源
J82-1	0.085	12.9±0.4	8.1±0.3	17.2±0.7	129±7	黄典豪等，1994
J82-9	0.15	19.7±0.5	12.3±0.3	26.4±0.4	131±4	黄典豪等，1994
J82-0	0.498 ~ 0.512	15.8±0.5	9.9±0.3	22.6±0.4	139±3	黄典豪等，1994
JDC-5		17.33±0.05		25.13±0.09	138.3±0.8	Stein et al.，1997
JDC-5		17.40±0.05		25.26±0.09	138.4±0.8	Stein et al.，1997

注：表中误差为 2σ，82-1 样品为辉钼矿–黄铁矿–石英脉矿石，J82-9 样品为钼矿–黄铁矿–钾长石–石英脉矿石，J82-0 为钼精矿（7 次测定）。

3.2.6.2　成矿地球动力学背景

前已述及，金堆城花岗斑岩的锆石 LA-ICP-MS U-Pb 年龄为 141Ma，辉钼矿 Re-Os 年龄为 129 ~ 139Ma，稍晚于成岩年龄。金堆城矿床的成岩成矿时代与东秦岭钼矿带主要钼成矿事件（130 ~ 150Ma；李诺等，2007；Mao et al.，2008，2011）一致。岩体及矿床地球化学研究表明，成矿物质主要来源于金堆城花岗斑岩体，而金堆城花岗斑岩体主要源于古老地壳的部分熔融，并有部分地幔物质的加入。结合区域构造演化历史（胡受奚等，1988；陈衍景和富士谷，1992），认为晚侏罗世到早白垩世，东秦岭地区区域主应力方向由南北向向近东西向转换，秦岭造山带发生由挤压向伸展的构造体制转换。早期的碰撞或逆冲推覆使得下地壳增厚，在挤压向伸展机制转换的过程中，下地壳由于强烈的减压增温发生部分熔融形成花岗质岩浆，同时超壳断裂和岩石圈拆沉使软流圈物质上涌，导致地幔物质的加入。这种花岗质岩浆沿构造薄弱带上升到浅层次侵位形成碰撞型花岗斑岩及斑岩型矿床，如金堆城斑岩钼金属成矿系统。

3.2.7　总结

金堆城超大型斑岩钼矿床位于陕西省华县境内，其成矿母岩为金堆城花岗斑岩体。该花岗斑岩具有高硅、高碱、富钾，低钛，贫铁、镁、钙的特征，属高钾钙碱性–钾玄岩系列的过铝质花岗岩。岩体的轻重稀土元素分馏较强，具有中等的 Eu 负异常，并富集 Rb、Ba、Th、U、K、Sr 和 Y 等大离子亲石元素，而亏损 Nb、Zr、P 和 Ti 等高场强元素。LA-ICP-MS 锆石 U-Pb 定年限定金堆城花岗斑岩的侵位发生于 141Ma。Sr、Nd、Pb 和锆石 Hf 同位素特征显示其岩浆主要来源于古老地壳物质的部分熔融，并有地幔物质的加入。O 同位素特征表明岩体属碰撞花岗岩类。

金堆城钼矿床矿体产出于花岗斑岩内部及其内外接触带中，发育网脉状、细脉浸染状和浸染状矿化。矿床具有典型的斑岩型矿床蚀变特征，自斑岩体向外依次发育钾化、绢英岩化、硅化、青磐岩化蚀变。流体成矿过程可分为早、中、晚三个阶段，分别以石英–钾长石组合、石英–(钾长石)–多金属硫化物–(碳酸盐）组合和石英–碳酸盐组合为标志，辉钼矿主要沉淀于中阶段。

流体包裹体及氢氧同位素研究表明，初始成矿流体属岩浆热液，具有高温，富 CO_2、F^-、K^+的特征。早阶段脉石矿物中发育纯 CO_2 包裹体、富 CO_2 包裹体，缺乏含石盐子晶包裹体。从早阶段到晚阶段，随着成矿作用和水岩反应的进行以及大气降水的加入，成矿流体由岩浆流体向大气降水热液演化；温度的降低、CO_2 的逃逸、局部沸腾是导致成矿物质沉淀的主导因素。

矿石和黄铁矿的稀土元素配分曲线与斑岩相似，而与围岩性质不同；矿床硫、碳、铅、氢氧及氦氩同位素地球化学研究表明，成矿物质来源于深部岩浆。金堆城成矿物质与花岗斑岩岩浆有相同的物质来源，即主要源于古老地壳的部分熔融，并有地幔物质的加入。

辉钼矿 Re-Os 同位素年龄为 129 ~ 142Ma，稍晚于金堆城花岗斑岩体的侵位时代。金堆城钼矿的成岩成矿作用发生于早白垩世秦岭造山带由挤压向伸展转换体制。

3.3 鱼池岭钼矿床

河南省嵩县境内鱼池岭钼矿床是新发现的超大型斑岩钼矿床，探明钼资源储量 54 万 t，品位 0.057%。该矿床与东沟超大型斑岩钼矿床毗邻，产于秦岭造山带华熊地块的外方山地区，以其赋矿围岩为花岗岩而独具特色（图 3.36），拓宽了钼矿床成矿理论研究和找矿勘查的视野。因此，我们对该矿床进行了详细的矿床地质、流体包裹体显微测温学及单个包裹体激光拉曼显微探针（李诺等，2009a；Li et al.，2012c）研究，揭示了成矿流体特征及演化规律，探讨了流体成矿机制及过程；通过辉钼矿 Re-Os 同位素方法（李诺等，2009b）、锆石 LA-ICP-MS U-Pb 方法和云母 $^{40}Ar/^{39}Ar$ 同位素方法（Li et al.，2012b，2013）厘定了鱼池岭钼矿及赋矿花岗岩合峪岩体的形成时代，借此探讨了鱼池岭花岗斑岩与合峪复式花岗岩基的成因联系及成岩成矿地球动力学背景。

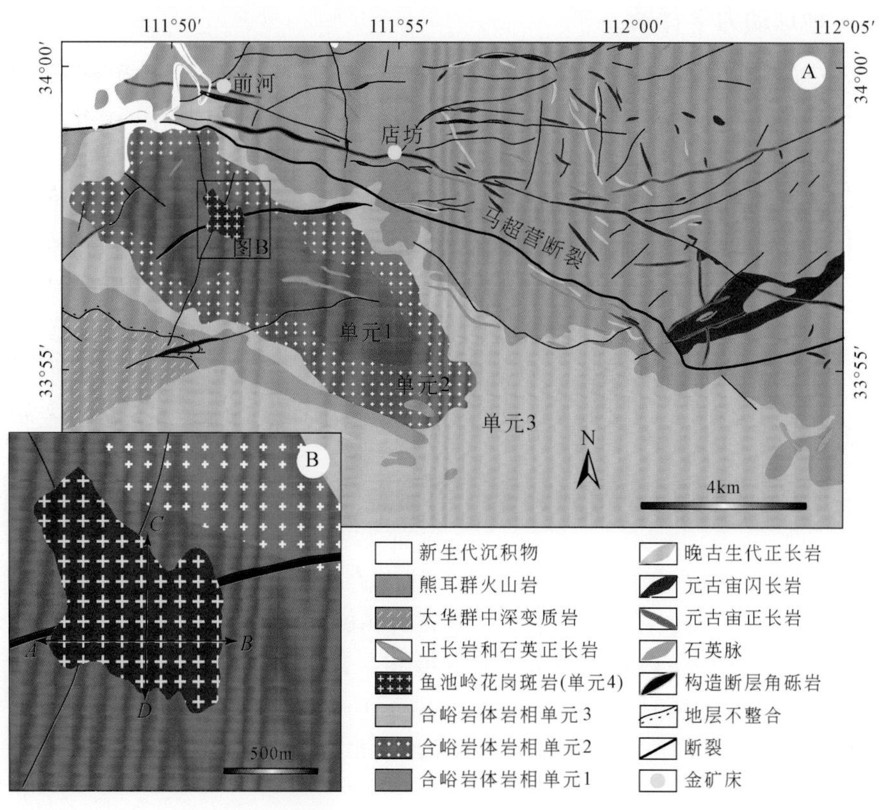

图 3.36 鱼池岭钼矿床区域地质简图（Li et al.，2012c）

A. 外方山区域地质图，示意鱼池岭矿区位置；B. 鱼池岭钼矿地质简图

3.3.1 成矿地质背景

3.3.1.1 区域地质

外方山成矿带北界为三宝断裂，南界为栾川断裂，西为伊川-潭头盆地，东至鲁山盆地和方城盆地（南阳盆地的北延）。出露地层主要为早前寒武纪太华超群变质基底、中元古界熊耳群以及新生代盖层

（图3.36A）。太华超群是一套角闪岩相-麻粒岩相的变质岩，主要岩性包括斜长角闪片麻岩、斜长角闪岩、角闪岩、黑云斜长片麻岩、变粒岩、石墨片岩、大理岩、石英岩、条带状铁建造等，原岩以中基性火山岩-沉积岩为主。前人将其进一步划分为背孜群、荡泽河群和水滴沟群，相应形成时代分别为3.0～2.55Ga、2.5～2.3Ga和2.3～2.1Ga（Chen and Zhao，1997；Wan et al.，2006；Xu et al.，2009）。太华超群主要出露于鲁山地体和合峪花岗岩基西南部的大清沟—罗家沟一带，在大清沟—罗家沟出露面积约100km²；少量太华超群还沿马超营断裂带和三宝断裂带断续分布。该套地层与上覆熊耳群呈角度不整合或断层接触，在大清沟一带被中元古界官道口群超覆。熊耳群是一套以安山岩为主的火山-沉积岩系，主要岩性包括玄武安山岩、安山岩、英安岩、粗安岩及火山凝灰岩等。由下到上，熊耳群可划分为四个组：大古石组、许山组、鸡蛋坪组和马家河组。除大古石组以砂砾岩、砂岩和泥质岩为主外，其余三个组均以火山熔岩占优势。前人获得火山岩中锆石的LA-ICP-MS和SHRIMP U-Pb年龄集中于1.78～1.75Ga（Zhao et al.，2009及其引文）。区内熊耳群仅出露鸡蛋坪组和马家河组，在马超营断裂以北大面积分布；马超营断裂以南主要沿断裂分布，且厚度急剧变薄甚至缺失。鸡蛋坪组主要岩性为流纹斑岩、英安斑岩及流纹质火山角砾集块岩，夹安山（玢）岩、杏仁状安山（玢）岩、安山玄武玢岩及玄武玢岩，在马超营断裂以北厚度为1591m，以南厚292～386m。马家河组下部以安山岩为主，夹多层凝灰岩和少量长石石英砂岩；上部以粗安岩、粗面岩为主，夹多层凝灰岩、砂岩和大理岩、硅质岩透镜体；主要出露于马超营断裂带以北大鱼沟一带，石家岭以北、以东也有零星出露。中元古界官道口群和新元古界栾川群主要沿栾川断裂北侧发育，北不逾马超营断裂。区域内基本缺失古生代地层，中生代仅发育白垩纪断陷红盆地火山岩-磨拉石建造，且多被新生代沉积物覆盖。古近纪地层多分布于矿区西北部潭头-大章新生代断陷盆地中，为一套河湖相沉积，自下而上分别为高沟峪组和大章组。其中高沟峪组为一套紫红色砂岩、粉砂岩夹砂砾岩沉积，厚度585～703m；大章组主要由灰白、黄绿色砂质灰岩、钙质砂岩、泥灰岩、黏土岩、页岩组成，夹少量劣质油页岩及褐煤，底部为砂砾岩，厚度430～528m。此外尚见由砂、砾石、黏土组成的第四系沉积物，厚数米至数十米，构成现代河床、河漫滩、河成阶地。

区域岩浆活动频繁，岩浆岩分布广泛，形成时代自太古宙到中生代，具有多旋回、多期性特征。太古宙和古元古代早期岩浆活动表现为基性-中酸性的火山喷发及TTG岩系的侵入；古元古代晚期火山岩以熊耳群为代表，是区域内最主要岩性。新元古代岩浆岩主要表现为栾川群大红口组安粗岩系和相关的碱性花岗岩、正长岩以及基性岩墙。加里东期岩浆活动表现为碱性花岗岩岩基和碱性脉岩的侵入。燕山期酸性岩浆活动强烈，形成大量花岗岩岩基和花岗斑岩体，以合峪-太山庙花岗岩基最醒目（Mao et al.，2010）；局部发育早白垩世高钾钙碱性-碱性中酸性火山岩。

区域断裂构造十分发育，除栾川断裂和三宝断裂之外，近EW向的马超营断裂和栾川-鲁山断裂横穿研究区。马超营断裂属区域性断裂，从矿区北部通过，总体走向270°～300°，多向北倾，倾角50°～80°。次级断裂见NWW向、近EW向、NE向、NS向、NNE向、NNW向6组，以NWW向、EW向、NE向最为发育。近EW-NWW向断裂分布广泛，多成群成组出现，规模大，活动时间长，具多期活动性；沿断裂热液活动强烈，见金、银、铅、锌、铜矿化。NS向、NNE和NNW向断裂发育较差。此外，在马超营断裂与南天门断裂之间的大清沟一带发育一条长约40km的褶皱，其背斜核部为太华超群杂岩，呈穹状，两翼被破坏。

3.3.1.2　矿区地质

鱼池岭钼矿位于马超营断裂带以南，合峪花岗岩基北部的童子庄、黄庄一带，地理坐标为东经111°50′30″～111°54′00″，北纬32°56′45″～34°58′00″。矿区主体位于燕山期合峪花岗岩基内部（图3.36B），岩体特征详见下述。

区内断裂包括三组：近EW向、NNE-NE向及NW向（图3.36）。这些断裂规模较小，局限于合峪岩体内部，在岩体内形成碎裂岩和片理化带，并于矿区西部交汇。其中近EW向断裂规模较小，断裂长100～360m，宽0.3～2.0m，走向80°～110°，倾向350°～20°，倾角45°～85°。带内碎裂岩、角砾岩发育，常充填白色-灰白色石英脉，产状与构造线基本一致。石英脉内常见晶洞构造，内有浅黄色巨粒自形黄铁矿及石英；局部地带见有不同色调的萤石充填。构造岩中见辉钼矿细脉平行构造走向延伸或充填胶结岩石角砾，反映该断裂属成矿前断裂。NNE-NE 向断裂相对较为发育，属张扭性质，并切穿近 EW 向断裂。构造角砾岩中石英细脉、石英-黄铁矿-辉钼矿脉清晰可见，方向杂乱无章，而萤石细脉则平行于构造方向分布，表明该组断裂属主成矿期后构造。NW 向断裂不甚发育，规模较小，在矿区内长 40～130m，宽 0.3～1.5m，走向 310°～340°，倾向 NE，倾角 50°～85°。断裂带内发育有碎裂岩、角砾岩，其中角砾多呈棱角状，粒度 3～35cm，含量 30%～40%，可见黄铁矿化、辉钼矿化、方铅矿化、闪锌矿化及硅化，胶结物中常发育褐铁矿化、高岭土化、绢云母化、绿泥石化及碳酸盐化。常见萤石脉沿断面平行分布。断裂张扭性质明显，切穿前两组断裂，属破矿构造，但作用甚微。

3.3.2 成矿岩体特征

3.3.2.1 岩体地质和岩性

合峪复式花岗岩体在矿区内呈舌状产出，总体呈 NW-SE 向展布，并沿 SE 方向延出矿区（图 3.36A）。平面上，岩体呈同心环状，由内到外可分为四个岩相单元。各单元岩性均为中粗粒黑云母二长花岗岩，主要组成矿物包括条纹长石、正长石、斜长石、石英及黑云母，副矿物见磷灰石、榍石、锆石及磁铁矿，但不同单元间矿物粒度及含量变化较大（图 3.37）。

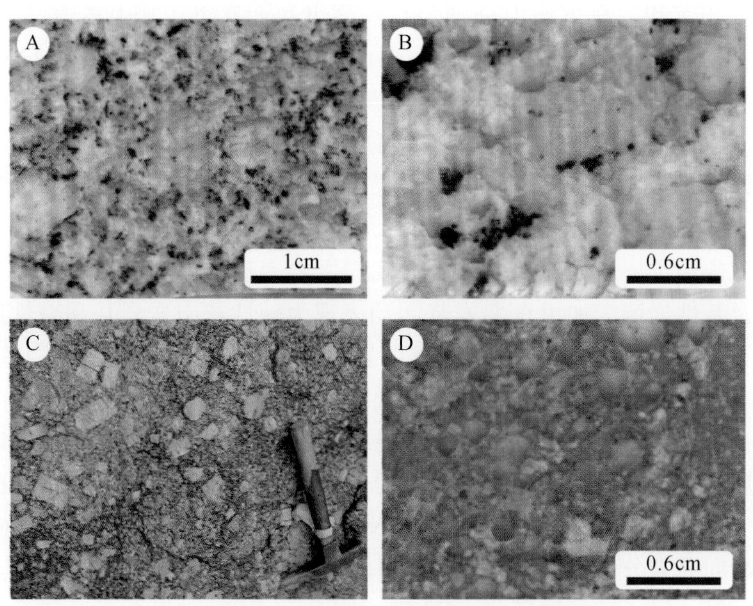

图 3.37 合峪岩体各岩相单元特征
由 A 到 D 依次为岩相单元 1 到 4；其中单元 4 已发生明显蚀变

单元 1：位于岩体中心部位，岩石灰白色，斑状结构，斑晶矿物为条纹长石（粒度约 0.8cm×1.0cm）和正长石（约 1.0cm×1.5cm），含量 1%～5%；基质为显晶质，主要由条纹长石、斜长石、石英和黑云母组成，其中黑云母含量<5%。

单元 2：呈带状环绕单元 1 产出，宽 400～1500m，出露面积 20km^2。岩石具典型的斑状结构，斑晶以钾长石为主，粒度较单元 1 略粗，一般 1.5cm×2.5cm，含量变化于 8%～15%。

单元 3：规模最大，分布于岩体的边缘及外围。该单元以含钾长石巨斑为特征，斑晶粒度可达 8cm×12cm，含量 20%～40%。基质为中粗粒显晶质，其中黑云母含量 8%～10%。

单元4：鱼池岭含矿斑岩。该单元沿NNE及近EW向断裂交汇部位侵入于单元1的西北部。岩石呈肉红色，中粒斑状结构，斑晶包括石英（含量2%~3%）和钾长石（含量3%~5%），基质由斜长石（25%~35%）、钾长石（30%~40%）、石英（20%~25%）和黑云母组成（5%~8%），副矿物包括磷灰石、榍石、锆石、萤石及磁铁矿。在探槽TC00铁匠沟和小九沟一带的岩体内见爆破角砾岩，其角砾以太华超群片麻岩、混合岩和熊耳群安山岩为主，胶结物见绢云母、石英及少量金属硫化物。

3.3.2.2 元素地球化学

Han等（2007）、倪智勇（2009）、许道学（2009）、郭波（2009）、周珂（2010）分别对岩体不同单元开展了详细的岩石地球化学研究（表3.32、表3.33）。

合峪岩体具有富 SiO_2（65.1%~74.2%）、K_2O（2.92%~7.31%）、碱（6.98%~9.58%），贫CaO（0.60%~3.34%）、MgO（0.27%~1.19%）的特征。岩石属准铝质-过铝质的高钾钙碱性-钾玄岩系列，以花岗岩和石英二长岩为主（图3.38）。其里特曼指数［$\sigma=(K_2O+Na_2O)^2/(SiO_2-43)$］变化于1.73~3.32，A/CNK［$A/CNK=Al_2O_3/(CaO+Na_2O+K_2O)$，摩尔比值］变化于0.87~1.15，A/NK［$A/NK=Al_2O_3/(Na_2O+K_2O)$，摩尔比值］变化于1.17~1.41，$K_2O/Na_2O$ 变化于0.64~3.21。随 SiO_2 含量的增加，TiO_2、Al_2O_3、$Fe_2O_3^T$、MgO、CaO和 P_2O_5 含量逐渐降低（图3.39）。

各岩相单元的主量元素组成基本相似，但又略显差异（表3.32）。单元4的氧化物含量变化范围大于其他3个单元，可能缘于较强的热液蚀变。该单元的 K_2O 含量（4.00%~7.31%，平均4.84%）、SiO_2（65.1%~74.0%，平均70.1%）和里特曼指数（2.04~3.32，平均2.68）均高于其他单元，但A/NK（1.17~1.36，平均1.27）则低于其他单元。

合峪岩体不同岩相单元的ΣREE值变化于 $75\times10^{-6}\sim296\times10^{-6}$（表3.33）；轻稀土（LREE）富集（图3.40），$(La/Yb)_N$ 值变化于14~39，集中于23~33；$Eu/Eu^*=0.59\sim0.87$，显示较弱至中等程度的Eu负异常。样品Sr含量普遍较高（$176\times10^{-6}\sim791\times10^{-6}$），而Y含量较低（$6.91\times10^{-6}\sim19.1\times10^{-6}$），Sr/Y值变化于15~73，集中于30~60。由于LREE含量较高，微量元素图解中的Sr正异常不明显，个别样品甚至表现为负异常（图3.41）。各单元均有明显的Ba、Nb、Ta、Ti负异常，以及Rb、Th、U、K、Pb和LREE的正异常(图3.41)。

总之，在元素地球化学特征上，合峪岩体与中国东部燕山期高Sr低Y型中酸性火成岩（葛小月等，2002及其引文）相一致；与Defant和Drummond（1990，1993）所定义的环太平洋地区的典型埃达克岩相比，K_2O 含量明显偏高，Al_2O_3 含量偏低，Sr正异常偏弱，HREE配分模式平坦。

3.3.2.3 同位素地质年代学和地球化学

1. 黑云母 $^{40}Ar/^{39}Ar$ 同位素定年

1）样品及测试方法

用于 $^{40}Ar/^{39}Ar$ 测试的黑云母（YCL0701，坐标：33°57′33″E，111°51′37″N）呈鳞片状产出，粒度0.3~1mm。部分颗粒遭受绿泥石化、绿帘石化或萤石化，同时伴随有辉钼矿、黄铜矿、黄铁矿沉淀。

样品经粉碎、分离、粗选和精选，获得了纯度>99%的新鲜黑云母单矿物，并粉碎至0.10mm。将筛选好的样品置于稀硝酸（5%）中浸泡2h，用去离子水清洗，然后低温（80℃左右）烘干。将待测样品和用于K、Ca、Cl诱发同位素校正的 K_2SO_4、CaF_2、KCl及标准样品称量后用铝箔纸包装成直径约6mm的小球，封闭于真空石英玻璃瓶中，于2008年3月31日至4月1日在中国原子能科学研究院49-2核反应堆B4孔道进行快中子照射，照射时间为24h，快中子通量为 $2.22048\times10^{18}n/cm^2$。采用北京周口店K-Ar标准黑云母（ZBH-25，年龄为132.7Ma）作为标样监测中子通量。对纯物质 CaF_2 和 K_2SO_4 进行同步照射，得出的校正因子为：$(^{36}Ar/^{37}Ar)_{Ca}=0.000271$，$(^{39}Ar/^{37}Ar)_{Ca}=0.000652$，$(^{40}Ar/^{39}Ar)_K=0.00703$。照射后的样品冷置后，装入圣诞树状的样品架中，密封去气之后，装入系统。

表 3.32 合峪岩体主量元素特征

（单位:%）

单元	样品号	SiO_2	TiO_2	Al_2O_3	$Fe_2O_3^T$	MnO	MgO	CaO	Na_2O	K_2O	P_2O_5	LOI	总计	σ	A/CNK	A/NK	K_2O/Na_2O	资料来源
单元1	HEYU-21	71.6	0.32	14.9	2.03	0.05	0.57	1.73	4.00	4.29	0.126	0.42	99.96	2.41	1.03	1.32	1.07	周珂，2010
	HEYU-4	72.1	0.27	14.4	1.68	0.05	0.45	1.45	3.94	4.35	0.094	0.55	99.33	2.36	1.04	1.28	1.10	周珂，2010
	HEYU-16	71.5	0.29	15.2	1.56	0.03	0.41	1.44	4.00	4.85	0.088	0.49	99.78	2.75	1.05	1.28	1.21	周珂，2010
	HEYU-20	71.6	0.35	14.9	1.72	0.05	0.47	1.42	4.11	4.43	0.099	0.56	99.70	2.55	1.05	1.29	1.08	周珂，2010
	HEYU-25	72.2	0.33	15.1	1.44	0.04	0.34	1.26	4.04	4.75	0.070	0.43	99.91	2.65	1.07	1.28	1.18	周珂，2010
	HY-2	69.5	0.37	14.5	2.48	0.05	0.73	1.89	4.17	4.42	0.177	0.71	99.02	2.78	0.96	1.24	1.06	倪智勇，2009
单元2	HEYU-7	73.0	0.30	13.9	1.93	0.07	0.59	1.55	3.80	3.94	0.098	0.62	99.81	1.99	1.04	1.32	1.04	周珂，2010
	HEYU-13	70.0	0.38	15.0	2.64	0.06	0.79	1.93	4.11	3.98	0.146	0.74	99.82	2.42	1.03	1.36	0.97	周珂，2010
	HEYU-14	72.4	0.29	14.3	1.96	0.06	0.57	1.77	3.98	3.95	0.110	0.60	99.94	2.14	1.02	1.32	0.99	周珂，2010
	HEYU-15	72.0	0.35	14.4	2.23	0.06	0.63	1.83	3.97	3.78	0.124	0.59	99.95	2.07	1.03	1.35	0.95	周珂，2010
	HEYU-19	73.6	0.25	13.8	1.73	0.06	0.52	1.55	3.81	3.83	0.094	0.55	99.77	1.91	1.04	1.32	1.01	周珂，2010
	HEYU-24	74.2	0.21	13.6	1.31	0.05	0.33	1.42	3.94	3.84	0.064	0.43	99.39	1.94	1.03	1.28	0.97	周珂，2010
	HY-1	72.4	0.28	13.8	2.31	0.07	0.58	1.76	4.09	3.84	0.124	0.77	99.99	2.14	0.98	1.26	0.94	倪智勇，2009
单元3	HEYU-22	71.1	0.32	13.8	2.29	0.06	0.74	2.11	3.87	3.11	0.132	0.60	98.11	1.73	1.01	1.41	0.80	周珂，2010
	HEYU-17	71.8	0.40	14.0	2.26	0.08	0.74	1.88	3.88	3.60	0.125	0.62	99.39	1.94	1.02	1.36	0.93	周珂，2010
	HEYU-12	70.3	0.37	15.2	1.94	0.05	0.59	1.87	3.92	4.67	0.114	0.70	99.64	2.71	1.02	1.32	1.19	周珂，2010
	HEYU-11	70.4	0.39	14.5	2.37	0.06	0.76	2.00	3.90	4.17	0.137	0.80	99.46	2.38	0.99	1.33	1.07	周珂，2010
	HEYU-2	70.0	0.29	15.3	1.95	0.06	0.66	1.60	3.99	5.06	0.114	0.83	99.85	3.03	1.02	1.27	1.27	周珂，2010
	HY-01	69.8	0.32	14.7	2.96	0.08	0.82	2.35	4.32	3.16	0.170	0.92	99.51	2.09	0.99	1.39	0.73	郭波等，2009
	HY-02	71.8	0.31	13.4	2.89	0.08	0.86	2.07	3.73	3.55	0.170	0.81	99.66	1.84	0.98	1.34	0.95	郭波等，2009
	H-1	70.3	0.33	14.4	2.83	0.09	0.85	1.65	4.13	4.25	0.140	0.65	99.62	2.57	1.00	1.26	1.03	郭波等，2009
	074B1	71.1	0.41	14.1	3.14	0.05	0.83	2.28	4.53	2.92	0.190	0.43	99.96	1.98	0.96	1.33	0.64	Han et al.，2007
单元4	YC08628-03	65.1	0.51	14.9	3.69	0.07	1.17	3.34	3.77	4.50	0.280	2.07	99.35	3.10	0.87	1.34	1.19	许道学，2009
	YC15-03	73.9	0.21	13.5	1.87	0.04	0.27	0.64	3.45	4.76	0.090	0.77	99.47	2.18	1.12	1.24	1.38	许道学，2009
	YC15-04	73.7	0.21	13.5	1.91	0.03	0.34	0.68	3.20	4.87	0.100	0.94	99.50	2.12	1.15	1.28	1.52	许道学，2009
	YC15-05	74.0	0.20	13.5	1.68	0.03	0.28	0.60	3.05	5.22	0.100	0.71	99.37	2.20	1.14	1.26	1.71	许道学，2009
	YC545J-100	70.9	0.28	14.4	2.57	0.06	0.52	1.48	3.72	4.63	0.120	0.81	99.45	2.50	1.04	1.29	1.24	许道学，2009
	YC545J-113	71.0	0.27	14.4	2.44	0.06	0.50	1.47	3.62	4.90	0.120	0.64	99.42	2.60	1.03	1.28	1.35	许道学，2009

续表

单元	样品号	SiO_2	TiO_2	Al_2O_3	$Fe_2O_3^T$	MnO	MgO	CaO	Na_2O	K_2O	P_2O_5	LOI	总计	σ	A/CNK	A/NK	K_2O/Na_2O	资料来源
单元4	YC545J-94	69.0	0.33	14.3	2.25	0.06	0.79	1.63	3.76	5.47	0.180	1.80	99.52	3.28	0.95	1.18	1.45	许道学，2009
	YC590-73	66.4	0.47	15.4	4.09	0.07	1.19	2.09	3.79	4.73	0.320	0.95	99.45	3.11	1.01	1.35	1.25	许道学，2009
	YC628-50	71.1	0.28	13.8	1.80	0.07	0.57	1.11	2.87	6.42	0.120	1.23	99.34	3.07	1.00	1.18	2.24	许道学，2009
	YC628-55	66.0	0.49	14.5	3.34	0.05	1.03	2.55	3.36	5.38	0.300	2.47	99.44	3.32	0.90	1.27	1.60	许道学，2009
	YC628-56	68.2	0.47	15.2	3.37	0.06	0.97	1.91	4.05	4.27	0.290	0.67	99.43	2.75	1.03	1.34	1.05	许道学，2009
	YC628-57	69.5	0.38	13.7	3.00	0.09	0.92	1.72	3.64	5.03	0.240	1.14	99.35	2.84	0.94	1.20	1.38	许道学，2009
	YC628-59	69.9	0.37	14.4	3.30	0.07	0.81	1.60	3.58	4.34	0.210	0.77	99.35	2.33	1.07	1.36	1.21	许道学，2009
	YC628-61	68.1	0.43	15.0	3.16	0.06	0.99	1.48	3.50	5.27	0.270	1.21	99.47	3.06	1.06	1.31	1.51	许道学，2009
	YC628-65	68.3	0.46	14.9	3.35	0.08	1.04	1.75	3.80	4.70	0.250	0.88	99.46	2.86	1.02	1.31	1.24	许道学，2009
	YC628-66	66.8	0.48	14.9	3.39	0.08	1.06	2.34	4.17	4.16	0.260	1.75	99.40	2.92	0.96	1.31	1.00	许道学，2009
	YC628-41	70.7	0.33	14.4	2.38	0.07	0.61	1.22	3.48	5.32	0.140	0.73	99.41	2.79	1.05	1.25	1.53	许道学，2009
	ZK0801-23.4	71.0	0.34	14.2	2.53	0.06	0.63	0.87	3.44	4.99	0.150	1.10	99.33	2.54	1.12	1.28	1.45	许道学，2009
	ZK0808-0.5	72.1	0.28	14.0	2.18	0.06	0.59	1.35	3.21	4.95	0.140	0.57	99.39	2.29	1.07	1.31	1.54	许道学，2009
	ZK0808-203.3	70.3	0.29	14.6	2.62	0.06	0.57	1.50	3.80	4.61	0.140	0.93	99.39	2.59	1.04	1.29	1.21	许道学，2009
	ZK0812-1.0	70.7	0.29	14.0	2.49	0.05	0.48	1.67	3.47	4.43	0.140	1.86	99.53	2.25	1.03	1.33	1.28	许道学，2009
	ZK0812-314.9	70.1	0.30	15.0	2.62	0.06	0.54	1.85	3.96	4.44	0.130	0.53	99.49	2.61	1.02	1.32	1.12	许道学，2009
	YC08-01	70.0	0.32	14.4	2.91	0.10	0.57	1.69	3.98	4.38	0.150	0.33	98.79	2.59	1.00	1.27	1.10	许道学，2009
	YC08-02	69.8	0.32	14.7	2.78	0.09	0.55	1.49	3.88	4.69	0.150	0.75	99.16	2.74	1.04	1.28	1.21	许道学，2009
	YC08-04	69.1	0.32	14.9	2.83	0.10	0.60	1.80	4.11	4.49	0.150	0.42	98.81	2.83	1.00	1.28	1.09	许道学，2009
	YC08-05	70.6	0.30	14.2	2.65	0.10	0.50	1.44	3.81	4.65	0.140	0.43	98.75	2.60	1.02	1.25	1.22	许道学，2009
	YC08-06	69.3	0.33	14.8	3.00	0.10	0.65	1.79	4.14	4.38	0.160	0.36	98.96	2.76	1.00	1.28	1.06	许道学，2009
	YC08-07	72.3	0.32	13.6	2.42	0.05	0.54	0.97	3.70	4.02	0.160	0.97	99.05	2.04	1.11	1.30	1.09	许道学，2009
	YC08-08	72.7	0.23	13.2	2.02	0.07	0.35	1.57	3.95	4.00	0.100	0.68	98.85	2.13	0.97	1.22	1.01	许道学，2009
	YC08-09	70.2	0.25	14.3	2.26	0.08	0.47	1.28	3.75	5.62	0.110	0.64	98.97	3.23	0.98	1.17	1.50	许道学，2009
	YC08-11	71.0	0.28	13.7	2.87	0.11	0.58	1.56	4.15	4.09	0.130	0.40	98.81	2.43	0.97	1.21	0.99	许道学，2009
	YCL-116	71.4	0.29	13.7	2.51	0.03	0.55	0.61	2.27	7.31	0.117	1.58	100.30	3.23	1.07	1.17	3.21	倪智勇，2009

表 3.33　合峪岩体微量元素特征

（单位：10^{-6}）

单元	样品号	Rb	Ba	Th	U	Ta	Nb	Sr	Zr	Hf	Cs	Ga	Tl	V	Co	W	Be	Bi	Cr	Cu	Ge	Li	Mo	Ni
单元 1	HEYU-21	174	1065	19.2	3.64	1.90	23.5	510	172	5.10	1.94	20.4	0.50	27.0	3.00	1.00	4.27	0.03	3.00	0.60	0.21	33.2	1.01	2.20
	HEYU-4	241	885	28.0	9.04	2.40	28.4	397	172	5.40	4.41	21.2	0.80	20.0	2.30	2.00	5.16	0.07	2.00	2.70	0.22	29.1	1.18	1.50
	HEYU-16	207	1160	32.5	5.12	2.00	31.3	418	202	5.70	1.63	22.3	0.60	23.0	2.10	1.00	3.74	0.03	1.00	5.10	0.24	28.9	1.97	0.60
	HEYU-20	272	929	28.6	4.72	2.50	30.0	377	167	6.00	6.46	22.5	0.90	22.0	2.50	1.00	7.73	0.15	2.00	0.20	0.25	54.6	0.31	1.40
	HEYU-25	212	1305	22.4	4.30	1.70	23.7	410	195	6.00	5.41	22.5	0.70	16.0	1.40	1.00	5.05	0.11	1.00	0.30	0.22	61.0	0.17	0.30
	HY-2	160	1305	16.1	2.60	1.90	24.0	566	164	4.90	2.30	20.9		32.6	4.20	0.40	4.30		12.9	3.80	1.60		1.00	2.40
单元 2	HEYU-7	234	558	28.9	8.52	1.90	25.6	379	171	5.20	7.20	20.2	0.70	26.0	2.90	8.00	4.96	0.15	1.00	0.40	0.22	80.2	1.05	0.70
	HEYU-13	214	885	25.4	8.66	1.90	27.4	560	174	5.10	4.86	21.5	0.60	35.0	3.90	1.00	5.99	0.06	1.00	1.00	0.27	44.7	1.50	1.10
	HEYU-14	223	638	26.9	16.6	1.90	24.7	431	145	4.40	3.22	20.0	0.60	26.0	3.10	9.00	7.31	0.61	1.00	5.90	0.26	40.1	1.20	0.90
	HEYU-15	227	677	28.2	8.14	2.00	27.0	445	175	5.40	3.08	20.8	0.70	32.0	3.40	2.00	5.50	0.09	1.00	0.90	0.20	36.2	1.16	1.00
	HEYU-19	229	471	28.9	14.2	2.00	26.5	334	141	4.70	3.16	19.9	0.60	23.0	2.10	1.00	6.58	0.06	1.00	5.60	0.22	41.1	0.79	0.60
	HEYU-24	251	480	28.5	17.3	2.40	29.3	317	113	4.10	5.57	21.1	0.70	16.0	1.60	1.00	6.99	0.10	1.00	0.40	0.20	82.1	0.39	0.50
	HY-1	205	523	30.8	5.30	2.50	30.7	326	147	4.70	5.30	20.8		25.1	3.10	0.50	5.70		8.80	1.40	1.80		0.90	
单元 3	HEYU-22	177	613	24.2	8.13	1.40	19.5	529	164	4.80	3.36	19.7	0.60	34.0	4.00	2.00	5.53	0.12	1.00	2.00	0.23	48.8	0.81	1.10
	HEYU-17	227	613	26.5	6.89	1.90	25.8	454	158	4.80	4.79	20.1	0.60	32.0	3.80	42.0	8.24	0.09	1.00	0.30	0.26	90.1	3.24	0.90
	HEYU-12	232	880	28.0	13.1	1.70	21.5	492	140	4.50	3.50	20.3	0.70	28.0	2.40	3.00	6.11	0.12	1.00	1.00	0.21	27.9	15.8	0.80
	HEYU-11	203	832	25.3	7.05	1.70	23.0	498	151	4.60	3.62	19.4	0.70	33.0	3.70	1.00	5.47	0.05	1.00	0.30	0.26	38.8	0.75	1.10
	HEYU-2	256	1235	23.8	4.91	1.40	18.5	557	128	4.00	3.27	20.1	1.00	28.0	3.20	1.00	4.55	0.23	1.00	1.10	0.24	32.0	0.84	0.90
	HY-01	198	339	36.8	12.6	2.32	31.1	501	180	5.18	3.43			36.3	122				3.18					2.66
	HY-02	208	403	32.8	9.61	2.14	27.7	432	183	5.19	3.31			32.7	96.0				7.97					4.80
	H-1	199	1626	14.3		5.70	42.2	541	215	6.40				38.0	25.0				50.0					11.0
	074B1	141	550	31.3	5.52	2.00	27.6	483	192	5.53	5.05			29.3	5.00				7.11					3.54
单元 4	YC08628-03	261	1763	19.0	3.32	1.56	26.2	744	194	5.78	4.71	23.3	1.42	53.6	4.43	9.49	8.64	0.54	5.41	72.3	2.09	37.2	26.6	5.40
	YC15-03	263	752	40.1	5.34	1.60	28.8	247	140	4.62	4.89	21.8	1.63	14.8	1.03	6.45	6.87	0.20	6.03	98.6	2.02	15.9	7.85	2.30
	YC15-04	280	707	23.4	4.77	1.73	30.2	222	168	5.45	5.92	24.0	1.59	20.5	2.89	3.62	5.63	0.40	3.09	75.7	2.14	19.3	2.29	2.40
	YC15-05	335	781	22.1	5.17	1.75	30.8	240	169	5.41	5.70	23.9	2.05	21.1	1.57	7.23	5.80	2.32	6.56	88.9	2.36	31.8	6.35	2.74
	YC545J-100	185	1839	17.1	5.91	1.42	24.2	636	188	5.64	4.08	22.5	1.00	23.9	3.87	2.52	5.83	0.53	8.89	80.2	2.07	24.5	5.27	4.01
	YC545J-113	221	1877	19.9	4.87	1.52	26.7	617	159	4.92	3.88	22.1	1.29	22.2	2.82	3.51	6.34	2.33	6.57	63.9	1.96	24.2	8.74	3.66

续表

单元	样品号	Rb	Ba	Th	U	Ta	Nb	Sr	Zr	Hf	Cs	Ga	Tl	V	Co	W	Be	Bi	Cr	Cu	Ge	Li	Mo	Ni
单元4	YC545J-94	300	1610	13.4	3.90	1.19	20.7	347	162	4.96	3.81	21.3	1.64	29.4	3.15	25.4	14.3	1.20	6.96	56.5	2.24	25.9	299	4.77
	YC590-73	237	1980	22.5	8.27	1.41	27.7	791	199	5.90	4.47	24.0	1.24	46.2	11.5	6.27	8.08	1.75	5.01	609	2.09	36.2	16.6	4.29
	YC628-50	373	1484	22.3	9.56	1.88	27.3	335	239	6.63	4.96	20.5	2.30	19.6	2.32	17.6	9.35	0.53	9.75	509	2.28	14.6	172	4.69
	YC628-55	366	1503	18.9	6.48	1.38	27.1	475	214	5.82	5.53	22.0	1.91	36.7	7.28	27.2	11.8	4.48	5.05	166	3.06	21.3	291	5.36
	YC628-56	206	1734	17.5	4.06	1.47	28.3	783	203	5.75	4.53	21.4	1.32	41.7	5.04	5.67	6.76	0.36	5.95	86.7	2.03	28.9	18.4	3.88
	YC628-57	225	1657	18.3	6.06	1.38	24.6	618	168	4.97	4.14	20.3	1.28	30.8	5.32	2.46	5.01	0.66	4.83	272	1.95	23.0	143	3.86
	YC628-59	210	1603	18.9	5.79	1.32	25.0	708	193	5.64	3.60	20.8	1.21	30.5	3.98	13.4	5.89	1.62	4.07	179	1.96	19.2	148	3.91
	YC628-61	263	2001	19.3	5.03	1.57	27.9	679	199	5.91	4.51	21.9	1.48	34.9	6.38	25.9	9.18	2.67	5.29	307	2.07	27.7	33.7	4.66
	YC628-65	263	1583	20.8	4.26	1.51	26.9	741	179	5.27	4.69	24.0	1.48	46.8	5.56	19.9	8.74	3.06	7.36	151	2.24	34.6	13.1	5.44
	YC628-66	259	1878	22.1	7.10	1.47	26.8	606	184	5.62	5.73	24.0	1.36	50.0	3.93	26.9	8.49	3.33	6.99	150	2.63	33.3	13.4	4.80
	YC628-41	218	1400	17.4	3.20	1.66	26.4	491	199	5.81	3.80	20.3	1.32	23.6	2.20	7.74	5.24	0.24	6.73	77.8	1.84	15.6	55.7	3.82
	ZK0801-23.4	276	1092	21.0	3.50	1.93	28.7	426	214	6.53	3.99	24.3	1.62	29.5	3.44	19.3	6.42	0.25	7.86	238	2.30	14.8	11.5	4.45
	ZK0808-0.5	216	1689	19.3	4.50	1.49	24.4	569	147	4.61	3.71	21.0	1.24	22.6	3.28	2.01	7.61	0.25	5.38	35.0	1.73	20.3	1.62	4.98
	ZK0808-203.3	209	1804	18.6	6.00	1.51	27.2	622	193	5.88	4.05	22.8	1.04	27.3	2.43	2.87	6.89	0.18	6.38	4.62	2.23	27.1	28.3	3.61
	ZK0812-1.0	228	1184	25.0	7.15	1.51	25.4	407	158	4.99	5.15	22.7	1.20	25.9	2.70	11.2	7.68	1.71	4.82	68.1	2.06	26.0	3.32	3.36
	ZK0812-314.9	154	1774	15.6	5.69	1.50	27.3	633	183	5.60	4.32	21.1	0.82	22.5	3.51	8.15	4.99	0.25	5.46	61.6	1.66	27.1	14.7	3.14
	YC08-01	162	1489	21.3	3.35	1.74	22.4	655	192	5.59	2.32	21.8	0.62	28.0	3.67	1.60	3.72	<0.05	11.2	11.8	1.40	18.4	1.90	5.01
	YC08-02	211	1562	18.6	4.83	1.79	23.1	619	189	5.24	3.51	21.9	1.00	28.3	3.65	6.68	10.0	0.18	10.1	57.6	1.56	23.3	6.82	4.96
	YC08-04	161	1724	16.7	5.05	1.75	23.8	686	187	4.72	2.67	23.0	0.63	28.8	3.88	3.39	4.12	0.11	11.8	14.2	1.48	20.1	1.64	5.55
	YC08-05	193	1488	25.8	4.37	1.73	23.0	612	185	5.20	3.14	22.6	0.83	27.6	3.87	3.75	3.94	0.11	50.4	36.2	1.55	21.2	5.10	24.5
	YC08-06	160	1626	18.1	3.77	1.71	24.6	709	188	5.00	2.59	23.0	0.60	33.8	3.98	1.43	3.98	0.09	8.55	10.0	1.48	20.2	1.45	4.11
	YC08-07	276	555	30.4	20.9	2.37	29.9	340	182	5.38	6.48	22.8	1.50	32.1	3.40	22.9	7.89	0.25	6.01	55.5	2.01	26.6	12.8	3.07
	YC08-08	236	509	28.0	7.03	1.65	21.4	333	115	3.43	4.84	22.4	0.89	24.2	2.54	12.3	5.86	0.10	7.52	6.30	1.74	44.0	2.60	3.31
	YC08-09	286	1687	24.2	17.6	2.04	26.3	491	131	3.59	4.58	22.5	1.27	28.0	2.71	20.1	5.37	0.15	6.64	8.70	1.77	25.2	1.61	3.61
	YC08-11	246	560	34.5	13.1	2.27	28.0	370	168	4.65	5.22	23.6	0.92	33.9	3.87	4.61	6.09	0.10	14.6	7.35	1.78	30.9	2.19	5.99
	YCL-116	577	1170	20.9	4.80	1.80	21.1	176	149	4.50	5.10	17.5		23.3	2.80	134	10.6		49.5	147	2.90		184	0.90

续表

Pb	Sc	Zn	La	Ce	Pr	Nd	Sm	Eu	Gd	Tb	Dy	Ho	Er	Tm	Yb	Lu	Y	ΣREE	$(La/Yb)_N$	Sr/Y	Eu/Eu^*	资料来源
26.9	2.80	46.0	40.5	75.7	8.56	28.1	4.67	1.02	4.27	0.50	2.15	0.39	1.16	0.16	1.02	0.16	10.6	168	28	48	0.70	周珂，2010
29.2	2.40	29.0	43.6	77.2	8.36	26.7	4.20	0.85	3.99	0.45	1.90	0.35	1.06	0.14	1.05	0.18	9.90	170	30	40	0.63	周珂，2010
30.5	2.30	20.0	51.7	93.3	10.1	33.1	4.93	0.91	4.32	0.49	2.00	0.37	1.12	0.15	1.02	0.18	10.9	204	36	38	0.60	周珂，2010
35.4	3.10	37.0	46.3	83.9	9.05	29.7	4.44	0.88	4.14	0.47	1.96	0.37	1.10	0.14	1.05	0.18	10.3	184	32	37	0.63	周珂，2010
37.9	2.20	29.0	45.1	82.4	9.38	31.2	4.85	0.96	4.21	0.46	1.81	0.34	0.98	0.13	0.83	0.13	9.40	183	39	44	0.65	周珂，2010
23.3	2.80	49.7	44.4	80.9	9.21	32.1	4.92	0.99	4.01	0.46	2.20	0.38	1.06	0.14	0.97	0.15	10.9	182	33	52	0.68	倪智勇，2009
28.0	2.80	40.0	37.1	62.1	6.62	20.8	3.23	0.73	2.93	0.34	1.66	0.30	0.95	0.13	0.98	0.17	9.30	138	27	41	0.73	周珂，2010
24.9	4.40	37.0	40.0	72.1	7.93	26.0	4.26	0.99	3.75	0.46	1.95	0.38	1.15	0.16	1.03	0.18	10.7	160	28	52	0.76	周珂，2010
27.3	3.40	37.0	39.3	65.7	6.87	22.2	3.31	0.82	3.26	0.37	1.64	0.33	0.97	0.14	0.97	0.17	9.10	146	29	47	0.76	周珂，2010
22.8	3.10	39.0	38.4	69.8	7.32	24.7	3.95	0.86	3.61	0.43	1.86	0.38	1.17	0.16	1.06	0.19	10.4	154	26	43	0.70	周珂，2010
25.6	2.70	30.0	32.7	56.8	5.97	19.3	2.96	0.67	2.81	0.34	1.57	0.29	0.90	0.13	0.97	0.18	8.50	126	24	39	0.71	周珂，2010
31.6	2.50	27.0	31.6	55.6	5.83	18.7	2.78	0.62	2.66	0.33	1.47	0.29	0.84	0.13	0.99	0.18	7.90	122	23	40	0.70	周珂，2010
28.1	2.70	37.7	44.3	73.6	8.11	27.2	3.89	0.80	3.35	0.39	2.07	0.35	1.05	0.16	1.11	0.19	10.6	167	29	31	0.68	倪智勇，2009
24.0	3.50	42.0	37.8	61.8	6.39	21.0	3.35	0.85	3.07	0.34	1.60	0.30	0.95	0.12	0.89	0.16	8.80	139	30	60	0.81	周珂，2010
21.8	3.70	48.0	39.4	68.3	7.25	24.4	3.70	0.89	3.63	0.43	1.92	0.38	1.13	0.16	1.03	0.20	10.1	153	27	45	0.74	周珂，2010
24.9	3.30	27.0	32.6	54.8	5.78	18.9	2.79	0.71	2.90	0.33	1.49	0.30	0.88	0.15	0.89	0.17	8.60	123	26	57	0.76	周珂，2010
22.1	3.90	33.0	36.3	61.9	6.65	21.5	3.44	0.85	3.29	0.39	1.75	0.33	1.05	0.13	1.09	0.18	9.50	139	24	52	0.77	周珂，2010
25.7	3.00	32.0	30.0	50.4	5.30	17.0	2.60	0.71	2.46	0.30	1.32	0.26	0.82	0.12	0.81	0.14	7.60	112	27	73	0.86	周珂，2010
28.6	4.02		50.4	84.1	8.02	27.4	4.27	0.98	3.34	0.45	2.30	0.45	1.20	0.19	1.33	0.22	13.7	185	27	37	0.79	郭波等，2009
25.2	3.95		42.7	75.4	7.38	25.5	4.08	0.91	3.22	0.42	2.20	0.42	1.13	0.18	1.26	0.21	13.0	165	24	33	0.77	郭波等，2009
	1.80		55.5	99.6	9.51	35.8	6.03	1.13	3.93	0.56	3.19	0.61	1.66	0.28	1.76	0.28	17.0	220	23	32	0.71	郭波等，2009
17.5			59.7	103	10.5	34.6	4.89	1.01	3.75	0.49	2.36	0.40	1.20	0.24	1.39	0.20	11.6	224	31	42	0.72	Han et al.，2007
22.8	5.45	63.0	58.2	109	11.6	40.3	6.46	1.49	4.71	0.61	3.29	0.63	1.68	0.23	1.53	0.23	16.9	240	27	44	0.83	许道学，2009
22.3	2.46	25.6	26.0	35.0	5.08	17.3	2.54	0.49	1.65	0.21	1.11	0.22	0.69	0.11	0.80	0.14	6.91	91	23	36	0.73	许道学，2009
22.3	2.61	27.3	18.6	32.2	3.84	13.1	2.07	0.38	1.42	0.20	1.18	0.24	0.72	0.12	0.93	0.16	7.16	75	14	31	0.68	许道学，2009
30.5	2.71	20.5	26.2	30.9	5.68	19.4	2.84	0.53	1.88	0.22	1.22	0.23	0.70	0.12	0.84	0.15	7.00	91	22	34	0.70	许道学，2009
26.5	2.84	28.5	46.9	68.8	8.54	28.7	4.42	1.03	3.29	0.42	2.15	0.40	1.13	0.16	1.13	0.17	11.9	167	30	53	0.83	许道学，2009
26.6	3.18	26.4	44.2	63.0	8.09	27.7	4.30	0.99	3.20	0.40	2.10	0.40	1.08	0.16	1.08	0.17	11.6	157	29	53	0.82	许道学，2009

续表

Pb	Sc	Zn	La	Ce	Pr	Nd	Sm	Eu	Gd	Tb	Dy	Ho	Er	Tm	Yb	Lu	Y	ΣREE	$(La/Yb)_N$	Sr/Y	Eu/Eu^*	资料来源
40.3	3.78	51.6	42.1	71.2	8.73	31.0	4.89	1.09	3.29	0.42	2.18	0.40	1.10	0.15	1.03	0.16	11.8	168	29	29	0.83	许道学，2009
35.2	5.59	74.0	77.7	132	14.4	48.8	7.27	1.72	5.27	0.66	3.55	0.67	1.97	0.27	1.77	0.26	19.1	296	31	41	0.85	许道学，2009
31.4	3.14	53.7	39.7	62.5	8.00	27.6	4.34	0.91	3.04	0.40	2.18	0.41	1.18	0.17	1.19	0.19	11.5	152	24	29	0.77	许道学，2009
28.8	4.82	63.6	40.8	79.9	8.52	29.4	4.30	0.93	3.12	0.39	2.08	0.39	1.10	0.16	1.09	0.18	11.5	172	27	41	0.77	许道学，2009
25.6	4.97	48.3	66.5	89.0	12.3	41.6	6.62	1.58	4.71	0.64	3.39	0.65	1.80	0.25	1.62	0.26	17.9	231	29	44	0.87	许道学，2009
27.6	4.23	56.9	59.9	103	11.0	36.4	5.44	1.28	4.02	0.51	2.72	0.52	1.48	0.22	1.41	0.22	15.5	228	30	40	0.84	许道学，2009
27.5	3.95	87.8	53.7	86.0	9.94	34.2	5.37	1.25	4.03	0.52	2.79	0.52	1.47	0.21	1.39	0.22	14.8	202	28	48	0.82	许道学，2009
29.5	4.97	54.3	59.8	90.6	11.2	37.3	5.86	1.37	4.43	0.58	3.13	0.60	1.65	0.24	1.57	0.24	16.8	219	27	40	0.82	许道学，2009
24.4	4.82	53.5	52.6	95.2	10.6	36.3	5.70	1.41	4.30	0.55	2.88	0.54	1.50	0.22	1.40	0.22	15.8	213	27	47	0.87	许道学，2009
22.7	5.38	58.3	64.9	117	11.8	39.6	6.07	1.39	4.53	0.57	3.03	0.56	1.60	0.22	1.51	0.22	16.6	253	31	36	0.81	许道学，2009
28.3	2.83	45.4	39.5	54.7	8.00	26.8	4.47	0.90	3.12	0.41	2.10	0.40	1.15	0.15	1.03	0.16	11.3	143	28	43	0.74	许道学，2009
27.6	3.69	57.0	45.0	73.4	8.71	29.9	4.67	0.93	3.19	0.42	2.13	0.38	1.12	0.16	1.10	0.17	12.1	171	29	35	0.74	许道学，2009
26.3	3.13	45.9	42.4	71.1	8.09	27.5	4.46	1.00	3.37	0.41	2.25	0.42	1.16	0.17	1.12	0.18	13.5	164	27	42	0.79	许道学，2009
28.8	3.05	32.4	47.0	75.6	9.03	31.3	4.92	1.11	3.70	0.46	2.42	0.43	1.22	0.18	1.20	0.19	13.4	179	28	46	0.80	许道学，2009
27.3	3.36	36.3	50.7	81.2	9.07	30.7	4.67	1.06	3.58	0.43	2.20	0.43	1.18	0.17	1.13	0.18	12.6	187	32	32	0.79	许道学，2009
26.0	3.16	32.1	41.8	54.4	8.09	28.2	4.50	1.06	3.41	0.44	2.28	0.43	1.19	0.17	1.20	0.18	12.7	147	25	50	0.83	许道学，2009
31.3	3.07	53.7	44.2	75.8	8.69	31.2	4.95	1.05	3.61	0.46	2.52	0.43	1.23	0.17	1.20	0.19	12.2	176	26	54	0.76	许道学，2009
50.6	3.10	60.6	47.7	77.2	8.84	31.5	5.07	1.04	3.61	0.45	2.46	0.44	1.21	0.17	1.23	0.18	12.4	181	28	50	0.74	许道学，2009
23.8	3.19	59.1	41.8	71.7	7.95	27.7	4.47	0.97	3.31	0.44	2.32	0.40	1.17	0.17	1.14	0.18	12.3	164	26	56	0.77	许道学，2009
31.4	2.81	57.3	46.2	76.2	8.97	30.5	4.65	0.99	3.49	0.45	2.51	0.43	1.23	0.17	1.20	0.19	12.3	177	28	50	0.75	许道学，2009
25.2	3.43	61.1	47.0	82.3	8.93	30.9	4.83	1.07	3.64	0.46	2.47	0.43	1.21	0.18	1.23	0.19	12.5	185	27	57	0.78	许道学，2009
28.7	3.45	105	42.5	71.5	7.70	26.2	3.89	0.77	2.63	0.35	1.89	0.35	1.04	0.16	1.17	0.20	9.49	160	26	36	0.74	许道学，2009
24.9	2.45	28.5	28.9	55.2	5.59	18.9	2.92	0.63	2.15	0.30	1.55	0.27	0.76	0.12	0.89	0.14	8.18	118	23	41	0.77	许道学，2009
31.8	2.57	33.8	33.1	57.8	6.11	21.0	3.40	0.75	2.70	0.33	1.83	0.31	0.92	0.14	1.03	0.17	9.74	130	23	50	0.76	许道学，2009
26.2	2.97	37.5	53.8	79.5	7.95	25.7	3.90	0.80	2.81	0.37	2.02	0.35	1.06	0.16	1.17	0.19	10.8	180	33	34	0.74	许道学，2009
30.7	2.90	46.9	39.8	74.5	7.80	27.5	4.05	0.73	3.59	0.46	2.38	0.43	1.23	0.17	1.16	0.18	11.8	164	25	15	0.59	倪智勇，2009

注：$(La/Yb)_N$和$(La/Sm)_N$为经球粒陨石标准化的元素比值；$Ce/Ce^*=Ce_N/(La_N\times Pr_N)^{0.5}$；$Eu/Eu^*=Eu_N/(Sm_N\times Gd_N)^{0.5}$；球粒陨石数据引自 Sun and McDonough，1989。

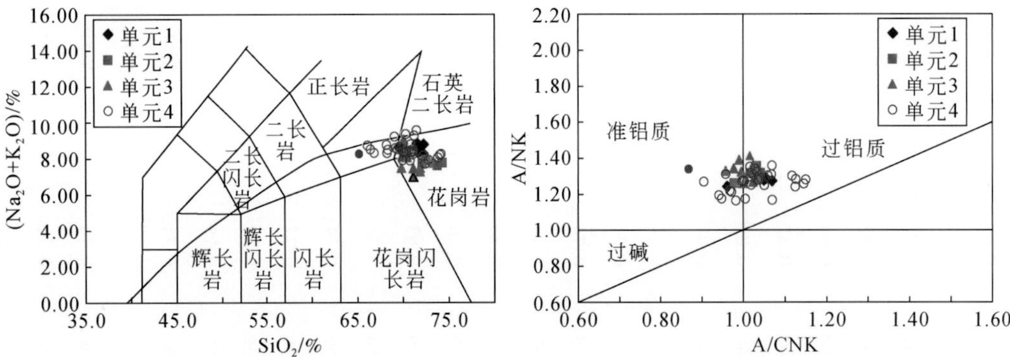

图 3.38　合峪岩体 SiO_2-(Na_2O+K_2O) 图解及 A/CNK-A/NK 图解

底图据 Middlemost，1994 和 Irvine and Baragar，1971；数据据表 3.32

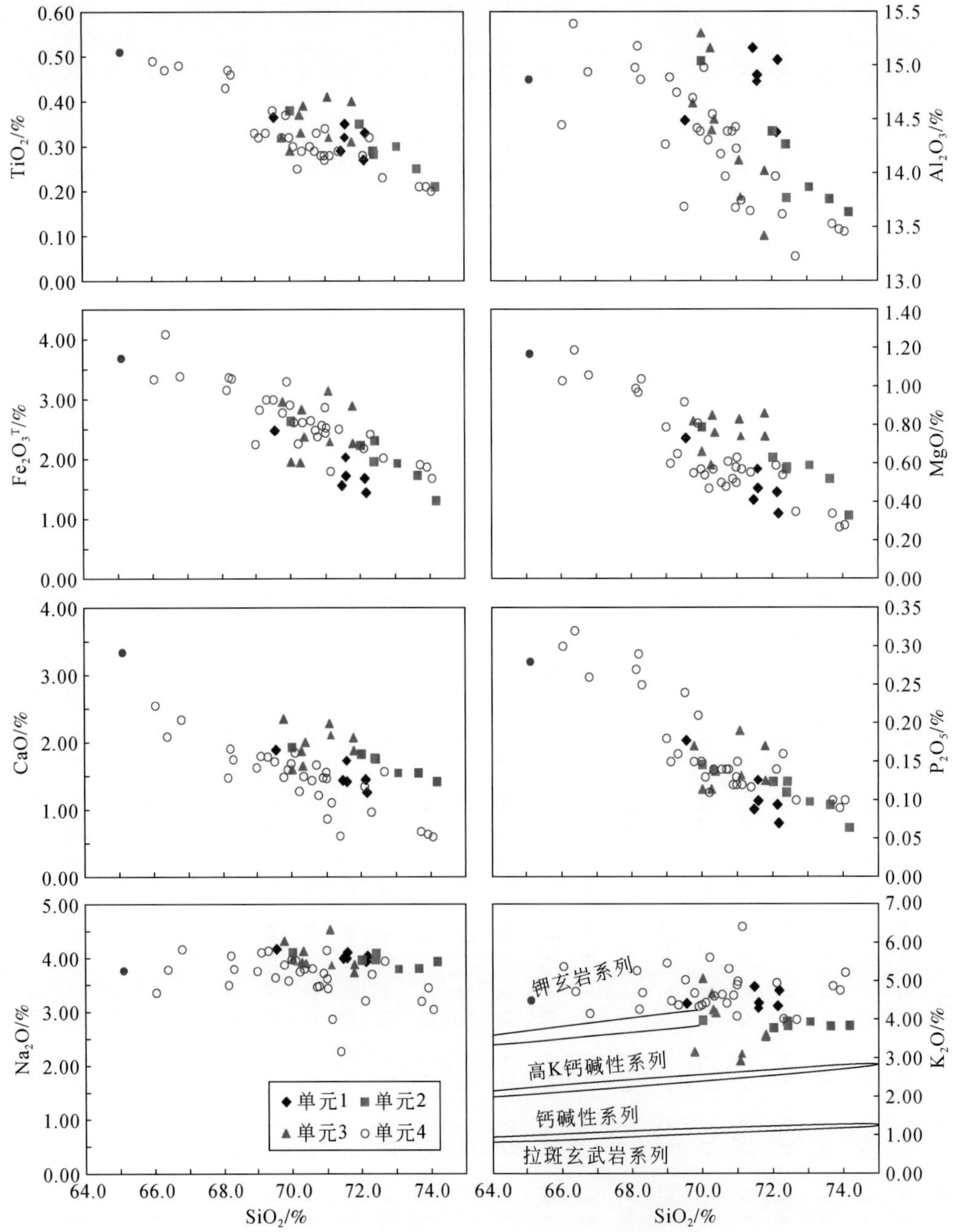

图 3.39　合峪岩体 SiO_2-氧化物变异图解

SiO_2-K_2O 图中的界线据 Rickwood，1989；数据据表 3.32

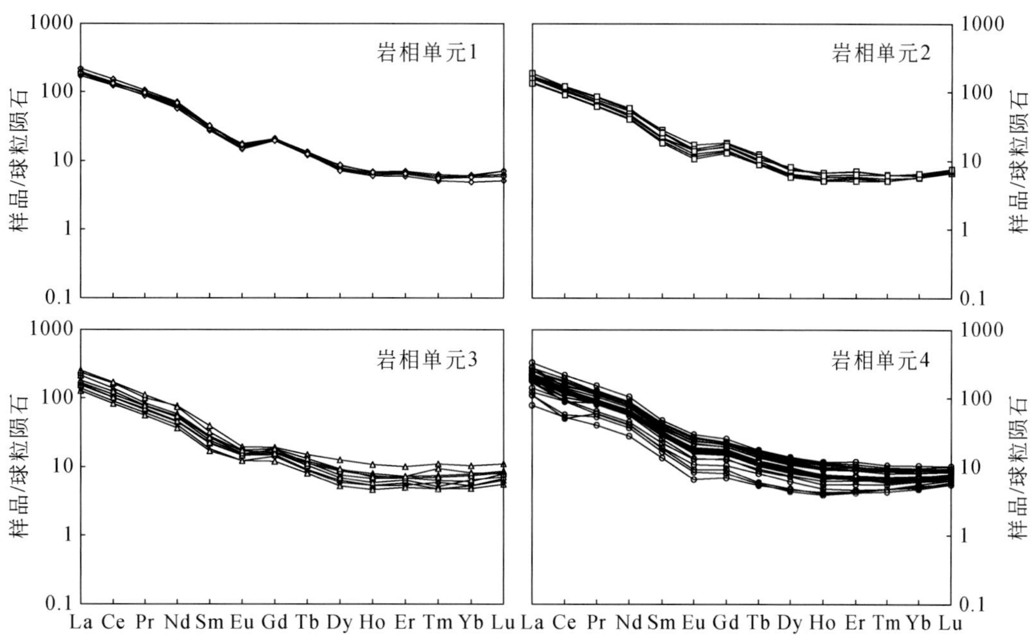

图3.40 合峪岩体稀土元素球粒陨石标准化图

球粒陨石微量元素含量据Sun and McDonough，1989；数据据表3.33

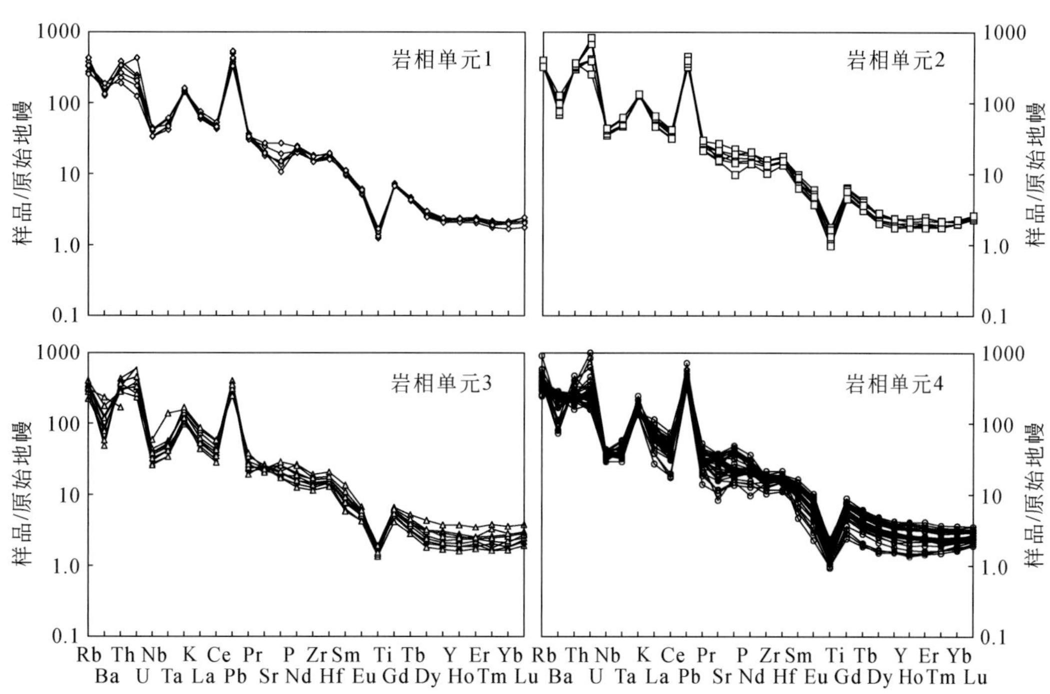

图3.41 合峪岩体微量元素原始地幔标准化图

原始地幔微量元素含量据Sun and McDonough，1989；数据据表3.33

样品的激光$^{40}Ar/^{39}Ar$年代学测试在北京大学造山带与地壳演化教育部重点实验室常规$^{40}Ar/^{39}Ar$定年系统完成。测试流程详见周晶等（2008）。采用石墨熔样炉对样品进行阶步升温熔样，每个样品分为10～14步加热释气，温阶范围为600～1400℃，每个加热点恒温保持20min。系统分别采用海绵钛炉、活性炭冷阱及锆钒铁吸气剂炉对气体进行纯化，海绵钛炉的纯化时间为20min，活性炭冷阱的纯化时间为10min，锆钒铁吸气剂炉的纯化时间为15min。使用RGA10型质谱仪记录五组Ar同位素信号，信号强度以毫伏（mV）为单位记录。质谱峰循环测定9次，用峰顶值减去前后基线的平均值来获得Ar同位素的数据。

数据处理采用本实验室编写的$^{40}Ar/^{39}Ar$ Dating 1.2数据处理程序对各组Ar同位素测试数据进行校正计算，然后采用Isoplot 3.0（Ludwig，2003）计算坪年龄及等时线年龄。

2）测试结果

测定共分10个阶步加热，其中7个连续的阶步给出的$^{40}Ar/^{39}Ar$坪年龄为135.1±1.4Ma，Ar累积释放量占^{39}Ar总量的91.8%。7个数据点构成的反等时线年龄为135.6±2.0Ma（MSWD=10.8）（表3.34，图3.42），与坪年龄在误差范围内一致；且样品的初始$^{40}Ar/^{36}Ar$（295.4±9.6）与尼尔值（295.5±5）在误差范围内亦吻合，表明样品未发生明显的Ar丢失或过剩，年龄测试结果可靠。

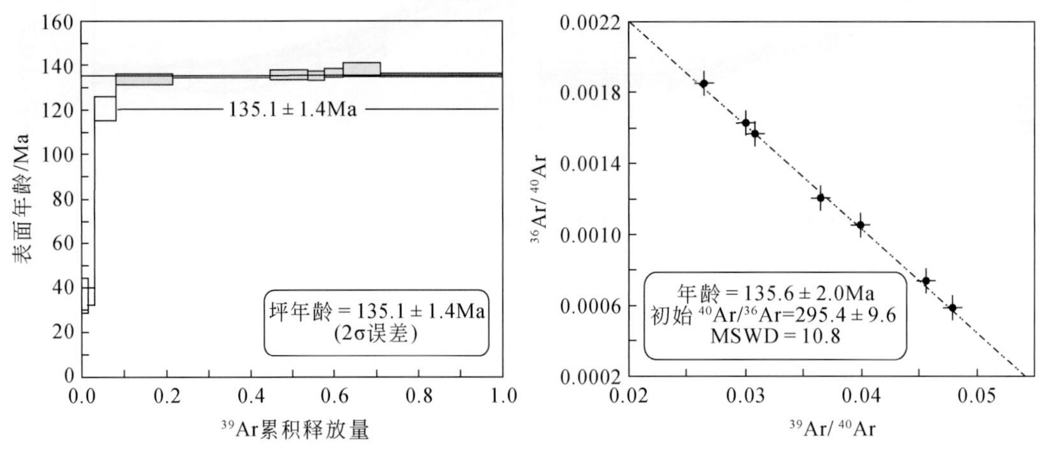

图3.42 鱼池岭含矿斑岩黑云母$^{40}Ar/^{39}Ar$坪年龄和反等时线年龄（Li et al.，2013）

2. 锆石U-Pb年代学、微量元素和Hf同位素地球化学

1）样品和测试

我们通过LA-ICP-MS锆石U-Pb方法对鱼池岭含矿斑岩及围岩合峪岩体的年龄进行了限定，并同步测定了锆石的微量元素和Lu-Hf同位素组成（Li et al.，2012b，2013）。测试样品包括鱼池岭含矿斑岩（YCL0722，坐标：33°57′37″E，111°51′57″N）及合峪岩体的岩相单元1（HY0701，坐标：33°56′54″E，111°51′03″N）和2（HY0702，坐标：33°56′03″E，111°51′28″N）。

锆石分选在北京大学造山带与地壳演化重点实验室完成。首先，在严格避免污染的条件下破碎样品，经筛分、淘洗获得100目的重矿物样品；然后在双目镜下挑选具不同长宽比例、颜色、柱面特征及锥面发育程度，且包裹体少、无明显裂隙、晶形完好的锆石颗粒，并将其粘在双面胶上，用环氧树脂与三乙醇胺（7∶1比例）的混合胶固结，在70℃恒温固化，然后将样靶磨平、抛光，直至露出锆石中心。

锆石阴极发光及原位微区U-Pb定年、微量元素和Hf同位素的同时分析在西北大学大陆动力学国家重点实验室完成。阴极发光所用仪器为美国Gatan公司生产的Mono CL 3+型阴极荧光光谱仪，设定场发射环境扫描电子显微镜高压为10kV，电流（SP）=5，工作距离为8.0mm。锆石原位微区U-Pb定年、微量元素和Hf同位素的同时分析将激光剥蚀系统（GeoLas）与多接收等离子体质谱（MC-ICP-MS）和四极杆等离子体质谱（Q-ICPMS）连用，所用仪器包括Nu Plasma多接收等离子质谱仪（英国Nu Instruments公司生产）、Elan 6100 DRC（美国PE公司生产）、Q-ICP-MS（加拿大Perkin Elmer/SCIEX公司生产）及Geolas 2005 ArF 193nm紫外准分子激光剥蚀系统（德国Lambda Physik AG公司生产）。由激光剥蚀产生的锆石干气溶胶通过Y形连接器按照1∶3的分配系数导入至Q-ICP-MS和MC-ICPMS。Hf同位素分析采用MC-ICP-MS系统进行测定，而U-Pb年龄及微量元素组成由Q-ICP-MS测定，并配以Edwards E2M80旋转式泵以提高测试灵敏度。分析采用激光剥蚀孔径 44μm，并采用 He 作为载气。详细的分析方法及测试流程参见 Yuan 等（2008）。

实验过程中采用 91500、GJ-1、Monastery 及 NIST SRM 610 作为锆石标样。U、Th、Pb 及微量元素含量以 ^{29}Si 作为内标，NIST SRM 610 作为外标。^{202}Hg 的背景通常<30 cps。如此低的背景在锆石 ^{204}Pb 的计数中已不必进行 ^{204}Hg 的背景校正。样品的 $^{207}Pb/^{206}Pb$、$^{206}Pb/^{238}U$、$^{207}Pb/^{235}U$ 及 $^{208}Pb/^{232}Th$ 值计算采用 GLITTER 4.4（GEMOC，Macquarie University）程序，并以 91500 为标样对仪器的质量歧视效应及剥蚀深度引起的元素及同位素分馏效应进行校正。锆石 U-Pb 年龄的测定采用 91500 作为内标，GJ-1 作为外标。测试获得 91500 和 GJ-1 的 $^{206}Pb/^{238}U$ 加权平均年龄分别为 1062±5.6Ma（2σ）和 604.8±5.6Ma（2σ），与推荐值在误差范围内一致（Wiedenbeck and Griffin，1995；Jackson et al.，2004）。采用 Anderson（2002）的方法进行普通 Pb 校正，并利用 ISOPLOT 3.0（Ludwig，2003）进行了年龄计算及谐和图的绘制。

锆石 Hf 同位素测定采用 $^{176}Lu/^{175}Lu$ = 0.02669（DeBievre and Taylor，1993）和 $^{176}Yb/^{172}Yb$ = 0.5586（Chu et al.，2002）进行同量异位干扰校正以及 $^{176}Lu/^{177}Hf$ 和 $^{176}Hf/^{177}Hf$ 值的计算。分析获得标样 91500 和 GJ-1 的 $^{176}Hf/^{177}Hf$ 分别为 0.282296±50 和 0.282019±15（2σ），与推荐值 0.2823075±58（2σ）和 0.282015±19（2σ）（Elhlou et al.，2006）在误差范围内一致。

2）锆石 U-Pb 年龄

HY0701 样品的锆石多呈长柱状自形晶，锥面完好，所选锆石中仅见一个颗粒具明显的熔蚀痕迹。锆石多无色透明，长 150～300μm，长宽比 2.5∶1～8∶1。阴极发光图像显示多数锆石具明显的振荡环带（图 3.43），为典型的岩浆锆石；少数锆石具继承核。对 11 颗锆石的振荡环带进行了 11 次分析，结果列于表 3.35 及图 3.44。分析点全部位于一致线附近，$^{206}Pb/^{238}U$ 年龄为 139±2～147±2Ma，加权平均年龄为 143.0±1.6Ma（MSWD=1.4）。

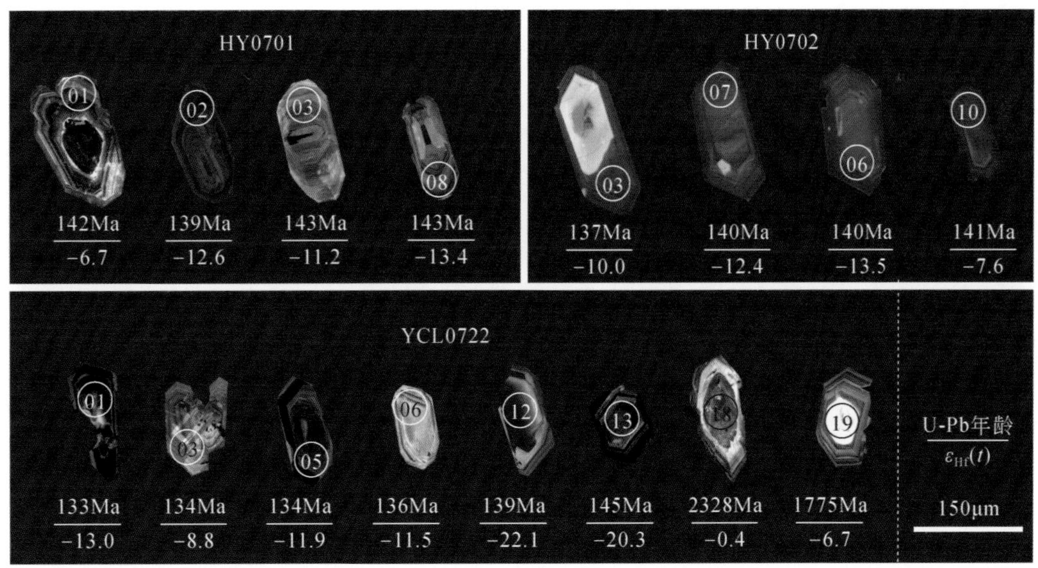

图 3.43　鱼池岭含矿斑岩及围岩锆石定年样品阴极发光图像（Li et al.，2012b）

HY0702 样品的锆石形态与 HY0701 类似，多数为无色自形长柱状，长 60～200μm，长宽比 2∶1～4∶1。锆石具明显的振荡环带，为典型的岩浆锆石，部分颗粒具继承锆石核。少数颗粒边部不规则，显示熔蚀痕迹。对 10 个具典型振荡环带的锆石进行了 10 次测试，结果列于表 3.35 及图 3.44。这些点全部位于一致线附近，$^{206}Pb/^{238}U$ 年龄变化于 135±2～141±2Ma，加权平均年龄为 138.4±1.5Ma（MSWD=1.4）。

表 3.34 鱼池岭钼矿床含矿斑岩黑云母$^{40}Ar/^{39}Ar$年龄（Li et al., 2013）

样品	T/℃	年龄/Ma	±年龄	$^{40}Ar^*$/%	^{39}Ar/mol	^{40}Ar	±^{40}Ar	^{39}Ar	±^{39}Ar	^{38}Ar	±^{38}Ar	^{37}Ar	±^{37}Ar	^{36}Ar	±^{36}Ar
J=0.004486															
#01	600	35.50	7.80	6.05	4.31E-15	19.761	0.023	0.270	0.004	0.042	0.005	0.168	0.004	0.063	0.001
#02	700	34.92	3.93	12.21	1.29E-14	28.811	0.055	0.808	0.012	0.111	0.002	0.254	0.003	0.086	0.002
#03	750	120.16	5.30	74.06	2.93E-14	37.973	0.104	1.832	0.013	0.068	0.005	0.166	0.004	0.033	0.005
#04	800	133.51	2.49	45.24	7.64E-14	181.137	0.686	4.786	0.053	0.142	0.003	0.191	0.004	0.336	0.007
#05	850	134.74	0.58	78.74	1.31E-13	179.859	0.621	8.193	0.027	0.117	0.003	0.139	0.003	0.129	0.003
#06	900	135.32	2.40	69.34	5.19E-14	81.407	0.177	3.251	0.012	0.053	0.004	0.125	0.003	0.084	0.004
#07	1000	135.25	2.17	52.03	2.25E-14	46.993	0.045	1.409	0.013	0.029	0.006	0.120	0.002	0.076	0.001
#08	1100	136.41	2.01	53.87	2.47E-14	50.250	0.082	1.546	0.003	0.028	0.005	0.127	0.003	0.078	0.002
#09	1200	137.95	2.89	64.57	4.96E-14	85.235	0.091	3.107	0.008	0.042	0.006	0.164	0.003	0.102	0.004
#10	1300	135.29	0.74	83.14	1.64E-13	214.689	0.853	10.282	0.029	0.180	0.006	0.278	0.004	0.122	0.004

注：±年龄为年龄误差；$^{40}Ar^*$为放射性成因^{40}Ar体积分数；^{39}Ar为^{39}Ar的摩尔含量；^{40}Ar和±^{40}Ar分别为^{40}Ar同位素信号强度，单位为纳安（nA），^{39}Ar和±^{39}Ar，^{37}Ar和±^{37}Ar，^{36}Ar和±^{36}Ar依此类推。

表 3.35 鱼池岭含矿斑岩及围岩 LA-ICP-MS 锆石 U-Pb 定年结果（Li et al., 2012b）

编号	元素含量/10^{-6}			Th/U	同位素比值						表面年龄/Ma						位置
	Pb^*	U	Th		$^{207}Pb/^{206}Pb$	1σ	$^{207}Pb/^{235}U$	1σ	$^{206}Pb/^{238}U$	1σ	$^{207}Pb/^{206}Pb$	1σ	$^{207}Pb/^{235}U$	1σ	$^{206}Pb/^{238}U$	1σ	
HY0701																	
01	17	652	367	0.56	0.04858	0.00133	0.14902	0.00398	0.02224	0.00026	128	41	141	4	142	2	边部
02	22	883	448	0.51	0.05060	0.00135	0.15233	0.00395	0.02184	0.00026	223	38	144	3	139	2	边部
03	9	387	113	0.29	0.04868	0.00158	0.15034	0.00478	0.02241	0.00028	132	51	142	4	143	2	边部
04	23	882	616	0.70	0.05211	0.00145	0.15881	0.00434	0.02212	0.00027	290	40	150	4	141	2	边部
05	37	1428	501	0.35	0.05066	0.00267	0.15674	0.00800	0.02244	0.00030	225	123	148	7	143	2	边部
06	21	796	307	0.39	0.05168	0.00272	0.16024	0.00816	0.02249	0.00030	271	124	151	7	143	2	边部
07	23	894	427	0.48	0.05174	0.00168	0.16344	0.00527	0.02292	0.00030	274	50	154	5	146	2	边部
08	9	371	138	0.37	0.05229	0.00269	0.16180	0.00800	0.02244	0.00031	298	120	152	7	143	2	边部
09	33	1321	444	0.34	0.04840	0.00285	0.14777	0.00845	0.02214	0.00031	119	133	140	7	141	2	边部
10	19	755	330	0.44	0.04754	0.00307	0.15147	0.00951	0.02311	0.00036	76	144	143	8	147	2	边部
11	29	1050	894	0.85	0.04799	0.00347	0.15000	0.01060	0.02267	0.00034	99	162	142	9	145	2	边部

续表

编号	元素含量/10^{-6}			Th/U	同位素比值						表面年龄/Ma						位置
	Pb*	U	Th		$^{207}Pb/^{206}Pb$	1σ	$^{207}Pb/^{235}U$	1σ	$^{206}Pb/^{238}U$	1σ	$^{207}Pb/^{206}Pb$	1σ	$^{207}Pb/^{235}U$	1σ	$^{206}Pb/^{238}U$	1σ	
HY0702																	
01	31	1240	615	0.50	0.04901	0.00109	0.14853	0.00323	0.02198	0.00024	148	31	141	3	140	2	边部
02	32	1308	597	0.46	0.05148	0.00106	0.15590	0.00314	0.02196	0.00024	262	27	147	3	140	2	边部
03	36	1520	657	0.43	0.04885	0.00099	0.14432	0.00286	0.02143	0.00023	141	27	137	3	137	1	边部
04	5	180	126	0.70	0.05120	0.00200	0.15277	0.00583	0.02164	0.00029	250	63	144	5	138	2	边部
05	7	278	137	0.49	0.04944	0.00161	0.14495	0.00462	0.02126	0.00026	169	51	137	4	136	2	边部
06	31	1303	634	0.49	0.05099	0.00110	0.14857	0.00315	0.02113	0.00024	240	28	141	3	135	2	边部
07	29	1183	483	0.41	0.04745	0.00114	0.14382	0.00337	0.02198	0.00025	72	34	136	3	140	2	边部
08	33	1297	689	0.53	0.04883	0.00116	0.14903	0.00346	0.02213	0.00026	140	33	141	3	141	2	边部
09	31	1276	569	0.45	0.04890	0.00127	0.14767	0.00374	0.02190	0.00026	143	37	140	3	140	2	边部
10	4	128	107	0.83	0.05083	0.00246	0.15454	0.00731	0.02205	0.00033	233	81	146	6	141	2	边部
YCL0722																	
01	37	1178	1843	1.57	0.05052	0.00108	0.14533	0.00301	0.02086	0.00022	219	29	138	3	133	1	边部
02	12	536	157	0.29	0.04930	0.00127	0.13980	0.00350	0.02056	0.00023	162	38	133	3	131	1	边部
03	14	579	341	0.59	0.05097	0.00193	0.14783	0.00547	0.02103	0.00027	239	61	140	5	134	2	边部
04	17	636	552	0.87	0.05197	0.00133	0.15118	0.00377	0.02109	0.00024	284	36	143	3	135	2	边部
05	23	883	488	0.55	0.05342	0.00226	0.15493	0.00630	0.02103	0.00025	347	98	146	6	134	2	边部
06	19	769	396	0.52	0.05200	0.00145	0.15305	0.00415	0.02134	0.00025	285	41	145	4	136	2	边部
07	7	272	204	0.75	0.05141	0.00175	0.15120	0.00502	0.02133	0.00027	259	53	143	4	136	2	边部
08	16	678	199	0.29	0.05005	0.00141	0.14745	0.00405	0.02136	0.00025	197	42	140	4	136	2	边部
09	16	649	254	0.39	0.05098	0.00228	0.14610	0.00626	0.02078	0.00026	240	105	138	6	133	2	边部
10	17	678	319	0.47	0.04935	0.00224	0.14427	0.00631	0.02120	0.00026	164	105	137	6	135	2	边部
11	7	252	168	0.66	0.05084	0.00200	0.14942	0.00569	0.02131	0.00029	234	63	141	5	136	2	边部
12	9	329	226	0.69	0.04880	0.00147	0.14704	0.00433	0.02185	0.00026	138	47	139	4	139	2	核部
13	7	262	150	0.57	0.04906	0.00251	0.15381	0.00762	0.02274	0.00030	151	117	145	7	145	2	核部
14	17	684	209	0.31	0.05168	0.00172	0.16296	0.00526	0.02286	0.00029	271	51	153	5	146	2	核部
15	11	436	195	0.45	0.05114	0.00233	0.15739	0.00692	0.02232	0.00027	247	107	148	6	142	2	核部
16	13	553	107	0.19	0.04880	0.00161	0.14872	0.00480	0.02210	0.00028	138	52	141	4	141	2	核部
17	21	45	35	0.78	0.11419	0.00412	5.23859	0.17715	0.33273	0.00422	1867	67	1859	29	1852	20	核部
18	261	487	185	0.38	0.14843	0.00294	9.05227	0.17455	0.44225	0.00483	2328	19	2343	18	2361	22	核部
19	49	127	72	0.57	0.10853	0.00294	4.74073	0.12524	0.31676	0.00392	1775	30	1774	22	1774	19	核部

*代表放射成因 Pb。

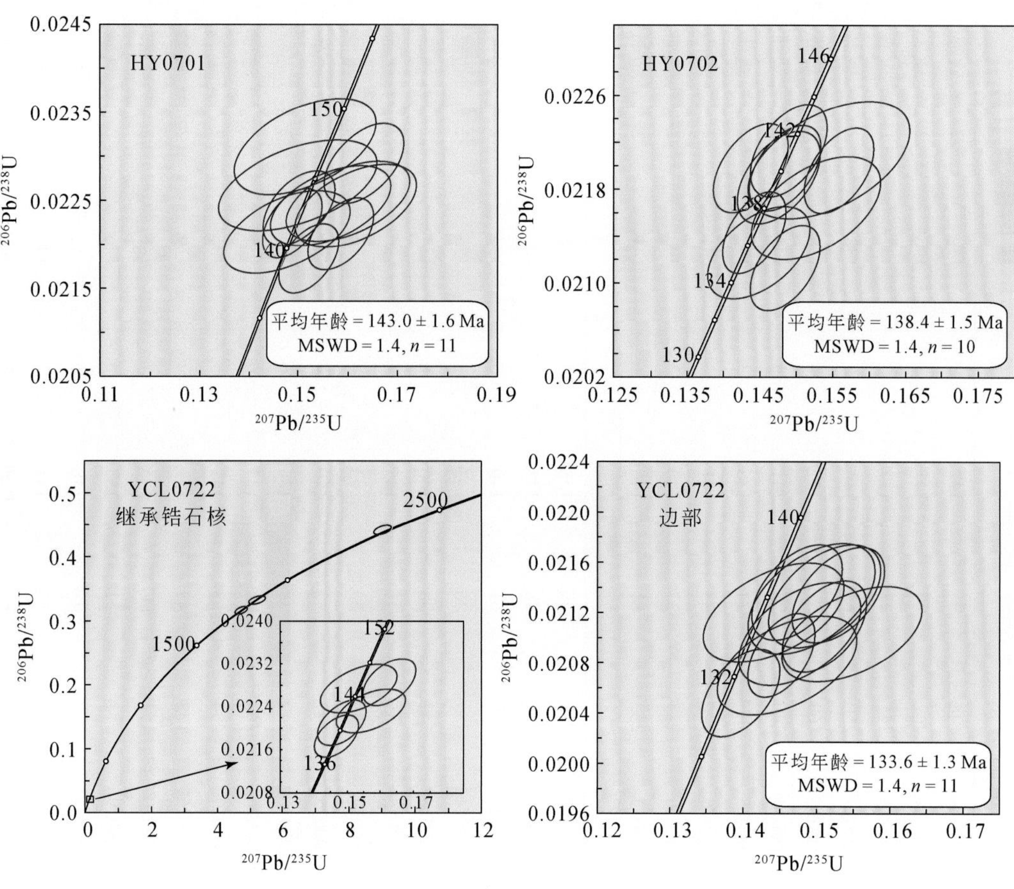

图 3.44 鱼池岭含矿斑岩及围岩锆石 U-Pb 一致曲线（Li et al., 2012b）

YCL0722 样品中锆石多为无色至浅黄色自形晶，长 80 ~ 220 μm，长宽比 1 : 1 ~ 3 : 1，熔蚀现象普遍。锆石核幔结构常见，部分锆石核部较为均一，不显环带，其余则环带明显；多数锆石边部宽 5 ~ 60μm，振荡环带清晰可见。对 17 个锆石颗粒进行了 19 次测试，测试点全部位于一致线附近。其中 11 个位于边部的分析点给出的$^{206}Pb/^{238}U$ 年龄变化于 131±1 ~ 136±2Ma，加权平均年龄为 133.6±1.3Ma（MSWD=1.4，图 3.44），代表了岩体的形成时代。对 8 个继承锆石核进行了测定，其中 5 个分析点给出了中生代的信息，$^{206}Pb/^{238}U$ 年龄变化于 139±2 ~ 146±2Ma；其余 3 个分析点则显示前寒武纪信息，$^{207}Pb/^{206}Pb$ 年龄分别为 2328±19Ma、1867±67Ma 和 1775±30Ma（表 3.35）。

3）微量元素地球化学

HY0701 样品的 11 个分析点普遍具有高的 U(371×10^{-6} ~ 1428×10^{-6}) 和 Th(113×10^{-6} ~ 894×10^{-6}) 含量，其 Th/U 值变化于 0.29 ~ 0.85。它们往往强烈亏损 LREE($(La/Yb)_N$=0.00014 ~ 0.02748)，具有明显的 Ce 正异常（Ce/Ce^*=2.41 ~ 225）和 Eu 负异常（Eu/Eu^*=0.536 ~ 0.774）（表 3.36，图 3.45），符合典型的岩浆锆石的微量元素特征（Schaltegger et al., 1999；Hoskin and Ireland, 2000；Whitehouse and Platt, 2003；Hoskin and Schaltegger, 2003）。

HY0702 样品的 10 个分析点具有与 HY0701 类似的 U（128×10^{-6} ~ 1520×10^{-6}）和 Th（107×10^{-6} ~ 689×10^{-6}）含量及 Th/U 值（0.41 ~ 0.83）。样品的稀土配分模式亦相似，在球粒陨石标准化的稀土配分图解中显示 HREE 富集，LREE 亏损（$(La/Yb)_N$=0.0009 ~ 0.02511）。所有分析点均显示强烈的 Eu 负异常（Eu/Eu^*=0.439 ~ 0.627）和 Ce 正异常（Ce/Ce^*=34.2 ~ 133）（表 3.36，图 3.45）。

YCL0722 样品中 11 个位于边部的分析点具有较 HY0701 和 HY0702 更低的 U、Th 含量（分别为 45×10^{-6} ~ 553×10^{-6}和 35×10^{-6} ~ 204×10^{-6}），但 Th/U 值（0.29 ~ 1.57）却与之相当。在球粒陨石标准化的稀土配分图解中，HREE 相对 LREE 富集（$(La/Yb)_N$ = 0.0002 ~ 0.01540），显示 Eu 负异常（Eu/Eu^* =

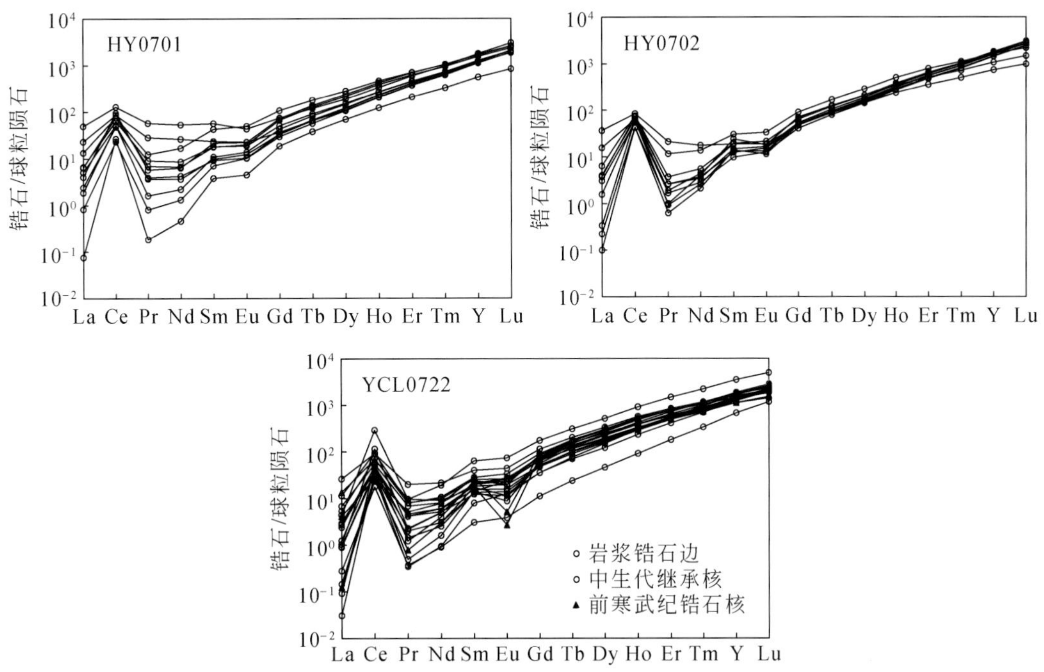

图3.45 鱼池岭含矿斑岩及围岩锆石REE配分曲线（Li et al., 2012b）

0.440～0.750）和Ce正异常（Ce/Ce* =44.6～292）（表3.36）。5个中生代继承核显示与边部相似的特征，U、Th含量分别为209×10⁻⁶～341×10⁻⁶和579×10⁻⁶～678×10⁻⁶，Th/U值0.19～0.69；$(La/Yb)_N$值变化于0.00041～0.00641，HREE相对LREE富集。Eu负异常中等（Eu/Eu* =0.318～0.717），Ce则为明显的正异常（Ce/Ce* =9.76～56.0）。前寒武纪的继承锆石核则显示截然不同的微量元素特征：Eu负异常明显（Eu/Eu* =0.073～0.119），$(La/Yb)_N$值变化于0.00008～0.01224，Th/U值为0.38～0.78（表3.36，图3.45）。

4）Hf同位素地球化学

HY0701样品11个分析点的$^{176}Lu/^{177}Hf$和$^{176}Hf/^{177}Hf$值分别为0.000341～0.001016和0.282308～0.282566。其$\varepsilon_{Hf}(t)$变化于-13.4～-4.2，$f_{Lu/Hf}$为-0.99～-0.97，两阶段Hf模式年龄（$T_{DM2(Hf)}$，下同）为1460～2035Ma（表3.37，图3.46）。

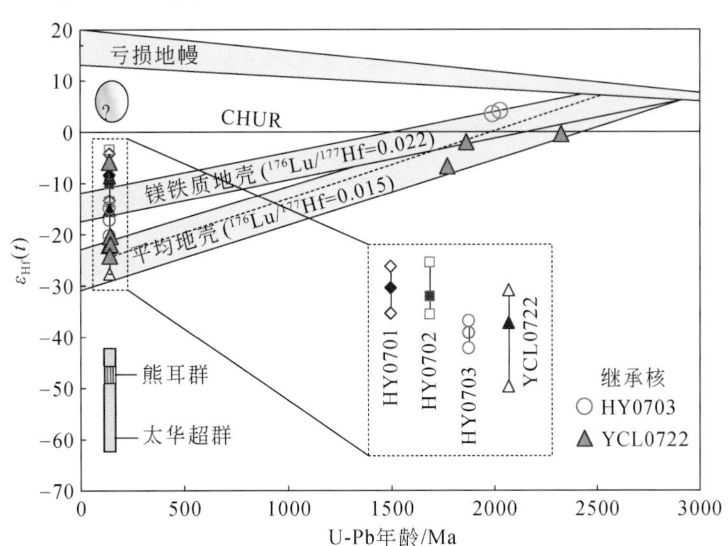

图3.46 鱼池岭含矿斑岩及围岩锆石$\varepsilon_{Hf}(t)$-年龄图解（Li et al., 2012b）

CHUR. 球粒陨石储库。亏损地幔演化线采用如下参数计算：t=0Ma时$\varepsilon_{Hf}(t)$=16.9，t=3.0Ga时$\varepsilon_{Hf}(t)$=6.4。样品HY0703为合峪岩体岩相单元3，其数据引自郭波，2009

表 3.36 鱼池岭含矿斑岩及围岩 LA-ICP-MS 锆石微量元素分析结果（Li et al., 2012b）（单位：10^{-6}）

点号	P	Ti	La	Ce	Pr	Nd	Sm	Eu	Gd	Tb	Dy	Ho	Er	Tm	Yb	Lu	Th	U	Pb	Th/U	$(La/Yb)_N$	Ce/Ce*	Eu/Eu*
HY0701																							
01	92.1	1.60	0.442	31.5	0.154	1.03	1.67	0.800	8.75	3.07	37.1	15.2	74.9	17.8	199	47.3	367	652	16.9	0.56	0.00159	29.6	0.640
02	<56.2	4.38	1.206	31.4	0.352	1.71	1.49	0.715	6.89	2.52	30.8	13.3	68.8	17.6	210	52.7	448	883	22.3	0.51	0.00412	11.8	0.682
03	75.4	1.64	0.018	16.2	0.018	0.216	0.582	0.261	3.81	1.41	17.5	6.91	34.6	8.41	94.8	21.3	113	387	9.35	0.29	0.00014	225	0.536
04	77.6	3.46	1.514	46.8	0.658	3.12	2.73	1.151	13.6	4.75	55.2	21.8	103	24.1	265	60.3	616	882	23.5	0.70	0.00410	11.5	0.577
05	<59.0	29.8	11.66	78.4	5.47	24.8	8.65	2.51	15.3	4.45	48.1	19.0	98.0	25.0	304	77.3	501	1428	37.1	0.35	0.02748	2.41	0.668
06	585	16.3	3.16	46.9	1.18	7.84	6.54	2.86	22.0	6.71	71.2	26.1	117	26.6	284	65.8	307	796	20.6	0.39	0.00798	5.95	0.730
07	80.0	3.11	0.571	29.3	0.374	1.98	1.40	0.600	6.79	2.40	30.1	12.9	67.7	17.4	209	52.3	427	894	22.7	0.48	0.00196	15.6	0.594
08	69.4	3.76	0.195	14.2	0.077	0.615	1.08	0.591	6.07	2.11	27.0	11.6	61.5	15.9	191	48.4	138	371	9.05	0.37	0.00073	28.4	0.705
09	<57.4	2.03	5.46	52.4	2.69	12.3	3.59	1.32	7.51	2.42	27.8	11.8	62.4	16.5	205	53.6	444	1321	33.2	0.34	0.01914	3.35	0.774
10	79.2	16.6	1.565	38.8	0.861	4.02	2.78	1.09	10.4	3.39	39.0	15.4	75.7	18.7	216	52.7	330	755	18.8	0.44	0.00519	8.19	0.618
11	89.4	51.7	0.954	57.8	0.548	2.96	3.31	1.29	14.8	5.16	60.5	23.8	114	27.0	293	66.6	894	1050	28.8	0.85	0.00234	19.6	0.564
HY0702																							
01	116	2.11	0.375	36.4	0.181	2.06	2.95	1.24	13.4	4.52	53.0	21.6	107	26.3	310	78.0	615	1240	30.7	0.50	0.00087	34.2	0.605
02	645	3.34	8.68	51.6	2.01	8.25	2.87	1.09	9.85	3.30	38.9	16.3	82.5	20.9	248	62.8	597	1308	32.3	0.46	0.02511	3.03	0.627
03	168	2.37	0.891	43.9	0.248	1.63	2.27	0.958	10.9	3.94	47.3	20.0	101	25.5	300	75.9	657	1520	36.2	0.43	0.00213	22.9	0.588
04	135	3.44	0.053	26.2	0.060	0.994	2.14	0.667	9.77	3.27	36.3	13.4	59.1	12.9	126	25.0	126	180	4.69	0.70	0.00030	114	0.446
05	193	3.96	0.024	25.8	0.096	1.88	3.68	1.05	14.5	4.70	52.4	19.3	85.2	18.3	182	37.7	137	278	6.74	0.49	0.00009	133	0.439
06	213	2.98	0.955	39.7	0.251	1.75	1.91	0.893	9.93	3.43	41.1	17.7	91.6	23.1	271	68.6	634	1303	31.2	0.49	0.00253	19.9	0.627
07	131	2.16	0.732	33.5	0.161	1.33	1.50	0.734	8.39	2.96	35.9	15.4	79.7	20.3	244	62.3	483	1183	28.8	0.41	0.00215	23.9	0.632
08	186	2.37	1.524	46.2	0.356	2.59	2.99	1.25	13.1	4.48	52.3	21.3	104	25.3	287	69.7	689	1297	32.8	0.53	0.00380	15.4	0.612
09	93.8	2.97	0.081	37.3	0.089	1.22	2.04	0.775	10.3	3.58	43.3	18.1	92.6	23.4	277	68.7	569	1276	31.1	0.45	0.00021	108	0.518
10	553	10.9	3.72	38.9	1.11	6.44	4.63	1.95	18.6	6.25	72.6	28.5	130	28.4	280	55.9	107	128	3.56	0.83	0.00952	4.70	0.643

续表

点号	P	Ti	La	Ce	Pr	Nd	Sm	Eu	Gd	Tb	Dy	Ho	Er	Tm	Yb	Lu	Th	U	Pb	Th/U	$(La/Yb)_N$	Ce/Ce^*	Eu/Eu^*
YCL0722																							
01	143	8.05	1.04	178	0.921	9.06	9.79	4.29	35.8	11.5	130	51.3	243	56.0	589	124	1843	1178	36.5	1.57	0.00127	44.6	0.700
02	<43.6	2.69	0.007	22.0	0.047	0.747	2.22	1.35	13.8	5.02	56.2	22.0	106	25.1	280	65.1	157	536	12.1	0.29	0.00002	292	0.747
03	91.6	5.74	0.564	29.3	0.390	2.85	2.37	0.933	10.4	3.84	45.8	18.6	90.9	22.4	245	56.6	341	579	14.4	0.59	0.00165	15.3	0.576
04	103	3.90	0.245	70.7	0.216	2.32	3.24	1.60	14.9	5.12	59.1	24.1	119	28.4	315	71.3	552	636	17.1	0.87	0.00056	75.3	0.705
05	<62.6	10.3	0.294	32.5	0.191	1.41	2.08	0.814	9.83	3.39	40.2	16.2	81.3	20.4	238	57.4	488	883	22.9	0.55	0.00089	33.6	0.550
06	108	4.18	0.692	29.4	0.396	2.42	1.91	0.670	7.38	2.62	30.9	13.2	68.1	17.6	209	49.9	396	769	19.3	0.52	0.00238	13.8	0.546
07	1144	10.4	6.26	56.1	1.91	10.15	6.15	2.57	23.5	7.54	84.8	31.9	139	29.6	292	59.5	204	272	113	0.75	0.01540	3.98	0.655
08	<43.0	2.01	0.034	18.4	0.033	0.44	1.23	0.737	7.34	2.84	38.1	16.9	91.6	23.9	290	70.7	199	678	206	0.29	0.00008	135	0.750
09	84.6	2.52	0.638	24.0	0.433	2.90	2.83	1.15	10.2	3.72	42.9	16.6	80.6	19.5	217	50.0	254	649	213	0.39	0.00211	11.2	0.652
10	280	1.97	1.628	33.6	0.662	3.79	3.07	1.37	13.1	4.45	50.0	18.8	88.0	20.8	229	51.3	319	678	235	0.47	0.00510	7.94	0.660
11	149	4.82	0.022	29.7	0.116	1.85	3.71	1.16	17.5	5.87	63.3	22.5	95.4	19.7	188	35.8	168	252	99.6	0.66	0.00008	144	0.440
12	335	7.73	2.73	58.2	0.782	4.63	3.95	1.54	16.0	5.69	67.8	27.1	128	29.4	306	64.1	226	329	8.77	0.69	0.00641	9.76	0.592
13	153	7.36	1.29	43.7	0.763	5.02	4.37	1.96	18.7	6.27	73.8	28.7	133	29.4	295	61.9	150	262	7.17	0.57	0.00312	10.8	0.663
14	183	5.90	0.210	21.3	0.136	1.18	2.13	0.516	11.5	4.72	56.6	21.6	99.3	22.2	231	46.4	209	684	17.3	0.31	0.00065	30.9	0.318
15	50.7	2.05	0.220	24.1	0.208	2.30	3.08	1.51	13.4	4.33	47.7	18.3	86.5	20.9	234	52.5	195	436	11.4	0.45	0.00067	27.6	0.717
16	<55.9	11.5	0.066	11.0	0.035	0.421	0.465	0.223	2.32	0.901	11.7	5.17	29.9	8.55	114	29.7	107	553	13.1	0.19	0.00041	56.0	0.656
17	823	6.6	29.3	72.6	8.24	39.1	11.0	0.671	27.0	7.77	82.1	29.9	125	24.7	222	40.9	35.0	45	20.6	0.78	0.09449	1.15	0.119
18	412	7.55	0.975	16.9	0.492	3.71	4.32	0.300	18.8	6.69	76.6	29.8	134	28.4	268	52.6	185	487	261	0.38	0.00261	5.98	0.102
19	167	6.97	0.029	15.1	0.074	1.40	2.75	0.156	15.6	5.58	68.9	27.6	126	26.4	249	46.4	71.7	127	49.4	0.57	0.00008	79.4	0.073

注：$(La/Yb)_N$为经球粒陨石标准化的元素比值；$Ce/Ce^* = Ce_N/(La_N \times Pr_N)^{0.5}$；$Eu/Eu^* = Eu_N/(Sm_N \times Gd_N)^{0.5}$；球粒陨石数据引自 Sun and McDonough，1989。

表 3.37 鱼池岭含矿斑岩及围岩 LA-ICP-MS 锆石 Lu-Hf 同位素分析结果（Li et al., 2012b）

编号	T/Ma	$^{176}Yb/^{177}Hf$	±2σ	$^{176}Lu/^{177}Hf$	±2σ	$^{176}Hf/^{177}Hf$	±2σ	$(^{176}Hf/^{177}Hf)_i$	$\varepsilon_{Hf}(t)$	$T_{DM1(Hf)}$/Ma	$T_{DM2(Hf)}$/Ma	$f_{Lu/Hf}$
HY0701												
01	142	0.013386	0.000082	0.000625	0.000004	0.282497	0.000026	0.282495	-6.7	1058	1614	-0.98
02	139	0.014344	0.000208	0.000724	0.000011	0.282332	0.000021	0.282330	-12.6	1290	1984	-0.98
03	143	0.007536	0.000049	0.000341	0.000002	0.282367	0.000024	0.282366	-11.2	1229	1902	-0.99
04	141	0.017732	0.000201	0.000811	0.000009	0.282502	0.000021	0.282499	-6.5	1056	1604	-0.98
05	143	0.019958	0.000101	0.001016	0.000007	0.282442	0.000019	0.282439	-8.6	1146	1738	-0.97
06	143	0.018451	0.000127	0.000922	0.000008	0.282550	0.000026	0.282547	-4.8	992	1496	-0.97
07	146	0.014917	0.000074	0.000742	0.000003	0.282434	0.000022	0.282432	-8.8	1149	1753	-0.98
08	143	0.013153	0.000087	0.000675	0.000005	0.282308	0.000022	0.282306	-13.4	1322	2035	-0.98
09	141	0.014583	0.000064	0.000745	0.000003	0.282437	0.000022	0.282435	-8.8	1145	1749	-0.98
10	147	0.015355	0.000127	0.000744	0.000007	0.282496	0.000019	0.282494	-6.6	1062	1614	-0.98
11	145	0.021681	0.000219	0.000976	0.000010	0.282566	0.000021	0.282563	-4.2	971	1460	-0.97
HY0702												
01	140	0.020774	0.000152	0.001031	0.000008	0.282305	0.000027	0.282303	-13.5	1337	2043	-0.97
02	140	0.016910	0.000099	0.000855	0.000005	0.282335	0.000027	0.282333	-12.5	1289	1976	-0.97
03	137	0.020570	0.000126	0.001030	0.000006	0.282406	0.000025	0.282404	-10.0	1196	1820	-0.97
04	138	0.009797	0.000049	0.000388	0.000002	0.282492	0.000026	0.282491	-6.9	1057	1624	-0.99
05	136	0.014733	0.000171	0.000592	0.000006	0.282593	0.000024	0.282591	-3.4	923	1403	-0.98
06	135	0.018787	0.000057	0.000949	0.000003	0.282308	0.000022	0.282306	-13.5	1330	2039	-0.97
07	140	0.017856	0.000074	0.000904	0.000003	0.282337	0.000021	0.282335	-12.4	1288	1971	-0.97
08	141	0.021925	0.000101	0.001055	0.000004	0.282314	0.000018	0.282312	-13.2	1325	2023	-0.97
09	140	0.020349	0.000215	0.001017	0.000009	0.282480	0.000016	0.282478	-7.3	1091	1653	-0.97
10	141	0.029923	0.000202	0.001179	0.000007	0.282473	0.000020	0.282470	-7.6	1106	1669	-0.96

续表

编号	T/Ma	$^{176}Yb/^{177}Hf$	±2σ	$^{176}Lu/^{177}Hf$	±2σ	$^{176}Hf/^{177}Hf$	±2σ	$(^{176}Hf/^{177}Hf)_i$	$\varepsilon_{Hf}(t)$	$T_{DM1(Hf)}$/Ma	$T_{DM2(Hf)}$/Ma	$f_{Lu/Hf}$
YCL0722												
01	133	0.052465	0.000234	0.002220	0.000007	0.282328	0.000026	0.282323	-13.0	1347	2003	-0.93
02	131	0.019064	0.000075	0.000894	0.000002	0.282118	0.000024	0.282116	-20.3	1592	2463	-0.97
03	134	0.016166	0.000035	0.000734	0.000002	0.282441	0.000025	0.282439	-8.8	1138	1743	-0.98
04	135	0.024401	0.000083	0.001109	0.000002	0.282106	0.000019	0.282103	-20.7	1618	2488	-0.97
05	134	0.015121	0.000072	0.000736	0.000004	0.282353	0.000021	0.282351	-11.9	1260	1939	-0.98
06	136	0.014921	0.000203	0.000691	0.000009	0.282365	0.000017	0.282364	-11.5	1242	1911	-0.98
07	136	0.029698	0.000354	0.001223	0.000015	0.282111	0.000028	0.282108	-20.5	1616	2478	-0.96
08	136	0.019341	0.000280	0.000944	0.000015	0.281908	0.000017	0.281906	-27.7	1886	2924	-0.97
09	133	0.012825	0.000104	0.000607	0.000005	0.282168	0.000024	0.282166	-18.5	1512	2351	-0.98
10	135	0.012784	0.000154	0.000561	0.000006	0.282100	0.000023	0.282098	-20.9	1604	2500	-0.98
11	136	0.011600	0.000088	0.000443	0.000004	0.282280	0.000026	0.282279	-14.5	1352	2099	-0.99
12	139	0.028569	0.000293	0.001201	0.000014	0.282064	0.000026	0.282061	-22.1	1681	2580	-0.96
13	145	0.030608	0.000372	0.001292	0.000016	0.282111	0.000027	0.282107	-20.3	1619	2473	-0.96
14	146	0.013268	0.000136	0.000536	0.000004	0.282063	0.000027	0.282061	-21.9	1653	2575	-0.98
15	142	0.015146	0.000212	0.000671	0.000008	0.282003	0.000022	0.282001	-24.2	1742	2710	-0.98
16	141	0.007003	0.000036	0.000366	0.000002	0.282520	0.000020	0.282519	-5.8	1018	1560	-0.99
17	1867	0.017986	0.000116	0.000683	0.000004	0.281564	0.000027	0.281540	-2.0	2342	2629	-0.98
18	2328	0.023371	0.000249	0.000911	0.000010	0.281327	0.000023	0.281287	-0.4	2679	2888	-0.97
19	1775	0.016064	0.000052	0.000596	0.000002	0.281487	0.000018	0.281467	-6.7	2441	2846	-0.98

注：计算过程中采用如下参数，$(^{176}Lu/^{177}Hf)_{CHUR}=0.0332$，$(^{176}Hf/^{177}Hf)_{CHUR,0}=0.282772$，$(^{176}Lu/^{177}Hf)_{DM}=0.0384$，$(^{176}Hf/^{177}Hf)_{DM,0}=0.28325$（Blichert and Albarède，1997）；上地壳平均$^{176}Lu/^{177}Hf$为0.0093（Vervoort and Patchett，1996；Vervoort and Blichert，1999）；^{176}Lu衰变常数$\lambda=1.867\times10^{-11}\ a^{-1}$（Söderlund et al.，2004）。

表 3.38　合峪岩体 Sr-Nd 同位素组成

样品号	$Rb/10^{-6}$	$Sr/10^{-6}$	$^{87}Rb/^{86}Sr$	$^{87}Sr/^{86}Sr$	$(^{87}Sr/^{86}Sr)_i$	$Sm/10^{-6}$	$Nd/10^{-6}$	$^{147}Sm/^{144}Nd$	$^{143}Nd/^{144}Nd$	$\varepsilon_{Nd}(t)$	$T_{DM1(Nd)}/Ma$	$T_{DM2(Nd)}/Ma$	资料来源
8820	138	266	1. 5029	0. 71186	0. 70903								尚瑞钧和严阵，1988
5242	778	820	2. 5027	0. 70899	0. 70428								尚瑞钧和严阵，1988
5247	182	75	6. 9975	0. 73314	0. 71997								尚瑞钧和严阵，1988
5248	346	146	6. 8421	0. 71484	0. 70196								尚瑞钧和严阵，1988
5250	261	66	11. 4560	0. 72909	0. 70753								尚瑞钧和严阵，1988
5251	479	14	98. 7370	0. 86458	0. 67873								尚瑞钧和严阵，1988
5252	275	129	6. 1518	0. 71812	0. 70654								尚瑞钧和严阵，1988
Q9304-1	254	393	1. 8661	0. 71218	0. 70867	7. 73	55. 95	0. 0836	0. 511707	−16. 22	1688	2247	张宗清等，2006
Q9304-2	199	416	1. 3835	0. 71125	0. 70865	5. 79	40. 36	0. 0867	0. 511756	−15. 32	1671	2174	张宗清等，2006
Q9304-3	241	337	2. 0669	0. 71133	0. 70744	5. 19	37. 26	0. 0843	0. 511646	−17. 42	1769	2345	张宗清等，2006
Q9304-4	193	408	1. 3630	0. 71162	0. 70905	5. 60	39. 56	0. 0857	0. 511738	−15. 65	1679	2201	张宗清等，2006
Q9304-5	135	386	1. 0106	0. 71002	0. 70812	4. 90	32. 97	0. 0899	0. 511803	−14. 45	1655	2103	张宗清等，2006
Q9304-6	211	287	2. 1222	0. 71321	0. 70922								张宗清等，2006
Q9304-7	215	365	1. 5549	0. 71116	0. 70823								张宗清等，2006
HY-01	198	501	1. 1436	0. 70908	0. 70693	4. 27	27. 37	0. 0943	0. 511901	−12. 62	1593	1954	郭波，2009
HY-02	208	432	1. 3933	0. 70953	0. 70691	4. 08	25. 53	0. 0966	0. 511920	−12. 29	1599	1927	郭波，2009
HY-03	182	488	1. 0792	0. 70904	0. 70701	4. 69	30. 44	0. 0931	0. 511884	−12. 93	1598	1980	郭波，2009
HY-04	183	487	1. 0884	0. 71946	0. 71741	4. 75	30. 67	0. 0936	0. 511915	−12. 33	1566	1931	郭波，2009

HY0702 样品的 Lu-Hf 同位素特征与 HY0701 类似。10 个分析点的 $^{176}Lu/^{177}Hf$ 值为 0.000388～0.001179，$^{176}Hf/^{177}Hf$ 值为 0.282305～0.282593，$\varepsilon_{Hf}(t)$ 为−13.5～−0.4，$f_{Lu/Hf}$ 为−0.99～−0.96，$T_{DM2(Hf)}$ 变化于 1403～2043Ma（表 3.37，图 3.46）。

YCL0722 样品中 11 个位于边部的分析点具有略高的 $^{176}Lu/^{177}Hf$ 值（0.000443～0.002220）和 $T_{DM2(Hf)}$（1743～2924Ma），但略低的 $^{176}Hf/^{177}Hf$ 值（0.281908～0.282441）和 $\varepsilon_{Hf}(t)$（−27.7～−11.9）。除一个分析点给出 $f_{Lu/Hf}$ 为−0.93 外，其余 10 个分析点的 $f_{Lu/Hf}$ 集中于−0.99～−0.96。中生代继承锆石核的 $^{176}Lu/^{177}Hf$ 值为 0.000366～0.001292，$^{176}Hf/^{177}Hf$ 值为 0.282003～0.282520，$\varepsilon_{Hf}(t)$ 为−24.2～−5.8，$f_{Lu/Hf}$ 为−0.99～−0.96，相应的 $T_{DM2(Hf)}$ 为 1560～2710Ma。而前寒武纪继承核显示截然不同的特征，其 $^{176}Hf/^{177}Hf$ 值更低，变化于 0.281327～0.281564，相应的 $\varepsilon_{Hf}(t)$（−6.7～−0.4）和 $T_{DM2(Hf)}$ 则更高（2629～2888Ma）（表 3.37，图 3.46）。

3. 全岩锶钕同位素地球化学

尚瑞钧和严阵（1988）、张宗清等（2006）以及郭波（2009）分别对合峪岩体进行了全岩 Sr-Nd 同位素研究（表 3.38），但前两者采样点不详，故无从判断岩相单元归属。郭波（2009）研究对象为单元 3。

尚瑞钧和严阵（1988）测试样品中 5251 号具有极高的 Rb（479×10^{-6}）和极低的 Sr（14×10^{-6}）含量，导致获得的（$^{87}Sr/^{86}Sr$）$_i$ 值较低（0.67873）。除此之外其他样品的（$^{87}Sr/^{86}Sr$）$_i$ 变化于 0.702～0.720。岩体的 $\varepsilon_{Nd}(t)$ 均为较低的负值，变化于−17.4～−12.3 之间，相应的两阶段 Nd 模式年龄（$T_{DM2(Nd)}$，下同）变化于 1927～2345Ma（表 3.38）。在（$^{87}Sr/^{86}Sr$）$_i$-$\varepsilon_{Nd}(t)$ 图解中，合峪岩体样品总体位于华北克拉通南缘晚侏罗世—早白垩世花岗岩的（$^{87}Sr/^{86}Sr$）$_i$-$\varepsilon_{Nd}(t)$ 变化范围内（图 3.47）。

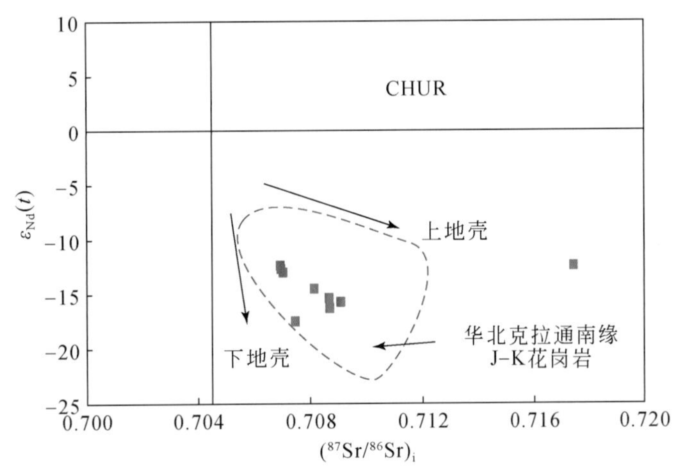

图 3.47　合峪岩体（$^{87}Sr/^{86}Sr$）$_i$-$\varepsilon_{Nd}(t)$ 图解

华北克拉通南缘 J-K 花岗岩 Sr-Nd 数据来自尚瑞钧和严阵，1988、陈岳龙等，1996、张宗清等，2006、包志伟等，2009、郭波，2009、焦建刚等，2010a、赵海杰等，2010a、王晓霞等，2011 及 Zhao et al.，2012

3.3.2.4　岩体成因

1. 成岩作用时限

鱼池岭钼矿区内大面积出露燕山期合峪花岗岩基。该岩基由四个不同的岩相单元组成。20 世纪 80 年代以前，前人曾对其中的巨斑状单元（单元 3）开展大量的岩石学和成矿年代学研究。尚瑞钧和严阵（1988）最早报道了该岩体的 K-Ar 年龄为 102±7.3Ma，全岩 Rb-Sr 等时线年龄为 110Ma。然而，由于当时测试方法陈旧，且 K-Ar 和 Rb-Sr 同位素体系容易遭受后期扰动，这一年龄的准确性存疑。李永峰（2005）获得高精度的 SHRIMP 锆石 U-Pb 年龄为 127±1.4Ma，但采样点不详。其后，Han 等（2007）获得黑云母 $^{40}Ar/^{39}Ar$ 坪年龄为 131.8±0.7Ma，郭波等（2009）获得 LA-ICP-MS 锆石 U-Pb 年龄为 134.5±

1.5Ma（MSWD=0.53）。这两个年龄被广泛接受为岩相单元3的侵入年龄。

本次研究获得单元1的LA-ICP-MS锆石U-Pb年龄为143.0±1.6Ma（MSWD=1.4），单元2为138.4±1.5Ma（MSWD=1.4）；单元4（鱼池岭含矿斑岩）的锆石U-Pb为134.0±1.4Ma（MSWD=0.30），黑云母的$^{40}Ar/^{39}Ar$坪年龄为135.1±1.4Ma，反等时线年龄为135.6±2.0Ma（MSWD=10.8）。值得注意的是，单元4中139±2～146±2Ma的继承锆石核其U-Pb年龄、微量元素及Hf同位素特征等与单元1和2的锆石具很大的相似性，表明单元4侵入过程中可能有部分先成侵入体被卷入并参与了新的锆石的形成。

综上，厘定矿区岩浆岩侵入序列如下：合峪岩体最早的岩浆侵入活动始于143Ma，形成处于中心的岩相单元1。随后，在138Ma和约135Ma，形成外围的岩相单元2和3。鱼池岭含矿斑岩侵入单元1的时间大致为134Ma。

2. 岩浆源区及演化

全岩Sr-Nd同位素研究（表3.38）发现，合峪岩体具有较低的$\varepsilon_{Nd}(t)$（-17.4～-12.3），相应的$T_{DM2(Nd)}$变化于1927～2345Ma；而$(^{87}Sr/^{86}Sr)_i$变化范围较大（0.702～0.720）。Li等（2012a）获得的锆石Hf同位素研究显示，单元1、2、4中岩浆锆石的$\varepsilon_{Hf}(t)$为明显的负值（-27.7～-3.4），相应的$T_{DM2(Hf)}$变化于1403～2924Ma，显示古老陆壳信息。与之类似，郭波等（2009）发现单元3具有类似的$\varepsilon_{Hf}(t)$（-20.2～-14.8）和$T_{DM2(Hf)}$（1735～2012Ma）。上述同位素研究结果表明，合峪花岗质岩浆可能主要来自再循环古老陆壳的部分熔融。

考虑到太华超群和熊耳群是外方山地区的主要岩石单元，其对合峪岩体的贡献不容忽视。已有研究表明，太华超群原岩年龄为2.84～2.26Ga，并于2.1～1.8Ga发生强烈的变形、变质作用（Kröner et al.，1988；薛良伟等，1995；Wan et al.，2006；Xu et al.，2009；Zhao et al.，2009）。熊耳群火山岩的形成时限为1.45～1.78Ga，集中于1.75～1.78Ga（Zhao et al.，2009及其引文）。本节获得合峪岩体全岩$T_{DM2(Nd)}$和锆石$T_{DM2(Hf)}$与熊耳群和太华超群的年龄相当，暗示合峪花岗质岩浆可能主要来自古老壳源物质。此外，单元3（1995Ma和2030Ma，郭波等，2009）和4（2328Ma、1867Ma和1775Ma，表3.34）中继承锆石核的U-Pb年龄、地球化学特征及$\varepsilon_{Hf}(t)$值亦与太华超群、熊耳群相当（第五春荣等，2007，2010；Xu et al.，2009），进一步证实了上述推断。

如表3.39所示，由岩相单元1到单元4，合峪岩体岩浆锆石的$\varepsilon_{Hf}(t)$值逐渐降低，而$T_{DM2(Hf)}$则逐渐增高，表明岩浆源区逐步变深。考虑到单元4的$T_{DM2(Hf)}$与太华超群相当，$\varepsilon_{Hf}(t)$最低，且较其他3个单元更偏基性，而研究区内太华超群经历了中-深程度变质，较其他岩相单元更为难熔，认为单元4可能主要源自太华超群的部分熔融，且熔融温度更高。相反，单元1中锆石的$\varepsilon_{Hf}(t)$最高，其$T_{DM2(Hf)}$与熊耳群相当，认为其主要源区可能是熊耳群。单元2和3具有中等的$T_{DM2(Hf)}$和$\varepsilon_{Hf}(t)$，可能源自两个源区不同程度的混合。总之，由单元1到单元4，岩浆更偏基性，源区中古老物质更多，来源亦越深（图3.48）。

表3.39　合峪岩体各岩相单元间演化关系（Li et al.，2012b）

	单元1	单元2	单元3	单元4
锆石U-Pb年龄	143.0±1.6Ma	138.4±1.5Ma	134.5±1.5Ma	133.6±1.6Ma
$\varepsilon_{Hf}(t)$	-13.4～-4.2（-8.4）	-13.5～-3.4（-10.0）	-20.2～-14.8（-16.6）	-27.7～-8.8（-17.1）
$T_{DM2(Hf)}$	1460～2035（1723）	1403～2043（1822）	1735～2012（1828）	1743～2924（2264）
锆石Ce/Ce*	2.41～225（32.9）	34.2～133（48.0）	1.66～131（51.8）	44.6～292（70.7）
全岩Eu/Eu*	0.60～0.70（0.65）	0.68～0.76（0.72）	0.71～0.86（0.77）	0.59～0.87（0.78）

注：表中数据均以范围（平均值）形式给出，全岩Eu/Eu*数据来源参见表3.33。

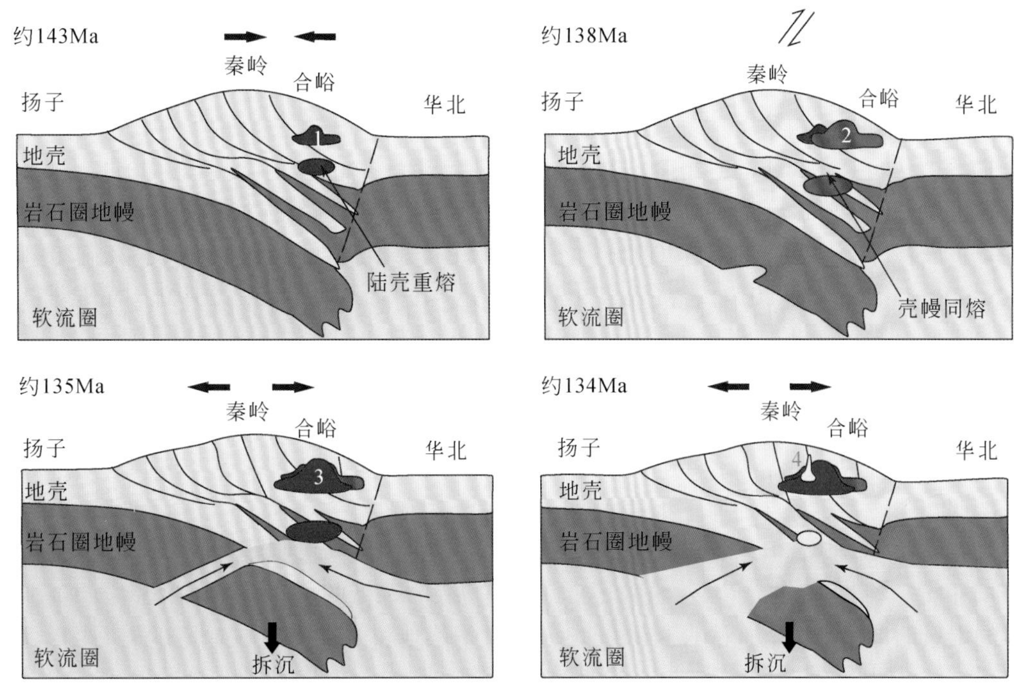

图 3.48 合峪岩体形成过程（Li et al.，2012b）

然而，当我们利用已有太华超群的 Hf 同位素数据（第五春荣等，2007，2010；Xu et al.，2009）进行反算时发现，当 $t=140$Ma 时（合峪岩体侵入时代），太华超群的 $\varepsilon_{Hf}(t)$ 变化于 $-62.3\sim-42.2$，平均 -51.8，远低于合峪岩体的 $\varepsilon_{Hf}(t)$，表明其不可能作为合峪岩体的唯一来源。同理，利用 Wang 等（2010）的 Hf 同位素数据，获得 $t=140$Ma 时熊耳群的 $\varepsilon_{Hf}(t)$ 变化于 $-49.0\sim-45.7$，亦低于合峪岩体的 $\varepsilon_{Hf}(t)$。因此，上述两单元之一或其混合均不能满足合峪岩体的 Hf 同位素特征；除上述源区外，尚需一个具有高 $\varepsilon_{Hf}(t)$ 的源区（如初生地壳或地幔，图 3.48）。

3.3.2.5 构造背景和演化

本节获得的锆石 U-Pb 年龄表明，合峪岩体的岩浆侵入活动持续了大约 10Ma。钾长石斑晶的粒径及含量、黑云母含量、主量及微量元素同位素、锆石 Hf 同位素组成的差异表明，不同的岩相单元形成于不同的深度范围。单元 4 中 139 ~ 146Ma 的继承锆石核表明，先成的锆石被后期岩浆卷入并参与了新生锆石的形成。结合华熊地块及邻区构造演化历史，我们提出了如下构造-岩浆模式（图 3.48），并将合峪岩体的形成与华北克拉通的破坏相联系。

华北克拉通自约 1.85Ga 克拉通化以来直至三叠世（Zhao et al.，2001）一直保持相对稳定，表现为：古元古代至中奥陶世地层连续沉积，中石炭世至三叠世煤系地层遍布，晚奥陶世至早石炭世沉积地层缺失，且缺乏 1.8 ~ 0.2Ga 的火成岩（陈衍景等，2009）。华北克拉通东部和中部奥陶纪含金刚石金伯利岩的喷发及其捕获的地幔包体表明，早古生代时华北克拉通岩石圈的厚度约为 200km，热流值约 40mW/m^2，且表现为难熔的特点（Menzies et al.，1993；池际尚和路凤香，1996；郑建平和路凤香，1999）。地球物理探测资料（袁学诚，1996）和玄武岩中地幔橄榄岩捕虏体的地球化学特征表明，新生代华北克拉通岩石圈厚度<80km，热流值约 80mW/m^2，且相对饱满（Fan and Menzies，1992；Griffin et al.，1992；Menzies et al.，1993；Xu et al.，1995；Chen et al.，2001）。这表明华北克拉通自中生代以来发生了百余千米的岩石圈减薄。然而，关于岩石圈减薄的具体时限尚存争议，已有观点包括侏罗纪—早白垩世（Gao et al.，2002，2004；Yang et al.，2003；Wu et al.，2003）、晚白垩世—新生代（Menzies et al.，1993；Xu et al.，2004），以及晚三叠世（Yang et al.，2007，2008）。

中生代以来，华北克拉通遭受了强烈的破坏和岩石圈减薄。沿太行和郯庐断裂带，广泛发育白垩纪岩浆活动及矿化作用（Zheng J P et al., 2007；Chen et al., 1998, 2007）。在华北克拉通南缘，即华熊地块，大规模发育130～150Ma的花岗岩类。这些花岗岩既可以岩基形式产出，如老牛山（朱赖民等，2007；郭波，2009；焦建刚等，2010a）、华山（张宗清等，2006；郭波等，2009）、文峪（倪智勇，2009；王义天等，2010b）、娘娘山（王义天等，2010b）、五丈山（范宏瑞等，1994；Mao et al., 2010）、蒿坪（范宏瑞等，1994；Mao et al., 2010）和蓝田（张宗清等，2006；王晓霞等，2011），又可以形成小的花岗斑岩体，如金堆城（朱赖民等，2007；郭波，2009；焦建刚等，2010a）、八里坡（焦建刚等，2010b，2010c）、石家湾（赵海杰等，2010a）、南泥湖（包志伟等，2009；Mao et al., 2010）、上房沟（包志伟等，2009；Mao et al., 2010）、雷门沟（罗铭玖等，1991；Mao et al., 2010）、黄龙铺（赵海杰等，2010b）和祁雨沟（Chen et al., 2009；姚军明等，2009）。总体上，上述岩石属准铝质到弱过铝质的高钾钙碱性系列，富集LILE，亏损Mg、Fe、Ta、Ni、P和Y；$(La/Yb)_N$值高，Eu负异常较弱或无异常；$(^{87}Sr/^{86}Sr)_i$变化于0.703～0.722，$\varepsilon_{Nd}(t)$变化于-18.7～-11.8；锆石的$\varepsilon_{Hf}(t)$变化于-30.9～-3.4，相应的$T_{DM2(Hf)}$介于1403～2930Ma。考虑到$\varepsilon_{Hf}(t)$和$(^{87}Sr/^{86}Sr)_i$变化范围较大，且镁铁质细粒包体常见，认为这些燕山期花岗岩主要源自加厚下地壳的部分熔融，并有少量幔源物质参与。此外，华熊地块出露同期的火山岩和镁铁质岩脉，但相关研究较少。赵海杰等（2010b）发现黄龙铺矿区约129Ma的辉绿岩脉具有低的MgO和Cr含量，高的$(^{87}Sr/^{86}Sr)_i$（0.718～0.762）和低的$\varepsilon_{Nd}(t)$（-19.53～-19.69），认为它们来自富集的岩石圈地幔。综上，认为至少在130Ma时华熊地块之下尚存在加厚的岩石圈；在130Ma之后华北克拉通发生大规模的减薄，形成一系列的花岗岩、脉岩、伸展盆地、变质核杂岩以及拆离断层（张进江等，1998；Li et al., 2011a）。

3.3.3 矿床地质特征

3.3.3.1 矿体特征

鱼池岭钼矿床目前已圈定矿体1个（M1），属大型规模。M1东西长1210m，南北宽1605m，赋矿标高738.38～153.29m，一般在730.00～190.00m标高之间。矿体整体呈似层状-透镜状，夹石及分支复合现象较多（图3.49），属中等复杂程度；剔除所有夹石后的矿体总厚度为20.10～447.61m，平均178.11m。

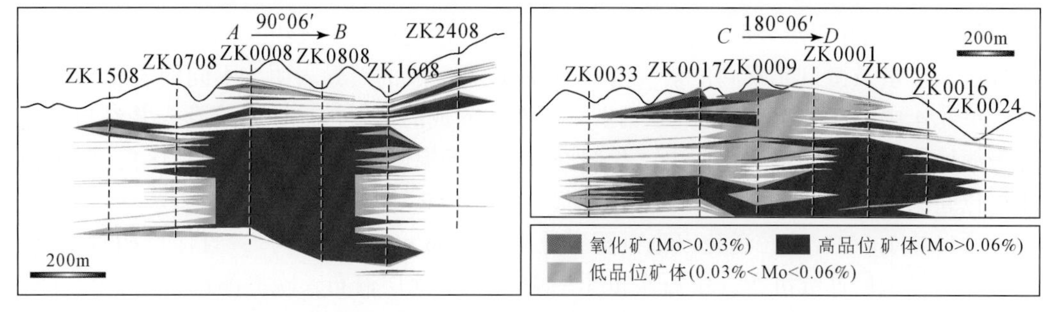

图3.49 鱼池岭钼矿床勘探剖面图（李诺等，2009a，2009b）
勘探线位置见图3.36B

1. 金属矿物特征

鱼池岭钼矿常见金属矿物包括辉钼矿、黄铁矿、黄铜矿、闪锌矿、蓝辉铜矿等。

辉钼矿：多呈浸染状或放射状、花状集合体产出于各种石英脉中（图3.50A），另有少量呈浸染状产于蚀变斑岩中，常见辉钼矿与白云母共同交代黑云母呈假象（图3.50B）。

黄铁矿：可以自形立方体形式呈浸染状产于绢英岩化斑岩中，或作为黑云母的蚀变产物出现（图3.50C）；产于石英脉中的黄铁矿可被辉钼矿（图3.50D）、黄铜矿（图3.50E）、闪锌矿（图3.50E）等矿物沿边缘或裂隙充填交代。

黄铜矿：可与绿泥石、绿帘石、萤石、黄铁矿、闪锌矿等共同作为黑云母的蚀变产物出现于蚀变斑岩中（图 3. 50C），或于石英脉中交代黄铁矿（图 3. 50E）、辉钼矿（图 3. 50F），并被闪锌矿（图 3. 50E）、蓝辉铜矿（图 3. 50F）交代。

闪锌矿：可于蚀变斑岩中作为黑云母等镁铁矿物的蚀变产物出现（图 3. 50C），或于石英脉中交代黄铁矿（图 3. 50E）、黄铜矿（图 3. 50E）。

蓝辉铜矿：沿黄铜矿边缘进行交代（图 3. 50F）。

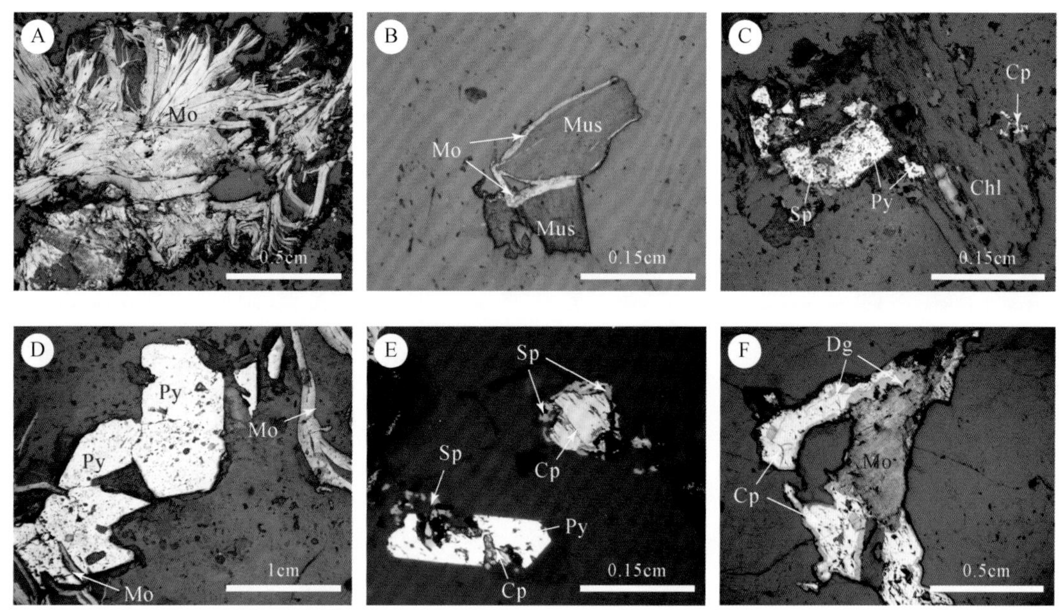

图 3. 50　鱼池岭钼矿床金属矿物特征（Li et al.，2013）

A. 石英脉中呈放射状集合体产出的辉钼矿；B. 蚀变围岩中辉钼矿与白云母作为黑云母的蚀变产物出现；C. 蚀变围岩中黑云母发生绿泥石化同时析出黄铁矿、黄铜矿及闪锌矿；D. 石英脉中自形-半自形的黄铁矿被辉钼矿沿裂隙交代；E. 石英脉中黄铁矿被黄铜矿和闪锌矿交代，且见黄铜矿被闪锌矿沿边缘进行交代；F. 石英脉中黄铜矿交代辉钼矿后被蓝辉铜矿交代。矿物缩写：Chl. 绿泥石；Cp. 黄铜矿；Dg. 蓝辉铜矿；Mo. 辉钼矿；Mus. 白云母；Py. 黄铁矿；Sp. 闪锌矿

2. 脉石矿物特征

该矿床脉石矿物见石英、钾长石、绢云母、绿帘石、绿泥石、萤石、方解石、高岭土等。

石英：贯穿矿物，可呈 0. 1 ~ 0. 2mm 的他形粒状集合体交代斑岩（图 3. 51A），局部蚀变强烈时可形成硅质岩。此外，常见石英呈细脉状产出，包括早期无矿石英脉、石英-黄铁矿脉、石英-辉钼矿脉、石英多金属硫化物脉和晚期无矿脉（详见后文），且不同脉体中的石英具不同的产出特征。早期无矿石英脉中石英呈他形粒状产出，具典型的油脂光泽。石英-黄铁矿脉、石英-辉钼矿脉中石英常呈半自形粒状产出，具玻璃光泽。石英-多金属硫化物脉中石英呈多晶产出，并常形成晶洞。晚期无矿脉中见石英（玉髓）呈梳状垂直脉壁产出，中间被萤石、方解石充填（图 3. 51B）。此外，局部可见石英碎裂并被绢云母胶结（图 3. 51C）。

钾长石：可作为斑岩中斜长石（图 3. 51D）、黑云母（图 3. 51E）等矿物的蚀变产物出现，或与石英、黄铁矿等共生于石英脉中。

绢云母：可于斑岩中部分或完全交代斜长石、钾长石、黑云母等矿物，蚀变强烈时可形成绢英岩（图 3. 51F）；此外，亦可于热液石英脉中与辉钼矿交生，且多沿脉壁分布。

绿帘石：多作为斑岩中黑云母等镁铁质矿物的蚀变产物出现（图 3. 51G）。

绿泥石：与绿帘石、金属硫化物等共同作为斑岩中黑云母的蚀变产物出现（图 3. 51G）。

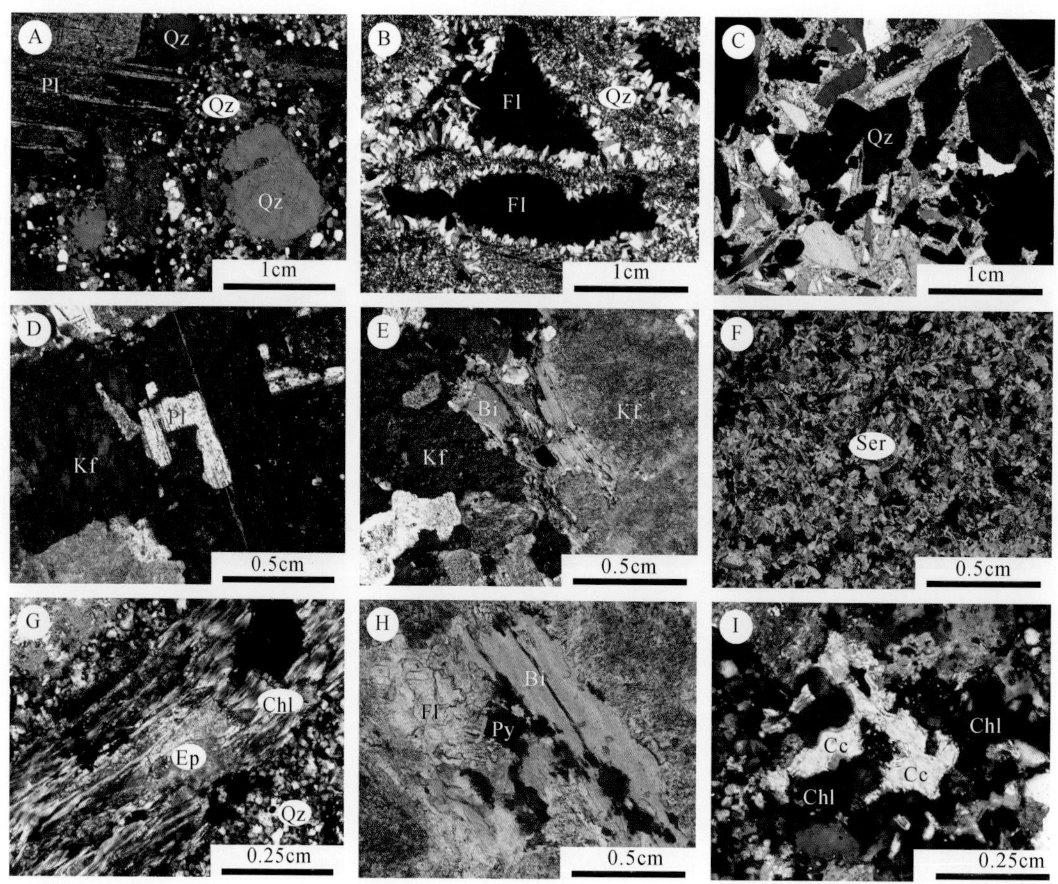

图 3.51　鱼池岭钼矿床脉石矿物特征（Li et al.，2013；李诺，2012）

A. 蚀变围岩中细粒石英集合体交代斜长石及石英；B. 石英-萤石脉中梳状石英组成晶洞，其内充填有萤石；C. 石英发生碎裂并被绢云母胶结；D. 蚀变围岩中钾长石交代斜长石；E. 蚀变围岩中钾长石交代黑云母；F. 强烈绢云母化的岩石；G. 蚀变围岩中绿帘石、绿泥石交代黑云母；H. 蚀变围岩中紫色萤石交代黑云母，同时有黄铁矿析出；I. 蚀变围岩中方解石与绿泥石交代黑云母呈假象。矿物缩写：Bi. 黑云母；Cc. 方解石；Chl. 绿泥石；Ep. 绿帘石；Fl. 萤石；Kf. 钾长石；Py. 黄铁矿；Qz. 石英；Ser. 绢云母

萤石：可于蚀变斑岩中作为黑云母的蚀变产物出现（图 3.51H），或呈脉体形式产出，其中石英-萤石细脉中见石英构成晶洞外缘，而萤石充填其中（图 3.51B），亦见由不同颜色萤石组成的脉体，由脉壁向内依次是绿色、紫色和褐色萤石（图 3.52K）。

方解石：可于蚀变斑岩中作为黑云母的蚀变产物出现（图 3.51I），或呈脉体形式产出。

高岭石：作为斑岩中长石的蚀变产物出现。

3. 矿石结构

常见矿石结构包括自形-半自形粒状结构、他形粒状结构、放射状结构、交代结构等。

自形-半自形粒状结构：常见黄铁矿呈自形-半自形立方体产出（图 3.50D）。

他形粒状结构：黄铜矿、闪锌矿等矿物呈他形粒状产出（图 3.50C、图 3.50F）。

放射状结构：见辉钼矿集合体呈放射状产出（图 3.50A）。

交代结构：常见黄铜矿、闪锌矿交代黄铁矿（图 3.50E）、辉钼矿（图 3.50F），并见黄铜矿被蓝辉铜矿交代（图 3.50F）；见绿泥石（图 3.51G）、绿帘石（图 3.51G）、萤石（图 3.51H）等交代黑云母；钾长石交代斜长石（图 3.51D）、黑云母（图 3.51E）等。

4. 矿石构造

常见矿石构造包括浸染状构造、细脉浸染状构造、角砾状构造等。

浸染状构造：见辉钼矿（图 3.50B）、黄铁矿（图 3.50C）、黄铜矿（图 3.50C）、闪锌矿（图 3.50C）

等金属硫化物呈浸染状产出于蚀变斑岩中。

细脉浸染状：以产出多种石英细脉为特征（详见后述）。

角砾状构造：矿体局部见石英发生破碎，形成角砾，并被绢云母等胶结（图3.51C）。

3.3.3.2 围岩蚀变类型和分带

矿区范围内热液蚀变强烈，主要蚀变类型包括：硅化、钾化、绢云母化、绿泥石化、绿帘石化、碳酸盐化、萤石化、高岭石化等。

硅化：蚀变强烈，分布广泛，可见石英呈0.1～0.2mm的他形粒状集合体分布于岩体中（图3.51A），局部蚀变强烈时可形成硅质岩；此外常见充填形成的各种石英细脉（见后）。

钾化：包括钾长石化和黑云母化，前者表现为钾长石交代围岩中的斜长石（图3.51D）、黑云母（图3.51E），或呈脉状与石英共生；后者在矿区表现较弱，多为斑岩中其他暗色矿物经交代蚀变而成，常表现为斑点状、鳞片状集合体或细脉状。

绢云母化：表现为显微鳞片状集合体沿长石的解理或裂隙进行交代，有时完全取代斜长石或钾长石而呈假象；局部蚀变强烈时，显微鳞片状绢云母与粒状石英完全交代原岩形成绢英岩（图3.51F）；亦见绢云母与辉钼矿共生于石英脉壁，或胶结石英等角砾（图3.51C）。

绿泥石化和绿帘石化：多表现为绿泥石和绿帘石交代围岩中的黑云母（图3.51G）。

萤石化：表现为萤石交代围岩中的黑云母（图3.51H），或呈各式脉体产出。

碳酸盐化：可表现为方解石对黑云母等矿物的交代，或形成各种含方解石细脉。

高岭石化：表现为斑岩中的长石被高岭石交代。

值得注意的是，典型的斑岩蚀变分带（由中心的钾化带向外依次是绢英岩化带、青磐岩化带，Lowell and Guilbert，1970）在本区并不发育。与环太平洋斑岩铜矿带相比，鱼池岭钼矿以普遍而强烈的钾化为特征，萤石化常见，而绿泥石化、绢云母化相对较弱。

3.3.3.3 成矿过程和阶段划分

鱼池岭矿区发育多种细脉及细网脉，根据脉体矿物组合及穿插关系确定生成顺序如下：

早期无矿石英脉（EBQ，图3.52A）：主要由石英组成，见少量钾长石、磁铁矿和/或萤石，脉宽0.3～4cm。其中石英呈乳白色他形粒状产出，钾长石可垂直于脉壁生长或呈浸染状分布于脉体内部。该类脉体往往缺乏内部对称结构或晶洞构造，脉壁不规则，但与围岩界线清晰。空间上，早期无矿石英脉多产于岩体中心部位，并被成矿期各种石英脉穿插，属形成最早的脉体。

石英-黄铁矿脉（Q-Py，图3.52B）：主要由石英、黄铁矿及少量辉钼矿、钾长石和绢云母组成，偶见萤石。辉钼矿常呈浸染状分布于脉体内部或沿脉壁分布，含量较低。脉宽一般0.5～2.5cm，脉壁多平行展布。黄铁矿呈自形-半自形粒状分布于石英脉内部或沿脉壁产出，粒度往往较粗大，可达0.6～5cm。脉体穿切关系显示这种脉体的形成晚于早期无矿石英脉。

石英-辉钼矿脉（Q-Mo，图3.52C、图3.52D）：主要由石英和辉钼矿组成，见少量黄铁矿、绢云母和萤石。该类脉体是鱼池岭矿区钼金属的主要来源，提供了90%以上的钼金属储量。脉壁往往较为平直，脉宽0.5～6cm。石英呈半自形粒状产出，具玻璃光泽。辉钼矿可以细粒（<3mm）形式组成不连续的细条带，或以放射状、玫瑰花状集合体（5～20mm）形式与绢云母（0.1～0.5mm）沿脉壁分布，或呈浸染状分布于石英脉内部。黄铁矿多呈浸染状产于石英脉内部，见黄铁矿被辉钼矿包裹。脉体穿切关系表明石英-辉钼矿脉晚于早期无矿石英脉及石英-黄铁矿脉，但早于石英-多金属硫化物脉及晚期无矿脉（图3.52G、图3.52H）。

石英-多金属硫化物脉（Q-PM，图3.52E）：以发育多金属硫化物为特征，常见矿物包括辉钼矿、黄铁矿、黄铜矿、蓝辉铜矿、方铅矿、闪锌矿、石英、绢云母、萤石及方解石。石英常以细粒多晶形式产出，晶洞构造常见。黄铁矿呈半自形粒状产出，并被辉钼矿、黄铜矿、蓝辉铜矿、闪锌矿等沿边缘或裂

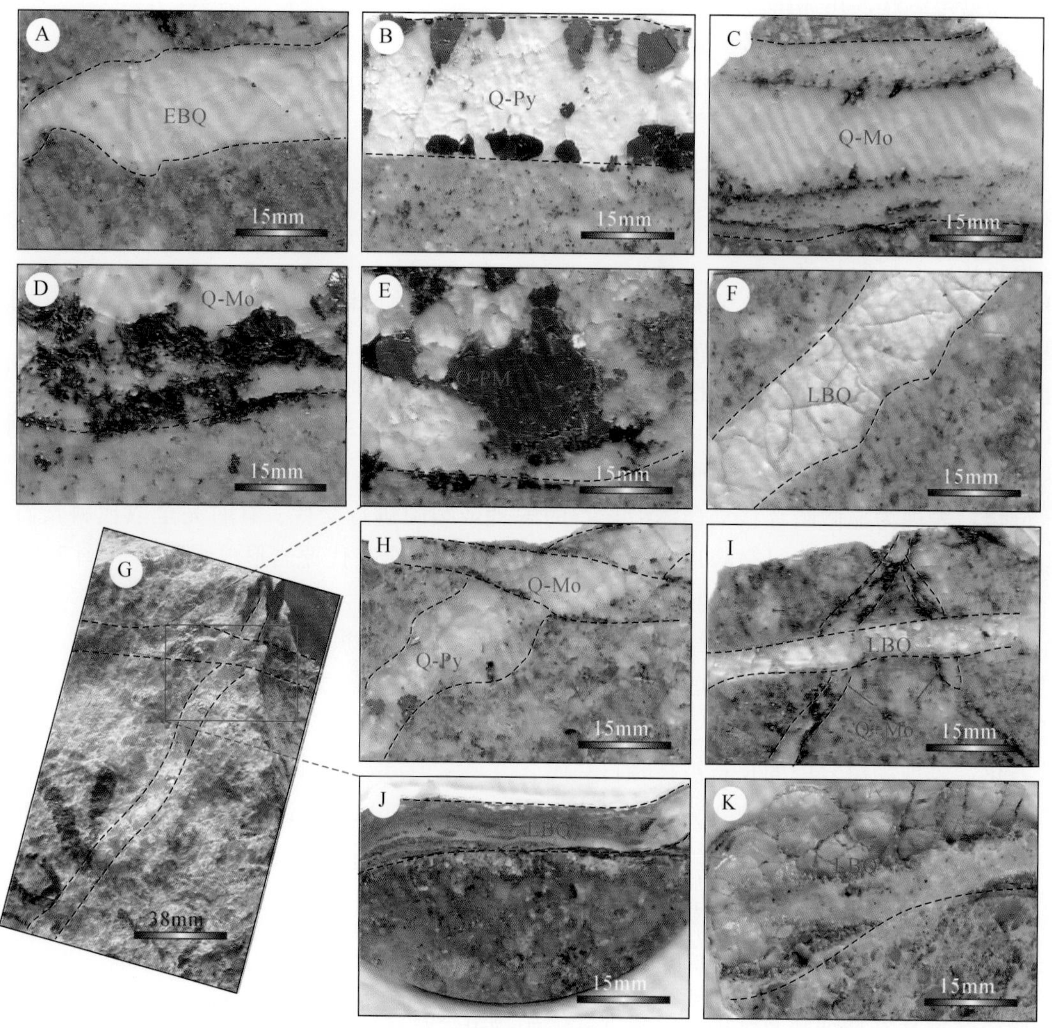

图 3.52 鱼池岭钼矿床脉体特征（李诺等，2009a）

A. 早期无矿石英脉（EBQ），石英呈乳白色；B. 石英-黄铁矿脉（Q-Py），黄铁矿沿脉壁对称分布；C. 石英-辉钼矿脉（Q-Mo），辉钼矿呈细粒晶体形成不连续的条带；D. 石英-辉钼矿脉，辉钼矿呈粗粒集合体沿脉壁分布；E. 石英-多金属硫化物脉（Q-PM），含石英、辉钼矿、黄铁矿、黄铜矿等；F. 晚期无矿脉（LBQ），石英透明度高；G 和 H 显示石英-黄铁矿脉被石英-辉钼矿脉穿插；I. 石英-辉钼矿脉被晚期无矿脉切穿；J. 晚期无矿脉（LBQ），由石英及萤石组成；K. 晚期无矿脉（LBQ），由绿色、紫色萤石组成

隙充填交代。辉钼矿往往沿脉壁分布，与绢云母关系密切。

晚期无矿脉（LBQ，图 3.52F）：该类脉体是由石英（玉髓）、方解石及萤石以不同比例充填形成的一类脉体的统称，脉宽一般 0.2～3cm。常见石英垂直脉壁生长，内部由方解石、萤石充填。此外，在石英-绿色萤石脉周围可见绢云母、绿泥石和黄铁矿组成的蚀变晕。该类脉体可切穿各种矿化石英脉(图 3.52I)。

据上述脉体矿物组合及穿插关系，厘定矿物生成顺序如图 3.53 所示。

3.3.4 流体包裹体地球化学

3.3.4.1 样品和测试

1. 样品特征

流体包裹体测试样品主要采自鱼池岭矿区 481 坑道、527 坑道及钻孔 ZK0009，样品涵盖了前述不同

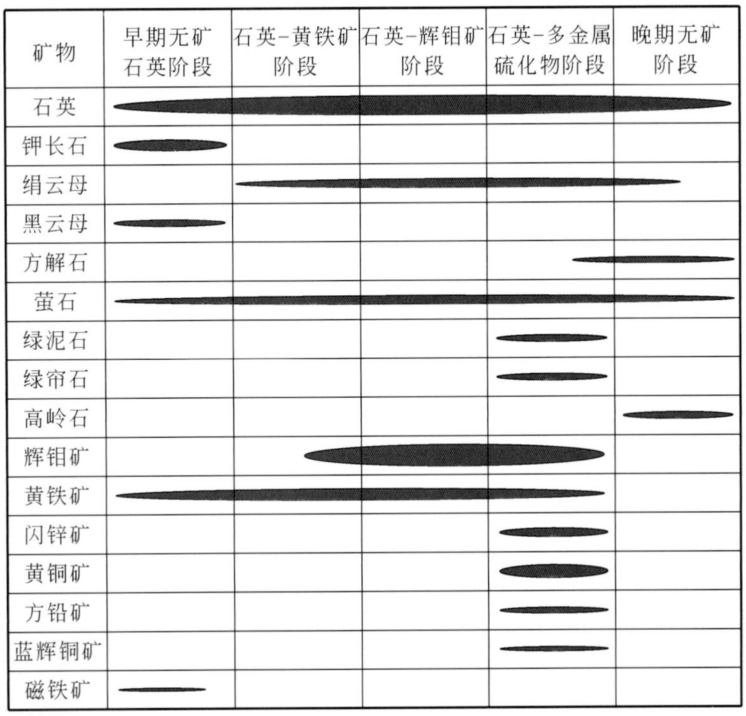

矿物	早期无矿石英阶段	石英-黄铁矿阶段	石英-辉钼矿阶段	石英-多金属硫化物阶段	晚期无矿阶段
石英					
钾长石					
绢云母					
黑云母					
方解石					
萤石					
绿泥石					
绿帘石					
高岭石					
辉钼矿					
黄铁矿					
闪锌矿					
黄铜矿					
方铅矿					
蓝辉铜矿					
磁铁矿					

图 3.53　鱼池岭钼矿床矿物生成顺序（李诺，2012）

类型、深度达 520m 的各种脉体共计 65 件。将样品磨制成双面抛光的薄片，在矿相学和流体包裹体岩相学观察的基础上，选择有代表性的样品 21 件进行了详细的显微热力学分析，11 件进行了激光拉曼显微探针分析，样品特征及包裹体发育情况见表 3.40。

2. 显微测温分析

流体包裹体显微测温分析在中国科学院地质与地球物理研究所流体包裹体实验室完成，使用仪器为 LINKAM THMSG600 型冷热台。测试温度范围为-196～600℃，采用美国 FLUID INC 公司提供的人工合成流体包裹体样品对冷热台进行了温度标定。仪器在-180～-120℃温度区间的测定精度为±3℃、-120～-60℃区间精度为±0.5～±2℃，-60～100℃区间精度为±0.2℃，100～600℃区间精度为±2℃。测试过程中，升温速率一般为 0.2～5℃/min，水溶液包裹体相变点附近的升温速率为<0.1℃/min，均一温度附近升温速率≤1℃/min；单个含石盐子晶包裹体组合仅升温一次，以避免重复加热造成的包裹体泄漏，加热过程中升温速率<5℃/min；含 CO_2 包裹体相变点附近升温速率<0.2℃/min，基本保证了相转变温度数据的准确性。

对于水溶液包裹体，根据测得的冰点温度（T_m），利用 Bodnar（1993）提供的方程，可获得流体的盐度。对于含石盐子矿物的包裹体，其盐度由子矿物熔化温度（$T_{m,s}$），利用 Bodnar 和 Vityk（1994）提供的方程获得。但对于以石盐子晶消失而达完全均一的包裹体，由这种方法获得的盐度通常比实际值低 3% NaCl eqv.（Bodnar and Vityk，1994）。对于含 CO_2 包裹体，由笼合物熔化温度（$T_{m,clath}$），利用 Collins（1979）所提供的方法，可获得水溶液相的盐度。

3. 激光拉曼显微探针分析

单个流体包裹体成分的原位激光拉曼显微探针分析在北京大学造山带与地壳演化教育部重点实验室 Renishaw RM-1000 型激光拉曼光谱仪完成，使用 Ar 原子激光束，波长 514.5 nm，计数时间为 10s，每 $1cm^{-1}$（波数）计数一次，100～$4000cm^{-1}$全波段一次取峰，激光束斑约为 2μm，光谱分辨率±2cm。

表 3.40 鱼池岭钼矿床流体包裹体样品特征及包裹体发育情况（Li et al.，2012c）

类型	样品号	矿物组成	结构	脉宽/cm	围岩蚀变/矿化	时间	测试	流体包裹体特征	流体包裹体组合
早期无矿石英脉	ZK009-179	石英、钾长石、萤石	脉壁波状起伏，不规则，脉体厚度变化大	1.2	强烈钾化，弱绿泥石化/黄铁矿化		测温	PC 型占总数的 90% 以上；其次是 CV(6%)、W(1%)、CL(2%) 及 S 型(1%)；部分 W 型包裹体含透明子矿物；靠近辉钼矿的石英颗粒包裹体发育好	179-CV；179-CL1，2；179-S；179-W
	ZK009-313	石英	脉壁波状起伏，不规则，脉体厚度变化大	1.5	强烈钾化和绢云母化，弱碳酸盐化/黄铁矿化	被石英－黄铁矿脉切穿	测温	PC 型占总数的 92%；其次是 CV（5%）、W（1%）和 CL 型（2%）	313-PC；313-CV；313-CL；313-W，WS
	ZK009-445	石英、钾长石、磁铁矿	脉壁波状起伏，不规则	4	强烈钾化，弱绿泥石化/黄铁矿化	被石英－辉钼矿脉切穿	测温拉曼	PC 型包裹体占总数的 93%；其次是 CV(4%)、CL(2%) 和 W 型（1%）	445-PC；445-CV1，2；445-CL；445-WS
石英-黄铁矿脉	481-002B	石英、黄铁矿、萤石	脉壁平直或略弯曲，黄铁矿沿脉壁分布或位于脉内部	0.6	强烈钾化，弱绢云母化/黄铁矿化	被石英－辉钼矿脉切穿	测温，LA	以 CL 型为主（88%），其次是 CV(6%)、PC（3%）及 W 型（3%）、部分 CL 型包裹体含暗色子矿物	002B-CL
	481-002B2	石英、黄铁矿、辉钼矿	脉壁略弯曲，黄铁矿和辉钼矿浸染状分布于石英脉内部	0.7	强烈钾化，弱绢云母化/黄铁矿化		测温拉曼 LA	以 CL 型为主（85%）、含少量 CV(6%)、PC（4%）、W(3%) 及 S 型（2%）、部分 CL 型包裹体含暗色/透明子矿物	002B2-CV；002B2-CL；002B2-W1，2；002B2-S1，2
	ZK009-188	石英黄铁矿	脉壁平直，含浸染状辉钼矿	1.5	强烈钾化/黄铁矿化		测温拉曼 LA	以细小的 PC 型包裹体为主（75%），其次是 CV（14%）、CL（6%）、W（3%）及 S 型（2%）；部分 CL 型包裹体含暗色子矿物；靠近辉钼矿的石英中含负晶形的 CL 型包裹体	188-CV1，2；188-CL；188-S
	ZK009-342	石英黄铁矿	脉壁平直，黄铁矿对称分布于脉壁	2	强烈钾化，弱绿泥石化/黄铁矿化、辉钼矿化		测温 LA	以 PC 型为主（80%），含少量 CL（10%）、CV（3%）、W（5%）及 S 型（2%）；部分 CL 型含暗色子矿物	342-PC；342-CV；342-CL1，2；342-W；342-S
	ZK009-469	石英、黄铁矿、辉钼矿、绢云母	脉壁略弯曲，黄铁矿和辉钼矿浸染状分布于石英脉内部	2	强烈钾化，弱绿泥石化、萤石化、绿帘石化/黄铁矿化、辉钼矿化		测温拉曼	以 CL 型为主（>90%），含少量 PC（2%）、CV(5%) 及 W 型（3%）；CL 型含暗色子矿物	469-CV；469-CL1，2，3；469-WS

续表

类型	样品号	矿物组成	结构	脉宽/cm	围岩蚀变/矿化	时间	测试	流体包裹体特征	流体包裹体组合
石英–黄铁矿脉	ZK009-489	石英、黄铁矿、辉钼矿、绢云母、萤石	脉壁平直或略弯曲，黄铁矿浸染状分布于脉内，粗粒辉钼矿与绢云母交生	2	强烈钾化，中等绢云母化及高岭石化/黄铁矿化、辉钼矿化、黄铜矿化		测温拉曼LA	以PC型为主（90%），含少量CV（6%）、CL(2%）和W型（2%）	489-CV；489-CL；489-W，WS；
石英–辉钼矿脉	481-003B	石英、辉钼矿、黄铁矿、萤石	脉壁平直，辉钼矿呈粗粒集合体沿脉壁分布，黄铁矿和萤石浸染状分布	3.5	强烈钾化，中等绢云母化和高岭石化，弱碳酸盐化和绿泥石化/黄铁矿化、辉钼矿化	切穿早期无矿石英脉	测温	以CL型为主（>90%），含少量PC（2%）、CV（5%）及W型（3%）	003B-CV；003B-CL1，2；003B-WS
	481-008B1	石英、辉钼矿、绢云母、萤石	脉壁平直，细粒辉钼矿与绢云母沿脉壁交生	0.5	强烈钾化，弱绢云母化、萤石化、绿泥石化、绿帘石化/黄铁矿化、辉钼矿化、黄铜矿化、磁铁矿化	被晚期无矿脉切穿	测温拉曼	以CL型为主（>80%），含少量PC（3%）、CV（7%）及W型（10%）、C型含暗色/透明子矿物	008B1-CL；008B1-S
	481-009	石英、辉钼矿、黄铁矿、绢云母	脉壁平直，细粒辉钼矿与绢云母沿脉壁交生或包围黄铁矿产出	0.5	强烈钾化、弱黑云母化、绢云母化、萤石化、绿帘石化、绿泥石化/黄铁矿化、辉钼矿化、黄铜矿化		测温拉曼LA	以CL型为主（>90%、CO_2含量<20%）、含少量PC（2%）、CV（5%）和CL型（3%）；CL型可含四个暗色/透明子矿物	009CL；009-W；009-S
	527-001	石英、辉钼矿、绢云母	脉壁略弯曲，细粒辉钼矿集合体浸染状产于石英脉内部	0.6	强烈钾化和绢云母化，弱绿泥石化、绿帘石化、萤石化/黄铁矿化		测温	以W型为主（>90%），含少量S型（6%）及PC型（<4%），未见CL和CV型；靠近辉钼矿的石英中包裹体发育较好	001-W1，2，3，4
	527-002A	石英、辉钼矿、黄铁矿	脉壁平直，细粒辉钼矿浸染状分布于脉体内部或脉壁，自形黄铁矿浸染状分布于脉内部	0.9	强烈钾化、中等绢云母化及高岭石化，弱碳酸盐化及绿泥石化/黄铁矿化、辉钼矿化		测温拉曼	以CL型为主（>90%），含少量PC（2%）、CV（5%）及W型（3%）、CL型含透明子矿物	002A-W；002A-S

续表

类型	样品号	矿物组成	结构	脉宽/cm	围岩蚀变/矿化	时间	测试	流体包裹体特征	流体包裹体组合
石英-辉钼矿脉	ZK009-203	石英辉钼矿	脉壁平直，细粒辉钼矿呈不连续分布的条带产出	5	强烈钾化、弱绿泥石化及萤石化/黄铁矿化、辉钼矿化		测温	以 PC（35%）和 CL 型（>40%）为主，含少量 CV（15%）、W（7%）和 S 型（<3%）；CL 型含暗色子矿物	203CV；203-CL1，2；203-W，WS；203-S
石英-辉钼矿脉	ZK009-255	石英辉钼矿	脉壁平直，辉钼矿浸染状分布于脉体内部	0.8	强烈钾化、弱绢云母化、绿泥石化/黄铁矿化、黄铜矿化、辉钼矿化		测温	以 CL 型为主（>90%），含少量 PC（2%）、CV（4%）、W（3%）和 S 型（1%）、CL 型包裹体含暗色/透明子矿物	255-PC；255-CL；255-S
石英-辉钼矿脉	ZK009-341	石英、辉钼矿、黄铁矿、萤石	脉壁平直，细粒辉钼矿呈不连续的条带产出	2.8	强烈钾化、绢云母化和碳酸盐化/黄铁矿化、辉钼矿化		测温	以 W（>70%）和 CL 型为主（25%），含少量 S（<3%）和 PC 型（<2%）；辉钼矿附近石英中见负晶形的 W 和 S 型包裹体	341-CL
石英-多金属硫化物脉	481-003A	石英、辉钼矿、黄铁矿、黄铜矿、闪锌矿、方铅矿	脉壁平直，辉钼矿沿脉壁分布或浸染状分布于脉体内部，见黄铁矿被辉钼矿、方铅矿、黄铜矿和闪锌矿包围；黄铜矿、闪锌矿和方铅矿常沿黄铁矿裂隙分布	3.5	强烈钾化/黄铁矿化		测温拉曼	以 W 型为主（>90%），含少量 CL 型（<10%）	003A-W1，2
石英-多金属硫化物脉	527-015	石英、辉钼矿、黄铁矿、黄铜矿、闪锌矿、方铅矿、绢云母	脉壁平直，辉钼矿沿脉壁分布或浸染状分布于脉体内部，见黄铁矿被辉钼矿、方铅矿、黄铜矿和闪锌矿包围；黄铜矿、闪锌矿和方铅矿常沿黄铁矿裂隙分布	3	强烈钾化/黄铁矿化		测温拉曼 LA	以 CL 型（70%）和 W 型为主（25%），含少量 PC（2%）和 CV 型（3%）	015-PC；015-CV；015-CL；015-W1，2，3；015-S
晚期无矿脉	481-018A1	石英、萤石	脉壁平直，石英垂直脉壁生长，中间被萤石充填	1.2	强烈钾化、弱绢云母化、绿帘石化/黄铁矿化	切穿石英-黄铁矿脉	测温拉曼 LA	仅含 W 型包裹体	018A1-W
晚期无矿脉	481-018A2	石英	脉壁平直，石英垂直脉壁对称生长	0.5	强烈钾化、弱绢云母化、绿帘石化/黄铁矿化	切穿石英-辉钼矿脉	测温 LA	仅含 W 型包裹体	018A2-W1，2

3.3.4.2　流体包裹体岩相学特征

Li 等（2012c）根据流体包裹体成分及其在室温及冷冻回温过程中的相态变化，将流体包裹体划分为PC、C、S和W型四种，现详述如下：

纯 CO_2 包裹体（PC型）：室温下表现为单相（图3.54A）或两相 CO_2（图3.54B），前者冷冻过程中可出现 CO_2 气相；包裹体呈长条形、椭圆形或负晶形，大小一般8～16μm。这类包裹体易与单相的水溶液包裹体混淆，但在冷冻过程中前者可出现气泡（CO_2），而后者无任何相变。

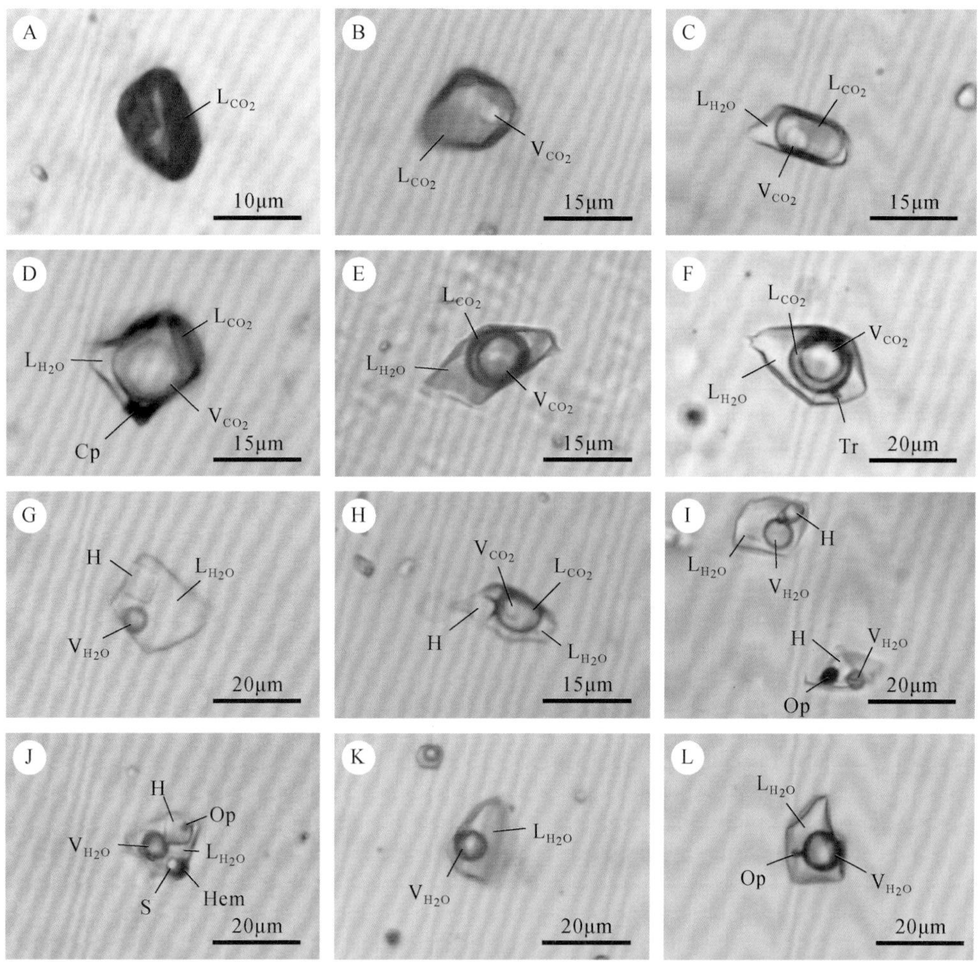

图3.54　鱼池岭钼矿床流体包裹体岩相学（李诺等，2009a）

A. PC型包裹体，仅含液相 CO_2；B. PC型包裹体，含气相 CO_2 和液相 CO_2；C. CV型包裹体，不含子矿物；D. S型包裹体，气相为 CO_2，含黄铜矿子矿物；E. CL型包裹体；F. S型包裹体，气相为 CO_2，含透明子矿物；G. S型包裹体，仅含石盐子矿物，气相成分为 H_2O；H. S型包裹体，仅含石盐子矿物，气相成分为 CO_2；I. 共生的S型包裹体，含石盐及暗色子矿物，气相成分为 H_2O；J. S型包裹体，含多个子矿物，包括石盐、钾盐、赤铁矿和未知暗色子矿物，气相成分为 H_2O；K. W型包裹体，不含子矿物；L. W型包裹体，含暗色子矿物。图中缩写：Cp. 黄铜矿；H. 石盐；Hem. 赤铁矿；Tr. 待鉴定透明子矿物；Op. 待鉴定暗色子矿物；S. 钾盐；L_{CO_2}. 液相 CO_2；L_{H_2O}. 液相 H_2O；V_{CO_2}. 气相 CO_2；V_{H_2O}. 气相 H_2O

含 CO_2 包裹体（C型）：室温下表现为两相（$L_{H_2O}+L_{CO_2}$）或三相（$L_{H_2O}+L_{CO_2}\pm V_{CO_2}$）。按 CO_2 含量可进一步划分为CV型（图3.54C、图3.54E）和CL型（图3.54E）。前者的 CO_2 相（$L_{CO_2}+V_{CO_2}$）所占比例大于50%，后者 CO_2 相所占比例小于50%。该类包裹体多呈圆形或负晶形产出，直径可达26μm。

含石盐子矿物包裹体（S型）：以含立方体石盐子矿物为特征，多椭圆形或负晶形，长轴长度7～16μm。其气相成分可以为 H_2O 或 CO_2，但气相所占比例普遍较小（室温下<25%，多数<10%）。多数S

型包裹体仅含石盐子矿物（图3.54F、图3.54G、图3.54H），偶见钾盐（图3.54J）。个别包裹体可含多个暗色/透明子矿物，包括黄铜矿、赤铁矿等，加热过程中不熔化。

水溶液包裹体（W型）：多数包裹体室温下表现为气、液两相（$L_{H_2O}+V_{H_2O}$，图3.54K），气液比一般5%~40%；常呈椭圆形、长条形或不规则状产出，大小4~25μm。部分包裹体可完全由气相充填而呈单相特征。此外，亦有部分水溶液包裹体含一个或多个暗色/透明子矿物（图3.54L），这些子矿物在加热过程中不熔化。

上述不同类型的包裹体在成矿作用的不同阶段发育情况具明显差异（表3.40）。PC型包裹体是早期无矿石英脉中主要的包裹体类型，占包裹体总量的90%以上，在其他类型的石英脉中PC型较为罕见。晚期无矿脉中未见PC型包裹体。总体上，PC型包裹体孤立分布或成群分布，属原生成因。

除晚期无矿脉外，各类脉体中均见CV和CL型包裹体。早期无矿石英脉中CV和CL型包裹体常呈线性沿裂隙分布，并切穿石英颗粒边界，显示为次生成因。这些包裹体中未见子矿物。在石英-黄铁矿脉、石英-辉钼矿脉及石英-多金属硫化物脉中，CV和CL型包裹体往往成群分布，且石英-黄铁矿脉及石英-辉钼矿脉中部分包裹体含子矿物。总体上，CL型包裹体分布更为普遍。CV和CL型包裹体间未见明显穿插关系，但CV型包裹体通常较CL型形成温度更高。

S型包裹体见于含硫化物的石英脉中，但含量较少。石英-辉钼矿脉中与辉钼矿交生的石英中往往S型包裹体更为发育，个体更大。总体上，早期无矿石英脉和石英-多金属硫化物脉中的S型包裹体仅含石盐子矿物，而石英-黄铁矿脉和石英-辉钼矿脉中的S型包裹体常见黄铜矿、赤铁矿等子矿物，且含多个子矿物的S型包裹体与仅含石盐子矿物的包裹体共生，其气液相均一温度及石盐熔化温度均相似（见后）。

W型包裹体形成最晚。该类包裹体可呈次生包裹体群出现于早期无矿石英脉中，亦可作为原生包裹体产于其他各类脉体中。石英-辉钼矿脉中部分W型包裹体含暗色子矿物，但其均一温度与不含子矿物的W型包裹体无任何差异。W型包裹体作为晚期无矿脉中唯一的包裹体类型出现，亦可呈次生线状产于早期的各种脉体内。

3.3.4.3 显微测温结果

对鱼池岭钼矿床不同成矿阶段的流体包裹体进行了详细的显微测温分析，结果列于表3.41及图3.55。

表3.41 鱼池岭钼矿床流体包裹体测温数据（Li et al.，2012c）

脉体类型	类型	数量	$T_{m,ice}$/℃	$T_{m,clath}$/℃	T_{m,CO_2}/℃	$T_{m,s}$/℃	$T_{h,TOT}$/℃	盐度/(% NaCl eqv.)
EBQ	W	28	-7.5~-0.5				217~357	0.9~11.1
	PC	15			10.4~28.7			
	C	47		2.6~8.7	14.1~31.0		170~416	2.6~12.4
	S	25				206~457	154~457	30~54
Q-Py	W	8	-12.2~-5.9				205~384	9.1~16.2
	PC	2			29.8，27.5			
	C	37		4.3~8.2	23.0~31.1		206~449	3.5~10.0
	S	3					237~316	
Q-Mo	W	77	-9.4~-0.1				151~423	0.2~13.3
	PC	3			16.2~28.7			
	C	79		3.3~9.4	17.9~30.3		219~430	1.2~11.5
	S	62				188~446	163~446	31~53

续表

脉体类型	类型	数量	$T_{m,ice}$/℃	$T_{m,clath}$/℃	T_{m,CO_2}/℃	$T_{m,s}$/℃	$T_{h,TOT}$/℃	盐度/(% NaCl eqv.)
Q-PM	W	42	-5.9～-1.7				168～405	2.9～9.1
	PC	4			8.3～18.3			
	C	36		6.3～9.5	24.2～29.8		195～397	1.0～6.9
	S	4				203～251	203～291	32～35
LBQ	W	191	-7.0～-0.2				109～223	0.4～10.5

注：$T_{m,ice}$为冰点；$T_{m,clath}$为笼合物熔化温度；T_{m,CO_2}为 CO_2 部分均一温度；$T_{m,s}$为盐类子矿物熔化温度；$T_{h,TOT}$为完全均一温度。

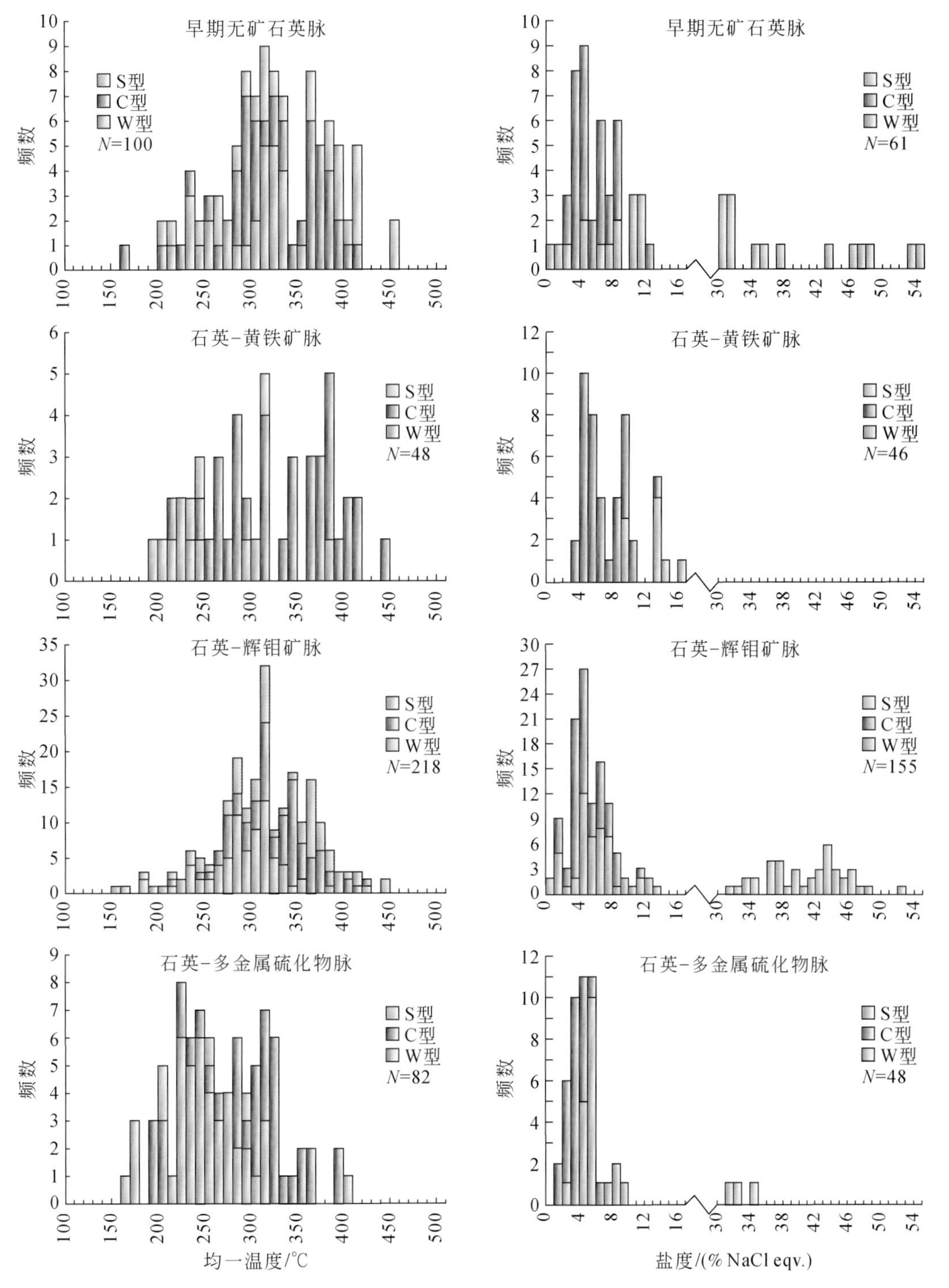

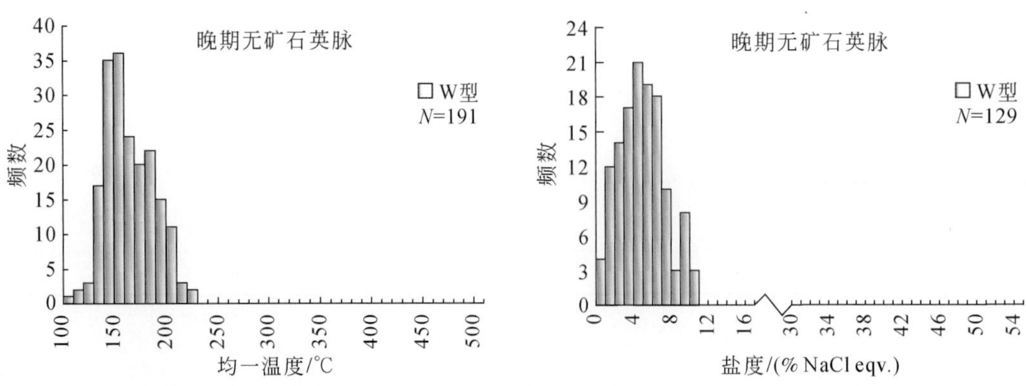

图 3.55　鱼池岭钼矿床流体包裹体均一温度和盐度直方图（李诺等，2009a）

早期无矿石英脉：PC 型包裹体的固态 CO_2 熔化温度变化于-56.8～-56.6℃之间，接近 CO_2 的三相点（-56.6℃）；均一温度介于 10.4～28.7℃之间，表明其密度变化较大。C 型包裹体的固态 CO_2 的初熔温度为-59.8～-56.8℃，笼合物熔化温度介于 2.6～8.7℃之间，据此计算获得流体相盐度为 2.6%～12.4% NaCl eqv.；CO_2 相部分均一温度介于 14.1～31.0℃之间，其均一方式有三种：向气相均一、向液相均一和临界均一；加热至 170～416℃时，包裹体达到完全均一，而其均一方式亦见向气相均一和向液相均一共存；加热过程中，部分充填度较高的包裹体在完全均一前发生爆裂，获得的爆裂温度集中于 360～400℃之间。S 型包裹体中可熔子矿物以石盐为主，偶见钾盐，子矿物熔化温度为 154～457℃，而暗色粒状及部分透明粒状子矿物加热过程中无变化；由盐类子矿物熔化温度获得 S 型包裹体盐度范围为 30%～54% NaCl eqv.；加热过程中气泡先消失，子矿物后消失，在均一温度-盐度图解中，该类包裹体全部沿石盐饱和曲线分布（图 3.56）。W 型包裹体的冰点温度变化于-7.5～-0.5℃，对应的流体相盐度为 0.9%～11.1% NaCl eqv.；包裹体向液相均一，均一温度介于 217～357℃之间。

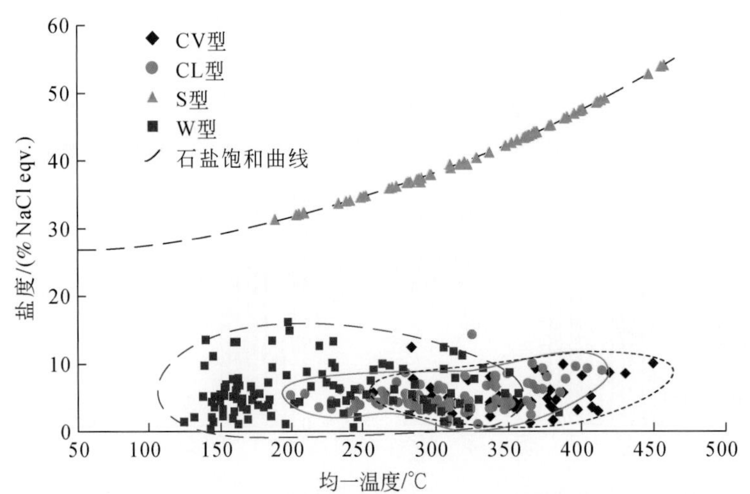

图 3.56　鱼池岭钼矿床流体包裹体均一温度-盐度直方图（Li et al.，2012c）

石英-黄铁矿脉：PC 型包裹体含量降低，获得两个包裹体的 CO_2 相均一温度分别为 29.8℃和 27.5℃。对于 C 型包裹体，其笼合物消失温度变化于 4.3～8.2℃，CO_2 相部分均一温度介于 23.0～31.1℃之间，部分均一方式以向液相均一为主，偶见向气相均一和临界均一；完全均一温度变化于 206～449℃，均一方式见向气相均一和向液相均一共存；据笼合物熔化温度获得该类包裹体流体相盐度变化于 3.5%～10.0% NaCl eqv.。该类型脉体中 S 型包裹体含量较少且个体较小，难以进行显微热力学分析；仅获得三个含暗色或透明不熔子矿物的气泡消失温度，分别为 237℃、243℃和 316℃。W 型包裹体冰点温度变化于

-12.2～-5.9℃，相应的盐度为9.1%～16.2% NaCl eqv.；包裹体向液相均一，均一温度为205～384℃。在石英-黄铁矿脉中，不同类型或同种类型而充填度不同的包裹体共存，其均一温度相近而均一方式多样，显示了强烈的流体不混溶特征。

石英-辉钼矿脉：偶见PC型包裹体，获得三个包裹体的均一温度分别为16.2℃、25.5℃和28.7℃，全部向液相均一。C型包裹体极为发育，其笼合物熔化温度一般3.3～9.4℃，相应的流体相盐度为1.2%～11.5% NaCl eqv.；CO_2部分均一温度集中于17.9～30.3℃，向气相均一、向液相均一和临界均一三种均一方式并存；完全均一温度为219～430℃，可向气相均一或向液相均一。S型包裹体一般个体较小，子矿物以石盐为主，见钾盐、透明及暗色粒状子矿物；可溶盐类消失温度变化于163～446℃之间，据此获得流体相盐度为31%～53% NaCl eqv.；均一方式为气泡先消失，子矿物后消失。W型包裹体冰点温度-9.4～-0.1℃，对应的流体盐度为0.2%～13.3% NaCl eqv.；包裹体向液相均一，完全均一温度变化于151～423℃。该阶段流体不混溶强烈。

石英-多金属硫化物脉：以W型包裹体占主导，其冰点温度为-5.9～-1.7℃，相应盐度为2.9%～9.1% NaCl eqv.；均一温度变化于168～405℃。PC型包裹体较少，其均一温度变化于8.3～18.3℃，向液相均一。C型包裹体较为发育，其笼合物熔化温度变化于6.3～9.5℃，相应的流体相盐度为1.0%～6.9% NaCl eqv.；CO_2相部分均一温度集中于24.2～29.8℃；195～397℃范围内达完全均一，向气相均一和向液相均一并存。S型包裹体十分细小，子矿物以石盐为主，见不溶透明粒状子矿物；加热过程中以盐类子矿物消失达完全均一，均一温度范围为203～291℃，对应流体相盐度为32%～35% NaCl eqv.。

晚期无矿石英脉：仅见W型包裹体，其冰点温度变化于-7.0～-0.2℃，盐度为0.4%～10.5% NaCl eqv.；包裹体向液相均一，均一温度为109～223℃。

3.3.4.4　包裹体成分分析

单个包裹体气液相成分的定性检测由激光拉曼显微探针分析获得（李诺等，2009a）。结果显示，W型包裹体中仅含纯H_2O（图3.57A），而PC型包裹体仅含CO_2（图3.57B）。CV型和CL型包裹体的气、液相成分仅见CO_2和H_2O峰（图3.57C、D），未见其他组分。W型和S型包裹体的分析结果亦未见除CO_2和H_2O外其他组分的存在。

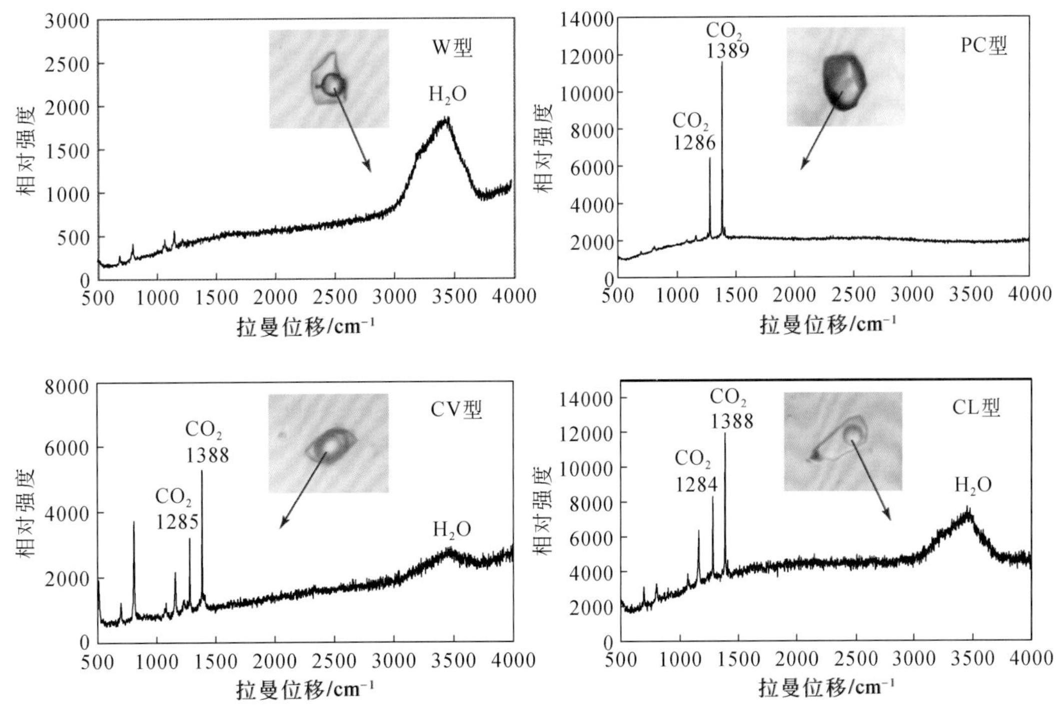

图3.57　鱼池岭钼矿床流体包裹体激光拉曼图谱（李诺等，2009a；李诺，2012）

上述定性分析表明，鱼池岭钼矿成矿流体属 H_2O-CO_2-NaCl 体系。为定量获得包裹体的气液相成分，我们利用 Flincor 程序（Brown，1989）及 Brown 和 Lamb（1989）的公式计算了单个包裹体的 CO_2 摩尔分数（X_{CO_2}）及流体密度。

PC 型包裹体仅含 CO_2，冷冻过程中无笼合物形成。故可将其视为 X_{CO_2} 为 1 的端元。计算获得其密度为 0.53～0.84g/cm^3。

计算 CV 和 CL 型包裹体的 X_{CO_2} 需如下热力学参数：笼合物熔化温度（$T_{m,clath}$）、部分均一温度（T_{h,CO_2}）及均一方式，以及估算的 CO_2 所占体积分数。由于包裹体形状各异且展布方式不同，估算 CO_2 体积分数时误差较大（最高可达±20%，Roedder，1984；Anderson and Bodnar，1993）。获得 CV 型包裹体的 X_{CO_2} 变化于 0.26～0.48，密度变化于 0.57～0.80g/cm^3；CL 型包裹体的 X_{CO_2} 变化于 0.03～0.12，密度变化于 0.75～0.98g/cm^3。

S 型包裹体的气相组分为 CO_2 或 H_2O。严格意义上，S 型包裹体应视为 H_2O-CO_2-NaCl 体系。然而，目前尚无该体系高盐度部分的实验数据可供参考。考虑到 S 型包裹体气相所占比例较小（多数<10%），我们将其简化为 H_2O-NaCl 体系处理。据此获得 S 型包裹体密度变化于 1.01～1.26g/cm^3，集中于 1.24～1.26g/cm^3。

3.3.4.5 成矿流体性质和演化

1. 流体不混溶与成矿压力估算

斑岩型矿床往往发育典型的不混溶包裹体组合，表现为低盐度富气相包裹体与高盐度含石盐子矿物包裹体共生。这为估算流体捕获条件提供了可能（Ulrich et al.，2002；Klemm et al.，2007；Rusk and Reed，2008）。然而，上述不混溶特征在鱼池岭钼矿并不发育。该矿床含石盐子矿物的 S 型包裹体分布局限，且鲜与富气相包裹体共生。并且，这些 S 型包裹体全部通过石盐子矿物熔化达完全均一，表明 S 型包裹体不可能形成于 H_2O-NaCl 的两相共存区。对于这种以石盐子矿物消失而达完全均一的包裹体，其成因尚存在争议，主要有如下三种观点：①包裹体形成后经历了后期改造（Audétat and Günther，1999）；②包裹体形成时捕获了先成的石盐晶体（Wilson et al.，1980；Rowe，2005）；③代表了高压条件下的均匀捕获（Bodnar，1994；Cline and Bodnar，1994；Becker et al.，2008）。对于鱼池岭钼矿床，以石盐子矿物消失而达完全均一的 S 型包裹体从不出现于沸腾包裹体群中，并且所有用于测温的包裹体未显示明显的后期改造痕迹。此外，S 型包裹体的盐度和均一温度并不随包裹体大小、形状发生系统性变化，亦表明不存在后期改造。假若包裹体捕获了先存的石盐晶体，则相同的气液相均一温度下，不同包裹体的石盐熔化温度应存在较大变化，且不同的均一方式（包括通过石盐熔化而均一、通过气泡消失而均一、通过气泡与石盐同时消失而均一）将共存。同时，这类包裹体的 Na/K 值亦应变化较大，且 Na/K 值应显著高于不含石盐子矿物的包裹体。然而，鱼池岭钼矿中 S 型包裹体显示一致的完全均一方式，同一包裹体组合内 S 型包裹体的气液相均一温度变化非常大，而其 Na/K 值的变化反而比 C 型包裹体还要小。此外，在寄主矿物石英及萤石中并未发现有石盐晶体存在。故认为石盐晶体的偶然捕获模型不能够用于解释鱼池岭钼矿中 S 型包裹体的成因。因此，我们更倾向于第三种解释，即 S 型包裹体捕获于气液两相线之上的高压区（Bodnar，1994；Cline and Bodnar，1994；Becker et al.，2008）。采用 Becker 等（2008）提供的方程，获得气液相均一温度在 150～500℃，石盐子矿物熔化温度在 275～550℃的 5 个包裹体组合（002B2-S、188-S、009-S、203-S 和 255-S）的最小捕获压力介于 260～328MPa 之间。

据 Diamond（1994），如果流体包裹体形成于不混溶的两相区，则由端元组分的热力学数据及等容线可估算包裹体的捕获压力。对于鱼池岭钼矿，其石英-黄铁矿脉和石英-辉钼矿脉常见共存的 CV 和 CL 型包裹体，且 CO_2 含量及均一方式不同，但完全均一温度相近，可作为流体不混溶的证据。据此，利用 Flincor 程序（Brown，1989）及 Bower 和 Helgeson（1983）提供的公式，计算获得石英-黄铁矿脉的形成条件为 47～159MPa，360～400℃（图 3.58B）；石英-辉钼矿的形成压力为 39～137MPa，温度为 340～380℃（图 3.58C）。

早期无矿石英脉中原生包裹体较为细小，且以PC型为主。这种包裹体在30.9℃之前即完全均一。对于CV型包裹体，由于个体细小且H_2O含量较低，多数包裹体在完全均一之前即发生爆裂。因此，我们无法获得直接的均一温度数据。以呈次生产出的C型包裹体的最高温度作为捕获温度下限，由PC型包裹体的等容线获得该阶段的最低捕获压力范围为133～220MPa（图3.58A）。

在石英-多金属硫化物和晚期无矿石英脉中未见显著的流体不混溶现象，且无可利用的独立捕获温度数据。因此，我们无法直接获得包裹体的捕获压力数据。然而，假定获得的均一温度为最小捕获温度，由包裹体等容线可获得包裹体捕获时的最小压力（Roedder and Bodnar 1980；Brown and Hagemann, 1995）。对于石英-多金属硫化物脉，由C型包裹体的等容线及均一温度（260～300℃）获得其最小捕获压力为32～110MPa（图3.58D）。

对于晚期无矿石英脉，由W型包裹体的等容线及均一温度（140～180℃）获得最小捕获压力为18～82MPa（图3.58E）。

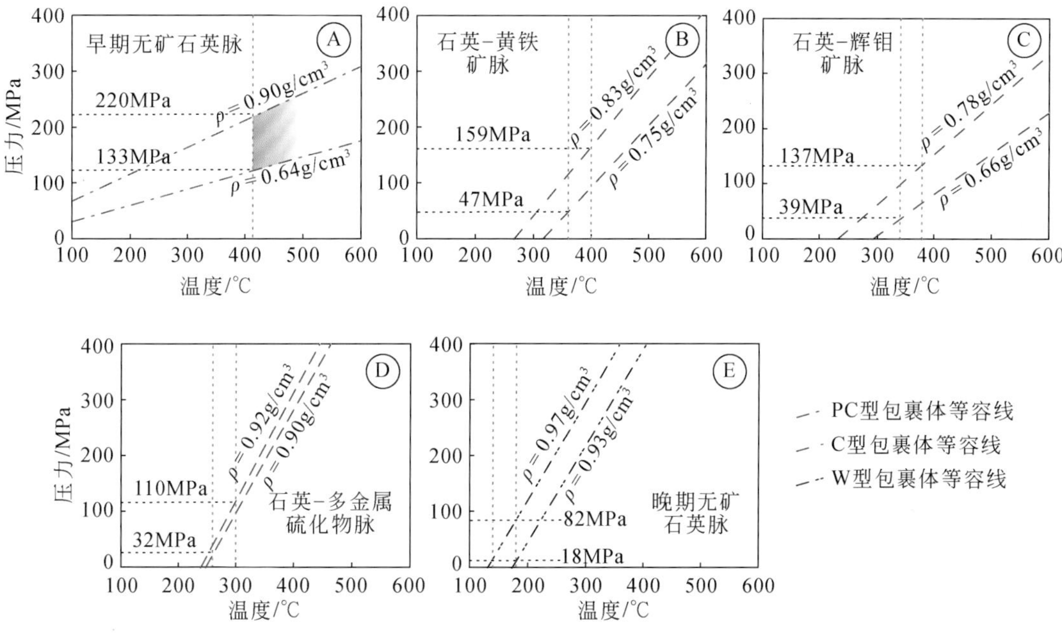

图3.58　鱼池岭钼矿床流体包裹体压力估算（Li et al., 2012c）

上述压力范围亦与Bowers和Helgeson（1983）的结论相符合，即：对于盐度为6% NaCl eqv.的H_2O-CO_2流体，在<100MPa时将形成不混溶的高盐度含石盐子矿物包裹体和低盐度的含CO_2包裹体，而>100MPa条件下则形成不混溶的低盐度H_2O-CO_2包裹体，但缺乏高盐度的石盐子矿物包裹体。

2. 流体演化与成矿

据Lowenstern（2001），许多岩浆为气体饱和体系。在地壳压力范围内，CO_2可以分子形式溶解于酸性岩浆中。当这种岩浆上升至1～4km深度（即多数斑岩矿床的成矿深度），将发生流体出溶，形成低盐度、富CO_2的气相。鱼池岭钼矿早期无矿石英脉中占主导地位的纯CO_2包裹体（PC型）即可能代表了这种由结晶岩浆在深度较大时直接出溶形成的单相流体。然而由于缺乏上述包裹体的热力学及成分数据，我们未能对初始成矿流体的物理化学条件予以直接约束。当这种初始成矿流体演化至380～420℃，压力为133～220MPa时，沉淀出早期无矿石英脉。

早期无矿石英脉的形成导致斑岩系统裂隙减少，渗透率降低，促使系统压力升高（Fournier, 1999）。随压力的升高，原始成矿流体跨越温度-压力图解的临界曲线向液相区移动，导致了流体系统中PC型包裹体减少，而富气相的CV型包裹体增多，流体系统向高密度、低挥发分含量（CO_2）方向移动（Heinrich et al., 2004）。一旦上述流体在上升、冷却过程中进入两相区，将诱发流体不混溶，形成具不同

CO_2 含量的包裹体。此即我们观测到的石英–黄铁矿脉中的流体包裹体组合：以 CV 和 CL 型为主，含少量 PC 型。据显微测温数据厘定该类脉体形成温度为 360 ~ 400℃，压力为 47 ~ 159MPa，流体中 CO_2 含量降低至 8mol%。

随流体的演化及水岩作用的进行，流体系统的挥发分进一步逸失，CV 型包裹体发生“收缩”而逐步向 CL 型包裹体演化。LA-ICP-MS 分析结果显示 CL 型与 CV 型包裹体的成分具很大相似性（详见 7.10 节），进一步支持了上述成因演化关系。当石英–辉钼矿脉形成时，包裹体渐以 CL 型占主导，CV 及 W 型偶见。该类脉体形成温度为 340 ~ 380℃，压力 39 ~ 137MPa，CO_2 含量大致为 7mol%；远低于早期无矿石英脉及石英–黄铁矿脉，表明温度、压力的降低可能是辉钼矿大量沉淀的主要诱因。

石英–多金属硫化物阶段，包裹体以 W 型为主，CL 型包裹体次之，且 CO_2 含量仅 5mol%，表明流体中 H_2O 含量增加，而 CO_2 则迅速降低。据显微测温数据估计该类脉体形成温度为 260 ~ 300℃，压力 32 ~ 110MPa，流体密度为 0.88 ~ 0.96g/cm^3。

在上述脉体形成过程中，由于 CO_2 大量逃逸、矿物沉淀及体系孔隙度的降低，系统压力迅速增加，从而使成矿流体进入高压区形成 S 型包裹体。一旦流体内压大于上覆围岩压力，流体强烈沸腾导致局部围岩、脉体发生碎裂，并以角砾形式被石英、绢云母、黄铁矿、辉钼矿等热液矿物胶结，形成热液角砾岩。

晚期无矿脉中仅见 W 型包裹体，流体温度变化于 140 ~ 180℃，密度 0.93 ~ 0.96g/cm^3，可能主要源自早期高温气相的收缩。

总之，鱼池岭钼矿初始成矿热液为 H_2O-CO_2-NaCl 体系的富气相流体，具高温、富 CO_2 的特征，经温度降低、压力减小、流体不混溶、CO_2 逸失等过程演化为导致大量金属硫化物沉淀的流体，再通过气体收缩，演化为晚期低温、低盐度、贫 CO_2 的富液相 H_2O-NaCl 流体。

3.3.5 矿床同位素地球化学

3.3.5.1 氢氧同位素分析

周珂（2010）对采自鱼池岭钼矿不同成矿阶段的 11 件石英样品进行了 H、O 同位素分析，结果列于表 3.42。

表 3.42 鱼池岭钼矿床氢氧同位素特征（SMOW 标准，周珂，2010）

样品号	样品特征	$\delta^{18}O_{石英}$/‰	$\delta D_{水}$/‰	T_h/℃ *	$\delta^{18}O_{水}$/‰ *	T_h/℃ **	$\delta^{18}O_{水}$/‰ **
PD532-B6	石英–辉钼矿脉	8.2	−85	300	1.34	330	2.3
PD532-B2	石英–辉钼矿脉	8.5	−86	272	0.57	330	2.6
PD477-B2	石英–辉钼矿脉	8.4	−95	280	0.79	330	2.5
PD477-B3	石英–辉钼矿脉	8.9	−98	280	1.29	330	3.0
PD477-B6	石英–辉钼矿脉	8.6	−88	280	0.99	330	2.7
PD494-B6	石英–辉钼矿脉	7.9	−91	280	0.29	330	2.0
PD583-B3	石英–黄铁矿脉	7.1	−89	226	−3.00	270	−1.0
PD477-B4	石英–黄铁矿脉	5.4	−92	285	−2.02	270	−2.7
PD494-B4	石英–黄铁矿脉	9.1	−96	226	−1.00	270	1.0
PD590-B17	石英–黄铁矿脉	9.1	−102	225	−1.06	270	1.0
PD590-B15	石英–黄铁矿脉	9.2	−89	226	−0.90	270	1.1

* 周轲（2010）计算所用温度及结果，采用 Matsuhisa（1979）的公式：$1000\ln\alpha_{石英-水}=-3.31+3.34\times10^6/T^2$。

** 本书重新计算所用温度及结果，采用 Clayton 等（1972）的公式：$1000\ln\alpha_{石英-水}=3.38\times10^6/T^2-3.40$。

分析结果表明，石英的 $\delta^{18}O_{石英}$ 变化于 5.4‰ ~ 9.2‰，平均 8.2‰；包裹体中水的 $\delta D_{水}$ 变化范围为

-102‰~-85‰，平均-92‰。根据流体包裹体的均一温度，周轲（2010）采用 Matsuhisa（1979）的公式：$1000\ln\alpha_{石英-水}=-3.31+3.34\times10^6/T^2$，计算获得与石英平衡的水的 $\delta^{18}O_{水}$ 变化于-3.0‰~1.3‰，平均-0.3‰（表3.42）。然而，周轲（2010）所用温度数值明显偏低。因此，我们对周轲（2010）的数据重新进行了计算，所用石英-辉钼矿脉和石英-黄铁矿脉的形成温度分别为330℃和270℃，所用公式为：$1000\ln\alpha_{石英-水}=3.38\times10^6/T^2-3.40$（Clayton et al.，1972），获得的结果列于表3.42。在氢氧同位素图解中，数据点基本落在岩浆水与大气降水之间（图3.59），但包裹体中水的 $\delta D_{水}$ 明显低于正常岩浆水的范围（-80‰~-50‰，郑永飞和陈江峰，2000），表明成矿流体以岩浆水为主，同时有少量大气降水的参与。这亦与流体包裹体岩相学观察结果相符合，即各阶段石英中常见次生的水溶液包裹体。

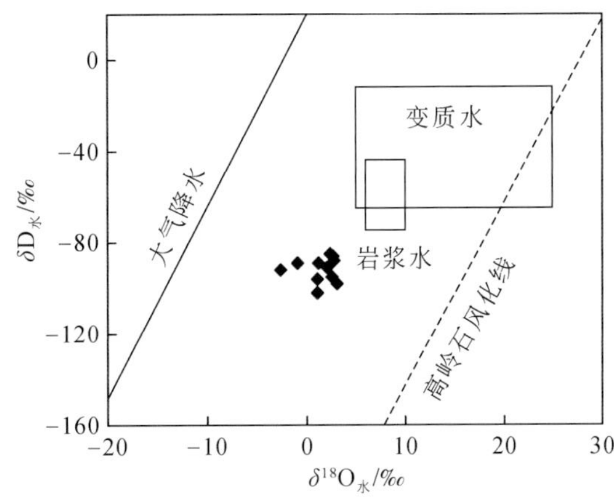

图3.59　鱼池岭钼矿床氢氧同位素图解（数据引自表3.42）

3.3.5.2　硫同位素特征

周珂（2010）对鱼池岭钼矿床13件硫化物样品进行了硫同位素研究，分析结果见表3.43。7件黄铁矿样品的 $\delta^{34}S$ 均为正值，变化于0.9‰~4.0‰，平均2.3‰；6件辉钼矿样品中，除一件样品给出的 $\delta^{34}S$ 为-6.0‰外，其余5件样品的 $\delta^{34}S$ 较为接近，变化于-1.2‰~1.5‰，平均-0.9‰。上述结果显示矿石中硫同位素组成较为集中，基本接近于0（图3.60），表明硫来源较为单一，以幔源硫为主。

表3.43　鱼池岭钼矿硫化物硫同位素特征（V-CDT标准，周珂，2010）

样品号	矿物	$\delta^{34}S$/‰	样品号	矿物	$\delta^{34}S$/‰
PD590-B7	黄铁矿	1.3	PD628	辉钼矿	-1.2
PD590-B14	黄铁矿	3.6	PD587-6	辉钼矿	0.4
PD590-B17	黄铁矿	1.2	PD587-1	辉钼矿	1.5
PD590-B0	黄铁矿	0.9	PD587-5	辉钼矿	-6.0
PD583-B3	黄铁矿	3.3	PD620-1	辉钼矿	-1.2
PD477-B4	黄铁矿	2.0	PD477	辉钼矿	1.3
PD660-B3	黄铁矿	4.0			

3.3.5.3　成矿物质来源

氢氧同位素研究结果表明，形成石英-辉钼矿脉、石英-黄铁矿脉的成矿流体以岩浆水为主，但混有部分大气降水。而来自流体包裹体的观察亦支持上述结论：在石英-辉钼矿脉及石英-黄铁矿脉中发育纯 CO_2 包裹体、含 CO_2 包裹体、含子矿物多相包裹体及水溶液包裹体，符合典型岩浆热液流体系统的包裹体组合特征（陈衍景和李诺，2009）；成矿流体高温（可达449℃，表3.41）、高盐度（最高53% NaCl eqv.,

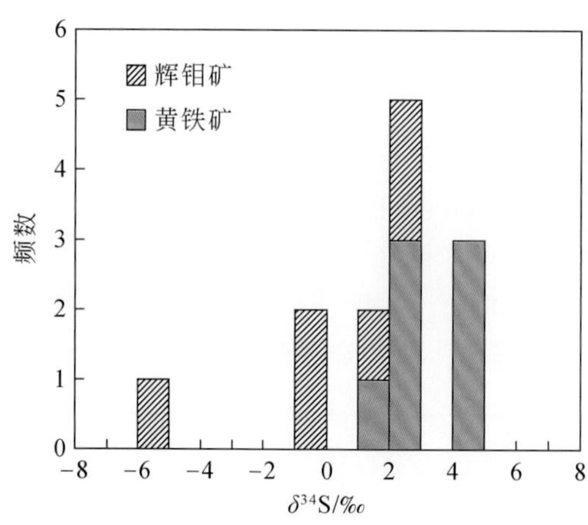

图 3.60　鱼池岭钼矿床硫同位素直方图（数据引自表 3.43）

表 3.41）、富 CO_2（以纯 CO_2 包裹体及含 CO_2 包裹体的发育为标志）的特征亦支持其岩浆热液属性。然而，在该阶段石英中尚发育部分次生的水溶液包裹体，其温度（可低至 151℃，表 3.41）、盐度（可低至 0.2% NaCl eqv.）明显较低，显示了后期大气降水的叠加。这亦与热液石英中流体的 δD 值显著较正常岩浆水偏低的特征相吻合（图 3.59）。因此，结合流体包裹体和氢氧同位素研究结果，认为鱼池岭钼矿床成矿流体以岩浆水为主，并伴有大气降水热液的混入。

周轲（2010）发现鱼池岭钼矿中黄铁矿和辉钼矿样品的 $\delta^{34}S$ 变化范围较窄（介于−6.0‰～1.5‰之间），集中于0 附近，符合幔源硫的特征。然而，在 13 件测试样品中，7 件黄铁矿样品的 $\delta^{34}S$（变化于 0.9‰～4.0‰）显著高于6 件辉钼矿样品的 $\delta^{34}S$（变化于−6.0‰～1.5‰）（图 3.59）。这一特征显著区别于平衡条件下辉钼矿的 $\delta^{34}S$ 高于黄铁矿的特征（Ohmoto and Rye，1979；Ohmoto and Lasaga，1982；Ohmoto and Goldhaber，1997 及其引文），指示硫化物沉淀过程中硫同位素的分馏未能达到平衡，或二者非同期矿化产物。由于周珂（2010）未能详细描述样品特征，我们对导致该现象的原因尚无从判断。

3.3.6　成矿年代学

3.3.6.1　辉钼矿 Re-Os 同位素定年

1）样品及测试方法

用于 Re-Os 同位素测试的 5 件辉钼矿样品来自鱼池岭钼矿 481（坐标：33°57′33″E，111°51′37″N）和 527（坐标：33°57′26″E，111°51′44″N）坑道。样品 YCL0701 与用于 $^{40}Ar/^{39}Ar$ 同位素定年的黑云母为同一样品，其中辉钼矿呈粗粒浸染状分布于钾化围岩中。YCL0703 为含少量辉钼矿的石英–黄铁矿脉，辉钼矿呈自形鳞片状沿脉壁分布。YCL0715A 和 YCL0722 为石英–辉钼矿脉，辉钼矿呈不连续的条带状分布，其中前者含少量黄铁矿。YCL0707 遭受了强烈的钾长石化和绢云母化，辉钼矿呈细粒浸染状分布。

样品经粉碎、分离、粗选和精选，获得了纯度>99% 的辉钼矿单矿物。辉钼矿样品分解和 Re、Os 纯化前处理等工作在中国科学院广州地球化学研究所同位素年代学和地球化学重点实验室完成，Re、Os 含量 ICP-MS 分析在长安大学成矿作用及其动力学开放研究实验室完成，仪器型号为 X-7 型 ICP-MS，由美国热电公司生产。样品化学前处理及测试方法主要参考杜安道等（1994），并在此基础上进行了部分改进：①称样后，依次加入 NaOH 和 Na_2O_2，置于马弗炉熔融，避免了原分解技术称样后，加 Na_2O_2熔融之前，只用 NaOH 与样品熔融时伴有的喷溅现象；②丙酮萃取 Re 后，有机相直接置于电热板上加热挥发，取代了三氯甲烷和水反萃取 Re 步骤；③从分解样品中分离纯化 Os，采用 $NaClO_4$ 氧化剂，替代了较贵的 $Ce(SO_4)_2$。因 Os 含量低，辉钼矿 Re-Os 年龄数据的可靠性关键取决于 Os 分析数据的质量。以 Os 最高价态氧化物

OsO_4水溶液进样，Os 的 ICPMS 测定灵敏度被提高了 40 倍以上（Sun et al.，2001），从而获得了准确的 Os 分析数据。实验采用国家标准物质 GBW04435 和 GBW04436 为标样，监控化学流程和分析数据的可靠性。

2）测试结果

5 件样品的 6 次分析结果列于表 3.44。获得辉钼矿中 Re 和^{187}Os含量分别为 16.80×10^{-6} ~ 81.12×10^{-6} 和 23.65×10^{-9} ~ 120.12×10^{-9}。粗粒浸染状辉钼矿（YCL0701）年龄最老，为 141.8±1.6Ma。石英-黄铁矿脉中的辉钼矿（YCL0703）给出的 Re-Os 模式年龄为 140.8±2.2Ma。形成略晚的是含少量黄铁矿的石英-辉钼矿脉（YCL0715A），其 Re-Os 模式年龄为 137.3±2.9Ma。不含黄铁矿的石英-辉钼矿脉（YCL0722）形成较含黄铁矿的同类脉体形成稍晚，Re-Os 模式年龄为 134.8±1.8Ma。上述脉体形成年龄与穿插关系一致。对呈浸染状分布于强烈钾化、绢英岩化斑岩中的细粒辉钼矿样品 YCL0707 进行了两次重复测定，给出了误差范围内一致的年龄：134.3±2.0Ma 和 133.7±1.8Ma。

表 3.44 鱼池岭钼矿床辉钼矿 Re-Os 同位素年龄（李诺等，2009b）

样号	原编号	样品重量/g	$Re/10^{-6}$		$^{187}Re/10^{-6}$		$^{187}Os/10^{-9}$		模式年龄/Ma	
			测定值	σ	测定值	σ	测定值	σ	测定值	σ
YCL0701	0704001	0.0218	81.12	0.49	50.78	0.30	120.12	0.49	141.8	1.6
YCL0703	0704003	0.0299	42.98	0.36	26.91	0.23	63.19	0.21	140.8	2.2
YCL0715A	0704015	0.0425	34.35	0.39	21.50	0.25	49.24	0.23	137.3	2.9
YCL0722	0704022	0.0536	16.80	0.13	10.52	0.08	23.65	0.06	134.8	1.8
YCL0707	0704007	0.0516	26.07	0.18	16.32	0.11	36.54	0.31	134.3	2.0
YCL0707	0704007	0.0516	26.07	0.18	16.32	0.11	36.39	0.17	133.7	1.8

注：模式年龄 t 按 $t=1/\lambda\ \ln(1+{}^{187}Os/{}^{187}Re)$ 计算，其中 $\lambda({}^{187}Re)=1.666\times10^{-11}a^{-1}$（Smoliar et al.，1996）。

3.3.6.2 成矿作用时限

辉钼矿 Re-Os 同位素定年结果显示鱼池岭钼矿化形成于较大的时间跨度：141.8 ~ 133.7Ma。来自不同脉体的辉钼矿样品揭示的脉体形成次序与我们的岩相学观察完全符合：石英-黄铁矿脉形成最早（140.8Ma），其次是含少量黄铁矿的石英-辉钼矿脉（137.3Ma）和不含黄铁矿的石英-辉钼矿脉（约 134.8Ma）。强烈钾化、绢英岩化的斑岩中呈细粒浸染状产出的辉钼矿（134Ma）与不含黄铁矿的石英-辉钼矿脉近乎同时形成，而强钾化斑岩中呈粗粒浸染状产出的辉钼矿形成最早，大致在 141.8Ma。周珂（2010）对来自同一矿床的 6 件辉钼矿样品进行了 Re-Os 定年，获得了类似的结果：5 件辉钼矿的 Re-Os 模式年龄介于 130.3±2.0 ~ 131.7±1.9Ma（加权平均年龄为 131.1±0.8Ma，MSWD=0.4），而 1 件辉钼矿则给出了 138.1±2.2Ma 的年龄。这表明辉钼矿样品间年龄差异确实存在，而非实验误差所致。考虑到分析误差，周珂（2010）获得的结果与我们的数据完全吻合。据此，认为鱼池岭钼矿床至少存在三期矿化事件，分别发生于约 141Ma、约 137Ma 和约 134Ma。其中前两组年龄明显老于含矿斑岩，却与合峪岩体单元 1 和 2 的年龄完全吻合，暗示矿化与上述两个岩相单元可能存在成因联系。然而，单元 1 和 2 中未见明显的热液蚀变和金属矿化，因此，这些古老辉钼矿的热液成因可以排除。考虑到：①辉钼矿是酸性岩浆中较为常见的副矿物，可以包裹体形式存在于斑晶中（罗铭玖等，1991；Lowenstern et al.，1993；Audétat et al.，2011）；②辉钼矿 Re-Os 同位素体系在后期热液活动中可以保持封闭（Suzuki et al.，1996；Frei et al.，1998；Stein et al.，1998；Li et al.，2011b）；③含矿斑岩中部分继承锆石核的年龄与单元 1 和 2 相当（139±5 ~ 143±5Ma），微量元素和 Hf 同位素特征亦相似，认为在鱼池岭含矿斑岩侵入过程中至少有部分先成岩体组分（包括锆石、辉钼矿）被卷入并参与了含矿斑岩的形成。根据锆石中 Ti 元素含量，利用 Watson 等（2006）的锆石 Ti 温度计，计算获得含矿斑岩形成温度为 616 ~ 745℃。这一较低的岩浆温度有利于先成锆石和辉钼矿的保存（Scott et al.，2011）。在后期岩浆-热液活动过程中，锆石发生部分溶解，残余部分以继承核的形式保留，而辉钼矿则发生机械重置，但其 Re-Os 同位素体系并未遭受重置。类似的辉钼矿机械重置模式亦见于大湖石英脉型钼矿床（Li et al., 2011a）。

3.3.6.3 岩浆-热液活动持续时限

长期以来，关于岩浆-热液活动持续时限的争论喋喋不休。已有研究表明，不同矿床岩浆-热液活动时长差距较大。多数岩浆侵入活动持续时间较短，一般小于1Ma。典型实例如所罗门群岛的Koloula、内华达的Divide、菲律宾的FSE-Lepanto（Marsh et al., 1997及其引文）、Escondida地区的Chimborazo、Zaldivar和La Escondida矿床（Richards et al., 1999；Padilla-Garza et al., 2004）、Nacozari地区的La Caridad矿床（Valencia et al., 2005）以及秘鲁的Cerro de Pasco和Colquijirca矿床（Baumgartner et al., 2009及其引文）等。然而，亦有部分岩浆-热液系统可以持续几百万年，或包含几个持续时间较短的脉动成矿事件。Masterman等（2005）发现Collahuasi地区存在两个短寿命的热液-矿化事件，二者间隔了至少1.8Ma。Maksaev等（2004）采用U-Pb、Ar-Ar、Re-Os及裂变径迹方法研究了Tl Teniente矿床，发现该区存在五期岩浆侵入-热液成矿事件。类似的长寿命热液系统包括蒙大拿地区的Butte（Meyer et al., 1968）、智利的Chuquicamata（Ossandón et al., 2001）、葡萄牙的Panasqueira（Snee, 2002），以及阿根廷的Bajo de la Alumbrera in Argentina（Harris et al., 2008）。

综合鱼池岭钼矿床的锆石U-Pb年龄、黑云母$^{40}Ar/^{39}Ar$年龄及辉钼矿Re-Os同位素年龄结果，认为该矿床岩浆-热液活动持续时间较长。锆石U-Pb年龄和黑云母$^{40}Ar/^{39}Ar$年龄限定合峪岩体存在四次脉动侵位，分别发生于约143Ma、约138Ma、约135Ma和约134Ma。而获得的辉钼矿Re-Os年龄变化于141.8～133.7Ma，且至少可识别出三个期次的矿化事件，即约142Ma、约137Ma和约134Ma。因此，鱼池岭钼矿床的岩浆-热液活动持续了大约8Ma。

3.3.6.4 成矿地球动力学背景

前述研究表明，鱼池岭钼矿床至少存在三期矿化事件，分别发生于约142Ma、约137Ma和约134Ma，与合峪岩体单元1、2、4的侵位近乎同时。而岩体中4个岩相单元的矿物成分基本一致，从早到晚镁铁质矿物（黑云母为主）含量增多，岩石基性程度增高；锆石Hf同位素特征显示成岩物质来源逐渐增大趋势，与前人所总结的碰撞造山带花岗岩类演化特征一致（陈衍景和富士谷，1992；张增杰等，2002）。造成这一规律性演化的可能原因是：①岩浆来源深度逐步加大，由壳源逐步演变为壳幔混源或幔源；②地温梯度增高使物源区部分熔融程度增高，导致岩浆基性程度增高；③幔源岩浆不断混入岩浆房中，使岩浆房温度增高，基性程度增高；④上述3种情况或其中之二复合作用。显然，上述任何一种情况在陆壳挤压增厚过程中都很难实现，而在加厚地壳或岩石圈的减压增温或伸展减薄过程中容易发生（图3.47）。就东秦岭而言，作为前提条件的加厚地壳或岩石圈，则是通过扬子与华北大陆板块之间的碰撞挤压-板片堆叠而实现的。因此，鱼池岭斑岩成矿系统和合峪复式花岗岩基发育的地球动力学背景是碰撞造山过程的挤压向伸展转变体制。

与上述认识相吻合的是，多学科的研究结果表明秦岭造山带的全面陆陆碰撞始于三叠纪末，侏罗纪碰撞隆升达到高潮，早白垩世伸展作用达到高峰，晚白垩世伸展结束（Zhang et al., 2002；Chen et al., 2004）。具体说明如下：①早中三叠世复理石建造等海相地层不仅广泛发育在松潘、下扬子等秦岭-大别造山带的前陆盆地，在秦岭微板块范围也较广泛，而且在北秦岭造山带地区也有零星保留（杜远生，1997；杨荣生等，2006），这充分证明早中三叠世时勉略缝合带两侧仍属海盆，古特提斯洋尚未闭合，全面的陆陆碰撞应更晚；②沿勉略带发育三叠纪蛇绿岩套，其北发育岛弧型火山岩建造（Zhang et al., 1996），表明洋盆最终闭合不早于三叠纪；③秦岭造山带的陆内俯冲、变形（许志琴等，1986；胡受奚等，1988）和前陆复理石的冲断（李继亮等，1999）主要发生在三叠纪以后；④中新生代沉积演化研究表明，秦岭造山带在侏罗纪达到隆升高峰，白垩纪开始出现断陷红盆地（陈衍景和富士谷，1992）；⑤在220～205Ma期间花岗岩类大量出现（张国伟等，2001；许成等，2009），燕山期碰撞型花岗岩大规模发育的峰值年龄为145Ma（陈衍景和富士谷，1992；陈衍景等，2000），表明造山带大规模硅铝化作用始于晚三叠世；⑥按照碰撞造山带 *PTt* 轨迹，碰撞造山作用减压增温阶段是岩浆、流体和成矿作用最强烈的阶段，而秦岭地区最强烈的成岩、成矿事件发生在侏罗纪与白垩纪之交（陈衍景等，2000；Chen et al.，2004）；⑦区域地球化学研究表明，南、北秦岭在中生代之前差异较大，中生代及其后差异大幅度减小（张本仁等，2002）；⑧古地磁研究显示，晚古生代至侏罗纪期间，扬子板块与华北板块之间的相对距离持续缩短，至早白垩世才保持不变或略有增大（Zhu et al.，1998）；⑨构造解析和反射地震等研究表明侏罗纪时秦岭地区处于强烈挤压变形的构造背景，秦岭属于印支-燕山期的造山带（袁学诚，1997）。

总之，中侏罗世-早白垩世的减压增温体制是加厚地壳和岩石圈大规模熔融的最佳物理化学条件，导致大量发育以陆壳重熔型为主的花岗岩类及相关火山-次火山岩，形成了包括鱼池岭斑岩系统在内的东秦岭斑岩钼矿带（胡受奚等，1988；陈衍景等，2000；李诺等，2007），并伴随了强烈的造山型金、银、铅锌等矿床形成。

3.3.7　讨论

3.3.7.1　辉钼矿铼锇年龄的记忆性

Re、Os 属强亲铁和亲铜元素，倾向于在铁和硫化物相中富集。Re 与 Mo 离子半径相近，所带电荷相同，Re 易于以类质同象形式取代 Mo 而进入辉钼矿晶格，导致辉钼矿中具有较高的 Re 含量。相对而言，Os 元素无法以类质同象的方式进入辉钼矿晶格，辉钼矿几乎不含普通 Os，致使辉钼矿中的^{187}Os 几乎全部由^{187}Re 衰变而成。因此，测定辉钼矿 Re-Os 同位素年龄可以精确地给出辉钼矿的结晶时间，被共识为确定含辉钼矿的矿床形成年龄的最有效方法。然而，随研究数据的积累，学者们发现，部分矿床存在辉钼矿 Re-Os 同位素年龄与其他同位素年龄矛盾、与地质观察相悖的现象（李晶等，2010；陈文等，2011；李超等，2012）。例如，Li 等（2011a）研究发现，小秦岭地区大湖金钼矿床中辉钼矿既可以角砾形式出现于早期石英脉中，亦可作为胶结物胶结早期石英角砾，而不同产状的辉钼矿给出了误差范围内一致的 Re-Os 年龄；野外观察可见煌斑岩被 S35 含钼石英脉切穿，表明煌斑岩脉的形成早于含钼石英脉，但来自煌斑岩的锆石 U-Pb 年龄为 133Ma，而来自 S35 的辉钼矿 Re-Os 年龄则为 215～256Ma。Liu 等（2011）获得内蒙古乌日尼图钼矿区成矿岩体的锆石 U-Pb 年龄为 133.6±3.3Ma，而辉钼矿 Re-Os 年龄 142.2±2.5Ma，与斑岩型成矿作用稍晚于成岩作用的特点（芮宗瑶等，1984）相矛盾。这一现象引起了国内外研究者的高度重视，先后提出了辉钼矿亚晶粒范围内 Re 和^{187}Os 的失耦（Stein et al.，2003；杜安道等，2007；李超等，2009）、辉钼矿样品中含有一定量的普通 Os（李超等，2012）等可能导致辉钼矿给出错误年龄信息的解释。

本书对鱼池岭钼矿床 5 件不同产状的辉钼矿样品进行了 Re-Os 同位素年龄测试，获得的模式年龄显示较大的时间跨度（142～134Ma），其中 3 件样品的模式年龄大于成矿斑岩体的锆石 U-Pb 年龄，却与成矿前岩体的锆石年龄在误差范围内一致。考虑到成矿斑岩体的锆石中可见成矿前岩体的继承核，笔者认为年龄较大的辉钼矿样品可能来自成矿前的岩体，并在后期岩浆-热液过程中发生机械重置而进入成矿期岩体。由于辉钼矿 Re-Os 同位素体系较为稳定，不易遭受后期热事件影响（Suzuki et al.，1996；Frei et al.，1998；Stein et al.，1998；Li et al.，2011b），进入成矿岩体的辉钼矿仍记录着成矿前岩体的结晶年龄。认识到辉钼矿铼锇年龄的记忆性，可以较好认识大湖金钼矿床成矿过程：印支期形成的辉钼矿在燕山期发生机械重置，仍记录了印支期成矿事件；而同是印支期形成的热液独居石，却在燕山期热液改造事件中发生部分溶解-重结晶，其 U-Th-Pb 体系更多地记录了后期热事件的信息（Li et al.，2011a）。

辉钼矿铼锇年龄的记忆性无疑是把双刃剑：一方面，由于辉钼矿 Re-Os 同位素体系较为稳定，且半衰期较长（Smoliar et al.，1996），可广泛应用于古老成矿系统定年（Li et al.，2011b；Deng et al.，2013）；另一方面，当区域成矿条件复杂、存在多期次岩浆-热液活动时，辉钼矿 Re-Os 同位素体系并不能消除其形成时的"记忆"，给出年龄偏大的错误信息。因此，使用辉钼矿 Re-Os 方法厘定成矿时代时，需要格外慎重，应充分结合野外地质观察和运用其他同位素方法获得的年龄。

3.3.7.2 锆石 Eu/Eu*、Ce/Ce*及对成矿的指示意义

火成岩中 Eu/Eu*受岩浆结晶分异作用及源区深度控制。作为主要的富 Eu 矿物，斜长石仅能存在于小于 35km 的深度范围。因此，一旦壳内重熔过程中斜长石作为残留矿物存在或壳内结晶分异过程中形成斜长石堆晶，则产生的岩浆岩将显示明显的 Eu 负异常。合峪岩体各单元的锆石显示相似的稀土配分模式和微量元素组成，如富集大离子亲石元素（Rb、Th、U 和 Pb），亏损高场强元素（Nb、Ta 和 Ti），具 Eu 负异常，以及 LREE/HREE 值高，表明它们经历了相似的结晶过程。合峪岩体各岩相单元的 Eu 负异常不显著（Eu/Eu*值介于 0.59～0.85），表明其岩浆主要源于地壳重熔或经历了壳内结晶过程；由单元 1 到单元 4，其 Eu/Eu*逐渐增高，指示岩浆源区深度逐渐增大（图 3.47），这一结论亦与 Hf 同位素研究结果相吻合。此外，单元 4 中锆石的 $\varepsilon_{Hf}(t)$ 和 U-Pb 年龄与单元 3 相近，但 Eu/Eu*变化范围更大（表 3.39），且出现最低的 Eu/Eu*值（-0.59），暗示单元 4 可能是单元 3 经历强烈结晶分异后的富挥发分残留岩浆。

氧化条件下，Ce 可同时以 Ce^{4+} 和 Ce^{3+} 形式存在，其中 Ce^{4+} 与 Zr^{4+} 半径相似，更容易进入锆石晶格。因此，锆石的 Ce/Ce*值［$Ce/(La\times Pr)^{0.5}$］常被作为重要的岩浆氧逸度指标（Belousova et al.，2002；Hoskin and Schaltegger，2003；Peytcheva et al.，2009）。合峪岩体的锆石普遍具有强烈的 Ce/Ce*正异常；且由单元 1 到单元 4 逐渐增高（表 3.39），表明岩浆氧逸度渐增。而单元 4 极高的氧逸度有利于提高 Mo 在流体和硅酸盐熔体间的分配系数（Candela and Bouton，1990），使得 Mo 在流体中强烈富集，从而导致鱼池岭钼矿的形成。这一结论亦被智利（Ballard et al.，2002）和中国西藏（Liang et al.，2006；辛洪波和曲晓明，2008）地区诸多斑岩铜矿的研究结果所证实。

3.3.7.3 斑岩钼矿类型划分和特征对比

西方学者从不同角度对斑岩型钼矿床进行了亚类划分（Clark，1972；Hollister，1978a；Woodcock and Hollister，1978；Sillitoe，1980；Mutschler et al.，1981；Westra and Keith，1981；Carten et al.，1993；Seedorff et al.，2005）。总体上，斑岩型钼矿可分为两类（Carten et al.，1993）：一类形成于陆缘弧环境，成矿岩体属分异程度较低的钙碱性岩浆，并以低 F、低 Mo 品位为特征，典型矿床如 British Columbia 地区的 Endako（Selby et al.，2000）和 MAX（Linnen and Williams-Jones，1990；Lawley et al.，2010）钼矿，称为俯冲型（subduction-style）；另一类形成于弧后拉张区，成矿岩体属高分异的流纹质–碱性岩浆，以高 F、高 Mo 品位为特征，典型代表有美国 Colorado 的 Climax（Wallace，1995）和 Urad-Henderson 钼矿（Seedorff et al.，2004a，2004b）以及 New Mexico 的 Questa 钼矿（Klemm et al.，2008），称为裂谷型（rift-style）或 Climax 型。随后，Selby 等（2000）总结了两类斑岩型钼矿床的成矿流体特征，发现裂谷型钼矿常见共存的含石盐子矿物包裹体（30%～65% NaCl eqv.）和富气相包裹体，以及共存的中–低盐度水溶液包裹体（1%～20% NaCl eqv.）和含 CO_2 包裹体，成矿流体温度一般 300～450℃；而俯冲型钼矿中常见中–低盐度（1%～10% NaCl eqv.）、含 CO_2 的富气相和富液相包裹体与少量含石盐子晶包裹体共存（30%～60% NaCl eqv.），成矿流体温度一般 250～450℃。

我们的研究表明，鱼池岭钼矿与上述两类矿床存在显著差异（表 3.45）。鱼池岭含矿/成矿岩体的碱、F 和不相容元素含量高，与裂谷型钼矿具有亲和性；鱼池岭矿床的 Mo 品位低，却与俯冲型钼矿相似。围岩蚀变方面，鱼池岭钼矿以强烈而普遍的钾化为典型特征，绢英岩化相对较弱，青磐岩化不发育，未见西方学者建立的斑岩矿床的蚀变分带现象，显著不同于裂谷型和俯冲型钼矿。构造背景上，鱼池岭钼矿产于大陆碰撞造山带，成岩成矿作用与华北和扬子古大陆之间的碰撞造山作用密不可分。成矿流体方面，鱼池岭钼矿大量发育裂谷型和俯冲型钼矿所不具备的纯 CO_2 包裹体和富 CO_2 包裹体，高盐度含石盐子晶包裹体全部以石盐子晶熔化而实现完全均一，且鲜与富气相包裹体共生。此外，这种高盐度包裹体以极低的 Mo 含量区别于裂谷型钼矿中因流体相分离而显著富集 Mo 的同类包裹体（如 Questa 斑岩钼矿床，Klemm et al.，2008）。

表3.45　鱼池岭与世界典型斑岩钼矿床的对比（Li et al.，2012c，2013）

	特征	裂谷型或 Climax 型	俯冲型或 Endako 型	碰撞型或鱼池岭型
侵入岩	侵入岩类型	小岩体	小岩体或大岩基	小岩体
	侵入相	多期次的花岗质侵入体	闪长质-石英二长质复合侵入体	多期次的花岗质侵入体
	岩石类型	花岗斑岩	石英二长斑岩	黑云二长花岗斑岩
矿化	矿化类型	网脉状矿化为主，含少量浸染状矿化	网脉状矿化为主，含少量浸染状矿化	网脉状矿化为主，含少量浸染状矿化
	矿体产状	倒杯状	倒杯状，板状	似层状，透镜状
	矿石品位	0.30%～0.45%	0.10%～0.20%	0.03%～0.3%
	矿物组成	黄铁矿，黑钨矿，锡石，黄锡矿，铋酸盐，黄铜矿，萤石，黄玉，绢云母	黄铁矿，白钨矿，含锡矿物，铋酸盐，黄铜矿，萤石，绢云母	黄铁矿，黄铜矿，闪锌矿，方铅矿，黑钨矿，萤石，绢云母，钾长石
蚀变	热液蚀变类型	钾化，青磐岩化，常见云英岩化和强硅化	钾化，青磐岩化，未见云英岩化和强硅化	强烈的钾长石化，较弱的绢英岩化和青磐岩化
	蚀变分带	钾化带-绢英岩化带-青磐岩化带	钾化带-绢英岩化带-青磐岩化带	无显著分带
成矿流体	包裹体组合	W型，S型，含/不含C型	W型，C型，含/不含S型	PC型，C型，W型，S型
	S型均一方式	气相消失或石盐熔化	气相消失或石盐熔化	石盐熔化
	CO_2 含量*		0～0.22	0.03～1
	初始成矿流体	中等-低 CO_2 含量的低盐度流体；高盐度流体	含中等-低 CO_2 含量的低盐度流体；高盐度流体	高盐度、富 CO_2 的气相
	成矿温度	300～450℃	250～450℃	280～380℃
构造背景		裂谷背景	俯冲相关	碰撞相关
实例		Climax①，Henderson②③；Questa④⑤	MAX⑥；Endako⑦；寨凹⑧	金堆城⑨，南泥湖⑩，东沟⑪；汤家坪⑫，千鹅冲⑬

注：PC型为纯 CO_2 包裹体；C型为含 CO_2 包裹体；S型为含子矿物包裹体；W型为水溶液包裹体；*表示摩尔百分含量。

资料来源：①Hall et al.，1974；②Seedorff and Einaudi，2004a；③Seedorff and Einaudi，2004b；④Cline and Bodnar，1994；⑤Klemm et al.，2008；⑥Lawley et al.，2010；⑦Selby et al.，2000；⑧Deng et al.，2013；⑨杨永飞等，2009a；⑩杨永飞等，2009b；⑪杨永飞等，2011；⑫王运等，2009；⑬Yang Y F et al.，2013。

由上可见，鱼池岭钼矿代表着一种新的斑岩钼矿类型。该类矿床形成于陆陆碰撞背景，成矿岩体常为富氟高钾钙碱性系列，钾长石化、萤石化和碳酸盐化强烈，成矿流体富 CO_2，Mo品位通常较低。东秦岭-大别山地区中生代斑岩型钼矿，如金堆城、南泥湖、雷门沟、千鹅冲、汤家坪、沙坪沟等均属此类；天山地区的东戈壁、白山等钼矿床，华南地区的行洛坑、圆柱顶等矿床，长江中下游地区的马头、黄山岭等矿床，以及华北克拉通北缘和中亚造山带东段的单钼矿床或钼为主的多金属矿床，也都属于此类。然而，东秦岭古元古代的寨凹钼铜矿床可能属于俯冲型（Deng et al.，2013）。

3.3.8　小结

河南省嵩县鱼池岭钼矿床隶属外方山成矿带，产于燕山期合峪复式花岗岩基内部。该岩基主体由四个不同的岩相单元组成，其岩浆侵入活动始于143Ma，形成处于中心的岩相单元1。约138Ma和约135Ma的岩浆活动形成外缘的单元2和3。鱼池岭含矿斑岩属该岩基的第4个岩相单元，于约134Ma侵入单元1。主量元素、微量元素、全岩Sr-Nd同位素及锆石Hf同位素研究表明，合峪岩体主要源自加厚下地壳的部分熔融，并有少量幔源物质参与。含矿岩体以更深的来源、更高的氧逸度区别于不含矿岩体。钼矿化发生于较大的时间跨度，包括至少三期脉动式矿化，分别发生于约142Ma、约137Ma和约134Ma，与成岩近同时。

鱼池岭属典型的斑岩成矿系统。矿体呈透镜状或似层状产出于侵入体内部，矿化类型为浸染状和细脉浸染状。矿区围岩蚀变强烈，由早期的高温蚀变组合（如钾长石化、黑云母化、绿帘石化等）演化为晚期的低温碳酸盐化、萤石化，但未见前人概括的斑岩型矿床蚀变分带现象。

该区发育多种细（网）脉，由早到晚依次为：早期无矿石英脉、石英-黄铁矿脉、石英-辉钼矿脉、石英-多金属硫化物脉及晚期无矿脉。其中，前四种脉体内均发育丰富的流体包裹体，包括纯CO_2包裹体（PC型）、含CO_2包裹体（C型）、含石盐子矿物多相包裹体（S型）及水溶液包裹体（W型），晚期无矿脉中仅含水溶液包裹体。研究表明初始成矿流体由酸性岩浆熔体直接出溶而成，为富CO_2的气相。该流体直接导致了早期无矿石英脉的形成，并诱使斑岩系统裂隙减少，渗透率降低，压力升高，H_2O-CO_2-NaCl流体系统向高密度、低挥发分含量方向移动，形成具不同CO_2含量的包裹体。当温度降低至360～400℃，压力47～159MPa，CO_2含量8mol%时，石英-黄铁矿脉形成。随流体的演化及水岩作用的进行，系统挥发组分进一步逸失，CV型包裹体发生“收缩”而逐步向CL型包裹体演化，包裹体渐以CL型占主导。当流体温度介于340～380℃，压力39～137MPa，CO_2含量7mol%时，巨量辉钼矿沉淀，石英-辉钼矿脉形成。随大气降水的混入，流体中H_2O含量增加，而CO_2则迅速降低。到石英-多金属硫化物阶段，温度降低至260～300℃，压力32～110MPa，密度则上升至0.88～0.96g/cm^3。上述脉体形成过程中，由于CO_2大量逃逸、矿物沉淀及体系孔隙度的降低，系统压力迅速增加，从而使成矿流体进入高压区形成S型包裹体。一旦流体内压大于上覆围岩压力，流体强烈沸腾，局部围岩、脉体发生碎裂，并以角砾形式被石英、绢云母、黄铁矿、辉钼矿等热液矿物胶结，形成热液角砾岩。到晚期无矿脉，仅见W型包裹体，流体温度变化于130～200℃，密度0.93～0.96g/cm^3。

3.4 雷门沟钼矿床

雷门沟钼矿位于华北克拉通南缘的熊耳地体（图3.61），已探明钼金属储量85万t，品位0.079%，达超大型规模。该矿床与燕山期中酸性小斑岩体关系密切，矿床地质特征较为简单，矿化类型相对单一，是研究东秦岭斑岩型钼金属成矿规律的最佳选择。并且，该矿床距嵩县祁雨沟金钼矿田西南约2km，后者为一典型的爆破角砾岩型金矿（陈衍景和富士谷，1992；范宏瑞等，2000；郭东升等，2007；李诺等，2008a；Chen et al.，2009；Fan et al.，2011；Li et al.，2012a），并在深部见有钼矿化（姚军明等，2009）。因此，雷门沟钼矿也为我们研究熊耳山地区金、钼矿化的统一性和差异性提供了独特的视角。

3.4.1 成矿地质背景

3.4.1.1 区域地质

雷门沟钼矿位于华北克拉通南缘的熊耳山地区（图3.61）。区内主要出露早前寒武纪结晶基底太华超群、中元古代的熊耳群和中生代的火成岩（Chen et al.，2004）。太华超群是一套角闪岩相-麻粒岩相的变质岩系，主要岩性包括斜长角闪片麻岩、斜长角闪岩、角闪岩、黑云斜长片麻岩、变粒岩、石墨片岩、大理岩、石英岩、条带状铁建造等，原岩以中基性火山岩-沉积岩为主。前人将其进一步划分为背孜群、荡泽河群和水滴沟群，年龄分别为3.0～2.55Ga、2.5～2.3Ga和2.3～2.1Ga（Chen and Zhao，1997）。熊耳群火山岩呈角度不整合覆盖于太华超群变质基底之上，并且被中-新元古代的碎屑岩和碳酸盐岩（栾川群和官道口群）覆盖。该火山岩系变形、变质较弱，保存较好，厚度3～7.6km，推测面积约为60000km^2，主要岩性包括玄武安山岩、安山岩、粗面安山岩、英安岩、流纹英安岩和流纹岩，并有少量沉积夹层和火山碎屑单元。LA-ICP-MS和SHRIMP锆石U-Pb定年厘定熊耳群火山岩形成于1.45～1.78Ga，集中于1.75～1.78Ga（Zhao et al.，2009及其引文）。

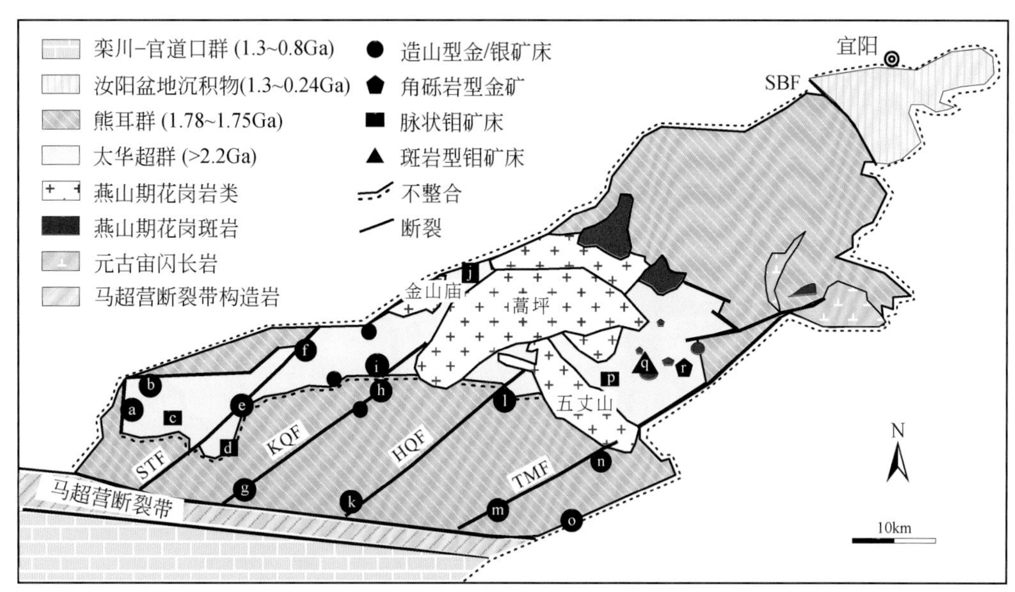

图 3.61　熊耳地体地质简图（据陈衍景，2006 修改）

矿床名称：a. 沙沟银铅锌矿床；b. 嵩坪沟银铅矿；c. 寨凹钼矿；d. 龙门店钼矿；e. 铁炉坪银铅矿；f. 小池沟金矿；g. 康山金银铅矿；h. 上宫金矿；i. 虎沟金矿；j. 沙坡岭钼矿；k. 红庄金矿；l. 青岗坪金矿；m. 潭头金矿；n. 瑶沟金矿；o. 前河金矿；p. 黄水庵钼矿；q. 雷门沟钼矿；r. 祁雨沟金矿。断裂缩写：SBF. 三宝断裂；STF. 三门-铁炉坪断裂；KQF. 康山-七里坪断裂；HQF. 红庄-青岗坪断裂；TMF. 陶村-马园断裂

区内岩浆岩主要表现为中生代花岗岩类，包括花山岩体、五丈山岩体及一些小的花岗斑岩、爆破角砾岩等，其中雷门沟花岗斑岩为雷门沟斑岩钼矿的成矿母岩，祁雨沟金矿则与爆破角砾岩密切相关。这些中生代侵入体的成岩作用发生于 105 ~ 183Ma，与燕山期构造热事件有关（陈衍景和富士谷，1992；Mao et al.，2002；Chen et al.，2004），形成于后造山环境或挤压向伸展的转变期（Yang et al.，2003；Chen et al.，2004）。

3.4.1.2　矿区地质

雷门沟钼矿床位于河南省嵩县德亭乡，地理坐标为东经 111°53′45″ ~ 111°56′52.2″，北纬 34°11′40″ ~ 34°12′55″。

矿区出露地层主要为早前寒武纪太华超群片麻岩类，以黑云斜长片麻岩、角闪斜长片麻岩和黑云角闪斜长片麻岩为主，片麻理产状一般为（100° ~ 140°）∠（15° ~ 35°）（图 3.62）。局部见斜长角闪岩呈透镜体状产于片麻岩中，与上、下层位岩石呈渐变关系。上述岩石均遭受不同程度的混合岩化，形成混合岩化片麻岩和混合岩。由于混合岩化和岩体侵入的影响，地层岩石蚀变强烈，片麻理产状紊乱。

区内断裂构造发育，具多期多次活动特征，包括近 EW 向、NNE 向、NE 向和 NWW 向四组。近 EW 向断裂多分布于细-微粒斑状花岗岩体的南北接触带附近，见众多的扭裂面密集平行排列。NNE 向断裂较为发育，具有东强西弱的特征，于矿区中东部将雷门沟细-微粒斑状花岗岩切穿。该组断裂具明显的压扭性特征，晚期见有角闪二长花岗斑岩沿断裂侵入。NE 向断裂不甚发育，规模较小，沿走向变化较大。NW 向断裂被辉长辉绿岩和英安斑岩充填。其中 NWW 向与 NNE 向断裂交汇部位控制了含矿岩体的侵位。

矿区内岩浆活动频繁，包括元古宙辉长辉绿岩脉、英安斑岩和燕山晚期的中酸性-酸性的小岩脉和岩株（图 3.62）。辉长辉绿岩呈 NW 向分布，长 200 ~ 300m，最长可达 850m，宽数米至数十米。岩石灰绿色，蚀变严重，主要组成矿物包括：斜长石（40% ~ 45%）、角闪石（30% ~ 40%）、黑云母（5% ~ 10%），粒度一般 0.3 mm×0.6mm ~ 1.5mm×2.5mm，其中角闪石和黑云母为辉石蚀变产物。英安斑岩呈 NW 向，长 1200m，宽 20 ~ 50m，倾向 203° ~ 257°，倾角 75°。岩石灰绿色，斑状结构，块状构造。主要

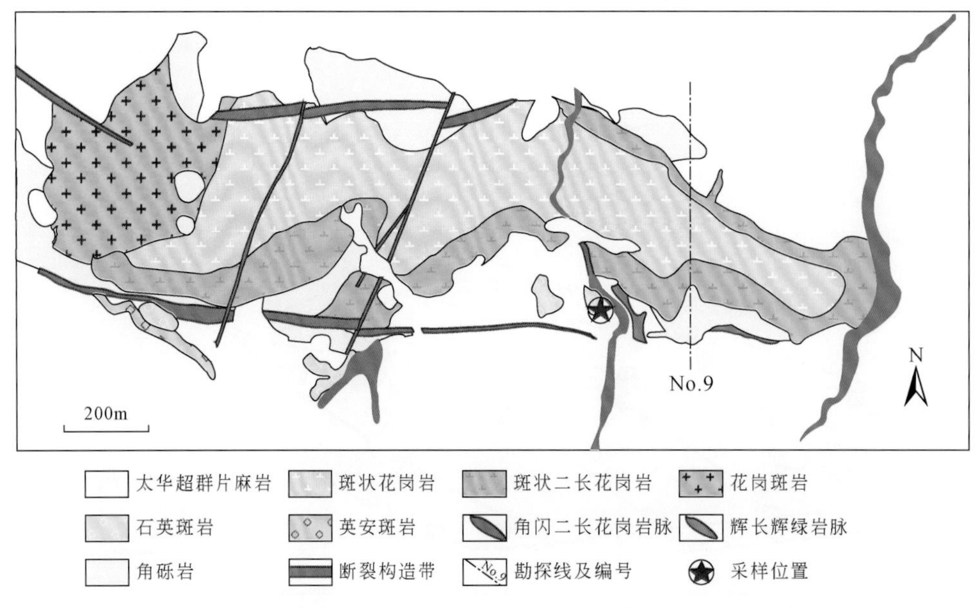

图 3.62　雷门沟斑岩钼矿区地质图（据河南省国土资源科学研究院资料改绘）

组成矿物为钾长石、斜长石、石英和黑云母，其中斑晶以石英为主，1～4mm。岩石蚀变强烈，见钾长石化、硅化、黝帘石化、角岩化、碳酸盐化等。矿区内燕山期岩浆岩以雷门沟花岗斑岩体及相关爆破角砾岩规模为最大，其特征详见“3.4.2 成矿岩体特征”部分。石英斑岩分布于矿区东部，呈脉状、不规则状或椭圆状产出，长数十米至数百米，宽数米至数十米。岩石灰白–肉红色，斑状结构，块状构造。斑晶含量5%，以石英和钾长石为主，粒度0.1～0.2mm。基质有钾长石（40%～50%）、斜长石（10%～20%）、石英（30%～40%）。岩石多已蚀变，见硅化、绢云母化、钾化、高岭土化、角岩化等。陈小丹等（2011b）获得其锆石 U-Pb 年龄为127.2±1.4Ma（MSWD=2.5）。此外区内尚出露正长斑岩、花岗闪长斑岩、角闪二长花岗斑岩等燕山期岩体，规模较小（陈小丹，2012）。

3.4.2　成矿岩体特征

3.4.2.1　岩体地质和岩性

雷门沟细–微粒斑状花岗岩体为钼矿的成矿母岩。平面上，岩体呈近东西向的纺锤形（图3.62），出露面积0.77km^2（李永峰等，2006）。自岩体中心向外，由斑状花岗岩、斑状二长花岗岩过渡至花岗斑岩，各相带间呈过渡关系（李永峰等，2006）。剖面上，岩体呈向内陡倾并向西侧伏的漏斗状（图3.63），且浅部与深部在岩石结构、斑晶成分及含量等方面均存在一定差异（严正富等，1986）。①浅部岩石为浅肉红色，斑状结构，岩性为钾长花岗岩，矿物组成为：钾长石50%～60%、斜长石（$An_{5\text{-}16}$）10%～20%、石英20%～40%、黑云母1%。其中斑晶含量10%～15%，主要由钾长石、石英组成，其次有少量的斜长石。钾长石斑晶一般2～7mm，$2V$角为69°～75°，三斜度为0.48～0.53，有序度为0.62～0.78；多呈半自形，部分钾长石斑晶可交代早期的斜长石和基质，常呈他形晶。石英斑晶常为交代成因的变斑晶，粒径为3～5mm，呈他形晶交代、包裹基质矿物，常见各种交代残留结构。黑云母常被白云母、碳酸盐交代。基质为细粒结构，主要由石英、钾长石组成，由于较强烈的钾、硅质交代作用而呈细粒花岗变晶结构，粒径为0.02～0.2mm。②深部岩石呈灰白色，斑状结构，岩性为二长花岗斑岩。岩石中黑云母含量明显增多，可达1.5%～3%。斑晶含量亦增高至30%～35%，部分呈聚斑状结构。斑晶多为自形至半自形，其中斜长石（$An_{16\text{-}22}$）含量10%～20%，钾长石含量10%～25%。钾长石斑晶的$2V$角为66°～69°，三斜度为0.33～0.48，有序度为0.53～0.63。基质为细粒–微细粒结构。副矿物主要为磷灰石、磁铁矿、金红石、锆石、榍石和白钛矿等。

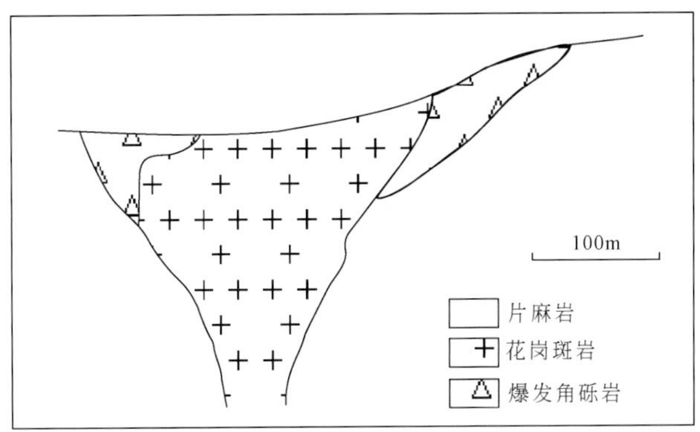

图3.63 雷门沟花岗岩剖面形态示意图（据严正富等，1986）

3.4.2.2 元素地球化学

河南省地矿局第一地质调查队（1983）、尚瑞钧和严阵（1988）对雷门沟花岗斑岩体的元素地球化学特征进行了研究（表3.46），获得岩体 SiO_2 变化于72.55%～73.97%，Al_2O_3 变化于12.87%～13.61%，MgO变化于0.35%～0.50%，CaO变化于0.35%～0.63%，Na_2O+K_2O 变化于8.13%～8.92%，K_2O/Na_2O 变化于2.09～3.90。总体上，岩体具有高硅、富碱、富钾，贫钙、镁的特征。在TAS图解中，样品点全部落入花岗岩范围内（图3.64A），在 K_2O-SiO_2 中则落入钾玄岩系列范围内（图3.64B）。在A/CNK-A/NK图解中计算获得岩体的里特曼指数（σ）为2.13～2.64，A/CNK为1.13～1.26，A/NK为1.24～1.33，属过铝质花岗岩（图3.64B）。

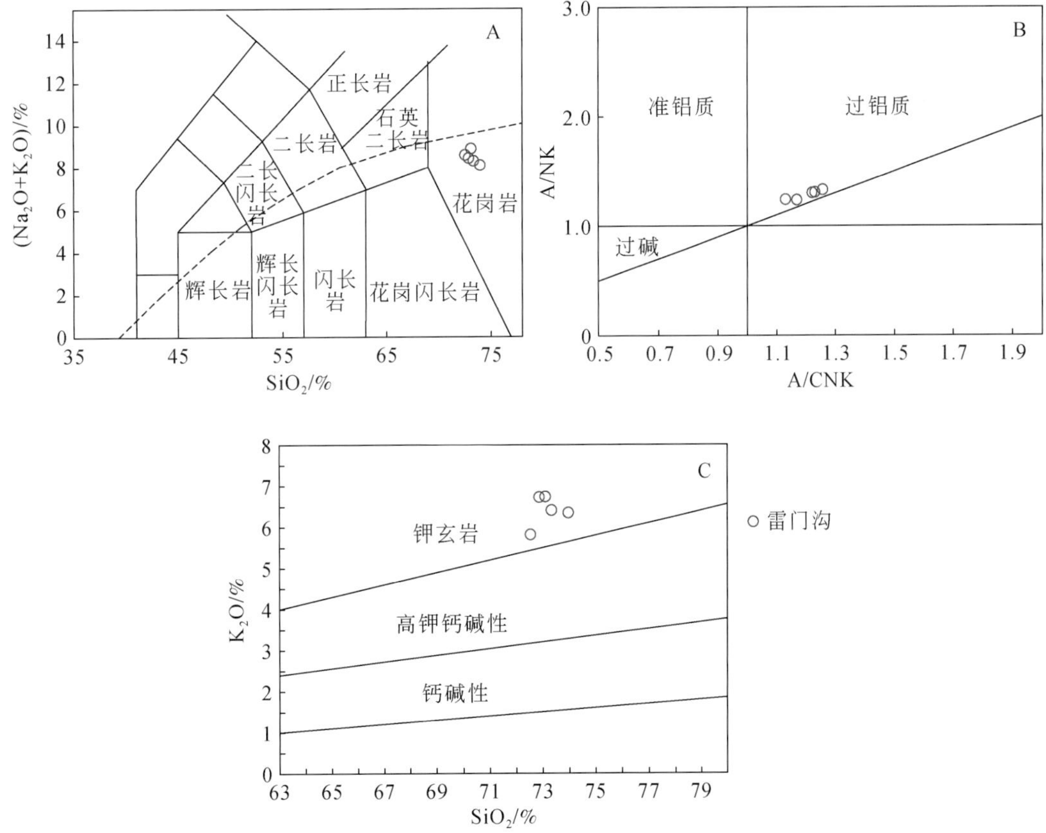

图3.64 雷门沟斑岩体 SiO_2-(Na_2O+K_2O)（A）、A/CNK-A/NK（B）及 SiO_2-K_2O 图解（C）（数据引自表3.46）

表 3.46　雷门沟岩体主量元素地球化学特征

（单位：%）

样品数	SiO_2	TiO_2	Al_2O_3	Fe_2O_3	FeO	MnO	MgO	CaO	Na_2O	K_2O	P_2O_5	烧失量	总计	σ	A/CNK	A/NK	K_2O/Na_2O*	资料来源
32	73.34	0.23	13.24	1.32	0.97	0.02	0.43	0.40	1.92	6.42	0.07		98.36	2.29	1.22	1.31	3.11	河南省地矿局第一地质调查队，1983
15	73.97	0.22	12.87	1.22	0.89	0.02	0.50	0.36	1.77	6.36	0.06		98.24	2.13	1.23	1.31	3.34	
12	72.88	0.23	13.56	1.33	1.10	0.02	0.35	0.35	1.73	6.74	0.07		98.36	2.40	1.26	1.33	3.59	
6	72.55	0.27	13.61	1.59	0.94	0.02	0.38	0.63	2.79	5.83	0.07		98.68	2.51	1.13	1.25	3.90	
20	73.11	0.23	13.52	1.18	0.81	0.02	0.44	0.38	2.17	6.75	0.06	1.50	100.17	2.64	1.17	1.24	2.09	尚瑞钧和严阵，1988

* 质量比。

表 3.47　雷门沟岩体 SHRIMP U-Pb 同位素分析结果（李永峰，2005）

测点号	^{206}Pbc/%	$U/10^{-6}$	$Th/10^{-6}$	$^{232}Th/^{238}U$	$^{206}Pb/10^{-6}$	$^{207}Pb^*/^{206}Pb^*$	$^{207}Pb^*/^{235}U$	$^{207}Pb^*/^{238}U$	$^{206}Pb/^{238}U$ 年龄/Ma
LM2-1	0.50	598	158	0.27	11.6	0.0483（5.2）	0.1496（5.5）	0.02244（1.9）	143.0±2.6
LM2-2.1		288	355	1.28	84.6	0.1208（1.2）	5.72（2.2）	0.3431（1.8）	1902±30
LM2-3.1		1017	529	0.54	19.6	0.0521（7.2）	0.162（7.4）	0.02249（1.7）	143.4±2.5
LM2-4.1	0.35	775	297	0.40	14.3	0.0485（9.8）	0.143（9.9）	0.02139（1.8）	136.4±2.5
LM2-4.2		481	131	0.28	8.84	0.0542（7.6）	0.160（7.8）	0.02146（1.9）	136.9±2.6
LM2-4.3	0.97	433	242	0.58	8.09	0.0463（13）	0.137（13）	0.02151（2.0）	137.2±2.8
LM2-5.1		674	428	0.66	252	0.1639（0.64）	9.84（1.7）	0.4353（1.6）	2330±32
LM2-6.1		721	712	1.02	14.0	0.0544（4.2）	0.1705（4.5）	0.02274（1.8）	144.9±2.6
LM2-7.1	0.00	1110	349	0.32	504	0.17746（0.40）	12.94（1.6）	0.5288（1.6）	2736±35
LM2-8.1	1.03	924	380	0.43	16.8	0.0431（7.9）	0.125（8.1）	0.02094（1.7）	133.6±2.3
LM2-A	2.07	400	730	1.88	6.98	0.0342（22）	0.094（22）	0.01986（2.2）	126.8±2.7
LM2-9.1	0.24	1491	780	0.54	29.0	0.0486（2.6）	0.1511（3.1）	0.02257（1.6）	143.9±2.3
LM2-10.1	0.78	770	459	0.62	14.3	0.0426（9.6）	0.126（9.8）	0.02145（1.8）	136.8±2.4
LM2-11.1	0.05	945	591	0.65	17.2	0.0493（3.3）	0.1444（3.7）	0.02124（1.7）	135.5±2.3
LM2-12.1		1268	700	0.57	23.4	0.0518（2.3）	0.1533（2.8）	0.02147（1.6）	136.9±2.2
LM2-B		323	48	0.15	51.1	0.1153（1.1）	2.928（2.6）	0.1842（2.4）	1090±24
LM2-C	0.06	432	191	0.46	149	0.14549（0.62）	8.03（2.0）	0.4004（1.9）	2171±36
LM2-13.1		444	153	0.35	144	0.13271（0.58）	6.89（1.7）	0.3764（1.6）	2060±28
LM2-14.1	0.30	1215	595	0.51	22.7	0.0508（4.5）	0.1520（4.8）	0.02170（1.7）	138.4±2.3
LM2-15.1	5.91	617	216	0.36	11.4	0.031（38）	0.088（39）	0.02020（2.3）	128.9±3.0
LM2-16.1	0.10	545	225	0.43	196	0.15507（0.55）	8.94（1.7）	0.4181（1.6）	2252±31
LM2-17.1	0.03	473	222	0.48	140	0.13294（0.67）	6.31（1.9）	0.3443（1.8）	1907±29
LM2-18.1	0.12	1171	107	0.09	319	0.1204（1.0）	5.25（1.9）	0.3162（1.6）	1771±25
LM2-19.1		1193	561	0.49	20.5	0.0549（4.5）	0.1519（4.8）	0.02008（1.7）	128.1±2.2
LM2-20.1		779	302	0.40	13.9	0.0581（7.3）	0.168（7.6）	0.02093（1.9）	133.5±2.5

注：1σ 误差；Pbc 和 Pb* 分别表示普通铅和放射成因铅，普通铅用实测的^{204}Pb校正。

3.4.2.3　同位素地质年代学

为精确厘定雷门沟岩体的成岩作用时代，李永峰（2005）采用SHRIMP锆石U-Pb方法对1件未矿化、风化的花岗斑岩样品（LM-2）进行了测定，结果列于表3.47。雷门沟岩体的锆石多呈港湾状，裂纹发育。锆石多发育典型的韵律环带，表明其属岩浆成因。部分颗粒可见继承锆石核（图3.65）。11个位于边部的分析点给出的$^{206}Pb/^{238}U$年龄为129.1±3.0～138.4±2.3Ma，加权平均年龄为136.2±1.5Ma（图3.66），代表了雷门沟岩体的成岩作用时代。除个别样品给出143～145Ma的年龄外，多数继承锆石给出的年龄集中于1961～2294Ma（表3.47），与太华超群年龄相当（原岩年龄为2.1～3.0Ga，Chen and Zhao，1997，变质年龄为1.85Ga，Li et al.，2011b及其引文）。

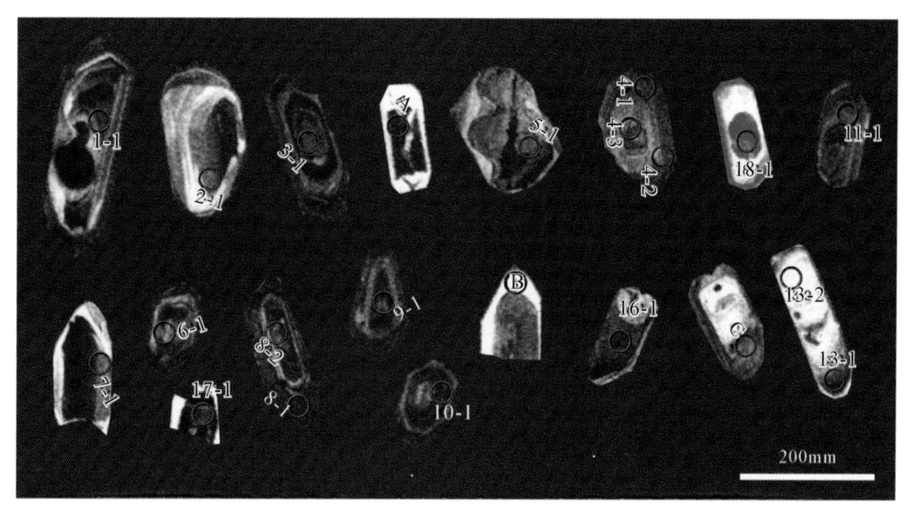

图3.65　雷门沟斑岩体锆石阴极发光图像（李永峰，2005）

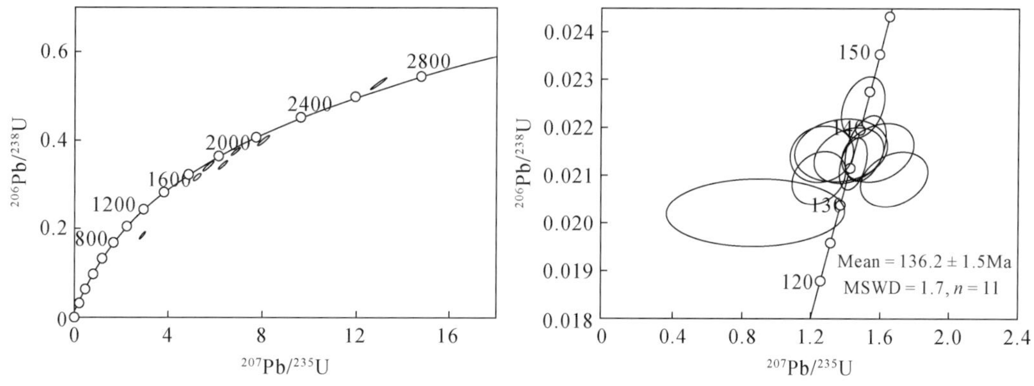

图3.66　雷门沟岩体锆石U-Pb谐和图（李永峰，2005）

3.4.2.4　岩体成因

关于雷门沟岩体的成因，目前研究较少。严正富等（1986）依据岩体产出的地质背景、空间形态、岩石学和岩石化学特征认为岩体属同熔型花岗岩类。但该岩体地质、地球化学特征亦与东秦岭地区其他燕山期钼成矿岩体具较多相似性，后者被认为属改造型（陈衍景等，2000；李诺等，2007）。详细而深入的元素地球化学、锶钕铅同位素地球化学、锆石镥铪同位素地球化学等工作可能为岩体成因提供更加强有力的约束。

3.4.3 矿床地质特征

3.4.3.1 矿体特征

雷门沟矿床的钼矿体赋存于花岗岩和角砾岩体内以及外接触带的蚀变太华超群片麻岩中，局部可达外接触带600m范围。矿体平面上呈半环状，剖面上呈似层状、透镜状，产状稳定，规模巨大（图3.67、图3.68）。目前区内共圈定两个主要工业钼矿体，其钼金属储量约占矿区钼金属总储量的92.49%。其中Ⅰ号矿体位于半环状矿体的北段和西段，在平面上呈西大东小的“斧状”，东西长约2000m，向西南侧伏，矿体具分支复合现象，平均品位0.071%，钼金属储量占矿区总储量的66.58%。Ⅱ号矿体组成长圆形半环状矿体的东南段，呈向北东延伸的长方形板状矿体，北东薄向南西增厚，平均品位0.078%，钼金属储量占全区总储量的25.91%（图3.68）。

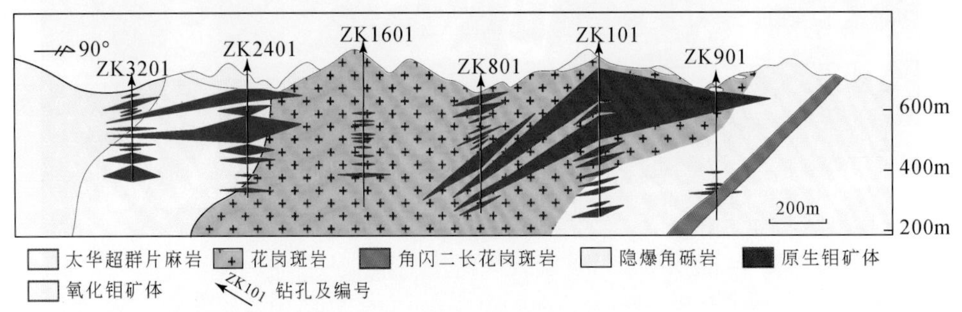

图3.67 雷门沟钼矿第Ⅰ勘探线剖面图（据陈小丹，2012改绘）

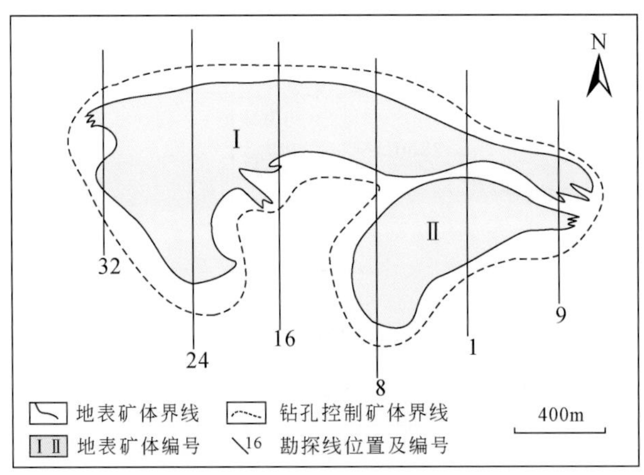

图3.68 雷门沟钼矿体平面形态示意图（据丰源钼业公司资料改绘）

3.4.3.2 矿石成分和组构

按照成分，可将雷门沟钼矿矿石分为三类：细-微粒斑状花岗岩（10%）、爆破角砾岩（35%）、蚀变围岩（55%）。

矿石中金属矿物主要有辉钼矿、黄铁矿、钼华，以及极少量的黄铜矿；非金属矿物包括石英、钾长石、斜长石、绢云母、黑云母、白云母、角闪石、绿泥石、绿帘石、方解石、白云石、萤石、硬石膏、石膏、高岭石等。

矿石结构包括鳞片状结构、自形-半自形晶粒结构、他形晶粒结构，另见少量包含结构、交代假象和交代残余结构。矿石构造主要有浸染状构造、细脉浸染状构造、网脉状构造及脉状构造，另见块状构造、角砾状构造和晶洞构造等。矿石构造自斑状花岗岩体中心向外至蚀变围岩中，有如下的变化规律：以浸染状构造为主→以细脉浸染状构造为主→以细脉构造为主→以脉状构造为主。

3.4.3.3　围岩蚀变类型和分带

矿区内热液蚀变十分强烈，具多阶段、范围广、种类多的特点，且各种蚀变相互叠加。自斑岩体中心向外大体可分为：钾长石化→硅化带和绢云母化→绿泥石化带、绿帘石化带和碳酸盐化带。其中钾长石化可分为面型钾长石化和线型钾长石化。前者主要分布于花岗斑岩体与片麻岩的接触部位，表现为蚀变花岗斑岩或蚀变片麻岩，后者则以钾长石脉、钾长石-萤石-辉钼矿脉和石英辉钼矿脉边部的钾长石化晕为标志。硅化以带状分布的硅化花岗斑岩和石英网脉为特征，绢云母化表现为辉钼矿脉两侧形成的绢云母，碳酸盐化则以方解石-辉钼矿脉及钾长石化带中的星点状碳酸盐化为特征，萤石化表现为各种含萤石细脉和网脉。

陈小丹等（2012）对矿区的钾长石化进行了详细研究，发现蚀变形成的钾长石中 K_2O 含量较高，Na_2O、CaO 含量较低；X 衍射结构显示蚀变形成的钾长石均为微斜长石，形成于 310～418℃。铅同位素分析获得钾长石的（$^{206}Pb/^{204}Pb)_i$ = 17.133～18.416，（$^{207}Pb/^{204}Pb)_i$ = 15.425～15.620，（$^{206}Pb/^{204}Pb)_i$ = 37.690～38.728。

3.4.3.4　成矿过程和阶段划分

通过野外、手标本和显微镜下观察的穿插关系可知，雷门沟钼矿中的石英网脉为多期次流体活动产物。按照网脉的穿插关系可将成矿过程分为三个阶段（图3.69）：

阶段 A. 石英-黄铁矿阶段：为紧随钾化之后最早的流体活动，显示张性裂隙充填，形状不规则，边界弯曲，有时呈胶结物形式胶结花岗岩角砾，常见被其后矿化细脉穿插的现象。

阶段 B. 石英（萤石）-辉钼矿阶段：主矿化阶段。该阶段形成的网脉状矿化持续时间相对较长，具有多周期脉动特点。主要表现为同类脉体的相互穿插和单个脉体的多次同类流体活动叠加。主要矿脉可分为黑色的石英-辉钼矿细脉（<0.5cm）（图3.69Ⅰ）和边界平直的石英-辉钼矿脉（约1cm）（图3.69Ⅱ）两种，辉钼矿沿脉壁生长亦有分布于脉中。石英-萤石-辉钼矿脉仅于局部出现，呈张性充填。

阶段 C. 石英脉或石英-黄铁矿-高岭石脉，可切穿以上所有脉体（图3.69Ⅰ、图3.69Ⅱ）。

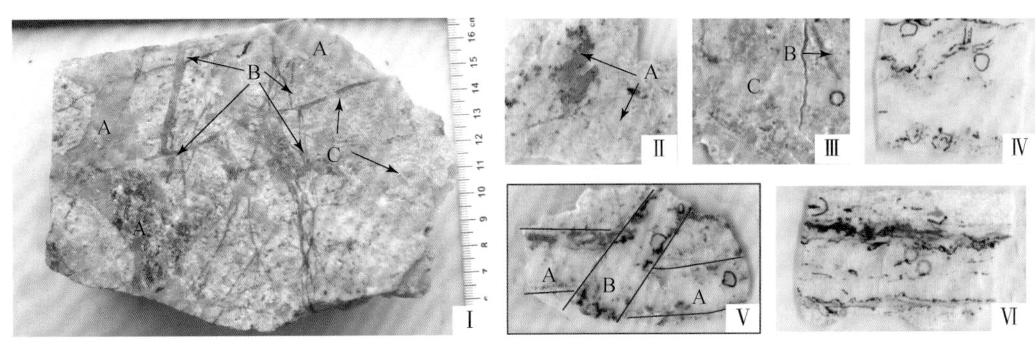

图3.69　雷门沟钼矿床网脉状矿化特征及成矿阶段（李晶，2009）
显示雷门沟钼矿 A、B、C 阶段网脉状矿石标本及其之间的关系，详见正文

3.4.4　流体包裹体地球化学

3.4.4.1　样品和测试

为了探讨雷门沟斑岩型钼矿的成矿条件，李晶（2009）对不同阶段的石英及萤石样品进行了流体包

裹体研究。

流体包裹体显微测温分析在中国科学院广州地球化学研究所成矿动力学重点实验室流体包裹体实验室完成，使用仪器为 LINKAM THMS 600 型冷热台，仪器的温度范围是-196 ~ +600℃。测试精度：在-120 ~ -70℃温度区间的测定精度为±0.5℃，-70 ~ +100℃区间为±0.2℃，100 ~ 500℃区间为±2℃。流体包裹体测试过程中，升温速率一般为 0.2 ~ 5℃/min，含 CO_2 包裹体在其相转变温度附近升温速率降低为 0.2℃/min，水溶液包裹体在其冰点和均一温度附近的升温速率为 0.2 ~ 0.5℃/min，以准确记录它们的相转变温度。

激光拉曼光谱显微分析在中山大学测试中心完成，测试仪器为 Renishaw inVia 型显微共焦拉曼光谱仪，光源为 514nm 氩激光器，计数时间为 10 ~ 30s，每 $1cm^{-1}$（波数）计数 1 次，50 ~ $4000cm^{-1}$ 全波段一次取峰，激光束斑约 1μm。

3.4.4.2 流体包裹体岩相学特征

根据流体包裹体成分及其在室温和冷冻/加热过程中的相态变化，可将雷门沟斑岩钼矿矿化网脉中的流体包裹体分为以下 4 类（图 3.70）：

（1）含 CO_2 包裹体（C 型）：根据其相态特征可以分为 C_V 型和 C_L 型两个亚类。前者常温下呈两相，冷冻时可见液相 CO_2 出现，气相占包裹体体积的 80% 以上。此类包裹体只局部出现在 A 阶段的石英-黄铁矿脉中。后者常温及冷冻状态下均呈两相，不出现 CO_2 液相，但是可以观察到笼合物的熔化现象。气相占包裹体体积的 15% ~ 40%。常见于 A 脉中，偶见于黑色石英-辉钼矿细脉（B 类）中。

（2）盐水溶液包裹体（aq 型）：按照相态变化，aq 型包裹体可以分为以下两个亚类：aqV 型和 aqL 型。前者为富气相的盐水溶液包裹体，仅有极少量被捕获于 B 类网脉的粗脉中。其中气相占包裹体体积的 40% ~ 70%。后者为最常见的包裹体类型，贯穿于整个成矿过程。拉曼分析显示，部分 B 脉的此类包裹体气相中含少量 CO_2（见后），但是冷热台测试中未见相应的 CO_2 相变，说明其中可能含 $X_{CO_2}<0.015$（Diamond，2001）。

（3）高盐度流体包裹体（B 型）：根据含盐子矿物类型的不同，可以分为 B1 型和 B2 型。前者以含钾盐子矿物为特征，可同时含石盐子矿物，在 A 脉中少量出现。后者以含石盐子矿物为特征，出现在 B 脉中，为相分离的一个端元。

（4）含非盐类子矿物的流体包裹体（dc 型）：以含非盐类子矿物为特征。根据子矿物的种类，可分为：dc1 型和 dc2 型。前者以含透明子矿物为特征，加热过程中子矿物不熔化。拉曼光谱显示子矿物为碳酸盐矿物（见后）。该类包裹体仅出现在 B 脉的萤石中，呈线状排列。后者含黑色子矿物，由于子矿物颗粒细小（<1μm），无法使用拉曼光谱判断矿物的种类。根据类似研究（Redmond et al.，2004；Klemm et al.，2008）推测可能为硫化物（黄铜矿、黄铁矿）。此类包裹体少量出现在 A 脉和 B 脉的早期。

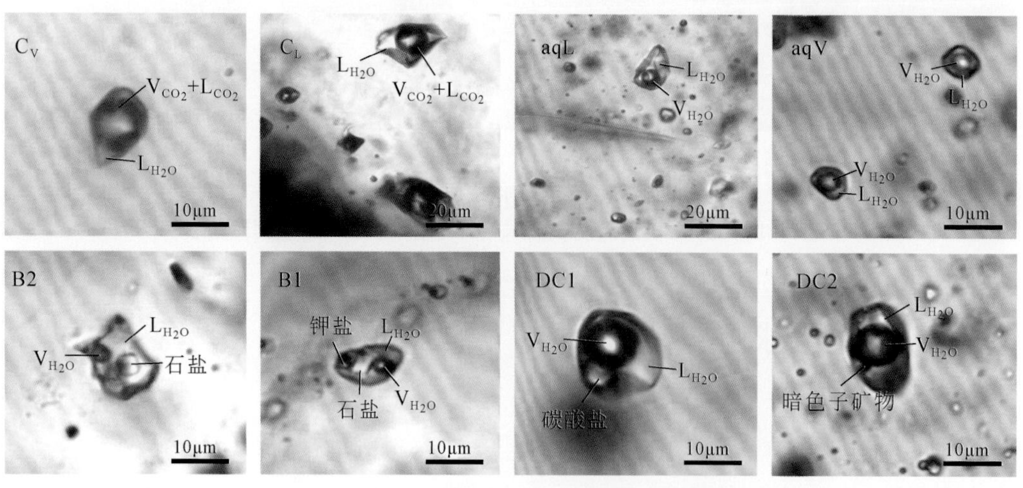

图 3.70 雷门沟钼矿流体包裹体岩相学特征（李晶，2009）

3.4.4.3　显微测温结果

不同阶段所含包裹体的显微测温结果见表 3.48。

表 3.48　雷门沟不同成矿阶段包裹体类型和温度统计（李晶，2009）

成矿阶段	包裹体组合	均一温度/℃（n）
A	C_V、C_L、aqL、dc2	320～372（30）
	aqL、B1	292～323（14）
	aqL、B2	25～280（17）
	aqL	231～234（4）
B	aqV	363～370（6）
	C_L	29（3）
	aqL、dc2、dc1	275～340（64）
	aqL	256～287（10）
	aqL	220～244（10）
C	aqL	134～204（37）

注：n 为测试的包裹体个数。

C 型包裹体：①C_V型包裹体固相 CO_2 的熔化温度为-57.9℃，笼合物熔化温度为 9.5℃，对应的流体相盐度为 1.02% NaCl eqv.；CO_2 部分均一通过临界均一方式完成。此类包裹体的完全均一温度为 330～340℃，均一至气相。②C_L型包裹体笼合物的熔化温度为 7.0～9.3℃，相应盐度为 1.42%～5.68% NaCl eqv.。包裹体在 336～364℃时完全均一至液相。另有一个来自黑色石英-辉钼矿细脉的 C_L包裹体其笼合物熔化温度为 5.6℃，相应盐度为 8.03% NaCl eqv.，于 296℃完全均一至液相。

aq 型包裹体：①aqV 型包裹体的冰点温度为-6.0～-4.5 ℃，相应盐度为 7.17%～9.21% NaCl eqv.，于 363～370℃完全均一至气相。②aqL 型包裹体盐度变化于 2.07%～15.76% NaCl eqv.，均一温度变化于 134～372℃，各阶段特征详见表 3.48、表 3.49 和下文讨论。

表 3.49　雷门沟包裹体测温结果（李晶，2009）

阶段	类型	个数	气液比/%	$T_{m,ice}$/℃	$T_{m,clath}$/℃	$T_{m,s}$/℃	$T_{m,h}$/℃	盐度/（% NaCl eqv.）	T_h（均一方式）/℃
	C_L	6	35～40		8.1～9.3			1.42～3.71	355～364（l）
	C_L	2	15～40		7～8.6			2.77～5.68	342～360（l）
	aqL	6	20	-5.8～-5.0				7.86～8.95	334～372（l）
	C_L	2	15～20		9			2	336～337（l）
	aqL	7	15～25	-3.5～-1.3				2.24～5.71	320～359（l）
A	C_V	7	80		9.5			1.02	330～340（v）
	aqL	9	20～30	-6.2～-3.5					292～320（l）
	aqL	3	25	-3.6～-2.1				3.55～5.86	310～323（l）
	aqL	3	15～20	-3.1～-5.0				5.11～7.86	270～278（l）
	aqL	8	10～30	-5.7～-2.9				4.80～8.81	254～280（l）
	aqL	4	10	-11.8～-11.0				14.97～15.76	231～234（l）

续表

阶段	类型	个数	气液比/%	$T_{m,ice}$/℃	$T_{m,clath}$/℃	$T_{m,s}$/℃	$T_{m,h}$/℃	盐度/(% NaCl eqv.)	T_h(均一方式)/℃
B	aqV	6	40 ~ 70	-6.0 ~ -4.5				7.17 ~ 9.21	363 ~ 370 (v)
	C_L	3	30		5.6			8.03	296 (1)
	aqL	23	20 ~ 40	-6.5 ~ -1.5				2.57 ~ 9.86	290 ~ 340 (1)
	aqL	8	15 ~ 30	-5.3 ~ -1.7				2.90 ~ 8.28	278 ~ 319 (1)
	aqL	5	20 ~ 30	-5.3 ~ -3.3				5.41 ~ 8.28	272 ~ 315 (1)
	aqL	6	20 ~ 25	-5.5 ~ -3.9				6.30 ~ 8.55	288 ~ 317 (1)
	aqL	10	15 ~ 40	-2.7 ~ -1.3				2.57 ~ 4.49	300 ~ 324 (1)
	aqL	5	20 ~ 25	-3.7				6.01	290 ~ 300 (1)
	dc1	7	20	-2.9 ~ -2.7				4.49 ~ 4.80	275 ~ 290 (1)
	aqL	10	15 ~ 30	-4.0 ~ -2.3				3.87 ~ 6.45	256 ~ 287 (1)
	aqL	8	10 ~ 20	-4.2 ~ -2.3				3.87 ~ 6.74	220 ~ 244 (1)
	B1	2	5			150 ~ 180	294	37	300 (1)
	B2	4	5				180 ~ 250	31 ~ 35	260 ~ 263 (1)
	B2	2	7				210 ~ 220	32 ~ 33	271 (1)
	aqL	2	10 ~ 15	-2.0				3.39	240 (1)
C	aqL	3	15	-2.5 ~ -1.2				2.07 ~ 4.18	200 ~ 200 (1)
	aqL	8	15	-2.8 ~ -1.4				2.41 ~ 4.65	170 ~ 205 (1)
	aqL	8	5	-4.6 ~ -2.0				3.39 ~ 7.31	140 ~ 150 (1)
	aqL	4	5	-3.0 ~ -2.0				3.39 ~ 4.96	150 ~ 168 (1)
	aqL	25		-4.8 ~ -1.4				2.41 ~ 7.59	134 ~ 183 (1)

注：测试对象为流体包裹体群；$T_{m,ice}$为冰点温度；$T_{m,clath}$为笼合物熔化温度；$T_{m,s}$为钾盐子矿物熔化温度；$T_{m,h}$为石盐子矿物熔化温度；l 表示均一至液相；v 表示均一至气相。

B 型包裹体：①B1 型包裹体中钾盐子矿物熔化温度为 150 ~ 180℃，石盐子矿物熔化温度为 294℃。根据 Hall 等（1988）公式计算获得流体包裹体中 KCl 含量为 40% ~ 43% NaCl eqv.，NaCl 含量为 37%。包裹体最终于 300℃时达完全均一，完全均一至液相。②B2 型包裹体中石盐子矿物的熔化温度为 180 ~ 250℃，其盐度为 31% ~ 35% NaCl eqv.，包裹体于 260 ~ 271℃时向液相完全均一。

dc 型包裹体：①dc1 型包裹体的冰点温度为 -2.7 ~ -2.9℃，相应盐度为 4.49% ~ 4.80% NaCl eqv.。气液相于 275 ~ 290℃完全均一至液相，子矿物不熔化。②dc2 型包裹体的温度和盐度特征与同期的原生 aq 型包裹体一致。

3.4.4.4 包裹体成分分析

1. 单个包裹体成分的激光拉曼探针分析

李晶（2009）对雷门沟钼矿各类包裹体的气相、液相和子矿物相成分进行了分析，发现 C 型包裹体中气相成分除 CO_2 和 H_2O 外不含其他成分，部分 aq 型包裹体气相组分中含少量 CO_2（图 3.71A），dc1 型包裹体中透明子矿物相为方解石（图 3.71B）。

2. 群体包裹体成分分析

陈小丹（2012）对雷门沟矿床中的石英样品进行了群体包裹体成分分析，结果列于表 3.50。由分析结果可见，雷门沟钼矿成矿流体液相成分以 K^+、Na^+、Cl^-、SO_4^{2-}为主，含少量的 Ca^{2+}和 Mg^{2+}；气相成分以 H_2O、CO_2 为主，含少量的 N_2、CH_4、C_2H_6，个别样品含微量的 Ar 和 H_2S。这亦与我们的流体包裹体岩相学观察结果一致。

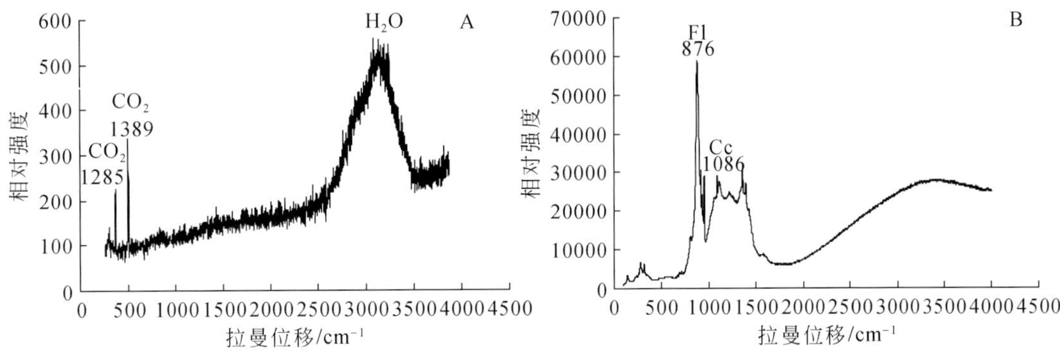

图3.71　雷门沟钼矿流体包裹体激光拉曼光谱分析结果（李晶，2009）

A. L型包裹体中的气相中除 H_2O 外出现 CO_2 的特征峰；B. dcl 型包裹体中透明子矿物为方解石，此外可见寄主矿物萤石的特征峰。图中缩写：Cc. 方解石；Fl. 萤石

表3.50　雷门沟钼矿床群体包裹体成分分析结果（陈小丹，2012）

样品号	阶段*	K^+	Na^+	Ca^{2+}	Mg^{2+}	Cl^-	SO_4^{2-}	H_2O	CO_2	N_2	CH_4	C_2H_6	Ar	H_2S
LMG-B19	A	2.26	12.9	0.939		7.32	22.0							
090810-24	A	1.95	5.82	0.903	0.081	3.12	13.1	95.8	3.985	0.104	0.077	0.062	0.011	
LMG-B14	A	1.43	4.38	0.348		3.12	4.92	94.6	5.114	0.086	0.057	0.174	0.009	
LMG-B3	A	0.666	5.01	0.384		4.20	4.56	93.7	6.253	–	0.031	0.035		
090810-17	B	0.855	4.44	0.417		3.87	3.57	95.1	4.656	0.088	0.063	0.095	0.008	
090810-3	B	0.522	4.62	0.486		3.99	3.87	95.1	4.754	0.070	0.033	0.052		
090811-14	C	1.09	0.693	0.210		0.159	2.86	97.7	1.758	0.198	0.174	0.161	0.050	0.002

注：液相单位为 10^{-6}，气相单位为 mol%。

*阶段已对应为本书划分标准。

3.4.4.5　成矿流体性质和演化

综合以上矿床地质和流体包裹体研究结果可知，雷门沟钼矿的成矿流体由含 CO_2 的盐水体系向几乎不含 CO_2 的单纯盐水体系演化，而有经济意义的矿化主要发生于后者。脉动式流体活动形成的网脉很好地保留了这两种流体体系在同一深度范围内的演化记录，为我们在现有条件下研究成矿物质的运移和沉淀机制，预测深部流体及矿化情况提供了重要的支撑。

本节针对雷门沟钼矿现有开采区域的网脉状矿石，包括早期的石英-黄铁矿脉（A），其后的石英（萤石）-辉钼矿脉（B）以及最晚期的石英-黄铁矿脉（C），进行了分类分析研究，发现上述脉体是不同性质的流体活动产物，尤其前两者反映了不同阶段出溶的岩浆流体的性质和冷却过程（图3.72）。

初始从岩浆中出溶的碳水流体，在上升降温至370~320℃、压力约为400bar（$1bar=10^5Pa$），按照岩石密度 $2.8g/cm^3$ 估计古深度为1.4km（按照富气相 CO_2 流体包裹体，根据 Schwartz，1989 相图估算）时出现一定程度的相分离，表现为含 CO_2 的低盐度包裹体（C 型）与水溶液包裹体（aqL 型）共存，其中后者盐度略高于前者。两种流体均一温度近似，集中在330~360℃，同时开始沉淀 A 脉。随着流体从源区不断地注入 A 脉并伴随挥发分相的分离，很可能使得流体盐度获得持续积累。压力的突然降低使得流体发生沸腾，在温度约300℃环境下出现 KCl 和 NaCl 的饱和，热液矿物捕获少量含钾盐和石盐的多相流体包裹体（B1 型）和同温度的低盐度水溶液包裹体（aqL 型）（图3.70、图3.72）。钾盐子矿物的出现表明此时的流体活动仍然以岩浆流体为主。随后当本期流体活动减弱，即出现初始流体注入的相对间歇期。随着温度的降低，流体在260~280℃之间再次出现沸腾，普遍出现含石盐子晶包裹体（B2）与低密度气液两相包裹体（aqL）共存，其中高盐度端元位于饱和石盐水曲线附近（图3.72）。当本期流体活动进入尾声，残余岩浆流体在冷凝作用下形成少量的中等盐度（14.97%～15.76% NaCl eqv.）的富液相包裹体（aqL 型）。

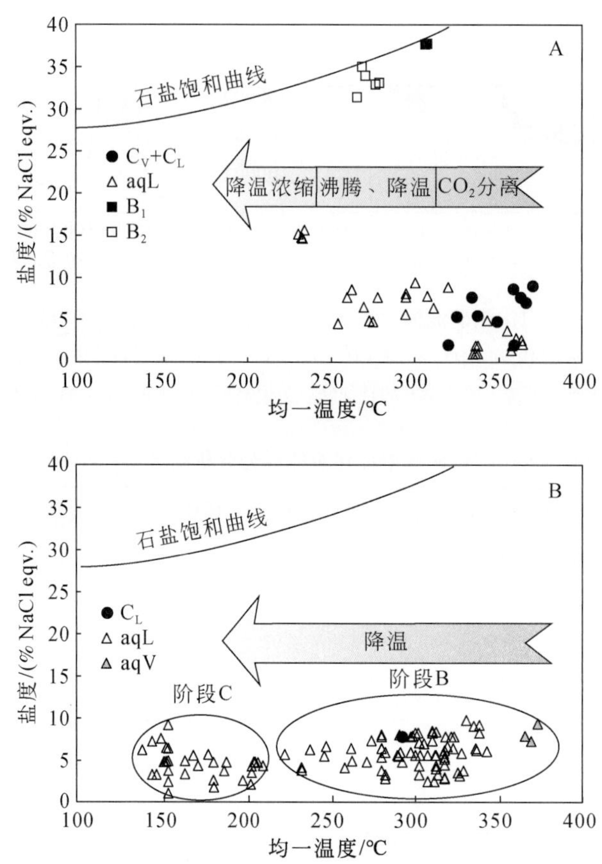

图 3.72　雷门沟网脉状矿化不同阶段各类型流体包裹体的温度-盐度变化（李晶，2009）

A. A 脉；B. B 脉和 C 脉

此后构造-岩浆流体的再次活动使得已经固结的上部花岗岩再次发生脆性破裂（图 3.69 Ⅰ、图 3.73 Ⅱa），形成了本矿区最具有经济意义的石英-辉钼矿网脉体系（B 脉），而此过程流体的性质以及在相似温度条件下的演化过程与 A 脉明显不同。B 类网脉主要呈两种形式产出：其一为边界平直的粗石英-辉钼矿脉（通常脉宽数厘米），辉钼矿常沿脉壁生长；另一种为黑色的石英辉钼矿细脉（<0.3cm）（图 3.69 Ⅰ）。此外局部还形成石英-萤石-辉钼矿脉，说明岩浆的氟含量较高（图 3.69Ⅱ）。流体中氟的存在可以显著降低岩浆的固相线温度（Chang and Meinert，2004），有利于不相容的金属元素在挥发分中的富集。B 脉中流体演化的过程为：从岩浆中分离出的相对低密度、中低盐度（7.17%～9.21% NaCl eqv.）、含 $X_{CO_2}<0.015$ 的盐水流体运移至成矿位置，当温度达到 362～370℃开始沉淀石英并且捕获了少量气相占 40%～70% 的低盐度流体包裹体（aqV），但这种包裹体仅在局部出现。本阶段大量的矿物沉淀发生在 336～272℃（aqL）的盐水溶液体系中，矿物沉淀处于一种连续的快速降温过程，单个石英颗粒结晶可跨越 319～278℃的温度范围（图 3.71）。此过程中流体中 CO_2 含量明显降低，仅发现一个含少量 CO_2 的流体包裹体（C_L），也是 B 脉中仅有的一个。以上过程在同一深度范围内表现为脉动式的多次活动，这可以由具有相互穿插关系的 B 类脉体捕获了温度盐度近乎一致的流体包裹体来证明（图 3.73，表 3.48、表 3.49）。此外，边界平直的石英辉钼矿脉的多次张开和矿物沉淀捕获了性质相同的流体包裹体（图 3.73，表 3.48、表 3.49），同样说明了含矿流体活动的多周期脉动过程。另外值得注意的是，以上过程沉淀的流体包裹体中局部集中出现含黑色点状子矿物（dc2 型）现象，推测可能是硫化物。当本阶段流体活动进入衰竭期，温度降低至 260～288℃，石英脉中出现细粒石英沿原有粗石英颗粒边缘交代的现象（图 3.73 Ⅰ），在细粒的石英（原生）和粗粒石英（次生）中发育了 aqL 包裹体。B 脉流体在 220～244℃同样经历了冷凝过程，

捕获了低盐度的盐水溶液流体包裹体（aqL），但是可以看到整个降温过程流体包裹体的盐度没有发生明显的变化，说明主成矿阶段流体在本研究涉及的深度范围内没有经历明显的沸腾，辉钼矿的沉淀机制主要是温度降低导致流体中Mo的饱和。

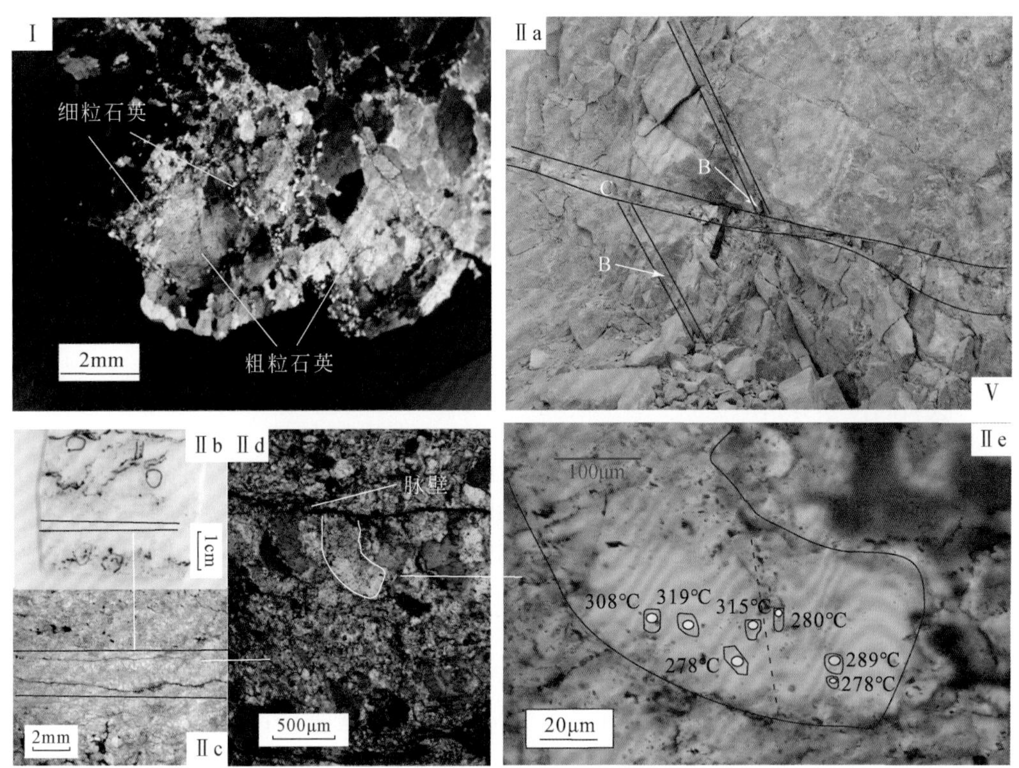

图3.73　B脉的流体演化特征（李晶，2009）

Ⅰ. B脉中后结晶的细粒石英交代先结晶的粗粒石英；Ⅱa. B脉的野外特征。Ⅱb、Ⅱc、Ⅱd分别显示Ⅱa中B脉再次张开沉淀的近梳状细石英脉的包裹体片照片、单偏光下显微照片和正交偏光下的显微照片；Ⅱe、Ⅱd中白线标识为石英颗粒中流体包裹体分布示意图和均一温度结果

成矿晚期的石英-黄铁矿-高岭石脉（C），切穿以上所有的矿化脉体，是源区流体活动近乎终结的表现，流体表现为低温、低盐度的盐水溶液（发育aqL型包裹体）。

综合以上现象可知，雷门沟斑岩型钼矿网脉状矿化是由来自岩浆不同演化阶段的流体脉动式充填形成。野外观察可知，B类脉体总是切穿固结了的A脉，而并不出现相反的现象，说明两个矿化阶段是同一期岩浆活动不同阶段挥发分出溶的产物。

两个阶段的流体在进入成矿网脉后在相同温度区间经历了不同的降温过程，Heinrich（2007）曾经对岩浆-热液成矿过程的流体演化做过相对系统的总结，认为控制流体性质和矿物组合的关键因素是岩浆中流体的出溶深度和流体从岩浆运移到成矿位置所经历的温压变化过程，而后者依赖于流体的产生速度、产生流体的岩浆房之上的岩石渗透性、热量在围岩传导过程中的丢失速率以及岩浆流体与对流的外部流体之间的热交换。雷门沟矿床中形成A脉和B脉的流体从岩浆运移到成矿位置所经历的温压变化过程应该是类似的，而决定它们不同性质的关键因素是流体的出溶深度，这一条件依赖于岩浆体系的分离结晶程度。

伴随成矿母岩浆的上侵和分离结晶，岩浆中的含碳相将比水蒸气更早达到饱和从岩浆中分离出来。Heinrich等（1999）认为气相逃逸会从体系中带走大量的铜和硫。流体包裹体的LA-ICP-MS研究（Seo et al.，2009）同样证明了富气相包裹体中大量硫的存在。因此硫的早期带出可能是雷门沟钼矿阶段A沉淀大量黄铁矿，而其后的阶段B（石英-辉钼矿阶段）却很少出现铜铁硫化物的原因之一。另外，据上文对网脉形成古深度的估算为1.4km，推测雷门沟钼矿现有采场可能仍位于流体活动的顶部或边缘位置，矿山的可持续发展性仍具有很大的潜力。上述过程可以导致 Mo 在残余的岩浆流体中得到富集而在随后的流体演化过程中形成单一的钼矿床，这一过程在美国新墨西哥的 Questa 超大型斑岩钼矿的流体研究中也得到了证实（Klemm et al.，2008）。

随着岩浆结晶分异程度的增大，残余岩浆中挥发分比例的相对升高导致岩浆体系产生二次沸腾（second boiling），使富含钼的水溶液流体分离出来并且向上运移。这些流体在雷门沟矿区形成石英-辉钼矿网脉体系（B 脉）。

因此虽然由于矿山处于系统开发的开始阶段，本研究暂时没有获得雷门沟斑岩钼矿流体演化的完整过程，但是现有条件恰好使得形成该矿的岩浆流体演化浅部记录得以保留，在一定程度上说明了单一斑岩型钼矿床形成的流体演化过程。

3.4.5 矿床同位素地球化学

3.4.5.1 氢氧同位素分析

陈小丹等（2011a）对雷门沟钼矿床不同成矿阶段的石英单矿物进行了氢氧同位素分析，结果列于表 3.51。分析结果表明，石英的 $\delta^{18}O_{石英}$ 变化于 7.2‰～10.0‰，平均 8.7‰；包裹体中水的 $\delta D_{水}$ 变化范围为 -90‰～-68‰，平均-78‰。根据流体包裹体的均一温度，陈小丹等（2011a）采用 Matsuhisa 等（1979）的公式：$1000\ln\alpha_{石英-水}=-3.31+3.34\times10^6/T^2$，计算获得与石英平衡的水的 $\delta^{18}O_{水}$ 变化于-3.8‰～4.3‰，平均 1.6‰（表 3.51）。在氢氧同位素图解中，数据点基本落在岩浆水与大气降水之间（图 3.74）。然而，包裹体中水的 $\delta D_{水}$ 明显低于正常岩浆水的范围（-80‰～-50‰，郑永飞和陈江峰，2000），表明成矿流体以岩浆水为主，同时有少量大气降水的参与。在图 3.74 中，由阶段 A 至阶段 C，样品逐渐偏离岩浆水范围而接近大气降水热液，表明由早到晚，大气降水的混入逐渐增多。这亦与流体包裹体研究结果相符合，即早阶段以高温、高盐度、富 CO_2 的流体为主，而晚阶段仅见低温、低盐度、贫 CO_2 的流体。

表 3.51 雷门沟钼矿石英氢氧同位素分析结果（SMOW 标准，陈小丹等，2011a）

样号	样品特征	阶段*	$\delta^{18}O_{石英}$/‰	$\delta^{18}O_{水}$/‰	$\delta D_{水}$/‰	T/℃
090810-22	钾长石化斑岩	A	9.3	3.6	-72	336
LGMB-11	钾长石化斑岩	A	10.0	4.3	-80	336
LMGB-103	斑岩中无矿石英脉	A	8.8	2.8	-84	327
090806-3	斑岩中无矿石英脉	A	8.8	2.8	-90	327
090807-1	片麻岩中无矿石英脉	A	8.7	2.7	-81	327
090810-7	辉钼矿角砾状矿石	B	8.3	1.7	-68	307
LMGB-19	辉钼矿角砾状矿石	B	8.8	2.2	-68	307
LMGB-26	硅化斑岩	B	8.9	2.3	-78	307
090811-8	石英辉钼矿脉	B	8.5	1.9	-82	307
090812-25	石英辉钼矿脉	B	8.4	1.8	-74	307
090810-3	石英辉钼矿脉	B	8.3	1.7	-77	307
LMGB-21	石英辉钼矿脉	B	8.6	2.0	-77	307
LMGB-3	石英辉钼矿脉	B	7.2	0.6	-71	307
LMGB-17	石英黄铁矿辉钼矿脉	B	8.7	2.1	-75	307
LMGB-101	成矿后石英脉	C	9.2	-3.2	-81	188
090812-17	成矿后石英脉	C	8.6	-3.8	-90	188

*统一至本书所划分阶段。

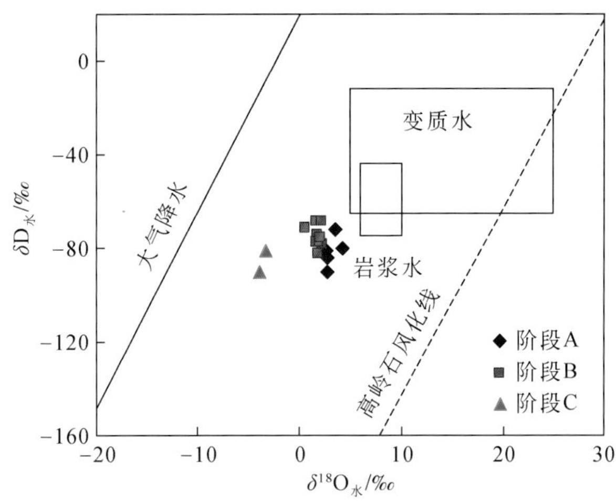

图3.74　雷门沟钼矿床氢氧同位素图解（数据引自表3.51）

3.4.5.2　碳氧同位素特征

陈小丹（2012）对雷门沟钼矿床的方解石样品进行了碳氧同位素分析（表3.52）。由表3.52可见，来自阶段B（主成矿期）的方解石样品的$\delta^{13}C_{V\text{-}PDB}$变化于−3.2‰～−2.4‰，平均−2.7‰；由测试的$\delta^{18}O_{V\text{-}PDB}$计算获得$\delta^{18}O_{V\text{-}SMOW}$为1.5‰～3.7‰，平均2.8‰。阶段C（成矿后）的方解石给出的$\delta^{13}C_{V\text{-}PDB}$变化于−2.9‰～−2.0‰，平均−2.8‰；$\delta^{18}O_{V\text{-}SMOW}$为5.4‰～9.2‰，平均7.0‰。意即，成矿期和成矿后的方解石的$\delta^{13}C_{V\text{-}PDB}$变化不大。它们高于以下碳储库（参见郑永飞和陈江峰，2000）：有机质（平均$\delta^{13}C_{PDB}$=−27‰）、大气CO_2（$\delta^{13}C_{PDB}$约为−8‰）、淡水CO_2（$\delta^{13}C_{PDB}$=−9‰～−20‰）、地壳（$\delta^{13}C_{PDB}$=−7‰），而接近于地幔（$\delta^{13}C_{PDB}$=−5‰～−7‰）或火成岩（$\delta^{13}C_{PDB}$=−3‰～−30‰），表明成矿流体中的碳可能主要来自岩浆系统，同时可能存在碳酸盐岩地层（$\delta^{13}C_{PDB}$=0.5‰）变质分解的CO_2加入（Chen et al.，2005；祁进平等，2005；郭东升等，2007）。相比之下，方解石的$\delta^{18}O_{V\text{-}SMOW}$变化较大，可能是由不同程度的混入大气降水热液所致。

表3.52　雷门沟钼矿方解石碳氧同位素分析结果（陈小丹，2012）

样号	样品特征	阶段*	$\delta^{13}C_{V\text{-}PDB}$/‰	$\delta^{18}O_{V\text{-}PDB}$/‰	$\delta^{18}O_{V\text{-}SMOW}$/‰
LMZ-B18	方解石辉钼矿脉	B	−2.6	−28.5	1.5
LMZ-B9	方解石辉钼矿脉	B	−3.2	−26.9	3.1
090812-12	方解石辉钼矿脉	B	−2.4	−26.4	3.7
LMZ-B1	石英方解石脉	C	−2.9	−23.9	6.3
LMZ-B3	石英方解石脉	C	−2.0	−21.0	9.2
090812-5	石英方解石脉	C	−2.5	−24.7	5.4

*统一至本书所划分阶段。

3.4.5.3　硫同位素特征

胡受奚等（1988）、陈小丹（2012）对雷门沟钼矿床的辉钼矿、黄铁矿样品开展了硫同位素分析，结果列于表3.53。分析结果表明，雷门沟矿床硫化物的$\delta^{34}S$变化于−1.8‰～2.7‰之间，集中于2‰～4‰，平均值为1.5‰。在硫同位素直方图（图3.75）中，塔式效应显著，具有陨石硫的特征。考虑到矿床硫同位素组成与雷门沟斑岩体中的硫同位素（$\delta^{34}S$=−2.2‰～3.7‰）较为接近，认为成矿流体中的硫主要来自岩浆流体系统。

表 3.53 雷门沟矿床和岩体的硫同位素组成（VCDT 标准）

地质体	样品号	产状	样品	$\delta^{34}S$/‰	资料来源
矿床		石英辉钼矿脉	辉钼矿	2.7	胡受奚等，1988
		石英黄铁矿辉钼矿脉	黄铁矿	2.5	胡受奚等，1988
	090810-7	石英辉钼矿脉	辉钼矿	1.8	陈小丹，2012
	090810-22	石英辉钼矿脉	辉钼矿	2.2	陈小丹，2012
	090807-16	石英辉钼矿脉	辉钼矿	-0.7	陈小丹，2012
	090812-18	石英辉钼矿脉	辉钼矿	2.6	陈小丹，2012
	090807-20	石英辉钼矿脉	辉钼矿	1.0	陈小丹，2012
	LMG-B1	石英辉钼矿脉	辉钼矿	2.1	陈小丹，2012
	LMG-B3	石英黄铁矿脉	黄铁矿	2.1	陈小丹，2012
	LMG-B14	石英黄铁矿脉	黄铁矿	1.5	陈小丹，2012
	LMG-B19	石英黄铁矿脉	黄铁矿	1.2	陈小丹，2012
	LMG-B22	石英黄铁矿脉	黄铁矿	-1.8	陈小丹，2012
	LMG-B28	石英黄铁矿脉	黄铁矿	2.0	陈小丹，2012
岩体	LS-01	花岗斑岩	辉钼矿	3.7	严正富等，1986
	LS-03	花岗斑岩	黄铁矿	2.8	严正富等，1986
	LS-04	花岗斑岩	方铅矿	-2.2	严正富等，1986
	LS-05	花岗斑岩	黄铁矿	1.7	严正富等，1986
	LS-06	花岗斑岩	黄铁矿	3.4	严正富等，1986

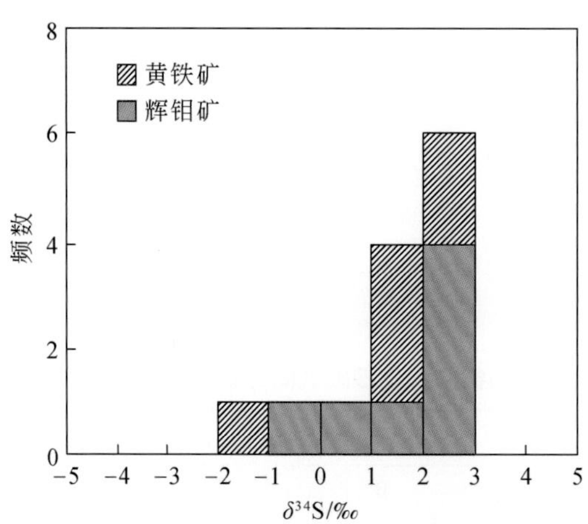

图 3.75 雷门沟钼矿床硫同位素直方图（数据引自表 3.53）

3.4.5.4 成矿物质来源

综合上述氢-碳-氧同位素研究结果，认为雷门沟钼矿成矿流体由岩浆热液向大气降水热液演化，且晚期基本以大气降水热液为主。而碳-硫同位素体系则厘定成矿物质主要来自岩浆流体系统。

3.4.6 成矿年代学

3.4.6.1 辉钼矿 Re-Os 同位素定年

李永峰等（2006）采用辉钼矿 Re-Os 同位素方法对雷门沟钼矿的成矿作用时代开展了研究，所用样品采自斑岩型钼矿体，辉钼矿呈细脉状、网脉状产出。由表 3.54 可见，两件辉钼矿样品的 Re 含量分别为

18.4×10^{-6}和25.9×10^{-6}，相应的^{187}Os分别为25.3×10^{-9}和36.1×10^{-9}。采用Smoliar等（1996）的衰变常数[$\lambda(^{187}Re)=1.666\times10^{-11}a^{-1}$]，计算获得其同位素模式年龄分别为131.6±2.0Ma和133.1±1.9Ma。

表3.54 雷门沟矿床辉钼矿Re-Os同位素分析结果（李永峰等，2006）

样号	样重/g	$Re/10^{-6}$	$^{187}Re/10^{-6}$	$^{187}Os/10^{-9}$	模式年龄/Ma
lmg-1	0.02286	18.4±0.3	11.5±0.2	25.3±0.2	131.6±2.0
lmg-2	0.01820	25.9±0.3	16.2±0.2	36.1±0.3	133.1±1.9

注：2σ误差，其中Re和Os含量的误差包括稀释剂标定误差、质谱测量误差及质量分馏校正误差等。模式年龄的误差包括稀释剂标定误差、质谱测量误差、质量分馏校正误差及^{187}Re衰变常数的误差（1.02%）。

3.4.6.2 成矿地球动力学背景

前述研究表明，雷门沟钼矿成矿作用发生于132Ma左右，略晚于雷门沟斑岩体的侵位（136.2±1.5Ma）。结合区域构造演化历史，认为雷门沟成岩成矿作用发生于碰撞造山过程的挤压向伸展转变期。主要依据包括：

（1）早中三叠世复理石建造等海相地层不仅广泛发育在松潘、下扬子等秦岭-大别造山带的前陆盆地，在秦岭微板块范围也较广泛，而且在北秦岭造山带地区也有零星保留（杜远生，1997；杨荣生等，2006），这充分证明早中三叠世时勉略缝合带两侧仍属海盆，古特提斯洋尚未闭合，全面的陆陆碰撞应更晚。

（2）沿勉略带发育三叠纪蛇绿岩套，其北发育岛弧型火山岩建造（Zhang et al.，1996），表明洋盆最终闭合不早于三叠纪。

（3）秦岭造山带的陆内俯冲、变形（许志琴等，1986；胡受奚等，1988）和前陆复理石的冲断（李继亮等，1999）主要发生在三叠纪以后。

（4）中新生代沉积演化研究表明，秦岭造山带在侏罗纪达到隆升高峰，白垩纪开始出现断陷红盆地（陈衍景和富士谷，1992）。

（5）在220~205Ma期间花岗岩类大量出现（张国伟等，2001；许成等，2009），燕山期碰撞型花岗岩大规模发育的峰值年龄为145Ma（陈衍景和富士谷，1992；陈衍景等，2000），表明造山带大规模硅铝化作用始于晚三叠世。

（6）按照碰撞造山带P-T-t轨迹，碰撞造山作用减压增温阶段是岩浆、流体和成矿作用最强烈的阶段，而秦岭地区最强烈的成岩、成矿事件发生在侏罗纪与白垩纪之交（陈衍景等，2000；Chen et al.，2004）。

（7）区域地球化学研究表明，南、北秦岭在中生代之前差异较大，中生代及其后差异大幅度减小（张本仁等，2002）。

（8）古地磁研究显示，晚古生代至侏罗纪期间，扬子板块与华北板块之间的相对距离持续缩短，至早白垩世才保持不变或略有增大（Zhu et al.，1998）。

（9）构造解析和反射地震等研究表明侏罗纪时秦岭地区处于强烈挤压变形的构造背景，秦岭属于印支—燕山期的造山带（袁学诚，1997）。

总之，中侏罗世—早白垩世的减压增温体制是加厚地壳和岩石圈大规模熔融的最佳物理化学条件，导致大量发育以陆壳重熔型为主的花岗岩类及相关火山-次火山岩，形成了包括鱼池岭斑岩系统在内的东秦岭斑岩钼矿带（胡受奚等，1988；陈衍景等，2000；李诺等，2007），并伴随了强烈的造山型金、银、铅锌等矿床形成。

3.4.7 小结

雷门沟钼矿位于华北克拉通南缘的熊耳地体，成矿作用与燕山期酸性小斑岩体密切相关，属典型的单钼斑岩成矿系统。该矿床成矿岩体为雷门沟花岗斑岩体，具有高硅、富碱、富钾，贫钙、镁的特征，属钾玄岩系列的过铝质花岗岩。锆石 SHRIMP U-Pb 定年厘定岩体侵位发生于 136.2±1.5Ma。

雷门沟钼矿体产于角砾岩体内以及外接触带的蚀变太华超群片麻岩中，平面上呈半环状，剖面上呈似层状、透镜状，产状稳定，规模巨大。常见矿石矿物包括辉钼矿、黄铁矿、钼华，以及极少量的黄铜矿；脉石矿物包括石英、钾长石、斜长石、绢云母、黑云母、白云母、角闪石、绿泥石、绿帘石、方解石、白云石、萤石、硬石膏、石膏、高岭石等。矿石结构包括鳞片状结构、自形-半自形晶粒结构、他形晶粒结构，另见少量包含结构、交代假象和交代残余结构。矿石构造主要有浸染状构造、细脉浸染状构造、网脉状构造及脉状构造，另见块状构造、角砾状构造和晶洞构造等。矿区内热液蚀变十分强烈，自斑岩体中心向外大体可分为钾长石化-硅化带和绢云母化-绿泥石化带、绿帘石化带和碳酸盐化带。流体成矿过程具有三阶段性，由早到晚依次为：①阶段 A，形成石英-黄铁矿组合，紧随钾化发生；②阶段 B，发育石英（萤石）-辉钼矿组合，为主矿化阶段；③阶段 C，形成石英脉或石英-黄铁矿-高岭石脉，可切穿以上所有脉体。

成矿流体研究表明，雷门沟脉石矿物中常见如下 4 类包裹体：含 CO_2 包裹体、盐水溶液包裹体、高盐度含石盐或钾盐子矿物包裹体以及含非盐类子矿物的包裹体。由早到晚，成矿流体由高温、含 CO_2 的岩浆热液体系向低温、几乎不含 CO_2 的大气降水热液体系演化。形成早期石英黄铁矿脉的成矿流体经历了多次沸腾降温，而其后的钼矿化阶段则为不含 CO_2 的流体叠加于石英黄铁矿脉的位置之上，没有发生沸腾。

氢氧同位素研究表明雷门沟成矿流体以岩浆热液为主，并有大气降水混入。碳氧同位素数据显示碳主要来自岩浆系统，同时可能存在碳酸盐岩地层变质分解的 CO_2 加入。矿石的硫同位素组成总体较为均一，且具有明显的塔式效应，被认为以深源硫为主，主要来自岩浆流体系统。

辉钼矿 Re-Os 同位素定年限定钼矿化发生于 132Ma 左右，略晚于成岩作用（136.2±1.5Ma）。结合区域构造演化历史，认为雷门沟成岩成矿作用发生于碰撞造山过程的挤压向伸展转变期。

3.5 温泉钼矿床

以宝鸡—成都铁路为界，秦岭造山带在地理上分为东、西两部分，二者在物质组成、构造演化和基底属性上也存在一定差异（张国伟等，2001；张宏飞等，2005）。东秦岭发育古元古代、新元古代、古生代和中生代等多个时代的钼矿床，以中生代最为重要。中生代钼矿床主要为燕山期斑岩型、夕卡岩型或二者复合，次为印支期钼矿床（胡受奚等，1988；黄典豪等，1994，2009；陈衍景等，2000；李厚民等，2007；李诺等，2007，2008；Mao et al.，2008，2011；高阳等，2010；王义天等，2010a，2010b；邓小华，2011；Li et al.，2011a），印支期钼矿床主要是石英脉型和碳酸岩脉型，罕见斑岩型或夕卡岩型。如黄龙铺碳酸岩脉型钼矿床的辉钼矿 Re-Os 等时线年龄为 221Ma（黄典豪等，1994；Stein et al.，1997），马家洼石英脉型钼矿床的辉钼矿 Re-Os 等时线年龄为 232±11Ma（王义天等，2010a），大湖金钼矿的独居石 SHRIMP U-Th-Pb 年龄和辉钼矿 Re-Os 等时线年龄分别为 216±5Ma 和 218±41Ma（Li et al.，2011a），前范岭石英脉型钼矿床的辉钼矿 Re-Os 等时线年龄为 239±13Ma（高阳等，2010）。

西秦岭钼矿床明显弱于东秦岭，仅有个别小型至中型的三叠纪斑岩型或斑岩-夕卡岩型钼矿床（Li and Pirajno，2017；Xiao et al.，2017）。西秦岭大面积发育晚三叠世花岗岩类（张成立等，2008；弓虎军等，2009a，2009b；张旗等，2009；Qin et al.，2009，2010；Jiang et al.，2010；Zhu et al.，2010，2011；Li et al.，2015 及其引文），但含矿床很少。甘肃武山县温泉斑岩钼矿床已达大型规模（朱赖民等，2009；Cao et al.，2011；Zhu et al.，2011；王飞等，2012；Qiu et al.，2017），是西秦岭最大的钼矿床，本书予以系统介绍。

3.5.1 成矿地质背景

西秦岭造山带北以唐藏-武山-临夏-贵德断裂为界与祁连造山带相邻，南以勉略-阿尼玛卿缝合带为界与巴颜喀拉-松潘造山带和碧口地体相邻（图 3.76）（张国伟等，2001；冯益民等，2002；张宏飞等，2005；朱赖民等，2009）。区内出露地层主要为震旦纪—中三叠世的沉积盖层，沉积岩层内部的构造变形记录了秦岭板块发展、演化及主造山期陆陆碰撞的整个过程（Meng and Zhang，1999，2000；张国伟等，2001；董云鹏等，2008；Dong et al.，2011；Chen and Santosh，2014）。西秦岭造山带内花岗岩分布广泛，现已发现中酸性岩体 200 余个，总面积约 4000km^2，岩体出露面积介于 1～500km^{2}之间；自东向西包括光头山、糜署岭、迷坝、天子山、温泉、中川、教场坝、碌础坝、美武、达尔藏等岩体或岩体群，各岩体均含暗色微粒包体（MMEs）（张旗等，2009；朱赖民等，2009）。目前，关于西秦岭三叠纪构造背景存在两种不同观点，一是碰撞或碰撞后（张国伟等，2001；Sun et al.，2002；Zhu et al.，2011），二是碰撞前或洋陆俯冲与陆陆碰撞并存（Zhu et al.，1998；陈衍景等，2009；陈衍景，2010；Chen and Santosh，2014；Mao et al.，2014；Li et al.，2015；Zhou et al.，2016；Li and Pirajno，2017）。

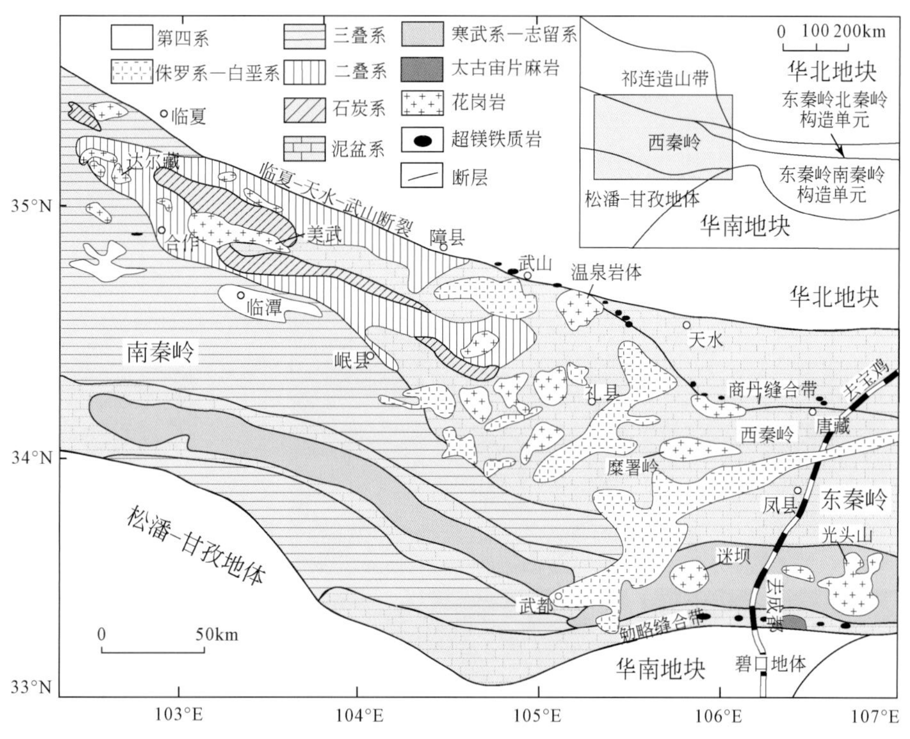

图 3.76　西秦岭构造略图（据张宏飞等，2005）

温泉钼矿床（地理坐标：34°36′15″～34°37′30″N，105°05′00″～105°07′00″E）位于甘肃省天水市武山镇，大地构造位置上处于商丹缝合带西端南侧，西秦岭、北秦岭和祁连造山带的交汇部位（图 3.76）。

温泉钼矿区断裂构造发育，并与节理构造共同控制了钼矿体的产出（图 3.77）。矿区断裂以近 NS 向、NE 向和 NW 向为主，主要由一系列平行断裂和次级断裂构成，多属压扭性。主要断裂有 F12、F15、F16、F20、F23、F32 和 F33。断裂带及其两侧的岩石破碎强烈，断层泥中由于含有微细鳞片状和细粉末状的辉钼矿呈现灰黑色。规模较大的断裂带内多出现岩石角砾和岩屑，角砾裂隙中充填有脉状和薄膜状辉钼矿（Zhu et al.，2011）。

温泉含矿岩体节理构造发育，多数为节理面平直且延伸较远的剪节理。矿区节理具多期次特征，常相互交切穿插成网脉状（图 3.78）。原生节理可分为四组（任新红，2009）：第一组走向为 10°～350°，倾向近 EW，倾角为 45°～80°；第二组走向为 30°～60°，倾向 NW，倾角为 45°～75°；第三组走向为 300°～340°，倾向 NE，倾角为 45°～80°；第四组走向为 80°～95°，倾向 N 或 E，倾角为 65°～80°。其中第一组和第二组节理最为发育，其内常充填有富含辉钼矿的烟灰色-深灰黑色石英脉。各向连通性较好的节理相互截切交汇，一般节理越密集的部位矿化也越强烈。

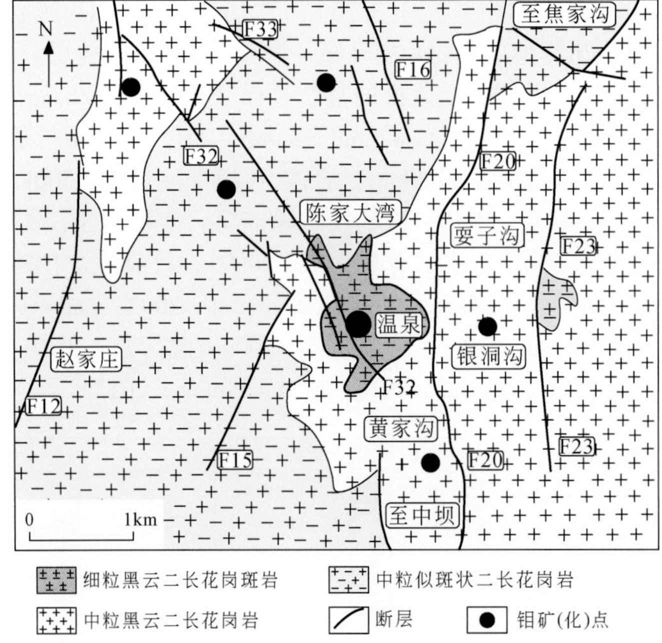

图 3.77　温泉钼矿床地质简图（据韩海涛等，2008 修改）

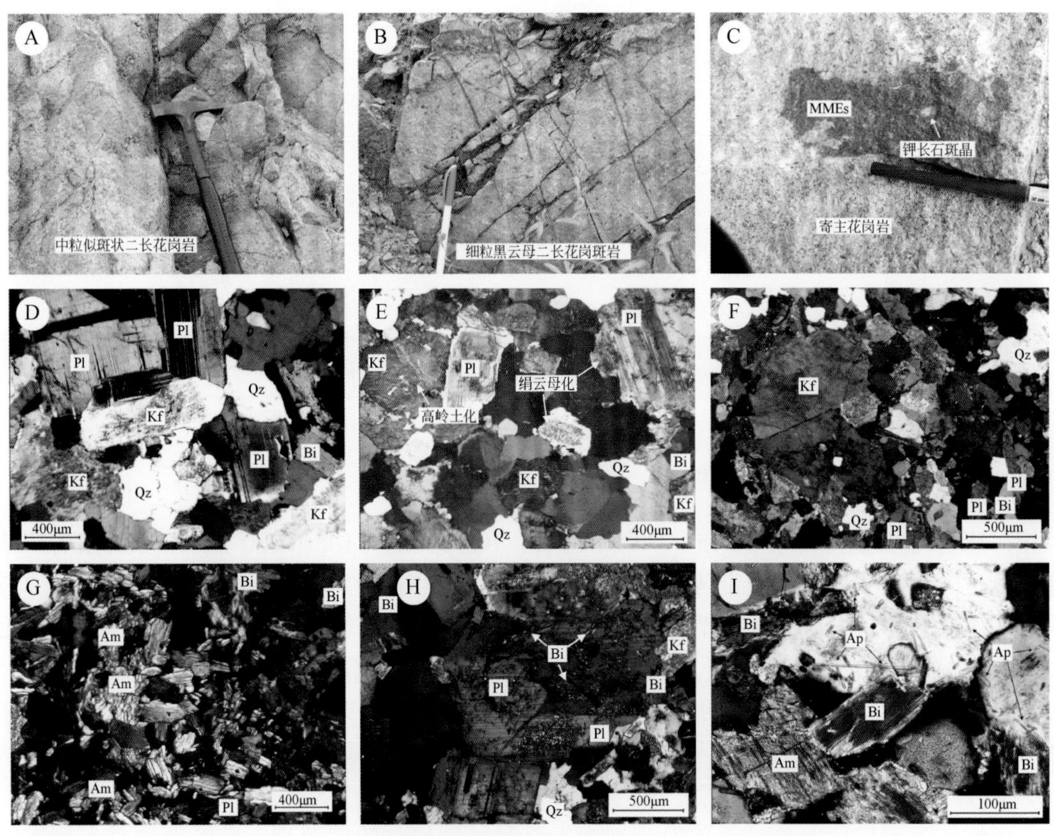

图 3.78　温泉钼矿各类赋矿花岗岩的岩石学特征（王飞，2011）

A. 中粒似斑状二长花岗岩；B. 细粒黑云母二长花岗斑岩；C. 中粒似斑状二长花岗岩中发育的暗色微粒镁铁质包体（MMEs），包体中含有大的钾长石斑晶；D. 中粒似斑状二长花岗岩具似斑状结构（薄片，正交偏光）；E. 中粒似斑状二长花岗岩中的钾长石发生高岭土化，斜长石发生绢云母化（薄片，正交偏光）；F. 细粒黑云母二长花岗斑岩具斑状结构（薄片，正交偏光）；G. 暗色镁铁质包体的矿物组成（薄片，正交偏光）；H. 暗色镁铁质包体中的斜长石内包裹有黑云母等矿物包裹体（薄片，正交偏光）；I. 暗色微粒镁铁质包体中的针状磷灰石（薄片，正交偏光）。图中缩写：Pl. 斜长石；Qz. 石英；Mi. 微斜长石；Bi. 黑云母；Kf. 钾长石；Am. 角闪石；Ap. 磷灰石

3.5.2　成矿岩体特征

3.5.2.1　岩体地质和岩性

温泉钼矿床含矿岩体为温泉复式杂岩体（34°35′~34°38′N，105°04′~105°08′E），北东侧侵入于由斜长角闪片岩、大理岩、绿帘绿泥片岩、绢云石英片岩、黑云石英片岩和钙质片岩等组成的下古生界李子园群中，南侧侵入上泥盆统大草滩群碎屑沉积岩中，出露面积达253km^2。赋矿岩体岩性以似斑状二长花岗岩为主，主要包括以下几种岩石类型：

中粒似斑状二长花岗岩是温泉杂岩体的最主要岩石类型，常含大小不一的暗色微粒包体（MMEs）（图3.78C）。岩石呈土灰色-肉红色，似斑状结构（图3.78D），块状构造（图3.78A）。斑晶为自形板柱状的钾长石，具卡斯巴双晶，粒径15~30mm，含量5%~10%，常含斜长石、黑云母等矿物包裹体。基质主要由钾长石、斜长石、石英、黑云母、角闪石和副矿物组成。其中，钾长石含量30%~35%，常具条纹结构，少数具格子双晶；斜长石含量30%~35%，常见聚片双晶，可见卡钠复合双晶，部分绢云母化和高岭石化（图3.78E）；石英含量25%~30%，具半自形粒状结构，常交代钾长石形成穿孔结构和蠕英结构；暗色矿物主要为黑云母和角闪石，含量分别为3%~8%和2%~4%（图3.78D）。副矿物主要由磷灰石、榍石和锆石组成。磷灰石一般为自形短柱状或针状；榍石为褐色，一般呈自形菱形晶，偶为他形粒状，粒径以小于1.5mm为主，可分为原生和次生两类，次生者主要由暗色矿物蚀变形成。

细粒黑云二长花岗斑岩的钾长石斑晶含量远小于中粒似斑状二长花岗岩。岩石为浅灰色-肉红色，具斑状结构（图3.78F），块状构造（图3.78B）。斑晶主要为钾长石（5%~13%）、斜长石（5%~15%）和石英（5%~10%）。基质主要由钾长石（20%~30%）、斜长石（15%~25%）、石英（15%~25%）、黑云母（2%~3%）和少量角闪石组成，钾长石有时被石英交代形成穿孔结构和蠕英结构。副矿物主要有榍石、磷灰石和锆石等。镜下观察可见少量沿粗粒矿物边缘交代的微晶钾长石和石英，使粗粒矿物的边缘呈锯齿状或港湾状。

中粒黑云二长花岗岩为温泉岩基的次要类型。岩石灰白色、浅灰色或肉红色，中粒花岗结构，块状构造。主要组成矿物为钾长石、斜长石、石英和少量黑云母，矿物粒径多为1.5~3.0mm。该单元出露范围较小，主要分布于岩体的中部和边部，矿化较弱（韩海涛，2009）。

细粒黑云母二长花岗岩（图中未见）呈肉红色，具细粒花岗结构，块状构造，主要出露于陈家大湾斑岩株内。岩石的主要矿物为钾长石（30%~35%）、斜长石（30%~35%）、石英（25%~30%）和黑云母（3%~5%）；副矿物为磷灰石、榍石、锆石和黄铁矿等。该类岩石中可见矿化现象，但矿化程度弱于中粒似斑状二长花岗岩和细粒黑云二长花岗斑岩。

镁铁质暗色微粒包体（MMEs）主要分布在中粒似斑状二长花岗岩中，呈暗灰色-灰褐色，椭球状、浑圆状及不规则状等（图3.78C），与寄主岩石在色率和物质组成上呈弱过渡关系，接触界线模糊。MMEs岩性为闪长岩，主要矿物为斜长石（55%~60%）、碱性长石（5%~10%）、角闪石（30%~35%）、黑云母（约3%）和石英（约3%）；副矿物主要为榍石、锆石和磷灰石等，偶见辉石（图3.78G、I）。斜长石多呈自形或半自形柱状，可分为原生斜长石和斜长石捕虏晶两类。原生斜长石多发育聚片双晶及环带，其与钾长石接触部位常形成卡钠复合双晶，可见蠕英结构；斜长石捕虏晶的边缘往往被熔蚀或交代成港湾状。角闪石多为自形-半自形，部分被黑云母交代（图3.78G）；黑云母多沿其他矿物粒间产出，生长受到限制（图3.78H）。副矿物中磷灰石含量较高，按形态可以分为短柱状和细针状两种（图3.78I）。此外，MMEs中常见寄主岩石中混入的钾长石，晶体的长轴方向与MMEs的长轴方向基本一致，但粒径远大于包体中的其他矿物（图3.78C），表明MMEs和寄主花岗岩之间存在物质成分的交换。

3.5.2.2　元素地球化学

Zhu等（2011）对温泉钼矿中粒似斑状二长花岗岩、细粒黑云母二长花岗斑岩以及MMEs样品进行了主量、微量和稀土元素研究（表3.55）。二长花岗岩的SiO_2变化于69.67%~73.19%，TiO_2变化于

表 3.55 温泉花岗岩及镁铁质暗色微粒包体的主量（单位:%）、稀土和微量元素（单位：10^{-6}）含量（Zhu et al., 2011）

样品号	W8-1	W8-2	W8-3	W9-3	W-15	W-22-1	W25-1	W-25-2	W25-3	W26-3	YX-9	W17-1	W17-2	W-17-3	W17-4
岩性	中粒似斑状二长花岗岩											细粒黑云母二长花岗斑岩			
SiO_2	69.67	70.04	69.91	72.45	72.72	73.12	71.9	73.02	70.99	71.57	71.1	73.19	71.42	71.46	73.12
TiO_2	0.35	0.42	0.45	0.26	0.29	0.30	0.28	0.29	0.26	0.36	0.36	0.25	0.29	0.29	0.16
Al_2O_3	15.06	14.24	14.34	14.30	13.91	14.10	14.05	13.81	14.81	13.84	13.69	13.72	14.65	14.78	13.78
$Fe_2O_3^T$	2.62	3.07	3.12	1.74	1.99	1.86	2.00	2.15	1.94	2.47	2.49	1.66	2.06	1.80	1.57
MnO	0.05	0.07	0.07	0.03	0.04	0.02	0.04	0.04	0.04	0.05	0.05	0.03	0.04	0.04	0.02
MgO	1.08	1.35	1.43	0.67	0.75	1.03	0.77	0.77	0.71	1.00	1.00	0.49	0.65	0.57	0.45
CaO	1.96	2.19	2.47	1.34	1.62	0.61	1.79	1.72	1.27	1.46	1.47	1.28	0.97	1.23	1.19
Na_2O	3.58	3.71	3.90	3.44	3.56	3.78	3.63	3.51	3.71	3.19	3.17	3.34	3.97	3.83	3.32
K_2O	5.18	4.00	3.52	5.00	4.26	3.80	4.36	4.38	5.00	4.67	4.69	4.97	4.99	5.00	5.07
P_2O_5	0.17	0.2	0.21	0.11	0.13	0.13	0.12	0.12	0.12	0.15	0.16	0.12	0.14	0.13	0.11
LOI	0.38	1.04	0.8	1.01	0.76	1.62	0.65	0.47	0.70	0.79	1.91	0.72	1.19	0.89	0.73
总计	100.10	100.33	100.22	100.35	100.03	100.37	99.59	100.28	99.55	99.55	100.05	99.75	100.37	100.02	99.52
K_2O/Na_2O	1.45	1.08	0.90	1.45	1.20	1.01	1.20	1.25	1.35	1.46	1.48	1.49	1.26	1.31	1.53
K_2O+Na_2O	8.76	7.71	7.42	8.44	7.82	7.58	7.99	7.89	8.71	7.86	7.86	8.31	8.96	8.83	8.39
A/CNK	1.00	0.99	0.97	1.06	1.04	1.23	1.01	1.01	1.07	1.07	1.06	1.04	1.07	1.06	1.05
A/NK	1.31	1.36	1.4	1.29	1.33	1.36	1.31	1.31	1.29	1.34	1.33	1.26	1.23	1.26	1.26
$Mg^{\#}$	49.00	50.61	51.65	47.3	46.76	56.34	47.29	45.50	46.03	48.55	48.35	40.76	42.38	42.46	40.05
Li	23.7	30.8	49.7	24.1	22.6	27.2	22.2	22.8	17.6	17.4	19.8	17.1	24.1	20.3	18.0
Be	3.65	3.71	5.66	4.72	5.30	4.04	4.85	5.33	3.97	4.68	2.63	4.25	5.44	5.85	4.45
Sc	5.62	6.14	6.04	3.55	4.33	3.45	4.11	4.20	2.67	3.13	4.46	4.04	3.83	3.97	4.96
V	34.0	42.2	44.3	18.8	23.7	19.6	21.0	25.3	14.2	21.7	30.7	16.0	22.8	20.1	16.3
Cr	40.1	35.6	32.3	27.6	32.5	41.2	29.8	49.7	34.3	26.7	37.2	18.1	36.8	30.3	19.5
Co	139	126	175	228	189	139	292	161	182	133	114	189	138	152	192
Ni	18.2	14.3	15.1	13.0	15.3	18.2	15.0	20.7	15.8	12.5	14.9	11.3	18.2	14.6	11.3
Cu	22.8	34.2	21.0	348	353	97.2	363	494	552	145	18.6	652	83.7	82.3	722
Zn	62.1	62.6	64.5	56.3	64.3	50.4	60.1	69.1	55.9	55.6	60.0	54.2	52.5	47.2	50.2
Ga	16.9	17.8	18.4	17.9	19.1	16.6	18.3	18.8	17.2	17.9	14.6	15.8	16.1	16.0	16.5

续表

样品号	W8-1	W8-2	W8-3	W9-3	W-15	W-22-1	W25-1	W-25-2	W25-3	W26-3	YX-9	W17-1	W17-2	W-17-3	W17-4
岩性	中粒似斑状二长花岗岩											细粒黑云母二长花岗斑岩			
Ge	1.57	1.71	1.68	1.17	1.28	0.87	1.30	1.33	1.43	1.17	1.04	1.40	1.29	1.40	1.56
Rb	178	147	139	191	189	112	174	183	188	166	161	200	162	167	212
Sr	299	256	288	225	210	128	203	207	204	255	212	200	273	250	210
Y	14.3	16.8	18.2	11.9	13.9	11.7	12.4	14.2	13.5	12.8	16.5	21.5	20.0	18.4	17.2
Zr	138	165	199	145	175	167	153	173	140	153	178	175	207	212	175
Nb	14.3	17.4	19.0	13.2	17.3	16.3	16.1	19.1	12.9	19.1	17.4	13.5	16.0	14.3	11.7
Mo	2.01	3.70	8.50	19.6	55.8	32.1	41.6	64.7	480	1.80	7.70	921	23.1	18.7	294
Cd	0.23	0.26	0.19	1.16	1.32	1.10	1.51	1.88	2.34	0.80	0.27	3.50	0.36	0.39	2.28
In	0.04	0.04	0.05	0.06	0.08	0.05	0.07	0.08	0.08	0.03	0.03	0.11	0.02	0.03	0.11
Sn	2.54	3.05	3.77	2.73	3.71	2.97	3.18	3.71	3.50	2.30	3.67	3.87	3.23	3.16	3.42
Sb	0.57	0.80	1.03	0.51	0.44	1.10	0.69	0.66	3.45	0.69	2.32	1.40	0.67	1.56	0.78
Cs	6.45	6.72	8.02	6.16	7.62	12.3	5.03	5.61	5.78	5.01	10.5	7.59	6.31	6.47	7.50
Ba	706	364	302	681	489	439	424	469	517	785	744	733	919	886	797
La	23.6	30.9	33.4	23.7	34.6	29.8	35.7	36.4	32.6	35.3	33.6	29.5	19.3	25.3	30.5
Ce	48.4	61.3	69.4	50.7	71.3	62.9	68.5	71.9	63.1	71.2	73.3	61.0	41.3	53.4	62.9
Pr	4.93	5.86	6.98	5.07	7.07	6.32	6.54	7.10	6.04	6.83	7.50	6.14	4.48	5.45	6.43
Nd	17.8	21.7	24.9	18.1	24.2	21.7	21.5	23.8	20.1	23.4	27.4	21.8	16.5	19.4	22.5
Sm	3.51	4.27	4.86	3.56	4.63	4.09	3.84	4.40	3.63	4.36	5.53	4.61	4.10	4.27	4.85
Eu	0.83	0.87	1.01	0.85	0.89	0.69	0.78	0.84	0.81	0.96	1.20	0.90	1.00	1.03	0.91
Gd	3.29	4.05	4.56	3.33	4.15	3.73	3.61	4.03	3.31	3.87	4.84	4.29	4.17	4.23	4.57
Tb	0.48	0.59	0.65	0.48	0.55	0.48	0.48	0.56	0.45	0.52	0.68	0.65	0.69	0.63	0.66
Dy	2.57	3.17	3.49	2.20	2.62	2.22	2.29	2.76	2.29	2.61	3.54	3.71	3.83	3.41	3.37
Ho	0.50	0.63	0.68	0.44	0.50	0.44	0.47	0.53	0.43	0.51	0.68	0.76	0.79	0.71	0.67
Er	1.32	1.58	1.74	1.11	1.32	1.23	1.23	1.45	1.16	1.37	1.72	2.03	1.99	1.90	1.67
Tm	0.19	0.24	0.26	0.16	0.18	0.17	0.17	0.21	0.16	0.19	0.24	0.29	0.28	0.28	0.22
Yb	1.27	1.52	1.65	0.99	1.13	1.14	1.18	1.40	1.05	1.28	1.57	1.94	1.91	1.76	1.44
Lu	0.19	0.23	0.24	0.15	0.17	0.17	0.18	0.21	0.16	0.19	0.23	0.27	0.29	0.27	0.22

续表

样品号	W8-1	W8-2	W8-3	W9-3	W-15	W-22-1	W25-1	W-25-2	W25-3	W26-3	YX-9	W17-1	W17-2	W-17-3	W17-4
岩性	中粒似斑状二长花岗岩											细粒黑云母二长花岗斑岩			
ΣREE	109	137	154	111	153	135	146	156	135	153	162	138	101	122	141
LREE/HREE	10.1	10.4	10.6	11.5	13.4	13.1	14.2	13.0	14.0	13.5	11.0	8.89	6.21	8.26	10.0
$(La/Yb)_N$	12.6	13.7	13.7	16.1	20.7	17.7	20.4	17.6	21.0	18.6	14.5	10.3	6.83	9.71	14.3
$(La/Sm)_N$	4.23	4.55	4.33	4.19	4.70	4.59	5.85	5.21	5.65	5.10	3.82	4.03	2.96	3.73	3.96
$(Gd/Yb)_N$	2.10	2.16	2.24	2.72	2.98	2.65	2.48	2.33	2.55	2.45	2.50	1.79	1.77	1.95	2.57
δEu	0.75	0.64	0.66	0.76	0.62	0.54	0.64	0.61	0.72	0.71	0.71	0.62	0.74	0.74	0.59
δCe	1.05	1.07	1.06	1.08	1.07	1.07	1.05	1.05	1.05	1.07	1.08	1.06	1.04	1.07	1.05
Hf	4.01	4.82	5.53	4.36	4.92	4.96	4.83	5.50	4.57	5.18	5.34	5.15	5.60	5.63	5.00
Ta	1.95	2.21	2.45	1.78	2.24	3.01	2.62	2.68	2.16	2.73	2.17	2.23	1.77	1.60	1.65
Tl	0.97	0.85	0.81	0.95	0.97	1.09	0.88	0.91	0.92	0.98	0.92	0.98	1.00	0.93	1.04
Pb	24.6	27.8	18.6	25.8	24.1	19.1	27.2	28.1	27.0	29.0	29.2	30.9	28.9	29.0	32.5
Bi	0.09	24.9	0.19	0.19	0.35	0.12	0.19	0.31	0.22	0.11	0.19	1.55	1.01	0.24	0.30
Th	17.9	20.3	19.1	21.1	25.6	20.3	26.2	26.9	24.6	25.1	28.1	14.1	15.1	14.4	15.1
U	4.88	6.11	6.50	5.64	11.9	15.1	14.2	13.3	11.3	7.02	6.98	10.9	24.3	7.09	6.41
样品号	W3-2	W3-3	W23-2	W23-4	W23-5	W4-1	W4-2	W23-1	W23-3	HGL1-1	HGL1-2	HGL2-1	HGL2-2	HGL2-3	HGL2-4
岩性	细粒黑云母二长花岗岩					暗色微粒镁铁质包体									
SiO_2	72.49	72.97	72.92	71.74	70.48	60.30	60.51	57.96	58.86	53.58	57.33	52.86	53.28	53.72	53.21
TiO_2	0.15	0.15	0.55	0.56	0.69	0.68	0.67	0.87	0.82	0.84	0.56	1.20	1.17	1.15	1.16
Al_2O_3	14.11	14.11	12.70	12.89	12.95	13.56	13.58	15.01	14.84	12.59	13.25	16.80	16.69	16.49	16.65
$Fe_2O_3^T$	1.67	1.60	3.00	3.22	3.86	6.43	5.94	7.73	7.10	9.43	5.55	8.81	8.64	8.55	8.72
MnO	0.03	0.03	0.07	0.06	0.08	0.22	0.21	0.21	0.20	0.27	0.12	0.19	0.18	0.18	0.19
MgO	0.52	0.55	1.22	1.27	1.57	4.77	4.70	4.31	4.06	6.96	7.18	5.02	4.88	4.84	4.94
CaO	1.31	1.56	1.33	1.31	1.39	4.47	4.50	5.24	5.06	5.54	4.90	6.13	5.95	6.03	6.04
Na_2O	3.53	3.61	2.95	3.01	2.98	3.16	3.13	3.93	3.81	2.03	2.04	4.33	4.46	4.42	4.50
K_2O	5.04	4.93	4.89	4.92	4.90	4.76	5.05	3.33	3.60	5.49	6.90	2.84	2.45	2.34	2.34
P_2O_5	0.08	0.08	0.19	0.20	0.24	0.43	0.43	0.38	0.36	0.73	0.43	0.65	0.62	0.61	0.63
LOI	0.75	0.68	0.57	1.20	0.62	0.96	1.02	0.94	0.84	2.07	1.26	1.28	1.65	1.45	1.56

续表

样品号	W3-2	W3-3	W23-2	W23-4	W23-5	W4-1	W4-2	W23-1	W23-3	HGL1-1	HGL1-2	HGL2-1	HGL2-2	HGL2-3	HGL2-4
岩性	细粒黑云母二长花岗岩					暗色微粒镁铁质包体									
总计	99.68	100.27	100.39	100.38	99.76	99.74	99.74	99.91	99.54	99.53	99.52	100.11	99.97	99.78	99.94
K_2O/Na_2O	1.43	1.37	1.66	1.63	1.64	1.51	1.61	0.85	0.94	2.70	3.38	0.66	0.55	0.53	0.52
K_2O+Na_2O	8.57	8.54	7.84	7.93	7.88	7.92	8.18	7.26	7.41	7.52	8.94	7.17	6.91	6.76	6.84
A/CNK	1.03	1	1.01	1.02	1.02	0.73	0.72	0.77	0.77	0.65	0.67	0.79	0.80	0.79	0.80
A/NK	1.25	1.25	1.25	1.25	1.27	1.31	1.28	1.49	1.46	1.36	1.22	1.65	1.67	1.68	1.68
$Mg^{\#}$	42.05	44.48	48.66	47.9	48.66	63.36	64.84	56.51	57.13	63.24	75.09	57.05	56.83	56.88	56.90
Li	29.5	31.9	36.2	31.8	37.5	54.5	38.1	38.5	32.8	95.0	48.6	62.4	63.3	60.3	66.5
Be	3.46	3.79	5.75	4.25	4.81	5.82	4.76	9.09	7.59	5.93	5.47	9.50	9.55	9.93	9.35
Sc	3.78	3.54	4.16	4.57	5.07	16.3	13.5	26.8	21.4	24.7	16.4	24.6	23.1	25.2	24.8
V	20.8	18.7	35.5	33.6	43.7	104	100	130	126	158	111	145	142	146	150
Cr	43.9	18.0	39.2	28.8	65.2	278	283	109	118	547	452	68.9	65.5	68.2	68.2
Co	175	162	180	180	160	83.0	100	73.0	70.0	49.0	57.0	40.0	51.0	58.0	51.0
Ni	20.7	10.2	21.9	14.3	32.4	44.2	48.7	24.2	26.0	81.4	189	8.70	9.40	10.0	9.10
Cu	5.80	4.10	230	174	281	46.8	60.8	254	349	23.7	16.6	59.1	48.8	48.5	46.6
Zn	42.3	37.7	71.8	79.8	99.2	144	140	162	150	204	91.7	170	197	173	174
Ga	17.7	16.9	18.7	18.6	19.0	18.8	17.2	24.6	22.6	18.8	15.9	25.1	25.5	24.8	24.7
Ge	1.45	1.41	1.73	1.57	1.63	2.08	2.03	2.48	2.22	1.89	1.54	2.06	1.94	1.85	1.94
Rb	180	162	258	189	267	220	212	172	167	293	256	215	204	192	202
Sr	174	168	147	148	148	168	163	249	245	153	404	304	322	321	329
Y	8.30	9.90	15.2	17.1	15.3	28.7	28.3	42.5	40.1	18.8	24.3	36.2	32.4	33.2	31.9
Zr	144	143	195	227	251	230	211	227	183	214	235	239	191	171	200
Nb	17.6	16.7	31.3	22.8	25.5	22.6	24.7	46.3	43.3	16.9	17.5	29.9	28.9	30.5	29.4
Mo	1.80	1.60	71.7	15.4	170	3.50	1.90	10.9	15.6	0.20	0.40	1.50	1.90	2.00	1.40
Cd	0.10	0.12	1.02	0.42	1.18	0.44	0.46	1.3	1.67	0.39	0.26	0.38	0.34	0.33	0.30
In	0.01	0.02	0.07	0.04	0.07	0.22	0.20	0.28	0.27	0.20	0.06	0.14	0.13	0.13	0.13
Sn	2.41	2.55	6.29	2.46	4.89	5.22	5.35	9.27	8.81	4.27	2.22	5.06	4.69	4.75	4.60
Sb	0.53	1.73	0.60	0.69	1.13	1.72	1.04	1.32	1.58	0.18	0.13	0.13	0.18	0.14	0.13
Cs	8.69	8.49	11.7	5.52	13.8	9.99	7.66	9.94	8.24	9.82	5.90	12.3	12.9	12.5	13.5
Ba	509	509	501	500	584	652	681	382	429	419	971	247	213	204	210

续表

样品号	W3-2	W3-3	W23-2	W23-4	W23-5	W4-1	W4-2	W23-1	W23-3	HGL1-1	HGL1-2	HGL2-1	HGL2-2	HGL2-3	HGL2-4
岩性	细粒黑云母二长花岗岩					暗色微粒镁铁质包体									
La	31.0	33.9	35.2	39.8	35.7	27.0	29.9	29.4	30.4	35.3	44.4	62.3	56.9	57.4	57.8
Ce	61.8	67.9	73.9	81.6	74.4	71.5	79.1	90.3	97.2	59.6	86.2	124	113	115	114
Pr	5.88	6.48	7.30	7.99	7.47	8.53	9.37	11.4	12.2	7.31	10.4	13.6	12.5	13.0	12.7
Nd	19.7	21.4	24.6	27.0	26.3	35.3	38.7	45.4	48.2	28.4	41.8	49.3	45.4	47.5	46.2
Sm	3.51	3.99	4.65	4.90	4.79	8.46	8.40	10.4	10.5	5.79	8.73	9.56	8.94	9.34	8.87
Eu	0.72	0.76	0.87	0.80	0.90	1.65	1.93	1.74	2.02	1.10	2.05	2.08	1.87	1.92	1.82
Gd	2.76	3.23	4.11	4.51	4.31	7.57	7.60	9.69	9.74	5.25	8.30	9.31	8.65	8.73	8.43
Tb	0.34	0.42	0.55	0.60	0.61	1.13	1.09	1.49	1.41	0.70	1.09	1.31	1.16	1.25	1.17
Dy	1.69	1.95	2.76	2.94	2.83	5.95	5.31	7.87	7.37	3.58	5.19	6.86	6.14	6.28	5.99
Ho	0.32	0.38	0.55	0.59	0.59	1.20	1.07	1.63	1.53	0.72	0.93	1.37	1.20	1.26	1.20
Er	0.83	0.98	1.48	1.59	1.55	2.98	2.84	4.20	4.17	1.91	2.30	3.53	3.09	3.25	3.03
Tm	0.13	0.14	0.21	0.24	0.22	0.42	0.40	0.61	0.58	0.25	0.29	0.48	0.42	0.44	0.41
Yb	0.84	0.91	1.46	1.60	1.46	2.70	2.61	4.18	4.01	1.83	1.81	3.26	2.85	2.83	2.85
Lu	0.14	0.15	0.24	0.27	0.24	0.42	0.39	0.63	0.61	0.29	0.25	0.50	0.44	0.43	0.41
∑REE	130	143	158	174	161	175	189	219	230	152	214	287	263	269	265
LREE/HREE	17.4	16.5	12.9	13.1	12.7	6.81	7.86	6.22	6.81	9.47	9.60	9.80	9.96	9.98	10.3
$(La/Yb)_N$	25.0	25.2	16.3	16.8	16.5	6.76	7.74	4.75	5.12	13.0	16.6	12.9	13.5	13.7	13.7
$(La/Sm)_N$	5.57	5.35	4.76	5.11	4.69	2.01	2.24	1.78	1.82	3.84	3.20	4.10	4.01	3.87	4.10
$(Gd/Yb)_N$	2.67	2.88	2.28	2.28	2.39	2.27	2.36	1.88	1.97	2.32	3.72	2.32	2.46	2.50	2.40
δEu	0.71	0.65	0.60	0.52	0.60	0.63	0.74	0.53	0.61	0.61	0.74	0.67	0.65	0.65	0.64
δCe	1.07	1.07	1.08	1.07	1.07	1.10	1.11	1.16	1.18	0.87	0.94	1.00	0.99	0.99	0.99
Hf	4.67	4.50	5.56	6.62	7.02	6.71	6.34	7.08	5.74	5.90	5.92	6.19	4.78	4.39	5.34
Ta	2.06	2.16	2.81	2.85	2.37	1.55	2.46	4.56	4.74	0.82	1.23	2.41	2.42	2.57	2.45
Tl	0.91	0.91	1.26	0.96	1.53	1.09	1.08	0.94	0.89	1.43	1.32	1.20	1.15	1.11	1.17
Pb	27.9	26.3	26.1	27.7	27.3	28.5	29.6	23.8	25.4	40.8	40.9	30.9	26.4	26.5	26.4
Bi	0.07	0.05	0.19	0.1	0.24	0.44	0.31	0.26	0.30	0.16	0.27	0.57	0.32	0.34	0.35
Th	24.8	25.4	25.6	32.4	25.2	17.1	21.3	12.7	19.8	14.2	16.7	12.5	13.8	15.3	12.7
U	5.09	4.95	12.0	17.1	11.2	6.60	6.28	10.0	10.7	2.89	4.31	4.62	4.39	4.52	4.17

0.15%～0.69%，Al_2O_3 变化于 12.70%～15.06%，CaO 变化于 0.61%～2.47%，MgO 变化于 0.45%～1.57%。计算获得岩体的 $Mg^{\#}$［$Mg^{\#}$=Mg/（Mg+Fe）×100，摩尔比值］介于 40.05～56.34，平均为 46.74。岩体具有富 Na_2O 和 K_2O 的特征，其中 Na_2O=2.95%～3.97%，K_2O=3.52%～5.18%，K_2O+Na_2O=7.42%～8.96%，K_2O/Na_2O=0.90～1.66，铝饱和指数 A/CNK［A/CNK=Al_2O_3/（CaO+Na_2O+K_2O），摩尔比值］变化于 0.97～1.23，总体属于准铝质-过铝质系列（图 3.79A）。在 SiO_2-K_2O 图解上，样品点主要落于高钾钙碱性系列区域（图 3.79B）；在 R1-R2 图解上，主要落入同碰撞花岗岩区域（图 3.80）。

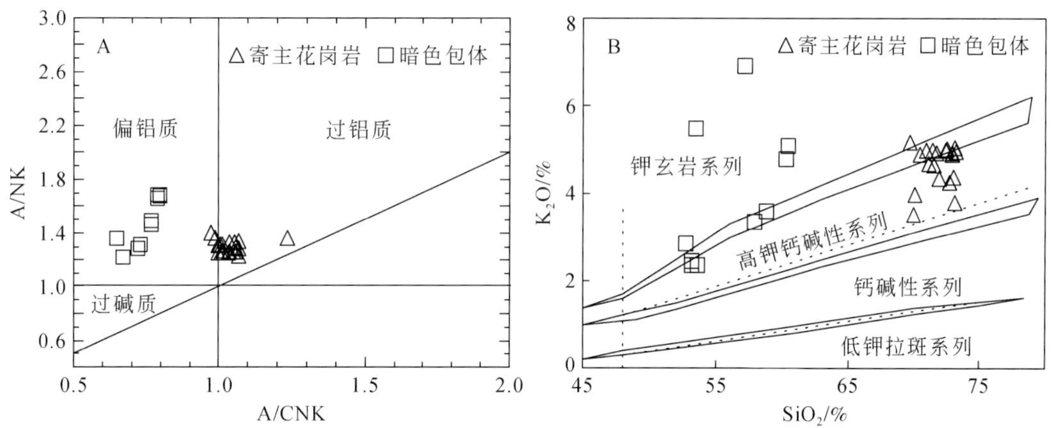

图 3.79　温泉寄主花岗岩和暗色包体的 A/CNK-A/NK（A）及 SiO_2-K_2O（B）图解（数据引自表 3.55）

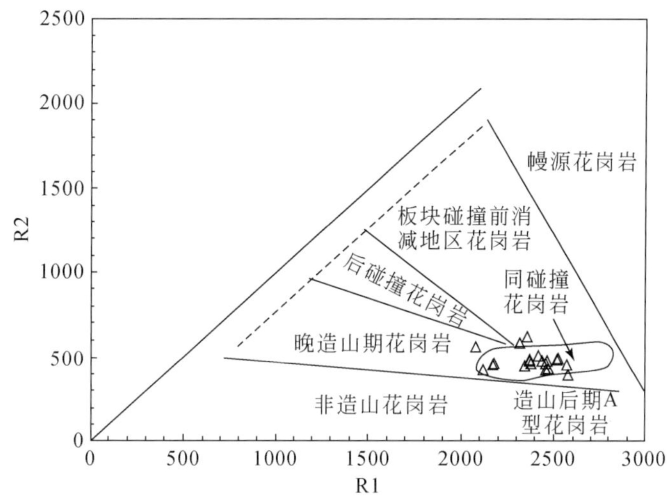

图 3.80　温泉花岗岩的 R1-R2 图解（Zhu et al.，2011）
底图据 Batchlor and Bowden，1985

暗色微粒包体的 SiO_2 变化于 52.86%～60.51%，TiO_2 变化于 0.56%～1.20%，Al_2O_3 变化于 12.59%～16.80%，Na_2O 变化于 2.03%～4.50%，K_2O 变化于 3.34%～6.90%，K_2O+Na_2O 变化于 6.76%～8.94%，K_2O/Na_2O 变化于 0.52～3.38。计算获得 A/CNK=0.65～0.80，总体属于准铝质岩石（图 3.79A）。包体具有较高的 MgO 含量（4.06%～7.18%），$Mg^{\#}$ 介于 56.51～75.09，平均为 60.78。在 SiO_2-K_2O 图解上，样品点落入高钾钙碱性-钾玄岩系列区域内（图 3.79B）。

温泉寄主二长花岗岩和暗色微粒包体的微量和稀土元素的分析结果见表 3.55。二长花岗岩的 ∑REE=101×10^{-6}～174×10^{-6}，LREE/HREE=6.21～17.4，平均为 12.0。在稀土元素的球粒陨石标准化配分图解上(图 3.81A)，二长花岗岩呈右倾的稀土配分模式，轻重稀土分异明显，$(La/Yb)_N$=6.83～25.2，平均为 16.4；HREE 相对平坦，$(Gd/Yb)_N$=1.77～2.98，平均为 2.39；具有中等的 Eu 负异常，δEu=0.52～

0.76，平均为0.66。在微量元素的原始地幔标准化蛛网图上，二长花岗岩相对富集 Rb、Th、U、K 和 LREE 等大离子亲石元素，亏损 Nb、Ta、P 和 Ti 等高场强元素（图3.82A）。在 Y+Nb-Rb 和 Y-Nb 图解中（图3.83），大部分样品落入同碰撞花岗岩区域。

镁铁质暗色微粒包体具有较高的 REE 含量，$\sum REE=152\times10^{-6}\sim287\times10^{-6}$，LREE/HREE = 6.22 ~ 10.3，平均为8.7。在稀土元素的球粒陨石标准化配分图解上（图3.81B）显示为右倾的稀土配分模式，轻重稀土分异明显，$(La/Yb)_N=4.75\sim16.6$，平均为10.8；HREE 相对平坦，$(Gd/Yb)_N=1.88\sim3.72$，平均为2.42；具有中等的 Eu 负异常，$\delta Eu=0.53\sim0.74$，平均为0.65。在原始地幔标准化的微量元素蛛网图上，暗色微粒包体具有与寄主花岗岩类似的特征，即相对富集 Rb、Th、U、K、Pb 等大离子亲石元素，亏损 Ba、Nb、Ta 和 Ti 等高场强元素（图3.82B）。

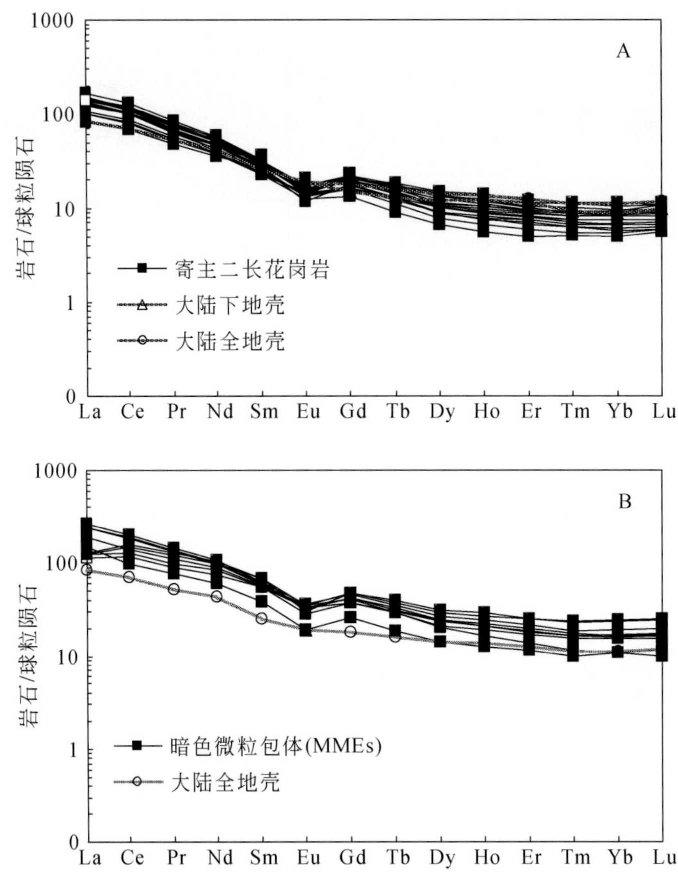

图3.81 温泉寄主二长花岗岩（A）和暗色微粒包体（B）稀土球粒陨石标准化配分曲线（王飞，2011；Zhu et al.，2011）
球粒陨石数据据 Sun and McDonough，1989；大陆全地壳数据据 Rudnick and Gao，2003

温泉矿区外围5件花岗岩样品（编号 W3-2、W3-3、W8-1、W8-2、W8-3）的钼含量为$1.55\times10^{-6}\sim8.50\times10^{-6}$，平均为$3.50\times10^{-6}$；铜含量为$4.08\times10^{-6}\sim34.2\times10^{-6}$，平均$17.6\times10^{-6}$，其平均含量分别是秦岭造山带花岗岩中 Mo 和 Cu 平均含量（分别为0.45×10^{-6}和6.30×10^{-6}，史长义等，2005）的8倍和3倍，是中国花岗岩类 Mo 和 Cu 平均含量（0.49×10^{-6}和5.00×10^{-6}，史长义等，2005）的7倍和4倍。矿区内11件花岗岩样品的钼含量为$1.76\times10^{-6}\sim921\times10^{-6}$，平均为$178\times10^{-6}$；铜含量为$82.3\times10^{-6}\sim722\times10^{-6}$，平均为$354\times10^{-6}$，其平均含量分别是秦岭造山带花岗岩的394倍和56倍，是中国花岗岩类的362倍和71倍。从外围到矿区，花岗岩中 Mo 和 Cu 的含量明显升高（图3.84）。

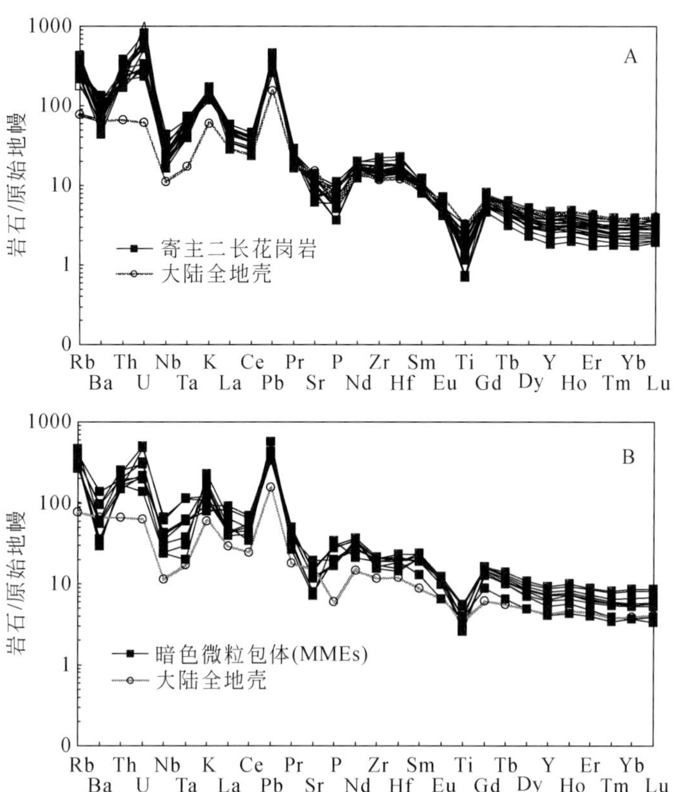

图3.82 温泉寄主二长花岗岩（A）和暗色微粒包体（B）的原始地幔标准化微量元素蛛网图（王飞，2011；Zhu et al.，2011）

原始地幔数据据 Sun and McDonough，1989；大陆全地壳数据据 Rudnick and Gao，2003

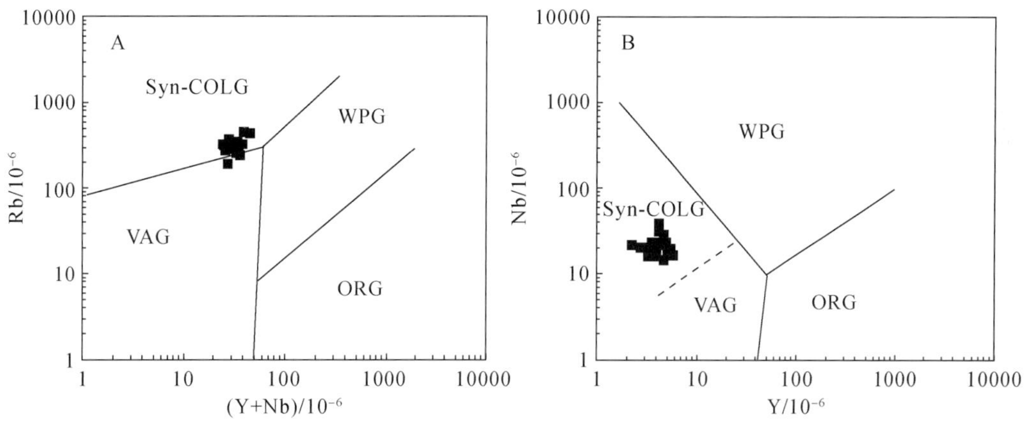

图3.83 温泉寄主二长花岗岩 Y+Nb-Rb（A）和 Y-Nb（B）图解（Zhu et al.，2011；底图据 Pearce，1996）

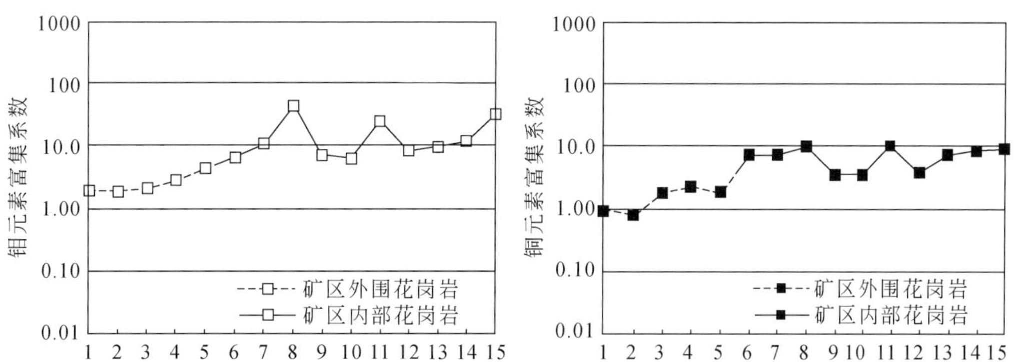

图3.84 温泉钼矿床外围及矿区花岗岩中钼和铜元素的富集系数（王飞等，2012）

富集系数=温泉花岗岩样品中钼（铜）元素含量/秦岭造山带花岗岩中钼（铜）平均含量

3.5.2.3 锆石 U-Pb 年代学

Zhu 等（2011）对中粒似斑状二长花岗岩（W23-5，34°37′46.5″N，105°04′23.8″E）、细粒黑云母二长花岗斑岩（W17-4，34°37′45.4″N，105°04′31.0″E）和暗色镁铁质微细粒包体（W23-1，34°37′46.5″N，105°04′23.8″E）进行了 LA-ICP-MS 锆石 U-Pb 同位素定年，其代表性锆石 CL 图像见图 3.85，LA-ICP-MS 锆石 U-Pb 的分析结果见表 3.56。

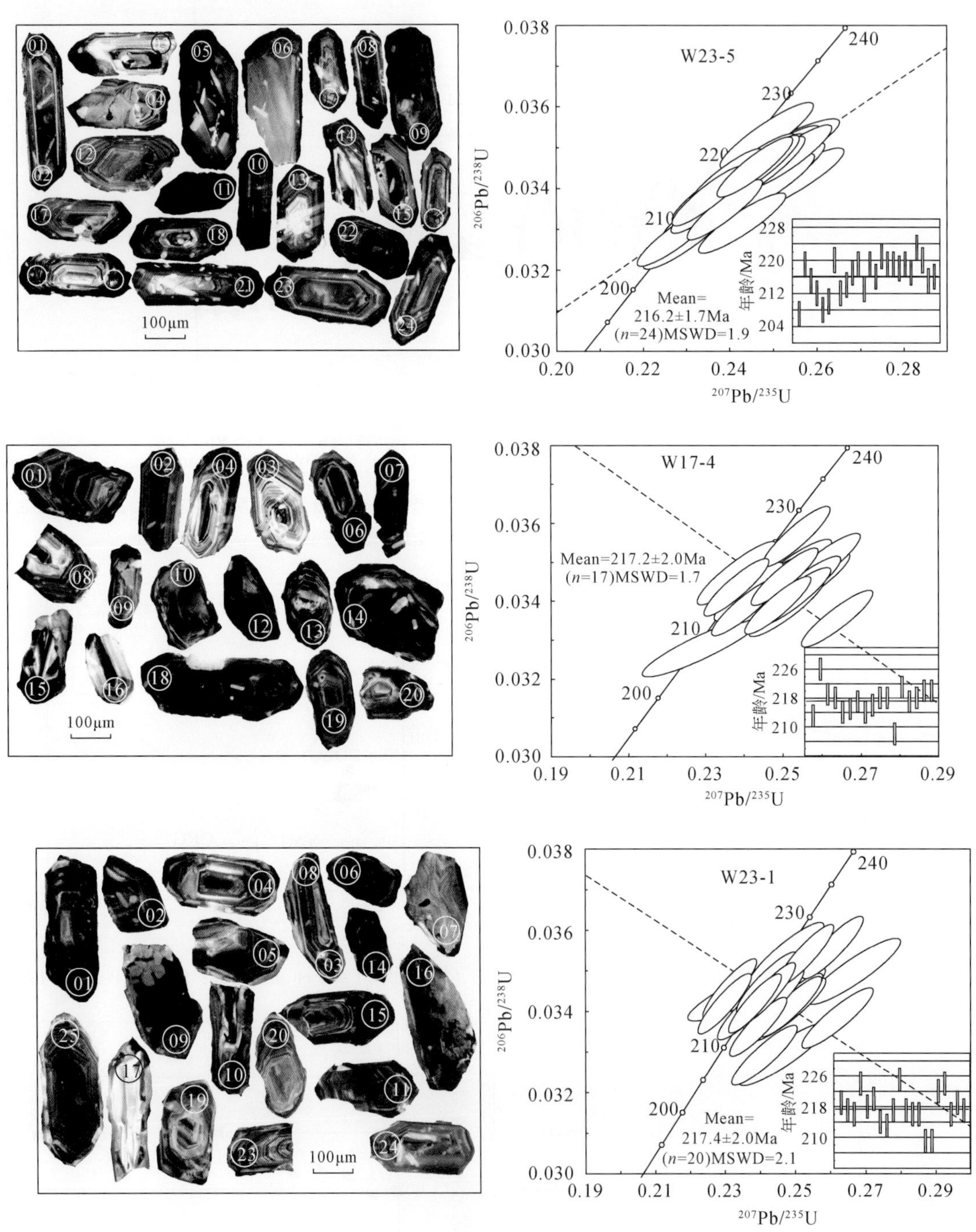

图 3.85 温泉中粒似斑状二长花岗岩（W23-5）、细粒黑云母二长花岗斑岩（W17-4）及暗色微粒镁铁质包体（W23-1）的锆石 CL 图像及 U-Pb 年龄谐和图（王飞，2011；Zhu et al.，2011）

表3.56 温泉岩体花岗岩及镁铁质暗色微粒包体中锆石的LA-ICP-MS U-Pb分析结果（王飞，2011；Zhu et al.，2011）

样品号	含量/10^{-6}			Th/U	同位素比值						年龄/Ma					
	Pb	^{232}Th	^{238}U		^{207}Pb/^{206}Pb	1σ	^{207}Pb/^{235}U	1σ	^{206}Pb/^{238}U	1σ	^{207}Pb/^{206}Pb	1σ	^{207}Pb/^{235}U	1σ	^{206}Pb/^{238}U	1σ
W23-5	中粒似斑状二长花岗岩															
W23-5-01	32. 2	400	832	0. 48	0. 05082	0. 00137	0. 22930	0. 00639	0. 03271	0. 00048	233	38	210	5	207	3
W23-5-02	26. 5	378	643	0. 59	0. 05165	0. 00115	0. 24574	0. 00581	0. 03450	0. 00049	270	29	223	5	219	3
W23-5-03	12. 5	232	290	0. 80	0. 05265	0. 00191	0. 24636	0. 00904	0. 03393	0. 00053	314	55	224	7	215	3
W23-5-04	19. 1	364	451	0. 81	0. 05088	0. 00148	0. 23482	0. 00702	0. 03346	0. 00050	235	42	214	6	212	3
W23-5-05	23. 5	266	618	0. 43	0. 05030	0. 00129	0. 22739	0. 00605	0. 03278	0. 00048	209	35	208	5	208	3
W23-5-06	24. 3	313	615	0. 51	0. 05314	0. 00141	0. 24277	0. 00667	0. 03312	0. 00049	335	36	221	5	210	3
W23-5-07	26. 6	316	636	0. 50	0. 05290	0. 00131	0. 25364	0. 00655	0. 03476	0. 00051	325	33	230	5	220	3
W23-5-08	39. 9	574	976	0. 59	0. 05175	0. 00118	0. 23871	0. 00577	0. 03345	0. 00049	274	30	217	5	212	3
W23-5-09	34. 4	479	835	0. 57	0. 05047	0. 00117	0. 23520	0. 00576	0. 03379	0. 00049	217	31	214	5	214	3
W23-5-10	40. 0	586	937	0. 63	0. 05062	0. 00118	0. 23868	0. 00588	0. 03419	0. 00050	224	31	217	5	217	3
W23-5-11	59. 9	814	1387	0. 59	0. 05188	0. 00118	0. 24702	0. 00597	0. 03452	0. 00050	280	30	224	5	219	3
W23-5-12	41. 4	584	977	0. 60	0. 05071	0. 00120	0. 23507	0. 00587	0. 03361	0. 00049	228	32	214	5	213	3
W23-5-13	51. 6	675	1180	0. 57	0. 05218	0. 00121	0. 24813	0. 00609	0. 03448	0. 00051	293	30	225	5	219	3
W23-5-14	40. 5	797	851	0. 94	0. 05298	0. 00145	0. 24886	0. 00704	0. 03406	0. 00051	328	38	226	6	216	3
W23-5-15	81. 2	1698	1592	1. 07	0. 05220	0. 00197	0. 25083	0. 00956	0. 03484	0. 00056	294	58	227	8	221	3
W23-5-16	80. 2	1434	1595	0. 90	0. 05194	0. 00129	0. 24736	0. 00649	0. 03453	0. 00052	283	33	224	5	219	3
W23-5-17	62. 6	793	1318	0. 60	0. 05149	0. 00132	0. 24521	0. 00659	0. 03453	0. 00052	263	35	223	5	219	3
W23-5-18	68. 4	909	1408	0. 65	0. 05182	0. 00133	0. 24632	0. 00665	0. 03447	0. 00052	277	35	224	5	218	3
W23-5-19	82. 0	1187	1607	0. 74	0. 05216	0. 00134	0. 24846	0. 00669	0. 03454	0. 00052	292	35	225	5	219	3
W23-5-20	78. 6	1201	1484	0. 81	0. 05311	0. 00142	0. 25126	0. 00700	0. 03431	0. 00052	333	36	228	6	217	3
W23-5-21	93. 9	1351	1623	0. 83	0. 05109	0. 00141	0. 24850	0. 00713	0. 03527	0. 00054	245	39	225	6	223	3
W23-5-22	95. 3	2056	1536	1. 34	0. 05211	0. 00153	0. 24933	0. 00759	0. 03470	0. 00054	290	42	226	6	220	3
W23-5-23	107	1503	1692	0. 89	0. 05066	0. 00142	0. 23694	0. 00692	0. 03392	0. 00053	225	39	216	6	215	3
W23-5-24	130	2368	1617	1. 46	0. 05390	0. 00170	0. 25382	0. 00822	0. 03415	0. 00054	367	45	230	7	216	3
W17-4	细粒黑云母二长花岗斑岩															
W17-4-01	25. 7	351	660	0. 53	0. 05708	0. 00124	0. 26389	0. 00612	0. 03352	0. 00048	495	27	238	5	213	3
W17-4-02	41. 2	500	1016	0. 49	0. 05157	0. 00110	0. 25347	0. 00577	0. 03564	0. 00051	266	27	229	5	226	3
W17-4-03	21. 4	377	512	0. 74	0. 05247	0. 00112	0. 25038	0. 00572	0. 03460	0. 00049	306	28	227	5	219	3
W17-4-04	26. 5	427	657	0. 65	0. 05024	0. 00111	0. 23781	0. 00559	0. 03433	0. 00049	206	29	217	5	218	3
W17-4-06	27. 5	418	691	0. 61	0. 05148	0. 00118	0. 24013	0. 00580	0. 03382	0. 00049	262	30	219	5	214	3
W17-4-07	32. 0	523	795	0. 66	0. 05322	0. 00114	0. 24855	0. 00568	0. 03386	0. 00049	338	27	225	5	215	3
W17-4-08	19. 6	213	510	0. 42	0. 05108	0. 00119	0. 24104	0. 00593	0. 03422	0. 00050	244	31	219	5	217	3

续表

样品号	含量/10^{-6}			Th/U	同位素比值						年龄/Ma					
	Pb	^{232}Th	^{238}U		$^{207}Pb/^{206}Pb$	1σ	$^{207}Pb/^{235}U$	1σ	$^{206}Pb/^{238}U$	1σ	$^{207}Pb/^{206}Pb$	1σ	$^{207}Pb/^{235}U$	1σ	$^{206}Pb/^{238}U$	1σ
W17-4	细粒黑云母二长花岗斑岩															
W17-4-09	19. 2	231	494	0. 47	0. 05381	0. 00133	0. 25087	0. 00647	0. 03381	0. 00050	363	32	227	5	214	3
W17-4-10	18. 4	314	440	0. 72	0. 05374	0. 00131	0. 25258	0. 00644	0. 03408	0. 00050	360	32	229	5	216	3
W17-4-12	28. 7	365	716	0. 51	0. 05406	0. 00140	0. 25677	0. 00693	0. 03444	0. 00051	374	35	232	6	218	3
W17-4-13	28. 8	345	727	0. 48	0. 05382	0. 00130	0. 25504	0. 00647	0. 03436	0. 00051	364	31	231	5	218	3
W17-4-14	28. 8	340	752	0. 45	0. 05057	0. 00237	0. 22853	0. 01014	0. 03278	0. 00050	221	110	209	8	208	3
W17-4-15	33. 7	535	800	0. 67	0. 05394	0. 00133	0. 25981	0. 00672	0. 03493	0. 00052	369	32	235	5	221	3
W17-4-16	16. 6	246	401	0. 61	0. 05254	0. 00145	0. 24774	0. 00706	0. 03419	0. 00052	309	38	225	6	217	3
W17-4-18	23. 1	268	564	0. 48	0. 05191	0. 00143	0. 24593	0. 00703	0. 03435	0. 00053	281	38	223	6	218	3
W17-4-19	25. 3	346	617	0. 56	0. 04975	0. 00139	0. 23797	0. 00687	0. 03469	0. 00054	183	39	217	6	220	3
W17-4-20	25. 2	343	604	0. 57	0. 05247	0. 00149	0. 25147	0. 00736	0. 03475	0. 00054	306	39	228	6	220	3
W23-1	暗色微粒镁铁质包体															
W23-1-01	21. 8	286	545	0. 53	0. 04852	0. 00103	0. 23110	0. 00518	0. 03453	0. 00049	125	28	211	4	219	3
W23-1-02	21. 5	279	542	0. 52	0. 05059	0. 00099	0. 23840	0. 00500	0. 03417	0. 00048	222	24	217	4	217	3
W23-1-03	23. 3	307	580	0. 53	0. 05289	0. 00119	0. 24864	0. 00587	0. 03409	0. 00049	324	29	225	5	216	3
W23-1-04	27. 9	396	666	0. 59	0. 05186	0. 00102	0. 25294	0. 00531	0. 03537	0. 00050	279	24	229	4	224	3
W23-1-05	28. 1	387	690	0. 56	0. 05103	0. 00101	0. 24227	0. 00514	0. 03443	0. 00049	242	25	220	4	218	3
W23-1-06	28. 8	441	693	0. 64	0. 05055	0. 00114	0. 24173	0. 00573	0. 03468	0. 00050	220	29	220	5	220	3
W23-1-07	18. 7	269	471	0. 57	0. 05621	0. 00140	0. 26205	0. 00675	0. 03381	0. 00049	461	32	236	5	214	3
W23-1-08	23. 9	411	587	0. 70	0. 05168	0. 00110	0. 23932	0. 00539	0. 03359	0. 00048	271	27	218	4	213	3
W23-1-09	69. 8	1566	1544	1. 01	0. 04875	0. 00102	0. 22959	0. 00512	0. 03416	0. 00049	136	27	210	4	217	3
W23-1-10	58. 2	1456	1251	1. 16	0. 05318	0. 00111	0. 26066	0. 00578	0. 03555	0. 00051	336	26	235	5	225	3
W23-1-11	24. 5	322	618	0. 52	0. 05154	0. 00116	0. 24367	0. 00580	0. 03429	0. 00049	265	30	221	5	217	3
W23-1-14	19. 7	259	498	0. 52	0. 05044	0. 00121	0. 23665	0. 00595	0. 03403	0. 00050	215	32	216	5	216	3
W23-1-15	27. 0	363	640	0. 57	0. 05277	0. 00126	0. 24843	0. 00621	0. 03415	0. 00050	319	31	225	5	216	3
W23-1-16	61. 3	1223	1503	0. 81	0. 05316	0. 00131	0. 24108	0. 00621	0. 03289	0. 00049	336	32	219	5	209	3
W23-1-17	6. 98	139	169	0. 83	0. 05431	0. 00181	0. 24644	0. 00837	0. 03291	0. 00051	384	49	224	7	209	3
W23-1-19	14. 3	178	349	0. 51	0. 05535	0. 00178	0. 26679	0. 00874	0. 03496	0. 00054	426	46	240	7	222	3
W23-1-20	25. 2	379	601	0. 63	0. 05074	0. 00141	0. 24739	0. 00714	0. 03537	0. 00053	229	39	224	6	224	3
W23-1-23	22. 9	345	568	0. 61	0. 05281	0. 00150	0. 24768	0. 00729	0. 03401	0. 00052	321	40	225	6	216	3
W23-1-24	23. 9	307	594	0. 52	0. 04987	0. 0027	0. 23756	0. 01228	0. 03455	0. 00054	189	125	216	10	219	3
W23-1-25	24. 5	368	604	0. 61	0. 05227	0. 00156	0. 24697	0. 00763	0. 03426	0. 00053	297	43	224	6	217	3

中粒似斑状二长花岗岩（W23-5）中的锆石多数为长柱状和短柱状的自形晶，晶形大多完好，粒径 100～350μm，大部分锆石发育岩浆锆石所特有的韵律环带。W23-5 中 22 颗锆石的 24 个点测试结果显示，锆石的 U 和 Th 分别为 $290×10^{-6}$～$1692×10^{-6}$（平均为 $1112×10^{-6}$）和 $232×10^{-6}$～$2368×10^{-6}$（平均 $887×10^{-6}$），Th/U 值在 0.43～1.46 之间（平均 0.75）。24 个测试点的 $^{206}Pb/^{238}U$ 表面年龄为 207±3～223±3Ma，加权平均年龄为 216.2±1.7Ma（MSWD=1.9，2σ），应代表中粒似斑状二长花岗岩的结晶年龄。

细粒黑云母二长花岗斑岩（W17-4）中的锆石也多数为自形晶，晶形大多完好，粒径 100～300μm，大部分锆石具有岩浆锆石所特有的韵律环带。W17-4 中 17 颗锆石的 17 个点的分析测试结果显示，锆石的 U 和 Th 分别为 $401×10^{-6}$～$1016×10^{-6}$（平均为 $645×10^{-6}$）和 $213×10^{-6}$～$525×10^{-6}$（平均 $361×10^{-6}$），Th/U 值在 0.42～0.74 之间（平均 0.57）。17 个测试点的 $^{206}Pb/^{238}U$ 表面年龄为 208±3～226±3Ma，加权平均年龄为 217.2±2.0Ma（MSWD=1.7，2σ），应代表细粒黑云母二长花岗斑岩的结晶年龄。

暗色微粒包体（W23-1）中的锆石粒径 80～300μm，多为自形的双锥短柱状和长柱状，部分锆石具有熔蚀结构，发育岩浆锆石所特有的韵律环带。W23-1 中 20 颗锆石的 20 个点的分析测试结果显示，其 U 和 Th 含量分别为 $169×10^{-6}$～$1544×10^{-6}$（平均为 $686×10^{-6}$）和 $139×10^{-6}$～$1566×10^{-6}$（平均 $484×10^{-6}$），Th/U 值在 0.51～1.16 之间（平均 0.65）。20 个测试点的 $^{206}Pb/^{238}U$ 表面年龄为 209±3～225±3Ma，加权平均年龄为 217.4±2.0Ma（MSWD=2.1，2σ），应代表暗色微粒包体的结晶年龄。

3.5.2.4　同位素地球化学

1. Lu-Hf 同位素

Zhu 等（2011）对温泉岩体中粒似斑状二长花岗岩（W23-5）、细粒黑云母二长花岗斑岩（W17-4）和暗色微粒包体（W23-1）开展了锆石 Lu-Hf 同位素原位分析和研究。分析过程中，采用 $^{176}Lu/^{175}Hf$=0.02669（Bievre and Taylor，1993）和 $^{176}Yb/^{172}Yb$=0.5886（Chu et al.，2002）校正同量异位素对 $^{176}Lu/^{177}Hf$ 和 $^{176}Hf/^{177}Hf$ 值的干扰。外标 91500 和 GJ-1 给出的 $^{176}Hf/^{177}Hf$ 值分别为 0.282307±4（2σ，n=30）和 0.282015±2（2σ，n=30），与推荐值（0.2823075±58，0.282015±19）一致（Elhlou et al.，2006；Wu et al.，2006）。$\varepsilon_{Hf}(t)$ 的计算所采用的 ^{176}Lu 衰变常数为 $1.867×10^{-11}\ a^{-1}$（Sŏderlund et al.，2004），球粒陨石现今的 $^{176}Hf/^{177}Hf$=0.282772、$^{176}Lu/^{177}Hf$=0.0332（Blichert and Albarede，1997）。一阶段模式年龄（T_{DM1}）的计算采用现今的亏损地幔 $^{176}Hf/^{177}Hf$=0.28325 和 $^{176}Lu/^{177}Hf$=0.0384；二阶段模式年龄（T_{DM2}）的计算采用上地壳 $^{176}Lu/^{177}Hf$=0.0093，$f_{Lu/Hf}$=−0.72（Vervoort and Patchett，1996；Vervoort and Blichert，1999）。

如表 3.57 和图 3.86 所示，中粒似斑状二长花岗岩（W23-5）锆石 $^{176}Lu/^{177}Hf$ 值为 0.000372～0.001188，表明锆石形成后的放射成因 Hf 积累极为有限，所测 $^{176}Hf/^{177}Hf$ 值基本代表其形成时 Hf 同位素组成（Kinny and Mass，2003）。$^{176}Hf/^{177}Hf$ 变化范围介于 0.282558～0.282661 之间，其中 2 颗锆石 $\varepsilon_{Hf}(t)$>0，分别为 0.2 和 0.6，T_{DM1} 分别为 855Ma 和 838Ma；其余 22 颗锆石 $\varepsilon_{Hf}(t)$ 为−2.9～−0.3，T_{DM2}=1067～1196Ma（表 3.57，图 3.86）。

细粒黑云母二长花岗斑岩（W17-4）中锆石 $^{176}Lu/^{177}Hf$ 值为 0.000641～0.001486，结晶后 Hf 积累可忽略。17 件 $^{176}Hf/^{177}Hf$ 变化于 0.282541～0.282693；其中，4 颗锆石 $\varepsilon_{Hf}(t)$>0，为 0.3～1.9，T_{DM1}=791～858Ma；其余 13 颗锆石 $\varepsilon_{Hf}(t)$<0，为−3.3～−0.2，T_{DM2}=1056～1224Ma（表 3.57，图 3.86）。

暗色微粒包体（W23-1）中锆石 $^{176}Lu/^{177}Hf$ 值为 0.000655～0.003572，$^{176}Hf/^{177}Hf$ 变化于 0.282546～0.282962 之间。其中，4 颗锆石 $\varepsilon_{Hf}(t)$=0.5～10.8，T_{DM1}=441～846Ma；其余 20 颗锆石 $\varepsilon_{Hf}(t)$=−3.2～−0.2，T_{DM2}=1065～1217Ma（表 3.57，图 3.86）。

2. 锶钕同位素

张宏飞等（2005）对温泉岩体的 3 件样品进行了锶钕同位素分析（表 3.58），获得其 $^{87}Rb/^{86}Sr$ 值变化于 0.9980～3.5390，$^{87}Sr/^{86}Sr$ 值变化于 0.71072～0.71858，样品形成时的（$^{87}Sr/^{86}Sr$）$_i$ 为 0.70643～0.70765。

表 3.57　温泉岩体花岗岩及镁铁质暗色微粒包体的 LA-ICP-MS 锆石 Hf 同位素分析测试结果（Zhu et al., 2011）

样品号	年龄/Ma	$^{176}Yb/^{177}Hf$	$^{176}Lu/^{177}Hf$	$^{176}Hf/^{177}Hf$	2σ	$\varepsilon_{Hf}(0)$	$\varepsilon_{Hf}(t)$	2σ	T_{DM1}/Ma	T_{DM2}/Ma	$f_{Lu/Hf}$
W23-5	中粒似斑状二长花岗岩										
W23-5-01	207	0.028600	0.000798	0.282618	0.000027	-5.4	-1.0	1.4	893	1092	-0.98
W23-5-02	219	0.034254	0.000996	0.282631	0.000029	-5.0	-0.3	1.5	879	1067	-0.97
W23-5-03	215	0.036063	0.001013	0.282648	0.000031	-4.4	0.2	1.5	855	1037	-0.97
W23-5-04	212	0.028154	0.000810	0.282613	0.000034	-5.6	-1.1	1.6	900	1100	-0.98
W23-5-05	208	0.011712	0.000372	0.282624	0.000031	-5.2	-0.7	1.5	875	1078	-0.99
W23-5-06	210	0.013534	0.000438	0.282598	0.000028	-6.1	-1.6	1.4	912	1125	-0.99
W23-5-07	220	0.016483	0.000491	0.282603	0.000029	-6.0	-1.2	1.5	906	1113	-0.99
W23-5-08	212	0.038222	0.001103	0.282606	0.000032	-5.9	-1.4	1.5	917	1114	-0.97
W23-5-09	214	0.019871	0.000595	0.282572	0.000023	-7.1	-2.5	1.3	953	1173	-0.98
W23-5-10	217	0.033517	0.000947	0.282622	0.000027	-5.3	-0.7	1.4	890	1082	-0.97
W23-5-11	219	0.029956	0.000869	0.282618	0.000026	-5.4	-0.8	1.4	894	1089	-0.97
W23-5-12	213	0.037593	0.001073	0.282661	0.000034	-3.9	0.6	1.6	838	1014	-0.97
W23-5-13	219	0.022343	0.000657	0.282558	0.000032	-7.6	-2.9	1.5	973	1196	-0.98
W23-5-14	216	0.034588	0.000944	0.282575	0.000033	-7.0	-2.4	1.6	957	1169	-0.97
W23-5-15	221	0.041897	0.001188	0.282601	0.000036	-6.1	-1.4	1.7	927	1123	-0.96
W23-5-16	219	0.031092	0.000882	0.282595	0.000027	-6.3	-1.6	1.4	927	1131	-0.97
W23-5-17	219	0.016280	0.000508	0.282570	0.000029	-7.2	-2.4	1.4	953	1174	-0.98
W23-5-18	218	0.016327	0.000518	0.282604	0.000035	-5.9	-1.2	1.6	905	1112	-0.98
W23-5-19	219	0.021236	0.000637	0.282617	0.000026	-5.5	-0.8	1.4	891	1090	-0.98
W23-5-20	217	0.023945	0.000681	0.282596	0.000029	-6.2	-1.6	1.5	921	1129	-0.98
W23-5-21	223	0.021239	0.000643	0.282580	0.000035	-6.8	-2.0	1.6	943	1156	-0.98
W23-5-22	220	0.022772	0.000658	0.282575	0.000029	-7.0	-2.2	1.4	949	1164	-0.98
W23-5-23	215	0.030892	0.000876	0.282560	0.000030	-7.5	-2.9	1.5	977	1196	-0.97
W23-5-24	216	0.030543	0.000860	0.282609	0.000030	-5.8	-1.1	1.5	906	1106	-0.97
W17-4	细粒黑云母二长花岗斑岩										
W17-4-01	213	0.031611	0.000899	0.282637	0.000026	-4.8	-0.2	1.4	868	1056	-0.97
W17-4-02	226	0.023167	0.000668	0.282541	0.000035	-8.2	-3.3	1.6	997	1224	-0.98
W17-4-03	219	0.029315	0.000844	0.282647	0.000029	-4.4	0.3	1.5	853	1037	-0.97
W17-4-04	218	0.032322	0.000957	0.282693	0.000028	-2.8	1.9	1.4	791	954	-0.97
W17-4-06	214	0.049974	0.001486	0.282680	0.000026	-3.3	1.2	1.4	821	983	-0.96
W17-4-07	215	0.034846	0.000995	0.282617	0.000021	-5.5	-0.9	1.3	898	1093	-0.97
W17-4-08	217	0.029288	0.000880	0.282609	0.000026	-5.8	-1.1	1.4	907	1106	-0.97

续表

样品号	年龄/Ma	$^{176}Yb/^{177}Hf$	$^{176}Lu/^{177}Hf$	$^{176}Hf/^{177}Hf$	2σ	$\varepsilon_{Hf}(0)$	$\varepsilon_{Hf}(t)$	2σ	T_{DM1}/Ma	T_{DM2}/Ma	$f_{Lu/Hf}$
W17-4	细粒黑云母二长花岗斑岩										
W17-4-09	214	0. 024003	0. 000726	0. 282564	0. 000023	-7. 4	-2. 8	1. 3	967	1188	-0. 98
W17-4-10	216	0. 044399	0. 001299	0. 282619	0. 000028	-5. 4	-0. 9	1. 4	903	1092	-0. 96
W17-4-12	218	0. 023912	0. 000727	0. 282561	0. 000027	-7. 4	-2. 8	1. 4	970	1191	-0. 98
W17-4-13	218	0. 020972	0. 000641	0. 282622	0. 000026	-5. 3	-0. 6	1. 4	884	1081	-0. 98
W17-4-14	208	0. 034290	0. 000995	0. 282567	0. 000032	-7. 2	-2. 8	1. 5	969	1185	-0. 97
W17-4-15	221	0. 031595	0. 000908	0. 282617	0. 000028	-5. 5	-0. 7	1. 4	896	1090	-0. 97
W17-4-16	217	0. 042029	0. 001212	0. 282650	0. 000030	-4. 3	0. 3	1. 5	858	1035	-0. 96
W17-4-18	218	0. 029260	0. 000848	0. 282608	0. 000029	-5. 8	-1. 1	1. 5	908	1107	-0. 97
W17-4-19	220	0. 032218	0. 000917	0. 282598	0. 000029	-6. 1	-1. 4	1. 4	923	1125	-0. 97
W17-4-20	220	0. 025684	0. 000736	0. 282629	0. 000026	-5. 1	-0. 3	1. 4	876	1069	-0. 98
W23-1	镁铁质暗色微粒包体										
W23-1-01	219	0. 034683	0. 001016	0. 282596	0. 000024	-6. 2	-1. 6	1. 3	930	1131	-0. 97
W23-1-02	217	0. 032403	0. 000948	0. 282623	0. 000024	-5. 3	-0. 6	1. 3	889	1082	-0. 97
W23-1-03	216	0. 030923	0. 000870	0. 282613	0. 000033	-5. 6	-1. 0	1. 6	901	1099	-0. 97
W23-1-04	224	0. 026718	0. 000771	0. 282546	0. 000026	-8. 0	-3. 2	1. 4	992	1217	-0. 98
W23-1-05	218	0. 025330	0. 000761	0. 282555	0. 000035	-7. 7	-3. 0	1. 6	980	1202	-0. 98
W23-1-06	220	0. 032625	0. 000919	0. 282566	0. 000025	-7. 3	-2. 6	1. 4	968	1183	-0. 97
W23-1-07	214	0. 024538	0. 000706	0. 282611	0. 000031	-5. 7	-1. 1	1. 5	900	1102	-0. 98
W23-1-08	213	0. 032399	0. 000929	0. 282615	0. 000038	-5. 6	-1. 0	1. 7	900	1097	-0. 97
W23-1-09	217	0. 069804	0. 001810	0. 282669	0. 000046	-3. 6	0. 9	1. 9	844	1004	-0. 95
W23-1-10	225	0. 116035	0. 002928	0. 282820	0. 000041	1. 7	6. 2	1. 8	645	737	-0. 91
W23-1-11	217	0. 032847	0. 000926	0. 282571	0. 000026	-7. 1	-2. 5	1. 4	961	1174	-0. 97
W23-1-14	216	0. 038204	0. 001105	0. 282599	0. 000029	-6. 1	-1. 5	1. 5	927	1127	-0. 97
W23-1-15	216	0. 033423	0. 000927	0. 282619	0. 000031	-5. 4	-0. 8	1. 5	894	1088	-0. 97
W23-1-16	209	0. 141862	0. 003572	0. 282962	0. 000050	6. 7	10. 8	2. 0	441	486	-0. 89
W23-1-17	209	0. 027588	0. 000773	0. 282622	0. 000056	-5. 3	-0. 8	2. 2	886	1084	-0. 98
W23-1-19	222	0. 022958	0. 000655	0. 282630	0. 000037	-5. 0	-0. 2	1. 7	872	1065	-0. 98
W23-1-20	224	0. 031773	0. 000890	0. 282606	0. 000032	-5. 9	-1. 1	1. 5	911	1109	-0. 97
W23-1-23	216	0. 030618	0. 000835	0. 282576	0. 000040	-6. 9	-2. 3	1. 7	952	1166	-0. 97
W23-1-24	219	0. 032353	0. 000910	0. 282584	0. 000038	-6. 6	-2. 0	1. 7	943	1151	-0. 97
W23-1-25	217	0. 041226	0. 001144	0. 282657	0. 000039	-4. 1	0. 5	1. 7	846	1021	-0. 97

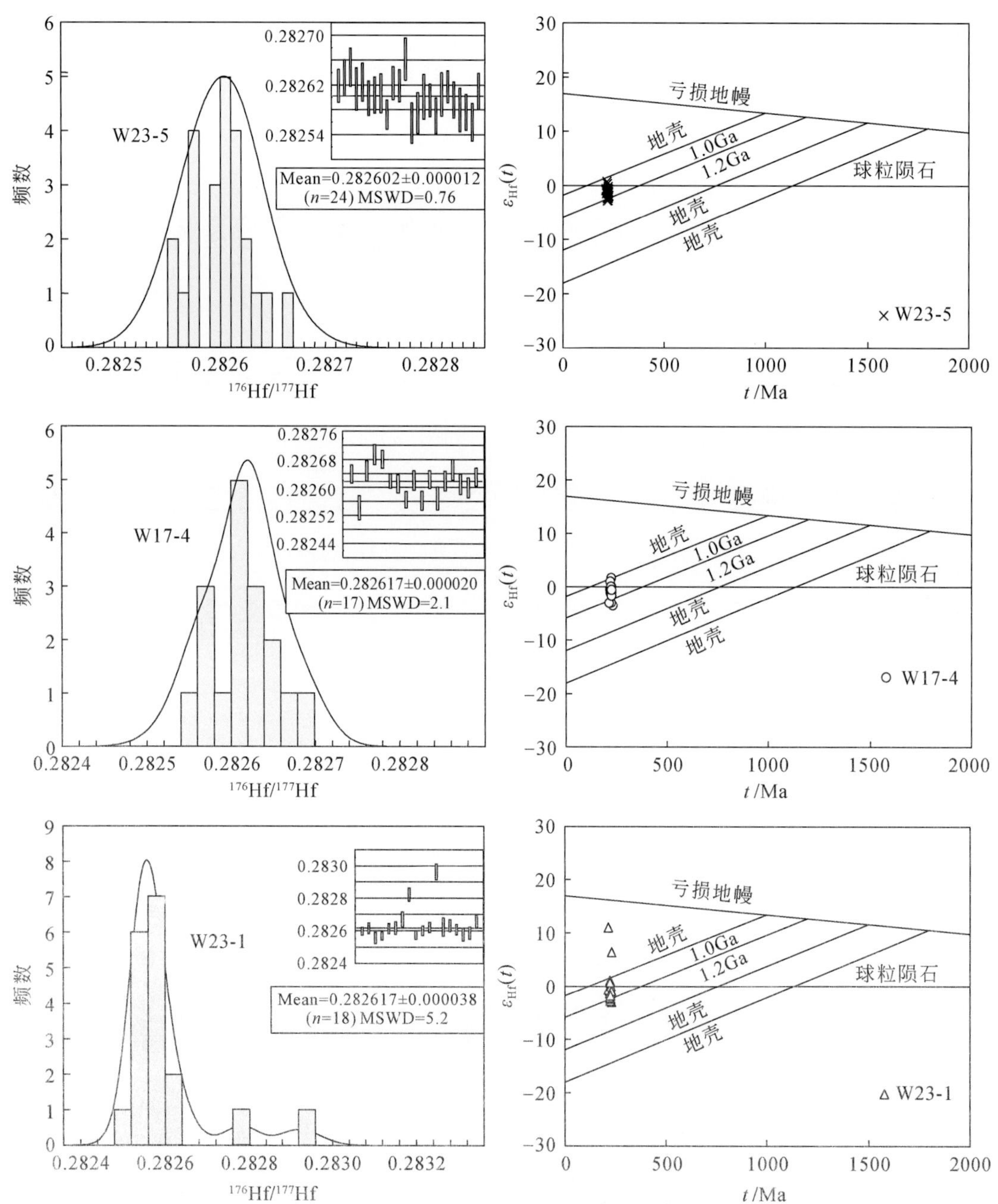

图 3.86　温泉中粒似斑状二长花岗岩（W23-5）、细粒黑云母二长花岗斑岩（W17-4）及暗色微粒镁铁质包体（W23-1）的锆石 Hf 同位素组成（Zhu et al., 2011）

样品的^{147}Sm/^{144}Nd 值变化于 0.1130～0.1350，^{143}Nd/^{144}Nd 值变化于 0.512232～0.512291，$\varepsilon_{Nd}(t)$ 为−5.56～−5.03，钕两阶段模式年龄（T_{DM2}）为 1406～1450Ma。

表 3.58　温泉岩体锶钕同位素组成（张宏飞等，2005）

样品号	Rb/10^{-6}	Sr/10^{-6}	^{87}Rb/^{86}Sr	^{87}Sr/^{86}Sr	I_{Sr}	Sm/10^{-6}	Nd/10^{-6}	^{147}Sm/^{144}Nd	^{143}Nd/^{144}Nd	$\varepsilon_{Nd}(t)$	T_{DM2}/Ma*
WQ66	229	188	3.5390	0.71858	0.70758	4.94	22.17	0.1350	0.512291	−5.03	1406
WQ66/1	207	429	1.3980	0.71078	0.70643	5.83	31.29	0.1130	0.512232	−5.56	1450
WQ66/3	152	447	0.9880	0.71072	0.70765	5.31	28.05	0.1140	0.512260	−5.07	1408

* 笔者根据原始数据计算。

3. 铅同位素

Zhu 等（2011）对 6 件花岗岩样品（1 件细粒黑云母二长花岗岩 W3-3，4 件中粒似斑状二长花岗岩 W8-2、W9-2、W25-4、W25-5 和 1 件细粒黑云母二长花岗斑岩样品 W17-5）中的钾长石进行了铅同位素分析（表 3.59）。6 件样品的$^{206}Pb/^{204}Pb$ = 18.067 ~ 18.128，平均为 18.084；$^{207}Pb/^{204}Pb$ = 15.485 ~ 15.577，平均 15.548；$^{208}Pb/^{204}Pb$ = 37.957 ~ 38.278，平均值 38.159。可见，花岗岩钾长石 Pb 同位素组成均匀。考虑到钾长石 U、Th 含量较低，形成后放射成因铅积累较少，认为钾长石铅同位素组成可代表成岩岩浆铅同位素组成。此外，利用张宏飞等（2005）的全岩铅同位素数据和 U、Th、Pb 元素含量反算得到成岩时的铅同位素组成：$(^{206}Pb/^{204}Pb)_t$ = 18.166 ~ 18.282，$(^{207}Pb/^{204}Pb)_t$ = 15.572 ~ 15.584，$(^{208}Pb/^{204}Pb)_t$ = 38.112 ~ 38.222（表 3.59）。在$^{208}Pb/^{204}Pb$-$^{206}Pb/^{204}Pb$ 和$^{207}Pb/^{204}Pb$-$^{206}Pb/^{204}Pb$ 图解上（图 3.87）（Zartman and Doe，1981），多数样品点落于华南板块花岗岩范围内，成岩物质来自华南板块，与温泉矿床产出构造位置吻合。

表 3.59　温泉岩体铅同位素组成

编号	样品	$^{206}Pb/^{204}Pb$	$^{207}Pb/^{204}Pb$	$^{208}Pb/^{204}Pb$	$(^{206}Pb/^{204}Pb)_t$	$(^{207}Pb/^{204}Pb)_t$	$(^{208}Pb/^{204}Pb)_t$	来源
W3-3	钾长石				18.067±0.009	15.485±0.007	37.957±0.016	Zhu et al.，2011
W8-2	钾长石				18.080±0.003	15.529±0.003	38.098±0.008	
W9-2	钾长石				18.084±0.005	15.577±0.003	38.278±0.015	
W17-5	钾长石				18.077±0.005	15.570±0.004	38.245±0.011	
W25-4	钾长石				18.128±0.007	15.564±0.004	38.236±0.019	
W25-5	钾长石				18.070±0.001	15.561±0.001	38.142±0.004	
WQ66	全岩	18.481±0.001	15.591±0.001	38.697±0.003	18.166±0.001 *	15.575±0.001 *	38.222±0.003 *	张宏飞等，2005
WQ66/1	全岩	18.521±0.001	15.589±0.001	38.629±0.002	18.176±0.001 *	15.572±0.001 *	38.112±0.002 *	
WQ66/3	全岩	18.498±0.001	15.595±0.001	38.667±0.003	18.282±0.001 *	15.584±0.001 *	38.205±0.003 *	

表中带“ * ”数据为根据张宏飞等（2005）原始数据反算而得，所用 t = 217Ma。

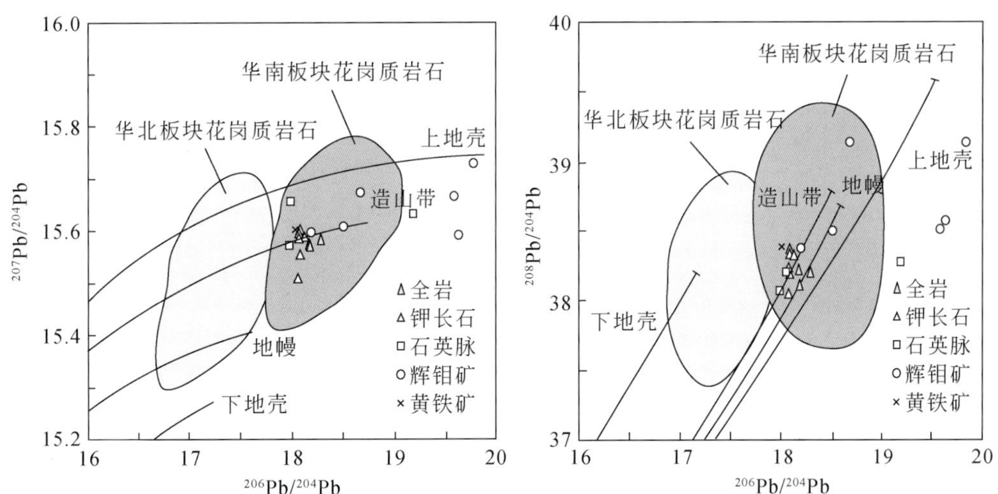

图 3.87　温泉钼矿床赋矿花岗岩及矿石的铅同位素图解

全岩铅和长石铅同位素数据见表 3.59，其中全岩铅反算为成岩时的铅同位素组成；石英脉和硫化物铅同位素组成见下文；底图据 Zartman and Doe，1981

3.5.2.5　岩体成因

温泉二长花岗岩具有较高的硅、铝、钾和全碱含量，绝大多数样品的 A/CNK 小于 1.1，属准铝质-弱过铝质的高钾钙碱性系列（图 3.79）。岩体 Eu 中等负异常（$\delta Eu=0.52\sim0.75$），相对富集 Rb、Pb、K、U 等大离子亲石元素和 LREE，亏损 Ti、P、Ba、Nb、Ta 等高场强元素和 HREE（图 3.82），表现出高分异岛弧岩浆或陆壳重熔形成的花岗质岩浆的特征（Taylor and McLennan，1995）。岩体稀土和微量元素配分模式与大陆地壳相类似（Rudnick and Gao，2003）（图 3.81），源于成熟陆壳重熔、不成熟陆壳部分熔融或弧岩浆高程度结晶分异。

LA-ICP-MS 锆石 U-Pb 定年获得似斑状二长花岗岩和二长花岗斑岩的锆石 U-Pb 年龄分别为 216.2±1.7Ma 和 217.2±2.0Ma。Sr-Nd 同位素研究表明，岩体具有较低的 I_{Sr}（0.70758～0.70765），$\varepsilon_{Nd}(t)$ 为负值（-5.56～-5.03），两阶段 Nd 同位素模式年龄为 1406～1450Ma，指示其源岩基性火山岩在地壳中存留了较长时间（张宏飞等，2005）。锆石 Lu-Hf 同位素研究发现多数锆石的 $\varepsilon_{Hf}(t)$ 为较小的负值（-3.3～-0.2），两阶段 Hf 模式年龄为 1056～1224Ma；少量锆石具有正的 $\varepsilon_{Hf}(t)$ 值（0.2～1.9），其单阶段 Hf 模式年龄为 791～852Ma。在图 3.86 上，样品点均落在地壳演化线上，表明其源岩主要为晚中元古代—新元古代镁铁质地壳。此外，少数 $\varepsilon_{Hf}(t)$ 为正值，显示了幔源物质的贡献，但仍低于三叠纪亏损地幔 $\varepsilon_{Hf}(t)$ 值（Zheng et al.，2006）。实验岩石学证明，地幔岩石（如橄榄岩和辉石岩）的部分熔融不可能直接形成花岗质岩浆（Zheng，2009），表明温泉花岗岩不可能直接来源于地幔的部分熔融。考虑到大陆地壳在 1.0Ga 时的 $\varepsilon_{Hf}(t)$ 值为-16～-8（Zheng Y F et al.，2007，2008），而温泉花岗岩锆石 $\varepsilon_{Hf}(t)$ 值为-3.3～1.9，Hf 模式年龄为 0.95～1.22Ga，Zhu 等（2011）认为岩浆起源于晚中元古代—新元古代新生地壳的部分熔融。事实上，温泉花岗岩 Hf 模式年龄与华南板块新元古代裂谷岩浆作用时间基本一致（Zheng et al.，2008），Pb 同位素组成与华南板块花岗岩相似（图 3.87），也说明源岩可能主要为华南板块新元古代新生地壳。

温泉花岗岩具有高的 MgO（0.45%～1.57%）、Cr（$18.0\times10^{-6}\sim65.2\times10^{-6}$）和 Ni（$10.2\times10^{-6}\sim32.4\times10^{-6}$）含量，$Mg^{\#}$（40.05～56.34）明显高于变玄武岩部分熔融实验产生的具有类似 SiO_2 含量的熔体（Rapp and Watson，1995；Rapp et al.，1999；Xiong et al.，2005）。锆石 Hf 同位素比值变化范围较大，少量锆石 $\varepsilon_{Hf}(t)>0$，显示了二元特征，可能有幔源高镁物质的加入，而大量镁铁质暗色微粒包体（MMEs）也指示着这种可能性。

一般认为，MME 是幔源镁铁质岩浆与壳源酸性岩浆两个端元岩浆混合的结果或证据（Karsli et al.，2007；Qin et al.，2009）。温泉花岗岩中的 MMEs 多呈椭球状，与寄主花岗岩边界渐变过渡，系镁铁质与长英质岩浆在混合之后快速淬火冷凝所形成（Perugini et al.，2003）。MMEs 所含锆石 U-Pb 年龄为 217.4±2.0Ma，与寄主花岗岩锆石 U-Pb 年龄（216.2±1.7～217.2±2.0Ma）在误差范围内一致，支持 MMEs 幔源与壳源岩浆混合成因。

MMEs 具有较高的 SiO_2（57.96%～60.51%）、$Mg^{\#}$（56.51～75.09）和较低的 A/CNK（0.66～0.89），一些 MMEs 中含有粒径较大并遭受熔蚀的钾长石斑晶，这些钾长石斑晶与寄主花岗岩中的相似（图 3.78C），表明镁铁质和长英质岩浆之间物质成分交换明显（Perugini et al.，2003；Qin et al.，2009）。与玄武岩（$Ni=200\times10^{-6}\sim450\times10^{-6}$，$Cr>1000\times10^{-6}$，Karsli et al.，2007）相比，MMEs 具有较低的 Cr（$26.0\times10^{-6}\sim48.7\times10^{-6}$）和 Ni（$109\times10^{-6}\sim283\times10^{-6}$）含量，表明幔源镁铁质岩浆在与壳源酸性岩浆混合之前就已经发生了橄榄石、辉石和尖晶石等矿物的分离结晶。MMEs 相对富集 Rb、Pb、K、U 和 LREE 等，亏损 Ti、P、Ba、Nb、Ta 和 HREE 等（图 3.81），同样显示了结晶分异的信息。考虑到其锆石 Hf 模式年龄（441～992Ma）大于结晶年龄，表明镁铁质岩浆端元源于古生代交代富集的地幔。MMEs 中一部分锆石具有正的 $\varepsilon_{Hf}(t)$ 值（$\varepsilon_{Hf}(t)=0.5\sim10.8$），其单阶段 Hf 模式年龄为 441～846Ma；另一部分锆石具有负的 $\varepsilon_{Hf}(t)$ 值（$\varepsilon_{Hf}(t)=-0.2\sim-3.2$），其两阶段 Hf 模式年龄为 1065～1217Ma，表明幔源镁铁质与壳源酸性岩浆的物质交换加大了 MMEs 中锆石 Hf 同位素变化范围（Zheng Y F et al.，2006，2007）。

Zhu 等（2011）认为温泉花岗岩起源于晚中元古代—新元古代中下地壳的部分熔融，并与大陆岩石圈地幔部分熔融形成的镁铁质岩浆发生了物质交换。当新元古代形成的大陆岩石圈地幔部分熔融形成的镁铁质岩浆底侵至大陆地壳下部时，所造成的热异常导致基性下地壳发生部分熔融形成酸性岩浆。幔源岩浆与壳源岩浆之间的混合形成了温泉花岗岩，两者之间的物质交换导致温泉花岗岩具有高的 Mg#、Cr 和 Ni 含量及较大的锆石 Hf 同位素变化范围。

另有学者（Chen and Santosh，2014；Li et al. 2015；Li and Pirajno，2017）认为温泉花岗岩体形成于洋陆俯冲所致的陆缘弧环境，MMEs 代表的镁铁质岩浆（实为安山质）源自年龄小于 441Ma 的洋壳或富集地幔，寄主花岗岩的主体岩浆源自新元古代不成熟陆壳，温泉花岗岩应属俯冲洋壳部分熔融派生的安山质岩浆，上升过程中同化混染新元古代陆壳，或诱发新元古代陆壳部分熔融，然后二者混合上升侵入，通过高程度分异结晶而形成温泉钼矿床成矿岩浆。至于年龄小于 441Ma 的洋壳，可能对应于三叠纪之前形成，并于三叠纪消减闭合的勉略洋盆。

3.5.3　矿床地质特征

3.5.3.1　矿体特征

温泉钼矿产于温泉杂岩体中（图 3.88）。矿区现已发现 4 个矿化带、42 处钼矿（化）点和 34 条矿体。矿体呈似层状和不规则脉状，走向 340°～355°，倾角 30°～75°，在深部各矿体连成一体（图 3.88）（任新红，2009）。矿体的形态产状受断裂和节理构造控制（图 3.89），辉钼矿-石英脉主要充填于破碎蚀变带和各向原生节理中（图 3.88、图 3.89）（韩海涛，2009；朱赖民等，2009）。矿石中 Mo 品位介于 0.03%～3.99% 之间，平均品位为 0.05%。

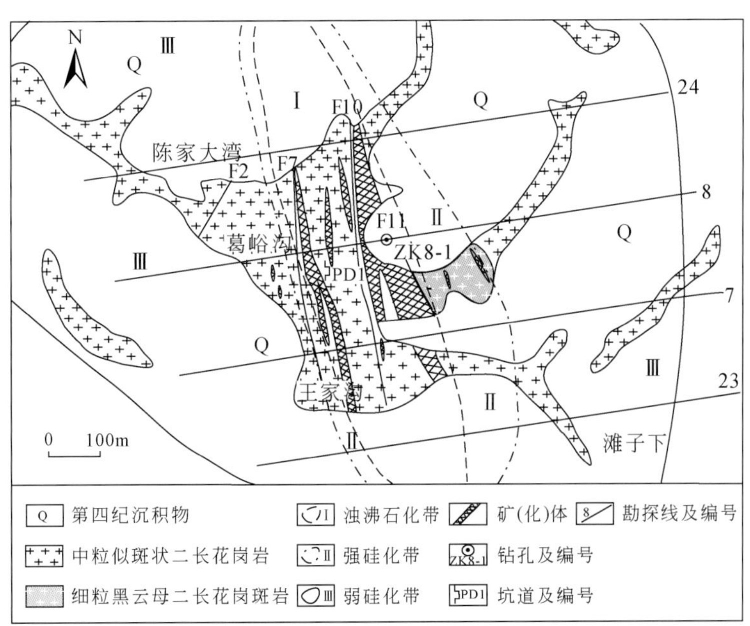

图 3.88　温泉钼矿床围岩蚀变分带（据韩海涛等，2008 改编）

3.5.3.2　矿石成分和组构

温泉钼矿矿石中主要金属矿物包括辉钼矿、黄铁矿、黄铜矿和少量的斑铜矿、黝铜矿、闪锌矿和方铅矿；脉石矿物包括石英、方解石、钾长石、斜长石、黑云母、绢云母、绿泥石、绿帘石、磷灰石和玉髓等。遭受风化的矿石中可见辉铜矿、铜蓝、孔雀石和褐铁矿等表生矿物。

辉钼矿常与黄铁矿和黄铜矿共生，常呈半自形-自形片状、鳞片状、聚片状和板条状（图 3.90A、C、E），偶呈团块状或放射状集合体（图 3.90D）。黄铜矿、黄铁矿、方铅矿、闪锌矿多呈他形-自形。岩浆作用形成的石英与钾长石和斜长石等紧密共生，后者发生高岭土化或绢云母化。热液作用形成的钾长石、石英和方解石一般呈细脉状及网脉状，分布于花岗岩裂隙中。

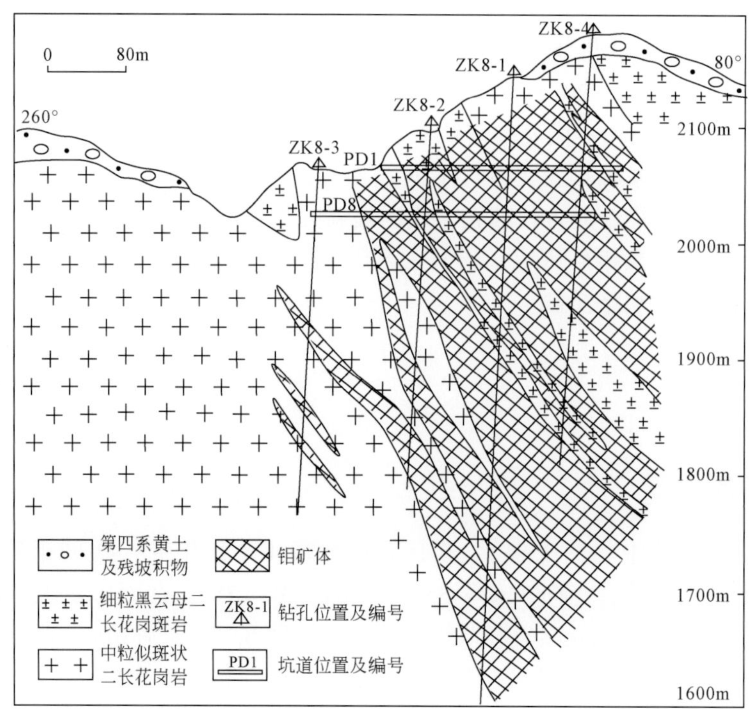

图3.89 温泉钼矿床8线地质剖面图（甘肃有色地质勘查局天水总队实测）

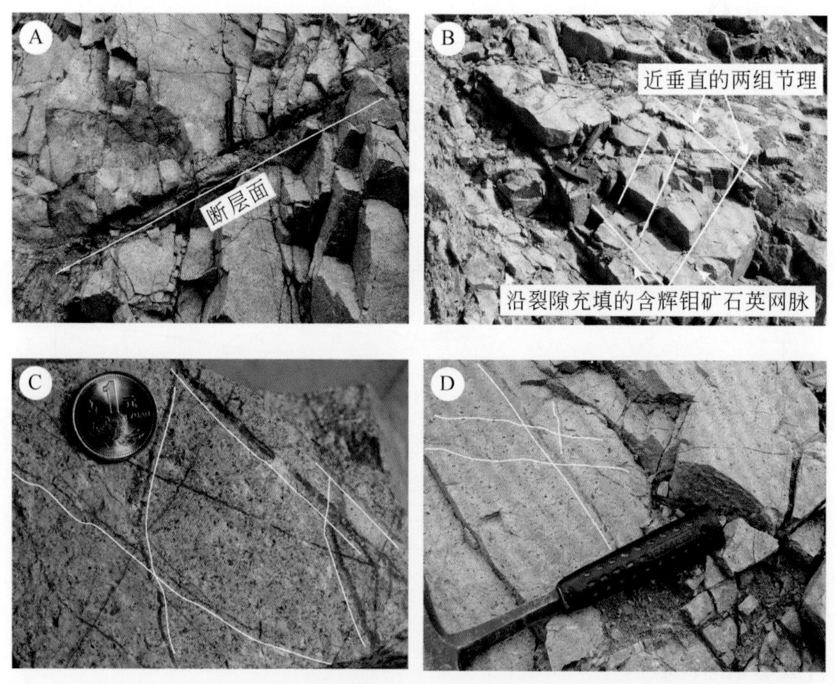

图3.90 温泉钼矿床矿化地质特征（王飞，2011）

A. 矿区赋矿花岗岩中发育的断层；B. 近垂直的两组节理，含辉钼矿的石英脉沿节理充填；C. 细粒黑云母二长花岗岩中相互交切的含辉钼矿细石英网脉；D. 细粒黑云母二长花岗岩中的含辉钼矿石英细脉

主要矿石结构类型有5种：①片状和鳞片状结构（图3.91A、C、E），常见辉钼矿呈片状、鳞片状产出；②集合体结构（图3.91D），多个辉钼矿颗粒共生在一起呈放射状集合体；③他形-自形粒状结构（图3.91E、F），他形-自形粒状的辉钼矿、黄铜矿和黄铁矿沿矿石裂隙分布；④交代结构（图3.91E），常见黄铜矿交代辉钼矿现象；⑤不等粒结构，花岗岩中石英、长石等矿物形成不等粒结构。矿石构造多

样，主要为细脉状、网脉状和浸染状。金属硫化物-石英细脉沿裂隙充填交代（图3.90D），金属硫化物-石英细脉相互穿插而形成网脉（图3.90C），细粒黄铁矿和黄铜矿呈星点状浸染于蚀变花岗岩角砾或碎块（图3.91B）。

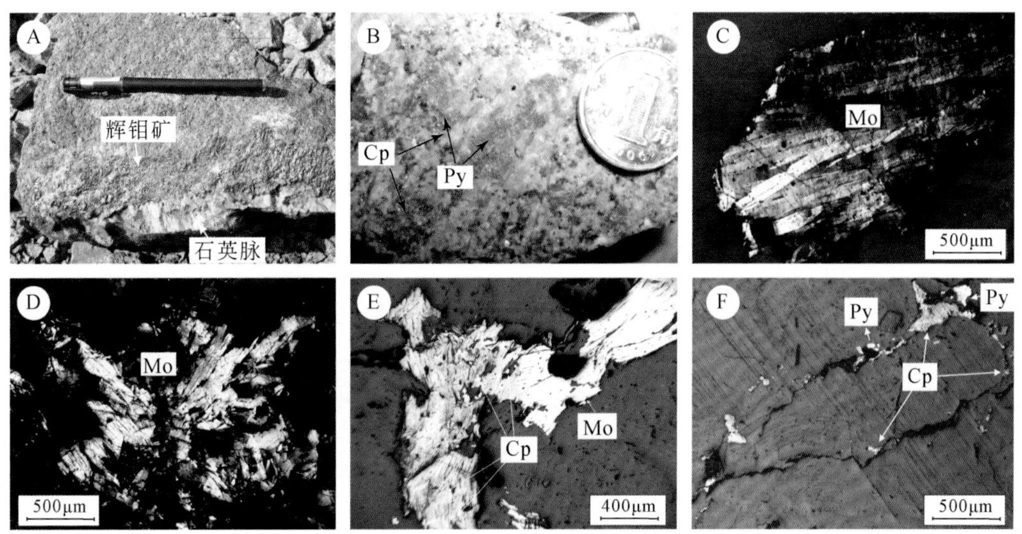

图3.91 温泉钼矿床矿石矿相学特征（王飞，2011）

A. 细粒二长花岗斑岩中的辉钼矿-石英脉；B. 中粒似斑状二长花岗岩中浸染状的黄铜矿和黄铁矿；C. 片状的辉钼矿（光片）；D. 放射状的辉钼矿集合体（光片）；E. 黄铜矿与辉钼矿共生，辉钼矿呈扭曲的细长片状（光片）；F. 石英脉中沿裂隙分布的黄铁矿和黄铜矿（光片）。图中缩写：Mo. 辉钼矿；Cp. 黄铜矿；Py. 黄铁矿

3.5.3.3 围岩蚀变类型和分带

温泉钼矿床围岩蚀变强烈而复杂，主要类型包括钾化和硅化，其次有红色泥化、沸石化、绢云母化、高岭土化、绿泥石化、绿帘石化、孔雀石化和碳酸盐化等，以硅化、红色泥化和沸石化最为发育。钾化、硅化、沸石化、红色泥化、黄铁矿化和孔雀石化等是主要的找矿标志。围岩蚀变由内向外大致可分为以下三个蚀变带（韩海涛等，2008）：

砖红色沸石化带（Ⅰ）：主要位于主矿体的北侧、南侧及东侧，既穿过中粒似斑状二长花岗岩又穿过细粒黑云母二长花岗斑岩（图3.88）。蚀变带内矿化较好，辉钼矿一般沿岩石裂隙分布，Mo元素富集成矿（周俊烈和韩海涛，2010）。

强硅化蚀变带（Ⅱ）：位于砖红色沸石化蚀变带外围，穿过了中粒似斑状二长花岗岩和细粒黑云母二长花岗斑岩，在Ⅰ带的东侧较为发育（图3.88）。该蚀变带内钼矿化较好，主要存在于沿花岗岩裂隙分布的石英细脉中（周俊烈和韩海涛，2010）。

弱硅化蚀变带（Ⅲ）：位于强硅化蚀变带的外围。该蚀变带的发育面积较前两个蚀变带更大，带内的岩性为中粒似斑状二长花岗岩，可见辉钼矿化、黄铁矿化和孔雀石化。石英脉较发育，成矿元素Mo、Cu、Ag和As等含量比矿区外围高2~7倍（周俊烈和韩海涛，2010）。

3.5.3.4 成矿阶段划分

根据矿物共生组合及矿脉的相互穿插关系，Xiong等（2018）将温泉钼矿床的成矿作用划分为三个阶段：早阶段（石英-黑云母-钾长石脉）、中阶段（石英-多金属硫化物脉）和晚阶段（碳酸盐-硫化物脉）（图3.92）。早阶段以斑岩中的贫矿石英-黑云母-钾长石脉为特征，脉宽1~4cm，含少量黄铁矿、黄铜矿、辉钼矿和磁铁矿，被中阶段矿脉切穿，常见石英和钾长石交代斜长石和正长石。中阶段石英-多金属硫化物脉以石英和辉钼矿为主，含少量其他硫化物，为主要的含钼矿脉，脉宽0.5~5cm，石英呈烟灰色。晚阶段硫化物-方解石脉与中阶段相似，但以方解石出现为特征，含少量石英、辉钼矿和其他硫化物。

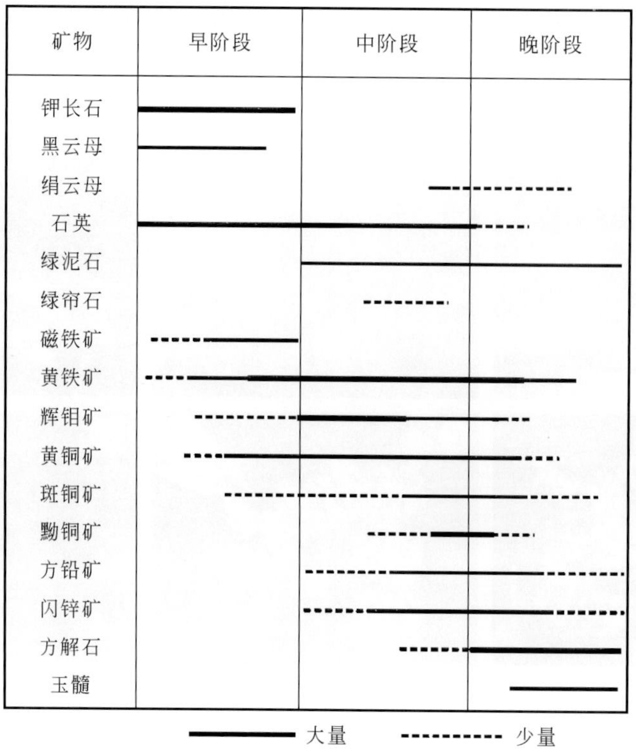

矿物	早阶段	中阶段	晚阶段
钾长石			
黑云母			
绢云母			
石英			
绿泥石			
绿帘石			
磁铁矿			
黄铁矿			
辉钼矿			
黄铜矿			
斑铜矿			
黝铜矿			
方铅矿			
闪锌矿			
方解石			
玉髓			

大量　少量

图 3.92　温泉钼矿床成矿阶段划分（据 Xiong et al., 2018 修改）

3.5.3.5　矿物元素地球化学

王飞等（2012）对温泉钼矿区 5 件热液石英和方解石样品进行了稀土元素分析。分析工作在西北大学大陆动力学国家重点实验室完成。将样品破碎后经分离、粗选和精选，获得了纯度>99%的单矿物样品。称取干燥样品 50±0.5mg 在溶样弹内经多次高温强酸溶化后转移到聚乙烯瓶内，加入 1g Rh 作为内标，再加去离子水至 80.00g，然后采用 ICP-MS 分析测试获取稀土元素数据。ICP-MS 为 Agilient 公司研制的最新一代带有 Shield Torch 的 Agilient 7500a，外标采用 BHVO-2 和 AGV-2，分析精度为±10%。

含矿石英脉和方解石脉的稀土元素分析结果见表 3.60。石英 REE 含量较低，$\sum REE = 2.34\times10^{-6} \sim 43.3\times10^{-6}$，轻重稀土分异显著，LREE/HREE = 11.3 ~ 17.1，$(La/Yb)_N = 17.0 \sim 19.1$，$Eu/Eu^* (\delta Eu) = 0.53 \sim 0.86$，$Ce/Ce^* = 0.92 \sim 1.19$。相对于石英，方解石具有高的 REE 含量，$\sum REE = 316\times10^{-6} \sim 326\times10^{-6}$，LREE/HREE = 18.2 ~ 18.5，$(La/Yb)_N = 40.3 \sim 41.5$，$Eu/Eu^* = 0.72 \sim 0.73$，$Ce/Ce^* = 0.81 \sim 0.82$。在稀土元素的球粒陨石标准化图解上，石英和方解石均富集轻稀土，亏损重稀土，具有中等负 Eu 异常（图 3.93）。

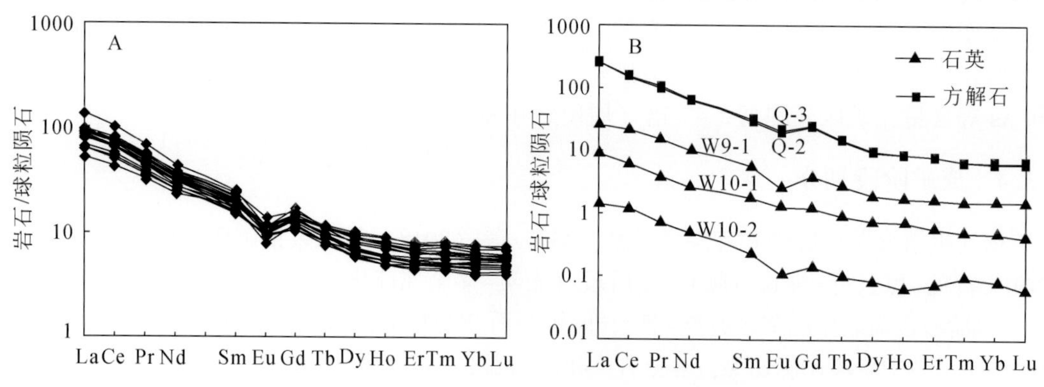

图 3.93　温泉含矿花岗岩（A）、方解石和石英脉（B）的稀土元素配分型式
球粒陨石数据引自 Sun and McDonough, 1989，岩体数据详见表 3.55

由于Si^{4+}的离子半径（40pm）非常小，因此其他微量元素很难以类质同象替代Si^{4+}的形式进入石英晶格中（Götze et al.，2004）。这使得石英中的稀土元素可以反映其结晶时流体中的稀土元素组成特征，对成矿流体的来源具有非常重要的指示意义（Monecke et al.，2002a，2002b；Götze et al.，2004）。温泉钼矿床中3件含矿石英脉具有较高的成矿元素含量，Mo含量分别为56.4×10^{-6}、190×10^{-6}和939×10^{-6}，Cu含量分别为60.2×10^{-6}、5610×10^{-6}和1210×10^{-6}，表明石英是从成矿流体中沉淀下来的，因此其稀土元素组成特征可以指示成矿流体的来源。尽管含矿石英脉的稀土元素含量差别较大，但稀土元素的配分模式和特征参数［如δEu、LREE/HREE和$(La/Yb)_N$］均与赋矿花岗岩基本一致，表明成矿流体主要来源于温泉岩体在冷凝结晶的过程中分异出的岩浆热液流体（表3.60，图3.93）。

表3.60　温泉钼矿床中方解石脉和矿化石英脉的稀土分析测试结果（王飞等，2012）　（单位：10^{-6}）

样品号	含矿岩体平均值	Q-2	Q-3	W9-1	W10-1	W10-2
岩性	(N=22)	方解石脉	方解石脉	含矿石英脉	含矿石英脉	含矿石英脉
La	31.5	94.6	95.4	9.38	3.36	0.51
Ce	64.5	139	143	20.2	5.73	1.19
Pr	6.39	13.8	14.5	2.03	0.54	0.10
Nd	22.2	44.4	47.4	7.07	1.84	0.35
Sm	4.32	6.79	7.32	1.31	0.41	0.05
Eu	0.88	1.66	1.78	0.22	0.11	0.01
Gd	3.95	7.05	7.75	1.18	0.37	0.04
Tb	0.55	0.81	0.85	0.15	0.05	0.01
Dy	2.81	3.61	3.65	0.72	0.29	0.03
Ho	0.56	0.74	0.74	0.15	0.06	0.01
Er	1.46	1.97	1.97	0.41	0.14	0.02
Tm	0.21	0.24	0.24	0.05	0.02	0.00
Yb	1.37	1.54	1.60	0.37	0.12	0.02
Lu	0.21	0.23	0.25	0.06	0.02	0.00
ΣREE	141	316	326	43.3	13.1	2.34
LREE/HREE	12.0	18.5	18.2	13.0	11.3	17.1
$(La/Yb)_N$	16.4	41.5	40.3	17.1	19.1	17.0
Eu/Eu^*	0.66	0.73	0.72	0.53	0.86	0.57
Ce/Ce^*	1.07	0.81	0.82	1.05	0.92	1.19

温泉钼矿床中方解石的LREE/HREE和$(La/Yb)_N$值明显高于赋矿花岗岩和含矿石英脉。研究表明，稀土元素主要通过Ca^{2+}与REE^{3+}之间的置换形式进入热液方解石，方解石稀土元素含量高于石英。由于$LREE^{3+}$的离子半径比$HREE^{3+}$的离子半径更接近于Ca^{2+}，使$LREE^{3+}$比$HREE^{3+}$更容易置换方解石晶格中的Ca^{2+}，因此稀土元素在方解石-流体中的分配系数是随着稀土元素的原子序数增加而减小的（Wood，1990；Zhang and Mucci，1995；Rimstidt et al.，1998），从热液中沉淀出的方解石表现出富集LREE的特征。

3.5.4　流体包裹体地球化学

3.5.4.1　样品和测试

韩海涛（2009）的王飞（2011）研究了温泉钼矿床流体包裹体特征。石英和方解石中的群体包裹体成分分析由宜昌地质矿产研究所检测中心完成。H_2O、CO_2、CO、CH_4和H_2等气相成分采用SP-3420气相色谱仪测定，仪器灵敏度为0.01μg/L；阳离子含量采用日立180-80AAS原子吸收光谱仪测定，仪器灵敏度为0.01mg/L；阴离子含量用DIONEX ICS-3000离子色谱仪测定，仪器灵敏度为0.01mg/L。具体详见李桃叶和刘家齐（2000）。

3.5.4.2 流体包裹体岩相学和显微测温

根据流体包裹体在室温（21℃）下及显微测温过程中的相变行为和激光拉曼光谱成分特征，将流体包裹体划分为两种类型，即两相水溶液包裹体和单相水溶液包裹体。两相水溶液包裹体由气相和液相组成，气液比一般为10%～80%，绝大多数小于50%；长轴为4～10μm，多为椭圆形或负晶形，少数不规则状（图3.94A、B），气相组成主要为H_2O（图3.95A）。单相水溶液包裹体室温下为单相，冷冻过程中无变化，个体一般较小，直径为1～6μm，激光拉曼光谱分析显示其成分主要为H_2O（图3.94C、图3.95B）。

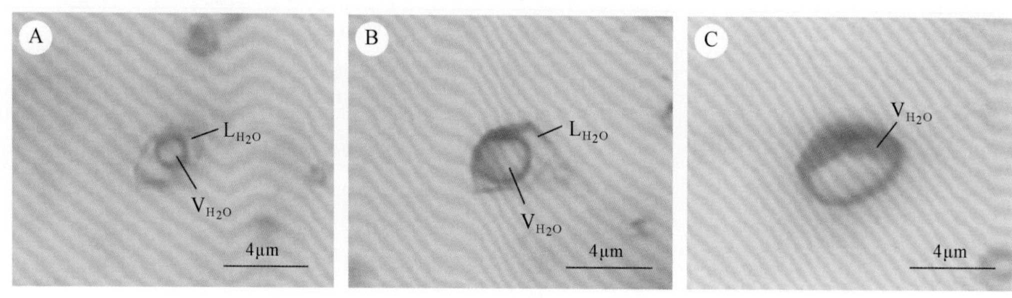

图3.94 温泉钼矿床流体包裹体显微照片

A. 富液相包裹体；B. 富气相包裹体；C. 孤立的纯液相包裹体

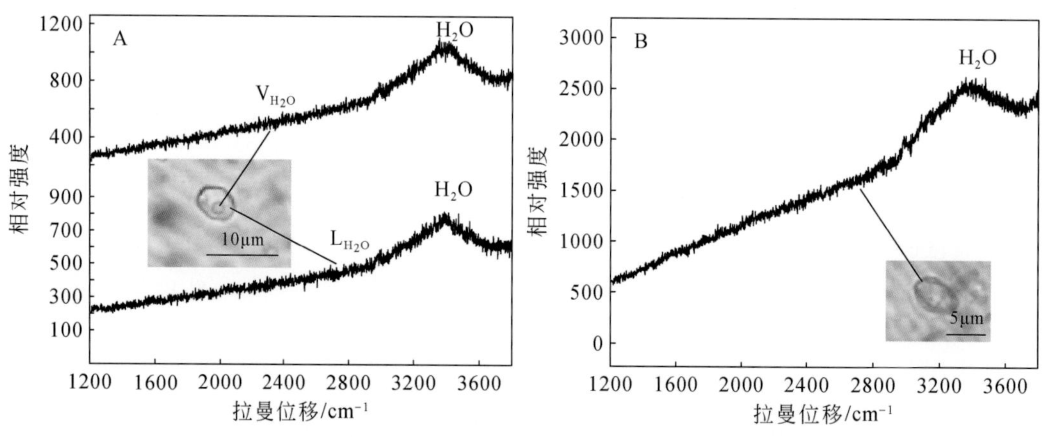

图3.95 温泉钼矿床流体包裹体的激光拉曼光谱分析结果

A. 两相水溶液包裹体；B. 单相水溶液包裹体

流体包裹体的显微测温结果见表3.61。两相水溶液包裹体多数均一为液相，仅少数包裹体均一为气相。冰点温度（$T_{m,ice}$）为-6.3～-1.4℃，对应盐度为2.4%～9.6% NaCleqv.（图3.96B）。最终均一温度为170～349℃，峰值介于240～300℃之间（图3.96A）。单相包裹体在加热及冷冻过程中无相态变化。

表3.61 温泉钼矿床石英-硫化物阶段流体包裹体显微测温结果

样品编号	包裹体类型	数量	气相/%	T_h/℃	$T_{m,ice}$/℃	盐度/（% NaCl eqv.）
W-28	两相水溶液	59	10～80	171～346	-6.1～-2.5	4.2～9.3
W-8	两相水溶液	32	10～50	170～304	-6.3～-1.5	2.6～9.6
W-8-1	两相水溶液	19	10～60	189～349	-5.0～-1.4	2.4～7.9

注：盐度计算采用Bodnar（1993）公式，即$W=0.00+1.78T_{m,ice}-0.0442T_{m,ice}^2+0.000557T_{m,ice}^3$。

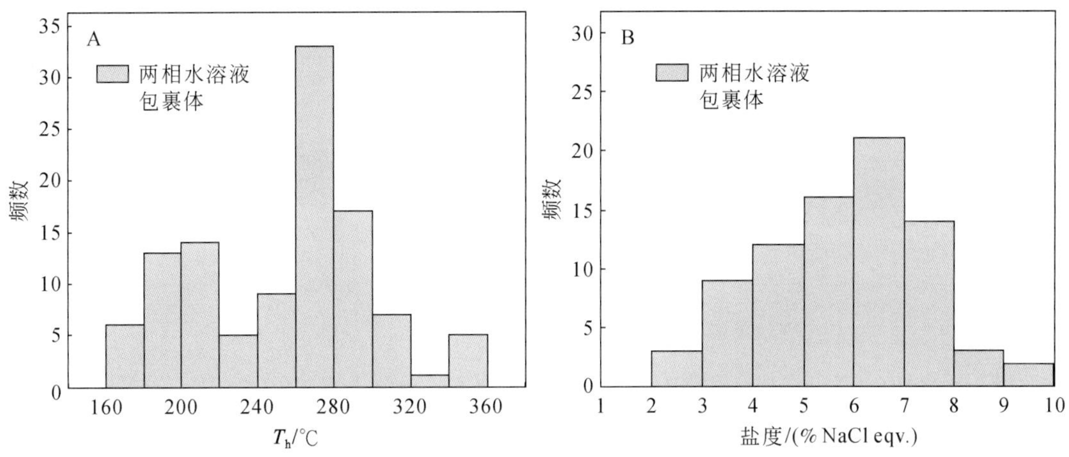

图3.96　温泉钼矿床流体包裹体的均一温度（A）和盐度直方图（B）

3.5.4.3　包裹体成分分析

温泉钼矿床中石英和方解石的群体包裹体成分分析结果见表3.62。包裹体气相成分中 H_2O 含量为97.33～99.76mol%，平均98.78mol%；CO_2 含量为0.23～2.60mol%，平均1.13mol%；CO_2/H_2O 值为0.002～0.027，平均0.01。液相成分以 K^+、Na^+、Ca^{2+}、Mg^{2+}、F^-、Cl^- 和 SO_4^{2-} 为主，并含有少量 Li^+、Br^- 和 I^-。在 F^-/Cl^--Ca^{2+}/Mg^{2+}、F^-/Cl^--K^+/Na^+ 和 CO_2/H_2O-CH_4/H_2 图解上（图3.97、图3.98），温泉钼矿床流体包裹体成分分布比较集中，均位于中国大陆内部浆控热液矿床范围内（陈衍景和李诺，2009）。

表3.62　温泉钼矿床石英和方解石中群体包裹体成分分析结果（王飞等，2012）

样品号	W9-1	W10-1	W10-2	Q2	Q3
矿物	石英	石英	石英	方解石	方解石
爆裂温度/℃	100～550	100～550	100～550	100～350	100～350
H_2O/mol%	98.763	99.071	97.334	98.973	99.756
CO_2/mol%	1.138	0.78	2.602	0.914	0.229
CO/mol%	—	—	—	—	—
CH_4/mol%	0.063	0.1	0.036	0.068	0.008
H_2/mol%	0.036	0.05	0.029	0.045	0.007
CO_2/H_2O	0.012	0.008	0.027	0.009	0.002
$K^+/10^{-6}$	5.03	1.99	0.76	0.07	0.04
$Na^+/10^{-6}$	4.66	6.16	7.36	0.13	0.2
$Ca^{2+}/10^{-6}$	9.84	5.01	1.78	132.88	133.41
$Mg^{2+}/10^{-6}$	5.34	5.2	0.29	2.01	1.06
$Li^+/10^{-6}$	0.05	0.04	0.01	—	—
$F^-/10^{-6}$	0.701	1.116	0.101	1.398	1.539
$Cl^-/10^{-6}$	4.383	4.163	4.403	4.163	4.097
$SO_4^{2-}/10^{-6}$	8.296	11.817	2.657	1.281	1.297
$Br^-/10^{-6}$	—	—	—	0.499	0.508
$I^-/10^{-6}$	—	—	—	0.021	0.052

注：—为含量低于仪器检出限。

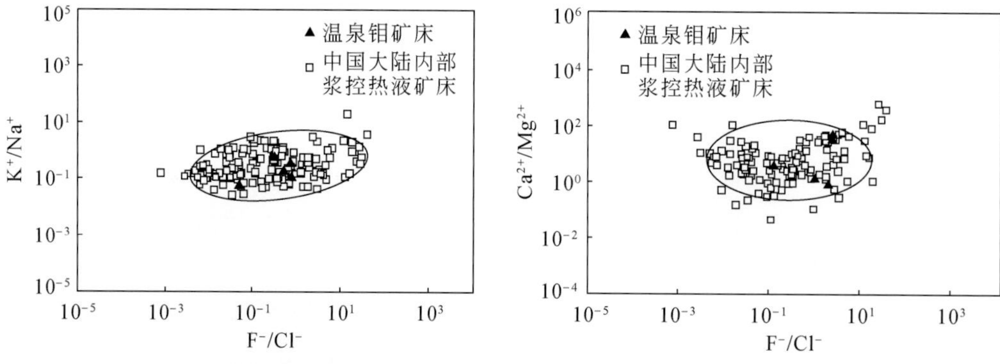

图 3.97 温泉钼矿床与中国大陆内部浆控热液矿床包裹体中 F^-/Cl^--K^+/Na^+ 和 F^-/Cl^--Ca^+/Mg^{2+} 图解（王飞等，2012）
中国大陆内部浆控热液矿床数据引自陈衍景和李诺，2009 及其引文

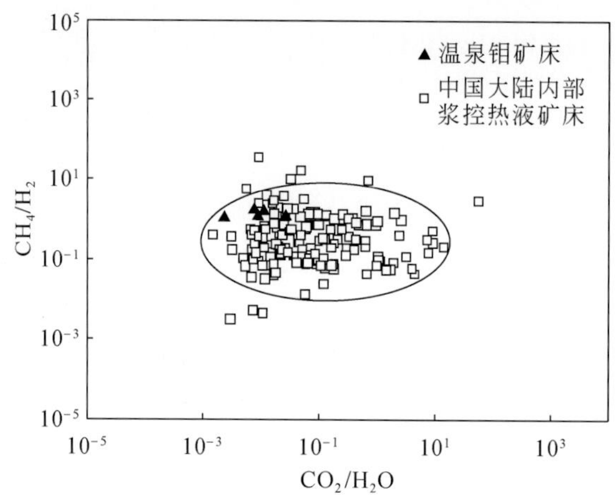

图 3.98 温泉钼矿床与中国大陆内部浆控热液矿床包裹体中 CO_2/H_2O-CH_4/H_2 图解（王飞等，2012）
中国大陆内部浆控热液矿床数据引自陈衍景和李诺，2009 及其引文

3.5.4.4 成矿流体性质及其指示意义

温泉钼矿床石英–硫化物阶段发育两相水溶液包裹体和单相包裹体。获得两相水溶液包裹体的均一温度峰值为 240 ~ 300℃，盐度为 2.4% ~ 9.6% NaCl eqv.；包裹体气相成分主要为 H_2O（97.33 ~ 99.76mol%），含有少量 CO_2（0.23 ~ 2.60mol%）；阳离子以 Na^+为主，阴离子主要为 Cl^-和 $SO_4{}^{2-}$。这表明成矿流体为中高温、中低盐度的 NaCl-H_2O 体系。

秦岭造山带的钼矿床主要由岩浆热液和变质热液所形成。变质热液形成的造山型钼矿床以华北克拉通南缘的纸房钼矿床（邓小华等，2008b）和大湖金钼矿床为代表（倪智勇等，2008，2009；Li et al.，2011a；Ni et al.，2012）。岩浆热液形成的钼矿床实例较多，其中，河南寨凹钼矿床产于熊耳山地区的太华超群中，其成矿流体为中高温（250 ~ 360℃）、高盐度（0.01% ~ 31% NaCl eqv.）的 NaCl-H_2O-CO_2 体系（邓小华等，2008a）。温泉钼矿床的成矿流体性质与上述花岗岩赋矿的钼矿床相似。同位素研究表明，温泉钼矿床的成矿流体与成矿物质主要来自赋矿花岗岩在冷凝结晶过程中释放出的岩浆热液流体（Zhu et al.，2011）。因此，温泉钼矿床与温泉印支期花岗岩体有直接的成因联系。

已有研究表明，形成于不同构造背景（如大陆内部或岛弧环境）的岩浆热液成矿系统具有不同的流体包裹体组成（陈衍景和李诺，2009）。陈衍景和李诺（2009）对中国大陆内部 60 个岩浆热液矿床进行了流体包裹体的成分统计，发现陆内岩浆热液矿床的流体包裹体液相成分以 F^-、Cl^-、SO_4^{2-}、K^+、Na^+和 Ca^{2+}为主，并含有少量 HCO_3^-和 Mg^{2+}等，以富 K^+和 F^-为主要特征；气相成分以 H_2O 和 CO_2 为主，并含有一定量的 CH_4、H_2、CO、N_2和 H_2S 等；因此，富 CO_2、K^+和 F^-可以作为中国大陆内部岩浆热液矿床区别于岛弧内同类矿床的标志（陈衍景和李诺，2009）。温泉钼矿床中石英和方解石中群体包裹体的液相成分以 K^+、Na^+、Ca^{2+}、Mg^{2+}、F^-、Cl^- 和 SO_4^{2-} 为主，气相成分以 H_2O 和 CO_2 为主（表 3.62），与中国大陆内部岩浆热液矿床相似。在 F^-/Cl^--Ca^{2+}/Mg^{2+}、F^-/Cl^--K^+/Na^+ 和 CO_2/H_2O-CH_4/H_2 图解上（图 3.97、3.5.23），温泉钼矿床群体流体包裹体成分分布比较集中，均位于中国大陆内部浆控热液矿床范围内（陈衍景和李诺，2009），具有大陆内部浆控热液矿床的特点。尽管如此，温泉矿床未发育 CO_2 包裹体，CO_2/H_2O 值也低于中国大陆内部多数浆控热液矿床（图 3.98）。

3.5.5　矿床同位素地球化学

3.5.5.1　碳氧同位素

王飞等（2012）对温泉钼矿床中 2 件含矿方解石样品进行了碳氧同位素分析，获得其 $\delta^{13}C_{PDB}$ 分别为 -8.3‰和-7.9‰，平均为-8.1‰。一般认为，成矿流体中的碳主要有 3 种来源，一是深源地幔射气或岩浆来源，其 $\delta^{13}C_{PDB}$ 为-8‰～-4‰，平均值为-5‰（Taylor，1986）；二是来源于沉积岩中碳酸盐岩溶解或含盐卤水与泥质岩相互作用，其 $\delta^{13}C_{PDB}$ 的变化范围为-2‰～3‰（Veizer et al.，1980）；三是各种岩石中的有机碳，有机碳一般富集 ^{12}C，其 $\delta^{13}C_{PDB}$ 变化范围为-30‰～-15‰，平均为-22‰（Ohmoto，1972）。温泉钼矿床中方解石的 $\delta^{13}C_{PDB}$ 变化范围为-8.3‰～-7.9‰，平均值为-8.1‰，其变化范围与深源碳的同位素组成基本一致，指示成矿流体中的碳主要来源于赋矿的温泉岩体（图 3.99）。

温泉钼矿床中两件热液方解石样品的 $\delta^{18}O_{SMOW}$ 值分别为 15.9‰和 16.4‰，平均为 16.2‰。在 $\delta^{18}O$-$\delta^{13}C$ 图解上（图 3.99），温泉钼矿床中的热液方解石落在花岗岩低温蚀变的右端，暗示成矿流体主要来自温泉岩体在冷凝结晶过程中分异作用。

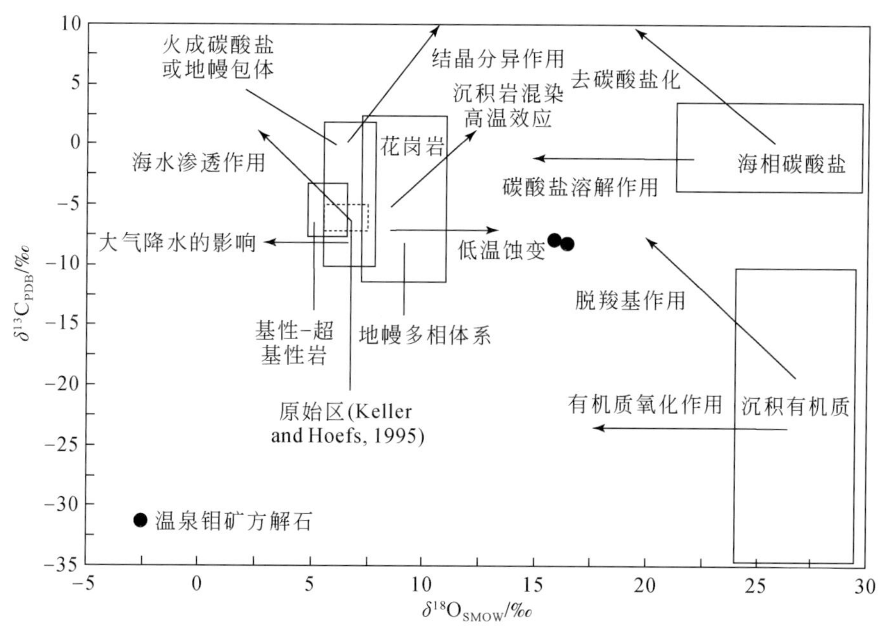

图 3.99　温泉钼矿床方解石的 $\delta^{18}O_{SMOW}$-$\delta^{13}C_{PDB}$ 图解（王飞，2011；底图据 Liu et al.，2007）

3.5.5.2　氢氧同位素

任新红（2009）对温泉钼矿床含矿石英进行了氢氧同位素研究（未报道具体数据），获得石英 δD_{SMOW} 和 $\delta^{18}O_{SMOW}$ 范围分别为-68‰～-96‰和 8.0‰～9.5‰。根据石英-水的氧同位素分馏方程 $1000\ln\alpha_{Quartz\text{-}H_2O}=$

$3.38\times10^6T^{-2}-3.4$（Clayton et al.，1972）计算得到成矿流体的 $\delta^{18}O_{H_2O}$ 为 $-0.9‰\sim0.6‰$（任新红，2009）。该 $\delta^{18}O_{H_2O}$ 值远低于正常的岩浆热液流体或与火成岩达到同位素平衡时流体的 $\delta^{18}O_{H_2O}$ 值（Allan and Yardley，2007），暗示成矿流体中可能加入了大气降水或者与围岩发生了低程度的水岩反应（Liu et al.，2007）。在 δD-$\delta^{18}O_{H_2O}$ 图上（图3.100），石英脉的 δD 和 $\delta^{18}O_{H_2O}$ 值投在岩浆水与大气降水之间，更接近岩浆水区域，表明成矿流体以岩浆水为主，但有大气降水的混入。

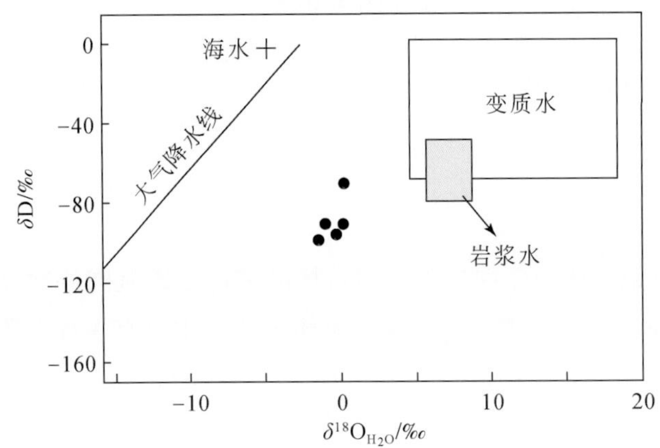

图3.100　温泉钼矿床 δD-$\delta^{18}O_{H_2O}$ 图解（任新红，2009）

3.5.5.3　硫同位素

据王飞等（2012），温泉钼矿床含矿石英脉中的黄铁矿和辉钼矿 $\delta^{34}S_{CDT}$ 变化范围较窄，介于 $5.0‰\sim5.7‰$ 之间（表3.63），平均为5.5‰（图3.101）。其中4件黄铁矿的 $\delta^{34}S_{CDT}$ 值为 $5.0‰\sim5.6‰$，平均为5.4‰；6件辉钼矿的 $\delta^{34}S_{CDT}$ 的值为 $5.5‰\sim5.7‰$，平均为5.6‰。

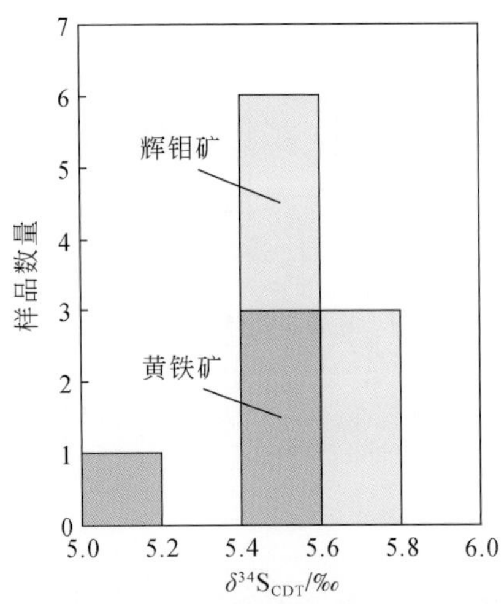

图3.101　温泉钼矿床硫同位素直方图（王飞等，2012）

温泉钼矿床中的含硫矿物主要为硫化物，未发现硫酸盐及赤铁矿等氧化矿物，表明成矿流体中的硫主要以 HS^- 和 S^{2-} 形式存在，硫化物 $\delta^{34}S$ 平均值应与成矿流体 $\delta^{34}S$ 基本一致（Kelly and Rye，1979；Ohmoto and Rye，1979；Rollinson，1993）。研究表明，当岩浆热液与花岗岩岩浆（$\delta^{34}S_{CDT}=0.0‰$）达到硫同位素平衡时，其 $\delta^{34}S_{CDT}$ 约为5.0‰（Ohmoto and Rye，1979），这与温泉钼矿床中硫化物 $\delta^{34}S_{CDT}$ 平均值基本一致。此外，美国Climax型斑岩型钼矿带 $\delta^{34}S_{CDT}$ 为 $0.8‰\sim6.8‰$（Carten et al.，1993），也与温泉钼矿床的 $\delta^{34}S_{CDT}$ 变化范围一致，表明温泉钼矿床的硫主要来自岩体在冷凝结晶过程中分异出的岩浆热液。

表 3.63　温泉钼矿床的硫同位素组成（CDT 标准，王飞等，2012）

编号	样品	$\delta^{34}S/‰$	编号	样品	$\delta^{34}S/‰$
M-1	矿化石英脉中的辉钼矿	5.5	W-24	矿化石英脉中的辉钼矿	5.6
W9-1	矿化石英脉中的辉钼矿	5.7	YX-3	矿化细石英脉中的黄铁矿	5.6
W18-1	矿化石英脉中的辉钼矿	5.6	YX-6	矿化细石英脉中的黄铁矿	5.5
W20-2	矿化石英脉中的辉钼矿	5.5	W24-1	矿化细石英脉中的黄铁矿	5.0
W-21	矿化石英脉中的辉钼矿	5.6	W20-1	矿化细石英脉中的黄铁矿	5.6

3.5.5.4　铅同位素

如表 3.64 所示，3 件含矿石英脉的 $^{206}Pb/^{204}Pb$ = 17.987 ~ 19.195，平均为 18.410；$^{207}Pb/^{204}Pb$ 为 15.546 ~ 15.605，平均 15.575；$^{208}Pb/^{204}Pb$ 为 37.973 ~ 38.182，平均 38.088。1 件黄铁矿样品的 $^{206}Pb/^{204}Pb$ 为 17.991，$^{207}Pb/^{204}Pb$ 为 15.631，$^{208}Pb/^{204}Pb$ 为 38.326。6 件辉钼矿样品的 $^{206}Pb/^{204}Pb$ 为 18.197 ~ 19.853，平均 18.830；$^{207}Pb/^{204}Pb$ 为 15.565 ~ 15.729，平均 15.605；$^{208}Pb/^{204}Pb$ 为 38.278 ~ 39.039，平均 38.367。在图 3.87 上，热液矿物铅同位素组成高于或近似于温泉花岗岩。

表 3.64　温泉钼矿床含矿石英脉和金属硫化物的铅同位素组成（Zhu et al.，2011）

编号	样品	$^{206}Pb/^{204}Pb$	$^{207}Pb/^{204}Pb$	$^{208}Pb/^{204}Pb$
W9-1	含辉钼矿石英脉	19.195±0.005	15.605±0.005	38.182±0.016
W10-1	含辉钼矿石英脉	18.047±0.007	15.574±0.005	38.108±0.017
W10-2	含辉钼矿石英脉	17.987±0.003	15.546±0.003	37.973±0.011
M-1	含矿石英脉中的辉钼矿	18.197±0.008	15.570±0.007	38.278±0.017
W9-1	含矿石英脉中的辉钼矿	18.678±0.004	15.646±0.005	39.039±0.008
W18-1	含矿石英脉中的辉钼矿	19.853±0.016	15.729±0.010	39.034±0.012
W20-2	含矿石英脉中的辉钼矿	19.646±0.009	15.565±0.007	38.472±0.016
W-21	含矿石英脉中的辉钼矿	18.511±0.003	15.582±0.003	38.403±0.006
W-24	含矿石英脉中的辉钼矿	19.597±0.008	15.639±0.005	38.408±0.012
YX-3	含矿细石英脉中的黄铁矿	17.991±0.009	15.631±0.007	38.326±0.015

铅同位素质量大，同位素之间的质量差较小，铅同位素组成受外界条件变化影响很小，可以有效地指示成矿物质来源，具有明显的“指纹特征”（Ohmoto，1972，1986；Kelly and Rye，1979；Zartman and Doe，1981）。在图 3.87 中，温泉钼矿床多数热液矿物样品落于地壳和造山带铅演化线之间，表明铅主要来源于造山带和地壳的混合。石英和黄铁矿等部分热液矿物铅同位素组成与赋矿花岗岩基本一致，表明矿石铅主要来源于温泉岩体在冷凝结晶过程中释放的岩浆热液流体（图 3.87）。辉钼矿等含有高的放射性成因铅，主要落于上地壳演化线附近，表明成矿流体在演化过程中可能混入了上地壳铅（图 3.87）。

3.5.5.5　成矿物质来源

铅同位素表明流体中的铅为造山带和地壳的混合来源，与赋矿花岗岩铅同位素组成一致，说明矿石铅主要来自花岗岩结晶过程中产生的岩浆热液。硫化物 $\delta^{34}S_{CDT}$ 值变化范围为 5.02‰ ~ 5.66‰，平均值为 5.51‰，与岩浆热液流体中的硫同位素组成接近。方解石 $\delta^{13}C_{PDB}$ 变化范围为 −8.28‰ ~ −7.92‰，与深源碳同位素组成变化范围基本吻合，指示成矿流体中碳可能来自深部岩浆。热液方解石和石英的稀土元素配分模式和特征参数与赋矿花岗岩具有明显的相似性，其 REE 配分模式明显受到了花岗质岩浆热液流体性质的影响。在 $\delta^{18}D$-$\delta^{18}O_{H_2O}$ 图上，含矿石英脉的 $\delta^{18}D_{SMOW}$ 和 $\delta^{18}O_{H_2O}$ 值投在岩浆水与大气降水之间，更接近岩浆水区域，表明成矿流体以岩浆水为主，但有大气降水的混入。综上所述，温泉钼矿床成矿物质来源于花岗岩浆热液，与印支期花岗质岩浆活动密切相关。

3.5.6 成矿年代学

3.5.6.1 辉钼矿 Re-Os 同位素定年

朱赖民等（2009）测定了5件含辉钼矿石英脉样品的辉钼矿 Re-Os 同位素年龄，其结果列于表3.65。5件辉钼矿给出的模式年龄介于212.7～215.1Ma之间，加权平均值为214.1±1.1Ma（图3.102B）。应用 ISOPLOT 程序（Ludwig，1991）求得的等时线年龄为214.4±7.1Ma（MSWD=0.77，图3.102A），与加权平均年龄在误差范围内一致，显示了数据可靠性。此外，求得 ^{187}Os 初始值为（−0.1±1.9）×10^{-9}，接近于0，表明辉钼矿中的 ^{187}Os 由 ^{187}Re 衰变而成，符合 Re-Os 同位素体系模式年龄计算条件。

表3.65 西秦岭甘肃温泉钼矿床辉钼矿 Re-Os 同位素分析结果（朱赖民等，2009）

样号	样重/g	Re/10^{-6}	普 Os/10^{-9}	$^{187}Re/10^{-6}$	$^{187}Os/10^{-9}$	年龄/Ma
Ws-zk-1	0.01010	33.523±0.296	0.0001±0.0313	21.071±0.186	75.38±0.57	214.3±2.7
Ws-zk-2	0.01055	24.060±0.190	0.0000±0.0148	15.123±0.119	53.68±0.43	212.7±2.6
Ws-5	0.01148	27.959±0.215	0.0054±0.0194	17.574±0.135	62.71±0.48	213.8±2.5
Ws-3	0.01038	25.121±0.201	0.0000±0.0220	15.790±0.126	56.70±0.44	215.1±2.6
Ws-1	0.01055	20.471±0.173	0.0000±0.0434	12.867±0.109	46.05±0.45	214.4±2.9

注：普 Os 是根据尼尔值的 Os 的同位素丰度，通过 $^{192}Os/^{190}Os$ 测量比计算而得；^{187}Os 是 Os 同位素总量。Re、Os 含量的不确定度包括样品和稀释剂的称量误差、稀释剂的标定误差、质谱测量的分馏校正误差以及待分析样品的同位素比值测量误差，置信水平为95%。模式年龄的不确定度还包括衰变常数的不确定度（1.02%），置信水平为95%。实验空白值 Re 为0.0035ng，^{187}Os 为0.00001ng。

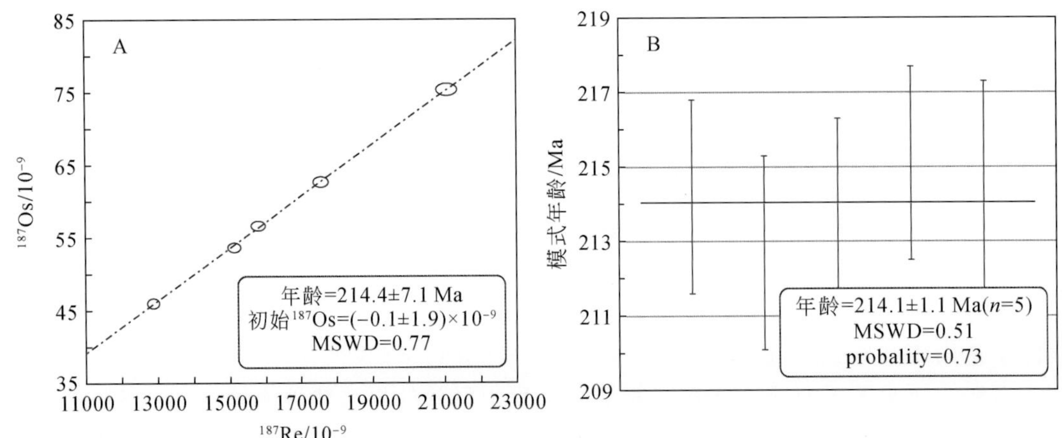

图3.102 温泉钼矿床辉钼矿 Re-Os 等时线（A）及加权平均年龄（B）（朱赖民等，2009）

3.5.6.2 成矿地球动力学背景

温泉钼矿床及其赋矿花岗岩均形成于晚三叠世。秦岭造山带内广泛分布有晚三叠世花岗岩，如西秦岭中川、糜署岭、迷坝和光头山等岩体（Qin et al.，2009，2010；Zhu et al.，2011，2012），南秦岭的五龙、东江口、柞水、曹坪和沙河湾等岩体（Sun et al., 2002；弓虎军等，2009a，2009b；张旗等，2009）。温泉岩体在 R1-R2 图解（Batchelor and Bowden，1985）、Y+Nb-Rb 和 Y-Nb 图解（Pearce，1996）上，主要落在同碰撞花岗岩区域，显示同碰撞型花岗岩特征。

很多学者认为勉略洋在晚三叠世闭合，华南板块与华北板块在三叠纪发生碰撞（Ames et al., 1993；Li et al., 1993；李曙光等，1996；Hacker et al., 1998；Meng and Zhang，1999；张国伟等，2001；Zheng et al.，2003；Dong et al.，2011），形成了秦岭-大别造山带。由于俯冲洋壳的拖曳作用，华南板块向华北板块之下作大陆深俯冲，在大别-苏鲁高压-超高压变质带（UHP）形成了大量含有金刚石和柯石英的榴辉岩（Ames et al., 1993；Hacker et al., 1998；Zheng et al., 2008）。Zheng 等（2008）在总结大量 UPH 变质年龄的基础上，认为大别-苏鲁高压-超高压变质带的形成时期在中三叠世（240～225Ma），而华北板块与华南板块的主碰撞时期发生在 235～238Ma。温泉花岗岩的结晶年龄略晚于大别-苏鲁造山带内的超高压变质年龄，同时与南秦岭造山带内三叠纪变质年龄一致或略晚，如勉略缝合带中的蓝片岩变质年龄为 216.7～232.5Ma（Mattauer et al., 1985），勉略缝合带内的蛇绿岩变质年龄为 221.1～242.2Ma（李曙光等，1996）。据此认为，温泉花岗岩与南秦岭晚三叠世花岗岩均为同碰撞型花岗岩（Sun et al., 2002；Zhu et al., 2011，2012）。而且，设想俯冲板块在浅部发生断离作用（Davies and von Blankenburg，1995；Sun et al., 2002），导致局部软流圈物质沿勉略带上涌，造成热异常并诱发下地壳发生部分熔融，在南秦岭形成大量同碰撞型花岗岩（Qin et al., 2009；Zhu et al., 2011）。据此，Zhu 等（2011）将温泉钼矿床成岩成矿过程概括为：①勉略洋在晚三叠世向北俯冲闭合后，华南和华北板块沿勉略缝合带发生全面的陆陆碰撞造山作用；②俯冲的勉略洋壳在较浅的深度发生断离造成局部软流圈上涌，产生的热异常导致秦岭造山带下的大陆岩石圈地幔部分熔融形成少量基性岩浆，同时也导致秦岭造山带的基性下地壳发生部分熔融形成花岗质熔体；③幔源岩浆在上升过程中与壳源岩浆发生混合形成了大量 MMEs，两端元岩浆之间的物质交换使壳源岩浆中的 $Mg^{\#}$ 及 Cr、Ni 和 Mo 含量显著升高，形成了富含成矿元素的岩浆；④岩浆侵位后，在冷凝结晶过程中释放出大量富含 Mo 的成矿流体，成矿流体沿岩体内部的断裂、节理及裂隙充填交代形成温泉钼矿床。

与上述观点不同的是，陈衍景等（2009）、Chen 和 Santosh（2014）、Mao 等（2014）、Li 等（2015）、Zhou 等（2016）、Deng 等（2017）、Li 和 Pirajno（2017）认为三叠纪勉略洋的俯冲消减作用仍然存在，包括温泉岩体在内的秦岭三叠纪花岗岩类及相关矿床形成于洋陆俯冲背景之下。

3.5.7　小结

甘肃省温泉钼矿床位于商丹缝合带西端南侧，西秦岭、北秦岭和祁连造山带的交汇部位，赋存于温泉花岗岩体内部。该岩体富集 LILE，亏损 HFSE，具有较高的 $Mg^{\#}$ 值和 Cr、Ni 含量，锆石 $\varepsilon_{Hf}(t)$ 值多为负值，二阶段模式年龄为 1.0～1.2Ga，表明其可能起源于中新元古代下地壳的部分熔融但有少量幔源基性岩浆的加入。岩体中 MMEs 的锆石 U-Pb 年龄为 217.0±2.0Ma，与温泉花岗岩的锆石 U-Pb 年龄一致，表明其由幔源岩浆和壳源花岗质岩浆混合形成。MMEs 具有高 K、低 Si 的特征，富集 LILE 和 LREE，$\varepsilon_{Hf}(t)$ 值的范围为-3.2～10.8，单阶段模式年龄主要集中在 0.8Ga，表明其可能起源于新元古代裂谷岩浆作用时期形成的大陆岩石圈地幔的部分熔融。

钼矿化主要受断裂及节理构造控制。温泉钼矿床的辉钼矿 Re-Os 等时线年龄为 214.4±7.1Ma，赋矿岩体的 LA-ICP-MS 锆石 U-Pb 年龄为 216.2±1.7～217.2±2.0Ma，表明温泉钼矿床与温泉岩体基本同时形成。温泉钼矿床的流体包裹体研究表明，成矿流体为中温（240～300℃）、低盐度（2.4%～9.6% NaCl eqv.）的 $NaCl-H_2O$ 体系，与产于花岗岩内的岩浆热液钼矿床具有相似的成矿流体性质。流体包裹体的成分与中国大陆内部浆控热液矿床相似。矿床中热液矿物与赋矿花岗岩的铅同位素对比研究表明，矿床中的铅主要来源于温泉花岗岩在冷凝结晶过程中释放的岩浆热液流体；金属硫化物的 $\delta^{34}S_{CDT}$ 为 5.0‰～5.7‰，与花岗质岩浆结晶分异形成的岩浆热液流体的硫同位素组成一致；方解石的碳氧同位素研究表明，成矿流体中的碳和氧主要来自温泉岩体在冷凝结晶过程中分异出的岩浆热液流体；石英的氢氧同位素研究表明，成矿流体以岩浆水为主，但有大气降水的混入。

温泉钼矿床成矿构造背景存在两种可能，一是勉略洋俯冲闭合后的华南和华北板块之间的陆陆碰撞造山体制，二是华南与华北板块碰撞之前的勉略洋板块向北俯冲所诱发的陆缘弧环境。

3.6 斑岩钼矿类型和成矿模型

3.6.1 斑岩钼矿分类及其构造环境

在世界范围内，已知斑岩型钼矿床产于三种构造环境，即弧后或大陆裂谷（图 3.103）、陆缘弧和大陆碰撞造山带，它们分别被称为 Climax 型或裂谷型、Endako 型或俯冲型或陆弧型、大别型或碰撞型（Chen et al., 2014, 2017a, 2017b）。从图 3.103 可见，这 3 种构造环境的共同特点是发育陆壳基底。相反，缺乏陆壳基底的岛弧或大洋裂谷/洋中脊地区则缺乏钼矿床。因此，鉴于迄今尚未在岛弧区发现重要钼矿床的事实，本书作者不赞同 Sillitoe（1980）、Winter（2001）、Richards（2011）等学者将岛弧作为斑岩钼矿床有利成矿环境之一的观点。作为佐证，中亚造山带是世界著名的俯冲增生型造山带，但迄今没有发现二叠纪之前的斑岩钼矿床（Chen et al., 2017b；Wu et al., 2017）。

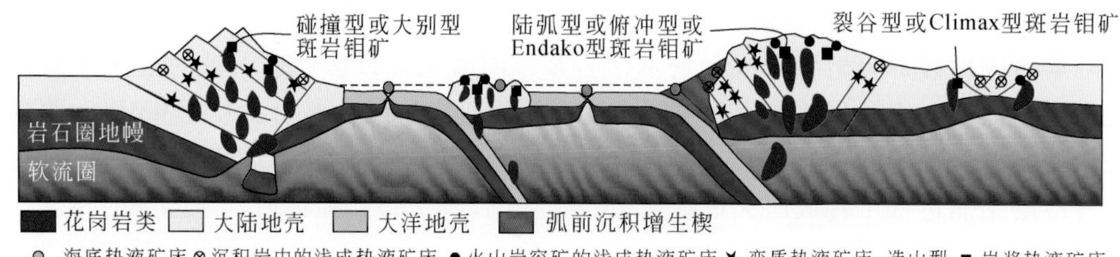

图 3.103 斑岩钼矿床类型及其形成构造环境（Chen et al., 2014）

研究表明，三种不同构造环境形成的斑岩钼矿床具有不同的地质地球化学特征（表 3.66），突出地表现在围岩蚀变类型及其发育程度和空间分带性，流体包裹体类型及其组合方面，在成矿岩浆地球化学特征上也有差异，根本原因是成岩成矿物质背景的不同。

对于陆弧型斑岩钼矿系统而言，无论岩浆演化、侵位过程以及侵位后热液作用多么复杂，但岩浆的形成终究离不开俯冲大洋板块的变质脱水、熔融，后者导致弧下地幔楔部分熔融，这些熔体-流体可相互作用、混合作用，上升过程中与地壳物质和/或壳源岩浆相互作用，通过结晶分异而演化为成矿岩浆（Sillitoe, 1980；Pirajno, 2009；Richards, 2011）。众所周知，镁铁质的洋壳自产生至俯冲消亡，长期浸泡于富 NaCl 的海水，并与海水相互作用，必然富含 Na、Cl 和 H_2O，具有极低的 CO_2/H_2O、F/Cl 和 K/Na 值（在各类地质体或岩石中最低）。此外，海沟深度一般在 5km 以上，远大于碳酸盐沉积补偿深度 2km，导致俯冲洋壳不可能含有较多的碳酸盐矿物。因此，以环太平洋成矿带为代表的岩浆弧地区的斑岩成矿系统普遍缺乏 CO_2 包裹体，钾化、萤石化、碳酸盐化偏弱，以含羟基矿物为代表的“水化”或富水蚀变较强（陈衍景和李诺，2009；陈衍景，2013）。

大陆碰撞造山带和裂谷带的斑岩矿床等岩浆热液矿床的物质基础是大陆地壳和岩石圈地幔（SCLM = sub-continental lithospheric mantle）。大陆地壳和地幔多经历了长期的、多期次的变质脱水，显示贫水特征；陆表海、潟湖、陆内湖泊区等可发生蒸发沉积和碳酸盐沉积，富集 K、F 和碳酸盐等。因此，大陆岩石圈具有贫 Na、Cl 和 H_2O，富 K、F 和 CO_2（碳酸盐），高 CO_2/H_2O、F/Cl 和 K/Na 值的特征（陈衍景和李诺，2009）。不难理解，主要来自大陆地壳的岩浆-热液成矿系统必定具有较高的 CO_2/H_2O、F/Cl 和 K/Na 值，普遍发育 CO_2 包裹体，钾长石化、萤石化、碳酸盐化强烈，富水蚀变较弱（陈衍景，2013）。与大陆

表 3.66　三类斑岩钼矿床地质地球化学特征对比（Chen et al.，2017a）

类型		碰撞型/大别型	裂谷型/Climax 型	陆弧型/Endako 型
经典地区		大别-秦岭造山带	美国科罗拉多地区	科迪勒拉造山带
构造位置		大陆碰撞造山带	弧后或陆内裂谷	陆缘岩浆弧
构造环境		同碰撞至后碰撞	裂谷或弧后伸展	洋壳俯冲过程
成矿花岗岩类型和来源		高钾钙碱性至钾玄质 S 型，源自陆壳	钾玄质至 A 型，壳源，可有幔源物质加入	高分异 I 型，源自洋壳、弧壳和地幔
同源火山岩		无	发育	发育
矿体位置		斑岩至远离斑岩体	斑岩及接触带	斑岩及接触带
伴生元素		W，Ag，Pb，Zn，Cu	W，Cu，Ag，Pb，Zn	Cu，Pb，Zn，Ag
围岩蚀变	钾长石化	广泛至围岩	斑岩及接触带	斑岩内
	绢英岩化	较弱	中等	强烈
	青磐岩化	微弱	强烈	强烈
	碳酸盐化	强烈	中等	微弱
	萤石化	强烈	强烈	微弱
包裹体	多子晶富 CO_2	可见	无	无
	纯 CO_2	可见	无	无
	含子晶富 CO_2	发育	少见	无
	碳水溶液	发育	发育	无
	含子晶水溶液	发育	发育	发育
	水溶液	发育	发育	发育
流体	K/Na	高	多变	低
	F/Cl	高	多变	低
	CO_2/H_2O	高	多变	低

碰撞造山带相比，大陆裂谷带斑岩成矿系统的上述特征可能相对偏弱，一方面缘于更多的幔源组分加入，另一方面缘于张性的应力场环境，因为 CO_2 在熔体-流体中的溶解度随压力降低和温度升高而减小（Lowenstern，2000，2001），CO_2 更容易从成矿熔体-流体中出溶、散失，使残余熔体-流体系统向富 Cl 的盐水溶液演化（Fogel and Rutherford，1990；Shinohara and Kazahay，1995）。因此，与大陆裂谷带相比，大陆碰撞造山带斑岩成矿系统发育多子晶富 CO_2 包裹体、纯 CO_2 包裹体、含子晶 CO_2 包裹体和碳水溶液（CO_2-H_2O 体系）包裹体的概率更高（表 3.66）。

学者们习惯于借用斑岩铜矿蚀变分带模型、成矿深度观点以及学术思路去研究斑岩钼矿床，热衷于探讨幔源物质和水的加入以及氧逸度变化对成矿系统发育的制约（如 Richards，2003，2011）。我们发现，现有斑岩铜矿成矿模型主要源自环太平洋成矿带的斑岩铜矿研究，其成矿流体以水溶液为特征，基本不含 CO_2，成矿深度一般为 1 ~ 4km（Richards，2003）。这种认识并不适合于富 CO_2 或 CO_2/H_2O 值高的大陆碰撞造山带和大陆裂谷带斑岩矿床。CO_2 气化点低，可在较高压力或较大深度条件下出溶，导致碰撞型斑岩钼矿床成矿深度大，一般为 1 ~ 8km，使碰撞型甚至裂谷型斑岩钼矿床的最大可勘深度达 8km（陈衍景，2013）。钾长石化通常被作为斑岩铜矿化/矿体的底限（deadline），它却强烈而普遍地出现在秦岭-大别造山带多数斑岩钼矿系统的地表和围岩，被作为深部斑岩矿床的勘查标志。

值得说明，关于陆弧型和裂谷型斑岩钼矿床的认识主要来自国外学者对北美西部钼矿带的研究，关于碰撞型斑岩矿床的认识则来自东秦岭-大别造山带的研究。由于秦岭造山带既发育燕山期碰撞型斑岩钼矿床，又发育不同时代多种类型的钼矿床，而大别造山带只发育碰撞型斑岩钼矿床，因此称碰撞型斑岩钼矿床为“大别型”，不称“秦岭型”，旨在避免歧义，并不意味着大别造山带燕山期斑岩钼矿床研究程度和认识水平高于秦岭造山带同类矿床。

3.6.2 秦岭斑岩型钼矿床的基本特征

秦岭造山带的斑岩型钼矿床形成于印支期（三叠纪）和燕山期（侏罗纪—白垩纪），前者远不如后者重要，前者探明储量约为后者的1%~5%。印支期斑岩型钼矿床普遍产在西秦岭地区，具有类似的含矿岩体和矿化特征（Zhu et al.，2011；Xiao et al.，2017），基本为矿点或小型矿床，如胭脂坝钼矿（Jiang et al.，2010）、梨园塘钼矿（Xiao et al.，2014），只有温泉矿床达到中型规模，地质地球化学研究薄弱。总体而言，印支期斑岩成矿系统具有Endako型矿床的特点，缺乏或罕见含CO_2包裹体或含子晶CO_2包裹体（如温泉钼矿床；王飞等，2012），被解释为陆弧环境的花岗岩类岩浆作用的产物（Chen and Santosh，2014；Li and Pirajno，2017），且成矿岩体普遍经历了高程度结晶作用（Xiao et al.，2014，2017），其演化程度明显强于同期同源的不含矿花岗岩类（图3.104）。

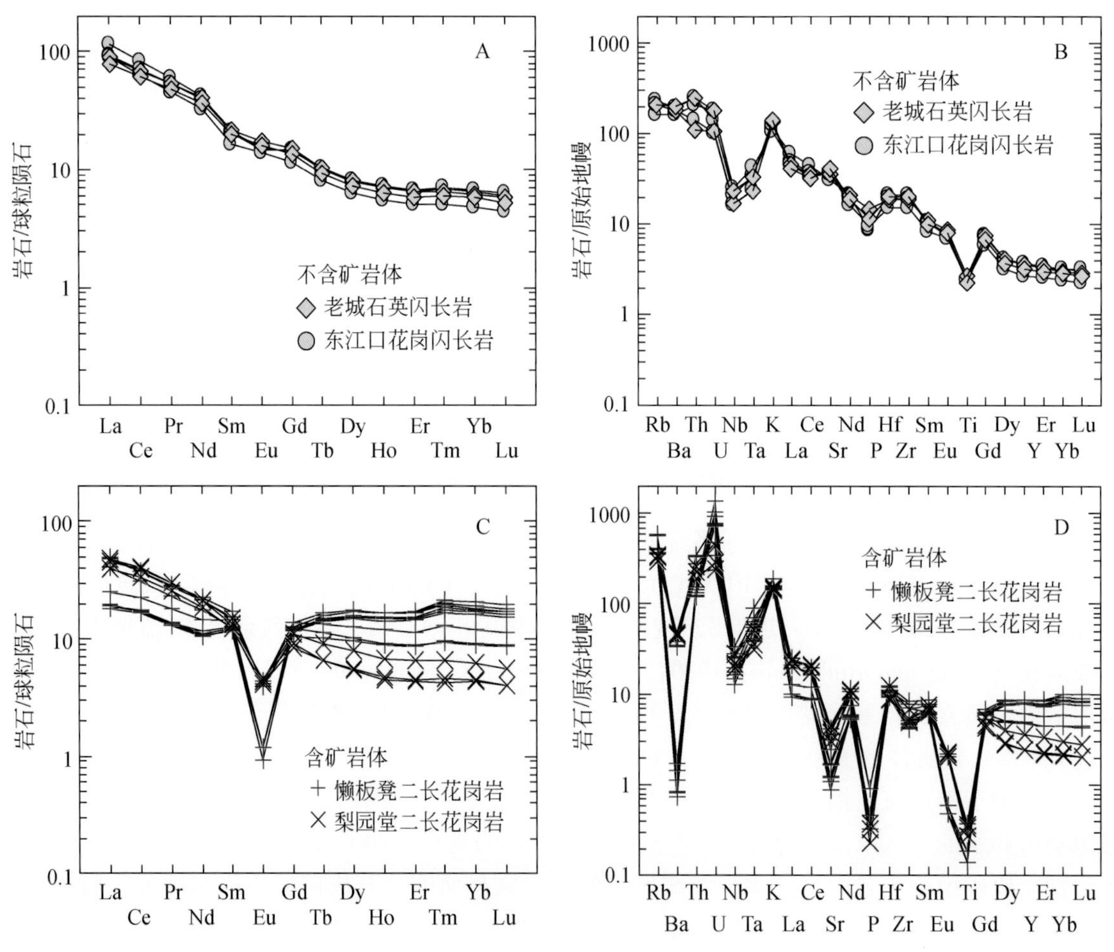

图3.104 秦岭三叠纪含钼岩体（C，D）与不含矿岩体（A，B）微量元素对比（Xiao et al.，2017）

燕山期斑岩型和斑岩-夕卡岩型钼矿床是秦岭造山带最重要的钼成矿类型，矿床数量多、规模大。与国外斑岩型钼矿床相比，秦岭燕山期斑岩型钼矿床具有如下特点（表3.67）。

表 3.67　秦岭燕山期典型斑岩型钼矿床地质特征对比

	鱼池岭	雷门沟	金堆城	东沟
成矿岩体	花岗斑岩	花岗斑岩	钾长花岗斑岩	钾长花岗斑岩
赋矿围岩	合峪花岗岩	太华超群变质岩	熊耳群火山岩	熊耳群火山岩
成矿流体成分	H_2O-CO_2-NaCl	H_2O-CO_2-NaCl	H_2O-CO_2-NaCl	H_2O-CO_2-NaCl
流体 CO_2 含量	+++++	+++	++	++
最大成矿温度	457℃	372℃	370℃	550℃
最大成矿压力	194MPa	40MPa*	243MPa	117MPa
最高盐度	54.1% NaCl eqv.	43% NaCl eqv.		49.2% NaCl eqv.
矿体定位	100%岩体	45%岩体+55%围岩	25%岩体+75%围岩	2%岩体+98%围岩
参考文献	李诺等，2009a	李晶，2009	杨永飞等，2009a	杨永飞，2011

*雷门沟矿床由于缺乏深部样品，所得成矿压力可能低于实际最大成矿压力。

（1）成矿构造环境。成矿时间晚于三叠纪大洋板块俯冲消减及相关岩浆弧钙碱性岩浆活动（248～200Ma），但早于区域碱性花岗岩、辉绿岩、碱性玄武岩等火山-侵入活动（谢桂青等，2007；赵海杰等，2010b），伴随于高钾富碱的钙碱性花岗岩浆作用（Chen et al.，2000）。据此，我们认为秦岭燕山期斑岩型钼矿床主要形成于陆陆碰撞体制的挤压向伸展转变期（Li et al.，2012，2013）。相对而言，在大陆碰撞造山早期或挤压期（200～160Ma），花岗质岩浆活动及钼矿化作用较弱，只有陕西月河坪小型钼矿报道；在130～125Ma之后的碰撞造山晚期或伸展期，花岗岩质岩浆作用和成矿作用快速衰弱，只形成了东沟钼矿床。前述大陆碰撞造山体制早、中、晚期的构造-岩浆-成矿作用演化，可用图3.105说明。

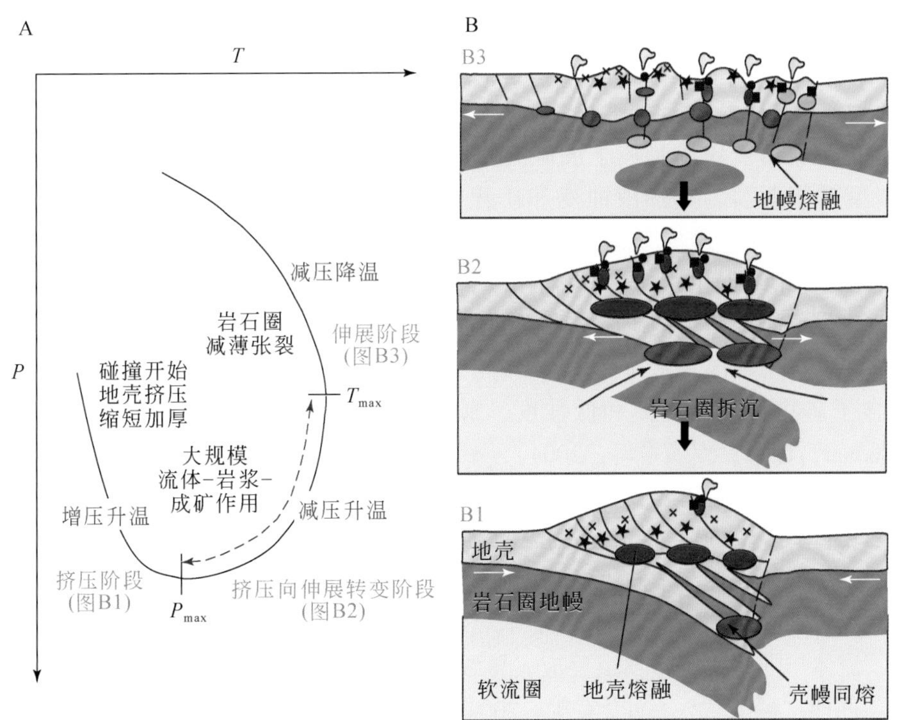

图3.105　造山带尺度碰撞造山流体成矿模式（CMF模式），示意大陆碰撞过程的构造-岩浆-成矿演化（陈衍景等，2004，2008）。就秦岭造山带而言，B1、B2和B3阶段分别相当于200～160Ma、160～125Ma和130～100Ma，代表性斑岩型钼矿床分别为陕西月河坪，陕西金堆城、河南鱼池岭、雷门沟，以及河南东沟钼矿床

（2）成矿岩体。秦岭燕山期斑岩钼矿的成矿岩体主要是二长花岗岩、钾长花岗岩，矿区缺乏同期同源火山岩，但成矿系统中可见隐爆角砾岩，如鱼池岭钼矿（李诺等，2009a，2009b；周珂等，2009）、雷门沟钼矿（李晶，2009）。这些成矿岩浆岩不同于陆弧区以花岗斑岩、流纹斑岩为主的钙碱性花岗岩类和以石英闪长岩、闪长岩、花岗闪长岩、石英二长岩为主的钙碱性花岗岩，后者常伴随同源火山岩和角砾岩（Mutschler et al.，1981；Westra and Keith，1981；White et al.，1981；Carten et al.，1993；Misra，2000）。特别指出，东沟超大型钼矿床成矿岩体具有高分异 I 型花岗岩特征，显示了向裂谷型斑岩钼矿床过渡的信息。

（3）围岩蚀变。当前学者们普遍认为，斑岩型钼矿床围岩蚀变组合和分带与斑岩型铜矿床（Lowell and Guilter，1970）相似，由岩体内部向外依次发育钾化带（石英±钾长石±黑云母±硬石膏）、绢英岩化带（石英±绢云母±黄铁矿±碳酸盐）、青磐岩化带（绿泥石+绿帘石）和泥化带（高岭石、伊利石等黏土矿物）；弧后裂谷区斑岩钼矿床尚可发育磁铁矿化、黄玉化、云英岩化和石榴子石化（Mutschler et al.，1981；Westra and Keith，1981；White et al.，1981；Carten et al.，1993）。然而，秦岭燕山期斑岩型钼矿床多以广泛而强烈的钾长石化、萤石化、碳酸盐化、硅化等“贫水蚀变”为特征，而绢英岩化、青磐岩化等“富水蚀变”表现较弱，甚至难于识别。例如，对于金堆城钼矿床，即使是在围岩熊耳群安山岩中亦以强烈的钾长石化为特征，青磐岩化较弱（杨永飞等，2009a）；在鱼池岭和雷门沟矿床，基本不存在青磐岩化带，只有绢英岩化叠加在钾长石化带之上。

（4）成矿流体。世界范围内斑岩型钼矿床常见流体包裹体类型包括水溶液包裹体、含子矿物多相包裹体和少量含 CO_2 包裹体，但 CO_2 摩尔百分含量相对较低，一般 0～0.22（详见第 8 章）。对于秦岭地区而言，燕山期斑岩型钼矿床成矿流体系统以高温、富 CO_2 为标志性特征，广泛发育富/含 CO_2 包裹体，部分矿床甚至出现纯 CO_2 包裹体和含子晶富 CO_2 包裹体，流体中 CO_2 的摩尔百分含量变化于 0.03～1（详见第 8 章）。

3.6.3 秦岭燕山期斑岩型钼矿床的蚀变-矿化模式

热液成矿系统的围岩蚀变作用受控于成矿流体性质和赋矿围岩成分（Seedorff et al.，2005；Pirajno，2009）。对于斑岩型矿床而言，其热液蚀变和矿化往往围绕成矿斑岩呈壳状展布，并延伸至围岩中。Seedorff 等（2005）详细探讨了斑岩型矿床的热液蚀变作用，指出挥发分加入（青磐岩化）、水化作用（绢英岩化、高级泥化和中级泥化）、碱交代作用（钾化、钠化-钙化）以及硅加入均可导致围岩蚀变。鉴于斑岩型矿床的成矿模型研究始于铜矿床，下面的讨论也会较多地涉及斑岩型铜矿床。

斑岩型铜矿床多发育于与洋壳俯冲有关的岛弧或陆弧环境（Sillitoe，1972，2010），成矿流体以发育共存的高盐度、含子矿物多相包裹体和低盐度、富气相包裹体为特征，属 H_2O-NaCl 体系（Cline and Bodnar，1991；Bodnar，1995；卢焕章等，2004），赋矿围岩常为富含 Ca、Fe、Mg 等元素的弧火山岩，成矿岩体为钙碱性或高钾钙碱性花岗岩，K_2O/Na_2O 值总体偏低。Hemley 和 Jones（1964）、Meyer 和 Hemley（1967）的实验较好地限定了 150～700℃范围内的蚀变类型及矿物相组合，这些蚀变矿物组合与俯冲型或陆缘弧型斑岩钼矿系统类似（图 3.106A）。早期高温、高氧逸度、高碱金属离子含量的初始岩浆-流体系统有利于活化萃取围岩中的 Cu 和 Mg 等成矿元素，使流体系统聚集大量高价态成矿元素。

随温度降低，流体与围岩或斑岩发生反应，导致斜长石等矿物钾长石化和镁铁质矿物（角闪石、辉石等）黑云母化。此即“碱交代”（胡受奚等，2004）或钾化，标志性矿物为钾长石和黑云母，常见矿物组合为石英+钾长石+黑云母+绢云母+硬石膏+黄铁矿+黄铜矿+斑铜矿±磁铁矿±辉钼矿（Lowell and Guilbert，1970）。

钾化消耗了流体系统的热量和溶质，降低了流体系统的温度和盐度，并使得如下反应向右进行：$3KAlSi_3O_8$(钾长石)$+2H^+ \longrightarrow K\{Al_2[AlSi_3O_{10}](OH)_2\}$(白云母)$+6SiO_2+2K^+$（Hemley and Jones，1964），即绢云母化或绢英岩化，标志性矿物组合为石英+绢云母+黄铁矿±绿泥石±金红石±黄铜矿（Lowell and

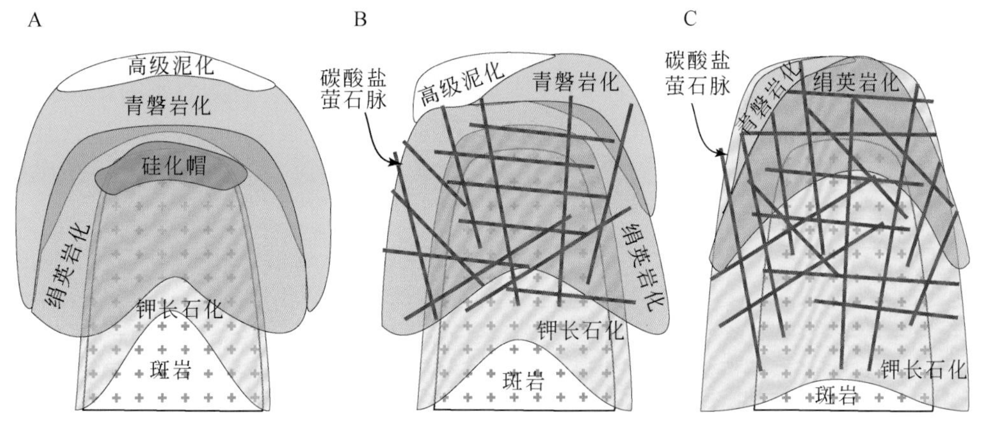

图3.106 不同类型斑岩钼矿床蚀变分带模型

A. 俯冲型斑岩钼矿（修改自 Taylor et al., 2012）；B. 裂谷型斑岩钼矿（修改自 Ludington et al., 2004）；C. 秦岭燕山期斑岩型钼矿

Guilbert，1970），又称“酸交代”（胡受奚等，2004）或“酸性淋滤”（图3.106A、B、C）。绢英岩化可伴随有大量硫化物沉淀，黄铁矿含量可高达30%。

随着高氧逸度的大气降水不断混入，成矿流体系统的热能逐渐消耗，流体氧逸度不断增高，而随温度、盐度、K^+/H^+值的降低，绢云母等被高岭石、叶蜡石等黏土矿物交代：$2K\{Al_2[AlSi_3O_{10}](OH)_2\}$（白云母）$+2H^++3H_2O \longrightarrow 3Al_2Si_2O_5(OH)_4$（高岭石）$+2K^+$，或$4K\{Al_2[AlSi_3O_{10}](OH)_2\}$（白云母）$+4H^+ \longrightarrow 3Al_2Si_4O_{10}(OH)_2$（叶蜡石）$+3Al_2O_3 \cdot H_2O$（一水软铝石）$+H_2O$，此即泥化或高级泥化，以高岭石、伊利石、蒙脱石、叶蜡石等黏土矿物的出现为标志（Lowell and Guilbert，1970）。泥化带与绢英岩化带渐变过渡，或叠加于绢英岩化带（图3.106A、B）。

在斑岩成矿系统外围的围岩中，由于H_2O、CO_2等挥发分的加入，富含Ca、Fe、Mg的围岩（特别是安山岩等火山岩）将发生青磐岩化，形成绿泥石+绿帘石+黄铁矿+方解石±黏土矿物组合（Lowell and Guilbert，1970）。青磐岩化突出地表现为绿泥石交代黑云母（$2K(Mg,Fe)_3AlSi_3O_{10}(OH)_2$（黑云母）$+4H^+ \longrightarrow Al(Mg,Fe)_5AlSi_3O_{10}(OH)_8$（绿泥石）$+(Mg,Fe)^{2+}+2K^++3SiO_2$），绿帘石和方解石交代斜长石，或者与蒙脱石共同交代角闪石。青磐岩化带常见于斑岩体外围的安山质火山岩中（Hollister，1978），范围较大，可达数千米（Pirajno，2009）。

已有研究表明，秦岭燕山期斑岩型钼矿床成矿流体普遍为高温、高盐度、富CO_2的岩浆热液，属H_2O-CO_2-NaCl体系；而且，成矿岩体较高的K_2O/Na_2O值亦被岩浆期后热液所继承。秦岭燕山期斑岩型钼矿成矿流体富CO_2贫H_2O、富K^+贫Na^+，显著不同于典型斑岩型铜矿的成矿流体。这种成矿流体导致强烈的钾长石化和碳酸盐化，但不利于钠长石化和绢英岩化，因为绢英岩化的流体K^+/H^+值低于钾长石化（Lowell and Guilbert，1970；Seedorff et al.，2005）。秦岭燕山期斑岩钼矿床的围岩成分多变，涵盖了变质岩、火山岩、沉积岩，但总体以较低的Ca、Fe、Mg含量区别于岩浆弧区斑岩型铜矿床的赋矿围岩（富含Ca、Fe、Mg等的弧火山岩），不利于发育青磐岩化带。总之，秦岭燕山期斑岩钼矿普遍显示强烈的钾长石化、萤石化和碳酸盐化，但绢云母化/绢英岩化和青磐岩化较弱或缺失（图3.106C）。

成矿流体性质和围岩特征亦可制约斑岩型矿化的空间。秦岭燕山期斑岩型钼矿床的成矿流体相似，如早阶段脉石矿物中常见纯/含CO_2包裹体、含子晶多相包裹体和水溶液包裹体，温度一般>350℃，成矿流体总体属高温、高盐度的H_2O-CO_2-NaCl体系。然而，各矿床初始成矿流体的CO_2/H_2O值有所不同（可由早阶段热液矿物中纯/富CO_2包裹体与水溶液包裹体所占比例大致估计），且与矿体定位空间表现出一定的相关性。例如，纯/富CO_2包裹体在初始成矿流体中的比例按鱼池岭→雷门沟→金堆城→东沟顺序依次降低，而钼矿石在围岩中所占比例依次升高，斑岩体中矿化所占比例逐渐降低：鱼池岭钼矿化局限于成矿斑岩体内部，雷门沟钼矿化主要发生在斑岩体内，金堆城钼矿化主要发生在围岩熊耳群，东沟矿床的钼矿化几乎全部发生在围岩熊耳群中。造成这一规律性变化的原因可能是，CO_2易出溶、扩散，孔隙度发育的熊耳群火山岩为CO_2扩散提供了良好的通道，促进了CO_2从岩浆中出溶、扩散，一方面造成钼矿化倾向于在围岩中发生，一方面降低了岩浆-流体系统中的CO_2含量。较为致密的花岗岩和片麻岩有效地圈闭了从岩浆中出溶的CO_2，当CO_2积累到流体压力超过围岩抗压强度时，发生水压致裂，一方面形成隐爆角砾岩，一方面迅速卸载沉淀成矿物质，致使矿化主要发生在斑岩、爆破角砾岩筒内部或接触带附近，如鱼池岭和雷门沟矿床。

围岩性质（包括化学成分、结晶程度、抗剪抗压程度等）对于斑岩型钼矿体空间定位的影响还可由更多现象佐证。当围岩是碳酸盐地层时，成矿热液与围岩发生强烈的物质交换，大量成矿物质迅速卸载，故在接触带发生夕卡岩化和最强烈的以块状矿石为特征的钼矿化，如秋树湾（李晶，2009）、三道庄（石英霞等，2009）、上房沟（杨艳等，2009）。否则，热液与围岩物质交换微弱，难以形成夕卡岩，流体只能沿裂隙进行充填，形成细脉浸染状钼矿化。相同的成矿热液条件下，结晶程度差的围岩有利于成矿热液的迅速进入，形成较大范围的蚀变、矿化；相反，结晶程度好的围岩则阻碍热液的快速上升，从而在斑岩体上方形成一个流体积聚区，并在有利条件下发生矿化。前者以熊耳群火山岩为代表，侵位于该地层的斑岩矿床，其矿化主体位于斑岩体的外接触带，如石家湾钼矿（杜本臣等，1986；赵海杰等，2010a）、金堆城钼矿（黄典豪等，1987；杨永飞等，2009a）和东沟钼矿床（杨永飞等，2011）等；后者以侵位于合峪花岗岩体的鱼池岭钼矿为代表，其矿化基本局限于岩体内部（李诺等，2009a，2009b；周珂等，2009）。相比之下，太华超群变质岩的结晶程度介于熊耳群火山岩和花岗岩基之间，因此侵入其中的斑岩型钼矿床其矿体可赋存于斑岩体的内、外接触带。例如，雷门沟矿床钼矿体集中于岩体内接触带0～600m和外接触带0～300m范围内（李永峰等，2006）。此外，由于围岩抗剪抗压强度不同，其裂隙发育程度亦有所区别，从而显示了不同程度的矿化特征。付治国等（2006）统计了东沟钼矿床3类容矿岩石（安山岩、英安岩和花岗斑岩）中细脉发育程度，发现安山岩最高，英安岩次之，花岗岩最差，含矿性由安山岩→英安岩→花岗斑岩依次降低。

此外，各斑岩成矿系统的温度、盐度、压力亦存在一定的变化范围（表3.67），但与矿体的空间定位相关性不甚明显。

参考文献

包志伟，曾乔松，赵太平，原振雷. 2009. 东秦岭钼矿带南泥湖-上房沟花岗斑岩成因及其对钼成矿作用的制约. 岩石学报，25（10）：2523-2536

毕献武，胡瑞忠，彭建堂，吴开兴. 2004. 黄铁矿微量元素地球化学特征及其对成矿流体性质的指示. 矿物岩石地球化学通报，23（1）：1-4

陈文，万渝生，李华芹，张宗清，戴橦谟，施泽恩，孙敬博. 2011. 同位素地质年龄测定技术及应用. 地质学报，85（11）：1917-1947

陈小丹. 2012. 豫西雷门沟斑岩钼矿床流体成矿作用研究. 中国地质大学（北京）硕士学位论文

陈小丹，叶会寿，毛景文，汪欢，褚松涛，程国祥，刘彦伟. 2011a. 豫西雷门沟斑岩钼矿床成矿流体特征及其地质意义. 地质学报，85（10）：1-15

陈小丹，叶会寿，汪欢. 2011b. 豫西雷门沟石英斑岩U-Pb定年及其地质意义. 矿物学报，（增刊）：563-564

陈小丹，叶会寿，汪欢. 2012. 豫西雷门沟斑岩钼矿床钾长石化蚀变特征及其成矿意义. 现代地质，26（3）：478-488

陈衍景. 1998. 影响碰撞造山成岩成矿模式的因素及其机制. 地学前缘，5（增刊）：109-118

陈衍景. 2006. 造山型矿床、成矿模式及找矿潜力. 中国地质，33（6）：1181-1196

陈衍景. 2010. 秦岭印支期构造背景、岩浆活动及成矿作用. 中国地质，37（4）：854-865

陈衍景. 2013. 大陆碰撞成矿理论的创建及应用. 岩石学报，29（1）：1-17

陈衍景，富士谷. 1992. 豫西金矿成矿规律. 北京：地震出版社，1-234

陈衍景，李诺. 2009. 大陆内部浆控高温热液矿床成矿流体性质及其与岛弧区同类矿床的差异. 岩石学报，25（10）：2477-2508

陈衍景，李超，张静，李震，王海华. 2000. 秦岭钼矿带斑岩体锶氧同位素特征与岩石成因机制与类型. 中国科学（D辑），

30（增刊）：64-72

陈衍景，Pirajno F，赖勇，李超 . 2004. 胶东矿集区大规模成矿时间和构造环境 . 岩石学报，20（4）：907-922

陈衍景，倪培，范宏瑞，Pirajno F，赖勇，苏文超，张辉 . 2007. 不同类型热液金矿系统的流体包裹体特征 . 岩石学报，23（9）：2085-2108

陈衍景，肖文交，张进江 . 2008. 成矿系统：地球动力学的有效探针 . 中国地质，35（6）：1059-1073

陈衍景，翟明国，蒋少涌 . 2009. 华北大陆边缘造山过程与成矿研究的重要进展和问题 . 岩石学报，25（11）：2695-2726

陈岳龙，杨忠芳，张宏飞，凌文黎 . 1996. 北秦岭晚古生代-中生代花岗岩类的 Nd，Sr，Pb 同位素地球化学特征及 Nd，Sr 同位素演化 . 地球科学——中国地质大学学报，21（5）：481-486

池际尚，路凤香 . 1996. 华北地台金伯利岩及古生代岩石圈地幔特征 . 北京：科学出版社，1-292

戴宝章，蒋少涌，王孝磊 . 2009. 河南东沟钼矿花岗斑岩成因：岩石地球化学、锆石 U-Pb 年代学及 Sr-Nd-Hf 同位素制约 . 岩石学报，25（11）：2889-2901

邓小华 . 2011. 东秦岭造山带多期次钼成矿作用研究 . 北京大学博士学位论文

邓小华，陈衍景，姚军明，李文博，李诺，王运，糜梅，张颖 . 2008a. 河南省洛宁县寨凹钼矿床流体包裹体研究及矿床成因 . 中国地质，35（6）：1250-1266

邓小华，李文博，李诺，糜梅，张颖 . 2008b. 河南嵩县纸房钼矿床流体包裹体研究及矿床成因 . 岩石学报，24（9）：2133-2148

第五春荣，孙勇，林慈銮，柳小明，王洪亮 . 2007. 豫西宜阳地区 TTG 质片麻岩锆石 U-Pb 定年和 Hf 同位素地质学 . 岩石学报，23（2）：253-262

第五春荣，孙勇，林慈銮，王洪亮 . 2010. 河南鲁山地球太华杂岩 LA-（MC）-ICPMS 锆石 U-Pb 年代学及 Hf 同位素组成 . 科学通报，55：2112-2123

董云鹏，杨钊，张国伟，赵霞，徐静刚，姚安平 . 2008. 西秦岭关子镇蛇绿岩地球化学及其大地构造意义 . 地质学报，82（9）：1186-1194

杜安道，何红廖，殷万宁，邹晓秋，孙亚利，孙德忠，陈少珍，屈文俊 . 1994. 辉钼矿的铼-锇同位素地质年龄测定方法研究. 地质学报，68（4）：339-347

杜安道，屈文俊，王登红，李厚民，丰成友，刘华，任静，曾法刚 . 2007. 辉钼矿亚晶粒范围内 Re 和 ^{187}Os 的失耦现象 . 矿床地质，26（5）：572-580

杜本臣，陈福根，武清周，王鼎夏 . 1986. 陕西洛南石家湾钼矿床地质特征 . 陕西地质，4（2）：58-70

杜远生 . 1997. 秦岭造山带泥盆纪沉积地质学研究 . 武汉：中国地质大学出版社，1-130

范宏瑞，谢奕汉，王英兰 . 1994. 豫西花山花岗岩基岩石学和地球化学特征及其成因 . 岩石矿物学杂志，13（1）：19-32

范宏瑞，谢奕汉，郑学正，王英兰 . 2000. 河南祁雨沟热液角砾岩体型金矿床成矿流体研究 . 岩石学报，16（4）：559-563

冯益民，曹宣铎，张二朋，胡云绪 . 2002. 西秦岭造山带结构造山过程及动力学 . 西安：西安地图出版社，1-234

付治国，宋要武，鲁玉红 . 2006. 河南汝阳东沟钼矿床控矿地质条件及综合找矿信息 . 地质与勘探，42（2）：33-38

高阳，李永峰，郭保健，程国祥，刘彦伟 . 2010. 豫西嵩县前范岭石英脉型钼矿床地质特征及辉钼矿 Re-Os 同位素年龄 . 岩石学报，26（3）：756-767

葛小月，李献华，陈志刚，李伍平 . 2002. 中国东部燕山期高 Sr 低 Y 型中酸性火成岩的地球化学特征及成因：对中国东部地壳厚度的制约 . 科学通报，47（6）：474-480

弓虎军，朱赖民，孙博亚，李犇，郭波 . 2009a. 南秦岭沙河湾、曹坪和柞水岩体锆石 U-Pb 年龄、Hf 同位素特征及其地质意义 . 岩石学报，25（2）：248-264

弓虎军，朱赖民，孙博亚，李犇，郭波，王建其 . 2009b. 南秦岭地体东江口花岗岩及其基性包体的锆石 U-Pb 年龄和 Hf 同位素组成 . 岩石学报，25（11）：3029-3042

郭波 . 2009. 东秦岭金堆城斑岩钼矿床地质地球化学特征与成矿动力学背景 . 西北大学硕士学位论文

郭波，朱赖民，李犇，弓虎军 . 2009a. 华北陆块南缘华山和合峪岩体锆石 U-Pb 年龄、Hf 同位素组成与成岩动力学背景 . 岩石学报，25（2）：265-281

郭波，朱赖民，李犇，许江，王建其，弓虎军 . 2009b. 东秦岭金堆城大型斑岩钼矿床同位素及元素地球化学研究 . 矿床地质，28（3）：265-281

郭东升，陈衍景，祁进平 . 2007. 河南祁雨沟金矿同位素地球化学和矿床成因分析 . 地质论评，53（2）：217-228

韩海涛 . 2009. 西秦岭温泉钼矿地质地球化学特征及成矿预测 . 中南大学博士学位论文

韩海涛，刘继顺，董新，欧阳玉飞 . 2008. 西秦岭温泉斑岩型钼矿床地质特征及成因浅析 . 地质与勘探，44（4）：1-7

河南省地矿局第一地质调查队.1983. 河南省嵩县雷门沟钼矿区详细普查地质报告
河南省地质矿产局.1989. 河南省区域地质志. 北京：地质出版社，1-772
河南有色地质勘查总院.2006. 河南省鱼池岭矿区钼矿普查报告
胡受奚，林潜龙，陈泽铭，盛中烈，黎世美.1988. 华北与华南古板块拼合带地质和成矿. 南京：南京大学出版社，1-558
胡受奚，赵乙英，孙景贵，凌洪飞，叶瑛，卢冰，季海章，徐兵，刘红樱，方长泉.2002. 华北地台重要金矿成矿过程中的流体作用及其来源研究. 南京大学学报（自然科学版），38（3）：381-391
胡受奚，叶瑛，方长泉.2004. 交代蚀变岩岩石学及其找矿意义. 北京：地质出版社，1-109
黄典豪，王义昌，聂凤军，江秀杰.1984a. 黄龙铺碳酸岩脉型钼（铅）矿床硫、碳、氧同位素组成及成矿物质来源. 地质学报，3：252-264
黄典豪，聂凤军，王义昌，江秀杰.1984b. 东秦岭地区钼矿床铅同位素组成特征及其成矿物质来源初探. 矿床地质，3（4）：20-28
黄典豪，吴澄宇，聂凤军.1987. 陕西金堆城斑岩钼矿床地质特征及成因探讨. 矿床地质，6（3）：22-34
黄典豪，吴澄宇，杜安道，何红蓼.1994. 东秦岭地区钼矿床的铼-锇同位素年龄及其意义. 矿床地质，13（3）：221-230
黄典豪，侯增谦，杨志明，李振清，许道学.2009. 东秦岭钼矿带内碳酸岩脉型钼（铅）矿床地质-地球化学特征、成矿机制及成矿构造背景. 地质学报，83（12）：1968-1984
黄凡，罗照华，卢欣祥，高飞，陈必河，杨宗峰，潘颖，李德东.2009. 东沟含钼斑岩由太山庙岩基派生? 矿床地质，28（5）：569-584
焦建刚，袁海潮，何克，孙涛，徐刚，刘瑞平.2009. 陕西华县八里坡钼矿床锆石 U-Pb 和辉钼矿 Re-Os 年龄及其地质意义. 地质学报，83（8）：1159-1166
焦建刚，汤中立，钱壮志，袁海潮，闫海卿，孙涛，徐刚，李小东.2010a. 东秦岭金堆城花岗斑岩体的锆石 U-Pb 年龄、物质来源及成矿机制. 地球科学——中国地质大学学报，35（6）：1011-1022
焦建刚，袁海潮，刘瑞平，李小东，何克.2010b. 陕西华县八里坡钼矿床岩石地球化学特征及找矿意义. 岩石学报，26（12）：3538-3548
李超，屈文俊，杜安道.2009. 大颗粒辉钼矿 Re-Os 同位素失耦现象及[187]Os 迁移模式研究. 矿床地质，28（5）：707-712
李超，屈文俊，杜安道，周利敏.2012. 含有普通锇的辉钼矿 Re-Os 同位素定年研究. 岩石学报，28（2）：702-708
李洪英，毛景文，王晓霞，叶会寿，杨磊.2011. 陕西金堆城钼矿区花岗岩 Sr、Nd、Pb 同位素特征及其地质意义. 中国地质，38（6）：1536-1550
李厚民，沈远超，毛景文，刘铁兵，朱和平.2003. 石英、黄铁矿及其包裹体的稀土元素特征——以胶东焦家式金矿为例. 岩石学报，19（2）：267-274
李厚民，叶会寿，毛景文，王登红，陈毓川，屈文俊，杜安道.2007. 小秦岭金（钼）矿床辉钼矿铼锇定年及其地质意义. 矿床地质，26（4）：417-424
李济营，张云政，瓮纪昌，吕伟庆.2010. 河南汝阳东沟钼矿床下铺花岗斑岩体特征及其控矿作用. 地质调查与研究，33（3）：190-197
李继亮，孙枢，郝杰，陈海泓，侯泉林，肖文交，吴继敏.1999. 碰撞造山带的碰撞事件时限的确定. 岩石学报，15（2）：315-320
李晶.2009. 秋树湾和雷门沟斑岩矿床成矿流体与铼锇同位素研究. 中国科学院广州地球化学研究所博士学位论文
李晶，孙亚莉，何克，冼伟胜，仇建军，张旭.2010. 辉钼矿 Re-Os 同位素定年方法的改进与应用. 岩石学报，26（2）：642-648
李诺.2012. 东秦岭燕山期钼金属巨量堆积过程和机制. 北京大学博士学位论文
李诺，陈衍景，张辉，赵太平，邓小华，王运，倪智勇.2007. 东秦岭斑岩钼矿带的地质特征和成矿构造背景. 地学前缘，14（5）：186-198
李诺，赖勇，鲁颖淮，郭东升.2008a. 河南祁雨沟金矿流体包裹体及矿床成因类型研究. 中国地质，35（6）：1230-1239
李诺，孙亚莉，李晶，薛良伟，李文博.2008b. 小秦岭大湖金钼矿床辉钼矿铼锇同位素年龄及印支期成矿事件. 岩石学报，24（4）：810-816
李诺，陈衍景，倪智勇，胡海珠.2009a. 河南省嵩县鱼池岭斑岩钼矿床成矿流体特征及其地质意义. 岩石学报，25（10）：2509-2522
李诺，陈衍景，孙亚莉，胡海珠，李晶，张辉，倪智勇.2009b. 河南鱼池岭钼矿床辉钼矿铼-锇同位素年龄及地质意义. 岩石学报，25（2）：413-421

李曙光，孙卫东，张国伟，陈家义，杨永成. 1996. 南秦岭勉略构造带黑沟峡变质火山岩的年代学和地球化学——古生代洋盆及闭合时代的证据. 中国科学（D辑），26（3）：223-230
李桃叶，刘家齐. 2000. 矿物中群体包裹体成分分析方法讨论. 华南地质矿产，4：64-67
李先梓，严阵，卢欣祥. 1993. 秦岭-大别山花岗岩. 北京：地质出版社，1-216
李永峰. 2005. 豫西熊耳山地区中生代花岗岩类时空演化与钼（金）成矿作用. 中国地质大学（北京）博士学位论文
李永峰，毛景文，刘敦一，王彦斌，王志良，王义天，李晓峰，张作衡，郭保健. 2006. 豫西雷门沟斑岩钼矿 SHRIMP 锆石 U-Pb 和辉钼矿 Re-Os 测年及其地质意义. 地质论评，52（1）：122-131
刘孝善，孙晓明. 1989. 金堆城钼矿成矿流体包裹体及稳定同位素研究. 地质与勘探，25（2）：12-19
卢焕章，范宏瑞，倪培，欧光习，沈昆，张文淮. 2004. 流体包裹体. 北京：科学出版社，1-487
罗铭玖. 1992. 河南金矿概论. 北京：地震出版社，1-312
罗铭玖，张辅民，董群英，许永仁，黎世美，李昆华. 1991. 中国钼矿床. 河南：河南科学技术出版社，1-452
吕献廷，贾佑来，刘良才. 1988. 中华人民共和国区域地质调查报告（1：50000 付店幅）. 郑州：河南省地质矿产勘查开发局
马红义，黄超勇，巴安民，黎红莉，李发安. 2006. 汝阳县南部铅锌钼多金属矿床成矿规律及找矿标志. 地质与勘探，42（5）：17-22
毛光周，华仁民，高剑锋，赵葵东，龙光明，陆慧娟，姚军明. 2006. 江西金山金矿含金黄铁矿的稀土元素和微量元素特征. 矿床地质，25（4）：412-426
倪智勇. 2009. 河南小秦岭大湖金-钼矿床地球化学及其矿床成因. 中国科学院地球化学研究所博士学位论文
倪智勇，李诺，管申进，张辉，薛良伟. 2008. 河南小秦岭金矿田大湖金-钼矿床流体包裹体特征及矿床成因. 岩石学报，24（9）：2058-2068
倪智勇，李诺，张辉，薛良伟. 2009. 河南大湖金钼矿床成矿物质来源的锶钕铅同位素约束. 岩石学报，25（11）：2823-2832
聂凤军，樊建廷. 1989. 陕西金堆城—黄龙铺地区含钼花岗岩类稀土元素地球化学研究. 岩石矿物学杂志，8（1）：24-33
齐秋菊，王晓霞，柯昌辉，李金宝. 2012. 华北地块南缘老牛山杂岩体时代、成因及地质意义——锆石年龄、Hf 同位素和地球化学新证据. 岩石学报，28（1）：279-301
祁进平. 2006. 河南栾川地区脉状铅锌银矿床地质地球化学特征及成因. 北京大学博士学位论文
祁进平，张静，唐国军. 2005. 熊耳地体南侧中晚元古代地层碳氧同位素组成：CMF 模式的证据. 岩石学报，21：1365-1372
屈文俊，杜安道. 2004. 电感耦合等离子体质谱测定辉钼矿中 Re、Os 含量时的质量分馏效应的校正. 质谱学报，25（8）：181-182
任新红. 2009. 甘肃武山温泉钼矿床地质特征及成因. 甘肃冶金，31（6）：58-61
芮宗瑶，黄崇轲，齐国明，徐珏，张洪涛. 1984. 中国斑岩铜（钼）矿床. 北京：地质出版社，1-350
芮宗瑶，张洪涛，陈仁义，王志良，王龙生，王义天. 2006. 斑岩铜矿研究中若干问题探讨. 矿床地质，25（4）：491-500
陕西省地质局. 1979. 陕西地质志. 区域地质调查报告——金堆城-黄龙铺地区
尚瑞钧，严阵. 1988. 秦巴花岗岩. 武汉：中国地质大学出版社，1-224
石英霞，李诺，杨艳. 2009. 河南栾川县三道庄钼钨矿床地质和流体包裹体研究. 岩石学报，25（10）：2575-2587
史长义，鄢明才，刘崇民，迟清华，胡树起，顾铁新，卜维，鄢卫东. 2005. 中国花岗岩类化学元素丰度及特征. 地球化学，34（5）：470-482
孙晓明. 1986. 陕西金堆城钼矿地质背景及成矿物理化学条件. 南京大学硕士学位论文
孙晓明，任启江，杨荣勇，徐兆文，刘孝善. 1998. 金堆城超大型钼矿水-岩 δD-$\delta^{18}O$ 同位素交换体系理论模型及成矿流体来源. 地质地球化学，26（2）：16-21
万德芳，梵天义，田世洪. 2005. 用金属铬法分析微量水和有机质氢同位素组成. 地球学报，26（增刊）：35-38
王飞. 2011. 西秦岭温泉钼矿床地质-地球化学特征与成矿动力学背景. 西北大学硕士学位论文
王飞，朱赖民，杨涛，郭波，罗增智. 2012. 西秦岭温泉钼矿床地质-地球化学特征与成矿过程. 地质与勘探，48（4）：713-727
王晓霞，王涛，齐秋菊，李舢. 2011. 秦岭晚中生代花岗岩时空分布、成因演变及构造意义. 岩石学报，27（6）：1573-1593
王新. 2001. 金堆城钼矿区两类斑岩的识别. 西北大学硕士学位论文

王义天，叶会寿，叶安旺，李永革，帅云，张长青，代军治．2010a. 小秦岭北缘马家洼石英脉型金钼矿床的辉钼矿 Re-Os 年龄及其意义．地学前缘，17（2）：140-145
王义天，叶会寿，叶安旺，帅云，李永革，张长青．2010b. 小秦岭文峪和娘娘山花岗岩体锆石 SHRIMP U-Pb 年龄及其意义．地质科学，45（1）：167-180
王运，陈衍景，马宏卫，徐友灵．2009. 河南省商城县汤家坪钼矿床地质和流体包裹体研究．岩石学报，25（2）：468-480
辛洪波，曲晓明．2008. 西藏冈底斯斑岩铜矿带含矿岩体的相对氧化状态：来自锆石 Ce（IV）/Ce（III）比值的约束．矿物学报，28（2）：152-160
谢桂青，毛景文，李瑞玲，叶会寿，张毅星，万渝生，李厚民，高建京，郑熔芬．2007. 东秦岭宝丰盆地大营组火山岩 SHRIMP 定年及其意义．岩石学报，23（10）：2387-2396
徐兆文，杨荣勇，刘红樱，陆现彩，徐文艺，任启江．1998a. 陕西金堆城斑岩钼矿床成矿流体研究．高校地质学报，4（4）：423-431
徐兆文，杨荣勇，陆现彩，任启江．1998b. 金堆城斑岩钼矿床地质地球化学特征及成因．地质找矿论丛，13（4）：18-27
许成，宋文磊，漆亮，王林均．2009. 黄龙铺钼矿田含矿碳酸岩地球化学特征及其形成构造背景．岩石学报，25（2）：422-430
许道学．2009. 河南鱼池岭斑岩钼矿床——岩浆作用与矿床成因．北京科技大学硕士学位论文
许志琴，卢一伦，汤耀庆，Mattauer M，Matte P，Malavieille J，Tapponnier P，Maluski H. 1986. 东秦岭造山带的变形特征及构造演化．地质学报，60（3）：237-247
薛良伟，原振雷，张荫树，强立志．1995. 鲁山太华群 Sm-Nd 同位素年龄及其意义．地球化学，24（增刊）：92-97
严正富，杨正光，程海，杨浩，付成义，吴智慧．1986. 雷门沟钼矿床花岗斑岩成因浅析．南京大学学报，22（3）：525-535
燕长海，黄任远．1991. 汝阳南部铅锌成矿远景区大比例尺成矿预测报告//河南省地质矿产局第二地质调查队，河南省地质矿产局科研所
杨荣生，陈衍景，张复新，李志宏，毛世东，刘红杰，赵成海．2006. 甘肃阳山金矿独居石 Th-U-Pb 化学年龄及其地质和成矿意义．岩石学报，22（10）：2603-2610
杨晓勇，卢欣祥，杜小伟，李文明，张正伟，屈文俊．2010. 河南南沟钼矿床地球化学研究兼论东秦岭钼矿床成岩成矿动力学．地质学报，84（7）：1049-1079
杨艳，张静，杨永飞，石英霞．2009. 栾川上房沟钼矿床流体包裹体特征及其地质意义．岩石学报，25（10）：2563-2574
杨永飞，李诺，倪智勇．2009a. 陕西省华县金堆城斑岩型钼矿床流体包裹体研究．岩石学报，25（11）：2983-2993
杨永飞，李诺，杨艳．2009b. 河南省栾川南泥湖斑岩型钼钨矿床流体包裹体研究．岩石学报，25（10）：2550-2562
杨永飞，李诺，王莉娟．2011. 河南省东沟超大型钼矿床流体包裹体研究．岩石学报，27（5）：1453-1466
姚军明，赵太平，李晶，孙亚莉，原振雷，陈伟，韩军．2009. 河南祁雨沟金成矿系统辉钼矿 Re-Os 年龄和锆石 U-Pb 年龄及 Hf 同位素地球化学．岩石学报，25（2）：374-384
叶会寿．2006. 华北陆块南缘中生代构造演化与铅锌银成矿作用．中国地质科学院博士学位论文
叶会寿，毛景文，李永峰，郭保健，张长青，刘珺，闫全人，刘国印．2006. 东秦岭东沟超大型斑岩钼矿 SHRIMP 锆石 U-Pb 和辉钼矿 Re-Os 年龄及其地质意义．地质学报，80（7）：1078-1088
叶会寿，毛景文，徐林刚，高建京，谢桂清，李向前，何春芬．2008. 豫西太山庙铝质 A 型花岗岩 SHRIMP 锆石 U-Pb 年龄及其地球化学特征．地质论评，54（5）：699-711
袁学诚．1996. 秦岭岩石圈速度结构与蘑菇云构造模型．中国科学（D 辑），26：209-215
袁学诚．1997. 秦岭造山带地壳结构与楔入成山．地质学报，71（3）：227-235
张本仁，高山，张宏飞，韩吟文．2002. 秦岭造山带地球化学．北京：科学出版社，1-188
张成立，王涛，王晓霞．2008. 秦岭造山带早中生代花岗岩成因及其构造环境．高校地质学报，14（3）：304-316
张国伟，张本仁，袁学诚，肖庆辉．2001. 秦岭造山带与大陆动力学．北京：科学出版社，1-855
张宏飞，靳兰兰，张利，Harris N，周炼，胡圣虹，张本仁．2005. 西秦岭花岗岩类地球化学和 Pb-Sr-Nd 同位素组成对基底性质及其构造属性的限制．中国科学（D 辑），35（10）：914-926
张进江，郑亚东，刘树文．1998. 小秦岭变质核杂岩的构造特征、形成机制及构造演化．北京：海洋出版社，1-120
张旗，殷先明，殷勇，金惟俊，王元龙，赵彦庆．2009. 西秦岭与埃达克岩和喜马拉雅型花岗岩有关的金铜成矿及找矿问题．岩石学报，25（12）：3103-3122
张增杰，陈衍景，陈华勇，鲍景新，刘玉琳．2002. 天山海西期不同类型花岗岩类岩石化学特征及其地球动力学意义．矿物

岩石，23（1）：15-24

张宗清，张国伟，刘敦一，王宗起，唐索寒，王进辉 . 2006. 秦岭造山带蛇绿岩、花岗岩和碎屑沉积岩同位素年代学和地球化学 . 北京：地质出版社，1-348

赵海杰，毛景文，叶会寿，侯可军，梁慧山 . 2010a. 陕西洛南县石家湾钼矿相关花岗斑岩的年代学及岩石成因：锆石 U-Pb 年龄及 Hf 同位素制约 . 矿床地质，29（1）：143-157

赵海杰，毛景文，叶会寿，谢桂青，杨宗喜 . 2010b. 陕西黄龙铺地区碱性花岗斑岩及辉绿岩的年代学与地球化学：岩石成因及其构造环境示踪 . 中国地质，37（1）：12-27

赵太平 . 2000. 华北陆块南缘元古宙熊耳群钾质火山岩特征与成因 . 中国科学院地质与地球物理研究所博士学位论文

郑建平，路凤香 . 1999. 胶辽半岛金伯利岩中地幔捕虏体岩石学特征：古生代岩石圈地幔及其不均一性 . 岩石学报，15：65-74

郑永飞，陈江峰 . 2000. 稳定同位素地球化学 . 北京：科学出版社，1-316

周晶，季建清，韩宝福，马芳，龚俊峰，徐芹芹，郭召杰 . 2008. 新疆北部基性脉岩 $^{40}Ar/^{39}Ar$ 年代学研究 . 岩石学报，24（5）：997-1010

周俊烈，韩海涛 . 2010. 西秦岭温泉钼矿床矿化特征与蚀变分带 . 世界地质，29（2）：248-255

周珂 . 2010. 豫西鱼池岭斑岩型钼矿床的地质地球化学特征与成因研究 . 中国地质大学（北京）硕士学位论文

周珂，叶会寿，毛景文，屈文俊，周树峰，孟芳，高亚龙 . 2009. 豫西鱼池岭斑岩型钼矿床地质特征及其辉钼矿铼-锇同位素年龄 . 矿床地质，28（2）：170-184

朱赖民，张国伟，郭波，李犇 . 2008. 东秦岭金堆城大型斑岩钼矿床 LA-ICP-MS 锆石 U-Pb 定年及成矿动力学背景 . 地质学报，82（2）：204-220

朱赖民，张国伟，郭波，李犇 . 2009. 华北地块南缘钼矿床黄铁矿流体包裹体氦、氩同位素体系及其对成矿动力学背景的示踪 . 科学通报，54（12）：1725-1735

朱赖民，丁振举，姚书振，张国伟，宋史刚，屈文俊，郭波，李犇 . 2009. 西秦岭甘肃温泉钼矿床成矿地质事件及其成矿构造背景 . 科学通报，54（16）：2337-2347

Allan M，Yardley B. 2007. Tracking meteoric water infiltration into a magmatic hydrothermal system：a cathodoluminescence，oxygen isotope，and trace element study of quartz from Mt. Leyshon，Australia. Chemical Geology，240：343-360

Ames L，Tilton G R，Zhou G Z. 1993. Timing of collision of the Sino-Korean and Yangtse cratons：U-Pb zircon dating of coesite-bearing eclogites. Geology，21（4）：339-342

Anderson A J，Bodnar R J. 1993. An adaptation of the spindle stage for geometric analysis of fluid inclusions. American Mineralogist，78：657-664

Anderson T. 2002. Correction of common lead in U-Pb analyses that do not report ^{204}Pb. Chemical Geology，192：59-79

Audétat A，Günther D. 1999. Mobility and H_2O loss from fluid inclusions in natural quartz crystals. Contributions to Mineralogy and Petrology，137：1-14

Audétat A，Dolejš D，Lowenstern J B. 2011. Molybdenite saturation in silicic magmas：occurrence and petrological implications. Journal of Petrology，52：891-904

Ballard J R，Palin J M，Campbell I H. 2002. Relative oxidation states of magmas inferred from Ce（Ⅳ）/Ce（Ⅲ）in zircon：application to porphyry copper deposits of northern Chile. Contributions to Mineralogy and Petrology，144：347-364

Batchelor R B，Bowden P. 1985. Petrogenetic interpretation of granitoid rock series using multicationic parameters. Chemical Geology，48：43-55

Baumgartner R，Fontboté L，Spikings R，Ovtcharova M，Schaltegger U，Schneider J，Page L，Gutjahr M. 2009. Bracketing the age of magmatic-hydrothermal activity at the Cerro de Pasco epithermal polymetallic deposit，Central Peru：a U-Pb and $^{40}Ar/^{39}Ar$ study. Economic Geology，104：479-504

Becker S P，Fall A，Bodnar R J. 2008. Synthetic fluid inclusions. XVII. PVTX properties of high salinity H_2O-NaCl solutions（>30wt% NaCl）：application to fluid inclusions that homogenize by halite disappearance from porphyry copper and other hydrothermal ore deposits. Economic Geology，103：539-554

Belousova E A，Walters S，Griffin W L，O'Reilly S Y，Fisher N I. 2002. Igneous zircon：trace element composition as an indicator of source rock type. Contributions to Mineralogy and Petrology，143：602-622

Bievre D P，Taylor P D. 1993. Table of the isotopic compositions of the elements. International Journal of Mass Spectrometry and Ion Processes，123：149-166

Blichert T J, Albarède F. 1997. The Lu-Hf isotope geochemistry of chondrites and the evolution of the mantle-crust system. Earth and Planetary Science Letters, 148: 243-258

Blichert T J, Chauvel C, Albarede F. 1997. Separation of Hf and Lu for high-precision isotope analysis of rock samples by magnetic sector-multiple collector ICP-MS. Contributions to Mineralogy and Petrology, 127: 248-260

Bloom M S. 1981. Chemistry of inclusion fluids: Stockwork molybdenum deposits from Questa, New Mexico, and Hudson Bay Mountain and Endako, British Columbia. Economic Geology, 76 (7): 1906-1920

Bodnar R J. 1993. Revise equation and table for determining the freezing point depression of H_2O-NaCl solutions. Geochimica et Cosmochimica Acta, 57 (3): 683-684

Bodnar R J. 1994. Synthetic fluid inclusions. XII: the system H_2O-NaCl. Experimental determination of the halite liquidus and isochors for a 40wt% NaCl solution. Geochimica et Cosmochimica Acta, 58 (3): 1053-1063

Bodnar R J. 1995. Fluid-inclusion evidence for a magmatic source for metals in porphyry copper deposits. Magmas, Fluids, and Ore Deposits: Mineralogical Association of Canada Short Course, 23: 139-152

Bodnar R J, Vityk M O. 1994. Interpretation of microthermometric data for H_2O-NaCl fluid inclusions//De Vivo B, Frezzotti M L. Fluid Inclusions in Minerals: Methods and Applications. Blacksburg, VA, Virginia Polytechnic Institute and State University: 117-130

Bowers T S, Helgeson H C. 1983. Calculation of the thermodynamic and geochemical consequences of nonideal mixing in the system H_2O-CO_2-NaCl on phase relations in geologic systems: equation of state for H_2O-CO_2-NaCl fluids at high pressures and temperatures. Geochimica et Cosmochimica Acta, 47 (7): 1247-1275

Brown E. 1989. FLINCOR: a microcomputer program for the reduction and investigation of fluid-inclusion data. American Mineralogist, 74: 1390-1393

Brown E, Lamb W M. 1989. *P-V-T* properties of fluids in the system H_2O-CO_2-NaCl: new graphical presentations and implications for fluid inclusion studies. Geochimica et Cosmochimica Acta, 53: 1209-1221

Burnard P G, Hu R, Turner G, Bi X W. 1999. Mantle, crustal and atmospheric noble gases in Ailaoshan Gold deposits, Yunnan Province, China. Geochimica et Cosmochimica Acta, 63: 1595-1604

Candela A, Bouton S L. 1990. The influence of oxygen fugacity on tungsten and molybdenum partitioning between silicate melts and ilmenite. Economic Geology, 85: 633-640

Candela P, Holland H D. 1986. A mass transfer model for copper and molybdenum in magmatic hydrothermal systems; the origin of porphyry-type ore deposits. Economic Geology, 81 (1): 1-19

Cao X F, Lü X B, Yao S Z, Mei W, Zou X Y, Chen C, Liu S T, Zhang P, Su Y Y, Zhang B. 2011. LA-ICP-MS U-Pb zircon geochronology, geochemistry and kinetics of the Wenquan ore-bearing granites from West Qinling, China. Ore Geology Reviews, 43: 120-131

Carten R B, White W H, Stein H J. 1993. High-grade granite related molybdenum system: classification and origin//Kirkham R V, Sinclair W D, Thope R I, Duke J M. Mineral Deposit Modeling. Geological Association of Canada Special Paper, 40: 521-554

Chang Z S, Meinert L D. 2004. The magmatic-hydrothermal transition-evidence from quartz phenocryst textures and endoskarn abundance in Cu-Zn skarns at the Empire Mine, Idaho, USA. Chemical Geology, 210: 149-171

Chen S H, O'Reilly S Y, Zhou X H, Griffin W L, Zhang G H, Sun M, Feng J L, Zhang M. 2001. Thermal and petrological structure of the lithosphere beneath Hannuoba, Sino-Korean craton, China: evidence from xenoliths. Lithos, 56: 267-301

Chen Y J, Santosh M. 2014. Triassic tectonics and mineral systems in the Qinling Orogen, central China. Geological Journal, 49 (4-5): 338-358.

Chen Y J, Zhao Y C. 1997. Geochemical characteristics and evolution of REE in the Early Precambrian sediments: evidences from the southern margin of the North China Craton. Episodes, 20 (2): 109-116

Chen Y J, Guo G J, Li X. 1998. Metallogenic geodynamic background of Mesozoic gold deposits in granite-greenstone terrains of North China Craton. Science in China (Series D), 41: 113-120

Chen Y J, Li C, Zhang J, Li Z, Wang H H. 2000. Sr and O isotopic characteristics of porphyries in the Qinling molybdenum deposit belt and their implication to genetic mechanism and type. Science in China (Series D), 43 (1): 82-94

Chen Y J, Pirajno F, Sui Y H. 2004. Isotope geochemistry of the Tieluping Ag deposit, Henan Province, China: a case study of orogenic Ag mineralization and related tectonic model. Mineralium Deposita, 39 (5-6): 560-575

Chen Y J, Pirajno F, Sui Y H. 2005. Geology and D-O-C isotope systematics of the Tieluping silver deposit, Henan, China:

implications for ore genesis. Acta Geologica Sinica (English Edition), 79 (1): 106-119

Chen Y J, Chen H Y, Zaw K, Pirajno F, Zhang Z J. 2007. Geodynamic settings and tectonic model of skarn gold deposits in China: an overview. Ore Geology Reviews, 31: 139-169

Chen Y J, Pirajno F, Li N, Guo D S, Lai Y. 2009. Isotope systematic and fluid inclusion studies of the Qiyugou breccia pipe-hosted gold deposit, Qinling Orogen, Henan Province, China: implication for ore genesis. Ore Geology Reviews, 35 (2): 245-261

Chen Y J, Santosh M, Somerville I D, Chen H Y. 2014. Indosinian tectonics and mineral systems in China: an introduction. Geological Journal, 49: 331-337

Chen Y J, Wang P, Li N, Yang Y F, Pirajno F. 2017a. The collision-type porphyry Mo deposits in Dabie Shan, China. Ore Geology Reviews, 81: 405-430

Chen Y J, Zhang C, Wang P, Pirajno F, Li N. 2017b. The Mo deposits of Northeast China: a powerful indicator of tectonic settings and associated evolutionary trends. Ore Geology Reviews, 81: 602-640

Chu N C, Taylor R N, Chavagnac V, Robert W N, Rose M B, Andrew M J, Christopher R G, Germain B, Kevin B. 2002. Hf isotope ratio analysis using multi-collector inductively coupled plasma mass spectrometry: an evaluation of isobaric interference corrections. Journal of Analytical Atomic Spectrometry, 17: 1567-1574

Clark K F. 1972. Stockwork molybdenum deposits in the western Cordillera of North America. Economic Geology, 67 (6): 731-758

Clayton W M, Mayeda T K. 1963. The use of bromine pentafluoride in the extraction of oxygen from oxides and silicates for isotopic analysis. Geochimica et Cosmochimica Acta, 27: 43-52

Clayton R N, O'Neil J R, Mayeda T K. 1972. Oxygen isotope exchange between quartz and water. Journal of Geophysical Research, 77 (17): 3057-3067

Cline J S, Bodnar R J. 1991. Can economic porphyry copper mineralization be generated by a typical calc-alkaline melt. Journal of Geophysical Research-Solid Earth and Planets, 96 (B5): 8113-8126

Cline J S, Bodnar R J. 1994. Direct evolution of brine from a crystallizing silicic melt at the Questa, New Mexico, molybdenum deposit. Economic Geology, 89 (8): 1780-1802

Collins P L F. 1979. Gas hydrates in CO_2-bearing fluid inclusions and the use of freezing data for estimation of salinity. Economic Geology, 74 (6): 1435-1444

Davies P J H, von Blankenburg F. 1995. Slab breakoff: a model of lithosphere detachment and its test in the magmatism and deformation of collisional orogens. Earth and Planetary Science Letters, 129: 85-102

DeBievre P, Taylor D P. 1993. Table of the isotopic composition of the elements. International Journal of Mass Spectrometry, Ion Process, 123

Defant M J, Drummond M S. 1990. Derivation of some modern arc magmas by melting of young subducted lithosphere. Nature, 347: 662-665

Defant M J, Drummond M S. 1993. Mount St. Helens: potential example of the partial melting of the subducted lithosphere in a volcanic arc. Geology, 21: 547-550

Deng X H, Chen Y J, Santosh M, Yao J M. 2013. Genesis of the 1. 76 Ga Zhaiwa Mo-Cu and its link with the Xiong'er volcanics in the North China Craton: implications for accretionary growth along the margin of the Columbia supercontinent. Precambrian Research, 227: 337-348

Deng X H, Chen Y J, Pirajno F, Li N, Yao J M, Sun Y L. 2017. The Geology and geochronology of the Waifangshan Mo-quartz vein cluster in Eastern Qinling, China. Ore Geology Reviews, 81: 548-564

Diamond L W. 2001. Review of the systematics of CO_2-H_2O fluid inclusions. Lithos, 55: 69-99

Ding L X, Ma C Q, Li J W, Robinson P T, Deng X D, Zhang C, Xu W C. 2011. Timing and genesis of the adakitic and shoshonitic intrusions in the Laoniushan Complex, southern margin of the North China Craton: implications for post-collisional magmatism associated with the Qinling Orogen. Lithos, 126 (3-4): 212-232

Dong Y P, Zhang G W, Neubauer F, Liu X M, Genser J. 2011. Tectonic evolution of the Qinling orogen, China: review and synthesis. Journal of Asian Earth Sciences, 41 (3): 213-237

Du A D, Wu S Q, Sun D Z, Wang S X, Qu W J, Markey R, Stein H, Morgen J W, Malinovskiy D. 2004. Preparation and certification of Re-Os dating reference materials: molybdenite HLP and JDC. Geostandard and Geoanalytical Research, 28 (1): 41-52

Dunai T J, Baur H. 1995. Helium, neon and argon systematic of the European subcontinental mantle: implications for its geochemical evolution. Geochimica et Cosmochimica Acta, 59 (13): 2767-2783

Duan Z H, Møller N, Weare J H. 1995. Equation of state for the NaCl- H_2O- CO_2 system: prediction of phase equilibria and volumetric properties. Geochimica et Cosmochimica Acta, 59 (14): 2869-2882

Elhlou S, Belousova E, Griffin W L, Pearson N J, O'reilly S Y. 2006. Trace element and isotopic composition of GJ red zircon standard by laser ablation. Geochimica et Cosmochimica Acta, 70 (18): 407-421

Fan H R, Hu F F, Wilde S A, Yang K F, Jin C W. 2011. The Qiyugou gold-bearing breccia pipes, Xiong'ershan region, central China: fluid inclusion and stable-isotope evidence for an origin from magmatic fluids. International Geological Reviews, 53 (1): 25-45

Fan W M, Menzies M A. 1992. Destruction of aged lower lithosphere and accretion of asthenosphere mantle beneath eastern China. Geotectonica et Metallogenia, 16: 171-180

Fogel R A, Rutherford M J. 1990. The solubility of carbon- dioxide in rhyolitic melts: a quantitative FTIR study. American Mineralogist, 75: 1311-1326

Fournier R O. 1999. Hydrothermal processes related to movement of fluid from plastic into brittle rock in the magmatic-epithermal environment. Economic Geology, 94 (8): 1193-1211

Frei R, Nagler T F, Schonberg R, Kramers J D. 1998. Re-Os, Sm-Nd, U-Pb and stepwise lead leaching isotope systematics in shear- zone hosted gold mineralization: genetic tracing and age constraints of crustal hydrothermal activity. Geochimica et Cosmochimica Acta, 62 (11): 1925-1936

Gao S, Rudnick R L, Carlson R W, McDonough W F, Liu Y S. 2002. Re-Os evidence for replacement of ancient mantle lithosphere beneath the North China Craton. Earth and Planetary Science Letters, 198: 307-322

Gao S, Rudnick R L, Yuan H L, Liu X M, Liu Y S, Xu W L, Ling W L, Ayers J, Wang X C, Wang Q H. 2004. Recyling lower continental crust in the North China Craton. Nature, 432: 892-897

Götze J, Plötze M, Graupner T, Hallbauer D K. 2004. Trace element incorporation into quartz: a combined study by ICP- MS, electron spin resonance, cathodoluminescence, capillary ion analysis, and gas chromatography. Geochimica et Cosmochimica Acta, 68 (18): 3741-3759

Griffin W L, O'Reilly S Y, Ryan C G. 1992. Composition and thermal structure of the lithosphere beneath South Africa, Siberia and China: proton microprobe studies//International Symposium of Cenozoic Volcanic Rocks and Deep-Seated xenoliths of China and its Environs, Beijing: 65-66

Griffin W L, Pearson N J, Belousova E, Jackson S E, van Achterbergh E, O'Reily S Y, Shee S R. 2000. The Hf isotope composition of cratonic mantle: LAM-MC-ICPMS analysis of zircon megacrysts in kimberlites. Geochimica et Cosmochimica Acta, 64: 133-147

Hacker R B, Ratschbacher L, Webb L. 1998. U-Pb zircon ages constrain the architecture of the ultrahigh-pressure Qinling-Dabie Orogen, China. Earth and Planetary Science Letters, 161: 215-230

Hall D L, Sterner S M, Bodner R J. 1988. Freezing point depression of NaCl- KCl- H_2O solutions. Economic Geology, 83 (1): 197-202

Hall W E, Friedman I, Nash J T. 1974. Fluid inclusion and light stable isotope study of the Climax molybdenum deposits, Colorado. Economic Geology, 69 (6): 884-901

Han Y G, Zhang S H, Franco P, Zhang Y H. 2007. Evolution of the Mesozoic granite in the Xiong'ershan- Waifangshan region, Western Henan Province, China, and its tectonic implication. Acta Geologica Sinica (English Edition), 81: 253-265

Harris A C, Dunlap W J, Reiners P W, Allen C M, Cooke D R, White N C, Campbell I H, Golding S D. 2008. Multimillion year thermal history of a porphyry copper deposit: application of U-Pb, $^{40}Ar/^{39}Ar$ and (U-Th) /He chronmeters, Bajo de la Alumbrera copper-gold deposit, Argentina. Mineralium Deposita, 43 (3): 295-314

Heinrich C A. 2005. The physical and chemical evolution of low-salinity magmatic fluids at the porphyry to epithermal transition: a thermodynamic study. Mineralium Deposita, 39: 864-889

Heinrich C A. 2007. Fluid- fluid interactions in magmatic- hydrothermal ore formation. Reviews in Mineralogy & Geochemistry, 65 (1): 363-387

Heinrich C A, Gunther D, Audetat A, Ulrich T, Deichknecht R. 1999. Metal fractionation between magmatic brine and vapor, determined by microanalysis of fluid inclusions. Geology, 27 (8): 755-758

Heinrich C A, Driesner T, Stefansson A, Seward T M. 2004. Magmatic vapor contraction and the transport of gold from the porphyry environment to epithermal ore deposits. Geology, 32: 761-764

Hemley J, Jones W. 1964. Chemical aspects of hydrothermal alteration with emphasis on hydrogen metasomatism. Economic Geology, 59: 538-569

Hollister V F. 1978a. Porphyry molybdenum deposits//Sutulov A. International Molybdenum Encyclopedia. Santiago: Internet Publications: 270-283

Hollister V F. 1978b. Geology of the porphyry copper deposits of the western hemisphere. New York: Soc Mining Engineers AIME

Hoskin W O, Ireland T R. 2000. Rare earth element chemistry of zircon and its use as a provenance indicator. Geology, 7: 627-630

Hoskin W O, Schaltegger U. 2003. The composition of zircon and igneous and metamorphic petrogenesis. Reviews in Mineralogy and Geochemistry, 53: 27-55

Hu R Z, Burnard P G, Turner G, Bi X W. 1998. Helium and argon isotope systematics in fluid inclusions of Machangqing copper deposit in west Yunnan province, China. Chemical Geology, 146: 55-63

Hu R Z, Burnard P G, Bi X W, Zhou M F, Pen J T, Su W C, Wu K X. 2004. Helium and argon isotope geochemistry of alkaline intrusion- associated gold and copper deposits along the Red River- Jinshajiang fault belt, SW China. Chemical Geology, 203: 305-317

Irvine T N, Baragar W R A. 1971. A guide to the chemical classification of the common volcanic rocks. Canadian Journal of Earth Science, 8: 523-548

Jackson S E, Pearson N J, Griffin W L, Belousova E A. 2004. The application of laser ablation- inductively coupled plasma- mass spectrometry (LA-ICP-MS) to in situ U-Pb zircon geochronology. Chemical Geology, 211: 47-69

Jiang Y H, Jin G D, Liao S Y, Zhou Q, Zhao P. 2010. Geochemical and Sr-Nd-Hf isotopic constraints on the origin of late Triassic granitoids from the Qinling orogen, central China: implications for a continental arc to continent-continent collision. Lithos, 117: 183-197

Karsli O, Chen B, Aydin F, Sen C. 2007. Geochemical and Sr- Nd- Pb isotopic compositions of the Eocene Dolek and Saricicek Plutons, Eastern Turkey: implications for magma interaction in the genesis of high-K calc-alkaline granitoids in a post-collision extensional setting. Lithos, 98: 67-96

Kelly J, Rye R O. 1979. Geological, fluid inclusion and stable isotope studies of the tin- tungsten deposits of Panasqueira, Portugal. Economic Geology, 74: 1721-1822

Kinny P D, Mass R. 2003. Lu-Hf and Sm-Nd isotope systems in zircon//Hanchae J M, Hoskin P W O. Zircon. Reviews in Mineralogy Geochemistry, 53: 327-341

Klemm L M, Pettke T, Heinrich C A, Campos E. 2007. Hydrothermal evolution of the El Teniente deposit, Chile: porphyry Cu-Mo ore deposition from low-salinity magmatic fluids. Economic Geology, 102: 1021-1045

Klemm L M, Pettke T, Heinrich C A. 2008. Fluid and source magma evolution of the Questa porphyry Mo deposit, New Mexico, USA. Mineralium Deposita, 43 (5): 533-552

Kröner A, Compston W, Zhang G W, Guo A L, Todt W. 1988. Ages and tectonic setting of Late Archean greenstone- gneiss terrain in Henan Province, China, as revealed by single- grain zircon dating. Geology, 16 (3): 211-215

Lawley C J W, Richard J P, Anderson R G, Creaser R A, Heaman L M. 2010. Geochronology and geochemistry of the MAX porphyry Mo deposit and its relationship to Pb-Zn-Ag mineralization, Kootenay Arc, Southern British Columbia, Canada. Economic Geology, 105: 1113-1142

Li N, Pirajno F. 2017. Early Mesozoic Mo mineralization in the Qinling Orogen: an overview. Ore Geology Reviews, 81: 431-450

Li N, Chen Y J, Fletcher I R, Zeng Q T. 2011a. Triassic mineralization with Cretaceous overprint in the Dahu Au-Mo deposit, Xiaoqinling gold province: constraints from SHRIMP monazite U-Th-Pb geochronology. Gondwana Research, 20: 543-552

Li N, Chen Y J, Santosh M, Yao J M, Sun Y L, Li J. 2011b. The 1. 85 Ga Mo mineralization in the Xiong'er Terrane, China: implications for metallogeny associated with assembly of the Columbia supercontinent. Precambrian Research, 186: 220-232

Li N, Carranza E J M, Ni Z Y, Guo D S. 2012a. The CO_2- rich magmatic- hydrothermal fluid of the Qiyugou breccia pipe, Henan Province, China: implication for breccia genesis and gold mineralization. Geochemistry: Exploration, Environment, Analysis, 12: 147-160

Li N, Chen Y J, Pirajno F, Gong H J, Mao S D, Ni Z Y. 2012b. LA-ICP-MS zircon U-Pb dating, trace element and Hf isotope geochemistry of the Heyu granite batholith, eastern Qinling, central China: implications for Mesozoic tectono-magmatic evolution. Lithos, 142-143: 34-47

Li N, Ulrich T, Chen Y J, Thomsen T B, Pease V, Pirajno F. 2012c. Fluid evolution of the Yuchiling porphyry Mo deposit, East Qinling, China. Ore Geology Reviews, 48: 442-459

Li N, Chen Y J, Pirajno F, Ni Z Y. 2013. Timing of the Yuchiling giant porphyry Mo system, and implications for ore genesis. Mineralium Deposita, 48: 505-524

Li N, Chen Y J, Santosh M, Pirajno F. 2015. Compositional polarity of Triassic granitoids in the Qinling Orogen, China: implication for termination of the northernmost paleo-Tethys. Gondwana Research, 27 (1): 244-257

Li N, Chen Y J, Santosh M, Pirajno F. 2018. Late Mesozoic granitoids in the Qinling Orogen, Central China, and tectonic significance. Earth-Science Reviews, 182: 141-173

Li S G, Chen Y, Cong B L, Zhang Z, Zhang R, Liu D, Hart S R, Ge N. 1993. Collision of the North China and Yangtze blocks and formation of coesite-bearing eclogites: timing and processes. Chemical Geology, 109: 70-89

Liang H Y, Campbell I H, Allen C, Sun W D, Liu C Q, Yu H X, Xie Y W, Zhang Y Q. 2006. Zircon Ce^{4+}/Ce^{3+} ratios and ages for Yulong ore-bearing porphyries in eastern Tibet. Mineralium Deposita, 41: 152-159

Linnen R L, Williams-Jones A E. 1990. Evolution of aqueous-carbonic fluids during contact metamorphism, wall-rock alteration, and molybdenite deposition at Trout Lake, British Columbia. Economic Geology, 85 (8): 1840-1856

Liu C, Deng J F, Kong W Q, Xu L Q, Zhao G C, Luo Z H, Li N. 2011. LA-ICP-MS zircon U-Pb geochronology of the fine-grained granite and molybdenite Re-Os dating in the Wurinitu molybdenum deposit, Inner Mongolia, China. Acta Geologica Sinica (English Edition), 85 (5): 1057-1066

Liu J J, Zheng M H, Cook N J, Long X R, Deng J, Zhai Y S. 2007. Geological and geochemical characteristics of the Sawaya'erdun gold deposit, southwestern Chinese Tianshan. Ore Geology Reviews, 32: 125-156

Lowell J D, Guilbert J M. 1970. Lateral and vertical alteration-mineralization zoning in porphyry ore deposits. Economic Geology, 65: 373-408

Lowenstern J B. 2000. A review of the contrasting behavior of two magmatic volatiles: chlorine and carbon dioxide. Journal of Geochemical Exploration, 69-70: 287-290

Lowenstern J B. 2001. Carbon dioxide in magmas and implications for hydrothermal systems. Mineralium Deposita, 36 (6): 490-502

Lowenstern J B, Mahood G A, Hervig R L, Sparks J. 1993. The occurrence and distribution of Mo and molybdenite in unaltered peralkaline rhyolites from Pantelleria, Italy. Contributions to Mineralogy and Petrology, 114 (1): 119-129

Ludington S D, Plumlee G S, Caine J S, Bove D, Holloway J, Livo K E. 2004. Questa baseline and pre-mining groud-water quality investigation. 10. Geologic influence on ground and surface waters in the lower Red River watershed, New Mexico. U. S. Geological Survey Scientific Investigations Report 2004-5245, 1-41

Ludwig K R. 1991. ISOPLOT for MS-DOS, A plotting and regression program for radiogenic-isotope data. U. S. Geological Survey Open-file Report: 88-557

Ludwig K R. 2003. User's Manual for Isoplot 3.0: a geochronological Toolkit for Microsoft Excel. Berkeley Geochron Center. Special Publication, 4: 1-71

Lugmair G W, Marti K. 1978. Lunar initial $^{143}Nd/^{144}Nd$: differential evolution of the lunar crust and mantle. Earth and Planetary Science Letters, 39 (3): 349-357

Maksaev V, Munizaga F, McWilliams M, Fanning M, Mathur R, Ruiz J, Zentelli M. 2004. New chronology for El Teniente, Chilean Andes, from U-Pb, $^{40}Ar/^{39}Ar$, Re-Os and fission track dating//Sillitoe R H, Perello J, Vidal C E. Andean Metallogeny: New Discoveries, Concepts and Updates. Society of Economic Geologists, Special Publication, Boulder: 15-54

Mao J W, Zhang Z C, Zhang Z H, Du A D. 1999. Re-Os isotopic dating of molybdenites in the Xiaoliugou W (Mo) deposit in the northern Qilian mountains and its geological significance. Geochimica et Cosmochimica Acta, 63 (11-12): 1815-1818

Mao J W, Goldfarb R J, Zhang Z W, Xu W Y, Qiu Y M, Deng J. 2002. Gold deposits in the Xiaoqingling-Xiong'ershan region, Qinling Mountains, central China. Mineralium Deposita, 37: 306-325

Mao J W, Xie G Q, Bierlein F, Qu W J, Du A D, Ye H S, Pirajno F, Li H M, Guo B J, Li Y F, Yang Z Q. 2008. Tectonic implications from Re-Os dating of Mesozoic molybdenum deposits in the East Qinling-Dabie orogenic belt. Geochimica et Cosmochimica Acta, 72: 4607-4626

Mao J W, Xie G Q, Pirajno F, Ye H S, Wang Y B, Li Y F, Xiang J F, Zhao H J. 2010. Late Jurassic-Early Cretaceous granitoid magmatism in Eastern Qinling, central-eastern China: SHRIMP zircon U-Pb ages and tectonic implications. Australian Journal of Earth Sciences, 57 (1): 51-78

Mao J W, Pirajno F, Xiang J F, Gao J J, Ye H S, Li Y F, Guo B J. 2011. Mesozoic molybdenum deposits in the east Qinling-Dabie orogenic belt: characteristics and tectonic settings. Ore Geology Reviews, 43 (1): 264-293

Mao S D, Chen Y J, Zhou Z J, Lu Y H, Guo J H, Qin Y, Yu J Y. 2014. Zircon geochronology and Hf isotope geochemistry of the granitoids in the Yangshan gold field, western Qinling, China: implications for petrogenesis, ore genesis and tectonic setting. Geological Journal, 49 (4-5): 359-382.

Marsh T M, Eunaudi M T, McWilliams M. 1997. $^{40}Ar/^{39}Ar$ geochronology of Cu-Au and Au-Ag mineralization in the Potrerillos district, Chile. Economic Geology, 92 (7-8): 784-806

Masterman G J, Cooke D R, Berry R F, Walshe J L, Lee A W, Clark A H. 2005. Fluid chemistry, structural setting, and emplacement history of the Rosario Cu-Mo porphyry and Cu-Ag-Au epithermal veins, Collahuasi district, northern Chile. Economic Geology, 100: 835-862

Matsuhisa Y, Goldsmith J R, Clayton R N. 1979. Oxygen isotopic fractionation in the system quartz-albite-anorhtite-water. Geochimica et Cosmochimica Acta, 43: 1131-1140

Mattauer M, Matte P, Malavieille J, Tapponnier P, Maluski H, Xu Z Q, Lu Y L, Tang Y Q. 1985. Tectonics of the Qinling Belt: build-up and evolution of eastern Asia. Nature, 317: 496-500

Meng Q R, Zhang G W. 1999. Timing of collision of the North and South China blocks: controversy and reconciliation. Geology, 27: 1-96

Meng Q R, Zhang G W. 2000. Geologic framework and tectonic evolution of the Qinling orogen, central China. Tectonophysics, 323: 183-196

Menzies M A, Fan W M, Zhang M. 1993. Paleozoic and Cenozoic lithoprobes and the loss of>120 km of Archean lithosphere, Sino-Korean craton, China//Prichard H M, Alabaster T, Harris N B W, Neary C R. Magmatic Processes and Plate Tectonics, 76. London: Geological Society: 71-81

Meyer C, Hemley J J. 1967. Wall rock alteration//Barners H L. Geochemistry of hydrothermal ore deposits, 1st ed. New York: Holt Rinehart & Winston: 166-235

Meyer C, Shea E P, Goddard C. 1968. Ore deposits at Butte, Montana//Ridge J E. Ore deposits of the United States. New York: American Institute of Mining, Metallurgical and Petroleum Engineers (AIME): 1372-1416

Middlemost E A K. 1994. Naming materials in magma/igneous rock system. Earth-Science Reviews, 37 (3-4): 215-224

Misra K C. 2000. Understanding Mineral Deposits. Dordrecht: Kluwer Academic Publishers, 1-845

Monecke T, Kempe U, Götze J. 2002a. Genetic significance of the trace element content in metamorphic and hydrothermal quartz: a reconnaissance study. Earth and Planetary Science Letters, 202: 709-724

Monecke T, Kempe U, Monecke J, Sala M, Wolf D. 2002b. Tetrad effect in rare earth element distribution patterns: a method of quantification with application to rock and mineral samples from granite-related rare metal deposits. Geochimica et Cosmochimica Acta, 66: 1185-1196

Moxham R L. 1965. Distribution of minor elements in coexisting hornblendes and biotites. Canadian Mineralogist, 8: 204-240

Mutschler F E, Wright E G, Ludington S, Abbott J T. 1981. Granite molybdenite systems. Economic Geology, 76 (4): 874-897

Ni Z Y, Chen Y J, Li N, Zhang H. 2012. Pb-Sr-Nd isotope constraints on the fluid source of the Dahu Au-Mo deposit in Qinling Orogen, central China, and implication for Triassic tectonic setting. Ore Geology Reviews, 46: 60-67

Nowell G M, Kempton P D, Noble S R, Fitton J G, Saunders A D, Mahoney J J, Tayor R N. 1998. High precision Hf isotope measurements of MORB and OIB by thermal ionization mass spectrometry: insights into the depleted mantle. Chemical Geology, 149: 211-233

Ohmoto H. 1972. Systematics of sulfur and carbon isotopes in hydrothermal ore deposits. Economic Geology, 67 (5): 551-578

Ohmoto H. 1986. Stable isotope geochemistry of ore deposit//Valley J W, Taylor H P, O′Neil J R. Stable Isotope and High Temperature Geological Processes. Review in Mineralogy, 16: 460-491

Ohmoto H, Goldhaber M B. 1997. Sulfure and carbon isotopes//Barners H L. Geochemistry of hydrothermal ore deposits. 3rd ed. New York: Wiley: 517-611

Ohmoto H, Lasaga A C. 1982. Kinetics of reactions between aqueous sulfates and sulfides in hydrothermal systems. Geochemica et Cosmochimica Acta, 46: 1727-1745

Ohmoto H, Rye R O. 1979. Geochemistry of hydrothermal ore deposits. New York: John Wiley and Sons, 509-567

Ossandón G, Freraut R, Gustafson L B, Lindsay D D, Zentelli M. 2001. Geology of the Chuquicamata mine: a progress report. Economic Geology, 96 (2): 249-270

Padilla-Garza R A, Titley S R, Eastoe C. 2004. Hypogene evolution of the Escondida porphyry copper deposit, Chile//Sillitoe R H, Perello J, Vidal C E. Andean Metallogeny: New Discoveries, Concepts, and Updates. Boulder: Society of Economic Geologists Special Publication, 11: 141-166

Pearce J A. 1996. Sources and settings of granitic rocks. Episodes, 19: 120-125

Pearce J A, Harris N B W, Tindle A G. 1984. Trace element discrimination diagrams for the tectonic interpretation of granitic rocks. Journal of Pretrology, 25 (4): 956-983

Perugini D, Poli G, Christofides G, Eleftheriadis G. 2003. Magma mixing in the Sithonia plutonic complex, Greece: evidence from mafic microgranular enclaves. Mineralogy and Petrology, 78 (3-4): 173-200

Peytcheva I, Quadt A V, Neubauer F, Frank M, Nedialkov P, Heinrich C A, Strashimirov S. 2009. U-Pb dating, Hf-isotope characteristics and trace-REE-patterns of zircons from Medet porphyry copper deposit, Bulgaria: implications for timing and sources of ore-bearing magmatism. Mineralogy and Petrology, 96: 19-41

Pirajno F. 2009. Hydrothermal processes and mineral systems. Berlin: Springer, 1-1250

Qin J F, Lai S C, Rodney G, Diwu C H, Ju Y J, Li Y F. 2009. Geochemical evidence for origin of magma mixing for the Triassic monzonitic granite and its enclaves at Mishuling in the Qinling orogen (central China). Lithos, 112: 259-276

Qin J F, Lai S C, Diwu C R, Ju Y J, Li Y F. 2010. Magma mixing origin for the post-collisional adakitic monzogranite of the Triassic Yangba pluton, Northwestern margin of the South China block: geochemistry, Sr-Nd isotopic, zircon U-Pb dating and Hf isotopic evidences. Contributions to Mineralogy and Petrology, 159: 389-409

Rapp R P, Watson E B. 1995. Dehydration melting of metabasalt at 8–32kbar: implications for continental growth and crust-mantle recycling. Journal of Petrology, 36: 891-931

Rapp R P, Shimizu N, Norman M D, Applegate G S. 1999. Reaction between slab-derived melts and peridotite in the mantle wedge: experimental constraints at 3. 8 GPa. Chemical Geology, 160: 335-356

Redmond P B, Einaudi M T, Inan E E, Landtwing M R, Heinrich C A. 2004. Copper deposition by fluid cooling in intrusion-centered systems: new insights from the Bingham porphyry ore deposit, Utah. Geology, 32 (3): 217-220

Richards J P. 2003. Tectono-magmatic precursors for porphyry Cu-(Mo-Au) deposit formation. Economic Geology and the Bulletin of the Society of Economic Geologists, 98: 1515-1533

Richards J P. 2011. Magmatic to hydrothermal metal fluxes in convergent and collided margins. Ore Geology Reviews, 40: 1-26

Richards J P, Noble S R, Pringle M S. 1999. A revised Late Eocene age for porphyry copper magmatism in the Escondida area, northern Chile. Economic Geology, 94: 1231-1247

Rickwood P C. 1989. Boundary lines within petrologic diagrams which use oxides of major and minor elements. Lithos, 22 (4): 247-263

Rimstidt J D, Balog A, Webb J. 1998. Distribution of trace elements between carbonate minerals and aqueous solutions. Geochimica et Cosmochimica Acta, 62: 1851-1863

Robb L. 2005. Introduction to Ore-Forming Processes. New Jersey: Blackwell Publishing, 1-373

Robinson B S, Kusakabe M. 1975. Quantitative preparation of sulfur dioxide, for $^{34}S/^{32}S$ analyses, from sulfides by combustion with cuprous oxide. Analytical Chemistry, 47 (7): 1179-1181

Roedder E. 1984. Fluid inclusions: reviews in Mineralogy. Mineralogical Society of America, 12: 1-646

Rollinson H R. 1993. Using geochemical data: evaluation, presentation, interpretation. Longman Scientific and Technical Press, 306-308

Rowe A. 2005. Fluid evolution of the magmatic-hydrothermal breccia of the Goat Hill orebody, Questa Climax-type porphyry molybdenum system, New Mexico—a fluid inclusion study. [Master degree thesis] Soccorro: New Mexico Institute of Mining and Technology

Rudnick R L, Gao S. 2003. Composition of the Continental Crust//Rudnick R L, Holland H D, Turekian K K. Treatise on Geochemistry, vol 3. Oxford: Elsevier-Pergamon: 1-64

Rusk B G, Reed M H. 2008. Fluid inclusion evidence for magmatic-hydrothermal fluid evolution in the porphyry copper-molybdenum deposit at Butte, Montana. Economic Geology, 103: 307-334

Rusk B G, Reed M H, Dilles J H, Klemm L M, Heinrich C A. 2004. Compositions of magmatic hydrothermal fluids determined by LA-ICP-MS of fluid inclusions from the porphyry copper-molybdenum deposit at Butte, MT. Chemical Geology, 210: 173-199

Schaltegger U, Fanning C M, Günther D, Maurin J C, Schulmann K, Gebauer D. 1999. Growth, annealing and recrystallization of zircon and preservation of monazite in high-grade metamorphism: conventional and in-situ U-Pb isotope, cathodoluminescence and microchemical evidence. Contributions to Mineralogy and Petrology, 134: 186-201

Scherer E, Munker C, Mezger K. 2001. Calibration of the lutetium-hafnium clock. Science, 293: 683-687

Schwartz M O. 1989. Determining phase volumes of mixed CO_2-H_2O inclusions using microthermometric measurements. Mineralium Deposita, 24: 43-47

Scott J M, Palin J M, Cooper A F, Sagar M W, Allibone A H, Tulloch A J. 2011. From richer to poorer: zircon inheritance in Pomona Island granite, New Zealand. Contributions to Mineralogy and Petrology, 161: 667-681

Seedorff E, Einaudi M. 2004a. Henderson porphyry molybdenum system, Colorado: I. Sequence and abundance of hydrothermal mineral assemblages, flow paths of evolving fluids, and evolutionary style. Economic Geology, 99 (1): 3-37

Seedorff E, Einaudi M. 2004b. Henderson porphyry molybdenum system, Colorado: II. Decoupling of introduction and deposition of metals during geochemical evolution of hydrothermal fluids. Economic Geology, 99 (1): 39-72

Seedorff E, Dilles J H, Proffett J M, Einaudi M T, Zurcher L, Stavast W J A, Johnson D A, Barton M D. 2005. Porphyry deposit: characteristics and origin of hypogene features. Economic Geology 100th Anniversary Volume: 251-298

Selby D, Nesbitt B E, Muehlenbachs K, Prochaska W. 2000. Hydrothermal alteration and fluid chemistry of the Endako porphyry molybdenum deposit, British Columbia. Economic Geology, 95 (1): 183-202

Seo J H, Guillong M, Heinrich C A. 2009. The role of sulfur in the formation of magmatic-hydrothermal copper-gold deposits. Earth and Planetary Science Letters, 282: 323-328

Shinohara H, Kazahay K. 1995. Degassing processes related to magma chamber crystallization//Thompson J F H. Magmas, fluids and ore deposits. Mineralogical Association of Canada Short Course Series, 23: 47-70

Sillitoe R H. 1972. Plate tectonic model for origin of porphyry copper deposits. Economic Geology, 67: 184-197

Sillitoe R H. 1980. Types of porphyry molybdenum deposits. Mining Magazine, 142: 550-553

Sillitoe R H. 2010. Porphyry copper systems. Economic Geology, 105: 3-41

Simon E J, Norman J P, William L G, Elena B A. 2004. The application of laser ablation-inductively coupled plasma-mass spectrometry to in-situ U-Pb zircon geochronology. Chemical Geology, 211: 47-69

Smoliar M L, Walker R J, Morgan J W. 1996. Re-Os ages of group IA, IIA, IVA and IVB iron meteorites. Science, 271 (5252): 1099-1102

Snee L W. 2002. Argon thermochronology of mineral deposits—a review of analytical methods, formulations, and selected applications. U. S. Geological Survery Bulletin, 2194: 1-39

Söderlund U, Patchett P J, Vervoort J D, Isachsen C E. 2004. The ^{176}Lu decay constant determined by Lu-Hf and U-Pb isotope systematics of Precambrian mafic intrusions. Earth and Planetary Science Letters, 219: 311-324

Steiger R H, Jager E. 1977. Subcommission on geochronology: convention of the use of decay constants in geo- and cosmochronology. Earth and Planetary Science Letters, 36 (3): 359-362

Stein H J. 2006. Low-rhenium molybdenite by metamorphism in northern Sweden: recognition, genesis, and global implications. Lithos, 87 (3-4): 300-327

Stein H J, Markey R J, Morgan J W, Du A, Sun Y. 1997. Highly precise and accurate Re-Os ages for molybdenum from the East Qinling molybdenum belt, Shanxi Province, China. Economic Geology, 98: 827-835

Stein H J, Sundblad K, Markey R J, Morgen J W, Motuza G. 1998. Re-Os ages for Archean molybdenite and pyrite, Kuittila-Kivisuo, Finland and Proterozoic molybdenite, Kabeliai, Lithuania: testing the chronometer in a metamorphic and metasomatic setting. Mineralium Depoista, 33 (4): 329-345

Stein H, Scherstén A, Hannah J, Markey R. 2003. Subgrain-scale decoupling of Re and ^{187}Os and assessment of laser ablation ICP-MS spot dating in molybdenite. Geochimica et Cosmochimica Acta, 67 (19): 3673-3686

Stuart F M, Burnard P G, Taylor R P, Turner G. 1995. Resolving mantle and crustal contributions to ancient hydrothermal fluids: He-Ar isotopes in fluid inclusions from Dae Hwa W-Mo mineralisation, South Korea. Geochimica et Cosmochimica Acta, 59: 4663-4673

Sun S S, McDonough W F. 1989. Chemical and isotopic systematics of oceanic basalts: implication for the mantle composition and processes//Saunders A D, Norry M J. Magmatism in the Ocean Basins. Geological Society of London Special Publication, 42: 313-345

Sun W D, Li S G, Chen Y D, Li Y J. 2002. Timing of synorogenic granotoids in the south Qinling, central China: constraints on the evolution of the Qinling-Dabie orogenic belt. Journal of Geology, 110: 457-468

Sun Y L, Zhou M F, Sun M. 2001. Routine Os analysis by isotope dilutioninductively coupled plasma mass spectrometry: OsO_4 in water solution gives high sensitivity. Journal of Analytical Atomic Spectrometry, 16 (4): 345-349

Suzuki K, Shimizu H, Masuda A. 1996. Re-Os dating of molybdenites from ore deposits in Japan: implication for the closure temperature of the Re-Os system for molybdenite and the cooling history of molybdenum ore deposits. Geochimica et Cosmochimica Acta, 60 (16): 3151-3159

Taylor B E. 1986. Magmatic volatiles: isotopic variation of C, H and S//Valley J W, Taylor H P, O'Neil J R. Stable Isotopes in High Temperature Geological Processes. Review of Mineral, 16: 185-225

Taylor H P. 1974. The application of oxygen and hydrogen isotope studies to problems of hydrothermal alteration and ore deposition. Economic Geology, 69: 843-883

Taylor S R, McLennan S M. 1995. The geochemical evolution of the continental crust. Reviews of Geophysics, 33: 241-265

Taylor R D, Hammarstrom J M, Piatak N M, Seal R R. 2012. Arc–related porphyry molybdenum deposit model. Chapter D of Mineral deposit models for resource assessment. U. S. Geological Survey Scientific Investigations Report 2010-5070-D, 1-64

Tongerson T, Kennedy B M, Hiyagon H. 1988. Argon accumulation and the crustal degassing flux of Ar in the Great Artesian Basin, Australia. Earth Planetary Science Letter, 92: 43-59

Ulrich T, Günther D, Heinrich C A. 2002. The evolution of a porphyry Cu-Au deposit, based on LA-ICP-MS analysis of fluid inclusions: Bajo de la Alumbrera, Argentina. Economic Geology, 97: 1889-1920

Valencia V A, Ruiz J, Barra F, Geherls G, Ducea M, Titley S R, Ochoa-Landin L. 2005. U-Pb zircon and Re-Os molybdneite geochronology from La Caridad porphyry copper deposit: insights for the duration of magmatism and mineralization in the Nacozari district, Sonora, Mexico. Minerlium Deposita, 40: 175-191

Veizer J, Holser W T, Wilgus C K. 1980. Correlation of $^{13}C/^{12}C$ and $^{34}S/^{32}S$ secular variation. Geochimica et Cosmochimica Acta, 44: 579-588

Vervoort J D, Blichert T J. 1999. Evolution of the depleted mantle: Hf isotope evidence from juvenile rocks through time. Geochimica et Cosmochimica Acta, 63: 533-556

Vervoort J D, Patchett P J. 1996. Behavior of hafnium and neodymium isotopes in the crust: constraints from Precambrian crust derived granites. Geochimica et Cosmochimica Acta, 60 (19): 3717-3733

Villaseca C, Orejana D, Paterson B A. 2007. Zr-LREE rich minerals in residual peraluminous granulites, another factor in the origin of low Zr-LREE granitic melts? Lithos, 96 (3-4): 375-386

Wallace S R. 1995. SEG presidential address: the Climax-type molybdenite deposits: What they are, where they are, and why they are. Economic Geology, 90: 1359-1380

Wan Y S, Wilde S A, Liu D Y, Yang C X, Song B, Yin X Y. 2006. Further evidence for ~1.85 Ga metamorphism in the Central zone of the North China Craton: SHRIMP U-Pb dating of zircon from metamorphic rocks in the Lushan area, Henan Province. Gondwana Research, 9 (1-2): 189-197

Wang C M, Chen L, Bagas L, Lu Y J, He X Y, Lai X R. 2015. Characterization and origin of the Taishanmiao aluminous A-type granites: implications for Early Cretaceous lithospheric thinning at the southern margin of the North China Craton. International Journal of Earth Sciences, 105: 1-27

Wang X L, Jiang S Y, Dai B Z. 2010. Melting of enriched Archean subcontinental lithospheric mantle: evidence form the ca. 1760 Ma volcanic rocks of the Xiong'er Group, southern margin of the North China Craton. Precambrian Research, 182 (3): 204-216

Watson E B, Wark D A, Thomas J B. 2006. Crystallization thermometers for zircon and rutile. Contributions to Mineralogy and Petrology, 151: 413-433

Westra G, Keith S B. 1981. Classification and genesis of stockwork molybdenum deposits. Economic Geology, 76 (4): 844-873

White W H, Bookstrom A A, Kamilli R J, Ganster M W, Smith R P, Ranta D E, Steininger R C. 1981. Character and origin of Climax-type molybdenum deposits. Economic Geology, 75th Anniversary Volume, 270-316

Whitehouse M J, Platt J P. 2003. Dating high-grade metamorphism-constraints from rare earth elements in zircon and garnet. Contributions to Mineralogy and Petrology, 145: 61-74

Wiedenbeck M, Griffin W L. 1995. Three natural zircon standards for U-Th-Pb, Lu-Hf, trace element and REE analyses. Geostandards Newsletter, 19: 1-23

Wiedenbeck M, Alle P, Corfu F, Griffin W L, Meier M, Oberli F, Quadt A V, Roddick J C, Spiegel W. 1995. Three natural zircon standards for U-Th-Pb, Lu-Hf, trace element and REE analyses. Geostandards and Geoanalytical Research, 19: 1-23

Wilson J W Jr, Kesler S E, Cloke P L, Kelly W C. 1980. Fluid inclusion geochemistry of the Granisle and Bell porphyry copper deposits, British Columbia. Economic Geology, 75: 45-61

Winter J D. 2001. An introduction to igneous and metamorphic petrology. New Jersey: Prentice Hall, 1-698

Wood S A. 1990. The aqueous geochemistry of the rare-earth elements and yttrium: 1. Review of available low-temperature data for inorganic complexes and the inorganic REE speciation of natural waters. Chemical Geology, 82: 159-186

Woodcock J R, Hollister V F. 1978. Porphyry molybdenite deposits of the North American Cordillera. Minerals Science and Engineering (Johannesburg), 10: 3-18

Wu F Y, Walker R J, Ren X W, Sun D Y, Zhou X H. 2003. Osmium isotopic constraints on the age of lithospheric mantle beneath northeastern China. Chemical Geology, 197: 107-129

Wu F Y, Yang Y H, Xie L W, Yang J H, Xu P. 2006. Hf isotopic compositions of the standard zircons and baddeleyites used in U-Pb geochronology. Chemical Geology, 234: 105-126

Wu Y S, Chen Y J, Zhou K F. 2017. Mo deposits in Northwest China: geology, geochemistry, geochronology and tectonic setting. Ore Geology Reviews, 81: 641-671

Xiao B, Li Q G, Liu S W, Wang Z Q, Yang P, Chen J, Xu X Y. 2014. Highly fractionated late Triassic I-type granites and related molybdenum mineralization in the Qinling orogenic belt: geochemical and U-Pb-Hf and Re-Os isotope constraints. Ore Geology Reviews, 56: 220-233

Xiao B, Li Q G, He S Y, Chen X, Liu S W, Wang Z Q, Xu X Y, Chen J L. 2017. Contrasting geochemical signatures between Upper Triassic Mo-hosting and barren granitoids in the central segment of the South Qinling orogenic belt, central China: implications for Mo exploration. Ore Geology Reviews, 81: 518-534

Xiong X, Zhu L M, Zhang G W, Li N, Yuan H L, Ding L L, Sun C, Guo A L. 2018. Fluid inclusion geochemistry and magmatic oxygen fugacity of the Wenquan Triassic molybdenum deposit in the Western Qinling Orogen, China. Ore Geology Reviews, 99: 244-263

Xiong X L, Adam J, Green T H. 2005. Rutile stability and rutile/melt HFSE partitioning during partial melting of hydrous basalt: implications for TTG genesis. Chemical Geology, 218: 339-359

Xu X S, Griffin W L, Ma X, O'Reilly S Y, He Z Y, Zhang C L. 2009. The Taihua group on the southern margin of the North China Craton: further insights from U-Pb ages and Hf isotope compositions of zircons. Minerology and Petrology, 97 (1-2): 43-59

Xu Y G, Lin C Y, Shi L B, Mercier J C C, Ross J V. 1995. Upper mantle geotherm for eastern China and its geological implications. Science in China (Series B), 38: 1482-1492

Xu Y G, Huang X L, Ma J L, Wang Y B, Xu J F, Wang Q, Wu X Y. 2004. Crustal-mantle interaction during the thermotectonic reactivation of the North China Craton: SHRIMP zircon U-Pb age, petrology and geochemistry of Mesozoic plutons in western Shandong. Contribution to Mineralogy and Petrology, 147: 750-767

Yang J H, Wu F Y, Wilde S A. 2003. A review of the geodynamic setting of large-scale Late Mesozoic gold mineralization in the North China Craton: an association with lithospheric thinning. Ore Geology Reviews, 23: 125-152

Yang J H, Wu F Y, Wilde S A, Liu X M. 2007. Petrogenesis of Late Triassic granitoids and their enclaves with implications for post-collisional lithospheric thinning of the Liaodong Peninsula, North China Craton. Chemical Geology, 242: 155-175

Yang J H, Wu F Y, Wilde S A, Belousova E, Griffin W L. 2008. Mesozoic decratonization of the North China block. Geology, 36: 467-470

Yang L, Chen F, Liu B X, Hu Z P, Qi Y, Wu J D, He J F, Siebel W. 2013. Geochemistry and Sr-Nd-Pb-Hf isotopic composition of the Donggou Mo-bearing granite porphyry, Qinling orogenic belt, central China. International Geology Review, 55: 1261-1279

Yang Y F, Li N, Chen Y J. 2012. Fluid inclusion study of the Nannihu giant porphyry Mo-W deposit, Henan Province, China: implications for the nature of porphyry ore-fluid systems formed in a continental collision setting. Ore Geology Reviews, 46: 83-94

Yang Y F, Chen Y J, Li N, Mi M, Xu Y L, Li F L, Wan S Q. 2013. Fluid inclusion and isotope geochemistry of the Qian'echong giant porphyry Mo deposit, Dabie Shan, China: a case of NaCl-poor, CO_2-rich fluid systems. Journal of Geochemical Exploration, 124: 1-13

Yuan H L, Gao S, Dai M N, Zong C L, Günther D, Fontaine, G H, Liu X M, Diwu C R. 2008. Simultaneous determinations of U-Pb age, Hf isotopes and trace element compositions of zircon by excimer laser-ablation quadrupole and multiple-collector ICP-

MS. Chemical Geology, 247: 100-118

Zartman R E, Doe B R. 1981. Plumbotectonics—the model. Tectonophysics, 75 (1-2): 135-162

Zhang G W, Meng Q R, Yu Z P, Sun Y, Zhou D W, Guo A L. 1996. Orogenesis and dynamics of the Qinling Orogen. Science in China (Series D), 39: 225-234

Zhang H F, Gao S, Zhang B R, Luo T C, Lin W L. 1997. Pb isotopes of granitoids suggests Devonian accretion of Yangtze (South China) craton to North China craton. Geology, 25 (11): 1015-1018

Zhang J, Chen Y J, Shu G M, Zhang F X, Li C. 2002. Compositional study of minerals within the Qinlingliang granite, southwestern Shaanxi Province and discussions on the related problems. Science in China (Series D), 45 (7): 662-672

Zhang S, Mucci A. 1995. Partitioning of rare earth elements (REEs) between calcite and seawater solutions at 25℃ and 1 atm, and high dissolved REE concentration. Geochimica et Cosmochimica Acta, 59: 443-453

Zhao G C, Wilde S A, Cawood P A, Sun M. 2001. Archean blocks and their boundaries in the North China Craton: lithological, geochemical, structural and *P-T* path constraints and tectonic evolution. Precambrian Research, 107: 45-73

Zhao G C, He Y H, Sun M. 2009. The Xiong'er volcanic belt at the southern margin of the North China Craton: petrographic and geochemical evidence for its outboard position in the Paleo- Mesoproterozoic Columbia Supercontinent. Gondwana Research, 17: 145-152

Zhao H X, Jiang S Y, Frimmel H E, Dai B Z, Ma L. 2012. Geochemistry, geochronology and Sr-Nd-Hf isotopes of two Mesozoic granitoids in the Xiaoqinling gold district: implications for large- scale lithospheric thinning in the North China Craton. Chemical Geology, 294-295: 173-189

Zhao T P, Zhai M G, Xia B, Li H M, Zhang Y X, Wan Y S. 2004. Zircon U-Pb SHRIMP dating for the volcanic rocks of the Xiong'er Group: constrains on the initial formation age of the cover of the North China Craton. Chinese Science Bulletin, 49: 2495-2502

Zheng J P, Griffin W L, O'Reilly S Y, Yu C M, Zhang H F, Pearson N, Zhang M. 2007. Mechanism and timing of lithospheric modification and replacement beneath the eastern North China Craton: peridotitic xenoliths from the 100 Ma Fuxin basalts and a regional synthesis. Geochimica et Cosmochimica Acta, 71: 5203-5225

Zheng Y F. 2009. Fluid regime in continental subduction zones: petrological insights from ultrahigh- Pressure metamorphic rocks. Journal of Geological Society of London, 166: 763-782

Zheng Y F, Fu B, Gong B, Li L. 2003. Stable isotope geochemistry of ultrahigh pressure metamorphic rocks from the Dabie-Sulu orogen in China: implications for geodynamics and fluid regime. Earth-Science Reviews, 62: 105-161

Zheng Y F, Zhao Z F, Wu Y B, Zhang S B, Liu X M, Wu F Y. 2006. Zircon U-Pb age, Hf and O isotope constraints on protolith origin of ultrahigh-pressure eclogite and gneiss in the Dabie orogen. Chemical Geology, 231: 135-158

Zheng Y F, Zhang S B, Zhao Z F, Wu Y B, Li X, Li Z, Wu F Y. 2007. Contrasting zircon Hf and O isotopes in the two episodes of Neoproterozoic granitoids in South China: implications for growth and reworking of continental crust. Lithos, 96 (1-2): 127-150

Zheng Y F, Wu R X, Wu Y B, Zhang S B, Yuan H L, Wu F Y. 2008. Rift melting of juvenile arc-derived crust: geochemical evidence from Neoproterozoic volcanic and granitic rocks in the Jiangnan Orogen, South China. Precambrian Research, 136: 351-383

Zhou Z J, Mao S D, Chen Y J, Santosh M. 2016. U-Pb ages and Lu-Hf isotopes of detrital zircons from the southern Qinling Orogen: implications for Precambrian to Phanerozoic tectonics in central China. Gondwana Research, 35: 323-337

Zhu L M, Zhang G W, Guo B, Lee B, Gong H J, Wang F. 2010. Geochemistry of the Jinduicheng Mo- bearing porphyry and deposit, and its implications for the geodynamic setting in East Qinling, P. R. China. Chemie der Erde-Geochemistry, 70 (2): 159-174

Zhu L M, Zhang G W, Chen Y J, Ding Z J, Guo B, Wang F, Lee B. 2011. Zircon U-Pb ages and geochemistry of the Wenquan Mo-bearing granitioids in West Qinling, China: constraints on the geodynamic setting for the newly discovered Wenquan Mo deposit. Ore Geology Reviews, 39: 46-62

Zhu L M, Zhang G W, Yang T, Wang F, Gong H J. 2012. Geochronology, petrogenesis and tectonic implications of the Zhongchuan granitic pluton in the Western Qinling metallogenic belt, China. Geological Journal, 48 (4): 310-334.

Zhu R X, Yang Z Y, Wu H N, Ma X H, Huang B C, Meng Z F, Fang D J. 1998. Paleomagnetic constraints on the tectonic history of the major blocks of China during the Phaneorozoic. Science in China (Series D), 41: 1-19

第4章　斑岩-夕卡岩型矿床

当中酸性岩浆侵入含有大量碳酸盐的沉积岩系时，火成岩与水成岩之间的水火交融就会形成斑岩-夕卡岩型或夕卡岩型矿床。秦岭造山带广泛发育前侏罗纪含碳酸盐的沉积岩系，中生代花岗质岩浆活动强烈，有利于夕卡岩型金属矿床形成，使秦岭造山带斑岩-夕卡岩型钼矿床的重要性不亚于斑岩型，包括东秦岭地区的超大型矿床如南泥湖-三道庄钼钨矿床、鱼库钼钨矿床、上房沟钼铁矿床，夜长坪钼钨矿床，以及木龙沟、马圈、银家沟、秋树湾等中小型钼多金属矿床，它们均形成于燕山期（158～130Ma）；在西秦岭地区，新发现了月河坪、大西沟等小型钼多金属矿床或矿点，它们与印支期花岗岩浆活动关系密切。

秦岭地区的斑岩-夕卡岩型矿床与斑岩型矿床一样属于岩浆热液矿床，而且成矿时间、地区一致，应缘于相同的构造事件。秦岭燕山期斑岩-夕卡岩型钼成矿系统同样具有 CO_2/H_2O、F/Cl 和 K/Na 值高，发育含 CO_2包裹体、含子晶 CO_2包裹体、多子晶 CO_2包裹体、纯 CO_2包裹体，钾长石化、萤石化、碳酸盐化等“贫水蚀变”强烈，与碰撞型斑岩钼矿床特征相似。然而，由于围岩性质的差异和岩浆-流体系统与围岩相互作用的影响，它们较多地发育了石榴子石、透辉石、粒硅镁石、橄榄石、阳起石、透闪石、金云母、绿帘石、绿泥石、蛇纹石等脉石矿物，以及磁铁矿、黄铁矿、辉钼矿、白钨矿、黑钨矿、黄铜矿、闪锌矿、方铅矿等金属矿物，导致共生或伴生成矿元素较多，远比单钼矿化的斑岩系统复杂。

限于已发现印支期矿床的重要性不足，研究程度薄弱，本章只介绍燕山期的成矿系统。精选了能够涵盖秦岭造山带不同元素组合类型的4个代表性成矿系统详细介绍，它们是南泥湖-三道庄超大型钼钨矿床、上房沟超大型钼铁矿床、银家沟钼多金属矿床（成矿元素：S-Fe-Cu-Mo-Au-Pb-Zn-Ag）和秋树湾铜钼矿床。最后，本章讨论了夕卡岩型成矿的相关问题，提出了斑岩-夕卡岩型成矿系统的蚀变矿化模式，以及在陆缘岩浆弧和大陆碰撞造山体制的成矿构造模式。

4.1　南泥湖-三道庄钼钨矿床

南泥湖-三道庄钼钨矿床位于河南省栾川县冷水镇，是一典型的斑岩-夕卡岩型钼金属成矿系统。该矿床发现于20世纪50年代，因规模巨大在勘探时被人为地划分为南泥湖和三道庄两个矿区。其中南泥湖矿区主要为斑岩型，矿体赋存于花岗斑岩内部及其内外接触带，已探明钼金属储量124万t，平均品位0.076%，伴生钨（WO_3）金属量亦达到大型规模，平均品位0.103%（李诺等，2007）；三道庄矿区主要为夕卡岩型，矿体赋存于夕卡岩和大理岩中，探明钼金属储量88万t，平均品位0.115%，伴生钨金属量达到超大型规模，平均品位0.117%（李诺等，2007）；两矿区伴生的硫和铼也具有综合利用的价值。

南泥湖-三道庄矿床自发现之始就成为地质工作者研究的热点，在地质、年代学、地球化学、流体包裹体等方面积累了大量资料。本书总结了前人的研究成果，并对其成矿流体特征开展了详细解剖（杨永飞等，2009；石英霞等，2009；Yang et al.，2012）。

4.1.1　成矿地质背景

南泥湖-三道庄钼钨矿床位于华北克拉通南缘，栾川断裂带北侧，与上房沟钼铁矿床（超大型钼矿）以及马圈钼矿床（中小型）共同组成了举世闻名的栾川钼矿田（图4.1）。

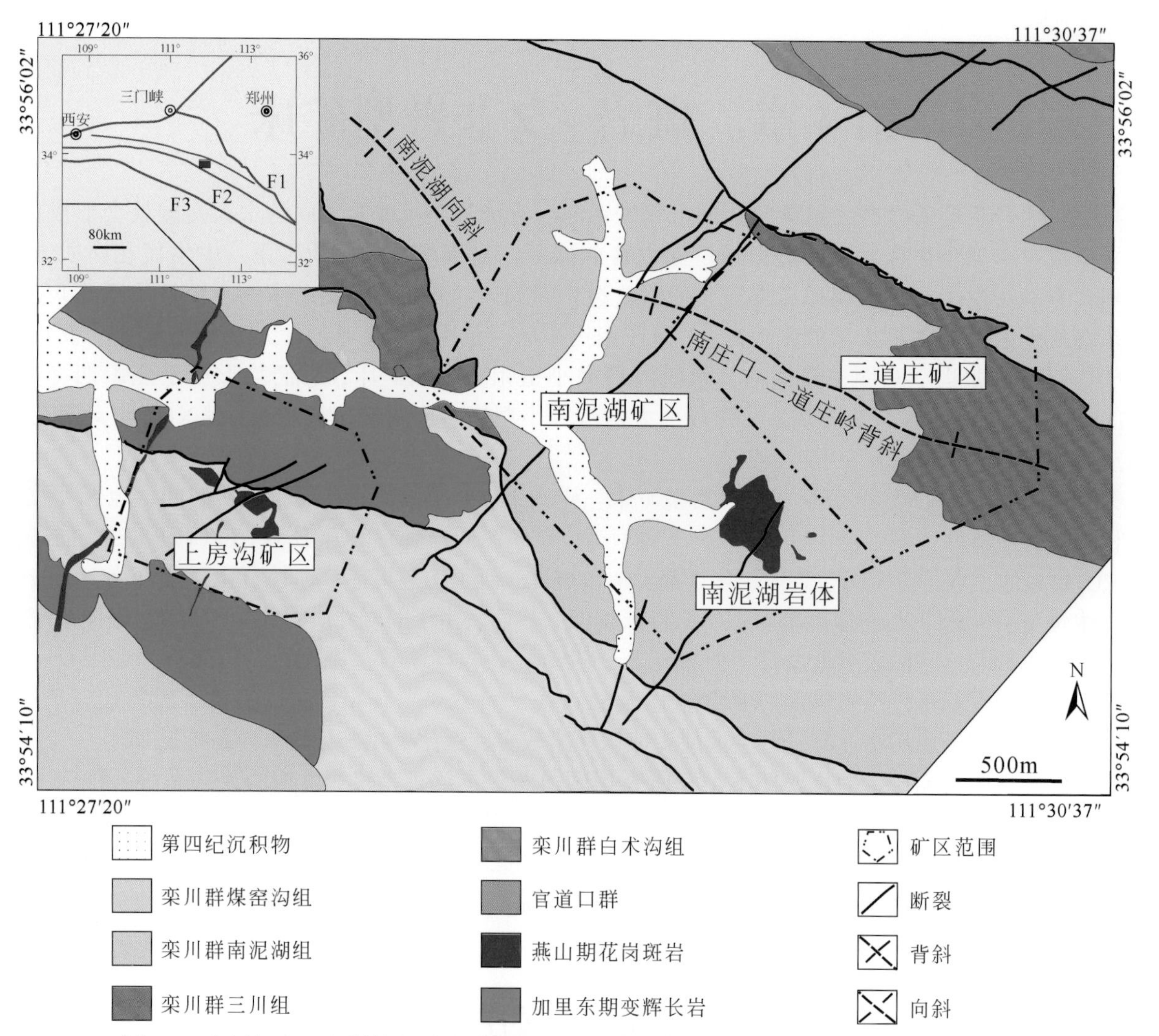

图 4.1 栾川钼矿田地质简图（据河南省地质局地调一队，1980，1985，本书作者修改简化）

F1. 三门峡-宝丰断裂；F2. 栾川断裂；F3. 商南-丹凤断裂

栾川钼矿田出露的地层主要为中元古界官道口群和新元古界栾川群（图 4.1）。官道口群为一套浅海相含燧石条带碳酸盐岩组合，主要岩性为厚-巨厚层状白云石大理岩夹燧石条带，部分层位含少量含碳绢云母千枚岩、二云母片岩。该地层只少量出露于矿田东北部，在矿田范围内与栾川群呈整合接触。栾川群为矿田内出露的主要地层，其北侧整合覆盖于官道口群之上，南侧与新元古界陶湾群呈不整合接触。由下而上，栾川群可分为白术沟组、三川组、南泥湖组、煤窑沟组。白术沟组主要为碳质绢云千枚岩、绢云石英片岩、长石石英岩、碳质绢云石英岩夹大理石透镜体组合。三川组可分为上、下两个岩性段，下段主要为含石英细砾的变质砂岩夹千枚岩，经热接触变质作用形成长英角岩、黑云母长英角岩及石英岩；上段以大理岩为主夹薄层钙质片岩，经接触交代作用形成透辉石、石榴子石夕卡岩。南泥湖组原岩为一套浅海相沉积岩组合，根据岩性可分为三个岩性段：下段主要为石英岩夹绢云母片岩，经热接触变质形成石英角岩及长英角岩夹黑云母长英角岩；中段主要为片岩夹石英岩，经热接触变质形成黑云母长英角岩、透辉石长英角岩及阳起石长英角岩；上段主要为大理岩与钙硅酸角岩。煤窑沟组原岩是一套浅海陆源碎屑沉积到富含生物礁及有机质的钙镁碳酸盐沉积，主要岩性为云母石英片岩、白云石大理岩。

矿田内主要褶皱包括南庄口-三道庄岭背斜和南泥湖向斜，南泥湖-三道庄钼钨矿床即赋存于南庄口-三道庄岭背斜西南翼、南泥湖向斜东北翼（图 4.1）。南庄口-三道庄岭背斜轴部呈 NWW 向展布，区内延长2000余米，核部由白术沟组和三川组组成，两翼出露南泥湖组地层；其东北翼倾向为0°～40°，倾角为30°～80°；西南翼倾向180°～240°，倾角30°～70°；核部地层产状平缓，倾角5°～10°，轴面直立，为一较对称的箱状背斜（河南省地质局地调一队，1980）。南泥湖向斜轴向NW，核部由南泥湖组中段地层组成，东北翼为南泥湖下段地层，西南翼为白术沟组、三川组地层，由南泥湖向东逐渐变为一单斜构造。

矿田内断裂构造发育，主要呈NWW、NW向展布，成群成带分布，规模大小不等。NWW向的栾川断裂（图4.1角图中F2）分布于矿田南部。该断裂属区域性断裂，经历了多次造山过程的韧、脆性变形，是华北克拉通南缘与北秦岭造山带的界线。NNE、NE向次级断裂叠加在NWW、NW向断裂、褶皱构造之上，形成格子状构造格局。两组构造交汇部位有利于斑岩体的侵位和成矿热液的运移，控制了斑岩体与相关热液成矿系统的分布。

矿田内岩浆活动发育，主要岩浆岩包括新元古代变辉长岩和燕山期小斑岩体。变辉长岩出露于矿田西南，呈NWW向侵入于煤窑沟组和南泥湖组地层中，平面上呈不规则的带状及脉状。岩石灰绿色，细-粗粒变余辉长结构、变余辉长辉绿结构，块状构造。主要组成矿物为角闪石和斜长石，次为黑云母、钛铁矿、白钛石及少量透辉石、钾长石、石英等；副矿物包括磷灰石、黄铁矿、磁黄铁矿、磁铁矿、榍石、电气石等（河南省地质局地调一队，1980）。变辉长岩局部受热力变质和后期热液交代作用形成斜长石透辉石角岩。蒋干清等（1994）获得其K-Ar年龄为743Ma。燕山期小斑岩体受NWW向与NE向构造交汇控制，包括南泥湖岩体和上房沟岩体，分别是南泥湖-三道庄钼钨矿床和上房沟钼铁矿床的成矿母岩。南泥湖岩体详细的地质地球化学特征见“4.1.2　成矿岩体特征”部分。上房沟岩体分布于矿田西部，侵入煤窑沟组白云质大理岩、长英质岩石中。岩体主要由钾长花岗斑岩和少量斑状黑云二长花岗岩组成，呈上小下大的岩筒状，地表长500m，宽100m，呈NWW向展布。钾长花岗斑岩具斑状结构，块状构造；岩石主要矿物包括钾长石、斜长石、石英，次要矿物主要为黑云母，副矿物有磷灰石、锆石、磁铁矿、白钨矿、金红石、钛铁矿、榍石等（包志伟等，2009）。其中斑晶主要由钾长石、石英和斜长石组成，含量约10%～25%。前人曾采用K-Ar、Rb-Sr、SHRIMP和LA-ICP-MS锆石U-Pb方法对钾长花岗斑岩进行了定年，获得其成岩年龄介于134～157Ma（马振东，1984；胡受奚等，1988；李先梓等，1993；李永峰，2005；包志伟等，2009）。

4.1.2　成矿岩体特征

4.1.2.1　岩体地质和岩性

南泥湖斑岩体出露于矿田中东部，侵入南泥湖组地层中。岩体地表呈不规则椭圆状，长轴约450m，短轴约300m，出露面积近0.12km^2。岩体深部变大，向北西倾伏。剖面上，岩体产状不对称，南东和北东接触面倾斜陡，倾角50°～80°；北西和南西接触面倾斜缓，倾角20°～40°，岩体顶面起伏不平。钻探揭示岩体浅部为斑状二长花岗岩，向深部逐渐过渡为斑状黑云母花岗闪长岩（刘永春等，2006）。两种岩石均呈似斑状结构，组成矿物相似，主要矿物包括钾长石、石英、斜长石和少量黑云母，副矿物包括磷灰石、锆石、独居石、磁铁矿、金红石、石榴子石、黄铁矿、榍石等，但矿物含量有所不同。斑状二长花岗岩中斑晶含量约20%～50%，主要为钾长石、石英和少量斜长石，基质具细-中粒花岗结构，主要由细粒钾长石、斜长石、石英和黑云母组成；斑状黑云母花岗闪长岩斑晶含量约5%～10%，主要为钾长石和少量石英，基质具细粒花岗结构，黑云母含量较斑状二长花岗岩增多，并出现少量角闪石。

4.1.2.2　元素地球化学

南泥湖岩体的主量、微量和稀土元素组成见表4.1、表4.2和表4.3。

表 4.1　南泥湖岩体主量元素含量　（单位:%）

岩石	样数	SiO_2	TiO_2	Al_2O_3	Fe_2O_3	FeO	MnO	MgO	CaO	Na_2O	K_2O	P_2O_5	烧失量	总和	K_2O/Na_2O	K_2O+Na_2O	A/CNK	来源
斑状黑云母花岗闪长岩	6	66.06	0.62	15.11	1.86	1.87	0.06	1.50	2.48	3.99	4.64	0.33	1.15	99.67	1.16	8.63	0.94	胡受奚等，1988
斑状黑云母花岗闪长岩	7	66.65	0.58	15.03	1.80	1.85	0.06	1.38	2.35	1.96	4.61	0.31	1.07	99.65	2.35	6.57	1.20	吴澄宇和刘孝善，1989
斑状花岗岩	33	73.55	0.17	13.03	0.97	0.55	0.03	0.46	1.09	2.66	6.13	0.06	1.38	100.08	2.30	8.79	1.00	胡受奚等，1988
中粒斑状花岗岩	31	73.58	0.18	13.13	1.08	0.53	0.02	0.39	1.11	2.79	5.95	0.06	1.35	100.17	2.13	8.74	1.01	吴澄宇和刘孝善，1989
细粒斑状花岗岩	1	75.13	0.07	12.22	0.32	0.41	0.02	0.20	1.53	2.05	5.90	0.03	1.72	99.60	2.88	7.95	0.97	吴澄宇和刘孝善，1989
斑状花岗岩	29	73.49	0.15	13.01	1.04	0.57	0.03	0.48	1.08	2.68	6.19	0.06		98.78	2.31	8.87	1.00	罗铭玖等，1991
斑状花岗岩	32	72.30	0.24	13.40	1.34	0.69	0.03	0.59	1.31	2.86	5.93	0.10	1.35	100.14	2.07	8.79	0.99	李先梓等，1993
斑状花岗岩	1	77.46	0.19	12.23	0.58	0.15	0.03	0.18	0.12	3.10	5.23	0.09		99.36	1.69	8.33	1.11	徐兆文等，1995
斑状花岗岩	4	75.27	0.17	13.00	1.36		0.01	0.20	0.14	1.93	7.01	0.03	0.86	100.08	3.63	8.94	1.18	包志伟等，2009

表 4.2　南泥湖岩体主要微量元素含量　（单位：10^{-6}）

岩石	样数	Cu	Pb	Zn	Rb	Sr	V	Cr	Ni	Co	Be	Ga	Th	U	Nb	Sc	Ba	Nb	Mo	W	F	来源
斑状花岗闪长岩	10	34.0	4.0	60.5			42.0	1.5	3.0	2.5	1.9								40	3.6	2600	胡受奚等，1988
斑状花岗闪长岩	1	10.2	42.8	42.5	217	579	32.5	53.5		5.2	6.2	31.5	22.0	6.7	41.1		2203	41.1	23	11.6	1240	吴澄宇和刘孝善，1989
斑状花岗岩	18	24.0	4.0	8.9			16.0	3.7	2.1	1.7	1.5								54	54.0	1040	胡受奚等，1988
中粒斑状花岗岩	6	40.5	25.0	17.4	375	135	12.4	4.2	<8.0	4.2	8.7	28.5	28.6	15.2	35.1	2.5	829	35.1	24	24.3	1450	吴澄宇和刘孝善，1989
细粒斑状花岗岩	1	10.7	22.7	17.7	310	81	6.5	29.4		<3.0	18.1	29.5	18.2	12.7	47.6	2	344	47.6	38	28.8	400	吴澄宇和刘孝善，1989
斑状花岗岩	9	7.5	9.5	31.1		95	10.3	1.94	2.1	2.3	6.1	15.5	27.7		69.7	2.05	1174	69.7	38	26.1	649	李先梓等，1993
细粒斑状花岗岩	1	30.0	39.0	73.0	291	37	9.0	40	1.0	4.0							170					李先梓等，1993
斑状花岗岩	3	11.8	18.9	17.5	364	83	6.7	10.8	4.1	2.4		22.5	36.3	20.7	70.7	2.07	688	70.7				包志伟等，2009
斑状花岗岩	1	460.0	43.3	305.0	462	55	5.2	11.2	5.9	2.5		27.6	39.6	20.8	50.9	2.2	829	50.9				包志伟等，2009

表 4.3 南泥湖岩体稀土元素含量

（单位：10^{-6}）

岩性	样数	La	Ce	Pr	Nd	Sm	Eu	Gd	Tb	Dy	Ho	Er	Tm	Yb	Lu	Y	∑REE	δEu	来源
斑状花岗闪长岩	5	63.10	111	11.63	36.60	6.09	1.17	4.34	0.66	1.91	0.43	0.93	0.25	1.05	0.32	11.57	239.48	0.72	胡受奚等，1988
斑状花岗闪长岩	1	84.62	155.77	15.99	54.60	9.69	2.16	6.1	0.7	3.54	0.84	1.80	0.29	0.79		12.81	336.89	0.87	胡受奚等，1988
斑状花岗闪长岩	1	84.23	156.78	16.06	55.25	9.80	2.15	6.21	0.73	3.71	0.91	1.90	0.34	0.98		14.20	339.05	0.85	胡受奚等，1988
斑状花岗闪长岩	1	66.50	122.00	11.60	36.00	6.30	1.30	4.90	0.80	2.10	0.43	0.61	0.23	0.45	<0.25	10.20	253.22	0.75	罗铭玖等，1991
斑状花岗闪长岩	1	58.90	101.00	10.80	28.30	4.80	1.00	4.20	0.70	2.00	0.43	0.82	0.26	0.76	<0.25	10.20	213.97	0.73	罗铭玖等，1991
中粒斑状花岗岩	5	41.00	66.50	7.26	19.40	3.22	0.53	2.29	0.44	1.32	0.31	0.80	0.20	1.07	0.25	9.02	144.59	0.62	胡受奚等，1988
细粒斑状花岗岩	2	15.47	26.00	2.90	7.24	1.23	0.25	0.88	0.16	0.57	0.17	0.54	0.11	1.06	0.30	5.99	56.88	0.78	胡受奚等，1988
斑状花岗岩	1	30.08	50.85	4.45	14.17	2.26	0.47	1.63	0.22	1.52	0.44	0.94	0.19	1.27	0.04	9.63	108.53	0.78	胡受奚等，1988
斑状花岗岩	1	41.31	72.48	6.93	21.68	3.87	0.68	2.41	0.34	1.63	0.48	1.15	0.20	0.91	0.02	8.43	154.09	0.69	胡受奚等，1988
斑状花岗岩	1	60.80	100.68	9.36	29.31	4.90	0.90	3.01	0.36	2.15	0.57	1.33	0.23	1.27		11.07	214.87	0.72	胡受奚等，1988
斑状花岗岩	1	31.60	36.60	6.20	15.20	2.50	0.46	2.30	0.46	1.10	0.28	0.65	0.20	0.88	<0.25	7.20	98.43	0.63	罗铭玖等，1991
斑状花岗岩	11	50.32	88.10	8.90	27.16	4.64	0.94	3.27	0.48	1.94	0.47	1.00	0.23	0.88	0.10	9.53	188.43	0.71	李先梓等，1993
斑状花岗岩	4	45.45	74.45	7.37	22.02	3.18	0.49	2.11	0.28	1.48	0.28	0.86	0.14	1.11	0.21	9.91	159.43	0.62	包志伟等，2009

斑状黑云母花岗闪长岩的 SiO_2 含量为 66.06%～66.65%，TiO_2 含量为 0.58%～0.62%；K_2O+Na_2O 含量为 6.57%～8.63%，K_2O/Na_2O 为 1.16～2.35；Al_2O_3 含量为 15.03%～15.11%，A/CNK 为0.94～1.20，属准铝质到过铝质；Fe、Mg、Ca 含量偏低。斑状二长花岗岩的 SiO_2 含量为 72.30%～77.46%；TiO_2 含量为 0.07%～0.24%；K_2O+Na_2O 含量为 7.95%～8.94%，K_2O/Na_2O 为 1.69～3.63；Al_2O_3 含量为 12.22%～13.40%，A/CNK 为 0.97～1.18，属准铝质到过铝质；贫 Fe、Mg、Ca。在 K_2O+Na_2O-SiO_2 图解中，斑状二长花岗岩样品全部落于花岗岩区域，斑状黑云母花岗闪长岩落于石英二长岩到花岗闪长岩区域（图 4.2A）。在 A/NK-A/CNK 图解中，斑状黑云母花岗闪长岩和斑状二长花岗岩样品均落于准铝质到过铝质区域（图 4.2B），在 K_2O-SiO_2 图解中二者大部分样品点落于钾玄岩区域（图 4.2C）。

斑状黑云母花岗闪长岩和斑状花岗岩中 Mo、W、Cu、Pb 等成矿元素含量较高，且富 F（表 4.2）。在稀土元素的球粒陨石标准化图解中（图 4.3A），二者均表现为轻稀土富集、重稀土亏损的右倾配分模式，具有中等-弱的 Eu 负异常（δEu=0.62～0.87），但斑状黑云母花岗闪长岩的 δEu 值和稀土元素总量总体较斑状花岗岩更高。在微量元素原始地幔标准化图解中（图 4.3B），二者均表现出富集 K、Rb、U、Th、Zr、Hf 等元素，亏损 Sr、Ba、Nb、Ti、P 等元素。

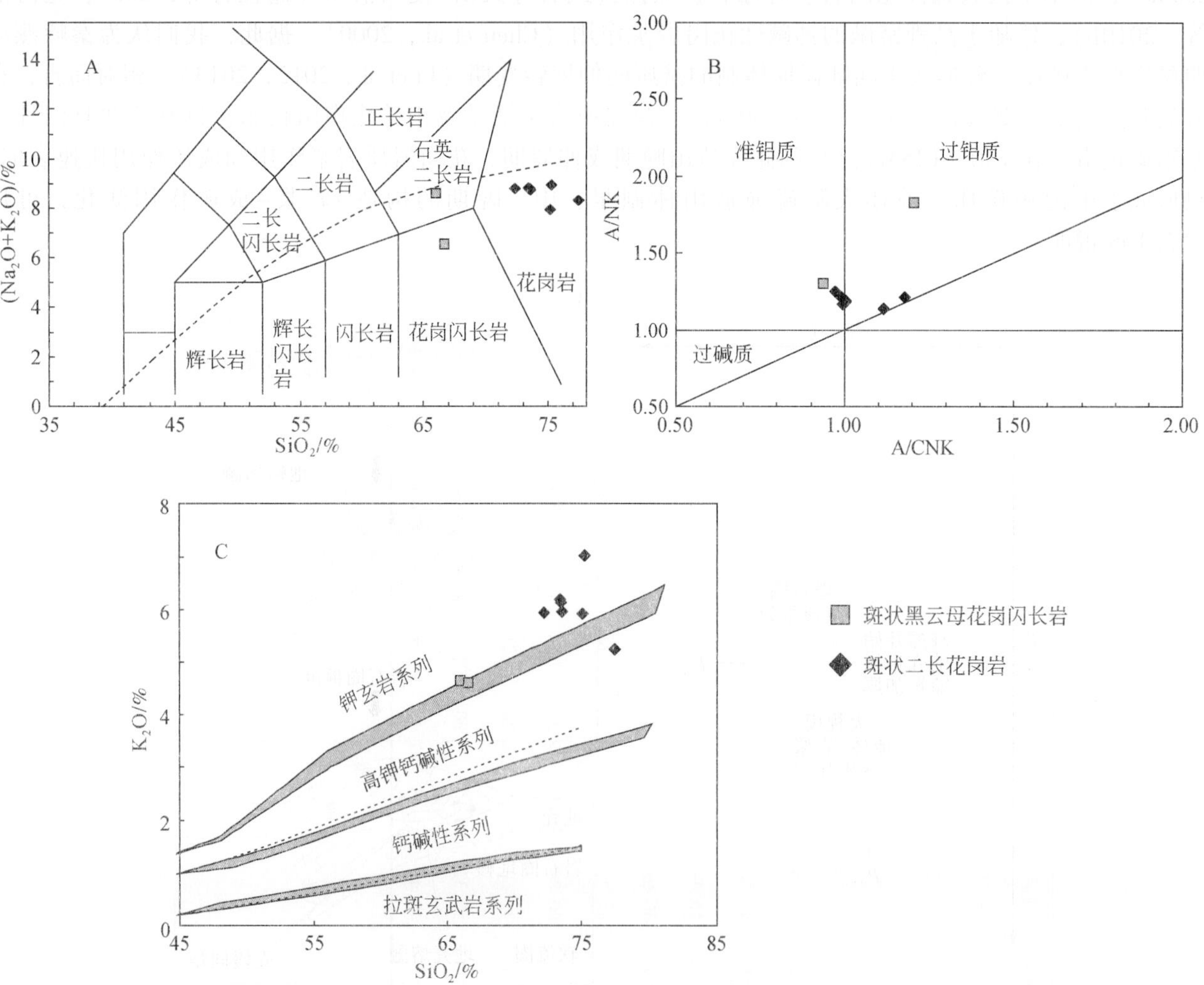

图 4.2　南泥湖岩体 SiO_2-(Na_2O+K_2O) 图解（A）、A/CNK-A/NK 图解（B）以及 SiO_2-K_2O 图解（C）

图 A、B、C 底图分别据 Middlemost，1994，Irvine and Baragar，1971 和 Rickwood，1989；数据见表 4.1

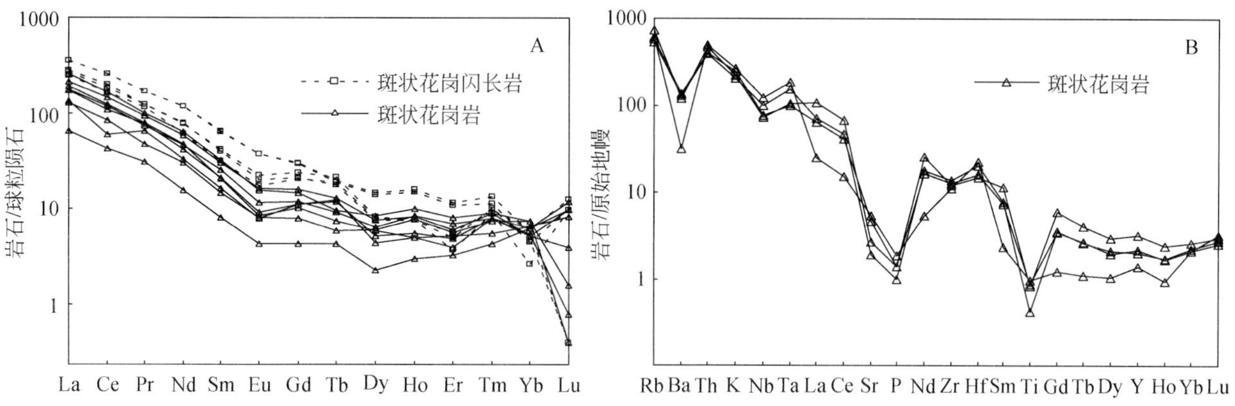

图4.3 南泥湖岩体球粒陨石标准化稀土元素配分曲线（A）和原始地幔标准化微量元素蛛网图（B）

标准化数据据Sun and McDonough，1989，数据来自表4.2、表4.3

4.1.2.3 同位素地质年代学

前人对南泥湖复式岩体及矿区花岗斑岩脉的年龄进行了研究（表4.4），获得斑状黑云母花岗闪长岩的黑云母和钾长石K-Ar年龄分别为136.5±3.7Ma和104.3±2.9Ma，相差很大。考虑到K-Ar同位素体系易于遭受后期扰动，所获结果有待商榷。

李永峰（2005）和包志伟等（2009）分别对南泥湖斑状二长花岗岩进行了锆石SHRIMP和LA-ICP-MS U-Pb测年研究，得到其$^{206}Pb/^{238}U$加权平均年龄为157.1±2.9Ma（$n=9$，MSWD=1.8，表4.5，图4.4A）和149.56±0.36Ma（$n=20$，MSWD=1.5，表4.6，图4.4B）。针对李永峰（2005）和包志伟等（2009）所测年龄的差别，向君峰等（2012）再次对南泥湖斑状二长花岗岩和花岗斑岩脉进行了锆石LA-ICP-MS U-Pb测年，获得斑状二长花岗岩样品（100716-1）的结晶年龄为146.7±1.2Ma，同时捕获有176Ma左右的锆石（表4.6，图4.4C）；矿区白色花岗岩脉（100719-7）所含锆石给出了三组年龄数据（表4.6，图4.4D）：145.2±1.5Ma、158.2±1.2Ma以及174Ma；而由红色细晶花岗斑岩脉（100716-1）的锆石全部有效分析点获得的不一致线上下交点年龄分别为2277±21Ma和151±31Ma（图4.4E），其中上交点年龄与继承锆石核年龄一致，下交点附近13个分析点给出了145.7±1.2Ma（表4.6；图4.4F）的$^{206}Pb/^{238}U$加权平均年龄。向君峰等（2012）认为南泥湖岩体最终侵位年龄为145Ma左右；年龄为2200Ma左右的锆石为继承锆石，指示了原岩的年龄；同时矿区还存在158Ma和175Ma两期岩浆热事件。

表4.4 南泥湖岩体成岩年龄

岩体	测试矿物	样品数	测试方法	年龄/Ma	资料来源
斑状黑云母花岗闪长岩	黑云母	不详	K-Ar	136.5±3.7	胡受奚等，1988
斑状黑云母花岗闪长岩	钾长石	不详	K-Ar	104.3±2.9	胡受奚等，1988
斑状二长花岗岩	全岩	5	Rb-Sr等时线	142±15	胡受奚等，1988
斑状二长花岗岩	钾长石	不详	K-Ar	130.9±4.5	罗铭玖等，1991
斑状二长花岗岩	全岩	5	Rb-Sr等时线	141	李先梓等，1993
斑状二长花岗岩	锆石	9	SHRIMP U-Pb	157.1±2.9	李永峰，2005
斑状二长花岗岩	锆石	20	LA-ICP-MS U-Pb	149.56±0.36	包志伟等，2009
斑状二长花岗岩	锆石	12	LA-ICP-MS U-Pb	146.7±1.2	向君峰等，2012
红色细晶花岗斑岩脉	锆石	7	LA-ICP-MS U-Pb	145.2±1.5	向君峰等，2012
白色花岗斑岩脉	锆石	13	LA-ICP-MS U-Pb	145.7±1.2	向君峰等，2012

表 4.5　南泥湖斑状二长花岗岩 SHRIMP 锆石 U-Pb 定年结果（李永峰，2005）

样品	含量				同位素比值						年龄/Ma	
分析号	^{206}Pbc/%	U/10^{-6}	Th/10^{-6}	$^{206}Pb^*$/10^{-6}	$^{232}Th/^{238}U$	$^{207}Pb^*/^{206}Pb^*$	1σ/%	$^{207}Pb/^{235}U$	1σ/%	$^{206}Pb/^{238}U$	1σ/%	$^{206}Pb/^{238}U$	1σ
N-2-1	1.82	854	612	18.2	0.74	0.0532	7.8	0.179	8.3	0.02438	3.0	155.3	4.5
N-2-2	5.63	2207	2290	40.2	1.07	0.0546	8.2	0.151	8.6	0.02002	2.8	127.8	3.6
N-2-3	2.44	1828	1893	40	1.07	0.0516	6.0	0.177	6.6	0.02485	2.8	158.2	4.4
N-2-4	2.34	2894	5081	65.1	1.81	0.0492	4.9	0.174	5.6	0.02559	2.8	162.9	4.5
N-2-5	2.35	2242	1356	48.8	0.62	0.0457	7.9	0.154	8.3	0.02450	2.8	156.0	4.3
N-2-6	16.97	1591	7963	62.1	3.18	0.0580	18	0.185	18	0.02316	3.0	147.6	4.4
N-2-7	19.82	1546	3598	34.8	2.40	0.0220	67	0.064	67	0.02098	3.3	133.9	4.4
N-2-8	3.39	3430	4277	74.7	1.29	0.0491	9.4	0.166	9.8	0.02449	2.8	156.0	4.3
N-2-9	3.51	3548	2994	82.2	0.87	0.0460	5.9	0.165	6.5	0.02601	2.8	165.5	4.5
N-2-10	16.15	1052	5477	22.9	5.38	0.0380	34	0.111	34	0.02122	3.2	135.4	4.3
N-2-11	3.48	2245	3150	47.1	1.45	0.0498	7.6	0.162	8.1	0.02358	2.8	150.3	4.2
N-2-12	5.02	3504	2726	81.4	0.80	0.0419	9.1	0.149	9.5	0.02570	2.8	163.6	4.6

注：Pbc 和 Pb^* 分别表示普通铅和放射性成因铅含量，普通铅由实测的 ^{204}Pb 校正。

表 4.6　南泥湖斑状二长花岗岩及矿区花岗斑岩脉 LA-ICP-MS 锆石 U-Pb 定年结果（包志伟等，2009；向君峰等，2012）

样品号	含量/10^{-6}			Th/U	同位素比值						年龄/Ma					
	Pb^*	Th	U		$^{207}Pb/^{206}Pb$	1σ	$^{207}Pb/^{235}U$	1σ	$^{206}Pb/^{238}U$	1σ	$^{207}Pb/^{206}Pb$	1σ	$^{207}Pb/^{235}U$	1σ	$^{206}Pb/^{238}U$	1σ
斑状二长花岗岩																
LN-3-01	252	578	2284	0.25	0.05210	0.00064	0.1698	0.0015	0.02364	0.00013	290	10	159	1	150.6	0.8
LN-3-02	402	2553	3499	0.73	0.04944	0.00055	0.1583	0.0012	0.02322	0.00012	169	8	149	1	148.0	0.8
LN-3-03	361	1535	3236	0.47	0.05017	0.00057	0.1614	0.0012	0.02333	0.00012	203	8	152	1	148.7	0.8
LN-3-04	281	1279	2478	0.52	0.04953	0.00057	0.1607	0.0012	0.02353	0.00012	173	9	151	1	149.9	0.8
LN-3-05	242	1013	2170	0.47	0.04951	0.00062	0.1588	0.0014	0.02326	0.00013	172	11	150	1	148.2	0.8
LN-3-06	361	1842	3178	0.58	0.04986	0.00057	0.1611	0.0012	0.02343	0.00012	188	9	152	1	149.3	0.8
LN-3-07	362	1050	3307	0.32	0.04959	0.00058	0.1597	0.0013	0.02336	0.00012	176	10	150	1	148.9	0.8
LN-3-08	325	1310	2897	0.45	0.04904	0.00058	0.1588	0.0013	0.02348	0.00012	150	10	150	1	149.6	0.8
LN-3-09	94.3	657.6	801.9	0.82	0.06068	0.00088	0.1964	0.0022	0.02347	0.00013	628	15	182	2	149.5	0.8

续表

样品号	含量/10^{-6}			Th/U	同位素比值						年龄/Ma					
	Pb*	Th	U		$^{207}Pb/^{206}Pb$	1σ	$^{207}Pb/^{235}U$	1σ	$^{206}Pb/^{238}U$	1σ	$^{207}Pb/^{206}Pb$	1σ	$^{207}Pb/^{235}U$	1σ	$^{206}Pb/^{238}U$	1σ
斑状二长花岗岩																
LN-3-10	298	838.4	2389	0.35	0.04968	0.00084	0.1814	0.0026	0.02648	0.00016	180	22	169	2	168.0	1.0
LN-3-11	379	1531	3347	0.46	0.04932	0.00057	0.1617	0.0013	0.02377	0.00012	160	9	152	1	151.4	0.8
LN-3-12	227	1562	1947	0.80	0.04874	0.00068	0.1576	0.0017	0.02345	0.00013	135	15	149	2	149.4	0.8
LN-3-13	110	661.3	940	0.70	0.05205	0.00080	0.1695	0.0021	0.02361	0.00014	154	55	150	3	149.9	0.9
LN-3-14	252	77.3	1582	0.05	0.04871	0.00066	0.1592	0.0016	0.02371	0.00013	134	14	150	1	151.1	0.8
LN-3-15	226	865	2016	0.43	0.04923	0.00073	0.1605	0.0019	0.02365	0.00013	159	18	151	2	150.7	0.8
LN-3-16	252	1751	2634	0.66	0.04837	0.00055	0.1569	0.0012	0.02352	0.00012	117	9	148	1	149.9	0.8
LN-3-17	265	1194	2368	0.50	0.04926	0.00059	0.1593	0.0013	0.02345	0.00012	160	10	150	1	149.4	0.8
LN-3-18	252	947.4	1638	0.58	0.05100	0.00080	0.1547	0.0020	0.02200	0.00013	241	19	146	2	140.3	0.8
LN-3-19	194	1608	1662	0.97	0.04945	0.00068	0.1591	0.0017	0.02332	0.00013	169	14	150	1	148.6	0.8
LN-3-20	252	1178	1104	1.07	0.05384	0.00096	0.1571	0.0024	0.02116	0.00013	364	24	148	2	135.0	0.8
LN-3-21	306	1040	2820	0.37	0.04938	0.00062	0.1582	0.0014	0.02323	0.00012	166	12	149	1	148.0	0.8
LN-3-22	252	1525	1871	0.82	0.04895	0.00059	0.1586	0.0014	0.02349	0.00012	145	11	149	1	149.7	0.8
LN-3-23	188	1080	1782	0.61	0.05139	0.00072	0.1552	0.0017	0.02189	0.00012	258	15	146	1	139.6	0.8
LN-3-24	183	688	1657	0.42	0.04928	0.00068	0.1604	0.0017	0.02361	0.00013	161	15	151	2	150.4	0.8
LN-3-25	200	967.3	1906	0.51	0.04829	0.00070	0.1469	0.0017	0.02206	0.00012	114	17	139	2	140.7	0.8
LN-3-26	1174	489.6	873.5	0.56	0.09862	0.00099	3.65	0.19	0.2686	0.0014	1569	20	1547	7	1531.0	7.0
LN-3-27	262	1047	2556	0.41	0.05012	0.00069	0.1508	0.0016	0.02182	0.00012	201	14	143	1	139.1	0.8
LN-3-28	117	1091	1082	1.01	0.05120	0.0010	0.1497	0.0027	0.02118	0.00014	153	80	136	4	134.7	0.9
LN-3-29	399	1433	3950	0.36	0.05084	0.00066	0.1518	0.0015	0.02165	0.00012	234	12	144	1	138.1	0.8
LN-3-30	186	773.4	1790	0.43	0.04893	0.00065	0.1490	0.0015	0.02208	0.00012	144	14	141	1	140.8	0.8
LN-3-31	192	1435	1797	0.80	0.05108	0.00072	0.1522	0.0017	0.02161	0.00012	244	15	144	1	137.8	0.8
LN-3-32	266	1135	2665	0.43	0.05171	0.00081	0.1524	0.0019	0.02137	0.00012	273	19	144	2	136.7	0.8
LN-3-33	227	1299	2187	0.59	0.04975	0.00069	0.1474	0.0016	0.02147	0.00012	183	15	140	1	136.9	0.8
LN-3-34	263	947.4	2533	0.37	0.05181	0.00076	0.1587	0.0019	0.02221	0.00012	200	41	145	2	141.3	0.8
LN-3-35	269	608.5	2698	0.23	0.05717	0.00069	0.1692	0.0014	0.02145	0.00011	498	10	159	1	136.8	0.7

续表

样品号	含量/10^{-6}			Th/U	同位素比值						年龄/Ma					
	Pb*	Th	U		$^{207}Pb/^{206}Pb$	1σ	$^{207}Pb/^{235}U$	1σ	$^{206}Pb/^{238}U$	1σ	$^{207}Pb/^{206}Pb$	1σ	$^{207}Pb/^{235}U$	1σ	$^{206}Pb/^{238}U$	1σ
斑状二长花岗岩																
100716-1-1		956	1462	0. 65	0. 05028	0. 00074	0. 19481	0. 00324	0. 02810	0. 00038	208	18	181	3	179	2
100716-1-2		1406	1227	1. 15	0. 04983	0. 00096	0. 19014	0. 00399	0. 02768	0. 00042	187	24	177	3	176	3
100716-1-3		805	675	1. 19	0. 04932	0. 00105	0. 15894	0. 00351	0. 02338	0. 00033	163	27	150	3	149	2
100716-1-4		1201	1775	0. 68	0. 04912	0. 00078	0. 18814	0. 00338	0. 02778	0. 00040	154	19	175	3	177	3
100716-1-5		1199	1196	1. 00	0. 05047	0. 00093	0. 19497	0. 00392	0. 02803	0. 00042	217	22	181	3	178	3
100716-1-6		150	176	0. 85	0. 05104	0. 00367	0. 16116	0. 00112	0. 02290	0. 00055	243	115	152	10	146	3
100716-1-7		332	185	1. 80	0. 05043	0. 00463	0. 15851	0. 01406	0. 02280	0. 00066	215	147	149	12	145	4
100716-1-8		1016	839	1. 21	0. 04988	0. 00131	0. 15913	0. 00425	0. 02314	0. 00035	189	35	150	4	147	2
100716-1-9		1268	851	1. 49	0. 05011	0. 00197	0. 15646	0. 00606	0. 02268	0. 00045	200	54	148	5	145	3
100716-1-10		941	1289	0. 73	0. 04914	0. 00094	0. 18488	0. 00383	0. 02730	0. 00042	155	23	172	3	174	3
100716-1-11		551	246	2. 24	0. 04970	0. 00166	0. 15556	0. 00515	0. 02270	0. 00035	181	49	147	5	145	2
100716-1-12		1056	774	1. 36	0. 04948	0. 00127	0. 15458	0. 00403	0. 02267	0. 00034	171	34	146	4	145	2
100716-1-13		617	470	1. 31	0. 04991	0. 00132	0. 15515	0. 00414	0. 02255	0. 00033	191	36	146	4	144	2
100716-1-14		615	375	1. 64	0. 04875	0. 00126	0. 15487	0. 00407	0. 02305	0. 00035	136	34	146	4	147	2
100716-1-15		1302	1318	0. 99	0. 04956	0. 00069	0. 18702	0. 00297	0. 02737	0. 00037	174	17	174	3	174	2
100716-1-16		1691	1013	1. 67	0. 04856	0. 00103	0. 15744	0. 00343	0. 02352	0. 00033	127	27	148	3	150	2
100716-1-17		1724	1054	1. 64	0. 05038	0. 00124	0. 16043	0. 00400	0. 02310	0. 00034	213	32	151	4	147	2
100716-1-18		992	826	1. 20	0. 05040	0. 00125	0. 16168	0. 00404	0. 02327	0. 00034	213	32	152	4	148	2
100716-1-19		1548	1194	1. 30	0. 05022	0. 00152	0. 18670	0. 00567	0. 02698	0. 00047	205	39	174	5	172	3
100716-1-20		1300	1434	0. 91	0. 04908	0. 00081	0. 18899	0. 00340	0. 02793	0. 00039	152	20	176	3	178	2
红色细晶花岗斑岩脉																
100716-2-1		129	177	0. 73	0. 13906	0. 00192	7. 24336	0. 10918	0. 37779	0. 00480	2216	12	2142	13	2066	22
100716-2-2		951	738	1. 29	0. 04993	0. 00146	0. 15884	0. 00472	0. 02307	0. 00039	192	39	150	4	147	2
100716-2-3		339	226	1. 50	0. 04953	0. 00116	0. 15509	0. 00372	0. 02271	0. 00032	173	31	146	3	145	2
100716-2-4		532	715	0. 74	0. 04871	0. 00093	0. 15539	0. 00307	0. 02314	0. 00031	134	23	147	3	147	2
100716-2-5		140	133	1. 05	0. 14921	0. 00228	8. 40686	0. 13789	0. 40869	0. 00537	2337	13	2276	15	2209	25

续表

样品号	含量/10^{-6}			Th/U	同位素比值						年龄/Ma					
	Pb*	Th	U		$^{207}Pb/^{206}Pb$	1σ	$^{207}Pb/^{235}U$	1σ	$^{206}Pb/^{238}U$	1σ	$^{207}Pb/^{206}Pb$	1σ	$^{207}Pb/^{235}U$	1σ	$^{206}Pb/^{238}U$	1σ
红色细晶花岗斑岩脉																
100716-2-6		363	192	1. 89	0. 04978	0. 00138	0. 15402	0. 00427	0. 02244	0. 00032	185	38	145	4	143	2
100716-2-7		71	57	1. 23	0. 04983	0. 00391	0. 15552	0. 01190	0. 02264	0. 00051	187	131	147	10	144	3
100716-2-8		259	175	1. 48	0. 04929	0. 00141	0. 15742	0. 00451	0. 02317	0. 00033	162	41	148	4	148	2
100716-2-9		92	131	0. 70	0. 14155	0. 00211	7. 43787	0. 12271	0. 38113	0. 00517	2246	13	2166	15	2082	24
100716-2-10		100	150	0. 67	0. 14599	0. 00232	8. 00716	0. 13979	0. 39782	0. 00550	2299	14	2232	16	2159	25
100716-2-11		387	398	0. 97	0. 04900	0. 00166	0. 15466	0. 00520	0. 02289	0. 00038	148	48	146	5	146	3
100716-2-12		1235	779	1. 59	0. 04908	0. 00121	0. 15514	0. 00389	0. 02292	0. 00033	152	33	146	3	146	2
100716-2-13		432	406	1. 06	0. 05008	0. 00165	0. 15745	0. 00515	0. 02280	0. 00036	199	47	148	5	145	2
100716-2-14		154	209	0. 74	0. 04985	0. 00266	0. 15806	0. 00824	0. 02300	0. 00047	188	83	149	7	147	3
100716-2-15		99	62	1. 61	0. 14631	0. 00208	8. 63762	0. 13728	0. 42890	0. 00583	2303	12	2301	14	2298	26
100716-2-16		157	163	0. 97	0. 13733	0. 00174	6. 83255	0. 10335	0. 36086	0. 00501	2194	12	2090	13	1986	24
100716-2-17		108	64	1. 71	0. 14635	0. 00230	8. 36582	0. 14066	0. 41458	0. 00561	2304	13	2271	15	2236	26
100716-2-18		567	358	1. 58	0. 04952	0. 00183	0. 15729	0. 00568	0. 02304	0. 00037	173	54	148	5	147	2
100716-2-19		110	99	1. 10	0. 04969	0. 00273	0. 15608	0. 00840	0. 02278	0. 00043	181	90	147	7	145	3
100716-2-20		1592	881	1. 81	0. 04978	0. 00187	0. 15521	0. 00564	0. 02262	0. 00038	185	53	147	5	144	2
100716-2-21		108	215	0. 50	0. 13806	0. 00178	6. 17555	0. 09129	0. 32445	0. 00424	2203	11	2001	13	1811	21
白色花岗斑岩脉																
100719-7-1		462	470	0. 98	0. 04994	0. 00191	0. 15484	0. 00581	0. 02249	0. 00038	192	56	146	5	143	2
100719-7-2		615	879	0. 70	0. 04960	0. 00078	0. 17339	0. 00300	0. 02535	0. 00034	176	19	162	3	161	2
100719-7-3		1464	830	1. 76	0. 05065	0. 00090	0. 17362	0. 00327	0. 02486	0. 00034	225	21	163	3	158	2
100719-7-4		1240	781	1. 59	0. 04965	0. 00120	0. 17068	0. 00424	0. 02494	0. 00039	179	30	160	4	159	2
100719-7-5		1344	840	1. 60	0. 04975	0. 00097	0. 17085	0. 00347	0. 02490	0. 00034	183	24	160	3	159	2
100719-7-6		1805	846	2. 13	0. 05010	0. 00098	0. 17210	0. 00353	0. 02491	0. 00034	200	24	161	3	159	2
100719-7-7		517	266	1. 95	0. 04852	0. 00168	0. 15232	0. 00521	0. 02276	0. 00036	125	51	144	5	145	2
100719-7-8		892	761	1. 17	0. 05112	0. 00090	0. 17412	0. 00329	0. 02470	0. 00034	246	21	163	3	157	2
100719-7-9		624	798	0. 78	0. 04834	0. 00094	0. 15293	0. 00314	0. 02294	0. 00032	116	24	144	3	146	2

续表

样品号	含量/10^{-6}			Th/U	同位素比值						年龄/Ma					
	Pb*	Th	U		$^{207}Pb/^{206}Pb$	1σ	$^{207}Pb/^{235}U$	1σ	$^{206}Pb/^{238}U$	1σ	$^{207}Pb/^{206}Pb$	1σ	$^{207}Pb/^{235}U$	1σ	$^{206}Pb/^{238}U$	1σ
白色花岗斑岩脉																
100719-7-10		362	420	0. 86	0. 04915	0. 00134	0. 15359	0. 00422	0. 02266	0. 00035	155	36	145	4	144	2
100719-7-11		379	307	1. 24	0. 04905	0. 00211	0. 16649	0. 00699	0. 02461	0. 00043	150	66	156	6	157	2
100719-7-12		1065	1002	1. 06	0. 05017	0. 00106	0. 17000	0. 00375	0. 02458	0. 00037	203	26	159	3	157	2
100719-7-13		469	380	1. 23	0. 04889	0. 00137	0. 15487	0. 00431	0. 02297	0. 00033	143	39	146	4	146	2
100719-7-14		760	433	1. 76	0. 05027	0. 00246	0. 15769	0. 00747	0. 02276	0. 00044	207	74	149	7	145	3
100719-7-15		842	883	0. 95	0. 04915	0. 00118	0. 16757	0. 00402	0. 02472	0. 00035	155	31	157	3	157	2
100719-7-16		1556	789	1. 97	0. 04926	0. 00086	0. 15611	0. 00292	0. 02299	0. 00032	160	21	147	3	147	2
100719-7-17		1378	902	1. 53	0. 04920	0. 00132	0. 18517	0. 00494	0. 02730	0. 00040	157	36	172	4	174	3
100719-7-18		605	1005	0. 60	0. 04925	0. 00090	0. 18457	0. 00355	0. 02718	0. 00037	160	22	172	3	173	2
100719-7-19		1148	962	1. 19	0. 04985	0. 00105	0. 16910	0. 00367	0. 02461	0. 00034	188	26	159	3	157	2
100719-7-20		1007	666	1. 51	0. 04976	0. 00191	0. 17005	0. 00633	0. 02479	0. 00042	184	55	159	5	158	3

注：Pb* 表示放射性成因铅含量，LN-3 样品数据来自包志伟等（2009），100719-1、100719-2、100719-7 样品数据来自向君峰等（2012）。

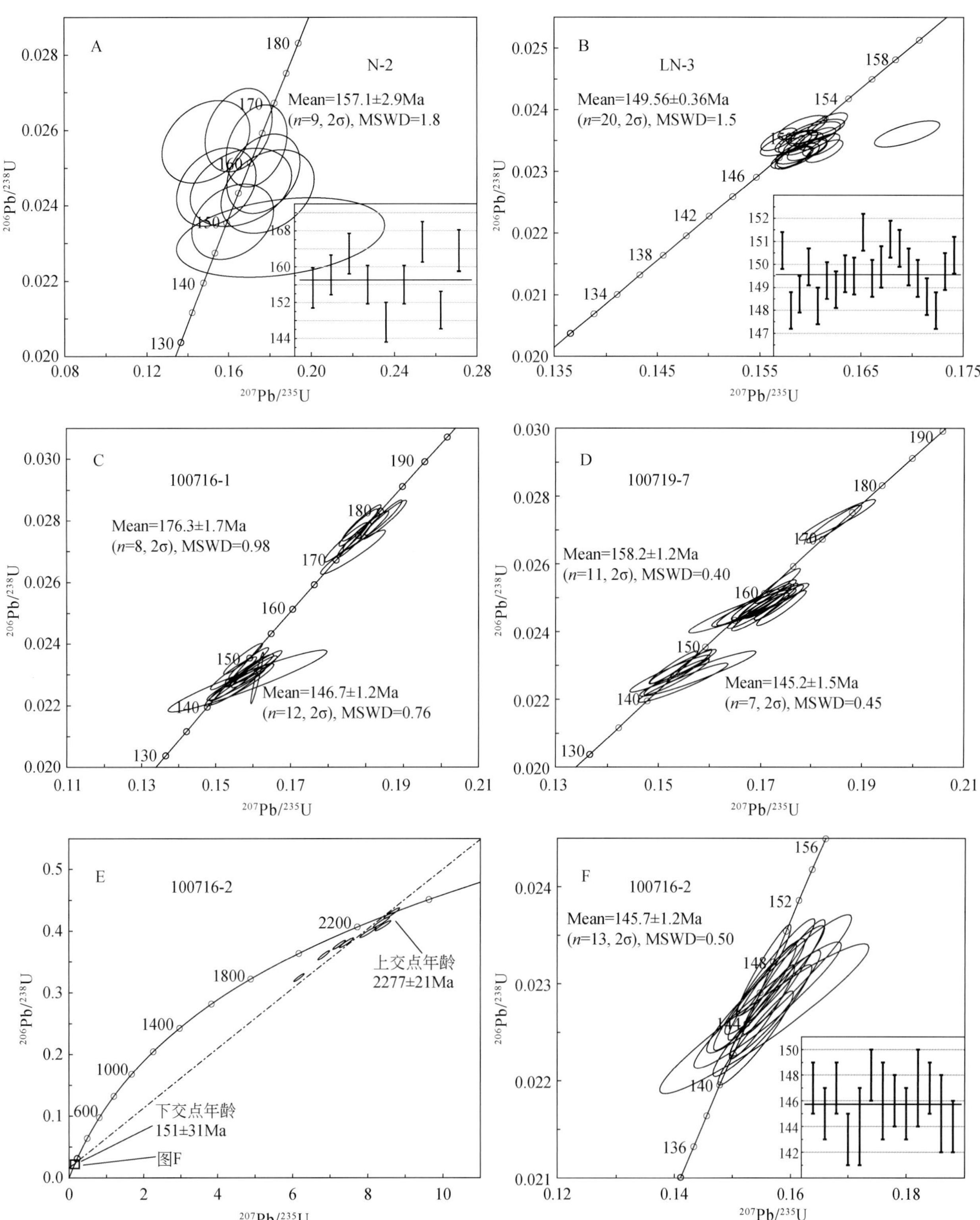

图 4.4 南泥湖岩体锆石 U-Pb 谐和图

A. 斑状二长花岗岩，SHRIMP 方法（据李永峰，2005）；B. 斑状二长花岗岩，LA-ICP-MS 方法（包志伟等，2009）；C. 斑状二长花岗岩，LA-ICP-MS 方法（向君峰等，2012）；D. 白色花岗斑岩脉，LA-ICP-MS 方法（向君峰等，2012）；E、F. 红色细晶花岗斑岩脉，LA-ICP-MS 方法（向君峰等，2012），其中图 F 为图 E 下交点附近局部放大

4.1.2.4 同位素地球化学

1. 氧同位素特征

胡受奚等（1988）、罗铭玖等（1991）对南泥湖岩体开展了氧同位素分析（表 4.7），获得斑状黑云母花岗闪长岩全岩的 $\delta^{18}O$ 为 9.2‰～10.1‰；斑状花岗岩全岩的 $\delta^{18}O$ 为 8.9‰～11.1‰，其石英的 $\delta^{18}O$ 为 10.1‰～10.2‰，云母的 $\delta^{18}O$ 为 6.6‰～10.4‰。上述特征显示南泥湖岩体具有较高的 $\delta^{18}O$ 组成。这一特征与东秦岭地区其他燕山期含钼花岗质岩体类似（Chen et al.，2000），指示岩体应属碰撞型或陆壳重熔型花岗岩。

表 4.7　南泥湖岩体氧同位素组成（SMOW 标准）

岩石/脉体	测试矿物	$\delta^{18}O$/‰	资料来源
斑状花岗闪长岩	全岩	10.1	胡受奚等，1988
斑状花岗闪长岩	全岩	9.2	胡受奚等，1988
斑状花岗岩	全岩	9.6	胡受奚等，1988
斑状花岗岩	全岩	11.1	胡受奚等，1988
斑状花岗岩	全岩	8.9	胡受奚等，1988
斑状花岗岩	石英	10.1～10.2	胡受奚等，1988
斑状花岗岩	云母	6.6～10.4	罗铭玖等，1991

2. 锶同位素特征

胡受奚等（1988）对 5 件斑状二长花岗岩全岩样品、1 件来自岩体的钾长石样品及 1 件来自黄铁矿－萤石－石英脉中的黄铁矿样品进行了锶同位素研究，获得 $^{87}Sr/^{86}Sr$ 为 0.70770～0.70817，（$^{87}Sr/^{86}Sr$）$_i$ 为 0.70686±0.0020，但未提供具体数据。李先梓等（1993）对 5 件斑状二长花岗岩全岩样品进行了 Rb-Sr 同位素测试，得到 $^{87}Sr/^{86}Sr$ 为 0.71527～0.73269（表 4.8），由 5 件样品给出的 Rb-Sr 等时线年龄为 141Ma，（$^{87}Sr/^{86}Sr$）$_i$ 为 0.7069。按 t=141Ma 反算得到样品的（$^{87}Sr/^{86}Sr$）$_i$ 为 0.70566～0.70827。

表 4.8　南泥湖斑状二长花岗岩全岩 Sr 同位素组成（李先梓等，1993）

测试对象	Rb/10^{-6}	Sr/10^{-6}	$^{87}Rb/^{86}Sr$	$^{87}Sr/^{86}Sr$	I_{Sr}
全岩	300.04	132.39	6.5605	0.72142	0.70827
全岩	296.35	178.96	4.7936	0.71527	0.70566
全岩	422.09	106.50	11.472	0.72868	0.70569
全岩	353.27	118.18	8.6532	0.72522	0.70788
全岩	455.52	104.74	12.589	0.73269	0.70746

注：I_{Sr} 由本书作者根据 $^{87}Rb/^{86}Sr$ 和 $^{87}Sr/^{86}Sr$ 值按 t = 141Ma 反算得到，选择 Rb 的衰变常数为 $\lambda_{Rb} = 1.42\times10^{-11}\ a^{-1}$（Steiger and Jager，1977）。

3. 钕同位素特征

包志伟等（2009）对南泥湖斑状二长花岗岩开展了 Nd 同位素分析（表 4.9），获得 $^{147}Sm/^{144}Nd$ 值为 0.08489～0.08887，$^{143}Nd/^{144}Nd$ 值为 0.511738～0.0.511880，$\varepsilon_{Nd}(t)$ 介于－15.5 到－12.7 之间，相应的 Nd 单阶段模式年龄为 1.5～1.7Ga，两阶段模式年龄为 2.0～2.2Ga，上述特征表明岩浆源区主要为古老的地壳物质。

表4.9　南泥湖斑状二长花岗岩全岩Nd同位素组成（包志伟等，2009）

样号	$Nd/10^{-6}$	$Sm/10^{-6}$	$^{147}Sm/^{144}Nd$	$^{143}Nd/^{144}Nd$	2σ	$\varepsilon_{Nd}(t)$	T_{DM}/Ma	T_{DM2}/Ma
LN-1	22.12	3.251	0.08887	0.511775	0.000011	−14.8	1675	2136
LN-2	7.20	1.031	0.08659	0.511880	0.000010	−12.7	1519	1967
LN-3	24.34	3.417	0.08489	0.511755	0.000008	−15.1	1647	2162
LN-4	34.46	5.020	0.08809	0.511738	0.000008	−15.5	1709	2193

注：计算过程中选择衰变常数 $\lambda_{Sm}=6.54\times10^{-12}a^{-1}$（Lugmair and Marti，1978），Nd两阶段模式年龄（Liew and Hofmann，1988）为本书作者根据包志伟等（2009）数据计算，采用南泥湖岩体年龄为149.56Ma（包志伟等，2009），计算过程中亏损地幔 $^{147}Sm/^{144}Nd=0.2137$（Peucat et al.，1989），亏损地幔 $^{143}Nd/^{144}Nd=0.51315$（Peucat et al.，1989），地壳 $^{147}Sm/^{144}Nd=0.118$（Jahn and Condie，1995）。

4. 铅同位素特征

如表4.10所示，南泥湖岩体钾长石的 $^{206}Pb/^{204}Pb$ 的测试值为17.189～17.894，平均17.512，$^{207}Pb/^{204}Pb$ 测试值为15.387～15.482，平均15.431；$^{208}Pb/^{204}Pb$ 测试值为37.655～38.843，平均38.134；一个全岩样品的 $^{206}Pb/^{204}Pb$ 为17.809，$^{207}Pb/^{204}Pb$ 为15.560，$^{208}Pb/^{204}Pb$ 为38.509。可见南泥湖岩体钾长石和全岩样品的Pb同位素组成较一致。由于钾长石中U、Th含量低，钾长石的铅同位素组成可以代表岩体形成时铅同位素的初始组成。在 $^{207}Pb/^{204}Pb$-$^{206}Pb/^{204}Pb$ 图解中，可见南泥湖岩体钾长石铅同位素组成主要落在地幔演化线附近及其与下地壳演化线之间，只有一个样品落于造山带演化线上（图4.5A）；在 $^{208}Pb/^{204}Pb$-$^{206}Pb/^{204}Pb$ 图解中，钾长石样品主要落在造山带演化线和下地壳演化线之间，一个样品点投于下地壳演化线之上（图4.5B）。

表4.10　南泥湖岩体铅同位素组成

样品	测试对象	$^{204}Pb/\%$	$^{206}Pb/^{204}Pb$	$^{207}Pb/^{204}Pb$	$^{208}Pb/^{204}Pb$	参考文献
花岗闪长岩	钾长石	1.404	17.189	15.387	37.655	胡受奚等，1988
中粒花岗岩	钾长石	1.393	17.499	15.427	37.843	张理刚，1995
花岗闪长岩	钾长石	1.378	17.894	15.482	38.193	张理刚，1995
花岗斑岩	钾长石	1.375	17.467	15.427	38.843	张理刚，1995
花岗闪长斑岩	全岩	1.372	17.809	15.560	38.509	张理刚，1995

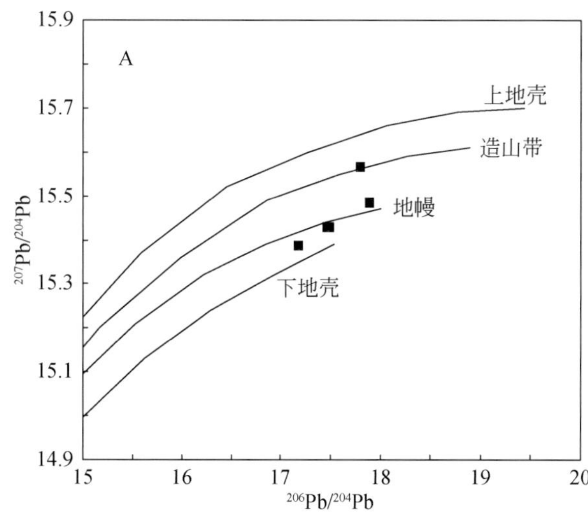

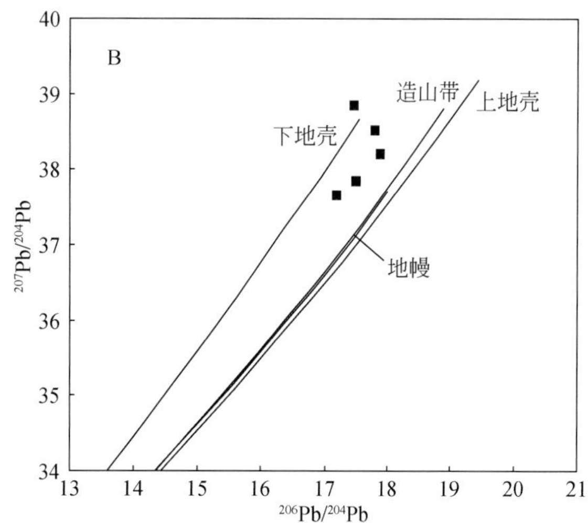

图4.5　南泥湖岩体钾长石铅同位素构造模式图

底图据Zartman and Doe，1981；数据见表4.10

4.1.2.5 岩体成因

上述研究表明，南泥湖岩体具有高硅、高碱、富钾，贫 Fe、Mg、Ca 的特征。岩体富集 K、Rb、U、Th 等大离子亲石元素以及 Zr、Hf 等高场强元素，亏损 Sr、Ba、Ti 等元素；富集轻稀土、亏损重稀土。斑状二长花岗岩的（$^{87}Sr/^{86}Sr$）$_i$为 0.7069，全岩 $\delta^{18}O$ 为 8.9‰ ~ 11.08‰；斑状黑云母花岗闪长岩全岩 $\delta^{18}O$ 为 9.2‰ ~ 10.09‰；岩体的主微量特征及锶氧同位素特征均与东秦岭碰撞型浅成花岗岩一致（Chen et al., 2000），指示岩浆来源于陆壳重熔。岩体 Pb 同位素组成表明南泥湖岩体岩浆可能主要来源于下地壳的部分熔融。全岩 Sr-Nd 同位素分析表明，南泥湖斑状二长花岗岩具有较低的 $\varepsilon_{Nd}(t)$ 值（−15.5 ~ −12.7），Nd 两阶段模式年龄 T_{DM2} 介于 2.0 ~ 2.2Ga 之间，也表明南泥湖岩体岩浆源区主要为地壳物质。纵观区域地层，栾川群最底部白术沟组含碳粉砂质板岩 Rb-Sr 等时线年龄为 902±48Ma，侵入煤窑沟组中的变质辉长岩全岩 K-Ar 年龄 743Ma，故栾川群的同位素年龄约 800 ~ 1000Ma（蒋干清等，1994）；官道口群最底层高山河组下部泥质板岩 Rb-Sr 等时线年龄 1394±43Ma，而侵入冯家湾组的花岗岩脉 U-Pb 年龄为 999Ma（河南省地质矿产局，1989），则官道口群成岩年龄应介于 999 ~ 1394Ma 之间；太华超群原岩年龄为 2.84 ~ 2.26Ga，并于 2.1 ~ 1.8Ga 发生强烈的变形、变质作用（Wan et al., 2006；Xu et al., 2009；Zhao et al., 2009）；熊耳群火山岩的形成时限为 1.45 ~ 1.78Ga，集中于 1.75 ~ 1.78Ga（Zhao et al., 2009 及其引文）。可以看出，只有太华超群年龄与南泥湖斑状二长花岗岩的两阶段 Nd 模式年龄相当，可能为南泥湖斑状二长花岗岩的主要岩浆来源。另向君峰等（2012）在矿区红色细晶花岗斑岩脉体得到的继承锆石的年龄也与太华超群年龄相当，同样指示矿区岩体可能主要来自区域基底太华超群的部分熔融。

然而，当我们利用已有太华超群的 Nd 同位素数据（倪智勇等，2009）进行反算时发现，在 t=149Ma 时（南泥湖岩体侵入时代，包志伟等，2009），太华超群的 $\varepsilon_{Nd}(t)$ 变化于−20.7 ~ −32.1，低于南泥湖斑状二长花岗岩的 $\varepsilon_{Nd}(t)$，表明其不可能作为南泥湖岩体的唯一来源，除太华超群外，尚需一个具有高 $\varepsilon_{Nd}(t)$的源区（如初生地壳或地幔）。

4.1.3 矿床地质

4.1.3.1 矿体特征

以纵 15 勘探线为界，南泥湖-三道庄矿床被人为地分为两个矿区（图 4.6）。

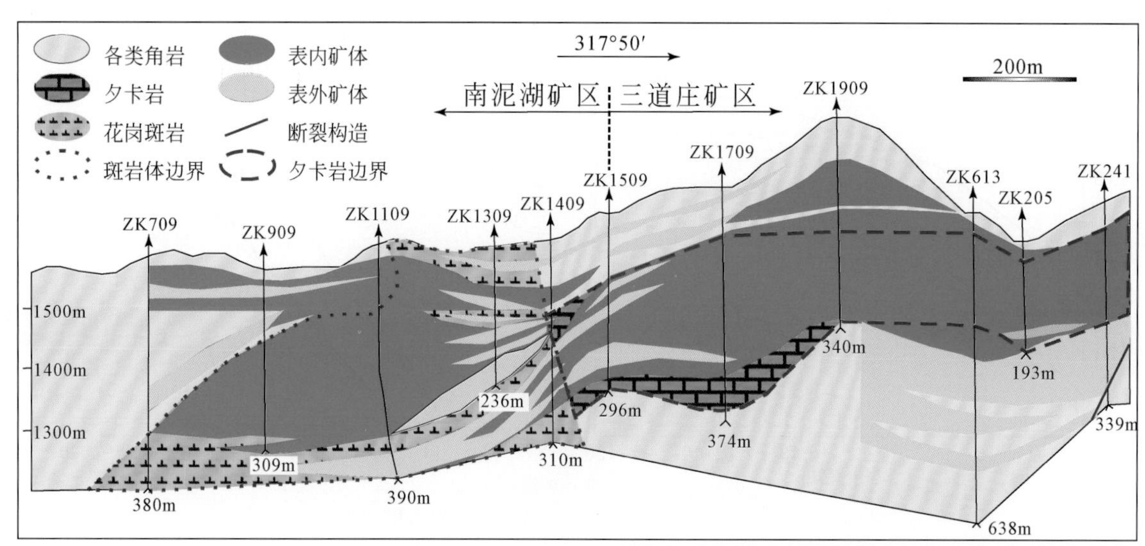

图 4.6 南泥湖-三道庄钼钨矿床横 9 线勘探剖面图（河南省地质局地调一队，1980）

南泥湖矿区矿体赋存于南泥湖斑岩体内部及其外接触带的黑云母长英角岩中。矿区内共圈出钼工业矿体5个，单钨工业矿体1个。其中钼主矿体呈似层状沿NW向纵贯矿区，倾向南西，向四周分支尖灭。该矿体全长2700m，南北宽1000～1500m，水平投影面积约2.11km^2，平均厚约128m，基本未受后期断裂破坏，其钼工业矿石储量占该矿区总工业矿石储量的99%（河南省地质局地调一队，1985）。单钨工业矿体赋存于钼主矿体之下，受控于三川组夕卡岩层中，呈扁豆状，沿北西延伸230m，倾向北东，倾角18°～20°（河南省地质局地调一队，1985）。

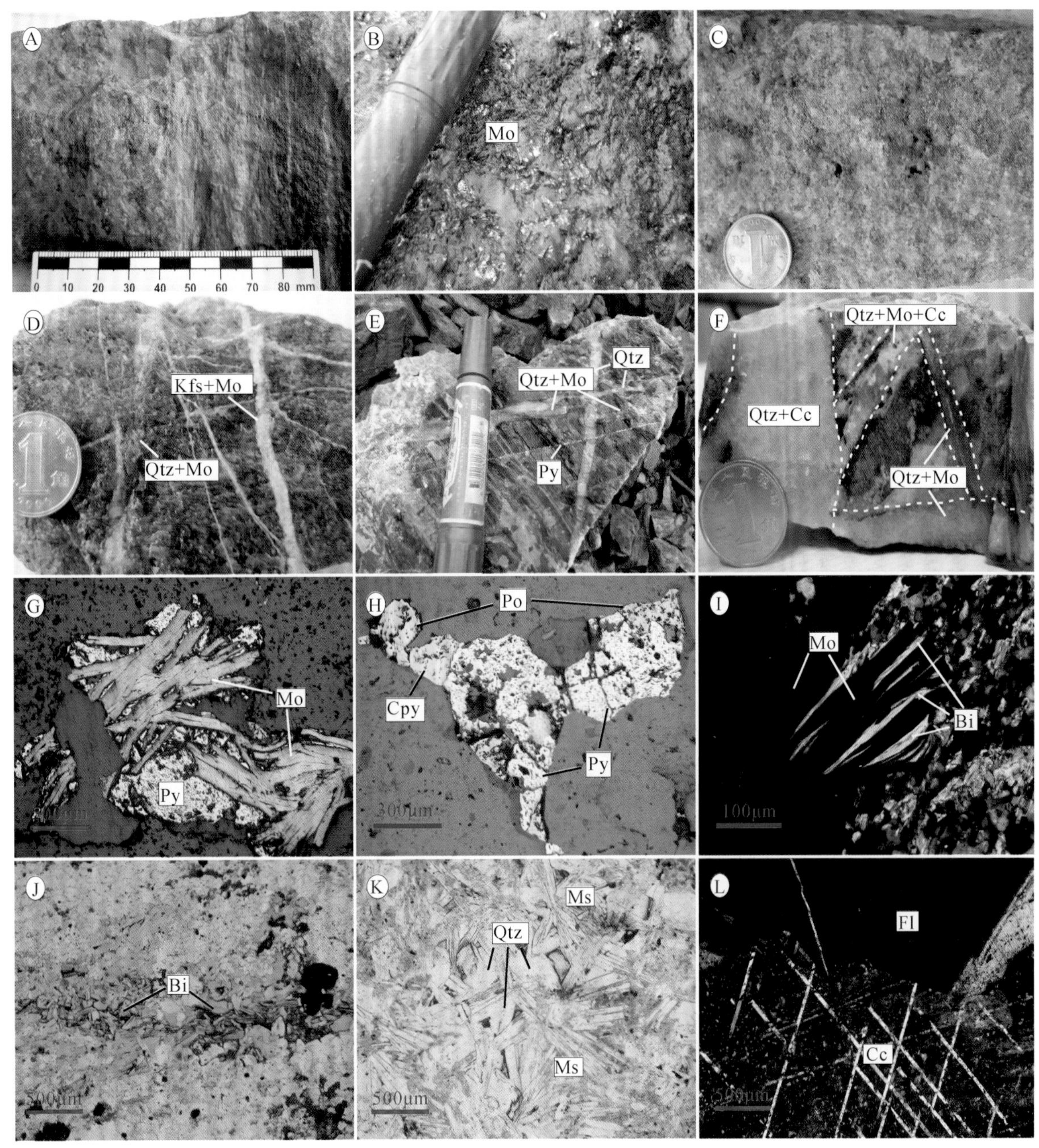

图4.7　南泥湖-三道庄钼钨矿床矿石岩相学照片（杨永飞等，2009b；石英霞等，2009）

A. 透辉石夕卡岩；B. 夕卡岩型矿石，见浸染状产出的辉钼矿；C. 斑岩型矿石，见浸染状辉钼矿；D. 角岩型矿石，阶段Ⅰ钾长石辉钼矿脉和阶段Ⅱ石英辉钼矿脉；E. 角岩型矿石，无矿石英脉穿插阶段Ⅱ石英-辉钼矿脉，并被阶段Ⅲ黄铁矿脉穿插；F. 角岩型矿石，阶段Ⅲ石英-碳酸盐-辉钼矿脉穿插阶段Ⅱ石英-辉钼矿脉，二者同时被阶段Ⅳ石英-碳酸盐脉穿插；G. 阶段Ⅱ叶片状辉钼矿；H. 阶段Ⅱ磁黄铁矿、黄铁矿和黄铜矿共生；I. 辉钼矿沿黑云母解理发育；J. 黑云母化蚀变；K. 绢英岩化蚀变；L. 阶段Ⅳ萤石和方解石共生。图中缩写：Bi. 黑云母；Cc. 方解石；Cpy. 黄铜矿；Fl. 萤石；Kfs. 钾长石；Mo. 辉钼矿；Ms. 白云母；Po. 磁黄铁矿；Py. 黄铁矿；Qtz. 石英三道庄矿区矿体主要赋存于三川组上段由接触变质和交代形成的钙硅酸角岩和夕卡岩中，受南庄口-三道庄岭箱状背斜控制。主矿体形态简单，为一厚度很大的似层状矿体，其上、下层位有零星小矿体分布。矿体总体走向 280°～310°，倾向南西，在箱状背斜轴部倾角较缓，倾角 5°～10°，而南北翼因受褶皱、断裂影响，产状较陡，倾角 40°～90°，且矿体底板倾角大于顶板（河南省地质局地调一队，1980）。主矿体沿走向在矿区范围内长度大于 1420m，沿倾向长度大于 1120m，厚度一般 80～150m，最大厚度可达 364m。

4.1.3.2 矿石成分和组构

矿石类型主要包括夕卡岩型（图 4.7B）、斑状花岗岩型（图 4.7C）、长英角岩型（图 4.7D、E）、透辉斜长角岩型。各类矿石的矿物组成、主量元素含量、微量元素含量见表 4.11、表 4.12、表 4.13。由于矿化岩石类型多样，其主要氧化物含量差异很大，无明显规律。Mo 对围岩无选择性，在角岩型、斑岩型、夕卡岩型矿石中均含量很高，远超未矿化的岩石；Re 的含量与 Mo 的含量基本呈正相关关系，与 Re 主要赋存于辉钼矿中密切相关；而 W 主要在夕卡岩及夕卡岩型矿石中富集，含量远超其他种类的矿石及围岩。对于 Au、Ag、Cu、Pb、Zn，不同类型矿石相比较未矿化围岩未表现出明显的富集，有些元素含量在矿石中甚至更低。另外，元素 Cd 在矿石中表现出明显富集，Cd 含量与 Mo 含量也表现出良好的正相关关系。

表 4.11 南泥湖-三道庄钼钨矿床矿石矿物组成（胡受奚等，1988）

矿石类型	金属矿物			脉石矿物		
	主要	次要	微量	主要	次要	微量
斑状花岗岩型	黄铁矿	辉钼矿	磁铁矿、褐铁矿、赤铁矿、钛铁矿、白钨矿、斑铜矿	钾长石、石英、斜长石	黑云母	绢云母、磷灰石、萤石、金红石、绿泥石、榍石、独居石、石榴子石
长英角岩型	黄铁矿	辉钼矿	磁铁矿、褐铁矿、赤铁矿、黄铜矿、磁黄铁矿、白钨矿、斑铜矿、方铅矿、闪锌矿	石英、钾长石、斜长石	黑云母、透辉石、阳起石、绿帘石、石榴子石、黝帘石、透闪石、绢云母、沸石	方解石、绿泥石、萤石、金红石、黑云母、电气石、磷灰石、红柱石、榍石
透辉石斜长石角岩型	黄铁矿、磁黄铁矿	辉钼矿	白钨矿、黄铜矿、褐铁矿、磁铁矿、方铅矿	斜长石、透辉石	石英、方解石、萤石、石榴子石、黑云母、方柱石、阳起石、钾长石、绿泥石、绢云母、绿帘石	沸石、榍石、金红石、磷灰石、褐帘石、锆石
夕卡岩型	黄铁矿	辉钼矿、磁黄铁矿、白钨矿	磁铁矿、闪锌矿、黄铜矿、斑铜矿、钛铁矿、赤铁矿、褐铁矿	石榴子石、透辉石	石英、硅灰石、萤石、方解石、斜长石、钾长石、符山石、阳起石、绿泥石、沸石、绿帘石	黑云母、方柱石、磷灰石、榍石、锆石

表 4.12 南泥湖-三道庄钼钨矿床不同类型矿石主要元素含量（胡受奚等，1988）（单位：%）

矿区	矿石类型	SiO_2	Al_2O_3	TiO_2	MnO	Fe_2O_3	FeO	CaO	MgO	K_2O	Na_2O	P_2O_5	S	F	烧失量
三道庄	夕卡岩	42.26	5.53	0.15	1.96	10.8	5.50	28.56	2.05	0.05	0.30	0.25	0.30	3.34	1.86
	透辉斜长石角岩	55.01	13.77	0.65	0.85	0.75	4.60	12.37	3.80	0.97	4.10	0.39	0.19	0.30	1.87
	石榴硅灰石角岩	45.43	2.9	0.14	2.10	5.58	2.00	38.68	1.03	0	0.15	0.14	0.066	1.06	1.32
南泥湖	黑云长英角岩	65.73	14.52	0.85	0.073	1.43	3.18	1.18	2.14	5.67	2.19	1.09			2.15
	长英角岩	83.83	6.20	0.31	0.057	0.94	0.93	2.00	0.99	2.79	0.31	0.045			1.90
	花岗岩	73.49	13.01	0.15	0.028	1.04	0.57	1.08	0.48	6.19	2.68	0.063			1.37
	透辉长英角岩	65.72	12.73	0.80	0.07	1.07	2.50	5.15	4.32	4.76	1.54	0.099			1.68

表 4.13　南泥湖-三道庄钼钨矿床不同类型矿石及围岩部分微量元素平均含量（顾文帅，2012）

（单位：10^{-6}）

	南泥湖矿区				三道庄矿区			
	角岩	角岩型矿石	斑岩型矿石	斑岩	角岩	角岩型矿石	夕卡岩	夕卡岩型矿石
样品数	5	20	13	12	10	15	6	19
Au	0.00064	0.00078	0.00074	0.00067	0.00175	0.00098	0.00061	0.00076
Ag	0.10177	0.08813	0.13032	0.10943	0.11478	0.06777	0.09365	0.0986
Hg	0.00385	0.00413	0.00596	0.0063	0.00385	0.00422	0.00413	0.00435
Cd	0.76104	6.97065	2.61163	1.7979	0.36394	5.53609	0.55584	7.77253
As	0.72	0.92	1.1	1.05	0.93	0.98	2.41	1.31
Bi	0.49	0.32	1.01	0.68	0.98	0.59	1.38	3.29
Co	30.27	15.37	18.66	6.1	13.79	11.95	5.71	7.89
Cu	221.99	89.6	38.83	11.55	80.51	28	172.19	89.74
Ga	18.04	18.42	24.07	21.09	15.83	15.32	22.55	27.71
Ge	2.25	2.13	1.89	1.74	1.92	3.49	19.89	20.79
In	0.21	0.16	0.11	0.09	0.14	0.28	6.02	3.91
Mo	162.04	2216.49	1205.94	114.13	92.62	1701.3	143.08	2466.24
Ni	40.72	30.55	4.46	4.17	28.04	26.16	21.48	23.96
Pb	10.68	9.85	26.67	22.61	10.91	12.52	4.91	6.55
Sb	0.12	0.07	0.11	0.15	0.1	0.1	0.09	0.1
Se	0.72	0.41	0.27	0.16	0.29	0.15	0.22	0.18
Sn	5.5	5.32	6.28	5.25	4.92	6.71	87.57	78.43
Te	0.19	0.12	0.14	0.13	0.19	0.05	0.07	0.11
W	151.73	106.76	57.7	41.76	26.14	42.17	508.98	995.63
Y	60.42	37.99	10.06	13.24	42.96	21.64	17.23	25.97
Zn	122.15	113.83	25.51	26.29	61.28	88.39	46.59	65.81
Re	0.027	0.19	0.04	0.008	0.018	0.239	0.032	0.28
$Fe_2O_3^T$	63900	49400	27100	19700	37100	44000	178900	171800

常见矿石矿物主要有黄铁矿、辉钼矿、白钨矿、磁黄铁矿和黄铜矿，其次为少量磁铁矿、闪锌矿、方铅矿；脉石矿物主要包括石英、钾长石、斜长石、阳起石、石榴子石、透辉石、黑云母、绢云母、萤石、方解石、沸石等。常见矿石结构包括斑状结构、鳞片状结构、片状结构、放射状结构、包含结构、交代残余结构、胶状结构等。常见浸染状构造（图 4.7C）、细脉浸染状构造（图 4.7D、E）、脉状构造（图 4.7F）、角砾状构造等。

辉钼矿是钼的主要赋存形式（表 4.14），呈自形-半自形叶片状（图 4.7G、I）、鳞片状集合体，分布于石英脉内部或沿脉壁分布，亦见呈浸染状或薄膜状分布。辉钼矿化学成分中还含有少量 W、Re、Se 和 Te（表 4.14）。钨主要以白钨矿的形式存在（表 4.15），自形-半自形粒状，呈浸染状、细脉状分布，不易观察。化学成分分析表明，白钨矿中含有不同含量的 Mo，使白钨矿呈无色或灰色；电子探针能谱谱线、电子探针扫描证明 Mo 以类质同象均匀分布于白钨矿中（蒋德明等，2008）。黄铁矿分布普遍，多世代，呈自形-半自形粒状、浸染状分布于石英脉中或形成黄铁矿脉（图 4.7H）。

表 4.14　南泥湖–三道庄矿床辉钼矿化学成分（胡受奚等，1988）　（单位：%）

成分	夕卡岩型	透辉石斜长石角岩	石榴子石硅灰石角岩	花岗岩
Mo	58.82	59.01	59.18	58.55
S	38.84	38.83	39.98	39.19
W	0.001	0.002	0.0001	
Re	0.0008	0.0014	0.0015	0.0006
Se	0.00656	0.00536	0.00717	0.00093
Te	0.00119	0.00065	0.00069	0.00044
总量	97.67	97.85	99.17	97.74

表 4.15　南泥湖–三道庄矿床白钨矿化学成分（胡受奚等，1988）　（单位：%）

成分	无色白钨矿	浅灰色白钨矿	灰色白钨矿
WO_3	79.13	78.82	74.26
CaO	20.14	19.43	19.24
MoO_3	0.24～0.52	1.53	5.54～6.74
总量	99.50	99.78	100.74

4.1.3.3　围岩蚀变类型和分带

矿区热液蚀变强烈、类型复杂、分布广泛。由岩体向外，蚀变表现出一定的分带性，包括：①钾化，包括钾长石化和黑云母化，主要表现为花岗斑岩的钾长石交代和钾长石细脉、石英–钾长石细脉充填围岩裂隙，黑云母以不规则脉状、团块状集合体交代围岩（图 4.7J）；②硅化，主要表现为不同期次的石英细脉、石英硫化物细脉、石英–方解石–硫化物细脉充填岩体和围岩的裂隙；③绢云母化、绢英岩化（图 4.7K），主要表现为绢云母和石英交代斜长石、钾长石和黑云母等，并伴随有浸染状黄铁矿化等硫化物化；④夕卡岩化，主要分布于三道庄矿区三川组上段碳酸盐类岩石中，呈层状或似层状产出（图 4.7A），矿物成分复杂，包括钙铁榴石、钙铁辉石、钙铝榴石、透辉石、硅灰石、符山石等；⑤阳起石化，主要分布于南泥湖矿区角岩中，表现为阳起石在围岩中呈细脉状或团块集合体产出；⑥碳酸盐化，表现为沿裂隙充填的方解石网脉、方解石–石英细脉、方解石–萤石细脉以及一些镁铁质矿物的碳酸盐化；⑦萤石化，共生于沿裂隙充填的方解石网脉（图 4.7L），在蚀变花岗斑岩内偶见浸染状萤石。

4.1.3.4　成矿过程和阶段划分

根据矿物共生组合、矿石组构及脉体穿插关系，可将流体成矿过程分为如下四个阶段：①阶段Ⅰ，在赋矿斑岩一侧表现为硅化、钾化，形成钾长石网脉、钾长石–石英网脉；在碳酸盐岩地层中表现为夕卡岩化和磁铁矿化；非碳酸盐岩地层则发生角岩化。该阶段见有少量黄铁矿、辉钼矿，多呈浸染状产出，矿化弱。②阶段Ⅱ，以大量发育石英–钾长石–辉钼矿细脉、石英–辉钼矿细脉、石英–硫化物脉、薄膜状辉钼矿脉为特征，硅化、绢英岩化强烈，矿物组合为辉钼矿、磁黄铁矿、黄铁矿、黄铜矿、石英、钾长石、绿泥石、黑云母、绢云母等；辉钼矿呈片状浸染于围岩或网脉中，或沿脉壁、裂隙呈薄膜状分布，黄铁矿和黄铜矿呈自形–他形粒状。③阶段Ⅲ，以发育黄铁矿脉、石英–硫化物–碳酸盐脉为特征，主要矿物为石英、黄铁矿、辉钼矿、碳酸盐、沸石和少量闪锌矿、方铅矿，硅化、碳酸盐化发育。④阶段Ⅳ，以发育碳酸盐脉、石英–碳酸盐脉、碳酸盐–萤石脉为特征，基本不含硫化物，无矿化。成矿各阶段矿物生成顺序见图 4.8。

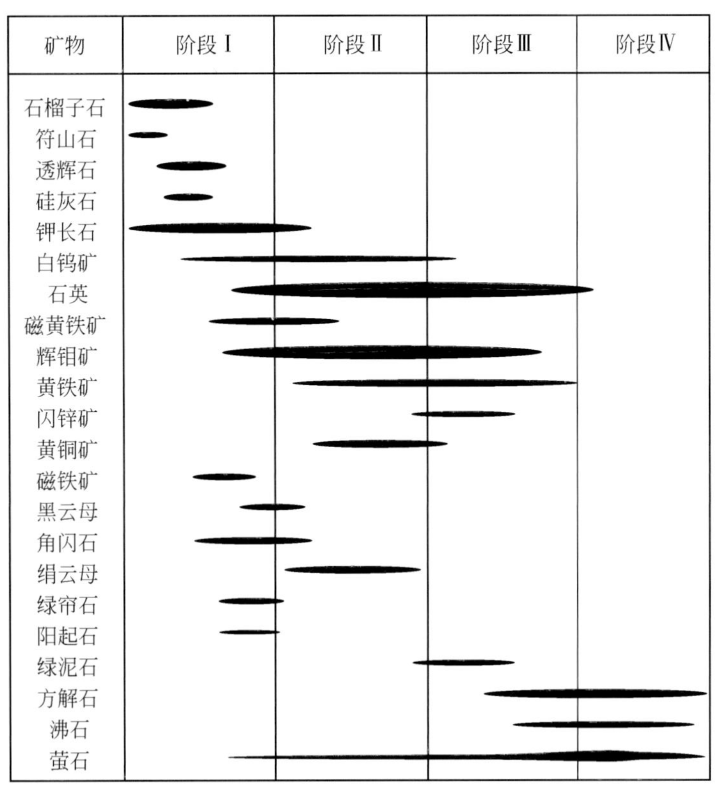

图 4.8　南泥湖-三道庄钼钨矿床矿物生成顺序（杨永飞等，2009a；石英霞等，2009）

4.1.4　流体包裹体地球化学

4.1.4.1　样品和测试

杨永飞等（2009a）和石英霞等（2009）分别对南泥湖和三道庄矿区不同阶段热液矿物进行了详细的流体包裹体研究，研究样品来自露天采场的斑岩型矿石、夕卡岩矿石、角岩型矿石，涵盖了不同的成矿阶段。

流体包裹体显微测温分析在中国科学院地质与地球物理研究所完成，所用仪器为 LINKAM THMSG600 冷热台，采用美国 FLUID INC 公司的人工合成流体包裹体标准样品进行温度标定。显微测温过程中，升温速率为 1 ~ 5℃/min，相变点附近升温速率降低为 0.3 ~ 1℃/min。

CO_2-H_2O 型包裹体的盐度是根据笼合物熔化温度和 Collins（1979）方法计算得到，密度利用 Flincor 软件（Brown，1989）计算；水溶液包裹体的盐度根据冰点温度和 Bodnar（1993）的盐度-冰点关系表查出，密度利用 Flincor 软件（Brown，1989）计算。含石盐子晶多相包裹体的盐度根据石盐子晶熔化温度和 Hall 等（1988）方程计算得出，但由于硫化物等未能熔化，所计算的盐度未包括未熔化子矿物的贡献；不含石盐子矿物的多相包裹体的盐度根据根据笼合物熔化温度（Collins，1979）或冰点温度（Bodnar，1993）计算得出。

单个包裹体的成分激光拉曼显微探针测试在北京大学造山带与地壳演化教育部重点实验室完成，测试仪器为 RM-1000 型拉曼光谱仪，使用 514.5nm 氩激光器，计数时间为 10s，每 $1cm^{-1}$（波数）计数一次，100 ~ $4000cm^{-1}$ 全波段一次取峰，激光斑束大小为 2μm，光谱分辨率±$2cm^{-1}$。

4.1.4.2　流体包裹体岩相学

流体包裹体岩相学研究表明，各成矿阶段脉石矿物中广泛发育流体包裹体，其类型丰富，形态多样

（图 4.9）。根据流体包裹体成分以及室温下相态（卢焕章等，2004；陈衍景等，2007），将包裹体分为如下 4 类：

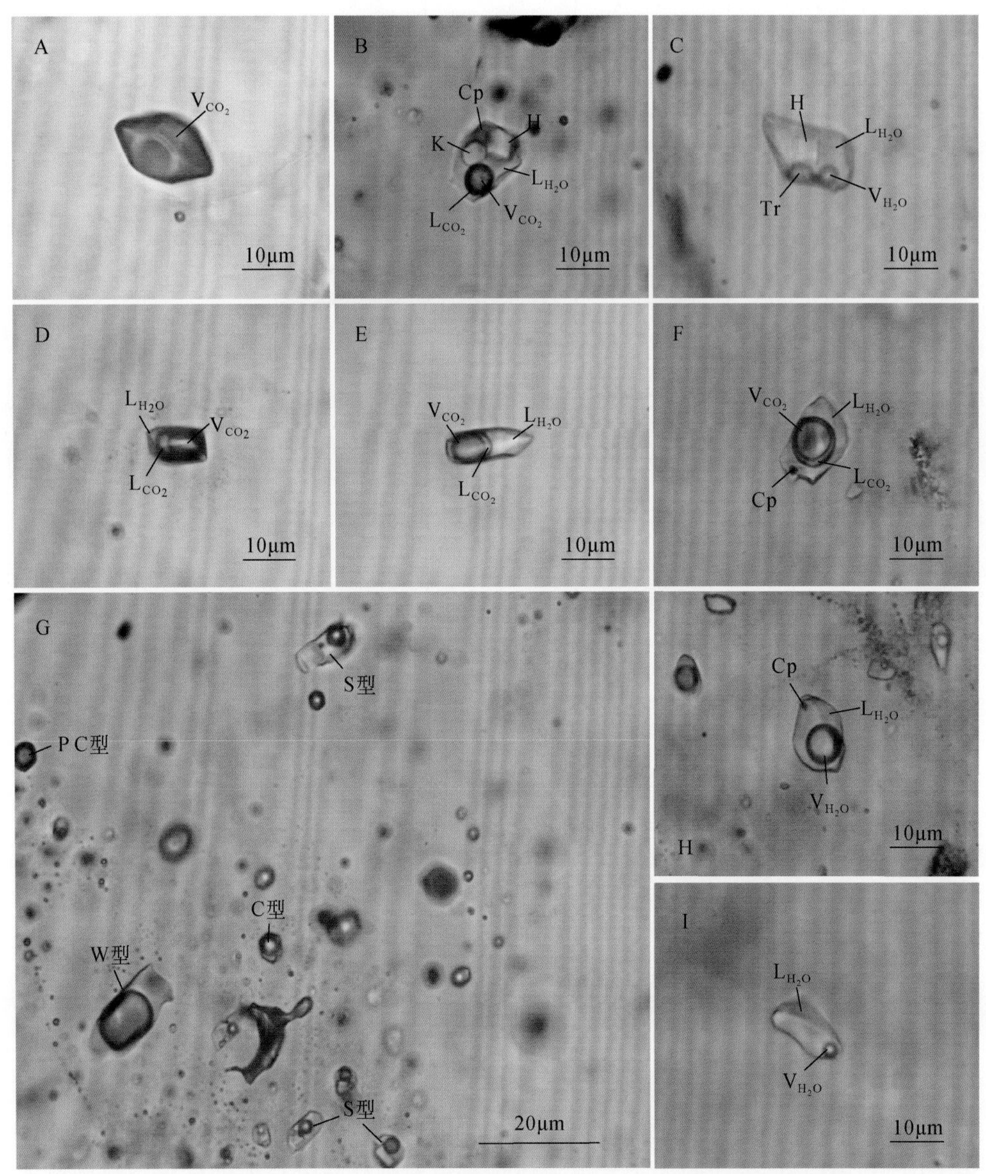

图 4.9　南泥湖-三道庄钼钨矿床流体包裹体显微照片（杨永飞等，2009a）

A. PC 型包裹体；B. 含石盐、钾盐和黄铜矿的 S1 型包裹体；C. 含石盐和未知透明子矿物的 S1 型包裹体；D. 富 CO_2 相的 C 型包裹体；E. 富水溶液相的 C 型包裹体；F. S2 型包裹体，含黄铜矿子矿物，气相为 CO_2；G. 阶段Ⅲ PC 型、C 型、W 型和 S 型包裹体共生；H. 含黄铜矿子矿物的水溶液包裹体（S2 型）；Ⅰ. 阶段Ⅳ萤石中的 W 型包裹体。图中缩写：V_{CO_2}. 气相 CO_2；L_{CO_2}. 液相 CO_2；V_{H_2O}. 气相 H_2O；L_{H_2O}. 液相 H_2O；H. 石盐；Cp. 黄铜矿；K. 钾盐；Tr. 未鉴定透明粒状子矿物

纯 CO_2 包裹体（PC 型）：为纯气相（V_{CO_2}）或气液两相（$L_{CO_2}+V_{CO_2}$）的 CO_2（图 4.9A），主要见于阶段Ⅰ、Ⅱ形成的热液脉石英中，但阶段Ⅰ的夕卡岩石榴子石和透辉石中未发现。该类包裹体孤立分布，多为椭圆形、不规则形、长条形和负晶形，颜色较深，大小悬殊，5～35μm 均有，与 CO_2-H_2O 型包裹体（见后）密切共生。

CO_2-H_2O 型包裹体（C 型）：此类包裹体在阶段Ⅰ、Ⅱ、Ⅲ形成的热液脉石英中大量发育，孤立分布或成群分布，一般 5～30μm，个别可达到 50μm 以上，多呈负晶形、椭圆形、长条形或不规则形产出，CO_2/H_2O 约 10%～90%；但阶段Ⅰ夕卡岩石榴子石和透辉石中未发现。大多数 CO_2 包裹体室温下可见典型

“双眼皮”特征（图 4.9D、E），即 $V_{CO_2}+L_{CO_2}+L_{H_2O}$，部分 CO_2 型包裹体在室温下为 $V_{CO_2}+L_{H_2O}$，在冷冻过程中出现 CO_2 液相。

NaCl-H_2O 包裹体（W 型）：见于各成矿阶段热液矿物中，一般孤立分布，主要为椭圆形、不规则形、负晶形和长条形（图 4.9I），大小 5 ~ 30μm，气液比分为两个区间：5%~40% 和 65%~90%。阶段 IV 萤石中部分 W 型包裹体呈线性或面状分布，属次生包裹体；少量孤立分布，一般 2 ~ 15μm，以不规则形、椭圆形为主，气液比一般小于 10%。

含子晶多相包裹体（S 型）：主要见于阶段 Ⅰ 的石榴子石和阶段 Ⅱ、Ⅲ 的热液石英中，多成群分布，一般5 ~ 20μm，个别可达到 30μm 左右，负晶形、椭圆形、长条形为主，少量为不规则形。该类包裹体多数含一个以上的子矿物，其中透明子矿物主要为石盐、钾盐及待鉴定未知矿物（图 4.9B、C），不透明子矿物主要为黄铜矿（图 4.9F、H）；气相成分为 CO_2 或 H_2O。根据子矿物类型可分为含可溶盐类（石盐、钾盐）子矿物的 S1 型和只含不熔子矿物的 S2 型。该类包裹体多成群分布，常与纯 CO_2 包裹体、不同气液比的水溶液包裹体和 CO_2-H_2O 型包裹体共生（图 4.9G）。

4.1.4.3　显微测温结果

流体包裹体显微测温结果见表 4.16、图 4.10 和图 4.11。

表 4.16　南泥湖–三道庄钼钨矿床流体包裹体显微测温结果（杨永飞等，2009a；石英霞等，2009）

阶段	矿物	类型	N	T_{m,CO_2}/℃	$T_{m,cla}$/℃	T_{h,CO_2}/℃	$T_{m,ice}$/℃	$T_{m,halite}$/℃	T_h/℃	W/(% NaCl eqv.)	ρ/(g/cm³)
Ⅰ	石榴子石	W	8				–20.9，–20.6		475 ~ 495(V)	22.8，23.0	
		S1	10					540 ~ 553	* 390 ~ 540(V)	65 ~ 67	
	透辉石	W	12				–17.5，–18.1		318 ~ 435(V)	21，21	
	石英	C	24	–61.8 ~ –58.3	–1.8 ~ 7.0	22.1 ~ 31.1			317 ~ 500(V，L)	5.7 ~ 17.5	0.64 ~ 0.98
		W	20				–14.1 ~ –5.3		330 ~ 430(L，V)	8.3 ~ 17.9	0.70 ~ 0.82
		S2	5						382 ~ 420(L) *	7.2 ~ 14.1	
Ⅱ	石英	C	114	–61.0 ~ –57.2	–1.3 ~ 8.2	16.6 ~ 31.0			250 ~ 450 (V，L)	3.5 ~ 16.8	0.40 ~ 0.86
		W	40				–16.1 ~ –3.9		300 ~ 410(L，V)	6.3 ~ 19.5	0.53 ~ 0.90
		S1	15					214 ~ 385	130 ~ 277 *	33 ~ 46	
		S2	31						301 ~ 373(L，V) *	5.3 ~ 16.9	
Ⅲ	石英	C	28	–59.4 ~ –58.1	5.8 ~ 9.5				280 ~ 380 (L，V)	1.0 ~ 7.7	0.26 ~ 0.85
		W	7				–10.3 ~ –6.4		100 ~ 290 (L)	9.7 ~ 14.3	0.88 ~ 0.90
		S1	26					176 ~ 313	210 ~ 371(L) *	29 ~ 38	
		S2	15						309 ~ 358(L) *	6.4 ~ 7.7	
Ⅳ	石英	W	43				–6.6 ~ –1.1		116 ~ 287(L)	3.4 ~ 11.5	0.86 ~ 0.99
	萤石	W	36				–5.9 ~ –0.2		115 ~ 265(L)	0.5 ~ 9.1	0.79 ~ 0.99

注：N 为测试包裹体数目；T_{m,CO_2} 为固相 CO_2 初熔温度；$T_{m,cla}$ 为笼合物熔化温度；T_{h,CO_2} 为 CO_2 部分均一温度；$T_{m,ice}$ 为冰点温度；T_h 为完全均一温度，* 指除 S 型包裹体流体相（气相+液相）均一温度；$T_{m,halite}$ 为石盐子晶熔化温度；W 为盐度（S 型包裹体的盐度未包含不熔子矿物的贡献）；ρ 为密度；括号中的 V 和 L 分别代表均一至气相（V）或液相（L）。

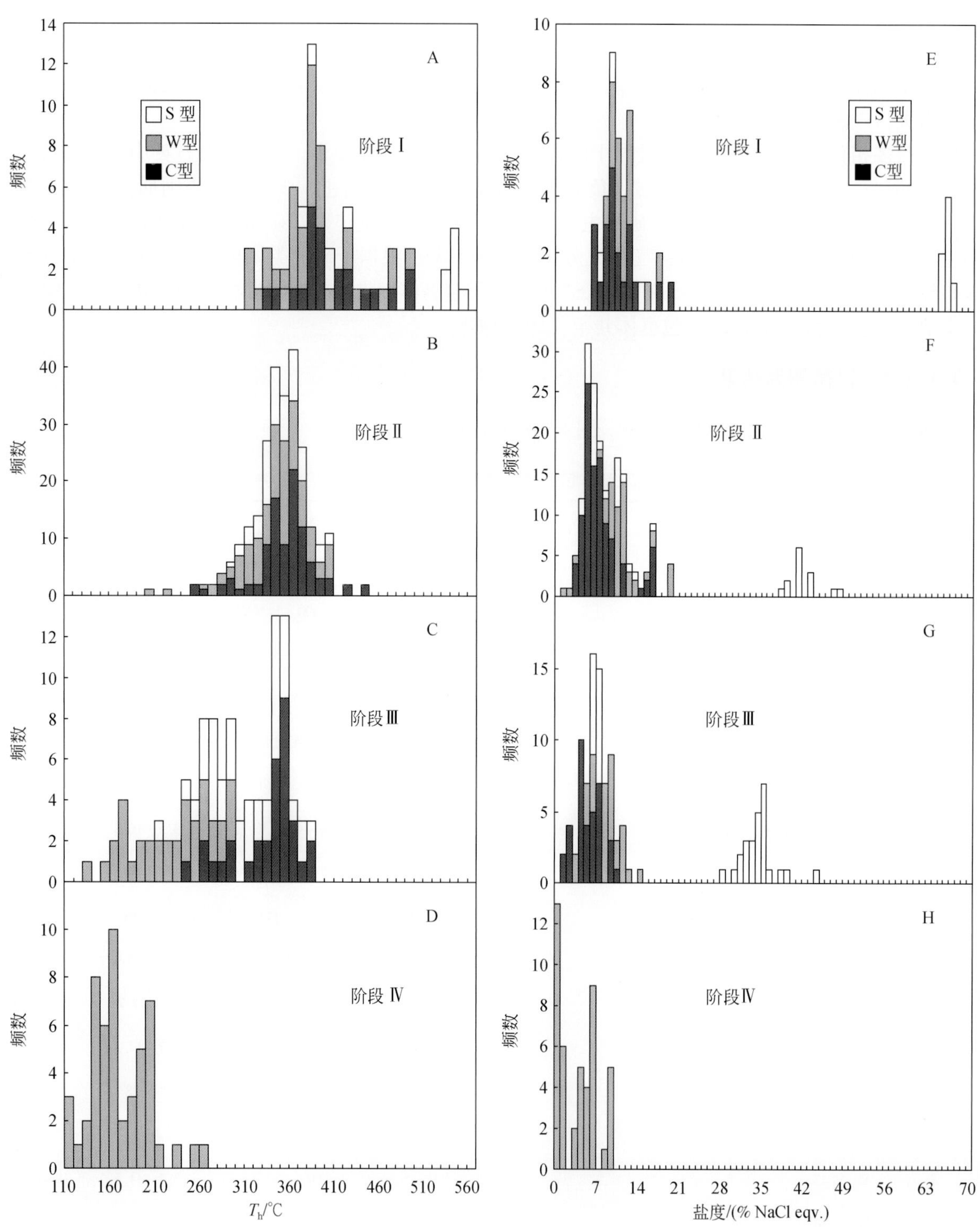

图 4.10 南泥湖-三道庄矿床各成矿阶段包裹体均一温度（A、B、C、D）和盐度（E、F、G、H）直方图（数据见表 4.16）

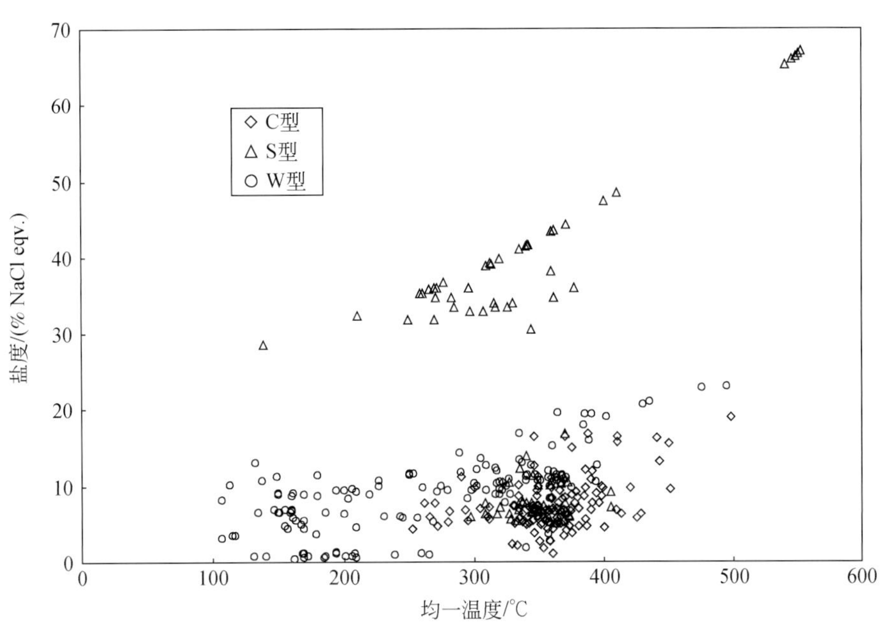

图4.11　南泥湖-三道庄钼钨矿床各成矿阶段包裹体盐度-均一温度图（数据见表4.16）

阶段Ⅰ形成的夕卡岩矿物中不含PC型和C型包裹体。由于矿物透明度较差，且所含包裹体多为次生，所得测温数据较少。石榴子石中W型包裹体的气液比大于50%，仅得到2个冰点温度：-20.6℃和-20.9℃，相应盐度为22.8% NaCl eqv.和23.0% NaCl eqv.，完全均一温度分别为475℃和495℃，均一到气相。石榴子石中S1型包裹体发育，常含两个以上的石盐子晶，加热过程中气相先消失，气液相均一温度为390～540℃，石盐子晶在540～553℃消失，相应盐度为65%～67% NaCl eqv.，密度为1.24～1.25g/cm^3。获得透辉石中两个W型包裹体的冰点温度分别为-17.5℃和-18.1℃，相应盐度为20.6% NaCl eqv.和21.0% NaCl eqv.，完全均一温度分别为318℃和435℃，均一到气相。透辉石中S1类包裹体加温至550℃左右爆裂，但子矿物仍未完全消失，据此估算最低盐度可达66%～67% NaCl eqv.。

阶段Ⅰ无矿石英脉中流体包裹体以PC型、C型和W型为主，S型较少。C型包裹体中CO_2固相的初熔温度为-61.8～-58.3℃，低于纯CO_2的三相点（-56.6℃）；笼合物消失温度为-1.8～7.0℃，计算得到对应水溶液相的盐度为5.7%～17.5% NaCl eqv.；部分均一温度介于22.1～31.2℃之间，均一至气相；完全均一温度为317～500℃，峰值在400℃左右，均一至气相或液相；流体密度变化于0.64～0.98g/cm^{3}之间，集中于0.80～0.98g/cm^3。W型包裹体冰点温度为-14.1～-5.3℃，对应盐度为8.3%～17.9% NaCl eqv.；密度为0.70～0.82g/cm^3，完全均一温度集中于330～430℃，均一至液相或气相。S2型包裹体气相为CO_2，含硫化物子晶。加热过程中硫化物子晶不熔化，包裹体均一至液相，均一温度为382～420℃，盐度为7.2%～14.1% NaCl eqv.。

阶段Ⅱ石英-硫化物脉中流体包裹体类型主要为C型、W型和S型，少量PC型。C型包裹体CO_2固相初熔温度为-61.0～-57.2℃，指示CO_2相不纯；笼合物消失温度集中于-1.3～8.2℃，对应盐度为3.5%～16.8% NaCl eqv.；完全均一温度为250～450℃，均一至气相或液相，可能有次生包裹体叠加；流体密度为0.40～0.86g/cm^3。W型包裹体冰点温度为-16.1～-3.9℃，盐度为6.3%～19.5% NaCl eqv.；密度在0.53～0.90g/cm^{3}之间，完全均一温度集中于300～410℃，均一至液相或气相。S型包裹体发育，子矿物包括硫化物、石盐以及未知透明子矿物等；多数包裹体只含不熔盐类子矿物（S2型），包裹体主要均一至液相，个别均一至气相，均一温度为301～370℃，盐度为5.3%～16.9% NaCl eqv.。含石盐子晶的S1型包裹体均一方式包括子晶先消失和最后消失，均一到液相或气相，流体相均一温度为103～277℃之间，石盐子晶消失温度为214～385℃，盐度为33%～46% NaCl eqv.。

阶段Ⅲ发育PC型、C型、W型和S型包裹体。C型包裹体CO_2初熔温度为-59.4～-58.1℃，笼合物消失温度为5.8～9.5℃，计算得到盐度为1.0%～7.7% NaCl eqv.；均一温度介于280～380℃之间，主要均一至液相，少量均一至气相；流体密度为0.26～0.85g/cm³。W型包裹体冰点温度为-10.3～-6.4℃，相应盐度为9.7%～14.3% NaCl eqv.；在100～290℃左右均一到液相，应有次生包裹体叠加。S1型包裹体升温过程中气泡先消失、石盐子晶先消失共存，石盐子晶熔化温度为176～313℃，计算得到相应盐度为29%～38% NaCl eqv.，气液相在210～371℃均一到液相；而对于S2型包裹体，据冰点得其水溶液相的盐度为6.4%～7.7% NaCl eqv.，气液相在309～358℃均一到液相。S型包裹体在升温过程中易爆裂，爆裂温度为298～413℃。

阶段Ⅳ热液石英和萤石中广泛发育W型包裹体，冰点温度为-6.6～-0.2℃，对应盐度为0.5%～11.5% NaCl eqv.，密度为0.79～0.99g/cm³，均一温度变化于115～287℃之间，集中于150～200℃，均一至液相。

4.1.4.4 流体包裹体成分分析

激光拉曼显微探针分析显示，各阶段同类型包裹体的流体成分类似：

W型包裹体气、液相成分均显示宽缓的水峰（图4.12A），表明成分以H_2O为主。阶段Ⅰ、Ⅱ部分W型包裹体气相中除H_2O外含少量的CO_2。

PC型包裹体，除CO_2特征峰（1286cm^{-1}和1390cm^{-1}）外未见其他谱峰，表明其成分为纯CO_2（图4.12B）。

C型包裹体气相成分具明显的CO_2特征峰（1286cm^{-1}和1390cm^{-1}；图4.12C），部分见少量CH_4、H_2S和CO（主要见于三道庄矿区；图4.12D、E），液相成分主要为H_2O，含少量CO_3^{2-}（特征峰为1068cm^{-1}，图4.12C）。

S型包裹体，液相成分主要为H_2O，气相成分可分为H_2O和CO_2两种。不透明子矿物具有294cm^{-1}特征峰（图4.12F），指示子矿物为黄铜矿；石盐和未知子矿物未能在激光拉曼探针测试中显示特征峰。

群体包裹体气相成分显示（表4.17），流体中气相以H_2O和CO_2为主，含少量H_2、N_2、CH_4和CO，但未见H_2S。由表4.17可见，对于南泥湖1109钻孔，随取样深度的增大（ZK-5至ZK-51），流体的CO_2/H_2O值逐渐增高，N_2含量逐渐降低，但H_2、CH_4和CO变化趋势不明显。相比于花岗斑岩体，夕卡岩和各阶段脉体中流体的CO_2/H_2O值总体较低，其中夕卡岩中又较各类脉体更低，这亦与夕卡岩矿物中未见到PC型和C型包裹体一致。对于不同阶段的脉体，由钾长石-石英脉到沸石-辉钼矿脉，CO_2/H_2O值逐渐降低。流体中H_2、CH_4和CO含量在夕卡岩中最高；对于各类脉体，其H_2、CH_4和CO含量由钾长石-石英脉到沸石-辉钼矿脉逐渐降低。总之，从深部到浅部、从成矿早阶段到晚阶段，流体中CO_2含量逐渐降低、H_2O含量逐渐增加，可能显示成矿过程中CO_2逃逸以及大气降水的加入。

液相群体成分分析结果（表4.18和表4.19）表明，流体中离子成分以Na^+和Cl^-占绝对优势，其次为K^+、Ca^{2+}、Mg^{2+}、F^-、HCO_3^-和SO_4^{2-}等。不同深度、不同成矿阶段样品中流体的离子成分具有如下特征：①在南泥湖岩体中，除黄铁云英岩外，其余样品中流体的Na^+均大于K^+，不同深度样品中流体Na^+、K^+含量没有明显的变化趋势；②阶段Ⅰ的成矿流体K^+含量明显高于阶段Ⅱ、Ⅲ的流体，与阶段Ⅰ强烈的钾化蚀变一致，而由阶段Ⅰ到阶段Ⅳ，流体中Na^+/K^+显示出增加的趋势，指示成矿过程中K^+不断消耗；③流体的Ca^{2+}、Mg^{2+}含量在夕卡岩中最高，显示夕卡岩化过程中流体从围岩中萃取了大量的Ca和Mg；④F^-在夕卡岩中含量最高，石榴子石中流体的F^-/Cl^-高达16.2，与夕卡岩中萤石的发育一致；⑤SO_4^{2-}含量（实验方法所限，此处SO_4^{2-}代表了总硫含量）一般高于F^-、低于Cl^-，部分样品中甚至高于Cl^-；⑥Cu^{2+}、Pb^{2+}、Zn^{2+}含量在阶段Ⅱ流体中最高，这亦与阶段Ⅱ大量硫化物发育相吻合。

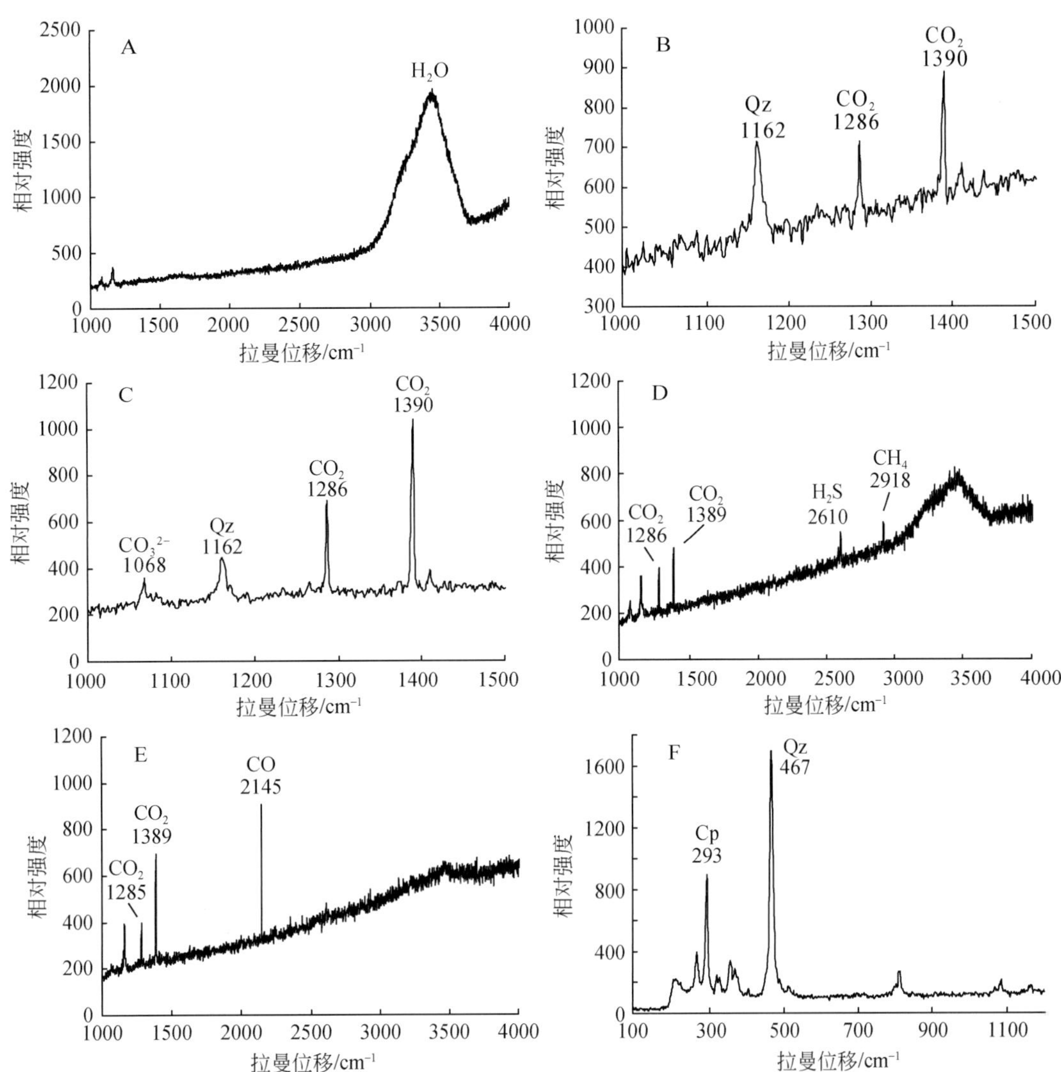

图 4.12　南泥湖-三道庄钼钨矿床流体包裹体激光拉曼（LRM）图谱（杨永飞等，2009a；石英霞等，2009）

A. W 型包裹体液相中的 H_2O；B. PC 型包裹体中的 CO_2；C. C 型包裹体气相中的 CO_2，液相中的 CO_3^{2-}；D. C 型包裹体气相中的 CH_4、CO_2 和 H_2S；E. C 型包裹体气相中的 CO 和 CO_2；F. S 型包裹体中的黄铜矿子晶

4.1.4.5　成矿流体性质和演化

1. 流体性质

岩相学研究表明，南泥湖-三道庄矿床脉石矿物中常见纯 CO_2 包裹体和 H_2O-CO_2 包裹体，甚至部分含子矿物多相包裹体的气相也是 CO_2，表明流体富含 CO_2；多相包裹体中石盐、黄铜矿等子矿物的出现指示流体盐度较高，且富含 Cu、Fe 等成矿金属元素；大量热液钾长石和萤石的发育反映了流体具有富 K、富 F 的特征。上述推论亦得到流体包裹体群体成分研究的证实：气相以 H_2O 和 CO_2 为主，含少量 CH_4、CO、H_2S、N_2，液相以 Na^+、K^+、Cl^-、SO_4^{2-} 为主，含部分 Ca^{2+}、Mg^{2+}、F^-、HCO_3^- 等离子；流体的 CO_2 和 K^+ 含量由阶段Ⅰ到阶段Ⅳ逐渐减少，F^-/Cl^- 最高可达 16.2。综上，认为南泥湖-三道庄成矿流体具有高温、高盐度、富 CO_2、富 F、富 K 的特征，符合大陆内部浆控高温热液型矿床成矿流体的特征（陈衍景等，2007，2008；陈衍景和李诺，2009）。

大陆内部浆控高温热液型成矿流体系统以高盐度、富 CO_2 为特征，在成矿早阶段矿物中可见较多富 CO_2 包裹体和含子晶包裹体（陈衍景等，2007；陈衍景和李诺，2009）。这一结论亦在南泥湖矿区得到证

表 4.17 南泥湖–三道庄钼钨矿床流体包裹体气相成分分析（周作侠等，1993）

（单位：10^{-6}mol/g）

样品号	岩石	采样地点	测试矿物	爆裂温度/℃	H_2O	CO_2	H_2	N_2	CH_4	CO	CO_2/H_2O
ZK-5	斑状花岗岩（云英岩化）	郊泥湖 1109 钻孔	石英	260	11. 06	0. 2375	0	0. 0837	0	0. 0128	0. 02
				260～500	23. 6	1. 4839	0	0. 0454	0. 0308	0. 0345	0. 06
ZK-7	黄铁云英岩	郊泥湖 1109 钻孔	石英	500	22. 2	0. 4215	0. 0788		0. 0861	微量	0. 019
ZK-26	斑状花岗岩	郊泥湖 1109 钻孔	石英	260	30. 65	1. 18	0	0. 3195	0. 01	0. 0293	0. 04
				260～500	37. 35	2. 5255	0. 325	0. 4873	0. 0099	0. 1342	0. 07
ZK-38	斑状花岗岩	郊泥湖 1109 钻孔	石英	280	17. 9	0. 957	微量		—	—	0. 05
				260～500	14. 8	0. 8041	0. 0922		0. 0598	—	0. 05
ZK-48	斑状花岗岩	郊泥湖 1109 钻孔	石英	260	23. 07	1. 3368	0	0	0	0. 0329	0. 06
				260～500	18. 5	1. 1555	0	0. 1645	0. 0244	0. 0788	0. 06
ZK-50	斑状花岗岩	郊泥湖 1109 钻孔	石英	290	13. 4	1. 0392	微量		—	—	0. 08
				290～500	11. 1	0. 7743	0. 0437		微量	—	0. 07
ZK-51	斑状花岗岩	郊泥湖 1109 钻孔	石英	260	42. 69	2. 2625	0	0. 0146	0. 0098	0. 0076	0. 05
				260～500	26. 12	1. 7457	0	0	0. 0541	0. 0602	0. 07
XSD-3	石榴子石夕卡岩	三道庄 1317 坑道	石榴子石	500	157. 16	4. 9714	2. 7295	0. 2018	0. 1814	0. 1047	0. 03
N5-2	夕卡岩化大理岩	三道庄岭	石英	500	41. 79	1. 2907	0	0. 1146	0. 2008	0. 0239	0. 03
N5-2	夕卡岩化大理岩	三道庄岭	石英	500	19. 6	0. 8352	0. 032		0. 086	微量	0. 04
N-10	钾长石石英脉	南泥湖岩体	石英	260	28. 45	1. 6361	0	0. 2096	0	0. 0052	0. 05
				260～500	21. 71	1. 9311	0	0. 8739	0. 0078	0. 0638	0. 09
N-10	钾长石石英脉	南泥湖岩体	石英	260	23. 7	1. 1963	微量		—	微量	0. 05
				260～500	21. 4	1. 5831	0. 0468		0. 0508	—	0. 07
H-16	黄铁矿石英脉	南泥湖岩体	石英	500	20. 4	1. 0631	0. 0245		0. 0565	微量	0. 05
H-17	黄铁矿石英脉	南泥湖岩体	石英	500	21. 4	0. 9743	0. 0289		0. 0552	微量	0. 05
H-18	黄铁矿石英脉	南泥湖岩体	石英	500	28. 7	0. 8922	0. 0308		0. 047	微量	0. 03
H-19	沸石辉钼矿石英脉	南泥湖	石英	500	54. 1	2. 3907	0. 0252		微量	—	0. 04
H-19	沸石辉钼矿石英脉	南泥湖	石英	290	25. 3	0. 7857	微量		—	—	0. 03
				290～500	26. 7	1. 0962	微量		微量	—	0. 04

注：由 ZK-5 到 ZK-51，采样深度增加，XSD-3、N5-2、N-10、H-16 到 H-19 样品按成矿阶段从早到晚排列。

表 4.18 南泥湖-三道庄钼钨矿床流体包裹体液相成分（周作侠等，1993）（单位：μg/10g）

样品号	岩石	测试矿物	温度/℃	Na^+	K^+	Ca^{2+}	Mg^{2+}	Li^+	NH_4^+	F^-	Cl^-	SO_4^{2-}	Na^+/K^+	F^-/Cl^-	SO_4^{2-}/Cl^-
ZK-5	斑状花岗岩（云英岩化）	石英	260	35.74	8.22	0.22	0.11	0.13	0.18	0.51	57.38	4.51	7.39	0.02	0.05
			260～500	9.37	5.33	0.22	0	0	0	0.93	4.13	16.16	2.99	0.42	2.85
ZK-7	黄铁云英岩	石英	500	15.24	60.95	0	0.84			2.52	3.71	45.76	0.42	1.27	8.99
ZK-26	斑状花岗岩	石英	260	65.73	4.00	0	0.17	0.33	0	1.67	93.48	6.70	27.95	0.03	0.05
			260～500	14.06	6.33	0	0.17	0	0	1.30	11.67	18.03	3.78	0.21	1.13
ZK-48	斑状花岗岩	石英	260	55.06	12.89	0.44	0.22	0.27	0.84	0.08	86.49	3.44	7.26	0.01	0.03
			260～500	5.33	6.22	0.44	0.22	0.27	0	0.84	4.13	10.8	1.46	0.38	2.00
ZK-51	斑状花岗岩	石英	260	112.8	10.00	1.40	1.60	0.64	0.37	1.80	141.28	20.76	19.18	0.02	0.11
			260～500	11.60	8.40	0	0.20	0	0	1.28	6.12	21.36	2.35	0.39	2.54
XSD-3	石榴子石夕卡岩	石榴子石	500	75.73	34.36	288.91	8.27	0.04	0	204.21	23.55	729.48	3.75	16.20	22.59
N5-2	夕卡岩化大理岩	石英	500	46.00	9.50	40.50	3.50	0	0	1.40	7.75	162.5	8.24	0.34	15.29
N-10	钾长石-石英脉	石英	260	94.36	15.60	0	0.20	0.36	0	2.68	120.44	14.83	10.29	0.04	0.09
			260～500	12.28	5.20	0	0.20	0	0	2.08	7.04	32.92	4.02	0.55	3.41
H-16	黄铁矿-石英脉	石英	300	14.22	2.47	0	0.08			2.41	20.63	14.10	9.76	0.22	0.50
H-19	沸石-辉钼矿-石英脉	石英	500	43.04	2.24	0.56	0.14			0.90	55.23	125.61	32.58	0.03	1.66

注：由 ZK-5 到 ZK-51，取样深度增加，XSD-3、N5-2、N-10、H-16、H-19 样品按成矿阶段从早到晚排列。

表 4.19 南泥湖-三道庄钼钨矿床矿化各阶段石英包裹体稀释溶液平均成分（刘孝善等，1987）（单位：10^{-6}）

矿化阶段	样品数	测试矿物	K^+	Na^+	Ca^+	Mg^{2+}	Fe^{3+}	Cu^{2+}	Pb^{2+}	Zn^{2+}	HCO_3^-	F^-	Cl^-	SO_4^{2-}	Na^+/K^+	Cl^-/F^-	HCO_3^-/SO_4^{2-}
钾长石-石英阶段（阶段Ⅰ）	2	石英	0.170	0.820	0.160	0.150	0.017	0.010	—	0.018	0.670	0.076	3.270	0.480	4.800	43.0	1.4
硫化物-石英阶段（阶段Ⅱ）	6	石英	0.100	0.880	0.150	0.075	0.015	0.012	0.006	0.044	1.770	0.230	5.160	0.230	8.800	22.4	7.7
沸石-碳酸盐阶段（阶段Ⅲ、Ⅳ）	5	石英	0.064	0.800	0.091	0.077	0.013	0.007	—	0.018	1.120	0.120	3.780	0.210	12.500	31.5	5.3

实：阶段Ⅰ的石英-钾长石脉中可见大量含 CO_2 包裹体，部分含子晶多相包裹体的气相成分亦为 CO_2。然而，在三道庄矿区，尽管夕卡岩阶段的石榴子石和透辉石形成于阶段Ⅰ，却未发现含 CO_2 包裹体，反而在阶段Ⅱ的石英-硫化物脉见大量含 CO_2 包裹体，其原因值得进一步研究、讨论。笔者认为，夕卡岩矿物缺乏含 CO_2 包裹体并不意味着初始成矿流体贫 CO_2，反而是流体富 CO_2 的铁证。当富 CO_2 的高盐度岩浆热液进入碳酸盐围岩时，流体与碳酸盐反应，即 $CO_2+H_2O+CaCO_3(MgCO_3)\longrightarrow Ca^{2+}(Mg^{2+})+2HCO_3^-$。这种反应导致了 3 个结果：①降低了流体中 CO_2 的活度，使夕卡岩矿物无法捕获到富 CO_2 包裹体；②促使碳酸盐分解出 Ca^{2+}、Mg^{2+} 等离子，并与流体或围岩中的 SiO_2、Al_2O_3 等组分反应，形成石榴子石、透辉石、绿帘石等夕卡岩矿物；③增加了流体中 HCO_3^- 的活度，提高了流体对围岩中成矿元素的活化、萃取能力，有利于形成富含成矿物质的流体。当碳酸盐矿物分解并转化为夕卡岩矿物之后，这种含 CO_2 流体就无法再与碳酸盐发生反应，此时形成的矿物可捕获含 CO_2 的流体，发育含 CO_2 包裹体；同时，流体中聚集的成矿物质以硫化物的方式沉淀下来，流体中的 SiO_2 等结晶为石英，此即石英-硫化物阶段（阶段Ⅱ）。

由流体包裹体研究可知，同属阶段Ⅰ产物，三道庄矿区石榴子石和透辉石等夕卡岩矿物中发育含石盐子矿物的包裹体，且均以石盐子矿物熔化达完全均一；而南泥湖矿区无矿石英脉中则未见含石盐子矿物包裹体。笔者认为，可能的原因包括：①由于研究样品所限，未能在南泥湖矿区找到最早阶段形成的石英-钾长石脉体，而无矿石英脉的形成可能比夕卡岩稍晚，这也是导致无矿石英脉中流体包裹体的均一温度低于夕卡岩中包裹体均一温度的原因；②夕卡岩矿物中含石盐子矿物包裹体在加热过程中气泡先消失，石盐子矿物后消失，很可能是非均一捕获产物或是流体包裹体形成后经历了后期改造（Becker et al.，2008）。

此外，由三道庄矿区流体包裹体研究可知，夕卡岩矿物中流体包裹体含 CH_4，并且由石英-钾长石脉到沸石-辉钼矿脉流体中的 CH_4 含量降低。其原因可能是矿区广泛发育含碳质地层，特别是煤窑沟组有>150m的石煤夹层，南泥湖组和三川组都含有碳质千枚岩，这些碳质可与热流体反应形成 CH_4，即 $2C+2H_2O\longrightarrow CH_4+CO_2$。如此，可导致流体包裹体中同时含 CO_2 和 CH_4；同时，促使系统还原性增强而导致大量硫化物沉淀。

2. 成矿压力及深度估算

根据 H_2O-CO_2 包裹体的部分均一温度、部分均一方式、部分均一时 CO_2 相所占比例及完全均一温度，利用流体包裹体数据处理 Flincor 程序（Brown，1989）以及 Bowers 和 Helgeson（1983）公式，获得各阶段流体包裹体的捕获压力如下：阶段Ⅰ为 70～270MPa，阶段Ⅱ为 30～160MPa，阶段Ⅲ为30～85MPa。

考虑到斑岩成矿系统具多次沸腾、水压致裂、沉淀愈合等循环进行的特点，流体压力系统属于超静岩压力或静岩压力与静水压力的转换交替状态，我们认为，同一阶段的最高压力端元代表静岩或超静岩压力系统，低端代表静水压力系统。据此，设矿区岩石平均密度为 2.6g/cm^3，则估算的阶段Ⅲ的静岩压力深度的最高值与静水压力深度最低值完全吻合在 3km 左右，而且此值与阶段Ⅱ静水压力最低值 3km 也完全一致，表明阶段Ⅱ、Ⅲ时的成矿深度应主要发生于 3km 左右。该结果也与国内外斑岩成矿深度为 1～5km 相一致。

3. 流体演化与成矿

作为南泥湖-三道庄矿床的成矿母岩，南泥湖斑状二长花岗岩体具有高硅、高钾、富碱的岩石化学特征，氧化指数 $Fe_2O_3/(Fe_2O_3+FeO)$ 为 0.65（刘永春等，2006），且富含 Mo、W 等成矿元素（李永峰，2005）。由这种岩浆派生的岩浆期后热液不但高温（320～550℃）、富 CO_2，而且继承了成矿岩浆富含钨、钼等成矿元素的特征。显微测温获得阶段Ⅰ夕卡岩中水溶液包裹体盐度为 20% NaCl eqv. 左右，石英-钾长石脉中流体盐度为 6%～18% NaCl eqv.，计算获得包裹体的捕获压力最高可达 270MPa。在三道庄矿区，初始高温岩浆热液首先交代碳酸盐围岩形成干夕卡岩，随后热液温度降低，流体向次临界状态过渡，发生湿夕卡岩化（透闪石化、阳起石化、黑/金云母化等）、钾长石化、硅化等中高温蚀变，并伴随少量磁铁矿、磁黄铁矿、黄铁矿和辉钼矿形成，形成阶段Ⅰ夕卡岩型矿化。在南泥湖矿区，初始高温岩浆热液沿裂隙贯入，并随温度降低形成黑云母、钾长石、石英等。该阶段流体由于氧逸度较高且富含 CO_2，体系中 S^{2-} 活度低，不利于硫化物沉淀，故矿化较弱。

阶段Ⅰ的蚀变消耗了热量和大量碱金属离子，造成阶段Ⅱ、Ⅲ的成矿流体酸性程度增加。伴随低温、高密度地下水的加入，流体系统的温度和氧逸度降低，而 S^{2-} 活性增加，有利于辉钼矿等硫化物的沉淀；同时由于 SiO_3^{2-} 大量消耗，流体黏度降低，流动性增强。而大量构造裂隙的存在为流体的运移和沉淀提供了空间。阶段Ⅱ、Ⅲ见有：①PC 型、C 型、S 型和 W 型包裹体共生，且均一方式各异均一温度相近；②含石盐子矿物包裹体在加热过程中，石盐消失可早于或晚于流体相均一，表明进入裂隙的流体由于压力骤然降低发生减压沸腾，CO_2 不断逸失。阶段Ⅱ、Ⅲ的流体包裹体均一温度分别为 250 ~ 410℃ 和 160 ~ 370℃，较阶段Ⅰ明显降低；两个阶段流体的盐度主要集中于 5% ~ 19% NaCl eqv. 和 28% ~ 45% NaCl eqv. 两个区间，应为流体沸腾所致，并导致了 Mo 等成矿物质的沉淀。由流体包裹体压力计算可知，阶段Ⅱ、Ⅲ的成矿压力分别为 160 ~ 30MPa、85 ~ 30MPa，成矿主要发生于 3km 左右深度。

成矿物质在阶段Ⅱ和Ⅲ的强烈成矿作用消耗殆尽，成矿流体已基本演化为大气降水热液，阶段Ⅳ只有水溶液包裹体发育，均一温度和盐度分别降低为 115 ~ 260℃、0.5% ~ 11.5% NaCl eqv.。该阶段仅形成低温的方解石脉、方解石-萤石脉，无矿化。

4.1.5　矿床同位素地球化学

4.1.5.1　氢氧同位素特征

刘孝善等（1987）、周作侠等（1993）对南泥湖-三道庄不同成矿阶段石英的氢氧同位素组成进行了测定，结果列于表 4.20。由阶段Ⅰ到阶段Ⅳ，石英的 $\delta^{18}O_{石英}$ 逐渐降低：由 9.5‰ ~ 12.5‰（阶段Ⅰ），经 10.0‰ ~ 11.8‰（阶段Ⅱ）和 9.2‰ ~ 11.5‰（阶段Ⅲ）变化为 8.4‰（阶段Ⅳ），计算得到相应的成矿热液的 $\delta^{18}O_{水}$ 亦具有类似的趋势：由 5.0‰ ~ 7.1‰（阶段Ⅰ），经 2.4‰ ~ 4.9‰（阶段Ⅱ）和 0.2‰ ~ 2.9‰（阶段Ⅲ）变为-0.5‰（阶段Ⅳ）。已有的石英氢同位素数据较少，获得来自阶段Ⅰ、Ⅱ、Ⅲ的石英样品的 δD 分别为-66‰、-81‰和-78‰。在 δD-$\delta^{18}O$ 图解中，多数样品点落入岩浆水范围与大气降水线之间，且由阶段Ⅰ至Ⅲ，样品点越来越靠近大气降水（图 4.13），表明成矿流体由岩浆热液逐渐向大气降水热液演化。此外，周作侠等（1993）还对来自斑状花岗岩、云英岩和夕卡岩中石英条带的石英样品进行了氢氧同位素研究，获得其 $\delta^{18}O_{石英}$ 分别为 10.1‰、10.3‰和 11.8‰，相应的 $\delta^{18}O_{水}$ 分别为 4.1‰、-0.8‰和 0.1‰，δD 分别为-70‰、-86‰和-80‰（表 4.20）。在 δD-$\delta^{18}O$ 图解中，来自斑状花岗岩的石英样品点接近于岩浆水范围，而来自云英岩和石英条带的样品则落入岩浆水和大气降水线之间，且云英岩样品更接近大气降水线（图 4.13），表明诱发云英岩化的成矿热液已渐以大气降水为主。

表 4.20　南泥湖-三道庄钼钨矿床岩体和热液石英的氢氧同位素组成（SMOW 标准）

成矿阶段	样品号	岩石/脉体	温度/℃	$\delta^{18}O_{石英}$/‰	$\delta^{18}O_{H_2O}$/‰	δD_{H_2O}/‰	来源
	ZK-38	斑状花岗岩	325	10.1	4.1	-70	周作侠等，1993
	ZK-7	云英岩	210	10.3	-0.8	-86	周作侠等，1993
	N5-2	夕卡岩中石英条带	200	11.8	0.1	-80	周作侠等，1993
Ⅰ	N-013	辉钼矿-黄铁矿-萤石-石英脉	336	11.2	6.3		刘孝善等，1987
	N-024	辉钼矿-钾长石-石英脉	350	9.5	5.0		刘孝善等，1987
	ZK913-36	含辉钼矿-黄铁矿-石英脉	315	12.5	7.1		刘孝善等，1987
	N-10	钾长石-石英脉	345	10.4	5.0	-66	周作侠等，1993

续表

成矿阶段	样品号	岩石/脉体	温度/℃	$\delta^{18}O_{石英}$/‰	$\delta^{18}O_{H_2O}$/‰	δD_{H_2O}/‰	来源
Ⅱ	ZK913-19	含黄铁矿-钾长石-石英脉	308	10.0	4.4		刘孝善等，1987
	ZK913-17	黄铁矿-石英脉	210	11.8	2.4		刘孝善等，1987
	ZK913-18	含黄铁矿-萤石-石英脉	240	10.8	2.7		刘孝善等，1987
	ZK913-57	黄铁矿-石英脉	290	11.1	4.9		刘孝善等，1987
	N-060	伟晶石英脉	280	10.9	4.4		刘孝善等，1987
	H-18	黄铁矿-石英脉	310	10.2	3.7	−81	周作侠等，1993
Ⅲ	ZK913-45	晚期含辉钼矿-石英脉	220	10.3	1.4		刘孝善等，1987
	ZK1301-26	晚期含辉钼矿-石英脉	200	10.6	0.6		刘孝善等，1987
	N-17	含辉钼矿-沸石-石英脉	225	11.5	2.7		刘孝善等，1987
	N-19	含辉钼矿-沸石-石英脉	240	11.0	2.9		刘孝善等，1987
	H-19	沸石-辉钼矿-石英脉	250	9.2	0.2	−78	周作侠等，1993
Ⅳ	N-18	方解石-沸石-石英脉	220	8.4	−0.5		刘孝善等，1987

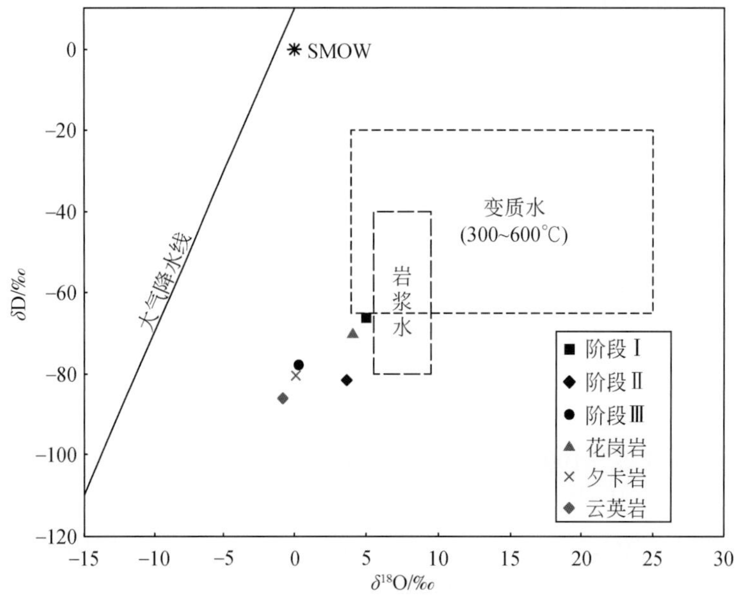

图 4.13 南泥湖-三道庄矿床成矿流体 δD-$\delta^{18}O$ 图解（底图据 Taylor，1974；数据见表 4.20）

4.1.5.2 碳氧同位素特征

刘孝善等（1987）对不同成矿阶段方解石的碳氧同位素进行了测定（表 4.21）。所用方解石样品与黄铁矿、磁黄铁矿、辉钼矿等共生，未见石墨，故方解石的 $\delta^{13}C$ 值基本上代表了热液体系的 $\delta^{13}C$ 值。获得阶段Ⅰ方解石的 $\delta^{13}C$ 为−8.6‰～−8.1‰，$\delta^{18}O_{PDB}$ 为−15.5‰～−14.9‰，计算得到 $\delta^{18}O_{SMOW}$ 为 14.9‰～15.5‰，$\delta^{18}O_{水}$ 为 9.3‰～9.9‰，显示岩浆热液特征。阶段Ⅱ方解石的 $\delta^{13}C$ 为−6.9‰～−5.4‰，$\delta^{18}O_{PDB}$ 为−20.4‰～−16.7‰，$\delta^{18}O_{SMOW}$ 为+9.9‰～+13.6‰，$\delta^{18}O_{水}$ 为+3.2‰～+6.5‰。阶段Ⅲ方解石的 $\delta^{13}C$ 为−1.9‰，对应的 $\delta^{18}O_{PDB}$ 为−21.1‰，$\delta^{18}O_{SMOW}$ 为 9.1‰，$\delta^{18}O_{水}$ 为−1.1‰。而阶段Ⅳ方解石的 $\delta^{13}C$ 为−3.2‰，$\delta^{18}O_{PDB}$ 为−20.7‰，$\delta^{18}O_{SMOW}$ 为 9.6‰，$\delta^{18}O_{水}$ 为−0.7‰。由此可见，由早到晚，方解石的 $\delta^{13}C$ 逐渐增高，而流体的 $\delta^{18}O$ 逐渐降低。考虑到围岩三川组大理岩具有较高的 $\delta^{13}C$（2.0‰），认为 $\delta^{13}C$ 的升高应为大气降水热液的混入所致。这种大气降水热液与地层中碳酸盐平衡，具有较高的 $\delta^{13}C$ 而较低的 $\delta^{18}O$。

表 4.21　南泥湖-三道庄钼钨矿床方解石的碳氧同位素组成（刘孝善等，1987）

阶段	样号	矿物组合	$\delta^{13}C_{PDB}$/‰	$\delta^{18}O_{PDB}$/‰	$\delta^{18}O_{SMOW}$/‰	温度/℃	$\delta^{18}O_{H_2O}$/‰
Ⅰ	三-24	夕卡岩晶洞方解石脉	-8.1	-15.5	14.9	330	9.3
	三-24	夕卡岩晶洞方解石脉	-8.1	-15.5	14.9	330	9.3
	三-24	夕卡岩晶洞方解石脉	-8.6	-14.9	15.5	330	9.9
	三-38	夕卡岩中含辉钼矿方解石脉	-8.3	-14.9	15.5	330	9.9
Ⅱ	三-37	夕卡岩中黄色方解石脉	-5.4	-20.4	9.9	290	3.2
	三-36	夕卡岩中白色方解石脉	-6.9	-18.8	11.5	290	4.4
	ZK1613-14	长英角岩中方解石脉	-6.9	-16.7	13.6	290	6.5
	ZK901-46	透辉黑云母角岩中方解石脉	-6.5	-18.9	11.4	290	4.2
Ⅲ	N-025	含辉钼矿-沸石-方解石脉	-1.9	-21.1	9.1	210	-1.1
Ⅳ	ZK1813-29	晚期方解石脉	-3.2	-20.7	9.6	210	-0.2
	ZK1613-22	三川组大理岩	2.0	-11.5	19.0	—	—

4.1.5.3　硫同位素特征

南泥湖-三道庄硫同位素组成见表 4.22 和图 4.14。

表 4.22　南泥湖-三道庄矿床硫同位素组成

岩石/成矿阶段	测试矿物	样品数	$\delta^{34}S$/‰	均值	资料来源
矿石	辉钼矿	39	0.4～5.4	2.93	胡受奚等，1988
矿石	磁黄铁矿	2	2.4，3.3	2.84	胡受奚等，1988
矿石	闪锌矿	2	5.0，5.2	5.13	胡受奚等，1988
矿石	黄铁矿	25	1.4～4.6	2.91	胡受奚等，1988
夕卡岩阶段	辉钼矿	3	4.7～5.6	5.1	罗铭玖等，1991
（阶段Ⅰ）	黄铁矿	1	3.9	3.9	罗铭玖等，1991
钾长石石英硫化物阶段	辉钼矿	1	3.4	3.4	罗铭玖等，1991
（阶段Ⅰ-Ⅱ）	黄铁矿	2	3.3，4.2	3.8	罗铭玖等，1991
石英硫化物阶段	辉钼矿	16	1.8～6.3	3.5	罗铭玖等，1991
（阶段Ⅱ）	黄铁矿	13	2.6～5.0	3.5	罗铭玖等，1991
沸石碳酸盐硫化物阶段	辉钼矿	4	2.5～3.2	2.7	罗铭玖等，1991
（阶段Ⅲ）	黄铁矿	1	2.7	2.7	罗铭玖等，1991
矿化斑岩	黄铁矿	17	1.9～3.2	2.8	周作侠等，1993
矿化角岩	黄铁矿	8	-4.5～3.5	0.6	周作侠等，1993
夕卡岩	黄铁矿	5	-2.9～2.8	1.0	周作侠等，1993
白术沟组千枚岩	黄铁矿	2	12.5，18.6	15.6	胡受奚等，1988
煤窑沟组石煤	黄铁矿	7	-12.4～10.5	-2.4	周作侠等，1993

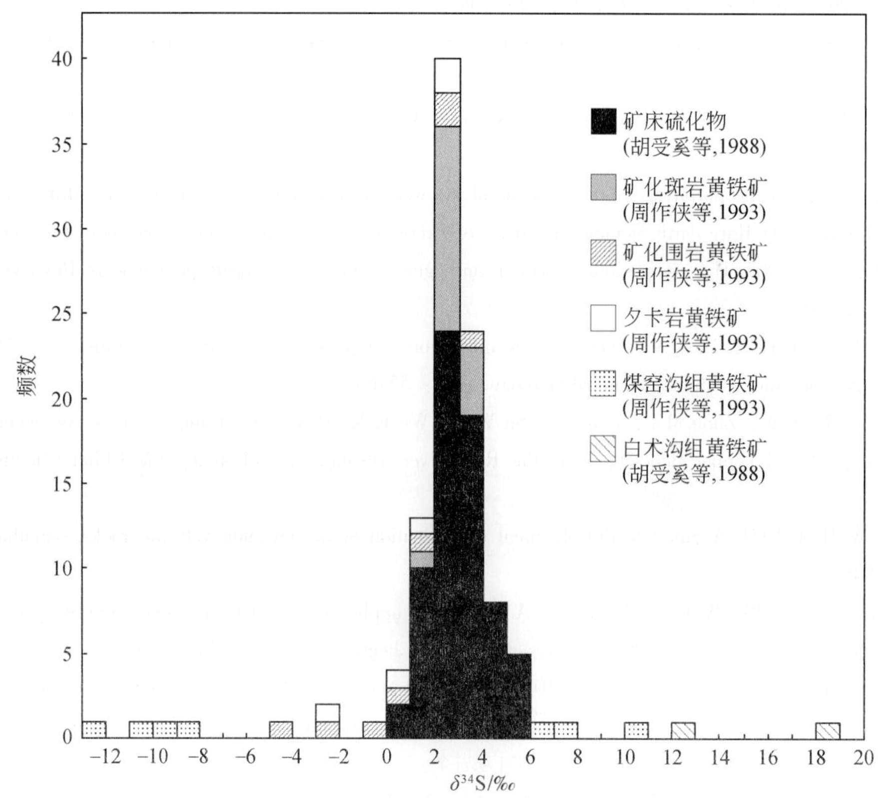

图 4.14　南泥湖-三道庄矿床和围岩中硫化物的硫同位素直方图

胡受奚等（1988）、罗铭玖等（1991）和周作侠等（1993）测得南泥湖-三道庄钼钨矿床矿石硫化物的 δ^{34}S 值介于+0.4‰　+6.3‰之间，呈塔式分布，峰值为+2.5‰～+3.5‰，指示成矿过程中硫同位素均一化程度较高；其中辉钼矿的 δ^{34}S 值为+0.4‰～+6.3‰，平均值为 3.2‰；黄铁矿 δ^{34}S 值为-4.5‰～+5.0‰，平均值为 2.6‰；两个磁黄铁矿 δ^{34}S 值为+2.4‰、+3.3‰；两个闪锌矿 δ^{34}S 值为+5.0‰、+5.2‰；各硫化物的 δ^{34}S 值变化不大，表明它们具有大致相同的硫源。胡受奚等（1988）对阶段Ⅱ共生矿物的辉钼矿和黄铁矿采用高温平衡外推法作图求得该阶段成矿热液的 $\delta^{34}S_{\Sigma S}$值为 2.8‰，与辉钼矿和黄铁矿的 δ^{34}S 平均值接近。同时考虑到有较多磁黄铁矿出现，说明这些硫化物形成时 f_{O_2} 和 pH 较低，故硫化物的 δ^{34}S 值与成矿热液的 $\delta^{34}S_{\Sigma S}$值相近。因此，矿床具有较低的 $\delta^{34}S_{\Sigma S}$值，显示热液硫主要为深源硫。

据罗铭玖等（1991），各矿化阶段硫化物的 δ^{34}S 值变化区间狭窄，且由阶段Ⅰ到Ⅲ，硫化物的 δ^{34}S 值呈递减的趋势。周作侠等（1993）发现矿化斑岩中的黄铁矿与矿化围岩和夕卡岩中的黄铁矿其 δ^{34}S 值有明显差异（表 4.22）。已知煤窑沟组地层中黄铁矿的 δ^{34}S 值为-12.4‰～+10.5‰，白术沟组地层中两个黄铁矿 δ^{34}S 值为+12.5‰、+18.6‰（周作侠等，1993），显示围岩地层硫同位素组成与矿石硫化物差别巨大。结合碳、氢、氧同位素以及流体包裹体研究，认为成矿流体由阶段Ⅰ岩浆流体到阶段Ⅳ大气降水演化，而大气降水将继承地层中硫的同位素特征，使阶段Ⅰ到Ⅲ沉淀的硫化物的 δ^{34}S 值递减；相比之下，夕卡岩和矿化围岩是地层岩石受成矿热液交代蚀变形成，其硫源受地层和成矿热液共同影响，故均一程度较差。

4.1.5.4　铅同位素特征

矿石中黄铁矿、方铅矿的 ^{206}Pb/^{204}Pb、^{207}Pb/^{204}Pb 和 ^{208}Pb/^{204}Pb 测试值分别为 17.605 和 17.450、15.421 和 15.540、37.710 和 39.010（表 4.23），μ 值为 8.1～8.3，Th/U 值为 3.9～4.7；在 6 个样品中，方铅矿具有最大的 Th/U 值和 μ 值，显示可能有较多的放射性成因铅积累。该铅同位素组成与南泥湖岩体钾长石

的铅同位素组成（$^{206}Pb/^{204}Pb$ 的测试值为 17.189 ~ 17.894，平均 17.512，$^{207}Pb/^{204}Pb$ 测试值为 15.387 ~ 15.482，平均 15.431；$^{208}Pb/^{204}Pb$ 测试值为 37.655 ~ 38.843，平均 38.134）接近，表明二者可能同源。

将南泥湖矿区钾长石及硫化物样品以及区域地层和基底样品铅同位素组成在铅构造模式图解中投图（图 4.15），在 $^{207}Pb/^{204}Pb$-$^{206}Pb/^{204}Pb$ 关系图中，除方铅矿样品投于造山带演化线附近，其余 5 个样品均投于地幔演化线附近及其与下地壳演化线之间；在 $^{208}Pb/^{204}Pb$-$^{206}Pb/^{204}Pb$ 关系图中，方铅矿样品投于下地壳演化线之上，其余 5 个样品点投于下地壳与造山带演化线之间。纵观区域地层，栾川群和官道口群地层明显比南泥湖岩体钾长石铅以及矿石铅富放射性成因铅；而熊耳群 Pb 同位素比值比硫化物和钾长石明显偏低，如果再扣除地层全岩岩石中存在因 U、Th 衰变而加入的放射性成因铅，则熊耳群初始铅同位素比值会更低；太华群铅同位素分布散乱，没有规律（表 4.23，图 4.15）。因此矿石硫化物和斑岩长石的铅不可能单独来自上述任何一个地质体。考虑到栾川群和官道口群地层是南泥湖-三道庄矿床的直接围岩，其铅同位素的影响不能排除，故还需一个低放射成因铅的端元的混合，可能为熊耳群或太华群，故南泥湖岩体钾长石及硫化物铅可能来自栾川官道口群和熊耳群或太华群地层的混合铅。前文南泥湖岩体两阶段 Nd 模式年龄以及继承锆石都指示成岩物质可能来自太华群的部分熔融，还可能有新生地壳或地幔物质的加入，支持铅同位素的结论。

表 4.23　南泥湖-三道庄钼钨矿床 Pb 同位素组成

类型	样号	岩石/脉体	对象	$^{206}Pb/^{204}Pb$	$^{207}Pb/^{204}Pb$	$^{208}Pb/^{204}Pb$	Th/U	μ	来源
矿石		方铅矿-闪锌矿-黄铁矿脉	方铅矿	17.450	15.540	39.010	4.7	8.3	罗铭玖等，1991
		黄铁矿-石英-萤石脉	黄铁矿	17.605	15.421	37.710	3.9	8.1	罗铭玖等，1991
岩体		斑状黑云母花岗闪长岩	钾长石	17.189	15.387	37.655	4.1	8.1	胡受奚等，1988
		斑状黑云母花岗闪长岩	钾长石	17.894	15.482	38.193			张理刚，1995
		斑状花岗岩	钾长石	17.499	15.427	37.843	4.0	8.1	罗铭玖等，1991
		斑状花岗岩	钾长石	17.467	15.427	38.843			张理刚，1995
栾川群	Y02	煤窑沟组云母石英片岩	全岩	17.679	15.466	38.498			祁进平，2006
	Y03	煤窑沟组矿化云母片岩	全岩	17.982	15.478	38.775			祁进平，2006
	Y21	煤窑沟组含黄铁矿大理岩	全岩	17.700	15.477	38.463			祁进平，2006
	L8	南泥湖组黑云石英片岩	全岩	17.698	15.486	38.360			祁进平，2006
	L30	南泥湖组二云石英片岩	全岩	18.069	15.509	38.531			祁进平，2006
	L31	南泥湖组石墨二云片岩	全岩	17.754	15.487	38.487			祁进平，2006
	L32	南泥湖组石墨二云片岩	全岩	18.436	15.537	38.625			祁进平，2006
	L37	南泥湖组二云石英片岩	全岩	17.611	15.484	38.430			祁进平，2006
	L39	南泥湖组石英片岩	全岩	17.585	15.454	38.327			祁进平，2006
	L40	南泥湖组黑云石英片岩	全岩	17.670	15.569	38.700			祁进平，2006
	L41	南泥湖组钙质石英片岩	全岩	17.585	15.457	38.335			祁进平，2006
	L42	南泥湖组黑云石英片岩	全岩	17.592	15.462	38.357			祁进平，2006
官道口群	B27	冯家湾组钙质二云片岩	全岩	18.004	15.497	38.552			祁进平，2006
	B28	冯家湾组云母片岩	全岩	18.308	15.498	38.878			祁进平，2006
	B29	冯家湾组云母石英片岩	全岩	18.209	15.500	38.808			祁进平，2006
熊耳群	M0603	安山岩	全岩	17.707	15.495	38.001			郭波，2009
	M0605	安山岩	全岩	17.005	15.427	37.710			郭波，2009
	JD22	安山岩	全岩	16.982	15.427	37.594			郭波，2009
	XIR01	巨斑安山岩	全岩	16.907	15.421	36.346			罗铭玖，1992
	XIR02	安山岩	全岩	16.647	15.300	36.876			罗铭玖，1992

续表

类型	样号	岩石/脉体	对象	$^{206}Pb/^{204}Pb$	$^{207}Pb/^{204}Pb$	$^{208}Pb/^{204}Pb$	Th/U	μ	来源
熊耳群	XIR03	杏仁安山岩	全岩	16.439	15.271	36.489			罗铭玖，1992
	XIR04	闪长玢岩	全岩	16.451	15.358	36.887			罗铭玖，1992
	XIR05	闪长玢岩	全岩	17.123	15.383	37.310			赵太平，2000
	XIR06	高钾玄武安山岩	全岩	16.303	15.294	36.672			赵太平，2000
	XIR07	玄粗岩	全岩	16.125	15.349	36.443			赵太平，2000
	XIR08	高钾安山岩	全岩	16.258	15.275	37.267			赵太平，2000
太华群	TH01	斜长角闪岩	全岩	17.332	15.620	37.973			李英和任崔锁，1990
	TH02	黑云斜长片麻岩	全岩	17.373	15.420	40.447			李英和任崔锁，1990
	TH03	伟晶混合岩	全岩	16.892	15.203	37.242			李英和任崔锁，1990
	TH04	钾长伟晶岩	全岩	16.368	15.192	35.902			李英和任崔锁，1990
	TH05	角闪片麻岩	全岩	17.530	15.345	38.569			崔毫，1991
	TH06	片麻岩	全岩	17.495	15.279	37.839			崔毫，1991
	TH07	黑云母片麻岩	全岩	17.400	15.469	38.174			崔毫，1991
	TH08	斜长角闪片麻岩	全岩	17.162	15.504	37.746			邵克忠，1992
	TH010	混合片麻岩中	钾长石	15.788	15.351	36.476			邵克忠，1992
	TH011	角闪片麻岩	全岩	19.428	15.667	41.260			罗铭玖，1992
	TH012	黑云母片麻岩	全岩	17.353	14.492	42.558			范宏瑞等，1994
	TH013	斜长角闪岩	全岩	16.968	15.359	37.775			范宏瑞等，1994
	TH014	斜长角闪岩	全岩	17.609	15.547	37.654			范宏瑞等，1994
	TH015	黑云母片麻岩	全岩	15.406	15.188	37.526			范宏瑞等，1994
	TH016	角闪云斜片麻岩	全岩	16.511	15.512	36.266			范宏瑞等，1994

注：表中栾川群和官道口群全岩的 Pb 同位素组成为 145Ma 时的初始比值，初始数据据祁进平，2006。

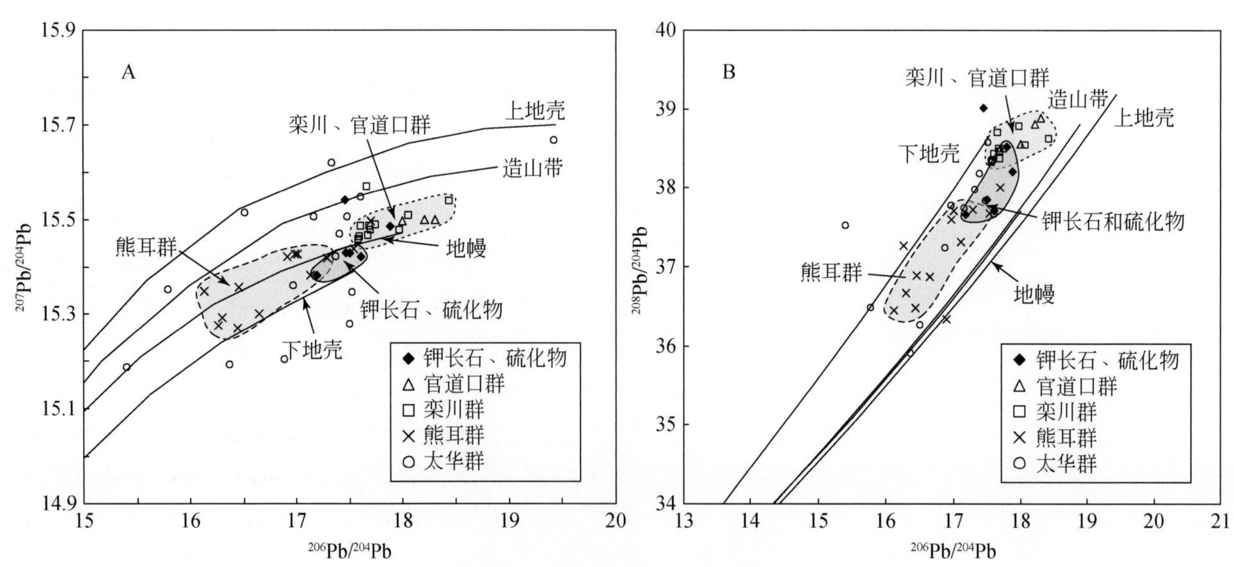

图 4.15　南泥湖-三道庄钼钨矿床铅同位素构造模式图

底图据 Zartman and Doe，1981；数据见表 4.23

4.1.5.5　成矿物质来源

碳氢氧同位素研究表明，初始成矿流体为岩浆流体，伴随成矿作用的进行，成矿流体逐渐向大气降水热液演化。硫同位素研究表明，硫化物的 $\delta^{34}S$ 值呈明显塔式分布，峰值为+2.5‰～+3.5‰，指示成矿过程中硫同位素均一化程度较高，且矿石与地层中硫化物的硫同位素组成差别很大，认为流体中的硫与岩浆同源，属深源硫，而不可能完全来自地层。铅同位素也表明矿床硫化物与南泥湖岩体应同源，主要来源于下地壳，但与围岩地层铅同位素组成差异较大。综上，认为成矿物质主要来源于南泥湖二长花岗斑岩。

4.1.6　成矿年代学

4.1.6.1　辉钼矿 Re-Os 同位素定年

对于南泥湖-三道庄矿床的成矿作用时代，前人采用辉钼矿 Re-Os 同位素方法进行了诸多研究，积累了大量数据（表 4.24）。除黄典豪等（1994）获得的一件辉钼矿-石英脉样品年龄较大（156±8Ma）外，其余数据集中于 143.9±2.1～147±6Ma。19 件样品给出的辉钼矿 Re-Os 等时线年龄为 145.6±1.0Ma，^{187}Os 初始值为（-0.00018±0.00019）$\times10^{-6}$（图 4.16A），加权平均年龄为 144.89±0.58Ma（图 4.16B），表明南泥湖-三道庄矿床成矿作用发生于 145Ma 左右，与南泥湖岩体形成时代接近或稍晚。

表 4.24　南泥湖-三道庄钼钨矿床辉钼矿 Re-Os 同位素测试结果

矿区	样品号	样品产状	样重/g	$Re/10^{-6}$		$^{187}Re/10^{-6}$		$^{187}Os/10^{-9}$		模式年龄/Ma		资料来源
				测定值	2σ	测定值	2σ	测定值	2σ	计算值	2σ	
南泥湖	N83-39	钾长石-辉钼矿-石英	0.05700	53.70	1.00	33.60	0.60	80.60	2.40	146.0	5.0	黄典豪等，1994
	N83-37	辉钼矿-沸石-石英	0.21200	34.27	0.48	21.45	0.30	51.54	2.00	146.0	6.0	黄典豪等，1994
	N0-26	辉钼矿-石英	0.14900	36.68	0.92	22.97	0.58	58.81	2.40	156.0	8.0	黄典豪等，1994
	N83-52	透辉石角岩中菊花状辉钼矿	0.06600	22.30	0.40	14.00	0.30	34.00	2.30	148.0	10	黄典豪等，1994
	NNF-1	条带状角岩矿石	0.01753	24.90	0.40	15.70	0.20	37.10	0.30	141.8	2.1	李永峰等，2003
	100722-1	网脉状角岩型矿石	0.05013	24.74	0.21	15.55	0.13	37.32	0.31	143.9	2.1	向君峰等，2012
	100722-2	网脉状角岩型矿石	0.05107	16.46	0.16	10.34	0.10	24.92	0.21	144.4	2.2	向君峰等，2012
	100722-3	网脉状角岩型矿石	0.05088	53.97	0.56	33.92	0.35	82.52	0.72	145.8	2.3	向君峰等，2012
	100722-4	网脉状角岩型矿石	0.05078	34.55	0.30	21.72	0.19	52.80	0.47	145.8	2.2	向君峰等，2012
	100722-5	网脉状角岩型矿石	0.05042	7.87	0.07	4.95	0.04	11.83	0.09	143.4	2.0	向君峰等，2012
三道庄	三-3	透辉石夕卡岩中粗晶辉钼矿	0.10700	13.10	0.10	8.20	0.10	19.80	0.80	147.0	6.0	黄典豪等，1994
	SDZ-1	浸染状角岩矿石	0.01475	27.50	0.40	17.30	0.20	41.70	0.40	144.5	2.2	李永峰等，2003
	SDZ-2	细脉状夕卡岩矿石	0.03005	15.20	0.20	9.58	0.11	23.20	0.20	145.4	2.0	李永峰等，2003
	SDZ-3	网脉状夕卡岩矿石	0.01543	25.20	0.40	15.90	0.20	38.40	0.30	145.0	2.2	李永峰等，2003
	100719-1	浸染状夕卡岩型矿石	0.05016	42.00	0.52	26.40	0.32	63.68	0.56	144.6	2.5	向君峰等，2012
	100718-7	浸染状夕卡岩型矿石	0.05133	23.13	0.18	14.54	0.12	35.51	0.39	146.5	2.3	向君峰等，2012
	100718-8	浸染状夕卡岩型矿石	0.05004	24.07	0.22	15.13	0.14	36.85	0.37	146.0	2.3	向君峰等，2012
	100721-6	浸染状夕卡岩型矿石	0.05041	26.29	0.26	16.52	0.16	39.82	0.36	144.5	2.3	向君峰等，2012
	100721-10	浸染状夕卡岩型矿石	0.05041	19.47	0.19	12.23	0.12	29.80	0.25	146.0	2.2	向君峰等，2012

注：对表中有效数字进行了处理。

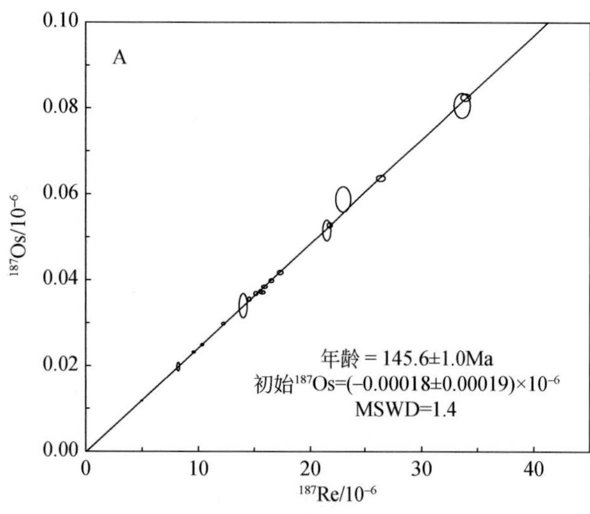

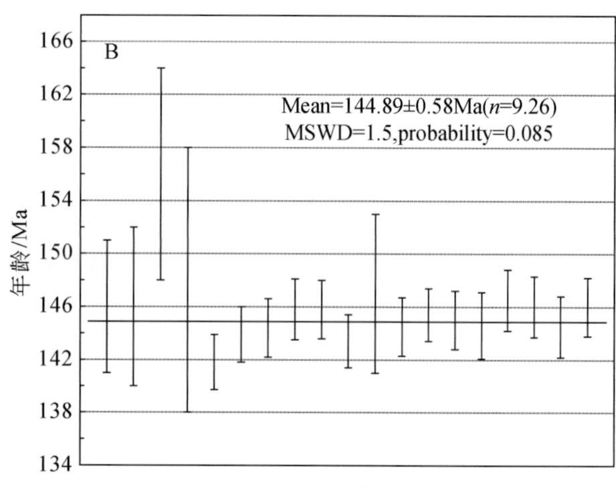

图 4.16　南泥湖-三道庄矿床辉钼矿 Re-Os 等时线（A）及加权平均年龄图解（B）；（数据见表 4.24）

4.1.6.2　成矿地球动力学背景

据李诺等（2007）、Mao 等（2008，2011），东秦岭钼矿带钼矿床成岩成矿作用集中于 130 ~ 150Ma，即燕山早期。已有的年代学研究表明，与成矿相关的南泥湖斑状二长花岗岩年龄为 145 ~ 157Ma；矿床辉钼矿 Re-Os 年龄为 142 ~ 156Ma，表明南泥湖-三道庄钼钨矿床成岩成矿时代与东秦岭大规模钼金属成矿事件一致，发生于晚侏罗世—早白垩世。由区域构造演化历史可知（胡受奚等，1988；陈衍景和富士谷，1992），晚侏罗世到早白垩世，受太平洋构造域的影响，东秦岭地区区域主应力方向由 NS 向向近 EW 向转换，秦岭造山带发生由挤压向伸展的构造体制转换。结合铅同位素研究结果，认为此时栾川群、官道口群沿栾川断裂向北俯冲。在挤压向伸展体制转换的过程中，下地壳处于强烈的减压增温条件下发生部分熔融形成花岗质岩浆，这种花岗质岩浆沿构造薄弱带上升到浅层次侵位形成碰撞型花岗斑岩及相关斑岩-夕卡岩型矿床。南泥湖-三道庄钼钨矿床成岩成矿系统正是在该构造体制转换背景下形成的，与区域主要钼成矿事件的构造背景相一致。

4.1.7　总结

（1）南泥湖-三道庄钼钨矿床位于华北克拉通南缘的栾川钼矿田，成矿与南泥湖复式花岗斑岩体密切相关，矿化类型属斑岩-夕卡岩型。

（2）南泥湖岩体的锆石 U-Pb 年龄为 145 ~ 157Ma，岩体主微量元素以及锶氧同位素特征限制其属碰撞型花岗岩。全岩的 $\varepsilon_{\mathrm{Nd}}(t)$ 介于−15.5 ~ −12.7 之间，表明岩浆主要源于增厚下地壳物质的部分熔融，由 Nd 两阶段模式年龄（2.0 ~ 2.2Ga）限定其源区以太华超群为主。

（3）矿体赋存于南泥湖岩体及其外接触带的夕卡岩和角岩中，发育夕卡岩化、钾化、硅化、绢云母化、碳酸盐化等热液蚀变。成矿过程从早到晚可分为 4 个阶段：阶段Ⅰ在赋矿斑岩一侧表现为硅化、钾化，形成钾长石网脉、钾长石-石英网脉，在碳酸盐岩地层中表现为夕卡岩化和磁铁矿化，非碳酸盐岩地层中则发生角岩化；阶段Ⅱ为主要的钼矿化阶段，以发育石英-钾长石-辉钼矿组合为特征，含少量其他金属硫化物；阶段Ⅲ表现为多金属矿化，以发育黄铁矿脉、石英-硫化物-碳酸盐脉为特征；阶段Ⅳ则以发育石英-碳酸盐-萤石组合为特征，基本无矿化。

（4）流体包裹体和氢氧同位素研究表明，由早到晚，成矿流体由高温、高盐度、富 CO_2 的岩浆流体向低温、低盐度、贫 CO_2 的大气降水热液演化；成矿压力由阶段Ⅰ的 70 ~ 270MPa，经阶段Ⅱ的 30 ~ 160MPa，变为阶段Ⅲ的 30 ~ 85MPa，钼矿化深度约为 3km；流体沸腾，CO_2 逃逸，是造成硫化物沉淀的主要因素。

（5）矿床硫同位素研究表明，矿床硫具有深源特征，以陨石硫为主；铅同位素限定其源区为太华群与栾川群、官道口群的混合。

（6）辉钼矿 Re-Os 年代学研究指示成矿发生于145Ma左右，即晚侏罗世到早白垩世，稍晚或近同时于南泥湖岩体的形成。成岩成矿发生于东秦岭造山带由挤压向伸展转换的构造背景，与东秦岭地区大规模钼矿化事件一致。

4.2　上房沟钼铁矿床

河南省栾川钼矿田是举世闻名的斑岩-夕卡岩型钼-钨-铁成矿系统，含有上房沟、南泥湖、三道庄、鱼库等4个世界级超大型钼矿床及马圈、石宝沟、黄背岭等中-小型钼矿床（点），钼金属总储量达205万t。其中上房沟钼-铁矿床已探明钼金属储量72万t，平均钼品位0.135%；此外还伴生有5991万t铁。自其发现至今，众多学者对该矿床的矿床地质特征、成矿岩体地球化学及成岩成矿作用时代开展了详细研究（曾华杰等，1984；徐士进，1985；张文献，1997；徐兆文等，2000；李永峰等，2003，2005；王长明等，2006；蒋德明等，2008；瓮纪昌等，2008；包志伟等，2009），积累了大量成果。杨艳等（2009）、Yang Y等（2013，2017）在汇总前人研究工作成果的基础上，重点研究了上房沟钼矿床的成矿流体特征及同位素地球化学，借此探讨了成矿流体特征、演化及其成矿过程和机制，约束了成矿物质来源，一定程度上弥补了上房沟矿床成矿流体和物质来源研究薄弱的不足，也为认识东秦岭和大陆碰撞体制下浆控高温热液型矿床的特征提供了参考和实例。

4.2.1　成矿地质背景

栾川钼矿田位于华北克拉通南缘栾川断裂带与马超营断裂带之间，呈近东西向展布（图4.17）。矿田主构造与区域主构造线一致，主要为一系列NWW向、向南逆冲的推覆断层和轴面向北陡倾的倒转褶皱（燕长海，2004；叶会寿等，2006a）。

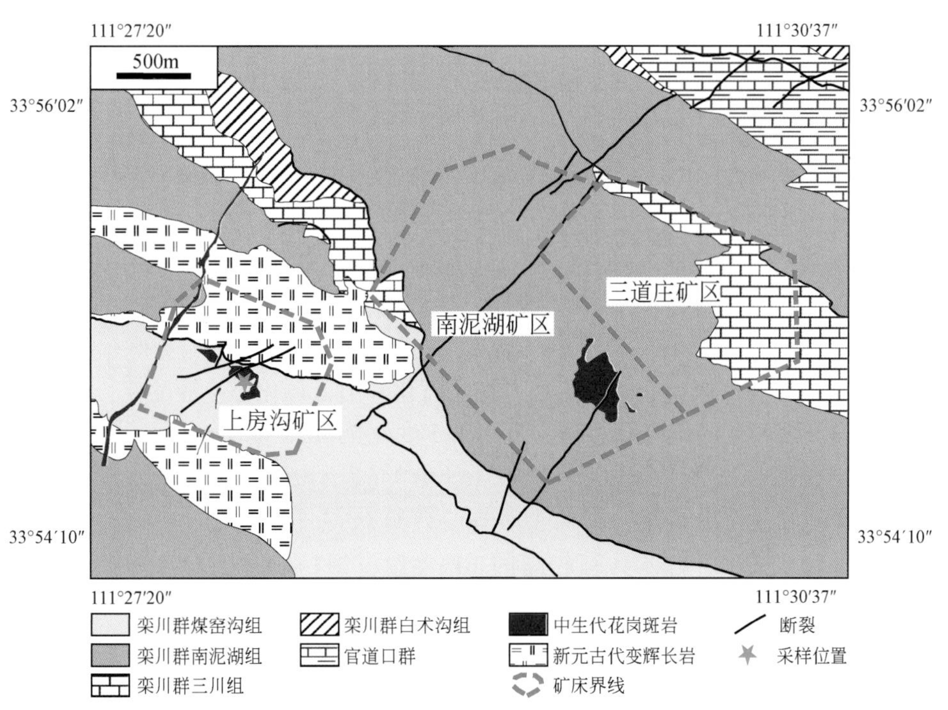

图4.17　栾川钼矿田地质简图（Yang Y et al.，2013）

矿田出露地层主要为中-新元古界官道口群和栾川群碎屑岩-碳酸盐岩建造，地层走向 NWW-SEE，倾角 30°~60°。官道口群仅出露于矿田东北部，与栾川群呈整合接触，为一套浅海相含燧石条带的碳酸盐岩组合，主要岩石类型为厚-巨厚层状白云石大理岩夹燧石条带，部分层位含少量含碳绢云母千枚岩、二云母片岩。栾川群为区内主要地层单元，由下而上可分为白术沟组（Pt_3b）、三川组（Pt_3s）、南泥湖组（Pt_3n）及煤窑沟组（Pt_3m），各组之间呈整合接触。白术沟组为碳质泥岩、碳质粉砂质泥岩；三川组为浅海相碎屑岩及碳酸盐岩；南泥湖组为碎屑岩夹火山碎屑岩及碳酸盐岩；煤窑沟组为富含生物礁及有机质的海陆交互相碎屑岩及碳酸盐岩。

区内岩浆岩包括新元古代变辉长岩和晚侏罗世—早白垩世花岗岩类。变辉长岩呈 NWW 向侵入于煤窑沟组和南泥湖组地层中，平面上呈不规则的带状、脉状。岩石灰绿色，变余辉长（辉绿）结构，块状构造。主要组成矿物为角闪石和斜长石，次为黑云母、钛铁矿及少量透辉石、钾长石、石英等。岩体局部遭受热接触变质形成斜长石透辉石角岩。蒋干清等（1994）获得其 K-Ar 年龄为 743Ma，Wang 等（2011）获得其锆石 SHRIMP U-Pb 年龄为 830Ma，表明岩体形成于新元古代，可能与 Rodinia（罗迪尼亚）超大陆的裂解有关（Yang et al., 2012）。晚侏罗世—早白垩世花岗岩通常以小岩体形式产出，沿 NWW 与 NNE 向断裂交汇部位分布，主要岩体包括上房沟和南泥湖花岗斑岩体，分别为上房沟和南泥湖-三道庄矿床的成矿母岩。上房沟岩体的地质地球化学特征详见 4.2.2 节，南泥湖岩体特征详见 4.1.2 节。

4.2.2 成矿岩体特征

4.2.2.1 岩体地质和岩性

上房沟花岗斑岩体呈岩筒状侵入于栾川群煤窑沟组白云质大理岩和碳质板岩中，地表长 500m，宽 100m，岩体上小下大。岩体至少可以划分出两种岩性单元：浅部为斑状黑云母花岗岩（或黑云母二长花岗斑岩），深部为正长花岗岩（或钾长石花岗岩）。斑状黑云母花岗岩斑晶主要由钾长石和石英组成，含量 15%~25%；基质主要组成矿物为钾长石（43%）、斜长石（16%，An=20）、石英（30%）、黑云母（11%）；常见副矿物包括磁铁矿、锆石、黄铁矿、辉钼矿、金红石、钛铁矿、磷灰石、榍石等。正长花岗岩具有与斑状黑云母花岗岩类似的矿物组成，但斑状结构更明显，钾长石斑晶粒度更大，含量更高。

4.2.2.2 元素地球化学

曾华杰等（1984）、樊金涛（1986）、张正伟等（1989）、周作侠等（1993）、包志伟等（2009）等学者曾先后对上房沟岩体开展了详细的岩石地球化学研究，结果列于表 4.25。

上房沟岩体化学组成上具有高硅（SiO_2>70%）、富碱（多数 K_2O+Na_2O>7%）、富钾（$K_2O>Na_2O$），贫 CaO（多数<1.2%）、MgO（多数<1%）的特征。计算获得岩石的里特曼指数［$\sigma=(K_2O+Na_2O)^2/(SiO_2-43)$］变化于 0.17~2.90，A/CNK［$A/CNK=Al_2O_3/(CaO+Na_2O+K_2O)$，摩尔比值］变化于 0.85~1.24。需要注意的是，由于矿区内岩石普遍遭受了钾长石化和绢云母化等热液蚀变，造成岩石的主量元素组成变化较大，尤其体现在 K_2O/Na_2O 值方面，可由 1.5 变化至 40.7（表 4.25）。

岩体的稀土元素含量较低，为 40.94×10^{-6}~50.16×10^{-6}（表 4.26）。在球粒陨石标准化的稀土配分图解中（图 4.18A），表现为轻稀土富集，重稀土亏损，计算获得 $(La/Yb)_N=9.5$~15；Eu 负异常中等（$\delta Eu=0.59$~0.64）（表 4.26）。岩体具有较高的 Rb 含量（211×10^{-6}~274×10^{-6}）和较低的 Sr 含量（24.6×10^{-6}~25.3×10^{-6}）。在原始地幔标准化的微量元素蛛网图上显示富集 Rb、Th、U、Pb、Hf 等大离子亲石元素，亏损 Ba、Nb、Sr、Ti 等元素（图 4.18B）。

包志伟等（2009）根据上房沟花岗斑岩体的 Zr 含量，利用 Watson 和 Harrison（1983）提出的锆石饱和温度计计算获得岩体形成的温度为 768~775℃，并依据岩石中极少见残留锆石，认为这一温度应代表岩浆形成的最低温度。

表 4.25 上房沟岩体主量元素地球化学

（单位:%）

岩性	样数	SiO_2	TiO_2	Al_2O_3	Fe_2O_3	FeO	MnO	CaO	MgO	Na_2O	K_2O	P_2O_5	LOI	总计	σ	A/CNK	K_2O/Na_2O	资料来源
钾长石化花岗斑岩	8	74.53	0.15	11.37	0.94	1.16	0.03	1.16	0.44	1.59	6.98	0.07	0.85	99.27	2.33	0.92	4.39	曾华杰等，1984
弱钾长石化花岗斑岩	4	70.22	0.27	13.47	3.18	1.24	0.01	1.38	0.93	2.44	6.34	0.04	0.72	100.24	2.83	1.00	2.60	曾华杰等，1984
绢英岩化花岗斑岩	2	84.05	0.08	5.05	1.24	0.74	0.01	0.74	0.37	0.10	4.07	0.05	1.15	97.65	0.42	0.85	40.70	曾华杰等，1984
强硅化花岗斑岩	2	89.35	0.08	4.07	0.71	0.68	0.02	0.68	0.61	0.24	2.54	0.05	0.90	99.93	0.17	0.93	10.58	曾华杰等，1984
钾长花岗斑岩	1	75.48	0.40	12.47	0.15	0.90	0.03	0.20	0.25	2.74	6.85	0.03		99.50	2.83	1.01	2.50	樊金涛，1986
钾长花岗斑岩	9	72.73	0.20	12.61	2.12	1.09	0.02	1.10	0.65	2.17	6.36	0.06		99.11	2.45	1.01	2.93	张正伟等，1989
硅化花岗斑岩	2	89.35	0.68	4.07	0.71	0.68	0.02	0.68	0.61	0.24	2.54	0.05	0.90	100.53	0.17	0.93	10.58	罗铭玖等，1991
钾化花岗斑岩	3	74.53	0.15	11.37	0.94	1.16	0.03	1.16	0.44	1.59	6.90	0.07	0.85	99.19	2.29	0.93	4.34	罗铭玖等，1991
花岗斑岩	9	72.73	0.20	12.61	2.12	1.08	0.02	1.10	0.65	2.17	6.36	0.06	0.78	99.88	2.45	1.01	2.93	李先梓等，1993
花岗斑岩	2	76.33	0.10	11.26	0.63	0.90	0.03	0.92	0.41	1.75	6.57	0.04	0.84	99.78	2.08	0.96	3.75	周作侠等，1993
花岗斑岩	1	77.09	0.09	12.64	0.68		0.00	0.00	0.05	1.37	7.89	0.00	0.54	100.35	2.52	1.17	5.76	包志伟等，2009
花岗斑岩	1	79.13	0.09	11.38	0.97		0.01	0.38	0.18	2.26	5.02	0.02	0.67	100.11	1.47	1.15	2.22	包志伟等，2009
斑状黑云二长花岗岩	1	70.22	0.27	13.47	3.18	1.24	0.01	0.93	2.44	1.38	6.34	0.04		99.52	2.19	1.24	4.59	樊金涛，1986
斑状黑云母二长花岗岩	1	71.54	0.35	14.16	0.67	1.60	0.04	1.12	0.49	3.60	5.50	0.12	0.68	99.86	2.90	1.02	1.53	周作侠等，1993

表 4.26 上房沟岩体微量元素地球化学（包志伟等，2009）

（单位：10^{-6}）

岩性	样品数	Rb	Sr	Ti	Cr	Mn	Cu	Zn	Ga	Ge	Zr	Nb	Cs	Ba	Hf	Ta	Pb	Th	U
花岗斑岩	1	274	25.3	464	3.76	31.9	3.51	46.6	23.8	2.50	75.3	36.8	1.35	122	3.46	2.44	14.3	39.8	19.9
花岗斑岩	1	211	24.6	444	7.37	104	4.89	8.9	21.6	2.43	68.7	30.4	2.30	81.4	2.92	2.07	18.8	32.4	3.96
岩性	样品数	La	Ce	Pr	Nd	Sm	Eu	Gd	Tb	Dy	Ho	Er	Tm	Yb	Lu	Y	∑REE	δEu	$(La/Yb)_N$
花岗斑岩	1	10.90	23.20	2.63	8.26	1.21	0.20	0.88	0.14	0.87	0.18	0.61	0.10	0.82	0.15	7.25	50.15	0.59	9.49
花岗斑岩	1	11.20	19.70	1.91	5.19	0.69	0.13	0.54	0.07	0.43	0.09	0.32	0.06	0.54	0.11	3.73	40.97	0.64	15.02

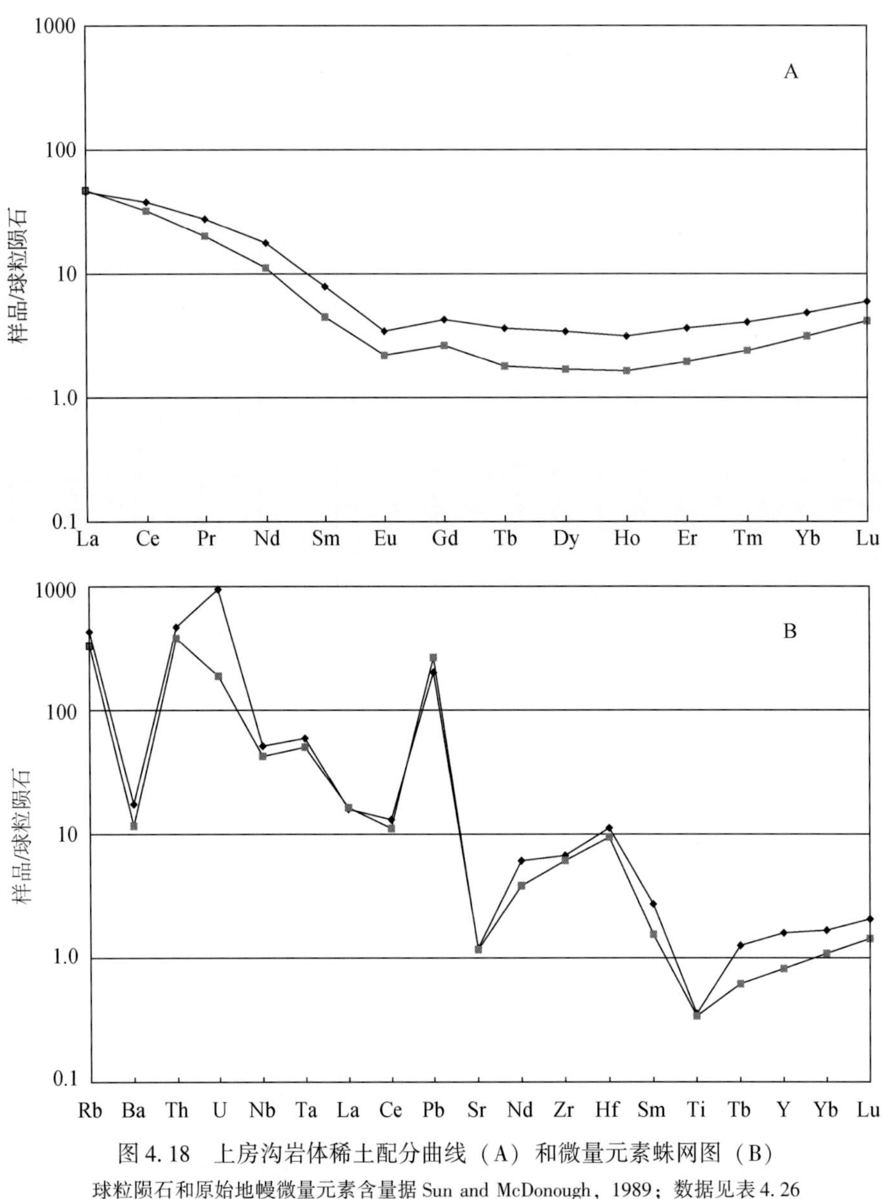

图 4.18 上房沟岩体稀土配分曲线（A）和微量元素蛛网图（B）

球粒陨石和原始地幔微量元素含量据 Sun and McDonough，1989；数据见表 4.26

4.2.2.3 同位素地质年代学

前人曾采用 K-Ar 或 Rb-Sr 方法限定上房沟岩体的成岩时代。例如，马振东（1984）获得黑云母二长花岗岩中黑云母的 K-Ar 年龄为 145Ma；尚瑞钧和严阵（1988）获得正长花岗斑岩的全岩 Rb-Sr 等时线年龄为 134±2Ma；黄典豪等（1989）获得黑云母二长花岗岩的全岩 K-Ar 年龄变化于 140～145Ma。由于 K-Ar 和 Rb-Sr 同位素体系容易遭受后期扰动，上述年龄的可靠性存疑。李永峰（2005）、包志伟等（2009）分别对上房沟黑云母二长花岗岩和正长花岗斑岩中的锆石开展了 SHRIMP 和 LA-ICP-MS U-Pb 定年，获得了更为精确的年龄。相关研究成果如下。

上房沟岩体的锆石均为无色透明的柱状晶体，锆石颗粒细小但晶形完好，其 CL 图具典型的岩浆韵律环带（图 4.19），应为岩浆成因。锆石 SHRIMP U-Pb 定年在中国地质科学院地质研究所北京离子探针中心 SHRIMP Ⅱ完成，详细流程参见宋彪等（2002）。应用 RSES 参考锆石 TEM 进行元素间的分馏校正，应用 SL13 标定样品的 U、Th、Pb 含量。数据处理采用 Ludwig SQUID 1.0 及 ISOPLOT 程序，并采用实测的 ^{204}Pb进行普通铅校正。分析结果列于表 4.27。锆石 LA-ICP-MS U-Pb 年龄测定在西北大学地质系大陆动力学国家重点实验室完成。ICP-MS 为 Perkin Elmer/SCIEX 公司生产的带有动态反应池的四极杆 ICP-MS Elan6100DRC，参考物质为美国国家标准技术协会研制的人工合成硅酸盐玻璃 NIST SRM610，锆石 U-Pb 年龄的测定采用国际标准锆石 91500 作为外标校正方法，以 Si 做内标，测定锆石中的 U、Th、Pb 的含量。详细的分析流程见 Yuan 等（2004），结果列于表 4. 28。

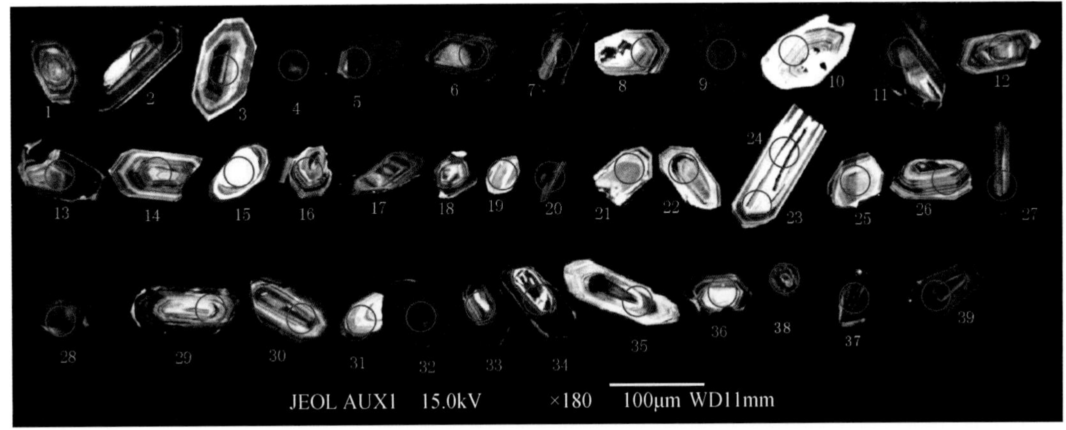

图 4. 19　上房沟岩体锆石 CL 图及 LA-ICP-MS 分析点（包志伟等，2009）

表 4. 27　上房沟岩体锆石 SHRIMP U-Pb 分析结果（李永峰，2005）

测点号	^{206}Pbc/%	U/10^{-6}	Th/10^{-6}	^{232}Th/^{238}U	^{206}Pb/10^{-6}	^{207}Pb*/^{206}Pb*/%	±%	^{207}Pb/^{235}U/%	±%	^{206}Pb/^{238}U/%	±%	^{206}Pb/^{238}U 年龄/Ma
S-1-1	0. 12	752	134	0. 18	240	0. 1336	0. 48	6. 8200	2. 8	0. 37100	2. 8	2034±48
S-1-2	3. 08	850	518	0. 63	17. 9	0. 0469	11. 00	0. 1530	12. 0	0. 02371	2. 9	151. 0±4. 3
S-1-3	1. 27	987	586	0. 61	21. 0	0. 0510	6. 50	0. 1720	7. 1	0. 02441	2. 9	155. 5±4. 4
S-1-4	1. 71	2590	1598	0. 64	63. 6	0. 0512	5. 60	0. 1980	6. 3	0. 02807	2. 8	178. 5±4. 9
S-1-5	0. 59	3216	1672	0. 54	72. 4	0. 0480	3. 10	0. 1724	4. 2	0. 02604	2. 8	165. 7±4. 5
S-1-6	18. 47	1422	767	0. 56	37. 2	0. 0410	50. 00	0. 1400	50. 0	0. 02481	3. 6	158. 0±5. 6
S-1-7	1. 40	1451	762	0. 54	29. 5	0. 0468	5. 40	0. 1504	6. 1	0. 02331	2. 8	148. 6±4. 1
S-1-8	3. 15	1739	987	0. 59	37. 8	0. 0525	6. 40	0. 1780	7. 0	0. 02454	2. 8	156. 3±4. 4
S-1-9	1. 13	1764	1057	0. 62	37. 6	0. 0531	4. 30	0. 1797	5. 2	0. 02453	2. 8	156. 2±4. 3
S-1-10	1. 49	698	355	0. 53	14. 7	0. 0550	11. 00	0. 1830	11. 0	0. 02407	2. 9	153. 3±4. 4
S-1-11	1. 54	3646	3287	0. 93	87. 7	0. 0532	4. 80	0. 2020	5. 6	0. 02756	2. 8	175. 2±4. 8
S-1-12	0. 86	4067	2031	0. 52	91. 2	0. 0494	2. 20	0. 1762	3. 6	0. 02587	2. 8	164. 7±4. 5
S-1-13	4. 99	2029	1041	0. 53	47. 1	0. 0453	11. 00	0. 1600	11. 0	0. 02564	2. 8	163. 2±4. 6
S-1-14	4. 87	357	308	0. 89	7. 16	0. 0404	22. 00	0. 1240	23. 0	0. 02219	3. 1	141. 5±4. 4
S-1-15	1. 18	1031	616	0. 62	65. 8	0. 1103	1. 70	1. 1170	3. 3	0. 07340	2. 8	457. 0±12
S-1-16	1. 51	1819	1066	0. 61	41. 0	0. 0454	6. 10	0. 1620	6. 8	0. 02586	2. 8	164. 6±4. 6

注：误差为 1σ；Pbc 和 Pb* 分别为普通铅和放射成因 Pb；普通铅采用实测的 ^{204}Pb 进行校正。

表 4.28　上房沟花岗斑岩锆石 LA-ICP-MS U-Pb 分析结果（包志伟等，2009）

测点号	Pb* /10^{-6}	Th/10^{-6}	U/10^{-6}	Th/U	$^{207}Pb/^{206}Pb\pm1\sigma$	$^{207}Pb/^{235}U\pm1\sigma$	$^{206}Pb/^{238}U\pm1\sigma$	$^{208}Pb/^{232}Th\pm1\sigma$	$^{207}Pb/^{206}Pb$ 年龄±1σ/Ma	$^{207}Pb/^{235}U$ 年龄±1σ/Ma	$^{206}Pb/^{238}U$ 年龄±1σ/Ma	$^{208}Pb/^{232}Th$ 年龄±1σ/Ma
LS-5. 01	137	768. 1	1244	0. 62	0. 04996±88	0. 1457±22	0. 02115±13	0. 00663±5	193±23	138±2	134. 9±0. 8	134±1
LS-5. 02	344	1571	3511	0. 45	0. 05224±85	0. 1383±19	0. 01920±11	0. 00621±5	228±47	128±2	122. 4±0. 7	121. 7±0. 6
LS-5. 03	138	968. 3	1227	0. 79	0. 04991±80	0. 1462±19	0. 02125±12	0. 00649±5	191±20	139±2	135. 6±0. 8	131±1
LS-5. 04	573	1965	5442	0. 36	0. 04969±80	0. 1442±19	0. 02103±12	0. 00670±6	181±21	137±2	134. 2±0. 8	135±1
LS-5. 05	349	1396	3227	0. 43	0. 05093±89	0. 1499±23	0. 02134±13	0. 00714±7	238±23	142±2	136. 1±0. 8	144±1
LS-5. 06	354	1724	3284	0. 52	0. 05256±76	0. 1535±17	0. 02117±12	0. 00666±5	310±15	145±2	135±0. 8	134±1
LS-5. 07	484	1675	4644	0. 36	0. 05035±86	0. 1457±21	0. 02098±12	0. 00663±7	211±23	138±2	133. 8±0. 8	134±1
LS-5. 08	206	1515	1809	0. 84	0. 05066±86	0. 1487±21	0. 02129±12	0. 00744±5	225±23	141±2	135. 8±0. 8	150±1
LS-5. 09	512	1547	4849	0. 32	0. 05177±91	0. 1529±23	0. 02141±13	0. 00675±7	275±23	144±2	136. 6±0. 8	136±1
LS-5. 10	47	858. 0	2176	0. 39	0. 04885±16	0. 03065±95	0. 00455±4	0. 00149±3	141±56	30. 7±0. 9	29. 3±0. 3	30. 1±0. 6
LS-5. 11	255	1858	2271	0. 82	0. 05012±71	0. 1482±17	0. 02144±12	0. 00686±4	201±16	140±1	136. 8±0. 8	138. 2±0. 8
LS-5. 12	178	1077	1772	0. 61	0. 05241±85	0. 14131±19	0. 01955±11	0. 00692±5	303±20	134±2	124. 8±0. 7	139±1
LS-5. 13	487	2123	4643	0. 46	0. 04797±57	0. 1404±12	0. 02122±11	0. 00630±4	98±10	133±1	135. 4±0. 7	126. 9±0. 8
LS-5. 14	210	1213	1944	0. 62	0. 04890±73	0. 1434±17	0. 02126±12	0. 00703±5	143±17	136±2	135. 6±0. 8	142±1
LS-5. 15	150	345. 6	1168	0. 30	0. 0554±15	0. 2005±52	0. 02625±21	0. 00901±18	284±76	174±5	166±1	165±1
LS-5. 16	200	2084. 6	1778	1. 17	0. 05296±77	0. 1554±18	0. 02127±12	0. 00556±3	327±16	147±2	135. 7±0. 8	112. 1±0. 6
LS-5. 17	532	2155	5157	0. 42	0. 04955±60	0. 1442±12	0. 02110±11	0. 00639±4	174±10	137±1	134. 6±0. 7	128. 7±0. 8
LS-5. 18	232	1396	2246	0. 62	0. 05347±89	0. 1502±21	0. 02036±12	0. 00712±6	349±21	142±2	129. 9±0. 8	143±1
LS-5. 19	173	1723	1518	1. 14	0. 05083±79	0. 1477±19	0. 02107±12	0. 00707±4	233±19	140±2	134. 4±0. 8	142. 4±0. 8
LS-5. 20	452	1574	4412	0. 36	0. 05071±67	0. 1471±15	0. 02102±11	0. 00752±5	228±14	139±1	134. 1±0. 7	151±1
LS-5. 21	606	1971	2306	0. 85	0. 0964±13	0. 6392±63	0. 04809±28	0. 01090±8	1555±10	502±4	303±2	219±2
LS-5. 22	185	1317	1730	0. 76	0. 05229±78	0. 1522±18	0. 02110±12	0. 00675±4	228±51	140±3	134. 3±0. 8	133. 7±0. 6
LS-5. 23	86	685. 3	774. 2	0. 89	0. 05253±98	0. 1547±25	0. 02135±13	0. 00755±6	309±26	146±2	136. 2±0. 8	152±1
LS-5. 24	106	1195	922. 7	1. 30	0. 0523±10	0. 1525±26	0. 02117±13	0. 00718±5	296±27	144±2	135±0. 8	145±1

续表

测点号	$Pb^*/10^{-6}$	$Th/10^{-6}$	$U/10^{-6}$	Th/U	$^{207}Pb/^{206}Pb\pm1\sigma$	$^{207}Pb/^{235}U\pm1\sigma$	$^{206}Pb/^{238}U\pm1\sigma$	$^{208}Pb/^{232}Th\pm1\sigma$	$^{207}Pb/^{206}Pb$ 年龄±1σ/Ma	$^{207}Pb/^{235}U$ 年龄±1σ/Ma	$^{206}Pb/^{238}U$ 年龄±1σ/Ma	$^{208}Pb/^{232}Th$ 年龄±1σ/Ma
LS-5. 25	120	561. 1	1248	0. 45	0. 05226±91	0. 1429±21	0. 01983±12	0. 00660±6	158±53	128±3	126. 1±0. 8	125. 9±0. 6
LS-5. 26	182	1485	1642	0. 90	0. 0501±10	0. 1483±27	0. 02148±14	0. 00722±6	198±31	140±2	137±0. 9	145±1
LS-5. 27	463	1931	4532	0. 43	0. 04886±59	0. 1432±12	0. 02125±11	0. 00710±4	141±10	136±1	135. 6±0. 7	143±0. 8
LS-5. 28	503	1540	5025	0. 31	0. 04892±61	0. 1433±13	0. 02124±11	0. 00698±5	144±12	136±1	135. 5±0. 7	141±1
LS-5. 29	207	1435	1983	0. 72	0. 05131±78	0. 1488±18	0. 02102±12	0. 00673±5	193±54	137±3	133. 9±0. 8	133. 4±0. 6
LS-5. 30	230	1122	2239	0. 50	0. 05183±73	0. 1524±17	0. 02132±12	0. 00666±5	278±15	144±1	136±0. 8	134±1
LS-5. 31	121	794. 5	1172	0. 68	0. 0488±17	0. 1413±46	0. 02098±18	0. 00691±11	139±61	134±4	134±1	139±2
LS-5. 32	461	1328	4586	0. 29	0. 05188±90	0. 1534±23	0. 02144±13	0. 00748±8	280±23	145±2	136. 8±0. 8	151±2
LS-5. 33	484	2145	4735	0. 45	0. 05011±76	0. 1484±18	0. 02147±12	0. 00695±5	139±44	137±2	136. 7±0. 8	136. 7±0. 6
LS-5. 34	396	2125	3895	0. 55	0. 05037±64	0. 1469±13	0. 02116±11	0. 00684±4	141±40	135±2	134. 7±0. 7	134. 7±0. 6
LS-5. 35	117	934. 8	1148	0. 81	0. 04974±97	0. 1416±24	0. 02064±13	0. 00652±5	183±28	134±2	131. 7±0. 8	131±1
LS-5. 36	316	1280	3001	0. 43	0. 04900±87	0. 1511±23	0. 02236±13	0. 00722±7	148±25	143±2	142. 6±0. 8	145±1
LS-5. 37	466	1600	4694	0. 34	0. 05108±93	0. 1500±23	0. 02130±13	0. 00741±8	244±25	142±2	135. 9±0. 8	149±2
LS-5. 38	430	2119	4244	0. 50	0. 05127±6	0. 1509±12	0. 02134±11	0. 00721±4	253±9	143±1	136. 1±0. 7	145. 2±0. 8
LS-5. 39	600	2023	6226	0. 32	0. 04987±66	0. 1435±14	0. 02087±11	0. 00680±5	133±35	133±2	133±0. 7	133±0. 6

注：Pb^* 为放射成因 Pb。

分析结果表明，上房沟岩体所含锆石具有较高的 U（357×10^{-6} ~ 6226×10^{-6}）、Th（134×10^{-6} ~ 3287×10^{-6}）及放射性成因 Pb 含量（47×10^{-6} ~ 606×10^{-6}）。SHRIMP U-Pb 分析共获得数据点 16 个，其中 11 个较为集中的数据点给出的$^{206}Pb/^{238}U$ 年龄变化于 151 ~ 165Ma，加权平均值为 157.6±2.7Ma（MSWD = 1.8）（图 4.20A），被认为代表了黑云母二长花岗岩的形成年龄（Yang et al.，2012）。LA-ICP-MS U-Pb 分析获得数据点 35 个，剔除明显不谐和的 6 个数据点后，其余 29 个分析点给出的加权平均年龄为 135.38±0.29Ma（MSWD = 1.4）（图 4.20B），代表了正长花岗斑岩的成岩年龄（Yang et al.，2012）。

上述数据表明，上房沟矿区成岩过程持续的时间至少在 15Ma。这种持续长达 15Ma 的岩浆-热液成矿系统可能是超大型矿床形成的关键因素之一（Li et al.，2012a，2013）。

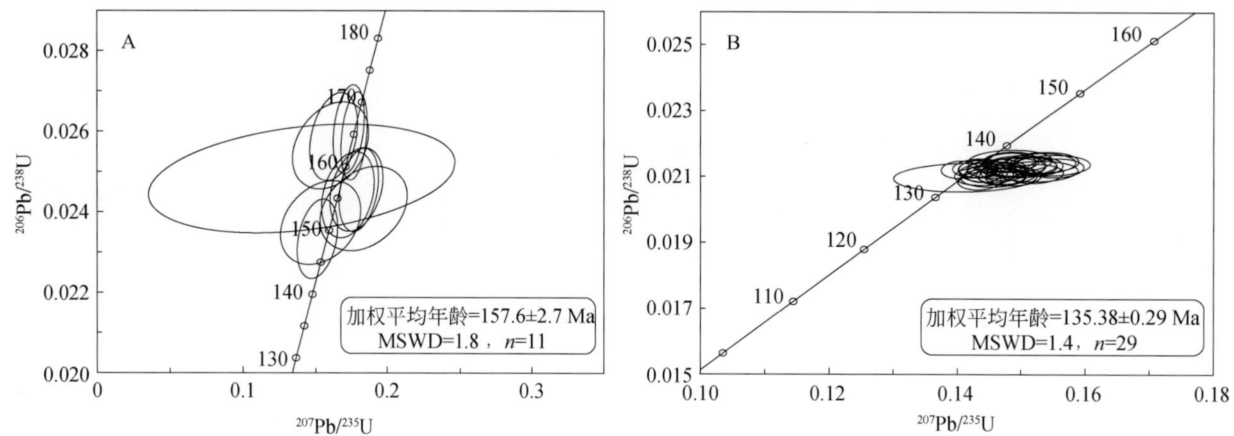

图 4.20　上房沟岩体锆石 SHRIMP（A，李永峰，2005）及 LA-ICP-MS（B，包志伟等，2009）U-Pb 年龄谐和图

4.2.2.4　同位素地球化学

尚瑞钧和严阵（1988）对上房沟岩体的 7 件全岩样品进行了 Sr 同位素分析（表 4.29），获得样品的 Rb 含量变化于 120×10^{-6} ~ 285×10^{-6}，Sr 含量变化于 26×10^{-6} ~ 191×10^{-6}。考虑到 7 件样品给出的 Rb-Sr 等时线年龄为 134Ma，与包志伟等（2009）获得的锆石 LA-ICP-MS U-Pb 年龄在误差范围内一致，则可利用 t = 134Ma 进行反算，获得成岩时的 I_{Sr}变化于 0.70793 ~ 0.70951（表 4.29）。

表 4.29　上房沟岩体全岩 Sr 同位素组成（尚瑞钧和严阵，1988）

样品号	岩性	$Rb/10^{-6}$	$Sr/10^{-6}$	$^{87}Rb/^{86}Sr$	$^{87}Sr/^{86}Sr$	I_{Sr}^{*}
6231	花岗斑岩	272	38	20.9280	0.74912	0.70926
6233	花岗斑岩	285	69	12.0230	0.73216	0.70926
6237	花岗斑岩	227	27	24.0530	0.75532	0.70951
6241	花岗斑岩	120	37	15.7880	0.73897	0.70890
6242	花岗斑岩	212	66	9.2927	0.72682	0.70912
6244	花岗斑岩	256	26	28.2430	0.76172	0.70793
6247	花岗斑岩	245	191	3.7248	0.71503	0.70794

* 利用 t = 134Ma 反算获得。

包志伟等（2009）对上房沟岩体的 2 件全岩样品进行了 Nd 同位素分析，获得样品的 Sm 含量变化于 0.69×10^{-6} ~ 1.21×10^{-6}，Nd 含量变化于 5.19×10^{-6} ~ 8.26×10^{-6}，$\varepsilon_{Nd}(t)$ 变化于 -14.2 ~ -13.1，相应的单阶段模式年龄（T_{DM1}）变化于 1477 ~ 1636Ma，两阶段模式年龄（T_{DM2}）变化于 2007 ~ 2094Ma（表 4.30）。

表 4.30　上房沟岩体全岩 Nd 同位素组成（包志伟等，2009）

样品号	岩性	Sm/10^{-6}	Nd/10^{-6}	$^{147}Sm/^{144}Nd$	$^{143}Nd/^{144}Nd$	$\varepsilon_{Nd}(t)$	T_{DM1}/Ma	T^{*}_{DM2}/Ma
LS-6	钾长花岗斑岩	1.21	8.26	0.0887	0.511805	-14.2	1636	2094
LS-9	钾长花岗斑岩	0.69	5.19	0.0799	0.511852	-13.1	1477	2007

* 利用已有数据计算获得。

4.2.2.5　岩体成因

上述研究表明，上房沟花岗斑岩体主要岩性为黑云母二长花岗岩和正长花岗斑岩，暗色矿物以黑云母为主。岩石具有高硅、富碱的特征，属碱性-钙碱性、准铝质-弱过铝质花岗岩。岩体的稀土元素总量较低，在球粒陨石标准化的稀土配分曲线中显示轻稀土富集、重稀土亏损的特征，Eu 负异常中等。在原始地幔标准化的微量元素配分图解中显示 Rb、Th、U、Pb、Hf 等大离子亲石元素富集，Ba、Nb、Sr、Ti 等元素亏损，岩体的 I_{Sr}较高（>0.708），$\varepsilon_{Nd}(t)$ 较低（-14.2 ~ -13.1），两阶段 Nd 模式年龄 T_{DM2}较大（>2000Ma）。结合李泽九等（1994）给出的岩体的 $\delta^{18}O$ 值（7.2‰ ~ 9.6‰，平均 8.4‰），认为上房沟岩体具有与改造型花岗岩类似的特征，应属陆壳物质重熔的产物。

Sr-Nd 同位素被认为是研究物质来源的有效示踪剂（祁进平，2006；倪智勇等，2009；Ni et al., 2012）。利用尚瑞钧和严阵（1988）的数据，计算获得 t = 134Ma 时（上房沟岩体成岩时代）岩体的 I_{Sr}变化于 0.70793 ~ 0.70951。包志伟等（2009）获得岩体的 $\varepsilon_{Nd}(t)$ 值介于-14.2 ~ -13.1 之间，相应的两阶段 Nd 模式年龄 T_{DM2}为 2007 ~ 2094Ma，与太华超群年龄相当，暗示上房沟岩体可能源自太华超群的部分熔融。

然而，当我们利用已有太华超群的 Sr-Nd 同位素数据（栾世伟等，1985；倪智勇等，2009；Huang et al., 2010，2012）进行反算时发现，t = 134Ma 时太华超群的 I_{Sr}变化于 0.70725 ~ 0.80875（多数大于 0.710），高于上房沟岩体的 I_{Sr}；而其 $\varepsilon_{Nd}(t)$ 变化于-43.5 ~ -11.2（多数小于-16），低于上房沟岩体的 $\varepsilon_{Nd}(t)$（表 4.31，表 4.32）。如此，仅由太华超群的部分熔融无法解释上房沟岩体的 Sr-Nd 同位素特征；作为平衡补偿，除太华超群外尚需同时存在另一物质源区，该源区年龄应介于 2007 ~ 2094Ma，且应具有较上房沟岩体更低的 I_{Sr}和更高的 $\varepsilon_{Nd}(t)$。综合考虑区内各地质体，仅有秦岭群和地幔可满足源区所需年龄要求。然而，秦岭群由于具有较高的 I_{Sr}（0.70759 ~ 0.73528，多数>0.710）而不可能作为上房沟岩体的另一物质源区；同时期亏损地幔则可满足上述各项要求。据此，认为上房沟岩体的主要物质源区为太华超群变质岩系，同时有部分亏损幔源物质的贡献。

值得说明的是，上房沟岩体的地质、地球化学特征与区内同期钼矿化花岗斑岩体类似，如八里坡（焦建刚等，2009；袁海潮等，2009）、金堆城（朱赖民等，2008；郭波，2009；焦建刚等，2010）、南泥湖（曾华杰等，1983；包志伟等，2009）、雷门沟（严正富等，1986）、鱼池岭（Li et al., 2012a）。这些钼矿化岩体可能形成统一的地球动力学背景，即秦岭造山带中生代碰撞造山过程的由挤压向伸展转变期（陈衍景等，2000；李诺等，2007）。

表 4.31　太华超群和秦岭群的 Sr 同位素组成

地质体	样品号	岩性	$^{87}Sr/^{86}Sr$	$^{87}Rb/^{86}Sr$	I^{*}_{Sr}	资料来源
太华群	T-1	斜长角闪片麻岩	0.70768	0.2270	0.70725	栾世伟等，1985
	T-2	混合岩	0.74053	1.4646	0.73774	栾世伟等，1985
	T-3	条带状混合岩	0.76809	2.0112	0.76426	栾世伟等，1985
	T-4	混合岩	0.79164	10.9998	0.77069	栾世伟等，1985
	T-5	斜长角闪片麻岩	0.72784	0.6011	0.72670	栾世伟等，1985
	T-6	条带状混合岩	0.81689	4.2720	0.80875	栾世伟等，1985

续表

地质体	样品号	岩性	$^{87}Sr/^{86}Sr$	$^{87}Rb/^{86}Sr$	I_{Sr}^{*}	资料来源
太华群	T-7	角闪片麻岩	0.74507	1.4486	0.74231	栾世伟等，1985
	T-8	条带状混合岩	0.79706	3.5774	0.79025	栾世伟等，1985
	T-9	条带状混合岩	0.80848	4.2806	0.80033	栾世伟等，1985
	T-10	斜长角闪片麻岩	0.70965	0.4962	0.70871	栾世伟等，1985
	T-11	条纹状混合岩	0.72644	0.9458	0.72463	栾世伟等，1985
	T-12	斜长角闪片麻岩	0.81003	3.6092	0.80316	栾世伟等，1985
	DH-08-08	片麻岩	0.71646	1.3710	0.71385	倪智勇等，2009
	DH-08-12	片麻岩	0.71607	2.1292	0.71202	倪智勇等，2009
	DH-08-15	片麻岩	0.73642	1.4405	0.73367	倪智勇等，2009
	DH-08-16	片麻岩	0.73400	1.5926	0.73096	倪智勇等，2009
	ZK-628	片麻岩	0.73512	1.0028	0.73321	倪智勇等，2009
秦岭群	Q8731	斜长角闪岩	0.71654	1.4400	0.71380	张宗清等，1994
	Q8740	斜长角闪岩	0.71041	0.2540	0.70993	张宗清等，1994
	Q8741	斜长角闪岩	0.70806	0.2470	0.70759	张宗清等，1994
	Q8743	斜长角闪岩	0.71169	0.1870	0.71133	张宗清等，1994
	Q8744	斜长角闪岩	0.70825	0.1610	0.70794	张宗清等，1994
	Q8747	斜长角闪岩	0.71334	0.5570	0.71228	张宗清等，1994
	Q8750	斜长角闪岩	0.73796	2.1340	0.73390	张宗清等，1994
	Q8815	斜长角闪岩	0.71178	0.2220	0.71136	张宗清等，1994
	Q8823	斜长角闪岩	0.73816	1.5130	0.73528	张宗清等，1994
	Q8824	斜长角闪岩	0.71537	0.6840	0.71407	张宗清等，1994
	Q8825	斜长角闪岩	0.71279	0.4740	0.71189	张宗清等，1994
	Q8827	斜长角闪岩	0.72221	0.5910	0.72108	张宗清等，1994
	Q8829	斜长角闪岩	0.72719	1.6140	0.72412	张宗清等，1994

*注：利用 t=134Ma 反算所得。

表 4.32　太华超群和秦岭群的 Nd 同位素组成

地质体	样品号	岩性	$^{143}Nd/^{144}Nd$	$^{147}Sm/^{144}Nd$	$\varepsilon_{Nd}(t)^{*}$	资料来源
太华超群	DH-08-08	片麻岩	0.51140	0.32264	−20.8	倪智勇等，2009
	DH-08-12	片麻岩	0.51136	0.13908	−21.6	倪智勇等，2009
	DH-08-15	片麻岩	0.51089	0.08494	−30.8	倪智勇等，2009
	DH-08-16	片麻岩	0.51150	0.11782	−18.8	倪智勇等，2009
	ZK-628	片麻岩	0.51131	0.11503	−22.5	倪智勇等，2009
	TH05-2	TTG 质片麻岩	0.51095	0.10240	−29.6	Huang et al.，2010
	TH05-6	TTG 质片麻岩	0.51134	0.12140	−22.0	Huang et al.，2010
	TH05-15	TTG 质片麻岩	0.51085	0.09770	−31.6	Huang et al.，2010
	TH08-13	TTG 质片麻岩	0.51073	0.09160	−33.9	Huang et al.，2010
	TH05-9	TTG 片麻岩	0.51024	0.06910	−43.5	Huang et al.，2010
	TH05-16	TTG 片麻岩	0.51096	0.10400	−29.5	Huang et al.，2010
	TH05-21	TTG 片麻岩	0.51067	0.09070	−35.1	Huang et al.，2010

续表

地质体	样品号	岩性	$^{143}Nd/^{144}Nd$	$^{147}Sm/^{144}Nd$	$\varepsilon_{Nd}(t)^*$	资料来源
太华超群	TH08-15	TTG 片麻岩	0. 51101	0. 10920	-28. 5	Huang et al. , 2010
	THX05-40	英云片麻岩	0. 51138	0. 11670	-21. 2	Huang et al. , 2010
	THX05-41	英云片麻岩	0. 51108	0. 09960	-27. 0	Huang et al. , 2010
	THX08-29	英云片麻岩	0. 51101	0. 08620	-28. 5	Huang et al. , 2010
	THX05-44	钾长花岗片麻岩	0. 51105	0. 09900	-27. 7	Huang et al. , 2010
	THX05-45	钾长花岗片麻岩	0. 51128	0. 11270	-23. 2	Huang et al. , 2010
	THX05-42	角闪岩	0. 51189	0. 14880	-11. 2	Huang et al. , 2010
	THX08-39	角闪岩	0. 51163	0. 13370	-16. 2	Huang et al. , 2010
	THX05-49	英云片麻岩	0. 51091	0. 09460	-30. 3	Huang et al. , 2010
	THX05-53	英云片麻岩	0. 51080	0. 09280	-32. 5	Huang et al. , 2010
	THX08-51	花岗闪长片麻岩	0. 51083	0. 08270	-31. 9	Huang et al. , 2010
	THX08-54	闪长片麻岩	0. 51113	0. 10890	-26. 2	Huang et al. , 2010
	THX08-55	英云片麻岩	0. 51101	0. 09940	-28. 4	Huang et al. , 2010
	THX08-57	花岗闪长片麻岩	0. 51143	0. 10090	-20. 3	Huang et al. , 2010
	THX08-59	花岗闪长片麻岩	0. 51087	0. 07080	-31. 1	Huang et al. , 2010
	Sh-4 f	片麻岩	0. 51131	0. 11690	-22. 5	Huang et al. , 2010
	Sh-6 f	片麻岩	0. 51117	0. 11030	-25. 4	Huang et al. , 2010
	Sh-9 f	片麻岩	0. 51099	0. 09710	-28. 8	Huang et al. , 2010
	Sh-5 f	角闪岩	0. 51128	0. 11680	-23. 1	Huang et al. , 2010
秦岭群	Q8749	石榴黑云斜长片麻岩	0. 51186	0. 11300	-11. 9	张宗清等，2006
	Q8751	石榴黑云斜长片麻岩	0. 51188	0. 11770	-11. 5	张宗清等，2006
	Q8752	石榴黑云斜长片麻岩	0. 51185	0. 11480	-12. 0	张宗清等，2006
	Q8753	石榴黑云斜长片麻岩	0. 51189	0. 11910	-11. 3	张宗清等，2006
	Q8754	石榴黑云斜长片麻岩	0. 51188	0. 11580	-11. 5	张宗清等，2006
	Q8756	石榴黑云斜长片麻岩	0. 51183	0. 11250	-12. 4	张宗清等，2006
	Q8757	石榴黑云斜长片麻岩	0. 51181	0. 10880	-12. 7	张宗清等，2006
	Q8758	石榴黑云斜长片麻岩	0. 51185	0. 11360	-12. 1	张宗清等，2006
	Q87145	石榴黑云斜长片麻岩	0. 51195	0. 12570	-10. 1	张宗清等，2006
	Q87147	石榴黑云斜长片麻岩	0. 51204	0. 12870	-8. 3	张宗清等，2006
	Q87150	石榴黑云斜长片麻岩	0. 51203	0. 12450	-8. 6	张宗清等，2006

* 注：$t=134\text{Ma}$。

4. 2. 3　矿床地质特征

4. 2. 3. 1　矿体特征

上房沟矿床为斑岩-夕卡岩型钼铁成矿系统。钼矿化见于上房沟岩体内部、接触带夕卡岩及蚀变辉长岩中，铁矿化则局限于夕卡岩。

钼矿体主要产于上房沟花岗斑岩体及其内外接触带中。矿体形态受斑岩体及接触带的控制，平面上呈环带状，剖面上呈不规则的倒杯状（图4.21）。矿体产状与地层产状相近，南部矿体走向290°，SW方向侧伏，北部矿体深部边界倾角大于地层倾角。花岗斑岩中心矿化较弱，甚或矿化不明显。矿区北部靠近花岗岩体的变辉长岩也发生矿化，并成为矿体的一部分（图4.21A）。在斑岩体北部，钼矿体在1150m标高以上赋存于变辉长岩内，1150m以下赋存于长英质角岩内，另有部分产于蚀变白云质大理岩中。矿体边界不规则，东、西两端的分支较多。主矿体沿走向长800～900m，局部达1120m；沿倾向深400～700m，最大延深740m；矿化深度大于1000m（蒋德明等，2008；瓮纪昌等，2008）（图4.21B）。

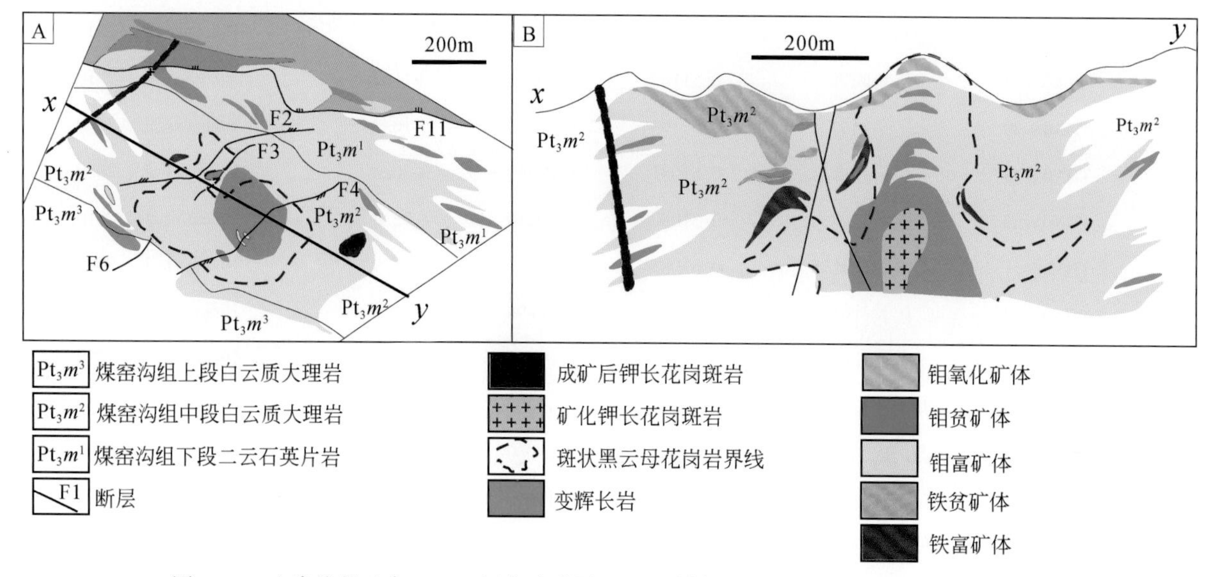

图4.21 上房沟钼矿床1132m标高地质图（A）及剖面图（B）（Yang Y et al.，2013）

铁矿体主要产于花岗斑岩与白云质大理岩外接触带中，总体呈似层状沿特定层位分布（图4.21），走向290°，倾向SW，倾角0°～60°。目前圈定铁矿体30个，其中矿石量在1×10^6t以上的有9个，平均品位为30.14%。最大的铁矿体长600m，宽375m，厚95m（蒋德明等，2008）。

4.2.3.2 矿石成分和组构

上房沟钼矿石类型以强硅化花岗斑岩型为主（图4.22B），其次为蚀变角岩型、夕卡岩型、蚀变辉长岩型及少量弱蚀变大理岩型；而铁矿石则以夕卡岩型占主导（图4.22A）。

矿石矿物以辉钼矿、磁铁矿、黄铁矿为主，其次为黄铜矿、闪锌矿、方铅矿、磁黄铁矿。脉石矿物主要为石英、透辉石、透闪石、斜（粒）硅镁石、滑石、蛇纹石、绿泥石、金云母、长石、阳起石、冰长石等，次为绢云母、碳酸盐、萤石等。其中，辉钼矿呈细脉状及浸染状产出；磁铁矿呈浸染状-稠密浸染状及块状产出（图4.22）。

矿石结构以自形-半自形粒状、他形粒状结构为主，交代残余结构次之。矿石构造以细脉-网脉状为主，浸染状构造次之（图4.22A），偶见条带状和块状构造。

4.2.3.3 围岩蚀变和成矿阶段划分

上房沟热液蚀变复杂，自岩体经接触带向围岩可依次划分为如下蚀变带：钾化（钾长石-石英）→绢英岩化（石英-绢云母-绿泥石）→夕卡岩化（透辉石-金云母-透闪石-阳起石）→退夕卡岩化（蛇纹石-透闪石-绿帘石-透辉石）→弱蚀变白云质大理岩（徐士进，1985；瓮纪昌等，2008）。钼矿化主要与钾化、绢云母化和夕卡岩化密切相关，铁矿化则与夕卡岩化关系密切。

图4.22　上房沟钼铁矿床矿石岩相学特征（Yang Y et al.，2013）

A. 辉钼矿脉（阶段2）切穿磁铁矿（阶段1），并被黄铁矿-石英脉（阶段3）截切；B. 辉钼矿-石英脉（阶段2）被黄铁矿-石英脉（阶段3）切穿，二者共同穿切钾化蚀变（阶段1）；C. 钾化蚀变叠加角岩化蚀变，石英-黄铁矿脉（阶段3）切穿石英-辉钼矿网脉（阶段2）；D. 碳酸盐-萤石脉（阶段4）切穿黄铁矿-石英脉（阶段3）；E. 阶段2叶片状辉钼矿、他形黄铁矿与阶段2黄铁矿、黄铜矿、黝铜矿共生；F. 磁铁矿中见钛铁矿固溶体出溶，可见磁黄铁矿沿边缘交代磁铁矿

上房沟成矿过程可大致分为4个阶段：

阶段1：在赋矿斑岩一侧表现为硅化、钾化，形成钾长石+石英±黄铁矿±磁铁矿组合（图4.22B）；在

碳酸盐岩地层中表现为夕卡岩化和磁铁矿化；片岩中则发生角岩化，局部有云母出现。其中斑岩体内可见钾长石沿边缘、解理或裂隙交代斜长石，蚀变强烈时斜长石消失，钾长石（微斜长石）形成聚合斑晶。

阶段2：以形成石英+辉钼矿±金属硫化物网脉为特征（图4.22A、B、C、E），在斑岩一侧伴随有较强的绢英岩化蚀变，夕卡岩、角岩和/或大理岩中则伴随有绢云母化、绿泥石化、蛇纹石化和硅化。该阶段形成的网脉可切穿阶段1形成的钾化蚀变岩、夕卡岩、磁铁矿矿石和角岩。

阶段3：表现为黄铁矿+石英±其他金属硫化物网脉（图4.22E），往往切穿阶段2形成的网脉。该阶段金属硫化物相较于阶段2更为复杂多样，包括黄铁矿、黄铜矿、黝铜矿（图4.22E）、闪锌矿、方铅矿、磁黄铁矿（图4.22F）和辉钼矿等。该阶段蚀变特征同阶段2。

阶段4：表现为方解石±萤石±石英网脉，不含或含少量硫化物。该阶段网脉往往切穿之前形成网脉、蚀变斑岩体、夕卡岩和角岩（图4.22D）。

4.2.4 流体包裹体地球化学

4.2.4.1 样品和测试

杨艳等（2009），Yang Y等（2013）对该矿床的成矿流体进行了详细研究，样品主要采自主采矿坑（33°54′47.3″~33°54′57.3″N，111°27′58.0″~111°28′10.0″E，*H*：1303~1351m）。研究样品包括成矿花岗斑岩斑晶样品4件、阶段1的夕卡岩和角岩样品6件、阶段1的斑岩样品5件、阶段2细脉的样品10件、阶段3网脉样品6件和阶段4样品2件（表4.33）。以上样品均磨制为双面抛光的薄片（厚度约0.3mm）以便观察包裹体的岩相学特征并进行相应成分、显微温度测试。

表4.33　上房沟流体包裹体研究样品岩相学特征（Yang Y et al.，2013）

样品号	样品地质	脉宽/cm	采样位置	标高/m	脉体特征、矿物组合
07SFG-7P	钾化斑岩	约0.5	33°54′48.8″N，111°28′1.2″E	1307	Py+Mo+Qz脉；斑晶
07SFG-10	钾化斑岩	0.1~0.5	33°54′48.8″N，111°28′1.2″E	1307	Py+Mo+Qz脉；斑晶
07SFG-11	钾化斑岩	0.1	33°54′48.8″N，111°28′1.2″E	1307	Py+Mo+Qz脉；斑晶
07SFG-12	钾化斑岩	0.1~0.2	33°54′48.8″N，111°28′1.2″E	1307	Py+Mo+Qz脉；斑晶
SFG-8	退变质夕卡岩	约2	33°54′57.3″N，111°28′6.4″E	1320	Cal+Chl脉夕卡岩
07SFG-15	硅质大理岩	—	33°54′47.8″N，111°28′5.9″E	1312	细粒Qz+Py脉
07SFG-14	夕卡岩化角岩	0.5~1	33°54′47.8″N，111°28′5.9″E	1312	Qz+Kfs+Py+Mo脉
SFG-64	夕卡岩化大理岩	约0.1	33°54′47.6″N，111°28′1.8″E	1303	Qz+Mo和Qz+Py脉
SFG-73	退变质夕卡岩化大理岩		33°54′47.8″N，111°28′5.9″E	1312	白云石
SFG-65	含蛇纹石-滑石大理岩	约2	33°54′47.6″N，111°28′1.8″E	1303	Qz+Flu脉
07SFG-1	钾化斑岩	约0.5	33°54′52.7″N，111°28′0.8″E	1351	Py+Qz脉
SFG-4	变辉长岩	0.5~2	33°54′57.3″N，111°28′6.4″E	1320	Qz+Mo+Py或碳酸盐脉
SFG-5	石英多金属脉	1~2	33°54′57.3″N，111°28′6.4″E	1320	细粒Qz+Mo+Py脉
SFG-11	变辉长岩	约2	33°54′57.3″N，111°28′6.4″E	1320	细粒Qz+Mo±Py脉
SFG-34	石英多金属脉	约5	33°54′47.8″N，111°28′4.1″E	1311	Qz+Mo+Py脉
07SFG-8	蚀变斑岩	0.5~1	33°54′57.0″N，111°28′2.6″E	1331	Py+Qz或Mo+Qz脉
07SFG-13	蚀变斑岩		33°54′57.0″N，111°28′2.6″E	1331	Py+Qz组合
SFG-19-1	角岩，被石英脉切穿	2~3	33°54′51.4″N，111°28′7.2″E	1307	Qz-Mo脉
SFG-19-2	角岩，被石英脉切穿	2~3	33°54′51.4″N，111°28′7.2″E	1307	Qz-Mo脉
SFG-27	角岩，被石英脉切穿	约0.5	33°54′47.3″N，111°28′5.7″E	1314	细粒Qz+Py+Mo脉

续表

样品号	样品地质	脉宽/cm	采样位置	标高/m	脉体特征、矿物组合
SFG-47	钾化斑岩	0.5～10	33°54′57.0″N，111°28′2.6″E	1331	Qz+Py 和 Qz+Mo 脉
SFG-52	钾化斑岩	0.1～0.5;2～5	33°54′57.0″N，111°28′2.6″E	1331	Qz+Mo 和 Qz+Mo+Py 脉
SFG-58	角岩，被石英脉切穿	2～4	33°54′48.8″N，111°28′1.2″E	1307	Qz-Mo 脉
SFG-59	钾化斑岩	0.2～5	33°54′48.8″N，111°28′1.2″E	1307	不规则 Qz+Mo 脉
SFG-72	夕卡岩，被石英脉切穿	1～3	33°54′47.8″N，111°28′5.9″E	1312	Qz+Mo 脉切穿夕卡岩
07SFG-7V	钾化斑岩	约0.5	33°54′48.8″N，111°28′1.2″E	1307	Py+Qz 和 Mo+Qz 脉
SFG-26	石英多金属脉	4～5	33°54′51.4″N，111°28′7.2″E	1307	Qz+Mo±Py 脉
SFG-34	石英多金属脉	约5	33°54′47.8″N，111°28′4.1″E	1311	Qz+Mo+Py 脉
SFG-54	钾化斑岩	约0.5	33°54′57.0″N，111°28′2.6″E	1331	细粒 Qz+Mo 脉
SFG-61	角岩，含石英脉	0.1～1	33°54′48.8″N，111°28′1.2″E	1307	Qz+Mo±Py 脉
SFG-66	夕卡岩，含石英脉	>10	33°54′47.6″N，111°28′1.8″E	1303	Qz+Mo+Py 脉
SFG-51	蚀变角岩	3～5；1～2	33°54′57.0″N，111°28′2.6″E	1331	Cal+Flu 或 Qz+Py 脉
D-22	大理岩		33°54′47.6″N，111°28′1.8″E	1303	纯碳酸盐

缩写：Qz. 石英；Cal. 方解石；Py. 黄铁矿；Mo. 辉钼矿；Chl. 绿泥石；Kfs. 钾长石；Flu. 萤石。

为研究成矿流体成分特征，选取不同阶段的代表性样品进行了单个包裹体原位激光拉曼光谱分析。测试在中国科学院地质与地球物理研究所岩石圈演化国家重点实验室流体包裹体实验室完成。所用仪器为英国 Renishaw 公司生产的 RM-2000 型激光拉曼探针仪，使用 Ar^+激光器，波长 514nm，所测光谱的计数时间为 10～30s，每 $1cm^{-1}$（波数）计数一次，100～$4000cm^{-1}$全波段一次取峰，激光束斑大小约为 1μm，光谱分辨率 $2cm^{-1}$。

显微测温分析在中国地质大学（北京）地球科学与资源学院矿产勘查实验室完成。采用英国 LINKAM MDSG 600 型冷热台，温度控制范围为-196～600℃。测试精度：小于 0℃时为±0.1℃，0～30℃时为±0.5℃，大于 30℃时为±1℃。测温过程中的升温速率为 0.2～10℃/min，相转变点附近的升温速率降低为 0.2℃/min。

4.2.4.2　流体包裹体岩相学特征

上房沟矿床的流体包裹体类型复杂且常有多阶段叠加的现象。通常，原生包裹体随机或孤立状分布，没有明显的定向性。除原生包裹体外，常见大量假次生及次生包裹体。这些包裹体形态多样，包括不规则状、负晶形、椭圆形、三角形、条形、梭形、方形等。流体包裹体的个体大小不一，从<2μm 到>30μm 均有发育，以 3～20μm 居多。根据室温下流体包裹体的相态、成分及产状特征，可划分为 3 种类型：

C 型（CO_2-H_2O 包裹体）：一般 10～15μm，室温下表现为三相（V_{CO_2}+L_{CO_2}+L_{H_2O}，图 4.23A）或两相（$V_{CO_2+H_2O}$+L_{H_2O}，图 4.23B）。该类型包裹体约占包裹体总数的 50%～60%，主要出现于阶段 1～3，且从早至晚逐渐减少。

S 型（含子矿物流体包裹体）：以含子矿物为标志性特征。所含子矿物类型丰富，包括盐类（石盐、钾盐，图 4.23C、D）、金属硫化物（黄铜矿，图 4.23D）、金属氧化物（赤铁矿、金红石、锐钛矿等），其中金属硫化物、氧化物往往呈菱形或不规则状。该类包裹体在阶段 1～3 较为发育，约占包裹体总数的 10%。

W 型（NaCl-H_2O 包裹体）：在广泛发育于成矿过程的各个阶段，在石英斑晶中亦可见（图 4.23D、E、F）。该类包裹体形状多样，大小多介于 5～20μm。按照气液比可进一步划分为 2 个亚类：富气相的 W 型（气相所占比例大于 60%）和富液相的 W 型（气相所占比例小于 5%）。这两个亚类可在同一视域内共存（图 4.23E、F）。

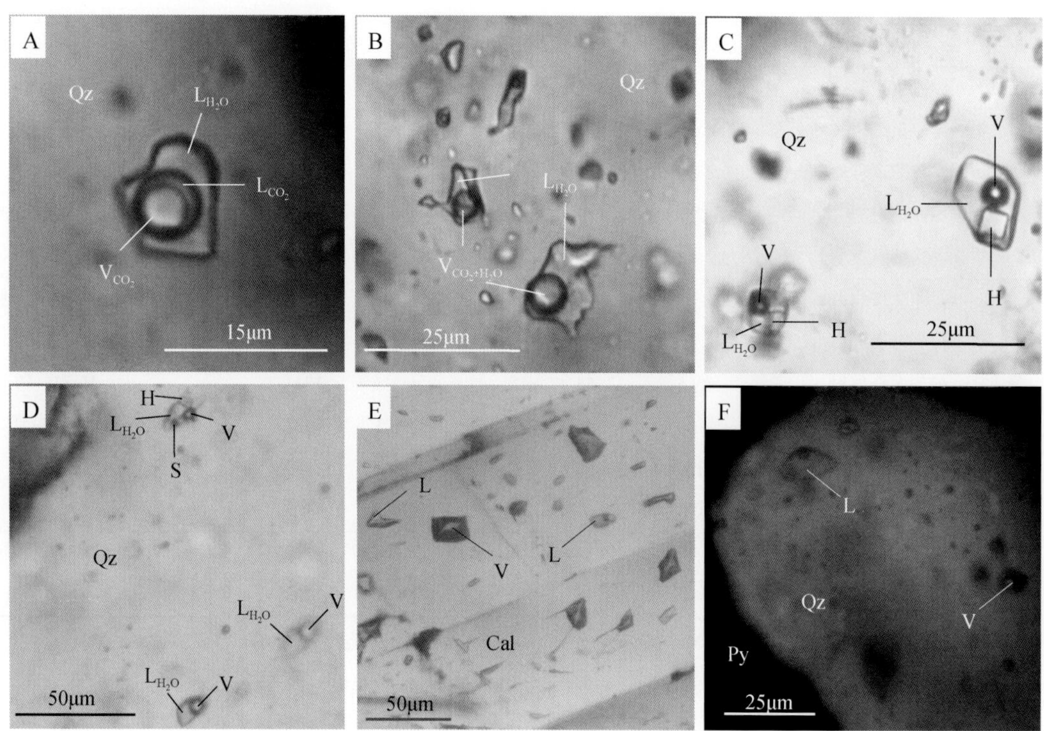

图 4.23 上房沟钼矿流体包裹体岩相学特征（Yang Y et al.，2013）

A. 石英中 C 型包裹体，室温下表现为三相；B. 石英中 C 型包裹体，室温下表现为两相；C. 石英中 S 型流体包裹体，含石盐子矿物；D. 石英中 S 型与 W 型包裹体共存，其中 S 型包裹体含石盐和不透明子矿物；E. 方解石脉中富气相与富液相的 W 型包裹体共存；F. 与黄铁矿共生的石英中可见富气相和富液相的 W 型包裹体共存。缩写：H. 石盐子晶；S. 不透明金属硫化物；V. 气相；L. 液相；Qz. 石英；Cal. 方解石

4.2.4.3 显微测温结果

上房沟矿床流体包裹体显微测温结果列于表 4.34 和图 4.24，清楚地显示了各矿化阶段矿物组合及物理化学条件之间的关系。

含矿斑岩的石英斑晶中可见上述 3 种类型的包裹体。C 型包裹体在室温下可见三相，其固相 CO_2 熔化温度为-60.0 ~ -57.8℃，低于 CO_2 的三相点（-56.6℃），表明其中含有除 CO_2 外的其他组分。激光拉曼光谱分析证实包裹体中含 CH_4。获得 CO_2 笼合物熔化温度为 6.2 ~ 9.0℃，对应的流体相盐度为 2.0%~7.1% NaCl eqv.（图 4.24B）；部分均一温度为 19.9 ~ 29.7℃，部分均一至 CO_2 液相；完全均一温度为 266 ~ 407℃（图 4.24A）。W 型包裹体冰点温度为-5.3 ~ 0℃，盐度为 0 ~ 8.3% NaCl eqv.；包裹体多均一到液相，完全均一温度介于 214 ~ 440℃，集中在 270℃、320℃和 350℃三个峰值（图 4.24A），暗示该花岗斑岩体可能经历了至少三次热液活动。S 型包裹体子晶熔化温度为 206 ~ 339℃，完全均一温度为 222 ~ 250℃，对应盐度为 35%~41% NaCl eqv.。S 型包裹体及富液相 W 型包裹体完全均一至液相，与此同时，一些富气相包裹体在相近的温度均一到气相，表明曾发生流体不混溶或沸腾，正如图 4.23 所示的温度为 271 ~ 277℃时的沸腾包裹体组合。必须指出的是，所研究花岗斑岩斑晶中的大多数包裹体为假次生或次生包裹体，这与其完全均一温度远低于岩浆温度是一致的。

阶段 1 的夕卡岩和角岩内发育白云石、方解石、阳起石及紫色萤石，内仅见 W 型包裹体，大小为 3 ~ 20μm，相比约 5%~20%。冰点为-7.3 ~ -0.9℃，盐度 1.6%~10.9% NaCl eqv.（图 4.24D）。包裹体完全均一至液相，均一温度为 328 ~ 485℃，集中于 340 ~ 480℃（图 4.24C）。计算获得其密度为 0.59 ~ 0.69g/cm³。

阶段 1 斑岩中的石英网脉所含 C 型包裹体较小（3 ~ 14μm），CO_2 相比约 15%~20%，因此难以观察其 CO_2 相变过程。仅测得一个包裹体的笼合物熔化温度为 9.9℃，盐度为 0.2% NaCl eqv.（表 4.34）。

表 4.34　上房沟钼矿床流体包裹体显微测温及相关计算参数结果（Yang Y et al.，2013）

阶段	样号	寄主矿物	类型	大小/μm	相比/%	T_{m,CO_2}/℃	$T_{m,cla}$/℃	T_{h,CO_2}/℃[1]	$T_{m,s}$/℃	$T_{h,tot}$/℃[2]	计数[3]	$T_{m,ice}$/℃	盐度[4]/(% NaCl eqv.)	计数	CO_2相密度/(g/cm³)[5]	总密度/(g/cm³)[6]	压力/MPa[7]	静岩深度/km[8]	静水深度/km
Ph	07SFG-7P	Qtz	W	4~30	5~30					220~440（L）	20	-3.2~-1.7	2.9	6		0.72~0.88			
	07SFG-10	Qtz	W	2~15	1~15					274~375（L）	27	-5.3~-3.3	5.4~8.3	7		0.65~0.69			
	07SFG-11	Qtz	W	2~8	1~10，70~80					214~401（L，V）	27（2）	-0.1~0	0.0~0.2	3		0.60~0.62			
	07SFG-11	Qtz	C	3~4	20~30	-60.0	9.0	25.9~28.8		274~393（L）	2		2.0	2	0.64~0.70	0.90~0.94	186~307	7~11	
	07SFG-11	Qtz	S	3~4	5~10				206~339	222~250（L）	2		35~41	2		1.15~1.24			
	07SFG-12	Qtz	W	3~12	5~15					260~290（L）	9	-3.2~-0.3	0.5~5.3	9		0.74~0.81			
	07SFG-12	Qtz	C	3~10	20~35	-57.8~-60.0	6.2~7.5	19.9~29.7		266~407（L）	20		4.9~7.1	20	0.61~0.78	0.90~0.98	174~302	6~11	
1-a	SFG-8	Cc	W	15~50	5~30					360~380（L）	4								
	07SFG-15	Cc	W	3~20	5~20					331~357（L）	35	-1.5~-0.9	1.6~2.6	3		0.62~0.67			
	07SFG-14	Act	W	3~30	5~20					328~353（L）	3								
	SFG-64	Dol	W	2~15	20~70					363~438（L）	32	-7.3~-3.1	5.1~10.9	12		0.59~0.69			
	SFG-73	Dol	W	2~6	5~20					430~485（L）	3								
	SFG-65	Flu	W	5~15	5~20					464（L）	1								
1-b	07SFG-1	Qtz	W	1~20	1~10，80					329~371（L，V）	12（1）	-5.8~-3.3	5.4~8.9	12		0.67~0.76			
	07SFG-1	Qtz	C	6~14	15~20		9.9	29.7~30.9		348~352（L）	2		0.2	1	0.53~0.61	0.90~0.96	279	10	28
	07SFG-1	Qtz	S	1~14	1~5				>550	347~355（L）	2			2					
	SFG-4	Qtz	W	4~10	5~40，90					342~444（L，V）	24（1）	-9.0~-3.6	5.9~12.8	25		0.60~0.73			
	SFG-5	Qtz	W	3~20	1~50，70~90					312~468（L，V）	33（5）	-7.1~-3.6	5.9~10.6	15		0.58~0.74			
	SFG-11	Qtz	W	3~25	1~50					330~418（L）	35	-5.9~-4.7	7.4~9.1	35		0.58~0.75			
	SFG-11	Qtz	C	3~8	20			29.1		419（L）	1			0	0.63	0.96			
	SFG-34	Qtz	W	3~10	1~10					347~361（L）	9	-4.9~-4.2	6.7~7.7	9		0.68~0.70			

续表

阶段	样号	寄主矿物	类型	大小/μm	相比/%	T_{m,CO_2}/℃	$T_{m,cla}$/℃	T_{h,CO_2}/℃①	$T_{m,s}$/℃	$T_{h,tot}$/℃②	$T_{h,tot}$ 计数③	$T_{m,ice}$/℃	盐度④/(%NaCl eqv.)	盐度④ 计数	CO_2相密度/(g/cm³)⑤	总密度/(g/cm³)⑥	压力/MPa⑦	静岩深度/km⑧	静水深度/km
2	07SFG-8	Qtz	W	2~14	1~10					280~350（L）	30	-3.3~-1.4	2.4~5.4	3		0.75~0.78			
	07SFG-13	Qtz	W	2~10	5~10					300~357（L）	25	-6.7~-2.3	3.9~10.1	21		0.67~0.82			
	07SFG-13	Qtz	C	8~15	20~70	-57.2	5.4~5.8	26.9~29.8		297~410（L）	3		7.8~8.5	3	0.60~0.68	0.79~0.92	129~197	5~7	13~20
	SFG-19-1	Qtz	W	4~16	5~30					276~358（L）	28	-4.7~~-3.1	5.1~7.4	8		0.69~0.82			
	SFG-19-2	Qtz	W	10~30	15~40					292~359（L）	40	-5.6~-2.4	4.0~8.7	19		0.65~0.78			
	SFG-27	Qtz	W	4~20	5~30					291~328（L）	22	-5.8~-3.2	5.3~8.9	8		0.74~0.82			
	SFG-27	Qtz	C	10~25	10		4.5~9.7			228~237（L）	2		0.6~9.8	2					
	SFG-27	Qtz	S	6~20	10~20，70				248~286	298~384（L,V）	19（1）		35~37	20		0.99~1.07			
	SFG-47	Qtz	W	10~30	5~50					279~376（L）	31	-6.1~-0.2	0.4~9.3	28		0.59~0.80			
	SFG-47	Qtz	C	10~30	10~50	-59.2~-59.0	3.8~9.7	23.4~30.9		224~358（L）	20		0.6~10.9	7	0.53~0.73	0.87~1.01	67~264	2~10	7~27
	SFG-47	Qtz	S	8~30	5~40				238~331	228~358（L）	9		34~41	9		1.02~1.16			
	SFG-52	Qtz	W	3~20	1~30，80					291~338（L，V）	27（1）	-6.3~-5.3	8.3~9.6	8		0.74~0.82			
	SFG-58	Qtz	W	2~18	1~10					271~376（L）	14	-7.0~-3.3	5.4~10.5	7		0.68~0.81			
	SFG-58	Qtz	C	10~20	20~35		6.1~7.6	24.0~30.9		239~338（L）	13		4.7~7.3	11	0.53~0.73	0.87~0.97	66~157	2~6	7~16
	SFG-59	Qtz	W	10~30	5~20					284~364（L）	19	-5.7~-4.2	6.7~8.8	7		0.78~0.81			
	SFG-72	Qtz	W	4~18	10~30					263~336（L）	31	-5.3~-3.1	5.1~8.3	10		0.71~0.85			
3	07SFG-7V	Qtz	W	3~10	5~15					203~295（L）	19	-5.3~-2.3	3.9~8.3	6		0.88~0.91			
	SFG-26	Qtz	W	3~6	1~5					271~291（L）	5	-7.2	10.7	1		0.86			
	SFG-34	Qtz	C	20~40	20~30	-58.2~-57.4	5.1~6.8	27.0~29.0		230~280（L）	9		6.1~8.9	9	0.63~0.68	0.89~0.97	78~126	3~5	8~13
	SFG-54	Qtz	W	2~20	1~15					210~273（L）	10	-1.2	2.1	3		0.81~0.87			
	SFG-61	Qtz	W	3~8	1~5					205~300（L）	23	-6.5~-3.3	5.4~9.9	7		0.80~0.93			
	SFG-66	Qtz	W	8~25	5~20					225~324（L）	34	-4.8~-3.4	5.6~7.6	5		0.78~0.83			

续表

阶段	样号	寄主矿物	类型	大小 /μm	相比 /%	T_{m,CO_2} /℃	$T_{m,cla}$ /℃	T_{h,CO_2} /℃①	$T_{m,s}$ /℃	$T_{h,tot}$ /℃②	计数③	$T_{m,ice}$ /℃	盐度④ /(% NaCl eqv.)	计数	CO_2相密度 /(g/cm³)⑤	总密度 /(g/cm³)⑥	压力 /MPa⑦	静岩深度/km⑧	静水深度/km
3	SFG-66	Qtz	C	15～20	15		2.5～7.5			290～300（L）	2		4.9～12.6	2					
	SFG-66	Qtz	S	20	5				197	318（L）	1		31.7	1		1.02			
4	SFG-51	Cc	W	2～30	5～20					152～192（L）	7	−0.7～−0.5	0.9～1.2	5		0.88～0.90			
	D-22	Cc	W	3～5	1～10					139～189（L）	39	−1.6～−0.9	1.6～2.7	24		0.89～0.91			

缩写：Ph. 斑晶；Qtz. 石英；Cc. 方解石；Dol. 白云石；Act. 阳起石；Flu. 萤石；T_{m,CO_2}. CO_2初熔温度；$T_{m,ice}$. 冰点；$T_{m,cla}$. 笼合物熔化温度；T_{h,CO_2}. CO_2相部分均一温度；$T_{m,s}$. 子晶熔化温度；$T_{h,tot}$. 完全均一温度；L、V 表示完全均一至液相、气相。

①全部部分均一至液相。

②多数流体包裹体完全均一至液相，少数至气相。

③括号内的数字为不混溶或沸腾包裹体组合数。

④W 型包裹体盐度由冰点温度估算（Potter，1978；Hall et al.，1988；Bodnar，1993），C 型包裹体盐度由笼合物熔化温度估算（Roedder，1984；Bozzo et al.，1975），S 型包裹体盐度由石盐熔化温度估算（Hall et al.，1988；Sterner，1988）。

⑤C 型包裹体的 CO_2 密度根据 Flincor 程序（Brown，1989），选用 Brown 和 Lamb（1989）的 H_2O-CO_2-NaCl 体系公式计算。

⑥W 型和 S 型流体包裹体的总密度据 Haas（1976）和 Bodnar（1983）提出的公式计算，C 型包裹体总密度根据 Flincor 程序（Brown，1989），选用 Brown 和 Lamb（1989）的 H_2O-CO_2-NaCl 体系公式计算。

⑦C 型包裹体的捕获压力据 Flincor 软件（Brown，1989）提供的 Bowers 和 Helgeson（1983）关于 H_2O-CO_2-NaCl 的体系估算。

⑧假定上覆岩石密度为 2.8g/cm³。

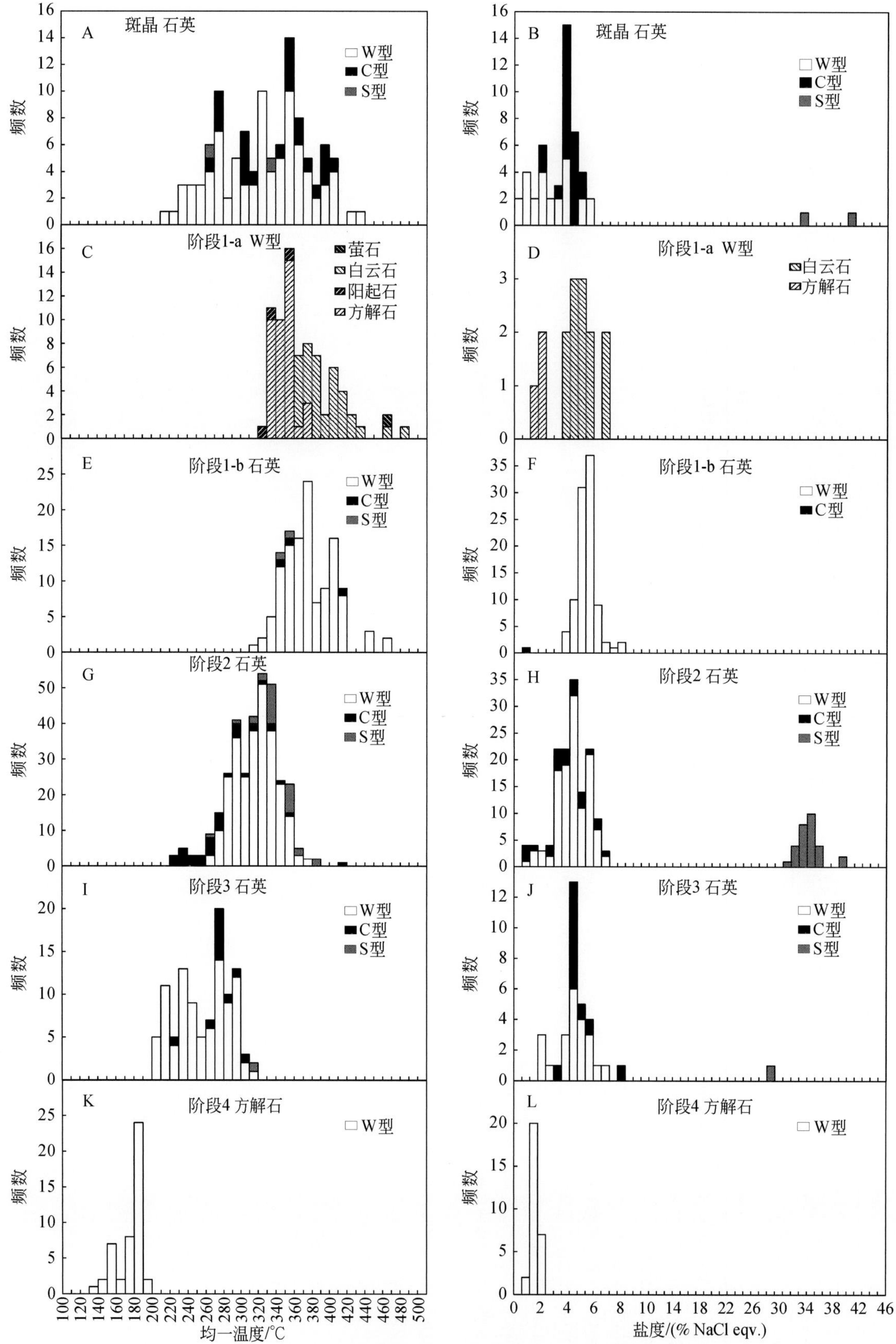

图 4.24　上房沟钼矿床流体包裹体均一温度和盐度直方图（Yang Y et al., 2013）

C型包裹体CO_2相部分均一至液相CO_2的温度集中在29.1～30.9℃，完全均一温度为348～419℃，密度为0.90～0.96g/cm^3。W型包裹体冰点为-9.0～-3.3℃，盐度为5.4%～12.8% NaCl eqv.（图4.24F）；主要均一向液相，完全均一温度为312～468℃，集中于350～470℃（图4.24E），密度为0.58～0.76g/cm^3。观察到两个S型包裹体，其子矿物在温度达到550℃时尚未熔化，但气泡在347～355℃时均一至液相，这代表流体为过饱和流体。

阶段2石英内可见全部3种类型包裹体。C型包裹体的固相CO_2熔化温度介于-57.2～-56.6℃，低于CO_2三相点，表明可能有少量其他组分（卢焕章等，2004）。CO_2笼合物熔化温度为3.8～9.7℃，盐度为0.6%～10.9% NaCl eqv.（表4.34）。CO_2部分均一向液相CO_2的温度集中在23.4～30.9℃，完全均一温度（至液相）为224～410℃，流体相总密度为0.79～1.01g/cm^3。W型包裹体冰点为-7.0～-0.2℃，对应盐度为0.4%～10.1% NaCl eqv.；多数均一至液相，少量均一至气相，均一温度为263～376℃；计算获得流体相密度为0.59～0.85g/cm^3。S型包裹体子矿物的熔化温度为238～331℃，对应盐度为34%～41% NaCl eqv.；完全均一温度为228～384℃，密度为0.99～1.16g/cm^3。

阶段3石英内3类包裹体与阶段2同样发育3种类型包裹体，见表4.34及图4.24I、图4.24J。不同在于，阶段3石英内的包裹体未见均一至气相的，表明阶段3的流体不混溶及沸腾现象不明显。此外，阶段3W、C和S型的盐度分别为2.1%～10.7% NaCl eqv.、4.9%～12.6% NaCl eqv.、31.7% NaCl eqv.（表4.34，图4.24J），W、C和S型的均一温度分别为203～324℃、290～300℃、318℃（表4.34，图4.24I），显示阶段3最高盐度和温度均较阶段2降低。

阶段4矿物内仅见W型包裹体，相比集中于20%；冰点温度为-1.6～-0.5℃，盐度为0.9%～2.7% NaCl eqv.（图4.24L）；包裹体全部均一至液相，均一温度为152～192.4℃（图4.24K），密度为0.88～0.91g/cm^3。

4.2.4.4 包裹体成分分析

激光拉曼光谱分析表明，各类型包裹体的液相成分均以水为主，但不同阶段包裹体气相成分有所差异（图4.25）。

石英斑晶内的流体包裹体以C型和W型为主，气相中除了CO_2、H_2O，还偶含一定量的CH_4（2917cm^{-1}）（图4.25A、B）。阶段1矿物内包裹体的气相成分以CO_2和H_2O为主，此外还含少量H_2S（2589cm^{-1}）、CH_4（2913～2929cm^{-1}）、N_2（2329～2331cm^{-1}），子矿物可出现金红石、锐钛矿等金红石族矿物（图4.25C、D）、铁氧化物（磁铁矿）等，显示阶段1为氧化环境特征。阶段2、阶段3石英包裹体的气相和液相包裹体主要为CO_2和/或H_2O，含少量CH_4、CO（图4.25E、F）和N_2（2325～2352cm^{-1}），此外，个别样品还显示了烃类成分的峰（拉曼位移在2050±100cm^{-1}处）（图4.25F），显示阶段2、3为还原环境特征。阶段4流体包裹体以W型为主，气相和液相均以H_2O为主。

4.2.4.5 成矿流体性质和演化

1）流体沸腾

上房沟花岗斑岩石英斑晶及阶段1和2热液石英内常见S型、C型、富气相W型和富液相W型包裹体在同一视域内共存，且于相似温度下异相均一，而高、低盐度包裹体共存，这表明流体发生了沸腾（图4.26）。

研究表明，流体沸腾常见于斑岩体系（Ulrich et al.，2002；Redmond et al.，2004；卢焕章等，2004；Klemm et al.，2007，2008；杨艳等，2008；Pirajno，2009；Chen and Wang，2011），且可导致成矿物质迅速沉淀。因此，流体沸腾在上房沟矿床的成矿过程中至关重要。上述沸腾现象也同样见于其他斑岩型Mo矿床，如汤家坪（Chen and Wang，2011）、千鹅冲（Yang Y F et al.，2013）、南泥湖（Yang et al.，2012）和鱼池岭（Li et al.，2012b），以及祁雨沟金矿（Chen et al.，2009）。

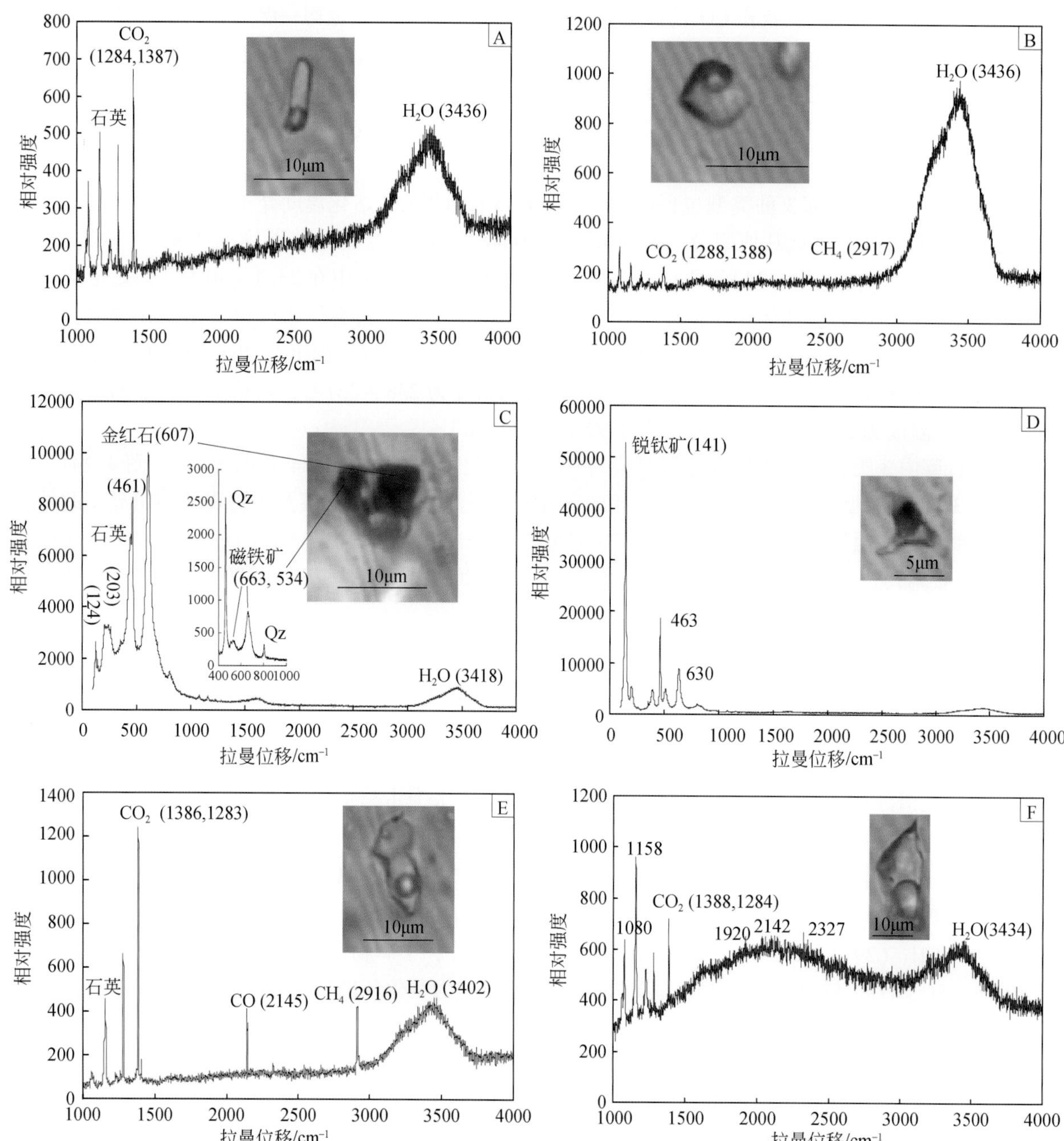

图 4.25　上房沟钼矿床石英中流体包裹体的激光拉曼光谱分析（Yang Y et al.，2013）

A、B. 花岗斑岩体斑晶石英中流体包裹体的气相成分为 CO_2，含少量 CH_4；C、D. 阶段 1 石英中 S 型包裹体内的子矿物分别为金红石和锐钛矿；E、F. 阶段 2、3 石英内流体包裹体的气相成分为 CO_2 和 H_2O，含少量 N_2、CO 和 CH_4

2）*成矿压力和深度估算*

上房沟矿床流体捕获压力和成矿深度根据 C 型包裹体的 T_{h,CO_2} 值、均一状态及 CO_2 相比估算得出（表 4.34）。阶段 4 及阶段 1 中夕卡岩矿物内因不发育 C 型包裹体未得出计算结果。

花岗斑岩体斑晶石英中流体包裹体的捕获压力和深度分别为 174～307MPa 和 6～11km（表 4.34）；阶段 1、2、3 石英内的 C 型包裹体估算得出的压力分别为 279MPa、66～264MPa 和 78～126MPa（表 4.34，图 4.27），对应的静岩深度为 10km、2.4～9.4km 和 2.9～4.5km，静水深度分别为 28km、6.6～27km 和 7.8～13km（表 4.34）。

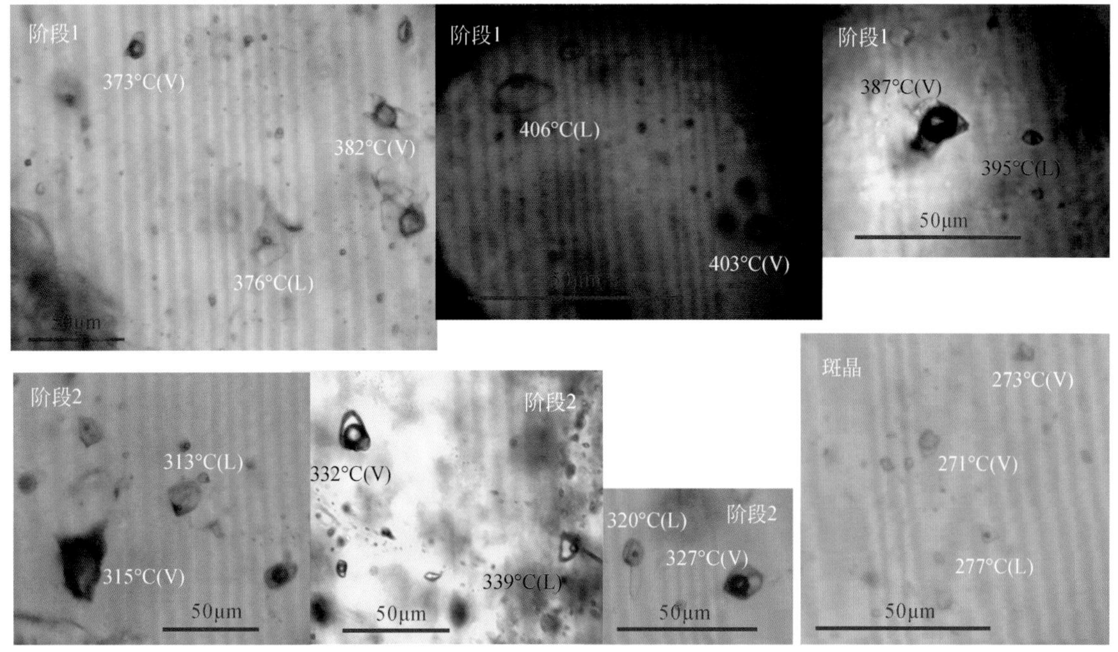

图 4.26　上房沟钼矿床阶段 1、阶段 2、斑晶石英内流体包裹体沸腾与不混溶（Yang Y et al., 2013）
包裹体旁的数据表示其完全均一温度及均一相（V. 气相；L. 液相）

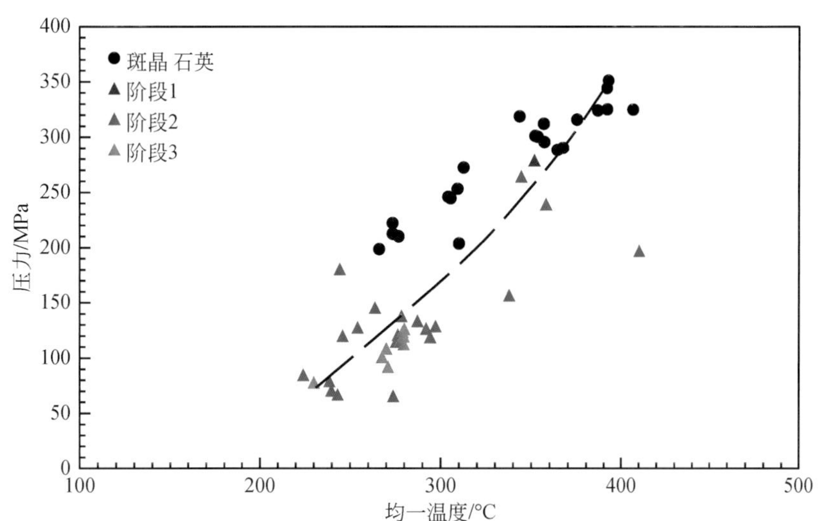

图 4.27　上房沟岩体及不同成矿阶段 C 型包裹体 P-T 图（Yang Y et al., 2013）

Sillitoe（2010）提出，由于裂隙产生-愈合过程反复进行，上覆围压的不断降低，斑岩系统的成矿流体压力可能是在静岩（超静岩）压力与静水压力之间波动的。鉴于不混溶现象在上房沟石英斑晶、阶段 1 和阶段 2 中均发育（表 4.34，图 4.26），因此，据 T_{h,CO_2} 值估算的压力可被认为是捕获压力，其最大值为静岩（超静岩）压力，最小值则为静水压力。上述表明，阶段 1、阶段 2 和阶段 3 对应的成矿深度分别约为 10km、9.4～6.6km 和 7.8～4.5km；由早到晚，成矿深度逐渐变浅。该结果与估算的上房沟花岗斑岩体的形成深度 6.2～11km 一致，表明估算合理可信。

上房沟矿化深度值明显较世界上多数，尤其是环太平洋区斑岩型铜金或铜钼矿床成矿深度（1～5km，Pirajno，2009）偏大。这也与陈衍景和李诺（2009）获得的认识相吻合，即：陆内体制浆控高温热液成矿系统具有较岩浆弧区同类矿床更大的成矿深度范围（一般 1～8km）。相似的成矿深度>5km、流体富/含 CO_2 的斑岩型钼矿床包括鱼池岭（Li et al., 2012b）、南泥湖（Yang et al., 2012）、千鹅冲（Yang Y F et al.，2013）和金堆城（杨永飞等，2009b）等。

3）*成矿流体特征与演化*

流体包裹体被认为是研究古流体系统特征及其演化规律的“化石”，但仅最早阶段的矿物所含原生包裹体可以反映原始流体的特征及来源信息（陈衍景等，2007）。阶段1石英内发育C型和S型包裹体的事实表明上房沟钼铁矿床形成于高盐度、富CO_2的流体体系。而阶段4矿物以仅发育有低温（152～192℃）、低盐度（0.9%～2.7% NaCl eqv.）的W型包裹体区别于前3个阶段。结合显微测温和激光拉曼分析结果，认为阶段1流体为高温、高盐度、富/含CO_2的流体，可能源于岩浆流体；阶段4流体为低温、低盐度、贫CO_2的流体，可能来源于大气降水。这与曾华杰等（1983）、徐士进（1985）、李泽九等（1994）、罗铭玖等（2000）、徐兆文等（2000）获得的H-O同位素研究结果（详见下文）一致，即初始成矿流体以岩浆热液为主，随后有大量雨水混入。

阶段2石英内S型、富气相W型、富液相W型包裹体和C型包裹体共存且于相似温度下异相均一，表明了流体不混溶的发生，并伴随有大量辉钼矿的沉淀。阶段3较阶段2所含包裹体的温度、盐度进一步降低，C型包裹体逐渐减少、CO_2相的含量进一步降低（表4.31、图4.27）。与阶段2显著不同的是，阶段3石英内的包裹体无一向气相均一，表明阶段3时流体不混溶或沸腾现象已不强烈。

阶段4包裹体的特征及氢氧同位素的特征（曾华杰等，1983；徐士进，1985；李泽九等，1994；罗铭玖等，2000；徐兆文等，2000）表明晚阶段流体为大气降水。

综上可见，上房沟成矿流体具有如下演化规律：①从阶段1至阶段4，流体包裹体由富含CO_2演化至贫CO_2；②阶段1内S型包裹体中出现金红石族及磁铁矿子矿物，表明流体氧逸度较高，阶段2和3中S型包裹体含金属硫化物子晶，C型包裹体除CO_2外出现少量CO、CH_4、H_2S等还原性成分，代表了还原环境，总体而言从早到晚流体系统由氧化向还原演化；③流体盐度由早至晚变低。

4）*流体成矿过程*

上房沟岩浆-流体成矿系统主要矿化元素有钼、铁、钨等，自岩体中心向围岩依次发育斑岩型、夕卡岩型和角岩型矿化。伴随岩浆冷凝结晶，岩体内部发育以钾长石-石英组合为特征的早阶段热液蚀变，接触带碳酸盐围岩则发生夕卡岩化，先后形成以粒硅镁石-（石榴子石-）透辉石组合为特征的干夕卡岩、以透闪石/阳起石-金云母-蛇纹石等为标志的湿夕卡岩以及以磁铁矿、钛铁矿为主的氧化物。此阶段成矿流体具有高温、高盐度、富CO_2、高氧逸度的特点，以包裹体中含金属氧化物（金红石族）子晶和CO_2独立相为标志，与大陆内部环境浆控高温热液型成矿流体系统的特征（陈衍景和李诺，2009）完全一致。成矿物质随之被活化迁移。此即流体成矿过程之阶段1。

随着氧化物的沉淀，流体沸腾过程中大量CO_2的逸失，以及栾川群碳质围岩对流体的还原，中阶段流体氧逸度和CO_2逸度快速下降，硫逸度和水活度升高，气相组分中CH_4、H_2S、CO等含量相对增加，势必导致大量硫化物快速沉淀，并伴随较强的绿泥石化、绢云母化、硅化等，此即阶段2和3矿化。其间，流体沸腾爆破导致裂隙系统发育，并与地壳浅表裂隙系统贯通，加之构造背景由挤压向伸展转变，深部高温-低密度流体快速向上迁移，而浅源低温-高密度大气降水热液系统大量涌入成矿系统，两种流体势必混合，同样导致成矿物质快速沉淀（Chen，1998；Chen et al.，2009）。

伴随阶段2和3的流体多次脉动式沸腾-混合，成矿系统温度（能量）逐步降低，流体盐度和成矿物质含量不断降低，初始流体中的CO_2等挥发分不断减少，大气降水热液逐步增多并占据主导地位（张静等，2004），只能发生中-低温条件的碳酸盐化、萤石化、硅化、黏土化等，此即阶段4矿化蚀变。同时，造山带伸展垮塌和区域热异常消失，驱动流体活动的能量逐渐减弱，成矿作用结束。

4.2.5 矿床同位素地球化学

4.2.5.1 样品和测试

Yang等（2017）对上房沟围岩及不同成矿阶段样品开展了碳、氢、氧、硫、铅等同位素地球化学研究。测试工作在中国科学院地质与地球物理研究所岩石圈演化国家重点实验室稳定同位素实验室完成。测试物制备过程是：①石英氧同位素备样是用 BrF_5 在 500 ~ 700℃条件下与石英矿物反应 15h，然后用组合冷阱将产生的 O_2 纯化，最后在 700℃将 O_2 转变为 CO_2 用于质谱分析。②包裹体水的氢同位素备样，将包裹体充分爆裂后除去 CO_2、CO、SO_2、SO_3、H_2S、O_2、H_2、N_2、CH_4 和惰性气体，用干冰将释放的包裹体水冻住并引入金属铬反应器中（反应温度 800℃），使包裹体水转化为氢气，获得 H_2 进行质谱分析。③石英中包裹体碳同位素备样，将包裹体在真空中充分爆裂，然后用液氮-戊烷逐步冷凝纯化、提取 CO_2，用于碳同位素测试。④硫化物硫同位素备样，用氧化亚铜与硫化物样品以 1 : 8 比例在加热炉升温至 1000℃将硫化物的硫氧化为 SO_2，然后将 SO_2 用液氮冻入样品管（-80℃）并纯化，供质谱分析。⑤硫化物铅同位素备样，用 HNO_3-HF 混合溶液溶解硫化物，用过阴离子交换树脂提取 Pb。

碳氧同位素分析使用的质谱型号为 MAT-252，氢同位素使用的质谱型号为 MAT-253，硫同位素分析使用质谱型号为 Delta-S。碳、氢、氧、硫测试结果以 SMOW 标准报出氢、氧同位素组成，以 PDB 标准报出碳同位素组成，以 V-CDT 标准报出硫同位素组成；测试精度分别为±0.2‰（$\delta^{18}O$），±2‰（δD），±0.2‰（$\delta^{13}C$），±0.2‰（$\delta^{34}S$）。铅同位素分析以硅胶做发射剂，用单铼带在 MAT261 热离子质谱仪上测试铅同位素组成，标样为 NBS981，$^{206}Pb/^{204}Pb$、$^{207}Pb/^{204}Pb$ 和 $^{208}Pb/^{204}Pb$ 分析精度在 2σ 水平上分别为 0.1%、0.09% 和 0.30%。

4.2.5.2　碳氢氧同位素

碳氢氧同位素测试结果列于表 4.35。

从表 4.35 可以看出，上房沟矿床 $\delta^{18}O_w$ 值均为正值，表明这些矿物的热液富含 ^{18}O。这亦与徐士进（1985）、徐兆文等（2000）获得的认识一致。由阶段 1→阶段 2→阶段 3→地层，$\delta^{18}O_w$ 逐渐降低，而 δD_w 略有升高。在氢氧同位素图解（图 4.28）中，样品点全部位于 Taylor（1974）给出的岩浆水与大气降水线之间，且显示了由岩浆水方向逐渐向大气降水方向变化的趋势。矿石氢氧同位素范围（$\delta^{18}O_w$ = 2.2‰ ~ 8.0‰，δD = -100‰ ~ -86‰）介于与花岗质岩浆平衡的岩浆水（一般 $\delta^{18}O_w$ = 5.5‰ ~ 12‰，δD = -50‰ ~ -85‰，郑永飞和陈江峰，2000）与围岩地层（$\delta^{18}O_w$ = -2.0‰ ~ -1.6‰，δD = -87‰）之间，反映了成矿流体与围岩之间存在同位素交换。

对上房沟矿区各类地质体及流体 CO_2 做了碳同位素分析，结果列于表 4.35。其中，围岩地层白云岩的 $\delta^{13}C$ 为 2.3‰，$\delta^{18}O$ 为 22.7‰，较好记录了原始沉积碳酸盐碳同位素的特征（Tang et al., 2011）。而热液矿物中的 $\delta^{13}C$ 变化较大，可由-12.9‰到 8.8‰，甚至同一阶段样品中的 $\delta^{13}C$ 都显示较大的变化范围（如阶段 3 石英中的 $\delta^{13}C$ 可由-12.9‰变化至+4.8‰）。赵一鸣等（1990）综合研究多个夕卡岩类矿床的碳同位素，认为夕卡岩矿床碳的来源包括两类：一类是以地层碳为主，一类可能以岩浆碳为主，但多数表现为二者的混合。但上房沟矿床 δD 为-95‰，显示后期流体作用的影响显著，沉积碳酸盐分解和有机质氧化是不可缺的 CO_2 来源，即碳同位素主要来源于围岩地层。

4.2.5.3　硫同位素

从表 4.36 和图 4.29 可以看出，上房沟矿床矿石硫同位素组成稳定，$\delta^{34}S$ 值较集中，变化于+3.59‰ ~ +4.43‰，变化范围窄，塔式效应明显，指示：①成矿过程中硫同位素均一化程度高；②硫的源区较为单一；③矿床形成过程中的物理化学条件相对稳定。这些硫化物的 $\delta^{34}S$ 值均为正值，略高于 Hoefs（1980）给出的花岗岩及玄武岩的 $\delta^{34}S$ 值，具富集 ^{34}S 特征，显示了深源硫特征。结合周作侠等（1993）研究资料（表 4.36、图 4.29），发现上房沟矿床来自不同赋矿岩石（花岗斑岩、夕卡岩、大理岩）的硫化物具有相似的 $\delta^{34}S$ 值，而与煤窑沟组地层的 $\delta^{34}S$ 值相去甚远，说明上房沟花岗斑岩可能为主要成矿硫源，而煤窑沟组地层的贡献则不明显。

表 4.35　上房沟钼矿床 C-H-O 同位素组成

样品地质	样号	岩石类型	蚀变特征	测试矿物	$\delta^{18}O_m$/‰	$\delta^{18}O_w$/‰	δD_w/‰	$\delta^{13}C_m$/‰	$\delta^{13}C_{CO_2}$/‰	T/℃	来源
阶段 1-退变质夕卡岩化	SFG-18	内夕卡岩	退变质夕卡岩化	磁铁矿	-1.6	4.9				500	Yang et al.,2017
	SFG-29	内夕卡岩	退变质夕卡岩化	磁铁矿	-3.2	3.3				500	Yang et al.,2017
	SFG-64	网脉状大理岩	退变质夕卡岩化	白云石	22.7	11.9	-95	2.3	-2	400	Yang et al.,2017
	SFG-7	内夕卡岩	退变质夕卡岩化	方解石	14.3	11.1	-89	-5.7	-5.3	400	Yang et al.,2017
	SFG-8	内夕卡岩	退变质夕卡岩化	方解石	14.1	10.9	-86	-6.3	-5.9	400	Yang et al.,2017
阶段 1-硅化	SFG-21	内夕卡岩	退变质夕卡岩化,硅化	金云母	9.4	8	-100			400	Yang et al.,2017
	SFG-22	内夕卡岩	退变质夕卡岩化,硅化	金云母	7.6	6.2	-95			400	Yang et al.,2017
	SFG-41	内夕卡岩	退变质夕卡岩化,硅化	金云母	6	4.6	-80			400	Yang et al.,2017
阶段 1-黄铁矿化	SFG-11	变辉长岩	黄铁矿化	石英	10.5	6.4	-90		0.4	400	Yang et al.,2017
阶段 2	SFG-59	含脉斑岩	硅化,钾化	石英	10.7	5.4	-92		8.8	350	Yang et al.,2017
	SFG-27	含脉角岩	硅化,黄铁矿化	石英	10.8	5.5	-93		-0.4	350	Yang et al.,2017
	SFG-47	含脉斑岩	钾化,硅化	石英	10.9	5.6	-92		0.9	350	Yang et al.,2017
阶段 3	SFG-61	网脉状角岩	绿帘石化	石英	10.4	2.8	-90		4.8	280	Yang et al.,2017
	SFG-26	石英脉	蛇纹石化	石英	10.6	3	-91		2.3	280	Yang et al.,2017
	SFG-33	石英脉	硅化	石英	10.7	3.1	-92		-12.9	280	Yang et al.,2017
	SFG-54	含脉斑岩	硅化	石英	9.8	2.2	-87		4.8	280	Yang et al.,2017
	SFG-66	石英脉	硅化	石英	10	2.4	-89		2.2	280	Yang et al.,2017
阶段 4	SFG-51	方解石脉	绢英岩化,碳酸盐化	萤石			-89		6.8		Yang et al.,2017
地层(脉)	D-1(Pt_3m)	含脉围岩大理岩		石英	9.7	0.8	-87		0.9	250	Yang et al.,2017
	D-5(Pt_3m)	含脉围岩大理岩		石英	10.1	1.1	-87		-0.9	250	Yang et al.,2017
	ZK502	花岗斑岩		石英	10.4	6.3[a]				400[b]	曾华杰等,1983
	ZK502	花岗斑岩		全岩	7.2						曾华杰等,1983
	ZK502	花岗斑岩		石英	9.8	5.7[a]				400[b]	曾华杰等,1983
	ZK502	花岗斑岩		全岩	8.7						曾华杰等,1983
	S-502-3	花岗斑岩		全岩	9.6	5.5[a]				400[b]	徐士进,1985
		花岗斑岩		石英		7.2~9.6(8.4)					李泽九等,1994
阶段 1	S-1404-34		钾化,硅化	石英	11.6	7.5[a]				400[b]	徐士进,1985
阶段 1	Ⅰ-1	钾长石石英脉		石英	9.99	5.9[a]	-72			400[b]	徐兆文等,2000

续表

样品地质	样号	岩石类型	蚀变特征	测试矿物	$\delta^{18}O_m$/‰	$\delta^{18}O_w$/‰	δD_w/‰	$\delta^{13}C_m$/‰	$\delta^{13}C_{CO_2}$/‰	T/℃	来源
阶段 1	Ⅰ-1	钾长石石英脉		石英	10.03	6[a]	-75.1			400[b]	徐兆文等,2000
阶段 1			钾化	石英		6.1~7.04					徐士进,1985
阶段 2	S-1404-29		石英-绢云母化	石英	9.9	4.6[a]				350[b]	徐士进,1985
阶段 2	S-1406-3		硅化	石英	10.4	5.1[a]				350[b]	徐士进,1985
阶段 2	S-601-19		硅化	石英	11.4	6.1[a]				350[b]	徐士进,1985
阶段 2	Ⅱ-3	辉钼矿石英脉		石英	13.04	6.2[a]	-58			300[b]	徐兆文等,2000
阶段 2	Ⅱ-4		硅化	石英	10.64	3.8[a]	-90.5			300[b]	徐兆文等,2000
阶段 2			石英-绢云母化	石英		4.4~5.03					徐士进,1985
阶段 3	Ⅱ-1	网脉		石英	10.59	2.9[a]	-41			280[b]	徐兆文等,2000
阶段 3	Ⅱ-1	网脉		石英			-76.2				徐兆文等,2000
阶段 3	Ⅰ-2	网脉		石英	10.41	2.8[a]	-77.8			280[b]	徐兆文等,2000
阶段 3	Ⅱ-2	梳状石英脉		石英	10.7	3.1[a]	-64.9			280[b]	徐兆文等,2000
阶段 3			硅化	石英		3.16~4.16					徐士进,1985

注:下角"w"代表"水","m"代表"矿物"。

计算所用温度 T 为各阶段流体包裹体均一温度峰值;$\delta^{18}O_{V\text{-}SMOW} = 1.03086\times\delta^{18}O_{V\text{-}PDB}+30.86$(Friedman and O'Neil,1977)。

成矿流体的 $\delta^{18}O_{水}$ 值是利用如下平衡分馏方程计算:$1000\ln\alpha_{石英-水} = 3.38\times10^6/T^2-3.40$(Clayton et al.,1972);$1000\ln\alpha_{方解石-水} = 2.78\times10^6/T^2-2.89$(O'Neil et al.,1969);$1000\ln\alpha_{磁铁矿-水} = 2.88\times10^6/T^2-11.36\times10^3/T^2+2.89$(郑永飞和陈江峰,2000);$1000\ln\alpha_{金云母-水} = 2.38\times10^6/T^2-3.89$(O'Neil and Taylor,1969);$1000\ln\alpha_{白云石-水} = 4.12\times10^6/T^2-4.62\times10^3/T^2+1.71$(郑永飞和陈江峰,2000)。

碳酸盐的 $\delta^{13}C_{CO2}$ 值利用平衡分馏方程计算:$1000\ln\alpha_{CO2-方解石} = -2.4612+7.6663\times10^3/T-2.9880\times10^6/T^2$(Bottinga,1969);$1000\ln\alpha_{白云石-方解石} = 0.18\times10^6/T^2+0.17$(Sheppard and Epstein,1970)。

a 代表本次计算得出。

b 代表本次推算得出。

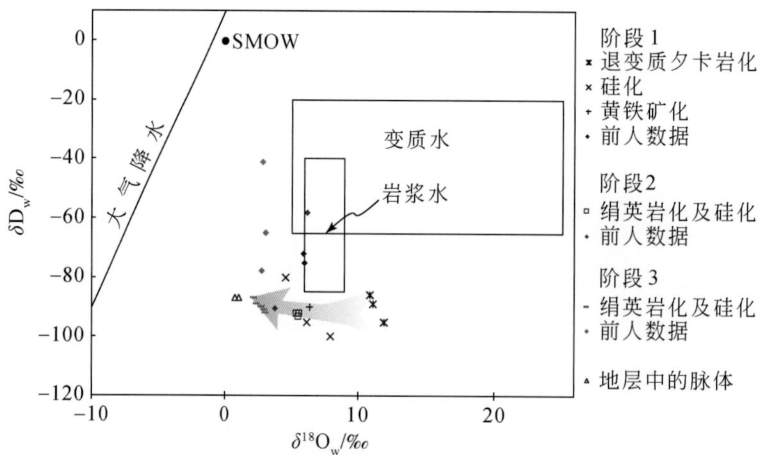

图4.28 上房沟钼矿床氢氧同位素投影图（Yang et al.，2017；底图据 Taylor，1974）

表4.36 上房沟钼矿床硫同位素组成

（单位：‰）

样品地质	样号	测试矿物	$\delta^{34}S$	$\delta^{34}S_{平均}$	来源
矿石	SFG-27	黄铁矿	4.4		Yang et al.，2017
矿石	SFG-72	黄铁矿	4.4		Yang et al.，2017
矿石	SFG-44	黄铁矿	3.6		Yang et al.，2017
矿石	SFG-35	黄铁矿	3.7		Yang et al.，2017
矿石	SFG-33	黄铁矿	4.1		Yang et al.，2017
矿石		黄铁矿	2.0～3.8	3.0	罗铭玖，2000
矿石	SFG-54	辉钼矿	3.7		Yang et al.，2017
矿石	SFG-59	辉钼矿	4		Yang et al.，2017
矿石	SFG-52	辉钼矿	3.8		Yang et al.，2017
矿石	SFG-61	辉钼矿	3.8		Yang et al.，2017
矿石	SFG-67	辉钼矿	3.7		Yang et al.，2017
矿石		辉钼矿	2.0～3.8	2.8	罗铭玖，2000
矿石		磁黄铁矿	1.2～3.3	2.8	罗铭玖，2000
矿石		闪锌矿	1.6～6.5	3.6	罗铭玖，2000
矿化斑岩	S-2	黄铁矿	2		周作侠等，1993
矿化斑岩	S-5	黄铁矿	3.3		周作侠等，1993
矿化斑岩	S-13	黄铁矿	3		周作侠等，1993
矿化斑岩	S-15	黄铁矿	2.9		周作侠等，1993
矿化斑岩	S-29	黄铁矿	3.1		周作侠等，1993
夕卡岩	S-6	黄铁矿	-4.9		周作侠等，1993
夕卡岩	S-7	黄铁矿	2.7		周作侠等，1993
夕卡岩	S-8	黄铁矿	2.5		周作侠等，1993
大理岩	S-18	黄铁矿	2.6		周作侠等，1993
大理岩	S-21	黄铁矿	2.6		周作侠等，1993
大理岩	S-22	黄铁矿	1.7		周作侠等，1993
大理岩	S-25	黄铁矿	2.7		周作侠等，1993
大理岩	S-32	黄铁矿	2.5		周作侠等，1993

续表

样品地质	样号	测试矿物	$\delta^{34}S$	$\delta^{34}S_{平均}$	来源
碱性长石斑岩			2.8 ~ 6.5	4.9 (4)	Zhang et al., 2011 及其引文
煤窑沟组	SS7-1-1	黄铁矿	-9.7		周作侠等, 1993
煤窑沟组	SS7-1-2	黄铁矿	-10.9		周作侠等, 1993
煤窑沟组	SS7-1-3	黄铁矿	-8.1		周作侠等, 1993
煤窑沟组	SS7-2	黄铁矿	7.2		周作侠等, 1993
煤窑沟组	SS7-3	黄铁矿	6.6		周作侠等, 1993
煤窑沟组	SS7-4	黄铁矿	-12.4		周作侠等, 1993
煤窑沟组	SS7-7	黄铁矿	10.5		周作侠等, 1993

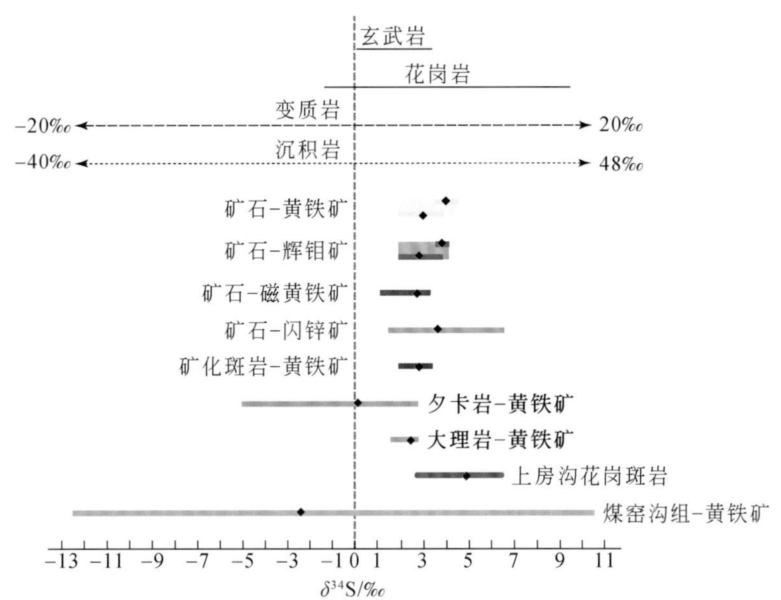

图4.29 上房沟钼矿床及围岩硫同位素直方图(据 Yang et al., 2017;数据见表4.36)

4.2.5.4 铅同位素

Yang 等(2017)对上房沟矿床12件矿石硫化物样品进行了铅同位素的组成分析。

测定结果(表4.37)表明,不同硫化物的铅同位素组成显示了一致的变化范围。除一个磁铁矿样品(SFG-29)具有明显高的$^{206}Pb/^{204}Pb$(20.7796)外,其他硫化物的$^{206}Pb/^{204}Pb$介于17.648~18.742之间,平均18.125;$^{207}Pb/^{204}Pb$变化于15.526~15.690,平均15.575;$^{208}Pb/^{204}Pb$变化于38.197~39.823,平均38.197。矿石铅的μ值介于9.37~10.14(表4.37),高于正常铅μ值范围(8.686~9.238);而ω值介于29.22~40.96,多数高于正常铅ω值(35.55±0.59),显示铅源的物质成熟度较高。同时,上房沟矿床的矿石硫化物相对富集钍铅(Th/U=2.79~4.21),表明放射成因^{208}Pb积累较多。在Zartman铅构造模式图中(图4.30),上房沟矿石的铅同位素数据没有明显的线性分布特征,总体为单阶段演化的正常铅,表明铅源的铀-钍-铅体系没有发生分离或没有受到其他铀-钍-铅体系的强烈混染。在$^{207}Pb/^{204}Pb$-$^{206}Pb/^{204}Pb$关系图(图4.30A)上,多数样品集中在造山带演化线上下;而在$^{208}Pb/^{204}Pb$-$^{206}Pb/^{204}Pb$图上(图4.30B)都分布于下地壳与造山带演化线之间。

表 4.37　上房沟矿床矿石和相关地质体的铅同位素组成

样品地质	样号	样品特征	测试矿物	$^{206}Pb/^{204}Pb$	$^{207}Pb/^{204}Pb$	$^{208}Pb/^{204}Pb$	μ	ω	Th/U	来源
上房沟矿床	SFG-72	矿石	黄铁矿	17.697	15.531	38.575	9.42	40.67	4.18	Yang et al., 2017
	SFG-27	矿石	黄铁矿	17.648	15.526	38.578	9.41	40.96	4.21	Yang et al., 2017
	SFG-33	矿石	黄铁矿	18.306	15.558	38.609	9.39	37.38	3.85	Yang et al., 2017
	SFG-35	矿石	黄铁矿	18.096	15.532	38.197	9.37	36.63	3.78	Yang et al., 2017
	SFG-44	矿石	黄铁矿	17.667	15.526	38.54	9.41	40.66	4.18	Yang et al., 2017
	SFG-52	矿石	辉钼矿	18.637	15.593	39.174	9.43	38.16	3.92	Yang et al., 2017
	SFG-54	矿石	辉钼矿	18.14	15.586	38.411	9.47	37.79	3.86	Yang et al., 2017
	SFG-59	矿石	辉钼矿	18.306	15.635	38.819	9.54	39.01	3.96	Yang et al., 2017
	SFG-61	矿石	辉钼矿	18.742	15.589	39.823	9.41	40.06	4.12	Yang et al., 2017
	SFG-67	矿石	辉钼矿	17.848	15.539	38.507	9.41	39.49	4.06	Yang et al., 2017
	SFG-18	矿石	磁铁矿	18.29	15.59	38.395	9.46	36.9	3.78	Yang et al., 2017
	SFG-29	矿石	磁铁矿	20.78	15.69	38.299	10.14	29.22	2.79	Yang et al., 2017
	DF-1	大理岩中的方铅矿-磁铁矿脉	方铅矿	16.82	14.84	37.77				罗铭玖等，1991
	DF-16	大理岩中的铅锌矿化	方铅矿	17.12	15.23	37.57				罗铭玖等，1991
栾川群	200416		全岩	18.215	15.648	38.35				刘国印，2007
	200418		全岩	19.249	15.684	41.104				刘国印，2007
	200421		全岩	17.998	15.56	38.979				刘国印，2007
	200438		全岩	18.217	15.635	38.598				刘国印，2007
	200439		全岩	18.868	15.685	38.303				刘国印，2007
	S139-3		全岩	17.694	15.525	38.692				刘国印，2007
	Y02	黑云片岩	全岩	17.735	15.468	38.631				祁进平，2006
	Y03	千枚岩	全岩	18.071	15.482	38.905				祁进平，2006
	Y21	黑云大理岩	全岩	17.736	15.478	38.463				祁进平，2006
	Y22	蚀变花岗岩	全岩	17.742	15.466	38.493				祁进平，2006
	L8	黑云石英片岩	全岩	17.7	15.486	38.366				祁进平，2006
	L30	二云石英片岩	全岩	18.257	15.518	38.819				祁进平，2006
	L31	石墨二云片岩	全岩	17.862	15.492	38.64				祁进平，2006
	L32	石墨二云片岩	全岩	18.817	15.556	39.097				祁进平，2006
	L37	二云石英片岩	全岩	17.612	15.485	38.432				祁进平，2006
	L39	石英片岩	全岩	17.59	15.455	38.333				祁进平，2006
	L40	碳质黑云石英片岩	全岩	17.67	15.569	38.7				祁进平，2006
	L41	钙质石英片岩	全岩	17.585	15.457	38.336				黄典豪等，1984
	L42	弱矿化黑云石英片岩	全岩	17.594	15.462	38.359				罗铭玖等，1991
官道口群	20043b		全岩	18.103	15.634	38.316				刘国印，2007
	S116-1		全岩	18.738	15.672	39.094				刘国印，2007
	B3	变辉长岩	全岩	17.937	15.498	38.84				祁进平，2006
	B26	角砾岩化大理岩	全岩	18.296	15.508	39.272				祁进平，2006

续表

样品地质	样号	样品特征	测试矿物	$^{206}Pb/^{204}Pb$	$^{207}Pb/^{204}Pb$	$^{208}Pb/^{204}Pb$	μ	ω	Th/U	来源
官道口群	B27	石英片岩	全岩	18.086	15.501	38.667				祁进平，2006
	B28	白云石英片岩	全岩	18.443	15.505	39.179				祁进平，2006
	B29	白云石英片岩	全岩	18.326	15.506	39.043				祁进平，2006
南泥湖-三道庄矿床	DF-2	辉钼矿-方铅矿矿石	方铅矿	17.45	15.54	39.01				黄典豪等，1984
	J-5	黑云母花岗闪长岩	钾长石	17.806	15.569	38.508				黄典豪等，1984
	J-4	斑状花岗斑岩	钾长石	17.894	15.482	38.093				黄典豪等，1984
	ZK705	斑状黑云母花岗闪长岩	钾长石	17.189	15.381	37.655				罗铭玖等，1991
	Nanr-1	中粒斑状花岗岩	钾长石	17.499	15.427	37.843				罗铭玖等，1991
	DF-2	方铅矿-闪锌矿-黄铁矿脉	方铅矿	17.45	15.54	39.01				罗铭玖等，1991
	N-013	黄铁矿-萤石-石英脉	黄铁矿	17.605	15.421	37.71				罗铭玖等，1991
东秦岭矿化带（EQMB）	6件样品平均	中酸性小岩体	钾长石	17.619	15.478	38.04				马振东，1992

黄典豪等（1984）、罗铭玖等（1991）、祁进平（2006）、刘国印（2007）研究获得栾川群19件全岩样品Pb同位素组成为：$^{206}Pb/^{204}Pb=17.585\sim19.249$，平均18.011；$^{207}Pb/^{204}Pb=15.455\sim15.685$，平均15.532；$^{208}Pb/^{204}Pb=38.303\sim41.104$，平均38.716。官道口群7件全岩的$^{206}Pb/^{204}Pb=17.937\sim18.738$，平均18.275，$^{207}Pb/^{204}Pb=15.498\sim15.672$，平均15.546，$^{208}Pb/^{204}Pb=38.316\sim39.272$，平均38.916。本书所获得的上房沟矿石铅同位素与上述围岩的铅同位素组成近乎一致，表明地层可能为上房沟矿床铅的主要来源。

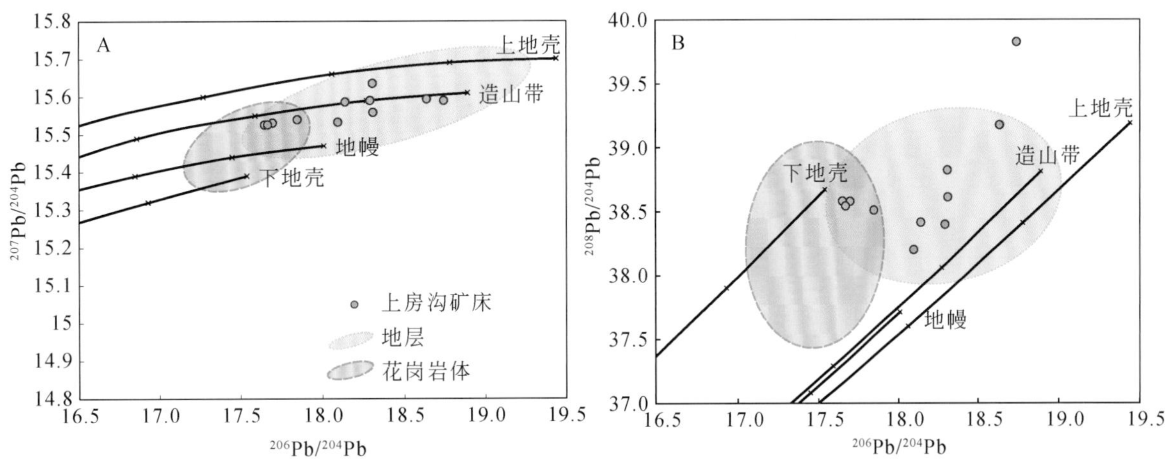

图4.30 上房沟钼矿床铅同位素构造模式图（底图据Zartman and Doe，1981，数据见表4.37）

4.2.5.5 成矿物质来源

上房沟矿床的氢氧同位素研究结果表明，初始成矿流体源于岩浆热液，由阶段1向阶段4，成矿流体逐渐由岩浆水为主向大气降水为主演化。碳同位素分析结果表明，围岩地层较好记录了原始沉积碳酸盐碳同位素的特征；成矿流体的碳同位素为混合碳，主要来源于围岩地层，以地层碳为主。硫同位素结果显示，成矿流体中的硫以深源硫为主，围岩地层的贡献可以忽略。上房沟矿石与栾川群、官道口群铅同位素组成相近，表明地层是重要的物质来源。

4.2.6　成矿年代学

4.2.6.1　辉钼矿 Re-Os 同位素年代学

为精确厘定成矿作用时限，李永峰等（2003）对采自上房沟露天采场的细脉状花岗岩斑岩型矿石（SF-1）和团块状夕卡岩型钼矿石（SF-2）进行了辉钼矿 Re-Os 同位素定年（表 4.38），获得样品的 Re 含量分别为 19.0×10^{-6}和 20.2×10^{-6}，模式年龄分别为 143.8±2.1Ma 和 145.8±2.1Ma。

表 4.38　上房沟钼矿床辉钼矿 Re-Os 同位素分析结果（李永峰等，2003）

样品号	样重/g	Re/10^{-6}	2σ	^{187}Re/10^{-6}	2σ	^{187}Os/10^{-9}	2σ	模式年龄/Ma	2σ
SF-1	0.02077	20.2	0.2	12.7	0.2	30.5	0.3	143.8	2.1
SF-2	0.02219	19.0	0.2	12.0	0.2	29.1	0.2	145.8	2.1

4.2.6.2　成矿地球动力学背景及流体成矿过程

已有同位素数据表明，上房沟矿床成岩成矿作用发生于 134～158Ma 之间（表 4.39）。上房沟斑岩系统的形成可划分为两期：早期为斑状黑云母花岗岩，其形成年龄为 140～158Ma；晚期为正长花岗斑岩，年龄为 134～135Ma。矿床辉钼矿 Re-Os 年龄范围为 144～146Ma。

表 4.39　上房沟钼矿床成岩成矿年代

矿体/岩体	测试对象	测试方法	年龄/Ma	资料来源
斑状黑云母花岗岩	黑云母	K-Ar	145±4.5	胡受奚等，1988
斑状黑云母花岗岩	全岩	K-Ar	140～145	黄典豪等，1989
斑状黑云母花岗岩	锆石	SHRIMP U-Pb	157.6±2.7	李永峰，2005
正长花岗斑岩	全岩	Rb-Sr 等时线	134±2	胡受奚等，1988
正长花岗斑岩	锆石	LA-ICP-MS U-Pb	135.4±0.3	包志伟等，2009
矿石，夕卡岩型	辉钼矿	Re-Os	145.8±2.1	李永峰等，2003
矿石，斑状型	辉钼矿	Re-Os	143.8±2.1	李永峰等，2003

上房沟矿床成岩成矿年龄均属晚侏罗世—早白垩世；此时恰为扬子板块与华北板块碰撞造山事件的挤压向伸展转变体制（陈衍景和富士谷，1992），是秦岭地区大规模岩浆-流体-成矿作用爆发时期（Chen et al.，2004，2007，2008，2009）。栾川矿田位于马超营断裂和栾川断裂之间（图 4.17），空间上耦合于洛南-栾川推覆构造带（张国伟等，2001）。该带及其以南区域在中生代发生一系列倾向北的 A 型俯冲作用（祁进平等，2007），俯冲板片发生变质脱水-熔融作用，诱发了强烈的流体作用和花岗质岩浆作用（详见 Chen，1998），发育了冷水北沟等断控脉状成矿系统（祁进平等，2007）和上房沟等岩浆-流体成矿系统。

4.2.7　小结

（1）上房沟钼铁矿床位于栾川断裂带北侧的华北克拉通南缘，矿体赋存于新元古代栾川群碎屑岩-碳酸盐建造中，属典型的斑岩-夕卡岩系统。流体成矿过程可划分为 4 个阶段：阶段 1 在赋矿斑岩一侧表现为钾长石+石英±黄铁矿±磁铁矿组合，以钾化及硅化蚀变为主，在碳酸盐地层中的蚀变主要表现为夕卡岩化和磁铁矿化，在围岩片岩处则表现为角岩化；阶段 2 以网脉状石英+辉钼矿±金属硫化物为特征；阶段 3

矿物组合相较于阶段 2 更为复杂多样，表现为黄铁矿+石英±金属硫化物网脉；阶段 4 为方解石±萤石±石英为主。钼矿化主要发生在阶段 1 至阶段 3。

（2）成矿流体研究表明，上房沟脉石矿物中所含流体包裹体可划分为 3 类：富/含 CO_2包裹体、含子矿物多相包裹体和水溶液包裹体。由早至晚，成矿流体由高盐度、富 CO_2的氧化性流体逐渐演化为低盐度、贫 CO_2的还原性流体。流体沸腾现象在前 3 个矿化阶段内较常见，而晚阶段则不发育。上房沟矿床矿化深度可达 10km，较多数岩浆弧背景的同类矿床偏深，符合陆内体制浆控高温热液矿床的特点。

（3）上房沟成矿系统经历了多次脉动式的围岩破裂-裂隙愈合的过程，导致多阶段网脉穿切，造就了特征的网脉浸染状构造。流体沸腾是导致 Mo 沉淀的重要机制。

（4）氢氧同位素研究表明上房沟成矿流体源于岩浆热液，晚阶段成矿流体系统趋向开放，混入大气降水。流体的碳同位素为混合碳，主要来源于围岩地层。硫主要来源于上房沟花岗斑岩。矿石铅同位素为混合来源，而地层和岩体均可能为上房沟矿床成矿提供了铅源。

（5）上房沟钼矿床的成岩成矿作用（134～158Ma）发生在晚侏罗世—早白垩世，形成于扬子板块与华北板块碰撞造山过程的由碰撞挤压向伸展体制转变阶段。

4.3　银家沟钼多金属矿床

银家沟矿床位于河南省灵宝市朱阳镇银家沟地区，北距灵宝市约 40km。矿区地理坐标：东经 110°47′30″～110°49′22″，北纬 34°11′10″～34°12′55″。矿床发现于 1958 年，为以硫铁矿为主的多金属矿床，共/伴生有铁、铜、钼、金、铅锌、银等。其中，硫铁矿储量 4880.9 万 t，平均品位 20.32%，达大型规模；褐铁矿 1169 万 t，平均品位 35.43%；磁铁矿 184 万 t，平均品位 32.28%；菱铁矿 187.9 万 t，平均品位 31.33%；铜储量 12.2 万 t，平均品位 0.46%；钼储量 5363t，平均品位 0.096%；铅 1.4 万 t，平均品位 0.59%；锌 5.9 万 t，平均品位 1.94%；伴生金 2.0t，平均 0.67g/t，氧化带金 2.9t，品位高于硫铁矿中的伴生金，最高品位为 8.74g/t；银 33.5t，平均品位 12.7g/t（河南省地质矿产厅第一地质大队，1996）。

银家沟矿床是河南省最大的硫铁多金属矿床，以储量巨大、共/伴生元素复杂区别于东秦岭其他以钼为主的矿床。但长期以来，该矿床的研究一直未得到应有的重视，除少量的矿床地质特征描述及矿床成因分析外（徐国风，1985；陈衍景和郭抗衡，1993；颜正信等，2007；张孝民等，2008），尚未开展系统的研究工作，严重制约了对矿床成因类型、成矿机理的正确认识。鉴于此，我们对银家沟矿床开展了系统的岩石学、成矿流体地球化学、同位素地球化学和高精度年代学研究，旨在查明成矿岩体特征及成因，揭示成矿流体性质及演化规律，探讨成矿流体和成矿物质来源，厘定成岩成矿作用时代，确定矿床成因类型及成矿地球动力学背景，为该区的基础研究及找矿工作提供新的依据。

4.3.1　成矿地质背景

4.3.1.1　区域地质

银家沟矿床位于秦岭造山带最北缘的华熊地块，银家沟-夜长坪构造-岩浆岩带的北端，属东秦岭崤山山脉。区域出露的地层有中元古界熊耳群、中-新元古界官道口群、栾川群和陶湾群及新生界沉积物（魏庆国等，2009）。熊耳群中基性-中酸性火山岩分布在研究区东北部，构成华熊地块早期次活动型盖层；官道口群广泛分布于研究区西部和南部，为滨海相碎屑岩-碳酸盐岩建造，属于典型的华北地台盖层沉积；栾川群和陶湾群零星分布于研究区南部和西南部，为泥质、白云质胶结的冰碛砾岩、泥硅质冰碛砾岩及含冰碛砾石的砂质页岩夹粉砂岩；新生代沉积物主要分布于卢氏盆地内（图 4.31a）。区域褶皱构造以近 EW 向和 NWW 向为主，自北而南分别为杜关向斜、将军山背斜、乌桥背斜和中黄叶向斜。断裂构造以 NWW 向为主，并叠加 NE-NNE 向构造（黄典豪等，1994）。NWW 向的洛南-栾川断裂从研究区外围南部通过，是华北克拉通与秦岭造山带的分界断裂；NWW 向的潘河-马超营断裂横贯研究区，是华北克拉通内部的一条长期活动的区域性断裂，对区内钼、铅锌矿床具有重要的控制作用。NE-NNE 向断裂主要是银家沟-夜长坪断裂和后瑶峪-八宝山断裂。区内岩浆活动主要为印支—燕山期，以酸性侵入岩及次火山岩为主。除少量的深成岩体外（如蒲陈沟闪长岩体），多数为浅成、超浅成岩体，如银家沟、圪老湾、夜长坪、八宝山岩体，部分岩体具有隐爆特征，如秦池、柳关岩体。其中，燕山期深源浅成斑岩体与本区钼多金属矿化关系最为密切。

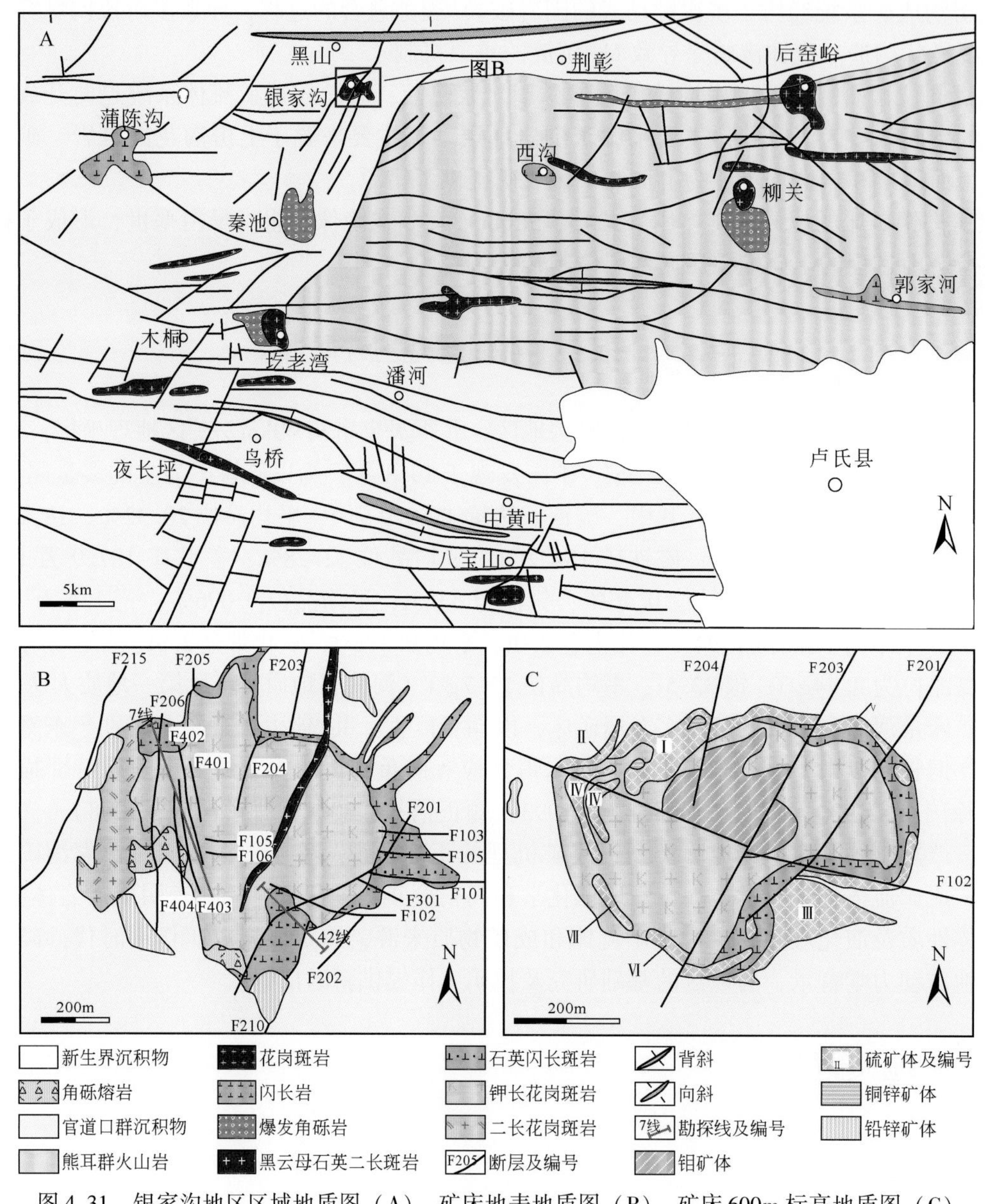

图 4.31　银家沟地区区域地质图（A）、矿床地表地质图（B）、矿床 600m 标高地质图（C）
（据河南省地质矿产厅第一地质大队，1996，修改）

4.3.1.2　矿区地质

矿区出露的地层主要是官道口群龙家园组和巡检司组。龙家园组分布于矿区南部和中部，下段为砂砾岩、页岩和白云岩，中段和上段主要由细晶白云岩组成；巡检司组分布于矿区北部，下段由砂砾岩、页岩和白云岩组成，上段主要为细晶白云岩（图 4.31B）。

矿区位于荆彰-石坡头近 EW 向大断裂与银家沟-夜长坪 NNE 向断裂构造的交汇处。区内断裂构造发育，可分为近 EW 向、NNE 向、NW 向及 NNW 向 4 组（图 4.31a）。近 EW 向断裂规模不大，走向270°～305°，倾向南或北，倾角较陡。这些断裂通常经历了由早期压性经中期张性向晚期压扭性转变的过程，以中期张性活动最为醒目，常见石英闪长斑岩脉充填其中。NNE 向断裂极为发育，一般走向 20°～30°，西倾，倾角变化大，在 60°～80°之间，断裂宽一般 1～2m，宽者可达 30～40m。该组断裂多经历了先张后压的过程，常被石英闪长斑岩脉和黑云母石英二长斑岩脉侵入。NNW 向断裂走向一般 325°～350°，倾向西或东，倾角 75°左右，常显张性特征。总体上看，矿区发育的断裂构造规模普遍较小，除 NNE 向断裂具有一定的区域性外，多数断裂可能属于岩体侵入或爆破过程中形成的配套构造。

4.3.2　成矿岩体特征

银家沟岩体位于华北克拉通南缘华熊地块。岩体受 NWW 向银家沟-荆彰断裂与 NNE 向银家沟-夜长坪断裂的交汇部位控制。该岩体与秦池、圪老湾、夜长坪岩体共同构成 NNE 向的银家沟-夜长坪花岗斑岩带（图 4.31a）。

4.3.2.1　岩体地质和岩性

银家沟杂岩体呈近等轴状产出，面积约 0.6km^2。该杂岩体主要由二长花岗斑岩、钾长花岗斑岩和石英闪长斑岩组成，尚含有少量的黑云母石英二长斑岩脉（图 4.31B），后者边缘见有闪长玢岩出现（图中未见）。

二长花岗斑岩：分布于矿区西部。岩石具斑状结构，斑晶为斜长石、钾长石、石英和少量黑云母，含量 56%（图 4.32A）。其中斜长石呈自形-半自形板状，粒径 0.4mm×1.2mm～1.5mm×3mm，含量约 20%，几乎全部发生绢云母化，隐约可见聚片双晶；钾长石呈他形粒状，粒径 0.5～2.5mm，最大可达 4mm，含量约 15%，表面微弱黏土化、绢云母化及碳酸盐化，见钾长石包含自形斜长石现象；石英他形粒状，粒径 0.8～3mm，含量约 20%，部分颗粒具熔蚀现象；黑云母呈半自形-自形片状，粒径 0.2～1.2mm，含量约 1%，多数颗粒发生蚀变而析出铁质矿物。基质具隐晶质结构，由长石、石英等矿物组成，含量约 42%，绢云母化现象普遍。副矿物为榍石和锆石，含量约 2%。

钾长花岗斑岩：杂岩体的主体，分布于矿区中部。岩石具斑状结构，斑晶主要为钾长石和石英，含少量斜长石和黑云母，斑晶含量 40%。钾长石主要为透长石，呈自形-半自形板状，粒径 0.2mm×0.4mm～1.2mm×2mm，含量约 25%；斜长石呈半自形板状，粒径 0.4mm×0.6mm～0.8mm×2mm，含量 5%，大多发生绢云母化，隐约可见聚片双晶；石英呈他形粒状，粒径 0.4～2mm，含量约 9%，熔蚀现象明显；黑云母半自形-自形片状，粒径 0.1～0.4mm，含量约 1%，多数颗粒发生白云母化，并伴随有铁质矿物的析出。基质具隐晶质结构，由长石、石英等矿物组成，含量约 60%（图 4.32B）。副矿物主要为金红石和锆石，其次为榍石和磷灰石。

石英闪长斑岩：分布于矿区北部、东部和东南部边缘，构成钾长花岗斑岩的边缘相。岩石具斑状结构，斑晶主要为斜长石和石英，含少量钾长石和黑云母，含量 54%。斜长石呈自形-半自形板状，粒径 0.2mm×0.4mm～2mm×4mm，最大者 5mm×9mm，含量约 37%，大多发生微弱的绢云母化、碳酸盐化，聚片双晶清晰可见，斜长石斑晶裂纹也较发育；钾长石斑晶最大可达 7mm，见包含自形斜长石现象，含量 3%；石英他形粒状，粒径多为 0.4～1.6mm，含量约 10%，具熔蚀和基质充填现象；黑云母半自形-自形片状，粒径 0.2～0.8mm，含量约 4%，发生白云母化，并析出铁质矿物（图 4.32C）。基质具隐晶质结构，由长石、石英等矿物组成，含量约 45%。

黑云母石英二长斑岩：呈岩脉产出，走向 NNE。岩石具斑状结构，斑晶主要为石英、斜长石、钾长石、黑云母，含量 32%。斜长石斑晶呈他形-半自形板状，粒径 0.3～1.6mm，个别达到 3mm，含量 12%，具聚片双晶和环带状构造，大部分颗粒裂隙发育，并被绢云母充填。钾长石他形-半自形板状，粒

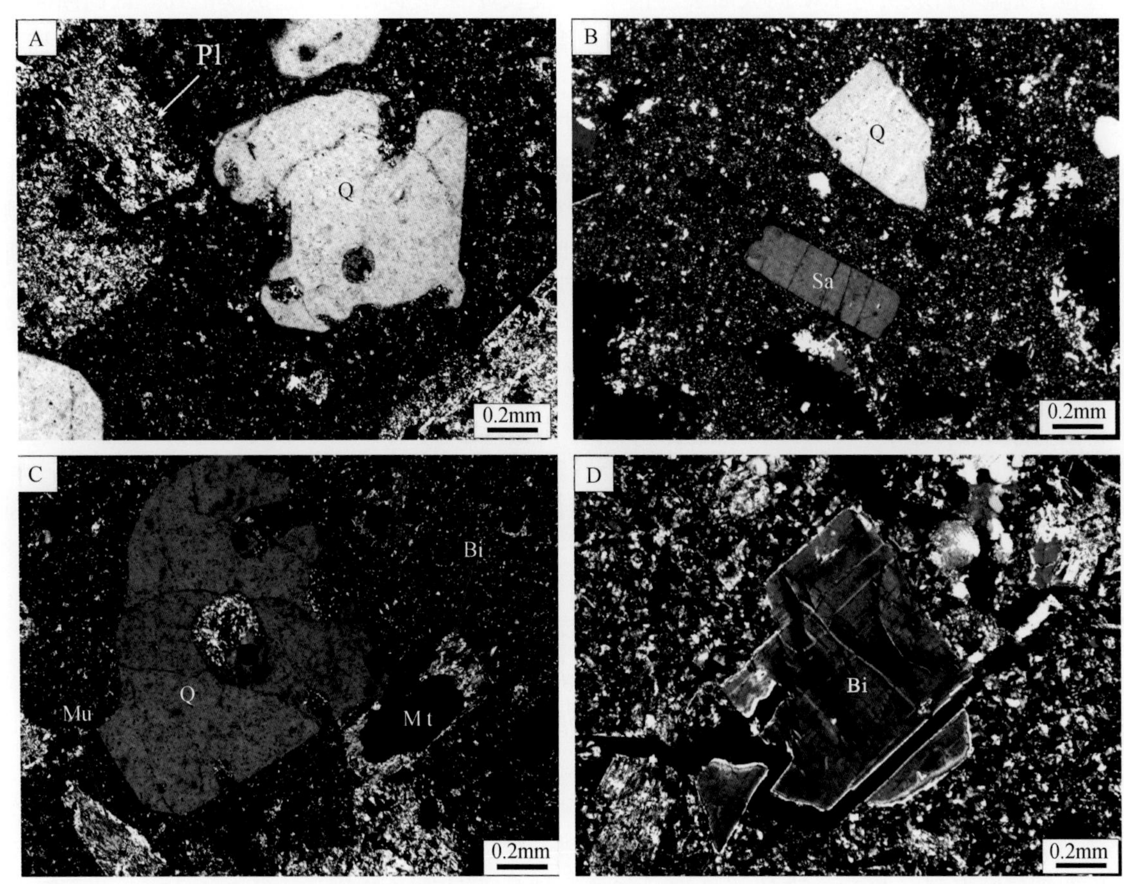

图 4.32　银家沟杂岩体显微照片（李铁刚等，2013）

A. 二长花岗斑岩，见斜长石和石英斑晶，其中斜长石斑晶强烈绢云母化，石英斑晶被溶蚀呈港湾状；B. 钾长花岗斑岩，见石英和透长石斑晶；C. 石英闪长斑岩，见石英和黑云母斑晶，石英斑晶溶蚀呈港湾状，黑云母白云母化并析出铁质；D. 黑云母石英二长斑岩，见黑云母斑晶破碎并被扭折。图中缩写：Bi. 黑云母；Mt. 磁铁矿；Mu. 白云母；Pl. 斜长石；Q. 石英；Sa. 透长石

径 0.8 ~ 2mm，个别可达 3.5mm×7mm，含量 9%，表面干净；石英斑晶他形粒状-浑圆状，表面干净，粒径多为 1.2 ~ 2.0mm，占矿物总量的 6%，裂隙发育，并被绢云母充填；黑云母半自形-自形片状，浅黄色-褐绿色，粒径 0.4 ~ 1.8mm，含量 5% 左右，部分颗粒破碎，发育扭折现象，表面见铁质析出（图 4.32D）。基质隐晶-显微晶质结构，主要为长英质组分，含量约 65%，绢云母化现象普遍，局部可见碳酸盐化。另外，在黑云母石英二长斑岩脉的两侧各发育 2 ~ 3m 宽的闪长玢岩脉，与黑云母石英二长斑岩共生同一岩脉中，为其边缘相。因其规模小，图 4.31B 中未显示。

4.3.2.2　元素地球化学

本次研究对银家沟杂岩体不同岩性的 30 件样品（包括二长花岗斑岩样品 15 件，钾长花岗斑岩样品 10 件，黑云母石英二长斑岩样品 5 件）进行了主量、微量和稀土元素分析。主量、微量和稀土元素测试由中国地质科学院地球物理地球化学勘查研究所完成。其中全岩主量元素采用 XRF 分析，分析精度优于 3%；稀土和微量元素采用 ICP-MS 分析，分析精度优于 5%。

银家沟杂岩体主量、微量和稀土元素分析结果见表 4.40。需要说明的是，尽管取样中尽量选取新鲜、蚀变微弱的岩石，但银家沟岩体普遍存在绢云母化、黏土化，导致主量元素分析结果中烧失量较高。

二长花岗斑岩 SiO_2 含量为 69.26% ~ 73.94%，Al_2O_3 含量为 13.53% ~ 15.34%，Fe_2O_3 含量（0.85% ~ 3.71%）高于 FeO 含量（0.02% ~ 0.68%）。岩石 MgO 含量为 0.24% ~ 1.15%，多数 <1.0%；CaO 为 0.08% ~ 1.98%，多数 <0.2%；Na_2O 为 0.24% ~ 1.86%，多数 <1.0%。K_2O 含量为 5.03% ~ 8.96%，多数

表 4.40　银家沟岩体主量（单位:%）、稀土（单位：10^{-6}）及微量元素（单位：10^{-6}）分析结果（李铁刚等，2013）

样号	LY3-4	LY3-5	LY3-7	LY3-8	LY3-9	LY3-10	LY3-11	LY7-1	LY7-2	LY7-3	LY7-4	LY10-8	LY10-9	LY10-10	LY10-11
岩石类型	二长花岗斑岩														
SiO_2	71.43	71.21	70.68	70.73	69.26	70.40	71.59	73.47	73.11	73.06	73.11	73.94	71.84	72.08	71.94
TiO_2	0.30	0.29	0.28	0.29	0.28	0.29	0.30	0.26	0.28	0.26	0.27	0.29	0.31	0.32	0.26
Al_2O_3	13.80	13.90	14.24	13.65	14.23	14.84	14.05	14.39	14.01	15.34	14.37	13.53	14.60	15.04	14.37
Fe_2O_3	3.71	3.09	2.69	2.04	1.71	3.33	2.60	0.83	1.80	0.85	1.02	1.27	2.15	1.17	1.41
FeO	0.33	0.37	0.44	0.68	0.53	0.28	0.45	0.29	0.04	0.07	0.11	0.02	0.04	0.07	0.11
MnO	0.01	0.01	0.01	0.36	0.22	0.01	0.02	0.06	0.45	0.05	0.07	0.01	0.04	0.01	0.04
MgO	0.49	0.47	0.43	0.71	1.15	0.45	0.52	0.32	0.41	0.28	0.34	0.47	0.61	0.64	0.24
CaO	0.14	0.16	0.13	0.81	1.98	0.17	0.25	1.27	0.18	1.35	1.55	0.08	0.34	0.33	0.09
Na_2O	0.24	0.28	0.41	0.31	0.31	0.23	0.31	1.86	0.40	1.64	1.77	0.24	0.26	0.58	0.38
K_2O	5.64	6.73	6.98	6.73	6.85	6.55	6.95	5.03	6.68	5.08	5.09	7.52	6.68	6.77	8.96
P_2O_5	0.13	0.15	0.12	0.14	0.13	0.14	0.14	0.13	0.13	0.12	0.13	0.09	0.15	0.14	0.07
LOI	3.75	3.23	3.45	3.38	3.23	3.27	2.86	1.92	2.35	1.85	2.34	2.39	2.87	2.72	1.96
总计	99.95	99.89	99.87	99.82	99.88	99.97	100.03	99.83	99.83	99.95	100.18	99.84	99.87	99.87	99.83
Na_2O/K_2O	0.04	0.04	0.06	0.05	0.05	0.03	0.04	0.37	0.06	0.32	0.35	0.03	0.04	0.09	0.04
A/CNK	2.04	1.73	1.68	1.47	1.24	1.91	1.66	1.33	1.71	1.44	1.28	1.56	1.77	1.70	1.37
$Mg^{\#}$	19	21	21	33	50	20	25	35	31	37	37	42	36	50	24
La	35.9	53.3	35.7	43.0	40.3	41.1	43.0	37.7	31.5	36.1	34.9	33.8	32.2	32.7	31.9
Ce	76.1	117.8	79.9	86.9	83.8	88.0	102	74.6	67.2	72.1	74.9	74.9	69.1	70.3	69.1
Pr	8.47	12.14	8.98	9.69	9.18	9.59	10.58	8.27	7.35	7.96	7.99	8.78	7.96	7.86	7.24
Nd	29.1	40.8	32.1	33.3	31.9	33.0	36.9	28.1	25.4	26.8	27.9	30.0	27.7	27.0	24.9
Sm	4.27	6.10	5.02	4.96	4.84	4.97	5.69	4.13	3.80	3.99	4.36	4.24	4.11	3.89	3.71
Eu	0.73	1.18	1.06	0.92	1.04	1.03	1.21	0.92	0.74	0.89	1.05	0.99	0.89	0.84	0.82
Gd	3.41	4.71	4.00	3.82	3.83	3.87	4.09	3.31	3.02	3.25	3.12	2.82	3.18	2.85	2.98
Tb	0.45	0.65	0.57	0.54	0.55	0.54	0.52	0.48	0.41	0.47	0.42	0.33	0.45	0.38	0.40
Dy	2.25	3.03	2.74	2.67	2.76	2.55	2.89	2.40	1.94	2.32	2.34	1.40	2.16	1.70	1.97
Ho	0.40	0.52	0.49	0.46	0.49	0.46	0.51	0.43	0.34	0.41	0.41	0.24	0.37	0.28	0.35

续表

样号	LY3-4	LY3-5	LY3-7	LY3-8	LY3-9	LY3-10	LY3-11	LY7-1	LY7-2	LY7-3	LY7-4	LY10-8	LY10-9	LY10-10	LY10-11
岩石类型	二长花岗斑岩														
Er	1.15	1.42	1.31	1.32	1.37	1.22	1.48	1.20	0.96	1.15	1.25	0.70	1.03	0.79	0.97
Tm	0.19	0.23	0.23	0.22	0.24	0.21	0.22	0.20	0.17	0.19	0.18	0.13	0.18	0.13	0.17
Yb	1.30	1.50	1.50	1.42	1.55	1.34	1.51	1.34	1.13	1.26	1.28	0.92	1.16	0.90	1.21
Lu	0.22	0.24	0.23	0.24	0.25	0.21	0.25	0.22	0.18	0.19	0.20	0.15	0.19	0.15	0.20
ΣREE	163.90	243.61	173.76	189.53	182.09	188.08	211.05	163.26	144.11	156.99	160.29	159.35	150.71	149.72	145.95
Eu/Eu^*	0.57	0.65	0.70	0.63	0.71	0.69	0.73	0.74	0.65	0.73	0.83	0.83	0.72	0.74	0.73
$(La/Yb)_N$	18.61	24.01	16.08	20.39	17.50	20.71	19.15	19.00	18.76	19.27	18.37	24.86	18.72	24.55	17.82
Sr	106	119	138	107	134	107	104	246	137	244	264	178	119	122	200
Rb	266	305	292	290	285	288	310	249	304	241	240	299	323	355	353
Ba	1789	2038	2214	1849	1869	1917	2131	1659	1745	1692	2213	2064	2059	1739	2380
Th	23.2	27.0	19.1	25.0	22.7	23.9	24.4	22.5	23.5	23.4	20.2	27.1	24.7	25.3	24.0
Nb	25.6	25.8	26.1	25.4	23.5	25.7	27.5	25.5	25.2	25.1	26.7	20.3	27.0	26.7	24.3
Zr	192	205	203	204	194	199	192	193	203	176	181	200	208	219	187
Cs	14.2	14.5	15.6	16.7	16.6	13.7	13.8	6.4	8.5	6.3	6.0	5.5	6.3	6.2	3.5
Ga	37.9	29.8	27.0	22.3	20.0	26.8		20.6	21.1	19.8		22.2	21.2	21.9	21.4
Hf	7.14	7.66	6.95	7.71	7.33	7.00	6.86	7.44	7.79	6.09	6.77	7.49	7.18	7.09	7.11
Sc	3.1	3.2	3.3	3.1	3.0	3.1	2.9	2.9	2.7	2.8	2.5	2.7	3.5	3.6	2.8
Cr	9.52	6.38	9.71	8.48	8.67	8.00	10.1	17.1	6.00	20.2	10.8	8.48	7.62	8.95	9.81
V	28.2	26.2	23.3	23.8	29.8	22.0	24.6	29.6	20.4	27.1	29.5	25.4	33.4	30.4	25.7
Ni	3.0	2.2	2.5	2.1	2.4	2.1	2.7	2.0	1.8	1.8	2.3	1.5	2.1	1.6	1.7
U	3.18	2.55	3.91	3.18	3.36	2.73	2.57	4.82	3.45	4.27	4.62	2.82	4.82	4.45	4.09
Y	12.6	15.7	14.7	14.1	14.8	13.4	15.2	12.8	10.0	12.5	12.0	7.3	10.6	7.8	10.6
Ta	1.83	1.86	1.83	1.84	1.73	1.81	1.87	1.85	1.84	1.90	1.86	1.44	1.86	1.86	1.75
Sr/Y	8.40	7.60	9.35	7.60	9.08	7.98	6.86	19.20	13.66	19.54	21.99	24.44	11.21	15.60	18.91

续表

样号	LY6-1	LY6-2	LY6-3	LY6-4	LY6-5	LY6-6	LY6-7	LY6-8	LY9-1	LY9-2	LH1-1	LH1-2	LH1-3	LH1-4	LY16-7
岩石类型	钾长花岗斑岩										黑云母石英二长斑岩				
SiO_2	65.93	65.17	68.59	70.19	67.25	67.22	66.77	69.11	73.48	71.52	66.73	67.13	67.79	68.98	66.29
TiO_2	0.38	0.45	0.44	0.41	0.46	0.44	0.40	0.45	0.30	0.29	0.40	0.41	0.42	0.32	0.38
Al_2O_3	14.31	15.77	15.96	15.14	15.34	15.50	13.73	14.75	14.98	14.92	14.90	14.50	14.54	14.59	14.45
Fe_2O_3	2.85	3.28	2.00	1.41	3.40	2.76	3.57	0.86	0.89	0.82	2.16	1.96	2.02	1.83	1.56
FeO	1.06	0.81	0.49	0.15	0.19	1.22	1.04	1.62	0.09	0.53	1.07	1.32	1.29	1.10	1.57
MnO	0.09	0.11	0.05	0.01	0.18	0.15	0.10	0.18	0.03	0.03	0.09	0.10	0.09	0.06	0.08
MgO	1.47	1.06	0.33	0.23	0.27	0.32	1.45	0.63	0.35	0.69	1.04	1.38	1.25	0.94	1.10
CaO	0.24	0.29	0.26	0.23	0.34	0.30	0.27	0.31	0.22	0.24	3.63	3.16	2.75	2.53	3.14
Na_2O	0.61	0.53	0.56	0.63	0.50	0.45	0.44	0.61	0.40	0.52	2.65	2.31	1.98	2.35	1.68
K_2O	9.89	8.68	7.82	7.88	6.52	6.03	8.26	8.08	6.42	7.49	4.25	3.91	4.30	4.76	5.20
P_2O_5	0.22	0.28	0.26	0.23	0.27	0.25	0.24	0.25	0.15	0.14	0.21	0.20	0.22	0.18	0.21
LOI	2.83	3.43	3.17	3.30	5.16	5.28	3.59	2.91	2.59	2.69	2.78	3.70	3.16	2.21	4.31
总计	99.88	99.87	99.94	99.80	99.87	99.91	99.87	99.76	99.89	99.88	99.91	100.06	99.82	99.85	99.97
Na_2O/K_2O	0.06	0.06	0.07	0.08	0.08	0.07	0.05	0.08	0.06	0.07	0.62	0.59	0.46	0.49	0.32
A/CNK	1.18	1.46	1.62	1.52	1.81	1.99	1.35	1.43	1.87	1.59	0.96	1.05	1.13	1.07	1.03
$Mg^{\#}$	42	33	20	22	13	13	38	32	41	49	38	44	42	38	40
La	12.3	22.0	45.4	36.7	53.5	60.2	20.8	19.7	50.1	34.3	48.2	34.7	35.6	30.9	50.9
Ce	29.9	50.6	101	82.9	117	130	44.4	56.5	102	68.1	94.3	80.7	73.5	71.1	101
Pr	3.78	6.02	10.82	8.78	12.76	13.67	5.20	6.29	11.02	8.06	10.71	9.22	8.47	8.16	11.12
Nd	14.3	22.5	37.7	31.2	44.7	47.9	19.1	23.6	36.4	27.6	38.4	33.4	31.0	29.0	38.4
Sm	2.44	3.52	5.97	4.76	6.74	7.36	3.08	4.11	5.15	4.01	6.17	5.43	4.89	4.43	5.61
Eu	0.67	0.80	1.60	1.17	1.36	1.45	0.76	1.08	1.11	0.88	1.46	1.38	1.19	1.14	1.37
Gd	2.28	3.01	4.93	3.79	5.44	5.80	2.62	3.48	3.76	3.12	5.01	4.07	4.16	3.63	4.70
Tb	0.39	0.44	0.74	0.54	0.74	0.81	0.40	0.55	0.50	0.43	0.75	0.57	0.59	0.52	0.66
Dy	2.20	2.42	3.95	2.69	3.68	3.93	2.22	3.33	2.20	1.99	3.79	3.17	3.08	2.70	3.45
Ho	0.43	0.44	0.72	0.48	0.63	0.68	0.41	0.64	0.37	0.35	0.71	0.59	0.59	0.49	0.62

续表

样号	LY6-1	LY6-2	LY6-3	LY6-4	LY6-5	LY6-6	LY6-7	LY6-8	LY9-1	LY9-2	LH1-1	LH1-2	LH1-3	LH1-4	LY16-7
岩石类型	钾长花岗斑岩										黑云母石英二长斑岩				
Er	1.18	1.17	1.87	1.28	1.61	1.81	1.09	1.85	1.00	0.92	1.97	1.76	1.67	1.37	1.77
Tm	0.18	0.19	0.32	0.21	0.26	0.30	0.17	0.26	0.17	0.16	0.34	0.25	0.27	0.23	0.31
Yb	1.20	1.14	1.94	1.32	1.56	1.81	1.09	1.66	1.12	1.10	2.10	1.72	1.81	1.56	1.96
Lu	0.18	0.17	0.27	0.20	0.22	0.25	0.17	0.25	0.19	0.18	0.32	0.27	0.27	0.24	0.29
ΣREE	71.38	114.42	217.63	176.03	250.62	276.43	101.44	123.31	215.39	151.19	214.30	177.18	167.14	155.44	222.49
Eu/Eu^*	0.86	0.73	0.88	0.82	0.66	0.66	0.80	0.85	0.74	0.73	0.78	0.86	0.79	0.85	0.79
$(La/Yb)_N$	6.93	13.00	15.81	18.76	23.09	22.48	12.81	7.99	30.09	20.95	15.44	13.60	13.23	13.34	17.55
Sr	241	202	180	240	205	210	169	193	135	195	461	380	309	404	328
Rb	281	247	209	195	165	158	263	198	323	333	179	176	188	177	226
Ba	2820	2624	2054	2531	2295	2250	1784	2445	1653	1981	2087	1982	1730	2538	1889
Th	19.5	21.1	19.9	20.4	24.0	23.4	20.7	22.9	26.2	27.0	20.0	24.6	20.3	18.4	23.1
Nb	7.82	9.05	9.21	7.49	10.0	10.0	9.30	11.7	27.8	28.1	27.1	28.5	25.4	19.2	24.4
Zr	213	240	251	244	266	255	227	200	217	202	225	220	233	203	232
Cs	1.70	1.70	2.2	1.4	1.8	2.2	1.9	1.4	6.7	8.2	39.6	25.0	33.9	29.6	16.7
Ga	17.0	18.1	17.2	19.0	20.6	20.4	20.4		23.1	21.7	20.4		19.7	19.3	19.9
Hf	7.52	8.66	8.02	7.75	9.35	8.11	8.20	7.42	7.89	6.97	6.92	7.41	6.89	5.88	7.71
Sc	3.8	3.6	2.9	2.0	3.5	3.4	4.0	3.0	2.5	3.2	4.1	4.5	4.7	3.4	4.3
Cr	9.05	11.5	6.38	9.81	9.14	8.48	6.48	8.0	4.86	8.38	11.8	9.5	8.38	12.4	6.76
V	37.3	38.8	36.8	32.0	41.0	36.5	39.0	33.4	29.4	25.2	39.4	40.3	44.0	32.9	40.2
Ni	6.4	7.5	6.9	3.9	17.2	13.3	9.2	7.6	1.8	2.7	2.4	2.8	2.6	2.3	2.7
U	4.09	3.82	6.73	5.00	3.64	4.09	4.18	4.18	4.18	4.36	6.09	6.38	5.64	5.36	5.55
Y	13.5	13.6	19.0	13.5	18.0	19.9	12.6	18.9	9.1	9.1	20.0	16.2	16.5	13.9	18.1
Ta	0.53	0.65	0.65	0.52	0.70	0.68	0.65	0.80	1.98	2.02	1.79	1.75	1.61	1.32	1.57
Sr/Y	17.87	14.82	9.48	17.79	11.41	10.56	13.40	10.18	14.82	21.37	23.07	23.38	18.70	29.06	18.14

>6.0%，较高。Na_2O/K_2O 值低至 0.03 ~ 0.37；$Mg^{\#}$值变化于 19 ~ 50。铝指数［ASI = Al_2O_3/（CaO+Na_2O+K_2O），摩尔比值］介于 1.24 ~ 2.04 之间，全部大于 1.1，受蚀变影响。

钾长花岗斑岩样品的 SiO_2 含量为 65.17% ~ 73.48%，Al_2O_3 含量为 13.73% ~ 15.96%，Fe_2O_3 含量（0.82% ~ 3.57%）高于 FeO 含量（0.09% ~ 1.62%）。MgO、CaO 和 Na_2O 含量低，MgO 为 0.23% ~ 1.47%，多数<1.0%；CaO 为 0.22% ~ 0.34%；Na_2O 为 0.40% ~ 0.63%。K_2O 含量高达 6.03% ~ 9.89%，Na_2O/K_2O 值低至 0.05 ~ 0.08，$Mg^{\#}$值变化于 13 ~ 49，铝指数为 1.18 ~ 1.99。

黑云母石英二长斑岩 SiO_2 含量为 66.29% ~ 68.98%，Al_2O_3 为 14.50% ~ 14.90%，Fe_2O_3 为 1.56% ~ 2.16%，FeO 为 1.07% ~ 1.57%，MgO 为 0.94% ~ 1.38%，CaO 为 2.53% ~ 3.63%，Na_2O 为 1.68% ~ 2.65%，K_2O 为 3.91% ~ 5.20%。Na_2O/K_2O 值介于 0.32 ~ 0.62 之间，$Mg^{\#}$值介于 38 ~ 44 之间。铝指数介于 0.96 ~ 1.13 之间，多数小于 1.1。

在 TAS 图解中，去烧失量归一后的样品主要落入花岗岩区域，部分落入花岗闪长岩和石英二长岩区域（图 4.33）。

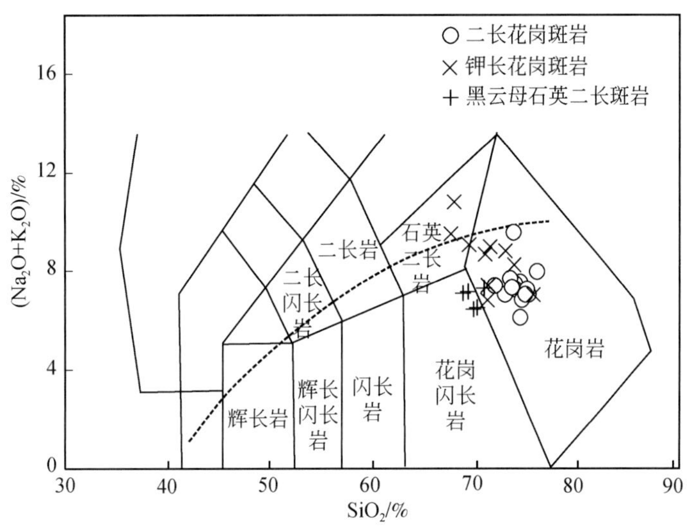

图 4.33　银家沟岩体的 TAS 图解（底图据 Le Bas et al.，1986；数据见表 4.40）

二长花岗斑岩ΣREE 介于 144.11×10^{-6} ~ 243.61×10^{-6}；Yb 含量低，介于 0.90×10^{-6} ~ 1.55×10^{-6}之间。样品普遍具有轻稀土富集、重稀土亏损的特征，其 $(La/Yb)_N$介于 16.1 ~ 24.9 之间，δEu = 0.57 ~ 0.83（图 4.34A）。钾长花岗斑岩ΣREE 为 71.38×10^{-6} ~ 276.43×10^{-6}，Yb 含量为 1.09×10^{-6} ~ 1.94×10^{-6}。轻重稀土分异较强，$(La/Yb)_N$介于 6.9 ~ 30.1 之间，δEu = 0.66 ~ 0.88（图 4.34C）。黑云母石英二长斑岩ΣREE = 155.44×10^{-6} ~ 222.49×10^{-6}，Yb 含量介于 1.56×10^{-6} ~ 2.10×10^{-6}之间。稀土元素配分曲线显示轻稀土富集，$(La/Yb)_N$介于 13.2 ~ 17.6 之间，δEu = 0.78 ~ 0.86（图 4.34E）。

二长花岗斑岩 Sr 含量较低（104×10^{-6} ~ 264×10^{-6}），Y 含量为 7.3×10^{-6} ~ 15.7×10^{-6}；Sr/Y 为 7 ~ 24，绝大多数大于 10。Cr、Ni 含量分别为 6.00×10^{-6} ~ 20.2×10^{-6}和 1.5×10^{-6} ~ 3.0×10^{-6}，较低。微量元素蛛网图（图 4.34B）显示 Rb、Ba、Th、U、K、La、Ce、Nd、Hf、Zr 富集，Sr、P、Ti、Nb、Ta 亏损。

钾长花岗斑岩 Sr 含量介于 135×10^{-6} ~ 241×10^{-6}，Y 含量介于 9.1×10^{-6} ~ 19.9×10^{-6}，Sr/Y 介于 9 ~ 21 之间。Cr、Ni 含量较低，分别为 4.86×10^{-6} ~ 11.5×10^{-6}和 1.8×10^{-6} ~ 17.2×10^{-6}。图 4.34D 显示，样品富集 Rb、Ba、Th、U、K、La、Ce、Nd、Hf、Zr，强烈亏损 Nb、Ta、Sr、P、Ti。

黑云母石英二长斑岩的 Sr 含量介于 309×10^{-6} ~ 461×10^{-6}之间，Y 含量介于 13.9×10^{-6} ~ 20.0×10^{-6}之间，Sr/Y 介于 18.14 ~ 29.06 之间，Cr 含量介于 8.38×10^{-6} ~ 12.4×10^{-6}，Ni 含量介于 2.3×10^{-6} ~ 2.8×10^{-6}之间。微量元素蛛网图（图 4.34F）显示，样品富集 Rb、Ba、Th、U、K、La、Ce、Nd、Hf、Zr 等，亏损 Sr、P、Ti、Nb、Ta。

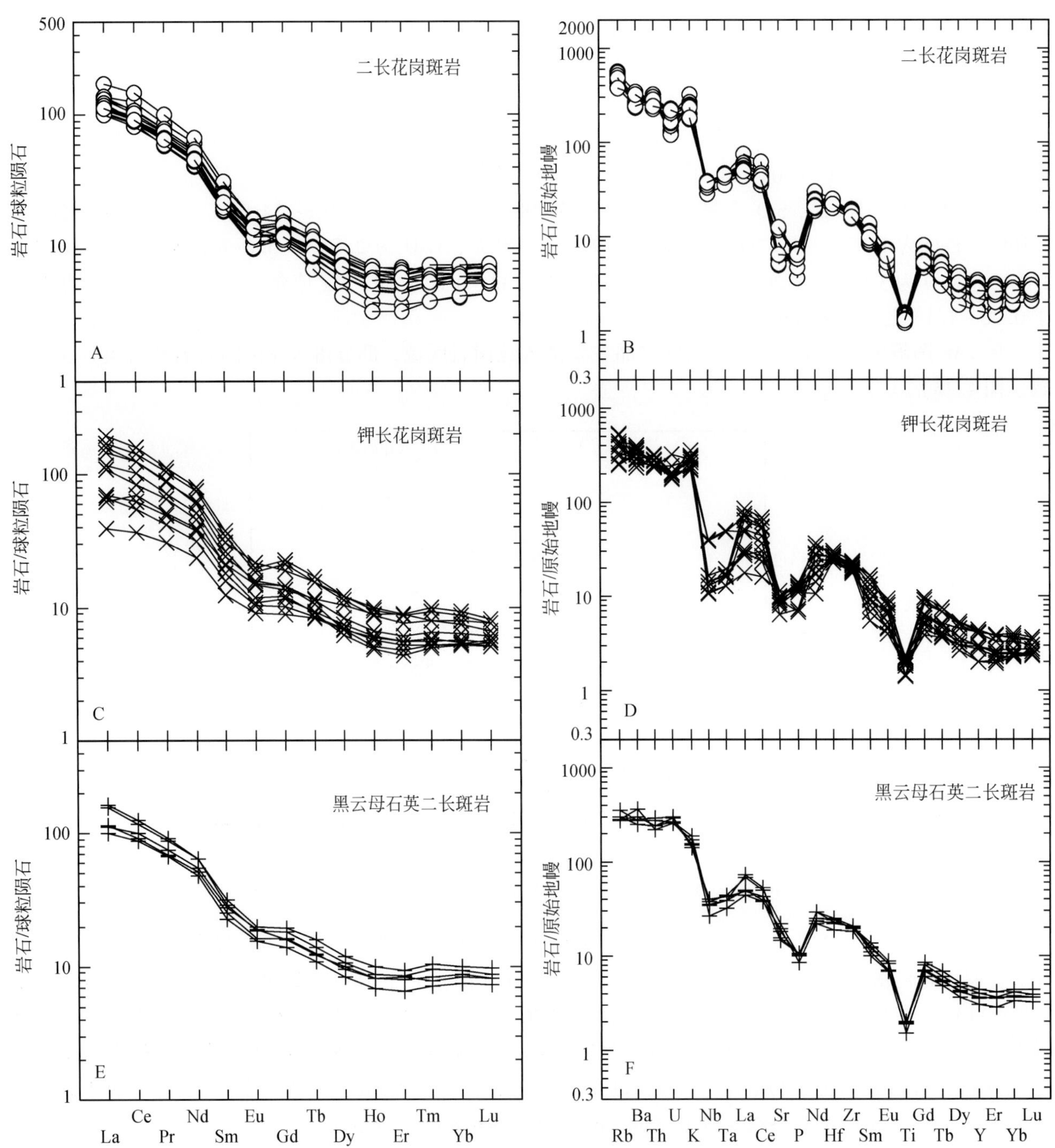

图 4.34 银家沟岩体稀土元素配分曲线（A、C 和 E）和微量元素原始地幔标准化蛛网图（B、D 和 F）（李铁刚等，2013）
数据见表 4.40；标准化数值分别采用 Boynton，1984；McDonough et al.，1992

4.3.2.3 同位素地质年代学

用于 U-Pb 定年的锆石样品由廊坊诚信地质服务公司通过常规的重液和磁选进行初选，然后在双目镜下挑出晶形和透明度较好的锆石，并置于环氧树脂中制成样品靶，磨平、抛光至露出锆石中心，用于阴极发光和 SHRIMP U-Pb 分析。锆石阴极发光在中国地质科学院地质研究所电子探针研究室完成，SHRIMP U-Pb 定年在中国地质科学院地质研究所 SHRIMP Ⅱ 上完成，样品分析流程及原理参见 Williams（1998）。应用 RSES 参考锆石 TEM（417Ma）进行元素间的分馏校正，应用 SL13（年龄为 572Ma，U 含量 238×

10^{-6}）标定样品的 U、Th 和 Pb 含量。数据处理采用 Ludwig SQUID 1.0 及 ISOPLT 3.0 程序（Ludwig, 2001）。应用实测^{204}Pb校正锆石中的普通铅，采用年龄为$^{206}Pb/^{238}U$年龄。

银家沟二长花岗岩样品（LY3-11）中锆石呈淡黄色，透明，少数含包体，柱状，大小 100～200μm，长宽比 1.5～2，个别达 4，部分晶体锥面发育；钾长花岗岩样品（LY6-8）中锆石呈淡黄色，透明，无包体，柱状，柱体发育，大小 60～150μm，长宽比 2～4，多数晶体锥面发育；黑云母石英二长斑岩样品（LH1-2）中锆石呈无色，透明，少数含包体，柱状，柱体发育，大小 130～240μm，长宽比 2～4，部分晶体锥面发育。锆石阴极发光图像都显示出典型的岩浆韵律环带（图 4.35A、B 和 C）。

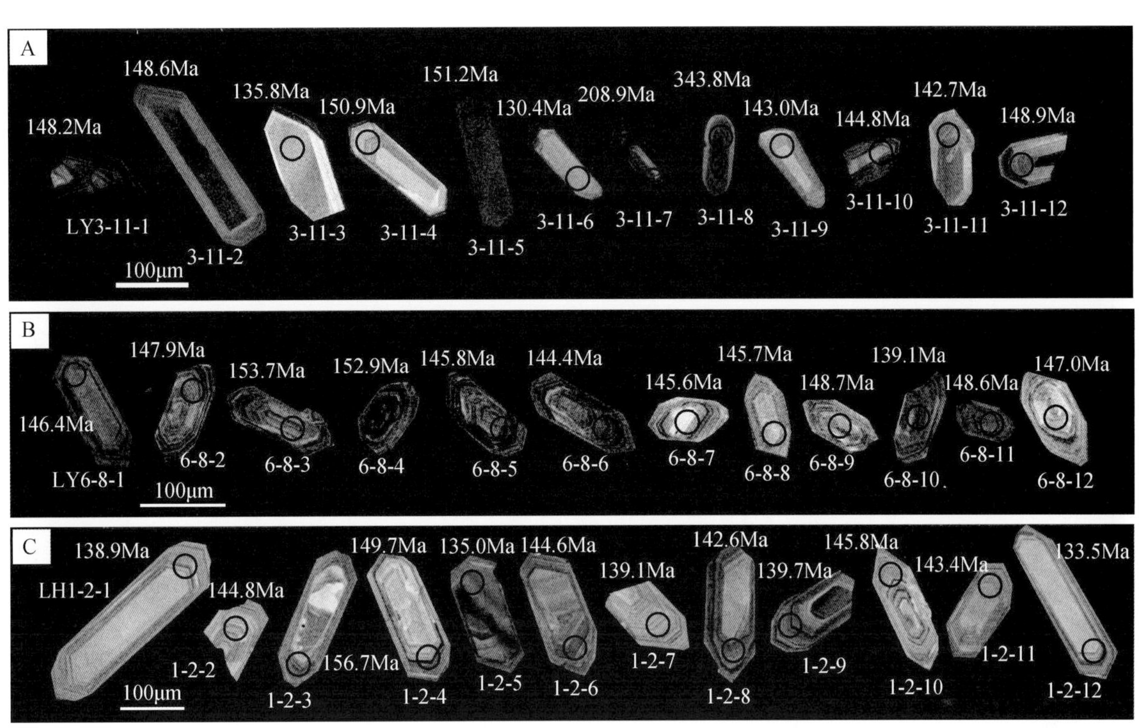

图 4.35 银家沟岩体锆石的形态及分析点位图（李铁刚等，2013）

3 件样品的锆石 SHRIMP U-Pb 分析结果见表 4.41。LY3-11、LY6-8 和 LH1-2 的锆石 Th/U 值分别介于 0.12～1.81、0.46～0.89 和 0.27～0.52 之间，与典型的岩浆成因锆石 Th/U 值一致（Williams et al., 1996）。结合其 CL 图像特征，认为这些锆石均为岩浆成因锆石。样品 LY3-11 的 12 个数据点全部落在谐和线上，除了 2 个点外（点 LY3-11-7 和 LY3-11-8，为捕获锆石），其他点集中分布（图 4.36A），进一步剔除 2 个年龄较小的点（点 LY3-11-3 和 LY3-11-6），剩余 8 粒锆石的$^{206}Pb/^{238}U$加权平均年龄为 147.5±2.1Ma，MSWD=1.16（图 4.36B），代表了二长花岗斑岩的结晶年龄。在一致曲线图（图 4.36C）中，样品 LY6-8 的 12 个分析点集中分布，剔除 1 个年龄较小的点（点 LY6-8-10），剩余 11 粒锆石的$^{206}Pb/^{238}U$加权平均年龄为 147.8±1.6Ma，MSWD=1.19（图 4.36d），该年龄代表了银家沟钾长花岗斑岩的结晶年龄。在一致曲线图（图 4.36E）中，黑云母石英二长斑岩样品 LH1-2 的 12 个分析点较为集中，进一步剔除 2 个年龄较大的点（点 LH1-2-3 和 LH1-2-4，为捕获锆石）和 2 个年龄较小的点（点 LH1-2-5 和 LH1-2-12），剩余 8 粒锆石的$^{206}Pb/^{238}U$加权平均年龄为 142.0±2.0Ma，MSWD=1.14（图 4.36F），该年龄代表了银家沟黑云母石英二长斑岩的结晶年龄。

总之，二长花岗斑岩和钾长花岗斑岩年龄在误差范围内一致，均形成于 148Ma；黑云母石英二长斑岩脉形成于 142Ma；银家沟杂岩体形成于晚侏罗世末期—早白垩世初期。

表 4.41 银家沟岩体锆石 SHRIMP U-Pb 分析结果（李铁刚等，2013）

测试点	^{206}Pbc/%	U/10^{-6}	Th/10^{-6}	$^{232}Th/^{238}U$	$^{206}Pb^*/10^{-6}$	$^{206}Pb/^{238}U$ 年龄/Ma	1σ	$^{207}Pb^*/^{206}Pb^*$	±%	$^{207}Pb^*/^{235}U$	±%	$^{206}Pb^*/^{238}U$	±%
样品 LY3-11													
LY3-11-1	0.35	894	235	0.27	17.9	148.2	2.6	0.0487	2.4	0.1563	3.0	0.02326	1.8
LY3-11-2	0.94	309	337	1.12	6.26	148.6	3.0	0.0468	9.8	0.1500	10.0	0.02332	2.0
LY3-11-3	0.79	262	459	1.81	4.83	135.8	2.9	0.0524	9.7	0.1540	10.0	0.02130	2.2
LY3-11-4	0.48	260	258	1.03	5.31	150.9	3.5	0.0523	5.3	0.1709	5.8	0.02368	2.4
LY3-11-5	0.16	1665	496	0.31	34.0	151.2	2.7	0.0524	3.4	0.1716	3.9	0.02374	1.8
LY3-11-6	0.52	190	129	0.70	3.36	130.4	2.9	0.0498	8.1	0.1400	8.4	0.02044	2.2
LY3-11-7	3.53	1334	617	0.48	39.1	208.9	3.7	0.0479	7.3	0.2170	7.5	0.03294	1.8
LY3-11-8	1.72	599	67	0.12	28.7	343.8	6.5	0.0511	6.3	0.3860	6.6	0.05480	2.0
LY3-11-9	1.44	206	227	1.14	4.03	143.0	3.0	0.0533	12	0.1650	12	0.02244	2.1
LY3-11-10	0.87	499	397	0.82	9.82	144.8	2.8	0.0485	6.2	0.1518	6.5	0.02272	2.0
LY3-11-11	6.71	200	254	1.31	4.13	142.7	3.6	0.0630	28	0.1940	28	0.02239	2.5
LY3-11-12	0.86	716	486	0.70	14.5	148.9	3.0	0.0474	5.1	0.1528	5.5	0.02336	2.0
样品 LY6-8													
LY6-8-1	0.98	408	264	0.67	8.13	146.4	2.7	0.0473	7.1	0.1500	7.4	0.02297	1.9
LY6-8-2	1.53	522	345	0.68	10.6	147.9	2.7	0.0482	7.2	0.1540	7.4	0.02320	1.8
LY6-8-3	0.85	548	461	0.87	11.5	153.7	2.8	0.0486	5.5	0.1618	5.8	0.02413	1.8
LY6-8-4	0.40	1058	469	0.46	21.9	152.9	2.8	0.0485	3.0	0.1604	3.5	0.02400	1.9
LY6-8-5	0.51	827	615	0.77	16.3	145.8	2.6	0.0472	3.6	0.1488	4.0	0.02288	1.8
LY6-8-6	0.34	438	320	0.76	8.55	144.4	2.7	0.0480	4.6	0.1501	4.9	0.02266	1.9
LY6-8-7	0.20	483	315	0.67	9.49	145.6	2.7	0.0475	3.5	0.1497	4.0	0.02284	1.8
LY6-8-8	0.46	468	386	0.85	9.24	145.7	2.7	0.0503	4.3	0.1585	4.7	0.02286	1.9
LY6-8-9	0.54	497	231	0.48	10.00	148.7	2.7	0.0490	3.8	0.1578	4.2	0.02333	1.8
LY6-8-10	0.14	574	495	0.89	10.8	139.1	2.5	0.0487	2.9	0.1465	3.4	0.02181	1.8
LY6-8-11	0.40	437	308	0.73	8.78	148.6	2.7	0.0492	4.1	0.1582	4.5	0.02332	1.9
LY6-8-12	0.83	575	436	0.78	11.5	147.0	2.6	0.0462	3.8	0.1469	4.2	0.02306	1.8

续表

测试点	^{206}Pbc/%	U/10^{-6}	Th/10^{-6}	$^{232}Th/^{238}U$	$^{206}Pb^*$/10^{-6}	$^{206}Pb/^{238}U$ 年龄/Ma	1σ	$^{207}Pb^*/^{206}Pb^*$	±%	$^{207}Pb^*/^{235}U$	±%	$^{206}Pb^*/^{238}U$	±%
样品 LH1-2													
LH1-2-1	0.39	490	158	0.33	9.21	138.9	2.8	0.0483	2.5	0.1450	3.2	0.02178	2.0
LH1-2-2	0.28	747	377	0.52	14.6	144.8	2.6	0.0493	2.3	0.1545	2.9	0.02272	1.8
LH1-2-3	0.71	665	282	0.44	14.1	156.7	2.8	0.0502	3.9	0.1703	4.3	0.02461	1.8
LH1-2-4	4.31	2276	1154	0.52	48.0	149.7	2.6	0.0495	6.9	0.1600	7.1	0.02350	1.8
LH1-2-5	0.54	1055	276	0.27	19.3	135.0	2.4	0.0471	3.6	0.1374	4.0	0.02117	1.8
LH1-2-6	0.54	811	247	0.31	15.9	144.6	2.8	0.0470	3.0	0.1469	3.6	0.02268	2.0
LH1-2-7	0.81	679	340	0.52	12.8	139.1	2.5	0.0485	5.3	0.1459	5.6	0.02181	1.8
LH1-2-8	0.25	1244	511	0.42	24.0	142.6	2.6	0.0490	2.1	0.1511	2.8	0.02237	1.8
LH1-2-9	0.51	706	253	0.37	13.3	139.7	2.5	0.0466	4.3	0.1408	4.7	0.02191	1.8
LH1-2-10	0.68	1188	589	0.51	23.5	145.8	2.5	0.0485	3.5	0.1530	3.9	0.02287	1.8
LH1-2-11	0.90	480	158	0.34	9.36	143.4	2.7	0.0470	6.0	0.1458	6.3	0.02250	1.9
LH1-2-12	0.79	502	168	0.35	9.09	133.5	8.0	0.0486	6.0	0.1400	8.5	0.02090	6.0

注：误差为1σ；Pbc 和 Pb^* 分别为普通和放射成因 Pb。标准的误差是0.75%，普通 Pb 用测量的^{204}Pb校正。

表4.42　银家沟岩体 Sr-Nd 同位素分析结果及主要参数（李铁刚等，2013）

样号	Rb/10^{-6}	Sr/10^{-6}	$^{87}Rb/^{86}Sr$	$^{87}Sr/^{86}Sr$	1σ	I_{Sr}	1σ	Sm/10^{-6}	Nd/10^{-6}	$^{147}Sm/^{144}Nd$	$^{143}Nd/^{144}Nd$	1σ	$(^{143}Nd/^{144}Nd)_i$	1σ	$\varepsilon_{Nd}(t)$	T_{DM}/Ma	T_{DM2}/Ma
LY3-4	266	106	7.266	0.722242	7	0.707007	7	4.27	29.1	0.08877	0.511946	6	0.511860	6	-11.47	1467	1573
LY3-5	305	119	7.421	0.723091	12	0.707531	12	6.10	40.8	0.09045	0.511872	5	0.511785	5	-12.95	1577	1674
LY3-10	288	107	7.793	0.723217	8	0.706876	8	4.97	33.0	0.09112	0.511943	7	0.511855	7	-11.57	1498	1580
LY3-11	310	104	8.631	0.726234	10	0.708138	10	5.69	36.9	0.09329	0.511957	6	0.511867	6	-11.34	1508	1564
LY7-1	249	246	2.931	0.714325	11	0.708180	11	4.13	28.1	0.08892	0.511969	5	0.511883	5	-11.03	1440	1543
LY7-4	240	264	2.632	0.713793	9	0.708274	9	4.36	27.9	0.09454	0.511998	6	0.511907	6	-10.57	1471	1511
LY10-8	299	178	4.864	0.718887	6	0.708821	6	4.24	30.0	0.08551	0.511963	7	0.511882	7	-11.10	1409	1547
LY10-10	355	122	8.425	0.726146	8	0.708708	8	3.89	27.0	0.08716	0.511960	5	0.511877	5	-11.19	1431	1553
LY6-1	281	241	3.376	0.714721	7	0.707628	7	2.44	14.3	0.10320	0.511951	5	0.511851	5	-11.64	1651	1585

续表

样号	Rb/10^{-6}	Sr/10^{-6}	$^{87}Rb/^{86}Sr$	$^{87}Sr/^{86}Sr$	1σ	I_{Sr}	1σ	Sm/10^{-6}	Nd/10^{-6}	$^{147}Sm/^{144}Nd$	$^{143}Nd/^{144}Nd$	1σ	$(^{143}Nd/^{144}Nd)_i$	1σ	$\varepsilon_{Nd}(t)$	T_{DM}/Ma	T_{DM2}/Ma
LY6-6	158	210	2. 179	0. 712258	11	0. 707681	11	7. 36	47. 9	0. 09296	0. 511996	5	0. 511906	5	−10. 57	1454	1512
LY6-7	263	169	4. 506	0. 716900	9	0. 707433	9	3. 08	19. 1	0. 09756	0. 511970	6	0. 511876	6	−11. 16	1546	1552
LY6-8	198	193	2. 971	0. 714268	6	0. 708027	6	4. 11	23. 6	0. 10540	0. 511974	6	0. 511872	6	−11. 23	1651	1557
LY9-1	323	135	6. 928	0. 722795	7	0. 708270	7	5. 15	36. 4	0. 08560	0. 511962	6	0. 511879	6	−11. 10	1411	1548
LH1-2	176	380	1. 341	0. 711775	4	0. 709068	4	5. 43	33. 4	0. 09836	0. 511813	5	0. 511722	5	−14. 32	1762	1763
LH1-4	177	404	1. 269	0. 711179	11	0. 708618	11	4. 43	28. 9	0. 09274	0. 511773	5	0. 511687	5	−14. 99	1731	1809

注：样品 LY3-4 至 LY10-10 为二长花岗斑岩，LY6-1 至 LY9-1 为钾长花岗斑岩，LH1-2 和 LH1-4 为黑云母石英二长斑岩。

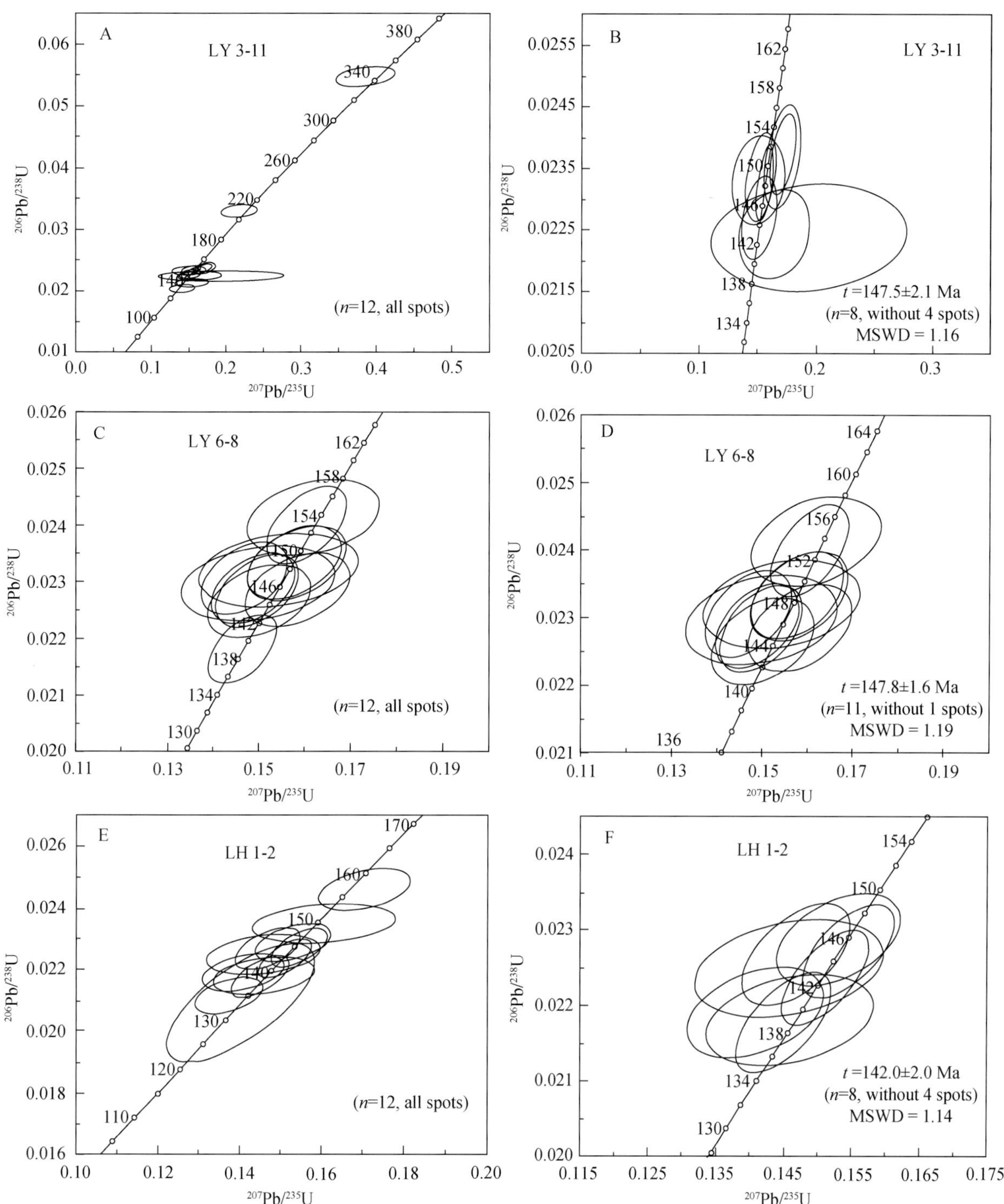

图4.36　银家沟岩体锆石的SHRIMP U-Pb年龄谐和图（数据见表4.41；李铁刚等，2013）

4.3.2.4　同位素地球化学

岩石样品Sr、Nd同位素在中国科学院广州地球化学研究所超净实验室进行前处理，Sr和REE分离采用AG50-8X离子交换柱，分别收集Sr和REE解析液；REE的分离采用HDEHP交换柱，收集Nd解析液。测试在北京大学造山带与地壳演化教育部重点实验室完成，所用实验仪器为VG Axiom HR-MC-ICP-MS，Sr和Nd同位素比值用$^{86}Sr/^{88}Sr=0.1194$和$^{146}Nd/^{144}Nd=0.7219$作质量分馏校正。实验室对Sr标样NIST SRM 987测定结果为$^{87}Sr/^{86}Sr=0.710255±15$（2σ），对Nd标样Shin-Etsu JNdi-1测定结果为$^{143}Nd/^{144}Nd=$

0.512121±9（2σ）。$^{87}Rb/^{86}Sr$ 和$^{143}Nd/^{144}Nd$ 的测试精度优于 2% 和 0.5%。

Pb 同位素测试在核工业北京地质研究院分析测试中心完成。首先称取适量样品放入聚四氟乙烯坩埚中，加入氢氟酸溶样。样品分解后，将其蒸干，再加入盐酸溶解，蒸干，加入 0.5mol/L HBr 溶液溶解样品进行铅的分离。然后将溶解的样品溶液倒入预先处理好的强碱性阴离子交换树脂中进行铅的分离，用 0.5mol/L HBr 溶液淋洗树脂，再用 2mol/L HCl 溶液淋洗树脂，最后用 6mol/L HCl 溶液解脱，将解脱溶液蒸干备质谱测定。采用热表面电离质谱法进行铅同位素测量，仪器型号为 ISOPROBE-T，该仪器对 1μg 的$^{208}Pb/^{206}Pb$ 测量精度优于 0.005%。

银家沟岩体 Sr-Nd 同位素分析结果列于表 4.42。二长花岗斑岩$^{87}Sr/^{86}Sr$ 初始值（I_{Sr}）为 0.706876～0.708821，多数小于 0.708500；$\varepsilon_{Nd}(t)$ 为−12.95～−10.57，单阶段 Nd 模式年龄为 1.41～1.58Ga，二阶段 Nd 模式年龄为 1.51～1.67Ga。钾长花岗斑岩的 I_{Sr}为 0.707433～0.708270；$\varepsilon_{Nd}(t)$ 为−11.64～−10.57，单阶段 Nd 模式年龄为 1.41～1.65Ga，二阶段 Nd 模式年龄为 1.51～1.59Ga。黑云母石英二长斑岩的 I_{Sr}为 0.708618～0.709068；$\varepsilon_{Nd}(t)$ 为−14.99～−14.32，单阶段 Nd 模式年龄为 1.73～1.76Ga，二阶段 Nd 模式年龄为 1.76～1.81Ga。总体而言，银家沟杂岩体具有较高的 Sr 初始值，$\varepsilon_{Nd}(t)$ 小于−10，普遍具有中元古代 Nd 模式年龄。其中，二长花岗斑岩和钾长花岗斑岩二者具有相似的 Sr-Nd 同位素组成，而黑云母石英二长斑岩的 Sr-Nd 同位素组成与前两者有较大区别。

一般来说，钾长石中 U 和 Th 含量甚微，形成后由 U 和 Th 衰变产生的放射成因铅可忽略不计，因此可采用钾长石的铅同位素组成代表成岩时的铅同位素组成。本书对银家沟杂岩体的 12 件钾长石样品进行了铅同位素测试，结果见表 4.43。其中，6 件二长花岗斑岩样品的$^{206}Pb/^{204}Pb$ 为 17.493～17.591，$^{207}Pb/^{204}Pb$ 为 15.469～15.502，$^{208}Pb/^{204}Pb$ 为 37.955～38.008，μ 为 9.32～9.39，ω 为 38.29～38.92。5 件钾长花岗斑岩样品的$^{206}Pb/^{204}Pb$ 为 17.537～17.628，$^{207}Pb/^{204}Pb$ 为 15.477～15.491，$^{208}Pb/^{204}Pb$ 为 38.001～38.090，μ 为 9.32～9.35，ω 为 38.40～38.60。一件黑云母石英二长斑岩样品的$^{206}Pb/^{204}Pb$ 为 17.376，$^{207}Pb/^{204}Pb$ 为 15.455，$^{208}Pb/^{204}Pb$ 为 37.867，μ 为 9.31，ω 为 38.78。总体而言，银家沟杂岩体具有较高的放射成因铅组分，而非放射成因^{204}Pb 含量较低。

表 4.43　银家沟岩体钾长石 Pb 同位素分析结果及主要参数（李铁刚等，2013）

样号	岩性	测试对象	铅同位素比值			μ	ω
			$^{206}Pb/^{204}Pb$	$^{207}Pb/^{204}Pb$	$^{208}Pb/^{204}Pb$		
LY3-4	二长花岗斑岩	钾长石	17.493±2	15.502±2	37.960±5	9.39	38.92
LY3-10	二长花岗斑岩	钾长石	17.520±2	15.472±2	37.997±5	9.32	38.61
LY3-11	二长花岗斑岩	钾长石	17.514±3	15.477±2	38.005±6	9.33	38.74
LY7-4	二长花岗斑岩	钾长石	17.573±2	15.477±1	38.007±4	9.33	38.37
LY10-8	二长花岗斑岩	钾长石	17.532±2	15.469±2	37.955±4	9.32	38.32
LY10-10	二长花岗斑岩	钾长石	17.591±1	15.480±1	38.008±3	9.33	38.29
LY6-1	钾长花岗斑岩	钾长石	17.561±1	15.477±1	38.024±3	9.33	38.53
LY6-6	钾长花岗斑岩	钾长石	17.567±1	15.483±1	38.001±3	9.34	38.44
LY6-7	钾长花岗斑岩	钾长石	17.599±3	15.478±2	38.046±6	9.32	38.40
LY6-8	钾长花岗斑岩	钾长石	17.628±3	15.491±2	38.090±6	9.35	38.54
LY9-1	钾长花岗斑岩	钾长石	17.537±2	15.477±2	38.007±4	9.33	38.60
LH1-4	黑云母石英二长斑岩	钾长石	17.376±3	15.455±2	37.867±6	9.31	38.78

4.3.2.5　岩石成因和构造背景

1. 成岩构造背景

关于东秦岭晚侏罗世—早白垩世岩浆岩成因及形成的构造背景，主要有 3 种观点：①成岩成矿作用发生于大陆内部的挤压环境，含矿岩体为同熔型花岗岩（胡受奚等，1998）；②成矿岩体主要为 A 型俯冲产生的陆壳重熔型或碰撞型花岗岩，成岩成矿作用发生在碰撞造山过程的挤压-伸展转变期，并伴随岩石圈拆沉、减薄、造山带垮塌和断陷盆地发育等地质事件（陈衍景和郭抗衡，1993；李诺等，2007）；③成岩成矿作用发生在造山作用后的构造体制大转折晚期和岩石圈大规模快速减薄阶段（毛景文等，2005；李永峰等，2005）。

银家沟杂岩体主要岩石类型为二长花岗斑岩、钾长花岗斑岩，属高钾钙碱性岩系。野外和镜下均未见到原生白云母，与后碰撞阶段形成的富钾钙碱性花岗岩类（KCG）岩石组合（Liégeois et al.，1998；Sylvester，1998）相一致。杂岩体亏损重稀土元素，Yb 明显低于典型岛弧、陆弧环境下形成的中酸性火成岩（岛弧英安岩的平均 Yb 含量为 4.4×10^{-6}，Martin et al.，2005），稀土分馏程度亦偏高，与泛非期后碰撞花岗岩（Liégeois et al.，1998）相似。微量元素汤氏蛛网图上岩石明显富集 LILE，亏损 Nb、Ta、Sr、P 和 Ti 等元素，显示后碰撞高钾钙碱性 I 型花岗岩特征（Kuster and Harms，1998）。在花岗岩类形成环境的微量元素 Sr-Yb 判别图（图 4.37A）中，样品投影点基本上都落入低 Sr、低 Yb 型花岗岩区（Ⅱ区），与张旗等（2008）的喜马拉雅型花岗岩特征一致，暗示岩石形成于较深的环境，意即当时存在加厚地壳。前人地球物理资料及对晚侏罗世—早白垩世深源浅成斑岩体中基性包体的温度压力条件计算亦证明这种花岗岩形成深度大于 30km（王晓霞等，1986），而东秦岭莫霍面的最小深度为 39km（卢欣祥等，2002）。因此可以推断，岩浆起源于下地壳。在 Rb-Yb+Ta 判别图（图 4.37B）中，样品投影点全部落入 post-COLG（后碰撞花岗岩），据此，认为岩石形成于挤压体制向伸展体制转换背景。

总之，银家沟岩体的源区较深，成岩时区域存在着加厚地壳。这种加厚地壳是中侏罗世期间，东秦岭地区发生由南向北的 A 型俯冲，导致强烈的逆掩推覆及造山作用造成的。侏罗纪-白垩纪之交，中国东部发生了构造体制的大转换，由近 EW 向构造体制转换为受古太平洋板块向欧亚板块之下俯冲控制的 NE-NNE向构造体制，正是这次构造体制转换，使东秦岭地区处于减压环境，减压引起先存加厚下地壳的熔融，形成了银家沟杂岩体。

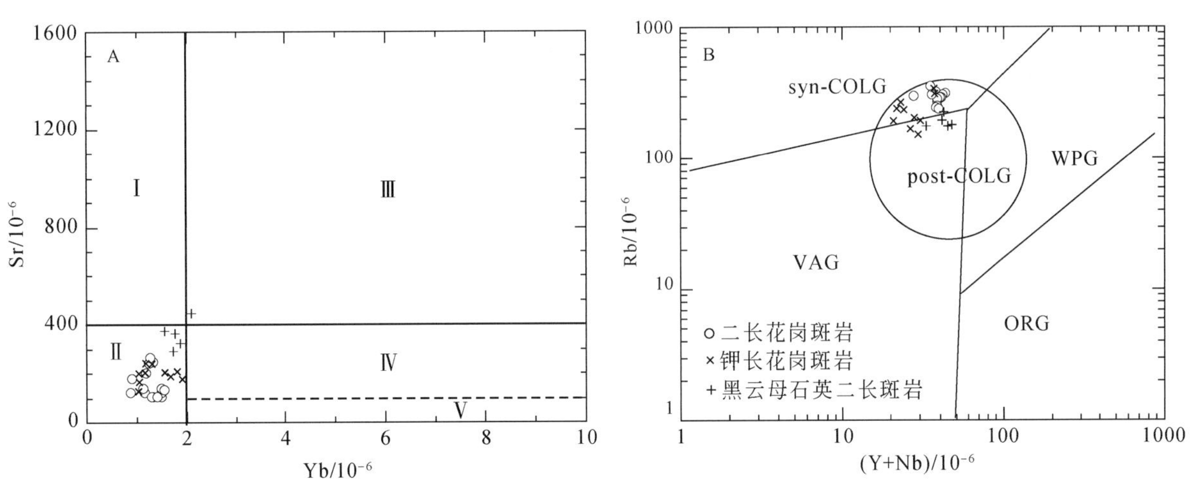

图 4.37　银家沟岩体形成的构造环境判别图（李铁刚等，2013）

A. Sr-Yb 判别图（底图据张旗等，2008）；B. Rb-Y+Nb 判别图（底图据 Pearce，1996）

Ⅰ. 高 Sr 低 Yb 型花岗岩（埃达克型）；Ⅱ. 低 Sr 低 Yb 型花岗岩（喜马拉雅型花岗岩）；Ⅲ. 高 Sr 高 Yb 型花岗岩；Ⅳ. 低 Sr 高 Yb 型花岗岩（闽浙型花岗岩）；Ⅴ. 非常低 Sr 高 Yb 型花岗岩（南岭型花岗岩）。ORG. 洋中脊花岗岩；post-COLG. 后碰撞花岗岩；syn-COLG. 同碰撞花岗岩；VAG. 火山弧花岗岩；WPG. 板内花岗岩

2. 成岩物质来源和岩石成因

本书获得银家沟杂岩体的 $^{87}Sr/^{86}Sr$ 初始值（I_{Sr}）为 0.706876 ~ 0.709068，绝大多数样品的 I_{Sr} 值小于 0.708500；$\varepsilon_{Nd}(t)$ 为-14.99 ~ -10.57，相应的两阶段 Nd 模式年龄为 1.51 ~ 1.81Ga。由二长花岗斑岩、钾长花岗斑岩到黑云母石英二长斑岩，杂岩体的 I_{Sr} 值和两阶段 Nd 模式年龄逐渐增加，而 $\varepsilon_{Nd}(t)$ 逐渐降

低，表明岩浆源区逐步变深。

纵观银家沟及其邻区，可能作为物源区的地质体包括：太华群、熊耳群、栾川-官道口群、秦岭群、宽坪群、二郎坪群及下伏地幔。

我们利用已有熊耳群的 Sr-Nd 同位素数据（赵太平，2000；He et al.，2010；Wang et al.，2010）进行反算时发现（表4.44 和表4.45），当 t=145Ma 时（银家沟杂岩体侵位时代），20 件熊耳群样品的 I_{Sr}变化于0.71167～0.74993，去掉2个高 Rb/Sr 值样品，剩余18 件样品的平均值为0.71739，远高于银家沟杂岩。之所以剔除高 Rb/Sr 值样品，是因为$^{87}Rb/^{86}Sr$ 值大时，测试过程中的微小误差将会引起$^{87}Sr/^{86}Sr$ 值的较大变化（Han et al.，1997；Jahn et al.，1999；Wu et al.，2002）；反算年龄误差对低$^{87}Rb/^{86}Sr$ 样品的初始 Sr 值影响不大，对高$^{87}Sr/^{86}Sr$ 值样品的回归误差较大（吴福元等，1999）。30 件样品的 $\varepsilon_{Nd}(t)$ 变化于-28.7～-21.7，平均-25.0，则低于银家沟杂岩（图4.38）。如此，单由熊耳群无法解释银家沟杂岩体的 Sr-Nd 同位素地球化学特征。同时，熊耳群 Pb 同位素组成亦明显低于银家沟杂岩（图4.39）。

太华群、栾川-官道口群亦具有较高的 I_{Sr}和较低的 $\varepsilon_{Nd}(t)$ 及放射成因 Pb 同位素，其单独作为杂岩体潜在源区的可能性可以排除。秦岭群的 I_{Sr}高于银家沟杂岩，其 $\varepsilon_{Nd}(t)$ 值低于银家沟杂岩，且明显富集放射成因 Pb 同位素组成，亦无法单独满足银家沟杂岩的同位素组成。下伏地幔的 I_{Sr}和放射成因 Pb 组成低于银家沟杂岩，但其 $\varepsilon_{Nd}(t)$ 值高于银家沟杂岩，也不可能单独作为银家沟杂岩的物质来源。位于银家沟岩体南部的宽坪群和二郎坪群具有较银家沟杂岩更低的 I_{Sr}、高的 $\varepsilon_{Nd}(t)$ 和放射成因 Pb（表4.44、表4.45、表4.46，图4.38、图4.39），均无法单独作为银家沟杂岩的源区。因此，银家沟杂岩的源区只能由具有较高 I_{Sr}和较低 $\varepsilon_{Nd}(t)$ 及放射成因 Pb 同位素组成的太华群、熊耳群、栾川-官道口群与具有较低 I_{Sr}和较高 $\varepsilon_{Nd}(t)$ 及放射成因 Pb 同位素组成的宽坪群、二郎坪群中的任何两者或多者混合而成。鉴于银家沟杂岩总体二长花岗斑岩与钾长花岗斑岩具有较为一致的同位素组成，暗示岩浆混染作用微弱，混合作用发生在岩浆源区。前已述及，银家沟岩体形成深度较大，因此，可以排除处于地壳浅层次的熊耳群、栾川-官道口群作为混合端元的可能性，银家沟杂岩最可能来自宽坪群、二郎坪群与太华群混合源区的部分熔融。

综上，提出下述成岩作用模型：中生代期间，东秦岭发生 A 型俯冲（胡受奚等，1988；陈衍景和富士谷，1992；陈衍景等，2000），北秦岭地体（包括宽坪岩群、二郎坪群）向北俯冲于华北克拉通南缘之下，导致地壳加厚。在晚侏罗世—早白垩世构造体制转换过程中，由宽坪岩群、二郎坪群和太华群组成的加厚下地壳一起发生减压熔融，形成了银家沟杂岩体主体，稍晚形成的黑云母石英二长斑岩受到了熊耳群和/或官道口群的混染，导致其 I_{Sr}升高、$\varepsilon_{Nd}(t)$ 值降低、Nd 模式年龄变大、放射成因 Pb 组分减少。

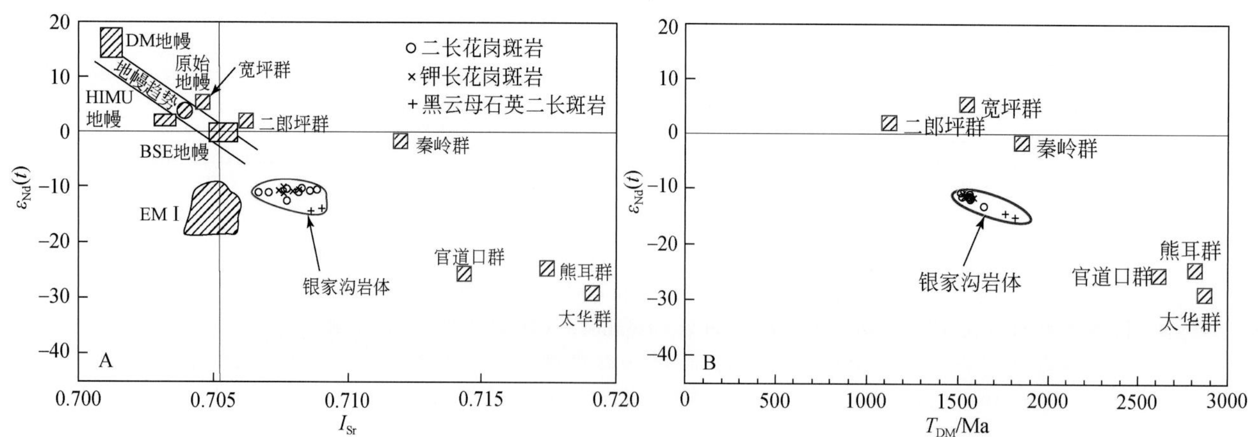

图4.38 银家沟岩体 I_{Sr}-$\varepsilon_{Nd}(t)$ 关系图（A）和 $\varepsilon_{Nd}(t)$-T_{DM}关系图（B）（李铁刚等，2013）

DM、EMⅠ、EMⅡ、HIMU、BSE 和原始地幔为 Hart（1984）与 Zindler 和 Hart（1986）定义的地幔端元。图中呈现了太华群、熊耳群、官道口群、秦岭群、宽坪群和二郎坪群 Sr-Nd 同位素各自的平均值位置。其中，银家沟岩体为两阶段 Nd 模式年龄，其他各群为单阶段 Nd 模式年龄。数据见表4.44、表4.45

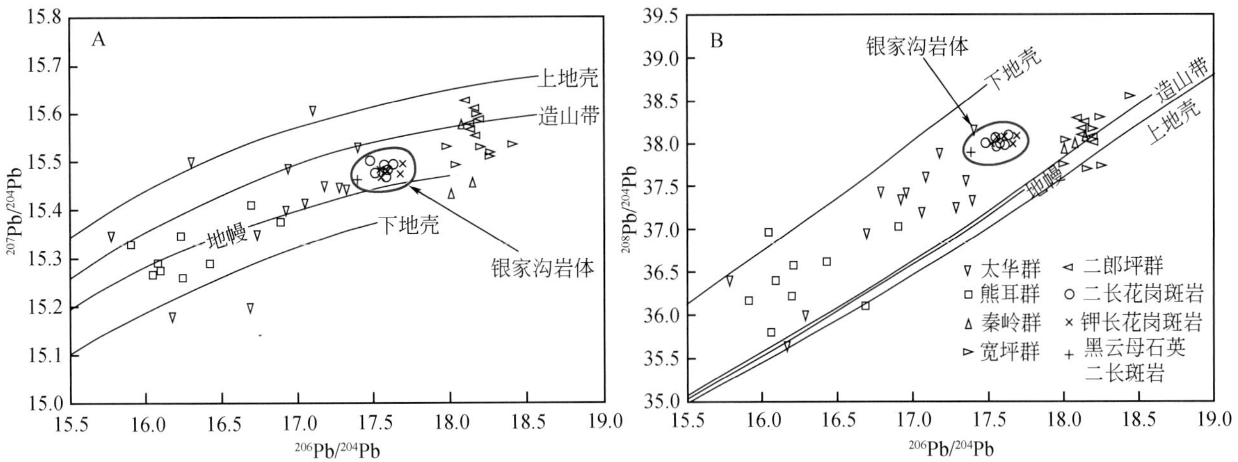

图 4.39　银家沟岩体铅同位素组成相关图解（李铁刚等，2013）

底图据 Zartman and Doe，1981，数据见表 4.43、表 4.46、表 4.49

表 4.44　主要地质体的 Sr 同位素组成

地质体	样品号	岩性	$^{87}Sr/^{86}Sr$	$^{87}Rb/^{86}Sr$	$I_{Sr}(145)^{**}$	来源
熊耳群	B-1	辉长岩	0.71232	0.3151	0.71167	赵太平，2000
	JY-5	粗面安山岩	0.72481	0.7971	0.72317	赵太平，2000
	JY-11	高钾安山岩	0.72652	0.8752	0.72472	赵太平，2000
	SY-33	高钾玄武安山岩	0.71266	0.3706	0.71190	赵太平，2000
	X-2*	粗面安山岩	0.73112	1.1620	0.72872	赵太平，2000
	002-1	玄武安山岩	0.71876	0.4458	0.71785	He et al.，2010
	002-2	玄武安山岩	0.71333	0.2748	0.71276	He et al.，2010
	009-3	玄武安山岩	0.72027	0.5805	0.71908	He et al.，2010
	012-2	玄武安山岩	0.72188	0.6723	0.72049	He et al.，2010
	020-1	玄武安山岩	0.71353	0.2753	0.71296	He et al.，2010
	024-2	玄武岩	0.71701	0.5057	0.71597	He et al.，2010
	018-1	英安岩	0.71854	0.4999	0.71751	He et al.，2010
	111-1	安山岩	0.73058	0.8527	0.72882	He et al.，2010
	129-1	安山岩	0.71754	0.4503	0.71661	He et al.，2010
	07XE-02	安山岩	0.71474	0.3569	0.71401	Wang et al.，2010
	07XE-03	玄武安山岩	0.71396	0.3052	0.71333	Wang et al.，2010
	07XE-04*	安山岩	0.75294	1.4638	0.74993	Wang et al.，2010
	07XE-06	安山岩	0.71839	0.4686	0.71743	Wang et al.，2010
	07XE-09	玄武安山岩	0.72083	0.4862	0.71983	Wang et al.，2010
	07HY-12	玄武安山岩	0.71585	0.4054	0.71501	Wang et al.，2010
平均值（18）					0.71739	
太华群	T-1	斜长角闪片麻岩	0.70768	0.2270	0.70721	栾世伟等，1985
	T-2*	混合岩	0.74053	1.4646	0.73751	栾世伟等，1985
	T-3*	条带状混合岩	0.76809	2.0112	0.76394	栾世伟等，1985
	T-4*	混合岩	0.79164	10.9998	0.76897	栾世伟等，1985
	T-5	斜长角闪片麻岩	0.72784	0.6011	0.72660	栾世伟等，1985

续表

地质体	样品号	岩性	$^{87}Sr/^{86}Sr$	$^{87}Rb/^{86}Sr$	$I_{Sr}(145)^{**}$	来源
	T-6*	条带状混合岩	0.81689	4.2720	0.80808	栾世伟等，1985
	T-7*	角闪片麻岩	0.74507	1.4486	0.74208	栾世伟等，1985
	T-8*	条带状混合岩	0.79706	3.5774	0.78969	栾世伟等，1985
	T-9*	条带状混合岩	0.80848	4.2806	0.79966	栾世伟等，1985
	T-10	斜长角闪片麻岩	0.70965	0.4962	0.70863	栾世伟等，1985
	T-11	条纹状混合岩	0.72644	0.9458	0.72449	栾世伟等，1985
	T-12	斜长角闪片麻岩	0.81003	3.6092	0.80259	栾世伟等，1985
	DH-08-08	片麻岩	0.71646	1.3710	0.71363	倪智勇等，2009
	DH-08-12*	片麻岩	0.71607	2.1292	0.71168	倪智勇等，2009
	DH-08-15*	片麻岩	0.73642	1.4405	0.73345	倪智勇等，2009
	DH-08-16*	片麻岩	0.73400	1.5926	0.73071	倪智勇等，2009
	ZK-628	片麻岩	0.73512	1.0028	0.73306	倪智勇等，2009
平均值（6）					0.71383	
栾川-官道口群	Y02*	黑云片岩	0.80149	10.1079	0.78066	祁进平等，2006
	Y03*	千枚岩	0.82341	12.9239	0.79677	祁进平等，2006
	Y21	黑云大理岩	0.71369	0.7884	0.71207	祁进平等，2006
	L8*	黑云石英片岩	0.81551	16.4746	0.78155	祁进平等，2006
	L31*	石墨二云片岩	0.82673	11.8953	0.80221	祁进平等，2006
	L32*	石墨二云片岩	0.80304	11.1438	0.78007	祁进平等，2006
	L37*	二云石英片岩	0.78244	17.2059	0.74698	祁进平等，2006
	L39*	石英片岩	0.75400	3.8845	0.74599	祁进平等，2006
	L40*	碳质黑云石英片岩	0.76724	16.8676	0.73247	祁进平等，2006
	L41*	钙质石英片岩	0.74772	7.8876	0.73146	祁进平等，2006
	L42*	弱矿化黑云石英片岩	0.75917	9.4748	0.73964	祁进平等，2006
	B26	角砾岩化大理岩	0.71802	0.1099	0.71780	祁进平等，2006
	B27	石英片岩	0.71444	1.3640	0.71163	祁进平等，2006
	B28*	白云石英片岩	0.86640	15.7725	0.83389	祁进平等，2006
	B29*	白云石英片岩	0.81058	10.1561	0.78965	祁进平等，2006
平均值（3）					0.71383	
秦岭群	Q8731	斜长角闪岩	0.71654	1.4400	0.71357	张宗清等，1994
	Q8740	斜长角闪岩	0.71041	0.2540	0.70989	张宗清等，1994
	Q8741	斜长角闪岩	0.70806	0.2470	0.70755	张宗清等，1994
	Q8743	斜长角闪岩	0.71169	0.1870	0.71130	张宗清等，1994
	Q8744	斜长角闪岩	0.70825	0.1610	0.70792	张宗清等，1994
	Q8747	斜长角闪岩	0.71334	0.5570	0.71219	张宗清等，1994
	Q8750*	斜长角闪岩	0.73796	2.1340	0.73356	张宗清等，1994⑦
	Q8815	斜长角闪岩	0.71178	0.2220	0.71132	张宗清等，1994
	Q8823*	斜长角闪岩	0.73816	1.5130	0.73504	张宗清等，1994
	Q8824	斜长角闪岩	0.71537	0.6840	0.71396	张宗清等，1994

续表

地质体	样品号	岩性	$^{87}Sr/^{86}Sr$	$^{87}Rb/^{86}Sr$	$I_{Sr}(145)^{**}$	来源
	Q8825	斜长角闪岩	0.71279	0.4740	0.71181	张宗清等，1994
	Q8827	斜长角闪岩	0.72221	0.5910	0.72099	张宗清等，1994
	Q8829*	斜长角闪岩	0.72719	1.6140	0.72386	张宗清等，1994
平均值（10）					0.71205	
二郎坪群	QXE-1	绿片岩相枕状熔岩	0.70802	0.4235	0.70715	孙卫东等，1996
	QXE-2	绿片岩相枕状熔岩	0.70720	0.2907	0.70660	孙卫东等，1996
	QXE-3	绿片岩相枕状熔岩	0.70779	0.4026	0.70696	孙卫东等，1996
	QXE-31	绿片岩相枕状熔岩	0.70851	0.5203	0.70744	孙卫东等，1996
	QXE-32	绿片岩相枕状熔岩	0.70765	0.3683	0.70689	孙卫东等，1996
	QXE-4	绿片岩相枕状熔岩	0.70721	0.2912	0.70661	孙卫东等，1996
	QXE-5	绿片岩相枕状熔岩	0.70648	0.1575	0.70616	孙卫东等，1996
	QXE-6	绿片岩相枕状熔岩	0.70604	0.0968	0.70584	孙卫东等，1996
	Q87165	变质镁铁质火山熔岩	0.70565	0.0226	0.70560	张宗清等，2006
	Q87167	变质镁铁质火山熔岩	0.70923	0.7063	0.70777	张宗清等，2006
	Q9427-1	变质镁铁质火山岩	0.70663	0.1857	0.70625	张宗清等，2006
	Q9427-6	变质镁铁质火山岩	0.70962	0.7591	0.70805	张宗清等，2006
	Q9427-13	变质镁铁质火山岩	0.71232	1.2337	0.70978	张宗清等，2006
	Q9427-14	变质镁铁质火山岩	0.70676	0.2190	0.70631	张宗清等，2006
	Q9429-1	变质镁铁质火山岩	0.70407	1.7190	0.70053	张宗清等，2006
	Q9429-2	变质镁铁质火山岩	0.70515	0.0566	0.70503	张宗清等，2006
	Q9431-1	变质镁铁质火山岩	0.70515	0.5203	0.70408	张宗清等，2006
	Q9431-2	变质镁铁质火山岩	0.70763	0.0891	0.70744	张宗清等，2006
	Q9431-6	变质镁铁质火山岩	0.70572	0.1783	0.70535	张宗清等，2006
	Q9432-1	变质酸性火山岩	0.70898	0.8014	0.70732	张宗清等，2006
	Q9432-2	变质酸性火山岩	0.70741	0.3568	0.70667	张宗清等，2006
	Q9433	变质镁铁质火山岩	0.70490	0.0371	0.70482	张宗清等，2006
	Q9434	变质镁铁质火山岩	0.70473	0.0508	0.70463	张宗清等，2006
	Q9418*	石英云母片岩	0.73791	4.9704	0.72767	张宗清等，2006
	Q9419*	云母石英片岩	0.73358	3.8595	0.72563	张宗清等，2006
	Q9420*	碳质板岩	0.72113	2.4150	0.71615	张宗清等，2006
	Q9423	硅质岩	0.70821	0.3325	0.70753	张宗清等，2006
	Q9424	变质中酸性火山岩	0.70517	0.6250	0.70388	张宗清等，2006
	Q9425	变质中酸性火山岩	0.70544	0.0467	0.70535	张宗清等，2006
	Q9426	变质中酸性火山岩	0.70703	0.2839	0.70644	张宗清等，2006
平均值（27）					0.70617	
宽坪群	Q8654	变基性火山岩	0.70550	0.0590	0.70538	张宗清等，2006
	Q8655	变基性火山岩	0.70450	0.3670	0.70374	张宗清等，2006
	Q8656	变基性火山岩	0.70480	0.0160	0.70477	张宗清等，2006
	Q8661	变基性火山岩	0.70370	0.0460	0.70361	张宗清等，2006
	Q8662	变基性火山岩	0.70440	0.7280	0.70290	张宗清等，2006

续表

地质体	样品号	岩性	$^{87}Sr/^{86}Sr$	$^{87}Rb/^{86}Sr$	$I_{Sr}(145)^{**}$	来源
	Q8663	变基性火山岩	0.70440	0.1360	0.70412	张宗清等，2006
	Q8665	变基性火山岩	0.70880	1.0400	0.70666	张宗清等，2006
	Q8666	变基性火山岩	0.70710	1.2160	0.70459	张宗清等，2006
	Q8668	变基性火山岩	0.70710	0.6910	0.70568	张宗清等，2006
	Q8669	变基性火山岩	0.70870	1.4810	0.70565	张宗清等，2006
	Q86102	斜长角闪岩	0.70120	0.0230	0.70115	张宗清等，2006
	Q86103	斜长角闪岩	0.70240	0.0280	0.70234	张宗清等，2006
	Q86105	斜长角闪岩	0.70390	0.1360	0.70362	张宗清等，2006
	Q86107	斜长角闪岩	0.70450	0.0920	0.70431	张宗清等，2006
	Q8853	斜长角闪岩	0.70670	0.1160	0.70646	张宗清等，2006
	Q8854	斜长角闪岩	0.70400	0.0910	0.70381	张宗清等，2006
	Q8855	斜长角闪岩	0.70370	0.0290	0.70364	张宗清等，2006
	Q8684	斜长角闪岩	0.70470	0.0477	0.70460	张宗清等，2006
	QD04-58	变基性火山岩	0.70820	0.0571	0.70808	闫全人等，2008
	KP-03	变基性火山岩	0.70550	0.0850	0.70532	闫全人等，2008
	KP-10	变基性火山岩	0.70330	0.0240	0.70325	闫全人等，2008
	GDP-3	变基性火山岩	0.70320	0.0168	0.70317	闫全人等，2008
平均值（22）					0.70440	

注：＊＊I_{Sr}（145）按 $t=145$Ma（银家沟成岩时代）进行反算获得的结果。带“＊”样品因高$^{87}Rb/^{86}Sr$ 值未参与平均值计算。

表 4.45　主要地质体的 Nd 同位素组成

地质体	样品号	岩性	$^{143}Nd/^{144}Nd$	$^{147}Sm/^{144}Nd$	$(^{143}Nd/^{144}Nd)_{145}$	$\varepsilon_{Nd}(145)$	T_{DM1}	来源
熊耳群	X-1	橄榄玄粗岩	0.51143	0.1332	0.51130	−22.4	3233	赵太平，2000
	X-2	橄榄玄粗岩	0.51138	0.1256	0.51126	−23.2	3042	赵太平，2000
	X-3	橄榄玄粗岩	0.51136	0.1212	0.51125	−23.5	2931	赵太平，2000
	X-4	橄榄玄粗岩	0.51129	0.1048	0.51119	−24.6	2590	赵太平，2000
	X-5	橄榄玄粗岩	0.51138	0.1178	0.51127	−23.1	2796	赵太平，2000
	X-6	橄榄玄粗岩	0.51131	0.1089	0.51121	−24.3	2661	赵太平，2000
	X-7	橄榄玄粗岩	0.51135	0.1111	0.51124	−23.5	2659	赵太平，2000
	ZD-32	高钾玄武安山岩	0.51129	0.1147	0.51118	−24.8	2846	赵太平，2000
	SY-33	高钾玄武安山岩	0.51140	0.1182	0.51129	−22.7	2777	赵太平，2000
	WF-9	橄榄玄粗岩	0.51123	0.112	0.51112	−25.9	2860	赵太平，2000
	JY-11	高钾安山岩	0.51115	0.1056	0.51105	−27.4	2803	赵太平，2000
	JY-5	安粗岩	0.51116	0.1104	0.51106	−27.2	2918	赵太平，2000
	JY-6	粗面英安岩	0.51113	0.1033	0.51103	−27.7	2772	赵太平，2000
	XS-25	流纹岩	0.51108	0.1059	0.51098	−28.7	2908	赵太平，2000
	B-1	辉长岩	0.51133	0.1025	0.51123	−23.8	2482	赵太平，2000
	WF-54	辉长闪长岩	0.51126	0.1055	0.51116	−25.2	2648	赵太平，2000
	002-1	玄武安山岩	0.51146	0.1249	0.51134	−21.7	2883	He et al.，2010
	002-2	玄武安山岩	0.51145	0.1241	0.51133	−21.8	2874	He et al.，2010
	009-3	玄武安山岩	0.51144	0.122	0.51132	−22.0	2825	He et al.，2010
	012-2	玄武安山岩	0.51132	0.1156	0.51121	−24.2	2826	He et al.，2010

续表

地质体	样品号	岩性	$^{143}Nd/^{144}Nd$	$^{147}Sm/^{144}Nd$	$(^{143}Nd/^{144}Nd)_{145}$	$\varepsilon_{Nd}(145)$	T_{DM1}	来源
	020-1	玄武安山岩	0.51135	0.1169	0.51124	-23.7	2817	He et al., 2010
	024-2	玄武岩	0.51135	0.1189	0.51124	-23.7	2876	He et al., 2010
	018-1	英安岩	0.51133	0.1202	0.51122	-24.1	2948	He et al., 2010
	106-2	英安岩	0.51117	0.1071	0.51107	-27.0	2814	He et al., 2010
	111-1	安山岩	0.51124	0.1143	0.51113	-25.8	2910	He et al., 2010
	129-1	安山岩	0.51128	0.1177	0.51117	-25.0	2950	He et al., 2010
	07XE-02	安山岩	0.51118	0.1112	0.51107	-26.9	2911	Wang et al., 2010
	07XE-03	玄武安山岩	0.51123	0.1093	0.51113	-25.9	2787	Wang et al., 2010
	07XE-04	安山岩	0.51111	0.107	0.51101	-28.2	2896	Wang et al., 2010
	07XE-06	安山岩	0.51123	0.1138	0.51112	-25.9	2911	Wang et al., 2010
	07XE-09	玄武安山岩	0.51128	0.1104	0.51118	-24.9	2743	Wang et al., 2010
	07XE-13	流纹斑岩	0.51116	0.1088	0.51106	-27.2	2874	Wang et al., 2010
	07XE-15	流纹斑岩	0.51115	0.1051	0.51105	-27.3	2790	Wang et al., 2010
	07HY-12	玄武安山岩	0.51122	0.1103	0.51112	-26.1	2828	Wang et al., 2010
平均值	$N=34$				0.51117	-25.0	2835	
太华群	TH05-2	TTG 质片麻岩	0.510948	0.1024	0.51085	-31.2	2996	Huang et al., 2010
	TH05-6	TTG 质片麻岩	0.511336	0.1214	0.51122	-24.0	2976	Huang et al., 2010
	TH05-15	TTG 质片麻岩	0.510845	0.0977	0.51075	-33.2	3009	Huang et al., 2010
	TH08-13	TTG 质片麻岩	0.510729	0.0916	0.51064	-35.3	3002	Huang et al., 2010
	TH05-9	TTG 片麻岩	0.510238	0.0691	0.51017	-44.5	3049	Huang et al., 2010
	TH05-16	TTG 片麻岩	0.510955	0.1040	0.51086	-31.1	3029	Huang et al., 2010
	TH05-21	TTG 片麻岩	0.510665	0.0907	0.51058	-36.5	3058	Huang et al., 2010
	TH08-15	TTG 片麻岩	0.511005	0.1092	0.51090	-30.2	3107	Huang et al., 2010
	THX05-40	英云片麻岩	0.511377	0.1167	0.51127	-23.1	2770	Huang et al., 2012
	THX05-41	英云片麻岩	0.511081	0.0996	0.51099	-28.6	2748	Huang et al., 2012
	THX08-29	英云片麻岩	0.511006	0.0862	0.51092	-29.8	2550	Huang et al., 2012
	THX05-44	钾长花岗片麻岩	0.511045	0.0990	0.51095	-29.3	2781	Huang et al., 2012
	THX05-45	钾长花岗片麻岩	0.511277	0.1127	0.51117	-25.0	2810	Huang et al., 2012
	THX05-42	角闪岩	0.511893	0.1488	0.51175	-13.7	2933	Huang et al., 2012
	THX08-39	角闪岩	0.511634	0.1337	0.51151	-18.4	2870	Huang et al., 2012
	THX05-49	英云片麻岩	0.510912	0.0946	0.51082	-31.8	2847	Huang et al., 2012
	THX05-53	英云片麻岩	0.510800	0.0928	0.51071	-33.9	2944	Huang et al., 2012
	THX08-51	花岗闪长片麻岩	0.510830	0.0827	0.51075	-33.2	2684	Huang et al., 2012
	THX08-54	闪长片麻岩	0.511125	0.1089	0.51102	-27.9	2926	Huang et al., 2012
	THX08-55	英云片麻岩	0.511008	0.0994	0.51091	-30.0	2839	Huang et al., 2012
	THX08-57	花岗闪长片麻岩	0.511427	0.1009	0.51133	-21.9	2318	Huang et al., 2012
	THX08-59	花岗闪长片麻岩	0.510872	0.0708	0.51080	-32.1	2418	Huang et al., 2012
	Sh-4 f	片麻岩	0.511312	0.1169	0.51120	-24.4	2876	Huang et al., 2012
	Sh-6 f	片麻岩	0.511165	0.1103	0.51106	-27.1	2908	Huang et al., 2012
	Sh-9 f	片麻岩	0.510991	0.0971	0.51090	-30.3	2805	Huang et al., 2012
	Sh-5 f	角闪岩	0.511284	0.1168	0.51117	-24.9	2916	Huang et al., 2012
	DH-08-08	片麻岩	0.511400	0.3226	0.51109	-26.5	-2477	倪智勇等, 2009
	DH-08-12	片麻岩	0.511361	0.1391	0.51123	-23.9	3624	倪智勇等, 2009
	DH-08-15	片麻岩	0.510886	0.0849	0.51081	-32.1	2664	倪智勇等, 2009

续表

地质体	样品号	岩性	$^{143}Nd/^{144}Nd$	$^{147}Sm/^{144}Nd$	$(^{143}Nd/^{144}Nd)_{145}$	$\varepsilon_{Nd}(145)$	T_{DM1}	来源
	DH-08-16	片麻岩	0.511501	0.1178	0.51139	-20.7	2607	倪智勇等，2009
	ZK-628	片麻岩	0.511313	0.1150	0.51120	-24.3	2820	倪智勇等，2009
平均值	$N=30$				0.51100	-28.4	2863	
官道口群	Q92367	砖红色砂岩	0.511208	0.1068	0.51111	-26.2	2753	张宗清等，2006
	Q92401	板岩	0.511237	0.1051	0.51114	-25.6	2670	张宗清等，2006
平均值	$N=2$				0.51112	-25.9	2711	
秦岭群	Q8731	斜长角闪岩	0.512924	0.1935	0.51274	5.6	1701	张宗清等，1994
	Q8740	斜长角闪岩	0.512583	0.1503	0.51244	-0.2	1361	张宗清等，1994
	Q8741	斜长角闪岩	0.512456	0.1305	0.51233	-2.3	1270	张宗清等，1994
	Q8743	斜长角闪岩	0.512687	0.1666	0.51253	1.5	1496	张宗清等，1994
	Q8744	斜长角闪岩	0.512668	0.1632	0.51251	1.2	1452	张宗清等，1994
	Q8747	斜长角闪岩	0.512400	0.1454	0.51226	-3.7	1670	张宗清等，1994
	Q8750	斜长角闪岩	0.512327	0.1714	0.51216	-5.6	2946	张宗清等，1994
	Q8815	斜长角闪岩	0.512651	0.1607	0.51250	0.9	1433	张宗清等，1994
	Q8823	斜长角闪岩	0.512564	0.1592	0.51241	-0.7	1635	张宗清等，1994
	Q8824	斜长角闪岩	0.512364	0.1742	0.51220	-4.9	3013	张宗清等，1994
	Q8825	斜长角闪岩	0.512744	0.1705	0.51258	2.6	1430	张宗清等，1994
	Q8827	斜长角闪岩	0.512796	0.1844	0.51262	3.3	1836	张宗清等，1994
	Q8829	斜长角闪岩	0.512273	0.1671	0.51211	-6.6	2851	张宗清等，1994
平均值	$N=13$				0.51242	-0.7	1854	
二郎坪群	QXE-2	绿片岩相枕状熔岩	0.512557	0.1192	0.51244	-0.1	957	孙卫东等，1996
	QXE-3	绿片岩相枕状熔岩	0.512582	0.12	0.51247	0.3	924	孙卫东等，1996
	QXE-31	绿片岩相枕状熔岩	0.512568	0.1194	0.51245	0.1	941	孙卫东等，1996
	QXE-32	绿片岩相枕状熔岩	0.512573	0.1196	0.51246	0.2	935	孙卫东等，1996
	QXE-4	绿片岩相枕状熔岩	0.512552	0.1256	0.51243	-0.4	1034	孙卫东等，1996
	QXE-5	绿片岩相枕状熔岩	0.512458	0.1186	0.51235	-2.1	1109	孙卫东等，1996
	QXE-6	绿片岩相枕状熔岩	0.512524	0.1231	0.51241	-0.9	1053	孙卫东等，1996
	Q87164	变质镁铁质火山熔岩	0.512744	0.1567	0.51260	2.8	1085	张宗清等，2006
	Q87165	变质镁铁质火山熔岩	0.512692	0.1464	0.51255	2.0	1037	张宗清等，2006
	Q87167	变质镁铁质火山熔岩	0.512954	0.1952	0.51277	6.2	1611	张宗清等，2006
	Q92419	变质镁铁质火山熔岩	0.512677	0.1514	0.51253	1.6	1157	张宗清等，2006
	Q92420-1	变质镁铁质火山熔岩	0.512708	0.1539	0.51256	2.2	1126	张宗清等，2006
	Q92420-2	变质镁铁质火山熔岩	0.512670	0.1516	0.51253	1.5	1177	张宗清等，2006
	Q92421	变质镁铁质火山熔岩	0.512538	0.1244	0.51242	-0.6	1044	张宗清等，2006
	Q92422	变质镁铁质火山熔岩	0.512630	0.1454	0.51249	0.8	1160	张宗清等，2006
	Q92423*	变粗面安山质火山岩	0.512353	0.09887	0.51226	-3.8	1058	张宗清等，2006
	Q92424	变质镁铁质火山熔岩	0.512682	0.1506	0.51254	1.7	1130	张宗清等，2006
	Q9206	变质凝灰质火山岩	0.512589	0.1317	0.51246	0.2	1043	张宗清等，2006
	Q92407	变质凝灰质火山岩	0.512540	0.1337	0.51241	-0.7	1161	张宗清等，2006
	Q92408	变质凝灰质火山岩	0.512476	0.1298	0.51235	-1.9	1223	张宗清等，2006
	Q92409	变质凝灰质火山岩	0.512498	0.1164	0.51239	-1.2	1021	张宗清等，2006
	Q92410	变质凝灰质火山岩	0.512457	0.1048	0.51236	-1.8	970	张宗清等，2006
	Q92412	变质凝灰质火山岩	0.512470	0.1056	0.51237	-1.6	959	张宗清等，2006
	Q92413	变质硅质岩	0.512192	0.1218	0.51208	-7.3	1586	张宗清等，2006

续表

地质体	样品号	岩性	$^{143}Nd/^{144}Nd$	$^{147}Sm/^{144}Nd$	$(^{143}Nd/^{144}Nd)_{145}$	$\varepsilon_{Nd}(145)$	T_{DM1}	来源
	Q92414	变质凝灰质火山岩	0.512451	0.1113	0.51235	-2.1	1040	张宗清等，2006
	Q92415	变质硅质岩（红色）	0.512058	0.1125	0.51195	-9.8	1641	张宗清等，2006
	Q92416	变质硅质岩（黑色）	0.512045	0.1144	0.51194	-10.0	1692	张宗清等，2006
	Q9427-1	变质镁铁质火山岩	0.512648	0.143	0.51251	1.2	1082	张宗清等，2006
	Q9427-6	变质镁铁质火山岩	0.512630	0.1428	0.51249	0.8	1117	张宗清等，2006
	Q9427-13	变质镁铁质火山岩	0.512654	0.145	0.51252	1.3	1100	张宗清等，2006
	Q9427-14	变质镁铁质火山岩	0.512452	0.1159	0.51234	-2.1	1087	张宗清等，2006
	Q9428-1	变质镁铁质火山岩	0.512680	0.1536	0.51253	1.6	1191	张宗清等，2006
	Q9429-1	变质镁铁质火山岩	0.512693	0.1558	0.51255	1.8	1202	张宗清等，2006
	Q9429-2	变质镁铁质火山岩	0.512749	0.1572	0.51260	2.9	1081	张宗清等，2006
	Q9431-1	变质镁铁质火山岩	0.512874	0.1878	0.51270	4.8	1621	张宗清等，2006
	Q9431-2	变质镁铁质火山岩	0.512767	0.1734	0.51260	2.9	1446	张宗清等，2006
	Q9431-4	变质镁铁质火山岩	0.512892	0.1956	0.51271	5.0	2164	张宗清等，2006
	Q9431-6	变质镁铁质火山岩	0.512782	0.1724	0.51262	3.3	1356	张宗清等，2006
	Q9432-1	变质酸性火山岩	0.512460	0.08746	0.51238	-1.5	833	张宗清等，2006
	Q9432-2	变质酸性火山岩	0.512403	0.08808	0.51232	-2.6	907	张宗清等，2006
	Q9432-3	变质酸性火山岩	0.512379	0.08969	0.51229	-3.1	948	张宗清等，2006
	Q9433	变质镁铁质火山岩	0.512774	0.1691	0.51261	3.2	1284	张宗清等，2006
	Q9434	变质镁铁质火山岩	0.512790	0.1772	0.51262	3.3	1501	张宗清等，2006
	Q9418	石英云母片岩	0.511859	0.1199	0.51175	-13.8	2090	张宗清等，2006
	Q9419	云母石英片岩	0.511841	0.1162	0.51173	-14.1	2039	张宗清等，2006
	Q9420	碳质板岩	0.512341	0.1229	0.51222	-4.4	1356	张宗清等，2006
	Q9423	硅质岩	0.512172	0.1201	0.51206	-7.7	1589	张宗清等，2006
	Q9424	变质中酸性火山岩	0.512108	0.1312	0.51198	-9.1	1919	张宗清等，2006
	Q9425	变质中酸性火山岩	0.512435	0.121	0.51232	-2.6	1175	张宗清等，2006
	Q9426	变质中酸性火山岩	0.512541	0.1251	0.51242	-0.6	1047	张宗清等，2006
	Q8791	变质中性火山岩	0.512645	0.1558	0.51250	0.9	1328	张宗清等，2006
	Q8792	变质中性火山岩	0.512642	0.1557	0.51249	0.8	1333	张宗清等，2006
	Q8793	变质中性火山岩	0.512638	0.1547	0.51249	0.8	1321	张宗清等，2006
	Q8794	变质中性火山岩	0.512650	0.1575	0.51250	1.0	1354	张宗清等，2006
	Q8795	变质中性火山岩	0.512647	0.1556	0.51250	0.9	1318	张宗清等，2006
	Q8796	变质中性火山岩	0.512652	0.1579	0.51250	1.0	1359	张宗清等，2006
	Q8797	变质中性火山岩	0.512635	0.1522	0.51249	0.8	1275	张宗清等，2006
	Q8798	变质中性火山岩	0.512662	0.1617	0.51251	1.1	1428	张宗清等，2006
	Q8799	变质中性火山岩	0.512661	0.1602	0.51251	1.1	1391	张宗清等，2006
	Q87100	变质酸性火山岩	0.512491	0.1241	0.51237	-1.5	1120	张宗清等，2006
	Q92427	板岩	0.512085	0.1192	0.51197	-9.4	1714	张宗清等，2006
	Q92428	板岩	0.511956	0.1172	0.51184	-11.8	1880	张宗清等，2006
	Q92430	板岩	0.512228	0.1188	0.51212	-6.6	1478	张宗清等，2006
	LSY-3	火山岩	0.512771	0.1331	0.51264	3.8	717	徐勇航等，2009
	LSY-5	火山岩	0.512895	0.1529	0.51275	5.8	640	徐勇航等，2009
	LSY-6	火山岩	0.512768	0.1550	0.51262	3.3	992	徐勇航等，2009

续表

地质体	样品号	岩性	$^{143}Nd/^{144}Nd$	$^{147}Sm/^{144}Nd$	$(^{143}Nd/^{144}Nd)_{145}$	$\varepsilon_{Nd}(145)$	T_{DM1}	来源
	LSY-16	火山岩	0.512649	0.1373	0.51252	1.3	999	徐勇航等，2009
	SDL-20	火山岩	0.512465	0.1263	0.51235	-2.1	1194	徐勇航等，2009
	SDL-38	火山岩	0.512632	0.1513	0.51249	0.7	1264	徐勇航等，2009
	SSP-7	火山岩	0.512705	0.1078	0.51260	3.0	641	徐勇航等，2009
	SZP-32	火山岩	0.512695	0.1122	0.51259	2.7	684	徐勇航等，2009
	SZP-42	火山岩	0.512600	0.1195	0.51249	0.7	890	徐勇航等，2009
平均值	N=61				0.51249	0.8	1137	
宽坪群	Q8654	变基性火山岩	0.512809	0.1843	0.51263	3.6	1763	张宗清等，2006
	Q8655	变基性火山岩	0.512958	0.1943	0.51277	6.3	1506	张宗清等，2006
	Q8656	变基性火山岩	0.512981	0.1976	0.51279	6.7	1597	张宗清等，2006
	Q8661	变基性火山岩	0.512897	0.1997	0.51271	5.0	2739	张宗清等，2006
	Q8662	变基性火山岩	0.512862	0.1873	0.51268	4.5	1659	张宗清等，2006
	Q8663	变基性火山岩	0.512916	0.2059	0.51272	5.3	4520	张宗清等，2006
	Q8665	变基性火山岩	0.512549	0.1329	0.51242	-0.6	1133	张宗清等，2006
	Q8666	变基性火山岩	0.512520	0.1382	0.51239	-1.2	1271	张宗清等，2006
	Q8668	变基性火山岩	0.512815	0.1886	0.51264	3.6	2027	张宗清等，2006
	Q8669	变基性火山岩	0.512852	0.1908	0.51267	4.3	1977	张宗清等，2006
	Q8808	变酸性火山岩	0.512512	0.1243	0.51239	-1.1	1087	张宗清等，2006
	Q8811	变基性火山岩	0.512732	0.1749	0.51257	2.2	1638	张宗清等，2006
	Q86102	斜长角闪岩	0.512886	0.2013	0.51270	4.8	3221	张宗清等，2006
	Q86103	斜长角闪岩	0.512869	0.2001	0.51268	4.4	3127	张宗清等，2006
	Q86104	斜长角闪岩	0.512902	0.1908	0.51272	5.3	1647	张宗清等，2006
	Q86106	斜长角闪岩	0.512856	0.1837	0.51268	4.5	1491	张宗清等，2006
	Q86107	斜长角闪岩	0.512879	0.1987	0.51269	4.7	2738	张宗清等，2006
	Q8853	斜长角闪岩	0.512957	0.1998	0.51277	6.2	2108	张宗清等，2006
	Q8854	斜长角闪岩	0.512920	0.1909	0.51274	5.6	1535	张宗清等，2006
	Q8855	斜长角闪岩	0.512860	0.1986	0.51267	4.3	2909	张宗清等，2006
	Q8684	斜长角闪岩	0.512841	0.2030	0.51265	3.8	4353	张宗清等，2006
	QD04-58	变基性火山岩	0.512825	0.1744	0.51266	4.1	1259	闫全人等，2008
	KP-03	变基性火山岩	0.512760	0.1992	0.51257	2.3	4058	闫全人等，2008
	KP-10	变基性火山岩	0.512953	0.1937	0.51277	6.2	1499	闫全人等，2008
	GDP-3	变基性火山岩	0.512961	0.1920	0.51278	6.4	1326	闫全人等，2008
	Q8831	云母石英片岩	0.511878	0.1182	0.51177	-13.4	2023	张宗清等，2006
	Q8832	云母石英片岩	0.511832	0.1185	0.51172	-14.3	2102	张宗清等，2006
	Q8833	云母石英片岩	0.511859	0.1209	0.51174	-13.8	2113	张宗清等，2006
	Q8834	云母石英片岩	0.511960	0.1162	0.51185	-11.7	1855	张宗清等，2006
	Q8836	云母石英片岩	0.511916	0.1260	0.51180	-12.8	2136	张宗清等，2006
	Q8837	云母石英片岩	0.511895	0.1196	0.51178	-13.1	2026	张宗清等，2006
	Q8838	云母石英片岩	0.511835	0.1205	0.51172	-14.3	2142	张宗清等，2006
	Q8839	云母石英片岩	0.511947	0.1228	0.51183	-12.1	2010	张宗清等，2006
平均值	N=33				0.51265	3.9	1560	

表 4.46　主要地质体 Pb 同位素组成

地层	岩性	样品号	$U/10^{-6}$	$Th/10^{-6}$	$^{206}Pb/^{204}Pb$	$^{207}Pb/^{204}Pb$	$^{208}Pb/^{204}Pb$	$(^{206}Pb/^{204}Pb)_i$	$(^{207}Pb/^{204}Pb)_i$	$(^{208}Pb/^{204}Pb)_i$	μ	ω	来源
太华群	斜长角闪岩				17. 3217	15. 6195	37. 9725	17. 1017	15. 6087	37. 6615	9. 67	43. 19	李英和任崔锁，1990
	黑云斜长片麻岩				17. 3727	15. 4202	40. 4471	17. 3727	15. 4202	40. 3837			李英和任崔锁，1990
	伟晶混合岩				16. 8921	15. 2027	37. 2423	16. 6903	15. 1928	36. 9686	8. 87	38. 01	李英和任崔锁，1990
	钾长伟晶岩				16. 3679	15. 1919	35. 9015	16. 1639	15. 1819	35. 6513	8. 97	34. 76	李英和任崔锁，1990
	片麻岩	DH-08-08			17. 5480	15. 4540	37. 8630	17. 3369	15. 4437	37. 5810	9. 28	39. 17	倪智勇等，2009
	片麻岩	DH-08-12			17. 2720	15. 4290	37. 5060	17. 0609	15. 4187	37. 2245	9. 28	39. 10	倪智勇等，2009
	片麻岩	DH-08-15			18. 4410	15. 6060	49. 7580	18. 4410	15. 6060	49. 6407			倪智勇等，2009
	片麻岩	DH-08-16			17. 5110	15. 4540	37. 5380	17. 2997	15. 4437	37. 2651	9. 29	37. 90	倪智勇等，2009
	片麻岩	ZK-628			17. 1380	15. 4170	37. 6450	16. 9269	15. 4067	37. 3526	9. 28	40. 61	倪智勇等，2009
	片麻岩				17. 400	15. 469	38. 174	17. 1875	15. 4586	37. 8727	9. 34	41. 86	范宏瑞等，1994
	金云母角闪岩				16. 968	15. 359	37. 775	16. 7589	15. 3488	37. 4735	9. 19	41. 88	范宏瑞等，1994
	斜长角闪岩				17. 609	15. 547	37. 654	17. 3938	15. 5365	37. 3749	9. 46	38. 77	范宏瑞等，1994
	片麻岩				16. 511	15. 512	36. 266	16. 2915	15. 5013	35. 9842	9. 65	39. 14	范宏瑞等，1994
	片麻岩				17. 162	15. 504	37. 746	16. 9468	15. 4935	37. 4441	9. 46	41. 93	邵克忠和王宝德，1992
	钾长石				15. 788	15. 351	36. 427	15. 5705	15. 3404	36. 1733	9. 56	35. 24	邵克忠和王宝德，1992
熊耳群	安山岩（2）				16. 2790	15. 3000	36. 0470	16. 0688	15. 2897	35. 7778	9. 24	37. 39	张本仁等，2002
	巨斑安山岩				16. 9070	15. 4210	36. 3460	16. 6945	15. 4106	36. 0891	9. 34	35. 69	罗铭玖等，1992
	安山岩				16. 6470	15. 3000	36. 8760	16. 4391	15. 2898	36. 5948	9. 14	39. 05	罗铭玖等，1992
	杏仁安山岩				16. 4390	15. 2710	36. 4890	16. 2313	15. 2608	36. 2135	9. 13	38. 26	罗铭玖等，1992
	闪长玢岩				16. 4510	15. 3580	36. 8870	16. 2390	15. 3476	36. 5892	9. 32	41. 37	罗铭玖等，1992
	高钾玄武安山岩				16. 3030	15. 2940	36. 6720	16. 0933	15. 2837	36. 3793	9. 22	40. 66	赵太平，2000
	橄榄玄粗岩				16. 1250	15. 3490	36. 4430	15. 9109	15. 3385	36. 1437	9. 41	41. 58	赵太平，2000
	高钾安山岩				16. 2580	15. 2750	37. 2670	16. 0489	15. 2648	36. 9488	9. 19	44. 19	赵太平，2000
	全岩				17. 123	15. 383	37. 31	16. 9135	15. 3727	37. 0315	9. 21	38. 68	赵太平，2000

续表

地层	岩性	样品号	$U/10^{-6}$	$Th/10^{-6}$	$^{206}Pb/^{204}Pb$	$^{207}Pb/^{204}Pb$	$^{208}Pb/^{204}Pb$	$(^{206}Pb/^{204}Pb)_i$	$(^{207}Pb/^{204}Pb)_i$	$(^{208}Pb/^{204}Pb)_i$	μ	ω	来源
秦岭群	全岩				18. 359	15. 475	38. 327	18. 1493	15. 4647	38. 0646	9. 22	36. 45	朱炳泉，1991
	全岩				18. 223	15. 436	38. 191	18. 0146	15. 4258	37. 9299	9. 16	36. 27	朱炳泉，1991
	全岩				18. 314	15. 584	38. 289	18. 0993	15. 5735	38. 0181	9. 44	37. 62	胡鹏云和徐汉民，1989
宽坪群	变质镁铁质火山岩	Q8654	0. 13	0. 23	18. 3773	15. 5956	37. 9631	18. 1621	15. 5851	37. 7040	9. 46	35. 99	张宗清等，2006
	变质镁铁质火山岩	Q8656	0. 10	0. 16	18. 4601	15. 5223	37. 9990	18. 2483	15. 5119	37. 7470	9. 31	35. 00	张宗清等，2006
	变质镁铁质火山岩	Q8662	0. 07	0. 14	18. 1927	15. 5444	38. 0433	17. 9793	15. 5340	37. 7777	9. 38	36. 89	张宗清等，2006
	变质镁铁质火山岩	Q86102	0. 06	0. 09	18. 3959	15. 5381	38. 4223	18. 1834	15. 5277	38. 1541	9. 34	37. 25	张宗清等，2006
	变质镁铁质火山岩	Q86105	0. 11	0. 26	18. 6209	15. 5434	38. 8290	18. 4087	15. 5330	38. 5576	9. 33	37. 69	张宗清等，2006
	变质镁铁质火山岩	Q8853			18. 2518	15. 5083	38. 3254	18. 0402	15. 4979	38. 0562	9. 30	37. 38	张宗清等，2006
	变质镁铁质火山岩	Q8855	0. 11	0. 18	18. 4655	15. 5255	38. 5858	18. 2537	15. 5151	38. 3165	9. 31	37. 41	张宗清等，2006
二郎坪群	变质镁铁质火山岩	Q87164-1			18. 3928	15. 5634	38. 2806	18. 1792	15. 5529	38. 0147	9. 39	36. 93	张宗清等，2006
	变质镁铁质火山岩	Q87164-2			18. 3911	15. 5947	38. 2984	18. 1759	15. 5842	38. 0297	9. 46	37. 32	张宗清等，2006
	变质镁铁质火山岩	Q9427-1	0. 40	1. 48	18. 3584	15. 5850	38. 4558	18. 1437	15. 5745	38. 1816	9. 44	38. 08	张宗清等，2006
	变质镁铁质火山岩	Q9431-2			18. 3749	15. 6109	38. 5022	18. 1590	15. 6003	38. 2254	9. 49	38. 44	张宗清等，2006
	变质镁铁质火山岩	Q9431-4	0. 22	0. 41	18. 3490	15. 5866	38. 4232	18. 1343	15. 5761	38. 1495	9. 44	38. 02	张宗清等，2006
	变质镁铁质火山岩	Q9434			18. 3527	15. 6435	38. 5688	18. 1352	15. 6329	38. 2866	9. 56	39. 19	张宗清等，2006

注：$(^{206}Pb/^{204}Pb)_i$、$(^{207}Pb/^{204}Pb)_i$、$(^{208}Pb/^{204}Pb)_i$表示 $t=145Ma$ 时地质体的铅同位素组成。

4.3.3 矿床地质特征

4.3.3.1 矿体特征

银家沟矿床地表除了出露少量的铅锌矿脉和铁帽外（图4.31B），主要矿体均产于地表100m以下，为一隐伏矿床。平面上，钼矿体呈近等轴状产于钾长花岗斑岩体的中心，硫矿体、铁矿体（主要分布于750m标高以上，图4.31C中未见）、铜锌矿体环绕岩体呈空心环带状，铅锌矿体则产于岩体外围的白云岩地层中（图4.31C）。矿区范围内共圈出硫铁矿体群7个、铜矿体40个，钼矿体14个、金矿体28个、铅锌（银）矿体17个。硫铁矿体群分布在东西长约1000m、南北宽约800m的范围内，多数矿体群产于斑岩体与围岩的接触带及其附近的断裂带内（图4.40A和图4.40B），单个矿体长500～600m，厚0.74～163.98m，延深415～620m。铜作为硫铁矿体的伴生组分出现，铅锌矿体分为接触带型和围岩裂隙脉型2类。钼矿化以细脉浸染状产出于岩体中心部位，单个矿体厚4.64～91.07m，延深70～350m。金除作为硫铁矿体中的伴生组分外，还可以氧化矿形式出现于铁帽中。铁矿化分布广泛，包括硫铁矿体中的共/伴生铁和地表铁帽中的褐铁矿，其中原生硫铁矿体中，铁以磁铁矿、菱铁矿等形式与黄铁矿紧密共生。

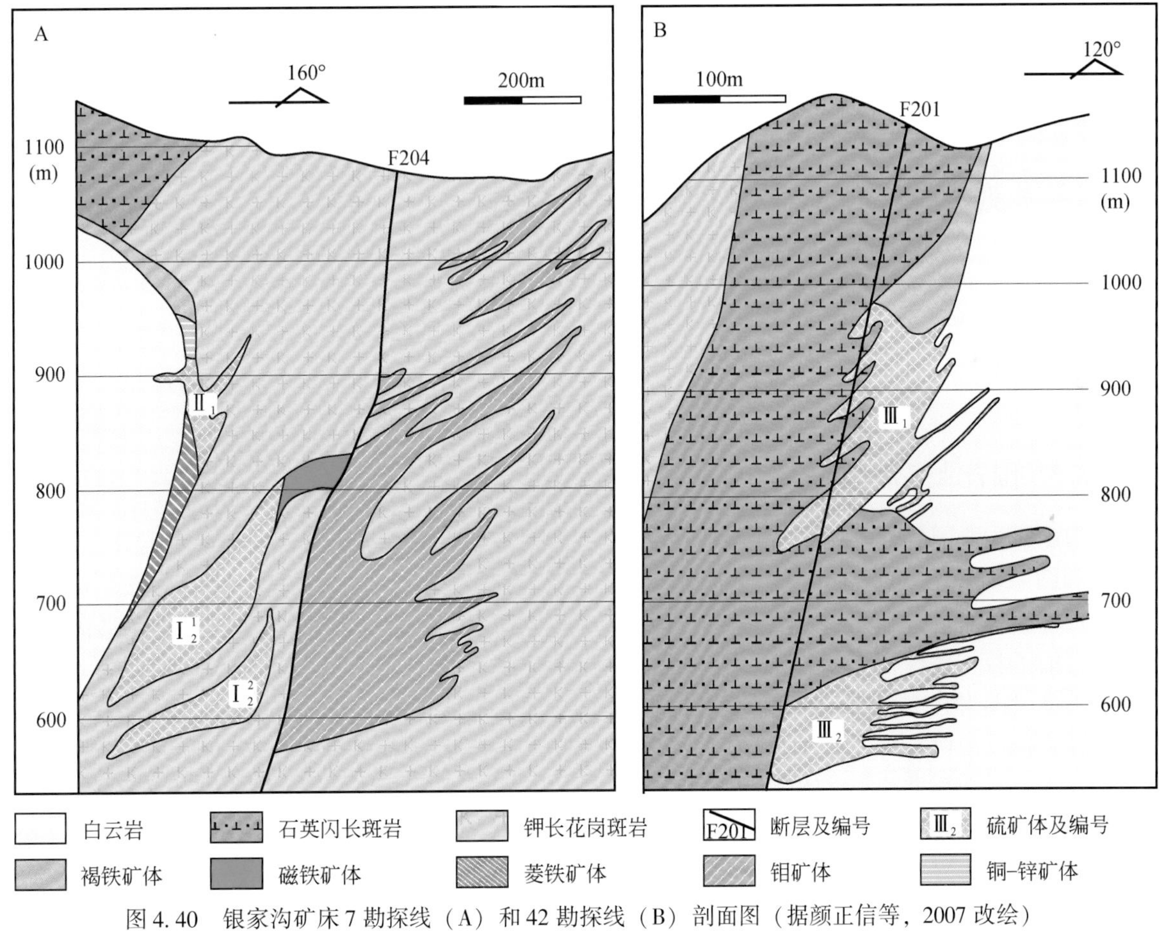

图4.40 银家沟矿床7勘探线（A）和42勘探线（B）剖面图（据颜正信等，2007改绘）

4.3.3.2 矿石成分和组构

银家沟矿床矿物成分复杂，多达50余种，其中金属矿物就有31种。常见原生金属矿物包括黄铁矿、磁铁矿、黄铜矿、斑铜矿、辉钼矿、方铅矿、闪锌矿（图4.41）；次生金属矿物包括褐铁矿、赤铁矿、辉铜矿、孔雀石、铜蓝、蓝铜矿、白铅矿。不同类型矿石所含脉石矿物差异较大，其中硫铁矿矿石的脉石矿物主要是石英、绢云母和白云石；磁铁矿矿石的脉石矿物主要是蛇纹石、滑石、白云石、粒硅镁石、金云母；辉钼矿矿石的脉石矿物主要是石英、绢云母和高岭石；褐铁矿矿石的脉石矿物主要是蛋白石、玉髓和方解石。常见矿石结构主要有自形-半自形粒状结构、他形粒状结构、交代溶蚀结构、应力结构、晶屑砂状结构、微晶-隐晶结构等。常见矿石构造包括块状、浸染状、稠密浸染状、细脉浸染状、角砾状、蜂窝状构造等。

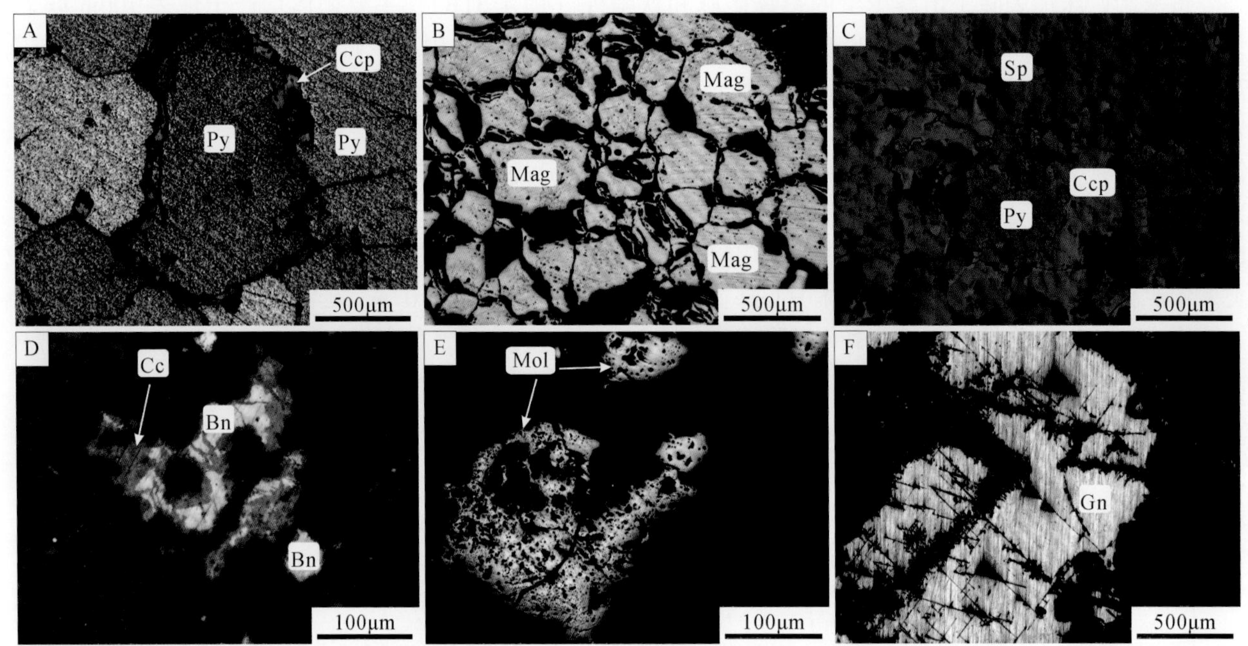

图4.41　银家沟矿床代表性光片照片（武广等，2013a；Wu et al.，2014）

A. 早期黄铁矿呈亮色他形粒状，晚期黄铁矿呈暗色半自形-他形粒状结构，黄铜矿沿着晚期黄铁矿边缘交代黄铁矿，形成溶蚀结构；B. 他形粒状磁铁矿；C. 闪锌矿包裹黄铁矿和黄铜矿，构成包含结构，黄铜矿交代黄铁矿，闪锌矿交代黄铜矿，构成溶蚀结构；D. 辉铜矿交代斑铜矿，形成溶蚀结构；E. 他形粒状辉钼矿；F. 他形粒状方铅矿。图中缩写：Bn. 斑铜矿；Cc. 辉铜矿；Ccp. 黄铜矿；Gn. 方铅矿；Mag. 磁铁矿；Mol. 辉钼矿；Py. 黄铁矿；Sp. 闪锌矿

4.3.3.3　围岩蚀变类型和分带

银家沟矿床主要围岩蚀变类型包括钾化（钾长石化、黑云母化）、硅化、黄铁绢英岩化（图4.42A、图4.42B和图4.42C）、泥化（高岭石化、水云母化），其次为碳酸盐化（菱镁矿化、菱铁矿化、含锰白云石化、铁锰碳酸盐化）、夕卡岩化。其中夕卡岩矿物以镁橄榄石和粒硅镁石为主，含少量透闪石、阳起石及微量石榴子石、透辉石、金云母、蛇纹石、滑石等（图4.42D）。

蚀变类型对围岩有选择性。钾化、黄铁绢英岩化、泥化等主要发生在岩体内部；碳酸盐化、硅化等主要发生在官道口群白云岩中；夕卡岩主要发育在岩体与白云岩接触带及其附近。与之相应，矿化和蚀变表现出一定的空间分带性：岩体内部发育钾化、黄铁绢英岩化、泥化，并伴随有辉钼矿化和磁铁矿化；岩体与白云岩的接触带发育夕卡岩化、黄铁绢英岩化、硅化等，伴随硫铁矿、磁铁矿、铜、锌、金等矿化；在围岩中则主要发育碳酸盐化，并伴随铅、锌、银、锰矿化（Chen et al.，2007；陈衍景和富士谷，1992）。

4.3.3.4　成矿过程和成矿阶段

银家沟矿床成矿过程可以划分为夕卡岩期、硫化物期和表生期。夕卡岩期进一步划分为3个阶段：①早期夕卡岩阶段形成镁橄榄石、粒硅镁石、石榴子石、透辉石等夕卡岩矿物；②晚期夕卡岩阶段除形成阳起石、透闪石、绿帘石、金云母、蛇纹石等矿物外，磁铁矿大量出现，构成银家沟矿床磁铁矿体；

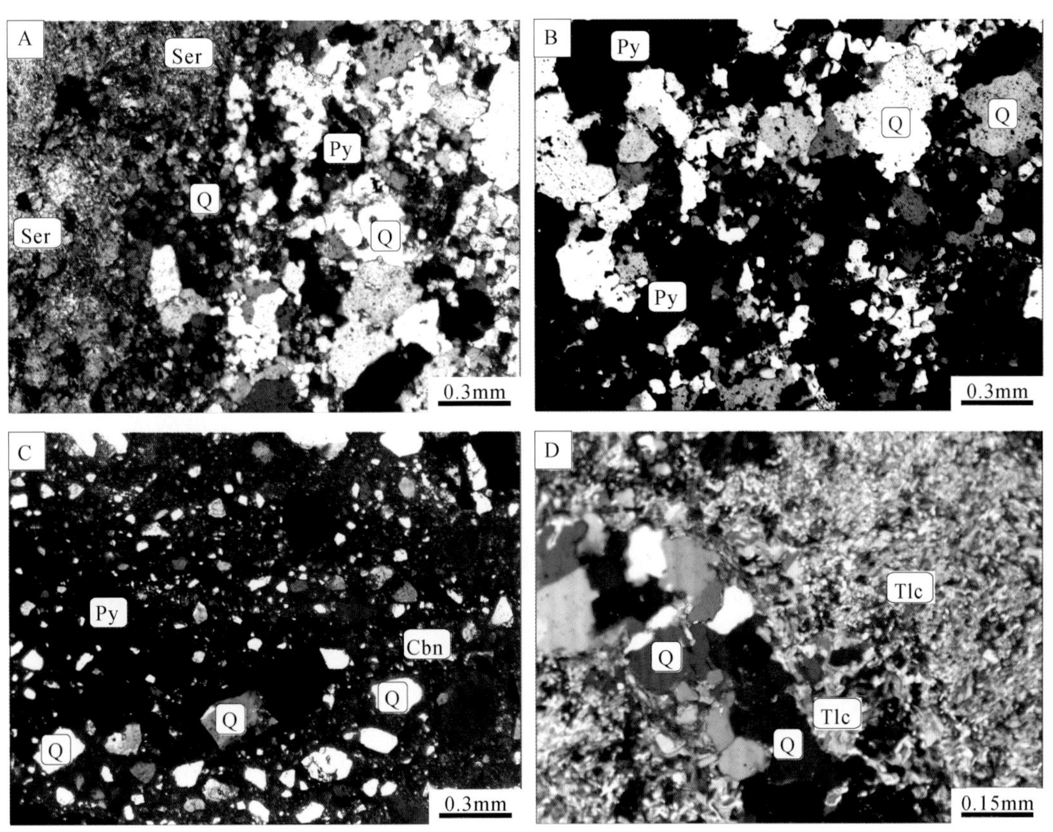

图4.42 银家沟矿床主要围岩蚀变类型（武广等，2013a；Wu et al.，2014）

A. 钾长花岗斑岩中的黄铁绢英岩化；B. 钾长花岗斑岩中的硅化-黄铁矿化；C. Ⅱ号矿体中破碎的硅化-黄铁矿化矿石角砾，后被碳酸盐矿物胶结；D. 产于钾长花岗斑岩与白云岩接触带内的Ⅰ号矿体附近的滑石和石英。图中缩写：Cbn. 碳酸盐；Py. 黄铁矿；Q. 石英；Ser. 绢云母；Tlc. 滑石

③氧化物阶段形成赤铁矿、辉钼矿，并开始出现石英。硫化物期包括4个阶段：①石英-方解石-黄铁矿-黄铜矿-斑铜矿-闪锌矿阶段主要发育在接触带，形成石英、方解石、绿泥石、绢云母等脉石矿物，金属矿物主要为黄铁矿、黄铜矿、斑铜矿、闪锌矿，并有金矿物出现，属于夕卡岩型矿化；②网脉状石英-辉钼矿阶段发育在岩体内部，是斑岩型钼矿化的主要成矿阶段；③石英-绢云母-黄铁矿阶段主要表现为网脉，可见于硫铁矿体，亦见于斑岩型矿体；④方解石-方铅矿-闪锌矿阶段主要表现为铁锰碳酸盐化，金属矿物主要为方铅矿、闪锌矿，在白云岩地层中形成脉状铅锌（银）矿体。表生期主要是黄铁矿发生氧化分解形成褐铁矿，该阶段是褐铁矿、黄钾铁矾及铜、铅、锌氧化矿物的形成阶段，构成蛋白石-玉髓-褐铁矿成矿阶段。

4.3.4 流体包裹体地球化学

4.3.4.1 样品和测试

本次选取了6件样品开展流体包裹体研究，样品涵盖了钾长花岗斑岩、夕卡岩型钼矿石、夕卡岩型硫铁矿石、夕卡岩型铜锌矿石、斑岩型钼矿石和斑岩型硫铁矿石。样品LY5-5取自银家沟矿床800m中段钾长花岗斑岩体中心，为硅化、黄铁矿化钾长花岗斑岩，见黄铁矿呈细网脉状产出，少数呈稀疏浸染状分布；样品LY26-1采自850m中段Ⅰ号夕卡岩型硫铁矿体附近，为石英-辉钼矿型富钼矿石，矿脉受断裂控制，宽约50cm，辉钼矿呈稠密浸染状或团块状产于石英脉中，未见其他金属硫化物；样品LY4-8采自矿区820m中段钾长花岗斑岩与白云岩接触带附近的Ⅱ号夕卡岩型硫铁矿体，为致密块状石英-黄铁矿矿石；

样品 LY30 采自 810m 中段Ⅱ号夕卡岩型矿体，主要为块状锌矿石，见有辉铜矿、黄铜矿、黄铁矿和方解石；样品 LY29 取自 820m 中段钾长花岗斑岩体中心斑岩型钼矿体处，为硅化-黄铁矿化-辉钼矿化的网脉状钼矿石；样品 LY1-5 取自 850m 中段钾长花岗斑岩体内呈脉状产出的Ⅳ号斑岩型硫铁矿体，为石英-黄铁矿矿石。

包裹体显微测温在中国地质科学院矿产资源研究所流体包裹体实验室完成，流体包裹体研究方法参考卢焕章等（2004）。测试仪器为 LINKAM MDS 600 型冷热台，仪器测定温度范围为-196～550℃，测量精度在-100～25℃之间为±0.1℃，25～400℃之间为±1℃，400℃以上为±2℃。测试过程中升温速率一般为0.2～5℃/min，含 CO_2包裹体在其相转变温度（如固态 CO_2和笼合物熔化温度）附近升温速率降低为0.2℃/min。对于水溶液包裹体，根据测得的冰点温度，利用 Bodnar（1993）提供的方程，获得流体的盐度；对于含 CO_2包裹体，由笼合物熔化温度，利用 Collins（1979）所提供的方法，获得水溶液相的盐度；对于含子矿物多相包裹体，其盐度由子矿物熔化温度，利用 Hall 等（1988）提供的方程获得。利用刘斌和段光贤（1987）公式获得气液两相包裹体的流体密度；根据 Shepherd 等（1985）提供的相图获得含 CO_2包裹体的密度；按照刘斌（2001）经验公式，计算出含子矿物多相包裹体的流体密度。

流体包裹体成分的激光拉曼光谱分析亦在中国地质科学院矿产资源研究所流体包裹体实验室完成，仪器为 Renishaw inVia 型显微共焦拉曼光谱仪，光源为 514nm 氩激光器，计数时间为 10～30s，每 $1cm^{-1}$（波数）计数 1 次，100～$4000cm^{-1}$全波段一次取峰，激光束斑约 1μm。

4.3.4.2 流体包裹体岩相学特征

根据流体包裹体在室温下的相态、冷冻/加热过程中的相变特征和激光拉曼光谱分析结果，将其划分为三种主要类型。

（1）气液两相水溶液包裹体（W 型）：在所测试的石英斑晶、各类型石英脉和方解石脉中均大量发育。该类包裹体由气相和液相盐水溶液组成，加热后均一为液相或气相。根据其气液比大小和均一方式可进一步分为 2 个亚型：富液两相包裹体（WL 亚型），椭圆形、长条形、多边形和不规则形，大小 3～30μm，多数 6～10μm，气液比变化于 5%～50%，加热时均一到液相，该类型包裹体占包裹体总数的 60%左右，成群或孤立存在于各阶段的石英及方解石中（图 4.43A 和图 4.43D）；富气两相包裹体（WG 亚型），椭圆形或不规则形，大小 4～20μm，大部分在 10μm 左右，气液比为 50%～95%，加热时均一到气相，该类型包裹体占包裹体总数的 18%左右，包裹体孤立、成群或定向分布（图 4.43A 和图 4.43B）。

（2）含 CO_2三相包裹体（C 型）：椭圆形，大小 16～18μm，CO_2相占包裹体总体积的 70%～80%，加热时部分均一到液相 CO_2。该类型包裹体偶见于钾长花岗斑岩的石英斑晶中，含量不及包裹体总数的 1%，呈孤立产出（图 4.43C）。

（3）含子矿物多相包裹体（S 型）：除石英-黄铁矿-辉钼矿网脉中发育较少外，其他样品中均较发育。包裹体呈椭圆形或多边形，大小一般为 5～20μm，气液比为 10%～30%，包裹体中可见一个子矿物或多个子矿物共存。常见子矿物包括石盐、钾盐和金属矿物（图 4.43D、图 4.43E 和图 4.43F）。其中石盐子矿物为浅蓝色，立方体状；钾盐为浅蓝色，浑圆状；金属矿物为不透明细粒状。该类型包裹体占包裹体总数的 21%左右，呈孤立分布或成群分布，可与前两类包裹体共存。

4.3.4.3 显微测温结果

流体包裹体显微测温结果及参数见表 4.47 和图 4.44。

钾长花岗斑岩的石英斑晶（样品 LY5-5）：富液两相包裹体的冰点在-18.4～-16.8℃，盐度为 20.1～21.3% NaCl eqv.，完全均一温度为 368～>550℃，流体相密度为 0.59～$0.84g/cm^3$。富气两相包裹体的冰点在-4.5～-3.2℃，盐度为 5.3%～7.2% NaCl eqv.，完全均一温度为 341～>550℃，流体相密度为0.68～$0.71g/cm^3$。含 CO_2三相包裹体的初熔温度为-56.8～-56.6℃，笼合物熔化温度为 9.6～9.8℃，盐度为

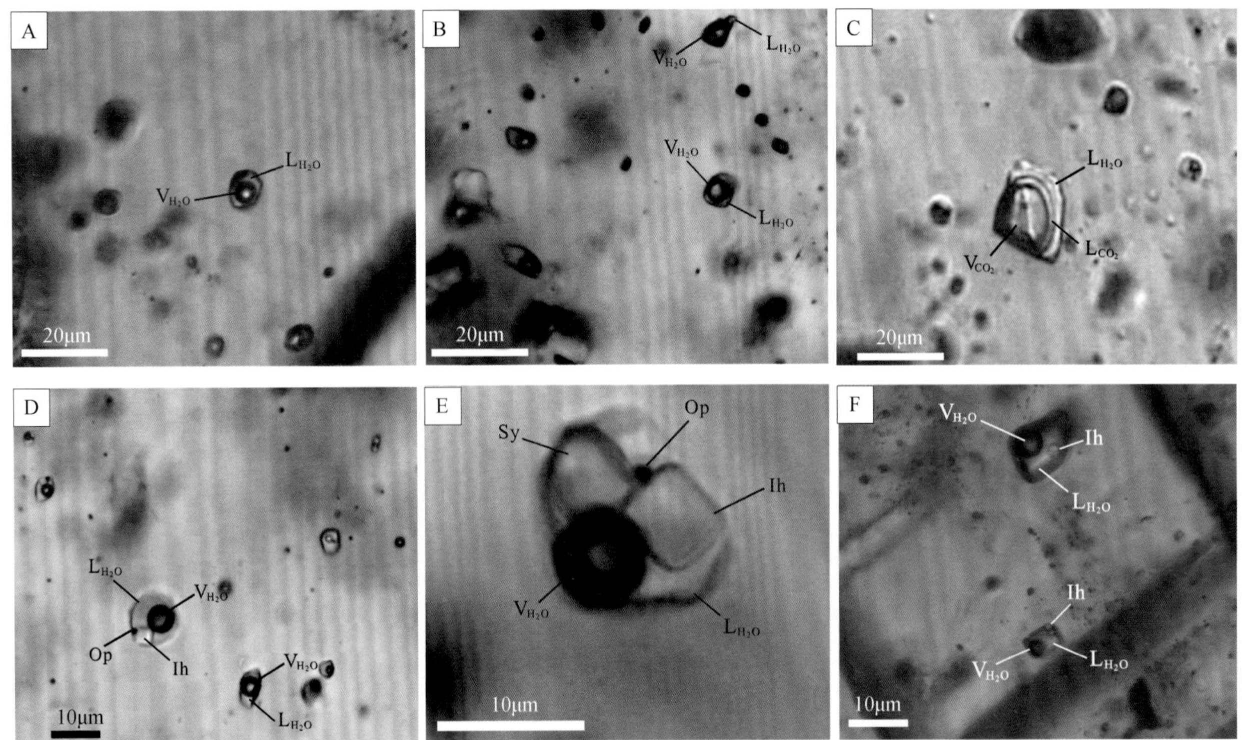

图 4.43　银家沟矿床石英和方解石中代表性流体包裹体岩相学特征（武广等，2013a）

A. 接触带石英-黄铁矿矿石的石英中的富液和富气两相包裹体；B. 岩体内部网脉状石英-辉钼矿矿石的石英中的富气两相包裹体；C. 钾长花岗斑岩的石英斑晶中的含 CO_2 三相包裹体；D. 钾长花岗斑岩的石英斑晶中的气液两相包裹体与含子矿物多相包裹体共存；E. 接触带石英-黄铁矿矿石的石英中的含子矿物多相包裹体；F. 接触带方解石-黄铜矿-斑铜矿-闪锌矿矿石的方解石中的含子矿物多相包裹体。图中缩写：L_{H_2O}. 液相水；V_{H_2O}. 气相水；L_{CO_2}. 液相 CO_2；V_{CO_2}. 气相 CO_2；Ih. 石盐；Op. 不透明金属矿物；Sy. 钾盐

0.4%~0.8% NaCl eqv.，CO_2相部分均一温度为 25.6 ~ 26.1℃，完全均一温度为 341 ~ 345℃，流体相密度为 0.40 ~ 0.47g/cm^3。含子矿物多相包裹体的气泡消失温度在 236 ~ >550℃，石盐子矿物消失温度为232 ~ 367℃，完全均一温度为 357 ~ >550℃，盐度为 34%~44% NaCl eqv.，流体密度为 0.82 ~ 1.07g/cm^3（表 4.47，图 4.44A）。加热过程中，绝大多数含子矿物包裹体子矿物先消失，气泡后消失。

石英-辉钼矿矿石中的石英（样品 LY26-1）：富液两相包裹体的冰点在-14.5 ~ -10.2℃，盐度为 14.2%~18.2% NaCl eqv.，完全均一温度为 382 ~ 416℃，流体相密度为 0.72 ~ 0.78g/cm^3。富气两相包裹体的冰点在-3.4 ~ -2.1℃，盐度为 3.6%~5.6% NaCl eqv.，完全均一温度为 388 ~ 405℃，流体相密度为 0.54 ~ 0.58g/cm^3。含子矿物多相包裹体的气泡消失温度为 385 ~ 407℃，石盐子矿物消失温度为 295 ~ 333℃，完全均一温度为 385 ~ 407℃，盐度为 38%~41% NaCl eqv. 之间，流体相密度为 0.98 ~ 1.02g/cm^3（表 4.47，图 4.44B）。

石英-黄铁矿矿石的石英（样品 LY4-8）：富液两相包裹体的冰点在-14.5 ~ -10.1℃之间，盐度为 14.0%~18.2% NaCl eqv.，完全均一温度为 318 ~ 427℃，流体相密度为 0.74 ~ 0.79g/cm^3。富气两相包裹体的冰点在-4.6 ~ -3.4℃，盐度为 5.6%~7.3% NaCl eqv.，完全均一温度为 378 ~ 402℃，流体相密度为 0.61 ~ 0.64g/cm^3。含子矿物多相包裹体的气泡消失温度在 380 ~ 397℃，石盐子矿物消失温度为 247 ~ 267℃，完全均一温度为 380 ~ 397℃，盐度为 35%~36% NaCl eqv. 之间，流体相密度为 0.96 ~ 0.98g/cm^3（表 4.47，图 4.44C）。

方解石-黄铜矿-闪锌矿矿石的方解石（样品 LY30）：富液两相包裹体的冰点在-13.9 ~ -8.8℃之间，盐度为 12.6%~17.7% NaCl eqv.，完全均一温度为 359 ~ 427℃，流体相密度为 0.73 ~ 0.78g/cm^3。富气两相包裹体由于气液比达到 90% 以上，测温过程中气泡变化微弱，观察不到冰的融化情况，故未测到冰点，获得其完全均一温度为 342 ~ 410℃。含子矿物多相包裹体的气泡消失温度在 353 ~ 436℃，石盐子矿物消失温度为136～353℃，完全均一温度介于353～436℃之间，盐度介于29%～42% NaCl eqv. 之间，流体相密度为0.94～1.03g/cm³（表4.47，图4.44D）。

石英-黄铁矿-辉钼矿细网脉中的石英（LY29）：富液两相包裹体的冰点在-12.5～-3.9℃，盐度为6.3%～16.4% NaCl eqv.，完全均一温度为321～411℃，流体相密度为0.62～0.83g/cm³。富气两相包裹体由于气液比过高（>80%），未测到冰点，获得完全均一温度为395～401℃（表4.47，图4.44E）。

石英-黄铁矿矿石中的石英（LY1-5）：富液两相包裹体的冰点在-12.2～-10.5℃，盐度为14.5%～16.2% NaCl eqv.，完全均一温度为326～418℃，流体相密度为0.77～0.82g/cm³。富气两相包裹体的冰点在-3.8～-2.8℃，盐度为4.7%～6.2% NaCl eqv.，完全均一温度为333～419℃，流体相密度为0.54～0.55g/cm³。含子矿物多相包裹体的气泡消失温度在285～417℃，石盐子矿物消失温度为221～417℃，完全均一温度介于331～417℃之间，盐度介于33%～49% NaCl eqv. 之间，流体相密度为0.93～1.09g/cm³。该样品中的含子矿物多相包裹体的均一方式既有子矿物先消失，气泡后消失，又有气泡先消失，子矿物后消失的，表明部分成矿流体属于过饱和状态（表4.47，图4.44F）。

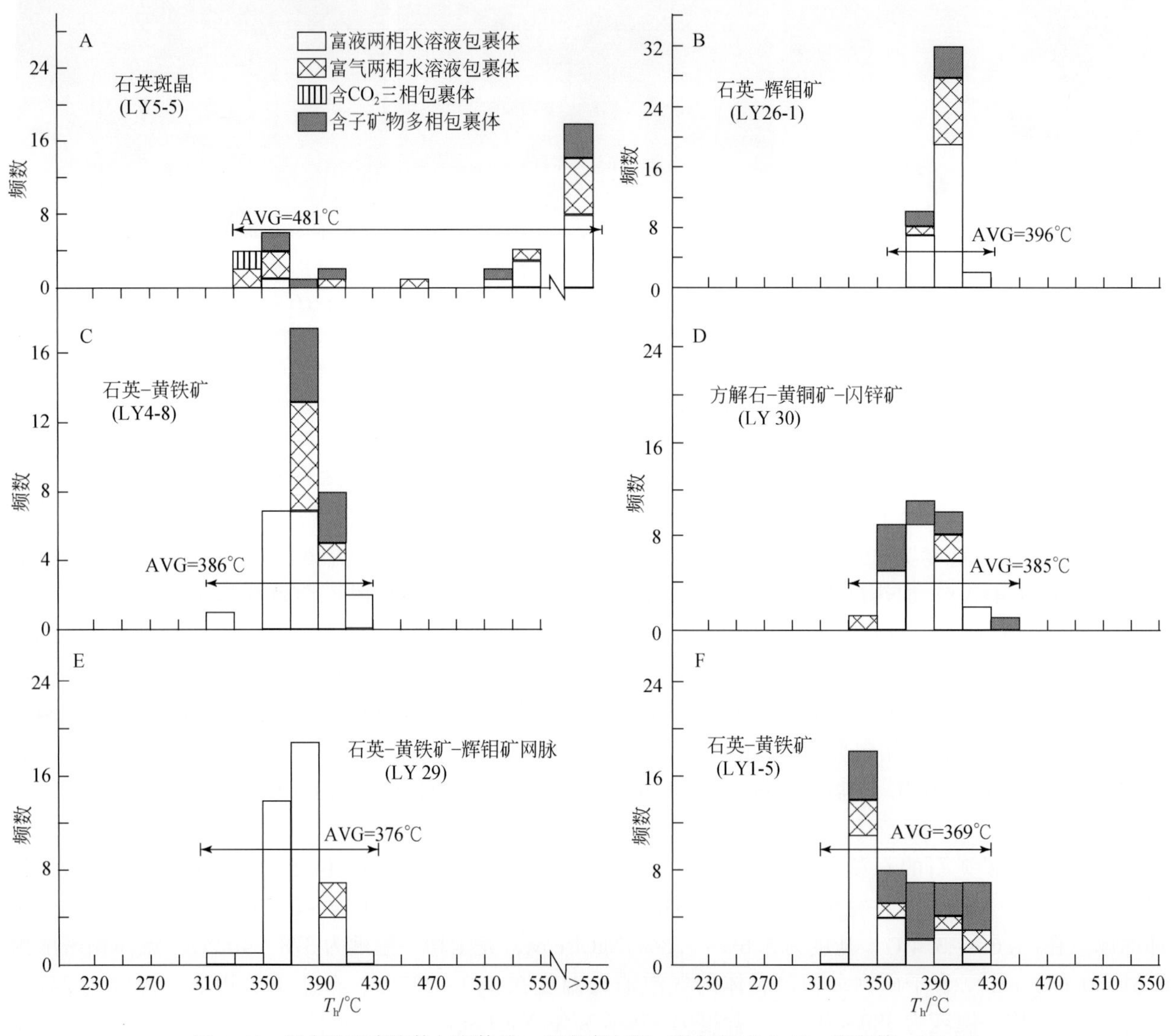

图4.44 银家沟矿床流体包裹体均一温度直方图（数据见表4.47；武广等，2013a）

A. 钾长花岗斑岩的石英斑晶中流体包裹体；B. 夕卡岩型钼矿石的石英中流体包裹体；C. 夕卡岩型硫铁矿石的石英中流体包裹体；D. 夕卡岩型铜-锌矿石的方解石中流体包裹体；E. 斑岩型钼矿石的石英中流体包裹体；F. 斑岩型硫铁矿石的石英中流体包裹体

表 4.47 银家沟硫铁多金属矿床流体包裹体显微测温结果及参数（武广等，2013a）

样品号	岩性	测试矿物	类型	大小/μm	气液比/%	测点/个	气液两相包裹体		含 CO_2 三相包裹体		含子晶三相包裹体		盐度/(% NaCl eqv.)	密度/(g/cm^3)
							冰点/℃	均一温度/℃	笼合物熔化温度/℃	均一温度/℃	子晶消失温度/℃	气泡消失温度/℃		
LY5-5	钾长花岗斑岩	石英	WL	6～20	5～20	13	-18.4～-16.8	368～>550					20.1～21.3	0.59～0.84
		石英	WG	9～15	50～85	14	-4.5～-3.2	341～>550					5.3～7.2	0.68～0.71
		石英	C	16～18	70～80	2			9.6～9.8	341～345			0.4～0.8	0.40～0.47
		石英	S	7～20	5～20	9					232～367	236～>550	34～44	0.82～1.07
LY26-1	石英-辉钼矿矿石	石英	WL	8～18	10～40	28	-14.5～-10.2	382～416					14.2～18.2	0.72～0.78
		石英	WG	9～15	60～90	10	-3.4～-2.1	388～405					3.6～5.6	0.54～0.58
		石英	S	7～10	5～10	6					295～333	385～407	38.2～40.8	0.98～1.02
LY4-8	石英-黄铁矿矿石	石英	WL	5～12	5～15	15	-14.5～-10.1	318～427					14.0～18.2	0.74～0.79
		石英	WG	6～8	60～80	7	-4.6～-3.4	378～402					5.6～7.3	0.61～0.64
		石英	S	6～7	5～10	8					247～267	380～397	35～36	0.96～0.98
LY30	白云石-方解石脉	方解石	WL	7～30	10～50	22	-13.9～-8.8	359～427					12.6～17.7	0.73～0.78
		方解石	WG	8～10	90～95	3		342～410						
		方解石	S	7～30	10～30	9					136～353	353～436	29～42	0.94～1.03
LY29	石英-黄铁矿-辉钼矿网脉	石英	WL	6～19	5～50	40	-12.5～-3.9	321～411					6.3～16.4	0.62～0.83
		石英	WG	8～9	85～90	3		395～401						
LY1-5	石英-黄铁矿矿石	石英	WL	5～13	5～30	22	-12.2～-10.5	326～418					14.5～16.2	0.77～0.82
		石英	WG	7～12	55～75	7	-3.8～-2.8	333～419					4.7～6.2	0.54～0.55
		石英	S	6～18	5～15	19					221～417	285～417	33～49	0.93～1.09

注：C 代表含 CO_2 三相包裹体，S 代表含子矿物多相包裹体，WG 代表富气两相水溶液包裹体，WL 代表富液两相水溶液包裹体。

4.3.4.4 包裹体成分分析

本次对银家沟矿床钾长花岗斑岩中的石英斑晶、各类脉石英及方解石中的包裹体进行了气相成分的激光拉曼光谱峰值扫描，代表性谱图见图4.45。

钾长花岗斑岩的石英斑晶中含子矿物多相包裹体的气相成分主要为 H_2O 和 CO_2（图4.45A）。夕卡岩型石英-辉钼矿矿石的石英中富液两相水溶液包裹体气相成分主要为 H_2O 和 CO_2（图4.45B）。夕卡岩型石英-黄铁矿矿石中的石英中富气两相水溶液包裹体气相成分主要为 H_2O 和 CO_2（图4.45C）。夕卡岩型

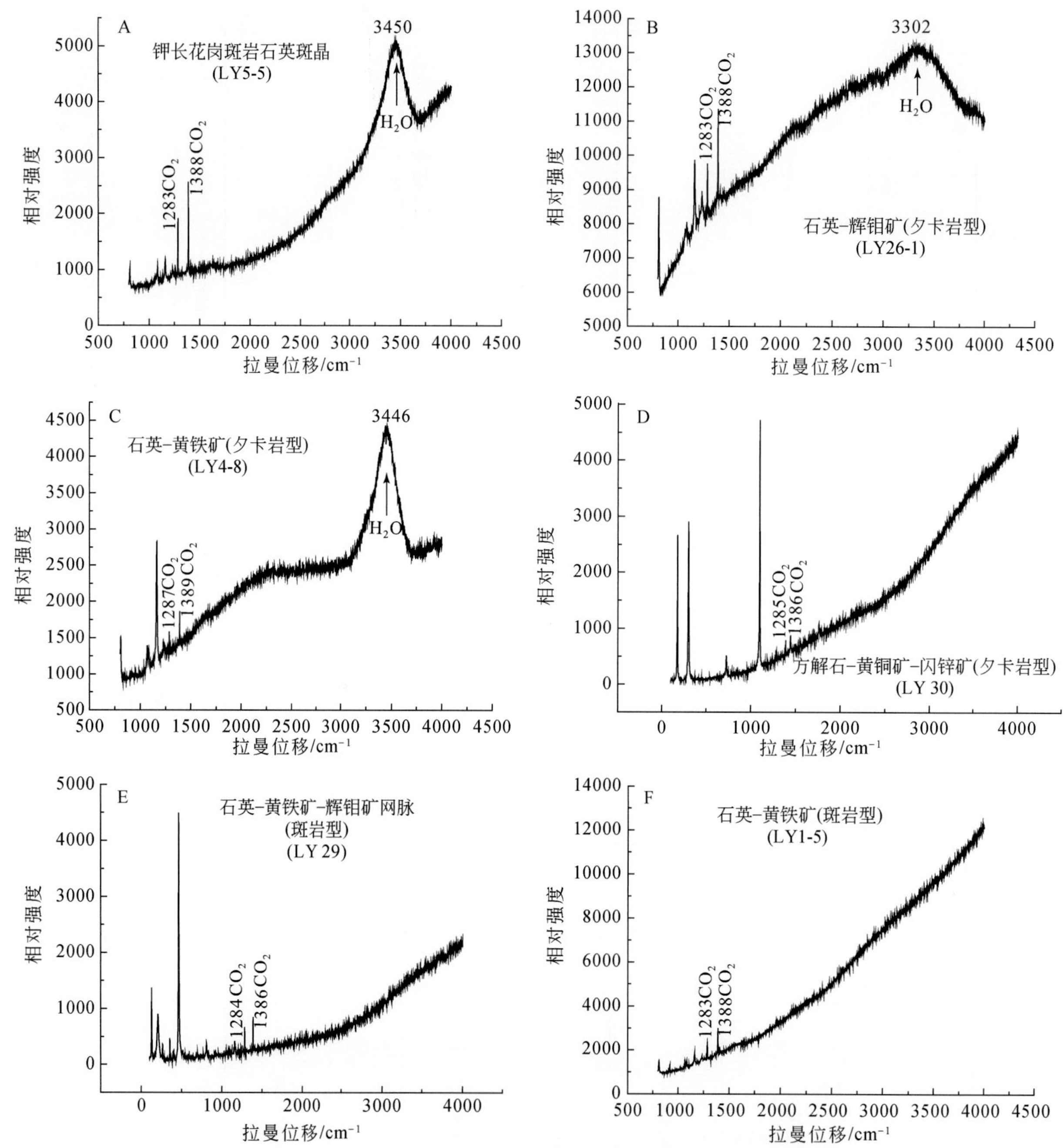

图4.45 银家沟矿床流体包裹体激光拉曼光谱图谱（武广等，2013a）

A. 钾长花岗斑岩的石英斑晶中含子矿物多相包裹体气相成分；B. 夕卡岩型钼矿石的石英中富液两相水溶液包裹体气相成分；C. 夕卡岩型硫铁矿矿石的石英中富气两相水溶液包裹体气相成分；D. 夕卡岩型铜-锌矿石的方解石中富气两相水溶液包裹体气相成分；E. 斑岩型钼矿石的石英中富气两相水溶液包裹体气相成分；F. 斑岩型硫铁矿矿石的石英中含子矿物多相包裹体气相成分

铜锌矿石的方解石中富气两相水溶液包裹体气相成分主要为 H_2O，亦有少量的 CO_2，个别包裹体的气相成分主要由 CO_2组成（图4.45D）。石英-黄铁矿-辉钼矿细网脉中的石英中的富气两相水溶液包裹体气相成分含少量 CO_2，个别包裹体气相成分主要由 CO_2组成（图4.45E）。斑岩型石英-黄铁矿矿石的石英中含子矿物多相包裹体气相成分主要为 H_2O，亦有少量 CO_2，个别包裹体气相成分主要由 CO_2组成（图4.45F）。

总体上，从石英斑晶，经夕卡岩型矿石，到斑岩型矿石，成矿流体 CO_2含量逐渐减少，由早期的H_2O-NaCl-CO_2体系演化为 H_2O-NaCl±CO_2体系，成矿流体总体上属于 H_2O-NaCl±CO_2体系。

4.3.4.5　成矿流体性质和演化

流体包裹体岩相学、显微测温及激光拉曼光谱分析结果表明，银家沟矿床的成矿流体具有典型岩浆热液矿床的流体特征。

钾长花岗斑岩的石英斑晶中以气液两相水溶液包裹体和含子矿物多相包裹体为主，其次为含 CO_2三相包裹体。成矿流体具有高温（均一温度介于 341 ~ >550℃，平均 481℃）、高盐度（可达 44% NaCl eqv.）、含 CO_2特点，属于 H_2O-NaCl-CO_2体系。

产于接触带的石英-辉钼矿矿石、石英-黄铁矿矿石和方解石-闪锌矿-黄铜矿矿石均属于夕卡岩型。其流体包裹体以气液两相水溶液包裹体和含子矿物多相包裹体为主，成矿流体具有高温、盐度波动大的特点。其中，石英-辉钼矿矿石中的流体包裹体均一温度为382 ~416℃，平均396℃，盐度变化于3.6%~41% NaCl eqv. 之间；石英-黄铁矿矿石的流体包裹体均一温度变化于 318 ~427℃之间，平均386℃，盐度介于5.6%~36% NaCl eqv. 之间；方解石-闪锌矿-黄铜矿矿石中的流体包裹体均一温度介于342 ~436℃之间，平均385℃，盐度介于12.6%~42% NaCl eqv. 之间。岩相学研究中虽未在矿物中观察到含 CO_2三相包裹体，但激光拉曼光谱分析中均检测到一定量的 CO_2，表明成矿流体属于 H_2O-NaCl±CO_2体系。

产于钾长花岗斑岩体内部的细脉浸染型钼矿化和脉状的石英-黄铁矿矿石属于斑岩型矿体。其成矿流体特征与上述夕卡岩型矿石中流体特征类似。其中，细脉浸染型矿石中流体包裹体以气液两相水溶液包裹体为主，另有少量的含子矿物多相包裹体，其均一温度介于321 ~411℃之间，平均376℃，盐度介于6.3%~16.4% NaCl eqv. 之间；石英-黄铁矿矿石的流体包裹体均一温度变化于326 ~419℃之间，平均369℃，盐度介于4.7%~49.4% NaCl eqv. 之间。激光拉曼光谱分析中均检测到少量的 CO_2，表明成矿流体属于 H_2O-NaCl±CO_2体系。

从钾长花岗斑岩中的石英斑晶，经夕卡岩型矿体，到斑岩型矿体，成矿流体的温度逐渐降低。夕卡岩型和斑岩型矿体形成时的流体盐度明显高于钾长花岗斑岩中的石英斑晶中的流体包裹体盐度，暗示主成矿期成矿流体发生了沸腾作用。

总之，银家沟矿床成矿流体具有高温、高盐度的岩浆热液流体特征，总体上属于 H_2O-NaCl±CO_2体系。从夕卡岩型矿体到斑岩型矿体，其成矿温度逐渐降低。

4.3.5　矿床同位素地球化学

4.3.5.1　样品和测试

用于H、O同位素测试的样品包括830m中段Ⅱ号矿体的硫铁矿石、820m中段Ⅳ号矿体的硫铁矿石和850m中段Ⅰ号矿体附近的石英-辉钼矿矿石。对17件石英进行了氧同位素分析，并对其中15件样品的流体包裹体进行了氢同位素测试。测试工作在中国地质科学院矿产资源研究所完成，分析仪器为MAT253EM质谱计，氧同位素分析精度优于±0.2‰，氢同位素分析精度优于±2‰。石英水中氧同位素根据测试的石英中氧同位素采用分馏方程 $1000\ln\alpha_{石英-水}=3.38\times10^6T^{-2}-3.40$（Clayton et al.，1972）计算获得。

我们对蚀变钾长花岗斑岩中的硅化-黄铁矿化蚀变岩、网脉状辉钼矿矿石、Ⅰ～Ⅴ号硫铁矿体的多金属矿石以及白云岩层间裂隙中的铅锌矿石共35件样品开展了硫铅同位素测试。其中，黄铁矿样品32件，方铅矿样品3件。测试工作在核工业北京地质研究院分析测试研究中心完成。硫同位素采用MAT253气体同位素质谱分析，分析精度优于±0.2‰，硫化物参考标准为GBW-04414、GBW-04415硫化银标准，其$\delta^{34}S$分别是-0.07‰±0.13‰和22.15‰±0.14‰。铅同位素测量采用热表面电离质谱法，所用仪器型号为ISOPROBE-T，该仪器对1μg的$^{208}Pb/^{206}Pb$测量精度优于0.005%。

4.3.5.2 氢氧同位素

银家沟矿床17件石英样品的氧同位素和15件石英样品中流体包裹体氢同位素测试结果见表4.48。所用样品包括3件夕卡岩型石英-辉钼矿矿石，3件夕卡岩型硫铁矿石及11件斑岩型硫铁矿石。

表4.48显示，3件夕卡岩型辉钼矿矿石中石英$\delta^{18}O$值变化于8.1‰～11.2‰，δD值为-63‰～-52‰，计算$\delta^{18}O_{水}$值为4.0‰～7.1‰。3件夕卡岩型硫铁矿石中石英$\delta^{18}O$值变化于10.8‰～13.0‰，δD值-64‰～-52‰，$\delta^{18}O_{水}$值为6.4‰～8.6‰。11件斑岩型硫铁矿石中石英$\delta^{18}O$值变化于10.8‰～13.0‰，9件样品δD值为-62‰～-53‰，$\delta^{18}O_{水}$值为6.0‰～8.2‰。在氢氧同位素组成图中，绝大多数样品点投影到岩浆水范围内（图4.46），表明银家沟矿床成矿热液主要来自岩浆水，成矿与燕山期酸性岩体有关。

表4.48 石英及包裹体的氢氧同位素组成（V-SMOW标准；武广等，2013a）

样号	样品描述	分析对象	$\delta^{18}O_{石英}$/‰	T/℃	$\delta^{18}O_{水}$/‰	δD/‰
LY26-1	Ⅰ号矿体石英辉钼矿脉	石英	8.1	396	4.0	-63
LY26-4	Ⅰ号矿体石英辉钼矿脉	石英	11.2	396	7.1	-52
LY26-5	Ⅰ号矿体石英辉钼矿脉	石英	8.8	396	4.7	-57
LY21-1	Ⅱ号矿体石英黄铁矿脉	石英	10.8	386	6.4	-62
LY21-3	Ⅱ号矿体石英黄铁矿脉	石英	12.1	386	7.7	-64
LY21-4	Ⅱ号矿体石英黄铁矿脉	石英	13.0	386	8.6	-52
LY23-4	Ⅳ号矿体石英黄铁矿脉	石英	12.8	369	8.0	-60
LY23-6	Ⅳ号矿体石英黄铁矿脉	石英	12.2	369	7.4	-55
LY27-1	Ⅳ号矿体石英黄铁矿脉	石英	10.8	369	6.0	—
LY27-2	Ⅳ号矿体石英黄铁矿脉	石英	12.5	369	7.7	—
LY27-3	Ⅳ号矿体石英黄铁矿脉	石英	12.3	369	7.5	-59
LY27-4	Ⅳ号矿体石英黄铁矿脉	石英	12.4	369	7.6	-62
LY27-5	Ⅳ号矿体石英黄铁矿脉	石英	13.0	369	8.2	-53
LY27-6	Ⅳ号矿体石英黄铁矿脉	石英	11.6	369	6.8	-59
LY27-7	Ⅳ号矿体石英黄铁矿脉	石英	12.6	369	7.8	-54
LY27-8	Ⅳ号矿体石英黄铁矿脉	石英	12.2	369	7.4	-58
LY27-10	Ⅳ号矿体石英黄铁矿脉	石英	12.7	369	7.9	-56

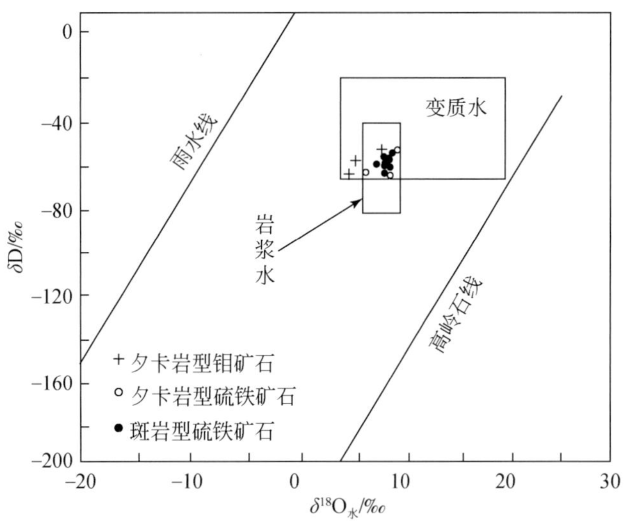

图 4.46　银家沟矿床 $\delta^{18}O_{水}$-δD 图（数据见表 4.48；武广等，2013a；底图据 Sheppard，1977）

4.3.5.3　硫同位素

银家沟矿床 29 件黄铁矿和 3 件方铅矿的硫同位素组成见表 4.49。

29 件黄铁矿的 $\delta^{34}S$ 值介于-0.2‰～+6.3‰之间，平均值为 1.8‰；3 件方铅矿的 $\delta^{34}S$ 值介于 1.1‰～1.5‰之间，平均值为 1.4‰。总体上，银家沟矿床金属硫化物的硫同位素组成接近 0 值，且塔式效应明显（图 4.47），表明银家沟矿床的硫源较为单一，主要为深源岩浆硫。个别样品的 $\delta^{34}S$ 值较高（4.2‰～6.3‰），暗示官道口群白云岩系中的少量硫酸盐活化并向成矿溶液中提供了部分重硫。

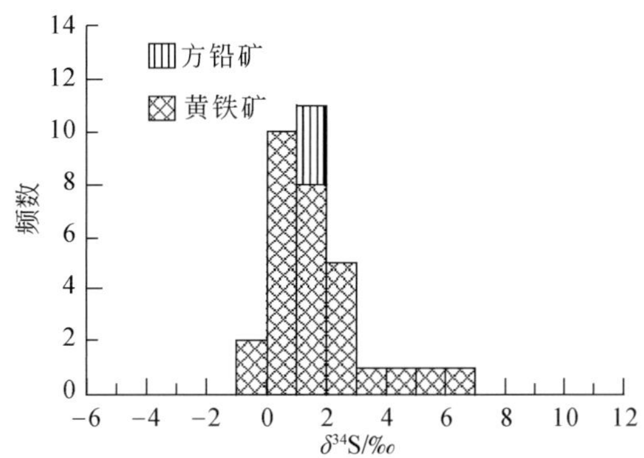

图 4.47　银家沟矿床硫同位素组成（数据见表 4.49；武广等，2013a）

4.3.5.4　铅同位素

银家沟矿床 32 件黄铁矿和 3 件方铅矿的铅同位素组成见表 4.49 和图 4.48。

由表 4.49 可知，银家沟矿床 32 件黄铁矿的 $^{206}Pb/^{204}Pb$ 值变化于 17.331～18.043 之间，$^{207}Pb/^{204}Pb$ 值变化于 15.444～15.500 之间，$^{208}Pb/^{204}Pb$ 值变化于 37.783～38.131 之间；3 件方铅矿的 $^{206}Pb/^{204}Pb$ 值介于 17.360～17.423 之间，$^{207}Pb/^{204}Pb$ 值介于 15.494～15.575 之间，$^{208}Pb/^{204}Pb$ 值介于 37.977～38.236 之间；矿石的铅同位素组成与成矿岩体的长石铅同位素组成一致。在 Zartman 和 Doe（1981）的 $^{206}Pb/^{204}Pb$ 与 $^{207}Pb/^{204}Pb$ 图解中（图 4.48a），银家沟矿床矿石铅同位素组成投影点基本上位于造山带与地幔演化线之间，而在 $^{206}Pb/^{204}Pb$ 与 $^{208}Pb/^{204}Pb$ 图解中（图 4.48b），样品投影点全部位于造山带与下地壳之间。

表 4.49　银家沟矿床金属硫化物硫、铅同位素分析结果及主要参数（武广等，2013a）

序号	样号	岩性	测试对象	$\delta^{34}S_{V-CDT}$ /‰	时代/Ma	铅同位素比值			μ	ω
						$^{206}Pb/^{204}Pb$	$^{207}Pb/^{204}Pb$	$^{208}Pb/^{204}Pb$		
1	LY1-1	浸染状硫铁矿	黄铁矿	0.8	143	17.559±2	15.485±2	37.992±5	9.34	40.04
2	LY1-2	浸染状硫铁矿	黄铁矿	0.4	143	17.394±2	15.453±2	37.836±5	9.31	40.09
3	LY1-4	浸染状硫铁矿	黄铁矿	0.6	143	17.596±2	15.471±1	37.869±3	9.31	39.06
4	LY1-6	浸染状硫铁矿	黄铁矿	0.6	143	17.496±1	15.467±1	37.923±3	9.32	39.95
5	LY2-2	石英-黄铁矿细脉	黄铁矿		143	18.006±1	15.490±1	38.131±3	9.29	37.83
6	LY2-3	石英-黄铁矿细脉	黄铁矿	0.7	143	17.442±2	15.456±2	37.882±5	9.30	40.01
7	LY2-4	石英-黄铁矿细脉	黄铁矿	0.6	143	17.559±3	15.454±3	37.981±6	9.28	39.65
8	LY2-7	石英-黄铁矿细脉	黄铁矿	0.5	143	18.043±5	15.488±4	38.056±11	9.28	37.26
9	LY2-12	磁铁矿矿石	黄铁矿	−0.2	143	17.826±3	15.489±2	37.921±6	9.31	38.00
10	LY2-13	磁铁矿矿石	黄铁矿	−0.1	143	17.718±2	15.472±2	37.861±4	9.29	38.24
11	LY4-1	块状硫铁矿	黄铁矿	0.1	143	17.745±2	15.469±1	37.814±3	9.28	37.82
12	LY4-2	块状硫铁矿	黄铁矿	0.3	143	17.781±2	15.482±1	37.862±3	9.3	37.95
13	LY4-4	块状硫铁矿	黄铁矿	1.9	143	17.862±2	15.498±2	37.978±5	9.33	38.13
14	LY4-5	块状硫铁矿	黄铁矿	2.5	143	17.850±2	15.474±1	37.851±4	9.28	37.39
15	LY5-1	石英-黄铁矿细脉	黄铁矿	1.4	143	17.503±1	15.472±1	37.899±3	9.33	39.84
16	LY5-2	石英-黄铁矿细脉	黄铁矿	1.5	143	17.716±1	15.482±1	37.904±2	9.31	38.56
17	LY5-3	石英-黄铁矿细脉	黄铁矿	1.6	143	17.359±1	15.452±1	37.848±4	9.31	40.39
18	LY5-4	石英-黄铁矿细脉	黄铁矿	2.0	143	17.559±2	15.481±2	37.898±5	9.34	39.56
19	LY8-1	方铅矿矿石	方铅矿	1.5	143	17.360±2	15.494±3	37.977±6	9.4	41.48
20	LY8-2	方铅矿矿石	方铅矿	1.1	143	17.423±3	15.575±3	38.236±8	9.56	43.21
21	LY8-6	方铅矿矿石	方铅矿	1.5	143	17.406±2	15.540±2	38.143±6	9.49	42.48
22	LY12-1	石英-辉钼矿脉	黄铁矿	0.3	143	17.549±2	15.467±2	37.970±4	9.31	39.81
23	LY12-2	石英-辉钼矿脉	黄铁矿		143	17.594±2	15.464±2	37.953±4	9.3	39.39
24	LY12-3	石英-辉钼矿脉	黄铁矿		143	17.544±2	15.449±2	37.899±4	9.27	39.32
25	LY12-4	石英-辉钼矿脉	黄铁矿	6.3	143	17.487±2	15.454±1	37.903±3	9.29	39.78
26	LY12-5	石英-辉钼矿脉	黄铁矿	2.0	143	17.554±3	15.496±4	38.027±11	9.37	40.36
27	LY14-1	块状硫铁矿	黄铁矿	3.5	143	17.374±3	15.500±3	38.002±7	9.41	41.57
28	LY14-2	块状硫铁矿	黄铁矿	2.9	143	17.524±1	15.446±1	37.783±3	9.27	38.88
29	LY14-4	含铜硫铁矿	黄铁矿	6.0	143	17.331±1	15.444±1	37.798±3	9.3	40.26
30	LY15-1	含铜硫铁矿	黄铁矿	3.0	143	17.437±1	15.463±1	37.846±2	9.32	39.95
31	LY15-3	含铜硫铁矿	黄铁矿	2.4	143	17.367±1	15.458±2	37.833±4	9.32	40.33
32	LY15-5	含铜硫铁矿	黄铁矿	2.7	143	17.404±1	15.446±1	37.792±3	9.29	39.74
33	LY18-1	块状硫铁矿	黄铁矿	1.5	143	17.341±1	15.445±1	37.807±3	9.30	40.24
34	LY18-5	块状硫铁矿	黄铁矿	1.1	143	17.393±2	15.459±1	37.858±3	9.32	40.27
35	LY18-6	块状硫铁矿	黄铁矿	4.2	143	17.455±2	15.469±1	37.915±3	9.33	40.22

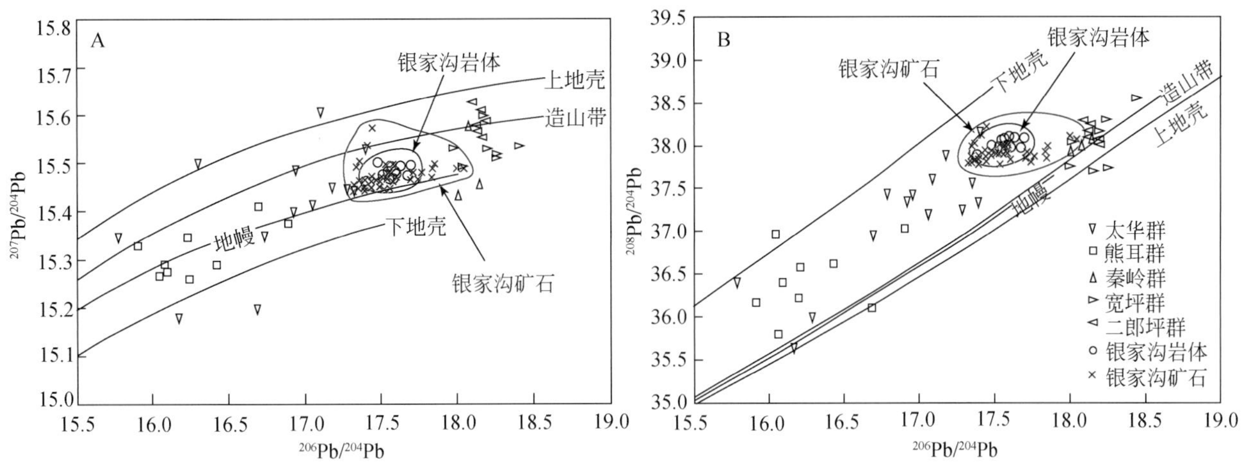

图 4.48　银家沟矿床矿石硫化物铅同位素组成（数据见表 4.49；武广等，2014）

4.3.5.5　成矿流体和成矿物质来源

由表 4.48 可知，银家沟矿床石英的 $\delta^{18}O_{石英}$ 变化于 8.1‰～13.0‰之间，平均为 11.7‰；本区燕山期深源浅成中酸性斑岩体 $\delta^{18}O$ 介于 6.0‰～12.0‰（胡受奚等，1998；李永军等，2002），平均值位于地壳重熔型花岗岩 $\delta^{18}O$ 众值范围（10.0‰～12.0‰，Chen et al.，2000）。这表明热液石英形成与燕山期中酸性侵入岩有关。银家沟矿床成矿流体 $\delta D_{水}$ 值介于-64‰～-52‰之间，$\delta^{18}O_{水}$ 值介于 4.0‰～8.6‰之间；绝大多数样品落入岩浆水范围（图 4.46），表明成矿热液主要来自岩浆水。

Ohmoto（1972）指出，热液矿床中硫化物的硫同位素组成是成矿溶液中总硫同位素组成（$\delta^{34}S_{\Sigma}$）、氧逸度（f_{O_2}）、pH、离子强度和温度的函数，也就是说热液硫化物硫同位素组成不仅取决于体系的 $\delta^{34}S$ 值，而且与体系的物理化学条件有关。当热液体系中以 H_2S 占优势，处于低 f_{O_2} 和低 pH 条件时，在平衡状态下，$\delta^{34}S_{\Sigma} \approx \delta^{34}S_{H_2S} \approx \delta^{34}S_{黄铁矿}$（吴永乐等，1987）。黄铁绢英岩化是银家沟矿床最主要蚀变类型，除了晚期夕卡岩阶段有少量磁铁矿产出外，硫铁多金属成矿阶段的硫化物主要为黄铁矿、黄铜矿、闪锌矿、辉钼矿，未见硫酸盐矿物。因此，银家沟矿床硫铁多金属成矿阶段热液体系中 H_2S 占绝对优势。由表 4.49 可知，银家沟矿床黄铁矿 $\delta^{34}S$ 值平均为 1.8‰，方铅矿 $\delta^{34}S$ 值平均为 1.4‰，总体上 $\delta^{34}S_{Py} > \delta^{34}S_{Gn}$，表明矿石硫同位素达到了平衡（Ohmoto，1986），黄铁矿硫同位素组成与热液体系总硫同位素组成相似，可以示踪体系中硫的来源。29 件黄铁矿 $\delta^{34}S$ 值平均为 1.8‰，表明其主要为火成来源；样品 LY12-4、LY14-4 和 LY18-5 的 $\delta^{34}S$ 值偏高，暗示地层沉积物可能提供了部分硫源。考虑到银家沟矿床钾长花岗斑岩为成矿母岩，矿区内广泛发育官道口群白云岩，认为银家沟矿床的矿石硫主要来自矿区内中酸性岩体，部分重硫可能来自官道口群白云岩，导致矿床硫同位素略高于陨石硫。

银家沟矿石及区域主要地质体的 Pb 同位素组成见图 4.48。银家沟矿床的矿石具有中等放射成因铅同位素特征，中等-较高的 μ 值（介于 9.27～9.56 之间，低于上地壳的 9.58，Doe and Zartman，1979），均表明铅来自下地壳。在图 4.48 中，矿石铅同位素组成投入银家沟杂岩体铅同位素组成范围，表明矿石铅主要来自银家沟杂岩。但是，矿石铅同位素变化范围明显大于银家沟岩体铅同位素变化范围，更靠近造山带和下地壳铅同位素演化线。我们认为，矿石铅主要来自银家沟岩体，但受到了少量浅源铅的混染。结合硫同位素示踪结果，认为浅源铅来自官道口群。

综上，银家沟矿床成矿物质和流体主要来自银家沟杂岩体，官道口群提供了少量成矿物质。

4.3.5.6　矿床成因类型

银家沟矿床成因类型主要有斑岩型、斑岩-热液脉型和斑岩-夕卡岩型 3 种观点。争论的焦点集中在是否存在夕卡岩型矿化及对接触带硫铁多金属矿化性质的认识。多数人认为夕卡岩发育较少，不能构成大的夕卡岩带，从而否认夕卡岩型，将斑岩型矿床的概念扩大化，认为银家沟矿床属于斑岩型矿床（徐国凤，1985；河南省地质矿产厅第一地质大队，1996）。一些研究者发现矿床中硫铁矿、铁、铜、锌、金矿体产于岩体与白云岩接触带，矿体形态严格受接触带产状及其附近断裂构造控制，矿石多呈致密块状产出，与典型斑岩型矿化明显不符，认为接触带矿化属于热液脉型。陈衍景和郭抗衡（1993）和颜正信等（2007）认为银家沟矿床属斑岩-夕卡岩复合型。

我们研究发现，银家沟矿床发育典型的镁质夕卡岩，如镁橄榄石、粒硅镁石等，只是夕卡岩形成后热液活动强烈，多数夕卡岩发生进一步蚀变，形成蛇纹石、金云母、滑石甚至绿泥石等；矿化在空间上呈规律性分带，从岩体内向外，依次出现细脉浸染型 Mo 矿化→脉型硫铁矿化→接触带磁铁矿化、辉钼矿化、硫铁矿化→接触带硫铁、Cu、Zn、Au 矿化→白云岩中的 Pb、Zn、Ag 矿化；成矿过程可以划分为夕卡岩期、热液期和表生期；主要矿种为硫、铜、铁、钼，而且硫铁矿总储量的 97% 产于接触带。据此，认为银家沟硫铁多金属矿床属于斑岩-夕卡岩型，岩体内部细脉浸染型钼矿化和脉型硫铁矿化属于斑岩型，接触带磁铁矿化、辉钼矿化、硫铁矿化及 Cu、Zn、Au 矿化属于夕卡岩型，而产于白云岩地层的 Pb、Zn、Ag 矿化为热液脉型。

4.3.5.7 矿质沉淀机制

前人研究表明，高盐度岩浆流体的形成机制可能有三种：①直接在岩浆温度条件下产生，岩浆房中的中酸性岩浆通过一定程度的结晶分离作用，使岩浆中的挥发分达到饱和或过饱和状态，并进一步分异出独立的高盐度的流体相，这一过程通常被称为“二次沸腾”（Cline，2003；Heinrich，2007）；②由中低盐度热液通过液态不混溶作用或减压沸腾作用形成，这一作用往往是由岩体顶部盖层破裂引起的，通常被称为“初始沸腾”（Cline，2003；Heinrich，2007）；③浅侵位岩浆结晶演化晚期从残浆中直接出溶而成（冷成彪等，2008）。

银家沟矿床钾长花岗斑岩石英斑晶中可见气液两相水溶液包裹体、含 CO_2 三相包裹体和含子矿物多相包裹体在同一石英中共存，均一温度相似（图 4.49），表明初始成矿流体是不混溶流体，暗示其可能是花岗质岩浆分异出来的残余硅酸盐熔体与流体共存的岩浆-热液过渡性流体，是“二次沸腾”的产物。因此，石英斑晶中的流体可能是在 500℃ 以上的温度条件下从岩浆直接出溶的流体。

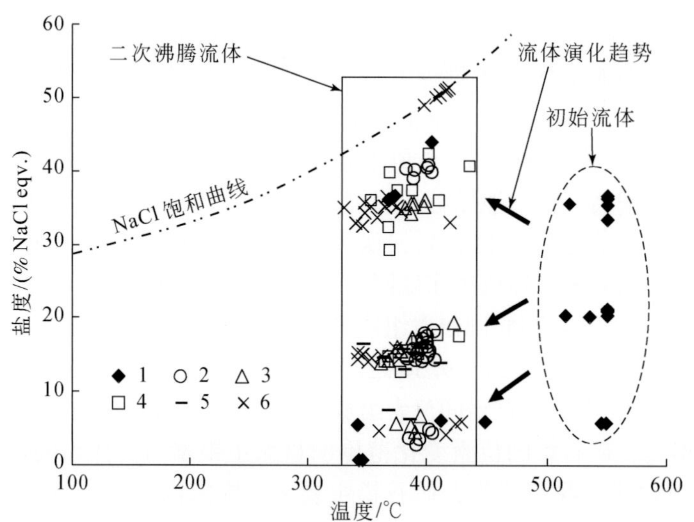

图 4.49 银家沟矿床流体包裹体盐度-均一温度关系图（数据见表 4.47；Wu et al.，2014；NaCl 饱和曲线引自卢焕章等，2004）
1. 钾长花岗斑岩的石英斑晶中流体包裹体；2. 夕卡岩型钼矿石的石英中流体包裹体；3. 夕卡岩型硫铁矿石的石英中流体包裹体；4. 夕卡岩型铜-锌矿石的方解石中流体包裹体；5. 斑岩型钼矿石的石英中流体包裹体；6. 斑岩型硫铁矿石的石英中流体包裹体

夕卡岩型钼矿化、硫铁矿化和铜锌矿化阶段均可见不同类型包裹体在同一石英或方解石内共存，而且这些不同充填度和盐度的包裹体均一温度相近（图 4.49），符合流体不混溶作用或沸腾作用的特征（卢焕章等，2004；李光明等，2007），指示夕卡岩型矿体形成时流体发生过沸腾，其均一温度范围大致介于350～410℃之间，集中于385～395℃之间（图4.44和图4.49）。

斑岩型钼矿化、硫铁矿化阶段亦可见富液两相水溶液包裹体、富气两相水溶液包裹体和含子矿物多相包裹体在同一石英中共存，均一温度相似（图4.49），证明流体发生沸腾作用，其均一温度范围大致介于330～400℃之间，集中于370～375℃之间（图4.44和图4.49）。

流体沸腾是成矿物质从热液中沉淀的最重要机制之一（陈衍景等，2007；胡芳芳等，2007；李文博等，2007；武广等，2007；Klemm et al.，2008）。银家沟矿床成矿前石英斑晶、成矿期夕卡岩型矿体和斑岩型矿体中的流体均为不混溶流体。其中，石英斑晶中的初始流体为“二次沸腾”的产物，而夕卡岩型和斑岩型矿体的成矿流体是“初始沸腾”的产物。Roedder（1984）认为，当流体发生沸腾作用时，流体内压和外压相等，此时捕获的包裹体，其均一温度代表流体形成时的温度，无需压力校正。因此，本书报道的流体包裹体均一温度代表了银家沟矿床的形成温度，即银家沟矿床夕卡岩型矿体主要形成于385～395℃之间，而斑岩型矿体形成温度主要介于370～375℃之间。

总之，银家沟矿床属于高温岩浆热液矿床，夕卡岩型硫、铁、钼、铜、锌矿体形成温度略高于斑岩型钼和硫矿体形成温度，流体多次沸腾作用是矿质沉淀的主要机制。

4.3.6　成矿年代学

4.3.6.1　辉钼矿 Re-Os 同位素年代学

用于 Re-Os 同位素定年的5件辉钼矿样品采自银家沟矿床850中段Ⅰ号夕卡岩型磁铁-硫铁矿体附近的石英-辉钼矿脉中，辉钼矿呈稠密浸染状或团块状产出（图4.50a）。此外，在钾长花岗斑岩体中心发育斑岩型钼矿化，但因辉钼矿多沿钾长花岗斑岩的裂隙面呈薄膜状分布，无法挑选出用于辉钼矿 Re-Os 定年的辉钼矿样品。

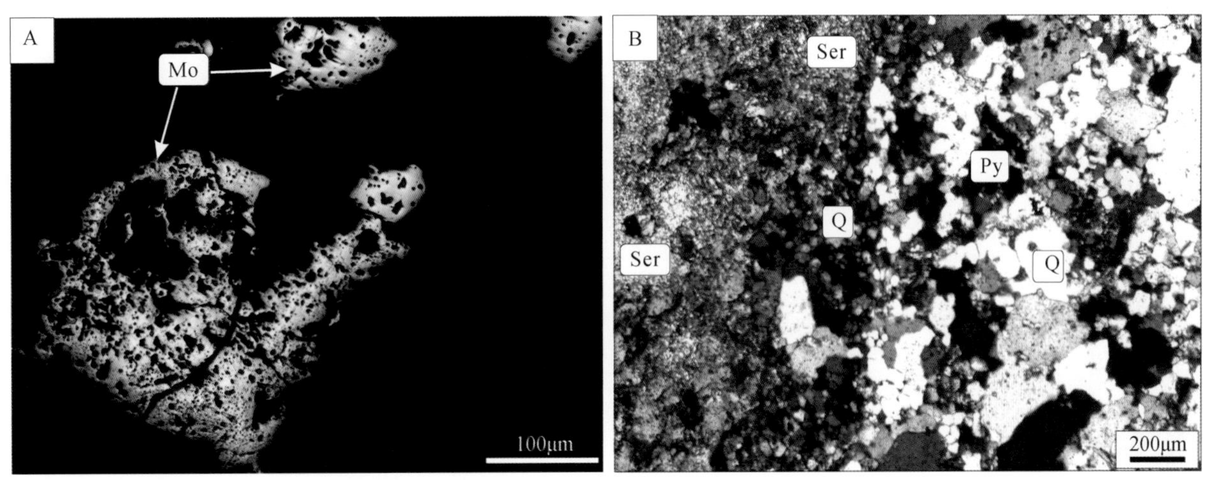

图4.50　银家沟矿床脉状石英-辉钼矿矿石（A）和蚀变钾长花岗斑岩（B）（武广等，2013b）
图中缩写：Mo. 辉钼矿；Py. 黄铁矿；Q. 石英；Ser. 绢云母

样品经粉碎、分离、粗选和精选，获得纯度>99%的辉钼矿单矿物，辉钼矿晶体新鲜、无氧化、无污染。辉钼矿样品分解，Re、Os 纯化分离前处理和 Re、Os 含量 ICP-MS 分析均在北京国家地质实验测试中心完成。铼、锇化学分离步骤和质谱测定主要包括样品分解、蒸馏分离 Os、萃取分离 Re 和质谱测定4个步骤。样品分析依杜安道等（1994，2001，2007，2009）、屈文俊等（2003，2009）、李超等（2009）的流程，在200℃卡洛斯管封闭溶样，蒸馏吸收 Os，丙酮萃取 Re。Re、^{187}Re 和^{187}Os 含量采用美国 TJA 公司生产的 TJA PQ ExCell ICP-MS 测得。普通 Os 是据 Nier 值的 Os 同位素丰度，通过测定^{192}Os/^{190}Os 值算得，^{187}Os 是^{187}Os 同位素总量。对于 Re，选择质量数 185、187，用 190 监测 Os；对于 Os，选择质量数为 186、187、188、189、190、192，用 185 监测 Re。Re、Os 含量的不确定度包括样品和稀释剂的称量误差、稀释剂的标定误差、质谱测量的分馏校正误差、待分析样品同位素比值测量误差，置信水平 95%。模式年龄的不确定度还包括衰变常数的不确定度（1.02%），置信水平 95%。Re-Os 模式年龄的计算方程为：$t=1/\lambda\ln(1+{}^{187}\mathrm{Os}/{}^{187}\mathrm{Re})$，式中 λ 为^{187}Re 衰变常数，其值采用 $\lambda=1.666\times10^{-11}\mathrm{a}^{-1}$（Smoliar *et al.*，1996）。用 ISOPLOT 程序计算正、反等时线（Ludwig，1999）。

5 件辉钼矿样品 Re-Os 同位素测试结果见表 4.50。辉钼矿 Re 含量介于 $38.46\times10^{-6}\sim43.22\times10^{-6}$之间，Re-Os 模式年龄介于 142.9±2.1～143.7±2.3Ma 之间。计算其等时线年龄为 140.0±18Ma（MSWD=0.095，2σ），初始^{187}Os 为（1.4±7.7）$\times10^{-9}$（图 4.51A）；加权平均年龄值为 143.4±0.92Ma（MSWD=0.071，2σ）（图 4.51B），等时线年龄与加权平均年龄在误差范围内一致。考虑到该等时线年龄误差大于模式年龄加权平均值的误差，我们将模式年龄加权平均值认作辉钼矿结晶时间，即银家沟矿床夕卡岩型矿化年龄为 143.4±0.92Ma。

表 4.50　银家沟硫铁多金属矿床辉钼矿 Re-Os 同位素测试结果（武广等，2013b）

样品号	样重/g	Re/10^{-6}		Os/10^{-9}		^{187}Re/10^{-6}		^{187}Os/10^{-9}		模式年龄/Ma	
		测定值	2σ	测定值	2σ	测定值	2σ	测定值	2σ	测定值	2σ
LY26-1	0.04060	40.85	0.35	0.0081	0.0273	25.67	0.22	61.41	0.54	143.4	2.1
LY26-2	0.04027	39.03	0.34	0.0081	0.0362	24.53	0.21	58.64	0.50	143.3	2.1
LY26-3	0.04036	43.22	0.39	0.0081	0.0364	27.17	0.24	64.77	0.53	142.9	2.1
LY26-4	0.04050	40.36	0.43	0.0080	0.0269	25.37	0.27	60.82	0.49	143.7	2.3
LY26-5	0.10074	38.46	0.31	0.0108	0.0083	24.17	0.19	57.82	0.45	143.4	2.0

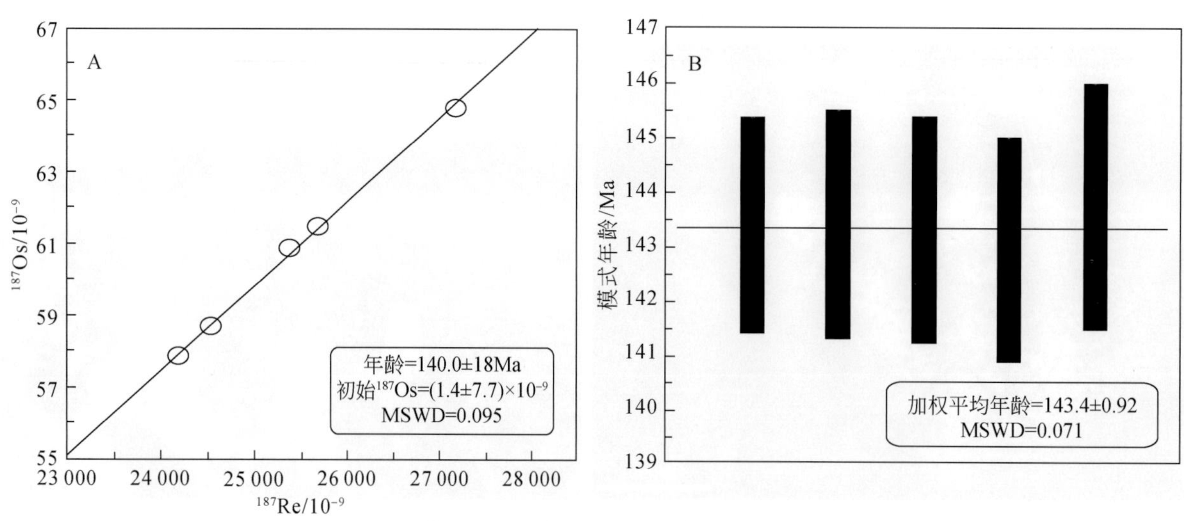

图 4.51　银家沟矿床辉钼矿 Re-Os 同位素等时线（A）和模式年龄加权平均值（B）（数据见表 4.50；武广等，2013b）

4.3.6.2　绢云母^{40}Ar-^{39}Ar 同位素年代学

我们尝试用绢云母^{40}Ar-^{39}Ar 定年方法确定银家沟矿床斑岩型矿化的年龄。用于^{40}Ar-^{39}Ar 定年样品采自钾长花岗斑岩体中心，为硅化、绢云母化、黄铁矿化、辉钼矿化钾长花岗斑岩。辉钼矿多沿钾长花岗斑岩裂隙面分布，呈薄膜状，少数呈细粒稀疏浸染状分布于岩体中；黄铁矿多沿石英细脉和网脉分布于岩体中；绢云母呈灰白色土状、团块状分布（图 4.50B）。因为绢云母比较细小，很难挑选出纯净的绢云母，因此，本次采用反选方法，即将样品破碎，尽量选出金属硫化物和石英等矿物，剩余样品即为纯净的绢云母，用于^{40}Ar-^{39}Ar 定年。

^{40}Ar-^{39}Ar 同位素定年在中国地质科学院地质研究所 Ar-Ar 同位素地质实验室进行。用于分析的绢云母样品经过选纯（纯度>99%）和超声波清洗后封进石英瓶中送核反应堆接受中子照射，照射工作在中国原子能科学研究院的“游泳池堆”中进行，使用 H8 孔道，其中子流密度约为6.0×10^{12}n/(cm^2·s)，照射总时间为 3064min，积分中子通量为1.10×10^{18}n/cm^2。同期接受中子照射的还有用作监控样的标准样 ZBH-25 黑云母国内标样，其标准年龄为 132.7Ma，K 含量为 7.6%。样品的阶段升温加热使用电子轰击炉，每一个阶段加热 30min，净化 30min。质谱分析在 MM-1200B 型质谱计上进行，每个峰值均采集 8 组数据。所有的数据在回归到时间零点值后再进行质量歧视校正、大气氩校正、空白校正和干扰元素同位素校正。系统空白水平：m/e=40、39、37、36 分别小于6×10^{-15}mol、4×10^{-16}mol、8×10^{-17}mol 和2×10^{-17} mol。中子照射过程中所产生的干扰同位素校正系数通过分析照射过的 K_2SO_4 和 CaF_2 来获得，其值为：$(^{36}Ar/^{37}Ar_o)_{Ca}=0.0002389$；$(^{40}Ar/^{39}Ar)_K=0.004782$；$(^{39}Ar/^{37}Ar_o)_{Ca}=0.000806$。^{37}Ar 经过放射性衰变校正，^{40}K 衰变常数$=5.543\times10^{-10}a^{-1}$，坪年龄误差以 2σ 给出。用 ISOPLOT 程序计算正、反等时线（Ludwig, 2001）。详细实验流程见有关文章（陈文等，2006；张彦等，2006）。

银家沟绢云母样品（LY24-1）的 12 个阶段的加热分析结果列于表 4.51。12 个温度阶段组成一个微受扰动的年龄谱，总气体年龄为 142.0Ma。其中 800～920℃的 4 个阶段组成了一个平坦的年龄坪，坪年龄为 143.6±1.4Ma，对应了 60.99% 的^{39}Ar 析出量（图 4.52a）。相应的^{39}Ar/^{36}Ar-^{40}Ar/^{39}Ar 等时线年龄为 143.0±2.0Ma（MSWD=0.13，图 4.52b），^{40}Ar/^{36}Ar 初始比值为 377±43。等时线年龄略低于坪年龄及^{40}Ar/^{36}Ar初始比值高于现代大气氩比值的事实表明，样品有微量放射性成因氩富集。另外，总坪年龄小于 800～920℃的 4 个阶段构成的 143.6Ma 坪年龄和 143.0Ma 的等时线年龄，其原因是样品白云母细小，挑选纯度不够，造成^{36}Ar 过剩。总之，我们认为 143.0Ma 的等时线年龄更接近绢云母 Ar 封闭年龄。考虑到银家沟矿床属于高温岩浆热液矿床，其成矿温度与绢云母的 Ar 封闭温度（300℃左右）基本一致。因此，绢云母 Ar 封闭年龄可代表成矿年龄，表明银家沟矿床斑岩型矿化发生在 143.0±2.0Ma。

表 4.51　银家沟矿床蚀变矿物绢云母^{40}Ar-^{39}Ar 阶段升温加热分析数据（武广等，2013b）

阶段	温度/℃	^{40}Ar/^{39}Ar	^{36}Ar/^{39}Ar	^{37}Ar/^{39}Ar	^{38}Ar/^{39}Ar	^{40}Ar /%	^{40}Ar*/^{39}Ar$_K$	^{39}Ar /10^{-14}mol	^{39}Ar 释放量/%	表面年龄 /Ma(±1σ)
样品 LY24-1，样重=30.74mg，绢云母，J=0.006367，坪年龄 T_p=143.6±1.4Ma，总气体年龄=142.0Ma										
1	700	25.7105	0.0572	0.0000	0.0293	34.27	8.8116	0.32	0.80	98.5±2.9
2	800	14.2590	0.0035	0.0134	0.0131	92.62	13.2075	8.10	21.54	145.7±1.4
3	840	13.1316	0.0005	0.0000	0.0123	98.87	12.9831	6.68	38.65	143.3±1.4
4	880	13.0312	0.0003	0.0062	0.0124	99.32	12.9425	5.45	52.60	142.9±1.4
5	920	13.0093	0.0004	0.0147	0.0126	99.15	12.8983	3.59	61.79	142.4±1.4
6	970	12.9571	0.0007	0.0337	0.0128	98.28	12.7340	2.86	69.11	140.6±1.4
7	1030	12.9129	0.0005	0.0000	0.0128	98.78	12.7551	3.48	78.03	140.9±1.4
8	1090	12.9431	0.0013	0.0215	0.0134	96.96	12.5495	2.95	85.59	138.7±1.4
9	1160	13.5167	0.0032	0.0000	0.0144	93.07	12.5806	2.10	90.98	139.0±1.4
10	1230	14.8786	0.0070	0.0000	0.0164	85.99	12.7940	1.93	95.92	141.3±1.4
11	1300	14.9594	0.0084	0.4990	0.0182	83.56	12.5045	1.31	99.27	138.2±1.7
12	1400	16.2299	0.0117	0.0169	0.0214	78.00	12.7774	0.28	100.00	141.1±5.8

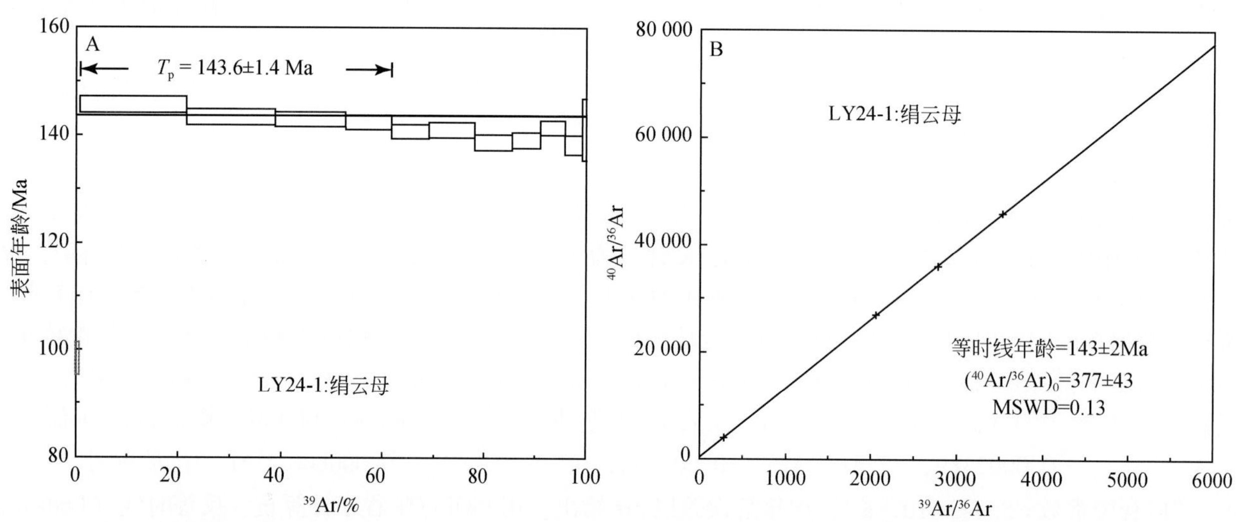

图 4.52 银家沟矿床蚀变矿物绢云母^{40}Ar-^{39}Ar 坪年龄（A）和等时线年龄（B）（数据见表 4.51；武广等，2013b）

4.3.6.3 成矿地球动力学背景

前述研究表明，从早期的二长花岗斑岩、钾长花岗斑岩到晚期的黑云母石英二长斑岩，银家沟杂岩体中的黑云母等镁铁质矿物含量增多，岩石基性程度增高；全岩 Sr-Nd 同位素特征显示成岩物质来源逐渐加深，与前人所总结的碰撞造山带花岗岩类演化特征一致（陈衍景和富士谷，1992；张增杰等，2002）。类似特征亦见于同时期的合峪岩体（Li et al.，2012a），被认为形成于加厚地壳或岩石圈的减压增温或伸展减薄过程。就东秦岭而言，作为前提条件的加厚地壳或岩石圈，则是通过扬子与华北大陆板块之间的碰撞挤压-板片堆叠而实现的。因此，银家沟斑岩-夕卡岩成矿系统发育的地球动力学背景是碰撞造山过程的挤压向伸展转变体制。

秦岭地区中生代花岗岩类研究表明：①三叠纪 I 型与 S 型花岗岩类（200～248Ma）时空紧密相依，且 I 型花岗岩表现出一定的成分极性特征，表明该时期属洋陆俯冲环境（Li et al.，2015）；②170～200Ma 期间，岩浆作用较为局限；③包括银家沟杂岩体在内的晚侏罗世—早白垩世花岗岩类（160～100Ma）广泛发育，具有碰撞型花岗岩类的特征（陈衍景等，2000）；④100Ma 之后缺乏中酸性岩浆岩，但发育同时期的基性火山岩（陈衍景，2010）。上述花岗岩类发育的时间序列完全符合秦岭地区由俯冲、同碰撞、碰撞过程的挤压向伸展转变期、到碰撞后拉张环境转变的动力学过程。此外，来自地层、变质变形、古地磁、构造解析等方面的研究成果亦与上述认识吻合（详见李诺等，2009b；Chen and Santosh，2014；Li and Pirajno，2017）。总之，银家沟斑岩-夕卡岩成矿系统形成于碰撞造山过程由挤压向伸展转变阶段。

4.3.7 小结

（1）银家沟杂岩体主要由二长花岗斑岩、钾长花岗斑岩组成，并有少量的石英闪长斑岩、黑云母石英二长斑岩和闪长玢岩。锆石 SHRIMP U-Pb 定年表明，二长花岗斑岩、钾长花岗斑岩近乎同时形成，年龄分别为 147.8±1.6Ma 和 147.5±2.1Ma；黑云母石英二长斑岩形成略晚，年龄为 142.0±2.0Ma。

（2）银家沟杂岩体形成于中生代陆内俯冲过程的挤压向伸展转变阶段，其源区成分主要为向北俯冲的宽坪群、二郎坪群与华北克拉通基底太华群。

（3）银家沟矿床硫、铁、铜、锌矿体主要产于钾长花岗斑岩体与白云岩接触带，属于夕卡岩型；岩体内部发育钼矿体，并有少量的硫矿体，属于斑岩型；而产于白云岩中的铅锌银矿体属于热液脉型。银家沟硫铁多金属矿床主体上属于斑岩-夕卡岩型。

（4）银家沟矿床钾长花岗斑岩的石英斑晶中主要发育气液两相水溶液包裹体和含子矿物多相包裹体，

另有少量含 CO_2 三相包裹体；而夕卡岩型和斑岩型矿石中主要发育气液两相水溶液包裹体和含子矿物多相包裹体。成矿流体为高温、高盐度的不混溶流体，总体上属于 $H_2O-NaCl\pm CO_2$ 体系。

（5）H、O 同位素特征表明银家沟矿床成矿热液主要为岩浆水；S、Pb 同位素限制成矿物质主要来自矿区内的燕山期中酸性岩体，地层在成矿过程中亦提供了少量成矿物质。流体多次沸腾作用是银家沟矿床矿质沉淀的主要机制。

（6）银家沟矿床辉钼矿 Re-Os 等时线年龄为 140.0±18Ma（MSWD=0.095），模式年龄加权平均值为 143.4±0.92Ma（MSWD=0.071）；绢云母 $^{40}Ar-^{39}Ar$ 坪年龄为 143.6±1.4Ma，相应的 $^{39}Ar/^{36}Ar-^{40}Ar/^{39}Ar$ 等时线年龄为 143.0±2.0Ma（MSWD=0.13）。银家沟矿床形成于 143Ma 左右。

（7）银家沟矿床形成于碰撞造山过程中由挤压体制向伸展体制转换的背景。

4.4　秋树湾铜钼矿床

东秦岭钼矿带跨越华北克拉通南缘和北秦岭造山带两个大地构造单元，钼矿类型以斑岩型、夕卡岩型为主，成矿作用集中爆发于中生代（胡受奚等，1988；罗铭玖等，1991；陈衍景等，2000；李永峰等，2005；李诺等，2007）。区内成矿元素组合复杂，除 Mo 作为主要的矿化元素外，伴生元素见 Au、U、REE、Nb、Ta、Fe、Cu 等。总体而言，W 等亲石元素矿化强烈而普遍，而 Cu 等亲铜元素矿化较差（李诺等，2007）。

河南省镇平县秋树湾斑岩-夕卡岩型矿床是东秦岭地区唯一的 Cu-Mo 组合矿床，由河南省有色地质三队发现于 20 世纪 70 年代。鉴于当时国家以铜为主的工作思路，勘探工作主要集中于北山铜矿段，于 80 年代提交铜储量 9.8 万 t，平均品位 0.72%，接近中型规模。后探明钼金属储量 1658t，平均品位 0.119%。此外还伴生有少量的 Ag、Pb 等（郭保健等，2006）。该矿床产于北秦岭造山带东段的二郎坪地体，而非多数矿床聚集的华北克拉通南缘，独具特色。因此，对该矿床开展研究，不但有利于揭示北秦岭造山带铜钼元素矿化规律，还可探索不同构造单元、不同成矿元素组合的斑岩-夕卡岩型钼金属成矿系统之间的异同，并为区内寻找类似矿床提供理论依据和支持。

4.4.1　成矿地质背景

4.4.1.1　区域地质

秋树湾铜钼矿位于北秦岭造山带东段的二郎坪地体（图 4.53）。北秦岭造山带整体呈狭长带状分布，其南、北边界分别为栾川断裂和商丹断裂。区内推覆构造发育，构造演化复杂（许志琴等，1986；张国伟等，1996a，1996b，2001；袁学诚，1997；张本仁等，2002）。

1. 地层

北秦岭由南向北依次发育秦岭群、二郎坪群和宽坪群（图 4.53），局部可见零星的三叠系。

秦岭群出露于朱夏断裂以南，商丹断裂以北，历经多期变质变形作用，岩性、时代复杂，变质程度从西向东增高，由低角闪岩相经角闪岩相递增至麻粒岩相（桐柏地区）（游振东等，1991）。主要岩性是片麻岩、斜长角闪岩、钙硅酸盐和大理岩，多呈透镜状断续分布，其原岩为碎屑岩、灰岩和陆相拉斑玄武岩互层（张宗清等，1994）。秦岭群自下而上划分为郭庄组、雁岭沟组和石槽沟组。郭庄组总体为一套中深变质的碎屑岩-碳酸盐岩夹火山岩组合，主要岩性为二云（黑云）石英片岩、二云斜长片岩夹斜长角闪片岩、薄层状石英岩及少量大理岩等，原岩绝大部分为杂砂岩及黏土质岩石，其中杂砂岩成分复杂，成熟度低，具近源快速沉积的特点（燕长海，2007）。雁岭沟组主要岩性为白云质大理岩、白云岩及含石墨大理岩等，原岩主要为浅海相碳酸盐岩夹钙泥质岩（河南省地质矿产局，1989）。石槽沟组主要岩性为含榴斜长角闪岩、夕线石黑云斜长片麻岩等。秦岭群的形成时代尚存争议。张宗清等（1994）获得秦岭

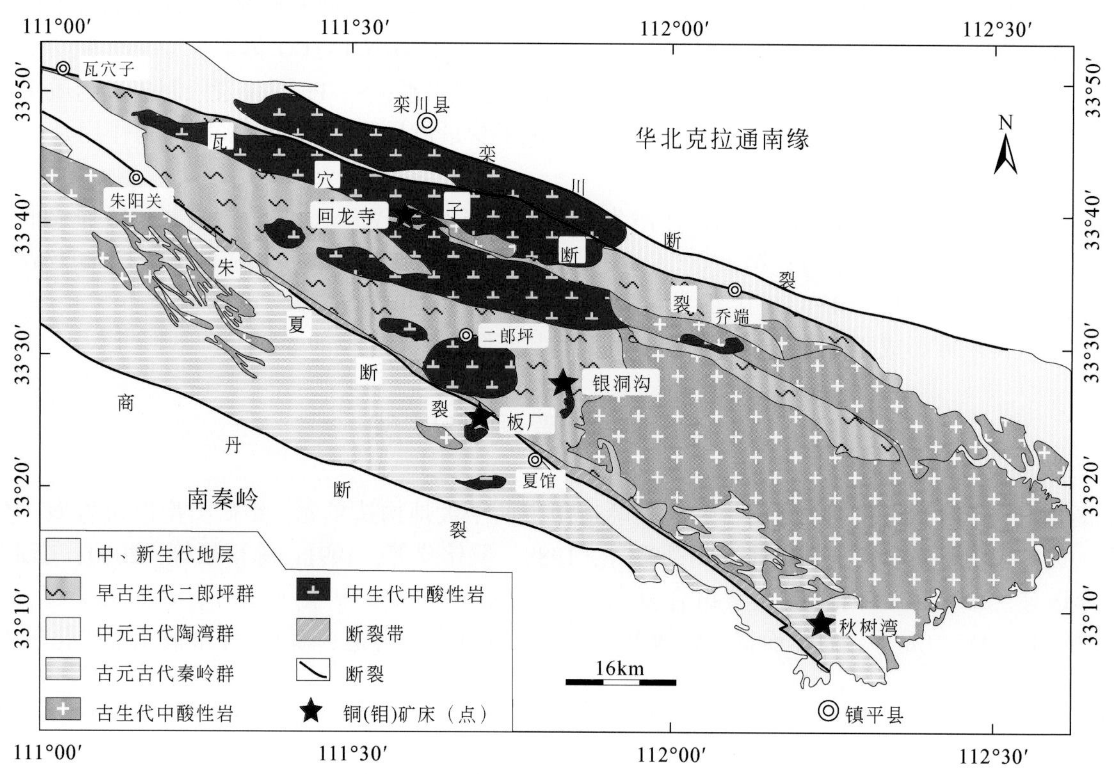

图 4.53 北秦岭河南段区域地质简图（据仇建军，2006 改绘）

群副片麻岩中碎屑锆石的 U-Pb 年龄为 2172 ~ 2267Ma，角闪岩（变拉斑玄武岩）全岩 Sm-Nd 等时线年龄为 1987±49Ma，认为属于古元古代。时毓等（2009）通过 LA-ICP-MS 锆石 U-Pb 方法获得秦岭群 3 个正变质岩样品的原岩年龄为 971 ~ 843Ma。杨力等（2010）对丹凤-西峡地区 5 件片麻岩样品开展了锆石 U-Pb 年代学研究，获得岩浆成因锆石年龄集中在 1400 ~ 1600Ma 和 850 ~ 950Ma，6 粒变质成因锆石年龄为 510 ~ 465Ma。杨经绥等（2002）获得狮子坪超高压榴辉岩相秦岭群岩石的含柯石英变质成因锆石 U-Pb 年龄为 507±38Ma。陆松年等（2009）获得商南西沟一带基性麻粒岩的变质年龄为 512.4±9.2Ma，夕线石榴黑云石英片岩的变质年龄为 420.8±2.7Ma，夕线黑云斜长片麻岩的深熔浅色脉体形成年龄为 499.3±4.3Ma。

宽坪群呈带状分布于瓦穴子断裂与栾川断裂之间，主要由绿片岩、角闪岩、二云石英片岩、含碳云母石英片岩和大理岩组成，其源岩为变质火山岩和陆源碎屑岩。基性火山岩来自亏损地幔源区，碎屑物质来自南部秦岭群和北部太华超群（Gao et al., 1991；张宗清等，1994；张本仁等，2002）。宽坪群作为一套杂岩，时代争论较大。部分岩石 Sm-Nd 等时线年龄等显示宽坪群属中-新元古代（1142 ~ 986Ma；张寿广等，1991；张宗清等，1994；张国伟等，2001）。陆松年等（2009）获得商州北宽坪四岔口组变石英砂岩碎屑锆石年龄峰值为 500 ~ 400Ma。第五春荣等（2010）获得 3 个变沉积岩样品中最年轻的碎屑锆石年龄为 600±68Ma、689±59Ma 和 632±57Ma，涝峪地区宽坪群绿片岩锆石年龄为 943±6Ma。王宗起等（2009）在陕西省户县马召、商县板桥以北、北宽坪-焦安沟等地变质变形相对较弱的碎屑岩中发现了大量奥陶纪古生物化石。总体而言，宽坪群有待研究解体（第五春荣等，2010；Dong et al., 2011）。

二郎坪群分布于瓦穴子断裂与朱夏断裂之间，与秦岭群和宽坪群均为断裂接触，属火山-沉积岩系，普遍遭受低绿片岩相-角闪岩相变质。在南阳盆地以西，二郎坪群从上到下可分为小寨组、火神庙组和大庙组。小寨组厚度较大，主体是含碳质绢云母片岩和绢云母石英片岩，赋存有内乡万人洞金矿、银洞沟银多金属矿床等（王志光等，2001）；火神庙组属于以细碧岩为主的细碧岩-石英角斑岩建造（张宗清等，1994）。大庙组主要是硅质板岩、大理岩、变质凝灰质砂岩和石英角斑岩，总体属于酸性火山岩-陆源碎屑岩建造（张宗清等，1994）。南阳盆地以东的二郎坪群从上到下可划分为大河组、刘山岩组、张家大庄组、大栗树组、歪头山组。二郎坪群最初被确定为新元古代—早古生代（胡受奚等，1988；陈衍景和富士谷，1992）。张宗清等（1994）获得南召青石峡和西峡长探河地区二郎坪群底部细碧角斑岩的全岩 Sm-Nd 等时线年龄为 708±63Ma 和 822±80Ma；王学仁等（1995）在二郎坪群玄武岩夹层硅质岩中发现了早中奥陶世的牙形石和放射虫；赵姣等（2012）获得西峡-内乡地区二郎坪群 3 件基性火山岩样品的 LA-ICP-MS 锆石 U-Pb 年龄分别为 463±1.8Ma、475±1.5Ma 和 473±1.3Ma。

2. 构造

区内断裂构造发育，主体为 NWW 向，如瓦穴子断裂（走向 280°~300°，倾向 NE，倾角为 60°~80°）、朱夏断裂（总体走向 310°，倾向 SW，倾角 65°~85°；朱阳关以西转为倾向 NE，倾角 55°~85°）、商丹断裂等（图 4.53）。断裂构造控制了侵入体展布和内生成矿作用（罗铭玖等，2000）。

3. 岩浆岩

古生代花岗岩广泛分布、面积大，分为 S 型（五朵山复式花岗岩基）和 M 型（板山坪、西庄河、川心垛等）两类。S 型花岗岩岩性以黑云母二长花岗岩、黑云母花岗岩、含石榴子石白云母二长花岗岩为主。张宗清等（2006）获得黑云母二长花岗岩中黑云母的 ^{40}Ar-^{39}Ar 坪年龄为 370.7±4.7Ma。M 型花岗岩类为英云闪长岩、奥长花岗岩、花岗闪长岩、石英闪长岩等。其中，板山坪岩体角闪石 ^{40}Ar-^{39}Ar 坪年龄为 397±1.2Ma；西庄河岩体 Rb-Sr 等时线年龄为 388±24Ma（张宗清等，2006），LA-ICP-MS 锆石 U-Pb 年龄为 461±0.9Ma（郭彩莲和陈丹玲，2011）。

燕山期花岗岩在本区出露面积相对较小，既有 S 型的二郎坪、老君山等岩基，亦有 I 型的秋树湾、板厂等小型斑岩体。前者岩性为二长花岗岩，后者为花岗斑岩、花岗闪长斑岩和爆破角砾岩。这些燕山期岩体形成于古特提斯洋闭合之后，与东秦岭多金属矿化关系密切。

区内火山岩以二郎坪群火神庙组为代表，主要为喷溢相的变细碧岩、变细碧玢岩、变角斑岩和变石英角斑岩。这套海相火山岩普遍具有多韵律、多旋回、多阶段的特点，包括 3 个喷发旋回，每个旋回由 4~7 个喷发韵律组成（欧阳建平，1989；陈建立，2004）。该套岩系是块状硫化物矿床的重要赋矿地层，桐柏刘山岩、南召桑树坪-水洞岭和上庄坪等铜、锌矿床即产于其中。

4.4.1.2　矿区地质

秋树湾铜钼矿区位于北秦岭造山带东段，矿区南侧见有商丹断裂和朱夏断裂交汇，矿区北侧出露有加里东期五朵山花岗岩基（图 4.53）。区内出露地层为古元古代秦岭群雁岭沟组和郭庄组。雁岭沟组下段分布于矿区中南部，倾向 200°~220°，倾角 25°~50°；由北向南依次为白云质大理岩、大理岩、黑云母片岩、石英云母片岩、夕卡岩化大理岩、铁英片岩、石榴子石透辉石夕卡岩。其中夕卡岩化大理岩、石榴子石透辉石夕卡岩、黑云母片岩为主要含钼层位，发育夕卡岩型 Cu-Mo 矿化；大理岩中局部发育 Pb、Zn 矿化。郭庄组分布于矿区北部，倾向 215°~220°，倾角 60°~70°；由北向南为花岗片麻岩、大理岩。

矿区位于四棵树背斜的南翼，属南缓北陡的单斜构造。区内断裂构造发育，主要有 NW 向、NE 向及近 EW 向三组，其中前两者为该区的主体构造，与成矿关系密切，并直接控制着铜矿体的产出(图 4.54)。其中 F1 为 NW 向的逆冲断层，位于矿区北山北坡，纵贯全区，两端延伸矿区之外，倾向 200°~220°，倾角 60°~70°，区内控制深度达 600m，并在 8 线西 20m 处被 F2 错断。钻孔中见角砾岩与片岩、片麻岩接触，接触面可见擦痕。断裂带内有火成岩脉沿断层面侵入。F2 位于矿区西北部，为逆冲断层，全长 600 多米。倾向 310°~330°，倾角 70°。于 8 线以西错断 F1，水平断距 200 多米。断裂上盘为大理岩、石墨大理岩、石英云母片岩与下盘角砾岩接触，控制深度 200m。本区断层多为成矿前断层，对矿体没有破坏作用。

北山爆破角砾岩是秋树湾铜矿的主要赋存位置，铜储量占矿区总储量的 77.8%。角砾岩受断裂控制（图 4.54），平面为近椭圆形，剖面为一向南倾斜的筒状，出露面积 0.3km^2。角砾成分复杂，以大理岩角砾含量最多，其次为夕卡岩角砾、片岩角砾和花岗斑岩角砾等。角砾岩筒成分具有垂向分带性：下部角砾岩性成分复杂，但以花岗斑岩角砾居多，中上部大理岩角砾增多，地表几乎为单一的钙质胶结大理岩角砾。胶结物成分主要是夕卡岩矿物，其次为大理岩碎屑，亦表现出垂向分带性，岩筒上部以碳酸盐及

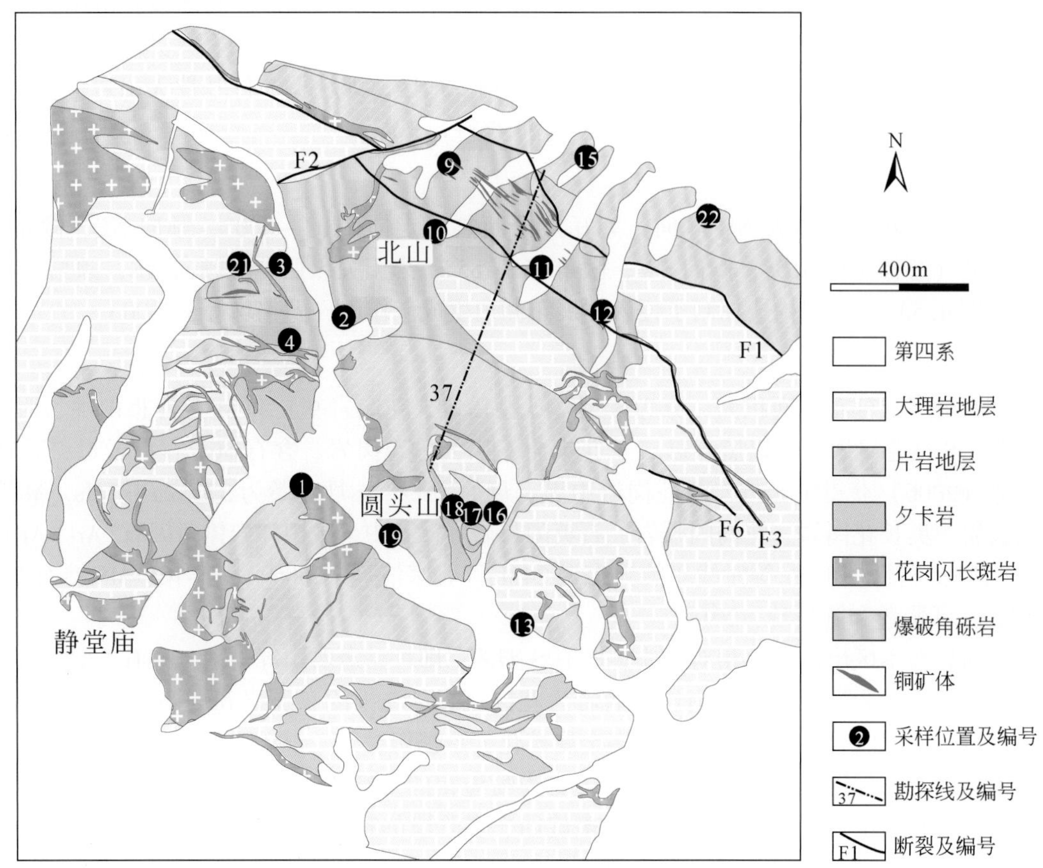

图 4.54 秋树湾矿区地质图（据河南有色地质三队未刊资料改绘）

岩屑、岩粉为主，下部则以晶屑及岩浆物质为主，并见黄铁矿、黄铜矿等硫化物作为胶结物出现（罗铭玖等，2000）。

4.4.2 成矿岩体特征

4.4.2.1 岩体地质和岩性

秋树湾岩体是秋树湾铜钼矿床的成矿母岩。岩体位于矿区中部偏西南，西起静堂庙，东至圆头山，东西长约 300m，南北宽约 200m，面积约为 0.06km^2（图 4.54，秦臻等，2011；张旭等，2011）。岩体为上大下小的桶状岩体，自南西向北东方向侵入于秦岭群之中，平面上呈椭圆形，轴向 110°，剖面上向南西倾斜，倾角 70°（图 4.55）。岩体边部很不平整，枝杈甚多，局部岩枝伸入围岩较远。从深部到浅部，花岗岩的结构由似斑状向斑状转变。此外，尚有少量由岩浆分异演化而成花岗斑岩、石英斑岩、钾长伟晶岩等。

秋树湾岩体岩性以黑云母花岗闪长斑岩为主，斑状结构，块状构造。其中斑晶含量约 15%~25%，主要由石英、斜长石、钾长石及黑云母和少量角闪石组成。石英斑晶具明显的熔蚀现象（图 4.56）。斜长石斑晶主要为奥长石-中长石（An_{22} ~ An_{34}），部分晶体具有环带结构（图 4.56）。钾长石的有序度较低(0.244)，表明岩浆结晶温度很高（胡受奚等，1988）。黑云母中 Mg 含量很高，$Mg^{2+}/(Fe^{3+}+Fe^{2+}+Mg^{2+})$ >0.38，属镁质黑云母（胡受奚等，1988）。基质为微晶结构，由钾长石（20%）、石英（20%）、斜长石（15%）、绢云母（5%）、角闪石（5%）及隐晶质组分（35%）组成（张旭等，2011）。其中角闪石多数已蚀变。副矿物含量变化大，包括磷灰石、榍石、锆石、金红石、褐帘石、磁铁矿、钛铁矿及金属硫化

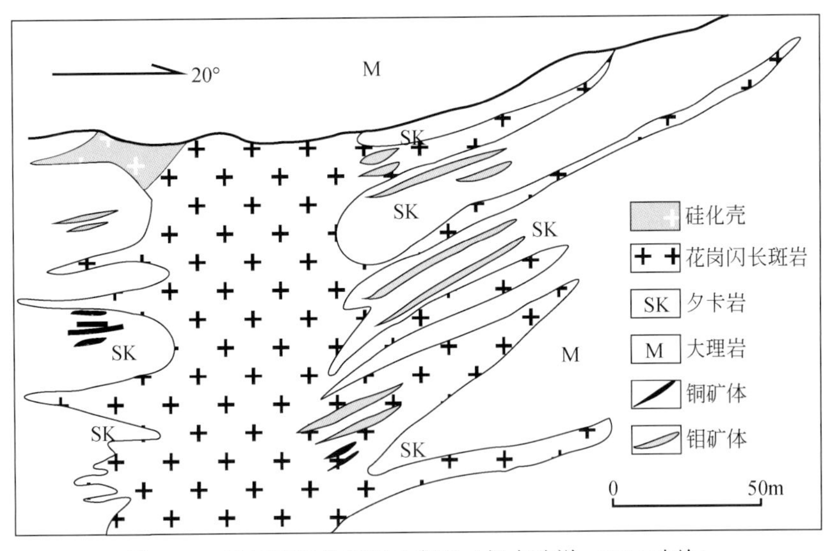

图 4.55 秋树湾岩体剖面示意图（据卢欣祥，1984 改绘）

物等，且磁铁矿含量大大高于钛铁矿。岩体局部硅化强烈，如圆头山及对面山等地的岩石几乎完全硅化（图 4.56F）。

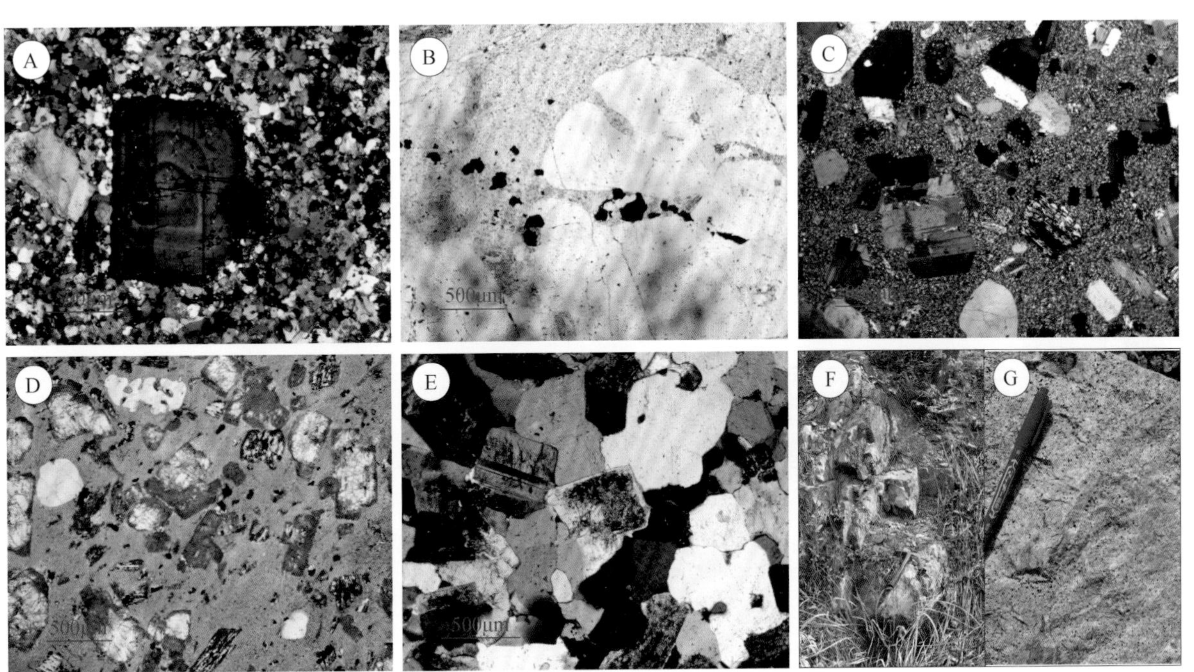

图 4.56 秋树湾岩体岩相学特征（李晶，2009）

A. 具有环带结构的斜长石斑晶；B. 斑晶的溶蚀位置充填的硫化物；C. 花岗岩闪长斑岩（正交偏光）；D. 具有溶蚀石英斑晶的花岗闪长斑岩（单偏光）；E. 黑云母花岗岩（正交偏光）；F. 硅化石英壳的野外露头照片；G. 新鲜的黑云母花岗斑岩

4.4.2.2 元素地球化学

胡受奚等（1988）、秦臻等（2011）、张旭等（2011）对秋树湾岩体的主量元素进行了测定（表 4.52）。岩体具有较高的 SiO_2（65.50%～74.71%，多数>70%）、Al_2O_3（12.40%～16.03%，多数>13%）、K_2O（3.45%～6.85%，多数>4%）和全碱含量（7.15%～9.18%，多数>8%），且多数样品的 $K_2O>Na_2O$；而 CaO（0.63%～3.83%，多数<3%）、MgO（0.10%～1.30%，多数<0.80%）含量较低。计算获得岩体的里特曼指数（σ）变化于 1.69～3.13，表明岩体属钙碱性系列。在 TAS 图解中，秋树湾

表 4.52 秋树湾岩体主量元素特征

（单位：%）

样品号	SiO_2	TiO_2	Al_2O_3	Fe_2O_3	FeO	MnO	MgO	CaO	Na_2O	K_2O	P_2O_5	烧失量	总计	σ	A/CNK	$Mg^{\#}$	K_2O/Na_2O	资料来源
CK308-2	65.50	0.47	15.16	1.59	1.99	0.06	1.30	3.83	3.64	3.96	0.16	1.67	99.33	2.57	0.88	0.41	1.09	胡受奚等，1988
CK309-17	71.72	0.13	13.34	1.74	1.73	0.02	0.12	1.38	2.49	6.19	0.09	0.68	99.63	2.62	1.00	0.06	2.49	胡受奚等，1988
CK303-9	70.48	0.32	13.59	1.00	1.75	0.04	0.64	1.84	3.56	4.85	0.15	1.59	99.81	2.57	0.94	0.30	1.36	胡受奚等，1988
CK31511-1（2）	73.16	0.23	13.28	0.57	1.28	0.00	0.18	1.14	2.54	6.54	0.05	0.88	99.85	2.73	0.99	0.15	2.57	胡受奚等，1988
CK31518-7	74.45	0.16	13.12	0.28	0.87	0.02	0.18	0.63	2.74	6.00	0.04	0.83	99.32	2.43	1.08	0.22	2.19	胡受奚等，1988
CK31519-20	73.52	0.27	12.67	0.51	1.32	0.00	0.28	0.95	2.09	6.85	0.06	0.94	99.46	2.62	1.01	0.22	3.28	胡受奚等，1988
CK32310-2	72.95	0.09	13.22	0.65	1.61	0.00	0.10	1.08	2.82	5.64	0.04	1.01	99.21	2.39	1.04	0.08	2.00	胡受奚等，1988
CK3310-13	67.92	0.43	14.29	2.00	1.50	0.00	1.27	2.27	2.98	4.65	0.21	1.78	99.30	2.34	1.01	0.41	1.56	胡受奚等，1988
CK3715-1（2）	74.59	0.30	12.76	1.15	1.09	0.02	0.26	1.75	2.91	4.40	0.12	0.58	99.93	1.69	1.00	0.18	1.51	胡受奚等，1988
Q1-2	71.15	0.24	13.18	1.02	1.37	0.08	0.66	1.80	3.13	5.11	0.13	2.13	100.00	2.41	0.94	0.34	1.63	秦臻等，2011
Q1-6	71.30	0.26	13.69	1.34	1.35	0.10	0.71	1.69	3.54	4.53	0.14	1.35	100.01	2.30	0.99	0.33	1.28	秦臻等，2011
Q1-13	72.32	0.15	13.63	1.13	1.08	0.09	0.54	2.19	3.83	3.67	0.07	1.30	99.97	1.92	0.96	0.32	0.96	秦臻等，2011
S2	73.01	0.19	14.14	0.18	1.04	0.07	0.27	1.44	3.08	6.10	0.07	0.75	100.34	2.81	0.99	0.29	1.98	张旭等，2011
S4	74.20	0.11	12.40	0.17	1.11	0.06	0.25	1.26	2.75	6.00	0.05	0.54	98.90	2.45	0.93	0.26	2.18	张旭等，2011
S3	68.02	0.33	15.03	0.87	1.63	0.06	0.81	3.01	3.70	5.00	0.16	1.02	99.64	3.03	0.88	0.38	1.35	张旭等，2011
S6	67.59	0.33	15.47	0.04	1.82	0.06	0.87	3.71	3.68	5.10	0.16	0.51	99.34	3.13	0.84	0.46	1.39	张旭等，2011
S7	74.71	0.38	13.15	0.24	1.04	0.05	0.12	1.08	2.90	5.85	0.05	1.08	100.65	2.41	1.00	0.15	2.02	张旭等，2011
S8	66.68	0.29	16.03	0.43	1.92	0.10	0.76	2.79	3.70	3.45	0.16	1.66	97.97	2.16	1.07	0.37	0.93	张旭等，2011

注：$\sigma=(Na_2O+K_2O)^2/(SiO_2-43)$；$Mg^{\#}=Mg^{2+}/(Mg^{2+}+Fe^{2+})$（摩尔比值）；$A/CNK=Al_2O_3/(Na_2O+K_2O+CaO)$（摩尔比值）。

岩体多数样品点落入花岗岩或石英二长岩范围内（图4.57A）。计算获得岩石的A/CNK变化于0.84～1.08，在A/CNK-A/NK图解中落入准铝质或弱过铝质花岗岩范围内（图4.57B）；在K_2O-SiO_2图解中落入高钾钙碱性-钾玄岩区域（图4.57C）。

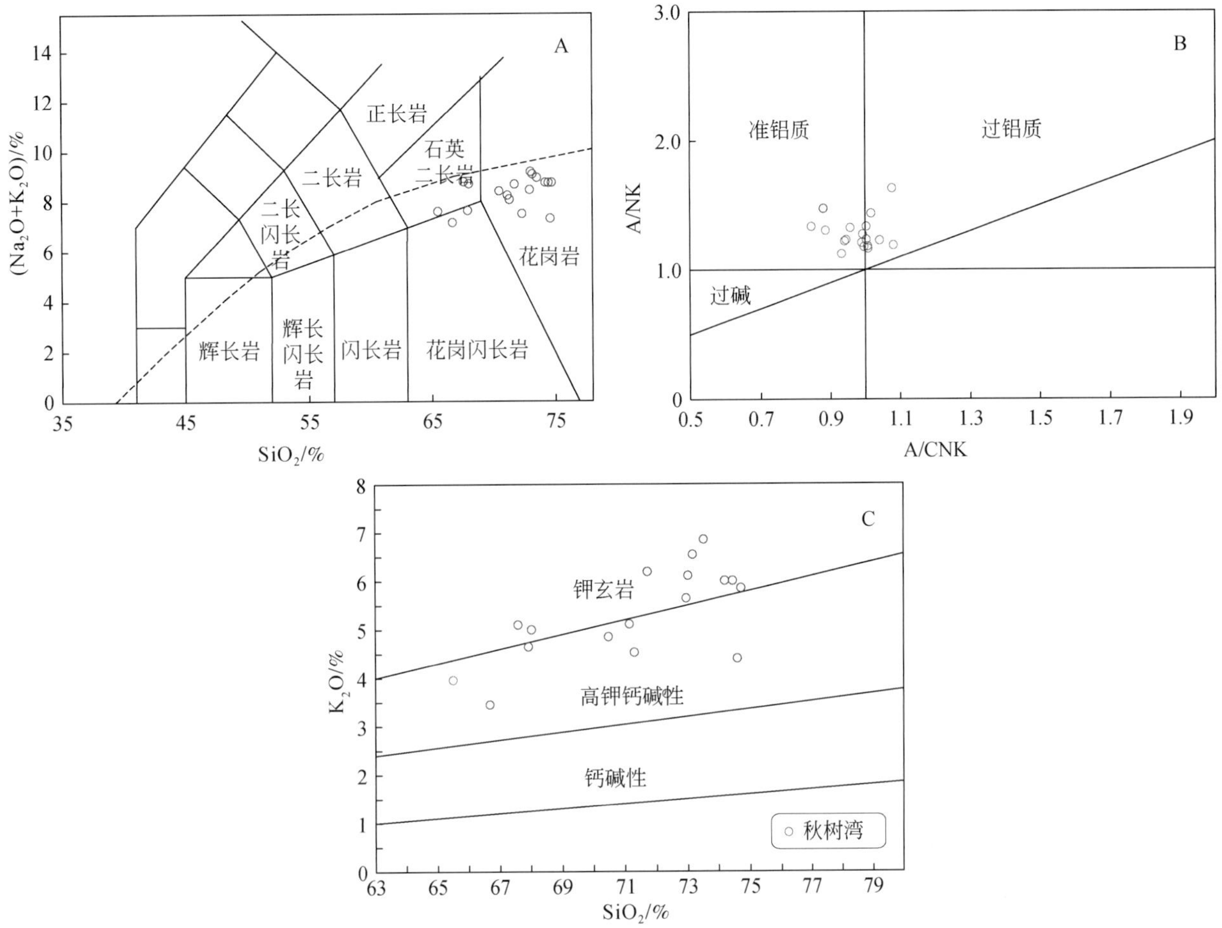

图4.57　秋树湾岩体SiO_2-(Na_2O+K_2O)（A）、A/CNK-A/NK(B)及SiO_2-K_2O图解（C）（数据见表4.52）

胡受奚等（1988）研究表明，秋树湾岩体具有较高的铁族元素（Co除外）及Cu、Mo、Pb、Zn等成矿元素含量（表4.53）。在原始地幔标准化的微量元素图解中，岩体亏损Nb、P、Ti等高场强元素，微弱富集Sr、Ba（图4.58A）。岩体的稀土元素总量（ΣREE）变化于90.50×10^{-6}～136.45×10^{-6}，在球粒陨石标准化的稀土元素配分图解中显示为右倾的曲线，无明显Eu、Ce异常（图4.58B）。

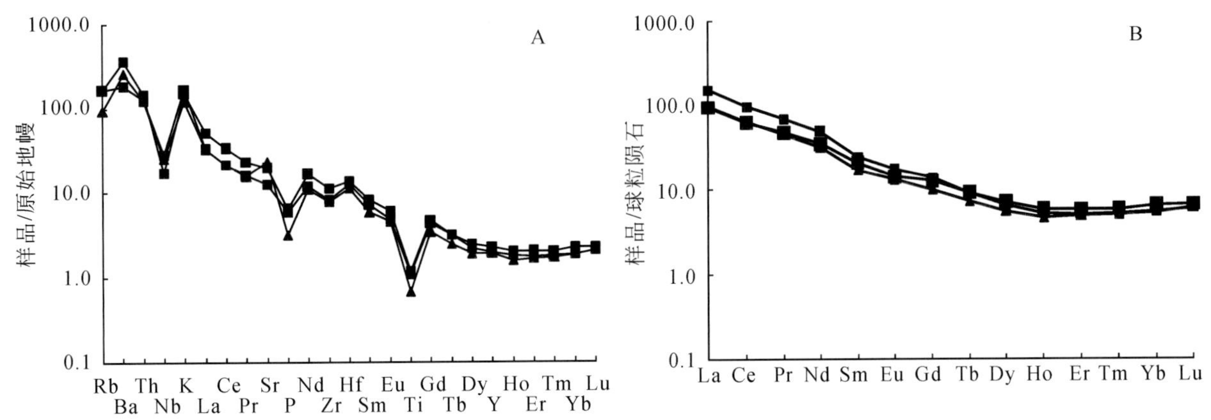

图4.58　秋树湾岩体微量元素蛛网图（A）和稀土配分曲线（B）（数据见表4.53）

原始地幔微量元素含量和球粒陨石稀土元素含量据Sun and McDonough，1989

表 4.53　秋树湾岩体微量元素特征　（单位：10^{-6}）

元素	花岗岩	花岗斑岩	黑云母花岗岩	花岗岩	花岗岩	花岗岩	花岗岩	花岗岩
B	1469.4	1993.3	897.7	183.5	1583.6	590	13.86	575.4
Ti	653.9	1656.1	2226.1	221	473.6	1480.4	977.5	1286.5
V	7.64	20.7	44.78	3.2	4.34	11.08	8.82	11.92
Cr	276.26	192.9	43.14	134.52	72.1	70.84	53.14	85.04
Fe	13768	19720	25119	13208	8243	9113	11482	13567
Co	4.24	7.3	11.52	2.24	1.92	3.3	4.02	3.94
Ni	8.04	7.04	6.86	7.58	2.48	3.4	3.38	3.17
Cu	1777.7	16.7	138.5	359.9	183.4	1296.8	624.9	551.8
Zn	201.8	59.0	414.0	396.3	34.3	336.5	301.5	271.9
Se	6	5.8	5.86	4.78	11.32	7.34	23.52	6.04
Mo	25.14	13.84	7.08	10.42	32.7	312.85	37.5	609.62
Sn	41.88	17.92	18.76	14.8	21.14	17.7	22.2	20.02
Sb	43.44	40.3	39.32	31.42	36.14	35.84	43.06	36.2
Sr	300.42	459.3	860.04	141.64	89.44	253.5	153.46	234.68
W	15.68	11.6	24.78	17.0	20.9	16.14	18.18	17.94
Pb	127.62	57.58	45.42	57.88	352.58	80.46	70.92	62.38
Bi	26.62	36.4	47.3	21.12	115.16	5.48	49.02	55.86

元素	花岗岩[a]	花岗岩[a]	含矿花岗岩[a]
Rb	103	103	59.4
Y	10.5	8.93	8.77
Zr	94.5	127.0	88.7
Nb	20.4	12.4	18.3
Cs	2.11	1.48	2.1
Ba	1291	2534	1806
Hf	3.9	4.28	3.54
Th	10.8	12.5	10.6
La	22.4	35.8	22.9
Ce	38.6	59.5	38.9
Pr	4.53	6.55	4.37
Nd	16.4	22.6	14.9
Sm	3.19	3.74	2.62
Eu	0.83	1.03	0.77
Gd	2.62	2.86	2.07
Tb	0.35	0.35	0.27
Dy	1.83	1.66	1.41
Ho	0.34	0.3	0.26
Er	0.97	0.85	0.81
Tm	0.15	0.13	0.13
Yb	1.13	0.93	0.93
Lu	0.17	0.15	0.16
ΣREE*	93.5	136.45	90.5
$(La/Yb)_N$*	14.22	27.55	17.7
δEu*	0.87	0.96	1.01
δCe*	0.94	0.95	0.95

注 a 者引自秦臻等，2011，其余引自胡受奚等，1988；注 * 者为本书作者计算值，其中，$\delta Eu = Eu_N/(Sm_N \times Gd_N)^{0.5}$；$\delta Ce = Ce_N/(La_N \times Pr_N)^{0.5}$；球粒陨石数据引自 Sun and McDonough，1989。

4.4.2.3　同位素地质年代学

不同学者对秋树湾岩体的形成时代开展了研究，获得的年龄跨度较大。尚瑞钧和严阵（1988）对 10 件全岩样品开展了 Rb-Sr 同位素分析，获得等时线年龄为 556Ma。任启江（1993）应用 ^{40}Ar-^{39}Ar 同位素方法获得其年龄为 142Ma。最近包志伟应用 SHRIMP 锆石 U-Pb 方法对黑云母花岗闪长斑岩进行了定年，获得其 $^{206}Pb/^{238}U$ 年龄变化于 149.9±2.2～141.9±2.3Ma，10 个数据给出的加权平均年龄为 145.9±1.5Ma（个人讨论），表明岩体形成于燕山期。

4.4.2.4　同位素地球化学

尚瑞钧和严阵（1988）曾对 10 件全岩样品开展了铷锶同位素分析，获得样品的 Rb 含量变化于 70.7×10^{-6}～282.0×10^{-6}，Sr 含量变化于 10.9661×10^{-6}～106.824×10^{-6}，$^{87}Sr/^{86}Sr$ 变化范围较大，为 0.70260～0.75429（表 4.54）。然而，10 件样品给出的等时线年龄为 556Ma，明显偏大。这可能是由于样品遭受后

期蚀变。因此，所给出的锶同位素组成不具备源区指示意义。

表4.54　秋树湾岩体锶同位素特征（尚瑞钧和严阵，1988）

样品号	$Rb/10^{-6}$	$Sr/10^{-6}$	$^{87}Rb/^{86}Sr$	$^{87}Sr/^{86}Sr$
CK308-8	89.6	78.9946	0.31768	0.70902
CK308-7	110.9	39.6315	0.78373	0.70541
CK309-17	232.1	34.6695	1.87502	0.71589
CK378-1	70.7	49.1180	0.40314	0.70260
CK31511-1	216.6	17.4100	3.48448	0.73092
CK31518-7	282.0	11.4662	6.88823	0.75429
CK31519-18	272.7	19.4445	3.92797	0.73895
CK32310-1	198.0	17.1478	3.23397	0.73346
CK32310-2	228.2	10.9661	5.82833	0.74941
CK5310-13	70.8	106.8240	0.18562	0.70617

胡受奚等（1988）对秋树湾岩体行了全岩氧同位素分析，获得2件黑云母花岗岩样品的$\delta^{18}O$分别为8.43‰和9.71‰；5件花岗岩的$\delta^{18}O$变化于7.77‰~10.93‰，集中于8.08‰~9.97‰；1件斜长花岗岩样品的$\delta^{18}O$为6.29‰；1件花岗斑岩样品的$\delta^{18}O$为7.97‰。

4.4.2.5　岩体成因

地球化学研究表明，秋树湾岩体具有较高的K_2O含量，属高钾钙碱性-钾玄岩系列的准铝质-弱过铝质花岗岩。岩体亏损Nb、P、Ti等高场强元素，富Sr、富Ba，且轻稀土相对于重稀土富集，Eu异常不明显，表明岩浆源区不存在斜长石残留相，来源深度较大。秦臻等（2011）将其归为高Sr、Ba花岗岩，并认为其形成于碰撞造山带内，源区具壳幔混源特征。结合岩体$\delta^{18}O$（6.29‰~10.93‰）略低于东秦岭中生代其他浅成斑岩体（7.2‰~12.1‰），认为岩体属改造成因，只是其源区成分地壳成熟度较低，使其岩性为花岗闪长岩，伴随Cu-Mo矿化。

4.4.3　矿床地质特征

4.4.3.1　矿体特征

秋树湾矿床由两部分组成：产于北部爆破角砾岩中的角砾岩型铜（钼）矿化（北山铜矿段）和产于花岗闪长斑岩及其外接触带的斑岩-夕卡岩型钼矿化（南山钼矿段）。

北山铜矿段共探明大小矿体76个，主要赋存于角砾岩筒的中上部，受次级羽状裂隙控制，呈叠瓦状排列（图4.59）。矿体多为似层状及不规则的透镜状，膨缩、尖灭、分支复合现象明显。在剖面上，矿体分布较为密集，间距不大，最大间距为40m，最小仅为1m左右（图4.59）。多数矿体延长300~500m，延深150~250m，厚3~10m，赋矿标高380~-140m。走向延长大于130m的矿体共26个，累计铜金属量为96421.2t，占矿区总铜金属量的98.09%。其中铜金属储量在3000t以上的矿体有13个，储量为79701.3t。17号矿体规模最大，长610m，延深370m，铜金属储量15942.5t，占总储量的16.22%。

秋树湾岩体与围岩的内、外接触带是钼矿体的主要赋存部位，主要分布于圆头山-东山之间的向斜部位及北山南坡，习惯称之为南山钼矿段。矿化类型受围岩岩性控制明显：当围岩为碳酸盐岩时，形成夕卡岩型矿化（图4.59）；围岩为片岩时则形成斑岩型矿化。矿体与围岩界线不清，呈渐变关系，其产状受岩体形态及构造形态制约。目前已圈定钼矿体30余个，多为透镜状或似层状，走向NW，倾向220°~240°，倾角40°~60°，最大延长800m，沿倾向延伸约400m，厚度1~55.7m。矿体密集，成带出现，矿体间间距较小，一般1～5m，最大30m。

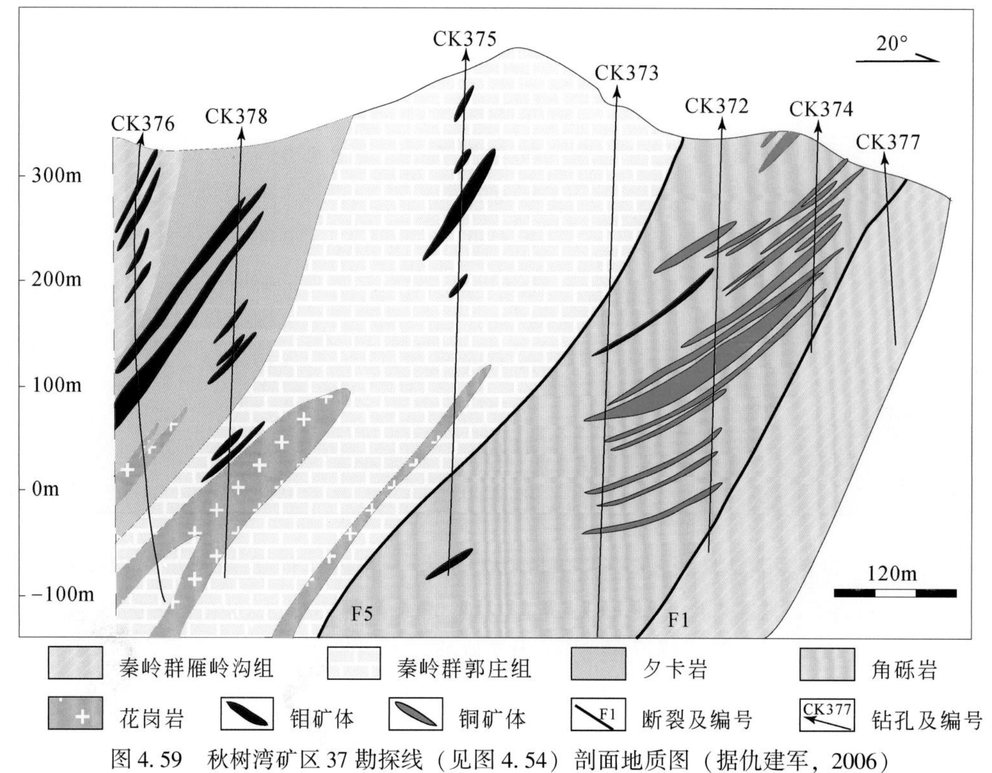

图4.59 秋树湾矿区37勘探线（见图4.54）剖面地质图（据仇建军，2006）

4.4.3.2 矿石成分和组构

秋树湾铜钼矿床矿化组分简单、分带明显。在铜矿体中，矿石矿物主要为黄铜矿、磁黄铁矿、黄铁矿、闪锌矿和少量的方铅矿；在钼矿体中主要为辉钼矿、黄铁矿。且绝大多数为原生硫化物，仅地表及浅部有少量的孔雀石、蓝铜矿。脉石矿物则主要为透辉石、石榴子石、绿帘石、方解石、石英等。矿石有用组分为Cu、Mo、Pb、Zn，Cu/Mo=46.67（卢欣祥，1984），伴生有益组分为Re、Se、Te、Ag等。其中Re富集于辉钼矿中，Se与黄铁矿和磁黄铁矿有关，Te与黄铁矿呈正相关，Ag富集于铜矿石中。黄铜矿Ag含量为205～480g/t，平均271.173g/t（伏雄，2003）。

矿石分为夕卡岩型、角砾岩型、斑岩型、片岩型。铜矿化主要集中于夕卡岩型、角砾岩型矿石（图4.60），其次是呈细脉出现于片岩型矿石中，极少量出现于斑岩型矿石，且与钼矿化共生。主要铜矿物为黄铜矿，常见自形-他形粒状结构、乳滴状结构，浸染状和细脉浸染状构造，局部呈团块分布于矿石中，形成黄铜矿-磁黄铁矿-闪锌矿共生组合。根据野外、手标本及镜下观察，铜矿化紧随夕卡岩化发生，与钾化、硅化、碳酸盐化紧密相关。钼矿化以夕卡岩型为主（图4.60），主要钼矿物为辉钼矿，呈细脉浸染或浸染状分布。斑岩中局部钼矿品位较富，见辉钼矿呈星点浸染状分布。辉钼矿晶体多呈自形板状、片状集合体，有挠曲现象；矿化与绿帘石化、硅化、绿泥石化紧密相关。

4.4.3.3 围岩蚀变及成矿阶段划分

秋树湾斑岩、夕卡岩和爆破角砾岩筒中的矿化同属一个斑岩成矿系统，成矿过程总体经历了以下三个阶段：

Ⅰ成矿早阶段。在斑岩体中，表现为石英斑晶被溶蚀、交代，伴随局部硫化物沉淀，如斑晶溶蚀的港湾中出现黄铜矿+磁黄铁矿（图4.60），溶蚀斑晶周围出现黄铜矿镶嵌边。由于在一定区间内的降温可以导致石英在流体中的溶解度增大，而金属络合物溶解度减小，因此出现金属矿物对硅质的交代替换（Fournier，1999；Redmond et al.，2004）。另外，还可见流体交代角闪石斑晶，形成黄铜矿+磁黄铁矿组

Ⅰ岩浆向热液过渡阶段

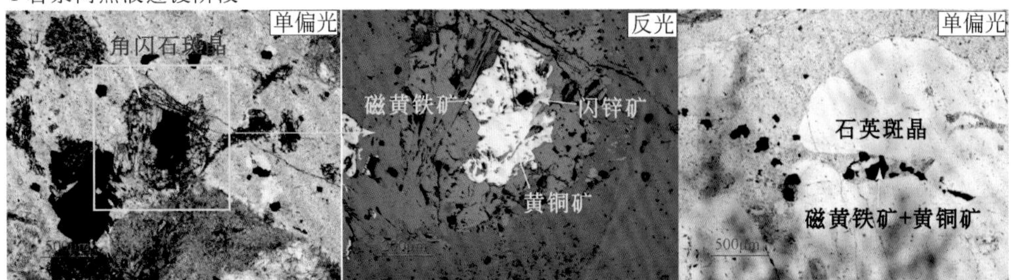

Ⅱ主成矿阶段 岩体内硅化

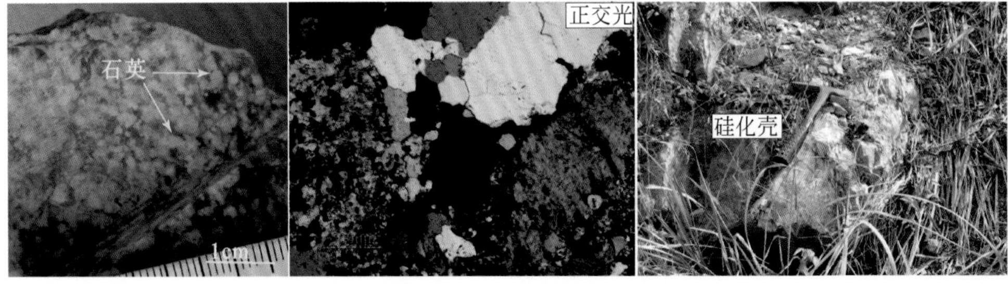

Ⅱ主成矿阶段 岩体内钼矿化

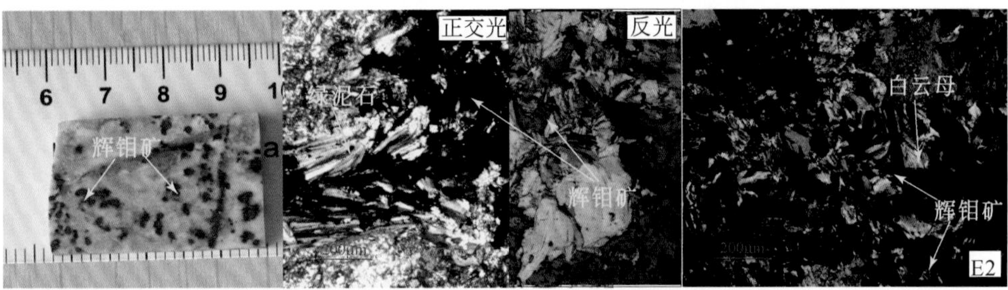

Ⅱ 主成矿阶段 近岩体钼及钼（铜）矿化

Ⅱ主成矿阶段 远岩体铜矿化

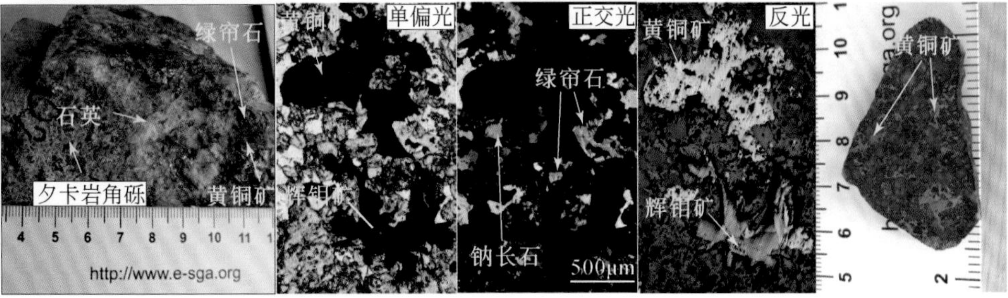

Ⅲ 成矿晚阶段

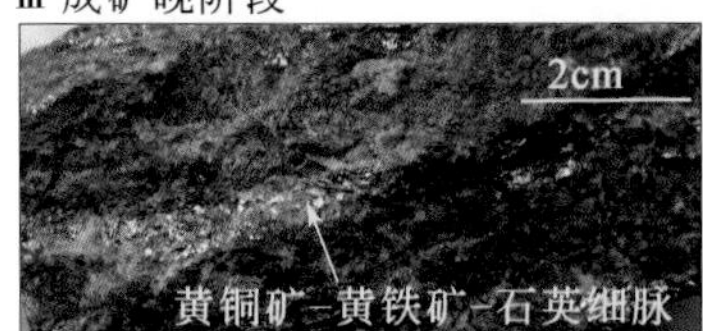

图4.60　秋树湾铜钼矿床成矿阶段划分及矿化蚀变特征（李晶，2009）

合。在接触带及围岩中发生夕卡岩化，并成为钼矿体的主要赋存场所。常见透辉石-石榴子石夕卡岩、透辉石夕卡岩和石榴子石夕卡岩三类，可见少量硅灰石夕卡岩，以第一种夕卡岩为主。主要矿物为透辉石、石榴子石，次为绿帘石、阳起石、角闪石、绿泥石、石英、方解石等。根据夕卡岩的产出部位，可以将其分为五类：①由薄层大理岩蚀变而成的条带状透辉石-石榴子石夕卡岩；②角砾岩中的透辉石-石榴子石夕卡岩；③产于两种不同岩性及同岩性层间界面间的透辉石-石榴子石夕卡岩；④产于火成岩脉两侧的透辉石石榴子石夕卡岩；⑤产于断裂及裂隙面间的石榴子石夕卡岩。据河南有色地质三队资料，钼矿体主要赋存在第一类夕卡岩中，铜矿体主要赋存在第二类夕卡岩中，铜钼共生矿体则赋存在第三类夕卡岩中，第四、第五类夕卡岩中的矿体很小。

Ⅱ主成矿阶段。岩浆上侵形成的爆破角砾岩和夕卡岩为流体活动提供了充分的空间，夕卡岩化过程中岩石孔隙度一般要增大4～5倍（胡受奚等，1982）。紧随角砾岩化和夕卡岩化，主成矿阶段硫化物大量沉淀，形成了以岩体为中心，具有近似同心环状的水平矿化分带（图4.61）。空间上可以分为以下4个矿化带：角砾岩筒内形成了本矿区最主要铜矿体，目前探明部分已构成中型铜矿，伴随有钠长石化、绿帘石化、硅化和碳酸盐化，矿石矿物见黄铜矿-磁黄铁矿-闪锌矿组合，角砾岩筒的下部偏南侧可出现钼矿体；向内逐渐过渡为铜（钼）矿化和钼（铜）矿化带；在岩体的外接触带和内接触带分别形成浸染状和细脉浸染状的夕卡岩型和局部的斑岩型Mo矿体，前者常伴随硅化、绢云母-白云母化、绿泥石化，后者多伴随硅化，并在岩体边部形成局部的硅化壳。在上述各带之外见微弱Pb、Zn、Ag矿化，地表可见Pb、Zn、铁帽及Pb、Zn、Ag化探异常。

Ⅲ成矿晚阶段。主要表现为夕卡岩层间界面上形成的石英-黄铁矿-黄铜矿细脉。

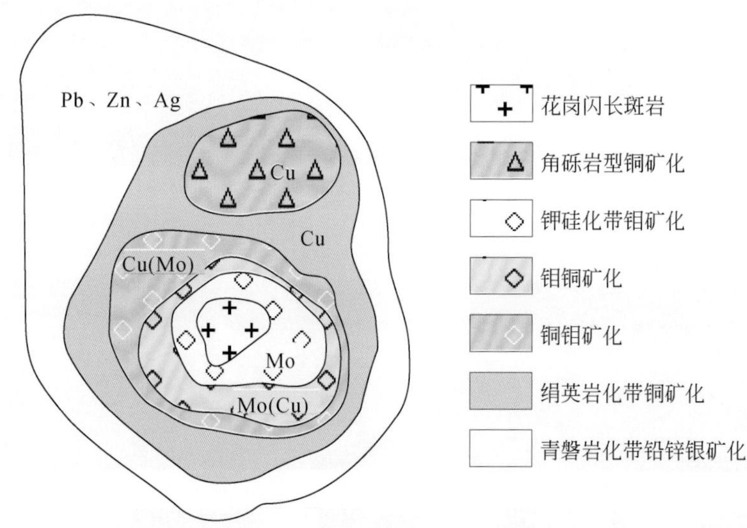

图4.61　秋树湾矿区蚀变与矿化水平分带示意图（据卢欣祥，1984修改）

4.4.4　流体包裹体地球化学

4.4.4.1　样品和测试

李晶（2009）对秋树湾矿床各阶段石英进行了系统的流体包裹体研究，样品特征详见表4.55，采样点位置见图4.54。流体包裹体显微测温分析在中国科学院广州地球化学研究所成矿动力学重点实验室流体包裹体实验室完成，使用仪器为LINKAM THMS 600型冷热台，仪器的温度范围是-196～+600℃。测试精度：在-120～-70℃温度区间的精度为±0.5℃、-70～+100℃区间为±0.2℃、100～500℃区间为±2℃。流体包裹体测试过程中，升温速率一般为0.2～5℃/min，含CO_2包裹体在其相转变温度附近升温速率降低为0.2℃/min，水溶液包裹体在其冰点和均一温度附近的升温速率为0.2～0.5℃/min，以准确记录它们的相转变温度。

表 4.55　秋树湾流体包裹体样品特征

期次	样号	采样位置	样品特征
Ⅰ	Q45、Q58、Q17	2、3、8	花岗斑岩中的石英斑晶
	Q2	11	铜矿化夕卡岩中的绿帘石
	Q17	3	花岗斑岩中穿插的石英黄铜矿细脉
Ⅱ	Q2	11	角砾岩筒中的石英黄铜矿组合
	Q49-2	3、16	近岩体的夕卡岩钼（铜）矿石
	Q49-1、Q59	16	近岩体夕卡岩型石英辉钼矿脉
	Q70	3	强烈硅化蚀变的花岗岩
	Q56	19	花岗岩的硅化外壳
Ⅲ	Q30	18	夕卡岩中穿插的石英、黄铁矿、黄铜矿细脉

注：采样位置见图 4.54。

激光拉曼光谱显微分析在中山大学测试中心完成，测试仪器为 Renishaw inVia 型显微共焦拉曼光谱仪，光源为 514nm 氩激光器，计数时间为 10 ~ 30s，每 $1cm^{-1}$（波数）计数 1 次，50 ~ $4000cm^{-1}$ 全波段一次取峰，激光束斑约 1μm。

4.4.4.2　流体包裹体岩相学

经野外、手标本和显微镜观察，流体包裹体冷热台测温和显微激光拉曼光谱分析，发现秋树湾矿床成矿过程中流体包裹体发生了规律性变化。早阶段夕卡岩化的流体主要是富 CH_4 碳水体系，伴随铜矿化；钼矿化阶段的流体是富 CO_2 的碳水体系；晚阶段流体是盐水体系。主要包裹体类型可以分为碳水流体包裹体（C 型）、盐水溶液流体包裹体（W 型）和含子矿物流体包裹体（S 型）三大类，详细特征如下（表 4.56 和图 4.62）。

表 4.56　秋树湾流体包裹体类型

包裹体类型	亚类	成分	赋存阶段
C 型：碳水溶液	C1	CH_4-H_2O-NaCl	Ⅰ
	C2	CO_2-CH_4-H_2O-NaCl	Ⅰ、Ⅱ
	C3	CO_2-H_2O-NaCl	Ⅰ、Ⅱ
W 型：盐水溶液		H_2O-NaCl	Ⅱ、Ⅱ
S 型：含子矿物	S1	CH_4±CO_2±H_2O-NaCl-不透明子矿物	Ⅰ、Ⅱ
	S2	CH_4±CO_2±H_2O-NaCl-透明子矿物	Ⅰ、Ⅱ

（1）碳水溶液包裹体（C 型）。根据碳质组分的不同可分为 C1、C2、C3 等 3 个亚类。C1 型是 CH_4-H_2O-NaCl 体系，岩浆结晶过程中最早出溶的流体相，见于石英斑晶、早于铜矿化的绿帘石以及矿化早期的石英黄铜矿细脉中。包裹体大小 5 ~ 17μm，气相所占比例 50%~80% 不等。该类包裹体在绿帘石中发育较好，在石英黄铜矿细脉大量发育，但通常小于 5μm；在溶蚀石英斑晶中，可见少量次生或者假次生的 C1 型包裹体呈线状排列。C2 型（CO_2-CH_4-H_2O-NaCl）包裹体广泛出现在石英斑晶的愈合裂隙中，少量随机分布，在主成矿阶段的石英-黄铜矿脉中也可见到。石英斑晶中 C2 型包裹体一般 5 ~ 27μm，气相所占比例约 10%~60%。C3 型（CO_2-H_2O-NaCl）包裹体见于钼铜矿化及钼矿化的脉体中，常温下为三相，5 ~ 30μm，气相所占比例一般 15%~35%，个别大于 50%。包裹体气相成分以 CO_2 为主，其次为 H_2O，少量样品含有极少量的 CH_4。

（2）盐水溶液包裹体（W 型）。各类矿物中普遍发育，但更多出现于矿化晚阶段。常温下两相，大多 5 ~ 20μm，气相所占比例小于 20%，多数小于 10%。

（3）含子矿物多相包裹体（S 型）。以含子矿物为标志特征，气相成分可以为 CO_2、CH_4 或 H_2O。按照子矿物成分划分为 S1 和 S2 两个亚类。S1 型含暗色粒状子矿物（图 4.62），在石英斑晶和夕卡岩型矿石样品中少量出现，直径通常小于 1μm，根据前人（Redmond et al.，2004）研究经验推测为硫化物。S2 型含透明子矿物，以石盐和方解石为主。见于石英斑晶、铜矿化石英-黄铜矿脉和充填胶结夕卡岩的钼铜矿化石英-硫化物组合（图 4.62），呈孤立或线状分布。包裹体较小，通常在 5μm 左右，呈负晶形或不规则状。

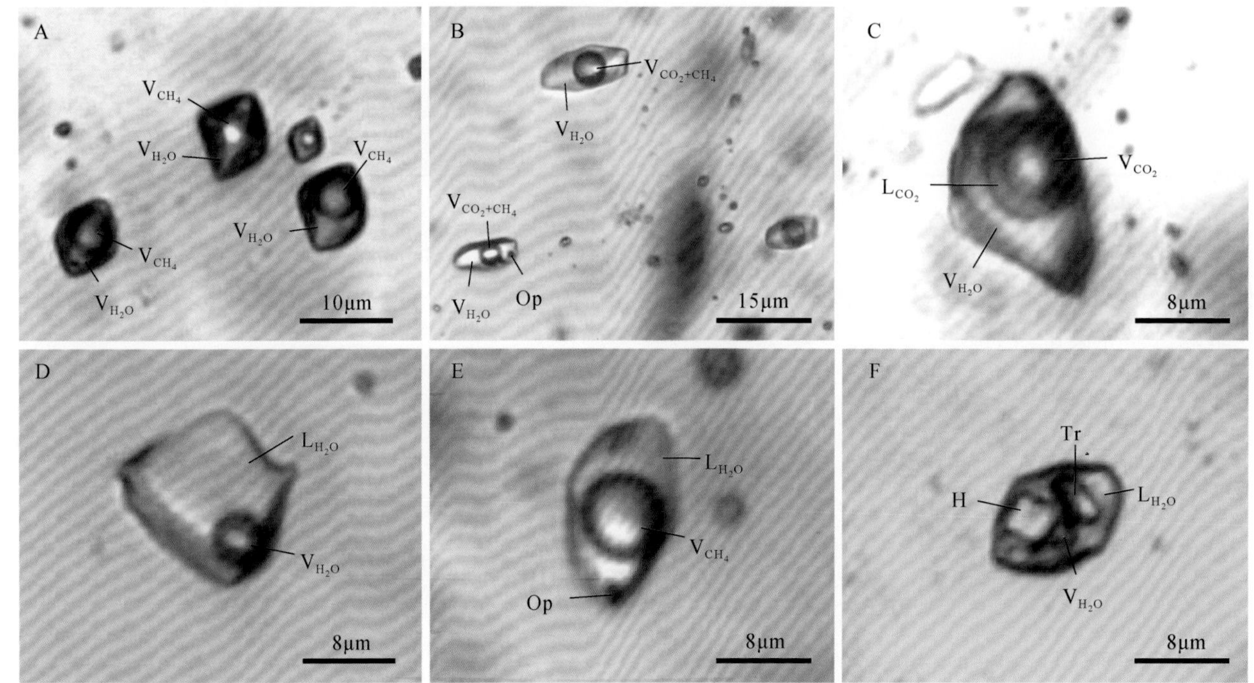

图 4.62　秋树湾流体包裹体岩相学特征（李晶，2009）

A. C1 型包裹体，气相为 CH_4，液相为 H_2O；B. 共存的 C2 型包裹体和 S1 型包裹体，前者由气相 CO_2+CH_4 和液相 H_2O 组成，后者由气相 CO_2+CH_4、液相 H_2O 和不透明子矿物组成；C. C3 型包裹体，由气相 CO_2，液相 CO_2 和液相 H_2O 组成；D. W 型包裹体，由液相 H_2O 和气相 H_2O 组成；E. S1 型包裹体，气相为 CH_4，液相为 H_2O，含不透明粒状子矿物；F. S2 型包裹体，气相为 H_2O，液相为 H_2O，含石盐和未知透明粒状子矿物。图中缩写：V_{CH_4}. 气相 CH_4；V_{CO_2}. 气相 CO_2；V_{H_2O}. 气相 H_2O；L_{CO_2}. 液相 CO_2；L_{H_2O}. 液相 H_2O；Op. 未知不透明子矿物；Tr. 未知透明子矿物；H. 石盐子矿物

4.4.4.3　显微测温结果

各类型包裹体显微测温数据及盐度、压力计算见表 4.57，以下具体分述：

C1 型：①在绿帘石中，冷冻初熔温度小于-30℃，说明液相中可能含有 Ca 离子，完全均一温度大于 410℃；②花岗岩中的石英黄铜矿细脉所含包裹体较小，仅有一个观察到 CH_4 相的部分均一，于-93.1℃均一至液相。获得甲烷笼合物的熔化温度为 15 ~ 17℃，在 350 ~ 408℃时包裹体完全均一至气相或者临界均一。

C2 型：①在石英斑晶中，此类包裹体的 CO_2 与 CH_4 的比例相差较大，获得其三相点为-65.3 ~ -58.5℃，碳水笼合物的熔化温度为-11.3 ~ 13℃，含碳相部分均一温度跨越-22.5 ~ 25.5℃，多数在 260 ~ 332℃时爆裂或泄漏，很难测得完全均一温度，只获得一个包裹体的完全均一温度为 350℃，均一至液相。②在主成矿期的石英黄铜矿脉中，此类包裹体于常温下呈两相，含碳相中 CO_2 与 CH_4 的比例趋于稳定，比值在 1 ~ 2.7 之间，含碳相的部分均一温度低于笼合物熔化温度，很难准确观察到部分均一，笼合物的熔化温度 8.5 ~ 14.0℃，包裹体于 265 ~ 304℃完全均一至液相。

C3型：矿化过程中随着温度和压力的降低，流体组分发生了一系列的变化，表现为CO_2含量的逐渐降低，具体分述如下：①在近岩体的夕卡岩钼（铜）矿石样品中，CO_2相的三相点为-61.5～-57.2℃，笼合物的熔化温度为7.7～11℃（相应盐度为0～4.44% NaCl eqv.），CO_2相在27.4～31.1℃部分均一至液相，亦有个别均一至气相，包裹体在271～318℃完全均一到液相，少量向气相均一。此类样品中，碳质流体活动的尾声表现为少量CO_2部分均一至气相的包裹体组合，由于CO_2液相比例很小，很难准确观察到部分均一温度，它们在256～265℃完全均一至液相。②在近岩体的钼矿石中，C3包裹体作为原生沸腾包裹体群的一个端元出现，其CO_2固相的熔化温度为-59.0～-57.4℃，笼合物的熔化温度为7.5～11.7℃（相应盐度为0～4.8% NaCl eqv.），其中除两个包裹体盐度大于1% NaCl eqv.，其余都在0.43%～0.83% NaCl eqv.之间。CO_2相的部分均一至液相或者气相，并于190～248℃完全均一到液相。③在岩体中，此类包裹体出现在广泛渗透式硅化石英中。常温下多数包裹体表现为两相，冷冻状况下亦不出现CO_2液相，但激光拉曼分析可见弱的CO_2特征峰；亦有个别呈三相出现。获得包裹体的笼合物熔化温度在6.7～8.6℃之间（相应盐度为2.77%～6.20% NaCl eqv.），于230～275℃完全均一至液相。在花岗岩的硅化外壳中，该类包裹体的均一温度略低，为193～260℃。

W型：①在近岩体的石英辉钼矿脉中作为原生沸腾包裹体群的一个端元出现。冰点温度-8.6～-4.1℃（相应盐度为6.59%～12.39% NaCl eqv.），186～235℃完全均一至液相。②在近岩体的夕卡岩型钼（铜）矿石中，冰点温度为-5.2～-4℃（相应盐度为6.45%～8.14% NaCl eqv.），195～220℃完全均一至液相。③在岩体中的硅化石英中亦有少量出现。冰点温度为-6.6～-7℃（相应盐度9.98%～10.49% NaCl eqv.），均一温度为240～247℃。④在矿化晚阶段的石英-黄铁矿-黄铜矿细脉中作为主要包裹体类型出现。冰点温度-6.9～-5.8℃（相应盐度为8.95%～10.36% NaCl eqv.），于180～254℃完全均一。⑤作为各类石英中的次生包裹体出现，呈面状或线状分布。均一温度在145～170℃之间。在石英斑晶中盐度较高（20.30%～20.67% NaCl eqv.），可能是岩浆结晶期后残余热液冷凝而成；而在其他样品中均表现为低盐度的水溶液流体，可能反映的是成矿晚阶段或成矿后的流体活动。

S1型：所含子矿物在加热过程中不熔化。①花岗岩中石英黄铜矿细脉所含S1型包裹体的气液相均一温度为386℃，均一至气相，子矿物在加热过程中不熔化。②角砾岩中的石英黄铜矿样品所含S1型包裹体在气液相均一前发生爆裂，此时温度为240～284℃。由于获得的S1型包裹体的气液相均一温度与同视域共生的W型包裹体一致，且该类包裹体并非普遍出现，暂不能排除硫化物先结晶后被捕获的可能性。

S2型：加热过程中方解石子晶不熔化；石盐子晶熔化温度高于气液相均一温度，说明捕获的流体是过饱和溶液。

表4.57　秋树湾不同阶段流体包裹体热力学特征（李晶，2009）

阶段	寄主矿物样品地质	类型	盐度/(% NaCl eqv.)	均一温度/℃*	均一压力/MPa**
Ⅰ	石英斑晶	C1、C2、S1		350(L)	
		S2	33	260～270(爆)	
Ⅱ	花岗岩中石英-黄铜矿细脉	C1、C2		350～408(L/V/C)	
		S1		386(V)	
	角砾岩中石英-黄铜矿细脉	C2		265～304(L)	
		S1、S2		240～284(爆)	
	夕卡岩型钼铜矿石	C3	0～4.44	256～318(L/V)	
		W	6.45～8.10	195～220(L)	60.1～153.8
		S2	<34	225～235(L)	
	夕卡岩中石英-辉钼矿脉	C3	0.43～0.83	190～248(L)	35.2～98.7
		W	6.59～12.39	186～235(L)	
	强烈硅化蚀变的花岗岩	C3	2.96～5.68	230～275(L)	96.8～112.7
		W	9.98～10.49	240～247(L)	
	花岗岩的硅化外壳	C3	2.77～6.20	193～260(L)	
Ⅲ	石英-黄铁矿-黄铜矿细脉	W	8.95～10.36	180～254(L)	

*括号内的“L”、“V”、“C”分别表示液相均一、气相均一和临界均一，“爆”表示完全均一前发生爆裂。

**使用Flincor软件（Brown，1989）及Bowers和Helgeson（1983）公式计算。

4.4.4.4　包裹体成分分析

本书作者对 C2 型包裹体进行了激光拉曼探针分析，发现其气相成分以 CO_2 和 CH_4 为主（图 4.63A），个别包裹体含有少量 H_2S（李晶，2009）。

根据 Burke（2001）的公式，利用 CO_2 和 CH_4 峰的积分面积，对 C2 型包裹体中的 CO_2/CH_4 值（摩尔比）进行了计算和统计，发现斑晶石英中 CO_2/CH_4 变化较大，角砾岩型铜矿化中同类包裹体 CO_2/CH_4 相对集中（图 4.63B）。此外，CO_2/CH_4 值与包裹体中气相所占比例呈负相关关系：CO_2/CH_4 值较低时，包裹体中气相所占比例在 60% 以上；随 CO_2/CH_4 值增高，包裹体中气相所占比例明显降低；当 CO_2/CH_4 大于 2 时，包裹体以液相为主。

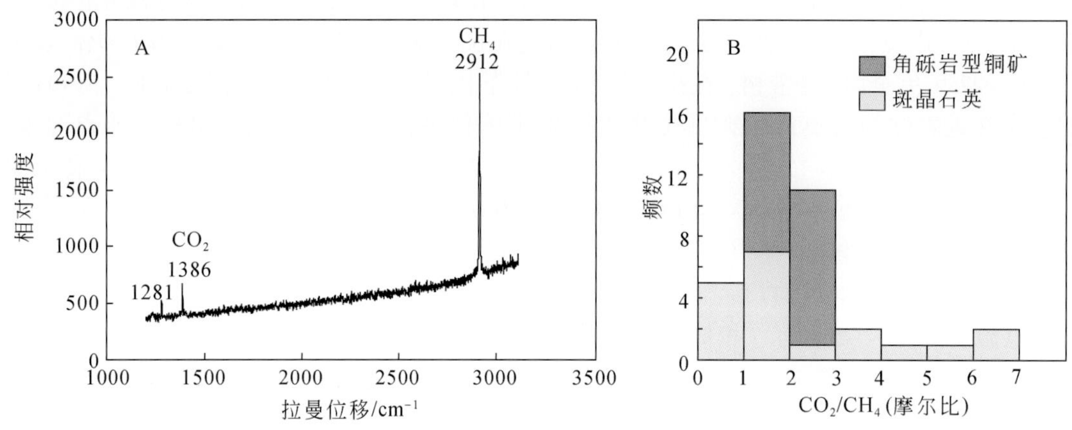

图 4.63　秋树湾矿床 C2 型包裹体气相激光拉曼谱（A）及其 CO_2/CH_4 变化统计（B）（李晶，2009）

秦臻等（2012）研究了秋树湾矿床夕卡岩矿物石榴子石和石英-硫化物网脉中石英的群体包裹体气相和液相成分（表 4.58），发现其成分以 H_2O、CO_2、N_2、O_2、CO 为主，含少量 CH_4、C_2H_2、C_2H_6 等。获得样品的 CO_2/H_2O 值变化较大（0.34～5.52），且以夕卡岩阶段最低（0.34），主成矿阶段则升高（0.76～5.52）。该现象亦见于其他夕卡岩成矿系统（如三道庄钼矿），被认为是富 CO_2 流体与碳酸盐围岩反应导致流体中 CO_2 活度降低所致（陈衍景和李诺，2009；石英霞等，2009）。

表 4.58　秋树湾石榴子石和石英中群体包裹体气相和液相成分（秦臻等，2012）　（单位：10^{-6}）

样号	Q1-15	Q1-20	Q1-7	Q1-19
矿物	石榴子石	石英	石英	石英
H_2O	342.33	132.61	156.54	213.13
N_2	56.9	258.42	42.25	89.11
O_2	12.22	54.96	7.74	19.21
CO_2	115.95	732.22	142.77	161.21
CO		53.35	29.69	31.04
$C_2H_2+C_2H_4$	0.09	0.11	0.24	0.4
CH_4	0.52	0.36	0.51	0.26
C_2H_6			0.03	0.04
CO_2/H_2O	0.34	5.52	0.91	0.76
F^-	0.21	1.05	1.6	0.85
Cl^-	10.37	2.34	2.02	7.16
SO_4^{2-}	248.44	13.34	4.43	3.4

续表

样号	Q1-15	Q1-20	Q1-7	Q1-19
矿物	石榴子石	石英	石英	石英
NO_3^-	0.09	0.16	0.08	0.41
Na^+	14.63	4.07	3.27	4.82
K^+	3.99	6.97	6.29	5.65
Mg^{2+}	7.5	0.73	0.4	0.9
Ca^{2+}	265.39	6.35	2.28	11.09
Na^+/K^+	3.67	0.59	0.52	0.86
F^-/Cl^-	0.02	0.45	0.79	0.12

包裹体中阴离子以 F^-、Cl^-、SO_4^{2-} 为主，含少量 NO_3^-；阳离子以 Na^+、K^+、Ca^{2+} 为主，含少量 Mg^{2+}。成矿早阶段包裹体中存在大量 SO_4^{2-}，表明初始成矿流体氧逸度较高。由早阶段的石榴子石到主成矿阶段的石英，包裹体中 F^-、K^+ 含量增加，Cl^-、SO_4^{2-}、Na^+、Ca^{2+}、Mg^{2+} 含量降低；相应的 Na^+/K^+ 值降低、而 F^-/Cl^- 值增加。

4.4.4.5　成矿流体性质和演化

前述表明，秋树湾铜钼矿床的成矿流体为中低盐度的碳水体系，从早阶段 CH_4-CO_2-H_2O-NaCl 体系经主成矿阶段 CO_2-H_2O-NaCl 演化为 H_2O-NaCl 体系，铜钼矿化存在空间分带现象，富含碳质的还原性流体与铜矿化关系密切。据此，阐释流体演化过程如下（图 4.64）：

（1）在岩浆侵位、结晶过程中，由于温度和压力的降低，岩浆中最早饱和的、含 CH_4 的流体出溶，并且在石英斑晶边缘形成少量孤立分布或者成群出现的 C1 型包裹体。在石英斑晶内部，更广泛地发育次生或者假次生的 C2 型包裹体，其 CO_2/CH_4 值差异较大，且随包裹体中气相所占比例的减小而增高。伴随石英斑晶的溶蚀，石英边缘镶嵌出现黄铜矿，或在遭受溶蚀处发育黄铜矿–磁黄铁矿组合。在角闪石斑晶中心，亦可见黄铜矿–磁黄铁矿组合（图 4.60）。此外，在斑岩体与碳酸盐地层接触部位，形成石榴子石、透辉石、阳起石、绿帘石、阳起石、角闪石、绿泥石等夕卡岩矿物，而斑岩体热液蚀变不明显。以上现象可能形成于岩浆–热液过渡阶段，富 Cu 碳水流体刚开始从岩浆中分离出来，并且开始少量沉淀铜铁硫化物。

（2）在主成矿阶段，近岩体的钼矿化与远离岩体的铜矿化表现出相似的温度范围，但流体性质不同。富含 CH_4 和 CO_2 的成矿流体出溶时间早，扩散能力强，携带铜金属运移至岩体之外，并因压力骤降而导致角砾岩化及相关铜矿化，此时成矿温度下限为 265～304℃。黄铜矿大量与磁黄铁矿共生，反映成矿时处于贫铁富硫的环境。磁黄铁矿矿物学研究（朱华平，1998）表明，本区主要发育单斜磁黄铁矿和少量中间型磁黄铁矿，指示成矿温度在 320℃左右，与包裹体研究结果吻合。不含 CH_4 的富 CO_2 的流体引发了 256～318℃的钼矿化，主要发生在岩体附近的夕卡岩中。在辉钼矿沉淀晚期，降温降压使得流体发生沸腾，富 CO_2 低盐度（0.43%～0.83% NaCl eqv.）流体包裹体与中等盐度（6.59%～12.39% NaCl eqv.）的水溶液包裹体共生（表 4.57），均一温度范围相近（186～248℃）。同时，在岩体内接触带发生广泛的硅化及局部的浸染状钼矿化，其均一温度为 230～275℃，均一压力为 96.8～112.7MPa。根据 27MPa/km 的静岩压力计算，岩体的就位深度最小为约 3.5～4.1km。

（3）成矿晚阶段，岩浆流体的活动接近尾声，在夕卡岩中表现为石英–黄铁矿–黄铜矿细脉，只出现 W 型包裹体。

以上表明，富含碳质流体对金属的运移和沉淀聚集，对秋树湾铜钼矿床形成起了决定性作用；秋树湾铜钼矿床的成矿流体不同于环太平洋成矿带的斑岩铜钼矿床，后者为盐水溶液（卢焕章等，2004；Pirajno，2009）；亦不同于大多数夕卡岩型矿床（见 4.1、4.2、4.4 节），而特具特色。

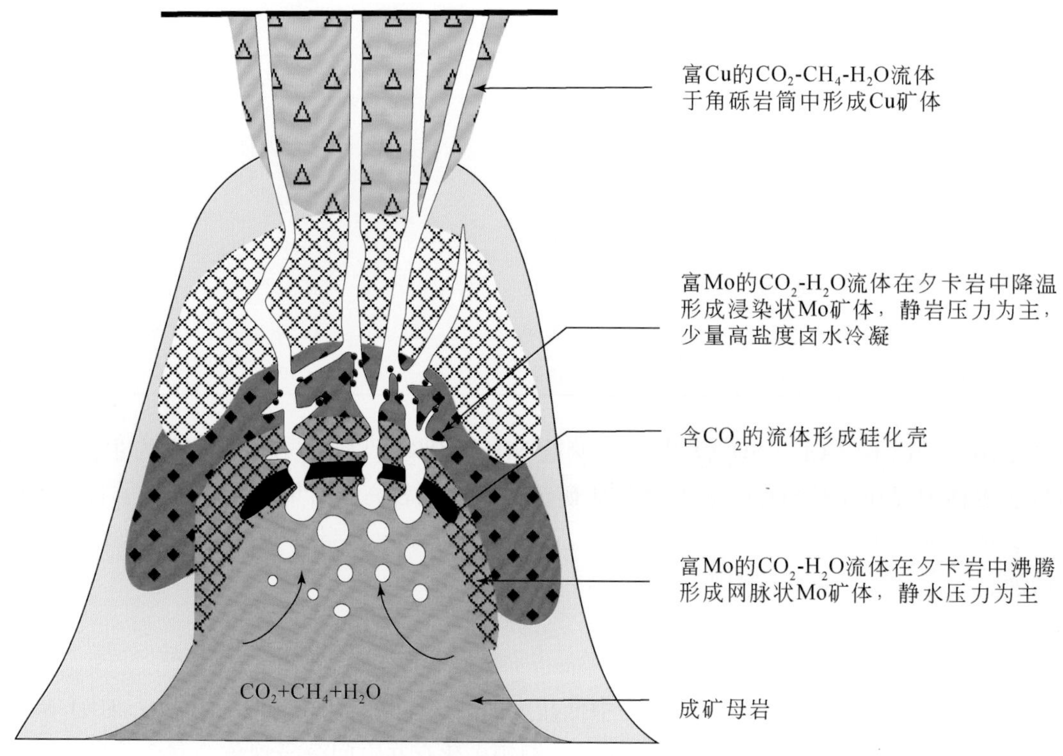
富Cu的CO_2-CH_4-H_2O流体
于角砾岩筒中形成Cu矿体
富Mo的CO_2-H_2O流体在夕卡岩中降温
形成浸染状Mo矿体，静岩压力为主，
少量高盐度卤水冷凝
含CO_2的流体形成硅化壳
富Mo的CO_2-H_2O流体在夕卡岩中沸腾
形成网脉状Mo矿体，静水压力为主
CO_2+CH_4+H_2O
成矿母岩

图 4.64　秋树湾成矿流体演化示意图（李晶，2009）

4.4.5　矿床同位素地球化学

4.4.5.1　氢氧同位素

仁二峰（2007）、张智慧等（2008）、秦臻等（2012）对秋树湾矿床石英氢氧同位素进行了测定（表 4.59），获得其 $\delta^{18}O_{石英}$ 值为 9.2‰～10.8‰，δD 值为−94‰～−40‰。采用 Clayton 等（1972）公式计算获得与石英平衡的成矿流体的 $\delta^{18}O_{水}$ 值为 1.6‰～2.9‰（表 4.59）。在氢氧同位素图解中，数据点多数落在岩浆水与大气降水之间，表明成矿流体以大气降水热液为主（图 4.65）。

表 4.59　秋树湾矿床成矿期石英氢氧同位素特征（SMOW 标准）

样号	$\delta^{18}O_{石英}$/‰	$\delta^{18}O_{水}$/‰	δD/‰	温度/℃	来源	样号	$\delta^{18}O_{石英}$/‰	$\delta^{18}O_{水}$/‰	δD/‰	温度/℃	来源
Q6-1	9.9	2.5	−69	300	仁二峰，2007	Q24	9.5	1.7	−47	275	张智慧等，2008
Q9	10.2	2.8	−40	300	仁二峰，2007	Q25	10.6	2.7	−55	275	张智慧等，2008
Q2	9.5	1.6	−47	285	仁二峰，2007	QSK	10.8		−58	275	张智慧等，2008
Q3	10.6	2.6	−55	285	仁二峰，2007	Q1-19	9.2	2.0	−76	305	秦臻等，2012
Q6	9.9	2.0	−69	275	张智慧等，2008	Q1-20	9.7	2.3	−88	300	秦臻等，2012
Q22	10.2	2.4	−40	275	张智慧等，2008	Q1-7	9.8	2.9	−94	315	秦臻等，2012

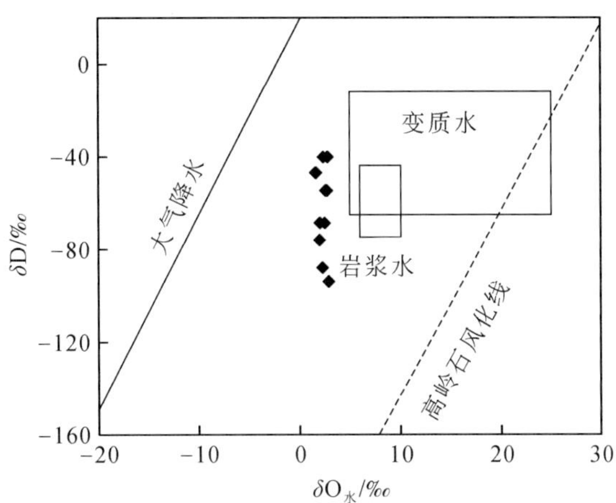

图4.65 秋树湾成矿流体氢氧同位素（数据见表4.59）

4.4.5.2 硫同位素

胡受奚等（1988）、仁二峰（2007）、张智慧等（2008）、秦臻等（2012）对秋树湾矿床矿石的硫同位素组成进行了测定（表4.60），获得硫化物的$\delta^{34}S$值为-0.10‰~7.73‰，平均2.80‰。硫同位素的分布具塔式效应（图4.66），符合斑岩热液体系特征。其中，$\delta^{34}S$值按磁黄铁矿>黄铜矿的次序递减；辉钼矿仅有一个数据，无从判断；而黄铁矿$\delta^{34}S$值跨度较大（表4.60，图4.66），未与其他矿物达到平衡（秦臻等，2012）。

表4.60 秋树湾矿床矿石硫同位素特征（V-CDT标准）

样号	矿物	$\delta^{34}S$/‰	资料来源	样号	矿物	$\delta^{34}S$/‰	资料来源
CK304-5	黄铁矿	1.52	胡受奚等，1988	Q8	黄铁矿	6.84	张智慧等，2008
CK304-6	黄铁矿	1.52	胡受奚等，1988	Q8	黄铜矿	1.77	张智慧等，2008
CK304-7	黄铁矿	0.83	胡受奚等，1988	Q9	磁黄铁矿	3.36	张智慧等，2008
CK31510-1	黄铁矿	1.97	胡受奚等，1988	Q10-1	磁黄铁矿	2.75	张智慧等，2008
CK31910-12	黄铁矿	1.63	胡受奚等，1988	Q10-6	黄铁矿	7.73	张智慧等，2008
Q3	黄铁矿	6.22	仁二峰，2007	Q10-6	黄铜矿	0.97	张智慧等，2008
Q9	磁黄铁矿	3.36	仁二峰，2007	Q10-8	黄铁矿	7.16	张智慧等，2008
Q4	磁黄铁矿	2.32	仁二峰，2007	Q10-8	黄铜矿	1.56	张智慧等，2008
Q1	辉钼矿	0.25	仁二峰，2007	Q10-9	黄铁矿	5.97	张智慧等，2008
Q2	黄铜矿	0.85	仁二峰，2007	Q9-2	黄铁矿	-0.1	秦臻等，2012
Q2-1	黄铜矿	1.56	仁二峰，2007	CK304-5	黄铁矿	1.52	秦臻等，2012
Q3	黄铁矿	5.41	张智慧等，2008	CK304-6	黄铁矿	1.52	秦臻等，2012
Q3	黄铜矿	1.44	张智慧等，2008				

4.4.5.3 铅同位素

朱华平（1998）报道了秋树湾矿床矿石中黄铁矿及岩体中钾长石的铅同位素组成（表4.61）。可见矿石铅具有与岩石铅较为一致的铅同位素组成，表明二者物质来源相似。与夕卡岩中的黄铁矿相比，角砾岩中的黄铁矿$^{206}Pb/^{204}Pb$值明显高，被解释为放射成因铅混染（朱华平，1998）。

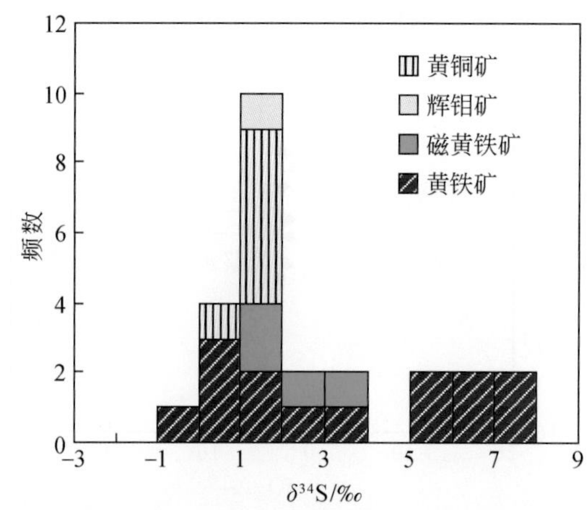

图 4.66　秋树湾矿床硫同位素直方图（数据见表 4.60）

表 4.61　秋树湾矿床铅同位素特征（朱华平，1998）

产状	矿物	$^{206}Pb/^{204}Pb$	$^{207}Pb/^{204}Pb$	$^{208}Pb/^{204}Pb$	ϕ	μ
角砾岩矿石	黄铁矿	18.383	15.462	37.657	0.56941	8.68
夕卡岩脉矿石	黄铁矿	17.473	15.478	37.740	0.63483	8.95
夕卡岩脉矿石	黄铁矿	17.489	15.413	37.528	0.62564	8.83
花岗斑岩	钾长石	17.641	15.474	38.078	0.62155	8.93

4.4.5.4　成矿物质来源

秋树湾矿床的氢氧同位素组成介于初始岩浆水和大气降水演化线之间，且偏向初始岩浆水范围（图 4.65），表明其成矿流体以岩浆热液为主，并有少量大气降水混合。这与该矿床流体包裹体特征相符。铅同位素数据显示，硫化物矿石具有与花岗斑岩类似的铅同位素组成（表 4.58），表明成矿金属元素亦来自成矿岩体（朱华平，1998）。矿石硫同位素组成总体较为均一，且具有明显的塔式效应，被认为以深源硫为主（张智慧等，2008；秦臻等，2012）。然而，矿石中黄铁矿的硫同位素值变化范围较大，部分样品具有较重的硫同位素组成（图 4.66），可能是由于赋矿地层对成矿系统的混染所致（秦臻等，2012）。总体而言，秋树湾矿床具有较为典型的岩浆热液矿床特征，其成矿流体和成矿元素主要来源于岩体，并可能有部分大气水和赋矿围岩参与了成矿。

4.4.6　成矿年代学

4.4.6.1　辉钼矿 Re-Os 同位素年代学

郭保健等（2006）对秋树湾矿床中斑岩型、夕卡岩型矿石中的 6 件辉钼矿样品进行了 Re-Os 同位素定年，分析结果见表 4.62。6 件辉钼矿样品的 Re 含量变化于 $112.75\times10^{-6}\sim179.97\times10^{-6}$，普通 Os 含量变化于 $0.24\times10^{-9}\sim10.93\times10^{-9}$，放射成因 ^{187}Os 变化于 $173.2\times10^{-9}\sim276.0\times10^{-9}$，模式年龄变化于 145.57～147.98Ma。6 件样品给出的等时线年龄为 147±4Ma（MSWD=0.81），初始 ^{187}Os 为 $(-1.0\pm6.1)\times10^{-9}$；加权平均年龄为 146.42±1.77Ma（图 4.67），二者在误差范围内一致，表明测试结果可靠。

表 4.62　秋树湾矿床 Re-Os 同位素测试数据（郭保健等，2006）

样号	类型	样重/g	Re/10^{-6}	普 Os/10^{-9}	^{187}Re/10^{-6}	^{187}Os*/10^{-9}	模式年龄/Ma
Q4	斑岩型	0.00348	161.50± 1.30	10.93±0.26	101.51±0.82	247.7±1.9	146.28±1.63
Q12	透辉夕卡岩型	0.00383	171.45±1.91	4.29±0.10	107.77±1.20	266.0±2.6	147.98±2.21
Q13	透辉石榴夕卡岩型	0.00414	112.75±0.89	2.61±0.05	70.87±0.56	173.2±1.5	146.49±1.70
Q14	石榴夕卡岩型	0.00438	157.41±1.49	2.99±0.09	98.94±0.94	240.2±1.9	145.57±1.80
Q15	斑岩型	0.00373	179.97±1.45	0.24±0.10	113.12±0.91	276.0±2.1	146.28±1.62
Q17	透辉石夕卡岩型	0.00410	127.72±1.02	2.65±0.05	80.28±0.64	195.4±1.5	145.89±1.63

注：* 代表放射成因^{187}Os。

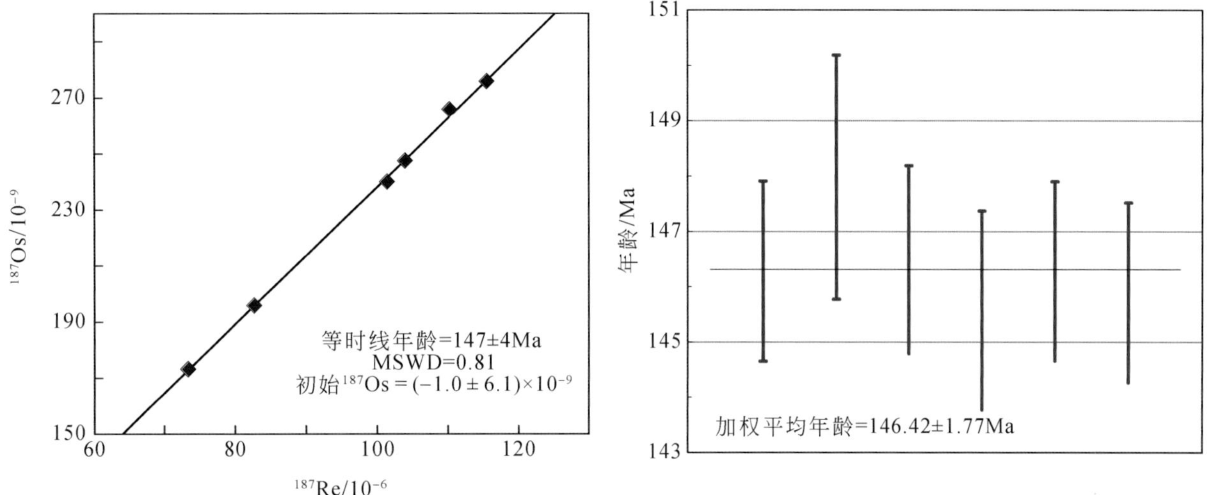

图 4.67　秋树湾矿床辉钼矿 Re-Os 等时线年龄和加权平均年龄（郭保健等，2006）

4.4.6.2　夕卡岩 Re-Os 同位素年代学

夕卡岩 Re、Os 元素及同位素研究长期空白。通常认为，形成夕卡岩的碳酸盐岩和中酸性侵入体的 Re、Os 含量较低，花岗岩中 Re 含量通常不足 1×10^{-9}（Faure and Mensing，2005）。由于 Re 与 Mo 性质相似，Re 具有气相迁移性质（Korzhinsky et al.，1994；Chaplygin et al.，2005），因此，岩浆出溶出来的富 Re 低密度（或气相）流体与碳酸盐地层接触交代，可导致夕卡岩富集 Re。基于这一考虑，本书作者之一（李晶，2009）首次尝试对秋树湾矿床夕卡岩矿物进行 Re-Os 同位素定年分析，获得了较为理想的结果。

1. 样品准备

为了避免硫化物对体系的污染，定年样品取自北山铜矿段未矿化的石榴子石夕卡岩（Q3）和硅灰石-透辉石夕卡岩（QZX）（图 4.68），前者完全由石榴子石组成，后者由硅灰石（80%）和少量透辉石、绿帘石等组成。新鲜的夕卡岩样品经无污染的人工粗碎，并剔除碳酸盐和黏土矿物，然后使用以碳化钨为内胆的研磨机加工成 200 目以下的粉末。经 XRF 主量元素分析，成分结果如表 4.63。

图 4.68　Re-Os 定年夕卡岩样品特征（右上角为样品 QZX 正交偏光下照片）（李晶，2009）

表 4.63　夕卡岩定年样品全岩主量元素含量（李晶，2009）　　（单位:%）

样号	矿物组成	SiO_2	CaO	Al_2O_3	Fe_2O_3	MgO	MnO	K_2O	Na_2O	TiO_2	P_2O_5	LOI	总计
Q3	Grt	39.78	31.26	13.55	11.61	0.61	0.62	0.39	0.24	0.12	0.06	1.49	99.74
QZX	Wo± Di	48.49	41.8	0.17	1.1	4.02	0.22	0.01	0.06	<0.001	0.02	3.91	99.8

表中缩写：Grt. 石榴子石；Wo. 硅灰石；Di. 透辉石。

2. 测试方法

应用 Carius 管溶样-同位素稀释-等离子质谱（ICP-MS）法，我们分析了秋树湾钼矿无矿夕卡岩样品的 Re、Os 同位素组成。具体步骤和方法是：①样品分解。在经稀硝酸浸煮、去离子水清洗并充分干燥的 Carius 管中加入^{185}Re 和^{190}Os 稀释剂和 5g 夕卡岩粉末样品。将样品管下半部分浸入乙醇与液氮的混合冷冻液，然后缓慢加入冷的浓硝酸 30mL，待溶液完全结冰，用煤气与氧气的混合火焰封闭 Carius 管。静置待管中溶液解冻并且恢复到室温，摇动管中溶液使其与样品充分混合，将 Carius 管装入不锈钢套，置于恒温干燥箱中，缓慢升温到 230℃，恒温 24h，使样品充分分解并与稀释剂达到平衡。待温度降至室温，取出 Carius 管，采用上述冷冻方法冻结样品溶液，先用煤气与氧气的混合火焰加热 Carius 管的细颈部分，内部压力会在此释放并冲出一个小洞，然后用玻璃刀在管上部刻一划痕，用烧红的玻璃棒接触划痕使其沿划痕自然裂开。整个开管过程需要在样品溶液完全结冰的情况下完成，并且最好使用防护眼镜或面罩。②Os蒸馏分离。静置溶液回到室温，将上层溶液转入蒸馏瓶，在 110℃蒸馏 30min，同时用浸在冰水中的去离子水 5mL 吸收蒸馏出的 OsO_4。吸收液用于 ICP-MS 进行 Os 同位素的测试。③Re 离子交换分离。将蒸馏瓶中的剩余溶液转入石英烧杯，蒸干，并加入几滴浓 HNO_3，反复蒸干 2 次，以赶出其中残留的 Os。然后用 0.8mol/L 的稀硝酸 10mL 提取，离心，取上层清液过经 0.8mol/L 的稀硝酸 10～15mL 平衡过的阴离子交换柱，继续用等浓度的稀硝酸 10mL 洗去杂质，然后用 8mol/L 的硝酸 10mL 洗脱样品。阴离子交换树脂一次性使用，以避免交叉污染。洗脱液转入原样品烧杯蒸至近干，用 5mL 水提取，提取液用于 Re 的等离子质谱测试。④质谱测试过程与辉钼矿测试过程相同。

3. 分析结果

由于夕卡岩中 Re 和 Os 的元素分配不均匀，我们可以使用单一的夕卡岩样品获得 Re-Os 同位素等时线。样品处理过程中，粗碎之前将同一岩石样品分为不同部分，分别处理成粉末样，对其分别进行 Re-Os 同位素分析，获得结果见表 4.64。由于暂时还没有此类钙硅酸盐样品的 Re-Os 定年标准样品，因此我们使用辉长岩（WGB-1）PGE 参考样品来监测本流程 Re、Os 含量的测定、分析结果与给定参考值完全一致，说明整个测试流程准确有效。全流程空白总量，Re 为 57.6pg；N-Os 为 8.9pg；^{187}Os 为 0.77pg。

表 4.64　秋树湾夕卡岩 Re、Os 含量及 Re-Os 同位素比分析结果

样品号	样重/g	Re/10^{-9}	^{187}Os/10^{-9}	普通 Os/10^{-9}	^{187}Re/^{188}Os	^{187}Os/^{188}Os
Q3-2	5.0016	5.0550±0.0599	10.316±0.511	7.7596±1.0324	4676.0±98.7	14.833±0.108
Q3-2	5.008	4.9615±0.0878	10.416±0.267	7.5769±0.4447	4489.3±92.4	14.762±0.042
Q3-3	5.0009	2.6103±0.0379	6.3967±0.2320	7.3750±0.4425	2162.6±46.3	8.5231±0.0219
QZX-1	4.9948	15.354±0.073	24.914±0.252	8.1019±0.0923	11517±109	29.574±0.116
QZX-1	5.0028	14.970±0.080	24.240±0.446	7.4994±0.6208	11298±114	29.009±0.288
QZX-2	5.0015	8.0542±0.0393	13.831±0.442	7.8733±0.7914	7060.0±99.0	18.809±0.093
QZX-3	4.995	9.5183±0.0501	15.428±0.147	6.5454±0.1150	9468.9±80.2	24.443±0.162
WGB-1	5.0018	1.1494±0.0125	13.205±6.294	541.50±3.97	10.043±0.112	0.1840±0.0006
Q9	1	2.24				

注：WGB 参考值，Re 为 1.15×10^{-9}；N-Os 为 0.544×10^{-9}（Meisel et al.，2001）；Q9 为秋树湾黄铜矿样品。

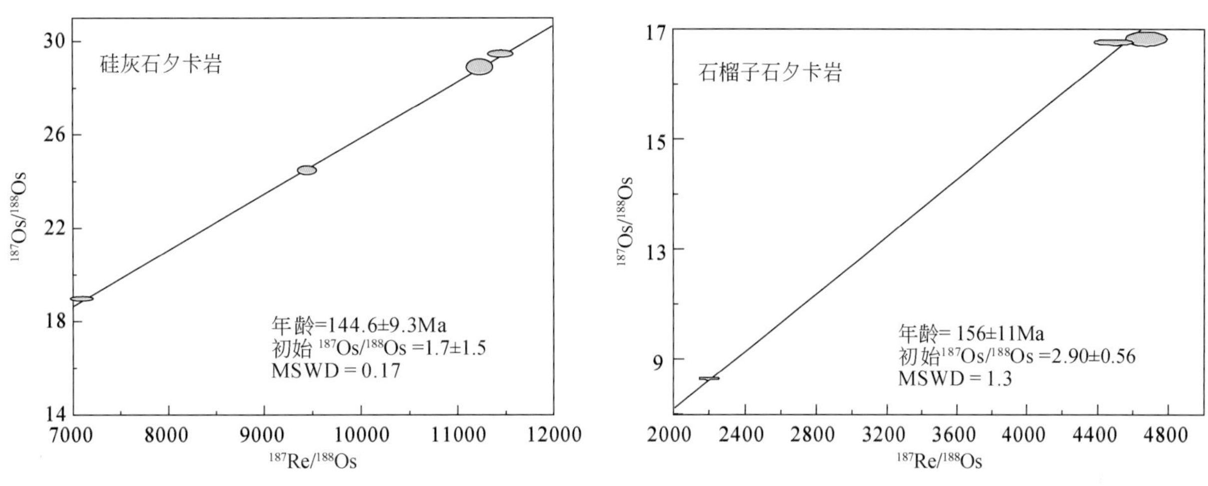

图 4.69　秋树湾夕卡岩 Re-Os 同位素等时线年龄（数据见表 4.64）

使用 Isoplot 软件计算获得硅灰石夕卡岩全岩样品的 Re-Os 等时线年龄为 144.6±9.3Ma，(^{187}Os/^{188}Os)$_i$ = 1.7±1.5；石榴子石夕卡岩的 Re-Os 等时线年龄为 156±11Ma，(^{187}Os/^{188}Os)$_i$ = 2.90±0.56Ma（图 4.69）。上述年龄与辉钼矿 Re-Os 等时线年龄（147±4Ma，郭保健等，2006）及岩体的 SHRIMP 锆石 U-Pb 年龄（145.9±1.5Ma）（与包志伟交流）在误差范围内一致，表明本区夕卡岩与钼矿化的形成是同一次岩浆作用的结果，同时显示了夕卡岩在 Re-Os 同位素定年应用上的巨大潜力。并且，由于热液硫化物中的低 Re 含量以及硫化物分解过程对取样量的限制，这种高 Re 含量的夕卡岩将可能是成矿年代学研究的又一重要工具。从 (^{187}Os/^{188}Os)$_i$ 初始值结果来看，两种夕卡岩的形成均具有初始富集放射性成因 Os 的性质，两结果在误差范围内一致，但精度较差，这可能是由于^{187}Re/^{188}Os 值过大对^{187}Os/^{188}Os 节距精度造成的影响，也可能是夕卡岩多期次形成的结果，因此非共生的夕卡岩矿物不建议共同计算等时线年龄。从两个夕卡岩全岩样品的^{187}Os/^{188}Os 初始值结果来看，成矿流体具有明显的壳源特征。

硅灰石夕卡岩 Re 含量达到 8.0542×10^{-9} ~ 15.354×10^{-9}，而石榴子石夕卡岩中只有 2.6103×10^{-9} ~ 5.055×10^{-9}，但都明显高于通常花岗岩（0.56×10^{-9}，Faure and Mensing，2005）和平均大陆地壳（<1×10^{-9}，Shirey and Walker，1998）的 Re 含量。结合本区夕卡岩大量呈层状产出且经常发育流体逃逸结构的特点，认为秋树湾铜钼矿区夕卡岩是一种岩浆气液交代碳酸盐地层的产物，而普通碳酸盐地层中大量富集铼的可能性不大，因此夕卡岩 Re 很可能来自岩浆脱挥发分的作用。前人研究已经发现，岩浆中的 Re 在火山喷气过程中丢失（Taran et al.，1995；Bennett et al.，2000；Sun et al.，2003），但 Re 在夕卡岩中富集的普遍性及机制还有待进一步的研究。

4.4.7 讨论

4.4.7.1 成矿动力学背景

岛弧背景斑岩矿床不出现含有 CO_2的流体包裹体（如 El Teniente，Klemm et al.，2007）。陆弧背景斑岩钼矿床的含 CO_2包裹体仅见于成矿早期（如 Questa，Klemm et al.，2008）或成矿系统的深部无矿部位（如 Bingham，Redmond et al.，2004）（表 4.65），似显成矿深度越大，含 CO_2流体包裹体出现的可能性越大的趋势。美国蒙大拿州 Butte 斑岩铜钼矿床成矿流体富含 CO_2，其成矿深度达到 5 ~ 9km（Rusk et al.，2008），更是佐证了深度与 CO_2流体包裹体发育概率的关系。然而，秦岭钼矿带不同形成深度的斑岩型或斑岩-夕卡岩型矿床中都发育 CO_2流体包裹体，则显示了源区物质基础和构造背景的关键作用。

秋树湾矿床成矿流体富含碳质（尤其是富含 CO_2），与三道庄（石英霞等，2009）、鱼池岭（李诺等，2009a）、汤家坪（王运等，2009）等大陆碰撞造山体制的斑岩矿床一致，与岩浆弧环境的斑岩-夕卡岩型矿床差别较大。该特点可能缘于：①成矿岩浆的源区相对贫水富碳，或岩浆上侵过程中同化混染了富碳地层，即壳源成分较多地参与了成矿；②形成深度大于岩浆弧背景的同类矿床。

秋树湾矿床辉钼矿和夕卡岩全岩 Re-Os 同位素定年证明成矿作用发生在 144 ~ 156Ma，与成矿斑岩体年龄（145.9±1.5Ma）在误差内一致，与秦岭大陆碰撞造山作用由挤压向伸展转变的时间吻合（陈衍景等，2000，2009；李诺等，2009b；Li et al.，2012a）。而且，成矿斑岩体具有碰撞型花岗岩的岩石学、地球化学特征。因此，秋树湾矿床形成于大陆碰撞造山过程的挤压向伸展转变期。

表 4.65 典型斑岩-夕卡岩成矿系统中成矿流体特征对比

矿床	成矿元素	流体成分	CO_2包裹体出现位置/时间	成矿温度/℃	成矿深度/km	资料来源
El Tenient	Cu-Mo	H_2O-NaCl	无	410 ~ 320	0.7 ~ 1.1	Klemm et al.，2007
Bingham	Cu-Au	CO_2-H_2O-NaCl	矿体下 0.5 ~ 1km	560 ~ 330	1.4 ~ 2.1	Remond et al.，2004
Questa	Mo	CO_2-H_2O-NaCl	成矿早期	420	1.1 ~ 2.2	Klemm et al.，2008
雷门沟	Mo	CO_2-H_2O-NaCl-KCl	成矿早期	371 ~ 220	>1.4	李晶，2009
秋树湾	Cu-Mo	CH_4-CO_2-H_2O-NaCl	主成矿期	317 ~ 225	2.2 ~ 5.7	李晶，2009
Butte	Cu-Mo	CO_2-H_2O-NaCl	主成矿期	650 ~ 370	5 ~ 9	Rusk et al.，2008

4.4.7.2 碳水流体对金属的运移

秋树湾斑岩-夕卡岩型铜钼矿化与碳水流体具有密切的关系，主要表现为以下特征：

（1）与大多数经典斑岩型矿床以盐水体系为主的成矿流体不同，秋树湾的铜钼矿化均与富碳质流体密切相关，而甲烷的大量存在说明流体具有一定的还原性。

（2）流体中含碳相的种类对金属的运移表现出专属性。富 CH_4流体包裹体主要存在于石英斑晶中以及远离岩体的铜矿体中。拉曼分析结果显示，铜矿化流体为 $CO_2/CH_4=1 \sim 2.7$ 的碳水流体（图4.63），钼矿化流体则为不含 CH_4的 CO_2-H_2O 流体体系；含 CH_4流体包裹体的缺失指示着矿石 Cu 含量的降低。据此认为，导致铜、钼矿化的流体可能是岩浆侵位到不同深度的脱挥发分产物，成矿金属类型取决于 Cu、Mo 脱离岩浆体系的时间，而脱离时间则依赖于其在不同挥发分中的分配系数、挥发分在岩浆中的溶解度以及岩浆上侵过程的温压变化。

很多学者探讨了金属气相运移问题。高温的火山喷气、大陆地热体系中的低密度气体和从海底热液喷口喷出的相对高密度气相，都显示出富水气相运移金属的重要能力（Williams-Jones and Heinrich，

2005)。单个流体包裹体成分的LA-ICP-MS分析也说明，岩浆流体相分离产生的低密度富气流体和共存的高盐度水溶液对不同金属运移具有明显的选择性（Heinrich et al., 1992; Williams-Jones and Heinrich, 2005)：K、Mn、Fe、Rb、Cs倾向于进入高盐度溶液相，Zn、Tl、Pb没有明显的分馏现象，B、Cu、As、Sb和Au倾向于进入低密度气相。控制金属分馏的最关键因素是类似水解和络合物形成等化学反应(Williams-Jones and Heinrich, 2005)，而不单是温度、压力变化。在斑岩-浅成低温热液Cu、Au等成矿系统中，气相运移的重要性已经得到普遍认可。

值得注意的是，关于斑岩铜矿成矿过程中气相搬运Cu金属的报道，局限于高氧逸度、低密度的水溶液条件（Audetat et al., 1998; Heinrich et al., 1999; Audetat et al., 2000; Landtwing et al., 2005; Klemm et al., 2007)，很少涉及还原性流体对Cu、Mo的气相运移能力。Rowins（2000）通过PIXE显微分析研究了还原性岩浆热液体系中共生的气相和高盐度液相包裹体，发现在相对还原性的钨锡岩浆热液系统中，铜仍然倾向于进入气相；在还原性的斑岩铜金成矿系统中，富碳质流体包裹体也可比水溶液包裹体携带更多的Cu。运用PIXE和LA-ICP-MS研究还原性斑岩Sn-W-Ag矿床和斑岩-角砾岩型Mo-Au矿床的流体包裹体，结果显示，在高压相分离过程中，Cu会强烈倾向于进入低密度的富CO_2和S（可以H_2S形式存在）的气相，而非高盐度水溶液（Heinrich et al., 1992及其引文)。Hemley等（1992）的实验表明，在300~700℃和0.5~2kbar条件下，中等盐度（5% NaCl eqv.)、相对还原的单一相流体可溶解$n\times10\times10^{-6}$ ~ $n\times100\times10^{-6}$的Cu（Cl络合物形式)，且溶解能力随氯含量升高和硫逸度降低而升高，但受氧逸度变化影响较小；相同条件下，Cu溶解度比Fe、Pb、Zn低1~2个数量级。相反，在高氧逸度流体中，Cu和Fe的溶解度相当。上述表明，Cu和Au在氧化性斑岩系统中容易进入气相而迁移，在还原性斑岩体系中强度有所下降。

秋树湾铜钼矿床研究结果显示，在挥发组分以CH_4为主时，几乎无铜矿化；而当CO_2/CH_4值接近1时，发生铜矿化。这表明CO_2对铜运移有重要影响。但是，正如CO_2并不是金运移的载体一样（Philips and Evans, 2004)，铜可能不与CO_2或CH_4络合。CO_2增加会加速流体从岩浆中出溶，CO_2会促进金属在不同密度流体之间分馏（Lowenstern, 2000)。CH_4加入既可增大流体渗透和运移能力，还可降低流体氧化性，从而增大流体中的S^{2-}含量，更利于Cu搬运迁移，以及Cu与Mo分离。

4.4.7.3 富CH_4流体的来源

富CH_4流体包裹体广泛出现在低级变质岩、碱性岩、赋存于高级变质岩区的脉状金矿床和石油盆地中(Fan et al., 2000; Dubessy et al., 2001; Charlou et al., 2002; Hurai et al., 2002; 徐九华等, 2007)。也有一些研究（Fan et al., 2004; Rossetti and Tecce, 2008）报道了在夕卡岩中发现富CH_4的流体包裹体的现象。考虑到变质或沉积岩中广泛存在石墨，石墨与流体的原位反应或者反应后经过运移都可能形成含CH_4的流体（Roedder, 1984; Andersen and Burke, 1996)。Fan等（2004）对白云鄂博夕卡岩中流体包裹体的研究认为，富甲烷流体可能是地层中的石墨与岩浆流体发生反应的结果：$2C+2H_2O \longrightarrow CH_4+CO_2$。Rowins（2000）曾经提出过还原性斑岩铜-金矿床的概念，发现其成矿流体中普遍含有甲烷，认为这种岩浆的来源可能类似于氧化性的斑岩铜-金矿床，但是由上地幔部分熔融区向上运移的过程中经历了含石墨变沉积岩的强烈同化混染。虽然低氧逸度的S型花岗岩也可以出溶还原性的热液流体，但因其源区Cu、Au背景较低，而不能形成重要的斑岩型Cu、Au矿床。

秋树湾流体包裹体研究表明，富CH_4包裹体见于早阶段热液矿物中；就石英斑晶C型包裹体而言，CH_4含量越低，包裹体气相所占比例越低。尽管CH_4和CO_2可以完全混溶且没有中间产物（卢焕章等, 2004)，但在岩浆体系中CH_4比CO_2溶解度更低，因此，随岩浆上侵或压力降低，CH_4最早出溶，随后是CO_2和H_2O等组分出溶。如此，富CH_4与富CO_2包裹体的出现顺序，包裹体中气相比例与CH_4含量的相关性，均表明CH_4与CO_2是直接从岩浆中分离出来的，而非后期“外来”物质。

考虑到秋树湾岩体中副矿物见磁铁矿与钛铁矿，且磁铁矿含量明显大于钛铁矿，表明成矿岩体偏氧化性，CH_4来自相对还原的岩浆源区的可能性不大（胡受奚等, 1988)。鉴于秋树湾岩体被认为属受陆壳轻度同化-混染的同熔型花岗岩（胡受奚等，1988），且该岩体侵入至秦岭群雁岭沟组之中，后者含有含石墨条带的大理岩，认为秋树湾成矿流体中的CH_4很可能来自岩浆上侵过程中含石墨地层的混染，即$2C+2H_2O \longrightarrow CH_4+CO_2$。岩浆中$CH_4$和$CO_2$加入，会促使挥发分的在岩体结晶程度更低的情况下发生分离，更有利于Cu附加在气相并运移。秋树湾西侧的板厂铜多金属矿床同样赋存于雁岭沟组地层，并且与秋树湾成矿时代相同，可能构成了板厂-秋树湾铜钼多金属成矿带。而该成矿带的发育，可能得益于含石墨地层被中酸性岩浆的同化混染。

4.4.8 总结

（1）秋树湾斑岩-夕卡岩型矿床是东秦岭地区唯一的Cu-Mo矿床。该矿床产于北秦岭造山带东段的二郎坪地体，赋矿围岩为秦岭群片岩和大理岩。该矿床成矿岩体为秋树湾花岗闪长斑岩，具有高硅、富碱、高钾的特征，贫钙、镁，属高钾钙碱性-钾玄岩系列的准铝质或弱过铝质花岗岩。在原始地幔标准化的微量元素图解中，岩体亏损Nb、P、Ti等高场强元素，微弱富集Sr、Ba。在球粒陨石标准化的稀土元素配分图解中，岩体显示为右倾的曲线，无明显Eu、Ce异常。锆石SHRIMP定年厘定岩体侵位发生于145.9±1.5Ma。结合氧同位素特征，认为秋树湾岩体属改造成因，只是其源区成分地壳成熟度较低。这亦与岩体以花岗闪长岩为主以及发育Cu-Mo矿化元素组合的特征一致。

（2）秋树湾矿床包括两部分，一是花岗闪长斑岩及其接触带的斑岩-夕卡岩型钼矿化，二是爆破角砾岩筒中的角砾岩型铜钼矿化。早阶段矿化在岩体内部表现为岩浆-热液过渡状态的热液蚀变，在围岩中表现为夕卡岩化；主成矿阶段表现为夕卡岩型、斑岩型及角砾岩型的铜钼矿化，伴随有硅化、绢云母-白云母化、钠长石化、绿泥石化、绿帘石化和碳酸盐化等蚀变；晚阶段表现为夕卡岩层间界面上形成的石英-黄铁矿-黄铜矿细脉。

（3）秋树湾矿床发育碳水溶液包裹体、水溶液包裹体和含子矿物多相包裹体。由早到晚，成矿流体系统经历了从CH_4-CO_2-H_2O-NaCl体系经CO_2-H_2O-NaCl体系到H_2O-NaCl体系的演变过程，富碳质流体对金属运移和沉淀成矿起到了决定性的作用。氢氧同位素研究表明秋树湾成矿流体以岩浆热液为主，并有少量大气降水混合。铅同位素数据显示硫化物矿石具有与成矿斑岩类似的铅同位素组成，表明成矿金属元素亦来自成矿岩体。矿石硫同位素组成较为均一，物源单一，以深源硫为主。

（4）辉钼矿和夕卡岩全岩Re-Os同位素定年限定秋树湾铜钼矿床成矿作用发生于144～156Ma，与秦岭造山带由挤压向伸展转变阶段的大规模钼成矿作用一致。

4.5 夕卡岩型钼矿床成矿模型

4.5.1 秦岭夕卡岩型钼矿床的基本特征

秦岭夕卡岩型钼矿床具有如下特点：

（1）成矿构造环境。据Einaudi等（1981）和Meinert等（2005），包括夕卡岩型钼矿在内的夕卡岩型矿床主要形成于陆缘弧环境。当洋壳俯冲角度变缓时，岩浆弧加宽或向陆内移动，岩浆中将有更多陆壳物质加入，并发育局部裂谷。这种由洋壳俯冲向俯冲后转变的环境有利于夕卡岩型钼（钨）矿床的发育。然而，秦岭地区夕卡岩型钼矿床辉钼矿Re-Os同位素年龄主要为142～156Ma（黄典豪等，1994；李永峰等，2003；郭保健等，2006；毛冰等，2011；武广等，2013b），形成于陆陆碰撞体制的挤压向伸展转变期，而非陆缘弧体制（Li et al.，2012a，2015）。

（2）成矿岩体特征。夕卡岩型钼矿多与高分异的硅酸岩侵入体密切相关（Vokes，1963），镁铁质矿物含量一般2%～5%（Misra，2000），常见岩石类型包括花岗岩、花岗斑岩和石英二长岩等（Einaudi et al. ,1981；Meinert et al., 2005）。秦岭地区夕卡岩型钼矿均与燕山期中酸性小斑岩体密切相关，成矿岩体以花岗闪长岩、二长花岗岩、钾长花岗岩为主，往往是由多个岩性单元组成的复式岩体。例如，南泥湖-三道庄矿床的南泥湖斑岩浅部为斑状二长花岗岩，深部过渡为斑状黑云母花岗闪长岩（包志伟等，2009；杨永飞等，2009a；Yang et al., 2012）；上房沟成矿岩体浅部为斑状黑云母花岗岩（或黑云母二长花岗斑岩），深部为正长或钾长花岗斑岩（Yang Y et al., 2013）；银家沟成矿岩体主要由二长花岗斑岩、钾长花岗斑岩和石英闪长斑岩组成，尚含少量黑云母石英二长斑岩脉，后者边缘见有闪长玢岩出现（李铁刚等，2013）。

（3）夕卡岩特征。世界多数夕卡岩型钼矿床产于粉砂质碳酸盐或碳酸质碎屑岩中，属钙夕卡岩系列（Einaudi et al., 1981；Meinert et al., 2005）。在秦岭地区，南泥湖-三道庄矿床为钙质夕卡岩，上房沟、银家沟、夜长坪等矿床赋存于白云岩或白云质大理岩中，常见粒硅镁石、滑石、金云母、蛇纹石等典型的镁夕卡岩矿物（杨艳等，2009；毛冰等，2011；武广等，2013a，2013b）。

（4）矿化元素组合。夕卡岩型钼矿常见伴生元素包括 Mo、W、Cu、Bi 等，局部可含 Pb、Zn、Sn 或 U（Einaudi et al., 1981；Meinert et al., 2005）。在秦岭地区，秋树湾 Mo-Cu 矿床（李晶，2009；秦臻等，2012），南泥湖-三道庄和夜长坪均为 Mo-W 组合（王长明等，2006；肖中军和孙卫志，2007；杨永飞等，2009a；毛冰等，2011），上房沟和木龙沟为 Mo-Fe 矿床（胡受奚等，1988；杨艳等，2009），银家沟则为 Mo-Fe-Cu-Pb-Zn-Au-Ag 矿床（陈衍景和郭抗衡，1993；武广等，2013a，2013b）。

（5）围岩蚀变特征。对于夕卡岩型钼矿床，除夕卡岩化、角岩化外，矿化岩体自身亦常发生钾硅酸盐化和绢英岩化蚀变，分别与进变质夕卡岩（石榴子石-辉石等）和退变质夕卡岩（绿帘石-阳起石等）对应（Meinert et al., 2005）。MAX（Trout Lake）钼矿床发育角岩化，且角岩被钾化、绢英岩化和青磐岩化叠加。其中，钾化、硅化与钼矿化关系密切，绢英岩化、青磐岩化普遍而强烈（Linnen and Williamsjones, 1990；Lawley et al., 2010）。Sphinx 钼矿发育夕卡岩化以及强烈的钾化、绢英岩化和泥化（Downie et al., 2006）。相比之下，秦岭地区夕卡岩型钼矿的成矿岩体多发生强烈的钾化、硅化、萤石化等“贫水蚀变”，而绢英岩化、青磐岩化等“富水蚀变”表现较弱。这一围岩蚀变的差别在斑岩型钼矿床更为显著。

（6）成矿流体特征。夕卡岩型钼矿是夕卡岩型矿床家族研究较为薄弱的端元，目前对其成矿流体特征知之甚少。Kwak（1986）认为夕卡岩型矿床的成矿流体与斑岩型矿床等高侵位成矿系统类似。有限的资料显示，夕卡岩型钼矿脉石矿物的包裹体组合可分为三类：①以含 CO_2 包裹体为主，如 Cannivan Gulch 矿床（Darling, 1994）；②水溶液包裹体+含 CO_2 包裹体组合，如 MAX 矿床（Linnen and Williamsjones, 1990；Lawley et al., 2010）；③水溶液包裹体+含子晶多相包裹体，如 Zenith 矿床（Salvi, 2000）。秦岭地区夕卡岩型钼矿流体包裹体组合更为复杂，常见水溶液包裹体、含子晶多相包裹体、碳水溶液包裹体以及部分纯 CO_2、纯 CH_4 包裹体等（李晶，2009；石英霞等，2009；杨永飞等，2009a；杨艳等，2009；Yang et al., 2012；Yang Y F et al., 2013；武广等，2013a）。

4.5.2　秦岭夕卡岩型钼矿床的蚀变-矿化模式

秦岭地区，侵入体外围或外接触带常发育角岩、接触带反应夕卡岩以及顺层夕卡岩（图 4.70），内接触带夕卡岩往往粒度较粗。夕卡岩成矿系统中心，常发育斑岩型矿化，外围尚可沿断裂发育银铅锌等矿脉（图 4.70）。

夕卡岩型矿床的蚀变-矿化动力学过程复杂（Meinert et al., 2005）。当岩浆侵入碳酸盐岩地层时，通过如下反应形成进变质夕卡岩，并释放 CO_2：

$3CaCO_3$（方解石）$+Al_2O_3+3SiO_2 \longrightarrow Ca_3Al_2[SiO_4]_3$（钙铝榴石）$+3CO_2\uparrow$；

$3CaCO_3$（方解石）$+Fe_2O_3+3SiO_2 \longrightarrow Ca_3Fe_2[SiO_4]_3$（钙铁榴石）$+3CO_2\uparrow$；

$CaCO_3$（方解石）$+FeO+2SiO_2 \longrightarrow CaFeSi_2O_6$（钙铁辉石）$+CO_2\uparrow$；

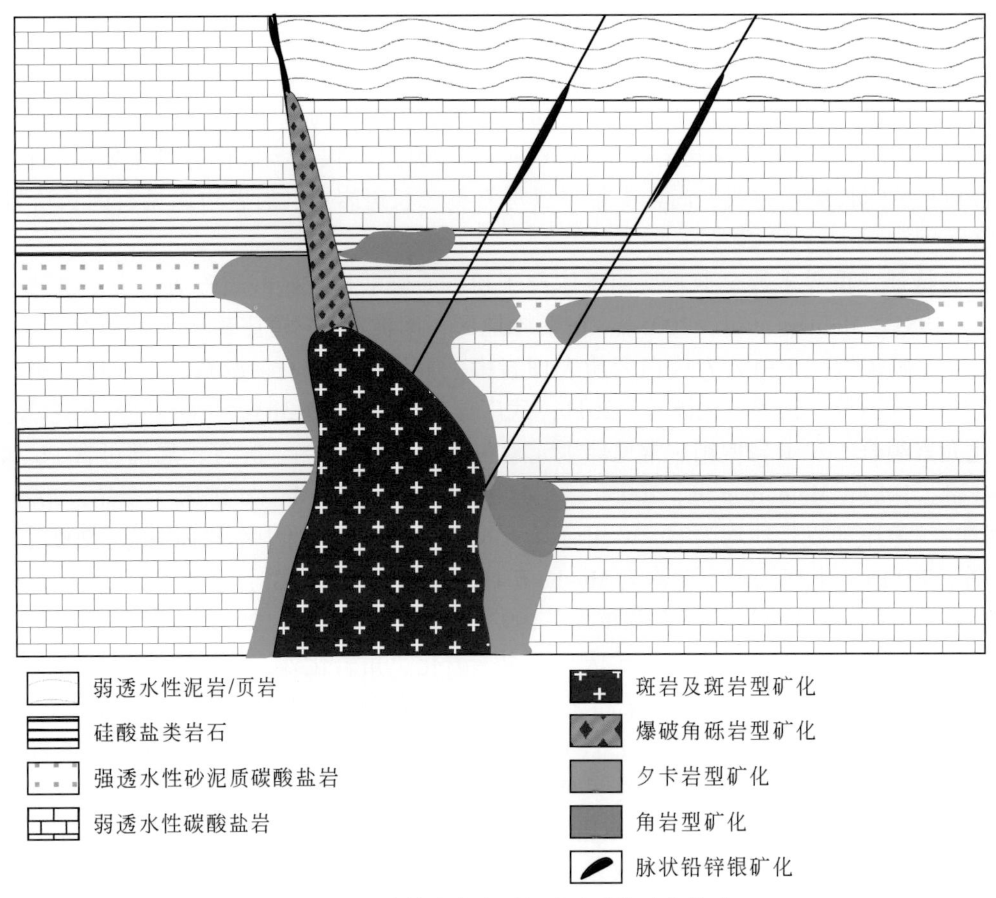

图 4.70　秦岭夕卡岩型钼成矿系统矿床模式

$CaMg(CO_3)_2$(白云石)+$2SiO_2$⟶$CaMgSi_2O_6$(透辉石)+$2CO_2$↑;

$CaCO_3$(方解石)+SiO_2⟶$CaSiO_3$(硅灰石)+CO_2↑。

而当岩浆侵入粉砂质灰岩或石灰质页岩时，则发生角岩化，形成细粒钙铝硅酸盐矿物。此类反应温度较高，可高达1200℃（Wallmach et al., 1989），多为500～900℃（Pirajno, 2009）。随结晶作用进行或沸腾现象发生，如降温所致二次沸腾（second boiling）和/或减压所致一次沸腾（first boiling），挥发组分（H_2O、CO_2等）从熔体相中分离出来（Cline, 2003），而且，进变质夕卡岩反应也导致流体 CO_2 含量增加。

由于花岗质岩浆中 CO_2溶解度较 H_2O 低将近一个数量级（Lowenstern, 2001），CO_2将首先达饱和，进入流体相。此时，即使熔体中的 H_2O 尚未饱和，亦将优先进入流体相（Holloway, 1976），形成初始成矿流体，导致岩体和/或围岩水压致裂。同时，在岩体内部，成矿流体与岩体相互作用，诱发钾化等蚀变，其过程类似于斑岩型钼矿。

随流体温度、盐度的降低及相分离，系统将发生退化蚀变，形成以富水矿物为特征的退变质夕卡岩。退变质夕卡岩往往受构造控制，叠加于进变质夕卡岩矿物，反映了夕卡岩矿物中 Ca 和/或 Mg 的淋滤和挥发分加入的过程（Meinert et al., 2005）：

$2Ca_3Al_2[SiO_4]_3$(钙铝榴石)+$5(Mg,Fe)^{2+}$+Fe^{3+}+$11H_2O$+$4CO_2$⟶$Ca_2FeAl_2[SiO_4]_3(OH)$(绿帘石)+$Al(Mg,Fe)_5[AlSi_3O_{10}](OH)_8$(绿泥石)+$4CaCO_3$(方解石)+$13H^+$;

$Ca_3Fe_2[SiO_4]_3$(钙铁榴石)+Fe^{2+}+H_2O+$3CO_2$⟶Fe_3O_4(磁铁矿)+$3SiO_2$(石英)+$3CaCO_3$(方解石)+$2H^+$;

$CaMg[Si_2O_6]$(透辉石)+Mg^{2+}+$2H^+$⟶$Ca_2Mg_5[Si_4O_{11}]_2(OH)_2$(透闪石)+$2Ca^{2+}$;

$10CaMg[Si_2O_6]$(透辉石)+$2H_2O$+$6CO_2$+$5(Mg,Fe)^{2+}$⟶$Ca_2(Fe,Mg)_5[Si_4O_{11}]_2(OH)_2$(阳起石)+

$Ca_2Mg_5[Si_4O_{11}]_2(OH)_2$(透闪石)$+4SiO_2$(石英)$+6CaCO_3$(方解石)$+5Mg^{2+}$。

该过程大体发生于300～500℃，对应于岩体内的绢英岩化和泥化，伴随浸染状和网脉状铜、钼矿化(Pirajno，2009)。浸染状矿化发生在夕卡岩化早期及斑岩体钾化阶段，网脉状矿化发生在夕卡岩化晚期或岩体绢英岩化、硅化和泥化阶段（Einaudi，1982）。

需要说明，迄今尚无普适的夕卡岩型矿床的蚀变-矿化模式，原因是岩体和围岩性质对蚀变-矿化特征影响显著，具体因素及其影响是：

岩体和围岩的氧逸度。当岩体的氧逸度较高时，Fe将主要以Fe^{3+}形式存在，而Fe^{3+}易于进入石榴子石晶格，而难于进入辉石晶格（Fe^{2+}为主），这必将导致夕卡岩系统中的石榴子石/辉石值较高；相反，氧逸度较低时，石榴子石/辉石值较低。然而，上述效应可被围岩的氧化还原特征所抵消：还原性的围岩将降低或掩盖岩浆的氧化性，形成较低的石榴子石/辉石值以及贫Fe的石榴子石和富Fe的辉石（Einaudi et al.，1981；Meinert et al.，2005）。围岩的氧逸度影响流体中碳质流体的存在形式。当围岩中含较多碳质时，流体中的CO_2可被还原为CH_4，形成H_2O-CH_4-CO_2-NaCl体系的成矿流体，如秋树湾矿床（李晶，2009)；相反，围岩碳质含量少时，流体为H_2O-CO_2-NaCl系统。

岩浆成分及侵位深度。Einaudi等（1981）对130个夕卡岩型矿床的统计结果显示，夕卡岩型矿床的形成压力变化范围较大，介于30～300MPa。岩体侵位深度直接影响夕卡岩的成分和发育程度。①在花岗质熔体中CO_2的溶解度远低于H_2O和Cl，CO_2将比H_2O、Cl更早出溶，出溶压力更高（Fogel and Rutherford，1990)。因此，含CO_2岩浆将首先分异出富CO_2的流体，然后分异出盐水溶液（Shinohara et al.,1995)，造成深侵位岩浆出溶的热液CO_2/H_2O值较高。自然，高CO_2/H_2O值的流体更易诱发强烈的贫水蚀变（如钾化、绿帘石化、碳酸盐化)，富水蚀变（如绢英岩化、绿泥石化、泥化等）相对较弱。②当岩体侵位深度较大时，围岩通常以韧性变形为主而非脆性变形，侵入体与沉积岩接触带将趋于平行层理，或者岩体沿层理面侵入，或者沉积岩发生褶皱或流动直至与侵入体呈线性接触。这导致夕卡岩化在水平方向发育较窄，但垂向延伸较大。反之，当岩体侵位较浅时，围岩构造以脆性破碎、断裂为主，侵入体与层理可高角度相交，夕卡岩可切穿层理发育，也可因流体顺有利层位交代而呈层状或似层状(图4.70)。③在相同的地温梯度条件下，当岩体侵位深度较大时，围岩变质程度和强度较高，将影响围岩的渗透性，减弱夕卡岩化的空间范围。同时，由于围岩温度较高，岩浆冷凝结晶较慢，平衡化学反应充分，影响夕卡岩矿物组成。据Meinert等（2005)，设地温梯度为35℃/km，当岩体侵位深度为12km，围岩温度大致为400℃，如果没有后期隆升或其他构造事件，则夕卡岩可能缺失石榴子石、辉石等标志性矿物。④与浅成岩体有关的、强烈水压致裂的围岩极大地增加了渗透性，有利于交代流体以及后期低温大气降水循环，形成较大范围的退变质夕卡岩化。

岩体和围岩成分。岩体成分，尤其是其挥发分，对夕卡岩系统有一定影响。例如，Chang和Meinert(2004）发现岩浆中F含量控制了内夕卡岩带的发育程度，在相同的流体循环条件下，富F岩浆通常会导致更为强烈和普遍的内夕卡岩化。秦岭地区夕卡岩型钼矿的成矿岩浆-流体系统K_2O/Na_2O值较高（李诺等，2007)，导致岩体发生强烈的钾化，而绢英岩化、青磐岩化、泥化等相对较弱。当成矿岩体的结晶分异程度较高时，成矿元素组合以Mo-W为主，以南泥湖-三道庄矿床、木龙沟矿床为代表；低分异岩浆则往往形成Mo-Cu矿床，如秋树湾矿床。围岩成分则限制了夕卡岩化系列（钙质、镁质、锰质等)：当围岩为灰岩或大理岩时，形成钙质夕卡岩；当围岩为白云岩、白云质灰岩或白云质大理岩时，形成镁质夕卡岩；当围岩为含锰的碳酸盐建造时则形成锰质夕卡岩。若围岩为粉砂质灰岩或石灰质页岩等不纯碳酸盐，则将形成硅酸盐角岩。

4.5.3　秦岭夕卡岩型钼矿床成矿构造模式

Einaudi等（1981）和Meinert等（2005）认为，与侵入体有关的夕卡岩型钼矿床多数形成于陆缘弧环境（图4.71A）或由洋壳俯冲向俯冲后转变的环境（图4.71B）。这种观点无法解释秦岭和我国大部分地区的夕卡岩型钼矿床以及其他金属矿床，其图中的俯冲角度与南美洲与北美洲的情况恰相反，也不符合牛顿力学分析给出的结果，本书无法采纳。

秦岭夕卡岩型钼矿床形成于侏罗纪—白垩纪，属于洋盆闭合之后的陆陆碰撞体制，特别是由挤压向伸展转变的构造体制（图4.72）。它们与斑岩型钼矿在成矿岩体性质以及成矿元素、同位素组成等方面具较多相似之处，甚至共生为复合类型的矿床，如上房沟、南泥湖-三道庄、银家沟等，成矿岩体都主要源于古老中、下地壳物质的部分熔融。通常，俯冲陆壳板片贫 H_2O、贫 Cl、贫 Na，高 K、富 F、广泛发育碳酸盐地层，由其部分熔融形成的岩浆-热液成矿系统必定具有较高的 CO_2/H_2O、F/Cl 和 K/Na 值，所成成矿系统普遍发育含 CO_2 包裹体，钾长石化、萤石化、碳酸盐化强烈。

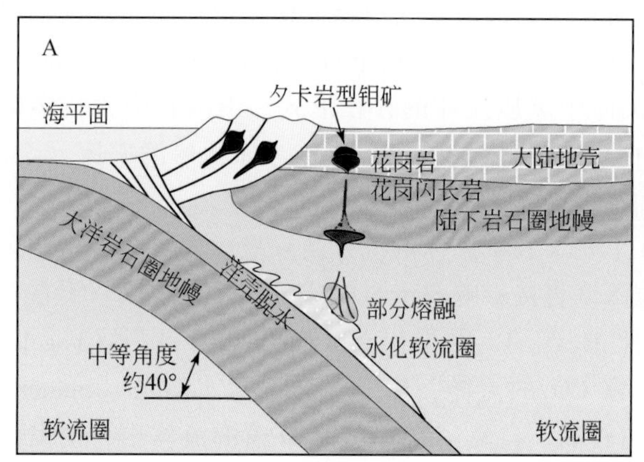

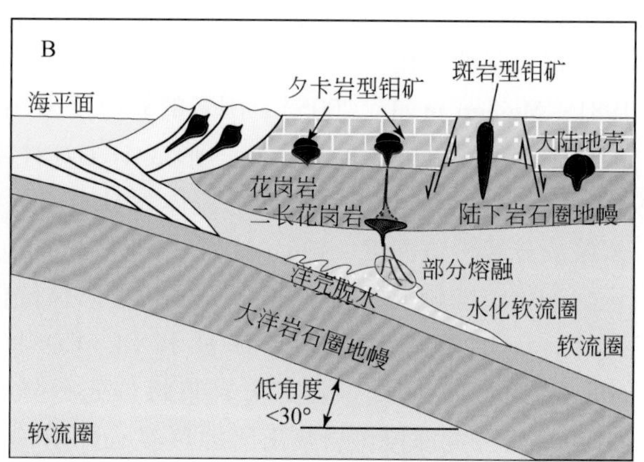

图4.71 活动陆缘夕卡岩型钼矿床成矿构造模式（据 Meinert et al.，2005 修改）

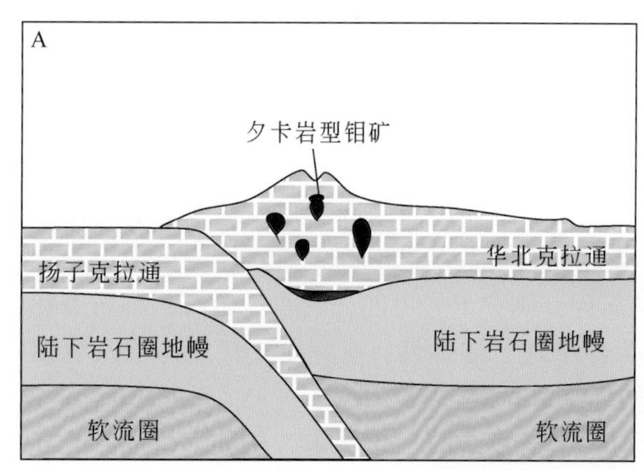

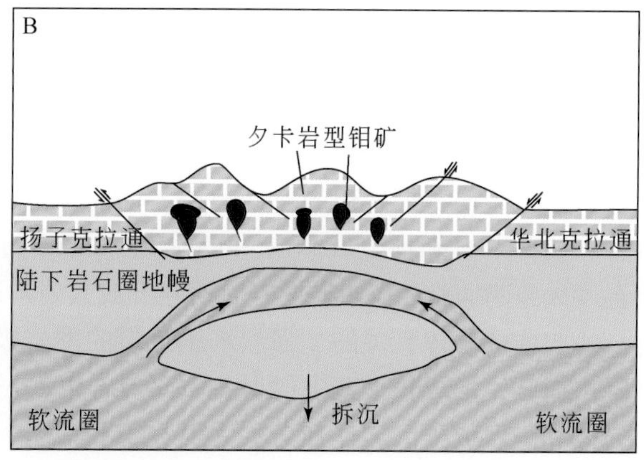

图4.72 秦岭造山带燕山期夕卡岩型钼矿床成矿构造模式

参考文献

包志伟，曾乔松，赵太平，原振雷．2009．东秦岭钼矿带南泥湖-上房沟花岗斑岩成因及其对钼成矿作用的制约．岩石学报，25（10）：2523-2536

陈建立．2004．二郎坪群海相火山岩中块状硫化物矿床地质特征及其找矿方向．地质与勘探，40（6）：38-41

陈文，张彦，张岳桥，金贵善，王清利．2006．青藏高原东南缘晚新生代幕式抬升作用的 Ar-Ar 热年代学证据．岩石学报，22（4）：867-872

陈衍景．2010．秦岭印支期构造背景、岩浆活动及成矿作用．中国地质，37（4）：854-865

陈衍景，富士谷．1992．豫西金矿成矿规律．北京：地震出版社，1-234

陈衍景，郭抗衡．1993．河南银家沟矽卡岩型金矿的地质地球化学特征及成因．矿床地质，12（3）：265-272

陈衍景，李诺．2009．大陆内部浆控高温热液矿床成矿流体性质及其与岛弧区同类矿床的差异．岩石学报，25（10）：2477-2508

陈衍景，李超，张静，李震，王海华.2000. 秦岭钼矿带斑岩体锶氧同位素特征与岩石成因机制和类型. 中国科学（D辑），30（增刊）：64-72
陈衍景，隋颖慧，Pirajno F. 2003. CMF 模式的排他性证据和造山型银矿的实例：东秦岭铁炉坪银矿同位素地球化学. 岩石学报，19（3）：551-568
陈衍景，倪培，范宏瑞，Pirajno F，赖勇，苏文超，张辉.2007. 不同类型热液金矿系统的流体包裹体特征. 岩石学报，23（9）：2085-2108
陈衍景，肖文交，张进江.2008. 成矿系统：地球动力学的有效探针. 中国地质，35（6）：1059-1073
陈衍景，翟明国，蒋少涌.2009. 华北大陆边缘造山过程与成矿研究的重要进展和问题. 岩石学报，25（11）：2695-2726
陈毓川，王平安，秦可令，赵东宏，毛景文.1994. 秦岭地区主要金属矿床成矿系列的划分及区域成矿规律探讨. 矿床地质，13（4）：289-298
崔毫.1991. 华北地台南缘（河南）有色、贵金属矿床铅同位素组成特征及成矿意义. 矿产与勘查，（2）：30-41
第五春荣，孙勇，刘良，张成立，王洪亮.2010. 北秦岭宽坪岩群的解体及新元古代 N-MORB. 岩石学报，26（7）：2025-2038
杜安道，何红蓼，殷宁万，邹晓秋，孙亚莉，孙德忠，陈少珍，屈文俊.1994. 辉钼矿的铼-锇同位素地质年龄测定方法研究. 地质学报，68（4）：339-347
杜安道，赵敦敏，王淑贤，孙德忠，刘敦一.2001. Carius 管溶样和负离子热表面电离质谱准确测定辉钼矿铼-锇同位素地质年龄. 岩矿测试，20（4）：247-252
杜安道，屈文俊，王登红，李厚民，丰成友，刘华，任静，曾法刚.2007. 辉钼矿亚晶粒范围内 Re 和^{187}Os 的失耦现象. 矿床地质，26（5）：572-580
杜安道，屈文俊，李超，杨刚.2009. 铼-锇同位素定年方法及分析测试技术的进展. 岩矿测试，28（3）：288-304
段士刚，薛春纪，冯启伟，高炳宇，刘国印，燕长海，宋要武.2010. 河南栾川脉状铅锌矿床 Pb 同位素地球化学特征. 矿物岩石，30（4）：69-78
樊金涛.1986. 金堆城—南泥湖地区燕山期花岗岩类成因类型探讨. 陕西地质，4（1）：39-53
范宏瑞，谢奕汉，赵瑞，王英兰.1994. 豫西熊耳山地区岩石和金矿床稳定同位素地球化学研究. 地质找矿论丛，9（1）：54-64
伏雄.2003. 河南秋树湾铜（钼）矿床成因探讨. 矿产与地质，17（3）：233-236
顾文帅.2012. 栾川矿集区钼多金属矿床共伴生元素富集特征及找矿意义. 中国地质大学（北京）硕士学位论文
郭保健，毛景文，李厚民，屈文俊，仇建军，叶会寿，李蒙文，竹学丽.2006. 秦岭造山带秋树湾铜钼矿床辉钼矿 Re-Os 定年及其地质意义. 岩石学报，22（9）：2341-2348
郭波.2009. 东秦岭金堆城斑岩钼矿床地质地球化学特征与成矿动力学背景. 西北大学硕士学位论文
郭彩莲，陈丹玲.2011. 豫西二郎坪地区 O 型埃达克岩的厘定及其地质意义. 地质学报，85（12）：1994-2002
河南省地质局地调一队.1980. 河南省栾川县三道庄钼钨矿详细勘探地质报告
河南省地质局地调一队.1985. 河南省栾川县南泥湖钼（钨）矿区详细勘探地质报告
河南省地质矿产局.1989. 河南省区域地质志. 北京：地质出版社，1-772
河南省地质矿产厅第一地质大队.1996. 河南省灵宝市银家沟矿区Ⅰ、Ⅱ、Ⅲ、Ⅳ号矿体硫铁矿勘探地质报告
洪大卫，王式洸，谢锡林，张季生.2000. 兴蒙造山带正 ε（Nd，t）值花岗岩的成因和大陆地壳生长. 地学前缘，7（2）：441-456
胡芳芳，范宏瑞，杨奎锋，沈昆，翟明国，金成伟.2007. 胶东牟平邓格庄金矿床流体包裹体研究. 岩石学报，23（9）：2155-2164
胡鹏云，徐汉民.1989. 商县铁炉子金铅锌矿床稳定同位素研究. 陕西地质，7（1）：56-76
胡受奚，周顺之，刘孝善，陈泽铭.1982. 矿床学. 北京：地质出版社，1-287
胡受奚，林潜龙，陈泽铭，盛中烈，黎世美.1988. 华北与华南古板块拼合带地质与成矿. 南京：南京大学出版社，1-558
黄典豪，聂凤军，王义昌，江秀杰.1984. 东秦岭地区钼矿床铅同位素组成特征及成矿物质来源初探.3（4）：20-28
黄典豪，董群英，甘志贤.1989. 中国钼矿床. 北京：地质出版社，1-512
黄典豪，吴澄宇，杜安道，何红蓼.1994. 东秦岭地区钼矿床的铼-锇同位素年龄及其意义. 矿床地质，13（3）：221-230
黄典豪，侯增谦，杨志明，李振清，许道学.2009. 东秦岭钼矿带内碳酸岩脉型钼（铅）矿床地质-地球化学特征、成矿机制及成矿构造背景. 地质学报，83（12）：1968-1984
蒋德明，付治国，高胜淮，孔德成.2008. 河南栾川南泥湖钼矿田成矿物质赋存状态分析. 中国钼业，32（1）：23-31

蒋干清，周洪瑞，王自强 . 1994. 豫西栾川地区栾川群的层序、沉积环境及其构造古地理意义 . 现代地质，8（4）：430-440
焦建刚，袁海潮，何克，孙涛，徐刚，刘瑞平 . 2009. 陕西华县八里坡钼矿床锆石 U-Pb 和辉钼矿 Re-Os 年龄及其地质意义 . 地质学报，83（8）：1159-1166
焦建刚，汤中立，钱壮志，袁海潮，闫海卿，孙涛，徐刚，李小东 . 2010. 东秦岭金堆城花岗斑岩体的锆石 U-Pb 年龄、物质来源及成矿机制 . 地球科学——中国地质大学学报，35（6）：1011-1022
冷成彪，张兴春，秦朝建，王守旭，任涛，王外全 . 2008. 滇西北雪鸡坪斑岩铜矿流体包裹体初步研究 . 岩石学报，24（9）：2017-2028
李超，屈文俊，杜安道，孙文静 . 2009. 铼-锇同位素定年法中丙酮萃取铼的系统研究 . 岩矿测试，28（3）：233-238
李光明，李金祥，秦克章，张天平，肖波 . 2007. 西藏班公湖带多不杂超大型富金斑岩铜矿的高温高盐高氧化成矿流体：流体包裹体证据 . 岩石学报，23（5）：935-952
李厚民，叶会寿，毛景文，王登红，陈毓川，屈文俊，杜安道 . 2007. 小秦岭金（钼）矿床辉钼矿铼-锇定年及其地质意义 . 矿床地质，26（4）：417-424
李厚民，叶会寿，王登红，陈毓川，屈文俊，杜安道 . 2009. 豫西熊耳山寨凹钼矿床辉钼矿铼-锇年龄及其地质意义 . 矿床地质，28（2）：133-142
李锦轶 . 2001. 中朝地块与扬子地块碰撞的时限与方式——长江中下游地区震旦纪—侏罗纪沉积环境的演变 . 地质学报，75（1）：25-34
李晶 . 2009. 秋树湾和雷门沟斑岩矿床成矿流体与铼锇同位素研究 . 中国科学院广州地球化学研究所博士学位论文
李晶，仇建军，孙亚莉 . 2009. 河南银洞沟银金钼矿床铼-锇同位素定年和加里东期造山-成矿事件 . 岩石学报，25（11）：2763-2768
李诺，陈衍景，张辉，赵太平，邓小华，王运，倪智勇 . 2007. 东秦岭斑岩钼矿带的地质特征和成矿构造背景 . 地学前缘，14（5）：186-198
李诺，孙亚莉，李晶，薛良伟，李文博 . 2008. 小秦岭大湖金钼矿床辉钼矿铼锇同位素年龄及印支期成矿事件 . 岩石学报，24（4）：810-816
李诺，陈衍景，倪智勇，胡海珠 . 2009a. 河南省嵩县鱼池岭斑岩钼矿床成矿流体特征及其地质意义 . 岩石学报，25（10）：2509-2522
李诺，陈衍景，孙亚莉，胡海珠，李晶，张辉，倪智勇 . 2009b. 河南鱼池岭钼矿床辉钼矿铼-锇同位素年龄及地质意义 . 岩石学报，25（2）：413-421
李胜荣 . 1994. 论豫西洛宁-嵩县中生代钙碱性花岗岩类的同源性 . 地质论评，40（6）：489-493
李曙光，李惠民，陈移之，肖益林，刘德良 . 1997. 大别山-苏鲁地区超高压变质年代学——Ⅱ. 锆石 U-Pb 同位素体系 . 中国科学（D 辑），27（3）：310-322
李铁刚，武广，陈毓川，李宗彦，杨鑫生，乔翠杰 . 2013. 豫西银家沟杂岩体年代学、地球化学和岩石成因 . 岩石学报，29（1）：46-66
李文博，赖勇，孙希文，王保国 . 2007. 内蒙古白乃庙铜金矿床流体包裹体研究 . 岩石学报，23（9）：2165-2176
李先梓，严阵，卢欣祥 . 1993. 秦岭-大别山花岗岩 . 北京：地质出版社，1-216
李英，任崔锁 . 1990. 华北地台南缘铅同位素演化 . 西安地质学院学报，12（2）：1-12
李永峰 . 2005. 豫西熊耳山地区中生代花岗岩类时空演化与钼（金）成矿作用 . 中国地质大学（北京）博士学位论文
李永峰，毛景文，白凤军，李俊平，和志军 . 2003. 东秦岭南泥湖钼（钨）矿田 Re-Os 同位素年龄及其地质意义 . 地质论评，49（6）：652-659
李永峰，王春秋，白凤军，宋艳玲 . 2004. 东秦岭钼矿 Re-Os 同位素年龄及其成矿动力学背景 . 矿产与地质，18（6）：571-578
李永峰，毛景文，胡华斌，郭保健，白凤军 . 2005. 东秦岭钼矿类型、特征、成矿时代及其地球动力学背景 . 矿床地质，24（3）：292-304
李永军，刘志武，付国民，李金宝 . 2002. 花岗岩类 I 型 S 型分类在造山带实践中存在的问题——以西秦岭地区为例 . 华南地质与矿产，（2）：1-7
李泽九，骆庭川，张本仁 . 1994. 华北地台南缘燕山期板内花岗斑岩类地球化学特征及成分空间变化规律 . 地球科学——中国地质大学学报，19（3）：383-389
刘斌 . 2001. 中高盐度 NaCl-H_2O 包裹体的密度式和等容式及其应用 . 地质论评，47（6）：617-622
刘斌，段光贤 . 1987. NaCl-H_2O 溶液包裹体的密度式和等容式及其应用 . 矿物学报，7（4）：345-352

刘国印 . 2007. 华北陆块南缘铅锌银成矿规律及找矿方向研究 . 中国地质大学（北京）博士学位论文
刘军，武广，贾守民，李忠权，孙亚莉，钟伟，朱明田 . 2011. 豫西沙坡岭钼矿床辉钼矿 Re-Os 同位素年龄及其地质意义 . 矿物岩石，31（1）：56-62
刘孝善，吴澄宇，黄标 . 1987. 河南栾川南泥湖–三道庄钼（钨）矿床热液系统的成因与演化 . 地球化学，(3)：199-207
刘永春，付治国，高飞，靳拥护，赵云雷 . 2006. 河南栾川南泥湖特大型钼矿床成矿母岩地质特征研究 . 中国钼业，30（3）：13-17
卢焕章，范宏瑞，倪培，欧光习，沈昆，张文淮 . 2004. 流体包裹体 . 北京：科学出版社，1-487
卢欣祥 . 1984. 一个典型的同熔花岗岩型矿床——秋树湾斑岩铜（钼）矿床基本特征 . 矿物岩石，4：33-42
卢欣祥，董有，常秋岭，肖庆辉，李晓波，王晓霞 . 1996. 秦岭印支期沙河湾奥长环斑花岗岩及其动力学意义 . 中国科学（D 辑），26（3）：244-248
卢欣祥，于在平，冯有利，王义天，马维峰，崔海峰 . 2002. 东秦岭深源浅成型花岗岩的成矿作用及地质构造背景 . 矿床地质，21（2）：168-178
陆松年，于海峰，李怀坤，陈志宏，王惠初，张传林 . 2009. 中央造山带（中–西部）前寒武纪地质 . 北京：地质出版社，1-203
栾世伟，曹殿春，方耀奎，王嘉运 . 1985. 小秦岭金矿床地球化学 . 矿物岩石，5（2）：1-118
罗铭玖 . 1992. 河南金矿概论 . 北京：地震出版社，1-312
罗铭玖，张辅民，董群英，许永仁，黎世美，李昆华 . 1991. 中国钼矿床 . 郑州：河南科学技术出版社，1-452
罗铭玖，王亨治，庞传安 . 1992. 河南金矿概论 . 北京：地震出版社，1-423
罗铭玖，黎世美，卢欣祥，郑德琼，苏振邦 . 2000. 河南省主要矿产的成矿作用及矿床成矿系列 . 北京：地质出版社，1-355
马振东 . 1984. 从铅同位素组成特征初步探讨豫西东秦岭钼矿带的成因和构造环境 . 地球科学——武汉地质学院学报，27（4）：57-64
马振东 . 1992. 东秦岭及邻区各矿带稳定同位素地球化学研究 . 矿床地质，11（1）：54-64
毛冰，叶会寿，李超，肖中军，杨国强 . 2011. 豫西夜长坪钼矿床辉钼矿铼锇同位素年龄及地质意义 . 矿床地质，30（6）：1069-1074
毛景文，张作衡，余金杰，王义天，牛宝贵 . 2003. 华北及邻区中生代大规模成矿的地球动力学背景：从金属矿床年龄精测得到启示 . 中国科学（D 辑），33（4）：289-299
毛景文，谢桂青，张作衡，李晓峰，王义天，张长青，李永峰 . 2005. 中国北方中生代大规模成矿作用的期次及其地球动力学背景 . 岩石学报，21（1）：169-188
倪智勇，李诺，张辉，薛良伟 . 2009. 河南大湖金钼矿床成矿物质来源的锶钕铅同位素约束 . 岩石学报，25（11）：2823-2832
欧阳建平 . 1989. 东秦岭地区华北地台南部大陆边缘地球化学研究 . 中国地质大学博士学位论文
裴先治，李厚民，李国光，张维吉，王全庆 . 1997. 东秦岭商丹构造带主要地质体的同位素年龄及其构造意义 . 地球学报，18（增刊）：40-42
祁进平 . 2006. 河南栾川地区脉状铅锌银矿床地质地球化学特征及成因 . 北京大学博士学位论文
祁进平，陈衍景，倪培，赖勇，丁俊英，宋要武，唐国军 . 2007. 河南冷水北沟铅锌银矿床流体包裹体研究及矿床成因 . 岩石学报，23（9）：2119-2130
秦臻，戴雪灵，邓湘伟 . 2011. 东秦岭秋树湾–雁来岭两种不同类型的花岗岩及其构造意义 . 矿物岩石，31（3）：48-54
秦臻，戴雪灵，邓湘伟 . 2012. 东秦岭秋树湾铜钼矿流体包裹体和稳定同位素特征及其地质意义 . 矿床地质，31（2）：323-336
仇建军 . 2006. 东秦岭二郎坪地体成矿系统与成矿预测 . 中国地质大学（北京）硕士学位论文
屈文俊，杜安道 . 2003. 高温密闭溶样电感耦合等离子体质谱准确测定辉钼矿铼–锇地质年龄 . 岩矿测试，22（4）：254-262
屈文俊，杜安道，李超，孙文静 . 2009. 金川铜镍硫化物样品中锇同位素比值的高精度分析 . 岩矿测试，28（3）：219-222
仁二峰 . 2007. 豫西南秋树湾斑岩铜（钼）矿地质特征及西侧外围找矿前景探讨 . 桂林工学院硕士学位论文
任纪舜，陈廷愚，牛宝贵，刘志刚，刘凤仁 . 1992. 中国东部及邻区大陆岩石圈的构造演化与成矿 . 北京：科学出版社，1-203
任启江 . 1993. 北秦岭造山带东缘块状硫化物矿床和斑岩–角砾岩筒型铜矿成矿环境及找矿靶区优选 . 未刊资料
尚瑞钧，严阵 . 1988. 秦巴花岗岩 . 武汉：中国地质大学出版社，1-224

邵克忠. 1992. 祁雨沟地区爆破角砾岩型金矿找矿条件和找矿方向研究. 河北地质学院学报, 15: 105-195

邵克忠, 王宝德. 1992. 祁雨沟地区爆破角砾岩型金矿成矿条件和找矿方向研究. 河北地质学院学报, 15 (2): 105-195

石英霞, 李诺, 杨艳. 2009. 河南栾川县三道庄钼钨矿床地质和流体包裹体研究. 岩石学报, 25 (10): 2575-2587

时毓, 于津海, 徐夕生, 邱检生, 陈立辉. 2009. 秦岭造山带东段秦岭岩群的年代学和地球化学研究. 岩石学报, 25 (10): 2651-2670

宋彪, 张玉海, 刘敦一. 2002. 微量原位分析仪器 SHRIMP 的产生与锆石同位素地质年代学. 质谱学报, 23 (1): 58-62

苏捷, 张宝林, 孙大亥, 崔敏利, 屈文俊, 杜安道. 2009. 东秦岭东段新发现的沙坡岭细脉浸染型钼矿地质特征、Re-Os 同位素年龄及其地质意义. 地质学报, 83 (10): 1490-1496

孙卫东, 李曙光, 孙勇, 张国伟, 张宗清. 1996. 北秦岭西峡二郎坪群枕状熔岩中一个岩枕的年代学和地球化学研究. 地质论评, 42 (2): 144-153

王晓霞, 姜常义, 安三元. 1986. 中酸性小斑岩中二辉麻粒岩包体的特征及其意义. 西安地质学院学报, (2): 16-22

王学仁, 华洪, 孙勇. 1995. 河南西峡湾潭地区二郎坪群微体化石研究. 西北大学学报, 25: 353-358

王运, 陈衍景, 马宏卫, 徐友灵. 2009. 河南省商城县汤家坪钼矿床地质和流体包裹体研究. 岩石学报, 25 (2): 468-480

王长明, 邓军, 张寿庭, 叶会寿. 2006. 河南南泥湖 Mo-W-Cu-Pb-Zn-Ag-Au 成矿区内生成矿系统. 地质科技情报, 25 (6): 47-52

王志光, 刘新东, 张振邦, 张瑜麟, 向世红. 2001. 东秦岭二郎坪地体银多金属矿床成矿环境与找矿前景. 中国地质, 28 (7): 32-36

王宗起, 闫臻, 王涛, 高联达, 闫全人, 陈隽璐, 李秋根, 姜春发, 刘平, 张英利, 谢春林, 向忠金. 2009. 秦岭造山带主要疑难地层时代研究的新进展. 地球学报, 30 (5): 561-570

魏庆国, 姚军明, 赵太平, 孙亚莉, 李晶, 原振雷, 乔波. 2009. 东秦岭发现 ~1.9Ga 钼矿床——河南龙门店钼矿床 Re-Os 定年. 岩石学报, 25 (11): 2747-2751

瓮纪昌, 高胜淮, 石聪, 王一蔓, 徐长钊. 2008. 栾川上房沟特大型钼矿床蚀变分带规律研究. 中国钼业, 32 (3): 16-24

吴澄宇, 刘孝善. 1989. 南泥湖钼 (钨) 矿化花岗岩体的成因特征. 南京大学学报, 25 (2): 333-346

吴福元, 孙德有, 林强. 1999. 东北地区显生宙花岗岩的成因与地壳增生. 岩石学报, 15 (2): 181-189

吴永乐, 梅勇文, 刘鹏程, 蔡常良, 卢同衍. 1987. 西华山钨矿地质. 北京: 地质出版社, 1-280

武广. 2011. 河南省灵宝市银家沟矿区硫铁多金属矿床成矿规律与找矿方向. 中国地质科学院矿产资源研究所博士后研究工作报告

武广, 孙丰月, 赵财胜, 丁清峰, 王力. 2007. 额尔古纳成矿带西北部金矿床流体包裹体研究. 岩石学报, 23 (9): 2227-2240

武广, 陈毓川, 李宗彦, 刘军, 杨鑫生, 乔翠杰. 2013a. 豫西银家沟硫铁多金属矿床流体包裹体和同位素特征. 地质学报, 87 (3): 353-374

武广, 陈毓川, 李宗彦, 杨鑫生, 刘军, 乔翠杰. 2013b. 豫西银家沟硫铁多金属矿床 Re-Os 和 $^{40}Ar/^{39}Ar$ 年龄及其地质意义. 矿床地质, 32 (4): 809-822

向君峰, 毛景文, 裴荣富, 叶会寿, 王春毅, 田志恒, 王浩琳. 2012. 南泥湖-三道庄钼 (钨) 矿的成岩成矿年龄新数据及其地质意义. 中国地质, 39 (2): 458-473

肖中军, 孙卫志. 2007. 河南卢氏夜长坪钼钨矿床成矿条件及找矿远景分析. 地质调查与研究, 30 (2): 141-148

徐国凤. 1985. 论豫西银家沟钼-铜-硫铁矿床的物质来源. 河南地质, (增刊): 266-270

徐九华, 谢玉玲, 丁汝福, 阴元军, 单立华, 张国瑞. 2007. CO_2-CH_4流体与金成矿作用: 以阿尔泰山南缘和穆龙套金矿为例. 岩石学报, 23 (8): 2026-2032

徐士进. 1985. 河南栾川上房细脉浸染钼矿床围岩蚀变与成矿作用的关系及其地球化学特征. 河南国土资源, (4): 33-42

徐文艺, 曲晓明, 侯增谦, 陈伟十, 杨竹森, 崔艳合. 2005. 西藏冈底斯中段雄村铜金矿床流体包裹体研究. 岩石矿物学杂志, 24 (4): 301-310

徐勇航, 赵太平, 陈伟. 2008. 东秦岭二郎坪群长英质火山岩成因及其对 VMS 型矿床成矿环境的制约. 岩石学报, 25 (2): 399-412

徐兆文, 邱检生, 任启江, 杨荣勇. 1995. 河南栾川南部地区与 Mo-W 矿床有关的燕山期花岗岩特征. 岩石学报, 11 (4): 397-408

徐兆文, 陆现彩, 杨荣勇, 解晓军, 任启江. 2000. 河南省栾川县上房斑岩钼矿床地质地球化学特征及成因. 地质与勘探, 36 (1): 14-16

许志琴，卢一伦，汤耀庆，Mattauer M，Matte P，Malavieille J，Tapponnier P，Maiuski H. 1986. 东秦岭造山带的变形特征及构造演化. 地质学报，60（3）：237-247
闫全人，王宗起，闫臻，王涛，陈隽璐，向忠金，张宗清，姜春发. 2008. 秦岭造山带宽坪群中的变铁镁质岩的成因、时代及其构造意义. 地质通报，27（9）：1475-1492
严正富，杨正光，程海，杨浩，付成义，吴智慧. 1986. 雷门沟钼矿床花岗斑岩成因浅析. 南京大学学报，22（3）：525-536
颜正信，孙卫志，张年成，周梅，黄志华. 2007. 河南灵宝银家沟硫铁多金属矿床成矿地质条件及找矿方向. 地质调查与研究，30（2）：149-157
燕长海. 2004. 东秦岭铅锌银成矿系统内部结构. 北京：地质出版社，1-144
燕长海，彭翼，曾宪友，王纪中. 2007. 东秦岭二郎坪群铜多金属成矿规律. 北京：地质出版社，1-238
杨经绥，许志琴，裴先治，史仁灯，吴才来，张建新，李海兵，孟繁聪，戎合. 2002. 秦岭发现金刚石：横贯中国中部巨型超高压变质带新证据及古生代和中生代两期深俯冲作用的识别. 地质学报，76（4）：484-495
杨力，陈福坤，杨一增，李双庆，祝禧艳. 2010. 丹凤地区秦岭岩群片麻岩锆石 U-Pb 年龄：北秦岭地体中-新元古代岩浆作用和早古生代变质作用的记录. 岩石学报，26（5）：1589-1603
杨晓勇，卢欣祥，杜小伟，李文明，张正伟，屈文俊. 2010. 河南南沟钼矿矿床地球化学研究兼论东秦岭钼矿床成岩成矿动力学. 地质学报，84（7）：1049-1079
杨艳，张静，刘家军，孙亚莉，李晶，杨泽强. 2008. 河南汤家坪钼矿床流体成矿作用研究. 中国地质，35（6）：1240-1249
杨艳，张静，杨永飞，石英霞. 2009. 栾川上房沟钼矿床流体包裹体特征及其地质意义. 岩石学报，25（10）：2563-2574
杨永飞，李诺，杨艳. 2009a. 河南省栾川南泥湖斑岩型钼钨矿床流体包裹体研究. 岩石学报，25（10）：2550-2562
杨永飞，李诺，倪智勇，2009b. 陕西省华县金堆城斑岩型钼矿床流体包裹体研究. 岩石学报，25（11）：2983-2993
叶会寿，毛景文，李永峰，燕长海，郭保健，赵财胜，何春芬，郑榕芬，陈莉. 2006a. 豫西南泥湖矿田钼钨及铅锌银矿床地质特征及其成矿机理探讨. 现代地质，20（1）：165-174
叶会寿，毛景文，李永峰，郭保健，张长青，刘珺，闫全人，刘国印. 2006b. 东秦岭东沟超大型斑岩钼矿 SHRIMP 锆石 U-Pb 和辉钼矿 Re-Os 年龄及其地质意义. 地质学报，80（7）：1078-1088
游振东，索书田，韩郁菁等. 1991. 秦岭造山带核部变质杂岩的基本特征与东秦岭大陆地壳的形成//叶连俊. 秦岭造山带学术讨论会论文选集. 西安：西北大学出版社：1-14
袁海潮，焦建刚，李小东. 2009. 东秦岭八里坡钼矿床地球化学特征与深部成矿预测. 地质与勘探，45（4）：367-373
袁学诚. 1997. 秦岭造山带地壳构造与楔入成山. 地质学报，71（3）：227-235
曾华杰，张太华，张炳欣，宋北城. 1983. 南泥湖钼矿田同熔型花岗岩类的成因研究. 河南地质，1：56-66
曾华杰，张泰华，张炳欣，宋北城. 1984. 南泥湖钼矿田围岩蚀变及其与成矿关系. 河南国土资源，（2）：22-30
张本仁，高山，张宏飞，韩吟文. 2002. 秦岭造山带地球化学. 北京：科学出版社，1-188
张德会，张文淮，许国建. 2001. 岩浆热液出溶和演化对斑岩成矿系统金属成矿的制约. 地学前缘，8（3）：193-202
张国伟. 2001. 秦岭造山带与大陆动力学. 北京：科学出版社，1-855
张国伟，郭安林，刘福田，肖庆辉，孟庆仁. 1996a. 秦岭造山带三维结构及其动力学分析. 中国科学（D 辑），26（增刊）：1-6
张国伟，孟庆任，于在平，孙勇，周鼎武，郭安林. 1996b. 秦岭造山带的造山过程及其动力学特征. 中国科学（D 辑），26（3）：193-200
张国伟，张本仁，袁学诚，肖庆辉. 2001. 秦岭造山带与大陆动力学. 北京：科学出版社，1-855
张宏飞，赵志丹，骆庭川，张本仁. 1995. 从岩石 Sm-Nd 同位素模式年龄论北秦岭地壳增生和地壳深部性质. 岩石学报，11（2）：160-170
张静，陈衍景，李国平，李忠烈，王志光. 2004. 河南内乡县银洞沟银矿地质和流体包裹体特征及成因类型. 矿物岩石，24（3）：55-64
张理刚. 1995. 东亚岩石圈块体地质——上地幔、基底和花岗岩同位素地球化学及其动力学. 北京：科学出版社，1-252
张旗，王元龙，金惟俊，贾秀勤，李承东. 2008. 造山前、造山和造山后花岗岩的识别. 地质通报，27（1）：1-18
张寿广，万渝生，刘国惠，丛曰祥，赵子然. 1991. 北秦岭宽坪变质地质. 北京：北京科学技术出版社，1-119
张文献. 1997. 论栾川南泥湖钼（钨）矿田成矿规律及找矿方向. 河南地质，15（2）：94-102
张孝民，乔翠杰，蔡晓荻，张向东，王温灵，张春红，张元厚. 2008. 河南银家沟岩浆脉动侵位多金属硫铁矿矿床特征. 世

界地质，27（2）：137-145

张旭，戴雪灵，邓湘伟，秦臻，张智慧.2011. 河南秋树湾斑岩体特征及其南山钼矿段外围找矿方向．矿产勘查，2（2）：126-134

张彦，陈文，陈克龙，刘新宇.2006. 成岩混层（I/S）Ar-Ar 年龄谱型及^{39}Ar 核反冲丢失机理研究——以浙江长兴地区 P-T 界线黏土岩为例．地质论评，52（4）：556-561

张增杰，陈衍景，陈华勇，鲍景新，刘玉林.2002. 天山海西期不同类型花岗岩类岩石化学特征及其地球动力学意义．矿物岩石，22（2）：15-24

张正伟，卢欣祥，董有，刘长命.1989. 东秦岭花岗岩类岩石化学的统计特征．河南地质，7（3）：44-54

张智慧，秦明，方荣，唐杰，翟东旭.2008. 河南镇平秋树湾矿区铜、钼矿床地质特征及深部找矿潜力分析．矿产与地质，22（2）：107-110

张宗清，刘敦一，付国民.1994. 北秦岭变质地层同位素年代学研究．北京：地质出版社，1-191

张宗清，张国伟，刘敦一，王宗起，唐索寒，王进辉.2006. 秦岭造山带蛇绿岩、花岗岩和碎屑沉积岩同位素年代学和地球化学．北京：地质出版社，1-348

赵姣，陈丹玲，谭青海，陈淼，朱小辉，郭彩莲，刘良.2012. 北秦岭东段二郎坪群火山岩的 LA-ICP-MS U-Pb 定年及其地质意义．地学前缘，19（4）：118-125

赵太平.2000. 华北陆块南缘元古宙熊耳群钾质火山岩特征与成因．中国科学院地质与地球物理研究所博士学位论文

赵一鸣，林文蔚，毕承思，等.1990. 中国矽卡岩矿床．北京：地质出版社，1-354

郑永飞，陈江峰.2000. 稳定同位素地球化学．北京：科学出版社，1-316

周珂，叶会寿，毛景文，屈文俊，周树峰，孟芳，高亚龙.2009. 豫西鱼池岭斑岩型钼矿床地质特征及其辉钼矿铼-锇同位素年龄．矿床地质，28（2）：170-184

周作侠，李秉伦，郭抗衡，赵瑞，谢亦汉.1993. 华北地台南缘金（钼）矿床成因．北京：地震出版社，1-269

朱炳泉.1991. 从壳幔同位素体系看不同地体的化学不均一性．科学通报，21：1653-1655

朱华平.1998. 河南秋树湾角砾岩型铜钼矿地球化学特征．有色金属矿产与勘查，7（4）：228-233

朱赖民，张国伟，郭波，李犇.2008. 东秦岭金堆城大型斑岩钼矿床 LA-ICP-MS 锆石 U-Pb 定年及成矿动力学背景．地质学报，82（2）：204-220

Andersen T，Burke E A J. 1996. Methane inclusions in shocked quartz from the Gardnos impact breccia，South Norway. European Journal of Mineralogy，8（5）：927-936

Audetat A，Gunther D，Heinrich C A. 1998. Formation of a magmatic-hydrothermal ore deposit：insights with LA-ICP-MS analysis of fluid inclusions. Science，279（5359）：2091-2094

Audetat A，Gunther D，Heinrich C A. 2000. Cause for large-scale metal zonation around mineralized plutons：fluid inclusion LA-ICP-MS evidence from the Mole Granite，Australia. Economic Geology，95（8）：1563-1581

Becker S P，Fall A，Bodnar R J. 2008. Synthetic fluid inclusions. XVII. PVTX properties of high salinity H_2O-NaCl solutions（$>$30wt% NaCl）：application to fluid inclusions that homogenize by halite disappearance from porphyry copper and other hydrothermal ore deposits. Economic Geology，103：539-554

Bennett V C，Norman M D，Garcia M O. 2000. Rhenium and platinum group element abundances correlated with mantle source components in Hawaiian picrites；sulfides in the plume. Earth Planet Science Letters，183（3）：513-526

Bischoff J L. 1991. Densities of liquids and vapors in boiling NaCl-H_2O solutions：a PVTX summary from 300℃ to 500℃. American Journal of Science，291（4）：309-338

Bodnar R J. 1983. A method of calculating fluid inclusion volumes based on vapor bubble diameters and PVTX properties of inclusion fluids. Economic Geology，78：535-542

Bodnar R J. 1993. Revised equation and table for determining the freezing point depression of H_2O-NaCl solutions. Geochimica et Cosmochimica Acta，57（3）：683-684

Bodnar R J. 1994. Synthetic fluid inclusions：XII. The system H_2O-NaCl. Experimental determination of the halite liquidus and isochores for a 40wt% NaCl solution. Geochim Cosmochim Acta，58（3）：1053-1063

Bottinga Y. 1969. Calculated fractionation factors for carbon and hydrogen isotope exchange in the system calcite-carbon dioxide-graphite-methane-hydrogen-water vapor. Geochimica et Cosmochimica Acta，33（1）：49-64

Bowers T S，Helgeson H C. 1983. Calculation of the thermodynamic and geochemical consequences of nonideal mixing in the system H_2O-CO_2-NaCl on phase relations in geologic systems：equation of state for H_2O-CO_2-NaCl fluids at high pressures and temperatures. Geochimica et Cosmochimica Acta, 47 (7): 1247-1275

Boynton W V. 1984. Cosmochemistry of the rare earth elements: meteorite studies//Henderson P. Rare Earth Elements Geochemistry. Amsterdam: Elsevier, 63-114

Bozzo A T, Chen H S, Kass J R, Barduhn A J. 1975. The properties of hydrates of chlorine and carbon dioxide. Desalination, 16 (3): 303-320

Brown E. 1989. FLINCOR: a microcomputer program for the reduction, investigation of fluid-inclusion data. American Mineralogist, 74: 1390-1393

Brown P E, Lamb W M. 1989. P-V-T properties of fluids in the system H_2O-CO_2-NaCl: new graphical presentations and implications for fluid inclusion studies. Geochimica et Cosmochimica Acta, 53 (6): 1209-1221

Burke E A J. 2001. Raman microspectrometry of fluid inclusions. Lithos, 55 (1): 139-158

Candela P A, Holland H D. 1986. A mass transfer model for copper and molybdenum in magmatic hydrothermal system; the origin of porphyry-type ore deposits. Economic Geology, 81 (1): 1-19

Chang Z S, Meinert L D. 2004. Vermicular textures of quartz phenocrysts, endoskarn, and implications for late stage evolution of granitic magma. Chemical Geology, 210: 149-171

Chaplygin I, Safanov Y, Mozgova N, Yudovskaya M. 2005. New type of rare metal mineralization: deposition of metals in high temperature vapor system of Kudryavy volcano, Iturup island, Kuriles, Russia. Geochimica et Cosmochimica Acta, 69: A734

Charlou J L, Donval J P, Fouquet Y, Jean-Baptiste P, Holm N. 2002. Geochemistry of high H_2 and CH_4 vent fluids issuing from ultramafic rocks at the Rainbow hydrothermal field (36°14′N, MAR). Chemical Geology, 191: 345-359

Chen Y J. 1998. Fluidization model for continental collision in special reference to study on ore forming fluid of gold deposits in the eastern Qinling Mountains, China. Progress in Natural Sciences, 8 (4): 385-393

Chen Y J, Wang Y. 2011. Fluid inclusion study of the Tangjiaping Mo deposit, Dabie Shan, Henan Province: implications for the nature of the porphyry systems of post-collisional tectonic settings. International Geology Review, 53 (5-6): 635-655

Chen Y J, Santosh M. 2014. Triassic tectonics and mineral systems in the Qinling Orogen, central China. Geological Journal, 49 (4-5): 338-358

Chen Y J, Li C, Zhang J, Li Z, Wang H H. 2000. Sr and O isotopic characteristics of porphyries in the Qinling molybdenum deposit belt and their implication to genetic mechanism and type. Science in China (Series D), 43 (1): 82-94

Chen Y J, Pirajno F, Sui Y H. 2004. Isotope geochemistry of the Tieluping silver deposit, Henan, China: a case study of orogenic silver deposits and related tectonic setting. Mineralium Deposita, 39 (5-6): 560-575

Chen Y J, Chen H Y, Zaw K, Pirajno F, Zhang Z J. 2007. Geodynamic settings and tectonic model of skarn gold deposits in China: an overview. Ore Geology Reviews, 31 (1-4): 139-169

Chen Y J, Pirajno F, Qi J P. 2008. The Shanggong Gold Deposit, Eastern Qinling Orogen, China: isotope geochemistry and implications for ore genesis. Journal of Asian Earth Sciences, 33 (3-4): 252-266

Chen Y J, Pirajno F, Li N, Guo D S, Lai Y. 2009. Isotope systematics and fluid inclusion studies of the Qiyugou breccia pipe-hosted gold deposit, Qinling Orogen, Henan province, China: implications for ore genesis. Ore Geology Reviews, 35 (2): 245-261

Clayton R N, O'Neil J L, Mayeda T K. 1972. Oxygen isotope exchange between quartz and water. Journal Geophysical Research, 77 (17): 3057-3067

Cline J S. 2003. How to concentrate copper. Science, 302 (5653): 2075-2076

Cline J S, Bodnar R J. 1991. Can economic porphyry copper mineralization be generated by a typical calc-alkaline melt? Journal of Geophysical Research, 96 (B5): 8113-8126

Collins P L F. 1979. Gas hydrates in CO_2-bearing fluid inclusions and the use of freezing data for estimation of salinity. Economic Geology, 74 (6): 1435-1444

Darling R S. 1994. Fluid inclusion and phase-equilibrium studies at the Cannivan Gulch molybdenum deposit, Montana, USA-effect of CO_2 on molybdenite-powellite stability. Geochimica et Cosmochimica Acta, 58 (2): 749-760

Doe B R, Zartman R E. 1979. Plumbotectonics of the Phanerozoic//Barnes H L. Geochemistry of Hydrothermal Ore Deposits. New York: John Wiley: 22-70

Dong Y P, Zhang G W, Neubauer F, Liu X M, Genser J, Hauzenberger C. 2011. Tectonic evolution of the Qinling orogen, China: review and synthesis. Journal of Asian Earth Sciences, 41 (3): 213-237

Downie C C, Pighin D, Price B. 2006. Technical report for the Sphinx Property, 1-49

Dubessy J, Buschaert S, Lamb W, Pironon J, Thiery R. 2001. Methane-bearing aqueous fluid inclusions: raman analysis, thermodynamic modeling and application to petroleum basins. Chemical Geology, 173 (1): 193-205

Einaudi M T. 1982. Description of skarns associated with porphyry copper plutons//Titley S R. Advances in geology of the porphyry copper deposits, southwestern North America. University of Arizona Press, Tucson, 139-184

Einaudi M T, Meinert L D, Newberry R J. 1981. Skarn deposits. Economic Geology 75th Anniversary Volume, 317-391

Fan H R, Groves D I, Mikucki R J, McNaughton H J. 2000. Contrasting fluid types at the Necoria gold deposit in the Southern Cross greenstone belt, Western Australia: implication of auriferous fluids depositing ores within an Archean banded iron formation. Economic Geology, 95: 1527-1536

Fan H R, Xie Y H, Wang K Y, Wilde S A. 2004. Methane-rich fluid inclusions in skarn near the giant REE-Nb-Fe deposit at Bayan Obo, northern China. Ore Geology Reviews, 25 (3-4): 301-309

Faure G, Mensing T M. 2005. Isotopes- principles and applications. 3rd Edition. New Jersey, USA: John Wiley & Sons, Inc., Hoboken, 1-897

Fogel R A, Rutherford M J. 1990. The solubility of carbon- dioxide in rhyolitic melts—a quantitative FTIR study. American Mineralogist, 75: 1311-1326

Fournier R O. 1999. Hydrothermal processes related to movement of fluid from plastic into brittle rock in the magmatic-epithermal environment. Economic Geology, 94 (8): 1193-1211

Friedman I, O'Neil J R. 1977. Compilation of stable isotope fractionation factors of geochemical interest//Fleischer M. Data of Geochemistry, sixth ed. USGS Prof. Paper, 440-452

Gao S, Zhang B R, Xie Q L, Guo X M. 1991. Proterozoic intracontinental rifting of the Qinling Orogenic Belt: evidence from the geochemistry of sedimentary rocks. Chinese Science Bulletin, 36 (11): 920-923

Haas J L. 1976. Physical properties of the coexisting phases and thermochemical properties of the H_2O component in boiling NaCl solutions. US Geol Survey Bull, 1421A: 73

Hall D L, Sterner S M, Bodner R J. 1988. Freezing point depression of NaCl- KCl- H_2O solutions. Economic Geology, 83 (1): 197-202

Han B F, Wang S G, Jahn B M, Hong D W, Kagami H, Sun Y L. 1997. Depleted- mantle source for the Ulungur River A- type granites from North Xinjiang, China: geochemistry and Nd- Sr isotopic evidence, and implications for Phanerozoic crustal growth. Chemical Geology, 138 (3-4): 135-159

Hart S R. 1984. A large- scale isotope anomaly in the Southern Hemisphere mantle. Nature, 309 (5971): 753-757

He Y H, Zhao G C, Sun M, Han Y G. 2010. Petrogenesis and tectonic setting of volcanic rocks in theXiaoshan and Waifangshan areas along the southern margin of the North China Craton: constraints from bulk- rock geochemistry and Sr- Nd isotopic composition. Lithos, 114 (1-2): 186-199

Heinrich C A. 2007. Fluid- fluid interactions in magmatic- hydrothermal ore formation. Reviews in Mineralogy and Geochemistry, 65 (1): 363-387

Heinrich C A, Ryan C G, Mernagh T P, Eadington P J. 1992. Segregation of ore metals between magmatic brine and vapor-a fluid inclusion study using PIXE microanalysis. Economic Geology, 87: 1566-1583

Heinrich C A, Gunther D, Audetat A, Ulrich T, Deichknecht R. 1999. Metal fractionation between magmatic brine and vapor, determined by microanalysis of fluid inclusions. Geology, 27 (8): 755-758

Hemley J J, Cygan G L, Fein J B, Robinson G R, D'Angelo W M. 1992. Hydrothermal ore-forming processes in the light of studies in roch-buffered systems: I. Iron-copper-zinc-lead sulfide solubility relations. Economic Geology, 87: 1-22

Hoefs J. 1980. Stable isotope geochemistry. Berlin, Heidelberg, New York: Springer-Verlag, 1-208

Holloway J R. 1976. Fluids in the evolution of granitic magmas: consequences of finite CO_2 solubility. Geological Society of America Bulletin, 87 (10): 1513-1518

Huang X L, Niu Y L, Xu Y G, Yang Q J, Zhong J W. 2010. Geochemistry of TTG, TTG-like gneisses from Lushan-Taihua complex in the southern North China Craton: implications for Late Archean crustal accretion. Precambrian Research, 182 (1-2): 43-56

Huang X L, Wilde S A, Yang Q J, Zhong J W. 2012. Geochronology, petrogenesis of gray gneisses from the Taihua complex at Xiong'er in the southern segment of the Trans- North China Orogen: implications for tectonic transformation in the Early Paleoproterozoic. Lithos, 134-135: 236-252

Hurai H, Kihle J, Kotulova J, Marko F, Swierczewska A. 2002. Origin of methane in quartz crystals from the Tertiary accretionary wedge and fore-ace basin of the Western Carpathians. Applied Geochemistry, 17 (9): 1259-1271

Irvine T N, Baragar W R A. 1971. A guide to the chemical classification of the common volcanic rocks. Canadian Journal of Earth Science, 8: 523-548

Jahn B M, Condie K C. 1995. Evolution of the Kaapvaal craton as viewed from geochemical and Sm- Nd isotopic analyses of intracratonic pelites. Geochimica et Cosmochimica Acta, 59 (11): 2239-2285

Jahn B M, Wu F Y, Lo C H, Tsai C H. 1999. Crust-mantale interaction induced by deep subduction of the continental crust: geochemical and Sr-Nd isotopic evidence from post-collisional mafic-ultramafic intrusions of the northern Dabie complex, central China. Chemical Geology, 157 (2-3): 119-146

Jahn B M, Wu F Y, Chen B. 2000. Granitoids of central Asian orogenic belt and continental growth in the Phanerozoic. Transactions of the Royal Society of Edinburgh: Earth Sciences, 91: 181-193

Klemm L M, Pettke T, Heinrich C A, Campos E. 2007. Hydrothermal Evolution of the El Teniente Deposit, Chile: porphyry Cu-Mo Ore Deposition from Low-Salinity Magmatic Fluids. Economic Geology, 102 (6): 1021-1045

Klemm L M, Pettke T, Heinrich C A. 2008. Fluid and source magma evolution of the Questa porphyry Mo deposit, New Mexico, USA. Mineralium Deposita, 43 (5): 533-552

Korzhinsky M A, Takchenko S I, Shmulovich K I, Taran Y A, Steinberg G S. 1994. Discovery of a pure rhenium mineral at Kudriavy volcano. Nature, 369 (6475): 51-52

Kuster D, Harms U. 1998. Post-collisional potassic granitoids from the southern and northwestern parts of the late Neo-proterozoic East African Orogen: a review. Lithos, 45 (1-4): 177-195

Kwak T. 1986. Fluid inclusions in skarns (carbonate replacement deposits). Journal of Metamorphic Geology, 4 (4): 363-384

Landtwing M R, Heinrich C A, Pettke T, Halter W E, Remond P B, Einaudi M T, Kunze K. 2005. Copper deposition during quartz dissolution by cooling magmatic-hydrothermal fluids: the Bingham porphyry. Earth and Planetary Science Letters, 235 (1-2): 229-243

Lawley C J M, Richards J P, Anderson R G, Creaser R A, Heaman L M. 2010. Geochronology and Geochemistry of the MAX Porphyry Mo Deposit and its Relationship to Pb-Zn-Ag Mineralization, Kootenay Arc, Southeastern British Columbia, Canada. Economic Geology, 105 (6): 1113-1142

Le Bas M J, Le Maitre R W, Streckeisen A. 1986. A chemical classification of volcanic rocks based on the Total Alkali-Silica diagram. Journal of Petrology, 27 (3): 745-750

Li N, Pirajno F. 2017. Early Mesozoic Mo mineralization in the Qinling Orogen: an overview. Ore Geology Reviews, 81: 431-450

Li N, Chen Y J, Santosh M, Yao J M, Sun Y L, Li J. 2011. The 1.85 Ga Mo mineralization in the Xiong'er Terrane, China: implications for metallogeny associated with assembly of the Columbia supercontinent. Precambrian Research, 186 (1-4): 220-232

Li N, Chen Y J, Pirajno F, Gong H J, Mao S D, Ni Z Y. 2012a. LA-ICP-MS zircon U-Pb dating, trace element and Hf isotope geochemistry of the Heyu granite batholith, eastern Qinling, central China: implications for Mesozoic tectono-magmatic evolution. Lithos, 142-143: 34-47

Li N, Ulrich T, Chen Y J, Thompson T B, Pease V, Pirajno F. 2012b. Fluid evolution of the Yuchiling porphyry Mo deposit, East Qinling, China. Ore Geology Reviews, 48: 442-459

Li N, Chen Y J, Pirajno F, Ni Z Y. 2013. Timing of the Yuchiling giant porphyry Mo system and implications for ore genesis. Mineralium Deposita, 48: 505-524

Li N, Chen Y J, Santosh M, Pirajno F. 2015. Compositional polarity of Triassic granitoids in the Qinling Orogen, China: implication for termination of the northernmost paleo-Tethys. Gondwana Research, 27 (1): 244-257

Liégeois J P, Navez J, Hertogen J, Black R. 1998. Contrasting origin of post-collisional high K calc-alkaline and shoshonitic versus alkaline and peralkaline granitoids. The use of sliding normalization. Lithos, 45 (1-4): 1-28

Liew T C, Hofmann A W. 1988. Precambrian crustal components, plutonic associations, plate environment of the Hercynian Fold Belt of central Europe: indications from Nd and Sr study. Contributions to Mineralogy and Petrology, 98 (2): 129-138

Linnen R L, Williams-Jones A E. 1990. Evolution of aqueous-carbonic fluids during contact-metamorphism, wall-rock alteration, and molybdenite deposition at Trout Lake, British-Columbia. Economic Geology and the Bulletin of the Society of Economic Geologists, 85 (8): 1840-1856

Lowenstern J B. 2000. A review of the contrasting behavior of two magmatic volatiles: chlorine and carbon dioxide. Journal of Geochemical Exploration, 69-70: 287-290

Lowenstern J B. 2001. Carbon dioxide in magmas and implications for hydrothermal systems. Mineralium Deposita, 36 (6): 490-502

Ludwig K R. 1999. Using Isoplot/Ex (version 2.0): A Geochronological Toolkit for Microsoft Excel. Berkeley Geochronology Center Special Publication, 1a: 47

Ludwig K R. 2001. User's Manual for Isoplot/Ex (version 2.49): A Geochronological Toolkit for Microsoft Excel. Berkeley Geochronology Center Special Publication, 1a: 55

Lugmair G W, Marti K. 1978. Lunar initial $^{143}Nd/^{144}Nd$: differential evolution of the lunar crust and mantle. Earth and Planetary Science Letters, 39 (3): 349-357

Mao J W, Xie G Q, Bierlein F, Qu W J, Du A D, Ye H S, Pirajno F, Li H M, Guo B J, Li Y F and Yang Z Q. 2008. Tectonic implications from Re-Os dating of Mesozoic molybdenum deposits in the East Qinling- Dabie orogenic belt. Geochimica et Cosmochimica Acta, 72 (18): 4607-4626

Mao J W, Pirajno F, Xiang J F, Gao J J, Ye H S, Li Y F, Guo B J. 2011. Mesozoic molybdenum deposits in the east Qinling-Dabie orogenic belt: characteristics and tectonic settings. Ore Geology Reviews, 43 (1): 264-293

Martin H, Smithies R H, Rapp R, Moyen J F, Champion D. 2005. An overview of adakite, tonalite- trondhjemite- granodiorite (TTG), and sanukitoid: relationships and some implications for crustal evolution. Lithos, 79 (1-2): 1-24

McDonough W F, Sun S S, Ringwood A E, Jagoutz E, Hofmann A W. 1992. Potassium, rubidium, and cesium in the Earth and Moon and the evolution of the mantle of the Earth. Geochimica et Cosmochimica Acta, 56 (3): 1001-1012

Meinert L D, Dipple G, Nicolescu S. 2005. World skarn deposits. Economic Geology 100th Anniversary Volume, 299-336

Meisel T, Moser J, Fellner N, Wegscheider W. 2001. Simplified method for determination of Ru, Pd, Re, Os, Ir and Pt in chromitites and other materials by isotope dilution ICP-MS and acid digestion. The Analist, 126 (3): 322-328

Meng Q R, Zhang G W. 1999. Timing of collision of the North and South China blocks: controversy and reconciliation. Geology, 27 (2): 123-126

Middlemost E A K. 1994. Naming materials in magma/igneous rock system. Earth Science Reviews, 37 (3-4): 215-224

Misra K C. 2000. Understanding Mineral Deposits. Dordrecht: Kluwer Academic Publishers, 1-845

Ni Z Y, Chen Y J, Li N, Zhang H. 2012. Pb-Sr-Nd isotope constraints on the fluid source of the Dahu Au-Mo deposit in Qinling orogeny, central China, and implication for Triassic tectonic setting. Ore Geology Reviews, 46: 60-67

O'Neil J R, Taylor H P Jr. 1969. Oxygen isotope equilibrium between muscovite and water. Journal of Geophysical Research, 74 (74): 6012-6022

O'Neil J R, Clayton R N, Mayeda T K. 1969. Oxygen isotope fractionation in divalent metal carbonates. Journal of Chemsitry & Physics, 51 (12): 5547-5558

Ohmoto H. 1972. Systematics of sulfide and carbon isotopes in hydrothermal ore deposits. Economic Geology, 67 (5): 551-578

Ohmoto H. 1986. Stable isotope geochemistry of ore deposits//Valley J W, Taylor H P Jr, O'Neil J R. Stable Isotopes in High Temperature Geological Processes. Review in Mineralogy, 16: 491-559

Pearce J A. 1996. Sources and settings of granitic rocks. Episodes, 19: 120-125

Peucat J J, Vidal P, Bernard-Griffiths J, Condie K C. 1989. Sr, Nd and Pb isotopic systematics in the Archean low-to high-grade transition zone of southern India: syn-accretion vs. post-accretion granulites. Journal of Geology, 97 (5): 537-550

Philips G N, Evans K A. 2004. Role of CO_2 in the formation of gold deposits. Nature, 429 (6994): 860-863

Pirajno F. 2009. Hydrothermal Processes and Mineral Systems. Berlin: Springer, 1-1250

Potter R W, Clynne M A, Brown D L. 1978. Freezing point depression of aqueous Sodium Chloride Solutions. Economic Geology, 73 (2): 284-285

Redmond P B, Einaudi M T, Inan E E, Landtwing M R, Heinrich C A. 2004. Copper deposition by fluid cooling in intrusion-centered systems: new insights from the Bingham porphyry ore deposit, Utah. Geology, 32 (3): 217-220

Rickwood P C. 1989. Boundary lines within petrologic diagrams which use oxides of major and minor elements. Lithos, 22 (4): 247-263

Roedder E. 1984. Fluid inclusions. Reviews in Mineralogy, Mineralogical Society of America, 12: 1-644

Rossetti F, Tecce F. 2008. Composition and evolution of fluids during skarn development in the Monte Capanne thermal aureole, Elba Island, central Italy. Geofluids, 8 (3): 167-180

Rowins S M. 2000. Reduced porphyry copper-gold deposits: a new variation on an old theme. Geology, 28 (6): 491-494

Rusk B G, Reed M H, Dilles J H. 2008. Fluid inclusion evidence for magmatic-hydrothermal fluid exclusion in the porphyry copper-molybdenum deposit at Butte, Montana. Economic Geology, 103 (2): 307-334

Salvi S. 2000. Mineral and fluid equilibria in Mo-bearing skarn at the Zenith deposit, southwestern Grenville province, Renfrew area, Ontario, Canada. The Canadian Mineralogist, 38 (4): 937-950

Saunders A D, Norry M J, Tarney J. 1988. Origin of MORB and chemically depleted mantle reservoirs: trace elements constraints. Journal of Petrology, (1): 415-455

Sheppard S M F. 1977. Identification of the origin of ore-forming solutions by the use of stable isotopes. Inst. Mining and Metallurgy, 25-41

Sheppard S M F, Epstein S. 1970. D/H and $^{18}O/^{16}O$ ratios of minerals of possible mantel or lower crustal origin. Earth and Planetary Science Letters, 9 (3): 232-239

Shepherd T J, Rankin A H, Alderton D H M. 1985. A Practical Guide to Fluid Inclusion Studies. Blackie: Chapman & Hall, 1-239

Shinohara H, Hedenquist J W. 1997. Constraints on magma degassing beneath the Far Southeast porphyry Cu-Au deposit, Philippines. Journal of Petrology, 38 (12): 1741-1752

Shinohara H, Kazahaya K, Lowenstern J B. 1995. Volatile transport in a convecting magma column-implications for porphyry mo mineralization. Geology, 23 (12): 1091-1094

Shirey S B, Walker R J. 1998. The Re-Os isotope system in cosmochemistry and high-temperature geochemistry. Annual Review of Earth and Planetary Sciences, 26: 423-500

Sillitoe R H. 2010. Porphyry copper systems. Economic Geology, 105: 3-41

Smoliar M L, Walker R J, Morgan J W. 1996. Re-Os ages of group IA, IIA, IVA and IVB iron meteorites. Science, 271 (5252): 1099-1102

Steiger R H, Jager E. 1977. Subcommission on geochronology: convention of the use of decay constants in geo-and cosmochronology. Earth and Planetary Science Letters, 36 (3): 359-362

Stein H J, Markey R J, Morgan J W, Du A D, Sub Y. 1997. Highly precise and accurate Re-Os ages for molybdenite from the East Qinling molybdenum belt, Shaanxi Province, China. Economic Geology, 92 (7-8): 827-835

Sterner S M, Hall D L, Bodnar R J. 1988. Synthetic fluid inclusions— V. Solubility relations in the system NaCl-KCl-H_2O under vapor-saturated conditions. Geochimica et Cosmochimica Acta, 52 (5): 989-1005

Sun S S, McDonough W F. 1989. Chemical, isotopic systematics of oceanic basalt: implications for mantle composition, processes// Sanders A D, Norry M J. Magmatism in the Ocean Basins, Geological Society Special Publication, 42 (1): 313-345

Sun W D, Bennett V C, Eggins S M, Kamenetsky V S, Auculus R J. 2003. Enhanced mantle-to-crust rhenium transfer in undegassed arc magmas. Nature, 422 (6929): 295-297

Sylvester P J. 1998. Post-collisional strongly peraluminous granites. Lithos, 45 (1): 29-44

Tang H S, Chen Y J, Wu G, Lai Y. 2011. Paleoproterozoic positive $\delta^{13}C_{carb}$ excursion in the northeastern Sino-Korean craton: evidence of the Lomagundi Event. Gondwana Research, 19: 471-481

Taran Y A, Hedenquist J W, Korzhinsky M A, Tkachenko S I, Shmulovich K I. 1995. Geochemistry of magmatic gases from Kudryavy volcano, Iturup, Kuril Islands. Geochimica et Cosmochimica Acta, 59 (9): 1749-1761

Taylor H P. 1974. The application of oxygen and hydrogen isotope studies to problems of hydrothermal alteration and ore deposition. Economic Geology, 69: 843-883

Urich T, Günther D, Heinrich C A. 2002. Evolution of a porphyry Cu-Au deposit, based on LA-ICP-MS analysis of fluid inclusions, Bajo de la Alumbrera, Argentina. Economic Geology, 97: 1888-1920

Vokes F M. 1963. Molybdenum deposits of Canada. Department of Mines and Technical Surveys, Canada

Wallmach T, Hatton C J, Droop G T R. 1989. Extreme facies of contact-metamorphism developed in calc-silicate xenoliths in the Eastern Bushveld Complex. Canadian Mineralogist, 27: 509-523

Wan Y S, Wilde S A, Liu D Y, Yang C X, Song B, Yin X Y. 2006. Further evidence for ~1.85Ga metamorphism in the Central zone of the North China Craton: SHRIMP U-Pb dating of zircon from metamorphic rocks in the Lushan area, Henan Province. Gondwana Research, 9 (1-2): 189-197

Wang X L, Jiang S Y, Dai B Z. 2010. Melting of enriched Archean subcontinental lithospheric mantle: evidence from the ca. 1760 Ma volcanic rocks of the Xiong'er Group, southern margin of the North China Craton. Precambrian Research, 182 (3): 204-216

Wang X L, Jiang S Y, Dai B Z, Griffin W L, Dai M N, Yang Y H. 2011. Age, geochemistry and tectonic setting of the Neoproterozoic (ca 830Ma) gabbros on the southern margin of the North China Craton. Precambrian Research, 190 (1-4): 35-47

Watson E B，Harrison T M. 1983. Zircon saturation revisited：temperature and composition effects in a variety of crustal magma types. Earth and Planetary Science Letters，64：295-304

Weaver B. 1991. The origin of oceanic island basalt end-member compositions：trace element and isotopic constraints. Earth and Planetary Science Letters，104（2-4）：364-397

Williams I S. 1998. U-Th-Pb geochronology by ion microprobe. Reviews in Economic Geology，7：1-35

Williams I S，Buick A，Cartwright I. 1996. An extended episode of early Mesoproterozoic metamorphic fluid flow in the Reynold Region，central Australia. Journal of Metamorphic Geology，14（1）：29-47

Williams-Jones A E，Heinrich C A. 2005. 100th Anniversary special paper：vapor transport of metals and the formation of magmatic-hydrothermal ore deposits. Economic Geology，100：1287-1312

Wu F Y，Sun D Y，Li H M，Jahn B M，Wilde S. 2002. A-type granites in northeastern China：age and geochemical constraints on their petrogenesis. Chemical Geology，187（1-2）：143-173

Wu G，Chen Y C，Li Z Y，Liu J，Yang X S，Qiao C J. 2014. Geochronology and fluid inclusion study of the Yinjiagou porphyry-skarn Mo-Cu-pyrite deposit in the East Qinling orogenic belt，China. Journal of Asian Earth Sciences，79：585-607

Xu X S，Griffin W L，Ma X，O'Reilly S Y，He Z Y，Zhang C L. 2009. The Taihua group on the southern margin of the North China craton：further insights from U-Pb ages and Hf isotope compositions of zircons. Mineralogy and Petrology，97（1-2）：43-59

Yang Y，Chen Y J，Zhang J，Zhang C. 2013. Ore geology，fluid inclusions and four- stage hydrothermal mineralization of the Shangfanggou giant Mo-Fe deposit in Eastern Qinling，Central China. Ore Geology Reviews，55：146-161

Yang Y，Liu Z J，Deng X H. 2017. Mineralization mechanisms in the Shangfanggou giant porphyry- skarn Mo- Fe deposit of the east Qinling，China：constraints from H-O-C-S-Pb isotopes. Ore Geology Reviews，81：535-547

Yang Y F，Li N，Chen Y J. 2012. Fluid inclusion study of the Nannihu giant porphyry Mo-W deposit，Henan Province，China：implications for the nature of porphyry ore-fluid systems formed in a continental collision setting. Ore Geology Reviews，46：83-94

Yang Y F，Chen Y J，Li N，Mi M，Xu Y L，Li F L，Wan S Q. 2013. Fluid inclusion and isotope geochemistry of the Qian'echong giant porphyry Mo deposit，Dabie Shan，China：a case of NaCl-poor，CO_2-rich fluid systems. Journal of Geochemical Exploration，124：1-13

Yuan H，Gao S，Liu X，Li H，Gunther D，Wu F. 2004. Accurate U-Pb age and trace element determinations of zircons by laser ablation-inductively coupled plasma-mass spectrometry. Geostandard and Geoanalytical Research，28（3）：353-370

Zartman R E，Doe B R. 1981. Plumbotectonics—the model. Tectonophysics，75（1-2）：135-162

Zhang Z W，Yang X Y，Dong Y，Zhu B Q，Chen D F. 2011. Molybdenum deposits in the eastern Qinling，central China：constraints on the geodynamics. International Geology Review，53（2）：261-290

Zhao G C，He Y H，Sun M. 2009. The Xiong'er volcanic belt at the southern margin of the North China Craton：petrographic and geochemical evidence for its outboard position in the Paleo-Mesoproterozoic Columbia Supercontinent. Gondwana Research，16（2）：145-152

Zindler A，Hart S. 1986. Chemical geodynamics. Annual Review of Earth and Planetary Science，14：493-571

第5章　岩浆热液脉型钼矿床

秦岭造山带堪称钼矿床类型的展览馆，除了第3章论述的斑岩型和第4章论述的斑岩-夕卡岩型之外，还有寨凹石英脉型钼铜矿床、黄龙铺和黄水庵碳酸岩脉型钼矿床、土门萤石脉型钼矿床。其中，碳酸岩脉型和萤石脉型钼矿床尚未在其他地区报道，为秦岭造山带所独有。因此，研究这些矿床的地质地球化学特征、成因模式、构造背景，可以丰富钼矿床类型和钼成矿理论，为钼矿床勘查提供新的目标类型。

黄龙铺和黄水庵碳酸岩脉型钼矿床都形成于晚三叠世，土门萤石脉型钼矿床形成于新元古代初期（约0.85Ga），而寨凹石英脉型钼铜矿床则形成于古元古代末期（1.76Ga），并没有形成于秦岭造山带燕山期钼成矿大爆发事件，匪夷所思。然而，它们可能是探究东秦岭钼金属超常聚集，破解燕山期成矿大爆发的窗口。

已有研究资料表明，这些脉状矿床都属于岩浆热液型，而且都产于东秦岭最北部的构造单元，即华北克拉通南缘的华熊地块或基底推覆体。显然，它们为探讨华北克拉通构造演化和重大地质-成矿事件提供了研究对象。

本章详细介绍黄龙铺碳酸岩脉型钼矿床、土门萤石脉钼矿床和寨凹石英脉型钼矿床，并借此探讨燕山期之前的钼预富集问题，以及它们作为“指纹”所记录的重大地质事件。

5.1　黄龙铺碳酸岩脉型钼矿床

碳酸岩指碳酸盐矿物（如方解石、白云石、菱铁矿等）体积分数大于50%，二氧化硅质量分数小于20%的火成岩石（Le Maitre，2002）。该类岩石地表出露较少，主要产于裂谷环境，通常被解释为幔源成因，且与稀土、铌、钍、钛、钒、磷灰石、萤石、蛭石等矿产有密切的成因联系。典型矿床包括美国的Mountain Pass稀土矿床（Castor，2008），加拿大的Oka铌-稀土矿床（Mariano，1989），中国白云鄂博（Wu，2008；Xu et al.，2008）、牦牛坪（Hou et al.，2006）和庙垭（Xu et al.，2010b）稀土矿床；巴西的Araxá和Tapira铌-磷矿床（Mariano，1989）等。然而，全球大多数碳酸岩中钼含量很低（Woolley and Kempe，1989；Xu et al.，2010a，2010b），最常见的钙质碳酸岩中钼的平均含量仅为12×10^{-6}（Chakhmouradian，未发表数据），同时碳酸岩中流体包裹体中常见Cu-Fe-Zn-As等固相硫化物，亦不含钼（Buhn and Rankin，1999）。因此，一般认为很难形成碳酸岩型钼矿床。

陕西华阴市黄龙铺钼矿（黄典豪等，1984b，1985a，1985b；Xu et al.，2007，2010a；许成等，2009）和河南嵩县黄水庵钼矿（黄典豪等，2009）是全球少数几个与碳酸岩有关的钼矿床，且产于东秦岭造山带内部，而非大陆裂谷带。它们的发现改变了碳酸岩不能形成钼矿床的认识，其成因类型的独特性、复杂性和巨大的储量使其成为研究造山带碳酸岩钼成矿作用的天然实验室。此外，秦岭地区多数钼矿床形成于100~160Ma之间，即燕山期（胡受奚等，1988；黄典豪等，1994；Mao et al.，2008），但黄龙铺和黄水庵碳酸岩脉中的辉钼矿却给出了印支期的矿化年龄（200~231Ma，黄典豪等，1994，2009；Stein et al.，1997）。因而，本书（Xu et al.，2007，2010a，2011；许成等，2009；宋文磊，2010；宋文磊，2014；Song et al.，2015，2016）选择黄龙铺碳酸岩脉型矿床开展了地质、地球化学研究，以期提高对碳酸岩及其成矿作用的认识，进一步丰富和完善钼金属成矿理论，并增进对整个东秦岭钼矿带成因及深部动力学机制的理解，拓宽东秦岭地区钼矿找矿视野。

5.1.1　成矿地质背景

黄龙铺钼矿田位于陕西省渭南市华阴市境内，大地构造上属华北克拉通南缘的华熊地块，与金堆城钼矿床相距约12km。华熊地块的早前寒武纪基底包括太古宙—古元古代的太华超群片麻岩系和2.1～1.85Ga期间形成的绿片岩相变质的铁铜沟组山间磨拉石建造（Chen and Zhao，1997）；盖层自下而上依次为熊耳群火山岩建造（1.78～1.45Ga）、官道口群（1.4～1.0Ga）和栾川群（1.0～0.8Ga）浅变质碎屑岩-碳酸盐岩-硅质岩建造，与基底构造层呈角度不整合关系（胡受奚等，1988；陈衍景和富士谷，1992）。

构造上，矿区位于EW向路家街-白花岭复向斜北翼，NW向木龙沟-华阳川基底断裂带与NE向牧护关-金堆城-华阳川基底断裂交汇部位。区内褶皱为板岔梁-蚂蚁山背斜（又称“黄龙铺背斜”），轴向近EW，由官道口群高山河组及熊耳群地层组成（图5.1）。区内断裂构造发育，见EW向、NW向、NE向、NNE向和NNW向五组。这些断裂主要形成于加里东—燕山期，交错、转化关系复杂，其中NE向、NW向断裂及不整合面对区内成岩成矿具控制作用（陕西省地质矿产局第十三地质队，1989）。

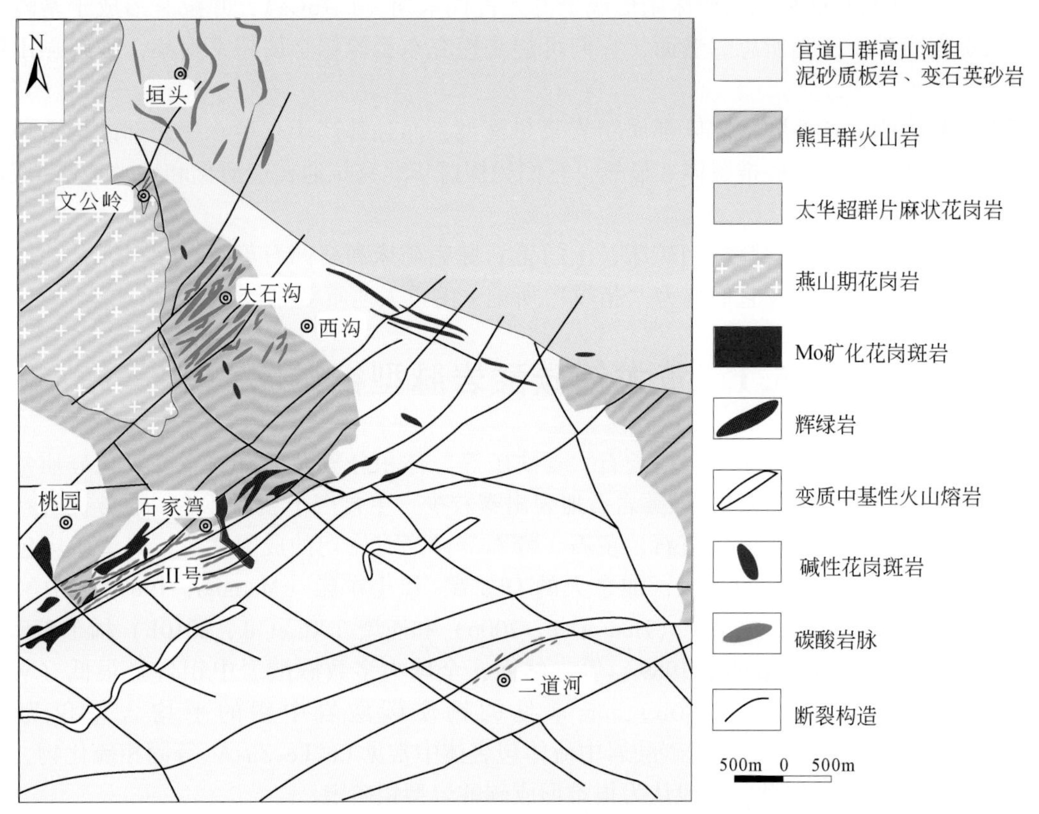

图5.1 黄龙铺钼矿田地质简图（据陕西省地质矿产局第十三地质队，1989修改）

黄龙铺矿区出露岩浆岩主要为老牛山复式花岗岩体和石家湾花岗斑岩，另见有碱性花岗斑岩和辉绿岩脉等（图5.1）。老牛山复式花岗岩体总体呈NE向侵位于太华超群变质岩和熊耳群火山岩中，出露面积达440km^2（Ding et al.，2011；齐秋菊等，2012）。该岩体由印支期和燕山期两次岩浆侵入活动形成。其中印支期岩相单元主要出露于岩体中部，包括石英二长岩、石英闪长岩和粗粒似斑状黑云母二长花岗岩，形成年代为214±1～228±1Ma（Ding et al.，2011；齐秋菊等，2012）；燕山期岩相单元包括中粗粒似斑状黑云母二长花岗岩和细粒黑云母二长花岗岩，以前者为主，形成年代为144.5±4.4～152±1Ma（朱赖民等，2008；焦建刚等，2010；齐秋菊等，2012）。各期次岩相单元中均可见大量暗色包体，呈椭圆状产出，与寄主岩石界线截然。石家湾花岗斑岩位于老牛山花岗岩基东侧，长600m，宽30～130m，沿NW向断裂侵位于熊耳群火山岩和官道口群高山河组沉积岩中（赵海杰等，2010a）。岩石以钾长花岗斑岩为主，主要组成矿物包括钾长石、石英、斜长石和黑云母，副矿物见磁铁矿、磷灰石、榍石等。赵海杰等（2010a）获得其LA-ICP-MS锆石U-Pb年龄为141.4±0.6Ma。此外，在宋家沟地区见有碱性花岗斑岩和辉绿岩出露。碱性花岗斑岩沿NW向断裂侵入高山河组石英砂岩和板岩中，岩石灰白色，细粒斑状结构，块状构造，斑晶主要由钾长石和石英组成，基质见钾长石、石英、斜长石及黑云母，副矿物见磷灰石、榍石、磁铁矿和锆石。辉绿岩由一系列近平行的岩脉组成，沿NE向侵位于高山河组石英砂岩中。脉岩形态较规则，呈脉状和透镜状，总体走向290°~310°，断续延伸3800m，宽40~250m。岩石深绿色，辉绿结构，块状构造，主要组成矿物为斜长石、辉石，可见少量角闪石和石英，副矿物主要为磁铁矿和钛铁矿。赵海杰等（2010b）获得碱性花岗斑岩和辉绿岩的SHRIMP锆石U-Pb年龄分别为131±1Ma和129±2Ma。

黄龙铺矿田展布受北西向断裂带控制，长约6km，包括了垣头、文公岭、大石沟、石家湾、桃园和二道河等矿床或矿点（图5.1）。其中，大石沟、石家湾和桃园规模较大，已构成独立矿床。

5.1.2　碳酸岩脉特征

5.1.2.1　岩体地质和岩性

含矿碳酸岩脉多呈粗脉或细网脉产出，以NE-NNE向最为发育，其次为NW向、近EW向。脉宽一般0.1~1.0m，长几米至几十米，最长百余米（图5.2A）。脉壁粗糙，脉体有破碎现象（图5.2B）。粗大的矿脉形态较为规则（图5.2B），细小的矿脉交错成网状（图5.2C）。含矿碳酸岩脉主要由方解石、石英、钾长石、重晶石以及少量黄铁矿、辉钼矿和方铅矿组成（图5.2D~F），并含有稀有、稀土及放射性元素矿物。

图5.2　黄龙铺矿区大石沟钼矿野外及手标本照片（宋文磊，2014；Song et al.，2015）

A. 碳酸岩脉呈脉状产出；B. 粗大的含矿碳酸岩脉，形态较为规则，主要由方解石、钾长石和石英组成，见辉钼矿化、黄铁矿化；C. 细小的含矿碳酸岩脉，发育辉钼矿化、黄铁矿化；D. 辉钼矿-方铅矿矿石，脉石矿物见方解石和重晶石；E. 辉钼矿矿石，见辉钼矿呈薄膜状产出；F. 辉钼矿矿石，见辉钼矿呈浸染状产出

5.1.2.2　元素地球化学

主量元素分析在中国科学院地球化学研究所矿床地球化学国家重点实验室完成，测试仪器为AXIOS（PW4400）X射线光谱仪，分析精度优于5%。微量元素测试在中国科学院地球化学研究所矿床地球化学国家重点实验室完成，所用仪器为Finnigan MAT的ELEMENT型高分辨等离子质谱仪（ICP-MS）。取50mg样品装入带不锈钢外套的密封样装置中，加入1mL HF，并置于电热板上蒸干，以除去大部分SiO_2；

再加入 1mL HF 和 0.5mL HNO_3，盖上盖，在烘箱中于200℃加热12h 以上。取出，待样品冷却后，于电热板上低温蒸至近干，加入 1mL HNO_3再蒸干，重复一次。最后加入 2mL HNO_3和 5mL H_2O，重新封盖，于130℃溶解残渣 3h，取出冷却后加入 500ng Rh 内标溶液，转移至 50mL 离心管中。ICP-MS 测定分析误差小于 10%。

表 5.1 列出了黄龙铺矿区碳酸岩的主量元素组成。与沉积碳酸盐岩相比，黄龙铺地区碳酸岩富含 SiO_2、TiO_2、Al_2O_3、FeO、Fe_2O_3、K_2O、Na_2O、SrO 和 P_2O_5。计算获得样品的 CaO/(CaO+MgO+FeO+MgO) 值为 93.6%~98.7%，属典型的钙质碳酸岩（Woolley and Kempe，1989），但碱质含量相对较低。

表 5.1　黄龙铺矿区碳酸岩的主量元素组成（Xu et al.，2007）　（单位:%）

样品	HLP-1	HLP-3	HLP-4	HLP-5	HLP-6	全球钙质碳酸岩**
SiO_2	1.18	1.56	1.07	1.27	4.26	0.0~8.93
TiO_2	0.08	0.10	0.09	0.07	0.18	0.0~1.09
Al_2O_3	2.10	2.24	1.54	1.25	6.36	0.01~6.89
FeO_T^*	0.37	0.51	0.41	0.48	0.35	0.0~13.98
MnO	1.00	2.59	1.47	1.29	1.20	0.0~2.57
MgO	0.40	0.44	0.42	0.41	0.33	0.0~8.11
CaO	53.35	51.39	53.01	53.03	48.41	39.24~55.40
Na_2O	0.08	0.15	0.08	0.09	0.18	0.0~1.73
K_2O	0.18	0.06	0.04	0.02	1.03	0.0~1.47
P_2O_5	0.04	0.05	0.03	0.03	0.05	0.0~10.41
CO_2	40.94	40.65	41.48	41.67	37.37	11.02~47.83
总计	99.71	99.74	99.63	99.61	99.72	

*为全铁，以 FeO 计。

**引自 Woolley 和 Kempe（1989）。

表 5.2 列出了来自黄龙铺矿区大石沟（DSG）、垣头（YT）、石家湾Ⅱ号矿体（SJW）含矿碳酸岩的微量元素含量。各矿床碳酸岩具有类似的微量元素含量及配分形式，但 U、Nb 和 Mo 的含量差别较大，可能反映了含铌的钛铀矿和辉钼矿在碳酸岩中的不均匀分布。相对于原始地幔，黄龙铺碳酸岩富集 Ba、U、Pb、Sr、REE 等大离子亲石元素，亏损 Nb、Ta、Zr、Hf 等高场强元素（图 5.3）。与 Chakhmouradian（2006）统计的碳酸岩平均组成相比，黄龙铺样品亏损 Th 和高场强元素，且其 Nb/Ta 值和 Zr/Hf 值（垣头、大石沟和石家湾Ⅱ号的 Nb/Ta 和 Zr/Hf 平均值分别为 4.4、31、10.3 和 0.3、0.3、0.1）明显偏低（Nb/Ta 和 Zr/Hf 平均值分别为 35 和 60；Chakhmouradian，2006），而 Mo 含量（$0.63\times10^{-6}\sim1010\times10^{-6}$）普遍较高（Mo 平均含量为 12×10^{-6}；Chakhmouradian，未发表数据）。黄龙铺矿区碳酸岩另一个显著特征就是其非常富集 HREE（$370\times10^{-6}\sim1130\times10^{-6}$），球粒陨石稀土配分为平坦型或 LREE 略微富集型（图 5.4），$(La/Yb)_N$值小于 3（垣头、大石沟和石家湾Ⅱ号矿体的平均值分别为 1.4、2.7 和 1.2）。这完全不同于常见的碳酸岩，后者往往富集 LREE（Cullers and Graf，1984；Nelson et al.，1988；Woolley and Kempe，1989；Hornig-Kjarsgaard，1998）。

表 5.2　黄龙铺碳酸岩微量元素含量（Xu et al.，2010a；许成等，2009）　（单位：10^{-6}）

样号	Rb	Ba	Th	U	Nb	Ta	Pb	Mo	Sr	Zr	Hf	Y	La	Ce
YT-1	0.53	478	0.54	0.49	1.19	0.18	105	0.63	6595	0.33	0.65	725	166	967
YT-2	0.21	758	0.17	0.22	0.24	0.14	85.0	0.94	5900	0.08	1.01	560	126	343
DSG-1	0.19	354	0.22	1.59	1.02	0.27	68.8	33.8	5840	0.12	0.90	575	124	349

续表

样号	Rb	Ba	Th	U	Nb	Ta	Pb	Mo	Sr	Zr	Hf	Y	La	Ce
DSG-2	0.32	656	0.83	21.9	24.0	0.12	72.0	610	5570	0.19	0.58	376	144	338
DSG-3	0.22	537	0.06	0.36	0.14	0.08	63.1	0.79	6430	0.14	0.42	192	167	467
DSG-4	0.16	916	1.47	0.76	0.34	0.14	133	51.0	4740	0.17	0.89	497	420	993
DSG-5	4.17	145	1.35	4.67	2.59	0.12	302	240	2290	0.34	0.79	429	211	467
DSG-6	2.20	325	0.25	0.83	5.09	0.08	138	20.9	4603	0.18	0.56	284	145	302
DSG-7	0.52	188	0.57	1.22	0.94	0.17	74.9	11.0	6010	0.18	1.04	571	373	923
DSG-8	0.81	542	1.51	10.4	6.16	0.10	396	1010	4470	0.36	0.55	274	147	348
DSG-9	0.25	308	0.40	0.23	0.26	0.12	105	8.29	5240	0.08	0.88	569	181	427
DSG-10	0.35	397	0.14	0.24	0.31	0.49	347	19.20	5078	0.18	1.21	559	106	248
DSG-11	0.71	379	1.00	1.58	0.77	0.11	153	2.63	5640	0.27	0.79	367	377	873
DSG-12	0.31	529	3.76	0.50	0.21	0.11	68.3	32.6	5880	0.21	0.78	367	457	1000
SJW-1	1.02	274	0.27	1.14	0.67	0.15	82.5	39.6	5390	0.13	0.97	721	128	310
SJW-2	0.67	563	1.58	4.62	2.37	0.09	69.3	38.5	4506	0.12	0.51	417	233	485
SJW-3	2.10	225	0.22	1.64	1.30	0.18	86.0	86.3	5186	0.12	1.28	712	106	256
HLP-1	2.98	912	0.77	0.64	1.23	0.19	66.1		7753	0.43	0.22	365	220	516
HLP-2	13.4	2607	0.41	0.13	1.05	0.17	125		9065	36.8	1.00	339	147	466
HLP-3	0.90	154	0.24	0.95	0.48	0.36	70.2		6938	0.38	0.46	841	130	445
HLP-4	0.38	184	0.05	0.29	0.36	0.31	75.7		8441	0.28	0.29	426	279	764
HLP-5	0.31	197	0.17	0.86	0.85	0.30	71.6		7096	0.21	0.36	589	140	516
HLP-6	5.83	510	0.58	0.22	0.43	0.21	69.4		7957	29.3	0.82	421	186	527

样号	Pr	Nd	Sm	Eu	Gd	Tb	Dy	Ho	Er	Tm	Yb	Lu	$(La/Yb)_N$
YT-1	58.0	272	76.0	0.33	0.65	22.3	84.5	20.2	60.6	10.2	67.4	10.1	1.77
YT-2	55.7	263	80.7	0.08	1.01	23.9	88.7	21.4	62.6	9.73	68.4	9.54	1.32
DSG-1	56.8	261	75.0	21.7	80.7	13.8	82.5	20.1	62.4	10.1	74.8	11.0	1.19
DSG-2	48.7	210	53.2	15.0	59.0	9.70	56.8	13.9	43.1	6.94	51.1	7.70	2.02
DSG-3	60.6	247	48.6	12.9	49.4	7.05	39.3	9.65	30.4	4.51	31.1	4.35	3.85
DSG-4	136	586	129	33.1	120	16.0	82.6	18.5	56.4	8.70	63.4	9.32	4.75
DSG-5	63.8	264	64.4	18.2	69.9	11.2	65.6	15.8	48.4	7.78	57.0	8.29	2.66
DSG-6	39.8	177	41.1	11.7	45.4	6.76	41.9	10.1	32.8	5.66	42.7	6.74	2.44
DSG-7	116	497	94.2	23.9	100	14.0	81.3	21.0	70.3	11.6	86.5	12.6	3.09
DSG-8	47.5	202	44.3	12.5	47.8	7.23	43.5	11.4	39.3	6.76	54.0	8.90	1.95
DSG-9	57.3	265	70.2	21.0	80.3	13.3	86.1	19.9	62.4	10.4	76.0	11.8	1.71
DSG-10	35.6	170	52.6	16.6	69.6	11.6	78.6	19.0	60.3	10.4	78.0	11.7	0.97
DSG-11	108	456	84.2	21.6	83.6	11.3	60.6	15.0	48.6	7.83	59.1	9.32	4.58
DSG-12	118	471	82.9	21.3	85.2	11.1	60.6	14.9	49.1	8.01	60.7	9.33	5.40
SJW-1	43.2	199	58.8	18.2	71.6	12.6	90.2	23.1	76.8	13.7	105	16.1	0.87
SJW-2	60.7	260	57.5	16.3	58.7	9.00	58.3	14.0	45.4	7.92	59.7	9.10	2.80
SJW-3	36.4	169	51.5	16.6	71.9	12.0	86.6	22.4	75.8	13.7	105	16.0	0.72

续表

样号	Pr	Nd	Sm	Eu	Gd	Tb	Dy	Ho	Er	Tm	Yb	Lu	$(La/Yb)_N$
HLP-1	47.9	200	41.7	11.3	38.0	5.72	34.3	8.28	28.6	4.86	35.3	5.55	4.47
HLP-2	46.0	199	42.9	11.3	38.9	5.59	33.5	7.92	26.3	4.48	32.3	5.02	3.26
HLP-3	46.1	210	58.2	17.9	61.2	11.3	77.4	19.2	67.3	11.8	86.0	13.3	1.08
HLP-4	76.9	336	71.9	18.6	60.7	8.80	49.6	10.9	34.2	5.23	34.7	4.82	5.77
HLP-5	53.2	240	60.1	17.2	56.8	9.48	59.7	13.6	44.9	7.52	53.0	8.11	1.89
HLP-6	52.4	230	50.9	13.5	45.5	6.84	41.6	9.73	32.9	5.47	37.9	5.61	3.52

注：YT 样品来自垣头矿点，DSG 样品来自大石沟矿床，SJW 样品来自石家湾Ⅱ号矿体。

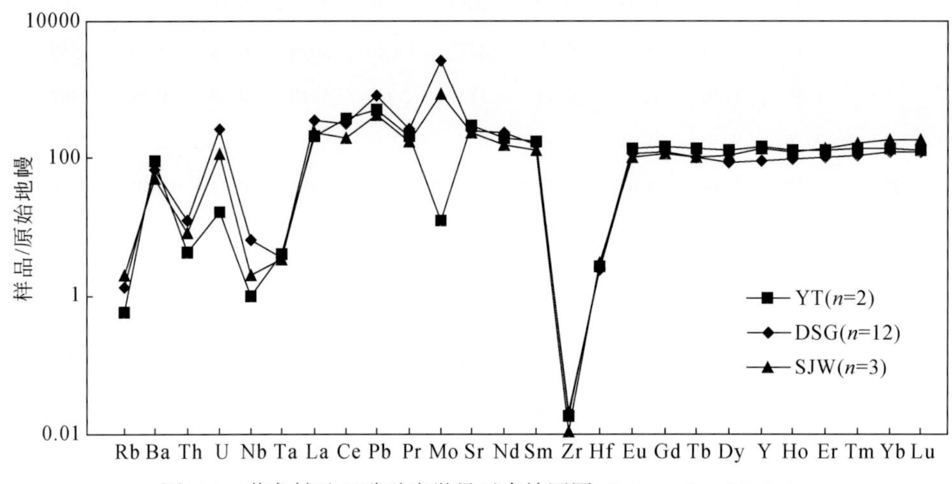

图 5.3　黄龙铺矿田碳酸岩微量元素蛛网图（Xu et al.，2010a）

初始地幔值来自 Sun and McDonough，1989

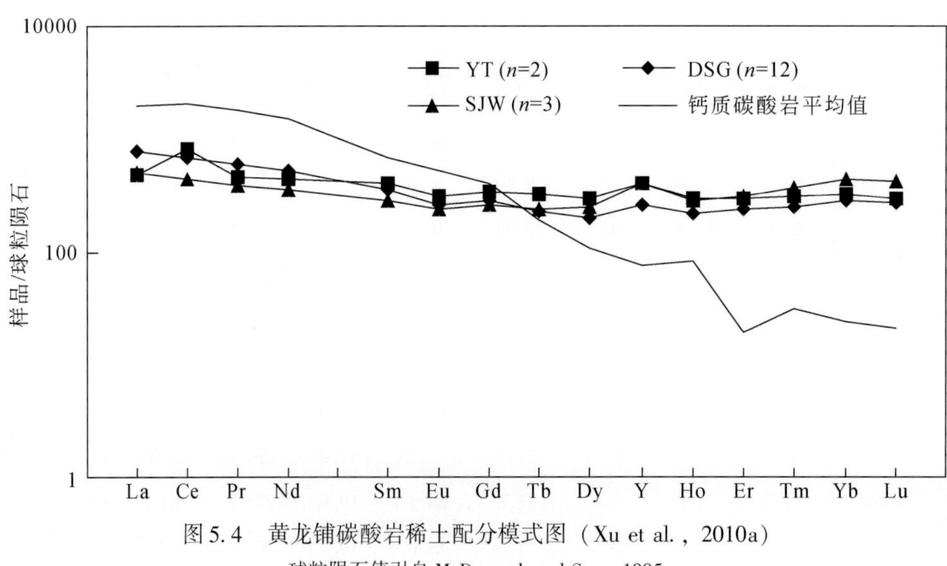

图 5.4　黄龙铺碳酸岩稀土配分模式图（Xu et al.，2010a）

球粒陨石值引自 McDonough and Sun，1995

5.1.2.3　碳氧同位素

许成等（2009）和 Xu 等（2010a）对黄龙铺矿区垣头（YT）、大石沟（DSG）和石家湾Ⅱ号（SJW）碳酸岩中的方解石进行了 C、O 同位素分析。测试工作在中国科学院地球化学研究所环境地球化学国家重点实验室进行。首先将样品破碎，并在双目镜下挑选出纯度在 95% 以上的方解石，使用玛瑙研磨至<200目。每个样品称取 400±30μg，并各准备平行样 2 个，保证平行样重量差<30μg。样品置于 100℃烘箱中过夜，使用英国 GV Iinstrument 公司生产的连续流质谱（Isoprime-multiflow）进行测定，C、O 同位素标准分别使用 V-PDB 和 V-SMOW，分析误差±1‰。

来自垣头、大石沟和石家湾Ⅱ号矿体的方解石 C、O 同位素非常稳定，$\delta^{13}C$ 和 $\delta^{18}O$ 范围分别为 -6.9‰～-6.4‰和 7.2‰～9.5‰（表 5.3）。该范围与黄典豪等（1984b）获得的大石沟、垣头及桃园矿床（点）方解石的碳氧同位素组成一致。在碳氧同位素图解上（图 5.5），上述样品点均落在“初始火成碳酸岩”范围内，表明碳酸岩具地幔来源特征且未受到地表蚀变和热液叠加作用的影响。

表 5.3 黄龙铺方解石碳氧同位素组成（C、O 分别为 V-PDB 和 V-SMOW 标准）

样号	矿床（点）	$\delta^{13}C$/‰	$\delta^{18}O$/‰	来源	样号	矿床（点）	$\delta^{13}C$/‰	$\delta^{18}O$/‰	来源
YT-1	垣头	-6.7	9.1	Xu et al., 2010a	HLP-5	石家湾	-6.8	8.8	许成等, 2009
YT-2	垣头	-6.5	9.2	Xu et al., 2010a	HD8021	大石沟	-6.6	9.1	黄典豪等, 1984b
DSG-1	大石沟	-6.9	8.8	Xu et al., 2010a	HD8195	大石沟	-6.8	8.6	黄典豪等, 1984b
DSG-2	大石沟	-6.4	7.8	Xu et al., 2010a	HD8114	大石沟	-6.7	9.3	黄典豪等, 1984b
DSG-3	大石沟	-6.9	7.9	Xu et al., 2010a	HD8117	大石沟	-6.8	8.9	黄典豪等, 1984b
DSG-9	大石沟	-6.8	8.1	Xu et al., 2010a	HD8014	大石沟	-7.0	8.5	黄典豪等, 1984b
DSG-10	大石沟	-6.7	7.2	Xu et al., 2010a	HD8154	大石沟	-6.7	9.0	黄典豪等, 1984b
DSG-11	大石沟	-6.7	7.4	Xu et al., 2010a	HD8159	大石沟	-6.6	9.5	黄典豪等, 1984b
HLP-1	石家湾	-6.9	9.3	许成等, 2009	HD8215	大石沟	-6.6	9.0	黄典豪等, 1984b
HLP-2	石家湾	-6.8	9.5	许成等, 2009	Y817	垣头	-6.8	8.5	黄典豪等, 1984b
HLP-3	石家湾	-6.8	8.7	许成等, 2009	T806	桃园	-6.5	9.3	黄典豪等, 1984b

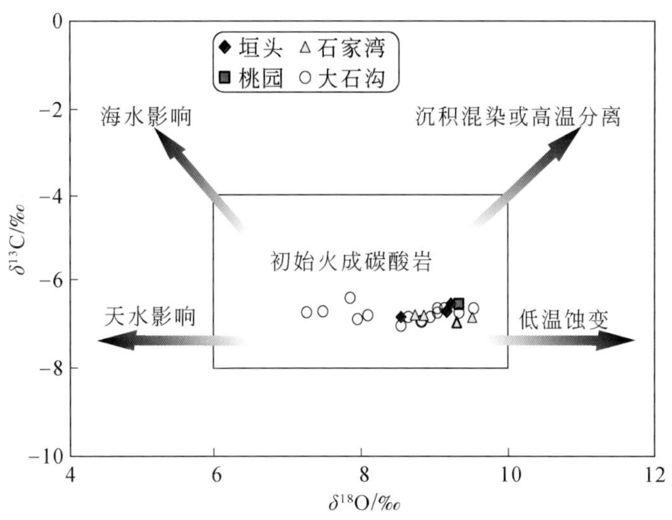

图 5.5 黄龙铺矿田方解石碳氧同位素图解

初始碳酸岩范围据 Keller and Hoefs，1995，箭头演化趋势据 Demeny et al.，1998，数据见表 5.8

5.1.2.4 锶钕铅同位素

用于 Sr-Nd-Pb 同位素测试的样品来自黄龙铺矿田各矿床（点），包括全岩样品 6 件，方解石单矿物样品 50 件。Sr-Nd 同位素分析在英国南安普敦大学国家海洋中心测试完成，所用仪器为 VG Sector 54 质谱仪。实验过程中 Sr 空白值<1.1ng，Nd 空白值≪0.2ng。采用 NBS987 和 JMC321 作为标样，推荐值分别

为：$^{87}Sr/^{86}Sr=0.710252\pm11(2\sigma，n=169)$ 和 $0.511125\pm11(2\sigma，n=45)$。方解石的 Pb 同位素分析在澳大利亚国立大学完成，所用仪器为 Agilent 7500S LA-ICPMS，测试精度在 5% 以内。利用 LA-ICP-MS 测定 ^{206}Pb、^{207}Pb、^{208}Pb 同位素组成（由于 ^{204}Pb 含量较低且易受 ^{204}Hg 干扰而未作检测），并根据标样 NIST610 玻璃的同位素比值，计算 $^{207}Pb/^{206}Pb$ 和 $^{208}Pb/^{206}Pb$ 值。

碳酸岩具有较高的 Sr、Nd 含量，能够缓冲地壳物质的混染，因此碳酸岩的 Sr-Nd 同位素地球化学对探讨地幔源区的特征具有重要的参考价值。来自黄龙铺矿区垣头、大石沟和石家湾Ⅱ号矿体的碳酸岩全岩 Sr-Nd-Pb 同位素测试结果见表 5.4。分析结果表明，侵入于不同围岩的碳酸岩其 Sr-Nd-Pb 同位素组成差异不明显，ε_{Nd} 均为负值（$-10.1\sim-4.3$），且轻微富集放射成因 Sr（$I_{Sr}=0.705\sim0.706$）。在 I_{Sr}-$\varepsilon_{Nd}(t)$ 图解中（图 5.6A），黄龙铺碳酸岩的同位素特征与 EMⅠ地幔源区相近，但部分样品具有较低的 I_{Sr} 和 $\varepsilon_{Nd}(t)$。计算获得样品的两阶段 Nd 模式年龄（T_{DM2}）为 1.3 ~ 1.8Ga。对于 Pb 同位素而言，所测样品均显示出较窄的 $^{207}Pb/^{206}Pb$ 和 $^{208}Pb/^{206}Pb$ 范围（分别为 0.880 ~ 0.889 和 2.145 ~ 2.159），同样接近于 EMⅠ地幔值（图 5.6B）。需要强调的是，黄龙铺碳酸岩所表现出的偏低的 $\varepsilon_{Nd}(t)$ 和偏高 $^{207}Pb/^{206}Pb$ 和 $^{208}Pb/^{206}Pb$ 值使其显著区别于全球已知的年轻（<200Ma）碳酸岩（包括位于洋岛上的），后者具有较高的 ε_{Nd} 值和很低的 $^{207}Pb/^{206}Pb$ 和 $^{208}Pb/^{206}Pb$ 值，并且包含了从 HIMU 组分（有些可以来自 DMM）到 EMⅠ地幔组分之间的较宽范围（Bell and Tilton，2001；Hoernle et al.，2002）。巴基斯坦碰撞造山带内的碳酸岩的同位素组成也落在了东非碳酸岩所在的区间内，而喜马拉雅造山带中的碳酸岩则以富放射成因的 Sr 同位素值和倾向于 EMⅡ组分为特征（图 5.6）。总之，形成黄龙铺碳酸岩的源区以 EMⅠ组成为特征，显著区别于裂谷或造山带中的碳酸岩。

来自碳酸岩脉的方解石和钡天青石样品的 Sr-Nd-Pb 同位素见表 5.4。由于方解石和钡天青石中 Rb 含量极低而 Sr 含量较高，则形成后产生的放射成因 Sr 可以忽略，因而获得的 $^{87}Sr/^{86}Sr$ 值近似等于 I_{Sr}。同理，由于方解石中 U、Th 含量极低，形成后产生的放射成因 Pb 可以忽略，则实测铅同位素组成可代表成岩时的铅同位素。由表 5.3 可见，方解石和钡天青石的 Sr-Nd-Pb 同位素特征与全岩类似，同样指示了其源区以地幔物质为主。

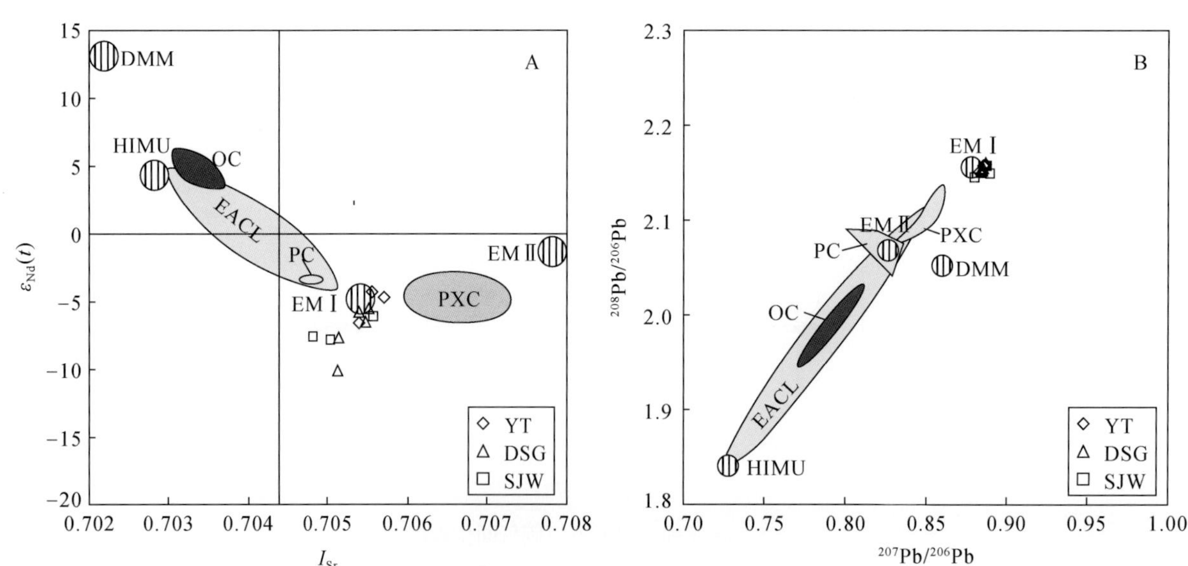

图 5.6　黄龙铺碳酸岩全岩 I_{Sr}-ε_{Nd} 图解（A）和 $^{207}Pb/^{206}Pb$-$^{208}Pb/^{206}Pb$ 图解（B）（Xu et al.，2011）

EACL. 东非碳酸岩线（Bell and Tilton，2001）；OC. Cape Verde 和 Canary 岛的洋岛碳酸岩（Hoernle et al.，2002）；PC. 巴基斯坦产于碰撞带中的 30Ma 的碳酸岩（Tilton et al.，1998）；PXC. 位于碰撞带中的攀西碳酸岩（Xu et al.，2003；Hou et al.，2006）。DMM、HIMU、EMⅠ和 EMⅡ为由 Hart（1988）定义的地幔端元

表 5.4　黄龙铺矿田碳酸岩全岩及部分单矿物的 Sr-Nd-Pb 同位素组成

样号	对象	样数	$^{87}Rb/^{86}Sr$	$^{87}Sr/^{86}Sr$	I_{Sr}	$^{147}Sm/^{144}Nd$	$^{143}Nd/^{144}Nd$	$\varepsilon_{Nd}(t)$	T_{DM2}/Ga	$^{206}Pb/^{204}Pb$	$^{207}Pb/^{204}Pb$	$^{208}Pb/^{204}Pb$	$(^{207}Pb/^{206}Pb)_i$	$(^{208}Pb/^{206}Pb)_i$	资料来源
YT-01	全岩	1	0. 0002	0. 705562±11	0. 70556	0. 1689	0. 512379±20	-4. 3	1. 34	17. 450	15. 462	37. 655	0. 887	2. 159	Xu et al. , 2011
YT-02	全岩	1	0. 0001	0. 705421±11	0. 70542	0. 1855	0. 512287±26	-6. 5	1. 51	17. 524	15. 465	37. 666	0. 883	2. 150	Xu et al. , 2011
YT-03	全岩	1	0. 00004	0. 705703±14	0. 70570	0. 1760	0. 512368±29	-4. 7	1. 37	17. 472	15. 462	37. 691	0. 885	2. 158	Xu et al. , 2011
DSG-01	全岩	1	0. 0003	0. 705392±11	0. 70539	0. 1439	0. 512280±7	-5. 8	1. 46	17. 656	15. 474	37. 650	0. 885	2. 155	Xu et al. , 2011
DSG-02	全岩	1	0. 0003	0. 705471±11	0. 70547	0. 1830⁻	0. 512287±22	-6. 5	1. 51	17. 486	15. 465	37. 664	0. 884	2. 151	Xu et al. , 2011
DSG-03	全岩	1	0. 0003	0. 705123±11	0. 70512	0. 1305	0. 512027±20	-10. 1	1. 81	17. 518	15. 471	37. 642	0. 885	2. 155	Xu et al. , 2011
SJW-01	方解石	16			0. 70480	0. 1260	0. 512149±7	-7. 6	1. 61				0. 889±16	2. 150±27	Xu et al. , 2011
SJW-02	方解石	23			0. 70504	0. 1303	0. 512142±14	-7. 8	1. 63				0. 880±14	2. 145±30	Xu et al. , 2011
SJW-03	方解石	11			0. 70557	0. 1675	0. 512286±12	-6. 1	1. 48				0. 887±14	2. 157±28	Xu et al. , 2011
HL08-01	方解石	1	0. 000626		0. 7049	0. 0963	0. 512153	-6. 6							黄典豪等，2009
HL08-02	方解石	1	0. 000277		0. 7050	0. 1359	0. 512167	-7. 5		17. 450	15. 473	37. 629			黄典豪等，2009
HL08-04	方解石	1	0. 000648		0. 7052	0. 1229	0. 512057	-9. 3		17. 982	15. 501	37. 673			黄典豪等，2009
HD80-21	方解石	1			0. 7065										黄典豪等，2009
HD81-48	方解石	1			0. 7061										黄典豪等，1985a
HD80-4	钡天青石	1			0. 7056										黄典豪等，1985a
HD80-14	钡天青石	1			0. 7051										黄典豪等，1985a

注：初始的 Sr、Nd 和 Pb 同位素比值由 ICP-MS 所测的 Rb、Sr、Sm、Nd、U、Th 和 Pb 的含量计算所得（初始值按 t =220Ma 计算）。

$\varepsilon_{Nd}(t)$ 根据现今的（$^{147}Sm/^{143}Nd)_{CHUR}$ =0. 1967 和（$^{143}Nd/^{144}Nd)_{CHUR}$ =0. 512638（DePaolo and Wasserburg，1976）计算；T_{DM2} 根据现今的（$^{147}Sm/^{143}Nd)_{DM}$ =0. 2137 和（$^{143}Nd/^{144}Nd)_{DM}$ = 0. 51315（Peucat et al.，1988）计算。

5.1.2.5 黄龙铺碳酸岩的特殊性及成因

碳酸岩脉型钼矿以其独特的产状（含钼方解石脉）和特殊的成矿元素组合（Mo+U+REE）而备受关注。前人多将该类含钼碳酸岩归为热液成因，例如，罗铭玖等（1991）认为黄龙铺钼矿化碳酸岩与燕山晚期斑状花岗岩有关，而李永峰等（2005）明确称之为“热液碳酸盐脉”。然而，黄龙铺碳酸岩富含 Sr、Ba、REE 等不相容元素，具有“初始火成碳酸岩”的 C-O 同位素组成（详见下述），特别是 Sr 含量大于 5000×10^{-6}。上述特征均为火成碳酸岩所独有。同时，作为该区碳酸岩最主要的造岩矿物，方解石具有较高的 Sr（SrO：0.6%～1.3%）和 Mn（MnO：2.0%～2.5%）含量（详见下述），显著区别于沉积的碳酸盐矿物，后者的 Sr 和 Mn 含量一般不超过 100×10^{-6}（Tucker and Wright，1990；Veizer et al.，1992）。此外，黄龙铺碳酸岩脉中的方解石具有均一的 C-O 组成，落在“初始火成碳酸岩范围内”；其 I_{Sr}接近 EMⅠ（Xu et al.，2011；黄典豪等，2009）。这些均表明该岩石为火成起源。那么，是什么因素造成了该区碳酸岩含有异常高的 HREE，显示相对平坦的 REE 配分特征呢？

鉴于该区碳酸岩 C-O 同位素组成与初始地幔来源的碳酸岩相近（详见上述），认为它们并未受明显的后期热液作用。因此，碳酸岩的 HREE 特征并不能归因于后期热液富集作用。碳酸岩通常呈岩颈、岩墙、岩床和锥状岩席与碱性硅酸岩密切共生。目前，碳酸岩的成因观点主要有两种：一是碳酸岩与共生的碱性硅酸岩是富 CO_2的碱性硅酸岩岩浆液态不混溶或分离结晶的产物（Kjarsgaard and Hamilton，1989；Lee and Wyllie，1997；Verhulst et al.，2000）；二是直接来源于地幔源区的低程度部分熔融作用（Harmer and Gittins，1998；Harmer，1999）。尽管存在上述争论，但碳酸岩通常含有高的不相容元素如 Sr、Ba、LREE 等，其母体被公认为是富 CO_2的橄榄岩或榴辉岩低程度部分熔融的产物（$F<1\%$；Nelson et al.，1988）。

为了探讨碳酸岩母体的 REE 组成特征，许成等（2009）根据相关矿物相的配分系数，初步计算了碳酸岩母体在不同源区，即：石榴子石二辉橄榄岩、尖晶石二辉橄榄岩和角闪石-尖晶石二辉橄榄岩（Bizimis et al.，2003）以及榴辉岩（Yaxley and Brey，2004）中 La 和 Yb 的总配分系数。结果显示（表 5.5），Yb 在不同源区的相容程度远大于 La，$D_{Yb/La}$值为 21～158。传统认为，碳酸岩母体来源于交代 LREE 富集地幔（Bell，1998），其低程度部分熔融分异流体将使 La 和 Yb 更加分离，显示更大的 LREE 富集，这与 Cullers 和 Graf（1984）的研究结果和世界上其他地区的碳酸岩特征基本一致，即碳酸岩是所有火成岩中 REE 含量最高、LREE/HREE 值最大的岩石之一。Sweeney（1994）、Lee 和 Wyllie（1998）提出，初始碳酸岩是富 Mg 的方解石质白云岩，方解石碳酸岩是地幔来源的富 Mg 质碳酸岩在上升过程中与二辉橄榄岩或方辉橄榄岩反应的产物（Dalton and Wood，1993）。然而，这将不可避免地导致 LREE 与 HREE 分离，因为 Yb 比 La 更相容（表 5.5）。因此，直接来源于富集 LREE 地幔源区的低程度部分熔融作用很难解释该区碳酸岩平坦的 REE 特征，特别是异常高的 HREE。此外，液态不混溶或分离结晶模式也将进一步引起 LREE 与 HREE 的分异。实验研究显示，在液态不混溶过程中（Jones et al.，1995；

表 5.5 碳酸岩源区矿物组成和 La/Yb 配分系数 *D*（许成等，2009）

矿物	橄榄石	单斜辉石	斜方辉石	石榴子石	角闪石	总 *D* 石榴子石-二辉橄榄岩	总 *D* 尖晶石-二辉橄榄岩	总 *D* 角闪石-尖晶石-二辉橄榄岩	*D* 榴辉岩
D_{La}	—	0.051	0.005	0.0014	0.01	0.007	0.010	0.008	0.026
D_{Yb}	0.03	1.0	0.073	7.2	0.16	0.447	0.214	0.165	4.1
$D_{Yb/La}$						63.8	21.4	20.6	158

数据来源：Adam and Green，2001；Blundy and Dalton，2000；Salters et al.，2002；Bizimis et al.，2003。

源区矿物组成模式（Bizimis et al.，2003；Yaxley and Brey，2004）：石榴子石-二辉橄榄岩，橄榄石=0.60，斜方辉石=0.20，单斜辉石=0.12，石榴子石=0.04，角闪石=0.04；尖晶石-二辉橄榄岩，橄榄石=0.60，斜方辉石=0.22，单斜辉石=0.18，石榴子石=0，角闪石=0；角闪石-尖晶石-二辉橄榄岩，橄榄石=0.60，斜方辉石=0.20，单斜辉石=0.12，石榴子石=0，角闪石=0.08；榴辉岩，单斜辉石=0.50，石榴子石=0.50。

Veksler et al., 1998), La 和 Ce 在碳酸岩与硅酸岩之间的配分系数是 1.33 和 1.1。LREE 将优先进入分异的碳酸岩熔体。科拉半岛的 Kovdor 碳酸岩是典型的分离结晶产物，其 REE 配分模式也呈明显的 LREE 富集型（$(La/Yb)_N>40$；Verhulst et al., 2000）。

因此，已有碳酸岩的成因模型很难解释该区碳酸岩独特的 REE 配分模式，这也在一定程度上反映了该区源区化学组成的特殊性。我们认为该碳酸岩可能来源于 LREE 相对亏损，且 HREE 含量较高的源区。

5.1.3　矿床地质特征

5.1.3.1　矿化特征

根据野外观察并综合黄典豪等（1985a，1985b）及陕西省地质矿产局第十三地质队（1989）研究资料，对黄龙铺矿区各矿床（点）的地质特征简述如下（表 5.6）。

垣头矿点：矿体主要以碳酸岩脉形式产出于太华超群片麻岩中。脉体规模较大，单条脉体长 100～1000m，走向 NW-NNW。主要金属矿物包括辉钼矿、黄铜矿、方铅矿、铌钛铀矿，常见脉石矿物包括方解石、石英、重晶石、微斜长石、独居石、磷钇矿等。矿化元素品位：Mo 0.07%～0.144%；Pb 0.1%～0.5%；La_2O_3 0.01%～0.1%；Ce_2O_3 0.03%～0.3%；Sr 0.05%～0.3%；Ag 1～5g/t。推算钼资源量 1700t，轻稀土 1000t，铅 2000t。

文公岭矿点：矿区出露地层为熊耳群火山岩和官道口群高山河组绢云板岩和砂质板岩，见 NNW 向断裂。主要侵入岩包括燕山期石英闪长岩、黑云二长花岗岩和少量的伟晶岩、细晶岩脉，此外尚见部分碳酸岩脉。矿体以钾长石-石英脉形式产于燕山期石英闪长岩周围的爆破角砾岩中，长约 600m，宽 200～260m。常见金属矿物包括辉钼矿、黄铜矿、黄铁矿、方铅矿、闪锌矿和黑钨矿，脉石矿物以石英、钾长石、方解石和萤石为主。矿化元素品位：Mo 0.036%～0.136%；Pb 平均为 7.56%；Ag 500～1000g/t；WO_3 0.1%～0.5%。初步求得 Mo 储量 2000t，Pb 储量 1000t，Ag 储量 6.75t，W 储量 3560t。

大石沟（西沟）矿床：矿体受 NW 和 NE 向断裂控制，以相互平行的碳酸岩脉形式产出于熊耳群火山岩和高山河组石英砂岩、绢云板岩内，单条脉体最长可达 500m。常见金属矿物包括辉钼矿、黄铁矿、方铅矿、氟碳铈矿、铌钛铀矿和铅铀钛铁矿，脉石矿物包括方解石、石英、重晶石、微斜长石、独居石、金红石等。Mo 元素品位变化于 0.075%～0.103%，储量约 8.94×10^4t。此外还含有 19×10^4t Pb。部分矿脉轻稀土品位较高，可达 1.1%～2.79%，最高 4.30%。

桃园矿床：主要赋矿围岩为高山河组石英砂岩夹绢云板岩，次为熊耳群火山岩。NW 向与 NE 向断裂构成了区内主要构造格架。矿体以碳酸岩脉形式产出，走向 NE-NNE，最长可达 800m。主要金属矿物包括辉钼矿、黄铁矿、方铅矿、黄铜矿和氟碳铈矿，脉石矿物见方解石、石英、钾长石、重晶石和萤石。Mo 品位 0.041%～0.096%，储量 3.84×10^4t。

石家湾矿床：区内岩浆活动发育，可见海西—印支期辉绿岩、正长斑岩、碳酸岩及燕山期二长花岗斑岩、云煌岩、斜长细晶岩等。据矿体产状可划分为Ⅰ号和Ⅱ号两个矿体。Ⅰ号矿体以石英-钾长石-黄铁矿脉形式产出于燕山期花岗斑岩外接触带，受 NE 和 NW 向断裂复合控制。主要金属矿物包括辉钼矿、黄铁矿和黄铜矿，脉石矿物见石英、钾长石、云母、方解石和萤石。热液蚀变类型包括钾化、绢云母化、绿泥石化、绿帘石化等。Mo 元素平均品位为 0.071%。Ⅱ号矿体位于Ⅰ号矿体西南部，由碳酸岩脉组成，走向 NE-NEE，属桃园矿体的东延。主要金属矿物见辉钼矿、黄铁矿、方铅矿、钛铀矿和氟碳铈矿，脉石矿物见方解石、石英、重晶石、钾长石、萤石和白云石等。Mo 元素品位 0.041%～0.104%，储量 14.29×10^4t。

二道河矿点：矿体以 NE 向碳酸岩脉形式产出，长几十米到 400m。单脉产出受 NE 向与 NW 向断裂交汇部位控制，长数米至数十米。矿物成分与桃园矿床相似。Mo 品位变化于 0.034%～0.129%。目前该矿点尚未开展深部评价。

表 5.6　黄龙铺钼矿田各矿床（点）特征（据陕西省地质矿产局第十三地质队，1989）

矿床（点）		围岩	矿体特征	矿物组成
垣头		太华超群片麻岩	碳酸岩脉，脉体规模较大，单脉长 100～1000m，走向 NW-NNW	方解石、石英、重晶石、微斜长石、黄铜矿、方铅矿、辉钼矿、独居石、铌钛铀矿和磷钇矿
文公岭		熊耳群火山岩和高山河组绢云板岩和砂质板岩	以钾长石-石英脉形式产于燕山期石英闪长岩周围的爆破角砾岩中，长 600m，宽 200～260m	辉钼矿、黄铜矿、黄铁矿、方铅矿、闪锌矿、黑钨矿、石英、钾长石、方解石、萤石
大石沟		熊耳群火山岩和高山河组石英砂岩、绢云母板岩	由相互平行的 NE 向碳酸岩脉组成，受 NW 和 NE 向断裂控制，单脉最长达 500m 左右，粗脉形态规则，细脉则构成网脉	方解石、石英、重晶石、微斜长石、黄铁矿、方铅矿、辉钼矿、氟碳铈矿、氟碳钙铈矿、独居石、金红石、铌钛铀矿、铅铀钛铁矿
石家湾	Ⅰ号矿体	主体为高山河组石英砂岩，北段为熊耳群火山岩	由石英-钾长石-黄铁矿脉组成，产于燕山期花岗斑岩外接触带，受 NE 和 NW 向断裂复合控制	石英、钾长石、黄铁矿、磁铁矿、白云母、方解石、辉钼矿、钛铀矿
	Ⅱ号矿体	高山河组石英砂岩和砂质绢云板岩	由碳酸岩脉组成，总体走向为 NE-NEE，位于Ⅰ号矿体西南部	方解石、石英、重晶石、钾长石、萤石、白云石、方铅矿、黄铁矿、辉钼矿、钛铀矿、氟碳铈矿
桃园		高山河组石英砂岩夹绢云板岩，熊耳群火山岩	由碳酸岩脉组成，脉体形态不规则，走向 NE-NNE	方解石、石英、钾长石、重晶石、萤石、黄铁矿、辉钼矿、方铅矿
二道河		高山河组石英砂岩与砂质绢云板岩	由碳酸岩脉组成，走向 NE，受 NW 与 NE 向断裂交汇部位控制	方解石、石英、钾长石、重晶石、萤石、黄铁矿、辉钼矿和方铅矿

5.1.3.2　矿石成分和组构

辉钼矿产出方式包括：①呈薄膜状沿脉壁产出（图 5.2E）；②呈细小条带状产于方解石中或呈浸染状或星点状分布在围岩中；③以稀疏或稠密浸染状分布于方解石或石英中（图 5.2F、图 5.7E～F）。黄铁矿是本矿床中含量最多的硫化物，呈自形晶、半自形晶或团块状产出，与辉钼矿、方铅矿共生（图 5.2B、C、F，图 5.7A）。方铅矿在矿脉中常呈块状集合体产出，粒度不一，可与辉钼矿、黄铁矿共生(图 5.2D，图 5.7B)。闪锌矿含量较少，常呈他形粒状（图 5.7A）。这些硫化物常以黄铁矿+闪锌矿±少量方铅矿（图 5.7A）或方铅矿+辉钼矿±含稀土矿物组合出现（图 5.2D，图 5.7B）。

方解石是脉体最主要的组成矿物，含量 50%～90%。绝大多数方解石呈淡粉色（图 5.2B、C），极少数表现为灰白色。石英多呈他形粒状集合体与方解石共生，或被方解石和硫化物交代形成残余结构，脉体中含量 30%～60%。重晶石呈白色、浅绿色或微黄色，板状晶体，油脂光泽（图 5.2D），风化后呈白色蜂窝状，含量可达 5%。长石为自形的碱性长石，呈淡粉红色，玻璃光泽，含量可达 5%。此外，矿脉中还含有微量的稀土矿物，包括氟碳铈矿和氟碳钙铈矿、独居石等。稀土矿物嵌于方解石中并常与辉钼矿和方铅矿密切共生（图 5.7D、E）；独居石常呈孤立状与辉钼矿共同嵌于方解石中（图 5.7F）。

常见矿物结构包括半自形-他形粒状结构（图 5.7 中闪锌矿、黄铁矿、重晶石等呈他形粒状，独居石呈半自形粒状）、叶片状结构（图 5.7B 中辉钼矿呈叶片状）、放射状结构（图 5.7F 中辉钼矿呈放射状产出）、压碎结构（黄铁矿发生碎裂）、交代结构等。常见构造为脉状（图 5.2A、B 中碳酸岩呈脉状产出）、网脉状（图 5.2C 中碳酸岩呈细小网脉状产出）、浸染状（图 5.2F 中辉钼矿呈浸染状产出）、角砾状等。

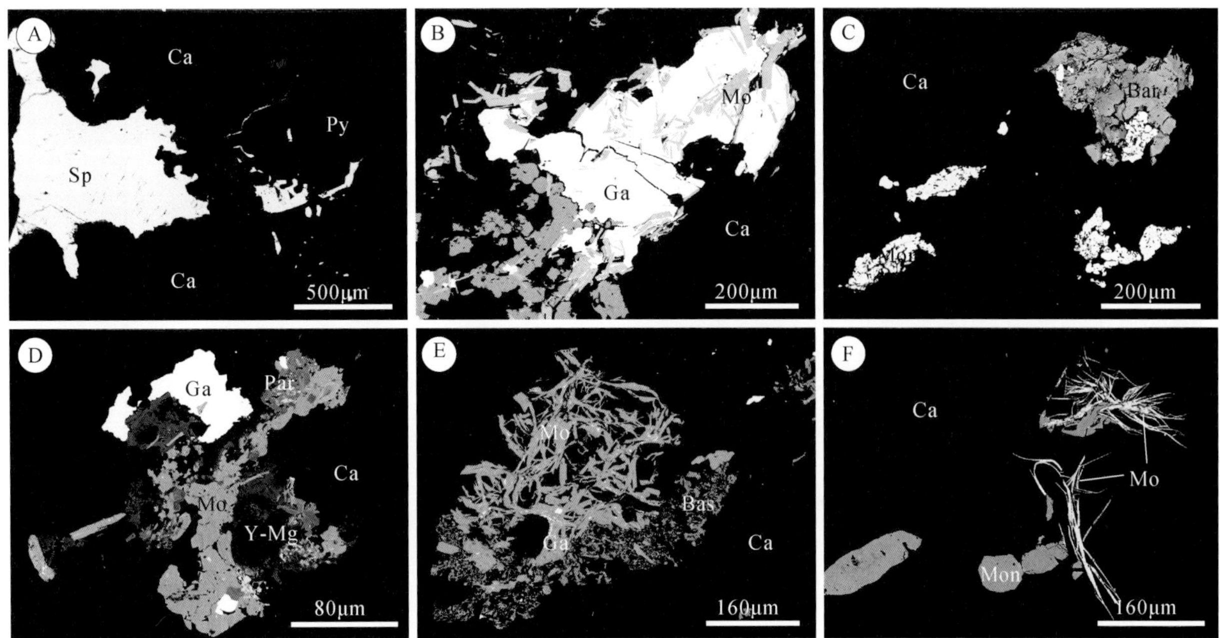

图 5.7　黄龙铺矿区矿石背散射图片（Xu et al., 2010a）

图中缩写：Bar. 重晶石；Bas. 氟碳铈矿；Ca. 方解石；Ga. 方铅矿；Mo. 辉钼矿；Mon. 独居石；Py. 黄铁矿；Sp. 闪锌矿；Par. 氟碳钙铈矿；Y-Mg. 未知硅酸盐

5.1.3.3　围岩蚀变和分带

黄龙铺矿区碳酸岩脉型钼矿化热液蚀变局限于矿脉两侧（图 5.2B、C），以线性蚀变特征显著区别于斑岩型钼矿床常见的面型蚀变（李诺等，2007）。主要蚀变类型包括黑云母化、绿帘石化、黄铁矿化、碳酸盐化、硬石膏化和沸石化。其中以碳酸盐化最为普遍，其发育程度多与脉体规模和围岩的破碎程度有关，且往往伴有星点状辉钼矿的生成。而硬石膏化和沸石化相对很弱，主要组成为硬石膏和沸石的细脉或细网脉产于矿体下盘的变细碧岩裂隙内（黄典豪等，1985a）。

5.1.3.4　成矿过程和阶段划分

根据矿石成分、矿物组合、矿石组构，黄典豪等（1985a）将成矿过程划分为：硅酸盐-硫化物矿化期（包括氧化物阶段和石英-硫化物阶段）、碳酸盐-硫化物主矿化期（包括硫酸盐-硫化物阶段和碳酸盐-硫化物阶段）、成矿作用晚期（硫酸盐-硫化物-沸石阶段）以及表生期。相应矿物生成顺序如图 5.8 所示。

5.1.3.5　矿物地球化学

矿物成分分析样品来自黄龙铺矿田各矿床（点）。测试工作在捷克 Masaryk 大学和捷克地质调查院地球科学研究所的电子显微测量实验室进行，所用仪器为 Cameca SX 100 电子探针。仪器工作状态电子束为 10nA，加速电压为 15kV，电子束光斑为 5～10μm。

不同矿物的电子探针分析结果见表 5.7A。方解石是黄龙铺钼矿唯一的碳酸盐矿物，具有较高的 SrO（0.6%～1.3%）和 MnO（2.0%～2.5%）含量，而 MgO（0.2%～0.5%）和 FeO（0.3%～0.4%）含量较低。该区长石主要为正长石，化学式为 $Or_{81-97}Ab_{2-18}An_{0-0.1}$；长石中 SrO（0～0.05%）和 BaO（0～0.6%）含量较大多数的碳酸岩中原生长石偏低（分别达 0.5% 和 1.4%；Chakhmouradian et al., 2008）。重晶石化学成分显示其属重晶石-天青石固溶体系列，SrO 含量为 0.5%～29%，其 CaO（0.1%～1.3%）、Na_2O（0.08%～0.12%）和 Al_2O_3（0.2%～0.4%）含量较低。

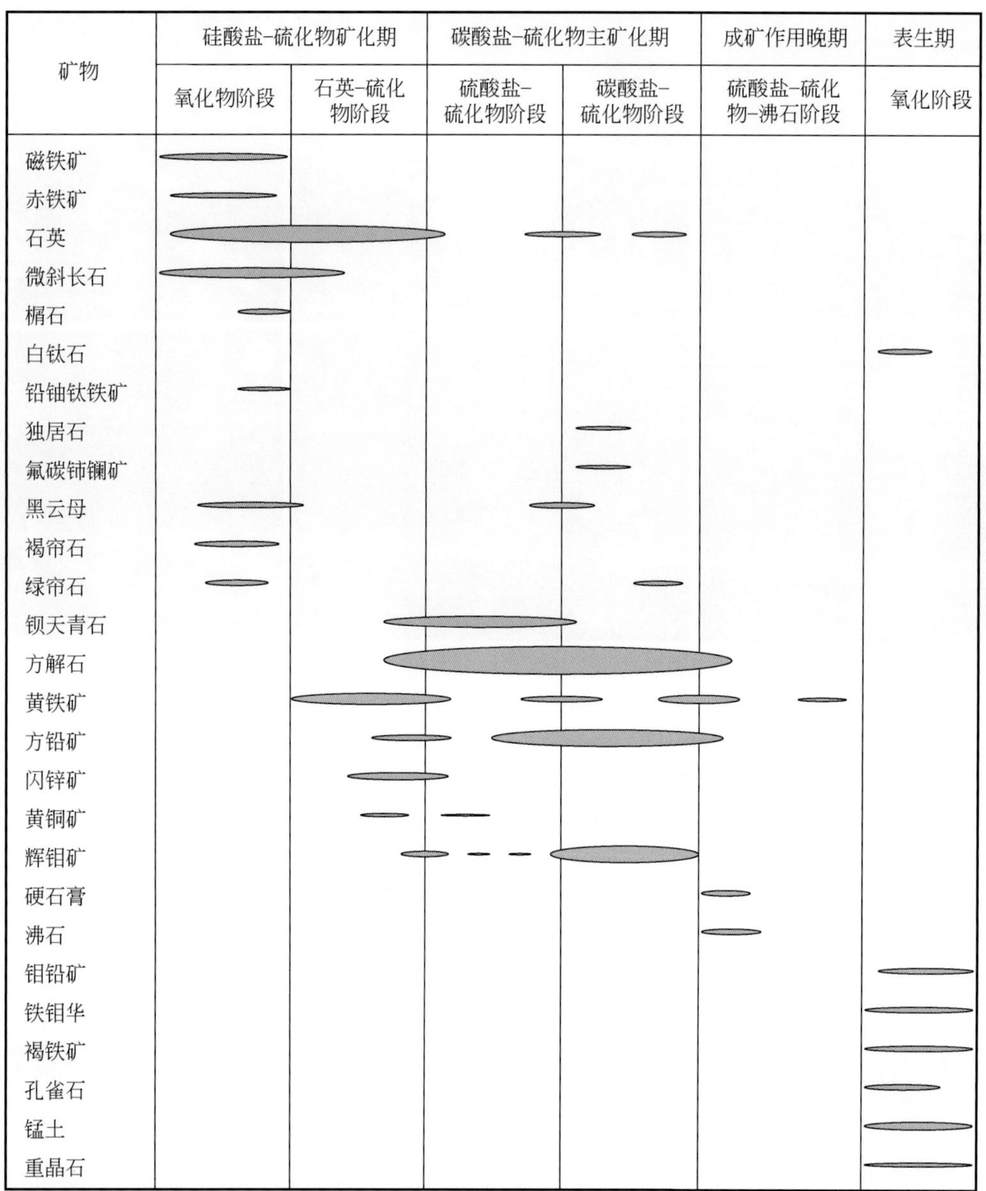

图 5.8 黄龙铺钼矿矿物生成顺序（引自黄典豪等，1985a）

黄龙铺钼矿最主要的硫化物是黄铁矿，其次是方铅矿、辉钼矿和闪锌矿。测试结果表明（表 5.7B），硫化物中 Cu、Co、Ni、As、Se、Sb 和 Ag 含量低，大多数低于检测限。特别要注意的是，黄铁矿和闪锌矿中 Re 含量低于检测限，而辉钼矿和方铅矿相对富集 Re（含量分别为 0.07%～0.42% 和 0.15%～0.24%）。这可能是由于 Re^{4+}（5.56）和 Mo^{4+}（5.71）具有相近的电负性，因而 Re 可以类质同象形式替代 Mo 而进入辉钼矿晶格。但 Re 与 Pb 的性质差别较大，因此方铅矿中 Re 可能是以硫化物包体形式存在。此外，方铅矿以含有 Bi（0.35%～0.81%）而区别于其他硫化物，推测是由于 Pb^{2+} 与 Bi^{3+} 晶体化学性质极为相近，发生类质同象替换所致（刘英俊和曹励明，1993）。

氟碳铈矿和氟碳钙铈矿均含有少量的 SiO_2 和 SrO（表 5.7C）。与稀土氟碳酸盐矿物相比，独居石中的 ThO_2（高达 1.2%）和 SiO_2（高达 0.65%）相对较高，而 Sm_2O_3（低至 7.64%）和 Nd_2O_3（低至 0.82%）含量偏低。在稀土元素的球粒陨石标准化配分图解中（图 5.9），氟碳钙铈矿、氟碳铈矿和独居石均表现为右倾的稀土配分形式，且 $(La/Nd)_N$ 值逐渐增大（平均值由 2.2 到 3.1 和 4.5）。

表 5.7A　碳酸岩脉中单矿物化学成分分析结果（Xu et al.，2010a）　（单位:%）

矿物	样品号	SiO_2	Al_2O_3	TiO_2	FeO	MgO	CaO	MnO	Na_2O	K_2O	SrO	BaO	PbO	$^*CO_2$	SO_3	总计
长石	HLP-3	65.13	18.24		0.09		—		0.27	15.98	—	0.19	—			99.90
	HLP-3	64.01	18.39		0.10		—		0.26	16.21	—	0.56	—			99.54
	HLP-6	65.29	18.29		—		—		0.32	16.19	—	—	—			100.13
	HLP-6	64.83	18.06		—		—		0.17	16.49	0.05	—	—			99.60
方解石	HLP-1				0.28	0.31	52.86	2.02			0.73			43.52		99.72
	HLP-1				0.32	0.26	52.96	2.19			0.67			43.74		100.14
	HLP-2				0.33	0.49	51.74	2.30			0.98			43.18		99.02
	HLP-2				0.25	0.44	51.54	2.35			1.03			42.98		98.59
	HLP-4				0.38	0.34	53.08	2.53			1.27			44.37		101.97
	HLP-4				0.26	0.24	52.76	2.25			0.63			43.49		99.63
	HLP-4				0.36	0.38	53.29	2.48			1.28			44.54		102.33
重晶石	HLP-7		0.19	—	—		1.21		0.08	0.06	28.12	32.06	—		39.09	100.81
	HLP-7		0.20	—	—		1.18		0.08	0.06	28.79	31.05	—		39.63	101.00
	HLP-7		0.17	—	—		1.03		0.11	0.10	27.77	33.21	—		39.00	101.43
	HLP-11		0.42	—	—		0.09		0.12	—	1.29	64.46	—		33.62	100.02
	HLP-11		0.30	0.07	—		0.34		0.10	—	12.65	50.50	—		35.58	99.57
	HLP-12		0.33	—	—		0.07		0.12	—	0.48	63.21	—		33.59	97.82
	HLP-12		0.21	—	—		1.26		0.10	—	26.75	33.45	—		38.41	100.26

注：$^*CO_2$含量由计算获得，“—”指含量接近或低于检测线，空白表示未测试。下同。

表 5.7B　硫化物化学成分分析结果（Xu et al.，2010a）　（单位:%）

矿物	样品号	Pb	Zn	Fe	Cu	Mo	Re	Co	Bi	As	Se	Sb	Ag	S	总计
黄铁矿	HLP-2	0.05	—	46.77	—	—	—	—	—	—	—	—	—	52.14	99.01
	HLP-2	0.10	—	46.65	—	—	—	—	—	—	—	—	0.07	52.05	98.90
	HLP-4	0.07	—	46.33	—	—	—	—	—	—	0.06	—	0.05	51.08	97.65
	HLP-4	0.09	—	46.44	—	—	—	—	—	—	—	—	—	50.89	97.44
方铅矿	HLP-2	85.72	—	—	—	—	0.20	—	0.56	0.05	—	—	—	13.71	100.28
	HLP-2	85.12	—	—	—	—	0.21	—	0.74	—	—	—	0.10	13.79	100.03
	HLP-5	85.72	—	—	—	—	0.15	—	0.63	0.06	—	—	0.09	13.68	100.40
	HLP-5	85.13	—	—	—	—	0.24	—	0.81	0.05	—	—	0.12	13.66	100.00
	HLP-8	85.55	—	—	—	—	0.23	—	0.63	0.06	—	—	—	13.65	100.16
	HLP-8	87.11	0.06	—	—	—	0.22	—	0.35	—	—	—	—	13.39	101.22
闪锌矿	HLP-5	0.11	66.1	0.44	0.05	1.21	—	0.08	—	—	—	—	—	31.10	99.20
	HLP-7	0.24	65.7	0.42	0.06	1.18	—	—	—	—	—	—	0.09	31.00	98.80
	HLP-7	0.08	65.8	0.51	0.09	1.30	—	0.06	—	—	—	—	—	30.50	98.40
辉钼矿	HLP-1	—	—	—	—	60.24	0.42	—	—	—	—	—	0.11	39.41	100.25
	HLP-1	—	—	0.10	—	60.68	0.29	—	—	—	—	—	0.06	39.20	100.37
	HLP-1	—	—	—	—	60.47	0.32	—	—	—	—	0.08	—	39.39	100.33
	HLP-2	—	—	0.08	—	60.53	0.36	—	—	—	—	—	—	39.56	100.54
	HLP-2	—	—	—	—	60.37	0.38	—	—	—	—	—	—	39.52	100.37
	HLP-4	—	—	0.43	—	60.38	0.07	—	—	—	—	—	0.09	39.30	100.30
	HLP-4	—	—	0.08	—	60.71	0.22	—	—	—	0.07	—	—	39.58	100.69
	HLP-4	0.70	—	0.26	—	59.67	0.27	—	—	—	0.05	—	0.05	38.91	100.04

表 5.7C　稀土矿物化学成分分析结果（Xu et al., 2010a）　　（单位:%）

样品	氟碳钙铈矿									氟碳铈矿								独居石					
	HLP-7			HLP-8			HLP-10			HLP-2			HLP-8		HLP-10			HLP-7		HLP-9		HLP-10	
CaO	11.06	10.91	10.87	10.46	10.21	10.72	10.15	9.89	10.24	0.18	0.31	0.25	0.28	0.26	0.42	0.26	0.12	0.20	0.09	0.19	0.25	0.65	0.37
P_2O_5	—	—	—	—	—	—	—	—	—	—	—	—	—	—	—	—	—	29.11	28.95	29.32	29.19	29.95	29.60
SrO	0.12	0.11	0.16	0.45	0.12	0.14	0.13	—	0.68	—	—	—	—	—	—	—	—	—	0.07	0.15	0.10	—	—
SiO_2	0.08	0.12	0.13	0.24	0.15	—	0.18	0.34	0.18	0.09	0.13	0.10	0.12	0.18	0.19	0.15	0.06	0.46	0.50	0.42	0.47	0.65	0.61
SO_3	—	—	—	—	—	—	—	—	—	—	—	—	—	—	—	—	—	—	0.15	0.24	0.18	0.44	0.79
ThO_2	—	—	0.06	0.14	0.09	—	0.13	0.05	—	0.15	0.09	0.12	0.05	0.11	0.13	0.07	—	1.14	0.95	1.18	0.89	0.78	0.05
Y_2O_3	1.19	0.80	1.39	1.79	1.46	0.75	1.25	1.22	0.33	0.44	0.36	0.29	0.38	0.40	0.33	0.27	0.32	0.57	0.36	0.48	0.39	0.06	0.07
La_2O_3	14.92	14.67	10.04	11.89	11.33	13.02	15.05	14.66	14.07	16.73	21.24	19.98	20.83	20.55	20.39	20.32	20.83	18.72	19.67	20.74	19.83	19.99	22.70
Ce_2O_3	24.83	25.04	26.16	25.47	26.37	25.64	26.27	26.28	25.11	38.45	36.18	35.87	35.56	35.39	35.11	35.29	35.72	33.03	33.28	33.06	32.72	34.45	33.35
Pr_2O_3	3.01	3.42	3.53	3.59	3.64	3.46	3.41	3.53	3.30	3.91	3.35	3.63	3.49	3.56	3.72	3.53	3.44	3.04	2.95	2.75	3.35	2.82	2.44
Nd_2O_3	10.61	11.25	12.59	11.26	11.92	12.33	11.09	11.32	12.61	13.46	11.70	12.58	11.97	12.36	12.17	12.24	12.75	9.70	9.02	8.13	9.86	8.34	7.64
Sm_2O_3	2.09	2.05	2.65	2.49	2.30	1.82	1.65	1.68	1.70	1.62	1.45	1.53	1.49	1.33	1.58	1.16	1.74	1.28	1.18	0.91	1.27	0.80	0.82
Gd_2O_3	1.39	0.70	1.83	1.28	1.37	1.06	0.76	0.78	0.72	0.43	0.46	0.45	0.42	0.38	0.54	0.35	0.58	0.58	0.43	0.32	0.48	0.07	0.22
Dy_2O_3	0.42	0.30	0.67	0.58	0.48	0.31	0.37	0.32	0.23	0.17	0.11	0.14	0.09	0.13	0.11	0.18	0.21	0.21	0.14	0.13	0.17	—	—
F	5.93	6.81	5.30	6.70	5.54	5.48	5.73	5.71	6.67	7.93	7.81	6.87	6.52	6.46	7.52	7.78	7.76	0.67	0.66	0.72	0.69	0.69	0.70
* CO_2	2.20	1.75	2.50	1.81	2.29	2.34	2.27	2.23	1.74	0.41	0.47	0.88	1.05	1.07	0.59	0.39	0.49	—	—	—	—	—	—
* H_2O	24.48	24.30	24.49	24.34	24.02	24.12	24.36	24.11	23.96	20.37	20.40	20.23	20.26	20.21	20.29	19.94	20.37	—	—	—	—	—	—
F=O	−2.50	−2.87	−2.23	−2.82	−2.33	−2.31	−2.41	−2.4	−2.81	−3.34	−3.29	−2.89	−2.75	−2.72	−3.17	−3.28	−3.27	−0.28	−0.28	−0.30	−0.29	−0.29	−0.29
总计	99.83	99.36	100.14	99.67	98.96	98.88	100.39	99.72	98.73	100.99	100.82	100.03	99.76	99.68	99.92	98.66	101.12	98.43	98.12	98.44	99.55	99.40	99.07

注：* CO_2 和 * H_2O 根据电价平衡计算获得。

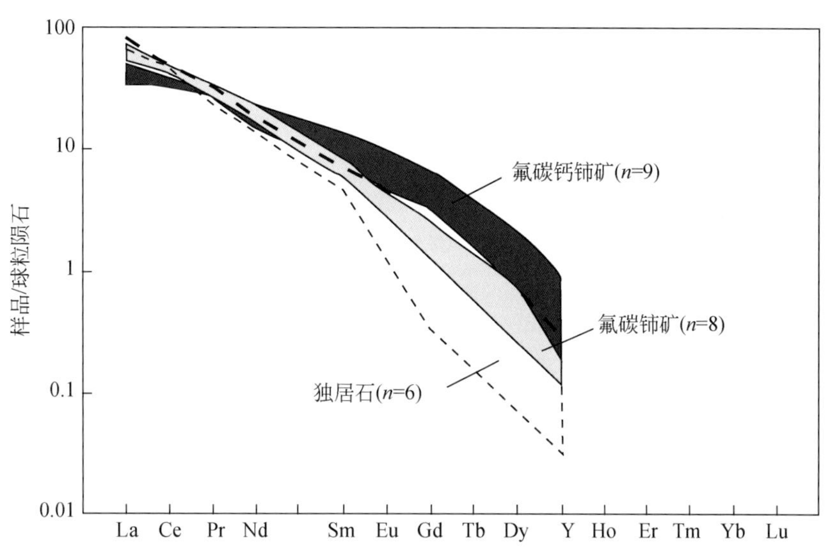

图5.9 黄龙铺钼矿氟碳铈矿、氟碳钙铈矿、独居石的稀土元素配分图解（Xu et al., 2010a）

5.1.4 流体包裹体地球化学

5.1.4.1 样品和测试

用于流体包裹体研究的样品来自黄龙铺矿田各矿床（点），主要是含钼（铅）方解石-石英脉中的石英和方解石。

流体包裹体显微测温使用中国科学院地球化学研究所矿床地球化学国家重点实验室流体包裹体室的LINKAM THMSG600型冷热台完成。该冷热台测温范围为-196～+600℃。采用美国FLUID INC公司提供的人工合成流体包裹体样品对冷热台进行了温度标定。仪器在-180～-120℃温度区间精度为±3℃，-120～-60℃区间精度为±0.5～±2℃，-60～+100℃区间精度为±0.2℃，+100～+600℃区间精度为±2℃。在CO_2笼合物熔化温度（$T_{m,clath}$）和CO_2部分均一温度（T_{h,CO_2}）测定时，升温速率由开始时的10℃/min逐渐降低为5℃/min和2℃/min，临近相变点时降到0.2℃/min；在完全均一温度（$T_{h,TOT}$）测定时，开始时的升温速率为20℃/min，临近相变时降到1℃/min，以准确记录其相转变温度。冰点温度与盐度的换算据Bodnar（1993），笼合物熔化温度与盐度的换算据Collins（1979）。

包裹体成分分析使用了中国科学院地质与地球物理研究所的法国Jobin Yevon公司生产的LabRAM HR可见显微共焦拉曼光谱仪。该仪器使用Ar^+离子激光器，波长532nm，输出功率为44mV，所测光谱的计数时间为3s，每1cm^{-1}（波数）计数一次，100～4000cm^{-1}全波段一次取峰，激光束斑大小约为1μm，光谱分辨率0.65cm^{-1}。测试之前使用单晶硅片对拉曼光谱进行校正。

5.1.4.2 流体包裹体岩相学特征

根据流体包裹体成分及其在常温及加热/冷冻过程中的相变行为，可将黄龙铺钼矿的包裹体分为三种类型：水溶液包裹体、含CO_2包裹体和含子矿物多相包裹体。

水溶液包裹体：分布最为广泛，以负晶形、椭圆形、圆形、棱形或不规则状为主，大小不等，多数5～20μm。包裹体中气体所占比例较小，一般5%～15%（图5.10A）；加热过程中全部均一到液相。该类包裹体多呈孤立状或成群产出，包裹体排列具定向性或杂乱无章，以椭圆及不规则形状为主。

含CO_2包裹体：以棱形、负晶形、圆形、椭圆形为主，大小5～25μm，室温下表现为两相或三相（L_{H_2O}±V_{CO_2}±L_{CO_2}）（图5.10B），其中CO_2相所占比例一般30%～60%。该类包裹体多呈孤立状或成群分布在石英中。

含子矿物多相包裹体：以发育子矿物为标志性特征，其气相成分可以为 H_2O（图 5.10F）或 CO_2（图 5.10C、D、E）。激光拉曼显微探针分析（见后）显示，常见子矿物相成分包括芒硝（图 5.10E）、硬石膏（图 5.10D、F）、钙芒硝、钾芒硝（图 5.10E）、天青石（图 5.10C）和方解石（图 5.10D）。此外，黄典豪等（1985a）曾报道过石盐、钾盐子矿物的存在。上述含子矿物包裹体多以圆形、负晶形呈孤立状或成群产出，大小一般 7～30μm。

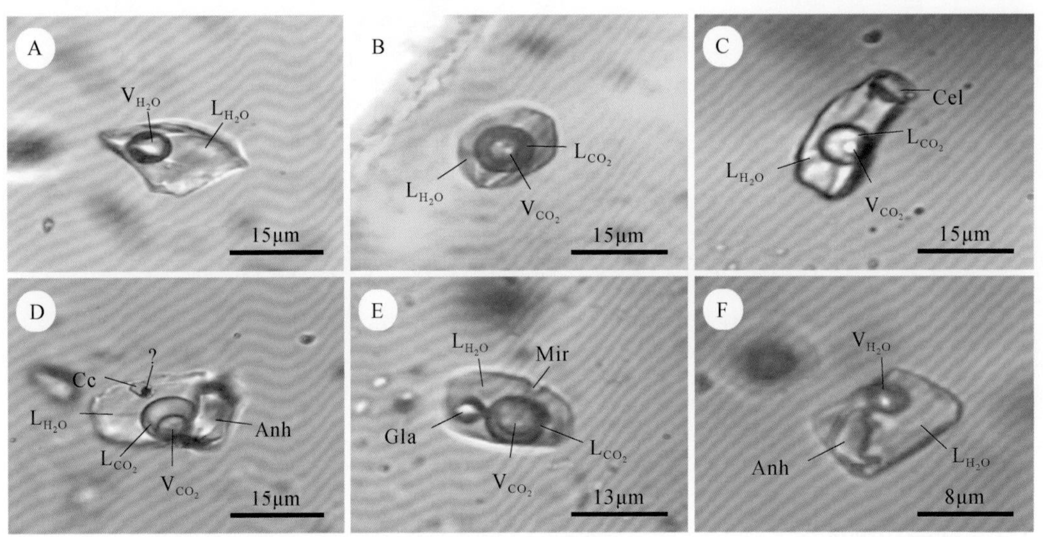

图 5.10 黄龙铺钼矿流体包裹体岩相学特征（Song et al.，2016）

A. 水溶液包裹体；B. 含 CO_2 包裹体；C. 含子矿物多相包裹体，气相成分为 CO_2，子矿物相为天青石；D. 含子矿物多相包裹体，气相成分为 CO_2，子矿物相包括方解石、硬石膏和未知不透明子矿物；E. 含子矿物多相包裹体，气相成分为 CO_2，子矿物相为芒硝和钾芒硝；F. 含子矿物多相包裹体，气相为 H_2O，子矿物相为硬石膏。图中缩写：V_{H_2O}. 气相 H_2O；L_{H_2O}. 液相 H_2O；V_{CO_2}. 气相 CO_2；L_{CO_2}. 液相 CO_2；Anh. 硬石膏；Cc. 方解石；Cel. 天青石；Gla. 钾芒硝；Mir. 芒硝

5.1.4.3 显微测温结果

本书重点对水溶液包裹体和含 CO_2 包裹体进行了显微测温分析。

水溶液包裹体：冷热台测试获得此类包裹体的冰点温度为-20.1～-8.4℃，盐度区间介于 12%～22% NaCl eqv.，均一温度为 208～425℃。

含 CO_2 包裹体：冷冻后回温过程中测得固体 CO_2 的熔化温度（T_{m,CO_2}）接近或略低于 CO_2 的三相点温度（-56.6℃），表明包裹体内含碳相近于纯 CO_2。获得 CO_2 笼合物熔化温度为 5.7～8.9℃，对应流体相盐度为 2.2%～7.9% NaCl eqv.；CO_2 相部分均一温度为 13.2～30.4℃，均一至液相；继续加热，包裹体均一至液相，其完全均一温度为 227～338℃，集中于 240～320℃（图 5.11）。另有部分包裹体在完全均一前发生爆裂，此时温度>249℃。

此外，黄典豪等（1985a）亦对黄龙铺钼矿的流体包裹体开展了研究，将包裹体划分为：气体包裹体（气体体积分数>50%）、气液包裹体（气体体积分数 30%～50%）、液体包裹体（气体体积分数<30%）、含 CO_2 包裹体和含子矿物（石盐、钾盐、方解石）多相包裹体，获得各类包裹体均一温度为：气体包裹体 300～480℃，气液包裹体 220～400℃，液体包裹体 200～360℃，含 CO_2 包裹体 200～320℃；获得液体包裹体和含 CO_2 包裹体的盐度分别为 8.5%～15.7% NaCl eqv. 和 6.0%～7.4% NaCl eqv.，据石盐子矿物所占包裹体体积估算含石盐子矿物多相包裹体的盐度为 40%～60% NaCl eqv.。这一研究结果与本书所获结果基本一致，区别之处在于黄典豪等（1985a）将水溶液包裹体细分为气体包裹体、气液包裹体、液体包裹体。

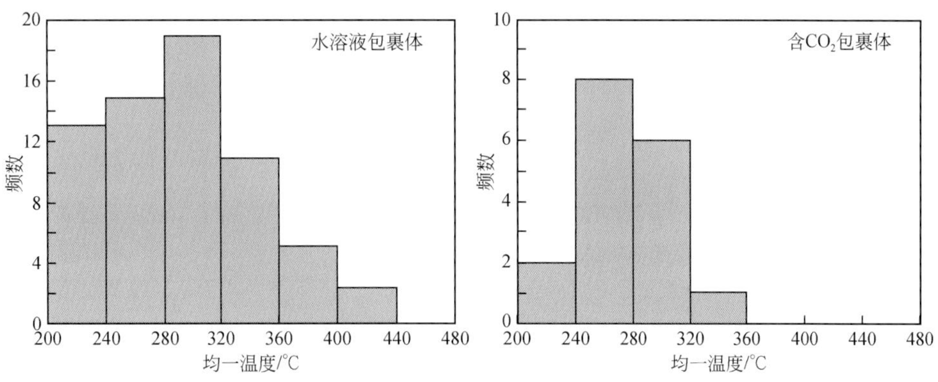

图 5.11 黄龙铺钼矿床水溶液包裹体和含 CO_2 包裹体均一温度直方图（宋文磊，2014）

5.1.4.4 包裹体成分分析

单个包裹体的激光拉曼光谱分析表明，常见子矿物相成分包括芒硝、硬石膏、钙芒硝、钾芒硝、天青石和方解石，水溶液包裹体液相成分中常含 SO_4^{2-}，含 CO_2 包裹体中则常见 HCO_3^-（图 5.12）。

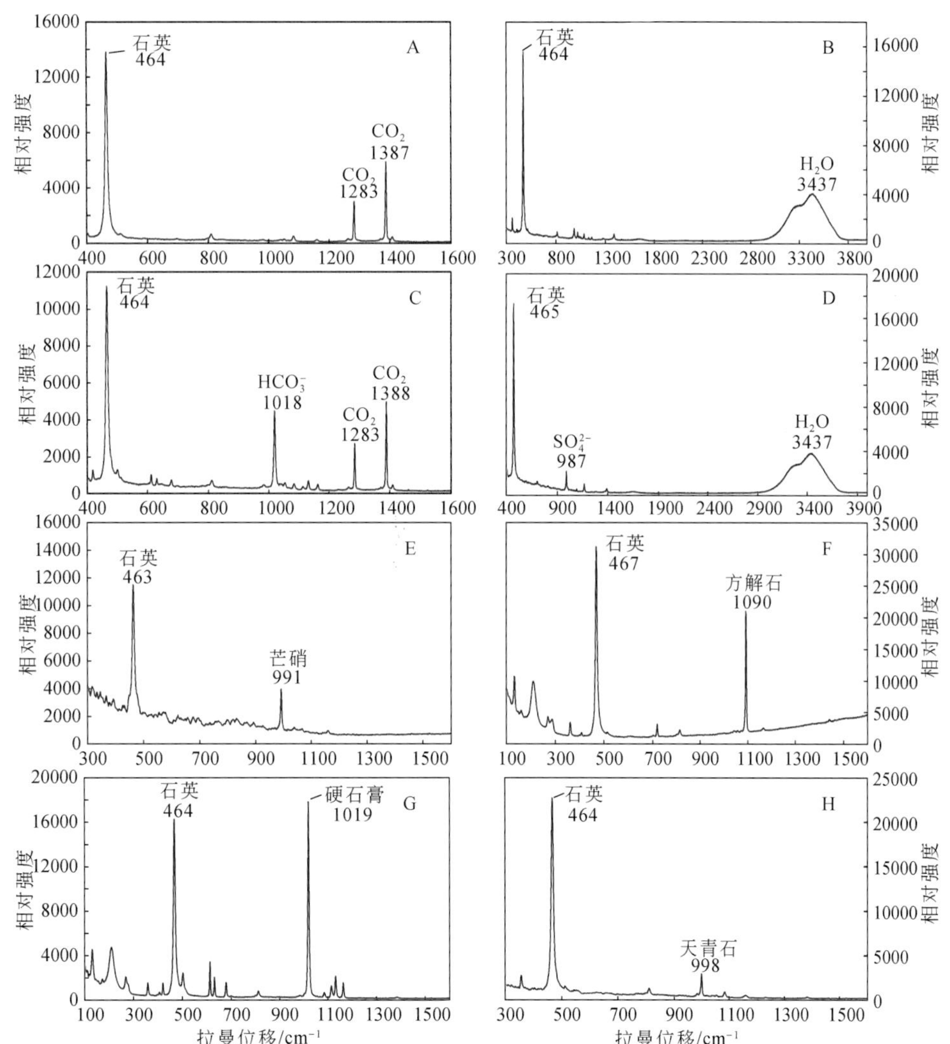

图 5.12 黄龙铺钼矿床流体包裹体激光拉曼图谱（Song et al.，2016）

A. 含 CO_2 包裹体的气相成分为 CO_2；B. 水溶液包裹体的气相成分为 H_2O；C. 含 CO_2 包裹体液相成分中的 CO_2 和 HCO_3^-；D. 水溶液包裹体液相成分中的 SO_4^{2-}；E. 含子矿物包裹体，子矿物相为芒硝；F. 含子矿物包裹体，子矿物相为方解石；G. 含子矿物包裹体，子矿物相为硬石膏；H. 含子矿物包裹体，子矿物相为天青石。除上述特征峰外，各包裹体均可见寄主矿物石英的标准谱峰黄典豪等（1985a）采用热爆法对黄龙铺钼矿 4 件石英样品进行了群体包裹体液相成分分析，结果列于表 5.8。黄龙铺成矿流体中液相成矿流体中阳离子以 Na^+、K^+、Ca^{2+}为主，含少量 Li^+、Mg^{2+}、NH_4^+，阴离子以 SO_4^{2-}为主，Cl^-次之，并含少量 F^-。这一结果亦与拉曼光谱分析吻合，显示了成矿流体富 K^+、Na^+ 和 SO_4^{2-}的特征。这亦与典型碳酸岩相关矿床的成矿流体的特征相一致，如攀西牦牛坪（Xie et al.，2009）和山东微山（蓝廷广等，2011）矿床等。

表 5.8　黄龙铺钼矿群体包裹体液相成分（黄典豪等，1985a）　　　（单位：μg/10g）

样品号	Li^+	Na^+	K^+	Ca^{2+}	Mg^{2+}	NH_4^+	F^-	Cl^-	SO_4^{2-}
HD80-13	1.12	45.33	12.27	8.37	0.43	4.27	0.16	15.47	152.53
HD80-19	1.80	54.00	12.60	2.16	0.18	30.60	0.18	3.60	268.20
HD80-21	0.36	22.80	4.20	4.32	0.18	3.00	0.12	3.00	106.80
HD31-55	0.32	6.93	3.73	0.75	0.16	3.73	0.27	4.27	15.47

5.1.4.5　成矿流体性质

流体包裹体研究表明，黄龙铺碳酸岩脉型钼矿床石英中常见水溶液包裹体、含 CO_2包裹体和含子矿物多相包裹体。显微测温分析发现成矿流体温度（147～480℃）、盐度（出现含子矿物多相包裹体，计算盐度可达 60% NaCl eqv.）均较高。群体包裹体成分分析显示流体液相成分以 Na^+、K^+、Ca^{2+}、SO_4^{2-}、Cl^-为主，而较高的 SO_4^{2-}含量指示流体氧逸度较高。这亦与矿脉中出现重晶石、硬石膏等指示氧化条件的矿物相吻合。总之，黄龙铺钼成矿流体以高温、高盐度、高氧逸度、富 CO_2为特征，属 H_2O-CO_2-NaCl 体系。上述特征指示黄龙铺成矿流体具岩浆热液属性（陈衍景等，2007），符合大陆内部浆控高温热液矿床成矿流体特征（陈衍景和李诺，2009）。

5.1.5　矿床同位素地球化学

5.1.5.1　硫同位素

据黄典豪等（1984b），黄龙铺钼矿床硫化物和硫酸盐矿物的 $\delta^{34}S$ 值变化范围较宽，为-14.7‰～+7.9‰（表 5.9，图 5.13）。其中硫化物的 $\delta^{34}S$ 值均为负值：黄铁矿的 $\delta^{34}S$ 为-7.6‰～-6.2‰，均值为-6.75‰；闪锌矿的 $\delta^{34}S$ 为-13.3‰～-8.3‰，均值为-10.8‰；辉钼矿的 $\delta^{34}S$ 为-9.2‰～-5.6‰，均值为-7.13‰；方铅矿的 $\delta^{34}S$ 为-14.7‰～-4.0‰，均值为-10.41‰。硫酸盐矿物的 $\delta^{34}S$ 值全部为正值：钡天青石的 $\delta^{34}S$ 为+4.7‰～+6.6‰，均值为 5.32‰；硬石膏的 $\delta^{34}S$ 为+6.8‰～+7.9‰，均值为 7.35‰。上述含硫矿物的同位素组成变化特征反映了成矿过程中硫同位素在不同矿物间的分配以及氧化-还原条件的变化。黄典豪等（1984b）认为共生的钡天青石与方铅矿间硫同位素达到了平衡，并利用 Pinckney 和

表 5.9　黄龙铺钼矿矿物硫同位素组成（CDT 标准，黄典豪等，1984b）

矿物	$\delta^{34}S$/‰	矿物	$\delta^{34}S$/‰	矿物	$\delta^{34}S$/‰	矿物	$\delta^{34}S$/‰	矿物	$\delta^{34}S$/‰	矿物	$\delta^{34}S$/‰
黄铁矿	-7.4	黄铁矿	-6.6	辉钼矿	-5.6	方铅矿	-4.0	方铅矿	-8.4	钡天青石	4.7
黄铁矿	-6.8	黄铁矿	-6.2	方铅矿	-14.7	方铅矿	-10.6	钡天青石	4.7	硬石膏	7.9
黄铁矿	-6.8	闪锌矿	-8.3	方铅矿	-11.8	方铅矿	-8.6	钡天青石	6.1	硬石膏	6.8
黄铁矿	-6.4	闪锌矿	-13.3	方铅矿	-12.9	方铅矿	-12.3	钡天青石	4.8		
黄铁矿	-7.6	辉钼矿	-9.2	方铅矿	-9.8	方铅矿	-12.0	钡天青石	6.6		
黄铁矿	-6.2	辉钼矿	-6.6	方铅矿	-9.6	方铅矿	-10.2	钡天青石	5.0		

Rafter（1972）提供的方法估算了黄龙铺含矿流体的初始硫同位素（即 $\delta^{34}S_{\Sigma S}$）为+1‰，接近于 0，表明该矿床的硫为幔源硫。

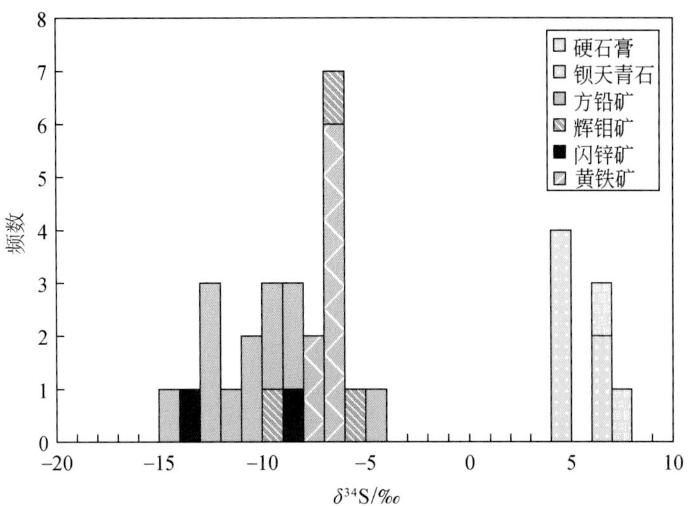

图 5.13　黄龙铺钼矿矿物 $\delta^{34}S$ 直方图（数据见表 5.9）

5.1.5.2　铅同位素

黄典豪等（1984a）对黄龙铺（大石沟）、桃园和垣头钼矿床（点）的方铅矿和钾长石样品进行了铅同位素分析，结果列于表 5.10。黄龙铺方铅矿和钾长石的 $^{206}Pb/^{204}Pb$ 变化于 17.152 ~ 17.467，平均 17.378，$^{207}Pb/^{204}Pb$ 变化于 15.194 ~ 15.427，平均 15.383，$^{208}Pb/^{204}Pb$ 变化于 36.918 ~ 37.708，平均 37.418。桃园 2 件方铅矿样品的 $^{206}Pb/^{204}Pb$ 分别为 17.052 和 17.404，平均为 17.228，$^{207}Pb/^{204}Pb$ 分别为 15.122 和 15.421，平均为 15.272，$^{208}Pb/^{204}Pb$ 分别为 36.548 和 37.538，平均 37.043。垣头 1 件方铅矿样品的 $^{206}Pb/^{204}Pb$、$^{207}Pb/^{204}Pb$ 和 $^{208}Pb/^{204}Pb$ 分别为 17.412、15.393 和 37.569。在 Zartman 和 Doe（1981）的铅构造模式图解中，样品点多数落在地幔演化线附近（图 5.14）。黄典豪等（1984a）依据：①矿石的铅同位素存在一定变化，且线性排列；②样品的 μ 值为 8.7 ~ 9.2，Th/U 值为 3.6 ~ 3.9；认为大石沟矿区的铅主要来自上地幔，但受到区内古老基底铅的混染。

表 5.10　黄龙铺矿区矿石铅同位素组成（黄典豪等，1984a）

矿床（点）	矿物	$^{206}Pb/^{204}Pb$	$^{207}Pb/^{204}Pb$	$^{208}Pb/^{204}Pb$	矿物	$^{206}Pb/^{204}Pb$	$^{207}Pb/^{204}Pb$	$^{208}Pb/^{204}Pb$
黄龙铺	方铅矿	17.391	15.410	37.537	方铅矿	17.400	15.409	37.515
	方铅矿	17.426	15.422	37.487	方铅矿	17.396	15.409	37.400
	方铅矿	17.386	15.382	37.359	方铅矿	17.392	15.401	37.409
	方铅矿	17.428	15.427	37.501	方铅矿	17.342	15.412	37.708
	方铅矿	17.392	15.386	37.369	方铅矿	17.328	15.300	37.180
	方铅矿	17.419	15.417	37.522	方铅矿	17.152	15.194	36.918
	钾长石	17.467	15.404	37.527				
桃园	方铅矿	17.404	15.421	37.538	方铅矿	17.052	15.122	36.548
垣头	方铅矿	17.412	15.393	37.569				

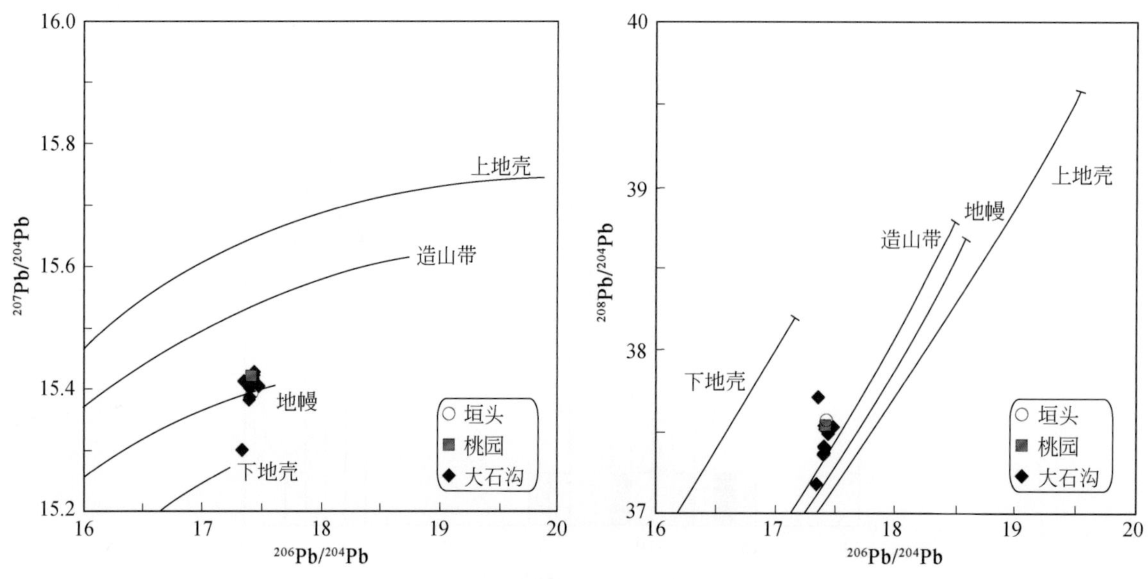

图 5.14　黄龙铺矿区矿石铅同位素组成

数据见表 5.10，底图据 Zartman and Doe，1981

5.1.5.3　成矿物质来源

黄典豪等（1984b）获得黄龙铺矿区硫化物和硫酸盐矿物的 $\delta^{34}S$ 值变化范围较宽，在 -14.7‰ ~ +7.9‰之间，并利用 Pinckney 和 Rafter（1972）提供的方法获得含矿流体的初始硫同位素（即 $\delta^{34}S_{\Sigma S}$）为 +1‰，接近于 0，表明硫为幔源。方铅矿和钾长石的铅同位素存在一定变化，且在 $^{206}Pb/^{204}Pb$-$^{207}Pb/^{204}Pb$ 图解和 $^{206}Pb/^{204}Pb$-$^{208}Pb/^{204}Pb$ 图解中呈线性排列，在 Zartman 和 Doe（1981）的铅构造模式图解中多数落在地幔演化线附近，黄典豪等（1984a）据此认为铅主要来自上地幔，但受到了区内古老基底铅的混染。上述同位素特征均表明成矿物质主要来自幔源，与碳酸岩具有共同的源区。

此外，黄龙铺矿区辉钼矿具有较高的 Re 含量（0.07%~0.42%，Xu et al.，2010a 或 0.02%~0.06%，Stein et al.，1997；黄典豪等，1994）。Mao 等（1999）指出含钼矿体的源区会影响辉钼矿的 Re 含量，从地幔源区（$n\times10^{-4}$）到壳幔混合区（$n\times10^{-5}$）再到地壳（$n\times10^{-6}$），辉钼矿中 Re 的含量逐渐降低。Stein 等（2001）也提出矿床源自地幔底侵或交代以及基性和超基性岩石的熔融作用时，其辉钼矿中 Re 含量远远大于地壳来源的。同时，黄龙铺辉钼矿的 Re/Mo 均值（0.005）和方铅矿的 Re/Pb 均值（0.002）与原始地幔的平均值相近（分别为 0.006 和 0.002，McDonough and Sun，1995），也证明了其幔源特征。

5.1.6　成矿年代学

5.1.6.1　辉钼矿 Re-Os 同位素定年

关于黄龙铺碳酸岩脉型钼矿化的年龄，前人已做过大量工作（表 5.11），获得了较好的结果。黄典豪等（1994）对来自黄龙铺钼矿的 5 件辉钼矿样品进行了 Re-Os 同位素测年，获得辉钼矿中 Re 含量变化于 256×10^{-6} ~ 633×10^{-6}，Re-Os 模式年龄变化于 220±5 ~ 231±7Ma，等时线年龄为 221Ma。Stein 等（1997）对同一件钼精矿样品进行了 7 次重复分析，获得其 Re 含量变化于 278×10^{-6} ~ 289×10^{-6}，模式年龄变化于 221.1±0.9 ~ 222±0.9Ma，加权平均年龄为 221.5±0.3Ma。值得说明的是，目前来自黄龙铺钼矿床的辉钼矿样品已被作为 Re-Os 定年标准物质（GBW04435）广泛应用，其推荐年龄为 221.4±5.6Ma（杜安道等，2007）。上述数据精确限定了黄龙铺地区碳酸岩脉型钼矿化发生于 220Ma 左右，即印支期。

需要注意的是，除碳酸岩脉型钼矿化外，黄龙铺矿区还存在斑岩型钼矿化。而这种斑岩型钼矿化发生于燕山期，而非印支期。例如，黄典豪等（1994）获得石家湾斑岩型钼矿体中辉钼矿的 Re-Os 模式年龄为 138±8Ma，与石家湾花岗斑岩的 LA-ICP-MS 锆石 U-Pb 年龄在误差范围内一致（141.4±0.6Ma，赵海杰等，2010a），但显著区别于碳酸岩脉型钼矿化。

表 5.11 黄龙铺辉钼矿 Re-Os 同位素定年结果

样号	重量/g	$Re/10^{-6}$	$^{187}Re/10^{-6}$	$^{187}Os/10^{-9}$	模式年龄/Ma	资料来源
HD80-1	0.102	283.50±6.9	177.5±4.3	669.5±13.1	230±7	黄典豪等，1994
HD81-96	0.010	256.00±3.5	160.3±2.2	583.9±20.7	222±8	黄典豪等，1994
HD81-101	0.010	438.60±6	274.6±3.7	1024±25	227±7	黄典豪等，1994
HD93-10	0.105	530.60±12.9	332.1±8.1	1261.6±24.8	231±7	黄典豪等，1994
HD93-11	0.113	633.10±5.4	396.3±3.4	1431.1±30.3	220±5	黄典豪等，1994
HLP-5		278.10±0.5		645±2	221.1±0.9	Stein et al.，1997
HLP-5		285.30±0.5		662±2	221.1±0.9	Stein et al.，1997
HLP-5		289.10± 0.5		672±2	221.6±0.9	Stein et al.，1997
HLP-5		281.80±0.5		656±2	221.9±0.9	Stein et al.，1997
HLP-5		284.40±0.5		662±2	222±0.9	Stein et al.，1997
HLP-5		282.70±0.5		657±2	221.5±0.9	Stein et al.，1997
HLP-5		284.50±0.5		661±2	221.5±0.9	Stein et al.，1997
GBW04435		283.8±6.2		659±14	221.4±5.6	杜安道等，2007

5.1.6.2 成矿地球动力学背景

黄龙铺钼矿田位于华北古板块南缘的华熊地块，属东秦岭钼矿带。该区绝大多数钼矿床形成于 100～160Ma，即燕山期（黄典豪等，1994；Mao et al.，2008），但亦有部分矿床，如黄龙铺、黄水庵、大湖、纸房等，给出了 200～250Ma 的印支期矿化年龄（黄典豪等，1994，2009；李诺等，2008；Mao et al.，2008；Li et al.，2011a；邓小华，2011；Deng et al.，2016，2017）。对于上述印支期矿化的地球动力学背景一直以来存在着多种观点，主要有：①扬子与华北大陆碰撞造山过程（胡受奚等，1988；陈衍景和富士谷，1992；Chen et al.，2000，2007）；②碰撞造山晚期地幔蠕动或脱气过程（毛景文等，2003，2005；Mao et al.，2008）和碰撞后的伸展阶段（李永峰等，2005；李厚民等，2008；黄典豪等，2009）；③碰撞前的岩浆弧-弧后转换带或陆陆碰撞的初始阶段（Zhang et al.，2002；李诺等，2007）。

黄龙铺矿区碳酸岩的地球化学特征对秦岭地区三叠纪构造背景提供了很好的约束。上述研究已表明，该碳酸岩源区化学成分明显区别于陆壳物质组成（LREE 富集型）。在晚古生代—三叠纪早期，华北克拉通总体处于构造稳定阶段。三叠纪，勉略洋向北俯冲消减、狭缩，自东而西闭合，直至三叠纪末勉略洋彻底闭合，扬子板块与华北板块全面对接，开始陆陆碰撞造山（李曙光等，1989；Ames et al.，1993；Zhang et al.，2002），而孙卫东等（2000）获得勉略构造带北侧的同碰撞花岗岩的锆石 U-Pb 年龄为 206～220Ma。地球物理、地球化学和地质学研究表明，陆陆碰撞使南秦岭中、下地壳滑脱，俯冲于北秦岭地壳之下（胡受奚等，1988；陈衍景和富士谷，1992；张宏飞等，1996；张国伟等，2001）。路凤香等（2003）研究了北秦岭与华北板块交界的明港地区 178Ma 中基性火山角砾岩群中所含深源捕虏体的岩石地球化学，提出了华北板块的岩石圈自北向南以鳄鱼状插入秦岭造山带，南秦岭下地壳上部及部分中地壳俯冲垫置于北秦岭地壳之下，形成了南侧拆离俯冲、北侧鳄鱼状楔入的造山带边界岩石圈结构（岩石圈规模的陆内俯冲）。因此，华北板块南缘深部受到南秦岭下/中地壳物质的俯冲、置换或混合。然而，三叠纪是秦岭陆内造山作用的开始，还是结束，是制约秦岭造山带构造演化和成岩成矿研究的关键问题之一，也是分歧最严重的问题！

中、下地壳的主要组成通常是麻粒岩或榴辉岩。例如，我国东部下地壳的整体组成为 75% 中性麻粒岩，15%镁铁质麻粒岩和15%变泥质岩（高山等，1999）；包括南秦岭和扬子板块在内的中国东部深部地壳物质的（$La/Yb)_N$值均大于7（Gao et al.，1998）。华北板块南缘的明港深源捕虏体也为LREE富集型，且成分属于南秦岭构造块体（路凤香等，2003）。假如华北与扬子板块之间的陆内碰撞造山作用在220Ma已经结束，华北板块南缘的下地壳或地幔势必受到南秦岭地壳物质俯冲置换的影响，如此性质的地幔源区其低程度部分熔融作用所形成的碳酸岩岩浆将强烈富集LREE、亏损HREE，与攀西地区喜马拉雅期陆内碰撞碳酸岩REE配分模型相似（Xu et al.，2003；Hou et al.，2006）。但是，黄龙铺碳酸岩的富含HREE的地球化学特征不支持这种解释，即220Ma时或其之前，南秦岭中、下地壳物质没有俯冲到华北板块南缘之下，即陆陆碰撞没有结束，甚至没有开始。如此一来，将黄龙铺矿床作为陆内造山晚期或造山后地幔蠕动或脱气过程的一种成矿响应（毛景文等，2003，2005；李永峰等，2005），是缺乏科学依据的。事实上，勉略洋的存在已被广泛的研究证实（张国伟等，2001；张本仁等，2002）。然而，秦岭陆内俯冲碰撞（A型）之前的洋壳俯冲（B型）作用一直被忽视。三叠纪勉略洋壳物质（以LREE亏损的拉斑玄武岩为主）向北俯冲至华北板块南缘的岩石圈地幔，诱发地幔上涌，产生弧后扩张，为碳酸岩岩浆的侵入提供了通道。

除黄龙铺外，整个碳酸岩岩脉延长至华县的华阳川和草滩。华阳川为铀钍矿床，草滩为小型铁矿床。与该区相隔约8km的华阳川碳酸岩脉，也显示了相似的REE组成，即平坦的REE配分模式（$(La/Yb)_N$=1.5~8.6）和异常高的HREE（$Yb=28\times10^{-6}\sim49\times10^{-6}$；Xu et al.，2007）。因此，在220Ma左右，南秦岭地壳尚未俯冲到达华北板块南缘之下，即秦岭地区的碰撞造山作用不但没有结束，甚至还没有开始。与之相似，位于北秦岭商丹缝合带的约213Ma的秦岭梁和沙河湾花岗岩也不可能是一些学者（如卢欣祥等，1996；张宗清等，1999；王晓霞等，2003）主张的造山后产物。事实上，一些学者（如Zhang et al. 2002；倪智勇等，2009；Ni et al.，2012）已经提出了相反的观点，认为晚三叠世时秦岭造山带处于陆内碰撞造山的初期或碰撞前。

三叠纪开始，勉略洋壳向北俯冲至华北板块南缘岩石圈地幔，产生弧后扩张。受洋壳交代的岩石圈地幔经低程度部分熔融形成大量的岩浆。与硅酸盐熔体相比，碳酸岩熔体相对富含挥发分，其固液温度、黏度（$1.5\times10^{-3}\sim5\times10^{-4}$Pa·s）和密度（2.2g/cm^3）均较低（Doboson and Jones，1996），极易流动，能快速渗透地幔橄榄岩，其速率是玄武质岩浆的几倍。部分富CO_2的熔体随着弧后扩张迅速迁移至地表，形成含钼的碳酸岩岩脉。随着由B型俯冲向A型转化，扬子板块的不断碰撞挤压，进入陆内造山阶段。大量幔源岩浆聚集、滞留于地壳内部，同时碰撞挤压作用也导致地壳物质大规模熔融，与滞留的幔源岩浆混合形成岩浆房，并活化萃取地壳内和俯冲的成矿物质，进而富集钼和硫等成矿元素。晚侏罗世陆陆碰撞过程由挤压向伸展期转变，地壳构造体系中出现张性断裂，为地壳内的岩浆房上涌、侵位、成矿提供了通道和空间。地幔起源和地壳熔融混合形成的岩浆房也很好地解释了东秦岭钼矿带浅成斑岩体和深成花岗岩具有相似的锶同位素组成（分别为0.705~0.714和0.705~0.710；Chen et al.，2000），并且上述花岗岩样品具有幔源特征的同位素组成。

5.1.7 讨论与总结

5.1.7.1 钼的来源

通常认为，斑岩矿床中的钼主要来自地壳，一些地壳岩石（特别是黑色页岩）相对于镁铁质岩浆含更多的钼。例如，黄龙铺钼矿田所在的华北板块南缘（$1.5\times10^{-6}\sim15.7\times10^{-6}$）和北秦岭的下地壳（平均$2.04\times10^{-6}$）即具有较高的钼含量（Gao et al.，1998；胡受奚等，1988）。因此，部分学者认为东秦岭斑岩-夕卡岩型钼矿床中钼主要来自深部地壳（黄典豪等，1994；Chen et al.，2000；李诺等，2007），也有人认为来源于地幔与地壳物质的混合（张正伟等，2001；卢欣祥等，2002）或以下地壳为主而混有少量的地幔组分（李永峰等，2005）。

近些年越来越多的研究表明斑岩型钼矿中的钼（很可能还有硫）可以源自形成于地幔的镁铁质岩浆（Pettke et al.，2010）。Pettke 等（2010）通过对流体包裹体的 Pb 同位素研究认为包括 Bingham 在内的斑岩钼矿床其中的钼来自古老的、被交代了的岩石圈地幔。岩石圈地幔大规模的钼异常也使得世界级的 Colorado 钼矿省钼矿化作用可以持续达 1.0Ga 之久（Klemm et al.，2008）。

现有资料表明，黄龙铺矿区缺乏与钼矿化具密切时空联系的花岗质岩浆活动，且辉钼矿与 REE 矿物密切共生，表明钼矿化与碳酸岩脉关系密切。而黄龙铺碳酸岩以极高的 HREE 含量为标志。考虑到方解石 C-O 同位素并未显示后期热液活动信息，认为这种 HREE 富集特征非次生成因。然而，已有的岩浆演化模型不能解释黄龙铺碳酸岩极低的（$(La/Yb)_N$（<3），推测这种 HREE 富集的特征是由特殊的源区所致。辉钼矿高的 Re 含量和与地幔接近的 Re/Mo（Pb）值及 S-Sr-Nd-Pb 同位素组成表明黄龙铺的成矿物质来自 EMⅠ富集地幔。

我们推测，秦岭地区钼的源区包括岩石圈地幔（碳酸岩脉型钼矿）和被地幔派生流体改造的深部地壳（斑岩-夕卡岩钼矿）。这种区域的钼地球化学异常不仅表明了地壳乃至地幔的不均一性，而且也是不同时代和不同类型的钼矿床集中分布在华北板块南缘的首要原因。

5.1.7.2　碳酸岩中钼的沉淀机制

目前对钼沉淀机制的研究多集中于斑岩型矿床，且往往是借鉴斑岩铜矿的研究成果。Landtwing 等（2005）总结了岩浆-热液流体中硫化物的沉淀机制，包括温度和压力的急剧变化、流体的相分离、流体与围岩的相互作用以及岩浆卤水被大气水稀释的作用等。然而，上述研究适用于斑岩型 Cu-Mo 成矿系统，却忽视了 Mo 与 Cu 的地球化学存在明显差异。Rusk 等（2004）发现，斑岩钼矿中石英辉钼矿脉所含流体包裹体中具有极低的 Mo 含量（常低于 LA-ICP-MS 检测限），而 Cu 含量却相对较高。Berzina 等（2005）统计了世界上 75 个斑岩型 Cu-Mo 和 Mo-Cu 矿床，发现斑岩型 Mo 矿床和 Mo-Cu 矿床中辉钼矿中的 Re 明显低于斑岩型 Cu 和 Cu-Mo 矿床。实验研究（Simon et al.，2006）表明，Cu 多与 Cl 和 S 形成络合物，而 Mo 可与 Cl 结合或以 H_2MoO_4形式存在（Ulrich and Mavrogenes，2008）。另外，Mo 和 Cu 具有不同的沉淀机制。Rusk 和 Reed（2002）、Rusk 等（2008）认为压力的骤变是导致辉钼矿沉淀的主要原因，而温度变化对 Cu（以及 Pb、Zn、Ag、As）的沉淀作用影响更大。这与 Landtwing 等（2005）的研究结果一致。

Climax 型钼矿因基本不含 Cu 而被视为斑岩型矿化的一个端元。Klemm 等（2008）认为流体减压所致的相分离导致了 Cu 进入蒸汽相，而 Mo 富集于亏损 Cu（S）的卤水中。Cu 与 Mo 在共存的蒸汽相和卤水相间的分离导致了斑岩矿床常见的空间上 Cu/Mo 值的变化，以及石英-辉钼矿脉被晚阶段贱金属矿化切穿（Seedorff and Einaudi，2004；Audétat et al.，2008；Rusk et al.，2008）。然而，上述的蒸汽相-卤水相的不混溶模型无法解释碳酸岩中辉钼矿的沉淀。对于黄龙铺，矿区内未见 Mo 与 Cu 的分带，且铜的硫化物含量极低甚至可以忽略。而且，该矿床中辉钼矿总与方铅矿和稀土矿物共生（图 5.2、图 5.3）。鉴于黄龙铺矿区碳酸岩中 $CaCO_3$ 含量接近或大于 90%，远超过实验获得的碳酸岩中的 $CaCO_3$含量，且岩脉中方解石具有与全岩相似的 REE 含量和配分形式，认为该岩脉实为碳酸岩浆在演化中派生出来的富方解石堆积体（Xu et al.，2007）。因此，推测在岩浆演化过程中 Mo（可能包括 Pb）与 REE 一起分配至富气相的碳酸盐质流体相（Xu et al.，2010a）。Bühn 和 Rankin（1999）分析了在封闭条件下捕获的碳酸岩流体的地球化学组成，亦发现，相对于岩浆，REE、Cu、Pb、Sr、Ba 和其他 LILE 元素倾向于进入共存的流体相。REE 和 Mo 在流体中的富集作用可能导致了具经济意义的 REE 和 Mo 矿化。

另外，黄龙铺矿区 NE 向、NW 向等断裂构造发育，有助于流体压力在迁移中由静岩压力向静水压力转变，同时石英中富气相包裹体与含子矿物多相包裹体普遍共存，表明了成矿流体存在沸腾现象（黄典豪等，1985a）。因而，由压力降低引起的流体沸腾作用很可能是导致黄龙铺辉钼矿沉淀的主要因素。

5.1.7.3　矿床地质特色和成因

通过对陕西黄龙铺碳酸岩脉型钼矿床的区域地质背景、矿床地质特征、岩石矿物学、矿床地球化学等多方面研究，并结合与斑岩钼矿床的对比分析，可以初步得出以下结论：

（1）黄龙铺碳酸岩脉型钼矿床成矿类型独特，是世界罕见的与碳酸岩岩浆活动相关的大型钼矿床。

（2）矿区内与钼矿化相关的碳酸岩属钙质碳酸岩，其地质地球化学特征与世界典型钙质碳酸岩相似，但 HREE 相对富集，可能源于难熔俯冲大洋板片的低程度部分熔融（图 5.15）。

（3）元素和同位素研究表明，黄龙铺成矿流体和物质均来自地幔，方解石的堆积结晶作用导致钼富集于成矿流体中，流体压力降低引起沸腾作用，导致矿质快速沉淀。

（4）同位素特征表明，黄龙铺碳酸岩脉源于 EMⅠ型富集地幔，形成于三叠纪勉略洋壳俯冲引起的弧后拉张环境背景（图 5.15）。

（5）黄龙铺碳酸岩 HREE 含量异常高，辉钼矿和方铅矿中的 Re 含量高，反映源区元素地球化学异常现象。富钼地球化学背景可能是东秦岭钼矿省发育的重要原因（图 5.15）。

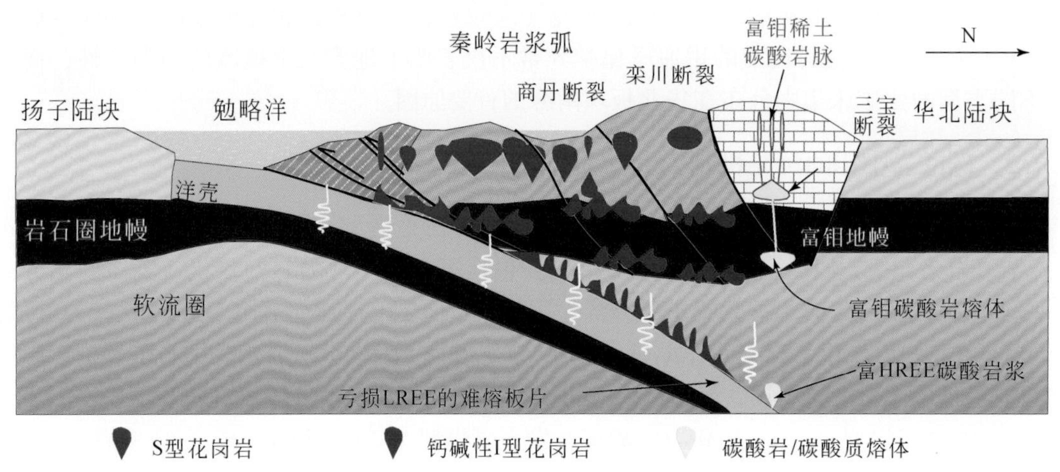

图 5.15　黄龙铺碳酸岩脉型钼矿成矿构造背景和成因模式（Chen and Santosh，2014，修改）

5.2　寨凹石英脉型钼矿床

东秦岭钼矿带钼资源量超过 6Mt，已成为世界最大的钼矿带（Chen et al.，2000；Mao et al.，2011）。其矿床绝大部分聚集于华熊地块，成矿类型以斑岩型、夕卡岩型为主，主要形成于燕山期（胡受奚等，1988；罗铭玖等，1991；Stein et al.，1997；李诺等，2007；Mao et al.，2008；Zhang et al.，2011）。近年来，东秦岭钼矿带新发现了一批有经济价值的脉状钼矿床，如洛宁寨凹（Deng et al.，2013a，2013b）、龙门店（Li et al.，2011b；魏庆国等，2009）、嵩县纸房（邓小华等，2008b；Deng et al.，2014b，2016）、方城土门（邓小华等，2009a；Deng et al.，2013c，2014a，2015）以及灵宝大湖（Li et al.，2011a；Ni et al.，2012）等。年代学研究表明这类脉状矿床形成时代跨度较大，可由古元古代到白垩纪（陈衍景等，2009；Li et al.，2011b；Deng et al.，2013a）。因此，对东秦岭前寒武纪钼矿化成矿机制的研究，有助于理解东秦岭钼金属巨量聚集的原因。

洛宁寨凹钼矿床位于华北克拉通南缘的熊耳地体，矿体以含钼石英脉形式产出于寨凹隐伏岩体周围的放射状裂隙系统中，独具特色。其辉钼矿 Re-Os 等时线年龄为 1.76±0.03Ga，与华熊地块广泛发育的熊耳群火山岩近同时形成，为研究东秦岭钼矿带前中生代钼富集作用提供了线索。因此，我们对该矿床进行了详细的矿床地质、流体包裹体显微测温学、单个包裹体激光拉曼显微探针以及石英 H-O 同位素研究（邓小华等，2008a；Deng et al.，2013a），揭示了成矿流体特征及演化规律，探讨了流体成矿机制及过程；利用硫化物的 S-Sr-Nd-Pb 联合示踪方法，约束了成矿流体和物质来源（Deng et al.，2013b）；通过辉钼矿 Re-Os 同位素方法（邓小华等，2009b）和云母 $^{40}Ar/^{39}Ar$ 同位素方法厘定了寨凹钼矿的形成时代，借此探讨了寨凹矿床及同时期喷发的熊耳群火山岩的成岩成矿地球动力学背景。

5.2.1 成矿地质背景

5.2.1.1 区域地质

寨凹钼矿床产于东秦岭钼矿带，大地构造上隶属华北克拉通南缘的熊耳地体（图5.16）。熊耳地体东西两侧分别为伊川-潭头盆地和洛宁-卢氏断陷盆地，北界沿三宝断裂推覆到嵩箕地块的中元古界—三叠系盖层之上，南界是马超营断裂带。据陈衍景和富士谷（1992），熊耳地体的地质演化经历了3个巨型旋回：①1.85Ga以前的早前寒武纪结晶基底形成；②中元古代到古生代的大陆边缘增生；③华北与扬子板块的陆陆碰撞（早中生代）及碰撞后（晚中生代至今）构造作用。

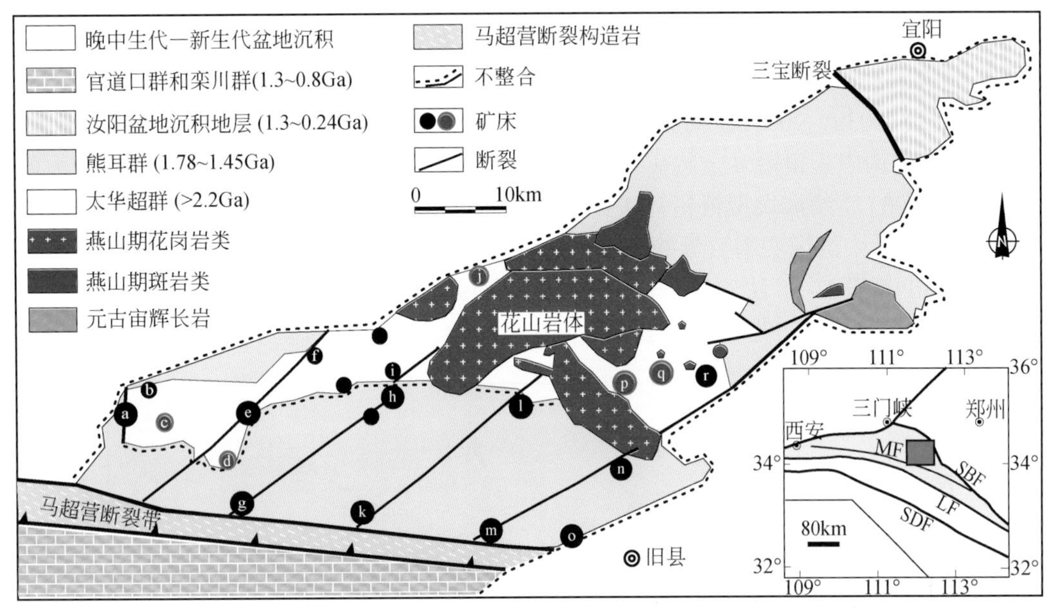

图5.16 熊耳地体地质和矿床分布图（据陈衍景，2006修改）

矿床名称：a. 沙沟银铅锌矿床；b. 嵩坪沟银铅矿；c. 寨凹钼矿；d. 龙门店钼矿；e. 铁炉坪银铅矿；f. 小池沟金矿；g. 唐山金银铅矿；h. 上宫金矿；i. 虎沟金矿；j. 沙坡岭钼矿；k. 红庄金矿；l. 青岗坪金矿；m. 潭头金矿；n. 瑶沟金矿；o. 前河金矿；p. 黄水庵钼矿；q. 雷门沟钼矿；r. 祁雨沟金矿。断裂缩写：SBF. 三宝断裂；MF. 马超营断裂；LF. 栾川断裂；SDF. 商丹断裂

熊耳地体的主要岩石地层单元为变质基底太华超群和盖层熊耳群（图5.16）。太华超群由绿岩带（>2.3Ga）和孔兹岩系（2.3～2.15Ga）组成（Chen and Zhao，1997；Xu et al.，2009），并在Columbia（哥伦比亚）超大陆聚合过程中（1.95～1.82Ga；Zhao et al.，2004，2009；Wan et al.，2006；Santosh et al.，2007a，2007b；Santosh，2010；Zhai and Santosh，2011）变质为角闪岩相至麻粒岩相。熊耳群火山岩不整合于太华超群之上，保存较好，基本未变质，主要由玄武岩、玄武安山岩、安山岩、英安岩和流纹岩组成（He et al.，2009），其比例约为4∶11∶48∶27∶10（贾承造等，1988）；锆石SHRIMP和LA-ICP-MS U-Pb年龄表明，熊耳群火山岩间歇性喷发于1.85～1.45Ga，主要形成于1.78～1.75Ga（Zhao et al.，2009；Cui et al.，2011），是华熊地块乃至整个华北克拉通最下部的盖层。熊耳群火山岩的构造背景存在多种观点：裂谷（孙枢等，1985；Zhao et al.，2002）、地幔柱（Peng et al.，2007，2008）以及安第斯型大陆边缘弧环境（胡受奚等，1988；贾承造等，1988；陈衍景和富士谷，1992；Zhao et al.，2004，2009；He et al.，2009）。中新元古代沉积地层主要由碳酸盐-页岩-硅质岩组成，不整合覆盖于熊耳群火山岩之上（胡受奚等，1988；Chen et al.，2004）。

熊耳地体断裂构造发育，以NE向断裂最醒目，近等距排列（图5.16），总体属于东西向马超营断裂的次级构造。马超营断裂长200km，可追溯到1.4Ga以前（胡受奚等，1988），在扬子与华北板块碰撞期间，马超营断裂带被解释为倾向北的A型俯冲带（陈衍景和富士谷，1992；范宏瑞等，1993；王海华等，2001）或指向南的厚皮推覆构造带（张国伟等，2001）。熊耳地体发育大量燕山期花岗岩类，五丈山、蒿坪、金山庙等大型花岗岩基主要分布在中部，合称花山杂岩；花山杂岩以北发育较多燕山期小型斑岩体和爆破角砾岩筒，并蕴含金、钼等矿床，如雷门沟斑岩钼矿和祁雨沟爆破角砾岩筒型金矿（范宏瑞等，2000；郭东升等，2007）；花山杂岩以南则发育大量断裂构造控制的金/银矿床（Chen et al.，2004，2008）。这些花岗岩类和矿床均被解释为扬子与华北陆块之间碰撞造山及其后续造山带伸展垮塌过程的产物（Chen et al.，2004，2009）。

5.2.1.2 矿区地质

寨凹钼矿位于熊耳地体西南部的寨凹地区（图5.17），主要岩石地层单元为变质基底太华超群和盖层熊耳群，以及少量白垩系沉积物。断裂构造发育，走向主要为NNE和NW，如三门-铁炉坪断裂（STF）、康山-七里坪断裂（KQF）及其更次级小断裂，均为马超营断裂的次级断裂（图5.17）。本区岩浆岩发育，除了辉绿岩脉，地球物理资料显示，寨凹地区具有低重力、弱磁性的特征，指示隐伏的中酸性侵入岩体的存在（杨群周等，2003a，2003b；刘灵恩等，2004）。以寨凹为中心（图5.17），东为铁炉坪大型银（铅）矿床，北为蒿坪沟中型银铅（金）矿床，西为沙沟大型银铅锌矿床，构成了东秦岭最大的银铅锌矿集区（毛景文等，2006）。沙沟大型银铅锌矿床绢云母$^{40}Ar/^{39}Ar$坪年龄为145±1Ma（毛景文等，2006），蒿坪沟15号银铅锌矿脉中的蚀变绢云母的$^{40}Ar/^{39}Ar$坪年龄为135Ma（郭保健，2006），与蒿坪沟花岗斑岩（134Ma，SHRIMP锆石U-Pb法）及与花山花岗岩基时间（131±1Ma）（郭保健，2006）接近，表明寨凹地区银铅锌成矿作用与蒿坪沟花岗斑岩之间的成因关系。

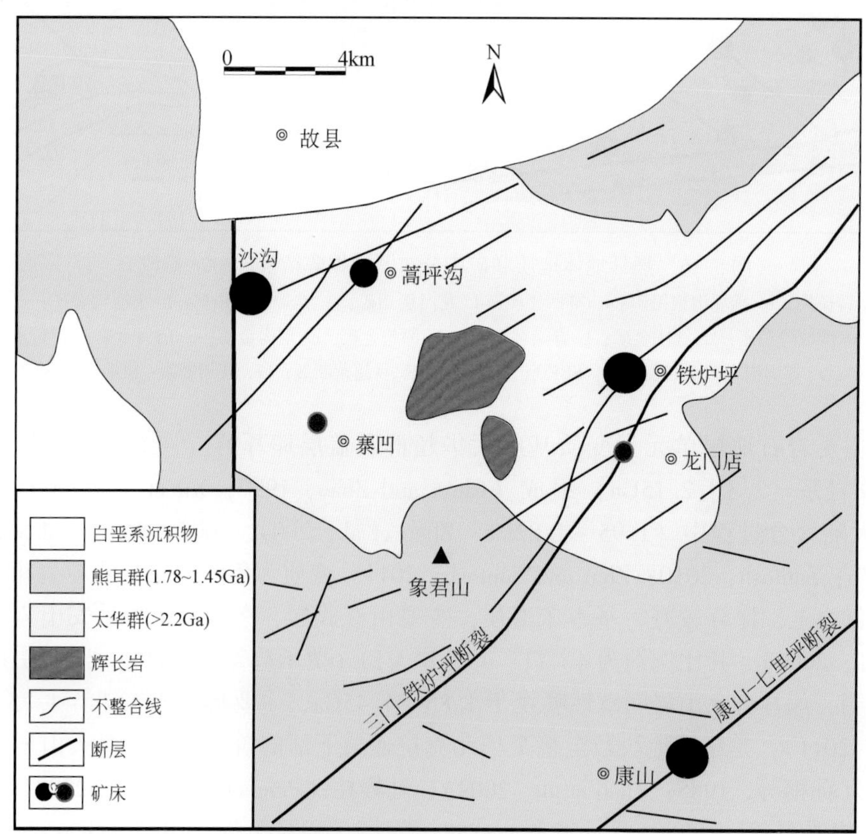

图5.17 寨凹地区地质和矿床分布图（据杨群周等，2003a，2003b修改）

5.2.2　矿床地质特征

5.2.2.1　矿体特征

寨凹钼矿床位于河南洛宁县与卢氏县的交界，其地理坐标为东经111°17′，北纬34°08′。寨凹钼矿赋矿地层为太华超群石板沟组（图5.18），岩性为黑云角闪斜长片麻岩，少量黑云斜长片麻岩、角闪斜长片麻岩，混合岩化片麻岩，局部夹角闪岩团块，产状为115°∠30°。地球物理和遥感资料显示，矿区深部存在隐伏的花岗斑岩体（杨群周等，2003a，2003b；刘灵恩等，2004）。此外，矿区还发育辉绿岩和细晶岩脉等（图5.18）。

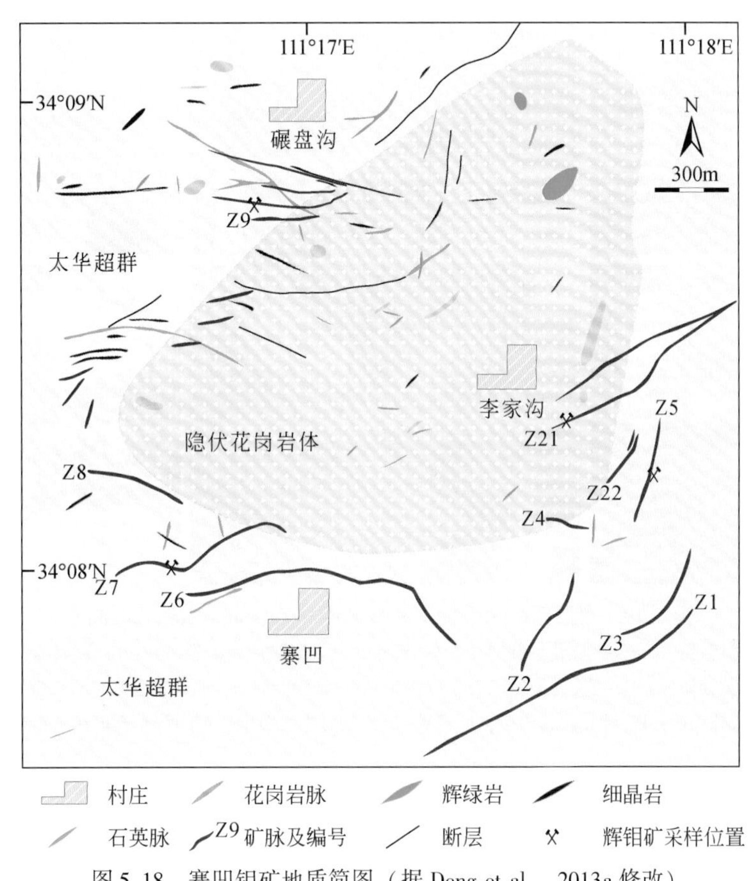

图5.18　寨凹钼矿地质简图（据Deng et al.，2013a修改）

寨凹矿床最开始作为铜矿床被发现，局部铜品位高达14.3%，具有大中型斑岩铜银金矿床成矿潜力（杨群周等，2003a）。进一步勘探发现，钼的经济价值高于铜，应为以钼为主的多金属成矿系统。钼平均品位为0.06%，最高可达1.84%。钼矿体呈脉状产于太华超群斜长角闪岩中，沿地球物理指示的隐伏花岗岩体（王志光等，1997）周围的放射状分布的断裂发育（图5.18），矿体近直立（倾角58°～80°），长达数百米，宽2～10m。

5.2.2.2　矿石成分和组构

辉钼矿为主要的钼矿物，其赋存方式主要有两种，一是呈自形-半自形粒状、叶片状、团块状赋存于石英脉中（图5.19E），二是呈浸染状、薄膜状赋存于围岩表面或石英脉与围岩接触面上（图5.19F），在镜下呈叶片状（图5.19H）或鳞片状（图5.19G）。

图 5.19 寨凹钼矿床手标本和显微照片（Deng et al.，2013a）

A. 含矿剪切带；B. 石英-硫化物脉穿切石英-辉钼矿脉，又被后期断裂错开；C. 石英-辉钼矿脉；D. 石英-萤石-黄铁矿脉；E. 石英脉型钼矿石，辉钼矿呈粗粒叶片状；F. 蚀变岩型钼矿石，辉钼矿呈薄膜状；G. 鳞片状辉钼矿；H. 叶片状辉钼矿；I. 石英-硫化物脉中，黄铜矿和闪锌矿充填在黄铁矿裂隙中

其他金属矿物主要有黄铁矿、黄铜矿、闪锌矿、方铅矿、磁黄铁矿、辉铋矿、斑铜矿、磁铁矿、钛铁矿、自然铋、辉砷镍矿（表 5.12）、褐铁矿等。

脉石矿物简单，主要有石英、萤石、白云母、黑云母、方解石、绿泥石、绢云母等。

表 5.12 寨凹钼矿床矿物电子探针分析结果（邓小华，2011）（单位：%）

探针点	S	Fe	Ni	As	Sb	Bi	矿物定名	计算化学式
YP-05-1	14.51	6.32	47.75	30.61	0.82	0.00	辉砷镍矿	$(Ni_{1.79}, Fe_{0.25})(As_{0.90}, Sb_{0.01})S$
YP-31-1	0.00	0.00	0.00	0.00	0.00	100	自然铋	Bi

矿石结构主要为半自形粒状结构（黄铁矿）、自形粒状结构（辉钼矿、黄铁矿等呈自形粒状，图 5.19H）、叶片状结构（辉钼矿叶片状产于粗粒石英中，图 5.19E）、鳞片状结构（辉钼矿鳞片状产于石英脉中，图 5.19G）、共生边结构（黄铜矿和磁黄铁矿共生、黄铜矿和磁黄铁矿共生）、充填结构（辉钼矿充填在磁黄铁矿裂隙中、黄铁矿充填在闪锌矿中、辉钼矿充填细粒黄铁矿和闪锌矿，图 5.19I）、交代结构（辉钼矿交代黄铁矿和闪锌矿、闪锌矿-黄铜矿交代自形黄铁矿）以及固溶体分离结构等。

矿石主要呈脉状构造（中粗粒石英脉状穿插细粒石英、萤石–白云母–辉钼矿脉状充填在石英中、石英–黄铁矿–闪锌矿脉状穿插围岩）、团块状构造（辉钼矿团块状产于石英脉中）、斑状构造（粗粒石英斑晶）以及块状、网脉状、条带状、角砾状、浸染状等构造（图5.19）。

5.2.2.3　围岩蚀变和成矿阶段

围岩蚀变沿矿脉及两侧发育，主要有硅化、碳酸盐化、萤石化、绢云母化、绿泥石化，黄铁矿化、辉钼矿化等。

根据矿脉穿插关系、矿石组构、矿物组合等，将成矿过程划分为3个阶段（图5.20）。

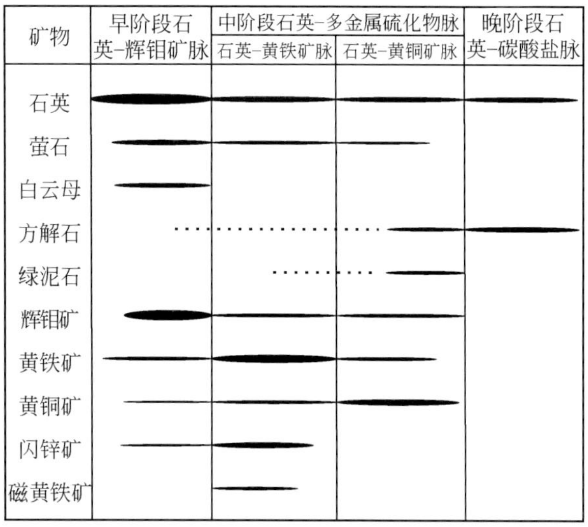

矿物	早阶段石英–辉钼矿脉	中阶段石英–多金属硫化物脉		晚阶段石英–碳酸盐脉
		石英–黄铁矿脉	石英–黄铜矿脉	
石英				
萤石				
白云母				
方解石				
绿泥石				
辉钼矿				
黄铁矿				
黄铜矿				
闪锌矿				
磁黄铁矿				

图5.20　寨凹钼矿热液矿物共生组合与形成顺序（邓小华等，2008a）

早阶段石英–辉钼矿脉：矿物组合为石英–辉钼矿，呈脉状沿围岩裂隙产出，石英颗粒粗大，表面粗糙，遭受构造应力而破碎、变形，具明显波状消光现象，此阶段为主要的钼成矿阶段。

中阶段石英–多金属硫化物脉：可细分为两个亚阶段，石英–黄铁矿脉和石英–黄铜矿脉，矿物组合分别为石英–粗粒黄铁矿–闪锌矿–辉钼矿和石英–黄铜矿–黄铁矿–辉钼矿，此阶段矿化组合复杂，但钼矿化较弱，不属于钼主成矿阶段。

晚阶段石英–碳酸盐脉：发育石英–碳酸盐细脉，几乎没有矿化。

5.2.2.4　矿物REE地球化学特征

本研究对寨凹钼矿床8件矿石硫化物样品及5件蚀变围岩样品进行了微量元素测试，并收集未蚀变围岩的微量元素含量，以探讨水岩作用过程中各地质体的微量元素演化规律。样品的溶样和测试工作在中国地质调查局国家地质实验测试中心完成。样品溶解方法大致如下：①准确称取40mg样品于Teflon溶样罐中，加入0.5mL（1+1）HNO_3、0.5mL $HClO_4$超声振荡10～15min，蒸至近干，再加1mL HF于150℃电热板上蒸至近干。②加入0.5mL（1+1）HNO_3、1.0mL HF，0.5mL $HClO_4$加盖并套上热缩管，拧紧耐酸合金钢外套，放入烘箱内，逐渐升温到200℃，保温5天，开盖，蒸至近干。③加2.0mL（1+1）HNO_3，盖紧罐盖（套热缩管和钢套），于150℃烘箱保温过夜，随后再次蒸至近干。④加2.0mL（1+1）HNO_3，拧紧罐盖并保温过夜。待冷却后开盖并加入40mL HF，将溶液转移到50mL容量瓶中，加入1mL 500×10^{-9} In内标，用1% HNO_3稀释至刻度，摇匀待测。仪器设备及工作参数：电感耦合等离子体质谱仪（ICP-MS）ELEMENT（FINNIGAN MAT公司制造）。

表 5.13　寨凹钼矿床矿石硫化物和围岩的微量元素含量（邓小华，2011）　（单位：10^{-6}）

样品号	LJM01	LJM02	LJM04-1	YP13	LJM04-2	LJM04-3	YP18	YP31	YP44	LG33	LG34	LG43	LG44	太华群平均值
样品名	辉钼矿	辉钼矿	辉钼矿	辉钼矿	方铅矿	黄铜矿	黄铜矿	磁黄铁矿	蚀变角闪片麻岩	蚀变角闪片麻岩	蚀变角闪片麻岩	蚀变角闪片麻岩	蚀变角闪片麻岩	
Li	1.36	2.39	0.87	3.76	0.04	0.24	0.20	0.46	90.0	51.2	14.1	48.7	58.5	
Be	0.44	2.32	0.15	0.11	0.01	1.12	0.07	0.42	10.1	1.28	1.85	3.26	7.96	
Sc	0.64	0.67	0.68	0.84	0.10	0.23	0.50	0.66	14.3	17.8	6.63	26.1	18.9	
Ti	36.3	29.7	35.4	18.0	0.39	4.96	14.5	3.13	5449	8949	4163	5717	5359	
V	31.7	15.7	25.7	20.4	3.62	6.30	18.9	14.9	93.8	178	72.7	188	186	
Mn	19.0	18.4	13.9	116	4.35	31.3	129	87.8	1688	515	658	1698	907	
Co	1.26	2.89	1.79	2.98	6.27	27.0	29.0	662	11.6	13.9	10.0	29.7	28.5	
Ni	4.14	6.71	7.29	8.22	3.81	46.6	23.0	456	9.72	22.9	17.0	20.9	261	
Cu	21.3	164	99.2	37.8	50515	318995	335995	16075	146	9.63	8.87	35.2	37.2	
Zn	8.96	24.5	22.1	27.5	11520	2943	1344	193	82.4	18.2	4.91	95.4	78.8	
Ga	0.52	1.48	0.38	3.54	0.04	1.02	2.66	1.66	31.7	41.3	22.0	20.2	27.8	
Rb	5.70	9.33	4.14	2.20	0.29	0.87	0.70	1.13	905	301	26.7	363	827	
Sr	2.11	5.36	1.62	1.16	6.42	1.80	7.73	4.03	5.26	48.9	34.3	378	87.2	
Y	5.60	25.6	2.05	0.79	0.06	1.58	2.15	1.42	28.0	19.1	18.0	23.1	11.5	
Zr	0.17	0.56	0.08	0.07	0.08	0.24	0.23	0.10	274	203	195	129	242	
Nb	5.67	5.67	4.21	2.18	0.32	0.54	10.6	5.14	11.7	36.1	16.5	8.59	17.2	
Sn	1.12	1.60	1.02	0.84	0.36	222	418	13.0	123	24.9	54.3	3.57	19.4	
Cs	0.39	0.22	0.41	0.26	0.05	0.08	0.05	0.11	32.2	14.1	2.81	19.0	24.3	
Ba	17.3	23.4	15.9	3.27	227	2.84	9.24	12.2	396	103	18.8	505	868	
La	0.43	1.16	0.37	0.84	1.84	0.67	18.7	8.81	30.5	42.4	14.4	27.8	31.5	12.1
Ce	1.27	3.01	1.03	2.41	0.57	1.93	71.3	33.8	73.1	90.2	34.5	63.0	55.9	24.9
Pr	3.42	2.55	2.04	1.50	0.07	0.29	13.0	6.24	7.41	10.5	3.60	7.80	5.72	2.83
Nd	35.1	24.2	21.5	13.4	0.28	1.39	59.6	29.2	30.3	41.9	14.2	33.9	21.4	12.4
Sm	14.70	11.00	9.00	6.75	0.05	0.36	5.46	2.64	5.71	7.79	3.07	6.40	3.35	2.67
Eu	0.03	0.04	0.01	0.05	0.00	0.05	0.78	0.40	0.99	1.07	0.61	1.76	1.49	0.95
Gd	0.19	1.65	0.12	0.29	0.02	0.23	1.51	0.73	5.80	6.53	3.06	5.97	3.18	3.06
Tb	0.44	0.52	0.24	0.13	0.00	0.05	0.18	0.10	0.85	0.81	0.47	0.81	0.40	0.54

续表

样品号	LJM01	LJM02	LJM04-1	YP13	LJM04-2	LJM04-3	YP18	YP31	YP44	LG33	LG34	LG43	LG44	太华群平均值
样品名	辉钼矿	辉钼矿	辉钼矿	辉钼矿	方铅矿	黄铜矿	黄铜矿	磁黄铁矿	蚀变角闪片麻岩	蚀变角闪片麻岩	蚀变角闪片麻岩	蚀变角闪片麻岩	蚀变角闪片麻岩	
Dy	2.69	3.94	1.53	0.63	0.02	0.30	0.50	0.33	4.92	3.87	2.74	4.34	2.11	3.29
Ho	0.85	0.90	0.48	0.17	0.00	0.06	0.08	0.05	0.97	0.67	0.53	0.84	0.41	0.69
Er	1.02	2.55	0.51	0.18	0.01	0.20	0.30	0.19	3.01	1.84	1.67	2.37	1.26	1.96
Tm	0.13	0.43	0.07	0.02	0.00	0.03	0.03	0.02	0.49	0.28	0.27	0.34	0.21	0.29
Yb	0.46	3.49	0.26	0.06	0.01	0.25	0.18	0.12	3.59	1.90	2.19	2.24	1.58	1.77
Lu	0.07	0.51	0.03	0.01	0.00	0.05	0.03	0.02	0.54	0.26	0.36	0.33	0.25	0.26
Hf	0.03	0.07	0.01	0.00	0.00	0.01	0.01	0.01	6.89	4.91	4.80	2.99	6.27	
Ta	0.03	0.05	0.01	0.00	0.00	0.01	0.01	0.01	0.59	1.90	0.61	0.49	0.59	
W	57.4	65.0	110	65.1	1.09	4.25	1.50	299	24.9	49.1	1.96	4.25	4.20	
Tl	0.67	0.34	0.51	0.37	10.7	0.30	0.09	0.16	4.96	1.51	0.10	2.12	4.02	
Pb	317	399	313	118	450399	45.7	7.14	656	2.88	2.45	5.96	10.1	3.55	
Th	0.33	0.52	0.08	0.22	0.07	0.20	4.72	2.44	4.08	6.96	6.42	2.47	6.42	
U	2.14	0.77	0.82	0.13	0.04	0.04	0.18	0.09	2.45	2.27	2.00	1.17	1.60	
ΣREE	60.8	56.0	37.2	26.4	2.87	5.85	172	82.6	168	210	81.6	158	129	138
LREE	54.9	42.0	34.0	24.9	2.81	4.69	169	81.1	148	194	70.3	141	119	126
HREE	5.84	14.0	3.23	1.49	0.06	1.16	2.79	1.55	20.2	16.2	11.3	17.2	9.40	12.6
LREE/HREE	9.41	3.00	10.5	16.7	48.4	4.03	60.4	52.2	7.34	12.0	6.23	8.16	12.7	9.94
$(La/Yb)_N$	0.64	0.22	0.97	9.61	178	1.80	71.3	50.0	5.74	15.1	4.44	8.40	13.4	4.63
$(La/Ho)_N$	0.12	0.30	0.18	1.12	427	2.82	54.8	44.4	7.26	14.7	6.25	7.71	17.7	4.07
La/Ho	0.50	1.28	0.79	4.82	1843	12.1	236	192	31.3	63.4	26.9	33.3	76.2	44.8
Y/Ho	6.58	28.4	4.32	4.56	55.0	28.7	27.2	30.8	28.7	28.5	33.6	27.7	27.9	
La/Nd	0.03	0.10	0.04	0.12	6.58	0.48	0.31	0.30	1.01	1.01	1.01	0.82	1.47	0.91
Gd/Yb	0.41	0.47	0.47	4.97	2.88	0.92	8.51	6.16	1.62	3.43	1.40	2.67	2.01	2.18
Eu/Eu*	0.00	0.01	0.00	0.02	0.37	0.54	0.63	0.67	0.52	0.45	0.60	0.86	1.37	1.01
Ce/Ce*	0.10	0.29	0.14	0.38	0.21	1.02	1.02	1.02	1.11	0.98	1.10	0.99	0.92	0.97

注：$Eu/Eu^* = Eu_N/[(Sm_N+Gd_N)/2]$，$Ce/Ce^* = Ce_N/[(La_N+Pr_N)/2]$；太华超群平均值引自 Xu et al.，2009。

从表5.13和图5.21可以看出，寨凹钼矿床矿石、蚀变围岩及未蚀变太华群的∑REE含量差异较大。蚀变围岩（角闪片麻岩）的稀土含量最高，其∑REE为$81.6\times10^{-6}\sim210\times10^{-6}$；未蚀变太华群次之，其∑REE平均值为$138\times10^{-6}$（Xu et al.，2009）；矿石硫化物样品中的∑REE含量最低，∑REE为$2.87\times10^{-6}\sim82.6\times10^{-6}$，且样品之间差异较大。相对于未发生热液蚀变的太华超群，蚀变后的样品具有更高的∑REE值（图5.21），说明围岩可能与富REE的流体发生了水岩反应，导致其∑REE含量增加。

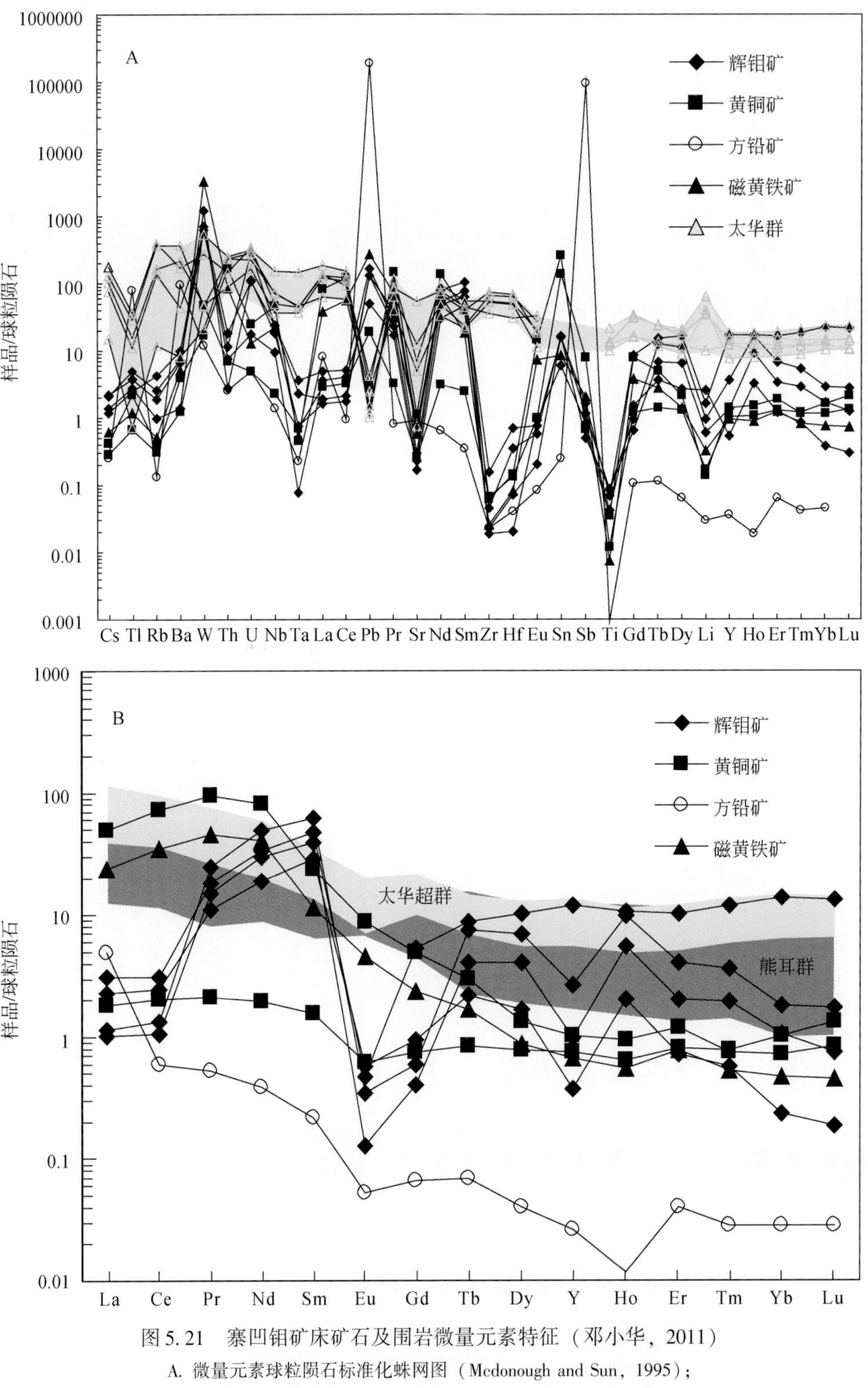

图5.21 寨凹钼矿床矿石及围岩微量元素特征（邓小华，2011）

A. 微量元素球粒陨石标准化蛛网图（Mcdonough and Sun，1995）；

B. 球粒陨石标准化稀土配分型式（Taylor and McLennan，1985）

在球粒陨石标准化的稀土配分图解中，矿石硫化物和围岩主要呈轻稀土富集型。蚀变角闪片麻岩的LREE/HREE为6.23~12.0，$(La/Yb)_N$为4.44~15.1，未蚀变太华群的LREE/HREE平均为9.94，$(La/Yb)_N$平均为4.63，二者均显示轻稀土富集。矿石硫化物的REE分馏较复杂，其LREE/HREE为3.00~60.4，$(La/Yb)_N$为0.22~178，$(La/Ho)_N$为0.12~427，显示轻重稀土之间存在不同的分馏趋势，而其$(La/Nd)_N$为0.03~6.58，$(Gd/Yb)_N$为0.41~8.51，指示轻稀土和重稀土内部亦有不同的分馏特征；总体来说，矿石硫化物的REE配分模式可划分为两类（图5.21）：①辉钼矿样品LJM01、LJM02、LJM04-1和YP13具有相似的REE分馏形式，突出表现为Eu、Ce、Y强负异常，其δEu为0.00~0.02，δCe为0.10~0.38；②其余4件硫化物样品具有近似的REE配分模式，为明显的轻稀土富集型，Eu负异常（0.37~0.67），Ce弱正异常（约1.02）。

矿区蚀变围岩与未蚀变的太华群相比更富集REE，指示成矿热液为富REE流体。4件矿石硫化物的REE配分模式显示轻稀土富集，且LREE/HREE值及δEu均与围岩一致，指示矿石稀土可能来自围岩太华群。而4件辉钼矿的REE配分模式明显不同于围岩和其他硫化物，尤其是Sm强正异常、Eu强负异常。造成辉钼矿样品异常的可能原因有：①流体来源与其他硫化物不一样；②硫化物选择性赋存稀土元素。对于前者，无论是流体包裹体，还是硫同位素（详见后述），均未表现出明显的差异，故更可能是后者所致。

事实上，辉钼矿常呈细薄的叶片状，高倍显微镜下常观察到沿云母解理发育，而其他硫化物常呈粒状晶形，封闭性较好，导致封存于不同硫化物晶格缺陷中的矿物包体、流体包裹体等具有选择性。因此，所有单个矿石硫化物样品的稀土元素组成可能无法代表成矿流体的稀土元素组成，但可利用其加权平均值指示反映成矿系统的微量元素特征。如图5.21所示，矿石硫化物REE平均值与围岩太华超群相似，指示围岩可能是物质源区之一。

5.2.3 流体包裹体地球化学

5.2.3.1 样品和测试

用于流体包裹体研究的68件样品采自李家沟和碾盘沟矿脉的采矿坑道，样品新鲜。通过包裹体岩相学观察，遴选了其中适合做冷热台和激光拉曼光谱分析的包裹体片（流体包裹体个体大，最好>10μm；数量多；相界线清楚）作为进一步研究对象，包括8件石英-辉钼矿阶段样品、4件石英-多金属硫化物阶段样品以及3件石英-碳酸盐阶段样品，对其中的石英、萤石、方解石等透明矿物进行流体包裹体研究。

根据冷热台试验测得的H_2O-NaCl-$CaCl_2$溶液包裹体的冰点温度（T_m），利用Chi和Ni（2007）提供的方程和程序，可获得H_2O-NaCl-$CaCl_2$溶液包裹体的盐度。根据冷热台试验测得的含子晶多相包裹体的子晶熔化温度（$T_{m,NaCl}$），利用Hall等（1988）提供的方程，可获得含子晶多相包裹体的盐度。

5.2.3.2 流体包裹体岩相学特征

用于显微测温研究的流体包裹体来自各阶段脉石矿物，以石英为主，次为方解石和萤石。根据室温下（21℃）流体包裹体的岩相学特征、升温或降温过程中（-196~+600℃）的相变行为以及激光拉曼光谱分析，将包裹体分为3类：W型、S型以及C型包裹体（图5.22），详细描述如下：

（1）水溶液或H_2O-NaCl包裹体（W型）。水溶液包裹体在常温下可见气液两相。一般呈独立分布，为椭圆、不规则状，偶尔呈负晶形，大小约8~15μm，气液比变化于7%~50%（图5.22A）。激光拉曼分析仅显示H_2O的峰值（见后述）。

（2）含子晶多相包裹体（S型）。常温下，含子晶包裹体由流体相和一个或多个子矿物相组成（图5.22）。其中，气相占包裹体体积一般小于30%，而子矿物相为2%~60%。包裹体大小约8~20μm，呈椭圆和不规则状。与广泛发育的 W 型包裹体不同的是，原生 S 型包裹体仅仅发育于石英-辉钼矿脉和石英-硫化物脉。子矿物以立方体状石盐为主，次为钾盐和石膏（图 5.22C、D、E、F）。根据气相成分，S 型包裹体可以分为两类：S1 型包裹体的气相成分为 H_2O（图 5.22D），S2 型气相成分为 CO_2（图 5.22F）。

（3）富 CO_2 包裹体（C 型）。富 CO_2 包裹体常温下可见两相（V_{CO_2}-L_{H_2O}）或三相（V_{CO_2}-L_{CO_2}-L_{H_2O}）（图 5.22B）。在单颗粒石英中呈独立、孤立状分布，大小约 5～15μm，其 CO_2 相（V_{CO_2}+L_{CO_2}）体积变化于 10%～40%。富 CO_2 包裹体仅少量发育于石英-辉钼矿脉和石英-硫化物脉。

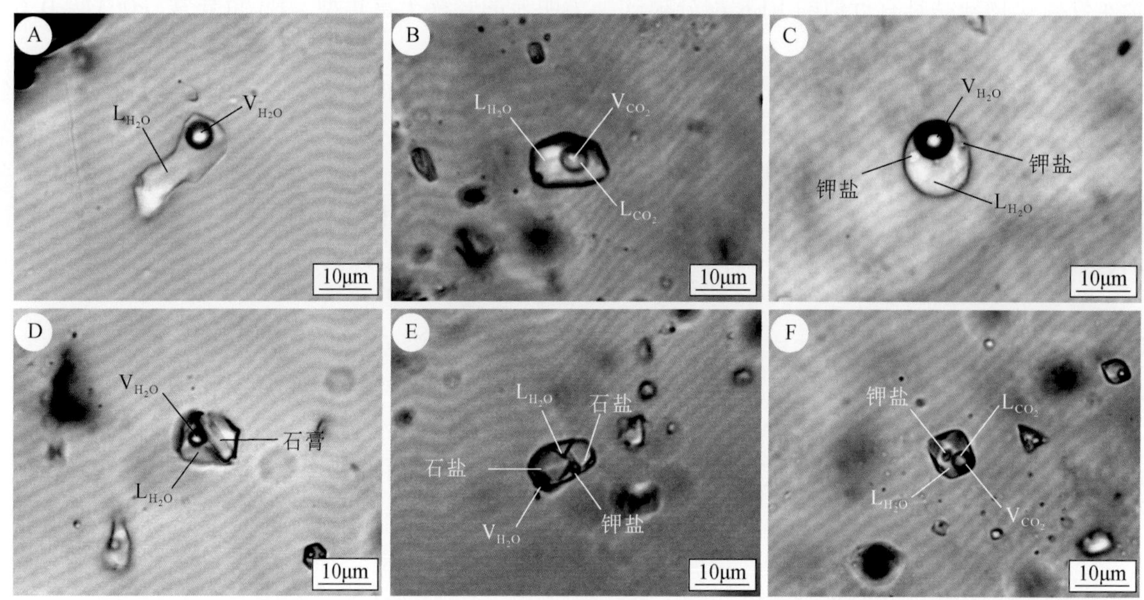

图 5.22　寨凹钼矿典型流体包裹体显微照片（Deng et al.，2013a）

A. 石英-辉钼矿脉中呈孤立分布的 W 型包裹体；B. 石英-辉钼矿脉中的 C 型包裹体；C. 石英-辉钼矿脉中呈孤立分布的 S 型包裹体，其子晶主要为盐类矿物；D. 石英-辉钼矿脉中的 S 型包裹体，长板状子晶为石膏；E. 石英-辉钼矿脉中的 S 型包裹体，子晶包括石盐和钾盐；F. 石英-辉钼矿脉中的 S2 型包裹体

5.2.3.3　显微测温结果

各阶段矿脉石英中流体包裹体测温结果列于表 5.14，分述如下。

石英-辉钼矿脉：石英中的包裹体以 W 型为主，次为 S 型和 C 型（表 5.14）。其中，W 型包裹体冷冻至-100℃以下液相全冻。回温过程中在-45～-38℃时盐的水合物开始熔化，即初熔温度，且原生与次生包裹体的初熔温度没有明显的区别。且此温度明显低于 NaCl-H_2O 体系的共结温度（-20.8℃），但接近 H_2O-NaCl-$CaCl_2$ 体系的共结温度（-52℃），指示成矿流体体系富含 $CaCl_2$；继续升温，测得大部分次生包裹体冰点温度为-27～-4.2℃，大量低于共结温度（-20.8℃）的冰点温度的存在，同样指示其流体体系为 H_2O-NaCl-$CaCl_2$ 体系，据此，可计算出相应盐度为 6.7%～24.9% NaCl eqv.（表 5.14）。继续升温，包裹体向液相均一，多数包裹体均一温度约 100～161℃，两个例外的包裹体均一温度为 231℃和 243℃（表 5.14）。原生 W 型包裹体显示冰点温度为-3℃，对应盐度为 5.0% NaCl eqv.（图 5.24A），在 370℃时完全均一为液相（图 5.23A）。S 型包裹体中，子晶呈立方体状、椭圆状、长板状等，主要为石盐、钾盐以及硬石膏等。升温过程中，气泡先消失，石盐或钾盐随后熔化，完全均一温度为 492～>500℃（图 5.23A）；盐度>69% NaCl eqv.（图 5.24A）。除石盐和钾盐外，其他子矿物不熔化。

表 5.14　寨凹矿床流体包裹体显微测温结果（Deng et al.，2013a）

样品号	阶段	类型	成因	数量	大小/μm	气液体积比/%	T_{fm}/℃	T_{ice}/℃	T_m/℃	T_h/℃	S/(% NaCl eqv.)
YP-11	Q-M	W	原生	1	12	40		-3		370	5.0
LG-01	Q-M	S	原生	2	12 ~ 16	10 ~ 15			>500	>500	>69
LG-35	Q-M	S	原生	1	12	8			492	492	59
YP-11	Q-M	W	次生	7	10 ~ 20	16 ~ 45	-45 ~ -38	-20.2 ~ -4.2		119 ~ 160	6.7 ~ 22.5
LG-01	Q-M	W	次生	9	12 ~ 20	10 ~ 30		-21.7 ~ -6.0		131 ~ 243	9.2 ~ 23.4
LG-04	Q-M	W	次生	9	10 ~ 16	10 ~ 25		-27.0 ~ -19.7		136 ~ 143	22.2 ~ 24.9
LG-23	Q-M	W	次生	4	10 ~ 12	8 ~ 15		-24.5 ~ -22.0		125 ~ 159	23.4 ~ 24.2
LG-24	Q-M	W	次生	8	12 ~ 20	10 ~ 20		-25.9 ~ -12.8		126 ~ 231	16.7 ~ 24.6
LG-24-2	Q-M	W	次生	6	12 ~ 16	10 ~ 12		-26.3 ~ -15.1		100 ~ 121	18.7 ~ 24.7
LG-32	Q-M	W	次生	14	10 ~ 24	8 ~ 20		-23.2 ~ -7.3		111 ~ 161	10.9 ~ 23.8
LG-35	Q-M	W	次生	3	8 ~ 13	10 ~ 15		-22.6 ~ -16.5		140 ~ 153	19.8 ~ 23.6
YP-04	Q-S	S	原生	4	10 ~ 13	12 ~ 15			208 ~ 300	208 ~ 300	32 ~ 33
LG-28	Q-S	S	原生	4	8 ~ 20	10 ~ 15			193 ~ 311	193 ~ 311	31 ~ 39
LG-36	Q-S	S	原生	2	12 ~ 16	25 ~ 30			160 ~ 170	160 ~ 170	30 ~ 31
YP-12	Q-S	C	原生	1	10	25		T_{mcl}：6.3		255	6.9
YP-05	Q-S	W	原生	3	8 ~ 15	10 ~ 20		-8.0 ~ -1.9		230 ~ 360	3.2 ~ 11.7
YP-11	Q-S	W	原生	3	10 ~ 13	10 ~ 20		-14.8 ~ -11.2		182 ~ 211	15.2 ~ 18.5
YP-43	Q-S	W	原生	22	8 ~ 16	10 ~ 30		-9.8 ~ -1.4		186 ~ 253	2.4 ~ 13.7
YP-04	Q-S	W	次生	13	8 ~ 20	8 ~ 15		-27.1 ~ -8.0		119 ~ 150	11.7 ~ 24.9
YP-43	Q-S	W	次生	13	6 ~ 16	10 ~ 25		-8.7 ~ -1.9		158 ~ 179	3.2 ~ 12.5
LG-12	Q-S	W	次生	23	7 ~ 18	5 ~ 20	-42 ~ -36	-22.0 ~ -0.3		101 ~ 174	0.5 ~ 23.4
LG-28	Q-S	W	次生	27	6 ~ 22	10 ~ 25		-18.1 ~ -3.8		114 ~ 128	6.2 ~ 21.0
LG-31	Q-S	W	次生	22	5 ~ 15	10 ~ 50		-24.2 ~ -9.9		117 ~ 156	13.8 ~ 24.0
LG-33	Q-S	W	次生	10	6 ~ 12	10 ~ 20		-24.1 ~ -17.2		130 ~ 160	20.4 ~ 24.0
LG-36	Q-S	W	次生	40	5 ~ 25	7 ~ 40		-24.9 ~ -12.7		118 ~ 142	16.6 ~ 24.3
YP-01	Q-C	W	原生	32	5 ~ 24	8 ~ 20		-23.8 ~ -19.0		95 ~ 139	21.7 ~ 24.0
LG-34	Q-C	W	原生	22	4 ~ 12	10 ~ 20		-24.9 ~ -5.0		120 ~ 177	7.9 ~ 24.3

注：Q-M. 石英–辉钼矿脉；Q-S. 石英–硫化物脉；Q-C. 石英–碳酸盐脉；T_{fm}. 初熔温度；T_{ice}. 冰点温度；T_{mcl}. 笼合物熔化温度；T_m. 子晶消失温度；T_h. 均一温度；S. 盐度。

石英–硫化物脉：石英和萤石中的包裹体以 W 型为主，S 型和 C 型次之（表 5.14）。其中，次生 W 型包裹体冷冻至–100℃以下液相全冻，回温过程测得初熔温度为–42 ~ –36℃；流体包裹体冰点温度为–27.1 ~ –0.3℃，大量冰点温度低于共结温度（–20.8℃），指示成矿流体体系为 H_2O-NaCl-$CaCl_2$ 体系。据此，可计算出相应盐度为 0.5%~24.9% NaCl eqv.（图 5.24B）；继续升温，包裹体向液相均一，其均一温度约 101 ~ 179℃（图 5.23B）。原生 W 型包裹体冰点温度为–1.5 ~ –1.4℃，相应盐度为 2.4%~18.5% NaCl eqv.（图 5.24B）；完全均一温度为 182 ~ 360℃，均一至液相。S 型包裹体在升温过程中，气泡先消失，子晶随后在 160 ~ 311℃期间熔化（图 5.23B），对应盐度为 30%~39% NaCl eqv.；少量 S 型包裹体的子晶在超过 400℃时仍未完全消失，指示其盐度不低于 69% NaCl eqv.。石英–硫化物脉的 C 型包裹体的笼合物熔化温度为 6.3℃，相应盐度为 6.9% NaCl eqv.（图 5.24B），完全均一温度为 255℃（图 5.23B），均一至气相。

石英–碳酸盐脉，仅见 W 型包裹体（表 5.14）。其冰点温度为–24.9 ~ –5.0℃，大量冰点温度低于共结温度（–20.8℃），指示成矿流体体系为 H_2O-NaCl-$CaCl_2$ 体系，据此，可计算出相应盐度为 7.9%~

24.3% NaCl eqv.（图 5.24C）；继续升温，包裹体向液相均一，其完全均一温度约 95 ~ 177℃（图 5.23C）。

由上可知，石英-辉钼矿脉和石英-硫化物脉中的大部分 W 型包裹体均一温度与石英-碳酸盐脉类似，集中于 100 ~ 180℃区间（图 5.23），其盐度集中于 0.5% ~ 24.9% NaCl eqv.（图 5.24），指示先形成的早、中阶段矿脉被晚阶段热液所强烈改造，仅残留了极少量能用于测温的原生包裹体。石英-硫化物脉中，C 型、S 型以及原生的 W 型包裹体均一温度为 160 ~ 360℃，集中于 180 ~ 320℃区间（图 5.23），低于石英-辉钼矿脉中的原生包裹体的均一温度（370 ~ >500℃），但与石英-辉钼矿脉中的 2 个次生 W 型包裹体相似（均一温度为 231℃和 243℃）。早、中阶段普遍发育的 S 型包裹体，指示初始成矿流体系统源为高盐度、高温流体（>370℃），随后演化为中阶段中温热液（180 ~ 360℃），最后变为晚阶段低温流体（<180℃）。

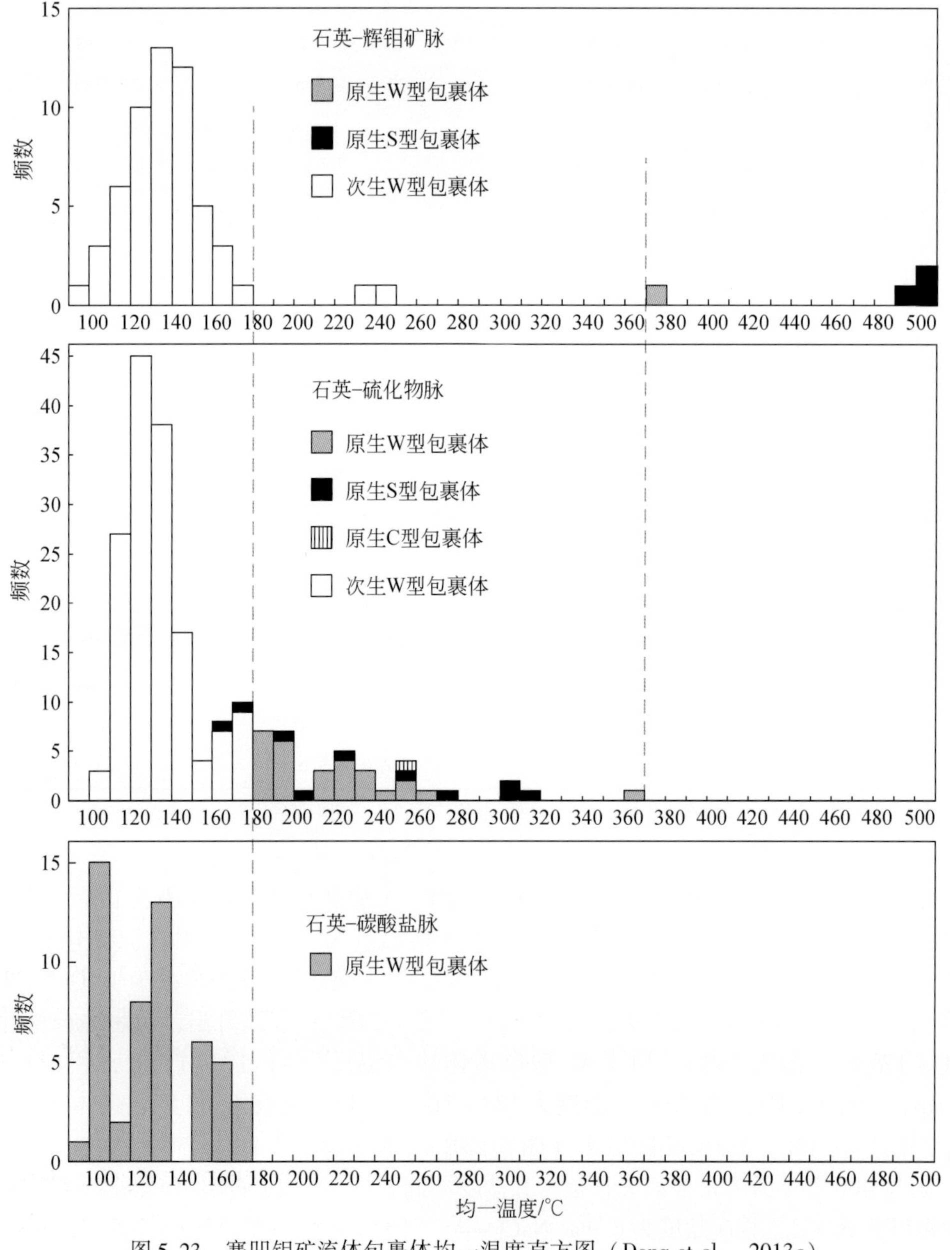

图 5.23 寨凹钼矿流体包裹体均一温度直方图（Deng et al.，2013a）

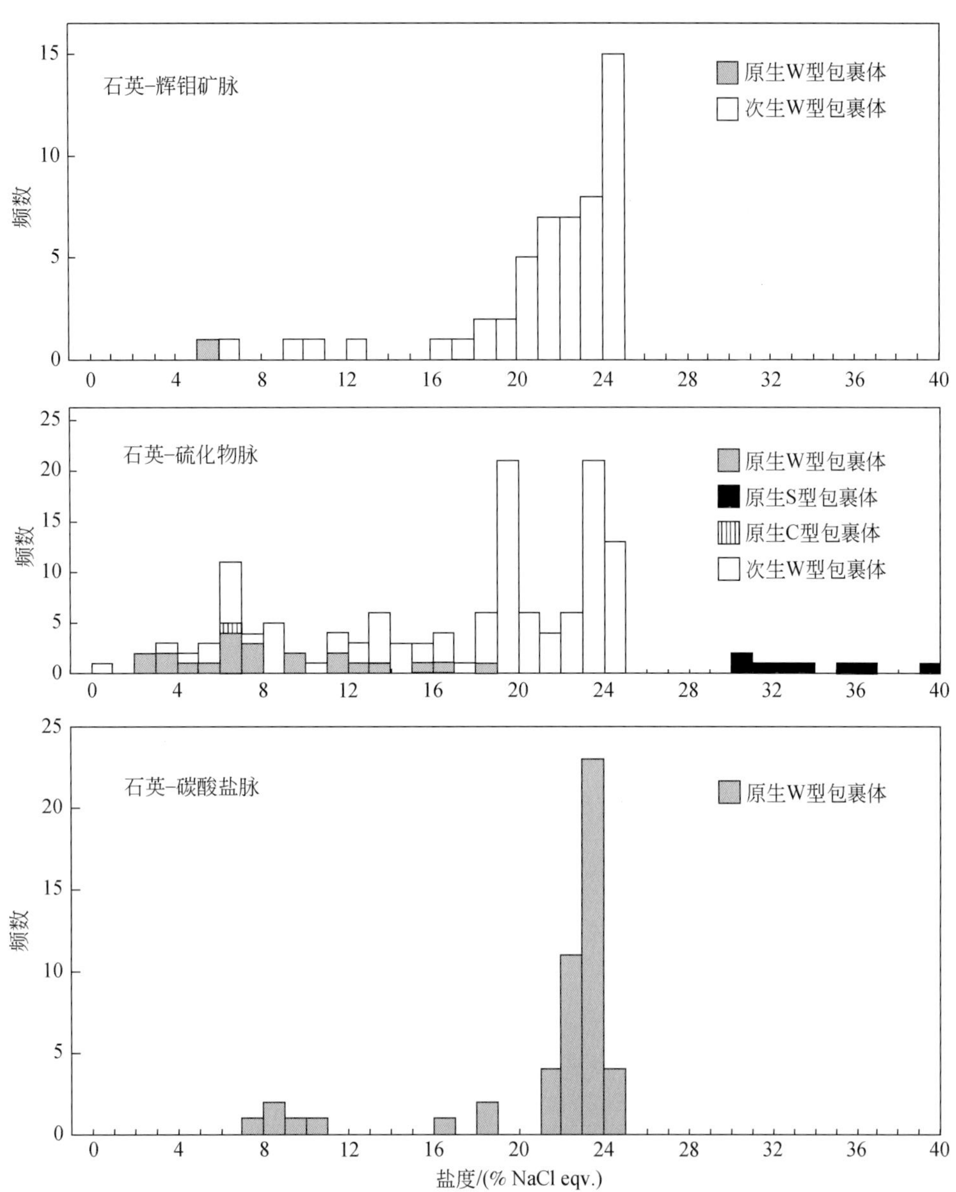

图 5.24　寨凹钼矿流体包裹体盐度直方图（Deng et al., 2013a）

5.2.3.4　包裹体成分分析

单个包裹体气液相成分的定性检测由激光拉曼显微探针分析获得。结果显示，W 型包裹体中的气液相成分均为纯 H_2O（图 5.25）；而 S 型包裹体的透明子矿物成分，则未检测出。结合冷热台测温过程中获得包裹体的初熔温度（-45 ~ -38℃）明显低于 NaCl-H_2O 体系的共结温度（-20.8℃），但接近 H_2O-NaCl-$CaCl_2$体系的共结温度（-52℃），认为寨凹钼矿成矿流体属 H_2O-NaCl-$CaCl_2$体系。

5.2.3.5　成矿流体性质和演化

流体包裹体，尤其是早阶段的原生包裹体，可以指示热液矿床的成因（Ulrich et al., 1999；Mernagh et al., 2007；陈衍景等，2007；Pirajno，2009；Fan et al., 2011）。寨凹矿床包含不同类型的包裹体，可以用于指示矿床成因和成矿流体演化。

石英-辉钼矿脉的石英中所含原生 W 型包裹体温度较高（可达 370℃），并与高温的 S 型包裹体共生，表明初始成矿流体为高温、高盐度的岩浆热液，指示矿床为侵入岩有关的热液成矿系统（陈衍景等，

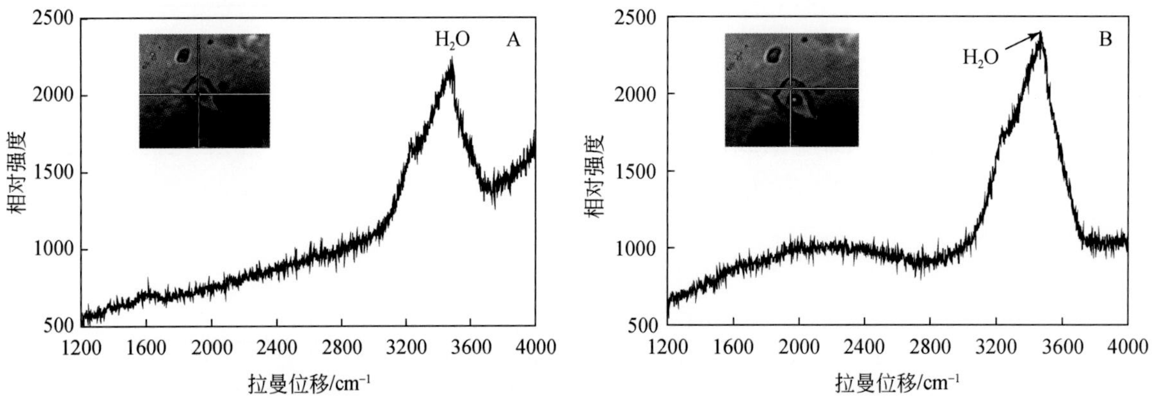

图 5.25 寨凹钼矿流体包裹体激光拉曼光谱分析（Deng et al.，2013a）

A. 石英-辉钼矿脉中 W 型包裹体的气相成分为 H_2O；B. 石英-辉钼矿脉中 W 型包裹体的液相成分为 H_2O

2007）。这也得到了氢氧同位素数据的支持（详见 5.2.4.1 节）。石英-辉钼矿脉和石英-硫化物脉中见有部分 C 型包裹体发育，这一特征与大陆边缘弧的斑岩型 Mo、Mo-Cu 或 Cu-Mo 矿床的成矿流体特征一致（陈衍景和李诺，2009）；例如，中国乌努格吐山 Cu-Mo 矿床（Li et al.，2012）、美国蒙大拿州 Butte Cu-Mo 矿床（Klemm et al.，2008）以及智利的 EI Teniente Cu-Mo 矿床（Klemm et al.，2007）。

与石英-辉钼矿脉相比，石英-硫化物脉的透明矿物中的包裹体均一温度降低为 180～360℃，且 C 型包裹体很少，指示 CO_2 从流体系统中逃逸。石英-碳酸盐脉中缺乏 S 型和 C 型包裹体，指示晚阶段成矿流体为贫 CO_2 的大气降水热液。上述特征与世界其他岩浆热液成矿系统的流体演化相吻合（陈衍景和李诺，2009 及其引文）。

寨凹矿床一个显著的特征是随处可见的低温、含 $CaCl_2$ 流体包裹体（图 5.23），如石英-辉钼矿脉和石英-硫化物脉中的次生 W 型包裹体，石英-碳酸盐脉中的原生 W 型包裹体。含 $CaCl_2$ 流体可见于不同的地质环境，特别是与沉积盆地和低级变质地体的流体活动有关（Xu，2000 及其引文）。近年来，具有 H_2O-NaCl-$CaCl_2$ 成分的流体包裹体已在很多铁氧化物型铜金矿床中报道，如澳大利亚昆士兰的 Cloncurry 地区的热液成矿系统即可见这类流体，被解释为蒸发岩与其下渗透的大气水之间的相互作用而形成（Xu，2000）。此外，斜长石的钠长石化也是获得富 $CaCl_2$ 流体的重要作用（Oberthur et al.，2000）。考虑到岩浆期后的热液蚀变和海水的渗透导致熊耳群火山岩发生了广泛的钠长石化（Hardie，1983；韩以贵等，2006），推测形成寨凹矿床的富 $CaCl_2$ 流体可能与围岩熊耳群的广泛碱性长石化有关。

5.2.4 矿床同位素地球化学

5.2.4.1 氢氧同位素

1. 样品及测试方法

用于氢氧同位素分析的石英样品来自不同的矿化阶段。首先用镊子从手标本上分离出石英，然后粉碎至 60 目左右，并经浮选、过滤等方法，在双目镜下挑选出纯度大于 98% 的单矿物样品超过 10g。为了排除其他嵌生矿物（如硫化物）的影响，石英样品被 HNO_3 溶液浸泡 12h（浸泡温度为 60～80℃），然后用去离子水漂洗；样品用超声波离心机处理 6 次，再用去离子水漂洗；样品在 120℃烤箱内烘干，待用。

氢氧同位素分析在中国地质科学院同位素地球化学开放实验室 Finningan MAT 253 EM 质谱计上进行，测试方法参考丁悌平等（1988）。石英氧同位素：首先用 BrF_5 在 500～550℃条件下与石英反应 15h，然后用液氮将产生的 O_2 纯化，最后在 700℃将 O_2 转变为 CO_2 进行质谱分析。石英氢同位素：加热石英包裹体样品使其爆裂，释放挥发分，提取水蒸气，然后在 400℃条件下使水与锌反应产生氢气，再用液氮冷冻后，收集到有活性炭的样品瓶中。实验结果以 V-SMOW 标准给出，δD 精度为 ±2‰，$\delta^{18}O$ 精度为±0.2‰。

2. 测试结果

石英氢氧同位素数据以及计算的成矿流体的 $\delta^{18}O_{水}$ 值列于表 5.15。石英–辉钼矿脉阶段成矿流体的 $\delta^{18}O_{水}$值为 6.5‰～7.7‰，平均值为 7.2‰，其 δD 值为–60‰～–48‰，平均值为–54‰，指示成矿流体可能源于岩浆流体（图 5.26）。石英–硫化物脉的成矿流体的 $\delta^{18}O_{水}$ 值为 2.8‰～3.4‰，平均值为 3.0‰，其 δD 值为–69‰～–58‰，平均值为–62‰，明显低于石英–辉钼矿脉，显示岩浆水与大气降水混合的特征。在 $\delta^{18}O_{水}$-δD 图解中可见，石英–辉钼矿阶段的样品点落入岩浆水范围内，而石英–硫化物阶段样品点落入岩浆水与大气降水线之间，表明随着流体不断演化，成矿流体由岩浆水向大气降水线演化（图 5.26）。

表 5.15　寨凹矿床氢氧同位素组成（Deng et al.，2013a）

序号	样品号	阶段	矿物	δD/‰	$\delta^{18}O_{石英}$/‰	$\delta^{18}O_{水}$/‰	T/℃
1	YP-13	石英–辉钼矿脉	石英	57	9.1	6.8	500
2	LJ-07	石英–辉钼矿脉	石英	–48	10.0	7.7	500
3	YP-11	石英–辉钼矿脉	石英	–60	8.8	6.5	500
4	YP-17	石英–辉钼矿脉	石英	–51	9.9	7.6	500
5	YP-18	石英–硫化物脉	石英	–58	9.8	2.9	300
6	YP-31	石英–硫化物脉	石英	–58	10.3	3.4	300
7	LG-29	石英–硫化物脉	石英	–69	9.7	2.8	300
a	太华超群	混合岩	石英	–25	9.9	6.8	450
a	太华超群	伟晶岩	石英	–28	9.9	5.8	400

注：石英–水氧同位素平衡分馏方程分别采用 $1000\ln\alpha_{石英-水}=3.38\times10^{6}T^{-2}-3.40$（200～500℃）（Clayton et al.，1972）；计算所用的温度为流体包裹体均一温度（石英–辉钼矿脉为 500℃，石英–硫化物脉为 300℃）；a 数据引自范宏瑞等，1994。

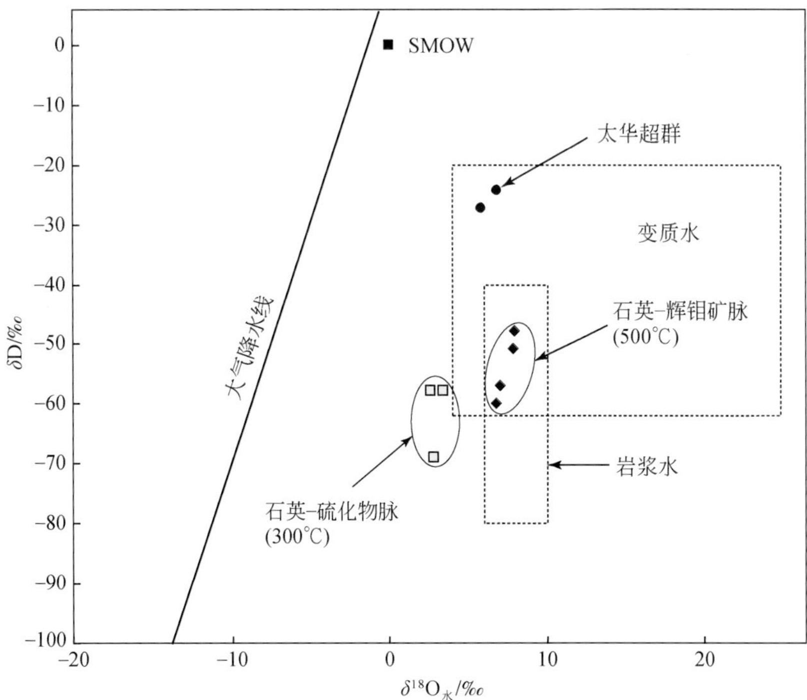

图 5.26　寨凹钼矿床 $\delta^{18}O_{水}$-δD 同位素图解（Deng et al.，2013a；底图据 Taylor，1974）

5.2.4.2 硫同位素

1. 样品及测试方法

用于硫同位素分析的样品包括4件辉钼矿、2件黄铜矿、1件方铅矿和1件磁黄铁矿，分别来自石英-辉钼矿脉和石英-硫化物脉。将样品粉碎至60目左右，并经浮选、磁选和手工挑选等方法选出纯度大于99%的单矿物分析样品。

硫同位素测试由核工业北京地质研究院分析测试研究中心完成，测试仪器为Finningan MAT-251EM气体质谱仪。首先用氧化铜在980℃条件下将硫化物的硫氧化为SO_2（方铅矿为850℃），然后将释放的SO_2用液氮冻入样品管并纯化，获得供质谱分析用的SO_2。实验结果以CDT标准给出，精度为±0.2‰。

2. 测试结果

寨凹矿床硫化物的$\delta^{34}S$值变化于2.7‰~7.3‰，平均值为5.2‰（图5.27），指示硫来自岩浆系统（接近于0‰）和壳源（具较高的$\delta^{34}S$值）的混合（Pirajno and Bagas，2002；Hoefs，2009）。硫化物的$\delta^{34}S$值与太华超群（1.3‰~5.7‰；范宏瑞等，1994）和熊耳群（2.5‰~5.4‰；范宏瑞等，1994）相似，指示水岩作用期间，围岩可能提供硫源（表5.16）。

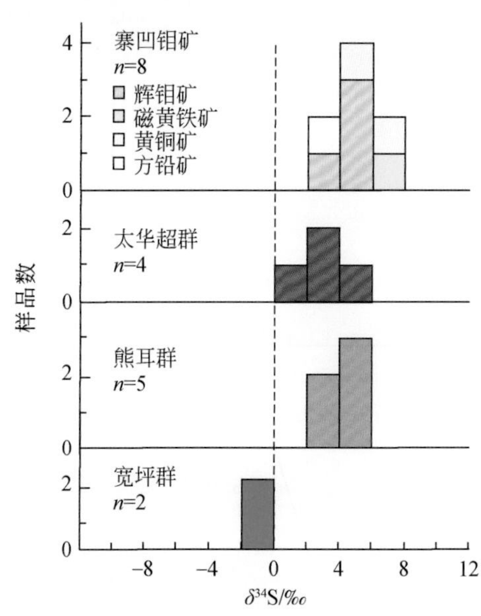

图5.27 寨凹钼矿及相关地质体$\delta^{34}S$直方图（Deng et al.，2013a）

石英-硫化物脉的硫化物$\delta^{34}S$值显示，$\delta^{34}S_{磁黄铁矿}>\delta^{34}S_{黄铜矿}>\delta^{34}S_{方铅矿}$，表明硫在各矿物间达到了平衡（图5.27；Ohmoto，1972；Hoefs，2009）。石英-硫化物脉的矿物组合以黄铁矿+磁黄铁矿+黄铜矿为特征，指示热液氧逸度较低，成矿环境偏还原。因此，此时流体的总硫的$\delta^{34}S$应接近共生黄铁矿的$\delta^{34}S$值（Ohmoto，1972）。由于未测试黄铁矿的$\delta^{34}S$，但得到1件磁黄铁矿的$\delta^{34}S$为7.3‰，故石英-硫化物阶段的总硫$\delta^{34}S$值应高于或等于磁黄铁矿的$\delta^{34}S$，即$\delta^{34}S_{\Sigma S}\geqslant\delta^{34}S_{磁黄铁矿}=7.3‰$。当硫化物在还原环境沉淀时，其$\delta^{34}S$值随流体演化而不断增加（Zheng and Hoefs，1993）。因此，石英-辉钼矿阶段的$\delta^{34}S$值（平均为4.4‰）明显低于石英-硫化物阶段（大约7.3‰）。

石英-辉钼矿脉的硫化物$\delta^{34}S$值介于围岩太华超群（1.3‰~5.7‰；范宏瑞等，1994）和代表向华北克拉通南缘俯冲的洋壳残余的宽坪群（-1.7‰~-1.6‰；范宏瑞等，1994）之间（图5.27），因此，我们认为初始成矿流体应源于宽坪群与太华超群的混合。

表5.16　寨凹钼矿和相关地质体中硫化物的 $\delta^{34}S$

样品号	样品特征	矿物	$\delta^{34}S$/‰	参考文献
	寨凹矿床硫化物			
LJM01	石英-辉钼矿脉	辉钼矿	3.5	Deng et al., 2013b
LJM02	石英-辉钼矿脉	辉钼矿	4.6	Deng et al., 2013b
LJM04-1	石英-辉钼矿脉	辉钼矿	4.2	Deng et al., 2013b
YP13	石英-辉钼矿脉	辉钼矿	5.4	Deng et al., 2013b
LJM04-2	石英-硫化物脉	方铅矿	2.7	Deng et al., 2013b
LJM04-3	石英-硫化物脉	黄铜矿	5.9	Deng et al., 2013b
YP18	石英-硫化物脉	黄铜矿	7.3	Deng et al., 2013b
YP31	石英-硫化物脉	磁黄铁矿	7.3	Deng et al., 2013b
	平均值	***N*=8**	**5.2**	
	太华超群			
GP-DF4-S	黑云斜长片麻岩	黄铁矿	5.7	范宏瑞等，1994
Sb-DF1	斜长角闪岩	黄铁矿	2.9	范宏瑞等，1994
GDF43	斜长角闪岩	黄铁矿	2.9	范宏瑞等，1994
FH665	斜长角闪岩	黄铁矿	1.3	范宏瑞等，1994
	平均值	***N*=4**	**3.2**	范宏瑞等，1994
	熊耳群			范宏瑞等，1994
SH6-3	杏仁状安山岩	黄铁矿	4.3	范宏瑞等，1994
SH-22	杏仁状安山岩	黄铁矿	4.6	范宏瑞等，1994
CHm-DF1	杏仁状安山岩	黄铁矿	2.5	范宏瑞等，1994
CHx-DF1	安山岩	黄铁矿	5.4	范宏瑞等，1994
	平均值	***N*=4**	**4.2**	
	宽坪群			
7002-3	碳质绢云母石英片岩	黄铁矿	-1.7	齐文，2002
7002-31	绿帘阳起斜长片岩	黄铁矿	-1.6	齐文，2002
	平均值	***N*=2**	**-1.6**	

5.2.4.3　铷钕铅同位素

1. 样品及测试方法

用于铷钕铅同位素分析的样品包括4件辉钼矿、2件黄铜矿、1件方铅矿和1件磁黄铁矿，分别来自石英-辉钼矿脉和石英-硫化物脉。硫化物样品首先粉碎至60目左右，并经浮选、磁选和手工挑选等方法选出纯度大于99%的单矿物分析样品。

硫化物Rb-Sr、Sm-Nd、U-Th-Pb同位素的分离在北京大学造山带与地壳演化教育部重点实验室完成。通过传统的阳离子交换柱法分离和纯化Rb、Sr、Sm、Nd、U、Pb元素。同位素的测试在天津地质调查中心完成；仪器为新型热电离质谱仪TRITON，90°扇形磁分析器的有效半径为81cm，加速电压10kV时分析质量数范围为3～320amu，分辨率≥450（10%峰谷定义）；灵敏度≥3ion/100μmol或1/500；丰度灵敏度：不带过滤器≤2×10^{-6}，带过滤器≤2×10^{-9}。具体实验原理和流程见濮巍等（2004）。

在样品测试的整个过程中，所测定的Jndi Nd标样、NBS-987 Sr标样、NBS-981 Pb标样的Nd-Sr-Pb同位素比值分别为$^{143}Nd/^{144}Nd=0.512117\pm0.000002$（2σ）、$^{87}Sr/^{86}Sr=0.710275\pm0.000004$（2σ）、$^{206}Pb/^{204}Pb=16.9005\pm0.0034$（2σ）、$^{207}Pb/^{204}Pb=15.4401\pm0.0032$（2σ）、$^{208}Pb/^{204}Pb=36.5307\pm0.0076$（2σ）。

同样流程处理的8cr2国际标样的Nd-Sr同位素比值分别为$^{143}Nd/^{144}Nd=0.512638±0.000001$（2σ）和$^{87}Sr/^{86}Sr=0.705035±0.000003$（2σ）。

2. 锶同位素测试结果

寨凹钼矿床金属硫化物的Sr同位素分析结果见表5.17。表中的$^{87}Rb/^{86}Sr$是根据实测的样品元素含量和同位素比值计算所得，成矿年龄采用辉钼矿Re-Os同位素等时线年龄1.76Ga（详见5.2.5.1节），将测得的$^{87}Sr/^{86}Sr$同位素比值反算回1.76Ga时的$^{87}Sr/^{86}Sr$比值Sr_i(1.76Ga)；初始Sr计算公式：$Sr_i=(^{87}Sr/^{86}Sr)_m-(^{87}Rb/^{86}Sr)_m(e^{t}-1)$。

由表5.17可知，寨凹矿床大部分硫化物的Rb含量较低，而辉钼矿的Rb含量（$2.20×10^{-6}$ ~ $9.33×10^{-6}$）高于其他硫化物（$<1.13×10^{-6}$），导致其$^{87}Rb/^{86}Sr$值变化较大，且Sr_i值不确定性大（Jahn et al., 2000）。上述特征说明硫化物从热液流体中沉淀的时候，对微量元素的吸收具有选择性。因而，虽然所有硫化物的Sr同位素平均值记录了热液系统的同位素组成，但单个样品的Sr_i值却无法准确示踪成因流体（Chen and Arakawa，2005；He et al., 2010）。因此，我们利用硫化物的Sr_i平均值指示成矿物质来源。考虑到样品中的Rb含量较低，硫化物的Sr_i值变化范围如此之大不能仅仅归因于放射性同位素增长（Barker et al., 2009）。外来流体的加入以及水岩反应均可导致Sr同位素沿着流体通道逐渐被围岩所缓冲（Voicu et al., 2000；Barker et al., 2009），以致在成矿系统中呈现明显的不均一性。

寨凹矿床9个硫化物样品的Sr_i值变化为0.64681 ~ 0.77361，平均值为0.70533，这与I型花岗岩及其相关的斑岩型矿床的Sr_i值范围一致，后者分别为0.705 ~ 0.710（徐克勤等，1984）或0.704 ~ 0.712（Chappell and White，1984）。寨凹矿区发育的1.78 ~ 1.75Ga熊耳群火山岩，被解释为形成于大陆边缘弧背景（Deng et al., 2013a及其引文）。寨凹矿床与熊耳群火山岩发育时空一致，指示其相同的构造背景，应具有Sr_i值相似。事实上，熊耳群火山岩的Sr_i值变化为0.70065 ~ 0.70904，平均值为0.70547，显然与寨凹矿床相吻合（图5.28）。

大陆边缘弧背景的火山岩及斑岩成矿系统主要源于两个物质端元：俯冲的洋壳以及主要的大陆岩石圈（如火山弧的基底）（Pirajno，2009）；故其同位素特征应指示两个端元源区。前人研究指出（Zhao et al., 2004，2009；He et al., 2009，2010；Deng et al., 2013a，2013b；陈衍景和富士谷，1992；胡受奚等，1988；贾承造等，1988），以宽坪群为代表的宽坪洋向北俯冲至以太华超群为基底的华熊地块之下，导致了熊耳群火山岩的发育。由表5.17可知，太华超群的Sr_i值为0.70015 ~ 0.71869，平均值为0.70763（N=11）；宽坪群的Sr_i值为0.70046 ~ 0.70938，平均值为0.70334（N=19）。显然，熊耳群火山岩（平均值为0.70547，N=16）和寨凹斑岩矿床（平均值为0.70533，N=9）的Sr_i值介于太华超群和宽坪群之间（图5.28）。因此，Sr同位素特征指示熊耳群和寨凹矿床均形成于大陆边缘弧背景，是宽坪洋在约1.76Ga向北俯冲的产物。

表5.17　寨凹钼矿床金属硫化物及相关地质体Sr同位素组成

样品号	矿物/岩石	$Rb/10^{-6}$	$Sr/10^{-6}$	$^{87}Rb/^{86}Sr$	$^{87}Sr/^{86}Sr$	2σ	Sr_i	资料来源
	矿石硫化物							
LJM01	辉钼矿	5.70	2.11	7.9387	0.857328	14	0.65642	Deng et al., 2013b
LJM02	辉钼矿	9.33	5.36	5.0927	0.823318	13	0.69444	Deng et al., 2013b
LJM04-1	辉钼矿	4.14	1.62	7.4638	0.835697	17	0.64681	Deng et al., 2013b
YP13	辉钼矿	2.20	1.16	5.5552	0.798846	11	0.65826	Deng et al., 2013b
LJM04-2	方铅矿	0.29	6.42	0.1329	0.737127	16	0.73376	Deng et al., 2013b
LJM04-3	黄铜矿	0.87	1.80	1.4098	0.809290	6	0.77361	Deng et al., 2013b
YP18	黄铜矿	0.70	7.73	0.2613	0.756324	7	0.74971	Deng et al., 2013b
YP31a	磁黄铁矿	1.13	4.03	0.8135	0.738086	9	0.71750	Deng et al., 2013b

续表

样品号	矿物/岩石	Rb/10^{-6}	Sr/10^{-6}	$^{87}Rb/^{86}Sr$	$^{87}Sr/^{86}Sr$	2σ	Sr_i	资料来源
YP31b	磁黄铁矿	1.13	4.03	0.8135	0.738019	4	0.71743	Deng et al., 2013b
平均值	**(*N*=9)**				**0.788226**		**0.70533**	
	太华超群							
QL0701	黑云母片麻岩	45.0	481	0.2698	0.713757		0.70693	Xu et al., 2009
WRS-1	斜长角闪片麻岩	3.13	13.8	0.2270	0.707678		0.70193	栾世伟等, 1985
WRS-2	混合岩	49.6	31.1	1.5931	0.740531		0.70021	栾世伟等, 1985
WRS-3	条带混合岩	40.7	20.2	2.0112	0.768086		0.71719	栾世伟等, 1985
YT-81	斜长角闪片麻岩	17.0	28.3	0.6011	0.727841		0.71263	栾世伟等, 1985
YT-82	条带混合岩	57.4	13.4	4.2720	0.816888		0.70878	栾世伟等, 1985
YT-83	角闪片麻岩	18.3	12.7	1.4486	0.745068		0.70841	栾世伟等, 1985
YT-84	条带混合岩	40.7	11.4	3.5774	0.797062		0.70653	栾世伟等, 1985
YT-85	条带混合岩	68.7	16.0	4.2806	0.808479		0.70015	栾世伟等, 1985
YT-87	条痕混合岩	8.40	8.88	0.9458	0.726436		0.70250	栾世伟等, 1985
YT-88	斜长角闪片麻岩	57.4	15.9	3.6092	0.810030		0.71869	栾世伟等, 1985
平均值	**(*N*=11)**						**0.70763**	
	熊耳群							
002-1	玄武安山岩	45.9	298	0.4458	0.718764		0.70748	He et al., 2010
002-2	玄武安山岩	27.1	286	0.2748	0.713325		0.70637	He et al., 2010
009-3	玄武安山岩	67.1	335	0.5805	0.720274		0.70558	He et al., 2010
012-2	安山岩	67.5	291	0.6723	0.721875		0.70486	He et al., 2010
020-1	安山岩	44.3	466	0.2753	0.713530		0.70656	He et al., 2010
024-2	玄武安山岩	40.8	234	0.5057	0.717008		0.70421	He et al., 2010
018-2	流纹英安岩	42.0	244	0.4999	0.718543		0.70589	He et al., 2010
111-1	安山岩	69.3	236	0.8527	0.730580		0.70900	He et al., 2010
129-1	英安岩	55.1	354	0.4503	0.717541		0.70615	He et al., 2010
X-1	高钾玄武安山岩			1.0040	0.727168		0.70176	赵太平, 2000
X-6	高钾玄武安山岩			0.8792	0.722901		0.70065	赵太平, 2000
X-7	高钾玄武安山岩			0.7335	0.727601		0.70904	赵太平, 2000
WF-9	橄榄玄粗岩			0.7081	0.723507		0.70559	赵太平, 2000
JY-5	安粗岩			0.7971	0.724808		0.70464	赵太平, 2000
ZD-32	玄武安山岩			0.6570	0.720915		0.70429	赵太平, 2000
平均值	***N*=16**						**0.70547**	
	宽坪群							
Q8654	钠长阳起片岩	3.40	167	0.0590	0.705540		0.70405	张宗清等, 1994
Q8656	钠长阳起片岩	1.97	349	0.0160	0.704820		0.70442	张宗清等, 1994
Q8661	钠长阳起片岩	5.58	349	0.0460	0.703660		0.70250	张宗清等, 1994
Q8663	钠长阳起片岩	21.0	447	0.1360	0.704350		0.70091	张宗清等, 1994
Q86102	斜长角闪岩	1.18	149	0.0230	0.701200		0.70062	张宗清等, 1994

续表

样品号	矿物/岩石	Rb/10^{-6}	Sr/10^{-6}	$^{87}Rb/^{86}Sr$	$^{87}Sr/^{86}Sr$	2σ	Sr_i	资料来源
Q86103	斜长角闪岩	0.96	100	0.0280	0.702400		0.70169	张宗清等，1994
Q86105	斜长角闪岩	4.47	94.8	0.1360	0.703900		0.70046	张宗清等，1994
Q86107	斜长角闪岩	2.26	71.6	0.0920	0.704500		0.70217	张宗清等，1994
Q8853	斜长角闪岩	2.49	62.1	0.1160	0.706700		0.70376	张宗清等，1994
Q8854	斜长角闪岩	3.13	99.2	0.0910	0.704000		0.70170	张宗清等，1994
Q8855	斜长角闪岩	2.08	207	0.0290	0.703700		0.70297	张宗清等，1994
Q8684	斜长角闪岩	2.99	181	0.0477	0.704650		0.70344	张宗清等，1994
Q8685	斜长角闪岩	1.82	52.3	0.1007	0.705190		0.70264	张宗清等，1994
Q8686	斜长角闪岩	2.38	150	0.0461	0.705010		0.70384	张宗清等，1994
Q8687	斜长角闪岩	3.45	110	0.0910	0.707370		0.70507	张宗清等，1994
Q8688	斜长角闪岩	3.06	96.8	0.0916	0.708490		0.70617	张宗清等，1994
Q8689	斜长角闪岩	2.53	649	0.0113	0.709670		0.70938	张宗清等，1994
Q8840	斜长角闪岩	1.93	102	0.0549	0.704530		0.70314	张宗清等，1994
Q8841	斜长角闪岩	3.04	432	0.0204	0.704980		0.70446	张宗清等，1994
平均值	***N*=19**						**0.70334**	

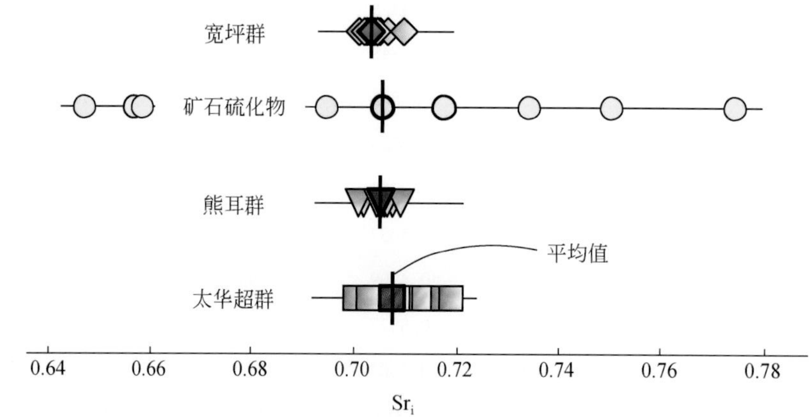

图 5.28　寨凹钼矿床金属硫化物及相关地质体 Sr 同位素组成（Deng et al.，2013b）

3. 钕同位素测试结果

寨凹钼矿床金属硫化物 Nd 同位素分析结果见表 5.18。表中的$^{147}Sm/^{144}Nd$是根据实测的样品元素含量和同位素比值计算所得，成矿年龄采用辉钼矿 Re-Os 同位素等时线年龄 1.76Ga（详见 5.2.5.1），将测得的$^{143}Nd/^{144}Nd$同位素比值反算回 1.76Ga 时的（$^{143}Nd/^{144}Nd$）$_{i(1.76Ga)}$和 $\varepsilon_{Nd}(t)$ 值；初始 Nd 计算公式：（$^{143}Nd/^{144}Nd$）$_{i(1.76Ga)}$=（$^{143}Nd/^{144}Nd$）$_m$-（$^{147}Sm/^{144}Nd$）$_m$（$e^{\lambda t}-1$）。计算过程中，球粒陨石（CHUR）的 Nd 同位素参数采用$^{143}Nd/^{144}Nd$ = 0.512638（Goldstein et al.，1984），$^{147}Sm/^{144}Nd$ = 0.1967（Jacobsen and Wasserburg，1980）。

由表 5.18 可知，8 件硫化物样品的 Sm、Nd 含量分别为 $0.05\times10^{-6}\sim14.7\times10^{-6}$和 $0.28\times10^{-6}\sim59.6\times10^{-6}$，其$^{143}Nd/^{144}Nd$、（$^{143}Nd/^{144}Nd$）$_i$、$\varepsilon_{Nd}$(1.76Ga) 值分别为 0.511433 ~ 0.513096、0.509340 ~ 0.510976、-20.0 ~ 12.1，指示热液成矿过程中，寨凹矿床的 Nd 同位素组成变得不均一。但硫化物样品的 ε_{Nd}(1.76Ga) 平均值为 0.9，介于太华超群（-6.8，N=6）和宽坪群之间（7.4，N=29）（图 5.29）。

类似于Sr同位素，Nd同位素同样显示寨凹矿床成矿流体和物质来源于俯冲洋壳与大陆壳的混合，后者分别以宽坪群和太华超群为代表（图5.29）。

因此，上述Sr-Nd同位素结果表明，水岩反应过程中，围岩太华超群必然作为成矿物质端元之一，那么，与围岩发生水岩反应而成矿的另一物质端元应具有ε_{Nd}(1.76Ga)>0.9、Sr_i<0.70533的特征，显然，宽坪群完全满足此要求，即成矿流体和物质来源于向北俯冲的宽坪洋壳（图5.30）。

此外，熊耳群的ε_{Nd}(1.76Ga)值为-7.7，不但低于寨凹矿床，也低于宽坪群（表5.18），指示与寨凹矿床相比，熊耳群的形成需要更多的富集岩石圈地幔的贡献，可能由俯冲的宽坪洋壳变质脱水所致。

表5.18 寨凹钼矿床金属硫化物及相关地质体Nd同位素组成

样品号	岩石/矿物	$Sm/10^{-6}$	$Nd/10^{-6}$	$^{147}Sm/^{144}Nd$	$^{143}Nd/^{144}Nd$	2σ	$(^{143}Nd/^{144}Nd)_i^{\#}$	$\varepsilon_{Nd}(t)^{\#}$	数据来源
	矿石硫化物								
LJM01	辉钼矿	14.7	35.1	0.2533	0.513015	8	0.510083	-5.4	Deng et al., 2013b
LJM04-1	辉钼矿	9.00	21.5	0.2531	0.513096	2	0.510165	-3.8	Deng et al., 2013b
YP13	辉钼矿	6.75	13.4	0.3046	0.512866	2	0.509340	-20.0	Deng et al., 2013b
LJM04-2	方铅矿	0.05	0.28	0.1079	0.511499	5	0.510249	-2.2	Deng et al., 2013b
YP18a	黄铜矿	5.46	59.6	0.0554	0.511617	27	0.510976	12.1	Deng et al., 2013b
YP18b	黄铜矿	5.46	59.6	0.0554	0.511433	6	0.510792	8.5	Deng et al., 2013b
YP31a	磁黄铁矿	2.64	29.2	0.0546	0.511453	15	0.510822	9.0	Deng et al., 2013b
YP31b	磁黄铁矿	2.64	29.2	0.0546	0.511446	3	0.510814	8.9	Deng et al., 2013b
平均值	***N*=8**				**0.512053**		**0.510405**	**0.9**	
	太华超群								
DH0812	片麻岩	5.89	25.6	0.1391	0.511361		0.509751	-12.0	Ni et al., 2012
DH0815	片麻岩	15.6	111	0.0849	0.510886		0.509903	-9.0	Ni et al., 2012
DH0816	片麻岩	3.06	15.7	0.1178	0.511501		0.510137	-4.4	Ni et al., 2012
ZK-628	片麻岩	1.96	10.3	0.1150	0.511313		0.509982	-7.4	Ni et al., 2012
Q1	角闪石岩	2.68	11.7	0.1380	0.511846	12	0.510249	-2.2	Xu et al., 2009
QL0701	黑云母片麻岩	1.72	11.6	0.0899	0.511112	16	0.510071	-5.7	Xu et al., 2009
平均值	***N*=6**				**0.511337**		**0.510016**	**-6.8**	
	熊耳群								
08-6-2	粗面岩	4.85	19.3	0.1520	0.511578	4	0.509818	-10.6	柳晓艳等，2011
08-6-3	粗面岩	6.37	31.3	0.1231	0.511372	2	0.509947	-8.1	柳晓艳等，2011
08-6-4	粗面岩	9.09	35.6	0.1543	0.511340	2	0.509554	-15.8	柳晓艳等，2011
002-1	玄武安山岩	7.18	34.8	0.1249	0.511457	15	0.510011	-6.9	He et al., 2010
002-2	玄武安山岩	7.41	36.1	0.1241	0.511447	13	0.510010	-6.9	He et al., 2010
009-3	玄武安山岩	8.25	40.9	0.1220	0.511444	13	0.510032	-6.5	He et al., 2010
012-2	安山岩	8.78	46.0	0.1156	0.511316	14	0.509978	-7.5	He et al., 2010
020-1	安山岩	7.14	36.9	0.1169	0.511353	12	0.510000	-7.1	He et al., 2010
024-2	玄武安山岩	4.74	24.1	0.1189	0.511353	10	0.509977	-7.5	He et al., 2010
018-2	流纹英安岩	8.25	41.5	0.1202	0.511334	13	0.509942	-8.2	He et al., 2010
106-2	安山岩	13.6	76.6	0.1071	0.511168	13	0.509928	-8.5	He et al., 2010
111-1	安山岩	7.44	39.4	0.1143	0.511236	12	0.509913	-8.8	He et al., 2010

续表

样品号	岩石/矿物	Sm/10^{-6}	Nd/10^{-6}	$^{147}Sm/^{144}Nd$	$^{143}Nd/^{144}Nd$	2σ	$(^{143}Nd/^{144}Nd)_i^{\#}$	$\varepsilon_{Nd}(t)^{\#}$	数据来源
129-1	英安岩	6. 57	33. 8	0. 1177	0. 511284	8	0. 509921	−8. 6	He et al., 2010
X-1	粗面安山岩	11. 5	86. 6	0. 1332	0. 511430	10	0. 509888	−9. 3	赵太平, 2000
X-2	粗面安山岩	11. 5	91. 7	0. 1256	0. 511381	9	0. 509927	−8. 5	赵太平, 2000
X-3	粗面安山岩	12. 9	106	0. 1212	0. 511363	11	0. 509960	−7. 9	赵太平, 2000
X-4	粗面安山岩	11. 3	108	0. 1048	0. 511287	12	0. 510074	−5. 6	赵太平, 2000
X-5	粗面安山岩	9. 60	81. 5	0. 1178	0. 511380	12	0. 510016	−6. 8	赵太平, 2000
X-6	粗面安山岩	9. 85	90. 5	0. 1089	0. 511310	13	0. 510049	−6. 1	赵太平, 2000
X-7	粗面安山岩	10. 8	96. 7	0. 1111	0. 511350	10	0. 510064	−5. 8	赵太平, 2000
WF-9	粗面安山岩	9. 86	88. 0	0. 1120	0. 511232	7	0. 509935	−8. 3	赵太平, 2000
JY-5	粗面安山岩	7. 62	69. 0	0. 1104	0. 511156	13	0. 509878	−9. 5	赵太平, 2000
ZD-32	玄武安山岩	4. 75	41. 4	0. 1147	0. 511285	11	0. 509957	−7. 9	赵太平, 2000
SY-33	玄武安山岩	7. 32	62. 0	0. 1182	0. 511401	19	0. 510033	−6. 4	赵太平, 2000
JY-11	流纹岩	12. 3	116	0. 1056	0. 511146	11	0. 509923	−8. 6	赵太平, 2000
JY-6	流纹岩	12. 6	122	0. 1033	0. 511134	6	0. 509938	−8. 3	赵太平, 2000
XS-25	辉石闪长岩	11. 3	107	0. 1059	0. 511082	8	0. 509856	−9. 9	赵太平, 2000
平均值	***N*=27**				**0. 511319**		**0. 509969**	**−7. 7**	
	宽坪群								
Q8654	钠长阳起片岩	2. 31	7. 57	0. 1843	0. 512809	12	0. 510675	6. 2	张宗清等, 1994
Q8655	钠长阳起片岩	2. 19	6. 82	0. 1943	0. 512958	9	0. 510709	6. 8	张宗清等, 1994
Q8656	钠长阳起片岩	2. 05	6. 28	0. 1976	0. 512981	8	0. 510693	6. 5	张宗清等, 1994
Q8661	钠长阳起片岩	2. 46	7. 44	0. 1997	0. 512897	10	0. 510585	4. 4	张宗清等, 1994
Q8662	钠长阳起片岩	1. 99	6. 43	0. 1873	0. 512862	7	0. 510694	6. 5	张宗清等, 1994
Q8663	钠长阳起片岩	6. 06	17. 8	0. 2059	0. 512916	9	0. 510532	3. 4	张宗清等, 1994
Q8665	钠长阳起片岩	10. 2	46. 6	0. 1329	0. 512549	9	0. 511010	12. 7	张宗清等, 1994
Q8666	钠长阳起片岩	10. 5	46. 1	0. 1382	0. 51252	5	0. 510920	11. 0	张宗清等, 1994
Q8667	钠长阳起片岩	2. 42	8. 07	0. 1813	0. 512838	6	0. 510739	7. 4	张宗清等, 1994
Q8668	钠长阳起片岩	2. 50	8. 03	0. 1886	0. 512815	13	0. 510632	5. 3	张宗清等, 1994
Q8669	钠长阳起片岩	2. 53	8. 02	0. 1908	0. 512852	7	0. 510643	5. 5	张宗清等, 1994
Q8808	钠长阳起片岩	8. 43	41. 0	0. 1243	0. 512512	3	0. 511073	14. 0	张宗清等, 1994
Q8811	钠长阳起片岩	3. 38	11. 7	0. 1749	0. 512732	3	0. 510707	6. 8	张宗清等, 1994
Q86102	斜长角闪岩	1. 74	5. 24	0. 2013	0. 512886	9	0. 510556	3. 8	张宗清等, 1994
Q86103	斜长角闪岩	2. 19	6. 63	0. 2001	0. 512869	19	0. 510552	3. 8	张宗清等, 1994
Q86104	斜长角闪岩	2. 10	6. 66	0. 1908	0. 512902	14	0. 510693	6. 5	张宗清等, 1994
Q86105	斜长角闪岩	3. 39	10. 5	0. 1953	0. 512839	47	0. 510578	4. 3	张宗清等, 1994
Q86106	斜长角闪岩	1. 92	6. 32	0. 1837	0. 512856	12	0. 510729	7. 2	张宗清等, 1994
Q86107	斜长角闪岩	1. 88	5. 72	0. 1987	0. 512879	12	0. 510579	4. 3	张宗清等, 1994
Q8852-1	斜长角闪岩	8. 30	40. 5	0. 1239	0. 512313	17	0. 510879	10. 1	张宗清等, 1994
Q8852-2	斜长角闪岩	8. 03	40. 1	0. 1211	0. 512294	8	0. 510892	10. 4	张宗清等, 1994

续表

样品号	岩石/矿物	Sm/10^{-6}	Nd/10^{-6}	$^{147}Sm/^{144}Nd$	$^{143}Nd/^{144}Nd$	2σ	$(^{143}Nd/^{144}Nd)_i^{\#}$	$\varepsilon_{Nd}(t)^{\#}$	数据来源
Q8852-3	斜长角闪岩	7.45	36.3	0.1243	0.512312	15	0.510873	10.0	张宗清等，1994
Q8852-4	斜长角闪岩	7.51	36.9	0.1231	0.512295	13	0.510870	10.0	张宗清等，1994
Q8852-5	斜长角闪岩	6.97	34.9	0.1207	0.512282	15	0.510885	10.3	张宗清等，1994
Q8852-6	斜长角闪岩	7.92	38.9	0.1232	0.512292	12	0.510866	9.9	张宗清等，1994
Q8852-7	斜长角闪岩	7.92	39.7	0.1205	0.512281	17	0.510886	10.3	张宗清等，1994
Q8853	斜长角闪岩	1.99	6.03	0.1998	0.512957	20	0.510644	5.5	张宗清等，1994
Q8854	斜长角闪岩	3.51	11.1	0.1909	0.512920	11	0.510710	6.8	张宗清等，1994
Q8855	斜长角闪岩	2.67	8.12	0.1986	0.512860	25	0.510561	3.9	张宗清等，1994
平均值	***N*=29**				**0.512699**		**0.510737**	**7.4**	

注：# 按 t=1.76Ga 反算。数据中的 Sm 含量实为^{147}Sm 含量，Nd 含量为^{144}Nd 含量。

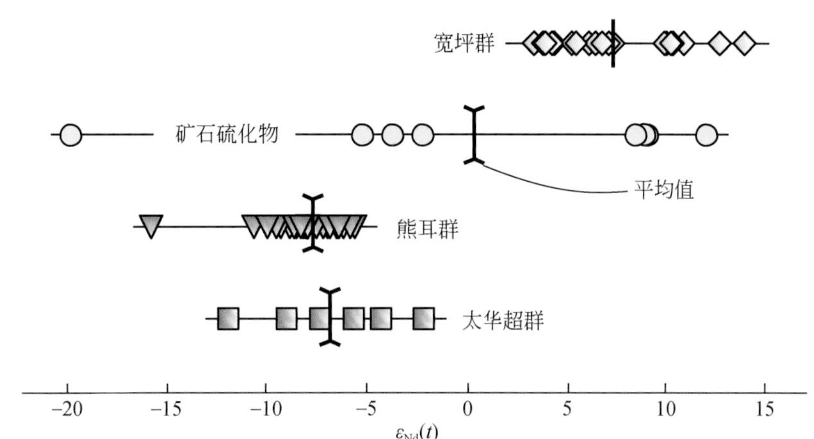

图 5.29　寨凹钼矿床金属硫化物及相关地质体 Nd 同位素组成（Deng et al.，2013b）

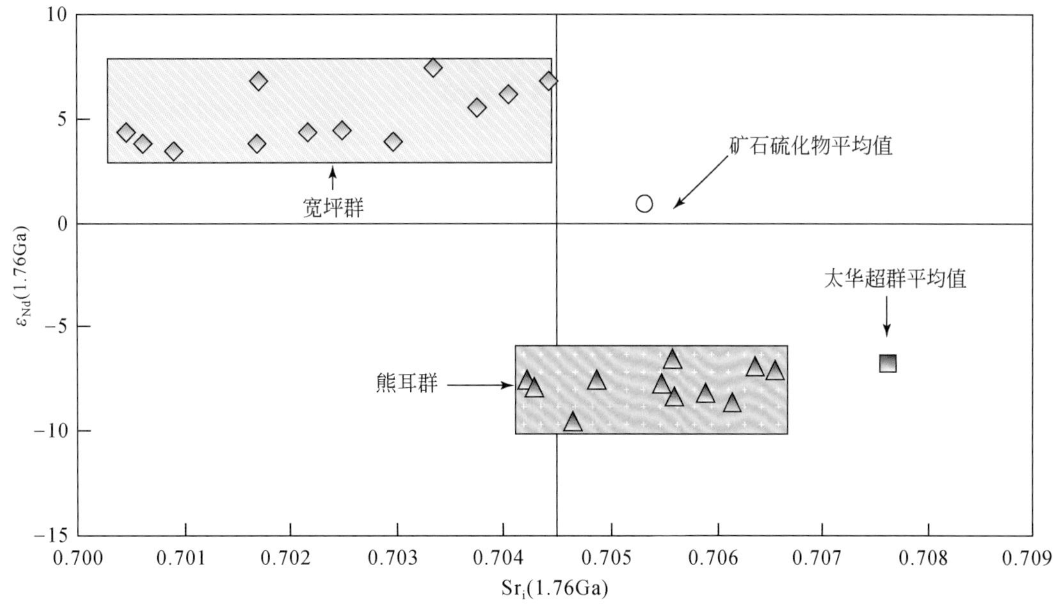

图 5.30　寨凹钼矿床 ε_{Nd}(1.76Ga) -Sr_i(1.76Ga) 图解（Deng et al.，2013b）

4. 铅同位素测试结果

寨凹钼矿床金属硫化物的 Pb 同位素分析结果见表 5.19。对于（$^{208}Pb/^{204}Pb$）$_i$、（$^{207}Pb/^{204}Pb$）$_i$ 和（$^{206}Pb/^{204}Pb$）$_i$，首先根据样品的 U、Th、Pb 含量和实测 $^{208}Pb/^{204}Pb$、$^{207}Pb/^{204}Pb$、$^{206}Pb/^{204}Pb$ 值计算出样品的 $^{238}U/^{204}Pb$、$^{235}U/^{204}Pb$、$^{232}Th/^{204}Pb$ 值，然后扣除样品在 1.76Ga 以来积累的放射性成因铅，得到 1.76Ga 时的铅同位素比值。

从表 5.19 可见，金属硫化物的 $^{206}Pb/^{204}Pb$ = 17.825 ~ 19.563，$^{207}Pb/^{204}Pb$ = 15.466 ~ 15.731，$^{208}Pb/^{204}Pb$ = 36.914 ~ 38.655，平均值分别为 18.568、15.592、37.772；由其计算的（$^{206}Pb/^{204}Pb$）$_i$ = 17.741 ~ 19.547、（$^{207}Pb/^{204}Pb$）$_i$ = 15.466 ~ 15.729，（$^{208}Pb/^{204}Pb$）$_i$ = 36.908 ~ 38.629，平均值分别为 18.513、15.586、37.755；相对于 Pb，硫化物的 U 和 Th 含量较低，其反算后的 Pb 同位素比值并无太明显的变化，因此，硫化物的 Pb 同位素可以用来示踪成矿物质来源。

熊耳群火山岩 $^{208}Pb/^{204}Pb$、$^{207}Pb/^{204}Pb$、$^{206}Pb/^{204}Pb$ 值范围较窄，平均值分别为 16.682、15.357、37.013，指示其来源和成因的一致性。太华超群样品的铅同位素组成则较发散，覆盖了熊耳群样品，并且部分数据与寨凹矿床硫化物样品叠加在一起（图 5.31）。与熊耳群以及大部分太华超群样品相比，寨凹硫化物的 $^{208}Pb/^{204}Pb$、$^{207}Pb/^{204}Pb$、$^{206}Pb/^{204}Pb$ 值明显偏高（表 5.19；图 5.31），指示其成因不同。由图 5.31 可知，寨凹矿床的硫化物样品穿过地幔、造山带以及上地壳线，指示铅来源复杂。考虑到硫化物是水岩反应的产物，而太华超群作为寨凹钼矿的直接围岩，应是寨凹矿床的主要物质来源之一。

流体包裹体研究显示，寨凹成矿流体主要源于俯冲洋壳变质脱水所产生的岩浆（Deng et al., 2013a）。在寨凹矿床形成期间，成矿流体不可避免地淋滤围岩太华超群，导致其继承太华超群的铅同位素特征。与铅同位素分析过程中常见的逐步淋滤效应类似，在水岩反应过程中，放射性铅同位素优先从围岩中淋滤并富集于流体中（Frei et al., 1998；彭渤等，2006），这也是寨凹矿床硫化物铅同位素高于围岩太华超群的原因。

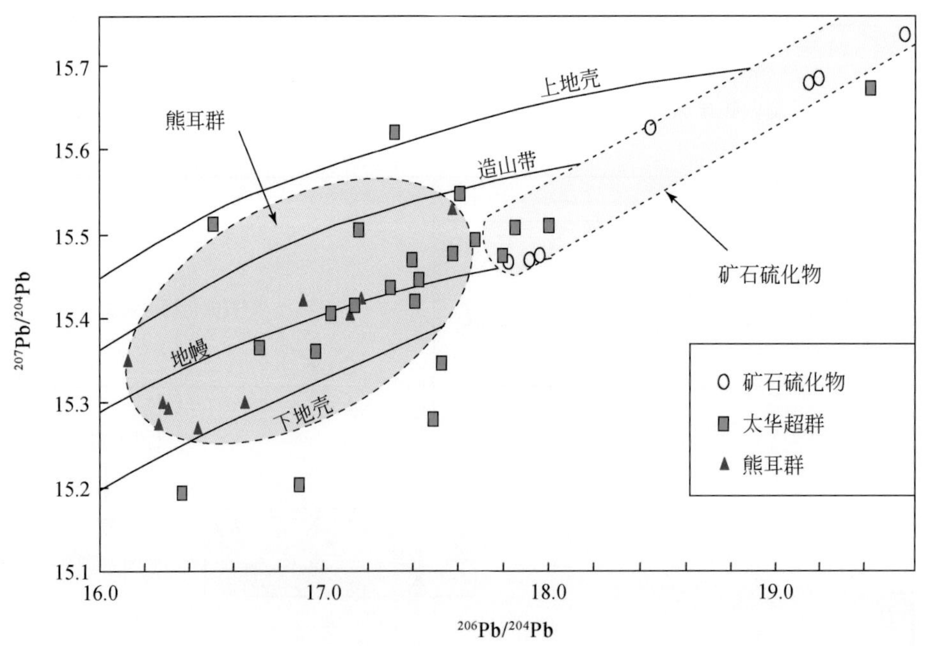

图 5.31 寨凹钼矿床和相关地质体铅同位素构造模式图（Deng et al., 2013b；底图据 Zartman and Doe，1981）

表5.19 寨凹钼矿床金属硫化物及相关地质体铅同位素组成

样品号	岩石/矿物	$^{208}Pb/^{204}Pb$	$^{207}Pb/^{204}Pb$	$^{206}Pb/^{204}Pb$	$Pb/10^{-6}$	$Th/10^{-6}$	$U/10^{-6}$	$(^{208}Pb/^{204}Pb)_i^{\#}$	$(^{207}Pb/^{204}Pb)_i^{\#}$	$(^{206}Pb/^{204}Pb)_i^{\#}$	资料来源
	矿石硫化物										
LJM01a	辉钼矿，石英-辉钼矿脉	36.932	15.488	17.876	317	0.33	2.14	36.927	15.473	17.746	Deng et al., 2013b
LJM01b	辉钼矿，石英-辉钼矿脉	36.914	15.482	17.872	317	0.33	2.14	36.908	15.468	17.741	Deng et al., 2013b
LJM04-1a	辉钼矿，石英-辉钼矿脉	38.336	15.678	19.197	313	0.08	0.82	38.300	15.673	19.144	Deng et al., 2013b
LJM04-1b	辉钼矿，石英-辉钼矿脉	38.323	15.674	19.193	313	0.08	0.82	38.300	15.668	19.140	Deng et al., 2013b
LJM04-2	方铅矿，石英-硫化物脉	38.229	15.466	17.825	450399	0.07	0.04	38.229	15.466	17.825	Deng et al., 2013b
LJM04-3	黄铜矿，石英-硫化物脉	38.655	15.731	19.563	45.7	0.20	0.04	38.629	15.729	19.547	Deng et al., 2013b
YP31	磁黄铁矿，石英-硫化物脉	37.015	15.627	18.450	656	2.44	0.09	36.994	15.627	18.447	Deng et al., 2013b
平均值	***N*=7**	**37.772**	**15.593**	**18.568**				**37.755**	**15.586**	**18.513**	
	太华超群										
DH-08-08	斜长角闪片麻岩	37.863	15.454	17.548	62.7	4.40	2.67	37.453	15.365	16.718	Ni et al., 2012
DH-08-12	斜长角闪片麻岩	37.506	15.429	17.272	159	1.78	1.05	37.441	15.415	17.144	Ni et al., 2012
DH-08-16	斜长角闪片麻岩	37.538	15.454	17.511	72.5	0.49	0.30	37.499	15.445	17.431	Ni et al., 2012
ZK-628	斜长角闪片麻岩	37.645	15.417	17.138	378	14.6	2.03	37.422	15.406	17.034	Ni et al., 2012
TH1	斜长角闪岩	37.821	15.491	17.679							聂凤军等，2001
TH2	斜长角闪岩	37.993	15.475	17.579							聂凤军等，2001
TH3	斜长角闪岩	37.571	15.436	17.304							聂凤军等，2001
TH4	斜长片麻岩	38.339	15.509	18.005							聂凤军等，2001
TH5	斜长片麻岩	38.186	15.506	17.861							聂凤军等，2001
TH6	斜长片麻岩	38.089	15.473	17.804							聂凤军等，2001
TH7	斜长角闪岩	37.929	15.419	17.411							聂凤军等，2001
	黑云斜长片麻岩	38.174	15.469	17.400							范宏瑞等，1994
	黑云斜长片麻岩	37.526	15.188	15.406							范宏瑞等，1994
	角闪斜长片麻岩	36.266	15.512	16.511							范宏瑞等，1994
	金云母角闪岩	37.775	15.359	16.968							范宏瑞等，1994
	斜长角闪岩	37.654	15.547	17.609							范宏瑞等，1994
	角闪斜长片麻岩	38.569	15.345	17.530							范宏瑞等，1994
Ar1	片麻岩	37.746	15.504	17.162							Chen et al., 2009
B1501	混合岩	36.475	15.354	15.787							Chen et al., 2009
B1503	片麻岩	36.266	15.512	16.511							Chen et al., 2009
	角闪石片麻岩	41.260	15.667	19.428							Chen et al., 2009
	角闪石片麻岩	38.569	15.345	17.530							Chen et al., 2009
	片麻岩	37.839	15.279	17.495							Chen et al., 2009
	黑云母片麻岩	38.174	15.469	17.400							Chen et al., 2009
	斜长角闪岩	37.973	15.620	17.322							Chen et al., 2009
	混合岩	37.242	15.203	16.892							Chen et al., 2009
	伟晶岩	35.902	15.192	16.368							Chen et al., 2009
平均值	***N*=27**	**37.746**	**15.426**	**17.233**							

续表

样品号	岩石/矿物	$^{208}Pb/^{204}Pb$	$^{207}Pb/^{204}Pb$	$^{206}Pb/^{204}Pb$	$Pb/10^{-6}$	$Th/10^{-6}$	$U/10^{-6}$	$(^{208}Pb/^{204}Pb)_i^{\#}$	$(^{207}Pb/^{204}Pb)_i^{\#}$	$(^{206}Pb/^{204}Pb)_i^{\#}$	资料来源
	熊耳群										
	安山岩	36.047	15.300	16.279							Chen et al., 2009
ZD-32	高钾玄武安山岩	36.672	15.294	16.303							赵太平，2000
SY-33	高钾玄武安山岩	37.784	15.529	17.577							赵太平，2000
WF-9	橄榄玄粗岩	36.443	15.349	16.125							赵太平，2000
JY-11	高钾安山岩	37.267	15.275	16.258							赵太平，2000
JY-5	粗面安山岩	38.861	15.424	17.164							赵太平，2000
	大斑安山岩	36.346	15.421	16.907							范宏瑞等，1994
	安山岩	36.876	15.300	16.647							范宏瑞等，1994
	杏仁安山岩	36.489	15.271	16.439							范宏瑞等，1994
	安山岩	37.345	15.405	17.116							范宏瑞等，1994
平均值	***N*=10**	**37.013**	**15.357**	**16.682**							

5.2.4.4 成矿物质来源

氢氧同位素研究表明，寨凹初始成矿流体的 $\delta^{18}O$ 值为 6.5‰～7.7‰，平均值为 7.2‰；δD 值为 -60‰～-48‰，平均值为-54‰，落入岩浆水的范围；而晚阶段 $\delta^{18}O$ 和 δD 值逐渐降低，表明成矿流体由岩浆水逐渐演化为大气降水。硫同位素表明，早阶段硫化物的 $\delta^{34}S$ 值介于围岩太华超群和宽坪群之间，指示初始成矿流体应源于宽坪群与太华超群的混合。锶钕同位素结果表明，水岩反应过程中，围岩太华超群作为成矿物质来源端元之一，另一物质端元应具有 $\varepsilon_{Nd}(1.76Ga)>0.9$、$Sr_i<0.70533$ 的特征，指示成矿物质可能源于向北俯冲的宽坪洋壳。而铅同位素研究结果显示，成矿流体淋滤围岩太华超群过程中，因放射性铅优先富集于流体中，矿石铅同位素高于围岩太华超群。

综上所述，成矿物质应源于宽坪群与太华超群的混合。以宽坪群为代表的宽坪洋向北俯冲至以太华超群为基底的华熊地块之下，导致了寨凹矿床的形成以及熊耳群火山岩的发育。

5.2.5 成矿年代学

为厘定矿床成矿作用时代，本书对寨凹钼矿床的辉钼矿开展了 Re-Os 同位素定年，对石英脉中热液蚀变矿物白云母进行了 Ar-Ar 测年工作。

5.2.5.1 辉钼矿 Re-Os 同位素定年

由于 Re-Os 同位素体系独特的地球化学性质，目前已发展成为硫化物矿床，特别是钼矿床直接定年和示踪的最有效手段（杜安道等，1994；Mao et al.，2008）。

1. 样品与测试

本次研究共采集 6 件矿石样品进行 Re-Os 同位素年龄测定，其中李家沟矿脉 5 件，碾盘沟矿脉 1 件（表 5.20）。采样位置利用便携式 GPS 定位，具体采样位置和样品特征见图 5.18、表 5.20。采样过程中综合考虑了各种影响因素，兼顾了矿石类型、品位差异及出露位置等，因此，样品的代表性较好。

样品经粉碎、分离、粗选和精选，获得了纯度>99% 的辉钼矿单矿物。辉钼矿样品分解和 Re、Os 纯化前处理等工作在中国科学院广州地球化学研究所同位素年代学和地球化学重点实验室完成，Re、Os 含量 ICP-MS 分析在长安大学成矿作用及其动力学开放研究实验室完成，仪器型号为 X-7 型 ICP-MS，由美国热电公司生产。样品化学前处理及测试方法主要参考杜安道等（1994），并在此基础上进行了部分改进：①称样后，依次加入 NaOH 和 Na_2O_2，置于马弗炉熔融，避免了原分解技术称样后，加 Na_2O_2熔融之前，只用 NaOH 与样品熔融时伴有的喷溅现象；②丙酮萃取 Re 后，有机相直接置于电热板上加热挥发，取代了三氯甲烷和水反萃取 Re 步骤；③从分解样品中分离纯化 Os，采用 $NaClO_4$ 氧化剂，替代了较贵的 $Ce(SO_4)_2$。因 Os 含量低，辉钼矿 Re-Os 年龄数据的可靠性关键取决于 Os 分析数据的质量。以 Os 最高价态氧化物 OsO_4水溶液进样，Os 的 ICPMS 测定灵敏度被提高了 40 倍以上（Sun et al., 2010），从而获得了准确的 Os 分析数据。实验采用国家标准物质 GBW04435 和 GBW04436 为标样，监控化学流程和分析数据的可靠性。

表 5.20 寨凹钼矿辉钼矿 Re-Os 定年样品特征（邓小华等，2009b）

序号	样号	采样位置	矿石类型	样品特征
1	LG-02	李家沟采场	石英脉型钼矿石	团块状辉钼矿产于石英中
2	LG-03	李家沟采场	石英脉型钼矿石	团块状辉钼矿产于石英中
3	LG-06	李家沟采场	围岩型钼矿石	叶片状辉钼矿产于围岩表面（图 5.19C）
4	LG-07	李家沟采场	石英脉型钼矿石	团块状辉钼矿产于石英中（图 5.19E）
5	LG-22	李家沟采钼矿脉	围岩型钼矿石	团块状辉钼矿产于围岩表面
6	YP-13	碾盘沟采钼平硐	石英脉型钼矿石	团块状辉钼矿产于石英中

2. 测试结果

寨凹矿床 6 件辉钼矿样品的 Re-Os 测试结果列于表 5.21。辉钼矿中 Re 的含量在 1.05×10^{-6} ~ 42.99×10^{-6}之间，^{187}Os 含量在 19.71×10^{-9} ~ 812.9×10^{-9}之间，Re 与^{187}Os 含量变化协调。6 件辉钼矿的模式年龄介于 1734.5±22.3 ~ 1787.9±30.1Ma 之间。采用^{187}Re 衰变常数 $\lambda = 1.666\times10^{-11}\ a^{-1}$（Smoliar et al., 1996），利用 ISOPLOT 软件（Model 3，Ludwig，1999）将 6 件数据回归成一条直线，求得等时线年龄为 1761±33Ma（2σ 误差，MSWD=2.9；图 5.32A），模式年龄的加权平均值为 1757±24Ma（2σ 误差，MSWD=2.5；图 5.32B），二者在误差范围内一致。从 MSWD 值及拟合概率来看，等时线年龄和加权平均模式年龄都是可靠的。^{187}Os 初始值为 $0.1\times10^{-9}\pm2.9\times10^{-9}$，接近于 0，表明辉钼矿形成时几乎不含^{187}Os，辉钼矿中的^{187}Os 系由^{187}Re衰变形成，符合 Re-Os 同位素体系模式年龄计算条件，说明所获得模式年龄也可反映辉钼矿的结晶时间。另外，由 Re-Os 同位素体系特征可知，若辉钼矿形成后受后期热液影响，其 Os 同位素必然发生重置，从而记录中生代年龄，而本矿床辉钼矿所记录年龄与中生代相去甚远，因此，可以确信辉钼矿 Re-Os 记录没有受中生代构造作用的影响。模式年龄与等时线年龄一致，表明该等时线年龄为寨凹钼矿床提供了一个准确的形成时限，即 1761±33Ma。

表 5.21 寨凹钼矿辉钼矿 Re-Os 同位素测年数据（Deng et al., 2013b）

样品号	样重/g	Re/10^{-9}	^{187}Re/10^{-9}	^{187}Os/10^{-9}	年龄/Ma
LG-02	0.014	42993±725	27022±454	812.9±7.6	1780±32
LG-03	0.100	6760±113	4249±71	128.5±0.9	1788±30
LG-06	0.150	3686±86	2316±54	68.81±0.34	1757±41
LG-07	0.293	1945±13	1223±15	35.85±0.16	1735±22
LG-22	0.015	31567±515	19840±323	583.8±1.6	1741±28
YP-13	0.284	1047±19	657.9±11.9	19.71±0.12	1772±34

注：模式年龄按 $t=1/\lambda\ \ln(1+{}^{187}Os/{}^{187}Re)$ 计算，其中 $\lambda({}^{187}Re) = 1.666\times10^{-11}a^{-1}$（Smoliar et al., 1996）。

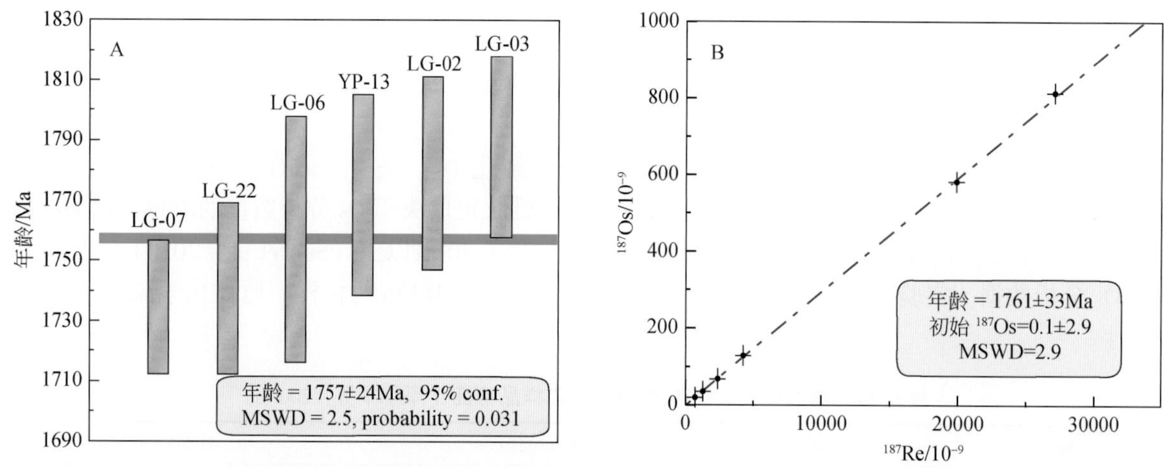

图 5.32 寨凹钼矿辉钼矿 Re-Os 等时线年龄图（A）和加权平均年龄图（B）（Deng et al.，2013b）

5.2.5.2 白云母$^{40}Ar/^{39}Ar$定年

1. 样品与测试

用于$^{40}Ar/^{39}Ar$同位素定年的白云母样品（yp-43-Ms）产于石英-辉钼矿脉，因此，可间接反映热液成矿时间。

白云母$^{40}Ar/^{39}Ar$测试方法和流程：用纯铝箔纸将 0.18～0.28mm 粒径的样品包装成直径约 6mm 的球形，封闭于石英玻璃瓶中；然后置于中国原子能科学研究院 49-2 反应堆 B4 孔道进行中子照射，照射时间为 24h10min，快中子通量为 2.2359×10^{18}。用于中子通量监测的样品是我国周口店 K-Ar 标准黑云母（ZBH-25，年龄 132.7Ma）。同时对纯物质 CaF_2 和 K_2SO_4 进行同步照射，得出的校正因子为 $(^{36}Ar/^{37}Ar)_{Ca}=0.000271$，$(^{39}Ar/^{37}Ar)_{Ca}=0.000652$，$(^{40}Ar/^{39}Ar)_K=0.00703$。照射后的样品冷置后，装入圣诞树状的样品架中，密封去气之后，装入系统。

样品测试在北京大学造山带与地壳演化教育部重点实验室常规$^{40}Ar/^{39}Ar$定年系统完成。测定采用钽（Ta）熔样炉对样品进行阶步升温熔样，每个样品分为 10～14 步加热释气，温阶范围为 800～1400℃，每个加热点在恒温状态下保持 20min。系统分别采用海绵钛炉、活性炭冷阱及锆钒铁吸气剂炉对气体进行纯化，海绵钛炉的纯化时间为 20min，活性炭冷阱的纯化时间为 10min，锆钒铁吸气剂炉的纯化时间为 15min。使用 RGA10 型质谱仪记录 5 组 Ar 同位素信号，信号强度以毫伏（mV）为单位记录。质谱峰循环测定 9 次，用峰顶值减去前后基线的平均值来获得 Ar 同位素的数据。

数据处理时，采用本实验室编写的$^{40}Ar/^{39}Ar$ Dating 1.2 数据处理程序对各组 Ar 同位素测试数据进行校正计算，再采用 Isoplot 3.0 计算坪年龄及等时线年龄（Ludwig，1999）。

2. 测试结果

寨凹钼矿床热液蚀变白云母的^{40}Ar-^{39}Ar年龄测试结果列于表 5.22。样品 yp-43-Ms 测定分 13 个阶步加热，每个阶段的表面年龄计算公式为：$t=(1/\lambda)\ln[J(^{40}Ar^*/^{39}Ar_k)+1]$，其中，$^{40}Ar^*={}^{40}Ar_m-295.5\times{}^{36}Ar_m$。从图 5.33 中可以看出该样品经历了较复杂的热演化史，存在较高和较低的表面年龄（图 5.33，表 5.22）。其中，虽然阶段 5～8 的^{39}Ar累积释放量达到 69.1%，但阶段 6 的^{39}Ar累积释放量突然降低，导致无法获得准确的坪年龄。鉴于表面年龄与^{40}Ar成正比，而与^{39}Ar和^{36}Ar成反比，认为在 1020℃时，阶段 6 的表面年龄降低，与^{40}Ar丢失，或^{39}Ar与^{36}Ar增加有关，其可能的原因有：①后期热事件的影响，如热液蚀变等（如熊耳群普遍发生钠长石化，为岩浆期后中高温热液蚀变的产物；韩以贵等，2006）；②白云母中含有矿物包体。一般来说，如果是后期热液作用影响，此年龄可作为热液作用年龄的下限（即不老于）；而如果是矿物包体所致，此表面年龄没有任何意义，可不予考虑。

表 5.22　白云母 Ar-Ar 分析结果（邓小华，2011）

样号	T/℃	Age/Ma	±Age/Ma	$^{40}Ar^*$/%	^{39}Ar/mol	^{40}Ar	±^{40}Ar	^{39}Ar	±^{39}Ar	^{38}Ar	±^{38}Ar	^{37}Ar	±^{37}Ar	^{36}Ar	±^{36}Ar
yp-43-01	800	7.37	0.24	14.85	3.24E-14	21.10596	0.19812	2.02905	0.02807	0.44254	0.01676	14.50334	0.01295	0.06470	0.00102
yp-43-02	850	361	3	81.86	1.21E-14	77.26088	0.25667	0.75600	0.00837	0.12947	0.00105	4.65512	0.01662	0.04866	0.00058
yp-43-03	900	595	3	49.65	9.06E-15	169.00790	2.20530	0.56704	0.00579	0.09266	0.00475	1.62633	0.00639	0.28841	0.00220
yp-43-04	940	1168	9	95.86	7.66E-15	172.76030	2.27094	0.47954	0.00979	0.02274	0.00735	0.03806	0.00354	0.02419	0.00428
yp-43-05	980	1671	24	99.92	2.77E-14	1002.52400	0.29802	1.73178	0.03878	0.02390	0.00245	1.59289	0.00041	0.00327	0.00204
yp-43-06	1020	1427	12	99.61	3.24E-14	929.58790	0.28072	2.02626	0.02531	0.06734	0.00570	1.18530	0.00055	0.01255	0.00742
yp-43-07	1060	1693	21	99.90	2.59E-14	957.97400	1.27056	1.62256	0.03251	0.06451	0.00677	1.83459	0.01043	0.00361	0.00193
yp-43-08	1150	1674	19	99.30	8.36E-14	3053.38600	5.93443	5.23266	0.09899	0.30256	0.03006	9.43682	0.00677	0.07504	0.02383
yp-43-09	1200	1970	11	98.23	1.17E-14	558.85910	3.58380	0.73172	0.01056	0.05012	0.00759	0.90502	0.00549	0.03377	0.00665
yp-43-10	1250	1998	29	94.30	1.39E-15	70.84380	0.20633	0.08695	0.00214	0.00245	0.00508	0.13011	0.00508	0.01370	0.00214
yp-43-11	1300	1895	17	87.09	8.97E-16	45.36339	0.17391	0.05613	0.00041	0.00630	0.00898	0.14845	0.00286	0.01986	0.00204
yp-43-12	1350	1831	172	91.03	4.64E-16	21.24243	0.10317	0.02908	0.00114	0.00922	0.00535	0.15269	0.00795	0.00649	0.00973
yp-43-13	1400	1278	289	59.76	2.41E-16	10.23965	0.22698	0.01507	0.00283	0.01910	0.00424	−0.89986	0.00636	0.01370	0.00000

注：测试过程中中子活化参数 J 值为 0.004064；表中$^{40}Ar^*$为放射性成因^{40}Ar体积分数；Age 和±Age 分别为模式年龄及其误差；^{39}Ar 为^{39}Ar 的摩尔含量；^{40}Ar 和±^{40}Ar 分别为^{40}Ar 同位素信号强度及其误差，单位为纳安（nA），^{39}Ar 和±^{39}Ar，^{38}Ar 和±^{38}Ar，^{37}Ar 和±^{37}Ar，^{36}Ar 和±^{36}Ar 依此类推；E-n 表示×10^{-n}。

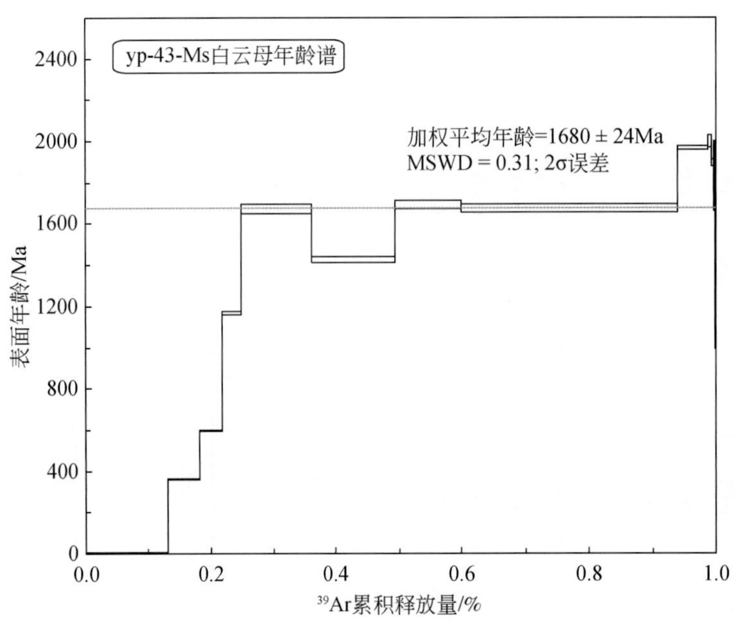

图 5.33　寨凹钼矿床白云母 ^{40}Ar-^{39}Ar 坪年龄图（邓小华，2011）

如果只考虑表面年龄较一致的阶段 5、7、8，其 ^{39}Ar 释放量依然达到 55.9%，对其表面年龄求加权平均值，可获得加权平均年龄为 1680±24Ma（2σ 误差，MSWD=0.31），可近似反映热液蚀变矿物白云母的形成年龄。白云母 ^{40}Ar-^{39}Ar 年龄稍晚于辉钼矿 Re-Os 年龄，与地质现象相吻合，二者同时指示寨凹钼矿形成于古元古代。

5.2.6　讨论

5.2.6.1　辉钼矿 Re 含量及其成因指示意义

前人研究表明，斑岩型 Mo-Cu 或 Mo 矿床的辉钼矿中 Re 含量变化较大，从几个 10^{-6} 到数百 10^{-6}。胡受奚等（1988）发现，以钼为主的矿床中辉钼矿 Re 含量多数为 $10\times10^{-6}\sim29\times10^{-6}$，明显低于钨钼矿床。Berzina 等（2005）研究表明，西伯利亚和蒙古的 Cu-Mo 矿床辉钼矿 Re 含量（$199\times10^{-6}\sim460\times10^{-6}$）明显高于 Mo-Cu 矿床中辉钼矿 Re 含量（$6\times10^{-6}\sim57\times10^{-6}$）。Mao 等（1999）认为，从幔源，经壳幔混源，再到壳源，辉钼矿 Re 含量各递降一个数量级，从 $n\times10^{-4}$ 经 $n\times10^{-5}$ 变化为 $n\times10^{-6}$。Stein 等（2001）提出由地幔底侵、交代或镁铁-超镁铁质岩石部分熔融产生的岩浆热液钼矿床具有较高的 Re 含量，相反，源于壳源或沉积岩的岩浆热液矿床具有较低的 Re 含量。最新统计表明，陆壳来源或极高程度分异演化的钼成矿系统之辉钼矿 Re 含量低于 50×10^{-6}，幔源或洋壳来源的成矿系统辉钼矿 Re 含量 $>100\times10^{-6}$，壳幔混源的成矿系统辉钼矿 Re 含量介于 $50\times10^{-6}\sim100\times10^{-6}$（Chen et al.，2017a，b；Li and Pirajno，2017；Wu et al.，2017；Yang and Wang，2017；Zhong et al.，2017）。寨凹矿床辉钼矿 Re 含量变化于 $1\times10^{-6}\sim43\times10^{-6}$，平均值为 15×10^{-6}（表 5.21），与大陆碰撞造山带的壳源钼矿床或陆弧高分异岩浆斑岩钼矿床（如 Endako）特征一致，略低于陆弧斑岩铜钼矿床，但明显低于岛弧区铜钼矿床（表 5.23），显示成矿物质以壳源为主，幔源为次，符合陆弧斑岩型 Cu-Mo-Au 成矿系统的特点（Pirajno，2009）。因此，寨凹矿床可能源于古元古代大陆边缘弧背景。

表 5.23　世界斑岩型 Mo-Cu 和 Mo 矿床中辉钼矿 Re 含量　　（单位：10^{-6}）

矿床名称	矿种	国家	构造背景	年龄 /Ma	平均	最大	最小	样数	文献
多宝山	铜钼	中国	岛弧	506±14（等时线 I）	469	303	567	3	赵一鸣和毕承恩，1997
El Arco	铜钼	墨西哥	岛弧	164.1± 0.4（加权平均）	318	42	312	4	Valencia et al.，2006
Endako	钼	加拿大	陆弧	145.3± 1.0（加权平均）	28	10	38	11	Selby and Creaser，2001
Copaquirre	铜钼	智利	陆弧	38.0± 5.1（加权平均）	84	81	86	2	Mathur et al.，2001
Cuajone	铜钼	秘鲁	陆弧	53.4± 0.3	63	63	63	1	Mathur et al.，2001
金堆城	钼	中国	碰撞带	139± 3（加权平均）	15.9	15.5	16.2	7	杜安道等，1994
千鹅冲	钼	中国	碰撞带	127.8± 0.9（加权平均）	17.4	15.5	18.6	4	Yang et al.，2012
东沟	钼	中国	碰撞带	116±2（加权平均）	4.2	4.1	4.3	2	Mao et al.，2008
沙坪沟	钼	中国	碰撞带	113.2± 0.5（加权平均）	4.7	0.4	14.7	9	黄凡等，2011

5.2.6.2　矿床成因类型

根据矿床地质、流体包裹体、同位素地球化学以及同位素年代学综合研究，我们认为寨凹矿床成因类型应为斑岩成矿系统顶部或外围的石英脉型矿床，形成于华北克拉通南缘与俯冲相关的大陆边缘弧环境。支持此结论的论据包括：

（1）寨凹矿床位于华北克拉通南缘的熊耳地体，后者广泛发育由玄武安山岩、安山岩、英安岩和流纹岩组成的火山岩（He et al.，2009，2010）；辉钼矿 Re-Os 等时线年龄为 1.76±0.03Ga，与熊耳群火山岩的喷发时间（1.78～1.75Ga；Zhao et al.，2009 及其引文）一致。

（2）低重力和弱磁异常指示矿床中心部位发育隐伏花岗岩体，后者被认为代表了斑岩成矿系统（王志光等，1997；杨群周等，2003a，2003b），并导致了隐伏岩体周围含钼或含铜石英脉的发现。

（3）矿体产于太华超群，虽然部分矿脉似乎受断裂控制，但大部分矿脉走向各异，与斑岩成矿系统的上部结构类似（Pirajno，2009）；矿床，甚至单个矿体，可见网脉状、浸染状构造；矿区有少量花岗岩脉发育（图 5.18）。

（4）与 Mo-Cu 矿化有关的围岩蚀变包括硅化、绢云母化、绿泥石化、钾长石化、绿帘石化、碳酸盐化和萤石化，与斑岩型系统较为相似；流体包裹体岩相学和显微测温数据指示寨凹矿床为一典型的岩浆热液成矿系统，类似于斑岩系统的上部。

（5）氢氧同位素表明，成矿流体由岩浆热液演化为大气降水，与世界各类岩浆热液矿床的普遍特征（Pirajno，2009；Fan et al.，2011；Li et al.，2012）一致；硫同位素指示成矿物质来自岩浆热液。

（6）寨凹矿床硫化物 Sr_i 值（0.70533）接近于 I 型花岗岩（0.705～0.710；徐克勤等，1984），亦与熊耳群火山岩的 Sr_i 值（0.70547）类似，介于宽坪群和太华超群之间，指示寨凹成矿物质源于宽坪群和太华超群。

（7）寨凹矿床硫化物 $\varepsilon_{Nd}(1.76Ga)$ 值（平均 0.9）介于太华超群（平均-6.8）和宽坪群（平均 7.4）之间，指示成矿流体和金属源于两个端元的混合，即俯冲洋壳和上伏地壳。

（8）硫化物铅同位素显示，水岩反应过程中，成矿流体和物质主要源于围岩太华超群的淋滤；此与辉钼矿 Re 含量（1×10^{-6}～43×10^{-6}）所指示的壳源为主、幔源为次的物源特征一致。

5.2.6.3　成矿地球动力学背景与哥伦比亚超大陆

流体包裹体研究显示（邓小华等，2008a），寨凹矿床主要发育 W 型和 S 型流体包裹体，指示成矿流体为高盐度的水溶液，但 CO_2 含量较低。这不但与岩浆热液矿床特征（Mernagh et al.，2007；陈衍景等，2007）相吻合，而且符合岩浆弧背景的斑岩成矿系统浅部的特征（陈衍景和李诺，2009）。此结论也得到了 H-O 和 S-Sr-Nd-Pb 等同位素证据的有力支持。考虑到寨凹钼矿的年龄为 1.76±0.03Ga，与熊耳群火山岩年龄（1.78～1.75Ga，He et al.，2009）相近，且二者产出空间位置亦一致，因此，本书认为寨凹钼矿床是岩浆弧体制的岩浆热液矿床，而熊耳群则属于与B型俯冲有关的岩浆弧火山岩建造，即：古洋壳沿栾川断裂向北俯冲到华熊地块之下而派生熊耳群弧火山岩建造（图5.34）。

熊耳群火山岩记录了华北克拉通结晶基底形成之后规模最大的火山活动，为古元古代哥伦比亚超大陆的重建提供了重要线索（Zhao et al.，2004，2009）。然而，熊耳群火山岩的构造背景一直存在争议，已有观点包括：岩浆弧（胡受奚等，1988；贾承造等，1988；陈衍景和富士谷，1992；Zhao et al.，2004，2009；He et al.，2009）和裂谷（孙枢等，1985；Zhao et al.，2002；Peng et al.，2007，2008）。事实上，特定的构造背景有利于形成特定类型的矿床（Kerrich et al.，2000），因此，矿床可作为地球动力学的有效探针（陈衍景等，2008）。例如，大陆裂谷带有利于形成铬铁矿、铜镍硫化物、钒钛磁铁矿，岩浆弧有利于形成岩浆热液型和浅成低温型矿床等。而且，不同背景的同类矿床之间也势必存在一些尚未被揭示的差异（陈衍景等，2008）。例如，大陆内部岩浆热液矿床以较高的CO_2/H_2O、K/Na和F/Cl值而区别于岩浆弧背景同类矿床（陈衍景和李诺，2009）。

众所周知，哥伦比亚超大陆的聚合形成于全球性的2.1～1.8Ga的碰撞事件（Rogers and Santosh，2002，2009；Zhao et al.，2009；Santosh，2010）。伴随着最后的聚合（约1.8Ga期间），哥伦比亚超大陆经历了长期俯冲有关的大陆边缘增长，产生了重要的增生带（Zhao et al.，2004及其引文）。寨凹矿床研究结果支持华北克拉通南缘为1.84～1.45Ga的增生造山带。

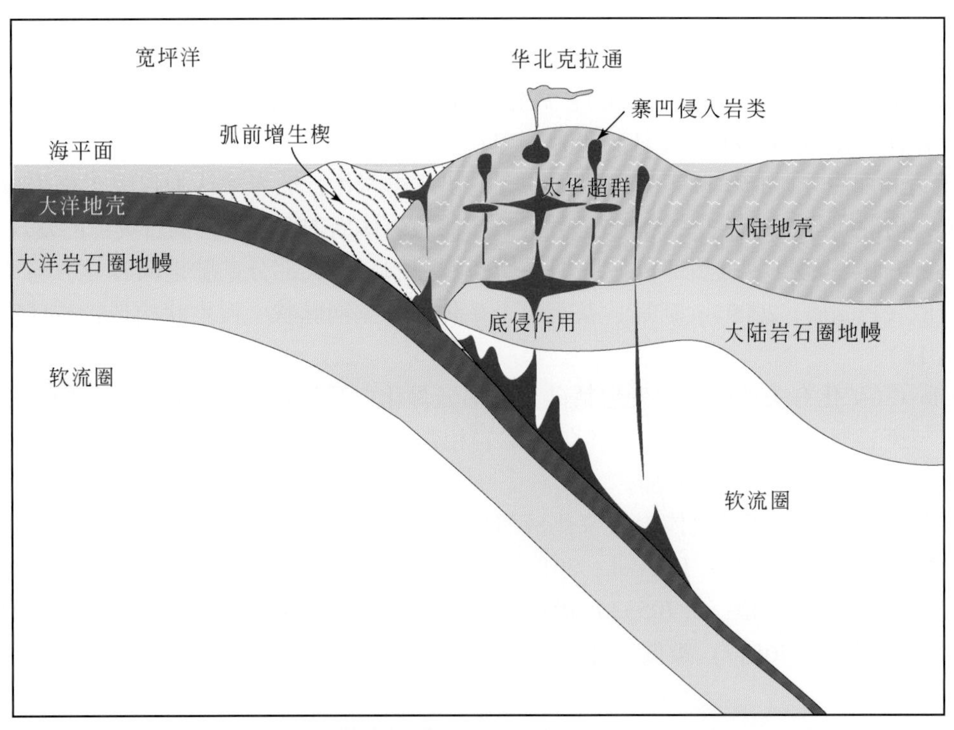

图5.34 寨凹钼矿床和熊耳群火山岩构造模式图（Deng et al.，2013b）

5.2.6.4 古元古代钼矿化及前中生代钼富集作用

秦岭地区虽然发生了多期次的钼成矿事件，但绝大多数矿床集中在华北克拉通南缘的活化基底区，时间上形成于中生代，即245～205Ma和160～100Ma两个区间（胡受奚等，1988；罗铭玖等，1991；Stein et al.，1997；Chen et al.，2000；李诺等，2007；Mao et al.，2008），分别相当于印支期和燕山期造山运动，尤其以后者为重要。然而，为何钼成矿作用于中生代爆发于华北克拉通南缘？至今是未解之谜。

前人提出华北克拉通南缘（即华熊地块）经历了多期次的俯冲增生造山作用，导致了东秦岭地区前中生代钼富集（胡受奚等，1988；陈衍景等，2009）。通过对寨凹钼矿床进行解剖，我们认为东秦岭确实存在前中生代钼富集作用，理由如下：

（1）秦岭大型超大型钼矿床均产于华熊地块，赋存于前寒武纪的太华超群、熊耳群和官道口群-栾川群中。

（2）华熊地块前寒武纪地层均具有较高的 Mo 含量，如，熊耳群平均值为 3.72×10^{-6}（$n=130$），太华超群平均值为 2.97×10^{-6}（$n=70$），栾川群煤窑沟组、南泥湖组、三川组和白术沟组平均值分别为 5.01×10^{-6}（$n=31$）、7.51×10^{-6}（$n=14$）、19.50×10^{-6}（$n=17$）和 13.1×10^{-6}，均明显高于 Mo 元素克拉克值（约 1.0×10^{-6}；Newsom，1995）。

（3）秦岭地区的前中生代钼矿化，特别是前寒武纪钼矿化，均发现于华熊地块，如 1.85Ga 的龙门店钼矿（Li et al.，2011b）、0.85Ga 的土门钼矿床（5.3 节）以及本节讨论的寨凹钼矿床。华熊地块北邻的中条山地区的三岔沟金钼铜银多金属矿床辉钼矿 Re-Os 等时线年龄为 1823±28Ma（赵斌等，2009），南邻二郎坪早古生代增生带中发现了 429.3±3.9Ma 银洞沟银金钼矿化（李晶等，2009）。

（4）中生代钼矿床的锆石中给出了前寒武纪钼预富集信息。例如，大湖金钼矿床两件石英-辉钼矿脉样品的捕获锆石给出了 1831.2±9.6Ma 和 1835.6±6.2Ma 的等时线年龄（6.2 节），鱼池岭斑岩钼矿床成矿岩体中发现较多前寒武纪继承锆石，充分说明了前寒武纪岩石对钼矿化的贡献。

综上所述，东秦岭钼矿带，尤其是华北克拉通南缘，经历了前中生代钼金属的预富集作用，为中生代钼成矿大爆发奠定了物质基础——富钼地球化学背景。

5.2.7 总结

寨凹矿床的含钼石英脉围绕隐伏岩体产出，初始成矿流体为高温、高盐度岩浆流体，逐渐向低温、低盐度大气降水演化，与岩浆弧背景的斑岩型钼矿床或铜钼金矿床等岩浆热液型矿床类似，可能属于斑岩成矿系统的上部，指示寨凹钼矿形成于约 1.76Ga 的陆弧环境。

寨凹氢氧同位素指示成矿流体由早阶段岩浆热液演化为晚阶段大气降水热液；矿石硫化物 S-Sr-Nd-Pb 同位素指示成矿物质主要源于古元古代俯冲洋壳和太华超群，系俯冲洋壳变质脱水-熔融形成的熔流体与太华超群相互作用，促使钼等成矿元素富集，最终形成寨凹成矿系统。

寨凹矿床辉钼矿 Re-Os 年龄为 1.76±0.03Ma，与华北克拉通南缘的熊耳群火山岩喷发峰期（1.78～1.75Ga）一致，指示熊耳群火山岩形成于华北克拉通南缘的大陆边缘弧环境，是哥伦比亚超大陆聚合之后华北克拉通南缘持续增生的有力证据。

华北克拉通南缘前寒武纪岩石发育过程中，发生了一定规模的钼矿化和较强烈的钼元素预富集，为东秦岭中生代钼矿大爆发提供了有利的地球化学背景。

5.3 土门萤石脉钼矿床

在东秦岭新发现的脉状热液钼矿床中（陈衍景，2006），河南方城土门钼矿床因其独特的含钼萤石脉产出形式而备受关注（叶惠嫩等，2004；刘国庆等，2008；白凤军和肖荣阁，2009；邓小华等，2009；孙红杰，2009；祝朝辉等，2009；高阳等，2010；肖荣阁等，2010）。该矿床原作为萤石矿床民采，随着开采深度的加大，金属钼品位增高，局部>10%。因此钼的工业价值被重视，有限的钻探已控制近千吨的钼资源量（叶惠嫩等，2004），显示了较好的找矿前景。随后方城县姚店、韩家庄、莫沟、黄庄、周庄等钼矿床（点）陆续被发现（肖荣阁等，2010），使得萤石脉型钼矿床成为东秦岭又一重要的钼矿类型（邓小华等，2009a；Deng et al.，2013c，2014a，2015）。同时，这种规模可观、类型鲜见的萤石脉型钼矿床向地质学家提出了一系列新问题，例如，这类矿床的地质地球化学特征，成矿物理化学条件和地质环境，钼矿化与萤石化的成因联系，矿床富集规律和产出条件，成矿流体的性质、来源，成矿模式、找矿模型和找矿标志等。显然，研究这些问题有助于成矿理论的发展，并促进矿产资源勘查。

5.3.1 成矿地质背景

5.3.1.1 区域地质

河南方城土门钼矿床位于华北克拉通南缘的华熊地块东南部。华熊地块的南、北边界分别是栾川断裂和三宝断裂，区内主要岩石地层单元为早前寒武纪结晶基底太华超群和中元古界的盖层熊耳群（陈衍景和富士谷，1992）。华熊地块是华北克拉通南缘的前寒武纪地体之一，也是秦岭造山带最北部的组成部分（胡受奚等，1988；陈衍景和富士谷，1992），其构造演化经历了3个巨型旋回，即：1850Ma以前的早前寒武纪结晶基底形成、中元古代到古生代的大陆边缘增生，以及中生代华北与扬子板块的碰撞及碰撞后构造作用。

5.3.1.2 矿区地质

矿区出露地层主要为中元古界熊耳群、官道口群和新元古界栾川群（图5.35）。熊耳群为一套中酸性

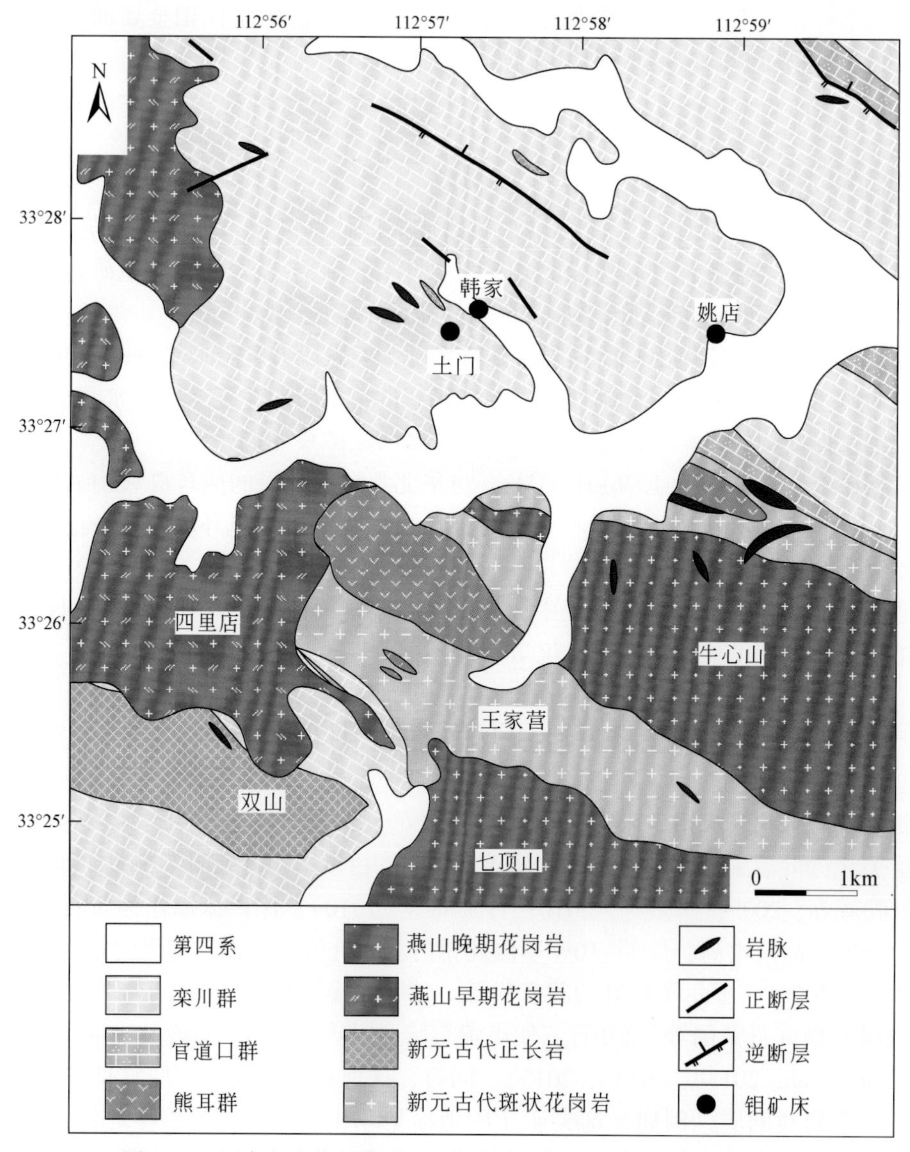

图5.35 河南方城萤石脉型钼矿带地质简图（Deng et al.，2013c）

火山岩建造，由玄武岩、玄武安山岩、安山岩、英安岩和流纹岩组成，同位素年龄（含锆石SHRIMP和LA-ICP-MS U-Pb年龄）为1.8～1.75Ga（贾承造等，1988；陈衍景和富士谷，1992；赵太平等，2004）。区内官道口群出露高山河组和龙家园组，前者为碎屑岩建造，后者为碳酸盐建造，与下伏中元古代变斜长花岗斑岩不整合接触，而被栾川群平行不整合覆盖。栾川群出露煤窑沟组、南泥湖组以及少量三川组，总体为一套浅海相陆源碎屑岩-碳酸盐建造，其同位素年龄约1000～800Ma（蒋干清等，1994）。其中，煤窑沟组为绢云石英片岩、碳质片岩、叠层石大理岩、白云石大理岩；南泥湖组岩性主要为石英岩、含碳绢云石英片岩、透闪白云石大理岩；三川组下部为变质砂岩、含砾砂岩，上部为薄板状绢云母大理岩、钙质片岩。

区内褶皱构造发育，轴向大致为NE、NW两个方向（图5.35）。断裂构造可分三组：NW向为成矿前逆断层，对矿体具有一定的控制作用；NE向为成矿后的正断层，对矿体具有一定的破坏作用；SN向为平移断层，规模较小，对矿体无明显影响。三组断裂可能为栾川断裂的次级断裂（叶惠嫩等，2004）。

矿区岩浆活动强烈而频繁，从中元古代到燕山晚期均有发育（图5.35）。新元古代王家营岩体为变质黑云母二长花岗斑岩，变余斑状结构，片麻状构造，侵入于中元古代熊耳群中。新元古代双山岩体属双山-塔山碱性侵入岩带的重要组成部分，呈环形侵入体，外部为正长斑岩，内部为正长岩和霞石正长岩，其LA-ICP-MS锆石U-Pb年龄为844.3±1.6Ma（Bao et al.，2008）。燕山早期四里店岩体为斑状斜长花岗岩，属伏牛山花岗岩基的一部分，其K-Ar年龄为151Ma。燕山晚期牛心山岩体为斑状黑云二长花岗岩，K-Ar年龄为121～130Ma；七顶山岩体为斜长花岗岩，其K-Ar年龄为76.7Ma。另外，可见少量加里东期辉长岩脉，燕山晚期花岗岩脉、石英脉及石英斑岩脉等脉岩。

前人研究表明，矿区石英绢云片岩、白云岩以及正长岩的Mo含量较高，平均值分别是相应岩性克拉克值的2.32倍、9.38倍和12.37倍（叶惠嫩等，2004），说明矿区钼富集显著，具有较好的成矿条件。

5.3.2　矿床地质特征

5.3.2.1　矿体特征

土门萤石脉型钼矿床产于新元古界栾川群煤窑沟组碳质大理岩中，区内见有正长岩脉穿插白云岩（图5.36、图5.37B）。钼矿体位于正长岩脉外接触带，且多产于倒转向斜的翼部或靠近核部，特别是石英云母片岩与大理岩的过渡带（温同想，1997）。钼矿体主要由含钼萤石脉或少量石英脉组成，萤石脉即为钼矿体，矿体与围岩界线清楚。萤石脉浅部钼含量低，主要开采萤石，深部钼含量增高，至150m深度左右时，萤石脉中钼含量达到工业开采品位（局部可达0.198%），过渡为钼矿化为主。

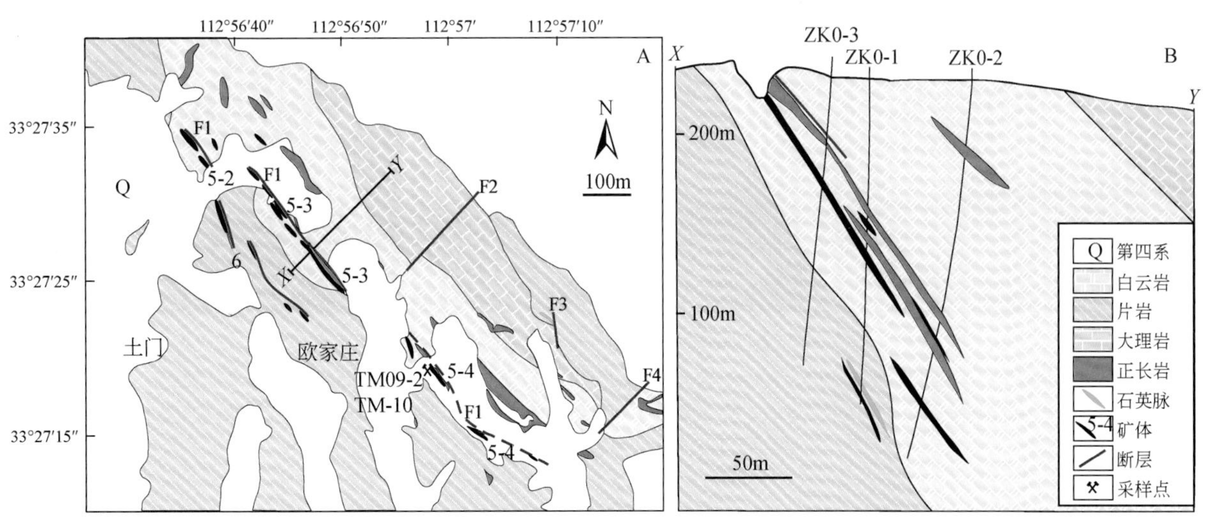

图5.36　土门萤石脉型钼矿床地质图（A）和剖面图（B）（据邓小华等，2009a）

矿体包含一条主脉及多条副脉（图 5. 36），呈脉状、透镜状及扁豆状产出。主矿脉受 NW 向构造带（F1 断层）控制，由三条彼此平行的含钼萤石脉（5-2、5-3、5-4）组成，延长约 1300m，宽 60 ~ 70m；走向 330° ~ 340°，倾向 NE，倾角 50° ~ 70°，钼品位 0. 015%~ 0. 08% （图 5. 37A）；呈断续的脉状、透镜状、板状或似层状，走向上呈舒缓波状，有膨大狭缩现象。目前，土门矿区钻孔控制的钼资源量近千吨（叶惠嫩等，2004），其规模已达小型。考虑到伏牛山岩体东端分布了土门、姚店、莫沟等多个萤石脉型钼矿区，部分矿区钼品位可达 2%~ 3% ，最高达 10% 以上（卢欣祥等，2011），指示该类型具有较好的找矿潜力，我们初步推断该矿床具有大型钼矿床的资源潜力。

5. 3. 2. 2 矿石成分和组构

原生矿石类型简单，主要为萤石脉型（图 5. 37C）。金属矿物主要有辉钼矿、黄铁矿、黄铜矿、闪锌矿、方铅矿等；脉石矿物主要有萤石、方解石、石英、白云母、绢云母等。其中辉钼矿或呈细小叶片状赋存于紫色萤石中或者方解石-石英-云母的解理和裂隙中，或呈叶片状围绕黄铁矿生长（图 5. 37I）。萤石以紫色、灰白色为主，偶见绿色（图 5. 37H），呈半透明-透明的粗大晶体。其中紫色萤石与钼矿化关系密切（图 5. 37C）。

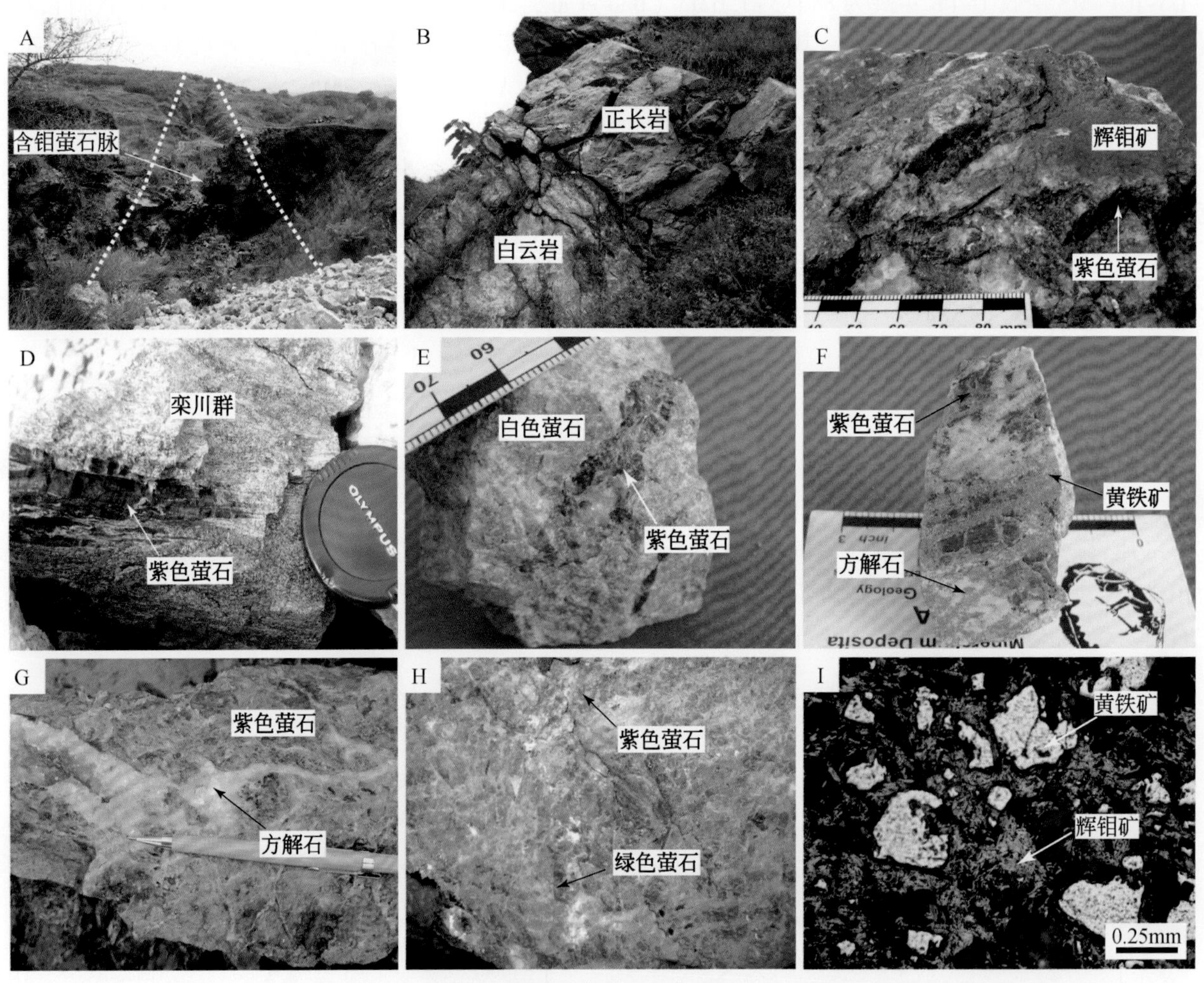

图 5. 37 土门钼矿床矿化特征（Deng et al. , 2013c）

A. 含矿萤石脉呈脉状产出；B. 正长岩脉穿插白云岩；C. 含辉钼矿-萤石的块状矿石；D. 紫色萤石脉穿插围岩栾川群；E. 紫色萤石脉穿插白色萤石；F. 方解石-硫化物呈网脉状穿切紫色萤石；G. 方解石细脉穿插紫色萤石；H. 偶见晚阶段的绿色萤石沿紫色萤石裂隙发育；I. 细小叶片状辉钼矿交代黄铁矿

常见矿石结构包括粒状结构、固溶体分离结构、叶片状结构、交代结构、充填结构、构造残斑结构等。如，黄铁矿呈自形粒状产出；闪锌矿中包含黄铜矿乳滴，呈固溶体分离结构；辉钼矿呈细小叶片状结构交代黄铁矿（图 5. 37I）。矿石构造包括块状、脉状、网脉状、条带状等构造。如含钼紫色萤石呈块状构造（图 5. 37C）；方解石-黄铁矿呈条带状构造充填在萤石中（图 5. 37F）；紫色萤石呈脉状穿切白色萤石（图 5. 37E）和围岩（图 5. 37D）等。

5. 3. 2. 3　围岩蚀变和成矿阶段划分

区内围岩蚀变以侧向蚀变为特征，沿萤石脉两侧发育硅化、萤石化、绢云母化、碳酸盐化、高岭土化、滑石化和围岩褪色等蚀变现象。

根据矿脉穿插关系、矿物组合、矿石组构等（图 5. 37），将成矿过程划分为 4 个阶段（图 5. 38）：①白色萤石阶段（Ⅰ阶段），矿物组合为白色萤石+白云母+石英+细粒黄铁矿；②紫色萤石-辉钼矿阶段（Ⅱ阶段），矿物组合为紫色萤石+辉钼矿+黄铁矿，其中辉钼矿呈细小叶片状产出，见紫色萤石呈脉状穿切Ⅰ阶段白色萤石（图 5. 37E），为主要的钼矿化阶段；③方解石-硫化物阶段（Ⅲ阶段），矿物组合为方解石+石英+黄铁矿+辉钼矿+闪锌矿+黄铜矿+方铅矿，方解石-硫化物呈网脉状穿切Ⅱ阶段紫色萤石（图 5. 37F），可见少量辉钼矿呈细小叶片状赋存于紫色萤石或方解石-石英-云母的解理、裂隙中，或者呈叶片状围绕自形黄铁矿生长；④碳酸盐阶段（Ⅳ段），矿物组合为方解石+细粒黄铁矿+闪锌矿，见晚阶段方解石细脉穿切Ⅰ、Ⅱ阶段萤石及Ⅲ阶段方解石-硫化物（图 5. 37G）。上述阶段中，Ⅰ、Ⅱ阶段为主要的萤石矿化阶段，Ⅱ阶段为主要的钼矿化阶段，Ⅲ阶段矿化较弱，Ⅳ阶段不含矿。成矿后的表生氧化作用形成了褐铁矿、铜蓝等次生矿物。

矿物	热液期				表生期
	白色萤石阶段	紫色萤石阶段	方解石-硫化物阶段	碳酸盐阶段	
白色萤石	━━━				
紫色萤石		━━━			
方解石			━━━	━━━	
石英	———	———	———		
白云母	———	———	- - - -		
绢云母			———	———	
辉钼矿		━━━	———		
黄铁矿	———	———	━━━	———	
黄铜矿			———		
闪锌矿			———		
方铅矿			———		
铜蓝					———
褐铁矿					———

图 5. 38　土门钼矿床热液矿物共生组合与形成顺序（邓小华等，2009a）

5. 3. 3　萤石元素地球化学

热液流体的微量元素特征受流体迁移过程中的物理化学条件控制。矿物微量元素是获取热液矿床成因信息（Eppinger and Closs，1990；Bau and Dulski，1995；Moller and Holzbecher，1998；赵振华，1997）和地质环境信息的强有力手段（Chen and Fu，1991；Bau and Dulski，1996；Chen and Zhao，1997；汤好

书等，2009；Tang et al.，2013）。萤石可作为主要矿物形成萤石矿床，或呈脉石矿物/伴生矿物广泛发育于 Pb-Zn、Ag、Mo、W 和 Sn 矿床中（Eppinger and Closs，1990；Hill et al.，2000；陈衍景和李诺，2009），其微量元素特征备受关注（Moller et al.，1976；Bau et al.，2003；Schwinn and Markl，2005）。稀土元素（REE）常以类质同象方式进入萤石（Moller and Holzbecher，1998），因此，萤石中 REE 的行为可提供热液成矿过程中流体演化、水岩反应以及物理-化学条件等重要信息，已被广泛用于矿床成因研究并为矿床勘探提供指示（Bau and Moller，1992；Ronchi et al.，1993；Subias and Fernandeznieto，1995；曹俊臣，1997；Moller，2001；Goff et al.，2004；Jiang et al.，2006；Schonenberger et al.，2008；Sanchez et al.，2010）。

5.3.3.1 样品与测试

本书作者分析了土门矿床 16 件萤石样品的微量和稀土元素含量。根据矿物组合和矿脉穿插关系，萤石类型可分为 3 类：类型 1 为白色或无色，粒度不等，约 0.2 ~ 6mm，呈半自形-他形粒状结构，块状构造，以样品 TM-14、TM-15、TM-18-1 和 TM-19 为代表；类型 2 为紫色萤石，主要为淡紫色和紫色，形成于Ⅱ阶段，粒度为 0.05 ~ 8mm，多呈他形粒状结构，块状构造，不与硫化物共生，包括样品 TM-03、TM-05、TM-08、TM-11、TM-12、TM-13、TM-18-2 和 TM-20；类型 3 亦呈紫色，形成于Ⅱ阶段，萤石与辉钼矿、黄铁矿等硫化物共生，包括样品 TM-06、TM-07、TM-09 和 TM-10。

在手标本和显微镜观察基础上，用钳子从手标本上取下新鲜样品，研磨筛分至 55 ~ 80 目，然后在双目镜下挑纯，最后用玛瑙研钵研磨至 200 目。微量元素分析在中国科学院地质与地球物理研究所岩石圈演化国家重点实验室 ICP-MS 分析室完成，采用酸溶法制备样品，使用仪器为 FINNIGAN MAT ELEMENT 型电感耦合等离子体质谱仪（ICP-MS），分析过程中以国家标准参考物质（玄武岩 GSR3）进行质量监控，分析误差小于 5%。详细分析技术和分析流程参考靳新娣和朱和平（2000）。

5.3.3.2 测试结果

分析结果列于表 5.24。类型 1、2 和 3 萤石样品中的 Sr 含量依次为 658×10^{-6} ~ 1117×10^{-6}、882×10^{-6} ~ 1564×10^{-6}以及 331×10^{-6} ~ 1292×10^{-6}；而 Ba 含量分别为 32.5×10^{-6} ~ 697×10^{-6}、40.2×10^{-6} ~ 2789×10^{-6}以及 61.6×10^{-6} ~ 980×10^{-6}。Sr 和 Ba 的离子半径和电荷与 Ca 相似，容易进入萤石晶格。类型 1 萤石样品具有较低的 U、Th 含量，分别为 0.06×10^{-6} ~ 1.75×10^{-6}和 0.12×10^{-6} ~ 0.47×10^{-6}；而Ⅱ阶段的紫色萤石具有较高的 U 含量，类型 2 萤石为 0.28×10^{-6} ~ 97.6×10^{-6}，类型 3 萤石为 3.35×10^{-6} ~ 78.9×10^{-6}（图 5.39）。

不同矿化阶段的萤石显示不同的 REE 特征（表 5.24）。类型 1、2 和 3 萤石的 ΣREE 含量分别为 13.8×10^{-6} ~ 27.9×10^{-6}、16.9×10^{-6} ~ 27.2×10^{-6}和 42.5×10^{-6} ~ 75.1×10^{-6}，平均值为 $20.7\times10^{-6}\pm6.0\times10^{-6}$、$23.0\times10^{-6}\pm4.0\times10^{-6}$和 $55.2\times10^{-6}\pm14.0\times10^{-6}$（表 5.24）。显然，Ⅱ阶段萤石的 ΣREE 含量高于Ⅰ阶段，且与硫化物共生的紫色萤石具有最高的 ΣREE 含量。同样，三类萤石的 Y 含量逐渐增加，类型 1 萤石为 2.29×10^{-6} ~ 9.23×10^{-6}，类型 2 为 10.5×10^{-6} ~ 23.6×10^{-6}，类型 3 为 13.6×10^{-6} ~ 26.2×10^{-6}。

萤石的球粒陨石标准化 REY 图解显示弱的 LREE 富集（图 5.40）。类型 2 萤石样品比类型 1 和 3 具有更平坦的配分模式，且类型 2 萤石的 $(La/Ho)_N$值为 3.0±1.0，同样低于类型 1（10.2±4.8）和类型 3（8.1±2.8）；$(La/Yb)_N$值变化与 $(La/Ho)_N$相似（表 5.24）。

所有萤石样品显示强烈的 Y 正异常，类型 1、2 和 3 萤石样品的 Y 平均值分别为 1.59±0.46、1.92±0.35 和 2.18±0.45。虽然没有明显的 Ce 异常，但其 Ce/Ce^* 值从类型 1 到 3 逐渐降低，分别为 0.90 ~ 1.03、0.82 ~ 0.92 和 0.79 ~ 0.88；同样，Eu/Eu^* 值也逐渐降低，分别为 0.88 ~ 1.62、0.68 ~ 1.20 和 0.65 ~ 1.00。

表 5.24　土门矿床萤石的微量元素含量（单位：10^{-6}）及有关系数（Deng et al.，2014a）

阶段	Ⅰ	Ⅰ	Ⅰ	Ⅰ		Ⅱa	Ⅱa	Ⅱa	Ⅱa	Ⅱa	Ⅱa	Ⅱa	Ⅱa		Ⅱb	Ⅱb	Ⅱb	Ⅱb	
颜色	白色	白色	白色	白色		紫色	紫色	紫色	紫色	紫色	紫色	紫色	紫色		紫色	紫色	紫色	紫色	
样品号	TM-14	TM-15	TM-18-1	TM-19	平均值	TM-03	TM-05	TM-08	TM-11	TM-12	TM-13	TM-18-2	TM-20	平均值	TM-06	TM-07	TM-09	TM-10	平均值
Li	0.11	0.48	0.11	0.06	0.19	0.83	0.53	0.32	0.95	0.86	0.35	0.37	0.72	0.62	0.45	4.38	0.24	2.14	1.80
Be	0.16	0.54	0.15	0.14	0.25	0.73	0.42	0.42	0.29	0.24	0.35	0.31	0.39	0.39	0.65	1.18	0.16	1.03	0.75
Sc	0.68	1.40	1.25	1.65	1.24	0.37	0.19	0.25	1.17	0.36	0.37	1.30	0.96	0.62	0.56	1.70	1.18	1.39	1.21
V	28.2	25.0	22.7	23.0	24.7	26.7	27.9	31.8	28.4	18.2	21.9	29.2	23.0	25.9	24.0	36.1	27.2	28.4	28.9
Cr	7.09	3.82	4.11	2.52	4.38	4.94	4.86	6.78	3.55	4.40	4.35	6.24	4.10	4.90	3.03	13.4	4.37	4.60	6.35
Co	0.69	1.93	0.64	0.69	0.99	0.73	1.15	0.92	1.91	4.38	4.84	0.84	0.79	1.94	7.03	12.3	2.23	2.45	6.01
Ni	8.49	7.87	7.99	4.23	7.14	4.77	6.27	7.43	10.6	10.5	18.6	6.10	6.29	8.82	19.2	18.8	8.91	9.92	14.2
Cu	0.34	16.0	0.13	0.65	4.29	1.72	2.34	0.89	1.19	2.01	7.02	0.77	3.64	2.45	6.48	3.31	0.90	2.37	3.26
Zn	18.0	120	8.94	37.5	46.2	22.0	11.1	61.7	96.0	28.7	14.3	23.6	1378	204	38.3	466	17.7	53.7	144
Ga	0.31	1.05	0.26	0.13	0.44	2.40	2.09	0.79	1.38	0.71	0.50	0.89	1.03	1.22	0.91	4.67	0.84	3.28	2.43
Rb	0.87	3.08	0.54	0.26	1.18	14.3	13.6	3.39	9.13	5.72	3.13	5.16	6.74	7.64	4.50	32.0	4.26	12.4	13.3
Sr	944	658	930	1117	912	1231	1319	1564	1067	914	1107	1014	882	1137	1292	331	772	634	757
Y	3.70	9.23	4.27	2.29	4.87	10.5	15.6	11.4	13.7	15.2	11.2	13.2	23.6	14.3	13.6	26.2	25.8	25.5	22.8
Zr	3.95	16.4	2.82	2.75	6.49	7.01	8.88	5.31	4.98	3.99	6.89	8.03	10.6	6.97	8.12	24.2	46.4	12.9	22.9
Nb	0.56	2.00	0.51	0.47	0.88	1.33	1.58	1.04	1.14	1.54	3.52	1.57	1.72	1.68	6.29	15.1	2.12	3.39	6.72
Cs	0.03	0.06	0.03	0.02	0.03	0.10	0.08	0.05	0.11	0.08	0.05	0.05	0.07	0.07	0.06	0.48	0.03	0.24	0.20
Ba	32.5	278	49.6	697	264	2789	1615	463	544	92.3	40.2	141	161	731	61.6	980	260	92.5	348
La	3.56	6.32	3.69	3.34	4.23	3.66	4.28	2.48	3.75	4.12	3.23	3.22	2.96	3.46	11.3	15.5	11.3	15.1	13.3
Ce	7.91	11.7	9.57	6.30	8.87	7.79	8.13	5.35	7.71	8.30	6.09	8.13	6.47	7.25	18.1	27.8	19.5	21.5	21.7
Pr	0.95	1.38	1.29	0.72	1.09	1.16	1.11	0.88	1.26	1.36	0.87	1.32	1.01	1.12	1.95	3.73	2.13	2.19	2.50
Nd	3.06	4.67	4.60	2.01	3.58	4.60	4.62	3.64	5.31	5.61	3.19	5.99	4.82	4.72	6.12	14.5	7.53	6.75	8.72
Sm	0.60	0.79	0.92	0.33	0.66	1.01	1.03	0.83	1.16	1.27	0.65	1.55	1.56	1.13	0.96	2.81	1.56	1.09	1.60
Eu	0.18	0.26	0.29	0.18	0.23	0.28	0.33	0.26	0.34	0.32	0.16	0.67	0.70	0.38	0.22	0.67	0.59	0.28	0.44
Gd	0.63	0.92	0.80	0.36	0.68	1.18	1.26	1.02	1.31	1.65	0.81	1.88	2.35	1.43	1.09	3.03	2.09	1.55	1.94
Tb	0.10	0.15	0.13	0.05	0.11	0.19	0.22	0.17	0.22	0.26	0.14	0.32	0.45	0.24	0.18	0.50	0.36	0.27	0.33
Dy	0.62	0.85	0.69	0.26	0.61	1.10	1.36	1.08	1.31	1.51	0.88	2.02	2.87	1.52	1.17	3.01	2.35	1.75	2.07

续表

阶段	Ⅰ	Ⅰ	Ⅰ	Ⅰ		Ⅱa	Ⅱa	Ⅱa	Ⅱa	Ⅱa	Ⅱa	Ⅱa	Ⅱa		Ⅱb	Ⅱb	Ⅱb	Ⅱb	
颜色	白色	白色	白色	白色		紫色	紫色	紫色	紫色	紫色	紫色	紫色	紫色		紫色	紫色	紫色	紫色	
样品号	TM-14	TM-15	TM-18-1	TM-19	平均值	TM-03	TM-05	TM-08	TM-11	TM-12	TM-13	TM-18-2	TM-20	平均值	TM-06	TM-07	TM-09	TM-10	平均值
Ho	0.11	0.16	0.13	0.05	0.11	0.21	0.28	0.21	0.26	0.28	0.18	0.38	0.58	0.30	0.24	0.59	0.49	0.36	0.42
Er	0.28	0.39	0.30	0.12	0.27	0.51	0.71	0.53	0.61	0.70	0.47	0.93	1.51	0.75	0.60	1.50	1.27	0.93	1.08
Tm	0.04	0.05	0.04	0.02	0.03	0.06	0.09	0.07	0.07	0.08	0.06	0.12	0.20	0.09	0.08	0.20	0.17	0.12	0.14
Yb	0.22	0.26	0.22	0.09	0.20	0.36	0.49	0.35	0.39	0.43	0.34	0.62	1.09	0.51	0.44	1.10	0.97	0.66	0.79
Lu	0.03	0.04	0.03	0.01	0.03	0.05	0.06	0.05	0.05	0.06	0.05	0.08	0.13	0.07	0.06	0.14	0.12	0.08	0.10
Hf	0.13	0.30	0.11	0.11	0.16	0.15	0.19	0.14	0.13	0.11	0.15	0.19	0.25	0.16	0.16	0.55	0.44	0.22	0.34
Ta	0.05	0.08	0.05	0.05	0.06	0.06	0.08	0.05	0.05	0.05	0.05	0.08	0.08	0.06	0.06	0.14	0.08	0.07	0.09
Tl	0.05	0.07	0.04	0.04	0.05	0.20	0.19	0.09	0.20	0.25	0.12	0.15	0.12	0.16	0.17	0.57	0.27	0.19	0.30
Pb	5.05	5.33	1.92	9.71	5.50	23.2	4.49	70.9	134	19.4	7.94	6.60	6.73	34.2	14.6	10.8	16.1	12.5	13.5
Bi	0.02	0.02	0.01	0.02	0.02	0.03	0.02	0.06	0.28	0.02	0.02	0.02	0.02	0.06	0.02	0.03	0.02	0.02	0.02
Th	0.15	0.47	0.13	0.12	0.22	0.31	0.60	0.13	0.29	0.14	0.24	0.39	0.48	0.32	0.37	1.75	1.06	0.63	0.95
U	0.13	1.75	0.08	0.06	0.50	4.45	2.71	23.4	49.3	97.6	18.9	0.28	0.83	24.7	34.5	173	3.35	78.9	72.6
∑REE	18.3	27.9	22.7	13.8	20.7±6.0	22.2	24.0	16.9	23.7	25.9	17.1	27.2	26.7	23.0±4.0	42.5	75.1	50.5	52.7	55.2±14.0
LREE	16.3	25.1	20.3	12.9	18.7±5.3	18.5	19.5	13.4	19.5	21.0	14.2	20.9	17.5	18.1±2.9	38.7	65.0	42.7	46.9	48.3±11.6
HREE	2.04	2.82	2.34	0.95	2.0±0.8	3.66	4.46	3.48	4.22	4.96	2.93	6.35	9.18	4.9±2.0	3.85	10.08	7.82	5.73	6.9±2.7
LREE/HREE	7.99	8.91	8.69	13.5	9.8±2.5	5.06	4.38	3.86	4.63	4.23	4.85	3.29	1.91	4.0±1.0	10.1	6.44	5.46	8.20	7.5±2.0
$(La/Yb)_N$	10.9	16.4	11.3	25.6	16.0±6.9	6.95	5.95	4.74	6.50	6.51	6.51	3.52	1.83	5.3±1.8	17.4	9.53	7.94	15.4	12.6±4.6
$(La/Ho)_N$	7.37	9.27	6.84	17.2	10.2±4.8	4.01	3.60	2.69	3.40	3.38	4.11	1.96	1.18	3.0±1.0	11.0	6.09	5.41	9.78	8.1±2.8
La/Ho	31.8	40.0	29.5	74.1	43.9±20.7	17.3	15.5	11.6	14.7	14.6	17.7	8.46	5.10	13.1±4.4	47.6	26.3	23.3	42.2	34.9±11.9
Y/Ho	33.0	58.4	34.1	50.9	44.1±12.6	49.6	56.4	53.6	53.6	53.9	61.4	34.7	40.6	50.5±8.7	57.2	44.4	52.9	71.0	56.4±11.1
La/Nd	2.26	2.62	1.55	3.22	2.4±0.7	1.54	1.80	1.32	1.37	1.42	1.96	1.04	1.19	1.5±0.3	3.58	2.08	2.92	4.35	3.2±1.0
Gd/Yb	2.31	2.86	2.95	3.32	2.9±0.4	2.69	2.09	2.33	2.71	3.13	1.96	2.47	1.74	2.4±0.5	2.01	2.24	1.75	1.89	2.0±0.2
δEu^*	0.88	0.92	1.00	1.62	1.11±0.35	0.79	0.89	0.87	0.84	0.68	0.69	1.20	1.12	0.89±0.19	0.66	0.70	1.00	0.65	0.75±0.17
δCe^*	0.99	0.90	1.03	0.92	0.96±0.06	0.88	0.86	0.85	0.83	0.82	0.84	0.92	0.88	0.86±0.03	0.84	0.84	0.88	0.79	0.84±0.04
δY^*	1.20	2.15	1.24	1.79	1.59±0.46	1.87	2.17	2.04	2.02	1.99	2.40	1.29	1.56	1.92±0.35	2.21	1.68	2.06	2.76	2.18±0.45

注：$\delta Eu=Eu_N/[(Sm_N+Gd_N)/2]$，$\delta Ce=Ce_N/[(La_N+Pr_N)/2]$，$\delta Y=Y_N/[(Dy_N+Ho_N)/2]$。

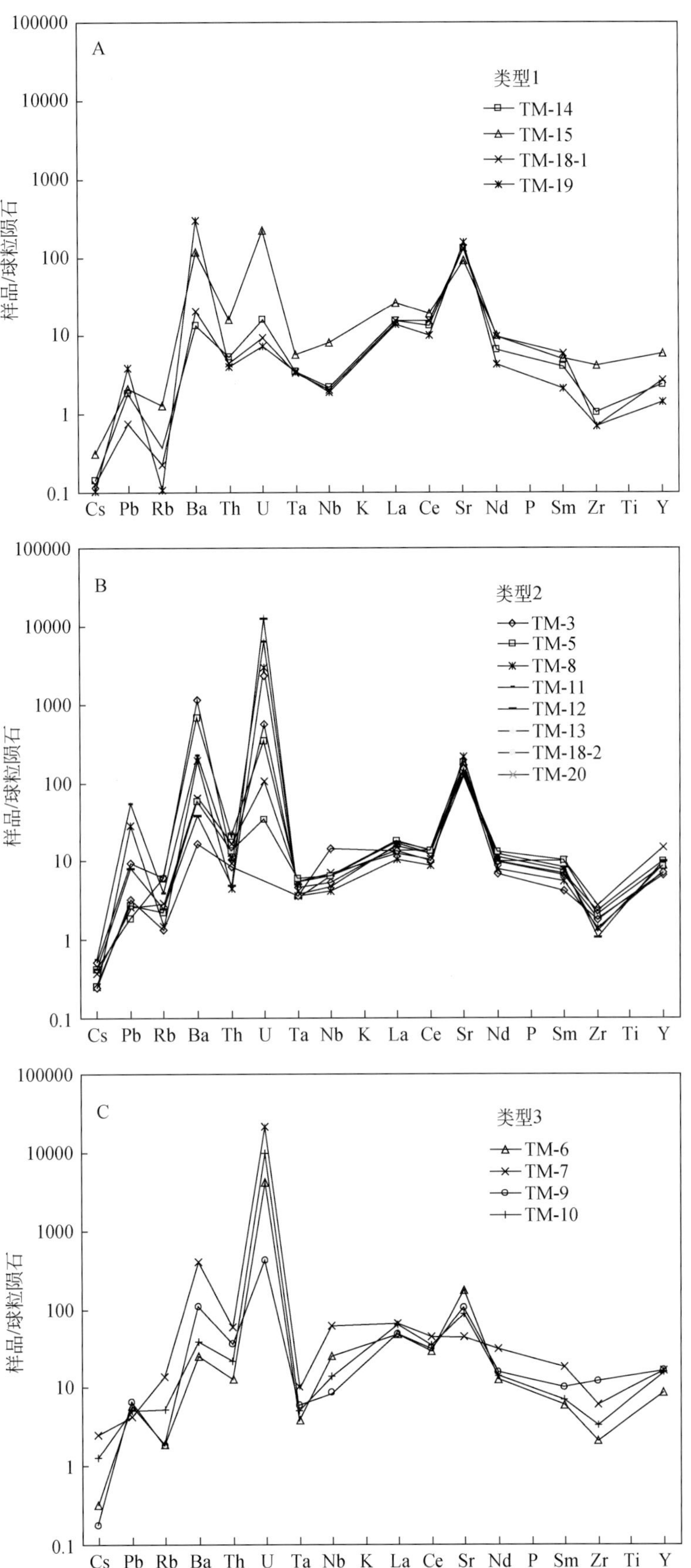

图5.39 萤石的微量元素球粒陨石标准化蛛网图（Deng et al.，2014a；球粒陨石引自McDonough and Sun，1995）

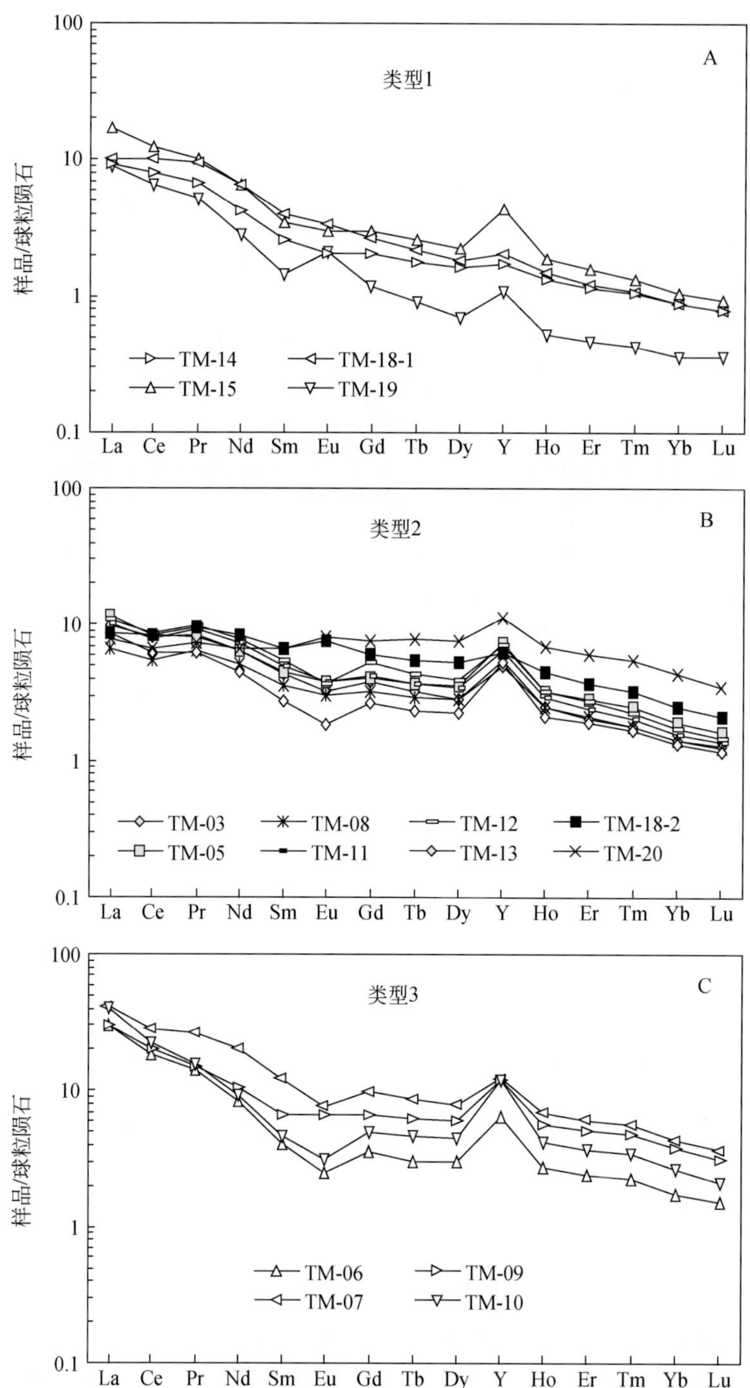

图5.40 萤石的球粒陨石标准化稀土配分型式（Deng et al.，2014a；球粒陨石引自 Taylor and McLennan，1985）

5.3.3.3 讨论

1. ΣREE 含量变化

众所周知，热液流体中的ΣREE 含量受 pH 以及流体的总成分控制（Schwinn and Markl，2005）。Michard（1989）指出，流体中的 REE 含量随酸度增强或 pH 降低而增加。从Ⅰ阶段到Ⅱ阶段，土门矿床萤石样品类型1、2 和3 的ΣREE 含量逐渐增加，平均值依次为$20.7\times10^{-6}\pm6.0\times10^{-6}$、$23.0\times10^{-6}\pm4.0\times10^{-6}$和$55.2\times10^{-6}\pm14.0\times10^{-6}$（表5.24）。Deng 等（2013c）通过流体包裹体研究表明，土门矿床Ⅰ阶段成矿流体的盐度远高于Ⅱ阶段，但其CO_2含量从Ⅰ阶段到Ⅱ阶段逐渐增加，这说明不同类型萤石的ΣREE 含量的差异可能与成矿流体的 pH 和/或成分变化有关。

根据土门矿床Ⅰ阶段萤石的ΣREE 含量较低的特征，我们推测初始成矿流体应呈酸性、富 HF 和 F^-，使得 REE 离子（简称 R^{3+}）可能以 R^{3+}-F^-配合物溶解于流体中，如 $[RF_6]^{3-}$。上述推测与以下事实或解释一致：①形成萤石的成矿流体必然富 F^-，后者需通过高 H^+活度得以保持，如 $HF+F^- = H^+ +2F^-$；②Ⅰ阶段矿物组合缺少硫化物，指示成矿流体呈酸性，从而保持低 S^{2-}活度，阻止硫化物从溶液中沉淀，如 $H^+ +S^{2-} = HS^-$；③S^{2-}和/或 HS^-的存在导致了还原环境，使得 R^{3+}倾向于保留在流体中（Eu^{3+}除外，易还原成 Eu^{2+}），因而，沉淀物（萤石）以低ΣREE 含量和 Eu/Eu* 值为特征（化学原理参见 Chen and Zhao，1997）；④酸性、富 F^-流体与碳酸盐围岩发生水岩反应，如 $CaCO_3+2H^+ +2F^- = CaF_2+H_2O+CO_2$，导致 $CaCO_3$的分解和 CaF_2的形成，同时Ⅱ阶段成矿流体中的 CO_2含量增加（Deng et al.，2013c）。

Ⅰ阶段萤石的沉淀降低了流体的酸度，pH 增加使得Ⅱ阶段流体的 R^{3+}溶解度降低、S^{2-}活度提高，导致 REE 和辉钼矿、黄铁矿等硫化物的沉淀。因此，无论是否与硫化物共生，Ⅱ阶段萤石样品均显示更高的ΣREE 含量。可以想象，沿赋矿断裂迁移的成矿流体的物理化学性质并不均一，局部 S^{2-}（可能与 HS^-一起）的聚集导致了局部高 pH 环境，有利于硫化物和富 REE 萤石的沉淀。因此，相比于类型 2，类型 3 的萤石（与硫化物共生）显示了更高的ΣREE 含量（表 5.24）。

2. REE 分馏

流体运移过程中的 REE 分馏与矿物表面的吸附作用和/或流体的配合作用有关（Bau，1991；Bau and Dulski，1995；Schonenberger et al.，2008）。以吸附作用为主时，流体中显示 LREE 富集，而以配合作用为主时，流体呈现 LREE 亏损（Bau and Moller，1992；Schwinn and Markl，2005）。随着成矿流体的 pH 增大、温度降低，吸附作用逐渐减弱，而配合作用增强（Ehya，2012）。此外，由于 REE 也可以进入其他矿物（如方解石），共生矿物也会影响萤石的 REE 配分模式（Castorina et al.，2008；Ehya，2012），因此，不考虑 REE 源区的情况下，热液流体中 REE 含量取决于含 REE 矿物的沉淀顺序。尽管如此，土门矿床的方解石晚于萤石形成，指示方解石的结晶对萤石 REE 没有影响。

土门矿床不同成矿阶段的萤石 $(La/Yb)_N$值分布于 1.83 ~ 25.6，均显示 LREE 富集型的配分模式（表 5.24、图 5.40），指示萤石形成于高温、低 pH 条件（Ehya，2012）。流体包裹体研究证明土门矿床的萤石形成于高温、低 pH 环境（Deng et al.，2013c）。Ⅰ阶段流体包裹体均一温度为 360 ~ 420℃，Ⅱ阶段为 220 ~ 300℃（Deng et al.，2013c），对应的 $(La/Yb)_N$平均值分别为 16.0±6.9 和 5.3±1.8。类型 2 和类型 3 萤石样品的 $(La/Yb)_N$有所差异，可能与 REE 进入与类型 3 萤石共生的硫化物中有关。然而，相对于类型 1，类型 3 的萤石样品仍然显示较低的 $(La/Yb)_N$值（表 5.24）。无论如何，土门矿床不同类型萤石中 REE 配分模式及其变化与前人研究一致，即早阶段结晶的萤石富集 LREE，而晚阶段则相对更富集 HREE（Moller et al.，1976；Ekambaram et al.，1986；Eppinger and Closs，1990；Hill et al.，2000）。Moller（1991）认为萤石中 LREE 富集指示原始流体具有较高的 Ca^{2+}/F^-值；Luders（1991）认为高 Ca^{2+}/F^-值的成矿流体既非源于富 F 流体，也不是地壳深部的早先形成的萤石矿化的再活化。因此，我们认为土门矿床高 Ca^{2+}/F^-值源于围岩碳酸盐地层，后者可以通过水岩反应为热液系统提供足够的 Ca^{2+}。

3. Tb/Ca 与 Tb/La 协变关系

Tb/Ca 值是萤石沉淀环境的指示剂，而 Tb/La 指示萤石结晶过程中的分异程度。因此，Tb/Ca-Tb/La 图解可用来划分萤石成因类型（图 5.41）：沉积区、热液区、伟晶岩区（Moller et al.，1976）。根据理想的萤石晶体中 Ca 含量，计算得到萤石的 Tb/Ca 值。Gagnon 等（2003）研究表明，少量的微量元素进入萤石并不影响整体成分。在萤石的 Tb/Ca-Tb/La 图解中（图 5.41），土门矿床各阶段萤石均落入热液区，且从Ⅰ到Ⅱ阶段呈线状分布，指示热液沉淀过程中，REE 逐步进入萤石中。

4. Y/Ho 分馏

类型 1、2 和 3 萤石样品的 Y 平均含量分别为 4.87×10^{-6}、14.3×10^{-6}和 22.8×10^{-6}，Y/Y* 值逐渐增加，从 1.59±0.4，1.92±0.3，到 2.18±0.4（表 5.24），均显示强烈的 Y 正异常，指示土门热液流体成矿系统

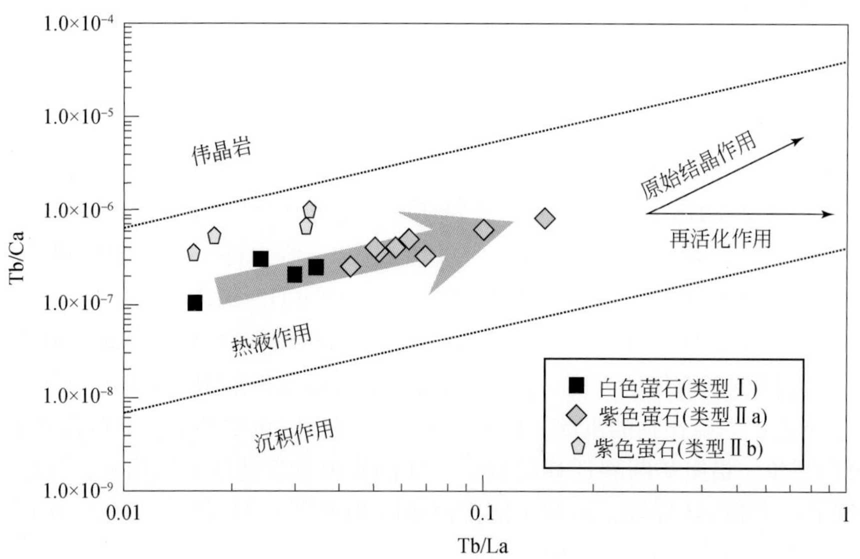

图 5.41　土门钼矿床萤石 Tb/La-Tb/Ca 图解（Deng et al.，2014a）

原始结晶方向萤石结晶过程中的分异程度（底图据 Möller et al.，1976）

中存在强烈的 Y-Ho 分馏。Moller（1998）认为显著的 Y 富集和 Y 正异常与氟配合物的存在有关；Bau（1996）指出 Y-F 配合物比 Ho-F 更稳定，这与 SHAB 理论相吻合（Chen and Fu，1991；Tang et al.，2013）。因此，Y 倾向于保留在富 F 的流体中，而从中沉淀的萤石则显示从早到晚 Y 含量和 Y/Y^* 值逐渐增加。

Bau 和 Dulski（1995）研究表明，Y-Ho 分馏与源区无关，而决定于流体成分和流体迁移过程，热液萤石以 Y/Ho 值变化大（高达 200），不同于球粒陨石为特征（图 5.42）。土门矿床萤石样品的 Y/Ho 值变化于 33～71（表 5.24），明显不同于球粒陨石（约 28；Anders and Grevesse，1989），而与热液萤石范围重叠（图 5.42）。此外，萤石显示火成岩与海水的混合特征（图 5.42），与化学沉积物类似，如华北克拉通东北部的关门山组碳酸盐 Y/Ho 值变化于 34.5～56.6（详细参见 Tang et al.，2013）。因此，土门矿床萤石的 Y/Ho 值指示矿床形成于岩浆流体与碳酸盐围岩相互反应。

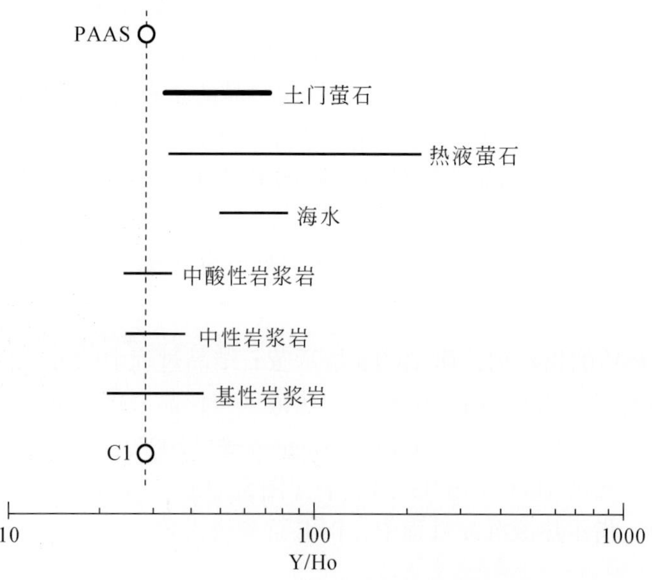

图 5.42　土门矿床 Y/Ho 值（Deng et al.，2014a；底图据 Bau and Dulski，1995）

C1. 球粒陨石；PAAS. 后太古代澳大利亚页岩

土门矿床类型1萤石样品的La/Ho平均值为43.9±20.7，高于类型2（13.1±4.4）；相反，Y/Ho平均值为44.1±12.6，低于类型2（50.5±8.7）。尽管数据较少，土门成矿系统的Y/Ho值与La/Ho值显示负相关性（图5.43；Bau and Dulski，1995）。然而，2个类型1萤石样品具有较大的La/Ho值变化（图5.43），这可能指示其经历了特殊的地质过程，即流体中富LREE相矿物的形成，或者萤石重结晶过程丢失了富LREE相（Bau and Dulski，1995）。流体包裹体研究表明（Deng et al.，2013c），类型1萤石发育次生包裹体，说明类型1萤石可能在热液晚阶段经历了重结晶过程。

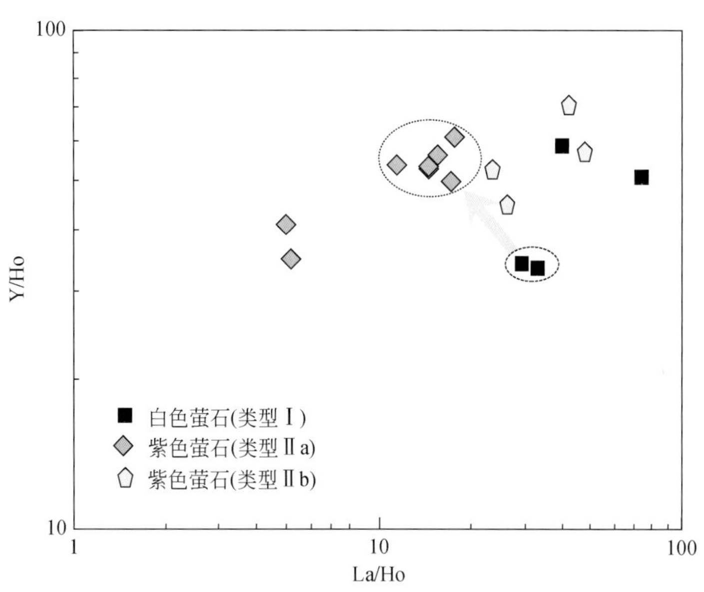

图5.43 萤石的Y/Ho-La/Ho图解（Deng et al.，2014a）

5. Eu异常和Ce异常

Eu/Eu*值是流体物理化学条件的指示剂，如温度、pH和氧逸度（Chen and Fu，1991；Bau and Moller，1992；Moller，1998；Moller and Holzbecher，1998）。高温下，Eu^{3+}发生热化学还原，变成Eu^{2+}；并且相对于流体，高温下形成的热液萤石通常显示Eu富集（Schwinn and Markl，2005）。由于Eu^{2+}比Eu^{3+}更易活化，在高温下（>200℃），REE从围岩中淋滤并聚集于流体中，导致流体中显示Eu正异常，而被淋滤围岩呈现Eu负异常（Chen and Zhao，1997；Castorina et al.，2008）。

土门矿床从早到晚阶段，萤石的Eu/Eu*值逐渐降低，从类型1样品的1.11±0.35，过渡为类型2样品的0.89±0.19，到类型3样品的0.75±0.17（表5.24），均显示无到弱正或负Eu异常（图5.40），指示形成萤石的流体温度降低（Schwinn and Markl，2005），或/和氧逸度增加（Chen and Zhao，1997）；或者，类型1萤石与Eu亏损的矿物共生，类型3萤石与Eu富集的矿物共生。如上所述，从类型1到类型2，萤石的Eu/Eu*值降低可能与pH的降低、氧逸度增加、温度降低以及其混合有关。然而，这无法解释类型2与类型3萤石样品的差异，二者均形成于阶段2。正如前述，与硫化物共生的类型3萤石样品以低ΣREE值和正Eu异常为特征（Tang et al.，2013及其引文），可以用来解释为何类型3的萤石比类型2具有更低的Eu/Eu*值。更重要的是，Ⅰ阶段萤石的Eu富集导致流体中Eu亏损，因而从中沉淀的Ⅱ阶段萤石显示低Eu/Eu*值。

Ce/Ce*值也是流体物理化学条件的指示剂，土门矿床Ⅱ阶段萤石具有弱的Ce负异常，指示源区流体略微还原（Moller，1998）。这与Ⅰ阶段萤石的Eu正异常以及矿床中硫化物的出现相吻合。此外，Ce负异常也常继承于源区流体特征（Castorina et al.，2008；Ehya，2012），但Ⅰ阶段萤石几乎没有Ce亏损，因此不可能继承于源区。此外，萤石的Ce负异常也有可能是Ce与OH^-配合作用的结果（Schonenberger et al.，2008），因为$Ce(OH)_3^0$配合物的稳定性高于其他REE的氢氧化物配合物（Haas et al.，1995），导致Ce易保留于流体中，因而从中沉淀的萤石显示Ce负异常。

6. 成矿流体来源

考虑到水岩反应，以及萤石 REE 配分模式与围岩栾川群相似（表 5.25 和图 5.44），我们认为围岩是土门成矿系统 REE 的主要来源。围岩栾川群样品具有相似的 REE 配分模式。土门矿床萤石样品具有低 REE 含量的特征指示 REE 源于栾川群海相碳酸盐。

虽然土门矿床毗邻侵入岩（图 5.44），且成因上与侵入岩有关，土门矿床的萤石样品 REE 配分模式与燕山期花岗岩、新元古代二长岩以及熊耳群火山岩均不同（图 5.44B ~ E），指示萤石与侵入岩无关。然而，新元古代碱性岩显示 LREE 富集型的配分模式，与土门萤石相似（图 5.44F）；试验研究也显示碱性岩浆演化能分异出极富 LREE 的流体（Wendlandt and Harrison，1979）。因此，除了围岩栾川群外，土门矿床附近的新元古代正长岩也可能为成矿系统提供流体。

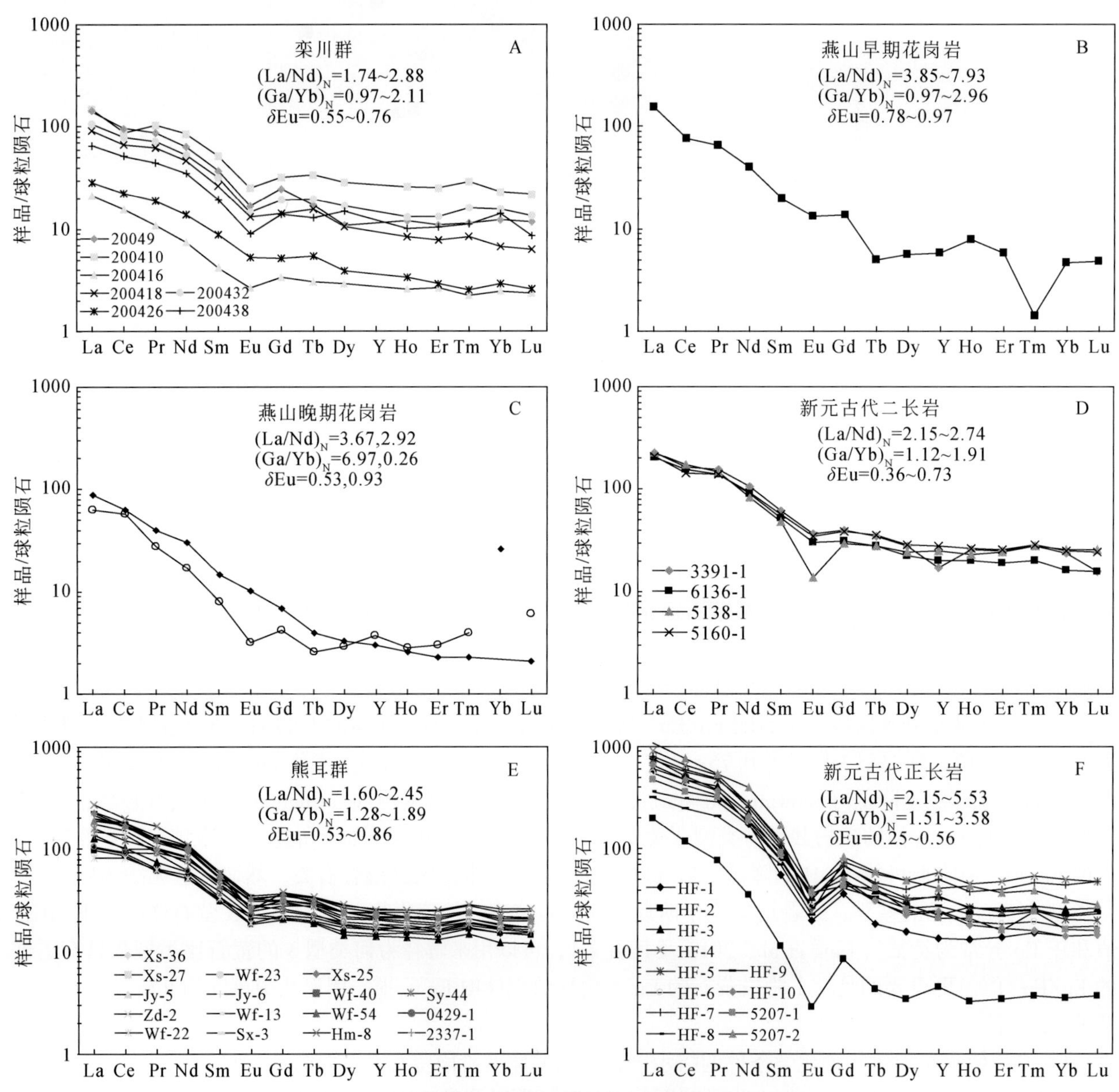

图 5.44　矿区岩石稀土元素配分模式（Deng et al.，2014a）

栾川群引自邢矿，2005；熊耳群引自 Zhao et al.，2002；碱性岩 REE 数据引自 Bao et al.，2008；其余引自河南地矿厅区调队，1989

表5.25　区域相关地质体的REE参数（Deng et al.，2014a）

参数	土门萤石	栾川群	熊耳群	七顶山	牛心山	四里店	碱性岩	王家营
$\sum$REE/10^{-6}	30.5	152	314	24.3	99.7	37.7	883	83.0
LREE/10^{-6}	25.8	135	283	23.0	97.6	35.4	840	72.5
HREE/10^{-6}	4.68	17.7	31.5	1.29	2.11	2.35	43.3	10.5
LREE/HREE	6.34	7.62	9.00	17.8	46.2	15.1	19.4	6.92
$(La/Nd)_N$	2.14	2.11	2.01	3.67	2.92	5.89	3.25	2.36
$(Gd/Yb)_N$	2.40	1.56	1.56	6.97	0.26	1.96	2.39	1.56
δEu	0.91	0.62	0.73	0.53	0.93	0.87	0.40	0.64
δCe	0.88	0.88	1.03	1.29	0.97	0.74	0.92	0.87
δY	1.90		0.98	1.30	1.01	0.90	1.14	0.92

5.3.4　流体包裹体地球化学

5.3.4.1　样品和测试

本次研究主要在土门矿区5-4矿脉的井下坑道和相应矿石堆采集了矿脉顶、底板以及不同成矿阶段的新鲜矿石样品共25件，采样位置见图5.36。首先将样品磨制成0.03mm的光薄片和0.3mm的包裹体片，进行岩相学、矿相学以及流体包裹体岩相学观察，然后选取有代表性的包裹体进行显微测温和激光拉曼探针分析。为了确保萤石等寄主矿物中的包裹体能够代表不同的成矿阶段，本研究仅针对穿插关系清晰的样品：5件Ⅰ阶段的白色萤石样品、3件Ⅱ阶段的紫色萤石样品。Ⅲ阶段、Ⅳ阶段的碳酸盐矿物中捕获的包裹体由于个小、量少而无法进行显微测温试验。

根据冷热台试验测得的NaCl-H_2O溶液包裹体的冰点温度（$T_{m,ice}$），利用Bodnar（1993）提供的方程，可获得NaCl-H_2O溶液包裹体的盐度。根据冷热台试验测得的CO_2-H_2O型包裹体的笼合物熔化温度（$T_{m,cla}$），利用Collins（1979）所提供的方法，可获得CO_2-H_2O型包裹体水溶液相的盐度。根据冷热台试验测得的含子晶多相包裹体的子晶熔化温度（$T_{m,d}$），利用Hall等（1988）提供的方程，可获得含子晶多相包裹体的盐度。

单个流体包裹体成分的原位激光拉曼显微探针分析在北京大学造山带与地壳演化教育部重点实验室Renishaw RM-1000型激光拉曼光谱仪完成，使用Ar原子激光束，波长514.5nm，计数时间为10s，每1cm^{-1}（波数）计数一次，100～4000cm^{-1}全波段一次取峰，激光束斑约为2μm，光谱分辨率±2cm。

5.3.4.2　流体包裹体岩相学特征

根据室温下（21℃）流体包裹体的岩相学特征（卢焕章等，2004）、升温或降温过程中-196～+600℃）的相变行为以及激光拉曼光谱分析，将包裹体分为NaCl-H_2O型包裹体、纯CO_2型包裹体、CO_2-H_2O型包裹体及含子晶多相包裹体四类（图5.45）。

NaCl-H_2O型包裹体（W类）：分布最为广泛，包括原生和次生包裹体，其中次生包裹体切穿或沿寄主矿物裂隙分布，而原生包裹体多呈孤立分布，通常一个矿物颗粒内只有一个较大的包裹体，或者呈与愈合裂隙无关的群体包裹体形式（图5.45A）。包裹体形态为负晶形、椭圆以及不规则状（图5.45B）；大小约2～25μm，以5～10μm居多；气液比约10%～50%，偶见纯气相包裹体和纯液相包裹体。

CO_2-H_2O型包裹体（C类）：分布广泛，包括原生和次生包裹体，前者多孤立产出，后者呈线状分布；在室温和冷热台降温过程中常具双眼皮特征（图 5.45C），部分包裹体室温下表现为两相 CO_2；形态以椭圆为主，少量呈不规则状；大小约 2～20μm，CO_2 相占包裹体体积约 10%～50%。

纯 CO_2 包裹体（PC 类）：室温所见部分纯气相或者纯液相包裹体，激光拉曼光谱分析显示其为纯 CO_2（图 5.45D），个别含少量 CH_4。

含子晶多相包裹体（S 类）：数量较少，多呈孤立分布，为原生包裹体，形态为椭圆和不规则状；大小约 5～12μm；气液比约 10%～30%。其中，子晶均为无色透明，形态为立方体状和椭圆状（图 5.45E、F），激光拉曼光谱无法识别其成分，但根据颜色和形状推测前者为石盐，后者可能为钾盐。另外，成矿阶段还可见气相为 CO_2 或含多个子晶的多相包裹体（图 5.45E、F）。

各热液阶段形成的脉石矿物内发育数量不均、类型不同的流体包裹体组合。Ⅰ阶段白色萤石中含有大量沿愈合裂隙分布的 C 类和 W 类包裹体，明显为次生；成群分布的负晶形的 W 类包裹体指示其为原生成因（图 5.45A）；少量孤立分布的 PC 类和 S 类包裹体亦为原生包裹体。Ⅱ阶段紫色萤石透明度较差，含大量细小包裹体，多为沿愈合裂隙分布的次生包裹体；另见有簇状分布的 W 类和 C 类原生包裹体，以及孤立分布的 S 类包裹体。Ⅲ阶段、Ⅳ阶段的碳酸盐矿物中包裹体稀少、个小甚至不可见，无法进行显微热力学研究。

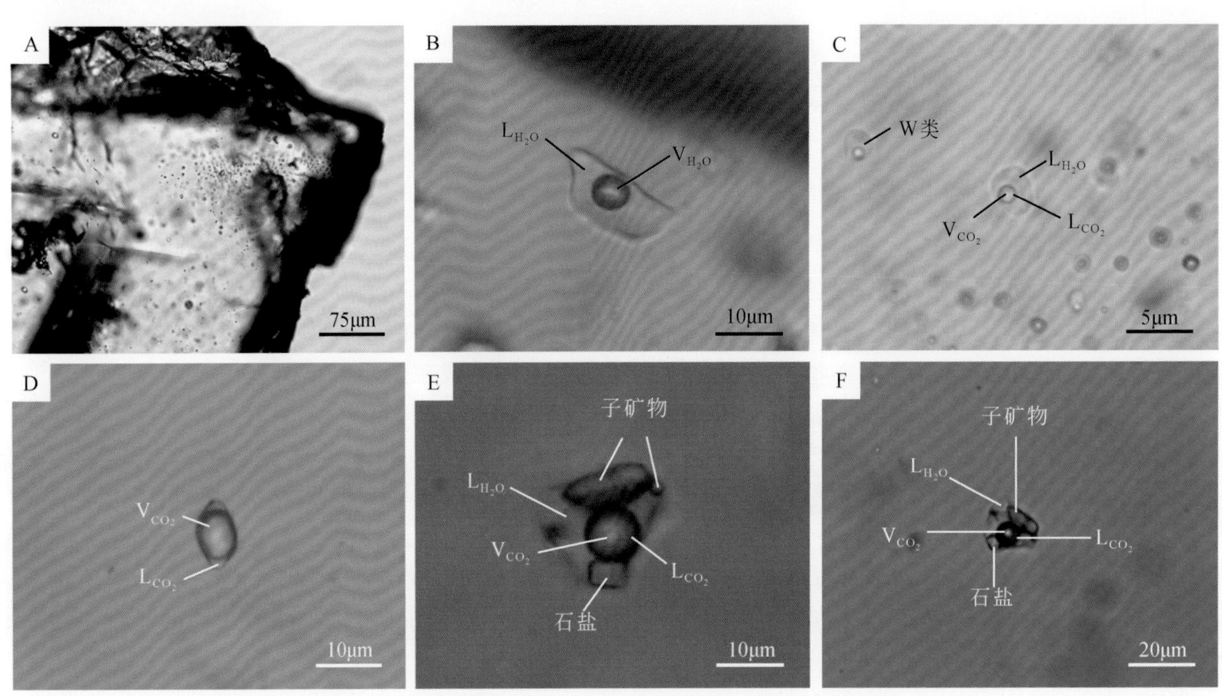

图 5.45　土门钼矿床流体包裹体照片（Deng et al.，2014c）

A. 萤石中流体包裹体的赋存状态，与愈合裂隙无关的负晶形原生包裹体成群分布；B. 孤立分布的 W 类包裹体；C. W 类与 C 类包裹体共生；D. PC 类包裹体；E. 气相组分为 CO_2 的 S 类包裹体，含石盐子晶以及未知透明子矿物；F. 气相组分为 CO_2 的 S 类包裹体，包括石盐子晶以及未知透明子矿物

5.3.4.3　显微测温结果

近年来，流体包裹体岩相学研究的重要进展之一即通过流体包裹体组合（FIA）对测温数据有效性加以制约（池国祥和卢焕章，2008）。本书利用 FIA 的概念对线状分布的次生包裹体和成群分布的原生包裹体进行有效性制约，以获得更可靠的测温数据。如前文所述，本书对采自土门 5-4 矿脉的 5 件白色萤石样品、3 件紫色萤石样品进行了显微热力学研究，各阶段流体包裹体测温结果列于表 5.26 和图 5.46，分述如下。

表5.26　土门钼矿床流体包裹体显微测温结果（邓小华等，2009a）

阶段	寄主矿物	类型	数量	T_{m,CO_2}/℃	$T_{m,ice}$/℃	$T_{m,cla}$/℃	$T_{m,d}$/℃	T_h/℃	W/(% NaCl eqv.)
Ⅰ	白色萤石	W	35		-6.5～-0.8			333～450	1.4～9.9
		C	4	-60.4～-57.6		-1.0～9.9		309～400	0.2～16.6
		S	6				267～320	362～400	36～40
Ⅱ	紫色萤石	W	28		-9.2～-0.2			181～331	0.4～13.1
		C	12			5.3～9.4		188～288	1.2～8.5
		S	3					243～298	

注：T_{m,CO_2}为固相CO_2初熔温度；$T_{m,ice}$为冰点温度；$T_{m,cla}$为笼合物熔化温度；$T_{m,d}$为子晶消失温度；T_h为完全均一温度；W为盐度。

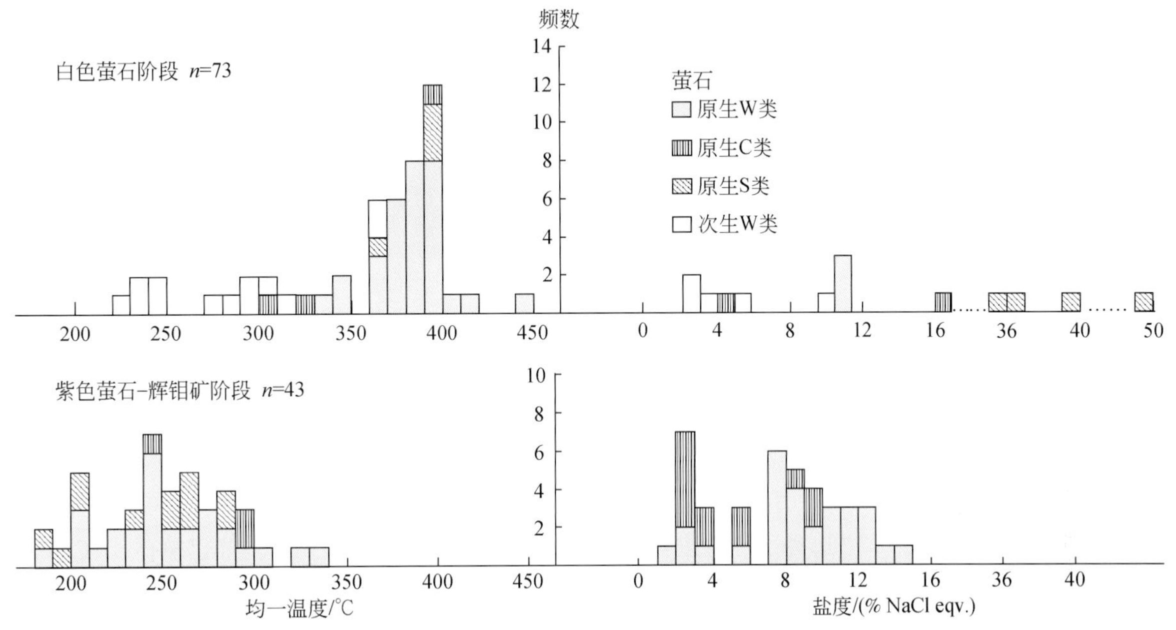

图5.46　土门钼矿床流体包裹体均一温度和盐度直方图（邓小华等，2009a）

Ⅰ阶段：对白色萤石中的W类、C类、S类包裹体分别进行了冷热台测温。其中，W类包裹体冷冻至液相全冻后，回温过程测得冰点温度为-6.5～-0.8℃，对应的盐度为1.4%～9.9% NaCl eqv.；包裹体向液相均一，均一温度为333～450℃（表5.26）。C类包裹体在室温下为CO_2(V)+CO_2(L)+H_2O(L)，个别包裹体可观察到固体CO_2熔化温度为-60.4～-57.6℃，说明包裹体的气相成分除CO_2外，还有其他成分，与激光拉曼光谱所检测到的少量CH_4相吻合（见后）；在冷冻至液相全冻后回温过程中的笼合物熔化温度约-1.0～9.9℃，据此求得其盐度为0.2%～16.6% NaCl eqv.；进一步回温，多数包裹体的CO_2部分均一为液相，此时温度为16.5～26.4℃；包裹体完全均一成气相，均一温度为309～400℃（表5.26）。S类包裹体的子晶呈立方体状或椭圆状，推测可能为石盐或钾盐；大部分包裹体的子晶在包裹体完全均一之前熔化，熔化温度为267～320℃；据此可获得包裹体盐度为36%～40% NaCl eqv.；包裹体多均一成液相，均一温度为362～400℃（表5.26），个别包裹体在575℃时仍未完全均一（图5.47）。

Ⅱ阶段：对紫色萤石中的W类、C类以及个别S类包裹体进行冷热台测温。W类包裹体冷冻至液相全冻后回温，测得冰点温度为-9.2～-0.2℃，对应的盐度为0.4%～13.1% NaCl eqv.；包裹体向液相均一，完全均一温度为181～331℃（表5.26）。C类包裹体在室温下为CO_2(V)+CO_2(L)+H_2O(L)，在冷冻至液相全冻后回温过程中的笼合物熔化温度约5.3～9.4℃，据此求得相应盐度为1.2%～8.5% NaCl eqv.；进一步回温，多数包裹体的CO_2部分均一为液相，均一温度为22.5～30.6℃；包裹体完全均一成液相，均一温度为188～288℃（表5.26）。S类包裹体主要呈孤立分布，属原生包裹体，子晶呈椭圆状，可能为钾盐；升温，气泡变小，在292℃时消失；或者气泡变大，液相在243～298℃消失；子晶最后在实验条件下（575℃）亦未能完全消失。

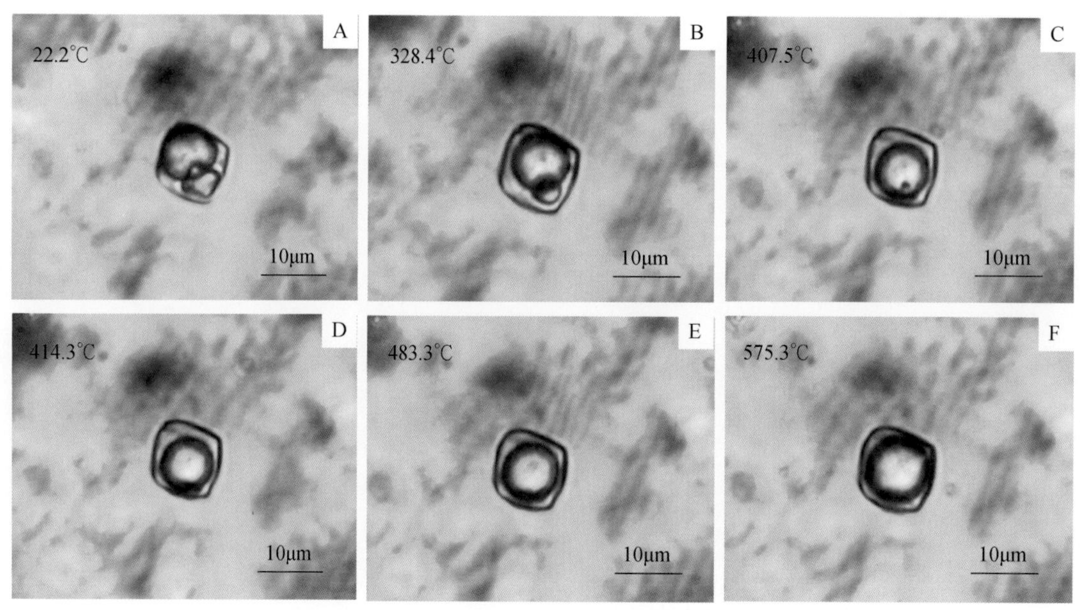

图5.47　土门钼矿萤石中S类包裹体测温过程（邓小华等，2009a）

A. 室温（22.2℃）下的含石盐子晶包裹体；B. 从室温加热至328.4℃时，石盐子晶棱角逐渐熔化，变成球形；C. 继续升温至407.5℃时，石盐子晶熔化至最后一小粒；D. 缓慢加热，石盐子晶最后在414.3℃完全消失；E. 继续升温至483.3℃，气泡开始慢慢变大；F. 升温至575.3℃时（试验条件下所能达到的极限温度），气泡继续变大，但仍未完全均一

5.3.4.4　包裹体成分分析

为分析成矿流体成分，本书选择了各阶段具代表性的流体包裹体进行激光拉曼光谱测试，结果如下：

Ⅰ阶段：C类包裹体的成分为CO_2(V)+CO_2(L)+H_2O(L)（图5.48A，B，C）；W类包裹体气相成分为H_2O，个别含少量CO_2（特征拉曼谱峰为1284cm^{-1}和1387cm^{-1}），液相成分为H_2O；PC类包裹体成分为CO_2（特征拉曼谱峰为1284cm^{-1}和1389cm^{-1}），个别含少量CH_4（特征拉曼谱峰为2916cm^{-1}；图5.48D）；S类包裹体的子晶成分无法检测出。

Ⅱ阶段：W类包裹体气相成分为H_2O，个别含少量CO_2，液相成分为H_2O；C类包裹体的成分为CO_2(V)+CO_2(L)+H_2O(L)；S类包裹体的子晶成分无法检测出。

由上可知，流体包裹体成分整体为富CO_2的水溶液，Ⅰ阶段近似为CO_2-H_2O-NaCl±CH_4体系，而Ⅱ阶段近似为H_2O-NaCl-CO_2体系。

另外，前人（曹俊臣，1987，1997）利用激光拉曼技术对萤石的矿物物理特征进行了研究，得出了各类萤石矿矿床拉曼谱峰与矿床类型的相关性。本矿床萤石含有三组谱峰（321.53cm^{-1}，914.61～949.17cm^{-1}，1365.3～1398.4cm^{-1}，图5.48E，F），指示其围岩为酸–中酸性岩浆岩及其接触带，这与萤石矿的地质特征是吻合的。

5.3.4.5　成矿流体压力与密度估算

根据C类包裹体的均一温度、均一方式以及CO_2相占包裹体的比例，利用Brown（1989）提供的Flincor程序和Brown和Lamb（1989）提供的H_2O-CO_2-NaCl体系的计算公式，可获得Ⅱ阶段压力为185～282MPa，对应静岩压力下的成矿深度为6.2～9.4km，这与侵入岩有关的矿床成矿深度类似（Mernagh et al.，2007）。

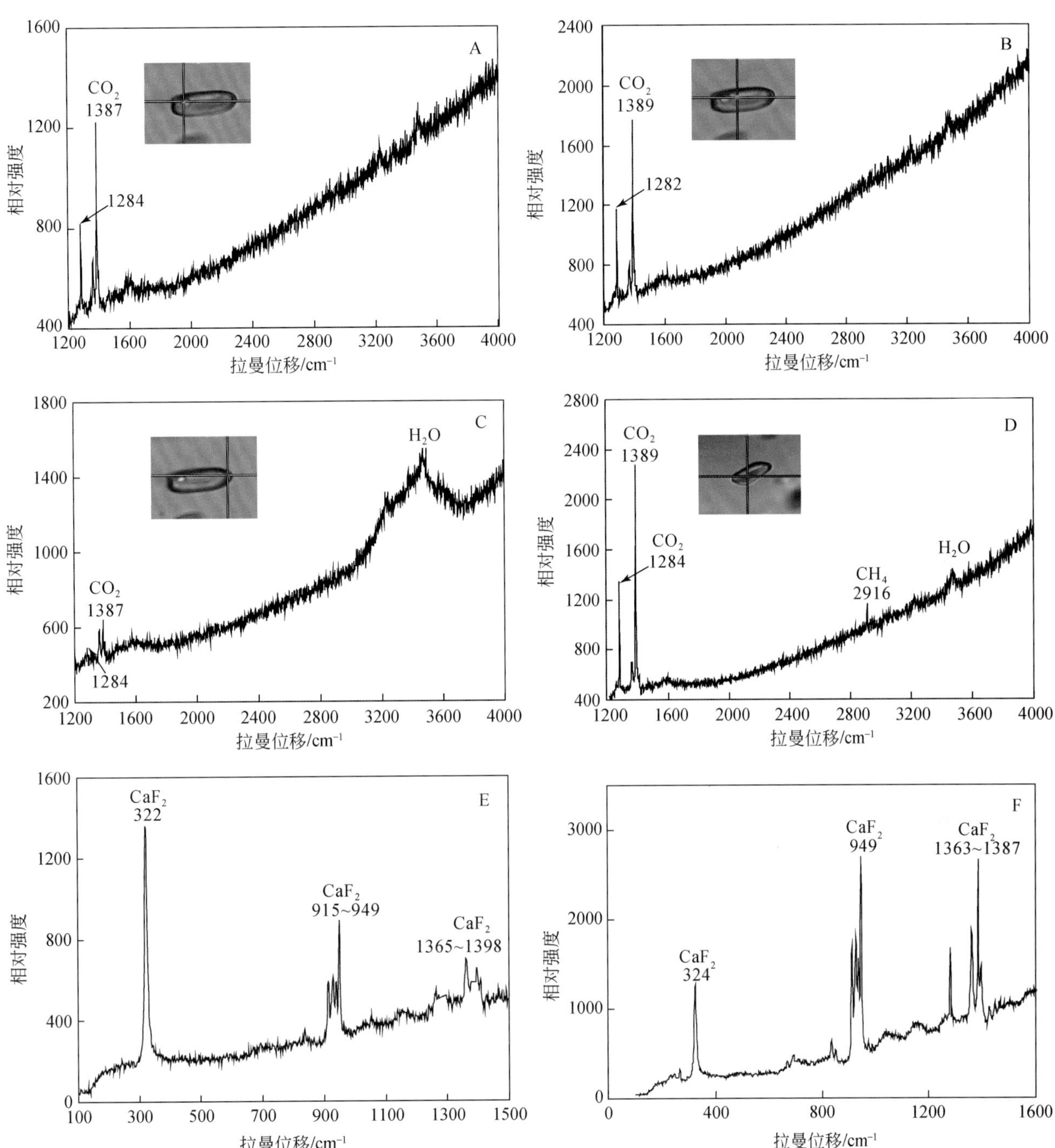

图5.48 土门钼矿床流体包裹体激光拉曼光谱分析（邓小华等，2009a）

A. 白色萤石中C类包裹体的气相CO_2成分；B. 白色萤石中C类包裹体的液相CO_2成分；C. 白色萤石中C类包裹体的液相H_2O成分；D. 白色萤石中PC类包裹体气相成分为CO_2和少量CH_4；E. 白色萤石拉曼谱峰；F. 紫色萤石拉曼谱峰

考虑到本矿床流体包裹体以W类和C类为主，对于二者，采用不同的方法来估算其密度。对于W类包裹体，根据均一温度以及计算获得的盐度，利用刘斌和段光贤（1987）所提供的$NaCl-H_2O$溶液包裹体的密度式：$D=A+B\times t+C\times t^2$，代入密度式即可获得均一成液相的包裹体的密度（表5.27）。由此求得白色萤石阶段流体密度为0.81～0.97g/cm³、紫色萤石-辉钼矿阶段为0.75～0.94g/cm³。对于C类包裹体，根据Touret和Bottinga（1979）提供的关系式及CO_2部分均一温度及均一方式，可获得C类包裹体中CO_2的密度（表5.27）。由此求得白色萤石阶段流体密度为0.53～0.85g/cm³、紫色萤石-辉钼矿阶段为0.33～0.78g/cm³。

表 5.27　土门钼矿床流体包裹体密度估算结果（邓小华等，2009a）

阶段	寄主矿物	类型	个数	均一温度/℃	盐度/(% NaCl eqv.)	密度/(g/cm^3)
Ⅰ阶段	白色萤石	W 类	35	333～450	1.4～9.9	0.81～0.97
		C 类	4	309～400	0.2～16.6	0.53～0.85
Ⅱ阶段	紫色萤石	W 类	28	181～331	0.4～13.1	0.75～0.94
		C 类	12	188～288	1.2～8.5	0.31～0.93

5.3.4.6　成矿流体性质和演化

土门矿床Ⅰ阶段白色萤石中捕获的原生包裹体以 W 类为主，还含有少量 C 类、PC 类和 S 类，成矿流体近似为 H_2O-NaCl-CO_2±CH_4体系。Ⅱ阶段为主成矿阶段，其紫色萤石中包裹体以 W 类和 C 类为主，还含有 PC 类和 S 类包裹体，成矿流体近似为 H_2O-NaCl-CO_2体系。

通过均一法测温，揭示出该矿床流体演化具有如下规律：白色萤石脉形成于高温环境（原生包裹体均一温度为 309～450℃，峰值为 360～410℃；图 5.46），此后流体温度降低，形成了紫色萤石-辉钼矿脉（均一温度 181～331℃，峰值为 220～300℃；图 5.46）；白色萤石阶段受紫色萤石-辉钼矿阶段的热液叠加，大量发育温度区间为 200～300℃的次生包裹体。

在流体演化过程中，盐度也发生了变化，Ⅰ阶段盐度范围较宽（盐度为 0.02%～50% NaCl eqv.，甚至超过 50% NaCl eqv.），Ⅱ阶段分布范围稍窄（盐度为 0.4%～13.1% NaCl eqv.），从早到晚，流体盐度略有降低的趋势。

另外，Ⅰ和Ⅱ阶段均可见盐类子晶。Ⅰ阶段 S 类包裹体中子晶大部分先消失，随后气泡或液相消失，即通过气液相均一而达到完全均一，说明此阶段含子晶包裹体可能主要为从原始不饱和溶液中捕获的；Ⅱ阶段 S 类包裹体中气泡或液相先消失，随后子晶熔化，即通过盐类矿物最终消失达到均一，说明此阶段含子晶包裹体可能主要是从原始过饱和溶液中捕获的。

综上所述，土门矿床成矿流体为中温、中高盐度的 H_2O-NaCl-CO_2体系，温度和盐度从早到晚逐渐降低。

5.3.5　成矿年代学

辉钼矿中 Re 含量达 10^{-6}级，而 Os 含量极低，是最适合 Re-Os 同位素定年的矿物（Stein et al.，2001；Takahashi et al.，2007）。本书运用 Re-Os 同位素方法对辉钼矿直接定年，获得了土门钼矿的精确成矿年龄，并探讨了矿床成因及构造背景。

5.3.5.1　样品和测试

5 件样品分别采自方城县拐河镇欧家庄 5-4 号脉和韩家勘探钻孔（图 5.36）。其中，样品 TM-09-2、TM-10 和 YD02 中的辉钼矿呈薄膜状、浸染状、团块状充填于围岩裂隙中；而样品 HJ-01 和 HJ-04 中辉钼矿呈团块状、浸染状沿萤石裂隙充填。经粉碎、分离、粗选和精选，获得了纯度>99% 的辉钼矿单矿物。

样品经粉碎、分离、粗选和精选，获得了纯度>99% 的辉钼矿单矿物。辉钼矿样品分解和 Re、Os 纯化前处理等工作在中国科学院广州地球化学研究所同位素年代学和地球化学重点实验室完成，Re、Os 含量 ICP-MS 分析在长安大学成矿作用及其动力学开放研究实验室完成，仪器型号为 X-7 型 ICP-MS，由美国热电公司生产。样品化学前处理及测试方法主要参考杜安道等（1994），并在此基础上进行了部分改进：①称样后，依次加入 NaOH 和 Na_2O_2，置于马弗炉熔融，避免了原分解技术称样后，加 Na_2O_2熔融前，只用 NaOH 与样品熔融时伴有的喷溅现象；②丙酮萃取 Re 后，有机相直接置于电热板上加热挥发，取代了三氯甲烷和水反萃取 Re 步骤；③从分解样品中分离纯化 Os，采用 $NaClO_4$氧化剂，替代了较贵的 $Ce(SO_4)_2$。因 Os

含量低，辉钼矿 Re-Os 年龄数据的可靠性关键取决于 Os 分析数据的质量。以 Os 最高价态氧化物 OsO_4 水溶液进样，Os 的 ICP-MS 测定灵敏度被提高了 40 倍以上（Sun et al., 2010），从而获得了准确的 Os 分析数据。实验采用国家标准物质 GBW04435 和 GBW04436 为标样，监控化学流程和分析数据的可靠性。

5.3.5.2　测试结果

来自 5 件辉钼矿的 Re-Os 同位素测试结果列于表 5.28。辉钼矿 Re 含量为 $0.0634\times10^{-6}\sim30.9085\times10^{-6}$，$^{187}Os$ 含量为 $0.6462\times10^{-9}\sim275.6774\times10^{-9}$，单样年龄为 845.8±7.3～965.3±7.2Ma。其中，样品 HJ-01 的 3 件测试数据显示相似的 Re 和 ^{187}Os 含量，模式年龄为 845.8～852.5Ma，指示测试数据的重现性较好。采用 ^{187}Re 衰变常数 $\lambda=1.666\times10^{-11}a^{-1}$（Smoliar et al., 1996），利用 ISOPLOT 软件（Model 3，Ludwig，1999）将 7 件数据回归成一条直线，求得等时线年龄为 860±31Ma（2σ 误差，MSWD=26；图 5.49），^{187}Os 初始值为 $(-0.1\pm6.6)\times10^{-9}$。考虑到样品 HJ-04 远离等时线，暂时剔除后，利用其余 6 件数据可获得等时线年龄 847.4±7.3Ma（2σ 误差，MSWD=23；图 5.49），^{187}Os 初始值为（0.15 ± 0.19）$\times10^{-9}$。上述 ^{187}Os 初始值均接近于 0，表明辉钼矿形成时几乎不含 ^{187}Os，辉钼矿中的 ^{187}Os 系由 ^{187}Re 衰变形成，符合 Re-Os 同位素体系模式年龄计算条件，说明所获得年龄可以反映辉钼矿的结晶时间。考虑到辉钼矿 Re-Os 体系对后期热液作用的抵抗能力和对古老事件的记忆性（Suzuki et al., 1996），本书倾向使用最小的单样品辉钼矿 Re-Os 年龄（845.8±7.3Ma）作为成矿年龄。

表 5.28　方城土门钼矿床辉钼矿 Re-Os 同位素测年数据（Deng et al., 2013c）

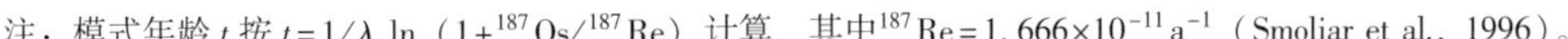

样品号	$Re/10^{-6}$	$^{187}Re/10^{-6}$	$^{187}Os/10^{-9}$	年龄/Ma
TM09-2	0.5482±0.0036	0.3446±0.0023	4.9648±0.0215	858.7±6.8
TM10	0.6600±0.0043	0.4148±0.0027	6.2179±0.0214	893.0±6.5
HJ01	30.9085±0.2480	19.4272±0.1559	275.6774±0.8815	845.8±7.3
HJ01a	23.6497±0.1822	14.8643±0.1145	211.3947±1.6762	847.6±11.6
HJ01b	22.6150±0.2528	14.2140±0.1589	203.3426±1.6033	852.6±13.5
HJ04	29.1473±0.2538	18.3202±0.1595	272.7426±1.2314	887.0±8.6
YD02	0.0634±0.0002	0.0399±0.0002	0.6462±0.0042	965.3±7.2

注：模式年龄 t 按 $t=1/\lambda\ \ln(1+{}^{187}Os/{}^{187}Re)$ 计算，其中 $^{187}Re=1.666\times10^{-11}a^{-1}$（Smoliar et al., 1996）。

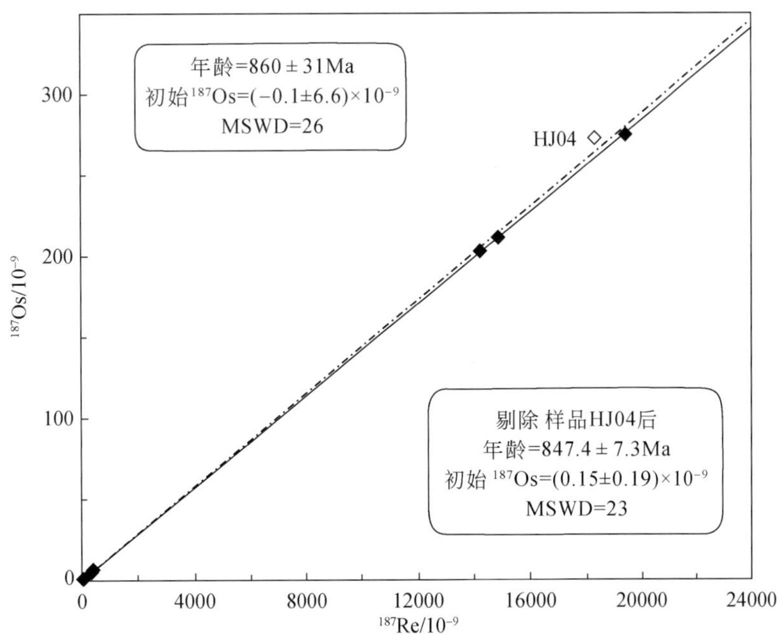

图 5.49　方城土门钼矿床辉钼矿 Re-Os 等时线年龄（Deng et al., 2013c）

5.3.5.3 成矿地球动力学背景

目前，学者们基本共识罗迪尼亚超大陆形成于1300～900Ma（Li et al.，2008）。然而，关于新元古代构造演化历史，绝大部分研究是基于地质、同位素年代学、古地磁等数据，很少涉及矿床。因此，本研究从矿床入手，为华北克拉通南缘新元古代构造演化提供有力制约。

碱性岩（尤其是正长岩）通常与伸展构造背景有关（Bao et al.，2008），可由地幔柱上涌、板块俯冲相关的弧后裂谷以及碰撞后的岩石圈伸展和减薄所导致。在约825Ma之前，全球并没有广泛的地幔柱活动的证据。在华北克拉通南缘，侵入于栾川群的最古老的辉长岩其年龄为830±6Ma，晚于正长岩（844.3±1.6Ma）和萤石-钼矿脉（845.8±7.3Ma）。因此，钼矿化以及相关的正长岩浆与新元古代地幔柱活动无关。目前的构造模式认为，以发育秦岭群为代表的中秦岭地体从1.45Ga开始拼贴于华北克拉通南缘，并于1.4～0.9Ga期间发生碰撞造山。随后，二郎坪弧后盆地于1.0～0.45Ga期间打开（胡受奚等，1988；陈衍景和富士谷，1992；陆松年等，2003；Chen et al.，2004；Zhao et al.，2004，2011；Dong et al.，2008；Zhang et al.，2009；Deng et al.，2013c）。北秦岭增生带识别出了大量新元古代碰撞型花岗岩（陆松年等，2003），如牛角山（锆石TIMS U-Pb年龄为955±5Ma）、涝峪（锆石TIMS U-Pb年龄为956±8Ma）、德河（锆石SHRIMP U-Pb年龄为943±18Ma）、寨根（锆石SHRIMP U-Pb年龄为914±10Ma）以及太白官山（锆石SHRIMP U-Pb年龄为911±18Ma）等。这类碰撞型花岗岩早于土门矿床及相关正长岩浆约50Ma，指示土门矿床形成于碰撞后的伸展环境。

土门矿床及相关正长岩浆的发育拉开了Rodinia超大陆裂解的序曲，相似的构造-岩浆事件也在其他地区被识别：Li等（2003）认为形成于857±13Ma的中国川西南的关刀山花岗岩为板内非造山背景；Dalziel和Soper（2001）认为苏格兰高地约870Ma的岩浆事件与劳伦大陆开始从罗迪尼亚超大陆分离有关；Kalahari克拉通裂谷有关的岩浆事件间歇地发生于870～750Ma（Johnson et al.，2005及其引文）；Scandinavian加里东造山带Vistas花岗岩（845±14Ma）被认为是罗迪尼亚超大陆裂解期间的双峰式岩浆作用的一部分（Paulsson and Andreasson，2002）。因此，本研究所报道的数据与全球其他事件一致，可能与罗迪尼亚超大陆的初始裂解有关。

5.3.6 讨论与总结

5.3.6.1 矿床成因类型

斑岩型和夕卡岩型钼矿床（含伴生钼矿床）作为最重要的钼矿床类型，相关研究较多。近年来，受构造控制的脉状钼矿床大量发现。以发育含钼萤石脉为特征的土门钼矿床即为此例。前人对该矿床的地质、地球化学开展了详细研究，取得了一些成果，但对矿床成因类型存在较大分歧，已有观点包括：①韧性剪切带型（刘国庆等，2008；白凤军和肖荣阁，2009；孙红杰，2009；肖荣阁等，2010）；②与燕山期四里店岩体有关的萤石脉型（叶惠嫩等，2004）；③与古生代碱流岩有关的萤石-辉钼矿型（祝朝辉等，2009）；④与侵入岩有关的脉状钼矿床（邓小华等，2009）。本书获得的流体包裹体、元素地球化学、同位素年代学等研究成果，为准确厘定矿床成因提供了有力的约束。

首先，根据辉钼矿Re-Os等时线年龄为845.8±7.3Ma，可排除以下观点，即不可能是：①与燕山期四里店岩体有关的萤石脉型（叶惠嫩等，2004），因为燕山早期四里店岩体的K-Ar年龄为151Ma，成岩作用晚于成矿作用>700Ma；②与古生代碱流岩有关的萤石-辉钼矿型（祝朝辉等，2009），古生代碱流岩明显晚于成矿时间。另外，根据钼矿化受韧脆性剪切带控制，刘国庆等（2008）、白凤军和肖荣阁（2009）以及肖荣阁等（2010）认为方城土门等矿床属于韧性剪切带型钼矿床，但韧性剪切带型本身无法提供成矿地质作用的信息，不能反映热液矿床的成因。

虽然土门钼矿床显示为断控脉状的中温热液矿床，类似于造山型矿床，但本书流体包裹体研究表明，土门成矿流体以高盐度、富 CO_2 为特征，明显不同于低盐度、富 CO_2 的造山型流体成矿系统，却与岩浆热液成矿系统相吻合（陈衍景等，2007）。事实上，本矿床产出的区域发育多种岩浆岩，从中元古代到燕山晚期均有发育，成矿与侵入岩关系密切。

与侵入岩有关的金矿床是最近识别出的一种新的岩浆-热液矿床类型（胡朋等，2006），其地质特征与造山型金矿存在颇多相似之处（Groves et al.，1998，2003；Walshe et al.，2005；Mernagh et al.，2007；陈衍景等，2007），如成矿温度和压力范围相似，均发育 $H_2O-CO_2\pm CH_4\pm N_2$ 流体，均有低盐度流体参与等，因此，对于二者是划分为不同类型的成矿系统，还是属于中温金矿系统的不同亚种多有争议（Groves et al.，2003），甚至认为二者为同一成矿系统（Walshe et al.，2005）。尽管如此，二者的地质背景、矿床地质以及流体包裹体特征亦有明显的差异（表5.29）。

如此一来，土门钼矿床应属与侵入岩有关的脉状钼矿床，其理由包括：①矿床产于正长斑岩外接触带，矿体呈断续的脉状、透镜状产于倒转向斜的翼部、核部或断裂构造中；②辉钼矿-萤石脉常发育的含子晶包裹体，尤其是气相为 CO_2 的含子晶包裹体，是岩浆热液系统的标志（陈衍景等，2007；陈衍景和李诺，2009），而不同于造山型矿床（Groves et al.，1998）；③成矿流体盐度高达40% NaCl eqv.，均一温度高达450℃，为典型的岩浆流体；④紫色萤石具轻稀土富集型稀土配分模式，LREE/HREE 平均值为4.0，Eu 负异常明显（δEu 为 0.89～0.68），Ce 负异常微弱（δCe 为 0.92～0.79），Y 正异常明显（δY 为 1.29～2.40），均与双山碱性岩相似，指示其成矿流体来源于碱性岩；⑤新元古代正长岩脉的 Mo 含量为 16.2×10^{-6}，远高于地壳平均值（约 1.0×10^{-6}），指示正长岩是可能的物质来源；⑥土门钼矿的成矿年龄为 845.8±7.3Ma，而矿区南侧约3～4km处的双山正长岩的锆石 LA-ICP-MS U-Pb 年龄为 844.3±1.6Ma（Bao et al.，2008），二者时空一致，指示辉钼矿-萤石脉的成因与正长岩或同期构造热事件有关。

表5.29　土门钼矿床和与侵入岩有关的金矿床典型特征对比（邓小华等，2009a）

矿床类型	与侵入岩有关的金矿	土门萤石脉型钼矿床
构造背景	产于汇聚板块边缘内的陆壳背景，或大陆碰撞带	产于华北克拉通南缘的华熊地块，秦岭造山带最北部
控矿构造	矿床产于浅侵位中酸性岩体的内部和/或接触带，矿体呈脉状产在侵入体附近的围岩裂隙或断裂构造中	矿床产于花岗斑岩外接触带，矿体呈断续的脉状、透镜状、板状或似层状产于倒转向斜的翼部或靠近核部
矿体产状	矿体为脉状、网状脉和角砾岩筒；矿床发育角砾状、网脉浸染状构造	矿体以萤石脉状产出，矿石组构包括网脉状、条带状等构造
围岩蚀变	由高温蚀变组合降为低温蚀变组合，由面型渗透蚀变变为线型贯入蚀变，由碱交代变为酸淋滤蚀变	由萤石化演化为碳酸盐化、高岭土化、滑石化等
流体包裹体类型	发育3种类型包裹体：CO_2-H_2O 型、NaCl-H_2O 型及含子晶包裹体	可分为 CO_2-H_2O 型、纯 CO_2 型、NaCl-H_2O 型以及含子晶包裹体
流体成分	不同盐度的 H_2O-CO_2 体系，可见少量 CH_4 和 N_2	Ⅰ阶段为 CO_2-H_2O-NaCl±CH_4 体系，Ⅱ阶段为 H_2O-NaCl-CO_2 体系
流体温度	变化范围大，为140～550℃	为180～380℃，峰值为220～300℃
流体盐度	与深度有关，至少含一类高盐度流体，盐度变化范围为0～36% NaCl eqv.	含子晶包裹体盐度可达50% NaCl eqv.，其他包裹体盐度为0～13.1% NaCl eqv.
成矿深度	变化范围广（<1km～>7km），在地壳浅部（<5km），矿床与岩株、岩床、岩墙以及火山穹窿有关	成矿与矿区南侧双山碱性岩有关
资料来源	Mernagh et al.，2007	本书

5.3.6.2　萤石-钼矿床的成矿机制

土门钼矿中萤石与钼紧密共生，其矿床地质特征的相似性指示了其成因的紧密联系。对于萤石的物质来源，由于矿体赋存于大理岩与片岩之间的层间裂隙中，沿层面充填；侧向大理岩一边矿化形成矿体，产于各种片岩中的矿体则较差，规模小且不规则，品位低且矿化不均匀，指示大理岩是主要控矿岩性，可以为萤石矿的形成提供充足的Ca元素。而形成萤石的F元素的来源则有争议：温同想（1997）根据刘营复背斜南翼塔山-双山分布的正长岩为富F、H等挥发分的碱性岩，以及矿体产于正长岩或花岗斑岩外接触带，认为碱性岩（正长斑岩）为萤石矿化提供了F元素；叶惠嫩等（2004）根据四里店岩体的分布特征与萤石矿的成矿特点分析认为，四里店岩体大规模结晶分异过程产生含F的水溶液。考虑到碱性岩形成于新元古代（锆石LA-ICP-MS U-Pb年龄为844.3±1.6Ma，Bao et al.，2008），而四里店岩体为白垩纪的产物（叶惠嫩等，2004），与萤石共生的辉钼矿形成于845.8±7.3Ma，认为F元素应该主要来自碱性岩。

土门萤石-钼矿需要巨量的F元素堆积。方城县Ⅰ~Ⅸ矿区萤石矿石储量大于30万t（肖俊岭，2008），而F在酸性岩体中平均含量约0.08%（黄小龙等，1998）。因此，要提供30万t萤石矿所需的F元素，所需的岩体的质量约20亿t，假设花岗岩体密度为2.8g/cm^3，可估算出岩体体积最小约为0.7km^3，从图5.35可以看出，与萤石接触的正长斑岩的分布显然不到最低估算值，因此很难提供如此巨量的F；除正长斑岩外，尚需F的供应。而矿区南部分布的栾川-方城碱性岩-碱性花岗岩带面积广泛，可以为萤石提供成矿物质来源。但无论如何，巨量的F元素的存在对于Mo的搬运及沉淀有重要影响。

岩浆中高的F元素含量可导致晚期熔体中含水、富K^+（White et al.，1981）。因此，矿体发育于花岗斑岩及正长斑岩脉附近，而MoS_2可以在含水、富钾的硅酸盐熔体中运移（Edet and John，1981），这导致正长斑岩中Mo的浓度克拉克值达到12.37（叶惠嫩等，2004），远高于石英绢云片岩（浓度克拉克值为2.32）以及白云岩（浓度克拉克值为9.38）。但正长斑岩中并不见钼矿物，这说明形成正长斑岩的富钾硅酸盐熔体仅作为Mo的载体，而Mo的最终沉淀还与温度、压力以及氧化还原环境等有关。

由流体包裹体研究结果可知，一方面，土门钼矿成矿流体系统的温度由高温（Ⅰ阶段为360~410℃）向低温（Ⅱ阶段为220~300℃）演化，温度降低可导致Mo等矿质的沉淀（Jacob，1993）；另一方面，Ⅰ阶段F等挥发分与大理岩中的Ca^{2+}发生反应而大量减少，导致流体浓缩甚至过饱和，促使Mo等矿质的沉淀。因此，温度降低、F等挥发分的大量逸失是导致Mo等矿质的沉淀的主要原因。

5.3.6.3 成矿模式

方城萤石脉型钼矿田产于栾川群中，受断裂构造控制，为新元古代碰撞后伸展环境的产物。其成矿模式简述如下（图5.50）。

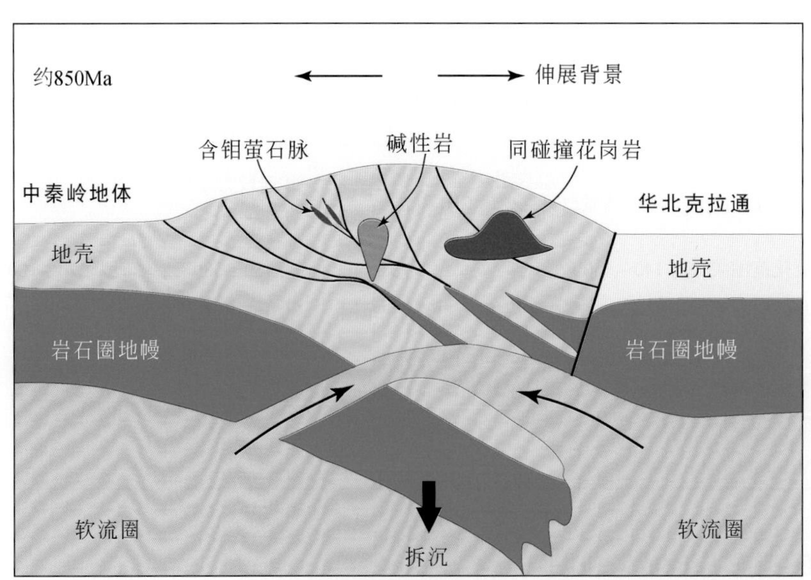

图5.50 方城土门钼矿床成矿模式图（Deng et al.，2014a）

约1.45Ga，中秦岭地体开始向华北克拉通南缘拼贴；1.4~0.9Ga，碰撞造山，形成大量的同碰撞花岗岩，如牛角山、涝峪、德河、寨根、太白官山等；大约50Ma之后，开始碰撞后伸展，发育方城碱性岩带，而与碱性岩有关的富 F 流体与栾川群碳酸盐发生反应，沿断裂沉淀了土门等萤石-钼矿床；这也是罗迪尼亚超大陆裂解的开始。

5.3.6.4　前中生代 Mo 金属预富集

东秦岭钼矿省成矿爆发于中生代（特别是燕山期）已被共识（胡受奚等，1988；罗铭玖等，1991；Stein et al.，1997；Chen et al.，2000；Mao et al.，2008）。然而近年来，东秦岭越来越多的前中生代钼矿床被报道（表 5.30）：熊耳山龙门店石英脉型钼矿的辉钼矿 Re-Os 等时线年龄为 1853±36Ma（Li et al.，2011b），寨凹石英脉型钼矿的辉钼矿 Re-Os 等时线年龄为 1760±33Ma（Deng et al.，2013a）；内乡银洞沟银金钼多金属矿床的辉钼矿 Re-Os 同位素加权平均年龄为 429.3±3.9Ma（李晶等，2009）。本书报道的方城土门矿床的辉钼矿 Re-Os 等时线年龄为 847.4±7.3Ma，为东秦岭钼矿省首例新元古代钼矿床。上述古元古代和加里东期钼矿床的发现，显示东秦岭地区钼矿化具有多期次特征，同时指示了东秦岭钼矿带发生了前中生代钼富集。

表 5.30　东秦岭钼矿带前中生代钼矿化

成矿时代	矿床	测试矿物	测试方法	样品数	年龄/Ma	资料来源
古元古代	龙门店	辉钼矿	Re-Os	5	1875(I)	魏庆国等，2009
	龙门店	辉钼矿	Re-Os	5	1853±36(I)	Li et al.，2011b
	龙门店	黄铁矿	Re-Os	5	1855±29(I)	Li et al.，2011b
	寨凹	辉钼矿	Re-Os	6	1760±33(I)	Deng et al.，2013a
	寨凹	辉钼矿	Re-Os	6	1804±12(I)	李厚民等，2009
新元古代	土门	辉钼矿	Re-Os	5	847.4±7.3(I)	Deng et al.，2013c

注：I 代表等时线年龄。

5.4　主要结论：成矿多期性和多样性

三个典型矿床/田的解剖研究表明：

（1）脉状钼矿床可与石英脉（寨凹）、萤石脉（土门）、碳酸岩脉（黄龙铺）相伴形成，它们往往沿断裂或裂隙贯入充填结晶，伴有围岩蚀变或水岩相互作用，在脉石矿物组成上显示了多样性。成矿作用可发生于陆缘岩浆弧（寨凹）、大陆碰撞后的构造伸展环境（土门）和陆弧的弧后伸展裂解带（黄龙铺），在构造背景方面具有多样性。三个典型矿床分别形成于 1.76Ga（寨凹）、0.85Ga（土门）和 0.22Ga（黄龙铺），在成矿时间上显示了多期性。

（2）矿体定位受断裂构造控制，甚至产于韧性剪切带中，容易被误判为造山型矿床。但是，矿床与侵入体时空关系密切，发育高温、高盐度、含子晶的流体包裹体，与岩浆热液矿床流体包裹体组合一致。而且，三个矿床都发育含 CO_2 包裹体，指示了陆壳基底的存在，显示了矿床作为构造探针的可行性。

（3）典型岩浆热液脉型矿床都产于华熊地块中，即华北克拉通南缘的活化基底区，或碰撞大地构造相的基底推覆体构造单元。具体而言，黄龙铺位于小秦岭地体南部，寨凹和黄水庵矿床位于熊耳地体中部，土门矿床则位于鲁山地体的南部。

（4）成矿系统全部赋存于前寒武纪岩石中。寨凹矿床产于太华超群片麻岩中，形成时代与熊耳群完全一致。黄水庵矿床的赋矿地层也是太华超群片麻岩，黄龙铺矿田的矿脉赋存于太华超群、熊耳群和中元古代晚期的官道口群中。土门萤石脉型钼矿床矿区出露地层为熊耳群、官道口群和栾川群。

（5）成矿作用伴随于重大地质事件，甚至超大陆事件。寨凹矿床形成于华北克拉通南缘岩浆弧增生过程，伴随于哥伦比亚超大陆会聚后的裂解或地幔柱活动。土门矿床形成于罗迪尼亚超大陆会聚后的伸展构造背景，或者属于罗迪尼亚超大陆裂解的序幕。黄龙铺和黄水庵矿床则形成于古特提斯洋最北支闭合的末期，构造位置属于大洋板块俯冲诱发的陆缘岩浆弧的弧后伸展区，伴随于盘古超大陆会聚事件。

（6）多期次的岩浆热液脉型矿化指示了多期次的岩浆活动和钼富集作用，造成了华熊地块的富钼物质背景，这些前燕山期钼矿床的存在和区域性的富钼物质背景是燕山期钼矿大爆发的有利条件。

参考文献

白凤军，肖荣阁．2009. 嵩县钾长石英脉型钼矿地质特征及成矿预测．中国钼业，33（2）：19-32
曹俊臣．1987. 中国萤石矿床分类及其成矿规律．地质与勘探，23（3）：12-17
曹俊臣．1997. 中国萤石矿床稀土元素地球化学及萤石的矿物物理特征．地质与勘探，33（2）：18-23
陈衍景．2006. 造山型矿床、成矿模式及找矿潜力．中国地质，33（6）：1181-1196
陈衍景，富士谷．1992. 豫西金矿成矿规律．北京：地震出版社，1-234
陈衍景，李诺．2009. 大陆内部浆控高温热液矿床成矿流体性质及其与岛弧区同类矿床的差异．岩石学报，25（10）：2477-2508
陈衍景，倪培，范宏瑞，Pirajno F，赖勇，苏文超，张辉．2007. 不同类型热液金矿系统的流体包裹体特征．岩石学报，23（9）：2085-2108
陈衍景，肖文交，张进江．2008. 成矿系统：地球动力学的有效探针．中国地质，35（6）：1059-1073
陈衍景，翟明国，蒋少涌．2009. 华北大陆边缘造山过程与成矿研究的重要进展和问题．岩石学报，25（11）：2695-2726
池国祥，卢焕章．2008. 流体包裹体组合对测温数据有效性的制约及数据表达方法．岩石学报，24（9）：1945-1953
邓小华．2011. 东秦岭造山带多期次钼成矿作用研究．北京大学博士学位论文
邓小华，陈衍景，姚军明，李文博，李诺，王运，糜梅，张颖．2008a. 河南省洛宁县寨凹钼矿床流体包裹体研究及矿床成因．中国地质，35（6）：1250-1266
邓小华，李文博，李诺，糜梅，张颖．2008b. 河南嵩县纸房钼矿床流体包裹体研究及矿床成因．岩石学报，24（9）：2133-2148
邓小华，糜梅，姚军明．2009a. 河南土门萤石脉型钼矿床流体包裹体研究及成因探讨．岩石学报，25（10）：2537-2549
邓小华，姚军明，李晶，孙亚莉．2009b. 东秦岭寨凹钼矿床辉钼矿 Re-Os 同位素年龄及熊耳期成矿事件．岩石学报，25（11）：2739-2746
丁悌平，彭子成，黎红．1988. 南岭地区几个典型矿床的稳定同位素研究．北京：北京科学技术出版社，1-71
杜安道，何红廖，殷万宁，邹晓秋，孙亚利，孙德忠，陈少珍，屈文俊．1994. 辉钼矿的铼-锇同位素地质年龄测定方法研究．地质学报，68（4）：339-347
杜安道，屈文俊，王登红，李厚民，丰成友，刘华，任静，曾法刚．2007. 辉钼矿亚晶粒范围内 Re 和 ^{187}Os 的失耦现象．矿床地质，26（5）：572-580
范宏瑞，谢亦汉，王英兰．1993. 豫西花山花岗岩岩浆热液的性质及与金成矿的关系．岩石学报，9（2）：136-145
范宏瑞，谢奕汉，赵瑞，王英兰．1994. 豫西熊耳山地区岩石和金矿床稳定同位素地球化学研究．地质找矿论丛，9（1）：54-64
范宏瑞，谢奕汉，郑学正，王英兰．2000. 河南祁雨沟热液角砾岩体型金矿床成矿流体研究．岩石学报，16（4）：559-563
高山，骆庭川，张本仁，张宏飞，韩吟文，赵志丹，Ker H. 1999. 中国东部地壳的结构和组成．中国科学（D 辑），29（3）：204-213
高阳，李永峰，郭保健，程国祥，刘彦伟．2010. 豫西嵩县前范岭石英脉型钼矿床地质特征及辉钼矿 Re-Os 同位素年龄．岩石学报，26（3）：757-767
郭保健，毛景文，李厚民，屈文俊，仇建军，叶会寿，李蒙文，竹学丽．2006. 秦岭造山带秋树湾铜钼矿床辉钼矿 Re-Os 定年及其地质意义．岩石学报，22（9）：2341-2348
郭东升，陈衍景，祁进平．2007. 河南祁雨沟金矿同位素地球化学和矿床成因分析．地质论评，53（2）：217-228
韩以贵，张世红，白志达，董进．2006. 豫西地区熊耳群火山岩钠长石化研究及其意义．矿物岩石，26（1）：35-42
河南地矿厅区调队．1989. 云阳幅 I-49-94C 四里店幅 I-49-94-D 1/5 万区域地质调查报告：地质部分
胡朋，聂凤军，江思宏．2006. 与侵入岩有关金矿床的研究现状、存在问题及在中国的前景．地质论评，52（4）：539-549
胡受奚，林潜龙，陈泽铭，盛中烈，黎世美．1988. 华北与华南古板块拼合带地质和成矿．南京：南京大学出版社，1-558

黄典豪，聂凤军，王义昌，江秀杰. 1984a. 东秦岭地区钼矿床铅同位素组成特征及成矿物质来源初探. 矿床地质，3（4）：20-28
黄典豪，聂凤军，王义昌，江秀杰. 1984b. 黄龙铺碳酸岩脉型钼（铅）矿床的硫、碳、氧同位素组成及成矿物质来源. 地质学报，58（3）：252-264
黄典豪，王义昌，聂凤军，江秀杰. 1985a. 一种新的钼矿床类型-陕西黄龙铺碳酸盐脉型钼（铅）矿矿床地质特征及成矿机制. 地质学报，59（3）：241-257
黄典豪，王义昌，聂凤军，江秀杰. 1985b. 陕西黄龙铺钼（铅）矿床类型、成因及铼分布特点的研究. 中国地质科学院矿床地质研究所所刊，第4号（总第16号）. 北京：地质出版社，1-88
黄典豪，吴澄宇，杜安道，何红蓼. 1994. 东秦岭地区钼矿床的铼-锇同位素年龄及其意义. 矿床地质，13（3）：221-230
黄典豪，侯增谦，杨志明，李振清，许道学. 2009. 东秦岭钼矿带内碳酸岩脉型钼（铅）矿床地质地球化学特征、成矿机制及成矿构造背景. 地质学报，83（12）：1968-1984
黄凡，王登红，陆三明，陈毓川，王波华，李超. 2011. 安徽省金寨县沙坪沟钼矿辉钼矿 Re-Os 年龄——兼论东秦岭-大别山中生代钼成矿作用期次划分. 矿床地质，30（6）：1039-1057
黄小龙，王汝成，陈小明，陈培荣，刘昌实. 1998. 华南富氟花岗岩高磷和低磷亚类型对比. 地质论评，44（6）：607-617
贾承造，施央申，郭令智. 1988. 东秦岭板块构造. 南京：南京大学出版社，1-130
蒋干清，周洪瑞，王自强. 1994. 豫西栾川地区栾川群的层序、沉积环境及其构造古地理意义. 现代地质，8（4）：430-440
焦建刚，汤中立，钱壮志，袁海潮，闫海卿，孙涛，徐刚，李小东. 2010. 东秦岭金堆城花岗斑岩体的锆石 U-Pb 年龄、物质来源及成矿机制. 地球科学——中国地质大学学报，35（6）：1011-1022
靳新娣，朱和平. 2000. 岩石样品中43种元素的高分辨等离子质谱测定. 分析化学研究简报，28（5）：563-567
蓝廷广，范宏瑞，胡芳芳，杨奎峰，王永. 2011. 山东微山稀土矿矿床成因：来自云母 Rb-Sr 年龄、激光 Nd 同位素及流体包裹体的证据. 地球化学，40（5）：428-442
李厚民，陈毓川，叶会寿，王登红，郭保健，李永峰. 2008. 东秦岭-大别地区中生代与岩浆活动有关的钼（钨）金银铅锌矿床成矿系列. 地质学报，82（11）：1468-1477
李厚民，叶会寿，王登红，陈毓川，屈文俊，杜安道. 2009. 豫西熊耳山寨凹钼矿床辉钼矿铼-锇年龄及其地质意义. 矿床地质，28（2）：133-142
李晶，仇建军，孙亚莉. 2009. 河南银洞沟银金钼矿床铼-锇同位素定年和加里东期造山-成矿事件. 岩石学报，25（11）：2763-2768
李诺，陈衍景，张辉，赵太平，邓小华，王运，倪智勇. 2007. 东秦岭斑岩钼矿带的地质特征和成矿构造背景. 地学前缘，14（5）：186-198
李诺，孙亚莉，李晶，薛良伟，李文博. 2008. 小秦岭大湖金钼矿床辉钼矿铼锇同位素年龄及印支期成矿事件. 岩石学报，24（4）：810-816
李曙光，Hart S R，郑双根，郭安林，刘德良，张国伟. 1989. 中国华北、华南陆块碰撞时代的钐-钕同位素年龄证据. 中国科学（B辑），19（3）：312-319
李永峰，毛景文，胡华斌，郭保健，白凤军. 2005. 东秦岭钼矿类型、特征、成矿时代及其地球动力学背景. 矿床地质，24（3）：292-304
刘斌，段光贤. 1987. $NaCl-H_2O$ 溶液包裹体的密度式和等容式及其应用. 矿物学报，7（4）：345-352
刘国庆，赵金洲，王昊，陈德杰，王夏涛，魏明君，乔保龙，崔小玲. 2008. 东秦岭（河南段）钼矿床地质特征、矿床分布规律及成矿区带划分. 矿产与地质，22（3）：216-220
刘灵恩，胡国民，支凤歧. 2004. 豫西寨凹隐伏岩体对周边银多金属矿的控矿作用. 矿产与地质，18（1）：31-34
刘英俊，曹励明. 1993. 元素地球化学导论. 北京：地震出版社，1-281
柳晓艳，蔡剑辉，阎国翰. 2011. 华北克拉通南缘熊耳群眼窑寨组次火山岩岩石地球化学与年代学研究及其意义. 地质学报，85（7）：1134-1145
卢焕章，范宏瑞，倪培，欧光习，沈昆，张文淮. 2004. 流体包裹体. 北京：科学出版社，1-487
卢欣祥，董有，常秋岭，肖庆辉，李晓波，王晓霞. 1996. 秦岭印支期沙河湾奥长环斑花岗岩及其动力学意义. 中国科学（D辑），26（3）：244-248
卢欣祥，于在平，冯有利，王义天，马维峰，崔海峰. 2002. 东秦岭深源浅成型花岗岩的成矿作用及地质构造背景. 矿床地质，21（2）：168-178
卢欣祥，罗照华，黄凡，谷德敏，李明立，杨宗峰，黄丹峰，梁涛，刘传权，张震，高源. 2011. 秦岭-大别山地区钼矿类

型与矿化组合特征．中国地质，38（6）：1518-1535
陆松年，李怀坤，陈志宏，郝国杰，周红英，郭进京，牛广华，相振群．2003．秦岭中-新元古代地质演化及对 Rodinia 超级大陆事件的响应．北京：地质出版社，1-194
路凤香，王春阳，郑建平，张瑞生．2003．秦岭北界岩石圈组成及结构——河南明港地区深源捕虏体研究．中国科学（D辑），33（1）：1-9
栾世伟，曹殿春，方耀奎，王嘉运．1985．小秦岭金矿床地球化学．矿物岩石，5（2）：1-118
罗铭玖，张辅民，董群英，许永仁，黎世美，李昆华．1991．中国钼矿床．河南：河南科学技术出版社，1-452
马鸿文．2002．工业矿物与岩石．北京：地质出版社，1-479
毛景文，张作衡，余金杰，王义天，牛宝贵．2003．华北及邻区中生代大规模成矿的地球动力学背景：从金属矿床年龄精测得到启示．中国科学（D辑），33（4）：289-299
毛景文，谢桂青，张作衡，李晓峰，王义天，张长青，李永峰．2005．中国北方中生代大规模成矿作用的期次及其地球动力学背景．岩石学报，21（1）：169-188
毛景文，郑榕芬，叶会寿，高建京，陈文．2006．豫西熊耳山地区沙沟银铅锌矿床成矿的 ^{40}Ar-^{39}Ar 年龄及其地质意义．矿床地质，25（4）：359-368
倪智勇，李诺，张辉，薛良伟．2009．河南大湖金钼矿床成矿物质来源的锶钕铅同位素约束．岩石学报，25（11）：2823-2832
聂凤军，江思宏，赵月明．2001．小秦岭地区文峪和东闯石英脉型金矿床铅及硫同位素研究．矿床地质，20（2）：163-173
彭渤，Frei R，涂湘林．2006．湘西沃溪 W-Sb-Au 矿床白钨矿 Nd-Sr-Pb 同位素对成矿流体的示踪．地质学报，80（4）：561-570
濮巍，赵葵东，凌洪飞，蒋少涌．2004．新一代高精度灵敏度的表面热电离质谱仪（Triton T1）的 Nd 同位素测定．地球学报，25（2）：271-274
齐秋菊，王晓霞，柯昌辉，李金宝．2012．华北地块南缘老牛山杂岩体时代、成因及地质意义——锆石年龄、Hf 同位素和地球化学新证据．岩石学报，28（1）：279-301
齐文．2002．陕西商州龙庙铅锌矿床特征及成因探讨．陕西地质，20（1）：28-38
陕西省地质矿产局第十三地质队．1989．陕西省洛南县黄龙铺钼矿区详细普查地质报告
宋文磊．2010．陕西黄龙铺碳酸岩脉型钼矿床成因初探．中国科学院地球化学研究所硕士学位论文
宋文磊．2014．秦岭造山带三叠纪岩浆碳酸岩的成岩成矿研究．北京大学博士学位毕业论文
孙红杰．2009．东秦岭钼矿的主要类型和成矿时代浅析．中国钼业，33（4）：28-33
孙枢，张国伟，陈志明．1985．华北断块区南部前寒武纪地质演化．北京：冶金工业出版社，1-267
孙卫东，李曙光，Chen Y D，李育敬．2000．南秦岭花岗岩锆石 U-Pb 定年及其地质意义．地球化学，29（3）：209-216
汤好书，陈衍景，武广，杨涛．2009．辽东辽河群大石桥组碳酸盐岩稀土元素地球化学及其对 Lomagundi 事件的指示．岩石学报，25（11）：3075-3093
王海华，陈衍景，高秀丽．2001．河南康山金矿同位素地球化学及其对成岩成矿及流体作用模式的印证．矿床地质，20（2）：190-198
王晓霞，王涛，卢欣祥，肖庆辉．2003．北秦岭老君山和秦岭梁环斑结构花岗及构造环境——一种可能的造山型环斑花岗岩．岩石学报，19（4）：650-660
王志光，崔亳，徐孟罗，郑尚模，王福贵，吕夏，张林，程广国．1997．华北地块南缘地质构造演化与成矿．北京：冶金工业出版社，1-310
魏庆国，姚军明，赵太平，孙亚莉，李晶，原振雷，乔波．2009．东秦岭发现～1.9Ga 钼矿床——河南龙门店钼矿床 Re-Os 定年．岩石学报，25（11）：2747-2751
温同想．1997．方城萤石矿带地质特征．河南地质，15（2）：103-107
肖俊岭．2008．河南省方城县 I-XI 号矿区萤石矿开发利用前景分析．内蒙古科技与经济，（17）：6-8
肖荣阁，白凤军，原振雷，冯建之，张宗恒，刘国印．2010．东秦岭钼、金多金属矿区域成矿系统与成矿预测．现代地质，24（1）：1-10
邢矿．2005．豫西南栾川群地层特征及其与铅锌矿成矿关系研究．中国地质大学（北京）硕士学位论文
徐克勤，孙鼐，王德滋．1984．华南花岗岩与成矿//徐克勤，涂光炽．花岗岩地质和成矿关系．南京：江苏科学技术出版社：1-20
许成，宋文磊，漆亮，王林均．2009．黄龙铺钼矿田含矿碳酸岩地球化学特征及其形成构造背景．岩石学报，25（2）：

422-430
杨群周，彭省临，张侍威，刘灵恩 . 2003a. 豫西寨凹斑岩型铜矿地质特征及其成矿远景 . 地质找矿论丛，18（1）：43-46
杨群周，张录星，彭省临，赖健清 . 2003b. 豫西寨凹地区地球化学特征及找矿方向 . 矿产与地质，17（增刊）：458-460
叶惠嫩，李怀乾，王伟中，罗明强 . 2004. 河南省方城县土门钼元素地球化学特征及找矿前景 . 矿产与地质，18（3）：260-263
张本仁，高山，张宏飞，韩吟文 . 2002. 秦岭造山带地球化学 . 北京：科学出版社，1-188
张国伟，张本仁，袁学诚，肖庆辉 . 2001. 秦岭造山带与大陆动力学 . 北京：科学出版社，1-855
张宏飞，欧阳建平，凌文黎，周炼，许继锋 . 1996. 从 Pb 同位素组成特征论东秦岭陡岭块体的构造归属 . 地球科学，21（5）：487-490
张正伟，朱炳泉，常向阳，强立志，温明星 . 2001. 东秦岭钼矿带成岩成矿背景及时空统一性 . 高校地质学报，7（3）：307-315
张宗清，刘敦一，付国民 . 1994. 北秦岭变质地层同位素年代学研究 . 北京：地质出版社，1-191
张宗清，张国伟，唐索寒，卢欣祥 . 1999. 秦岭沙河湾奥长环斑花岗岩的年龄及其对秦岭造山带主造山期结束时间的限制 . 科学通报，44（9）：981-983
赵斌，陈毓川，王双猗，刘仁亮 . 2009. 三岔沟金矿区钼矿成矿时代及中条山区找矿方向的研究 . 地质学报，83（9）：1335-1343
赵海杰，毛景文，叶会寿，侯可军，梁慧山 . 2010a. 陕西洛南县石家湾钼矿相关花岗斑岩的年代学及岩石成因：锆石 U-Pb 年龄及 Hf 同位素制约 . 矿床地质，29（1）：143-157
赵海杰，毛景文，叶会寿，谢桂青，杨宗喜 . 2010b. 陕西黄龙铺地区碱性花岗斑岩及辉绿岩的年代学与地球化学：岩石成因及其构造环境示踪 . 中国地质，37（1）：12-27
赵太平 . 2000. 华北陆块南缘元古宙熊耳群钾质火山岩特征与成因 . 中国科学院地质与地球物理研究所博士学位论文
赵太平，翟明国，夏斌，李惠民，张毅星，万渝生 . 2004. 熊耳群火山岩锆石 SHRIMP 年代学研究：对华北克拉通盖层发育初始时间的制约 . 科学通报，49（22）：2342-2349
赵一鸣，毕承恩 . 1997. 黑龙江多宝山、铜山大型斑岩铜（钼）矿床中辉钼矿的铼-锇同位素年龄 . 地球学报，18（1）：61-67
赵振华 . 1997. 微量元素地球化学原理 . 北京：科学出版社，1-238
朱赖民，张国伟，郭波，李犇 . 东秦岭金堆城大型斑岩钼矿床 LA-ICP-MS 锆石 U-Pb 定年及成矿动力学背景 . 地质学报，2008，82（2）：204-220
祝朝辉，卢欣祥，罗照华，谷德敏，刘淑霞，李明立 . 2009. 东秦岭斑岩型钼矿研究的几点新进展 . 矿物学报，29（S1）：111-112
Adam J，Green T. 2001. Experimentally determined partition coefficients for minor and trace elements in peridotite minerals and carbonatitic melt，and their relevance to natural carbonatites. European Journal of Mineralogy，13（5）：815-827
Ames L，Tilton G R，Zhou G. 1993. Timing of collision of the Sino-Korean and Yangtse cratons：U-Pb zircon dating of coesite-bearing eclogites. Geology，21（4）：339-342
Anders E，Grevesse N. 1989. Abundances of the elements：meteoritic and solar. Geochimica et Cosmochimica Acta，53（1）：197-214
Audétat A，Pettke T，Heinrich C A，Bodnar R J. 2008. The composition of mgmatic-hydrothermal fluids in barren and mineralized intrusions. Economic Geology，103（5）：877-908
Bao Z W，Wang Q，Bai G D，Zhao Z H，Song Y W，Liu X M. 2008. Geochronology and geochemistry of the Fangcheng Neoproterozoic alkali-syenites in East Qinling orogen and its geodynamic implications. Chinese Science Bulletin，53（13）：2050-2061
Barker S L L，Bennett V C，Cox S F，Norman M D，Gagan M K. 2009. Sm-Nd，Sr，C and O isotope systematics in hydrothermal calcite-fluorite veins：implications for fluid-rock reaction and geochronology. Chemical Geology，268（1-2）：58-66
Bau M. 1991. Rare-earth element mobility during hydrothermal and metamorphic fluid rock interaction and the significance of the oxidation-state of Europium. Chemical Geology，93（3-4）：219-230
Bau M. 1996. Controls on the fractionation of isovalent trace elements in magmatic and aqueous systems：evidence from Y/Ho，Zr/Hf，and lanthanide tetrad effect. Contributions to Mineralogy and Petrology，123（3）：323-333
Bau M，Dulski P. 1995. Comparative study of yttrium and rare-earth element behaviours in fluorine-rich hydrothermal

fluids. Contributions to Mineralogy and Petrology, 119 (2-3): 213-223

Bau M, Dulski P. 1996. Distribution of yttrium and rare- earth elements in the Penge and Kuruman iron- formations, Transvaal Supergroup, South Africa. Precambrian Research, 79 (1-2): 37-55

Bau M, Möller P. 1992. Rare-earth element fractionation in metamorphogenic hydrothermal calcite, magnesite and siderite. Mineralogy and Petrology, 45 (3-4): 231-246

Bau M, Romer R L, Luders V, Dulski P. 2003. Tracing element sources of hydrothermal mineral deposits: REE and Y distribution and Sr-Nd-Pb isotopes in fluorite from MVT deposits in the Pennine Orefield, England. Mineralium Deposita, 38 (8): 992-1008

Bell K. 1998. Radiogenic isotope constraints on relationships between carbonatites and associated silicate rocks—a brief review. Journal of Petrolpgy, 39 (11-12): 1987-1996

Bell K, Tilton G R. 2001. Nd, Pb, and Sr isotopic compositions of East African carbonatites: evidence for mantle mixing and plume inhomogeneity. Journal of Petrology, 42 (10): 1927-1945

Berzina A N, Sotnikov V I, Economou- Eliopoulos M, Eliopoulos D G. 2005. Distribution of rhenium in molybdenite from porphyry Cu- Mo and Mo- Cu deposits of Russia (Siberia) and Mongolia. Ore Geology Reviews, 26 (1-2): 91-113

Bizimis M, Salters V J M, Dawson J B. 2003. The brevity of carbonatite source in the mantle: evidence from Hf isotopes. Contributions to Mineralogy and Petrology, 145 (3): 281-300

Blundy J, Dalton J. 2000. Experimental comparison of trace element partitioning between clinopyroxene and melt in carbonate and silicate systems, and implications for mantle metasomatism. Contributions to Mineralogy and Petrology, 139 (3): 356-371

Bodnar R J. 1993. Revised equation and table for determining the freezing point depression of H_2O-NaCl solutions. Geochimica et Cosmochimica Acta, 57 (3): 683-684

Brown P E. 1989. Flincor: a microcomputer program for the reduction and investigation of fluid-inclusion data. American Mineralogist, 74 (11-12): 1390-1393

Brown P E, Lamb W M. 1989. P-V-T properties of fluids in the system CO_2-H_2O-NaCl: new graphical presentations and implications for fluid inclusion studies. Geochimica et Cosmochimica Acta, 53 (6): 1209-1221

Buhn B, Rankin A H. 1999. Composition of natural, volatile-rich Na-Ca-REE-Sr carbonatitic fluids trapped in fluid inclusions. Geochimica et Cosmochimica Acta, 63 (22): 3781-3797

Castor S B. 2008. The Mountain Pass rare-earth carbonatite and associated ultrapotassic rocks, California. Canadian Mineralogist, 46: 779-806

Castorina F, Masi U, Padalino G, Palomba M. 2008. Trace- element and Sr- Nd isotopic evidence for the origin of the Sardinian fluorite mineralization (Italy). Applied Geochemistry, 23 (10): 2906-2921

Chakhmouradian A R, Mumin A H, Demeny A, Elliott B. 2008. Postorogenic carbonatites at Eden Lake, Trans- Hudson Orogen (northern Manitoba, Canada): geological setting, mineralogy and geochemistry. Lithos, 103 (3-4): 503-526

Chakhmouradian A R. 2006. High-field-strength elements in carbonatitic rocks: geochemistry, crystal chemistry and significance for constraining the sources of carbonatites. Chemical Geology, 235 (1-2): 138-160

Chappell B W, White A J R. 1984. 澳大利亚东南部 Lachlan 褶皱带的 I 型和 S 型花岗岩//徐克勤, 涂光炽. 花岗岩地质和成矿关系. 南京: 江苏科学技术出版社, 58-68

Chen B, Arakawa Y. 2005. Elemental and Nd-Sr isotopic geochemistry of granitoids from the West Junggar foldbelt (NW China), with implications for Phanerozoic continental growth. Geochim et Cosmochim Acta, 69 (5): 1307-1320

Chen Y J, Fu S. 1991. Variation of REE patterns in early Precambrian sediments: theoretical study and evidence from the southern margin of the northern China craton. Chinese Science Bulletin, 36 (13): 1100-1104

Chen Y J, Zhao Y C. 1997. Geochemical characteristics and evolution of REE in the Early Precambrian sediments: evidences from the southern margin of the North China craton. Episodes, 20 (2): 109-116

Chen Y J, Santosh M. 2014. Triassic tectonics and mineral systems in the Qinling Orogen, central China. Geological Journal, 49 (4-5): 338-358

Chen Y J, Li C, Zhang J, Li Z, Wang H H. 2000. Sr and O isotopic characteristics of porphyries in the Qinling molybdenum deposit belt and their implication to genetic mechanism and type. Science in China (Series D), 43 (1): 82-94

Chen Y J, Pirajno F, Sui Y H. 2004. Isotope geochemistry of the Tieluping silver deposit, Henan, China: a case study of orogenic silver deposits and related tectonic setting. Mineralium Deposita, 39 (5-6): 560-575

Chen Y J, Chen H Y, Zaw K, Pirajno F, Zhang Z J. 2007. Geodynamic settings and tectonic model of skarn gold deposits in China:

an overview. Ore Geology Reviews, 31 (1-4): 139-169

Chen Y J, Pirajno F, Qi J P. 2008. The Shanggong gold deposit, eastern Qinling Orogen, China: isotope geochemistry and implications for ore genesis. Journal of Asian Earth Sciences, 33 (3-4): 252-266

Chen Y J, Pirajno F, Li N, Guo D S, Lai Y. 2009. Isotope systematics and fluid inclusion studies of the Qiyugou breccia pipe-hosted gold deposit, Qinling Orogen, Henan province, China: implications for ore genesis. Ore Geology Reviews, 35 (2): 245-261

Chen Y J, Wang P, Li N, Yang Y F, Pirajno F. 2017a. The collision-type porphyry Mo deposits in Dabie Shan, China. Ore Geology Reviews, 81: 405-430

Chen Y J, Zhang C, Wang P, Pirajno F, Li N. 2017b. The Mo deposits of Northeast China: a powerful indicator of tectonic settings and associated evolutionary trends. Ore Geology Reviews, 81 (2): 602-640

Cherniak D J, Zhang X Y, Wayne N K, Watson E B. 2001. Sr, Y, and REE diffusion in fluorite. Chemical Geology, 181 (1-4): 99-111

Chi G X, Ni P. 2007. Equations for calculation of NaCl/(NaCl+$CaCl_2$) ratios and salinities from hydrohalite-melting and ice-melting temperatures in the H_2O-NaCl-$CaCl_2$ system. Acta Petrologica Sinica, 23 (1): 33-37

Clayton R N, O'Neil J R, Mayeda T K. 1972. Oxygen isotope exchange between quartz and water. Journal of Geophysical Research, 77 (17): 3057-3067

Collins P L F. 1979. Gas hydrates in CO_2-bearing fluid inclusions and the use of freezing data for estimation of salinity. Economic Geology, 74 (6): 1435-1444

Cui M L, Zhang B L, Zhang L C. 2011. U-Pb dating of baddeleyite and zircon from the Shizhaigou diorite in the southern margin of North China Craton: constrains on the timing and tectonic setting of the Paleoproterozoic Xiong'er group. Gondwana Research, 20 (1): 184-193

Cullers R L, Graf J L. 1984. Rare earth elements in igneous rocks of the continental crust: predominantly basic and ultrabasic rocks// Henderson P. Developments in Geochemistry, Vol. 2: Rare earth geochemistry. Amsterdam: Elsevier: 237-274

Dalton J A, Wood B J. 1993. The compositions of primary carbonate melts and their evolution through wallrock reaction in the mantle. Earth and Planetary Science Letters, 119 (4): 511-525

Dalziel I W D, Soper N J. 2001. Neoproterozoic extension on the Scottish Promontory of Laurentia: paleogeographic and tectonic implications. Journal of Geology, 109 (3): 299-317

Demeny A, Ahijado A, Casillas R, Vennemann T W. 1998. Crustal contamination and fluid/rock interaction in the carbonatites of Fuerteventura Canary Islands, Spain: a C, O, H isotope study. Lithos, 44 (3-4): 101-115

Deng X H, Chen Y J, Santosh M, Yao J M. 2013a. Genesis of the 1. 76Ga Zhaiwa Mo-Cu and its link with the Xiong'er volcanics in the North China Craton: implications for accretionary growth along the margin of the Columbia supercontinent. Precambrian Research, 227: 337-348

Deng X H, Chen Y J, Santosh M, Zhao G C, Yao J M. 2013b. Metallogeny during continental outgrowth in the Columbia supercontinent: isotopic characterization of the Zhaiwa Mo-Cu system in the North China Craton. Ore Geology Reviews, 51: 43-56

Deng X H, Chen Y J, Santosh M, Yao J M. 2013c. Re-Os geochronology, fluid inclusions and genesis of the 0. 85Ga Tumen molybdenite-fluorite deposit in Eastern Qinling, China: implications for pre-Mesozoic Mo-enrichment and tectonic setting. Geological Journal, 48 (5): 484-497

Deng X H, Chen Y J, Yao J M, Bagas L, Tang S H. 2014a. Fluorite REE-Y (REY) geochemistry of the ca. 850Ma Tumen molybdenite-fluorite deposit, eastern Qinling, China: constraints on ore genesis. Ore Geology Reviews, 63: 532-543

Deng X H, Santosh M, Yao J M, Chen Y J. 2014b. Geology, fluid inclusions and sulphur isotopes of the Zhifang Mo deposit in Qinling Orogen, central China: a case study of orogenic-type Mo deposits. Geological Journal, 49 (4-5): 515-533

Deng X H, Chen Y J, Bagas L, Zhou H Y, Yao J M, Zheng Z, Wang P. 2015. S-Pb-Sr-Nd isotope constraints on the genesis of the ca. 850Ma Tumen Mo-F deposit, Qinling Orogen, China. Precambrian Research, 266: 108-118

Deng X H, Chen Y J, Santosh M, Yao J M, Sun Y L. 2016. Re-Os and Sr-Nd-Pb isotope constraints on source of fluids in the Zhifang Mo deposit, Qinling Orogen, China. Gondwana Research, 30: 132-143

Deng X H, Chen Y J, Pirajno F, Li N, Yao J M, Sun Y L. 2017. The geology and geochronology of the Waifangshan Mo-quartz vein cluster in eastern Qinling, China. Ore Geology Reviews, 81: 548-564

DePaolo D J, Wasserburg G J. 1976. Nd isotopic variations and petrogenetic models. Geophysics Research Letter, 3 (5): 249-252

Ding L X, Ma C Q, Li W J, Paul T R, Deng X D, Zhang C, Xu W C. 2011. Timing and genesis of the adakitic and shoshonitic intrusions in the Laoniushan complex, southern margin of the North China Craton: implications for post-collisional magmatism associated with the Qinling Orogen. Lithos, 126 (3-4): 212-232

Doboson D P, Jones A P. 1996. In-situ measurement of viscosity and density of carbonate melts at high pressure. Earth and Planetary Science Letters, 143: 207-215

Dong Y P, Zhou M F, Zhang G W, Zhou D W, Liu L, Zhang Q. 2008. The Grenvillian Songshugou ophiolite in the Qinling Mountains, Central China: implications for the tectonic evolution of the Qinling orogenic belt. Journal of Asian Earth Sciences, 32: 325-335

Edete E I, John H C. 1981. The system $Na_2Si_2O_5$-$K_2Si_2O_5$-MoS_2-H_2O with implications for molybdenum transport in silicate melts. Economic Geology, 76: 2222-2235

Ehya F. 2012. Variation of mineralizing fluids and fractionation of REE during the emplacement of the vein-type fluorite deposit at Bozijan, Markazi Province, Iran. Journal of Geochemical Exploration, 112: 93-106

Ekambaram V, Brookins D G, Rosenberg P E, Emanuel K M. 1986. Rare-earth element geochemistry of fluorite-carbonate deposits in western Montana, USA. Chemical Geology, 54 (3-4): 319-331

Eppinger R G, Closs L G. 1990. Variation of trace elements and rare earth elements in fluorite: a possible tool for exploration. Economic Geology, 85 (8): 1896-1907

Fan H R, Hu F F, Wilde S A, Yang K F, Jin C W. 2011. The Qiyugou gold-bearing breccia pipes, Xiong'ershan region, central China: fluid inclusion and stable-isotope evidence for an origin from magmatic fluids. International Geology Review, 53 (1): 25-45

Frei R, Nagler T F, Schonberg R, Kramers J D. 1998. Re-Os, Sm-Nd, U-Pb, and stepwise lead leaching isotope systematics in shear-zone hosted gold mineralization: genetic tracing and age constraints of crustal hydrothermal activity. Geochimica et Cosmochimica Acta, 62 (11): 1925-1936

Gagnon J E, Samson I M, Fryer B J, Williams-Jones A E. 2003. Compositional heterogeneity in fluorite and the genesis of fluorite deposits: insights from LA-ICP-MS analysis. The Canadian Mineralogist, 41 (2): 365-382

Gao S, Luo T C, Zhang B R, Zhang H F, Han Y W, Zhao Z D, Hu Y K. 1998. Chemical composition of the continental crust as revealed by studies in East China. Geochimica et Cosmochimica Acta, 62 (11): 1959-1975

Goff B H, Weinberg R, Groves D I, Vielreicher N M, Fourie P J. 2004. The giant Vergenoeg fluorite deposit in a magnetite-fluorite-fayalite REE pipe: a hydrothermally-altered carbonatite-related pegmatoid? Mineralogy and Petrology, 80 (3-4): 173-199

Goldstein S L, Onions R K, Hamilton P J. 1984. A Sm-Nd isotopic study of atmospheric dusts and particulates from major river systems. Earth and Planetary Science Letters, 70 (2): 221-236

Groves D I, Goldfarb R J, Gebre-Mariam M, Hagamann S G, Robert F. 1998. Orogenic gold deposits: a proposed classification in the context of their crustal distribution and relationship to other gold deposit types. Ore Geology Reviews, 13: 7-27

Groves D I, Goldfarb R J, Robert F, Hart J R C. 2003. Gold deposits in metamorphic belts: overview of current understanding, outstanding problems, future research, and exploration significance. Economic Geology, 98 (1): 1-29

Haas J R, Shock E L, Sassani D C. 1995. Rare-earth elements in hydrothermal systems—estimates of standard partial molal thermodynamic properties of aqueous complexes of the rare-earth elements at high-pressures and temperatures. Geochimica et Cosmochimica Acta, 59 (21): 4329-4350

Hall D L, Sterner S M, Bodnar R J. 1988. Freezing point depression of NaCl-KCl-H_2O solutions. Economic Geology, 83 (1): 197-202

Hardie L A. 1983. Origin of $CaCl_2$ brines by basalt-seawater interaction—insights provided by some simple mass balance calculations. Contributions to Mineralogy and Petrology, 82 (2-3): 205-213

Harmer R E. 1999. The petrogenetic association of carbonatite and alkaline magmatism: constraints from the Spitskop complex, South Africa. Journal of Petrology, 40 (4): 525-548

Harmer R E, Gittins J. 1998. The case for primary, mantle-derived carbonatite magma. Journal of Petrology, 39 (11-12): 1895-1903

Hart S R. 1988. Heterogeneous mantle domains: signatures, genesis and mixing chronologies. Earth and Planetary Science Letters, 90 (3): 273-296

He Y H, Zhao G C, Sun M, Xia X P. 2009. SHRIMP and LA-ICP-MS zircon geochronology of the Xiong'er volcanic rocks: implications for the Paleo-Mesoproterozoic evolution of the southern margin of the North China Craton. Precambrian Research, 168:

213-222

He Y H, Zhao G C, Sun M, Han Y G. 2010. Petrogenesis and tectonic setting of volcanic rocks in the Xiaoshan and Waifangshan areas along the southern margin of the North China Craton: constraints from bulk-rock geochemistry and Sr-Nd isotopic composition. Lithos, 114 (1-2): 186-199

Hill G T, Campbell A R, Kyle P R. 2000. Geochemistry of southwestern New Mexico fluorite occurrences implications for precious metals exploration in fluorite-bearing systems. Journal of Geochemical Exploration, 68 (1-2): 1-20

Hoefs J. 2009. Stable Isotope Geochemistry. 6th edition. Berlin: Springer-Verlag, 1-285

Hoernle K, Tilton G, Le Bas M J, Duggen S, Garbe-Schönberg D. 2002. Geochemistry of oceanic carbonatites compared with continental carbonatites: mantle recycling of oceanic crustal carbonate. Contributions to Mineralogy and Petrology, 142 (5): 520-542

Hornig-Kjarsgaard I. 1998. Rare earth elements in sovitic carbonatites and their mineral phases. Journal of Petrology, 39 (11-12): 2105-2121

Hou Z Q, Tian S H, Yuan Z X, Xie Y L, Yin S P, Yi L S, Fei H C, Yang Z M. 2006. The Himalayan collision zone carbonatites in western Sichuan, SW China: petrogenesis, mantle source and tectonic implication. Earth and Planetary Science Letters, 244 (1-2): 234-250

Jacob B L, Gail A M, Richard L H, Joel S. 1993. The occurrence and distribution of Mo and molybdenite in unaltered peralkaline rhyolites from Pantelleria, Italy. Contributions to Mineralogy and Petrology, 114 (1): 119-129

Jacobsen S B, Wasserburg G J. 1980. Sm-Nd isotopic evolution of chondrites. Earth and Planetary Science Letters, 50 (1): 139-155

Jahn B M, Wu F Y, Chen B. 2000. Granitoids of the Central Asian Orogenic Belt and continental growth in the Phanerozoic. Transactions of the Royal Society of Edinburgh: Earth Sciences, 91: 181-193

Jiang Y, Ling H, Jiang S, Shen W, Fan H, Ni P. 2006. Trace element and Sr-Nd isotope geochemistry of fluorite from the Xiangshan uranium deposit southeast China. Economic Geology, 101 (8): 1613-1622

Johnson S P, Rivers T, De Waele B. 2005. A review of the Mesoproterozoic to early Palaeozoic magmatic and tectonothermal history of south-central Africa: implications for Rodinia and Gondwana. Journal of the Geological Society, London, 162: 433-450

Jones J H, Walker D, Picket D A, Murrell M T, Beattie P. 1995. Experimental investigations of the partitioning of Nb, Mo, Ba, Ce, Pb, Ra, Th, Pa and U between immiscible carbonate and silicate liquids. Geochimica et Cosmochimica Acta, 59 (7): 1307-1320

Keller J, Hoefs J. 1995. Stable isotope characteristics of recent natrocarbonatites from Oldoinyo Lengai//Bell K, Keller J. Carbonatites Volcanism: Oldoinyo Lengai and Petrogenesis of Natrocarbonatites. LAVCEI Proceeding in Volcanology. Berlin: Springer-Verlag: 113-123

Kerrich R, Goldfarb R, Groves D, Garwin S, Jia Y F. 2000. The characteristics, origins and geodynamic setting of supergiant gold metallogenic provinces. Science in China (Series D), 43: 1-68

Kjarsgaard B A, Hamilton D L. 1989. The genesis of carbonatites by immiscibility//Bell K. Carbonatites: Genesis and Evolution. London: Unwin Hyman: 388-404

Klemm L M, Pettke T, Heinrich C A, Campos E. 2007. Hydrothermal evolution of the El Teniente deposit, Chile: porphyry Cu-Mo ore deposition from low-salinity magmatic fluids. Economic Geoloogy, 102 (6): 1021-1045

Klemm L M, Pettke T, Heinrich C A. 2008. Fluid and source magma evolution of the Questa porphyry Mo deposit, New Mexico, USA. Mineralium Deposita, 43 (5): 533-552

Landtwing M R, Pettke T, Halter W E, Heinrich C A, Redmond P B, Einaudi M T, Kunze K. 2005. Copper deposition during quartz dissolution by cooling magmatic-hydrothermal fluids: the Bingham porphyry. Earth and Planetary Science Letters, 235 (1-2): 229-243

Le Maitre R W. 2002. Igneous rocks: a classification and glossary of terms. Cambridge: Cambridge University Press, 1-236

Lee W J, Wyllie P J. 1997. Liquid immiscibility between nephelinite and carbonatite from 1. 0 to 2. 5 GPa compared with mantle composition. Contributions to Mineralogy and Petrology, 127 (1-2): 1-16

Lee W J, Wyllie P J. 1998. Petrogenesis of carbonatite magmas from mantle to crust, constrained by the system CaO-($MgO-FeO^*$)-($NaO+K_2O$)-($SiO_2+Al_2O_3+TiO_2$)-CO_2. Journal of Petrology, 39 (3): 495-517

Li N, Pirajno F. 2017. Early Mesozoic Mo mineralization in the Qinling Orogen: an overview. Ore Geology Reviews, 81: 431-450

Li N, Chen Y J, Fletcher I R, Zeng Q T. 2011a. Triassic mineralization with Cretaceous overprint in the Dahu Au-Mo deposit, Xiaoqinling gold province: constraints from SHRIMP monazite U-Th-Pb geochronology. Gondwana Research, 20: 543-552

Li N, Chen Y J, Santosh M, Yao J M, Sun Y L, Li J. 2011b. The 1.85Ga Mo mineralization in the Xiong'er Terrane, China: implications for metallogeny associated with assembly of the Columbia supercontinent. Precambrian Research, 186: 220-232

Li N, Chen Y J, Ulrich T, Lai Y. 2012. Fluid inclusion study of the Wunugetu Cu-Mo Deposit, Inner Mongolia, China. Mineralium Deposita, 47 (5): 467-482

Li X H, Li Z X, Zhou H W, Liu Y, Liang X R, Li W X. 2003. SHRIMP U-Pb zircon age, geochemistry and Nd isotope of the Guandaoshan pluton in SW Sichuan: petrogenesis and tectonic significance. Science in China (Series D), 46: 73-83

Li Z X, Bogdanova S V, Collins A S, Davidson A, De Waele B, Ernst R E, Fitzsimons I C W, Fuck R A, Gladkochub D P, Jacobs J, Karlstrom K E, Lu S, Natapov L M, Pease V, Pisarevsky S A, Thrane K, Vernikovsky V. 2008. Assembly, configuration, and break-up history of Rodinia: a synthesis. Precambrian Research, 160: 179-210

Luders V. 1991. Formation of hydrothermal fluorite deposits of the Harz Mountains, Germany//Pagel M, Leroy J L. Source, transport and deposition of metals. Balkema, Rotterdam: 325-328

Ludwig K. 1999. Isoplot/Ex Version 2.0: a geochronological toolkit for Microsoft Excel. Geochronology Center, Berkeley, Special Publication 1a

Mao J W, Zhang Z C, Zhang Z H, Du A D. 1999. Re-Os isotopic dating of molybdenites in the Xiaoliugou W (Mo) deposit in the northern Qilian mountains and its geological significance. Geochimica et Cosmochimica Acta, 63 (11-12): 1815-1818

Mao J W, Xie G Q, Bierlein F, Qu W J, Du A D, Ye H S, Pirajno F, Li H M, Guo B J, Li Y F, Yang Z Q. 2008. Tectonic implications from Re-Os dating of Mesozoic molybdenum deposits in the East Qinling-Dabie orogenic belt. Geochimica et Cosmochimica Acta, 72 (18): 4607-4626

Mao J W, Pirajno F, Xiang J F, Gao J J, Ye H S, Li Y F, Guo B J. 2011. Mesozoic molybdenum deposits in the east Qinling-Dabie orogenic belt: characteristics and tectonic settings. Ore Geology Reviews, 43 (1): 264-293

Mariano A N. 1989. Nature of economic mineralization in carbonatites and related rocks//Bell K. Carbonatites: Genesis and Evolution. London: Unwin Hyman: 149-176

Mathur R, Ruiz J R, Munizaga F M. 2001. Insights into Andean metallogenesis from the perspective of Re-Os analyses of sulfides. SERNAGEOMIN, South American Isotope Conference, Pucon, Chile, 4

McDonough W F, Sun S S. 1995. The composition of the Earth. Chemical Geology, 120 (3-4): 223-253

Mernagh T P, Bastrakov E N, Zaw K, Wygralak A S, Wyborn L A. 2007. Comparison of fluid inclusion data and mineralizationprocesses for Australian orogenic gold and intrusion-related gold systems. Acta Petrologica Sinica, 23 (1): 21-32

Michard A. 1989. Rare earth element systematics in hydrothermal fluids. Geochimica Et Cosmochimica Acta, 53 (3): 745-750

Moller P. 1991. REE fractionation in hydrothermal fluorite and calcite//Pagel M, Leroy J. Source, Transport and Deposition of Metals. Rotterdam: Balkema: 91-94

Moller P. 1998. Europium anomalies in hydrothermal minerals. Kinetic versus thermodynamic interpretation. Proceedings of the Ninth Quadrennial IAGOD Symposium Schweizerbart, Stuttgart, 239-246

Moller P. 2001. The behaviour of REE and Y in water-rock interactions. Water-Rock Interaction, 1-2: 989-992

Moller P, Holzbecher E. 1998. Eu anomalies in hydrothermal fluids and minerals: a combined thermochemical and dynamic phenomenon. Freib Forschhefte, 475: 73-84

Moller P, Parekh P, Schneider J. 1976. The application of Tb/Ca-Tb/La abundance ratios to problems of fluorspar genesis. Mineralium Deposita, 11 (1): 111-116

Nelson D R, Chivas A R, Chappell B W, McCulloch M T. 1988. Geochemical and isotopic systematics in carbonatites and implications for the evolution of ocean-island sources. Geochimica et Cosmochimica Acta, 52 (1): 1-17

Ni Z Y, Chen Y J, Li N, Zhang H. 2012. Pb-Sr-Nd isotope constraints on the fluid source of the Dahu Au-Mo deposit in Qinling Orogen, central China, and implication for Triassic tectonic setting. Ore Geology Reviews, 46: 60-67

Oberthur T, Blenkinsop T G, Hein U F, Hoppner M, Hohndorf A, Weiser T W. 2000. Gold mineralization in the Mazowe area, Harare-Bindura-Shamva greenstone belt, Zimbabwe: II. Genetic relationships deduced from mineralogical, fluid inclusion and stable isotope studies, and the Sm-Nd isotopic composition of scheelites. Mineralium Deposita, 35 (2-3): 138-156

Ohmoto H. 1972. Systematics of sulfur and carbon isotopes in hydrothermal ore-deposits. Economic Geology, 67 (5): 551-578

Paulsson O, Andreasson P G. 2002. Attempted break-up of Rodinia at 850 Ma: geochronological evidence from the Seve-Kalak Superterrane, Scandinavian Caledonides. Journal of the Geological Society, London, 159: 751-761

Peng P，Zhai M G，Guo J H，Kusky T，Zhao T P. 2007. Nature of mantle source contributions and crystal differentiation in the petrogenesis of the 1. 78Ga mafic dykes in the central North China craton. Gondwana Research，12（1-2）：29-46

Peng P，Zhai M G，Ernst R E，Guo J H，Liu F，Hu B. 2008. A 1. 78Ga large igneous province in the North China craton：the Xiong'er volcanic province and the North China dyke Swarm. Lithos，101（3-4）：260-280

Pettke T，Oberli F，Heinrich C A. 2010. The magma and metal source of giant porphyry-type ore deposits，based on lead isotope microanalysis of individual fluid inclusions. Earth and Planetary Science Letters，296（3-4）：267-277

Peucat J J，Vidal P，Bernard-Griffiths J，Condie K C. 1988. Sr，Nd and Pb isotopic systematic in the archean low- to high-grade transport zone of southern India：syn-accretion vs. post-accretion granulites. Journal of Geology，97（5）：537-550

Pinckney D M，Rafter T A. 1972. Fractionation of sulphur isotopes during ore deposition in the Upper Mississippi Valley zinc-lead district. Economic Geology，67：315-328

Pirajno F，Bagas L. 2002. Gold and silver metallogeny of the South China Fold Belt：a consequence of multiple mineralizing events? Ore Geology Reviews，20（3）：109-126

Pirajno F. 2009. Hydrothermal Processes and Mineral Systems. Berlin：Springer，1-1250

Rogers J J W，Santosh M. 2002. Configuration of Columbia，a mesoproterozoic supercontinent. Gondwana Research，5（1）：5-22

Rogers J J W，Santosh M. 2009. Tectonics and surface effects of the supercontinent Columbia. Gondwana Research，15（3-4）：373-380

Ronchi L H，Touray J C，Michard A，Dardenne M A. 1993. The ribeira fluorite district，southern Brazil：geological and geochemical（REE，Sm-Nd isotopes）characteristics. Mineralium Deposita，28（4）：240-252

Rusk B，Reed M，Dilles J H，Klemm L，Heinrich C A. 2004. Compositions of magmatic hydrothermal fluids determined by LA-ICP-MS of fluid inclusions from the porphyry copper-molybdenum deposit at Butte，Montana. Chemical Geology，210（1-4）：173-199

Rusk B G，Reed M H. 2002. Scanning electron microscope-cathodoluminescence of quartz reveals complex growth histories in veins from the Butte porphyry copper deposit，Montana. Geology，30（8）：727-730

Rusk B G，Reed M H，Dilles J H. 2008. Fluid inclusion evidence for magmatic-hydrothermal fluid evolution in the porphyry copper-molybdenum deposit at Butte，Montana. Economic Geology，103（2）：307-334

Salters V J M，Longhi J E，Bizimis M. 2002. Near mantle solidus trace element partitioning at pressures up to 3. 4GPa. Geochemistry Geophysics Geosystems，3（7）：1-23

Sanchez V，Cardellach E，Corbella M，Vindel E，Martin-Crespo T，Boyce A J. 2010. Variability in fluid sources in the fluorite deposits from Asturias（N Spain）：further evidences from REE，radiogenic（Sr，Sm，Nd）and stable（S，C，O）isotope data. Ore Geology Reviews，37（2）：87-100

Santosh M. 2010. Assembling North China Craton within the Columbia supercontinent：the role of double-sided subduction. Precambrian Research，178：149-167

Santosh M，Tsunogae T，Li J H，Liu S J. 2007a. Discovery of sapphirine-bearing Mg-Al granulites in the North China Craton：implications for Paleoproterozoic ultrahigh temperature metamorphism. Gondwana Research，11（3）：263-285

Santosh M，Wilde S A，Li J H. 2007b. Timing of Paleoproterozoic ultrahigh-temperature metamorphism in the North China Craton：evidence from SHRIMP U-Pb zircon geochronology. Precambrian Research，159（3-4）：178-196

Schonenberger J，Kohler J，Markl G. 2008. REE systematics of fluorides，calcite and siderite in peralkaline plutonic rocks from the Gardar Province，South Greenland. Chemical Geology，247（1-2）：16-35

Schwinn G，Markl G. 2005. REE systematics in hydrothermal fluorite. Chemical Geology，216（3-4）：225-248

Seedorff E，Einaudi M T. 2004. Henderson porphyry molybdenum system，Colorado：II. Decoupling of introduction and deposition of metals during geochemical evolution of hydrothermal fluids. Economic Geology，99（1）：39-72

Selby D，Creaser R A. 2001. Re-Os geochronology and systematics in molybdenite from the Endako porphyry molybdenum deposit，British Columbia，Canada. Economic Geology，96（1）：197-204

Simon A C，Pettke T，Candela P A，Piccoli P M，Heinrich C. 2006. Copper partitioning in a melt-vapor-brine-magnetite-pyrrhotite assemblage. Geochimica et Cosmochimica Acta，70（22）：5583-5600

Smoliar M L，Walker R J，Morgan J W. 1996. Re-Os ages of group IA，IIA，IVA and IVB iron meteorites. Science，271（5252）：1099-1102

Song W L，Xu C，Qi L，Zhou L，Wang L，Kynicky J. 2015. Genesis of Si-rich carbonatites in Huanglongpu Mo deposit，Lesser Qinling orogen，China and significance for Mo mineralization. Ore Geology Reviews，64：756-765

Song W L, Xu C, Smith M P, Kynicky J, Huang K, Wei C, Zhou L, Shu Q. 2016. Origin of unusual HREE-Mo-rich carbonatites in the Qinling orogen, China. Scientific Reports, 6: 37377

Stein H J, Markey R J, Morgan J W, Du A, Sun Y. 1997. Highly precise and accurate Re-Os ages for molybdenite from the East Qinling molybdenum belt, Shaanxi Province, China. Economic Geology, 92 (7-8): 827-835

Stein H J, Markey R J, Morgan J W, Hannah J L, Schersten A. 2001. The remarkable Re-Os chronometer in molybdenite: how and why it works. Terra Nova, 13 (6): 479-486

Subias I, Fernandeznieto C. 1995. Hydrothermal events in the valle-de-tena (Spanish western pyrenees) as evidenced by fluid inclusions and trace element distribution from fluorite deposits. Chemical Geology, 124 (3-4): 267-282

Sun S S, McDonough W F. 1989. Chemical and isotopic systematics of oceanic basalt: implications for mantle composition and processes//Sanders A D, Norry M J. Magmatism in the Ocean Basins, Geological Society of London Special Publication, 42: 313-345

Sun Y L, Xu P, Li J, He K, Chu Z Y, Wang C Y. 2010. A practical method for determination of molybdenite Re-Os age by inductively coupled plasma-mass spectrometry combined with Carius tube-HNO_3 digestion. Analytical Methods, 2 (5): 575-581

Suzuki K, Shimizu H, Masuda A. 1996. Re-Os dating of molybdenites from ore deposits in Japan: implication for the closure temperature of the Re-Os system for molybdenite and the cooling history of molybdenum ore deposits. Geochimica et Cosmochimica Acta, 60 (16): 3151-3159

Sweeney R. 1994. Carbonatite melt compositions in the earth mantle. Earth and Planetary Science Letters, 128 (3-4): 259-270

Takahashi Y, Uruga T, Suzuki K, Tanida H, Terada Y, Hattori K H. 2007. An atomic level study of rhenium and radiogenic osmium in molybdenite. Geochimica et Cosmochimica Acta, 71 (21): 5180-5190

Tang H S, Chen Y J, Santosh M, Zhong H, Yang T. 2013. REE geochemistry of carbonates from the Guanmenshan Formation, Liaohe Group, NE Sino-Korean Craton: implications for seawater compositional change during the Great Oxidation Event. Precambrian Research, 227: 316-336

Taylor H P. 1974. The application of oxygen and hydrogen isotope studies to problems of hydrothermal alteration and ore deposition. Economic Geology, 69: 843-883

Taylor S R, McLennan S M. 1985. The continental crust: its composition and evolution. The Journal of Geology, 94 (4): 57-72

Tilton G R, Bryce J G, Mateen A. 1998. Pb-Sr-Nd isotope data from 30 and 300Ma collision zone carbonatites in Northwest Pakistan. Journal of Petrology, 39 (11-12): 1865-1874

Touret J L R, Bottinga Y. 1979. Equation of state for carbon dioxide: application to carbonic inclusions. Bulletin de Mineralogie, 102: 577-583

Tucker M E, Wright V P. 1990. Carbonate Sedimentology. Oxford: Blackwell Scientific Publications, 1-467

Ulrich T, Mavrogenes J. 2008. An experimental study of the solubility of molybdenum in H_2O and KCl-H_2O solutions from 5000 to 8000℃, and 150 to 300MPa. Geochimica et Cosmochimica Acta, 72 (9): 2316-2330

Ulrich T, Gunther D, Heinrich C A. 1999. Au concentrations of magmatic brines and the metal budget of porphyry copper deposits. Nature, 399 (6737): 676-679

Valencia V A, Barra F, Weber B, Ruiz J, Gehrels G, Chesley J, Lopez-Martinez M. 2006. Re-Os and U-Pb geochronology of the El Arco porphyry copper deposit, Baja California Mexico: implications for the Jurassic tectonic setting. Journal of South American Earth Sciences, 22 (1-2): 39-51

Veizer J, Plumb K A, Clayton R N, Hinton R W, Grotzinger J P. 1992. Geochemistry of Precambrian carbonates: V. Late Paleoproterozoic seawater. Geochimica et Cosmochimica Acta, 56 (6): 2487-2501

Veksler I V, Petibon C, Jenner G A. 1998. Trace element partitioning in immiscibility and silicate liquid: an initial experimental study using a centrifuge autoclave. Journal of Petrology, 39 (11-12): 2095-2104

Verhulst A, Balaganskaya E, Kirnarsky Y, Demaiffe D. 2000. Petrological and geochemical (trace elements and Sr-Nd isotopes) characteristics of the Paleozoic Kovdor ultramafic, alkaline and carbonatite intrusion (Kola Peninsula, NW Russia). Lithos, 51 (1): 1-25

Voicu G, Bardoux M, Stevenson R, Jebrak M. 2000. Nd and Sr isotope study of hydrothermal scheelite and host rocks at Omai, Guiana Shield: implications for ore fluid source and flow path during the formation of orogenic gold deposits. Mineralium Deposita, 35 (4): 302-314

Wan Y S, Wilde S A, Liu D Y, Yang C X, Song B, Yin X Y. 2006. Further evidence for ~1.85Ga metamorphism in the Central zone of the North China Craton: SHRIMP U-Pb dating of zircon from metamorphic rocks in the Lushan area, Henan Province. Gondwana Research, 9 (1-2): 189-197

Wendlandt R F, Harrison W J. 1979. Rare-earth partitioning between immiscible carbonate and silicate liquids and CO_2 vapor-results and implications for the formation of light rare earth-enriched rocks. Contributions to Mineralogy and Petrology, 69 (4): 409-419

White W H, Bookstrom A A, Kamiui R J, Ganster M W, Smith R P, Ranta D A, Steininger R C. 1981. Character and origin of climax-type molybdenum deposits. Economic Geology, 75: 270-316

Woolley A R, Kempe D R C. 1989. Carbonatites: nomenclature, average chemical composition//Bell K. Carbonatites: Genesis and Evolution. London: Unwin Hyman: 1-14

Wu C Y. 2008. Bayan Obo controversy: carbonatites versus iron oxide-Cu-Au-(REE-U). Resource Geology, 58 (4): 348-354

Wu Y S, Chen Y J, Zhou K F. 2017. Mo deposits in Northwest China: geology, geochemistry, geochronology and tectonic setting. Ore Geology Reviews, 81: 641-671

Xie Y L, Hou Z Q. Yin S P, Dominy S C, Xu J H, Tian S H, Xu W Y. 2009. Continuous carbonatitic melt-fluid evolution for a REE mineralization system: evidence from inclusions in the Maoniuping REE deposit in the western Sichuan, China. Ore Geology Reviews, 36 (1): 89-104

Xu C, Huang Z L, Liu C Q, Qi L, Li W B. 2003. Geochemistry of carbonatites in Maoniuping REE deposit Sichuan Province, China. Science in China (Series D), 46 (3): 246-256

Xu C, Campbell I H, Allen C M, Huang Z L, Qi L, Zhang G S. 2007. Flat rare earth element patterns as an indicator of cumulate processes in the Lesser Qinling carbonatites, China. Lithos, 95 (3-4): 267-278

Xu C, Ian H, Campbell I H, Kynicky J, Allen C M, Chen Y J, Huang Z L, Qi L. 2008. Comparison of the Daluxiang and Maoniuping carbonatitic REE deposits with Bayan Obo REE deposit, China. Lithos, 106: 12-24

Xu C, Kynicky J, Chakhmouradian A N, Qi L, Song W L. 2010a. A unique Mo deposit associated with carbonatites in the Qinling orogenic belt, central China. Lithos, 118 (1-2): 50-60

Xu C, Kynicky J, Chakhmouradian A N, Campbell I H, Allen C M. 2010b. Trace-element modeling of the magmatic evolution of rare-earth-rich carbonatite from the Miaoya deposit, central China. Lithos, 118 (1-2): 145-155

Xu C, Taylor R X, Kynicky J, Chakhmouradian A R, Song W L, Wang L J. 2011. The origin of enriched mantle beneath North China block: evidence from young carbonatites. Lithos, 127 (1-2): 1-9

Xu G. 2000. Fluid inclusions with NaCl-$CaCl_2$-H_2O composition from the Cloncurry hydrothermal system, NW Queensland, Australia. Lithos, 53 (1): 21-35

Xu X S, Griffin W L, Ma X, O'Reilly S Y, He Z Y, Zhang C L. 2009. The Taihua group on the southern margin of the North China craton: further insights from U-Pb ages and Hf isotope compositions of zircons. Mineralogy and Petrology, 97 (1-2): 43-59

Yang Y F, Wang P. 2017. Geology, geochemistry and tectonic settings of molybdenum deposits in southwest China: a review. Ore Geology Reviews, 81: 965-995

Yang Y F, Chen Y J, Li N, Mi M, Xu Y L, Li F L, Wan S Q. 2013. Fluid inclusion and isotope geochemistry of the Qian'echong giant porphyry Mo deposit, Dabie Shan, China: a case of NaCl-poor, CO_2-rich fluid systems. Journal of Geochemical Exploration, 124: 1-13

Yaxley G M, Brey G P. 2004. Phase relations of carbonate-bearing eclogite assemblages from 2.5 to 5.5 GPa: implications for petrogenesis of carbonatites. Contributions to Mineralogy and Petrology, 146: 606-619

Zartman R E, Doe B R. 1981. Plumbotectonics—the Model. Tectonophysics, 75 (1-2): 135-162

Zhai M G, Santosh M. 2011. The early Precambrian odyssey of the North China Craton: a synoptic overview. Gondwana Research, 20 (1): 6-25

Zhang J, Chen Y J, Shu G M, Zhang F X, Li C. 2002. Compositional study of minerals within the Qinlingliang granite, southwestern Shaanxi Province and discussions on the related problems. Science in China (Series D), 45 (7): 662-672

Zhang J, Chen Y J, Qi J P, Ge J. 2009. Comparison of the typical metallogenic systems in the north slope of the Tongbai-East Qinling Mountains and its geologic implications. Acta Geologica Sinica (English Edition), 83 (2): 396-410

Zhang Z W, Yang X Y, Dong Y, Zhu B Q, Chen D F. 2011. Molybdenum deposits in the eastern Qinling, central China: constraints on the geodynamics. International Geology Review, 53 (2): 261-290

Zhao G C, Sun M, Wilde S A, Li S Z. 2004. A Paleo-Mesoproterozoic supercontinent: assembly, growth and breakup. Earth-Science Reviews, 67 (1-2): 91-123

Zhao G C, He Y H, Sun M. 2009. The Xiong'er volcanic belt at the southern margin of the North China Craton: petrographic and geochemical evidence for its outboard position in the Paleo-Mesoproterozoic Columbia Supercontinent. Gondwana Research, 16 (2): 170-181

Zhao G C, Li S Z, Sun M, Wilde S A. 2011. Assembly, accretion, and break-up of the Palaeo-Mesoproterozoic Columbia supercontinent: record in the North China Craton revisited. International Geology Review, 53 (11-12): 1331-1356

Zhao T P, Zhou M F, Zhai M G, Xia B. 2002. Paleoproterozoic rift-related volcanism of the Xiong'er Group, North China craton: implications for the breakup of Columbia. International Geology Review, 44 (4): 336-351

Zheng Y F, Hoefs J C. 1993. Effects of mineral precipitation on the sulfur isotope composition of hydrothermal solutions. Chemical Geology, 105 (4): 259-269

Zhong J, Chen Y J, Pirajno F. 2017. Geology, geochemistry and tectonic settings of the molybdenum deposits in South China: a review. Ore Geology Reviews, 81: 829-855

第6章　造山型钼矿床

所谓造山型矿床，实际就是变质热液矿床，系由造山型金矿的概念拓展而来。

一般认为，变质热液富 CO_2、盐度低，溶解搬运金属的能力差，虽能形成金等贵金属矿床，但不能形成贱金属矿床；相反，岩浆热液盐度高，溶解搬运金属的能力强，可形成多种金属的矿床。这就是统治热液矿床领域半个多世纪、至今盛行的传统理论，其核心支撑是：①20 世纪 60 年代以来的大量实验证明，热液中 CO_2 含量与盐度负相关；②环太平洋成矿带热液贱金属矿床普遍缺乏 CO_2 包裹体，更缺乏高盐度富 CO_2 包裹体；③世界各地不同时代的造山型金矿床均由低盐度富 CO_2 变质热液形成。因此，世界范围长期缺乏造山型贱金属矿床的报道和研究，造山型钼矿床也就更难得到关注了。

大自然总有超出我们想象的神奇现象，魔魅般地吸引我们去探索。小秦岭大湖金矿是共识的造山型金矿，日渐加深的开采工作发现钼经济价值越来越大，甚至超过了金。那么，同一矿脉，金是造山型，钼又是哪种类型？无独有偶，在熊耳山造山型金银矿田龙门店银矿床的勘探过程中，当地百姓私采矿脉中的钼，而不是银，何故？外方山北麓发育大量缓倾斜石英脉群，以金为目标的找矿勘查未能达到预期效果，却发现了有重要价值的钼，这些钼又是如何聚集的呢？

为科学地认识这些神奇现象，本章详细介绍上述三个钼矿床/田的地质地球化学研究结果，论证其为造山型，建立其成矿模式。

6.1　外方山石英脉型钼矿田

前已述及，东秦岭地区钼矿床以斑岩型、夕卡岩型为主，成岩成矿时代集中于燕山期。近年来，在熊耳山-外方山地区发现多处石英脉型钼矿床，尤以嵩县纸房钼矿床发现最早，勘查进展最快（刘国印等，2007）。目前该矿床已发现 5 条矿脉，其中 K2 矿脉长达 2800m（温森坡等，2008），且矿石品位高，资源量已达中型规模（刘国印等，2007）。随后，大量同类钼矿床被陆续发现，如凡台沟、香椿沟、八道沟、大西沟、毛沟、大桩沟、前范岭、石梯上、康家沟等，共同构成了外方山石英脉型钼矿田，探明钼资源量约 15 万 t，伴生铅资源量约 30 万 t，潜在储量预计可达超大型规模（陈德杰等，2008；白凤军和肖荣阁，2009）。上述矿床以独特的含钼石英脉产状、显著的断控特征和特殊的印支期成矿时代而独具特色，其矿床成因、找矿潜力均成为新的研究热点。

6.1.1　成矿地质背景

6.1.1.1　区域地质

外方山石英脉型钼矿田位于河南省洛阳市嵩县中部，大地构造上隶属华熊地块东段。华熊地块南北边界分别为栾川断裂和三宝断裂（张国伟等，2001；Chen et al.，2004），其地质演化经历了 3 个巨旋回（陈衍景和富士谷，1992）：①1.85Ga 以前的早前寒武纪结晶基底形成；②中元古代到古生代的大陆边缘增生；③华北与扬子板块的陆陆碰撞（早中生代）及碰撞后（晚中生代至今）构造作用。

外方山地区主要岩石地层单元为变质基底太华超群和盖层熊耳群（图 6.1）。太华超群由绿岩带（>2.3Ga）和孔兹岩系（2.3～2.15Ga）组成（Chen and Zhao，1997；Xu et al.，2009），并在哥伦比亚超大陆聚合过程中（1.95～1.82Ga；Zhao et al.，2004，2009；Wan et al.，2006；Santosh et al.，2007a，

2007b；Santosh，2010；Zhai and Santosh，2011）经历了角闪岩相至麻粒岩相变质。熊耳群火山岩不整合于太华超群之上，保存较好，基本未变质，主要由玄武岩、玄武安山岩、安山岩、英安岩和流纹岩组成（He et al.，2009），其比例约为 4∶11∶48∶27∶10（贾承造等，1988）；锆石 SHRIMP 和 LA-ICP-MS U-Pb 年龄表明，熊耳群火山岩间歇性喷发于 1.85～1.45Ga，主要形成于 1.78～1.75Ga（Zhao et al.，2009；Cui et al.，2011），是华熊地块乃至整个华北克拉通最下部的盖层。熊耳群火山岩的构造背景存在多种观点：裂谷（孙枢等，1985；Zhao et al.，2002）、地幔柱（Peng et al.，2007，2008）以及安第斯型大陆边缘弧（胡受奚等，1988；贾承造等，1988；陈衍景和富士谷，1992；Zhao et al.，2004，2009；He et al.，2009）。中-新元古代沉积地层主要由碳酸盐-页岩-硅质岩组成，不整合覆盖于熊耳群火山岩之上（胡受奚等，1988；Chen et al.，2004）。

6.1.1.2 矿区地质

外方山石英脉型钼矿田北为三宝断裂，南为马超营断裂带，西至庙岭断裂带，东临黄土崖-黄花墁，东西长 12～15km，南北宽 12～15km（图 6.1）。

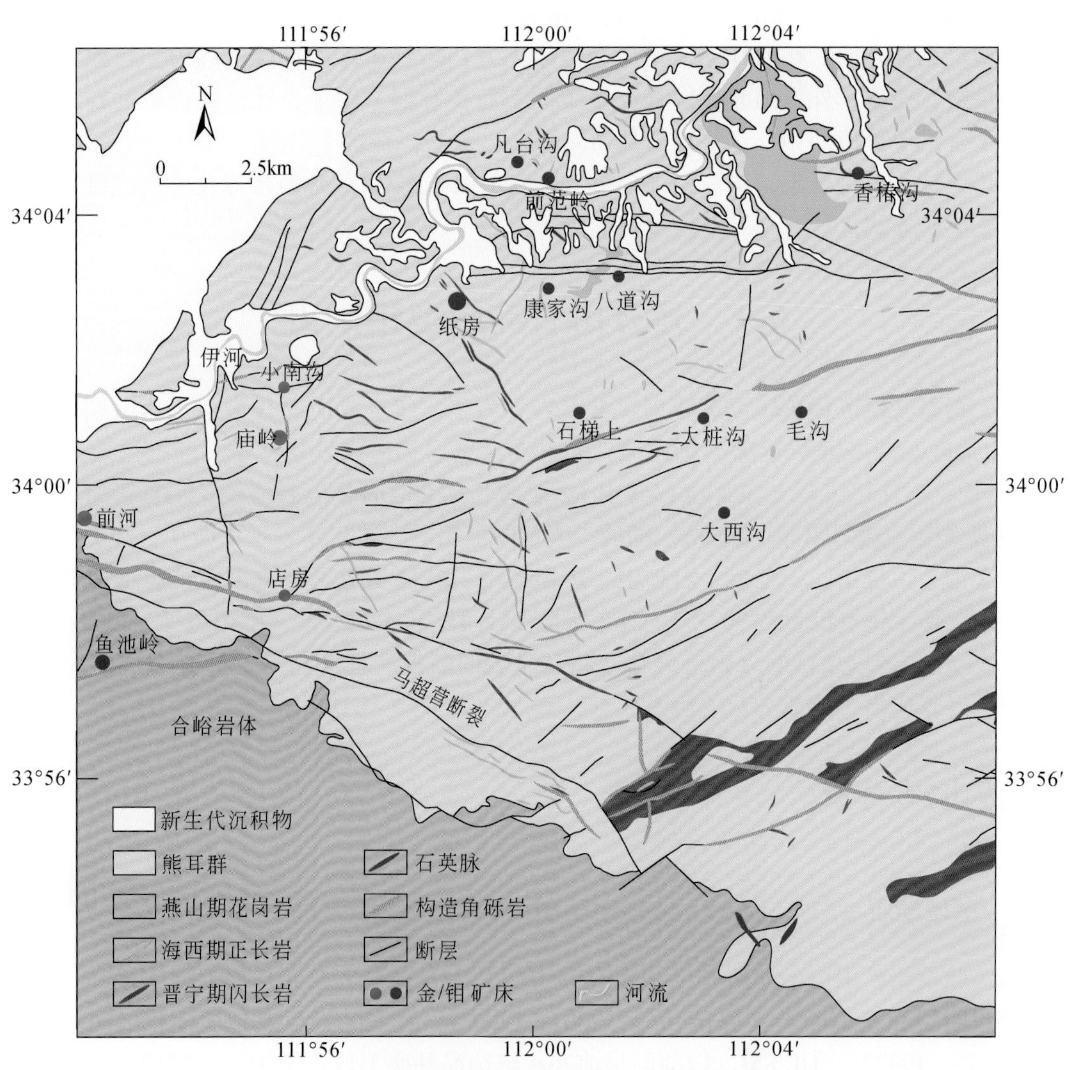

图 6.1 东秦岭外方山地区地质简图（Deng et al.，2014b）

矿区地层主要为中元古界熊耳群鸡蛋坪组、马家河组以及少量新生界沉积物。鸡蛋坪组为一套厚层状灰色流纹斑岩、流纹质火山角砾岩、集块岩夹安山岩薄层（温森坡等，2008）；马家河组岩性为灰绿色玄武安山岩、杏仁状玄武安山岩夹灰绿色粗安岩及多层凝灰质砂岩、泥岩，局部夹安山玢岩，与鸡蛋坪组地层呈整合接触；新生界古近系沿伊河断陷盆地出露，岩性为砂质砾岩夹砂质黏土岩，局部夹透镜状钙质结核。

矿区褶皱构造不发育，断裂构造发育（图 6.1）。马超营断裂带和三宝断裂带分别从矿区西南部和北部穿过，向东呈帚状逐渐散开，发育不同方位、不同级别的次级断裂。这些次级断裂主要有 NE 和 NW 向，如板庙-吕屯断裂、上秋盘断裂、刘家坪断裂、旧县-下蛮峪断裂和后屯断裂，次为 NS 和 EW 向，如庙岭断裂、金古垛-白家凹断裂，石门-何家岭断裂。它们一般为张性、张扭性、压扭性；个别表现为先推覆后滑塌，形成沿熊耳群鸡蛋坪组流纹斑岩层面缓倾斜的断裂构造并被似层状石英脉充填。上述断裂构造主要形成于中生代，在燕山期岩浆侵入和冷凝过程中力学性质发生变化（刘国印等，2007）。

除熊耳群火山岩之外，矿区岩浆岩主要表现为燕山期合峪花岗岩基。该岩基位于马超营断裂以南，岩性以黑云母二长花岗岩为主，为 4 次岩浆侵位的产物，分别发生于 143Ma、138Ma、135Ma 和 134Ma（Li et al.，2013）。此外，矿区还发育少量小规模的岩脉，主要为新元古代（晋宁期）石英斑岩、石英闪长岩和次流纹岩等，晚古生代（海西中期）正长岩和正长斑岩，燕山期花岗斑岩和细粒花岗岩等。

矿区发育大量受断裂构造控制的金矿床，如前河金矿、店房金矿、小南沟金矿、庙岭金矿和窑沟金矿等，以及新发现的纸房、八道沟、香椿沟等数十个石英脉型钼矿床（刘国印等，2007；邓小华等，2008；温森坡等，2008，2009；白凤军和肖荣阁，2009；高阳等，2010a，2010b；刘波等，2010）。

6.1.2　矿床地质特征

外方山石英脉型钼矿田产出有纸房、前范岭、凡台沟、香椿沟、八道沟、大西沟、毛沟、大桩沟、石梯上、康家沟等钼矿床。这些矿床均以含钼石英脉形式产于熊耳群鸡蛋坪组，具有相似的矿床地质特征（表 6.1）。

6.1.2.1　纸房钼矿床

1. 矿体特征

矿体赋存于熊耳群鸡蛋坪组上段流纹斑岩中，形态为脉状、层状、似层状，缓倾斜，沿层间拆离断层充填或交代成矿（图 6.2、图 6.3）。纸房已发现 K1、K2、K3、K4、K5、K6 等 6 条矿脉（K6 为盲矿脉）（表 6.2），单条矿脉最长达 2800m，一般厚 0.50～2.50m，局部最厚达十几米，矿床规模可达中型，且矿石品位较高，其中，K2、K4、K5 为矿区主矿脉（温森坡等，2008）。

K2 矿脉呈层状、似层状产出，倾向为 52°～87°，倾角为 9°～39°；地表控制长度 2800m，倾向控制延伸 225m，矿脉产出呈两端厚、中间薄的特点，平均厚度约 2m；钼品位约 0.03%～0.29%，平均 0.06%。

K4 矿脉的走向为 NW-SE 向，倾向为 10°～81°，倾角为 8°～39°，具波状起伏等张性特征，出露标高 385～565m，地表控制长度 500m，倾向控制延伸 550m。矿脉沿走向分支复合、膨大收缩现象明显，矿脉平均厚度 2.15m，常被近东西向的后期小断层错开，断距 1～3m；矿脉局部被错成多层的眼球状透镜体，但整体连续性好。钼品位约 0.03%～1.08%，平均品位 0.16%；石英脉为矿化中心，石英脉两侧围岩发生钾化等线性蚀变，蚀变围岩也发生矿化，通常上盘矿化较弱，下盘矿化较强（刘国印等，2007）。

K5 矿脉呈层状、似层状产出，倾向为 9°～77°，倾角为 9°～39°。地表控制长度 580m，倾向控制延伸 170m，矿脉平均厚度约 3.53m。钼品位约 0.03%～0.53%，平均为 0.11%。

表 6.1 外方山石英脉型钼矿床地质特征表（Deng et al., 2017）

矿床	成矿元素	资源量/t	钼品位/%	赋矿围岩	控矿构造	矿体编号	形态	规模	产状	围岩蚀变	矿石矿物	脉石矿物	矿石结构	矿石构造	资料来源
纸房	Mo	8000	0.07～0.30	流纹斑岩	NE、NEE 及 NS 向正断层	K1、K2、K3、K4、K5、K6 等 6 条矿脉	脉状、似层状	长 100～2800m，厚 0.39～10.86m，延伸 80～550m	倾向 NNE－NE，倾角 8°～39°	硅化、钾化	主要为黄铁矿、辉钼矿；次为方铅矿、黄铜矿、闪锌矿等	主要为石英，次为钾长石、金红石、萤石、方解石、绢云母，少量重晶石、磷灰石、锆石、独居石等	粒状、固溶体分离、交代残余、包含、反应边、环带等结构	浸染状、云雾状、网脉状、脉状、块状、条带状等构造	邓小华等，2008b
八道沟	Mo	8000	0.12	英安岩	NW、NE 向层间剪切构造带	HK1、WK1、EK1、EK2 等 4 条矿脉	似层状、板状	长 630～980m，厚 2.41～3.54m，延伸 300～350m	倾向 25°～70°，倾角 22°～40°；或倾向 160°，倾角 22°～35°	钾化、硅化，少量绿泥石化、绢云母化	主要为黄铁矿、辉钼矿，少量方铅矿、闪锌矿、黄铜矿、褐铁矿等	主要为石英，次为钾长石、金红石、方解石、萤石等	自形－半自形粒状、压碎、交代溶蚀、交代反应边、交代星状、骸晶、充填、固溶体分离、共生边等结构	脉状、细脉状、条带状、块状、浸染状等构造	刘波等，2010
香椿沟	Mo	中型	0.2～2.74	流纹斑岩	NW 向断层	10 条矿脉	似层状	长 1100m，厚 1.35～30.74m，延伸 342～484m	倾向 NNE－NE，倾角 25°～42°	钾化、硅化、绢云母化及绿泥石化	主要有黄铁矿、辉钼矿、方铅矿、闪锌矿，少量黄铜矿、磁黄铁矿、赤铁矿、铜蓝、褐铁矿等	主要为石英，次为钾长石、金红石、萤石、方解石以及绢云母、绿泥石等	压碎、交代反应边、骸晶、假象、交代网脉状、交代港湾状、交代星状、共生边、固溶体分离等结构	包括脉状、网脉状、条带状、团块状、薄膜状、浸染状等构造	丁慧霞等，2011
前范岭	Mo	中型		安山岩	NW、NS 向缓倾斜小断裂和节理	P1、P2、P3 等 3 个矿脉	脉状	长 1200m，<3m	倾向 40°～110°，倾角 9°～30°	硅化、钾化、青磐岩化	以黄铁矿、辉钼矿为主，少量黄铜矿、方铅矿等	主要为石英，少量方解石、萤石等	粒状、交代等结构	脉状、云雾状、浸染状、块状构造等	高阳等，2010a
大西沟	Mo-Au	13000	0.03～0.27	流纹岩	NE 向缓倾斜的脆性断裂	K4、K5、K7、K8、K9、K10、K11 等 7 条矿脉	似层状、板状	长 500～1600m，厚 0.3～5m，延伸 44～240m	倾向 NW 向，倾角 3°～26°	钾化、硅化，少量绢云母化、绿帘石化	主要为黄铁矿、方铅矿、辉钼矿，次为黄铜矿、闪锌矿、斑铜矿、白钨矿、黑钨矿、赤铁矿、褐铁矿、钼华等	主要为石英、钾长石，次为方解石、绿泥石、斜长石、榍石等	他形粒状、交代残余、交代蠕虫、微晶等结构	浸染状、条带状、块状、细脉状、网脉状、蜂窝状、角砾状、碎裂状等构造	陈少伟等，2010
大桩沟	Mo-Pb	10000	0.03～0.34	流纹斑岩	NE 向缓倾斜的脆性断裂	K4、K5、K6、K7 和 K8 等 5 条矿脉	似层状	长 100～860m，厚 0.3～17.0m，延伸 80～700m	倾向 SEE，倾角 2°～28°	钾化、硅化	主要有黄铁矿、方铅矿、辉钼矿，次为黄铜矿、闪锌矿、斑铜矿、白钨矿、白铅矿、辉铋矿等	主要有石英、钾长石，次为重晶石、萤石、角闪石、方解石等	自形－他形粒状、不规则状、压碎、共边、交代残余和残余斑状等结构	块状、浸染状、条带状、复脉状和细脉状等构造	温森坡等，2009

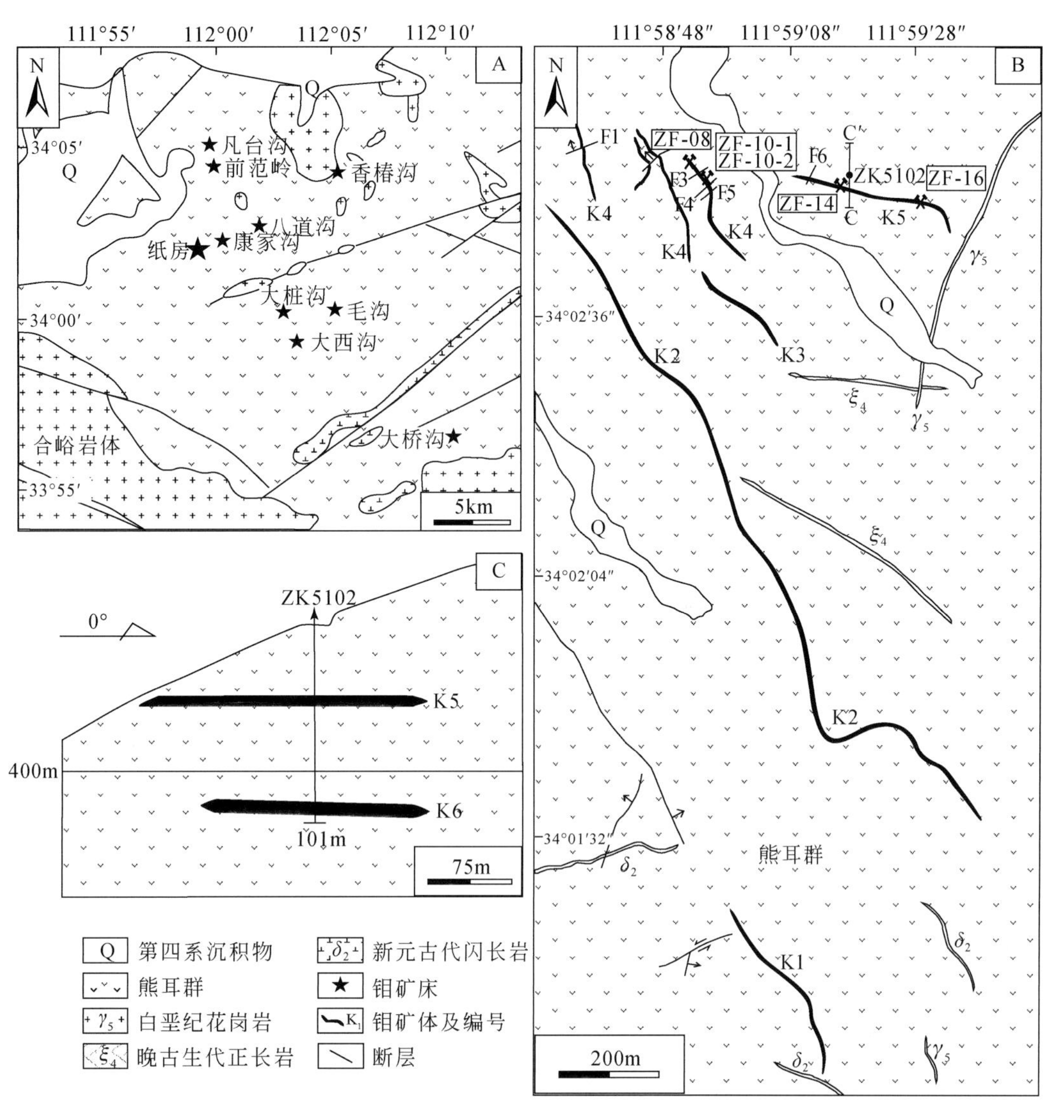

图6.2 纸房钼矿床地质简图（据温森坡等，2008；白凤军和肖荣阁，2009修改）

A. 外方山三叠纪钼矿床分布图；B. 纸房钼矿床地质图；C. 纸房钼矿床剖面图

表6.2 纸房钼矿床矿脉特征表（据温森坡等，2008）

矿脉编号	长度/m	延伸/m	厚度/m	出露标高/m	产状	平均品位/%
K1	450	80	0.97		9°~64°∠11°~18°	0.11
K2	2800	225	1.98	540~660	52°~87°∠9°~39°	0.08
K3	325	220	1.44	650~695	49°~73°∠9°~21°	0.07
K4	500	550	2.15	385~565	10°~81°∠8°~55°	0.16
K5	580	170	3.53	402~453	9°~77°∠9°~39°	0.11
K6	100	80	8.19		12°∠9°	0.11

2. 矿石成分和组构

1）*矿石类型*

原生矿石可分为石英脉型和蚀变岩型；前者见辉钼矿呈团块状沿厚大石英脉裂隙充填（图6.3E），后者见辉钼矿呈浸染状产于蚀变围岩中（图6.3F）。

2）*矿物成分*

显微镜下观察和部分矿物的电子探针分析（表6.3）表明，石英脉型矿石所含金属矿物有黄铁矿、辉钼矿、方铅矿、黄铜矿、闪锌矿、烧绿石、铀烧绿石、铅钒、褐铁矿；脉石矿物主要为石英、钾长石、方解石，局部可见少量的重晶石、磷灰石、萤石、锆石、独居石等。蚀变岩型矿石金属矿物有黄铁矿、辉钼矿、方铅矿、黄铜矿、闪锌矿、褐铁矿、铜蓝；脉石矿物主要为石英、钾长石、绿泥石、绿帘石、绢云母等。

辉钼矿多为细小叶片状，其赋存方式有两种，一种沿粗粒石英裂隙或者颗粒间隙充填，呈云雾状或浸染状构造；另一种沿石英裂隙面呈薄膜状充填。此外，部分钼矿物呈黑色粉末状，形状不规则，半金属光泽，镜下灰白色-白色多色性不明显，无非均质性，但其电子探针分析显示成分为 MoS_2（表 6.3）。

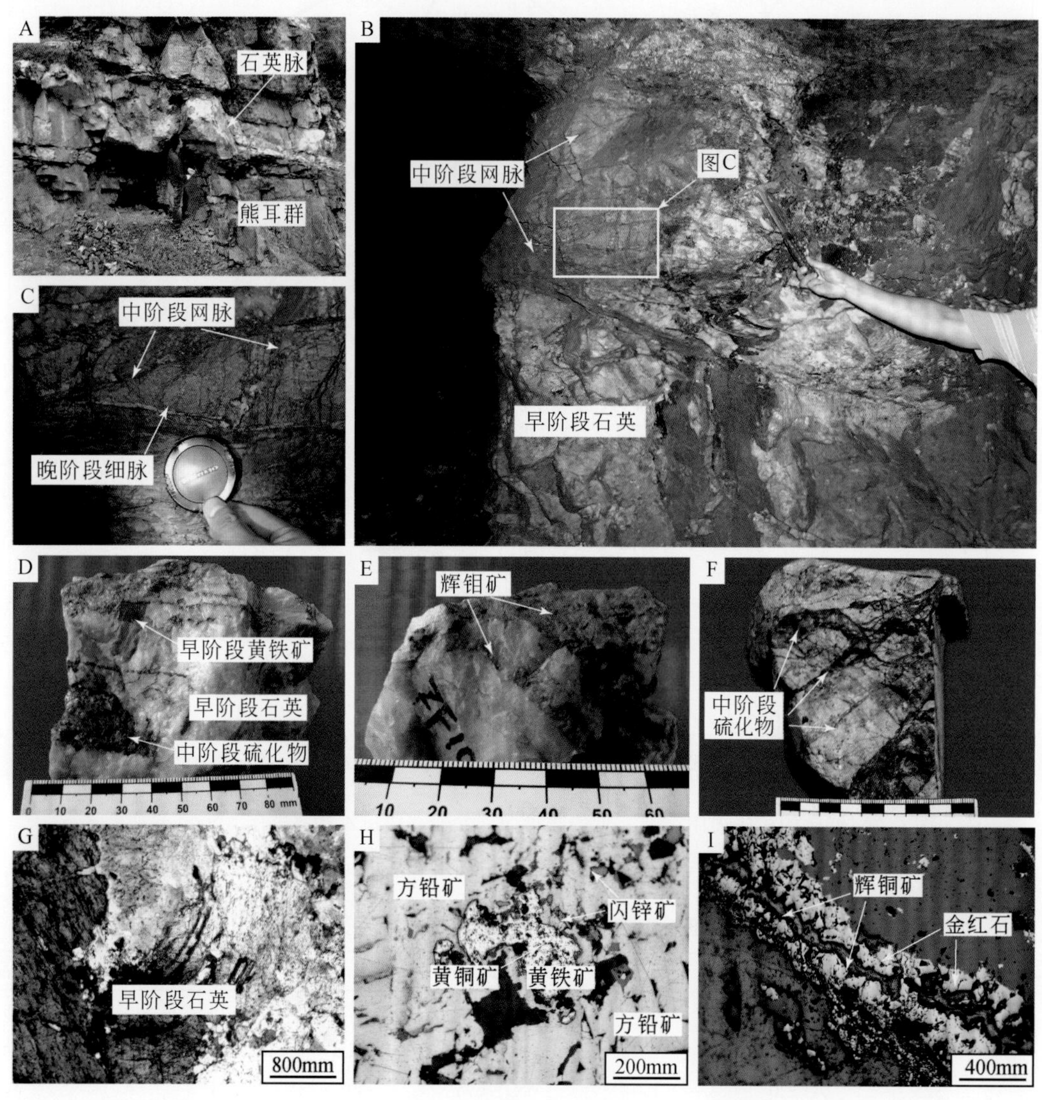

图 6.3　纸房钼矿床地质特征（Deng et al.，2014b）

A. 早阶段石英脉；B. 早阶段石英被中阶段硫化物网脉穿插；C. 中阶段硫化物网脉被晚阶段碳酸盐细脉穿切；D. 中阶段硫化物充填于早阶段石英裂隙中；E. 石英脉型矿石；F. 蚀变岩型矿石；G. 早阶段石英显示波状消光；H. 中阶段黄铁矿被方铅矿交代成交代残余结构；I. 辉钼矿-金红石呈脉状产于中阶段石英中

表 6.3　纸房钼矿床部分矿物的电子探针分析结果（邓小华等，2008b）　　（单位:%）

探针点	S	Mo	Fe	Cu	Zn	矿物定名	计算化学式
ZF-04-1	32.24	0.00	2.35	1.59	62.29	闪锌矿	$(Zn_{0.95}, Fe_{0.04}, Cu_{0.03})S$
ZF-04-2	33.78	0.00	30.90	34.88	0.00	黄铜矿	$(Cu_{0.53}, Fe_{0.53})S$
ZF-17-1	40.67	59.37	0.56	0.05	0.00	辉钼矿	$(Mo_{0.49}, Fe_{0.01})S$

3）*矿石结构构造*

矿石结构包括粒状结构、固溶体分离结构、交代残余结构、包含结构、反应边结构、环带结构以及内部解理结构等。早阶段粗粒黄铁矿呈自形-半自形粒状结构（图 6.3D）；闪锌矿中可见乳滴状黄铜矿，显示固溶体分离结构；方铅矿被闪锌矿交代，呈残余结构；方铅矿呈椭圆状被黄铁矿包含，呈包含结构（图 6.3H）；褐铁矿沿黄铁矿边缘从外到内连续交代黄铁矿，呈反应边结构，褐铁矿不同程度地交代黄铁矿而呈现环带结构。

矿石构造包括浸染状、云雾状、网脉状、脉状、块状、条带状构造。辉钼矿呈浸染状、云雾状充填在粗粒石英中；石英-硫化物呈细脉状、网脉状产出（图 6.3C、F）。

3. 围岩蚀变类型和分带

围岩蚀变主要为钾化和硅化。蚀变的强度与含矿石英脉的厚度及距离石英脉远近有关：石英脉厚度越大，围岩蚀变越强；距石英脉越近，围岩蚀变亦越强（温森坡等，2008）。

4. 成矿过程和阶段划分

根据矿物组合、矿石组构及矿脉穿插关系（图 6.3），将成矿过程划分为 3 个阶段（图 6.4）：早阶段形成连续而厚大的石英脉（图 6.3A），呈致密块状，含自形的立方体黄铁矿（图 6.3D），所含石英呈乳白色，具强烈的波状消光现象（图 6.3G）。石英脉下盘可见钾长石化。早阶段石英脉及其蚀变围岩遭受构造应力而破碎、变形，裂隙和颗粒间隙被中阶段石英-硫化物充填（图 6.3B）。中阶段以多金属硫化物呈脉状或者定向的网脉状为标志，充填在破碎的早阶段矿物组合中（图 6.3C），主要矿物组合为细粒石英-辉钼矿-黄铁矿-黄铜矿-方铅矿-闪锌矿，其中石英呈烟灰色。晚阶段发育少量石英-碳酸盐细脉（图 6.3C），偶含黄铁矿，伴随矿化较弱，充填交切早、中阶段矿物组合。成矿后的表生氧化作用形成了褐铁矿、铜蓝等次生矿物。

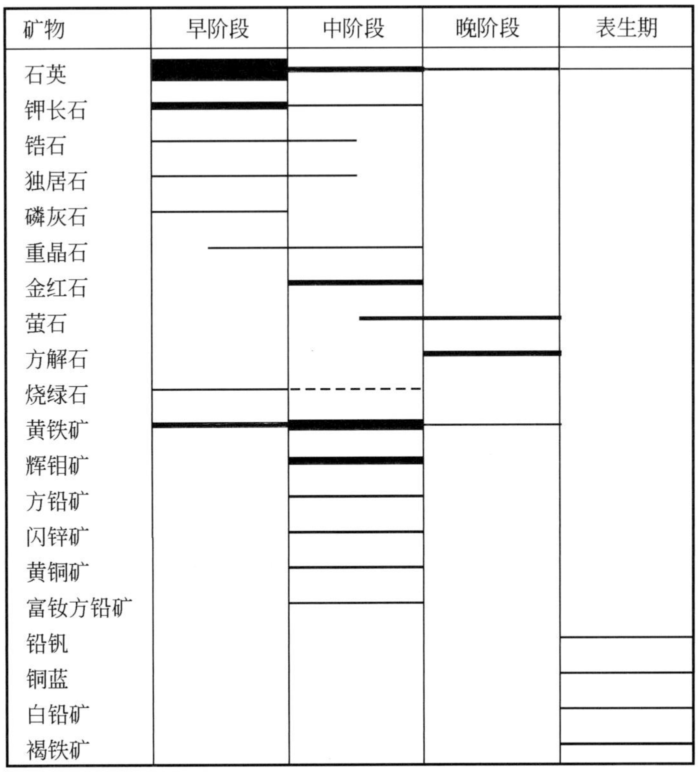

矿物	早阶段	中阶段	晚阶段	表生期
石英				
钾长石				
锆石				
独居石				
磷灰石				
重晶石				
金红石				
萤石				
方解石				
烧绿石				
黄铁矿				
辉钼矿				
方铅矿				
闪锌矿				
黄铜矿				
富钕方铅矿				
铅钒				
铜蓝				
白铅矿				
褐铁矿				

图 6.4　纸房钼矿热液矿物共生组合与形成顺序（Deng et al.，2014b）

5. 矿物地球化学

1）样品和测试

本研究对纸房钼矿床11件矿石硫化物样品及4件蚀变安山岩样品进行了微量元素测试。样品的溶样和测试工作在中国地质科学院国家地质实验测试中心完成。样品溶解方法大致如下：①准确称取40mg样品于Teflon溶样罐中，加入0.5mL（1+1）HNO_3、0.5mL $HClO_4$超声振荡10～15min，蒸至近干，再加1mL HF于150℃电热板上蒸至近干。②加入0.5mL（1+1）HNO_3、1.0mL HF，0.5mL $HClO_4$加盖并套上热缩管，拧紧耐酸合金钢外套，放入烘箱内，逐渐升温到200℃，保温5天，开盖，蒸至近干。③加2.0mL（1+1）HNO_3，盖紧罐盖（套热缩管和钢套），于150℃烘箱保温过夜，随后再次蒸至近干。④加2.0mL（1+1）HNO_3，拧紧罐盖并保温过夜。待冷却后开盖并加入40mL HF，将溶液转移到50mL容量瓶中，加入1mL 500×10^{-9}In内标，用1% HNO_3稀至刻度，摇匀待测。仪器设备及工作参数：电感耦合等离子体质谱仪（ICP-MS）ELEMENT（FINNIGAN MAT公司制造）。

2）测试结果

矿石硫化物的稀土元素含量见表6.4。蚀变熊耳群的∑REE为672×10^{-6}～2714×10^{-6}，未蚀变熊耳群为264×10^{-6}（赵太平，2000）。矿石硫化物的∑REE变化较大，1件早阶段样品（ZF001）的∑REE为2.88×10^{-6}；中阶段样品总体可分为两类，3件辉钼矿样品（ZF08、ZF10、ZF16）的∑REE为4171×10^{-6}～8972×10^{-6}，而其余硫化物样品的∑REE为2.02×10^{-6}～27.8×10^{-6}，平均值为11.4×10^{-6}。前人研究显示，无矿石英脉的∑REE为17.4×10^{-6}～618×10^{-6}，矿化石英脉的∑REE为1325×10^{-6}～4376×10^{-6}（白凤军等，2009）。显然，矿化石英脉的高REE含量主要是由含辉钼矿所致。相对于早阶段硫化物样品，中阶段样品的∑REE逐渐增高，这是由于从早阶段到中阶段，原生C型包裹体明显增多，成矿流体pH降低，导致∑REE增多（见后）。蚀变围岩的∑REE高于新鲜的熊耳群，但低于石英脉（白凤军等，2009），说明围岩熊耳群与极富REE的流体发生了水岩反应，导致其∑REE含量增加。

矿石硫化物和围岩的REE分馏明显，主要呈轻稀土富集型（图6.5）。蚀变熊耳群流纹斑岩的LREE/HREE为9.27～13.7，$(La/Yb)_N$为9.79～25.8，$(La/Ho)_N$为5.21～12.3，未蚀变熊耳群的LREE/HREE平均为1.45，$(La/Yb)_N$平均为8.62，$(La/Ho)_N$为8.00，二者均显示轻稀土富集。矿石硫化物的LREE/HREE为4.20～74.9，$(La/Yb)_N$为2.60～200，$(La/Ho)_N$为3.46～125，明显富集轻稀土。蚀变熊耳群的La/Nd为0.44～0.64，Gd/Yb为5.56～8.88，指示轻稀土和重稀土内部亦有不同的分馏特征；未蚀变熊耳群的La/Nd平均值为1.01，Gd/Yb为1.94，指示轻重稀土内部分异不明显；矿石硫化物的La/Nd为0.53～1.45，Gd/Yb为1.08～10.5，指示轻稀土内部分馏不明显，而重稀土内部分异更强烈。此外，蚀变熊耳群的δEu为0.72～1.07，δCe为1.06～1.10，未蚀变熊耳群的δEu平均值为0.77，δCe为1.05；矿石硫化物的δEu为0.38～1.04，δCe为0.91～1.10，具有弱Eu异常。总的来说，矿石硫化物与围岩具有相似的REE分馏特征，均为轻稀土富集型配分模式，指示成矿流体受围岩影响。

相对于未蚀变围岩，矿区蚀变围岩更加富集REE，尤其是LREE，指示成矿热液为富REE流体。这与岩相学观察一致，即纸房钼矿床发育烧绿石、含钕方铅矿等富REE的矿物。矿石硫化物的REE配分模式显示轻稀土富集，LREE/HREE值与围岩一致，指示矿石硫化物稀土受围岩熊耳群影响。而3件辉钼矿的∑REE含量明显高于其他硫化物，可能原因有：①流体来源不同；②经历了后期热液改造；③REE优先进入辉钼矿晶格；④辉钼矿不纯。对于第一种情况，硫化物的S-Sr-Nd-Pb同位素指示辉钼矿与其他硫化物的来源并无差异（见后）；对于第二种情况，与辉钼矿共生的石英中发育大量原生包裹体，而未见后期热液叠加，指示后期热液改造并不明显；对于第三情况，由于REE的离子电位与MoS_2差异较大，很难以类质同象替代的方式进入晶格；第四种情况，考虑到REE常以矿物包体或流体包裹体形式赋存于硫化物，纸房辉钼矿的矿物结构不同寻常，辉钼矿呈极细小叶片状，纯度较低，加之见富REE的矿物，如烧绿石、石英等与辉钼矿共生，认为辉钼矿中可能存在富REE矿物的混入使得辉钼矿的∑REE异常高。

表 6.4 纸房钼矿床矿石硫化物和围岩的微量元素含量（邓小华，2011）

（单位：10^{-6}）

样品号	ZF08	ZF10	ZF16	ZF001	ZF002	ZF1206	ZF14	ZF008	ZF16-1	ZF18	ZF2002	ZF2101	ZF22	ZF08	ZF19	熊耳群平均值
样品名	辉钼矿	辉钼矿	辉钼矿	黄铁矿	黄铁矿	方铅矿	方铅矿	黄铁矿	黄铁矿	黄铁矿	黄铁矿	蚀变安山岩	蚀变安山岩	蚀变安山岩	安山岩	
Li	1.57	0.29	3.57	0.23	0.03	0.09	0.05	0.22	0.97	0.56	0.04	2.92	6.35	1.42	2.20	
Be	0.91	0.17	2.35	0.03	0.00	0.00	0.05	0.08	0.06	0.02	0.01	1.93	1.16	3.75	2.86	
Sc	2.61	8.15	15.8	0.97	0.51	0.12	0.36	0.84	0.67	0.54	0.48	1.92	2.58	1.50	11.1	14.6
Ti	128	218	238	9.62	2.25	34.6	30.4	18.7	111	129	64.2	8448	10890	9664	4572	
V	176	420	519	11.6	9.32	6.58	13.8	30.2	15.8	15.9	17.8	234	268	146	4.90	157
Mn	882	68.6	439	13.9	9.86	4.47	18.2	127	29.3	14.5	11.6	2093	135	769	647	
Co	5.61	26.5	11.6	6.64	1.99	0.12	2.12	58.0	27.0	66.6	108	3.15	2.43	1.31	3.27	25.9
Cu	1230	162	397	5.92	85.3	20.2	1055	1755	201	234	412	137	88.1	118	2.13	
Zn	2479	3759	49800	118	53.2	141	1998	209	1872	236	40.0	320	578	108	78.1	
Ga	32.5	64.0	67.2	0.67	0.64	0.04	0.39	1.19	1.09	0.72	0.85	30.4	28.6	28.9	18.7	
Rb	7.52	0.40	2.71	1.32	0.29	0.13	0.42	0.32	0.24	0.16	0.08	125	88.3	167	118	76.2
Sr	3646	300	3974	7.28	14.4	4.01	28.0	9.86	18.7	10.5	26.6	1157	470	700	161	245
Y	474	92.9	951	0.30	0.16	0.76	1.47	1.07	3.97	0.80	0.32	107	168	92.1	55.8	37.1
Zr	11.8	3.60	11.8	0.16	0.06	0.14	1.77	0.62	0.27	0.12	0.13	67.4	34.5	107	472	297
Nb	299	277	497	3.03	7.59	3.84	2.56	13.6	66.4	16.4	6.91	858	574	1270	22.2	12.3
Sn	4.38	4.33	9.95	0.52	0.32	1.51	8.51	0.90	14.3	5.79	1.20	19.2	20.5	17.1	2.93	
Cs	0.18	0.17	0.16	0.06	0.01	0.02	0.02	0.01	0.02	0.01	0.01	0.52	0.38	0.89	2.25	
Ba	733	986	1106	252	523	174	1358	501	205	241	544	17020	6590	5619	2322	1590
La	547	2082	1614	0.68	0.81	0.39	3.04	3.55	5.10	0.39	1.33	144	385	78.1	84.2	50.7
Ce	1669	4656	3919	1.24	1.74	0.96	8.38	8.14	12.4	0.78	3.70	397	1187	254	172	113
Pr	251	496	490	0.14	0.19	0.14	1.13	0.91	1.43	0.08	0.47	53.8	166	38.9	20.5	11.8
Nd	1038	1437	1743	0.47	0.59	0.46	4.30	3.01	5.01	0.26	1.68	226	655	176	76.5	50.5
Sm	235	159	332	0.09	0.10	0.12	0.72	0.51	1.06	0.07	0.27	45.5	112	37.9	13.1	9.22
Eu	53.0	24.4	76.7	0.02	0.01	0.04	0.21	0.05	0.24	0.02	0.07	15.4	24.5	10.1	3.18	2.20
Gd	176	61.8	251	0.10	0.04	0.11	0.50	0.22	0.84	0.09	0.11	41.1	89.9	33.2	13.2	7.83
Tb	23.1	7.49	35.3	0.01	0.01	0.02	0.07	0.04	0.12	0.02	0.01	5.34	10.7	4.52	1.87	1.34

续表

样品号	ZF08	ZF10	ZF16	ZF001	ZF002	ZF1206	ZF14	ZF008	ZF16-1	ZF18	ZF2002	ZF2101	ZF22	ZF08	ZF19	熊耳群平均值
样品名	辉钼矿	辉钼矿	辉钼矿	黄铁矿	黄铁矿	方铅矿	方铅矿	黄铁矿	黄铁矿	黄铁矿	黄铁矿	蚀变安山岩	蚀变安山岩	蚀变安山岩	安山岩	
Dy	105	25.6	175	0.07	0.03	0.12	0.35	0.20	0.72	0.13	0.07	25.0	47.2	21.4	10.7	7.12
Ho	15.8	3.83	29.5	0.01	0.00	0.03	0.06	0.04	0.13	0.03	0.01	4.07	7.21	3.46	2.17	1.47
Er	36.1	10.4	76.9	0.03	0.01	0.10	0.17	0.14	0.38	0.07	0.05	9.88	16.3	8.18	6.39	4.12
Tm	3.51	1.14	8.99	0.00	0.00	0.01	0.02	0.02	0.05	0.01	0.00	1.24	1.87	0.97	0.92	0.67
Yb	16.8	7.07	52.8	0.03	0.01	0.10	0.12	0.14	0.30	0.07	0.03	7.39	10.1	5.42	6.07	4.04
Lu	1.92	0.95	7.07	0.00	0.00	0.01	0.02	0.02	0.04	0.01	0.00	1.01	1.18	0.68	0.91	0.61
Hf	0.63	0.16	0.62	0.01	0.00	0.00	0.03	0.03	0.00	0.01	0.01	2.44	1.21	3.25	12.3	6.51
Ta	0.07	0.02	0.16	0.03	0.00	0.01	0.01	0.00	0.04	0.01	0.00	0.63	0.28	0.73	1.01	1.03
W	3.03	3.90	9.50	0.32	0.25	0.70	0.37	0.51	0.48	0.65	0.65	9.65	23.5	5.74	0.87	
Tl	8.17	37.4	36.3	0.55	0.40	58.7	112	0.11	0.72	0.15	1.18	0.98	0.53	1.44	0.54	
Pb	7649	6436	10289	2040	1675	470699	435999	474	2332	1187	7494	287	129	221	18.8	
Th	9.34	55.0	47.9	0.09	0.05	0.06	0.13	0.10	0.13	0.02	0.04	3.81	27.5	2.77	12.9	4.99
U	135	387	652	0.12	0.62	0.07	0.30	0.63	8.98	0.06	0.10	11.9	8.30	48.4	1.90	0.85
∑REE	4171	8972	8811	2.88	3.55	2.61	19.1	17.0	27.8	2.02	7.79	976	2714	672	411	264
LREE	3793	8853	8174	2.64	3.43	2.11	17.8	16.2	25.3	1.60	7.52	881	2529	594	369	39.5
HREE	378	118	637	0.25	0.11	0.50	1.32	0.82	2.57	0.43	0.28	95.0	184	77.8	42.1	27.2
LREE/HREE	10.0	74.9	12.8	10.7	30.8	4.20	13.5	19.7	9.82	3.76	27.2	9.27	13.7	7.63	8.75	1.45
$(La/Yb)_N$	22.1	200	20.8	18.4	39.4	2.60	16.9	17.1	11.6	3.96	34.7	13.2	25.8	9.79	9.42	8.62
$(La/Ho)_N$	7.99	125	12.6	17.4	62.3	3.49	11.7	21.5	9.18	3.46	34.0	8.13	12.3	5.21	8.95	8.00
La/Ho	34.7	544	54.7	75.3	270	15.2	50.7	93.3	39.8	15.0	148	35.3	53.4	22.6	38.9	34.5
Y/Ho	30.1	24.3	32.2	33.0	53.3	29.2	24.5	28.2	31.0	30.7	35.9	26.3	23.4	26.7	25.8	25.3
La/Nd	0.53	1.45	0.93	1.45	1.38	0.86	0.71	1.18	1.02	1.53	0.79	0.64	0.59	0.44	1.10	1.01
Gd/Yb	10.5	8.74	4.74	3.89	2.83	1.08	4.12	1.55	2.82	1.39	4.34	5.56	8.88	6.13	2.17	1.94
δEu	0.77	0.63	0.78	0.71	0.53	1.04	0.99	0.38	0.75	0.82	1.01	1.07	0.72	0.85	0.73	0.77
δCe	1.05	1.05	1.03	0.91	1.02	0.95	1.06	1.04	1.07	1.01	1.10	1.06	1.10	1.07	0.95	1.05

注：熊耳群平均值根据赵太平（2000）提供的熊耳群微量元素计算所得；$\delta Eu=Eu/Eu^*=Eu_N/[(Sm_N+Gd_N)/2]$，$\delta Ce=Ce/Ce^*=Ce_N/[(La_N+Pr_N)/2]$。

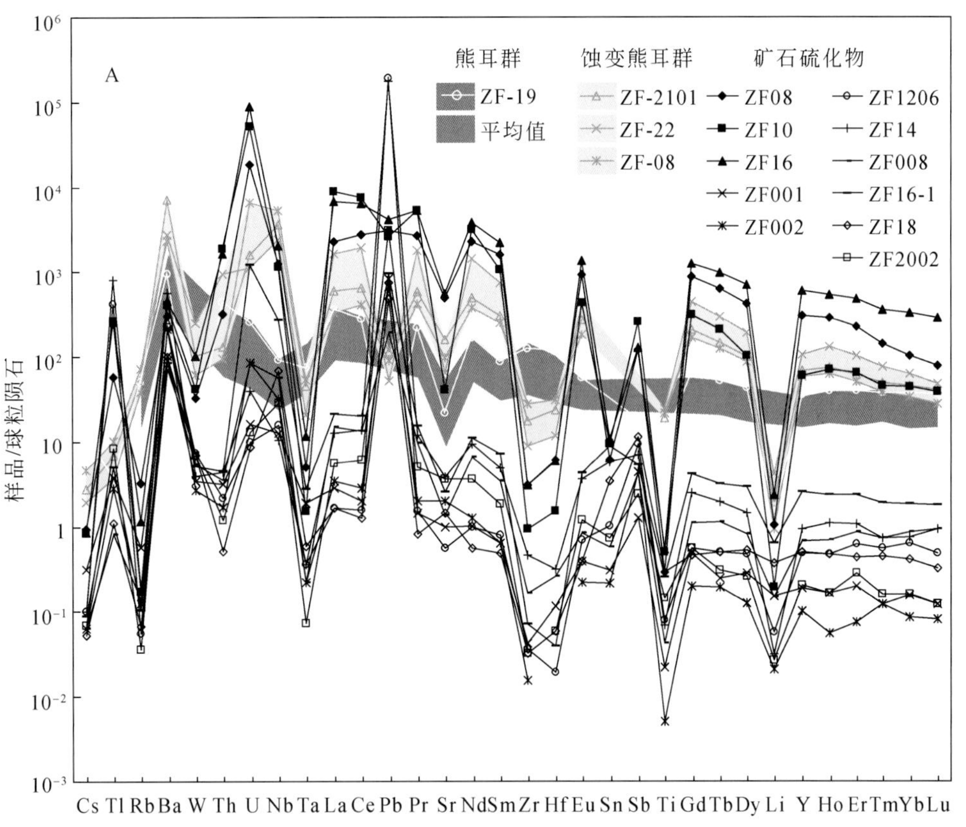

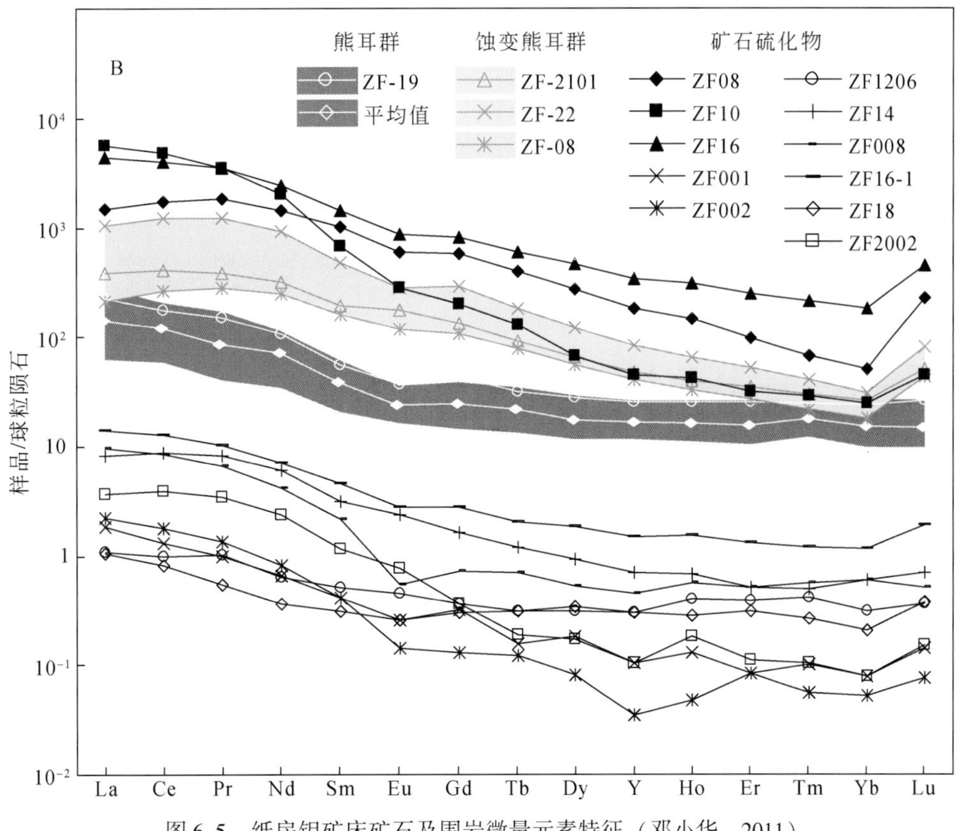

图6.5 纸房钼矿床矿石及围岩微量元素特征（邓小华，2011）

A. 微量元素球粒陨石标准化蛛网图（Mcdonough and Sun，1995）；

B. 球粒陨石标准化稀土配分型式（Taylor and McLennan，1985）

6.1.2.2　八道沟钼矿床

1. 矿体特征

八道沟已发现 HK1、WK1、EK1、EK2 等 5 条含矿石英脉（刘波等，2010），矿体为脉状、层状、似层状、板状，缓倾斜，沿熊耳群 NW 或 NE 向层间拆离断层/剪切构造带充填或交代成矿（图 6.6，表 6.5）。含矿石英脉地表控制长度约 630～980m，倾向延伸约 300～350m，平均厚度 2.41～3.54m。矿脉或为 NW 走向，倾向 25°～70°，倾角 22°～40°，或为 NE 走向，倾向 160°，倾角 22°～35°；沿走向和倾向有分支复合、膨大收缩现象。此外，含矿石英脉被近东西向的 F1 含矿构造带切穿（图 6.6），后者赋存了Ⅰ号矿体和Ⅱ号矿体，矿体长度约 200～500m，厚 3～5m，倾向 345°～355°，倾角 85°～90°。矿区（333）类钼矿石资源量约 615 万 t，钼金属量 7608t，规模接近中型；钼品位较高，平均约 0.12%。

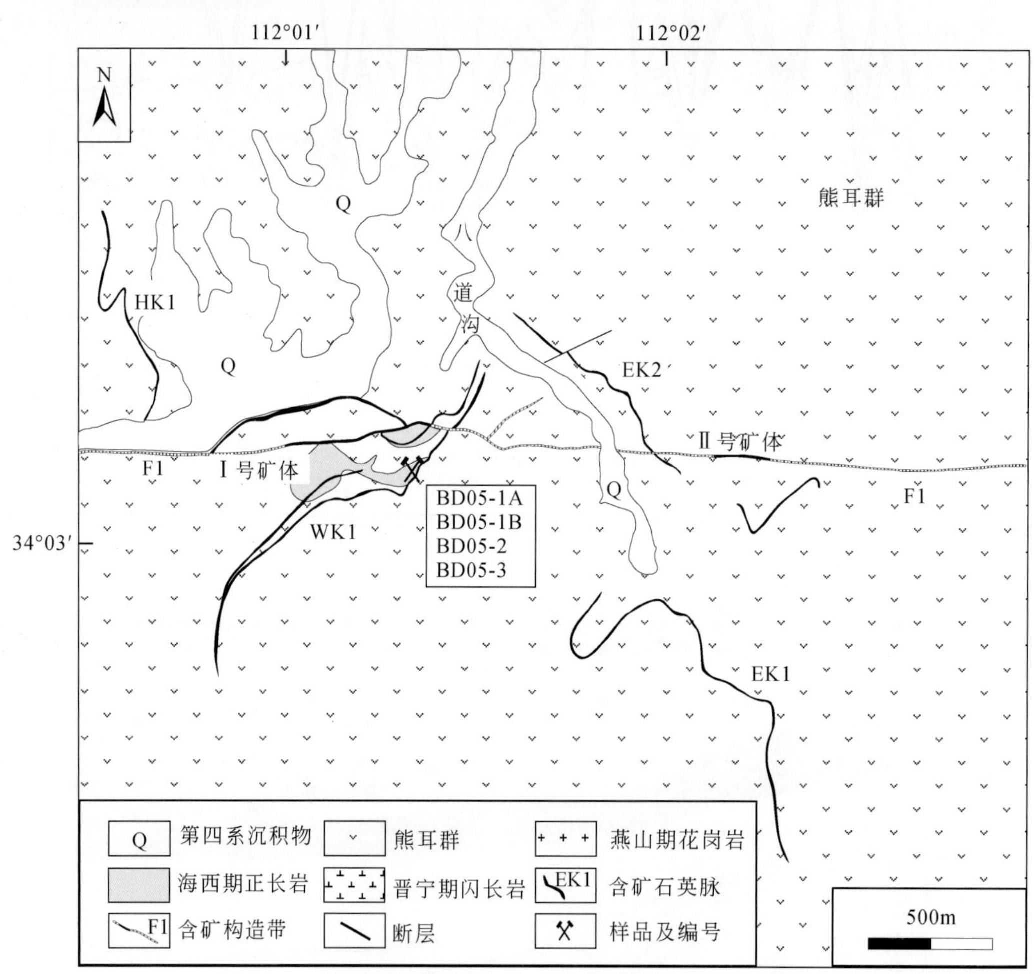

图 6.6　八道沟钼矿床地质简图（据刘波等，2010 修改）

表 6.5　八道沟矿体特征表（刘波等，2010）

矿脉编号	形态	长度/m	延伸/m	厚度/m	倾向/(°)	倾角/(°)
HK_1	脉状	700	350	3.54	70	22～40
WK_1	脉状	630	300	2.41	160	22～35
EK_1	脉状	980	300	2.83	25	22～35
EK_2	脉状	700	300	3.35	45	22～36

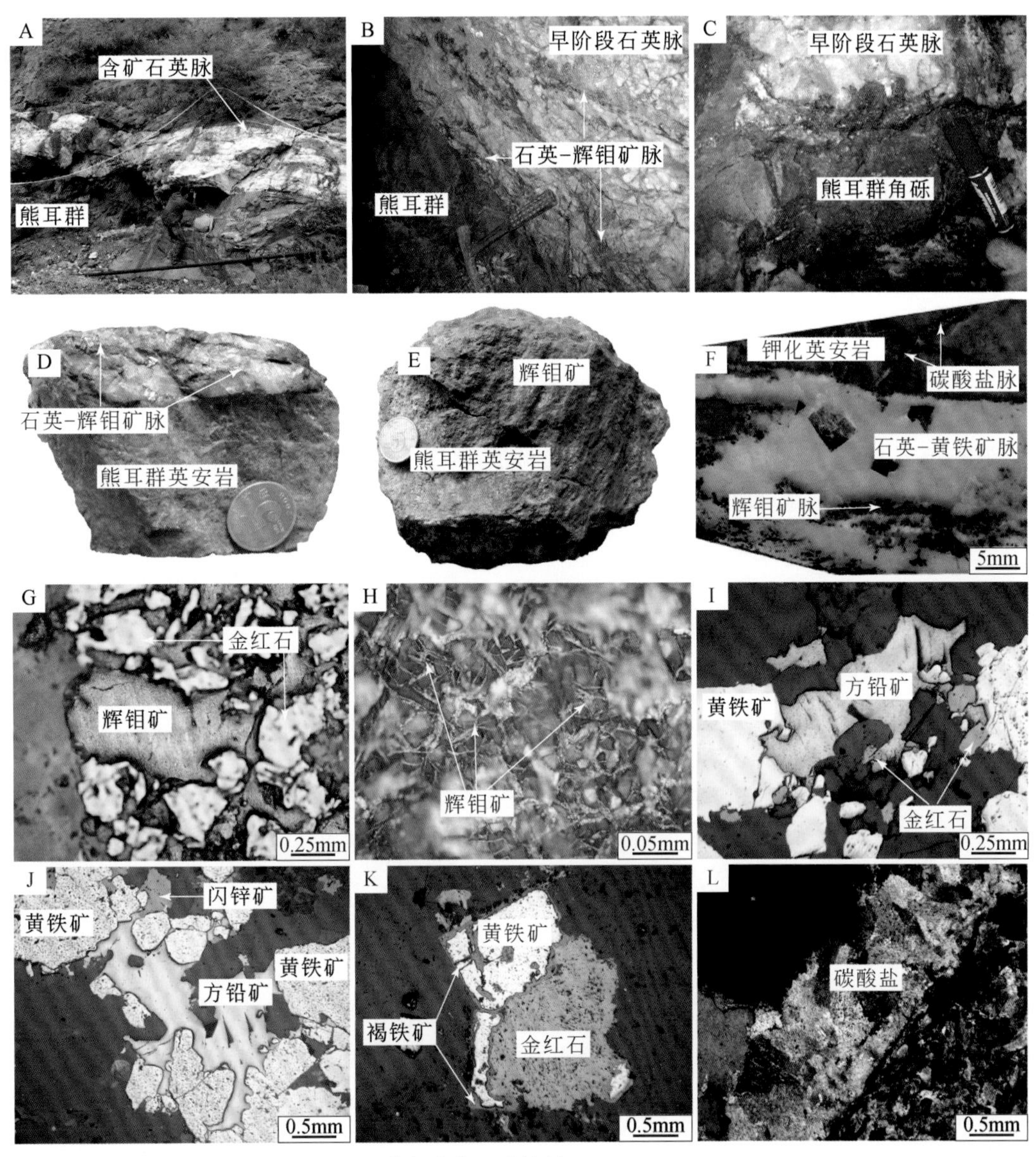

图 6.7　八道沟矿床地质特征（Deng et al.，2017）

A. 八道沟矿脉地表露头；B. 早阶段石英脉，后被中阶段石英-辉钼矿脉沿裂隙充填；C. 早阶段石英脉包裹的熊耳群角砾发生矿化蚀变；D. 石英脉型钼矿石；E. 蚀变岩型钼矿石；F. 早阶段粗粒石英-黄铁矿脉，被中阶段辉钼矿细脉贯穿，晚阶段碳酸盐细脉沿裂隙充填；G. 辉钼矿呈团块状，无双反射，无非均质性；H. 细小叶片状辉钼矿；I. 方铅矿沿裂隙交代黄铁矿，后被金红石和细粒石英交代；J. 方铅矿-闪锌矿交代黄铁矿；K. 自形黄铁矿被金红石交代，后又发生褐铁矿化；L. 晚阶段碳酸盐脉

2. 矿石成分和组构

矿石可分为石英脉型和蚀变岩型。前者辉钼矿呈薄膜状、条带状、团块状充填于乳白色粗粒石英脉的裂隙（图 6.7D），后者表现为辉钼矿呈浸染状产于蚀变熊耳群英安岩中（图 6.7E）。

钼矿物有两类，一为常见的叶片状辉钼矿，但粒度极细，长径约为 0.05mm（图 6.7H）；另一类形状不规则，反射率较低，镜下无双反射，无非均质性（图 6.7G），与纸房钼矿床辉钼矿特征类似。其他金属矿物主要有黄铁矿，少量方铅矿、闪锌矿、黄铜矿、褐铁矿等；脉石矿物主要为石英，次为钾长石、方解石、金红石、萤石等。

矿石结构主要有自形-半自形粒状结构（如早阶段黄铁矿）、波状消光结构（仅见于早阶段粗粒石英）、压碎结构（仅见于早阶段黄铁矿）、交代溶蚀结构（如方铅矿-闪锌矿交代早阶段黄铁矿，图 6.7J、K）、交代反应边结构（褐铁矿沿黄铁矿周边交代，图 6.7L）、骸晶结构（黄铁矿被褐铁矿交代）、交代星状结构（金红石被辉钼矿沿边缘交代）、充填结构（如中阶段硫化物沿早阶段矿物裂隙充填，图6.7F）、固溶体分离结构（闪锌矿包含乳滴状黄铜矿），共生边结构（如方铅矿与闪锌矿共生）等。常见矿石构造包括脉状、细脉状、条带状、块状、浸染状等。

3. 围岩蚀变类型和分带

围岩蚀变以线性的钾化、硅化为主，含少量绿泥石化和绢云母化，沿石英两侧及断裂构造带发育。矿体厚度越大，距矿体越近，则蚀变越强，反之则蚀变逐渐减弱（刘波等，2010）。

4. 成矿过程和阶段划分

据矿物组合、矿石组构及矿脉穿插关系，成矿过程可分为3阶段（图6.7）：早阶段为石英-黄铁矿阶段，粗粒石英呈乳白色，具波状消光现象，黄铁矿常见压碎结构，指示早阶段遭受挤压应力作用；中阶段为石英-硫化物阶段，以辉钼矿-金红石-方铅矿-闪锌矿-黄铜矿组合为标志，交代早阶段黄铁矿，或沿裂隙充填，其中细粒石英呈烟灰色，矿物生成顺序由早到晚常为：黄铁矿→方铅矿-闪锌矿-黄铜矿→金红石→辉钼矿；晚阶段以石英-碳酸盐细脉为特征。成矿后的表生氧化作用则形成了褐铁矿等次生矿物。

6.1.2.3 香椿沟钼矿床

1. 矿体特征

矿区已发现10余条矿脉，地表控制长度上千米，被地形分割为罗圈凹矿脉和香椿沟矿脉（图6.8）。

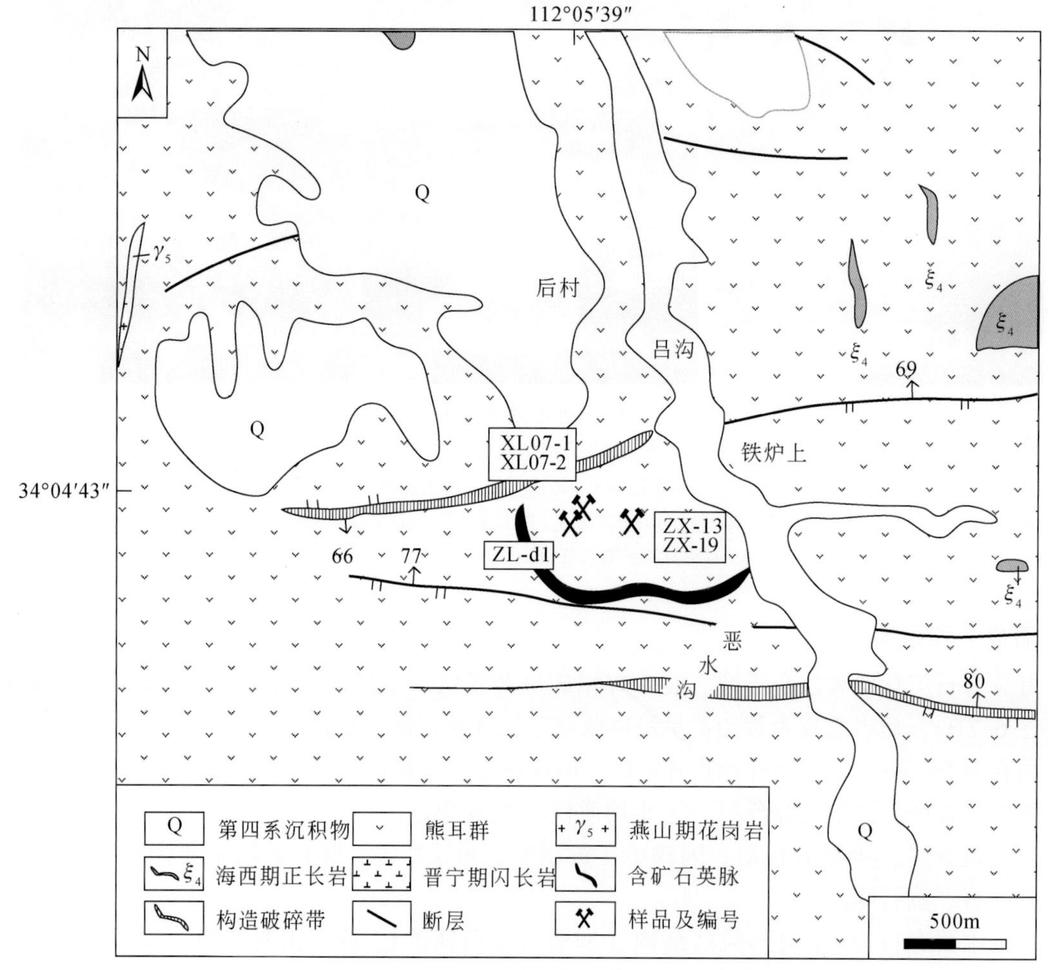

图6.8　香椿沟钼矿床地质简图（Deng et al.，2017）

矿脉整体出露连续性好，长1100m，宽20～90m，走向280°～310°，倾向NNE-NE，倾角25°～42°，未见分支复合、膨大收缩等现象。矿脉呈脉状、层状、似层状赋存于熊耳群流纹斑岩中，沿层间拆离断层充填或交代成矿（图6.8），延伸长达数千米，厚度1～30m，平均为6m，深部钻孔控制的矿脉甚至厚达40m，倾向约10°，倾角约25°，品位为0.22%，矿床储量已达中型规模（丁慧霞等，2011）。

2. 矿石成分和组构

矿石可分为石英脉型和蚀变岩型，前者辉钼矿呈薄膜状、条带状、团块状充填于乳白色粗粒石英脉的裂隙（图6.9G、H），后者表现为辉钼矿呈浸染状、网脉状交代熊耳群英安岩（图6.9I）。

图6.9 香椿沟钼矿床矿体-矿石-显微照片（Deng et al.，2017）

A. 罗圈凹矿脉地表露头；B. 香椿沟矿脉采矿平硐口；C. 早阶段厚大石英被中阶段辉钼矿-黄铁矿等硫化物沿裂隙充填，二者又被晚阶段石英-萤石脉穿切；D. 早阶段石英脉被中阶段辉钼矿-黄铁矿细脉沿裂隙充填；E. 中阶段黄铁矿-辉钼矿等硫化物团块状充填于早阶段粗粒石英中；F. 中阶段石英-辉钼矿细脉沿熊耳群裂隙贯入；G. 石英脉型钼矿石，辉钼矿细脉呈条带状贯入粗粒石英；H. 石英脉型钼矿石，辉钼矿呈薄膜状；I. 蚀变岩型钼矿石；J. 钼矿物呈团块状，无双反射，无非均质性，可能是硫钼矿；K. 叶片状辉钼矿交代团块状辉钼矿；L. 辉钼矿交代金红石，常与金红石同时发育钼矿物有两类，一类常呈细小叶片状（图 6.9K）；另一类呈黑色粉末状，细粒，形状不规则，半金属光泽，镜下无双反射，无非均质性（图6.9J），与纸房钼矿床的钼矿物类似（邓小华等，2008b）；可见叶片状辉钼矿交代团块状辉钼矿（图 6.9K）。其他金属矿物主要有黄铁矿、方铅矿、闪锌矿，少量黄铜矿、磁黄铁矿、赤铁矿、铜蓝、褐铁矿等。脉石矿物主要为石英，次为钾长石、金红石、萤石、方解石以及绢云母、绿泥石等。

矿石结构包括：粗粒黄铁矿呈压碎结构；褐铁矿交代黄铁矿呈交代反应边结构、骸晶结构及假象结构；黄铁矿裂隙被方铅矿、闪锌矿交代而呈交代网脉状结构；辉钼矿交代方铅矿呈交代反应边结构；金红石被辉钼矿沿边缘交代呈交代港湾状结构、交代星状结构；闪锌矿与方铅矿呈共生边结构；闪锌矿与黄铜矿呈固溶体分离结构等。矿石构造包括脉状、网脉状、条带状、团块状、薄膜状、浸染状等构造。

3. 围岩蚀变类型和分带

以石英脉为矿化中心，其两侧围岩发生线性钾化等蚀变，还可见少量萤石化、绿泥石化和绢云母化等，钾化蚀变围岩也含矿。

4. 成矿过程和阶段划分

据矿物组合、矿石组构及矿脉穿插关系，可将成矿过程分为 3 阶段（图 6.9）：早阶段以粗粒石英-黄铁矿组合为标志，石英具波状消光现象，黄铁矿具压碎结构；中阶段以发育烟灰色石英-辉钼矿-黄铁矿-金红石-方铅矿-闪锌矿-黄铜矿组合为标志，沿早阶段粗粒石英裂隙充填，为主成矿阶段；晚阶段以石英-萤石-碳酸盐组合为标志，基本无矿化。成矿后的表生氧化作用形成了褐铁矿、铜蓝等次生矿物。

6.1.2.4 前范岭钼矿床

1. 矿体特征

前范岭矿区地层主要为熊耳群安山岩，局部夹少量流纹斑岩和英安岩。可见两条规模较大的成矿后断层切穿花岗岩脉。矿区发育黑云母二长花岗岩脉，走向 NNE-NS，可见花岗岩脉穿插含矿石英脉，指示花岗岩脉晚于成矿作用（高阳等，2010a）。

矿区主要由三个矿体组成，P1、P2、P3，每个矿体包含若干次级矿脉（图 6.10，高阳等，2010a）。矿脉厚度变化较大，一般几十厘米至数米不等。P1 矿体总体走向近 NS 向，倾向 110°，倾角 9°～15°；局部厚度较大，可达 10 余米；辉钼矿主要产于石英脉内，少量产于石英脉周围的蚀变岩中。P2 矿体地表出露长约 1200m，走向 NW-NS 向，倾角 20°～25°，厚度变化较大，一般 2～5m。P3 矿体地表出露仅 50m，多为隐伏矿体，矿脉倾向 80°，倾角 25°。

2. 矿石成分和组构

钼矿石类型包括石英脉型和蚀变岩型，以前者为主（高阳等，2010a）。石英脉型矿石的辉钼矿产于石英脉内部，呈云雾状浸染于石英脉内，或沿石英脉两壁分布；蚀变岩型矿石的辉钼矿、黄铁矿呈浸染状分布于石英脉两侧的蚀变岩中。常见金属矿物以辉钼矿和黄铁矿为主，次为黄铜矿、方铅矿等，脉石矿物以石英为主，次为方解石、萤石等。

3. 围岩蚀变类型和分带

围岩蚀变类型包括硅化、钾化和青磐岩化等，蚀变强度、规模与石英脉厚度及距石英脉远近有关，石英脉厚度越大，距石英脉越近，则蚀变越强，反之亦然。

4. 成矿过程和阶段划分

高阳等（2010a）将流体成矿过程分为 4 个阶段：①纯净石英阶段，以发育纯净石英脉为特征，偶见黄铁矿，但不含辉钼矿；②石英-辉钼矿阶段，以辉钼矿大量出现为特征，局部可含较多的黄铁矿及其他金属硫化物；③石英–黄铁矿阶段，以石英+黄铁矿组合为特征，不含辉钼矿；④石英–萤石–方解石阶段，以发育石英+萤石+方解石组合为特征，基本不含矿。

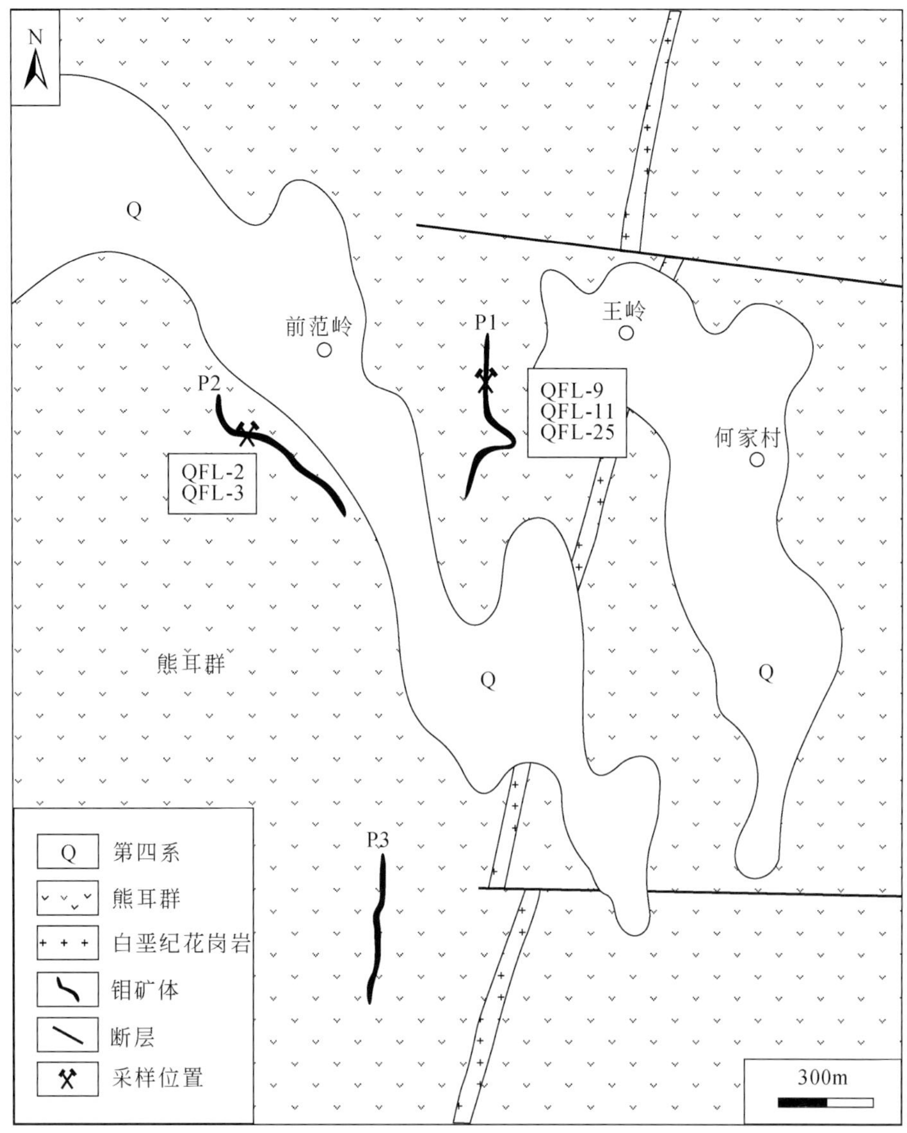

图6.10 前范岭钼矿床地质简图（据高阳等，2010a）

6.1.2.5 大西沟钼矿床

1. 矿体特征

矿区共发现7条矿脉，包括K4、K5、K7、K8、K9、K10、K11（图6.11），长300～1150m，厚0.4～2.0m；倾向NE，局部倾向SE，倾角3°～26°。矿体形态呈脉状，钼品位0.03%～0.27%。主要矿脉地质特征见表6.6。其中，K5是主矿脉，地表出露长1600m，厚0.9～5.0m，倾向0°～80°，倾角9°～26°；矿脉出露不连续，具分支复合、尖灭再现等特征，并被NWW向陡倾角断裂F1、F2错断，断距<3m；钼品位为0.03%～0.36%，平均0.11%。剖面上，矿体呈层状、似层状及板状（图6.11B），可见4层矿脉，近平行产出，矿层间距40～125m。

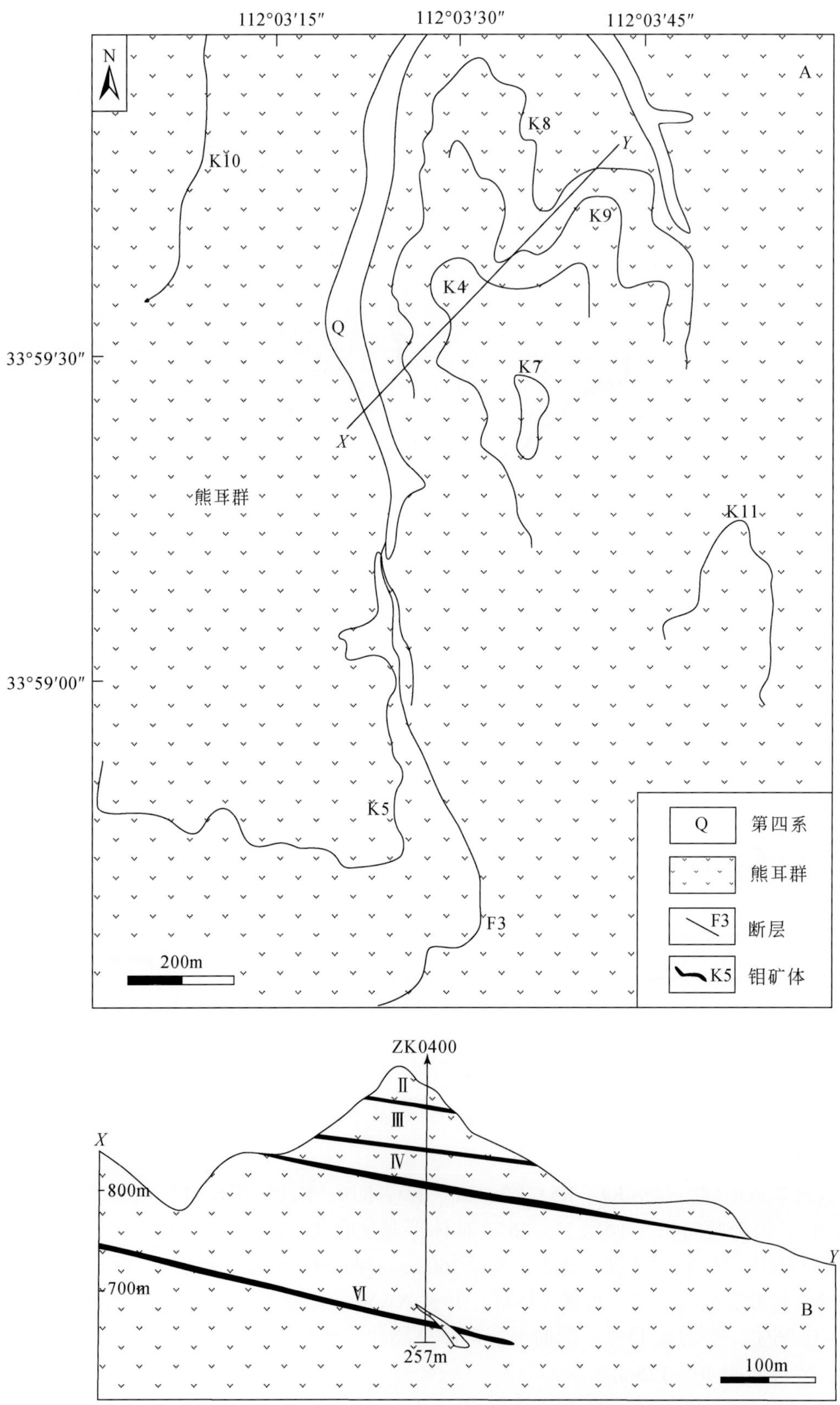

图 6.11　大西沟钼矿床地质简图（据田涛，2011）

表 6.6　大西沟矿体特征表（陈少伟等，2010）

矿脉编号	形态	长度/m	延伸/m	厚度/m	倾向	倾角	钼品位/%	平均品位/%
K4	脉状	1300	44	1.83	40°～80°	11°～23°	0.04～0.12	0.08
K5	脉状	1600	240	2.46	0°～80°	9°～26°	0.03～0.36	0.11
K8	脉状	1300	134	1.25	35°～70°	5°～18°	0.03～0.16	0.07
K9	脉状	1400	66	1.25	35°～70°	5°～18°	0.02～0.16	0.05
K10	脉状	500		0.65	70°～105°	8°～26°	0.03～0.08	0.04
K11	脉状	650		1.22	310°～340°	5°～16°	0.03～0.07	0.06

2. 矿石成分和组构

矿区矿石类型包括石英脉型和蚀变岩型钼矿，地表以石英脉型为主，深部逐渐过渡为蚀变岩型。矿石中主要金属矿物有黄铁矿、方铅矿、辉钼矿，次为黄铜矿、褐铁矿、铁钼华和孔雀石；脉石矿物主要有石英、钾长石，次为榍石、辉石、斜长石。

矿石结构主要有自形-他形粒状结构、不规则粒状结构、压碎结构、包裹结构、交代残余结构、蠕英结构和基质微晶结构。矿石构造主要有块状构造、条带状构造、蜂窝状构造、碎裂状构造、星点（浸染）状构造和网脉状、细脉状构造等。

3. 围岩蚀变类型和分带

矿区围岩蚀变明显，主要有钾化、硅化及少量绢云母化、绿帘石化。石英脉两侧常发生钾化、硅化蚀变，蚀变强度与距石英脉远近相关，近石英脉围岩蚀变较强，向两边逐渐减弱。

6.1.2.6　大桩沟钼矿床

1. 矿体特征

矿区包括 5 条钼矿带：K4、K5、K6、K7 和 K8，共 42 条钼矿体（图 6.12），主要钼矿体地质特征见表 6.7。矿体沿流纹斑岩地层顺层缓倾斜产出，似层状，长度 100～860m，延伸 80～700m，厚度 0.3～17.0m；整体倾向 SEE，倾角 2°～28°，NNE 向侧伏；钼品位为 0.03%～0.34%，平均 0.07%，品位变化较稳定。矿体连续性较好，局部受 NEE 向裂隙型小断层错动，断距小，对矿体破坏程度不大。

表 6.7　大桩沟矿体特征表（温森坡等，2009）

矿脉编号	形态	长度/m	延伸/m	厚度/m	产状/(°)	Mo 品位/%	Pb 品位/%
K4-7	似层状	660	380	1.30	97～115∠7～18	0.06	0.67
K4-8	似层状	860	460	3.55	83～135∠4～20	0.06	0.86
K4-10	似层状	805	700	3.37	95～112∠4～12	0.06	0.7
K4-14	似层状	300	400	4.70	86～123∠5～17	0.07	0.28
K4-15	似层状	510	700	2.11	95～112∠7～13	0.05	1.28
K4-16	似层状	570	700	3.22	95～112∠5～14	0.07	0.62
K4-18	似层状	510	400	4.06	86～123∠8～13	0.06	0.6
K4-19	似层状	510	400	9.68	95～112∠8～13	0.06	0.58
K4-22	似层状	510	400	11.73	95～112∠8～13	0.08	0.63
K6-2	似层状	610	500	1.06	86～123∠5～17	0.10	0.24
K6-3	似层状	300	400	2.98	86～123∠5～17	0.06	0.48
K6-4	似层状	300	400	6.20	86～123∠5～17	0.06	0.47
K6-5	似层状	300	400	4.73	86～123∠5～17	0.07	0.6
K7-1	似层状	460	380	0.99	78～122∠19～28	0.11	1.14

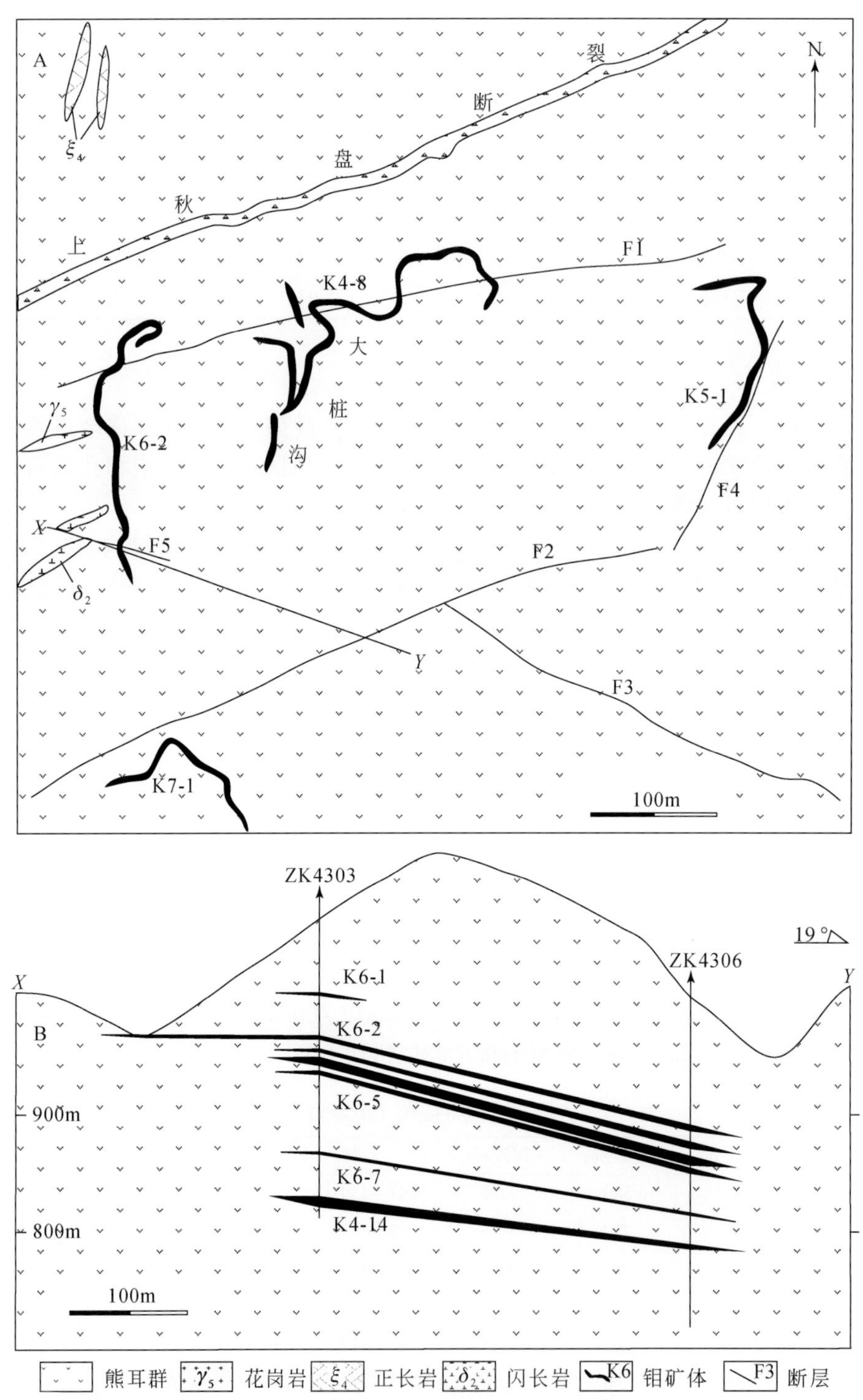

图 6.12　大桩沟钼矿床地质简图（据温森坡等，2009）

2. 矿石成分和组构

金属矿物主要有黄铁矿、方铅矿、辉钼矿，次为黄铜矿、闪锌矿、斑铜矿、白钨矿、白铅矿、辉铋矿、褐铁矿、菱铁矿、钼华和孔雀石；非金属矿物主要有石英、长石，次为重晶石、萤石、角闪石、方解石、磷灰石、锆石、白云石、绿帘石、绿泥石、榍石、辉石、蒙脱石和白榴石。

矿石结构有自形-他形粒状结构、压碎结构、共边结构、交代残余结构和残余斑状结构等；矿石构造有块状构造、浸染状构造、条带状构造、复脉状构造和细脉状构造等。

3. 围岩蚀变类型和分带

石英脉型矿体与围岩界线明显，沿矿体顶、底板围岩具明显线性钾化、硅化蚀变特征，蚀变强度与距矿体远近有关：距矿体越近蚀变程度越强，反之则迅速减弱。

4. 成矿过程和阶段划分

温森坡等（2009）将成矿过程划分为三个阶段：早期热液沿地层充填，在较高温度条件下形成致密的厚大石英脉；中期含矿热液沿层间裂隙充填，形成了钼品位较高的条带状、细脉状和复脉状的工业钼矿体；晚期石英细脉沿地层层面充填。

6.1.3　流体包裹体地球化学

6.1.3.1　样品和测试

纸房钼矿床由于发现最早，勘查进展最快，储量可观，被作为外方山石英脉型钼矿田的代表（刘国印等，2007；温森坡等，2008）。因此，本书选取纸房钼矿床进行典型矿床解剖，并系统研究了其成矿流体性质和演化。20 件流体包裹体样品主要采自 K4 号矿脉的采矿坑道和地下采场，样品较新鲜。通过包裹体岩相学观察，遴选了其中适合进一步做冷热台和激光拉曼光谱分析的包裹体（个大，最好>10μm；量多，相界线清楚）：早阶段乳白色粗粒石英 4 件、中阶段沿石英大脉裂隙充填的石英-硫化物网脉中的烟灰色细粒石英 2 件，以及晚阶段沿早中阶段矿物裂隙充填的粗粒方解石 3 件作为研究对象，进行流体包裹体研究。

根据冰点温度（T_m），利用 Bodnar（1993）提供的方程，可获得水溶液包裹体的盐度。根据笼合物熔化温度（$T_{m,cla}$），利用 Collins（1979）所提供的方法，可获得含 CO_2 包裹体水溶液相的盐度。根据子晶熔化温度（$T_{m,KCl}$），利用 Hall 等（1988）提供的方程，可获得含子晶多相包裹体的盐度。

单个流体包裹体成分的原位激光拉曼显微探针分析在北京大学造山带与地壳演化教育部重点实验室 Renishaw RM-1000 型激光拉曼光谱仪完成，使用 Ar 原子激光束，波长 514.5nm，计数时间为 10s，每 $1cm^{-1}$（波数）计数一次，100～$4000cm^{-1}$ 全波段一次取峰，激光束斑约为 2μm，光谱分辨率± 2cm。

6.1.3.2　流体包裹体岩相学特征

根据流体包裹体的显微镜下特征和冷热台下的相变行为（卢焕章等，2004），将包裹体分为 3 类：CO_2-H_2O 型（C 型）、NaCl-H_2O 型（W 型）和含子晶型（S 型）（图 6.13）。

早阶段石英中发育上述 3 类包裹体，以 W 型包裹体为主，以 C 型包裹体为次，偶见 S 型包裹体。它们多为原生包裹体。其中，W 型包裹体呈孤立分布（图 6.13A），为椭圆和不规则状，大小约 2～25μm，以 5～20μm 居多，气液比变化于 10%～90%，可见纯气相、纯液相包裹体；气液比悬殊的 W 型包裹体的共生指示流体沸腾作用（图 6.13C）。C 型包裹体常见富 CO_2 三相（图 6.13B），即 CO_2(V)+CO_2(L)+H_2O(L)，多为椭圆形，大小约 5～20μm，气液比约 10%～60%，孤立分布。S 型包裹体的子晶为椭圆状，主要为钾盐以及石盐，可见个别气相为 CO_2 的 S 型包裹体。

中阶段石英中也发育 3 类包裹体，但以 C 型为主，以 W 型为次，S 型包裹体较少。C 型占包裹体总数的 90% 以上，呈独立分布（图 6.13D），室温下可见三相，部分室温下表现为两相的包裹体在降温过程中出现三相。C 型包裹体以椭圆和不规则状为主；大小约 5～40μm，以 10～20μm 为主；气液比约 10%～70%。W 型包裹体以椭圆和不规则状为主（图 6.13E），多为 5～20μm，气液比约 10%～90%，呈独立分布；气液比悬殊的流体包裹体共生现象指示流体沸腾作用（图 6.13H）。S 型包裹体的子晶多为钾盐（图 6.13F）。中阶段 W 型、C 型与 S 型包裹体共生，指示流体沸腾（图 6.13G）。

晚阶段方解石中流体包裹体较少，且全部为 W 型（图 6.13I），形态以椭圆状、不规则状为主，大小为 5～15μm，气液比约 5%～85%。

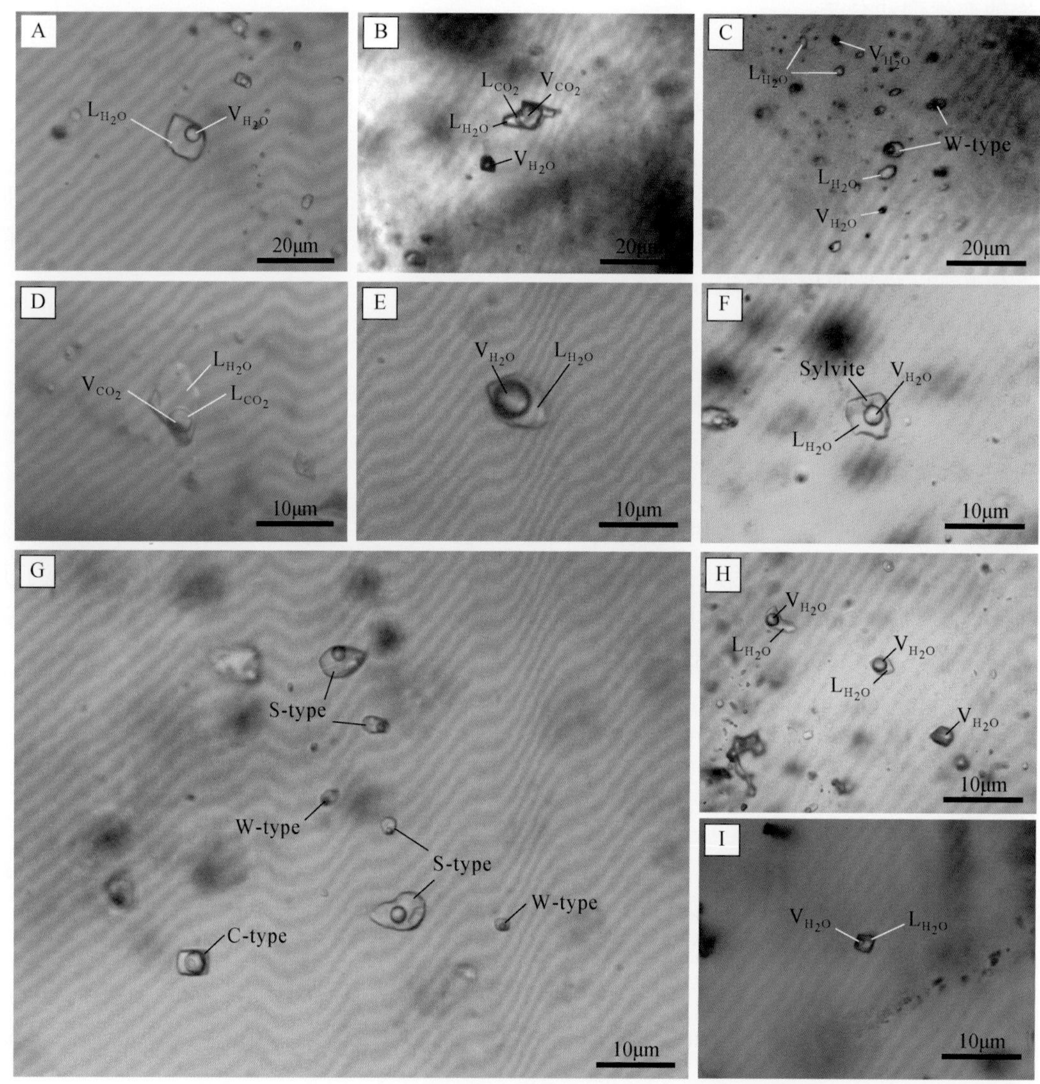

图 6.13　纸房钼矿床典型流体包裹体照片（Deng et al.，2014b）

A. 早阶段石英中的 W 型包裹体；B. 早阶段石英中的 C 型包裹体，与 W 型包裹体共生；C. 不同气液比的 W 型包裹体共生；D. 中阶段石英中的 C 型包裹体；E. 中阶段石英中的 W 型包裹体；F. 含钾盐子晶（Sylvite）的 S 型包裹体；G. 中阶段 C 型、S 型以及 W 型包裹体共生；H. 中阶段不同气液比 W 型包裹体；I. 晚阶段 W 型包裹体

6.1.3.3　显微测温结果

各阶段流体包裹体测温结果列于表 6.8，分述如下：

在早阶段石英中，流体包裹体以 W 型包裹体为主，含少量 C 型，以及个别 S 型包裹体。其中，W 型包裹体冷冻至液相全冻后，回温过程测得冰点温度为-9.3 ~ -0.2℃，对应的盐度为 0.2%~13.2% NaCl eqv.；包裹体向液相或气相均一，前者均一温度约 322 ~388℃，后者均一温度约 320 ~467℃（表 6.8）。C 型包裹体的笼合物熔化温度约 3.8 ~6.9℃，据此求得其水溶液相盐度为 5.9%~10.8% NaCl eqv.；进一步回温，多数包裹体的 CO_2 部分均一为气相，个别均一为液相，均一温度为 23.0 ~30.2℃；包裹体完全均一成气相，均一温度为 338 ~393℃（表 6.8）。S 型包裹体的子晶呈椭圆状，可能为钾盐；子晶在包裹体完全均一之前熔化，熔化温度为 103 ~189℃；据此可获得包裹体盐度为 28% ~31% NaCl eqv.；包裹体多均一成液相，均一温度为 306 ~386℃（表 6.8）。

来自中阶段石英-硫化物组合的石英所含包裹体主要为 C 型，少量 W 型和 S 型。C 型包裹体在室温下可见三相，在冷冻至液相全冻后回温可得笼合物熔化温度约-7.3 ~ 10.1℃，求得水溶液相的盐度为

0. 1%～20. 7% NaCl eqv.；进一步回温，CO_2相或在 5. 5～30. 1℃时均一成液相，或在 24. 8～26. 9℃时均一成气相，均在 216～409℃时完全均一成气相，仅一个包裹体在 300℃均一成液相（表 6. 8）。但是，个别包裹体在 500℃以上仍不均一，可能为临界状态捕获。W 型包裹体冷冻至液相全冻后回温，测得冰点温度为-6. 2～-0. 1℃，对应盐度为 0. 2%～9. 5% NaCl eqv.；包裹体或在 272～351℃均一为液相，或在 308～405℃均一为气相，虽均一方式不同，但均一温度相近，指示流体沸腾现象的存在（表 6. 8）。S 型包裹体的子晶消失情况可分为两种：一是子晶先于气泡消失，子晶和气泡消失温度分别为 134～157℃和 302～308℃；二是子晶晚于气泡消失，气泡消失温度为 257～295℃，而子晶未消失；前者示不饱和溶液，后者示过饱和溶液；它们的盐度为 29%～30% NaCl eqv.（表 6. 8）。

晚阶段方解石中的 W 型包裹体冷冻至液相全冻后，回温过程测得冰点温度为-9. 0～-0. 2℃，给出的水溶液盐度为 0. 4%～12. 9% NaCl eqv.；包裹体向液相或气相均一，前者均一温度约 137～295℃，后者均一温度约 165～280℃。

表 6. 8　纸房钼矿床显微测温结果（Deng et al.，2014b）

阶段	矿物	类型	N	$T_{m,cla}$/℃	T_{h,CO_2}/℃	$T_{m,ice}$/℃	$T_{m,d}$/℃	T_h/℃	盐度/(% NaCl eqv.)
早阶段	石英	W 型	39			-9. 3～-0. 2		320～467	0. 2～13. 2
		C 型	3	3. 8～6. 9	23. 0～30. 2			338～393	5. 9～10. 8
		S 型	4				102～190	306～386	28～31
中阶段	石英	W 型	8			-6. 2～-0. 1		272～405	0. 2～9. 5
		C 型	41	-7. 3～10. 0	5. 5～30. 1			216～409	0. 1～20. 7
		S 型	2				134～157	302～308	29～30
晚阶段	方解石	W 型	16			-9. 0～-0. 2		137～295	0. 4～12. 9

注：$T_{m,cla}$为笼合物熔化温度；$T_{m,ice}$为冰点温度；T_{h,CO_2}为 CO_2部分均一温度；$T_{m,d}$为子晶消失温度；T_h为完全均一温度。

将上述研究结果总结于图 6. 14，可见晚阶段方解石中的包裹体为水溶液，多数均一为液相，均一温度低；早、中阶段石英中的包裹体总体成分属于 CO_2-H_2O-NaCl 体系，多数均一至气相，具有汽化高温热液的特点。早阶段石英中的包裹体均一温度显示双峰特征，分别位于>380℃和 300～360℃，且低温峰与中阶段石英中包裹体均一温度集中范围一致，显示了中阶段流体作用对于早阶段矿物的叠加；早阶段石英中的 S 型包裹体均一温度落入其低温峰或高温峰的最低值，似显初始流体盐度较低，随沸腾作用不断发生而致残余流体盐度增高。中阶段石英中包裹体均一温度主体在 250～360℃之间；4 件均一温度大于 380℃者落入早阶段石英中包裹体高温峰范围，可能缘于个别中阶段石英是以早阶段石英为晶核而生长，从而记录了晶核中早阶段流体信息。同理，中阶段石英中的包裹体均一温度低于 240℃者可解释为晚阶段流体作用的叠加，而 4 件>250℃的晚阶段方解石中的包裹体均一温度可以解释为与中阶段流体作用的过渡。总体而言，流体包裹体盐度在早阶段为 0. 2%～13. 1% NaCl eqv.，中阶段为 0. 1%～20. 7% NaCl eqv.，晚阶段为 0. 4%～12. 9% NaCl eqv.（图 6. 14）。

鉴于上述，我们可以得出如下认识：早阶段或初始成矿流体是低盐度的 CO_2-H_2O-NaCl 体系的高温汽化热液（>380℃），中阶段为较高盐度的 CO_2-H_2O-NaCl 体系的中温汽化热液（250～360℃），晚阶段为低盐度的 H_2O-NaCl 体系的低温水溶液（<240℃）。断层阀控制的流体沸腾作用导致气相组分和热量散失，早阶段末和中阶段流体盐度增大，局部过饱和，成矿物质快速大量沉淀；随流体沸腾，成矿物质不断沉淀，成矿系统逐步降温，晚阶段流体成矿功能微弱。值得说明，此类现象在其他造山型矿床研究中已有报道（Hagemann and Luders，2003；李晶等，2007；祁进平等，2007）。

早、中阶段均可见含子晶多相包裹体，早阶段子晶消失温度为 102～190℃，远低于气泡消失温度（306～386℃），说明早阶段 S 型包裹体是从原始不饱和溶液中捕获的；中阶段 S 型包裹体的子晶以两种方式消失，说明中阶段 S 型包裹体既有从不饱和溶液中捕获的，也有从过饱和溶液中捕获的，反映了中阶段流体性质比较复杂，可能为沸腾导致了流体的不均一。

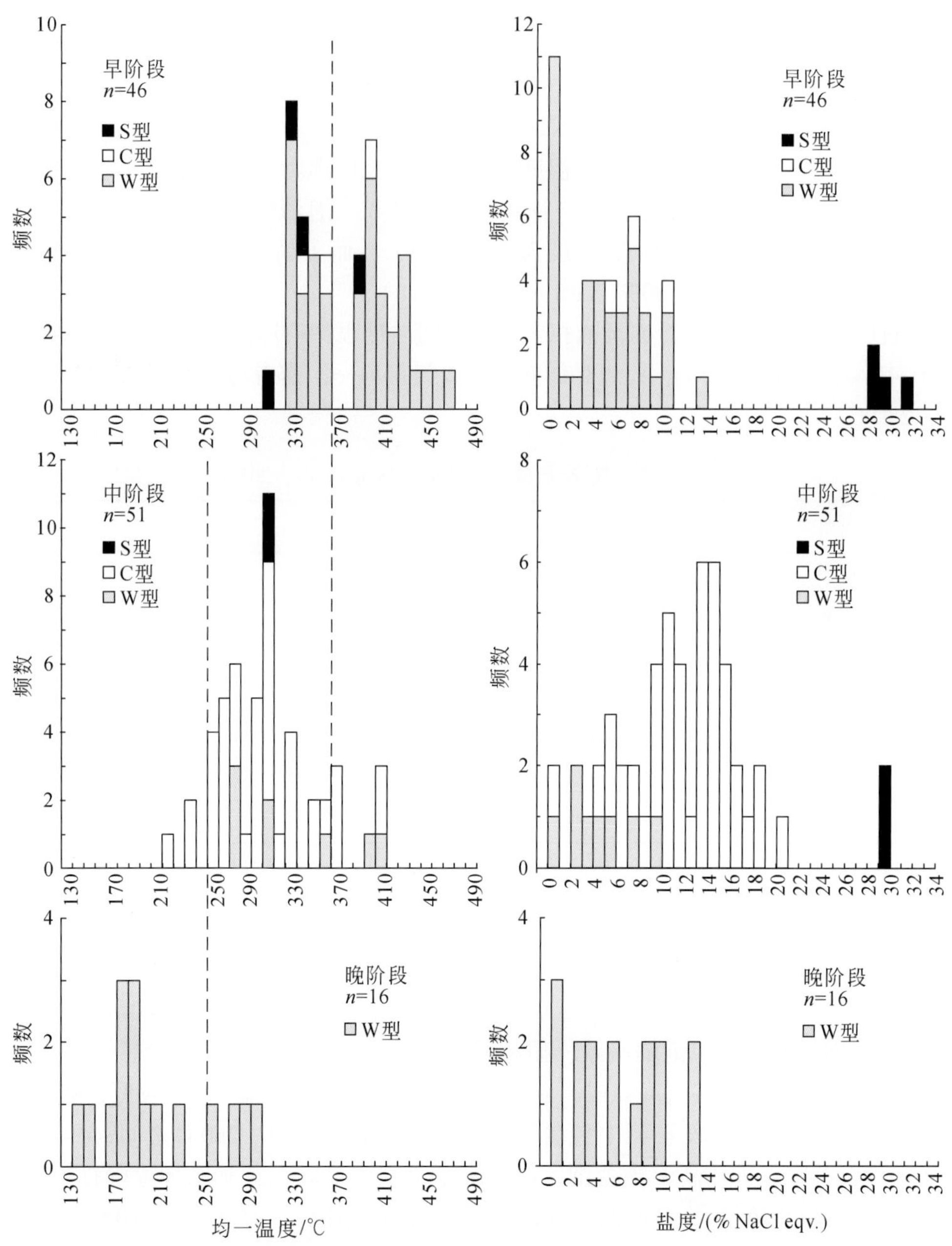

图 6.14 纸房钼矿床流体包裹体均一温度和盐度直方图（Deng et al.，2014b）

由图 6.15 可知，从早阶段到中阶段，流体盐度随均一温度的降低而增高，温度-盐度呈负相关演化趋势，指示中阶段发生了流体沸腾（Wilkinson，2001；Kreuzer，2005）。流体沸腾导致挥发分（主要为 CO_2、H_2S 等酸性组分）逸失，使残余流体的盐度升高，甚至导致盐类矿物的沉淀。

6.1.3.4 激光拉曼显微探针分析

激光拉曼光谱测试结果显示，早阶段和中阶段矿物的流体包裹体成分均为含 CO_2的水溶液，晚阶段为水溶液，成矿流体系统由富 CO_2的盐水体系演化为晚阶段的水溶液。具体情况如下：

早阶段石英中的 C 型包裹体的成分为 $CO_2(V)+CO_2(L)+H_2O(L)$（图 6.16A），与岩相学特征吻合。W 型包裹体液相成分为 H_2O（特征拉曼谱峰为 3310 ~ 3610cm^{-1}），气相成分中除 H_2O（特征拉曼谱峰为 3645 ~ 3750cm^{-1}）外，还含 CO_2（特征拉曼谱峰为 1387cm^{-1} 和 1286cm^{-1}）（图 6.16B）。总之，早阶段矿物的流体包裹体成分总体为含 CO_2的水溶液。

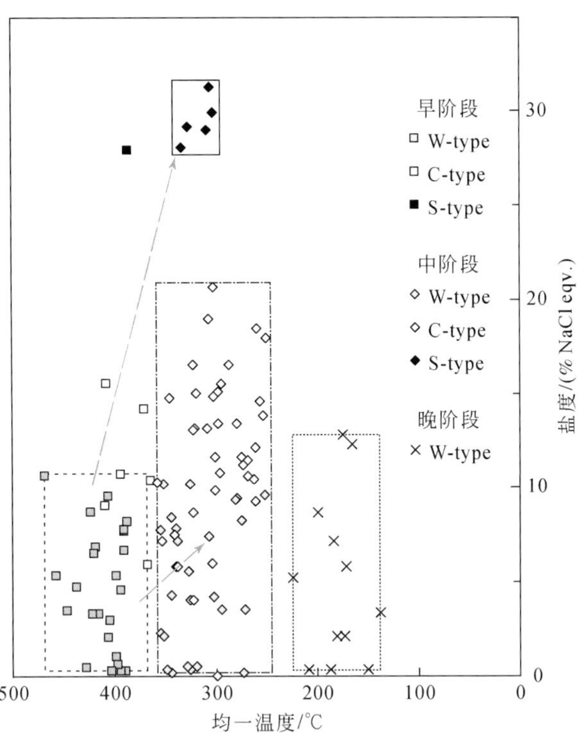

图 6.15　纸房钼矿床流体包裹体温度-盐度协变图（Deng et al.，2014b）

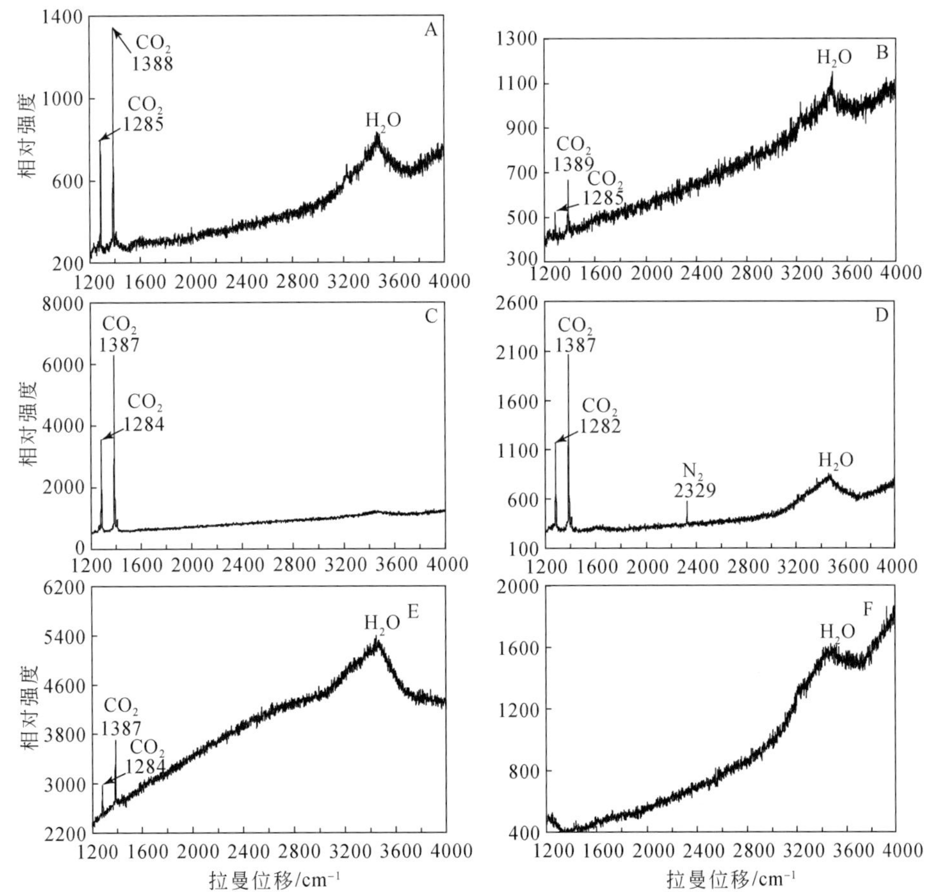

图 6.16　纸房钼矿床流体包裹体激光拉曼光谱分析（Deng et al.，2014b）

A. 早阶段石英中 C 型包裹体气相中的 CO_2；B. 早阶段石英中 W 型包裹体气相成分含 CO_2 和 H_2O；C. 中阶段石英中 C 型包裹体气相中的 CO_2；D. 中阶段石英中 C 型包裹体气相中的 CO_2 和 N_2；E. 中阶段石英中 W 型包裹体成分为 CO_2 和 H_2O；F. 晚阶段方解石中 W 型包裹体液相中的 H_2O

中阶段石英中的 C 型包裹体的成分为 CO_2(V)+CO_2(L)+H_2O(L)（图 6.16C），部分包裹体含 N_2（特征拉曼谱峰为 2328 ~ 2333cm^{-1}）（图 6.16D）；W 型包裹体成分为 CO_2和 H_2O（图 6.16E）。所以，中阶段流体成分也是含 CO_2的水溶液，但含少量 N_2。

晚阶段方解石中的 W 型包裹体的液相成分为 H_2O（图 6.16F），气相成分为 H_2O。

6.1.3.5 成矿压力和深度估算

早、中阶段石英中发育沸腾包裹体组合，为估算成矿压力提供了可能。根据 C 型包裹体的 CO_2部分均一温度、均一方式、CO_2相所占比例，以及完全均一温度，利用 Brown（1989）提供的 Flincor 程序和 Bowers 和 Helgeson（1983）提供的 H_2O-CO_2-NaCl 体系的计算公式，可估算出早阶段流体包裹体捕获压力为 125 ~ 403Ma，中阶段为 101 ~ 285Ma（图 6.17），晚阶段由于缺乏 C 型包裹体而无法估算压力。结果显示，从早阶段到晚阶段，捕获压力逐步降低。

上述压力波动范围与静岩和静水压力体系交替的流体系统相吻合，即，最低捕获压力代表静水体系，而最高压力反映静岩或超静岩体系：假设岩石密度为 2.75g/cm^3，早中阶段最大压力对应静岩深度分别为约 14km 和约 10km；假设水密度为 1g/cm^3，最低压力对应静水深度分别为约 13km 和约 10km。因此，早阶段矿化形成深度为约 13km，而中阶段为约 10km。这与造山型矿床成矿深度（5 ~ 18km；Goldfarb et al.，2005）相吻合，如，阿尔泰造山带铁木尔特铅锌矿成矿深度为 13km（Zhang et al.，2012）。

上述估算结果与造山型矿床成矿过程中发生振荡性断裂愈合-破裂而使流体系统交替于（超）静岩和静水压力体系的特点吻合，即习称的断层阀模式（Sibson et al.，1988；Kerrich et al.，2000；Cox et al.，2001）。断层愈合时，流体为超静岩压力系统（因存在构造附加压力），断层破裂或水压致裂时，流体为静水压力系统；流体由超静岩压力突变为静水压力时势必发生减压沸腾，气相组分散失不但带走了热量而使成矿系统温度降低，而且使残余流体瞬时增加盐度甚至过饱和，快速沉淀成矿物质，并使裂隙重新愈合。上述过程的重复进行使成矿系统耗尽能量，成矿物质沉淀完毕。显然，造山型矿床的断层阀模式与纸房钼矿的流体包裹体研究结果和矿床地质特征相一致。

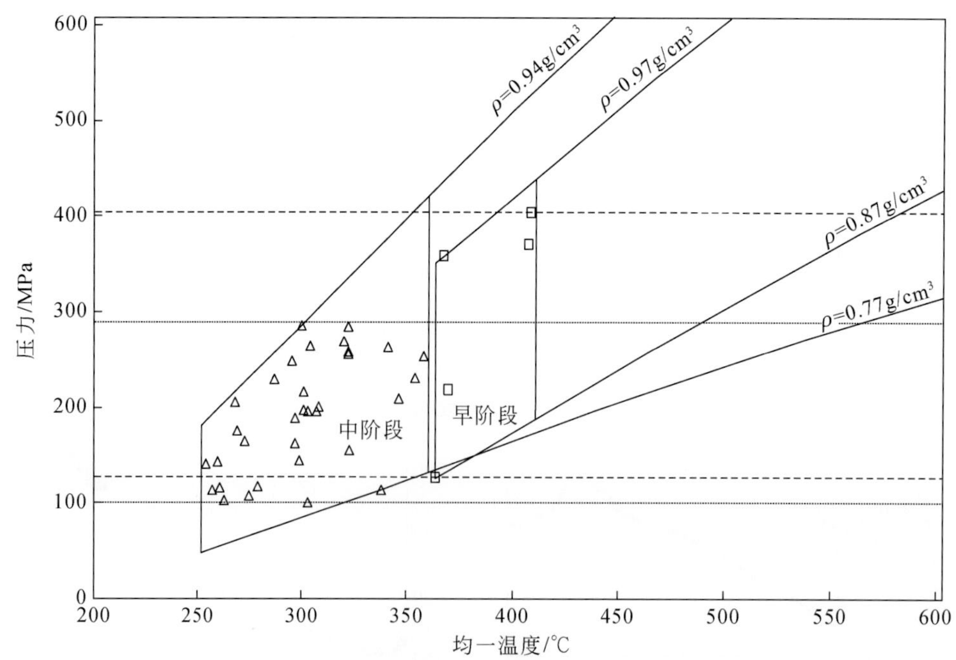

图 6.17 纸房钼矿床成矿压力估算（Deng et al.，2014b）

6.1.4 矿床同位素地球化学

硫、锶、钕、铅同位素是研究成矿流体和物质来源的有效示踪剂。硫作为热液矿床中矿石矿物的主要组成物质，是搬运有用组分的介质，为形成热液矿床的基础，故其组成和特征可以示踪成矿物质来源，进而确定热液矿床的成因（Hoefs，1997；张理刚，1985）。理论上，Rb、Sr、Sm、Nd、U、Th不进入硫化物晶格，仅能赋存于硫化物的矿物包体、流体包裹体和晶格缺陷中（李华芹等，1993；Barton and Hallbauer，1996；Luders and Ziemann，1999）。矿物包体通常为云母、长石等热液矿物（韩以贵等，2007），也是从成矿流体系统中结晶形成，因此硫化物的锶钕铅同位素组成可以用于示踪成矿物质和流体的来源（Jiang et al.，1999；Chen et al.，2000，2004，2008，2009；Yang and Zhou，2001；祁进平等，2006，2009；韩以贵等，2007；张静等，2009a，2009b；张莉等，2009；Zhang et al.，2011；Ni et al.，2012）。本研究选取纸房钼矿床各阶段硫化物进行了硫、锶、钕、铅同位素研究，以示踪成矿物质来源。

6.1.4.1 硫同位素

1. 样品及测试

用于硫同位素分析的样品来自早阶段石英-黄铁矿脉（1件黄铁矿）和中阶段石英-硫化物脉（3件辉钼矿、5件黄铁矿、1件闪锌矿、2件方铅矿）。用于硫同位素分析的样品首先粉碎至60目左右，并经浮选、磁选和手工挑选等方法选出纯度大于99%的单矿物分析样品。

硫同位素测试由核工业北京地质研究院分析测试研究中心完成，测试仪器为Finningan MAT-251EM气体质谱仪。首先用氧化铜在980℃条件下将硫化物的硫氧化为SO_2（方铅矿为850℃），然后将释放的SO_2用液氮冻入样品管并纯化，获得供质谱分析用的SO_2。实验结果以CDT标准给出，精度为±0.2‰。

2. 结果与讨论

纸房钼矿床矿石硫化物及相关地质体的$\delta^{34}S$数据列于表6.9。矿石硫化物$\delta^{34}S$范围为-11.8‰～6.0‰，具有双峰特征（图6.18），而非一般塔式分布，说明形成于不同的物理化学条件和/或来自不同的硫源。1件早阶段自形黄铁矿样品的$\delta^{34}S$为6.0‰，与外方山-熊耳山地区主要地质体（图6.18），特别是赋矿围岩熊耳群（$\delta^{34}S$平均值为4.1‰）的硫同位素特征相似。因此，认为熊耳群可能通过水岩反应提供硫源，致使早阶段硫化物继承了熊耳群的$\delta^{34}S$特征。这与纸房矿床早阶段普遍发育钾化和硅化围岩蚀变的特征相吻合。

11件中阶段硫化物的$\delta^{34}S$值变化于-11.8‰～-4.5‰，平均值为-7.4‰，明显不同于研究区的主要地质体（图6.18），如太华超群（平均$\delta^{34}S=3.2‰$）、熊耳群（平均$\delta^{34}S=4.1‰$）、合峪岩体（$\delta^{34}S=2.8‰$）或花山杂岩体（平均$\delta^{34}S=3.0‰$）。因此，成矿系统的硫不是来自研究区的主要地质体。同时，由于幔源硫的$\delta^{34}S$为0～2‰（Hoefs，1997；郑永飞和陈江峰，2000），故矿石硫也难以来自地幔。

中阶段共生矿物对的硫同位素组成显示，$\delta^{34}S_{辉钼矿}>\delta^{34}S_{黄铁矿}$、$\delta^{34}S_{方铅矿}>\delta^{34}S_{闪锌矿}$。这表明各硫化物间硫同位素分馏接近平衡。因此，热液总硫可近似为黄铁矿的$\delta^{34}S$，即$\delta^{34}S_{\Sigma S}\leqq\delta^{34}S_{黄铁矿}=-6.5‰$。热液矿床硫化物的$\delta^{34}S$为负值，其可能的原因有：流体系统或其源区亏损$\delta^{34}S$（Chen et al.，2004，2008），或形成于高氧逸度环境（范宏瑞等，1994；Hodkiewicz et al.，2009）。纸房矿床中阶段大量发育与辉钼矿共生的金红石，指示氧化环境可能是导致$\delta^{34}S$为负值的原因。而造山型矿床成因模型中，原始成矿流体是氧化的（如岩浆挥发分），还是在成矿过程中被氧化（如水岩反应、流体混合及相分离等），仍然存在争议（Hodkiewicz et al.，2009）。

虽然长英质侵入岩可能提供氧化的硫源，然而，纸房矿床的初始成矿流体具有变质热液特征，且外方山矿区并未发育三叠纪岩浆岩，均不支持硫来自氧化的岩浆热液。因此，氧化的成矿流体可能在成矿过程中形成。水岩反应过程中形成的碳酸盐化作用可能导致流体的氧化（Phillips et al.，1996）。然而，纸房矿床早、中阶段缺乏碳酸盐化；此外，华熊地块的上宫金矿早阶段发育铁白云石化，但其$\delta^{34}S$却为正值（Chen et al.，2008）；因此，碳酸盐化不是导致纸房矿床成矿流体发生氧化的机制。深源流体与局部氧化的岩浆流体的混合，成矿流体与氧化的地下水的混合亦可作为氧化流体的形成机理（范宏瑞等，1994），却与纸房矿床等流体包裹体特征相悖。此外，在平衡条件下，相分离可以使得残余流体中相对亏损^{34}S，导致沉淀的硫化物具有负的δ^{34}S值（Ohmoto and Rye，1979）。考虑到纸房矿床早、中阶段流体包裹体的盐度随均一温度降低而升高（图6.15），指示发生了流体沸腾，因此，流体沸腾可能是导致成矿流体氧化的主要机制。

有趣的是，前人对研究区其他造山型矿床的硫同位素研究也得到了不少类似的结果（表6.9，图6.18），如上宫金矿中阶段矿石硫δ^{34}S为-11.8‰～-6.3‰，平均δ^{34}S为-10.8‰（Chen et al.，2008），铁炉坪银矿的矿石硫δ^{34}S为-8.8‰～-0.6‰，平均-4.3‰（Chen et al.，2004），北岭金矿的矿石硫δ^{34}S为-10.2‰～-0.6‰，平均-6.8‰（王铭生等，1998），前河金矿的矿石硫δ^{34}S为-22.2‰～-1.4‰，平均-8.6‰（王铭生等，1998）等。事实上，造山型矿床主成矿阶段硫化物的δ^{34}S为负值具有一定的普遍性（Hodkiewicz et al.，2009），这可能是由不同构造环境下的多种成矿机制所致，如压力波动导致的流体沸腾等。

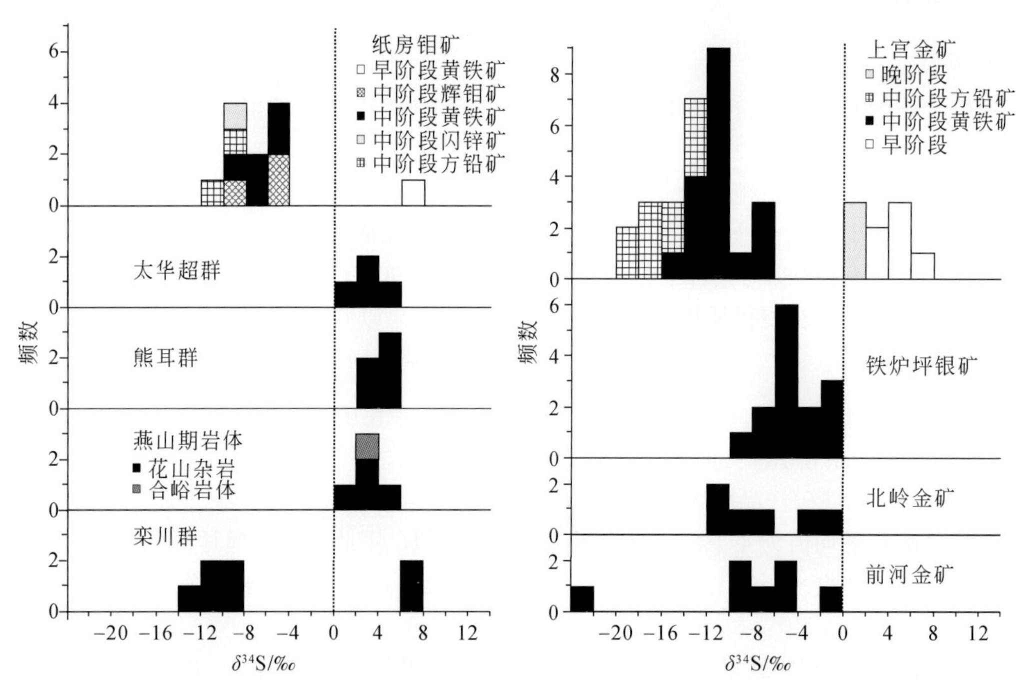

图6.18 外方山-熊耳山纸房钼矿床及相关岩石硫化物δ^{34}S直方图（Deng et al.，2014b）

表6.9 纸房钼矿和相关地质体中硫化物的硫同位素组成

序号	地质体	样品	矿物	δ^{34}S/‰	资料来源
1	纸房钼矿	ZF001	黄铁矿	6.0	Deng et al.，2014
2	纸房钼矿	ZF002	黄铁矿	-5.4	Deng et al.，2014
3	纸房钼矿	ZF08	辉钼矿	-4.5	Deng et al.，2014
4	纸房钼矿	ZF08	黄铁矿	-4.8	Deng et al.，2014
5	纸房钼矿	ZF10	辉钼矿	-5.9	Deng et al.，2014
6	纸房钼矿	ZF1206	方铅矿	-11.8	Deng et al.，2014
7	纸房钼矿	ZF14	方铅矿	-8.5	Deng et al.，2014
8	纸房钼矿	ZF16	辉钼矿	-9.1	Deng et al.，2014
9	纸房钼矿	ZF16-1	黄铁矿	-8.7	Deng et al.，2014

续表

序号	地质体	样品	矿物	$\delta^{34}S$/‰	资料来源
10	纸房钼矿	ZF18	黄铁矿	-6.2	Deng et al., 2014
11	纸房钼矿	ZF18	闪锌矿	-9	Deng et al., 2014
12	纸房钼矿	ZF2002	黄铁矿	-7.6	Deng et al., 2014
			平均值	-7.4	
13	上宫金矿	早阶段	黄铁矿	6.0	Chen et al., 2008
14	上宫金矿	早阶段	黄铁矿	4.2	Chen et al., 2008
15	上宫金矿	早阶段	黄铁矿	4.1	Chen et al., 2008
16	上宫金矿	早阶段	黄铁矿	2.1	范宏瑞等, 1994
17	上宫金矿	早阶段	黄铁矿	3.0	范宏瑞等, 1994
18	上宫金矿	早阶段	黄铜矿	6.7	Chen et al., 2008
			平均值	4.3	
19	上宫金矿	中阶段	黄铁矿	-11.3	Chen et al., 2008
20	上宫金矿	中阶段	黄铁矿	-13.2	Chen et al., 2008
21	上宫金矿	中阶段	黄铁矿	-10.7	Chen et al., 2008
22	上宫金矿	中阶段	黄铁矿	-12.0	Chen et al., 2008
23	上宫金矿	中阶段	黄铁矿	-14.6	Chen et al., 2008
24	上宫金矿	中阶段	黄铁矿	-10.9	Chen et al., 2008
25	上宫金矿	中阶段	黄铁矿	-7.8	Chen et al., 2008
26	上宫金矿	中阶段	黄铁矿	-6.5	Chen et al., 2008
27	上宫金矿	中阶段	黄铁矿	-11.3	Chen et al., 2008
28	上宫金矿	中阶段	黄铁矿	-10.5	Chen et al., 2008
29	上宫金矿	中阶段	黄铁矿	-10.6	Chen et al., 2008
30	上宫金矿	中阶段	黄铁矿	-13.1	Chen et al., 2008
31	上宫金矿	中阶段	黄铁矿	-11.4	范宏瑞等, 1994
32	上宫金矿	中阶段	黄铁矿	-11.1	范宏瑞等, 1994
33	上宫金矿	中阶段	黄铁矿	-12.0	范宏瑞等, 1994
34	上宫金矿	中阶段	黄铁矿	-9.1	范宏瑞等, 1994
35	上宫金矿	中阶段	黄铁矿	-11.6	范宏瑞等, 1994
36	上宫金矿	中阶段	黄铁矿	-6.3	范宏瑞等, 1994
			平均值	-10.8	
37	上宫金矿	中阶段	方铅矿	-16.6	Chen et al., 2008
38	上宫金矿	中阶段	方铅矿	-15.9	Chen et al., 2008
39	上宫金矿	中阶段	方铅矿	-19.2	Chen et al., 2008
40	上宫金矿	中阶段	方铅矿	-17.0	Chen et al., 2008
41	上宫金矿	中阶段	方铅矿	-13.0	Chen et al., 2008
42	上宫金矿	中阶段	方铅矿	-19.2	Chen et al., 2008
43	上宫金矿	中阶段	方铅矿	-13.4	Chen et al., 2008
44	上宫金矿	中阶段	方铅矿	-14.5	Chen et al., 2008
45	上宫金矿	中阶段	方铅矿	-16.2	范宏瑞等, 1994
46	上宫金矿	中阶段	闪锌矿	-13.9	Chen et al., 2008
			平均值	-15.9	

续表

序号	地质体	样品	矿物	$\delta^{34}S$/‰	资料来源
47	上宫金矿	晚阶段	方铅矿	0.8	Chen et al., 2008
48	上宫金矿	晚阶段	方铅矿	1.5	Chen et al., 2008
49	上宫金矿	晚阶段	黄铁矿	0.9	范宏瑞等, 1994
			平均值	1.1	
50	铁炉坪银矿	Ag23	方铅矿	-1.4	陈旺等, 1996
51	铁炉坪银矿	S9102	方铅矿	-5.7	陈旺等, 1996
52	铁炉坪银矿	S9118	方铅矿	-7.2	陈旺等, 1996
53	铁炉坪银矿	S9119	方铅矿	-4.9	陈旺等, 1996
54	铁炉坪银矿	S9120	方铅矿	-1.5	陈旺等, 1996
55	铁炉坪银矿	S9121	方铅矿	-8.8	陈旺等, 1996
56	铁炉坪银矿	Ag20	方铅矿	-3.5	陈旺等, 1996
57	铁炉坪银矿	Ag21	方铅矿	-0.6	陈旺等, 1996
58	铁炉坪银矿	Ag22	方铅矿	-4.5	陈旺等, 1996
59	铁炉坪银矿	TS20	方铅矿	-4.3	Chen et al., 2004
60	铁炉坪银矿	TS9	方铅矿	-2.4	Chen et al., 2004
61	铁炉坪银矿	TS15	硫化物	-4.8	Chen et al., 2004
62	铁炉坪银矿	TS8	硫化物	-4.5	Chen et al., 2004
63	铁炉坪银矿	TS22	硫化物	-6.4	Chen et al., 2004
			平均值	-4.3	
64	北岭金矿	9223	黄铁矿	-7.6	王铭生等, 1998
65	北岭金矿	9224	黄铁矿	-2.2	王铭生等, 1998
66	北岭金矿	9224	方铅矿	-0.6	王铭生等, 1998
67	北岭金矿	9226	黄铁矿	-10.0	王铭生等, 1998
68	北岭金矿	9227	黄铁矿	-9.9	王铭生等, 1998
69	北岭金矿	9229	黄铁矿	-10.2	王铭生等, 1998
			平均值	-6.8	
70	前河金矿	9201	黄铁矿	-4.5	王铭生等, 1998
71	前河金矿	9202	黄铁矿	-9.6	王铭生等, 1998
72	前河金矿	9203	黄铁矿	-5.5	王铭生等, 1998
73	前河金矿	9204	方铅矿	-7.7	王铭生等, 1998
74	前河金矿	9210-12	黄铁矿	-1.4	王铭生等, 1998
75	前河金矿	9210-12	方铅矿	-9.2	王铭生等, 1998
76	前河金矿	9217	方铅矿	-22.2	王铭生等, 1998
			平均值	-8.6	
77	太华超群	黑云斜长片麻岩	黄铁矿	5.7	范宏瑞等, 1994
78	太华超群	斜长角闪岩	黄铁矿	2.9	范宏瑞等, 1994
79	太华超群	斜长角闪岩	黄铁矿	2.9	范宏瑞等, 1994
80	太华超群	斜长角闪岩	黄铁矿	1.3	范宏瑞等, 1994
			平均值	3.2	

续表

序号	地质体	样品	矿物	$\delta^{34}S$/‰	资料来源
81	熊耳群	火山岩	黄铁矿	3.6	范宏瑞等，1994
82	熊耳群	杏仁状安山岩	黄铁矿	4.3	范宏瑞等，1994
83	熊耳群	杏仁状安山岩	黄铁矿	4.6	范宏瑞等，1994
84	熊耳群	杏仁状安山岩	黄铁矿	2.5	范宏瑞等，1994
85	熊耳群	安山岩	黄铁矿	5.4	范宏瑞等，1994
			平均值	4.1	
86	合峪岩体	9208	黄铁矿	2.8	王铭生等，1998
87	花山杂岩体	蒿坪花岗岩	黄铁矿	2.3	范宏瑞等，1994
88	花山杂岩体	石英二长岩	黄铁矿	2.3	范宏瑞等，1994
89	花山杂岩体	石英二长岩	黄铁矿	1.8	范宏瑞等，1994
90	花山杂岩体	黑云母花岗岩	黄铁矿	5.4	范宏瑞等，1994
			平均值	3.0	
91	栾川群	石媒	黄铁矿	-9.7	周作侠等，1993
92	栾川群	石媒	黄铁矿	-10.9	周作侠等，1993
93	栾川群	石媒	黄铁矿	-8.1	周作侠等，1993
94	栾川群	石媒	黄铁矿	7.2	周作侠等，1993
95	栾川群	石媒	黄铁矿	6.6	周作侠等，1993
96	栾川群	石媒	黄铁矿	-12.4	周作侠等，1993
97	栾川群	石媒	黄铁矿	-10.5	周作侠等，1993
			平均值	-5.4	

6.1.4.2　锶钕铅同位素

1. 样品及测试

用于锶钕铅同位素分析的样品来自早阶段石英-辉钼矿脉（1 件黄铁矿）和中阶段石英-硫化物脉（3 件辉钼矿、5 件黄铁矿、2 件方铅矿）。首先将样品粉碎至 60 目左右，并经浮选、磁选和手工挑选等方法选出纯度大于 99% 的单矿物分析样品。

硫化物的 Rb-Sr、Sm-Nd、U-Th-Pb 同位素的分离在北京大学造山带与地壳演化教育部重点实验室完成。通过传统的阳离子交换柱法分离和纯化 Rb、Sr、Sm、Nd、U、Pb 元素。同位素的测试在天津地质调查中心完成；仪器为新型热电离质谱仪 TRITON，90°扇形磁分析器的有效半径为 81cm，加速电压 10kV 时分析质量数范围为 3 ~ 320amu，分辨率：≥450（10% 峰谷定义）；灵敏度：≥3ion/100μmol 或 1/500；丰度灵敏度：不带过滤器 $\leqslant 2\times10^{-6}$，带过滤器 $\leqslant 2\times10^{-9}$。具体实验原理和流程见濮巍等（2004）。

在样品测试的整个过程中，所测定的 Jndi Nd 标样、NBS-987 Sr 标样、NBS-981 Pb 标样的 Nd-Sr-Pb 同位素比值分别为 $^{143}Nd/^{144}Nd = 0.512117 \pm 0.000002$（2σ）、$^{87}Sr/^{86}Sr = 0.710275 \pm 0.000004$（2σ）、$^{206}Pb/^{204}Pb = 16.9005 \pm 0.0034$（2σ）、$^{207}Pb/^{204}Pb = 15.4401 \pm 0.0032$（2σ）、$^{208}Pb/^{204}Pb = 36.5307 \pm 0.0076$（2σ）。同样流程处理的 8cr2 国际标样的 Nd-Sr 同位素比值分别为 $^{143}Nd/^{144}Nd = 0.512638 \pm 0.000001$（2σ）和 $^{87}Sr/^{86}Sr = 0.705035 \pm 0.000003$（2σ）。

2. 锶同位素结果

纸房钼矿床金属硫化物以及相关地质体的 Sr 同位素分析结果见表 6.10。其中 $^{87}Rb/^{86}Sr$ 根据实测的样品元素含量和同位素比值计算而得。采用矿床辉钼矿 Re-Os 同位素等时线年龄（244Ma，详见后述），将测得的$^{87}Sr/^{86}Sr$同位素比值反算得到$t=244Ma$时的$^{87}Sr/^{86}Sr$值I_{Sr}，所用公式为：$I_{Sr}=(^{87}Sr/^{86}Sr)_m-(^{87}Rb/^{86}Sr)_m\times(e^{\lambda t}-1)$。其中$I_{Sr}$主要决定于Rb/Sr值和时间，而过高的Rb/Sr值对放射性成因的Sr影响很大，可能会导致不精确和无意义的I_{Sr}值（Wu et al.，2002；Chen and Arakawa，2005；Eyal et al.，2010），进而影响示踪结果。本书获得纸房钼矿的$^{87}Rb/^{86}Sr$均小于1，故其I_{Sr}可以用来示踪物质来源，而太华超群的5、7、8和11号样品的$^{87}Rb/^{86}Sr$值相对较高，I_{Sr}偏离较大，故本书并未用来讨论。

各阶段硫化物的I_{Sr}值范围为0.710286~0.722855，指示成矿流体中锶可能来源于古老地壳（Deng et al.，2016）。早阶段石英-黄铁矿脉中的黄铁矿样品的I_{Sr}值为0.722711~0.722885，明显高于中阶段石英-硫化物脉（0.710286~0.711943），其原因可能有两个：①早阶段和中阶段成矿流体具有不同的性质或来源；②与围岩的相互作用改变了流体系统的锶同位素比值（Voicu et al.，2000；Barker et al.，2009）。对于第一种可能，前述流体包裹体研究显示了早、中阶段均为富CO_2、中-高盐度的深源流体，二者流体性质差异不大。对于第二种可能，如果早阶段流体与围岩发生作用，导致其I_{Sr}值受围岩影响，则要求围岩具有较高的I_{Sr}值。事实上，纸房钼矿赋矿围岩熊耳群的I_{Sr}值为0.711390~0.759964，平均为0.722329，与早阶段成矿流体一致，指示水岩反应可能导致熊耳群影响了早阶段流体的锶同位素组成。这与早阶段广泛发育钾化和硅化热液蚀变的现象相吻合。

中阶段硫化物的I_{Sr}值平均为0.711092，低于围岩熊耳群的最小I_{Sr}值（0.711369），远低于熊耳群I_{Sr}平均值（0.722277）。考虑到矿体主要赋存于围岩熊耳群中，且部分矿石即为蚀变熊耳群火山岩，认为熊耳群可能作为水岩反应的一个端元向成矿系统提供了Sr，则要求另一个流体端元的I_{Sr}值应低于中阶段硫化物的最低值，即$I_{Sr}<0.710286$（图6.19）。熊耳山-外方山石英脉型钼矿田发育的相关地质体包括太华超群和熊耳群（表6.10，图6.19）。基底太华超群的I_{Sr}值范围为0.70689~0.802061，平均为0.741320，亦高于矿石硫化物，其可能性可以排除。

由于另一端元必须具有较低含量的放射性成因Sr，其I_{Sr}值低于矿石硫化物最低值，因此，需要考虑亏损地幔或成分相当的幔源物质的贡献。马超营断裂以南的栾川群和官道口群发育碳酸盐-页岩-硅质岩建造（简称CSC建造），相应的I_{Sr}值分别为0.709030~0.785915和0.709030~0.812484，平均值分别为0.744176和0.753879，均明显高于矿石硫化物I_{Sr}最大值，其可能性亦可排除。代表残留洋壳的勉略蛇绿岩变火山岩的I_{Sr}值范围为0.705328~0.709428，平均为0.707237（Li et al.，1996；Xu et al.，2002），指示其为成矿物质和流体的可能源区。然而，矿石硫化物具有较高的I_{Sr}值（>0.710），且辉钼矿具有相对较低的Re含量（详见6.1.5节），均不支持成矿物质来源和流体源于地幔。考虑到三宝断裂以北的嵩箕地块基底主要由登封杂岩组成，其变玄武岩和长英质火山岩的I_{Sr}值为0.6999~0.7020（郭安林，1989），明显低于矿石硫化物的最小值，指示嵩箕地块基底可能为形成纸房矿床矿石硫化物的另一物质端元。

表6.10 纸房钼矿床金属硫化物及相关地质体的Sr同位素组成

样号	矿物/岩石	Rb**	Sr**	$^{87}Rb/^{86}Sr$	$^{87}Sr/^{86}Sr$	2σ	$I_{Sr}(t)$	资料来源
				早阶段（石英-黄铁矿脉）				
ZF01a	黄铁矿	1.32	7.28	0.5255	0.724678	27	0.722885	Deng et al.，2016
ZF01b	黄铁矿	1.32	7.28	0.5255	0.724534	3	0.722711	Deng et al.，2016
	平均值						0.722783	
				中阶段（石英-硫化物脉）				
ZF08a	辉钼矿	7.52	3646	0.0060	0.710398	17	0.710377	Deng et al.，2016
ZF08b	辉钼矿	7.52	3646	0.0060	0.710306	18	0.710286	Deng et al.，2016
ZF10	辉钼矿	0.40	300	0.0039	0.710952	4	0.710938	Deng et al.，2016
ZF16	辉钼矿	2.71	3974	0.0020	0.710529	4	0.710522	Deng et al.，2016
ZF02	黄铁矿	0.29	14.4	0.0583	0.710518	6	0.710316	Deng et al.，2016

续表

样号	矿物/岩石	Rb**	Sr**	$^{87}Rb/^{86}Sr$	$^{87}Sr/^{86}Sr$	2σ	$I_{Sr}(t)$	资料来源
ZF008a	黄铁矿	0. 32	9. 86	0. 0939	0. 711990	6	0. 711664	Deng et al., 2016
ZF008b	黄铁矿	0. 32	9. 86	0. 0939	0. 711990	7	0. 711664	Deng et al., 2016
ZF16-1	黄铁矿	0. 24	18. 7	0. 0371	0. 711131	6	0. 711002	Deng et al., 2016
ZF18	黄铁矿	0. 16	10. 5	0. 0441	0. 710535	8	0. 710382	Deng et al., 2016
ZF20-2	黄铁矿	0. 08	26. 6	0. 0087	0. 711135	4	0. 711105	Deng et al., 2016
ZF12-6a	方铅矿	0. 13	4. 01	0. 0938	0. 712122	24	0. 711796	Deng et al., 2016
ZF12-6b	方铅矿	0. 13	4. 01	0. 0938	0. 712268	32	0. 711943	Deng et al., 2016
ZF14a	方铅矿	0. 42	28. 0	0. 0434	0. 711771	11	0. 711620	Deng et al., 2016
ZF14b	方铅矿	0. 42	28. 0	0. 0434	0. 711828	13	0. 711677	Deng et al., 2016
	平均值						0. 711092	
				熊耳群				
002-1	玄武安山岩	45. 9	298	0. 4458	0. 718764	14	0. 717217	He et al., 2010
002-2	玄武安山岩	27. 1	286	0. 2748	0. 713325	12	0. 712371	He et al., 2010
009-3	玄武安山岩	67. 1	335	0. 5805	0. 720274	12	0. 718259	He et al., 2010
012-2	安山岩	67. 5	291	0. 6723	0. 721875	11	0. 719542	He et al., 2010
020-1	安山岩	44. 3	466	0. 2753	0. 713530	13	0. 712574	He et al., 2010
024-2	玄武安山岩	40. 8	234	0. 5057	0. 717008	11	0. 715253	He et al., 2010
018-2	流纹英安岩	42. 0	244	0. 4999	0. 718543	13	0. 716808	He et al., 2010
111-1	安山岩	69. 3	236	0. 8527	0. 730580	16	0. 727620	He et al., 2010
129-1	英安岩	55. 1	354	0. 4503	0. 717541	11	0. 715978	He et al., 2010
X-1	玄武安山岩	250*	249※	1. 0040	0. 727168	17	0. 723683	赵太平, 2000
X-2	玄武安山岩	218*	188※	1. 1620	0. 731116	40	0. 727083	赵太平, 2000
X-3	玄武安山岩	373*	181※	2. 0580	0. 740808	70	0. 733665	赵太平, 2000
X-5	安粗岩	339*	167※	2. 0230	0. 733532	40	0. 726511	赵太平, 2000
X-6	玄武安山岩	152*	173※	0. 8792	0. 722901	50	0. 719849	赵太平, 2000
X-7	粗安岩	213*	291※	0. 7335	0. 727601	80	0. 725055	赵太平, 2000
WF-9	粗安岩	172*	243※	0. 7081	0. 723507	16	0. 721049	赵太平, 2000
JY-5	粗安岩	333*	418※	0. 7971	0. 724808	28	0. 722041	赵太平, 2000
ZD-32	玄武安山岩	243*	370※	0. 6570	0. 720915	27	0. 718635	赵太平, 2000
SY-33	玄武安山岩	139*	375※	0. 3706	0. 712655	26	0. 711369	赵太平, 2000
JY-11	安山岩	242*	276※	0. 8752	0. 726522	21	0. 723484	赵太平, 2000
XS-25	流纹岩	376*	110※	3. 4240	0. 771653	23	0. 759769	赵太平, 2000
	平均值						0. 722277	
				太华超群				
DH0808	片麻岩	107	226	1. 3710	0. 716458		0. 711699	Ni et al., 2012
DH0812	片麻岩	200	272	2. 1292	0. 716072		0. 708682	Ni et al., 2012
DH0815	片麻岩	140	282	1. 4405	0. 736418		0. 731418	Ni et al., 2012
DH0816	片麻岩	168	306	1. 5926	0. 733996		0. 728468	Ni et al., 2012
ZK-628	片麻岩	131	379	1. 0028	0. 735122		0. 731642	Ni et al., 2012
Q1	角闪石岩	115	354	0. 9392	0. 713966		0. 710706	Xu et al., 2009

续表

样号	矿物/岩石	Rb**	Sr**	$^{87}Rb/^{86}Sr$	$^{87}Sr/^{86}Sr$	2σ	$I_{Sr}(t)$	资料来源
QL0701	黑云母片麻岩	45.0	481	0.2698	0.713757	12	0.712821	Xu et al., 2009
WRS-1	片麻岩	3.13*	13.8※	0.2270	0.707678		0.706890	栾世伟等，1985
WRS-2	混合岩	49.6*	31.1※	1.5931	0.740531		0.735002	栾世伟等，1985
WRS-3	条带混合岩	40.7*	20.2※	2.0112	0.768086		0.761105	栾世伟等，1985
YT-81	片麻岩	17.0*	28.3※	0.6011	0.727841		0.725755	栾世伟等，1985
YT-82	条带混合岩	57.4*	13.4※	4.2720	0.816888		0.802061	栾世伟等，1985
YT-83	角闪片麻岩	18.3*	12.7※	1.4486	0.745068		0.740040	栾世伟等，1985
YT-84	条带混合岩	40.7*	11.4※	3.5774	0.797062		0.784646	栾世伟等，1985
YT-85	条带混合岩	68.7*	16.0※	4.2806	0.808479		0.793622	栾世伟等，1985
YT-86	片麻岩	8.84*	17.8※	0.4962	0.709654		0.707931	栾世伟等，1985
YT-87	条痕混合岩	8.40*	8.88※	0.9458	0.726436		0.723154	栾世伟等，1985
YT-88	片麻岩	57.4*	15.9※	3.6092	0.810030		0.797503	栾世伟等，1985
	平均值						0.741320	
				栾川群				
Y02	黑云母片岩	171	49.5	10.017	0.801489		0.766722	祁进平，2006
Y03	千枚岩	172	39.0	12.780	0.823405		0.779047	祁进平，2006
Y21	黑云母大理岩	22.6	83.0	0.7881	0.713691		0.710956	祁进平，2006
L8	黑云母石英片岩	200	35.5	16.304	0.815509		0.758921	祁进平，2006
L31	二云母石英片岩	154	37.9	11.759	0.826730		0.785915	祁进平，2006
L32	二云母石英片岩	159	41.6	11.042	0.803040		0.764716	祁进平，2006
L37	二云母石英片岩	365	61.8	17.082	0.782444		0.723154	祁进平，2006
L39	石英片岩	213	159	3.8673	0.754001		0.740578	祁进平，2006
L40	碳质黑云母石英片岩	227	39.2	16.771	0.767240		0.709030	祁进平，2006
L41	石英片岩	130	47.9	7.8575	0.747720		0.720448	祁进平，2006
L42	黑云母石英片岩	201	61.6	9.4281	0.759172		0.726449	祁进平，2006
	平均值						0.744176	
				官道口群				
B26	大理岩	2.50	65.9	0.1098	0.718022		0.717641	祁进平，2006
B27	石英片岩	84.7	180	1.3632	0.714441		0.709710	祁进平，2006
B28	绢云母石英片岩	163	30.3	15.533	0.866395		0.812484	祁进平，2006
B29	绢云母石英片岩	87.5	25.2	10.056	0.810584		0.775683	祁进平，2006
	平均值						0.753879	
				勉略蛇绿岩				
QLZ1-1	变火山岩	3.61	295	0.0348	0.707081	22	0.706962	Li et al., 1996
QLZ1-2	变火山岩	2.73	279	0.0279	0.707001	17	0.706906	Li et al., 1996
QLZ2-1	变火山岩	1.91	280	0.0195	0.706985	22	0.706919	Li et al., 1996
QLZ3	变火山岩	1.20	370	0.0093	0.706949	21	0.706917	Li et al., 1996
QLZ4	变火山岩	2.55	215	0.0338	0.707031	24	0.706915	Li et al., 1996
QLZ5	变火山岩	3.66	249	0.0418	0.707102	18	0.706959	Li et al., 1996
QLZ6	变火山岩	15.8	183	0.2472	0.707701	15	0.706857	Li et al., 1996

续表

样号	矿物/岩石	Rb**	Sr**	$^{87}Rb/^{86}Sr$	$^{87}Sr/^{86}Sr$	2σ	$I_{Sr}(t)$	资料来源
QLZ8	变火山岩	4.16	225	0.0527	0.707112	16	0.706932	Li et al., 1996
QLZ9	变火山岩	2.96	476	0.0124	0.706951	14	0.706909	Li et al., 1996
21	辉长岩	6.00	120	0.1446	0.705830		0.705328	Xu et al., 2002
021-pl	斜长石	6.00	120	0.1447	0.709050		0.708548	Xu et al., 2002
022-pl	斜长石	0.38	172	0.0064	0.709450		0.709428	Xu et al., 2002
23	辉长岩	2.00	167	0.0346	0.706710		0.706590	Xu et al., 2002
023-pl	斜长石	2.00	167	0.0347	0.709290		0.709170	Xu et al., 2002
21	辉长岩	6.00	120	0.1446	0.705830		0.705328	Xu et al., 2002
021-pl	斜长石	6.00	120	0.1447	0.709050		0.708548	Xu et al., 2002
	平均值						**0.707237**	

注：I_{Sr}按照 t=244Ma 反算；*代表^{87}Rb含量，※代表^{86}Sr含量；**代表单位为10^{-6}。

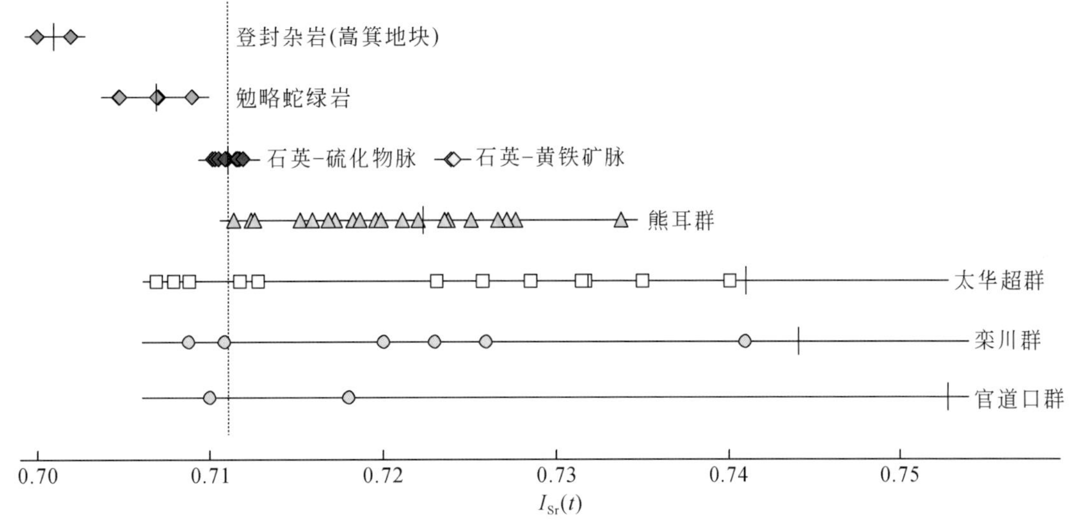

图 6.19　纸房钼矿床金属硫化物及相关地质体 Sr 同位素组成（Deng et al., 2016）

3. 钕同位素结果

纸房钼矿床金属硫化物的 Nd 同位素分析结果见表 6.11。其中$^{147}Sm/^{144}Nd$是根据实测的样品元素含量和同位素比值计算而得。采用辉钼矿 Re-Os 同位素等时线年龄（t=244Ma，详见后述），将测得的$^{143}Nd/^{144}Nd$同位素比值反算回 t=244Ma 时的（$^{143}Nd/^{144}Nd$)$_i$和 $\varepsilon_{Nd}(t)$ 值，其中初始 Nd 计算公式为：($^{143}Nd/^{144}Nd)_i$ = ($^{143}Nd/^{144}Nd)_m$ − ($^{147}Sm/^{144}Nd)_m$ × ($e^{\lambda t}-1$)。计算过程中，球粒陨石（CHUR）的 Nd 同位素参数采用$^{143}Nd/^{144}Nd$ = 0.512638（Goldstein et al., 1984），$^{147}Sm/^{144}Nd$ = 0.1967（Jacobsen and Wasserburg, 1980）。

金属硫化物的（$^{143}Nd/^{144}Nd)_i$为 0.511323～0.511569，平均 0.511467（Deng et al., 2016）；$\varepsilon_{Nd}(t)$ 为 −19.5～−14.7，平均值为−16.7（表 6.11），显示为壳源特征。围岩熊耳群的（$^{143}Nd/^{144}Nd)_i$为 0.510913～0.511258，平均 0.5111260；$\varepsilon_{Nd}(t)$ 为−27.5～−20.8，平均−23.4（表 6.11）。硫化物的 $\varepsilon_{Nd}(t)$ 明显高于围岩熊耳群（图 6.20）。因此，水岩反应过程中，假设围岩熊耳群作为一个物质端元，另一端元需具有较高的放射成因钕，即：（$^{143}Nd/^{144}Nd)_i$>0.511323 和 $\varepsilon_{Nd}(t)$>−14.7（表 6.11）。

基底太华超群的（$^{143}Nd/^{144}Nd)_i$为 0.510750～0.511626，平均 0.511031，$\varepsilon_{Nd}(t)$ 为−30.7～−19.7，平均值为−25.2（表 6.11）。显然，太华超群无法满足成矿所需的高放射成因钕。勉略蛇绿岩变火山岩的

$\varepsilon_{Nd}(t)$ 为3.2~12.5，平均值为8.6（Li et al.，1996；Xu and Han，1996；Xu et al.，2002），高于硫化物的最高值。然而，矿石硫化物负 $\varepsilon_{Nd}(t)$ 值和辉钼矿低Re含量特征，并不支持幔源成因。考虑到嵩箕地块的登封杂岩 $\varepsilon_{Nd}(t)$ 为-3.8~4.9，平均值为2.1（李曙光等，1987），明显高于矿石硫化物的最高值，因此，登封杂岩的正 $\varepsilon_{Nd}(t)$ 值特征指示其为物质端元之一，成矿流体可能源于嵩箕地块向南俯冲。

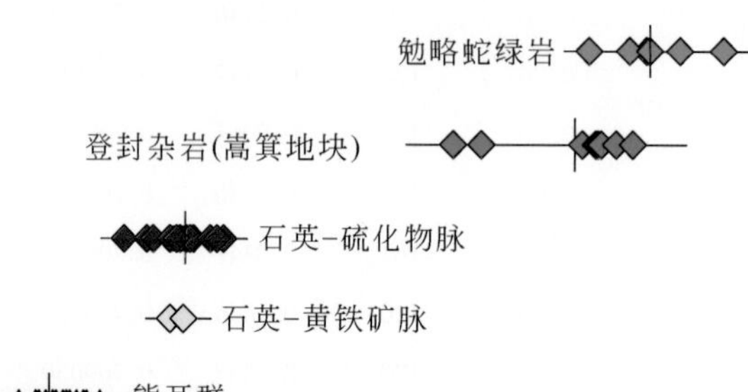

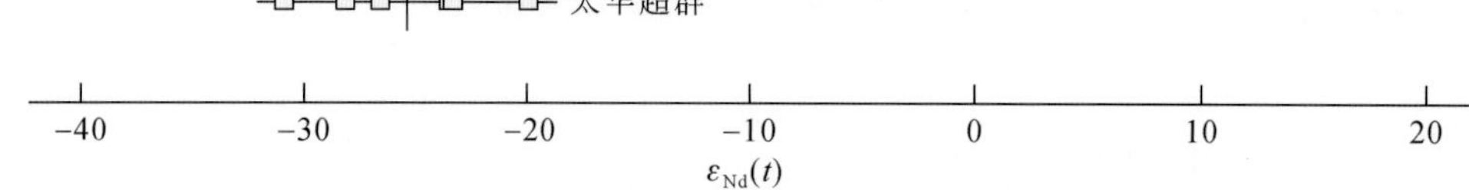

图6.20 纸房钼矿床金属硫化物及相关地质体Nd同位素组成（Deng et al.，2016）

表6.11 纸房钼矿床金属硫化物及相关地质体Nd同位素组成

样品号	矿物/岩石	$Sm/10^{-6}$	$Nd/10^{-6}$	$^{147}Sm/^{144}Nd$	$^{143}Nd/^{144}Nd$	2σ	$(^{143}Nd/^{144}Nd)_i$#	$\varepsilon_{Nd}(t)$#	资料来源
					石英-黄铁矿脉				
ZF01a	黄铁矿	0.09	0.47	0.1158	0.511657	0.000041	0.511472	-16.6	Deng et al.，2016
ZF01b	黄铁矿	0.09	0.47	0.1158	0.511621	0.000005	0.511437	-17.3	Deng et al.，2016
	平均值						0.511454	-17.0	
					石英-硫化物脉				
ZF08a	辉钼矿	234.8	1038	0.1368	0.511773	0.000008	0.511554	-15.0	Deng et al.，2016
ZF08b	辉钼矿	234.8	1038	0.1368	0.511787	0.000011	0.511569	-14.7	Deng et al.，2016
ZF10a	辉钼矿	158.6	1437	0.0667	0.511567	0.000005	0.511461	-16.8	Deng et al.，2016
ZF10b	辉钼矿	158.6	1437	0.0667	0.511558	0.000004	0.511452	-17.0	Deng et al.，2016
ZF16a	辉钼矿	331.7	1743	0.1150	0.511507	0.000065	0.511323	-19.5	Deng et al.，2016
ZF16b	辉钼矿	331.7	1743	0.1150	0.511714	0.000004	0.511530	-15.5	Deng et al.，2016
ZF02a	黄铁矿	0.1	0.59	0.1025	0.511535	0.000006	0.511371	-18.6	Deng et al.，2016
ZF02b	黄铁矿	0.1	0.59	0.1025	0.511557	0.000005	0.511394	-18.2	Deng et al.，2016
ZF008a	黄铁矿	0.51	3.01	0.1024	0.511640	0.000006	0.511476	-16.5	Deng et al.，2016
ZF16-1	黄铁矿	1.06	5.01	0.1279	0.511687	0.000003	0.511483	-16.4	Deng et al.，2016
ZF18	黄铁矿	0.07	0.26	0.1628	0.511749	0.000005	0.511489	-16.3	Deng et al.，2016
ZF20-2	黄铁矿	0.27	1.68	0.0972	0.511686	0.000005	0.511531	-15.5	Deng et al.，2016
ZF12-6a	方铅矿	0.12	0.46	0.1577	0.511732	0.000013	0.511480	-16.5	Deng et al.，2016
ZF12-6b	方铅矿	0.12	0.46	0.1577	0.511704	0.000007	0.511452	-17.0	Deng et al.，2016
ZF14a	方铅矿	0.72	4.3	0.1012	0.511597	0.000003	0.511435	-17.3	Deng et al.，2016
	平均值						0.511467	-16.7	

续表

样品号	矿物/岩石	$Sm/10^{-6}$	$Nd/10^{-6}$	$^{147}Sm/^{144}Nd$	$^{143}Nd/^{144}Nd$	2σ	$(^{143}Nd/^{144}Nd)_i^{\#}$	$\varepsilon_{Nd}(t)^{\#}$	资料来源
				熊耳群					
002-1	玄武安山岩	7.18	34.8	0.1249	0.511457	0.000015	0.511258	-20.8	He et al., 2010
002-2	玄武安山岩	7.41	36.1	0.1241	0.511447	0.000013	0.511249	-21.0	He et al., 2010
009-3	玄武安山岩	8.25	40.9	0.1220	0.511444	0.000013	0.511249	-21.0	He et al., 2010
012-2	安山岩	8.78	46.0	0.1156	0.511316	0.000014	0.511131	-23.3	He et al., 2010
020-1	安山岩	7.14	36.9	0.1169	0.511353	0.000012	0.511166	-22.6	He et al., 2010
024-2	玄武安山岩	4.74	24.1	0.1189	0.511353	0.000010	0.511163	-22.7	He et al., 2010
018-2	流纹英安岩	8.25	41.5	0.1202	0.511334	0.000013	0.511142	-23.1	He et al., 2010
111-1	安山岩	7.44	39.4	0.1143	0.511236	0.000012	0.511053	-24.8	He et al., 2010
129-1	英安岩	6.57	33.8	0.1177	0.511284	0.000008	0.511096	-24.0	He et al., 2010
X-1	玄武安山岩	11.5*	86.6※	0.1332	0.511430	0.000100	0.511217	-21.6	赵太平, 2000
X-2	玄武安山岩	11.5*	91.7※	0.1256	0.511381	0.000090	0.511180	-22.3	赵太平, 2000
X-3	玄武安山岩	12.9*	106※	0.1212	0.511363	0.000110	0.511169	-22.5	赵太平, 2000
X-4	橄榄玄粗岩	11.3*	108※	0.1048	0.511287	0.000120	0.511120	-23.5	赵太平, 2000
X-5	安粗岩	9.60*	81.5※	0.1178	0.511380	0.000120	0.511192	-22.1	赵太平, 2000
X-6	玄武安山岩	9.85*	90.5※	0.1089	0.511310	0.000130	0.511136	-23.2	赵太平, 2000
X-7	粗安岩	10.8*	96.7※	0.1111	0.511350	0.000100	0.511173	-22.5	赵太平, 2000
WF-9	粗安岩	9.86*	88.0※	0.112	0.511232	0.000070	0.511053	-24.8	赵太平, 2000
JY-5	粗安岩	7.62*	69.0※	0.1104	0.511156	0.000130	0.510980	-26.2	赵太平, 2000
ZD-32	玄武安山岩	4.75*	41.4※	0.1147	0.511285	0.000110	0.511102	-23.9	赵太平, 2000
SY-33	玄武安山岩	7.32*	62.0※	0.1182	0.511401	0.000190	0.511212	-21.7	赵太平, 2000
JY-11	安山岩	12.3*	116※	0.1056	0.511146	0.000110	0.510977	-26.3	赵太平, 2000
JY-6	流纹岩	12.6*	122※	0.1033	0.511134	0.000060	0.510969	-26.4	赵太平, 2000
XS-25	粗安岩	11.3*	107※	0.1059	0.511082	0.000080	0.510913	-27.5	赵太平, 2000
	平均值						0.511126	-23.4	
				太华超群					
DH-08-08	片麻岩	8.70	16.3	0.3226	0.511400		0.510885	-28.1	Ni et al., 2012
DH-08-12	片麻岩	5.89	25.6	0.1391	0.511361		0.511139	-23.1	Ni et al., 2012
DH-08-415	片麻岩	15.6	111	0.0849	0.510886		0.510750	-30.7	Ni et al., 2012
DH-08-16	片麻岩	3.06	15.7	0.1178	0.511501		0.511313	-19.7	Ni et al., 2012
ZK-628	片麻岩	1.96	10.3	0.1150	0.511313		0.511129	-23.3	Ni et al., 2012
Q1	角闪石岩	2.68	11.7	0.137967	0.511846		0.511626	-13.6	Xu et al., 2009
QL0701	黑云母片麻岩	1.72	11.6	0.0899	0.511112	0.000016	0.510968	-26.5	Xu et al., 2009
	平均值						0.511031	-25.2	

续表

样品号	矿物/岩石	Sm/10^{-6}	Nd/10^{-6}	$^{147}Sm/^{144}Nd$	$^{143}Nd/^{144}Nd$	2σ	$(^{143}Nd/^{144}Nd)_i^{\#}$	$\varepsilon_{Nd}(t)^{\#}$	资料来源
					勉略蛇绿岩				
QLZ-1-1	变火山岩	3.96	11.6	0.2064	0.512962	0.000009	0.512638	6.0	Li et al., 1996
QLZ-1-2	变火山岩	3.53	9.35	0.2281	0.513001	0.000008	0.512643	6.1	Li et al., 1996
QLZ-2-1	变火山岩	4.13	10.0	0.2492	0.513032	0.000012	0.512641	6.1	Li et al., 1996
QLZ-3	变火山岩	3.41	10.9	0.1892	0.512932	0.000022	0.512635	6.0	Li et al., 1996
QLZ-4	变火山岩	3.38	10.4	0.1957	0.512948	0.000018	0.512641	6.1	Li et al., 1996
QLZ-5	变火山岩	3.00	10.1	0.1802	0.512921	0.000016	0.512638	6.0	Li et al., 1996
QLZ-6	变火山岩	6.03	22.8	0.1602	0.512895	0.000012	0.512643	6.1	Li et al., 1996
QLZ-8	变火山岩	2.96	11.6	0.155	0.512882	0.00002	0.512639	6.0	Li et al., 1996
QLZ-9	变火山岩	3.03	12.2	0.1498	0.512875	0.000024	0.512640	6.1	Li et al., 1996
1	变基性岩	2.78	10.8	0.1586	0.51297		0.512721	7.6	Xu and Han, 1996
2	变基性岩	3.58	12.1	0.1789	0.512775		0.512494	3.2	Xu and Han, 1996
3	变基性岩	2.26	6.09	0.2244	0.513176		0.512824	9.7	Xu and Han, 1996
4	变玄武岩	2.28	7.62	0.1807	0.512873		0.512589	5.1	Xu and Han, 1996
21	辉长岩	2.42	6.03	0.2485	0.513217		0.512820	9.7	Xu et al., 2002
021-pl	斜长岩	0.26	0.64	0.2531	0.513362		0.512958	12.4	Xu et al., 2002
22	辉长岩	2.3	5.71	0.245	0.513178		0.512787	9.0	Xu et al., 2002
022-pl	斜长岩	1.07	3.63	0.1793	0.513208		0.512922	11.7	Xu et al., 2002
23	辉长岩	2.11	5.24	0.2444	0.513305		0.512915	11.5	Xu et al., 2002
023-pl	斜长岩	0.16	0.4	0.2433	0.513227		0.512838	10.0	Xu et al., 2002
24	玄武岩	2	4.29	0.2836	0.513417		0.512964	12.5	Xu et al., 2002
25	辉长岩	1.78	4.87	0.2224	0.513225		0.512870	10.7	Xu et al., 2002
26	玄武岩	2.68	6.73	0.2425	0.513194		0.512807	9.4	Xu et al., 2002
28	玄武岩	2.44	6.5	0.2285	0.51313		0.512765	8.6	Xu et al., 2002
YP11-pl	斜长岩	0.19	0.41	0.2819	0.513337		0.512887	11.0	Xu et al., 2002
	平均值						0.512762	8.6	
					登封杂岩（嵩箕地块基底）				
JG-11	斜长角闪岩	1.96	5.8	0.20436	0.512899		0.512573	4.9	李曙光等，1987
JG-5-1	斜长角闪岩	2.21	6.65	0.20125	0.512814		0.512493	3.3	李曙光等，1987
JG-5-2	斜长角闪岩	2.22	6.69	0.20091	0.512824		0.512503	3.5	李曙光等，1987
JG-1	斜长角闪岩	2.24	6.75	0.20025	0.512803		0.512483	3.1	李曙光等，1987
JG-3	斜长角闪岩	2.6	7.92	0.19851	0.512776		0.512459	2.6	李曙光等，1987
MT-2	斜长角闪岩	2.45	10.91	0.13545	0.512754		0.512538	4.2	李曙光等，1987
MT-5	斜长角闪岩	2.4	10.84	0.13381	0.512719		0.512505	3.5	李曙光等，1987
JG-4-2	浅粒岩	1.66	8.82	0.11363	0.512376		0.512195	-2.5	李曙光等，1987
JG-4-1	浅粒岩	1.7	9.39	0.10946	0.512304		0.512129	-3.8	李曙光等，1987
	平均值						0.512431	2.1	

注：$(^{143}Nd/^{144}Nd)_i^{\#}$、$\varepsilon_{Nd}(t)^{\#}$按照$t$=244Ma反算；*代表$^{147}Sm$含量，※代表$^{144}Nd$含量。

4. 铅同位素结果

纸房钼矿床金属硫化物的铅同位素分析结果见表6.12。对于 $(^{208}Pb/^{204}Pb)_i$、$(^{207}Pb/^{204}Pb)_i$ 和 $(^{206}Pb/^{204}Pb)_i$，首先根据样品的U、Th、Pb含量和实测 $(^{208}Pb/^{204}Pb)$、$(^{207}Pb/^{204}Pb)$、$(^{206}Pb/^{204}Pb)$ 值计算出样品的 $^{238}U/^{204}Pb$、$^{235}U/^{204}Pb$、$^{232}Th/^{204}Pb$ 值，然后扣除样品在 t =244Ma以来积累的放射性成因铅，得到成矿时的铅同位素比值。

从表6.12可见，由于金属硫化物中U、Th含量远远低于Pb含量，故按 t =244Ma扣除放射性成因铅后，铅同位素比值几乎无变化。矿石硫化物的 $^{206}Pb/^{204}Pb$ = 17.126 ~ 17.536，$^{207}Pb/^{204}Pb$ = 15.374 ~ 15.466，$^{208}Pb/^{204}Pb$ = 37.485 ~ 37.848，平均值分别是17.434、15.413和37.633（Deng et al., 2016）；计算获得矿石硫化物的 $(^{206}Pb/^{204}Pb)_i$ = 17.126 ~ 17.535，$(^{207}Pb/^{204}Pb)_i$ = 15.374 ~ 15.466，$(^{208}Pb/^{204}Pb)_i$ = 37.485 ~ 37.848，平均值分别是17.380、15.410和37.631（表6.12）。

围岩熊耳群的铅同位素变化范围较大，其 $^{206}Pb/^{204}Pb$ = 16.125 ~ 17.577，$^{207}Pb/^{204}Pb$ = 15.271 ~ 15.529，$^{208}Pb/^{204}Pb$ = 36.047 ~ 38.861，平均值分别是16.682、15.357和37.013（表6.12）。矿区基底太华超群的铅同位素变化范围更大，$^{206}Pb/^{204}Pb$ = 15.406 ~ 17.609、$^{207}Pb/^{204}Pb$ = 15.188 ~ 15.620、$^{208}Pb/^{204}Pb$ = 35.902 ~ 38.569，平均值分别是17.036、15.399和37.510，几乎覆盖了熊耳群和纸房钼矿矿石硫化物的铅同位素范围（图6.21）。

流体包裹体研究表明（Deng et al., 2014b），纸房钼矿的成矿流体源于俯冲板片的变质脱水。在矿床形成过程中，成矿流体从围岩太华超群变质岩和熊耳群火山岩中淋滤出金属元素，并且继承了围岩的铅同位素特征。在热液或水岩反应过程中，类似于铅同位素分析中的逐步淋滤效应（Frei et al., 1998；彭渤等，2006），放射性成因铅同位素优先淋滤并在流体中富集，如此一来，相对于围岩，矿石硫化物会产生相对更高的铅同位素比值，这与纸房钼矿的铅同位素特征一致，指示成矿流体源于围岩的变质脱水作用。

勉略蛇绿岩具有较高的放射性成因铅同位素特征，其 $(^{206}Pb/^{204}Pb)_i$ = 16.927 ~ 17.796、$(^{207}Pb/^{204}Pb)_i$ = 15.456 ~ 15.587、$(^{208}Pb/^{204}Pb)_i$ = 36.675 ~ 37.795，其平均值分别是17.309、15.525和37.221（Xu and Han, 1996; Xu et al., 2002）；栾川群 $(^{206}Pb/^{204}Pb)_i$ = 17.582 ~ 18.171、$(^{207}Pb/^{204}Pb)_i$ = 15.454 ~ 15.569、$(^{208}Pb/^{204}Pb)_i$ = 38.302 ~ 38.700，其平均值分别是17.730、15.486和38.422（祁进平，2006）；官道口群 $(^{206}Pb/^{204}Pb)_i$ = 17.948 ~ 18.214、$(^{207}Pb/^{204}Pb)_i$ = 15.493 ~ 15.496、$(^{208}Pb/^{204}Pb)_i$ = 38.473 ~ 38.672，其平均值分别是18.096、15.495和38.597（祁进平，2006），均明显高于矿石硫化物（图6.21），排除了其作为铅的源区的可能性。而登封杂岩的变玄武岩和火山岩的 $^{206}Pb/^{204}Pb$ = 16.126 ~ 17.267、$^{207}Pb/^{204}Pb$ = 15.265 ~ 15.351、$^{208}Pb/^{204}Pb$ = 37.099 ~ 37.342，其平均值分别是16.697、15.308和37.221（张国伟等，2001），低于矿石硫化物，指示其可能为成矿流体的源区端元。

表6.12 纸房矿床矿石硫化物以及相关地质体Pb同位素组成

样品号	矿物/岩石	$^{208}Pb/^{204}Pb$	$^{207}Pb/^{204}Pb$	$^{206}Pb/^{204}Pb$	$Pb/10^{-6}$	$Th/10^{-6}$	$U/10^{-6}$	$(^{208}Pb/^{204}Pb)_i$	$(^{207}Pb/^{204}Pb)_i$	$(^{206}Pb/^{204}Pb)_i$	资料来源
石英-黄铁矿脉											
ZF01	黄铁矿	37.622	15.405	17.386	2040	0.09	0.12	37.622	15.405	17.386	Deng et al., 2016
石英-硫化物脉											
ZF08	辉钼矿	37.676	15.423	17.497	7649	9.34	135	37.675	15.421	17.455	Deng et al., 2016
ZF10a	辉钼矿	37.580	15.404	17.478	6436	55.0	387	37.574	15.397	17.337	Deng et al., 2016
ZF10b	辉钼矿	37.734	15.452	17.513	6436	55.0	387	37.727	15.444	17.372	Deng et al., 2016
ZF16a	辉钼矿	37.675	15.429	17.489	10289	47.9	652	37.672	15.422	17.341	Deng et al., 2016
ZF16b	辉钼矿	37.600	15.407	17.473	10289	47.9	652	37.597	15.399	17.325	Deng et al., 2016
ZF02	黄铁矿	37.848	15.466	17.536	1675	0.05	0.62	37.848	15.466	17.535	Deng et al., 2016

续表

样品号	矿物/岩石	$^{208}Pb/^{204}Pb$	$^{207}Pb/^{204}Pb$	$^{206}Pb/^{204}Pb$	$Pb/10^{-6}$	$Th/10^{-6}$	$U/10^{-6}$	$(^{208}Pb/^{204}Pb)_i$	$(^{207}Pb/^{204}Pb)_i$	$(^{206}Pb/^{204}Pb)_i$	资料来源
ZF008	黄铁矿	37.618	15.403	17.468	474	0.10	0.63	37.618	15.403	17.464	Deng et al., 2016
ZF16-1	黄铁矿	37.558	15.390	17.390	2332	0.13	8.98	37.558	15.390	17.381	Deng et al., 2016
ZF18	黄铁矿	37.604	15.402	17.428	1187	0.02	0.06	37.604	15.402	17.428	Deng et al., 2016
ZF20-2	黄铁矿	37.605	15.400	17.441	7494	0.04	0.10	37.605	15.400	17.441	Deng et al., 2016
ZF1206	方铅矿	37.610	15.403	17.372	470699	0.06	0.07	37.610	15.403	17.372	Deng et al., 2016
ZF14	方铅矿	37.485	15.374	17.126	435999	0.13	0.30	37.485	15.374	17.126	Deng et al., 2016
	平均值	37.633	15.413	17.434				37.631	15.410	17.380	
熊耳群											
	安山岩	36.047	15.300	16.279							张本仁等, 2002
ZD-32	玄武安山岩	36.672	15.294	16.303							赵太平, 2000
SY-33	玄武安山岩	37.784	15.529	17.577							赵太平, 2000
WF-9	粗安岩	36.443	15.349	16.125							赵太平, 2000
JY-11	安山岩	37.267	15.275	16.258							赵太平, 2000
JY-5	粗安岩	38.861	15.424	17.164							赵太平, 2000
	安山岩	36.346	15.421	16.907							范宏瑞等, 1994
	安山岩	36.876	15.300	16.647							范宏瑞等, 1994
	安山岩	36.489	15.271	16.439							范宏瑞等, 1994
	安山岩	37.345	15.405	17.116							范宏瑞等, 1994
	平均值	37.013	15.357	16.682							
太华超群											
DH-08-08	片麻岩	37.863	15.454	17.548	62.7	4.40	2.67	37.809	15.449	17.448	Ni et al., 2012
DH-08-12	片麻岩	37.506	15.429	17.272	159	1.78	1.05	37.497	15.428	17.257	Ni et al., 2012
DH-08-16	片麻岩	37.538	15.454	17.511	72.5	0.49	0.30	37.533	15.454	17.501	Ni et al., 2012
ZK-628	片麻岩	37.645	15.417	17.138	378	14.6	2.03	37.616	15.416	17.125	Ni et al., 2012
	斜长片麻岩	38.174	15.469	17.400							范宏瑞等, 1994
	斜长片麻岩	37.526	15.188	15.406							范宏瑞等, 1994
	斜长片麻岩	36.266	15.512	16.511							范宏瑞等, 1994
	斜长角闪岩	37.775	15.359	16.968							范宏瑞等, 1994
	斜长角闪岩	37.654	15.547	17.609							范宏瑞等, 1994
	斜长片麻岩	38.569	15.345	17.530							范宏瑞等, 1994
	斜长角闪岩	37.973	15.62	17.322							范宏瑞等, 1994
	混合岩	37.242	15.203	16.892							范宏瑞等, 1994
	钾长伟晶岩	35.902	15.192	16.368							范宏瑞等, 1994
	平均值	37.376	15.409	16.925							
栾川群											
Y02	黑云母片岩	38.631	15.468	17.735	66.5	18.9	2.63	38.406	15.463	17.639	祁进平, 2006
Y03	千枚岩	38.905	15.482	18.071	36.0	9.92	2.23	38.686	15.474	17.920	祁进平, 2006
Y21	黑云母大理岩	38.463	15.478	17.736	17.2		0.43	38.463	15.475	17.675	祁进平, 2006
L8	黑云母石英片岩	38.366	15.486	17.700	984	12.3	1.49	38.356	15.486	17.697	祁进平, 2006

续表

样品号	矿物/岩石	$^{208}Pb/^{204}Pb$	$^{207}Pb/^{204}Pb$	$^{206}Pb/^{204}Pb$	$Pb/10^{-6}$	$Th/10^{-6}$	$U/10^{-6}$	$(^{208}Pb/^{204}Pb)_i$	$(^{207}Pb/^{204}Pb)_i$	$(^{206}Pb/^{204}Pb)_i$	资料来源
L30	片岩	38.819	15.518	18.257	25.5	15.5	3.32	38.334	15.501	17.938	祁进平，2006
L31	二云母石英片岩	38.640	15.492	17.862	44.7	14.6	3.37	38.382	15.483	17.678	祁进平，2006
L32	二云母石英片岩	39.097	15.556	18.817	23.9	23.6	6.22	38.302	15.523	18.171	祁进平，2006
L37	二云母石英片岩	38.432	15.485	17.612	3003	15.6	2.36	38.428	15.484	17.610	祁进平，2006
L39	石英片岩	38.333	15.455	17.590	1007	13.3	3.26	38.323	15.454	17.582	祁进平，2006
L40	黑云母石英片岩	38.700	15.569	17.670	12823	5.69	1.46	38.700	15.569	17.669	祁进平，2006
L41	石英片岩	38.336	15.457	17.585	6260	12.1	1.91	38.334	15.457	17.584	祁进平，2006
L42	黑云母石英片岩	38.359	15.462	17.594	2943	13.9	3.46	38.355	15.462	17.591	祁进平，2006
平均	$N=12$	38.590	15.492	17.852				38.422	15.486	17.730	
					官道口群						
B27	石英片岩	38.667	15.501	18.086	38.6	9.45	2.18	38.473	15.494	17.948	祁进平，2006
B28	绢云母石英片岩	39.179	15.505	18.443	20.9	13.2	1.94	38.672	15.493	18.214	祁进平，2006
B29	绢云母石英片岩	39.043	15.506	18.326	20.1	9.90	1.62	38.647	15.496	18.128	祁进平，2006
平均	$N=3$	38.963	15.504	18.285				38.597	15.495	18.096	
					勉略蛇绿岩						
6	斜长角闪岩	37.753	15.542	18.101	2.80	0.97	0.40	37.519	15.525	17.762	Xu and Han，1996
7	斜长角闪岩	37.658	15.536	18.006	6.90	1.03	0.64	37.558	15.525	17.796	Xu and Han，1996
8	斜长角闪岩	37.932	15.607	17.993	2.00	0.75	0.46	37.678	15.579	17.446	Xu and Han，1996
9	基性绿片岩	37.903	15.570	17.885	4.70	0.75	0.40	37.795	15.560	17.653	Xu and Han，1996
21	辉长岩	36.881	15.481	17.121	4.76	0.04	0.03	36.875	15.480	17.106	Xu et al.，2002
021-pl	斜长岩	37.086	15.549	17.087	1.97	0.06	0.05	37.063	15.546	17.027	Xu et al.，2002
22	辉长岩	37.051	15.520	17.213	1.87	0.05	0.04	37.030	15.517	17.163	Xu et al.，2002
022-pl	斜长岩	37.623	15.589	17.596	1.89	0.02	0.03	37.615	15.587	17.558	Xu et al.，2002
23	辉长岩	36.715	15.463	17.042	2.9	0.04	0.02	36.704	15.462	17.026	Xu et al.，2002
023-pl	斜长岩	37.145	15.527	17.212	0.22	0.003	0.001	37.135	15.526	17.201	Xu et al.，2002
24	玄武岩	37.565	15.587	17.603	0.39	0.05	0.04	37.465	15.574	17.358	Xu et al.，2002
25	辉长岩	37.457	15.574	17.455	0.27	0.04	0.02	37.342	15.565	17.278	Xu et al.，2002
26	玄武岩	36.694	15.457	16.949	3.21	0.08	0.03	36.675	15.456	16.927	Xu et al.，2002
28	玄武岩	37.140	15.532	17.257	1.91	0.04	0.03	37.124	15.530	17.220	Xu et al.，2002
YP11-pl	斜长岩	37.004	15.485	17.193	0.25	0.006	0.001	36.986	15.485	17.184	Xu et al.，2002
YP9-pl	斜长岩	36.964	15.485	17.231	4.76	0.04	0.03	36.964	15.485	17.231	Xu et al.，2002
	平均值	37.286	15.532	17.434				37.221	15.525	17.309	
					登封杂岩（嵩箕地块基底）						
	变玄武岩	37.342	15.351	17.267							张国伟等，2001
	变玄武岩	37.099	15.265	16.126							张国伟等，2001
	平均值	37.221	15.308	16.697							

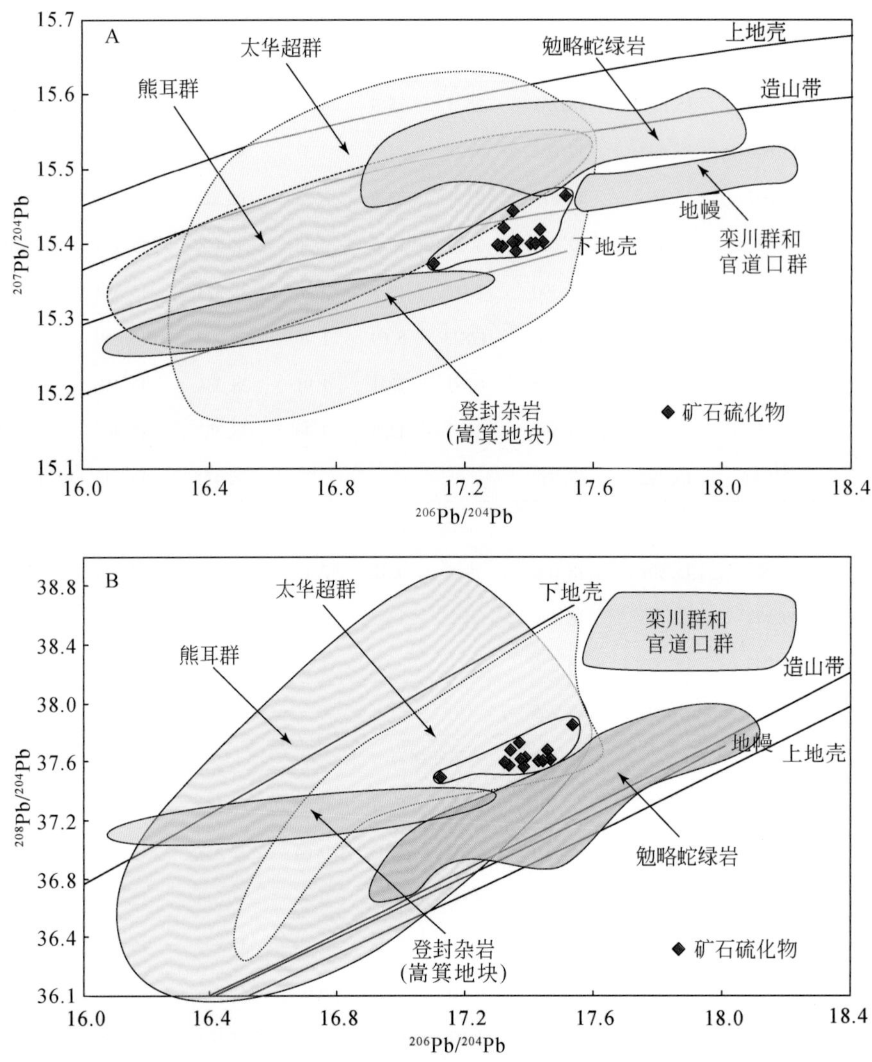

图 6.21 纸房钼矿床和相关地质体铅同位素构造模式图（Deng et al.，2016；底图据 Zartman and Doe，1981）

6.1.4.3 成矿物质来源

前述 Sr-Nd-Pb 同位素研究表明，纸房钼矿床矿石硫化物的 I_{Sr}值范围为 0.710286～0.722855（中阶段平均值为 0.711092），低于围岩熊耳群；而 $\varepsilon_{Nd}(t)$ 为−19.5～−14.7（平均为−16.7），高于熊耳群；矿石硫化物（$^{206}Pb/^{204}Pb$）$_i$ = 17.126～17.535，（$^{207}Pb/^{204}Pb$）$_i$ = 15.374～15.466，（$^{208}Pb/^{204}Pb$）$_i$ = 37.485～37.848，平均值分别是 17.380、15.410 和 37.631，亦高于围岩熊耳群。考虑到热液成矿过程中，围岩熊耳群是必然的物质端元之一（图 6.22）。但是，赋矿围岩熊耳群和太华超群、栾川群和官道口群以及下地壳或地幔其中之一或混合，并不能产生纸房钼矿矿石硫化物的 Sr-Nd-Pb 同位素特征。如果考虑到三宝断裂以北的嵩箕地块基底登封杂岩（陈衍景和富士谷，1992；Chen and Zhao，1997），其具有低锶（I_{Sr} = 0.6999～0.7020）、高钕（$\varepsilon_{Nd}(t)$ = −3.8～4.9）以及低放射性成因铅（$^{206}Pb/^{204}Pb$ = 16.126～17.267、$^{207}Pb/^{204}Pb$ = 15.265～15.351、$^{208}Pb/^{204}Pb$ = 37.099～37.342，其平均值分别是 16.697、15.308 和 37.221）特征，正好符合另一源区端元组分的要求。因此，嵩箕地块向南俯冲（A 型俯冲）到华熊地块之下，变质脱水从而形成了纸房等外方山石英脉型钼矿田。

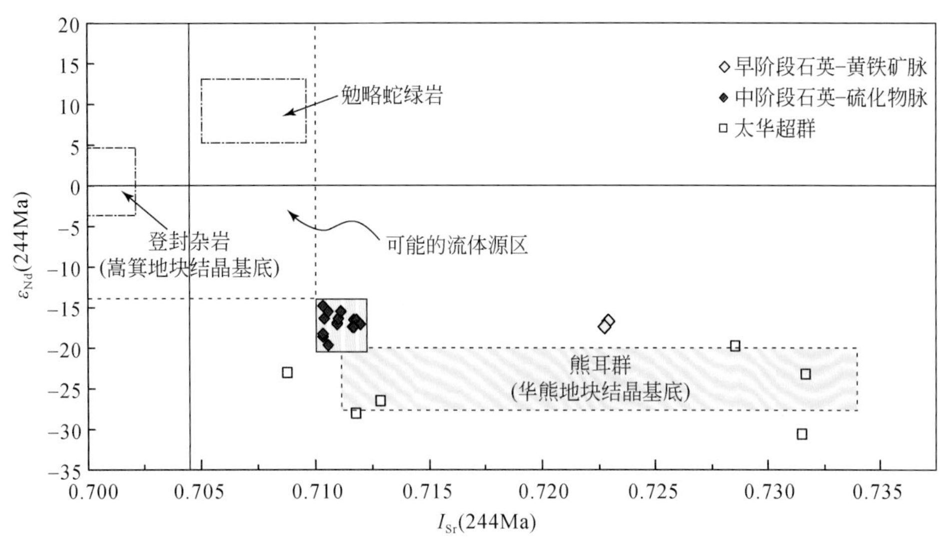

图6.22 纸房钼矿床 $\varepsilon_{Nd}(t)$ -I_{Sr}图解（Deng et al.，2016）

6.1.5 成矿年代学

6.1.5.1 辉钼矿 Re-Os 同位素定年

1）样品和测试

用于 Re-Os 同位素定年的15件辉钼矿样品分别采自外方山钼矿田的纸房、八道沟和香椿沟钼矿床。其中，7件样品采自纸房钼矿床的K4和K5脉（图6.2）：样品ZF08、ZF10-1、ZF10-2、ZF23、ZF2001中辉钼矿呈团块状或薄膜状沿乳白色石英裂隙充填（图6.23），而样品ZF14、ZF16的辉钼矿呈浸染状交代围岩。4件样品采自八道沟钼矿床的WK_1矿脉采矿坑道：样品BD05-1A和BD05-1B中所含辉钼矿呈团块状沿乳白色石英裂隙充填，而样品BD05-2和BD05-3的辉钼矿呈浸染状交代围岩。5件样品采自香椿沟钼矿床：样品ZX-13和ZX-19采自香椿沟矿脉，辉钼矿呈条带状或薄膜状充填在石英脉裂隙中，样品XL07-1、XL07-2和ZL-d1采自罗圈凹矿脉，辉钼矿呈脉状或薄膜状充填于粗粒石英裂隙。

辉钼矿样品分解和Re、Os纯化前处理等工作在中国科学院广州地球化学研究所同位素年代学和地球化学重点实验室完成，Re、Os含量ICP-MS分析在长安大学成矿作用及其动力学开放研究实验室完成，仪器型号为X-7型ICP-MS，由美国热电公司生产。样品化学前处理及测试方法主要参考杜安道等(1994)，并在此基础上进行了部分改进：①称样后，依次加入NaOH和Na_2O_2，置于马弗炉熔融，避免了原分解技术称样后，加Na_2O_2熔融之前，只用NaOH与样品熔融时伴有的喷溅现象；②丙酮萃取Re后，有机相直接置于电热板上加热挥发，取代了三氯甲烷和水反萃取Re步骤；③从分解样品中分离纯化Os，采用$NaClO_4$氧化剂，替代了较贵的$Ce(SO_4)_2$。因Os含量低，辉钼矿Re-Os年龄数据的可靠性关键取决于Os分析数据的质量。以Os最高价态氧化物OsO_4水溶液进样，Os的ICP-MS测定灵敏度被提高了40倍以上（Sun et al.，2010），从而获得了准确的Os分析数据。实验采用国家标准物质GBW04435和GBW04436为标样，监控化学流程和分析数据的可靠性。

2）测试结果

外方山石英脉型钼矿田辉钼矿Re-Os同位素测试结果列于表6.13。获得辉钼矿的Re含量变化于$1.457\times10^{-6}\sim39.160\times10^{-6}$之间，^{187}Os含量于$3.591\times10^{-9}\sim97.070\times10^{-9}$之间，模式年龄单样介于$230.9\pm3.3\sim248.2\pm3.5$Ma之间，平均年龄为$240\pm10$Ma。

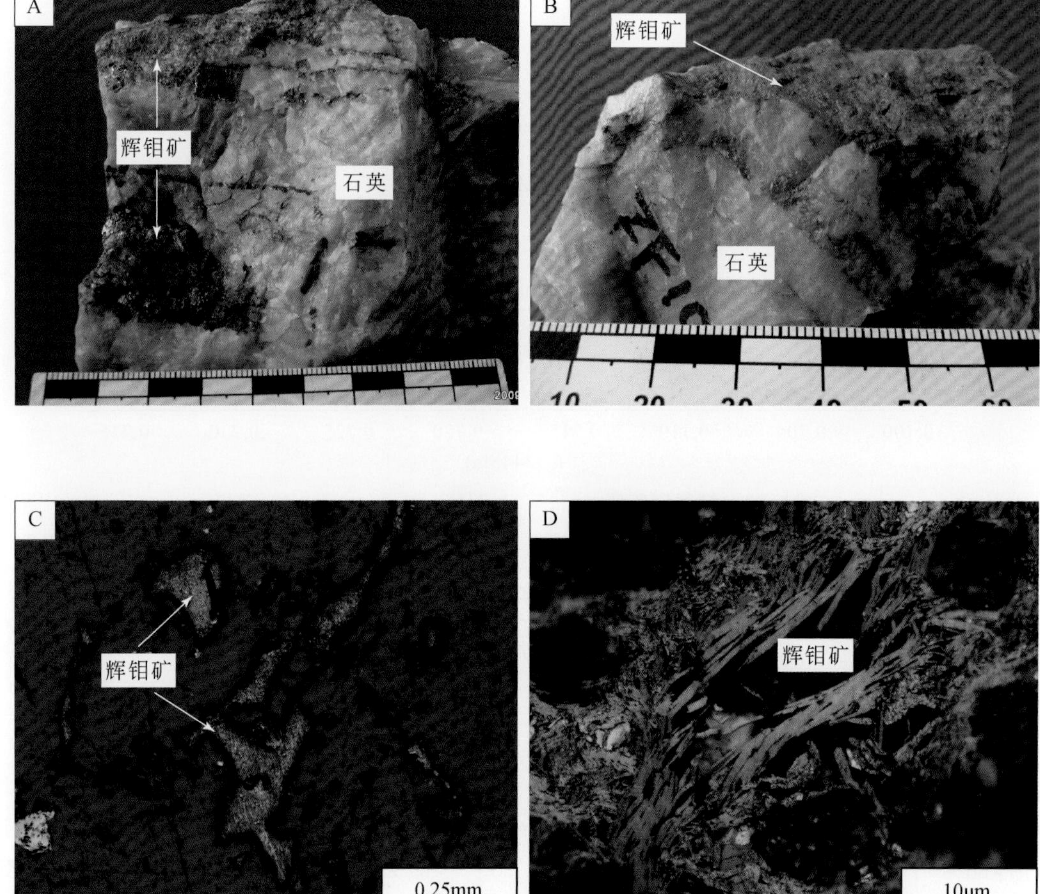

图 6.23 纸房钼矿床辉钼矿特征（Deng et al.，2014b）

A. 辉钼矿呈团块状分布于乳白色石英；B. 辉钼矿呈薄膜状充填于石英裂隙；
C. 辉钼矿镜下呈均质、无双反射；D. 细小叶片状辉钼矿

其中，纸房钼矿床的 5 件辉钼矿样品模式年龄介于 241.2±1.6～247.4±2.5Ma 之间，获得加权平均年龄为 243.8±2.8Ma（2σ 误差，MSWD＝5.5）；采用^{187}Re 衰变常数 $\lambda=1.666\times10^{-11}a^{-1}$（Smoliar et al.，1996），利用 ISOPLOT 软件（Model 3，Ludwig，1999）将所有 Re-Os 数据回归成一条直线，求得等时线年龄为 246.0±5.2Ma（2σ 误差，MSWD＝7.4），^{187}Os 初始值为（－0.00018±0.00083）$\times10^{-6}$（图 6.24）。考虑到误差和 MSWD，我们倾向于加权平均年龄更能代表辉钼矿的结晶年龄，即纸房钼矿床形成于约 244Ma。

八道沟钼矿床的 4 件样品模式年龄介于 238.9±1.0～255.8±1.1Ma 之间，获得加权平均年龄为 246±10Ma（2σ 误差，MSWD=43），等时线年龄为 229±18Ma（2σ 误差，MSWD=9.7），^{187}Os 初始值为（0.0014±0.0016）$\times10^{-6}$（图 6.24），即八道沟钼矿床形成于约 246Ma。

香椿沟钼矿床的 5 件样品模式年龄介于 243.8±8.8～259.2±1.7Ma 之间，获得加权平均年龄为 250.4±8.7Ma（2σ 误差，MSWD=43），等时线年龄为 242±12Ma（2σ 误差，MSWD=18），^{187}Os 初始值为（0.0013±0.0025）$\times10^{-6}$（图 6.24），即香椿沟钼矿床形成于约 250Ma。

表 6.13　外方山石英脉型钼矿田辉钼矿 Re-Os 同位素测年结果

样品号	矿床	样重/g	$Re/10^{-6}$	2σ	$^{187}Re/10^{-6}$	2σ	$^{187}Os/10^{-9}$	2σ	年龄/Ma	2σ	资料来源
ZF08	纸房	0.054	25.85	0.12	16.25	0.07	66.15	0.38	243.9	1.8	Deng et al., 2016
ZF10-1	纸房	0.330	3.984	0.024	2.504	0.015	10.25	0.04	245.2	1.8	Deng et al., 2016
ZF10-2	纸房	0.403	3.984	0.026	2.504	0.017	10.21	0.12	244.2	3.2	Deng et al., 2016
ZF14	纸房	0.102	29.85	0.17	18.76	0.11	77.47	0.63	247.4	2.5	Deng et al., 2016
ZF16	纸房	0.045	8.180	0.022	5.141	0.014	20.70	0.12	241.2	1.6	Deng et al., 2016
ZF23	纸房	0.051	25.13	0.08	15.80	0.05	62.25	0.34	236.1	1.5	Deng et al., 2016
ZF2001	纸房	0.052	36.73	0.15	23.08	0.10	89.93	0.66	233.4	2.0	Deng et al., 2016
ZF-1	纸房	0.050	28.98	0.22	18.21	0.14	71.43	0.61	235.0	3.3	高阳等, 2010b
ZF-4	纸房	0.030	13.34	0.10	8.39	0.06	32.72	0.31	233.8	3.4	高阳等, 2010b
ZF-6	纸房	0.031	17.32	0.14	10.88	0.09	43.20	0.36	237.7	3.4	高阳等, 2010b
ZF-13	纸房	0.020	31.59	0.24	19.86	0.15	78.70	0.67	237.4	3.3	高阳等, 2010b
ZF-14	纸房	0.030	12.08	0.09	7.59	0.06	29.78	0.27	235.0	3.3	高阳等, 2010b
BD05-1A	八道沟	0.152	12.80	0.09	8.04	0.06	32.08	0.15	238.9	2.1	Deng et al., 2017
BD05-3	八道沟	0.152	7.755	0.058	4.875	0.036	18.95	0.07	232.9	2.0	Deng et al., 2017
BD05-2	八道沟	0.144	8.995	0.057	5.653	0.036	23.24	0.06	246.2	1.7	Deng et al., 2017
BD05-3	八道沟	0.151	7.386	0.052	4.642	0.033	18.93	0.07	244.2	1.9	Deng et al., 2017
ZX-19	香椿沟	0.062	27.14	0.20	17.06	0.12	70.43	0.32	247.3	2.1	Deng et al., 2017
ZL-d1	香椿沟	0.023	15.20	0.08	9.56	0.05	39.15	0.11	245.4	1.4	Deng et al., 2017
XL07-1	香椿沟	0.052	29.18	0.13	18.34	0.08	74.64	1.32	243.8	4.4	Deng et al., 2017
XL07-2	香椿沟	0.070	28.07	0.27	17.64	0.17	72.97	1.09	247.7	4.4	Deng et al., 2017
QFL-2	前范岭	0.051	26.15	0.21	16.44	0.13	65.69	0.54	239.4	3.4	高阳等, 2010b
QFL-3	前范岭	0.050	11.92	0.09	7.49	0.06	29.49	0.25	235.8	3.3	高阳等, 2010b
QFL-9	前范岭	0.050	25.82	0.20	16.23	0.13	66.39	0.56	245.1	3.4	高阳等, 2010b
QFL-9	前范岭	0.050	26.89	0.20	16.90	0.13	70.02	0.59	248.2	3.5	高阳等, 2010b
QFL-11	前范岭	0.035	26.30	0.20	16.53	0.13	64.36	0.54	233.3	3.3	高阳等, 2010b
QFL-25	前范岭	0.051	39.16	0.28	24.61	0.18	97.07	0.80	236.3	3.2	高阳等, 2010b
DXG-1	大西沟	0.023	1.457	0.012	0.916	0.008	3.590	0.030	235.0	3.3	高阳等, 2010b
MG-2	毛沟	0.050	4.320	0.032	2.715	0.020	10.46	0.09	230.9	3.3	高阳等, 2010b
MG-2	毛沟	0.102	3.428	0.032	2.155	0.020	8.330	0.070	231.6	3.5	高阳等, 2010b
MG-5	毛沟	0.026	26.16	0.19	16.44	0.12	65.53	0.53	238.8	3.2	高阳等, 2010b

注：模式年龄 t 按 $t=1/\lambda\ \ln(1+{}^{187}Os/{}^{187}Re)$ 计算，其中 $\lambda(^{187}Re)=1.666\times10^{-11}\ a^{-1}$（Smoliar et al., 1996）。

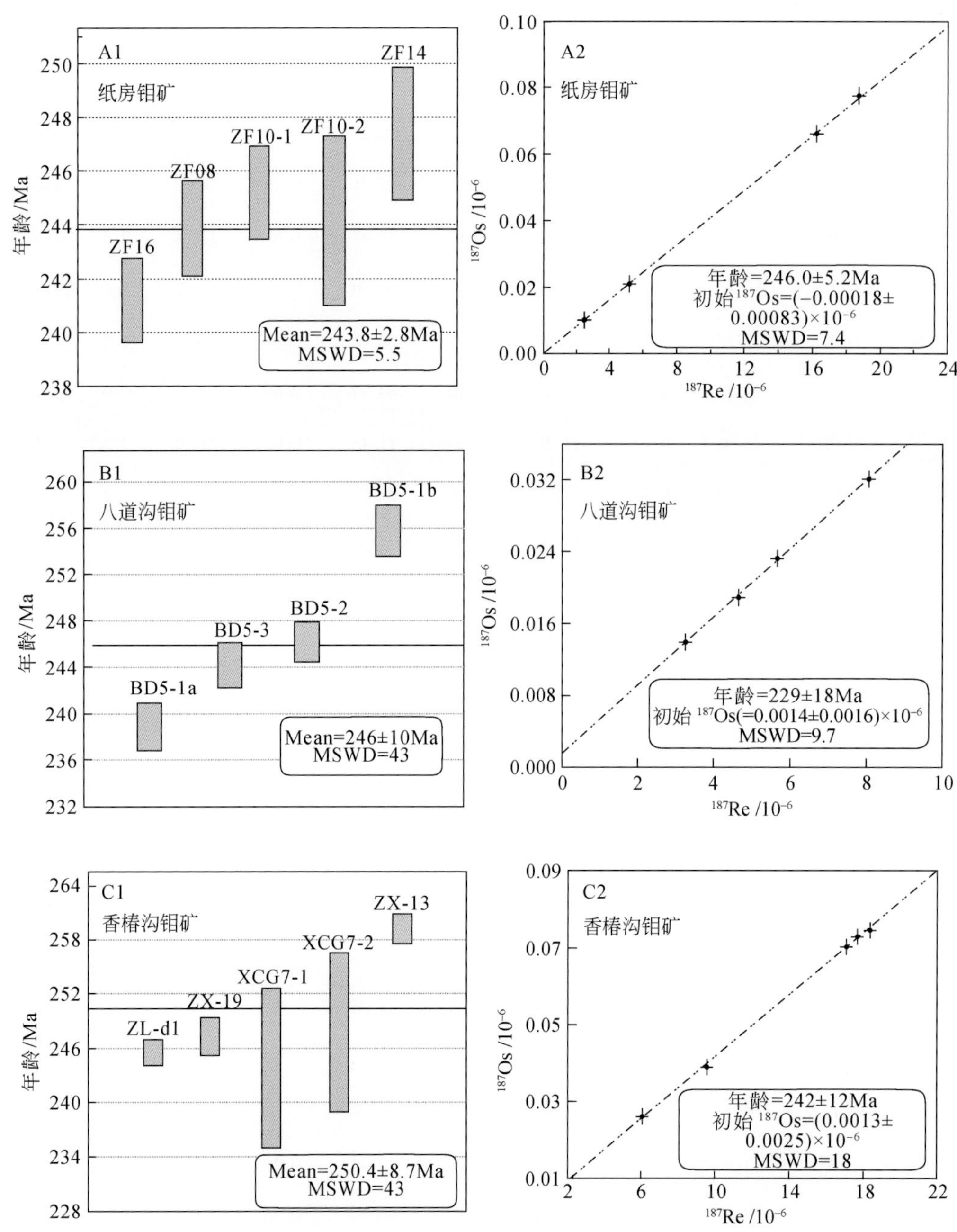

图 6.24 外方山石英脉型钼矿田辉钼矿 Re-Os 模式年龄及等时线年龄（Deng et al., 2017）

6.1.5.2 秦岭印支期钼成矿事件

前人研究发现黄龙铺碳酸岩脉型钼矿床形成于印支期（黄典豪等，1994；Stein et al., 1997），并报道了一些印支期（即三叠纪）金矿化的实例（卢欣祥等，2008 及其引文）：小秦岭 15 号含金石英脉（白云母 K-Ar 法，237.54±4.80Ma）、东桐峪（碱性长石 Rb-Sr 法，208.2Ma）、桃园（绢云母 K-Ar 法，211Ma）、熊耳山上宫（早阶段矿物 Rb-Sr 法，242±11Ma）、北岭（石英 Ar-Ar 法，216.04Ma）、东秦岭毛堂（黄铁矿 Ar-Ar 法，222.95±7.58Ma）、西秦岭八卦庙（石英 Ar-Ar 法，232.58±1.59Ma）、南秦岭银洞沟银金矿（白云母 K-Ar 法，216Ma；石英包裹体 Rb-Sr 法，205±6Ma）、许家坡金矿（黑云母 K-Ar 法，211.5Ma，224Ma）等。

最近，秦岭地区大量钼矿床被证明形成于印支期（表 6.14），除本研究的外方山石英脉型钼矿田外，尚有：温泉斑岩钼矿的辉钼矿 Re-Os 等时线年龄为 214.4±7.1Ma（宋史刚等，2008），胭脂坝钼矿的锆石 U-Pb 年龄为 211±5Ma（Jiang et al.，2010），黄水庵碳酸岩脉型钼（铅）矿床的辉钼矿 Re-Os 模式年龄加权平均值为 209.5±4.3Ma（黄典豪等，2009），小秦岭大湖金钼矿床含矿石英脉的辉钼矿 Re-Os 加权平均年龄为 218±41Ma（李诺等，2008），热液独居石 U-Pb 年龄为 216±5Ma（Li et al.，2011a）；马家洼金钼矿床石英中的辉钼矿 Re-Os 等时线年龄为 232±11Ma（王义天等，2010）等。

由此可见，秦岭地区发生了强烈的印支期成矿事件，尤以钼矿化明显，已形成一批钼矿床。印支期钼矿床类型复杂多样，既有幔源的碳酸岩脉型矿床，亦有造山型钼矿床，还有斑岩型矿床，不但为认识印支期钼成矿作用及其地球化学动力学背景提供了系统的研究对象，而且拓宽了今后找矿的思路和目标。

表 6.14　秦岭钼矿带印支期钼成矿事件

矿床	测试矿物	测试方法	样品数	年龄/Ma	资料来源
黄龙铺	辉钼矿	Re-Os	5	218±26	黄典豪等，1994
黄龙铺	辉钼矿	Re-Os	7	221.5±0.3（A）	Stein et al.，1997
黄水庵	辉钼矿	Re-Os	4	209.5±4.3（A）	黄典豪等，2009
大湖	辉钼矿	Re-Os	6	218±41（A）	李诺等，2008
大湖	独居石	U-Pb		216±5（I）	Liet al.，2011a
马家洼	辉钼矿	Re-Os	5	232±11（I）	王义天等，2010
前范岭	辉钼矿	Re-Os	7	239±13（I）	高阳等，2010b
大西沟	辉钼矿	Re-Os	2	215～235	高阳等，2010b
毛沟	辉钼矿	Re-Os	3	230～240	高阳等，2010b
纸房	辉钼矿	Re-Os	5	243.8±2.8（A）	Deng et al.，2016
八道沟	辉钼矿	Re-Os	8	246±10（A）	Deng et al.，2017
香椿沟	辉钼矿	Re-Os	5	250.4±8.7（A）	Deng et al.，2017
温泉	辉钼矿	Re-Os	5	214.4±7.1（I）	宋史刚等，2008
胭脂坝	锆石	U-Pb		211±5（I）	Jianget al.，2010

注：I 代表等时线年龄，A 代表加权平均年龄。

6.1.5.3　成矿地球动力学背景

目前，多数学者主张秦岭洋或古特提斯洋北支在古生代末—三叠纪期间自东向西逐渐闭合，扬子与华北陆块的碰撞也自东向西始于古生代末—三叠纪。其中，大别-苏鲁地区的陆陆碰撞被认为始于 240Ma，并在 240～220Ma 期间发生超高压变质作用（Ernst et al.，2007 及其引文）。但是，关于印支期（三叠纪）秦岭地区的构造背景却认识不一。本书认为秦岭地区在三叠纪仍存在洋陆俯冲作用，理由如下：①古地磁研究揭示三叠纪之前扬子与华北属于两个彼此独立的陆块，白垩纪中期以后二者之间的相对位置基本未变，而 T-K_1期间发生强烈的地壳缩短、陆块旋转等（Zhu et al.，1998）；地震等地球物理研究证明秦岭造山带的造山作用发生在晚三叠世—早白垩世期间（袁学诚，1997）。②区域地球化学研究表明，南秦岭与北秦岭在中生代之前差异较大，中生代及其后差异大幅度减小（张本仁，2002）。③秦岭地区海相沉积作用在泥盆纪—三叠纪期间连续进行，三叠纪沉积范围逐步向西南秦岭缩小（杜远生，1997；张复新等，1997），晚三叠世地层仅见于松潘盆地和秦岭微陆块西南缘，表明三叠纪的秦岭与现今地中海的特征相似。④侏罗纪地层基本缺失，前侏罗纪地层全部变形和变质，侏罗纪以后的地层变形微弱，没有遭受变质，表明侏罗纪发生强烈的构造变形、陆内俯冲和前陆褶冲作用（许志琴等，1986；胡受奚等，1988）。⑤由勉略洋俯冲产生的岛弧火山岩 Sm-Nd 等时线年龄为 242±21Ma，铷锶等时线年龄为 221±13Ma（Li et al., 1996)，前者可解释为火山喷发年龄，后者解释为变质年龄；同时，沿勉略带分布的高压榴辉岩的矿物-全岩钐钕等时线年龄为192±34Ma，黑云母氩氩坪年龄为199.6±1.7Ma（Zhang Z Q et al., 2002)，沿商丹缝合带的多硅白云母和钠闪石氩氩年龄为210～230Ma（许志琴，1986)，显示西秦岭在晚三叠世由洋陆俯冲体制转变为陆陆碰撞体制。⑥对矿床和相关花岗岩的研究表明，阳山金矿区220Ma的花岗斑岩中记录了扬子陆块的信息（张莉等，2009)，而220Ma的黄龙铺碳酸岩来自俯冲洋壳的部分熔融（Xu et al., 2010)，218Ma的大湖金钼矿床成矿流体主要来自俯冲洋壳的变质脱水作用（李诺等，2008；Ni et al., 2012)，表明220Ma时仍然存在洋壳俯冲（陈衍景等，2009；陈衍景，2010)。⑦三叠纪花岗岩类研究表明（Jiang et al., 2010；Li et al., 2015)，西秦岭晚三叠世花岗岩类总体为钙碱性准铝质，具有高Sr低Y、Yb含量以及高Sr/Y、La/Yb值，高$Mg^{\#}$，属于陆弧背景的产物；仅有211Ma的胭脂坝等个别岩体属高钾钙碱性、过铝质的二云母花岗岩，具有低Sr、高Y、Yb含量，低$Mg^{\#}$，属于壳源S型或高分异I型。总之，西秦岭晚三叠世仍然存在洋陆俯冲作用。

秦岭印支期钼成矿事件主体发生在244～205Ma（表6.14)，应为洋陆俯冲体制的产物。

6.1.6 讨论

6.1.6.1 矿床成因类型

斑岩型和夕卡岩型钼矿床（含伴生钼矿床）的特征及成矿机制已被广泛共识，但构造控制的脉状钼矿床（含石英脉型）鲜见报道和研究，其成因类型更乏讨论。纸房钼矿作为嵩县石英脉型钼矿床的代表，其成因尚存争议：①与燕山晚期岩浆热液有关的中低温热液充填型层状矿床（刘国印等，2007；温森坡等，2008)；②与中元古代熊耳群火山热液有关的层控矿床（白凤军和肖荣阁，2009)；③造山型矿床（陈衍景，2006)。

外方山钼矿田的辉钼矿Re-Os年龄（239.9±4.0Ma）为判断矿床成因提供了有力的约束，排除了3种成因观点中的两个，即不可能与燕山晚期岩浆热液有关或与中元古代熊耳群火山热液（1.78～1.75Ga, He et al., 2009）有关。

自Groves等（1998）系统论证了造山型金矿的概念之后，世界范围绝大多数构造控制的脉状金矿床被确定为造山型。鉴于金元素与银、铜、铅、锌等元素具有显著的地球化学相似性，在众多矿床或矿集区具有紧密共生或伴生的特点，我国学者重视并识别出了一批造山型银矿、铜矿、铅锌矿床（Chen et al., 2004；李文博等，2007；祁进平等，2007；姚军明等，2008；Zhang et al., 2009, 2011；Zhang et al., 2012；Zheng et al., 2012)。同理，考虑到铜与钼元素的地球化学相似性和在诸多成矿系统中的伴生性，我们应该肯定造山型钼矿存在的可能性。

外方山矿田钼矿床地质和流体包裹体显示与造山型矿床特征（陈衍景，2006；陈衍景等，2007）一致，加之空间上产于造山带内，成矿时间恰恰处于洋陆俯冲体制（表6.15)，我们认为纸房钼矿床为断控脉状造山型钼矿。

表6.15 纸房脉状钼矿床与造山型矿床标志性特征对比

矿床	造山型矿床（陈衍景，2006）	纸房钼矿床
构造背景	产于增生型造山带的俯冲增生楔或碰撞型造山带	产于秦岭造山带北部刚性基底推覆体的熊耳地体
控矿断裂	矿床定位受构造控制	矿床产于断裂构造内
矿体产状	矿体呈脉状产出，延深可达数千米	矿体形态为脉状、似层状，单条矿脉最长达2.8km
矿石组构	矿化中心发育次生交代石英岩或石英脉，多遭受构造变形而破碎而呈角砾状构造，发育构造定向的网脉状构造	矿化中心发育粗粒厚大的石英脉，受挤压构造应力而呈定向网脉状构造

续表

矿床	造山型矿床（陈衍景，2006）	纸房钼矿床
围岩蚀变	侧向蚀变分带清楚，垂向分带不明显	沿石英脉两侧围岩产生线性钾化蚀变
成矿阶段	3 阶段矿化：早阶段石英-黄铁矿化，中阶段多金属硫化物化，晚阶段石英-碳酸盐化	3 阶段矿化：早阶段为石英-黄铁矿，石英具波状消光；中阶段石英-多金属硫化物呈定向网脉充填于早阶段石英脉裂隙；晚阶段石英-碳酸盐化
流体包裹体	3 种类型包裹体：富 CO_2 包裹体、含 CO_2 水溶液包裹体及水溶液包裹体	3 种类型包裹体：含 CO_2 水溶液包裹体、水溶液包裹体及含子晶多相包裹体
成矿温度	从早到晚，流体包裹体的捕获温度降低，成矿温度高于 200℃，但一般低于 500℃	从早到晚，流体包裹体均一温度降低，分别为>380℃，360～250℃，240～160℃
成矿压力和深度	从早到晚，流体包裹体的捕获压力降低，从超静岩压力系统变化到静水压力系统	早阶段流体包裹体捕获压力为 125～403Ma，中阶段为 101～285Ma；早阶段矿化形成深度为约 13km，而中阶段为约 10km
流体演化	流体成分由富含 CO_2 演变为水溶液，CO_2/H_2O 值在中阶段突然降低，表明发生了以 CO_2 逸失为特征的不混溶或沸腾现象，并可使残余流体由低盐度升高至 50% NaCl eqv.	由初始 H_2O-CO_2-NaCl 体系经多次沸腾作用，演化为晚阶段的水溶液；早阶段末和中阶段包裹体盐度最高，出现含子晶包裹体
标志性流体包裹体组合	流体包裹体标志为低盐度、富 CO_2，但沸腾导致含子晶包裹体发育	低盐度、富 CO_2 包裹体，但沸腾导致含子晶包裹体发育

6.1.6.2　流体沸腾与成矿物质沉淀

流体沸腾被共识为热液矿床成矿物质沉淀的重要机制之一（Cox et al.，2001；Hagemann and Luders，2003；陈衍景等，2007）。确定流体沸腾与否的关键标志是沸腾包裹体组合的存在，即高密度流体和低密度流体同时被捕获，因此确定沸腾包裹体组合的条件非常苛刻（Ramboz et al.，1982）：①气液比悬殊的包裹体共生；②均一温度相近；③均一方式各异。

根据盐度随温度演化规律，认为纸房钼矿床发生了强烈的流体沸腾现象，理由是：①中阶段 W 型、C 型以及 S 型包裹体共生，不同气液比的 W 型包裹体共生；②CO_2 包裹体部分均一方式各异，完全均一温度相近；③相比差异大的水溶液包裹体异相均一，且均一温度相近；④从早到中阶段，包裹体温度降低，盐度升高；⑤早、中阶段包裹体压力对应于相同深度的静岩和静水压力系统，表明包裹体是从非均匀流体中捕获的，记录了振荡性压力变化和流体沸腾。而且，纸房钼矿床流体沸腾现象以 CO_2 等挥发分大量逃逸为特征，与众多造山型矿床流体沸腾特征类似（Chen et al.，2004；陈衍景等，2004；陈华勇等，2004；祁进平等，2007；张祖青等，2007）。CO_2 等挥发分大量逃逸，一方面使流体浓缩甚至过饱和，促使钼等成矿物质沉淀，另一方面造成流体 pH 升高、氧化性降低或还原性增强，使 MoS_2 等得以沉淀。总之，流体沸腾是导致纸房钼矿床成矿物质沉淀的主要机制。

6.1.6.3　成矿模式

外方山石英脉型钼矿田位于马超营与三宝断裂带夹持区的次级断裂构造内，矿床形成于印支期。正如前述研究所揭示，在印支期洋陆俯冲过程中，勉略洋壳沿勉略缝合带向北俯冲，在仰冲板块依次形成过铝质 S 型花岗岩、钙碱性 I 型花岗岩以及碱性花岗岩-碳酸岩等岩浆系列。残余俯冲洋壳在华熊地块之下变质脱水，变质流体在上升过程中萃取地壳中金钼等成矿元素，沿断裂构造系统运移，并与围岩相互作用，可形成流体成矿系统。同时，在挤压背景下，嵩箕地块基底沿三宝断裂向南下插，同样可以派生成矿流体，造成陆弧与弧后大陆过渡带的造山型钼矿化，导致外方山石英脉型钼矿田形成（图 6.25）。

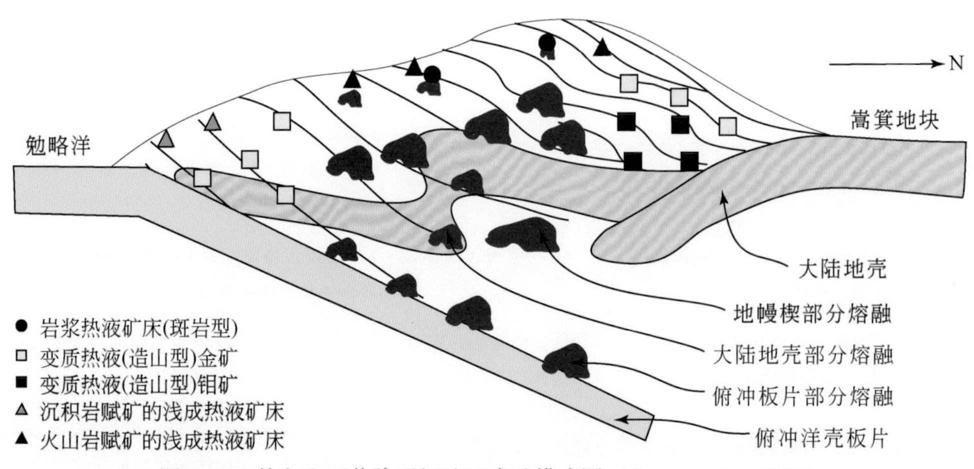

图 6.25　外方山石英脉型钼矿田成矿模式图（Deng et al.，2017）

6.1.6.4　深部预测

既然纸房钼矿床是断裂构造控制的造山型矿床，其延深也应较大，因此深部可能具有较大的找矿潜力。更重要的是，考虑到流体沸腾过程中气相成分趋于向成矿系统上部聚集，就三维空间的成矿系统而言，其浅部与深部相比，更倾向于捕获气体包裹体，因此，大量气相均一的包裹体发育应是成矿系统顶部的标志。对比纸房钼矿床，目前所采集的早、中阶段的样品主要发育气相均一的流体包裹体，只有少部分包裹体均一为液相，应是成矿系统顶部或上部的特点，也就是说，目前所勘探评价的纸房钼矿床只是纸房成矿系统的顶部或上部单元，其下部或深部应具有更大的找矿潜力。

鉴于目前纸房钼矿床早阶段流体包裹体均一温度已经高达380℃以上，早阶段末期和中阶段出现了含子晶包裹体，预测纸房矿区深部相同阶段的流体包裹体均一温度更高，盐度更大，成矿流体甚至趋向于呈现高温、高盐度等岩浆热液的特点。据此认为，在已知造山型矿种中，钼矿化应出现在造山型矿床连续地壳模式的最下部（详见陈衍景，2006），或者说钼矿化是成矿温度最高的造山型矿床端元。如此一来，纸房钼矿床深部伴生金、铜、铅锌矿化的可能性几乎不存在，但可能伴有钨、稀土元素富集。

6.1.7　小结

外方山石英脉型钼矿田产于熊耳群火山岩中，矿体呈脉状、似层状，受马超营断裂和三宝断裂的次级断裂构造控制；成矿过程包括早、中、晚三个阶段，分别以石英-黄铁矿、石英-多金属硫化物和石英-碳酸盐组合为标志。

纸房矿床流体包裹体包括 CO_2-H_2O 型、NaCl-H_2O 型以及少量由流体沸腾形成的含子晶包裹体；主成矿阶段流体包裹体均一温度为360～250℃，盐度为0～20.7% NaCl eqv.，成矿深度约10km，与变质热液矿床特征一致，指示其成因类型为造山型钼矿床；成矿流体由早阶段中高温、中盐度、富 CO_2 的变质热液向晚阶段低温、贫 CO_2 的大气降水演化；流体盐度随均一温度的降低而增高，指示流体沸腾是主要的成矿机制。

S-Sr-Nd-Pb 同位素显示，矿石硫化物相对于围岩熊耳群，具有低锶、高钕、高放射性成因铅等特征，若围岩作为物质源区之一，与围岩发生水岩反应形成矿石的流体端元需具有更低锶、高钕以及低放射性成因铅，与嵩箕地块的登封杂岩的同位素特征吻合。

Re-Os 同位素显示，外方山石英脉型钼矿田形成于240Ma 左右；在洋陆俯冲的挤压背景下，嵩箕地块基底沿三宝断裂向南俯冲，形成陆弧与弧后大陆过渡带的造山型钼矿化。

6.2 大湖金钼矿床

小秦岭地处华北克拉通南缘，秦岭造山带的最北部（图6.26；陈衍景和富士谷，1992），是我国仅次于胶东的第二大黄金产地。该区金矿多以含金石英脉形式产出于前寒武纪变质基底中，其成因被共识为造山型（Fan et al.，2000；Li et al.，2002；Mao et al.，2002；祁进平等，2002，2006；Chen et al.，2005b；Kerrich et al.，2005；Groves and Beirlein，2007）。由于缺乏合适的定年矿物，金矿成矿年龄多采用间接方法获得，包括：蚀变矿物（黑云母、绢云母、钾长石等）的K-Ar、Ar-Ar及Rb-Sr等时线方法、石英中流体包裹体的Rb-Sr等时线法，或利用脉岩与矿脉的穿插关系定年。然而，不同学者、不同方法获得的年龄变化范围较大，从古元古代到白垩纪，据此提出的成矿事件/时间差别较大，包括了中岳期或晋宁期（沈保丰等，1994；Chen et al.，1998b；薛良伟等，1999）、海西期（李华芹等，1993），印支期或燕山期（胡受奚等，1988；晁援，1989；栾世伟等，1991；Chen，1998；Chen et al.，1998a，1998b；王义天等，2002）。但多数学者主张燕山期（陈衍景和富士谷，1992；Li et al.，2002）。

随着找矿力度和采矿深度加大，小秦岭金矿田深部相继发现了具工业意义的钼矿体，如大湖、秦南、马家洼等。它们主要位于小秦岭北缘，即小秦岭金矿田的“北矿带”，矿体以含钼-金石英脉产出，展布受脆韧性剪切带控制。

河南省灵宝市大湖金矿探明黄金储量28t，平均品位8.7g/t，是小秦岭矿田的大型金矿床之一（图6.26），也是较早建设的大型矿山之一。该矿床主要矿体受近东西向韧性剪切带或断裂破碎带控制，属典型的断控中温脉状或造山型金矿（Mao et al.，2002；李晓波和刘继顺，2003；陈莉，2006；陈衍景等，2007）。采矿工作发现，部分含金石英脉向深部转变为含钼石英脉，在海拔500m以下的空间，还发现了多条独立的辉钼矿-石英脉，目前探获钼资源量已达10万t，为大型规模（Mao et al.，2008）。

鉴于已有造山型矿床中未见金钼元素综合矿床，大湖金钼矿床的独特性、研究价值以及对于寻找类似矿床的启发性等是不言而喻的。因此，我们在详细的矿床地质分析、流体包裹体地球化学、Sr-Nd-Pb同位素地球化学及成矿年代学研究（包括辉钼矿Re-Os定年、热液独居石SHRIMP U-Th-Pb定年及锆石U-Th-Pb定年）基础上，探讨了大湖金钼矿床成因及成矿物质来源，分析了金、钼成矿机制，厘定了其成矿作用时代，并借此探讨了小秦岭地区的两期热液成矿事件及构造背景（李诺等，2008；倪智勇等，2008，2009；Li et al.，2011a；Ni et al.，2012）。

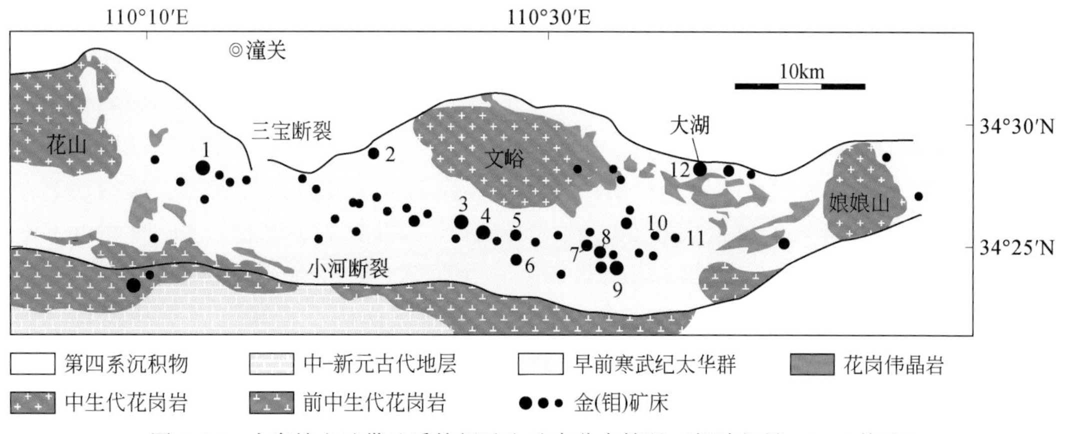

图6.26 小秦岭金矿带地质特征及金矿床分布情况（据陈衍景，2006修改）

主要矿床：1. 潼关；2. 东桐峪；3. 文峪；4. 东闯；5. 老鸦岔；6. 枪马峪；7. 金硐岔；8. 四范沟；9. 杨砦峪；10. 桐沟；11. 金渠；12. 大湖

6.2.1 成矿地质背景

6.2.1.1 区域地质

大湖金钼矿床位于小秦岭前寒武纪地体北缘，五里村背斜北翼的山前地带，属小秦岭金矿田的北矿带。小秦岭金矿田西起陕西省华山，东至河南省灵宝-朱阳盆地西北边缘，南、北分别以小河断裂和三宝断裂（即太要断裂）为界，东西长70km，宽约7～15km，是国内外学者共识的造山型金矿田（Kerrich et al., 2000；Li et al., 2002；Mao et al, 2002；祁进平等，2002，2006）（图6.26）。

区内出露地层主要为早前寒武纪（太古宙—古元古代，或>1850Ma）结晶基底太华超群，主要岩性为斜长角闪岩、角闪片麻岩、黑云斜长片麻岩、大理岩、石墨片麻岩以及混合片麻岩、条带状混合岩等，原岩发育在3.0～2.2Ga期间（Chen and Zhao, 1997）。

矿田内发育多期岩浆活动，包括前寒武纪混合花岗岩、花岗岩和伟晶岩（胡受奚等，1988），燕山期辉绿岩（晁援，1989）和花岗岩等（图6.26），以燕山期花岗岩最为发育，自西向东依次为华山、文峪和娘娘山黑云（角闪）二长花岗岩（胡受奚等，1988；陈衍景和富士谷，1992；Zhao et al., 2012）。矿田内断裂构造发育，并以近东西向韧性剪切带为主（栾世伟等，1991），在中生代经历了先挤压后伸展垮塌的过程（张进江等，1998，2003）。

6.2.1.2 矿区地质

大湖金钼矿床位于河南省灵宝市西南，属阳平镇管辖，地理坐标：东经110°36′29″～110°38′11″，北纬34°27′35″～34°28′34″，面积约3.4km^2（图6.27）。

矿区出露地层为太华群闾家峪组及第四系。闾家峪组自南而北、由下而上依次分布，区内不见顶底界，出露部分仅相当于该组的中上部，实测厚度1705.8m。岩性以混合片麻岩、黑云斜长片麻岩为主，呈层状、似层状产出，走向近EW，倾向NNW-NNE，倾角20°～50°，其中西部略缓，东部变陡。第四系黄土及残坡积主要分布于矿区北部的沟谷中，自南而北厚度逐渐增加，最大可达246m（河南省地质矿产厅第一地质调查队，1994）。

区内岩浆活动频繁，岩浆岩类型多样，主要有混合花岗伟晶岩、辉绿（玢）岩、煌斑岩及花岗斑岩等（河南省地质矿产厅第一地质调查队，1994）。混合花岗伟晶岩在矿区内分布广泛，多呈脉状、树枝状、不规则状产出。岩石呈灰白色、浅肉红色，花岗变晶结构，伟晶结构（矿物粒径5～20mm）或交代结构，块状构造。主要矿物包括：微斜长石（15%～60%），更长石（10%～45%），石英（30%～40%），次要矿物包括绢云母、钠黝帘石、绿泥石等，其中更长石具强烈的钠黝帘石化和绢云母化。岩石的形成与区域变质、混合岩化关系密切。与混合岩接触界线不清，并常夹混合岩的残留体。可见混合花岗伟晶岩被后期辉绿岩脉穿插。

区内基性脉岩发育，规模大小不等，产出严格受断裂控制，主要包括辉绿岩、辉绿玢岩和煌斑岩。辉绿岩是区内最为发育的脉岩，数量大于50条。按岩脉产状可分为NW向、NE向和近EW向三组，其中以NW向最为发育，近EW向次之。岩石呈深灰色至暗绿色，变余辉绿结构，块状构造。主要矿物为基性斜长石（40%）和辉石（45%），含少量磷灰石和磁铁矿。辉绿玢岩不甚发育，共有3条。据岩脉产出方向分为NW向和近EW向两组，产状与NW向和近EW向辉绿岩基本一致，长度最大1100m，宽4～6m，在走向上与辉绿岩常呈渐变过渡关系。岩石具斑状结构，斑晶为基性斜长石，一般3mm×5mm，呈浑圆状或不规则状，基质为隐晶质。岩石蚀变强烈，斜长石多发生钠黝帘石化，辉石发生绿泥石化、黑云母化。煌斑岩产出于矿区东井口南200m处，可见煌斑岩穿插至混合花岗岩内，并被S35含钼石英脉切穿（图6.28）。岩石具斑状结构，斑晶以角闪石为主，基质为隐晶质。

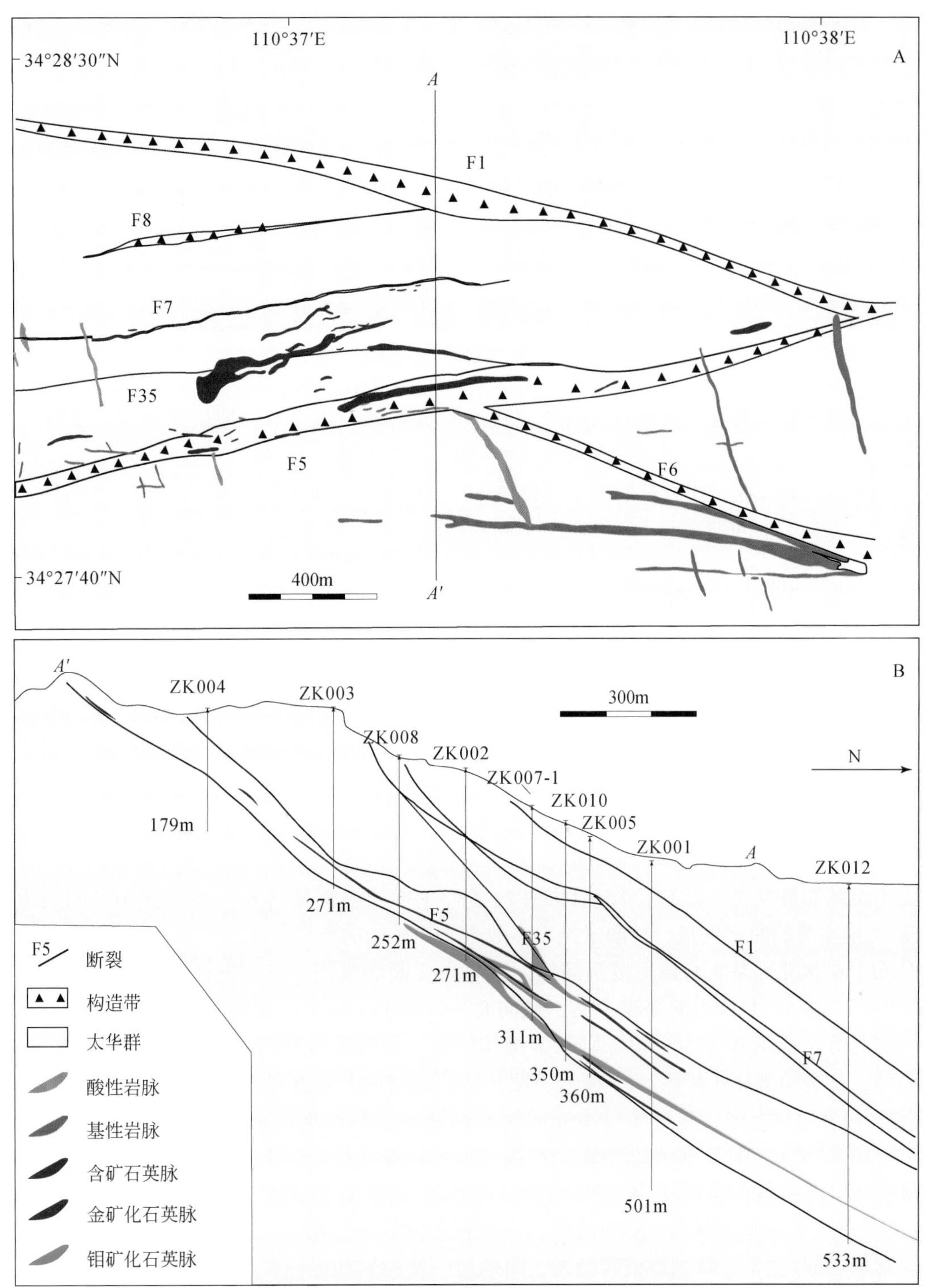

图6.27　大湖金钼矿床地质图（Li et al., 2011a）

A. 500m标高地质简图，示意含矿石英脉受F5、F7、F35控制；B. 图A中*A-A′*剖面图，示意F5中金、钼矿体分布情况

花岗斑岩在区内较为发育，规模不等。较大者长度可达千米，小者仅数百米，宽3～6m，走向近EW，倾向NE，倾角32°～80°。局部可见后期断裂将其错断。岩石灰色，斑状结构，块状构造。斑晶为更长石，形态不规则，粒度4mm，含量15%。基质主要由微斜长石（39%）、更长石（13%）、石英（25%）及黑云母（7%）组成，含少量磁铁矿、磷灰石及榍石。更长石多发生钠黝帘石化和绢云母化，基质强烈绿泥石化。

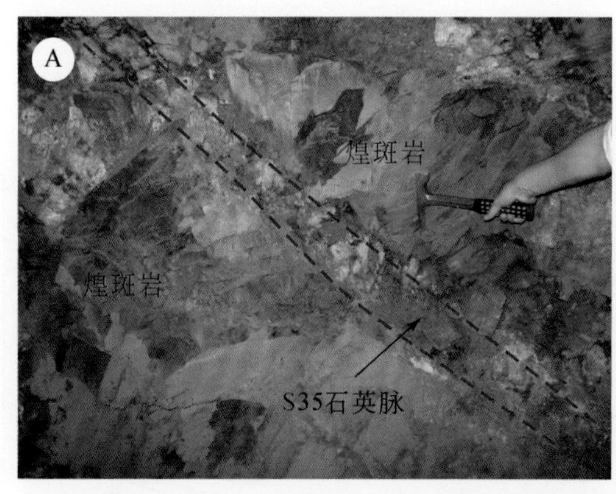

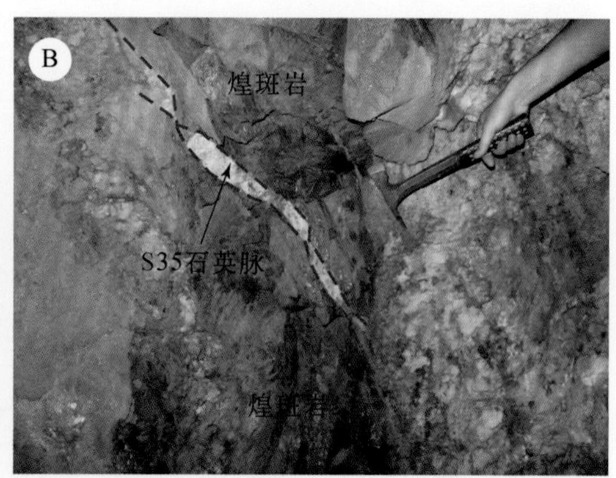

图 6.28　煌斑岩被 S35 含矿石英脉穿插（李诺，2012）

矿区位于五里村背斜北翼。五里村背斜主要由太华群间家峪组组成，地层总体走向 270°～290°，倾向北，倾角由南部的 20°～30°，过渡到北部的 35°～45 °。在小湖沟 F5 与 F6 之间，可见一小型背斜构造，背斜轴线长 55m，轴面北倾。小背斜的展布严格受 F5、F6 控制，属大构造带旁侧的次级褶曲。区内断裂构造形式复杂，包含了不同期次、不同方向、不同规模的断裂（见下述）。

6.2.2　赋矿断裂构造特征

矿区断裂构造十分发育（图 6.27A），按产出特征可划分为近 EW 向、NW-NNW 向、NE 向和近 NS 向四组，其中以近 EW 向最为发育。F1、F5、F6、F35、F7 和 F8 是本区的主要控矿断裂，余者皆为成矿前的控岩断裂。区内断裂具有多期活动性，断裂结构面呈压-压扭-张扭的复杂力学特征（河南省地质矿产厅第一调查大队，1994；张元厚等，2009）。

6.2.2.1　近 EW 向

矿区内本组断裂最发育，以 F1、F5、F6、F7、F8、F35 及被辉绿（玢）岩所充填的断裂为代表。其中，F5 是矿区最主要的赋矿构造，控制了绝大多数金、钼矿体的产出。

F1：分布于矿区北部基岩与黄土接壤部位，紧邻太要断裂南侧，自东向西横贯全区。区内出露长度 2.6km，宽度大于 20m，总体走向 280°左右，倾向北，倾角 35°～42°，主要由片麻岩、辉绿岩、花岗质岩石和含金石英脉等组成的碎裂岩、角砾岩和透镜体组成，局部发育片理化带。早期断裂以逆冲为特征，晚期北盘斜落，部分地破坏了矿体。F1 在 12 号勘探线以东与 F5 复合（图 6.27A）。

F5：位于 F1 和 F6 之间，是矿区最主要的控矿构造。该韧性剪切带自东向西贯穿矿区，出露长度 2.2km，宽度 10～150m，最宽 160m，沿走向和倾向显示舒缓波状。构造带在 2 线以西总体产状为（0°～10°）∠(18°～37°)，2 线以东产状为 332°∠(35°～43°)，总体走向 255°，平均倾向 34°。带内常见辉绿（玢）岩，花岗斑岩、长英岩脉及含金石英脉、含钼石英脉等脉岩充填。该带具多期活动特点，脉岩及围岩经历了多次韧-脆性变形，继而形成碎裂岩、角砾岩、糜棱岩和泥砾岩等互为一体的复杂构造带。其中长英质糜棱岩中发育的 S-C 组构指示 F5 断裂的上盘向南仰冲。该带在 2 线以西与 F6 复合，14 线以东又与 F1 复合，具明显的分支复合现象（图 6.27A）。带内广泛发育一组引张性断裂构造，控制着多数含金石英脉和含钼石英脉的产出。该组断裂面走向上与剪切带一致；与糜棱岩带呈同向同斜关系，倾角较剪切带略缓；剖面上，则以小于轴面的角度由浅至深从底向顶斜切剪切带，但又不超越其边界。成矿后，此构造再次复活，产生断层泥砾岩，沿矿体顶、底板广泛分布，含矿石英脉破碎，局部形成构造角砾岩并发生二次胶结，对矿体有破坏作用。

F6：位于矿区南部，走向 270°～280°，断层面产状为（350°～10°）∠(30°～56°)，一般宽 4～10m，在 2 线与 F5 复合。带内发育有碎裂岩和构造透镜体，金、钼矿化较弱，未形成工业矿体。F6 中长英质脉体小揉皱的特征指示该断裂具有逆冲特征。

F7：位于矿区西部，0～11线靠近F1底盘，11～19线靠近S35含钼石英脉的上盘。矿区范围内断裂长800m，宽3～5m，走向250°，总体倾向340°，倾角西缓东陡。3线以西倾角为10°，以东为41°，沿走向和倾向均呈舒缓波状。带内分布有含金石英脉和含钼石英脉，长100～500m，走向连续，厚度稳定，但金品位较低（一般3g/t），规模较小。断裂带底部见玉髓状石英与细粒黄铁矿呈条带状互层产出。

F8：位于矿区西部，F7以北，在11线与F7平行，向西逐渐散开。沿走向长800m，宽3～5m，总体走向250°，产状为340°∠60°。断裂带由构造角砾岩组成，指示F8以压性为特征。15～19线分布有长370m、厚1m的石英脉，7～11线石英脉长100m，厚度大于1m，金品位较高，可达5～10g/t，但规模小。

F35韧性剪切带：位于矿区3线以西，F5和F7之间，控制着S35含钼石英脉的产出。带长900m左右，地表宽度10～50m，总体产状（40°～350°）∠3°。见S35乳白色石英脉呈透镜状产于F35断裂中，反映了F35呈压性。该石英脉金矿化极弱，但钼矿化较好，且规模巨大，厚度10～20m。F35在1线与F5交汇复合（图6.27A）。

张元厚等（2009）认为近EW向断裂呈现向南逆冲的特征，相互叠置呈叠瓦状，属向南推覆的叠瓦状断裂。在后期，受山前断裂活动影响，断裂活化，破坏了矿体。

6.2.2.2　NW-NNW向

该组断裂比较发育，总体走向310°～350°，倾向多为NE-NEE，少许为SW。倾角65°～85°，沿走向长度从几十米至1100m不等，宽一般1～5m，多被辉绿（玢）岩充填。受后期构造影响，脉岩具不同程度的片理化及糜棱岩化，断面平直、形态规则，阶步、擦痕处处可见，辉绿岩中菱形格子构造和“×”形节理发育，表明该组断裂为多期活动的压-压扭性断裂。

6.2.2.3　NE向

该组断裂仅有6条，其中3条为辉绿岩脉充填，其余为含金石英脉充填。这些断裂分布在矿区中部和东部，沿走向长40～250m，宽2m左右，走向35°～50°，倾向NW，倾角70°，含金石英脉倾角40°左右。本组断裂与NW-NNE向断裂呈共轭产出，属压-压扭性断裂。

6.2.3　矿床地质特征

6.2.3.1　矿体特征

1. 金矿体

金矿体主要产于F5及F1构造带中，严格受断裂构造控制。矿区范围内共圈出金矿体24个，其中工业矿体19个，表外矿体5个。总体上，矿体在剪切带中呈似层状产出，在走向与倾向上与剪切带具同步波状起伏变化趋势（河南省地质矿产厅第一调查大队，1994）。

F1矿带：共圈出金矿体3个（2～4号），全部赋存于F1下部层位中，以2号矿体最大。F1中共获得金属量968kg，占勘探区总储量的4.7%。

F5矿带：是区内最主要的控矿构造。共圈出金矿体16个，其中工业矿体12个（16、17、19、19Ⅰ、19Ⅱ、21、22、22Ⅰ、24，25、26Ⅰ、27），表外矿体4个（19Ⅲ、19Ⅳ、23、26），求得金属量19272kg，占勘探区总储量的93.7%。19、22、21为矿区主矿体，尤以19号规模最大，亦是本矿区目前唯一的大型矿体。再下为23、24号矿体，25、26号矿体紧靠F5底部，26号矿体最低。

19号矿体：为矿区最大的矿体，金储量占矿区总量的68%。产于F5断裂上部层位，浅部斜切到F5底部。矿体形态复杂，总体呈近等轴状产出，走向80°，倾向N或NNW，倾角由东向西逐渐变缓。矿体沿走向长1180m，宽1340m，工程矿体厚度变化于0.52～18.04m，平均3.28m。工程矿体最低品位

2.86g/t，最高18.06g/t，平均6.58g/t。矿石自然类型在浅部以石英脉型为主，深部及矿体边缘多为构造蚀变岩型。

22号矿体：为矿区第二大矿体，金储量占矿区总量的11.7%。赋存于F5底部，19号矿体之下，属盲矿体。矿体走向EW，倾向N，倾角39°，沿走向长295m，平均斜宽864m，最大控制斜深1180m，工程矿体厚度变化于0.45~4.92m，平均2.13m。工程矿体最低品位1.55g/t，最高21.72g/t，平均6.58g/t。矿体完整，未见破矿构造。矿石自然类型以蚀变岩型为主，偶见石英脉型矿石。

21号矿体：隐伏于19号矿体之下，22号矿体以西，与后者属同一矿化层。金储量占全区总储量的6%。矿体走向近EW，倾向N，倾角36°。沿走向长229m，斜宽401m，最大控制斜深1140m。矿体厚度变化于0.38~2.82m，平均1.29m。工业矿体最低品位1.75g/t，最高16.75g/t。该矿体位于氧化带之下，全部为原生矿。矿石自然类型以石英脉型为主，少量为蚀变岩型。矿体较为完整，未遭受后期构造破坏。

2号矿体：位于F1底部，金储量占矿区总储量的4%。矿体走向近EW，倾向N，倾角41°，有中部陡两端缓之势。沿走向长300m，平均斜宽188m，最大控制斜深508m。矿体厚度变化于0.78~1.5m，平均1.11m。金最低品位3.86g/t，最高32.1g/t，且呈现西南部富、西北部贫的趋势。矿石全部位于原生带中，自然类型以蚀变岩型为主，石英脉型矿石较少。矿体完整，未见破矿构造。

2. 钼矿体

目前已发现的钼矿体产于F5、F35和F7构造带，以F5为主。矿体呈厚层状、透镜状（图6.29A），形态较为复杂。沿走向和倾向分支复合现象显著（图6.29B），且矿体和顶板岩石十分破碎，常见石英+钾长石±黄铁矿±辉钼矿组成的角砾（图6.29C），并见细粒粉末状辉钼矿胶结石英角砾（图6.29D）。在构造复合或接近底板处见糜棱岩化矿石。矿区范围内共圈定钼矿体四个，自南向北依次为：Mo-I、Mo-II、Mo-III、Mo-IV，近平行排列。

图6.29　大湖金钼矿床钼矿体特征（李诺，2012）

A. 厚大的含矿石英脉（S35），其中见有煌斑岩脉穿插；B. F5含矿石英脉的分支复合现象；C. F5含矿石英脉中钾长石+黄铁矿+石英+辉钼矿组成的角砾，其中辉钼矿沿角砾边缘分布；D. F7石英脉中辉钼矿呈细粒集合体胶结石英角砾。图中缩写：Kf. 钾长石；Mo. 辉钼矿；Py. 黄铁矿；Qz. 石英

Mo-I 号矿体：为矿区第二大钼矿体，产于 F5 下部层位中，浅部斜切到 F5 底部。该矿体形态复杂，为不规则大型脉状体，但产状较稳定，走向 80°，倾向 N-NNW，倾角 42.5°。东西长 700m，沿倾向延伸约 150m，总体呈近等轴状，局部与上层钼矿体交叉复合。矿体厚度变化于 4.85 ~ 13.55m，平均 8.66m。单工程品位最低 0.06%，最高 0.14%，平均 0.099%。

Mo-II 号矿体：为矿区第一大钼矿体，产于 F5 中下部层位中，浅部斜切到 F5 底部，与 Mo-I 号矿体以一条显著的断层面相隔。矿体形态复杂，但产状比较稳定，走向 80°，倾向 N-NNW，平均倾角 29°，局部与上、下层钼矿体交叉复合。东西长 600m，沿倾向延伸约 100m。矿体厚度变化于 2.16 ~ 38.20m，平均 18.54m，具小型规模。单工程品位最低 0.06%，最高 0.18%，平均 0.093%。该矿体下部 470、435 中段揭露为氧化矿，黄铁矿氧化为褐铁矿，辉钼矿氧化为钼华等矿物。

Mo-III 号矿体：为矿区第四大钼矿体，产于 F5 中部层位中。矿体总体呈哑铃状，产状稳定，平均倾角 40°，局部与下层钼矿体复合。东西方向长 280m，沿倾向延伸约 130m。该矿体形态复杂，矿体厚度变化于 1.50 ~ 13.20m 之间，平均 5.95m。单工程品位最低 0.07%，最高 0.39%，一般 0.08% ~ 0.14%，平均 0.10%。

Mo-IV 号矿体：为矿区第三大钼矿体，产于 F5 上部层位，在 7 线附近与 F7 相交。矿体形态规则，产状稳定，走向 80°，倾向 N-NNW，平均倾角 23°。东西方向长 230m，沿倾向延伸约 40m，总体呈近等轴状。该矿体西部见氧化矿，黄铁矿氧化为褐铁矿，辉钼矿氧化为钼华等矿物。矿体厚 2.44 ~ 10.32m，平均 6.0m。单工程品位最低 0.06%，最高 0.14%，一般 0.08% ~ 0.125%，平均 0.096%。

3. 金、钼矿体的关系

大湖矿床金、钼矿体受同一构造带（F5）控制，但二者的规模与范围有所不同。总体上金矿体叠置于钼矿体上部（图 6.27B），范围及规模相对于钼矿体较小。统计表明，当金与钼共存时，w(Au) 为 3.5g/t，w(Mo) 为 0.002%；w(Mo) 为 0.096% 时，w(Au) 平均为 0.2 ~ 0.6g/t(冯建之，2011)。

6.2.3.2　矿石成分和组构

1. 矿石类型

原生矿石类型包括石英脉型（图 6.30A ~ C）和蚀变岩型（图 6.30D），以前者为主。

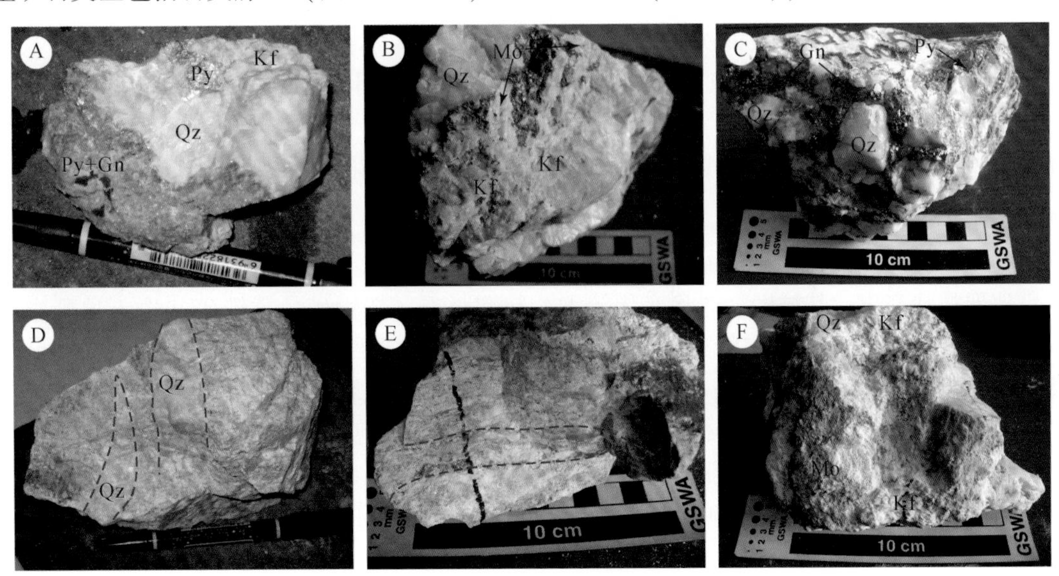

图 6.30　大湖金钼矿床矿石类型（李诺，2012）

A. 石英脉中由钾长石+粗粒黄铁矿组成的角砾；B. 石英脉中钾长石+辉钼矿角砾，辉钼矿沿角砾与石英脉的边界分布；C. 石英脉型矿石，含多种硫化物如方铅矿、黄铁矿及少量黄铜矿，其中硫化物多环绕石英角砾分布；D. 构造蚀变岩型矿石呈角砾状产出于石英脉中；E. 糜棱岩化矿石被石英-钾长石-辉钼矿脉穿插；F. 粉末状辉钼矿、钾长石包围石英角砾。图中缩写：Kf. 钾长石；Gn. 方铅矿；Mo. 辉钼矿；Py. 黄铁矿；Qz. 石英石英脉型矿石中金属矿物可呈浸染状产出，或围绕石英角砾分布。此外矿石中常见由石英 + 钾长石±辉钼矿±黄铁矿组成的角砾，以矿物粒度粗大为特征（图 6.30A），辉钼矿常沿角砾边界分布（图 6.30B）。

蚀变岩型矿石原岩为太华超群混合花岗岩，可见少量浸染状辉钼矿、黄铁矿等。此外，在断裂复合交汇处见有糜棱岩化矿石呈角砾状被石英胶结（图 6.30E）。这些糜棱岩化矿石的基质主要由塑性较强的石英组成，碎斑以钾长石为主，含少量石英、黄铁矿、闪锌矿。其中碎斑矿物的长轴定向排列形成 S 面理，绢云母条带和丝带状石英的定向分布形成 C 面理。

F7 矿体中常见粉末状的辉钼矿和钾长石围绕石英角砾分布（图 6.29D、图 6.30F）。

2. 金属矿物特征

大湖矿床原生金属矿物见自然金、黄铁矿、辉钼矿、黄铜矿、方铅矿、闪锌矿、磁黄铁矿等，次生氧化矿物见钼华、褐铁矿、赤铁矿、斑铜矿、铜蓝、孔雀石等。

金矿物以自然金为主，可见少量碲金矿（梁冬云，2001）。自然金呈金黄色，粒度 0.2 ~ 0.05mm。这些自然金多以不规则粒状、细脉状、网脉状或片状呈包体金（60%）、裂隙金（25%）及粒间金（15%）形式产出，载体矿物多为黄铁矿（图 6.31A、B）。

辉钼矿多为鳞片状或放射状，浅灰色，粒度变化较大（0.03 ~ 8mm）。其产出形式多样，包括：①在由钾长石（微斜长石）+ 石英±黄铁矿组成的角砾中（图 6.30A、B）沿矿物颗粒粒间充填（图 6.31C）；②呈团块状或放射状集合体（图 6.31C、D）分布于未变形的乳白色石英脉中（图 6.31D）；③在多金属硫化物矿石（图 6.30E）中沿黄铁矿（图 6.31E）、方铅矿（图 6.31F）、闪锌矿（图 6.31G）等矿物边缘或裂隙交代；④呈薄膜状、粉末状充填胶结石英角砾（图 6.29D，图 6.30F）。

黄铁矿产状各异，包括：①呈自形立方体形式产出于钾长石（微斜长石）+ 石英组成的角砾中（图 6.31H）；②在石英脉中单独或与独居石、辉钼矿等共同作为重矿物条带产出，粒度较大，多发生碎裂并被黄铜矿等充填交代（图 6.31I）；③糜棱岩化矿石中与石英、钾长石等呈眼球体产出（图 6.31J）；④多金属硫化物矿石中被黄铜矿、方铅矿等沿边缘或裂隙充填交代（图 6.31K），部分黄铁矿显示动态重结晶结构，表现为黄铁矿亚颗粒具有平直的颗粒边界，其粒间夹角为 120°（图 6.31L）。

方铅矿仅见于多金属硫化物矿石。常见方铅矿围绕石英角砾生长，或沿黄铁矿（图 6.31K、L）、黄铜矿等矿物边缘或裂隙进行充填交代。此外见方铅矿被辉钼矿沿边缘交代（图 6.31F）。

矿石中闪锌矿含量较少，可与黄铁矿等呈浸染状分布于石英脉中，部分颗粒发生碎裂并被石英、黄铁矿等充填；亦见闪锌矿颗粒被辉钼矿包围、交代（图 6.31G）。另有少量闪锌矿呈眼球状分布于糜棱岩化矿石中。

在蚀变岩型矿石中，伴随强烈的黑云母化、绢云母化、碳酸盐化，见磁黄铁矿交代黄铁矿呈假象。

3. 脉石矿物特征

脉石矿物以石英为主，钾长石、绢云母次之，黑云母、绿泥石、方解石少量。

石英呈他形粒状产出，其粒度、产状变化较大。与钾长石、辉钼矿、黄铁矿共生于角砾中的石英往往粒度较大，多遭受应力作用显示碎裂结构，波状消光及应力变形纹发育（图 6.32A）。石英脉型矿石中粗粒石英呈乳白色，具脆性变形特征，裂隙发育，常被细粒石英亚颗粒环绕而呈现典型的核幔结构（图 6.32B）。亦见粗粒石英被细粒石英交代呈条带状（图 6.32C）。石英多金属硫化物型矿石中石英呈烟灰色，普遍具有波状消光，硫化物周围往往为细粒重结晶的石英（图 6.32D）。糜棱岩化矿石中石英往往粒度较小，常与钾长石、黄铁矿、闪锌矿等作为眼球体产出（图 6.32H）；而胶结糜棱岩化矿石角砾的石英则粒度较大，边缘发生细粒化。

钾长石多为具格子双晶的微斜长石。呈角砾状产出的微斜长石粒度较大，多发生碎裂，并被后期石英、方解石等充填（图 6.32E）。钾长石的硅化（图 6.32F）、绢云母化强烈（图 6.32G）。在构造蚀变岩型矿石中见新生的钾长石交代斜长石。

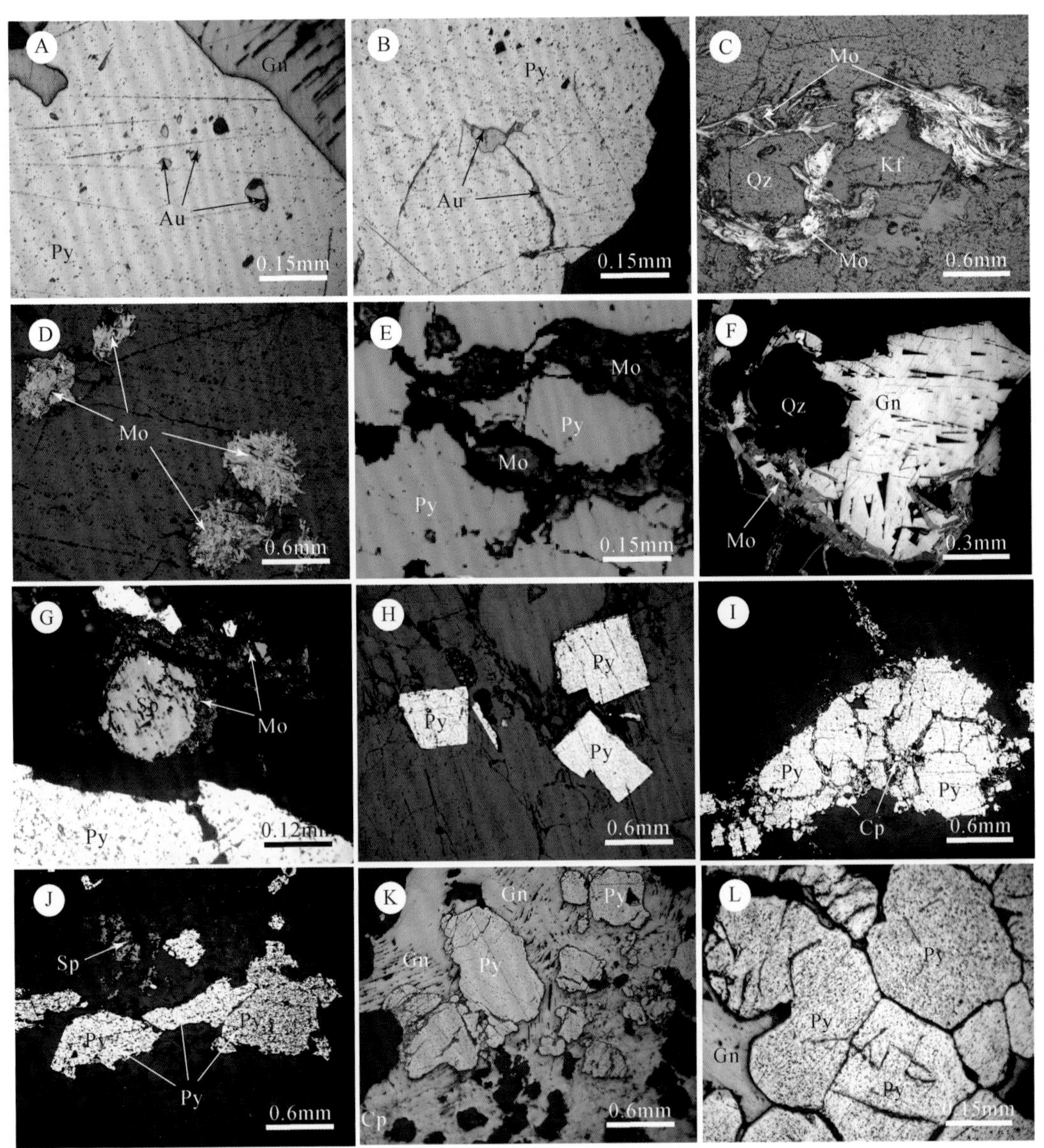

图6.31　大湖金-钼矿床金属矿物特征（李诺，2012）

A. 自然金在黄铁矿中呈包体产出；B. 黄铁矿中的裂隙金；C. 在由钾长石 + 石英 + 辉钼矿组成的角砾中，辉钼矿充填石英粒间孔隙；D. 石英脉中呈浸染状产出的辉钼矿；E. 辉钼矿沿碎裂黄铁矿粒间进行交代；F. 方铅矿包围石英角砾，并被辉钼矿交代；G. 辉钼矿环绕闪锌矿生长；H. 自形立方体黄铁矿浸染状产出于钾长石 + 石英组成的角砾中；I. 粗粒黄铁矿发生碎裂，并被黄铜矿充填交代；J. 糜棱岩中被绢云母包围的黄铁矿、闪锌矿；K. 闪锌矿、黄铜矿沿黄铁矿边缘进行交代；L. 黄铁矿小颗粒具有平直的边界，部分两面角为120°，代表退火平衡结构，其颗粒间隙被方铅矿充填。图中缩写：Au. 自然金；Cp. 黄铜矿；Kf. 钾长石；Gn. 方铅矿；Mo. 辉钼矿；Py. 黄铁矿；Sp. 闪锌矿；Qz. 石英

绢云母常作为钾长石蚀变产物产出，见绢云母交代钾长石呈假象（图6.32G）。另有少量绢云母呈填隙状产出于石英或钾长石粒间。偶见绢云母沿半自形黄铁矿边缘生长，表明其形成略晚于黄铁矿。糜棱岩化矿石中绢云母多呈条带状产出，可包裹石英、钾长石、黄铁矿、闪锌矿等眼球体（图6.32H）。

黑云母多出现于蚀变岩型矿石中，可见新生的黑云母围绕闪锌矿生长；伴随围岩强烈的黑云母化，黄铁矿被磁黄铁矿交代呈假象。围岩太华超群片麻岩中的黑云母往往被绿泥石、绢云母、方解石、黄铁矿、金红石等交代。

方解石含量较少，多作为黑云母、钾长石等的蚀变产物出现。另有少量方解石呈细脉状穿插石英、钾长石（图6.32E）。

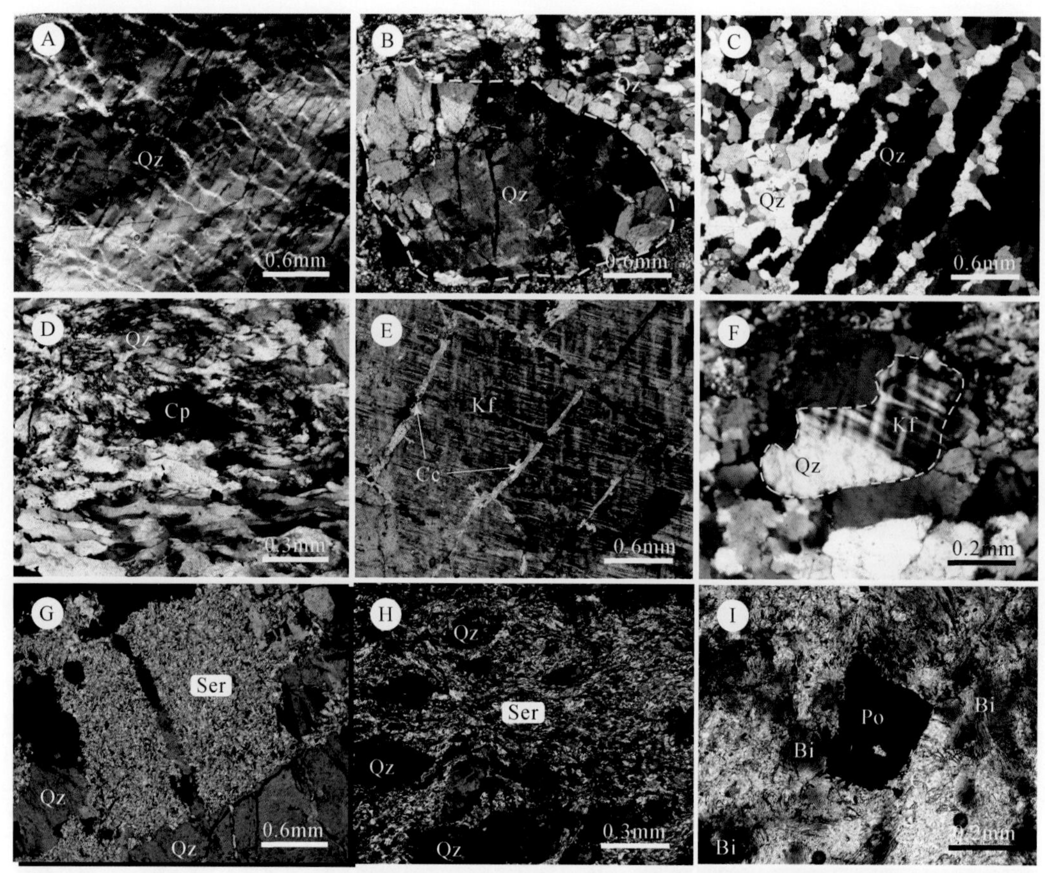

图 6.32　大湖金-钼矿床脉石矿物特征（李诺，2012）

A. 早期石英中的应力变形纹；B. 粗粒石英裂隙发育，并具波状消光特征，其周围细粒化石英具一致的消光位；C. 粗粒石英被细粒石英交代呈条带状残留；D. 多金属硫化物矿石中细粒石英的定向拉长、扭曲；E. 钾长石发育格子双晶，晚期碳酸盐脉沿其裂隙贯入；F. 钾长石发生硅化，其右侧仍保留格子双晶，而左侧已被石英交代；G. 粗粒钾长石被石英穿插，并被绢云母交代呈假象；H. 糜棱岩化矿石中绢云母条带状分布，石英作为眼球体产出；I. 蚀变岩型矿石中强烈的黑云母化、碳酸盐化，同时伴随有磁黄铁矿交代黄铁矿呈假象。图中缩写：Bi. 黑云母；Cc. 碳酸盐；Kf. 钾长石；Qz. 石英；Ser. 绢云母；Po. 磁黄铁矿

4. 矿石结构

常见矿石结构包括自形-半自形结构、他形结构、包含结构、交代结构、碎裂结构、核幔结构、动态重结晶结构、镶嵌粒状变晶结构等。

自形-半自形结构：黄铁矿呈立方体自形-半自形晶产出（图 6.31H）。

他形结构：自然金（图 6.31A、B）、黄铁矿（图 6.31E、I ~ L）、黄铜矿（图 6.31I）、方铅矿（图 6.31F）、闪锌矿（图 6.31J、N）等呈他形粒状产出。

包含结构：自然金在黄铁矿中呈包体产出（图 6.31A、B）。

交代结构：见辉钼矿交代黄铁矿（图 6.31E）、方铅矿（图 6.31F）、闪锌矿（图 6.31G）；方铅矿交代黄铁矿（图 6.31A、K）、黄铜矿；黄铜矿交代黄铁矿（图 6.31I）；磁黄铁矿交代黄铁矿呈假象；绢云母交代钾长石（图 6.32G）等。

碎裂结构：黄铁矿（图 6.31I）、石英（图 6.32B）、钾长石（图 6.32E）受应力作用而碎裂。

核幔结构：见粗粒石英碎斑被细小的石英亚颗粒环绕（图 6.32B）。

动态重结晶结构：常见石英被压扁、拉长，显示明显的优选方向，矿物颗粒间的边界呈锯齿状、缝合线状或不规则的港湾状（图 6.32D）。

镶嵌粒状变晶结构：见粒状、无优选方向的黄铁矿颗粒接触边界平直，粒径大小均匀，三个颗粒的界面相交的面角近 120°（图 6.31L）。

5. 矿石构造

主要包括脉状构造、网脉状构造、浸染状构造、角砾状构造、蜂窝状构造等。

脉状构造：含矿热液沿构造带充填形成粗大的含金（钼）石英脉（图6.29A、B）。

浸染状构造：辉钼矿（图6.31D）、黄铁矿（图6.31H）等金属硫化物呈浸染状产出于石英脉及蚀变岩中。

网脉状构造：见石英、方解石、黄铁矿、黄铜矿等组成的细小网脉穿插石英（图6.32G）、钾长石（图6.32E）、闪锌矿。

角砾状构造：见钾长石±石英±黄铁矿±辉钼矿组成的角砾分布于石英脉中（图6.29C、D，图6.30A、B）；见方铅矿、黄铜矿、黄铁矿等胶结石英角砾（图6.30E、图6.31C）。

蜂窝状构造：表生条件下，石英脉中的黄铁矿等硫化物遭受风化淋滤而残留硅质骨架，形成蜂窝状构造。

6.2.3.3　围岩蚀变类型和分带

区内以发育典型的线性蚀变为特征，蚀变主要沿构造带及其两侧围岩呈线状分布。蚀变类型包括硅化、钾化、绢英岩化、碳酸盐化、绿泥石化、黄铁矿化等。

硅化是矿区内最为重要的蚀变类型，主要体现为粗大石英脉沿构造带充填，细小石英网脉穿插钾长石（图6.32G）、粗粒石英（图6.32B）、闪锌矿（图6.31N）等。此外可见钾长石的硅化现象（图6.32F），表现为钾长石被石英交代而具港湾状晶体边界，其中被交代部分格子双晶消失。

钾化包括钾长石化和黑云母化，限于含矿脉旁侧数厘米到数米范围内；随距石英脉距离增大，蚀变减弱。钾长石化岩石呈现典型的肉红色，以围岩中斜长石部分或完全被钾长石交代为特征。黑云母化局部发育，伴随围岩的黑云母化，可见自形-半自形黄铁矿被磁黄铁矿交代呈假象（图6.32I）。

绢英岩化蚀变强度较大，其蚀变带宽度可达数十米。强烈绢英岩化的岩石往往呈现浅绿色外观，可见绢云母部分或完全交代钾长石（图6.32G）、黑云母，或沿石英、钾长石等颗粒边界分布。伴随绢英岩化常见浸染状黄铁矿产出。

碳酸盐化、绿泥石化在本区不甚发育。可见方解石沿钾长石、黑云母等矿物边界进行交代（图6.32I），或呈细脉状切穿钾长石、石英等先成矿物（图6.32E）。见围岩中黑云母被绿泥石部分或完全交代。

上述蚀变中，钾长石化与钼矿化关系密切，而绢英岩化强烈的矿石常见金矿化。

6.2.3.4　成矿过程和阶段划分

如前所述，大湖金钼矿床矿物组合简单，但矿石结构、构造复杂多样。考虑到：①构造分析表明赋矿断裂经历了后期活化（张元厚等，2009）；②辉钼矿、黄铁矿、钾长石及石英既可作为角砾出现，又可出现于胶结物中；③辉钼矿Re-Os同位素定年和热液独居石的SHRIMP U-Th-Pb定年给出了两组热液成矿年龄：约216Ma和<125Ma（见后），认为大湖金钼矿床经历了至少两次构造-热液成矿事件。据此，根据矿物组合、矿石结构构造与区域构造演化历史，厘定成矿过程如下，相应的矿物生成顺序见图6.33。

钼成矿期：目前可识别出的属于该成矿期的矿物组合均来自各种角砾，主要矿物包括钾长石、石英、黄铁矿、辉钼矿及少量的闪锌矿和热液独居石。该期矿物以颗粒粗大为特征，石英、钾长石、黄铁矿的粒度可达数厘米。其中，钾长石多为低温的微斜长石；黄铁矿以粗粒的半自形-他形晶为主。由于遭受不同程度的黄铁绢英岩化，可见次生的绢云母及中细粒立方体黄铁矿。

金成矿期：伴随强烈的构造活化，钼金属成矿期形成的矿石多呈角砾状被新生矿物所胶结，且不同矿物显示不同的变形特征。黄铁矿、钾长石以脆性变形为主，常见碎裂结构，裂隙发育，并被新生的细粒石英、黄铜矿、方铅矿及少量钾长石等充填、交代；石英颗粒往往以韧性变形为特征，常见波状消光、变形纹及变形带，边缘细粒化并呈现核幔结构；独居石既可发生机械的碎裂，又伴有溶解-重结晶作用的发生（见后）；辉钼矿则发生机械重置，表现为辉钼矿沿石英、黄铁矿、方铅矿及闪锌矿等矿物的边缘或裂隙进行交代，从而造成辉钼矿晚于上述矿物的假象。然而 Re-Os 同位素定年发现，这些看似形成较晚的辉钼矿具有与角砾中辉钼矿一致的年龄（见后），表明辉钼矿形成较早，只是在后期构造热事件中发生机械重置，但其 Re-Os 同位素体系并未遭受扰动。在局部应力集中部分可形成矿石糜棱岩，表现为先成的矿物定向排列，且粒度变细。同步于对先成矿物的改造，该期新生热液矿物，如黄铜矿、方铅矿等，往往沿先成矿物裂隙或边缘进行交代，形成多金属硫化物矿石。随后该阶段以矿物的应力恢复为特征，表现为粒状、无优选方向的黄铁矿颗粒间接触边界平直，粒径大小均匀，局部相邻颗粒粒间夹角为120°，显示黄铁矿经历了显著的退火或重结晶作用（Craig and Vokes，1993）。伴随这种重结晶作用，黄铁矿中所含不可见金（Zhao et al.，2011）以自然金的形式呈包体金或裂隙金产出。

成矿后尚有微弱热液活动，形成梳状的石英-碳酸盐细脉，但对矿化贡献微弱。

表生期表现为对先成矿物的氧化，形成的矿物包括赤铁矿、褐铁矿、斑铜矿、铜蓝、孔雀石、钼华等。

矿物	成矿期		成矿后	表生期
	钼成矿期	金成矿期		
石英				
钾长石				
绢云母				
黑云母				
方解石				
独居石				
辉钼矿				
黄铁矿				
闪锌矿				
黄铜矿				
方铅矿				
磁黄铁矿				
自然金				
褐铁矿				
赤铁矿				
斑铜矿				
铜蓝				
孔雀石				
钼华				

图 6.33 大湖金-钼矿床矿物生成顺序（李诺，2012）

需要指出的是，上述成矿阶段划分主要依据野外地质特征、岩相学特征及定年分析结果。由于尚不清楚黄铁矿、黄铜矿、闪锌矿、方铅矿等金属硫化物在后期构造热事件中是否存在溶解-再沉淀作用，且其中 Re-Os 含量太低尚无法进行直接的年龄测定，上述硫化物的形成时间、先后顺序有待于进一步研究。

6.2.3.5　矿物地球化学

1. 自然金

河南省地质矿产厅第一调查大队（1994）和简伟（2010）先后对大湖金矿中的自然金进行了电子探针分析，结果列于表 6.16。分析结果显示，区内自然金成色较高，金含量一般> 90%，银含量< 4%，其他杂质微量（表 6.16）。

表 6.16　自然金电子探针分析结果

样品号	Au/%	Ag/%	总和	资料来源
选Ⅲ号样	98.08	1.92	100.00	河南省地质矿产厅第一调查大队，1994
选Ⅲ号样	96.49	2.01	98.50	河南省地质矿产厅第一调查大队，1994
Ph14-6-1	99.12	0.45	99.57	河南省地质矿产厅第一调查大队，1994
Ph14-6-2	99.23	0.46	99.69	河南省地质矿产厅第一调查大队，1994
DT-1	98.09	0.58	98.67	河南省地质矿产厅第一调查大队，1994
DT-2	98.65	0.46	99.11	河南省地质矿产厅第一调查大队，1994
400-13-2Au	89.38	11.07	100.45	简伟，2010
400-10Au	95.73	3.69	99.42	简伟，2010

2. 黄铁矿

Zhao 等（2011）采用 LA-ICP-MS 方法分析了大湖矿床黄铁矿的微量元素含量，发现其中 Au 含量总体偏低（$<0.01\times10^{-6}\sim0.87\times10^{-6}$），而 Ni 含量变化较大（$<4.5\times10^{-6}\sim463\times10^{-6}$）。总体上，多金属硫化物矿石中他形黄铁矿 Au 含量最高（$<0.01\times10^{-6}\sim0.384\times10^{-6}$），而自形-半自形黄铁矿的 Au 含量最低（$<0.01\times10^{-6}\sim0.146\times10^{-6}$，表 6.17）。

表 6.17　大湖金钼矿床黄铁矿中微量元素含量（Zhao et al.，2011）

编号	样品特征	分析点	$Au/10^{-6}$	$Ni/10^{-6}$
08XQL-57	石英-黄铁矿脉，黄铁矿半自形，粒度 0.2～2mm；黄铜矿和方铅矿交代黄铁矿	1a	<mdl	<mdl
		1c	<mdl	24.1
		2	<mdl	22.3
08XQL-54	黄铁矿呈他形粒状，粒度变化于 0.5～4mm，显示应力作用痕迹而发生碎裂；见细粒辉铋矿（<1～8μm）充填黄铁矿裂隙	1a	0.038	<mdl
		1b	0.867	18.3
		2a	<mdl	30.1
		3a	0.017	24.7
		3b	0.064	38.1
		4a	0.048	35.9
		4b	0.06	32.6
		7a	0.037	<mdl
		7b	0.038	14.4
08XQL-46	浸染状黄铁矿呈自形晶产出，粒度较大（<1～8mm），其内部含大量包体，而边缘不含包体	1	0.013	250
		2	<mdl	390
		3a	0.023	463
		3b	<mdl	188
		4	<mdl	286
		5a	<mdl	18.1

续表

编号	样品特征	分析点	$Au/10^{-6}$	$Ni/10^{-6}$
08XQL-46	浸染状黄铁矿呈自形晶产出，粒度较大（<1 ~ 8mm），其内部含大量包体，而边缘不含包体	5b	0.015	16.9
		6a-1	0.035	294
		6b-1	0.066	380
		6c	0.013	186
		7a	0.025	284
		7b	0.146	133
		8a	0.068	239
		8b	0.026	93.4
		9a	<mdl	19.4
		9b	<mdl	8.11
08XQL-45	黄铁矿-辉钼矿-方解石-石英脉，黄铁矿呈他形晶产出（0.1 ~ 2mm），边界呈港湾状，辉钼矿呈细粒集合体沿黄铁矿裂隙或颗粒边界产出	1a	0.041	359
		1b	0.384	341
		2	0.276	383
		3a	<mdl	97.5
		3b	0.082	248
		4	<mdl	17.8
		5a	0.169	240
		5b	0.356	323
		6	0.022	696
		7	0.033	342
		7x	0.077	155

注：mdl 表示检测限，对于金为 0.01×10^{-6}，Ni 变化于 $4.5\times10^{-6} \sim 11\times10^{-6}$。

6.2.4 流体包裹体地球化学

6.2.4.1 样品和测试

本书主要对 2 件钼成矿期石英-黄铁矿角砾样品及 8 件金成矿期样品进行流体包裹体研究，成矿后碳酸盐阶段矿物粒度过于细小，无法进行测试工作（倪智勇等，2008）。

流体包裹体显微测温分析在中国科学院地球化学研究所矿床地球化学国家重点实验室 LINKAM THMSG600 型冷热台完成，并利用美国 FLUID INC 公司提供的人工合成流体包裹体样品对冷热台进行了温度标定。该冷热台在-120 ~ -70℃温度区间的测定精度为±0.5℃，-70 ~ +100℃区间为±0.2℃，100 ~ 500℃区间为±2℃。测试过程中，CO_2包裹体相变点（如固态 CO_2熔化温度、笼合物熔化温度）附近升/降温速率为 0.2℃/min，水溶液包裹体冰点和均一温度附近的升温速率为 0.2 ~ 0.5℃/min，以准确记录其相转变温度。

激光拉曼显微探针分析在中国科学院地球化学研究所矿床地球化学国家重点实验室的激光拉曼光谱实验室进行。测试仪器为 Renishaw 公司生产的 InVia Reflex 型显微共焦激光拉曼光谱仪，采用 Spectra-Physics 氩离子激光器，波长 514nm，激光功率 20mW，空间分辨率为 1 ~ 2μm，积分时间一般为 30s，局部测试积分时间适当延长，100 ~ 4000cm^{-1}全波段一次取谱。

6.2.4.2　流体包裹体岩相学特征

根据流体包裹体成分及其在室温及冷冻回温过程中的相态变化，可将包裹体分为如下四类：纯 CO_2 包裹体、含 CO_2 包裹体、含子矿物多相包裹体及水溶液包裹体。

纯 CO_2 包裹体（PC 型）：多为圆形、椭圆形或负晶形，5～20μm；室温下表现为单相，冷冻过程中出现气相 CO_2；孤立或成群分布（图 6.34A），有时呈线状沿石英的生长环带分布。亦见该类包裹体发育于独居石中。

含 CO_2 包裹体（C 型）：以长条形、负晶形、圆形、椭圆形为主，个体一般 5～25μm。室温下表现为两相（L_{H_2O}+V_{CO_2}，图 6.34F）或三相（L_{H_2O}+V_{CO_2}+L_{CO_2}，图 6.34B、C）。冷冻后回温过程中测得固相 CO_2 熔化温度（T_{m,CO_2}）变化于−60.1～−56.6℃，等于或低于纯 CO_2 的三相点，表明其成分中除 CO_2 外可能还有其他挥发组分的存在，但含量低于激光拉曼探针检出限（见后）。据 CO_2 相（V_{CO_2}+L_{CO_2}）占包裹体总体积的比例，可进一步划分为富 CO_2 包裹体（C1 型，图 6.34B）和贫 CO_2 包裹体（C2 型，图 6.34C）。其中前者 CO_2 相含量> 50%，后者 CO_2 相含量< 50%。该类包裹在热液独居石中亦可见（见后）。

含子矿物多相包裹体（S 型）：圆形、椭圆形，大小一般 5～15μm。流体相包括气相 CO_2、液相 CO_2 及水溶液相；子矿物包括立方体石盐及未知的透明（图 6.34E）及暗色子矿物（图 6.34D、E），后者在

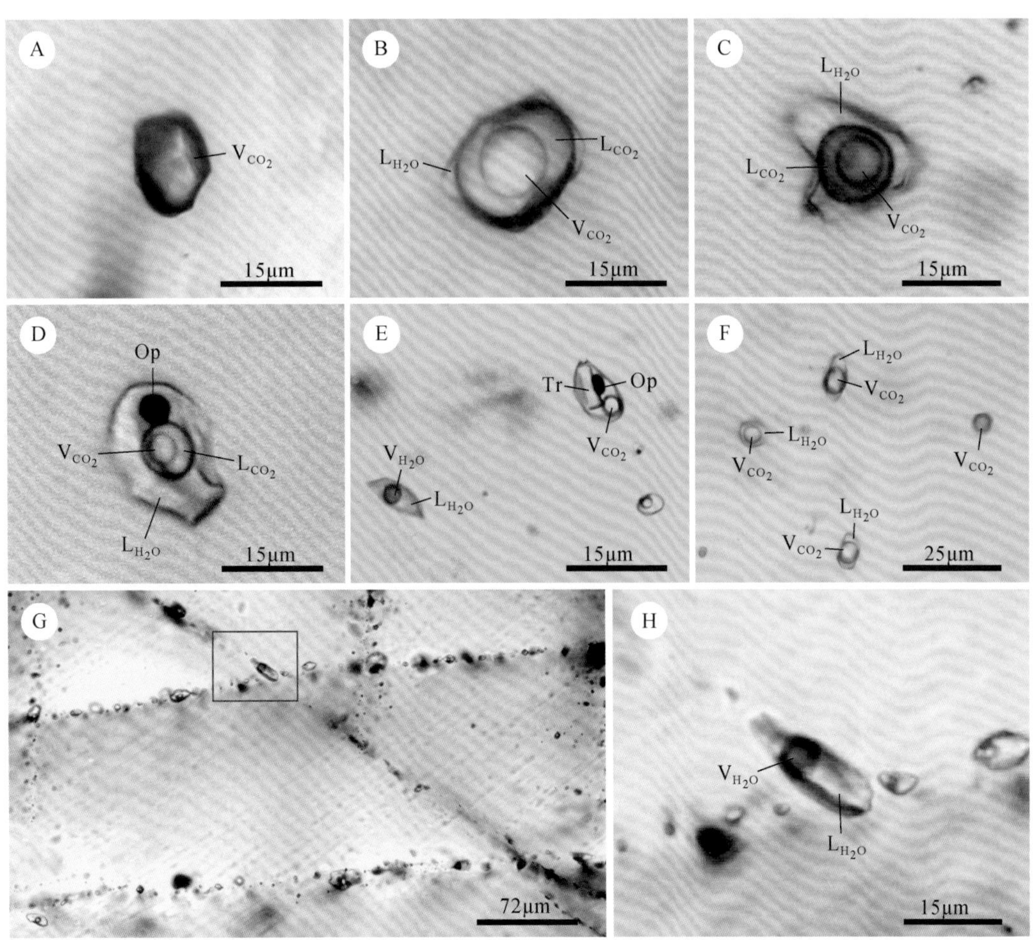

图 6.34　大湖金-钼矿床流体包裹体特征（李诺，2012）

A. PC 型包裹体，仅含 CO_2；B. C1 型包裹体；C. C2 型包裹体；D. 含不透明粒状子矿物的 S 型包裹体，气相组分为 CO_2；E. 共存的 S 型包裹体和 W 型包裹体，其中 S 型包裹体含透明板条状和不透明粒状子矿物；F. 共存的 C 型和 PC 型包裹体，其中 C 型包裹体室温下表现为两相（L_{H_2O}+V_{CO_2}）；G. 次生的 W 型包裹体，沿切穿石英颗粒的 X 型裂隙定向分布；H. G 中的 W 型包裹体。缩写：V_{CO_2}. 气相 CO_2；L_{CO_2}. 液相 CO_2；V_{H_2O}. 气相 H_2O；L_{H_2O}. 液相 H_2O；Op. 未知暗色粒状子矿物；Tr. 透明子矿物

激光拉曼光谱照射时位置发生移动，未能获得其特征拉曼谱峰。该类包裹体常与C型包裹体共生。

水溶液包裹体（W型）：以长条形、椭圆形或不规则状为主，个体4～25μm，室温下表现气液两相（$V_{H_2O}+L_{H_2O}$）。该类包裹体多为次生成因，常沿石英裂隙呈线性定向排列（图6.34G、H），个别包裹体呈孤立状与C型、S型包裹体（CO_2-H_2O包裹体）共生（图6.34E）。

上述包裹体在不同成矿期的石英中发育情况不同。钼成矿期石英中只见C型包裹体，包裹体个体较大，多呈近椭圆形、负晶形、不规则状。金成矿期石英中包裹体类型丰富，可见上述所有类型包裹体，且往往硫化物附近的石英中包裹体更为发育；常见P型、C型、S型包裹体共生产出（图6.34F），其中C型包裹体的CO_2所占比例变化于10%～90%，显示了流体不混溶现象（图6.34F）。多数W型包裹体沿石英裂隙呈线性排列，或呈共轭状产出（图6.34G、H），属次生包裹体，可能代表了成矿后的流体特征；少数W型包裹体呈孤立状与C型包裹体共生（图6.34E）。

6.2.4.3 显微测温结果

钼成矿期石英中仅含C型包裹体。获得该类包裹体的CO_2笼合物熔化温度变化于4.1～7.7℃之间，CO_2部分均一至液相，部分均一温度为15.0～30.2℃。继续加热，绝大多数包裹体由于内压较高在达完全均一前发生爆裂，获得的爆裂温度为256～365℃，仅测得的两个完全均一温度分别为402℃和503℃，向液相均一（表6.18）。

金成矿期石英中PC型包裹体的均一温度变化于10.3～19.2℃。C型包裹体的CO_2笼合物熔化温度变化于1.7～9.9℃之间，CO_2相于7.1～32.5℃部分均一至液相。继续加热，部分包裹体在完全均一前发生爆裂，爆裂温度变化于215～464℃；获得的完全均一温度介于293～410℃之间（表6.18，图6.35）。获得两个分别含透明石盐子矿物和暗色子矿物的S型包裹体的CO_2笼合物熔化温度分别为3.8℃和5.3℃，CO_2部分均一至液相，部分均一温度分别为31.1℃和32.5℃，高于CO_2的临界温度（30.977℃），可能是子矿物相的存在造成体系不纯所致。由于内压过高，该类包裹体在子矿物熔化前发生爆裂，测得的爆裂温度分别为225℃和251℃。石盐子矿物的存在表明其水溶液相中石盐已达饱和，即其盐度至少为26.3% NaCl eqv.（表6.18）。此外，该阶段石英中见有孤立分布的原生W型包裹体，但由于包裹体个体太小，未能获得相应的温度数据；而其中呈线状产出的W型包裹体属次生成因，可用于代表成矿后形成碳酸盐的流体。该类次生W型包裹体的冰点温度变化于-10.8～-10.4℃，完全均一温度变化于227～251℃（表6.18）。

表6.18 大湖金-钼矿床成矿流体热力学特征（倪智勇等，2008）

阶段	类型	T_{clath}/℃	T_{h,CO_2}/℃	T_{ice}/℃	T_h/℃	T_D/℃	盐度/（% NaCl eqv.）	压力/MPa
钼成矿期	C	4.1～7.7	15.0～0.2		402，503	256～365	4.5～10.4	138～331
金成矿期	PC		10.3～19.2		—	—	—	78～237
	C	1.7～9.9	7.1～31.2		293～410	215～464	0.2～13.6	
	S	3.8，5.3	31.1～32.5		—	225～251	>26	
成矿后	W*			-10.8～-10.4	227～251	—	14.4～14.8	—

注：T_{clath}为CO_2笼合物熔化温度，T_{h,CO_2}为CO_2部分均一温度（全部均一至液相），T_{ice}为冰点，T_D为爆裂温度，T_h为完全均一温度，W*为金矿化石英中沿裂隙产出的次生W型包裹体。

根据Roedder（1984）的含CO_2包裹体盐度方程以及Bodnar（1993）的计算水溶液包裹体的盐度方程，获得钼成矿期及金成矿期的流体盐度范围分别是4.50%～10.4% NaCl eqv.和14.4%～14.8% NaCl eqv.。对于后者，因流体相分离而同时存在低盐度流体和高盐度流体，其盐度分别为0.2%～13.6% NaCl eqv.和>26.3% NaCl eqv.（表6.18）。据CO_2的部分均一温度/方式及Touret和Bottinga（1979）的状态方程，计算得到钼成矿期流体中CO_2相密度为0.61～0.89g/cm^3，金成矿期流体CO_2密度为0.33～0.89g/cm^3。

金成矿期石英中常见不同相比例的C型、PC型及S型包裹体在空间上密切共生。这些包裹体往往具有相近的均一温度，但均一方式迥异，暗示强烈的流体沸腾或相分离现象的存在。基于Bowers和

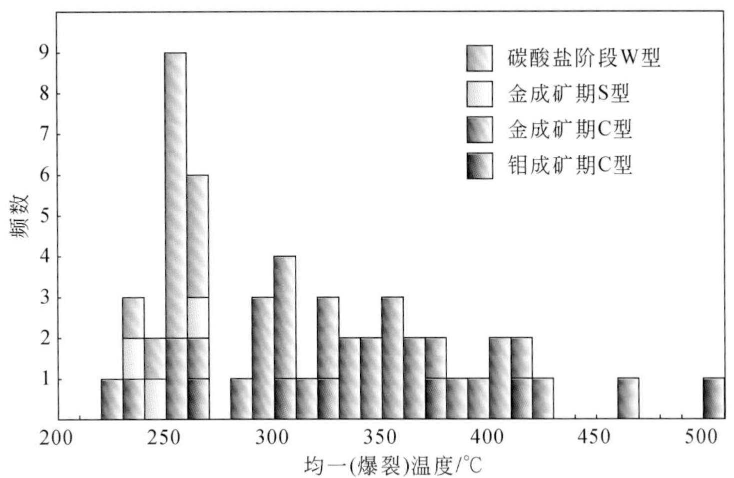

图6.35　大湖金-钼矿床流体包裹体均一（爆裂）温度直方图（倪智勇等，2008）

Helgeson（1983）修订的Redlich和Kwong（1949）的MRK方程，利用C型流体包裹体的显微测温数据，获得钼成矿期及金成矿期流体包裹体的捕获压力分别为138～331MPa和78～237MPa（表6.18）。

6.2.4.4　包裹体成分分析

拉曼光谱分析表明，PC型（图6.36A）及C型包裹体（图6.36B）的气相仅含CO_2；W型包裹体的气相成分以H_2O为主，含微量CO_2（图6.36C），其液相组分仅含H_2O（图6.36D）；S型包裹体的子矿物由于粒度过小，未能获得其成分特征。

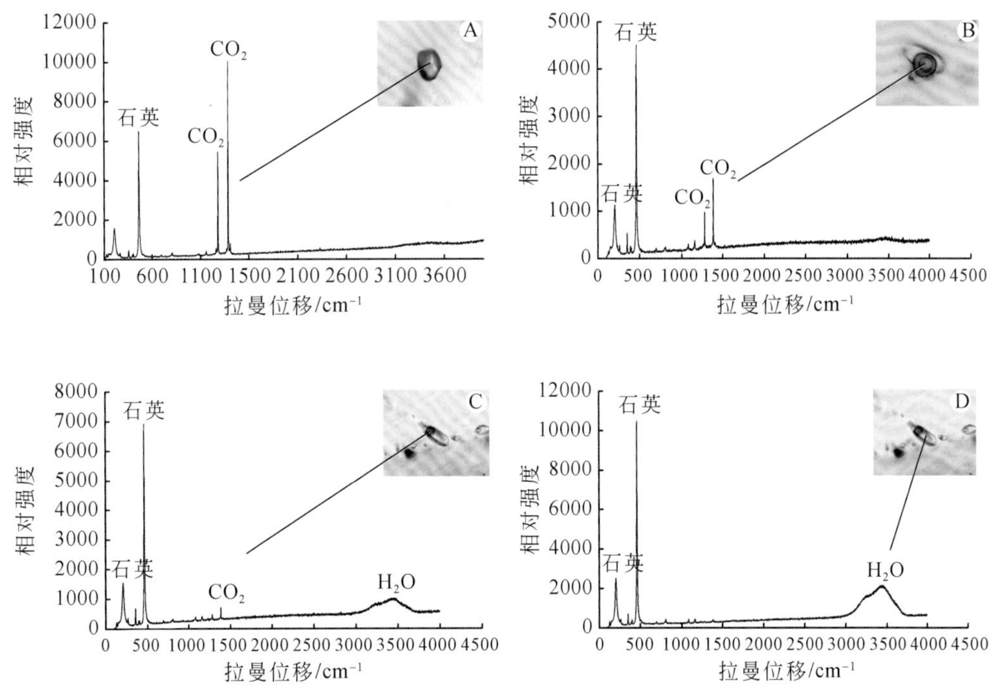

图6.36　大湖金-钼矿床流体包裹体激光拉曼显微探针图谱（李诺，2012）

陈莉（2006）和简伟（2010）分别开展了流体包裹体群体成分分析（表6.19和表6.20）。结果表明，成矿流体的气相成分以H_2O和CO_2为主，含微量CH_4、N_2、C_2H_6、H_2S及Ar。液相成分以Na^+、Cl^-为主，含部分K^+、Ca^{2+}、Mg^{2+}、SO_4^{2-}和F^-。部分包裹体阴阳离子含量较高（例如，样品435-B3中Cl^-含量为22.8×10^{-6}，Na^+含量为35.1×10^{-6}；ym540-B6中Cl^-含量为33.8×10^{-6}，Na^+含量为33.8×10^{-6}），可能对应出现含子矿物多相包裹体的样品。

表 6.19　大湖金钼矿床流体包裹体气相成分　（单位：mol%）

样品号	H_2O	CO_2	CH_4	N_2	C_2H_6	H_2S	Ar	资料来源
435-B3	85.176	10.01	1.39	1.014	1.875	0.126	0.426	陈莉，2006
470-B4-2	87.52	11.475	0.551		0.047	0.001	0.406	陈莉，2006
435-B2	95.509	3.808	0.313		0.339	0.032		陈莉，2006
505-B1-2	79.31	14.74	1.491	2.917	1.028	0.009	0.508	简伟，2010
470-F7-12-1	53.26	39.714	1.173	4.808	0.492	0.014	0.542	简伟，2010
470-F7-33	68.06	30.846	0.277	0.694	0.077	0.001	0.045	简伟，2010
470-F7-8	94.69	4.913	0.121	0.226	0.019	0.001	0.03	简伟，2010
F7-19	60.27	39.102	0.151	0.408	0.067	0.002		简伟，2010
F7-8	89.2	10.467	0.101	0.192	0.025	0.001	0.014	简伟，2010
F7-9	75.06	24.333	0.205	0.325	0.059	0.001	0.018	简伟，2010
F5-505-1	95.67	4.059	0.085	0.154	0.015	0.001	0.016	简伟，2010
ym540-B3	31.76	67.358	0.111	0.67	0.099	0.002		简伟，2010
ym540-B6	91.05	8.62	0.093	0.199	0.019	0.001	0.018	简伟，2010
ym505-B10	53.58	45.99	0.124	0.243	0.061	0.001		简伟，2010
ym505-B12	52.67	46.881	0.093	0.284	0.07	0.002		简伟，2010
435-B3	47.19	33.16	3.752	13.58	0.976	0.042	1.303	简伟，2010
DH-B9	36.78	59.12	1.266	2.342	0.271	0.092	0.209	简伟，2010
540-18-B	72.26	25.7	0.684	1.087	0.127	0.005	0.121	简伟，2010

表 6.20　大湖金钼矿床流体包裹体液相成分　（单位：10^{-6}）

样品号	F^-	Cl^-	SO_4^{2-}	Na^+	K^+	Ca^{2+}	Mg^{2+}	资料来源
435-B3	2.92	22.8	2.538	35.1	3.600	0.528		陈莉，2006
470-B4-2	0.279	0.861	1.19	0.573	0.150	0.210		陈莉，2006
435-B2	0.801	10.6	3.42	6.37	0.975	0.609		陈莉，2006
505-B38		8.25	4.23	7.23	0.993	0.471	0.066	简伟，2010
505-B1-2		1.45	1.55	1.18	0.537	0.279	0.033	简伟，2010
470-F7-12-1		0.228	1.5	0.783	0.081	0.162		简伟，2010
470-F7-33		2.63	0.75	1.96	0.306	0.219		简伟，2010
470-F7-8		12.8	4.29	8.34	0.675	0.600		简伟，2010
F7-19		9.33	1.71	5.61	0.621	0.762		简伟，2010
F7-8		14.0	10.7	10.6	1.350	0.654		简伟，2010
F7-9		6.27	6.42	5.10	0.648	0.327		简伟，2010
F5-505-1		7.77	4.29	4.50	0.567	1.420	0.033	简伟，2010
ym540-B3		2.87	0.687	2.09	0.216	0.273		简伟，2010
ym540-B6		33.8	5.46	33.8	4.530	1.040		简伟，2010
ym505-B10		16.4	7.92	11.9	1.560	0.327		简伟，2010
ym505-B12		13.8	6.72	10.2	1.030	0.228		简伟，2010
435-B3		0.084	8.43	0.621	0.123	0.300	0.066	简伟，2010
DH-B9		0.681	7.77	1.19	0.309	0.342	0.066	简伟，2010
540-18-B		6.00	2.11	4.92	0.744	0.258	0.033	简伟，2010

6.2.4.5　成矿流体性质和演化

流体包裹体群体成分分析结果表明，大湖金钼矿床成矿流体为H_2O-CO_2-NaCl体系，其流体包裹体从钼成矿期单一的CO_2-H_2O型（C型），经金成矿期共存的富CO_2的C1型、贫CO_2的C2型、纯CO_2的PC型及含子矿物的S型包裹体组合，向成矿后贫CO_2的W型包裹体演化。由于包裹体内压过大，钼成矿期石英中大部分C型包裹体在均一前发生爆裂，获得的爆裂温度变化于256～365℃，而此温度低于实际的均一温度。结合获得的两个完全均一温度数据（402℃、503℃），推测钼成矿期成矿流体温度应在400～500℃之间。金成矿期亦有部分C型流体包裹体在完全均一之前发生爆裂，其爆裂温度变化于215～464℃范围。而获得的包裹体完全均一温度变化于293～410℃；由于完全均一温度的最小值为293℃，最大的爆裂温度为464℃，它们分别对应于金成矿期流体下限温度和上限温度中的最小值。因此，金成矿期流体温度大致应该在290～470℃之间或上限温度略高于470℃。成矿后碳酸盐细脉主要沿钼成矿期及金成矿期矿物的微裂隙产出，尽管未能找到该阶段特征的流体包裹体，但据其特征的梳状构造及共轭脉状产出特征，认为其形成于由挤压向伸展转变期。因此，金成矿期石英中沿裂隙分布及呈共轭形式产出的次生水溶液包裹体可能代表了碳酸盐阶段的成矿流体，其温度介于230～250℃之间。

根据C型包裹体的显微测温数据估算获得钼成矿期、金成矿期流体包裹体的捕获压力分别为138～331MPa和78～237MPa。就估算的金成矿期包裹体最低捕获压力而言，其最高值（237MPa）约是最低值（78MPa）的3倍。考虑到该期流体不混溶强烈，此压力可代表流体包裹体的实际捕获压力。对于同一矿脉甚至同一样品在同一阶段存在压力截然不同的包裹体，推测是由于成矿流体系统压力处于临界状态所致。加之该阶段流体不混溶强烈，认为高压包裹体代表了静岩压力系统的流体，而低压流体则代表了静水压力系统的流体。如此，设角闪岩相-麻粒岩相的太华超群岩石密度为$3g/cm^3$，可确定金成矿期成矿流体作用的最大深度为8km左右。值得说明的是，这种超静岩压力与静水压力系统的并存与交替现象是造山型矿床之赋矿断裂振荡性愈合-破裂的结果，符合针对造山型成矿系统建立的断层阀模式（Sibson et al，1988；Cox et al.，2001），并已在众多造山型成矿系统中被发现（范宏瑞等，1998，2000，2003；张静等，2004；李晶等，2007；祁进平等，2007；武广等，2007；张祖青等，2007；邓小华等，2008b）。同理，钼成矿期流体包裹体捕获的压力138～331MPa对应的成矿深度为12km左右。由此可见，金成矿期流体压力较钼成矿期显著降低。而金成矿期石英中存在特征的纯CO_2包裹体及含子矿物包裹体，且常见具不同CO_2相比例的C型包裹体与纯CO_2包裹体及含子矿物多相包裹体共存（图6.34F）。同时，包括黄铜矿、方铅矿在内的金属硫化物在金成矿期大量沉淀。据此，推测由于金成矿期流体压力骤降，成矿流体发生强烈的相分离，出现低密度蒸气相与高密度卤水相共存，同时物理化学条件的剧变导致金属络合物不稳定，进而诱发了成矿金属元素的沉淀。

6.2.5　矿床同位素地球化学

6.2.5.1　氢氧同位素

陈莉（2006）和简伟（2010）分别对来自大湖金钼矿床F5、S35、F7、F8含矿石英脉及地表矿石堆中的石英进行了氢氧同位素分析（表6.22），获得石英的$\delta^{18}O_{石英}$变化于10.2‰～12.7‰，流体的δD为-117‰～-54‰。由于陈莉（2006）和简伟（2010）所选择的石英-水之间的氧同位素分馏方程不同，我们统一采用Clayton等（1972）的方程重新进行计算，得到与石英达到分馏平衡的流体的$\delta^{18}O_{水}$变化于-5.89‰～6.36‰之间（表6.21）。

表 6.21　大湖金钼矿床石英的氢氧同位素测试结果

样品号	温度/℃	δD /‰	$\delta^{18}O_{石英}$ /‰	$\delta^{18}O_{水}$* /‰	来源	样品号	温度/℃	δD /‰	$\delta^{18}O_{石英}$ /‰	$\delta^{18}O_{水}$* /‰	来源
435-B3	316	−93	12.7	6.36	陈莉，2006	YM540-B6	341	−92	10.6	5.04	简伟，2010
470-B4-1	270	−96	10.8	2.74	陈莉，2006	YM505-B10	341	−117	10.5	4.94	简伟，2010
505-B3-1	182	−106	11.3	−1.62	陈莉，2006	YM505-B12	341	−102	10.6	5.04	简伟，2010
505-B9-2	230	−110	11.4	1.45	陈莉，2006	s35-4	341	−94	12.0	6.44	简伟，2010
470-B4-2	192	−99	10.5	−1.72	陈莉，2006	470−19	341	−55	11.2	5.64	简伟，2010
470-B2-2	160	−101	11.4	−3.22	陈莉，2006	470-f7-18	341	−83	10.6	5.04	简伟，2010
435-B5-C	231	−101	10.5	0.60	陈莉，2006	690−5	341	−54	10.2	4.64	简伟，2010
435-B5-b	134	−107	11.1	−5.89	陈莉，2006	540-b1	341	−73	11.8	6.24	简伟，2010
435-B2	176	−108	10.2	−3.15	陈莉，2006	d540-3-a	341	−91	11.4	5.84	简伟，2010
470-F7-12-1	341	−113	11.0	5.44	简伟，2010	470-f7-20	341	−83	11.1	5.54	简伟，2010
470-F7-33	341	−110	11.5	5.94	简伟，2010	505-B38	341	−87	11.7	6.14	简伟，2010
470-F7-8	341	−98	11.2	5.64	简伟，2010	505-B1-2	341	−81	11.9	6.34	简伟，2010
F7-19	341	−95	11.3	5.74	简伟，2010	DH-B9	290	−89	11.2	3.94	简伟，2010
F7-11	341	−90	10.6	5.04	简伟，2010	435-B3	290	−93	11.8	4.54	简伟，2010
F5-505-1	341	−94	11.2	5.64	简伟，2010	540-18-b	253	−62	11.9	3.09	简伟，2010
YM540-B3	341	−90	11.0	5.44	简伟，2010						

* 按照 Clayton 等（1972）提供的石英−水的氧同位素平衡分馏方程 $1000\ln\alpha_{石英-水}=3.38\times10^6/T^2-3.40$ 重新进行了计算。

在氢氧同位素图解中（图 6.37），除个别样品点落入变质水范围内以外，多数样品点落入变质水与大气降水之间，表明成矿流体可能属变质热液与大气降水热液的混合产物。其中，陈莉（2006）获得的样品显示较为局限的δD，但变化范围较大的$\delta^{18}O_{水}$；而简伟（2010）获得的样品则具有相反的趋势：δD 变化范围较大，为−113‰～−54‰；而$\delta^{18}O_{水}$则集中于 3.09‰～6.44‰。由于缺乏具体样品特征的描述，我们尚无法探讨造成上述不同趋势的原因。

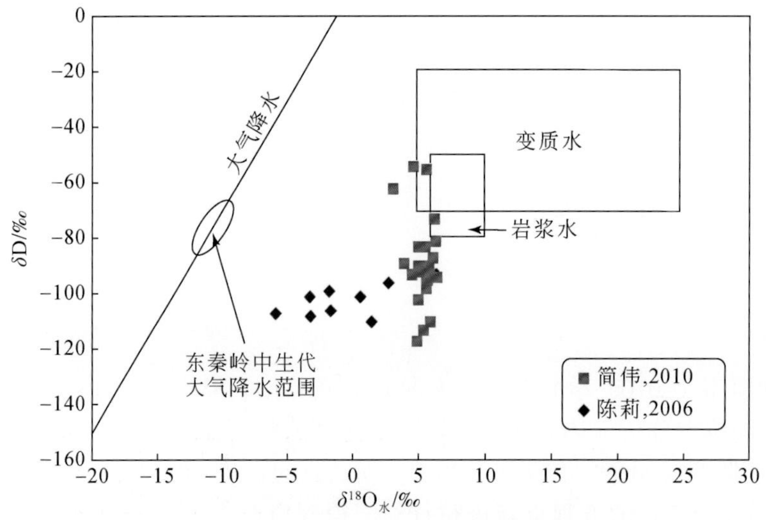

图 6.37　大湖金钼矿床石英流体包裹体氢氧同位素图解

底图据 Taylor，1974；东秦岭中生代大气降水范围据张理刚，1989

6.2.5.2　硫同位素

河南省地质矿产厅第一调查大队（1994）和赵海香（2011）曾先后对大湖金钼矿的黄铁矿、黄铜矿、方铅矿样品进行硫同位素分析（表6.22），但样品特征、成矿阶段归属不详。获得35件样品的$\delta^{34}S$多数<0，且稍具离散性（范围为−13.6‰～2.9‰，平均−6.67‰）。其中17件黄铁矿样品的$\delta^{34}S$变化于−10.0‰～2.9‰，平均−5.36‰；7件方铅矿样品的$\delta^{34}S$变化于−13.6‰～−3.5‰，平均−10.08‰；一件黄铜矿样品的$\delta^{34}S$为−5.1‰（图6.38）。总体上，黄铁矿的$\delta^{34}S$高于方铅矿，表明硫化物的硫同位素达到平衡。赵海香（2011）认为导致该矿床硫化物的出现较大负值的原因可能是成矿过程中发生了明显的物理化学分馏效应，尤其是氧逸度的升高将引起硫同位素发生均一化分馏效应。

表6.22　大湖金钼矿床硫同位素特征（V-CDT标准）

样品号	测试对象	$\delta^{34}S_{V\text{-}CDT}$/‰	资料来源	样品号	测试对象	$\delta^{34}S_{V\text{-}CDT}$/‰	资料来源
S-1	黄铁矿	0.6	HNDKT，1994	XQL-25Py	黄铁矿	−4.8	赵海香，2011
S-3	黄铁矿	−6.4	HNDKT，1994	XQL-32Py	黄铁矿	−9.4	赵海香，2011
S-5	黄铁矿	−9.4	HNDKT，1994	XQL-46Py	黄铁矿	−8.1	赵海香，2011
S-6	黄铁矿	−3.5	HNDKT，1994	XQL-54Py	黄铁矿	2.7	赵海香，2011
S-7	黄铁矿	2.9	HNDKT，1994	XQL-56Py	黄铁矿	−10.0	赵海香，2011
S-10	黄铁矿	−0.8	HNDKT，1994	XQL-58Py	黄铁矿	−7.9	赵海香，2011
S-11	黄铁矿	−6.7	HNDKT，1994	XQL-59Py	黄铁矿	−9.2	赵海香，2011
Pb-1	方铅矿	−3.5	HNDKT，1994	XQL-25Cp	黄铜矿	−5.1	赵海香，2011
Pb-2	方铅矿	−12.2	HNDKT，1994	XQL-57Gn	方铅矿	−6.8	赵海香，2011
Pb-3	方铅矿	−9.0	HNDKT，1994	XQL-58Gn	方铅矿	−12.7	赵海香，2011
XQL-6Py	黄铁矿	−7.2	赵海香，2011	XQL-59Gn	方铅矿	−13.6	赵海香，2011
XQL-22Py	黄铁矿	−9.6	赵海香，2011	XQL-60Gn	方铅矿	−12.8	赵海香，2011
XQL-23Py	黄铁矿	−4.3	赵海香，2011				

注：“HNDKT”代表河南省地质矿产厅第一调查大队。

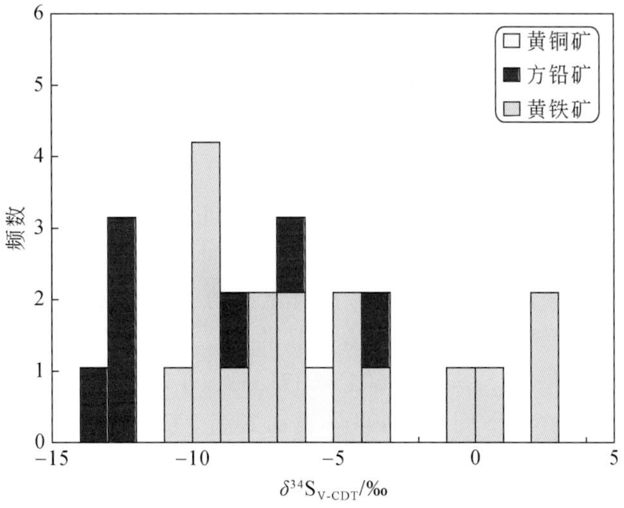

图6.38　大湖金钼矿床硫同位素组成

6.2.5.3 锶钕铅同位素

1. 样品和测试

本书对来自 S35 及 F7 含矿石英脉中的 15 件金属硫化物样品（黄铁矿 6 件，辉钼矿 4 件，方铅矿 3 件，黄铜矿 2 件）及矿区范围内出露的 5 件太华群片麻岩样品开展了 Sr-Nd-Pb 同位素研究（倪智勇等，2009）。测试工作在核工业北京地质研究院分析测试研究中心完成。

Pb 同位素分析流程：①称取适量样品放入聚四氟乙烯坩埚中，加入氢氟酸、高氯酸溶样。样品分解后将其蒸干，再加入盐酸溶解，蒸干，最后加入 0.5mol/L HBr 溶液溶解样品；②将溶解的样品倒入预先处理好的强碱性阴离子交换树脂中进行铅的分离，先用 0.5mol/L HBr 溶液淋洗树脂，然后用 2mol/L HCl 溶液淋洗，最后用 6mol/L HCl 溶液解脱，将解脱溶液蒸干，备质谱测定。分离纯化好的铅样品上机进行铅同位素比值测量。用热表面电离质谱法进行铅同位素测量，仪器型号为 ISOPROBE-T。1μg 铅的 $^{208}Pb/^{206}Pb$ 测量精度 ≤0.005%，NBS981 标准值（2σ）：$^{208}Pb/^{206}Pb=2.1681\pm0.0008$，$^{207}Pb/^{206}Pb=0.91464\pm0.0003$，$^{204}Pb/^{206}Pb=0.059042\pm0.000037$。

Sm-Nd 同位素分析流程：①准确称取 0.1～0.2g 粉末样品于低压密闭溶样罐中，加入钐钕稀释剂，用混合酸（$HF+HNO_3+HClO_4$）溶解 24h。②待样品完全溶解后蒸干，加入 6mol/L 的盐酸转为氯化物蒸干。然后用 0.5mol/L 的盐酸溶液溶解，离心分离，清液载入阳离子交换柱（Φ 0.5cm×15cm，AG50W×8(H+) 100～200 目）。分别用 1.75mol/L 的盐酸溶液和 2.5mol/L 的盐酸溶液淋洗基体元素和其他元素，并用 4mol/L 的盐酸溶液淋洗轻稀土元素，蒸干。钐钕用 P507 萃淋树脂分离，蒸干后转为硝酸盐，以备质谱分析。同位素分析采用 ISOPROBE-T 热电离质谱计，三带，M+，可调多法拉第接收器接收。质量分馏用 $^{146}Nd/^{144}Nd=0.7219$ 校正，标准测量结果：SHINESTU 为 0.512118±3（标准值为 0.512110）。

Rb-Sr 同位素分析流程：①准确称取 0.1～0.2g 粉末样品于低压密闭溶样罐中，加入铷锶稀释剂，用混合酸（$HF+HNO_3+HClO_4$）溶解 24h。②待样品完全溶解后蒸干，加入 6mol/L 的盐酸转为氯化物蒸干。然后用 0.5mol/L 的盐酸溶液溶解，离心分离，清液载入阳离子交换柱（Φ 0.5cm×15cm，AG50W×8(H+)100～200 目)，用 1.75mol/L 的盐酸溶液淋洗 Rb，用 2.5mol/L 的盐酸溶液淋洗 Sr。蒸干，以备质谱分析。同位素分析采用 ISOPROBE-T 热电离质谱计，单带，M+，可调多法拉第接收器接收。质量分馏用 $^{86}Sr/^{88}Sr=0.1194$ 校正，标准测量结果：NBS987 为 0.710250±7。

2. 测试结果

Sr-Nd-Pb 分析结果见表 6.23、表 6.24。其中表 6.23 中的 $^{87}Rb/^{86}Sr$ 和 $^{147}Sm/^{144}Nd$ 根据实测的样品元素含量和同位素比值计算所得。考虑到该区存在两期热液成矿事件（见后），我们分别采用 218Ma 和 125Ma 将测得的 $^{87}Sr/^{86}Sr$ 和 $^{143}Nd/^{144}Nd$ 同位素比值进行反算，获得成矿时（218Ma 和 125Ma）的 $I_{Sr(218/125)}$、$(^{143}Nd/^{144}Nd)_{218/125}$ 和 $\varepsilon_{Nd}(t)$ 值。计算过程中，球粒陨石（CHUR）的 Nd 同位素参数采用 $^{143}Nd/^{144}Nd=0.512638$，$^{147}Sm/^{144}Nd=0.1967$（Jacobsen and Wasserburg，1980）。对于 Pb 同位素在成矿时的同位素比值 [$(^{208}Pb/^{204}Pb)_i$、$(^{207}Pb/^{204}Pb)_i$ 和 $(^{206}Pb/^{204}Pb)_i$]，首先根据样品 U、Th、Pb 含量和实测 $^{208}Pb/^{204}Pb$、$^{207}Pb/^{204}Pb$、$^{206}Pb/^{204}Pb$ 值计算出样品的 $^{238}U/^{204}Pb$、$^{235}U/^{204}Pb$、$^{232}Th/^{204}Pb$ 值，然后扣除样品自 218Ma（125Ma）以来积累的放射性成因铅，得到 218Ma（125Ma）时的铅同位素比值。

按 t=218Ma 进行反算，获得大湖金钼矿床矿石硫化物的 $I_{Sr(218)}=0.70470\sim0.71312$，平均 0.70858，显示出壳幔混合的特征；5 件太华超群基底片麻岩样品的 $I_{Sr(218)}$ 变化于 0.70947～0.73201，平均 0.72294（表 6.23）。当 t=125Ma 时，获得 $I_{Sr(125)}=0.70604\sim0.71350$，平均 0.70924；5 件太华超群基底片麻岩样品 $I_{Sr(125)}$ 变化于 0.71229～0.73386，平均 0.72494（表 6.23）。考虑到基底片麻岩是主要的赋矿围岩，部分矿体或矿石本身就是蚀变矿化的基底片麻岩，则基底片麻岩是无法排除的成矿物质来源之一。然而，无论按 t=218Ma 还是 t=125Ma 进行反算，获得的矿石硫化物的 $I_{Sr(218/125)}$ 平均值均低于基底片麻岩的 $I_{Sr(218/125)}$ 最低值，则矿石中的 Sr 不可能完全来自基底片麻岩。这意味着除基底片麻岩外必然存在另一端元的物源区，且这一端元必须具有较矿石硫化物更低的放射性成因 Sr。

Sm-Nd同位素分析获得硫化物的（^{143}Nd/^{144}Nd)$_{218}$=0.51143～0.51167，平均0.51158；（^{143}Nd/^{144}Nd)$_{125}$=0.51148～0.51174，平均0.51164；ε_{Nd}(218)=-18.1～-13.5，平均-15.1；ε_{Nd}(125)=-19.4～-14.4，平均-16.4；5件片麻岩样品（^{143}Nd/^{144}Nd)$_{218}$=0.51076～0.51133，平均0.51107；（^{143}Nd/^{144}Nd)$_{125}$=0.51082～0.51140，平均0.51117；ε_{Nd}(218)=-31.1～-20.0，平均-25.1，ε_{Nd}(125)=-32.4～-20.9，平均-25.6（表6.23）。上述硫化物的$\varepsilon_{Nd}(t)$为较大的负值，指示成矿物质可能来源于古老地壳，即基底片麻岩。然而，基底片麻岩（^{143}Nd/^{144}Nd)$_{218/125}$的最高值（0.51133）尚低于金属硫化物（^{143}Nd/^{144}Nd)$_{218/125}$的最低值（0.51143），表明硫化物中的Nd不可能仅由基底岩石提供；除基底岩石外尚需另一个具有较高放射性成因Nd的物质端元，且该端元的（^{143}Nd/^{144}Nd)$_{218/125}$值高于硫化物的（^{143}Nd/^{144}Nd)$_{218/125}$值。

由表6.24可见，由于金属硫化物中U、Th含量相对Pb含量较低，故按成矿年龄t=218Ma和t=125Ma进行放射性成因铅扣除后，矿石的铅同位素比值几乎无变化。获得的（^{206}Pb/^{204}Pb)$_i$=17.033～17.285，（^{207}Pb/^{204}Pb)$_i$=15.358～15.438，（^{208}Pb/^{204}Pb)$_i$=37.307～37.582，平均值分别为17.168、15.405和37.437。5件太华超群片麻岩样品中，除DH-08-15样品的^{208}Pb/^{204}Pb明显偏高外，其他样品U、Th含量相对较高。扣除218Ma以来积累的放射性成因铅之后，求得（^{206}Pb/^{204}Pb)$_{218}$=17.127～18.392，（^{207}Pb/^{204}Pb)$_{218}$=15.416～15.604，（^{208}Pb/^{204}Pb)$_{218}$=37.498～37.814，平均值分别是17.547，15.470和39.991；按t=125Ma进行扣除后，求得（^{206}Pb/^{204}Pb)$_{125}$=17.132～18.413，（^{207}Pb/^{204}Pb)$_{125}$=15.417～15.605，（^{208}Pb/^{204}Pb)$_{125}$=37.502～37.835，平均值分别是17.349，15.438和40.022（表6.24）。可见，太华超群具有较硫化物更高的放射性成因Pb。据此，要求另一个物质端元必然具有较低的放射性成因Pb方可满足硫化物铅同位素特征。

6.2.5.4　成矿物质来源

上述氢氧同位素研究表明，大湖金钼矿床热液石英样品多数落入变质水与大气降水线之间，表明成矿流体可能属变质热液与大气降水热液的混合产物。硫同位素分析显示，该矿硫化物的$\delta^{34}S_{V\text{-}CDT}$多数<0，且不同硫化物间基本达到平衡。然而，对具体成矿物质来源尚缺乏限制。下面我们着重通过对锶钕铅同位素的讨论，探讨成矿物质来源。

锶钕铅同位素是研究物质来源的有效示踪剂。理论上，Rb、Sr、Sm、Nd、U、Th等元素不进入硫化物晶格，其在硫化物中的赋存状态尚待研究。前人研究发现，黄铁矿中常含矿物包体、流体包裹体和晶格缺陷，而上述元素可能赋存于其中（Barton and Hallbauer，1996；Lüders and Ziemann，1999）。若硫化物中捕获的矿物包体同样是由成矿流体系统中结晶形成，则无论Rb、Sr、Sm、Nd、U、Th等元素赋存形式如何，硫化物的锶钕铅同位素组成均可用于示踪成矿物质和流体的来源。因此，一些学者已经进行了诸多尝试（Jiang et al.，1999，2000；Yang and Zhou，2001；Chen et al.，2005a，2008，2009；侯明兰等，2006；Zhao et al.，2007；韩以贵等，2007；祁进平等，2009；张莉等，2009；张静等，2009a），获得了较好的结果。

前述锶钕铅同位素研究表明，无论在218Ma还是125Ma，太华超群片麻岩的放射成因Sr和Pb同位素均高于矿石硫化物，而放射成因Nd同位素则低于硫化物，故单由基底片麻岩无法解释成矿系统的同位素地球化学特征。作为平衡补偿，除太华超群基底外，须同时存在另一物源区向成矿系统提供成矿物质和流体，且该源区应具有较硫化物更低的放射成因Sr和Pb，而更高的放射成因Nd。

综观小秦岭矿田及其邻区，可能作为另一物源区的地质体包括：中生代花岗岩、下伏地幔、中下地壳、位于小秦岭南侧的熊耳群及上覆的官道口群-栾川群。它们作为物源区的条件之一是必须具有较低的铅同位素比值，即铅同位素比值低于硫化物。如此，只有熊耳群和下伏地幔可视为潜在的物质源区（张本仁等，2002；Chen et al.，2008）。

表 6.23　大湖金钼矿床金属硫化物及太华群 Sr-Nd 同位素组成（Ni et al., 2012）

样品号	样品名	Rb $/10^{-6}$	Sr $/10^{-6}$	Sm $/10^{-6}$	Nd $/10^{-6}$	$^{87}Sr/^{86}Sr$	$^{87}Rb/^{86}Sr$	$I_{Sr(218)}$	$I_{Sr(125)}$	$^{143}Nd/^{144}Nd$	$^{147}Sm/^{144}Nd$	$(^{143}Nd/^{144}Nd)_{218}$	$(^{143}Nd/^{144}Nd)_{125}$	$f_{Sm/Nd}$	ε_{Nd}(218)	ε_{Nd}(125)
7-002-2	黄铜矿	0.37	4.82	0.06	0.62	0.713662	0.222233	0.71297	0.71327	0.511674	0.0595	0.51159	0.51163	-0.7	-15	-16.6
7-005-3	黄铜矿	0.17	1.33	0.01	0.06	0.713904	0.372228	0.71275	0.71324	0.511842	0.1228	0.51167	0.51174	-0.38	-13.5	-14.4
DH-3	黄铁矿	0.4	12.5	0.43	4.42	0.706199	0.092111	0.70591	0.70604	0.511737	0.0583	0.51165	0.51169	-0.7	-13.7	-15.4
DH-07-1	黄铁矿	0.44	12.8	0.13	1.16	0.707688	0.099685	0.70738	0.70751	0.511675	0.0657	0.51158	0.51162	-0.67	-15.1	-16.7
DH-07	黄铁矿	0.51	10.4	0.09	0.37	0.707943	0.142445	0.70750	0.70769	0.511743	0.152	0.51153	0.51162	-0.23	-16.2	-16.8
7-005-1	黄铁矿	0.34	0.43	0.01	0.12	0.713779	2.297252	0.70666	0.70970	0.511625	0.0526	0.51155	0.51158	-0.73	-15.8	-17.5
7-002-1	黄铁矿	0.31	3.15	0.02	0.12	0.714003	0.285837	0.71312	0.71350	0.511674	0.1025	0.51153	0.51159	-0.48	-16.2	-17.3
35-010-1	黄铁矿	0.3	9.57	0.08	0.62	0.706434	0.09069	0.70615	0.70627	0.511764	0.0765	0.51165	0.5117	-0.61	-13.7	-15.1
DH-4	方铅矿	1.07	1.16	0.03	0.11	0.712976	2.670247	0.70470	0.70823	0.511848	0.1711	0.5116	0.51171	-0.13	-14.7	-15
DH-08-20	方铅矿	0.52	4.01	0.37	3.06	0.711336	0.371722	0.71018	0.71068	0.511662	0.0727	0.51156	0.5116	-0.63	-15.6	-17.1
35-010-2	方铅矿	0.32	3.06	0.17	1.21	0.707481	0.304457	0.70654	0.70694	0.511551	0.0839	0.51143	0.51148	-0.57	-18.1	-19.4
DH-08-04	辉钼矿	6.05	156	44.2	379	0.710481	0.112241	0.71013	0.71028	0.511642	0.0705	0.51154	0.51158	-0.64	-15.9	-17.4
DH-08-21	辉钼矿	2.03	28.2	51.9	429	0.707858	0.208284	0.70721	0.70749	0.511764	0.0731	0.51166	0.5117	-0.63	-13.6	-15.1
DH-08-22	辉钼矿	0.49	120	156	1566	0.707269	0.011862	0.70723	0.70725	0.511727	0.0602	0.51164	0.51168	-0.69	-14	-15.6
DH-08-23	辉钼矿	2.11	32.7	67.9	368	0.710827	0.186754	0.71025	0.71050	0.511703	0.1115	0.51154	0.51161	-0.43	-15.9	-16.9
	平均值							0.70858	0.70924			0.51158	0.51164	-0.55	-15.1	-16.4
DH-08-08	太华群	107	226	8.7	16.3	0.716458	1.371036	0.71221	0.71402	0.5114	0.3226	0.51094	0.51114	0.64	-27.7	-26.2
DH-08-12	太华群	200	272	5.89	25.6	0.716072	2.129208	0.70947	0.71229	0.511361	0.1391	0.51116	0.51125	-0.29	-23.3	-24
DH-08-15	太华群	140	282	15.6	111	0.736418	1.440452	0.73195	0.73386	0.510886	0.0849	0.51076	0.51082	-0.57	-31.1	-32.4
DH-08-16	太华群	168	306	3.06	15.7	0.733996	1.592594	0.72906	0.73117	0.511501	0.1178	0.51133	0.51140	-0.4	-20	-20.9
ZK-628	太华群	131	379	1.96	10.3	0.735122	1.00276	0.73201	0.73334	0.511313	0.115	0.51115	0.51122	-0.42	-23.6	-24.6
	平均值							0.72294	0.72494			0.51107	0.51117	-0.21	-25.1	-25.6

表 6.24 大湖金钼矿床金属硫化物及太华群 Pb 同位素组成（Ni et al., 2012）

样品号	样品名	$^{208}Pb/^{204}Pb$	$^{207}Pb/^{204}Pb$	$^{206}Pb/^{204}Pb$	Pb $/10^{-6}$	Th $/10^{-6}$	U $/10^{-6}$	$(^{208}Pb/^{204}Pb)_{218}$	$(^{207}Pb/^{204}Pb)_{218}$	$(^{206}Pb/^{204}Pb)_{218}$	$(^{208}Pb/^{204}Pb)_{125}$	$(^{207}Pb/^{204}Pb)_{125}$	$(^{206}Pb/^{204}Pb)_{125}$
7-002-2	黄铜矿	37.484	15.402	17.147	2602	0.174	0.161	37.484	15.402	17.147	37.484	15.402	17.147
7-005-3	黄铜矿	37.372	15.358	17.033	81599	0.023	0.017	37.372	15.358	17.033	37.372	15.358	17.033
DH-3	黄铁矿	37.307	15.397	17.230	4664	0.162	0.029	37.307	15.397	17.230	37.307	15.397	17.230
DH-07-1	黄铁矿	37.479	15.400	17.161	2032	0.081	0.025	37.479	15.400	17.161	37.479	15.400	17.161
DH-07	黄铁矿	37.478	15.400	17.158	9674	0.040	0.020	37.478	15.400	17.158	37.478	15.400	17.158
7-005-1	黄铁矿	37.447	15.387	17.084	20829	0.032	0.021	37.447	15.387	17.084	37.447	15.387	17.084
7-002-1	黄铁矿	37.498	15.415	17.158	696	0.032	0.025	37.498	15.415	17.158	37.498	15.415	17.158
35-010-1	黄铁矿	37.379	15.410	17.223	6999	0.022	0.033	37.379	15.410	17.223	37.379	15.410	17.223
DH-4	方铅矿	37.536	15.417	17.110	642147	0.080	0.017	37.536	15.417	17.110	37.536	15.417	17.110
DH-08-20	方铅矿	37.582	15.438	17.126	768471	0.223	1.580	37.582	15.438	17.126	37.582	15.438	17.126
35-010-2	方铅矿	37.380	15.411	17.222	681027	0.067	0.164	37.380	15.411	17.222	37.380	15.411	17.222
DH-08-04	辉钼矿	37.376	15.421	17.286	3718	19.400	1.030	37.372	15.421	17.285	37.374	15.421	17.286
DH-08-21	辉钼矿	37.441	15.415	17.195	14120	16.400	1.680	37.440	15.415	17.195	37.441	15.415	17.195
DH-08-22	辉钼矿	37.436	15.395	17.135	55906	54.100	10.200	37.435	15.395	17.135	37.436	15.395	17.135
DH-08-23	辉钼矿	37.376	15.414	17.255	5008	22.000	4.370	37.373	15.414	17.253	37.374	15.414	17.254
DH-08-08	太华群	37.863	15.454	17.548	62.7	4.400	2.670	37.814	15.449	17.457	37.835	14.451	17.496
DH-08-12	太华群	37.506	15.429	17.272	159	1.780	1.050	37.498	15.428	17.258	37.502	15.429	17.264
DH-08-15	太华群	49.758	15.606	18.441	66.7	21.600	1.300	49.492	15.604	18.392	49.606	15.605	18.413
DH-08-16	太华群	37.538	15.454	17.511	72.5	0.490	0.300	37.533	15.454	17.502	37.535	15.454	17.506
ZK-628	太华群	37.645	15.417	17.138	378	14.600	2.030	37.618	15.416	17.127	37.630	15.417	17.132

熊耳群是一套以玄武安山岩为主的火山岩建造。已有 Pb 同位素数据（表 6.25）表明，熊耳群的 ($^{206}Pb/^{204}Pb$) = 17.033 ~ 17.285，($^{207}Pb/^{204}Pb$) = 15.271 ~ 15.424，($^{208}Pb/^{204}Pb$) = 36.047 ~ 37.267，平均值分别为 16.426、15.321 和 36.628（表 6.25）；放射性成因 Pb 含量较低。由于缺乏对应的 Th、U、Pb 含量，我们未能将 Pb 同位素比值反算回成矿时初始值。然而，考虑到后期放射性 Pb 积累，成矿时熊耳群的 Pb 同位素比值必然低于现今测量值，更低于成矿时硫化物的 Pb 同位素比值。在图 6.39 中，大湖金钼矿床的硫化物 Pb 数据落于太华超群与熊耳群之间，三者间表现出较好的线性关系，表明成矿物质可能源自太华超群与熊耳群的混合。

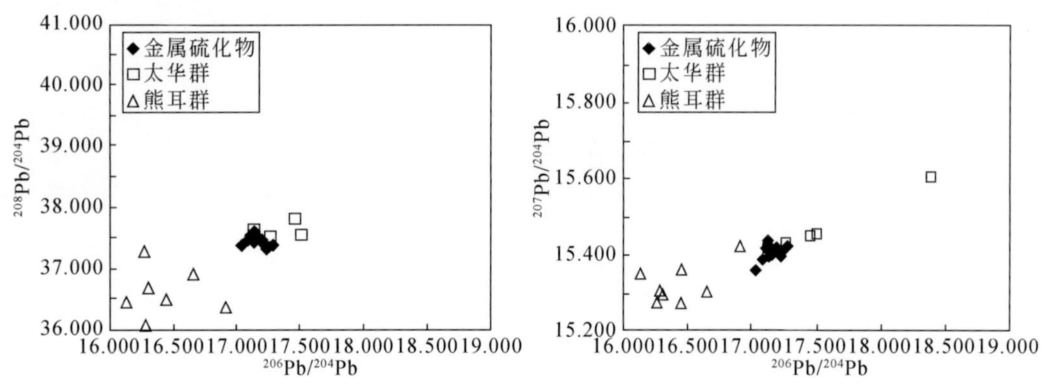

图 6.39　大湖金钼矿床 $^{208}Pb/^{204}Pb$-$^{206}Pb/^{204}Pb$ 和 $^{207}Pb/^{204}Pb$-$^{206}Pb/^{204}Pb$ 图解（倪智勇等，2009）

表 6.25　熊耳群的铅同位素组成

序号	样品（数量）	测试对象	$^{208}Pb/^{204}Pb$	$^{207}Pb/^{204}Pb$	$^{206}Pb/^{204}Pb$	资料来源
1	安山岩（2）	全岩	36.047	15.300	16.279	张本仁等，2002
2	巨斑安山岩	全岩	36.346	15.421	16.907	罗铭玖等，1992
3	安山岩	全岩	36.876	15.300	16.647	罗铭玖等，1992
4	杏仁安山岩	全岩	36.489	15.271	16.439	罗铭玖等，1992
5	闪长玢岩	全岩	36.887	15.358	16.451	罗铭玖等，1992
6	高钾玄武安山岩	全岩	36.672	15.294	16.303	赵太平，2000
7	橄榄玄粗岩	全岩	36.443	15.349	16.125	赵太平，2000
8	高钾安山岩	全岩	37.267	15.275	16.258	赵太平，2000
平均值			36.628	15.321	16.426	

研究区内熊耳群普遍遭受了钠长石化、绿泥石化、绿帘石化等低温热液蚀变。赵太平（2000）获得的熊耳群的 $\delta^{18}O$ 值变化于 10.69‰ ~ 5.95‰。考虑到通常岛弧火山岩的 $\delta^{18}O$ 值变化于 5.5‰ ~ 6.8‰（Ito and Stern，1985），虽然岩石的 $\delta^{18}O$ 值与岩浆分异和混染（AFC）有关，且随 SiO_2 含量增加而升高，但 $\delta^{18}O$ 值的增加一般不超过 2‰（Valley et al.，1994）。因此，熊耳群的 $\delta^{18}O$ 显示了后期热液蚀变作用的印记。然而，蚀变熊耳群样品最低的 $I_{Sr(218)}$ 值为 0.71134，$I_{Sr(125)}$ 值为 0.71176（表 6.26），远高于大湖金钼矿床的硫化物 I_{Sr} 值的平均值（0.70854），则视熊耳群为另一物质源区将无法解释矿石硫化物的 Sr 同位素地球化学特征。此外，根据前人获得的 Nd 同位素数据，反算得到熊耳群在 218Ma 时 $(^{143}Nd/^{144}Nd)_{218}$ = 0.51093 ~ 0.51128，125Ma 时 $(^{143}Nd/^{144}Nd)_{125}$ = 0.51100 ~ 0.51135（表 6.27），其平均值（0.51112 和 0.51119）均低于金属硫化物的平均值（0.51162），不但不具备作为单独的物质来源的条件，而且也不具备通过与太华超群混合而作为物源区的条件。可见，熊耳群不满足具有低放射成因 Sr、高放射成因 Nd 的同位素特征，而不可能作为大湖金钼矿床的重要物质来源。

鉴于熊耳群的可能性被排除，所剩唯一可能的物源区就是地幔。从图 6. 40 可以看出，金属硫化物的 $\varepsilon_{Nd}(t)$ 值已与 EM Ⅰ相当，而 I_{Sr} 值也与 EM Ⅰ接近，这要求源区地幔具有正常或亏损地幔的特征，因为只有这类地幔的放射性成因 Sr、Pb 才能低于矿石硫化物，而放射性成因 Nd 高于矿石硫化物。显然，经历了部分熔融的残余大洋岩石圈可满足要求。

综合上述 Sr-Nd-Pb 同位素特征，认为成矿物质具有壳幔混合特征，成矿物质可能来源于亏损的残余洋壳，并通过水岩作用等过程与太华超群发生混合。

表 6. 26　熊耳群的锶同位素组成

样品号	岩性	$^{87}Sr/^{86}Sr$	$^{87}Rb/^{86}Sr$	$I_{Sr(218)}$	$I_{Sr(125)}$	资料来源
B-1	辉长岩	0. 71232	0. 3151	0. 71134	0. 71176	赵太平，2000
JY-5	粗面安山岩	0. 72481	0. 7971	0. 72234	0. 72339	赵太平，2000
JY-11	高钾安山岩	0. 72652	0. 8752	0. 72381	0. 72497	赵太平，2000
SY-33	高钾玄武安山岩	0. 71266	0. 3706	0. 71151	0. 71200	赵太平，2000
X-2	粗面安山岩	0. 73112	1. 162	0. 72751	0. 72906	赵太平，2000
002-1	玄武安山岩	0. 718764	0. 4458	0. 71738	0. 71797	He et al.，2010
002-2	玄武安山岩	0. 713325	0. 2748	0. 71247	0. 71284	He et al.，2010
009-3	玄武安山岩	0. 720274	0. 5805	0. 71847	0. 71924	He et al.，2010
012-2	玄武安山岩	0. 721875	0. 6723	0. 71979	0. 72068	He et al.，2010
020-1	玄武安山岩	0. 713530	0. 2753	0. 71268	0. 71304	He et al.，2010
024-2	玄武岩	0. 717008	0. 5057	0. 71544	0. 71611	He et al.，2010
018-1	英安岩	0. 718543	0. 4999	0. 71699	0. 71765	He et al.，2010
111-1	安山岩	0. 730580	0. 8527	0. 72794	0. 72907	He et al.，2010
129-1	安山岩	0. 717541	0. 4503	0. 71614	0. 71674	He et al.，2010
07XE-02	安山岩	0. 714743	0. 3569	0. 71364	0. 71411	Wang et al.，2010
07XE-03	玄武安山岩	0. 713958	0. 3052	0. 71301	0. 71342	Wang et al.，2010
07XE-04	安山岩	0. 752943	1. 4638	0. 74840	0. 75034	Wang et al.，2010
07XE-06	安山岩	0. 718393	0. 4686	0. 71694	0. 71756	Wang et al.，2010
07XE-09	玄武安山岩	0. 720831	0. 4862	0. 71932	0. 71997	Wang et al.，2010
07HY-12	玄武安山岩	0. 715845	0. 4054	0. 71459	0. 71512	Wang et al.，2010

表 6. 27　熊耳群 Nd 同位素组成

样品号	岩性	$^{143}Nd/^{144}Nd$	$^{147}Sm/^{144}Nd$	$(^{143}Nd/^{144}Nd)_{218}$	$(^{143}Nd/^{144}Nd)_{125}$	ε_{Nd} (218)	ε_{Nd} (125)	资料来源
X-1	橄榄玄粗岩	0. 511430	0. 1332	0. 511240	0. 511321	−21. 8	−22. 6	赵太平，2000
X-2	橄榄玄粗岩	0. 511381	0. 1256	0. 511202	0. 511278	−22. 6	−23. 4	赵太平，2000
X-3	橄榄玄粗岩	0. 511363	0. 1212	0. 511190	0. 511264	−22. 8	−23. 7	赵太平，2000
X-4	橄榄玄粗岩	0. 511287	0. 1048	0. 511137	0. 511201	−23. 8	−24. 9	赵太平，2000
X-5	橄榄玄粗岩	0. 511380	0. 1178	0. 511212	0. 511284	−22. 4	−23. 3	赵太平，2000
X-6	橄榄玄粗岩	0. 511310	0. 1089	0. 511155	0. 511221	−23. 5	−24. 5	赵太平，2000
X-7	橄榄玄粗岩	0. 511350	0. 1111	0. 511191	0. 511259	−22. 8	−23. 8	赵太平，2000
ZD-32	高钾玄武安山岩	0. 511285	0. 1147	0. 511121	0. 511191	−24. 1	−25. 1	赵太平，2000

续表

样品号	岩性	$^{143}Nd/^{144}Nd$	$^{147}Sm/^{144}Nd$	$(^{143}Nd/^{144}Nd)_{218}$	$(^{143}Nd/^{144}Nd)_{125}$	ε_{Nd}(218)	ε_{Nd}(125)	资料来源
SY-33	高钾玄武安山岩	0.511401	0.1182	0.511232	0.511304	−22.0	−22.9	赵太平，2000
WF-9	橄榄玄粗岩	0.511232	0.1120	0.511072	0.511140	−25.1	−26.1	赵太平，2000
JY-11	高钾安山岩	0.511146	0.1056	0.510995	0.511060	−26.6	−27.7	赵太平，2000
JY-5	安粗岩	0.511156	0.1104	0.510998	0.511066	−26.5	−27.5	赵太平，2000
JY-6	粗面英安岩	0.511134	0.1033	0.510987	0.511050	−26.8	−27.9	赵太平，2000
XS-25	流纹岩	0.511082	0.1059	0.510931	0.510995	−27.8	−28.9	赵太平，2000
B-1	辉长岩	0.511328	0.1025	0.511182	0.511244	−22.9	−24.1	赵太平，2000
WF-54	辉长闪长岩	0.511264	0.1055	0.511113	0.511178	−24.3	−25.4	赵太平，2000
002-1	玄武安山岩	0.511457	0.1249	0.511279	0.511355	−21.1	−21.9	He et al.，2010
002-2	玄武安山岩	0.511447	0.1241	0.511270	0.511346	−21.2	−22.1	He et al.，2010
009-3	玄武安山岩	0.511444	0.1220	0.511270	0.511344	−21.2	−22.1	He et al.，2010
012-2	玄武安山岩	0.511316	0.1156	0.511151	0.511221	−23.5	−24.5	He et al.，2010
020-1	玄武安山岩	0.511353	0.1169	0.511186	0.511257	−22.9	−23.8	He et al.，2010
024-2	玄武岩	0.511353	0.1189	0.511183	0.511256	−22.9	−23.8	He et al.，2010
018-1	英安岩	0.511334	0.1202	0.511163	0.511236	−23.3	−24.2	He et al.，2010
106-2	英安岩	0.511168	0.1071	0.511015	0.511080	−26.2	−27.3	He et al.，2010
111-1	安山岩	0.511236	0.1143	0.511073	0.511143	−25.1	−26.0	He et al.，2010
129-1	安山岩	0.511284	0.1177	0.511116	0.511188	−24.2	−25.2	He et al.，2010
07XE-02	安山岩	0.511175	0.1112	0.511016	0.511084	−26.2	−27.2	Wang et al.，2010
07XE-03	玄武安山岩	0.511233	0.1093	0.511077	0.511144	−25.0	−26.0	Wang et al.，2010
07XE-04	安山岩	0.511108	0.1070	0.510955	0.511021	−27.4	−28.4	Wang et al.，2010
07XE-06	安山岩	0.511230	0.1138	0.511068	0.511137	−25.2	−26.2	Wang et al.，2010
07XE-09	玄武安山岩	0.511276	0.1104	0.511118	0.511186	−24.2	−25.2	Wang et al.，2010
07XE-13	流纹斑岩	0.511159	0.1088	0.511004	0.511070	−26.4	−27.5	Wang et al.，2010
07XE-15	流纹斑岩	0.511145	0.1051	0.510995	0.511059	−26.6	−27.7	Wang et al.，2010
07HY-12	玄武安山岩	0.511222	0.1103	0.511065	0.511132	−25.2	−26.3	Wang et al.，2010

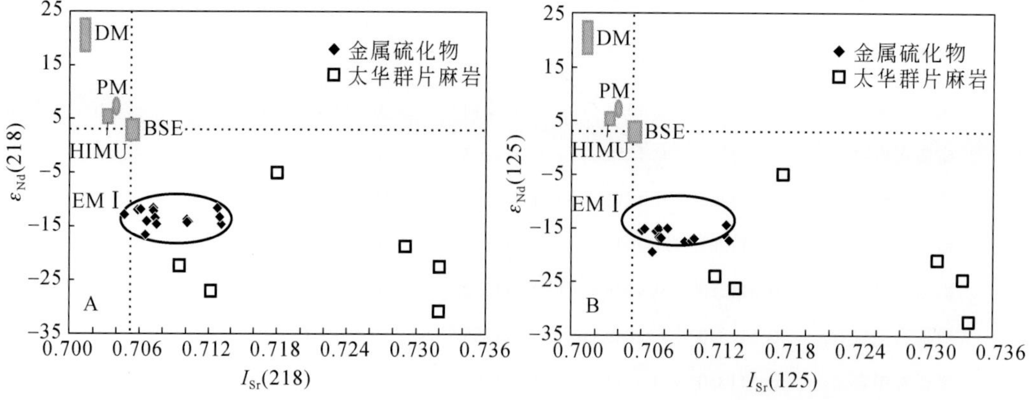

图 6.40　大湖金钼矿床 $\varepsilon_{Nd}(t)$ -I_{Sr} 图解（图 A 引自倪智勇等，2009）

6.2.6　成矿年代学

小秦岭地区金矿多以含金石英脉形式产出。由于矿石中金属矿物含量较低，且缺乏合适的定年矿物，难以获得直接的成矿年龄。前人曾采用K-Ar、Ar-Ar及Rb-Sr等时线等多种方法对石英脉中的云母、钾长石等脉石矿物开展定年研究，获得了多组年龄，包括元古宙（沈保丰等，1994；薛良伟等，1999）、古生代（李华芹等，1993）和中生代（晁援，1989；栾世伟等，1991；王义天等，2002）。因此，关于成矿时代的解释也莫衷一是，成矿时代尚需进一步研究。本书采用辉钼矿Re-Os方法、热液独居石SHRIMP U-Th-Pb方法及锆石LA-ICP-MS U-Pb方法对大湖金钼矿床的成矿时代进行了研究，较好地厘定了其形成时间。

6.2.6.1　辉钼矿Re-Os同位素定年

1. 样品及测试

用于Re-Os同位素测试的6件辉钼矿样品来自S35矿脉，其产状各异，包括：与钾长石、石英组成角砾存在（图6.41A、B）、组成脉体穿插糜棱岩化矿石（图6.41C）、于多金属硫化物矿石中交代黄铁矿（图6.41D）、沿裂隙呈薄膜状产出（图6.41E）或作为石英角砾的胶结物存在（图6.41F）。

图6.41　辉钼矿Re-Os同位素定年样品特征（李诺，2012）

A. 样品35-002，辉钼矿浸染状产出于钾长石角砾边缘及内部；B. 样品35-004，钾长石角砾中呈浸染状产出的辉钼矿；C. 样品35-005，辉钼矿与石英、钾长石及黄铁矿组成脉体穿插糜棱岩化矿石；D. 样品35-003，多金属硫化物矿石中辉钼矿交代黄铁矿；E. 样品DH-4，辉钼矿呈薄膜状产出于石英脉壁；F. 样品DH-10，粉末状辉钼矿胶结石英角砾。图中缩写：Kf. 钾长石；Mo. 辉钼矿；Py. 黄铁矿；Qz. 石英

样品经粉碎、分离、粗选和精选，获得了纯度>99%的辉钼矿单矿物。样品分解、Re和Os纯化分离前处理在中国科学院广州地球化学研究所同位素年代学和地球化学重点实验室完成，Re、Os含量ICP-MS分析在长安大学成矿作用及其动力学开放研究实验室完成，仪器型号为X-7型ICP-MS，由美国热电公司生产。样品化学前处理及测试方法参见杜安道等（1994），并在此基础上进行了部分改进：①称样后，依次加入NaOH和Na_2O_2，置于马弗炉熔融，避免了只用NaOH熔融时的喷溅现象；②丙酮萃取Re后，有机相直接置于电热板上加热挥发，取代了三氯甲烷和水反萃取Re步骤；③用$NaClO_4$替代$Ce(SO_4)_2$，分离纯化Os。以OsO_4水溶液进样进行ICP-MS测定，灵敏度提高了40倍以上（Sun et al.，2001）。实验过程中以国标GBW04435和GBW04436为标样，监控化学流程和分析数据的可靠性。

2. 测试结果

获得6件辉钼矿的Re含量为$0.93\times10^{-6}\sim3.42\times10^{-6}$，Re与$^{187}Os$含量变化较协调；Re-Os模式年龄为215.4±5.4～255.6±9.6Ma（表6.28）；不同产状的辉钼矿模式年龄变化不大。李厚民等（2007）获得3件采自同一含矿石英脉的辉钼矿样品的Re-Os模式年龄分别为232.9±2.7Ma、223.7±2.6Ma和223.0±2.8Ma，简伟（2010）获得4件来自F7、F5脉的辉钼矿样品的模式年龄变化于207.1±3.1～210.4±3.1Ma，落在本书所得年龄范围内。采用^{187}Re衰变常数$\lambda=1.666\times10^{-11}a^{-1}$（Smoliar et al., 1996），利用ISOPLOT软件（Model 3，Ludwig，1999）求得Re-Os等时线年龄为218±41Ma（MSWD=38）；加权平均年龄为234±18Ma（MSWD=23）（图6.42）；等时线年龄与加权平均年龄在误差范围内一致，显示了数据的可靠性。此外，由等时线求得^{187}Os初始值为$(0.3\pm1.0)\times10^{-9}$，接近于0，表明辉钼矿形成时几乎不含初始^{187}Os。总之，大湖金钼矿床的钼矿化时限为215～256Ma，最大可能时间为218Ma，即三叠纪。

表6.28　大湖金钼矿床辉钼矿Re-Os同位素测年数据（据李诺等，2008修改）

样品号	重量/g	Re/10^{-6}	2σ	$^{187}Re/10^{-6}$	2σ	$^{187}Os/10^{-9}$	2σ	年龄/Ma	2σ
35-002	0.1717	3.4223	0.0584	2.1424	0.0366	8.4711	0.0408	236.9	7.4
35-003	0.1142	1.8125	0.0177	1.1347	0.0111	4.7896	0.0385	252.8	6.0
35-004	0.1504	1.5429	0.0252	0.9659	0.0158	3.5554	0.0464	220.6	8.8
DH-4	0.2048	1.7404	0.0444	1.0895	0.0278	4.2212	0.0114	232.1	10
35-005H	0.0709	3.3033	0.0423	2.0679	0.0265	7.4353	0.0405	215.4	5.4
DH-10	0.2041	0.9298	0.0196	0.5821	0.0123	2.4839	0.0067	255.6	9.6

注：模式年龄t按$t=1/\lambda\ \ln(1+{}^{187}Os/{}^{187}Re)$计算，其中$\lambda(^{187}Re)=1.666\times10^{-11}a^{-1}$（Smoliar et al., 1996）。

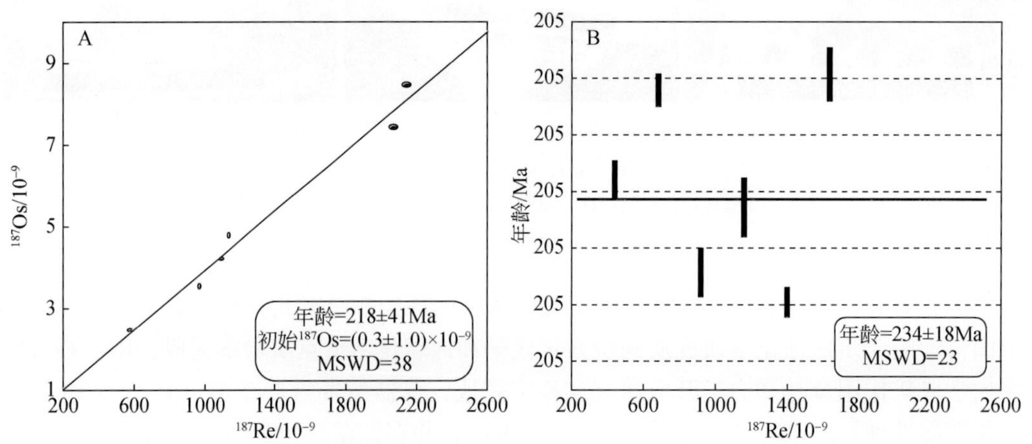

图6.42　大湖矿床辉钼矿Re-Os等时线年龄图（A）与加权平均年龄图（B）（李诺等，2008）

6.2.6.2　热液独居石 SHRIMP U-Th-Pb 定年

1. 样品及测试

用于 SHRIMP U-Th-Pb 同位素定年的独居石样品来自 F7 含矿石英脉（样品 DH 7-006，坐标：34°28′04″N，110°36′53″E）。独居石无色透明，粒度 25～150μm，与辉钼矿、黄铁矿及石英密切共生。部分独居石发育丰富的流体包裹体，包括纯 CO_2 包裹体或 CO_2-H_2O 包裹体，与石英所含包裹体相当（图 6.43）。独居石中流体包裹体的发育及其与辉钼矿的密切共生表明该独居石属热液成因，形成于钼矿化阶段（Li et al., 2011a）。

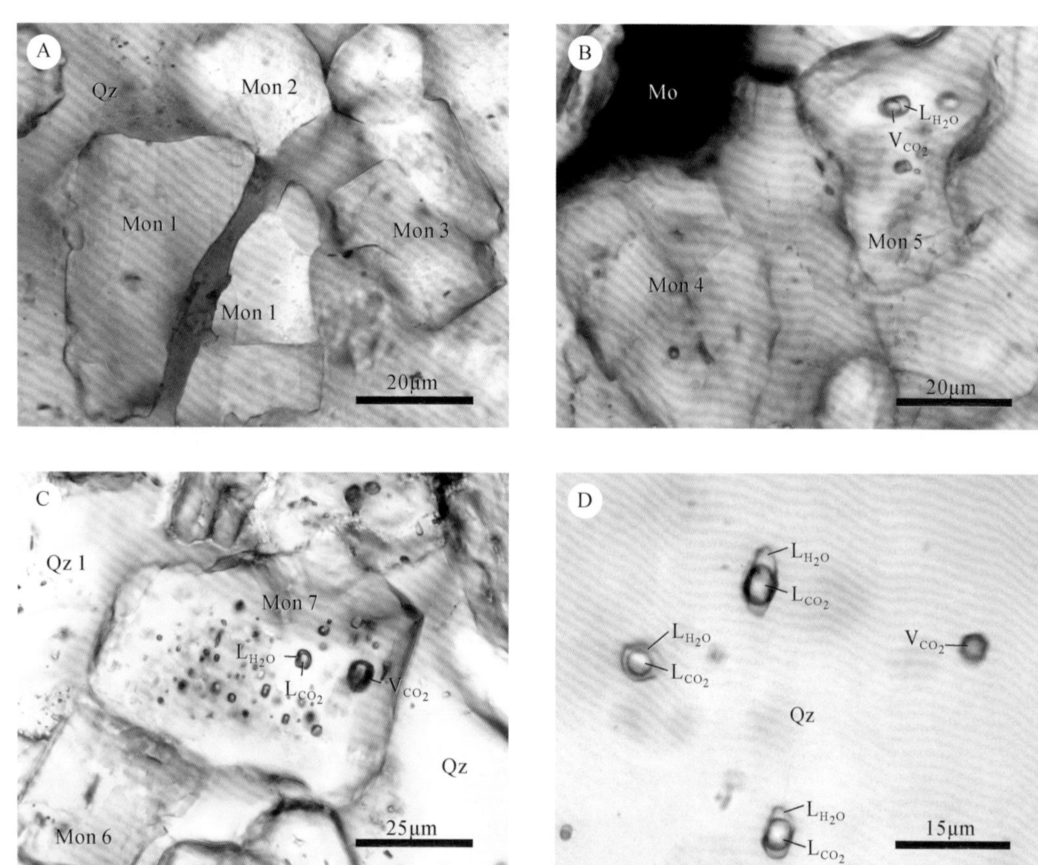

图 6.43　大湖金钼矿床热液独居石中流体包裹体特征（Li et al., 2011a）

A. 包裹体不发育的独居石，其中颗粒“Mon 1”被石英穿切；B. 含少量包裹体的独居石颗粒；C. 相邻的独居石颗粒其包裹体发育程度迥异：“Mon 7”包裹体极为发育，类型包括 CO_2-H_2O 包裹体和纯 CO_2 包裹体，而相邻的“Mon 6”则不甚发育；D. 与“Mon 7”相邻的石英颗粒（图 C 中 Qz 1）发育 CO_2-H_2O 包裹体和纯 CO_2 包裹体。缩写：Mo. 辉钼矿；Mon. 独居石；Qz. 石英；L_{H_2O}. 液相 H_2O；L_{CO_2}. 液相 CO_2；V_{CO_2}. 气相 CO_2

用牙钻将含独居石颗粒的玻片取出为直径 3mm 的柱体，固定于环氧树脂靶上（直径 25mm）。将标样 z2234、z2908 及 QMa28-1（Fletcher et al., 2010）制成独立的样品靶，清洗，镀金。独居石 BSE 分析在北京大学造山带与地壳演化教育部重点实验室完成，所用仪器为 JEOL JXA 8100 电子探针，实验过程中加速电压为 15kV，束流 1.0nA。U-Pb 同位素分析在西澳大学 SHRIMP II 完成，实验流程参见 Foster 等(2000)，并同时对 Y 和 Nd 监测以进行基质效应的校正（Fletcher et al., 2010）。

U-Pb 同位素分析分两次进行。第一次测试选择的颗粒以表面平整、无裂隙、无包体的坚固颗粒为特征。所用一次离子流束斑直径为 25μm，一次离子流 O_2^-强度为约 1.5nA。每个数据点的测定由 6 次扫描完成，分析过程中仪器的质量分辨率> 5000（1% 峰高）。在进行第二次分析前，首先依据 BSE 图像进行了仔细地选点。测试过程所用一次离子流束斑直径为约 15μm×12μm，一次离子流 O_2^-强度为约 0.4nA，分析过程中仪器的质量分辨率>5500（1% 峰高）。为补偿降低的二次离子流强度，适当延长了 $^{206}Pb^+$ 收集时间，且每个数据点的扫描次数增加至 8 次；同时为节省时间，降低了$^{207}Pb^+$收集时间，并放弃了对 Y 的记录。在进行基质效应校正时，使用第一次测试的 Y 含量平均值参与计算。U-Pb 同位素数据处理采用 Squid-2 程序（Ludwig，2009），获得的原始数据为$^{206}Pb^+/^{270}[UO_2]^+$和$^{208}Pb^+/^{264}[ThO_2]^+$，并对其进行了校正（Fletcher et al.，2010）。以 z2234 为标样，其$^{206}Pb/^{238}U$和$^{208}Pb/^{232}Th$年龄分别为 1026Ma 和 1024Ma（Stern and Sanborn，1998；Fletcher et al.，2010）。采用 Fletcher 等（2010）的基质效应校正常数对获得的 Pb/U、Pb/Th 数据进行了校正。

2. 测试结果

由 BSE 图像可见，大部分独居石颗粒较为均匀，个别颗粒内部显示明暗变化（图 6.44）。部分独居石颗粒发生破碎，沿其边缘或内部裂隙见溶蚀结构（图 6.44B）。第一次测试获得分析点 19 个（表 6.29）。独居石中 Th、U 含量较低，显示典型的热液独居石特征（Schandl and Gorton，2004）。相应的放射成因 Pb 含量亦较低，各数据点均包含了一定量的普通铅。即便如此，大部分数据经普通铅校正后仍获得了谐和的$^{206}Pb/^{238}U$、$^{208}Pb/^{232}Th$年龄。在$^{206}Pb/^{238}U$-$^{208}Pb/^{232}Th$图（图 6.45A）中，大部分数据呈线性分布，据此确定初始独居石沉淀发生在> 200Ma，并于< 120Ma 左右发生了重结晶。另有少量数据不谐和，表明重结晶过程中发生了 U-Pb、Th-Pb 体系的解耦，或是由测试过程中二次离子流难以集中所致。

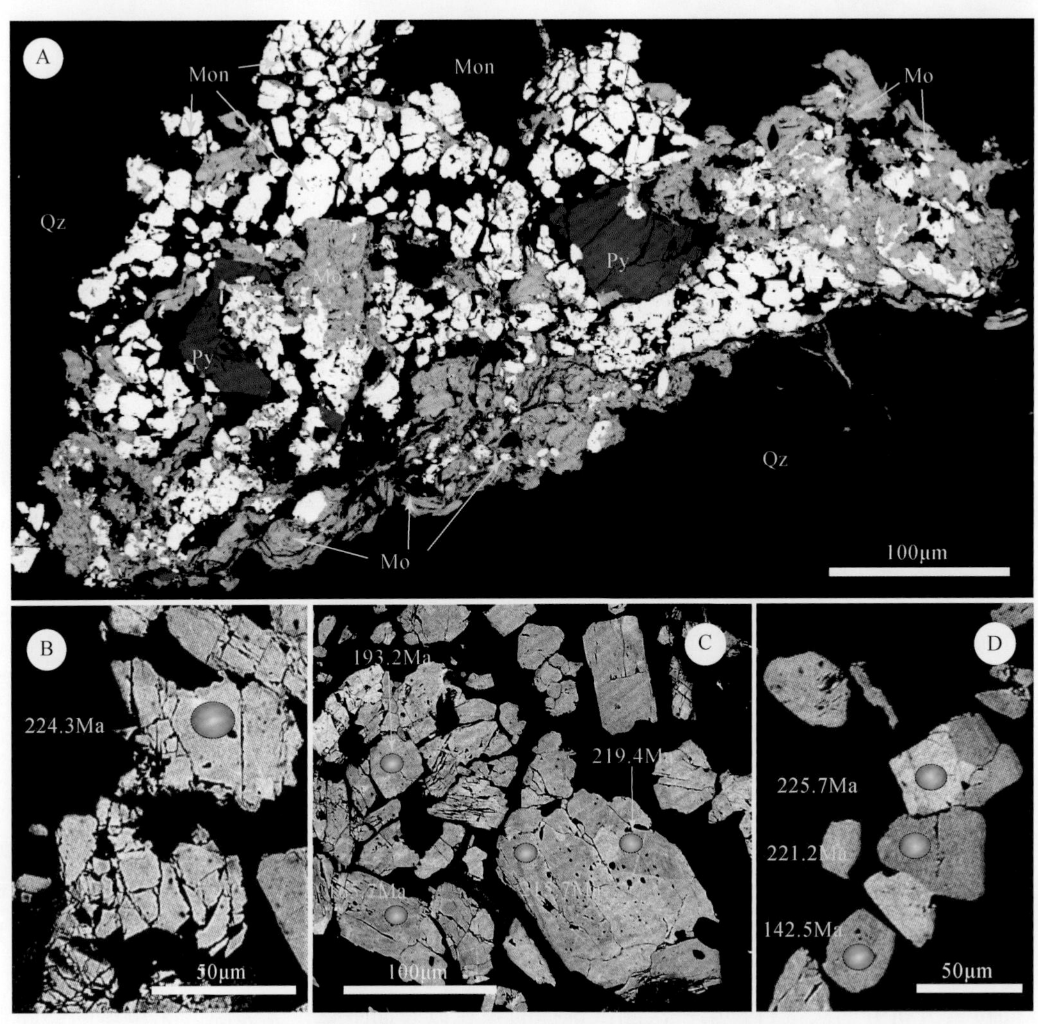

图 6.44　大湖金钼矿床热液独居石的 BSE 图像（Li et al.，2011a）

A. 独居石与辉钼矿、黄铁矿共存于石英脉中，其中辉钼矿往往沿脉壁分布；B. 年龄最老的独居石颗粒（表 6.21 中测试点 B4）裂纹发育，边缘不规则；C. 同一独居石颗粒（表 6.30 中测试点 B13 和 B15）内部两个测试点给出了一致的年龄（215.7Ma 和 219.4Ma）；D. 具不同年龄及 BSE 特征的独居石颗粒共生第二次分析所获数据显示了类似的分布趋势，但获得的初始结晶时间更大，数据点更为集中（表 6.30），表明依据 BSE 图像进行选点更为合理。在$^{206}Pb/^{238}U$-$^{208}Pb/^{232}Th$ 图（图 6.45B）中，部分数据集中于年龄较大的端元，代表了独居石结晶的时间。然而，测试过程中未发现完全重结晶、粒径足够大的颗粒。因此，独居石的重结晶时间尚未得到很好的限定。

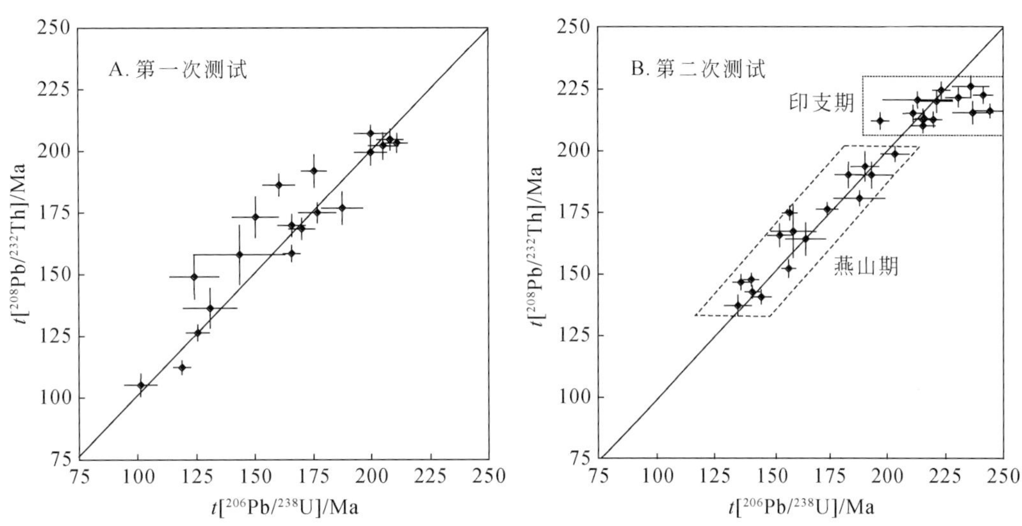

图 6.45　大湖金钼矿床热液独居石$^{206}Pb/^{238}U$-$^{208}Pb/^{232}Th$ 年龄（1σ 误差）（Li et al., 2011a）

图中直线为 U-Pb/Th-Pb 谐和线，反映了 250Ma 与 75Ma 的混合线

所有用于确定独居石形成年龄的数据均来自第二次测试（表 6.30）。鉴于部分数据给出了混合年龄，且数据质量不一（如：具有不同的普通铅含量），我们确定了如下的数据选择准则：$^{206}Pb/^{238}U$ 和$^{208}Pb/^{232}Th$数据谐和，且具有低的普通铅含量。如此，表 6.30 中［a］组和［b］组数据符合要求：U-Pb 年龄与 Th-Pb 年龄谐和，^{206}Pb 和^{208}Pb 中普通铅含量均低于 20%。相比之下，［e］组数据由于^{206}Pb 和^{208}Pb 中含过高的普通铅含量（20%）而被舍弃。总体上，由于$^{208}Pb^+$计数高于$^{206}Pb^+$，并且可能存在部分初始$^{206}Pb^+$，则当$^{206}Pb/^{238}U$ 和$^{208}Pb/^{232}Th$ 数据不谐和时以$^{208}Pb/^{232}Th$ 数据为准。

［a］组数据是唯一可以独立确定初始独居石形成年龄的数据组。6 个分析点给出了 216.6±3.5Ma（95% 置信度；MSWD=0.9）的$^{206}Pb/^{238}U$ 年龄和 214.4±5.6Ma 的$^{208}Pb/^{232}Th$ 年龄，但后者分散度较大（MSWD=2.5）。［c］组数据$^{206}Pb/^{238}U$ 和$^{208}Pb/^{232}Th$ 谐和，但^{206}Pb 中普通铅含量较高。该组数据中有两个分析点给出了与［a］组一致的$^{208}Pb/^{232}Th$ 年龄。同样，［d］组中有 6 个数据与［a］组一致。综合这 14 个$^{208}Pb/^{232}Th$ 数据，给出了 216.0±2.8Ma 的年龄，但是数据较为分散（MSWD=1.9）。若去除数据点 B.4 和 A.26，数据的分散程度将减小，此时所获年龄为 215.9±2.5Ma（MSWD=1.3）。然而，由于二者均来自最为可靠的［a］组，我们最终对这两个数据予以保留。

在将 U-Pb 和 Th-Pb 数据综合分析前，必须考虑数据的不确定度。由于基质效应的影响微乎其微，且对于所有分析点近乎一致，可以直接将约 25% 的误差应用于所获得的加权平均年龄（对于$^{206}Pb/^{238}U$ 为 0.1%，对于$^{208}Pb/^{232}Th$ 为 0.25%）。此外，还需考虑参考物质 Z2234 的年龄测定误差（对于$^{206}Pb/^{238}U$ 为 1.25%，对于$^{208}Pb/^{232}Th$ 为 1.0%，1σ）以及 1% 的靶内校正误差。最终获得$^{206}Pb/^{238}U$ 年龄为 216.6±6.8Ma（数据全部来自［a］组），$^{208}Pb/^{232}Th$ 年龄为 216.0±5.6Ma（包括［a］组、［b］组、［c］组两个数据和［d］组 6 个数据在内的 14 个数据）。

上述$^{206}Pb/^{238}U$ 年龄和$^{208}Pb/^{232}Th$ 年龄彼此谐和，且$^{207}Pb/^{206}Pb$ 几乎不含初始^{206}Pb。因此，认为数据合理可靠。如果综合考虑 216.6±6.8Ma 的$^{206}Pb/^{238}U$ 年龄和来自 14 个数据的 216.0±5.6Ma $^{208}Pb/^{232}Th$ 年龄，获得的结果为 216.2±4.2Ma。若仅考虑来自［a］组的$^{208}Pb/^{232}Th$ 年龄，则结果为 215.6±4.9Ma。最终，我们采用年龄为 216±5Ma。

表 6.29　大湖金钼矿床热液独居石第一次 SHRIMP U-Pb 及 Th-Pb 分析数据（Li et al.，2011a）

测试点	U /10^{-6}	Th /10^{-6}	Th /U	4f206 /%	$^{206}Pb^{*}$ /^{238}U	±$^{206}Pb^{*}$ /^{238}U	t [$^{206}Pb^{*}$ /^{238}U] /Ma	±t [$^{206}Pb^{*}$ /^{238}U]	4g208 /%	$^{208}Pb^{*}$ /^{232}Th	±$^{208}Pb^{*}$ /^{232}Th	t [$^{208}Pb^{*}$ /^{232}Th] /Ma	±t [$^{208}Pb^{*}$ /^{232}Th]
古老年龄													
MON-7	54	1923	35.4	11.7	0.0315	0.0011	200	7	2.2	0.01029	0.0002	206.9	4
MON-6	99	1077	10.9	12.4	0.0328	0.0009	208.3	5.8	7.8	0.01017	0.00023	204.5	4.6
MON-17	148	1861	12.6	6.8	0.0333	0.0008	211.1	4.8	3.7	0.0101	0.0002	203.1	4
MON-8	181	1627	9.0	18.5	0.0325	0.0011	206.3	6.6	14.1	0.01002	0.00028	201.6	5.6
MON-11	160	1543	9.6	30.6	0.0315	0.0011	200.1	7.2	22.6	0.00993	0.00029	199.7	5.8
混合年龄													
MON-10	260	1477	5.7	17.3	0.0277	0.0009	175.9	5.6	17.6	0.00954	0.00033	191.8	6.7
MON-9	145	1878	13.0	40.3	0.0252	0.0011	160.7	7.1	22.2	0.00927	0.00024	186.5	4.7
MON-22	329	2859	8.7	26.4	0.0296	0.0014	187.9	8.9	21.7	0.0088	0.00034	177.0	6.9
MON-18	101	1587	15.7	31.5	0.0278	0.0013	177.1	8.3	15.8	0.0087	0.00021	175.1	4.3
MON-5	211	1742	8.2	26.7	0.0236	0.0016	150.5	10.2	19.5	0.0086	0.00041	173.1	8.3
MON-13	139	1308	9.4	31	0.026	0.001	165.7	6	22.8	0.00844	0.00024	169.9	4.7
MON-14	179	1595	8.9	18.7	0.0268	0.0009	170.5	5.8	14.2	0.00836	0.00022	168.4	4.5
MON-12	209	2111	10.1	9.5	0.026	0.0006	165.7	3.9	6.4	0.00788	0.00018	158.6	3.6
MON-19	105	1283	12.2	47.3	0.0225	0.0031	143.6	19.6	29.7	0.00785	0.00061	157.9	12.3
MON-4	176	1432	8.2	46.9	0.0194	0.0017	124.1	10.6	36.4	0.00739	0.00046	148.9	9.3
MON-16	154	1414	9.2	38.6	0.0205	0.0018	130.9	11.6	29.3	0.00676	0.00041	136.1	8.3
MON-15	194	1825	9.4	26.7	0.0196	0.0008	125.4	5.1	19.7	0.00627	0.00017	126.3	3.4
MON-21	195	1903	9.8	14.6	0.0186	0.0006	118.7	4	10.5	0.00558	0.00015	112.4	3
MON-20	173	1728	10.0	56.7	0.0158	0.0011	101.1	7.1	44.4	0.00521	0.00024	105.0	4.8

注：表中所列数据均已经过普通 Pb 校正；4f206［4g208］表示基于测得的^{204}Pb及普通铅模式（Stacey and Kramers，1975）获得的^{206}Pb［^{208}Pb］含量；表中所列不确定度以 1σ 表示，其中包括系统误差但不包括参考物质（z2234）的年龄测定误差、基质效应造成的误差及靶内校正误差。“±”代表误差。

表 6.30　大湖金钼矿床热液独居石第二次 SHRIMP U-Pb 及 Th-Pb 分析数据（Li et al.，2011a）

测试点	U /10^{-6}	Th /10^{-6}	Th/U	4f206 /%	$^{206}Pb^*/^{238}U$	$\pm ^{206}Pb^*/^{238}U$	$t\,[^{206}Pb^*/^{238}U]$ /Ma	$\pm t\,[^{206}Pb^*/^{238}U]$	4g208 /%	$^{208}Pb^*/^{232}Th$	$\pm ^{208}Pb^*/^{232}Th$	$t\,[^{208}Pb^*/^{232}Th]$ /Ma	$\pm t\,[^{208}Pb^*/^{232}Th]$
[a] 216 Ma 数据组；年龄谐和，普通 Pb（^{206}Pb 及 ^{208}Pb）含量 <20%													
B. 4	202	1604	8. 0	7. 3	0. 0352	0. 0006	**223. 3**	**3. 9**	5. 9	0. 01116	0. 00016	**224. 3**	**3. 3**
B. 1	129	1238	9. 6	12. 6	0. 0333	0. 0007	**211. 1**	**4. 5**	8. 5	0. 01069	0. 00017	**214. 9**	**3. 4**
A. 27	144	1707	11. 9	9. 2	0. 0340	0. 0008	**215. 7**	**4. 7**	5. 2	0. 01058	0. 0002	**212. 8**	**3. 9**
B. 9	126	1549	12. 3	9. 6	0. 0341	0. 0008	**216. 2**	**4. 9**	5. 3	0. 01056	0. 00019	**212. 4**	**3. 8**
A. 29	256	1773	6. 9	6. 7	0. 034	0. 0006	**215. 4**	**3. 7**	6. 2	0. 01056	0. 00016	**212. 4**	**3. 2**
A. 26	122	2093	17. 1	7. 0	0. 0340	0. 0009	**215. 7**	**5. 3**	2. 8	0. 01043	0. 00015	**209. 8**	**3. 0**
[b] 年轻年龄；年龄谐和，普通 Pb（^{206}Pb 及 ^{208}Pb）含量 <20%													
A. 36	129	1711	13. 3	10. 0	0. 0320	0. 0010	203. 3	6. 3	5. 1	0. 00985	0. 00017	198. 1	3. 3
A. 31	180	1623	9. 0	13. 6	0. 0296	0. 0018	188. 1	11. 4	10. 3	0. 00896	0. 00016	180. 4	3. 2
A. 34	188	1712	9. 1	8. 0	0. 0273	0. 0008	173. 8	4. 8	5. 6	0. 00874	0. 00015	175. 8	3. 1
A. 35	204	1985	9. 7	10. 9	0. 0222	0. 0006	141. 5	3. 5	7. 3	0. 00707	0. 00013	142. 5	2. 6
A. 37	186	1737	9. 4	17. 4	0. 0228	0. 0007	145. 1	4. 7	12. 7	0. 00698	0. 00015	140. 6	3. 0
A. 21	142	1228	8. 7	15. 5	0. 0212	0. 0009	135. 3	6. 0	11. 7	0. 00681	0. 00021	137. 2	4. 3
[c] 年龄谐和，但普通 Pb（^{206}Pb）含量 ≥20%													
A. 25	26	1538	60. 1	24	0. 0336	0. 0024	213. 2	15. 0	3. 1	0. 01096	0. 00016	**220. 3**	**3. 2**
B. 15	98	1021	10. 4	20	0. 0349	0. 0012	221. 2	7. 7	13. 5	0. 01092	0. 00023	**219. 4**	**4. 6**
B. 10	89	1273	14. 3	26	0. 0305	0. 0017	193. 4	10. 7	13. 8	0. 00945	0. 00026	190. 0	5. 2
B. 43	177	1508	8. 5	21	0. 0259	0. 0014	164. 8	8. 8	16. 5	0. 00815	0. 00033	164. 2	6. 7

续表

测试点	U /10^{-6}	Th /10^{-6}	Th/U	4f206 /%	$^{206}Pb^*/^{238}U$	$\pm ^{206}Pb^*/^{238}U$	$t\ [^{206}Pb^*/^{238}U]$ /Ma	$\pm t\ [^{206}Pb^*/^{238}U]$	4g208 /%	$^{208}Pb^*/^{232}Th$	$\pm ^{208}Pb^*/^{232}Th$	$t\ [^{208}Pb^*/^{232}Th]$ /Ma	$\pm t\ [^{208}Pb^*/^{232}Th]$
[d] 普通 Pb（^{208}Pb）含量 <20%，但不谐和													
A. 28	276	1798	6. 5	4. 1	0. 0382	0. 0007	241. 4	4. 4	4. 3	0. 01106	0. 00016	**222. 3**	**3. 2**
A. 23	233	1844	7. 9	5. 1	0. 0364	0. 0009	230. 8	5. 5	4. 3	0. 011	0. 00019	**221. 2**	**3. 9**
B. 13	33	1583	47. 8	24	0. 0386	0. 0022	244. 4	13. 5	4. 6	0. 01073	0. 00016	**215. 7**	**3. 2**
A. 32	103	1629	15. 9	12. 5	0. 0374	0. 0011	236. 7	6. 6	5. 9	0. 01071	0. 00023	**215. 4**	**4. 7**
A. 30	252	2051	8. 1	8. 4	0. 0347	0. 0007	219. 9	4. 1	6. 9	0. 01056	0. 00016	**212. 3**	**3. 2**
B. 8	299	1490	5. 0	10	0. 031	0. 0007	197. 1	4. 2	11. 6	0. 01052	0. 00018	**211. 6**	**3. 6**
B. 5	221	1502	6. 8	14	0. 0248	0. 0005	157. 8	3. 3	12	0. 00867	0. 00015	174. 6	3. 1
B. 7	292	1268	4. 3	13. 8	0. 0247	0. 0005	157. 3	3. 1	19. 4	0. 00754	0. 00018	151. 9	3. 6
B. 6	219	1766	8. 0	14. 8	0. 0221	0. 0006	140. 9	3. 7	11. 5	0. 00732	0. 00013	147. 4	2. 7
A. 24	142	1265	8. 9	11. 4	0. 0214	0. 0006	136. 6	4. 1	7. 8	0. 00727	0. 00016	146. 5	3. 2
[e] 普通 Pb（^{206}Pb 及 ^{208}Pb）含量 ≥20%													
A. 22	151	1977	13. 1	37	0. 0373	0. 0013	236. 1	8. 0	23	0. 01123	0. 00022	225. 7	4. 4
B. 40	177	1236	7. 0	29	0. 0300	0. 0010	190. 6	6. 2	27	0. 0096	0. 00031	193. 2	6. 1
B. 2x	173	1228	7. 1	39	0. 0288	0. 0010	183. 1	6. 0	36	0. 00943	0. 00027	189. 7	5. 4
B. 4x	271	1600	5. 9	29	0. 025	0. 0016	159. 1	10. 0	29	0. 00829	0. 00054	166. 8	10. 8
B. 11	132	1028	7. 8	36	0. 0241	0. 0009	153. 3	5. 4	30	0. 00823	0. 00023	165. 7	4. 5

注：测试点位置不同于第一次分析；用于最终年龄确定的数据以黑体表示；其他同表 6. 29。“±”代表误差。

由年龄分布频谱图（图6.46）可见，216Ma可作为独居石形成年龄。考虑到分析点中可能含部分年轻物质，严格上讲，216±5Ma实为其形成的最小年龄。独居石的重结晶发生于（或者直到）约110Ma，但这一数据未能得到很好的限定。

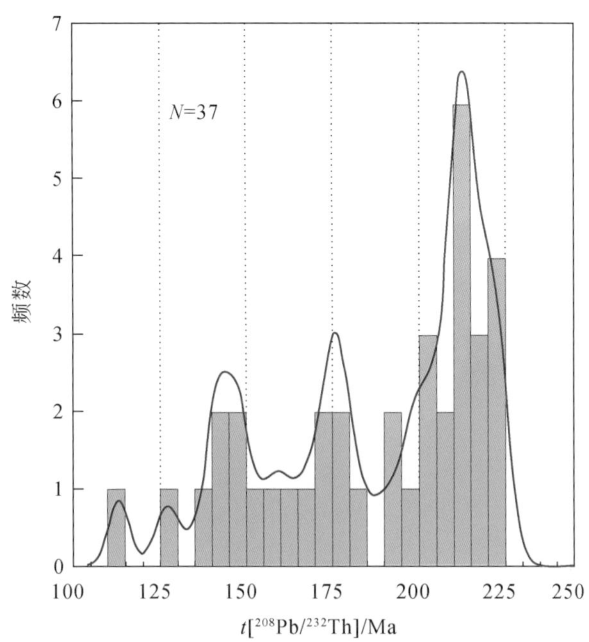

图6.46 大湖金钼矿床热液独居石SHRIMP U-Pb年龄分布频谱图（Li et al.，2011a）

6.2.6.3 含矿石英脉中锆石的LA-ICP-MS U-Pb定年

1. 样品及测试

用于锆石U-Pb同位素定年的2个样品分别采自S35含矿石英脉（DH35-004）和F7含矿石英脉（DH7-005）（图6.47）。其中DH35-004为含浸染状辉钼矿的钾长石角砾，DH7-005为多金属矿化石英脉。锆石分选工作在北京大学造山带与地壳演化教育部重点实验室完成。首先，在严格避免污染的条件下破碎样品，经筛分、淘洗，获得100目的重矿物样品；然后在双目镜下挑选不同长宽比例、不同颜色、不同柱面特征和不同锥面发育程度的锆石颗粒，并将其粘在双面胶上，浇注环氧树脂。待其固

图6.47 大湖金钼矿床锆石定年样品特征（李诺，2012）

A. 样品DH35-004，含浸染状辉钼矿化的钾长石角砾；B. 样品DH7-005，多金属矿化的石英脉，金属矿物以方铅矿为主，含少量辉钼矿、黄铁矿和黄铜矿

化后用砂纸将样靶表面磨平，直至锆石露出约一半晶面，抛光，进行锆石的透射、反射及 CL 显微图像分析。

锆石的 CL 图像分析（图 6.48）在中国科学院矿产资源研究重点实验室完成，所用仪器为美国 Gatan 公司的阴极荧光光谱仪（型号 MiniCL）。锆石 U-Pb 同位素定年工作在南京大学内生矿床国家重点实验室完成。所用仪器为美国 Agilent 公司的 7500a 型四极杆电感耦合等离子体质谱仪（ICP-MS），配备美国 New Wave 公司的 UP-213 Laser Ablation System 固体激光剥蚀系统。分析过程中激光束斑直径为 32μm，频率为 5Hz。实验原理和详细测试方法参见 Jackson 等（2004）。数据处理使用 GLITTER4.0 程序，计算获得同位素比值、年龄和误差。普通铅校正按照 Andersen（2002）的方法进行。

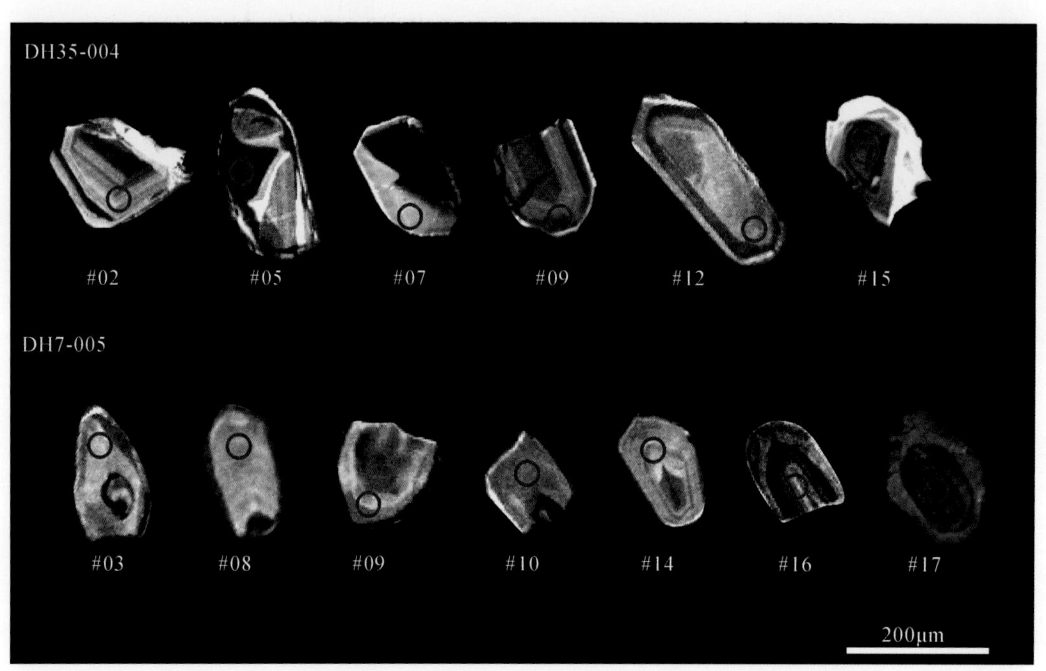

图 6.48 大湖金-钼矿床含矿石英脉中锆石 CL 图像（李诺，2012）

2. 测试结果

DH35-004 中锆石粒度较大，一般 200 ~ 300μm。多数锆石颗粒形态不完整。阴极发光（图 6.48）显示锆石多具面型分带或弱分带，属变质锆石特征（如图 6.48 中#05、#07）。另有部分锆石具有明显的核幔结构，其中核部往往发育明显的岩浆振荡环带，而幔部较为均一，环带不发育，显示了变质增生锆石的特征（如图 6.48 中#15）。获得 15 个分析点全部落在 U-Pb 一致线附近（表 6.31，图 6.49）。除一个位于核部的分析点给出 1973±11Ma 的 $^{207}Pb/^{206}Pb$ 年龄外，其余 14 个点较为集中，$^{207}Pb/^{206}Pb$ 年龄变化于 1802 ~ 1867Ma，加权平均年龄为 1831.2±9.6Ma（MSWD = 1.6）。这些分析点的 U、Th 含量变化于 63×10^{-6} ~ 673×10^{-6} 和 96×10^{-6} ~ 406×10^{-6}，Th/U 值范围为 0.2 ~ 2.3（表 6.31）。

DH7-005 中锆石无色至浅黄色，多具浑圆状外观，粒径较 DH35-004 锆石略小，一般 150 ~ 200μm。锆石核幔结构发育（图 6.48），仅少量锆石具面型分带或弱分带特征。2 个具有典型岩浆结晶锆石环带的继承性锆石核以具有明显高的 Th 含量为特征（503×10^{-6} 和 514×10^{-6}），Th/U 值变化于 0.3 ~ 0.5（表 6.31），对应的 $^{207}Pb/^{206}Pb$ 年龄分别为 2392±25Ma 和 2299±27Ma，代表了原岩的结晶年龄。其余 15 个测试点的 Th、U 含量分别为 124×10^{-6} ~ 309×10^{-6} 和 186×10^{-6} ~ 402×10^{-6}，Th/U 值 0.5 ~ 0.8，$^{207}Pb/^{206}Pb$ 年龄变化于 1802 ~ 1856Ma（表 6.31），加权平均年龄为 1835.6±6.2Ma（MSWD = 0.99）（图 6.49），代表了锆石的变质年龄。该年龄与 DH35-004 给出的加权平均年龄在误差范围内一致。

表6.31 大湖金钼矿床含矿石英脉中锆石 LA-ICP-MS U-Pb 年龄（李诺，2012）

分析点	Th /10^{-6}	U /10^{-6}	Th /U	同位素比值						年龄/Ma					
				$^{207}Pb/^{206}Pb$	1σ	$^{207}Pb/^{235}U$	1σ	$^{206}Pb/^{238}U$	1σ	$^{207}Pb/^{206}Pb$	1σ	$^{207}Pb/^{235}U$	1σ	$^{206}Pb/^{238}U$	1σ
DH35-004															
#01	121	96	1.3	0.11014	0.00165	4.89430	0.07733	0.32234	0.00407	1802	13	1801	13	1801	20
#02	202	149	1.4	0.11087	0.00159	4.98505	0.07684	0.32612	0.00410	1814	13	1817	13	1820	20
#03	673	297	2.3	0.11140	0.00149	4.99332	0.07291	0.32511	0.00404	1822	12	1818	12	1815	20
#04	235	181	1.3	0.11151	0.00211	5.03048	0.09675	0.32723	0.00434	1824	17	1824	16	1825	21
#05	122	213	0.6	0.11170	0.00155	5.05112	0.07606	0.32798	0.00412	1827	12	1828	13	1829	20
#06	188	245	0.8	0.11172	0.00140	5.04634	0.07037	0.32764	0.00406	1828	11	1827	12	1827	20
#07	117	241	0.5	0.11178	0.00184	5.03558	0.08611	0.32675	0.00416	1829	15	1825	14	1823	20
#08	142	106	1.3	0.11180	0.00145	5.05064	0.07352	0.32769	0.00418	1829	12	1828	12	1827	20
#09	379	369	1.0	0.11190	0.00156	5.06811	0.07643	0.32850	0.00409	1831	12	1831	13	1831	20
#10	141	188	0.7	0.11210	0.00155	5.08483	0.07624	0.32901	0.00411	1834	12	1834	13	1834	20
#11	136	199	0.7	0.11236	0.00254	5.03454	0.11368	0.32497	0.00456	1838	22	1825	19	1814	22
#12	175	237	0.7	0.11330	0.00185	5.22193	0.08933	0.33424	0.00432	1853	15	1856	15	1859	21
#13	145	243	0.6	0.11378	0.00148	5.10088	0.07270	0.32522	0.00400	1861	12	1836	12	1815	19
#14	63	348	0.2	0.11419	0.00223	5.16354	0.10259	0.32848	0.00433	1867	18	1847	17	1831	21
#15	233	406	0.6	0.12115	0.00140	6.14318	0.08248	0.36781	0.00458	1973	11	1996	12	2019	22
DH7-005															
#01	124	186	0.7	0.11018	0.00210	4.89967	0.09433	0.32291	0.00425	1802	17	1802	16	1804	21
#02	127	249	0.5	0.11120	0.00202	4.99236	0.09315	0.32568	0.00424	1819	17	1818	16	1817	21
#03	165	240	0.7	0.11141	0.00148	5.00936	0.07300	0.32615	0.00406	1823	12	1821	12	1820	20
#04	166	323	0.5	0.11185	0.00143	4.99095	0.07009	0.32367	0.00396	1830	11	1818	12	1808	19
#05	141	306	0.5	0.11187	0.00143	5.07164	0.07071	0.32887	0.00401	1830	11	1831	12	1833	19
#06	147	249	0.6	0.11193	0.00142	5.05901	0.07019	0.32792	0.00398	1831	11	1829	12	1828	19
#07	154	243	0.6	0.11201	0.00139	5.00770	0.06843	0.32428	0.00393	1832	11	1821	12	1811	19
#08	189	298	0.6	0.11205	0.00140	4.99753	0.07010	0.32352	0.00403	1833	11	1819	12	1807	20
#09	309	402	0.8	0.11233	0.00138	4.96734	0.06820	0.32077	0.00395	1837	11	1814	12	1793	19
#10	161	240	0.7	0.11235	0.00135	5.00835	0.06751	0.32336	0.00393	1838	11	1821	11	1806	19
#11	131	213	0.6	0.11239	0.00189	5.10737	0.08915	0.32963	0.00422	1838	15	1837	15	1837	20
#12	180	311	0.6	0.11308	0.00141	5.18200	0.07103	0.33241	0.00402	1849	11	1850	12	1850	19
#13	204	313	0.6	0.11307	0.00195	5.08679	0.09016	0.32649	0.00415	1849	16	1834	15	1821	20
#14	143	270	0.5	0.11343	0.00182	5.05256	0.08408	0.32310	0.00406	1855	14	1828	14	1805	20
#15	126	233	0.5	0.11347	0.00157	5.22078	0.07845	0.33373	0.00417	1856	12	1856	13	1856	20
#16	138	503	0.3	0.14594	0.00404	8.48726	0.22994	0.42203	0.00621	2299	27	2285	25	2270	28
#17	234	514	0.5	0.15414	0.00407	9.31592	0.24091	0.43845	0.00639	2392	25	2370	24	2344	29

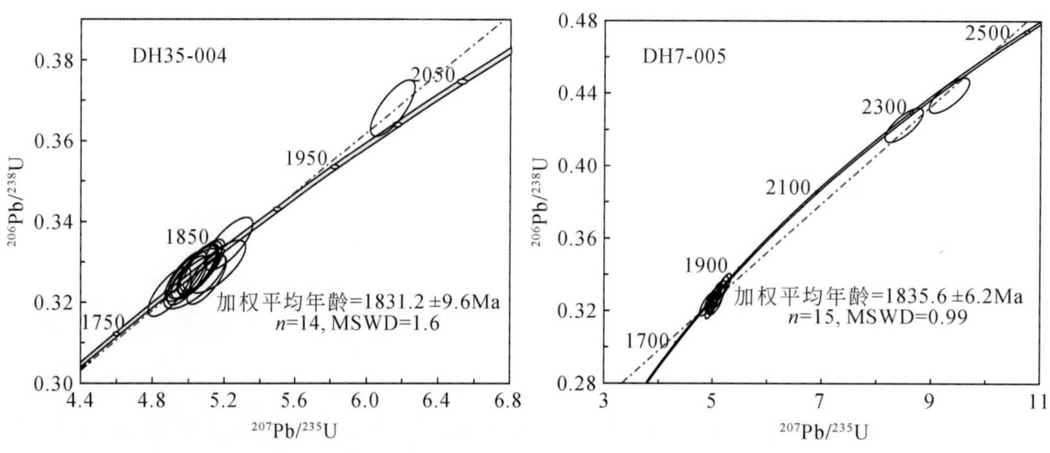

图 6.49 大湖金钼矿床含矿石英脉中锆石 U-Pb 年龄谐和图（李诺，2012）

6.2.6.4 大湖金钼矿床两期热液成矿事件

上述成矿年代学研究得到如下结果：辉钼矿 Re-Os 同位素年龄变化于 215 ~ 256Ma，等时线年龄为 218±41Ma（MSWD=38）；热液独居石 SHRIMP U-Th-Pb 定年识别出两组年龄：约 216Ma 和<125Ma；而含矿石英脉中锆石的 LA-ICP-MS U-Pb 定年则给出了前寒武纪的年龄信息：3 个继承锆石核年龄分别为 1973±11Ma、2392±25Ma 和 2299±27Ma，变质增生年龄约为 1830Ma。

前人研究表明，辉钼矿 Re-Os 同位素体系较为稳定，不易遭受后期热事件的影响（Suzuki et al.，1996；Frei et al.，1998；Stein et al.，1998），因此可以很好地记录其初始结晶年龄。据此，认为本书所获得的约 218Ma 的辉钼矿 Re-Os 年龄代表了其形成年龄，意即辉钼矿的结晶发生于印支期。相反，独居石对后期热扰动更为敏感，其 U-Th-Pb 体系易于遭受后期热液事件影响而发生重置（Poitrasson et al.，1996；Teufel and Heinrich，1997；Townsend et al.，2000；Seydoux-Guillaume et al.，2002；Rasmussen et al.，2005；Ayers et al.，2006；McFarlane et al.，2006；Rasmussen and Muhling，2007；Bosse et al.，2009），因此可以更好地记录后期热事件信息。本研究发现大湖金钼矿床中热液独居石与辉钼矿密切共生，且形成年龄在误差范围内一致（独居石 SHRIMP U-Th-Pb 年龄：216±5Ma；辉钼矿 Re-Os 等时线年龄：218±41Ma），表明二者应同属印支期热液作用的产物。然而，这些独居石往往裂隙发育、晶体边界不规则，且与辉钼矿共生于重矿物脉中，表明二者均为先存组分，并遭受了后期热液作用的叠加改造。由遭受热液改造的独居石记录的该后期热液改造事件发生于 125Ma 之后，即燕山期。

上述推论得到如下地质事实支持：①构造分析显示控矿构造在 123Ma 发生了重新活化（张进江等，1998；张元厚等，2009），其中的含矿石英脉随之发生变形、角砾岩化/糜棱岩化；②辉钼矿既可作为细粒基质胶结石英角砾，亦可以粗粒晶体形式与钾长石共同作为角砾出现，而不同形式产出的辉钼矿其 Re-Os 年龄并无差异；③含<133Ma 锆石的煌斑岩被 S35 含钼石英脉切穿（倪智勇，2009），而来自 S35 的辉钼矿显示印支期年龄信息。因此，认为大湖金钼矿床至少存在两期矿化事件：第一期以辉钼矿和独居石的形成为标志，发生于印支期；第二期则以燕山期叠加改造为特征，在此过程中辉钼矿发生了机械搬运，但 Re-Os 同位素体系保持封闭；独居石则发生了溶解-再沉淀，其 U-Th-Pb 体系遭受了部分重置。

此外，在钼矿化的钾长石角砾及多金属矿化的石英脉中均发现有锆石。这些锆石以外观浑圆为特征，棱角不鲜明，常具核-幔结构。继承锆石核往往发育典型的岩浆震荡环带，$^{206}Pb/^{207}Pb$ 年龄变化于 1973 ~ 2392Ma。而锆石幔部具典型的变质锆石特征：环带不发育，或具扇形、面型环带，Th/U 值较低（吴元保和郑永飞，2004）。这些变质增生边限制了变质作用发生于约 1830Ma。上述锆石年龄远远老于我们所获得的辉钼矿 Re-Os 年龄及独居石 U-Th-Pb 年龄，却与围岩太华超群的原岩年龄（2.84～2.26Ga）及变质年龄（2.1～1.8Ga）（Kröner et al.，1988；Wan et al.，2006；Xu et al.，2009；Zhao et al.，2009）一致，表明这些锆石尽管来自热液石英脉，但均属捕获锆石。

6.2.6.5 成矿构造背景

作为秦岭造山带的刚性仰冲基底（王清晨等，1989；王义天和李继亮，1999），包括大湖在内的小秦岭地区的构造-成矿事件与中生代秦岭造山带的演化息息相关。前人研究认为该区金成矿事件发生于燕山期，并将该期热液成矿作用归结于古太平洋板块的西向俯冲（Chen et al.，1998a；Mao et al.，2002）。然而，本书新获得辉钼矿 Re-Os 同位素年龄及热液独居石 U-Th-Pb 年龄表明，秦岭地区除前人所共识的燕山期成矿事件外，印支期成矿作用同样值得重视。而且，印支期成矿事件在秦岭造山带北缘较为清楚，除大湖金钼矿之外，尚有马家洼、黄龙铺、黄水庵、纸房、前范岭等矿床形成于印支期。

鉴于秦岭地区三叠纪之前广泛发育海相地层，而三叠纪之后只发育陆相地层，学者们共识三叠纪时秦岭地区实现了海陆转变，由古洋盆消减转变为大陆碰撞（陈衍景和富士谷，1992；张国伟等，2001；Zhang Z Q et al.，2002；Chen et al.，2007；陈衍景，2010）。然而，关于大洋俯冲转变为大陆碰撞的具体时间、机制和过程，目前研究尚且薄弱，致使部分学者将三叠纪作为碰撞前，部分学者作为碰撞后，而更多的学者则笼统地将其作为碰撞期。倪智勇等（2009）获得的 Sr-Nd-Pb 同位素结果表明，至少在约 218Ma 小秦岭地区尚存在亏损地幔，指示着研究区此时尚未发生强烈的陆陆碰撞，因为强烈的陆陆碰撞势必导致大量地壳物质以 A 型俯冲的方式挤入岩石圈地幔，使亏损地幔向富集地幔转变。

考虑到：①古地磁研究揭示三叠纪前扬子与华北属于两个彼此独立的陆块，白垩纪中期以后二者之间的相对位置基本保持不变，而三叠纪—早白垩世期间发生强烈的造山带地壳缩短、陆块旋转等（朱日祥等，1998）；②区域地球化学研究表明，南、北秦岭在中生代之前差异较大，中生代及其后差异大幅度减小（张本仁等，2002）；③秦岭地区海相沉积作用在泥盆纪—三叠纪连续进行，但三叠纪沉积范围逐渐向西南秦岭缩小，晚三叠世地层主要见于松潘盆地和秦岭微陆块西南缘，东秦岭北部仅见少量沉积（杜远生，1997；张复新等，1997）；④侏罗纪地层基本缺失，前侏罗纪地层全部变形和变质，侏罗纪以后地层变形微弱，未遭受变质，表明侏罗纪发生强烈的构造变形、陆内俯冲和前陆褶冲作用（许志琴等，1986；胡受奚等，1988）；⑤秦岭印支期岩浆作用强烈，岩石类型复杂，且具空间分带性——靠近勉略缝合带的阳山地区发育的 210～220Ma 左右的花岗斑岩具有 S 型或改造型花岗岩的特征（刘红杰等，2008；张莉等，2009），而南秦岭地区广泛发育的 205～220Ma 的花岗岩则具 I 型或同熔型花岗岩的亲和性（Zhang J et al.，2002）；沿商丹断裂带及北秦岭发育晚三叠世秦岭梁-沙河湾高钾钙碱性花岗岩（弓虎军等，2009a，2009b），而在华北克拉通南缘的黄龙铺-黄水庵地区产出的碳酸岩类系亏损大洋岩石圈地幔经历低程度部分熔融或流体交代的产物（许成等，2009）。据此认为，在印支期，秦岭造山带内洋陆俯冲与陆陆碰撞共存，并逐步由洋陆俯冲向陆陆碰撞体制转变（图 6.50A）。

在燕山期，秦岭地区构造背景由挤压向伸展转变，形成了多个巨型矿集区，蕴含了不同成因类型的多种金属矿床（陈衍景和富士谷，1992；Chen et al.，2007）。变质核杂岩隆升机制的构造解析表明，东秦岭地区在 127Ma 之前的伸展构造作用发生在造山期的区域挤压背景，由花岗岩浆的穹窿作用诱发，而 127Ma 之后的伸展构造则由岩石圈引张减薄所致（张进江等，1998）。前人多将该期的伸展构造归因于古太平洋板块的西向俯冲（Zhou and Li，2000；Mao et al.，2002；Zhu et al.，2005）。鉴于此，我们认为包括大湖在内的小秦岭金矿形成于侏罗纪—白垩纪古太平洋向中国东部俯冲消减的构造背景（图 6.50B）。该期构造活动不但导致了对先成矿床的活化、改造（如大湖金钼矿床），而且诱发了新的矿床的形成（如小秦岭地区造山型金矿、东秦岭地区斑岩型钼矿）。

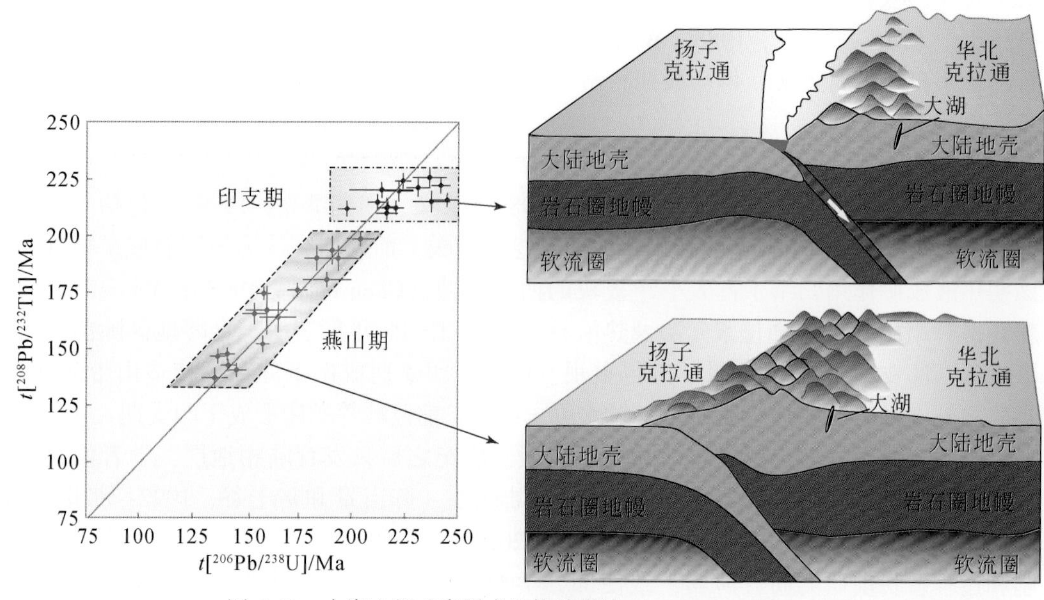

图6.50 大湖金钼矿床形成的构造背景（Li et al.，2011a）

6.2.7 讨论

前述研究表明，大湖金钼矿床存在两期热液成矿作用：第一期以形成热液独居石和辉钼矿为特征，成矿作用发生于印支期（约218Ma）；第二期以燕山期（约125Ma）的叠加改造为主，对应于辉钼矿的机械重置和自然金的析出。考虑金、钼成矿时差达90Ma，远大于单次流体成矿作用持续的时间（一般1～2Ma，Marsh et al.，1997；Ossandón et al.，2001；Snee，2002；Maksaev et al.，2004；Harris et al.，2008；Baumgartner et al.，2009），认为二者应属不同期次热液成矿作用的产物，则在探讨其成因类型时应分别予以讨论。

6.2.7.1 钼矿成因类型

由于遭受燕山期叠加改造，印支期钼金属成矿信息不甚明了，仅有如下线索可供参考：①石英、钾长石、黄铁矿、闪锌矿及独居石可与辉钼矿共存于角砾中，则上述矿物可能属印支期热液作用产物；②石英脉中可见糜棱岩化矿石角砾；③来自辉钼矿+钾长石角砾的锆石全部为继承锆石，未见印支期岩浆锆石及热液锆石。考虑到包括小秦岭在内的秦岭地区钼金属成矿作用常见类型包括斑岩-夕卡岩型、碳酸岩脉型及热液脉型（Mao et al.，2008），我们通过分析上述各类型钼金属成矿系统的特点，并将大湖钼金属成矿作用特点与之进行对比，来探讨大湖钼矿成因类型。

斑岩-夕卡岩型钼矿以与中酸性小斑岩体密切的时空及成因联系为标志。成矿斑岩体中岩浆锆石发育，其U-Pb年龄与辉钼矿Re-Os年龄在误差范围内一致。大湖钼成矿系统中所含锆石均为捕获锆石，不存在岩浆锆石；且所获锆石的U-Pb年龄远大于辉钼矿Re-Os年龄，不符合斑岩-夕卡岩系统的特征。此外，除西秦岭温泉钼矿形成于印支期外（朱赖民等，2009；Zhu et al.，2011），东秦岭斑岩-夕卡岩型矿床主体形成于燕山期（110～158Ma，Mao et al.，2008），而大湖钼矿化发生于印支期。故认为大湖钼金属成矿作用不可能为斑岩-夕卡岩型。

碳酸岩脉型钼矿以发育典型的碳酸盐矿物为标志，常见矿物包括方解石、石英、天青石、微斜长石、独居石、铌钛铀矿、磷钇石等。大湖钼成矿期见独居石、石英、微斜长石等矿物，但方解石发育局限，且属成矿后热液作用产物，不与辉钼矿共生。据此，尽管大湖钼金属成矿时代与该类矿床相符（210～221Ma，黄典豪等，1994，2009；Stein et al.，1997），但其属碳酸岩脉型的可能性可以排除。

热液脉型（包括石英脉、萤石脉等）钼矿是秦岭地区新近发现的钼矿类型。除个别位于侵入体周围的浆控脉状矿床外（例如，寨凹，石英脉型钼矿床，邓小华等，2008a，2009），该类矿床多呈断控脉状形式产出，常见脉石矿物包括钾长石、绢云母、方解石等。前人研究表明该类矿床成矿年代多为印支期，如外方山钼矿田前范岭、大西沟-毛沟、纸房、香椿沟、八道沟等钼矿成矿年龄集中于 230 ~ 240Ma（高阳等，2010；邓小华，2011），小秦岭地区马家洼钼矿成矿时代为 232±11Ma（王义天等，2010）。大湖钼成矿期矿物组合（钾长石 + 石英 + 辉钼矿）、成矿时代（印支期）皆与该类矿床相吻合，且符合该类矿床缺乏相应成矿期锆石的特征。此外，与辉钼矿共生的石英及独居石中流体包裹体以纯 CO_2 包裹体和 CO_2-H_2O 包裹体为主（图 6.41），亦与前人对脉状钼矿的研究成果相一致（邓小华，2011）。综上，认为大湖钼金属成矿作用最有可能属断控热液石英脉型。

基于 Au 与 Ag、Mo、Cu、Sb 等成矿元素的地球化学行为相似性，陈衍景（2006）将造山型金矿的概念拓展到造山型矿床，认为造山型矿床是构造控制的脉状后生热液矿床，在时间、空间和成因上与板块会聚型造山作用密切相关，成矿流体主要来自矿区下部的变质脱水作用（含地幔脱水、脱气），成矿系统在浅部或晚阶段有较多大气降水热液混入。本书认为，大湖钼矿床属于典型的造山型矿床，理由如下：

（1）据大地构造相分析，在扬子与华北克拉通的中生代陆陆碰撞造山过程中，包括小秦岭在内的华熊地块属于秦岭碰撞造山带的仰冲刚性基底（王清晨等，1989；王义天和李继亮，1999），大湖钼矿床显然位于中生代碰撞造山带的范围内。

（2）地质分析（陈衍景和富士谷，1992）和辉钼矿 Re-Os 同位素定年（约 218Ma）均表明成矿作用与中生代的碰撞造山过程同步。

（3）矿床产于韧性剪切带内部，矿体产状受断裂控制且延深较大，垂向分带不明显，侧向蚀变分带现象显著，属于十分典型的断控脉状矿床（Groves et al.，1998）。

（4）主要围岩蚀变为硅化、钾长石化、绢云母化、黄铁矿化等，与造山型矿床的典型蚀变类型一致。

（5）流体成矿温度为 400 ~ 500℃，成矿作用主要发生在 12km 左右，属于典型的中-高温、中-深成热液矿床，相当于造山型矿床连续地壳模式（Groves et al.，1998；陈衍景，2006）的中深成相（mesozonal-hypozonal）。

（6）成矿流体低盐度、富 CO_2，符合典型造山型矿床的特点（陈衍景等，2007）。

6.2.7.2　金矿成因类型

对于包括大湖金矿在内的小秦岭地区诸多石英脉型金矿的成因，前人已有较多论述，共识其属典型的断裂控制的中温脉状或造山型金矿（Mao et al.，2002；李晓波和刘继顺，2003；陈莉，2006；陈衍景等，2007；蒋少涌等，2009）。尽管大湖金矿深部新近发现了钼矿体，但由于金钼属不同期次热液成矿作用的产物，且金成矿作用对先期钼成矿作用改造强烈，系统更多记录的是金成矿期特征，包括：

（1）受韧性剪切带控制，矿体延深大，垂向分带不明显，侧向蚀变分带现象显著，属于十分典型的断控脉状矿床（Groves et al.，1998）。

（2）主要围岩蚀变为硅化、绢云母化、黄铁矿化、多金属硫化物化等，与造山型矿床的典型蚀变类型一致。

（3）成矿流体具有低盐度、富 CO_2 的特点。虽然中阶段存在含子矿物包裹体，应是初始流体为低盐度、富 CO_2 流体发生沸腾所致，此现象在其他造山型矿床也有报道（Hagemann and Lüders，2003；祁进平等，2007）。

（4）导致金成矿的流体其温度变化于 215 ~ 464℃之间，成矿作用主要发生在约 8.0km，属于典型的中-高温、中-深成热液矿床。

（5）流体包裹体估算的成矿压力表明，从钼成矿期到同构造变形期，小秦岭矿田的地壳至少抬升了 4km。无疑，大湖矿床金的沉淀应发生在地壳快速隆升过程中，即“造山”，符合提出“造山型”概念的初衷。

6.2.7.3 造山型金、钼成矿系统的异同

前述探讨表明，造山型钼矿和金矿具较多相似之处，如成矿系统均受断裂构造控制，沿断裂带发育典型的侧向蚀变分带，常见硅化、绢英岩化、碳酸盐化、黄铁矿化，成矿流体为低盐度、富 CO_2 的变质流体，等等。然而，二者又在诸多方面存在差异：造山型钼矿多与钾长石化密切相关，而造山型金矿主成矿期蚀变为绢英岩化；造山型钼矿成矿流体系统的温度（400～500℃）、压力（138～331MPa）、成矿深度（12km 左右）较造山型金矿略高，后者分别为 215～464℃、78～237MPa 和 8.0km 左右。本书作者认为，这种差异是由金、钼的地球化学性质决定的。钼作为高温成矿元素，其沉淀温度、压力均较高，相应的围岩蚀变亦以高温蚀变为特征，如常伴有钾长石化。而金属于典型的中温成矿元素，其沉淀温度、压力要低于钼，共生的围岩蚀变亦表现为中低温的绢英岩化。

6.2.7.4 成矿机制和过程

综合上述研究成果，厘定大湖金钼矿床成矿机制和过程如下：在印支期，由于古秦岭洋的拉链式闭合，扬子板块与华北板块局部发生碰撞，洋陆俯冲与陆陆碰撞并存。经历了俯冲—变质脱水—部分熔融的残留洋壳物质堆积在华北克拉通南缘之下，使其下伏地幔具亏损地幔性质。218Ma 左右，中-新元古代地层及下伏基底太华超群沿小河断裂向北俯冲到小秦岭地体之下，经变质脱水形成初始成矿流体（陈衍景和富士谷，1992；祁进平等，2006）。由于遭受亏损地幔脱水或交代，初始成矿流体记录了亏损地幔的特征，即具有较低含量的放射性成因 Pb、Sr、Nd 等同位素。这种成矿流体沿断裂带（韧性剪切带）向上迁移至上地壳并与上地壳物质混合或相互作用，诱发了大湖钼成矿系统的发育。由于此时主体处于挤压环境，流体系统相对封闭而稳定，水岩作用相对缓慢，形成粒度粗大、成分相对简单的含辉钼矿、黄铁矿、独居石的石英脉，并伴随有钾长石化蚀变。

随扬子板块与华北板块碰撞结束，小秦岭地区快速隆升，构造环境开始由挤压向伸展转变。在燕山期，受太平洋西向俯冲的影响，大湖钼成矿系统的控矿构造重新活化，导致了先成钼矿体的破坏，表现为强烈的劈理化或碎裂现象；在断裂交汇部位，甚至可形成糜棱岩化矿石。此时区域增温达高潮，俯冲板片的变质脱水更强，形成大量成矿流体；地壳易熔物质组成发生部分熔融而形成花岗岩浆（如文峪岩体）。变质流体和岩浆上侵为浅层流体循环提供了热能，而先成的韧性剪切带构造也因减压扩容而为流体循环提供了通道，这无疑有利于浅层流体循环和混入成矿系统；同时，增温和减压也有利于成矿流体发生沸腾。因此，充足的流体、热以及强烈的流体沸腾等，势必导致燕山期发生最为强烈的成矿物质快速沉淀，并以先成韧性剪切带为最佳成矿位置，表现为金、钼矿化叠加。由于此时区域地壳已发生隆升，且金的成矿温度、深度均低于钼，故总体上金矿体叠置于钼矿体上方（图 6.51）。

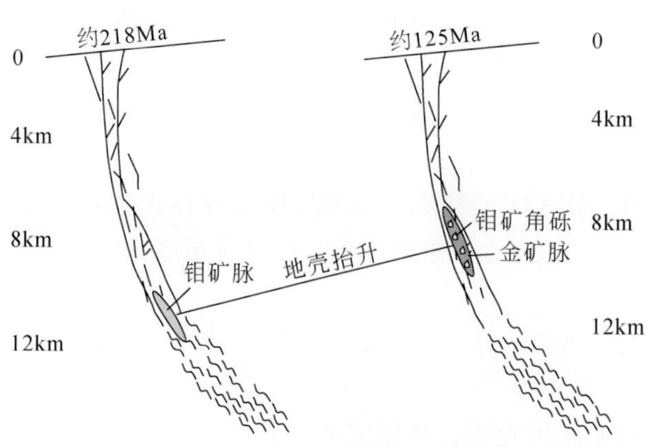

图 6.51 大湖金钼矿床成矿模式图

随区域热异常快速消失，地壳深部组分发生亏损，流体以浅源大气降水占主导，成矿作用迅速衰竭，形成成矿后的石英-碳酸盐网脉，对成矿作用贡献减弱。

6.2.8　总结

大湖金钼矿床位于小秦岭矿田最北缘，矿体定位受近东西向韧性剪切带或断裂破碎带控制，属典型的断控脉状矿床。金、钼矿化受同一构造带控制，且金矿体总体位于钼矿体上部。矿床地质特征、控矿构造分析及同位素年代学研究表明，该矿床存在至少两期热液成矿作用，且形成于不同的构造背景：第一期以钼矿化为主，形成于印支期（约 218Ma）洋陆俯冲向陆陆碰撞转换体制，同期矿物见石英、钾长石、黄铁矿及少量闪锌矿、热液独居石，并伴随有钾长石化蚀变；第二期以金矿化为主，发生在燕山期（<125Ma）挤压向伸展转变体制，表现为对钼矿化的叠加改造，并导致了黄铜矿、方铅矿、自然金的沉淀及绢英岩化蚀变的产生。成矿后尚见微弱流体活动，形成梳状或共轭状产出的石英-碳酸盐脉，但对成矿无贡献。

流体包裹体研究表明，形成钼、金矿化的流体具有中-高温、中-深成、低盐度、富 CO_2 的特征，与典型造山型矿床一致，但钼矿化温度、压力均高于金矿化阶段。H-O 同位素分析表明成矿流体属变质流体，并有较多大气降水热液的混入；S 同位素分析指示该矿床硫化物具有较大的负值，且 S 同位素达到平衡；Sr-Nd-Pb 同位素特征表明成矿物质来源具壳幔混合特征，初始成矿流体可能源自亏损的残余洋壳，并通过成矿过程的水岩作用与围岩太华超群发生混合。

6.3　龙门店钼矿床

龙门店钼矿是熊耳地体内新发现的钾长石脉型钼矿床。与区内其他钼矿床相比，该矿床特色鲜明，突出表现在：①矿体产状特殊。矿体以脉状形式产出，且远离侵入体及断裂破碎带；脉体主要矿物是微斜长石、条纹长石，次为石英。②与混合岩关系密切。钼矿化产于混合岩化角闪岩的中色体或暗色体内，部分浅色体亦见少量浸染状矿化。③成矿时代老。魏庆国等（2009）获得 5 件辉钼矿样品的 Re-Os 同位素模式年龄变化于 1868±6 ~ 2045±14Ma，等时线年龄为 1875Ma；Li 等（2011b）获得 5 件辉钼矿样品的 Re-Os 等时线年龄为 1853±36Ma（MSWD = 0.86）；4 件黄铁矿样品的 Re-Os 等时线年龄为 1855±29Ma（MSWD=0.42）。④辉钼矿中 Re 含量极高。10 件辉钼矿样品的 Re 含量变化于 504×10^{-6} ~ 1660×10^{-6}，远高于东秦岭其他钼矿床（0.06×10^{-6} ~ 633×10^{-6}，李永峰等，2005；李诺等，2007；杨宗峰等，2011 及其引文）。因此，从该矿床可窥探古元古代钼成矿作用特征和成矿规律，探讨前中生代钼预富集对燕山期钼成矿大爆发贡献的窗口，其研究有助于钼成矿理论发展，拓宽钼矿找矿思路。

6.3.1　成矿地质背景

6.3.1.1　区域地质

位于华北克拉通南缘的熊耳地体是秦岭造山带最北缘的组成部分。该地体东西长约 80km，南北宽 15 ~ 40km，呈 NE 向楔形，其南北边界分别为马超营断裂和三宝断裂，东西边界为伊川-潭头和洛宁-卢氏新生代断陷盆地（图 6.52A）。该区是我国著名的金、钼矿床集中区之一，产出有蒿坪沟、铁炉坪、上宫、康山等脉状造山型金（银）矿，祁雨沟爆破角砾岩型金钼矿床及雷门沟斑岩型钼矿。近年来，该区又新发现一批脉状钼矿床，如龙门店、寨凹等。

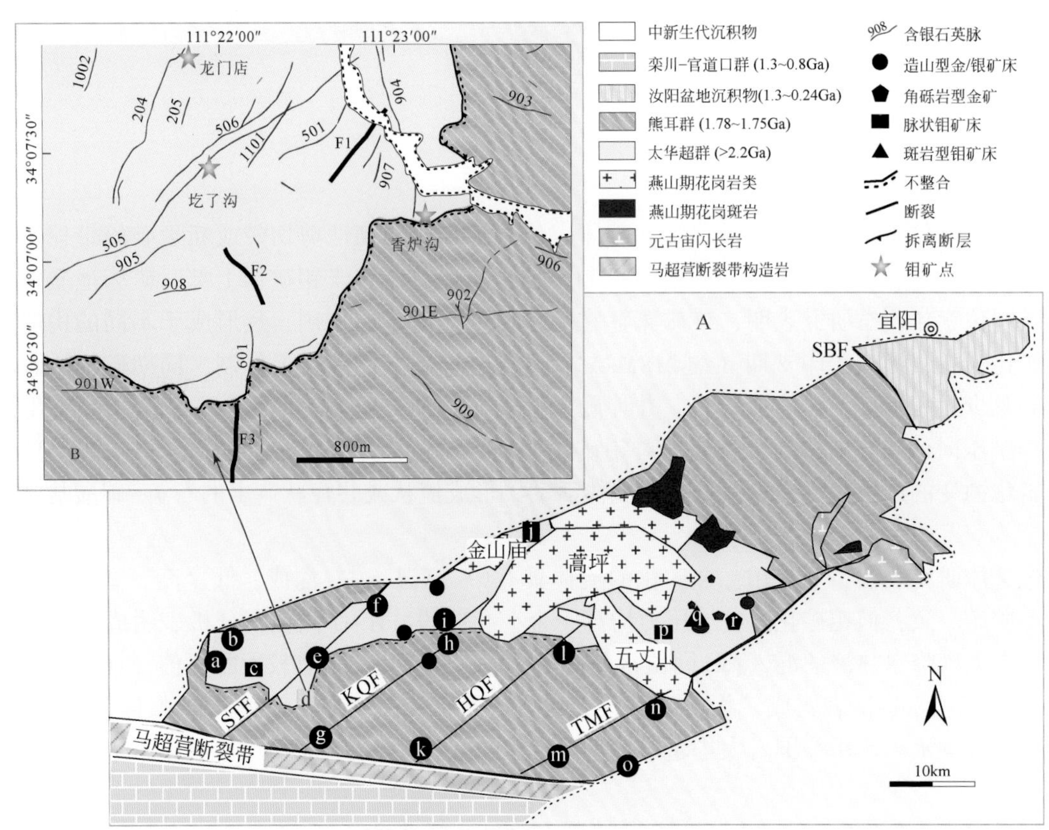

图 6.52　熊耳地体区域地质简图（A）及龙门店钼矿床地质图（B）（Li et al.，2011b）

矿床名称：a. 沙沟银铅锌矿床；b. 嵩坪沟银铅矿；c. 寨凹钼矿；d. 龙门店钼矿；e. 铁炉坪银铅矿；f. 小池沟金矿；g. 康山金银铅矿；h. 上宫金矿；i. 虎沟金矿；j. 沙坡岭钼矿；k. 红庄金矿；l. 青岗坪金矿；m. 潭头金矿；n. 瑶沟金矿；o. 前河金矿；p. 黄水庵钼矿；q. 雷门沟钼矿；r. 祁雨沟金矿。断裂缩写：SBF. 三宝断裂；STF. 三门-铁炉坪断裂；KQF. 康山-七里坪断裂；HQF. 红庄-青岗坪断裂；TMF. 陶村-马园断裂

1. 地层

熊耳地体主要出露太华超群变质基底和熊耳群盖层。

太华超群是一套角闪岩相-麻粒岩相的变质岩，主要岩性包括斜长角闪片麻岩、斜长角闪岩、角闪岩、黑云斜长片麻岩、变粒岩、石墨片岩、大理岩、石英岩、条带状铁建造等，原岩以中基性火山岩-沉积岩为主，前人将其进一步划分为背孜群、荡泽河群和水滴沟群（Chen and Zhao，1997；Wan et al.，2006；Xu et al.，2009）。背孜群（3.0～2.55Ga）岩性以混合岩化角闪岩、斜长角闪岩和角闪片麻岩为主，次为混合岩化黑云片麻岩。其原岩为洋壳背景下发育的、以基性-超基性火山岩为主的火山-沉积岩系，含大量科马提岩（尤其是橄榄质科马提岩）。该类岩石常以包体形式产出于TTG岩石中，长度一般不超过100m。Xue等（1995）和Kröner等（1998）分别获得其寄主TTG岩石的全岩Sm-Nd等时线年龄和单颗粒锆石年龄为2.77±0.03Ga和2.84～2.80Ga，表明背孜群形成于太古宙。荡泽河群以角闪岩和黑云母片麻岩为主，原岩为拉张背景下形成的沉积-火山-沉积建造。其火山岩显示双模式特征，总体以基性火山岩为主，含较少的超基性岩和科马提岩。Xu等（2009）获得角闪岩（采自熊耳地体）和黑云母片麻岩（采自蓝田-小秦岭地体）的锆石U-Th年龄为2.5～2.3Ga。水滴沟群不整合覆盖于荡泽河群之上，以含石墨的大理岩、片麻岩和夕线石-石榴子石-石英片麻岩、石英岩和条带状铁建造为主，间夹斜长角闪岩和黑云母或角闪石浅粒岩，属典型的孔兹岩系（Chen and Zhao，1997；Wan et al.，2006）。Wan等（2006）获得来自石墨-石榴子石-夕线石片麻岩样品的锆石核部年龄为2.31～2.26Ga，变质增生边年龄为1.84±0.07Ga。太华超群在熊耳地体出露约450km^2，以背孜群和荡泽河群为主，水滴沟群为次。

熊耳群角度不整合在太华超群之上，是一套以安山岩为主的火山岩系，主要岩性包括玄武安山岩、安山岩、英安岩、粗安岩及火山凝灰岩等，广泛分布于豫西、晋南和陕东南地区，出露面积达 6000km^2。由下到上，熊耳群划分为大古石组、许山组、鸡蛋坪组和马家河组。大古石组以砂砾岩、砂岩和泥质岩为主。许山组岩性以玄武安山岩和安山岩为主，含少量闪长岩和流纹岩。He 等（2009）获得该组不同层位四个样品的锆石 U-Pb 年龄分别为 1778±8Ma、1783±13Ma、1767±47Ma 和 1783±20Ma。鸡蛋坪组岩性包括闪长岩、流纹质闪长岩和流纹岩，常见玄武安山岩和安山岩互层。两个流纹岩样品的锆石 U-Pb 年龄分别为 1778±5.5Ma 和 1751±14Ma（He et al.，2009）。马家河组以玄武安山岩和安山岩为主，含少量沉积岩和火山碎屑岩，安山岩锆石 U-Pb 年龄为 1778±6.1Ma（He et al.，2009）。熊耳地体是熊耳群命名地，熊耳群出露面积约 2800km^2。

2. 构造

熊耳地体主要褶皱构造为近东西向的龙脖–花山背斜，太华超群构成核部，呈变质核杂岩特点，熊耳群展布于背斜的南北两翼。断裂构造以 NE（–NNE）向最为醒目，呈近等距排列，控制了多数金（银）矿床的分布。如，瑶沟和祁雨沟金矿沿陶村–马元断裂分布，康山、上宫和虎沟矿床沿康山–七里坪断裂分布（图 6.52A）。构造解析表明，NE 向断裂构造多经历了印支期压剪、燕山期张剪及喜马拉雅期压剪作用（陈衍景和富士谷，1992；陈衍景等，2003），属于马超营断裂的次级构造。地震资料显示，马超营断裂长 200km，深度约 34 ~ 38km，被认为是中生代陆陆碰撞期间倾向北的 A 型俯冲带（陈衍景和富士谷，1992；胡受奚等，1997；范宏瑞等，1998）。

3. 岩浆岩

太古宙岩浆岩主要为中基性–中酸性火山岩及 TTG 岩系，因遭受区域变质及混合岩化作用，形成各类片麻岩、斜长角闪岩和混合岩类。元古宙熊耳期中基性火山作用形成了大面积分布的熊耳群火山岩，伴有少量闪长质岩浆侵入（图 6.52A）。

中生代岩浆活动最为强烈，形成一系列花岗岩基及斑岩体（胡受奚等，1988；陈衍景和富士谷，1992；范宏瑞等，1994；陈衍景等，2000）。规模较大的蒿坪（约 200km^2，130.7±1.4Ma）、五丈山（约 60km^2，156.8±1.2Ma）、金山庙、花山（132.0±1.6Ma）等花岗岩基构成熊耳地体的核部，合称为花山杂岩（郭东升等，2007）。在花山杂岩北侧发育大量斑岩、爆破角砾岩等，并蕴含雷门沟斑岩型钼矿及祁雨沟爆破角砾岩型金矿等。这些花岗岩基和浅成侵入体形成于燕山期，成因与中生代华北与扬子板块之间的陆陆碰撞有关（陈衍景和富士谷，1992；陈衍景等，2000）。

6.3.1.2　矿区地质

河南省洛宁县龙门店钼矿床位于熊耳地体西段，属熊耳山多金属成矿区的西部银–铅–金地球化学异常区（图 6.52B，贺淑琴等，2007）。该矿床原作为石英脉型银矿开采，后在银矿区范围内新发现有龙门店、圪了沟和香炉沟含钼长英质脉体。

矿区地层为太华超群龙潭沟组和段沟组变质岩，南部和东部为熊耳群火山岩。太华超群龙潭沟组分布于矿区北侧，下部以灰色、灰绿色黑云斜长片麻岩、角闪斜长片麻岩为主，夹少量浅粒岩；上段以黑云斜长片麻岩为主，局部含大理岩薄层。太华超群段沟组广泛出露，下部以混合岩化角闪斜长片麻岩为主，夹斜长角闪岩及混合岩化黑云斜长片麻岩，底部含大量角闪岩团块；上部以混合岩化黑云斜长片麻岩为主，夹斜长浅粒岩，局部见角闪岩团块和厚度较大的含石榴子石混合岩化黑云斜长片麻岩。熊耳群岩石多遭受热液蚀变作用，见斜长石斑晶发生绢云母化，基质发生绿泥石化、绿帘石化。

矿区断裂构造以 NE–NNE 向为主，倾向 NW，倾角 20° ~ 80°，出露长度一般 500 ~ 1500m，最长 2400m，厚度 1 ~ 8m，局部可达 20m。这些断裂控制了矿区多数含银石英脉的分布。

矿区偶见闪长岩及规模较小的辉绿岩脉侵入太华超群变质岩系（图 6.52B）。

6.3.2 混合岩特征

6.3.2.1 岩石学特征

太华超群混合岩化角闪岩和混合岩化黑云斜长片麻岩是龙门店钼矿床的主要赋矿围岩。二者均可分为颜色鲜明的浅色体、暗色体和中色体三部分（图6.53A～B、D～F），且具有类似的浅色体和暗色体组分：浅色体成分以微斜长石、条纹长石为主，含少量石英及次生的方解石、绢云母，副矿物见磷灰石、榍石、锆石（图6.54A～F）；暗色体由石英、电气石组成（图6.54G），可见电气石被绿帘石、碳酸盐等交代。然而，二者的中色体成分有所差异：混合岩化角闪岩的中色体成分为角闪岩，几乎完全由角闪石组成，部分角闪石环带结构发育（图6.54H），常见角闪石被阳起石-透闪石、绿帘石、方解石等交代，并伴随有黄铁矿等硫化物析出（图6.54K）；混合岩化斜长片麻岩的中色体则为黑云斜长片麻岩，主要矿物包括石英、斜长石、黑云母、微斜长石、条纹长石、金红石及绢云母，其中黑云母表面常见金红石针，并可被绿帘石、绿泥石、绢云母等交代（图6.54I、J）。此外，混合岩化角闪岩中浅色体常呈不规则脉状、网脉状穿插于中色体内（图6.53D、F），局部可见浅色体中含有中色体角砾；而混合岩化斜长片麻岩中浅色体、中色体、暗色体均呈条带状相间产出，且暗色体处于浅色体与中色体之间（图6.53A、B）。

图6.53 龙门店钼矿野外产状（Li et al.，2011b）

A和B显示未矿化的混合岩化黑云斜长片麻岩特征，其浅色体由微斜长石+条纹长石±石英±方解石±绢云母组成，暗色体成分为石英+电气石±绿帘石±方解石，中色体为黑云斜长片麻岩，主要组成矿物为石英+斜长石+黑云母±微斜长石±条纹长石；C显示钼矿体位于混合岩化黑云斜长片麻岩与角闪岩接触部位；D和F显示混合岩化角闪岩中的钼矿体；E. 未矿化角闪岩，无混合岩化特征

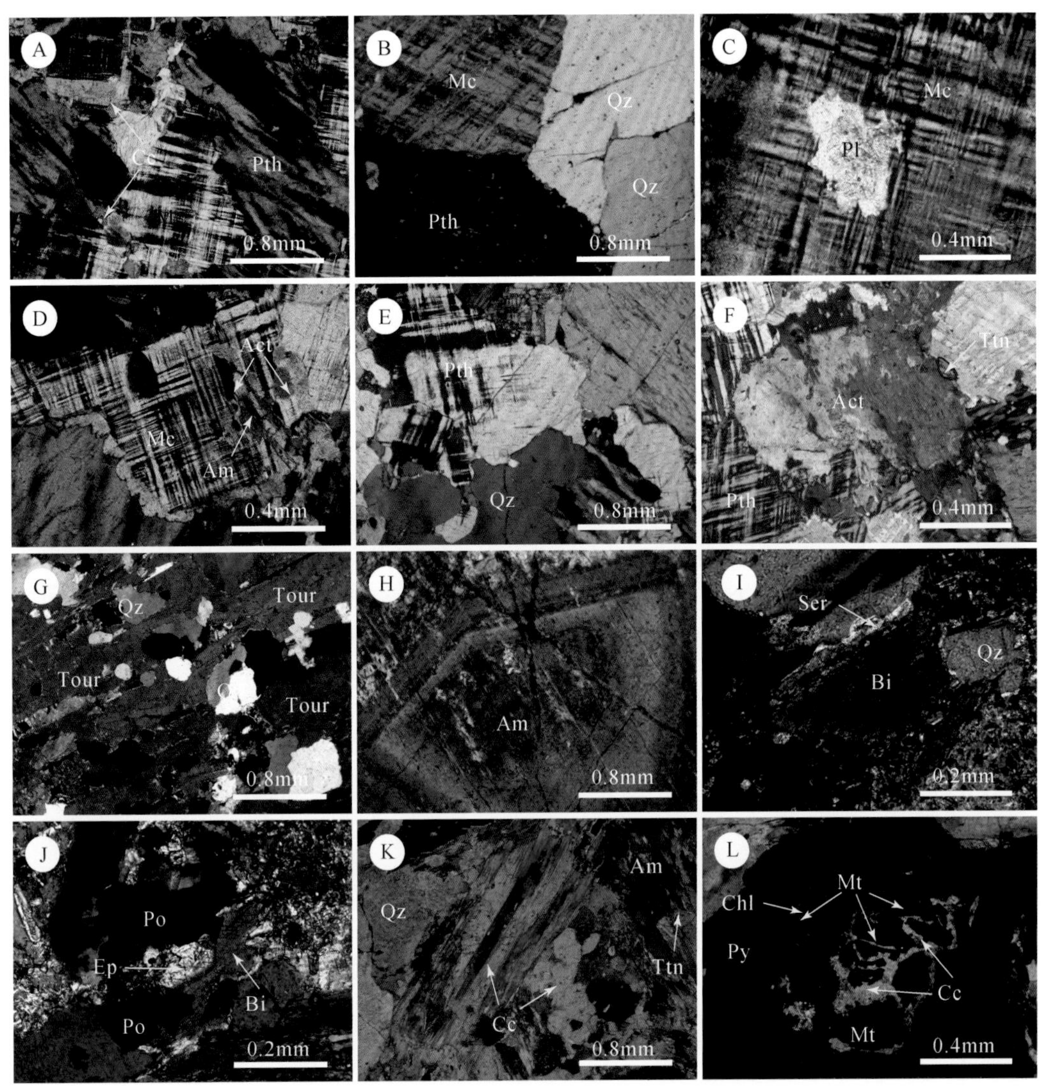

图6.54　混合岩化岩石显微特征（李诺，2012）

A. 混合岩化斜长片麻岩的浅色体，微斜长石交代条纹长石，而方解石沿微斜长石和条纹长石粒间充填；B. 混合岩化斜长片麻岩的浅色体，微斜长石、条纹长石和石英的三边共结结构；C. 混合岩化黑云斜长片麻岩的中色体，见微斜长石交代绢云母化斜长石，并在斜长石周围形成净边；D. 混合岩化角闪岩，浅色体中的微斜长石交代中色体（角闪石）包体，后者发生阳起石化；E. 混合岩化角闪岩的浅色体，石英交代条纹长石；F. 混合岩化角闪岩，条纹长石交代角闪石，后者已完全被阳起石交代并析出榍石；G. 混合岩化斜长片麻岩的暗色体，由石英和电气石组成；H. 混合岩化角闪岩的中色体，角闪石发育环带结构，其边缘已发生阳起石化；I. 混合岩化黑云斜长片麻岩的中色体，黑云母表面见细针状金红石，绢云母沿黑云母边缘进行交代；J. 混合岩化黑云斜长片麻岩的中色体，黑云母发生绿帘石化，同时析出磁黄铁矿；K. 混合岩化角闪岩，角闪石发生碳酸盐化，同时析出榍石；L. 混合岩化角闪岩，绿泥石和碳酸盐沿磁铁矿边缘和粒间充填，并被黄铁矿包裹。图中矿物缩写：Act. 阳起石；Am. 角闪石；Bi. 黑云母；Cc. 方解石；Chl. 绿泥石；Ep. 绿帘石；Mc. 微斜长石；Mt. 磁铁矿；Pl. 斜长石；Po. 磁黄铁矿；Pth. 条纹长石；Qz. 石英；Ser. 绢云母；Ttn. 榍石；Tour. 电气石

6.3.2.2　主要矿物及成分特征

1. 样品和测试

镜下观察可见，混合岩化斜长片麻岩中的角闪石族矿物可划分为两类。角闪石Ⅰ：单偏光下具蓝绿色-绿色多色性，部分晶体具明显的成分环带（图6.54H）。这类角闪石是角闪岩的主要组成矿物，形成于混合岩化之前，并在后期遭受蚀变。角闪石Ⅱ：单偏光下浅绿色或无色，无环带，作为角闪石Ⅰ的蚀变产物出现（图6.54D、F），形成于混合岩化作用之后。本书对来自混合岩化角闪岩的3件角闪石样品

（802、830 和 833）进行了电子探针分析。其中样品 802 为混合岩化角闪岩浅色体与中色体接触处，所测样品属角闪石 I，成分环带明显。样品 830 为混合岩化角闪岩的中色体，包含了角闪石 I 和角闪石 II。样品 0833 为混合岩化角闪岩的中色体，其角闪石属角闪石 II。

混合岩化岩石（包括混合岩化角闪岩和混合岩化黑云斜长片麻岩）的浅色体所含长石可分为两类：长石 I 具明显的格子双晶，为微斜长石；长石 II 为条纹长石。本书作者对混合岩化角闪岩（样品 804）和混合岩化斜长片麻岩（样品 807）浅色体中的长石（804 和 807）进行了电子探针分析。

电子探针分析和背散射电子图像观测在北京大学造山带与地壳演化教育部重点实验室完成，所用仪器为 JXA-8100。实验过程中加速电压 15kV，束流 1×10^{-8}A，束斑 1μm。实验数据采用 PRZ 方法校正，所用标样为美国 SPI 公司的 53 种标准矿物。角闪石（阳起石）和长石晶体化学式分别以 23 个和 8 个 O 原子为基础计算。

2. 测试结果

龙门店钼矿角闪石族和长石族矿物的电子探针结果列于表 6. 32 和表 6. 33。

角闪石族矿物普遍具有 $Ca_B>1.50$，$(Na+K)_A<0.50$ 的特征（表 6. 32）。角闪石 MgO 含量偏高，为 9. 52% ~20. 97%；X_{Mg} ［$X_{Mg}=Mg/(Mg+Fe^{2+})$］变化于 0. 48 ~0. 91；Ti 变化于 0 ~0. 04 a. p. f. u（a. p. f. u 为计算原子个数）；A（Na）+A（K）为 0. 09 ~0. 48 a. p. f. u（表 6. 32）。在 Leake 等（1997）分类图解中，角闪石 I 多数落入镁角闪石范围内，个别为铁普通角闪石；角闪石 II 多属阳起石，个别为透闪石（图 6. 55A）。背散射图像可见角闪石 II（阳起石）交代角闪石 I（镁角闪石）（图 6. 56A）。

长石 I 中 SiO_2 含量在 64% ~65% 之间（表 6. 33），组成为 $Or_{95-96}Ab_{4-5}An_0$，为微斜长石。长石 II 组成较为均一，其主晶组成与长石 I 类似，为 $Or_{95-96}Ab_{4-5}An_0$；客晶组成为 $Ab_{94-100}An_{0-3}Or_{0-4}$，表明其属正条纹长石（图 6. 55B）。在背散射图像中，斜长石在钾长石中呈条带状或棒状产出（图 6. 56B）。

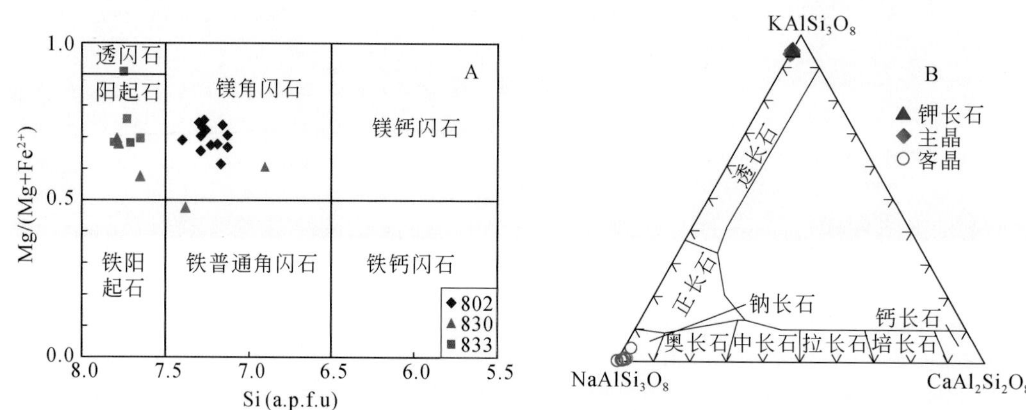

图 6. 55　龙门店钼矿床角闪石（据 Leake et al.，1997）和长石分类图解（李诺，2012）

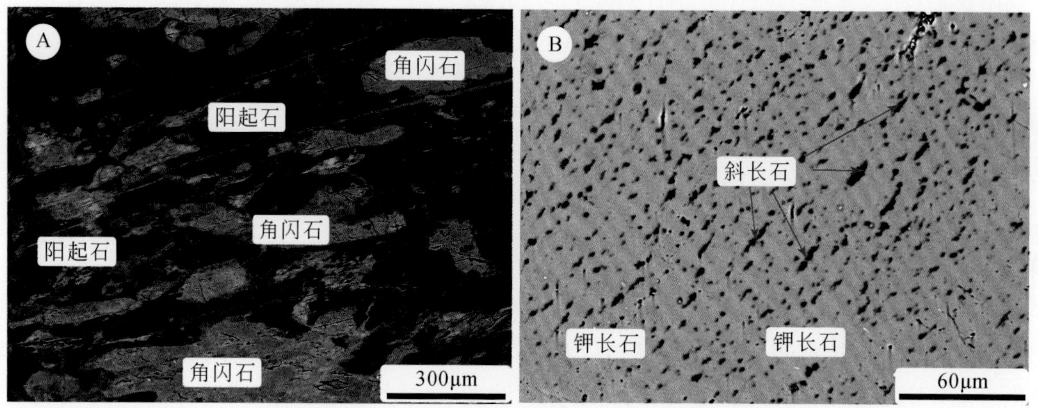

图 6. 56　龙门店钼矿床角闪石类和长石类矿物背散射特征（李诺，2012）

A. 混合岩化角闪岩中见镁角闪石被阳起石交代；B. 浅色体的条纹长石，见斜长石呈棒状出溶于钾长石基质内

表 6.32 龙门店钼矿床角闪石类矿物电子探针分析结果（李诺，2012）

	802-1.1	802-1.2	802-1.3	802-1.4	802-2.1	802-3.1	802-3.2	802-3.3	802-3.4	802-4.1	802-4.2	802-4.3	802-4.4	830-1.1	830-1.2	830-2.1	830-3.1	830-4.1	833-1.1	833-2.1	833-3.1	833-3.2	833-4.1
含量（单位:%）																							
SiO_2	50.37	49.27	50.50	48.77	51.08	48.06	49.19	49.28	50.03	49.37	49.66	48.56	50.33	46.12	53.38	53.62	48.71	51.44	53.35	52.46	54.86	52.64	53.32
TiO_2	0.18	0.24	0.11	0.27	0.21	0.35	0.27	0.31	0.27	0.23	0.21	0.28	0.21	0.22	0.00	0.01	0.08	0.00	0.02	0.10	0.01	0.11	0.05
Al_2O_3	4.74	5.49	5.89	6.17	5.12	6.50	5.61	5.84	5.17	5.54	5.17	5.97	4.97	7.39	1.64	1.25	3.99	2.40	1.55	2.22	1.61	2.18	1.48
Cr_2O_3	0.00	0.02	0.09	0.00	0.04	0.02	0.00	0.00	0.00	0.00	0.03	0.00	0.02	0.09	0.00	0.08	0.00	0.00	0.01	0.10	0.06	0.00	0.00
FeO	11.76	14.01	12.31	14.72	12.19	14.61	12.79	13.88	11.83	13.58	12.53	13.08	11.82	16.81	12.10	13.79	21.21	17.29	12.62	13.29	4.89	13.00	11.20
MnO	0.30	0.20	0.40	0.27	0.33	0.21	0.28	0.31	0.29	0.29	0.24	0.30	0.23	0.31	0.29	0.21	0.66	0.59	0.27	0.26	0.26	0.30	0.30
MgO	15.85	14.05	14.70	13.69	14.78	12.66	15.13	14.16	15.38	13.74	15.05	14.50	15.85	11.82	15.65	15.42	9.52	12.26	15.30	15.22	20.97	15.01	16.53
CaO	12.69	12.50	12.89	12.37	12.66	12.33	12.59	12.34	12.64	12.37	12.48	12.56	12.83	12.16	13.03	12.79	11.97	12.45	12.81	12.50	12.75	12.66	12.91
Na_2O	0.88	0.93	0.73	1.00	0.73	1.11	0.81	1.09	0.82	0.88	0.83	1.04	0.70	1.14	0.29	0.24	0.64	0.45	0.34	0.41	0.38	0.35	0.24
K_2O	0.36	0.45	0.23	0.50	0.37	0.50	0.43	0.48	0.40	0.51	0.43	0.48	0.36	0.80	0.09	0.09	0.28	0.11	0.15	0.14	0.25	0.16	0.26
NiO	0.00	0.04	0.01	0.00	0.00	0.07	0.00	0.00	0.06	0.00	0.00	0.00	0.01	0.11	0.00	0.05	0.08	0.00	0.02	0.00	0.00	0.04	0.10
总和	97.12	97.20	97.85	97.75	97.51	96.41	97.10	97.69	96.90	96.51	96.62	96.76	97.33	96.95	96.48	97.53	97.13	97.00	96.44	96.70	96.05	96.45	96.39
以23个O为基础计算的原子个数																							
Si	7.30	7.23	7.29	7.13	7.40	7.17	7.16	7.19	7.28	7.29	7.26	7.13	7.27	6.90	7.79	7.78	7.38	7.65	7.81	7.65	7.75	7.71	7.73
Ti	0.02	0.03	0.01	0.03	0.02	0.04	0.03	0.03	0.03	0.03	0.02	0.03	0.02	0.03	0.00	0.00	0.01	0.00	0.00	0.01	0.00	0.01	0.01
Al	0.81	0.95	1.00	1.06	0.88	1.14	0.96	1.00	0.89	0.97	0.89	1.03	0.85	1.30	0.28	0.21	0.71	0.42	0.27	0.38	0.27	0.38	0.25
Cr	0.00	0.00	0.01	0.00	0.01	0.00	0.00	0.00	0.00	0.00	0.00	0.00	0.00	0.01	0.00	0.01	0.00	0.00	0.00	0.01	0.01	0.00	0.00
Fe^{3+}	0.27	0.24	0.16	0.32	0.04	0.06	0.40	0.23	0.21	0.10	0.27	0.28	0.32	0.40	0.00	0.10	0.32	0.15	0.00	0.18	0.14	0.06	0.22
Fe^{2+}	1.16	1.48	1.33	1.48	1.43	1.76	1.16	1.46	1.23	1.58	1.26	1.32	1.11	1.71	1.48	1.57	2.36	2.00	1.54	1.44	0.44	1.53	1.14
Mn	0.04	0.03	0.05	0.03	0.04	0.03	0.04	0.04	0.04	0.04	0.03	0.04	0.03	0.04	0.04	0.03	0.09	0.07	0.03	0.03	0.03	0.04	0.04
Mg	3.42	3.07	3.16	2.98	3.19	2.81	3.28	3.08	3.34	3.02	3.28	3.17	3.41	2.64	3.40	3.33	2.15	2.72	3.34	3.31	4.41	3.28	3.57
Ca	1.97	1.96	1.99	1.94	1.97	1.97	1.96	1.93	1.97	1.96	1.96	1.98	1.99	1.95	2.04	1.99	1.94	1.98	2.01	1.95	1.93	1.99	2.01
Na	0.25	0.26	0.20	0.28	0.21	0.32	0.23	0.31	0.23	0.25	0.24	0.30	0.20	0.33	0.08	0.07	0.19	0.13	0.10	0.12	0.10	0.10	0.07
K	0.07	0.08	0.04	0.09	0.07	0.10	0.08	0.09	0.07	0.10	0.08	0.09	0.07	0.15	0.02	0.02	0.05	0.02	0.03	0.03	0.05	0.03	0.05
总和	15.30	15.33	15.24	15.34	15.25	15.40	15.29	15.36	15.29	15.33	15.29	15.37	15.25	15.46	15.12	15.10	15.21	15.14	15.12	15.12	15.12	15.12	15.08
X_{Mg}	0.75	0.67	0.70	0.67	0.69	0.61	0.74	0.68	0.73	0.66	0.72	0.71	0.75	0.61	0.70	0.68	0.48	0.58	0.68	0.70	0.91	0.68	0.76
K+Na	0.32	0.34	0.24	0.37	0.28	0.42	0.31	0.40	0.30	0.35	0.32	0.39	0.27	0.48	0.10	0.09	0.24	0.15	0.13	0.15	0.15	0.13	0.12

表 6.33 龙门店钼矿长石类矿物电子探针分析结果（李诺，2012）

	804-1.2		804-2.1		804-3.1		804-4.1		804-5.1	807-1.1		807-2.1		807-3.1		807-4.1		807-5.1
	主晶	客晶	主晶	客晶	主晶	客晶	主晶	客晶		主晶	客晶	主晶	客晶	主晶	客晶	主晶	客晶	
含量（单位:%）																		
SiO_2	64.43	68.33	64.32	69.00	64.34	69.42	63.55	68.60	64.44	64.76	68.40	64.13	68.19	64.08	67.56	64.99	68.77	64.12
TiO_2	0.02	0.01	0.03	0.04	0	0	0.07	0	0.03	0.05	0.02	0.03	0	0.03	0	0	0.01	0.06
Al_2O_3	18.64	19.45	18.59	19.44	18.25	20.21	18.59	19.33	18.32	18.27	19.60	18.42	19.82	18.80	19.84	18.25	19.48	18.01
Cr_2O_3	0	0	0	0.02	0	0.01	0	0	0	0	0.08	0	0	0.07	0	0.01	0	0
FeO	0.06	0	0	0	0.03	0.01	0.03	0	0.02	0.03	0.01	0	0	0	0	0	0.04	0.03
MnO	0.03	0.04	0.01	0	0.05	0	0	0	0	0	0	0.01	0	0	0	0	0	0
MgO	0	0	0	0	0	0	0	0.01	0	0	0	0	0.01	0	0.01	0	0	0
CaO	0.03	0.55	0.03	0.21	0.03	0.43	0.06	0.03	0.06	0.01	0.34	0.03	0.23	0.05	0.40	0.09	0.35	0
Na_2O	0.60	11.66	0.63	10.76	0.54	10.41	0.49	11.33	0.50	0.51	11.31	0.61	10.83	0.56	10.78	0.56	10.89	0.45
K_2O	16.14	0.18	16.21	0.10	16.24	0.13	16.17	0.08	16.31	16.29	0.10	15.85	0.11	16.03	0.74	15.90	0.20	16.31
NiO	0.06	0	0	0.06	0	0.03	0.04	0.04	0	0.03	0	0	0	0.05	0	0.07	0.05	0.06
总和	100.02	100.22	99.82	99.62	99.48	100.64	99.00	99.42	99.68	99.96	99.86	99.09	99.19	99.67	99.34	99.87	99.79	99.04
以 8 个 O 为基础计算的原子个数																		
Si	2.982	2.985	2.982	3.013	2.994	2.998	2.974	3.007	2.992	2.998	2.991	2.99	2.993	2.974	2.977	3.004	3.005	2.999
Ti	0.001	0	0.001	0.001	0	0	0.002	0	0.001	0.002	0.001	0.001	0	0.001	0	0	0	0.002
Al	1.017	1.002	1.016	1	1.001	1.029	1.025	0.999	1.003	0.997	1.01	1.012	1.025	1.028	1.030	0.994	1.003	0.993
Cr	0	0	0	0.001	0	0	0	0	0	0	0.003	0	0	0.003	0	0	0	0
Fe^{3+}	0.001	0	0	0	0.001	0	0.001	0	0	0.001	0	0	0	0	0	0	0.001	0.001
Fe^{2+}	0	0	0	0	0	0	0	0	0	0	0	0	0	0	0	0	0	0
Mn	0.001	0.001	0	0	0.002	0	0	0	0	0	0	0	0	0	0	0	0	0
Mg	0	0	0	0	0	0	0	0.001	0	0	0	0	0.001	0	0.001	0	0	0
Ca	0.001	0.026	0.001	0.01	0.001	0.02	0.003	0.001	0.003	0	0.016	0.001	0.011	0.002	0.019	0.004	0.016	0
Na	0.054	0.988	0.057	0.911	0.049	0.872	0.044	0.963	0.045	0.046	0.959	0.055	0.922	0.05	0.921	0.05	0.922	0.041
K	0.953	0.010	0.959	0.006	0.964	0.007	0.965	0.004	0.966	0.962	0.006	0.943	0.006	0.949	0.042	0.937	0.011	0.973
总和	5.010	5.012	5.016	4.942	5.012	4.926	5.014	4.975	5.010	5.006	4.986	5.002	4.958	5.007	4.99	4.989	4.958	5.009
Ab	5.4	96.5	5.6	98.3	4.8	97.0	4.3	99.5	4.4	4.6	97.8	5.5	98.2	5.0	93.8	5.0	97.2	4.0
An	0.1	2.5	0.1	1.1	0.1	2.2	0.3	0.1	0.3	0	1.6	0.1	1.2	0.2	1.9	0.4	1.7	0
Or	94.5	1	94.3	0.6	95.1	0.8	95.4	0.4	95.3	95.4	0.6	94.4	0.6	94.8	4.3	94.6	1.2	96.0

3. 长石温度计

长石多为钾长石（Or，$KAlSi_3O_8$）、钠长石（Ab，$NaAlSi_3O_8$）和钙长石（An，$CaAl_2Si_2O_8$）三个端元组成的固溶体系列。其中，钠长石-钙长石可以形成完全类质同象（斜长石或钠钙长石系列），而钾长石-钠长石在高温下可形成完全类质同象系列（碱性长石或钾钠长石系列），温度降低则混溶性降低。因此，利用共存的碱性长石和斜长石中的钠长石成分可估计平衡时的温度条件（Barth，1934；Brown and Parsons，1981；Green and Usdansky，1986；Fuhrman and Lindsley，1988；Elkins and Grove，1990；Kroll et al.，1993）。

考虑到我们的研究对象为浅色体，与火成侵入岩类似，我们选择了 Fuhrman 和 Lindsley（1988）提供的长石端元组分温度计。该温度计对于深成侵入体效果较好（Fuhrman and Lindsley，1988；Elkins and Grove，1990）。利用 SOLVCALC 程序（Wen and Nekvasil，1994），获得所有测试点的温度均低于500℃。在如此低温条件下，由于长石晶体结构的有序化和动力学效应（Fuhrman and Lindsley，1988），长石端元组分温度计无法获得精确的温度。然而，这至少表明龙门店钼矿中条纹长石的形成温度较低（<500℃）。

6.3.2.3　混合岩成因

混合岩成因观点包括：①岩浆注入模型。外来花岗质熔体注入片岩、片麻岩所形成，浅色体组分与变质岩差别较大（Weber and Barbey，1986；Sawyer and Barnes，1988；Barbey et al.，1990；Otamendi and Patino Douce，2001）。②交代模型（也称为“再生”模型）。来自地壳深部的富含 K、Na、Si 等组分的流体（“岩汁”）与变质岩发生交代反应形成（Babcock and Misch，1989）。③深熔作用模型。在区域变质作用基础上，温度升高使片麻岩等发生部分熔融，熔融物聚集成脉体（Jung et al.，2000）。④变质分异模型。变质过程中易熔或易溶组分迁移聚集而形成，脉体来自变质岩本身（Whitney and Irving，1994；Chavagnac et al.，1999）。实际上，交代模型与岩浆注入模型类同，变质分异模型可归入深熔模型。岩浆注入模型和深熔模型的本质差异在于系统与外界有无物质和能量交换，前者属开放体系，后者属封闭体系。

龙门店矿区混合岩与岩浆注入模型更相符，原因是暗色体中出现大量电气石，而中色体内未见含硼矿物。显然，贫硼“中色体”是不可能通过部分熔融而形成富硼暗色体的，龙门店混合岩的形成必须有外来富硼物质的参与。而且，龙门店混合岩的矿物组成、温压条件等亦与深熔混合岩不符。

无水或有水环境均可形成深熔混合岩。无水深熔成因的混合岩多发生在高角闪岩相-麻粒岩相变质条件下（650～900℃，0.3～1.2GPa），主要涉及含水矿物（如白云母、黑云母、角闪石）的分解，常伴随石榴子石、堇青石、钾长石、斜方辉石等“无水矿物”出现。混合岩中同时出现浅色体、中色体和暗色体，被作为深熔作用的主要宏观标志，此时浅色体与变质岩在成分上呈互补关系（Sawyer，1999）。深熔成因混合岩主要发育 CO_2-H_2O±N_2±CH_4包裹体（Olsen，1987；Hollister，1988；Whitney and Irving，1994；Winslow et al.，1994；Giorgetti et al.，1996；Owen and Greenough，1997）。尽管龙门店混合岩中同时出现浅色体、暗色体和中色体，但流体包裹体显微测温分析（见后）及长石温度计给出的浅色体形成温度<500℃、压力<300MPa，远低于无水条件下发生部分熔融的温度、压力条件；混合岩化黑云斜长片麻岩中黑云母呈半自形-自形晶，常见出熔的针状金红石，表明黑云母脱水熔融现象不明显；混合岩的浅色体主要矿物为石英、微斜长石和条纹长石，缺失石榴子石、堇青石、斜方辉石等“无水矿物”；除纯 CO_2 和 CO_2-H_2O 包裹体外，石英中尚广泛发育高盐度、含石盐子晶多相包裹体，而这种包裹体在深熔成因混合岩中极少发育（Höller and Hoinkes，1996；Hurai et al.，2000）。据此认为，龙门店混合岩形成于有水条件的深熔作用，或者是加水部分熔融。有水深熔成因混合岩的形成温度可低至固相线或其附近（Zen，1986），产物为长英质熔体。这种熔体的形成亦需要黑云母、斜长石分解：$Bt + Pl_1 + Qz + H_2O \longrightarrow Hbl + Pl_2 + Melt$（Mogk，1992）。龙门店混合岩的中色体含有大量黑云母，与上述有水深熔成因混合岩特征不符。因此，认为龙门店混合岩不可能为深熔成因。相反，熔体注入成因既可以较好地解释龙门店混合岩中大量发育电气石，亦可以解释该混合岩浅色体较低的形成温度和压力，更符合黑云母的大量存在以及流体包裹体组合特征（Frost and Touret，1989；Mishra et al.，2007；毕献武等，2008；王海芹和霍光辉，2008）。

6.3.3 矿床地质特征

龙门店矿区存在银和钼两种矿化作用，但二者具有截然不同的特征。本研究侧重于其钼矿化特征，银矿化特征详见贺淑琴等（2007）、姚成等（2010）。

6.3.3.1 银矿化特征

矿区圈定银矿体3个（表6.34），以含银石英脉形式产出，严格受构造带控制（图6.52B）。矿石中金属矿物包括自然银、辉银矿、银黝铜矿、淡红银矿、角银矿、银金矿、黄铁矿（褐铁矿）、方铅矿、闪锌矿、黄铜矿、辉铜矿、磁铁矿、磁黄铁矿、菱铁矿、孔雀石、白铅矿等，脉石矿物包括石英、长石、方解石、萤石、云母等（姚成等，2010）。矿石结构包括半自形-自形粒状结构、镶嵌结构、胶状结构、碎裂结构、交代残余结构、填隙结构、固溶体分离结构、镶边结构等，常见构造包括脉状、角砾状。近矿围岩蚀变以硅化、绢云母化为主，尚见黄铁矿化、碳酸盐化、绿泥石化、绿帘石化及弱的钾长石化。浅部及地表见高岭土化、褐铁矿化、泥化等。当硅化或绢英岩化强烈时银矿化较好。

表6.34 龙门店银矿体特征及矿化元素品位（贺淑琴等，2007）

矿体	长度/m	宽度/m	厚度/m	产状	Ag/（g/t）	Au/（g/t）	Pb/%	Cu/%
I	900	200	0.57～1.60	310°∠18°-45°	50.3～696	0.10～12.5	0.20～0.25	0.10～0.15
II	210	60	0.69～0.92	310°∠30°	94.3～295	0.98～2.30		
III	200	50	0.80～2.60	300°∠64°	60.0～700	0.20～1.00		

6.3.3.2 钼矿化特征

1. 混合岩及钼矿化

龙门店钼矿主体赋存于太华超群混合岩化黑云斜长片麻岩与角闪岩接触部位（图6.53C）。辉钼矿呈浸染状产出于混合岩化角闪岩中（图6.53D、图6.53F），而混合岩化黑云斜长片麻岩（图6.53A、图6.53B）及未发生混合岩化的角闪岩（图6.53E）则缺乏钼矿化。

混合岩化角闪岩中，钼多金属矿化局限于中色体（角闪岩，图6.57A～C）或暗色体内（图6.57D）。部分浅色体中亦见少量浸染状辉钼矿、黄铁矿矿化，但局限于中色体角砾附近（图6.57E、图6.57F）。

2. 矿石成分和组构

龙门店钼矿常见金属矿物包括辉钼矿、黄铁矿、磁铁矿、磁黄铁矿和黄铜矿，说明如下：

辉钼矿多以粗粒浸染状产出于混合岩化角闪岩的中色体和暗色体内，与角闪石的阳起石-透闪石化密切相关（图6.58A、A′），粒度一般0.5～2cm；少量辉钼矿产于浅色体中的中色体角砾内，但仍局限于蚀变角闪石周围（图6.58F、F′）。

黄铁矿多呈他形粒状浸染状产出于混合岩化角闪岩的中色体和暗色体内，与角闪石的阳起石-透闪石化（图6.58B、B′）、电气石的碳酸盐化、绿帘石化（图6.58D、D′）密切相关；可被辉钼矿（图6.58C′）、磁铁矿（图6.58B′、C′）、黄铜矿、磁黄铁矿（图6.58D′）沿边缘或裂隙充填、交代；少量黄铁矿与混合岩化黑云斜长片麻岩中色体内黑云母的绿泥石化、绿帘石化密切相关。

磁铁矿呈他形粒状产于混合岩化角闪岩中，与角闪石的阳起石-透闪石化、绿帘石化、绿泥石化、碳酸盐化密切相关（图6.58B、C）；见磁铁矿沿黄铁矿、黄铜矿、辉钼矿的边缘或裂隙充填交代（图6.58B′、C′）；亦见磁铁矿被绿泥石、方解石包围，并被黄铁矿包裹（图6.54L）。

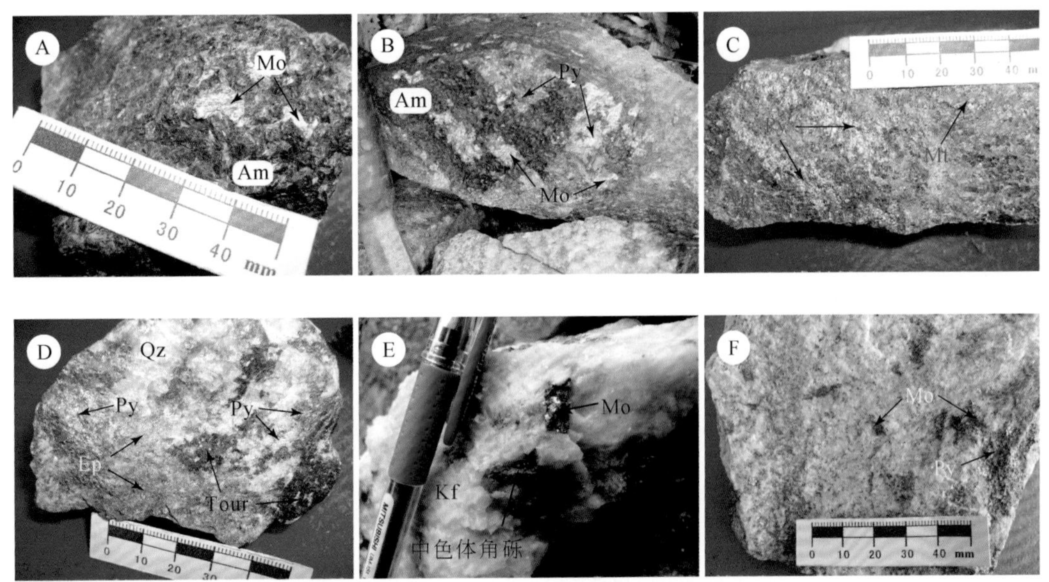

图6.57 龙门店钼矿主要矿石类型（Li et al.，2011b）

A. 中色体内粗粒鳞片状辉钼矿呈浸染状产出（样品0826Mo）；B. 中色体内呈浸染状的辉钼矿+黄铁矿±黄铜矿（样品08001）；C. 中色体内的磁铁矿+黄铁矿（样品0832Py）；D. 暗色体内黄铁矿与电气石的绿帘石化密切相关（样品0835Py）；E. 浅色体中辉钼矿（0.5～3cm）局限于中色体角砾周围；F. 浅色体中细粒辉钼矿（0.2～0.6mm）和黑云母局限于角闪岩角砾周围（样品0823Mo）。图中缩写：Am. 角闪石；Ep. 绿帘石；Kf. 钾长石（微斜长石+条纹长石）；Mo. 辉钼矿；Mt. 磁铁矿；Py. 黄铁矿；Qz. 石英；Tour. 电气石

磁黄铁矿多呈他形粒状产出于混合岩化角闪岩中，与电气石或角闪石的绿帘石化、碳酸盐化密切相关，可见磁黄铁矿交代黄铁矿（图6.58D′），而被黄铜矿交代（图6.58E′）；少量磁黄铁矿产于混合岩化黑云斜长片麻岩中，与绿帘石化（图6.54J）、绿泥石化黑云母相关。

黄铜矿呈他形粒状产于混合岩化角闪岩中，与角闪石的阳起石-透闪石化、绿帘石化（图6.58B、B′）及电气石的碳酸盐化、绿帘石化（图6.58E、E′）密切相关；见黄铜矿交代黄铁矿、磁黄铁矿（图6.58E′），并被磁铁矿交代（图6.58B′）；少量黄铜矿与混合岩化黑云斜长片麻岩中黑云母的绿帘石化、绿泥石化、绢云母化密切相关。

脉石矿物包括微斜长石、条纹长石、石英、电气石、角闪石、黑云母、阳起石、透闪石、绿帘石、榍石、方解石、绢云母、绿泥石、金红石等。其产状和特征如下：

微斜长石是浅色体的主要矿物，粒度较粗（一般0.5～10mm），可交代条纹长石（图6.54A），偶与条纹长石和石英共生，呈现三边共结结构（图6.54B）；混合岩化黑云斜长片麻岩的中色体中，可见微斜长石交代绢云母化斜长石，并在斜长石边缘形成净边（图6.54C）；混合岩化角闪岩中，可见微斜长石交代残余角闪石（图6.54D）。

条纹长石是浅色体主要矿物，粒度较粗（一般0.5～10mm），可被微斜长石（图6.54A）、石英（图6.54E）交代，或与微斜长石、石英组成三边共结结构（图6.54B）。混合岩化黑云斜长片麻岩的中色体中，可见条纹长石交代斜长石；混合岩化角闪岩中，可见条纹长石交代角闪石，并析出榍石（图6.54F）。

石英可于浅色体中，交代条纹长石（图6.54E），或与微斜长石、条纹长石组成三边共结结构（图6.54B）；亦可于暗色体中交代电气石（图6.54G）。

电气石是暗色体的主要矿物，黑色长柱状，长度可达5～8cm；单偏光下具有蓝绿-黄褐色多色性；可被石英交代（图6.54G）；常见电气石发生绿帘石化、碳酸盐化，同时析出黄铁矿、磁黄铁矿、黄铜矿（图6.58D、E）。

角闪石是角闪岩主要矿物，部分发育环带结构（图6.54H）；常遭受阳起石-透闪石化（图6.58A～C，图6.54F）、绿帘石化（图6.58F）、绿泥石化、碳酸盐化（图6.54K）、硅化，并析出辉钼矿、黄铁矿、磁铁矿、黄铜矿等硫化物/氧化物（图6.58A′～C′、F′）及榍石（图6.54F、K）。

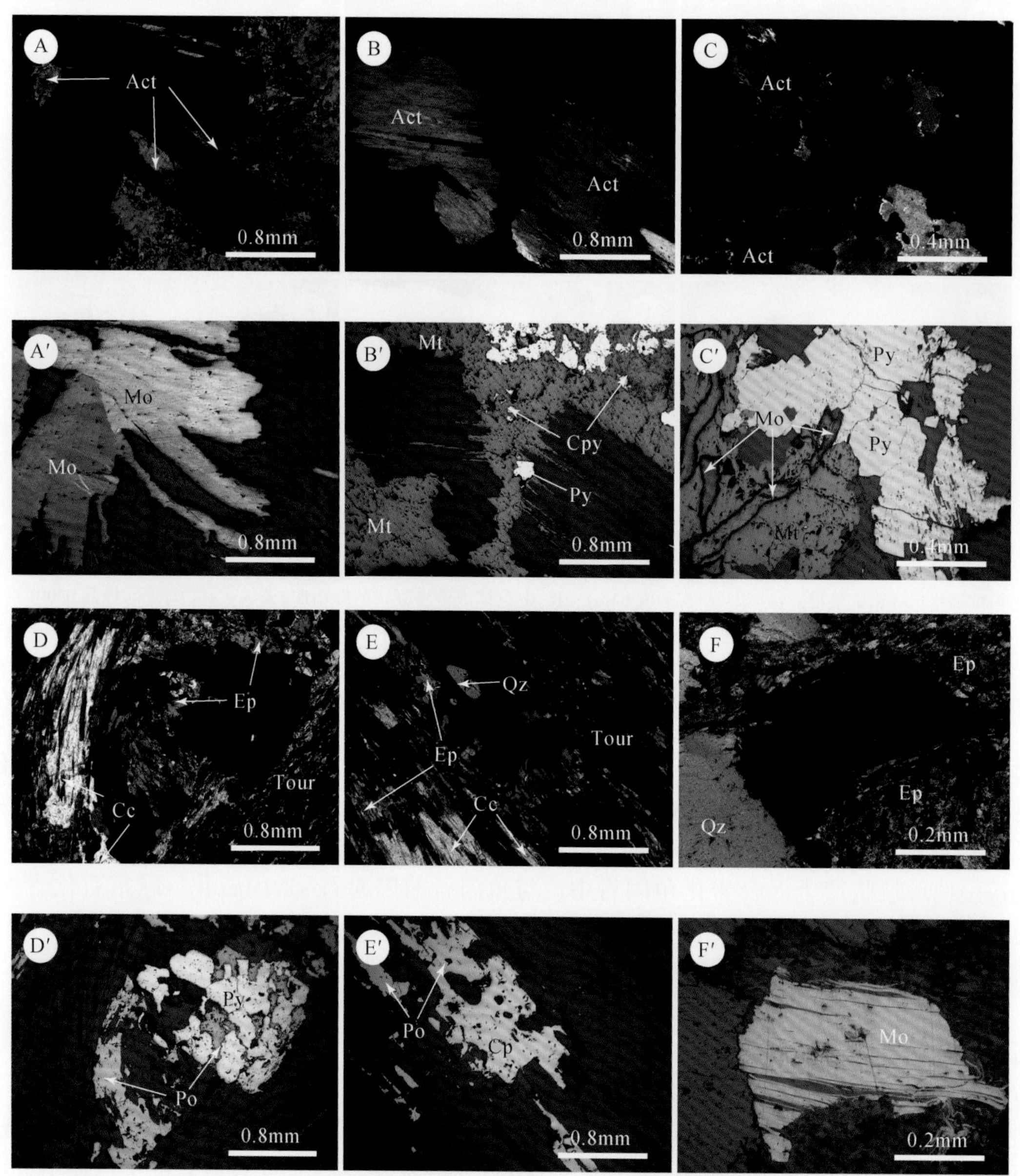

图6.58　龙门店钼矿床金属矿化与蚀变（Li et al.，2011b）

A和A′示意混合岩化角闪岩的中色体中，辉钼矿沿阳起石化角闪石的解理分布；B和B′示意混合岩化角闪岩的中色体中，角闪石被阳起石交代，并析出磁铁矿、黄铁矿和黄铜矿，且磁铁矿交代黄铜矿、黄铁矿；C和C′示意混合岩化角闪岩的中色体中，磁铁矿、辉钼矿、黄铁矿的产出与角闪石的阳起石化密切相关，且见磁铁矿包裹辉钼矿，后者沿黄铁矿边缘侵入；D和D′示意混合岩化角闪岩的暗色体中，黄铁矿和磁黄铁矿与电气石的碳酸盐化、绿帘石化密切相关，见磁黄铁矿交代黄铁矿；E和E′示意混合岩化角闪岩的暗色体中，电气石发生碳酸盐化、绿帘石化，并析出磁黄铁矿和黄铜矿，且黄铜矿与磁黄铁矿近同时生成；F和F′示意混合岩化角闪岩的浅色体中，辉钼矿与中色体中角闪石的绿帘石化密切相关。图中缩写：Act. 阳起石；Cc. 方解石；Cpy. 黄铜矿；Ep. 绿帘石；Mo. 辉钼矿；Mt. 磁铁矿；Po. 磁黄铁矿；Py. 黄铁矿；Qz. 石英；Tour. 电气石

黑云母具黄褐色-浅黄色多色性，晶面常见细针状金红石排列成等边三角形（图6.54I）；可发生绢云母化（图6.54I）、绿泥石化、绿帘石化（图6.54J），伴有黄铁矿、黄铜矿、磁黄铁矿（图6.54J）等硫化物。

阳起石和透闪石常作为角闪石的蚀变产物出现，与辉钼矿、黄铁矿、磁铁矿、黄铜矿等金属硫化物/氧化物密切共生（图6.58A～C，图6.54F）。

绿帘石常作为角闪石（图 6.58F）、电气石（图 6.58D、E）、黑云母（图 6.54J）的蚀变产物出现，与辉钼矿、黄铁矿、磁铁矿、黄铜矿等金属硫化物/氧化物密切共生。

榍石多呈自形-半自形，个体一般 1～4mm，常为角闪石的蚀变产物（图 6.54F、K），与阳起石、绿帘石、绿泥石、碳酸盐等蚀变矿物密切共生。

方解石多作为角闪石（图 6.54K）、电气石（图 6.58D、E）的蚀变产物，可与辉钼矿、黄铁矿、磁铁矿（图 6.54L）、黄铜矿、榍石（图 6.54K）等共生；亦可沿石英粒间填隙产出，或呈细脉状穿插石英颗粒。

绢云母常作为斜长石（图 6.54C）或黑云母（图 6.54I）的蚀变产物。

绿泥石常作为角闪石或黑云母（图 6.54I）的蚀变产物出现，见绿泥石沿磁铁矿边缘分布并被黄铁矿包裹（图 6.54L）。

金红石呈针状沿黑云母解理产出（图 6.54I）。

矿石结构主要有自形-半自形结构、他形结构、放射状结构、环带结构、交代结构、三边共结结构，举例如下：榍石呈自形-半自形晶（图 6.54F、K）；呈他形结构的有微斜长石（图 6.54A～D）、条纹长石（图 6.54E、F）、石英（图 6.54B、E、G）、阳起石（图 6.58A～C、D）、黄铁矿（图 6.58B′、C′）、黄铜矿（图 E′）、磁铁矿（图 6.58B′、C′）、磁黄铁矿（图 6.58D′、E′）等；呈放射状结构者多是辉钼矿（图 6.58A′）、电气石、阳起石等；角闪石常显示成分环带结构（图 6.54H）。交代结构最普遍，如条纹长石被微斜长石（图 6.54A）、石英交代（图 6.54E），斜长石被绢云母、微斜长石（图 6.54C）交代，角闪石被阳起石-透闪石（图 6.58A～C，图 6.54F）、绿帘石（图 6.58F）、绿泥石（图 6.54L）、微斜长石（图 6.54D）、石英（图 6.54K）、方解石（图 6.54K）交代，电气石被石英（图 6.54G）、绿帘石、方解石交代（图 6.58D、E），黑云母被绢云母（图 6.54I）、绿泥石、绿帘石（图 6.54J）交代，黄铁矿被辉钼矿（图 6.58C′）、黄铜矿、磁铁矿（图 6.58B′、C′）、磁黄铁矿（图 6.58E′）交代，磁黄铁矿被黄铜矿交代（图 6.58E′）。在浅色体中，可见条纹长石、微斜长石和石英的三边共结结构（图 6.54B）。

常见矿石构造包括条带构造、脉状构造、浸染状构造、块状构造。条带构造表现为混合岩化斜长片麻岩中浅色体、暗色体、中色体呈条带状产出（图 6.53A、B）；混合岩化角闪岩中，浅色体呈脉状、网脉状构造（图 6.53D、F）。

辉钼矿、黄铁矿、黄铜矿、磁黄铁矿、磁铁矿等呈浸染状分布，构成浸染状构造（图 6.53）；角闪岩等岩石呈块状构造（图 6.53B、C）。

3. 围岩蚀变类型

区内围岩蚀变由浅色体贯入所诱发，多局限于浅色体周围，无面型蚀变特征。常见类型包括阳起石化、绿帘石化、绿泥石化、硅化、微斜长石化、条纹长石化、碳酸盐化、绢云母化。例如，角闪石被阳起石-透闪石交代（图 6.58A～C，图 6.54F）；角闪石（图 6.58F）、电气石（图 6.58D、E）、黑云母（图 6.54J）被绿帘石交代；角闪石（图 6.54L）、黑云母被绿泥石交代；角闪石（图 6.54K）、电气石（图 6.54G）、条纹长石（图 6.54E）被石英交代；角闪石（图 6.54D）、斜长石（图 6.54C）、条纹长石（图 6.54A）等矿物被微斜长石交代；斜长石、角闪石（图 6.54F）被条纹长石交代；角闪石（图 6.54K）、电气石（图 6.58D、E）等被方解石交代；斜长石（图 6.54C）、黑云母（图 6.54I）被绢云母交代。

4. 成矿过程和阶段划分

考虑到龙门店钼矿的形成与混合岩化关系密切，则以浅色体贯入为界，将其划分为混合岩化前（浅色体贯入之前）、混合岩化（浅色体贯入）和混合岩化后（浅色体贯入之后）三个阶段。根据矿物间交代、共生关系，厘定龙门店钼矿中矿物生成顺序如图 6.59 所示。

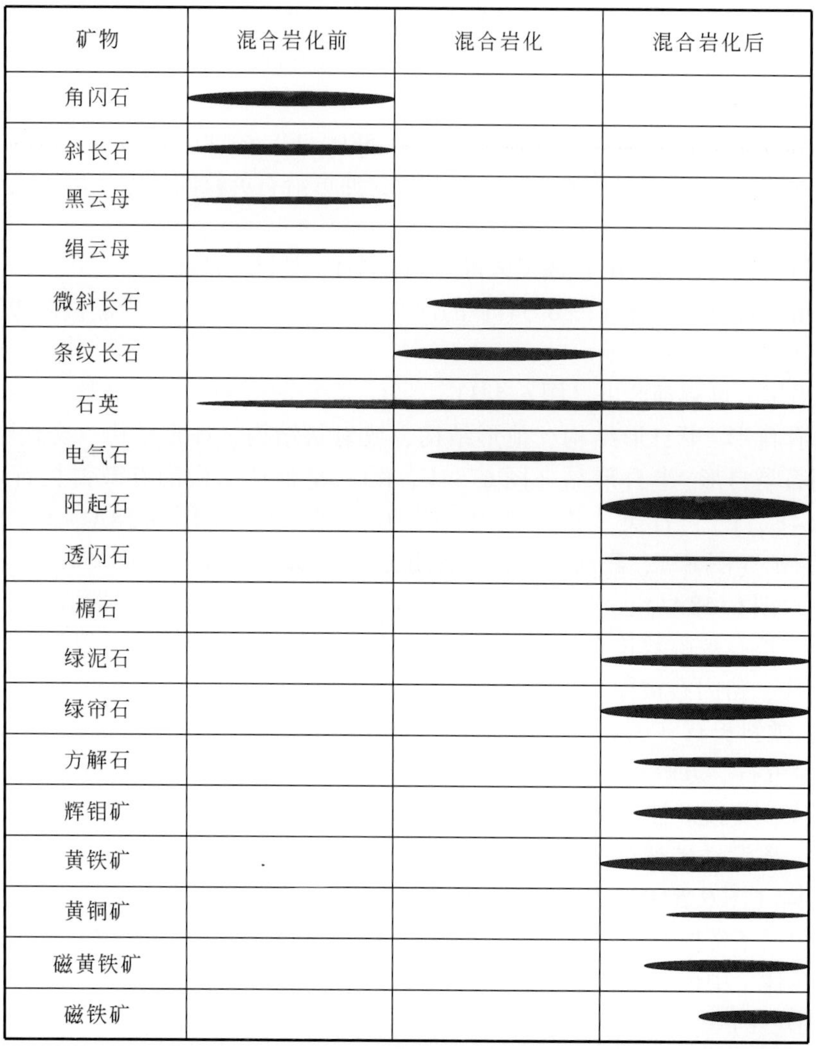

矿物	混合岩化前	混合岩化	混合岩化后
角闪石			
斜长石			
黑云母			
绢云母			
微斜长石			
条纹长石			
石英			
电气石			
阳起石			
透闪石			
榍石			
绿泥石			
绿帘石			
方解石			
辉钼矿			
黄铁矿			
黄铜矿			
磁黄铁矿			
磁铁矿			

图 6.59　龙门店钼矿床矿物生成顺序（李诺，2012）

6.3.4　流体包裹体地球化学

6.3.4.1　样品和测试

本书对龙门店钼矿床的流体包裹体进行了显微测温分析和单个包裹体成分的激光拉曼探针分析，所用样品来自钼矿化的混合岩化角闪岩，包括浅色体、中色体和暗色体。其中浅色体中的石英较为罕见，呈玻璃光泽，而中色体和暗色体中的石英较为发育，呈现典型的油脂光泽。为探讨含矿与不含矿成矿流体的差异，我们同时对无矿化的混合岩化黑云斜长片麻岩的石英进行了流体包裹体研究。其中浅色体和暗色体中的石英形成于混合岩化-热液过程，而中色体中的石英可能为变质成因。各样品详细特征见表 6.35。

显微测温分析在北京矿产地质研究院流体包裹体实验室完成，使用仪器为 LINKAM THMSG600 型冷热台。测试温度范围为-196 ~ 600℃，采用美国 FLUID INC 公司提供的人工合成流体包裹体样品对冷热台进行了温度标定。仪器在-180 ~ -120℃ 温度区间的测定精度为±3℃、-120 ~ -60℃ 区间精度为±0.5 ~ ±2℃，-60 ~ 100℃ 区间精度为±0.2℃，100 ~ 600℃ 区间精度为±2℃。测试过程中，升温速率一般为 0.2 ~ 5℃/min。水溶液包裹体相变点附近的升温速率为< 0.1℃/min，均一温度附近升温速率

≤1℃/min。单个含石盐子晶包裹体组合仅升温一次，以避免重复加热造成的包裹体泄漏，加热过程中升温速率< 5℃/min。含 CO_2 包裹体相变点附近升温速率< 0.2℃/min，基本保证了相转变温度数据的准确性。

对于水溶液包裹体，根据测得的冰点温度（T_m），利用 Bodnar（1994）提供的方程，可获得流体的盐度。对于含石盐子矿物的包裹体，其盐度由子矿物熔化温度（$T_{m,s}$），利用 Bodnar 和 Vityk（1994）提供的方程获得。但对于以石盐子晶消失而达完全均一的包裹体，由这种方法获得的盐度通常比实际值低 3% NaCl eqv.（Bodnar and Vityk，1994）。对于 H_2O-CO_2 包裹体，由笼合物熔化温度（$T_{m,clath}$），利用 Collins（1979）所提供的方法，可获得水溶液相的盐度。根据 H_2O-CO_2 包裹体的部分均一温度、均一方式、部分均一时 CO_2 相所占比例及完全均一温度，利用流体包裹体数据处理 Flincor 程序（Brown，1989），采用 Bower 和 Helgeson（1983）公式可获得包裹体形成时的盐度、CO_2 相的摩尔分数及流体相密度。

单个流体包裹体成分的原位激光拉曼显微探针分析在北京大学造山带与地壳演化教育部重点实验室 Renishaw RM-1000 型激光拉曼光谱仪完成，使用 Ar 原子激光束，波长 514.5nm，计数时间为 10s，每 $1cm^{-1}$（波数）计数 1 次，100 ~ $4000cm^{-1}$ 全波段一次取峰，激光束斑约为 2μm，光谱分辨率±2cm。

表 6.35　龙门店钼矿床石英及原生流体包裹体含量（Li et al.，2014）　（单位:%）

样号	样品特征	矿化*	石英特征	包裹体类型**		
				PC	C	S
	混合岩化角闪岩					
0815	中色体-暗色体接触带	Mo，Py	<2cm，油脂光泽	10	40	50
0818	中色体-暗色体接触带	Py，Cpy，Mt	粒度达数厘米，油脂光泽，交代微斜长石和条纹长石	5	30	65
0822	中色体-暗色体接触带	Py	粒度达数厘米，油脂光泽，交代角闪石和电气石	20	40	40
0824	中色体-暗色体接触带	Po，Py，Cpy	粒度达数厘米，油脂光泽，交代角闪石、电气石、微斜长石、条纹长石	5	40	55
	混合岩化片麻岩					
0813	浅色体	无	0.5 ~ 2mm，交代微斜长石和条纹长石	40	30	30
0841-1	浅色体	无	1 ~ 4mm，交代微斜长石和条纹长石	15	5	80
0841-11	浅色体	无	1 ~ 4mm，交代微斜长石和条纹长石	15	7	78
0842-1	浅色体	无	0.5 ~ 3.5mm，交代微斜长石和条纹长石	30	2	68
0842-2	中色体	无	1 ~ 2.5mm，交代黑云母、斜长石、微斜长石和条纹长石	30	2	68
0842-3	暗色体	无	1.5 ~ 3mm，交代电气石	40	5	55

* 矿化缩写：Mo. 辉钼矿化；Py. 黄铁矿化；Cpy. 黄铜矿化；Mt. 磁铁矿化；Po. 磁黄铁矿化。

** 包裹体类型缩写：PC 型（纯碳质包裹体）；C 型（CO_2-H_2O 包裹体）；S 型（含子矿物包裹体）。

注：表中所列均为原生包裹体类型及其所占比例；除上述三类包裹体外尚见水溶液包裹体（见后），但该类包裹体均呈次生面状或线状产出。

6.3.4.2　流体包裹体岩相学特征

根据流体包裹体成分及其在室温及冷冻回温过程中的相态变化，可将流体包裹体划分为 PC、C、S 和 W 型四类，现详述如下：

（1）纯碳质包裹体（PC 型）：室温下表现为单相（图 6.60A），冷冻过程中可出现 CO_2 气相；包裹体呈椭圆形或负晶形，一般 4 ~ 16μm；激光拉曼测试（见后）显示其成分为 CO_2±CH_4。

（2）含 CO_2 包裹体（C 型）：室温下表现为两相（L_{H_2O} + L_{CO_2}）或三相（L_{H_2O} + L_{CO_2} ± V_{CO_2}），CO_2 相（L_{CO_2}+V_{CO_2}）所占比例一般< 30%（图 6.60B），少数可> 60%（图 6.60C）。包裹体多呈圆形、椭圆形或

负晶形产出，直径6～20μm。

（3）含子矿物多相包裹体（S型）：以含子矿物为标志性特征，多数包裹体仅含立方体石盐（图6.60D），个别包裹体除石盐外尚见透明或暗色粒状子矿物（图6.60E）。该类包裹体多呈椭圆形或负晶形产出，4～14μm。其气相成分可以为 CO_2（图6.60D）或 H_2O（图6.60E），所占比例普遍较小（多数5%～10%）。

（4）水溶液包裹体（W型）：室温下表现为气、液两相（$L_{H_2O}+V_{H_2O}$，图6.60F），气相所占比例一般5%～15%；多呈椭圆形、长条形或不规则状产出，大小4～25μm。

不同产状的石英（产于浅色体、暗色体、中色体中）所含包裹体类型相同，但包裹体发育程度差异较大。混合岩化黑云斜长片麻岩中的石英流体包裹体不甚发育，以PC型和S型为主（表6.35）。混合岩化角闪岩的石英中流体包裹体极其发育，其中PC型、C型和S型包裹体均呈孤立产出或成群分布，显示原生包裹体特征，W型包裹体往往呈次生线状（图6.60E）或面状产出，表明该类包裹体形成较晚，属次生成因。

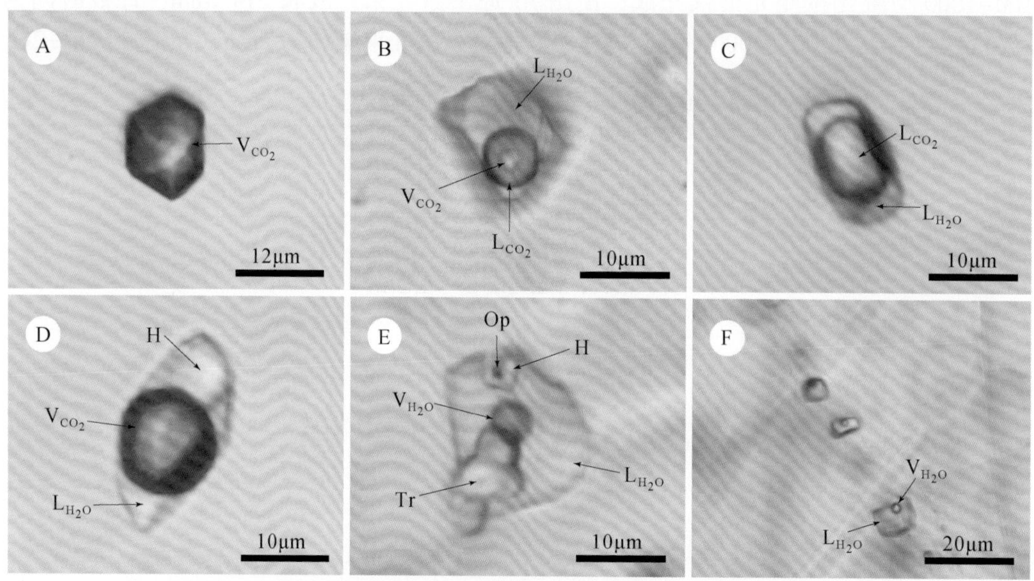

图6.60 龙门店钼矿床流体包裹体岩相学特征（Li et al.，2014）

A. PC型包裹体，室温下表现为单一液相；B. C型包裹体，室温下由气相 CO_2、液相 CO_2 和液相 H_2O 组成；C. C型包裹体，室温下表现为两相；D. S型包裹体，由气相 CO_2、液相 H_2O 和石盐子矿物组成；E. S型包裹体，由气相 H_2O、液相 H_2O、石盐子矿物以及未知暗色体、透明子矿物组成；F. W型包裹体，由气相 H_2O 和液相 H_2O 组成，呈线状产出。图中缩写：V_{CO_2}. 气相 CO_2；L_{CO_2}. 液相 CO_2；V_{H_2O}. 气相 H_2O；L_{H_2O}. 液相 H_2O；H. 石盐子矿物；Op. 未知暗色子矿物；Tr. 未知透明子矿物

6.3.4.3 显微测温结果

本次研究对龙门店钼矿10件石英样品中的流体包裹体进行了详细的显微测温研究，结果见表6.36和图6.61、图6.62。如前所述，强烈的钼矿化仅见于混合岩化角闪岩中，而混合岩化片麻岩和未发生混合岩化的角闪岩不含矿。并且，在混合岩化角闪岩中，辉钼矿常产于中色体和暗色体内，尤其是二者接触带。下面我们将按寄主石英的不同介绍流体包裹体显微测温结果。

1. 混合岩化角闪岩：钼矿体

混合岩化角闪岩的浅色体中石英不甚发育，且包裹体个体极其细小，因此未能进行热力学温度测试。在其中色体及暗色体所含石英中包裹体极其发育，可含有全部四种类型。其中PC型包裹体的固态 CO_2 熔化温度介于-59.8～-56.6℃之间；CO_2 向液相均一，均一温度变化于-7.4～21.2℃，集中于-2～13℃。C型包裹体的固态 CO_2 熔化温度介于-58.7～-56.6℃；笼合物熔化温度介于-9.8～7.9℃，相应的流体相盐度为4.1% ~21% NaCl eqv.。多数包裹体的 CO_2 相向液相均一，部分均一温度介于-6.8 ~ 29.7℃，少数包裹体于31℃临界均一。继续加热，包裹体往往在完全均一前发生爆裂，获得的爆裂温度变化于197 ~ 391℃，完全均一温度变化于170 ~400℃，以向液相均一为主，部分包裹体向气相均一。S 型包裹体加热过程中气泡先于石盐消失，获得气液相均一温度变化于90 ~ 145℃，石盐子矿物熔化温度变化于151 ~ 370℃，对应的流体相盐度为30% ~44% NaCl eqv.；除石盐外其他子矿物在加热过程中不熔化。在均一温度-盐度图上（图6.62），S 型包裹体全部沿石盐饱和线分布。W 型包裹体的冰点温度变化范围较大，介于-18.9 ~ -2.2℃之间，盐度变化于3.6% ~22% NaCl eqv.。继续加热，以气泡消失而达完全均一，此时温度为92 ~ 231℃。

表 6.36　龙门店钼矿床流体包裹体显微测温结果（Li et al.，2014）

寄主石英	类型	$T_{m,ice}$ /℃ (n)	$T_{m,clath}$ /℃ (n)	T_{h,CO_2} /℃ (n)	$T_{m,S}$ /℃ (n)	$T_{h,total}$ /℃ (n)	X_{CO_2}	盐度/（% NaCl eqv.）
混合岩化角闪岩的中色体和暗色体	PC			-7.4 ~ 21.2 (12)			1	
	C		-9.8 ~ 7.9 (207)	-6.8 ~ 31.0 (309)		170 ~ 400 (130)	0.01 ~ 0.87	4.1 ~ 21
	S				151 ~ 370 (117)	151 ~ 370 (117)		30 ~ 44
	W	-18.9 ~ -2.2 (68)				92 ~ 231 (82)		3.6 ~ 22
混合岩化片麻岩的浅色体	PC			-4.5 ~ 3.6 (5)			1	
	C		-7.7 ~ 2.3 (8)	-6.8 ~ 25.9 (13)		229 ~ 395 (14)	0.07 ~ 0.77	13 ~ 21
	S				124 ~ 284 (140)	124 ~ 284 (140)		29 ~ 37
	W	-20.3 ~ -0.5 (65)				100 ~ 180 (106)		0.8 ~ 23
混合岩化片麻岩的中色体	S				168 ~ 256 (30)	168 ~ 256 (30)		30 ~ 35
	W	-20.0 ~ -10.7 (14)				110 ~ 257 (29)		15 ~ 22
混合岩化片麻岩的暗色体	PC			-11.5 ~ -11.0 (2)			1	
	C		4.1 ~ 6.6 (4)	11.9 ~ 26.6 (6)		245 ~ 312 (6)	0.11 ~ 0.22	6.4 ~ 10
	S				165 ~ 272 (35)	165 ~ 272 (35)		30 ~ 36
	W	-13.6 ~ -11.1 (7)				140 ~ 180 (7)		15 ~ 17

注：$T_{m,ice}$ 为冰融化温度；$T_{m,clath}$ 为笼合物熔化温度；T_{h,CO_2} 为 CO_2 部分均一温度；$T_{m,S}$ 为石盐子矿物熔化温度；$T_{h,total}$ 为完全均一温度；X_{CO_2} 为 CO_2 相摩尔分数。

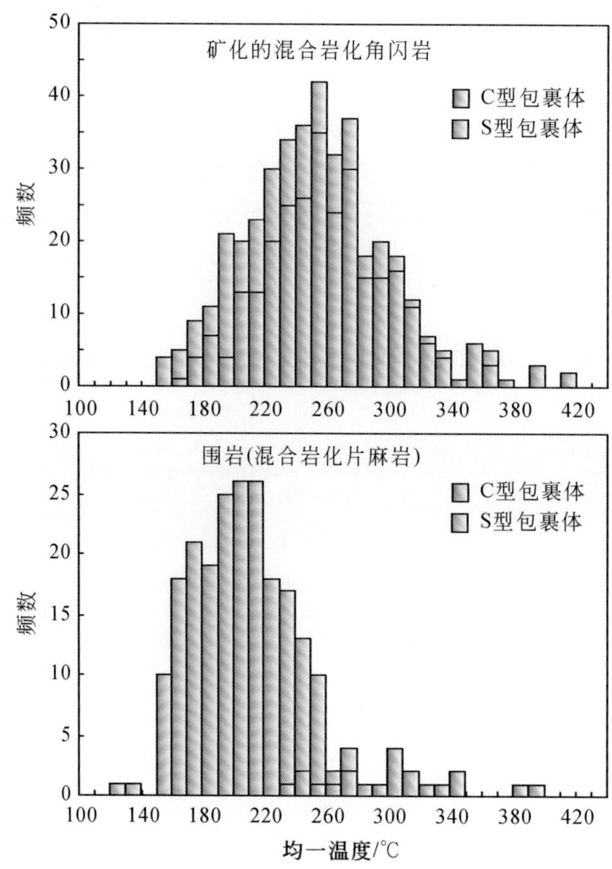

图6.61 龙门店钼矿床流体包裹体完全均一（爆裂）温度直方图（Li et al., 2014）

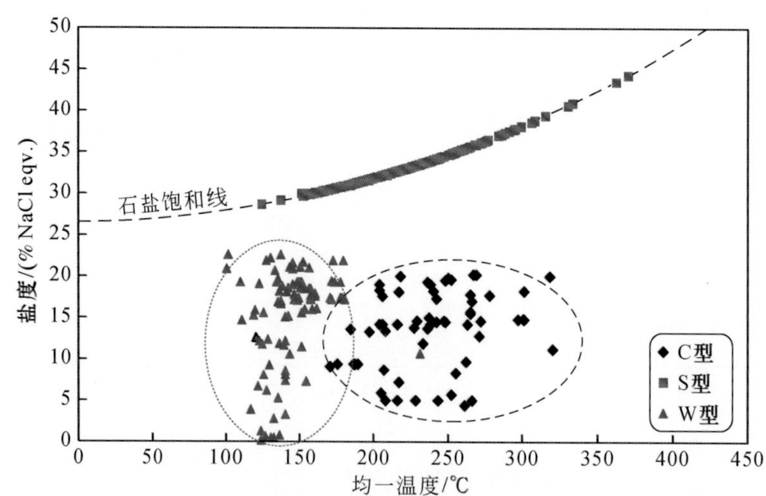

图6.62 龙门店钼矿床流体包裹体均一温度-盐度图解（Li et al., 2014）

2. 混合岩化斜长片麻岩：围岩

来自浅色体的石英所含原生包裹体以S型为主，见少量C型，罕见PC型，而W型包裹体呈次生线状产出。获得5个PC型包裹体的固态CO_2熔化温度变化于-59.7～-56.9℃，表明其中除CO_2外含其他气相组分；加热过程中包裹体向气相均一，均一温度为-4.5～3.6℃。C型包裹体的固态CO_2熔化温度介于-58.4～-57.9℃，显示其中可能含其他挥发性组分。获得该类包裹体的CO_2笼合物熔化温度变化于-7.7～2.3℃，相应的流体相盐度为13%～21% NaCl eqv.；CO_2相向液相均一，部分均一温度介于-6.8～

25.9℃。继续加热时，该类包裹体，尤其是富 CO_2 相的包裹体，往往在完全均一前发生爆裂，此时温度变化于238～387℃；可获得的包裹体完全均一温度介于 229～395℃，向液相均一。S 型包裹体的子矿物以石盐为主，个别包裹体可含多个子矿物。加热过程中气泡先消失，石盐后消失。获得其气液相均一温度介于 90～110℃，石盐子矿物熔化温度介于 124～284℃，对应的流体相盐度为29%～37% NaCl eqv.。W 型包裹体的冰点温度变化范围较大，介于-20.3～-0.5℃之间，相应的流体相盐度变化于 0.8%～23% NaCl eqv.。继续加热，以气泡消失而达完全均一，此时温度为 100～180℃。

中色体内所含石英中包裹体不甚发育，仅见少量 S 型包裹体和 W 型包裹体，PC 型和 C 型包裹体罕见。S 型包裹体以石盐子矿物的熔化达完全均一，其气液相均一温度为 95～108℃，石盐子矿物熔化温度为 168～256℃，对应的盐度为 30%～35% NaCl eqv.。W 型包裹体的冰点温度变化于-20.0～-10.7℃之间，相应的流体相盐度变化于 15%～22% NaCl eqv.。继续加热，以气泡消失达完全均一，此时温度为 110～257℃。

来自暗色体的石英包裹体较为发育，以 S 型、C 型和次生的 W 型为主，偶见 PC 型。获得 8 个 PC 型包裹体的固态 CO_2 熔化温度介于-59.8～-58.0℃之间；CO_2 向液相均一，均一温度为-11.5～11.0℃。C 型包裹体的固态 CO_2 熔化温度介于-59.0～-56.6℃；笼合物熔化温度介于 4.1～6.6℃，相应的流体相盐度为 6.4%～10% NaCl eqv.。CO_2 相向液相均一，此时温度为 11.9～26.6℃。继续加热，包裹体多在完全均一前发生爆裂，爆裂温度介于 205～348℃；完全均一温度为 245～312℃，多向液相均一，少量包裹体向气相均一。S 型包裹体在加热过程中气泡先于石盐消失，气液相均一温度变化于 100～124℃，石盐子矿物熔化温度变化于 165～272℃，对应的流体相盐度为 30%～36% NaCl eqv.；除石盐外其他子矿物在加热过程中不熔化。W 型包裹体：获得 W 型包裹体的冰点温度变化于-13.6～-11.1℃之间，对应的盐度为 15%～17% NaCl eqv.。继续加热，以气泡消失而达完全均一，此时温度为 140～180℃。

6.3.4.4　包裹体成分分析

单个流体包裹体的激光拉曼探针分析表明，PC 型包裹体（图 6.63A）及 C 型包裹体（图 6.63B）的气相组分中除 CO_2 外尚含有一定量的 CH_4，这一结论亦与显微测温结果相吻合。S 型包裹体的气相组分可以为 CO_2（图 6.63C）或 H_2O，而 W 型包裹体的气相仅含 H_2O（图 6.63D）。

为定量获得包裹体成分特征，我们利用 Flincor 软件（Brown，1989）及 Brown 和 Lamb（1989）的公式对包裹体的 CO_2 摩尔分数（X_{CO_2}）及流体相密度进行了计算，结果列于表 6.36。

对于 PC 型包裹体，由显微测温分析及激光拉曼显微探针分析可知，该类包裹体几乎全部由 CO_2 组成，CH_4 含量甚微，则可认为 PC 型包裹体 X_{CO_2} 为 1。获得该类包裹体的密度变化于 0.81～0.97g/cm^3（表 6.36）。

为获得 C 型包裹体的 X_{CO_2}，需利用如下参数：①笼合物熔化温度（$T_{m,clath}$）；②CO_2 相部分均一温度（T_{h,CO_2}）及均一方式；③估算的 CO_2 相体积分数。然而，由于包裹体展布方式不同、形状各异，估算的 CO_2 相体积分数误差较大（可高达 20%，Roedder，1984；Anderson and Bodnar，1993）。这严重影响了流体密度计算，但对流体 X_{CO_2} 影响不大。获得 C 型包裹体的 X_{CO_2} 变化于 0.01～0.87，集中于 0.01～0.20；流体密度变化于 0.83～1.09g/cm^3（表 6.36），集中于 0.90～1.08g/cm^3。

如前所述，S 型包裹体的气相组分可以为 CO_2 或 H_2O，则严格意义上，该类包裹体应视为 H_2O-CO_2-NaCl 体系处理。然而，目前 H_2O-CO_2-NaCl 体系高盐度部分（NaCl 饱和）的热力学参数误差较大（Duan et al.，1995）。鉴于 S 型包裹体的气相所占比例较小（一般<15%），我们将其视为 H_2O-NaCl 体系进行了简化处理（$X_{CO_2}=0$）。计算获得 S 型包裹体的密度变化于 1.16～1.28g/cm^3（表 6.36）。

对于 W 型包裹体，其气相组分全部为 H_2O，则 $X_{CO_2}=0$。获得其密度变化于 0.92～1.12g/cm^3（表 6.36）。

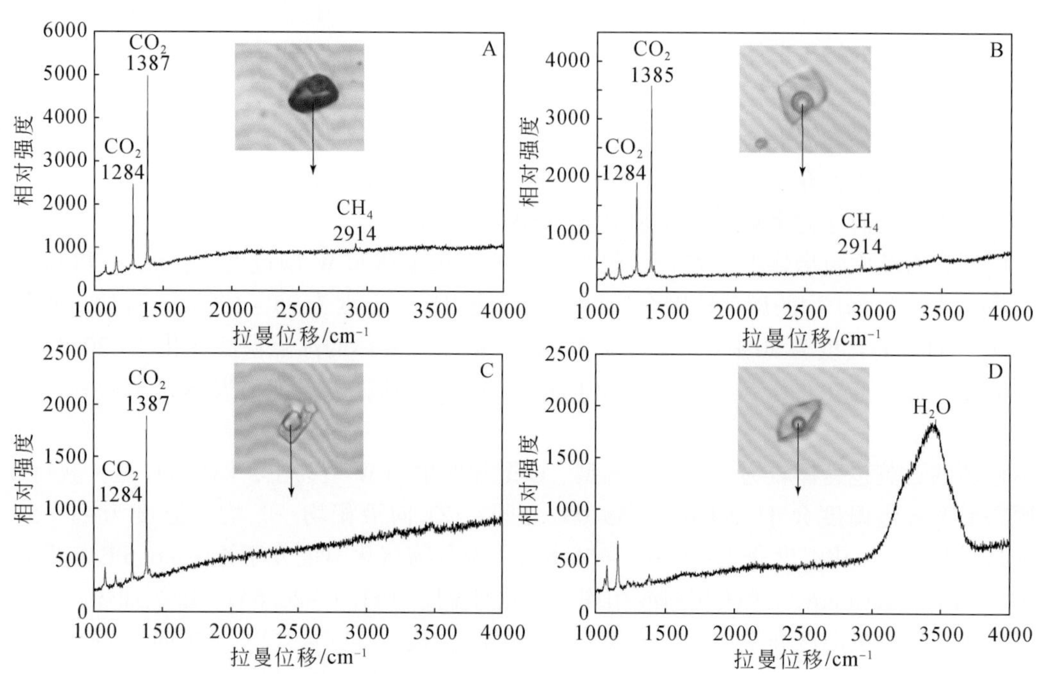

图 6.63 龙门店钼矿床流体包裹体激光拉曼图谱（Li et al.，2014）

A. PC 型包裹体，主要为 CO_2，含少量 CH_4；B. C 型包裹体，气相为 CO_2，含少量 CH_4；C. S 型包裹体，气相成分为 CO_2；D. W 型包裹体，气相成分为 H_2O

6.3.4.5 成矿流体特征

1. 流体不混溶与温压条件估算

龙门店钼矿石英中 W 型包裹体多呈次生线状产出，而 P 型、C 型和 S 型成群或孤立分布，属原生成因；亦见部分 C 型和 S 型包裹体沿愈合裂隙分布但从不切穿颗粒边界，属假次生成因。石英中常见不同 CO_2相比例的 C 型包裹体与 PC 型、S 型包裹体共生（图 6.64）。这些包裹体多具有相同的均一温度，但均一方式各异，符合 Roedder（1984）定义的不混溶包裹体组合，可用来限制包裹体捕获时的温压条件。

目前，国际上关于 S 型包裹体 *PVTX* 性质的研究较少，仅有盐度为 40% NaCl eqv. 的数据可供参考（Bodnar，1994）。我们所研究的龙门店矿床 S 型包裹体全部通过石盐子矿物熔化达完全均一，获得 S 型包裹体盐度数据集中于 30% ~38% NaCl eqv.，无法用于温压条件估算。然而，不混溶包裹体组合中的 C 型包裹体可用于温压条件的限定。选择不混溶包裹体组合中具有最高和最低 X_{CO_2} 的包裹体作为端元组分，利用 FLINCOR 计算程序（Brown，1989）和 Bowers 和 Helgeson（1983）提供的公式，可获得单个包裹体的等容线。端元组分等容线交点处的温度、压力值即可代表包裹体捕获时的温压条件。通过该方法获得包裹体捕获时的温度为 225 ~ 390℃，压力为 114 ~ 265MPa。

2. 流体性质与矿床成因

前述研究表明，龙门店钼矿床的成矿流体属 H_2O-CO_2±CH_4-NaCl 体系。考虑到成矿系统中存在大量的电气石及石英中常见高盐度的 S 型包裹体，认为流体中 B、CO_2、CH_4、Cl 等挥发组分含量较高。B 可显著降低岩浆的固相线和黏度，有利于岩浆侵位并诱发大规模热液蚀变（Pichaavant，1981；Dingwell et al.，1992；Baker and Vaillancourt，1995）。

鉴于混合岩化介于岩浆作用与变质作用之间，可将该矿床视为岩浆热液成矿系统与变质热液成矿系统（造山型）之间的过渡。产于混合岩化片麻岩的浅色体和暗色体中的石英所含原生包裹体以 S 型为主，见少量 C 型包裹体，而 PC 型罕见。上述包裹体的均一温度介于 150 ~ 260℃，低于矿化流体温度。并且，该类石英中流体不混溶程度逊于矿化混合岩化角闪岩。鉴于此，认为混合岩化片麻岩中的流体可能代表

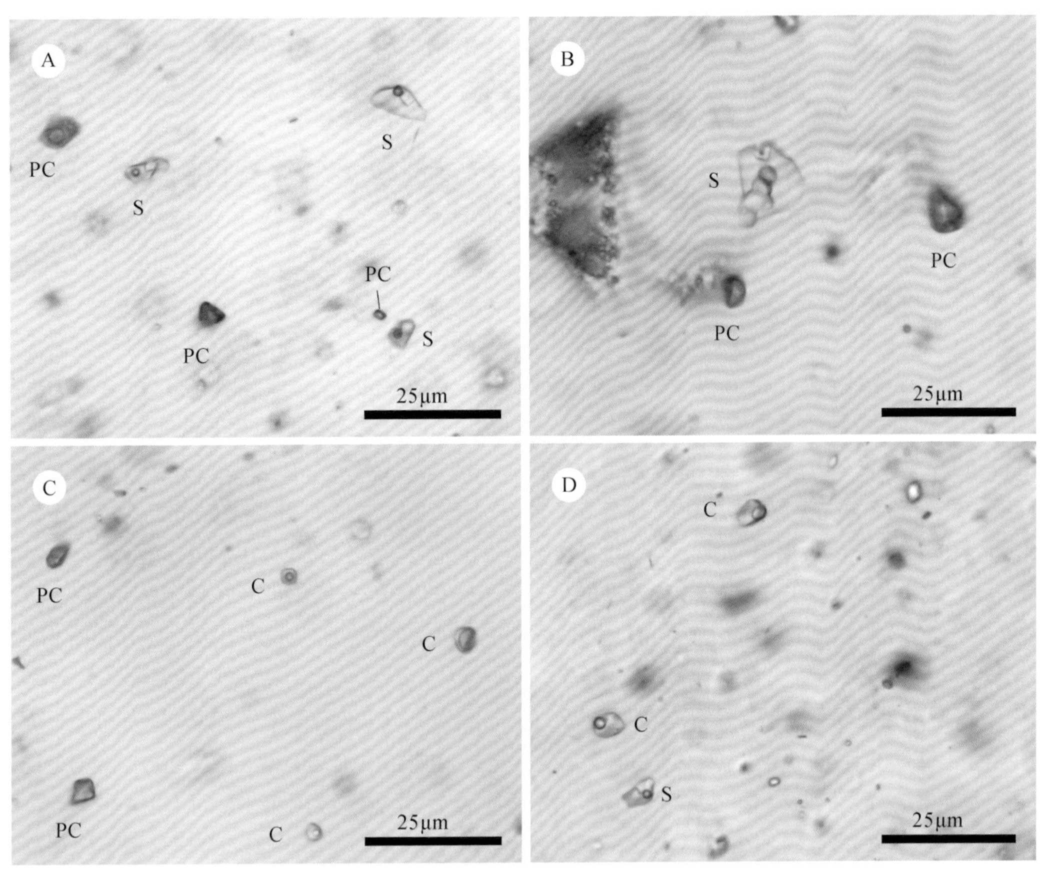

图 6.64　龙门店钼矿床流体不混溶特征（Li et al.，2014）

A. PC 型包裹体与含石盐子矿物的 S 型包裹体共生；B. PC 型包裹体与含多个子矿物的 S 型包裹体共生；C. PC 型包裹体与不同 CO_2 相比例的 C 型包裹体共生，这些 C 型包裹体具有相近的爆裂温度（267～275℃）；D. S 型包裹体与 C 型包裹体共生，它们具有相近的完全均一温度（225～240℃），但 S 型包裹体通过石盐子矿物熔化达完全均一，而 C 型包裹体则通过气泡消失而完全均一

了一种演化的，而非原始的成矿流体；它们可能来自与退变质混合岩相关的、冷却了的流体系统。总体来看，龙门店钼矿与围岩中的流体均以高温、高盐度、富含挥发组分（CO_2、CH_4、B 等）为特征，类似于陆陆碰撞体制的岩浆期后热液（详见陈衍景和李诺，2009 及其引文）。然而，除大量长英质脉体外，龙门店地区并无侵入体发育。

6.3.5　成矿年代学

6.3.5.1　样品和测试

为厘定钼成矿时间，我们采用 Re-Os 同位素方法对 5 件辉钼矿和 4 件黄铁矿样品进行了定年。辉钼矿样品 0810Mo 和 08001Mo 采自浅色体，辉钼矿呈粗粒（0.5～3cm）鳞片状产出于角闪岩角砾中（图 6.57E）；样品 0823Mo 中，辉钼矿呈细粒晶体（0.2～0.6mm）沿蚀变角闪石的解理产出（图 6.57F）。样品 0826Mo 来自强烈阳起石化、绿帘石化、碳酸盐化的角闪岩（图 6.57D）。样品 0828Mo 中，辉钼矿呈浸染状产出于混合岩化角闪岩中色体与暗色体接触处（图 6.57A）。

据 Stein 等（2003），当黄铁矿、黄铜矿、磁黄铁矿等与辉钼矿接触时，Re、Os 可在相邻矿物间发生交换，这种交换对辉钼矿的 Re-Os 年龄几乎没有影响，但只要有 10^{-9} 级的放射成因 ^{187}Os 带入即可极大地影响黄铁矿等硫化物的 Re-Os 年龄。因此，在进行黄铁矿 Re-Os 定年样品挑选时，我们尽量选择与辉钼矿无直接接触的样品。样品 0830Py 为蚀变角闪岩样品，矿物组合为黄铁矿+磁铁矿+黄铜矿，见黄铁矿被黄铜矿和磁铁矿沿边缘或裂隙充填交代（图 6.58B′）。样品 0832Py 中磁铁矿与绿泥石和方解石共生，并被黄铁矿包裹（图 6.54L）。0834Py 中黄铁矿呈浸染状产出于混合岩化角闪岩浅色体与中色体接触处，与绿帘石、方解石和阳起石共生。样品 0835Py 中黄铁矿和磁黄铁矿产于绿帘石化、碳酸盐化电气石中（图 6.58D、D′）。

样品经粉碎、分离、粗选和精选，获得了纯度>99% 的硫化物单矿物。辉钼矿和黄铁矿样品的分解和 Re、Os 纯化前处理等工作在中国科学院广州地球化学研究所同位素年代学和地球化学重点实验室完成，Re、Os 含量的 ICP-MS 分析在长安大学成矿作用及动力学开放研究实验室完成，所用仪器为美国热电公司生产的 X-7 型 ICP-MS。

辉钼矿 Re-Os 前处理：取 0.025 ~ 1g 细粒辉钼矿置于 Carisu 管中，并用浓硝酸溶解。然后依次加入 ^{185}Re 稀释剂、正常 Os 溶液，并将 Carisu 管浸入盛有酒精–液氮糊状物的保温杯中，充分冷却后缓慢加入 10mL 浓硝酸。待管底溶液完全结冰后，用煤气与氧气的混合火焰加热 Carisu 管的顶端并将其密封（Shirey and Wakler，1995）。待 Carisu 管恢复至室温后，移入不锈钢套中，然后置于烘箱内恒温（225 ~ 230℃）加热 24h。待样品完全溶解后，将 Carisu 管取出，冷冻，然后打开，并置于通风柜中。待冰融化，取 1mL 清液于 30mL 的石英烧杯中，置于 150℃的电热板上蒸干。然后加入 0.5mL 硝酸，蒸干。重复上述步骤两次。最后，将溶液用 10mL 2% 的硝酸提取，用于 Re 的 ICP-MS 测定。将剩余溶液样品转移至 50mL 的蒸馏瓶中，于 110℃加热蒸馏 20min，同时用 5mL 置于冰水浴中的水吸收蒸出的 OsO_4，所得吸收液用于 Os 的 ICP-MS 测定（Sun et al.，2001，2010）。

黄铁矿 Re-Os 前处理：将 ^{185}Re、^{190}Os 稀释剂及 1g 样品置于 Carisu 管中，熔样方法同上。从溶液中提取 Os 后加入 2mL 2% 的硝酸，然后通入 2mL 的离子交换树脂（AG 50W-X12，200 ~ 400 目），分别用 50% 的盐酸和水冲洗。最后加入 4mL 2% 的硝酸冲洗两次，收集洗提液用于 Re 的 ICP-MS 测定。

实验过程中 Re、Os 的空白值分别为 2.8pg 和 0.7pg，可忽略。为消除 Os 的记忆效应，分别用 0.5% 的 $H_2NNH_2·H_2O$ 和 10% 酒精的混合液、5% 硝酸冲洗 ICP-MS 系统，直至 ^{190}Os 的计数值低于背景值。测试过程中测量辉钼矿的 ^{187}Os/^{190}Os，黄铁矿的 ^{187}Os/^{190}Os 和 ^{190}Os/^{192}Os。

6.3.5.2　测试结果

5 件辉钼矿样品的 6 次分析结果列于表 6.37。这些辉钼矿 Re 含量较高，介于 $504×10^{-6}$ ~ $1131×10^{-6}$；^{187}Os 含量变化于 $10×10^{-6}$ ~ $23×10^{-6}$，模式年龄变化于 1865 ~ 1898Ma。利用 Isoplot 程序获得其等时线年龄为 1853±36Ma（MSWD = 0.86），初始 ^{187}Os 为（0.23±0.27）$×10^{-6}$，接近于 0（图 6.65）。

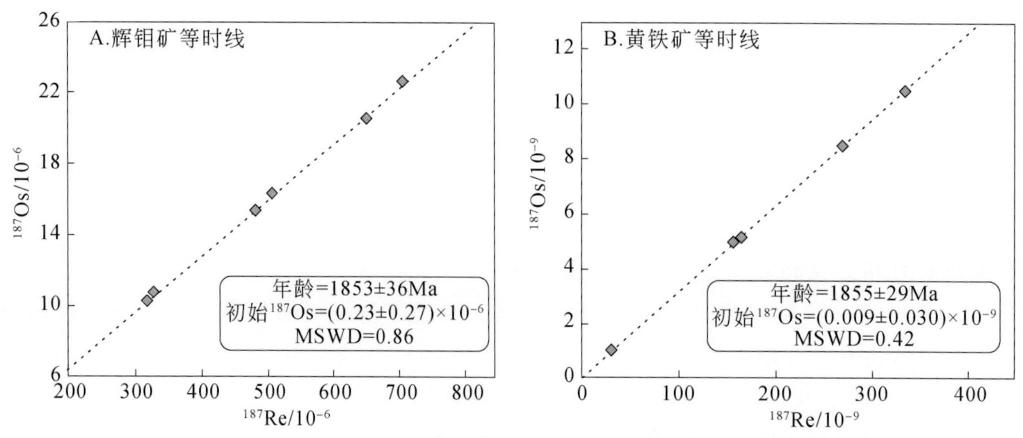

图 6.65　龙门店钼矿床辉钼矿和黄铁矿 Re-Os 等时线（Li et al.，2011b）

4 件黄铁矿样品的 5 次分析结果列于表 6.37。这些黄铁矿普遍具有非常低的普通 Os，可归为 Stein（2000）定义的 LLHR（低普通 Os，放射成因 Os 占 ^{187}Os 含量的一半以上）。对于 LLHR，^{187}Re-^{187}Os 等时线较 ^{187}Re/^{188}Os-^{187}Os/^{188}Os 等时线的误差更小。获得龙门店钼矿黄铁矿的 Re 和 ^{187}Os 含量分别为 $49×10^{-9}$ ~

539×10^{-9}和0.97×10^{-9}～11×10^{-9}，模式年龄变化于1836～1872Ma。利用Isoplot程序获得其等时线年龄为1855±29Ma（MSWD=0.42），初始^{187}Os为（0.009±0.030）×10^{-9}，接近于0（图6.65），且与辉钼矿等时线年龄在误差范围内完全一致。

表6.37　龙门店钼矿床辉钼矿（Mo）和黄铁矿（Py）Re-Os同位素分析结果（Li et al.，2011b）

样号	Re/10^{-6}		^{187}Re/10^{-6}		^{187}Os/10^{-6}		模式年龄/Ma	
	测量值	1σ	测量值	1σ	测量值	1σ	测量值	1σ
0823 Mo	1130.5	13.5	710.55	8.51	22.836	0.038	1898.3	22.5
0826 Mo	769.43	3.99	483.60	2.50	15.363	0.032	1877.2	10.3
0828 Mo	1040.8	5.1	654.18	3.18	20.641	0.053	1864.7	10.1
0801 Mo	503.69	3.83	316.58	2.40	10.164	0.029	1896.9	15.1
08001 Mo	527.72	3.15	330.35	1.97	10.580	0.029	1884.7	12.1
08001 Mo	812.44	5.96	508.59	3.73	16.307	0.053	1886.8	14.9
样号	Re/10^{-9}		^{187}Re/10^{-9}		^{187}Os/10^{-9}		模式年龄/Ma	
	测量值	1σ	测量值	1σ	测量值	1σ	测量值	1σ
0832 Py	48.913	0.551	30.743	0.345	0.9739	0.0030	1872.1	21.5
0834 Py	264.68	3.51	166.36	2.20	5.1659	0.0130	1835.6	24.3
0835 Py	433.14	6.59	272.24	4.12	8.5762	0.0220	1861.7	28.2
0830 Py	250.78	2.34	157.62	1.47	4.9838	0.0070	1868.5	17.3
0830 Py	538.68	11.20	338.57	7.01	10.603	0.007	1851.0	37.8

注：表中误差为1σ误差；所用^{187}Re衰变常数为1.666×10^{-11} a^{-1}（Smoliar et al.，1996）；模式年龄据以下公式计算 $t=1/\lambda\ln(1+{}^{187}Os/{}^{187}Re)$。

6.3.5.3　成矿地球动力学背景

华北克拉通记录了哥伦比亚超大陆的汇聚、演化和裂解过程（赵国春等，2002；Zhao et al.，2005；Santosh et al.，2007a，2007b，2009）。目前流行的观点认为，华北克拉通可分为东部陆块、西部陆块和中部带（图6.66A），其中西部陆块由南部的鄂尔多斯陆块和北部的阴山陆块沿华北西部孔兹岩系在古元古代（约1.9Ga）碰撞对接而成。在约1.85Ga，西部陆块与东部陆块沿中部带发生碰撞拼合形成现今的华北克拉通统一基底，并进入哥伦比亚超大陆演化阶段（赵国春等，2002）。滹沱群上东冶亚群和郭家寨亚群的碎屑锆石给出了1.88Ga的年龄信息，表明它们有可能形成于1.88Ga之后，证明东、西部陆块的拼合发生于约1.85Ga（Liu et al.，2011）。

龙门店钼矿位于中部带的南缘（图6.66B），其赋矿围岩为太华超群。太华超群的花岗质片麻岩经历了强烈的变形、变质，变质程度可达高角闪岩相-麻粒岩相，表明其原岩岩浆的侵入发生于东、西部陆块拼合之前。太华超群上覆的熊耳群火山岩（年龄为1.78～1.75Ga，Zhao et al.，2009及其引文）则变质微弱，表明其喷发发生于碰撞作用之后。

本书作者研究证明，在约1.85Ga发生了混合岩化及钼矿化作用。该事件与华北中部带广泛的陆壳重熔事件年龄一致，如淮安紫苏花岗岩、大坪沟含石榴子石钾长花岗岩和晖家庄片麻状花岗岩年龄分别为1849±10Ma（Zhao et al.，2008a）、1850±17Ma（Zhao et al.，2008a）和1832±11Ma（Zhao et al.，2008b）。这些年龄亦与太华超群石墨-石榴子石-夕线石片麻岩（1871±14Ma和1844±66Ma，Wan et al.，2006）以及中部带其他高级变质岩（Guan et al.，2002；赵国春等，2002）的变质年龄在误差范围内一致，充分表明东、西部陆块拼合及相关构造热事件发生于约1.85Ga，伴随于华北克拉通与哥伦比亚超大陆的汇聚，并曾造成了金属成矿作用。

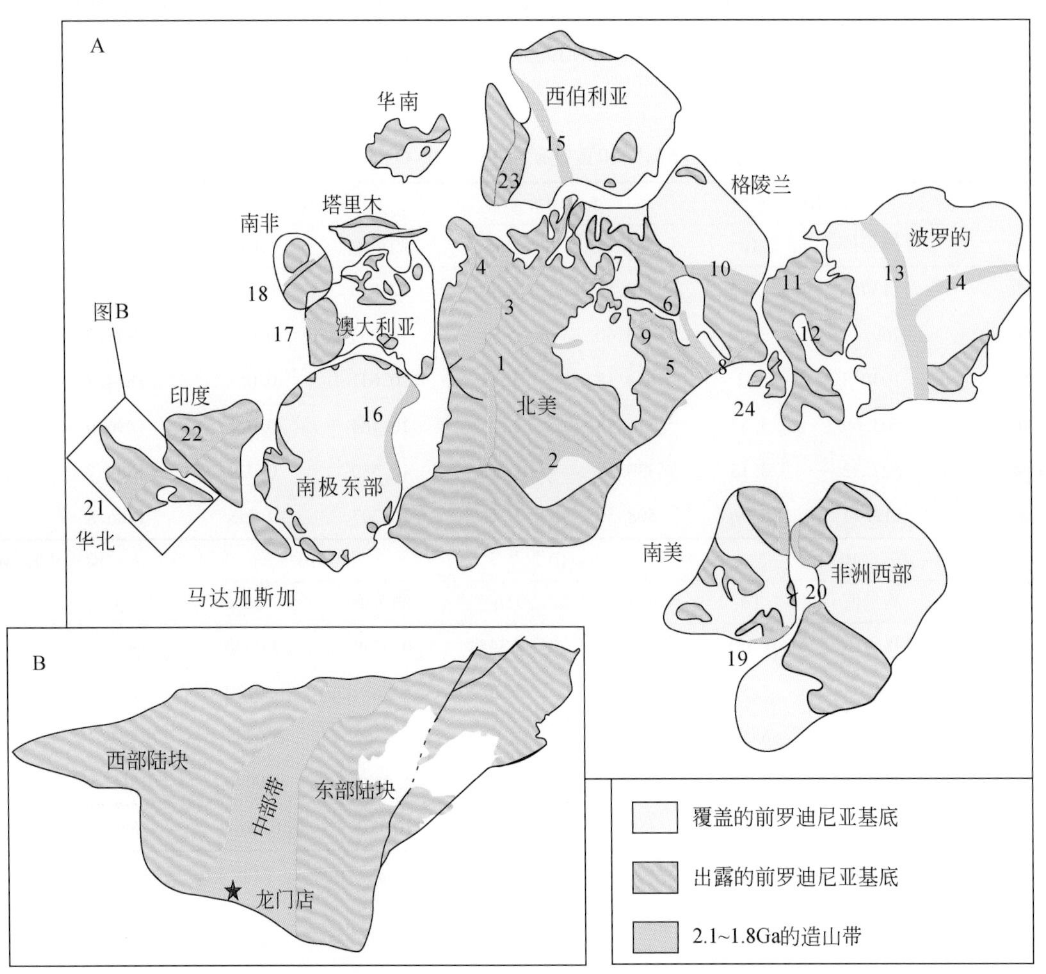

图 6.66 推测的哥伦比亚超大陆构型（据 Zhao et al., 2009 改绘）（A）和龙门店在华北克拉通中部带的位置（B）（Li et al., 2011b）

6.3.6 讨论

6.3.6.1 镁铁质矿物蚀变与金属矿化

如前所述，龙门店钼矿床辉钼矿主要赋存于混合岩化角闪岩的中色体内，其角闪石普遍遭受了阳起石化、透闪石化、绿帘石化和碳酸盐化。尽管在浅色体内亦可见辉钼矿，但这些辉钼矿局限于蚀变中色体角砾中（图 6.54E、图 6.55F-F′）。此外，Fe-Cu 硫化物、氧化物与蚀变角闪石、电气石的密切共生清晰可见（图 6.55）。伴随角闪石的阳起石化、绿帘石化和碳酸盐化，磁铁矿、黄铁矿和黄铜矿沿蚀变角闪石解理产出（图 6.55B、B′、C、C′）。与之类似，绿帘石化、碳酸盐化的电气石中有磁黄铁矿和黄铁矿产出（图 6.55D、D′、E、E ′）。

上述岩相学特征表明，钼和其他金属（例如 Cu、Fe、Ti）可能来自角闪石和电气石。此外，混合岩化黑云斜长片麻岩中的黑云母也可以提供一部分 Fe 和 Cu（图 6.56J），尽管其贡献微弱。前人（Moxham, 1965；Wedepohl, 1978；胡受奚等，2002）研究认为，绿片岩相到麻粒岩相的片麻岩和片岩中的黑云母和/或角闪石可含$\times10^{-6}$量级或以上的金属元素。在后期变质作用过程中，上述矿物的消失或重结晶可以释放其中赋存的金属元素（例如 Mo、W、U、Cu、Fe、Ni、Co、Sn、Bi、Pb 和 Zn）并形成具经济意义的金属矿化。Stein（2006）认为，一些与混合岩化片麻岩和泥质岩有关的小型矿床中的成矿金属元素可能完全来自表壳岩。而其他元素，如 Zr、Nd、Th、Ti、F、S、Y、Cl、LREE，则富集在后期脱水熔融形成的浅色体中（例如 Villaseca et al.，2003）。

6.3.6.2　矿床成因类型

世界上多数钼矿床成因上与花岗岩关系密切，属岩浆-热液成因（Westra and Keith，1981；Lowenstern et al.，1993；李诺等，2007）。少量钼矿床属变质热液成因，如东秦岭大湖（倪智勇等，2008；Li et al.，2011a）和纸房石英脉型钼矿（邓小华等，2008b），Rappen 地区 Allebuoda 和 Munka 钼矿等（Stein，2006）。

鉴于龙门店钼矿床钼金属矿化赋存于混合岩化角闪岩中，与区域混合岩化关系密切，认为龙门店钼矿属混合岩化期后热液成因，主要依据包括：①缺乏典型岩浆-热液型矿床所必需的侵入体；②未见岩浆-热液型矿床特征的蚀变类型及分带特征；③缺乏斑岩系统典型的细脉、网脉；④矿化局限于混合岩化角闪岩中；⑤磁铁矿的形成和角闪石/电气石/黑云母的分解表明流体系统以贫 S 为特征（Stein，2006）；⑥矿化时间与区域混合岩化（1.87～1.84Ga，Wan et al.，2006）时间一致。

6.3.6.3　辉钼矿极高 Re 含量及其指示意义

已有研究结果表明，辉钼矿中 Re 含量变化较大，而导致这种变化的因素尚属未知。Berzina 等（2005）汇总了俄罗斯和蒙古地区 56 个斑岩 Cu-Mo 矿床的辉钼矿 Re 含量，认为其控制因素包括成矿流体组成、围岩的性质和来源、钼金属总量及成矿时的物理化学条件（氧逸度、Cl 活度、温度、压力）。然而，其他学者则认为辉钼矿 Re 含量与金属来源相关。Mao 等（1999）认为，由幔源到壳源，辉钼矿中 Re 含量逐渐降低。Stein 等（2001）认为，与幔源岩浆底侵或基性-超基性岩熔融有关的矿床中，辉钼矿的 Re 含量较高；而与中性壳源岩石或有机质含量较低的沉积岩有关的矿床其辉钼矿的 Re 含量较低。Stein（2006）进一步指出，辉钼矿中低的 Re 含量可作为变质成因的证据，而斑岩 Cu-Mo-Au 矿床中辉钼矿 Re 含量较高，可达数百甚至上千 10^{-6}。

本书研究表明，龙门店钼矿中辉钼矿的 Re 含量极高（504×10^{-6}～1131×10^{-6}），但其成因上与混合岩化作用相关。这一特征不同于其他变质成因矿床中极低的辉钼矿 Re 含量（$<20\times10^{-6}$，Stein，2006），却与俯冲环境斑岩 Cu-Mo-Au 系统类似（例如 Zimmerman et al.，2003；Voudouris et al.，2009）。我们认为，龙门店钼矿辉钼矿的极高 Re 含量与其金属来源有关。虽然龙门店钼矿成因上与混合岩化作用有关，但 Mo 及其他金属（Cu、Fe）源自角闪石和/或电气石的分解。作为金属的主要来源，该区角闪岩被认为属低钾拉斑质玄武岩（涂绍雄，1998）。考虑到 Re 属不相容元素，角闪石可提供足够量的 Re，而这些 Re 将置换 Mo 进入辉钼矿晶格。显然，龙门店地区角闪岩所起的作用完全可以与俯冲环境斑岩 Cu-Mo-Au 系统的岩石圈地幔相类比（例如 Zimmerman et al.，2003；Voudouris et al.，2009），因此其辉钼矿中 Re 含量较高。若其他混合岩化相关的矿床中没有幔源物质的贡献，Re 和其他金属（例如 Mo、W、Sn、U、Cu）成矿物质完全来自表壳岩系中角闪石/黑云母的脱水熔融，则辉钼矿中 Re 含量极低（例如 Stein et al.，2006）。同理，由于龙门店钼矿黄铁矿与辉钼矿来源相同，则黄铁矿中 Re 含量亦较其他系统更高（49×10^{-6}～539×10^{-6}）。龙门店钼矿硫化物的极高 Re、Os 含量启示我们，应重视 Re 成矿潜力。

6.3.7　总结

龙门店钼矿床产于华北克拉通南缘的熊耳地体，赋矿围岩为太华超群混合岩化斜长片麻岩和角闪岩。野外可见混合岩化角闪岩中以条纹长石和微斜长石为主的浅色体侵入至中色体（角闪岩）内，并诱发角闪岩强烈的阳起石-透闪石化、绿帘石化、硅化、碳酸盐化，同时见有辉钼矿、黄铁矿、黄铜矿、磁黄铁矿、磁铁矿等金属硫化物/氧化物产出。

电子探针分析结果表明，角闪岩中角闪石成分以镁角闪石为主，个别为铁普通角闪石；其蚀变产物多为阳起石，个别为透闪石。浅色体中条纹长石属正条纹长石，见斜长石客晶（$Ab_{94-100}An_{0-3}Or_{0-4}$）呈条带状或棒状产于钾长石主晶（$Or_{95-96}Ab_{4-5}An_0$）中；由二长石温度计计算获得浅色体的形成温度低于500℃。

成矿流体研究发现，龙门店钼矿石英中流体包裹体以纯碳质包裹体（CO_2±CH_4）、含CO_2包裹体、含子矿物多相包裹体为主，见少量呈次生产出的水溶液包裹体。显微测温分析获得各类流体包裹体的温度变化于92～>400℃，盐度变化于0.2%～44% NaCl eqv.；由不混溶包裹体组合限制成矿时的温度为225～390℃，压力为114～265MPa。

Re-Os同位素分析获得5件辉钼矿样品的等时线年龄为1853±436Ma（MSWD=0.86）；4件黄铁矿样品的等时线年龄为1855±29Ma（MSWD=0.42）。辉钼矿和黄铁矿的Re-Os年龄在误差范围内一致，限定龙门店矿床的钼金属成矿作用发生于1850Ma。

结合区域构造演化，认为龙门店钼矿形成于1850Ma左右华北克拉通东、西部陆块的拼合过程，与区域混合岩化近乎同时。综合野外地质观察、岩相学、矿相学、成矿流体和成矿年代学研究结果，认为龙门店钼矿的形成与区域混合岩化密切相关，属混合岩化期后热液成矿；但这种混合岩并非就地重熔形成，而属岩浆注入成因。

6.4 造山型钼矿床成矿模式

Bohlke（1982）最早提出造山型金矿的概念，Groves等（1998）、Kerrich等（2000）和Goldfarb等（2001，2014）等多次论证了造山型金矿的科学性、重要性，强调了造山型金矿的地壳连续模式和俯冲增生造山的构造背景，掀起了世界造山型金矿研究的热潮。然而，他们的模型和观点忽视或否定了大陆碰撞造山过程中变质流体成矿的重要意义，否定了造山型贱金属矿床的存在，特别是忽视了银、铜、铅、锌、钼、钨等元素的造山型矿床，相反，将一些未曾发现含CO_2包裹体的断裂构造控制的汞锑矿床错误地作为造山型。针对前述局限或错误，特别是缺乏造山型钼矿床的不足，我们研究提出了新的造山型矿床概念和成矿模式（陈衍景，2006，2013），下面针对造山型钼矿床进行讨论。

6.4.1 秦岭造山型钼矿床的基本特征

与其他金属造山型矿床相比，秦岭造山型钼矿床似有如下特色：

（1）成矿构造环境。通常，造山型矿床形成于陆陆碰撞体制，或者洋陆俯冲体制的弧前增生带。就秦岭地区而言，小秦岭的大湖金钼矿床和外方山-熊耳山地区的纸房钼矿田都形成于三叠纪，构造环境属于洋陆俯冲体制的岩浆弧与弧后大陆的过渡带，或者是由洋陆俯冲转为大陆碰撞的过渡期（李诺等，2007；陈衍景，2010；Ni et al.，2012，2014；Li et al.，2014，2015；Deng et al.，2014，2016，2017；Li and Pirajno，2017）。至于1.85Ga龙门店钼矿床（Li et al.，2011b）和429Ma的银洞沟钼多金属矿化点（李晶等，2009），则形成于陆陆碰撞或地体拼贴过程，属碰撞造山体制的造山型钼矿床。

（2）围岩蚀变类型显示了高温或中高温特征，普遍出现较强的钾长石化。例如，大湖矿床的钾长石化和黑云母化非常强烈，表现为钾长石交代围岩中的斜长石，蚀变围岩中出现大量新生黑云母（李诺，2012）；外方山纸房矿田的含钼石英脉中常见肉红色钾长石沿石英脉两侧呈线状分布（Deng et al.，2017）；龙门店钼矿床，除强烈的钾长石化外，还可见较强的阳起石化、透闪石化、绿帘石化和电气石化等（Li et al.，2014）。然而，在造山型银铅锌矿床中，基本缺失钾长石化，例如，河南夏馆银洞沟银铅锌矿床（张静等，2004），湖北竹山银洞沟银矿床（岳素伟等，2013），新疆铁木尔特铅锌矿床（Zhang L et al.，2012）。在造山型金矿床中，胶东和小秦岭等地金矿床可见钾长石化，例如，文峪金矿、抢马金矿（Zhou et al.，2014a，2015）和玲珑金矿（张祖青等，2007）；绝大多数矿床不发育钾长石化，例如，陕西铧厂沟金矿（Zhou et al.，2014b）、河南银洞坡金矿（Zhang et al.，2013）。就造山型铜矿而言，内蒙古白乃庙铜金钼矿床南矿带未见钾长石化，北矿带钾长石化明显（陈衍景，2006；李文博等，2008）；新疆乌拉斯沟铜矿则没有钾长石化（Zheng et al.，2012）。

（3）常见含子晶包裹体，成矿流体盐度偏高。造山型钼矿成矿系统中，除水溶液包裹体和含 CO_2 包裹体外，尚发育部分含子晶多相包裹体（邓小华等，2008b；倪智勇等，2008；Ni et al.，2012，2014；Gao et al.，2013；Li et al.，2014；Deng et al.，2014，2016，2017），甚至部分含 CO_2 包裹体中亦可见石盐或不透明子矿物。显然，这一特征有别于造山型金矿，后者以低盐度、富 CO_2 流体包裹体为特征（详见陈衍景，2006；陈衍景等，2007 及其引文），表明造山型钼矿的初始成矿流体的盐度高于造山型金等矿床。

（4）成矿温度较高。已有显微测温结果限定秦岭造山型钼矿的成矿温度高达 500℃（邓小华等，2008b；倪智勇等，2008；Gao et al.，2013；Ni et al.，2014；Li et al.，2014；Deng et al.，2014；Li and Pirajno，2017），属中-高温热液成矿，甚至具有向岩浆热液过渡的特征。如所周知，造山型金矿以中温热液（Mesothermal）成矿为特征（Groves et al.，1998；Kerrich et al.，2000；陈衍景，2006；陈衍景等，2007），而中温热液矿床的优势形成温度为 200～350℃（Pirajno，2009）。

（5）成矿压力较高，深度较大。我们的初步研究表明，纸房钼矿床成矿压力为 180MPa，深度为 6～7km（邓小华等，2008b；Deng et al.，2014）；大湖钼矿化的成矿压力高达 331MPa（李诺，2012；Ni et al.，2014），深度>12km；龙门店钼矿床的成矿压力为 114～265MPa，深度约为 11km（Li et al.，2014）。一个不争的事实是，大湖矿床上部为金矿化，下部为钼矿化，确证钼矿化深度大于金矿化。

总之，秦岭地区造山型钼矿床围岩蚀变具有显著的钾长石化，成矿温度、压力和深度高于造山型的铜、金、铅锌、银等矿床，成矿流体具有较高的盐度，呈现出由变质热液向岩浆热液过渡的特点，致使个别矿床（如龙门店钼矿）被认为是混合岩化热液矿床（Li et al.，2014）。事实上，混合岩化作用本身就是岩浆作用与变质作用的无缝链接，也常被视为超级变质作用。

6.4.2　造山型钼矿床垂向分带模式——造山型矿床地壳连续模式

通过对加拿大前寒武纪金矿床研究，Colvine 等（1988）分析麻粒岩化、下地壳、地幔以及康拉德不连续面在太古宙绿岩带型金矿形成中的作用，最早提出了造山型金矿的地壳连续模式（crustal continuum model），认为造山型金矿床可形成于葡萄石-绿纤石相至麻粒岩相范围内，矿化往往同步或滞后于峰期变质作用，成矿温度变化于 180～700℃之间，矿化深度可自地表向下延深至 20～25km，即地壳范围的某一连续深度（Colvine et al.，1988；Colvine，1989）。该模式得到众多学者支持，如 Groves（1993）、Gebre-Mariam 等（1995）等。而且，Groves 等（1998）进一步论证和修改了该地壳连续模式（图 6.67A）。

基于金与银、铅锌、铜、钼等成矿元素的地球化学行为相似性和差异性，以及我国秦岭等造山型金矿省发育较多脉状变质热液型银、铅锌矿床以及部分铜、钼等矿床，我们将造山型金矿概念拓展为造山型矿床，提出了造山型成矿系统地壳连续模式，并阐明了如下观点（参见陈衍景等，2004，2007；李晶等，2004；陈衍景，2006，2010，2013；Chen et al.，2004，2005b，2006；Zhang et al.，2012；Zheng et al.，2012）：①造山型矿床实为变质热液矿床，不但可以形成于增生造山过程，而且可形成于大陆碰撞造山过程，还可形成于陆内造山等能够派生变质流体的地质过程中；②造山过程的不同阶段均可发生造山型矿床的成矿作用，但最强烈的成矿作用发生在构造应力场或构造体制的转变期；③变质流体在压力驱动下沿断裂构造由高压环境向低压环境运移，通过与通道围岩相互作用形成断裂构造控制的脉状矿床（狭义的造山型矿床）；④运移的变质流体也可被背斜褶皱、特殊岩性层（如铁建造、碳质层等）或特殊界面（如不整合）圈蔽、聚积，通过水岩作用或流体循环形成前人较少涉及的层控造山型矿床，如河南银洞坡金矿（张静等，2006；Zhang et al.，2013）和半宽金矿（陈衍景和富士谷，1992）；⑤就断控造山型成矿系统而言，除水岩反应外，变质流体沸腾和变质流体与外来流体（通常是大气降水热液）混合是成矿物质沉淀聚集的主要机制（陈衍景和富士谷，1992），时间上表现为赋矿断裂构造韧性-脆性变形的转换期，空间上是赋矿断裂构造韧性-脆性变形的转换带；⑥变质流体沿断裂上升至浅部（<10km）之后，经流体沸腾释气、大气降水热液混入等作用，流体性质骤变，改以贫 CO_2 的大气降水热液为主，成矿作用发生在与地表贯通的浅层脆性断裂构造中，所形成的矿床已经不再具有变质热液矿床的特征，应属浅成热液矿床（图 6.67B），而不是 Groves 等（1998）、Goldfarb 等（2001）以及很多学者认为的造山型矿床；⑦成矿流体与赋矿断裂两侧围岩发生反应，造成矿体两侧发育较为清楚的对称性蚀变分带；⑧变质流体沿断裂带上升时，温度、压力均逐步降低，可导致成矿元素的垂向分带，低温成矿元素位于浅部，高温成矿元素位于深部（图 6.67B）；⑨造山型矿体或成矿带常有延深大于延长的现象，但最大成矿深度不超过 18km，理由是岩石在高温高压下发生变质、分异和脱水，难熔组分作为变质岩而残留下来，易熔组分形成流体（熔体或热液），当变质温度增高至大量长英质组分熔融并形成硅酸盐熔体时，变质作用即属岩浆作用，派生的热液也属岩浆热液的范畴。因此，由变质热液形成造山型矿床的最大深度不可能超过花岗岩浆的产生深度。实验证明，在水饱和条件下长英质岩石在 620℃开始熔融并于 640℃达到重熔，而岩浆结晶分异的最低共结点温度为 573℃，如此一来，岩浆热液最低形成温度为 573℃，大规模产生变质热液的最高温度为 573～620℃，相当于深度为 18～20km（设地温梯度为 30～35℃/km，陈衍景，2013，及其引文）。考虑到流体产生后，会或多或少地向浅部低压处运移，我们将 18km 作为形成造山型矿床的最大深度。

特别强调，我们的地壳连续模式（图 6.67B）与前人的模式（图 6.67A）有如下不同：

（1）前人的模式重点描述了金矿床或金元素，我们的模式则包含了多种成矿元素。

（2）前人将从 20km 至地表不同深度范围的全部矿床统统作为造山型，应是概念性错误或是严重疏忽。我们的模型只将由变质流体主导而形成的矿床作为造山型，它们产于中深地壳层次的韧性或韧-脆性构造带中，而将浅部脆性构造带中的多数矿床作为浅成热液型，它们主要由大气降水或建造水演化而来的热液形成。

（3）前人模型中在 5km 深处添加了岩浆岩，混淆或误导了岩浆作用与造山型矿床的成因和空间关系，我们则清楚地将岩浆产生的深度作为造山型矿床发育的最大可能深度。

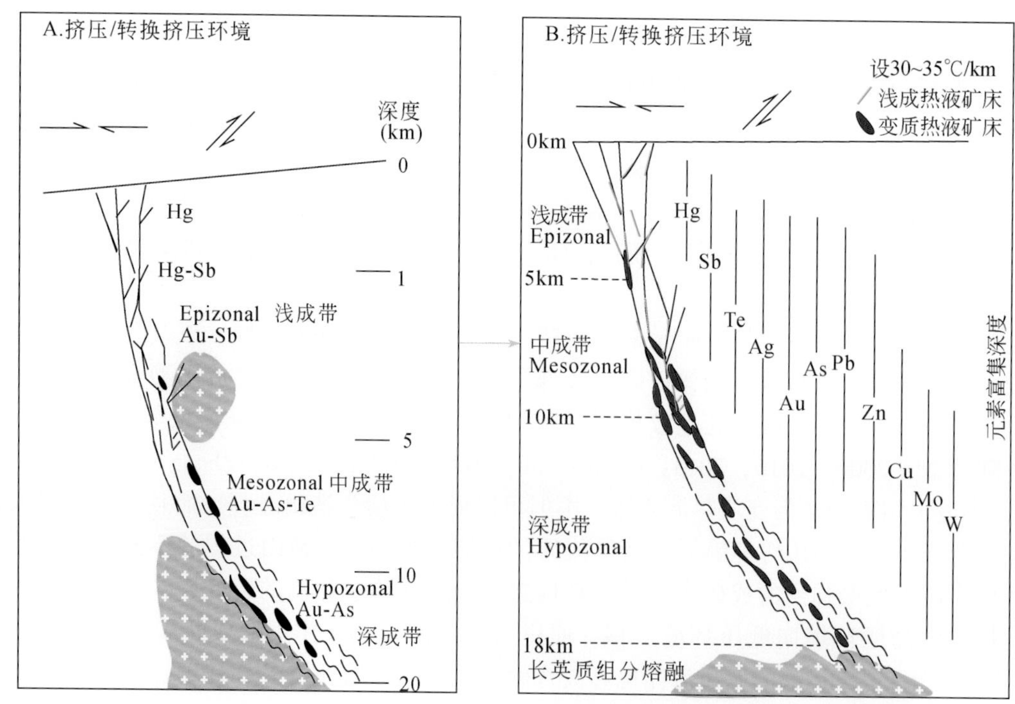

图 6.67　造山型矿床的地壳连续模式

图 A 引自 Groves et al.，1998；图 B 修改自陈衍景，2006

（4）前人将 20km 或 25km 作为造山型矿床最大形成深度，但未说明理由；我们将 18km 作为造山型矿床最大形成深度，科学阐释了其依据，即浅于长英质组分大规模熔融。

前述秦岭造山型钼矿床的特点及其与其他元素造山型矿床的差异表明，钼属于常伴随钾长石化的高温成矿元素，其成矿压力较高、深度较大，应位于造山型成矿系统垂向分带的底部（图 6. 67B）。部分造山型钼矿床，如龙门店矿床，其成矿流体性质介于变质热液和岩浆热液之间或兼而有之，呈现出混合岩化热液的特点；而且矿化发生在混合片麻岩中，伴随于高级变质作用或混合岩化作用（Li et al.，2014）。

就造山型成矿系统而言，不同元素的造山型矿床的最佳成矿深度都集中在 10km 左右（图 6. 67B）。例如，本章介绍的大湖、龙门店、纸房等造山型钼矿床的成矿深度分别是>12km、11. 4km 和 6 ~ 7km，西秦岭阳山金矿、小秦岭文峪金矿和胶东玲珑金矿的成矿深度分别是 8. 5km（李晶等，2007）、11 ~ 14km（Zhou et al.，2014a）和 7 ~ 12km（张祖青等，2007），河南内乡银洞沟银多金属矿床成矿深度为 9km 左右（张静等，2004），阿勒泰南缘的铁木尔特铅锌矿和乌拉斯沟铜矿的成矿深度分别是约 13km（Zhang et al.，2012）和 13 ~ 15. 5km（Zheng et al.，2012）。如此一来，我们有必要探究在深度为 10km 左右成矿物质集中沉淀富集的机制。

众所周知，流体的沸腾和混合是成矿物质卸载沉淀富集的最佳机制。对于断裂控制的脉状矿床而言（图 6. 68），贯入断裂带的变质流体沸腾与否取决于流体压力与围压的关系，当流体压力（P_f）超过围压时，流体便沸腾。当断裂切穿 BDL（brittle-ductile transition level，脆韧性转换面）时，在不考虑构造附加压力（P_s）的条件下，BDL 之下的流体压力等于静岩压力，BDL 之上的流体属静水压力体系（通道系统贯通）。深源变质流体沿断裂带上升至 BDL 带及更浅时，变质流体压力突然超过流体平衡压力系统约 2. 5 ~ 3 倍，因此必定突然沸腾，使溶液瞬时过饱和，大量物质快速沉淀结晶。流体沸腾所引起的水压致裂使围岩大量发育贯通至地表的裂隙系统，一方面使气体逃逸，带走热量，一方面使封存或循环围岩中的高密度、浅成冷流体涌入断裂带，势必导致断裂带发生浅成流体与变质流体混合，导致成矿物质快速卸载、富集。因此，脆韧性转变带有利于矿化富集，是富矿体发育的最佳位置。

断控脉状造山型矿床及其赋矿断裂经历了造山过程的脉动性的挤压-伸展交替，并总体呈现由挤压向伸展演化，不同阶段具有不同的地温梯度、流体压力和围岩压力，导致 BDL 深度上下浮动，流体沸腾的深度也不同（图 6. 68C）。在增温增压阶段（图 6. 68B），由于构造附加压力（P_s）的存在，向上运移的变质流体只能在较浅的地壳层次沸腾（$P_f>P_s+P_w$）；同时，P_s使浅层构造系统紧闭，加之该阶段地温梯度低，不利于大气降水下渗循环，因而大气降水热液活动较弱，其与变质流体的混合作用也相应较弱（图 6. 68C1）。在减压增温阶段（图 6. 68B），较高的地温梯度为流体产生和循环提供了足够的能量；虽然 P_s依然存在，但由于固体物质的弹性回跳属性，P_s减弱势必导致断裂构造系统伸展扩容，为各类流体运移提供了良好通道，进而造成变质流体与大气降水热液的混合异常强烈；同时，减压导致大量上升变质流体可以在较深的地壳层次发生沸腾（图 6. 68C2）；因此，中阶段必定有大量物质的快速沉淀结晶，突出地表现为以烟灰状黄铁矿为标志的细粒硫化物-石英组合。在减压降温阶段（图 6. 68B），活动组分越来越亏损，地温梯度越来越低，深部产生的变质流体越来越少或者消失，其沸腾作用及与大气降水热液的混合作用也相应变弱，因此，晚阶段矿化较弱（图 6. 68C3）。上述流体沸腾与混合在时间和空间的变化，加之流体性质与来源的演化，使矿床特征往往表现为三阶段成矿现象，即，早阶段为含粗粒黄铁矿石英脉在压性、韧性状态下贯入，中阶段（还可细分为两个或更多亚阶段）为细粒石英-硫化物组合呈网脉状穿插，晚阶段为含少量中粗粒黄铁矿的梳状石英-碳酸盐细脉发育。考虑到整个成矿过程发生在造山期的地壳隆升和顶部剥蚀过程，BDL 位置则逐渐下移。当 BDL 下移幅度越大时，通常 3 阶段矿化的叠加现象越明显（多数实际情况如此）。

通常，特别是在地温梯度为 30℃/km 左右时，造山带中 BDL 深度为 10km（详见第 2 章）。因此，多数金属元素的造山型矿床的富集深度为 10km 左右。

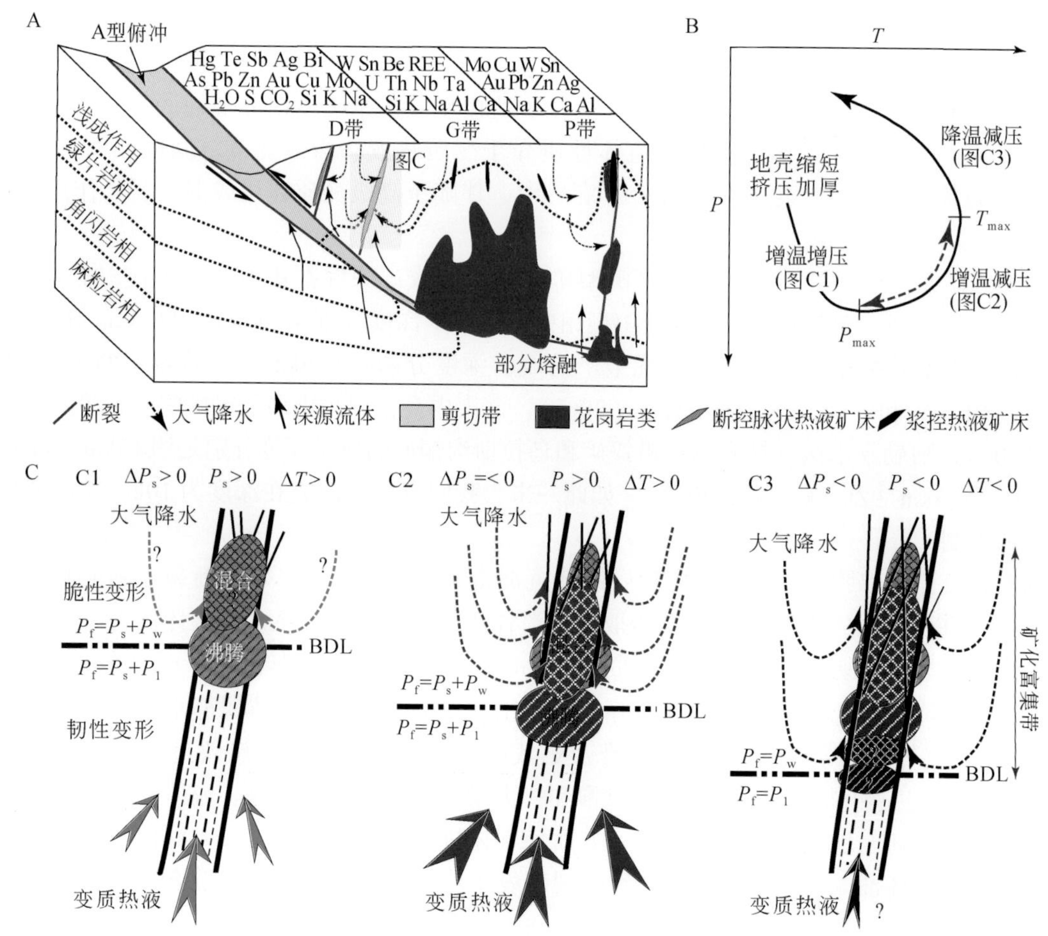

图 6.68　脉状造山型成矿系统的流体沸腾和混合时空演化示意

图 A 示意板片俯冲成岩成矿与流体作用模式（见后述）；图 B 示意造山带演化的 P-T-t 轨迹；图 C1、C2、C3 分别示意增温增压阶段、减压增温阶段和减压降温阶段，BDL 为脆韧性转换面（带）；P_f 为流体压力，P_s 为应力或构造附加压力，P_l 为静岩压力，P_w 为静水压力。ΔT 和 ΔP_s 分别表示温度和构造附加压力随时间的变化值（据陈衍景等，2004；Zhang et al.，2012；Zheng et al.，2012；陈衍景，2013）

6.4.3　造山型钼成矿的构造-化学动力学——板片俯冲成矿模式

变质热液矿床之所以被称为造山型矿床，就是因其在时间、空间和成因上与板块会聚造山作用（大陆碰撞型和俯冲增生型）密切相关（陈衍景，2006）。大陆碰撞型造山带和弧前俯冲增生楔发育一系列由板块挤压缩短造成的不同深度层次、样式和规模的板片堆叠构造（陈衍景和富士谷，1992），这些堆叠构造可简单地视为不同尺度的 A 型俯冲或陆壳俯冲；通过分析陆壳俯冲过程中物质活化迁移规律，创建了 A 型俯冲成岩成矿和流体作用模式，也称地体或矿田尺度的 CMF 模式，用于说明大陆碰撞造山过程中金、钼、铜、铅锌、银等矿床的成因（Chen et al.，2004；陈衍景，2013 及其引文）。在洋陆俯冲体制的弧前增生杂岩（含增生地体和沉积增生楔）中，也存在一系列的板片堆叠构造（李春昱等，1986），甚至引起改造型或 S 型花岗岩的发育（胡受奚等，1988；Ernst，2010；Mao et al.，2014；Li et al.，2015）；正是通过俯冲洋壳和增生楔的元素地球化学变化，Goldfarb 等（1988，2001）、Groves 等（1998）、Kerrich 等（2000）等才提出造山型金矿主要形成于增生型造山过程的观点，创建了造山型金矿的增生造山成矿模式。

由上可见，造山型矿床的成矿构造-化学机制都是借助分析板片俯冲过程的物质变化而阐明的，下面简要引述板片俯冲成岩成矿与流体作用模式（陈衍景和富士谷，1992；陈衍景，2013）。

模式如图 6.68A 和图 6.69 所示，其要点是：①随板片俯冲下插，下插板片因温度压力升高而依次发生浅成（改造）、变质和熔融作用，使板片内物质依晶格能由低到高的顺序活化迁移，派生成矿流体和长英质熔体，导致仰冲板片依序发育脉状热液矿床带（D 带）、浅源深成花岗岩带（G 带）和深源浅成中酸性岩体及矿化带（P 带）；②伴随造山作用的 3 阶段构造-热演化（$P-T-t$ 轨迹），成岩、成矿和流体作用呈现 3 阶段演化特点；③中阶段挤压-伸展转变体制的减压-增温条件导致大规模成矿作用，使成矿时间滞后于洋盆最终闭合；④碰撞体制可发育多种金属的浅成、变质和岩浆热液矿床；⑤成矿物质和流体主要来自赋矿地体旁侧的地壳俯冲变质脱水-熔融。该模式阐明了矿床与岩浆岩之间的成因和空间关系，不同类型矿床、不同矿种之间的成因联系和空间分布上的极性分带规律，可作为成矿带、矿床、矿种的缺位或定位预测的科学依据。

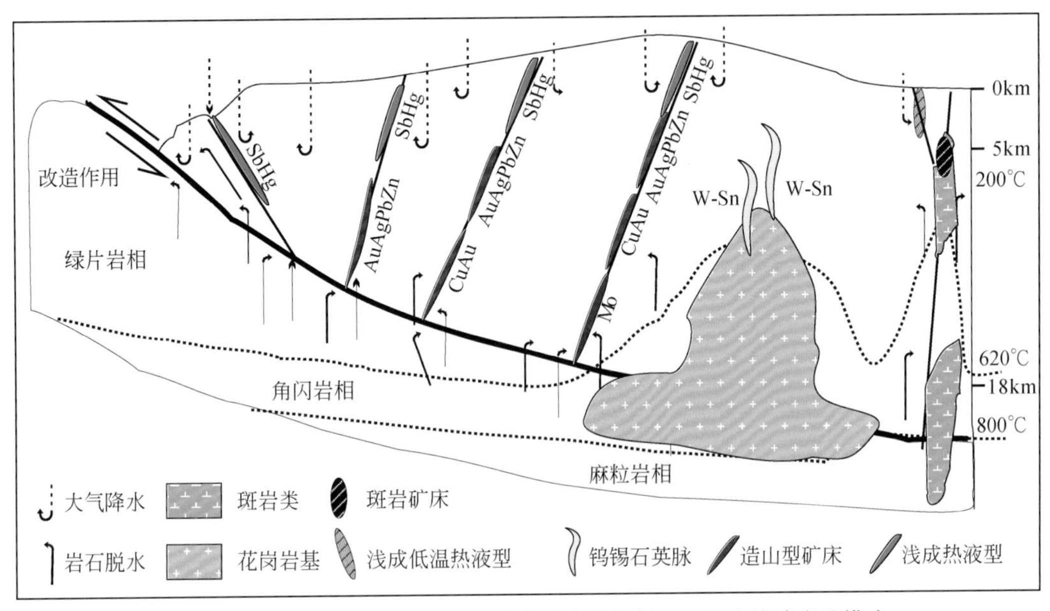

图 6.69　造山型矿床成矿构造-化学动力学机制——板片俯冲成矿模式

特别说明，模式中 D-G-P 带的发育程度、宽度等受地温梯度、俯冲角度、俯冲速度、俯冲板片成分等多种因素的影响（详见陈衍景，1998）。设地温梯度为 30℃/km，G 带花岗岩浆产生的深度约为 20km（相当于 600℃）；如果再设 A 俯冲角度为 45°，则 D 带最大宽度为 20km；显然，当俯冲角<45°时，D 带宽度大于 20km；相反，则 D 带宽度小于 20km。当俯冲板片为镁铁质岩石或中基性麻粒岩时，G 带花岗岩类发育较差甚或不发育，其特点类似于 B 型俯冲。

按照板片俯冲成岩成矿与流体作用模式，在造山过程中，俯冲板片的下插-进变质脱水作用与仰冲板片的隆升-退变质作用同时、同步发生（Chen et al., 2004, 2005）。因此，在流体成矿过程中，赋矿地体及其赋矿构造，即仰冲板片及其断裂系统，总表现出晚造山（late-orogenic）或后造山（post-orogenic）阶段的构造变形轨迹和退变质特征，也因此常常被片面地认定为“后造山”或“造山后”成矿。事实上，流体成矿系统的发育缘于下插到赋矿地体之下的俯冲板片的进变质脱水作用，是同造山过程的结果！

6.4.4　造山型钼矿成矿的板块构造模式

按照板片俯冲成矿模式，在构造-化学机理上，凡是板片俯冲或堆叠强烈的地区皆有发育造山型钼矿床的可能性，包括大陆碰撞造山带和俯冲增生造山带等。

Fyfe 和 Kerrich（1985）认为俯冲洋壳含有造山型金矿成矿所需的水，俯冲结束后热力学再平衡作用使俯冲洋壳中的水释放出来。Bohlke 和 Kistler（1986）、Goldfarb 等（1988）将北美西部中新生代金矿省与洋壳俯冲作用相联系，Landefeld（1988）则详细说明了 Sierra 山麓金矿省与洋壳俯冲所致的地体增生作用的成因联系。之后，随年代学数据累积，大批学者开始关注造山型金矿发育的构造背景（Wyman and Kerrich，1988；Barley et al.，1989；Kerrich and Wyman，1990）。Groves 等（1998）认为，造山型金矿形成于汇聚板块边缘由挤压向伸展转变的过程中；板块俯冲导致了地热梯度的增加，诱发并驱动了成矿流体的循环，导致了含金石英脉的就位。目前，多数学者倾向于将造山型金矿与增生造山事件相联系（Kerrich et al.，2000），特别是弧前增生楔或增生地体拼贴带（Goldfarb et al.，2001）。虽然如此，世界范围内尚无产于弧前增生楔或增生地体拼贴带的造山型钼矿床报道，秦岭造山带也没有此类构造环境的造山型钼矿床。我们认为，造成弧前增生带缺乏造山型钼矿床的原因是地壳成熟度较低（参见陈衍景等，2012；Chen et al.，2017）。相反，秦岭地区的大湖金钼矿床和纸房钼矿带似乎都位于三叠纪勉略洋板块俯冲所形成的岩浆弧的最北缘，即岩浆弧与弧后盆地或弧后大陆的过渡带。

关于岩浆弧与弧后盆地/大陆过渡带造山型矿床发育的可能性和机理，迄今尚无学者探讨，下面我们展开讨论。

如图 6.70 所示，大洋板块俯冲不但诱发了岩浆弧发育，而且诱发了弧后软流圈物质的次生对流。次生对流中心位置发生裂谷作用，形成弧后伸展盆地；软流圈对流牵动弧后盆地岩石圈分别向岩浆弧和弧后大陆区挤压，挤压作用使岩浆弧与弧后盆地的交界带岩石圈破裂为碎块或板片，部分碎块或板片因挤压而俯冲到岩浆弧之下。按照前面分析的板片俯冲成矿模式，弧后盆地交界带具备了发育造山型成矿系统的构造-化学动力学条件，可形成造山型成矿系统。而且，弧后盆地之上的地壳成熟度较高，热流值较高，有利于钼等中高温热液成矿元素的活化、富集，形成造山型钼矿床。值得说明的是，正是因为弧后盆地与岩浆弧的弧盆交界带热流值高，地温梯度大，造山型成矿系统的最大成矿深度变小，造成纸房钼矿床的形成深度只有 6～7km，而大湖钼矿床形成深度也为 12km 左右，反而低于前已述及的乌拉斯沟铜矿、铁木尔特铅锌矿、玲珑金矿、银洞沟银矿等造山型矿床的形成深度。

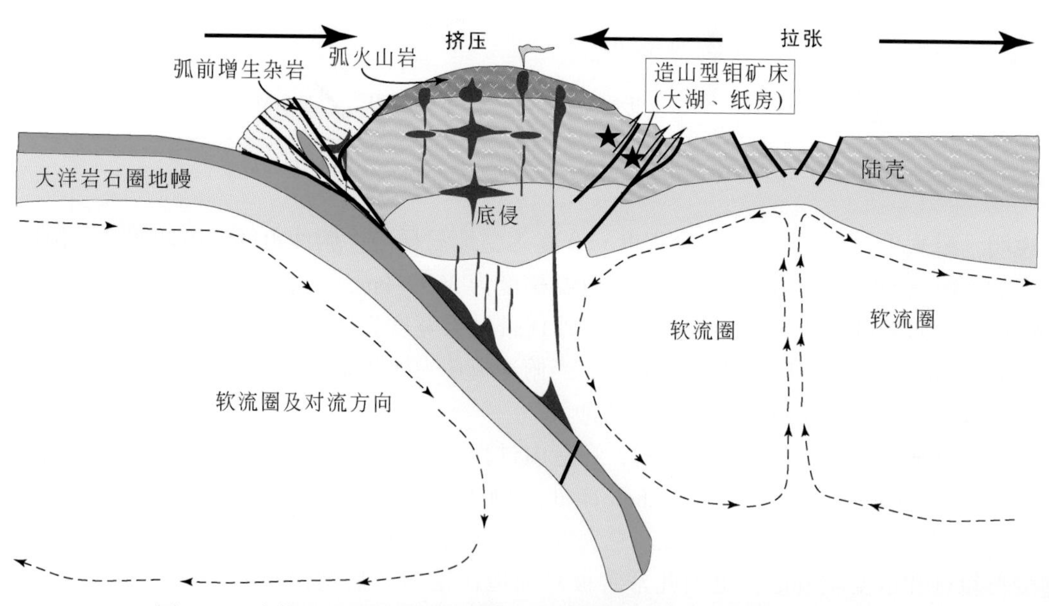

图 6.70　岩浆弧-弧后盆地交界带造山型成矿系统发育的深部动力学背景

虽然很多学者（Groves et al.，1998；Kerrich et al.，2000；Goldfarb et al.，2001）强调增生造山带的弧前增生楔是最重要的造山型矿床发育环境，但就造山型钼矿床而言，大陆碰撞造山带因陆壳成熟度较高而成为更有利的构造环境（陈衍景和富士谷，1992；Chen et al.，2004，2005b，2006；Pirajno and Chen，2005；Pirajno et al.，2006；陈衍景等，2012；陈衍景，2013）。在秦岭造山带，1.85Ga 的龙门店钼矿床形成于哥伦比亚超大陆汇聚过程中（Li et al.，2012），429Ma 的银洞沟钼矿点则形成于早古生代末期扬子与华北板块的碰撞造山过程（李晶等，2009）。关于大陆碰撞背景下造山型钼矿床形成的构造-化学机制，已由板片俯冲成矿模式阐释；关于大陆碰撞体制造山型钼矿床的形成时间、空间及其更宏观尺度的认识，可由造山带尺度或成矿省尺度的 CMF 模式说明（详见陈衍景，2013），此不赘述。

总之，虽然造山型矿床可发育在多种构造背景，但秦岭造山型钼矿床主要形成于两种构造背景，分别是大陆碰撞造山过程和洋陆俯冲体制的岩浆弧-弧后盆地交界带（图 6.71）。

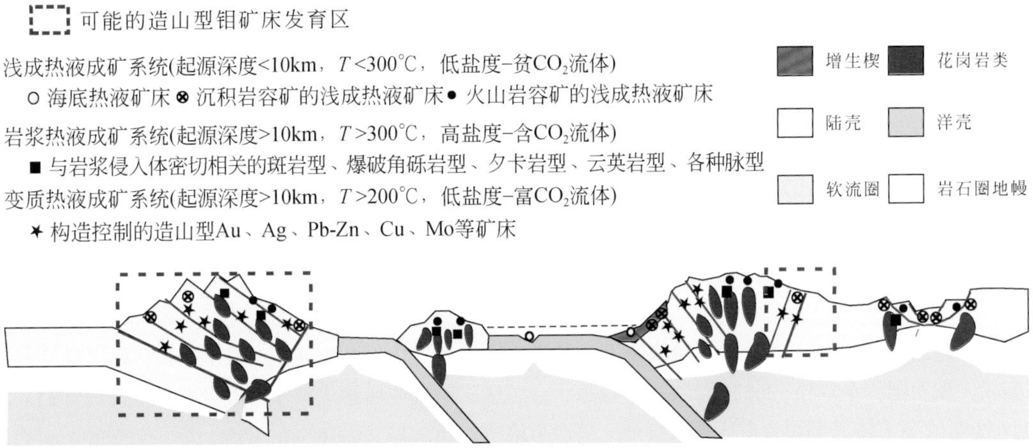

图 6.71　秦岭造山型钼矿床成矿板块构造模式

参 考 文 献

白凤军，肖荣阁 . 2009. 嵩县钾长石英脉型钼矿地质特征及成矿预测 . 中国钼业，33（2）：19-32

白凤军，肖荣阁，刘国营 . 2009. 河南嵩县钾长石石英脉型钼矿矿床成因分析 . 地质与勘探，45（4）：335-342

毕献武，李鸿莉，双燕，胡晓燕，胡瑞忠，彭建堂 . 2008. 骑田岭 A 型花岗岩流体包裹体地球化学特征——对芙蓉超大型锡矿成矿流体来源的指示 . 高校地质学报，14（4）：539-548

晁援 . 1989. 关于小秦岭金矿时代探讨 . 陕西地质，7（1）：52-56

陈德杰，朱文凤，赵金洲，黄传计 . 2008. 东秦岭两种新型钼矿床的矿物特征及成因分析 . 矿产与地质，22（5）：447-450

陈华勇，陈衍景，倪培，张增杰 . 2004. 南天山萨瓦亚尔顿金矿流体包裹体研究 . 矿物岩石，24（3）：46-54

陈莉 . 2006. 小秦岭大湖金矿床成矿流体特征及矿床成因探讨 . 中国地质大学（北京）硕士学位论文

陈少伟，王宪伟，许波，王琦 . 2010. 大西沟矿区石英脉型钼矿地质特征及找矿预测 . 西部探矿工程，22（9）：135-137

陈旺，郭时然，崔豪 . 1996. 豫西熊耳山区铁炉坪和蒿坪沟矿床银铅矿石稳定同位素研究 . 有色金属矿产与勘查，5（4）：213-218

陈衍景 . 1998. 影响碰撞造山成岩成矿模式的因素及其机制 . 地学前缘，5（增刊）：109-118

陈衍景 . 2006. 造山型矿床、成矿模式及找矿潜力 . 中国地质，33（6）：1181-1196

陈衍景 . 2010. 秦岭印支期构造背景、岩浆活动及成矿作用 . 中国地质，37（4）：854-865

陈衍景 . 2013. 大陆碰撞成矿理论的创建及应用 . 岩石学报，29（1）：1-17

陈衍景，富士谷 . 1992. 豫西金矿成矿规律 . 北京：地震出版社，1-234

陈衍景，李超，张静，李震，王海华 . 2000. 秦岭钼矿带斑岩体锶氧同位素特征与岩石成因机制和类型 . 中国科学（D 辑），30（增刊）：64-72

陈衍景，隋颖慧，Pirajno F. 2003. CMF 模式的排他性依据和造山型银矿实例：东秦岭铁炉坪银矿同位素地球化学 . 岩石学报，19（3）：551-568

陈衍景，李晶，Pirajno F，林治家，王海华 . 2004. 东秦岭上宫金矿流体成矿作用：矿床地质和包裹体研究 . 矿物岩石，24（3）：1-12

陈衍景，倪培，范宏瑞，Pirajno F，赖勇，苏文超，张辉 . 2007. 不同类型热液金矿系统的流体包裹体特征 . 岩石学报，23（9）：2085-2108

陈衍景，翟明国，蒋少涌 . 2009. 华北大陆边缘造山过程与成矿研究的重要进展和问题 . 岩石学报，25（11）：2695-2726

陈衍景，张成，李诺，杨永飞，邓轲 . 2012. 中国东北钼矿床地质 . 吉林大学学报（地球科学版），42（5）：1223-1268

邓小华 . 2011. 东秦岭造山带多期次钼成矿作用研究 . 北京大学博士学位论文

邓小华，陈衍景，姚军明，李文博，李诺，王运，糜梅，张颖 . 2008a. 河南省洛宁县寨凹钼矿床流体包裹体研究及矿床成因 . 中国地质，35（6）：1250-1266
邓小华，李文博，李诺，糜梅，张颖 . 2008b. 河南嵩县纸房钼矿床流体包裹体研究及矿床成因 . 岩石学报，24（9）：2133-2148
邓小华，姚军明，李晶，孙亚莉 . 2009. 东秦岭寨凹钼矿床辉钼矿 Re-Os 同位素年龄及熊耳期成矿事件 . 岩石学报，25（11）：2739-2746
丁慧霞，陈文林，庞镇山，周奇明 . 2011. 河南嵩县香椿沟石英脉型钼矿的矿石及地球化学特征 . 矿产与地质，25（1）：23-28
杜安道，何红廖，殷万宁，邹晓秋，孙亚利，孙德忠，陈少珍，屈文俊 . 1994. 辉钼矿的铼-锇同位素地质年龄测定方法研究 . 地质学报，68（4）：339-347
杜远生 . 1997. 秦岭造山带泥盆纪沉积地质学研究 . 武汉：中国地质大学出版社，1-130
范宏瑞，谢亦汉，王英兰 . 1993. 豫西花山花岗岩岩浆热液的性质及与金成矿的关系 . 岩石学报，9（2）：136-145
范宏瑞，谢奕汉，赵瑞，王英兰 . 1994. 豫西熊耳山地区岩石和金矿床稳定同位素地球化学研究 . 地质找矿论丛，9（1）：54-64
范宏瑞，谢奕汉，赵瑞，王英兰 . 2000. 小秦岭含金石英脉复式成因的流体包裹体证据 . 科学通报，45（5）：537-542
范宏瑞，谢奕汉，翟明国，金成伟 . 2003. 豫陕小秦岭脉状金矿床三期流体运移成矿作用 . 岩石学报，19（2）：260-266
冯建之 . 2011. 小秦岭金矿体大湖钼金矿床地质特征 . 矿产与地质，25（1）：9-16
高阳，李永峰，郭保健，程国祥，刘彦伟 . 2010a. 豫西嵩县前范岭石英脉型钼矿床地质特征及辉钼矿 Re-Os 同位素年龄 . 岩石学报，26（3）：757-767
高阳，毛景文，叶会寿，孟芳，周珂，高亚龙 . 2010b. 东秦岭外方山地区石英脉型钼矿床地质特征及成矿时代 . 矿床地质，29（增刊）：189-190
弓虎军，朱赖民，孙博亚，李犇，郭波，王建其 . 2009a. 南秦岭地体东江口花岗岩及其基性包体的锆石 U-Pb 年龄和 Hf 同位素组成 . 岩石学报，25（11）：3029-3042
弓虎军，朱赖民，孙博亚，李犇，郭波 . 2009b. 南秦岭沙河湾曹坪和柞水岩体锆石 U-Pb 年龄、Hf 同位素特征及其地质意义 . 岩石学报，25（2）：248-264
郭安林 . 1989. 河南中部太古宙登封花岗-绿岩地体中灰色片麻岩地球化学特征及其成因 . 矿物岩石，9（2）：92-100
郭东升，陈衍景，祁进平 . 2007. 河南祁雨沟金矿同位素地球化学和矿床成因分析 . 地质论评，53（2）：217-228
韩以贵，李向辉，张世红，张元厚，陈福坤 . 2007. 豫西祁雨沟金矿单颗粒和碎裂状黄铁矿 Rb-Sr 等时线定年 . 科学通报，52（11）：1307-1311
河南省地质矿产厅第一调查大队 . 1994. 河南省灵宝县大湖矿区金矿详细普查地质报告
贺淑琴，郭建卫，万海泉，姚改委 . 2007. 河南省洛宁县龙门店银矿区地质特征及找矿远景分析 . 华北国土资源，2007（1）：20-22
侯明兰，蒋少涌，姜耀辉，凌鸿飞 . 2006. 胶东蓬莱金成矿期的 S-Pb 同位素地球化学和 Rb-Sr 同位素年代学研究 . 岩石学报，22（10）：2525-2533
胡受奚，林潜龙，陈泽铭，盛中烈，黎世美 . 1988. 华北与华南古板块拼合带地质和成矿 . 南京：南京大学出版社，1-558
胡受奚，赵懿英，徐金方，叶瑛 . 1997. 华北地台金成矿地质 . 北京：科学出版社，1-220
胡受奚，赵乙英，孙景贵，凌洪飞，叶瑛，卢冰，季海章，徐兵，刘红樱，方长泉 . 2002. 华北地体重要金矿成矿过程中的流体作用及其来源研究 . 南京大学学报（自然科学版），38（3）：381-391
黄典豪，吴澄宇，杜安道，何红蓼 . 1994. 东秦岭地区钼矿床的铼-锇同位素年龄及其意义 . 矿床地质，13（3）：221-230
黄典豪，侯增谦，杨志明，李振清，许道学 . 2009. 东秦岭钼矿带内碳酸岩脉型钼（铅）矿床地质-地球化学特征、成矿机制及成矿构造背景 . 地质学报，83（12）：1968-1984
贾承造，施央申，郭令智 . 1988. 东秦岭板块构造 . 南京：南京大学出版社，1-130
简伟 . 2010. 河南小秦岭大湖金钼矿床地质特征、成矿流体及矿床成因研究 . 中国地质大学（北京）硕士学位论文
蒋少涌，戴宝章，姜耀辉，赵海香，侯明兰 . 2009. 胶东和小秦岭：两类不同构造环境中的造山型金矿省 . 岩石学报，25（11）：2727-2738
李华芹，刘家齐，魏林 . 1993. 热液矿床流体包裹体年代学研究及其地质应用 . 北京：地质出版社，1-126
李春昱，郭令智，朱夏 . 1986. 板块构造基本问题 . 北京：地震出版社

李厚民，叶会寿，毛景文，王登红，陈毓川，屈文俊，杜安道．2007. 小秦岭金（钼）矿床辉钼矿铼-锇定年及其地质意义. 矿床地质，26（4）：417-424
李厚民，叶会寿，王登红，陈毓川，屈文俊，杜安道．2009. 豫西熊耳山寨凹钼矿床辉钼矿铼-锇年龄及其地质意义．矿床地质，28（2）：133-142
李晶，陈衍景，李强之，赖勇，杨荣生，毛世东．2007. 甘肃阳山金矿流体包裹体地球化学和矿床成因类型．岩石学报，23（9）：2144-2154
李晶，仇建军，孙亚莉．2009. 河南银洞沟银金钼矿床铼-锇同位素定年和加里东期造山-成矿事件．岩石学报，25（11）：2763-2768
李诺．2012. 东秦岭燕山期钼金属巨量堆积过程和机制．北京大学博士学位论文
李诺，陈衍景，张辉，赵太平，邓小华，王运，倪智勇．2007. 东秦岭斑岩钼矿带的地质特征和成矿构造背景．地学前缘，14（5）：186-198
李诺，孙亚莉，李晶，薛良伟，李文博．2008. 小秦岭大湖金钼矿床辉钼矿铼-锇同位素年龄及印支期成矿事件．岩石学报，24（4）：810-816
李曙光，Hart S R，郭安林，张国伟．1987. 河南中部登封群全岩 Sm-Nd 同位素年龄及其构造意义．科学通报，32（22）：1728-1731
李文博，赖勇，孙希文，王宝国．2007. 内蒙古白乃庙铜金矿床流体包裹体研究．岩石学报，23（9）：2165-2176
李文博，陈衍景，赖勇，季建清．2008. 内蒙古白乃庙铜金矿床的成矿时代和成矿构造背景．岩石学报，24（4）：890-898
李晓波，刘继顺．2003. 小秦岭大湖金矿床的矿化分带规律及其指示意义．地质找矿论丛，18（4）：243-248
李永峰，毛景文，胡华斌，郭保健，白凤军．2005. 东秦岭钼矿类型、特征、成矿时代及其地球动力学背景．矿床地质，24（3）：292-304
梁冬云．2001. 大湖金矿金赋存状态的研究．广东有色金属学报，11（1）：1-4
刘波，张旭，贺永绍，张生奇，朱雪菡．2010. 嵩县八道沟萤石矿区钼矿成矿地质特征及找矿方向浅析．中国钼业，34（2）：24-27
刘国印，温森坡，田恪强，王凤茹，赵永利．2007. MoS_2的同质异相与纸房石英大脉型钼矿床．中国钼业，31（2）：14-17
刘红杰，陈衍景，毛世东，赵成海，杨荣生．2008. 西秦岭阳山金矿带花岗斑岩元素及 Sr-Nd-Pb 同位素地球化学．岩石学报，24（5）：1101-1111
卢焕章，范宏瑞，倪培，欧光习，沈昆，张文淮．2004. 流体包裹体．北京：科学出版社，1-487
卢欣祥，李明立，王卫，于在平，时永志．2008. 秦岭造山带的印支运动及印支期成矿作用．矿床地质，27（6）：762-773
栾世伟，曹殿春，方耀奎，王嘉运．1985. 小秦岭金矿床地球化学．矿物岩石，5（2）：1-118
栾世伟，陈尚迪，曹殿春，方耀奎．1991. 小秦岭地区深部金矿化特征及评价．成都：成都科技大学出版社，1-180
罗铭玖，张辅民，董群英，许永仁，黎世美，李昆华．1991. 中国钼矿床．郑州：河南科学技术出版社，1-452
罗铭玖，王亨治，庞传安．1992. 河南金矿概论．北京：地震出版社，1-423
倪智勇．2009. 河南小秦岭大湖金-钼矿床地球化学及其矿床成因．中国科学院地球化学研究所博士学位论文
倪智勇，李诺，管申进，张辉，薛良伟．2008. 河南小秦岭金矿田大湖金-钼矿床流体包裹体特征及矿床成因．岩石学报，24（9）：2058-2068
倪智勇，李诺，张辉，薛良伟．2009. 河南大湖金钼矿床成矿物质来源的锶钕铅同位素约束．岩石学报，25（11）：2823-2832
彭渤，Frei R，涂湘林．2006. 湘西沃溪 W-Sb-Au 矿床白钨矿 Nd-Sr-Pb 同位素对成矿流体的示踪．地质学报，80（4）：561-570
濮巍，赵葵东，凌洪飞，蒋少涌．2004. 新一代高精度灵敏度的表面热电离质谱仪（Triton T1）的 Nd 同位素测定．地球学报，25（2）：271-274
祁进平．2006. 河南栾川地区脉状铅锌银矿床地质地球化学特征及成因．北京大学博士学位论文
祁进平，陈衍景，李强之．2002. 小秦岭造山型金矿的流体成矿作用分析．矿床地质，21（增刊）：1009-1012
祁进平，赖勇，任康绪，唐国军．2006. 小秦岭金矿田成因的锶同位素约束．岩石学报，22（10）：2543-2550
祁进平，陈衍景，倪培，赖勇，丁俊英，宋要武，唐国军．2007. 河南冷水北沟铅锌银矿床流体包裹体研究及矿床成因．岩石学报，23（9）：2119-2130
祁进平，宋要武，李双庆，陈福坤．2009. 河南省栾川县西沟铅锌银矿床单矿物铷锶同位素组成特征．岩石学报，25（11）：2843-2854

沈保丰，骆辉，李双保，李俊健，彭晓亮，胡小蝶，毛德宝，梁若馨．1994. 华北陆台太古宙绿岩带地质与成矿．北京：地质出版社，1-202

宋史刚，丁振举，姚书振，周宗桂，张世新，杜安道．2008. 甘肃武山温泉辉钼矿 Re-Os 同位素定年及其成矿意义．西北地质，41（1）：67-73

孙枢，张国伟，陈志明．1985. 华北断块区南部前寒武纪地质演化．北京：冶金工业出版社，1-267

田涛．2011. 河南省嵩县大西沟矿区石英脉型钼矿地质特征及找矿预测．河南地球科学通报 2011 年卷（上册），212-216

涂绍雄．1998. 河南鲁山太华群两类斜长角闪岩地球化学对比及其构造环境．地球化学，27（5）：412-421

王海芹，霍光辉．2008. 胶东地区与金矿成矿有关的花岗岩体中的流体包裹体研究．地质力学学报，14（3）：263-273

王清晨，孙枢，李继亮，周达，许靖华，张国伟．1989. 秦岭的大地构造演化．地质科学，2：129-142

王铭生，燕建设，星玉才，赵瑞．1998. 马超营断裂带金矿床 $\delta^{34}S$ 特征及有关问题讨论．河南地质，16（2）：81-86

王义天，李继亮．1999. 走滑断层作用的相关构造．地质科技情报，18（3）：31-34

王义天，毛景文，卢欣祥，叶安旺．2002. 河南小秦岭金矿区 Q875 脉中深部矿化蚀变岩的 ^{40}Ar-^{39}Ar 年龄及其意义．科学通报，47（18）：1427-1431

王义天，叶会寿，叶安旺，李永革，帅云，张长青，代军治．2010. 小秦岭北缘马家洼石英脉型金钼矿床的辉钼矿 Re-Os 年龄及其意义．地学前缘，17（2）：140-145

魏庆国，姚军明，赵太平，孙亚莉，李晶，原振雷，乔波．2009. 东秦岭发现 ~1.9Ga 钼矿床——河南龙门店钼矿床 Re-Os 定年．岩石学报，25（11）：2747-2751

温森坡．2009. 河南嵩县大桩沟钼矿床地质特征与成矿潜力分析．地质与勘探，45（3）：247-252

温森坡，刘国印，乔保龙，刘申芬，郑福星．2008. 嵩县纸房钼矿地质特征与找矿方向．中国钼业，32（2）：14-17

吴元保，郑永飞．2004. 锆石成因矿物学岩浆及其对 U-Pb 年龄解释的制约．科学通报，49（16）：1589-1604

武广，孙丰月，赵财胜，丁清峰，王力．2007. 额尔古纳成矿带西北部金矿床流体包裹体研究．岩石学报，23（9）：2227-2240

许成，宋文磊，漆亮，王林均．2009. 黄龙铺钼矿体含矿碳酸岩地球化学特征及其形成构造背景．岩石学报，25（2）：422-430

许志琴．1986. 陆内俯冲及滑脱构造——以我国几个山链底地壳变形研究为例．地质论评，32（1）：79-89

许志琴，卢一伦，汤耀庆，Mattauer M，Matte P，Malavieille J，Tapponnier P，Maluski H. 1986. 东秦岭造山带的变形特征及其构造演化．地质学报，3：237-247

薛良伟，庞继群，王祥国，周长命．1999. 小秦岭 303 号石英脉流体包裹体 Rb-Sr，^{40}Ar-^{39}Ar 成矿年龄测定．地球化学，28（5）：473-478

杨宗锋，罗照华，卢欣祥，程黎鹿，黄凡．2011. 关于辉钼矿中 Re 含量示踪来源的讨论．矿床地质，30（4）：654-674

姚成，张梅苏，徐宗蛟．2010. 河南省洛宁县龙门银矿成矿地质特征及找矿标志．科技传播，23：78-79

姚军明，赵太平，魏庆国，原振雷．2008. 河南王坪西沟铅锌矿床流体包裹体特征和矿床成因类型．岩石学报，24（9）：2113-2123

袁学诚．1997. 秦岭造山带地壳构造与楔入成山．地质学报，71（3）：227-235

岳素伟，翟淯阳，邓小华，余吉庭，杨林．2013. 湖北竹山县银洞沟矿床成矿流体特征及矿床成因．岩石学报，29（1）：27-45

张本仁，高山，张宏飞，韩吟文．2002. 秦岭造山带地球化学．北京：科学出版社，1-188

张复新，魏宽义，马建秦．1997. 南秦岭微细粒浸染型金矿床地质与找矿．西安：西北大学出版社，1-190

张国伟，张本仁，袁学诚，肖庆辉．2001. 秦岭造山带与大陆动力学．北京：科学出版社，1-855

张进江，郑亚东，刘树文．1998. 小秦岭变质核杂岩的构造特征、形成机制及构造演化．北京：海洋出版社，1-120

张进江，郑亚东，刘树文．2003. 小秦岭金矿田中生代构造演化与矿床形成．地质科学，38（1）：74-84

张静，陈衍景，李国平，李忠烈，王志光．2004. 河南内乡县银洞沟银矿地质和流体包裹体特征及成因类型．矿物岩石，24（3）：55-64

张静，陈衍景，陈华勇，万守全，张冠，王建明．2006. 河南省桐柏县银洞坡金矿床同位素地球化学．岩石学报，22（10）：2551-2560

张静，杨艳，胡海珠，王志光，李国平，李忠烈．2009a. 河南银洞沟造山型银矿床碳硫铅同位素地球化学．岩石学报，25（11）：2833-2842

张静，杨艳，鲁颖淮．2009b. 河南围山城金银成矿带铅同位素地球化学及矿床成因．岩石学报，25（2）：444-454

张理刚 . 1985. 稳定同位素在地质科学中的应用 . 西安：陕西科学技术出版社，1-267

张理刚 . 1989. 成岩成矿理论与找矿 . 北京：北京工业大学出版社，1-200

张莉，杨荣生，毛世东，鲁颖淮，秦艳，刘红杰 . 2009. 阳山金矿床锶铅同位素地球化学与成矿物质来源 . 岩石学报，25（11）：2811-2822

张元厚，李宗彦，张孝民，钱明平，杨志强，何岳，张帅民，张力智，王建明 . 2009. 小秦岭金（钼）矿田北矿带推覆构造演化与成矿作用 . 吉林大学学报（地球科学版），39（2）：244-254

张祖青，赖勇，陈衍景 . 2007. 山东玲珑金矿流体包裹体地球化学特征 . 岩石学报，23（9）：2207-2216

赵海香 . 2011. 河南小秦岭金矿成矿地球化学研究 . 南京大学博士学位论文

赵国春，孙敏，Wilde S A. 2002. 华北克拉通基底构造单元特征及早元古代拼合 . 中国科学（D 辑），32（7）：538-549

赵太平 . 2000. 华北陆块南缘元古宙熊耳群钾质火山岩特征与成因 . 中国科学院地质与地球物理研究所博士学位论文

郑永飞，陈江峰 . 2000. 稳定同位素地球化学 . 北京：科学出版社，1-316

周作侠，李秉伦，郭抗衡，赵瑞，谢奕汉 . 1993. 华北地台南缘金（钼）矿床成因 . 北京：地震出版社，1-269

朱赖民，丁振举，姚书振，张国伟，宋史刚，屈文俊，郭波，李犇 . 2009. 西秦岭甘肃温泉钼矿床成矿地质事件及其成矿构造背景 . 科学通报，54（16）：2337-2347

朱日祥，杨振宇，马醒华，吴汉宁，孟自芳，方大钧，黄宝春 . 1998. 中国主要地块显生宙古地磁视极移曲线与地块运动 . 中国科学（D 辑），28（增刊）：1-16

Andersen T. 2002. Corrections of common lead in U-Pb analyses that do not report ^{204}Pb. Chemical Geology，192（1-2）：59-79

Anderson A J，Bodnar R J. 1993. An adaptation of the spindle stage for geometric analysis of fluid inclusions. American Mineralogist，78：657-664

Ayers J C，Loflin M，Miller C F，Barton M D，Coath C D. 2006. In situ oxygen isotope analysis of monazite as a monitor of fluid infiltration during contact metamorphism：Birch Creek Pluton aureole，White Mountains，eastern California. Geology，34（8）：653-656

Badcock R S，Misch P. 1989. Origin of the Skagit migmatites，north Cascades Range，Washington State. Contributions to Mineralogy and Petrology，101（4）：485-495

Baker D R，Vaillancourt J. 1995. The low viscosities of F and H_2O bearing granitic melts and implications for melt extraction and transport. Earth and Planetary Science Letters，132（1）：199-211

Barbey P，Macaudiere J，Nzenti J P. 1990. High- pressure dehydration melting of metapelites：evidence from the migmatites of Yaounde（Cameroon）. Journal of Petrology，31（2）：401-427

Barker S L L，Bennett V C，Cox S F，Norman M D，Gagan M K. 2009. Sm-Nd，Sr，C and O isotope systematics in hydrothermal calcite-fluorite veins：implications for fluid-rock reaction and geochronology. Chemical Geology，268（1-2）：58-66

Barley M E，Eisenlohr B N，Groves D I，Perring C S，Vearncombe J R. 1989. Late Archean convergent margin tectonics and gold mineralization：a new look at the Norseman-Wiluna belt，Western Australia. Geology，17（9）：826-829

Barth T F W. 1934. Temperatures in lavas and magmas and a new geologic thermometer. Nature，6：187-192

Barton E S，Hallbauer D K. 1996. Trace- element and U- Pb isotope compositions of pyrite types in the Proterozoic Black Reef，Transvaal Sequence，South Africa：implications on genesis and age. Chemical Geology，133（1-4）：173-199

Baumgartner R，Fontboté L，Spikings R，Ovtcharova M，Schaltegger U，Schneider J，Page L，Gutjahr M. 2009. Bracketing the age of magmatic-hydrothermal activity at the Cerro de Pasco epithermal polymetallic deposit，Central Peru：a U-Pb and $^{40}Ar/^{39}Ar$ study. Economic Geology，104：479-504

Berzina A N，Sotnikov V I，Economou- Eliopoulos M，Eliopoulos D G. 2005. Distribution of rhenium in molybdenite from porphyry Cu-Mo and Mo-Cu deposits of Russia（Siberia）and Mongolia. Ore Geology Reviews，26（1-2）：91-113

Bodnar R J. 1993. Revised equation and table for determining the freezing point depression of H_2O-NaCl solutions. Geochimica et Cosmochimica Acta，57（3）：683-684

Bodnar R J，Vityk M O. 1994. Interpretation of microthermometric data for H_2O- NaCl fluid inclusions//De Vivo B，Frezzotti M L. Fluid Inclusions in Minerals：Methods and Applications. Blacksburg，VA，Virginia Polytechnic Institute and State University：117-130

Bohlke J K. 1982. Orogenic metamorphic-hosted gold-quartz veins. U. S. Geological Survey Open-File Report，795：70-76

Bohlke J K，Kistler R W. 1986. Rb-Sr，K-Ar and stable isotope evidence for ages and sources of fluid components of gold-bearing quartz veins in the north Sierra Nevada foothills metamorphic belt，California. Economic Geology，81：296-322

Bosse V, Boulvais P, Gautier P, Tiepolp M, Ruffet G, Devidal J L, Cherneva Z, Gerdjikov I, Paquette J L. 2009. Fluid-induced disturbance of the monazite Th-Pb chronometer: in situ dating and element mapping in pegmatites from the Rhodope (Greece, Bulgaria). Chemical Geology, 261 (3-4): 286-302

Brown W L, Parsons I. 1981. Towards a more practical two-feldspar geothermometer. Contributions to Mineralogy and Petrology, 76: 369-377

Bowers T S, Helgeson H C. 1983. Calculation of the thermodynamic and geochemical consequences of non-ideal mixing in the system H_2O-CO_2-NaCl on phase relations in geologic systems: equation of state for H_2O-CO_2-NaCl fluids at high pressures and temperatures. Geochimica et Cosmochimica Acta, 47 (7): 1247-1275

Brown E. 1989. FLINCOR: a microcomputer program for the reduction and investigation of fluid-inclusion data. American Mineralogist, 74: 1390-1393

Chavagnac V, Nagler T F, Kramers J D. 1999. Migmatization by metamorphic segregation at subsolidus conditions: implications for Nd-Pb isotope exchange. Lithos, 46 (2): 275-298

Chen B, Arakawa Y. 2005. Elemental and Nd-Sr isotopic geochemistry of granitoids from the West Junggar foldbelt (NW China), with implications for Phanerozoic continental growth. Geochimica et Cosmochimica Acta, 69 (5): 1307-1320

Chen Y J, Zhao Y C. 1997. Geochemical characteristics and evolution of REE in the Early Precambrian sediments: evidences from the southern margin of the North China Craton. Episodes, 20 (2): 109-116

Chen Y J, Guo G J, Li X. 1998a. Metallogenic geodynamic background of gold deposits in granite-greenstone terrains of North China craton. Science in China (Series D), 41: 113-120

Chen Y J, Huang B J, Gao X L, Wang H H, Li P. 1998b. Implication of laser probe $^{40}Ar/^{39}Ar$ dating on K-feldspar from quartz-veins in Xiaoqinling gold field, North China Craton. Chinese Science Bulletin, 43 (1): 25

Chen Y J, Li C, Zhang J, Li Z, Wang H H. 2000. Sr and O isotopic characteristics of porphyries in the Qinling molybdenum deposit belt and their implication to genetic mechanism and type. Science in China (Series D), 43 (1): 82-94

Chen Y J, Pirajno F, Sui Y H. 2004. Isotope geochemistry of the Tieluping silver deposit, Henan, China: a case study of orogenic silver deposits and related tectonic setting. Mineralium Deposita, 39 (5-6): 560-575

Chen Y J, Pirajno F, Qi J P. 2005a. Origin of gold metallogeny and sources of ore-forming fluids, in the Jiaodong province, eastern China. International Geology Review, 47 (5): 530-549

Chen Y J, Pirajno F, Sui Y H. 2005b. Geology and D-O-C isotope systematics of the Tieluping silver deposit, Henan, China: implications for ore genesis. Acta Geologica Sinica (English Edition), 79 (1): 106-119

Chen Y J, Pirajno F, Qi J P, Li J, Wang H H. 2006. Ore geology, fluid geochemistry and genesis of the Shanggong gold deposit, eastern Qinling Orogen, China. Resource Geology, 56 (2): 99-116

Chen Y J, Chen H Y, Zaw K, Pirajno F, Zhang Z J. 2007. Geodynamic settings and tectonic model of skarn gold deposits in China: an overview. Ore Geology Reviews, 31 (1-4): 139-169

Chen Y J, Pirajno F, Qi J P. 2008. The Shanggong Gold Deposit, Eastern Qinling Orogen, China: isotope geochemistry and implications for ore genesis. Journal of Asian Earth Sciences, 33 (3-4): 252-266

Chen Y J, Pirajno F, Li N, Guo D S, Lai Y. 2009. Isotope systematic and fluid inclusion studies of the Qiyugou breccia pipe-hosted gold deposit, Qinling Orogen, Henan Province, China: implications for ore genesis. Ore Geology Reviews, 35 (2): 245-261

Chen Y J, Santosh M, Somerville I D, Chen H Y. 2014. Indosinian tectonics and mineral systems in China: an introduction. Geological Journal, 49 (4-5): 331-337

Chen Y J, Zhang C, Wang P, Pirajno F, Li N. 2017. The Mo deposits of Northeast China: a powerful indicator of tectonic settings and associated evolutionary trends. Ore Geology Reviews, 81 (2): 602-640

Clayton R N, O'Neil J R, Mayeda T K. 1972. Oxygen isotope exchange between quartz and water. Journal of Geophysical Research, 77 (17): 3057-3067

Collins P L F. 1979. Gas hydrates in CO_2-bearing fluid inclusions and the use of freezing data for estimation of salinity. Economic Geology, 74 (6): 1435-1444

Colvine A C. 1989. An empirical model for the formation of Archean gold deposits: products of final cratonization of the Superior Province . Economic Geology Monograph, 6: 37-53

Colvine A C, Fyon J A, Heather K B, Marmount S, Smith P M, Troop D G. 1988. Archean lode gold deposit in Ontrario. Ontario Geological Survey Miscellaneous Paper, 139: 1-36

Cox S F, Knackstedt M A, Braun J. 2001. Principles of structural control on permeability and fluid hydrothermal system. SEG Reviews, 14: 1-24

Craig J R, Vokes F M. 1993. Post-recrystallisation mobilization phenomena in metamorphosed stratabound sulphide ores. Mineralogical Magazine, 57: 19-28

Cui M L, Zhang B L, Zhang L C. 2011. U-Pb dating of baddeleyite and zircon from the Shizhaigou diorite in the southern margin of North China Craton: constrains on the timing and tectonic setting of the Paleoproterozoic Xiong'er group. Gondwana Research, 20 (1): 184-193

Deng X H, Santosh M, Yao J M, Chen Y J. 2014. Geology, fluid inclusions and sulphur isotopes of the Zhifang Mo deposit in Qinling Orogen, central China: a case study of orogenic-type Mo deposits. Geological Journal, 49 (4-5): 515-533

Deng X H, Chen Y J, Santosh M, Yao J M, Sun Y L. 2016. Re-Os and Pb-Sr-Nd isotope constraints on source of fluids in the Zhifang Mo deposit, Qinling Orogen, China. Gondwana Research, 30: 132-143

Deng X H, Chen Y J, Pirajno F, Li N, Yao J M, Sun Y L. 2017. The Geology and geochronology of the Waifangshan Mo-quartz vein cluster in Eastern Qinling, China. Ore Geology Reviews, 81: 548-564

Dingwell D B, Knoche R, Webb S L, Pichavant M. 1992. The effect of B_2O_3 on the viscosity of haplogranitic liquids. American Mineralogist, 77: 457-461

Duan Z H, Møller N, Weare J H. 1995. Equation of state for the NaCl-H_2O-CO_2 system: prediction of phase equilibria, volumetric properties. Geochimica et Cosmochimica Acta, 59 (14): 2869-2882

Elkins L T, Grove T L. 1990. Ternary feldspar experiments and thermodynamic models. American Mineralogist, 75: 544-559

Ernst W G. 2010. Late Mesozoic subduction-induced hydrothermal gold deposits along the eastern Asian and northern Californian margins: oceanic versus continental lithospheric underflow. Island Arc, 19 (2): 213-229

Ernst W G, Tsujimori T, Zhang R, Liou J G. 2007. Permo-Triassic collision, subduction-zone metamorphism, and tectonic exhumation along the east Asian continental margin. Annual Review of Earth and Planetary Sciences, 35 (1): 73-110

Eyal M, Litvinovsky B, Jahn B M, Zanvilevich A, Katzir Y. 2010. Origin and evolution of post-collisional magmatism: coeval Neoproterozoic calc-alkaline and alkaline suites of the Sinai Peninsula. Chemical Geology, 269 (3-4): 153-179

Fan H R, Xie Y H, Zhao R, Wang Y L. 2000. Dual origins of Xiaoqinling gold-bearing quartz veins: fluid inclusion evidences. Chinese Science Bulletin, 45 (5): 1424-1430

Fletcher I R, McNaughton N J, Davis W J, Rasmussen B. 2010. Matrix effects and calibration limitations in ion probe U-Pb and Th-Pb dating of monazite. Chemical Geology, 270 (1-4): 31-44

Foster G, Kinny P, Vance D, Prince C, Harris N. 2000. The significance of monazite U-Th-Pb age data in metamorphic assemblages: a combined study of monazite and garnet chronometry. Earth and Planetary Science Letters, 181 (3): 327-340

Frei R, Nagler T F, Schonberg R, Kramers J D. 1998. Re-Os, Sm-Nd, U-Pb and stepwise lead leaching isotope systematics in shear-zone hosted gold mineralization: genetic tracing and age constraints of crustal hydrothermal activity. Geochimica et Cosmochimica Acta, 62 (11): 1925-1936

Frost B R, Touret J L R. 1989. Magmatic CO_2 and saline melts from the Sybille Monzosyenite, Laramie Anorthosite Complex, Wyoming. Contributions to Mineralogy and Petrology, 103 (2): 178-186

Fuhrman M L, Lindsley D H. 1988. Ternary feldspar modeling and thermometry. American Mineralogist, 73: 201-215

Fyfe W S, Kerrich R. 1985. Fluids and thrusting. Chemical Geology, 49 (1): 353-362

Gao Y, Ye H S, Mao J W, Li Y F. 2013. Geology, geochemistry and genesis of the Qianfanling quartz-vein Mo deposit in Songxian County, Western Henan Province, China. Ore Geology Reviews, 55: 13-28

Gebre-Mariam M, Hagemann S G, Groves D I. 1995. A classification scheme for epigenetic Archaean lode-gold deposits. Mineralium Deposita, 30 (5): 408-410

Giorgetti G, Frezzotti M L E, Palmeri R, Burke E A J. 1996. Role of fluids in migmatites: CO_2-H_2O fluid inclusions in leucosomes from the Deep Freeze Range migmatites (Terra Nova Bay, Antarctica). Journal of Metamorphic Geology, 14 (3): 307-317

Goldfarb R J, Leach D L, Pickthorn W J, Paterson C J. 1988. Origin of lode-gold deposits of the Juneau gold belt, southeastern Alaska. Geology, 16 (5): 440-443

Goldfarb R J, Groves D I, Gardoll S. 2001. Orogenic gold and geologic time: a global synthesis. Ore Geology Reviews, 18 (1-2): 1-75

Goldfarb R J, Baker T, Dube B, Groves D I, Hart C R, Gosselin P. 2005. Distribution, character, and genesis of gold deposits in metamorphic terranes. Economic Geology 100th Anniversary Volume, 407-450

Goldfarb R J, Taylor R D, Collins G S, Goryachev N A, Orlandini O F. 2014. Phanerozoic continental growth and gold metallogeny of Asia. Gondwana Research, 25: 48-102

Goldstein S L, Onions R K, Hamilton P J. 1984. A Sm-Nd isotopic study of atmospheric dusts and particulates from major river systems. Earth and Planetary Science Letters, 70 (2): 221-236

Green N L, Usdansky S I. 1986. Ternary-feldspar mixing relations and thermobarometry. American Mineralogist, 71: 1100-1108

Groves D I. 1993. The crustal continuum model for late- Archaean lode- gold deposits of the Yilgarn Block, Western Australia. Mineralium Deposita, 28 (6): 366-374

Groves D I, Beirlein F P. 2007. Geodynamic settings of mineral deposit systems. Journal of the Geological Society, 164: 19-30

Groves D I, Goldfarb R J, Gebre-Mariam M, Hagemann S G, Robert F. 1998. Orogenic gold deposits: a proposed classification in the context of their crustal distribution and relationship to other gold deposit types. Ore Geology Reviews, 13 (1-5): 7-27

Guan H, Sun M, Wilde S A, Zhou X H, Zhai M G. 2002. SHRIMP U-Pb zircon geochronology of the Fuping Complex: implications for formation and assembly of the North China Craton. Precambrian Research, 113 (1): 1-18

Hagemann S G, Luders V. 2003. P-T-X conditions of hydrothermal fluid and precipitation mechanism of stibnite-gold mineralization at the Wiluna lode-gold deposits, Western Australia: conventional and infrared microthermometric constraints. Mineralium Deposita, 38 (8): 936-952

Hall D L, Sterner S M, Bodnar R J. 1988. Freezing point depression of NaCl- KCl- H_2O solutions. Economic Geology, 83 (1): 197-202

Harris A, Dunlap W J, Reiners P W, Allen C M, Cooke D R, White N C, Campbell I H, Golding S D. 2008. Multimillion year thermal history of a porphyry copper deposit: application of U- Pb, $^{40}Ar/^{39}Ar$ and (U- Th) /He chronometers, Bajo de la Alumbrera copper-gold deposit, Argentina. Mineralium Deposita, 43 (3): 295-314

He Y H, Zhao G C, Sun M, Xia X P. 2009. SHRIMP and LA- ICP- MS zircon geochronology of the Xiong'er volcanic rocks: implications for the Paleo- Mesoproterozoic evolution of the southern margin of the North China Craton. Precambrian Research, 168: 213-222

He Y H, Zhao G C, Sun M, Han Y G. 2010. Petrogenesis and tectonic setting of volcanic rocks in the Xiaoshan and Waifangshan areas along the southern margin of the North China Craton: constraints from bulk- rock geochemistry and Sr-Nd isotopic composition. Lithos, 114 (1-2): 186-199

Hodkiewicz P F, Groves D I, Davidson G J, Weinberg R F, Hagemann S G. 2009. Influence of structural setting on sulphur isotopes in Archean orogenic gold deposits, Eastern Goldfields Province, Yilgarn, Western Australia. Mineralium Deposita, 44 (2): 129-150

Hoefs J. 1997. Stable Isotope Geochemistry. 4th edition. Berlin: Springer-Verlag, 1-201

Höller W, Hoinkes G. 1996. Fluid evolution during high- pressure partial melting in the Austroalpine Ulten Zone, Northern Italy. Mineralogy and Petrology, 58 (3): 131-144

Hollister L S. 1988. On the origin of CO_2-rich fluid inclusions in migmatites. Journal of Metamorphic Geology, 6 (4): 467-474

Hurai V, Janak M, Ludhova L, Horn E E, Thomas R, Majzlan J. 2000. Nitrogen-bearing fluids, brines and carbonate liquids in Variscan migmatites of the Tatra Mountains, Western Carpathians-heritage of high-pressure metamorphism. European Journal of Mineralogy, 12 (6): 1283-1300

Ito K, Stern R J. 1985. Oxygen and strontium-isotopic investigations of subduction zone volcanism: the case of the Volcano Arc and the Marianas Island Arc. Earth and Planetary Science Letters, 76 (3): 312-320

Jackson S E, Pearson N H, Griffin W L, Belousova E A. 2004. The application of laser ablation microprobe-inductively coupled plasma-mass spectrometry (LAM-ICP-MS) to in situ U-Pb zircon geochronology. Chemical Geology, 211 (1-2): 47-69

Jacobsen S B, Wasserburg G J. 1980. Sm-Nd isotopic evolution of chondrites. Earth and Planetary Science Letters, 50 (1): 139-155

Jiang S Y, Han F, Shen J Z, Palmer M R. 1999. Chemical and Rb-Sr, Sm-Nd isotopic systematics of tourmaline from the Dachang Sn-polymetallic ore deposit, Guangxi Province, PR China. Chemical Geology, 157 (1-2): 49-67

Jiang S Y, Slack J F, Palmer M R. 2000. Sm- Nd dating of the giant Sullivan Pb-Zn-Ag deposit, British Columbia. Geology, 28 (8): 751-754

Jiang Y H, Jin G D, Liao S Y, Zhou Q, Zhao P. 2010. Geochemical and Sr-Nd-Hf isotopic constraints on the origin of Late Triassic granitoids from the Qinling orogen, central China: implications for a continental arc to continent- continent collision. Lithos, 117: 183-197

Jung S, Hoernes S, Mezger K. 2000. Geochronology and petrology of migmatites from the Proterozoic Damara Belt- importance of episodic fluid-present disequilibrium melting and consequences for granite petrology. Lithos, 51 (3): 153-179

Kerrich R, Wyman D A. 1990. The geodynamic setting of mesothermal gold deposits: an association with accretionary tectonic regimes. Geology, 18 (9): 882-885

Kerrich R, Goldfarb R J, Groves D, Garwin S, Jia Y F. 2000. The characteristics, origins, and geodynamic settings of supergiant gold metallogenic provinces. Science in China (Series D), 43: 1-68

Kerrich R, Goldfarb R J, Richards J P. 2005. Metallogenic provinces in an evolving geodynamic framework. Economic Geology, 100: 1097-1136

Kreuzer O P. 2005. Intrusion-hosted mineralization in the charters towers goldfield, North Queensland: new isotopic and fluid inclusion constraints on the timing and origin of the auriferous veins. Economic Geology, 100 (8): 1583-1603

Kroll H, Evangelakakis C, Voll G. 1993. Two-feldspar geothermometry: a review and revision for slowly cooled rocks. Contributions to Mineralogy and Petrology, 114 (4): 510-518

Kröner A, Compston W, Zhang G W, Guo A L, Todt W. 1988. Ages and tectonic setting of Late Archean greenstone- gneiss terrain in Henan Province, China, as revealed by single- grain zircon dating. Geology, 16 (3): 211-215

Landefeld L A. 1988. The geology of the Mother Lode- gold belt, Sierra Nevada Foothills metamorphic belt, California//Bicentennial Gold 88, Extended Abstracs, Oral Programme. Geological Society of Australia Abstract, 22: 167-172

Leake B E, Woolley A R, Arps C E S, Birch W D, Grice J D, Hawthorne F C, Kato A, Kisch H J, Krivovichev V G, Linthout K, Laird J, Mandarino J, Maresch W V, Nickel E H, Rock N M S, Schumacher J C, Smith D C, Stephenson N C N, Ungaretti L, Whittaker E J W, Guo Y Z. 1997. Nomenclature of amphiboles: report of the subcommittee on amphiboles of the international mineralogical association, commission on new minerals and mineral names. American Mineralogist, 82 (9- 10): 1019-1037

Li N, Pirajno F. 2017. Early Mesozoic Mo mineralization in the Qinling Orogen: an overview. Ore Geology Reviews, 81: 431-450

Li N, Chen Y J, Fletcher I R, Zeng Q T. 2011a. Triassic mineralization with Cretaceous overprint in the Dahu Au-Mo deposit, Xiaoqinling gold province: constraints from SHRIMP monazite U-Th-Pb geochronology. Gondwana Research, 20: 543-552

Li N, Chen Y J, Santosh M, Yao J M, Sun Y L, Li J. 2011b. The 1. 85Ga Mo mineralization in the Xiong'er Terrane, China: implications for metallogeny associated with assembly of the Columbia supercontinent. Precambrian Research, 186: 220-232

Li N, Chen Y J, Pirajno F, Ni Z Y. 2013. Timing of the Yuchiling giant porphyry Mo system and implications for ore genesis. Mineralium Deposita, 48: 505-524

Li N, Chen Y J, Deng X H, Yao J M. 2014. Fluid inclusion geochemistry and ore genesis of the Longmendian Mo deposit in the East Qinling Orogen: implication for migmatitic- hydrothermal Mo- mineralization. Ore Geology Reviews, 63: 520-531

Li N, Chen Y J, Santosh M, Pirajno F. 2015. Compositional polarity of Triassic granitoids in the Qinling Orogen, China: implication for termination of the northernmost Paleo- Tethys. Gondwana Research, 27 (1): 244-257

Li Q Z, Chen Y J, Zhong Z Q, Li W L, Li S R, Guo X D, Jin B Y. 2002. Ar- Ar dating on metallogenesis of the Dongchunag gold deposit, Xiaoqinling area, China. Acta Geologica Sinica (English Edition), 76 (4): 483-493

Li S G, Sun W D, Zhang G W, Chen J Y, Yang Y C. 1996. Chronology and geochemistry of metavolcanic rocks from Heigouxia valley in the Mian- Lue tectonic zone, south Qinling—Evidence for a Paleozoic oceanic basin and its close time. Science in China (Series D), 39 (3): 300-310

Liu C H, Zhao G C, Sun M, Zhang J, He Y H, Yin C Q, Wu F Y, Yang J H. 2011. U-Pb and Hf isotopic study of detrital zircons from the Hutuo group in the Trans- North China Orogen and tectonic implications. Gondwana Research, 20 (1): 106-121

Lowenstern J B, Mahood G A, Hervig R L, Sparks J. 1993. The occurrence and distribution of Mo and molybdenite in unaltered peralkaline rhyolites from Pantelleria, Italy. Contributions to Mineralogy and Petrology, 114 (1): 119-129

Lüders V, Ziemann M. 1999. Possibilities and limits of infrared light microthermometry applied to studies of pyrite- hosted fluid inclusions. Chemical Geology, 154 (1): 169-178

Ludwig K. 1999. Isoplot/Ex Version 2. 0: a geochronological toolkit for Microsoft Excel. Geochronology Center, Berkeley, Special Publication 1a

Ludwig K R. 2009. Squid 2. A User's Manual. Berkeley Geochronology Centre

Maksaev V, Munizaga F, McWilliams M, Fanning M, Mathur R, Ruiz J, Zentelli M. 2004. New chronology for El Teniente, Chilean Andes, from U-Pb, $^{40}Ar/^{39}Ar$, Re-Os and fission track dating//Sillitoe R H, Perello J, Vidal C E. Andean Metallogeny: New Discoveries, Concepts and Updates. Society of Economic Geologists, Special Publication: 15-54

Mao J W, Zhang Z C, Zhang Z H, Du A D. 1999. Re-Os isotopic dating of molybdenites in the Xiaoliugou W (Mo) deposit in the northern Qilian mountains and its geological significance. Geochimica et Cosmochimica Acta, 63 (11-12): 1815-1818

Mao J W, Goldfarb R J, Zhang Z W, Xu W Y, Qiu Y M, Deng J. 2002. Gold deposits in the Xiaoqinling-Xiong'ershan region, Central China. Mineralium Deposita, 37 (3-4): 306-325

Mao J W, Xie G Q, Bierlein F, Qu W J, Du A D, Ye H S, Pirajno F, Li H M, Guo B J, Li Y F, Yang Z Q. 2008. Tectonic implications from Re-Os dating of Mesozoic molybdenum deposits in the East Qinling-Dabie orogenic belt. Geochemica et Cosmochimica Acta, 72 (18): 4607-4626

Mao S D, Chen Y J, Zhou Z J, Lu Y H, Guo J H, Qin Y, Yu J Y. 2014. Zircon geochronology and Hf isotope geochemistry of the granitoids in the Yangshan gold field, western Qinling, China: implications for petrogenesis, ore genesis and tectonic setting. Geological Journal, 49 (4-5): 359-382

Marsh T M, Eunaudi M T, McWilliams M. 1997. $^{40}Ar/^{39}Ar$ geochronology of Cu-Au and Au-Ag mineralization in the Potrerillos district, Chile. Economic Geology, 92 (7-8): 784-806

Mcdonough W F, Sun S S. 1995. The composition of the earth. Chemical Geology, 120 (3-4): 223-253

McFarlane C R M, Connelly J N, Carlson W D. 2006. Contrasting response of monazite and zircon to a high-T thermal overprint. Lithos, 88 (1-4): 135-149

Mishra B, Saravanan C S, Bhattacharya A, Goon S, Mahato S, Bernhardt H J. 2007. Implications of super dense carbonic and hypersaline fluid inclusions in granite from the Ranchi area, Chottanagpur Gneissic Complex, Eastern Inida. Gondwana Research, 11 (4): 504-515

Mogk D W. 1992. Ductile shearing and migmatization at mid-crustal levels in an Archean high grade gneiss belt, northern Gallatin Range, Montana, USA. Journal of Metamorphic Geology, 10 (3): 427-438

Moxham R L. 1965. Distribution of minor elements in coexisting hornblendes and biotites. Canadian Mineralogist, 8: 204-240

Ni Z Y, Chen Y J, Li N, Zhang H. 2012. Pb-Sr-Nd isotope constraints on the fluid source of the Dahu Au-Mo deposit in Qinling Orogen, central China, and implication for Triassic tectonic setting. Ore Geology Reviews, 46: 60-67

Ni Z Y, Li N, Zhang H. 2014. Hydrothermal mineralization at the Dahu Au-Mo deposit in the Xiaoqinling gold field, Qinling Orogen, central China. Geological Journal, 49 (4-5): 501-514

Ohmoto H, Rye R O. 1979. Isotopes of sulphur and carbon//Barnes H L. Geochemistry of Hydrothermal Ore Deposits. New York: Wiley: 509-567

Olsen S N. 1987. The composition and role of the fluid in migmatites: a fluid inclusion study of the Front Range rocks. Contributions to Mineralogy and Petrology, 96 (1): 104-120

Ossandón G, Freraut R, Gustafson L B, Lindsay D D, Zentelli M. 2001. Geology of the Chuquicamata mine: a progress report. Economic Geology, 96 (2): 249-270

Otamendi J E, Patino Douce A E. 2001. Partial melting of aluminous metagreywackes in the Northern Sierra de Comechingones, Central Argentina. Journal of Petrology, 42 (9): 1751-1772

Owen J V, Greenough J D. 1997. Migmatites from Greenvilles, Quebec: metamorphic P-T-X conditions in transitional amphibolite/granulite-facies rocks. Lithos, 39 (3-4): 195-208

Peng P, Zhai M G, Guo J H, Kusky T, Zhao T P. 2007. Nature of mantle source contributions and crystal differentiation in the petrogenesis of the 1.78Ga mafic dykes in the central North China Craton. Gondwana Research, 12 (1-2): 29-46

Peng P, Zhai M G, Ernst R E, Guo J H, Liu F, Hu B. 2008. A 1.78Ga large igneous province in the North China craton: the Xiong'er volcanic province and the North China dyke Swarm. Lithos, 101 (3-4): 260-280

Phillips G N, Groves D I, Kerrich R. 1996. Factors in the formation of the giant Kalgoorlie gold deposit. Ore Geology Reviews, 10 (3-6): 295-317

Pichaavant M. 1981. An experimental study of the effect of boron on a water saturated haplogranite at 1 kbar vapour pressure. Contributions to Mineralogy and Petrology, 76 (4): 430-439

Pirajno F. 2009. Hydrothermal Processes and Mineral Systems. Berlin: Springer, 1-1250

Pirajno F，Chen Y J. 2005. Hydrothermal ore systems associated with the extensional collapse of collision orogens//Mao J W，Bierlein F P. Mineral Deposit Research：Meeting the Global Challenge. Berlin：Springer：1045-1048

Pirajno F，Chen Y J，Xiao W J. 2006. Hydrothermal ore systems associated with the collapse of orogens—key examples from eastern，central and northwestern China. Extended Abstracts of 12th Quadrennial IAGOD Symposium. Moscow，53-56

Poitrasson F，Chenery S，Bland D J. 1996. Contrasted monazite hydrothermal alteration mechanisms and their geochemical implications. Earth and Planetary Science Letters，145（1）：79-96

Ramboz C，Pichavant M，Weisbrod A. 1982. Fluid immiscibility in natural processes：use and misuse of fluid inclusion data：i. phase equilibria analysis—a theoretical and geometrical approach. Chemical Geology，37（1）：29-48

Rasmussen B，Muhling J R. 2007. Monazite begets monazite：evidence for dissolution of detrital monazite and reprecipitation of syntectonic monazite during low-grade regional metamorphism. Contributions to Mineralogy and Petrology，154（6）：675-689

Rasmussen B，Fletcher I R，Sheppard S. 2005. Isotopic dating of the migration of a low-grade metamorphic front during orogenesis. Geology，33（10）：773-776

Redlich O，Kwong J N S. 1949. On the thermodynamics of solutions. V. An equation of state. Fugacities of gaseous solutions. Chemical Reviews，44（1）：233-244

Roedder E. 1984. Fluid inclusions. Reviews in Mineralogy，12：1-646

Santosh M. 2010. Assembling North China Craton within the Columbia supercontinent：the role of double-sided subduction. Precambrian Research，178：149-167

Santosh M，Tsunigae T，Li J H，Liu S J. 2007a. Discovery of sapphirine-bearing Mg-Al granulites in the North China Craton：implications for Paleoproterozoic ultrahigh-temperature metamorphism. Gondwana Research，11（3）：263-285

Santosh M，Wilde S A，Li J H. 2007b. Timing of Paleoproterozoic ultrahigh-temperature metamorphism in the North China Craton：evidence from SHRIMP U-Pb zircon geochronology. Precambrian Research，159（3-4）：178-196

Santosh M，Maruyama S，Yamamoto S. 2009. The making and breaking of supercontinents：some speculations based on superplumes，super downwelling and the role of tectosphere. Gondwana Research，15（3-4）：324-341

Sawyer E W. 1999. Criteria for the recognition of partial melting. Physics and Chemistry of the Earth，Part A：Solid Earth and Geodesy，24（3）：269-279

Sawyer E W，Barnes S J. 1988. Temporal and compositional differences between subsolidus and anatectic migmatite leucosomes from the Quetico meta sedimentary belt，Canada. Journal of Metamorphic Geology，6（4）：437-450

Schandl E S，Gorton M P. 2004. A textural and geochemical guide to the identification of hydrothermal monazite criteria for selection of samples for dating epigenetic hydrothermal ore deposits. Economic Geology，99（5）：1027-1035

Seydoux-Guillaume A M，Paquette J L，Wiedenbeck M，Montel J M，Heinrich W. 2002. Experimental resetting of the U-Th-Pb systems in monazite. Chemical Geology，191（1-3）：165-181

Shirey S B，Walker R J. 1995. Carius tube digestion for low-blank Rhenium-Osnium analysis. Analytical Chemistry，67：2136-2141

Sibson R H，Robert F，Poulsen H. 1988. High angle reverse faults，fluid pressure cycling and mesothermal gold quartz deposits. Geology，16（6）：551-555

Smoliar M I，Walker R J，Morgan J W. 1996. Re-Os ages of group IIA，IIIA，IVA，and IVB iron meteorites. Science，271（5252）：1099-1102

Snee L W. 2002. Argon thermochronology of mineral deposits—a review of analytical methods，formulations，and selected applications. U. S. Geological Survery Bulletin，2194：1-39

Stacey J S，Kramers J D. 1975. Approximation of terrestrial lead isotope evolution by a two-stage model. Earth and Planetary Science Letters，26（2）：207-221

Stein H J. 2000. Re-Os dating of low-level highly radiogenic（LLHR）sulfides：the Harnas gold deposit，Southwest Sweden，records continental-scale tectonic events. Economic Geology，95（8）：1657-1671

Stein H J. 2006. Low-rhenium molybdenite by metamorphism in northern Sweden：recognition，genesis，and global implications. Lithos，87（3-4）：300-327

Stein H J，Markey R J，Morgan J W，Du A，Sun Y. 1997. Highly precise and accurate Re-Os ages for molybdenite from the East Qinling molybdenum belt，Shaanxi Province，China. Economic Geology，92（7-8）：827-835

Stein H J，Sundblad K，Markey R J，Morgen J W，Motuza G. 1998. Re-Os ages for Archean molybdenite and pyrite，Juittila-Kivisuo，Finland and Proterozoic molybdenite，Kabeliai，Lithuania：testing the chronometer in a metamorphic and metasomatic setting. Mineralium Deposita, 33 (4): 329-345

Stein H J, Markey R J, Morgan J W, Hannah J L, Schersten A. 2001. The remarkable Re-Os chronometer in molybdenite: how and why it works. Terra Nova, 13 (6): 479-486

Stein H J, Scherstén A, Hannah J, Markey R. 2003. Subgrain-scale decoupling of Re and ^{187}Os and assessment of laser ablation ICP-MS spot dating in molybdenite. Geochimica et Cosmochimica Acta, 67 (19): 3673-3686

Stern T A, Sanborn N. 1998. Monazite U-Pb and Th-Pb geochronology by high-resolution secondary ion mass spectrometry//Radiogenic Age and Isotope Studies. Report 11: Current Research. Geological Survey of Canada, 1-18

Sun Y L, Zhou M F, Sun M. 2001. Routine Os analysis by isotope dilution-inductively coupled plasma mass spectrometry: OsO_4 in water solution gives high sensitivity. Journal of Analytical Atomic Spectrometry, 16 (4): 345-349

Sun Y L, Xu P, Li J, He K, Chu Z Y, Wang C Y. 2010. A practical method for determination of molybdenite Re-Os age by inductively coupled plasma-mass spectrometry combined with Carius tube-HNO_3 digestion. Analytical Methods, 2 (5): 575-581

Suzuki K, Shimizu H, Masuda A. 1996. Re-Os dating of molybdenites from ore deposits in Japan: implication for the closure temperature of the Re-Os system for molybdenite and the cooling history of molybdenum ore deposits. Geochimica et Cosmochimica Acta, 60 (16): 3151-3159

Taner H, Williams-Jones A E, Wood S A. 1998. The nature, origin and physicochemical controls of hydrothermal Mo-Bi mineralization in the Cadillac deposit, Quebec, Canada. Mineralium Deposita, 33 (6): 579-590

Taylor H P. 1974. The application of oxygen and hydrogen isotope studies to problems of hydrothermal alteration and ore deposition. Economic Geology, 69: 843-883

Taylor S R, McLennan S M. 1985. The continental crust: its composition and evolution. The Journal of Geology, 94 (4): 57-72

Teufel S, Heinrich W. 1997. Partial resetting of the U-Pb isotope system in monazite through hydrothermal experiments: an SEM and U-Pb isotope study. Chemical Geology, 137 (3-4): 273-281

Touret J L R, Bottinga Y. 1979. Equation of state for carbon dioxide: application to carbonic inclusions. Bulletin de Mineralogie, 102: 577-583

Townsend K J, Miller C F, D'Andrea J L, Ayers J C, Harrison T M, Coath C D. 2000. Low temperature replacement of monazite in the Ireteba granite, Southern Nevada: geochronological implications. Chemical Geology, 172 (1): 95-112

Valley J W, Chiarenzelli J R, Mclelland J M. 1994. Oxygen isotope geochemistry of zircon. Earth and Planetary Science Letters, 126 (4): 187-206

Villaseca C, Romera C M, De la Rosa J, Barbero L. 2003. Residence and redistribution of REE, Y, Zr, Th and U during granulite-facies metamorphism: behavior of accessory and major phases in peraluminous granulites of central Spain. Chemical Geology, 200 (3): 293-323

Voicu G, Bardoux M, Stevenson R, Jebrak M. 2000. Nd and Sr isotope study of hydrothermal scheelite and host rocks at Omai, Guiana Shield: implications for ore fluid source and flow path during the formation of orogenic gold deposits. Mineralium Deposita, 35 (4): 302-314

Voudouris P C, Melfos V, Spry P G, Bindi L, Kartal T, Arikas K. 2009. Rhenium-rich molybdenite and rheniite in the Pagoni Rachi Mo-Cu-Te-Ag-Au prospect, northern Greece: implications for the Re geochemistry of porphyry-style Cu-Mo and Mo mineralization. Canadian Mineralogist, 47 (5): 1013-1036

Wan Y, Wilde S A, Liu D Y, Yang C X, Song B, Yin X Y. 2006. Further evidence for 1. 85Ga metamorphism in the Central Zone of the North China Craton: SHRIMP U-Pb dating of zircon from metamorphic rocks in the Lushan area, Henan Province. Gondwana Research, 9 (1-2): 189-197

Wang X L, Jiang S Y, Dai B Z. 2010. Melting of enriched Archean subcontinental lithospheric mantle: evidence from the ca. 1760 Ma volcanic rocks of the Xiong'er Group, southern margin of the North China Craton. Precambrian Research, 182 (3): 204-216

Weber C, Barbey P. 1986. The role of water, mixing processes and metamorphic fabric in the genesis of the Baume migmatites (Ardeche France). Contributions to Mineralogy and Petrology, 92 (4): 481-491

Wedepohl K H. 1978. Handbook of Geochemistry. Berlin: Springer-Verlag

Wen S, Nekvasil H. 1994. SOLVCALC computer program for feldspar thermometry. Computer Geoscience, 20 (6): 1025-1040

Westra G, Keith S B. 1981. Classification and genesis of stockwork molybdenum deposits. Economic Geology, 76 (4): 844-873

Whitney D L, Irving A J. 1994. Origin of K-poor leucosomes in a metasedimentary migmatite complex by ultrametamorphism, syn-metamorphic magmatism and subsolidus processes. Lithos, 32 (3-4): 173-192

Wilkinson J J. 2001. Fluid inclusions in hydrothermal ore deposits. Lithos, 55 (1-4): 229-272

Winslow D M, Bodnar R J, Tracy R J. 1994. Fluid inclusion evidence for an anticlockwise metamorphic *P-T* path in central Massachusetts. Journal of Metamorphic Geology, 12 (4): 361-371

Wu F Y, Sun D Y, Li H M, Jahn B M, Wilde S. 2002. A-type granites in northeastern China: age and geochemical constraints on their petrogenesis. Chemical Geology, 187 (1-2): 143-173

Wyman D, Kerrich R. 1988. Alkaline magmatism, major structures, and gold deposits: implications for greenstone belt gold metallogeny. Economic Geology, 83 (2): 451-458

Xu C, Kynicky J, Chakhmouradian A R, Qi L A, Song W L. 2010. A unique Mo deposit associated with carbonatites in the Qinling orogenic belt, central China. Lithos, 118 (1-2): 50-60

Xu J F, Han Y W. 1996. High radiogenic Pb-isotope composition of ancient MORB-type rocks from Qinling area—Evidence for the presence of Tethyan-type oceanic mantle. Science in China (Series D), 39: 33-42

Xu J F, Castillo P R, Li X H, Yu X Y, Zhang B R, Han Y W. 2002. MORB-type rocks from the Paleo-Tethyan Mian-Lueyang northern ophiolite in the Qinling Mountains, central China: implications for the source of the low $^{206}Pb/^{204}Pb$ and high $^{143}Nd/^{144}Nd$ mantle component in the Indian Ocean. Earth and Planetary Science Letters, 198: 323-337

Xu X S, Griffin W L, Ma X, O'Reilly S Y, He Z Y, Zhang C L. 2009. The Taihua group on the southern margin of the North China Craton: further insights from U-Pb ages and Hf isotope compositions of zircons. Minerology and Petrology, 97 (1-2): 43-59

Xue L W, Yuan Z L, Zhang, Y S. 1995. The Sm-Nd isotope age of Taihua group in Lushan area and their implications. Geochimica, 24: 92-97

Yang J H, Zhou X H. 2001. Rb-Sr, Sm-Nd, and Pb isotope systematics of pyrite: implications for the age and genesis of lode gold deposits. Geology, 29 (8): 711-714

Zartman R E, Doe B R. 1981. Plumbotectonics—the Model. Tectonophysics, 75 (1-2): 135-162

Zen Z. 1986. Aluminum enrichment in silicate melt by fractional crystallization: some mineralogic and petrologic constraints. Journal of Petrology, 27 (5): 1095-1117

Zhai M G, Santosh M. 2011. The early Precambrian odyssey of the North China Craton: a synoptic overview. Gondwana Research, 20 (1): 6-25

Zhang J, Chen Y J, Shu G M, Zhang F X, Li C. 2002. Compositional study of minerals within the Qinlingliang granite, southwestern Shaanxi Province and discussions on the related problems. Science in China (Series D), 45 (7): 662-672

Zhang J, Chen Y J, Qi J P, Ge J. 2009. Comparison of the typical metallogenic systems in the north slope of the Tongbai-East Qinling Mountains and its geologic implications. Acta Geologica Sinica (English Edition), 83 (2): 396-410

Zhang J, Chen Y J, Yang Y, Deng J. 2011. Lead isotope systematics of the Weishancheng Au-Ag belt, Tongbai Mountains, central China: implication for ore genesis. International Geology Review, 53 (5-6): 656-676

Zhang J, Chen Y J, Pirajno F, Deng J, Chen H Y, Wang C M. 2013. Geology, C-H-O-S-Pb isotope systematics and geochronology of the Yindongpo gold deposit, Tongbai Mountains, central China: implication for ore genesis. Ore Geology Reviews, 53: 343-356

Zhang L, Zheng Y, Chen Y J. 2012. Ore geology and fluid inclusion geochemistry of the Tiemurt Pb-Zn-Cu deposit, Altay, Xinjiang, China: a case study of orogenic-type Pb-Zn systems. Journal of Asian Earth Sciences, 49: 69-79

Zhang Z Q, Zhang G W, Tang S H, Xu J F, Yang Y C, Wang J H. 2002. Age of Anzishan granulites in the Mianxian-Lueyang suture zone of Qingling orogen: with a discussion of the timing of final assembly of Yangtze and North China craton blocks. Chinese Science Bulletin, 47 (22): 1925-1930

Zhao G C, Sun M, Wilde S A, Li S Z. 2004. A Paleo-Mesoproterozoic supercontinent: assembly, growth and breakup. Earth-Science Reviews, 67 (1-2): 91-123

Zhao G C, Sun M, Wilde S A, Li S Z. 2005. Late Archean to Paleoproterozoic evolution of the North China Craton: key issues revisited. Precambrian Research, 136 (2): 177-202

Zhao G C, Wilde S A, Sun M, Guo J H, Kröner A, Li S Z, Li X P, Zhang J. 2008a. SHRIMP U-Pb zircon geochronology of the Huai'an Complex: constraints on Late Archean to Paleoproterozoic magmatic and metamorphic events in the Trans-North China Orogen. American Journal of Science, 308 (3): 270-303

Zhao G C, Wilde S A, Sun M, Li S Z, Li X P, Zhang J. 2008b. SHRIMP U-Pb zircon ages of granitoid rocks in the Lüliang Complex: implications for the accretion and evolution of the Trans-North China Orogen. Precambrian Research, 160 (3-4): 213-226

Zhao G C, He Y H, Sun M. 2009. The Xiong'er volcanic belt at the southern margin of the North China Craton: petrographic and geochemical evidence for its outboard position in the Paleo-Mesoproterozoic Columbia Supercontinent. Gondwana Research, 16 (2): 170-181

Zhao H X, Frimmel H E, Jiang S Y, Dai B Z. 2011. LA-ICP-MS trace element analysis of pyrite from the Xiaoqinling gold district, China: implications for ore genesis. Ore Geology Reviews, 43 (1): 142-153

Zhao H X, Jiang S Y, Frimmel H E, Dai B Z, Ma L. 2012. Geochemistry, geochronology and Sr-Nd-Hf isotopes of two Mesozoic granitoids in the Xiaoqinling gold district: implication for large-scale lithospheric thinning in the North China Craton. Chemical Geology, 294-295: 173-189

Zhao K D, Jiang S Y, Ni P, Ling H F, Jiang Y H. 2007. Sulfur, lead and helium isotopic compositions of sulfide minerals from the Dachang Sn-polymetallic ore district in South China: implication for ore genesis. Mineralogy and Petrology, 89 (3-4): 251-273

Zhao T P, Zhou M F, Zhai M, Xia B. 2002. Paleoproterozoic rift-related volcanism of the Xiong'er Group, North China Craton: implications for the breakup of Columbia. International Geology Review, 44 (4): 336-351

Zheng Y, Zhang L, Chen Y J, Qin Y J, Liu C F. 2012. Geology, fluid inclusion geochemistry and $^{40}Ar/^{39}Ar$ geochronology of the Wulasigou Cu deposit in Altay, Xinjiang, China and their implications for ore genesis. Ore Geology Reviews, 49: 128-140

Zhou X M, Li W X. 2000. Origin of Late Mesozoic igneous rocks in Southeastern China: implications for lithosphere subduction and underplating of mafic magmas. Tectonophyisics, 326 (3-4): 269-287

Zhou Z J, Chen Y J, Jiang S Y, Hu C J, Qin Y, Zhao H X. 2015. Isotope and fluid inclusion geochemistry and genesis of the Qiangma gold deposit, Xiaoqinling gold field, Qinling Orogen, China. Ore Geology Reviews, 66: 47-64

Zhou Z J, Chen Y J, Jiang S Y, Zhao H X, Qin Y, Hu C J. 2014a. Geology, geochemistry and ore genesis of the Wenyu gold deposit, Xiaoqinling gold field, southern margin of North China Craton. Ore Geology Reviews, 59 (1): 1-20

Zhou Z J, Lin Z W, Qin Y. 2014b. Geology, geochemistry and genesis of the Huachanggou gold deposit, western Qinling Orogen, central China. Geological Journal, 49 (4-5): 424-441

Zhu G, Wang Y S, Liu G S, Niu M L, Xie C L, Li C C. 2005. $^{40}Ar/^{39}Ar$ dating of strike-slip motion on the Tan-Lu fault zone, East China. Journal of Structure Geology, 27 (8): 1379-1398

Zhu R X, Yang Z Y, Wu H N, Ma X H, Huang B C, Meng Z F, Fang D J. 1998. Paleomagnetic constraints on the tectonic history of the major blocks of China during the Phanerozoic. Science in China (Series D), 41: 1-19

Zimmerman A, Stein H, Markey R, Fanger L, Heinrich C, von Quadt A, Peytcheva I. 2003. Re-Os ages for the Elatsite Cu-Au deposit, Srednogorie zone, Bulgaria//Eliopoulos D G. Mineral Exploration and Sustainable Development. Rotterdam: Mill Press: 1253-1256

第7章 成矿规律

基于第3章至6章对于不同类型钼矿床典型矿床的解析，本章将总结归纳秦岭造山带钼成矿的规律性及其制约因素，以期更好地服务于钼成矿理论发展和找矿勘查、教学培训。本章首先分析矿床形成的时间和空间，这是探讨成矿规律、提升找矿效率的基础；其次，将分析成矿作用与构造、地层、岩浆岩三大地质要素的关系，从而认识它们对不同类型矿床的制约作用；再次，讨论水岩相互作用的类型、分带性、阶段性及其与流体性质和演化的关系，因为成矿流体的源、运、聚是热液矿床形成的根本，而围岩蚀变是热液矿床找矿的最直接标志；最后，探讨了辉钼矿 Re 含量与成矿类型和成矿物质来源的关系。本章将重点论证：①钼矿床集中在地壳厚度较大的造山带内部，与 A 型俯冲或逆冲构造密切相关；②成矿爆发于燕山期；③早前寒武纪岩石钼含量高，有利于赋存大型超大型矿床；④钼矿化或超大型钼矿床多与燕山期花岗岩关系密切，特别是高钾钙碱性小型花岗岩体；⑤赋矿围岩的物理化学性质制约了矿化类型、矿体定位、成矿元素组合等；⑥岩浆热液和变质热液矿床的热液成矿过程都具有四阶段特点，流体最终演化为大气降水热液；⑦斑岩钼矿床比斑岩铜钼矿床，燕山期斑岩钼矿比前燕山期斑岩钼矿，具有更强的钾长石化、萤石化和碳酸盐化，更弱的绢英岩化、青磐岩化和高级泥化；⑧与陆弧斑岩系统相比，大陆碰撞或裂谷环境的斑岩钼矿床成矿流体更富 CO_2；⑨斑岩矿床辉钼矿 Re 含量是判别物质来源的重要标志，低于 50×10^{-6} 者壳源为主，大于 50×10^{-6} 者幔源为主。

7.1 空间分布与碰撞造山

7.1.1 钼矿化与地壳增厚

秦岭造山带是典型的陆陆碰撞造山带，形成于中生代华北克拉通与扬子克拉通的陆陆碰撞造山作用（陈衍景等，2000；张国伟等，2001）。区内钼矿床总体呈近 EW 向沿区域构造线展布，北不逾三宝断裂，南不逾商丹断裂（图 2.1），表明钼矿化发生于造山带内部，而非国外常见的大陆边缘弧或弧后伸展区（Sillitoe，1980；Misra，2000；Seedorff et al.，2005）。而造山带内部往往具有较两侧克拉通更大的地壳厚度。例如，重磁资料（张乃昌等，1986）显示，东秦岭地壳深部构造表现为莫霍面向西倾斜、呈近 EW 向延展的上地幔拗陷区。在莫霍面等深线图（图 7.1）中可见，钼矿床集中于华阴地幔拗陷区和卢氏地幔拗陷区附近，或位于地幔隆起区与拗陷区之间的过渡地带，而隆起区一般无钼矿床产出。上述证据表明，秦岭地区钼矿床总体产于地壳厚度较大的地区，钼矿化与陆陆碰撞和/或增生造山所致的地壳厚度增大有关。

以108°E 为界，秦岭造山带被划分为东秦岭和西秦岭（张国伟等，2001）。其中东秦岭地区已发现超大型钼矿床9个（包括金堆城、南泥湖、三道庄、上房沟、雷门沟、东沟、鱼池岭、鱼库、夜长坪等钼矿床），大、中、小型钼矿 30 余个，累计探明钼金属量近千万吨（李诺等，2007b），是世界上最大的钼矿集中区。而目前西秦岭发现的钼矿床数量较少，规模较小，目前仅见温泉钼矿床达中型规模（钼资源量 0.15Mt，Zhu et al.，2011）。这种钼矿化的东西方向差异与燕山期同碰撞或后碰撞花岗岩集中于东秦岭，而西秦岭缺乏的地质事实相一致。

以栾川断裂、商丹缝合带和勉略缝合带为界，可将秦岭划分为四个构造单元，自北而南依次为：华熊地块、北秦岭、南秦岭和扬子克拉通北缘。目前秦岭地区已发现的钼矿床主要分布于华熊地块，北秦岭和南秦岭见有少量矿床（点），而扬子克拉通北缘钼矿床罕见（图 7.2）。这亦与燕山期同碰撞或后碰

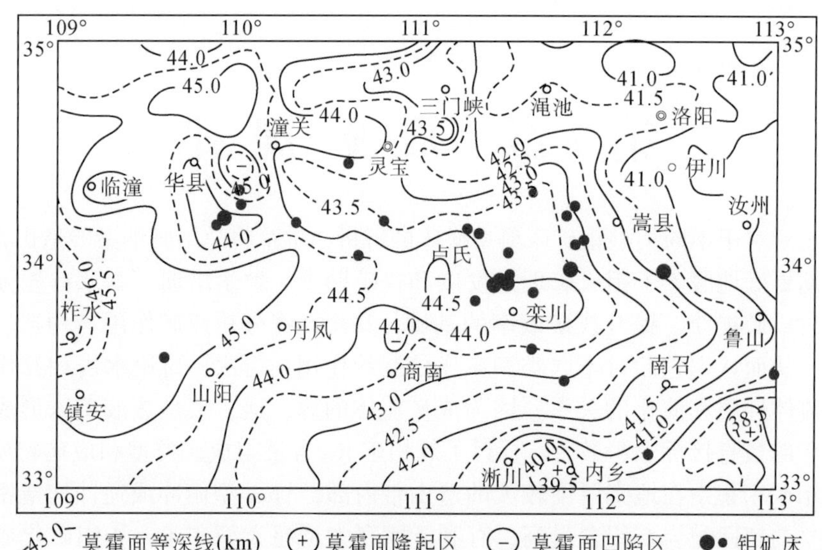

图 7.1　东秦岭地区莫霍面等深线图（胡受奚等，1988）

撞花岗岩的空间分布有关：集中于华熊地块和北秦岭，但在南秦岭和扬子克拉通南缘缺失。如我们所知，燕山期华北克拉通与扬子克拉通发生陆陆碰撞，导致地壳缩短、增厚、流体运移、花岗岩质岩浆侵位以及 Mo 等金属元素矿化。这可用 CMF 模式解释（图 7.3）。

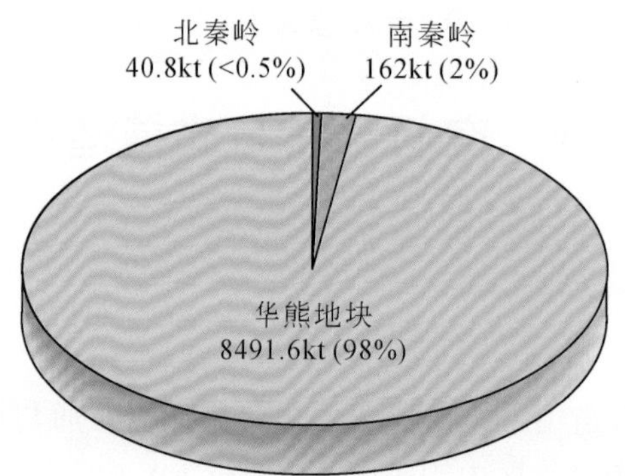

图 7.2　秦岭地区不同构造单元的钼金属储量分布

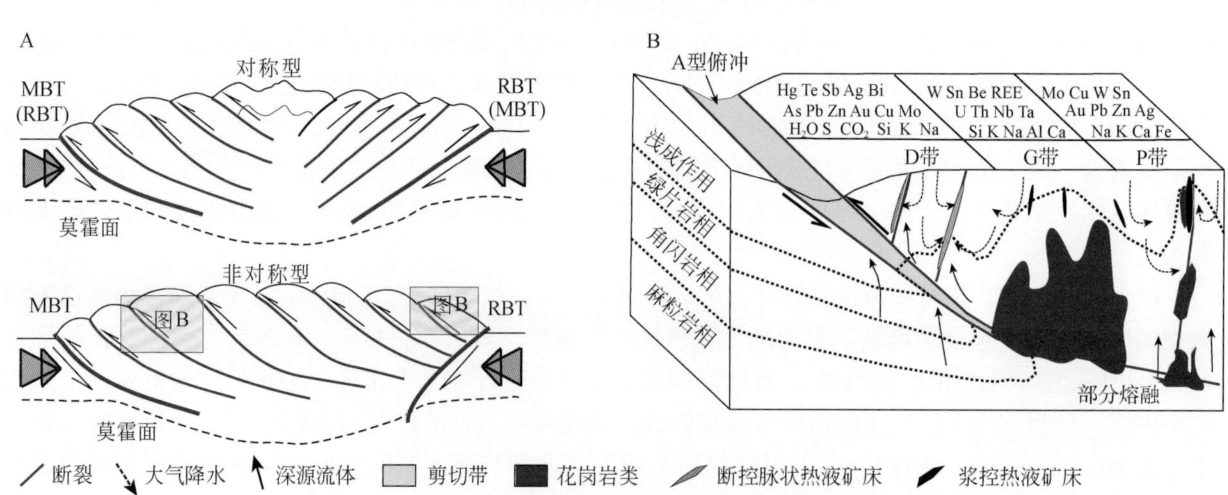

图 7.3　碰撞造山带及钼金属矿化（据陈衍景等，2000 修改）

图 A 展示了碰撞造山带的两种不同构造样式。MBT 为主边界逆冲断裂（main boundary thrust），RBT 为反向边界逆冲断裂（reverse boundary thrust）。图 B 展示了 A 型俯冲过程中浅成作用、变质作用、岩浆作用和流体运移，以及所诱发金属矿化的空间分带性

7.1.2 古老克拉通基底控矿

尽管燕山期花岗岩在北秦岭和华熊地块均有分布，但秦岭地区钼矿主要集中于华熊地块。该区以古老克拉通基底发育为典型特征，集中了区内全部 9 个超大型钼矿床、95%以上的钼资源，而缺乏古老克拉通基底的秦岭其他构造单元则矿化较弱，规模较小。这一特征亦与世界范围内其他钼矿集中区吻合，例如，我国新疆东天山地区（吴艳爽等，2013；项楠等，2013），大兴安岭钼矿集中区（陈衍景等，2012）以及美国著名的 Climax-Henderson 钼矿带（Lehmann，1987；Wallace 1995）等。相反，在古老地壳缺失的岛弧环境，罕见有单钼矿床形成。据此，古老的克拉通基底对于钼矿化的制约作用可见一斑。

区域地层 Mo 丰度研究表明，秦岭造山带前寒武纪基底较上覆盖层具有更高的钼元素含量（图 7.4，表 7.1）。获得太华超群（>1.8Ga）和熊耳群（约 1.76Ga）的 Mo 元素平均丰度分别为 2.62×10^{-6} 和 3.76×10^{-6}，显著高于上覆的官道口群（平均 0.39×10^{-6}）和栾川群（平均 1.14×10^{-6}）。北秦岭地区秦岭群、二郎坪群、宽坪群和陶湾群的 Mo 平均丰度分别为 1.13×10^{-6}、0.68×10^{-6}、0.98×10^{-6} 和 0.52×10^{-6}，明显低于太华超群和熊耳群。鉴于此，认为分布广泛、厚度巨大的古老克拉通基底对钼金属矿化的贡献不容小觑。此外，栾川群的局部层位，如白术沟组（平均 1000m），Mo 含量亦较高（$0.31\times10^{-6}\sim3.03\times10^{-6}$），可作为钼矿化的有利层位。迄今为止，秦岭地区已知巨型钼矿全部赋存于太华超群、熊耳群、栾川群中，或它们的共存部位。

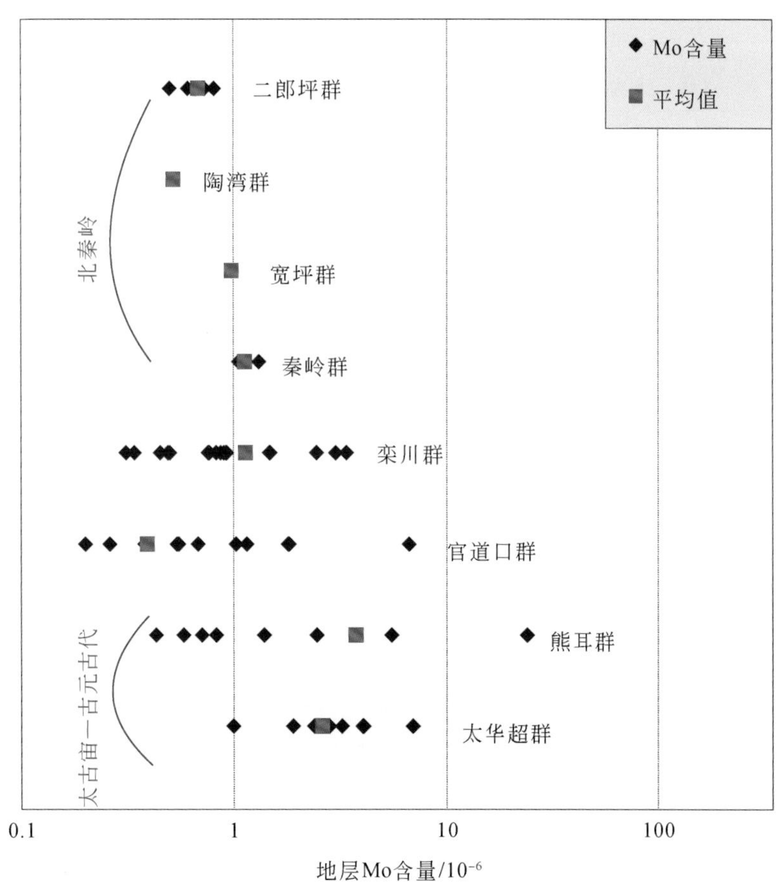

图 7.4 秦岭造山带北部 Mo 元素丰度

表 7.1　秦岭地区主要地层单元 Mo 丰度　　（单位：10^{-6}）

地层	样品	样数	Mo	来源
太华超群	斜长角闪片麻岩	7	4.06	胡志宏等，1986
	混合岩化角闪片麻岩	10	2.83	胡志宏等，1986
	条带状混合岩	15	1.91	胡志宏等，1986
	片麻状混合岩	4	1.00	胡志宏等，1986
	条痕状混合岩	1	1.00	胡志宏等，1986
	伟晶状混合岩	8	4.10	胡志宏等，1986
	变玄武岩	24	3.24	张本仁等，1994
	黑云斜长片麻岩	1	6.97	时毓等，2011
	未知	115	2.40	刘永春等，2007a
	平均值	185	2.62	
熊耳群	上部	53	5.54	张本仁等，1994
	下部	77	2.47	张本仁等，1994
	眼窑寨组英安岩	1	0.83	柳晓艳等，2011
	眼窑寨组粗面岩	1	0.43	柳晓艳等，2011
	眼窑寨组粗面英安岩	1	0.58	柳晓艳等，2011
	眼窑寨组粗面岩	1	23.9	柳晓艳等，2011
	眼窑寨组英安岩	1	1.40	柳晓艳等，2011
	眼窑寨组流纹岩	1	0.71	柳晓艳等，2011
	平均值	136	3.76	
栾川群	煤窑沟组上段	46	0.77	张本仁等，1994
	煤窑沟组中段	41	0.34	张本仁等，1994
	煤窑沟组下段	41	0.92	张本仁等，1994
	煤窑沟组	1	0.45	邢矿，2005
	南泥湖组上段	43	0.83	张本仁等，1994
	南泥湖组中段	43	0.50	张本仁等，1994
	南泥湖组下段	36	0.90	张本仁等，1994
	南泥湖组 1 段	1	3.40	邢矿，2005
	南泥湖组 2 段	1	0.83	邢矿，2005
	南泥湖组 3 段	1	0.76	邢矿，2005
	三川组上段	56	0.49	张本仁等，1994
	三川组下段	38	0.93	张本仁等，1994
	三川组 1 段	1	2.46	邢矿，2005
	三川组 2 段	1	0.87	邢矿，2005
	白术沟组上段	62	3.03	张本仁等，1994
栾川群	白术沟组中段	54	1.49	张本仁等，1994
	白术沟组上段	42	1.48	张本仁等，1994
	白术沟组	1	0.31	邢矿，2005
	平均值	509	1.14	
官道口群	冯家湾组	40	0.38	张本仁等，1994
	冯家湾组	1	1.03	邢矿，2005
	杜关组	83	0.55	张本仁等，1994
	杜关组	1	1.16	邢矿，2005
	巡检司组	64	0.15	张本仁等，1994
	巡检司组	1	6.68	邢矿，2005
	龙家园组上段	53	0.26	张本仁等，1994
	龙家园组中段	38	0.20	张本仁等，1994
	龙家园组下段	23	0.26	张本仁等，1994
	龙家园组 I 段	1	1.83	邢矿，2005
	龙家园组 I 段	1	0.54	邢矿，2005
	龙家园组 I 段	1	1.81	邢矿，2005
	高山河组	26	0.68	张本仁等，1994
	平均值	333	0.39	
秦岭群	片麻岩	3	1.06	时毓等，2011
	黑云斜长角闪岩	1	1.32	时毓等，2011
	平均值	4	1.13	
二郎坪群	大庙组	40	0.65	冯胜斌，2006
	二进沟组	32	0.81	冯胜斌，2006
	干江河组	2	0.50	冯胜斌，2006
	火神庙组	84	0.67	冯胜斌，2006
	大栗树组	27	0.61	冯胜斌，2006
	刘山岩组	30	0.66	冯胜斌，2006
	张家大庄组	15	0.73	冯胜斌，2006
	刘山岩组-张家大庄组	15	0.67	冯胜斌，2006
	平均值	245	0.68	
宽坪群	未知	162	0.98	刘永春等，2007a
	平均值	162	0.98	
陶湾群	未知	102	0.52	刘永春等，2007a
	平均值	102	0.52	

7.1.3　断裂构造控矿

秦岭地区钼矿床空间展布受断裂控制明显，已知钼矿床主要产于深断裂内部，或断裂两侧 1 ~ 10km 范围内。例如，温泉钼矿位于临夏-天水-武山断裂附近（朱赖民等，2009）。宁陕-柞水钼矿集中区印支期矿床受 NE 向断裂控制明显（No. 2-8，图 2. 1）。这些印支期斑岩-夕卡岩型钼矿与勉略洋的向北俯冲有关。

印支期造山型钼矿，包括小秦岭地区的大湖-马家洼（No. 14-15，图 2.1）和外方山钼矿田诸矿床（No. 30-39，图 2.1）受断裂控制，以石英脉形式产出于三宝断裂南侧。这些矿床被认为形成于岩浆弧-弧后伸展环境（Deng et al., 2017）。

几乎所有燕山期斑岩型和斑岩-夕卡岩型钼矿均分布于商丹断裂以北，即华熊地块和北秦岭。它们往往产出于 NE 与 WNW 向断裂交汇部位。例如，金堆城和石家湾钼矿位于小河断裂与栾川断裂交汇处，南泥湖-三道庄和上房沟钼矿位于栾川深断裂北侧约 10km 处，受其次级断裂控制。木龙沟和银家沟钼矿则分别受木龙沟-唐村断裂和银家沟-庄科断裂控制（罗铭玖等，1991）。石窑沟钼矿产于近 EW 向马超营断裂与 NE 向石窑沟-焦园断裂的交汇部位（高亚龙等，2010；Han et al., 2013），鱼池岭含矿斑岩沿 NNE 向与 NEE 向断裂交汇部位侵入（李诺等，2009a，2009b）。

总之，区域性断裂，如勉略断裂、商丹断裂、栾川断裂等，控制了成矿带或矿集区的产出，而其次级的 NE 与 WNW 向断裂（或其交汇处）则为成矿岩浆-流体提供了通道，控制了单个钼矿床的产出。

7.2 时间分布与造山事件

表 7.2 和图 7.5、图 7.6 汇总了秦岭地区钼矿床的辉钼矿 Re-Os 同位素年龄，可见钼成矿时代具有多期次性、空间差异性和类型差异性三大特征。

表 7.2 秦岭造山带钼矿床辉钼矿 Re-Os 同位素测年结果

序号	矿床	类型	样品编号	重量/g	Re/10^{-6}	2σ	^{187}Re/10^{-6}	2σ	^{187}Os/10^{-9}	2σ	年龄/Ma	2σ	文献
1	温泉	P	Ws-zk-1	0.0101	33.52	0.30	21.07	0.19	75.38	0.57	214.3	2.7	朱赖民等，2009
			Ws-zk-2	0.0106	24.06	0.19	15.12	0.12	53.68	0.43	212.7	2.6	朱赖民等，2009
			Ws-5	0.0115	27.96	0.22	17.57	0.14	62.71	0.48	213.8	2.5	朱赖民等，2009
			Ws-3	0.0104	25.12	0.20	15.79	0.13	56.70	0.44	215.1	2.6	朱赖民等，2009
			Ws-1	0.0106	20.47	0.17	12.87	0.11	46.05	0.45	214.4	2.9	朱赖民等，2009
4	月河坪	P-S	LGL-2	0.0205	135.30	2.50	85.01	1.57	273.30	2.00	192.7	4.3	李双庆等，2010
			LGL-3	0.0211	95.20	1.36	59.83	0.86	191.80	1.40	192.1	3.6	李双庆等，2010
			LGL-4	0.0202	184.40	2.00	115.90	1.30	371.40	2.50	192.1	3.1	李双庆等，2010
			LGL-11	0.0209	86.93	1.40	54.64	0.88	173.80	1.20	190.6	3.8	李双庆等，2010
			LGL-12	0.0202	59.09	0.91	37.14	0.57	117.60	0.70	189.8	3.7	李双庆等，2010
5	新铺	IV	XP1-1	0.0500	1.98	0.02	1.24	0.01	4.05	0.04	195.3	3.3	代军治等，2015
			XP1-2	0.0500	9.61	0.08	6.04	0.05	19.85	0.16	196.8	2.8	代军治等，2015
			XP1-3	0.0200	14.43	0.12	9.07	0.07	29.80	0.31	196.9	3.0	代军治等，2015
			XP1-4	0.0500	11.94	0.12	7.50	0.07	24.66	0.20	196.9	2.9	代军治等，2015
			XP1-5	0.0500	8.53	0.07	5.36	0.05	17.53	0.16	196.0	2.9	代军治等，2015
6	梨园堂	P	11LY1-1	0.0505	131.60	1.10	82.70	0.66	274.90	2.30	199.2	2.8	Xiao et al., 2014
			11LY1-2	0.0504	80.92	0.71	50.86	0.45	173.10	1.40	203.9	3.0	Xiao et al., 2014
			11LY1-5	0.0504	24.64	0.21	15.48	0.13	51.60	0.50	199.9	3.0	Xiao et al., 2014
			11LY1-8	0.0501	142.20	1.30	89.38	0.85	302.70	2.60	202.9	3.1	Xiao et al., 2014
			11LY1-9	0.0516	50.37	0.42	31.66	0.27	108.10	0.80	204.6	2.9	Xiao et al., 2014
			11LY1-14	0.0502	73.33	0.66	46.09	0.42	157.50	1.30	204.8	3.0	Xiao et al., 2014
7	桂林沟	P	11GL-13	0.0333	192.98	0.82	121.30	0.51	400.73	2.62	198.0	1.5	张红等，2015
			11GL-14	0.0330	176.29	1.08	110.81	0.68	362.55	0.70	196.1	1.2	张红等，2015

续表

序号	矿床	类型	样品编号	重量/g	Re/10^{-6}	2σ	^{187}Re/10^{-6}	2σ	^{187}Os/10^{-9}	2σ	年龄/Ma	2σ	文献
			11GL-15	0.0304	136.18	0.63	85.60	0.40	283.69	1.99	198.6	1.6	张红等，2015
			11GL-16	0.0339	159.91	0.99	100.51	0.62	328.53	1.27	195.9	1.4	张红等，2015
			11GL-21-1	0.0327	100.59	0.50	63.23	0.31	207.58	0.97	196.7	1.3	张红等，2015
			11GL-21-2	0.0627	92.29	0.44	58.01	0.28	192.14	0.72	198.5	1.2	张红等，2015
8	冷水沟	P-S	LS01-07	0.0504	288.10	5.50	181.04	3.47	454.90	3.70	150.6	3.4	Li Q G et al., 2011
			LS01-08	0.0501	332.90	4.50	209.21	2.80	520.70	4.80	149.2	2.7	Li Q G et al., 2011
9	八里坡	P	ZK0001-1	0.0068	155.91	0.60	98.00	0.38	254.10	0.86	155.4	0.8	焦建刚等，2009
			ZK1901	0.0511	46.95	0.50	29.51	0.31	75.68	0.16	153.7	1.6	焦建刚等，2009
			ZK2101-2	0.0487	40.67	0.28	25.56	0.17	65.16	0.15	152.8	1.1	焦建刚等，2009
			ZK2101-4	0.0500	56.42	0.80	35.46	0.50	93.36	0.10	157.8	2.2	焦建刚等，2009
			B001-2	0.5280	38.40	0.59	24.13	0.37	61.78	0.12	153.5	2.3	焦建刚等，2009
10	金堆城	P	J82-1	0.0850	12.90	0.40	8.10	0.30	17.20	0.70	129.0	7.0	黄典豪等，1994
			J82-9	0.1500	19.70	0.50	12.30	0.30	26.40	0.40	131.0	4.0	黄典豪等，1994
			J82-0		15.80	0.50	9.90	0.30	22.60	0.40	139.0	3.0	黄典豪等，1994
			JDC-5		17.33	0.50			25.13	0.09	138.3	0.8	Stein et al., 1997
			JDC-5		17.40	0.50			25.26	0.09	138.4	0.8	Stein et al., 1997
11	石家湾	P	HS81-1	0.3720	10.17	0.14	6.36	0.09	14.41	0.75	138.0	8.0	黄典豪等，1994
			SJW5	0.0203	19.32	0.17	12.14	0.11	28.44	0.22	140.4	2.0	Mao et al., 2008
			SJW5	0.0506	19.00	0.18	11.94	0.11	28.05	0.22	140.9	2.0	Mao et al., 2008
			B-10	0.0492	18.32	0.20	11.52	0.13	27.52	0.23	143.3	2.3	赵海杰等，2013
			B-11	0.0481	33.94	0.32	21.33	0.20	51.52	0.42	144.8	2.1	赵海杰等，2013
			B-12	0.0343	19.79	0.21	12.44	0.13	30.11	0.24	145.1	2.2	赵海杰等，2013
			B-13	0.0483	9.34	0.07	5.87	0.04	14.01	0.12	143.1	2.0	赵海杰等，2013
12	黄龙铺	IV	HD80-1	0.1020	283.50	6.90	177.50	4.30	669.50	13.10	230.0	7.0	黄典豪等，1994
			HD81-96	0.0100	256.00	3.50	160.30	2.20	583.90	20.70	222.0	8.0	黄典豪等，1994
			HD81-101	0.0100	438.60	6.00	274.60	3.70	1024.00	25.00	227.0	7.0	黄典豪等，1994
			HD93-10	0.1050	530.60	12.90	332.10	8.10	1261.60	24.80	231.0	7.0	黄典豪等，1994
			HD93-11	0.1130	633.10	5.40	396.30	3.40	1431.10	30.30	220.0	5.0	黄典豪等，1994
			HLP-5		278.10	0.50			645.00	2.00	221.1	0.9	Stein et al., 1997
			HLP-5		285.30	0.50			662.00	2.00	221.1	0.9	Stein et al., 1997
			HLP-5		289.10	0.50			672.00	2.00	221.6	0.9	Stein et al., 1997
			HLP-5		281.80	0.50			656.00	2.00	221.9	0.9	Stein et al., 1997
			HLP-5		284.40	0.50			662.00	2.00	222.0	0.9	Stein et al., 1997
			HLP-5		282.70	0.50			657.00	2.00	221.5	0.9	Stein et al., 1997
			HLP-5		284.50	0.50			661.00	2.00	221.5	0.9	Stein et al., 1997
			YT-1-1		236.8	9	148.2	5.6	542.6	9.8	220.1	4.0	Song et al., 2015
			YT-2-1		250.3	6.4	156.7	4.0	605.5	10.6	232.3	4.0	Song et al., 2015
			YT-3-1		225.9	6.5	141.4	4.1	515.4	10.5	219.2	4.5	Song et al., 2015
			YT-6-2		301.4	12.1	188.7	7.6	721.5	12.3	229.9	3.9	Song et al., 2015

续表

序号	矿床	类型	样品编号	重量/g	Re/10^{-6}	2σ	^{187}Re/10^{-6}	2σ	^{187}Os/10^{-9}	2σ	年龄/Ma	2σ	文献
			YT-7-1		260.5	22.7	163.1	14.2	619.4	10.5	228.4	3.9	Song et al., 2015
			YT-8-1		159.4	8.7	99.8	5.5	358.0	9.5	215.8	5.8	Song et al., 2015
14	马家洼	O	MJW-1	0.1653	0.79	0.01	0.50	0.01			232.5		王义天等，2010
			MJW-2	0.1904	0.47	0.01	0.30	0.00			240.6		王义天等，2010
			MJW-3	0.1375	0.54	0.01	0.34	0.00			252.5		王义天等，2010
			MJW-4	0.1464	0.60	0.01	0.38	0.01			268.4		王义天等，2010
			MJW-5	0.1080	0.66	0.01	0.41	0.01			257.5		王义天等，2010
15	大湖	O	DY-2	0.2012	1.87	0.02	1.17	0.01	4.56	0.03	232.9	2.7	李厚民等，2007
			DY-3	0.2023	2.31	0.02	1.45	0.01	5.39	0.04	223.0	2.8	李厚民等，2007
			Dahu-1	0.0631	1.53	0.01	0.96	0.01	3.59	0.03	223.7	2.6	李厚民等，2007
			35-002	0.1717	3.42	0.06	2.14	0.04	8.47	0.04	236.9	7.4	李诺等，2008
			35-003	0.1142	1.81	0.02	1.13	0.01	4.79	0.04	252.8	6.0	李诺等，2008
			35-004	0.1504	1.54	0.03	0.97	0.02	3.56	0.05	220.6	8.8	李诺等，2008
			DH-4	0.2048	1.74	0.04	1.09	0.03	4.22	0.01	232.1	10.0	李诺等，2008
			35-005H	0.0709	3.30	0.04	2.07	0.03	7.44	0.04	215.4	5.4	李诺等，2008
			DH-10	0.2041	0.93	0.02	0.58	0.01	2.48	0.01	255.6	9.6	李诺等，2008
			470-F7-11	0.0504	0.77	0.01	0.48	0.00	1.70	0.02	210.2	3.3	Jian et al., 2015
			470-F7-20	0.0215	0.83	0.01	0.52	0.00	1.83	0.02	210.4	3.1	Jian et al., 2015
			YM540-B1	0.0460	1.81	0.02	1.14	0.01	3.94	0.03	207.1	3.1	Jian et al., 2015
			YM540-B6	0.0412	0.59	0.01	0.37	0.00	1.31	0.01	209.5	3.3	Jian et al., 2015
16	夜长坪	P-S	YCP-B12	0.0200	14.37	0.11	9.03	0.07	21.91	0.20	145.4	2.1	毛冰等，2011
			YCP-B7	0.0113	8.18	0.07	5.14	0.05	12.43	0.15	144.9	2.4	毛冰等，2011
			YCP-B9	0.0306	9.60	0.08	6.03	0.05	14.50	0.13	144.2	2.1	毛冰等，2011
			YCP-B10	0.0223	11.56	0.09	7.27	0.06	17.41	0.21	143.6	2.4	毛冰等，2011
			YCP-B15	0.0307	11.37	0.09	7.15	0.06	17.16	0.16	143.9	2.1	毛冰等，2011
			B1-1		30.80	0.31	19.36	0.20	46.82	0.39	145.0	2.2	晏国龙等，2012
			B1-3		35.80	0.44	22.50	0.28	54.27	0.43	144.6	2.4	晏国龙等，2012
			B1-5		6.29	0.05	3.96	0.03	9.59	0.09	145.3	2.1	晏国龙等，2012
			B2-3		21.04	0.16	13.22	0.10	31.79	0.26	144.2	2.0	晏国龙等，2012
			B2-4		24.01	0.19	15.09	0.12	36.48	0.36	144.9	2.2	晏国龙等，2012
			B3-1		18.08	0.18	11.36	0.11	27.58	0.23	145.5	2.2	晏国龙等，2012
			B3-3		3.80	0.03	2.39	0.02	5.81	0.05	146.1	2.1	晏国龙等，2012
			B3-4		20.27	0.23	12.74	0.15	31.29	0.30	147.2	2.5	晏国龙等，2012
17	银家沟	P-S	LY26-1	0.0406	40.85	0.35	25.67	0.22	61.41	0.54	143.4	2.1	武广等，2013
			LY26-2	0.0403	39.03	0.34	24.53	0.21	58.64	0.50	143.3	2.1	武广等，2013
			LY26-3	0.0404	43.22	0.39	27.17	0.24	64.77	0.53	142.9	2.1	武广等，2013
			LY26-4	0.0405	40.36	0.43	25.37	0.27	60.82	0.49	143.7	2.3	武广等，2013
			LY26-5	0.1007	38.46	0.31	24.17	0.19	57.82	0.45	143.4	2.0	武广等，2013
18	寨凹	IV	Zhaiw-5-1	0.0200	4.18	0.04	2.63	0.02	79.87	0.63	1797.0	17.0	李厚民等，2009

续表

序号	矿床	类型	样品编号	重量/g	Re/10^{-6}	2σ	^{187}Re/10^{-6}	2σ	^{187}Os/10^{-9}	2σ	年龄/Ma	2σ	文献
			Zhaiw-5-2	0.0505	4.27	0.04	2.69	0.03	82.19	0.64	1809.0	17.0	李厚民等，2009
			Zhaiw-5-3	0.0801	4.26	0.03	2.68	0.02	81.85	0.62	1809.0	16.0	李厚民等，2009
			Zhaiw-5-4	0.0997	4.21	0.05	2.64	0.03	81.88	0.71	1831.0	15.0	李厚民等，2009
			Zhaiw-5-5	0.1501	4.27	0.04	2.69	0.02	81.67	0.65	1798.0	16.0	李厚民等，2009
			Zhaiw-5-6	0.2002	4.28	0.06	2.69	0.04	82.16	0.68	1805.0	17.0	李厚民等，2009
			Zhaiw-6-1	0.0604	1.98	0.02	1.24	0.01	38.31	0.33	1824.0	26.0	李厚民等，2009
			Zhaiw-8-1	0.0616	1.10	0.01	0.69	0.01	21.29	0.16	1828.0	25.0	李厚民等，2009
			Zhaiw-9-1	0.1000	0.85	0.01	0.53	0.01	16.41	0.12	1819.0	28.0	李厚民等，2009
			LG-02	0.0140	42.99	0.73	27.02	0.45	812.90	7.60	1779.2	32.2	Deng et al., 2013b
			LG-03	0.1000	6.76	0.11	4.25	0.07	128.50	0.90	1787.9	30.1	Deng et al., 2013b
			LG-06	0.1500	3.69	0.09	2.32	0.05	68.81	0.34	1757.1	40.9	Deng et al., 2013b
			LG-07	0.2930	1.95	0.01	1.22	0.02	35.85	0.16	1734.5	22.3	Deng et al., 2013b
			LG-22	0.0150	31.57	0.52	19.84	0.32	583.80	1.60	1740.7	28.3	Deng et al., 2013b
			YP-13	0.2840	1.05	0.02	0.66	0.01	19.71	0.12	1771.9	33.5	Deng et al., 2013b
19	龙门店	O	LMD-11	0.0110	894.70	21.60	560.10	13.50	19406.90	126.90	2044.5	13.7	魏庆国等，2009
			LMD-12	0.0116	1541.90	26.40	965.20	16.50	30622.40	116.40	1874.7	7.4	魏庆国等，2009
			LMD-15	0.0117	715.50	8.70	447.90	5.50	14632.50	61.20	1929.5	8.7	魏庆国等，2009
			LMD-19	0.0174	1659.70	48.80	1039.00	30.60	34080.10	371.00	1937.3	21.4	魏庆国等，2009
			LMD-20	0.0113	757.80	12.80	474.40	8.00	14995.30	42.10	1868.1	6.0	魏庆国等，2009
			LMD-20	0.0109	883.80	18.20	553.30	11.40	17925.00	127.30	1913.8	13.9	魏庆国等，2009
			0823 Mo	0.0418	1131.00	27.00	711.00	17.00	22836.00	76.00	1898.0	45.0	Li et al., 2011b
			0826 Mo	0.0417	769.40	8.00	483.60	5.00	15363.00	64.00	1877.0	21.0	Li et al., 2011b
			0828 Mo	0.0391	1041.00	10.00	654.18	6.36	20641.00	106.00	1865.0	20.0	Li et al., 2011b
			0801 Mo	0.0416	503.70	7.70	316.60	4.80	10164.00	58.00	1897.0	30.0	Li et al., 2011b
			08001 Mo	0.0016	527.70	6.30	330.40	3.90	10580.00	58.00	1885.0	24.0	Li et al., 2011b
			08001 Mo	0.0017	812.40	11.90	508.60	7.50	16307.00	106.00	1887.0	30.0	Li et al., 2011b
20	沙坡岭	P	LS-10	0.0148	282.10	2.30	177.30	1.50	375.00	2.90	126.8	1.7	苏捷等，2009
			Hspl-3a	0.0304	307.80	12.90	193.50	8.10	417.60	0.20	129.4	3.4	刘军等，2011
			Hspl-3d	0.0398	186.50	5.10	117.20	3.20	245.20	0.10	125.4	2.2	刘军等，2011
			Hspl-6a	0.0303	147.20	3.30	92.50	2.10	196.80	0.10	127.6	1.8	刘军等，2011
			Hspl-6f-1	0.0306	259.90	7.40	163.40	4.70	346.30	0.30	127.1	2.2	刘军等，2011
			Hspl-7	0.0350	172.10	2.80	108.20	1.80	229.80	0.10	127.4	1.4	刘军等，2011
21	雷门沟	P	LMG-1	0.0229	18.64	0.28	11.72	0.17	25.31	0.37	129.5	2.6	李永峰等，2006
			LMG-2	0.0182	26.25	0.26	16.50	0.16	36.15	0.23	131.4	1.4	李永峰等，2006
22	黄水庵	IV	HS08-21	0.0510	88.14	0.90	55.40	0.50	196.70	1.60	212.8	3.2	黄典豪等，2009
			HS08-21	0.0511	88.31	0.80	55.50	0.50	194.80	1.70	210.3	3.1	黄典豪等，2009
			HS08-18	0.0498	112.10	0.90	70.40	0.60	246.00	2.00	209.2	2.9	黄典豪等，2009

续表

序号	矿床	类型	样品编号	重量/g	Re/10^{-6}	2σ	^{187}Re/10^{-6}	2σ	^{187}Os/10^{-9}	2σ	年龄/Ma	2σ	文献
			HS08-30	0.0230	154.50	1.20	97.10	0.70	334.30	2.80	206.3	2.9	黄典豪等，2009
			B15/PXG	0.0302	132.68	1.57	83.39	0.99	290.20	2.40	208.6	3.4	曹晶等，2014
			B9/PXG	0.0089	135.03	1.18	84.87	0.74	294.50	2.40	207.9	3.0	曹晶等，2014
			B12/PXG	0.0100	60.12	0.81	37.79	0.51	133.00	1.20	210.9	3.8	曹晶等，2014
			B13/PXG	0.0102	137.79	1.60	86.61	1.01	303.80	2.70	210.2	3.5	曹晶等，2014
			B14/PXG	0.0103	98.27	1.18	61.77	0.74	215.80	1.90	209.3	3.5	曹晶等，2014
			B17/PXG	0.0101	95.81	0.88	60.22	0.55	209.40	1.70	208.4	3.1	曹晶等，2014
			B18/PXG	0.0105	83.55	0.90	52.51	0.57	182.40	1.60	208.1	3.4	曹晶等，2014
			B19/PXG	0.0106	129.65	1.33	81.49	0.83	286.60	2.50	210.8	3.3	曹晶等，2014
			DB004	0.0508	231.10	3.20	145.20	2.00	544.80	4.90	224.8	4.2	李靖辉，2014
			DB008-1	0.0501	135.80	1.30	85.36	0.82	296.80	2.40	208.4	3.1	李靖辉，2014
			DB004-2	0.0511	202.00	3.10	127.00	1.90	457.10	3.80	215.7	4.1	李靖辉，2014
			DB011	0.0507	191.60	4.10	120.50	2.50	427.50	4.10	212.6	5.2	李靖辉，2014
			ZK0903-35	0.0501	425.30	8.50	267.30	5.40	976.50	8.80	218.9	5.1	李靖辉，2014
			ZK0903-33	0.0517	431.40	6.10	271.10	3.80	1032.00	8.00	228.0	4.1	李靖辉，2014
23	石窑沟	P	SYG-B8	0.0307	18.51	0.17	11.64	0.11	25.97	0.22	133.8	2.0	高亚龙等，2010
			SYG-B1	0.0212	30.24	0.24	19.01	0.15	42.49	0.37	134.0	1.9	高亚龙等，2010
			SYG-B5	0.0272	8.24	0.12	5.18	0.07	11.34	0.10	131.3	2.4	高亚龙等，2010
			SYG-B10	0.0256	22.07	0.24	13.87	0.15	30.86	0.27	133.4	2.2	高亚龙等，2010
			SYG-B4	0.0507	22.24	0.27	13.98	0.17	31.33	0.41	134.4	2.6	高亚龙等，2010
			SYG-1-1	0.0501	37.95	0.42	23.85	0.27	53.37	0.46	134.1	2.2	Han et al.，2013
			SYG-1-2	0.0305	38.00	0.29	23.88	0.18	53.20	0.42	133.6	1.8	Han et al.，2013
			SYG-2	0.0040	16.45	0.14	10.34	0.09	22.23	0.19	128.9	1.9	Han et al.，2013
			SYG-3	0.0304	87.22	0.85	54.82	0.53	122.60	1.00	134.1	2.0	Han et al.，2013
			SYG-4	0.0303	12.07	0.10	7.59	0.06	16.62	0.14	131.3	1.9	Han et al.，2013
24	火神庙	P-S	HSM-B9	0.0504	65.40	0.94	41.10	0.59	100.70	0.80	146.9	2.7	王赛等，2014
			HSM-B1	0.0201	64.95	0.48	40.82	0.30	99.49	0.81	146.1	2.0	王赛等，2014
			HSM-B2	0.0208	47.89	0.39	30.10	0.25	74.35	0.61	148.1	2.1	王赛等，2014
			HSM-B7	0.0203	39.00	0.31	24.51	0.20	60.03	0.48	146.8	2.1	王赛等，2014
			HSM-B10	0.0039	164.50	1.40	103.40	0.90	279.50	2.80	162.0	2.5	王赛等，2014
			HSM-B11	0.0212	41.15	0.36	25.86	0.22	63.52	0.54	147.2	2.2	王赛等，2014
25	上房沟	P-S	SF-1	0.0208	20.46	0.20	12.86	0.12	30.66	0.24	142.9	1.6	李永峰等，2003
			SF-2	0.0222	19.58	0.49	12.31	0.31	29.10	0.24	141.8	3.6	李永峰等，2003
26	南泥湖-三道庄	P-S	N83-39	0.0570	53.70	1.00	33.60	0.60	80.60	2.40	146.0	5.0	黄典豪等，1994
			N83-37	0.2120	34.27	0.48	21.45	0.30	51.54	2.00	146.0	6.0	黄典豪等，1994
			N-26	0.1490	36.68	0.92	22.97	0.58	58.81	2.40	156[illegible]	[illegible]	[illegible]
			N83-52	0.0660	22.30	0.40	14.00	0.30	34.00	2.3[illegible]	[illegible]	[illegible]	[illegible]

续表

序号	矿床	类型	样品编号	重量/g	Re/10^{-6}	2σ	^{187}Re/10^{-6}	2σ	^{187}Os/10^{-9}	2σ	年龄/Ma	2σ	文献
			三-3	0.1070	13.10	0.10	8.20	0.10	19.80	0.80	147.0	6.0	黄典豪等，1994
			NNF-1	0.0175	25.33	0.38	15.92	0.24	37.00	0.31	139.3	2.3	李永峰等，2003
			SDZ-1	0.0148	27.92	0.41	17.55	0.26	42.02	0.62	143.5	2.9	李永峰等，2003
			SDZ-2	0.0301	15.48	0.14	9.73	0.09	23.40	0.18	144.2	1.5	李永峰等，2003
			SDZ-3	0.0154	25.51	0.31	16.04	0.19	38.48	0.26	143.8	1.8	李永峰等，2003
			100722-1	0.0501	24.74	0.21	15.55	0.13	37.32	0.31	143.9	2.1	向君峰等，2012
			100722-2	0.0511	16.46	0.16	10.34	0.10	24.92	0.21	144.4	2.2	向君峰等，2012
			100722-3	0.0509	53.97	0.56	33.92	0.35	82.52	0.72	145.8	2.3	向君峰等，2012
			100722-4	0.0508	34.55	0.30	21.72	0.19	52.80	0.47	145.8	2.2	向君峰等，2012
			100722-5	0.0504	7.87	0.07	4.95	0.04	11.83	0.09	143.4	2.0	向君峰等，2012
			100719-1	0.0502	42.00	0.52	26.40	0.32	63.68	0.56	144.6	2.5	向君峰等，2012
			100718-7	0.0513	23.13	0.18	14.54	0.12	35.51	0.39	146.5	2.3	向君峰等，2012
			100718-8	0.0500	24.07	0.22	15.13	0.14	36.85	0.37	146.0	2.3	向君峰等，2012
			100721-6	0.0504	26.29	0.26	16.52	0.16	39.82	0.36	144.5	2.3	向君峰等，2012
			100721-10	0.0504	19.47	0.19	12.23	0.12	29.80	0.25	146.0	2.2	向君峰等，2012
28	大王沟	P-S	DWG3	0.0106	49.73	0.55	31.26	0.35	76.79	0.78	147.3	2.5	Mao et al., 2008
			DWG4	0.0503	18.07	0.20	11.36	0.12	27.81	0.22	146.8	2.3	Mao et al., 2008
			DWG4	0.0504	18.35	0.18	11.53	0.11	28.37	0.23	147.5	2.2	Mao et al., 2008
			DWG5	0.0505	12.72	0.11	8.00	0.07	19.67	0.15	147.5	2.1	Mao et al., 2008
			DWG6	0.0500	19.45	0.15	12.23	0.10	29.15	0.22	142.9	1.9	Mao et al., 2008
			DWG6	0.0515	19.44	0.17	12.22	0.11	28.84	0.22	141.5	2.0	Mao et al., 2008
30	前范岭	O	QFL-2	0.0507	26.15	0.21	16.44	0.13	65.69	0.54	239.4	3.4	高阳等，2010a
			QFL-3	0.0504	11.92	0.09	7.49	0.06	29.49	0.25	235.8	3.3	高阳等，2010a
			QFL-9	0.0501	25.82	0.20	16.23	0.13	66.39	0.56	245.1	3.4	高阳等，2010a
			QFL-9	0.0504	26.89	0.20	16.90	0.13	70.02	0.59	248.2	3.5	高阳等，2010a
			QFL-11	0.0355	26.30	0.20	16.53	0.13	64.36	0.54	233.3	3.3	高阳等，2010a
			QFL-13	0.0513	0.19	0.01	0.12	0.00	0.48	0.01	236.2	9.1	高阳等，2010a
			QFL-25	0.0505	39.16	0.28	24.61	0.18	97.07	0.80	236.3	3.2	高阳等，2010a
31	香椿沟	O	ZX-13	0.0337	9.63	0.04	6.05	0.02	26.18	0.14	259.2	1.7	Deng et al., 2017
			ZX-19	0.0624	27.14	0.20	17.06	0.12	70.43	0.32	247.3	2.1	Deng et al., 2017
			ZL-d1	0.0227	15.20	0.08	9.56	0.05	39.15	0.11	245.4	1.4	Deng et al., 2017
			XCG7-1	0.0519	29.18	0.26	18.34	0.16	74.64	2.63	243.8	8.8	Deng et al., 2017
			XCG7-2	0.0700	28.07	0.55	17.64	0.34	72.97	2.17	247.7	8.8	Deng et al., 2017
32	纸坊	O	ZF-1	0.0502	28.98	0.22	18.21	0.14	71.43	0.61	235.0	3.3	高阳，2010b
			ZF-4	0.0301	13.34	0.10	8.39	0.06	32.72	0.31	233.8	3.4	高阳，2010b
			[illegible]	[illegible]0307	17.32	0.14	10.88	0.09	43.20	0.36	237.7	3.4	高阳，2010b
			[illegible]	[illegible]	[illegible]1.59	0.24	19.86	0.15	78.70	0.67	237.4	3.3	高阳，2010b

续表

序号	矿床	类型	样品编号	重量/g	Re/10^{-6}	2σ	$^{187}Re/10^{-6}$	2σ	$^{187}Os/10^{-9}$	2σ	年龄/Ma	2σ	文献
			ZF-14	0.0300	12.08	0.09	7.59	0.06	29.78	0.27	235.0	3.3	高阳，2010b
			ZF08	0.0540	25.85	0.12	16.25	0.07	66.15	0.38	243.9	1.8	Deng et al.，2016
			ZF10-1	0.3300	3.98	0.02	2.50	0.02	10.25	0.04	245.2	1.8	Deng et al.，2016
			ZF10-2	0.4030	3.98	0.03	2.50	0.02	10.21	0.11	244.2	3.2	Deng et al.，2016
			ZF14	0.1020	29.85	0.17	18.76	0.11	77.47	0.63	247.4	2.5	Deng et al.，2016
			ZF16	0.0450	8.18	0.02	5.14	0.01	20.70	0.12	241.2	1.6	Deng et al.，2016
34	八道沟	O	BD5-1a	0.1521	12.80	0.05	8.04	0.06	32.08	0.15	238.9	2.1	Deng et al.，2016
			BD5-1b	0.1036	5.18	0.02	3.26	0.03	13.91	0.06	255.8	2.2	Deng et al.，2016
			BD5-2	0.1439	9.00	0.03	5.65	0.04	23.24	0.06	246.2	1.7	Deng et al.，2016
			BD5-3	0.1511	7.39	0.03	4.64	0.03	18.93	0.07	244.2	1.9	Deng et al.，2016
37	毛沟	O	MG-2	0.0503	4.32	0.03	2.72	0.02	10.46	0.09	230.9	3.3	高阳，2010b
			MG-2	0.1016	3.43	0.03	2.16	0.02	8.33	0.07	231.6	3.5	高阳，2010b
			MG-5	0.0259	26.16	0.19	16.44	0.12	65.53	0.53	238.8	3.2	高阳，2010b
38	大西沟	O	DXG-1	0.0231	1.46	0.01	0.92	0.01	3.59	0.03	235.0	3.3	高阳，2010b
39	鱼池岭	P	0704001	0.0218	81.12	0.49	50.78	0.30	120.12	0.49	141.8	1.6	李诺等，2009b
			0704007	0.0516	26.07	0.18	16.32	0.11	36.39	0.17	133.7	1.8	李诺等，2009b
			0704003	0.0299	42.98	0.36	26.91	0.23	63.19	0.21	140.8	2.2	李诺等，2009b
			0704015	0.0425	34.35	0.39	21.50	0.25	49.24	0.23	137.3	2.9	李诺等，2009b
			0704022	0.0536	16.80	0.13	10.52	0.08	23.65	0.06	134.8	1.8	李诺等，2009b
			PD477	0.0501	33.84	0.32	21.27	0.20	46.70	0.37	131.7	1.9	周珂等，2009
			PD587-1	0.0507	9.42	0.10	5.92	0.06	13.64	0.11	138.1	2.2	周珂等，2009
			PD587-5	0.0244	45.64	0.61	28.68	0.39	62.97	0.50	131.6	2.3	周珂等，2009
			PD587-6	0.0503	37.93	0.38	23.84	0.24	51.82	0.46	130.3	2.0	周珂等，2009
			PD620-1	0.0502	12.48	0.11	7.84	0.07	17.12	0.14	130.8	1.9	周珂等，2009
			PD628	0.0501	53.39	0.69	33.55	0.43	72.96	0.58	130.4	2.2	周珂等，2009
40	东沟	P	DG-1	0.1084	4.26	0.05	2.68	0.03	5.09	0.03	114.1	1.4	叶会寿等，2006a
			DG-2	0.1218	4.10	0.07	2.58	0.04	4.95	0.04	115.1	2.0	叶会寿等，2006a
41	竹园沟	P	ZYG-1	0.2003	0.92	0.01	0.58	0.01	1.18	0.02	122.2	2.3	黄凡等，2010
			ZYG-2	0.2024	0.93	0.01	0.59	0.01	1.17	0.01	119.6	2.2	黄凡等，2010
42	土门	IV	TM09-2		0.55	0.00	0.34	0.00	4.96	0.02	858.7	6.8	Deng et al.，2013a
			TM10		0.66	0.00	0.41	0.00	6.22	0.02	893.0	6.5	Deng et al.，2013a
			HJ01		30.91	0.25	19.43	0.16	275.68	0.88	845.8	7.3	Deng et al.，2013a
			HJ01a		23.65	0.18	14.86	0.11	211.39	1.68	847.6	11.6	Deng et al.，2013a
			HJ01b		22.62	0.25	14.21	0.16	203.34	1.60	852.6	13.5	Deng et al.，2013a
			HJ04		29.15	0.25	18.32	0.16	272.74	1.23	887.0	8.6	Deng et al.，2013a
			YD02		0.06	0.00	0.04	0.00	0.65	0.00	965.3	7.2	Deng et al.，2013a
43	扫帚坡	P	SZP-B7	0.0530	26.36	0.21	16.57	0.13	31.63	0.26	114.5	1.6	孟芳等，2012b

续表

序号	矿床	类型	样品编号	重量/g	Re/10^{-6}	2σ	^{187}Re/10^{-6}	2σ	^{187}Os/10^{-9}	2σ	年龄/Ma	2σ	文献
			SZP-B2	0.0405	18.88	0.19	11.87	0.12	22.53	0.18	113.9	1.7	孟芳等，2012b
			SZP-B3	0.0401	24.31	0.20	15.28	0.13	28.40	0.24	111.5	1.6	孟芳等，2012b
			SZP-B7	0.0398	29.02	0.25	18.24	0.16	34.81	0.30	114.5	1.7	孟芳等，2012b
44	东沟口	P	DZK-B2	0.0399	5.93	0.07	3.73	0.05	7.06	0.06	113.6	1.9	孟芳等，2012b
			DZK-B3-1	0.0401	7.18	0.06	4.52	0.04	8.52	0.07	113.1	1.6	孟芳等，2012b
45	老界岭	P	LJS-B10	0.1509	11.02	0.10	6.93	0.06	12.68	0.10	109.8	1.6	孟芳等，2012b
46	石门沟/南沟	P	BSJ21	0.0494	13.10	0.13	8.24	0.08	14.80	0.12	107.7	1.6	杨晓勇等，2010
			BSJ21	0.0512	13.02	0.10	8.18	0.07	14.53	0.13	106.5	1.5	杨晓勇等，2010
			BSJ22	0.0502	11.84	0.18	7.44	0.11	13.43	0.11	108.2	2.0	杨晓勇等，2010
			BSJ23	0.0501	12.35	0.18	7.76	0.11	13.82	0.12	106.8	2.0	杨晓勇等，2010
			BSJ24	0.0500	12.15	0.17	7.64	0.11	13.62	0.12	106.9	1.9	杨晓勇等，2010
			BSJ25	0.0513	12.43	0.12	7.81	0.08	14.02	0.11	107.7	1.6	杨晓勇等，2010
			MBH-1	0.0497	49.41	0.58	31.06	0.36	55.39	0.42	106.9	1.7	杨晓勇等，2010
			MBH-2	0.0217	44.92	0.71	28.24	0.45	50.48	0.47	107.2	2.1	杨晓勇等，2010
			MBH-3	0.0481	23.71	0.19	14.90	0.12	26.62	0.22	107.1	1.5	杨晓勇等，2010
			MBH-4	0.0506	23.35	0.27	14.68	0.17	26.13	0.20	106.8	1.7	杨晓勇等，2010
			MBH-5	0.0478	11.05	0.10	6.95	0.06	12.47	0.09	107.6	1.5	杨晓勇等，2010
			MBH-6	0.0500	11.03	0.13	6.93	0.08	12.29	0.10	106.3	1.7	杨晓勇等，2010
			MBH-7	0.0201	28.05	0.24	17.63	0.15	31.55	0.24	107.3	1.5	杨晓勇等，2010
			HLS-1	0.0776	12.84	0.18	8.07	0.12	14.72	0.02	109.4	1.8	邓小华等，2011
			HLS-2	0.0786	13.39	0.24	8.42	0.16	15.11	0.06	107.6	2.2	邓小华等，2011
			HLS-4	0.0804	15.54	0.14	9.77	0.10	17.52	0.08	107.6	1.0	邓小华等，2011
			HLS-2-1	0.0797	15.22	1.06	9.57	0.66	16.77	0.04	105.1	7.4	邓小华等，2011
			TPZ-002	0.1289	14.66	0.14	9.21	0.09	16.82	0.08	109.5	1.2	邓小华等，2011
			TPZ-011	0.0934	1.72	0.02	1.08	0.01	2.01	0.01	111.5	1.4	邓小华等，2011
47	银洞沟	O	YDG-1	0.0344	25.85	0.42	16.24	0.26	116.50	0.40	429.1	7.6	李晶，2009
			YDG-2	0.0356	25.09	0.48	15.77	0.30	11.62	0.50	423.4	8.8	李晶，2009
			YDG-3	0.0350	24.25	0.56	15.24	0.36	110.10	0.40	432.0	10.4	李晶，2009
			YDG-3	0.0354	24.88	0.96	15.64	0.62	111.50	0.40	426.3	17.0	李晶，2009
			YDG-4	0.0354	24.89	0.28	15.65	0.18	113.10	0.60	432.2	3.8	李晶，2009
48	秋树湾	P-S	Q4	0.0035	161.50	1.30	101.50	0.80	247.70	1.90	146.3	1.6	郭保健等，2006
			Q12	0.0038	171.50	1.90	107.80	1.20	266.00	2.60	148.0	2.2	郭保健等，2006
			Q13	0.0041	112.70	0.90	70.87	0.56	173.20	1.50	146.5	1.7	郭保健等，2006
			Q14	0.0044	157.40	1.50	98.94	0.94	240.20	1.90	145.6	1.8	郭保健等，2006
			Q15	0.0037	180.00	1.50	113.10	0.90	276.00	2.10	146.3	1.6	郭保健等，2006
			Q17	0.0041	127.70	1.00	80.28	0.64	195.40	1.50	145.9	1.6	郭保健等，2006

类型缩写：I-V. 岩浆热液脉钼矿；O. 造山型钼矿；P. 斑岩型钼矿；P-S. 斑岩-夕卡岩型钼矿。

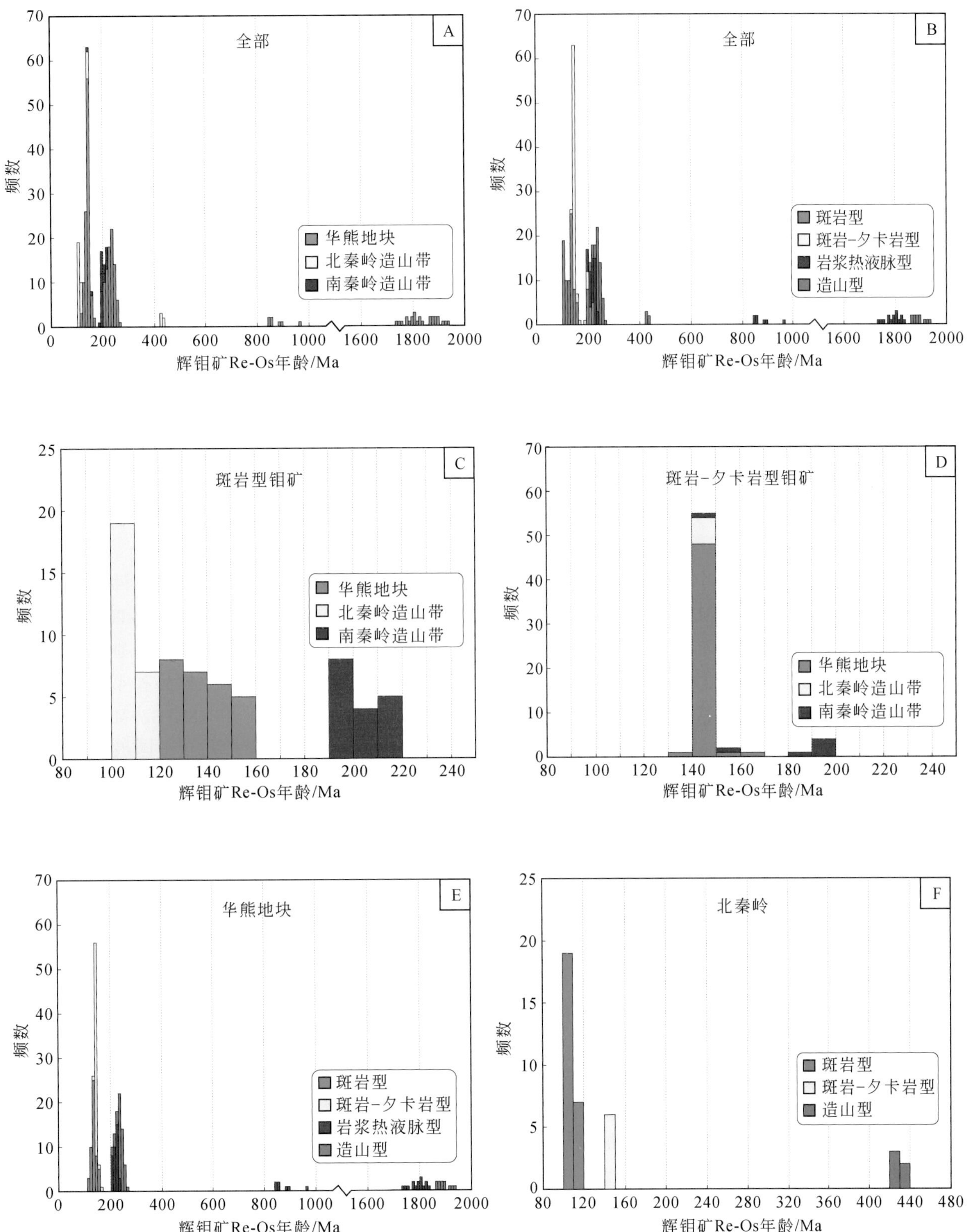

图7.5 秦岭钼矿床辉钼矿 Re-Os 年龄随空间和类型的变化

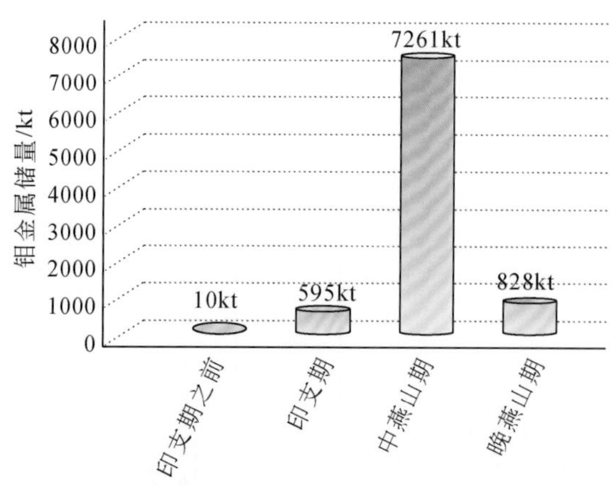

图 7.6 秦岭不同历史时期钼金属储量分布图

7.2.1 多期钼成矿事件

秦岭地区钼金属成矿作用持续时间较长，由中生代至古元古代均有钼矿床形成；成矿作用具有多期次、脉动式成矿的特征，至少可识别出七个期次的钼矿化（约 1.85Ga、约 1.76Ga、约 850Ma、约 430Ma、250 ~ 190Ma、160 ~ 130Ma 和 125 ~ 105Ma），但大规模钼金属矿化爆发于中生代，尤其是燕山期（图 7.5、图 7.6）。

约 1.85Ga：以华熊地块中部熊耳地体的龙门店钼矿为代表。魏庆国等（2009）获得 6 件辉钼矿样品的 Re-Os 等时线年龄为 1875Ma。但其数据精度较差，所得样品模式年龄变化较大（1868 ~ 2044Ma），甚至同一样品的两次分析结果亦有较大差距（LMD-20 的两次重复测定获得的模式年龄分别为 1868.1±6.0Ma 和 1913.8±13.9Ma，远超过测量的误差限）。Li 等（2011b）选择 5 件辉钼矿样品和 4 件黄铁矿样品进行了 Re-Os 定年，获得其等时线年龄分别为 1853±36Ma（MSWD = 0.86）和 1855±29Ma（MSWD = 0.42），二者在误差范围内一致。由此确定龙门店钼矿形成于 1850Ma，是东秦岭乃至中国最古老的钼矿床。这一成矿事件被认为与 Nuna/Columbia（努纳/哥伦比亚）超大陆的汇聚有关。

约 1.76Ga：以华熊地块中部熊耳地体的寨凹钼矿床为代表。李厚民等（2009）对 10 件辉钼矿样品进行了 22 次测试，获得其模式年龄变化于 1680 ~ 1831Ma 之间；其中 10 件粗粒辉钼矿样品的 13 次测试给出的等时线年龄为 1686±67Ma（MSWD = 16），4 件粉末状辉钼矿的 9 次测试给出的等时线年龄为 1804±12Ma（MSWD = 1.09）。Deng 等（2013b）获得 6 件辉钼矿样品的 Re-Os 模式年龄变化于 1735 ~ 1788Ma，等时线年龄为 1761±33Ma（MSWD = 2.9）。这一成矿事件同步于熊耳群火山岩的喷发，被认为形成于哥伦比亚超大陆增生过程的陆缘弧环境。

约 850Ma：以华熊地块东南缘的土门钼矿床为代表。Deng 等（2013a）获得 7 件辉钼矿样品的 Re-Os 模式年龄变化于 846 ~ 965Ma，等时线年龄为 847.4±7.3Ma（MSWD = 23）。这一事件发生于罗迪尼亚超大陆形成之后的碰撞后伸展环境。

约 430Ma：以北秦岭银洞沟钼多金属矿床为代表。该矿床赋存于二郎坪火山-沉积岩系中（形成于新元古代—早古生代弧后盆地，并经历了加里东期或志留纪的区域变形变质作用）。李晶（2009）获得 5 件辉钼矿样品的 Re-Os 模式年龄变化于 423 ~ 432Ma，加权平均年龄为 429.3±3.9Ma（MSWD = 0.73）。这表明钼矿化可能与秦岭地区的加里东期造山运动有关。

190 ~ 250Ma：该时期是秦岭重要的钼金属成矿期，形成矿床（点）20 余个（Chen and Santosh，2014；Li and Pirajno，2017），包括温泉（Re-Os 等时线年龄为 214.4±7.1Ma，朱赖民等，2009）、月河坪（Re-Os 等时线年龄为 193.6±3.5Ma，李双庆等，2010）、新铺（Re-Os 等时线年龄为 197.0±1.6Ma，代军治等，2015）、梨园堂（Re-Os 等时线年龄为 200.9±6.2Ma，代军治等，2015）、桂林沟（Re-Os 加权平均

年龄为197.2±1.3Ma，张红等，2015）、黄龙铺（Re-Os等时线年龄为211Ma，黄典豪等，1994；Re-Os加权平均年龄为221.5±0.3Ma，Stein et al.，1997）、马家洼（Re-Os等时线年龄为232±11Ma，王义天等，2010）、大湖（Re-Os等时线年龄为218±41Ma，李诺等，2008；热液独居石U-Pb年龄为216±6Ma，Li et al.，2011a）、黄水庵（Re-Os加权平均年龄为209.5±4.2Ma，黄典豪等，2009）、纸房（Re-Os等时线年龄为246.0±5.2Ma，Deng et al.，2016）、八道沟（Re-Os加权平均年龄为246±10Ma，Deng et al.，2017）、香椿沟（Re-Os加权平均年龄为246.0±1.1Ma，Deng et al.，2017）以及前范岭（Re-Os等时线年龄为239±13Ma，高阳等，2010a）等。印支期钼矿化被认为发生于俯冲相关的陆缘弧环境。

125～150Ma：该时期是秦岭最为重要的钼金属成矿期，贡献了90%以上的钼金属资源（李诺等，2007b）。除东沟钼矿外，其余8个超大型钼矿皆形成于该时期。代表性矿床包括冷水沟（Re-Os加权平均年龄为149.7±2.1Ma，Li Q G et al.，2011）、八里坡（Re-Os等时线年龄为156.3±2.2Ma，焦建刚等，2009）、金堆城（Re-Os加权平均年龄为138.4±0.5Ma，Stein et al.，1997）、石家湾（Re-Os等时线年龄为145.4±2.1Ma，赵海杰等，2013）、夜长坪（Re-Os等时线年龄为145.3±4.4Ma、144.89±0.96Ma，毛冰等，2011；晏国龙等，2012）、银家沟（Re-Os等时线年龄为140.0±18Ma，武广等，2013）、沙坡岭（Re-Os等时线年龄为128.1±7.1Ma，刘军等，2011）、雷门沟（Re-Os加权平均年龄为132.4±1.9Ma，李永峰等，2006）、石窑沟（Re-Os等时线年龄为132.3±2.8Ma、135.2±1.8Ma，高亚龙等，2010；Han et al.，2013）、火神庙（Re-Os等时线年龄为145.7±3.9Ma，王赛等，2014）、上房沟（Re-Os加权平均年龄为144.8±2.1Ma，李永峰等，2003）、南泥湖-三道庄（Re-Os等时线年龄为147Ma，黄典豪等，1994）、大王沟（Re-Os模式年龄变化于142.9±1.9Ma～147.5±2.2Ma，Mao et al.，2008）、鱼池岭（Re-Os等时线年龄为144.3±5.2Ma，李诺等，2009b和131.2±1.4Ma，周珂等，2009）、秋树湾（Re-Os等时线年龄为147±4Ma，郭保健等，2006）等，形成于碰撞造山的挤压向伸展转变期。

105～125Ma：该时期形成的矿床以东沟（Re-Os加权平均年龄为116±1.7Ma，叶会寿等，2006a）、竹园沟（Re-Os加权平均年龄为120.9±2.3Ma，黄凡等，2010）、扫帚坡（Re-Os模式年龄变化于111.5±1.6Ma～114.5±1.7Ma，孟芳等，2012b）、东沟口（Re-Os模式年龄为113.1±1.6Ma、113.6±1.9Ma，孟芳等，2012b）、老界岭（Re-Os模式年龄为109.8±1.6Ma，孟芳等，2012b）、石门沟（南沟）（Re-Os等时线年龄为103±17Ma～109.0±1.7Ma，杨晓勇等，2010；邓小华等，2011）等为代表。这些矿床往往与高分异I型或碱性花岗岩有关，被认为属碰撞后产物。

7.2.2 空间和类型差异性

秦岭造山带不同构造单元产出的钼矿其成矿时代存在显著差异。在东西方向上，西秦岭温泉钼矿床的成矿时代为214Ma；而东秦岭钼成矿作用持续时间较长，由105Ma至2044Ma均有矿床形成。在南北方向上，华熊地块的钼金属矿化由114Ma可追溯至2044Ma，尤以140Ma和230Ma最为强烈，而北秦岭钼矿化发生在105～432Ma，以100Ma为高峰，南秦岭钼矿化见于149～215Ma，以190Ma为高峰（图7.5A）。并且，不同地区、同一类型的钼矿床，成矿时代有所差异。以斑岩型矿床为例，其成矿时代在西秦岭地区为214Ma，而在东秦岭地区则发生于105～158Ma；南北方向上，南秦岭的斑岩型钼矿化最早，形成于196～215Ma（温泉钼矿），随后依次是华熊地块（114～158Ma）和北秦岭（105～115Ma）（图7.5C）。对于斑岩-夕卡岩型钼矿，最早的钼矿化同样发生在南秦岭（月河坪钼矿，Re-Os模式年龄变化于189.8～192.7Ma），而大规模钼矿化（130～170Ma）在华熊地块、北秦岭和南秦岭均有发育（图7.5D）。

就成矿类型而言，造山型钼矿总是早于岩浆热液型钼矿。例如，同为元古宙钼矿，龙门店钼矿床形成1.85Ga，而寨凹岩浆热液脉型钼矿形成于1.76Ga。中生代时，造山型钼矿形成于250～210Ma，而岩浆热液型钼矿的发育始于230Ma，并以215～195Ma、140±10Ma和115±10Ma为高峰（图7.5B）。变质热液和岩浆热液矿化的这种时间差异性表明，造山型矿床多发生于挤压向伸展转换环境，而岩浆热液系统多发生于伸展环境。

对于同一地区、不同类型的钼矿床，其成矿时代亦有所不同。例如，在华熊地块，斑岩型、斑岩-夕卡岩型钼矿床的成矿时代较为集中，分别为114～155Ma和139～162Ma；岩浆热液脉型钼矿成矿时代变化较大，由206Ma至1831Ma；而造山型钼矿床成矿时代分为两个区间：215～256Ma和1865～2044Ma（图7.5E）。对于北秦岭，发育三种类型的钼矿化：斑岩型、斑岩-夕卡岩型和造山型，其成矿时代依次递增（图7.5F）。

7.3 赋矿围岩及其成矿控制

7.3.1 赋矿围岩时代

秦岭地区钼矿床的赋矿围岩具有多时代的特征。在华熊地块，由最古老的新太古代—古元古代的太华超群（>2.05Ga），经古元古代熊耳群（1.8～1.6Ga）、中元古代早期官道口群变化至中元古代晚期的栾川群。在北秦岭，尽管秦岭群、宽坪群、二郎坪群的时代尚未得到较好限定，但一般认为其时代由古元古代变化至早古生代。在南秦岭，泥盆系的上古道岭组内产出有斑岩或斑岩-夕卡岩型钼矿。然而，除温泉钼矿以外，区内已知大型-超大型钼矿全部赋存于前寒武纪（尤其是新元古代）岩石中。

7.3.2 赋矿围岩岩性

秦岭钼矿床的赋矿围岩岩性变化较大，由中高级变质岩（如太华超群），火山岩（如熊耳群）到沉积岩（如官道口群、栾川群），均可作为钼矿床的赋矿围岩。部分含矿斑岩甚至侵入到花岗岩基内部（如鱼池岭矿床和温泉矿床，李诺等，2009a，2009b；朱赖民等，2009）。上述特征表明钼矿化不受围岩的岩性限制。然而，围岩岩性对矿床类型和成矿元素组合有显著影响（罗铭玖等，1991）。例如，同样是花岗斑岩，当所侵入的地层中含有较多碳酸盐时，往往发育夕卡岩和Mo-W±Fe±Pb-Zn矿化（如三道庄、上房沟等，石英霞等，2009；杨艳等，2009）；若围岩地层不含碳酸盐，则仅见斑岩型Mo矿化（如东沟钼矿赋存于熊耳群火山岩中，雷门沟钼矿赋存于太华超群片麻岩中；李晶，2009；杨永飞等，2011）。

7.3.3 赋矿围岩的物理化学性质

赋矿围岩的物理化学性质，如SiO_2含量、渗透性、孔隙度、结晶程度等对于钼矿化类型和钼矿体的定位有重要影响（杨永飞等，2011）。贫SiO_2的碳酸盐岩有利于夕卡岩型或斑岩-夕卡岩型钼矿化，其钼矿体多产于碳酸盐中，少部分产于斑岩体内部，如上房沟（杨艳等，2009）、南泥湖-三道庄（石英霞等，2009；杨永飞等，2009b）、鱼库（韩江伟等，2015；郭波，2018）等。相反，富SiO_2的花岗岩基或片麻岩中则多产出斑岩型矿化，其矿体主要产于斑岩体内部，如鱼池岭（李诺等，2009a，2009b）、雷门沟（李晶，2009）。与花岗岩基和片麻岩相比，熊耳群火山岩结晶程度较低，渗透性和孔隙度较好。因此，熊耳群中赋存的斑岩型钼矿体主要产于围岩中，而不是岩体内部。例如，东沟斑岩型钼矿98%以上的钼矿体产于熊耳群火山岩中；而成矿岩体尽管发生了强烈的蚀变和矿化，其矿石总量不足2%（杨永飞等，2011）。对于金堆城钼矿，2/3以上的矿石产于蚀变的熊耳群火山岩中（杨永飞等，2009a）。

7.3.4　赋矿围岩的Mo含量

一般认为，具有较高钼元素含量的围岩可在热液过程中提供一定的成矿元素；源自富钼背景的岩浆-热液流体其钼含量亦较高。因此，具有较高钼背景值的围岩有利于钼矿化。如前所述，太华超群（平均 2.62×10^{-6}）、熊耳群（平均 3.76×10^{-6}）和栾川群（平均 1.14×10^{-6}）的Mo含量显著高于秦岭地区其他地层单元。因此，秦岭地区全部超大型钼矿均赋存于这三个地层单元及相关花岗岩中，表明围岩对成矿有重要贡献。此外，如下证据亦证实太华超群和熊耳群对于钼矿化意义重大：①龙门店钼矿床的矿相学、岩相学研究（Li et al.，2011b；李诺，2012）表明，钼矿化与太华超群混合岩化角闪岩的热液蚀变息息相关，成矿流体中Mo、Cu、Fe、Ti等金属元素主要来自角闪岩；②大湖金钼矿床含矿石英脉中的锆石全部为捕获成因，其年龄与太华超群相当（以1830Ma为高峰），显示了含矿石英脉形成过程中存在太华超群物质的参与（详见6.3节）；③伴随太华超群的变质和熊耳群火山岩的喷发，均有同期钼矿床形成，前者以龙门店钼矿（Li et al.，2011b；李诺，2012）为代表，后者则以寨凹钼矿（邓小华等，2009b；李厚民等，2009；Deng et al.，2013b）为典型；④华熊地块燕山期成钼小斑岩体的全岩两阶段Nd模式年龄（集中于1800～2600Ma）和锆石两阶段Hf模式年龄（集中于1700～3000Ma）与熊耳群和太华超群相当，表明含矿岩体主要源自熊耳群和太华超群的部分熔融（详见7.4节）。

7.4　中生代三期成钼斑岩体：性质和成因

前已述及，秦岭地区钼矿床多以斑岩型或斑岩-夕卡岩型产出，与中生代中酸性、浅侵位的小斑岩体密切相关。按照侵位时代，可将其划分为三个区间：108～125Ma、133～158Ma和198～225Ma（表7.3，图7.7）。下文汇总了各构造单元不同时期中生代成钼岩体的地质地球化学特征（附表1～附表5），对比了其共性和差异，并在此基础上判断了成岩地球动力学背景及岩石成因。需要注意的是，部分样品表现出异常高（0.723）或异常低（0.629）的初始Sr同位素比值（I_{Sr}）（如东沟岩体；戴宝章等，2009）。这可能是由于成钼岩体普遍经历了较强的热液蚀变作用（尤其是钾化），导致其Rb-Sr体系遭受热液扰动而重置。另外，若花岗岩经历了强烈的结晶分异作用，其Rb/Sr值将明显升高，对初始Sr同位素比值的计算带来很大偏差（吴福元等，2007）。相比之下，全岩Sm-Nd及锆石Lu-Hf体系相对稳定，且在岩浆结晶分异过程中Sm/Nd和Lu/Hf值的变化范围相对有限，可有效地示踪物质源区。

表7.3　秦岭地区成矿小斑岩体侵位时代

岩体	岩性	对象	测试方法	年龄/Ma	资料来源
温泉	二长花岗岩	锆石	LA-ICP-MS U-Pb	223±3	Cao et al.，2011
	二长花岗斑岩	锆石	LA-ICP-MS U-Pb	225±3	Cao et al.，2011
	二长花岗斑岩	锆石	LA-ICP-MS U-Pb	216.2±1.7	Zhu et al.，2011
	花岗斑岩	锆石	LA-ICP-MS U-Pb	217.2±2.0	Zhu et al.，2011
胭脂坝	二长花岗岩	锆石	SHRIMP U-Pb	210.8±5.0	Jiang et al.，2010
	黑云母花岗岩	锆石	LA-ICP-MS U-Pb	200±4	骆金诚等，2010
	二长花岗斑岩	锆石	LA-ICP-MS U-Pb	222±1	刘树文等，2011
	二云母二长花岗岩	锆石	LA-ICP-MS U-Pb	208±2	刘树文等，2011
	二云母二长花岗岩	锆石	LA-ICP-MS U-Pb	209±2	刘树文等，2011
	黑云母花岗岩	锆石	LA-ICP-MS U-Pb	201.6±1.2	Dong et al.，2012

续表

岩体	岩性	对象	测试方法	年龄/Ma	资料来源
	细粒花岗岩	锆石	LA-ICP-MS U-Pb	199±1.4	张红等，2015
	钾长花岗岩	锆石	LA-ICP-MS U-Pb	201±3.1	张红等，2015
	粗粒花岗岩	锆石	LA-ICP-MS U-Pb	198±11	张红等，2015
梨园堂	二长花岗斑岩	锆石	LA-ICP-MS U-Pb	210.1±1.9	Xiao et al.，2014
冷水沟	花岗闪长岩	锆石	LA-ICP-MS U-Pb	152.6±1.2	Li Q G et al.，2011
八里坡	二长花岗斑岩	锆石	LA-ICP-MS U-Pb	155.9±2.3	焦建刚等，2009
	花岗岩	锆石	LA-ICP-MS U-Pb	154±1	Li H Y et al.，2012
金堆城	花岗斑岩	锆石	LA-ICP-MS U-Pb	140.95±0.45	朱赖民等，2007
	花岗斑岩	锆石	LA-ICP-MS U-Pb	143.7±3	焦建刚等，2010a
	花岗斑岩	锆石	LA-ICP-MS U-Pb	141.5±1.5	Zhu et al.，2010
	花岗斑岩	锆石	LA-ICP-MS U-Pb	143±1	Li H Y et al.，2012
石家湾	花岗斑岩	锆石	LA-ICP-MS U-Pb	141.4±0.6	赵海杰等，2010
	花岗闪长斑岩	锆石	LA-ICP-MS U-Pb	140.9±1.6	张航，2015
木龙沟	花岗闪长斑岩	锆石	LA-ICP-MS U-Pb	151±1	柯昌辉等，2013
	花岗闪长斑岩	锆石	LA-ICP-MS U-Pb	140.4±1.2	张航，2015
夜长坪	钾长花岗斑岩	锆石	LA-ICP-MS U-Pb	158±2	胡浩等，2011
银家沟	二长花岗斑岩	锆石	SHRIMP U-Pb	147.5±2.1	李铁刚等，2013
	钾长花岗斑岩	锆石	SHRIMP U-Pb	147.8±1.6	李铁刚等，2013
雷门沟	花岗斑岩	锆石	SHRIMP U-Pb	136±2	Mao et al.，2010
石窑沟	黑云母二长花岗岩	锆石	LA-ICP-MS U-Pb	134.3±1.1	Han et al.，2013
	斑状二长花岗岩	锆石	LA-ICP-MS U-Pb	134.0±1.5	Han et al.，2013
	斑状二长花岗岩	锆石	LA-ICP-MS U-Pb	132.8±1.1	Han et al.，2013
火神庙	花岗斑岩	锆石	LA-ICP-MS U-Pb	145.1±0.5	王赛等，2016
上房沟	花岗斑岩	锆石	SHRIMP U-Pb	135.38±0.29	包志伟等，2009
	花岗斑岩	锆石	SHRIMP U-Pb	158±3	Mao et al.，2010
	花岗斑岩	锆石	LA-ICP-MS U-Pb	153.2±1.3	Li et al.，2015b
南泥湖	花岗斑岩	锆石	SHRIMP U-Pb	149.56±0.36	包志伟等，2009
	花岗斑岩	锆石	SHRIMP U-Pb	157±3	Mao et al.，2010
	花岗斑岩	锆石	LA-ICP-MS U-Pb	146.7±1.2	向君峰等，2012
	花岗斑岩	锆石	LA-ICP-MS U-Pb	144.9±1.6	李占轲，2013
鱼池岭	二长花岗斑岩	锆石	LA-ICP-MS U-Pb	133.6±1.6	Li et al.，2012a
	二长花岗斑岩	锆石	LA-ICP-MS U-Pb	134.0±1.4	Li et al.，2013
	二长花岗斑岩	黑云母	$^{40}Ar-^{39}Ar$ 坪年龄	135.1±1.4	Li et al.，2013
	花岗斑岩	锆石	LA-ICP-MS U-Pb	135.2±2.4	程知言等，2013

续表

岩体	岩性	对象	测试方法	年龄/Ma	资料来源
东沟	花岗斑岩	锆石	SHRIMP U-Pb	112±1	张航，2015
	花岗斑岩	锆石	LA-ICP-MS U-Pb	114±1	戴宝章等，2009
	花岗斑岩	锆石	LA-ICP-MS U-Pb	117±1	戴宝章等，2009
	花岗斑岩	锆石	LA-ICP-MS U-Pb	117.8±0.9	王赛等，2016
	花岗斑岩	锆石	LA-ICP-MS U-Pb	117.1±0.6	Yang L et al.，2013
	花岗斑岩	锆石	LA-ICP-MS U-Pb	118.4±0.9	Yang L et al.，2013
太山庙	正长花岗岩	锆石	SHRIMP U-Pb	115±2	Mao et al.，2010
	正长花岗岩	锆石	LA-ICP-MS U-Pb	125±2	Gao et al.，2014
	正长花岗岩	锆石	LA-ICP-MS U-Pb	115±2	Gao et al.，2014
	钾长花岗岩	锆石	LA-ICP-MS U-Pb	121.0±2.2	齐玥，2014
	钾长花岗岩	锆石	LA-ICP-MS U-Pb	116.2±1.3	齐玥，2014
	钾长花岗岩	锆石	LA-ICP-MS U-Pb	121.7±2.5	齐玥，2014
	钾长花岗岩	锆石	LA-ICP-MS U-Pb	120.0±2.2	齐玥，2014
	似斑状花岗岩	锆石	LA-ICP-MS U-Pb	122.0±1.6	齐玥，2014
	似斑状花岗岩	锆石	LA-ICP-MS U-Pb	122.3±1.5	齐玥，2014
	二长花岗斑岩	锆石	LA-ICP-MS U-Pb	113±1	Wang et al.，2015
	二长花岗斑岩	锆石	LA-ICP-MS U-Pb	125±1	Wang et al.，2015
	正长花岗岩	锆石	LA-ICP-MS U-Pb	121±1	Wang et al.，2015
	正长花岗岩	锆石	LA-ICP-MS U-Pb	121±1	Wang et al.，2015
老君山	黑云母花岗岩	黑云母	$^{40}Ar-^{39}Ar$ 坪年龄	116.4±0.4	张宗清等，2006
	黑云母二长花岗岩	锆石	LA-ICP-MS U-Pb	109.35±0.81	孟芳，2010
	黑云母二长花岗岩	锆石	SHRIMP U-Pb	111±1	孟芳等，2012a
	黑云母二长花岗岩	锆石	SHRIMP U-Pb	108±1	孟芳等，2012a
石门沟（南沟）	花岗岩	锆石	LA-ICP-MS U-Pb	109.8±4.1	杨晓勇等，2010

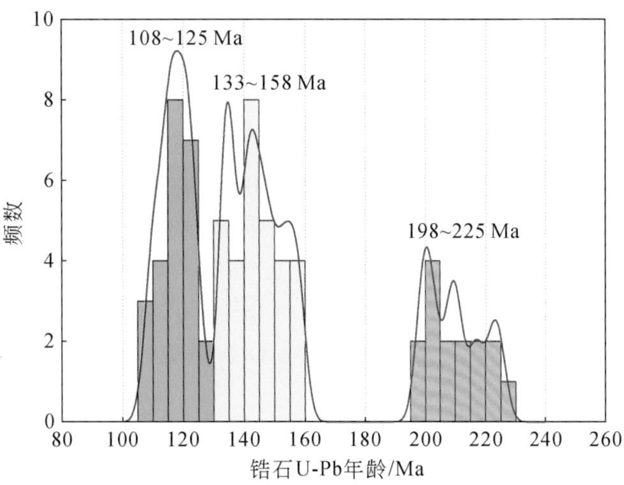

图 7.7　秦岭地区成钼小斑岩体侵位年龄频谱图

7.4.1 198 ~ 225Ma 的成钼岩体

该期间形成的成钼斑岩体仅见于南秦岭，包括温泉、胭脂坝和梨园堂岩体。其中温泉杂岩呈近圆形产出，出露面积 253km^2。其主要岩性包括黑云母花岗岩、黑云母二长花岗岩、角闪石二长花岗斑岩、黑云母二长花岗斑岩和钾长花岗斑岩，岩体内见大量镁铁质微细粒包体（MME）。钼矿化与黑云母二长花岗斑岩和钾长花岗斑岩有关（Zhu et al.，2011）。岩体所含暗色矿物以黑云母为主，并出现 I 型花岗岩的标志性矿物——角闪石。其主量元素变化范围较大，但总体富硅（59% ~77%，平均71%）、铝（11.4% ~ 18.5%，平均 14.2%）、钾（2.4% ~ 8.4%，平均 3.7%），A/CNK 介于 0.8 ~ 1.2 之间（平均 1.02，图 7.8B）。岩体的 Eu 负异常中等或不明显（δEu 为 0.43 ~ 0.80，多数大于 0.6）；重稀土分异不明显（图 7.9），表明其源区有斜长石残留，但无石榴子石残留；其微量元素表现出弧型花岗质岩浆的特征，即相对富集 Rb、Th、U、Pb 和 LREE 等大离子亲石元素，亏损 Ba、Nb、Y 和 HREE 等高场强元素（图 7.10）。鉴于样品的 I_{Sr}较低（0.70649 ~ 0.70772），$\varepsilon_{Nd}(t)$（−5.57 ~ −5.04）和 $\varepsilon_{Hf}(t)$（−3.3 ~ +1.9）接近于 0，具有中-新元古代的两阶段模式年龄（T_{DM2}(Nd) 和 T_{DM2}(Hf) 分别为 1406 ~ 1450Ma 和 1131 ~ 1464Ma），认为其源区为中-新元古代地壳（Zhu et al.，2011）。这亦得到继承锆石年龄的证实（分别为683Ma、874Ma 和 1589Ma，表 7.4）。考虑到中-新元古代的地壳增生在扬子克拉通较强而在华北克拉通较弱甚至缺失（赵子福和郑永飞，2009），且样品的 Pb-Sr-Nd 同位素组成（I_{Sr} = 0.70649 ~ 0.70772，$\varepsilon_{Nd}(t)$ = −5.57 ~ −5.04，$^{206}Pb/^{204}Pb$ = 18.067 ~ 18.481，$^{207}Pb/^{204}Pb$ = 15.485 ~ 15.592，$^{208}Pb/^{204}Pb$ = 37.957 ~ 38.278，Zhu et al.，2011；张宏飞等，2005）显示与扬子克拉通的亲缘性，但显著区别于华北克拉通（图 7.11 ~ 图 7.14），认为温泉岩体的源区具有扬子板块属性。然而，该岩体的 Mg$^{\#}$较高（24 ~ 52），显著高于变玄武岩或泥质岩部分熔融产生的、与其 SiO_2 含量相同熔体（图 7.8C）。并且，岩体中出现大量镁铁质微细粒包体（MME），暗示了岩浆混合的存在（Zhu et al.，2011），表明岩体形成过程中有幔源物质贡献。

胭脂坝岩体主要由黑云母二长花岗岩、二云母花岗岩和钾长花岗岩组成（Jiang et al.，2010；Dong et al.，2012；张红等，2015），在岩体内部或岩体与围岩的接触带发育有桂林沟、月河坪、大西沟、深潭沟等斑岩、斑岩-夕卡岩型钼矿。该岩体同样以黑云母作为主要的暗色矿物，但因含有白云母、石榴子石等过铝质矿物（骆金诚等，2010；Jiang et al.，2010；Dong et al.，2012）且 A/CNK 值较高（1.0 ~ 1.2）而被作为 S 型花岗岩（Jiang et al.，2010；Li et al.，2015b）。Jiang 等（2010）认为该岩体类似于 Barbarin（1996）提出的 MPG 花岗岩（含白云母花岗岩），为壳源物质在有水条件下发生重熔的产物，其形成需要较高的水逸度（7% ~8%）。样品较低的 Mg$^{\#}$（10 ~ 40）亦支持岩石主要源自壳源岩石部分熔融，没有地幔橄榄岩或幔源熔体的参与。锆石中继承核的年龄由 410Ma 变化至 2433Ma，表明其源区物质为混合的沉积物（表 7.4）。进一步由 Sr-Nd 和 Lu-Hf 同位素（I_{Sr} = 0.70413 ~ 0.70663，$\varepsilon_{Nd}(t)$ = −6.55 ~ −2.36，T_{DM2}(Nd) = 1185 ~ 1560Ma；$\varepsilon_{Hf}(t)$ = −3.7 ~ +5.0，T_{DM2}(Hf) = 917 ~ 1466Ma）限定其源区为中-新元古代壳源沉积物，而 Pb 同位素组成（$^{206}Pb/^{204}Pb$、$^{207}Pb/^{204}Pb$、$^{208}Pb/^{204}Pb$ 分别为 17.737、15.432 和 37.619；张宗清等，2006）则显示与扬子克拉通南缘的亲缘性。并且，该岩体具有较高的 HREE 和 Y 含量，在球粒陨石标准化的稀土元素配分图解中显示较平的 HREE 分布（图 7.9），表明源区没有石榴子石残留。但样品亏损 Sr（图 7.10）且显示显著的 Eu 负异常（δEu = 0.43 ~ 0.69，图 7.9），暗示源区在斜长石稳定域，即形成深度不超过 30km（斜长石稳定域）。邻近的梨园堂岩体尽管被认为是高分异 I 型花岗岩（Xiao et al.，2014），但其地质地球化学特征与胭脂坝岩体类似，如同样含有白云母（尽管缺乏石榴子石），Mg$^{\#}$低（多数<30），近乎一致的 Lu-Hf 同位素组成（$\varepsilon_{Hf}(t)$ = −4.0 ~ 4.9，T_{DM2} = 924 ~ 1495Ma；刘春花等，2014；Xiao et al.，2014）等，只是 SiO_2、K_2O、K_2O+Na_2O 含量更高，而 CaO、MgO、FeO_T含量更低。这表明二者的源区及形成过程可能类似。

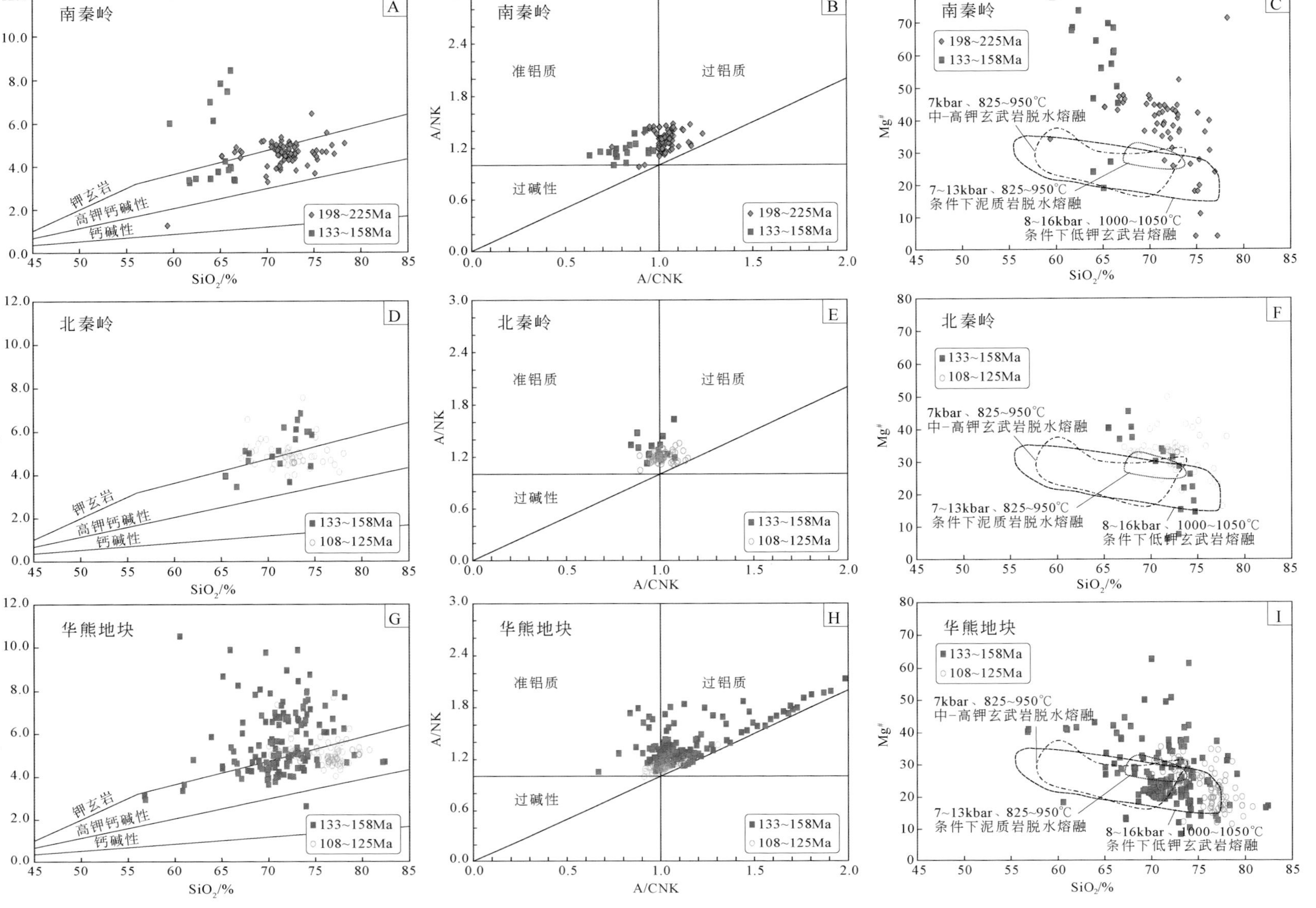

图7.8　秦岭地区成钼岩体SiO_2-K_2O（A、D、G）、A/CNK-A/NK（B、E、H）及SiO_2-$Mg^{\#}$（C、F、I）图解

图C、F、I中标注了由低钾玄武质岩石在8~16kbar、1000~1050℃脱水熔融形成纯壳源熔体（Rnosta Wdnappa，1995）、中等含水（1.7%~2.3% H_2O）中钾-高钾玄武岩在7kbar、825~950℃脱水熔融形成纯壳源熔体（Sisson et al.，1995）以及泥质岩在7~13kbar、825~950℃脱水熔融形成纯壳源熔体（Patino and Johnson，1991）的曲线

资料来源：Han et al.，2007；Jiang et al.，2010；Zhu et al.，2010，2011；Cao et al.，2011；Dong et al.，2012；Li D et al.，2012；Yang L et al.，2013；Bao et al.，2014；Gao et al.，2014；Xiao et al.，2014；Wang et al.，2015；胡受奚等，1988；聂凤军和樊建廷，1989；王新，2001；李永军等，2003a，2003b；张正伟等，2003；张宏飞等，2005；叶会寿等，2006a，2008；戴宝章等，2009；黄凡等，2009；倪智勇，2009；许道学，2009；杨恺，2009；焦建刚等，2010a，2010b；骆金诚等，2010；杨晓勇等，2010；赵海杰等，2010；李洪英等，2011；秦臻等，2011；张旭等，2011；孟芳等，2012a；吴发富，2013；柯昌辉等，2013；李铁刚等，2013；齐玥，2014；肖光富等，2014；张云辉，2014；韩江伟等，2015；王赛等，2016

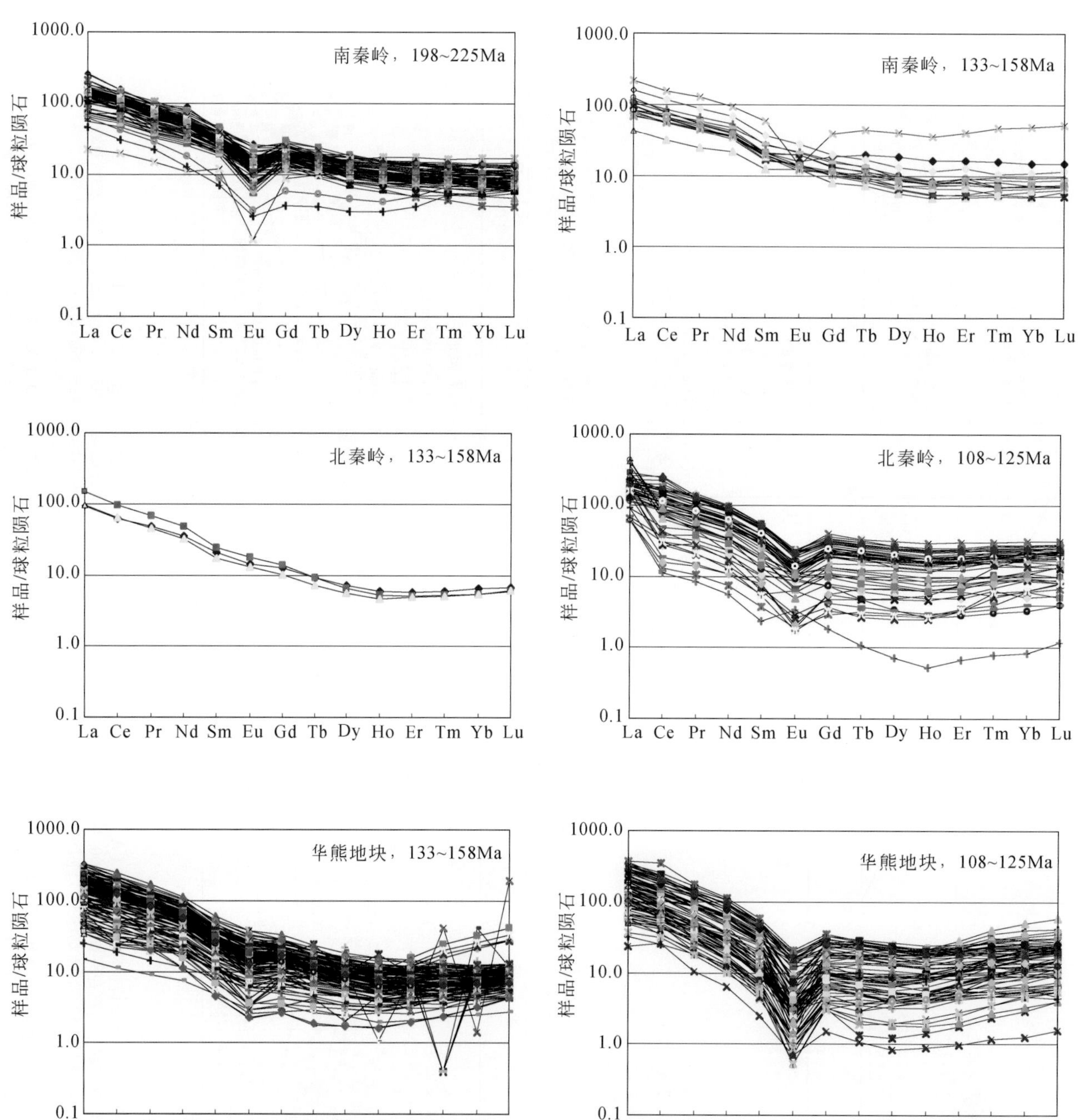

图 7.9 秦岭地区成钼岩体稀土元素配分图解

球粒陨石微量元素含量据 Sun and McDonough，1989。资料来源：Han et al.，2007；Jiang et al.，2010；Zhu et al.，2010，2011；Dong et al.，2011；Cao et al.，2011；Li D et al.，2012；Yang L et al.，2013；Bao et al.，2014；Gao et al.，2014；Xiao et al.，2014；Wang et al.，2015；孙晓明和刘孝善，1987；聂凤军和樊建廷，1989；徐兆文等，1995；王新，2001；李永军等，2003a，2003b；张宏飞等，2005；叶会寿等，2006a，2008；戴宝章等，2009；倪智勇，2009；黄凡等，2009；许道学，2009；杨恺，2009；焦建刚等，2010a，2010b；骆金诚等，2010；赵海杰等，2010；杨晓勇等，2010；李洪英等，2011；秦臻等，2011；孟芳等，2012a；柯昌辉等，2013；李铁刚等，2013；吴发富，2013；齐玥，2014；肖光富等，2014；张云辉，2014；韩江伟等，2015；王赛等，2016

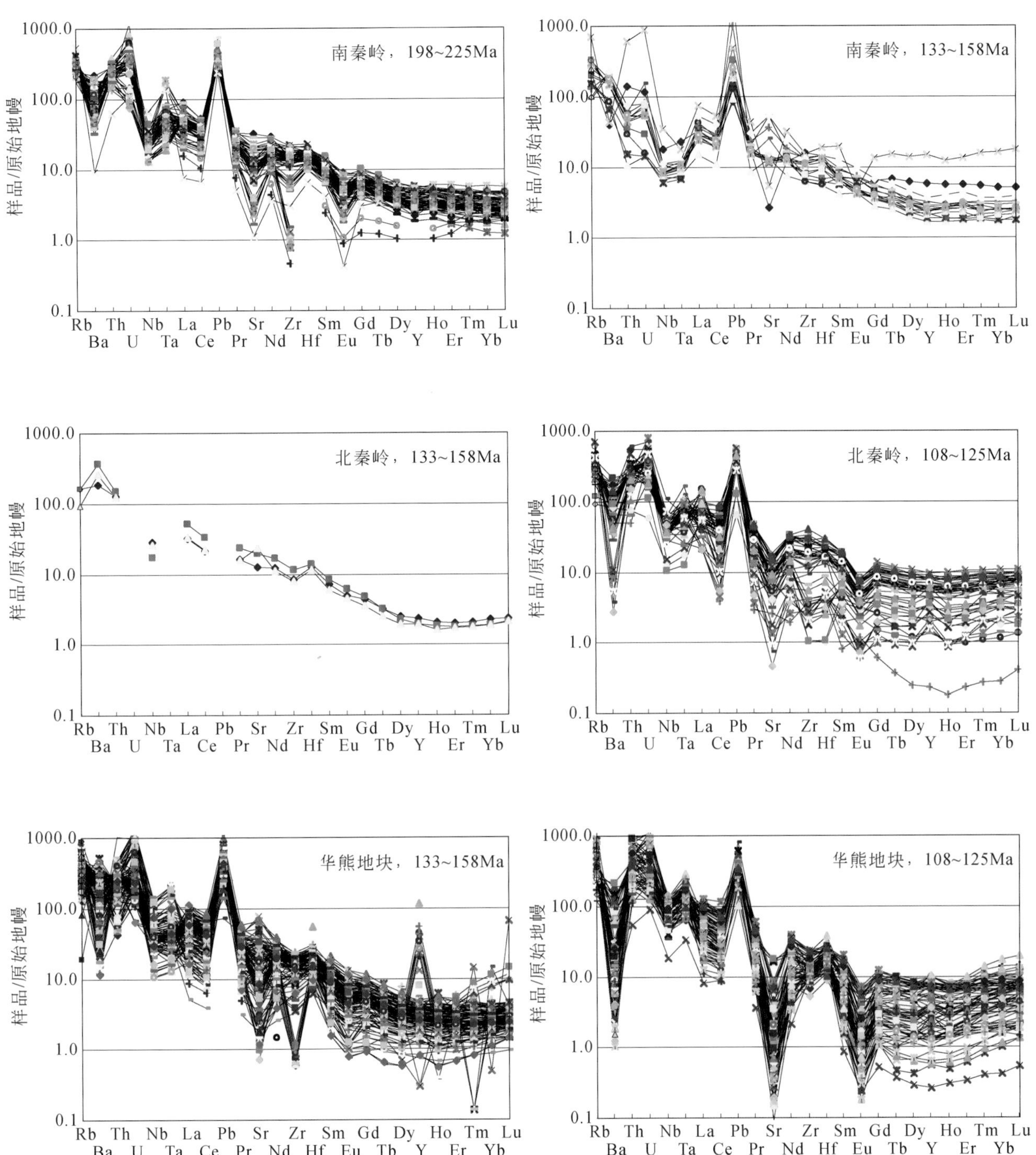

图7.10 秦岭地区成钼岩体微量元素蛛网图

原始地幔微量元素含量据 Sun and McDonough，1989。资料来源：Han et al.，2007；Jiang et al.，2010；Zhu et al.，2010，2011；Dong et al.，2011；Cao et al.，2011；Li D et al.，2012；Yang L et al.，2013；Bao et al.，2014；Gao et al.，2014；Xiao et al.，2014；Wang et al.，2015；孙晓明和刘孝善，1987；聂凤军和樊建廷，1989；徐兆文等，1995；王新，2001；李永军等，2003a，2003b；张宏飞等，2005；叶会寿等，2006a，2008；戴宝章等，2009；倪智勇，2009；黄凡等，2009；许道学，2009；杨恺，2009；焦建刚等，2010a，2010b；骆金诚等，2010；赵海杰等，2010；杨晓勇等，2010；李洪英等，2011；秦臻等，2011；孟芳等，2012a；柯昌辉等，2013；李铁刚等，2013；吴发富，2013；齐玥，2014；肖光富等，2014；张云辉，2014；韩江伟等，2015；王赛等，2016

表 7.4　秦岭成钼岩体继承锆石年龄　（单位：Ma）

岩体	分析点	Th/U	$^{207}Pb/^{206}Pb$	$^{207}Pb/^{235}U$	$^{206}Pb/^{238}U$	资料来源
温泉	A4-01	2.9	894	880	874	Cao et al., 2011
温泉	A4-10	0.7	785	708	683	Cao et al., 2011
温泉	A5-10	1.2	1589	1550	1521	Cao et al., 2011
胭脂坝	GL-10-14	0.7		1464	1420	张红等，2015
胭脂坝	GL-10-29	0.5		996	986	张红等，2015
胭脂坝	GL-11-07	0.8		440	410	张红等，2015
胭脂坝	GL-11-28	0.9		2433	2310	张红等，2015
梨园堂	7	0.7		441	450	Xiao et al., 2014
雷门沟	LM2-2	1.3	1969		1902	Mao et al., 2010
雷门沟	LM2-5	0.7	2496		2330	Mao et al., 2010
雷门沟	LM2-7	0.3	2629		2736	Mao et al., 2010
雷门沟	LM2-C	0.5	2294		2171	Mao et al., 2010
雷门沟	LM2-13	0.4	2134		2060	Mao et al., 2010
雷门沟	LM2-16	0.4	2403		2252	Mao et al., 2010
石窑沟	ZK51811-1-12	0.8	2186	2120	2052	Han et al., 2013
石窑沟	ZK51811-1-14	0.6	2150	2106	2060	Han et al., 2013
石窑沟	ZK518-14-1	0.6	1579	1561	1547	Han et al., 2013
石窑沟	08SYG01-4-18	0.9	2294	2292	2289	Han et al., 2013
石窑沟	08LC57-1-19	0.1	1954	1865	1785	Han et al., 2013
上房沟	S1-1	0.2	2146		2034	Mao et al., 2010
南泥湖	LN-3.26	0.6	1569	1547	1531	包志伟等，2009
鱼池岭	YCL0722 17	0.8	1867	1859	1852	Li et al., 2012a
鱼池岭	YCL0722 18	0.4	2328	2343	2361	Li et al., 2012a
鱼池岭	YCL0722 19	0.6	1775	1774	1774	Li et al., 2012a
鱼池岭	04001-28	0.4	1624	1548	1493	Li et al., 2013
东沟	DG5-18		1709	1712	1715	戴宝章等，2009
太山庙	LHK1307-3-9	0.5	2327	2322	2316	Wang et al., 2015
太山庙	LHK1307-4-14	1.5	300	158	149	Wang et al., 2015
老君山	LJS2-B8-2.1	0.8	151.5	143		孟芳等，2012b

注：仅选择了具有谐和年龄的数据点。

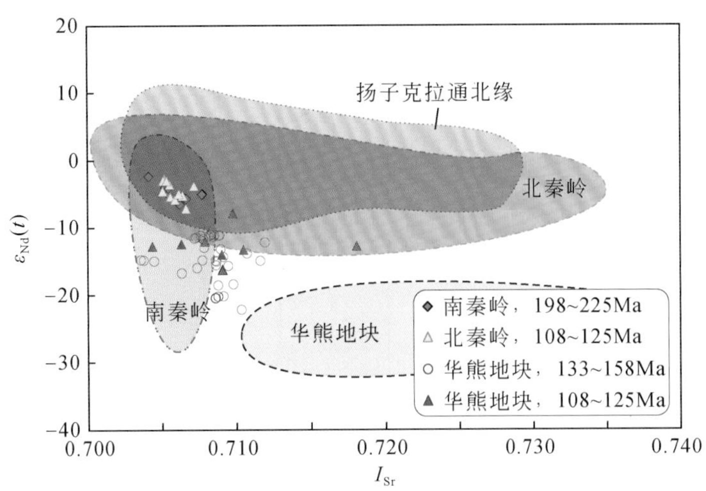

图7.11 秦岭成钼岩体 I_{Sr}-$\varepsilon_{Nd}(t)$ 图解

注意：剔除了具有异常低 I_{Sr} 组成的东沟岩体数据；地层数据按照 t =145Ma 进行了反算（t =205Ma、t=115Ma 时同位素范围与之接近）；数据来源：岩体（Jiang et al.，2010；Bao et al.，2014；Gao et al.，2014；Wang et al.，2015；尚瑞均和严阵，1988；杨荣勇等，1997；张宏飞等 2005；张宗清等，2006；郭波，2009；焦建刚等，2010a，2010b；赵海杰等，2010；李洪英等，2011；柯昌辉等，2013；李铁刚等，2013；齐玥，2014）、华熊地块（Xu et al.，2009；He et al.，2010；赵太平，2000；倪智勇等，2009）、北秦岭（Liu et al.，2013；张宗清等，1994，2006；孙卫东等，1996；闫全人等，2008）、南秦岭（Zhu et al.，2014；沈洁等，1997；张宗清等，2001，2002）、扬子克拉通北缘（凌文黎，1996；凌文黎等，2002；闫全人等，2004；夏林圻等，2007；李永飞等，2007）

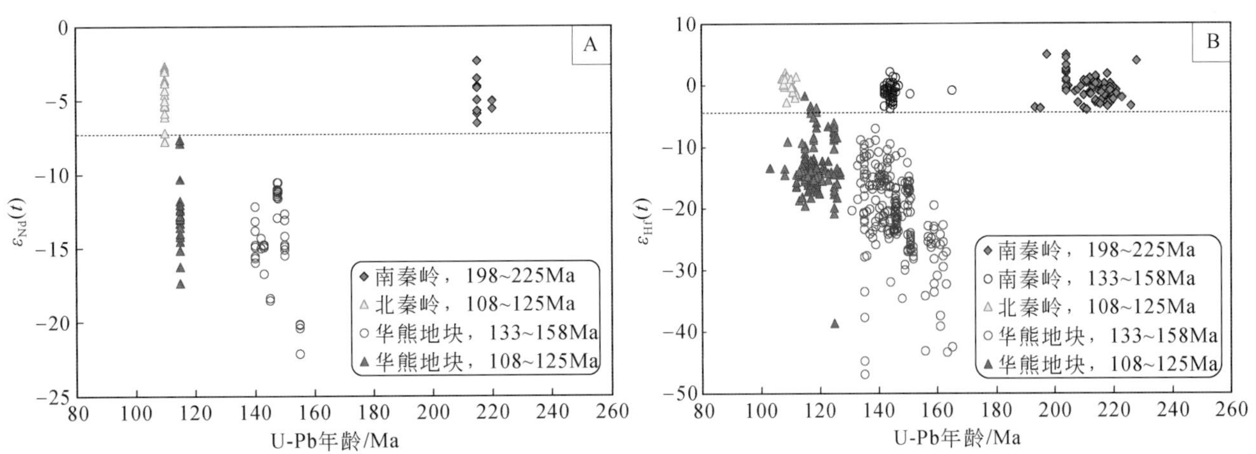

图7.12 秦岭成钼岩体锆石 U-Pb 年龄-$\varepsilon_{Nd}(t)$（A）及 U-Pb 年龄-$\varepsilon_{Hf}(t)$（B）图解

数据来源：Jiang et al.，2010；Zhu et al.，2010，2011；Li H Y et al.，2012；Li et al.，2012a；Yang L et al.，2013；Bao et al.，2014；Gao et al.，2014；Xiao et al.，2014；Wang et al.，2015；杨荣勇等，1997；张宏飞等 2005；张宗清等，2006；戴宝章等，2009；郭波，2009；焦建刚等，2010a，2010b；孟芳，2010；赵海杰等，2010；李洪英等，2011；程知言等，2013；柯昌辉等，2013；李铁刚等，2013；吴发富，2013；刘春花等，2014；齐玥，2014；王赛等，2016

上述特征表明，198～225Ma 期间，南秦岭同时存在 I 型和 S 型的成钼岩体。结合秦岭地区同时期花岗岩的地质与地球化学特征（Li et al.，2015），认为由勉略断裂向北，依次出现 S 型和 I 型花岗岩带，且后者显示向北的元素和同位素地球化学极性。这表明三叠纪花岗岩由古特提斯洋最北支（以勉略洋为代表）的俯冲形成，属岩浆弧产物（图7.15）。

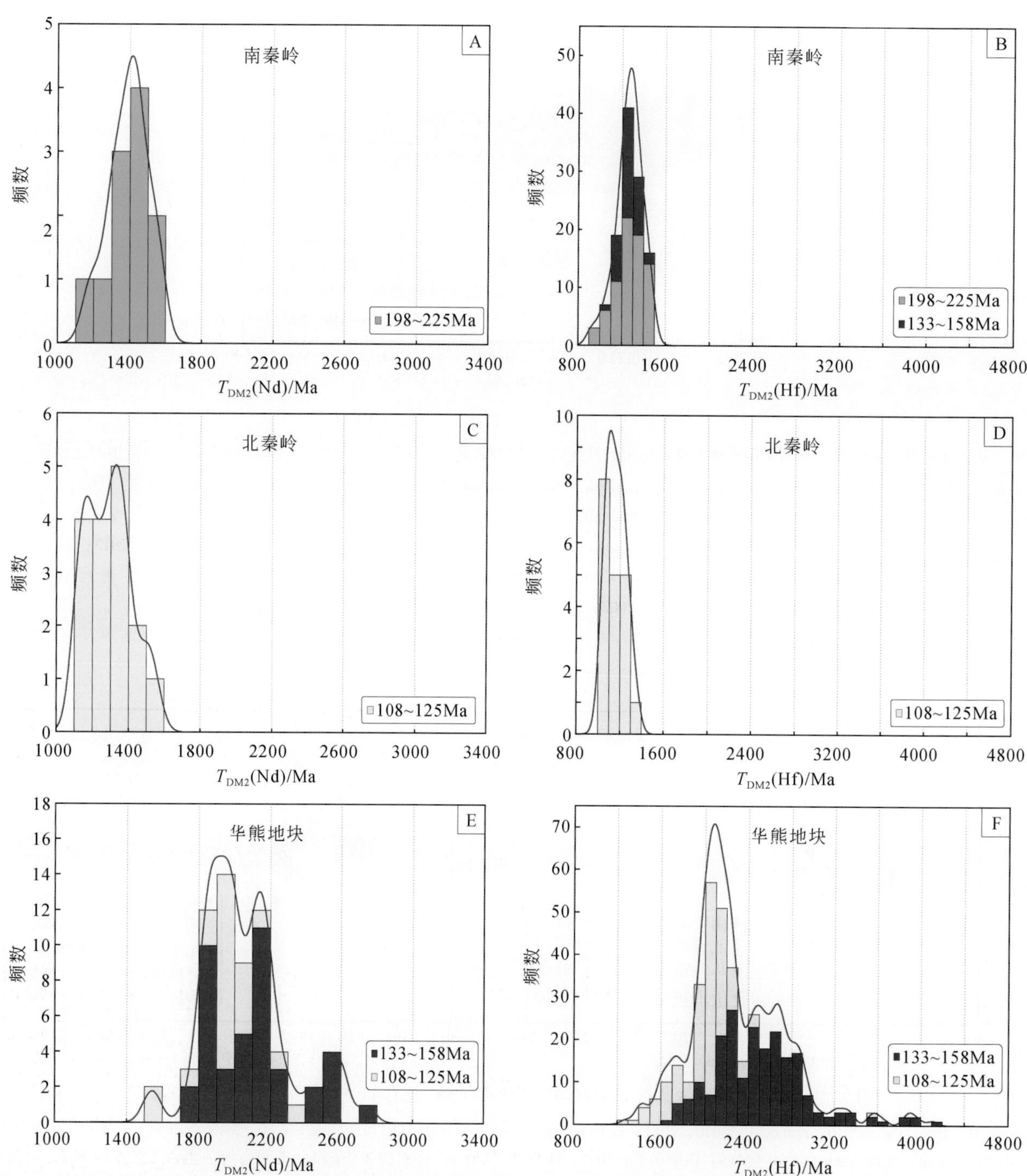

图 7.13　秦岭成钼岩体 T_{DM2}(Nd)（A、C、E）及 T_{DM2}(Hf)（B、D、F）分布频率直方图

数据来源：Jiang et al.，2010；Zhu et al.，2010，2011；Li H Y et al.，2012；Li et al.，2012a；Yang L et al.，2013；Bao et al.，2014；Gao et al.，2014；Xiao et al.，2014；Wang et al.，2015；杨荣勇等，1997；张宏飞等 2005；张宗清等，2006；戴宝章等，2009；郭波，2009；焦建刚等，2010a，2010b；孟芳，2010；赵海杰等，2010；李洪英等，2011；程知言等，2013；柯昌辉等，2013；李铁刚等，2013；吴发富，2013；刘春花等，2014；齐玥，2014；王赛等，2016

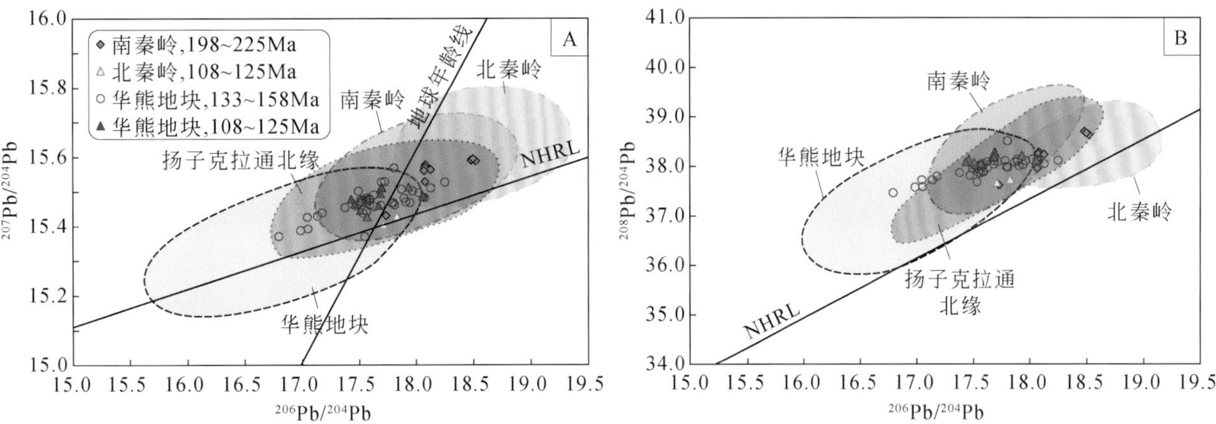

图7.14 秦岭成钼岩体$^{206}Pb/^{204}Pb$-$^{207}Pb/^{204}Pb$（A）及$^{206}Pb/^{204}Pb$-$^{208}Pb/^{204}Pb$（B）图解

为便于比较，除成钼岩体外（Zhu et al.，2011；Yang L et al.，2013；黄典豪等，1984；李英和任崔锁，1990；陈岳龙和张本仁，1994；张宏飞等，1997，2005；付治国等，2006；张宗清等，2006；郭波等，2009；焦建刚等，2010a，2010b；李洪英等，2011；李铁刚等，2013），图中同时标注了华熊地块（Chen et al.，2009；李英和任崔锁，1990；赵太平，2000；范宏瑞等，1994；欧阳建平和张本仁，1996；张本仁等，1996；聂凤军等，2001；郭波等，2009；倪智勇等，2009）、北秦岭（张理刚等，1995；欧阳建平和张本仁，1996；Xu and Han，1996；张本仁等，1996；张宏飞等，1996；张宗清等，2006；闫全人等，2007）、南秦岭（Zhang et al.，1997；张宗清等，1994；欧阳建平和张本仁，1996；张宏飞等，1996；Xu and Han，1996）和扬子克拉通北缘（张本仁等，1996；闫全人等，2004；李永飞等，2007）地层的铅同位素组成，但由于多数数据缺少U、Th、Pb含量数据未能进行反算。北半球铅同位素参考线（NHRL）按照 $({}^{207}Pb/{}^{204}Pb)_{NHRL}=0.1084\times({}^{206}Pb/{}^{204}Pb)_i+13.491$，$({}^{208}Pb/{}^{204}Pb)_{NHRL}=1.209\times({}^{206}Pb/{}^{204}Pb)_i+15.627$ 计算（Hart，1984）

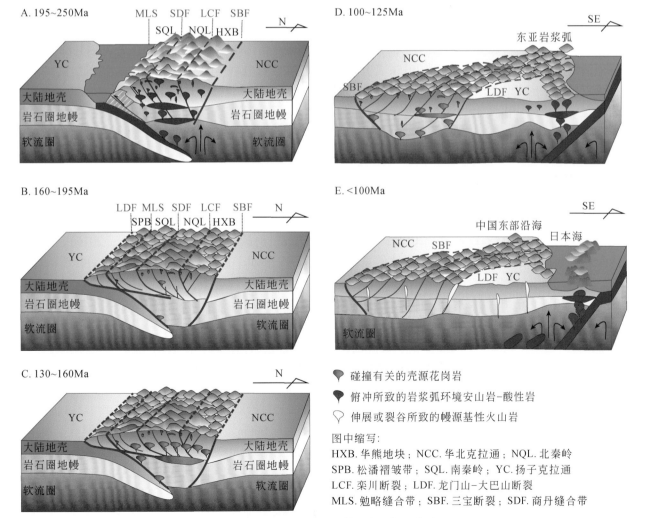

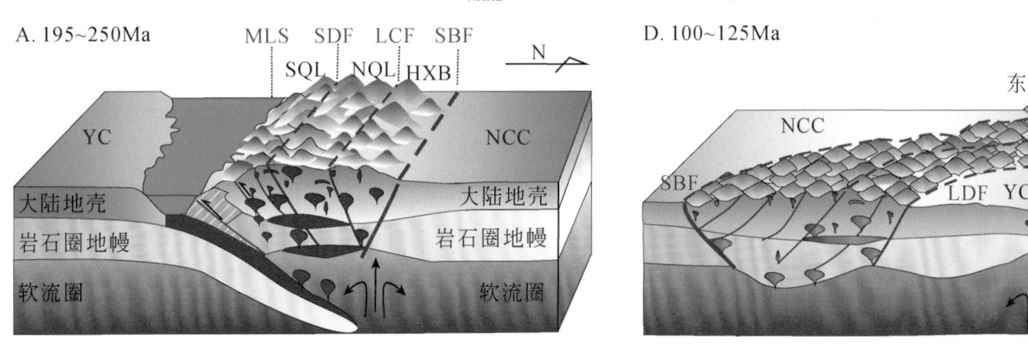

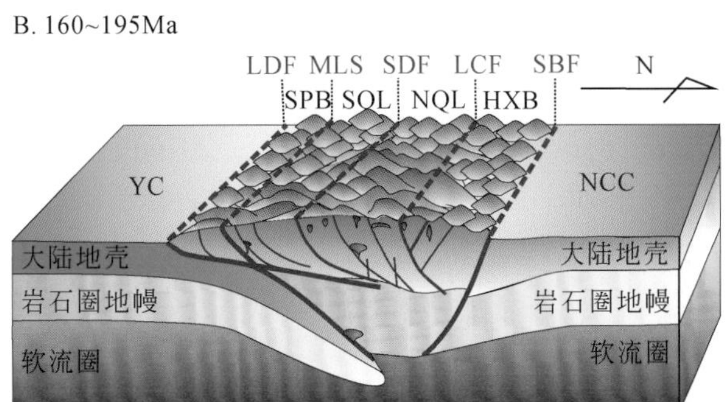

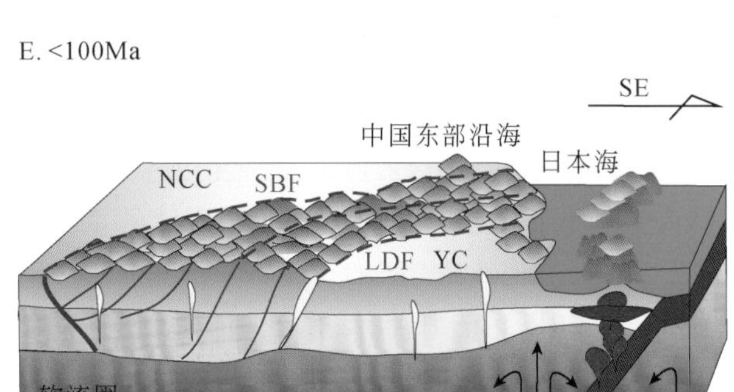

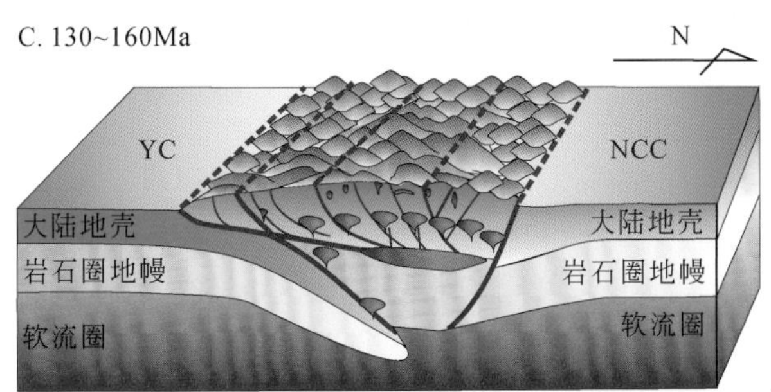

碰撞有关的壳源花岗岩

俯冲所致的岩浆弧环境安山岩-酸性岩

伸展或裂谷所致的幔源基性火山岩

图中缩写：

HXB.华熊地块；NCC.华北克拉通；NQL.北秦岭

SPB.松潘褶皱带；SQL.南秦岭；YC.扬子克拉通

LCF.栾川断裂；LDF.龙门山-大巴山断裂

MLS.勉略缝合带；SBF.三宝断裂；SDF.商丹缝合带

图7.15 秦岭地区成钼岩体发育的构造背景

7.4.2 133～158Ma 的成钼岩体

133～158Ma 是秦岭地区成钼岩体大规模侵位时期，遍布华熊地块、北秦岭和南秦岭。

在华熊地块，产出有八里坡、金堆城、石家湾、木龙沟、夜长坪、银家沟、雷门沟、石窑沟、火神庙、上房沟、南泥湖、鱼池岭等成矿岩体。这些矿化岩体多呈椭圆形、长条形或不规则状，以岩株、岩筒或岩枝形式产出，出露面积小于 1km^2。岩性多为花岗岩、二长花岗岩、花岗闪长岩和黑云母花岗岩。尽管岩体岩性不一，化学成分变化范围较大，但总体具有高硅（SiO_2=57%～82%，平均 71%）、富钾（K_2O=2.6%～10.5%，平均 5.7%）、富碱（K_2O+Na_2O=4.8%～12.3%，平均 8.2%），贫钙（多数 CaO < 2.5%）、镁（多数 MgO < 1.2%）、铁（FeO_T=0.4%～7.2%）的特征，属准铝质-弱过铝质（A/CNK=0.7～2.0）、高钾钙碱性-钾玄岩系列（图 7.8G，H）。在 SiO_2-$Mg^{\#}$图解中多落入纯壳源熔体范围内，个别样品 $Mg^{\#}$较高（图 7.8I）。它们具有类似的球粒陨石标准化 REE 组成：LREE 富集，HREE 亏损（$(La/Yb)_N$=3～66），δEu 可正可负（0.4～1.1，图 7.9）。在原始地幔标准化的微量元素蛛网图上，显示 U 和 Pb 富集、Nb 亏损，Ba、Sr、Hf 等元素可富集亦可亏损（图 7.10）。这些岩体普遍具有高度演化的全岩 Sr-Nd 和锆石 Lu-Hf 同位素组成，获得其 I_{Sr}变化于 0.70264～0.72319，$\varepsilon_{Nd}(t)$ 变化于-22.2～-10.6，$\varepsilon_{Hf}(t)$ 变化于-46.9～-7.0，对应的 Nd 和 Hf 两阶段模式年龄集中于 1600～3100Ma（图 7.11～图 7.13），指示其源岩为再循环的古老地壳，时代可能是中元古代—太古宙。包志伟等（2009）、Bao 等（2014）依据栾川地区南泥湖等成矿岩体的 Nd 和 Hf 两阶段模式年龄（1.4～2.5Ga）小于华熊地块结晶基底太华超群的年龄（2.7Ga），但与扬子克拉通北缘的结晶基底（1.8～2.2Ga）年龄相当，并且岩体低的放射成因铅同位素组成亦显示与扬子克拉通的亲和性，认为这些岩体源自扬子克拉通北缘地壳物质的部分熔融。但这一解释存在如下问题：首先，太华超群的原岩年龄为 3.0～2.0Ga，并在 2.75～1.85Ga 经历了强烈的变形-变质作用（Li et al.，2015a 及其引文）；其次，部分岩体的 T_{DM2}> 2.2Ga，不可能由<2.2Ga 的扬子克拉通基底部分熔融形成；再次，这一结论忽略了熊耳群（1.45～1.78Ga；Zhao et al.，2009）在成岩过程中的贡献。事实上，这些成钼岩体中含有大量继承锆石，其 U-Pb 年龄变化于 1569～2629Ma（表 7.4），与岩体的 T_{DM2}吻合，亦与熊耳群和太华超群年龄相当。并且，这些成钼岩体普遍具有较低的 Pb 同位素组成（$^{206}Pb/^{204}Pb$ = 16.769～22.202，平均 17.719；$^{207}Pb/^{204}Pb$ = 15.369～15.914，平均 15.481；$^{208}Pb/^{204}Pb$ = 37.158～38.911，平均 37.876；李英和任崔锁，1990；郭波等，2009；焦建刚等，2010b；李洪英等，2011；李铁刚等，2013），与华熊地块基底性质类似，但低于扬子克拉通北缘基底（图 7.14）。这表明，这些成钼岩体主要来自华熊地块下地壳的部分熔融（陈衍景等，2000；李诺等，2007b；李洪英等，2011；Li et al.，2012a；程知言等，2013；柯昌辉等，2013；王赛等，2016）；不仅仅是太华超群，而且熊耳群同样是成钼岩体的重要岩浆源区。然而，当利用已有太华超群（第五春荣等，2007，2010；Xu et al.，2009；Huang et al.，2010；时毓等，2011，2014）和熊耳群（Wang et al.，2010；柳晓艳等，2011）的 Hf 同位素数据进行反算时发现，在 t=145Ma 时（成钼岩体侵位高峰），太华超群的 $\varepsilon_{Hf}(t)$ 变化于-62.2～-42.1，熊耳群的 $\varepsilon_{Hf}(t)$ 变化于-48.9～-40.1，远低于成钼岩体的 $\varepsilon_{Hf}(t)$（-46.9～-7.0），表明上述二者之一或其混合均不能满足成钼岩体的 Hf 同位素特征。利用 Sr-Nd 同位素进行反算亦得到同样的结论（图 7.11）。如此，除上述两个源区外，尚需一个具有低 I_{Sr}、高 $\varepsilon_{Hf}(t)$ /$\varepsilon_{Nd}(t)$ 的源区。为此，李铁刚等（2013）引入了宽坪群和二郎坪群与太华超群的混合模型解释银家沟岩体的主微量元素组成及 Sr-Nd-Pb 同位素特征。

在北秦岭，秋树湾花岗斑岩呈岩株状产出，出露面积约 0.06km^2。尽管该岩体曾被认为形成于加里东期（刘孝善等，1987），但考虑到最新获得的金云母 Ar/Ar 年龄为 142.7±1.7Ma（任启江等未刊资料），辉钼矿 Re-Os 等时线年龄为 147±4Ma（Mao et al.，2008），认为该岩体可归入 133～158Ma 成矿岩体范畴。目前对于该岩体研究较少，仅有少量全岩主量和微量元素资料。该岩体同样属高钾钙碱性-钾玄岩系列，准铝质-弱过铝质（A/CNK=0.8-1.1），其 SiO_2（66%～75%，平均 71%）、K_2O（3.5%～6.9%，平均

5.2%）和 K_2O+Na_2O（7.2% ~9.2%，平均8.3%）较高，而 CaO（0.6% ~3.8%，平均1.9%）、MgO（0.1% ~1.3%，平均0.5%）和 FeO_T（1.1% ~3.4%，平均2.2%）较低。计算获得其 $Mg^{\#}$ 介于6~46（平均27），接近于或略高于纯壳源熔体（图7.8F）。在球粒陨石标准化的稀土元素配分图解中，显示右倾的配分模式（$(La/Yb)_N$=14~28），Eu 异常微弱（δEu=0.9~1.0，图7.9）；在原始地幔标准化的微量元素蛛网图上，显示 Ba、Hf 的正异常（图7.10）。上述特征与华北克拉通南缘同期岩体类似，可能具有类似的成因。

在南秦岭，见有同期的冷水沟岩体呈不规则状产出，出露面积0.7km^2。该岩体以英云闪长岩、花岗闪长岩为主，含少量石英闪长岩和二长闪长岩脉；暗色矿物见黑云母、角闪石。该岩体 SiO_2 含量偏低（60% ~67%，平均65%），而 CaO（1.5% ~4.8%，平均3.0%）、MgO（0.2% ~5.3%，平均2.2%）含量以及 $Mg^{\#}$（19~78，平均55）较高。K_2O 含量变化范围较大（3.2% ~8.4%，平均4.9%）；Na_2O 含量介于1.3% ~6.4%（平均4.6%），属准铝质（A/CNK=0.6~1.0，平均0.8）、高钾钙碱性-钾玄岩系列的I型花岗岩（图7.8A）。它同样具有弧型岩浆岩的微量元素特征，表现为富集 U、Pb、LREE 等大离子亲石元素，亏损 Nb、Ta 等高场强元素。多数样品无明显 Eu 异常（δEu=0.3~1.3），表现源区不存在斜长石残留（图7.9、图7.10）。但是，样品较高的 MgO 含量（最高5.3%）和 $Mg^{\#}$（最高78）排除了完全由壳源物质重熔的可能（图7.8C）。一般认为，高 $Mg^{\#}$花岗质岩石可能由下述过程形成：①俯冲板块熔体上升过程中交代地幔橄榄岩（如 Martin et al., 2005）；②拆沉的榴辉岩相下地壳来源的熔体与上涌的软流圈地幔反应（如 Xu et al., 2002）；③岩石圈地幔金云母-石榴子石单斜辉石岩的低程度部分熔融（Jiang et al., 2006）；④壳源熔体与幔源熔体的混合（Jiang et al., 2009）。但是，对于榴辉岩相下地壳的拆沉模型，要求有石榴子石作为残留相。而石榴子石强烈富集 HREE，因此，当石榴子石作为残留相时，将导致熔体 HREE 的强烈亏损，Y/Yb>10，$(Ho/Yb)_N$>1.2，这不符合冷水沟岩体的特征（Y/Yb 多小于10，$(Ho/Yb)_N$全部小于1.2）。岩石圈地幔金云母-石榴子石单斜辉石岩的低程度部分熔融的产物以富钾为特征，应是钾玄岩系列（Jiang et al., 2006），这与冷水沟岩体中近半数样品点落入高钾钙碱性系列不符。而岩浆混合将导致两种主量或微量元素之间的线性相关关系（Fourcade and Allegre, 1981），这亦与本岩体样品不一致。因此，唯一可能的诱因是俯冲板块熔融形成的熔体在上升过程中交代地幔橄榄岩。考虑到锆石的 $\varepsilon_{Hf}(t)$ 在0值附近（-3.8~2.2），且 T_{DM2}（Hf）介于1055~1433Ma之间，暗示其源区物质应该是中元古代的新生地壳。

基于上述岩石学、元素地球化学和同位素地球化学特征，认为133~158Ma 的花岗岩多为高钾钙碱性、准铝质-弱过铝质，相对富集 LREE 和 LILE，亏损 HREE 和 HFSE，显示典型的大陆地壳特征；其 Sr-Nd 和 Lu-Hf 同位素组成亦表明其源区主要为壳源。考虑到这些花岗岩的侵位滞后于碰撞造山（晚三叠世—早侏罗世；Dong et al., 2011；Li et al., 2015b）将近40Ma，这与阿尔卑斯造山带和海西造山带的陆陆碰撞与后碰撞岩浆岩发育的时间间隔一致（40~50Ma；Harris et al., 1986），认为它们属碰撞后花岗岩类（图7.15）。

7.4.3 108~125Ma 的成钼岩体

这期间形成的成钼岩体仅见于华熊地块和北秦岭。前者以东沟花岗斑岩和太山庙花岗岩基为代表。东沟花岗斑岩以近 EW 向小岩脉形式产出，长约190m，宽6~36m，出露面积小于0.01km^2（黄凡等，2009）。太山庙复式岩基以正长花岗（斑）岩为主，呈近等轴状侵入于熊耳群火山岩中，出露面积约300km^2。该岩基东北部边缘赋存有竹园沟钼矿（黄凡等，2009）。东沟与太山庙具有类似的元素地球化学特征，SiO_2含量介于70% ~81%（平均76%）；K_2O 含量变化于4.0% ~7.7%（平均5.1%）；Na_2O 含量变化于1.5% ~4.4%（平均3.5%）；K_2O+Na_2O 含量介于7.1% ~10.4%（平均8.6%）。CaO 含量多低于1.0%，MgO 含量多低于0.5%，FeO_T则介于0.3% ~2.8%之间。除个别样品外，多数样品落入准铝质-弱过铝质的高钾钙碱性-钾玄岩岩石（图7.8G、H）范围。在球粒陨石标准化的稀土元素配分图解中，样品表现为轻稀土富集，重稀土亏损的右倾配分形式（$(La/Yb)_N$=4~42），Eu 负异常明显（δEu=

0.04 ~ 0.8）（图 7.9）。在原始地幔标准化的微量元素蛛网图上，普遍富集 Rb、U、Th、Ta、Pb、Hf，亏损 Ba、Nb、Sr（图 7.10）。东沟和太山庙都曾被作为铝质 A 型花岗岩（叶会寿等，2008；戴宝章等，2009；Yang L et al.，2013；Wang et al.，2015），理由包括：岩体形成于 I 型花岗岩侵位之后，具有高的 Ga、Nb、Ga/Al 和 REE，亏损 Ba、Sr、Eu 和相容元素。然而，岩体中缺乏钠闪石-钠铁闪石、霓石-霓辉石、铁橄榄石等可作为 A 型花岗岩鉴定标志的碱性暗色矿物（Gao et al.，2014），且其 Zr（58×10^{-6} ~ 263×10^{-6}，多数<250×10^{-6}）、Zr+Nb+Y+Ce（58×10^{-6} ~ 477×10^{-6}，多数<350×10^{-6}）亦显著低于典型的 A 型花岗岩（Collins et al.，1982；Sylvester，1989；Eby，1990，1992；Whalen et al.，1996）。在 Zr-10000Ga/Al 和 FeO^*/MgO-10000Ga/Al 判别图解中，多数样品跨越 A 型和 I、S & M 型花岗岩的边界。而在 FeO^*/MgO-(Zr+Nb+Ce+Y) 和 (K_2O+Na_2O) /CaO-(Zr+Nb+Ce+Y) 判别图解中，多数样品落入高分异 I 型花岗岩的范围内（图 7.16）。并且，基于锆饱和温度计（Watson and Harrison，1983）计算的岩体形成温度介于 740 ~ 800℃，低于典型 A 型花岗岩的形成温度（Wnrrn，1986；Douce，1997；King et al.，2001）。因此，认为东沟和太山庙岩体属于高分异的 I 型花岗岩，而非铝质 A 型花岗岩。考虑到东沟和太山庙岩体具有与华熊地块133 ~ 158Ma的岩体类似的地球化学特征，但它们表现为二长花岗岩-花岗岩-正长花岗岩组合，具有更高的 SiO_2、REE、$\varepsilon_{Hf}(t)$（-38.6 ~ -1.7）和 $\varepsilon_{Nd}(t)$（-17.4 ~ -7.6），但偏低的 T_{DM2}(Hf)（1277 ~ 3594Ma）和 T_{DM2}(Nd)（1534 ~ 2323Ma）（戴宝章等，2009；Yang L et al.，2013；Gao et al.，2014；Wang et al.，2015），认为东沟和太山庙同样主要源自古老地壳的部分熔融，但其源区更为年轻，且结晶分异程度更高。并且，样品明显的 Eu 负异常和亏损的 Ba、Sr 特征暗示其源区有斜长石残留，表明源区深度更浅，不超过 30km。另外，太山庙岩体中 149Ma 继承锆石的发现（表 7.4）表明有部分 133 ~ 158Ma 的先成岩体被卷入并参与了 108 ~ 125Ma 岩体的形成。

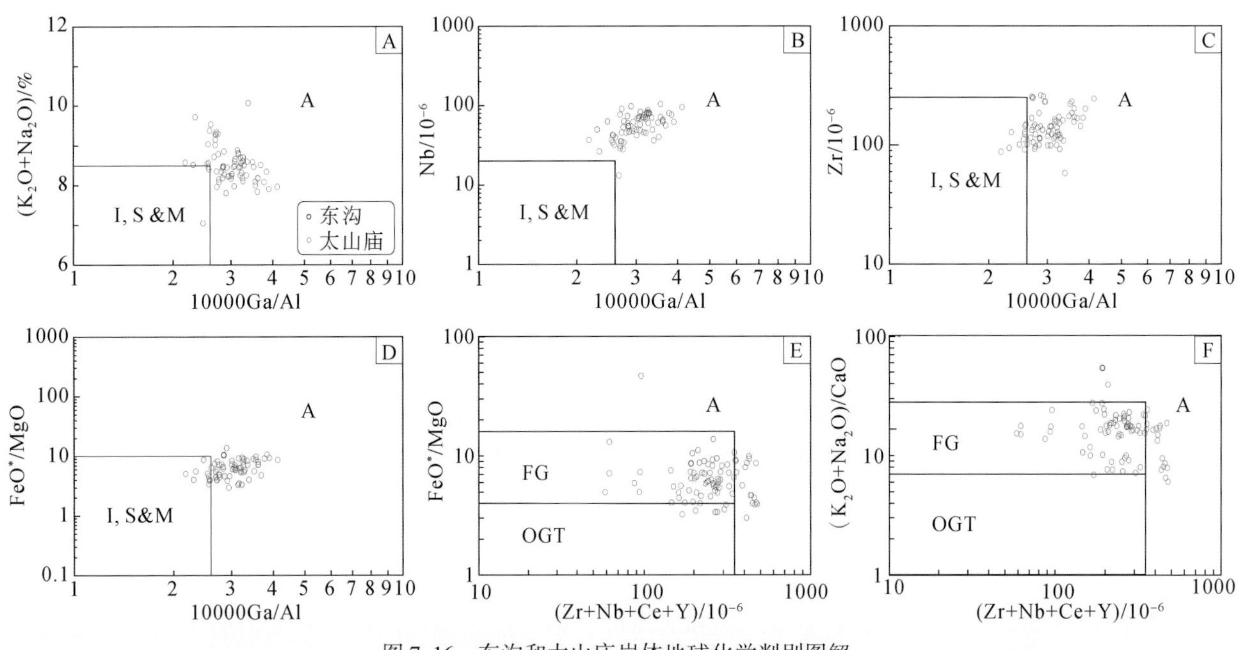

图 7.16 东沟和太山庙岩体地球化学判别图解

底图据 Sylvester，1989 和 Whalen et al.，1987。图中缩写：I. I 型花岗岩；S. S 型花岗岩；M. M 型花岗岩；FG. 高分异花岗岩；OGT. 未分异的 M、I 和 S 型花岗岩。数据来源：Han et al.，2007；Yang L et al.，2013；Gao et al.，2014；Wang et al.，2015；张正伟等，2003；叶会寿等，2006a，2008；戴宝章等，2009；黄凡等，2009；齐玥，2014

北秦岭同期岩体包括石门沟（南沟）花岗岩和老君山花岗岩基（产有扫帚坡、东沟口、老界岭等斑岩型钼矿，孟芳等，2012a）。它们以花岗斑岩、二长花岗斑岩、花岗闪长斑岩为主，暗色矿物主要是黑云母。二者的 SiO_2 = 67% ~ 78%，平均 72%；K_2O = 4.0% ~ 7.6%，平均 4.9%；Na_2O 含量变化于 2.2% ~ 5.0%，平均 3.8%；K_2O+Na_2O 介于 7.7% ~ 10.0%，平均 8.7%；CaO = 0.1% ~ 2.4%，平均

1.2%；MgO=0.1%～1.2%，平均0.5%；FeO_T=0.4%～3.3%，平均1.7%（杨晓勇等，2010；Li D et al.，2012；孟芳等，2012a；齐玥，2014；张云辉，2014），属准铝质-弱过铝质（A/CNK=0.9～1.1）的高钾钙碱性岩石（图7.8G、H），$Mg^{\#}$指数（16～50）多接近于或略高于纯壳源熔体（图7.8F）。在球粒陨石标准化的稀土元素配分图解中，样品表现为轻稀土富集、重稀土亏损的右倾配分形式（$(La/Yb)_N$=4～131），Eu负异常明显（δEu多低于0.55）（图7.9）。在原始地幔标准化的微量元素蛛网图上，普遍富集LILE（如Rb、U、Th、Pb），亏损HFSE（如Ba、Nb、Ta）（图7.10）。岩体具有显著的Eu负异常（多数δEu <0.55），并亏损Sr，表明源区有斜长石残留；重稀土相对平坦，个别样品亏损Ho，表明源区无石榴子石残留，但可能出现角闪石。岩体的$\varepsilon_{Nd}(t)$为接近于0的负值（-7.75～-2.68），而$\varepsilon_{Hf}(t)$则可正可负（-2.7～+2.1）；对应的两阶段模式年龄较为接近，分别为1125～1536Ma和1033～1338Ma（张宗清等，2006；孟芳，2010；齐玥，2014）。这表明岩体主要源自中元古代新生地壳的部分熔融。值得注意的是，有限的数据资料显示，老君山岩体具有较低的放射成因铅同位素组成（$^{206}Pb/^{204}Pb$=17.716～17.833，$^{207}Pb/^{204}Pb$=15.405～15.430，$^{208}Pb/^{204}Pb$=37.670～37.731；Zhang et al.，1997；张宗清等，2006），明显低于北秦岭基底，但与南秦岭基底及相关岩体的铅同位素组成接近（图7.14）。

需要指出的是，同一构造单元产出的133～158Ma的成钼岩体与108～125Ma的成钼岩体具有显著的岩石学、元素地球化学和同位素地球化学差异。后者以显著的Eu和Sr负异常区别于前者。鉴于斜长石是Eu和Sr的主要载体矿物，且在35km以浅的区域稳定，认为源区深度小于35km的花岗岩将显示显著的Eu和Sr负异常；反之亦然。因此，地壳厚度在125Ma左右可能存在突变，由> 35km到< 35km。并且，108～125Ma高分异的I型花岗岩，甚至部分具有A型花岗岩特征的岩体仅出现在秦岭造山带最东段，且同步于变质核杂岩的发育（张进江等，1998）。故推测这些108～125Ma的成钼岩体形成于伸展环境，这种伸展由陆陆碰撞诱发，并遭受了弧后拉张的叠加（图7.15）。

7.5 热液蚀变及矿化：分带性和阶段性

7.5.1 成矿元素组合及分带

秦岭地区钼矿床成矿元素复杂多样。Mo不但能够以独立矿种出现，形成鱼池岭（李诺等，2009a，2009b；周珂等，2009）、金堆城（郭波等，2009；杨永飞等，2009a）、温泉（朱赖民等，2009；王飞等，2012）等单钼矿床，亦可与金、银、钨、铁、铜、铅锌、稀土等组成多元素矿床。例如，南泥湖-三道庄矿床见W-Mo共生（石英霞等，2009；杨永飞等，2009b），其伴生W可达超大型规模，相邻的上房沟矿床则为Mo-Fe-W组合（杨艳等，2009）。黄龙铺钼矿床伴生U和Pb、REE（许成等，2009），冷水沟（Li Q G et al.，2011）和秋树湾（李晶，2009）显示Cu-Mo矿化，土门矿床表现为Mo-萤石组合（邓小华，2011）。总体而言，区内W、F、REE等亲石元素矿化较为强烈和普遍，常见于华熊地块中生代岩浆热液矿床，但在南秦岭和北秦岭则较为局限。相反，Cu等亲铜元素矿化较弱，仅见于北秦岭和南秦岭，未见于华熊地块。值得注意的是，在华熊地块一些造山型矿床中出现特殊的Au-Mo元素组合，如大湖（李诺等，2008；倪智勇等，2008，2009；Ni et al.，2012）、马家洼（王义天等，2010）矿床，但Li等（2011a）、李诺（2012）认为金、钼属不同期次矿化产物。

陈衍景等（2000）发现，含矿岩体及赋矿围岩性质对成矿元素组合有一定影响：碳酸岩脉和碱性岩体常伴随U、Pb、REE元素矿化（如黄龙铺），钙碱性者易伴随Cu、Au矿化（如雷门沟）；围岩为碳酸盐时常伴随Pb、Zn、Ag、Mn以及硫铁矿等矿化（如银家沟）。

同一矿床或矿区内亦可见成矿元素的分带性。例如，银家沟矿床显示三种元素组合：Mo矿化限于岩体内部，接触带为Au和硫铁矿化，外带和围岩出现Pb、Zn、Ag矿化（陈衍景和郭抗衡，1993）。南泥湖矿田成矿元素异常在空间上呈现由内向外的同心圆状，内带显示W-Mo-Cu-Pb-Ag±Bi等元素异常，中带为

Zn-Pb-Ag-As±W±Mo±Cu 组合和 Zn-Pb-Ag-As±Mo±Cu±Ba 组合，外带则为 As-Ba-Ge±Zn±Pb±Ag 等元素矿化（图 7.17，王长明等，2005；叶会寿等，2006b）。上述元素分带反映在矿化方面，表现为中部为南泥湖-三道庄、上房沟等斑岩-夕卡岩型 W-Mo、W-Fe 矿床，外围为冷水北沟、百炉沟等脉状 Pb-Zn-Ag 矿化（祁进平等，2007）。在东沟矿田，以下铺为中心，向北西、南东方向对称分布着 Mo→Mo-Cu-Pb/Zn→Pb-Zn-Ag 等组合异常带（刘永春等，2007b），与之相应，中部表现为东沟斑岩型 Mo 矿化，外围表现为王坪西沟、老代仗沟、西灶沟等脉状 Pb-Zn 矿化（刘永春等，2007b）。据此，可将脉状 Pb-Zn-Ag 矿化视为寻找 Mo 矿化的有力工具。

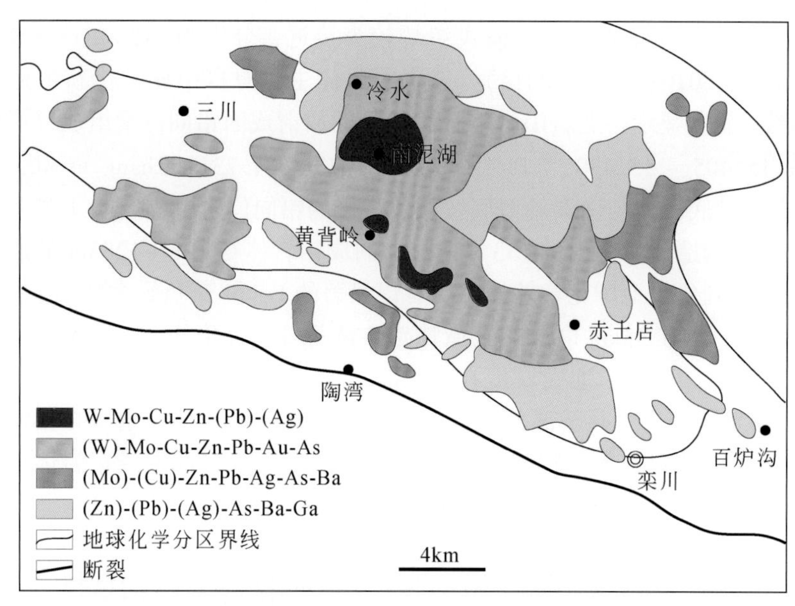

图 7.17　南泥湖矿田地球化学异常图（据王长明等，2005）

7.5.2　围岩蚀变及分带

典型矿床解剖表明，秦岭地区斑岩型钼矿的围岩蚀变包括硅化、钾化、绢英岩化、青磐岩化、泥化、萤石化等，但其发育程度不一。晚中生代斑岩型钼矿的围岩蚀变以相对贫水蚀变为特征，常见蚀变矿物包括钾长石、绿帘石、方解石、萤石，而绢英岩化和绿泥石化等富水蚀变相对较弱。钾化不仅见于蚀变岩体内，甚至可延伸至围岩中。例如，在东沟和金堆城钼矿，钾化不仅影响了成矿花岗斑岩，还广泛发育于熊耳群火山岩中（图 7.18A、B）。并且这些斑岩系统的萤石化、碳酸盐化强烈，而绢英岩化、青磐岩化和泥化较弱（图 7.19A）。对于早中生代的温泉斑岩型钼矿，尽管钼矿化与钾化和硅化密切相关，但泥化（沸石化）广泛而强烈（图 7.19 B）。与之类似，早中生代与晚中生代的斑岩-夕卡岩型矿床其围岩蚀变亦存在差异。据陈衍景和李诺（2009）、Li 和 Pirajno（2017），上述围岩蚀变的差异反映了源区物质的差异：晚中生代斑岩型、斑岩-夕卡岩型钼矿形成于陆陆碰撞体制，成矿岩体源自加厚下地壳或岩石圈地幔的部分熔融，而这种下地壳以贫 H_2O 和 NaCl 为特征，具有较高的 CO_2/H_2O、K/Na 和 F/Cl 值；早中生代斑岩型、斑岩-夕卡岩型钼矿则形成于岩浆弧体制，成矿岩体源自俯冲洋壳板片的变质脱水，而这种洋壳板片可视为蚀变的洋底玄武岩，以富 H_2O、Na、Cl 但贫 CO_2（或碳酸盐）、K、F 为特征。

岩浆热液脉型钼矿的围岩蚀变仅局限于矿脉的两侧，呈现特有的线型蚀变特征。例如，黄龙铺钼矿发育强烈的黑云母化、绿帘石化、碳酸盐化、硬石膏化和沸石化，形成沿钼矿体分布的蚀变晕（图 7.18G，许成等，2009；Song et al.，2015）。土门钼矿的围岩蚀变包括硅化、萤石化（图 7.18H）、绢云母化、碳酸盐化和高岭石化。上述蚀变往往沿控矿断裂分布，侧向分带不甚明显，但越向深部则硅化越强

(Deng et al., 2014)。

造山型钼矿往往以断控脉状产出，其围岩蚀变亦以沿石英脉分布的侧向蚀变为特征（图 17J）。硅化和钾化蚀变强烈，而碳酸盐化和绿泥石化相对较弱。需要注意的是，造山型钼矿化与钾化密切相关（图 18J、K，Gao et al.，2013，2018；Deng et al.，2014；Ni et al.，2014），而非造山型金矿中常见的绢英岩化（Groves et al.，1998；Kerrich et al.，2000；Goldfarb et al.，2001）。

图 7.18　秦岭地区不同类型钼矿蚀变及矿化特征

A. 强烈钾化的花岗斑岩，可见石英-多金属硫化物脉切穿石英-辉钼矿脉，金堆城斑岩型钼矿（杨永飞等，2009a）；B. 熊耳群安山岩中的钾化蚀变，以石英-钾长石±黄铁矿脉形式产出，金堆城斑岩型钼矿（杨永飞等，2009a）；C. 绢英岩化岩石中的无矿石英脉，鱼池岭斑岩型钼矿（Li et al.，2012c）；D. 钾化蚀变，可见钾长石-辉钼矿脉被石英-辉钼矿脉切穿，南泥湖-三道庄斑岩-夕卡岩型钼矿（Yang et al.，2012）；E. 钾化蚀变遭受绢英岩化叠加，可见石英-黄铁矿脉切穿石英-辉钼矿脉，上房沟斑岩-夕卡岩型钼矿（Yang Y et al.，2013）；F. 花岗斑岩与白云岩接触带的滑石蚀变，银家沟斑岩-夕卡岩型钼矿（Wu G et al.，2014）；G. 钾化和碳酸盐化，黄龙铺岩浆热液脉型矿床（Song et al.，2015）；H. 方解石-黄铁矿脉切穿萤石脉，土门岩浆热液脉型矿床（Deng et al.，2013a）；I. 石英-萤石-黄铁矿脉，寨凹岩浆热液脉型矿床（Deng et al.，2013b）；J. 沿石英-辉钼矿脉发育的钾化蚀变，前范岭造山型钼矿（Gao et al.，2013）；K. 辉钼矿和钾长石呈角砾状产出，大湖造山型钼矿（李诺，2012）；L. 石英脉中黄铁矿、黄铜矿和方铅矿等硫化物以胶结物形式产出，大湖造山型钼矿（李诺，2012）。图中缩写：

Cc. 方解石；Fl. 萤石；Gn. 方铅矿；Kf. 钾长石；Mo. 辉钼矿；PM. 多金属硫化物；Py. 黄铁矿；Qz. 石英；Ser. 绢云母；Tlc. 滑石

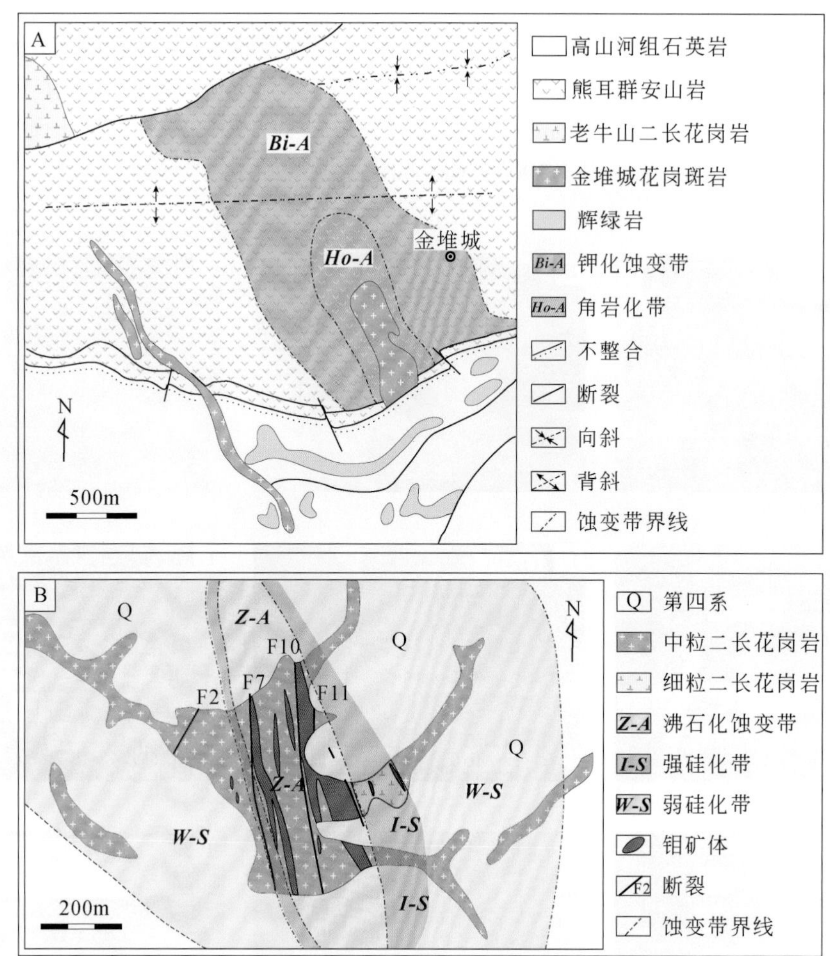

图 7.19　金堆城斑岩钼矿（杨永飞等，2009a）与温泉钼矿（韩海涛，2009）的围岩蚀变对比

7.5.3　成矿过程的四阶段性

依据矿物组成、结构、构造及脉体间的穿插关系，不同学者对区内钼矿床流体成矿过程进行了划分，提出了三阶段、四阶段或五阶段的流体成矿模型（徐兆文等，1998；李晶，2009；李诺等，2009a；石英霞等，2009；杨艳等，2009；杨永飞等，2009a，2009b，2011；邓小华等，2011；陈小丹等，2011；Li et al.，2012c；王飞等，2012；Yang et al.，2012；李铁刚等，2013）。综合上述研究，笔者发现，区内钼矿床总遵循先钼矿化、后多金属矿化的规律，据此，可将矿化过程划分为 4 个阶段：①石英-钾长石阶段/夕卡岩阶段（图 7.18B、D），以发育石英、钾长石或夕卡岩矿物为标志性特征，可伴有磁铁矿等氧化物出现，偶见金属硫化物（包括黄铁矿、辉钼矿等）；②石英-辉钼矿阶段（图 7.18A、D、E），广泛发育石英+辉钼矿组合，可含少量其他金属硫化物；③石英-多金属硫化物阶段（图 7.18A、E），以发育多种金属硫化物为特征，包括黄铁矿、黄铜矿、闪锌矿、方铅矿等，而辉钼矿含量相对较少；④石英-碳酸盐-萤石阶段（图 7.18C），脉体主要由不同比例的石英、方解石、萤石组成，偶见黄铁矿等金属硫化物，不含辉钼矿。

值得说明的是，上述规律虽基于秦岭地区钼矿床提出，但同样适合于大别（李毅等，2013）、东北（陈衍景等，2012）等地区同类矿床。例如，李诺等（2007a）、Li 等（2012c）将内蒙古乌努格土山斑岩铜钼矿床流体成矿过程划分为 3 个阶段：早阶段见石英-钾长石-黑云母-黄铁矿-磁铁矿-辉钼矿组合，中阶段为主矿化期，可分为钼矿化和铜矿化两个亚阶段，分别以石英-钾长石-黄铁矿-辉钼矿-黄铜矿和石英-绢云母-黄铁矿-黄铜矿-砷黝铜矿-方铅矿-闪锌矿-辉钼矿组合为标志，晚阶段则发育石英-碳酸盐组合。可见这与我们所提四阶段矿化模式完全吻合，只是表述形式有所差异。Wang 等（2014）提出大别地区姚冲钼矿的成矿过程为：阶段 1 为石英-钾长石±黄铁矿±磁铁矿组合，阶段 2 发育石英-钾长石-辉钼矿±黄铁矿组合，阶段 3 发育石英-多金属硫化物±钾长石组合，阶段 4 则发育石英±方解石±萤石。

考虑到热液矿床是水岩作用产物，因此，拟从成矿流体和围岩性质角度探讨四阶段成矿的控制因素。由本章 7.3 节和表 7.5 可见，秦岭地区钼矿床的赋矿围岩其岩性（变质岩、火山岩、沉积岩、花岗岩类）、时代（由太古宙到晚中生代）、物理化学性质（如 SiO_2 含量、渗透性、孔隙度、结晶程度等）多变，因此，不可能是成矿四阶段性的主控因素。其他可能的影响因素包括成矿流体的成分、温度、压力、盐度、氧逸度等。这些钼矿的成矿流体既可以属岩浆热液流体（如斑岩型、斑岩-夕卡岩型、岩浆热液脉型矿床），也可以是变质流体（造山型矿床），其盐度由 0.2% NaCl eqv. 变化至 67% NaCl eqv. （表 7.5）。就流体成分而言，可由 H_2O-CO_2-NaCl±KCl 体系（如东沟、鱼池岭、南泥湖、大湖）、H_2O-CO_2±CH_4-NaCl 体系（如秋树湾）变化至 H_2O-CO_2-NaCl±$CaCl_2$ 体系（如寨凹）或 H_2O-NaCl 体系（如温泉）。因此，流体性质、成分、盐度对成矿四阶段性的控制可以排除。由表 7.5 可见，尽管这些成矿流体的温度变化范围较大（由<100℃到>550℃），但总体而言流体温度由早到晚逐渐降低。岩石学、稳定同位素和流体包裹体研究表明，早期石英-钾长石/夕卡岩阶段多形成于>500～350℃，而辉钼矿的沉淀往往紧随其后，多发生在流体冷却至 320～450℃时。而多金属硫化物的沉淀常伴随绢英岩化发生，形成于 220～350℃。最晚阶段的石英、方解石和萤石则往往在低于 240℃时发生沉淀。伴随成矿流体的冷却，各阶段的成矿压力亦逐渐降低（杨永飞等，2009a，2009b；Yang et al.，2012，2015；Li et al.，2012c；Yang Y et al.，2013；Chen X D et al.，2014；Deng et al.，2014；Ni et al.，2014）。例如，鱼池岭钼矿各成矿阶段压力依次为：47～220MPa（包括原文的早期无矿石英脉阶段和石英-黄铁矿阶段）、39～137MPa（石英-辉钼矿阶段）、32～110MPa（石英-多金属硫化物阶段）和 18～82MPa（晚期无矿石英-方解石脉阶段）（Li et al.，2012c）。因此，这种成矿过程的四阶段性可能是由成矿流体的减压、冷却所致，尽管辉钼矿和黄铜矿等可能具有不一样的沉淀机制（Rusk et al.，2008）。至于流体氧逸度对成矿四阶段性的制约，由于目前尚无具体数据，本书不做探讨。

7.6 成矿流体

7.6.1 成矿流体性质及其构造控制

流体包裹体研究表明，秦岭地区钼矿床成矿流体系统可分为岩浆热液和变质热液两种。前者见于斑岩型、斑岩-夕卡岩型和岩浆热液脉型钼矿，以高温（>300℃）、高盐度（> 23% NaCl eqv.）为特征（邓小华等，2008a，2009a；李诺等，2009a；杨艳等，2009；杨永飞等，2009a，2009b，2011；Li et al.，2012c；Yang et al.，2012）。根据流体中的 CO_2 含量，可进一步划分为两个亚类。一个亚类以富 CO_2 为特征，属 CO_2-H_2O-NaCl±KCl±$CaCl_2$ 体系，常见于陆内体制（包括陆陆碰撞）的矿床（如金堆城、黄龙铺、银家沟、雷门沟、黄水庵、石窑沟、上房沟、南泥湖-三道庄、鱼池岭、东沟、土门、石门沟、秋树湾，表 7.5）。其脉石矿物中常见纯 CO_2 包裹体（C 型）、H_2O-CO_2 包裹体（CA 型）、气相成分为 CO_2 的含子矿物包裹体（MC 型）、水溶液包裹体（A 型）以及气相成分为 H_2O 的含子矿物包裹体（MA 型）（图 7.20）。另一亚类则几乎不含 CO_2，属 H_2O-NaCl±KCl 体系，以形成于陆缘弧体制的温泉钼矿为代表（Chen and Santosh，2014；Li et al.，2015b；Li and Pirajno，2017）。其脉石矿物（石英和方解石）中仅发育 A 型包裹体，包裹体群体成分分析亦显示流体成分以 H_2O 为主，CO_2 含量较低（韩海涛，2009；王飞等，2012）。

表 7.5 秦岭地区钼矿床成矿流体和围岩特征

No.	矿床	类型	包裹体类型					温度/℃	盐度/(% NaCl eqv.)	压力/MPa	围岩	成矿时代/Ma	地球动力学背景	资料来源
			MC	C	CA	MA	A							
1	温泉	P	×	×	×	×	√	170 ~ 349	0 ~ 12		温泉花岗岩体	214	陆缘弧	Cao et al., 2011; 王飞等, 2012
2	金堆城	P	√	√	√	√	√	92 ~ 370	3.4 ~ 13.5	22 ~ 243	熊耳群火山岩	138	后碰撞	杨永飞等, 2009a; Li H Y et al., 2014
3	黄龙铺	IV	√	√	√	√	√	205 ~ 425	2.2 ~ 22		熊耳群火山岩, 官道口群砂岩/板岩	221	陆缘弧	Song W L et al., 2015
4	大湖	O	√	√	√	×	√	227 ~ 503	0.2 ~ 14.8	78 ~ 331	太华超群变质岩	218	陆缘弧	Ni et al., 2014
5	银家沟	PS	×	×	√	√	√	318 ~ >550	0.4 ~ 49		官道口群白云岩、砂岩、页岩	143	后碰撞	Wu G et al., 2014
6	寨凹	IV	√	×	√	√	√	95 ~ >500	0.5 ~ 39		熊耳群火山岩	1761	陆缘弧	Deng et al., 2013b
7	龙门店	O	√	√	√	√	√	225 ~ 390	3.6 ~ 44	114 ~ 265	太华超群变质岩	1850	碰撞	Li N et al., 2014
8	雷门沟	P	×	√	√	√	√	134 ~ 506	1.0 ~ 41	75 ~ 139	太华超群变质岩	132	后碰撞	李晶, 2009; Chen X D et al., 2014
9	黄水庵	IV	√	×	√	√	√	182 ~ 513	1.0 ~ 61		太华超群变质岩	208	陆缘弧	曹晶等, 2014
10	石窑沟	P	×	√	√	√	√	117 ~ 484	2.7 ~ 50		熊耳群火山岩	132	后碰撞	张荣臻等, 2015
11	上房沟	PS	×	×	√	√	√	139 ~ 485	0 ~ 41	66 ~ 279	栾川群白云质大理岩, 千枚岩、炭质板岩	145	后碰撞	Yang Y et al., 2013
12	南泥湖-三道庄	PS	√	√	√	√	√	100 ~ 540	0.5 ~ 67	30 ~ 270	栾川群大理岩、片岩	142	后碰撞	Yang et al., 2012; 石英霞等, 2009
13	前范岭	O	√	×	√	√	√	133 ~ >550	1.6 ~ 32		熊耳群火山岩	239	陆缘弧	Gao Y et al., 2013
14	纸房	O	×	×	√	√	√	137 ~ 467	0.2 ~ 31	101 ~ 285	熊耳群火山岩	246	陆缘弧	Deng et al., 2014
15	鱼池岭	P	√	√	√	√	√	109 ~ 457	0.2 ~ 54	32 ~ 220	合峪花岗岩基	143	后碰撞	Li et al., 2012c
16	东沟	P	√	×	√	√	√	103 ~ 550	0.5 ~ 49	81 ~ 141	熊耳群火山岩	116	碰撞后伸展	Yang et al., 2015
17	土门	IV	√	×	√	?	√	181 ~ 450	0.4 ~ 40	185 ~ 282	栾川群白云岩、片岩	847	碰撞后伸展	Deng et al., 2013a
18	石门沟(南沟)	P	×	×	√	√	√	140 ~ 432	0.4 ~ 13.5	14 ~ 155	花岗岩	107	碰撞后伸展	邓小华等, 2011
19	秋树湾	PS	×	×	√	√	√	119 ~ 408	2.0 ~ 37	35 ~ 154	秦岭群片麻岩, 大理岩	147	后碰撞	李晶, 2009; 秦臻等, 2012

矿床类型: P. 斑岩型; PS. 斑岩-夕卡岩型; IV. 岩浆热液脉型; O. 造山型。

包裹体类型缩写: A. 水溶液包裹体; C. 纯 CO_2 包裹体; CA. H_2O-CO_2 包裹体; MA. 含子矿物的水溶液包裹体; MC. 含子矿物的 H_2O-CO_2 包裹体。

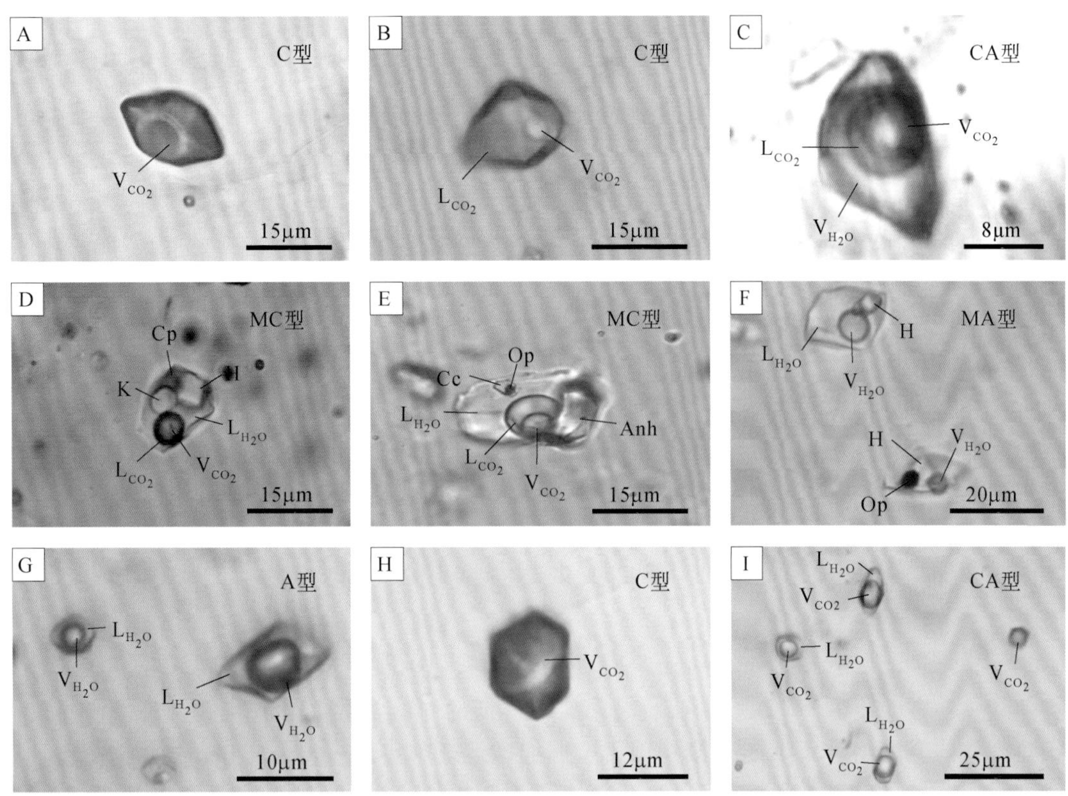

图7.20 秦岭地区钼矿床典型包裹体特征

A. 单相的纯 CO_2 包裹体（C 型），南泥湖-三道庄斑岩-夕卡岩型矿床（Yang et al., 2012）；B. 两相的纯 CO_2 包裹体（C 型），鱼池岭斑岩型钼矿（Li et al., 2012c）；C. CO_2-H_2O 型包裹体（CA 型），雷门沟斑岩型钼矿（李晶，2009）；D. 气相成分为 CO_2 的含子矿物包裹体（MC 型），南泥湖-三道庄斑岩-夕卡岩型矿床（Yang et al., 2012）；E. 气相成分为 CO_2 的含子矿物包裹体（MC 型），黄龙铺岩浆热液脉型矿床（宋文磊未刊资料）；F. 气相成分为 H_2O 的含子矿物包裹体（MA 型），鱼池岭斑岩型钼矿（Li et al., 2012c）；G. 水溶液包裹体（A 型），东沟斑岩型钼矿（Yang et al., 2015）；H. 单相的纯 CO_2 包裹体（C 型），龙门店造山型钼矿（Li et al., 2014）；I. CO_2-H_2O 型包裹体（CA 型），大湖造山型钼矿（李诺，2012）。K. 钾盐；Cp. 黄铜矿；H. 石盐；Cc. 方解石；Anh. 硬石膏；Op. 不透明子矿物

事实上，上述包裹体成分的差异亦见于世界其他地区。例如，MC 型包裹体广泛发育于陆内环境（包括大陆碰撞造山带在内）的斑岩型钼矿，如大别造山带（Chen et al., 2017a）、东天山地区等（Wu Y S et al., 2014, 2017），但岩浆弧或弧后裂谷体制的同类矿床仅含少量，甚至不含 CA 型包裹体，更不用说 C 型或 MC 型包裹体了（Selby et al., 2000；Audetat and Li, 2017）。在中国东北地区同时发育上述两个亚类的岩浆热液流体，其中富 CO_2 的亚类多见于三叠纪—早侏罗世同碰撞至后碰撞体制形成的斑岩型钼矿，而贫 CO_2 的亚类则常见于侏罗纪—白垩纪、与蒙古-鄂霍次克洋俯冲有关的斑岩型钼矿（Chen et al., 2017b；Zhang and Li, 2017）。因此，认为富 CO_2 的岩浆热液，尤其是出现 MC 型包裹体时，可作为陆内环境岩浆热液系统的指示（陈衍景和李诺，2009）。这一特征被 Pirajno 和 Zhou（2015）称为 Made-in-China 特性。而由于 CO_2 在熔体中的溶解度远低于 H_2O 和 Cl，出溶压力更高（Fogel and Rutherford, 1990；Blank et al., 1993），导致陆内体制的斑岩矿床具有较岩浆弧体制同类矿床（一般 1～4km，Kerrich et al, 2000）更大的成矿深度范围（<1～8km，李诺等，2009a；杨艳等，2009；杨永飞等，2009a，2009b，2011；Li et al., 2012c；Yang et al., 2012），指示了更大的可勘深度和找矿潜力。

针对上述成矿流体差异，研究者（如陈衍景等，2007；陈衍景和李诺，2009；Pirajno，2009，2013；Li et al., 2012c；Yang et al., 2012，2013，2015；Yang Y et al., 2013；Chen Y J et al., 2014；Wang et al., 2014；Pirajno and Zhou，2015）指出，岛弧体制的岩浆热液矿床与洋壳板片的俯冲有关，而洋壳板块由于

遭受海水蚀变而具有较陆壳板片更低的 CO_2/H_2O、K/Na 和 F/Cl 值；陆内体制的岩浆热液矿床与陆壳板块的俯冲有关，这种板片相对较干，且富含 F、K 和 CO_2。上述源区物质的差异导致了岩浆热液中变化的 K/Na、F/Cl 和 CO_2/H_2O 值。

秦岭地区变质热液钼矿的成矿流体以中高温、低盐度、富 CO_2为特征（邓小华等，2008b；倪智勇等，2008；简伟，2010；李诺，2012）；脉石矿物中常见 C 型、CA 型和 A 型包裹体（图 7.20）。尽管可出现含子矿物的 MA 型或 MC 型包裹体，但所含子矿物主要为透明或暗色子矿物，在加热过程中不熔化。个别包裹体可含石盐或钾盐子矿物，但分布局限，多为流体不混溶或流体沸腾产物（倪智勇等，2008）。由早到晚，流体系统的温度、压力及 CO_2含量逐渐降低，且往往在中阶段发生了以 CO_2逸失为特征的流体不混溶或沸腾现象，并导致残余流体盐度升高，局部可出现含石盐或钾盐子矿物的包裹体；随浅源低温热液注入与混合，成矿流体逐渐由变质热液演化为大气降水热液（陈衍景，2006）。在此过程中，流体压力变化于超静岩压力与静水压力之间，并可能受断层阀模式（Sibson et al.，1988；Cox et al.，2001）控制。上述成矿流体性质及演化与造山型金矿类似，但造山型钼矿化的温度（400 ~ 550℃）、压力（138 ~ 331MPa）及成矿深度（约 12km）均较金矿化（215 ~ 464℃，78 ~ 237MPa，约 8km）偏高（李诺，2012），再次验证了造山型矿床的元素垂向分带模式（陈衍景，2006）。

7.6.2 CO_2与钼矿化的关系

CO_2是地质流体中的重要组分（Lowenstern，2001）。然而，目前关于成矿流体中 CO_2对于金属搬运迁移的作用仍存争议。一方面，由于 CO_2是非极性分子，具有低的介电常数（Moriyoshi et al.，1993），因此一般认为它很难直接与金属络合，不能直接作用于金属的搬运迁移（Seward and Barnes，1997）。但流体中的 CO_2可通过间接方式作用于金属元素搬运，例如，扩大气相和液相的不混溶区，和/或调节液相的 pH（Pokrovski et al.，2013；Kokh et al.，2016）。另一方面，由于超临界 CO_2流体（>31℃）可作为某些有机化合物、金属的硫酸盐和磷酸盐的有效溶剂，而广泛应用于有机物的提纯和溶液中金属的萃取（Glennon et al.，1999；Park et al.，2009）。实验研究亦证实，在 6.5 ~ 16MPa、60℃条件下，与卤水平衡的 CO_2气相可溶解和搬运一定量的 Fe、Cu、Zn、Na（Rempel et al.，2011）。然而，上述研究多集中于低温、低压条件下。在天然成矿流体系统中，CO_2是否同样可以作为金属的有效溶剂存在？

成矿流体研究揭示，秦岭地区钼矿床的成矿流体普遍具有较高的 CO_2含量（表 7.5）。自鱼池岭钼矿首次发现富 CO_2的成矿流体以来（李诺等，2009a），越来越多的钼矿床，无论是岩浆热液成因，还是变质热液成因，被认为由 CO_2-H_2O-NaCl 成矿流体形成，而非常见的 H_2O-NaCl 流体。部分矿床的成矿早阶段或主成矿阶段的脉石矿物中仅含有原生的 CO_2-H_2O 包裹体和/或纯 CO_2包裹体，但未见共存的水溶液包裹体或含子矿物多相包裹体。这表明，富 CO_2的成矿流体在高温、高压条件下具有一定的搬运金属元素的能力。然而，目前尚缺乏各类包裹体金属元素含量的数据报道。

为填补这一空白，我们选择鱼池岭斑岩钼矿床不同成矿阶段的 10 件样品开展了单个流体包裹体成分的 LA-ICP-MS 分析，旨在获得天然富 CO_2流体中的成矿金属元素含量。Li 等（2012c）对 102 个流体包裹体开展了 LA-ICP-MS 分析，结果列于表 7.6。由于早期无矿石英脉中包裹体过于细小，且纯 CO_2包裹体几乎不含 NaCl，无法获得含量校正所需的 Na 信号，本研究未能获得上述包裹体的成分特征。

实验获得样品的 Mo 含量普遍较低。所分析的 102 个包裹体样品中，只有 16 个样品的 Mo 含量高于仪器检出限（一般 5×10^{-6} ~ 25×10^{-6}）。其中水溶液包裹体和含子矿物包裹体的 Mo 含量全部低于仪器的检测限，可检测到的 Mo 元素含量全部来自含 CO_2包裹体（表 7.6）。并且，由石英-黄铁矿脉经石英-辉钼矿脉到石英-多金属硫化物脉，含 CO_2包裹体的最高 Mo 含量逐渐降低（$73\times10^{-6}\rightarrow19\times10^{-6}\rightarrow13\times10^{-6}$）。这一变化趋势与流体中 CO_2含量的降低趋势（8mol% → 7mol% → 5mol%）一致，验证了 CO_2对于 Mo 的搬运迁移的重要作用。除 Mo 外，含 CO_2包裹体中可含有一定量的 Cu、Ti、Zn、Sr 和 Ba。

表 7.6　鱼池岭斑岩型钼矿中不同类型包裹体的成矿元素含量（Li et al., 2012c）　　（单位：10^{-6}）

包裹体	脉体类型						
	Q-Py		Q-Mo		Q-PM		LBV
	CA	MH	CA	MM	CA	MM	A
Li	210 ~ 1234/540	1096 ~ 2261/1768	248*	<LOD	187 ~ 685/409	<LOD	203 ~ 1494/794
B	36 ~ 1508/286	306 ~ 1782/969	277 ~ 635/387	<LOD	134 ~ 592/272	<LOD	101 ~ 1788/853
Na	7974 ~ 37569/19599	79541 ~ 139217/117822	8110 ~ 18716/13202	28738*	4794 ~ 17670/10450	17429 ~ 45469/31449	15281 ~ 35371/26094
K	546 ~ 12199/3507	23023 ~ 113641/66580	1532 ~ 4848/2816	20895*	592 ~ 8738/2837	6488 ~ 27856/17172	765 ~ 3930/1737
Ca	587 ~ 16204/5269	33457 ~ 45621/40362	1918 ~ 11101/5315	162934*	2553 ~ 14699/7967	21909 ~ 56579/39244	<LOD
Ti	62 ~ 1631/417	1094 ~ 1808/1414	399 ~ 1018/715	3866*	81 ~ 3792/717	453*	184 ~ 429/306
V	7 ~ 29/16	<LOD	33 ~ 43/38	2195*	8 ~ 92/35	<LOD	<LOD
Mn	7 ~ 984/206	9438 ~ 22635/13423	74 ~ 371/201	<LOD	8 ~ 466/126	231 ~ 1115/673	29 ~ 67/52
Fe	147 ~ 5320/1319	13155 ~ 55150/37055	822 ~ 3345/1913	8950*	11 ~ 3601/1948	1585 ~ 166925/84255	537*
Cu	19 ~ 1635/333	262 ~ 4223/1477	50 ~ 9566/1482	<LOD	45 ~ 7369/1980	18862 ~ 20384/19623	92 ~ 523/307
Zn	6 ~ 374/99	1782 ~ 7186/4018	12 ~ 726/228	1158*	17 ~ 202/96	208 ~ 376/292	43 ~ 216/129
As	15 ~ 94/38	<LOD	16 ~ 29/23	336*	9 ~ 30/22	261*	62 ~ 461/190
Rb	17 ~ 457/112	522 ~ 3667/1661	76 ~ 151/105	<LOD	17 ~ 179/86	229 ~ 309/269	27 ~ 285/130
Sr	5 ~ 562/37	218 ~ 964/546	5 ~ 617/108	54*	7 ~ 363/59	33 ~ 163/97	4 ~ 512/124
Nb	1 ~ 9/3	<LOD	1 ~ 4/2	<LOD	2 ~ 9/4	<LOD	3 ~ 3/3
Mo	3 ~ 73/20	<LOD	5 ~ 19/13	<LOD	3 ~ 14/10	<LOD	<LOD
Ag	1 ~ 14/5	27 ~ 47/38	10 ~ 30/20	<LOD	1 ~ 9/4	21 ~ 37/29	<LOD
Sb	1 ~ 4/2	1 ~ 5/4	1 ~ 3/2	12*	1 ~ 11/3	2 ~ 11/6	1 ~ 27/14
Cs	10 ~ 199/50	485 ~ 2534/1293	13 ~ 78/38	<LOD	12 ~ 64/32	55 ~ 125/90	27 ~ 310/162
Ba	1 ~ 567/62	113 ~ 647/294	7 ~ 10/8	281*	2 ~ 14/6	22 ~ 36/29	<LOD
W	1 ~ 11/3	11 ~ 67/25	1 ~ 3/2	<LOD	1 ~ 26/9	14 ~ 22/18	2 ~ 5/3

注：数据以最小值 ~ 最大值/平均值形式表示，“*”表示仅获得一个数据。

表中缩写：Q-Py. 石英-黄铁矿脉；Q-Mo. 石英-辉钼矿脉；Q-PM. 石英-多金属硫化物脉；LBV. 晚期无矿石英脉；LOD. 检测限；CA. CO_2-H_2O 包裹体；MH. 含石盐子矿物的多相包裹体；MM. 不含石盐子矿物的多相包裹体（可含有透明或不透明子矿物）；A. 水溶液包裹体。

含子矿物多相包裹体（M 型）具有最高的 Ca、Ti、Mn、Fe、Cu、Zn、Rb、Sr、Ag、Cs、Ba 和 W 含量。按照子矿物种类，可将其进一步划分为 MH 和 MM 两个亚类。前者以含有石盐/钾盐等可熔盐类子矿物为特征，可含或不含其他类型子矿物；后者含有透明或不透明子矿物，加热过程中不熔化。LA-ICP-MS 分析显示，MH 型包裹体总是具有较高的 Mn、Ti、Fe、Cu、Zn 含量。一个含透明子矿物的 MM 型包裹体具有极高的 Ca 含量（162934×10^{-6}），表明其子矿物为含 Ca 矿物。而含有不透明子矿物的 MM 型包裹体其 Fe（可达 166925×10^{-6}）和 Cu（可达 20384×10^{-6}）含量较高，暗示子矿物为赤铁矿或黄铜矿。在水溶液包裹体中，Mo、Ag、Ca 等元素均低于检测限，但 B 含量极高（可达 1788×10^{-6}），可含有一定量的 Li、Rb、Sr 和 Cs。

综合上述，认为 CO_2 在 Mo 的搬运和沉淀过程中起到重要作用。而含子矿物包裹体有利于贱金属元素（如 Mn、Cu、Fe、Zn）的富集，最晚阶段的水溶液包裹体可搬运一定量的亲石元素如 B、Li、Rb、Sr、Cs 等。这一结果有助于我们正确认识和深刻理解斑岩型钼矿中大量发育含 CO_2 包裹体的原因及其意义。

7.7　辉钼矿 Re 含量变化规律

Re 是基性场元素，倾向富集于地幔或基性-超基性岩石中（Shirey and Walker，1998），但在地壳中含量极低（平均 $0.2\times10^{-9}\sim0.4\times10^{-9}$，Esser and Turekian，1993；Peucker-Ehrenbrink and Jahn，2001）。辉钼矿是热液矿床中 Re 最主要的寄主矿物，可含有 10^{-9} 至 10^{-2} 级别的 Re（Voudouris et al.，2009）。一些学者主张花岗岩和矿床中辉钼矿的 Re 含量可作为成岩成矿物质的示踪剂。例如，Mao 等（1999）通过对比中国钼矿床辉钼矿中的 Re 含量，认为以 M 型、I 型、S 型花岗岩作为成矿母岩的矿床，其辉钼矿中的 Re 含量呈数量级下降，由 $n\times10^{-4}\rightarrow n\times10^{-5}\rightarrow n\times10^{-6}$。Stein 等（2001）认为，与幔源岩浆底侵或基性-超基性岩熔融有关的矿床中，辉钼矿的 Re 含量较高；而与中性壳源岩石或有机质含量较低的沉积岩有关的矿床其辉钼矿的 Re 含量较低。Stein（2006）进一步指出，辉钼矿中低的 Re 含量（$<20\times10^{-6}$，常在 10^{-6} 量级）可作为变质成因的证据，而斑岩 Cu-Mo-Au 矿床中辉钼矿 Re 含量较高，可达数百甚至上千个 10^{-6}。

已有研究显示，秦岭地区钼矿床中辉钼矿的 Re 含量变化较大（详见表 7.2、图 7.21、图 7.22）。来自土门钼矿的一件辉钼矿样品 Re 含量最低，仅为 0.06×10^{-6}。大湖（$0.6\times10^{-6}\sim3.4\times10^{-6}$）、马家洼（$0.5\times10^{-6}\sim0.8\times10^{-6}$）、寨凹（$0.8\times10^{-6}\sim43\times10^{-6}$，多数 $<5\times10^{-6}$）、竹园沟（$0.92\times10^{-6}\sim0.93\times10^{-6}$）、东沟（$4.1\times10^{-6}\sim4.3\times10^{-6}$）、东沟口（$5.9\times10^{-6}\sim7.2\times10^{-6}$）等矿床的辉钼矿亦具有较低的 Re 含量。区内最高的辉钼矿 Re 含量来自龙门店钼矿，可达 $504\times10^{-6}\sim1660\times10^{-6}$，其次为来自黄龙铺（$256\times10^{-6}\sim633\times10^{-6}$）、冷水沟（$288\times10^{-6}\sim333\times10^{-6}$）、沙坡岭（$147\times10^{-6}\sim308\times10^{-6}$）和秋树湾（$113\times10^{-6}\sim180\times10^{-6}$）等。其余钼矿床的辉钼矿 Re 含量多为几十个 10^{-6}（图 7.21）。若按照 Mao 等（1999）的推论，龙门店、黄龙铺、冷水沟、沙坡岭、秋树湾等矿床的成矿物质应主要来自地幔，土门、大湖、马家洼、寨凹、竹园沟、东沟、东沟口等矿床的成矿物质应以壳源为主；其余矿床则为壳幔混源；依据 Stein（2006），则土门、大湖、马家洼、寨凹、竹园沟、东沟、东沟口等应为变质成因。然而，尽管秋树湾铜钼矿床的辉钼矿 Re 含量远高于金堆城、南泥湖-三道庄、上房沟及雷门沟等矿床，但其成矿物质仍被认为主要源自下地壳（郭保健等，2006）；土门、寨凹、竹园沟、东沟等矿床皆被认为与岩浆（包括正长岩、花岗斑岩等）侵入有关，当然也不可能是变质成因。那么，辉钼矿 Re 含量究竟受何种因素控制？下面我们对秦岭地区①产于不同构造单元的同类钼矿床，②产于同一构造单元的不同类型钼矿床，以及③产于同一构造单元、同一类型但不同成矿时代的钼矿床进行了对比，旨在找出一些规律，对上述问题进行简要讨论。

由表 7.2 和图 7.22 可见，不同类型的钼矿床其辉钼矿 Re 含量变化较大。其中斑岩型钼矿的辉钼矿 Re 含量多介于 $10\times10^{-6}\sim100\times10^{-6}$ 之间。桂林沟、沙坡岭的样品具有异常高的 Re 含量，可达 300×10^{-6}；而东沟、竹园沟、东沟口钼矿的辉钼矿 Re 含量则低于 10×10^{-6}。斑岩-夕卡岩型钼矿的辉钼矿 Re 含量与斑岩型钼矿相当或略高。对于岩浆热液脉型钼矿，其辉钼矿 Re 含量变化范围较大，由 0.06×10^{-6}（土门

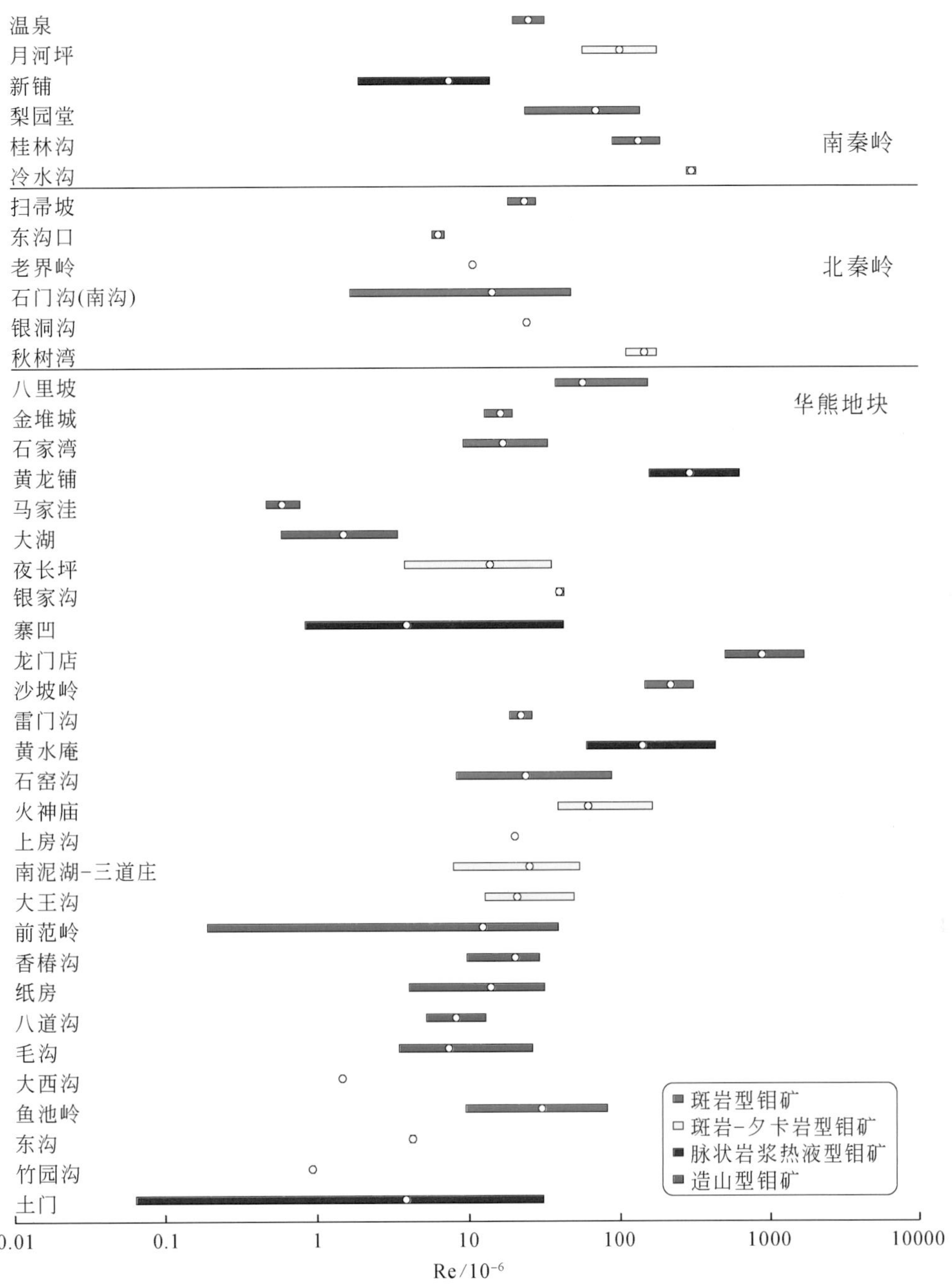

图7.21 秦岭地区各钼矿床辉钼矿 Re 含量

钼矿）至 633×10^{-6}（黄龙铺钼矿）。其中以碳酸岩脉形式产出的钼矿具有较高的 Re 含量（多数 $>100\times10^{-6}$），如黄龙铺的辉钼矿 Re 含量介于 $159\times10^{-6}\sim633\times10^{-6}$，黄水庵的辉钼矿 Re 含量介于 $60\times10^{-6}\sim431\times10^{-6}$；而以石英脉（新铺钼矿 $2\times10^{-6}\sim12\times10^{-6}$，寨凹钼矿 $0.9\times10^{-6}\sim43\times10^{-6}$）或萤石脉（土门 $0.06\times10^{-6}\sim31\times10^{-6}$）形式产出的钼矿辉钼矿 Re 含量较低，多数 $<30\times10^{-6}$。对于造山型钼矿，可分为两种截然不同的情况：龙门店钼矿具有极高的辉钼矿 Re 含量（$501\times10^{-6}\sim1660\times10^{-6}$），而其他钼矿则普遍显示极低的辉钼矿 Re 含量（$<50\times10^{-6}$）。

就不同构造单元而言，南秦岭产出的各类钼矿总体具有相对较高的辉钼矿 Re 含量（多在 $10\times10^{-6}\sim100\times10^{-6}$ 之间），而北秦岭产出的钼矿则显示极低的辉钼矿 Re 含量（除秋树湾外，多数 $<25\times10^{-6}$）。华熊地块的钼矿显示极大的辉钼矿 Re 含量变化范围，可由 $<1\times10^{-6}$ 变化至 $>1000\times10^{-6}$（图7.22B）。对于斑

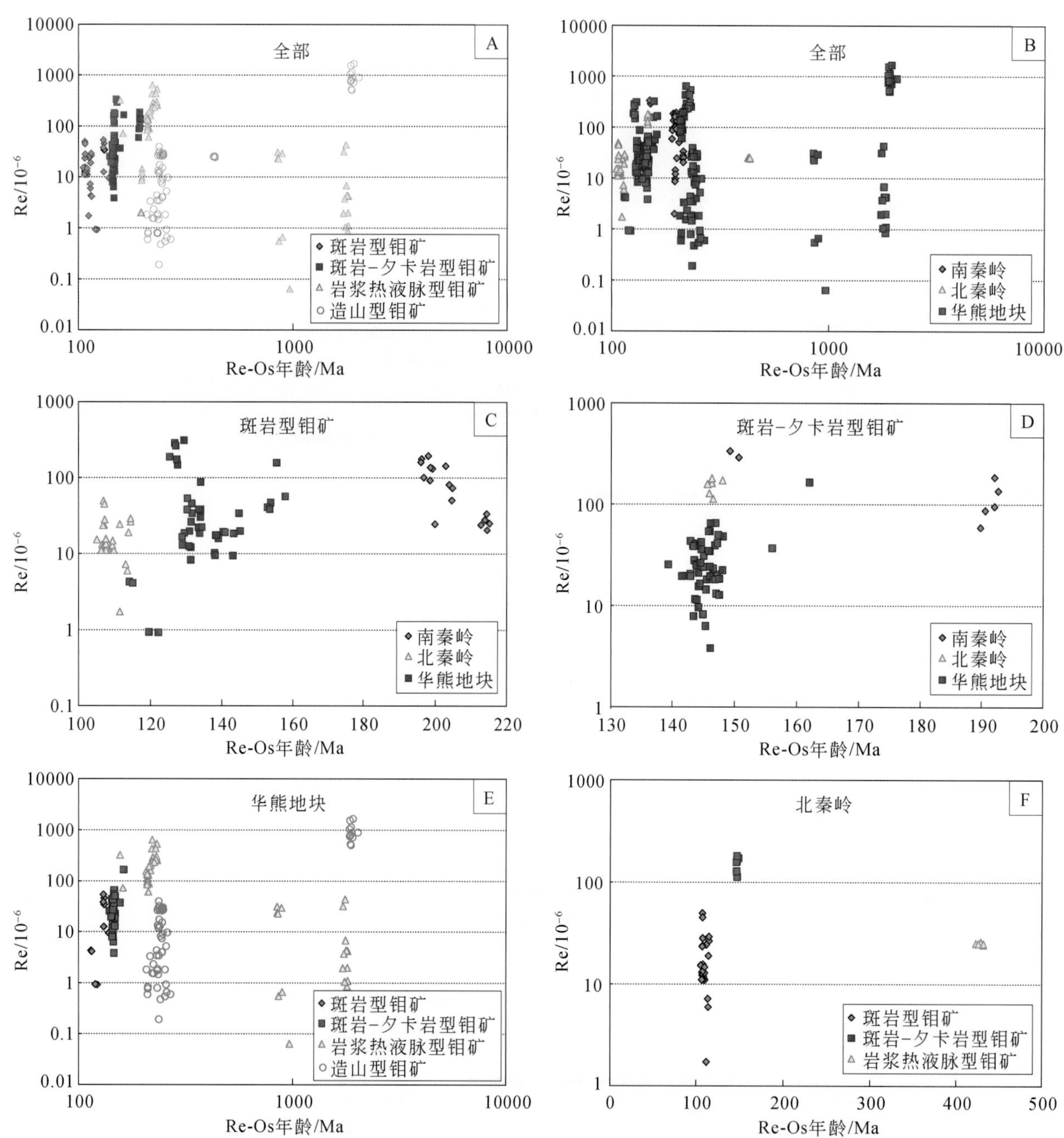

图 7.22 秦岭地区钼矿床辉钼矿 Re 含量随构造单元、成因类型的变化

岩型钼矿床，产于南秦岭者辉钼矿 Re 含量较高，产于北秦岭者则辉钼矿 Re 含量较低，而华熊地块产出的同类矿床显示极大的变化范围（图 7.22C）。对于斑岩-夕卡岩型钼矿，其辉钼矿 Re 含量同样以产于南秦岭者为最高，而以产于华熊地块者为最低，产于北秦岭者则位于二者之间（图 7.22D）。

对于同一构造单元、不同类型的钼矿床，其辉钼矿 Re 含量有所不同。以华熊地块为例，斑岩型与斑岩-夕卡岩型钼矿中辉钼矿 Re 含量大体相当，但岩浆热液脉型以及造山型矿床中辉钼矿的 Re 含量变化极大（图 7.22E）。产于北秦岭的各类钼矿床中，以斑岩-夕卡岩型钼矿的辉钼矿 Re 含量最高，而岩浆热液脉型钼矿的辉钼矿 Re 含量则落入斑岩型钼矿的变化范围之内（图 7.22F）。

并且，即使矿床产出的构造单元、成因类型相同，其辉钼矿 Re 含量亦显示随成矿时间的变化。例如，华熊地块 130 ~ 155Ma 期间产出的斑岩型钼矿较其后（108 ~ 125Ma）产出的同类矿床具有更高的辉钼矿 Re 含量；除沙坡岭矿床具有异常高的辉钼矿 Re 含量外（$>100\times10^{-6}$），其余矿床的辉钼矿 Re 含量随成矿时代的变新而逐渐降低（图7.22C）。

综合上述结果，认为辉钼矿Re含量的控制因素较多。首先是成矿物质来源。Re是中等不相容元素，在地幔中的含量显著高于地壳，则在成矿形成过程中，幔源物质贡献越大，辉钼矿中Re含量越高。例如，对于黄龙铺、黄水庵等碳酸岩脉型矿床，其源区被认为以EM I型地幔为主（Xu et al.，2010，2011），因此，其辉钼矿具有显著较高的Re含量。相比之下，斑岩型、斑岩-夕卡岩型钼矿等与中酸性小斑岩体有关，而这些小斑岩体中幔源贡献不一：产于南秦岭的斑岩型矿床，如温泉等，其成矿母岩属I型花岗岩类，除地壳物质外，有较多幔源物质的参与（出现MME），因此其辉钼矿Re含量相对较高；而产于华熊地块的同类矿床，如东沟、鱼池岭、金堆城等，其成矿母岩主要源自华熊地块中下地壳的部分熔融，幔源物质贡献较少（MME较为罕见），且比例不一（详见本章7.4节），因此其辉钼矿Re含量偏低，变化范围较大。并且，由于经历了多次成矿物质及花岗质岩浆的抽取，晚期侵位的成矿小斑岩体（如东沟等）及相关矿床中辉钼矿Re含量低于早期矿床（如金堆城、鱼池岭等）。对于本区的造山型钼矿床，其成矿物质主要源自碰撞造山过程中俯冲陆壳板片的变质脱水、熔融。陆壳板片的Re含量偏低，很难为系统提供大量的Re。而且，上述过程发生的温度较岩浆作用偏低。因此，即使其源区具有较高的Re背景，亦很难诱发Re等高温难熔元素的活化迁移进入成矿系统，故其辉钼矿Re含量较低。龙门店钼矿虽被归入造山型矿床，但其成矿温度偏高，可视为造山型与斑岩型之间的过渡类型；成矿物质主要源自混合岩化角闪岩（原岩为低钾拉斑玄武岩），且以富Ti为特征（Li et al.，2011b），故其辉钼矿具有极高的Re含量。

其次，成矿元素组合对于辉钼矿Re含量亦有所影响：对于斑岩-夕卡岩型钼矿床，Cu-Mo组合的矿床（如秋树湾、冷水沟）具有较单Mo（如月河坪）矿床或Mo-W（如南泥湖-三道庄）、Mo-Fe（如上房沟）矿床更高的辉钼矿Re含量。而且，这一现象并不是秦岭地区斑岩-夕卡岩型钼矿所独有。例如，Stein等（2001）、Berzina等（2005）等发现，斑岩型Cu-Mo矿床中产出的辉钼矿总是具有较斑岩型Mo矿更高的Re含量。Giles和Shilling（1972）、Newberry（1979）认为这与成矿系统中的辉钼矿总量有关，Stein等（2001）将其称为质量平衡效应，即辉钼矿是Re最主要的赋存矿物，由于Cu-Mo矿床中产出的辉钼矿较单Mo矿床或Mo-W矿床偏少，因此其Re含量较高。

综合上述，认为辉钼矿Re含量的控制因素复杂，包括成矿物质来源、成矿元素组合等。此外，成矿流体组成、围岩的性质和来源、成矿时的物理化学条件（氧逸度、Cl活度、温度、压力）可能同样具有一定的影响（Berzina et al.，2005；Voudouris et al.，2013）。

7.8　结　　论

（1）秦岭地区钼矿床主要分布在三宝断裂以南、商丹断裂以北，地壳厚度较大的地区。中生代华北克拉通与扬子克拉通的碰撞导致了地壳缩短、加厚、流体运移、花岗质岩浆形成及钼等多金属矿化，可用CMF模式解释（陈衍景和富士谷，1992；Chen et al.，2000，2007；Pirajno，2009，2013）。

（2）秦岭钼矿床主要集中在华熊地块（贡献了98%以上的钼储量），北秦岭和南秦岭有少量矿床（点），而扬子克拉通北缘罕见，这与燕山期同碰撞或后碰撞花岗岩的分布一致。几乎所有超大型钼矿床均产于华熊地块，该区的前寒武纪基底具有较高的钼丰度，可能是钼的重要源区。

（3）中生代时华北克拉通与扬子克拉通发生陆陆碰撞，表现为向北的A型俯冲；秦岭地区主要金属成矿带或矿集区均受区域性断裂（如勉略缝合带、商丹缝合带、栾川断裂、马超营断裂等）控制，而次级NE和WNW向断裂或其交界部位控制了单个钼矿床的产出。燕山期斑岩型或斑岩-夕卡岩型钼矿均产于商丹缝合带以北，即华熊地块和北秦岭。

（4）秦岭地区曾发生过至少7次的钼金属矿化，分别为约1.85Ga、约1.76Ga、约850Ma、约430Ma、225～198Ma（印支期），158～133Ma（中燕山期）和125～108Ma（晚燕山期），以后两者为主。华熊地块经历了其中6次钼金属成矿作用，北秦岭和南秦岭分别有3次和2次矿化，而扬子克拉通南缘未见钼矿化。

（5）秦岭地区大规模钼金属矿化是中生代陆陆碰撞、富钼的前寒武纪基底和多期次的钼金属富集共同作用的结果。

（6）秦岭地区钼矿的赋矿围岩多样，由前寒武纪的太华超群到泥盆纪沉积岩均可作为钼矿的赋矿围岩。但大型和超大型钼矿多赋存于前寒武纪岩石中。火山岩、沉积岩和变质岩均可赋矿，但表现出不同的矿体产出位置、成因类型和成矿元素组合。

（7）赋矿围岩的物理化学性质，如 SiO_2 含量、渗透性、孔隙度、结晶程度等对于钼矿化类型和钼矿体的定位有重要影响。富硅、低渗透率、低孔隙度、高结晶度、高级变质的块状岩石有利于斑岩型钼矿发育，其矿体多产于斑岩体内部。

（8）与浅侵位的中酸性小斑岩体有关的中生代斑岩型和斑岩-夕卡岩型钼矿是重要的钼金属来源，其成矿发生于三个区间：225 ~ 198Ma、158 ~ 133Ma 和 125 ~ 108Ma。成钼岩体多为正长花岗岩、二长花岗岩、黑云母花岗岩和花岗闪长岩，直径多小于 1km。总体上，碱性（或 A 型）或碱性岩-碳酸岩组合有利于形成超大型钼矿。燕山期成钼岩体多为高钾钙碱性-钾玄岩系列，具有碰撞后花岗岩的特征。

（9）岩浆热液成矿系统，包括斑岩型、斑岩-夕卡岩型和岩浆热液脉型钼矿（以碳酸岩脉为代表）的成矿过程具有四阶段性，成矿流体由早期的岩浆热液经流体沸腾、混合向晚期的大气降水热液转化。变质热液矿床（或称造山型）的成矿过程同样具有四阶段性，只是成矿流体是低盐度、富 CO_2 的变质热液。

（10）斑岩型钼矿以强烈的钾化、萤石化和碳酸盐化，弱的绢英岩化、青磐岩化和泥化区别于斑岩型铜矿（具有强烈的绢英岩化、青磐岩化和泥化，但较弱的钾化，而萤石化往往可以忽略）。与印支期斑岩型钼矿相比，燕山期斑岩型钼矿具有强烈的钾化、萤石化和碳酸盐化，而绢英岩化、青磐岩化和泥化较弱。

（11）岩浆弧体制形成的斑岩型钼矿，如三叠纪的温泉钼矿，其成矿流体为贫 CO_2 的岩浆热液，仅见水溶液包裹体和含子矿物包裹体。而陆陆碰撞、陆内裂谷或伸展背景形成的岩浆热液钼成矿系统其成矿流体以富 CO_2 为特征，常见纯 CO_2 包裹体、含 CO_2 包裹体，甚至部分含 CO_2 包裹体可同时含有子矿物。陆陆碰撞和/或裂谷体制的岩浆热液矿床以高的 CO_2/H_2O、K/Na 和 F/Cl 值区别于岩浆弧体制的同类矿床。

（12）各类包裹体中仅含 CO_2 包裹体含有一定量的 Mo。由早到晚，包裹体中的 Mo 含量降低，这与流体中 CO_2 降低的趋势一致。

（13）辉钼矿的 Re 含量与矿化类型、时代、成矿物质来源和构造背景有关。总体上，壳源的斑岩型钼矿其辉钼矿 Re 含量多 $<50\times10^{-6}$，而幔源或俯冲洋壳来源者辉钼矿 Re 含量多 $>50\times10^{-6}$。构造单元产出的造山型钼矿较岩浆热液型钼矿具有更低的辉钼矿 Re 含量。对于相同成因类型和成矿时代的钼矿床，产于年轻地体者较产于古老地体者的辉钼矿 Re 含量更高。

参 考 文 献

包志伟，曾乔松，赵太平，原振雷. 2009. 东秦岭钼矿带南泥湖-上房沟花岗斑岩成因及其对钼成矿作用的制约. 岩石学报，25（10）：2523-2536

曹晶，叶会寿，李洪英，李正远，张兴康，贺文，李超. 2014. 河南嵩县黄水庵碳酸岩脉型钼（铅）矿床地质特征及辉钼矿 Re-Os 同位素年龄. 矿床地质，33（1）：53-69

陈小丹，叶会寿，毛景文，汪欢，褚松涛，程国祥，刘彦伟. 2011. 豫西雷门沟斑岩钼矿床成矿流体特征及其地质意义. 地质学报，85（10）：1-15

陈衍景. 2006. 造山型矿床、成矿模式及找矿潜力. 中国地质，33（6）：1181-1196

陈衍景，富士谷. 1992. 豫西金矿成矿规律. 北京：地震出版社，1-234

陈衍景，郭抗衡. 1993. 河南银家沟矽卡岩型金矿的地质地球化学特征及成因. 矿床地质，12（3）：265-272

陈衍景，李诺. 2009. 大陆内部浆控高温热液矿床成矿流体性质及其与岛弧区同类矿床的差异. 岩石学报，25（10）：2477-2508

陈衍景，李超，张静，李震，王海华. 2000. 秦岭钼矿带斑岩体锶氧同位素特征与岩石成因机制和类型. 中国科学（D 辑），30（增刊）：64-72
陈衍景，倪培，范宏瑞，Pirajno F，赖勇，苏文超，张辉. 2007. 不同类型热液金矿系统的流体包裹体特征. 岩石学报，23（9）：2085-2108
陈衍景，张成，李诺，杨永飞，邓轲. 2012. 中国东北钼矿床地质. 吉林大学学报（地球科学版），42（5）：1223-1268
陈岳龙，张本仁. 1994. 华北克拉通南缘豫西燕山期花岗岩类的 Pb、Sr、Nd 同位素地球化学特征. 地球科学，3：99-106
程知言，胡建，蒋少涌，张遵忠，戴宝章，肖娥，王艳芬. 2013. 河南鱼池岭钼矿有关花岗岩锆石 U-Pb 年龄和 Hf 同位素研究及其对成矿时代的制约. 高校地质学报，19（3）：403-414
代军治，谢桂青，段焕春，杨富全，赵财胜. 2007. 河北撒岱沟门斑岩型钼矿床成矿流体特征及其演化. 岩石学报，23（10）：2519-2529
戴宝章，蒋少涌，王孝磊. 2009. 河南东沟钼矿花岗斑岩成因：岩石地球化学、锆石 U-Pb 年代学及 Sr-Nd-Hf 同位素制约. 岩石学报，25（11）：2889-2901
邓小华. 2011. 东秦岭造山带多期次钼成矿作用研究. 北京大学博士学位论文
邓小华，陈衍景，姚军明，李文博，李诺，王运，糜梅，张颖. 2008a. 河南省洛宁县寨凹钼矿床流体包裹体研究及矿床成因. 中国地质，35（6）：1250-1266
邓小华，李文博，李诺，糜梅，张颖. 2008b. 河南嵩县纸房钼矿床流体包裹体研究及矿床成因. 岩石学报，24（9）：2133-2148
邓小华，糜梅，姚军明. 2009a. 河南土门萤石脉型钼矿床流体包裹体研究及成因探讨. 岩石学报，25（10）：2537-2549
邓小华，姚军明，李晶，孙亚莉. 2009b. 东秦岭寨凹钼矿床辉钼矿 Re-Os 同位素年龄及熊耳期成矿事件. 岩石学报，25（11）：2739-2746
邓小华，姚军明，李晶，刘国飞. 2011. 河南省西峡县石门沟钼矿床流体包裹体特征和成矿时代研究. 岩石学报，27（5）：1439-1452
第五春荣，孙勇，林慈銮，柳小明，王洪亮. 2007. 豫西宜阳地区 TTG 质片麻岩锆石 U-Pb 定年和 Hf 同位素地质学. 岩石学报，23（2）：253-262
第五春荣，孙勇，林慈銮，王洪亮. 2010. 河南鲁山地球太华杂岩 LA-(MC)-ICPMS 锆石 U-Pb 年代学及 Hf 同位素组成. 科学通报，55：2112-2123
范宏瑞，谢奕汉，王英兰. 1994. 豫西花山花岗岩基岩石学和地球化学特征及其成因. 岩石矿物学杂志，13（1）：19-32
冯胜斌. 2006. 豫西东秦岭二郎坪群地质特征及其与铜多金属成矿作用关系研究. 中国地质大学（北京）硕士学位论文
付治国，宋要武，鲁玉红. 2006. 河南汝阳东沟钼矿床控矿地质条件及综合找矿信息. 地质与勘探，42（2）：33-38
高亚龙，张江明，叶会寿，孟芳，周珂，高阳. 2010. 东秦岭石窑沟斑岩钼矿床地质特征及辉钼矿 Re-Os 年龄. 岩石学报，26（3）：729-739
高阳，李永峰，郭保健，程国祥，刘彦伟. 2010a. 豫西嵩县前范岭石英脉型钼矿床地质特征及辉钼矿 Re-Os 同位素年龄. 岩石学报，26（3）：757-767
高阳，毛景文，叶会寿，孟芳，周珂，高亚龙. 2010b. 东秦岭外方山地区石英脉型钼矿床地质特征及成矿时代. 矿床地质，29（增刊）：189-190
郭保健，毛景文，李厚文，屈文俊，仇建军，叶会寿，李蒙文，竹学丽. 2006. 秦岭造山带秋树湾铜钼矿床辉钼矿 Re-Os 定年及其地质意义. 岩石学报，22（9）：2341-2348
郭波. 2009. 东秦岭金堆城斑岩钼矿床地质地球化学特征与成矿动力学背景. 西北大学硕士学位论文
郭波. 2018. 栾川矿集区鱼库钼钨矿床及隐伏岩体地质地球化学特征. 中国地质大学（北京）博士学位论文
郭波，朱赖民，李犇，许江，王建其，弓虎军. 2009. 东秦岭金堆城大型斑岩钼矿床同位素及元素地球化学研究. 矿床地质，28（3）：265-281
韩海涛. 2009. 西秦岭温泉钼矿地质地球化学特征及成矿预测. 中南大学博士学位论文
韩江伟，郭波，王宏卫，马有华，冯战奎，云辉，燕长海，李冬. 2015. 栾川西鱼库隐伏斑岩型 Mo-W 矿床地球化学及其意义. 岩石学报，31（6）：1789-1796
胡浩，李建威，邓晓东. 2011. 洛南–卢氏地区与铁铜多金属矿床有关的中酸性侵入岩锆石 U-Pb 定年及其地质意义. 矿床地质，30（6）：979-1001
胡受奚，林潜龙，陈泽铭，盛中烈，黎世美. 1988. 华北与华南古板块拼合带地质与成矿. 南京：南京大学出版社，1-558
胡志宏，周顺之，胡受奚，陈泽铭. 1986. 豫西太华群混合岩特征及其与金钼矿化的关系. 矿床地质，5（4）：71-81

黄典豪，聂凤军，王义昌，江秀杰 . 1984. 东秦岭地区钼矿床铅同位素组成特征及成矿物质来源初探 . 3（4）：20-28
黄典豪，吴澄宇，杜安道，何红廖 . 1994. 东秦岭地区钼矿床的铼锇同位素年龄及其意义 . 矿床地质，13（3）：221-230
黄典豪，侯增谦，杨志明，李振清，许道学 . 2009. 东秦岭钼矿带内碳酸岩脉型钼（铅）矿床地质地球化学特征、成矿机制及成矿构造背景 . 地质学报，83（12）：1968-1984
黄凡，罗照华，卢欣祥，高飞，陈必河，杨宗锋，潘颖，李德东 . 2009. 东沟含钼斑岩由太山庙岩基派生？矿床地质，28（5）：569-584
黄凡，罗照华，卢欣祥，陈必河，杨宗峰 . 2010. 河南汝阳地区竹园沟钼矿地质特征、成矿时代及地质意义 . 地质通报，29（11）：1704-1711
简伟 . 2010. 河南小秦岭大湖金钼矿床地质特征、成矿流体及矿床成因研究 . 中国地质大学（北京）硕士学位论文
焦建刚，袁海潮，何克，孙涛，徐刚，刘瑞平 . 2009. 陕西华县八里坡钼矿床锆石 U-Pb 和辉钼矿 Re-Os 年龄及其地质意义 . 地质学报，83（8）：1159-1166
焦建刚，汤中立，钱壮志，袁海潮，闫海卿，孙涛，徐刚，李小东 . 2010a. 东秦岭金堆城花岗斑岩体的锆石 U-Pb 年龄、物质来源及成矿机制 . 地球科学——中国地质大学学报，35（6）：1011-1022
焦建刚，袁海潮，刘瑞平，李小东，何克 . 2010b. 陕西华县八里坡钼矿床岩石地球化学特征及找矿意义 . 岩石学报，26（12）：3538-3548
柯昌辉，王晓霞，李金宝，杨阳，齐秋菊，周晓宁 . 2013. 华北地块南缘黑山–木龙沟地区中酸性岩的锆石 U-Pb 年龄、岩石化学和 Sr-Nd-Hf 同位素研究 . 岩石学报，29（3）：781-800
李洪英，毛景文，王晓霞，叶会寿，杨磊 . 2011. 陕西金堆城钼矿区花岗岩 Sr、Nd、Pb 同位素特征及其地质意义 . 中国地质，38（6）：1536-1550
李厚民，陈毓川，王登红，叶会寿，王彦斌，张长青，代军治 . 2007. 小秦岭变质岩及脉体锆石 SHRIMP U-Pb 年龄及其地质意义 . 岩石学报，23（10）：2504-2512
李厚民，叶会寿，王登红，陈毓川，屈文俊，杜安道 . 2009. 豫西熊耳山寨凹钼矿床辉钼矿铼锇年龄及其地质意义 . 矿床地质，28（2）：133-142
李晶 . 2009. 秋树湾和雷门沟斑岩矿床成矿流体与铼锇同位素研究 . 中国科学院研究生院广州地球化学研究所博士学位论文
李靖辉 . 2014. 河南嵩县大石门沟钼矿床辉钼矿 Re-Os 同位素年龄及地质意义 . 中国地质，41（4）：1364-1374
李诺 . 2012. 东秦岭燕山期钼金属巨量堆积过程和机制 . 北京大学博士学位论文
李诺，陈衍景，赖勇，李文博 . 2007a. 内蒙古乌努格吐山斑岩铜钼矿床流体包裹体研究 . 岩石学报，23（9）：2177-2188
李诺，陈衍景，张辉，赵太平，邓小华，王运，倪智勇 . 2007b. 东秦岭斑岩钼矿带的地质特征和成矿构造背景 . 地学前缘，14（5）：186-198
李诺，孙亚莉，李晶，薛良伟，李文博 . 2008. 小秦岭大湖金钼矿床辉钼矿铼锇同位素年龄及印支期成矿事件 . 岩石学报，24（4）：810-816
李诺，陈衍景，倪智勇，胡海珠 . 2009a. 河南省嵩县鱼池岭斑岩钼矿床成矿流体特征及其地质意义 . 岩石学报，25（11）：2509-2522
李诺，陈衍景，孙亚莉，胡海珠，李晶，张辉，倪智勇 . 2009b. 河南鱼池岭钼矿床辉钼矿铼锇同位素年龄及其地质意义 . 岩石学报，25（2）：413-421
李双庆，杨晓勇，屈文俊，陈福坤，孙卫东 . 2010. 南秦岭宁陕地区月河坪夕卡岩型钼矿 Re-Os 年龄和矿床学特征 . 岩石学报，26（5）：1479-1486
李铁刚，武广，陈毓川，李宗彦，杨鑫生，乔翠杰 . 2013. 豫西银家沟杂岩体年代学、地球化学和岩石成因 . 岩石学报，29（1）：46-66
李毅，李诺，杨永飞，王玭，糜梅，张静，陈红瑾，陈衍景 . 2013. 大别山北麓钼矿床地质特征和地球动力学背景 . 岩石学报，29（1）：95-106
李英，任崔锁 . 1990. 华北地台南缘铅同位素演化 . 西安地质学院学报，12（2）：1-12
李永飞，赖绍聪，秦江锋，刘鑫，王娟 . 2007. 碧口火山岩系地球化学特征及 Sr-Nd-Pb 同位素组成——晋宁期扬子北缘裂解的证据 . 中国科学（D 辑），37（s1）：295-306
李永峰，毛景文，白凤军，李俊平，和志军 . 2003. 东秦岭南泥湖钼（钨）矿田 Re-Os 同位素年龄及其地质意义 . 地质论评，49（6）：652-659
李永峰，毛景文，刘敦一，王彦斌，王志良，王义天，李晓峰，张作衡，郭保健 . 2006. 豫西雷门沟斑岩钼矿 SHRIMP 锆石 U-Pb 和辉钼矿 Re-Os 测年及其地质意义 . 地质论评，52（1）：122-131

李永军，李景宏，孔德义，李英，刘志武，李注苍，李金宝.2003a. 西秦岭温泉混浆花岗岩的微量与稀土元素地球化学特征. 西北地质，36（3）：7-13

李永军，李英，刘志武，李注苍，李金宝.2003b. 西秦岭温泉花岗岩岩石化学特征及岩浆混合信息. 甘肃地质学报，12（1）：30-36

李占轲.2013. 华北克拉通南缘中生代银-铅-锌矿床成矿作用研究. 中国地质大学（武汉）博士学位论文

凌文黎，张本仁，张宏飞，骆庭川.1996. 华北与扬子克拉通早期相互关系的Nd同位素地球化学制约. 矿物岩石，1：74-80

凌文黎，王歆华，程建萍，杨永成，高山.2002. 南秦岭镇安岛弧火山岩的厘定及其地质意义. 地球化学，31（3）：222-229

刘春花，吴才来，郜源红，雷敏，秦海鹏，李名则.2014. 南秦岭东江口、柞水和梨园堂花岗岩类锆石LA-ICP-MS U-Pb年代学与锆石Lu-Hf同位素组成. 岩石学报，30（8）：2402-2420

刘军，武广，贾守民，李忠权，孙亚莉，钟伟，朱明田.2011. 豫西沙坡岭钼矿床辉钼矿Re-Os同位素年龄及其地质意义. 矿物岩石，31（1）：56-62

刘树文，杨朋涛，李秋根，王宗起，张万益，王伟.2011. 秦岭中段印支期花岗质岩浆作用与造山过程. 吉林大学学报（地球科学版），41（6）：1928-1943

刘孝善，吴澄宇，黄标.1987. 河南栾川南泥湖-三道庄钼（钨）矿床热液系统的成因与演化. 地球化学，（3）：199-207

刘永春，靳拥护，班宜红，吴飞，付治国，张鹏.2007a. 东秦岭-大别山钼成矿带赋矿地层分布规律. 中国钼业，31（1）：12-17

刘永春，瓮纪昌，班宜红，郭锐，王文娟，刁爱国，付治国.2007b. 河南汝阳王坪西沟铅锌矿床地球化学特征. 物探与化探，31（3）：205-210

柳晓艳，蔡剑辉，阎国翰.2011. 华北克拉通南缘熊耳群眼窑寨组次火山岩岩石地球化学与年代学研究及其意义. 地质学报，85（7）：1134-1145

罗铭玖，张辅民，董群英，许永仁，黎世美，李昆华.1991. 中国钼矿床. 郑州：河南科学技术出版社，1-452

骆金诚，赖绍聪，秦江锋，李海波，李学军，臧文娟.2010. 南秦岭晚三叠世胭脂坝岩体的地球化学特征及地质意义. 地质论评，56（6）：792-800

毛冰，叶会寿，李超，肖中军，杨国强.2011. 豫西夜长坪钼矿床辉钼矿铼锇同位素年龄及地质意义. 矿床地质，30（6）：1069-1074

孟芳.2010. 豫西老君山花岗岩体特征及其成矿作用. 中国地质大学（北京）硕士学位论文

孟芳，毛景文，叶会寿，周珂，高亚龙，李永峰.2012a. 豫西老君山花岗岩体SHRIMP锆石U-Pb年龄及其地球化学特征. 中国地质，39（6）：1501-1524

孟芳，叶会寿，周珂，高亚龙.2012b. 豫西老君山地区钼矿地质特征及辉钼矿Re-Os同位素年龄. 矿床地质，31（3）：480-492

倪智勇.2009. 河南小秦岭大湖金-钼矿床地球化学及其矿床成因. 中国科学院地球化学研究所博士学位论文

倪智勇，李诺，管申进，张辉，薛良伟.2008. 河南小秦岭金矿田大湖金-钼矿床流体包裹体特征及矿床成因. 岩石学报，24（9）：2058-2068

倪智勇，李诺，张辉，薛良伟.2009. 河南大湖金钼矿床成矿物质来源的锶钕铅同位素约束. 岩石学报，25（11）：2823-2832

聂凤军，樊建廷.1989. 陕西金堆城-黄龙铺地区含钼花岗岩类稀土元素地球化学研究. 岩石矿物学杂志，8（1），24-33

聂凤军，江思宏，赵月明.2001. 小秦岭地区文峪和东闯石英脉型金矿床铅及硫同位素研究. 矿床地质，20（2）：163-173

欧阳建平，张本仁.1996. 北秦岭微古陆形成与演化的地球化学证据. 中国科学（D辑），26（增刊）：42-48

齐玥.2014. 东秦岭地区晚中生代老君山岩体和太山庙岩体成因. 中国科学技术大学硕士学位论文

祁进平，陈衍景，倪培，赖勇，丁俊英，宋要武，唐国军.2007. 河南冷水北沟铅锌银矿床流体包裹体研究及矿床成因. 岩石学报，23（9）：2119-2130

秦臻，戴雪灵，邓湘伟.2011. 东秦岭秋树湾—雁来岭两种不同类型的花岗岩及其构造意义. 矿物岩石，31（3）：48-54

秦臻，戴雪灵，邓湘伟.2012. 东秦岭秋树湾铜钼矿流体包裹体和稳定同位素特征及其地质意义. 矿床地质，31（2）：323-336

尚瑞均，严阵.1988. 秦岭—大别山花岗岩. 武汉：中国地质大学出版社，1-224

沈洁，张宗清，刘敦一.1997. 东秦岭陡岭群变质杂岩Sm-Nd、Rb-Sr、$^{40}Ar/^{39}Ar$、$^{207}Pb/^{206}Pb$年龄. 地球学报，3：25-31

石英霞，李诺，杨艳．2009. 河南栾川县三道庄钼钨矿床地质和流体包裹体研究．岩石学报，25（10）：2575-2587
时毓，于津海，徐夕生，唐红峰，邱检生，陈立辉．2011. 陕西小秦岭地区太华群的锆石 U-Pb 年龄和 Hf 同位素组成．岩石学报，27（10）：3095-3108
时毓，于津海，杨启军，刘希军，冯佐海，朱昱桦．2014. 小秦岭地区太华群锆石 U-Pb 年龄及华北克拉通南缘地壳演化．地球科学与环境学报，36（1）：218-229
苏捷，张宝林，孙大亥，崔敏利，屈文俊，杜安道．2009. 东秦岭东段新发现的沙坡岭细脉浸染型钼矿地质特征、Re-Os 同位素年龄及其地质意义．地质学报，83（10）：1490-1496
孙卫东，李曙光，孙勇，张国伟，张宗清．1996. 北秦岭西峡二郎坪群枕状熔岩中一个岩枕的年代学和地球化学研究．地质论评，42（2）：144-153
孙晓明，刘孝善．1987. 金堆城钼矿区两类不同花岗岩的关系及其成因的研究．地质找矿论丛，2（2）：34-44
王飞，朱赖民，郭波，杨涛，罗增智．2012. 西秦岭温泉钼矿床地质-地球化学特征与成矿过程探讨．地质与勘探，48（4）：713-727
王赛，叶会寿，杨永强，苏慧敏，杨晨英，李超．2014. 河南栾川火神庙钼矿床辉钼矿 Re-Os 同位素年龄及其地质意义．地质通报，33（9）：1430-1438
王赛，叶会寿，杨永强，张兴康，苏慧敏，杨晨英．2016. 豫西火神庙岩体锆石 U-Pb 年代学、地球化学及 Hf 同位素组成．地球科学，41（2）：293-316
王新．2001. 金堆城钼矿区两类斑岩的识别．西北大学硕士学位论文
王义天，叶会寿，叶安旺，李永革，帅云，张长青，代军治．2010. 小秦岭北缘马家洼石英脉型金钼矿床的辉钼矿 Re-Os 年龄及其意义．地学前缘，17（2）：140-145
王长明，邓军，张寿庭，燕长海．2005. 河南卢氏-栾川地区铅锌矿成矿多样性分析及成矿预测．地质通报，24（10-11）：1074-1080
魏庆国，姚军明，赵太平，孙亚莉，李晶，原振雷，乔波．2009. 东秦岭发现 ~ 1.9Ga 钼矿床——河南龙门店钼矿床 Re-Os 定年．岩石学报，25（11）：2747-2751
吴发富．2013. 中秦岭山阳-柞水地区岩浆岩及其成矿构造环境研究．中国地质科学院博士学位论文
吴福元，李献华，杨进辉，郑永飞．2007. 花岗岩成因研究的若干问题．岩石学报，23（6）：1217-1238
吴艳爽，项楠，汤好书，周可法，杨永飞．2013. 东天山东戈壁钼矿床辉钼矿 Re-Os 年龄及印支期成矿事件．岩石学报，29（1）：121-130
武广，陈毓川，李宗彦，杨鑫生，刘军，乔翠杰．2013. 豫西银家沟硫铁多金属矿床 Re-Os 和 $^{40}Ar/^{39}Ar$ 年龄及其地质意义．矿床地质，32（4）：809-822
夏林圻，夏祖春，徐学义，李向民，马中平．2007. 碧口群火山岩岩石成因研究．地学前缘，3：84-101
向君峰，毛景文，裴荣富，叶会寿，王春毅，田志恒，王浩琳．2012. 南泥湖-三道庄钼（钨）矿的成岩成矿年龄新数据及其地质意义．中国地质，39（2）：458-473
项楠，杨永飞，吴艳爽，周可法．2013. 新疆东天山白山钼矿床流体包裹体研究．岩石学报，29（1）：146-158
肖光富，丁高明，晏国龙，张鹏程，任继刚，肖淳，王全乐．2014. 河南夜长坪钼矿床地质-地球化学特征及成因分析．地质找矿论丛，29（3）：350-356
邢矿．2005. 豫西南栾川群地层特征及其与铅锌矿成矿关系研究．中国地质大学（北京）硕士学位论文
徐兆文，邱检生，任启江，杨荣勇．1995. 河南栾川南部地区与 Mo-W 矿床有关的燕山期花岗岩特征．岩石学报，11（4）：397-408
徐兆文，杨荣勇，刘红樱，陆现彩，徐文艺，任启江．1998. 陕西金堆城斑岩钼矿床成矿流体研究．高校地质学报，4（4）：423-431
许成，宋文磊，漆亮，王林均．2009. 黄龙铺钼矿体含矿碳酸岩地球化学特征及其形成构造背景．岩石学报，25（2）：422-430
许道学．2009. 河南鱼池岭斑岩钼矿床——岩浆作用与矿床成因．北京科技大学硕士学位论文
闫全人，Hanson A D，王宗起，Druschke P A，闫臻，王涛，卢海峰．2004. 南秦岭关家沟组砾岩的时代、成因环境及其构造意义．科学通报，49（14）：1416-1423
闫全人，陈隽璐，王宗起．2007. 北秦岭小王涧枕状熔岩中淡色侵入岩的地球化学特征、SHRIMP 年龄及地质意义．中国科学（D 辑），37（10）：1301-1313

闫全人，王宗起，闫臻，王涛，陈隽璐，向忠金，张宗清，姜春发 . 2008. 秦岭造山带宽坪群中的变铁镁质岩的成因、时代及其构造意义 . 地质通报，27（9）：1475-1492
晏国龙，王佐满，李永全，傅渊辉，丁高明 . 2012. 河南夜长坪钼矿辉钼矿 Re-Os 同位素年龄及地质意义 . 矿产勘查，3（2）：184-193
杨恺 . 2009. 西秦岭柞水-山阳地区花岗岩质岩浆作用及相关的成矿作用 . 北京大学硕士学位论文
杨荣勇，徐兆文，任启江 . 1997. 东秦岭地区石宝沟和火神庙岩体的时代及岩浆物质来源 . 矿物岩石地球化学通报，16（1）：15-18
杨晓勇，卢欣祥，杜小伟，李文明，张正伟，屈文俊 . 2010. 河南南沟钼矿矿床地球化学研究兼论东秦岭钼矿床成岩成矿动力学 . 地质学报，84（7）：1049-1079
杨艳，张静，杨永飞，石英霞 . 2009. 栾川上房沟钼矿床流体包裹体特征及其地质意义 . 岩石学报，25（10）：2563-2574
杨永飞，李诺，倪智勇 . 2009a. 陕西省华县金堆城斑岩型钼矿床流体包裹体研究 . 岩石学报，25（11）：2983-2993
杨永飞，李诺，石英霞 . 2009b. 河南栾川南泥湖斑岩钼（钨）矿床流体包裹体研究 . 岩石学报，25（10）：2550-2562
杨永飞，李诺，王莉娟 . 2011. 河南省东沟超大型钼矿床流体包裹体研究 . 岩石学报，27（5）：1453-1466
叶会寿，毛景文，李永峰，郭保健，张长青，刘珺，闫全人，刘国印 . 2006a. 东秦岭东沟超大型斑岩钼矿 SHRIMP 锆石 U-Pb 和辉钼矿 Re-Os 年龄及其地质意义 . 地质学报，80（7）：1078-1088
叶会寿，毛景文，李永峰，燕长海，郭保健，赵财胜，何春芬，郑榕芬，陈莉 . 2006b. 豫西南泥湖矿田钼钨及铅锌银矿床地质特征及其成矿机理探讨 . 现代地质，20（1）：165-174
叶会寿，毛景文，徐林刚，高建京，谢桂清，李向前，何春芬 . 2008. 豫西太山庙铝质 A 型花岗岩 SHRIMP 锆石 U-Pb 年龄及其地球化学特征 . 地质论评，54（5）：699-711
张本仁，骆庭川，高山，欧阳建平，陈德兴 . 1994. 秦巴岩石圈构造及成矿规律地球化学研究 . 武汉：中国地质大学出版社，1-446
张本仁，张宏飞，赵志丹 . 1996. 东秦岭及邻区壳、幔地球化学分区和演化及其大地构造意义 . 中国科学（D 辑），26（3）：201-208
张国伟，张本仁，袁学诚，肖庆辉 . 2001. 秦岭造山带与大陆动力学 . 北京：科学出版社，1-855
张航 . 2015. 东秦岭燕山期成矿小斑岩体成因机制及构造背景 . 西北大学硕士学位论文
张红，陈丹玲，翟明国，张复新，宫相宽，孙卫东 . 2015. 南秦岭桂林沟斑岩型钼矿 Re-Os 同位素年代学及其构造意义研究. 岩石学报，31（7）：2023-2037
张宏飞，欧阳建平，凌文黎 . 1996. 从 Pb 同位素组成特征论东秦岭陡岭块体的构造归属 . 地球科学——中国地质大学学报，21（5）：487-490
张宏飞，欧阳建平，凌文黎，陈岳龙 . 1997. 南秦岭宁陕地区花岗岩类 Pb、Sr、Nd 同位素组成及其深部地质信息 . 岩石矿物学杂志，1：23-33
张宏飞，靳兰兰，张利，Harris N，周炼，胡圣虹，张本仁 . 2005. 西秦岭花岗岩类地球化学和 Pb-Sr-Nd 同位素组成对基底性质及其构造属性的限制 . 中国科学（D 辑），35（10）：914-926
张进江，郑亚东，刘树文 . 1998. 小秦岭变质核杂岩的构造特征、形成机制及构造演化 . 北京：海洋出版社，1-120
张理刚 . 1995. 东亚岩石圈块体地质——上地幔、基底和花岗岩同位素地球化学及其动力学 . 北京：科学出版社，1-252
张乃昌，阎景汉，刘新年 . 1986. 从重磁成果探讨我省深部构造及成矿作用 . 河南地质，4（1）：16-22
张荣臻，张德会，李建康，赵博，侯红星，黄诚，喻晓，孙喜德 . 2015. 河南省栾川县石窑沟钼矿床地质特征和流体包裹体研究 . 矿物岩石地球化学通报，34（1）：167-176
张旭，戴雪灵，邓湘伟，秦臻，张智慧 . 2011. 河南秋树湾斑岩体特征及其南山钼矿段外围找矿方向 . 矿产勘查，2（2）：126-134
张云辉 . 2014. 栾川地区晚中生代构造-岩浆演化与成矿关系探讨 . 中国地质大学（北京）硕士学位论文
张正伟，朱炳泉，常向阳 . 2003. 东秦岭北部富碱侵入岩带岩石地球化学特征及构造意义 . 地学前缘，10（4）：508-519
张宗清，刘敦一，付国民 . 1994. 北秦岭变质地层同位素年代学研究 . 北京：地质出版社，1-191
张宗清，张国伟，唐索寒，王进辉 . 2001. 秦岭黑河镁铁质枕状熔岩年龄和地球化学特征 . 中国科学（D 辑），31（1）：36-42
张宗清，张国伟，唐索寒，许继锋，杨永成，王进辉 . 2002. 秦岭勉略带中安子山麻粒岩的年龄 . 科学通报，47（22）：1751-1755

张宗清，张国伟，刘敦一，王宗起，唐索寒，王进辉. 2006. 秦岭造山带蛇绿岩、花岗岩和碎屑沉积岩同位素年代学和地球化学. 北京：地质出版社，1-348

赵海杰，毛景文，叶会寿，侯可军，梁慧山. 2010. 陕西洛南县石家湾钼矿相关花岗斑岩的年代学及岩石成因：锆石 U-Pb 年龄及 Hf 同位素制约. 矿床地质，29（1）：143-157

赵海杰，叶会寿，李超. 2013. 陕西洛南县石家湾钼矿 Re-Os 同位素年龄及地质意义. 岩石矿物学杂志，32（1）：90-98

赵太平. 2000. 华北陆块南缘元古宙熊耳群钾质火山岩特征与成因. 中国科学院地质与地球物理研究所博士学位论文

赵子福，郑永飞. 2009. 俯冲大陆岩石圈重熔：大别-苏鲁造山带中生代岩浆岩成因. 中国科学（D 辑），39（7）：888-909

周珂，叶会寿，毛景文，屈文俊，周树峰，孟芳，高亚龙. 2009. 豫西鱼池岭斑岩型钼矿床地质特征及其辉钼矿铼-锇同位素年龄. 矿床地质，28（2）：170-184

朱赖民，张国伟，郭波，李犇. 2008. 东秦岭金堆城大型斑岩钼矿床 LA-ICP-MS 锆石 U-Pb 定年及成矿动力学背景. 地质学报，81（12）：1-18

朱赖民，丁振举，姚书振，张国伟，宋史刚，屈文俊，郭波，李犇. 2009. 西秦岭甘肃温泉钼矿床成矿地质事件及其成矿构造背景. 科学通报，54（16）：2337-2347

Audetat A，Li W T. 2017. The genesis of Climax-type porphyry Mo deposits：insights from fluid inclusions and melt inclusions. Ore Geology Reviews，88：436-460

Bao Z W，Wang C Y，Zhao T P，Li C J，Gao X Y. 2014. Petrogenesis of the Mesozoic granites and Mo mineralization of the Luanchuan ore field in the East Qinling Mo mineralization belt，Central China. Ore Geology Reviews，57：132-153

Barbarin B. 1996. Genesis of the two main types of peraluminous granitoids. Geology，24：295-298

Berzina A N，Sotnikov V I，Economou-Eliopoulos M，Eliopolos D G. 2005. Distribution of rhenium in molybdenite from porphyry Cu-Mo and Mo-Cu deposits of Russia（Siberia）and Mongolia. Ore Geology Reviews，26（1-2）：91-113

Blank J G，Stolper E M，Carroll M R. 1993. Solubilities of carbon dioxide and water in rhyolitic melt at 850℃ and 750 bar. Earth and Planetary Science Letters，119（1-2）：27-36

Blichert-Toft J，Albarede F. 1997. The Lu-Hf isotope geochemistry of chondrites and the evolution of the mantle-crust system. Earth and Planetary Science Letters，148（1-2）：243-258

Cao X F，Lv X B，Yao S Z，Mei W，Zou X Y，Chen C，Liu S T，Zhang P，Su Y Y，Zhang B. 2011. LA-ICP-MS U-Pb zircon geochronology，geochemistry and kinetics of the Wenquan ore-bearing granites from West Qinling，China. Ore Geology Reviews，43（1）：120-131

Chen X D，Ye H S，Wang H. 2014. Genesis and evolution of the Leimengou porphyry Mo deposit in West Henan Province，East Qinling-Dabie belt，China：constraints from hydrothermal alteration，fluid inclusions and stable isotope data. Journal of Asian Earth Sciences，79：710-722

Chen Y J，Santosh M. 2014. Triassic tectonics and mineral systems in the Qinling Orogen，central China. Geological Journal，49（4-5）：338-358

Chen Y J，Li C，Zhang J，Li Z，Wang H H. 2000. Sr and O isotopic characteristics of porphyries in the Qinling molybdenum deposit belt and their implication to genetic mechanism and type. Science in China（Series D），43（1）：82-94

Chen Y J，Chen H Y，Zaw K，Pirajno F，Zhang Z J. 2007. Geodynamic settings and tectonic model of skarn gold deposits in China：an overview. Ore Geology Review，31（1-4）：139-169

Chen Y J，Pirajno F，Li N，Guo D S，Lai Y. 2009. Isotope systematics and fluid inclusion studies of the Qiyugou breccia pipe-hosted gold deposit，Qinling orogen，Henan province，China：implications for ore genesis. Ore Geology Reviews，35（2）：245-261

Chen Y J，Santosh M，Somerville I D，Chen H Y. 2014. Indosinian tectonics and mineral systems in China：an introduction. Geological Journal，49（4-5）：331-337

Chen Y J，Wang P，Li N，Yang Y F，Pirajno F. 2017a. The collision-type porphyry Mo deposits in Dabie Shan，China. Ore Geology Reviews，81（2）：405-430

Chen Y J，Zhang C，Wang P，Pirajno F，Li N，2017b. The Mo deposits of Northeast China：a powerful indicator of tectonic settings and associated evolutionary trends. Ore Geology Reviews，81（2）：602-640

Collins W，Beams S，White A，Chappell B. 1982. Nature and origin of A-type granites with particular reference to southeastern Australia. Contributions to Mineralogy and Petrology，80：189-200

Cox S F，Knackstedt M A，Braun J. 2001. Principles of structural control on permeability and fluid hydrothermal system. SEG Reviews，14：1-24

Deng X H, Chen Y J, Santosh M, Yao J M. 2013a. Re-Os geochronology, fluid inclusions and genesis of the 0.85Ga Tumen molybdenite-fluorite deposit in Eastern Qinling, China: implications for pre-Mesozoic Mo-enrichment and tectonic setting. Geological Journal, 48 (5): 484-497

Deng X H, Chen Y J, Santosh M, Zhao G C, Yao J M. 2013b. Metallogeny during continental outgrowth in the Columbia supercontinent: isotopic characterization of the Zhaiwa Mo-Cu system in the North China Craton. Ore Geology Reviews, 51: 43-56

Deng X H, Santosh M, Yao J M, Chen Y J. 2014. Geology, fluid inclusions and sulphur isotopes of the Zhifang Mo deposit in Qinling Orogen, central China: a case study of orogenic-type Mo deposits. Geological Journal, 49 (4-5): 515-533

Deng X H, Chen Y J, Santosh M, Yao J M, Sun Y L. 2016. Re-Os and Sr-Nd-Pb isotope constraints on source of fluids in the Zhifang Mo deposit, Qinling Orogen, China. Gondwana Research, 30: 132-143

Deng X H, Chen Y J, Pirajno F, Li N, Yao J M, Sun Y L. 2017. The Geology and geochronology of the Waifangshan Mo-quartz vein cluster in Eastern Qinling, China. Ore Geology Reviews, 81: 548-564

Dong Y P, Zhang G W, Neubauer F, Liu X M, Genser J, Hauzenberger C. 2011. Tectonic evolution of the Qinling orogen, China: review and synthesis. Journal of Asian Earth Sciences, 41 (3): 213-237

Dong Y P, Liu X M, Zhang G W, Chen Q, Zhang X N, Li W, Yang C. 2012. Triassic diorites and granitoids in the Foping area: constraints on the conversion from subduction to collision in the Qinling orogen, China. Journal of Asian Earth Sciences, 47: 123-142

Douce A E P. 1997. Generation of metaluminous A-type granites by low-pressure melting of calc-alkaline granitoids. Geology, 25: 743-746

Eby G N. 1990. The A-type granitoids: a review of their occurrence and chemical characteristics and speculations on their petrogenesis. Lithos, 26: 115-134

Eby G N. 1992. Chemical subdivision of the A-type granitoids: petrogenetic and tectonic implications. Geology, 20: 641-644

Esser B K, Turekian K K. 1993. The osmium isotopic composition of the continental crust. Geochimica et Cosmochimica Acta, 57: 3093-3104

Fogel R A, Rutherford M J. 1990. The solubility of carbon-dioxide in rhyolitic melts: a quantitative FTIR study. American Mineralogist, 75: 1311-1326

Fourcade S, Allegre C J. 1981. Trace elements behavior in granite genesis: a case study the calc-alkaline plutonic association from the Querigut complex (Pyrénées, France). Contributions to Mineralogy and Petrology, 76: 177-195

Gao X Y, Zhao T P, Bao Z W, Yang A Y. 2014. Petrogenesis of the early Cretaceous intermediate and felsic intrusions at the southern margin of the North China Craton: implications for crust-mantle interaction. Lithos, 206: 65-78

Gao Y, Ye H S, Mao J W, Li Y F. 2013. Geology, geochemistry and genesis of the Qianfanling quartz-vein Mo deposit in Songxian County, Western Henan Province, China. Ore Geology Reviews, 55: 13-28

Gao Y, Mao J W, Ye H S, Li Y F. 2018. Origins of ore-forming fluid and material of the quartz-vein type Mo deposits in the East Qinling-Dabie molybdenum belt: a case study of the Qianfanling Mo deposit. Journal of Geochemical Exploration, 185: 52-63

Giles D, Schilling J. 1972. Variation in rhenium content of molybdenite. Proceedings of the 24th International Geological Congress Section: 145-152

Glennon J D, Harris S J, Walker A, McSweeney C C, O'Connell M. 1999. Carrying gold in supercritical CO_2. Gold Bulletin, 32: 52-58

Goldfarb R J, Groves D I, Gardoll S. 2001. Orogenic gold and geologic time: a global synthesis. Ore Geology Reviews, 18 (1-2): 1-75

Groves D I, Goldfarb R J, Gebre-Mariam M, Hagemann S G, Robert F. 1998. Orogenic gold deposits: a proposed classification in the context of their crustal distribution and relationship to other Au deposit types. Ore Geology Reviews, 13: 7-27

Han Y G, Zhang S H, Franco P, Zhang Y H. 2007. Evolution of the Mesozoic granite in the Xiong'ershan-Waifangshan region, Western Henan Province, China, and its tectonic implication. Acta Geologica Sinica (English Edition), 81: 253-265

Han Y G, Zhang S H, Pirajno F, Zhou X W, Zhao G C, Qu W J, Liu S H, Zhang J M, Liang H B, Yang K. 2013. U-Pb and Re-Os isotopic systematics and zircon Ce^{4+}/Ce^{3+} ratios in the Shiyaogou Mo deposit in eastern Qinling, central China: insights into the oxidation state of granitoids and Mo (Au) mineralization. Ore Geology Reviews, 55: 29-47

Harris N B, Pearce J A, Tindle A G. 1986. Geochemical characteristics of collision-zone magmatism. Geological Society, London, Special Publications, 19: 67-81

Hart S R, 1984. A large-scale isotope anomaly in the Southern Hemisphere mantle. Nature, 309 (5971): 753-757

He Y H, Zhao G C, Sun M, Han Y G. 2010. Petrogenesis and tectonic setting of volcanic rocks in the Xiaoshan and Waifangshan areas along the southern margin of the North China Craton: constraints from bulk-rock geochemistry and Sr-Nd isotopic composition. Lithos, 114 (1-2): 186-199

Huang X L, Niu Y L, Xu Y G, Yang Q J, Zhong J W. 2010. Geochemistry of TTG, TTG-like gneisses from Lushan-Taihua complex in the southern North China Craton: implications for Late Archean crustal accretion. Precambrian Research, 182 (1-2): 43-56

Jacobsen S B, Wasserburg G J. 1980. Nd isotopic evolution of chondrites. Earth Planetary Science Letters, 50 (1): 139-155

Jahn B M, Condie K C. 1995. Evolution of the Kaapvaal craton as viewed from geochemical and Sm- Nd isotopic analyses of intracratonic pelites. Geochimica et Cosmochim Acta, 59 (11): 2239-2285

Jian W, Lehmann B, Mao J W, Ye H S, Li Z Y, He H J, Zhang J G, Zhang H, Feng J W. 2015. Mineralogy, fluid Characteristics, and Re-Os Age of the Late Triassic Dahu Au- Mo Deposit, Xiaoqinling Region, Central China: evidence for a magmatic-hydrothermal origin. Economic Geology, 110 (1): 119-145

Jiang Y H, Jiang S Y, Ling H F, Dai B Z. 2006. Low-degree melting of a metasomatized lithospheric mantle for the origin of Cenozoic Yulong monzogranite-porphyry, east Tibet: geochemical and Sr-Nd-Pb-Hf isotopic constraints. Earth and Planetary Science Letters, 241 (3-4): 617-633

Jiang Y H, Jiang S Y, Dai B Z, Liao S Y, Zhao K D, Ling H F. 2009. Middle to late Jurassic felsic and mafic magmatism in southern Hunan province, southeast China: implications for a continental arc to rifting. Lithos, 107: 185-204

Jiang Y H, Jin G D, Liao S Y, Zhou Q, Zhao P. 2010. Geochemical and Sr-Nd-Hf isotopic constraints on the origin of late Triassic granitoids from the Qinling orogen, central China: implications for a continental arc to continent-continent collision. Lithos, 117: 183-197

Kerrich R, Goldfarb R J, Groves D I, Garwin S, Jia Y F. 2000. The characteristics, origins and geodynamic settings of supergiant gold metallogenic provinces. Science in China (Series D), 43: 1-68

King P, Chappell B, Allen C M, White A. 2001. Are A-type granites the high-temperature felsic granites? Evidence from fractionated granites of the Wangrah Suite. Australian Journal of Earth Sciences, 48: 501-514

Kokh M A, Lopez M, Gisquet P, Lanzanova A, Candaudap F, Besson P, Pokrovski G S. 2016. Combined effect of carbon dioxide and sulfur on vapor-liquid partitioning of metals in hydrothermal systems. Geochimica et Cosmochimica Acta, 187: 311-333.

Lehmann B. 1987. Molybdenum distribution in Precambrian rocks of the Colorado Mineral Belt. Minealium Deposita, 22 (1): 47-52

Li D, Zhang S T, Yan C H. 2012. Late Mesozoic time constraints on tectonic changes of the Luanchuan Mo belt, East Qinling orogen, Central China. Journal of Geodynamics, 61: 94-104

Li H Y, Wang X X, Ye H S, Lei Y. 2012. Emplacement ages and petrogenesis of the molybdenum- bearing granites in the Jinduicheng Area of East Qinling, China: constraints from zircon U- Pb ages and Hf isotopes. Acta Geologica Sinica (English Edition), 86 (3): 661-679

Li H Y, Ye H S, Wang X X, Yang L, Wang X Y. 2014. Geology and ore fluid geochemistry of theJinduicheng porphyry molybdenum deposit, East Qinling, China. Journal of Asian Earth Sciences, 79: 641-654

Li N, Pirajno F. 2017. Early Mesozoic Mo mineralization in the Qinling Orogen: an overview. Ore Geology Reviews, 81: 431-450

Li N, Chen Y J, Fletcher I R, Zeng Q T. 2011a. Triassic mineralization with Cretaceous overprint in the Dahu Au-Mo deposit, Xiaoqinling gold province: constraints from SHRIMP monazite U-Th-Pb geochronology. Gondwana Research, 20: 543-552

Li N, Chen Y J, Santosh M, Yao J M, Sun Y L, Li J. 2011b. The 1. 85Ga Mo mineralization in the Xiong'er Terrane, China: implications for metallogeny associated with assembly of the Columbia supercontinent. Precambrian Research, 186 (1-4): 220-232.

Li N, Chen Y J, Pirajno F, Gong H J, Mao S D, Ni Z Y. 2012a. LA-ICP-MS zircon U-Pb dating, trace element and Hf isotope geochemistry of the Heyu granite batholith, eastern Qinling, central China: implications for Mesozoic tectono-magmatic evolution. Lithos, 142-143: 34-47

Li N, Chen Y J, Ulrich T, Lai Y. 2012b. Fluid inclusion study of the Wunugetu Cu-Mo Deposit, Inner Mongolia, China. Mineralium Deposita, 47 (5): 467-482

Li N, Ulrich T, Chen Y J, Thomsen T, Pease V, Pirajno F. 2012c. Fluid evolution of the Yuchiling porphyry Mo deposit, East Qinling, China. Ore Geology Reviews, 48: 442-459.

Li N, Chen Y J, Pirajno F, Ni Z Y. 2013. Timing of the Yuchiling giant porphyry Mo system, and implications for ore genesis. Mineralium Deposita, 48: 505-524.

Li N, Chen Y J, Deng X H, Yao J M. 2014. Fluid inclusion geochemistry and ore genesis of the Longmendian Mo deposit in the East Qinling Orogen: implication for migmatitic-hydrothermal Mo-mineralization. Ore Geology Reviews, 63: 520-531

Li N, Chen Y J, McNaughton N J, Ling X X, Deng X H, Yao J M, Wu Y S. 2015a. Formation andtectonic evolution of the khondalite series at the southern margin of the North China Craton: geochronological constraints from a 1.85 Ga Mo deposit in the Xiong'ershan area. Precambrian Research, 269: 1-17

Li N, Chen Y J, Santosh M, Pirajno F. 2015b. Compositional polarity of Triassic granitoids in the Qinling Orogen, China: implication for termination of the northernmost paleo-Tethys. Gondwana Research, 27 (1): 244-257

Li Q G, Liu S W, Wang Z Q, Wang D S, Yan Z, Yang K, Wu F H. 2011. Late Jurassic Cu-Mo mineralization at the Zhashui-Shanyang district, South Qinling, China: constraints form Re-Os molybdenite and laser ablation-inductively coupled Plasma mass spectrometry U-Pb zircon dating. Acta Geologica Sinica (English Edition), 85 (3): 661-672

Liew T C, Hofmann A W. 1988. Precambrian crustal components, plutonic associations, plate environment of the Hercynian Fold Belt of central Europe: indications from a Nd and Sr isotopic study. Contributions to Mineralogy and Petrology, 98 (2): 129-138

Lowenstern J B. 2001. Carbon dioxide in magmas and implications for hydrothermal systems. Mineralium Deposita, 36 (6): 490-502

Lugmair G W, Marti K. 1978. Lunar initial $^{143}Nd/^{144}Nd$: differential evolution of the lunar crust and mantle. Earth and Planetary Science Letters, 39 (3): 349-357

Mao J W, Zhang Z C, Zhang Z H. 1999. Re-Os isotopic dating of molybdenites in the Xiaoliugou W (Mo) deposit in the northern Qilian Mountains and its geological significance. Geochimica et Cosmochimica Acta, 63 (11-12): 1815-1818

Mao J W, Xie G Q, Bierlein F, Qu W J, Du A D, Ye H S, Pirajno F, Li H M, Guo B J, Li Y F, Yang Z Q. 2008. Tectonic implications from Re-Os dating of Mesozoic molybdenum deposits in the East Qinling-Dabie orogenic belt. Geochimica et Cosmochimica Acta, 72: 4607-4626

Mao J W, Xie G Q, Pirajno F, Ye H S, Wang Y B, Li Y F, Xiang J F, Zhao H J. 2010. Late Jurassic-Early Cretaceous granitoid magmatism in Eastern Qinling, central-eastern China: SHRIMP zircon U-Pb ages, tectonic implications. Australia Journal of Earth Sciences, 57 (1): 51-78

Martin H, Smithies R H, Rapp R, Moyen J F, Champion D. 2005. An overview of adakite, tonalite-trondhjemite-granodiorite (TTG), and sanukitoid: relationships and some implications for crustal evolution. Lithos, 79 (1-2): 1-24

Misra K C. 2000. Understanding Mineral Deposits. Dordrecht: Kluwer Academic Publishers, 1-845

Moriyoshi T, Kita T, Uosaki Y. 1993. Static relative permittivity of carbon dioxide and nitrous oxide up to 30MPa. Berichte der Bunsengesellschaft für physikalische Chemie, 97 (4): 589-596.

Newberry R. 1979. Polytypism in molybdenite (II): relationships between polytypism, ore deposition/alteration stages and rhenium contents. American Mineralogist, 64: 768-775

Ni Z Y, Chen Y J, Li N, Zhang H. 2012. Pb-Sr-Nd isotope constraints on the fluid source of the Dahu Au-Mo deposit in Qinling Orogen, central China, and implication for Triassic tectonic setting. Ore Geology Reviews, 46: 60-67

Ni Z Y, Li N, Zhang H. 2014. Hydrothermal mineralization at the Dahu Au-Mo deposit in the Xiaoqinling gold field, Qinling Orogen, central China. Geological Journal, 49 (4-5): 501-514

Park I B, Son Y, Song I S, Na K H, Kim J, Khim J. 2009. Extraction of metal species from contaminated soils utilizing supercritical CO_2 and ultrasound. Japanese Journal of Applied Physics, 48: 07GM17

Patino D, Johnston A D. 1991. Phase equilibria and melt productivity in the pelitic system: implications for the origin of peraluminous granitoids and aluminous granulites. Contributions to Mineralogy Petrology, 107 (2): 202-218

Peucker-Ehrenbrink B, Jahn B M. 2001. Rhenium-osmium isotope systematics and platinum group element concentrations: loess and the upper continental crust. Geochemistry Geophysics Geosystems, 2 (10): 2200

Pirajno F. 2009. Hydrothermal Processes and Mineral Systems. Berlin: Springer, 1-1250

Pirajno F. 2013. The Geology and Tectonic Settings of China's Mineral Deposits. Berlin: Springer, 1-679

Pirajno F, Zhou T F. 2015. Intracontinental porphyry and porphyry-skarn mineral systems in Eastern China: scrutiny of a special case "made-in-china". Economic Geology, 110 (3): 603-629

Pokrovski G S, Borisova A Y, Bychkov A Y. 2013. Speciation and transport of metals and metalloids in geological vapors//Stefánsson A, Driesner T, Bénézeth P. Thermodynamics of Geothermal Fluids: 165-218

Rapp R P, Watson E B. 1995. Dehydration melting of metabasalt at 8-32kbar: implications for continental growth and crust-mantle recycling. Journal of Petrology, 36: 891-931

Rempel K U, Liebscher A, Heinrich W, Schettler G. 2011. An experimental investigation of trace element dissolution in carbon dioxide: applications to the geological storage of CO_2. Chemical Geology, 289: 224-234

Rusk B G, Reed M H, Dilles J H. 2008. Fluid inclusion evidence for magmatic-hydrothermal fluid evolution in the porphyry copper-molybdenum deposit at Butte, Montana. Economic Geology, 103 (2): 307-334

Seedorff E, Dilles J H, Proffett J M, Einaudi M T, Zurcher L, Stavast W J A, Johnson D A, Barton M D. 2005. Porphyry deposits: characteristics and origin of hypogene features. Economic Geology 100th Anniversary Volume: 251-298

Selby D, Nesbitt B E, Muehlenbachs K, Prochaska W. 2000. Hydrothermal alteration and fluid chemistry of the Endako porphyry molybdenum deposit, British Columbia. Economic Geology, 95 (1): 183-202

Seward T M, Barnes H L. 1997. Metal transport by hydrothermal ore fluids//Barnes H L. Geochemistry of Hydrothermal Ore Deposits (3rd ed). New York: Wiley: 435-486

Shirey S B, Walker R J. 1998. The Re-Os isotope system in cosmochemistry and high-temperature geochemistry. Annual Review of Earth and Planetary Sciences, 26: 423-500

Sibson R H, Robert F, Poulsen K H. 1988. High-angle reverse faults, fluid-pressure cycling, and mesothermal gold-quartz deposits. Geology, 16 (6): 551-555

Sillitoe R H. 1980. Types of porphyry molybdenum deposits. Mining Magazine, 142: 550-553

Sisson T, Ratajeski K, Hankins W, Glazner A F. 2005. Voluminous granitic magmas from common basaltic sources. Contributions to Mineralogy and Petrology, 148: 635-661

Söderlund U, Patchett P J, Vervoort J D, Isachsen C E. 2004. The ^{176}Lu decay constant determined by Lu-Hf and U-Pb isotope systematics of Precambrian mafic intrusions. Earth and Planetary Science Letters, 219: 311-324

Song W L, Xu C, Qi L, Zhou L, Wang L J, Kynicky J. 2015. Genesis of Si-rich carbonatites in Huanglongpu Mo deposit, Lesser Qinling orogen, China and significance for Mo mineralization. Ore Geology Reviews, 64: 756-765

Steiger R H, Jager E. 1977. Subcommission on geochronology: convention on the use of decay constants in geo- and comochronology. Earth and Planetary Science Letters, 36 (3): 359-362

Stein H J. 2006. Low-rhenium molybdenite by metamorphism in northern Sweden: recognition, genesis, and global implications. Lithos, 87 (3-4): 300-327

Stein H J, Markey R J, Morgan J W, Du A, Sun Y. 1997. Highly precise and accurate Re-Os ages for molybdenum from the East Qinling molybdenum belt, Shanxi Province, China. Economic Geology, 98: 827-835

Stein H J, Markey R J, Morgan J W, Hannah J L, Schersten A. 2001. The remarkable Re-Os chronometer in molybdenite: how and why it works. Terra Nova, 13 (6): 479-486

Sun S S, McDonough W F. 1989. Chemical, isotopic systematics of oceanic basalt: implications for mantle composition, processes// Sanders A D, Norry M J. Magmatism in the Ocean Basins, Geological Society Special Publication, 42 (1): 313-345

Sylvester P J. 1989. Post-collisional alkaline granites. Journal of Geology, 97: 261-280

Vervoort J D, Patchett P J. 1996. Behavior of hafnium and neodymium isotopes in the crust: constraints from Precambrian crust derived granites. Geochimica et Cosmochimica Acta, 60 (19): 3717-3733

Vervoort J D, Blichert-Toft J. 1999. Evolution of the depleted mantle: Hf isotope evidence from juvenile rocks through time. Geochimica et Cosmochimica Acta, 63 (3-4): 533-556

Voudouris P, Melfos V, Spry P G, Bindi L, Kartal T, Arikas K, Moritz R, Ortelli M. 2009. Rhenium-rich molybdenite and rheniite in the Pagoni Rachi Mo-Cu-Te-Ag-Au prospect, northern Greece: implications for the Re geochemistry of porphyry-style Cu-Mo and Mo mineralization. Canadian Mineralogist, 47 (5): 1013-1036.

Voudouris P, Melfos V, Spry P G, Bindi L, Moritz R, Ortelli M, Kartal T. 2013. Extremely Re-rich molybdenite from porphyry Cu-Mo-Au prospects in northeastern Greece: mode of occurrence, causes of enrichment, and implications for gold exploration. Minerals, 3: 165-191

Wallace S R. 1995. SEG presidential address: the Climax-type molybdenite deposits: what they are, where they are, and why they are. Economic Geology, 90: 1359-1380

Wang X L, Jiang S Y, Dai B Z. 2010. Melting of enriched Archean subcontinental lithospheric mantle: evidence form the ca. 1760 Ma volcanic rocks of the Xiong'er Group, southern margin of the North China Craton. Precambrian Research, 182 (3): 204-216

Wang P, Chen Y J, Fu B, Yang Y F, Mi M, Li Z L. 2014. Fluid inclusion and H-O-C isotope geochemistry of the Yaochong porphyry Mo deposit in Dabie Shan, China: a case study of porphyry systems in continental collision orogens. International Journal of Earth Sciences, 103: 777-797

Wang C M, Chen L, Bagas L, Lu Y J, He X Y, Lai X R. 2015. Characterization and origin of the Taishanmiao aluminous A-type granites: implications for Early Cretaceous lithospheric thinning at the southern margin of the North China Craton. International Journal of Earth Sciences, 105: 1-27

Watson E B, Harrison T M. 1983. Zircon saturation revisited: temperature and composition effects in a variety of crustal magma types. Earth and Planetary Science Letters, 64: 295-304

Whalen J B, Jenner G A, Longstaffe F J, Robert F, Gariépy C. 1996. Geochemical and isotopic (O, Nd, Pb and Sr) constraints on A-type granite petrogenesis based on the Topsails igneous suite, Newfoundland Appalachians. Journal of Petrology, 37 (6): 1463-1489

Wnrrn A. 1986. Origin of an A-type granite: experimental constraints. American Mineralogist, 71: 317-324

Wu G, Chen Y, Li Z, Liu J, Yang X, Qiao C. 2014. Geochronology and fluid inclusion study of the Yinjiagou porphyry-skarn Mo-Cu-pyrite deposit in the East Qinling Orogenic Belt, China. Journal of Asian Earth Sciences, 79 (2): 585-607

Wu Y S, Wang P, Yang Y F, Xiang N, Li N, Zhou K F. 2014. Ore geology and fluid inclusion study of the Donggebi giant porphyry Mo deposit, Eastern Tianshan, NW China. Geological Journal, 49: 559-573

Wu Y S, Chen Y J, Zhou K F. 2017. Mo deposits in Northwest China: geology, geochemistry, geochronology and tectonic setting. Ore Geology Reviews, 81: 641-671

Xiao B, Li Q G, Liu S W, Wang Z Q, Yang P, Chen J, Xu X Y. 2014. Highly fractionated late Triassic I-type granites and related molybdenum mineralization in the Qinling orogenic belt: geochemical and U-Pb-Hf and Re-Os isotope constraints. Ore Geology Reviews, 56: 220-233

Xu J F, Han Y W. 1996. High radiogenic Pb-isotope composition of ancient MORB-type rocks from Qinling area—evidence for the presence of Tethyan-type oceanic mantle. Science in China (Series D), 39: 33-42

Xu J F, Shinjo R, Defant M J, Wang Q, Rapp R P. 2002. Origin of Mesozoic adakitic intrusive rocks in the Ningzhen area of east China: partial melting of delaminated lower continental crust? Geology, 30: 1111-1114

Xu X S, Griffin W L, Ma X, O'Reilly S Y, He Z Y, Zhang C L. 2009. The Taihua group on the southern margin of the North China Craton: further insights from U-Pb ages and Hf isotope compositions of zircons. Minerology and Petrology, 97 (1-2): 43-59

Xu C, Kynicky J, Chakhmouradian A R, Qi L A, Song W L. 2010. A unique Mo deposit associated with carbonatites in the Qinling orogenic belt, central China. Lithos, 118: 50-60

Xu C, Taylor R N, Kynicky J, Chakhmouradian A R, Song W L, Wang L J. 2011. The origin of enriched mantle beneath North China block: evidence from young carbonatites. Lithos, 127 (1-2): 1-9

Yang L, Chen F, Liu B X, Hu Z P, Qi Y, Wu J D, He J F, Siebel W. 2013. Geochemistry and Sr-Nd-Pb-Hf isotopic composition of the Donggou Mo-bearing granite porphyry, Qinling orogenic belt, central China. International Geology Review, 55: 1261-1279

Yang Y F, Li N, Chen Y J. 2012. Fluid inclusion study of the Nannihu giant porphyry Mo-W deposit, Henan Province, China: implications for the nature of porphyry ore-fluid systems formed in a continental collision setting. Ore Geology Reviews, 46: 83-94

Yang Y F, Chen Y J, Pirajno F, Li N. 2015. Evolution of ore fluids in the Donggou giant porphyry Mo system, East Qinling, China, a new type of porphyry Mo deposit: evidence from fluid inclusion and H-O isotope systematics. Ore Geology Reviews, 65: 148-164

Yang Y, Chen Y J, Zhang J, Zhang C. 2013. Ore geology, fluid inclusions and four-stage hydrothermal mineralization of the Shangfanggou giant Mo-Fe deposit in Eastern Qinling, Central China. Ore Geology Reviews, 55: 146-161

Zhang C, Li N. 2017. Geochronology and zircon Hf isotope geochemistry of granites in the giant Chalukou Mo deposit, NE China: implications for tectonic setting. Ore Geology Reviews, 81: 780-793

Zhang H F, Gao S, Zhang B R, Luo T C, Lin W L. 1997. Pb isotopes of granitoids suggest Devonian accretion of Yangtze (South China) craton to North China craton. Geology, 25 (11): 1015-1018.

Zhao G C, He Y H, Sun M. 2009. The Xiong'er volcanic belt at the southern margin of the North China Craton: petrographic and geochemical evidence for its outboard position in the Paleo-Mesoproterozoic Columbia Supercontinent. Gondwana Research, 17: 145-152

Zhu L M，Zhang G W，Guo B，Lee B，Gong H J，Wang F. 2010. Geochemistry of the Jinduicheng Mo- bearing porphyry and deposit，and its implications for the geodynamic setting in East Qinling，P. R. China. Chemie der Erde- Geochemistry，70（2）：159-174

Zhu L M，Zhang G W，Chen Y J，Ding Z J，Guo B，Wang F，Lee B. 2011. Zircon U-Pb ages，geochemistry of the Wenquan Mo-bearing granitoids in West Qinling，China：constraints on the geodynamic setting for the newly discovered Wenquan Mo deposit. Ore Geology Reviews，39：46-62

Zhu X Y，Chen F K，Nie，H，Siebel W，Yang Y Z，Xue Y Y，Zhai M G. 2014. Neoproterozoic tectonic evolution of South Qinling，China：evidence from zircon ages and geochemistry of the Yaolinghe volcanic rocks. Precambrian Research，245：115-130

第 8 章　秦岭与其他钼矿省对比

世界范围内钼资源分布不均，集中分布于我国的秦岭、大别和北美的科迪勒拉地区，尤其以秦岭地区钼金属储量最为丰富。是什么造就了这一巨无霸？本章将分析对比秦岭与大别钼矿带、国内其他钼成矿带以及北美科迪勒拉成矿带的共性与差异，旨在探讨导致秦岭地区钼金属巨量堆积的成因和机制。本章将重点论证：①秦岭不仅蕴含常见的斑岩型和斑岩-夕卡岩型钼矿，而且产出独特的碳酸岩脉型、萤石脉型和造山型钼矿；②秦岭经历了长时间、多期次的钼富集成矿，为晚燕山期钼成矿大爆发奠定了基础；③古老的陆壳基底有利于大型、超大型钼矿床或矿集区的形成；④除常见的 Climax 型和 Endako 型斑岩钼矿外，秦岭还发育大别型斑岩钼矿，且以后者为主；⑤大别型斑岩钼矿常见于秦岭、大别等碰撞造山带，其成矿流体、围岩蚀变与已知 Climax 型、Endako 型存在显著差异。

8.1　大别钼矿带

秦岭、大别山同属中央造山带，最终形成于中生代华北古板块与扬子古板块的碰撞作用，是典型的陆陆碰撞造山带（张国伟等，2001；陈衍景等，2009）。秦岭地区蕴含 9 个超大型和 30 余个大、中、小型矿床，已探明钼金属储量超过 600 万 t，是世界上最大的钼金属成矿带（Chen et al.，2000；Mao et al.，2008；李诺等，2007），但大别造山带在 2005 年之前没有重要矿床发现，原因之一是剥蚀程度大（大量出露高压-超高压变质岩）、中浅层次的地质记录少。2006 年以来，大别地区找矿取得重大突破，先后发现了汤家坪大型钼矿床和千鹅冲、沙坪沟超大型钼矿床以及一批中小型矿床，形成了大别北麓钼矿带（图 8.1、表 8.1）。该钼矿带是继东秦岭（Chen et al.，2000；Mao et al.，2008；李诺等，2007）、东北钼矿省（陈衍景等，2012）之后的我国又一重要钼矿集中区。

8.1.1　钼矿床地质地球化学特征

大别钼矿带各矿床主要地质地球化学特征见表 8.1，简单解释于下。

8.1.1.1　空间分布

大别钼矿带西起河南省信阳市的天目沟矿床，东至安徽省金寨县沙坪沟矿床，呈 NW 向狭长带状展布，长约 300km，宽 20～40km，面积约 9000km^2（图 8.1）。区内多数矿床分布于晓天-磨子潭断裂和龟梅断裂所夹持的狭长区域内，如母山、肖畈、陡坡、千鹅冲、宝安寨、盖井和沙坪沟钼矿床（点）。此外，尚有天目沟钼矿产于龟梅断裂以北，大银尖、姚冲和汤家坪钼矿产于晓天-磨子潭断裂以南。

已知钼矿床多产于中生代盆地边缘或盆山过渡带，沿断裂带两侧产出，受 NW 向与 NE 向断裂交汇部位控制。例如，母山钼矿位于龟梅断裂附近，陡坡钼矿位于晓天-磨子潭断裂附近，千鹅冲和宝安寨钼矿沿桐商断裂分布，汤家坪、盖井和沙坪沟矿床则产于商麻断裂与晓天-磨子潭断裂交汇部位（图 8.1、表 8.1）。

8.1.1.2　赋矿围岩

大别钼矿带的赋矿地层时代变化较大，从中元古代的浒湾组、新元古代的大别变质核杂岩、新元古代—古生代的肖家庙组到泥盆纪的南湾组均有钼矿床产出（表 8.1），表明矿床定位不受赋矿围岩时代的制约。围岩岩性不一，但以变质岩和花岗岩为主。例如，天目沟、沙坪沟、盖井矿床赋存于花岗

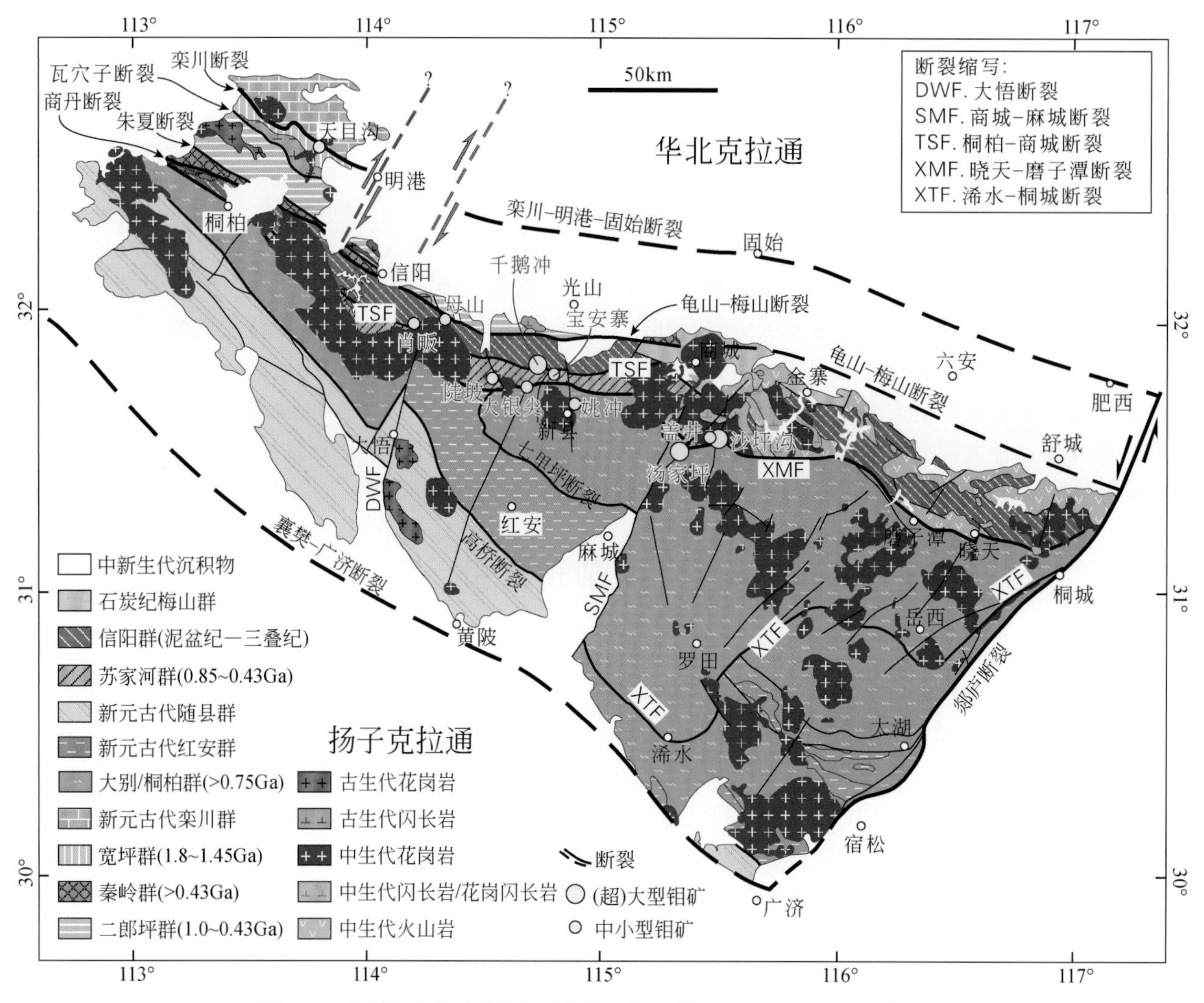

图 8.1 大别钼矿带地质及钼矿床分布图（据 Chen et al.，2017a 修改）

岩内（包括花岗岩、花岗斑岩、石英二长岩等），陡坡矿床赋存于灵山岩体与围岩浒湾组片麻岩的接触带；母山、肖畈、千鹅冲矿床赋存于南湾组片岩、变粒岩中；陡坡、大银尖矿床的赋矿围岩为浒湾组混合岩、片麻岩；宝安寨钼矿床产于肖家庙组和南湾组片岩中；姚冲和汤家坪钼矿床的赋矿围岩为大别变质核杂岩。

特别指出，钼矿带高压-超高压变质岩系和花岗岩基广泛出露，表明该区总体经历了较强的地壳隆升、剥蚀过程，矿床定位于快速隆升过程的晚期或之后。

8.1.1.3 成矿岩体特征

大别钼矿带的成矿岩体多为规模较小的燕山期中酸性斑岩体，常呈椭圆形、长条形或不规则状，以小岩株或复式岩体的晚期相形式产出，岩性以二长花岗岩、石英正长岩、钾长花岗岩为主。例如，汤家坪钼矿含矿岩体为汤家坪花岗斑岩，以东南宽、北西窄的弯月形岩株形式产出（杨泽强，2009；王运等，2009；魏庆国等，2010）；沙坪沟钼矿赋存于银山复式岩体中，该岩体由一套多期多相的复杂岩脉、岩株和角砾岩组成，主体为石英正长斑岩，内部可见正长斑岩、角砾正长斑岩、细粒二长花岗岩和花岗斑岩等岩脉，其中石英正长斑岩和爆破角砾岩与钼矿化关系密切（张怀东等，2010；陈红瑾等，2013）。

主量元素分析（表 8.2）表明，除沙坪沟石英正长斑岩的 SiO_2 含量偏低外，成钼岩体普遍以高硅（>75%）、富碱（$K_2O+Na_2O \geqslant 8\%$）、富钾（$K_2O \geqslant 4\%$）为特征，属准铝质或过铝质系列，$K_2O>Na_2O$，而铁（$FeO_T \leqslant 2.5\%$）、镁（$MgO \leqslant 0.6\%$）、钙（$CaO \leqslant 1\%$）含量偏低。微量元素分析（表 8.3）表明，岩

表8.1　大别钼矿带钼矿床地质特征（引自 Chen et al., 2017a）

序号	矿床/县/省	类型	成矿元素	储量@品位	赋矿围岩	控矿构造	成矿岩体	矿体形态/位置	矿体规模	围岩蚀变	矿石矿物	脉石矿物
1	天目沟/信阳/河南	斑岩型	Mo、Ag、Pb、Zn	<10kt@ 0.03%~0.19%	花岗岩	NWW向韧性剪切带及其次生节理裂隙	斑状花岗岩	透镜状/岩体内部		硅化、钾化、绢英岩化、绿帘石化、高岭土化、青磐岩化	辉钼矿、黄铁矿、黄铜矿、磁黄铁矿	石英、钾长石、绿帘石、绢云母、高岭石
2	肖畈/罗山/河南	斑岩型	Mo、Cu	72kt@ 0.045%	南湾组片岩、燕山期花岗岩	桐商与大悟断裂交汇控制	花岗斑岩	透镜状/岩体内外接触带	1000m×440m~573m×270m	硅化、钾化、绢英岩化、青磐岩化	辉钼矿、黄铁矿、黄铜矿	石英、钾长石、绿帘石、绢云母
3	母山/罗山/河南	斑岩型	Mo、Cu	58.9kt@ 0.044%	南湾组片岩、片麻岩、夹斜长角闪岩	NE向断裂与龟梅断裂交汇控制	花岗斑岩	透镜状/岩体内外接触带	1200m×500m×60~80m	硅化、钾化、绢英岩化、青磐岩化	辉钼矿、黄铁矿、黄铜矿	石英、方解石、钾长石、绿帘石、绿泥石、萤石
4	陡坡/罗山/河南	斑岩型	Mo	勘探中	浒湾组片麻岩、片岩	EW与NW向断裂复合控制	斑状二长花岗岩	透镜状、豆荚状/岩体接触带		钾化、硅化、绢英岩化、萤石化	辉钼矿、黄铁矿、方铅矿、闪锌矿、黄铜矿、磁铁矿、磁黄铁矿、斑铜矿	石英、黑云母、绿帘石、斜长石、方解石、绿泥石
5	大银尖/新县/河南	斑岩-夕卡岩型	Mo、W、Cu	21.5kt@ 0.05%~0.06%	花岗岩体、浒湾组混合岩-片麻岩，夹大理岩、石英岩薄层	NE向断裂与晓天-磨子潭断裂交汇控制	斑状二长花岗岩	脉状、透镜状/岩体接触带	150~480m×180~450m×1~79m	硅化、钾化、云英岩化、夕卡岩化、碳酸盐化	辉钼矿、黄铁矿、黄铜矿、闪锌矿、方铅矿	石英、钾长石、斜长石、方解石、石榴子石、绿帘石、透辉石、云母、萤石
6	千鹅冲/光山/河南	斑岩型	Mo、Cu、Pb、Zn、Ag	600kt@ 0.081%	南湾组片岩	桐商断裂和近NS向断裂复合控制	黑云母花岗斑岩	透镜状/岩体外接触带	1500m×400~1000m×330m	硅化、钾化、绢云母化、泥化、青磐岩化、碳酸盐化、萤石化	辉钼矿、磁铁矿、黄铁矿、黄铜矿、闪锌矿	石英、绿帘石、钾长石、斜长石、黑云母、绢云母、萤石、方解石
7	宝安寨/新县/河南	斑岩型	Mo	<50kt	南湾组片岩、肖家庙组片麻岩	近EW与NW、NE向断裂交汇	正长花岗斑岩	透镜状、脉状/岩体外接触带		硅化、钾化、绿帘石化、绿泥石化、绢英岩化	辉钼矿、黄铜矿、黄铁矿、白钨矿	斜长石、钾长石、石英、黑云母、萤石
8	姚冲/新县/河南	斑岩型	Mo	49kt@ 0.062%	大别群片麻杂岩含超高压变质榴辉岩	NNW向与ENE向断裂交汇	斑状花岗岩	不规则状、透镜状/岩体外接触带	960m×800m×29m	硅化、钾化、绢英岩化、泥化	辉钼矿、黄铁矿、黄铜矿、磁铁矿、闪锌矿、方铅矿	石英、钾长石、斜长石、绢云母、绿帘石、黑云母、绿泥石、萤石

续表

序号	矿床/县/省	类型	成矿元素	储量@品位	赋矿围岩	控矿构造	成矿岩体	矿体形态/位置	矿体规模	围岩蚀变	矿石矿物	脉石矿物
9	汤家坪/商城/河南	斑岩型	Mo	235kt@ 0.06%～0.30%	大别群片麻杂岩含超高压变质榴辉岩	近EW与NNE向断裂控制	花岗斑岩	透镜状/岩体及其接触带	1760m × 960m ×350m	硅化、钾化、绢英岩化、碳酸盐化、青磐岩化、泥化	辉钼矿、黄铁矿、磁铁矿、赤铁矿、闪锌矿、方铅矿	石英、钾长石、斜长石、绢云母、绿泥石、绿帘石
10	盖井/金寨/安徽	斑岩型	Mo、Pb、Zn	<20kt@ 0.02%～0.32%	花岗岩	NNE、NW、SN向断裂复合控制	正长花岗斑岩和爆破角砾岩	脉状、筒状/斑岩和角砾岩筒及其接触带		钾化、硅化、绢英岩化、泥化、萤石化、绿帘石化、碳酸盐化	辉钼矿、黄铁矿、闪锌矿、方铅矿、辉铋矿、黄铜矿、磁铁矿、赤铁矿	石英、钾长石、斜长石、绢云母、黑云母、萤石、绿泥石、方解石
11	沙坪沟/金寨/安徽	斑岩型	Mo	2430kt@ 0.125%	花岗岩	NNE、NW、SN向断裂复合控制	正长花岗斑岩和爆破角砾岩	圆柱状/岩体内	1100m × 800 ～1000m×600m	硅化、钾化、绢英岩化、泥化、绿泥石化、萤石化、碳酸盐化	辉钼矿、黄铁矿、方铅矿、黄铜矿、磁铁矿、钛铁矿	石英、钾长石、斜长石、绢云母、黑云母、萤石、绿泥石、石膏、方解石

表 8.2 大别山北麓主要钼矿床成矿岩体主量元素组成

（单位:%）

岩体	样号	岩性	样数	SiO_2	TiO_2	Al_2O_3	FeO_T	MnO	MgO	CaO	Na_2O	K_2O	P_2O_5	LOI	K_2O /Na_2O	K_2O +Na_2O	A /CNK	资料来源
天目山	HQ1-2	细粒钾长花岗岩	1	76.95	0.11	12.05	1.73	0.03	0.13	0.27	3.76	4.52	0.03		1.20	8.28	1.04	李法岭，2008
	HQ3-6	细中粒钾长花岗岩	1	76.56	0.09	12.45	1.39	0.10	0.21	0.27	3.90	4.62	0.01	0.12	1.18	8.52	1.05	李法岭，2008
	HQ7-12	黑云二长花岗岩	1	75.61	0.12	12.42	1.79	0.10	0.14	0.32	4.04	4.61	0.02	0.10	1.14	8.65	1.02	李法岭，2008
	HQ13-14	似斑状花岗岩	1	76.38	0.12	12.07	1.78	0.17	0.38	0.38	3.74	4.71	0.01		1.26	8.45	1.01	李法岭，2008
	HQ15	细粒钾长花岗岩	1	76.03	0.07	12.33	1.71	0.06	0.14	0.14	3.84	4.45		0.35	1.16	8.29	1.08	李法岭，2008
	LSJ24	似斑状花岗岩	1	76.98	0.08	12.18	0.90	0.02	0.13	0.59	3.66	5.10	0.02	0.45	1.39	8.76	0.97	李法岭，2008
	XSJ192	似斑状花岗岩	1	77.10	0.05	11.98	0.90	0.03	0.06	0.59	3.48	5.00	0.10	0.56	1.44	8.48	0.98	李法岭，2008
	XSJ24	细粒钾长花岗岩	1	76.58	0.12	11.78	1.71	0.05	0.13	0.74	3.30	4.80	0.18	0.53	1.45	8.10	0.98	李法岭，2008
	LZK801	细粒钾长花岗岩	1	76.46	0.08	11.98	1.44	0.05	0.13	0.74	3.74	4.75	0.02	0.39	1.27	8.49	0.95	李法岭，2008
	RW1	细中-中粒花岗岩	1	76.03	0.07	12.33	1.71	0.06	0.14	0.14	3.84	4.45		0.35	1.16	8.29	1.08	曾宪友等，2010
	RW2	细中-中粒花岗岩	1	76.33	0.10	11.98	1.79	0.17	0.15	0.39	3.82	4.69	0.01	0.82	1.23	8.51	0.99	曾宪友等，2010

续表

岩体	样号	岩性	样数	SiO_2	TiO_2	Al_2O_3	FeO_T	MnO	MgO	CaO	Na_2O	K_2O	P_2O_5	LOI	K_2O/Na_2O	K_2O+Na_2O	A/CNK	资料来源
	Gs天目山/1	细中-中粒花岗岩	1	77.06	0.09	12.46	0.65	0.07	0.18	0.13	3.27	5.11	0.03	0.70	1.56	8.38	1.12	曾宪友等，2010
	RW4	细中-中粒花岗岩	1	76.01	0.10	12.37	1.64	0.05	0.04	0.34	4.04	4.56	0.04	0.55	1.13	8.60	1.01	曾宪友等，2010
	RW5	细中-中粒花岗岩	1	75.69	0.14	12.28	1.96	0.04	0.20	0.25	3.54	4.68	0.01	0.40	1.32	8.22	1.08	曾宪友等，2010
	RW6	细中-中粒花岗岩	1	75.99	0.15	12.33	1.63	0.08	0.12	0.27	4.13	4.34	0.03	0.42	1.05	8.47	1.03	曾宪友等，2010
	RW7	细中-中粒花岗岩	1	75.15	0.14	12.41	2.30	0.16	0.24	0.47	3.94	4.79	0.02	0.59	1.22	8.73	0.99	曾宪友等，2010
	RW8	细中-中粒花岗岩	1	75.39	0.10	12.27	1.64	0.10	0.13	0.35	4.21	4.67	0.01	0.64	1.11	8.88	0.97	曾宪友等，2010
	PG-2	斑状粗中粒花岗岩	1	76.66	0.10	12.39	1.16	0.04	0.33	0.42	3.66	4.80	0.02	0.55	1.31	8.46	1.03	曾宪友等，2010
	PF-225-1	斑状粗中粒花岗岩	1	76.68	0.17	12.25	0.95	0.07	0.18	0.45	3.58	4.92	0.03	0.58	1.37	8.50	1.02	曾宪友等，2010
	RW13	斑状细粒花岗岩	1	76.43	0.13	12.04	1.78	0.16	0.37	0.37	3.66	4.72	0.01	0.71	1.29	8.38	1.02	曾宪友等，2010
	RW14	斑状细粒花岗岩	1	76.33	0.10	11.98	1.79	0.17	0.15	0.39	3.82	4.69	0.01	0.82	1.23	8.51	0.99	曾宪友等，2010
母山		花岗斑岩	3	71.55	0.33	15.41	2.26	0.02	0.45	0.24	1.42	5.84	0.15		4.11	7.26	1.69	邱顺才，2006
		斑状花岗岩	4	70.00	0.44	15.17	2.82	0.04	0.57	0.39	2.21	5.86	0.08		2.65	8.07	1.42	邱顺才，2006
		石英斑岩	4	75.38	0.30	13.87	1.95	0.02	0.44	0.15	1.29	4.29	0.19		3.33	5.58	1.97	邱顺才，2006
陡坡	HQ2	含钼花岗岩	1	74.20	0.08	11.10	3.24	0.06	0.12	2.48	2.19	5.45	0.08		2.49	7.64	0.79	骆亚南等，2012
	HQ3	不含钼花岗岩	1	70.88	0.15	11.40	4.47	0.09	0.12	2.91	3.99	4.95	0.08		1.24	8.94	0.66	骆亚南等，2012
肖畈		花岗斑岩	1	74.48	0.13	12.06	2.17	0.03	0.30	0.35	2.82	6.41	0.13		2.27	9.23	0.99	李法岭，2011
	GS1		1	70.09	0.21	15.30	2.12	0.02	0.27	0.04	0.94	6.73			7.16	7.67	1.72	孟芳等，2012
	GS2		1	76.45	0.15	12.11	2.06	0.02	0.43	0.03	0.17	5.83			34.29	6.00	1.82	孟芳等，2012
	GS6		1	74.69	0.10	11.61	2.36	0.02	0.05	0.26	2.20	6.65			3.02	8.85	1.03	孟芳等，2012
	GS9		1	75.81	0.10	11.46	1.56	0.01	0.06	0.21	0.98	7.35			7.50	8.33	1.15	孟芳等，2012
大银尖	XY-24	细粒二长花岗岩	1	76.00	0.08	14.06	0.23	0.01	0.08	0.47	3.36	5.26	0.02	0.40	1.57	8.62	1.16	杨梅珍等，2011a
	XY-25	细粒二长花岗岩	1	76.43	0.09	13.56	0.33	0.01	0.07	0.58	3.60	4.89	0.02	0.36	1.36	8.49	1.11	杨梅珍等，2011a
	DYJ-1	细粒二长花岗岩	1	77.10	0.10	12.20	0.90	0.01	0.00	0.61	3.69	5.22	0.00	0.33	1.41	8.91	0.95	杨梅珍等，2011a
	DYJ-2	细粒二长花岗岩	1	75.84	0.13	12.63	1.28	0.01	0.04	0.55	3.43	5.55	0.00	0.49	1.62	8.98	1.00	杨梅珍等，2011a
	DYJ-3	中细粒二长花岗岩	1	72.96	0.15	14.36	1.47	0.01	0.18	0.08	3.72	5.16	0.05	0.98	1.39	8.88	1.21	杨梅珍等，2011a

续表

岩体	样号	岩性	样数	SiO_2	TiO_2	Al_2O_3	FeO_T	MnO	MgO	CaO	Na_2O	K_2O	P_2O_5	LOI	K_2O/Na_2O	K_2O+Na_2O	A/CNK	资料来源
	DYJ-4	中细粒二长花岗岩	1	74.86	0.12	13.31	1.28	0.02	0.00	0.80	4.53	4.27	0.04	0.30	0.94	8.80	0.98	杨梅珍等，2011a
	DYJ-5	中粒二长花岗岩	1	75.88	0.11	12.87	1.12	0.02	0.09	0.49	4.27	4.74	0.01	0.43	1.11	9.01	0.99	杨梅珍等，2011a
	X0803		1	76.49	0.09	13.14	0.41	0.02	0.04	0.57	3.71	4.95	0.06	0.52	1.33	8.66	1.05	Li et al., 2012b
	X0805		1	76.90	0.09	12.78	0.39	0.02	0.02	0.47	3.61	4.86	0.06	0.42	1.35	8.47	1.06	Li et al., 2012b
	X0807		1	74.74	0.14	13.92	0.81	0.03	0.15	0.79	4.11	4.63	0.08	0.42	1.13	8.74	1.05	Li et al., 2012b
	X0815		1	76.93	0.10	12.64	0.36	0.01	0.07	0.58	3.18	5.13	0.05	0.52	1.61	8.31	1.07	Li et al., 2012b
	X0822		1	76.73	0.13	12.42	0.60	0.02	0.14	0.69	3.22	5.08	0.07	0.54	1.58	8.30	1.03	Li et al., 2012b
	X0823		1	76.96	0.11	12.56	0.64	0.03	0.14	0.66	3.24	5.09	0.06	0.47	1.57	8.33	1.04	Li et al., 2012b
	X0827		1	75.92	0.11	12.50	0.74	0.01	0.13	0.52	3.09	5.31	0.06	0.74	1.72	8.40	1.06	Li et al., 2012b
	X0828		1	74.80	0.13	12.89	0.81	0.02	0.16	0.57	2.88	5.81	0.07	1.12	2.02	8.69	1.07	Li et al., 2012b
千鹅冲	XY-18	花岗斑岩	1	74.93	0.17	14.02	0.94	0.03	0.22	0.62	3.46	4.98	0.05	0.41	1.44	8.44	1.15	杨梅珍等，2010
	XY-15	花岗斑岩	1	73.67	0.24	14.30	1.49	0.02	0.37	0.23	3.38	4.88	0.08	1.06	1.44	8.26	1.27	杨梅珍等，2010
	HQ-4	二长花岗岩	1	68.26	0.20	14.80	3.60	0.06	0.61	1.21	3.99	4.95	0.11	1.62	1.24	8.94	1.05	李法岭，2011
	QF-1	二长花岗岩	1	71.82	0.20	13.60	3.33	0.05	0.49	0.94	3.71	4.62	0.12	0.45	1.25	8.33	1.06	李法岭，2011
	QF-2	二长花岗岩	1	73.34	0.20	12.50	3.24	0.06	0.73	0.81	3.44	4.39	0.14	0.55	1.28	7.83	1.05	李法岭，2011
	QF-3	二长花岗岩	1	71.94	0.20	13.00	2.43	0.06	0.73	1.61	3.59	4.60	0.08	1.25	1.28	8.19	0.94	李法岭，2011
	QF-4	花岗斑岩	1	72.04	0.15	14.20	1.71	0.02	0.85	1.48	3.78	4.84	0.56	0.53	1.28	8.62	1.00	李法岭，2011
	QF-5	花岗斑岩	1	72.18	0.15	13.90	2.26	0.06	0.73	1.48	3.43	4.98	0.44	1.19	1.45	8.41	1.01	李法岭，2011
	QEC002	花岗斑岩	1	77.21	0.24	12.60	1.03	0.00	0.45	0.06	0.01	5.52	0.03	2.45	552.00	5.53	2.07	Mi et al., 2015
	QEC003	流纹斑岩	1	76.46	0.12	13.56	0.49	0.00	0.26	0.07	2.09	5.23	0.01	1.50	2.50	7.32	1.47	Mi et al., 2015
	QEC004	石英斑岩	1	76.76	0.07	12.27	0.85	0.01	0.14	0.04	0.07	8.22	0.01	1.21	117.43	8.29	1.35	Mi et al., 2015
	QEC006	黑云花岗斑岩	1	72.88	0.19	14.64	1.00	0.02	0.34	0.95	3.77	5.09	0.06	0.91	1.35	8.86	1.09	Mi et al., 2015
	QEC009	黑云花岗斑岩	1	73.04	0.23	14.22	1.36	0.03	0.39	1.02	3.84	4.83	0.07	0.78	1.26	8.67	1.06	Mi et al., 2015
	QEC011	黑云花岗斑岩	1	72.57	0.23	14.25	1.37	0.03	0.38	1.21	3.77	4.81	0.07	1.07	1.28	8.58	1.05	Mi et al., 2015
	QEC015	黑云花岗斑岩	1	72.39	0.21	14.36	0.98	0.04	0.39	1.09	3.77	5.11	0.06	1.20	1.36	8.88	1.05	Mi et al., 2015

续表

岩体	样号	岩性	样数	SiO_2	TiO_2	Al_2O_3	FeO_T	MnO	MgO	CaO	Na_2O	K_2O	P_2O_5	LOI	K_2O /Na_2O	K_2O +Na_2O	A /CNK	资料来源
	QEC016	黑云花岗斑岩	1	72.54	0.21	14.24	0.93	0.04	0.41	0.94	3.83	5.17	0.06	1.22	1.35	9.00	1.05	Mi et al., 2015
	QEC020	黑云花岗斑岩	1	72.65	0.22	13.89	1.25	0.04	0.38	1.36	3.41	4.72	0.07	1.75	1.38	8.13	1.05	Mi et al., 2015
宝安寨	XY-16-1	钾长花岗岩	1	74.90	0.18	13.86	1.10	0.01	0.18	0.42	3.63	5.02	0.05	0.47	1.38	8.65	1.14	杨梅珍等，2010
	XY-16-2	钾长花岗岩	1	71.56	0.24	14.63	1.46	0.05	0.38	1.24	3.64	4.96	0.08	1.48	1.36	8.60	1.07	杨梅珍等，2010
		花岗斑岩	1	71.56	0.24	14.63	1.46	0.05	0.38	1.24	3.64	4.96	0.08		1.36	8.60	1.07	李法岭，2011
汤家坪	T-XT-4	花岗斑岩	1	73.14	0.15	12.26	2.34	0.03	0.48	0.96	3.60	4.56	0.08	1.11	1.27	8.16	0.97	杨泽强，2009
	T-XT-5	花岗斑岩	1	72.94	0.15	15.02	2.25	0.03	0.80	0.96	3.68	4.44	0.03	0.35	1.21	8.12	1.19	杨泽强，2009
	T-XT-6	花岗斑岩	1	77.56	0.10	9.84	3.07	0.03	0.24	0.32	2.26	4.80	0.03	1.32	2.12	7.06	1.04	杨泽强，2009
	2437-1	花岗斑岩	1	76.14	0.15	12.26	0.76	0.04	0.00	0.83	3.20	5.25	0.02	0.19	1.64	8.45	0.98	杨泽强，2009
	QF1	花岗斑岩	1	77.90	0.15	10.26	1.71	0.06	0.06	0.44	2.68	5.22	0.14	1.01	1.95	7.90	0.94	杨泽强，2009
	QF2	花岗斑岩	1	74.40	0.20	12.38	2.43	0.02	0.13	0.29	3.00	5.32	0.10	1.70	1.77	8.32	1.10	杨泽强，2009
	QF4	花岗斑岩	1	73.80	0.22	12.78	1.89	0.03	0.06	0.44	4.00	5.66	0.08	0.78	1.42	9.66	0.95	杨泽强，2009
	TJP-13	花岗斑岩	1	77.58		12.39	0.51	0.00	0.27	0.14	2.38	6.50	0.03		2.73	8.88	1.11	魏庆国等，2010
	TJP-14	花岗斑岩	1	72.06		15.56	0.66	0.01	0.20	0.62	4.33	6.32	0.02		1.46	10.65	1.03	魏庆国等，2010
	TJP-15	花岗斑岩	1	77.55		11.81	1.57	0.04	0.41	0.81	3.77	3.66	0.06		0.97	7.43	1.01	魏庆国等，2010
	TJP-17	花岗斑岩	1	76.51		12.42	0.18	0.01	0.22	0.30	2.60	6.51	0.08		2.50	9.11	1.05	魏庆国等，2010
	TJP-19	花岗斑岩	1	77.13		12.64	1.38	0.02	0.31	0.58	2.73	4.82	0.08		1.77	7.55	1.17	魏庆国等，2010
	TJP-3	花岗斑岩	1	78.08		12.15	0.79	0.01	0.53	0.17	2.81	5.03	0.12		1.79	7.84	1.17	魏庆国等，2010
	TJP-3-2	花岗斑岩	1	76.60		12.14	0.61	0.01	0.45	0.22	2.95	5.59	0.12		1.89	8.54	1.07	魏庆国等，2010
	TJP-3-33	花岗斑岩	1	76.04		12.43	0.43	0.01	0.35	0.20	3.57	5.80	0.07		1.62	9.37	0.99	魏庆国等，2010
	TJP-3-6	花岗斑岩	1	76.28		12.29	0.65	0.01	0.47	0.25	3.06	5.44	0.12		1.78	8.50	1.08	魏庆国等，2010
	TJP-5	花岗斑岩	1	77.35		12.79	1.20	0.01	0.27	0.44	3.25	4.37	0.07		1.34	7.62	1.18	魏庆国等，2010
沙坪沟		爆破角砾岩	1	63.75	0.64	15.81	4.80	0.05	1.61	1.91	4.17	3.76	0.29		0.90	7.93	1.10	王波华等，2007
		爆破角砾岩	1	63.51	0.64	16.67	4.44	0.22	0.77	0.67	5.93	3.98	0.37		0.67	9.91	1.09	王波华等，2007
		爆破角砾岩	1	63.54	0.66	15.68	5.19	0.18	2.10	1.97	3.52	3.86	0.30		1.10	7.38	1.16	王波华等，2007
		石英正长岩	1	66.73	0.29	16.62	3.13	0.08	0.44	0.07	5.01	6.40	0.07		1.28	11.41	1.09	王波华等，2007

续表

岩体	样号	岩性	样数	SiO_2	TiO_2	Al_2O_3	FeO_T	MnO	MgO	CaO	Na_2O	K_2O	P_2O_5	LOI	K_2O /Na_2O	K_2O +Na_2O	A /CNK	资料来源
		石英正长岩	1	68. 12	0. 50	14. 45	3. 47	0. 04	0. 33	0. 30	4. 08	6. 05	0. 14		1. 48	10. 13	1. 05	王波华等，2007
		石英正长岩	1	72. 80	0. 19	13. 53	2. 74	0. 04	0. 23	0. 54	5. 88	5. 90	0. 13		1. 00	11. 78	0. 79	王波华等，2007
	SPG-1	花岗斑岩	1	79. 00	0. 21	10. 05	1. 24	0. 02	0. 17	0. 23	1. 31	6. 14	0. 04		4. 70	7. 45	1. 09	张红等，2011
	SPG-2	花岗斑岩	1	77. 30	0. 14	10. 25	1. 90	0. 03	0. 12	0. 17	1. 37	6. 33	0. 02		4. 64	7. 70	1. 09	张红等，2011
	SPG-4	花岗斑岩	1	78. 80	0. 14	9. 07	1. 03	0. 02	0. 06	0. 11	1. 12	5. 63	0. 02		5. 05	6. 75	1. 12	张红等，2011
	SPG-5	花岗斑岩	1	75. 20	0. 15	9. 69	2. 20	0. 01	0. 10	0. 09	1. 21	5. 89	0. 02		4. 87	7. 10	1. 14	张红等，2011
	SPG-6	花岗斑岩	1	79. 70	0. 12	10. 10	1. 09	0. 03	0. 04	0. 15	1. 60	5. 96	0. 01		3. 74	7. 56	1. 08	张红等，2011
	SPG-7	花岗斑岩	1	80. 20	0. 19	9. 22	0. 52	0. 01	0. 04	0. 29	1. 60	5. 26	0. 02		3. 29	6. 86	1. 04	张红等，2011
	SPG-8	花岗斑岩	1	77. 50	0. 06	11. 00	0. 99	0. 01	0. 03	0. 18	1. 66	6. 58	0. 00		3. 98	8. 24	1. 08	张红等，2011
	SPG-9	花岗斑岩	1	77. 90	0. 16	8. 49	1. 67	0. 02	0. 04	1. 29	1. 23	5. 00	0. 01		4. 08	6. 23	0. 87	张红等，2011
	SPG-10	花岗斑岩	1	79. 60	0. 17	9. 82	0. 45	0. 01	0. 05	0. 32	1. 89	5. 41	0. 01		2. 86	7. 30	1. 03	张红等，2011
	SPG-11	石英正长岩	1	65. 40	0. 35	16. 70	3. 77	0. 08	0. 56	1. 08	4. 79	5. 55	0. 21		1. 16	10. 34	1. 05	张红等，2011
	SPG-12	石英正长岩	1	65. 10	0. 36	17. 00	2. 72	0. 07	0. 61	1. 12	4. 98	5. 77	0. 20		1. 16	10. 75	1. 03	张红等，2011
	SPG-13	石英正长岩	1	65. 80	0. 33	16. 60	2. 64	0. 14	0. 52	0. 62	4. 49	5. 86	0. 18		1. 31	10. 35	1. 12	张红等，2011
	SPG-14	石英正长岩	1	66. 30	0. 34	16. 30	2. 98	0. 06	0. 46	1. 02	4. 74	5. 66	0. 14		1. 19	10. 40	1. 03	张红等，2011
	SPG-15	石英正长岩	1	65. 20	0. 33	16. 65	3. 52	0. 12	0. 55	1. 17	4. 73	5. 83	0. 20		1. 23	10. 56	1. 03	张红等，2011
	SPG-16	石英正长岩	1	64. 30	0. 38	17. 15	3. 22	0. 10	0. 68	1. 48	5. 03	5. 48	0. 24		1. 09	10. 51	1. 01	张红等，2011
	SPG-17	石英正长岩	1	64. 30	0. 38	17. 10	3. 47	0. 09	0. 66	1. 32	5. 15	5. 49	0. 23		1. 07	10. 64	1. 02	张红等，2011
	SPG-18	石英正长岩	1	65. 00	0. 35	16. 50	2. 62	0. 08	0. 60	0. 79	4. 36	6. 39	0. 20		1. 47	10. 75	1. 06	张红等，2011
	SPG-19	石英正长岩	1	64. 60	0. 32	16. 30	3. 22	0. 09	0. 64	1. 08	4. 53	5. 74	0. 20		1. 27	10. 27	1. 04	张红等，2011
	SPG-20	石英正长岩	1	67. 50	0. 31	16. 30	2. 44	0. 08	0. 47	1. 00	4. 84	5. 52	0. 15		1. 14	10. 36	1. 03	张红等，2011
	SPG-21	石英正长岩	1	64. 20	0. 36	17. 00	3. 04	0. 09	0. 62	1. 07	5. 03	5. 55	0. 20		1. 10	10. 58	1. 05	张红等，2011
	JZ-5	石英正长斑岩	1	67. 96	0. 29	16. 44	2. 45	0. 02	0. 20	0. 57	5. 37	5. 34	0. 10		0. 99	10. 71	1. 05	陈红瑾等，2013
	JZ-6	爆破角砾岩	1	75. 24	0. 19	12. 68	1. 39	0. 01	0. 25	0. 21	3. 48	5. 49	0. 03		1. 58	8. 97	1. 05	陈红瑾等，2013

注：为便于对比，对部分原始数据进行了换算。

表8.3　大别山北麓主要钼矿床成矿岩体微量元素组成　（单位：10^{-6}）

岩体	样号	岩性	La	Ce	Pr	Nd	Sm	Eu	Gd	Tb	Dy	Ho	Er	Tm	Yb	Lu
天目山	Yt-1	细粒钾长花岗岩	33.10	54.20	4.87	10.80	1.24	0.10	1.63	0.20	1.40	0.39	1.74	0.49	4.48	0.84
	Yt-2	似斑状花岗岩	30.30	45.70	3.93	8.68	1.04	0.08	1.47	0.20	1.50	0.43	1.98	0.55	5.08	0.94
	Yt-3	似斑状花岗岩	26.10	40.80	3.66	8.53	1.12	0.11	1.40	0.20	1.52	0.42	1.84	0.52	4.73	0.85
	Yt-4	似斑状花岗岩	32.70	51.80	4.20	9.52	1.23	0.14	1.54	0.20	1.38	0.38	1.64	0.46	3.94	0.73
	Gs天目山/1	细中-中粒花岗岩	19.36	41.92	3.23	5.76	0.89	0.05	0.82	0.20	1.59	0.45	1.85	0.41	3.26	0.56
	I88-XT-4	细中-中粒花岗岩	36.00	63.00	4.10	8.10	2.10	0.23	1.50	0.25	1.80	0.45	1.90	0.30	1.90	0.26
	DL87-2	细中-中粒花岗岩	34.11	35.82	5.13	14.57	2.59	0.19	1.49	0.46	1.57	0.45	1.66	0.46	1.84	0.39
	XTG-1	斑状粗粒花岗岩	46.00	64.00	5.60	19.00	1.80	0.24	1.80	0.46	2.50	0.48	2.10	0.22	2.10	0.32
	DL87-8	斑状粗粒花岗岩	23.88	26.05	5.05	7.54	2.24	0.07	1.87	0.39	1.22	0.44	2.10	0.47	3.69	0.81
大银尖	XY-24	细粒二长花岗岩	20.50	36.60	3.92	11.40	1.96	0.15	1.41	0.20	1.17	0.26	0.88	0.18	1.81	0.28
	XY-25	细粒二长花岗岩	14.90	27.80	2.85	8.51	1.33	0.19	1.03	0.16	1.00	0.24	0.82	0.16	1.84	0.25
	X0803		15.10	29.50	2.79	8.75	1.44	0.14	1.21	0.17	1.13	0.27	0.96	0.18	1.42	0.26
	X0805		17.00	32.30	3.16	9.38	1.54	0.14	1.25	0.17	1.18	0.27	1.02	0.20	1.71	0.33
	X0807		16.90	33.20	3.42	10.81	1.69	0.24	1.50	0.19	1.37	0.33	1.11	0.21	1.71	0.32
	X0815		15.70	29.30	2.68	8.28	1.42	0.23	1.23	0.17	1.13	0.26	0.89	0.17	1.39	0.27
	X0822		32.60	64.80	5.97	18.44	2.62	0.29	2.11	0.24	1.54	0.33	1.08	0.19	1.45	0.25
	X0823		25.80	43.20	4.02	12.05	1.70	0.29	1.31	0.16	1.03	0.23	0.78	0.14	1.11	0.20
	X0827		27.40	47.60	4.73	14.08	2.33	0.30	1.96	0.26	1.69	0.37	1.25	0.24	1.88	0.34
	X0828		49.80	93.60	8.78	27.73	4.01	0.52	3.46	0.43	2.78	0.58	1.78	0.29	1.97	0.33
千鹅冲	XY-18	花岗斑岩	40.10	54.60	69.00	31.30	3.36	0.63	2.76	0.39	2.12	0.41	1.12	0.18	1.19	0.19
	XY-15	花岗斑岩	45.70	74.10	35.00	23.10	3.44	0.68	2.42	0.33	1.77	0.35	0.96	0.16	0.98	0.17
	QEC002	花岗斑岩	50.41	82.55	8.46	26.77	3.74	0.80	2.91	0.37	1.84	0.35	0.90	0.14	0.97	0.16
	QEC003	流纹斑岩	25.40	43.98	4.56	14.07	2.10	0.35	1.66	0.22	1.12	0.23	0.64	0.12	0.91	0.16
	QEC004	石英斑岩	22.03	45.62	5.38	18.64	3.87	0.40	3.26	0.48	2.56	0.49	1.24	0.19	1.29	0.20
	QEC006	黑云花岗斑岩	57.07	91.78	9.32	28.84	3.85	0.82	2.80	0.29	1.36	0.23	0.58	0.08	0.53	0.08

续表

岩体	样号	岩性	La	Ce	Pr	Nd	Sm	Eu	Gd	Tb	Dy	Ho	Er	Tm	Yb	Lu
	QEC009	黑云花岗斑岩	52.47	84.59	8.40	26.57	3.67	0.77	2.95	0.32	1.49	0.28	0.70	0.11	0.72	0.12
	QEC011	黑云花岗斑岩	49.05	82.19	8.03	25.74	3.70	0.83	2.85	0.33	1.65	0.29	0.75	0.12	0.84	0.13
	QEC015	黑云花岗斑岩	56.05	88.35	8.73	27.45	3.54	0.83	2.57	0.27	1.14	0.20	0.50	0.07	0.50	0.08
	QEC016	黑云花岗斑岩	61.39	97.21	9.61	29.76	3.88	0.82	2.81	0.29	1.23	0.21	0.53	0.08	0.53	0.08
	QEC020	黑云花岗斑岩	45.33	75.20	7.63	23.62	3.39	0.69	2.73	0.32	1.62	0.30	0.80	0.13	0.91	0.15
宝安寨	XY-16-1	钾长花岗岩	42.50	59.30	40.00	19.10	2.75	0.45	2.05	0.28	1.49	0.31	0.87	0.14	1.01	0.18
	XY-16-2	钾长花岗岩	49.00	77.90	74.00	24.20	3.57	0.71	2.59	0.34	1.90	0.37	1.01	0.15	1.03	0.17
汤家坪	T-XT-4	花岗斑岩	77.80	122.00	12.50	36.80	5.16	0.83	4.63	0.57	2.84	0.54	1.66	0.32	2.23	0.35
	T-XT-5	花岗斑岩	77.70	126.00	12.80	38.20	5.50	0.85	4.87	0.60	3.09	0.60	1.78	0.34	2.35	0.36
	T-XT-6	花岗斑岩	55.60	92.10	9.51	28.40	3.98	0.57	3.61	0.45	2.39	0.46	1.42	0.28	2.07	0.32
	2437-1	花岗斑岩	29.79	46.30	3.57	11.24	1.76	0.27	1.15	0.18	0.92	0.19	0.65	0.11	0.99	0.19
	TJP-13	花岗斑岩	64.70	91.60	7.65	21.30	2.79	0.36	1.92	0.27	1.36	0.23	0.82	0.13	1.04	0.18
	TJP-14	花岗斑岩	21.30	34.40	2.95	8.55	1.28	0.23	1.12	0.19	1.16	0.26	0.90	0.17	1.41	0.30
	TJP-15	花岗斑岩	46.50	77.10	7.03	20.90	3.17	0.40	2.28	0.38	2.33	0.45	1.37	0.27	1.71	0.29
	TJP-17	花岗斑岩	46.00	77.80	6.81	19.30	2.73	0.33	1.83	0.27	1.38	0.29	0.96	0.17	1.20	0.23
	TJP-19	花岗斑岩	51.30	84.60	7.22	21.00	2.67	0.33	1.78	0.26	1.43	0.28	0.96	0.18	1.29	0.23
	TJP-3	花岗斑岩	63.20	102.00	9.90	31.30	4.72	0.60	3.68	0.52	2.94	0.58	1.84	0.26	1.93	0.31
	TJP-3-2	花岗斑岩	54.60	92.10	9.11	29.50	4.42	0.66	3.77	0.54	2.92	0.56	1.75	0.28	1.84	0.33
	TJP-3-33	花岗斑岩	54.30	93.80	8.59	27.30	4.18	0.59	3.22	0.53	2.72	0.54	1.73	0.30	1.87	0.33
	TJP-3-6	花岗斑岩	64.70	108.00	10.20	31.00	4.77	0.67	3.86	0.58	3.06	0.59	1.73	0.28	1.92	0.36
	TJP-5	花岗斑岩	58.10	95.00	8.16	22.70	3.23	0.36	2.28	0.31	1.55	0.35	1.08	0.20	1.54	0.23
沙坪沟		爆破角砾岩	74.30	130.00	14.70	52.40	8.12	3.21	8.15	1.06	4.74	0.88	2.85	0.36	2.46	0.37
	JZ-5	石英正长斑岩	76.20	93.20	10.90	32.70	4.30	1.27	3.60	0.52	2.58	0.57	2.00	0.31	2.52	0.41
	JZ-6	爆破角砾岩	31.90	46.40	4.13	11.90	1.76	0.42	1.94	0.26	1.38	0.29	1.04	0.17	1.38	0.25
盖井		石英正长斑岩	121.00	209.00	21.00	65.10	9.03	1.45	9.76	1.21	5.48	1.04	3.67	0.52	3.85	0.62

续表

岩体	样号	Y	ΣREE	$(La/Yb)_N$	δEu	Cs	Rb	Ba	Th	U	Nb	Ta	Pb	Sr	Zr	Hf	Ga	Cr	Sc	资料来源
天目山	Yt-1	19.30	115.48	5.30	0.21															李法岭，2008
	Yt-2	19.90	101.88	4.28	0.19															李法岭，2008
	Yt-3	21.00	91.80	3.96	0.27															李法岭，2008
	Yt-4	17.00	109.86	5.95	0.31															李法岭，2008
	Gs 天目山/1	14.93	80.35	4.26	0.18		489	44	39.00		79.20	5.20		5.10	145.00	7.50	23.50	0.50	2.20	曾宪友等，2010
	I88-XT-4	15.00	121.89	13.59	0.40															曾宪友等，2010
	DL87-2	11.18	100.73	13.30	0.30															曾宪友等，2010
	XTG-1	18.00	146.62	15.71	0.41															曾宪友等，2010
	DL87-8	22.05	75.82	4.64	0.10															曾宪友等，2010
大银尖	XY-24	10.35	80.72	8.12	0.28		299	54	31.70	13.20	39.60	3.51	30.80	31.00	71.60	3.90	23.40	2.16	4.26	杨梅珍等，2011a
	XY-25	8.91	61.08	5.81	0.50		259	70	28.80	10.10	31.20	3.12	27.10	43.00	81.70	4.20	21.10	6.86	2.64	杨梅珍等，2011a
	X0803	8.57	63.32	7.63	0.32	2.14	297	32	28.39	17.47	36.00	2.77	41.20	22.30	86.00	4.20	21.70	25.53	3.52	Li et al.，2012b
	X0805	10.02	69.65	7.13	0.31	2.14	297	33	23.56	13.82	38.40	3.51	36.50	24.40	77.00	4.12	23.10	12.23	4.79	Li et al.，2012b
	X0807	11.32	73.00	7.09	0.46	3.09	275	355	18.22	8.35	22.30	2.23	31.20	102.40	70.00	3.06	21.40	38.43	3.11	Li et al.，2012b
	X0815	9.05	63.12	8.10	0.53	2.65	333	152	17.50	9.03	24.60	2.14	32.90	54.20	87.00	3.78	21.90	30.50	3.75	Li et al.，2012b
	X0822	11.06	131.91	16.13	0.38	2.10	323	175	31.35	13.03	27.90	2.30	30.50	67.10	122.00	4.50	20.80	11.74	4.35	Li et al.，2012b
	X0823	7.31	92.02	16.67	0.59	4.36	299	223	26.62	5.09	17.90	1.44	32.30	61.10	88.00	3.08	20.40	12.43	3.24	Li et al.，2012b
	X0827	12.38	104.43	10.45	0.43	2.61	349	208	26.49	14.31	31.90	2.47	28.68	72.20	94.00	3.94	21.80	13.23	3.53	Li et al.，2012b
	X0828	16.79	196.06	18.13	0.43	2.90	364	521	26.89	10.87	25.90	2.04	32.34	112.20	153.00	4.90	21.30	8.07	3.97	Li et al.，2012b
千鹅冲	XY-18	14.40	207.35	24.17	0.63		282	339	35.50	3.61	23.80	2.21	40.10	84.00	132.00	4.40	24.70	4.50	3.28	杨梅珍等，2010
	XY-15	11.10	189.16	33.45	0.72		201	712	29.00	4.92	19.70	1.80	23.80	156.00	170.00	4.70	20.00	4.85	2.59	杨梅珍等，2010
	QEC002	11.22	180.37	37.28	0.74	4.50	231	839	28.78	2.36	18.51	1.86	10.88	49.60	165.80	4.80	17.53	4.70	1.72	Mi et al.，2015
	QEC003	7.78	95.52	20.02	0.57	4.71	274	442	28.45	6.63	24.55	2.41	12.97	65.60	109.80	4.33	19.53	3.32	2.24	Mi et al.，2015
	QEC004	15.04	105.65	12.25	0.34	3.29	301	539	13.20	2.70	18.80	1.50	54.05	81.50	83.90	3.66	10.64	2.79	1.64	Mi et al.，2015
	QEC006	7.45	197.63	77.24	0.76	3.18	192	1311	24.68	7.42	14.89	1.53	34.84	262.20	160.00	4.56	19.95	6.37	1.37	Mi et al.，2015

续表

岩体	样号	Y	∑REE	$(La/Yb)_N$	δEu	Cs	Rb	Ba	Th	U	Nb	Ta	Pb	Sr	Zr	Hf	Ga	Cr	Sc	资料来源
	QEC009	8.90	183.16	52.27	0.72	2.69	186	962	26.33	6.12	18.99	1.80	28.90	244.90	172.10	5.02	18.83	7.12	1.60	Mi et al., 2015
	QEC011	9.71	176.50	41.89	0.78	2.87	194	1114	23.63	6.97	19.41	2.16	29.00	263.30	184.10	5.50	20.61	6.64	1.73	Mi et al., 2015
	QEC015	6.69	190.28	80.41	0.84	2.88	234	1314	23.20	4.51	13.21	1.25	29.97	293.10	161.60	4.56	19.41	5.72	1.29	Mi et al., 2015
	QEC016	7.18	208.43	83.08	0.76	3.44	256	1388	25.95	4.79	13.43	1.29	32.51	246.30	169.30	4.73	18.49	6.28	1.19	Mi et al., 2015
	QEC020	10.15	162.82	35.73	0.69	3.92	201	828	29.13	8.33	18.39	1.93	25.40	229.10	153.90	4.67	19.02	6.97	1.81	Mi et al., 2015
宝安寨	XY-16-1	12.00	170.43	30.18	0.58		219	288	35.20	5.92	21.00	1.86	39.70	71.00	112.00	3.80	19.00	10.70	3.24	杨梅珍等，2010
	XY-16-2	12.00	236.94	34.12	0.71		277	838	30.00	10.10	21.70	2.03	23.30	231.00	175.00	4.80	22.00	7.99	2.70	杨梅珍等，2010
汤家坪	T-XT-4	16.10	268.23	25.03	0.52		271	651	52.70	12.80	55.50	3.97		144.00	235.00	8.97				杨泽强，2009
	T-XT-5	17.40	275.04	23.72	0.50		240	668	64.20	15.30	56.60	4.30		156.00	239.00	8.78				杨泽强，2009
	T-XT-6	13.00	201.16	19.27	0.46		294	232	71.80	21.20	72.20	4.84		44.40	257.00	10.70				杨泽强，2009
	2437-1		97.31	21.58	0.58															杨泽强，2009
	TJP-13	7.61	194.35	44.62	0.48		383	221	65.40	8.20	47.40	3.93	9.08	38.20	132.00	4.79	18.30			魏庆国等，2010
	TJP-14	9.49	74.22	10.84	0.59		336	153	44.70	48.70	62.00	4.63	24.80	67.80	122.00	6.54	32.80			魏庆国等，2010
	TJP-15	16.40	164.18	19.51	0.45		241	273	51.20	21.00	40.50	2.60	14.90	111.00	107.00	3.30	20.60			魏庆国等，2010
	TJP-17	11.50	159.30	27.50	0.45		316	192	70.90	14.70	73.30	4.59	8.85	45.80	153.00	4.33	22.70			魏庆国等，2010
	TJP-19	11.50	173.53	28.53	0.46		293	198	64.90	13.90	67.30	3.85	11.10	57.30	150.00	4.11	23.80			魏庆国等，2010
	TJP-3	14.20	223.78	23.49	0.44		262	348	71.40	50.00	67.90	4.64	14.10	53.10	203.00	6.76	18.30			魏庆国等，2010
	TJP-3-2	14.70	202.38	21.29	0.49		236	358	81.70	52.70	69.50	5.10	13.00	57.90	200.00	6.28	18.50			魏庆国等，2010
	TJP-3-33	15.10	200.00	20.83	0.49		262	318	81.20	39.70	71.00	4.88	14.80	56.20	162.00	5.54	19.60			魏庆国等，2010
	TJP-3-6	14.90	231.72	24.17	0.48		229	390	82.50	53.50	63.90	4.63	15.00	64.60	200.00	6.54	18.40			魏庆国等，2010
	TJP-5	10.60	195.09	27.06	0.41		302	203	73.90	17.20	68.10	4.64	14.20	48.20	129.00	4.56	19.80			魏庆国等，2010
沙坪沟			303.60	21.66	1.21															王波华等，2007
	JZ-5	18.60	231.08	21.69	0.99		185	2099	62.30	8.65	121.00	5.75	29.90	356.00	476.00	12.20				陈红瑾等，2013
	JZ-6	10.20	103.22	16.58	0.69		448	510	36.70	10.20	80.50	5.76	9.22	93.90	173.00	6.59				陈红瑾等，2013
盖井			452.73	22.54	0.47															王波华等，2007

注：为便于对比，对部分原始数据进行了换算。

体往往富集 Rb（$185\times10^{-6}\sim489\times10^{-6}$）和 Nb（$13\times10^{-6}\sim120\times10^{-6}$），而 Sr（$5\times10^{-6}\sim356\times10^{-6}$，往往小于 100×10^{-6}）和 Zr（$70\times10^{-6}\sim456\times10^{-6}$，常大于 200×10^{-6}）含量偏低。岩体普遍具有轻稀土富集、重稀土亏损的特征，$(La/Yb)_N=4\sim83$，具有不同程度的 Eu 负异常（$\delta Eu=0.1\sim0.99$，多数<0.7），显示岩浆源区可能存在斜长石残留或岩浆经历了壳内分异。魏庆国等（2010）、杨梅珍等（2010，2011a）和 Li 等（2012b）分别对大银尖、千鹅冲和汤家坪岩体的 Sr-Nd 同位素进行了分析，获得岩体的（$^{87}Sr/^{86}Sr$）$_i$ 变化于 0.700～0.723，集中于 0.705～0.707；$\varepsilon_{Nd}(t)$ 变化于−21～−15，集中于−17～−15；Nd 两阶段模式年龄（T_{DM2}）变化于 2147～2633Ma，集中于 2150～2300Ma（表 8.4）。魏庆国等（2010）、陈红瑾等（2013）获得汤家坪和沙坪沟岩体的锆石 $\varepsilon_{Hf}(t)$ 变化于−17.6～−2.7，集中于−15～−10；Hf 两阶段模式年龄 T_{DM2} 变化于 1334～2277Ma，集中于 1600～2200Ma（表 8.5）。上述地球化学特征显示，成矿岩体可能主要源自古老中下地壳的部分熔融。

表 8.4　大别地区钼成矿岩体全岩 Sr-Nd 同位素组成

岩体	样品号	Rb /10^{-6}	Sr /10^{-6}	$^{87}Rb/^{86}Sr$	$^{87}Sr/^{86}Sr$	I_{Sr}	Sm /10^{-6}	Nd /10^{-6}	$^{147}Sm/^{144}Nd$	$^{143}Nd/^{144}Nd$	$\varepsilon_{Nd}(t)$	T_{DM2} /Ma	资料来源
大银尖	XY-24-1			0.48	0.724534	0.7237			0.0902	0.511523	−20.1	2546	杨梅珍等，2011a
	X0805	302	25.1	35.87	0.767554	0.7038	1.49	9.42	0.0971	0.511769	−15.4	2168	Li et al.，2012b
	X0807	279	98.9	7.89	0.720634	0.7066	1.72	9.95	0.0952	0.511758	−15.6	2183	Li et al.，2012b
	X0815	329	56.8	18.27	0.738036	0.7056	1.40	7.99	0.1016	0.511786	−15.1	2147	Li et al.，2012b
	X0822	326	71.2	14.13	0.731097	0.7060	2.81	19.03	0.0892	0.511754	−15.5	2181	Li et al.，2012b
	X0823	303	64.1	14.76	0.732151	0.7059	1.67	11.56	0.0868	0.511762	−15.3	2165	Li et al.，2012b
	X0827	353	74.2	14.48	0.731689	0.7060	2.43	13.85	0.1002	0.511774	−15.3	2164	Li et al.，2012b
	X0828	367	110.5	9.56	0.723420	0.7064	3.86	26.38	0.0885	0.511767	−15.3	2160	Li et al.，2012b
千鹅冲	XY-16-1	219	71.0	9.00	0.724219	0.7069	2.75	19.10	0.0870	0.511463	−21.0	2633	杨梅珍等，2010
	XY-15	201	156.0	3.73	0.713514	0.7067	3.44	23.10	0.0900	0.511625	−18.0	2384	杨梅珍等，2010
	XY-18	282	84.0	9.78	0.739551	0.7216	3.36	31.30	0.0953	0.511664	−17.3	2330	杨梅珍等，2010
汤家坪	TJP-3-33	262	56.2	13.17	0.728391	0.7056	4.18	27.30	0.0971	0.511780	−15.2	2151	魏庆国等，2010
	TJP-17	316	45.8	19.49	0.741223	0.7074	2.73	19.30	0.0897	0.511720	−16.2	2236	魏庆国等，2010
	TJP-19	293	57.3	14.44	0.725237	0.7002	2.67	21.00	0.0807	0.511690	−16.7	2272	魏庆国等，2010
	TJP-5	302	48.2	17.70	0.732617	0.7019	3.23	22.70	0.0903	0.511720	−16.3	2237	魏庆国等，2010

注：为消除计算过程中所用参数不同带来的影响，本书依据原始数据重新进行了计算，所用参数如下：$(^{143}Nd/^{144}Nd)_{CHUR}=0.512638$，$(^{143}Sm/^{144}Nd)_{CHUR}=0.1967$（Jacobsen and Wasserburg，1980），$(^{143}Nd/^{144}Nd)_{DM}=0.513151$，$(^{143}Sm/^{144}Nd)_{DM}=0.2136$（Liew and Hofmann，1988），$(^{143}Sm/^{144}Nd)_C=0.118$（Jahn and Condie，1995），$^{87}Rb$ 衰变常数 $\lambda=1.42\times10^{-11}a^{-1}$（Steiger and Jager，1977），^{147}Sm 衰变常数 $\lambda=6.54\times10^{-12}a^{-1}$（Lugmair and Marti，1978）.

表 8.5　大别地区钼成矿岩体锆石 Lu-Hf 同位素组成

岩体	测试点	年龄 /Ma	$^{176}Yb/^{177}Hf$	$^{176}Lu/^{177}Hf$	$^{176}Hf/^{177}Hf$	$\varepsilon_{Hf}(t)$	T_{DM1} /Ma	T_{DM2} /Ma	$f_{Lu/Hf}$	资料来源
汤家坪	01	119	0.015858	0.000764	0.282302	−14.1	1332	2062	−0.98	魏庆国等，2010
	02	133	0.063659	0.002633	0.282402	−10.4	1255	1841	−0.92	魏庆国等，2010
	03	123	0.027104	0.001364	0.282305	−13.9	1350	2056	−0.96	魏庆国等，2010
	04	123	0.048975	0.001828	0.282363	−11.9	1284	1929	−0.94	魏庆国等，2010
	05	144	0.033223	0.001300	0.282354	−11.7	1278	1935	−0.96	魏庆国等，2010
	06	124	0.039450	0.001819	0.282283	−14.7	1397	2106	−0.95	魏庆国等，2010
	07	122	0.032021	0.001259	0.282252	−15.8	1420	2174	−0.96	魏庆国等，2010

续表

岩体	测试点	年龄/Ma	$^{176}Yb/^{177}Hf$	$^{176}Lu/^{177}Hf$	$^{176}Hf/^{177}Hf$	$\varepsilon_{Hf}(t)$	T_{DM1}/Ma	T_{DM2}/Ma	$f_{Lu/Hf}$	资料来源
	08	115	0.028483	0.001209	0.282207	−17.6	1481	2277	−0.96	魏庆国等，2010
	09	129	0.025488	0.000997	0.282273	−14.9	1381	2122	−0.97	魏庆国等，2010
	10	122	0.045135	0.001981	0.282272	−15.2	1419	2133	−0.94	魏庆国等，2010
	11	123	0.036243	0.001412	0.282355	−12.2	1281	1945	−0.96	魏庆国等，2010
	12	124	0.043346	0.001502	0.282280	−14.8	1390	2112	−0.95	魏庆国等，2010
	13	127	0.056448	0.001900	0.282352	−12.2	1302	1952	−0.94	魏庆国等，2010
	14	119	0.030171	0.001076	0.282333	−13.0	1300	1995	−0.97	魏庆国等，2010
	15	134	0.023798	0.000946	0.282299	−13.9	1343	2061	−0.97	魏庆国等，2010
	16	137	0.029192	0.001188	0.282272	−14.8	1390	2120	−0.96	魏庆国等，2010
	17	127	0.023581	0.000825	0.282325	−13.1	1303	2007	−0.98	魏庆国等，2010
	18	116	0.033215	0.001212	0.282284	−14.8	1374	2106	−0.96	魏庆国等，2010
	19	135	0.026236	0.001001	0.282270	−14.9	1385	2125	−0.97	魏庆国等，2010
	20	133	0.026864	0.000980	0.282288	−14.3	1360	2086	−0.97	魏庆国等，2010
沙坪沟	JZ-5-29	117	0.032118	0.001265	0.282352	−12.4	1280	1954	−0.96	陈红瑾等，2013
	JZ-5-13	115	0.036504	0.001419	0.282354	−12.4	1282	1952	−0.96	陈红瑾等，2013
	JZ-5-20	122	0.031106	0.001206	0.282311	−13.7	1335	2042	−0.96	陈红瑾等，2013
	JZ-5-8	120	0.037927	0.001474	0.282310	−13.8	1346	2047	−0.96	陈红瑾等，2013
	JZ-5-10	121	0.041391	0.001606	0.282293	−14.4	1375	2085	−0.95	陈红瑾等，2013
	JZ-6-15	116	0.022541	0.000952	0.282415	−10.2	1181	1813	−0.97	陈红瑾等，2013
	JZ-6-18	114	0.038611	0.001569	0.282544	−5.7	1017	1529	−0.95	陈红瑾等，2013
	JZ-6-29	111	0.038173	0.001548	0.282628	−2.8	896	1343	−0.95	陈红瑾等，2013
	JZ-6-35	107	0.040940	0.001705	0.282633	−2.7	893	1334	−0.95	陈红瑾等，2013
	JZ-6-36	112	0.036691	0.001496	0.282555	−5.3	999	1505	−0.95	陈红瑾等，2013

注：为消除计算过程中所用参数不同带来的影响，本书依据原始数据重新进行了计算，所用参数如下：$(^{176}Lu/^{177}Hf)_{CHUR}=0.0332$，$(^{176}Hf/^{177}Hf)_{CHUR,0}=0.282772$，$(^{176}Lu/^{177}Hf)_{DM}=0.0384$，$(^{176}Hf/^{177}Hf)_{DM,0}=0.28325$（Blichert-Toft and Albaréde，1997）；$^{176}Lu/^{177}Hf$（平均上地壳）= 0.0093（Vervoort and Patchett，1996；Vervoort and Blichert-Toft，1999）；^{176}Lu 衰变常数 $\lambda=1.867\times10^{-11}a^{-1}$（Söderlund et al.，2004）。

8.1.1.4 矿化元素组合及分带性

大别地区钼矿床成矿元素组合复杂，除单钼矿床（陡坡、宝安寨、姚冲、汤家坪等）外，可见 Mo+Cu（母山、肖畈）、Mo+Cu+W（大银尖）、Mo+Cu+Pb+Zn+Ag（千鹅冲）及 Mo+Pb+Zn± Ag（盖井、天目沟）组合。且由岩体中心向外围，往往表现出一定的矿化分带现象。例如，对于盖井矿床，在岩体内部发育斑岩型或爆破角砾岩型钼矿化，外围则表现为脉状的铅锌、银矿化（徐晓春等，2009）。值得注意的是，目前已知矿床中仅有大银尖发育钨矿化，且钨矿物局限于夕卡岩中（罗正传等，2010），反映了碳酸盐围岩对钨矿化的控制作用。

8.1.1.5 矿体及矿化特征

按照矿体与矿石特征、矿体与岩体的空间关系、成矿/容矿岩体的特征（陈衍景等，2007），可将大别山北麓钼矿床划分为 3 种类型：斑岩型（含爆破角砾岩型）、夕卡岩型和岩浆热液脉型。斑岩型是本区最为重要的钼矿床类型，钼资源量占区内总储量的 90% 以上，典型矿床包括汤家坪、千鹅冲、沙坪沟等。区内夕卡岩型、岩浆热液脉型钼矿较少，且多与斑岩有关，常与斑岩型矿床复合产出。例如，大银尖钼矿床以斑岩型矿化为主，含少量夕卡岩型和石英脉型钼矿化。上述表明，它们均可视为广义的斑岩成矿系统。

钼矿床矿石品位总体较低，变化于 0.03% ~0.3%，多数<0.1%（表 8.1）。矿体多以层状、透镜状、脉状或不规则状产出，可赋存于岩体内部、岩体内外接触带或岩体外部。例如，天目沟矿区钼矿体主要位于岩体内部，千鹅冲和宝安寨矿床矿体主要发育于岩体的外接触带，母山、肖畈、大银尖、汤家坪等矿床的矿体则在岩体的内、外接触带皆有发育（表 8.1）。

钼多以辉钼矿形式呈细脉浸染状产出，偶见浸染状或角砾状钼矿化。对于区内钼矿床流体成矿过程，不同学者分别提出了三阶段、四阶段或六阶段矿化模型（Chen and Wang，2011；Yang et al.，2013；王运等，2009；杨梅珍等，2010；孟芳等，2012；于文等，2012；王玭等，2013）。总体来看，均可划分为 4 个阶段：①石英-钾长石阶段/夕卡岩阶段，以发育石英、钾长石或夕卡岩矿物为标志性特征，可伴有磁铁矿等氧化物出现，偶见金属硫化物（包括辉钼矿）；②石英-辉钼矿阶段，广泛发育石英+辉钼矿组合，可含少量其他金属硫化物；③石英-多金属硫化物阶段，以发育多种金属硫化物为特征，包括黄铁矿、黄铜矿、闪锌矿、方铅矿等，而辉钼矿含量相对较少；④石英-碳酸盐-萤石阶段，脉体主要由不同比例的石英、方解石、萤石组成，偶见黄铁矿等金属硫化物，基本不含辉钼矿。

8.1.1.6　围岩蚀变

大别地区钼金属成矿系统发育典型的斑岩蚀变类型，普遍发育钾化、硅化、绢云母化、绿泥石化、绿帘石化、萤石化、碳酸盐化等。与世界典型斑岩成矿系统相比，钾长石化、萤石化、碳酸盐化、硅化等“贫水蚀变”广泛而强烈，绿泥石化、绢云母化等“富水蚀变”较弱，符合大陆碰撞造山带等大陆内部环境浆控高温热液成矿系统的特征，反映了源区物质对成矿流体系统及相关蚀变类型的控制（陈衍景等，2007；陈衍景和李诺，2009；Pirajno，2013）。

8.1.1.7　成矿流体特征

已有研究表明（Chen and Wang，2011；Yang et al.，2013；王运等，2009；于文等，2012；王玭等，2013），大别钼矿带的矿床普遍发育纯 CO_2 包裹体、含 CO_2 包裹体、含子矿物多相包裹体和水溶液包裹体，成矿流体具有高温（多数>350℃）、高盐度（常见含子矿物多相包裹体，可达 66% NaCl eqv.）、富 CO_2（广泛发育纯 CO_2 包裹体和含 CO_2 包裹体）的特征，且由早到晚，流体的温度、盐度、CO_2 含量逐渐降低。这一特征明显不同于岩浆弧区的斑岩矿床，而是大陆内部浆控高温热液矿床的标型特征（陈衍景和李诺，2009）。

8.1.1.8　成岩成矿时代及地球动力学背景

锆石 U-Pb 方法和辉钼矿 Re-Os 方法被广泛用于大别山北麓钼矿床的成岩成矿时间厘定（表 8.6，图 8.2）。已有资料显示，区内钼矿床的成岩成矿作用时限具有如下特征：

（1）成岩与成矿近乎同时。区内钼矿床的形成多与燕山期中酸性小斑岩体关系密切，成矿作用时间与含矿岩体的侵位时间趋于同步或稍晚。

（2）成矿作用具有爆发性。除母山和陡坡钼矿形成较早（141 ~ 156 Ma）外，其他矿床形成于 110 ~ 130Ma，即早白垩世；而且，年龄统计显示了两个峰值，分别为 125Ma 和 114Ma（图 8.2A）。

（3）由西向东逐渐变新。大致以商麻断裂为界，该断裂以西的矿床形成于 120Ma 之前（图 8.2B），以 125Ma 为高峰值；商麻断裂以东的 3 个成矿系统形成于 120Ma 之后（图 8.2B），以 114Ma 为高峰。

表 8.6　大别山北麓钼矿床成岩和成矿年龄

矿床名称	测试对象	测试方法	样/点数	年龄/Ma	资料来源
天目沟	辉钼矿	Re-Os 模式年龄	1	121.6±2.1	杨泽强，2007a
母山	锆石	LA-ICP-MS U-Pb	13	142.0±1.8	杨梅珍等，2011b
	辉钼矿	Re-Os 模式年龄	1	155.7±5.1	李明立，2009
陡坡	辉钼矿	Re-Os 模式年龄	1	140.5±8.2	李明立，2009
大银尖	锆石	LA-ICP-MS U-Pb	10	124.9±1.3	Li et al，2012b
	辉钼矿	Re-Os 模式年龄	1	122.1±2.4	杨泽强，2007a
	辉钼矿	Re-Os 等时线年龄	4	122.4±7.2	罗正传等，2010
	辉钼矿	Re-Os 等时线年龄	7	125.07±0.87	Li et al，2012b
千鹅冲	锆石	LA-ICP-MS U-Pb	14	128.8±2.6	杨梅珍等，2010
	锆石	SIMS U-Pb	16	127.44±0.98	Mi et al.，2015
	锆石	SIMS U-Pb	17	127.42±0.94	Mi et al.，2015
	锆石	SIMS U-Pb	13	128.9±1.1	Mi et al.，2015
	锆石	SIMS U-Pb	15	126.6±1.4	Mi et al.，2015
	锆石	SIMS U-Pb	16	124.7±1.6	Mi et al.，2015
	辉钼矿	Re-Os 模式年龄	1	119.6±3.2	罗正传，2010
	辉钼矿	Re-Os 等时线年龄	4	128.7±7.3	杨梅珍等，2010
	辉钼矿	Re-Os 等时线年龄	5	126±11	Mi et al.，2015
宝安寨	锆石	LA-ICP-MS U-Pb	15	135.3±1.9	杨梅珍等，2010
汤家坪	锆石	LA-ICP-MS U-Pb	16	121.6±4.6	魏庆国等，2010
	辉钼矿	Re-Os 等时线年龄	5	113.1±7.9	杨泽强，2007a
	辉钼矿	Re-Os 加权平均年龄	3	119.7±2.1	罗正传，2010
沙坪沟	锆石	LA-ICP-MS U-Pb	31	111.5±1.5	张红等，2011
	锆石	LA-ICP-MS U-Pb	19	111.7±1.9	张红等，2011
	锆石	LA-ICP-MS U-Pb	11	120.7±1.1	孟祥金等，2012
	锆石	LA-ICP-MS U-Pb	11	122.51±0.81	孟祥金等，2012
	锆石	LA-ICP-MS U-Pb	15	121.5±1.3	孟祥金等，2012
	辉钼矿	Re-Os 等时线年龄	7	111.1±1.2	张红等，2011
	辉钼矿	Re-Os 等时线年龄	9	113.21±0.53	黄凡等，2011
	辉钼矿	Re-Os 模式年龄	1	109.9±1.6	孟祥金等，2012
	辉钼矿	Re-Os 模式年龄	1	113.6±1.7	孟祥金等，2012
	辉钼矿	Re-Os 模式年龄	1	100.7±1.6	孟祥金等，2012
	辉钼矿	Re-Os 模式年龄	1	100.0±1.8	孟祥金等，2012
	辉钼矿	Re-Os 模式年龄	1	106.3±1.6	孟祥金等，2012
盖井	辉钼矿	Re-Os 模式年龄	1	112.6±1.3	Xu et al.，2011
	辉钼矿	Re-Os 模式年龄	1	113.5±1.3	Xu et al.，2011

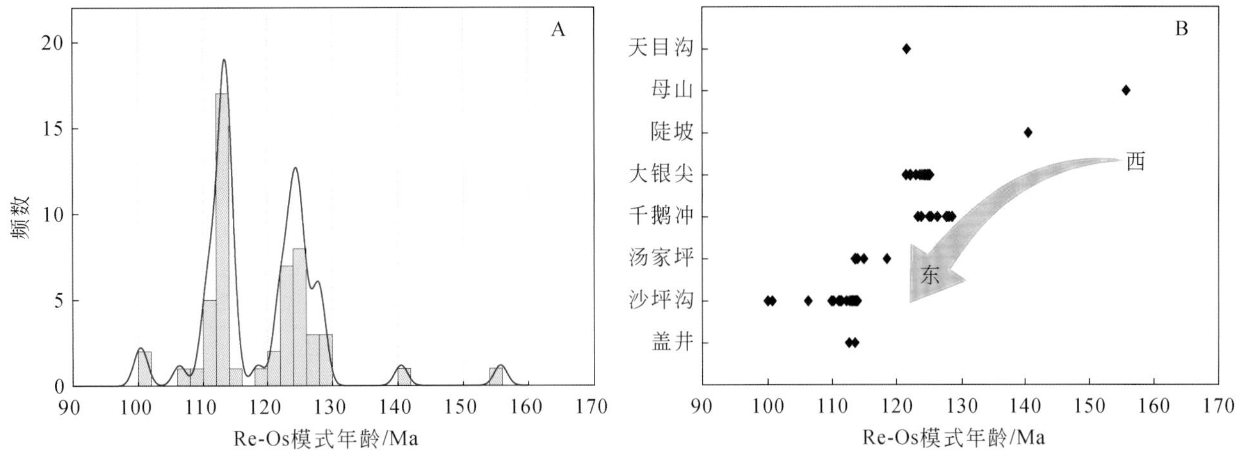

图 8.2　大别山北麓钼矿床辉钼矿 Re-Os 模式年龄分布频谱图（A）及其空间变化规律（B）

大别造山带高压-超高压变质岩的锆石 U-Pb 年龄介于 225～240Ma 之间（刘福来和薛怀民，2009；赵子福和郑永飞，2009）；中生代中酸性岩浆作用强烈，特别是早白垩世，形成了大面积的花岗岩和中酸性火山岩（图 8.1），伴随少量中基性侵入岩（赵子福和郑永飞，2009），但与钼多金属矿化密切相关者是花岗岩类（胡受奚等，1988；陈衍景和富士谷，1992；李超和陈衍景，2002）。成钼岩体普遍富集轻稀土元素和大离子亲石元素，亏损高场强元素，$(^{87}Sr/^{86}Sr)_i$ 相对同区其他岩石较高（0.705～0.707），$\varepsilon_{Nd}(t)$ 值较低（集中于-17～-15），锆石 $\varepsilon_{Hf}(t)$ 值较低（集中于-15～-10）（Li et al.，2012b；魏庆国等，2010；杨梅珍等，2011a，2011b），表明成岩岩浆主要来源于大陆地壳内部。

此外，大别地区还发育少量燕山期基性-超基性岩侵入岩，其地球化学特征与同期中酸性岩浆岩具有相似性，锆石氧同位素组成亦明显不同于地幔锆石（赵子福等，2003）。这类岩石可解释为拆沉岩石圈在伸展、高温条件下熔融的产物，形成于减压增温体制（李超和陈衍景，2002）。

8.1.2　与秦岭钼矿带的异同

同为中央造山带，秦岭与大别地区的钼矿床具有明显的相似性，但差异也非常显著。秦岭地区钼矿床类型丰富，既有岩浆热液矿床，也有变质热液矿床（详见第 2 章）；成矿具多期性，但主要形成于燕山期（详见第 7 章）。迄今，大别地区只发现了岩浆热液矿床（斑岩型、夕卡岩型和岩浆热液脉型），全部形成于燕山期。下面进一步对比两地燕山期岩浆热液成矿系统的异同。

8.1.2.1　共性

东秦岭与大别钼矿带岩浆热液钼矿床的相似性有：

（1）成矿与浅侵位的中酸性小岩体密切相关，成矿岩体多为壳源花岗岩类，具有高硅高钾富碱的特征。

（2）成矿对围岩岩性、时代没有选择性，但矿化类型、蚀变类型和矿体产状、形态受赋矿围岩岩性控制。

（3）钼矿物以辉钼矿为主，呈细脉浸染状，少量呈星点浸染状；矿石矿物组成简单，常见辉钼矿、黄铁矿、白钨矿、黑钨矿、黄铜矿、闪锌矿、方铅矿、磁铁矿等。

（4）矿体位于岩体及其内外接触带，呈圆柱状、筒状、透镜状、脉状。

（5）成矿过程具有四阶段性，早阶段往往发育无矿或弱矿化的石英±钾长石脉，随后是大规模的钼金属矿化（以石英-辉钼矿形式产出）和多金属矿化（以石英-多金属硫化物脉形式产出），晚阶段则发育无矿石英±萤石±方解石组合。

（6）围岩蚀变以面型蚀变为主，钾长石化、绿帘石化、萤石化等“贫水”蚀变普遍而强烈，绢云母化、绿泥石化、高级泥化等“富水”蚀变较弱，钼矿化多与钾化关系密切。

（7）常见成矿元素分带现象，成矿岩体中心为钼矿化，外围可见铅-锌-银多金属矿化。铜矿化较弱。

(8) 成矿流体为高温、高盐度、富 CO_2 的岩浆热液，常见水溶液包裹体、含 CO_2 包裹体和含子矿物多相包裹体。成矿流体从高温、高盐度、富 CO_2 向低温、低盐度、贫 CO_2 演化。

8.1.2.2 差异

秦岭与大别钼矿带的主要差异有（表 8.7）：

表 8.7 大别与秦岭燕山期岩浆热液钼矿床特征对比

		大别钼矿带	秦岭钼矿带（燕山期）
赋矿围岩	时代	中元古代—泥盆纪	太古宙—侏罗纪
	岩性	变质岩、岩浆岩	多样，变质岩、沉积岩、岩浆岩
成矿岩体	岩石类型	二长花岗岩、石英正长岩、钾长花岗岩	二长花岗岩、钾长花岗岩
	岩相特征	斑岩±爆破角砾岩杂岩	斑岩±爆破角砾岩杂岩
	产状	岩株为主，岩脉为次	岩株为主，岩脉为次
岩体地球化学	SiO_2/%	64～80，多数≥75	60～81，多数≤77
	K_2O/%	3.7～8.2，多数≥4	3.2～9.9，集中于 4～8
	CaO/%	0～2.9，多数≤1	0～3.8，集中于 0～3
	Al_2O_3/%	8.5～17.2，集中于 11～15	9.9～16.0，集中于 12～16
	(K_2O+Na_2O) /%	5.5～11.8，多数≥8	5.9～11.7，多数≥7
	K_2O/Na_2O	0.7～552，集中于 1～5	0.5～31，多数≥1
	Rb/10^{-6}	185～489，集中于 200～350	60～577，集中于 100～400
	U/10^{-6}	2.4～53.5，集中于 6～16	0.3～29.6，集中于 3～10
	Th/10^{-6}	13.2～82.5，集中于 23～70	0.9～86，集中于 3～30
	Ta/10^{-6}	1.3～5.8，集中于 1.5～5.0	0.3～8.5，集中于 0～4
矿化特征	元素组合	单 Mo，Mo±Cu±Pb±Zn±Ag	单 Mo，Mo-W，Mo-Fe，Mo±Pb±Zn±Ag
	矿体形态	层状、似层状、透镜状、脉状或不规则状	倒杯状、似层状、扁豆状、透镜状、不规则状或脉状
	矿体位置	岩体及其内外接触带	岩体及其内外接触带
	钼矿化特征	细脉浸染状为主，少量为浸染状、角砾状	细脉浸染状为主，少量为浸染状、角砾状
	钼品位/%	0.02～0.32	0.06～0.11
	矿石矿物	辉钼矿、黄铁矿、白钨矿、黑钨矿、黄铜矿、闪锌矿、方铅矿、磁铁矿、萤石	辉钼矿、黄铁矿、白钨矿、黄铜矿、闪锌矿、方铅矿、磁铁矿、萤石
	脉体及顺序	石英±钾长石脉、石英+辉钼矿脉、石英+多金属硫化物脉、石英±萤石±方解石脉	石英±钾长石脉、石英+辉钼矿脉、石英+多金属硫化物脉、石英±萤石±方解石脉
围岩蚀变		钾化极为发育，与矿化密切相关，绢英岩化较弱，青磐岩化发育较差甚或缺失，可见强硅化	钾化极为发育，与矿化密切相关，绢英岩化较弱，青磐岩化发育较差甚或缺失，可见强硅化
辉钼矿 Re 含量/10^{-6}		0.36～109，集中于 2.5～45	0.92～333，集中于 11～200

续表

		大别钼矿带	秦岭钼矿带（燕山期）
成矿流体特征	包裹体组合	W 型、S 型、C 型，含/不含 PC 型	W 型、S 型、C 型，含/不含 PC 型
	S 型均一方式	气相消失或石盐熔化	气相消失或石盐熔化
	初始成矿流体	高盐度、富 CO_2 的岩浆热液	高盐度、富 CO_2 的岩浆热液
	成矿温度/℃	250～450	250～400
成矿作用时代		110～156Ma，集中于 110～130Ma	110～158Ma，集中于 130～150Ma
地球动力学背景		后碰撞伸展背景	后碰撞的挤压-伸展转变期
构造单元		商丹-龟梅断裂以南	商丹-龟梅断裂以北

缩写：PC 型．纯 CO_2 包裹体；C 型．含 CO_2 包裹体；S 型．含子矿物包裹体；W 型．水溶液包裹体。

（1）赋矿围岩性质与矿化元素组合：大别钼矿带赋矿围岩以变质岩和花岗岩为主，缺乏秦岭地区常见的沉积岩（如官道口群和栾川群）或火山岩（如熊耳群）地层，因而与碳酸盐围岩密切相关的钨矿化相比秦岭更为局限，仅在大银尖矿区局部发育，但铅锌、银矿化则较秦岭更为普遍，部分矿床可伴有铜矿化（表 8.1）。

（2）成矿岩体地球化学：除沙坪沟石英正长斑岩外，大别地区成钼岩体普遍具有较秦岭同类岩体更高的 SiO_2、U、Th、Ta 含量以及更低的 Al_2O_3、CaO 含量（图 8.3）。除秦岭地区东沟岩体的 $(^{87}Sr/^{86}Sr)_i$ 明显偏低外，大别较秦岭成钼岩体具有相对偏低的 Sr 同位素初始值和 $\varepsilon_{Nd}(t)$，而 Nd 两阶段模式年龄（T_{DM2}）相对偏高（图 8.4）。大别含矿斑岩锆石 $\varepsilon_{Hf}(t)$ 较高和 T_{DM2}（Hf）较低（图 8.5）。

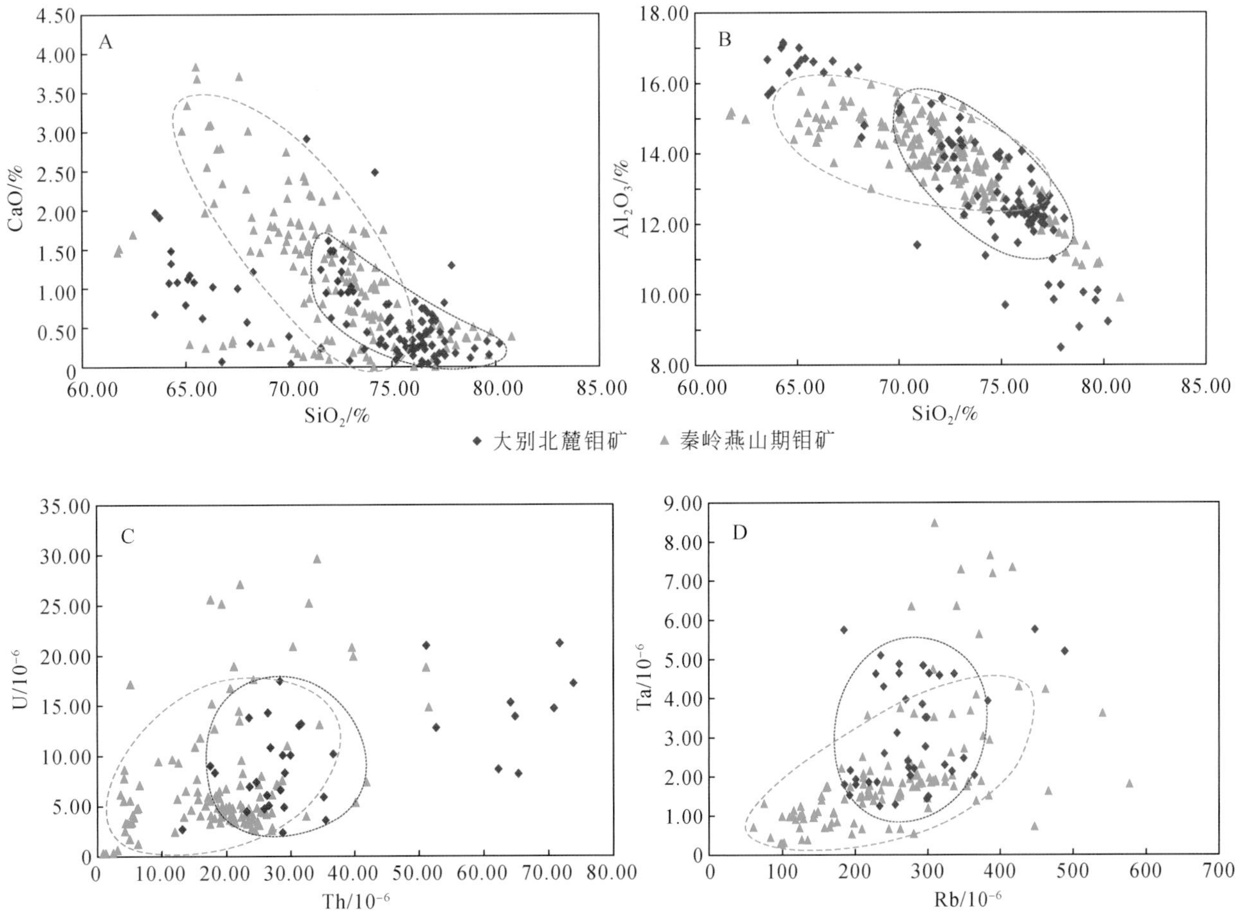

图 8.3　大别与秦岭成钼岩体地球化学特征对比

（3）辉钼矿 Re 含量：由辉钼矿 Re-Os 年龄-lg(Re) 含量图解可见，秦岭与大别燕山期钼矿床的辉钼矿 Re 含量与 Re-Os 模式年龄均表现为一定的正相关性，但大别地区辉钼矿 Re 含量较秦岭明显偏低（图 8.6）。

（4）成矿作用时代及地球动力学背景：秦岭地区燕山期钼矿床形成于 110 ~ 160Ma，以 130 ~ 150Ma 为高峰，形成于碰撞造山过程的挤压向伸展转变期（详见第 1 章、第 7 章及其引文）。而大别地区钼矿爆发式形成于 110 ~ 130Ma，属后碰撞伸展构造背景。考虑到东大别（商麻断裂以东）钼矿床成矿时间比西大别地区（商麻断裂以西）更晚，而东秦岭成矿时间比西秦岭更晚，认为总体呈现了自西向东渐新的趋势（陈衍景等，2009），受到了太平洋板块俯冲诱发弧后伸展作用以及造山带内部挤出逃逸作用的影响。

（5）构造单元属性：秦岭钼矿带的主要矿床分布于商丹断裂（龟梅断裂）以北的华北克拉通南缘增生造山带，主体属于古劳亚大陆体系或华北古板块；大别钼矿带，除最西端的天目沟矿床以外，全部位于龟梅断裂（商丹断裂）以南的扬子克拉通北缘增生造山带，主体属于冈瓦纳大陆体系或扬子古板块。最新研究（陈红瑾等，2013；Mi et al.，2015）显示，虽然大别钼矿带位于龟梅断裂以南，但至少部分成岩成矿物质源自华北古板块，指示至少曾有华北古板块南缘地壳向南俯冲到大别造山带北缘之下，并为大别钼矿带形成提供了富钼的地壳物质。此认识即可解释为什么大别钼矿带局限于大别山脉北缘，也可解释为什么大别造山带基本不出露华北古板块的构造单元，特别是结晶基底。

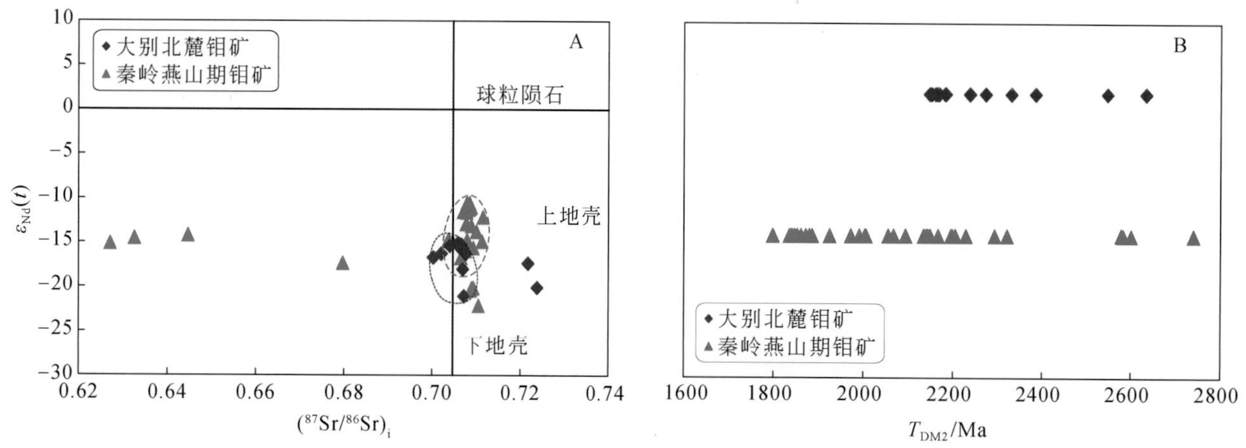

图 8.4　大别与秦岭地区 $(^{87}Sr/^{86}Sr)_i$-$\varepsilon_{Nd}(t)$ 图解（A）及 T_{DM2} 变化范围（B）

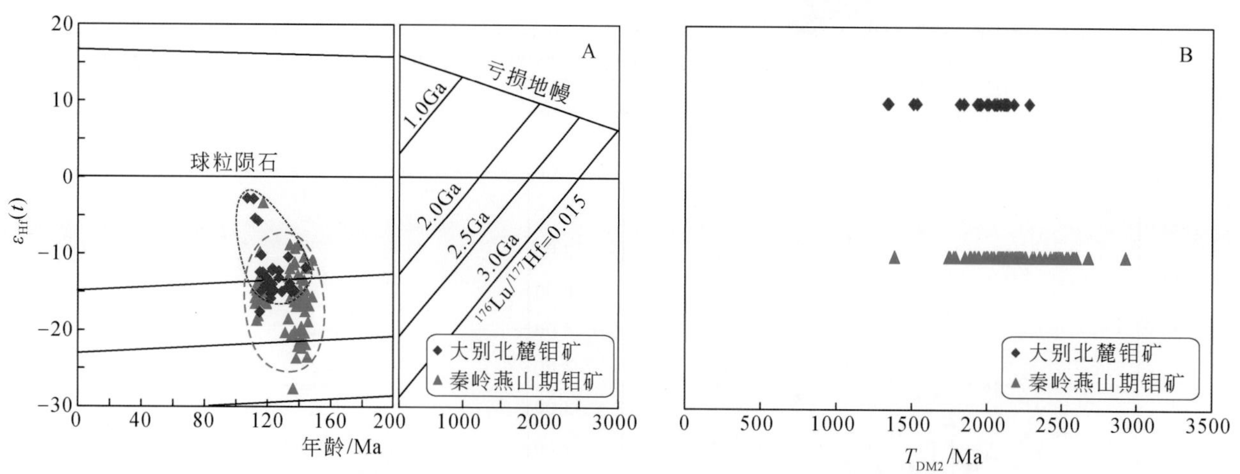

图 8.5　大别与秦岭地区年龄-$\varepsilon_{Hf}(t)$ 图解（A）及 T_{DM2} 变化范围（B）

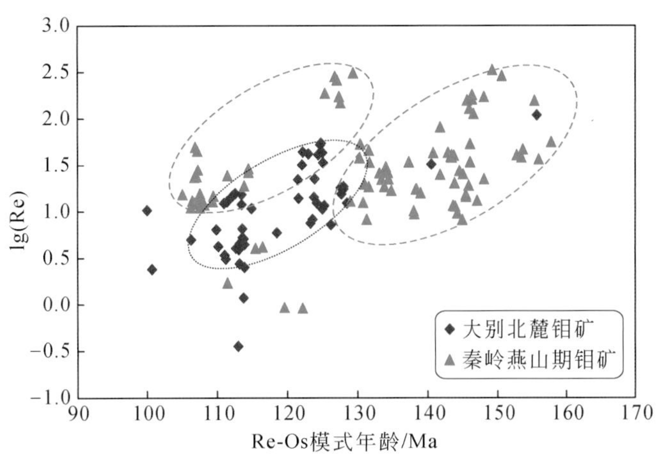

图8.6　大别与秦岭地区辉钼矿 Re-Os 模式年龄-lg(Re) 图解

（6）伴生矿床：秦岭钼矿带除了发育钼矿床外，还有大量重要的脉状金矿床、银-铅锌矿床等（多为造山型），如栾川矿田、外方山矿田、熊耳山矿田等。相反，大别钼矿带除了钼矿床之外，迄今尚未探获重要的其他元素矿床。我们认为，大陆碰撞造山过程的早、中、晚阶段均可形成矿床（陈衍景，2013），但由于秦岭与大别剥蚀程度的差异，大陆碰撞造山过程早-中阶段形成的矿床在秦岭造山带仍然得到了保存，而在大别造山带则遭受了风化剥蚀，因此大别钼矿带只保存了碰撞造山过程晚阶段形成的矿床，相应的成矿时代也较晚。

8.2　国内其他钼成矿带

我国是世界钼资源大国，钼资源年产量和保有储量均居世界首位（U. S. Geological Survey，2011）。目前我国境内已发现钼矿床（包括单钼矿床或以钼为主的矿床，下同）140余处，其中大型、超大型矿床40余处（表8.9、表8.10、表8.11和图8.7）。除前述的秦岭、大别钼矿带外，这些矿床集中分布于如下地区：①中亚造山带西段（部），包括塔里木-阿拉善地块以北的天山、准噶尔、阿勒泰、北山等地，西起中哈边境，东至南北向的贺兰山脉，以白山、东戈壁大型-超大型钼矿为典型代表（图8.8）；②中亚造山带东段，位于贺兰山脉以东、松辽盆地以西，南至华北克拉通的边界断裂（康保-赤峰断裂），以大兴安岭为主体，已发现迪彦钦阿木、兴阿、岔路口等超大型钼矿和一批大中型钼矿床（图8.9）；③中亚造山带东段的吉黑褶皱带，位于松辽盆地以东、康保-赤峰断裂以北，以鹿鸣和大黑山超大型钼矿床以及大石河、季德屯等大型钼矿为代表（图8.9）；④华北克拉通北缘成矿带，包括乌拉山-大青山和燕辽地区，分布有查干花、查干德尔斯、大苏计、曹四夭、撒岱沟门、车户沟、鸡冠山、肖家营子、杨家杖子、兰家沟等大型、超大型钼矿（图8.9）；⑤华南成矿带，主要位于江绍断裂以南，有赤路、园岭寨、大宝山等大型、超大型钼矿（图8.10）；⑥青藏高原成矿带，新发现了沙让、汤不拉等重要钼矿床（图8.11）。此外，在祁连-昆仑、长江中下游等地亦有部分钼矿床，但往往分布不够集中，或者规模较小，或者与其他金属矿床相伴（如长江中下游成矿带）。

与秦岭、大别钼矿带类似，上述各成矿区（带）钼矿床类型亦以斑岩型（广义的斑岩型，包括斑岩型、夕卡岩型、爆破角砾岩型等）为主体，兼有部分热液脉状矿床（表8.8、表8.9、表8.10、表8.11）。鉴于目前脉状矿床研究相对薄弱，部分矿床与岩浆岩关系不明，下文将以研究相对成熟的斑岩型钼矿为例，对比秦岭与其他成矿区（带）的异同（表8.12）。

表 8.8　西北地区钼矿床地质特征（据 Wu et al.，2017 修改）

序号	矿床/县市/省区	类型	矿种	储量/品位	规模（型）	赋矿围岩	控矿构造	成矿岩体	矿体形态/产状	围岩蚀变	矿石矿物	脉石矿物
1	索尔库都克/富蕴/新疆	夕卡岩型	Cu，Mo		中	中泥盆统北塔山组安山岩、安山玢岩和安山质凝灰岩	NNW 和 SSE 向断裂	闪长岩、花岗闪长斑岩	层状、透镜状/夕卡岩带	夕卡岩化、青磐岩化、钾化、硅化、碳酸盐化、泥化	辉钼矿、黄铜矿、黄铁矿、磁黄铁矿、闪锌矿、斑铜矿、磁铁矿	石榴子石、透辉石、绿帘石、阳起石、绿泥石、黑云母、石英、透闪石、钾长石
2	希勒库都克/富蕴/新疆	斑岩型	Cu，Mo	Cu：0.1%～3.76%；Mo：0.06%～0.12%	中	下石炭统南明水组凝灰岩、砂岩、粉砂岩、凝灰岩	NNW 向断裂	花岗斑岩、石英闪长岩	层状、透镜状、脉状/岩体和接触带	硅化、钾化、青磐岩化、绢英岩化、碳酸盐化、泥化、夕卡岩化	辉钼矿、黄铜矿、黄铁矿、磁铁矿、方铅矿、白铁矿	石英、白云母、绿泥石、绿帘石、斜长石、钾长石、黑云母、萤石、角闪石、方解石、石膏
3	玉勒肯哈拉苏/清河/新疆	斑岩型	Cu，Mo	Cu：171kt@0.25%～0.79%；Mo：0.06%	中	中泥盆统北塔山组火山岩、火山碎屑岩；下石炭统姜巴斯套组陆源碎屑岩、火成碎屑岩	NW 向断裂	闪长斑岩	层状、透镜状、脉状/岩体	钾化、绢英岩化、青磐岩化、碳酸盐化、电气石化	辉钼矿、黄铜矿、黄铁矿、斑铜矿、磁铁矿、方铅矿、磁黄铁矿，毒砂	石英、斜长石、钾长石、黑云母、绿帘石、绿泥石、角闪石、方解石、石膏
4	阿斯喀尔特/富蕴/新疆	斑岩型	Be，Mo		大	上奥陶统哈巴河群石英云母片岩、黑云母片麻岩、混合岩	NW 和 SE 向断裂	白云母钠长斑岩	层状、脉状/接触带	硅化、黑云母化、钠长石化	辉钼矿、黄铜矿、黄铁矿、磁铁矿、辉铋矿、闪锌矿	石英、绿柱石、白云母、磷灰石
5	苏云河/裕民/新疆	斑岩型	Mo	Mo：570kt@0.05%～0.09%	超大	中泥盆统巴尔鲁克群火山沉积岩	NE、EW 和 ENE 向断裂	二长花岗斑岩	脉状/围岩	硅化、钾化、绢英岩化、青磐岩化、泥化、碳酸盐化	辉钼矿、黄铁矿、白钨矿、黄铜矿、磁铁矿、赤铁矿	石英、钾长石、黑云母、角闪石、绢云母
6	包古图/托里/新疆	斑岩型	Cu，Mo	Cu：630kt@0.28%；Mo：180kt@0.011%	大	下石炭统希贝库拉斯组火山碎屑沉积岩	ENE 向断裂	闪长斑岩、石英闪长岩	脉状/岩体和接触带	硅化、钾化、绢英岩化、青磐岩化、沸石化	黄铁矿、黄铜矿、毒砂、磁黄铁矿、辉钼矿、闪锌矿、辉铜矿	石英、钾长石、绿泥石、绢云母、黑云母
7	宏远/克拉玛依/新疆	斑岩型	Mo	Mo：0.036%～0.177%		下石炭统包古图组凝灰质粉砂岩和硅质粉砂岩	ENE 向断裂	花岗斑岩	透镜状、脉状/岩体	硅化、绢英岩化、绿泥石化、碳酸盐化	辉钼矿、黄铜矿、黄铁矿、磁黄铁矿、毒砂	石英、方解石、绿泥石、绢云母、白云母

续表

序号	矿床/县市/省区	类型	矿种	储量/品位	规模（型）	赋矿围岩	控矿构造	成矿岩体	矿体形态/产状	围岩蚀变	矿石矿物	脉石矿物
8	蒙西/伊乌/新疆	斑岩型	Cu，Mo	Cu：0.21%～0.43%；Mo：0.01%～0.034%		奥陶系荒草坡群变质结晶凝灰岩、粉砂岩、粉泥岩、安山岩、石英片岩、长英质角岩	NE向断裂	花岗斑岩	脉状/岩体和接触带	硅化、钾化、青磐岩化、云英岩化、碳酸盐化	黄铜矿、黄铁矿、辉钼矿、磁铁矿、褐铁矿、铜蓝	长石、石英、方解石、绢云母、绿泥石
9	达巴特/温泉/新疆	斑岩型	Cu，Mo	Cu：52kt@0.33%～0.69%；Mo：5.6kt@0.065%	小	上泥盆统托斯库尔塔乌组凝灰岩，凝灰质角砾岩，熔岩，托斯库尔塔物	WNW向断裂	流纹斑岩	透镜状、脉状/岩体和接触带	硅化、绢英岩化、泥化、萤石化	辉钼矿、黄铜矿、黄铁矿、辉铜矿	石英、方解石、绿泥石、绿帘石、萤石、石膏
10	科克赛/博乐/新疆	斑岩型	Cu，Mo	Mo：0.033%～0.085%		上泥盆统托斯库尔塔乌组凝灰岩、安山岩、英安岩、凝灰质粉砂岩	EW向断裂	花岗闪长岩、花岗斑岩	透镜状、脉状/岩体和接触带	硅化、钾化、绢英岩化、泥化、绿泥石化、碳酸盐化	黄铁矿、磁黄铁矿、辉钼矿、方铅矿、闪锌矿、磁铁矿	石英、绿泥石
11	冬吐劲/精河/新疆	斑岩型	Cu，Mo	Cu：多达4%	小	上泥盆统凝灰质粉砂岩、粉质泥岩	ENE和WNW向断裂	黑云母花岗闪长岩	透镜状、脉状/岩体	硅化、夕卡岩化、绿帘石化、碳酸盐化	辉钼矿、黄铜矿、黄铁矿、闪锌矿、方铅矿	石英、方解石、绿帘石
12	莱利斯高尔/精河/新疆	斑岩型	Cu，Mo	Mo：>4.6kt@0.062%～0.32%	小	上志留统博洛霍洛山组钙质或泥质粉砂岩、钙质石英长石砂岩、粉砂质石灰岩	NE向断裂	花岗闪长岩、石英闪长斑岩	透镜状、脉状/岩体和接触带	硅化、钾化、绢英岩化、绿泥石化、碳酸盐化	辉钼矿、黄铜矿、黄铁矿、闪锌矿、白钨矿、磁黄铁矿	石英、钾长石、黑云母、绿泥石、方解石、角闪石
13	肯登高尔/精河/新疆	夕卡岩型	Cu，Mo	Cu：19kt@0.56%～1.2%；Mo：1kt@0.036%～0.31%	小	石炭系东图津组灰岩、砂岩、粉砂岩	NW向断裂	花岗闪长岩、灰岩	透镜状、脉状/接触带	夕卡岩化、硅化、青磐岩化	黄铜矿、辉钼矿、斑铜矿、黄铁矿、磁铁矿 磁黄铁矿，闪锌矿、方铅矿、毒砂	透辉石、铁铝榴石、阳起石、绿帘石、石英、硅灰石、电气石、绿泥石、符山石
14	土屋－延东/哈密/新疆	斑岩型	Cu，Mo	Cu：200kt@0.43%；Mo：37kt@0.08%	大	石炭系企鹅山群火山熔岩和火山碎屑岩	ENE向断裂	斜长花岗岩、辉长斑岩	透镜状、脉状/岩体	硅化、青磐岩化、碳酸盐化、绢英岩化、碳酸盐化、钠长石化	黄铜矿、斑铜矿、黄铁矿、闪锌矿、磁铁矿、辉钼矿、方铅矿、辉铜矿	石英、绢云母、绿帘石、绿泥石、黑云母、方解石、高岭石、石膏

续表

序号	矿床/县市/省区	类型	矿种	储量/品位	规模（型）	赋矿围岩	控矿构造	成矿岩体	矿体形态/产状	围岩蚀变	矿石矿物	脉石矿物
15	库姆塔格/哈密/新疆	夕卡岩型	Mo	Mo：0.061%～0.11%		晚古生代辉长岩侵入前寒武纪基底	EW、ENE向断裂	花岗岩	透镜状/围岩和夕卡岩带	硅化、青磐岩化、碳酸盐化、孔雀石化、夕卡岩化	辉钼矿、黄铜矿、黄铁矿、磁铁矿	石英、方解石、绿泥石、绿帘石
16	赤湖/哈密/新疆	斑岩型	Cu，Mo	Mo：0.02%～0.04%；Cu：0.2%～0.3%		下石炭统苦水组安山岩－玄武岩熔岩、角砾岩和凝灰岩	近EW向断裂	斜长花岗岩斑岩、蚀变闪长斑岩	透镜状/岩体和接触带	硅化、青磐岩化、绢英岩化	辉钼矿、黄铜矿、黄铁矿、斑铜矿、辉铜矿	石英、绢云母、绿泥石、斜长石、高岭石
17	东戈壁/哈密/新疆	斑岩型	Mo	Mo：＞500kt@0.114%	超大	下石炭统干墩组变质砂岩	NE、ENE和SN向断裂	斑状花岗岩	透镜状/围岩和接触带	硅化、钾化、绢英岩化、青磐岩化、萤石化	辉钼矿、黄铜矿、黄铁矿、磁黄铁矿、闪锌矿、方铅矿、白钨矿	石英、钾长石、黑云母、绢云母、绿泥石、绿帘石、方解石、电气石、绿柱石、萤石
18	玉海/哈密/新疆	斑岩型	Cu，Mo	Cu：0.22%～0.76%；Mo：0.02%～0.031%	小	上石炭统梧桐窝子组细粒长石－角斑岩	NE向断裂	石英闪长斑岩	透镜状、脉状/岩体	硅化、钾化、青磐岩化	辉钼矿、黄铜矿、黄铁矿、磁铁矿	石英、绿泥石、绿帘石、钾长石
19	三岔口/哈密/新疆	斑岩型	Cu，Mo	Cu：6.394%；Mo：0.013%		早石炭世变质石英砂岩、粉砂岩、板岩、叶蜡石	EW向断裂	斜长花岗斑岩	透镜状、脉状/接触带	硅化、绢英岩化、青磐岩化、泥化	黄铜矿、黄铁矿、辉钼矿、辉铜矿、斑铜矿	石英、绢云母、绿泥石、绿帘石、黑云母
20	小白石头/星星峡/新疆	夕卡岩型	W，Mo	W：0.23%～3.06%；Mo：0.082%		中元古界尖山子组卡瓦布拉克群片岩、片麻岩、大理岩、含硅灰石片岩	NE向断裂	粗粒黑云母花岗岩	透镜状、脉状/围岩和接触带	硅化、夕卡岩化、青磐岩化、萤石化、碳酸盐化	白钨矿、辉钼矿、辉铋矿、黄铁矿、闪锌矿、方铅矿、黄铜矿	石榴子石、透辉石、硅灰石、绿帘石、阳起石、铁铝榴石、绿泥石石英、方解石、萤石
21	白山/哈密/新疆	斑岩型	Mo，Re	Mo：＞500kt@0.06%	超大	下石炭统干墩组长英质角砾岩、黑云母片岩	EW向断裂	花岗斑岩	透镜状、网脉状/岩体	硅化、钾化、青磐岩化、娟英岩化、泥化	辉钼矿、黄铜矿、黄铁矿、闪锌矿、方铅矿、磁铁矿	石英、钾长石、黑云母、绢云母、绿泥石、绿帘石、方解石

续表

序号	矿床/县市/省区	类型	矿种	储量/品位	规模(型)	赋矿围岩	控矿构造	成矿岩体	矿体形态/产状	围岩蚀变	矿石矿物	脉石矿物
22	花南沟/瓜州/甘肃	斑岩型	Mo, W	Mo：0.03%～0.038%		中奥陶统花鸟山群流纹岩、安山岩和绢云母石英片岩	NE和NW向断裂	二长花岗岩	脉状/围岩和接触带	硅化、钾化、青磐岩化、绢英岩化、碳酸盐化、泥化	辉钼矿，黄铜矿、磁铁矿、褐铁矿、白钨矿、黄铁矿、闪锌矿	石英、钾长石、斜长石、方解石、绿帘石
23	花黑滩/柳园/甘肃	石英脉型	W, Mo	Mo：25kt@0.08%	中	中元古界坪头山群含生物岩长石角岩	EW和WNW向断裂	碱性长石花岗岩	透镜状/围岩和岩体	硅化、黄铁矿化	辉钼矿、黄铁矿、磁黄铁矿、黄铜矿、方铅矿、磁铁矿、毒砂	石英、钾长石、黑云母、白云母、方解石、萤石
24	红山井/肃北/甘肃	斑岩型	Mo	Mo：0.036%～0.073%		中石炭统音凹霞组凝灰岩、安山岩	WNW向断裂	钾长花岗岩、二长花岗岩	透镜状、脉状/岩体	硅化、绢英岩化、黄铁矿化	辉钼矿、黄铁矿、闪锌矿、方铅矿、磁铁矿、褐铁矿、斑铜矿、白铁矿	斜长石、石英、绿泥石、绿帘石、黑云母、绢云母、方解石、萤石、磷灰石
25	流沙山/额济纳旗/内蒙古	斑岩型	Mo, Au	Mo：0.224%	大	石炭系白山组流纹岩、英安岩、凝灰岩	NW向断裂	花岗闪长岩	透镜状、脉状/岩体	硅化、钾化、青磐岩化、绢英岩化	辉钼矿、闪锌矿、黄铁矿、黄铜矿	石英、钾长石、黑云母、绿泥石、
26	额勒根/额济纳旗/内蒙古	斑岩型	Cu, Mo	Mo：0.04%～0.08%；Cu：0.05%～0.31%	中	奥陶系咸水湖组安山岩、安山岩玄武岩和凝灰岩	WNW和EW向断裂	花岗闪长斑岩、花岗闪长岩	脉状、稠密浸染状/岩体	硅化、钾化、青磐岩化、绢英岩化	辉钼矿、黄铜矿、黄铁矿、磁铁矿、钛铁矿	石英、钾长石、斜长石、白云母、绢云母、角闪石
27	小狐狸山/额济纳旗/内蒙古	斑岩型	Mo, Au	Mo：33.5kt@0.09%	中	奥陶系咸水湖组安山岩、角砾岩、凝灰岩和蚀变安山岩	NE向断裂	斑状花岗岩、云英岩	透镜状、脉状/岩体	硅化、钾化、青磐岩化、绢英岩化、黄铁矿化、碳酸盐化	辉钼矿、黄铁矿、闪锌矿、方铅矿、磁铁矿、辉铋矿	石英、钾长石、斜长石、白云母、萤石、钠长石、托帕石

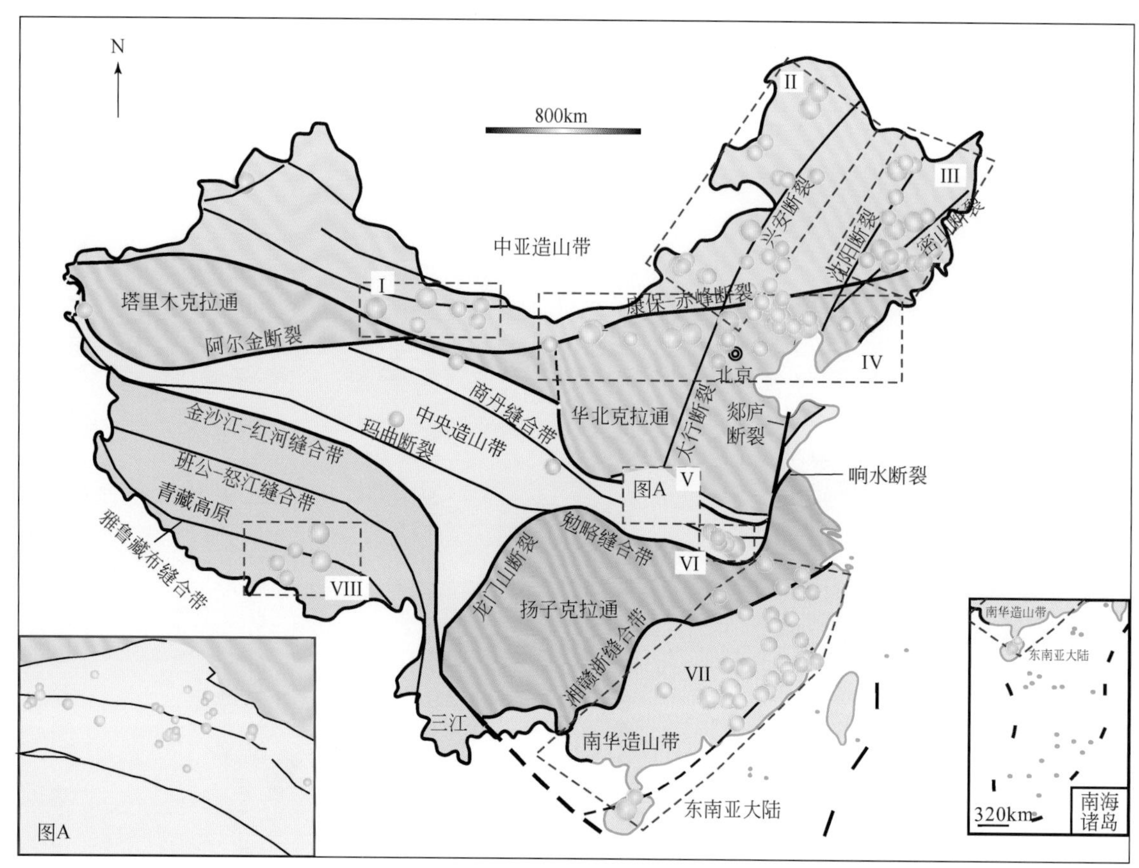

图 8.7 中国主要钼矿床分布图

钼成矿带编号：I. 中亚造山带西段；II. 中亚造山带东段；III. 吉黑成矿带；IV. 华北克拉通北缘；V. 秦岭成矿带；VI. 大别成矿带；VII. 华南成矿带；VIII. 青藏高原成矿带

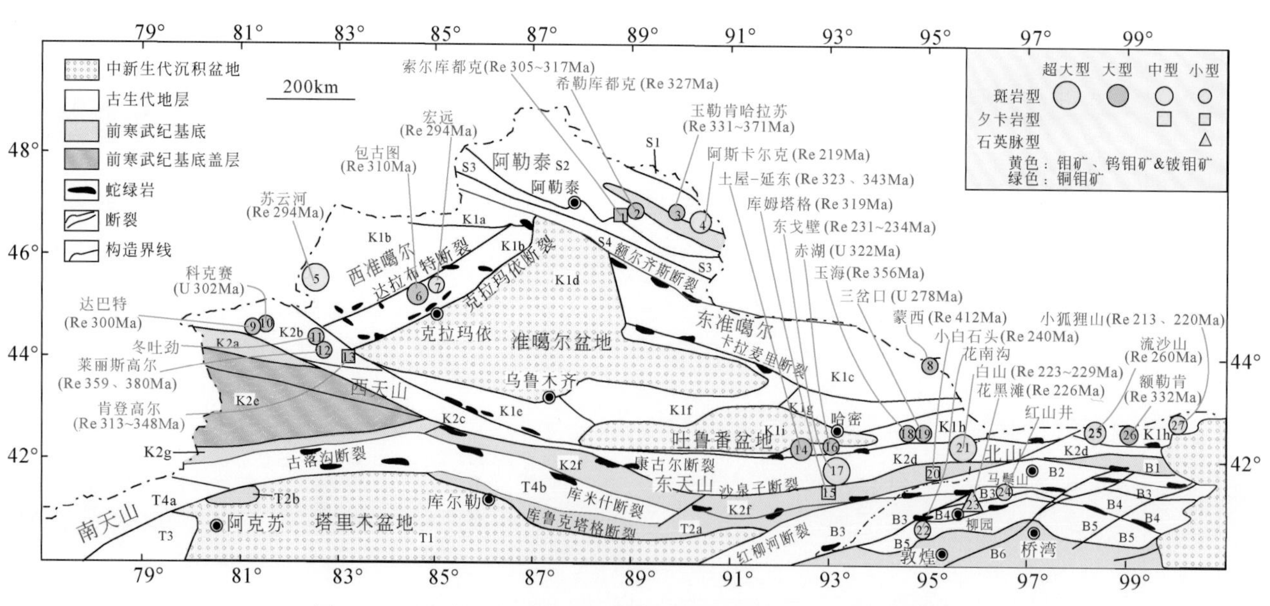

图 8.8 西北地区主要钼矿床分布图（据 Wu et al., 2017 修改）

S1. 诺尔特晚泥盆世—早石炭世火山盆地；S2. 可可托海古生代岩浆弧；S3. 克兰泥盆纪—石炭纪弧前盆地；S4. 阿尔曼泰-额尔齐斯增生楔 K1a，扎尔玛-萨吾尔岛弧；K1b. 西准噶尔增生杂岩；K1c. 东准噶尔增生杂岩；K1d. 准噶尔中生代—新生代盆地；K1e. 依连哈比尔尕晚古生代弧后盆地；K1f. 博格达晚古生代裂陷槽；K1g. 哈尔里克古生代岛弧；K1h. 大南湖-雀儿山岛弧；K1i. 吐鲁番中生代—新生代盆地；K2a. 赛里木地块；K2b. 温泉地块；K2c. 博罗霍洛古生代岛弧；K2d. 雅满苏-黑英山弧盆；K2e. 伊犁石炭纪—二叠纪陆内裂谷；K2f. 中天山早泥盆世地块；K2g. 那拉提早泥盆世地块. T1. 塔里木中生代—新生代盆地；T2a. 库鲁克格前寒武纪地块；T2b. 木札尔特地块；T3. 卡拉铁热克晚古生代被动陆缘；T4a. 西南天山晚古生代褶皱带；T4b. 南天山（库米什）古生代增生杂岩. B1. 旱山弧-前寒武基底；B2. 马鬃山弧；B3. 双鹰山石炭纪—二叠纪弧盆；B4. 花牛山弧；B5. 石板山弧；B6. 敦煌前寒武纪基底

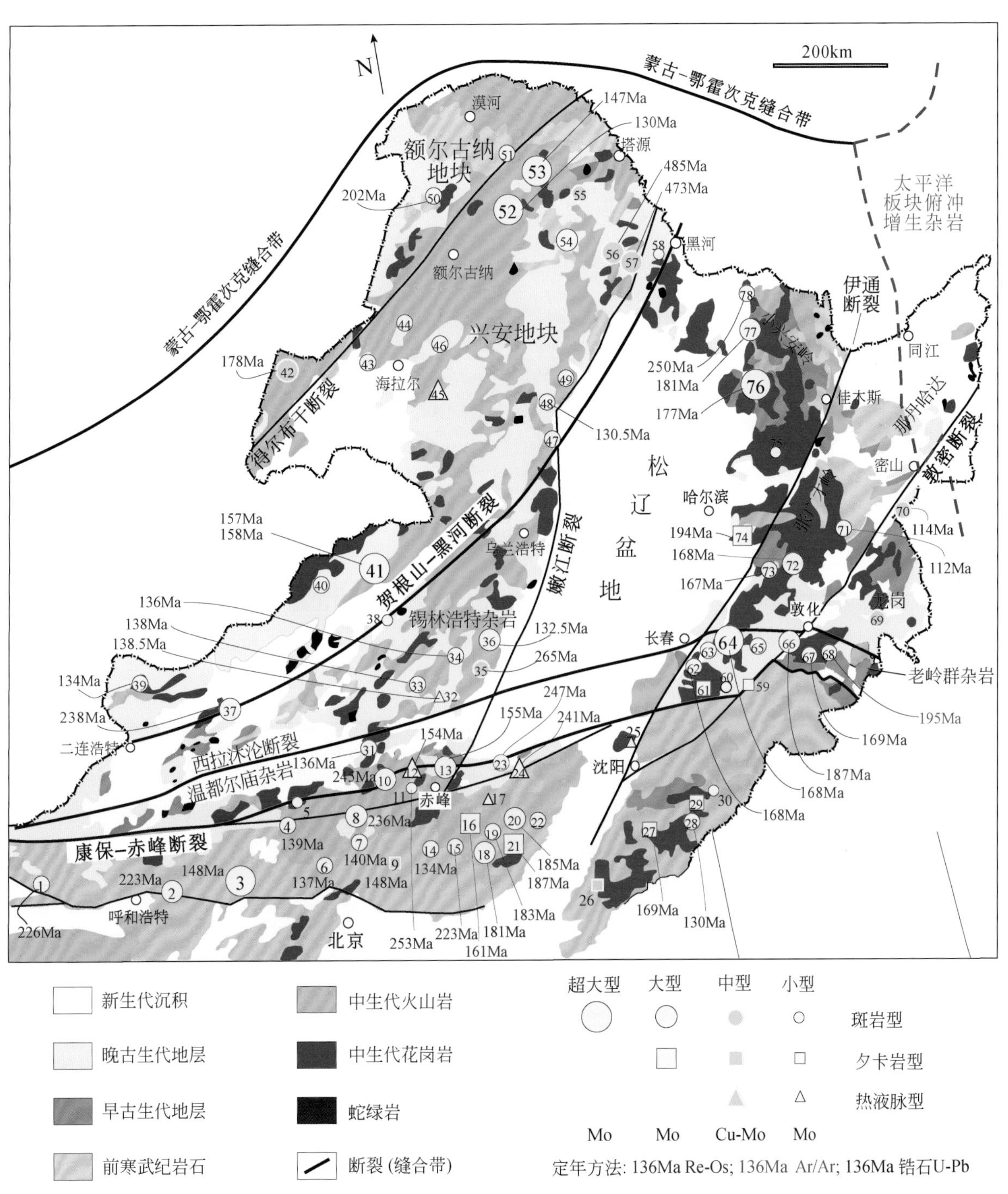

图 8.9　东北地区主要钼矿床分布图（据 Chen et al.，2017b 修改）

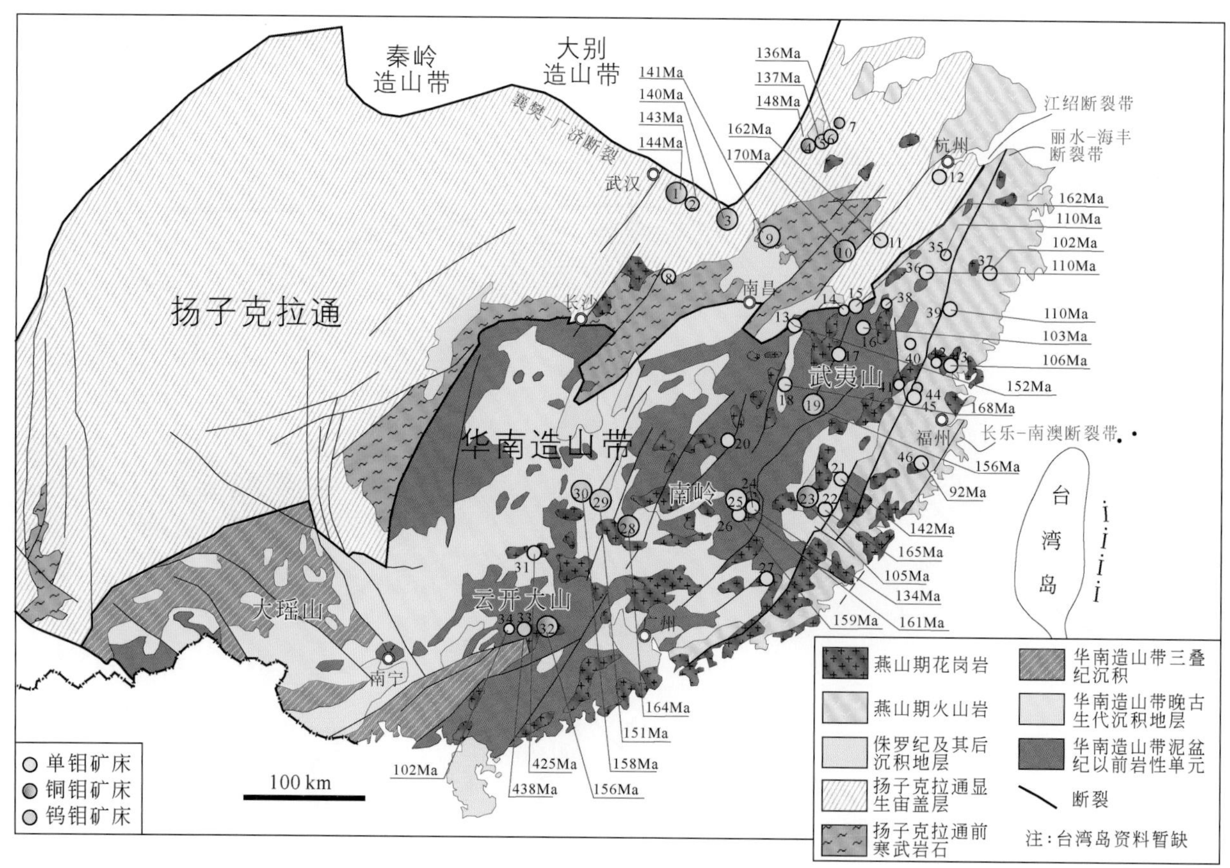

图 8.10　华南地区主要钼矿床分布图（据 Zhong J et al.，2017 修改）

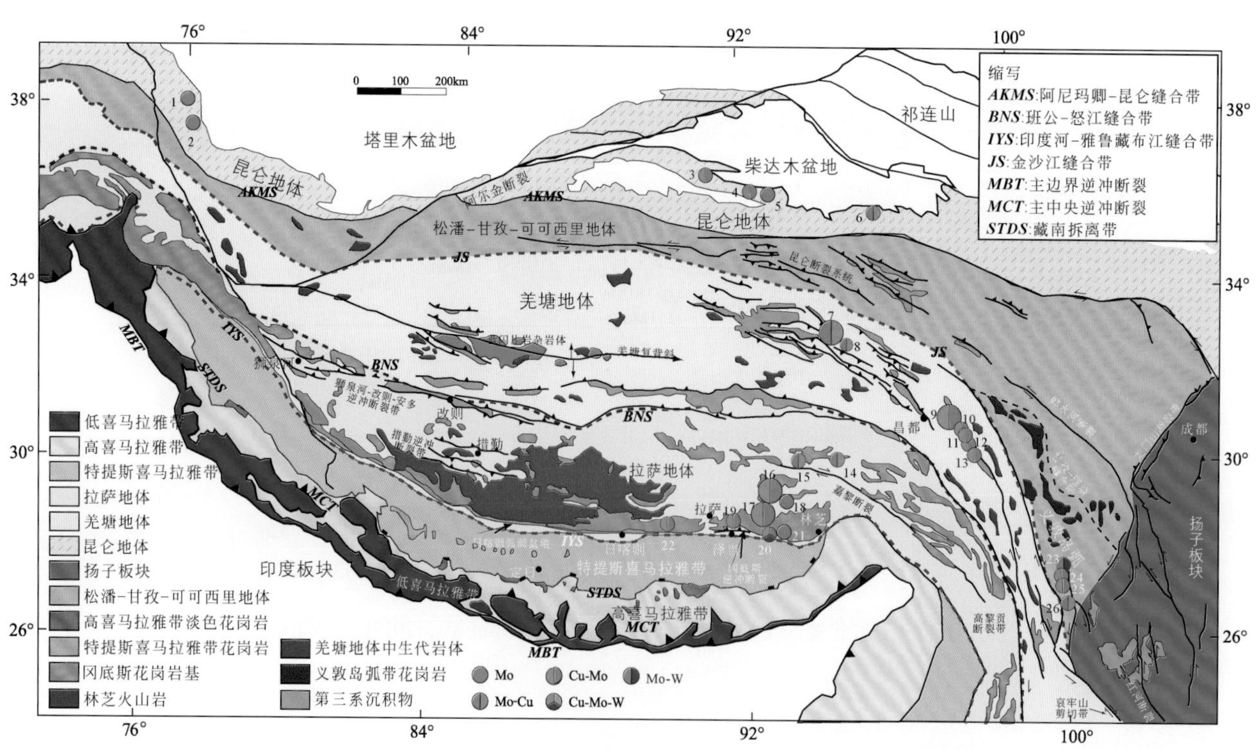

图 8.11　西南地区主要钼矿床分布图（据 Yang and Wang，2017 修改）

表 8.9 东北地区钼矿床地质特征（据 Chen et al.，2017b 修改）

序号	矿床/县市/省区	矿床类型	矿种	储量/万 t	品位/%	规模	赋矿地层及时代	控矿构造	控矿岩体	矿体产出	围岩蚀变	矿石矿物	脉石矿物
1	西沙德盖/巴彦淖尔/内蒙古	斑岩型	Mo	>1	0.087	中型	早前寒武纪（太古宙—古元古代）乌拉山群片麻岩	NW 和近 EW 向断裂	斑状钾长花岗岩	透镜状，似层状/岩体内及接触带	云英岩化、硅化、钾长石化、钠长石化、高岭土化、黄铁绢英岩化	黄铁矿、辉钼矿、磁黄铁矿、磁铁矿、赤铁矿	石英、钾长石、斜长石、白云母、高岭石、萤石
2	大苏计/卓资/内蒙古	斑岩型	Mo	20	0.133	大型	早前寒武纪（太古宙—古元古代）集宁群片麻岩	NE 向构造，NEE 向复背斜	正长花岗斑岩	巨厚层状/岩体内	硅化、褐铁矿化、黄铁绢英岩化、云英岩化	辉钼矿、黄铁矿、钼华、褐铁矿	石英、斜长石、钾长石、高岭石、绢云母、绿帘石
3	曹四夭/兴和/内蒙古	斑岩型	Mo	200	0.08	超大型	早前寒武纪片麻岩、混合岩，集宁群张家口组粗面岩、流纹岩、凝灰岩	NE、NW 和 NS 向断裂	花岗斑岩	厚层状、豆荚状、透镜状、脉状/接触带内	硅化、绢云母化、钾长石化、黑云母化、绿泥石化、萤石化、碳酸盐化	黄铁矿、辉钼矿、黑钨矿、磁铁矿、闪锌矿、方铅矿	石英、斜长石、钾长石、绢云母、黑云母、绿泥石、萤石、方解石
4	张麻井/沽源/河北	斑岩型	U，Mo	1	0.334	中型	上侏罗统张家口组粗面岩、流纹岩和角砾凝灰岩	NE 和 NW 向断裂	流纹斑岩	脉状、透镜状、筒状/岩体内及接触带	硅化、黄铁矿化、水云母化、高岭石化、蒙脱石化、萤石化	胶硫钼矿、沥青铀矿、黄铁矿、赤铁矿	石英、长石、云母、高岭石
5	毛家营子/正蓝旗/内蒙古	斑岩型	U，Mo	<1		小型	上侏罗统张家口组粗面安山岩、火山角砾岩、流纹质凝灰岩	NW、NE 和 EW 向三组断裂	流纹斑岩、玄武玢岩	脉状/围岩中	硅化、褐铁矿化、泥化、萤石化	胶硫钼矿、沥青铀矿、黄铁矿、赤铁矿	石英、萤石、高岭土
6	大庄科/延庆/北京	爆破角砾岩型	Mo，Cu	1.04	0.08	中型	蓟县系碳酸盐岩	爆破角砾岩筒控矿	角砾岩筒	角砾岩筒内部	钾化、硅化、沸石化、黄铁绢英岩化、青磐岩化	辉钼矿、磁铁矿、黄铁矿、闪锌矿、钛铁矿、黄铜矿	斜长石、钾长石、石英、黑云母、角闪石
7	大草坪/丰宁/河北	斑岩型	Mo	>1		中型		NE 向断裂为主，NW 向次之	花岗闪长岩、花岗岩	条带状、脉状/岩体及其接触带	钾长石化、绢云母化、硅化、高岭石化	辉钼矿、黄铁矿、磁铁矿、闪锌矿	钾长石、石英、绢云母、高岭土
8	撒岱沟门/丰宁/河北	斑岩型	Mo	18.7	0.076	大型	古元古界红旗营子群片麻岩及混合岩化变质岩类；上侏罗统酸性熔岩、火山碎屑岩	NE 和 SN 向断裂为主	二长花岗岩	不规则透镜状/岩体内	微斜长石化、硅化、白云母化、绢云母化、萤石化、碳酸盐化、高岭土化	辉钼矿、黄铁矿、磁铁矿、闪锌矿、黄铜矿	石英、钾长石、斜长石、云母、萤石及碳酸盐

续表

序号	矿床/县市/省区	矿床类型	矿种	储量/万 t	品位/%	规模	赋矿地层及时代	控矿构造	控矿岩体	矿体产出	围岩蚀变	矿石矿物	脉石矿物
9	寿王坟/承德/河北	夕卡岩型	Cu，Mo	0.32	0.31	小型	蓟县系雾迷山组白云岩、燧石条带白云岩	EW 和 NW 向断裂	似斑状花岗闪长岩	接触带	夕卡岩化、绿泥石化、绢云母化、硅化、蛇纹石化	黄铜矿、斑铜矿、辉钼矿、磁铁矿、闪锌矿、方铅矿	透辉石、石榴子石、透闪石、硅镁石、金云母、橄榄石、蛇纹石
10	车户沟/赤峰/内蒙古	斑岩型	Mo，Cu	12	0.10	大型	太古宇小塔子沟组混合片麻岩、花岗片麻岩和混合花岗岩	NE 向断裂被 NW 向断裂所交切	花岗斑岩、正长斑岩	似层状/岩体内部	硅化、钾化、绢云母化、绿帘石化、绿泥石化、泥化	黄铁矿、黄铜矿、辉钼矿	石英、钾长石、黑云母、角闪石
11	蒙古营子/赤峰/内蒙古	斑岩型	Au，Mo	<1		小型	太古宇建平群斜长角闪片麻岩、黑云母角闪斜长片麻岩、混合岩、混合花岗岩；上侏罗统安山岩、粗安岩、流纹岩、凝灰岩	EW、NW、NE 三组断裂控制	二长花岗岩	条带状/岩体中	硅化、钾化、绢云母化、高岭土化、萤石化	黄铁矿、辉钼矿、少量黄铜矿	石英、长石、云母、少量萤石
12	碾子沟/赤峰/内蒙古	石英脉型	Mo	1.5	0.39	中型	太古宇建平群斜长角闪片麻岩、黑云母角闪斜长片麻岩、混合岩；白垩系义县组中基性火山岩夹火山熔岩、火山角砾岩、凝灰岩	NNW 向和 NW 向断裂	二长花岗岩	脉状/岩体内	硅化、钾长石化、绢云母化，次为绿泥石化、萤石化、碳酸盐化、高岭土化	辉钼矿、黄铁矿	石英，少量绢云母、萤石、方解石
13	鸡冠山/赤峰/内蒙古	斑岩型	Mo，Cu	15	0.09	大型	二叠系青凤山组浅海相碎屑岩和火山碎屑岩、熔岩；上侏罗—下白垩统英安岩-流纹岩-陆相砂砾岩	火山穹窿环状构造、NEE 向张剪和 NW 向压剪	花岗斑岩、流纹斑岩	不规则透镜状/岩体内及接触带	硅化、钾化、绢云母化、碳酸盐化、萤石化、绿泥石化	辉钼矿、黄铁矿、黄铜矿、磁铁矿	石英、方解石、萤石、石膏
14	小寺沟/平泉/河北	斑岩型-夕卡岩型	Mo，Cu	5.98	0.09	中型	蓟县系雾迷山组白云质灰岩、燧石条带灰质白云岩	EW、NNE 和 NW 向断裂联合控制	花岗闪长斑岩	岩体内及其接触带	钾化、黄铁绢英岩化、黏土化、夕卡岩化、蛇纹石化	黄铜矿、辉铜矿、黄铁矿、辉钼矿、斑铜矿	石英、长石、蛇纹石、方解石、石榴子石
15	河坎子/凌源/辽宁	斑岩型	Mo，Au，Cu	>1		中型	中元古界、古生界碳酸盐岩及碎屑岩地层	NE 向断裂为主，NNW 为辅	钾长花岗岩	岩体蚀变带内	绿泥石化、硅化、钾化、高岭土化、绢云母化、夕卡岩化	辉钼矿、磁铁矿、磁黄铁矿、黄铜矿	方解石、萤石、蛇纹石、橄榄石、钾长石、斜长石和石英

续表

序号	矿床/县市/省区	矿床类型	矿种	储量/万t	品位/%	规模	赋矿地层及时代	控矿构造	控矿岩体	矿体产出	围岩蚀变	矿石矿物	脉石矿物
16	肖家营子/喀左/辽宁	夕卡岩型	Mo，Cu，Fe	10.5	0.28	大型	新元古界蓟县系雾迷山组燧石条带白云岩和白云质灰岩	NNE、NWW向两组断裂	花岗斑岩、斑状细粒闪长岩	脉状、透镜状、似层状/夕卡岩体内	夕卡岩化	黄铁矿、辉钼矿、磁铁矿、黄铜矿、斑铜矿、方铅矿、闪锌矿	石英、透辉石、透闪石、石榴子石
17	哈拉鬼山/建平/辽宁	石英脉型	Mo	<1		小型	早前寒武纪（太古宙—古元古代）建平群斜长角闪岩和磁铁石英岩	NNE和NW向断裂	更长环斑花岗岩体	脉状、扁豆状/岩体外接触带	以硅化、钾长石化、黄铜矿化、黄铁矿化、青磐岩化	辉钼矿、黄铁矿、黄铜矿、闪锌矿	石英、钾长石、更长石
18	松北/建昌/辽宁	斑岩型	Mo	17	0.1	大型	早前寒武纪建平群变质杂岩，中元古界高于庄组薄层白云岩	NE向构造断裂	细粒花岗斑岩	脉状/岩体内	硅化、绢云母化	辉钼矿、黄铁矿	斜长石、钾长石、绢云母
19	新台门/锦西/辽宁	斑岩型	Mo	>1	0.03～0.5	中型	中石炭统—上二叠统陆相碎屑沉积夹煤系地层；侏罗系—白垩系安山岩、流纹岩及中酸性火山碎屑岩	SN向和NNE向断裂交汇	花岗斑岩	斑岩体内	硅化、黄铁矿化、泥化	黄铁矿、辉钼矿	石英、长石、云母
20	兰家沟/葫芦岛/辽宁	斑岩型	Mo	21.7	0.13	大型	中元古界蓟县系雾迷山组白云质灰岩、含燧石条带白云岩；白垩系义县组火山碎屑岩	NE和近EW向断裂交汇处	细粒似斑状花岗岩	脉状、S型/岩体内	钾长石化、云英岩化、硅化、伊利石化-水白云母化、绿泥石化、碳酸盐化	辉钼矿、黄铁矿、黄铜矿、方铅矿、闪锌矿、磁铁矿	石英、石榴子石、透辉石、阳起石、绢云母、绿泥石、方解石
21	杨家杖子/葫芦岛/辽宁	夕卡岩型	Mo	26.18	0.14	大型	蓟县系雾迷山组白云质灰岩、燧石条带灰质白云岩；寒武系—奥陶系石灰岩、页岩；白垩系义县组火山岩及其碎屑岩	NE向构造为主，EW、SN和NNE向构造为次	细粒似斑状花岗岩和花岗斑岩	似层状/岩体外夕卡岩带中	夕卡岩化、硅化、钾长石化、方解石化、角岩化、大理石化	辉钼矿、黄铁矿、方铅矿、闪锌矿、黄铜矿	石榴子石、透辉石、透闪石、石英、方解石
22	八百垅/葫芦岛/辽宁	斑岩型	Mo	>1	0.06～0.224	中型	侏罗纪钢屯超单元	NE和EW向两组断裂	斑状花岗岩	扁豆状、脉状/蚀变带内	硅化、钾化、高岭土化、绿泥石化、绿帘石化、绢云母化	辉钼矿、黄铁矿、黄铜矿	钾长石、斜长石、石英
23	白土营子/赤峰/内蒙古	斑岩型	Mo，Cu	>5	0.08～0.18	中型	晚古生代花岗岩，二叠纪火山岩	NW，NE及近EW向断裂构造	二长花岗斑岩	透镜状、脉状/岩体及接触带	钾长石化、绿泥石化、绢云母化、硅化、萤石化、碳酸盐化	辉钼矿、黄铜矿及黄铁矿	石英、钾长石、斜长石、绢云母、方解石、萤石

续表

序号	矿床/县市/省区	矿床类型	矿种	储量/万t	品位/%	规模	赋矿地层及时代	控矿构造	控矿岩体	矿体产出	围岩蚀变	矿石矿物	脉石矿物
24	鸭鸡山/赤峰/内蒙古	石英脉型	Mo，Cu	1.05	0.089	中型	下二叠统青凤山组流纹岩、安山岩、玄武岩、凝灰岩；上侏罗统吐呼噜组英安岩和金刚山组凝灰岩及火山角砾岩	近EW和NE向两组断裂，EW轴向复向斜	二长花岗岩	脉状、透镜状、扁豆状/岩体内	钾长石化、绢云母化、硅化、绿泥石化和碳酸盐化	铁矿、辉钼矿和黄铜矿	石英、钾长石、绢云母、方解石和绿泥石
25	法库/法库/辽宁	石英脉型	Mo	<1	0.08～1.67	小型	侏罗系沙河子组砾岩、砂岩、粉砂岩；白垩系义县组安山岩、玄武岩、英安岩、凝灰岩	NE和NNE向韧脆性剪切带	石英闪长岩	脉状、透镜状/岩体内部	硅化、云英岩化	辉钼矿、黄铁矿	石英、云母
26	华铜/瓦房店/辽宁	斑岩型–夕卡岩型	Au，Mo，Cu	<1		小型	辽河群大石桥组白云质大理岩、石英长石角岩；盖县组角闪片岩类夹白云质大理岩	NW断裂与EW向背斜交汇	石英闪长岩、花岗杂岩体	柱状、筒状、透镜状、层状/内外接触带	硅化、黄铁矿化、透辉石化、黄铁绢英岩化	磁铁矿、磁黄铁矿、硼镁矿、黄铜矿、辉钼矿	橄榄石、蛇纹石、透辉石、石榴子石、绿帘石、绿泥石、方解石、石英
27	姚家沟/凤城/辽宁	夕卡岩型	Mo，Cu	>1		中型	辽河群大石桥组大理岩	NE、NNE向断裂为主	斑状花岗岩	带状/岩体及其内外接触带	黄铁矿化、绿泥石化、碳酸盐化、硅化	辉钼矿、黄铁矿、闪锌矿、方铅矿、黄铜矿	石榴子石、透辉石、透闪石、绢云母、方解石、绿帘石、石英、萤石
28	万宝源/丹东/辽宁	斑岩型	Mo	>1	0.28	中型	古元古界辽河群里尔峪组、高家峪组及盖县组；新元古界青白口系及古生界寒武系	NE和NW向断裂交汇	花岗闪长岩	脉状、透镜状/接触带	绢云母化、硅化、绿泥石化和碳酸盐化	辉钼矿、黄铁矿、黄铜矿	石英、钾长石、绢云母、方解石
29	四平街/宽甸/辽宁	夕卡岩型	Mo	>1	0.26	中型	古元古界辽河群大石桥组厚层白云石大理岩和条带状白云石大理岩、石墨大理岩	NE和NW向压扭性断裂	花岗岩	脉状/外接触带	夕卡岩化	辉钼矿、黄铁矿、辉铜矿、铜蓝、黄铜矿	石榴子石、符山石、云母为主、绿泥石、绿帘石、透辉石少量
30	穷棒子沟/桓仁/辽宁	斑岩型	Mo	0.22	0.09	小型	上侏罗统小岭组安山岩、角闪安山岩、安山质凝灰角砾熔岩、晶屑岩屑凝灰岩	NE和NW向断裂构造交汇处	流纹斑岩	同心环状/岩体外围	硅化、钾长石化、黑云母化、绢云母化、绿帘石化、绿泥石化、碳酸盐化	辉钼矿、黄铁矿、黄铜矿、闪锌矿、方铅矿	石英、钾长石、绢云母、绿泥石、方解石

续表

序号	矿床/县市/省区	矿床类型	矿种	储量/万 t	品位/%	规模	赋矿地层及时代	控矿构造	控矿岩体	矿体产出	围岩蚀变	矿石矿物	脉石矿物
31	小东沟/克什克腾旗/内蒙古	斑岩型	Mo	3.2	0.11	中型	上侏罗统满克头鄂博组英安岩-流纹岩-陆相砂砾岩	NW 和 NE 向为主断裂	花岗斑岩	似层状、透镜状/岩体内	硅化、钾长石化、绢云母化、青磐岩化	辉钼矿、黄铁矿、方铅矿、闪锌矿	石英、长石、云母
32	羊场/赤峰/内蒙古	石英脉型	Mo	<1	0.068～0.123	小型	上二叠统砂质-粉砂质板岩、硅质板岩；晚侏罗世凝灰岩、凝灰角砾岩	NW、NNW 断裂构造	黑云母二长花岗岩	脉状/岩体内	硅化、高岭土化、绢云母化	辉钼矿、黄铜矿、黄铁矿、方铅矿、闪锌矿	石英、高岭土、绢云母
33	胡土路/巴林右旗/内蒙古	斑岩型	Mo，Cu	>1		中型	上侏罗统白音高老组浅灰色酸性熔岩、灰色角砾熔岩、凝灰质砂岩、砂岩、角砾岩、凝灰岩	SN、NE 向断裂构造	黑云母斜长花岗岩	带状、透镜状/岩体内	黑云母化、黄铁绢英岩化、钾化、泥化	辉钼矿、黄铜矿、黄铁矿	石英、斜长石、钾长石、黑云母
34	半砬山/赤峰/内蒙古	斑岩型	Mo	1.8	0.065	中型	下二叠统大石寨组安山岩、中酸性熔岩、凝灰熔岩夹凝灰砂岩；上侏罗统白音高老组砂砾岩、英安质角砾凝灰岩、流纹质熔岩、流纹斑岩	NW 向张性构造	花岗闪长斑岩、流纹斑岩	层状、透镜状/隐爆角砾岩筒	硅化、绿泥石化、绿帘石化、绢云母化和高岭土化	辉钼矿、黄铁矿，次为方铅矿、闪锌矿、毒砂	绢云母和石英，少量绿泥石、斜长石、方解石、绿帘石
35	好力宝/阿鲁科尔沁/内蒙古	斑岩型	Cu，Mo	3		中型	下二叠统大石寨组细碧岩-角斑岩、安山岩和凝灰岩；中侏罗统新民组砾岩、砂岩及碳质砂页岩，上侏罗统白音高老组英安质角砾凝灰岩、流纹质熔岩、流纹斑岩	NW、NE 和 EW 向三组断裂交汇	斜长花岗斑岩、次石英斑岩	似层状、透镜状/岩体内	硅化、绢云母化、黄铁矿化、碳酸盐化、绿泥石化、泥化、高岭土化	黄铜矿、辉钼矿、黄铁矿为主，闪锌矿、方铅矿、黝铜矿次之	绿泥石、方解石和斜长石
36	敖仑花/阿鲁科尔沁/内蒙古	斑岩型	Mo，Cu	10.8	0.043	大型	二叠系哲斯组、林西组中基性、酸性火山岩和浅海相沉积岩系；中侏罗统新民组、满克头鄂博组、玛尼吐组和白音高老组中酸性火山岩	NE 和近 EW 向断裂	斜长花岗斑岩	弯月形、似层状、透镜体/岩体及接触带	钾长石化、硅化、伊利石化、绢云母化、绿泥石化、绿帘石化、高岭石化	钼矿、黄铜矿和黄铁矿	英、长石、黑云母、方解石、萤石、绿泥石和高岭石
37	必鲁甘干/阿巴嘎/内蒙古	斑岩型	Mo，Cu，W	10	0.086	大型	元古宇—下古生界的中深变质的片岩、片麻岩及火山岩；志留系细碎屑岩、含铁硅质岩	NE、ENE 和 NW 向断裂	花岗闪长岩	侵入体内外接触带	硅化、钾长石化、绢云母化、绿泥石化、碳酸盐化	辉钼矿、黄铜矿、黑钨矿、黄铁矿	石英、长石

续表

序号	矿床/县市/省区	矿床类型	矿种	储量/万t	品位/%	规模	赋矿地层及时代	控矿构造	控矿岩体	矿体产出	围岩蚀变	矿石矿物	脉石矿物
38	乌兰/西乌旗/内蒙古	斑岩型	Pb，Zn，Mo	<1	0.92	小型	上侏罗统白音高老组岩屑晶屑凝灰岩、流纹质角砾凝灰岩、流纹质熔结凝灰岩、英安岩、流纹岩	NW向及其次生断裂	流纹斑岩	脉状/围岩中	硅化、萤石化及绢云母化、绿泥石化、黄铁矿化及碳酸盐化	辉钼矿、黄铁矿、闪锌矿、方铅矿	石英、长石、绢云母、绿泥石、高岭石
39	乌兰德勒/苏左旗/内蒙古	斑岩型	Mo	5.1	0.093	中型	石炭纪灰红色中粗粒黑云母花岗岩；二叠纪深灰色细粒石英闪长岩	NE向断裂构造	花岗闪长岩	脉状/岩体中	黑云母化、黄铁绢英岩化、硅化、碳酸盐化、绿泥石化、萤石化	辉钼矿、辉铋矿、黄铜矿、闪锌矿	石英、长石
40	珠尔嘎/东乌旗/内蒙古		Mo，Ag，Pb，Zn	>1		中型	上泥盆统安格尔音乌拉组灰黑色泥质粉砂岩、变质粉砂质细砂岩、砂质板岩和凝灰质粉砂岩	NE向断裂构造	（黑云母）二长花岗斑岩	脉状、透镜状/岩体及接触带	钾长石化、蛇纹石化、绿泥石化、绿帘石化、滑石化、绢云母化、绢英岩化、硅化、黄铁矿化	辉钼矿、黄铁矿、闪锌矿、方铅矿、辉银矿	石英、长石、绢云母、绿泥石、高岭石、滑石、蛇纹石
41	迪彦钦阿木/东乌旗/内蒙古	斑岩型	Mo，Ag	78	0.097	超大型	上侏罗统安山岩、火山角砾岩、凝灰岩和凝灰质细砂岩	NE向断裂	闪长玢岩	脉状、透镜状、似层状/岩体及接触带	硅化、绢云母化、绿泥石化、绿帘石化和碳酸盐化	辉钼矿、黄铁矿、闪锌矿、钼钙矿、磁铁矿	石英、绢云母、绿泥石、绿帘石、钠长石
42	乌努格吐山/呼伦贝尔/内蒙古	斑岩型	Cu，Mo	42	0.05	大型	下寒武统额尔古纳组碳酸盐岩；上侏罗统塔木兰沟组中基性火山岩；上库力组中酸性火山-沉积建造	NE和NW向两组断裂	二长花岗斑岩	环带状/岩体及接触带	石英钾长石化带、石英绢云母化带和伊利石-白云母化带	铁矿、黄铜矿、辉钼矿，次为闪锌矿、方铅矿、斑铜矿	石英、绢云母、水白云母、黑云母、钾长石、伊利石
43	朝泥呼都格/呼伦贝尔/内蒙古	斑岩型	Mo	>1	0.1	中型	中上侏罗统塔木兰沟组安山玄武岩、玄武岩、粗安岩夹中基性凝灰质碎屑岩；玛尼吐组灰绿色及紫褐色中性火山熔岩、中性火山岩、火山碎屑岩	NE向断裂	花岗闪长斑岩	带状/岩体及蚀变带	硅化、钾化、绢云母化、伊利石化、绿泥石化、碳酸岩化、黄铁矿化	辉钼矿、黄铁矿、褐铁矿	石英、方解石、萤石、高岭石、长石、绿泥石、绿帘石
44	哈达图牧场/呼伦贝尔/内蒙古	斑岩型	Mo	>1		中型	上石炭统新伊根河组变质粉砂岩、绢云片岩；上侏罗统满克头鄂博组流纹质岩屑晶屑凝灰岩、流纹岩	NE向断裂	花岗斑岩	条带状、层状/岩体内以及上覆片岩	硅化、云英岩化、钾化	黄铁矿、辉钼矿、黄铜矿、磁铁矿	斜长石、石英、绢云母

续表

序号	矿床/县市/省区	矿床类型	矿种	储量/万 t	品位/%	规模	赋矿地层及时代	控矿构造	控矿岩体	矿体产出	围岩蚀变	矿石矿物	脉石矿物
45	重石山/鄂温克旗/内蒙古	石英脉型	Mo	>1	0.191	中型	多宝山组变酸性熔岩、安山玢岩、陆源碎屑灰岩、凝灰岩、硅质；下侏罗统库力组流纹质凝灰岩、含角砾英安质熔岩	NE 和 NW 向构造裂隙发育	花岗斑岩	脉状/岩体及接触带	硅化、钾化、绿泥石化、绢云母化、萤石化	辉钼矿、黄铁矿、绿柱石	石英、钾长石、斜长石、黑云母、萤石
46	十七公里/牙克石/内蒙古	斑岩型	Mo	>1	0.101	中型	奥陶系苏呼河组堇青石板岩、粉砂质泥岩、绿泥黄铁绢英岩、条纹条带石英片岩、石英绿泥片岩	NE 和 EW 向断裂	花岗斑岩	脉状、透镜状/岩体内及接触带	硅化、云英岩化、绿泥石化为主，黄铁矿化、绢云母化、碳酸盐化次之	辉钼矿、黄铁矿	石英、绢云母、黑云母、萤石
47	后六九/龙江/黑龙江	斑岩型	Cu，Mo	>1		中型	下二叠统大石寨组中酸性变质火山岩夹大理岩、云母石英片岩、石英岩；下白垩统龙江组中基性火山熔岩、碎屑熔岩；下白垩统光华组酸性火山岩夹沉积碎屑岩	NE 向为主，NW 向为辅的两组断裂	花岗闪长岩、花岗斑岩、花岗闪长斑岩	脉状、条带状、透镜状/岩体中	硅化、绢云母化、伊利石-水白云母化、钾化、碳酸盐化、绿帘石化、绿泥石化、黑云母化、石膏化、高岭土化	黄铁矿、黄铜矿、斑铜矿、辉钼矿、闪锌矿、金红石	石英、长石、绢云母、伊利石、水白云母、方解石、石膏
48	太平沟/呼伦贝尔/内蒙古	斑岩型	Mo，Cu	20	0.083	大型	下白垩统光华组火山碎屑岩凝灰质砾岩、砂岩，流纹凝灰岩	NE 和 NW 向断裂，次为 EW 断裂	花岗斑岩	似层状、脉状、透镜状/岩体内外接触带	硅化、钾化、黄铁绢英岩化、绿泥石绿帘石化	黄铁矿、黄铜矿、闪锌矿、辉钼矿、少量磁矿	石英、绢云母、绿泥石、绿帘石、方解石、斜长石
49	鲍家沟/扎兰屯/内蒙古	斑岩型	Mo	>1	0.21	中型	侏罗系中统太平川组安山岩、安山玢岩；上统龙江组安山质凝灰角砾岩、安山质角砾凝灰岩	NW 向为主断裂，发育 NE 和 NEE 向次级断裂	似斑状花岗闪长岩	脉状、透镜状/岩体及其接触带	硅化、钾化、绢云母化	辉钼矿、黄铁矿、少量的黄铜矿	长石、石英、钾长石、黑云母
50	太平川/额尔古纳/内蒙古	斑岩型	Cu，Mo	1.28	0.079	中型	仅出露侵入岩	NW 向断裂	花岗闪长斑岩	岩体及接触带	硅化、绢云母化、泥化	黄铜矿、辉钼矿、黄铁矿、闪锌矿	石英、长石、绢云母、角闪石
51	布鲁吉山/呼中/黑龙江	斑岩型	Mo	>1		中型	下侏罗统白音高老组流纹质角砾凝灰岩、流纹岩	NE 向断裂	花岗岩、花岗斑岩	脉状、条带状/岩体内	钾化、硅化、绢云母化、绿泥石化、白云母化	辉钼矿、黄铁矿、钼华	石英
52	兴阿/鄂伦春/内蒙古	斑岩型	Mo，Cu	72	0.106	超大型	侏罗系满克头鄂博组流纹岩、流纹斑岩、黑云母英安岩、凝灰质角砾岩、熔结凝灰岩	NE 及 NW 断裂，次为 EW 向断裂	钾长花岗（斑）岩	脉状、透镜状、似层状/岩体及接触带	硅化、钾化、绢云母化、绿泥石化、高岭土化	辉钼矿、黄铜矿、黄铁矿、赤铁矿、闪锌矿	石英、钾长石、绢云母、绿泥石、方解石

续表

序号	矿床/县市/省区	矿床类型	矿种	储量/万 t	品位/%	规模	赋矿地层及时代	控矿构造	控矿岩体	矿体产出	围岩蚀变	矿石矿物	脉石矿物
53	岔路口/松岭/黑龙江	斑岩型	Mo，Pb，Zn	134.3	0.11	超大型	新元古界—下寒武统倭勒根群大网子组：变粒岩、变长石石英砂岩；下侏罗统白音高老组中酸性含砾凝灰岩	NE 和 NW 向两组断裂交汇处	流纹斑岩、流纹质隐爆角砾岩	似层状/岩体内部	硅化、钾化、绢云母化、水白云母化、碳酸岩化、绿帘石化、绿泥石化	黄铁矿、辉钼矿、偶见黄铜矿、闪锌矿、方铅矿	石英、钾长石、绢云母、水白云母、方解石、萤石
54	多布库尔/松岭/黑龙江	斑岩型	Mo	10	0.124	大型	新元古界—下寒武统倭勒根群大网子组变粒岩、变长石石英砂岩；下侏罗统白音高老组中酸性含砾凝灰岩	NE 和 NW 向两组断裂构造	流纹斑岩、流纹质隐爆角砾岩	筒状、透镜体/岩体内部	硅化，绢云母化、高岭土化、绿泥石化、绿帘石化、碳酸岩化、萤石化、钾化	辉钼矿、黄铁矿、方铅矿、闪锌矿	石英、钾长石、绢云母、萤石
55	大杨气/环宇/黑龙江	斑岩型	Cu，Mo	<1		小型	新元古界—下寒武统倭勒根群大网子组变粒岩、变长石石英砂岩、变砂岩、板岩	NNE 和 NW 向断裂构造	花岗岩、花岗斑岩	岩体内部	岩体由内到外：石英-钾化带→石英-绢云母化带→高岭土-伊利石水白云母化带→绿泥石-绿帘石化带	黄铁矿、黄铜矿、斑铜矿、蓝铜矿、辉钼矿、闪锌矿	石英、长石、绢云母、伊利石、水白云母、紫色萤石
56	多宝山/嫩江/黑龙江	斑岩型	Cu，Mo，Fe	11	0.016	大型	中奥陶统铜山组、多宝山组；上石炭统花朵山组；上二叠统八站组；下白垩统龙江组	NEE 和 NW 向的褶皱和断裂构造	花岗闪长岩、花岗斑岩	透镜状、条带状/岩体内外接触带	硅化、钾化、绢英岩化、青磐岩化	斑铜矿、黄铜矿、辉钼矿、黄铁矿	石英、钾长石、绿泥石
57	铜山/嫩江/黑龙江	斑岩型	Cu，Mo	4.27	0.023	中型	中奥陶统铜山组、多宝山组：凝灰岩、砂岩、安山岩、英安岩	NE、近 EW 向断裂构造	黑云母花岗闪长岩	透镜状、条带状/岩体内外接触带	硅化、钾化、绢英岩化、青磐岩化	黄铁矿、黄铜矿、辉钼矿、方铅矿、闪锌矿	石英、绢云母、绿泥石、碳酸盐
58	八车力/黑河/黑龙江	斑岩型	Au，Mo	<1		小型	三叠系下统蔺家屯组灰黑色黏土质板岩、凝灰质板岩、变质砂岩，局部夹安山岩；白垩系下统龙江组安山岩、流纹岩、流纹质熔结凝灰岩	NE 向构造为主，局部为 SN 和 NW 向构造	中细粒二长花岗岩、花岗闪长岩	似层状、不规则带状/岩体内	硅化、绢云母化、高岭土化、碳酸盐化、黄铁矿化	辉钼矿、黄铁矿、黄铜矿	石英、绢云母、碳酸盐、高岭土
59	火龙岭/桦甸/吉林	夕卡岩型	Mo	0.47	0.195	中型	二叠系大河深组灰白色流纹岩、凝灰砂岩、安山岩；寿山沟组石英砂岩、粉砂岩、大理岩、千枚状粉砂岩	NW、NE 向断裂	斜长花岗岩、二长花岗岩	脉状/外接触带	硅化、钾化、绿帘石化、绿泥石化、碳酸盐化、萤石化	辉钼矿、黄铁矿、磁黄铁矿、黄铜矿、闪锌矿	石榴子石、透辉石、符山石、石英、方解石

续表

序号	矿床/县市/省区	矿床类型	矿种	储量/万t	品位/%	规模	赋矿地层及时代	控矿构造	控矿岩体	矿体产出	围岩蚀变	矿石矿物	脉石矿物
60	兴隆/桦甸/吉林	斑岩型	Mo，W	<1	0.48	小型	白垩系营城子组；侏罗系上安山岩段；三叠系小蜂蜜顶子组；二叠系范家屯组、寿山组；石炭系窝瓜子地组、磨盘山组；奥陶—寒武系三顶子组	NW向断裂为主，NE向断裂为辅	花岗岩	脉状/岩体内	云英岩化、硅化，其次为绿泥石化、绢云化、高岭土化、钾长石化、沸石化、碳酸盐化	磁黄铁矿、黄铁矿、辉钼矿、黑钨矿、少量方铅矿、闪锌矿	石英、钠长石、绿泥石、黑云母、方解石
61	三顶子/磐石/吉林	夕卡岩型	Mo，Zn	>1	0.05～0.09	中型	奥陶系石缝组角闪片岩、角闪片麻岩、辉石片麻岩、云母片岩和大理岩互层组成	NW和NE向断裂	斜长花岗岩、花岗斑岩	环带状/岩体外部接触带（夕卡岩）上	夕卡岩化、硅化	黄铁矿、磁黄铁矿、方铅矿、闪锌矿、黄铜矿、辉钼矿、黑钨矿	石英、方解石、硅灰石、石榴子石、绿帘石、透辉石
62	后倒木/伊通/吉林	斑岩型	Mo	>1	0.074	中型	中生代花岗岩	NE和NW向断裂	钾化黑云母花岗岩、花岗闪长岩	不规则长条状/岩体内	硅化、钾长石化、绿帘石化、高岭土化、绢云母化、云英岩化	黄铁矿、磁铁矿、赤铁矿、褐铁矿、辉钼矿	石英、钾长石、斜长石、黑云母、绿帘石
63	西阳/永吉/吉林	斑岩型	Mo	>1		中型	中侏罗统德仁组安山岩、火山角砾岩、晶屑凝灰岩	EW、NE向断裂	斜长花岗斑岩、二长花岗岩	似层状、透镜状/内外接触带	硅化、钾化、黄铁绢英岩化、青磐岩化、绿泥石化、碳酸盐化、沸石化	辉钼矿、黄铁矿、黄铜矿、磁铁矿、闪锌矿	石英、长石、云母
64	大黑山/永吉/吉林	斑岩型	Mo，Cu	109	0.066	超大型	古生界头道沟组斜长角闪岩、阳起岩、黑色板岩、大理岩；上三叠统（早侏罗世？）南楼山组中酸性火山岩	NE向与EW向断裂交汇处	花岗闪长岩、花岗闪长斑岩	环状分布/花岗闪长岩体内	硅化、钾长石化、绢英岩化、黄铁绢英岩化、青磐岩化	黄铁矿、辉钼矿、黄铜矿	石英、绢云母、高岭土、斜长石、黑云母、方解石
65	大冰湖沟/蛟河/吉林	斑岩型	Mo	>1		中型	古生代斜长角闪岩，黑色板岩和大理岩	NE向为主	似斑状花岗闪长岩	脉状/侵入体内	钾长石化、硅化，黄铁矿化、绿泥石化、绿帘石化	黄铁矿、磁铁矿、辉钼矿	石英、钾长石、绿泥石、绿帘石
66	大石河/敦化/吉林	爆破角砾岩型	Mo	>10		大型	震旦系二合屯组：二云片岩、黑云母片岩、白云片岩、绢云片岩	NE向断裂构造为主NW向断裂为辅	隐爆角砾岩筒、似斑状花岗闪长岩	陀螺状/角砾岩筒及围岩	绢英岩化、绿泥石化	辉钼矿、黄铁矿、闪锌矿、磁黄铁矿、黄铜矿、方铅矿	石英、长石

续表

序号	矿床/县市/省区	矿床类型	矿种	储量/万 t	品位/%	规模	赋矿地层及时代	控矿构造	控矿岩体	矿体产出	围岩蚀变	矿石矿物	脉石矿物
67	刘生店/安图/吉林	斑岩型	Mo	4	0.075	中型	二叠系庙岭组板岩；柯岛组火山岩及火山碎屑岩	NW 扭性断裂构造	二长花岗（斑）岩	厚板状/岩体内	石英绢云母化、泥化	辉钼矿、黄铁矿	石英、绢云母
68	三岔/延边/吉林	斑岩型	Mo	>1		中型	下二叠统庙岭组结晶灰岩、砂质板岩、变质砂岩；柯岛组片理化变流纹岩、变凝灰熔岩、变凝灰岩	NW 向断裂为主，NE 向次之	二长花岗斑岩	不规则厚板状/岩体内	硅化、绢云母化、高岭土化、碳酸盐化	辉钼矿、黄铜矿、黄铁矿、闪锌矿、褐铁矿	石英、绢云母、方解石、萤石、正长石
69	大梨树沟/汪清/吉林	斑岩型	Cu，Mo	>1		中型	元古宇黑龙江群片岩；三叠系托盘沟组和马鹿沟组；白垩系大砬子组	NEE 向压扭性和 NE 向张扭性断裂	花岗闪长岩	脉状/蚀变接触带	钾化、绿泥石化、绿帘石化、绢云母化、碳酸盐化	铁矿、黄铜矿、辉钼矿、闪锌矿、方铅矿	石英、长石、绢云母、绿泥石、绿帘石
70	金场沟/鸡东/黑龙江	爆破角砾岩型	Cu，Mo	>1	0.02～1.8	中型	新元古界杨木组二云母石英片岩、局部为片麻岩和石英片麻岩；阎王殿组二云母片岩，碳质板岩、千板岩	NE 向和 NEE 向断裂	花岗闪长斑岩、角砾岩	脉状、透镜状/岩体内	硅化、绿泥石化、绢云母-伊利石化、褐铁矿化、碳酸盐化	辉钼矿、黄铜矿、磁黄铁矿、黄铁矿	石英、绢云母、绿泥石、水白云母、伊利石、绿帘石、方解石
71	砍椽沟/穆棱/黑龙江	斑岩型	Mo，Cu	>1	0.015～0.48	中型	中元古界黑龙江群下亚群钠长阳起片岩、黑云片岩、钠长片岩、钠长变粒岩、石英片岩、蓝闪石片岩	NNE 向断裂构造	花岗闪长岩、花岗斑岩	脉状/花岗闪长岩内	硅化、绢云母化	黄铁矿、黄铜矿、磁黄铁矿、辉钼矿	石英、钾长石、斜长石、黑云母
72	季德屯/舒兰/吉林	斑岩型	Mo	40	0.087	大型	中生代花岗岩	NE 和 NW 向断裂	似斑状二长花岗岩、石英闪长岩	椭球状、似层状/岩体内	硅化、钾长石化、绿帘石化、高岭土化、绢云母化、云英岩化	黄铁矿、辉钼矿、黄铜矿、磁铁矿、方铅矿、闪锌矿	碱长石、斜长石、石英、黑云母、角闪石
73	福安堡/舒兰/吉林	斑岩型	Mo	3	0.125	中型	中生代花岗岩	NE 和 NW 向断裂构造	似斑状二长花岗岩	？/岩体内	硅化、钾化、绢云母化、绿泥石化、绿帘石化	辉钼矿、黄铁矿	石英、长石、云母
74	五道岭/阿城/黑龙江	夕卡岩型	Mo，Fe，Zn	>10	0.175	大型	二叠系五道岭组、土门岭组中酸性火山碎屑岩、砂板岩、大理岩；中侏罗统太安屯组中酸性火山碎屑岩	NNW 向断裂构造为主，局部为 NW 和近 EW 向	白岗质花岗岩	层状、环带状/花岗岩体外接触带夕卡岩中	夕卡岩化、黄铁绢英岩化、硅化、角岩化、碳酸盐化	辉钼矿、黄铁矿、磁铁矿、闪锌矿	石英、长石、石榴子石、透辉石、方解石、绿帘石
75	野猪沟/通河/黑龙江	斑岩型	Mo	<1		小型	下白垩统甘河组中基性火山岩	NE 和 NW 向压扭断裂	花岗闪长岩	脉状、扁豆状/岩体内	钾化、云英岩化、绢云母化	辉钼矿、黄铁矿、磁铁矿、方铅矿	钾长石、云母、石英

续表

序号	矿床/县市/省区	矿床类型	矿种	储量/万t	品位/%	规模	赋矿地层及时代	控矿构造	控矿岩体	矿体产出	围岩蚀变	矿石矿物	脉石矿物
76	鹿鸣/铁力/黑龙江	斑岩型	Mo	80	0.088	超大型	下寒武统铅山组白云质大理岩、条带状大理岩、泥质灰岩；下二叠统土门岭组砂岩、板岩夹大理岩；中侏罗统太安屯组中酸性火山熔岩及凝灰砂岩	NE向主断裂及NE、NW向次级断裂	二长花岗岩	脉状/强硅化破碎岩体内	硅化、钾长石化、黑云母化、黄铁矿化、青磐岩化、云英岩化	辉钼矿、黄铁矿、黄铜矿	石英、钾长石、斜长石、黑云母
77	霍吉河/伊春/黑龙江	斑岩型	Mo	23	0.068～0.081	大型	上二叠统五道岭组中酸性火山岩；下白垩统光华组酸性熔岩和凝灰岩	NE和NW向两组断裂交汇处	黑云母二长花岗岩	不规则条带状、脉状、扁豆状/岩体内	钾化、绢云母化、硅化、绿泥石化、碳酸盐化	辉钼矿、磁铁矿、黄铁矿为主，少量黑钨矿、黄铜矿、闪锌矿、磁黄铁矿等	斜长石、钾长石、石英、黑云母
78	高岗山/逊克/黑龙江	斑岩型	Mo	>1	0.09	中型	奥陶纪闪长岩、石英闪长岩、花岗闪长岩	NNE和NE向断裂	二长花岗岩和花岗斑岩	透镜状和脉状/斑岩体内	钾长石化、绢云母化、硅化、绿泥石化、绿帘石化、碳酸盐化、萤石化	辉钼矿、黄铁矿、黄铜矿、磁黄铁矿	石英、钾长石、绢云母、绿帘石、绿泥石

表8.10　华南地区钼矿床地质特征（据Zhong et al.，2017修改）

序号	矿床/县市/省区	矿床类型	金属量（磁铁矿）@品位	赋矿围岩	侵入岩	断裂走向	矿体产状及规模	蚀变及阶段	矿石矿物	脉石矿物
1	铜山口/大冶/湖北	斑岩-夕卡岩型	Cu：0.5Mt@0.9%～1.0%；Mo：2kt@0.02%～0.07%	早三叠世大冶群碳酸盐岩	140.6Ma花岗闪长斑岩	ENE，NE，NW	沿接触带呈筒状或脉状；主矿体：2100m×（300～600）m×（10～80）m	夕卡岩化+钾长石化→绢英岩化+钼铜矿化→碳酸盐化±伊利石化	黄铜矿、斑铜矿、辉钼矿、黄铁矿、磁铁矿、赤铁矿、闪锌矿、辉铜矿	钾长石、黑云母、石英、绢云母、石榴子石、透辉石
2	阮家湾/大冶/湖北	斑岩-夕卡岩型	W：>50kt@0.25%～0.4%；Mo：>10kt@0.10%～0.25%	奥陶纪碳酸盐岩，志留纪砂岩和页岩	143Ma花岗闪长斑岩	ENE，NE，WNW	沿接触带呈脉状或透镜状；主矿体：1233m×（230～318）m×（1～40）m	夕卡岩化+钾长石化→绢英岩化→多金属硫化物化→碳酸盐化+萤石化+硅化	黄铜矿、白钨矿、辉钼矿、黄铁矿、磁黄铁矿、方铅矿、闪锌矿	钾长石、石英、绢云母、石榴子石、透辉石

续表

序号	矿床/县市/省区	矿床类型	金属量（磁铁矿）@品位	赋矿围岩	侵入岩	断裂走向	矿体产状及规模	蚀变及阶段	矿石矿物	脉石矿物
3	城门山/瑞昌/江西	斑岩－夕卡岩型	Cu：3.07Mt@0.75%；Mo：>10kt@0.05%	志留纪—三叠纪碎屑岩和碳酸盐岩	燕山期花岗闪长斑岩	NW，NNW，NE，NNE	（斑岩体内部或接触带附近）层状、透镜状、豆荚状；主矿体：（750～800）m×（360～570）m×（23～40）m	夕卡岩化+钾长石化+钼矿化→绢英岩化+铜矿化→碳酸盐化+硅化	黄铁矿、黄铜矿、辉钼矿、闪锌矿、磁铁矿、辉铜矿	石英、方解石、石榴子石、钾长石、黑云母
4	马头/池州/安徽	斑岩型	Mo：40kt@0.052%；Cu：>10kt@0.2%～0.9%	志留纪粉砂岩、页岩	146.7Ma 下冲花岗闪长斑岩	NNE，NNW	（产于斑岩体内或接触带）透镜状或豆荚状；主矿体：1200m×（150～250）m×466m	钾长石化→绢英岩化+钼矿化→多金属硫化物化→碳酸盐化+绿泥石化+绿帘石化	辉钼矿、黄铜矿、黄铁矿、辉铜矿、赤铁矿、闪锌矿、方铅矿	石英、钾长石、黑云母、绢云母、绿泥石、绿帘石、方解石
5	鸡头山/池州/安徽	夕卡岩型	W：>10kt@？；Mo：>10kt@？	寒武系杨柳岗组灰岩	138Ma 花岗闪长岩	E-W	（主要产于岩体外接触带）不规则状、层状、透镜状和豆荚状	夕卡岩化→钨钼矿化→碳酸盐化+萤石化	白钨矿、辉钼矿、黄铜矿、方铅矿、闪锌矿、黄铁矿	石榴子石、透辉石、硅灰石、石英、萤石、绿帘石、方解石、绿泥石
6	百丈岩/青阳/安徽	夕卡岩型	W：30.4kt@0.24%；Mo：12kt@0.09%	震旦系蓝田组碳酸盐岩、粉砂岩	130Ma 百丈岩花岗岩	NE	（外接触带）层控透镜状；主矿体：1600m×（50～230）m×8.8m	夕卡岩化+钾长石化→钨钼矿化→多金属硫化物化→碳酸盐化+硅化	白钨矿、辉钼矿、黄铁矿、磁黄铁矿、黄铜矿	石榴子石、透辉石、阳起石、石英、方解石、绿帘石、绿泥石
7	胡村南/铜陵/安徽	夕卡岩型	Mo：？@0.07%～0.12%；Cu：？@0.4%～0.8%	二叠系栖霞组和孤峰组石灰岩、大理岩	胡村花岗闪长斑岩	N－S，E－W，NE，NW	（接触带）透镜状	夕卡岩化→钼矿化+硅化→铜矿化+硅化→碳酸盐化	辉钼矿、黄铜矿、黄铁矿、闪锌矿、方铅矿	石英、石榴子石、透辉石、方解石
8	梅子坑/修水/江西	石英脉型	Mo：>10kt@0.19%	新元古界双桥山群变质岩	燕山期花岗岩、花岗斑岩	NW	脉状（受北西向断裂构造控制）；主矿体：846m×360m×1.5m	云英岩化→钼矿化→绢英岩化+多金属硫化物化→碳酸盐化	辉钼矿、黄铁矿、黄铜矿、毒砂、磁黄铁矿、磁铁矿	石英、白云母、黑云母、绢云母、方解石、磷灰石
9	阳储岭/都昌/江西	斑岩型	W：0.13Mt@0.19%；Mo：27kt@0.03%～0.06%	新元古界双桥山群变质岩	140Ma 花岗斑岩	E-W，NNE	似层状、透镜状	钾长石化+黑云母化+钨钼矿化→绢英岩化+钨矿化+多金属硫化物化→绿泥石化+碳酸盐化	白钨矿、辉钼矿、黄铁矿、黑钨矿、磁黄铁矿、黄铜矿、闪锌矿、方铅矿	石英、钾长石、绢云母、绿泥石、萤石、磷灰石、电气石、黄玉

续表

序号	矿床/县市/省区	矿床类型	金属量（磁铁矿）@品位	赋矿围岩	侵入岩	断裂走向	矿体产状及规模	蚀变及阶段	矿石矿物	脉石矿物
10	德兴/德兴/江西	斑岩型	Cu：8.5Mt@0.52%；Mo：0.29Mt@0.01%	新元古界双桥山群变质岩	约173Ma 花岗闪长斑岩	NNE，EW，NW	（斑岩体和接触带内）透镜状、筒状	钾长石化+钼矿化→绿泥石化+伊利石化+钼矿化→绢英岩化+多金属硫化物化→碳酸盐化	黄铁矿、黄铜矿、辉钼矿、辉铜矿、方铅矿、闪锌矿、蓝辉铜矿	石英、伊利石、绿泥石、硬石膏
11	桐村/开化/浙江	斑岩-夕卡岩型	Mo：>36kt@0.01%	奥陶纪泥岩、粉砂岩、灰岩	燕山期桐村花岗斑岩	NE，NW	（斑岩体和接触带内）层状、透镜状	夕卡岩化+钾长石化+钼矿化→绢英岩化+多金属硫化物化→碳酸盐化+绿泥石化	辉钼矿、黄铁矿、黄铜矿、磁黄铁矿、磁铁矿、方铅矿、闪锌矿	石榴子石、透辉石、石英、方解石、绢云母
12	杜家东坞/杭州/浙江	斑岩型	Mo：>10kt@0.06%	早白垩世火山角砾岩、安山岩、英安岩	燕山期世英安玢岩	NE，NW	（火山岩内构造控制）脉状、透镜状	硅化+钾长石化+钼矿化→绿帘石化+绿泥石化+萤石化→绢英岩化+多金属硫化物化→碳酸盐化	辉钼矿、黄铜矿、斑铜矿、黄铁矿、磁铁矿、磁黄铁矿	石英、钾长石、绢云母、方解石、萤石、叶腊石、绿泥石
13	熊家山/金溪/江西	石英脉型	Mo：>10kt@0.14%	震旦系上施组变质岩，加里东期花岗岩	燕山期花岗斑岩	NNW，WNW	（花岗岩及变质岩内断裂构造控制）脉状	黑云母化+云英岩化+钼矿化→绢英岩化→多金属硫化物化→碳酸盐化+萤石化+绿泥石化	辉钼矿、黄铁矿、黄铜矿	石英、绢云母、萤石、黑云母、绿泥石
14	杨林/铅山/江西	斑岩型	Mo：约10kt@0.03%～0.07%	侏罗纪花岗岩体	燕山期黑云母二长花岗岩	NW	（构造及内接触带内）板状、透镜状； 主矿体：400m×350m×（3～50）m	云英岩化→绢英岩化+钼矿化→绿泥石化+碳酸盐化	辉钼矿、白钨矿、黄铁矿、黄铜矿、磁铁矿	石英、钾长石、绢云母、黑云母、萤石、方解石、绿泥石、磷灰石
15	十字头/永平/江西	斑岩型	Mo：>10kt@0.08%	寒武系周潭群变质岩	燕山期黑云母花岗斑岩	N-S，W-E	（斑岩及接触带内）脉状、透镜状	钾长石化+硅化→绢英岩化+钼矿化→硅化+碳酸盐化	辉钼矿、黄铁矿、黄铜矿	石英、钾长石、绢云母、方解石
16	坪地（上西坑）/武夷山/福建	斑岩型	Mo：>10kt@0.23%	古元古界大金山组二云母石英片岩、斜长变粒岩	燕山期坪地花岗岩体	N-S，NW，NE	（燕山早期黑云二长花岗岩内接触带）透镜状、似层状；主矿体：1500m×350m×2.56m	云英岩化+钾长石化→绢英岩化+钼矿化→碳酸盐化+萤石化	辉钼矿、黄铁矿、磁铁矿、钼铅矿、白钨矿、方铅矿、黄铜矿	石英、绢云母、钾长石、白云母、方解石、萤石

续表

序号	矿床/县市/省区	矿床类型	金属量（磁铁矿）@品位	赋矿围岩	侵入岩	断裂走向	矿体产状及规模	蚀变及阶段	矿石矿物	脉石矿物
17	观音山/邵武/福建	夕卡岩型	Mo：15kt@0.22%	下二叠统栖霞组灰岩	燕山期花岗岩	NE	（内外接触带）层状、似层状、透镜状、豆荚状；主矿体：800m ×300m×11m	夕卡岩化+钾长石化→硅化+萤石化+钼矿化→多金属硫化物化→碳酸盐化±绿泥石化	辉钼矿、白钨矿、闪锌矿、黄铁矿、磁黄铁矿、方铅矿、黄铜矿	石榴子石、钙铁辉石、绿帘石、黝帘石、钠长石、石英、萤石、方解石
18	新安/广昌/江西	斑岩型	Mo：约10kt@0.1%	新元古界万源组变质岩	燕山期似斑状黑云母花岗岩	NNE，NE，NW	（斑岩体外接触带）脉状、似层状；主矿体：（300～850）m×95m×（0.8～11）m	钾长石化+硅化+钼矿化→绢英岩化+多金属硫化物化→碳酸盐化	辉钼矿、黄铜矿、黄铁矿、磁铁矿	石英、斜长石、钾长石、黑云母、绢云母、绿泥石
19	行洛坑/宁化/福建	斑岩型	W：0.3Mt@0.23%；Mo：约31kt@0.023%	震旦系罗峰溪群浅变质砂岩、粉砂岩	燕山期花岗斑岩	NE，NW	（岩体内外接触带）透镜状、脉状	钾长石化+云英岩化+钨钼矿化→钼矿化→绢英岩化+多金属硫化物化→碳酸盐化+硅化	白钨矿、黑钨矿、辉钼矿、锡石、闪锌矿、黄铜矿、辉铋矿、自然铋	黑云母、磷灰石、钾长石、萤石、方解石、石英、白云母
20	雷公嶂/兴国/江西	斑岩型	Mo：>10kt@0.12%	寒武系高滩群浅变质砂岩、千枚岩	?	NW，NNW	（砂岩和千枚岩中）透镜状、脉状；主矿体：700m ×700m×（40～70）m	钾长石化+云英岩化+钼矿化→绢英岩化→多金属硫化物化→碳酸盐化+硅化	辉钼矿、黄铁矿、黄铜矿、辉铋矿、磁黄铁矿、闪锌矿	钾长石、石英、黑云母、绢云母、绿泥石
21	北坑场/漳平/福建	斑岩型	Mo：约10kt@0.06%	上二叠统翠屏山组石英砂岩、石英细砂岩及粉砂岩，下三叠统溪口组灰岩	燕山期黑云母花岗岩	NE，NW	（燕山晚期黑云母花岗岩外接触带）层状、透镜状；（300～850）m× 95m ×（0.8～11）m	钾长石化+硅化+钼矿化-铅锌矿化→钼矿化→多金属硫化物化→碳酸盐化+硅化	辉钼矿、闪锌矿、黄铜矿、磁铁矿、黄铁矿	石英、绢云母
22	山口/永定/福建	斑岩型	Mo：约12kt@0.14%	上侏罗统藩坑组砂岩	燕山期闪长玢岩	E-W，NW	（山口闪长玢岩体内外接触带）脉状、似层状、透镜状；主矿体：280m×185m× 20.9m	钾长石化+硅化+钼矿化→绢英岩化+钼矿化→绿泥石化+碳酸盐化+硅化	辉钼矿、磁铁矿、黄铜矿、黄铁矿	石英、斜长石、绿帘石、绿泥石、黑云母、方解石
23	罗卜岭/上杭/福建	斑岩型	Cu：0.58Mt@0.3%；Mo：65kt@0.036%	燕山晚期四坊花岗闪长岩	燕山期罗卜岭花岗闪长斑岩	NE，NW	（岩体内外接触带）脉状、鞍状	钾长石化±钼矿化→绢英岩化+钼矿化-铜矿化→明矾石化+迪开石化±铜矿化→碳酸盐化+硅化	黄铜矿、辉钼矿、黄铁矿、斑铜矿、磁铁矿、蓝辉铜矿、铜蓝	石英、绢云母、钾长石、黑云母、硬石膏、明矾石、迪开石

续表

序号	矿床/县市/省区	矿床类型	金属量（磁铁矿）@品位	赋矿围岩	侵入岩	断裂走向	矿体产状及规模	蚀变及阶段	矿石矿物	脉石矿物
24	铜坑嶂/寻乌/江西	斑岩型	Mo：>10kt@0.12%	新元古界寻乌岩组变质岩	138Ma 铜坑嶂花岗斑岩	E-W	（岩体内外接触带）脉状、透镜状；矿体：530m× 240m×4.4m	钾长石化+黑云母化+萤石化+钼矿化→绢英岩化→多金属硫化物化→碳酸盐化+硅化	辉钼矿、黄铁矿、黄铜矿、赤铁矿、黑钨矿、白钨矿	石英、长石、萤石、云母、黄玉、绿泥石
25	园岭寨/安远/江西	斑岩型	Mo：0.22Mt@0.06%	新元古界寻乌岩组云母片岩、变粒岩	燕山期园岭寨花岗斑岩	NE，WNW	（岩体内外接触带）透镜状；矿体：280m ×160m×9.6m	硅化+钾长石化+钼矿化→绢英岩化+钼矿化→多金属硫化物化→碳酸盐化+萤石化+硅化	辉钼矿、黄铜矿、黄铁矿、铜蓝、辉铜矿	石英、钾长石、斜长石、黑云母、高岭石、绿泥石、绢云母
26	葛廷坑/寻乌/江西	斑岩型	Mo：>10kt@0.03%	晚侏罗世菖蒲群火山岩	燕山期花岗斑岩	NW，E-W	（花岗斑岩体内外接触带）脉状；（80～150）m×（200～300）m×（0.2～0.4）m	钾长石化+钼矿化→绢英岩化→多金属硫化物化→碳酸盐化+硅化	辉铋矿、辉钼矿、白钨矿、黄铁矿、黄铜矿	石英、白云母、钾长石
27	白石嶂/五华/广东	斑岩型	Mo：46kt@0.1%	晚三叠世—早侏罗世沉积岩	燕山期白石嶂二云母花岗岩体	E-W	（内外接触带）脉状、透镜状	云英岩化+硅化+萤石化+钼矿化→绢英岩化→碳酸盐化+硅化	辉钼矿、黑钨矿、辉铋矿、黄铜矿、黄铁矿	长石、石英、萤石、叶蜡石、绿柱石、方解石
28	大宝山/韶关/广东	斑岩-夕卡岩型	Mo：0.3Mt@0.02%；Cu：0.88Mt@0.39%；Pb+Zn：1.67Mt@2.3%～5.22%	中泥盆统东岗岭组灰岩，寒武纪八村群浅变质砂岩	166Ma 花岗闪长斑岩	E-W，NNE，NNW	（内外接触带）脉状、透镜状；主矿体：920m ×250m×50m	钾长石化+夕卡岩化→绢英岩化+钼矿化→绿泥石化+绿帘石化→碳酸盐化+萤石化	辉钼矿、黄铁矿、闪锌矿、方铅矿、黑钨矿、白钨矿、辉铋矿、黄铜矿	钾长石、斜长石、石英、绿泥石、绢云母、方解石、伊利石
29	柿竹园/郴州/湖南	夕卡岩-云英岩型	W：0.75Mt@0.49%；Sn：0.49Mt@0.4%；Mo：0.13Mt@0.12%；Bi：0.2Mt@0.19%	上泥盆统佘田桥组和中泥盆统棋梓桥组灰岩	燕山期似斑状和等粒状黑云母花岗岩	NE，N-S	（千里山岩体内外接触带）透镜状；主矿体：1000m ×（600～800）m ×（150～300）m	夕卡岩化+云英岩化+钨锡钼铋矿化→多金属硫化物化→萤石化+碳酸盐化	辉钼矿、黑钨矿、白钨矿、锡石、辉铋矿、黄铜矿、黄铁矿、磁铁矿	石榴子石、透辉石、硅灰石、符山石、萤石、蔷薇辉石、黄玉、绢云母、石英
30	黄沙坪/桂阳/湖南	夕卡岩型	W：>0.1Mt@0.10%～0.34%；Mo：>35kt@0.02%～0.11%；Pb+Zn：1.7Mt@4.4%～7.5%	下石炭统石蹬子组灰岩、下石炭统测水组砂页岩	161Ma 花岗斑岩	NNE，WNW	（岩体内外接触带）透镜状；主矿体：800m×1000m ×（2～240）m	夕卡岩化+角岩化+钨钼矿化→多金属硫化物化→萤石化+硅化+碳酸盐化	白钨矿、黑钨矿、辉钼矿、自然铋、辉铋矿、磁铁矿、黝锡矿	石榴子石、辉石、绿帘石、阳起石、萤石、石英、绿泥石

续表

序号	矿床/县市/省区	矿床类型	金属量（磁铁矿）@品位	赋矿围岩	侵入岩	断裂走向	矿体产状及规模	蚀变及阶段	矿石矿物	脉石矿物
31	白石顶/贺州/广西	斑岩型	Mo：约10kt@0.12%	新元古界正园岭组长石石英砂岩、片岩	424～428Ma桂岭似斑状黑云二长花岗岩	NE，NEE，N-S	（岩体内外接触带）脉状、透镜状	钾长石化+硅化+钼矿化→绢英岩化+钼矿化→多金属硫化物化→碳酸盐化+绿泥石化+硅化	辉钼矿、黄铜矿、方铅矿、黄铁矿、白钨矿、磁黄铁矿、闪锌矿、辉铋矿、毒砂	石英、绢云母、方解石、绿泥石
32	圆珠顶/封开/广东	斑岩型	Cu：0.98Mt@0.12%～0.24%；Mo：0.26Mt@0.03%～0.06%	寒武系水口群下亚群（粉）砂岩	154Ma圆珠顶二长花岗斑岩	E-W	（圆珠顶斑岩体内外接触带）椭圆形筒状	钾长石化+钼矿化→绢英岩化+铜矿化→碳酸盐化+硅化	辉钼矿、黄铁矿、毒砂	绢云母、石英、钾长石、绿帘石、绿泥石
33	社洞/苍梧/广西	斑岩-夕卡岩型	W：>10kt@0.06%～0.69%；Mo：>10kt@0.03%～0.43%	寒武系黄洞口组砂岩夹泥岩	432～436Ma花岗闪长斑岩	NNW	（花岗闪长斑岩脉内外接触带）脉状、透镜状；主矿体：300m×300m×（0.7～4.5）m	夕卡岩化+钨钼矿化→绢英岩化+钼矿化→多金属硫化物化→碳酸盐化+硅化	黑钨矿、辉钼矿、磁黄铁矿、黄铁矿、黄铜矿	石英、方解石、石榴子石
34	大黎/藤县/广西	斑岩型	Mo：约10kt@0.03%～0.17%；Cu伴生	寒武系黄洞口组砂岩夹泥岩	约102Ma花岗闪长岩，二长花岗（斑）岩	NE，N-S	（岩体内外接触带）脉状、透镜状	绢英岩化+钼矿化-铜矿化→多金属硫化物化→碳酸盐化+硅化	辉钼矿、黄铁矿、黄铜矿、磁黄铁矿、黑钨矿	石英、钾长石、绢云母、黑云母、绿泥石、绿帘石、方解石
35	银坑/金华/浙江	斑岩型	Mo：约10kt@0.07%	晚侏罗世流纹岩、凝灰岩、角砾岩	110.1±1.5Ma银坑花岗斑岩	E-W	（岩体内外接触带）脉状、透镜状	钾长石化→绢英岩化+钼矿化→多金属硫化物化→碳酸盐化+硅化	辉钼矿、黄铁矿、磁铁矿、闪锌矿	石英、钾长石、绢云母、绿泥石、绿帘石、萤石
36	治岭头/遂昌/浙江	斑岩型	Mo：约63kt@0.07%；	古元古界八都群云母片岩、片麻岩、混合岩	燕山期花岗斑岩	NWW，NW，N-S	（岩体内外接触带）脉状	钾长石化±钼矿化→绢英岩化+钼矿化→硅化+碳酸盐化	辉钼矿、黄铁矿、闪锌矿、方铅矿、黄铜矿	石英、绢云母、钾长石、绿泥石、方解石
37	石平川/青田/浙江	石英脉型	Mo：<10kt@0.2%～0.4%	晚侏罗世西头山组火山岩	102.5Ma石平川正长花岗岩	NW	（岩体内外接触带）脉状、透镜状	绢英岩化+钼矿化→多金属硫化物化→碳酸盐化±绿泥石化	辉钼矿、黄铁矿、磁铁矿、黑钨矿、黄铜矿、方铅矿、闪锌矿	石英、绢云母、绿泥石
38	上厂/浦城/福建	斑岩型	Mo：<10kt@0.07%～0.1%	古元古界大金山组麻粒岩、片岩	燕山期花岗斑岩	NW，NE，N-S	（岩体内外接触带）脉状、透镜状	云英岩化→绢英岩化+钼矿化→多金属硫化物化→萤石化+碳酸盐化+硅化	辉钼矿、黄铁矿、黄铜矿、闪锌矿	石英、绢云母、钾长石、白云母、黑云母、绿泥石、绿帘石方解石、萤石

续表

序号	矿床/县市/省区	矿床类型	金属量（磁铁矿）@品位	赋矿围岩	侵入岩	断裂走向	矿体产状及规模	蚀变及阶段	矿石矿物	脉石矿物
39	三支树/景宁/浙江	斑岩型	Mo：>10kt@0.06%	中元古界—新元古界陈蔡群片麻岩、角闪岩、绿片岩和大理岩	燕山期二长花岗岩	NNE，NE	（二长花岗岩及接触带）脉状、透镜状	钾长石化±辉钼矿化→绢英岩化+钼矿化→硅化+碳酸盐化+萤石化	辉钼矿、黄铁矿	石英、绢云母、白云母、绿泥石、绿帘石、方解石
40	后洋/松溪/福建	斑岩型	Mo：<10kt@0.07%～0.1%	古元古界大金山组麻粒岩、片岩	燕山期陈屋楼细粒黑云正常花岗岩	E-W	（岩体内外接触带）脉状、透镜状	绢英岩化+钼矿化→碳酸盐化+硅化	辉钼矿、白钨矿、黄铜矿、方铅矿、黄铁矿、闪锌矿	石英、绢云母、绿泥石
41	巨口/南平/福建	斑岩型	Mo：<10kt@0.24%	燕山晚期花岗岩类	燕山期黑云母花岗岩	NE，N-S，E-W	（岩体内接触带）脉状、透镜状	钾长石化+钼矿化→绢英岩化+钼矿化→碳酸盐化+绿泥石化+硅化	辉钼矿、黄铁矿、方铅矿、闪锌矿、磁铁矿	石英、钾长石、绢云母、白云母、黑云母、绿泥石
42	咸格/周宁/福建	斑岩型	Mo：<10kt@0.03%～0.2%	上侏罗统南园组流纹质晶屑凝灰熔岩	燕山期黑云母二长花岗岩	NW	（岩体内外接触带）脉状、透镜状	云英岩化+钼矿化→绢英岩化+钼矿化→多金属硫化物化→碳酸盐化+硅化	辉钼矿、黄铁矿	石英、绢云母、钾长石、绿泥石
43	赤路/福安/福建	斑岩型	Mo：>0.1Mt@>0.01%	上侏罗统南园组流纹质晶屑熔岩	115±4Ma赤路花岗岩体	NE，NW，NEE，N-S	（岩体内外接触带）脉状、透镜状	钾长石化+黑云母化+云英岩化+钼矿化→绢英岩化→多金属硫化物化→碳酸盐化+硅化	辉钼矿、黄铁矿、白钨矿、黑钨矿、磁铁矿、辉铋矿、黄铜矿、方铅矿、闪锌矿	石英、白云母、钾长石、黑云母、萤石、绿泥石、方解石、绢云母
44	三保/古田/福建	斑岩型	W+Mo<10kt；品位未知	上侏罗统南园组流纹质晶屑熔岩	燕山期天堂山花岗斑岩	NE	（岩体内外接触带）脉状、透镜状	云英岩化+钼矿化→绢英岩化+钼矿化→碳酸盐化+硅化	白钨矿、辉钼矿、黄铁矿、辉铋矿、黑钨矿	石英、绢云母
45	西朝/古田/福建	斑岩型	Mo：>10kt@0.18%～0.61%	上侏罗统南园组流纹质晶屑熔岩	燕山期似斑状黑云母二长花岗岩	NE	（岩体内外接触带）脉状、透镜状、豆荚状	钾长石化+钼矿化→绢英岩化+钼矿化→多金属硫化物化→碳酸盐化+绿泥石化+硅化	辉钼矿、磁铁矿、黄铁矿	石英、钾长石、绢云母、黑云母、绿泥石、方解石
46	砺山/仙游/福建	斑岩型	Mo：>10kt@0.03%～1.0%	上侏罗统南园组流纹质晶屑熔岩	燕山期仙游花岗闪长岩	NE	（流纹质凝灰岩内）脉状	钾长石化→绢英岩化+钼矿化→碳酸盐化+硅化	辉钼矿、黄铁矿	石英、钾长石、黑云母、绢云母

表 8.11 西南地区钼矿床地质特征（据 Yang and Wang，2017 修改）

序号	矿床/省区	矿床类型	成矿元素	成矿岩体	赋矿围岩	储量/kt	品位/%	矿化类型	矿石矿物	围岩蚀变
1	喀依孜/新疆	斑岩型	Mo	花岗闪长岩	中元古代板岩、石英片岩、凝灰岩、大理岩、石灰岩		0.04～1.53	浸染状、网脉状	辉钼矿、黄铁矿	硅化、绢云母化、绿泥石化、碳酸盐化
2	小同/新疆	斑岩型	Mo	花岗闪长岩	中元古代结晶片岩、石英岩、大理岩、片麻岩			浸染状、网脉状	辉钼矿、黄铁矿、黄铜矿	硅化、石榴子石化、透辉石化、绿帘石化、阳起石化、绿泥石化、碳酸盐化
3	鸭子沟/青海	斑岩－夕卡岩型	Cu-Mo-Pb-Zn	钾长花岗斑岩，花岗闪长斑岩	寒武—奥陶纪安山岩、玄武岩、大理岩；三叠纪凝灰岩、安山岩、流纹岩		0.028	浸染状、网脉状	辉钼矿、黄铁矿、黄铜矿、方铅矿、闪锌矿	硅化、绢云母化、钾化、绿泥石化、碳酸盐化
4	克停哈尔/青海	斑岩型	Cu-Mo	花岗斑岩	古元古代片麻岩、大理岩、片岩；泥盆纪玄武岩安山岩		0.062	浸染状、网脉状、角砾状	辉钼矿、黄铁矿、黄铜矿	硅化、绢云母化、钾化、绿泥石化、碳酸盐化
5	拉陵灶火/青海	斑岩－夕卡岩型	Mo	花岗闪长岩，石英闪长岩	古元古代含黑云母斜长片麻岩、粉砂岩、大理岩、混合岩		0.05～0.09	浸染状、网脉状	辉钼矿、黄铁矿、黄铜矿、磁铁矿	石榴子石化、透辉石化、硅化、碳酸盐化、绢云母化、钾化、绿泥石化
6	埃坑德勒斯特/青海	斑岩型	Mo-Cu	花岗斑岩	三叠纪安山岩、凝灰岩		0.037	浸染状、网脉状	辉钼矿、黄铜矿、黄铁矿	硅化、绢云母化、硬石膏化、绿泥石化、碳酸盐化
7	纳日贡玛/青海	斑岩型	Mo-Cu	黑云母花岗斑岩，细粒花岗斑岩	二叠纪玄武岩、玄武质安山岩、砂岩、斑岩、石灰岩	Mo：675；Cu：251.6	Mo：0.08；Cu：0.33	浸染状、网脉状	辉钼矿、黄铜矿、黄铁矿	钾化、硅化、绢云母化
8	陆日格/青海	斑岩型	Mo-Cu	黑云母二长花岗斑岩	石炭纪碎屑岩、碳酸盐；二叠纪碎屑岩、火山岩、碳酸岩		Mo：0.01～0.1；Cu：0.45～6.19	浸染状、网脉状	辉钼矿、黄铜矿、黄铁矿、方铅矿、闪锌矿	硅化、钾化、绿帘石化、绢云母化、绿泥石化、碳酸盐化
9	玉龙/西藏	斑岩-夕卡岩型	Cu-Mo	二长花岗斑岩，石英二长花岗岩	三叠纪石灰岩、大理岩、砂页岩、板岩	Cu：6500；Mo：150	Cu：0.52；Mo：0.028	浸染状、网脉状	黄铜矿、辉钼矿、黄铁矿、斑铜矿、方铅矿、闪锌矿	钾化、硅化、绢云母化、高岭土化、绿泥石化、绿帘石化

续表

序号	矿床/省区	矿床类型	成矿元素	成矿岩体	赋矿围岩	储量/kt	品位/%	矿化类型	矿石矿物	围岩蚀变
10	扎那尕/西藏	斑岩型	Cu-Mo	二长花岗斑岩，正长花岗斑岩	二叠纪火山岩；三叠纪砂岩、泥岩	Cu：300	Cu：0.36；Mo：0.03	浸染状、网脉状	黄铜矿、辉钼矿、黄铁矿、磁铁矿	钾化、硅化、绢云母化、高岭土化、绿泥石化、绿帘石化
11	莽总/西藏	斑岩型	Cu-Mo	二长花岗斑岩，正长花岗斑岩	二叠纪火山岩；三叠纪砂岩、泥岩	Cu：250	Cu：0.34；Mo：0.01～0.02	网脉状	黄铜矿、辉钼矿、黄铁矿	钾化、硅化、绢云母化、高岭土化、绿泥石化、绿帘石化
12	多霞松多/西藏	斑岩型	Cu-Mo	二长花岗斑岩，碱长花岗斑岩	三叠纪砂岩、泥岩、页岩	Cu：500	Cu：0.38；Mo：0.04	浸染状、网脉状	黄铜矿、辉钼矿、黄铁矿、磁铁矿、方铅矿、闪锌矿、斑铜矿	钾化、硅化、绢云母化、绿泥石化、绿帘石化
13	马拉松多/西藏	斑岩型	Cu-Mo	二长花岗斑岩，正长花岗斑岩	三叠纪粉砂岩、泥岩、流纹岩、凝灰岩	Cu：1000；Mo：>100	Cu：0.44；Mo：0.14	浸染状、网脉状	黄铜矿、辉钼矿、黄铁矿、磁铁矿、方铅矿、闪锌矿、斑铜矿	钾化、硅化、绢云母化、绿泥石化、绿帘石化、高岭土化
14	汤不拉/西藏	斑岩型	Mo-Cu	花岗斑岩，二长花岗斑岩	白垩纪黑云母二长花岗岩、黑云母花岗岩	Mo：100；Cu：10	Mo：0.1；Cu：0.21	浸染状、网脉状	辉钼矿、黄铜矿、黄铁矿、磁铁矿	硅化、绢云母化、钾化、绿泥石化
15	邦铺/西藏	斑岩型	Mo-Cu	斑状二长花岗岩	古近纪凝灰岩、凝灰角砾岩；二叠纪火山角砾岩、凝灰岩、砂岩、石灰岩	Mo：210；Cu：500	Mo：0.09；Cu：0.33	浸染状、网脉状、角砾状	辉钼矿、黄铜矿、黄铁矿、斑铜矿、方铅矿、闪锌矿	硅化、钾化、绢云母化、绿泥石化、萤石化
16	甲玛/西藏	斑岩-夕卡岩型	Cu-Mo-Pb-Zn	中酸性斑岩	侏罗纪石灰岩；白垩纪砂岩、粉砂岩、页岩	Cu：4640；Mo：380	Cu：0.44；Mo：0.036	浸染状、网脉状	黄铜矿、辉钼矿、斑铜矿、黄铁矿、方铅矿、闪锌矿	石榴子石化、透辉石化、绿帘石化、硅化、碳酸盐化、萤石化、绿泥石化、硬石膏化
17	驱龙/西藏	斑岩型	Cu-Mo	二长花岗斑岩	侏罗纪长英质火山熔岩、火山碎屑岩、石灰岩、砂岩、板岩	Cu：10600；Mo：510	Cu：0.50；Mo：0.03	浸染状、网脉状	黄铜矿、黄铁矿、辉钼矿、斑铜矿	硅化、绢云母化、钾化、硬石膏化

续表

序号	矿床/省区	矿床类型	成矿元素	成矿岩体	赋矿围岩	储量/kt	品位/%	矿化类型	矿石矿物	围岩蚀变
18	沙让/西藏	斑岩型	Mo	花岗斑岩，斑状花岗岩， 花岗岩，细粒花岗斑岩	晚二叠世石英砂岩	61	Mo：0.061	浸染状、角砾状角砾状	辉钼矿、黄铁矿	绢云母化、硅化、高岭土化
19	拉亢俄/西藏	斑岩型	Cu-Mo	花岗闪长斑岩	侏罗纪安山岩、火山角砾岩、石英片岩、凝灰岩、石灰岩、大理岩			浸染状、网脉状	辉钼矿、黄铜矿、黄铁矿	硅化、钾化、绢云母化、绿泥石化、高岭土化
20	努日/西藏	夕卡岩型	Cu-W-Mo	花岗斑岩	早白垩世大理岩、石灰岩、粉砂岩、角岩、凝灰岩	Cu：500	Cu：0.71 WO_3：0.22 Mo：0.067	浸染状、网脉状	黄铜矿、辉钼矿、白钨矿、黄铁矿	硅化、石榴子石化、透辉石化、绿帘石化、阳起石化、绿泥石化、碳酸盐化
21	明则/西藏	斑岩-夕卡岩型	Mo	花岗斑岩	白垩纪变质粉砂岩、凝灰岩、板岩；三叠纪板岩、砂岩		Mo：0.1	浸染状	黄铜矿、黄铁矿、斑铜矿、辉钼矿	硅化、绢云母化、透辉石化、钾化、白云岩化、石榴子石化、硅灰石化、绿帘石化、碳酸盐化
22	听宫/西藏	斑岩型	Cu-Mo	花岗斑岩	始新世凝灰岩、凝灰质砂岩		Mo：0.04~0.08 Cu：0.55~1.47	浸染状、网脉状	黄铁矿、黄铜矿、辉钼矿、斑铜矿	硅化、钾化、绢云母化、绿泥石化
23	休瓦促/云南	斑岩-石英脉型	Mo-W	黑云母二长花岗岩，碱长花岗岩	三叠纪砂岩、板岩	Mo：13.6 WO_3：8.4	Mo：0.38 WO_3：0.28	网脉状、脉状	辉钼矿、白钨矿、黄铜矿、黄铁矿、磁黄铁矿、辉锑矿、毒砂	钾化、硅化、绢云母化、高岭土化
24	热林/云南	斑岩型	Cu-Mo	二长花岗岩，花岗斑岩	晚三叠世砂岩、板岩		Mo：0.049	网脉状、脉状	辉钼矿、白钨矿、黄铜矿、黄铁矿、磁黄铁矿	钾化、硅化、绢云母化、高岭土化
25	红山/云南	斑岩-夕卡岩型	Cu-Mo	石英二长斑岩	晚三叠世砂质板岩、石灰岩、大理岩	Cu：650 Mo：5.8	Cu：1.23 Mo：0.14	浸染状、网脉状	辉钼矿、黄铜矿、黄铁矿、磁黄铁矿、闪锌矿	硅化、石榴子石化、透辉石化、绿帘石化、阳起石化、绿泥石化、碳酸盐化
26	铜厂沟/云南	斑岩-夕卡岩型	Mo-Cu	花岗闪长斑岩	三叠纪石灰岩、大理岩；二叠纪玄武岩夹火山角砾岩	Mo：300 Cu：3.4	Mo：0.3 Cu：0.8	浸染状、网脉状、脉状	辉钼矿、黄铜矿、黄铁矿、磁黄铁矿	硅化、透辉石化、绿帘石化、阳起石化、绿泥石化、碳酸盐化

8.2.1　共性

就单个矿床而言，各成矿区（带）斑岩型钼矿床都清楚地显示了斑岩型矿床的基本特征，并具有如下相似之处：

（1）矿床储量大，品位低，成矿作用与浅侵位的中酸性小斑岩体密切相关，成矿岩体多具有高硅高钾富碱的特征。

（2）成矿对围岩岩性、时代没有选择性，但矿化类型、蚀变类型和矿体产状、形态受赋矿围岩岩性控制。

（3）钼矿物以辉钼矿为主，多呈细脉浸染状产出，少量呈星点浸染状或角砾状；矿石矿物组合较为类似，常见辉钼矿、黄铁矿、黄铜矿、闪锌矿、方铅矿、白钨矿、黑钨矿、磁铁矿、磁黄铁矿等。

（4）矿体呈圆柱状、筒状、透镜状或脉状，既可完全产于岩体内部，亦可全部赋存于围岩中，或二者兼而有之。

（5）成矿过程具有四阶段性，早阶段为无矿或弱矿化的石英±钾长石脉，2阶段多是石英-辉钼矿网脉，3阶段为石英-多金属硫化物网脉，4阶段则发育不含硫化物的石英±萤石±方解石网脉。

（6）围岩蚀变以面型蚀变为主，常见钾化（钾长石化、黑云母化）、绢英岩化、青磐岩化（绿泥石化、绿帘石化、碳酸盐化）等，其中钾化和绢英岩化与钼矿化关系密切。

（7）常见成矿元素的分带现象，成矿岩体中心为钼矿化，外围可见铅-锌-银多金属矿化；当围岩为碳酸盐地层时可出现夕卡岩型铁、铜、钨、铅锌矿化。

（8）初始成矿流体为岩浆热液，以高温、高盐度为特征，常见水溶液包裹体、含子矿物多相包裹体、碳水溶液包裹体（CO_2±CH_4-H_2O-NaCl）和/或纯碳质包裹体（纯CO_2和/或纯CH_4包裹体）。由早到晚，成矿流体由高温、高盐度的岩浆热液向低温、低盐度的大气降水热液演化。

就区域尺度而言，各成矿区（带）均以出露古老陆壳基底为特征。中亚造山带西段已知钼矿床主要集中于东天山-北山地区。其中，东天山产钼地区的最老地层可追溯至中元古界，以长城系咸水泉岩组中深变质的变粒岩和蓟县系镜儿泉岩组绿片岩相变质岩为代表（李华芹等，2006；项楠等，2013）。北山地区位于塔里木板块北缘，区域地壳结构亦表现为双层结构，底部为新太古界结晶基底和中新元古界褶皱岩系，上覆有古生界盖层（彭振安等，2010）。在中亚造山带东段，其北部基底由众多微陆块拼贴而成，如额尔古纳地块、兴安地块或布列亚地块等，矿带局部出露中、新元古界变质基底（Wu et al.，2012；陈衍景等，2012；张成等，2013）；南部地区亦发育前寒武纪片岩、片麻岩类变质基底。吉黑成矿带构造格局复杂，包括松嫩、佳木斯、兴凯、龙岗等4个前寒武纪微陆块，其地层最老可追溯至太古宙—元古宙，包括混合岩、花岗片麻岩、大理岩等（陈衍景等，2012）。华北克拉通北缘和南缘，其突出地质标志就是发育早前寒武纪（太古宙—古元古代）结晶基底，多处表现为中高级变质岩和花岗岩-混合岩（胡受奚等，1988；赵国春等，2002；陈衍景等，2009；Li et al.，2011，2015；Deng et al.，2013a，2013b，2013c）。大别成矿带钼矿床主要集中于大别山北麓，尤其是晓天-磨子潭断裂以北、龟梅断裂以南的狭长区域，区内广泛出露前寒武纪变质结晶基底，包括肖家庙组、大别/桐柏变质核杂岩等（王运等，2009；李毅等，2013；Chen and Wang，2011；Yang et al.，2013）。华南造山带的古老岩石以出露于浙西南—闽西北一带的元古宙八都群为代表，年龄在1.8～2.0Ga左右（Zhao and Cawood，1999；李曙光等，1996），郑永飞和张少兵（2007）依据已有锆石U-Pb年龄和Hf同位素分析结果，认为华南地区的局部基底可追溯至太古宙。青藏高原的已知钼矿床局限于班公湖-怒江缝合带以南的拉萨地体和喜马拉雅地体，拉萨地体局部存在太古宙和元古宙结晶基底，以念青唐古拉群变质岩为代表（Zhu et al.，2011）；喜马拉雅地体也有前震旦纪变质基底，主要分布在高喜马拉雅单元及特提斯-喜马拉雅构造单元的拉轨岗日—康马一带的4个变质穹窿中（许志琴等，2005）。总之，上述钼矿带都发育古老陆壳基底，与我们主张的老陆壳有利于钼矿化的观点相吻合。

8.2.2 差异

秦岭与国内其他钼成矿区（带）的主要差异包括（表8.12）：

（1）赋矿围岩性质与成矿元素组合：秦岭地区斑岩钼矿床赋矿围岩包括变质岩、沉积岩、火山岩等，矿化元素组合以单钼矿化为主，可见Mo-W矿化。中亚造山带西段和大别成矿带已知斑岩钼矿床赋矿围岩以变质岩和岩浆岩为主，缺乏沉积岩类，相应的矿化元素组合以单Mo矿化和Mo±Cu±Pb±Zn±Ag矿化为主，难见Mo-W组合。在沉积地层发育区，尤其是碳酸盐地层发育区（如华南成矿带），常见Mo-W矿化，显示了钨矿化与沉积地层的密切关系（胡受奚和徐金方，2008），特别是与碳酸盐地层的内在联系。

（2）成矿岩体岩性与矿化元素组合：秦岭钼矿带成矿岩体以钾长花岗岩、二长花岗岩等酸性岩为主，石英闪长岩等偏中性的岩石较少，缺乏Mo-Cu或Cu-Mo矿床；其余成矿区（带）成矿岩体均发育较多中酸性、中性岩石，如花岗闪长岩、石英闪长岩等，常见Mo-Cu矿床，共存同期Cu-Mo甚至Cu-Au矿床。

（3）围岩蚀变：秦岭和大别钼矿带的钾化和硅化强烈，绢英岩化相对较弱，青磐岩化和泥化较弱甚至缺失，普遍可见萤石化和碳酸盐化；在其他成矿带，除上述蚀变外，尚可见以钠长石化、黑云母化、绢云母化、绿泥石化为主的蚀变组合，部分矿床的青磐岩化、泥化规模巨大。

（4）成矿流体：目前，秦岭钼矿带典型矿床和绝大多数矿床的成矿流体研究程度较高，成矿流体性质得到了充分认识。相对而言，其他成矿带的矿床成矿流体研究薄弱，仅个别矿床报道了系统的研究资料，因此尚无法准确总结规律和特征。但是，已有资料初步显示，这些钼矿床带的矿床也发育秦岭钼矿带常见的水溶液包裹体+含子晶多相包裹体+碳水溶液包裹体±纯碳质包裹体组合，表明初始成矿流体也是以高盐度、富碳质的岩浆热液为主。此外，个别钼矿床（如岔路口钼矿床）尚未发现含CO_2或CH_4的碳质包裹体，显示初始成矿流体为贫碳质的岩浆热液。

（5）成矿时代：中国不同钼矿带的主要成矿时间差别较大。研究程度较高的秦岭地区识别出多期次的成矿事件，大型、超大型矿床主要形成于晚侏罗世—早白垩世（105～158Ma），少数形成于三叠纪（213～215Ma），早古生代、新元古代早期和古元古代末期也有钼矿床形成。与秦岭造山带相连的大别地区只有晚侏罗世—早白垩世的钼矿床。就其余钼矿带而言（表8.12、表8.13），虽有多期多幕式成矿的特点，但大规模成矿时间是西北地区最老、西南地区最新，呈现由北向南变新趋势。具体而言，中亚造山带西段存在海西期（336～341Ma）和印支期（190～242Ma）两次成矿事件；中亚造山带东段则有海西期（299～303Ma）和燕山中期（129～150Ma）两次成矿事件；吉黑成矿带已知钼矿床集中形成于165～210Ma的印支期末和燕山早期。

在华北克拉通北缘，辉钼矿Re-Os年龄最大者为车户沟钼矿床，其20件年龄变化于243.3～269.5Ma，其中19件变化于243.3～253.9Ma，说明该成矿带钼成矿作用总体发生在255Ma以后（表8.10、图8.12）。该成矿带的最小年龄为121.1Ma（表8.10），来自四拨子–六拨子勘查区（李强等，2012）。总体而言，成矿年龄集中在3个范围，即190～255Ma（印支期）、160～190Ma（燕山早期）和120～160Ma（燕山中期）；华南地区的钼矿床主要形成于燕山期，并有133～170Ma和92～117Ma两个高峰期。在青藏高原，钼成矿时间分别集中在52～53Ma和14～30Ma两个时期。

表8.12 中国主要钼成矿区（带）斑岩钼成矿系统地质地球化学特征对比

	中亚造山带西段	中亚造山带东段	吉黑成矿带	华北克拉通北缘	秦岭成矿带	大别成矿带	华南成矿带	青藏高原成矿带
赋矿围岩时代	奥陶纪—石炭纪	奥陶纪—白垩纪	元古宙—侏罗纪	太古宙—侏罗纪	太古宙—侏罗纪	元古宙—白垩纪	元古宙—侏罗纪	二叠纪—古近纪
赋矿围岩岩性	变质岩、岩浆岩	变质岩、沉积岩、岩浆岩	变质岩、沉积岩、岩浆岩	变质岩、沉积岩、岩浆岩	变质岩、沉积岩、岩浆岩	变质岩、岩浆岩	变质岩、沉积岩、岩浆岩	沉积岩、岩浆岩
成矿岩体岩石类型	钾长花岗岩、石英闪长岩、花岗闪长岩	二长花岗岩、花岗闪长岩、闪长玢岩	二长花岗岩、花岗闪长岩、石英闪长岩	钾长花岗岩、二长花岗岩、花岗闪长岩	钾长花岗岩、二长花岗岩	二长花岗岩、石英正长岩、钾长花岗岩	二长花岗岩、钾长花岗岩、石英闪长岩	二长花岗岩、石英斑岩、花岗闪长岩
成矿元素	单Mo，Mo-Cu	单Mo，Mo±Cu±Pb±Zn，个别Mo-W	单Mo，Mo±Cu±Pb±Zn，少量Mo-W	单Mo，Mo-Bi，Mo-Cu-Au，Mo-Fe，Mo±Pb±Zn±Ag	单Mo为主，次为Mo-W、Mo-Fe、Mo-Pb-Zn，罕见Mo-Cu	单Mo，Mo±Cu±Pb±Zn±Ag，个别Mo-W	单Mo，Mo±Cu±Pb±Zn，部分Mo-W	Mo-Cu为主，少量单Mo
矿体形态	似层状、透镜状、扁豆状、脉状、	似层状、斑状、透镜状、脉状、穹窿状	脉状、透镜状、似层状、条带状	透镜状、似层状、筒状、脉状、不规则状	倒杯状、似层状、扁豆状、透镜状、不规则状	层状、似层状、透镜状、脉状、不规则状	脉状、似层状、透镜状、豆荚状	似层状、脉状、透镜状、筒状
矿体定位	岩体及其内外接触带	岩体及其内外接触带	岩体及其内外接触带	岩体及其内外接触带	岩体及其内外接触带	岩体及其内外接触带	岩体及其内外接触带	岩体及其内外接触带
矿化样式	细脉浸染状为主，少量浸染状、角砾状	细脉浸染状为主，少量浸染状、角砾状	细脉浸染状为主，少量浸染状、角砾状	细脉浸染状为主，少量浸染状、角砾状	细脉浸染状为主，少量浸染状、角砾状	细脉浸染状为主，少量浸染状、角砾状	细脉浸染状为主，少量浸染状、角砾状	细脉浸染状为主，少量浸染状、角砾状
矿石矿物	辉钼矿、黄铁矿、黄铜矿、磁黄铁矿、方铅矿、闪锌矿、黑钨矿、白钨矿、辉铋矿	辉钼矿、黄铁矿、黄铜矿、磁黄铁矿、方铅矿、闪锌矿、黑钨矿、白钨矿、辉铋矿、斑铜矿	辉钼矿、黄铁矿、黄铜矿、磁黄铁矿、方铅矿、闪锌矿、黑钨矿、白钨矿	辉钼矿、黄铁矿、黄铜矿、方铅矿、闪锌矿、磁铁矿、辉铋矿、黑钨矿、白钨矿、斑铜矿	辉钼矿、黄铁矿、白钨矿、黄铜矿、闪锌矿、方铅矿、磁铁矿	辉钼矿、黄铁矿、白钨矿、黑钨矿、黄铜矿、闪锌矿、方铅矿、磁铁矿	辉钼矿、黄铁矿、黄铜矿、方铅矿、闪锌矿、磁铁矿、磁黄铁矿、黑钨矿、白钨矿、辉铋矿	辉钼矿、黄铁矿、黄铜矿、方铅矿、闪锌矿、磁铁矿、斑铜矿、白钨矿
矿化阶段	总体可分为4个阶段	总体可分为4个阶段	总体可分为4个阶段	总体可分为4个阶段	总体可分为4个阶段	总体可分为4个阶段	总体可分为4个阶段	总体可分为4个阶段
围岩蚀变及系列	多数矿床以钾长石化、绿帘石化、碳酸盐化、萤石化为主，个别矿床以钠长石化、绢云母化、绿泥石化为主	分为两个系列：以钾长石化、绿帘石化、碳酸盐化、萤石化为主的“富钾富氟贫水蚀变组合”和以钠长石化、黑云母化、绢云母化、绿泥石化为主的“低钾富氯富水蚀变组合”	分为两个系列：以钾长石化、绿帘石化、碳酸盐化、萤石化为主的“富钾富氟贫水蚀变组合”和以钠长石化、黑云母化、绢云母化、绿泥石化为主的“低钾富氯富水蚀变组合”	分为两个系列：以钾长石化、绿帘石化、碳酸盐化、萤石化为主的“富钾富氟贫水蚀变组合”和以钠长石化、黑云母化、绢云母化、绿泥石化为主的“低钾富氯富水蚀变组合”	多数矿床钾化和硅化强烈，绢英岩化较弱，青磐岩化和泥化较弱或缺失；个别矿床以硅化、沸石化、泥化为主，钾化相对较弱	钾化和硅化强烈，绢英岩化较弱，青磐岩化和泥化较弱或缺失	多数矿床钾化和硅化强烈，绢英岩化较弱，青磐岩化和泥化较弱或缺失；个别矿床以硅化、青磐岩化、泥化为主，钾化相对较弱	多数矿床钾化、硅化强烈，可见绢英岩化、青磐岩化，部分矿床钾化相对较弱，而青磐岩化规模巨大

续表

	中亚造山带西段	中亚造山带东段	吉黑成矿带	华北克拉通北缘	秦岭成矿带	大别成矿带	华南成矿带	青藏高原成矿带
包裹体组合	W+S+C+PC	W、W+S、W+S+C±PC	W、W+S、W+C±PC、W+S+C±PC	W、W+S、W+C±PC、W+S+C±PC	W、W+S+C±PC	W+S、W+S+C±PC	W、W+S、W+C±PC、W+S+C±PC	W+S+C
初始流体	高盐度、富碳质的岩浆热液	高盐度、富碳质的岩浆热液，或高/低盐度、贫碳质的岩浆热液	高盐度、富碳质的岩浆热液，或高/低盐度、贫碳质的岩浆热液	高盐度、富碳质的岩浆热液，或高/低盐度、贫碳质的岩浆热液	高盐度、富碳质的岩浆热液为主，个别为低盐度、贫碳质的岩浆热液	高盐度、富碳质的岩浆热液为主，个别为高盐度、贫碳质的岩浆热液	高盐度、富碳质的岩浆热液，或高/低盐度、贫碳质的岩浆热液	高盐度、富碳质的岩浆热液
基底时代	太古宙—中元古代	中-新元古代	太古宙—古元古代	太古宙—古元古代	太古宙—古元古代	新元古代	元古宙	太古宙—元古宙
成矿爆发时代	190～341Ma	129～303Ma	165～210Ma	121～270Ma	105～215Ma	100～156Ma	92～170Ma	14～53Ma
成矿背景	陆陆碰撞体制为主，个别为洋陆俯冲体制	洋陆俯冲体制，陆陆碰撞体制	洋陆俯冲体制，陆陆碰撞体制	洋陆俯冲体制，陆陆碰撞体制	后碰撞的挤压向伸展转变期为主，个别为洋陆俯冲体制	后碰撞伸展体制	碰撞后伸展体制，弧后伸展体制	大陆碰撞体制

表 8.13　中国主要斑岩±夕卡岩型钼矿床辉钼矿 Re-Os 同位素年龄

矿床	样号	样重/g	Re/10^{-6}	2σ	^{187}Re/10^{-6}	2σ	^{187}Os/10^{-9}	2σ	年龄/Ma	2σ	资料来源
中亚造山带西段											
东戈壁	Db-2	0.05016	53.64	0.45	33.71	0.28	129.4	1	229.9	3.2	涂其军等，2012
	Db-3	0.05048	51.26	0.39	32.22	0.24	124.4	1	231.3	3.2	涂其军等，2012
	Db-15	0.05092	6.542	0.056	4.112	0.035	16.09	0.13	234.4	3.3	涂其军等，2012
	Db-19	0.05105	84.15	1.03	52.89	0.65	204.4	1.8	231.5	3.9	涂其军等，2012
	Db-20	0.05125	56.91	0.52	35.77	0.32	138.4	1.1	231.9	3.4	涂其军等，2012
	Db-22	0.05006	7.428	0.055	4.669	0.035	18.19	0.16	233.5	3.3	涂其军等，2012
	Db-23	0.05028	24.36	0.19	15.31	0.12	59.67	0.51	233.5	3.3	涂其军等，2012
	ZK02-37		59.00	1.14	36.93	0.71	148.45	0.53	241.7	0.9	吴艳爽等，2013
	ZK02-40		91.34	1.09	57.18	1.13	222.63	2.51	234.1	2.6	吴艳爽等，2013
	ZK02-50		81.94	1.45	51.30	0.91	205.95	4.04	241.4	4.7	吴艳爽等，2013
	ZK02-51		62.91	1.17	39.38	0.73	155.46	1.57	237.3	2.4	吴艳爽等，2013
	ZK03-32		70.60	2.43	44.19	1.52	172.32	1.20	234.4	1.2	吴艳爽等，2013
	ZK03-53		384.77	6.05	240.87	3.79	915.97	10.61	228.7	2.6	吴艳爽等，2013
	ZK03-75		63.59	1.45	39.81	0.91	153.64	2.16	232.0	3.3	吴艳爽等，2013

续表

矿床	样号	样重/g	$Re/10^{-6}$	2σ	$^{187}Re/10^{-6}$	2σ	$^{187}Os/10^{-9}$	2σ	年龄/Ma	2σ	资料来源
	ZK03-01		26.52	0.23	16.60	0.14	65.80	0.93	238.3	3.4	吴艳爽等，2013
白山	BSH-302	0.07645	167.20	1.60	105.10	1.00	389.00	3.00	222.0	3.5	Zhang et al.，2005
	BSH-303	0.05872	194.50	1.70	122.30	1.10	467.00	3.00	229.0	3.5	Zhang et al.，2005
	BSH-304	0.04475	188.00	1.80	118.20	1.20	451.00	4.00	228.6	3.7	Zhang et al.，2005
	BSH-305	0.05149	73.50	0.70	46.20	0.40	177.00	1.00	229.4	3.6	Zhang et al.，2005
	BSH-306	0.00671	238.20	2.60	149.70	1.60	570.00	4.00	227.9	3.8	Zhang et al.，2005
	BSH-307	0.00626	249.70	2.80	157.00	1.70	598.00	4.00	228.1	3.9	Zhang et al.，2005
	BSH-308	0.00299	107.10	1.10	67.30	0.70	258.00	1.00	229.9	3.7	Zhang et al.，2005
	BSH-309	0.00714	236.70	2.50	148.80	1.60	552.00	4.00	222.3	3.6	Zhang et al.，2005
	BS4-1		114.00	1.30	71.60	0.80	276.90	2.40	231.6	3.9	李华芹等，2006
	BS4-2		287.30	3.30	180.60	2.10	688.50	5.50	228.4	3.9	李华芹等，2006
	BS4-3		145.00	1.60	91.10	1.00	345.30	2.70	227.0	3.7	李华芹等，2006
	BS4-4		23.80	0.30	15.00	0.20	57.30	0.50	229.3	4.0	李华芹等，2006
	BS4-5		329.90	4.20	207.40	2.60	796.70	6.20	230.1	4.0	李华芹等，2006
	BS4-6		246.50	3.10	154.90	1.90	594.10	4.90	229.7	4.1	李华芹等，2006
	BSMK-01		303.30	5.70	190.60	3.60	605.30	4.80	190.3	4.2	张达玉等，2009
	BSMK-01		250.60	2.10	157.50	1.30	597.00	5.10	227.1	3.3	张达玉等，2009
	BSMK-02		222.2	2.2	139.7	1.4	526.6	4.5	225.9	3.4	张达玉等，2009
	BSMK-03		200.2	1.7	125.8	1	474.4	3.8	225.9	3.2	张达玉等，2009
	BSMK-04		176	1.6	110.6	1	416.3	3.3	225.5	3.2	张达玉等，2009
	BSMK-05		276.1	2.3	173.5	1.4	656.6	5.3	226.7	3.2	张达玉等，2009
	BSMK-06		139.3	1.1	87.56	0.66	329	2.7	225.1	3.1	张达玉等，2009
	BSMK-07		245.9	2.5	154.6	1.6	579.6	4.6	224.7	3.4	张达玉等，2009
花黑滩	HHT-4	0.01012	14.27	0.15	8.972	0.092	33.42	0.28	223.2	3.5	Zhu et al.，2013
	HHT-30	0.01066	19.22	0.15	12.08	0.09	46.09	0.45	228.6	3.4	Zhu et al.，2013
	HHT-31	0.01100	169.2	1.3	106.3	0.8	399.7	3.5	225.2	3.2	Zhu et al.，2013
	HHT-32	0.10006	2.843	0.021	1.787	0.013	6.717	0.054	225.2	3.1	Zhu et al.，2013
	HHT-33	0.01021	8.926	0.105	5.610	0.066	21.07	0.20	225.1	3.8	Zhu et al.，2013

续表

矿床	样号	样重/g	Re/10^{-6}	2σ	^{187}Re/10^{-6}	2σ	^{187}Os/10^{-9}	2σ	年龄/Ma	2σ	资料来源
额勒根	ELG04-1	0.00300	326.682	2.549			1162.8	8.8	338.9	3.9	聂凤军等，2005
	ELG04-2	0.00332	259.367	2.256			927.7	6.9	340.6	4.1	聂凤军等，2005
	ELG04-3	0.00246	424.098	3.619			1500	12	336.9	4.2	聂凤军等，2005
	ELG04-4	0.00302	402.161	4.250			1420	11	336.2	4.6	聂凤军等，2005
	ELG04-5	0.00250	393.029	3.159			1399	11	338.9	4.0	聂凤军等，2005
小狐狸山	Xm-1	0.03581	24.92	0.23	15.66	0.15	57.19	0.56	218.7	3.4	彭振安等，2010
	Xm-2	0.05487	26.67	0.25	16.76	0.16	61.57	0.55	220.1	3.4	彭振安等，2010
	Xm-3	0.03584	7.22	0.08	4.54	0.05	16.53	0.14	218.3	3.5	彭振安等，2010
	Xm-4	0.03530	15.68	0.11	9.85	0.07	35.86	0.29	218.1	2.9	彭振安等，2010
	Xm-5	0.03514	32.93	0.30	20.70	0.19	75.82	0.62	219.5	3.2	彭振安等，2010
	Xm-6	0.03755	8.97	0.08	5.64	0.05	20.36	0.18	216.3	3.3	彭振安等，2010
	09-xf1	0.05016	31.60	0.30	19.86	0.19	73.25	0.61	221.0	3.3	杨帅师等，2012
	09-xf2	0.05038	40.46	0.33	25.43	0.21	93.26	0.79	219.7	3.1	杨帅师等，2012
	09-xf3	0.05064	40.17	0.37	25.25	0.23	91.59	0.80	217.4	3.3	杨帅师等，2012
	080623-1	0.0503			9.868	0.091	35.45	0.31	215.3	3.2	张雨莲等，2012
	080623-2	0.0502			7.055	0.074	25.03	0.25	212.6	3.5	张雨莲等，2012
	080623-3	0.0508			10.96	0.082	38.73	0.38	211.8	3.1	张雨莲等，2012
中亚造山带东段											
乌日尼图	WRNT090726-10	0.15055	17.64	0.23	11.09	0.14	26.29	0.24	142.2	2.5	Liu，2011
准苏吉花	ZJ-4	0.02112	66.90	0.55	42.05	0.35	211.10	1.70	300.6	4.2	刘翼飞等，2012
	ZJ-6	0.01998	50.03	0.43	31.44	0.27	156.80	1.30	298.6	4.3	刘翼飞等，2012
	ZJ-8	0.02011	50.39	0.47	31.67	0.29	158.90	1.40	300.4	4.6	刘翼飞等，2012
	ZJ-12	0.02109	55.79	0.48	35.06	0.30	176.30	1.50	301.1	4.3	刘翼飞等，2012
	ZJ-15	0.02063	54.29	0.43	34.12	0.27	170.90	1.70	299.9	4.5	刘翼飞等，2012
	ZJ-17	0.05057	68.10	0.83	42.81	0.52	214.20	2.30	299.6	5.4	刘翼飞等，2012
	ZJ-18	0.02064	33.68	0.25	21.17	0.16	106.10	0.90	300.2	4.2	刘翼飞等，2012
	ZJ-19	0.02226	24.90	0.21	15.65	0.13	79.28	0.67	303.3	4.3	刘翼飞等，2012
乌兰德勒	TW-WLDL-1a	0.05034	14.36	0.11	9.025	0.071	20.3	0.2	134.9	1.8	陶继雄等，2009
	TW-WLDL-1b	0.05085	5.71	0.05	3.592	0.032	8.0	0.1	133.5	1.9	陶继雄等，2009

续表

矿床	样号	样重/g	Re/10^{-6}	2σ	$^{187}Re/10^{-6}$	2σ	$^{187}Os/10^{-9}$	2σ	年龄/Ma	2σ	资料来源
	TW-WLDL-1c	0.05460	3.44	0.03	2.162	0.020	4.8	0.0	132.7	1.9	陶继雄等，2009
	TW-WLDL-1d	0.05060	0.64	0.01	0.403	0.004	0.9	0.0	139.0	2.2	陶继雄等，2009
	TW-WLDL-1e	0.05134	9.4	0.09	5.909	0.059	13.0	0.1	131.6	2.0	陶继雄等，2009
小东沟	XDG-1	0.01064	4.591	0.034			6.640	0.081	138.0	2.2	聂凤军等，2007
	XDG-2	0.01220	4.985	0.038			7.129	0.059	136.4	1.9	聂凤军等，2007
	XDG-3	0.01444	2.203	0.016			3.206	0.030	138.8	2.0	聂凤军等，2007
	XDG-4	0.01045	5.224	0.045			7.564	0.056	138.1	1.9	聂凤军等，2007
	XDG-5	0.01130	6.084	0.046			8.654	0.074	135.7	1.9	聂凤军等，2007
	XDG-6	0.01020	10.273	0.100			14.690	0.140	136.4	2.2	聂凤军等，2007
	XDGH-1	0.10013			8.382	0.066	12.00	0.09	136.5	1.8	覃锋等，2008
	XDGH-2	0.10010			4.558	0.049	6.55	0.05	137.1	2.1	覃锋等，2008
	XDGH-10	0.10006			7.635	0.060	11.05	0.09	138.0	1.9	覃锋等，2008
	XDGH-18	0.10009			8.418	0.084	12.21	0.09	138.4	2.0	覃锋等，2008
	XDGH-19	0.10018			7.528	0.068	10.91	0.09	138.2	2.0	覃锋等，2008
	XDGH-21	0.10049			6.005	0.063	8.66	0.08	137.5	2.2	覃锋等，2008
哈什吐	HST-1	0.20232	0.992	0.008	0.623	0.005	1.532	0.012	147.3	2.1	张可等，2012
	HST-2	0.11600	1.592	0.013	1.001	0.008	2.492	0.022	149.3	2.2	张可等，2012
	HST-3	0.20479	0.965	0.009	0.606	0.006	1.489	0.012	147.3	2.2	张可等，2012
	HST-5	0.20042	0.764	0.006	0.481	0.004	1.183	0.011	147.6	2.1	张可等，2012
	HST-6	0.20015	1.024	0.009	0.644	0.006	1.605	0.014	149.5	2.3	张可等，2012
	HST-8	0.02313	2.055	0.015	1.291	0.010	3.183	0.028	147.8	2.1	张可等，2012
	HST-9	0.20011	0.653	0.006	0.410	0.004	1.014	0.009	148.2	2.2	张可等，2012
	HST-10	0.20063	1.111	0.009	0.698	0.006	1.730	0.014	148.5	2.1	张可等，2012
	HST-11	0.20075	1.843	0.019	1.158	0.012	2.887	0.025	149.4	2.3	张可等，2012
	HST-12	0.20180	1.845	0.017	1.160	0.011	2.857	0.023	147.0	2.2	张可等，2012
半砬山	ZB-1	0.05036	1.054		0.663	0.008	1.553	0.015	140.5	2.4	Zeng et al.，2010
	ZB-2	0.05005	1.291		0.811	0.008	1.935	0.016	143.0	2.2	Zeng et al.，2010
	ZK108A	0.02446	2.988	0.027	1.878	0.017	4.228	0.067	135.0	3.0	闫聪等，2011
	ZK001	0.10074	0.117	0.002	0.074	0.001	0.162	0.009	131.8	7.6	闫聪等，2011

续表

矿床	样号	样重/g	Re/10^{-6}	2σ	^{187}Re/10^{-6}	2σ	^{187}Os/10^{-9}	2σ	年龄/Ma	2σ	资料来源
	ZK003	0.05118	0.971	0.010	0.610	0.007	1.385	0.080	136.0	8.2	闫聪等，2011
	ZK108B	0.10016	0.895	0.010	0.562	0.006	1.269	0.024	135.4	3.5	闫聪等，2011
	ZK109	0.02124	0.592	0.008	0.372	0.005	0.858	0.019	138.2	4.0	闫聪等，2011
敖仑花	ZA-1	0.05014	21.97		13.81	0.11	30.21	0.24	131.2	1.8	Zeng et al.，2010
	ZA-2	0.05048	79.81		50.16	0.40	109.50	0.90	130.9	1.8	Zeng et al.，2010
	ZA-3	0.05078	19.77		12.43	0.12	27.23	0.23	131.4	2.0	Zeng et al.，2010
	ZA-4	0.05022	19.52		12.27	0.09	26.88	0.21	131.4	1.8	Zeng et al.，2010
	ZA-5	0.05178	29.67		18.65	0.16	41.38	0.34	133.1	1.9	Zeng et al.，2010
	ALH-72	0.05118	38.929	0.373	0.234	0.053	0.450		131.1	2.0	马星华等，2009
	ALH-85	0.05198	19.187	0.167	0.105	0.026	0.210		131.6	1.9	马星华等，2009
	ALH-103	0.05000	12.916	0.10	0.063	0.018	0.10		131.4	1.8	马星华等，2009
	ALH-104	0.05005	5.961	0.05	0.028	0.008	0.10		131.1	1.8	马星华等，2009
	ALH-106	0.05088	25.025	0.21	0.130	0.035	0.29		133.0	1.9	马星华等，2009
	OLH-08©	0.05026	25.535	0.214	16.049	0.135	35.30	0.29	131.9	1.9	舒启海等，2009
	OLH-11©	0.05046	31.284	0.328	19.663	0.206	43.07	0.36	131.3	2.1	舒启海等，2009
	OLH-00	0.05102	24.486	0.232	15.390	0.146	34.13	0.30	133.0	2.0	舒启海等，2009
	OLH-04	0.05022	19.471	0.156	12.238	0.098	27.32	0.29	133.9	2.1	舒启海等，2009
	AQ-8	0.05092	18.834	0.150	11.837	0.094	26.23	0.23	132.8	1.9	舒启海等，2009
	OLH-G01	0.05054	29.728	0.236	18.684	0.148	41.22	0.35	132.3	1.9	舒启海等，2009
太平沟	ZK004-21	0.05056	9.900	0.085	6.223	0.053	13.61	0.10	131.1	1.8	王圣文等，2009
	ZK501-43	0.09937	52.795	0.477	33.185	0.300	71.85	0.57	129.8	1.9	王圣文等，2009
	ZK502-31	0.10306	69.181	0.616	43.485	0.387	93.87	0.82	129.4	1.9	王圣文等，2009
	ZK703-22	0.00617	29.204	0.263	18.357	0.165	40.40	0.40	131.9	2.0	王圣文等，2009
	1	0.04975	13.478	0.105	8.471	0.066	18.65	0.15	132.0	1.8	翟德高等，2009
	2	0.05103	19.276	0.174	12.115	0.109	26.64	0.21	131.8	1.9	翟德高等，2009
	3	0.50560	9.900	0.085	6.223	0.053	13.61	0.10	131.1	1.8	翟德高等，2009
	4	0.09937	52.795	0.477	33.185	0.300	71.85	0.57	129.8	1.9	翟德高等，2009
	5	0.10306	69.181	0.616	43.485	0.387	93.87	0.82	129.4	1.9	翟德高等，2009
	6	0.00617	29.204	0.263	18.357	0.165	40.40	0.40	131.9	2.0	翟德高等，2009

续表

矿床	样号	样重/g	$Re/10^{-6}$	2σ	$^{187}Re/10^{-6}$	2σ	$^{187}Os/10^{-9}$	2σ	年龄/Ma	2σ	资料来源
岔路口	CLK-16	0.05033	36.444	0.328	22.906	0.206	56.16	0.50	147.0	2.2	聂凤军等，2011
	CLK-20	0.05053	11.793	0.108	7.412	0.068	18.38	0.15	148.6	2.2	聂凤军等，2011
	CLK-28	0.05040	4.518	0.041	2.840	0.026	7.06	0.06	149.1	2.3	聂凤军等，2011
	CLK-30	0.05084	88.478	0.835	55.610	0.525	136.30	1.10	147.0	2.2	聂凤军等，2011
	CLK-31	0.05042	8.225	0.066	5.169	0.042	12.65	0.12	146.7	2.2	聂凤军等，2011
	CLK-33	0.05142	33.758	0.285	21.218	0.179	51.81	0.48	146.4	2.2	聂凤军等，2011
	CLK-61	0.05050	1.699	0.017	1.068	0.010	2.64	0.02	148.2	2.3	聂凤军等，2011
	CLK-63	0.05102	44.675	0.388	28.079	0.244	68.48	0.54	146.2	2.1	聂凤军等，2011
	HD-7		2.501	0.018	1.572	0.011	3.79	0.03	145.0	2.0	刘军，2013
	HD-9		3.974	0.034	2.498	0.021	6.05	0.05	145.0	2.1	刘军，2013
	HD-231		23.500	0.190	14.770	0.120	35.88	0.31	146.0	2.1	刘军，2013
	HD-252		20.200	0.150	12.700	0.100	31.43	0.25	148.0	2.0	刘军，2013
	HC-54		21.700	0.180	13.640	0.110	33.48	0.29	147.0	2.1	刘军，2013
	HD-55		9.562	0.080	6.010	0.050	14.79	0.12	148.0	2.1	刘军，2013
吉黑成矿带											
鹿鸣	06001-1	0.05248	48.61	0.59	30.56	0.37	90.52	0.73	177.6	3.0	谭红艳等，2012
	06001-2	0.03443	31.58	0.25	19.85	0.16	59.44	0.52	179.5	2.6	谭红艳等，2012
	06001-3	0.03024	30.40	0.24	19.11	0.15	57.33	0.53	179.8	2.6	谭红艳等，2012
	06401-1	0.05078	30.87	0.36	19.40	0.23	57.51	0.48	177.7	2.9	谭红艳等，2012
	06401-2	0.05010	33.54	0.25	21.08	0.16	62.36	0.51	177.3	2.4	谭红艳等，2012
	06401-3	0.05008	24.60	0.20	15.46	0.13	45.78	0.38	177.5	2.5	谭红艳等，2012
	06401-6	0.05005	27.09	0.23	17.03	0.15	50.67	0.44	178.4	2.6	谭红艳等，2012
	TWL1-1	0.05020	33.18	0.39	20.85	0.25	61.58	0.51	177.0	2.9	谭红艳等，2012
	TWL1-2	0.05008	32.61	0.30	20.50	0.19	60.82	0.51	177.8	2.7	谭红艳等，2012
	TWL1-3	0.04086	49.64	0.41	31.20	0.26	92.51	0.72	177.7	2.5	谭红艳等，2012
	TWL1-4	0.05047	34.60	0.41	21.75	0.26	64.77	0.54	178.5	3.0	谭红艳等，2012
石林公园	JDK-I-1	0.4020	4.479	0.042	2.815	0.027	9.772	0.089	208.0	3.2	孙珍军等，2012
	JDK-I-2	0.4000	5.145	0.07	3.233	0.044	11.36	0.1	210.4	3.8	孙珍军等，2012
	JDK-I-3	0.0660	0.2485	0.002	0.1562	0.0012	0.5254	0.0044	201.6	2.8	孙珍军等，2012

续表

矿床	样号	样重/g	$Re/10^{-6}$	2σ	$^{187}Re/10^{-6}$	2σ	$^{187}Os/10^{-9}$	2σ	年龄/Ma	2σ	资料来源
	JDK-I-4	0.1440	0.05858	0.00085	0.03682	0.00054	0.1292	0.001	210.2	3.9	孙珍军等，2012
福安堡	FAP-1a	0.05020	9.943	0.076	6.249	0.048	17.343	0.143	166.3	2.3	李立兴等，2009
	FAP-1b	0.05072	11.463	0.088	7.205	0.055	20.078	0.158	167.0	2.3	李立兴等，2009
	FAP-1c	0.05166	15.125	0.146	9.507	0.092	26.348	0.213	166.1	2.5	李立兴等，2009
	FAP-1f	0.05049	10.517	0.090	6.610	0.056	18.224	0.147	165.3	2.4	李立兴等，2009
	FAP-2g	0.05018	11.676	0.117	7.339	0.074	20.378	0.171	166.4	2.6	李立兴等，2009
	FAP-04	0.03032	15.09	0.14	9.486	0.087	26.41	0.25	166.9	2.6	于晓飞等，2012
	FAP-07	0.05015	21.04	0.16	13.230	0.100	37.49	0.32	169.9	2.4	于晓飞等，2012
	FAP-08	0.05109	15.33	0.12	9.633	0.078	27.00	0.23	168.0	2.4	于晓飞等，2012
	FAP-09	0.05047	12.11	0.10	7.611	0.063	21.32	0.18	167.9	2.4	于晓飞等，2012
	FAP-12	0.05021	14.18	0.13	8.914	0.084	24.95	0.21	167.8	2.5	于晓飞等，2012
	FAP-23	0.05141	15.34	0.13	9.643	0.081	27.30	0.23	169.7	2.4	于晓飞等，2012
	FAP-29	0.05108	10.14	0.09	6.376	0.056	17.91	0.15	168.4	2.5	于晓飞等，2012
	FAP-30	0.05024	9.38	0.08	5.896	0.053	16.42	0.15	167.0	2.5	于晓飞等，2012
季德屯	JJD5-1		0.24	0.002	0.153	0.001	0.42	0.004	164.6	2.3	张勇，2013
	JJD5-2		0.41	0.004	0.259	0.003	0.715	0.006	165.2	2.5	张勇，2013
	JJD5-3		0.58	0.005	0.366	0.003	1.02	0.008	167.1	2.4	张勇，2013
	JJD5-4		0.66	0.005	0.414	0.003	1.151	0.01	166.5	2.4	张勇，2013
大石河	YB061-1		6.039	0.072	3.795	0.045	11.52	0.10	182.0	3.0	鞠楠等，2012
	YB061-3		6.940	0.058	4.362	0.036	13.25	0.12	182.1	2.7	鞠楠等，2012
	YB061-4		5.647	0.044	3.549	0.027	10.85	0.09	183.2	2.6	鞠楠等，2012
	YB061-5		6.094	0.056	3.830	0.035	12.18	0.12	190.6	3.0	鞠楠等，2012
	YB061-5		6.180	0.066	3.885	0.041	12.37	0.10	190.8	3.0	鞠楠等，2012
	YB061-6		6.433	0.049	4.043	0.031	12.95	0.11	191.9	2.6	鞠楠等，2012
后倒木	JHD4-1		50.07	0.37	31.47	0.23	87.88	0.75	167.4	2.3	张勇，2013
	JHD4-2		47.12	0.39	29.62	0.24	82.76	0.67	167.5	2.4	张勇，2013
	JHD4-3		43.82	0.37	27.54	0.24	77.02	0.69	167.6	2.5	张勇，2013
	JHD4-4		54.23	0.46	34.08	0.29	95.35	0.81	167.7	2.4	张勇，2013
大黑山	DHS-1a		24.153	0.179	15.180	0.112	42.574	0.341	168.1	2.3	王成辉等，2009a

续表

矿床	样号	样重/g	$Re/10^{-6}$	2σ	$^{187}Re/10^{-6}$	2σ	$^{187}Os/10^{-9}$	2σ	年龄/Ma	2σ	资料来源
	DHS-1d		27.853	0.260	17.506	0.163	49.542	0.393	169.6	2.5	王成辉等，2009a
	DHS-1e		27.152	0.323	17.066	0.203	48.125	0.394	169.0	2.8	王成辉等，2009a
	DHS-1h		39.572	0.362	24.872	0.228	70.015	0.652	168.7	2.6	王成辉等，2009a
	DHS-1i		39.361	0.316	24.739	0.199	68.885	0.601	166.9	2.4	王成辉等，2009a
	DHS-3a		43.567	0.325	27.383	0.204	77.038	0.627	168.6	2.3	王成辉等，2009a
	DHS-2c		31.032	0.242	19.504	0.152	54.842	0.453	168.5	2.4	王成辉等，2009a
	DHS-2e		42.806	0.375	26.905	0.236	75.906	0.670	169.1	2.5	王成辉等，2009a
	DHS-3c		29.022	0.218	18.241	0.137	51.274	0.437	168.5	2.3	王成辉等，2009a
	DHS-3d		32.683	0.271	20.542	0.170	57.752	0.478	168.5	2.4	王成辉等，2009a
	Jdhm-029		25.78	0.23	16.2	0.15	45.21	0.4	167.2	2.5	张勇，2013
刘生店	YB065-1	0.05088	15.75	0.24	9.90	0.15	27.83	0.46	168.5	2.3	王辉等，2011
	YB065-2	0.05068	15.71	0.24	9.88	0.15	27.68	0.44	168.0	2.3	王辉等，2011
	YB065-3	0.05098	16.80	0.26	10.56	0.16	29.87	0.52	169.6	2.4	王辉等，2011
	YB065-4	0.05239	16.19	0.30	10.17	0.20	28.86	0.52	170.0	2.6	王辉等，2011
	YB065-5	0.05878	18.08	0.28	11.37	0.18	32.40	0.60	170.8	2.5	王辉等，2011
	YB065-6	0.05738	17.22	0.30	10.83	0.20	30.65	0.52	169.7	2.5	王辉等，2011
	Jlsm-004		11.88	0.11	7.47	0.07	20.67	0.17	165.9	2.4	张勇，2013
	Jlsm-005		18.43	0.14	11.58	0.09	32.77	0.34	169.6	2.6	张勇，2013
	Jlsm-006		18.34	0.23	11.52	0.15	32.38	0.27	168.4	2.9	张勇，2013
	Jlsm-006		17.67	0.14	11.11	0.09	31.14	0.28	168.1	2.5	张勇，2013
	Jlsm-007		14.81	0.16	9.31	0.10	26.12	0.23	168.1	2.7	张勇，2013
	Jlsm-008		13.76	0.13	8.65	0.08	24.19	0.22	167.6	2.5	张勇，2013
新华龙	Jxhm-010		62.30	0.57	46.03	0.56	131.7	1.2	171.5	2.9	张勇，2013
	Jxhm-014		11.31	0.11	62.64	0.62	180.4	1.5	172.6	2.6	张勇，2013
	Jxhm-015		73.24	0.89	39.16	0.36	111.2	1.1	170.2	2.6	张勇，2013
	Jxhm-016		99.66	0.99	7.107	0.07	20.26	0.16	170.8	2.6	张勇，2013
夹皮沟	YB010-1	0.02108	78.43	0.73	49.29	0.46	154.8	1.4	188.2	2.9	王辉等，2013
	YB010-2	0.02012	80.76	0.81	50.76	0.51	160.2	1.4	189.2	2.9	王辉等，2013
	YB010-3	0.02382	63.89	0.73	40.15	0.46	126.7	1.2	189.0	3.2	王辉等，2013

续表

矿床	样号	样重/g	Re/10^{-6}	2σ	^{187}Re/10^{-6}	2σ	^{187}Os/10^{-9}	2σ	年龄/Ma	2σ	资料来源
	YB010-4	0. 02008	57. 06	0. 66	35. 86	0. 42	113. 4	1. 1	189. 5	3. 2	王辉等，2013
	YB010-5	0. 02058	55. 33	0. 47	34. 77	0. 30	109. 3	0. 9	188. 4	2. 7	王辉等，2013
	YB010-6	0. 02118	66. 50	0. 89	41. 80	0. 56	131. 7	1. 0	188. 8	3. 3	王辉等，2013
华北克拉通北缘											
查干花	CGH4	0. 01036	133. 3	1. 20	83. 75	0. 74	337. 0	3. 0	241. 1	3. 6	蔡明海等，2011b
	CGH1	0. 01148	49. 9	0. 39	31. 37	0. 25	125. 9	1. 2	240. 5	3. 6	蔡明海等，2011b
	CGH2	0. 01058	124. 7	1. 00	78. 39	0. 65	317. 5	2. 9	242. 6	3. 6	蔡明海等，2011b
	CGH3	0. 01018	82. 76	0. 63	52. 02	0. 39	207. 8	1. 7	239. 3	3. 3	蔡明海等，2011b
	CGH5	0. 01036	95. 52	0. 70	60. 04	0. 44	242. 7	1. 9	242. 1	3. 2	蔡明海等，2011b
	CGD7	0. 01024	95. 09	0. 70	59. 77	0. 44	241. 3	2. 1	241. 8	3. 4	蔡明海等，2011b
查干德尔斯	CGD1	0. 01254	193. 4	1. 7	121. 6	1. 1	494. 8	4. 7	243. 8	3. 7	蔡明海等，2011a
	CGD2	0. 01026	128. 9	1. 0	81. 0	0. 7	327. 5	3. 0	242. 1	3. 6	蔡明海等，2011a
	CGD3	0. 01142	146	1. 1	91. 8	0. 7	370. 9	3. 2	242. 1	3. 4	蔡明海等，2011a
	CGD4	0. 01049	158. 3	1. 4	99. 5	0. 9	405. 8	3. 2	244. 2	3. 5	蔡明海等，2011a
	CGD5	0. 01126	211. 4	2. 3	132. 9	1. 4	533. 0	4. 7	240. 3	3. 9	蔡明海等，2011a
	CGD6	0. 01231	206. 1	2. 2	129. 5	1. 4	525. 5	4. 9	243. 0	3. 9	蔡明海等，2011a
	CGD7	0. 01248	53. 64	0. 4	33. 7	0. 3	136. 4	1. 1	242. 3	3. 3	蔡明海等，2011a
	Mo2	0. 01001	101. 7	1. 20	63. 89	0. 73	255. 9	2. 2	239. 9	3. 9	颜开，2012
	Mo3	0. 01024	115. 9	0. 90	72. 87	0. 56	289. 7	2. 6	238. 1	3. 4	颜开，2012
	Mo4	0. 01024	140. 2	1. 10	88. 09	0. 69	353. 7	3. 1	240. 5	3. 4	颜开，2012
	Mo6	0. 01077	203. 4	2. 00	127. 80	1. 30	509. 6	4. 2	238. 9	3. 7	颜开，2012
	Mo8	0. 01012	75. 37	0. 57	47. 37	0. 36	187. 9	1. 7	237. 7	3. 4	颜开，2012
	Mo10	0. 01055	184. 5	2. 10	116. 00	1. 30	465. 8	4. 1	240. 6	3. 9	颜开，2012
	Mo5	0. 01040	109	1. 00	68. 510	0. 640	279. 00	2. 40	243. 9	3. 7	颜开，2012
	Mo12	0. 01065	73. 3	0. 65	46. 070	0. 410	187. 00	1. 60	243. 2	3. 6	颜开，2012
西沙德盖	XSD4	0. 05062	11. 08	0. 10	6. 965	0. 061	25. 87	0. 21	222. 5	3. 2	侯万荣等，2010
	XSD1	0. 03055	12. 67	0. 10	7. 961	0. 065	29. 56	0. 24	222. 4	3. 1	侯万荣等，2010
	XSD2	0. 05005	17. 69	0. 13	11. 120	0. 080	41. 76	0. 37	225. 0	3. 2	侯万荣等，2010
	XSD3	0. 05072	17. 35	0. 13	10. 910	0. 080	41. 14	0. 34	226. 0	3. 1	侯万荣等，2010

续表

矿床	样号	样重/g	Re/10^{-6}	2σ	^{187}Re/10^{-6}	2σ	^{187}Os/10^{-9}	2σ	年龄/Ma	2σ	资料来源
	XSD5	0.05020	11.26	0.08	7.077	0.053	26.73	0.25	226.3	3.3	侯万荣等，2010
	XSD9	0.05030	21.12	0.17	13.270	0.110	49.94	0.42	225.4	3.2	侯万荣等，2010
	XSD11	0.05140	17.88	0.14	11.240	0.090	42.36	0.37	225.8	3.2	侯万荣等，2010
	XSD13	0.04993	23.84	0.21	14.990	0.130	56.00	0.45	223.9	3.2	侯万荣等，2010
	XSD14	0.08042	20.43	0.19	12.840	0.120	48.20	0.41	224.8	3.4	侯万荣等，2010
	SDG-1	0.05074	47.31	0.40	29.740	0.250	111.57	1.02	224.8	3.3	章永梅等，2011
	SDG-2	0.05039	20.68	0.19	13.000	0.120	48.63	0.41	224.1	3.3	章永梅等，2011
	RSY-3	0.05049	11.28	0.09	7.090	0.054	26.50	0.22	224.0	3.1	章永梅等，2011
	SDG-5	0.05048	17.89	0.15	11.240	0.090	42.35	0.38	225.7	3.3	章永梅等，2011
	RSY-2	0.10040	7.54	0.08	4.742	0.049	17.67	0.14	223.2	3.5	章永梅等，2011
大苏计	Dsj002-1	0.05042	3.699	0.030	2.325	0.019	8.617	0.073	222.1	3.2	张彤等，2009
	Dsj002-2	0.05091	7.606	0.060	4.780	0.038	17.830	0.140	223.4	3.1	张彤等，2009
	Dsj002-3	0.05088	3.262	0.031	2.051	0.019	7.687	0.066	224.6	3.4	张彤等，2009
	Dsj002-4	0.05032	10.048	0.086	6.315	0.054	23.450	0.190	222.5	3.2	张彤等，2009
曹四夭	CSY-15	0.31727	82.650	0.980	51.950	0.610	0.114	0.001	131.9	2.3	聂凤军等，2013
	CSY-16	0.28616	87.090	0.900	54.740	0.570	0.118	0.001	131.2	2.3	聂凤军等，2013
	CSY-17	0.50062	56.830	0.530	35.720	0.330	0.077	0.001	129.7	2.0	聂凤军等，2013
	CSY-18	0.50206	55.470	0.500	34.860	0.310	0.077	0.001	128.6	2.4	聂凤军等，2013
大庄科	DC-95-1								147.1	6.6	黄典豪等，1996
	DC-95-11								144.7	10.7	黄典豪等，1996
	DC-95-2								146.4	5.9	黄典豪等，1996
	DZK-1-S	0.01876	24.97	0.19	15.700	0.120	35.61	0.30	136.0	1.9	刘舒波等，2012
	DZK-2-S	0.01910	14.62	0.11	9.188	0.067	21.04	0.19	137.3	1.9	刘舒波等，2012
	DZK-3-S	0.01578	13.2	0.10	8.297	0.063	18.87	0.18	136.4	2.0	刘舒波等，2012
	DZK-4-S	0.02185	16.01	0.15	10.060	0.090	22.85	0.21	136.2	2.1	刘舒波等，2012
	DZK-5-S	0.01801	27.66	0.22	17.380	0.140	39.82	0.32	137.3	1.9	刘舒波等，2012
安妥岭	MS201	0.0536	100.227	0.462	62.997	0.290	153.536	0.227	146.11	0.71	梁涛等，2010
	MS202	0.0505	73.126	0.315	45.962	0.198	111.332	0.219	145.22	0.69	梁涛等，2010
	MS203	0.0258	63.896	0.254	40.161	0.159	97.319	0.129	145.27	0.61	梁涛等，2010

续表

矿床	样号	样重/g	Re/10^{-6}	2σ	^{187}Re/10^{-6}	2σ	^{187}Os/10^{-9}	2σ	年龄/Ma	2σ	资料来源
	MS204	0. 0255	68. 446	0. 213	43. 021	0. 134	104. 240	0. 201	145. 26	0. 53	梁涛等，2010
	MS205	0. 0254	64. 596	0. 202	40. 601	0. 127	98. 135	0. 200	144. 91	0. 54	梁涛等，2010
四拨子-六拨子	ZK601-14		51. 497	0. 389	32. 367	0. 244	104. 7	0. 9	193. 9	2. 7	李强等，2012
	ZK601-28		40. 342	0. 337	25. 356	0. 212	82. 3	0. 7	194. 4	2. 8	李强等，2012
	ZK601-29		51. 631	0. 458	32. 451	0. 288	104. 0	1. 0	192. 1	3. 0	李强等，2012
	ZK601-32		39. 976	0. 330	25. 126	0. 207	82. 2	0. 7	196. 0	2. 9	李强等，2012
	ZK601-51		38. 740	0. 304	24. 349	0. 191	79. 0	0. 7	194. 4	2. 7	李强等，2012
	ZK1202-8		71. 358	0. 554	44. 850	0. 348	143. 4	1. 3	191. 6	2. 7	李强等，2012c
	ZK1202-13		52. 062	0. 477	32. 722	0. 300	105. 8	0. 9	193. 7	2. 9	李强等，2012
	ZK1202-3		6. 475	0. 054	4. 069	0. 034	8. 5	0. 1	125. 9	1. 9	李强等，2012
	ZK1202-4		6. 923	0. 060	4. 352	0. 038	8. 8	0. 1	121. 1	1. 8	李强等，2012
车户沟	Che-1		59. 66		37. 35		155. 0		248. 5	2. 5	Liu et al.，2010
	Che-2		37. 49		23. 47		95. 3		243. 3	2. 4	Liu et al.，2010
	Che-3		179. 19		112. 18		475. 6		253. 9	1. 8	Liu et al.，2010
	Che-4		36. 24		22. 69		93. 2		246. 1	2. 6	Liu et al.，2010
	Che-5		75. 40		47. 20		193. 6		245. 7	3. 1	Liu et al.，2010
	Che-6		101. 77		63. 71		286. 7		269. 5	2. 7	Liu et al.，2010
	Chg156	0. 02112	48. 21	0. 39	30. 30	0. 24	124. 2	1. 0	245. 4	3. 5	Zeng et al.，2011
	Chg168	0. 03125	70. 91	0. 58	44. 57	0. 37	182. 4	1. 5	245. 1	3. 5	Zeng et al.，2011
	Chg337	0. 03090	113. 3	1. 00	71. 24	0. 61	291. 4	2. 3	245. 0	3. 5	Zeng et al.，2011
	Chg340	0. 03037	68. 83	0. 60	43. 26	0. 38	177. 2	1. 4	245. 4	3. 5	Zeng et al.，2011
	Chg313	0. 03031	66. 26	0. 49	41. 64	0. 31	169. 9	1. 3	244. 4	3. 5	Zeng et al.，2011
	CHG17-06	0. 01555	69. 249	0. 616	43. 524	0. 387	180. 5	1. 6	248. 4	3. 7	孟树等，2013
	CHG10-31	0. 01486	57. 988	0. 564	36. 447	0. 355	151. 8	1. 2	249. 6	3. 8	孟树等，2013
	CHG12-22	0. 00999	68. 597	0. 554	43. 115	0. 348	178. 0	1. 8	247. 3	3. 8	孟树等，2013
	CHG17-01	0. 01440	95. 194	0. 701	59. 832	0. 440	248. 2	2. 3	248. 5	3. 6	孟树等，2013
	CHG17-07	0. 01520	58. 819	0. 533	36. 969	0. 335	152. 7	1. 3	247. 5	3. 7	孟树等，2013
	CHG17-08	0. 01576	65. 960	0. 578	41. 457	0. 363	173. 1	1. 5	250. 1	3. 7	孟树等，2013
	CHG18-01	0. 01594	77. 039	0. 642	48. 421	0. 404	202. 7	1. 9	250. 7	3. 7	孟树等，2013

续表

矿床	样号	样重/g	Re/10^{-6}	2σ	$^{187}Re/10^{-6}$	2σ	$^{187}Os/10^{-9}$	2σ	年龄/Ma	2σ	资料来源
鸡冠山	CHG18-02	0.01551	69.685	0.515	43.799	0.323	182.8	1.7	250.0	3.6	孟树等，2013
	CHG12-16	0.01540	58.840	0.479	36.982	0.301	153.5	1.4	248.7	3.6	孟树等，2013
	J-10	0.05059	25.398	0.251	15.963	0.158	40.07	0.32	150.5	2.3	陈伟军等，2010
	J-36	0.00202	95.647	0.821	60.116	0.516	151.20	1.50	150.7	2.3	陈伟军等，2010
	J-47	0.05060	57.119	0.603	35.901	0.379	91.40	0.74	152.6	2.4	陈伟军等，2010
	J-49	0.05104	8.189	0.077	5.147	0.048	13.12	0.12	152.8	2.3	陈伟军等，2010
	J-52	0.03014	28.256	0.270	17.760	0.169	44.99	0.37	151.9	2.3	陈伟军等，2010
	JGS5-1	0.05049	9.944	0.077	6.250	0.048	16.17	0.17	155.0	2.4	Wu et al.，2011
	JGS5-2	0.05008	24.431	0.217	15.355	0.136	39.74	0.40	155.2	2.4	Wu et al.，2011
	JGS5-3	0.05057	9.442	0.077	5.935	0.048	15.46	0.17	156.2	2.5	Wu et al.，2011
	JGS5-4	0.05043	9.549	0.081	6.002	0.051	15.54	0.16	155.2	2.4	Wu et al.，2011
	JGS5-5	0.05385	11.451	0.144	7.197	0.090	18.65	0.16	155.3	2.7	Wu et al.，2011
	JGS5-6	0.02393	17.794	0.151	11.184	0.095	29.12	0.29	156.1	2.4	Wu et al.，2011
	JGS5-7	0.05056	11.484	0.119	7.218	0.075	18.57	0.17	154.3	2.5	Wu et al.，2011
	JGS9-1	0.05084	28.842	0.261	18.128	0.164	45.89	0.44	151.7	2.3	Wu et al.，2011
	JGS9-2	0.05002	31.612	0.239	19.869	0.150	50.47	0.50	152.3	2.3	Wu et al.，2011
	JGS9-3	0.05061	32.224	0.249	20.253	0.157	52.09	0.50	154.2	2.3	Wu et al.，2011
	JGS9-4	0.05027	42.265	0.311	26.565	0.195	67.96	0.78	153.4	2.4	Wu et al.，2011
	JGS9-5	0.05001	45.315	0.423	28.482	0.266	72.62	0.87	152.9	2.6	Wu et al.，2011
	JGS9-6	0.05011	39.481	0.320	24.815	0.201	63.42	0.57	153.2	2.2	Wu et al.，2011
白土营子	T-162	0.05036	45.99	0.43	28.91	0.27	118.7	1.1	246.0	3.8	孙燕等，2013
	T-182	0.05088	56.67	0.80	35.62	0.51	146.6	1.2	246.6	4.5	孙燕等，2013
	T-195	0.05092	54.79	0.52	34.44	0.33	142.1	1.3	247.2	3.8	孙燕等，2013
	T-202	0.05025	47.22	0.53	29.68	0.33	123.1	1.0	248.4	3.9	孙燕等，2013
	T-208	0.05022	40.33	0.45	25.33	0.28	104.9	0.9	248.2	4.1	孙燕等，2013
	T-214	0.05093	39.6	0.37	24.90	0.23	102.1	0.9	245.7	3.8	孙燕等，2013
肖家营子	X-5								177	5	黄典豪等，1996
	XJ13-1	0.0104	37.92	0.62	23.83	0.39	63.93	0.47	160.8	3.2	代军治等，2007a
	XJ13-2	0.0105	37.08	0.38	23.31	0.24	62.90	0.47	161.8	2.5	代军治等，2007a

续表

矿床	样号	样重/g	Re/10^{-6}	2σ	^{187}Re/10^{-6}	2σ	^{187}Os/10^{-9}	2σ	年龄/Ma	2σ	资料来源
	XJ5	0. 0109	83. 74	1. 07	52. 64	0. 67	141. 00	1. 10	160. 6	2. 8	代军治等，2007a
	XJ11	0. 0107	42. 39	0. 50	26. 64	0. 32	70. 72	0. 54	159. 1	2. 6	代军治等，2007a
	XJ15	0. 0097	21. 75	0. 26	13. 67	0. 16	36. 57	0. 28	160. 4	2. 6	代军治等，2007a
	XJ1	0. 0501	162. 95	2. 13	102. 42	1. 34	283. 20	2. 10	165. 8	2. 8	代军治等，2007a
河坎子	HKZ-23	0. 05036	23. 42	0. 18	14. 72	0. 11	55. 32	0. 47	225. 1	3. 1	刘勇等，2012
	HKZ-17	0. 03025	39. 21	0. 38	24. 64	0. 24	92. 24	0. 93	224. 3	3. 6	刘勇等，2012
	HKZ-20	0. 03048	54. 28	0. 45	34. 12	0. 29	126. 20	1. 10	221. 5	3. 2	刘勇等，2012
	HKZ-23	0. 01078	22. 27	0. 18	13. 99	0. 11	52. 19	0. 50	223. 4	3. 3	刘勇等，2012
	HZK-26	0. 03030	20. 91	0. 16	13. 14	0. 10	49. 22	0. 41	224. 4	3. 1	刘勇等，2012
	HKZ-27	0. 03026	48. 92	0. 46	30. 75	0. 29	115. 60	0. 90	225. 3	3. 3	刘勇等，2012
杨家杖子	Y-15-1								190	6	黄典豪等，1996
	Y-15-2								187	2	黄典豪等，1996
	Y-17								191	6	黄典豪等，1996
新台门	CZ-40	0. 09928	7. 24677	0. 04	4. 555	0. 025	14. 03	0. 04	184. 6	1. 1	张遵忠等，2009
	CZ-41	0. 09980	7. 27607	0. 06	4. 573	0. 035	813. 92	0. 05	182. 4	1. 5	张遵忠等，2009
	CZ-49	0. 06500	18. 7953	0. 38	11. 813	0. 239	34. 86	0. 16	176. 9	3. 7	张遵忠等，2009
	CZ-55	0. 40750	18. 9884	0. 21	11. 935	0. 133	36. 16	0. 13	181. 6	2. 1	张遵忠等，2009
	CZ-64	0. 02658	22. 1009	0. 40	13. 891	0. 252	41. 64	0. 14	179. 7	3. 3	张遵忠等，2009
兰家沟	L-1								188	5. 0	黄典豪等，1996
	L-3								186	5. 0	黄典豪等，1996
	L-5								188	5. 0	黄典豪等，1996
	L-17								192	5. 0	黄典豪等，1996
	L-18								185	4. 0	黄典豪等，1996
姚家沟	QCZ5. 3	0. 03070	98. 12		61. 67		172. 0		167. 1		方俊钦等，2012
	QCZ5. 1	0. 01116	184. 7		116. 10		322. 2		166. 4		方俊钦等，2012
	QCZ5. 2	0. 00976	144. 4		90. 78		254. 6		168. 1		方俊钦等，2012
	QCZ5. 4	0. 01178	104. 2		65. 51		183. 4		167. 8		方俊钦等，2012
	QCZ9. 1	0. 01060	144. 0		90. 48		255. 2		169. 1		方俊钦等，2012
	QCZ9. 2	0. 01035	136. 9		86. 05		242. 2		168. 7		方俊钦等，2012

续表

矿床	样号	样重/g	Re/10^{-6}	2σ	^{187}Re/10^{-6}	2σ	^{187}Os/10^{-9}	2σ	年龄/Ma	2σ	资料来源
	QCZ9. 3	0. 01147	108. 3		68. 05		188. 6		166. 1		方俊钦等，2012
	QCZ10	0. 01347	113. 8		71. 54		199. 9		167. 5		方俊钦等，2012
秦岭成矿带											
温泉	Ws-zk-1	0. 0101	33. 5	0. 3	21. 07	0. 19	75. 4	0. 6	214. 3	2. 7	宋史刚等，2008
	Ws-zk-2	0. 0106	24. 1	0. 2	15. 12	0. 12	53. 7	0. 4	212. 7	2. 6	宋史刚等，2008
	Ws-5	0. 0115	28. 0	0. 2	17. 57	0. 14	62. 7	0. 5	213. 8	2. 5	宋史刚等，2008
	Ws-3	0. 0104	25. 1	0. 2	15. 79	0. 13	56. 7	0. 4	215. 1	2. 6	宋史刚等，2008
	Ws-1	0. 0106	20. 5	0. 2	12. 87	0. 11	46. 1	0. 5	214. 4	2. 9	宋史刚等，2008
八里坡	ZK0001-1	0. 0068	155. 9	0. 6	98. 00	0. 37	254. 1	0. 9	155. 4	0. 8	焦建刚等，2009
	ZK1901	0. 0511	46. 95	0. 50	29. 51	0. 31	75. 68	0. 16	153. 7	1. 6	焦建刚等，2009
	ZK2101-2	0. 0487	40. 67	0. 28	25. 56	0. 17	65. 16	0. 15	152. 8	1. 1	焦建刚等，2009
	ZK2101-4	0. 0500	56. 42	0. 80	35. 46	0. 50	93. 36	0. 10	157. 8	2. 2	焦建刚等，2009
	B001-2	0. 5280	38. 40	0. 58	24. 13	0. 37	61. 78	0. 12	153. 5	2. 3	焦建刚等，2009
金堆城	J82-1	0. 0850	12. 90	0. 40	8. 10	0. 30	17. 20	0. 70	129. 0	7. 0	黄典豪等，1994
	J82-9	0. 1500	19. 70	0. 50	12. 30	0. 30	26. 40	0. 40	131. 0	4. 0	黄典豪等，1994
	J82-0		15. 80	0. 50	9. 90	0. 30	22. 60	0. 40	139. 0	3. 0	黄典豪等，1994
	JDC-5		17. 33	0. 50			25. 13	0. 09	138. 3	0. 8	Stein et al.，1997
	JDC-5		17. 40	0. 50			25. 26	0. 09	138. 4	0. 8	Stein et al.，1997
石家湾	HS81-1	0. 3720	10. 17	0. 14	6. 36	0. 09	14. 41	0. 75	138. 0	8. 0	黄典豪等，1994
夜长坪	YCP-B12	0. 0200	14. 37	0. 11	9. 03	0. 07	21. 91	0. 20	145. 4	2. 1	毛冰等，2011
	YCP-B7	0. 0113	8. 18	0. 07	5. 14	0. 05	12. 43	0. 15	144. 9	2. 4	毛冰等，2011
	YCP-B9	0. 0306	9. 60	0. 08	6. 03	0. 05	14. 50	0. 13	144. 2	2. 1	毛冰等，2011
	YCP-B10	0. 0223	11. 56	0. 09	7. 27	0. 06	17. 41	0. 21	143. 6	2. 4	毛冰等，2011
	YCP-B15	0. 0307	11. 37	0. 09	7. 15	0. 06	17. 16	0. 16	143. 9	2. 1	毛冰等，2011
上房沟	SF-1	0. 0208	20. 20	0. 20	12. 70	0. 20	30. 50	0. 30	143. 8	2. 1	李永峰等，2003
	SF-2	0. 0222	19. 00	0. 20	12. 00	0. 20	29. 10	0. 20	145. 8	2. 1	李永峰等，2003
南泥湖-三道庄	N83-39	0. 0570	53. 70	1. 00	33. 60	0. 60	80. 60	2. 40	146. 0	5. 0	黄典豪等，1994
	N83-37	0. 2120	34. 27	0. 48	21. 45	0. 30	51. 54	2. 00	146. 0	6. 0	黄典豪等，1994
	N-26	0. 1490	36. 68	0. 92	22. 97	0. 58	58. 81	2. 40	156. 0	8. 0	黄典豪等，1994

续表

矿床	样号	样重/g	Re/10^{-6}	2σ	^{187}Re/10^{-6}	2σ	^{187}Os/10^{-9}	2σ	年龄/Ma	2σ	资料来源
	N83-52	0.0660	22.30	0.40	14.00	0.30	34.00	2.30	148.0	10.0	黄典豪等，1994
	三-3	0.1070	13.10	0.10	8.20	0.10	19.80	0.80	147.0	6.0	黄典豪等，1994
	NNF-1	0.0175	24.90	0.40	15.70	0.20	37.10	0.30	141.8	2.1	李永峰等，2003
	SDZ-1	0.0148	27.50	0.40	17.30	0.20	41.70	0.40	144.5	2.2	李永峰等，2003
	SDZ-2	0.0301	15.20	0.20	9.58	0.11	23.20	0.20	145.4	2.0	李永峰等，2003
	SDZ-3	0.0154	25.20	0.40	15.90	0.20	38.40	0.30	145.0	2.2	李永峰等，2003
石窑沟	SYG-B8	0.0307	18.51	0.17	11.64	0.11	25.97	0.22	133.8	2.0	高亚龙等，2010
	SYG-B1	0.0212	30.24	0.24	19.01	0.15	42.49	0.37	134.0	1.9	高亚龙等，2010
	SYG-B5	0.0272	8.24	0.12	5.18	0.07	11.34	0.10	131.3	2.4	高亚龙等，2010
	SYG-B10	0.0256	22.07	0.24	13.87	0.15	30.86	0.27	133.4	2.2	高亚龙等，2010
	SYG-B4	0.0507	22.24	0.27	13.98	0.17	31.33	0.41	134.4	2.6	高亚龙等，2010
沙坡岭	LS-10	0.0148	282.1	2.3	177.3	1.5	375.0	2.9	126.8	1.7	苏捷等，2009
	Hspl-3a	0.0304	307.8	12.9	193.5	8.1	417.6	0.2	129.4	3.4	刘军等，2011
	Hspl-3d	0.0398	186.5	5.1	117.2	3.2	245.2	0.1	125.4	2.2	刘军等，2011
	Hspl-6a	0.0303	147.2	3.3	92.5	2.1	196.8	0.1	127.6	1.8	刘军等，2011
	Hspl-6f-1	0.0306	259.9	7.4	163.4	4.7	346.3	0.3	127.1	2.2	刘军等，2011
	Hspl-7	0.0350	172.1	2.8	108.2	1.8	229.8	0.1	127.4	1.4	刘军等，2011
雷门沟	lmg-1	0.0229	18.40	0.30	11.50	0.20	25.30	0.20	131.6	2.0	李永峰等，2006
	lmg-2	0.0182	25.90	0.30	16.20	0.20	36.10	0.30	133.1	1.9	李永峰等，2006
鱼池岭	080702-1	0.0501	33.84	0.32	21.27	0.20	46.70	0.37	131.7	1.9	周珂等，2009
	080702-2	0.0507	9.42	0.10	5.92	0.06	13.64	0.11	138.1	2.2	周珂等，2009
	080702-3	0.0244	45.64	0.61	28.68	0.39	62.97	0.50	131.6	2.3	周珂等，2009
	080702-4	0.0503	37.93	0.38	23.84	0.24	51.82	0.46	130.3	2.0	周珂等，2009
	080702-5	0.0502	12.48	0.11	7.84	0.07	17.12	0.14	130.8	1.9	周珂等，2009
	080702-6	0.0501	53.39	0.69	33.55	0.43	72.96	0.58	130.4	2.2	周珂等，2009
	YCL0701	0.0218	81.12	0.97	50.78	0.61	120.1	1.0	141.8	3.2	李诺等，2009
	YCL0703	0.0299	42.98	0.72	26.91	0.45	63.19	0.43	140.8	4.4	李诺等，2009
	YCL0715A	0.0425	34.35	0.79	21.50	0.49	49.24	0.46	137.3	5.8	李诺等，2009
	YCL0722	0.0536	16.80	0.25	10.52	0.16	23.65	0.13	134.8	3.6	李诺等，2009

续表

矿床	样号	样重/g	Re/10^{-6}	2σ	$^{187}Re/10^{-6}$	2σ	$^{187}Os/10^{-9}$	2σ	年龄/Ma	2σ	资料来源
	YCL0707	0. 0516	26. 07	0. 35	16. 32	0. 22	36. 54	0. 63	134. 3	4. 0	李诺等，2009
	YCL0707	0. 0516	26. 07	0. 35	16. 32	0. 22	36. 39	0. 34	133. 7	3. 6	李诺等，2009
竹园沟	ZYG-1	0. 2003	0. 92	0. 01	0. 58	0. 01	1. 18	0. 02	122. 2	2. 3	黄凡等，2010
	ZYG-2	0. 2024	0. 93	0. 01	0. 59	0. 01	1. 17	0. 01	119. 6	2. 2	黄凡等，2010
东沟	DG-1	0. 1084	4. 19	0. 06	2. 64	0. 04	5. 12	0. 04	116. 5	1. 7	叶会寿等，2006
	DG-2	0. 1218	4. 04	0. 05	2. 54	0. 03	4. 89	0. 04	115. 5	1. 7	叶会寿等，2006
扫帚坡	SZP-B2	0. 0405	18. 88	0. 19	11. 87	0. 12	22. 53	0. 18	113. 9	1. 7	孟芳，2010
	SZP-B3	0. 0401	24. 31	0. 20	15. 28	0. 13	28. 40	0. 24	111. 5	1. 6	孟芳，2010
	SZP-B7	0. 0398	29. 02	0. 25	18. 24	0. 16	34. 81	0. 30	114. 5	1. 7	孟芳，2010
	SZP-B7	0. 0530	26. 36	0. 21	16. 57	0. 13	31. 63	0. 26	114. 5	1. 6	孟芳，2010
石门沟（南沟）	BSJ21	0. 0494	13. 10	0. 13	8. 24	0. 08	14. 80	0. 12	107. 7	1. 6	杨晓勇等，2010
	BSJ21	0. 0512	13. 02	0. 10	8. 18	0. 07	14. 53	0. 13	106. 5	1. 5	杨晓勇等，2010
	BSJ22	0. 0502	11. 84	0. 18	7. 44	0. 11	13. 43	0. 11	108. 2	2. 0	杨晓勇等，2010
	BSJ23	0. 0501	12. 35	0. 18	7. 76	0. 11	13. 82	0. 12	106. 8	2. 0	杨晓勇等，2010
	BSJ24	0. 0500	12. 15	0. 17	7. 64	0. 11	13. 62	0. 12	106. 9	1. 9	杨晓勇等，2010
	BSJ25	0. 0513	12. 43	0. 12	7. 81	0. 08	14. 02	0. 11	107. 7	1. 6	杨晓勇等，2010
	MBH-1	0. 0497	49. 41	0. 58	31. 06	0. 36	55. 39	0. 42	106. 9	1. 7	杨晓勇等，2010
	MBH-2	0. 0217	44. 92	0. 71	28. 24	0. 45	50. 48	0. 47	107. 2	2. 1	杨晓勇等，2010
	MBH-3	0. 0481	23. 71	0. 19	14. 90	0. 12	26. 62	0. 22	107. 1	1. 5	杨晓勇等，2010
	MBH-4	0. 0506	23. 35	0. 27	14. 68	0. 17	26. 13	0. 20	106. 8	1. 7	杨晓勇等，2010
	MBH-5	0. 0478	11. 05	0. 10	6. 95	0. 06	12. 47	0. 09	107. 6	1. 5	杨晓勇等，2010
	MBH-6	0. 0500	11. 03	0. 13	6. 93	0. 08	12. 29	0. 10	106. 3	1. 7	杨晓勇等，2010
	MBH-7	0. 0201	28. 05	0. 24	17. 63	0. 15	31. 55	0. 24	107. 3	1. 5	杨晓勇等，2010
	HLS-1	0. 0776	12. 84	0. 18	8. 07	0. 12	14. 72	0. 02	109. 4	1. 8	邓小华等，2011
	HLS-2	0. 0786	13. 39	0. 24	8. 42	0. 16	15. 11	0. 06	107. 6	2. 2	邓小华等，2011
	HLS-4	0. 0804	15. 54	0. 14	9. 77	0. 10	17. 52	0. 08	107. 6	1. 0	邓小华等，2011
	HLS-2-1	0. 0797	15. 22	1. 06	9. 57	0. 66	16. 77	0. 04	105. 1	7. 4	邓小华等，2011
	TPZ-002	0. 1289	14. 66	0. 14	9. 21	0. 09	16. 82	0. 08	109. 5	1. 2	邓小华等，2011
	TPZ-011	0. 0934	1. 72	0. 02	1. 08	0. 01	2. 01	0. 01	111. 5	1. 4	邓小华等，2011

续表

矿床	样号	样重/g	Re/10^{-6}	2σ	^{187}Re/10^{-6}	2σ	^{187}Os/10^{-9}	2σ	年龄/Ma	2σ	资料来源
大别成矿带											
天目沟	yt-CN-1	0.01027	13.89	0.14	8.73	0.09	17.70	0.16	121.6	2.1	杨泽强，2007a
母山	Ms-1	0.05010	109.30	2.60	68.71	1.64	178.50	3.70	155.7	5.1	李明立，2009
陡坡	Dp-1	0.05030	32.37	1.82	20.34	1.15	47.68	0.59	140.5	8.2	李明立，2009
大银尖	D-CN-1	0.01250	31.99	0.50	20.11	0.32	40.94	0.27	122.1	2.4	杨泽强，2007a
	DYJ-1	0.05024	44.07	0.32	27.70	0.20	56.46	0.50	122.2	1.7	罗正传等，2010
	DYJ-6	0.05066	41.95	0.50	26.37	0.32	54.06	0.44	123.0	2.0	罗正传等，2010
	DYJ-13	0.05042	22.48	0.25	14.13	0.16	29.20	0.24	123.9	2.0	罗正传等，2010
	DYJ-14	0.05060	22.04	0.20	13.85	0.13	28.07	0.23	121.5	1.8	罗正传等，2010
	X0817	0.05050	52.59	0.45	33.05	0.28	68.73	0.71	124.7	2.0	Li et al，2012b
	X0802	0.02112	41.15	0.33	25.86	0.21	53.67	0.43	124.4	1.7	Li et al，2012b
	X0834	0.02126	12.42	0.11	7.80	0.07	16.16	0.13	124.2	1.8	Li et al，2012b
	X0835	0.02096	8.28	0.06	5.21	0.04	10.73	0.10	123.6	1.8	Li et al，2012b
	X0846	0.02063	33.75	0.27	21.22	0.17	44.25	0.37	125.1	1.8	Li et al，2012b
	X0853	0.02161	54.74	0.46	34.40	0.29	71.60	0.56	124.8	1.8	Li et al，2012b
	X0854	0.02222	43.30	0.37	27.22	0.23	56.73	0.46	125.0	1.8	Li et al，2012b
千鹅冲	ZK402-1	0.05005	15.46	0.11	9.71	0.07	20.69	0.17	127.7	1.7	杨梅珍等，2010
	ZK402-2	0.05156	18.14	0.14	11.40	0.09	24.26	0.21	127.6	1.8	杨梅珍等，2010
	ZK002-2	0.05043	18.57	0.14	11.67	0.09	24.92	0.22	128.0	1.8	杨梅珍等，2010
	ZK002-qec	0.05155	17.44	0.15	10.96	0.09	23.39	0.19	128.0	1.8	杨梅珍等，2010
	402-1	0.10130	7.26	0.03	4.56	0.02	9.61	0.05	126.2	0.9	Mi et al.，2015
	402-2	0.10150	14.27	0.04	8.97	0.02	18.52	0.23	123.8	1.6	Mi et al.，2015
	005-1	0.09990	10.70	0.05	6.73	0.03	14.03	0.09	125.0	1.0	Mi et al.，2015
	005-1	0.10090	11.62	0.06	7.31	0.04	15.26	0.09	125.3	1.0	Mi et al.，2015
	005-2	0.10130	7.56	0.04	4.75	0.02	9.77	0.07	123.3	1.0	Mi et al.，2015
	005-3	0.10220	12.33	0.04	7.75	0.03	16.61	0.17	128.5	1.4	Mi et al.，2015
汤家坪	T-CN-1	0.01033	5.96	0.05	3.75	0.03	7.40	0.06	118.5	1.9	杨泽强，2007a
	T-CN-2	0.01019	4.45	0.04	2.80	0.02	5.31	0.04	113.9	1.7	杨泽强，2007a

续表

矿床	样号	样重/g	Re/10^{-6}	2σ	^{187}Re/10^{-6}	2σ	^{187}Os/10^{-9}	2σ	年龄/Ma	2σ	资料来源
	T-CN-3	0.00955	10.81	0.11	6.79	0.07	13.02	0.09	114.9	1.8	杨泽强，2007a
	T-CN-4	0.01029	6.56	0.06	4.12	0.04	7.81	0.06	113.6	1.8	杨泽强，2007a
	T-CN-5	0.01057	11.94	0.12	7.50	0.07	14.21	0.11	113.5	1.8	杨泽强，2007a
沙坪沟	SPG-1	0.03970	5.30	0.02	3.33	0.01	6.31	0.12	113.6	2.3	张红等，2011
	SPG-2	0.17090	4.24	0.01	2.66	0.01	4.90	0.07	110.2	1.7	张红等，2011
	SPG-3	0.06550	12.80	0.06	8.05	0.04	14.95	0.09	111.4	0.8	张红等，2011
	SPG-3	0.06680	12.30	0.04	7.73	0.03	14.31	0.08	111.0	0.7	张红等，2011
	SPG-4	0.04150	1.19	0.00	0.75	0.00	1.42	0.05	113.8	3.7	张红等，2011
	SPG-6	0.21730	3.41	0.01	2.14	0.01	3.97	0.02	111.1	0.8	张红等，2011
	SPG-9	0.21150	3.11	0.01	1.95	0.01	3.63	0.01	111.3	0.4	张红等，2011
	ZK02-873.7	0.10066	3.93	0.03	2.47	0.02	4.66	0.04	113.1	1.7	黄凡等，2011
	ZK02-984	0.10112	4.55	0.04	2.86	0.02	5.39	0.04	113.2	1.6	黄凡等，2011
	ZK02-982	0.10090	4.39	0.03	2.76	0.02	5.22	0.05	113.4	1.7	黄凡等，2011
	ZK02-862.2	0.10076	5.12	0.04	3.22	0.02	6.11	0.05	113.8	1.6	黄凡等，2011
	ZK92-633	0.10006	4.06	0.03	2.55	0.02	4.79	0.05	112.7	1.7	黄凡等，2011
	ZK92-689	0.10422	2.77	0.02	1.74	0.01	3.29	0.03	113.2	1.6	黄凡等，2011
	ZK92-694	0.10158	14.72	0.14	9.25	0.09	17.31	0.15	112.2	1.7	黄凡等，2011
	ZK92-978	0.10038	0.36	0.00	0.23	0.00	0.42	0.00	113.0	1.8	黄凡等，2011
	ZK92-1165	0.10038	2.54	0.02	1.60	0.01	3.03	0.03	113.9	1.7	黄凡等，2011
	SPG10-34	0.01908	2.41	0.02	1.52	0.01	2.55	0.03	100.7	1.6	孟祥金等，2012
	SPG10-35	0.06908	10.36	0.14	6.51	0.09	10.86	0.09	100.0	1.8	孟祥金等，2012
	SPG10-36	0.10008	4.94	0.04	3.11	0.03	5.89	0.06	113.6	1.7	孟祥金等，2012
	SPG10-37	0.10224	6.42	0.06	4.04	0.04	7.40	0.06	109.9	1.6	孟祥金等，2012
	SPG10-38	0.05200	5.01	0.05	3.15	0.03	5.58	0.05	106.3	1.6	孟祥金等，2012
华南成矿带											
坪地	PDI1-07	0.05104	8.828	0.073	5.549	0.046	9.939	0.093	107.4	1.6	王翠芝和李超，2012
	PDI6-01	0.05660	43.950	0.490	27.630	0.310	47.760	0.400	103.7	1.7	王翠芝和李超，2012
	PDI1-04	0.05150	8.018	0.068	5.040	0.043	8.872	0.073	105.6	1.5	王翠芝和李超，2012

续表

矿床	样号	样重/g	Re/10^{-6}	2σ	^{187}Re/10^{-6}	2σ	^{187}Os/10^{-9}	2σ	年龄/Ma	2σ	资料来源
	PDI1-08	0.05064	14.460	0.120	9.090	0.074	16.010	0.130	105.6	1.5	王翠芝和李超，2012
	PDZK501-01	0.05007	4.277	0.038	2.688	0.024	4.987	0.045	111.2	1.7	王翠芝和李超，2012
	PDZK501-01	0.07558	4.091	0.033	2.571	0.021	4.783	0.040	111.6	1.6	王翠芝和李超，2012
新安	090505-14	0.05066	3.639	0.033	2.287	0.021	6.462	0.053	169.3	2.5	曾载淋等，2011
	090609-1	0.10743	5.439	0.046	3.418	0.029	9.627	0.078	168.8	2.4	曾载淋等，2011
	090609-2	0.08380	17.640	0.185	11.087	0.116	31.100	0.260	168.1	2.6	曾载淋等，2011
	090609-3	0.10809	13.464	0.103	8.463	0.065	23.930	0.200	169.5	2.4	曾载淋等，2011
	090609-4	0.10135	8.124	0.067	5.106	0.042	14.200	0.120	166.7	2.3	曾载淋等，2011
	090609-5	0.09841	17.441	0.230	10.962	0.145	30.950	0.260	169.2	3.0	曾载淋等，2011
砺山	LSPD2-01	0.05010	17.900	0.155	11.251	0.097	17.90	0.14	95.4	1.3	王成辉等，2009b
	LSPD2-01	0.05007	18.156	0.142	11.412	0.089	18.21	0.14	95.7	1.3	王成辉等，2009b
	LSPD2-02-a-x	0.05725	20.027	0.397	12.588	0.250	19.87	0.15	94.7	2.1	王成辉等，2009b
	LSPD2-02-a-c	0.05138	21.500	0.220	13.514	0.138	21.35	0.17	94.8	1.4	王成辉等，2009b
	LSPD2-02-b	0.05066	19.747	0.190	12.412	0.119	19.61	0.18	94.8	1.4	王成辉等，2009b
	LSPD2-03	0.05048	17.396	0.141	10.934	0.088	17.40	0.14	95.4	1.3	王成辉等，2009b
	LSPD2-04	0.05308	22.682	0.217	14.257	0.136	22.55	0.22	94.9	1.5	王成辉等，2009b
	LSPD2-YM2-1	0.05072	13.953	0.106	8.770	0.066	14.95	0.12	102.2	1.4	王成辉等，2009b
	LSPD2-YM2-1	0.05205	13.405	0.105	8.426	0.066	14.47	0.11	103.0	1.4	王成辉等，2009b
赤路	赤 1	0.10059	7.717	0.053	4.850	0.033	8.571	0.050	106.0	1.4	张克尧等，2009
	赤 2	0.10566	14.850	0.137	9.334	0.086	16.550	0.100	106.3	1.6	张克尧等，2009
	赤 3	0.10051	16.174	0.151	10.165	0.095	17.860	0.110	105.3	1.6	张克尧等，2009
	赤 4	0.10225	4.277	0.034	2.688	0.021	4.726	0.028	105.4	1.5	张克尧等，2009
	赤 5	0.10000	7.616	0.060	4.787	0.037	8.383	0.050	105.0	1.5	张克尧等，2009
大湾	DWK1-2b	0.05029	1.058	0.011	0.6649	0.0071	1.020	0.014	92.01	1.79	赵芝等，2012
	DWK1-4b	0.05050	1.914	0.018	1.2029	0.01108	1.886	0.021	94.04	1.55	赵芝等，2012
	DWK1-5b	0.05076	0.602	0.005	0.3782	0.00321	0.589	0.026	93.42	4.32	赵芝等，2012
	DWK1-6b	0.05030	1.109	0.014	0.6973	0.00858	1.085	0.021	93.33	2.25	赵芝等，2012
	DWK1-1	0.15200	0.669	0.007	0.4203	0.00458	0.656	0.020	93.61	3.10	赵芝等，2012

续表

矿床	样号	样重/g	$Re/10^{-6}$	2σ	$^{187}Re/10^{-6}$	2σ	$^{187}Os/10^{-9}$	2σ	年龄/Ma	2σ	资料来源
	DWK1-2a	0.20000	1.164	0.016	0.7314	0.00987	1.136	0.009	93.11	1.64	赵芝等，2012
	DWK1-3	0.30000	1.327	0.01	0.8339	0.00629	1.286	0.011	92.48	1.29	赵芝等，2012
	DWK1-4a	0.20000	2.196	0.018	1.38	0.01108	2.120	0.020	92.16	1.35	赵芝等，2012
	DWK1-5a	0.30200	0.719	0.007	0.4518	0.00438	0.707	0.006	93.82	1.41	赵芝等，2012
	DWK1-6a	0.20700	1.193	0.015	0.75	0.00966	1.167	0.011	93.34	1.67	赵芝等，2012
北坑场	BCK2-3		3.198	0.036	2.010	0.023	4.735	0.037	141.2	2.3	张达等，2010
	BCK2-1		4.169	0.039	2.620	0.024	6.271	0.050	143.5	2.1	张达等，2010
	BCK2-2		1.509	0.012	0.949	0.008	2.274	0.021	143.7	2.1	张达等，2010
	BCK2-3-1		0.997	0.008	0.626	0.005	1.465	0.012	140.2	2.0	张达等，2010
	BCK2-4		3.183	0.033	2.000	0.021	4.663	0.047	139.8	2.3	张达等，2010
	BCK2-6		2.833	0.023	1.781	0.014	4.419	0.042	148.8	2.2	张达等，2010
	BCK2-7		7.062	0.070	4.439	0.044	10.860	0.090	146.7	2.2	张达等，2010
山口	S4	0.05037	33.303	0.263	20.931	0.165	58.67	0.48	168.0	2.3	罗锦昌等，2009
	S2	0.05185	35.456	0.290	22.285	0.182	62.76	0.51	168.8	2.4	罗锦昌等，2009
	S3	0.05054	31.131	0.267	19.566	0.168	55.26	0.46	169.3	2.4	罗锦昌等，2009
	S5	0.05073	34.131	0.269	21.452	0.169	60.61	0.48	169.4	2.3	罗锦昌等，2009
	S1	0.05258	57.043	0.496	35.852	0.312	99.57	0.84	166.5	2.4	罗锦昌等，2009
	S1	0.04939	58.455	0.489	36.740	0.307	103.07	0.88	168.2	2.4	罗锦昌等，2009
大宝山	CD-30	0.03093	64.65	0.49	40.63	0.31	110.6	0.9	163.2	2.3	王磊，2010
	CB-8	0.03017	102.4	0.9	64.33	0.55	177.2	1.5	165.2	2.4	王磊，2010
	CB-38	0.03006	64.86	0.56	40.77	0.35	111.2	1.0	163.4	2.4	王磊，2010
	DBS12-1	0.04980	49.1177	0.5596	30.8724	0.3517	85.3628	0.0657	165.7	1.2	Li et al.，2012a
	DBS12-1	0.05080	49.9193	0.3864	31.3762	0.2429	87.2199	0.1329	166.6	0.8	Li et al.，2012a
园岭寨	YLZ-3A	0.05039	45.129	0.351	28.364	0.220	75.76	0.70	160.1	2.3	刘善宝等，2010
	YLZ-3-A	0.03031	45.271	0.342	28.454	0.215	76.77	0.72	161.7	2.3	刘善宝等，2010
	YLZ-3-B	0.03073	43.721	0.330	27.479	0.207	73.76	0.59	160.9	2.2	刘善宝等，2010
	YLZ-4	0.03142	47.441	0.361	29.818	0.227	79.61	0.74	160.0	2.3	刘善宝等，2010
	YLZ-5	0.03122	37.778	0.355	23.744	0.223	63.22	0.52	159.6	2.4	刘善宝等，2010

续表

矿床	样号	样重/g	Re/10^{-6}	2σ	^{187}Re/10^{-6}	2σ	^{187}Os/10^{-9}	2σ	年龄/Ma	2σ	资料来源
	YRE-1	0. 03073	46. 71	0. 40	29. 36	0. 25	79. 13	0. 68	161. 5	2. 4	周雪桂等，2011
	YRE-4	0. 03088	68. 91	0. 58	43. 31	0. 37	116. 50	1. 00	161. 2	2. 3	周雪桂等，2011
	YRE-5	0. 03054	39. 92	0. 30	25. 09	0. 19	67. 70	0. 58	161. 8	2. 3	周雪桂等，2011
	YRE-6	0. 03014	43. 80	0. 35	27. 53	0. 22	74. 38	0. 61	161. 9	2. 3	周雪桂等，2011
	YRE-7	0. 03088	66. 95	0. 57	42. 08	0. 36	113. 90	1. 00	162. 2	2. 4	周雪桂等，2011
	HYLZ-02A-1	0. 03121	51. 231	0. 444	32. 2	0. 279	87. 56	0. 78	163. 0	2. 4	黄凡等，2012
	HYLZ-02B	0. 02998	51. 929	0. 565	32. 638	0. 355	87. 83	0. 77	161. 3	2. 6	黄凡等，2012
	HYLZ-06-1	0. 03008	52. 719	0. 489	33. 135	0. 307	90. 15	0. 77	163. 1	2. 4	黄凡等，2012
	HYLZ-06-6	0. 03126	71. 005	0. 617	44. 628	0. 388	121. 8	1. 1	163. 6	2. 4	黄凡等，2012
	HYLZ-06-11	0. 03125	49. 88	0. 412	31. 35	0. 259	84. 86	0. 77	162. 3	2. 4	黄凡等，2012
葛廷坑	GRE-1	0. 10086	5. 583	0. 055	3. 509	0. 035	9. 463	0. 076	161. 6	2. 4	吴俊华等，2011
	GRE-2	0. 10112	6. 134	0. 048	3. 856	0. 030	10. 240	0. 090	159. 2	2. 3	吴俊华等，2011
	GRE-3	0. 10072	0. 249	0. 002	0. 157	0. 001	0. 414	0. 004	158. 5	2. 4	吴俊华等，2011
	GRE-hk1	0. 10366	41. 090	0. 370	25. 830	0. 230	68. 610	0. 550	159. 2	2. 3	吴俊华等，2011
	GRE-a1	0. 10012	0. 316	0. 003	0. 199	0. 002	0. 520	0. 005	156. 9	2. 5	吴俊华等，2011
	GRE-a20	0. 10220	7. 559	0. 069	4. 751	0. 044	12. 530	0. 110	158. 1	2. 4	吴俊华等，2011
	GRE-pd4	0. 10102	0. 357	0. 004	0. 224	0. 002	0. 592	0. 005	158. 2	2. 5	吴俊华等，2011
铜坑嶂	KW-1	0. 40084	1. 192	0. 010	0. 7494	0. 0062	1. 678	0. 013	134. 3	1. 6	许建祥等，2007
	KW-2	0. 20275	1. 125	0. 012	0. 7071	0. 0074	1. 574	0. 011	133. 4	1. 8	许建祥等，2007
	KW-3	0. 19999	1. 313	0. 010	0. 825	0. 0064	1. 838	0. 014	133. 6	1. 5	许建祥等，2007
	KW-4	0. 20072	1. 338	0. 011	0. 8412	0. 0069	1. 879	0. 015	133. 9	1. 6	许建祥等，2007
	KW-5	0. 20188	1. 269	0. 010	0. 7978	0. 0064	1. 779	0. 015	133. 7	1. 7	许建祥等，2007
	KW-6	0. 20104	1. 297	0. 010	0. 8152	0. 0066	1. 817	0. 014	133. 7	1. 6	许建祥等，2007
青藏成矿带											
明则-程巴	Mro I-1	0. 00466	365. 7	3. 0	229. 8	1. 9	116. 08	0. 94	30. 31	0. 42	闫学义等，2010
	Mro I-2	0. 00295	388. 2	3. 0	244. 0	1. 9	122. 52	0. 98	30. 13	0. 42	闫学义等，2010
	Mro I-3	0. 00327	233. 7	1. 8	146. 9	1. 1	73. 53	0. 68	30. 04	0. 44	闫学义等，2010
	Mro I-4	0. 00375	317. 5	2. 4	199. 5	1. 5	100. 58	0. 81	30. 25	0. 41	闫学义等，2010

续表

矿床	样号	样重/g	Re/10^{-6}	2σ	$^{187}Re/10^{-6}$	2σ	$^{187}Os/10^{-9}$	2σ	年龄/Ma	2σ	资料来源
	Mro I-5	0.00315	334.1	2.7	210.0	1.7	106.32	0.85	30.38	0.42	闫学义等，2010
	Mro I-6	0.00353	328.0	2.7	206.1	1.7	104.41	0.93	30.39	0.45	闫学义等，2010
	Mro I-7	0.00388	361.9	3.4	227.5	2.1	114.75	1.01	30.27	0.46	闫学义等，2010
	Mro I-8	0.00366	419.5	3.1	263.7	2.0	131.69	1.06	29.97	0.41	闫学义等，2010
	MZ001-172	0.01006	86.289	0.783	54.234	0.492	27.02	0.23	29.90	0.44	孙祥等，2013
	MZ001-164	0.00046	129.900	1.063	81.644	0.668	41.33	0.51	30.38	0.51	孙祥等，2013
	MZ004-320	0.01039	299.792	2.518	188.425	1.583	95.59	0.81	30.44	0.44	孙祥等，2013
	MZ004-321	0.00242	712.964	6.498	448.112	4.084	224.40	1.90	30.04	0.44	孙祥等，2013
邦铺	BP33	0.00719	250.5	2.8	157.5	1.7	38.0	0.4	14.49	0.24	孟祥金等，2003
	BP33-1	0.00903	166.8	2.3	104.9	1.4	25.0	0.2	14.30	0.25	孟祥金等，2003
	BP34	0.00853	189.8	2.7	119.3	1.7	28.6	0.3	14.37	0.27	孟祥金等，2003
	BP34-1	0.00846	196.1	2.9	123.3	1.8	29.5	0.2	14.36	0.27	孟祥金等，2003
	BP35	0.00673	243.2	3.4	152.9	2.1	37.6	0.4	14.75	0.28	孟祥金等，2003
沙让	SR-1	0.01097	74.23	0.63	46.66	0.39	40.32	0.34	51.85	0.74	唐菊兴等，2009
	SR-2	0.01026	67.95	0.70	42.71	0.44	36.71	0.32	51.57	0.81	唐菊兴等，2009
	SR-3	0.01042	56.81	0.50	35.71	0.32	31.12	0.33	52.29	0.84	唐菊兴等，2009
	SR-4	0.01053	56.52	0.51	35.52	0.32	30.67	0.26	51.79	0.77	唐菊兴等，2009
	2007SR-5	0.02210	42.38	0.69	26.64	0.43	23.18	0.17	52.22	1.02	唐菊兴等，2009
	2007SR-5	0.00675	44.76	0.55	28.13	0.34	24.33	0.23	51.90	0.91	唐菊兴等，2009
	2007SR-6	0.00606	36.19	0.32	22.75	0.20	19.98	0.17	52.69	0.77	唐菊兴等，2009
汤不拉	07TBL-51	0.2015	35.3735	0.2648	22.2336	0.1664	7.2887	0.0152	19.7	0.2	王保弟等，2010
	07TBL-52	0.5010	17.5453	0.1995	11.0279	0.1254	4.1461	0.0326	22.6	0.3	王保弟等，2010
	07TBL-54	0.5019	16.4080	0.1558	10.3131	0.0979	3.3557	0.0166	19.5	0.2	王保弟等，2010
	07TBL-55	0.1010	119.0820	0.6100	74.8478	0.3835	26.7470	0.0885	21.4	0.1	王保弟等，2010
	07TBL-58	0.0015	79.8618	0.7660	50.1962	0.2415	16.9603	0.2779	20.3	0.4	王保弟等，2010

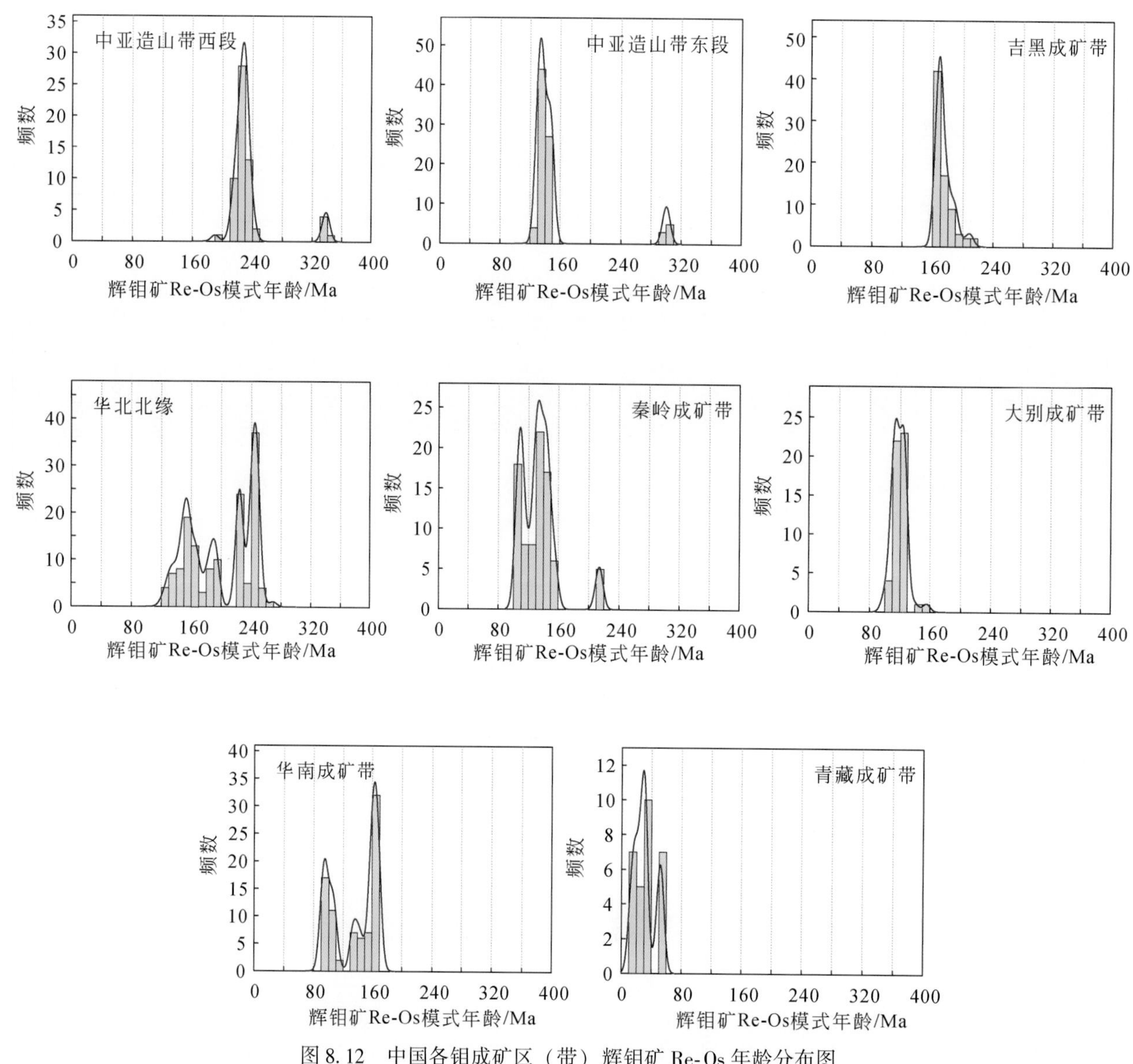

图 8.12 中国各钼成矿区（带）辉钼矿 Re-Os 年龄分布图

8.2.3 成矿构造背景

不同成矿带之间的矿床差异主要缘于成矿构造演化过程和地质条件的差异。尽管如此，各钼矿带仍然显示了较多的共性，尤其是与秦岭钼矿带的相似性。各成矿带最突出的相似性是：大型、超大型等重要钼矿床爆发式形成于古洋盆闭合之后的大陆碰撞体制或碰撞后的陆内构造演化体制，少量形成于洋陆俯冲体制的岩浆弧或弧后裂谷带；钼矿床发育区普遍存在古老陆壳或硅铝化程度较高的地壳；以陆壳改造为特征的碰撞型造山体制有利于形成斑岩钼矿床；以岩浆弧发育为特征的增生型造山体制有利于形成斑岩铜±金±钼矿床，不利于形成斑岩钼矿床；成矿系统具有富钾、富氟的特点。具体说明如下：

在秦岭地区，少数三叠纪钼矿床被解释为陆缘弧（温泉和胭脂坝钼矿床）或弧后伸展区（黄龙铺、黄水庵矿床）的产物，即形成于洋陆俯冲体制（Li et al.，2015）；晚侏罗世—早白垩世的大量钼矿床以及同期的金银铅锌矿床被认为主体形成于大陆碰撞过程的挤压向伸展转变期（陈衍景和富士谷，

1992；Chen et al.，2000；Pirajno，2013），少数年龄小于120Ma的矿床可能形成于碰撞后的陆内构造演化阶段。该区前寒武纪形成的龙门店钼矿床（Li et al.，2014，2015）、寨凹钼铜矿床（Deng et al.，2013a，2013b）和土门钼矿床（Deng et al.，2013c）则分别形成于碰撞造山、陆缘弧和大陆裂解环境。在大别造山带，所有已知钼矿床都形成于晚侏罗世—早白垩世，属大陆碰撞或后碰撞陆内造山体制（李毅等，2013）。

中亚造山带形成于古亚洲洋的俯冲消减、大陆增生及大陆碰撞造山作用，古亚洲洋最终闭合于260～250Ma（陈衍景等，2009，2012）。中国境内的中亚造山带总体发生了三期钼成矿事件，从早到晚依次是晚古生代的海西期，三叠纪和早中侏罗世的印支期—燕山早期（250～160Ma），晚侏罗世—早白垩世的燕山中期（160～100Ma）。显然，海西期钼矿床形成于洋陆俯冲体制，矿床规模小、数量少，仅见于西段和大兴安岭地区。印支期和燕山早期的钼矿床形成于大陆碰撞体制，主要分布在西段和吉黑褶皱带，以东戈壁、白山、大黑山、鹿鸣等超大型钼矿床为代表。然而，大兴安岭地区基本没有该期的单钼和钼多金属矿床，但大量发育了西段和吉黑褶皱带所缺乏的燕山中期的钼矿床，显示大兴安岭燕山中期成矿背景的复杂性和特殊性，致使学者们认识不一（陈衍景等，2012及其引文），陈衍景等（2009）曾认为大兴安岭燕山期钼成矿事件是中亚造山带后碰撞伸展与古太平洋板块、蒙古鄂霍次克板块俯冲引发的弧后伸展联合作用的结果。但是，无论考虑太平洋板块俯冲的影响，还是考虑中亚造山带自身的演化，都无法较好解释大兴安岭缺乏印支期—燕山早期钼矿床的事实，也不能解释吉黑成矿带缺乏燕山中期钼矿床的现象。现在看来，必须高度重视蒙古鄂霍次克板块作用的影响。我们认为，在三叠纪至中侏罗世，蒙古鄂霍次克板块可能俯冲到大兴安岭之下，使大兴安岭再度成为中生代早期的岩浆弧，大量接受新生地壳物质，导致地壳成熟度或硅铝化程度降低，不利于单钼矿床或钼多金属矿床发育，而有利于斑岩铜±金±钼矿床的形成，如乌努格吐山铜钼矿床（李诺等，2007；Li et al.，2012d）。此间，松辽盆地可能位于蒙古鄂霍次克板块俯冲诱发的岩浆弧或弧后伸展区，而华北克拉通北缘和吉黑褶皱带则属弧后大陆区。同样道理，如果太平洋板块在晚侏罗世—早白垩世俯冲到吉黑褶皱带之下，也会降低吉黑褶皱带地壳的硅铝化程度，导致吉黑褶皱带在晚侏罗世以后不利于单钼或钼多金属矿床的形成，而更有利于铜金成矿。在此期间，松辽盆地又沦为太平洋板块俯冲诱发的弧后伸展区；而大兴安岭地区则处于蒙古鄂霍次克海闭合后的大陆碰撞造山体制，有利于钼矿床形成。

显生宙以来，华北克拉通与古亚洲洋板块相互作用加强，华北克拉通北缘表现为古生代的活动大陆边缘或其弧后伸展区，古生代末进入大陆碰撞造山或陆内造山构造演化阶段，其构造-成矿特征及演化与中亚造山带东段具有相似性（陈衍景等，2009）。晚二叠世至中侏罗世末，蒙古陆块与华北克拉通碰撞，华北克拉通北缘地壳大规模叠覆、加厚、硅铝化；同时，蒙古鄂霍次克板块向南俯冲到蒙古陆块之下，可导致华北克拉通北缘发生弧后大陆伸展或裂解；因此，华北克拉通北缘在晚二叠世—中侏罗世发生脉动性的挤压-伸展构造的交替、转换，形成了大量165～255Ma的钼矿床。至于华北克拉通北缘的燕山中期大规模钼成矿事件，其地球动力学背景类同于大兴安岭地区，即蒙古鄂霍次克海闭合后的碰撞造山体制，此处不再赘述。

华南地区的钼矿床成矿年龄集中在133～170Ma和91～117Ma两个区间，分别相当于燕山中期和晚期，对应于华南与东南亚大陆的碰撞造山作用（胡受奚等，1988；陈衍景等，2007）和太平洋板块俯冲所致的岩浆弧或弧后伸展背景（Zhong et al.，2014）。而且，从西向东有年龄变新、伴随铜金矿床增多的趋势。这一现象表明，从西向东、从燕山中期到晚期，华南地区的地壳硅铝化程度逐渐降低，陆壳厚度逐渐变薄，与前述吉黑褶皱带地区的特征相似。

值得补充的是，尽管吉黑成矿带、大别成矿带、华南成矿带皆受古太平洋俯冲的影响，但各成矿带成矿作用时限并不完全吻合。这也反映了古太平洋板块的俯冲并非导致中国东部燕山期大规模矿化的唯一诱因。

在青藏高原南部，最晚的大陆碰撞造山作用被认为始于 52～65Ma（Yin and Nie，1996）或 55±10Ma（许志琴等，2005，及其引文），而钼成矿作用发生在 52～53Ma 或 14～30Ma，显然是大陆碰撞体制的产物。需要指出，有学者将青藏高原南部新生代构造演化划分为主碰撞挤压、晚碰撞走滑和后碰撞伸展 3 个不同阶段，认为 26Ma 至今属于后碰撞阶段。我们认为，青藏高原南部尚未进入后碰撞阶段，目前仍属大陆碰撞挤压阶段，只是在总体挤压的背景下出现瞬时减压伸展或横向被动裂解，而这种现象被以偏概全地解读为后碰撞伸展而已。事实上，印度与欧亚大陆之间的地壳在持续汇聚缩短，高原在持续隆升，高原持续向四周逆掩在扬子克拉通、柴达木地块、河西走廊块体、塔里木地块、印度克拉通之上，高原内部及边界带频发逆掩走滑诱发的强烈地震，地球物理探测并未揭示到山根拆沉现象，高原地貌未显示造山带垮塌的特征（详见 Li et al.，1986；赵文津，2008；许志琴等，2005）。所有这些事实，都是大陆碰撞造山作用的典型或标志性特征。

8.3 北美科迪勒拉成矿带

8.3.1 科迪勒拉成矿带钼矿床概览

北美科迪勒拉钼成矿带位于太平洋东岸，由北起加拿大 BC 地区，南至美国新墨西哥西部，呈南北向带状分布，产有 Climax，Urad-Henderson，Mount Emmons 等超大型钼矿床及一系列大、中、小型钼矿床（图 8.13、表 8.14）。与秦岭钼矿带类似，科迪勒拉钼矿带矿床类型亦以斑岩型为主。自 20 世纪 80 年代以来，学者们从不同视角对斑岩钼矿床进一步分类。例如，根据构造背景，Sillitoe（1980）分为与裂谷有关（rift-related）和与俯冲有关（subduction-related）的斑岩型钼矿床。按照侵入体成分，Mutschler 等（1981）区分了花岗岩型（granite system）和花岗闪长岩型（granodiorite system）钼矿；White 等（1981）则区分为类似的 Climax 型（据美国 Climax 矿床命名，意指高硅富碱的花岗岩）和石英二长岩型（quartz monzonite type）。根据侵入体成分，Westra 和 Keith（1981）引入 $K_{57.5}$ 指数的概念（即 SiO_2=57.5%时的 K_2O 含量），结合热液系统 F 和 Sn 元素含量及构造背景，分为碱钙性-碱性（alkali-calcic and alkali）和钙碱性（calc-alkaline）两个系列；Carten 等（1993）则依据成矿侵入岩特征和构造背景，将斑岩型钼矿划分为与富 F、高演化流纹质岩浆有关的高品位的裂谷型或高氟型（high-grade，rift-related deposits accompanied by fluorine-rich，highly evolved rhyolitic stocks），以及与低 F、钙碱性岩浆有关的低品位的岩浆弧型或低氟型（low-grade，arc-related deposits accompanied by fluorine-poor，calc-alkalic stocks or plutons）。综上，为强调两类矿床构造背景的差异，本书将科迪勒拉地区斑岩钼矿床分为两个大类：一类为“弧后裂谷型”（backarc rift-related type），形成于大洋板块俯冲诱发的弧后拉张的初始阶段，成矿岩体属高分异的流纹质-碱性岩浆，成矿系统富 F，Mo 品位较高，相当于前人所述的 Climax 型（White et al.，1981；Ludington and Plumlee，2009），或裂谷型之弧后裂谷亚型（Sillitoe，1980），以 Climax，Urad-Henderson 和 Questa 钼矿床为代表。另一类为“陆缘弧型”（continental arc-related type），形成于陆缘弧背景（Sinclair，1995），成矿岩体属分异程度较低的钙碱性岩浆，成矿系统贫 F，Mo 品位较低，相当于前人所说的石英二长岩型（White et al.，1981）、低氟型（Ludington et al.，2009）或与岩浆弧有关（arc-related）的类型（Taylor et al.，2012），代表了斑岩铜-钼-金系列的富钼端元（Sillitoe，1980），以 Endako 和 MAX 钼矿床为代表。在上述两类矿床中，陆缘弧型钼矿床较为常见，但品位较低，单矿床储量规模较小；弧后裂谷型钼矿床较少，分布局限，但品位高，储量大（图 8.14）。表 8.14 列出了科迪勒拉地区 44 个主要斑岩钼矿床的地质地球化学特征，显示两类不同构造背景成矿系统的成矿岩体和矿床地质-地球化学特征存在一定差异（图 8.15）。

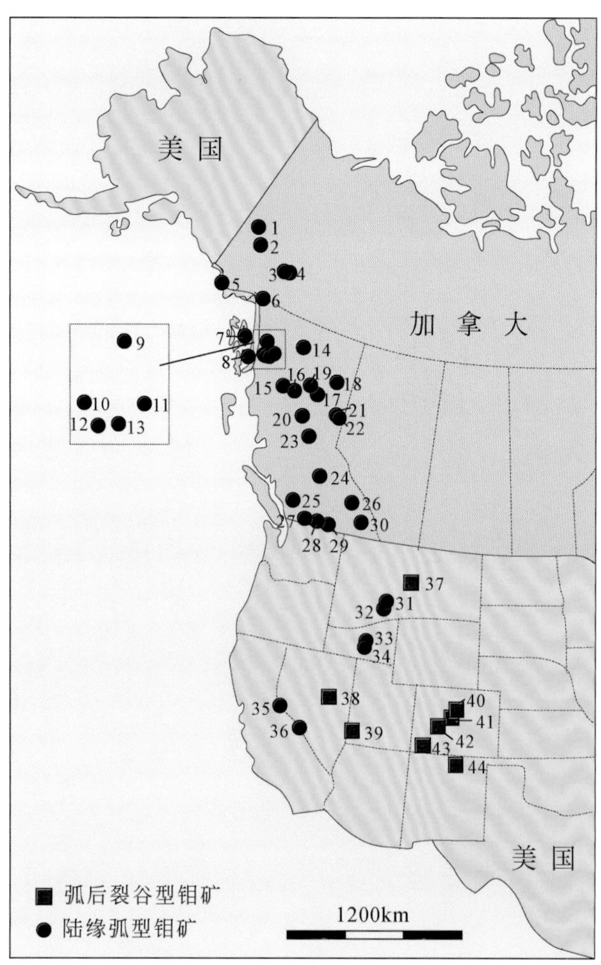

图8.13 科迪勒拉钼矿带主要钼矿床分布简图（据Clark，1972修改）

矿床名称：1. Red Mountain；2. Ruby Creek；3. Storie；4. Mt. Haskin；5. Nunatak；6. Trapper Lake；7. Burroughs Bay；8. Quartz Hill；9. Ajax；10. Tidewater；11. Bell Moly；12. Roundy Creek；13. Kitsault；14. Mt. Thomlinson；15. Pitman；16. Serb Creek；17. Lone Pine；18. Mac；19. Hudson Bay Mountain；20. Lucky Ship；21. Endako；22. Nithi Mountain；23. Red Bird；24. Boss Mountain；25. Salal Creek；26. MAX；27. Gem；28. Empress；29. Carmi；30. Jodi（Sphinx）；31. Bald Butte；32. Cannivan Gulch；33. Thompson Creek；34. White Cloud；35. Pine Nut；36. Cucomungo；37. Big Ben；38. Mount Hope；39. Pine Grove；40. Urad-Henderson；41. Climax；42. Mount Emmons；43. Silver Creek；44. Questa

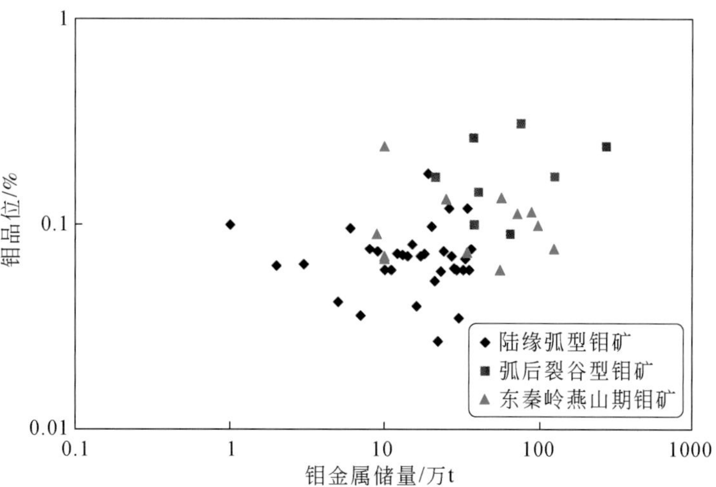

图8.14 科迪勒拉和秦岭燕山期主要钼矿床储量-品位图解

表 8.14 科迪勒拉成矿带主要钼矿床地质特征简表

序号	矿床/地区/国家	矿种	储量/万 t /品位/%	赋矿围岩	成矿岩体	矿体形态/产状	矿体规模/m	围岩蚀变	矿石矿物	脉石矿物	包裹体类型	成矿温度/℃	资料来源
陆缘弧型钼矿													
1	Red Mountain/育空/加拿大	Mo	18.7 /0.100	古生代—中生代碎裂岩	Red Mountain 石英二长斑岩	? /岩体及其内外接触带	厚>1125	si, kf, phy, pp	Mo, Py, Cpy, Sp, Sch	Qz, Kf, Ser, Chl,			1, 2
2	Ruby Creek (Adanac) /英属哥伦比亚/加拿大	Mo, W	12.4 /0.063	石炭纪蛇绿岩, 二叠纪 Cache Creek 群火山沉积岩, 白垩纪 Surprise Lake 花岗岩基	Mount Leonard 花岗斑岩	毯状/岩体内部		si, kf, phy, sy-cc, arg	Mo, Wolf, Sch, Cpy, Py, Gn, Sp, Apy	Qz, Kf, Ser, Sy, Cc, Fl			3, 4, 9
3	Storie/英属哥伦比亚/加拿大	Mo	8.96 /0.064	白垩纪 Cassiar 花岗岩基	石英二长岩	席状, 扁平状/岩体接触带	1000 × 500 ×100	si, kf, ser, arg	Mo, Py	Qz, Kf, Mus, Anh, Chl, Fl, Brl,			2, 5, 9
4	Mt. Haskin/英属哥伦比亚/加拿大	Mo, Zn, Pb, Cu, Ag		寒武纪 Atan 群杂砂岩, 页岩, 石英岩, 灰岩和燧石岩, 奥陶纪—泥盆纪 Sandpile 群白云岩	Mt. Haskin 花岗闪长岩-石英二长岩	弓形/岩体及其内外接触带		phy, chl, serp, arg, cc, skarn, horn	Mo, Mt, Po, Cpy, Sp, Py, Gn, Bn	Qz, Ser, Chl, Serp, Cc, Grt			6, 7, 9
5	Nunatak/阿拉斯加州/美国	Mo, Cu, Ag, Au	6.48 /0.042	古生代钙质泥岩和灰岩	石英二长斑岩	? /岩体及其内外接触带		si, kf, horn	Mo, Py, Cpy, Mt, Ttr, Eng, Bn	Qz, Kf, Act, Tr, Grt, Phl, Cc, Czo			2, 8
6	Trapper Lake/英属哥伦比亚/加拿大	Mo, Cu	5.22 /0.096	白垩纪—新近纪 Sloko 群	石英二长花岗岩		西带 800×160 × 50; 东带 400×200	si, kf, pp, phy, arg	Mo, Py, Powe, Cpy, Sp	Qz, Fsp, Rt, Ser,			2, 9
7	Burroughs Bay/阿拉斯加州/美国	Mo, U	? /0.036	白垩纪石英闪长岩基	石英斑岩			py, si	Mo, Py	Qz			2
8	Quartz Hill/阿拉斯加州/美国	Mo	160 /0.076	侏罗纪—古近纪 Coast Range 黏土质和长英质片麻岩, 角闪岩, 大理岩, 花岗闪长岩和英云闪长岩	Quartz Hill 淡色花岗岩, 流纹斑岩	扁平状/岩体内部	2800 × 1500 ×500	si, kf, ser, zo	Mo, Py, Mt, Gn, Sp, Cpy	Qz, Kf, Bi, Mus, Chl, Zo			1, 2, 10

续表

序号	矿床/地区/国家	矿种	储量/万t/品位/%	赋矿围岩	成矿岩体	矿体形态/产状	矿体规模/m	围岩蚀变	矿石矿物	脉石矿物	包裹体类型	成矿温度/℃	资料来源
9	Ajax/英属哥伦比亚/加拿大	Mo, Zn, Pb, Cu, Ag	12.89/0.074	三叠纪Stuhini群泥岩，粉砂岩，硬砂岩，夹少量安山质熔岩	石英二长花岗岩	扁平状/岩体及其内外接触带	900×750	si, kf, phy, horn, skarn	Mo, Po, Sch, Cpy, Py, Sp, Gn, Gbs	Qz, Kf, Bi, Ser, Chl			2, 9
10	Tidewater/英属哥伦比亚/加拿大	Mo, Ag, Au, Pb, Zn, Cu, W	0.55/0.06	侏罗纪Bowser Lake群泥岩，粉砂岩，硬砂岩	Tidewater石英二长岩－花岗岩	？/岩体及其内外接触带	280×20	si, phy, arg, horn	Mo, Py, Sch, Gn, Sp, Ttr, Po				2, 9, 11
11	Bell Moly/英属哥伦比亚/加拿大	Mo, Pb, Zn, Ag	1.95/0.06	侏罗纪Bowser Lake群硬砂岩，粉砂岩	石英二长斑岩	圆柱形/岩体及其内外接触带		si, kf, phy, chl, cc	Mo, Sch, Gn, Sp, Py, Po	Qz, Kf, Chl, Ser, Cc			2, 9, 12
12	Roundy Creek/英属哥伦比亚/加拿大	Mo	0.522/0.072	侏罗纪Bowser Lake群硬砂岩，泥岩	Roundy Creek和Sunshine Creek石英二长花岗岩	透镜状/岩体内部		ab, kf, si, phy, chl, cc, arg	Mo, Py, Sp, Gn, Po, Cpy	Qz, Ab, Kf, Ser, Chl, Cc, Ank, Sd			2, 4, 9, 13
13	Kitsault（Lime Creek）/英属哥伦比亚/加拿大	Mo, Ag, Pb, Zn, Cu, W	70.2/0.071	侏罗纪Bowser Lake群硬砂岩，泥岩	Northeast花岗闪长斑岩－石英二长斑岩，Central花岗闪长斑岩	椭圆形，环状/岩体外接触带	700×560×180	si, kf, phy, pp（较弱），arg（较弱）	Mo, Py, Sch, Gn, Sp, Cpy, Po	Qz, Kf, Bi, Ser, Cc, Chl, Ep, Kln, Anh, Fl			2, 9, 14, 15
14	Mt. Thomlinson/英属哥伦比亚/加拿大	Mo, Cu, W	2.90/0.07	侏罗纪Bowser Lake群泥质沉积岩	石英二长岩	板状/岩体及其内外接触带		si, phy, arg, chl	Mo, Ccp, Mt, Sch				2, 4, 9, 12
15	Pitman/英属哥伦比亚/加拿大	Mo	0.27/0.08	侏罗纪Hazelton群火山岩和熔岩	石英二长花岗岩	不规则状/岩体及内外接触带		kf, chl, pp	Mo, Py, Cpy, Mt, Spe	Qz, Kf, Chl, Ep			2, 9, 16
16	Serb Creek/英属哥伦比亚/加拿大	Mo, Cu, Pb, Zn	1.65/0.04	侏罗纪Hazelton群火山岩和沉积岩	石英二长花岗岩	？/岩体内部		kf, pp, ser, arg, cc	Mo, Py, Cpy, Gn, Sp	Qz, Kf, Ser, Chl, Ep, Cc, Clay			2, 9, 17
17	Lone Pine/英属哥伦比亚/加拿大	Mo, Cu, Ag, Pb, Zn	10.6/0.07	侏罗纪Hazelton群Telkwa组安山质－流纹质熔岩及相关角砾岩，凝灰岩	淡色花岗岩	？/岩体及其内外接触带		si, ser, bi, pp, horn, cc	Mo, Py, Po, Cpy, Sp, Ttr, Gn	Qz, Ser, Bi, Chl, Ep, Cc			2, 9, 18

续表

序号	矿床/地区/国家	矿种	储量/万 t /品位/%	赋矿围岩	成矿岩体	矿体形态/产状	矿体规模/m	围岩蚀变	矿石矿物	脉石矿物	包裹体类型	成矿温度/℃	资料来源
18	Mac/英属哥伦比亚/加拿大	Mo, Cu	7.20 /0.072	石炭纪—三叠纪 Cache Creek 群中性-基性火山碎屑岩	石英二长岩	? /岩体及其内外接触带	750×350×150	si, kf, phy, horn	Mo, Py, Cpy				2, 9, 19
19	Hudson Bay Mountain (Glacier Gulch, Davidson)/英属哥伦比亚/加拿大	Mo, W, Cu, Zn	7.53 /0.177	侏罗纪 Hazelton 群安山岩和熔岩，白垩纪 Skeene 群沉积岩	Hudson Bay Mountain 花岗闪长岩	扁平状/?	2500 × 1500 ×2100	si, kf, phy	Mo, Sch, Mt, Wolf, Py, Cpy, Sp, Po	Qz, Kf, Ser, Grt, Ep, Cc, Fl	C, W, S	140 ~ >600	1, 2, 9, 20, 21
20	Lucky Ship/英属哥伦比亚/加拿大	Mo, Cu	1.80 /0.098	侏罗纪 Hazelton 群 Telkwa 组火山砾岩和晶屑-岩屑凝灰岩	Lucky Ship 石英二长斑岩	环状，壳状/岩体及其内外接触带	300×200	si, kln, cc, horn	Mo, Py, Cpy	Qz, Cc			2, 9, 22, 23
21	Endako/英属哥伦比亚/加拿大	Mo, Cu, Zn, W, Bi	77.7 /0.053	侏罗纪 Francois Lake 花岗岩基	Endako 石英二长花岗岩-花岗闪长岩	椭圆形，线状/岩体内部	3360 × 370 ×365	kf, si, phy, arg, cc	Mo, Py, Mt, Cpy, Bn, Bi, Sch, Spe	Qz, Kf, Bi, Ser, Amp, Chl, Cc	W, S	200 ~ 430	2, 9, 24 ~ 26
22	Nithi Mountain/英属哥伦比亚/加拿大	Mo, U	6.56 /0.027	侏罗纪 Hazelton 群火山岩和沉积岩，白垩纪—古近纪 Ootsa Lake 群和中新世玄武岩	Nithi 石英二长花岗岩			kf, phy, arg, pp	Mo, Hem, Py, Mt, Cpy, Bn, Cct, Torb, Aut, Sab	Qz, Kf, Ser, Kln, Fl			2, 9, 27, 28
23	Red Bird/英属哥伦比亚/加拿大	Mo, Cu, Pb, Zn	8.87 /0.059	侏罗纪 Hazelton 群 Telkwa 组火成碎屑岩	Nanika 石英二长斑岩	环状/岩体及其内外接触带		si、kf、phy、arg	Mo, Cpy, Sp, Gn, Py	Qz, Fl, Cc, Kln			2, 9, 12
24	Boss Mountain/英属哥伦比亚/加拿大	Mo, Cu, Zn, W, Ag, Bi	6.3 /0.074	三叠纪 Nicola 群火山岩，侏罗纪 Takomkane 花岗闪长（斑）岩基	Boss Mountain 石英二长斑岩	透镜状，不规则状/（爆破角砾岩）岩体内外接触带		grt-amp, kf, phy, pp, arg	Mo, Py, Cpy, Sp, Gn, Sch	Qz, Grt, Amp, Bi, Ser, Kf, Chl, Ep, Zo, Cc			2, 9, 29
25	Salal Creek/英属哥伦比亚/加拿大	Mo, Cu, Zn, Pb		白垩纪—渐新世 Coast Range 杂岩体	Salal Creek 石英二长岩	环状，圆形/岩体内部		si, kf, phy, pp, arg	Mo, Py, Cpy, Sp, Gn, Mt	Qz, Kf, Chl, Ep, Ser, Bi, Kln, Cc			2, 9, 30

续表

序号	矿床/地区/国家	矿种	储量/万t/品位/%	赋矿围岩	成矿岩体	矿体形态/产状	矿体规模/m	围岩蚀变	矿石矿物	脉石矿物	包裹体类型	成矿温度/℃	资料来源
26	MAX（Trout Lake）/英属哥伦比亚/加拿大	Mo，W，Pb，Zn，Cu	4.29/0.12	古生代 Lardeau 群 Broadview 组千枚岩，片岩，石英岩，大理岩	Trout Lake 花岗闪长岩	不规则状/岩体及内外接触带	1000×300×200	kf，si，phy，pp，skarn	Mo，Py，Po，Cpy，Sch，Gn，Sp，Ttr	Qz，Kf，Bi，Mus，Chl，Ep	W，C	166～348	2，9，31～33
27	Gem（Clear Creek）/英属哥伦比亚/加拿大	Mo，Cu，Zn，W，Bi	1.11/0.07	白垩纪 Settler 片岩和片麻岩，白垩纪 Spuzzum 岩基	Gem 石英二长岩	弓形，新月形/岩体及其内外接触带	490×60	si，chl，ser	Mo，Py，Sp，Po，Cpy，Bi，Sch	Qz，Cc，Ser，Chl			2，9，12
28	Empress/英属哥伦比亚/加拿大	Mo，Cu	0.46/0.061	侏罗纪 Osprey Lake 岩基	石英二长岩		730×360	si，kf，phy，chl，kln	Mo，Py，Cpy，Mt	Qz，Kf，Ser，Chl，Kln			2，9，34
29	Carmi/英属哥伦比亚/加拿大	Mo，U，Cu，Ag，Au	1.24/0.06	侏罗纪 Nelson 岩体	Valhalla 石英二长岩，花岗闪长岩	扁平状/角砾岩筒内，岩体顶部	1800×500	kf，ser，gre，pp，arg	Mo，Py，Mt，Cpy，Bn，Bran	Qz，Kf，Ser，Bi，Ep，Chl，Fl			2，9，35，36
30	Jodi（Sphinx）/英属哥伦比亚/加拿大	Mo，W	2.17/0.035	中元古代 Purcell 超群泥岩、石英岩	石英二长岩	倒杯状/岩体及其内外接触带	1000×400×300	kf，phy，arg，skarn	Mo，Py，Sch，Sp，Cpy，Apy，Mt	Qz，Kf，Ser，Fl			2，9，37
31	Bald Butte/蒙大拿州/美国	Mo		元古宙 Belt 超群泥质岩，页岩，石英岩，灰岩，白云岩	Big Dike 花岗岩，石英二长花岗岩	倒杯状/岩体及其内外接触带		si，kf，fl，phy，arg	Mo，Py	Qz，Fl，Bi，Ser，Clay			4，38
32	Cannivan Gulch/蒙大拿州/美国	Mo，W	32.4/0.06	寒武纪 Silver Hill 组和 Red Lion 组钙质页岩及硅质白云岩，寒武纪 Hasmark 组和泥盆纪 Jefferson 组白云岩	Cannivan 花岗闪长岩-石英二长岩	倒杯状、不规则状/岩体内部及内外接触带		si，kf，phy，pp，skarn	Mo，Py，Mt，Sp，Cpy	Qz，Kf，Mus，Bi，Chl，Cc，Ep，Fl，Grt	C	196～272	2，39，40，41
33	Thompson Creek/爱达荷州/美国	Mo，W	32.6/0.068	石炭纪 Copper Basin 组碳质泥岩	Thompson Creek 花岗闪长岩-石英二长岩	扁平状/岩体内部及内外接触带	1500×640×760		Mo，Py，Gn	Qz，Kf，Bi，Mus			2，3839，42

续表

序号	矿床/地区/国家	矿种	储量/万t/品位/%	赋矿围岩	成矿岩体	矿体形态/产状	矿体规模/m	围岩蚀变	矿石矿物	脉石矿物	包裹体类型	成矿温度/℃	资料来源
34	White Cloud (Little Boulder Creek)/爱达荷州/美国	Mo	18.1/0.12	石炭纪 Wood River 石英岩，Idaho 岩基	White Cloud 石英二长岩	弓形/岩体内部及内外接触带			Mo，Gn，Sp，Cpy，Apy，Py				2，39，40，43
35	Pine Nut/内华达州/美国	Mo，W	10.9/0.06	三叠纪 Oreana Peak 组变火山岩和碳酸盐	黑云石英二长岩	伞状/岩体及其内外接触带	平面直径675	kf，phy，skarn					2，44
36	Cucomungo/内华达州/美国	Mo	2.68/0.076	古生代灰岩和页岩	花岗岩	？/岩体及其内外接触带		si，phy，arg	Mo，Py				2，45
弧后裂谷型钼矿													
37	Big Ben/蒙大拿州/美国	Mo	37.6/0.1	太古宙黑云母片岩和黑云母片麻岩，Pinto 闪长岩	Snow Creek 石英斑岩	椭圆状，不规则状/岩体及其内外接触带		si，kf，kln	Mo，Cpy，Gn，Sp	Qz，Fl			1，38，39，46
38	Mount Hope/内华达州/美国	Mo	63.5/0.09	奥陶纪 Vinini 组碳质页岩，灰岩，石英岩，燧石岩	Mount Hope 石英斑岩	倒碗状/岩体及其内外接触带							1，47
39	Pine Grove/犹他州/美国	Mo	21.2/0.17	寒武纪及前寒武纪硅质岩及页岩，渐新世闪长质凝灰岩和安山质熔岩	Phase Four 和 Five 流纹斑岩			si，kf，arg	Mo，Hub	Qz，Kf，Fl，Tpz			1，48
40	Urad-Henderson/科罗拉多州/美国	Mo	124.3/0.171	中元古代 Silver Plume 花岗岩，古近纪和新近纪侵入岩	Red Mountain 花岗斑岩	伞状，椭圆形/岩体内外接触带	(400～1000)×(180～800)×(150～320)	si，kf，phy，arg，pp	Mo，Py，Mt，Wolf，Gn，Sp，Sch	Qz，Fl，Kf，Tpz，Grt，Rds	W，S，C（少量）	200～600	1，49～53
41	Climax/科罗拉多州/美国	Mo，W	270/0.24	古元古代 Idaho Springs 组片岩和片麻岩，中元古代 Silver Plume 花岗岩，Laramide 闪长质-石英二长质岩脉	Climax 流纹斑岩	环形，倒杯状/岩体及其内外接触带	1400×750×450	si，kf，phy，arg，pp	Mo，Cpy，Cst，Sp，Gn，Hub	Qz，Kf，Ser，Fl，Tpz，Cc	W，S，C（少量）	165～600	1，54，55

续表

序号	矿床/地区/国家	矿种	储量/万t/品位/%	赋矿围岩	成矿岩体	矿体形态/产状	矿体规模/m	围岩蚀变	矿石矿物	脉石矿物	包裹体类型	成矿温度/℃	资料来源
42	Mount Emmons/科罗拉多州/美国	Mo	37.2/0.264	白垩纪 Mancos 和 Mesaverde 组碳质页岩及粉砂岩，古近纪 Ohio Creek 和 Wasatch 组砂砾岩及粉砂岩	Red Lady 流纹斑岩，花岗斑岩	环状/岩体外接触带	水平直径670，厚90	kf，si，phy，pp	Mo，Py，Mt，Hub，Gn，Sp，Cpy，Po	Qz，Kf，Bi，Fl，Ser，Chl，Ep，Cc			1，56
43	Silver Creek（Rico）/科罗拉多州/美国	Mo	74.4/0.31	前寒武纪 Uncompahgre 石英岩，石炭纪 Leadville 灰岩和 Hermosa 群碎屑岩及钙质沉积岩，前寒武纪绿岩	Rico 白岗质斑岩	扁平状/?		si，kf，phy，pp	Mo，Py，Sch	Qz，Kf，Bi，Fl，Ser，Anh，Chl，Ep，Cc	C，S，W	225～425	1，57
44	Questa/新墨西哥州/美国	Mo	40/0.144	元古宙变质火山岩，古近纪和新近纪 Latir 火山岩	Sulfur Gulch 细晶斑岩	弓形，线状-壳状/?	（760～1220）×215	si，kf，phy	Mo，Py，Cpy，Gn，Sp	Qz，Kf，Bi，Ser，Fl，Cc，Tpz，Anh，Rt	W，C，S	200～500	1，58～60

蚀变缩写：ab. 钠长石化；amp. 角闪石化；arg. 泥化；bi. 黑云母化；cc. 碳酸盐化；chl. 绿泥石化；fl. 萤石化；gre. 云英岩化；grt. 石榴子石化；horn. 角岩化；kf. 钾化；kln. 高岭石化；phy. 绢英岩化；pp. 青磐岩化；py. 黄铁矿化；ser. 绢云母化；serp. 蛇纹石化；skarn. 夕卡岩化；si. 硅化；sy. 辉沸石化；zo. 沸石化。

矿石矿物缩写：Apy. 毒砂；Aut. 钙铀云母；Bi. 辉铋矿；Bn. 斑铜矿；Bran. 钛铀矿；Cct. 辉铜矿；Cpy. 黄铜矿；Cst. 锡石；Eng. 硫砷铜矿；Gbs. 辉铋铅矿；Gn. 方铅矿；Hem. 赤铁矿；Hub. 锰钨矿；Mo. 辉钼矿；Mt. 磁铁矿；Po. 磁黄铁矿；Powe. 钼钙矿；Py. 黄铁矿；Sab. 铝铀云母；Sch. 白钨矿；Sp. 闪锌矿；Spe. 镜铁矿；Torb. 铜铀云母；Trt. 黝铜矿；Wolf. 黑钨矿。

脉石矿物缩写：Ab. 钠长石；Act. 阳起石；Amp. 角闪石；Anh. 硬石膏；Ank. 铁白云石；Bi. 黑云母；Brl. 绿柱石；Cc. 方解石；Chl. 绿泥石；Clay. 黏土矿物；Czo. 斜黝帘石；Ep. 绿帘石；Fl. 萤石；Fsp. 长石；Grt. 石榴子石；Kf. 钾长石；Kln. 高岭石；Mus. 白云母；Phl. 金云母；Qz. 石英；Rds. 菱锰矿；Rt. 金红石；Sd. 菱铁矿；Ser. 绢云母；Serp. 蛇纹石；Sy. 辉沸石；Tpz. 黄玉；Tr. 透闪石；Zo. 沸石。

包裹体类型缩写：C. 含 CO_2 包裹体；W. 水溶液包裹体；S. 含子矿物多相包裹体。

资料来源：1. Laznicka，2010；2. Taylor et al.，2012；3. Ludington and Plumlle，2009；4. Smith，2009；5. Kuehnbaum and Lindinger，2007；6. Ostensoe and Boyer，2009；7. Diakow，2010；8. Twenhofel et al.，1947；9. Minfile，2013；10. Hudson et al.，1979；11. McCarter and Allen，1980；12. Nokleberg et al.，2005；13. Munter，2011；14. Westra and Keith，1981；15. Steininger，1985；16. Shirvani，2007；17. Fox，2010；18. Simpson，2009；19. Game，2010；20. Bloom，1981；21. MacIntyre，2005；22. Orava et al.，2007；23. MacIntyre，2008；24. Selby et al.，2000；25. Selby and Cresear，2001；26. Villeneuve et al.，2001；27. Kelly，2008；28. Mosher，2011；29. Soregaroli，1975；30. Kikauka，1996；31. Linnen and Williams-Jones，1987；32. Linnen and Williams-Jones，1990；33. Lawley et al.，2010；34. Tribe，2010；35. Kenyon and Morton，1978；36. P&E Mining Consultants Inc.，2008；37. Downie et al.，2006；38. Worthington，2007；39. Armstrong et al.，1978；40. Schmidt et al.，1979；41. Darling，1994；42. Marek and Lechner，2011；43. Kirkemo et al.，1965；44. Doebrich et al.，1996；45. Schilling，1979；46. Kirkemo et al.，1965；47. M3 Engineering & Techonology Corporation，2008；48. Keith et al.，1986；49. Wallace et al.，1978；50. Seedorff，1987；51. Carten et al.，1988；52. Seedorff and Einaudi，2004a；53. Seedorff and Einaudi，2004b；54. Clark.，1972；55. Hall et al.，1974；56. Thomas and Galey，1982；57. Larson，1987；58. Cline and Bondar，1994；59. Ross et al.，2002；60. Klemm et al.，2008。

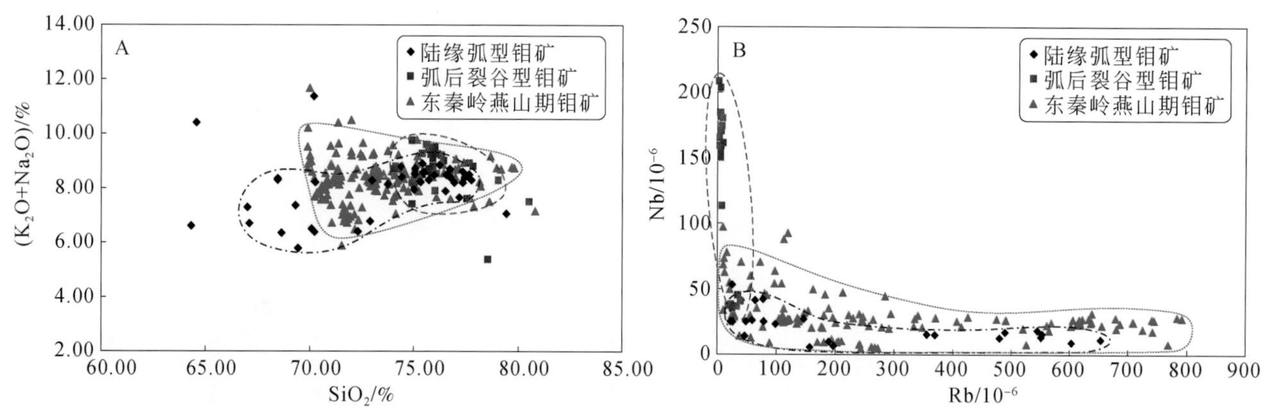

图 8.15 科迪勒拉和秦岭燕山期成矿岩体 SiO_2-K_2O+Na_2O（A）和 Rb-Nb（B）图解

8.3.2 科迪勒拉陆缘弧型钼矿床特征

8.3.2.1 赋矿围岩

陆缘弧型与弧后裂谷型钼矿类似，不受赋矿围岩时代和岩性限制。已知赋矿围岩时代由元古宙变化到新近纪，岩性涵盖了变质岩、沉积岩和岩浆岩（表 8.14），但侏罗纪—白垩纪岩层最为重要，产有 Kitsault，Hudson Bay Mountain，Endako，Carmi 和 Boss Mountain 等钼矿床。Taylor 等（2012）认为，赋矿沉积岩的碎裂程度、层理和渗透性等对成矿岩体形状和冷却史有影响，而渗透性差的块状变质围岩往往限制了晚阶段热流体循环。

8.3.2.2 成矿岩体特征

陆缘弧型钼矿成矿岩体以石英二长岩为主，次为石英闪长岩、闪长岩、花岗闪长岩。Westra 和 Keith（1981）采用 Sutherland（1976）的形态学分类方案，将陆缘弧型钼矿的成矿岩体分为岩株型和岩基型。前者以小的杂岩体或单一的侵入体形式产出，直径往往小于 1500m。例如，Kitsault 钼矿区 Lime Creek 杂岩（图 8.16A，Steininger，1985）由 East Lobe 等粒花岗闪长岩、Border 等粒花岗闪长岩-石英闪长岩、Southern 等粒-斑状花岗闪长岩、Central 二长花岗岩、Northeast 二长花岗斑岩、细晶岩脉和角砾岩组成，其中，Central 二长花岗岩和 Northeast 二长花岗斑岩（隐伏岩体，图中未见）与钼矿化相关。后者则作为岩基的晚期侵入相，可与斑状或等粒状火成岩同源。例如，Endako 钼矿赋存于 Endako 花岗岩基中，该岩基包含至少三个单元，由早到晚依次为：Stern Creek 单元、Stag Lake 单元和 Francois Lake 单元，其中，Francois Lake 单元晚期的 Endako 花岗闪长岩-二长花岗岩与钼矿化有关（Selby et al.，2000；Selby and Cresear，2001；Villeneuve et al.，2001）。此外，亦有部分矿床产于角砾岩中，例如 Boss Mountain 钼矿（Soregaroli，1975）。在 Quartz Hill 钼矿中亦同时可见侵入角砾岩、热液角砾岩和构造角砾岩（Ashleman et al.，1997）。

陆缘弧型钼矿成矿岩体多为钙碱性系列，准铝质-弱过铝质，SiO_2 含量变化于 65% ~79%，K_2O 含量为 1.09% ~6.16%，全碱（K_2O+Na_2O）含量较高，为 4.71 ~ 11.36（图 8.15、表 8.15）。岩体 Sr 含量（22×10^{-6} ~ 653×10^{-6}）和 Zr 含量（多>100×10^{-6}）较高，低 F（一般<0.1%），Rb（一般<300×10^{-6}）和 Nb（一般<30×10^{-6}）含量较低（图 8.15、表 8.16）。

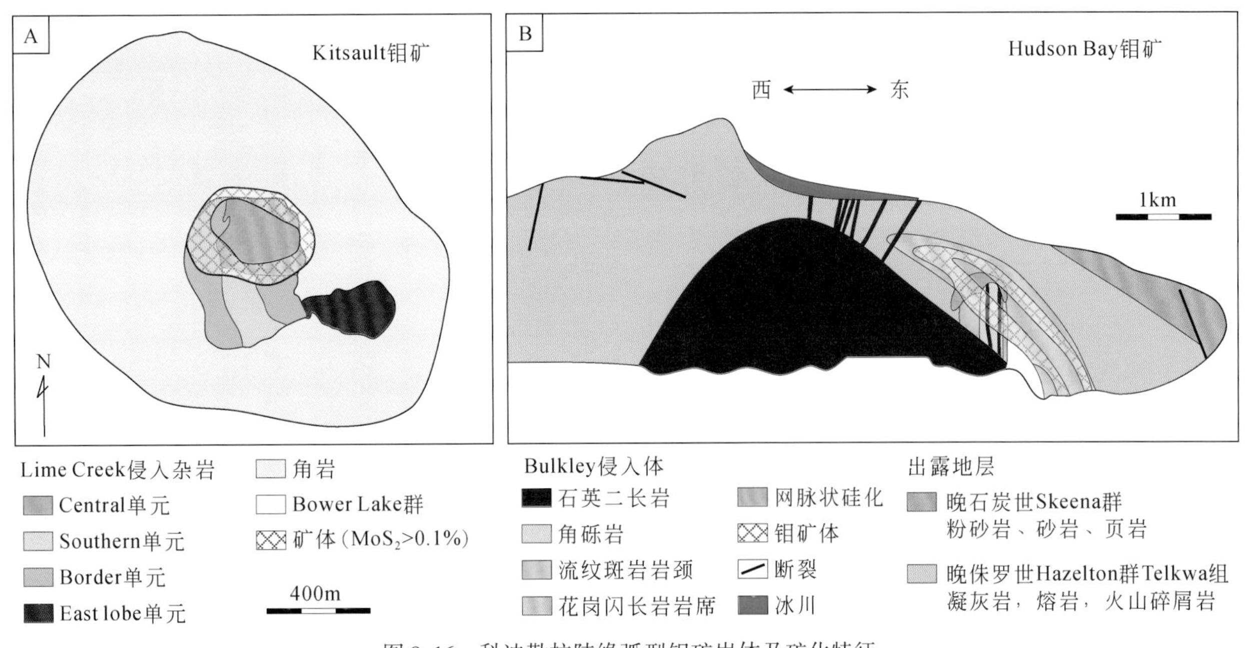

图 8.16　科迪勒拉陆缘弧型钼矿岩体及矿化特征

A. Kitsault 钼矿床平面图，显示成矿杂岩体形态，钼矿体平面上呈环状（Steininger，1985）；B. Hudson Bay Mountain 钼矿区东西方向剖面图，显示侵入体由石英二长岩、流纹斑岩、花岗闪长岩及角砾岩组成，钼矿体呈弓形产于花岗闪长岩内部（Laznicka，2010）

8.3.2.3　矿化元素组合

陆缘弧型钼矿矿化元素组合复杂，以多金属矿化为主，单钼矿化罕见。伴生钨多以白钨矿产出，常见于外夕卡岩带，如 Thompson Creek 钼矿和 MAX 钼矿（Lawley et al.，2010），偶见其他含钨矿物，如黑钨矿、钼钙矿（Boss Mountain 钼矿）或锰钨矿（Ruby Creek 钼矿）（Smith，2009）。有些斑岩钼矿外围发育夕卡岩型或脉状银-铅-锌矿化，如 Ruby Creek 钼矿（Smith，2009）和 MAX 钼矿（Lawley et al.，2010），构成斑岩-夕卡岩或斑岩-脉状多金属矿化系统。需要注意的是，尽管陆缘弧型斑岩钼矿床与斑岩型铜矿床产于类似的构造环境，但二者在空间上并不共生。而且，陆缘弧斑岩铜矿常含可回收的钼，如 Hall、Buckingham、Mount Tolman 等，常被视为富钼斑岩铜矿床（Ludington et al.，2009；Taylor et al.，2012），相反，陆缘弧斑岩钼矿基本不含可回收的铜。

8.3.2.4　矿体及矿化特征

陆缘弧型钼矿床钼品位偏低，通常 0.03% ~0.2%（图 8.14，表 8.14）。矿体多产于矿化岩体顶部或旁侧，形态各异，有倒杯状（如 Bald Butte 钼矿，Worthington，2007）、环状（Kitsualt 钼矿，图 8.16A，Steininger，1985）、弓形（White Cloud 钼矿，Kirkemo et al.，1965；Hudson Bay Mountain 钼矿，图 8.16B，Laznicka，2010）、扁平状（Quartz Hill 钼矿，Hudson et al.，1979；Thompson Creek 钼矿，Hall et al.，1984）或透镜状（Boss Mountain 钼矿，Soregaroli，1975）。当矿区存在多期侵入体时，矿体形态往往为较复杂的不规则状，如 MAX 钼矿（Lawley et al.，2010）。

含钼矿物以辉钼矿为主，主要呈细脉浸染状产出，次为星点浸染状、角砾状或条带状。例如，Kitsault 钼矿的辉钼矿呈浸染状产出于细晶岩中（Steininger，1985），Boss Mountain 钼矿的辉钼矿以胶结物形式出现（Soregaroli，1975），Endako 钼矿中成层（一般 5 ~ 10 层）的石英-辉钼矿脉可构成条带状矿化（Selby et al.，2000）。MAX 钼矿的矿体主要以石英脉形式产出，品位高（局部>0.6%），产于石英-钾长石-白云母化强烈的岩体中（Linnen and Williams-Jones，1990）。除辉钼矿外，其他常见金属矿物有黄铁矿、磁黄铁矿、黄铜矿、辉铜矿、方铅矿、闪锌矿、赤铁矿、磁铁矿、白钨矿等（表 8.14）。

表 8.15　科迪勒拉成矿带斑岩型钼矿床成矿岩体主量元素组成

（单位:%）

岩体	样品数	SiO_2	Al_2O_3	TiO_2	FeO_T	MgO	MnO	CaO	Na_2O	K_2O	P_2O_5	LOI	K_2O/Na_2O	K_2O+Na_2O	A/CNK	资料来源
陆缘弧型																
Quartz Hill	1	77.70	13.30	0.08	0.72	0.09	0.07	0.55	3.90	4.40	0.03		1.13	8.30	1.09	Hudson et al., 1979
Quartz Hill	1	77.40	13.00	0.07	0.69	0.10	0.03	0.52	3.90	4.50	0.04		1.15	8.40	1.06	Hudson et al., 1979
Quartz Hill	1	76.90	13.40	0.13	1.12	0.20	0.05	0.87	3.90	4.30	0.04		1.10	8.20	1.06	Hudson et al., 1979
Quartz Hill	1	75.70	12.90	0.10	0.78	0.11	0.04	0.54	3.90	4.40	0.03		1.13	8.30	1.06	Hudson et al., 1979
Quartz Hill	1	75.00	13.30	0.14	1.01	0.20	0.06	0.80	3.90	4.04	0.05		1.04	7.94	1.09	Hudson et al., 1979
Quartz Hill	1	74.40	13.90	0.17	1.28	0.35	0.03	1.00	4.20	4.20	0.07		1.00	8.40	1.05	Hudson et al., 1979
Quartz Hill	1	77.30	13.40	0.01	0.41	0.04	0.05	0.47	4.10	4.50	0.01		1.10	8.60	1.07	Hudson et al., 1979
Quartz Hill	1	77.60	13.20	0.05	0.66	0.03	0.06	0.44	4.20	4.30	0.02		1.02	8.50	1.07	Hudson et al., 1979
Quartz Hill	1	77.30	12.90	0.08	0.72	0.09	0.06	0.50	4.00	4.20	0.03		1.05	8.20	1.07	Hudson et al., 1979
Quartz Hill	1	76.70	13.10	0.05	0.69	0.14	0.03	0.37	4.00	4.40	0.03		1.10	8.40	1.09	Hudson et al., 1979
Quartz Hill	1	76.70	13.10	0.03	0.54	0.05	0.04	0.20	4.40	4.30	0.03		0.98	8.70	1.07	Hudson et al., 1979
Quartz Hill	1	75.40	13.30	0.12	0.96	0.30	0.04	0.42	4.40	4.50	0.04		1.02	8.90	1.03	Hudson et al., 1979
Ruby Creek	1	74.34	12.92	0.18	2.38	0.13	0.04	1.05	3.35	5.43	0.03	0.90	1.62	8.78	0.97	Smith, 2009
Ruby Creek	1	76.21	12.80	0.06	1.37	0.05	0.01	0.66	3.19	5.65	0.01	0.50	1.77	8.84	1.02	Smith, 2009
Ruby Creek	1	75.02	12.73	0.14	2.87	0.12	0.02	0.90	3.34	5.18	0.02	0.80	1.55	8.52	1.00	Smith, 2009
Ruby Creek	1	73.69	13.64	0.16	3.16	0.33	0.05	1.29	3.81	4.32	0.04	0.80	1.13	8.13	1.03	Smith, 2009
Ruby Creek	1	76.54	12.05	0.11	2.26	0.05	0.02	0.63	3.37	5.11	0.01	0.80	1.52	8.48	0.99	Smith, 2009
Ruby Creek	1	70.24	14.05	0.42	5.80	0.60	0.06	1.51	2.81	5.40	0.12	1.30	1.92	8.21	1.06	Smith, 2009
Ruby Creek	1	75.05	13.07	0.15	2.16	0.20	0.03	0.81	3.68	5.04	0.03	0.50	1.37	8.72	1.01	Smith, 2009
Ruby Creek	1	75.96	12.63	0.12	1.88	0.16	0.03	0.69	3.65	4.82	0.03	0.70	1.32	8.47	1.01	Smith, 2009
Ruby Creek	1	75.46	12.60	0.12	2.57	0.09	0.02	0.84	3.31	5.26	0.02	0.70	1.59	8.57	0.99	Smith, 2009
Ruby Creek	1	75.31	13.11	0.12	1.24	0.19	0.05	0.97	3.87	4.35	0.03	0.70	1.12	8.22	1.02	Smith, 2009
Ruby Creek	1	79.40	9.94	0.13	1.76	0.09	0.04	0.65	2.19	4.86	0.01		2.22	7.05	0.99	Smith, 2009
Ruby Creek	1	76.49	12.12	0.16	1.43	0.17	0.02	0.86	3.20	4.69	0.03		1.47	7.89	1.02	Smith, 2009
Kitsault	1	68.45	13.85		2.42	1.15		2.80	3.35	5.00			1.49	8.35	0.86	Steininger, 1985
Kitsault	1	68.45	13.95		2.24	0.71		2.25	3.65	4.65			1.27	8.30	0.92	Steininger, 1985
Endako	1	67.00	14.40	0.43	2.51	1.23	0.10	2.64	3.00	4.28	0.18	3.40	1.43	7.28	1.00	Whalen et al., 2001

续表

岩体	样品数	SiO_2	Al_2O_3	TiO_2	FeO_T	MgO	MnO	CaO	Na_2O	K_2O	P_2O_5	LOI	K_2O/Na_2O	K_2O+Na_2O	A/CNK	资料来源
MAX	1	77. 17	10. 86	0. 27	2. 91	0. 58	0. 03	2. 22	2. 70	2. 01	0. 15	0. 54	0. 74	4. 71	1. 02	Lawley et al., 2010
MAX	1	70. 07	15. 05	0. 35	2. 44	0. 67	0. 07	2. 83	3. 45	3. 04	0. 14	2. 52	0. 88	6. 49	1. 07	Lawley et al., 2010
MAX	1	77. 14	11. 85	0. 10	0. 91	0. 30	0. 01	0. 55	1. 56	6. 09	0. 08	1. 33	3. 90	7. 65	1. 17	Lawley et al., 2010
MAX	1	72. 84	14. 99	0. 29	1. 83	0. 51	0. 04	1. 49	3. 33	3. 44	0. 13	1. 19	1. 03	6. 77	1. 26	Lawley et al., 2010
MAX	1	70. 20	14. 99	0. 30	2. 53	0. 55	0. 08	3. 04	3. 77	2. 61	0. 15	0. 99	0. 69	6. 38	1. 03	Lawley et al., 2010
MAX	1	72. 26	14. 34	0. 27	2. 56	0. 58	0. 04	2. 85	3. 46	2. 93	0. 19	0. 82	0. 85	6. 39	1. 02	Lawley et al., 2010
MAX	1	70. 17	17. 20	0. 04	0. 87	0. 05	0. 00	0. 19	5. 52	5. 84	<0. 01	0. 90	1. 06	11. 36	1. 09	Lawley et al., 2010
MAX	1	68. 63	15. 20	0. 33	2. 93	0. 63	0. 06	3. 28	3. 76	2. 58	0. 17	0. 82	0. 69	6. 34	1. 02	Lawley et al., 2010
MAX	1	69. 42	14. 08	0. 44	3. 68	1. 02	0. 07	2. 87	3. 12	2. 66	0. 16	0. 82	0. 85	5. 78	1. 06	Lawley et al., 2010
MAX	1	64. 55	18. 52	0. 46	0. 80	0. 26	0. 04	1. 57	9. 31	1. 09	0. 33	1. 74	0. 12	10. 40	0. 96	Lawley et al., 2010
MAX	1	72. 94	13. 46	0. 16	1. 48	0. 34	0. 03	0. 85	2. 11	6. 16	0. 07	2. 12	2. 92	8. 27	1. 15	Lawley et al., 2010
Cannivan Gulch	1	64. 30	16. 10	0. 05	5. 13	1. 45	0. 05	2. 50	4. 00	2. 60	0. 39		0. 65	6. 60	1. 15	Mutschler et al., 1981
Thompson Creek	1	67. 10	17. 01	0. 25	2. 96	0. 99	0. 13	2. 24	4. 04	2. 65			0. 66	6. 69	1. 25	Mutschler et al., 1981
White Cloud	1	69. 30	16. 70	0. 10	2. 02	0. 60	0. 04	2. 90	4. 10	3. 25	0. 13		0. 79	7. 35	1. 07	Mutschler et al., 1981
弧后裂谷型																
Pine Grove	1	74. 24	12. 67	0. 04	0. 75	0. 33	0. 03	0. 83	1. 67	7. 01	0. 01		4. 20	8. 68	1. 07	Keith, 1982
Pine Grove	1	74. 90	12. 23	0. 04	0. 60	0. 41	0. 05	1. 14	1. 12	7. 08	0. 02		6. 32	8. 20	1. 06	Keith, 1982
Pine Grove	1	75. 04	12. 56	0. 06	0. 47	0. 29	0. 02	1. 16	1. 76	6. 86	0. 04		3. 90	8. 62	1. 01	Keith, 1982
Pine Grove	1	77. 78	10. 94	0. 04	0. 35	0. 09	0. 04	0. 52	1. 05	7. 75	0. 02		7. 38	8. 80	0. 99	Keith, 1982
Pine Grove	1	75. 83	11. 67	0. 03	0. 60	0. 17	0. 03	0. 96	1. 02	7. 47	0. 02		7. 32	8. 49	1. 01	Keith, 1982
Pine Grove	1	76. 06	11. 88	0. 05	0. 46	0. 08	0. 04	0. 57	0. 57	7. 96	0. 04		13. 96	8. 53	1. 12	Keith, 1982
Urad-Henderson	1	76. 00	12. 30	0. 01	0. 78	0. 75	0. 06	0. 90	3. 10	6. 40	0. 06		2. 06	9. 50	0. 90	Mutschler et al., 1981
Urad-Henderson	1	75. 90	12. 60	0. 12	0. 56	0. 07	0. 11	0. 44	3. 11	5. 98	0. 01		1. 92	9. 09	1. 02	Carten et al., 1988
Urad-Henderson	5	75. 80	12. 70	0. 09	0. 37	0. 06	0. 04	0. 57	3. 60	5. 64	0. 01		1. 57	9. 24	0. 97	Carten et al., 1988
Urad-Henderson	2	75. 40	13. 00	0. 11	0. 28	0. 06	0. 04	0. 52	3. 19	6. 08	0. 01		1. 91	9. 27	1. 02	Carten et al., 1988
Urad-Henderson	3	76. 10	12. 40	0. 11	0. 32	0. 06	0. 03	0. 51	3. 10	6. 15	0. 01		1. 98	9. 25	0. 98	Carten et al., 1988
Urad-Henderson	2	75. 60	12. 80	0. 11	0. 40	0. 04	0. 09	0. 47	2. 95	6. 65	0. 01		2. 25	9. 60	0. 99	Carten et al., 1988
Urad-Henderson	2	80. 50	9. 70	0. 09	0. 25	0. 07	0. 09	0. 28	0. 41	7. 09	0. 01		17. 29	7. 50	1. 10	Carten et al., 1988

续表

岩体	样品数	SiO_2	Al_2O_3	TiO_2	FeO_T	MgO	MnO	CaO	Na_2O	K_2O	P_2O_5	LOI	K_2O/Na_2O	K_2O+Na_2O	A/CNK	资料来源
Urad-Henderson	3	75.90	12.50	0.11	0.50	0.08	0.07	0.40	2.73	6.60			2.42	9.33	1.01	Carten et al., 1988
Urad-Henderson	1	77.60	12.20	0.08	0.34	0.03	0.02	0.47	3.48	5.44	0.02		1.56	8.92	0.98	Carten et al., 1988
Urad-Henderson	2	75.70	12.70	0.11	0.34	0.09	0.06	0.57	3.52	5.90	0.01		1.68	9.42	0.96	Carten et al., 1988
Urad-Henderson	2	75.80	12.70	0.10	0.24	0.04	0.03	0.52	3.88	5.51	0.01		1.42	9.39	0.96	Carten et al., 1988
Urad-Henderson	2	75.80	12.60	0.09	0.21	0.06	0.12	0.63	0.38	9.13	0.02		24.03	9.51	1.08	Carten et al., 1988
Urad-Henderson	1	76.40	12.00	0.08	0.09	0.04	0.05	0.51	2.83	6.18	0.01		2.18	9.01	0.98	Carten et al., 1988
Urad-Henderson	5	76.30	12.80	0.09	0.26	0.05	0.03	0.49	4.21	5.00	0.01		1.19	9.21	0.97	Carten et al., 1988
Urad-Henderson	1	74.90	13.30	0.11	0.49	0.05	0.05	0.57	4.45	5.30	0.01		1.19	9.75	0.94	Carten et al., 1988
Urad-Henderson	2	76.70	12.30	0.10	0.48	0.06	0.07	0.57	3.77	4.80	0.01		1.27	8.57	0.99	Carten et al., 1988
Urad-Henderson	1	75.00	12.20	0.15	0.98	0.10	0.08	0.75	2.32	5.80			2.50	8.12	1.06	White et al., 1981
Urad-Henderson	1	75.00	12.30	0.15	1.42	0.12	0.04	0.76	3.17	5.14			1.62	8.31	1.01	White et al., 1981
Urad-Henderson	1	75.20	12.00	0.10	0.80	0.10	0.03	0.63	3.00	5.34			1.78	8.34	1.01	White et al., 1981
Urad-Henderson	1	75.50	12.10	0.08	0.72	0.13	0.03	0.61	3.61	5.00			1.39	8.61	0.97	White et al., 1981
Climax	1	76.00	11.90	0.01	1.15	0.60	0.03	0.70	2.90	5.00	0.07		1.72	7.90	1.04	Mutschler et al., 1981
Climax	3	77.50	10.10	0.38	1.03	0.07		0.40	0.31	7.30			23.55	7.61	1.11	White et al., 1981
Climax	3	75.90	11.07		0.35	0.13		0.46	2.40	6.40			2.67	8.80	0.95	White et al., 1981
Climax	3	75.70	12.70	0.56	0.99	0.37		1.07	3.10	5.60			1.81	8.70	0.97	White et al., 1981
Climax	4	74.08	13.20	0.38	1.12	0.19		0.61	4.00	4.80			1.20	8.80	1.02	White et al., 1981
Climax	3	74.00	12.90	0.06	0.56	0.17	0.11	0.51	3.60	5.10			1.42	8.70	1.04	White et al., 1981
Mount Emmons	1	75.40	13.00	0.17	1.42	0.30	0.04	0.50	3.30	5.20	0.12		1.58	8.50	1.09	Mutschler et al., 1981
Mount Emmons	4	79.00	10.30	0.15	0.51	0.05	0.04	0.70	2.91	5.38			1.85	8.29	0.87	White et al., 1981
Mount Emmons	1	78.50			0.00			0.49	0.78	4.60			5.90	5.38	0.00	White et al., 1981
Mount Emmons	2	74.90			0.00			0.55	3.30	4.10			1.24	7.40	0.00	White et al., 1981
Questa	1	75.10	13.29	0.23	1.33	0.31	0.04	0.66	3.71	4.54	0.05		1.22	8.25	1.09	Mutschler et al., 1981

注：为便于对比，对部分原始数据进行了处理。A/CNK=（Al_2O_3）/（$CaO+Na_2O+K_2O$）（摩尔比值）。

表8.16　科迪勒拉成矿带斑岩型钼矿床成矿岩体微量元素组成

（单位：10^{-6}）

岩体	样数	F	Rb	Sr	Y	Zr	Ba	Nb	Th	U	Mo	Cu	Pb	Zn	W	Sn	Li	Sb	Bi	V	La	Ni	Sc	资料来源
陆缘弧型																								
Ruby Creek	1	1300	114	78	58	202	977	25	6	8	26	4	21	39	201	3	21	<0.1	0.2	52	23	5.0	3.0	Smith，2009
Ruby Creek	1	590	274	25	85	76	159	53	23	34	118	7	33	7	48	1	20	0.3	4.1	6	67	6.0	2.0	Smith，2009
Ruby Creek	1	2240	314	48	89	197	524	25	27	14	3	5	18	22	5	3	50	0.3	0.1	3	19	5.0	2.0	Smith，2009
Ruby Creek	1	1300	263	98	47	126	625	23	31	13	8	3	23	31	4	4	65	0.2	0.1	5	61	17.0	3.0	Smith，2009
Ruby Creek	1	1190	261	22	81	167	209	25	20	20	5	8	25	24	22	2	34	0.2	0.1	14	19	5.0	3.0	Smith，2009
Ruby Creek	1	2400	276	146	44	306	1090	27	34	9	11	15	14	49	9	6	66	0.2	0.1	3	71	5.0	5.0	Smith，2009
Ruby Creek	1	400	346	77	35	107	395	42	25	23	40	1	15	18	27	2	31	0.3	0.4	25	54	5.0	2.0	Smith，2009
Ruby Creek	1	530	256	40	30	93	126	41	35	26	71	4	19	16	14	2	29	0.1	0.1	9	27	6.0	1.0	Smith，2009
Ruby Creek	1	880	279	46	52	208	302	14	34	13	19	6	17	27	10	2	24	0.1	0.1	8	19	5.0	1.0	Smith，2009
Ruby Creek	1	2200	387	64	63	124	414	41.2	28	25	4	4	11	24	8	7		0.3	<0.1	4	44	5.0	2.0	Smith，2009
Ruby Creek	1	1300	333	26	39	171	396	24.7		10	64	10	25	36	89	6						5.0	2.0	Smith，2009
Ruby Creek	1	1500	202	59	64	219	577	25.9		9	1	8	4	17	5	7						5.0	3.0	Smith，2009
Kitsault	1		230	400			1000	<20				<10		60						25	25			Steininger，1985
Kitsault	1		240	500			1000	<20				19		65						20	20			Steininger，1985
Endako	1	1251	119	355	11	162	1013	15.3	7	2	91	12	6			4				45	30		5.0	Whalen et al.，2001
MAX	1		140	369	10	119	1247	14.9	8	6	>100	31	16	51	4	<1		0.7	0.5	24		3.0	3.2	Lawley et al.，2010
MAX	1		123	545	11	166	1262	18.3	8	5	17	10	14	60	4	<1		1.0	7.5	28	28	2.0	5.0	Lawley et al.，2010
MAX	1		192	156	9	61	1175	5.1	5	5	>100	5	59	21	5	<1		0.7	31.1	15	10	4.0	2.6	Lawley et al.，2010
MAX	1		121	480	10	141	1896	12.6	9	7	>100	11	14	46	<1	<1		0.5	7.9	36	34	3.0	3.7	Lawley et al.，2010
MAX	1		102	553	11	149	1212	15.7	8	6	<2	2	19	83	106	3		0.2	0.7	23	27	4.0	3.4	Lawley et al.，2010
MAX	1		71	603	10	139	1731	9	7	6	>100	20	9	44	<1	2		0.1	0.1	38	24	10.0	2.7	Lawley et al.，2010
MAX	1		156	196	24	59	602	6.2	10	22	31	4	13	8	3	<1		0.1	0.2	6	12	3.0	1.8	Lawley et al.，2010
MAX	1		72	653	12	126	1394	11.3	7	6	43	16	10	58	<1	<1		0.2	<0.1	38	23	5.0	3.3	Lawley et al.，2010
MAX	1		87	551	12	160	1151	13.3	9	3	>100	5	8	62	<1	3		0.2	<0.1	59	29	10.0	6.0	Lawley et al.，2010
MAX	1		58	487	16	151	258	16.1	8	5	7	3	<5	6	22	<1		0.2	0.1	19	28	3.0	2.7	Lawley et al.，2010
MAX	1		186	188	15	102	1288	9.5	8	7	>100	13	27	30	8	1		0.8	0.5	18	15	9.0	3.8	Lawley et al.，2010
弧后裂谷型																								
Pine Grove*	1		357	35	84	108	52	45																Keith，1982

续表

岩体	样数	F	Rb	Sr	Y	Zr	Ba	Nb	Th	U	Mo	Cu	Pb	Zn	W	Sn	Li	Sb	Bi	V	La	Ni	Sc	资料来源
Pine Grove*	1		349	33	78	99	45	36.5																Keith, 1982
Pine Grove*	1		304	23	79	104	54	38																Keith, 1982
Pine Grove*	1		304	25	56	92	54	35																Keith, 1982
Pine Grove*	1		329	39	62	83	51	40.5																Keith, 1982
Pine Grove*	1		361	18	67	94	60	37																Keith, 1982
Urad-Henderson	1	495	513	9	17	100		161								9								Carten et al., 1988
Urad-Henderson	5	1555	614	4	23	97		184								11								Carten et al., 1988
Urad-Henderson	2	1738	533	5	17	123		203								17								Carten et al., 1988
Urad-Henderson	3	1648	554	6	19	121		159								9								Carten et al., 1988
Urad-Henderson	2	1710	553	6	12	98		170								25								Carten et al., 1988
Urad-Henderson	2	670	497	7	1	77		113								16								Carten et al., 1988
Urad-Henderson	3	1348	551	5	11	104		184								17								Carten et al., 1988
Urad-Henderson	1	1435	584	3	13	85		165								10								Carten et al., 1988
Urad-Henderson	2	1435	570	5	16	96		155								8								Carten et al., 1988
Urad-Henderson	2	2010	638	5	13	104		150								8								Carten et al., 1988
Urad-Henderson	2	3185	857	7	16	86		174								61								Carten et al., 1988
Urad-Henderson	1	1585	660	2	18	88		208								20								Carten et al., 1988
Urad-Henderson	5	1655	553	3	12	88		159								7								Carten et al., 1988
Urad-Henderson	1	1485	608	5	18	113		181								7								Carten et al., 1988
Urad-Henderson	2	2110	698	8	16	76		180								11								Carten et al., 1988
Urad-Henderson	1			18			10																	White et al., 1981
Urad-Henderson	1			260			10																	White et al., 1981
Urad-Henderson	1			6			10																	White et al., 1981
Climax	3			140			10																	White et al., 1981
Climax	3			16			10																	White et al., 1981

* Pine Grove 岩体数据为同一样品两次测量取平均值。

钼金属成矿过程总体包括 4 个阶段：①无矿或弱矿化石英±钾长石脉，②以富含辉钼矿为特征的网脉，③富含黄铁矿±黄铜矿±方铅矿±闪锌矿等多金属硫化物的网脉，④最晚发育的无矿石英±方解石脉。例如，Quartz Hill 钼矿网脉发育的顺序是：无矿石英脉，石英-辉钼矿-黄铁矿±磁铁矿±绿泥石±铁氧化物脉，无矿石英脉，富辉钼矿脉，无矿的沸石±硬石膏±萤石±黄铁矿±方解石脉（Ashleman et al.，1997）。MAX 钼矿网脉顺序为不含矿石英脉，石英-长石-铁硫化物脉，石英-白云母-辉钼矿-黄铁矿脉（Linnen and Williams-Jones，1990）。

8.3.2.5　围岩蚀变

陆缘弧型钼矿床的蚀变组合和分带与典型斑岩矿床相似，由岩体内部向外依次发育：钾化带（石英±钾长石±黑云母±硬石膏）、绢英岩化带（石英±绢云母±黄铁矿±碳酸盐）、青磐岩化带（绿泥石+绿帘石）和泥化带（高岭石、伊利石等黏土矿物）。其中，青磐岩化带规模较大，宽达数百米；泥化带常叠加于上述蚀变带之上。图 8.17A 是陆缘弧型钼矿热液蚀变概念模型（Taylor et al.，2012），示意了岩体、围岩蚀变及钼矿体的空间关系。实际上，不同矿床之蚀变带的形状和规模不尽相同，某些矿床甚至缺失某个蚀变带。例如，Kitsault 钼矿的硅化、钾化和绢英岩化显著，而泥化和青磐岩化较弱（Steininger，1985）；Endako 钼矿仅见钾化、绢英岩化和泥化（高岭石化），缺失青磐岩化（图 8.17B，Selby et al.，2000；Selby and Cresear，2001）。而且，随围岩性质不同，部分矿床可发育角岩化、夕卡岩化。例如，MAX 钼矿发育大范围的黑云母角岩化，并被后期的钾化、硅化、绢英岩化、青磐岩化等叠加（Lawley et al.，2010）。

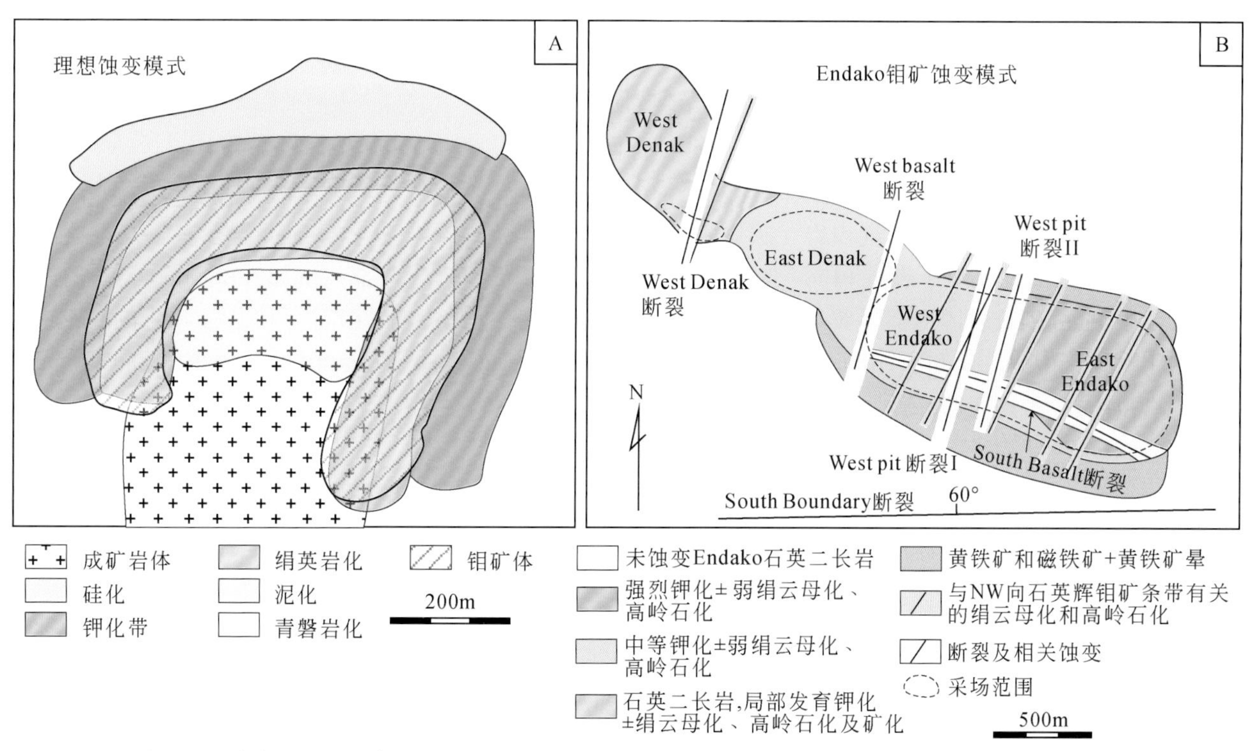

图 8.17　陆缘弧型钼矿床理想矿化蚀变模型（图 A，Taylor et al.，2012）和 Endako 钼矿蚀变特征（图 B，Selby et al.，2000；Selby and Cresear，2001）

8.3.2.6　成矿流体特征

陆缘弧型钼矿床的包裹体组合及发育情况不尽相同，总体发育三类包裹体：水溶液包裹体、含 CO_2 包裹体和含子矿物多相包裹体（表 8.14）。Bloom（1981）发现 Hudson Bay Mountain 钼矿以水溶液包裹体为主，其次为含子晶包裹体，偶见含 CO_2 包裹体；水溶液包裹体按气液比不同可分为富液相包裹体与富气相包裹体，二者可共存且具有相似的均一温度；含子晶包裹体可通过气相消失而完全均一，亦可通过石盐子矿物消失达完全均一。包裹体的均一温度变化于 140 ~ >600℃，含子晶包裹体盐度集中于 30% ~55% NaCl eqv.。Endako 钼矿仅见水溶液包裹体和含子晶包裹体，后者可通过石盐子晶熔化或气泡消失达完全均一，含子晶包裹体盐度变化于 30% ~45% NaCl eqv.；包裹体均一温度变化于 200 ~ 430℃（Bloom，1981；Selby et al.，2000）。MAX 钼矿则发育水溶液包裹体和含 CO_2 包裹体，未见含子晶包裹体，均一温度为 166 ~348℃（Linnen and Williams-Jones，1990；Lawley，2009）。Cannivan Gulch 钼矿仅发育含 CO_2 包裹体，其均一温度变化于 196 ~272℃（Darling，1994）。

8.3.2.7 成岩成矿时代及地球动力学背景

北美科迪勒拉西部陆缘弧型钼矿床多形成于晚侏罗世—古近纪，尤以 50 ~ 90Ma 为高峰（表 8.17）。这些矿床源于 Kula 和 Farallon 板块向北美板块的俯冲，形成于陆缘弧背景。其中加拿大科迪勒拉地区的该类矿床局限于三叠纪岛弧基础上发育的白垩纪—古近纪陆缘弧（McMillian et al.，1996）。Kirkham（1998）认为 Kitsault 和 Hudson Bay Mountain 钼矿的岩浆-成矿过程中存在下覆板片窗。Wolfe（1995）和 Sinclair（2007）认为 27Ma 的 Quartz Hill 钼矿形成于非典型的后俯冲环境（post-subduction）。据 Ashleman 等（1997），Quartz Hill 钼矿的成矿岩体属钙碱性系列，侵位于晚侏罗世至渐新世增生弧环境的钙碱性岩浆岩，微量元素特征与弧背景斑岩型钼矿床相似，但较大的矿床规模和其他地质特征则显示其形成于后造山走滑-伸展环境。

8.3.3 科迪勒拉弧后裂谷型钼矿床特征

8.3.3.1 赋矿围岩

弧后裂谷型斑岩钼矿床的赋矿地层时代多样，由太古宙变化至古近纪；围岩岩性涵盖了变质岩（黑云母片岩、黑云母片麻岩等）、沉积岩（碳质页岩、灰岩、硅质岩、石英岩、砂岩、粉砂岩等）及火山岩（凝灰岩、安山质熔岩等）（表 8.14）。部分矿床甚至直接产于侵入岩体内部。例如，Big Ben 钼矿的部分矿体赋存于 Pinto 闪长岩体内部（Worthington，2007；Laznicka，2010），而 Climax 和 Urad-Henderson 超大型钼矿床赋存于中元古代 Silver Plume 花岗岩中（Clark，1972；Wallace et al.，1978；Seedorff and Einaudi，2004a，2004b）。上述表明，弧后裂谷型钼矿床的赋矿围岩时代和岩性具有多样性。

8.3.3.2 成矿岩体特征

弧后裂谷型斑岩钼矿床的成矿岩体多为高度分异的钙碱性花岗岩和次火山岩相的流纹斑岩。这些岩体以花岗质杂岩体为主，由成分上相似、形态上独立的岩株、岩脉或角砾岩组成，钼矿化和热液蚀变局限于其中的某一次或几次侵入体。例如，Climax 钼矿成矿岩体可分为至少四个岩相单元，由早到晚依次是：西南岩体（细粒花岗岩-细晶斑岩）、中心岩体（花岗斑岩）、下部侵入体（包括细晶斑岩、黑云母花岗岩、黑云母花岗斑岩）和成矿后侵入体（包括晚期流纹斑岩和不等粒花岗岩）（White et al.，1981）。在 Henderson 矿区，围绕 Vasquez、Henderson 和 Seriate 三个岩浆活动中心可识别出至少 12 个侵入岩相（图 8.18A，Seedorff and Einaudi，2004a）。值得注意的是，弧后裂谷型钼矿成矿杂岩体中常发育角砾岩，角砾岩既可为侵入成因，亦可为热液爆破成因（White et al.，1981）；形成时间可早于矿化，如 Henderson 钼矿（Wallace et al.，1978），晚于矿化，如 Mount Emmons 钼矿（Thomas and Galey，1982）和 Henderson 钼矿（Wallace et al.，1978），也可同步于矿化，如 Questa 钼矿（Ross et al.，2002；Rowe，2012）。

按照侵位方式，可将弧后裂谷型钼矿成矿岩体分为主动侵位型和被动侵位型。前者多呈穹窿状（如 Climax、Mount Emmons 等）、环状岩墙、锥状岩席和放射状岩脉（如 Climax 和 Urad-Henderson），平面上常呈环状，直径多小于 2000m。后者（如 Mount Hope、Pine Grove、Questa 等）则产于火山喷发环境，可见同源喷出岩。例如，Questa 钼矿床赋存于晚渐新世 Questa 破火山口中（图8.18B），火山机构主要由 Amalia 凝灰岩组成，喷发量达 $500km^3$ 以上；在火山机构的北部和中心见有花岗质-流纹质岩体（Canada Pinabete、Rito del Medio、Virgin Canyon、Cabresto Lake）侵入，南部则发育 Sulphur Gulch、Red River 和 Bear Canyon 等侵入体，火山机构南缘发育 Rio Hondo 和 Leuzero Peak（图8.18B 中未见）侵入岩。其中，Sulphur Gulch、Red River 和 Bear Canyon 侵入体被认为是 Questa 钼矿床的成矿母岩（Czamanske et al., 1990；Klemm et al., 2008）。在 Pine Grove 矿区，亦可识别出同源喷出岩（包括 Blawn 组火山岩、Dome Cobbles 火山碎屑砾岩和粗面安山质熔岩）、火山通道相（即 East End 斑岩）和侵入相（包括 Smoky Quartz 斑岩、Pine Grove 斑岩、Phase Four 斑岩、Phase Five 斑岩、Lost Revenue 斑岩、Sheet Silicate 斑岩、Summit 安山质岩脉以及 Lou 流纹质岩脉），其中 Phase Four 和 Phase Five 斑岩与钼矿化密切相关（Keith，1982；Keith et al.，1986）。

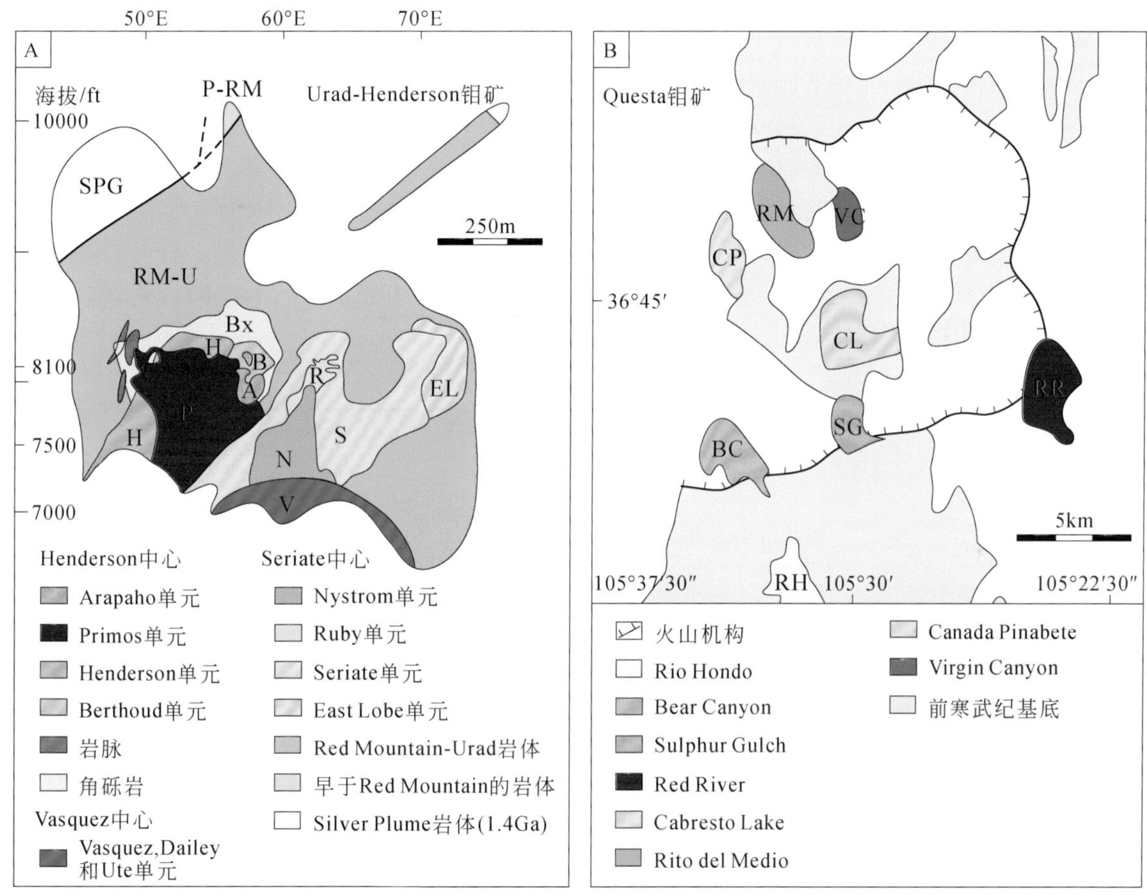

图8.18 科迪勒拉成矿带典型弧后裂谷型钼矿床成矿岩体剖面示意图

A. Urad-Henderson 钼矿区 52N-N63E-58N 剖面，显示矿区内复杂的岩浆侵入活动（Seedorff and Einaudi，2004a）；B. Questa 钼矿地质简图，示意 Questa 火山口特征（据 Czamanske et al.，1990 修改）。1ft=0.3048m

对于弧后裂谷型钼矿成矿岩体地球化学特征，前人研究颇多（Mutschler et al.，1981；Westra and Keith，1981），共识岩体高硅（$SiO_2 \geqslant 75\%$）、富碱（$K_2O+Na_2O \geqslant 8\%$）、富钾（$K_2O \geqslant 5\%$），属准铝质-弱过铝质系列，$K_2O>Na_2O$，$FeO_T \leqslant 1\%$，$MgO \leqslant 0.5\%$，$CaO \leqslant 1\%$（表8.15、图8.15）。岩体往往富 F（通常$>1000\times10^{-6}$）、Rb（$200\times10^{-6}\sim800\times10^{-6}$，一般$>300\times10^{-6}$）和 Nb（$25\times10^{-6}\sim250\times10^{-6}$，多数$>50\times10^{-6}$），而低 Sr（往往$<100\times10^{-6}$）和 Zr（常$<120\times10^{-6}$）（表8.16、图8.15）。

8.3.3.3 矿化元素组合

弧后裂谷型钼矿床成矿元素组合较为简单，以单钼矿化为主，可伴生钨、锡矿化，但铜矿化较弱。

钨多以钨钼矿-黑钨矿形式产出，偶见白钨矿，如 Climax 和 Pine Grove 矿床；钨矿体通常位于钼矿体之上，如 Climax Upper 矿体，或与钼矿体重合，如 Climax Lower 矿体、Mount Hope 钼钨矿床。锡矿化常以锡石形式出现，可见于 Climax、Henderson、Questa 和 Mount Hope 等钼矿床。其中，Henderson 钼矿的锡异常与钼异常空间上重叠（Westra and Keith，1981）。

8.3.3.4 矿体及矿化特征

弧后裂谷型钼矿床钼品位较高，通常 0.1% ~0.3%（图 8.14、表 8.14）。矿体平面上多呈椭圆形，剖面上呈凹面向下的倒杯状或半球状（图 8.19A），可产于岩体内部（例如 Climax 和 Urad-Henderson 钼矿），亦可位于岩体外接触带的围岩中（例如 Mount Emmons 钼矿）。部分矿床由于岩浆-热液活动频繁，多期次矿化叠加，可发育多个矿化壳，构成复杂的矿化系统。例如，Henderson 钼矿区发育至少 12 次岩浆侵入活动及 8 个矿化壳，并叠加复合形成 Vasquez、Seriate 和 Henderson 等 3 个矿化带（图 8.19B）。

钼以辉钼矿形式产出，以细脉浸染状矿化为主（脉宽通常< 3mm，White et al.，1981），星点浸染状矿化为次。网脉往往陡倾斜至中等倾斜，脉体矿物组合常为石英-辉钼矿±萤石或钾长石+萤石±石英±辉钼矿±黑云母（Seedorff and Einaudi，2004a），辉钼矿多沿脉壁发育，或呈不连续条带分布于脉体中央，或浸染于脉体内部。其他类型的网脉有无矿石英脉，石英+黄铁矿±黄玉±锰钨矿网脉，以及由不同含量的萤石、闪锌矿、方铅矿、黄铜矿、菱锰矿等矿物组成的晚期张性脉体。尽管不同矿床的脉体发育程度、矿物组合有所差异，但都可大致分为四种类型，由早到晚依次为：无矿石英±钾长石脉、石英+辉钼矿脉±黄玉±钨锰矿、石英+多金属硫化物脉（含黄铁矿、黄铜矿、闪锌矿、方铅矿等）和晚期石英±萤石±方解石脉。此与秦岭地区的斑岩钼矿床极为一致。

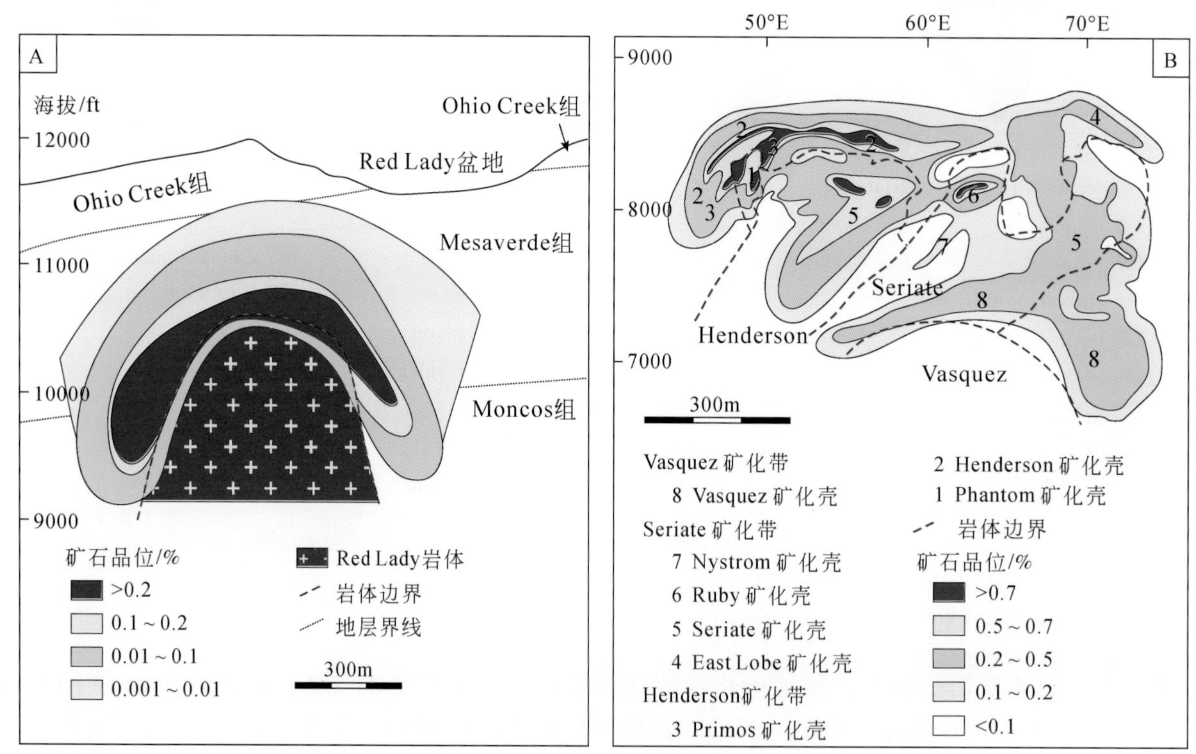

图 8.19 科迪勒拉成矿带典型弧后裂谷型钼矿床矿体剖面示意图

A. Mount Emmons 钼矿床矿体剖面图，显示矿体呈倒杯状位于岩体顶部（据 Thomas and Galey，1982 修改）；B. Urad-Henderson 钼矿区 52N-N63E-58N 剖面，显示矿区多次岩浆侵入活动形成 3 个相互叠加的矿化带，由 8 个不同形状的矿化壳组成（Seedorff and Einaudi，2004a）

8.3.3.5 围岩蚀变

弧后裂谷型钼矿床的常见围岩蚀变类型有钾化、绢英岩化、泥化和青磐岩化（Mutschler et al.，1981；

Westra and Keith, 1981; White et al., 1981; Carten et al., 1993)。其中，钾化多与钼矿化关系密切，绢英岩化往往发育在矿体上部，青磐岩化带规模较大。例如，Henderson 钼矿的青磐岩化带主要发育在前寒武纪 Silver Plume 花岗岩中，以原生黑云母被绿泥石交代为标志，其覆盖范围达 12km×7.5km（Seedorff and Einaudi, 2004a; Shannon et al., 2004)。Questa 矿床的青磐岩化几乎覆盖整个矿区，其中 4km ×15km 范围与钼矿化相关（Ludington et al., 2004)。此外，弧后裂谷型钼矿床尚可发育不同程度的磁铁矿化、黄玉化、云英岩化和石榴子石化（White et al., 1981)，蚀变带普遍含有富 F 矿物（Gunow et al., 1980; Westra and Keith, 1981; Cline and Bondar, 1994; Seedorff and Einaudi, 2004a)，Henderson 钼矿的富镁黑云母中 F 含量高达 7.5%（Gunow et al., 1980)。

成矿系统的围岩蚀变分带明显（Westra and Keith, 1981; Mutschler et al., 1981; Carten et al., 1993)，由岩体中心向外依次是钾化带、（黄铁）绢英岩化带和青磐岩化带（图 8.20)。钾化带中辉钼矿等硫化物含量一般<3%，绢英岩化带中黄铁矿等硫化物含量较高，可达 10%（Westra and Keith, 1981)。磁铁矿-赤铁矿化带和磁铁矿-赤铁矿-石英网脉可局部发育，且多位于钾化带和绢英岩化带之间。含石膏/硬石膏的脉体可出现于钾化带的外围。部分矿床的绢英岩化带被泥化带叠加，而成矿后的方解石-萤石脉可贯穿钾化带和绢英岩化带（图 8.20)。

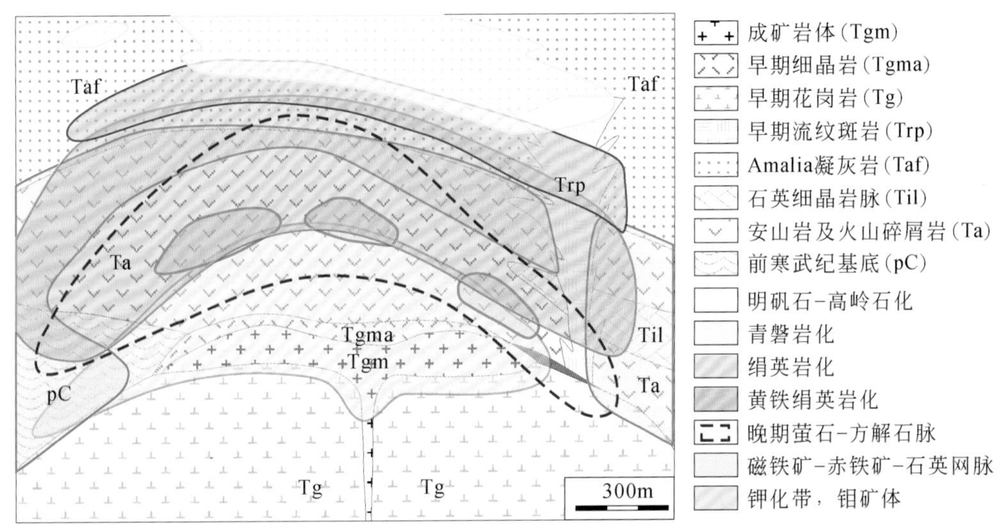

图 8.20 Questa 钼矿床围岩蚀变特征（据 Ludington et al., 2004)

8.3.3.6 成矿流体特征

Hall 等（1974)、Bloom（1981)、Larson（1987)、Cline 和 Bondar（1994)、Seedorff 和 Einaudi（2004b)、Klemm 等（2008）曾对 Climax、Henderson、Silver Creek 和 Questa 钼矿的成矿流体进行了研究，发现其包裹体类型以水溶液包裹体和含子晶多相包裹体为主。前者可按气液比细分为两个亚类：富气相水溶液包裹体和富液相水溶液包裹体；后者所含子晶种类繁多，以石盐最为常见，偶见钾盐、硬石膏、方解石、赤铁矿、辉钼矿、黄铜矿及其他未鉴定子矿物。包裹体均一温度变化于 160 ~ 600℃，流体盐度无一例外地集中在两个区间：0.5% ~20% NaCl eqv. 和 28% ~65% NaCl eqv.，表明初始成矿流体具有高温、高盐度的特征，属典型的岩浆热液（陈衍景等，2007)。值得注意的是，除上述两类包裹体外，各矿床中均发育少量含 CO_2 包裹体，但由于其含量较低，且研究者往往采取按包裹体相态分类的方案，导致该类包裹体常被忽略。

8.3.3.7 成岩成矿时代及地球动力学背景

由表 8.17 可见，科迪勒拉地区弧后裂谷型钼矿床的成岩成矿作用时间介于 5 ~ 50Ma，属于新生代。多数矿床形成于 20 ~ 35Ma，特别是 Climax、Urad-Henderson、Questa 等大型-超大型钼矿床，这些矿床及相关富钾质流纹岩被认为形成于由岩浆弧或弧后挤压向弧后裂谷的转变期。

Sillitoe（1980）认为，Climax、Henderson、Mount Emmons、Questa、Pine Grove 等钼矿形成于俯冲速度减慢、角度变陡、俯冲趋于停滞所致的弧后裂谷背景；Climax-Henderson 矿带在裂谷前发育钙碱性岩浆，裂谷期发育双峰式玄武岩-流纹岩组合，与之相应，成矿作用由亲铜元素转变向亲石元素。本书作者赞同这一解释。

White 等（1981）详细阐述了科迪勒拉地区由洋陆俯冲向弧后裂谷转换的过程，认为美国西部在拉腊米期（Laramide，即白垩纪）遭受了由西向东的构造挤压，在包含 Climax-Henderson 钼矿带在内的科罗拉多成矿带发育 70Ma 左右的钙碱性岩浆活动，岩浆沿 NE 向前寒武纪剪切带侵位（Lipman，1980；Tweto and Sims，1963）。在 35～40Ma，由于北美板块和法拉隆板块（Farallon）之间的汇聚速率降低，俯冲减慢，俯冲角度增大，钙碱性岩浆活动中心迅速西撤（Coney and Reynolds，1977）。在 30Ma 左右，Rio Grande 地区发生伸展、裂谷作用，伸展应力方向与法拉隆-北美板块汇聚方向相反；San Juan 地区则先后发育 30～35Ma 的安山质熔岩-角砾岩建造和 26～30Ma 的凝灰质熔岩-角砾熔岩组合，表明钙碱性岩浆活动并未完全结束；在科罗拉多地区，最年轻的钙碱性岩浆岩可追溯至 27Ma，例如，Crested Butte 花岗闪长岩和 Paradise Pass 石英二长岩形成于 29Ma 左右（Obradovich et al.，1969），Elk 火山岩喷发于 27Ma 左右（Steven et al.，1967）。然而，在 24～26Ma，科罗拉多成矿带开始发育由玄武岩和高硅富碱流纹岩组成的典型的双峰式火山岩建造、组合。显然，在 5～50Ma 期间，特别是 20～35Ma 期间，科罗拉多成矿带处于由俯冲挤压性岩浆弧向弧后裂谷转变的过程中。

Climax 钼矿化流纹岩和花岗斑岩侵位于 18～33Ma，Urad-Henderson 矿区流纹斑岩和花岗斑岩侵位于 23～28Ma，Questa 钼矿化岩体形成于 24Ma，Mount Emmons 钼矿化流纹岩形成于约 17Ma，Silver Creek 岩体同位素年龄最小，约为 5Ma（表 8.17）。总体而言，科罗拉多成矿带弧后裂谷型钼成矿系统形成于钙碱性岩浆活动结束之后，稍早于或同步于双峰式火山活动。支持这一解释的实例和证据尚有：Urad-Henderson 矿区发育与矿化岩体共生的煌斑岩、云斜煌岩（Wallace，1995），代表了 Rio Grande 裂谷初始拉张阶段的基性岩浆岩（Shannon et al.，1987）；Questa 矿区的高硅富碱流纹岩被认为是双峰式岩浆岩的酸性端元成分（Christiansen and Lipman，1972）；内华达州和犹他州的弧后裂谷型钼矿的成矿母岩为富 F 的碱钙性流纹岩，也属双峰式火山岩的酸性端元（Westra and Keith，1981）。

表 8.17　科迪勒拉地区钼矿床成岩成矿作用时代

矿床	测试矿物	方法	年龄/Ma	资料来源
陆缘弧型				
Red Mountain	未知	K-Ar	87.3±2.0	Brown and Kahlert，1995
Quartz Hill	黑云母	K-Ar	26.9±0.9	Hudson et al.，1979
Ruby Creek	黑云母	K-Ar	71.6±2.2	Christopher and Pinsent，1979
	黑云母	K-Ar	70.3±2.4	Christopher and Pinsent，1979
	黑云母	K-Ar	71.6±2.1	Christopher and Pinsent，1979
	黑云母	K-Ar	71.4±2.1	Christopher and Pinsent，1979
	锆石	LA-MC-ICP U-Pb	77.5±1.0	Smith，2009
	锆石	LA-MC-ICP U-Pb	78.5±1.4	Smith，2009
	锆石	LA-MC-ICP U-Pb	79.4±1.1	Smith，2009
	锆石	LA-MC-ICP U-Pb	79.5±1.6	Smith，2009
	锆石	LA-MC-ICP U-Pb	79.9±1.5	Smith，2009
	锆石	LA-MC-ICP U-Pb	80.2±0.9	Smith，2009
	锆石	LA-MC-ICP U-Pb	81.6±1.1	Smith，2009

续表

矿床	测试矿物	方法	年龄/Ma	资料来源
	辉钼矿	Re-Os 模式年龄	70. 87±0. 36	Smith, 2009
	辉钼矿	Re-Os 模式年龄	69. 71±0. 35	Smith, 2009
	辉钼矿	Re-Os 模式年龄	69. 61±0. 35	Smith, 2009
	辉钼矿	Re-Os 模式年龄	69. 72±0. 35	Smith, 2009
Kitsault	黑云母	K-Ar	48. 3±1. 6	Carter, 1982
	黑云母	K-Ar	53. 0±3	Carter, 1982
Endako	黑云母	K-Ar	142±12	White et al., 1970
	黑云母	K-Ar	143±10	White et al., 1970
	黑云母	K-Ar	145±12	White et al., 1970
	黑云母	Ar/Ar	148. 4±1. 5	Villeneuve et al., 2001
	黑云母	Ar/Ar	145. 2±1. 5	Villeneuve et al., 2001
	黑云母	Ar/Ar	144. 6±1. 4	Villeneuve et al., 2001
	黑云母	Ar/Ar	143. 7±1. 4	Villeneuve et al., 2001
	辉钼矿	Re-Os 模式年龄	146. 5±0. 60	Selby and Cresear, 2001
	辉钼矿	Re-Os 模式年龄	148. 5±0. 73	Selby and Cresear, 2001
	辉钼矿	Re-Os 模式年龄	148. 5±0. 70	Selby and Cresear, 2001
	辉钼矿	Re-Os 模式年龄	145. 3±0. 58	Selby and Cresear, 2001
	辉钼矿	Re-Os 模式年龄	145. 5±0. 61	Selby and Cresear, 2001
	辉钼矿	Re-Os 模式年龄	145. 5±0. 70	Selby and Cresear, 2001
	辉钼矿	Re-Os 模式年龄	144. 3±0. 64	Selby and Cresear, 2001
	辉钼矿	Re-Os 模式年龄	146. 0±0. 74	Selby and Cresear, 2001
	辉钼矿	Re-Os 模式年龄	145. 1±0. 55	Selby and Cresear, 2001
	辉钼矿	Re-Os 模式年龄	145. 7±0. 69	Selby and Cresear, 2001
	辉钼矿	Re-Os 模式年龄	145. 0±0. 65	Selby and Cresear, 2001
	辉钼矿	Re-Os 模式年龄	142. 7±0. 55	Selby and Cresear, 2001
Boss Mountain	黑云母	K-Ar	105±2	Soregaroli, 1975
MAX	黑云母	Ar/Ar	79. 8±0. 4	Lawley et al., 2010
	黑云母	Ar/Ar	76. 4±0. 4	Lawley et al., 2010
	辉钼矿	Re-Os 模式年龄	80. 5±0. 4	Lawley et al., 2010
	辉钼矿	Re-Os 模式年龄	80. 1±0. 4	Lawley et al., 2010
	辉钼矿	Re-Os 模式年龄	80. 2±0. 4	Lawley et al., 2010
Cannivan Gulch	白云母	K-Ar	59. 1±2. 1	Armstrong et al., 1978
White Cloud	绢云母	Ar/Ar	84. 65	Winick et al., 2002
	绢云母	Ar/Ar	84. 8	Winick et al., 2002
Thompson Creek	黑云母	K-Ar	85. 9	Armstrong et al., 1978
	白云母	Ar/Ar	87. 35±0. 43	Fisher and Johnson, 1995
	白云母	Ar/Ar	87. 58±0. 31	Fisher and Johnson, 1995
Cave Peak	黑云母	K-Ar	36. 1±1. 3	Sharp, 1979

续表

矿床	测试矿物	方法	年龄/Ma	资料来源
MAX	黑云母	K-Ar	79±3	Read et al., 2009
	锆石	MC-ICP-MS U-Pb	80.3±1.6	Lawley et al., 2010
	锆石	MC-ICP-MS U-Pb	79.2±1.0	Lawley et al., 2010
	黑云母	Ar/Ar	78.7±0.4	Lawley et al., 2010
	黑云母	Ar/Ar	76.1±0.4	Lawley et al., 2010
Storie	绢云母	K-Ar	71.4±2.5	Kuehnbaum and Lindinger, 2007
Lucky Ship	黑云母	K-Ar	49.9±2.3	Carter, 1982
Ajax	黑云母	K-Ar	54	Nokleberg et al., 2005
Gem		K-Ar	35	Nokleberg et al., 2005
Salal Creek		K-Ar	8	Stephens, 1972
Mac	黑云母	K-Ar	142.5±1.4	MINFILE, 2013
弧后裂谷型				
Big Ben	全岩	K-Ar	49.5±1.9	Marvin et al., 1973
Pine Grove	全岩	K-Ar	24.04±0.34	Keith et al., 1986
Urad-Henderson	黑云母	K-Ar	33.7±2.5	Shannon, 1982
	钾长石	K-Ar	28.5±1.2	Shannon, 1982
	锆石	裂变径迹法	26.2±2.5	Naeser et al., 1973
	锆石	裂变径迹法	23.8±2.3	Naeser et al., 1973
	钾长石	Ar/Ar	28.0±0.09	Geissman et al., 1992
	黑云母	Ar/Ar	28.6±0.3	Geissman et al., 1992
	黑云母	Ar/Ar	28.3±1.4	Geissman et al., 1992
	钾长石	Ar/Ar	28.1±0.2	Geissman et al., 1992
	黑云母	Ar/Ar	28.0±0.2	Geissman et al., 1992
Climax	锆石	裂变径迹法	26.1±1.2	White et al., 1981
	锆石	裂变径迹法	33.2±2.1	White et al., 1981
	绢云母	K-Ar	29.8±0.4	White et al., 1981
Mount Emmons	黑云母	K-Ar	17.2±0.7	Thomas and Galey, 1982
	绢云母	K-Ar	17.9±0.8	Thomas and Galey, 1982
Silver Creek	锆石	裂变径迹法	3.4±0.3	Naeser et al., 1980
	锆石	裂变径迹法	3.9±0.4	Naeser et al., 1980
	绢云母	K-Ar	5.45±0.2	Naeser et al., 1980
	绢云母	K-Ar	5.39±0.2	Naeser et al., 1980
Questa	黑云母	Ar/Ar	24.6±0.1	Czamanske et al., 1990
	黑云母	Ar/Ar	24.6±0.1	Czamanske et al., 1990
	黑云母	Ar/Ar	24.2±0.3	Czamanske et al., 1990
	黑云母	Ar/Ar	24.1±0.2	Czamanske et al., 1990
	黑云母	Ar/Ar	24.1±0.1	Czamanske et al., 1990

8.3.4 科迪勒拉与秦岭钼矿带对比

秦岭地区钼矿床类型齐全，成矿构造背景多样（详见第2章、第7章），但以燕山期斑岩型最具代表性，且形成于燕山期（侏罗纪—白垩纪）碰撞过程的挤压向伸展转变期。鉴于此，下面重点对比科迪勒拉造山带斑岩钼矿床（包括陆缘弧型与弧后裂谷型）与秦岭地区燕山期斑岩钼矿床的地质地球化学特征（表8.18），找出其共性和差异。

8.3.4.1 共性

就单个矿床而言，东秦岭与科迪勒拉地区的斑岩钼矿床都清楚地显示了斑岩型矿床的基本特征，并具有如下相似性：矿床储量大，品位低；成矿作用与中酸性小斑岩体密切相关，不受赋矿围岩时代、岩性控制；含钼矿物以辉钼矿为主，产出形式主要是细脉浸染状，次为星点浸染状或条带状，局部为角砾状；矿体既可完全位于岩体内部，亦可全部产于围岩中，或二者兼而有之；矿石矿物组合较为一致，除辉钼矿外，常见黄铁矿、白钨矿、黑钨矿、黄铜矿、闪锌矿、方铅矿、磁铁矿、磁黄铁矿等；成矿过程显示出相似的4个阶段，早阶段为无矿或弱矿化的石英±钾长石脉，二阶段为富钼的石英-辉钼矿网脉，三阶段为含辉钼矿的石英-多金属硫化物网脉，四阶段为无矿石英±萤石±方解石组合；围岩蚀变以面型蚀变为特征，由岩体中心向外依次发育钾化、绢英岩化和青磐岩化带，泥化可叠加于上述各蚀变带之上，钼矿化与钾化和绢英岩化关系密切；成矿元素组合和矿化形式显示分带现象，内为斑岩型钼矿化，外为脉状铅-锌-银矿化，二者之间为夕卡岩型铁、铜、铅锌矿化（当围岩为碳酸盐地层时）；成矿流体为岩浆热液，常见不混溶包裹体组合以及含子晶多相包裹体。

就区域尺度的成矿带而言，秦岭与科迪勒拉钼矿带存在如下相似特征：①均发育前寒武纪钼矿化，个别前寒武纪岩体含矿，但往往不具备重要经济意义。在科迪勒拉地区，Wallace（1995）曾报道1700～1000Ma的个别岩体存在钼矿化，例如，Urad-Henderson矿床以东9英里（1英里≈1.61km）处的伟晶岩（1700Ma），Climax矿区Silver Plume Granite岩基的伟晶岩（1400Ma），Redskin和Boomer岩体（1000Ma）等。在秦岭地区，寨凹隐伏岩体顶部发育钼矿化（1750Ma）（Deng et al.，2013a，2013b；邓小华等，2009），土门萤石-钼矿床与0.85Ga的碱性花岗岩类活动有关（Deng et al.，2013c）。②超大型矿床往往产于地壳厚度较大的地区。在科迪勒拉地区，Climax和Urad-Henderson超大型钼矿产出区域下覆地壳厚度达52km，相比之下，Pine Grove和Mount Hope钼矿所处区域地壳厚度较小，钼储量亦较小（Wallace，1995）（图8.21）。上述地壳厚度与钼矿床规模之间的空间耦合关系在秦岭地区同样有所显示（详见第7章）。③钼矿集中区或钼矿田均有前寒武纪基底。秦岭6个超大型钼矿床都分布在华熊地块，华熊地块以太古宙—古元古代太华超群为特征，并发育古元古代晚期（1.85～1.6Ga）的熊耳群弧火山岩建造。Climax-Henderson钼矿带也发育古元古代基底（Pettke et al.，2010），如Henderson、Questa、Butte和Bingham矿床。

8.3.4.2 差异

尽管秦岭燕山期斑岩型钼矿与科迪勒拉造山带弧后裂谷型和陆缘弧型斑岩钼矿之间存在诸多相似之处，但如下差异也非常明显（表8.18）：

（1）成矿岩体产状：科迪勒拉弧后裂谷型钼矿成矿岩体多为花岗质杂岩体，杂岩体包含数个岩相单元，由成分上相似的岩株、岩脉或角砾岩组成；陆缘弧型钼矿成矿岩体多为规模较小的浅成侵入体或杂岩体，或者表现为大岩基的晚期小规模浅成侵入体。秦岭燕山期成钼岩体常为相对简单的浅成小岩体，或者表现为大型花岗岩基的晚期浅成小岩体，前者以上房沟（Yang et al.，2013）、南泥湖（Yang et al.，2012）等岩体为代表，后者以鱼池岭含矿斑岩为代表（Li et al.，2012c）。

（2）成矿岩体岩性：科迪勒拉弧后裂谷型钼矿的成矿岩体多为高硅富碱的钙碱性花岗岩，以花岗斑

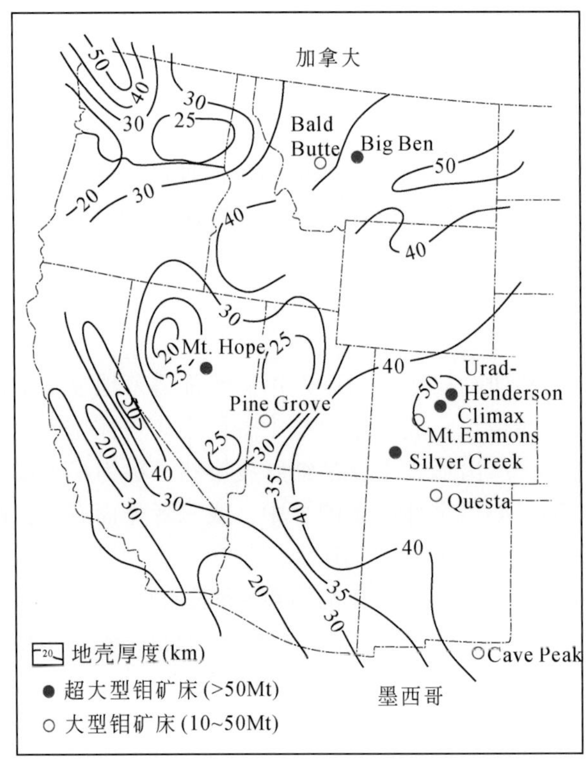

图 8.21　美国西部斑岩型钼矿床分布与地壳厚度关系图（Smith and Eaton，1978）

岩、流纹斑岩为主；陆缘弧型钼矿成矿岩体多为钙碱性的石英闪长岩、闪长岩、花岗闪长岩、石英二长岩，以石英二长岩为主；秦岭燕山期成矿岩体主要是二长花岗岩、钾长花岗岩，与前述两类均有所不同。

（3）同源火山岩和角砾岩：科迪勒拉带的成钼岩体常见同源火山岩，组成火山-次火山杂岩，成矿系统中常见不同成因类型的角砾岩，部分矿床甚至以角砾岩型矿化为主；秦岭地区成钼岩体基本不与同期同源火山岩共存，成矿系统中角砾岩较少，仅有鱼池岭（周轲等，2009；李诺等，2009）和秋树湾（朱华平等，1998）等矿床发育热液角砾岩。

（4）成矿岩体地球化学特征：科迪勒拉弧后裂谷型钼矿成矿岩体的 SiO_2、K_2O、K_2O+Na_2O、F、Rb、Nb 含量和 K_2O/Na_2O 值较高，Sr、Zr 含量较低；陆缘弧型钼矿成矿岩体的 SiO_2、K_2O、K_2O+Na_2O、F、Rb、Nb 含量和 K_2O/Na_2O 值相对较低，Sr、Zr 含量较高；秦岭燕山期成矿岩体地球化学特征则介于上述二者之间，主元素特征与陆缘弧型成矿岩体差别大，与弧后裂谷型相近（图 8.15A），微量元素特征则相反，与陆缘弧型相近，与弧后裂谷型差别大（图 8.15B、表 8.18）。

（5）矿化元素组合：科迪勒拉弧后裂谷型钼矿床为单钼或 Mo-W 矿床；陆缘弧型钼矿则以 Mo-W 组合或 Mo-Cu-Pb-Zn-Ag 组合为主，单 Mo 矿化罕见；秦岭燕山期钼矿床成矿元素组合复杂，除单钼矿床外，尚有 Mo-W、Mo-萤石、Mo-Fe、Mo-Pb-Zn-Ag、Mo-Au、Mo-Cu 组合。

（6）围岩蚀变：科迪勒拉与秦岭斑岩钼矿蚀变类型及其发育强度具有明显差异，科迪勒拉钼矿床的“富水蚀变”（绢英岩化、青磐岩化、泥化）普遍、强烈、空间规模大，秦岭燕山期斑岩钼矿的“贫水蚀变”（钾长石化、萤石化、碳酸盐化、硅化）则十分强烈，致使“富水蚀变”表现较弱，甚至难以识别。

（7）成矿流体：科迪勒拉弧后裂谷型钼矿常见水溶液包裹体、含子矿物多相包裹体，而含 CO_2 包裹体较少或缺失，初始成矿流体为中等-低 CO_2 含量的低盐度流体或高盐度流体；陆缘弧型钼矿常见水溶液包裹体和含 CO_2 包裹体，部分矿床发育含子矿物包裹体，初始成矿流体为中等-低 CO_2 含量的低盐度流体或高盐度流体，其 CO_2 摩尔百分含量相对较低，一般 0～0.22；秦岭燕山期斑岩钼矿则以高温、富 CO_2 的成矿热液为标志，广泛发育水溶液包裹体、含 CO_2 包裹体、含子矿物包裹体，部分矿床甚至出现纯 CO_2 包裹体，CO_2 摩尔百分含量变化于 0.03～1（表 8.18）。

表 8.18　科迪勒拉与秦岭燕山期斑岩型钼矿床（大别型）对比

		科迪勒拉陆缘弧型	科迪勒拉弧后裂谷型	秦岭大别型钼矿
赋矿围岩	时代	元古宙—新近纪	太古宙—新近纪	太古宙—早古生代
	岩性	弧火山岩为主，岩性多	多样，变质岩、沉积岩、岩浆岩	多样，变质岩、沉积岩、岩浆岩
成矿岩体	岩石类型	石英二长岩、花岗闪长岩	花岗斑岩、流纹斑岩	钾长/二长花岗斑岩
	产状	岩株或花岗岩基	岩株、岩脉	岩株为主，个别为花岗岩基
	同源喷出岩	普遍	普遍	缺乏
	角砾岩	普遍	普遍	偶见
岩体地球化学	SiO_2/%	64～79，多数≤77	74～81，多数≥75	60～81，多数≤77
	K_2O/%	1.1～6.2，多数≤5	4.1～9.1，多数≥5	3.2～9.9，集中于4～8
	(K_2O+Na_2O)/%	4.7～11.4，多数≤9	5.4～9.8，多数≥8	5.9～11.7，多数≥7
	K_2O/Na_2O	0.1～3.9，多数≤1.5	1.2～24，全部>1	0.5～31，多数≥1
	$F/10^{-6}$	1251（仅一个数据）	400～3185，多数>1000	
	$Rb/10^{-6}$	58～240，多数<200	114～857，多数>300	60～577，集中于100～400
	$Sr/10^{-6}$	156～653，多数>200	2～260，多数<100	9～791，集中于100～700
	$Nb/10^{-6}$	5～18，多数<15	14～208，多数>50	4～97，集中于10～70
	$Zr/10^{-6}$	59～166，多数>120	76～306，多数<120	1～266，集中于10～230
矿床地质	元素组合	Mo±Cu±Pb±Zn±Ag，Mo-W，单 Mo 矿化较少	单 Mo，Mo-W，Mo-Sn	单 Mo，Mo-W，Mo-Fe，Mo±Pb±Zn±Ag
	矿体形态	倒杯状、弓形、环状、扁平状、透镜状或不规则状	倒杯状、半球状	倒杯状、似层状、扁豆状、透镜状、不规则状
	矿体位置	岩体及其内外接触带	岩体及其内外接触带	岩体及其内外接触带
	钼矿化特征	细脉浸染状为主，少量为浸染状、角砾状	细脉浸染状为主，少量为浸染状、角砾状	细脉浸染状为主，少量为浸染状、角砾状
	钼品位/%	0.03～0.20	0.1～0.3	0.06～0.11
	矿物组成	辉钼矿、黄铁矿、白钨矿、锡石、辉铋矿、黄铜矿、闪锌矿、方铅矿，萤石	辉钼矿、黄铁矿、黑钨矿、锡石、辉锑矿、黄铜矿，萤石、黄晶	辉钼矿、黄铁矿、白钨矿、黄铜矿、闪锌矿、方铅矿，萤石、方解石
	成矿过程	总体分为 4 个阶段	总体分为 4 个阶段	总体分为 4 个阶段
围岩蚀变		钾化、绢英岩化、青磐岩化、泥化分带发育，青磐岩化强烈，泥化明显		钾化和硅化强烈，绢英岩化较弱，青磐岩化和泥化较弱或缺失
成矿流体特征	包裹体组合	C 型和 S 型时有时无	S 型普遍，时见 C 型	普遍发育 S 型和 C 型，时见 PC 型
	CO_2摩尔含量	0～0.22		0.03～1
	初始成矿流体	含 CO_2，高盐度	含 CO_2，高盐度	富 CO_2，高盐度
成矿时代		8～150Ma，集中于50～90Ma	5～50Ma，集中于20～35Ma	110～158Ma，集中于130～150Ma
地球动力学背景		陆缘弧背景	岩浆弧向弧后裂谷的转变期	后碰撞后挤压-伸展转变期

缩写：PC 型．纯 CO_2 包裹体；C 型．含 CO_2 包裹体；S 型．含子矿物包裹体；W 型．水溶液包裹体。

8.3.4.3 构造背景

科迪勒拉地区弧后裂谷型钼矿集中爆发于20～35Ma，钼成岩成矿作用滞后于俯冲相关的钙碱性岩浆活动，但稍早于或同步于双峰式火山岩组合，矿床形成于弧后裂谷环境（back-Arc rifting，Sillitoe，1980），亦有学者称之为“由减弱的俯冲汇聚向真正的弧后裂谷的转换阶段”（a transition stage between decreased convergence and the onset of true back arc-rifiting，Sawkins，1984）或“初始拉张阶段”（Wallace，1995）。陆缘弧型钼矿则于50～90Ma集中形成，发育于洋壳俯冲所致的陆缘弧背景，可与俯冲相关的钙碱性岩浆岩共生。

秦岭燕山期钼矿床虽然也主要形成于挤压向伸展转变期，但属于陆陆碰撞体制，既不同于弧后拉张，也不同于岩浆弧背景。因此，秦岭燕山期成矿大爆发时间晚于俯冲相关的钙碱性岩浆活动（248～200Ma），早于区域碱性花岗岩、辉绿岩、碱性玄武岩等火山-侵入岩的发育（谢桂青等，2007；赵海杰等，2010），而与后碰撞环境的高钾富碱的钙碱性花岗岩类密切相关。综合上述，认为秦岭燕山期钼矿代表了一种新的斑岩钼矿类型（Li et al.，2012c，2013）。它既不同于典型的弧后裂谷型钼矿，又不同于陆缘弧型钼矿，将秦岭地区斑岩型钼矿床划归上述任何一类（Stein et al.，1997；Mao et al.，2008；Taylor et al.，2012）都是欠妥的，应独立为碰撞型。

需要指出，秦岭造山带经历了多旋回的汇聚-裂解事件，具有多种构造背景的钼矿床。其中，1.75Ga的寨凹钼铜矿床和三叠纪的温泉钼矿床可与科迪勒拉地区的陆缘弧型对比，0.85Ga的土门钼矿床和三叠纪的黄龙铺、黄水庵钼矿床则形成于弧后裂谷背景。

8.4 结　　论

（1）与国内外钼成矿带相比，秦岭钼矿带不仅储量最为丰富，而且成矿类型复杂多样：不仅孕育了斑岩型、斑岩-夕卡岩型等诸多超大型矿床，而且产出有独特的碳酸岩脉型、萤石脉型和造山型钼矿；斑岩型钼矿的矿体既可产出于斑岩体内部，亦可赋存于围岩中。

（2）长时间、多期次的钼金属成矿作用是秦岭区别于其他钼矿带的另一重要特色；在长达1750Ma的漫长地质历史时期（1850～105Ma），钼金属经历了至少7次富集、成矿，最终于晚燕山期达到高峰。

（3）古老陆壳物质的参与是大型、超大型钼矿床或矿集区形成的有利条件。

（4）就斑岩型钼矿而言，秦岭既有已广为人知的Climax型和Endako型，又有独具特色的大别型；物质源区（俯冲板片）的差别导致了成矿流体和围岩蚀变的差异。

（5）大别型钼矿是秦岭和大别钼矿带最重要的成矿类型，也是中国其他钼矿省/带的重要矿床类型，其标志性特征是围岩蚀变广泛发育钾化、硅化、萤石化、碳酸盐化，而绢英岩化、青磐岩化、泥化等富水蚀变较弱，成矿流体富CO_2。

（6）大别型钼矿床由我国学者发现并强调，却长期被国外同行忽视，或许正是这一点导致了中国钼矿床勘查成就和钼资源总量在世界范围的显著优势。

参考文献

蔡明海，彭振安，屈文俊，贺钟银，冯罡，张诗启，徐明，陈艳．2011a．内蒙古乌拉特后旗查干德尔斯钼矿床地质特征及Re-Os测年．矿床地质，30（3）：377-384

蔡明海，张志刚，屈文俊，彭振安，张诗启，徐明，陈艳，王显彬．2011b．内蒙古乌拉特后旗查干花钼矿床地质特征及Re-Os测年．地球学报，32（1）：64-68

陈红瑾，陈衍景，张静，陈秀忠，张怀东．2013．安徽省金寨县沙坪沟钼矿含矿岩体锆石U-Pb年龄和Hf同位素特征及其地质意义．岩石学报，29（1）：131-145

陈伟军，刘建明，刘红涛，孙兴国，张瑞斌，张作伦，覃锋．2010．内蒙古鸡冠山斑岩钼矿床成矿时代和成矿流体研究．岩石学报，26（5）：1423-1436

陈衍景，富士谷 . 1992. 豫西金矿成矿规律 . 北京：地震出版社，1-234
陈衍景，李诺 . 2009. 大陆内部浆控高温热液矿床成矿流体性质及其与岛弧区同类矿床的差异 . 岩石学报，25（10）：2477-2508
陈衍景，倪培，范宏瑞，Pirajno F，赖勇，苏文超，张辉 . 2007. 不同类型热液金矿系统的流体包裹体特征 . 岩石学报，23（9）：2085-2108
陈衍景，翟明国，蒋少涌 . 2009. 华北大陆边缘造山过程与成矿研究的重要进展和问题 . 岩石学报，25（11）：2695-2726
陈衍景，张成，李诺，杨永飞，邓轲 . 2012. 中国东北钼矿床地质 . 吉林大学学报（地球科学版），42（5）：1223-1268
代军治，毛景文，杜安道，谢桂青，白杰，杨富全，屈文俊 . 2007a. 辽西肖家营子钼（铁）矿床 Re-Os 年龄及其地质意义 . 地质学报，81（7）：917-923
邓小华，姚军明，李晶，孙亚莉 . 2009. 东秦岭寨凹钼矿床辉钼矿 Re-Os 同位素年龄及熊耳期成矿事件 . 岩石学报，25（11）：2739-2746
邓小华，姚军明，李晶，刘国飞 . 2011. 河南省西峡县石门沟钼矿床流体包裹体特征和成矿时代研究 . 岩石学报，27（5）：1439-1452
方俊钦，聂凤军，张可，刘勇，徐备 . 2012. 辽宁姚家沟钼矿床辉钼矿 Re-Os 同位素年龄测定及其地质意义 . 岩石学报，28（2）：372-378
高亚龙，张江明，叶会寿，孟芳，周珂，高阳 . 2010. 东秦岭石窑沟斑岩钼矿床地质特征及辉钼矿 Re-Os 年龄 . 岩石学报，26（3）：729-739
侯万荣，聂凤军，杜安道，李超，江思宏，白大明，刘妍 . 2010. 内蒙古西沙德盖钼矿床辉钼矿 Re-Os 同位素年龄及其地质意义 . 矿床地质，29（6）：1043-1053
胡受奚，徐金芳 . 2008. 区域成矿规律对华南大地构造属性的联系 . 中国地质，35（6）：1045-1053
胡受奚，林潜龙，陈泽铭，盛中烈，黎世美 . 1988. 华北与华南古板块拼合带地质与成矿 . 南京：南京大学出版社，1-558
黄典豪，杜安道，杜安道，何红蓼 . 1994. 东秦岭地区钼矿床的铼-锇同位素年龄及其意义 . 矿床地质，13（3）：221-230
黄典豪，杜安道，吴澄宇，刘兰笙，孙亚莉，邹晓秋 . 1996. 华北地台钼（铜）矿床成矿年代学研究—辉钼矿铼-锇年龄及其地质意义 . 矿床地质，15（4）：365-373
黄凡，罗照华，卢欣祥，陈必河，杨宗峰 . 2010. 河南汝阳地区竹园沟钼矿地质特征、成矿时代及地质意义 . 地质通报，29（11）：1704-1711
黄凡，王登红，陆三明，陈毓川，王波华，李超 . 2011. 安徽省金寨县沙坪沟钼矿辉钼矿 Re-Os 年龄——兼论东秦岭-大别山中生代钼成矿作用期次划分 . 矿床地质，30（6）：1039-1057
黄凡，王登红，曾载淋，张永忠，曾跃，温珍连 . 2012. 赣南园岭寨大型钼矿岩石地球化学、成岩成矿年代学及其地质意义 . 大地构造与成矿学，36（3）：363-376
焦建刚，袁海潮，何克，孙涛，徐刚，刘瑞平 . 2009. 陕西华县八里坡钼矿床锆石 U-Pb 和辉钼矿 Re-Os 年龄及其地质意义 . 地质学报，83（8）：1159-1166
鞠楠，任云生，王超，王辉，赵华雷，屈文俊 . 2012. 吉林敦化大石河钼矿床成因与辉钼矿 Re-Os 同位素测年 . 世界地质，31（1）：68-76
李超，陈衍景 . 2002. 东秦岭-大别地区中生代岩石圈拆沉的岩石学证据评述 . 北京大学学报（自然科学版），38（3）：431-441
李法岭 . 2008. 河南南部天目山岩体特征及其钼矿化 . 矿产与地质，22（2）：111-115
李法岭 . 2011. 河南大别山北麓千鹅冲特大隐伏斑岩型钼矿床地质特征及成矿时代 . 矿床地质，30（3）：457-468
李华芹，陈富文，李锦轶，屈文俊，王登红，吴华，邓刚，梅玉萍 . 2006. 再论东天山白山铼钼矿区成岩成矿时代 . 地质通报，25（8）：916-922
李立兴，松权衡，王登红，王成辉，屈文俊，汪志刚，毕守业，于城 . 2009. 吉林福安堡钼矿中辉钼矿铼-锇同位素及成矿作用探讨 . 岩矿测试，28（3）：283-287
李明立 . 2009. 河南省大别山地区中生代中酸性小岩体特征及钼多金属成矿系统 . 中国地质大学（北京）博士学位论文
李诺，陈衍景，张辉，赵太平，邓小华，王运，倪智勇 . 2007. 东秦岭斑岩钼矿带的地质特征和成矿构造背景 . 地学前缘，14（5）：186-198
李诺，陈衍景，倪智勇，胡海珠 . 2009. 河南省嵩县鱼池岭斑岩钼矿床成矿流体特征及其地质意义 . 岩石学报，25（10）：2509-2522

李强，孟祥元，杨富全，武峰，王立生，胡华斌，刘锋，张志欣. 2012. 河北省青龙满族自治县四拨子—六拨子钼铜矿床的辉钼矿 Re-Os 年龄及意义. 中国地质，39（6）：1622-1634
李曙光，陈移之，葛宁洁，胡雄健，刘德良. 1996. 浙西南八都群变火山岩系及变晶糜棱岩的同位素年龄及其构造意义. 岩石学报，12（1）：79-87
李毅，李诺，杨永飞，王玭，糜梅，张静，陈红瑾，陈衍景. 2013. 大别山北麓钼矿床地质特征和地球动力学背景. 岩石学报，29（1）：95-106
李永峰，毛景文，白凤军，李俊平，和志军. 2003. 东秦岭南泥湖钼（钨）矿田 Re-Os 同位素年龄及其地质意义. 地质论评，49（6）：652-659
李永峰，毛景文，刘敦一，王彦斌，王志良，王义天，李晓峰，张作衡，郭保健. 2006. 豫西雷门沟斑岩钼矿 SHRIMP 锆石 U-Pb 和辉钼矿 Re-Os 测年及其地质意义. 地质论评，52（1）：122-131
梁涛，肖成东，罗照华，樊秉鸿，卢仁，孙亚莉，徐鹏. 2010. 北太行安妥岭斑岩钼矿的辉钼矿 Re-Os 同位素定年. 矿床地质，29（增刊）：470-471
刘福来，薛怀民. 2007. 苏鲁-大别超高压岩石中锆石 SHRIMP U-Pb 定年研究——综述和最新进展. 岩石学报，23（11）：2737-2756
刘军，武广，贾守民，李忠权，孙亚莉，钟伟，朱明田. 2011. 豫西沙坡岭钼矿床辉钼矿 Re-Os 同位素年龄及其地质意义. 矿物岩石，31（1）：56-62
刘军，毛景文，武广，罗大锋，王峰，周振华，胡妍青. 2013. 大兴安岭北部岔路口斑岩钼矿床岩浆岩锆石 U-Pb 年龄及其地质意义. 地质学报，87（2）：208-226
刘善宝，陈毓川，范世祥，许建祥，屈文俊，应立娟. 2010. 南岭成矿带中、东段的第二找矿空间——来自同位素年代学的证据. 中国地质，37（4）：1034-1049
刘舒波，李超，岑况，屈文俊. 2012. 含辉钼矿全岩样品 Re-Os 同位素定年研究：在北京大庄科钼矿床中的应用. 现代地质，26（2）：254-260
刘翼飞，聂凤军，江思宏，侯万荣，梁清玲，张可，刘勇. 2012. 内蒙古苏尼特左旗准苏吉花钼矿床成岩成矿年代学及其地质意义. 矿床地质，31（1）：119-128
刘勇，聂凤军，方俊钦. 2012. 辽西河坎子碱性侵入杂岩体及钼多金属矿床同位素年代学研究. 矿床地质，31（6）：1326-1336
罗锦昌，陈郑辉，屈文俊. 2009. 福建省永定山口钼矿辉钼矿铼-锇同位素定年及其地质特征. 岩矿测试，28（3）：254-258
罗正传，李永峰，王义天，王小高. 2010. 大别山北麓河南新县地区大银尖钼矿床辉钼矿 Re-Os 同位素年龄及其意义. 地质通报，29（9）：1349-1354
骆亚南，陈加伟，唐中刚. 2012. 河南省罗山县陡坡钼矿床地质特征及成因. 四川地质学报，32（3）：278-280
马星华，陈斌，赖勇，鲁颖淮. 2009. 内蒙古敖仑花斑岩钼矿床成岩成矿年代学及地质意义. 岩石学报，25（11）：2939-2950
毛冰，叶会寿，李超，肖中军，杨国强. 2011. 豫西夜长坪钼矿床辉钼矿铼-锇同位素年龄及地质意义. 矿床地质，30（6）：1069-1074
孟芳. 2010. 豫西老君山花岗岩体特征及其成矿作用. 中国地质大学（北京）硕士学位论文
孟芳，欧阳兆灼，骆亚男. 2012. 河南省肖畈钼矿地质特征及动力学背景. 地质与资源，21（4）：400-405
孟树，闫聪，赖勇，舒启海，孙艺. 2013. 内蒙古车户沟钼铜矿成矿年代学及成矿流体特征研究. 岩石学报，29（1）：255-269
孟祥金，徐文艺，吕庆田，屈文俊，李先初，史东方，文春华. 2012. 安徽沙坪沟斑岩钼矿锆石 U-Pb 和辉钼矿 Re-Os 年龄. 地质学报，86（3）：486-494
聂凤军，屈文俊，刘妍，杜安道，江思宏. 2005. 内蒙古额勒根斑岩型钼（铜）矿化区辉钼矿铼-锇同位素年龄及地质意义. 矿床地质，24（6）：638-646
聂凤军，张万益，杜安道，江思宏，刘妍. 2007. 内蒙古小东沟斑岩型钼矿床辉钼矿铼-锇同位素年龄及地质意义. 地质学报，81（7）：898-905
彭振安，李红红，屈文俊，张诗启，丁海军，陈晓日，张斌，张永正，徐明，蔡明海. 2010. 内蒙古北山地区小狐狸山钼矿床辉钼矿 Re-Os 同位素年龄及其地质意义. 矿床地质，29（3）：510-516
邱顺才. 2006. 河南省母山钼矿地质特征及找矿方向. 矿产与地质，20（4-5）：403-408

舒启海，蒋林，赖勇，鲁颖淮. 2009. 内蒙古阿鲁科尔沁旗敖仑花斑岩铜钼矿床成矿时代和流体包裹体研究. 岩石学报，25（10）：2601-2614
宋史刚，丁振举，姚书振，周宗桂，张世新，杜安道. 2008. 甘肃武山温泉辉钼矿 Re-Os 同位素定年及其成矿意义. 西北地质，41（1）：67-73
苏捷，张宝林，孙大亥，崔敏利，屈文俊，杜安道. 2009. 东秦岭东段新发现的沙坡岭细脉浸染型钼矿地质特征、Re-Os 同位素年龄及其地质意义. 地质学报，83（10）：1490-1496
孙祥，郑有业，吴松，游智敏，伍旭，李淼，周天成，董俊. 2013. 冈底斯明则-程巴斑岩-夕卡岩型 Mo-Cu 矿床成矿时代与含矿岩石成因. 岩石学报，29（4）：1392-1406
孙燕，刘建明，曾庆栋，褚少雄，周伶俐，吴冠斌，高玉友，沈文君. 2013. 内蒙古东部白土营子钼铜矿田的矿床地质特征、辉钼矿 Re-Os 年龄及其意义. 岩石学报，29（1）：241-254
孙珍军，孙丰月，孙国胜，于赫楠，刘善丽，杜美艳，敖冬，李超，王春光. 2012. 小兴安岭北麓石林公园区钼钨矿化成矿地球化学特征及年代学. 吉林大学学报（地球科学版），42（增刊）：25-37
覃锋，刘建明，曾庆栋，张瑞斌. 2008. 内蒙古小东沟斑岩型钼矿床的成矿时代及成矿物质来源. 现代地质，22（2）：173-180
谭红艳，舒广龙，吕骏超，韩仁萍，张森，寇琳琳. 2012. 小兴安岭鹿鸣大型钼矿 LA-ICP-MS 锆石 U-Pb 和辉钼矿 Re-Os 年龄及其地质意义. 吉林大学学报（地球科学版），42（6）：1757-1770
唐菊兴，陈毓川，王登红，王成辉，许远平，屈文俊，黄卫，黄勇. 2009. 西藏工布江达县沙让斑岩钼矿床辉钼矿铼-锇同位素年龄及其地质意义. 地质学报，（5）：698-704
陶继雄，王弢，陈郑辉，罗忠泽，许立权，郝先义，崔来旺. 2009. 内蒙古苏尼特左旗乌兰德勒钼铜多金属矿床辉钼矿铼-锇同位素定年及其地质特征. 岩矿测试，28（3）：249-253
涂其军，董连慧，王克卓. 2012. 东天山东戈壁钼矿辉钼矿 Re-Os 同位素年龄及地质意义. 新疆地质，30（3）：272-276
王保弟，许继峰，陈建林，张兴国，王立全，夏抱本. 2010. 冈底斯东段汤不拉斑岩 Mo-Cu 矿床成岩成矿时代与成因研究. 岩石学报，26（6）：1820-1832
王波华，邬宗玲，张怀东，彭海辉. 2007. 安徽省金寨银沙地区中生代岩浆岩地质地球化学特征及其找矿意义. 安徽地质，17（4）：244-248
王成辉，松权衡，王登红，李立兴，于城，汪志刚，屈文俊，杜安道，应立娟. 2009a. 吉林大黑山超大型钼矿辉钼矿铼-锇同位素定年及其地质意义. 岩矿测试，28（3）：269-273
王成辉，王登红，陈郑辉，严朝辉，吴资龙，林东燕，刘乃忠. 2009b. 福建砺山钼矿的地质特征、成矿时代及区域找矿前景. 矿物学报，29（3）：231-237
王翠芝，李超. 2012. 福建武夷山坪地钼矿辉钼矿铼-锇同位素定年及其地质意义. 岩矿测试，31（4）：745-752
王辉，任云生，赵华雷，鞠楠，屈文俊. 2011. 吉林安图刘生店钼矿床辉钼矿 Re-Os 同位素定年及其地质意义. 地球学报，32（6）：707-715
王辉，任云生，孙振明，郝宇杰，李超. 2013. 吉林汪清夹皮沟斑岩型钼矿床的形成时代与成矿构造背景. 矿床地质，32（3）：489-500
王磊. 2010. 粤北大宝山钼多金属矿床成矿模式与找矿前景研究. 中国地质大学（武汉）博士学位论文
王玭，杨永飞，糜梅，李忠烈，王莉娟. 2013. 河南省新县姚冲钼矿床流体包裹体研究. 岩石学报，29（1）：107-120
王圣文，王建国，张达，祁小军，吴淦国，赵丕忠，杨宗锋，刘彦兵. 2009. 大兴安岭太平沟钼矿床成矿年代学研究. 岩石学报，25（11）：2913-2923
王运，陈衍景，马宏卫，徐友灵. 2009. 河南省商城县汤家坪钼矿床地质和流体包裹体研究. 岩石学报，25（2）：468-480
魏庆国，高昕宇，赵太平，陈伟，杨岳衡. 2010. 大别北麓汤家坪花岗斑岩锆石 LA-ICPMS U-Pb 定年和岩石地球化学特征及其对岩石成因的制约. 岩石学报，26（5）：1550-1562
吴俊华，赵赣，屈文俊，袁承先，龚敏，刘爽，李牟，周雪桂，廖明和，魏俊浩，马振东. 2011. 赣南葛廷坑钼矿辉钼矿 Re-Os 年龄及其地质意义. 地学前缘，18（3）：261-267
吴艳爽，项楠，汤好书，周可法，杨永飞. 2013. 东天山东戈壁钼矿床辉钼矿 Re-Os 年龄及印支期成矿事件. 岩石学报，29（1）：121-130
项楠，杨永飞，吴艳爽，周可法. 2013. 新疆东天山白山钼矿床流体包裹体研究. 岩石学报，29（1）：146-158
谢桂青，毛景文，李瑞玲，叶会寿，张毅星，万渝生，李厚民，高建京，郑熔芬. 2007. 东秦岭宝丰盆地大营组火山岩 SHRIMP 定年及其意义. 岩石学报，23（10）：2387-2396

徐晓春，楼金伟，陆三明，谢巧勤，褚平利，尹滔. 2009. 安徽金寨银山钼-铅-锌多金属矿床 Re-Os 和有关岩浆岩$^{40}Ar/^{39}Ar$年龄测定. 矿床地质，28（5）：621-632
许建祥，曾载淋，李雪琴，刘俊生，陈郑辉，刘善宝，郭春丽，王成辉. 2007. 江西寻乌铜坑嶂钼矿床地质特征及其成矿时代. 地质学报，81（7）：924-928
许志琴，杨经绥，梁凤华，戚学祥，刘福来，曾令森，刘敦一，李海兵，吴才来，史仁灯，陈松永. 2005. 喜马拉雅地体的泛非-早古生代造山事件年龄记录. 岩石学报，21（1）：1-12
闫学义，黄树峰，杜安道. 2010. 冈底斯泽当大型钨铜钼矿 Re-Os 年龄及陆缘走滑转换成矿作用. 地质学报，84（3）：398-406
颜开. 2012. 内蒙古乌拉特后旗查干德尔斯钼矿矿床成因及控矿规律研究. 中国地质大学（北京）硕士学位论文
杨梅珍，曾键年，覃永军，李法岭，万守全. 2010. 大别山北缘千鹅冲斑岩型钼矿床锆石 U-Pb 和辉钼矿 Re-Os 年代学及其地质意义. 地质科技情报，29（5）：35-45
杨梅珍，曾键年，李法岭，潘思东，陆建培，任爱群. 2011a. 河南新县大银尖钼矿床成岩成矿作用地球化学及地质意义. 地球学报，32（3）：279-292
杨梅珍，曾键年，任爱群，陆建培，潘思东. 2011b. 河南罗山县母山钼矿床成矿作用特征及锆石 LA-ICP-MS U-Pb 同位素年代学. 矿床地质，30（3）：435-447
杨帅师. 2012. 内蒙古北山北带斑岩型矿床特征与成矿系统分析. 中国地质大学（北京）博士学位论文
杨晓勇，卢欣祥，杜小伟，李文明，张正伟，屈文俊. 2010. 河南南沟钼矿矿床地球化学研究兼论东秦岭钼矿床成岩成矿动力学. 地质学报，84（7）：1049-1079
杨泽强. 2007a. 河南商城县汤家坪钼矿辉钼矿铼-锇同位素年龄及地质意义. 矿床地质，26（3）：289-295
杨泽强. 2007b. 河南省商城县汤家坪钼矿围岩蚀变与成矿. 地质与勘探，43（5）：17-22
杨泽强. 2009. 北大别山商城汤家坪富钼花岗斑岩体地球化学特征及构造环境. 地质论评，55（5）：745-752
叶会寿，毛景文，李永峰，郭保健，张长青，刘珺，闫全人，刘国印. 2006. 东秦岭东沟超大型斑岩钼矿 SHRIMP 锆石 U-Pb 和辉钼矿 Re-Os 年龄及其地质意义. 地质学报，80（7）：1078-1088
于文，倪培，王国光，商力，江来利，王波华，张怀东. 2012. 安徽金寨县沙坪沟斑岩钼矿床成矿流体演化特征. 南京大学学报（自然科学），48（3）：240-255
于晓飞，侯增谦，钱烨，李碧乐. 2012. 吉林中东部福安堡钼矿床成矿流体、稳定同位素及成矿时代研究. 地质与勘探，48（6）：1151-1162
曾宪友，孙国锋，晁红丽. 2010. 东秦岭铜山-天目山铝质 A 型花岗岩特征及构造意义. 地质调查与研究，33（4）：291-299
曾载淋，刘善宝，邓茂春，黄凡，陈毓川，赖志坚，屈文俊. 2011. 江西广昌新安钼矿床地质特征及其铼-锇同位素测年. 岩矿测试，30（2）：144-149
翟德高，刘家军，王建平，彭润民，王守光，李玉玺，常忠耀. 2009. 内蒙古太平沟斑岩型钼矿床 Re-Os 等时线年龄及其地质意义. 现代地质，23（2）：262-268
张成，李诺，陈衍景，赵希诚. 2013. 内蒙古兴阿钼铜矿区侵入岩锆石 U-Pb 年龄及 Hf 同位素组成. 岩石学报，29（1）：217-230
张达，吴淦国，刘乃忠，狄永军，吕良冀，曹文融. 2010. 福建漳平北坑场钼多金属矿床辉钼矿 Re-Os 同位素年龄及其地质意义. 地质学报，84（10）：1428-1437
张达玉，周涛发，袁峰，范裕，刘帅，屈文俊. 2009. 新疆东天山地区白山钼矿床的成因分析. 矿床地质，28（5）：663-672
张国伟，张本仁，袁学诚，肖庆辉. 2001. 秦岭造山带与大陆动力学. 北京：科学出版社，1-855
张红，孙卫东，杨晓勇，梁华英，王波华，王瑞龙，王玉贤. 2011. 大别造山带沙坪沟特大型斑岩钼矿床年代学及成矿机理研究. 地质学报，85（12）：2039-2059
张怀东，史东方，郝越进，王波华. 2010. 安徽省金寨县沙坪沟斑岩型钼矿成矿地质特征. 安徽地质，20（2）：104-108
张可，聂凤军，侯万荣，李超，刘勇. 2012. 内蒙古林西县哈什吐钼矿床辉钼矿铼-锇年龄及其地质意义. 矿床地质，31（1）：129-138
张克尧，王建平，杜安道，林仟同，黄金明，胡荣华，黄庆敏. 2009. 福建福安赤路钼矿床辉钼矿 Re-Os 同位素年龄及其地质意义. 中国地质，36（1）：147-155
张彤，陈志勇，许立权，陈郑辉. 2009. 内蒙古卓资县大苏计钼矿辉钼矿铼-锇同位素定年及其地质意义. 岩矿测试，28（3）：279-282

张勇 . 2013. 吉林省中东部地区侏罗纪钼矿床的地质、地球化学特征与成矿机理研究 . 吉林大学博士学位论文

张雨莲，许荣科，陕亮，贾群子，宋忠宝，陈向阳，张晓飞，陈博，栗亚芝，全守村 . 2012. 内蒙古北山地区小狐狸山钼矿辉钼矿 Re-Os 年龄和 LA-ICP-MS 锆石 U-Pb 年龄 . 地质通报，31（2-3）：469-475

张遵忠，吴昌志，顾连兴，冯慧，郑远川，黄建华，李晶，孙亚莉 . 2009. 燕辽成矿带东段新台门钼矿床的 Re-Os 同位素年龄及其地质意义 . 矿床地质，28（3）：313-320

章永梅，顾雪祥，董树义，程文斌，黄志全，李福亮，杨伟龙 . 2011. 内蒙古西沙德盖钼矿床锆石 U-Pb 和辉钼矿 Re-Os 年龄及其地质意义 . 矿物岩石，31（2）：33-41

赵国春，孙敏，Wilde S A. 2002. 华北克拉通基底构造单元特征及早元古代拼合 . 中国科学（D 辑），32（7）：538-549

赵海杰，毛景文，叶会寿，谢桂青，杨宗喜 . 2010. 陕西黄龙铺地区碱性花岗斑岩及辉绿岩的年代学与地球化学：岩石成因及其构造环境示踪 . 中国地质，37（1）：12-27

赵文津，吴珍汉，史大年，熊嘉育，薛光琦，宿和平，胡道功，赵培盛 . 2008. 国际合作 indepth 项目横穿青藏高原的深部探测与综合研究 . 地球学报，29（3）：328-342

赵芝，陈郑辉，王成辉，杨武平 . 2012. 闽东大湾钼铍矿的辉钼矿 Re-Os 同位素年龄——兼论福建省钼矿时空分布及构造背景 . 大地构造与成矿学，36（3）：399-405

赵子福，郑永飞 . 2009. 俯冲大陆岩石圈重熔：大别-苏鲁造山带中生代岩浆岩成因 . 中国科学（D 辑），39（7）：888-909

赵子福，郑永飞，魏春生，吴元保 . 2003. 大别山沙村和椒子岩基性-超基性岩锆石 U-Pb 定年、元素和碳氧同位素地球化学研究 . 高校地质学报，9（2）：139-162

郑永飞，张少兵 . 2007. 华南前寒武纪大陆地壳的形成和演化 . 科学通报，52（1）：1-10

周珂，叶会寿，毛景文，屈文俊，周树峰，孟芳，高亚龙 . 2009. 豫西鱼池岭斑岩型钼矿床地质特征及其辉钼矿铼-锇同位素年龄 . 矿床地质，28（2）：170-184

周雪桂，吴俊华，屈文俊，龚敏，袁承先，廖明和，赵赣，李牟，魏俊浩，马振东 . 2011. 赣南园岭寨钼矿辉钼矿 Re-Os 年龄及其地质意义 . 矿床地质，30（4）：690-698

朱华平，祁思敬，李英，曾章仁 . 1998. 河南秋树湾角砾岩型铜矿特征及成矿作用 . 西安工程学院学报，20（1）：14-18

Armstrong R L，Hollister V F，Harakel J E. 1978. K-Ar dates for mineralization in the White Cloud-Cannivan porphyry molybdenum belt of Idaho and Montana. Economic Geology，73（1）：94-108

Ashleman J C，Taylor C D，Smith P R. 1997. Porphyry molybdenum deposit of Alaska，with emphasis on the geology of the Quartz Hill deposit，southeastern Alaska. Economic Geology Monograph，9：334-354

Blichert-Toft J，Albarede F. 1997. The Lu-Hf isotope geochemistry of chondrites and the evolution of the mantle-crust system. Earth and Planetary Science Letters，148（1-2）：243-258

Bloom M S. 1981. Chemistry of inclusion fluids：stockwork molybdenum deposits from Questa，New Mexico，and Hudson Bay Mountain and Endako，British Columbia. Economic Geology，76（7）：1906-1920

Brown P，Kahlert B. 1995. Geology and mineralization of the Red Mountain porphyry molybdenum deposit，south-central Yukon//Schroeter T G. Porphyry Deposits of the Northwestern Cordillera of North America. Canadian Institute of Mining，Metallurgy，and Petroleum，special volume 46：747-756

Carten R B，Geraghty E P，Walker B M，Shannon J R. 1988. Cyclic development of igneous features and their relationship to high-temperature hydrothermal features in the Henderson porphyry molybdenum deposit，Colorado. Economic Geology，83（2）：266-296

Carten R B，White W H，Stein H J. 1993. High-grade granite-related molybdenum systems：classification and origin//Kirkham R V，Sinclair W D，Thope R I，Duke J M. Mineral Deposit Modeling. Geological Association of Canada Special Paper，40：521-554

Carter N C. 1982. Porphyry copper and molybdenum deposits west-central British Columbia. Ministry of Energy，Mines and Petroleum Resources

Chen Y J，Wang Y. 2011. Fluid inclusion study of the Tangjiaping Mo deposit，Dabie Shan，Henan Province：implications for the nature of the porphyry systems of post-collisional tectonic settings. International Geology Review，53（5-6）：635-655

Chen Y J，Li C，Zhang J，Li Z，Wang H H，2000. Sr and O isotopic characteristics of porphyries in the Qinling molybdenum deposit belt and their implication to genetic mechanism and type. Science in China（Series D），43（1）：82-94

Chen Y J，Wang P，Li N，Yang Y F，Pirajno F. 2017a. The collision-type porphyry Mo deposits in Dabie Shan，China. Ore Geology Reviews，81（2）：405-430

Chen Y J, Zhang C, Wang P, Pirajno F, Li N, 2017b. The Mo deposits of Northeast China: a powerful indicator of tectonic settings and associated evolutionary trends. Ore Geology Reviews, 81 (2): 602-640

Christiansen R L, Lipman P W. 1972. Cenozoic volcanism and plate-tectonic evolution of the western United States. II. Late Cenozoic. Philosophical Transactions of the Royal Society of London, Series A. Mathematical and Physical Sciences, 271: 249-284

Clark K F. 1972. Stockwork molybdenum deposits in the Western Cordillera of North America. Economic Geology, 67 (6): 731-758

Cline J S, Bodnar R J. 1994. Direct evolution of brine from a crystallizing silicic melt at the Questa, New Mexico, molybdenum deposit. Economic Geology, 89 (8): 1780-1802

Coney P J, Reynolds S J. 1977. Cordilleran Benioff zones. Nature, 270: 403-406

Czamanske G K, Foland K A, Kubacher F A, Allen J C. 1990. The $^{40}Ar/^{39}Ar$ chronology of caldera formation, intrusive activity and Mo-ore deposition near Questa, New Mexico. New Mexico Geological Society guidebook 41st Field Conference. New Mexico Geological Society, Socorro, 41: 355-358

Darling R S, 1994. Fluid inclusion and phase-equilibrium studies at the Cannivan Gulch molybdenum deposit, Montana, USA-effect of CO_2 on molybdenite-powellite stability. Geochimica et Comochimica Acta, 58 (2): 749-760

Deng X H, Chen Y J, Santosh M, Yao J M. 2013a. Genesis of the 1.76Ga Zhaiwa Mo-Cu and its link with the Xiong'er volcanics in the North China Craton: implications for accretionary growth along the margin of the Columbia supercontinent. Precambrian Research, 227: 337-348

Deng X H, Chen Y J, Santosh M, Zhao G C, Yao J M. 2013b. Metallogeny during continental outgrowth in the Columbia supercontinent: isotopic characterization of the Zhaiwa Mo-Cu system in the North China Craton. Ore Geology Reviews, 51: 43-56

Deng X H, Chen Y J, Santosh M, Zhao G C, Yao J M. 2013c. Re-Os geochronology, fluid inclusions and genesis of the 0.85Ga Tumen molybdenite-fluorite deposit in Eastern Qinling, China: implications for pre-Mesozoic Mo-enrichment and tectonic setting. Geological Journal, 48 (5): 484-497

Diakow S G. 2010. Diamond drilling report on the Helen Lake molybdenum zone, Mount Haskin Property, Cassiar Area, Liard Mining Division, British Columbia

Doebrich J L, Garside L J, Shawe D R. 1996. Characterization of mineral deposits in rocks of the Triassic to Jurassic magmatic arc of western Nevada and eastern California. U. S. Geological Survey, Open-File Report, 96-9, 1-107

Downie C C, Pighin D, Price B. 2006. Technical report for the Sphinx Property, 1-49

Fisher F S, Johnson K M. 1995. Geology and mineral resource assessment of the Challis 1′×2′ Quadrangle, Idaho. U. S Geological Survey Professional Paper 1525, 1-204

Fox P E. 2010. Geological and geochemical report on the Serb Creek Property. BCDM Assessment Report Event, 4790155

Game B D. 2010. Technical summary report, Mac Molybdenum-Copper Property, Babine Lake Area, 43-101

Geissman J W, Snee L W, Graaskamp G W, Carten R B, Geraghty E P. 1992. Deformation and age of the Red Mountain intrusive system (Urad-Henderson molybdenum deposits), Colorado: evidence from paleomagnetic and $^{40}Ar/^{39}Ar$ data. Geological Society of America Bulletin, 104 (8): 1031-1047

Gunow A J, Lundington S, Munoz J L. 1980. Fluorine in micas from the Henderson molybdenite deposit, Colorado. Economic Geology, 75 (8): 1127-1137

Hall W E, Friedman I, Nash J T. 1974. Fluid inclusion and light stable isotope study of the Climax molybdenum deposits, Colorado. Economic Geology, 69 (6): 884-901

Hall W E, Schmidt E A, Howe S S, Broch M J. 1984. The Thompson Creek, Idaho, porphyry molybdenum deposit—An example of a fluorine-deficient molybdenum granodiorite system//Janelideze T V, Tvalchrelideze A G. Proceedings of the Six Quadrennial Symposium of the International Association on the Genesis of Ore Deposits, Tbilisi, USSR, 349-357

Hudson P. 2010. Giant Metallic Deposits: Future Sources of Industrial Metals. 2nd edition. Heidelberg: Springer, 1-949

Hudson T, Smith J G, Elliott R L. 1979. Petrology, composition, and age of intrusive rocks associated with the Quartz Hill molybdenite deposit, southeastern Alaska. Canadian Journal of Earth Sciences, 16 (9): 1805-1822

Jacobsen S B, Wasserburg G J. 1980. Nd isotopic evolution of chondrites. Earth and Planetary Science Letters, 50 (1): 139-155

Jahn B M, Condie K C. 1995. Evolution of the Kaapvaal craton as viewed from geochemical and Sm-Nd isotopic analyses of intracratonic pelites. Geochimica et Cosmochimica Acta, 59 (11): 2239-2285

Keith J D. 1982. Magmatic evolution of the Pine Grove porphyry molybdenum system, Southwestern Utah. The University of Wisconsin-Madison Ph. D Thesis

Keith J D, Shanks W C, Archibald D A, Farrar E. 1986. Volcanic and intrusive history of the Pine Grove porphyry molybdenum system, southwestern Utah. Economic Geology, 81 (3): 553-577

Kelly J A. 2008. Technical report on the resource assessment of the Gamma and Delta Zones mineral tenure 515427 Nithi Mountain molybdenum property

Kenyon J M, Morton R D. 1978. The Carmi Mo-(U) deposit, Southern British Columbia. Bulletin of Canadian Institute of Mining and Metallurgy

Kikauka A. 1996. Geological, geochemical, and diamond drilling report on the Salal 1-6 Claims, Pemberton, BC

Kirkemo H, Anderson C A, Creasey S C. 1965. Investigations of molybdenum deposits in the conterminous United States, 1942-60. USGS Bulletin 1182-E

Kirkham R V. 1998. Tectonic and structural features of arc deposits//Lefebure D V. Metallogeny of Volcanic Arcs. British Columbia Geological Survey, Short Course Notes, Open File 1998-8, Section B: 44

Klemm L M, Pettke T, Heinrich C A. 2008. Fluid, source magma evolution of the Questa porphyry Mo deposit, New Mexico, USA. Mineralium Deposita, 43 (5): 533-552

Kuehnbaum R M, Lindinger J E L. 2007. Technical report on the Storie molybdenum deposit, Liard Mining Division, British Columbia for Columbia Yukon Explorations INC

Larson P B. 1987. Stable isotope and fluid inclusion investigations of epithermal vein and porphyry molybdenum mineralization in the Rico mining district, Colorado. Economic Geology, 82 (8): 2141-2157

Lawley C J M. 2009. Age, geochemistry and fluid characteristics of the MAX porphyry Mo deposit, Southeast British Columbia. University of Alberta Ph. D Thesis

Lawley C J M, Richards J P, Anderson R G, Creaser R A, Heaman L M. 2010. Geochronology and geochemistry of the MAX porphyry Mo deposit and its relationship to Pb-Zn-Ag mineralization, Kootenay Arc, Southeastern British Columbia, Canada. Economic Geology, 105 (6): 1113-1142

Li T D, Xiao C X, Li G C, Gao Y L, Zhou W Q. 1986. The crustal evolution and uplift mechanism of the Qinghai-Tibet plateau. Tectonophysics, 127 (3): 279-289

Li N, Chen Y J, Santosh M, Yao J M, Sun Y L, Li J. 2011. The 1. 85Ga Mo mineralization in the Xiong'er Terrane, China: implications for metallogeny associated with assembly of the Columbia supercontinent. Precambrian Research, 186 (1-4): 220-232

Li C Y, Zhang H, Wang F Y, Liu J Q, Sun Y L, Hao X L, Li Y L, Sun W D. 2012a. The formation of the Dabaoshan porphyry molybdenum deposit induced by slab rollback. Lithos, 150: 101-110

Li H C, Xu Z W, Lu X C, Chen W, Qu W J, Fu B, Yang X N, Yang J. 2012b. Constraints on timing and origin of the Dayinjian intrusion and associated molybdenum mineralization, western Dabie orogen, central China. International Geology Review, 54 (13): 1579-1596

Li N, Ulrich T, Chen Y J, Thomsen T B, Pease V, Pirajno F. 2012c. Fluid evolution of the Yuchiling porphyry Mo deposit, East Qinling, China. Ore Geology Reviews, 48: 442-459

Li N, Chen Y J, Ulrich T, Yai Y. 2012d. Fluid inclusion study of the Wunugetu Cu-Mo deposit, Inner Mongolia, China. Mineralium Deposita, 47 (5): 467-482

Li N, Chen Y J, Deng X H, Yao J M. 2014. Fluid inclusion geochemistry and ore genesis of the Longmendian Mo deposit in the East Qinling Orogen: implication for migmatitic-hydrothermal Mo-mineralization. Ore Geology Reviews, 63: 520-531

Li N, Chen Y J, Santosh M, Pirajno F. 2015. Compositional polarity of Triassic granitoids in the Qinling Orogen, China: implication for termination of the northernmost paleo-Tethys. Gondwana Research, 27 (1): 244-257

Liew T C, Hofmann A W. 1988. Precambrian crustal components, plutonic associations, plate environment of the Hercynian Fold Belt of central Europe: indications from a Nd and Sr isotopic study. Contributions to Mineralogy and Petrology, 98 (2): 129-138

Linnen R L, Williams-Jones A E. 1987. Tectonic control of quartz vein orientations at the Trout Lake stockwork molybdenum deposit, southeastern British Columbia: implications for metallogeny in the Kootenay arc. Economic Geology, 82 (5): 1283-1293

Linnen R L, Williams-Jones A E. 1990. Evolution of aqueous-carbonic fluids during contact metamorphism, wall-rock alteration, and molybdenite deposition at Trout Lake, British Columbia. Economic Geology, 85 (8): 1840-1856

Lipman P W. 1980. Cenozoic volcanism in the western United States: implications for continental tectonics//Studies in Geophysics: Continental Tectonics. Washington: National Academy Sciences: 161-174

Liu C. 2011. LA-ICP-MS Zircon U-Pb Geochronology of the fine-grained granite and molybdenite Re-Os dating in the Wurinitu molybdenum deposit, Inner Mongolia, China. Acta Geologica Sinica (English Edition), 85 (5): 1057-1066

Liu J M, Zhao Y, Sun Y L, Li D P, Liu J, Chen B L, Zhang S H, Sun W D. 2010. Recognition of the latest Permian to Early Triassic Cu-Mo mineralization on the northern margin of the North China block and its geological significance. Gondwana Research, 17 (1): 125-134

Laznicka P. 2010. Giant Metallic Deposits: Future Sources of Industrial Metals. Berlin: Springer

Ludington S, Plumlee G S. 2009. Climax-type porphyry molybdenum deposits. U. S. Geological Survey Open File Report 2009-1215, 1-16

Ludington S, Plumlee G S, Caine J S, Bove D, Holloway J, Livo K E. 2004. Questa baseline and pre-mining groud-water quality investigation. Geologic influence on ground and surface waters in the lower Red River watershed, New Mexico. U. S. Geological Survey Scientific Investigations Report 2004-5245, 1-41

Ludington S, Hammarstrom J, Piatak N. 2009. Low-fluorine stockwork molybdenite deposits. U. S. Geological Survey Open-File Report 2009-1211, 1-9

Lugmair G W, Marti K. 1978. Lunar initial $^{143}Nd/^{144}Nd$: differential evolution of the lunar crust and mantle. Earth and Planetary Science Letters, 39 (3): 349-357

M3 Engineering & Techonology Corporation. 2008. Mount Hope Project molybdenum mine and process plant feasibility study. Technical Report for NI 43-101. 1-126

MacIntyre D G. 2005. Geological report on the Hudson Bay Mountain property, Omincca Mining Division, West Central British Columbia

MacIntyre D G. 2008. Assessment report, phase 4 and 5 diamond drilling results, Lucky Ship Molybdenum Property

Mao J W, Xie G Q, Bierlein F, Qu W J, Du A D, Ye H S, Pirajno F, Li H M, Guo B J, Li Y F, Yang Z Q. 2008. Tectonic implications from Re-Os dating of Mesozoic molybdenum deposits in the East Qinling-Dabie orogenic belt. Geochimica et Cosmochimica Acta, 72 (18): 4607-4626

Marek J M, Lechner M J. 2011. Technical report Thompson Creek molybdenum mine

Marvin R F, Witkind I J, Keefer W R, Mehnert H H. 1973. Radiometric ages of intrusive rocks in the Little Belt Mountains, Montana. Geological Society of America Bulletin, 84 (6): 1977-1986

McCarter P N, Allen D G. 1980. 1980 drilling assessment report, Tidewater

McMillian W J, Thompson J F H, Hart C J R, Johnston S T. 1996. Porphyry deposit of the Canadian Cordillera. Geoscience Canada, 23: 125-134

Mi M, Chen Y J, Yang Y F, Wang P, Li F L, Wan S Q, Xu Y L. 2015. Zircon U-Pb and molybdenite Re-Os isotopic dating of the Qian'echong giant Mo deposit, Dabie Shan, China, and Geological implications. Submitted to Gondwana Research, 27 (3): 1217-1235

Minfile Mineral Inventory. 2013. British Columbia Ministry of Energy, Mines, and Petroleum Resources, http://minfile. gov. bc. ca

Mosher G Z. 2011. Technical report on the Nithi Mountain molybdenum property, British Columbia, Canada

Munter D L. 2011. Roundy Creek Project 2010 work program report

Mutschler F E, Wright E G, Ludington S, Abbott J T. 1981. Granite molybdenite systems. Economic Geology, 76 (4): 874-897

Naeser C W, Izen G A, White W A. 1973. Zircon fission track ages from some middle Tertiary igneous rocks in northwestern Colorado. Geological Society of America, Abstract with Programs, 5 (6): 498

Naeser C W, Cunningham C G, Marvin R F, Obradovich J D. 1980. Pliocene intrusive rocks and mineralization near Rico, Colorado. Economic Geology, 75 (1): 122-127

Nokeleberg W J, Bundtzen T K, Eremin R A, Ratkin V V, Dawson K M, Shpinkerman V I, Goryachev N A, Byalobzhesky S G, Frolov Y F, Khanchuk A I, Koch R D, Monger J W H, Pozdeev A I, Rozenblum I S, Rodionov S M, Parfenov L M, Scotese C R, Sidorov A A. 2005. Metallogenesis and tectonics of the Russian Far East, Alaska, and the Canadian Cordillera. U. S. Geological Survey, 1-397

Obradovich J D, Mutschler F E, Bryant B. 1969. Potasium-argon ages bearing on the igneous and tectonic history of the Elk Mountains and vicinity: a preliminary report. Geological Society of America Bulletin, 80 (9): 1749-1756

Orava D, Priesmeyer S, Hayden A S, White G, Puritch E. 2007. Preliminary Economic Assessment of the Lucky Ship Molybdenum Project, Morice Lake Area, Omineca Mining Division, British Columbia for New Cantech Ventures INC

Ostensoe E A, Boyer D S. 2009. Technical report and resource estimation, Mt. Haskin Molybdenum Property, Cassiar District, Northwestern British Columbia, Canada

P&E Mining Consultants Inc. 2008. Technical report and resource estimate on the Carmi molybdenum deposit, Kettle River Property, Greenwood Mining Division, British Columbia

Pettke T, Oberli F, Heinrich C A. 2010. The magma and metal source of giant porphyry-type ore deposits, based on lead isotope microanalysis of individual fluid inclusions. Earth and Planetary Science Letters, 296 (3-4): 267-277

Read P B, Psutka J F, Fyles J T, MacLeod R F. 2009. Geology, MAX Molybdenum Mine area (NTS 82K/12), British Columbia. Geological Survey of Canada, Open File 6215, 2 sheets, 1 : 10000 scale, and 1 report, 1-21

Ross P S, Jebrak M, Walker R M. 2002. Discharge of hydrothermal fluids from a magma chamber and concomitant formation of a stratified breccia zone at the Questa porphyry molybdenum deposit, New Mexico. Economic Geology, 97 (8): 1679-1699

Rowe A. 2012. Ore genesis and fluid evolution of the Goat Hill orebody, Questa Climax-type porphyry-Mo system, NM and its comparison to the Climax-type deposits of the Colorado mineral belt. Ph. D dissertation, New Mexico Institute of Mining & Technology, 1-269

Sawkins F J. 1984. Metal Deposits in Relation to Plate Tectonics. Berlin: Springer

Schilling J H. 1979. Molybdenum resources of Nevada. NV Bureau of Mines & Geology

Schmidt E A, Worthington J E, Thomssen R W. 1979. K-Ar dates for mineralization in the White Cloud-Cannivan porphyry molybdenum belt of Idaho and Montana-a discussion. Economic Geology, 73 (7): 1366-1373

Seedorff C E. 1987. Henderson porphyry molybdenum deposit: cyclic alteration-mineralization and geochemical evolution of topaz-and magnetite-bearing assemblages. Standford University Ph. D thesis

Seedorff E, Einaudi M. 2004a. Henderson porphyry molybdenum system, Colorado: I. Sequence, abundance of hydrothermal mineral assemblages, flow paths of evolving fluids, evolutionary style. Economic Geology, 99 (1): 3-37

Seedorff E, Einaudi M. 2004b. Henderson porphyry molybdenum system, Colorado: II. Decoupling of introduction, deposition of metals during geochemical evolution of hydrothermal fluids. Economic Geology, 99 (1): 39-72

Selby D, Creaser R A. 2001. Re-Os geochronology and systematics in molybdenite from the Endako porphyry molybdenum deposit, British Columbia, Canada. Economic Geology, 96 (1): 197-204

Selby D, Nesbitt B E, Muehlenbachs K, Prochaska W. 2000. Hydrothermal alteration, fluid chemistry of the Endako porphyry molybdenum deposit, British Columbia. Economic Geology, 95 (1): 183-202

Shannon J R. 1982. A review of absolute age determinations at Red Mountain, Clear Creek County, Colorado. Empire, Colorado, Amax, Inc., Alloy Division, Henderson Mine, Geologic Report, 1-32

Shannon J R, Epis R C, Naeser CW, Obradovick J D. 1987. Correlation of intracaldera and outflow and an intrusive tuff dike related to the Oligocene Mount Aetna cauldron, central Colorado. Colorado School of Mines Quarterly, 82 (4): 65-80

Shannon J R, Nelson E P, Golden R J. 2004. Surface and underground geology of the world-class Henderson molybdenum porphyry mine, Colorado//Nelson E P, Erslev E A. Field trip in the southern Rocky Mountains, USA. Geological Society of America Field Guide, 5: 207-218

Sharp J E. 1979. Cave Peak, a molybdenum-mineralized pipe complex in Culberson County, Texas. Economic Geology, 74 (3): 517-534

Shirvani F. 2007. Technical report of structural analysis, Pitman Molybdenite Project, Omineca Mining Division, Skeena River area, northwestern British Columbia

Sillitoe R H. 1980. Types of porphyry molybdenum deposits. Mining Magazine, 142: 550-553

Simpson R G. 2009. Resource estimated, Lone Pine Molybdenum Project, Omineca Mining Division, British Columbia

Sinclair W D. 1995. Porphyry Mo (low-F type) //Lefebure D V, Ray G E. Selected British Columbia mineral deposit profiles. Vol. 1, Metallic and coal. British Columbia Ministry of Energy, Mines and Petroleum Resources, Open File 1995-20: 93-96

Sinclair W D. 2007. Porphyry deposit//Goodfellow W D. Mineral Deposits of Canada. Geological Association of Canada Special Publication 5: 223-243

Smith J L. 2009. A study of the Adanac porphyry molybdenum deposit and surrounding placer gold mineralization in northwest British Columbia with a comparison to porphyry molybdenum deposits in the North America Cordillera and igneous geochemistry of the western United States. University of Nevada Master Thesis, 1-198

Smith R B, Eaton G P. 1978. Seismicity, crustal structure and intraplate tectonics of the interior of the western Cordillera. Geological Society of America Memoir, 152: 111-144

Söderlund U, Patchett P J, Vervoort J D, Isachsen C E. 2004. The ^{176}Lu decay constant determined by Lu-Hf and U-Pb isotope systematics of Precambrian mafic intrusions. Earth and Planetary Science Letters, 219: 311-324

Soregaroli A E. 1975. Geology and genesis of the Boss Mountain molybdenum deposit, British Columbia. Economic Geology, 70 (1): 4-14

Steiger R H, Jager E. 1977. Subcommission on geochronology: convention on the use of decay constants in geo- and comochronology. Earth and Planetary Science Letters, 36 (3): 359-362

Stein H J, Markey R J, Morgan M J, Du AD, Sun Y L. 1997. Highly precise and accurate Re-Os ages for molybdenite from the East Qinling-Dabie molybdenum belt, Shaanxi province, China. Economic Geology, 92 (7-8): 827-835

Steininger R C. 1985. Geology of the Kitsault molybdenum deposit, British Columbia. Economic Geology, 80 (1): 57-71

Stephens G C. 1972. The geology of the Salal Creek pluton, southwestern British Columbia. Lehigh University Ph. D Degree Thesis, Bethlehem

Steven T A, Mehnert H H, Obradovich J D. 1967. Age of volcanic activity in the San Juan Mountains, Colorado. U. S. Geological Survey Professional Paper 575-D, D47-D55

Sutherland B A. 1976. Morphology and classification. CIM Spec, 15: 44-51

Taylor R D, Hammarstrom J M, Piatak N M, Seal R R. 2012. Arc-related porphyry molybdenum deposit model. Chapter D of Mineral deposit models for resource assessment. U. S. Geological Survey Scientific Investigations Report 2010-5070-D, 1-64

Thomas J A, Galey J T. 1982. Exploration and geology of the Mt. Emmons molybdenite deposits, Gunnison County, Colorado. Economic Geology, 77 (5): 1085-1104

Tribe N. 2010. Progress report and resource estimate on the Empress Molybdenum Property for Molycor Gold Corp and Goldrea Resources Corp

Twenhofel W S, Robiinson G D, Gault H R. 1947. Molybdenite investigations in southeastern Alaska//Reed J C. Mineral Resources of Alaska. Report on Progress of Investigations in 1943 and 1944

Tweto O, Sims P K. 1963. Precambrian ancestry of the Colorado mineral belt. Geological Society of America Bulletin, 74 (8): 991-1014

U. S. Geological Survey. 2011. Mineral commodity summaries 2011, 1-198

Vervoort J D, Blichert-Toft J. 1999. Evolution of the depleted mantle: Hf isotope evidence from juvenile rocks through time. Geochimica et Cosmochimica Acta, 63 (3-4): 533-556

Vervoort J D, Patchett P J. 1996. Behavior of hafnium and neodymium isotopes in the crust: constraints from Precambrian crust derived granites. Geochimica et Cosmochimica Acta, 60 (19): 3717-3733

Villeneuve M, Whalen J B, Anderson R G, Struik L C. 2001. The Endako batholith: episodic plutonism culminating in formation of the Endako porphyry molybdenite deposit, North-Central British Columbia. Economic Geology, 96 (1): 171-196

Wallace S R. 1995. SEG presidential address: the Climax-type molybdenite deposits: what they are, where they are, why they are. Economic Geology, 90: 1359-1380

Wallace S R, MacKenzie W B, Blair R, Muncaster N K. 1978. Geology of the Urad and Henderson molybdenite deposits, Clear Creek County, Colorado, with a section on a comparison of these deposits with those at Climax, Colorado. Economic Geology, 73 (3): 325-368

Westra G, Keith S B. 1981. Classification and genesis of stockwork molybdenum deposits. Economic Geology, 76 (4): 844-873

Whalen J B, Anderson R G, Struik L G, Villeneuve M E. 2001. Geochemistry and Nd isotopes of the Francois Lake plutonic suite, Endako batholith: host and progenitor to the Endako molybdenum camp, central British Columbia. Canadian Journal of Earth Science, 38 (4): 603-618

White W H, Sinclair A J, Harakal J E, Dawson K M. 1970. Potassium-argon ages of Topley intrusions near Endako, British Columbia. Canadian Journal of Earth Sciences, 7 (4): 1172-1177

White W H, Bookstrom A A, Kamilli R J, Ganster M W, Smith R P, Ranta D E, Steininger R C. 1981. Character and origin of Climax-type molybdenum deposits. Economic Geology, 75th Anniversary Volume, 270-316

Winick J A, Taylor C D, Kunk M J, Unruh D. 2002. Revised ^{40}Ar/^{39}Ar ages of the White Cloud molybdenum deposit, Custer County, Idaho. Geological Society of America, Abstract with Programs, 34: 337

Wolfe W J. 1995. Exploration and geology of the Quartz Hill molybdenum deposit, southeast Alaska//Schroeter T G. Porphyry Deposits of the Northwestern Cordillera of North America. Special Volume 46, Canadian Institute of Mining, Metallurgy, and Petroleum: 764-770

Worthington J E. 2007. Porphyry and other molybdenum deposits of Idaho and Montana. Idaho Geological Survey, 1-22

Wu G, Chen Y C, Chen Y J, Zeng Q T. 2012. Zircon U-Pb ages of the metamorphic supracrustal rocks of the Xinghuadukou Group and granitic complexes in the Argun massif of the northern Great Hinggan Range, NE China, and their tectonic implications. Journal of Asian Earth Sciences, 49 (49): 214-233

Wu H Y, Zhang L C, Wan B, Chen Z G, Xiang P, Pirajno F, Du A D, Qu W J. 2011. Re-Os and $^{40}Ar/^{39}Ar$ ages of the Jiguanshan porphyry Mo deposit, Xilamulun metallogenic belt, NE China, and constraints on mineralization events. Mineralium Deposita, 46: 171-185

Wu Y S, Chen Y J, Zhou K F. 2017. Mo deposits in Northwest China: geology, geochemistry, geochronology and tectonic setting. Ore Geology Reviews, 81: 641-671

Xu X C, Lou J W, Xie Q Q, Xiao Q X, Liang J F, Lu S M. 2011. Geochronology and tectonic setting of Pb-Zn-Mo deposits and related igneous rocks in the Yinshan region, Jinzhai, Anhui province. China. Ore Geology Reviews, 43: 132-141

Yang Y F, Wang P. 2017. Geology, geochemistry and tectonic settings of molybdenum deposits in Southwest China: a review. Ore Geology Reviews, 81: 965-995

Yang Y F, Li N, Chen Y J. 2012. Fluid inclusion study of the Nannihu giant porphyry Mo-W deposit, Henan Province, China: implications for the nature of porphyry ore-fluid systems formed in a continental collision setting. Ore Geology Reviews, 46: 83-94

Yang Y F, Chen Y J, Li N, Mi M, Xu Y L, Li F L, Wan S Q. 2013. Fluid inclusion and isotope geochemistry of the Qian'echong giant porphyry Mo deposit, Dabie Shan, China: a case of NaCl-poor, CO_2-rich fluid systems. Journal of Geochemical Exploration, 124: 1-13

Yin A, Nie S Y. 1996. A Phanerozoic palinspastic reconstruction of China and its neighboring regions//Yin A, Harrison T M. The Tectonic Evolution of Asia. Cambridge: Cambridge University Press: 442-485

Zeng Q D, Liu J M, Zhang Z L. 2010. Re-Os geochronology of porphyry molybdenum deposit in south segment of Da Hinggan Mountains, Northeast China. Journal of Earth Science, 21 (4): 392-401

Zeng Q D, Liu J M, Zhang Z L, Chen W J, Zhang W Q. 2011. Geology and geochronology of the Xilamulun molybdenum metallogenic belt in eastern Inner Mongolia, China. International Journal of Earth Sciences, 100 (8): 1791-1809

Zhang L C, Xiao W J, Qin K Z, Qu W J, Du A D. 2005. Re-Os isotopic dating of molybdenite and pyrite in the Baishan Mo-Re deposit, eastern Tianshan, NW China, and its geological significance. Mineralium Deposita, 39 (8): 960-969

Zhao G C, Cawood P A. 1999. Tectonothermal evolution of the Mayuan assemblage in the Cathaysia Block: implications for Neoproterozoic collision-related assembly of the South China Craton. American Journal of Sciences, 299 (4): 309-339

Zhong J, Chen Y J, Pirajno F, Chen J, Li J, Qi J P, Li N. 2014. Geology, geochronology, fluid inclusion and H-O isotope geochemistry of the Luoboling porphyry Cu-Mo deposit, Zijinshan Orefield, Fujian Province, China. Ore Geology Reviews, 57: 61-77

Zhong J, Chen Y J, Pirajno F. 2017. Geology, geochemistry and tectonic settings of the molybdenum deposits in South China: a review. Ore Geology Reviews, 81: 829-855

Zhu D C, Zhao Z D, Niu Y L, Mo X X, Chung S L, Hou Z Q, Wang L Q, Wu F Y. 2011. The Lhasa Terrane: record of a microcontinent and its histories of drift and growth. Earth and Planetary Science Letters, 301 (1-2): 241-255

Zhu J, Lu X B, Chen C, Cao X F, Wu C M. 2013. U-Pb and Re-Os Ages of the Huaheitan Molybdenum Deposit, NW China. Resource Geology, 63 (3): 330-336

附　　表

附表1　秦岭地区成矿小斑岩体主量元素地球化学

（单位:%）

矿床	样号	岩性	SiO_2	TiO_2	Al_2O_3	FeO_T	MnO	MgO	CaO	Na_2O	K_2O	P_2O_5	LOI	$Mg^{\#}$	σ	A/CNK	A/NK	K_2O/Na_2O	K_2O+Na_2O	参考文献
温泉	1358/1	二长花岗岩	65.21	0.53	15.54	3.94	0.09	1.74	2.59	3.60	4.49	0.31	0.84	44	2.95	1.00	1.44	1.25	8.09	李永军等，2003a
温泉	1040/1b	二长花岗岩	71.56	0.26	14.43	2.32	0.05	0.49	0.86	4.25	5.19	0.10	0.42	27	3.12	1.02	1.14	1.22	9.44	李永军等，2003a
温泉	1022/1b	二长花岗岩	72.20	0.22	14.29	1.78	0.04	0.52	1.08	4.08	4.96	0.08	0.37	34	2.80	1.02	1.18	1.22	9.04	李永军等，2003a
温泉	1021/1b	二长花岗岩	72.38	0.20	14.38	1.88	0.04	0.48	1.09	4.07	5.14	0.07	0.35	31	2.89	1.01	1.17	1.26	9.21	李永军等，2003a
温泉	1027/1	二长花岗斑岩	69.44	0.31	14.78	2.56	0.05	0.83	1.64	4.19	5.15	0.13	0.36	37	3.30	0.96	1.19	1.23	9.34	李永军等，2003a
温泉	1025/1	二长花岗斑岩	70.78	0.33	14.49	2.36	0.06	0.84	1.24	4.04	4.82	0.12	0.65	39	2.83	1.03	1.22	1.19	8.86	李永军等，2003a
温泉	1043/1	二长花岗斑岩	71.32	0.31	14.23	2.42	0.06	0.73	1.12	4.29	4.52	0.09	0.38	35	2.74	1.02	1.19	1.05	8.81	李永军等，2003a
温泉	1041/1	二长花岗斑岩	72.47	0.23	14.28	1.96	0.05	0.38	0.80	4.18	5.02	0.07	0.18	26	2.87	1.04	1.16	1.20	9.20	李永军等，2003a
温泉	1372/1	二长花岗斑岩	66.58	0.48	15.13	3.79	0.09	1.61	2.99	3.60	4.67	0.32	0.12	43	2.90	0.92	1.38	1.30	8.27	李永军等，2003a
温泉	1044/1	二长花岗斑岩	71.94	0.30	14.31	2.11	0.05	0.67	1.32	4.21	4.66	0.28	0.14	36	2.72	1.00	1.20	1.11	8.87	李永军等，2003a
温泉	1026/2b	正长斑岩	70.52	0.34	14.13	2.44	0.06	0.79	0.61	4.34	5.04	0.12	0.39	37	3.20	1.03	1.12	1.16	9.38	李永军等，2003a
温泉	WQ66	花岗闪长岩	66.74	0.57	14.73	3.42	0.06	1.72	2.93	3.12	4.89	0.25	0.92	47	2.70	0.94	1.41	1.57	8.01	张宏飞等，2005
温泉	WQ66-1	花岗闪长岩	67.17	0.55	14.99	2.95	0.06	1.38	2.89	3.28	4.73	0.22	1.20	45	2.65	0.95	1.43	1.44	8.01	张宏飞等，2005
温泉	WQ66-2	花岗闪长岩	67.18	0.51	15.02	3.00	0.07	1.53	2.79	3.41	4.40	0.21	1.30	48	2.52	0.97	1.45	1.29	7.81	张宏飞等，2005
温泉	WQ66-3	花岗闪长岩	67.34	0.53	14.83	3.12	0.06	1.52	2.95	3.16	4.66	0.22	0.98	46	2.51	0.95	1.45	1.47	7.82	张宏飞等，2005
温泉	W17-1	二长花岗斑岩	76.35	0.35	11.41	1.75	0.03	0.65	1.16	2.58	4.67	0.12	0.63	40	1.58	1.00	1.23	1.81	7.25	Cao et al.，2011
温泉	W27-2	二长花岗斑岩	59.38	0.22	18.46	1.44	0.07	0.42	5.19	8.43	1.25	0.08	4.69	34	5.72	0.75	1.21	0.15	9.68	Cao et al.，2011
温泉	W-PD1-4	二长花岗斑岩	73.00	0.30	13.71	1.75	0.03	0.70	1.58	3.27	4.66	0.12	0.43	42	2.10	1.03	1.32	1.43	7.93	Cao et al.，2011
温泉	W01-1	二长花岗斑岩	75.13	0.24	12.95	1.49	0.03	0.61	1.56	3.26	3.66	0.08	0.55	42	1.49	1.06	1.39	1.12	6.92	Cao et al.，2011
温泉	W02-1	二长花岗斑岩	70.51	0.40	14.67	2.05	0.04	0.81	1.84	3.25	5.14	0.16	0.59	41	2.56	1.03	1.34	1.58	8.39	Cao et al.，2011

续表

矿床	样号	岩性	SiO_2	TiO_2	Al_2O_3	FeO_T	MnO	MgO	CaO	Na_2O	K_2O	P_2O_5	LOI	$Mg^{\#}$	σ	A/CNK	A/NK	K_2O/Na_2O	K_2O+Na_2O	参考文献
温泉	W48-1	二长花岗斑岩	71.34	0.31	14.47	1.84	0.04	0.76	1.70	3.49	4.89	0.11	0.42	42	2.48	1.02	1.31	1.40	8.38	Cao et al., 2011
温泉	W49-1	二长花岗斑岩	71.01	0.35	14.26	2.02	0.04	0.91	1.79	3.44	4.81	0.15	0.71	44	2.43	1.01	1.31	1.40	8.25	Cao et al., 2011
温泉	CJ-1	花岗岩脉	71.53	0.28	14.35	1.41	0.03	0.51	1.41	2.40	5.35	0.08	2.34	39	2.11	1.17	1.47	2.23	7.75	Cao et al., 2011
温泉	CJ-3	黑云母二长花岗岩	76.40	0.12	12.43	0.85	0.01	0.21	0.76	3.01	5.56	0.03	0.43	31	2.20	1.01	1.13	1.85	8.57	Cao et al., 2011
温泉	CJ-4	黑云母二长花岗岩	76.95	0.09	12.47	0.74	0.02	0.13	0.61	3.38	4.98	0.02	0.26	24	2.06	1.03	1.14	1.47	8.36	Cao et al., 2011
温泉	W22-1	二长花岗斑岩	73.12	0.30	14.10	1.67	0.02	1.03	0.61	3.78	3.80	0.13	1.62	52	1.91	1.23	1.36	1.01	7.58	Zhu et al., 2011
温泉	W3-2	二长花岗斑岩	72.49	0.15	14.11	1.50	0.03	0.52	1.31	3.53	5.04	0.08	0.75	38	2.49	1.03	1.25	1.43	8.57	Zhu et al., 2011
温泉	W3-3	二长花岗斑岩	72.97	0.15	14.11	1.44	0.03	0.55	1.56	3.61	4.93	0.08	0.68	41	2.43	1.00	1.25	1.37	8.54	Zhu et al., 2011
温泉	W8-1	二长花岗斑岩	69.67	0.35	15.06	2.36	0.05	1.08	1.96	3.58	5.18	0.17	0.38	45	2.88	1.00	1.31	1.45	8.76	Zhu et al., 2011
温泉	W8-2	二长花岗斑岩	70.04	0.42	14.24	2.76	0.07	1.35	2.19	3.71	4.00	0.20	1.04	47	2.20	0.99	1.36	1.08	7.71	Zhu et al., 2011
温泉	W8-3	二长花岗斑岩	69.91	0.45	14.34	2.81	0.07	1.43	2.47	3.90	3.52	0.21	0.80	48	2.05	0.97	1.40	0.90	7.42	Zhu et al., 2011
温泉	W9-3	二长花岗斑岩	72.45	0.26	14.30	1.57	0.03	0.67	1.34	3.44	5.00	0.11	1.01	43	2.42	1.06	1.29	1.45	8.44	Zhu et al., 2011
温泉	W-15	二长花岗斑岩	72.72	0.29	13.91	1.79	0.04	0.75	1.62	3.56	4.26	0.13	0.76	43	2.06	1.04	1.33	1.20	7.82	Zhu et al., 2011
温泉	W17-1	二长花岗斑岩	73.19	0.25	13.72	1.49	0.03	0.49	1.28	3.34	4.97	0.12	0.72	37	2.29	1.04	1.26	1.49	8.31	Zhu et al., 2011
温泉	W17-2	二长花岗斑岩	71.42	0.29	14.65	1.85	0.04	0.65	0.97	3.97	4.99	0.14	1.19	38	2.82	1.07	1.23	1.26	8.96	Zhu et al., 2011
温泉	W17-3	二长花岗斑岩	71.46	0.29	14.78	1.62	0.04	0.57	1.23	3.83	5.00	0.13	0.89	39	2.74	1.06	1.26	1.31	8.83	Zhu et al., 2011
温泉	W17-4	二长花岗斑岩	73.12	0.16	13.78	1.41	0.02	0.45	1.19	3.32	5.07	0.11	0.73	36	2.34	1.05	1.26	1.53	8.39	Zhu et al., 2011
温泉	W23-2	二长花岗斑岩	72.92	0.55	12.70	2.70	0.07	1.22	1.33	2.95	4.89	0.19	0.57	45	2.05	1.01	1.25	1.66	7.84	Zhu et al., 2011
温泉	W23-4	二长花岗斑岩	71.74	0.56	12.89	2.90	0.06	1.27	1.31	3.01	4.92	0.20	1.20	44	2.19	1.02	1.25	1.63	7.93	Zhu et al., 2011
温泉	W23-5	二长花岗斑岩	70.48	0.69	12.95	3.47	0.08	1.57	1.39	2.98	4.90	0.24	0.62	45	2.26	1.02	1.27	1.64	7.88	Zhu et al., 2011
温泉	W25-1	二长花岗斑岩	71.90	0.28	14.05	1.80	0.04	0.77	1.79	3.63	4.36	0.12	0.65	43	2.21	1.01	1.31	1.20	7.99	Zhu et al., 2011
温泉	W25-2	二长花岗斑岩	73.02	0.29	13.81	1.93	0.04	0.77	1.72	3.51	4.38	0.12	0.47	42	2.07	1.01	1.31	1.25	7.89	Zhu et al., 2011
温泉	W25-3	二长花岗斑岩	70.99	0.26	14.81	1.75	0.04	0.71	1.27	3.71	5.00	0.12	0.70	42	2.71	1.07	1.29	1.35	8.71	Zhu et al., 2011
温泉	W26-3	二长花岗斑岩	71.57	0.36	13.84	2.22	0.05	1.00	1.46	3.19	4.67	0.15	0.79	45	2.16	1.07	1.34	1.46	7.86	Zhu et al., 2011

续表

矿床	样号	岩性	SiO_2	TiO_2	Al_2O_3	FeO_T	MnO	MgO	CaO	Na_2O	K_2O	P_2O_5	LOI	$Mg^{\#}$	σ	A/CNK	A/NK	K_2O/Na_2O	K_2O+Na_2O	参考文献
温泉	YX-9	二长花岗斑岩	71.10	0.36	13.69	2.24	0.05	1.00	1.47	3.17	4.69	0.16	1.91	44	2.20	1.06	1.33	1.48	7.86	Zhu et al., 2011
胭脂坝	XK-04	二长花岗岩	70.09	0.56	15.28	2.94	0.06	0.81	2.33	4.22	3.27	0.19	0.37	33	2.07	1.04	1.46	0.77	7.49	骆金诚等, 2010
胭脂坝	XK-11	二长花岗岩	71.99	0.29	14.71	1.83	0.03	0.43	1.60	3.75	4.54	0.10	0.42	30	2.37	1.05	1.33	1.21	8.29	骆金诚等, 2010
胭脂坝	XK-12	二长花岗岩	73.35	0.24	14.57	1.48	0.03	0.35	1.46	3.63	4.70	0.09	0.36	30	2.29	1.06	1.32	1.29	8.33	骆金诚等, 2010
胭脂坝	XK-14	二长花岗岩	71.18	0.32	15.42	1.95	0.05	0.48	1.64	4.06	4.53	0.12	0.41	30	2.62	1.06	1.33	1.12	8.59	骆金诚等, 2010
胭脂坝	YZB-01	二长花岗岩	71.86	0.24	14.44	1.72	0.04	0.47	1.62	3.67	4.50	0.08	0.71	33	2.31	1.04	1.32	1.23	8.17	骆金诚等, 2010
胭脂坝	YZB-02	二长花岗岩	72.34	0.24	14.62	1.70	0.04	0.49	1.46	3.47	4.81	0.08	0.93	34	2.34	1.08	1.34	1.39	8.28	骆金诚等, 2010
胭脂坝	YZB-03	二长花岗岩	72.32	0.24	14.57	1.73	0.04	0.46	1.75	3.74	4.30	0.08	0.87	32	2.20	1.04	1.35	1.15	8.04	骆金诚等, 2010
胭脂坝	YZB-06	二长花岗岩	71.13	0.24	14.85	1.69	0.04	0.45	1.77	3.81	4.75	0.08	0.63	32	2.60	1.02	1.30	1.25	8.56	骆金诚等, 2010
胭脂坝	YZB-07	二长花岗岩	72.01	0.24	14.36	1.67	0.04	0.45	1.68	3.65	4.47	0.07	0.69	32	2.27	1.03	1.32	1.22	8.12	骆金诚等, 2010
胭脂坝	YZB-08	二长花岗岩	72.98	0.24	14.32	1.67	0.04	0.46	1.58	3.47	4.52	0.07	0.71	33	2.13	1.06	1.35	1.30	7.99	骆金诚等, 2010
胭脂坝	YZB-16	二长花岗岩	71.92	0.23	14.50	1.68	0.04	0.46	1.64	3.57	4.57	0.07	0.77	33	2.29	1.05	1.34	1.28	8.14	骆金诚等, 2010
胭脂坝	NS-1	钾长花岗岩	74.35	0.09	14.42	0.86	0.15	0.03	0.42	4.38	4.03	0.09	0.57	6	2.26	1.17	1.25	0.92	8.41	Jiang et al., 2010
胭脂坝	NS-2	二长花岗岩	72.70	0.25	14.31	1.69	0.05	0.39	1.47	3.68	4.52	0.08	0.32	29	2.26	1.05	1.31	1.23	8.20	Jiang et al., 2010
胭脂坝	NS-3	二长花岗岩	72.47	0.27	14.62	1.69	0.05	0.33	1.46	3.83	4.51	0.07	0.58	26	2.36	1.06	1.31	1.18	8.34	Jiang et al., 2010
胭脂坝	NS-14	二长花岗岩	71.83	0.24	14.85	1.64	0.04	0.37	1.50	3.54	4.30	0.09	1.13	29	2.13	1.12	1.42	1.21	7.84	Jiang et al., 2010
胭脂坝	NS-15	二长花岗岩	72.99	0.24	14.37	1.60	0.05	0.38	1.37	3.20	4.58	0.07	0.52	30	2.02	1.13	1.41	1.43	7.78	Jiang et al., 2010
胭脂坝	NS-16	二长花岗岩	72.55	0.26	14.22	1.73	0.05	0.48	1.71	3.07	4.59	0.07	0.77	33	1.99	1.08	1.42	1.50	7.66	Jiang et al., 2010
胭脂坝	10NS-01	花岗岩	71.47	0.27	15.10	1.88	0.04	0.60	1.90	3.79	4.14	0.13	0.58	36	2.21	1.07	1.41	1.09	7.93	Dong et al., 2012
胭脂坝	10NS-02	花岗岩	70.99	0.31	15.32	2.14	0.04	0.73	2.14	3.73	3.89	0.15	0.67	38	2.07	1.08	1.48	1.04	7.62	Dong et al., 2012
胭脂坝	10NS-03	花岗岩	71.43	0.26	15.14	1.90	0.04	0.61	2.03	4.02	3.82	0.13	0.68	36	2.16	1.05	1.41	0.95	7.84	Dong et al., 2012
胭脂坝	10NS-04	花岗岩	71.44	0.27	14.88	1.94	0.04	0.63	1.93	3.75	3.93	0.13	0.77	37	2.07	1.07	1.43	1.05	7.68	Dong et al., 2012
胭脂坝	10NS-05	花岗岩	71.28	0.28	15.14	1.91	0.04	0.66	1.97	3.79	3.99	0.13	0.76	38	2.14	1.07	1.43	1.05	7.78	Dong et al., 2012
胭脂坝	10NS-05R	花岗岩	71.34	0.27	15.17	1.90	0.04	0.65	1.96	3.76	4.01	0.13	0.77	38	2.13	1.08	1.44	1.07	7.77	Dong et al., 2012

续表

矿床	样号	岩性	SiO_2	TiO_2	Al_2O_3	FeO_T	MnO	MgO	CaO	Na_2O	K_2O	P_2O_5	LOI	$Mg^{\#}$	σ	A/CNK	A/NK	K_2O/Na_2O	K_2O+Na_2O	参考文献
胭脂坝	10NS-06	花岗岩	71.96	0.23	14.62	1.67	0.04	0.54	1.79	3.50	4.48	0.12	0.83	37	2.20	1.05	1.38	1.28	7.98	Dong et al., 2012
梨园堂	11LY1-1	二长花岗岩	74.80	0.09	13.20	0.49	0.01	0.06	0.77	2.92	6.44	<0.01	0.65	18	2.76	1.00	1.12	2.21	9.36	Xiao et al., 2014
梨园堂	11LY1-4	二长花岗岩	74.90	0.06	13.50	0.43	0.01	0.01	0.61	5.13	4.67	<0.01	0.58	4	3.01	0.92	1.00	0.91	9.80	Xiao et al., 2014
梨园堂	11LY1-5	二长花岗岩	77.20	0.07	12.90	0.43	0.01	0.01	0.25	3.40	4.58	<0.01	0.68	4	1.86	1.17	1.22	1.35	7.98	Xiao et al., 2014
梨园堂	11LY1-6	二长花岗岩	78.30	0.07	11.90	0.31	0.01	0.43	0.48	2.38	5.07	<0.01	0.99	71	1.57	1.16	1.27	2.13	7.45	Xiao et al., 2014
梨园堂	111Y1-18	二长花岗岩	75.30	0.09	13.80	0.56	0.03	0.12	0.67	4.06	4.73	<0.01	0.42	28	2.39	1.06	1.17	1.17	8.79	Xiao et al., 2014
梨园堂	111Y1-19	二长花岗岩	75.10	0.08	13.10	0.49	0.02	0.06	0.70	5.14	4.55	<0.01	0.65	18	2.93	0.89	0.98	0.89	9.69	Xiao et al., 2014
梨园堂	11LY1-20	二长花岗岩	75.40	0.08	13.90	0.58	0.02	0.04	0.64	4.10	4.31	<0.01	0.54	11	2.18	1.11	1.22	1.05	8.41	Xiao et al., 2014
梨园堂	11LY1-21	二长花岗岩	75.30	0.08	13.40	0.58	0.03	0.08	0.67	4.45	4.45	<0.01	0.51	20	2.45	1.00	1.10	1.00	8.90	Xiao et al., 2014
梨园堂	111Y1-22	二长花岗岩	75.90	0.08	13.50	0.50	0.02	0.16	0.68	3.84	4.68	<0.01	0.48	36	2.21	1.07	1.19	1.22	8.52	Xiao et al., 2014
冷水沟	LS02	花岗斑岩	66.12	0.33	14.73	2.16	0.03	1.88	3.08	5.55	3.97	0.27	1.29	61	3.92	0.77	1.10	0.72	9.52	杨恺, 2009
冷水沟	LS02（2）	花岗斑岩	66.20	0.33	14.98	2.18	0.03	1.93	3.09	4.80	3.92	0.27	1.69	61	3.28	0.84	1.23	0.82	8.72	杨恺, 2009
冷水沟	LS03	花岗斑岩	65.92	0.31	15.02	2.46	0.03	1.85	1.97	6.38	3.83	0.24	1.42	57	4.55	0.82	1.03	0.60	10.21	杨恺, 2009
冷水沟	LS04	花岗斑岩	65.56	0.40	14.64	1.81	0.03	2.33	3.68	4.68	4.23	0.32	1.82	70	3.52	0.77	1.19	0.90	8.91	杨恺, 2009
冷水沟	LS05	花岗斑岩	62.44	0.35	14.98	3.21	0.01	5.03	1.69	5.52	3.42	0.18	2.65	74	4.11	0.94	1.17	0.62	8.94	杨恺, 2009
冷水沟	LS06	花岗斑岩	59.62	0.40	15.79	2.19	0.02	4.32	2.75	5.67	6.00	0.19	2.61	78	8.19	0.76	1.00	1.06	11.67	杨恺, 2009
冷水沟	LS15	花岗斑岩	61.77	0.34	15.19	4.17	0.01	5.07	1.51	5.97	3.24	0.17	1.94	68	4.52	0.95	1.14	0.54	9.21	杨恺, 2009
冷水沟	LS16	花岗斑岩	61.69	0.37	15.09	4.51	0.01	5.27	1.46	5.64	3.35	0.19	1.68	68	4.32	0.97	1.17	0.59	8.99	杨恺, 2009
冷水沟	LS18	花岗斑岩	64.82	0.39	14.39	3.29	0.05	2.35	3.01	4.85	3.75	0.30	2.18	56	3.39	0.82	1.20	0.77	8.60	杨恺, 2009
冷水沟	LS19	花岗斑岩	66.51	0.36	14.82	3.42	0.05	1.95	2.78	4.99	3.38	0.26	0.81	50	2.98	0.88	1.25	0.68	8.37	杨恺, 2009
冷水沟	LSG-3	花岗闪长斑岩	66.60	0.46	15.69	3.02	0.05	1.40	3.16	4.58	3.34	0.25	0.55	45	2.66	0.93	1.41	0.73	7.92	吴发富, 2013
冷水沟	LSG-9	花岗闪长斑岩	63.99	0.61	15.66	4.00	0.07	1.97	3.60	4.71	3.42	0.36	0.53	47	3.15	0.87	1.37	0.73	8.13	吴发富, 2013
冷水沟	LSG-32	花岗闪长斑岩	66.14	0.40	12.55	0.83	0.02	1.00	4.77	1.29	8.44	0.21	0.00	68	4.09	0.63	1.11	6.54	9.73	吴发富, 2013
冷水沟	LSG-33	花岗闪长斑岩	64.28	0.43	15.01	0.68	0.02	0.69	4.09	3.90	6.12	0.25	0.00	64	4.72	0.73	1.15	1.57	10.02	吴发富, 2013

续表

矿床	样号	岩性	SiO_2	TiO_2	Al_2O_3	FeO_T	MnO	MgO	CaO	Na_2O	K_2O	P_2O_5	LOI	$Mg^{\#}$	σ	A/CNK	A/NK	K_2O/Na_2O	K_2O+Na_2O	参考文献
冷水沟	LSG-29	花岗斑岩	63.95	0.42	14.79	0.96	0.03	0.17	4.80	3.18	6.98	0.25	0.00	24	4.93	0.69	1.16	2.19	10.16	吴发富，2013
冷水沟	LSG-30	花岗斑岩	65.80	0.40	15.43	1.01	0.03	0.21	2.82	3.27	7.47	0.25	2.54	27	5.06	0.83	1.15	2.28	10.74	吴发富，2013
冷水沟	LSG-31	花岗斑岩	65.07	0.44	15.05	1.22	0.03	0.16	3.48	2.91	7.83	0.25	0.00	19	5.23	0.77	1.13	2.69	10.74	吴发富，2013
八里坡	B0001-3	二长花岗岩	73.76	0.11	13.74	1.89	0.10	0.33	1.70	3.36	4.31	0.05	0.82	24	1.91	1.03	1.35	1.28	7.67	焦建刚等，2010b
八里坡	B0001-4	二长花岗岩	73.11	0.10	14.24	1.79	0.11	0.25	1.76	3.43	4.41	0.05	0.48	20	2.04	1.05	1.37	1.29	7.84	焦建刚等，2010b
八里坡	B0001-7	二长花岗岩	73.64	0.11	14.15	1.46	0.07	0.23	1.73	3.44	4.43	0.05	0.83	22	2.02	1.04	1.35	1.29	7.87	焦建刚等，2010b
八里坡	B0003-8	二长花岗岩	71.62	0.14	14.81	1.77	0.09	0.30	2.11	3.67	4.10	0.06	0.66	23	2.11	1.03	1.41	1.12	7.77	焦建刚等，2010b
八里坡	B0003-9	二长花岗岩	70.80	0.16	15.53	2.07	0.13	0.34	2.37	3.97	3.98	0.07	0.61	23	2.27	1.03	1.43	1.00	7.95	焦建刚等，2010b
八里坡	B2101-10	二长花岗岩	71.11	0.16	15.22	2.10	0.12	0.36	2.18	3.70	4.24	0.08	0.88	23	2.24	1.04	1.43	1.15	7.94	焦建刚等，2010b
八里坡	B2101-11	二长花岗岩	69.87	0.21	15.74	2.38	0.16	0.46	2.74	3.72	3.85	0.01	0.86	26	2.13	1.03	1.53	1.03	7.57	焦建刚等，2010b
八里坡	B0802-17	二长花岗岩	71.02	0.15	15.13	2.12	0.14	0.34	2.20	3.97	4.00	0.08	0.85	22	2.27	1.02	1.39	1.01	7.97	焦建刚等，2010b
八里坡	B0802-18	二长花岗岩	71.95	0.12	14.54	1.67	0.10	0.25	1.77	3.58	4.51	0.05	0.86	21	2.26	1.04	1.35	1.26	8.09	焦建刚等，2010b
八里坡	ZK0001-1	花岗斑岩	69.98	0.22	15.02	1.96	0.10	0.38	2.38	4.16	3.94	0.09	0.80	26	2.43	0.97	1.35	0.95	8.10	李洪英等，2011
八里坡	ZK001-1	花岗斑岩	70.72	0.21	14.93	1.84	0.09	0.33	2.43	4.26	3.76	0.07	0.61	24	2.32	0.96	1.35	0.88	8.02	李洪英等，2011
八里坡	XLYT-01	花岗斑岩	69.92	0.21	15.46	1.74	0.07	0.28	2.15	4.41	4.15	0.04	0.69	22	2.72	0.99	1.32	0.94	8.56	李洪英等，2011
八里坡	B0003-9	花岗斑岩	70.80	0.16	15.53	2.07	0.13	0.34	2.37	3.97	3.98	0.07	0.61	23	2.27	1.03	1.43	1.00	7.95	李洪英等，2011
八里坡	B2102-11	花岗斑岩	69.87	0.21	15.74	2.38	0.16	0.46	2.74	3.72	3.85	0.09	0.86	26	2.13	1.03	1.53	1.03	7.57	李洪英等，2011
金堆城	金 8401	花岗斑岩	73.08	0.17	13.89	2.03	0.04	0.32	1.42	3.72	4.41	0.07		22	2.20	1.03	1.28	1.19	8.13	聂凤军和樊建廷，1989
金堆城	金 8402	花岗斑岩	75.26	0.18	13.84	1.86	0.03	0.17	0.80	3.18	4.55	0.03	0.51	14	1.85	1.19	1.36	1.43	7.73	聂凤军和樊建廷，1989
金堆城	金 8403	花岗斑岩	74.50	0.17	13.17	1.59	0.04	0.40	0.32	2.70	5.63	0.04	0.91	31	2.20	1.18	1.25	2.09	8.33	聂凤军和樊建廷，1989
金堆城	金 8404	花岗斑岩	74.09	0.33	12.64	2.81	0.02	0.32	0.34	1.25	6.90	0.02	17.11	17	2.14	1.25	1.33	5.52	8.15	聂凤军和樊建廷，1989
金堆城	L101	花岗斑岩	74.41	0.04	13.04	0.61	0.04	0.13	0.51	0.78	8.77	0.02	1.11	27	2.90	1.11	1.21	11.24	9.55	王新，2001
金堆城	L103	花岗斑岩	68.59	0.59	13.00	5.19	0.18	0.66	1.46	2.43	4.94	0.17	2.23	18	2.12	1.08	1.39	2.03	7.37	王新，2001
金堆城	L303	花岗斑岩	78.14	0.04	11.18	0.37	0.02	0.10	0.52	1.19	7.70	0.01	0.68	33	2.25	0.99	1.09	6.47	8.89	王新，2001

续表

矿床	样号	岩性	SiO_2	TiO_2	Al_2O_3	FeO_T	MnO	MgO	CaO	Na_2O	K_2O	P_2O_5	LOI	$Mg^{\#}$	σ	A/CNK	A/NK	K_2O/Na_2O	K_2O+Na_2O	参考文献
金堆城	L401	花岗斑岩	74.22	0.11	12.71	1.04	0.04	0.21	0.98	1.23	7.58	0.04	1.43	26	2.49	1.06	1.24	6.16	8.81	王新，2001
金堆城	L403	花岗斑岩	72.87	0.13	14.01	1.03	0.06	0.24	1.21	3.75	5.09	0.05	1.10	29	2.62	1.01	1.20	1.36	8.84	王新，2001
金堆城	JD-1	花岗斑岩	74.00	0.20	13.00	1.70	0.10	0.30	1.00	2.20	6.00	0.00	1.50	24	2.17	1.09	1.29	2.73	8.20	焦建刚等，2010a
金堆城	JD-10	花岗斑岩	73.20	0.15	12.60	1.88	0.09	0.37	1.08	1.63	6.61	0.04	2.08	26	2.25	1.07	1.28	4.06	8.24	焦建刚等，2010a
金堆城	JD-1	花岗斑岩	75.26	0.18	12.84	1.75	0.03	0.17	0.80	3.18	4.55	0.03	0.51	15	1.85	1.11	1.26	1.43	7.73	Zhu et al.，2010
金堆城	JD-2	花岗斑岩	78.34	0.05	12.15	0.85	0.02	0.10	0.60	2.73	4.68	0.01	0.54	17	1.55	1.14	1.27	1.71	7.41	Zhu et al.，2010
金堆城	JD-3	花岗斑岩	76.85	0.05	12.34	1.20	0.02	0.11	0.28	1.53	6.69	0.02	0.45	14	2.00	1.20	1.26	4.37	8.22	Zhu et al.，2010
金堆城	JD11	花岗斑岩	76.22	0.11	9.83	2.21	0.01	0.39	0.76	0.16	6.07	0.06	2.31	24	1.17	1.20	1.44	37.94	6.23	Zhu et al.，2010
金堆城	JD12	花岗斑岩	82.41	0.04	6.95	1.72	0.01	0.20	0.52	0.14	4.72	0.02	1.82	17	0.60	1.11	1.30	33.71	4.86	Zhu et al.，2010
金堆城	JD13	花岗斑岩	75.92	0.11	9.80	2.18	0.01	0.40	0.77	0.17	6.08	0.06	2.48	25	1.19	1.19	1.43	35.76	6.25	Zhu et al.，2010
金堆城	JD14	花岗斑岩	82.17	0.04	6.87	1.70	0.01	0.19	0.52	0.11	4.70	0.02	1.75	17	0.59	1.11	1.30	42.73	4.81	Zhu et al.，2010
金堆城	JD21	花岗斑岩	69.73	0.04	14.41	1.36	0.02	0.28	0.74	0.55	9.76	0.03	1.93	27	3.98	1.12	1.26	17.75	10.31	Zhu et al.，2010
金堆城	JDC-54c	花岗斑岩	72.89	0.14	13.12	1.70	0.02	0.13	0.73	1.49	6.97	0.03	1.85	12	2.39	1.16	1.31	4.68	8.46	李洪英等，2011
金堆城	JDC-54d	花岗斑岩	74.06	0.14	12.50	1.08	0.01	0.07	0.66	1.36	7.93	0.03	1.29	10	2.78	1.04	1.16	5.83	9.29	李洪英等，2011
金堆城	JDC-82	花岗斑岩	73.71	0.14	12.94	0.88	0.04	0.30	0.90	1.53	7.18	0.04	1.71	38	2.47	1.09	1.26	4.69	8.71	李洪英等，2011
金堆城	JDC-96	花岗斑岩	73.10	0.08	12.26	1.18	0.02	0.06	0.56	0.54	9.87	0.04	1.28	8	3.60	0.97	1.06	18.28	10.41	李洪英等，2011
金堆城	JDC-100	花岗斑岩	73.16	0.16	12.79	0.90	0.01	0.28	0.70	1.18	8.46	0.06	1.20	36	3.08	1.03	1.15	7.17	9.64	李洪英等，2011
石家湾	石 8401	二长花岗斑岩	71.95	0.23	13.83	2.60	0.03	0.76	1.44	3.49	4.64	0.03		34	2.28	1.03	1.28	1.33	8.13	聂凤军和樊建廷，1989
石家湾	石 8402	二长花岗斑岩	72.22	0.25	13.58	2.79	0.03	0.81	1.45	3.51	4.77	0.01	0.90	34	2.35	1.00	1.24	1.36	8.28	聂凤军和樊建廷，1989
石家湾	Sjw-1	钾长花岗岩	73.04	0.19	13.95	1.33	0.02	0.34	0.71	3.15	5.36	0.07	0.88	31	2.41	1.14	1.27	1.70	8.51	赵海杰等，2010
石家湾	Sjw-2	钾长花岗岩	70.52	0.22	14.71	2.05	0.03	0.54	1.81	3.42	5.00	0.11	0.93	32	2.58	1.03	1.33	1.46	8.42	赵海杰等，2010
石家湾	1	钾长花岗岩	73.19	0.09	13.74	0.69	0.02	0.11	0.44	4.00	5.12	0.01	0.26	22	2.76	1.06	1.13	1.28	9.12	赵海杰等，2010
石家湾	2	黑云母花岗闪长岩	66.64	0.48	14.62	4.32	0.06	1.15	1.21	2.92	4.64	0.26		32	2.42	1.22	1.49	1.59	7.56	赵海杰等，2010
木龙沟	MLG-01	花岗闪长岩	63.92	0.49	16.57	3.50	0.02	1.49	2.94	2.56	5.86	0.27	3.10	43	3.39	1.04	1.57	2.29	8.42	柯昌辉等，2013

续表

矿床	样号	岩性	SiO_2	TiO_2	Al_2O_3	FeO_T	MnO	MgO	CaO	Na_2O	K_2O	P_2O_5	LOI	$Mg^{\#}$	σ	A/CNK	A/NK	K_2O/Na_2O	K_2O+Na_2O	参考文献
木龙沟	MLG-06	花岗闪长岩	65.10	0.46	16.01	5.62	0.07	1.16	3.77	3.31	4.40	0.26	1.50	27	2.69	0.94	1.57	1.33	7.71	柯昌辉等，2013
夜长坪	YB2Y-1	花岗斑岩	73.01	0.07	13.50	1.82	0.04	0.34	0.83	3.42	6.12	0.02		25	3.03	0.98	1.10	1.79	9.54	肖光富等，2014
夜长坪	YB2Y-2	花岗斑岩	72.11	0.08	13.92	2.57	0.10	0.59	0.92	0.92	6.59	0.02		29	1.94	1.35	1.61	7.16	7.51	肖光富等，2014
夜长坪	YB2Y-3	花岗斑岩	73.70	0.09	12.94	1.88	0.05	0.34	0.91	1.93	7.26	0.03		24	2.75	1.02	1.17	3.76	9.19	肖光富等，2014
夜长坪	YB2Y-4	花岗斑岩	74.46	0.08	12.53	1.64	0.04	0.32	0.97	2.02	7.14	0.02		26	2.67	0.98	1.13	3.53	9.16	肖光富等，2014
夜长坪	YB2Y-5	花岗斑岩	73.83	0.08	13.33	1.52	0.03	0.34	0.85	2.98	6.49	0.02		29	2.91	0.99	1.12	2.18	9.47	肖光富等，2014
银家沟	LY3-4	二长花岗斑岩	71.43	0.30	13.80	3.63	0.01	0.49	0.14	0.24	5.64	0.13	3.75	19	1.22	2.04	2.12	23.50	5.88	李铁刚等，2013
银家沟	LY3-5	二长花岗斑岩	71.21	0.29	13.90	3.12	0.01	0.47	0.16	0.28	6.73	0.15	3.23	21	1.74	1.73	1.79	24.04	7.01	李铁刚等，2013
银家沟	LY3-7	二长花岗斑岩	70.68	0.28	14.24	2.83	0.01	0.43	0.13	0.41	6.98	0.12	3.45	21	1.97	1.68	1.73	17.02	7.39	李铁刚等，2013
银家沟	LY3-8	二长花岗斑岩	70.73	0.29	13.65	2.50	0.36	0.71	0.81	0.31	6.73	0.14	3.38	34	1.79	1.47	1.75	21.71	7.04	李铁刚等，2013
银家沟	LY3-9	二长花岗斑岩	69.26	0.28	14.23	2.05	0.22	1.15	1.98	0.31	6.85	0.13	3.23	50	1.95	1.23	1.80	22.10	7.16	李铁刚等，2013
银家沟	LY3-10	二长花岗斑岩	70.40	0.29	14.84	3.24	0.01	0.45	0.17	0.23	6.55	0.14	3.27	20	1.68	1.91	1.99	28.48	6.78	李铁刚等，2013
银家沟	LY3-11	二长花岗斑岩	71.59	0.30	14.05	2.76	0.02	0.52	0.25	0.31	6.95	0.14	2.86	25	1.84	1.66	1.75	22.42	7.26	李铁刚等，2013
银家沟	LY7-1	二长花岗斑岩	73.47	0.26	14.39	1.03	0.06	0.32	1.27	1.86	5.03	0.13	1.92	36	1.56	1.33	1.69	2.70	6.89	李铁刚等，2013
银家沟	LY7-2	二长花岗斑岩	73.11	0.28	14.01	1.64	0.45	0.41	0.18	0.40	6.68	0.13	2.35	31	1.66	1.71	1.78	16.70	7.08	李铁刚等，2013
银家沟	LY7-3	二长花岗斑岩	73.06	0.26	15.34	0.83	0.05	0.28	1.35	1.64	5.08	0.12	1.85	38	1.50	1.44	1.87	3.10	6.72	李铁刚等，2013
银家沟	LY7-4	二长花岗斑岩	73.11	0.27	14.37	1.02	0.07	0.34	1.55	1.77	5.09	0.13	2.34	37	1.56	1.28	1.71	2.88	6.86	李铁刚等，2013
银家沟	LY10-8	二长花岗斑岩	73.94	0.29	13.53	1.15	0.01	0.47	0.08	0.24	7.52	0.09	2.39	42	1.95	1.56	1.59	31.33	7.76	李铁刚等，2013
银家沟	LY10-9	二长花岗斑岩	71.84	0.31	14.60	1.95	0.04	0.61	0.34	0.26	6.68	0.15	2.87	36	1.67	1.76	1.91	25.69	6.94	李铁刚等，2013
银家沟	LY10-10	二长花岗斑岩	72.08	0.32	15.04	1.11	0.01	0.64	0.33	0.58	6.77	0.14	2.72	51	1.86	1.69	1.82	11.67	7.35	李铁刚等，2013
银家沟	LY10-11	二长花岗斑岩	71.94	0.26	14.37	1.36	0.04	0.24	0.09	0.38	8.96	0.07	1.96	24	3.01	1.37	1.39	23.58	9.34	李铁刚等，2013
银家沟	LY6-1	钾长花岗斑岩	65.93	0.38	14.31	3.60	0.09	1.47	0.24	0.61	9.89	0.22	2.83	42	4.81	1.18	1.22	16.21	10.50	李铁刚等，2013
银家沟	LY6-2	钾长花岗斑岩	65.17	0.45	15.77	3.73	0.11	1.06	0.29	0.53	8.68	0.28	3.43	34	3.83	1.46	1.54	16.38	9.21	李铁刚等，2013
银家沟	LY6-3	钾长花岗斑岩	68.59	0.44	15.96	2.27	0.05	0.33	0.26	0.56	7.82	0.26	3.17	21	2.74	1.62	1.70	13.96	8.38	李铁刚等，2013

续表

矿床	样号	岩性	SiO_2	TiO_2	Al_2O_3	FeO_T	MnO	MgO	CaO	Na_2O	K_2O	P_2O_5	LOI	$Mg^{\#}$	σ	A/CNK	A/NK	K_2O/Na_2O	K_2O+Na_2O	参考文献
银家沟	LY6-4	钾长花岗斑岩	70.19	0.41	15.14	1.40	0.01	0.23	0.23	0.63	7.88	0.23	3.30	23	2.66	1.52	1.58	12.51	8.51	李铁刚等，2013
银家沟	LY6-5	钾长花岗斑岩	67.25	0.46	15.34	3.22	0.18	0.27	0.34	0.50	6.52	0.27	5.16	13	2.03	1.81	1.95	13.04	7.02	李铁刚等，2013
银家沟	LY6-6	钾长花岗斑岩	67.22	0.44	15.50	3.68	0.15	0.32	0.30	0.45	6.03	0.25	5.28	13	1.73	1.98	2.13	13.40	6.48	李铁刚等，2013
银家沟	LY6-7	钾长花岗斑岩	66.77	0.40	13.73	4.22	0.10	1.45	0.27	0.44	8.26	0.24	3.59	38	3.18	1.35	1.42	18.77	8.70	李铁刚等，2013
银家沟	LY6-8	钾长花岗斑岩	69.11	0.45	14.75	2.39	0.18	0.63	0.31	0.61	8.08	0.25	2.91	32	2.89	1.43	1.51	13.25	8.69	李铁刚等，2013
银家沟	LY9-1	钾长花岗斑岩	73.48	0.30	14.98	0.88	0.03	0.35	0.22	0.40	6.42	0.15	2.59	41	1.53	1.87	1.97	16.05	6.82	李铁刚等，2013
银家沟	LY9-2	钾长花岗斑岩	71.52	0.29	14.92	1.26	0.03	0.69	0.24	0.52	7.49	0.14	2.69	49	2.25	1.59	1.66	14.40	8.01	李铁刚等，2013
银家沟	LH1-1	黑云母二长花岗斑岩	66.73	0.40	14.90	2.99	0.09	1.04	3.63	2.65	4.25	0.21	2.78	38	2.01	0.96	1.66	1.60	6.90	李铁刚等，2013
银家沟	LH1-2	黑云母二长花岗斑岩	67.13	0.41	14.50	3.06	0.10	1.38	3.16	2.31	3.91	0.20	3.70	45	1.60	1.05	1.81	1.69	6.22	李铁刚等，2013
银家沟	LH1-3	黑云母二长花岗斑岩	67.79	0.42	14.54	3.09	0.09	1.25	2.75	1.98	4.30	0.22	3.16	42	1.59	1.13	1.84	2.17	6.28	李铁刚等，2013
银家沟	LH1-4	黑云母二长花岗斑岩	68.98	0.32	14.59	2.73	0.06	0.94	2.53	2.35	4.76	0.18	2.21	38	1.95	1.07	1.62	2.03	7.11	李铁刚等，2013
银家沟	LY16-7	黑云母二长花岗斑岩	66.29	0.38	14.45	2.96	0.08	1.10	3.14	1.68	5.20	0.21	4.31	40	2.03	1.02	1.72	3.10	6.88	李铁刚等，2013
火神庙	HSM-1	花岗闪长岩	61.00	0.56	16.88	5.10	0.11	1.98	4.50	3.94	3.62	0.41		41	3.18	0.91	1.62	0.92	7.56	Li D et al.，2012
火神庙	HSM-2	石英二长斑岩	60.57	0.28	15.00	4.66	0.22	0.59	4.50	1.77	10.50	0.12		18	8.57	0.67	1.05	5.93	12.27	Li D et al.，2012
火神庙	HSM-1		71.81	1.53	14.28	1.59	0.30	0.54	0.13	3.18	5.26	0.02	0.89	38	2.47	1.28	1.31	1.65	8.44	张云辉，2014
火神庙	HSM-2		70.00	0.56	16.88	1.04	0.11	0.98	0.50	3.94	3.62	0.41	1.39	63	2.12	1.49	1.62	0.92	7.56	张云辉，2014
火神庙	B1/HSM	石英闪长岩	61.96	0.50	16.13	3.73	0.13	1.49	4.44	4.56	4.80	0.28	0.95	42	4.62	0.78	1.27	1.05	9.36	王赛等，2016
火神庙	B22/HSM	石英闪长岩	56.79	0.75	16.88	7.22	0.18	2.73	5.75	3.88	3.10	0.61	1.20	40	3.53	0.84	1.73			王赛等，2016
火神庙	B24/HSM	石英闪长岩	56.87	0.75	17.97	5.96	0.13	2.33	5.71	4.18	2.92	0.58	1.04	41	3.63	0.88	1.79			王赛等，2016
火神庙	B25/HSM	石英闪长岩	60.84	0.53	17.57	4.64	0.11	1.83	4.58	4.12	3.33	0.35	0.91	41	3.11	0.94	1.69	0.80	6.98	王赛等，2016
火神庙	B6	二长花岗岩	71.10	0.21	15.10	0.87	0.04	0.16	1.05	3.62	6.78	0.08	0.82	25	3.85	0.99	1.14	0.70	7.10	王赛等，2016
火神庙	B10	二长花岗岩	70.40	0.21	15.75	0.82	0.03	0.15	1.44	3.94	5.56	0.09	0.50	25	3.29	1.04	1.26	0.81	7.45	王赛等，2016
火神庙	B19	二长花岗岩	71.90	0.19	14.90	1.19	0.03	0.17	1.00	3.49	6.75	0.07	0.67	20	3.63	1.00	1.14	1.87	10.40	王赛等，2016
火神庙	B28	二长花岗岩	69.70	0.23	15.90	1.25	0.04	0.19	1.57	3.53	6.55	0.08	0.73	21	3.81	1.01	1.23	1.41	9.50	王赛等，2016

续表

矿床	样号	岩性	SiO_2	TiO_2	Al_2O_3	FeO_T	MnO	MgO	CaO	Na_2O	K_2O	P_2O_5	LOI	$Mg^{\#}$	σ	A/CNK	A/NK	K_2O/Na_2O	K_2O+Na_2O	参考文献
火神庙	B9/HSM	花岗斑岩	70.91	0.16	14.09	1.01	0.08	0.17	1.62	3.05	5.66	0.04	2.00	23	2.72	1.00	1.26	1.93	10.24	王赛等，2016
火神庙	B11/HSM	花岗斑岩	70.36	0.16	14.49	1.05	0.13	0.16	1.70	3.82	5.75	0.04	1.67	21	3.35	0.93	1.16	1.86	10.08	王赛等，2016
火神庙	B33/HSM	花岗斑岩	72.40	0.14	14.60	1.18	0.09	0.18	0.96	4.20	5.02	0.02	0.35	21	2.89	1.04	1.18	1.86	8.71	王赛等，2016
火神庙	B65/HSM	花岗斑岩	71.10	0.16	14.95	1.13	0.07	0.19	1.59	3.66	5.07	0.03	1.31	23	2.71	1.04	1.30	1.51	9.57	王赛等，2016
上房	SFG-1	花岗斑岩	78.04	0.34	11.21	0.75	0.09	0.19	0.02	1.95	6.24	0.02		31	1.91	1.12	1.13	1.20	9.22	Li D et al., 2012
上房	LS-6	钾长花岗斑岩	77.09	0.09	12.64	0.61	0.01	0.05	0.01	1.37	7.89	0.00	0.54	13	2.52	1.17	1.17	1.39	8.73	Bao et al., 2014
上房	LS-9	钾长花岗斑岩	79.13	0.09	11.38	0.87	0.01	0.18	0.38	2.26	5.02	0.02	0.57	27	1.47	1.16	1.24	3.20	8.19	Bao et al., 2014
上房	SF-1		77.09	0.09	12.64	0.61	0.00	0.05	0.00	1.37	7.89	0.00	0.54	13	2.52	1.17	1.17	5.76	9.26	张云辉，2014
上房	SF-2		79.13	0.09	11.38	0.87	0.01	0.18	0.38	2.26	5.02	0.02	0.67	27	1.47	1.16	1.24	2.22	7.28	张云辉，2014
上房	ZK02-KY61	花岗斑岩	73.99	0.17	14.18	0.37	0.02	0.33	2.41	4.77	2.63	0.07	0.93	61	1.77	0.94	1.33	5.76	9.26	韩江伟等，2015
南泥湖	NNH-1	二长花岗岩	75.44	0.28	12.82	0.91	0.22	0.24	0.05	2.47	6.42	0.01		32	2.44	1.15	1.16	2.22	7.28	Li D et al., 2012
南泥湖	LN-1	花岗斑岩	76.06	0.19	12.59	0.86	0.00	0.16	0.01	1.87	7.30	0.03	0.63	25	2.54	1.14	1.15	0.55	7.40	Bao et al., 2014
南泥湖	LN-2	花岗斑岩	74.12	0.21	12.87	1.17	0.00	0.15	0.01	1.67	7.99	0.04	1.13	19	3.00	1.13	1.13	2.60	8.89	Bao et al., 2014
南泥湖	LN-3	花岗斑岩	76.97	0.09	12.92	0.84	0.01	0.28	0.10	2.33	6.11	0.00	0.70	37	2.10	1.22	1.24	3.90	9.17	Bao et al., 2014
南泥湖	LN-4	花岗斑岩	73.94	0.18	14.06	2.02	0.01	0.19	0.45	1.86	6.63	0.03	0.99	14	2.33	1.27	1.37	4.78	9.66	Bao et al., 2014
南泥湖	NNH-1		76.06	0.19	12.59	0.86	0.00	0.16	0.00	1.87	7.30	0.03	0.63	25	2.54	1.15	1.15	2.62	8.44	张云辉，2014
南泥湖	NNH-2		74.12	0.21	12.87	1.17	0.00	0.15	0.00	1.67	7.99	0.04	1.13	19	3.00	1.13	1.13	3.56	8.49	张云辉，2014
鱼池岭	YC08628-03	黑云母二长花岗斑岩	65.08	0.51	14.87	5.09	0.07	1.17	3.34	3.77	4.50	0.28	2.07	29	3.10	0.87	1.34	3.90	9.17	许道学，2009
鱼池岭	YC15-03	黑云母二长花岗斑岩	73.89	0.21	13.48	2.18	0.04	0.27	0.64	3.45	4.76	0.09	0.77	18	2.18	1.12	1.24	4.78	9.66	许道学，2009
鱼池岭	YC15-04	黑云母二长花岗斑岩	73.69	0.21	13.53	2.38	0.03	0.34	0.68	3.20	4.87	0.10	0.94	20	2.12	1.15	1.28	1.19	8.27	许道学，2009
鱼池岭	YC15-05	黑云母二长花岗斑岩	74.04	0.20	13.46	2.16	0.03	0.28	0.60	3.05	5.22	0.10	0.71	19	2.20	1.14	1.26	1.38	8.21	许道学，2009
鱼池岭	YC545J-100	黑云母二长花岗斑岩	70.87	0.28	14.39	3.85	0.06	0.52	1.48	3.72	4.63	0.12	0.81	19	2.50	1.04	1.29	1.52	8.07	许道学，2009
鱼池岭	YC545J-113	黑云母二长花岗斑岩	70.97	0.27	14.43	3.24	0.06	0.50	1.47	3.62	4.90	0.12	0.64	22	2.60	1.04	1.28	1.71	8.27	许道学，2009
鱼池岭	YC545J-94	黑云母二长花岗斑岩	68.98	0.33	14.27	2.90	0.06	0.79	1.63	3.76	5.47	0.18	1.80	33	3.28	0.95	1.18	1.24	8.35	许道学，2009

续表

矿床	样号	岩性	SiO_2	TiO_2	Al_2O_3	FeO_T	MnO	MgO	CaO	Na_2O	K_2O	P_2O_5	LOI	$Mg^{\#}$	σ	A/CNK	A/NK	K_2O/Na_2O	K_2O+Na_2O	参考文献
鱼池岭	YC590-73	黑云母二长花岗斑岩	66.36	0.47	15.39	5.66	0.07	1.19	2.09	3.79	4.73	0.32	0.95	27	3.11	1.02	1.36	1.35	8.52	许道学，2009
鱼池岭	YC628-50	黑云母二长花岗斑岩	71.12	0.28	13.75	2.49	0.07	0.57	1.11	2.87	6.42	0.12	1.23	29	3.07	1.00	1.18	1.45	9.23	许道学，2009
鱼池岭	YC628-55	黑云母二长花岗斑岩	66.02	0.49	14.45	4.24	0.05	1.03	2.55	3.36	5.38	0.30	2.47	30	3.32	0.90	1.27	1.25	8.52	许道学，2009
鱼池岭	YC628-56	黑云母二长花岗斑岩	68.19	0.47	15.18	4.63	0.06	0.97	1.91	4.05	4.27	0.29	0.67	27	2.75	1.03	1.35	2.24	9.29	许道学，2009
鱼池岭	YC628-57	黑云母二长花岗斑岩	69.50	0.38	13.69	4.30	0.09	0.92	1.72	3.64	5.03	0.24	1.14	28	2.84	0.94	1.20	1.60	8.74	许道学，2009
鱼池岭	YC628-59	黑云母二长花岗斑岩	69.88	0.37	14.42	4.47	0.07	0.81	1.60	3.58	4.34	0.21	0.77	24	2.33	1.07	1.36	1.05	8.32	许道学，2009
鱼池岭	YC628-61	黑云母二长花岗斑岩	68.12	0.43	14.98	4.30	0.06	0.99	1.48	3.50	5.27	0.27	1.21	29	3.06	1.06	1.31	1.38	8.67	许道学，2009
鱼池岭	YC628-65	黑云母二长花岗斑岩	68.28	0.46	14.87	4.61	0.08	1.04	1.75	3.80	4.70	0.25	0.88	29	2.86	1.02	1.31	1.21	7.92	许道学，2009
鱼池岭	YC628-66	黑云母二长花岗斑岩	66.77	0.48	14.94	4.73	0.08	1.06	2.34	4.17	4.16	0.26	1.75	29	2.92	0.96	1.31	1.51	8.77	许道学，2009
鱼池岭	YC628-41	黑云母二长花岗斑岩	70.74	0.33	14.39	3.34	0.07	0.61	1.22	3.48	5.32	0.14	0.73	25	2.79	1.05	1.25	1.24	8.50	许道学，2009
鱼池岭	ZK0801-23.4	黑云母二长花岗斑岩	70.99	0.34	14.23	3.41	0.06	0.63	0.87	3.44	4.99	0.15	1.10	25	2.54	1.13	1.29	1.00	8.33	许道学，2009
鱼池岭	ZK0808-0.5	黑云母二长花岗斑岩	72.09	0.28	13.97	2.99	0.06	0.59	1.35	3.21	4.95	0.14	0.57	26	2.29	1.07	1.31	1.53	8.80	许道学，2009
鱼池岭	ZK0808-203.3	黑云母二长花岗斑岩	70.32	0.29	14.55	3.61	0.06	0.57	1.50	3.80	4.61	0.14	0.93	22	2.59	1.04	1.29	1.45	8.43	许道学，2009
鱼池岭	ZK0812-1.0	黑云母二长花岗斑岩	70.68	0.29	13.97	3.18	0.05	0.48	1.67	3.47	4.43	0.14	1.86	21	2.25	1.03	1.33	1.54	8.16	许道学，2009
鱼池岭	ZK0812-314.9	黑云母二长花岗斑岩	70.08	0.30	14.98	3.69	0.06	0.54	1.85	3.96	4.44	0.13	0.53	21	2.61	1.02	1.32	1.21	8.41	许道学，2009
鱼池岭	YC08-01	黑云母二长花岗斑岩	69.97	0.32	14.39	3.82	0.10	0.57	1.69	3.98	4.38	0.15	0.33	21	2.59	1.00	1.27	1.28	7.90	许道学，2009
鱼池岭	YC08-02	黑云母二长花岗斑岩	69.76	0.32	14.70	3.63	0.09	0.55	1.49	3.88	4.69	0.15	0.75	21	2.74	1.04	1.28	1.12	8.40	许道学，2009
鱼池岭	YC08-04	黑云母二长花岗斑岩	69.10	0.32	14.89	3.84	0.10	0.60	1.80	4.11	4.49	0.15	0.42	22	2.83	1.00	1.28	1.10	8.36	许道学，2009
鱼池岭	YC08-05	黑云母二长花岗斑岩	70.55	0.30	14.18	3.62	0.10	0.50	1.44	3.81	4.65	0.14	0.43	20	2.60	1.02	1.25	1.21	8.57	许道学，2009
鱼池岭	YC08-06	黑云母二长花岗斑岩	69.30	0.33	14.75	4.07	0.10	0.65	1.79	4.14	4.38	0.16	0.36	22	2.76	1.00	1.28	1.09	8.60	许道学，2009
鱼池岭	YC08-07	黑云母二长花岗斑岩	72.28	0.32	13.62	3.41	0.05	0.54	0.97	3.70	4.02	0.16	0.97	22	2.04	1.12	1.30	1.22	8.46	许道学，2009
鱼池岭	YC08-08	黑云母二长花岗斑岩	72.65	0.23	13.23	2.88	0.07	0.35	1.57	3.95	4.00	0.10	0.68	18	2.13	0.97	1.22	1.06	8.52	许道学，2009
鱼池岭	YC08-09	黑云母二长花岗斑岩	70.20	0.25	14.31	3.32	0.08	0.47	1.28	3.75	5.62	0.11	0.64	20	3.23	0.98	1.17	1.09	7.72	许道学，2009
鱼池岭	YC08-11	黑云母二长花岗斑岩	70.96	0.28	13.68	4.11	0.11	0.58	1.56	4.15	4.09	0.13	0.40	20	2.43	0.97	1.22	1.01	7.95	许道学，2009

续表

矿床	样号	岩性	SiO_2	TiO_2	Al_2O_3	FeO_T	MnO	MgO	CaO	Na_2O	K_2O	P_2O_5	LOI	$Mg^{\#}$	σ	A/CNK	A/NK	K_2O/Na_2O	K_2O+Na_2O	参考文献
鱼池岭	YC2401N-02	花岗斑岩	75.16	0.12	13.65	1.09	0.03	0.14	0.48	3.34	4.81	0.05	0.86	19	2.07	1.18	1.28	1.50	9.37	许道学，2009
鱼池岭	YC2401N-03	花岗斑岩	74.14	0.12	13.65	0.95	0.02	0.16	1.05	3.15	5.07	0.05	1.30	23	2.17	1.09	1.28	0.99	8.24	许道学，2009
鱼池岭	YC2401N-07	花岗斑岩	74.19	0.15	13.71	1.31	0.03	0.14	0.65	3.67	4.96	0.05	0.80	16	2.39	1.09	1.20	1.44	8.15	许道学，2009
鱼池岭	YCL-116	花岗斑岩	71.37	0.29	13.65	2.26	0.03	0.55	0.61	2.27	7.31	0.12	1.58	30	3.23	1.07	1.17	1.61	8.22	倪智勇，2009
东沟	DG4	花岗斑岩	79.66	0.09	10.86	0.60	0.01	0.07	0.14	2.47	5.05	0.01	0.50	17	1.54	1.11	1.14	1.35	8.63	叶会寿等，2006a
东沟	DG5	花岗斑岩	79.77	0.10	10.91	0.67	0.01	0.06	0.43	2.51	5.17	0.02	0.54	14	1.60	1.04	1.12	3.22	9.58	叶会寿等，2006a
东沟	07DG-01	花岗斑岩	77.81	0.11	11.74	0.42	0.02	0.04	0.35	2.88	5.60	0.00	0.88	15	2.07	1.03	1.09	2.04	7.52	戴宝章等，2009
东沟	07DG-02	花岗斑岩	78.62	0.10	10.91	0.32	0.02	0.08	0.36	2.28	6.24	0.00	0.83	31	2.04	0.98	1.04	2.06	7.68	戴宝章等，2009
东沟	07DG-03	花岗斑岩	80.78	0.08	9.89	0.44	0.02	0.05	0.38	1.79	5.26	0.00	1.08	17	1.32	1.06	1.14	1.94	8.48	戴宝章等，2009
东沟	07DG-04	花岗斑岩	78.56	0.12	11.52	0.55	0.01	0.04	0.37	3.16	4.65	0.04	1.04	11	1.72	1.06	1.13	2.74	8.52	戴宝章等，2009
东沟	07DG-05	花岗斑岩	77.34	0.12	12.11	0.40	0.01	0.06	0.52	3.04	5.15	0.04	0.92	21	1.95	1.05	1.15	2.94	7.05	戴宝章等，2009
东沟	07DG-06	花岗斑岩	77.37	0.13	12.01	0.61	0.03	0.10	0.41	2.95	5.34	0.04	0.83	23	2.00	1.06	1.13	1.47	7.81	戴宝章等，2009
东沟	H0706	花岗斑岩	78.92	0.06	10.82	0.73	0.04	0.12	0.50	2.46	5.27	0.02	0.63	23	1.66	1.01	1.11	1.69	8.19	黄凡等，2009
东沟	D-049A	花岗斑岩	76.94	0.05	11.81	1.21	0.03	0.10	0.52	1.54	7.69	0.02	0.12	13	2.51	1.00	1.09	1.81	8.29	黄凡等，2009
东沟	RY0907a	花岗斑岩	78.31	0.09	11.34	0.85	0.02	0.09	0.48	2.58	5.74	0.02	0.60	16	1.96	1.00	1.08	2.14	7.73	Yang L et al.，2013
东沟	RY0907b	花岗斑岩	79.65	0.08	11.16	0.57	0.01	0.08	0.37	2.61	5.37	0.01	0.72	20	1.74	1.04	1.10	4.99	9.23	Yang L et al.，2013
东沟	RY09-1	花岗斑岩	77.17	0.10	12.33	0.70	0.03	0.12	0.44	3.59	4.92	0.01	0.48	23	2.12	1.02	1.10	2.22	8.32	Yang L et al.，2013
东沟	RY09-2	花岗斑岩	77.28	0.10	12.30	0.66	0.03	0.12	0.50	3.34	5.28	0.01	0.56	25	2.17	1.01	1.10	2.06	7.98	Yang L et al.，2013
东沟	RY09-3	花岗斑岩	77.11	0.10	12.51	0.74	0.02	0.22	0.42	3.50	5.06	0.01	0.72	35	2.15	1.04	1.11	1.37	8.51	Yang L et al.，2013
东沟	RY09-4	花岗斑岩	77.40	0.08	12.01	0.81	0.02	0.09	0.44	2.97	5.74	0.01	0.58	17	2.21	1.01	1.08	1.58	8.62	Yang L et al.，2013
东沟	RY09-5	花岗斑岩	77.29	0.10	12.47	0.70	0.02	0.11	0.38	3.81	4.86	0.01	0.40	22	2.19	1.02	1.08	1.45	8.56	Yang L et al.，2013
东沟	RY09-6	花岗斑岩	76.36	0.09	12.14	0.63	0.04	0.10	1.15	3.51	4.95	0.01	0.98	22	2.15	0.92	1.09	1.93	8.71	Yang L et al.，2013
东沟	RY09-7	花岗斑岩	73.74	0.10	13.25	0.65	0.02	0.16	0.95	3.00	7.07	0.03	0.68	31	3.30	0.93	1.05	1.28	8.67	Yang L et al.，2013
东沟	RY09-8	花岗斑岩	76.36	0.10	12.44	0.60	0.02	0.18	0.51	3.28	5.60	0.01	0.56	35	2.36	1.00	1.09	1.41	8.46	Yang L et al.，2013

续表

矿床	样号	岩性	SiO_2	TiO_2	Al_2O_3	FeO_T	MnO	MgO	CaO	Na_2O	K_2O	P_2O_5	LOI	$Mg^{\#}$	σ	A/CNK	A/NK	K_2O/Na_2O	K_2O+Na_2O	参考文献
太山庙	28	细粒钾长花岗岩	75.53	0.13	12.06	2.38	0.04	0.27	0.14	3.25	5.86	0.03	0.21	17	2.55	1.01	1.03	2.36	10.07	张正伟等，2003
太山庙	29	细粒钾长花岗岩	72.86	0.28	13.67	2.16	0.06	0.58	0.97	3.80	4.98	0.08	0.44	32	2.58	1.02	1.17	1.71	8.88	张正伟等，2003
太山庙	30	含斑钾长花岗岩	76.45	0.18	11.82	1.51	0.04	0.15	0.57	3.81	4.68	0.02	0.42	15	2.15	0.96	1.04	1.80	9.11	张正伟等，2003
太山庙	31	粗粒钾长花岗岩	73.38	0.30	12.33	2.70	0.10	0.21	0.67	3.42	5.16	0.06	0.88	12	2.42	0.99	1.10	1.31	8.78	张正伟等，2003
太山庙	32	斑状钾长花岗岩	72.41	0.35	13.43	2.37	0.08	0.62	0.87	4.10	5.12	0.08	0.31	32	2.89	0.97	1.09	1.23	8.49	张正伟等，2003
太山庙	33	粗粒钾长花岗岩	70.05	0.39	14.36	2.77	0.08	0.57	1.17	4.22	5.44	0.11	0.32	27	3.45	0.96	1.12	1.51	8.58	张正伟等，2003
太山庙	TSM1	钾长花岗斑岩	73.23	0.26	13.75	1.95	0.04	0.65	0.62	3.80	4.43	0.07	0.79	37	2.24	1.13	1.24	1.25	9.22	叶会寿等，2006a
太山庙	TSM2	正长花岗岩	75.14	0.22	12.89	1.47	0.02	0.26	0.52	3.14	5.33	0.04	0.78	24	2.23	1.08	1.18	1.29	9.66	叶会寿等，2006a
太山庙	TSM3	正长花岗岩	76.37	0.17	12.34	1.30	0.02	0.18	0.51	2.95	4.90	0.21	0.82	20	1.85	1.11	1.21	1.17	8.23	叶会寿等，2006a
太山庙	211B1	钾长花岗岩	76.89	0.17	12.25	0.47	0.50	0.12	0.52	3.61	4.80	0.05	0.38	31	2.09	1.01	1.10	1.70	8.47	Han et al.，2007
太山庙	208B1	钾长花岗岩	76.78	0.11	12.49	0.53	0.34	0.08	0.55	3.95	4.52	0.04	0.47	21	2.12	1.01	1.10	1.66	7.85	Han et al.，2007
太山庙	207B1	钾长花岗岩	76.56	0.13	12.32	0.44	0.24	0.06	0.48	3.55	4.80	0.05	0.57	20	2.08	1.03	1.12	1.33	8.41	Han et al.，2007
太山庙	B1-1	钾长花岗岩	70.63	0.42	13.92	2.27	0.08	0.56	1.18	4.13	5.15	0.12	0.96	31	3.12	0.96	1.13	1.14	8.47	叶会寿等，2008
太山庙	B1-2	钾长花岗岩	72.33	0.35	13.35	2.10	0.08	0.47	1.07	3.86	5.30	0.10	0.81	29	2.86	0.95	1.10	1.35	8.35	叶会寿等，2008
太山庙	B1-3	钾长花岗岩	70.98	0.38	13.73	2.04	0.07	0.51	1.16	4.09	5.25	0.10	0.95	31	3.12	0.95	1.11	1.25	9.28	叶会寿等，2008
太山庙	B2-1	钾长花岗岩	72.39	0.18	14.57	1.46	0.06	0.26	1.02	3.72	6.00	0.04	0.03	24	3.21	1.01	1.16	1.37	9.16	叶会寿等，2008
太山庙	B2-2	钾长花岗岩	73.23	0.21	14.06	1.67	0.06	0.30	1.13	4.10	4.92	0.04	0.05	24	2.69	1.00	1.16	1.28	9.34	叶会寿等，2008
太山庙	B2-3	钾长花岗岩	72.90	0.18	14.47	1.43	0.07	0.29	1.02	4.00	5.30	0.04	0.03	27	2.89	1.02	1.17	1.61	9.72	叶会寿等，2008
太山庙	B3-1	钾长花岗岩	76.38	0.14	12.28	1.27	0.05	0.21	0.48	3.65	4.85	0.02	0.25	23	2.16	1.01	1.09	1.20	9.02	叶会寿等，2008
太山庙	B3-2	钾长花岗岩	76.59	0.15	12.39	1.24	0.06	0.22	0.48	3.77	4.94	0.02	0.15	24	2.26	1.00	1.07	1.33	9.30	叶会寿等，2008
太山庙	B3-3	钾长花岗岩	76.53	0.11	12.30	1.08	0.05	0.15	0.46	3.78	4.82	0.02	0.39	20	2.21	1.00	1.08	1.33	8.50	叶会寿等，2008
太山庙	H0710	钾长花岗岩	70.99	0.36	14.51	1.90	0.04	0.59	1.34	4.17	5.08	0.13	0.49	36	3.06	0.98	1.17	1.31	8.71	黄凡等，2009
太山庙	D-027A	钾长花岗岩	74.88	0.16	12.81	1.14	0.05	0.23	0.76	3.75	5.16	0.04	0.44	27	2.49	0.98	1.09	1.28	8.60	黄凡等，2009
太山庙	D-024	钾长花岗岩	76.31	0.10	12.68	0.73	0.01	0.10	0.51	3.88	4.97	0.02	0.45	20	2.35	1.00	1.08	1.22	9.25	黄凡等，2009

续表

矿床	样号	岩性	SiO_2	TiO_2	Al_2O_3	FeO_T	MnO	MgO	CaO	Na_2O	K_2O	P_2O_5	LOI	$Mg^{\#}$	σ	A/CNK	A/NK	K_2O/Na_2O	K_2O+Na_2O	参考文献
太山庙	D-026	钾长花岗岩	75.35	0.06	12.98	0.70	0.03	0.14	0.57	4.10	4.90	0.01	0.43	26	2.50	0.99	1.08	1.38	8.91	黄凡等，2009
太山庙	D-042	钾长花岗岩	75.89	0.06	12.92	0.60	0.03	0.12	0.57	4.38	4.32	0.02	0.38	26	2.30	1.00	1.09	1.28	8.85	黄凡等，2009
太山庙	D-043	钾长花岗岩	77.65	0.06	11.59	0.71	0.05	0.10	0.57	4.23	4.34	0.01	0.29	20	2.12	0.91	0.99	1.20	9.00	黄凡等，2009
太山庙	D-046A	钾长花岗岩	73.36	0.07	15.86	0.95	0.02	0.17	0.32	3.73	5.02	0.01	0.20	24	2.52	1.31	1.37	0.99	8.70	黄凡等，2009
太山庙	D-023	钾长花岗岩	77.17	0.03	12.18	1.40	0.03	0.03	0.35	4.33	4.03	0.01	0.04	4	2.05	1.00	1.06	1.03	8.57	黄凡等，2009
太山庙	D-018A	钾长花岗岩	72.96	0.30	13.74	1.82	0.03	0.33	0.61	3.71	5.13	0.09	0.71	24	2.61	1.08	1.18	1.35	8.75	黄凡等，2009
太山庙	D-035	钾长花岗岩	76.95	0.06	11.71	1.83	0.04	0.14	0.45	3.24	4.70	0.03	0.16	12	1.86	1.04	1.12	0.93	8.36	黄凡等，2009
太山庙	D-036	钾长花岗岩	70.93	0.17	13.88	2.60	0.05	0.44	0.76	3.08	7.35	0.09	0.12	23	3.89	0.96	1.07	1.38	8.84	黄凡等，2009
太山庙	Tsm-2	粗粒正长花岗岩	72.20	0.26	14.25	2.20	0.04	0.62	1.23	4.17	4.65	0.08	0.64	33	2.66	1.01	1.20	1.45	7.94	Gao et al.，2014
太山庙	Tsm-5	粗粒正长花岗岩	77.24	0.08	12.60	0.91	0.01	0.14	0.48	3.65	4.83	0.01	0.57	22	2.10	1.04	1.12	2.39	10.43	Gao et al.，2014
太山庙	Tsm-7	粗粒正长花岗岩	77.48	0.06	12.05	0.98	0.03	0.13	0.50	3.51	5.21	0.01	0.83	19	2.21	0.98	1.06	1.12	8.82	Gao et al.，2014
太山庙	Tsm-18	粗粒正长花岗岩	77.36	0.21	11.96	1.20	0.03	0.19	0.53	3.54	4.90	0.02	0.61	22	2.07	0.99	1.07	1.32	8.48	Gao et al.，2014
太山庙	Tsm-20	粗粒正长花岗岩	76.75	0.15	12.28	0.72	0.03	0.15	0.39	3.60	4.92	0.02	0.60	27	2.15	1.03	1.09	1.48	8.72	Gao et al.，2014
太山庙	Tsm-21	粗粒正长花岗岩	77.90	0.13	12.27	1.03	0.01	0.21	0.21	2.99	5.17	0.01	1.12	27	1.91	1.13	1.17	1.38	8.44	Gao et al.，2014
太山庙	Tsm-23	粗粒正长花岗岩	72.39	0.37	13.78	2.20	0.04	0.34	0.94	3.75	5.79	0.07	0.57	22	3.10	0.97	1.11	1.37	8.52	Gao et al.，2014
太山庙	Tsm-38	粗粒正长花岗岩	74.30	0.44	12.64	2.17	0.05	0.47	1.11	3.39	5.08	0.10	0.71	28	2.29	0.97	1.14	1.73	8.16	Gao et al.，2014
太山庙	Tsm-39	粗粒正长花岗岩	77.61	0.12	12.01	1.19	0.06	0.14	0.55	3.73	4.51	0.01	0.41	17	1.96	1.00	1.09	1.54	9.54	Gao et al.，2014
太山庙	Tsm-42	粗粒正长花岗岩	76.63	0.20	12.19	1.30	0.03	0.18	0.57	3.42	5.37	0.03	0.52	20	2.30	0.98	1.07	1.50	8.47	Gao et al.，2014
太山庙	Tsm-44	粗粒正长花岗岩	77.08	0.18	12.26	1.21	0.02	0.20	0.58	3.54	4.82	0.02	0.41	23	2.05	1.01	1.11	1.21	8.24	Gao et al.，2014
太山庙	Tsm-62	粗粒正长花岗岩	75.69	0.20	13.26	1.36	0.02	0.33	0.39	4.02	4.55	0.05	0.82	30	2.25	1.08	1.15	1.57	8.79	Gao et al.，2014
太山庙	Tsm-47	中粒正长花岗岩	77.57	0.09	12.05	0.93	0.02	0.10	0.43	4.16	4.63	0.01	0.58	16	2.24	0.95	1.02	1.36	8.36	Gao et al.，2014
太山庙	Tsm-50	中粒正长花岗岩	78.12	0.09	11.94	0.99	0.02	0.12	0.50	3.62	4.57	0.01	0.54	18	1.91	1.01	1.10	1.13	8.57	Gao et al.，2014
太山庙	Tsm-52	中粒正长花岗岩	73.35	0.29	13.44	1.83	0.04	0.53	1.18	4.30	4.74	0.07	0.64	34	2.69	0.94	1.10	1.11	8.79	Gao et al.，2014
太山庙	Tsm-53	中粒正长花岗岩	76.37	0.22	12.34	1.60	0.04	0.36	0.81	3.36	4.73	0.04	0.60	29	1.96	1.02	1.16	1.26	8.19	Gao et al.，2014

续表

矿床	样号	岩性	SiO_2	TiO_2	Al_2O_3	FeO_T	MnO	MgO	CaO	Na_2O	K_2O	P_2O_5	LOI	$Mg^{\#}$	σ	A/CNK	A/NK	K_2O/Na_2O	K_2O+Na_2O	参考文献
太山庙	Tsm-54	中粒正长花岗岩	75.15	0.27	13.63	1.39	0.01	0.27	0.52	3.17	5.38	0.06	1.34	26	2.27	1.14	1.23	1.10	9.04	Gao et al., 2014
太山庙	Tsm-55	中粒正长花岗岩	72.50	0.38	13.85	2.06	0.05	0.45	1.05	4.10	5.19	0.09	9.77	28	2.93	0.97	1.12	1.41	8.09	Gao et al., 2014
太山庙	Tsm-57	中粒正长花岗岩	73.43	0.26	13.24	1.72	0.20	0.43	1.06	4.18	5.20	0.06	1.37	31	2.89	0.92	1.06	1.70	8.55	Gao et al., 2014
太山庙	Tsm-58	中粒正长花岗岩	78.98	0.12	11.20	1.03	0.02	0.14	0.30	2.92	5.26	0.01	0.28	20	1.86	1.01	1.07	1.27	9.29	Gao et al., 2014
太山庙	TSM-60	中粒正长花岗岩	76.81	0.15	12.53	0.75	0.01	0.07	0.39	3.80	4.55	0.01	0.54	14	2.06	1.05	1.12	1.24	9.38	Gao et al., 2014
太山庙	Tsm-1-2	中粒正长花岗岩	77.96	0.11	11.96	1.08	0.01	0.15	0.55	3.45	4.66	0.02	0.60	20	1.88	1.02	1.12	1.80	8.18	Gao et al., 2014
太山庙	Tsm-1-4	中粒正长花岗岩	77.85	0.16	12.12	0.92	0.01	0.17	0.47	3.52	4.74	0.02	0.78	25	1.96	1.03	1.11	1.20	8.35	Gao et al., 2014
太山庙	Tsm-1-5	中粒正长花岗岩	77.15	0.13	12.53	0.88	0.01	0.15	0.49	3.65	4.96	0.02	0.77	23	2.17	1.02	1.10	1.35	8.11	Gao et al., 2014
太山庙	TSM13	中粗粒钾长花岗岩	73.37	0.37	13.10	2.10	0.05	0.45	0.87	3.49	4.75	0.11	0.62	28	2.24	1.05	1.20	1.35	8.26	齐玥, 2014
太山庙	TSM14	大斑中细粒钾长花岗岩	77.08	0.10	12.15	1.11	0.03	0.12	0.49	3.44	4.65	0.01	0.36	16	1.92	1.05	1.14	1.36	8.61	齐玥, 2014
太山庙	TSM15	细粒似斑状花岗岩	76.74	0.08	12.31	1.09	0.01	0.11	0.48	3.31	4.79	0.01	0.48	15	1.94	1.07	1.16	1.36	8.24	齐玥, 2014
太山庙	TSM16	大斑中细粒钾长花岗岩	76.38	0.15	11.99	1.30	0.03	0.15	0.54	3.40	4.61	0.02	0.32	17	1.92	1.04	1.13	1.35	8.09	齐玥, 2014
太山庙	TSM17	大斑中细粒钾长花岗岩	77.39	0.09	12.23	1.04	0.03	0.12	0.43	3.39	4.58	0.01	0.40	17	1.85	1.08	1.16	1.45	8.10	齐玥, 2014
太山庙	TSM18	中粗粒钾长花岗岩	77.31	0.10	12.18	0.93	0.02	0.11	0.47	3.41	4.85	0.01	0.24	17	1.99	1.04	1.12	1.36	8.01	齐玥, 2014
太山庙	TSM19	中粗粒钾长花岗岩	71.20	0.44	14.03	2.29	0.06	0.49	1.17	3.68	5.18	0.12	0.58	28	2.78	1.02	1.20	1.35	7.97	齐玥, 2014
太山庙	LHK1307-1	花岗斑岩	75.65	0.18	12.26	1.38	0.04	0.19	0.34	3.00	5.18	0.04	1.22	20	2.05	1.10	1.16	1.42	8.26	Wang et al., 2015
太山庙	LHK1307-2	正长花岗岩	76.41	0.09	12.37	1.07	0.01	0.13	0.36	3.26	4.71	0.02	1.04	18	1.90	1.11	1.18	1.41	8.86	Wang et al., 2015
太山庙	LHK1307-3	正长花岗岩	71.88	0.40	13.64	2.35	0.06	0.46	0.86	3.55	5.03	0.11	1.13	26	2.55	1.06	1.21	1.73	8.18	Wang et al., 2015
太山庙	LHK1307-4	正长花岗岩	76.25	0.16	12.22	1.08	0.02	0.12	0.47	3.71	4.88	0.02	0.53	16	2.22	1.00	1.07	1.44	7.97	Wang et al., 2015
太山庙	LHK1307-51	正长花岗岩	76.45	0.21	11.95	1.36	0.03	0.17	0.49	3.44	4.75	0.04	0.60	18	2.01	1.02	1.11	1.42	8.58	Wang et al., 2015
太山庙	LHK1307-52	正长花岗岩	77.68	0.21	11.36	1.13	0.02	0.12	0.45	3.26	4.66	0.03	0.57	16	1.81	1.01	1.09	1.32	8.59	Wang et al., 2015
太山庙	LHK1404B1	正长花岗岩	70.84	0.35	14.07	2.02	0.06	0.52	1.30	3.26	5.20	0.10	1.82	31	2.57	1.05	1.28	1.38	8.19	Wang et al., 2015
太山庙	LHK1404B2	正长花岗岩	70.28	0.34	14.00	1.96	0.05	0.50	1.37	3.25	5.03	0.10	1.83	31	2.51	1.05	1.30	1.43	7.92	Wang et al., 2015
老君山	LJS-1	二长花岗岩	68.23	0.51	14.84	3.25	0.07	0.91	1.94	4.11	4.63	0.17		33	3.03	0.97	1.26	1.60	8.46	Li et al., 2012a

续表

矿床	样号	岩性	SiO_2	TiO_2	Al_2O_3	FeO_T	MnO	MgO	CaO	Na_2O	K_2O	P_2O_5	LOI	$Mg^\#$	σ	A/CNK	A/NK	K_2O/Na_2O	K_2O+Na_2O	参考文献
老君山	LJS-2	二长花岗岩	67.73	0.57	14.71	3.07	0.07	0.83	1.76	3.97	5.38	0.19		33	3.54	0.95	1.19	1.55	8.28	Li et al., 2012a
老君山	LJS-3	二长花岗岩	68.31	0.51	14.91	3.04	0.06	0.81	1.24	4.37	5.07	0.16		32	3.52	1.00	1.18	1.13	8.74	Li et al., 2012a
老君山	LJS-4	二长花岗岩	69.91	0.43	14.41	2.57	0.07	0.96	1.26	4.10	4.83	0.14		40	2.96	1.01	1.20	1.36	9.35	Li et al., 2012a
老君山	LJS-5	二长花岗岩	72.74	0.23	13.84	1.63	0.05	0.36	1.31	4.16	4.88	0.07		28	2.75	0.95	1.14	1.16	9.44	Li et al., 2012a
老君山	LJS-6	二长花岗岩	73.27	0.20	13.34	2.27	0.07	0.34	1.19	3.94	4.63	0.05		21	2.43	0.98	1.16	1.18	8.93	Li et al., 2012a
老君山	LJS-7	二长花岗岩	70.40	0.32	14.15	2.68	0.07	0.50	1.48	4.10	5.18	0.11		25	3.14	0.94	1.15	1.17	9.04	Li et al., 2012a
老君山	LJS-8	二长花岗岩	70.68	0.38	13.99	2.33	0.07	0.93	1.32	3.43	4.50	0.06		42	2.27	1.08	1.33	1.18	8.57	Li et al., 2012a
老君山	LJS-9	二长花岗岩	71.12	0.27	13.81	2.86	0.07	0.52	1.28	4.17	4.93	0.08		24	2.94	0.95	1.13	1.26	9.28	Li et al., 2012a
老君山	LJS-10	二长花岗岩	71.76	0.25	14.20	2.23	0.09	1.24	0.79	3.80	4.56	0.09		50	2.43	1.12	1.27	1.31	7.93	Li et al., 2012a
老君山	LJS4-B4	黑云母二长花岗岩	72.37	0.27	13.96	1.60	0.06	0.37	1.24	3.90	5.00	0.08	0.34	29	2.70	0.99	1.18	1.18	9.10	孟芳等，2012a
老君山	LJS4-B5	黑云母二长花岗岩	71.80	0.30	14.20	1.72	0.06	0.49	1.39	3.83	4.96	0.09	0.37	34	2.68	1.00	1.22	1.20	8.36	孟芳等，2012a
老君山	LJS4-B6	黑云母二长花岗岩	73.42	0.24	14.08	1.37	0.05	0.39	1.28	3.97	4.87	0.07	0.09	34	2.57	1.00	1.19	1.28	8.90	孟芳等，2012a
老君山	LJS-B5	黑云母二长花岗岩	72.11	0.26	14.32	1.60	0.06	0.45	1.34	3.97	5.24	0.07	0.22	33	2.91	0.98	1.17	1.30	8.79	孟芳等，2012a
老君山	LJS-B6	黑云母二长花岗岩	72.59	0.30	14.06	1.77	0.06	0.55	1.40	3.98	4.86	0.09	0.19	36	2.64	0.98	1.19	1.23	8.84	孟芳等，2012a
老君山	LJS2-B8	黑云母二长花岗岩	72.09	0.29	14.14	1.56	0.07	0.36	1.16	3.95	5.04	0.08	0.44	29	2.78	1.01	1.18	1.32	9.21	孟芳等，2012a
老君山	LJS2-B9	黑云母二长花岗岩	74.67	0.20	13.14	1.12	0.05	0.23	0.86	3.92	4.85	0.06	0.55	27	2.43	0.99	1.12	1.22	8.84	孟芳等，2012a
老君山	LJS2-B11	黑云母二长花岗岩	76.34	0.16	12.82	0.79	0.03	0.14	0.68	3.59	5.15	0.03	0.29	24	2.29	1.01	1.12	1.28	8.99	孟芳等，2012a
老君山	LJS-B11	黑云母二长花岗岩	73.76	0.29	13.38	1.55	0.06	0.43	0.88	3.98	4.68	0.10	0.46	33	2.44	1.01	1.15	1.24	8.77	孟芳等，2012a
老君山	LJS1-B2	黑云母二长花岗岩	72.27	0.30	14.02	1.70	0.06	0.42	1.28	3.94	5.28	0.11	0.48	31	2.90	0.97	1.15	1.43	8.74	孟芳等，2012a
老君山	LJS1-B3	黑云母二长花岗岩	77.15	0.11	12.56	0.66	0.03	0.11	0.88	3.81	4.47	0.03	0.28	23	2.01	0.99	1.13	1.18	8.66	孟芳等，2012a
老君山	LJS-B2	黑云母二长花岗岩	67.18	0.58	14.82	2.94	0.07	0.87	2.42	4.28	4.78	0.22	1.09	34	3.39	0.89	1.21	1.34	9.22	孟芳等，2012a
老君山	LJS-B3	黑云母二长花岗岩	69.25	0.42	15.07	2.27	0.05	0.68	1.81	3.86	5.67	0.14	0.29	35	3.46	0.96	1.21	1.17	8.28	孟芳等，2012a
老君山	LJS-B17	黑云母二长花岗岩	72.62	0.28	13.86	1.61	0.06	0.47	1.32	3.87	4.75	0.09	0.28	34	2.51	1.00	1.20	1.12	9.06	孟芳等，2012a
老君山	LJS-01		70.49	0.40	13.87	2.32	0.05	0.68	1.38	4.40	4.28	0.14	1.08	34	2.74	0.96	1.17	1.47	9.53	齐玥，2014

续表

矿床	样号	岩性	SiO_2	TiO_2	Al_2O_3	FeO_T	MnO	MgO	CaO	Na_2O	K_2O	P_2O_5	LOI	$Mg^{\#}$	σ	A/CNK	A/NK	K_2O/Na_2O	K_2O+Na_2O	参考文献
老君山	LJS-02		68.62	0.50	14.24	2.76	0.07	0.76	1.79	3.87	4.52	0.18	1.90	33	2.75	0.98	1.26	1.23	8.62	齐玥，2014
老君山	LJS-03		69.82	0.43	14.42	2.27	0.06	0.63	1.42	3.50	5.64	0.15	1.10	33	3.11	1.00	1.22	0.97	8.68	齐玥，2014
老君山	LJS-04		68.99	0.46	14.70	2.56	0.06	0.72	1.78	3.45	5.45	0.17	0.80	33	3.05	0.99	1.27	1.17	8.39	齐玥，2014
老君山	LJS-05		67.85	0.45	15.16	2.33	0.05	0.65	1.58	3.38	6.57	0.16	1.16	33	3.98	0.98	1.20	1.61	9.14	齐玥，2014
老君山	LJS-06		73.77	0.20	13.33	1.59	0.04	0.38	1.17	3.59	4.65	0.07	0.74	30	2.21	1.02	1.22	1.58	8.90	齐玥，2014
老君山	LJS-07		68.74	0.46	14.84	2.77	0.06	0.73	1.76	3.57	5.15	0.16	0.64	32	2.95	1.01	1.30	1.94	9.95	齐玥，2014
老君山	LJS-08		72.56	0.25	14.16	1.78	0.05	0.41	1.20	3.55	4.84	0.09	0.32	29	2.38	1.07	1.28	1.30	8.24	齐玥，2014
老君山	LJS-09		72.64	0.25	14.04	1.89	0.05	0.40	1.30	3.30	4.55	0.08	0.52	27	2.08	1.10	1.36	1.44	8.72	齐玥，2014
老君山	LJS-10		74.99	0.18	13.15	1.29	0.05	0.29	0.97	3.33	4.87	0.05	0.24	29	2.10	1.05	1.22	1.36	8.39	齐玥，2014
老君山	LJS-1		72.37	0.27	13.96	1.56	0.06	0.37	1.24	3.90	5.00	0.08	0.71	30	2.70	0.99	1.18	1.38	7.85	张云辉，2014
老君山	LJS-2		71.80	0.30	14.20	1.66	0.06	0.49	1.39	3.83	4.96	0.09	0.76	34	2.68	1.00	1.22	1.46	8.20	张云辉，2014
老君山	LJS-3		72.09	0.29	13.14	1.51	0.07	0.36	1.16	5.04	3.95	0.08	0.91	30	2.78	0.90	1.05	1.28	8.90	张云辉，2014
老君山	LJS-4		73.76	0.29	13.38	1.48	0.06	0.43	0.88	3.98	4.68	0.10	1.03	34	2.44	1.01	1.15	1.30	8.79	张云辉，2014
石门沟（南沟）	HLG-N3	二长花岗斑岩	72.80	0.17	14.16	1.13	0.06	0.31	1.08	4.26	4.57	0.06		33	2.62	1.02	1.18	0.78	8.99	杨晓勇等，2010
石门沟（南沟）	HLG-N22	二长花岗斑岩	73.28	0.18	13.59	1.01	0.07	0.29	1.02	3.64	5.03	0.07		34	2.48	1.02	1.19	1.18	8.66	杨晓勇等，2010
石门沟（南沟）	HLG-N26	二长花岗斑岩	74.48	0.23	12.92	1.39	0.03	0.53	1.08	3.72	4.30	0.05		41	2.04	1.01	1.20	1.07	8.83	杨晓勇等，2010
石门沟（南沟）	HLG-S1	二长花岗斑岩	72.11	0.27	14.03	1.77	0.06	0.49	1.33	3.87	4.47	0.10		33	2.39	1.03	1.25	1.38	8.67	杨晓勇等，2010
石门沟（南沟）	HLG-S4	二长花岗斑岩	71.90	0.26	14.12	1.64	0.06	0.46	0.97	3.68	4.84	0.10		33	2.51	1.08	1.25	1.16	8.02	杨晓勇等，2010
石门沟（南沟）	HLG-M3	二长花岗斑岩	78.09	0.16	11.69	0.53	0.01	0.18	0.27	2.90	4.99	0.03		38	1.77	1.10	1.15	1.16	8.34	杨晓勇等，2010

续表

矿床	样号	岩性	SiO_2	TiO_2	Al_2O_3	FeO_T	MnO	MgO	CaO	Na_2O	K_2O	P_2O_5	LOI	$Mg^{\#}$	σ	A/CNK	A/NK	K_2O/Na_2O	K_2O+Na_2O	参考文献
石门沟（南沟）	HLG-M4	二长花岗斑岩	75.11	0.14	12.73	0.41	0.01	0.17	0.25	3.17	5.74	0.02		42	2.47	1.07	1.11	1.32	8.52	杨晓勇等，2010
石门沟（南沟）	NNH-03	二长花岗斑岩	73.76	0.14	13.69	0.45	0.01	0.18	0.12	2.21	7.57	0.04		42	3.11	1.14	1.16	1.72	7.89	杨晓勇等，2010
石门沟（南沟）	NNH-13	二长花岗斑岩	75.22	0.19	13.83	0.64	0.01	0.22	0.20	3.08	6.10	0.04		38	2.62	1.15	1.19	1.81	8.91	杨晓勇等，2010
石门沟（南沟）	TSM1	二长花岗斑岩	77.63	0.12	12.08	0.55	0.01	0.06	0.23	3.76	4.14	0.01		16	1.80	1.09	1.13	3.43	9.78	杨晓勇等，2010
石门沟（南沟）	JJJ-1	二长花岗斑岩	72.57	0.15	13.89	1.22	0.04	0.34	1.13	3.84	4.58	0.05		33	2.40	1.04	1.23	1.98	9.18	杨晓勇等，2010
石门沟（南沟）	JJJ-2	二长花岗斑岩	75.88	0.11	12.95	0.57	0.04	0.17	0.48	3.80	4.61	0.02		35	2.15	1.07	1.15	1.10	7.90	杨晓勇等，2010
石门沟（南沟）	ZJDZ-1	二长花岗斑岩	72.84	0.23	13.38	1.65	0.04	0.49	1.54	3.65	4.01	0.05		35	1.97	1.02	1.29	1.19	8.42	杨晓勇等，2010
石门沟（南沟）	LJS-1	二长花岗斑岩	71.79	0.25	14.89	1.46	0.05	0.40	1.13	4.00	4.88	0.09		33	2.74	1.07	1.26	1.21	8.41	杨晓勇等，2010
石门沟（南沟）	SGS-03	二长花岗斑岩	76.72	0.09	12.94	0.65	0.01	0.14	0.42	3.88	4.68	0.01		28	2.17	1.06	1.13	1.10	7.66	杨晓勇等，2010
秋树湾	CK308-2	花岗闪长斑岩	65.50	0.47	15.16	3.42	0.06	1.30	3.83	3.64	3.96	0.16	1.67	40	2.57	0.88	1.48	1.22	8.88	胡受奚等，1988
秋树湾	CK309-17	花岗闪长斑岩	71.72	0.13	13.34	3.30	0.02	0.12	1.38	2.49	6.19	0.09	0.68	6	2.62	1.00	1.24	1.21	8.56	胡受奚等，1988
秋树湾	CK303-9	花岗闪长斑岩	70.48	0.32	13.59	2.65	0.04	0.64	1.84	3.56	4.85	0.15	1.59	30	2.57	0.94	1.22	1.09	7.60	胡受奚等，1988
秋树湾	CK31511-1（2）	花岗闪长斑岩	73.16	0.23	13.28	1.79	0.00	0.18	1.14	2.54	6.54	0.05	0.88	15	2.73	1.00	1.18	2.49	8.68	胡受奚等，1988
秋树湾	CK31518-7	花岗闪长斑岩	74.45	0.16	13.12	1.12	0.02	0.18	0.63	2.74	6.00	0.04	0.83	22	2.43	1.08	1.19	1.36	8.41	胡受奚等，1988
秋树湾	CK31519-20	花岗闪长斑岩	73.52	0.27	12.67	1.78	0.00	0.28	0.95	2.09	6.85	0.06	0.94	22	2.62	1.01	1.17	2.57	9.08	胡受奚等，1988
秋树湾	CK32310-2	花岗闪长斑岩	72.95	0.09	13.22	2.19	0.00	0.10	1.08	2.82	5.64	0.04	1.01	8	2.39	1.04	1.23	2.19	8.74	胡受奚等，1988
秋树湾	CK3310-13	花岗闪长斑岩	67.92	0.43	14.29	3.30	0.00	1.27	2.27	2.98	4.65	0.21	1.78	41	2.34	1.02	1.44	3.28	8.94	胡受奚等，1988
秋树湾	CK3715-1（2）	花岗闪长斑岩	74.59	0.30	12.76	2.12	0.02	0.26	1.75	2.91	4.40	0.12	0.58	18	1.69	1.00	1.34	2.00	8.46	秦臻等，2011

续表

矿床	样号	岩性	SiO_2	TiO_2	Al_2O_3	FeO_T	MnO	MgO	CaO	Na_2O	K_2O	P_2O_5	LOI	$Mg^{\#}$	σ	A/CNK	A/NK	K_2O/Na_2O	K_2O+Na_2O	参考文献
秋树湾	Q1-2	花岗闪长斑岩	71.15	0.24	13.18	2.29	0.08	0.66	1.80	3.13	5.11	0.13	2.13	34	2.41	0.94	1.23	1.56	7.63	秦臻等，2011
秋树湾	Q1-6	花岗闪长斑岩	71.30	0.26	13.69	2.56	0.10	0.71	1.69	3.54	4.53	0.14	1.35	33	2.30	0.99	1.28	1.51	7.31	秦臻等，2011
秋树湾	Q1-13	花岗闪长斑岩	72.32	0.15	13.63	2.10	0.09	0.54	2.19	3.83	3.67	0.07	1.30	31	1.92	0.96	1.33	1.63	8.24	张旭等，2011
秋树湾	S2	花岗闪长斑岩	73.01	0.19	14.14	1.20	0.07	0.27	1.44	3.08	6.10	0.07	0.75	29	2.81	0.99	1.21	1.28	8.07	张旭等，2011
秋树湾	S4	花岗闪长斑岩	74.20	0.11	12.40	1.26	0.06	0.25	1.26	2.75	6.00	0.05	0.54	26	2.45	0.93	1.13	0.96	7.50	张旭等，2011
秋树湾	S3	花岗闪长斑岩	68.02	0.33	15.03	2.41	0.06	0.81	3.01	3.70	5.00	0.16	1.02	37	3.03	0.89	1.31	1.98	9.18	张旭等，2011
秋树湾	S6	花岗闪长斑岩	67.59	0.33	15.47	1.86	0.06	0.87	3.71	3.68	5.10	0.16	0.51	46	3.13	0.84	1.34	2.18	8.75	张旭等，2011
秋树湾	S7	花岗闪长斑岩	74.71	0.38	13.15	1.26	0.05	0.12	1.08	2.90	5.85	0.05	1.08	15	2.41	1.01	1.18	1.35	8.70	张旭等，2011
秋树湾	S8	花岗闪长斑岩	66.68	0.29	16.03	2.31	0.10	0.76	2.79	3.70	3.45	0.16	1.66	37	2.16	1.08	1.63	1.39	8.78	张旭等，2011

注：附表 1 所引文献参见第 7 章参考文献列表。

附表 2 秦岭地区成矿小斑岩体微量元素组成

（单位：10^{-6}）

样号	岩性	Sc	Cr	Co	Ni	Cu	Ga	Rb	Sr	Y	Zr	Nb	Ba	La	Ce	Pr	Nd	Sm	Eu
温泉																			
1358/1	二长花岗斑岩	7.8	23.7	10.0	7.5	10.9	28.0	156	670	18	240	20	1530	61.70	95.10	9.19	40.30	6.42	1.50
1040/1b	二长花岗斑岩	3.5	8.6	5.1	6.9	35.1	28.0	258	160	11	150	30	600	16.80	45.00	3.29	12.40	3.34	0.62
1022/1b	二长花岗岩	3.8	7.8	5.1	5.7	115.0	23.0	242	190	12	120	21	600	27.00	49.60	4.60	17.00	3.53	0.63
1021/1b	二长花岗岩	3.4	7.1	4.1	5.2	106.0	26.0	234	190	11	120	20	630	28.60	48.90	4.66	18.20	4.36	0.71
1027/1	二长花岗斑岩	5.0	9.6	5.6	8.8	20.0	25.0	216	290	13	170	25	890	49.10	77.60	7.29	26.80	5.88	0.96
1025/1	二长花岗斑岩	4.2	6.6	6.0	7.2	10.7	24.0	206	260	12	160	24	790	39.80	57.70	6.63	23.70	4.10	0.86
1043/1	二长花岗斑岩	3.8	12.5	4.9	8.1	40.2	23.0	206	220	13	150	23	525	26.90	52.40	3.85	21.00	4.70	0.81
1041/1	二长花岗斑岩	2.9	8.5	3.8	6.6	28.8	24.0	281	140	10	130	25	500	25.60	51.70	4.45	14.60	3.05	0.60
1372/1	二长花岗斑岩	8.0	12.6	8.8	5.3	5.0	26.0	174	600	17	170	20	1300	60.40	94.40	8.88	39.00	6.74	1.38
1044/1	二长花岗斑岩	3.7	8.3	5.0	7.2	24.0	22.0	239	210	11	150	24	580	29.80	57.50	5.24	18.50	3.64	0.69
1026/2b	正长斑岩	4.5	11.0	4.9	9.2	17.9	21.0	209	270	13	170	25	790	36.90	60.30	5.92	22.10	4.66	0.85
WQ66	花岗闪长岩							229	188	24	186	21	350	26.69	48.78	5.60	22.17	4.94	0.68
WQ66-1	花岗闪长岩							207	429	17	166	24	1074	43.67	78.31	9.19	31.29	5.83	1.41

续表

样号	岩性	Sc	Cr	Co	Ni	Cu	Ga	Rb	Sr	Y	Zr	Nb	Ba	La	Ce	Pr	Nd	Sm	Eu
WQ66-2	花岗闪长岩							188	488	21	194	17	1040	42.35	87.77	9.91	36.42	6.31	1.36
WQ66-3	花岗闪长岩							152	447	16	157	16	854	37.73	68.53	7.57	28.05	5.31	1.19
W17-1	二长花岗斑岩										12			29.05	49.62	6.21	20.99	3.86	0.64
W27-2	二长花岗斑岩										17			29.22	46.78	5.27	16.01	2.87	0.54
W-PD1-4	二长花岗斑岩										12			35.85	58.90	7.01	23.44	4.30	0.81
W01-1	二长花岗斑岩										10			17.76	34.88	4.53	14.95	3.09	0.66
W02-1	二长花岗斑岩										14			37.32	67.52	8.36	28.91	5.55	1.08
W48-1	二长花岗斑岩										10			39.65	69.60	8.06	27.72	4.91	0.93
W49-1	二长花岗斑岩										15			38.07	67.14	7.83	26.82	5.04	1.00
CJ-1	花岗岩脉										9			49.26	82.53	8.82	28.07	4.49	0.80
CJ-3	黑云母二长花岗岩										9			14.61	25.17	2.74	8.34	1.35	0.18
CJ-4	黑云母二长花岗岩										5			10.74	18.40	2.12	5.85	1.07	0.15
W22-1	二长花岗斑岩	3.5	41.2	139.0	18.2	97.2	16.6	112	128	12	167	16	439	29.80	62.90	6.32	21.70	4.09	0.69
W3-2	二长花岗斑岩	3.8	43.9	175.0	20.7	5.8	17.7	180	174	8	144	18	509	31.00	61.80	5.88	19.70	3.50	0.72
W3-3	二长花岗斑岩	3.5	18.0	162.0	10.2	4.1	16.9	162	168	10	143	17	509	33.90	67.90	6.48	21.40	3.99	0.76
W8-1	二长花岗斑岩	5.6	40.1	139.0	18.2	22.8	16.9	178	299	14	138	14	706	23.60	48.40	4.93	17.80	3.51	0.83
W8-2	二长花岗斑岩	6.1	35.6	126.0	14.3	34.2	17.8	147	256	17	165	17	364	30.90	61.30	5.86	21.70	4.27	0.87
W8-3	二长花岗斑岩	6.0	32.3	175.0	15.1	21.0	18.4	139	288	18	199	19	302	33.40	69.40	6.98	24.90	4.86	1.01
W9-3	二长花岗斑岩	3.6	27.6	228.0	13.0	348.0	17.9	191	225	12	145	13	681	23.70	50.70	5.07	18.10	3.56	0.85
W-15	二长花岗斑岩	4.3	32.5	189.0	15.3	353.0	19.1	189	210	14	175	17	489	34.60	71.30	7.07	24.20	4.63	0.89
W17-1	二长花岗斑岩	4.0	18.1	189.0	11.3	652.0	15.8	200	200	22	175	14	733	29.50	61.00	6.14	21.80	4.61	0.90
W17-2	二长花岗斑岩	3.8	36.8	138.0	18.2	83.7	16.1	162	273	20	207	16	919	19.30	41.30	4.48	16.50	4.10	1.00
W17-3	二长花岗斑岩	4.0	30.3	152.0	14.6	82.3	16.0	167	250	18	212	14	886	25.30	53.40	5.45	19.40	4.27	1.03
W17-4	二长花岗斑岩	5.0	19.5	192.0	11.3	722.0	16.5	212	210	17	175	12	797	30.50	62.90	6.43	22.50	4.85	0.91
W23-2	二长花岗斑岩	4.2	39.2	180.0	21.9	230.0	18.7	258	147	15	195	31	501	35.20	73.90	7.30	24.60	4.65	0.87
W23-4	二长花岗斑岩	4.6	28.8	180.0	14.3	174.0	18.6	189	148	17	227	23	500	39.80	81.60	7.99	27.00	4.90	0.80

续表

样号	岩性	Sc	Cr	Co	Ni	Cu	Ga	Rb	Sr	Y	Zr	Nb	Ba	La	Ce	Pr	Nd	Sm	Eu
W23-5	二长花岗斑岩	5.1	65.2	160.0	32.4	281.0	19.0	267	148	15	251	26	584	35.70	74.40	7.47	26.30	4.79	0.90
W25-1	二长花岗斑岩	4.1	29.8	292.0	15.0	363.0	18.3	174	203	12	153	16	424	35.70	68.50	6.54	21.50	3.84	0.78
W25-2	二长花岗斑岩	4.2	49.7	161.0	20.7	494.0	18.8	183	207	14	173	19	469	36.40	71.90	7.10	23.80	4.40	0.84
W25-3	二长花岗斑岩	2.7	34.3	182.0	15.8	552.0	17.2	188	204	14	140	13	517	32.60	63.10	6.04	20.10	3.63	0.81
W26-3	二长花岗斑岩	3.1	26.7	133.0	12.5	145.0	17.9	166	255	13	153	19	785	35.30	71.20	6.83	23.40	4.36	0.96
YX-9	二长花岗斑岩	4.5	37.2	114.0	14.9	18.6	14.6	161	212	17	178	17	744	33.60	73.30	7.50	27.40	5.53	1.20
胭脂坝																			
XK-04	二长花岗岩	7.7	7.0	145.0	3.8	14.9	21.3	130	436	25	231	17.7	788	38.20	75.10	8.30	33.00	6.58	0.96
XK-11	二长花岗岩	5.6	3.8	181.0	1.7	1.8	19.3	141	267	25	175	10.9	898	40.50	81.00	8.95	34.60	6.87	0.88
XK-12	二长花岗岩	4.6	5.4	195.0	2.3	1.7	18.6	133	265	20	158	9.5	870	35.30	70.30	7.78	30.00	5.96	0.85
XK-14	二长花岗岩	5.7	25.8	165.0	21.0	5.6	21.7	180	303	27	210	13.0	1084	37.60	74.70	8.05	30.70	5.95	0.92
YZB-01	二长花岗岩	5.0	7.7	198.0	2.9	8.0	18.8	205	200	23	152	16.7	695	32.80	63.00	6.64	24.20	4.73	0.68
YZB-02	二长花岗岩	4.8	3.7	198.0	1.6	12.4	18.5	216	187	24	146	17.0	736	28.50	55.00	5.79	21.30	4.27	0.66
YZB-03	二长花岗岩	4.8	3.5	193.0	1.6	21.6	18.2	209	187	21	150	14.6	732	31.40	60.30	6.42	23.10	4.49	0.67
YZB-04	二长花岗岩	4.9	3.3	196.0	1.6	9.2	18.7	191	206	24	157	15.6	664	35.10	67.10	7.13	25.80	5.00	0.70
YZB-06	二长花岗岩	4.9	3.8	181.0	1.7	7.6	19.0	205	209	24	153	17.3	732	34.90	67.20	7.19	26.50	5.07	0.72
YZB-07	二长花岗岩	4.8	3.3	208.0	2.3	8.5	18.6	201	202	22	147	15.8	711	28.90	55.70	5.97	22.00	4.46	0.67
YZB-08	二长花岗岩	5.2	3.3	206.0	1.4	4.0	18.8	209	198	21	143	15.3	664	28.80	55.90	5.86	22.00	4.33	0.66
YZB-16	二长花岗岩	4.9	3.4	185.0	1.6	10.0	18.7	205	201	22	144	15.5	709	31.60	61.20	6.40	23.60	4.58	0.70
NS-1	钾长花岗岩		33.0		14.0			338	24	15	34	47.1	64	5.20	12.00	1.40	5.00	1.80	0.07
NS-2	二长花岗岩		15.0		2.0			223	188	24	181	13.9	750	30.40	64.00	6.60	23.50	4.60	0.56
NS-3	二长花岗岩		28.0		2.0			175	210	21	160	12.2	813	32.70	65.00	7.00	24.80	4.60	0.57
NS-14	二长花岗岩		20.0		0.3			177	238	22	120	13.7	669	28.10	56.00	5.80	21.40	3.90	0.60
NS-15	二长花岗岩		14.0					230	190	21	150	19.0	691	28.10	55.00	5.90	21.00	4.00	0.56
NS-16	二长花岗岩		15.0					193	210	18	153	15.4	717	30.70	61.00	6.40	22.90	4.00	0.65
10NS-01	花岗岩	4.5	3.6	89.8	1.3	10.0	18.7	143	394	16	182	9.5	1310	33.80	65.60	7.01	25.30	4.44	0.82

续表

样号	岩性	Sc	Cr	Co	Ni	Cu	Ga	Rb	Sr	Y	Zr	Nb	Ba	La	Ce	Pr	Nd	Sm	Eu
10NS-02	花岗岩	4.9	4.7	107.0	1.7	8.2	19.7	134	440	16	197	10.0	1245	36.60	70.40	7.49	26.90	4.60	0.86
10NS-03	花岗岩	4.5	3.6	96.8	1.3	5.8	19.3	147	381	17	183	10.4	1114	38.00	73.50	7.80	27.60	4.90	0.80
10NS-04	花岗岩	4.6	3.8	89.4	1.4	11.1	18.9	136	380	17	180	10.0	1144	37.20	72.10	7.73	28.30	4.99	0.80
10NS-05	花岗岩	4.4	3.9	97.0	1.5	19.0	18.9	132	418	15	183	9.2	1335	34.50	66.60	7.07	25.30	4.30	0.85
10NS-05R	花岗岩	4.4	4.0	95.5	1.6	18.8	18.6	132	414	15	173	9.2	1326	34.00	65.30	6.90	24.80	4.22	0.85
10NS-06	花岗岩	4.2	3.2	88.2	1.2	3.6	18.3	147	363	16	157	9.2	1143	32.90	63.30	6.64	23.60	4.10	0.77
梨园堂																			
11LY1-1	二长花岗岩			1.7		97.0	18.0	270	62	14	72	17	417	15.3	32	3.46	13.5	2.86	0.46
11LY1-4	二长花岗岩			1.3		40.0	18.0	194	35	13	55	16	222	13	28	3.02	11.6	2.69	0.3
11LY1-5	二长花岗岩			0.3		97.0	18.0	195	59	15	69	18	297	16	34	3.71	14.4	3.13	0.34
11LY1-6	二长花岗岩			1.3		55.0	15.5	185	84	13	61	14	284	15.3	32	3.63	14.3	2.95	0.38
111Y1-18	二长花岗岩			0.8		10.6	20.0	223	81	16	70	17	369	18	37	4.05	15.7	3.35	0.43
111Y1-19	二长花岗岩			0.3		3.7	20.0	217	48	16	67	18	321	17	36	3.95	15	3.34	0.4
11LY1-20	二长花岗岩			0.4		9.8	21.0	201	65	19	83	19	339	20	41	4.44	17	3.84	0.41
11LY1-21	二长花岗岩			1.4		6.3	21.0	200	53	16	75	20	314	17	36	3.9	15.2	3.39	0.38
111Y1-22	二长花岗岩			0.3		58.0	20.0	200	54	17	70	21	335	17	37	3.98	15.2	3.42	0.4
冷水沟																			
LS02	花岗斑岩	16.70	108.00	33	56.00	1723.00	17.2	143	56	26.40	174	12.70	279	23.00	40.00	4.58	16.00	3.22	0.92
LS03	花岗斑岩	9.47	42.00	8	23.10	445.00	18.9	127	261	12.30	86	5.63	1027	25.00	47.00	5.28	20.00	3.21	1.14
LS05	花岗斑岩	7.84	28.00	8	18.50	422.00	16.1	102	272	7.67	69	4.63	629	10.00	19.00	2.32	10.00	1.85	0.71
LS06	花岗斑岩	5.94	19.00	3	9.13	5.00	19.6	447	114	66.60	173	25.20	306	51.00	94.00	12.00	43.00	8.82	0.81
LS15	花岗斑岩	8.60	27.00	7	21.70	389.00	16.6	97	243	8.61	75	4.31	455	23.00	38.00	4.34	16.00	2.53	0.84
LS16	花岗斑岩	11.10	26.00	8	22.50	1123.00	18.5	99	267	13.00	70	5.20	586	29.00	47.00	5.02	19.00	3.08	1.13
LS18	花岗斑岩	7.07	28.00	7	17.00	97.00	19.6	83	768	14.50	148	7.98	1471	27.00	52.00	6.33	25.00	4.04	1.23
LS19	花岗斑岩	3.15	21.00	3	13.30	4.00	18.4	135	526	9.90	95	7.71	1105	19.00	34.00	4.00	15.00	2.52	0.82
LSG-3	花岗闪长斑岩	6.29	10.30	7	7.31	52.90		59	1128	13.00	149	6.87	1412	19.50	44.30	5.53	22.20	4.20	1.20

续表

样号	岩性	Sc	Cr	Co	Ni	Cu	Ga	Rb	Sr	Y	Zr	Nb	Ba	La	Ce	Pr	Nd	Sm	Eu
LSG-9	花岗闪长斑岩	9. 46	10. 50	11	7. 59	71. 50		63	1134	16. 60	147	8. 06	1616	37. 00	71. 50	8. 30	32. 10	5. 59	1. 62
LSG-32	花岗闪长斑岩	7. 92	8. 82	3	9. 03	31. 00		213	299	9. 44	87	5. 32	980	19. 30	38. 80	4. 32	16. 30	2. 91	0. 77
LSG-33	花岗闪长斑岩	7. 76	7. 70	1	6. 05	7. 06		159	272	10. 60	132	5. 91	1134	17. 60	35. 00	4. 29	16. 10	2. 77	0. 67
LSG-29	花岗斑岩	6. 46	9. 93	3	7. 63	13. 90		183	273	10. 60	116	5. 61	1035	16. 50	33. 90	4. 14	16. 20	2. 95	0. 76
LSG-30	花岗斑岩	6. 32	8. 38	2	5. 26	16. 20		196	254	10. 20	120	5. 96	1053	16. 10	34. 90	4. 26	16. 90	3. 03	0. 70
LSG-31	花岗斑岩	7. 00	11. 30	2	6. 88	17. 60		207	248	11. 50	123	5. 76	1255	19. 80	41. 10	4. 83	18. 20	3. 17	0. 80
八里坡																			
B0001-3	二长花岗岩		2. 2	2. 2	0. 7	21. 5	66. 5	99	279	96	7	21	992	8. 25	14. 90	1. 93	8. 73	1. 57	0. 42
B0001-4	二长花岗岩		7. 0	3. 1	1. 6	11. 1	80. 2	124	291	116	7	20	1184	10. 82	16. 46	2. 33	10. 07	1. 72	0. 44
B0001-7	二长花岗岩		3. 6	1. 9	0. 4	13. 6	62. 6	126	257	112	7	22	936	8. 20	13. 73	1. 87	8. 26	1. 56	0. 41
B0003-8	二长花岗岩		2. 6	1. 7	0. 4	4. 1	120. 8	129	520	148	8	20	1798	16. 04	27. 76	3. 43	14. 94	2. 49	0. 68
B0003-9	二长花岗岩		2. 8	2. 0	0. 1	4. 4	125. 1	115	602	178	9	22	1876	20. 25	35. 52	4. 31	18. 46	2. 98	0. 80
B2101-10	二长花岗岩		6. 5	2. 0	0. 2	5. 7	129. 7	119	565	202	9	18	1957	17. 57	31. 56	3. 87	16. 92	2. 89	0. 77
B2101-11	二长花岗岩		7. 0	2. 1	0. 1	8. 0	133. 3	116	638	253	14	25	2007	26. 47	50. 86	5. 62	24. 33	4. 03	0. 99
B0802-17	二长花岗岩		6. 3	1. 9	0. 1	6. 3	120. 6	128	561	189	9	22	1749	18. 41	32. 56	3. 94	16. 93	2. 87	0. 78
B0802-18	二长花岗岩		3. 6	1. 1	0. 1	4. 8	105. 0	170	415	151	7	21	1500	12. 49	21. 76	2. 75	11. 97	2. 11	0. 58
ZK0001-1	花岗斑岩					21. 9		175	680	11	169	20	1423	31. 10	58. 00	6. 32	21. 52	3. 39	1. 00
ZK001-1	花岗斑岩					13. 6		168	725	11	160	19	1432	30. 00	56. 28	6. 15	21. 02	3. 32	1. 05
XLYT-01	花岗斑岩					11. 9		124	742	9	165	18	2166	35. 20	62. 60	7. 05	23. 46	3. 52	1. 08
金堆城																			
B33	花岗斑岩									9. 30				32. 86	69. 76	6. 30	20. 72	3. 45	0. 60
B22	花岗斑岩									18. 67				27. 90	49. 19	5. 51	19. 35	3. 90	0. 66
B03	花岗斑岩									13. 98				23. 71	44. 44	4. 96	17. 22	3. 29	0. 63
金 8401	花岗斑岩							270	80					30. 33	64. 35		23. 51	4. 81	0. 71
金 8402	花岗斑岩							280	73					25. 62	52. 64		19. 50	3. 21	0. 58
金 8403	花岗斑岩							290	24					22. 72	47. 10		18. 02	4. 41	0. 81

续表

样号	岩性	Sc	Cr	Co	Ni	Cu	Ga	Rb	Sr	Y	Zr	Nb	Ba	La	Ce	Pr	Nd	Sm	Eu
金 8404	花岗斑岩							360	15					20.80	39.48		16.20	3.62	0.60
L101	花岗斑岩			92		26.45	22.3	390	72	36.39		70.39	338						
L103	花岗斑岩			96		52.06	31.0	278	119	522.00		92.40	287						
L303	花岗斑岩			116		13.60	16.6	307	108	59.29		53.97	450						
L401	花岗斑岩			59		24.98	20.0	376	162	104.07		49.61	1309						
L403	花岗斑岩			71		12.88	21.7	282	284	122.82		44.53	1240						
JD-1	花岗斑岩							220	77	5.40	63	21.00	638	6.03	11.43	1.37	5.34	1.24	0.35
JD-2	花岗斑岩							74	37	3.40	37	14.30	103	3.49	6.88	0.86	3.48	0.73	0.17
JD-3	花岗斑岩							291	220	8.80	85	22.40	620	13.65	24.92	2.84	10.29	1.84	0.54
JD11	花岗斑岩							283	117	14.33	136	48.99	1428	34.87	64.74	6.84	24.97	4.24	0.87
JD12	花岗斑岩							193	60	7.75	43	41.25	276	9.93	19.11	2.09	8.09	1.70	0.39
JD13	花岗斑岩							299	117	14.58	144	51.92	1453	38.32	70.97	7.48	27.67	4.50	0.90
JD14	花岗斑岩							195	60	7.87	39	37.68	274	10.59	19.58	2.10	8.01	1.67	0.39
JD21	花岗斑岩							422	182	11.35	85	35.68	902	24.92	49.07	5.34	19.17	3.19	0.67
JDC-54c	花岗斑岩					23.90		308	97	17.90	112	63.60	686	21.50	36.20	4.47	16.40	3.34	0.47
JDC-54d	花岗斑岩					17.40		358	56	10.70	100	60.00	411	12.00	19.30	2.66	10.00	2.10	0.33
JDC-82	花岗斑岩					16.80		333	79	12.80	109	46.40	603	18.20	27.10	3.59	13.20	2.39	0.54
JDC-96	花岗斑岩					21.90		466	110	7.74	56	30.00	926	10.30	14.90	2.15	8.52	1.57	0.39
JDC-100	花岗斑岩					25.60		385	212	9.36	123	47.30	1418	16.40	27.70	3.38	13.10	2.39	0.58
石家湾																			
ZK13113	黑云二长花岗斑岩										13			53.09	91.14	9.44	32.17	5.15	1.05
ZK13116	黑云二长花岗斑岩										11			50.15	85.97	8.96	30.31	4.91	0.94
石 8401	二长花岗斑岩							250	75					48.10	103.44		37.21	6.52	0.88
石 8402	二长花岗斑岩							239	88					48.33	104.52		42.03	6.43	0.88
Sjw-1	钾长花岗岩	2.05	2.6	1.3		4.7		149	294	151	10	31	1540	38.3	56	6.71	22.2	3.5	0.66
Sjw-2	钾长花岗岩	3.41	0.6	2.2		4.6		144	638	196	11	32	2131	39.3	61.8	7.2	24.3	3.87	0.78

续表

样号	岩性	Sc	Cr	Co	Ni	Cu	Ga	Rb	Sr	Y	Zr	Nb	Ba	La	Ce	Pr	Nd	Sm	Eu
木龙沟																			
MLG-01	花岗闪长岩			2.6	0.4	25.1	17.8	111	1481	18	252	21	2557	60.8	118.9	12.09	41.4	6.07	1.52
MLG-06	花岗闪长岩			4.1	0.7	3.7	18.3	103	802	17	200	18	1848	41.2	84.5	9.16	34.2	5.32	1.58
夜长坪																			
YB2Y-1	花岗斑岩	4.28	345.0	7.5	7.6	7.8	26.0	444	21	17	135	88	119	16.1	30.3	2.99	9.8	1.49	0.19
YB2Y-2	花岗斑岩	10.2	508.0	6.1	8.0	9.2	26.4	566	21	23	144	97	87	20.4	39.5	3.73	11.8	1.62	0.19
YB2Y-3	花岗斑岩	5.23	229.0	3.7	3.5	12.4	21.8	469	34	21	123	88	186	23.3	42.6	4.06	13.2	1.93	0.24
YB2Y-4	花岗斑岩	5.27	288.0	3.9	4.1	10.5	22.0	479	31	20	125	82	148	26.4	47.6	4.58	14.3	2	0.24
YB2Y-5	花岗斑岩	5.15	365.0	3.8	5.6	7.3	24.6	439	29	22	131	87	102	21.3	39.3	3.86	12.3	1.83	0.2
银家沟																			
LY3-4	二长花岗斑岩	3.1	9.5		3.0		37.9	266	106	13	192	26	1789	35.9	76.1	8.47	29.1	4.27	0.73
LY3-5	二长花岗斑岩	3.2	6.4		2.2		29.8	305	119	16	205	26	2038	53.3	117.8	12.14	40.8	6.1	1.18
LY3-7	二长花岗斑岩	3.3	9.7		2.5		27.0	292	138	15	203	26	2214	35.7	79.9	8.98	32.1	5.02	1.06
LY3-8	二长花岗斑岩	3.1	8.5		2.1		22.3	290	107	14	204	25	1849	43	86.9	9.69	33.3	4.96	0.92
LY3-9	二长花岗斑岩	3	8.7		2.4		20.0	285	134	15	194	24	1869	40.3	83.8	9.18	31.9	4.84	1.04
LY3-10	二长花岗斑岩	3.1	8.0		2.1		26.8	288	107	13	199	26	1917	41.1	88	9.59	33	4.97	1.03
LY3-11	二长花岗斑岩	2.9	10.1		2.7			310	104	15	192	28	2131	43	102	10.58	36.9	5.69	1.21
LY7-1	二长花岗斑岩	2.9	17.1		2.0		20.6	249	246	13	193	26	1659	37.7	74.6	8.27	28.1	4.13	0.92
LY7-2	二长花岗斑岩	2.7	6.0		1.8		21.1	304	137	10	203	25	1745	31.5	67.2	7.35	25.4	3.8	0.74
LY7-3	二长花岗斑岩	2.8	20.2		1.8		19.8	241	244	13	176	25	1692	36.1	72.1	7.96	26.8	3.99	0.89
LY7-4	二长花岗斑岩	2.5	10.8		2.3			240	264	12	181	27	2213	34.9	74.9	7.99	27.9	4.36	1.05
LY10-8	二长花岗斑岩	2.7	8.5		1.5		22.2	299	178	7	200	20	2064	33.8	74.9	8.78	30	4.24	0.99
LY10-9	二长花岗斑岩	3.5	7.6		2.1		21.2	323	119	11	208	27	2059	32.2	69.1	7.96	27.7	4.11	0.89
LY10-10	二长花岗斑岩	3.6	9.0		1.6		21.9	355	122	8	219	27	1739	32.7	70.3	7.86	27	3.89	0.84
LY10-11	二长花岗斑岩	2.8	9.8		1.7		21.4	353	200	11	187	24	2380	31.9	69.1	7.24	24.9	3.71	0.82
LY6-1	钾长花岗斑岩	3.8	9.1		6.4		17.0	281	241	14	213	8	2820	12.3	29.9	3.78	14.3	2.44	0.67

续表

样号	岩性	Sc	Cr	Co	Ni	Cu	Ga	Rb	Sr	Y	Zr	Nb	Ba	La	Ce	Pr	Nd	Sm	Eu
LY6-2	钾长花岗斑岩	3. 6	11. 5		7. 5		18. 1	247	202	14	240	9	2624	22	50. 6	6. 02	22. 5	3. 52	0. 8
LY6-3	钾长花岗斑岩	2. 9	6. 4		6. 9		17. 2	209	180	19	251	9	2054	45. 4	101	10. 82	37. 7	5. 97	1. 6
LY6-4	钾长花岗斑岩	2	9. 8		3. 9		19. 0	195	240	14	244	7	2531	36. 7	82. 9	8. 78	31. 2	4. 76	1. 17
LY6-5	钾长花岗斑岩	3. 5	9. 1		17. 2		20. 6	165	205	18	266	10	2295	53. 5	117	12. 76	44. 7	6. 74	1. 36
LY6-6	钾长花岗斑岩	3. 4	8. 5		13. 3		20. 4	158	210	20	255	10	2250	60. 2	130	13. 67	47. 9	7. 36	1. 45
LY6-7	钾长花岗斑岩	4	6. 5		9. 2		20. 4	263	169	13	227	9	1784	20. 8	44. 4	5. 2	19. 1	3. 08	0. 76
LY6-8	钾长花岗斑岩	3	8. 0		7. 6			198	193	19	200	12	2445	19. 7	56. 5	6. 29	23. 6	4. 11	1. 08
LY9-1	钾长花岗斑岩	2. 5	4. 9		1. 8		23. 1	323	135	9	217	28	1653	50. 1	102	11. 02	36. 4	5. 15	1. 11
LY9-2	钾长花岗斑岩	3. 2	8. 4		2. 7		21. 7	333	195	9	202	28	1981	34. 3	68. 1	8. 06	27. 6	4. 01	0. 88
LH1-1	黑云母二长花岗斑岩	4. 1	11. 8		2. 4		20. 4	179	461	20	225	27	2087	48. 2	94. 3	10. 71	38. 4	6. 17	1. 46
LH1-2	黑云母二长花岗斑岩	4. 5	9. 5		2. 8			176	380	16	220	29	1982	34. 7	80. 7	9. 22	33. 4	5. 43	1. 38
LH1-3	黑云母二长花岗斑岩	4. 7	8. 4		2. 6		19. 7	188	309	17	233	25	1730	35. 6	73. 5	8. 47	31	4. 89	1. 19
LH1-4	黑云母二长花岗斑岩	3. 4	12. 4		2. 3		19. 3	177	404	14	203	19	2538	30. 9	71. 1	8. 16	29	4. 43	1. 14
LY16-7	黑云母二长花岗斑岩	4. 3	6. 8		2. 7		19. 9	226	328	18	232	24	1889	50. 9	101	11. 12	38. 4	5. 61	1. 37
火神庙																			
6	中粒二长花岗岩		5. 00	5	2. 00	8. 00		116	450				1870						
7	中粒二长花岗岩		4. 00	2	2. 00	5. 00		80	574				2352						
8	中粒二长花岗岩		15. 00	14	71. 00	10. 00		12	838				2539						
9	中粒二长花岗岩		17. 00	6	6. 00	21. 00		52	1095				3363						
10	中粒二长花岗岩		5. 00	4	2. 00	8. 00		131	491				2023						
4	中粒二长花岗岩									17. 20				24. 60	65. 30	8. 10	27. 00	5. 00	1. 20
5	中粒二长花岗岩									14. 00				16. 70	45. 10	5. 50	2. 00	3. 60	0. 80
6	中粒二长闪长岩									15. 40				54. 70	107. 20	10. 90	31. 30	5. 70	1. 60
7	中粒二长闪长岩									22. 30				65. 70	119. 00	12. 40	44. 50	7. 80	1. 90
8	中粒二长花岗岩									1. 40				28. 80	63. 70	7. 10	24. 20	4. 20	0. 80
HSM-1	花岗闪长岩	6. 70	10. 00		6. 90			99	1070	18. 34	193	24. 60	2157	53. 03	100. 55	12. 75	36. 38	6. 44	1. 84

续表

样号	岩性	Sc	Cr	Co	Ni	Cu	Ga	Rb	Sr	Y	Zr	Nb	Ba	La	Ce	Pr	Nd	Sm	Eu
HSM-2	石英二长斑岩	3.20	2.80		5.80			223	362	15.66	205	46.50	2211	44.55	85.19	8.80	29.64	4.40	0.96
B1/HSM	石英闪长岩	12.45	6.30	15.18	4.03	15.34	32.7	98	1377	20.40	176	31.20	2367	76.40	149.60	16.12	52.80	9.28	2.19
B22/HSM	石英闪长岩	9.24	9.45	14.49	6.34	2.86	31.3	88	1652	18.90	154	28.80	3108	62.20	116.20	11.96	45.20	8.17	2.17
B24/HSM	石英闪长岩	5.93	8.72	13.64	4.20	13.99	26.9	165	1062	16.20	177	33.20	3600	53.40	97.80	9.06	31.60	5.41	1.48
B25/HSM	石英闪长岩	8.59	7.57	10.40	3.39	5.23	31.3	129	1433	20.60	177	32.80	3155	72.00	132.20	12.64	45.50	7.76	1.89
B6	二长花岗岩	1.80	1.00	1.00	2.20	4.40	21.2	140	406	17.00	187	39.70	2200	22.70	64.30	7.23	24.20	3.97	0.90
B10	二长花岗岩	1.70	1.00	1.20	1.40	1.00	19.6	120	552	13.70	185	34.40	1980	23.90	57.40	7.45	25.10	3.75	1.00
B19	二长花岗岩	1.70	2.00	1.60	1.70	14.60	18.0	142	448	12.20	156	28.10	1475	26.60	53.60	6.35	21.20	3.27	0.93
B28	二长花岗岩	1.70	1.00	1.40	2.70	3.20	18.8	146	502	14.40	201	39.40	2050	16.10	40.40	5.81	21.70	3.94	1.13
B9/HSM	花岗斑岩	2.83	5.43	1.07	1.48	5.38	19.0	285	152	13.90	238	50.50	1678	50.50	87.70	7.73	24.90	4.29	0.78
B11/HSM	花岗斑岩	2.05	3.52	0.71	1.19	8.77	21.7	192	190	13.60	151	33.10	1537	49.50	82.90	7.37	23.50	3.95	0.77
B33/HSM	花岗斑岩	1.40	1.47	1.30	1.30	11.80	17.9	148	138	15.20	168	37.90	512	39.00	70.20	7.78	25.40	4.04	0.81
B65/HSM	花岗斑岩	1.60	3.66	0.90	0.70	4.30	18.0	141	156	12.10	180	35.60	823	47.70	86.00	9.61	29.10	4.16	0.84
上房																			
SFG-1	花岗斑岩	1.80	4.90					224	34	3.85	72	36.50	91	9.74	14.82	2.14	5.27	0.80	0.15
LS-6	钾长花岗斑岩						19.3	249	44	7.25	75	36.80	122	10.90	23.20	2.63	8.26	1.21	0.20
LS-9	钾长花岗斑岩						21.4	197	43	3.73	69	30.40	81	11.20	19.70	1.91	5.19	0.69	0.13
SF-1		1.81	3.76					274	25	7.25	75	36.80	122	10.90	23.20	2.63	8.26	1.21	0.20
SF-2		1.29	7.37					211	25	3.73	69	30.40	81	11.20	19.70	1.91	5.19	0.69	0.13
ZK02-KY61	花岗斑岩					16.30		112	357	7.84	121	39.00	1274	8.58	18.80	2.29	8.68	1.62	0.35
南泥湖																			
1	细粒斑状二长花岗岩		40.00	4	1.00	30.00		291	37				170						
1	细粒斑状二长花岗岩									1.37				21.96	38.78	3.16	8.19	1.13	0.17
NNH-1	二长花岗岩	1.80	7.40		4.60			326	122	9.91	135	44.10	1024	46.79	70.69	7.98	23.11	3.65	0.61
LN-1	花岗斑岩						20.8	337	124	9.71	143	53.90	942	43.60	71.50	7.16	22.10	3.25	0.54
LN-2	花岗斑岩						26.1	295	55	6.27	123	87.70	217	16.90	26.80	2.61	7.20	1.03	0.21

续表

样号	岩性	Sc	Cr	Co	Ni	Cu	Ga	Rb	Sr	Y	Zr	Nb	Ba	La	Ce	Pr	Nd	Sm	Eu
LN-3	花岗斑岩						20.5	351	138	9.04	152	70.40	904	48.40	81.50	8.02	24.30	3.42	0.55
LN-4	花岗斑岩						27.6	436	76	14.60	136	50.90	830	72.90	118.00	11.70	34.50	5.02	0.66
NNH-1		1.68	8.77					366	96	9.71	143	53.90	942	43.60	71.50	7.16	22.10	3.25	0.54
NNH-2		2.49	10.60					386	112	6.27	123	87.70	217	16.90	26.80	2.61	7.20	1.03	0.21
鱼池岭																			
YC08628-03	黑云母二长花岗斑岩	5.5	5.4	4.4	5.4	72.3	23.3	261	744	17	194	26	1763	58.20	109.00	11.60	40.30	6.46	1.49
YC15-03	黑云母二长花岗斑岩	2.5	6.0	1.0	2.3	98.6	21.8	263	247	7	140	29	752	26.00	35.00	5.08	17.30	2.54	0.49
YC15-04	黑云母二长花岗斑岩	2.6	3.1	2.9	2.4	75.7	24.0	280	222	7	168	30	707	18.60	32.20	3.84	13.10	2.07	0.38
YC15-05	黑云母二长花岗斑岩	2.7	6.6	1.6	2.7	88.9	23.9	335	240	7	169	31	781	26.20	30.90	5.68	19.40	2.84	0.53
YC545J-100	黑云母二长花岗斑岩	2.8	8.9	3.9	4.0	80.2	22.5	185	636	12	188	24	1839	46.90	68.80	8.54	28.70	4.42	1.03
YC545J-113	黑云母二长花岗斑岩	3.2	6.6	2.8	3.7	63.9	22.1	221	617	12	159	27	1877	44.20	63.00	8.09	27.70	4.30	0.99
YC545J-94	黑云母二长花岗斑岩	3.8	7.0	3.2	4.8	56.5	21.3	300	347	12	162	21	1610	42.10	71.20	8.73	31.00	4.89	1.09
YC590-73	黑云母二长花岗斑岩	5.6	5.0	11.5	4.3	609.0	24.0	237	791	19	199	28	1980	77.70	132.00	14.40	48.80	7.27	1.72
YC628-50	黑云母二长花岗斑岩	3.1	9.8	2.3	4.7	509.0	20.5	373	335	12	239	27	1484	39.70	62.50	8.00	27.60	4.34	0.91
YC628-55	黑云母二长花岗斑岩	4.8	5.1	7.3	5.4	165.5	22.0	366	475	11	214	27	1503	40.80	79.85	8.52	29.35	4.30	0.93
YC628-56	黑云母二长花岗斑岩	5.0	6.0	5.0	3.9	86.7	21.4	206	783	18	203	28	1734	66.50	89.00	12.30	41.60	6.62	1.58
YC628-57	黑云母二长花岗斑岩	4.2	4.8	5.3	3.9	272.0	20.3	225	618	16	168	25	1657	59.90	103.00	11.00	36.40	5.44	1.28
YC628-59	黑云母二长花岗斑岩	3.9	4.1	4.0	3.9	179.0	20.8	210	708	15	193	25	1603	53.70	85.95	9.94	34.20	5.37	1.25
YC628-61	黑云母二长花岗斑岩	5.0	5.3	6.4	4.7	307.0	21.9	263	679	17	199	28	2001	59.80	90.60	11.20	37.30	5.86	1.37
YC628-65	黑云母二长花岗斑岩	4.8	7.4	5.6	5.4	151.0	24.0	263	741	16	179	27	1583	52.60	95.20	10.60	36.30	5.70	1.41
YC628-66	黑云母二长花岗斑岩	5.4	7.0	3.9	4.8	150.0	24.0	259	606	17	184	27	1878	64.90	117.00	11.80	39.60	6.07	1.39
YC628-41	黑云母二长花岗斑岩	2.8	6.7	2.2	3.8	77.8	20.3	218	491	11	199	26	1400	39.50	54.70	8.00	26.80	4.47	0.90
ZK0801-23.4	黑云母二长花岗斑岩	3.7	7.9	3.4	4.5	238.0	24.3	276	426	12	214	29	1092	45.00	73.40	8.71	29.90	4.67	0.93
ZK0808-0.5	黑云母二长花岗斑岩	3.1	5.4	3.3	5.0	35.0	21.0	216	569	14	147	24	1689	42.40	71.10	8.09	27.50	4.46	1.00
ZK0808-203.3	黑云母二长花岗斑岩	3.1	6.4	2.4	3.6	4.6	22.8	209	622	13	193	27	1804	47.00	75.60	9.03	31.30	4.92	1.11
ZK0812-1.0	黑云母二长花岗斑岩	3.4	4.8	2.7	3.4	68.1	22.7	228	407	13	158	25	1184	50.70	81.20	9.07	30.70	4.67	1.06

续表

样号	岩性	Sc	Cr	Co	Ni	Cu	Ga	Rb	Sr	Y	Zr	Nb	Ba	La	Ce	Pr	Nd	Sm	Eu
ZK0812-314.9	黑云母二长花岗斑岩	3.2	5.5	3.5	3.1	61.6	21.1	154	633	13	183	27	1774	41.80	54.40	8.09	28.20	4.50	1.06
YC08-01	黑云母二长花岗斑岩	3.1	11.2	3.7	5.0	11.8	21.8	162	655	12	192	22	1489	44.20	75.80	8.69	31.20	4.95	1.05
YC08-02	黑云母二长花岗斑岩	3.1	10.1	3.7	5.0	57.6	21.9	211	619	12	189	23	1562	47.70	77.20	8.84	31.50	5.07	1.04
	黑云母二长花岗斑岩	3.2	11.8	3.9	5.6	14.2	23.0	161	686	12	187	24	1724	41.80	71.70	7.95	27.70	4.47	0.97
YC08-05	黑云母二长花岗斑岩	2.8	50.4	3.9	24.5	36.2	22.6	193	612	12	185	23	1488	46.20	76.20	8.97	30.50	4.65	0.99
YC08-06	黑云母二长花岗斑岩	3.4	8.6	4.0	4.1	10.0	23.0	160	709	13	188	25	1626	47.00	82.30	8.93	30.90	4.83	1.07
YC08-07	黑云母二长花岗斑岩	3.5	6.0	3.4	3.1	55.5	22.8	276	340	9	182	30	555	42.50	71.50	7.70	26.20	3.89	0.77
YC08-08	黑云母二长花岗斑岩	2.5	7.5	2.5	3.3	6.3	22.4	236	333	8	115	21	509	28.90	55.20	5.59	18.90	2.92	0.63
YC08-09	黑云母二长花岗斑岩	2.6	6.6	2.7	3.6	8.7	22.5	286	491	10	131	26	1687	33.10	57.80	6.11	21.00	3.40	0.75
YC08-11	黑云母二长花岗斑岩	3.0	14.6	3.9	6.0	7.4	23.6	246	370	11	168	28	560	53.80	79.50	7.95	25.70	3.90	0.80
YC2401N-02	花岗斑岩	2.6	3.3	1.0	1.7	26.7	23.0	307	153	5	102	33	483	14.50	23.80	3.00	9.48	1.42	0.32
YC2401N-03	花岗斑岩	2.9	2.7	0.7	1.9	19.1	23.6	310	147	6	99	32	564	16.60	14.60	3.40	10.70	1.66	0.36
YC2401N-07	花岗斑岩	2.4	4.7	0.7	2.3	46.7	22.2	302	188	10	110	35	718	20.30	30.80	4.13	13.50	2.11	0.49
YCL-116	花岗斑岩	2.9	49.5	23.3	0.9	146.8	17.5	577	176	12	149	21	1170	39.77	74.53	7.80	27.47	4.05	0.73
东沟																			
DG4	花岗斑岩	2.16	9.85				0.7	332	21	9.74	76	69.50	121	26.30	37.50	3.09	8.29	1.16	0.14
DG5	花岗斑岩	2.00	7.50				0.7	260	41	15.50	95	62.30	157	25.60	39.60	3.34	9.46	1.55	0.19
07DG-01	花岗斑岩	0.99	9.43	677				345	20	6.61	114	54.81	114	13.68	21.10	1.96	5.69	0.93	0.08
07DG-02	花岗斑岩	0.41	2.67	630				426	21	3.88	94	49.54	137	15.21	28.26	1.89	5.08	0.64	0.06
07DG-03	花岗斑岩	0.36	1.65	458				540	12	2.55	101	62.64	65	26.93	49.99	2.90	7.15	0.69	0.05
07DG-04	花岗斑岩	1.16	4.95	736				309	9	8.91	134	97.03	43	11.55	21.46	1.87	5.31	0.82	0.05
07DG-05	花岗斑岩	1.04	4.02	748				417	11	7.87	100	73.23	87	14.46	27.08	2.24	6.21	0.89	0.07
07DG-06	花岗斑岩	1.56	2.09	786				370	9	9.34	129	68.38	42	23.73	36.64	2.92	7.54	1.00	0.07
H0706	花岗斑岩								19	10.30				31.50	47.70			1.51	0.16
D-049A	花岗斑岩								13	22.50				55.60	83.00			2.80	0.23
RY0907a			6.41					534	19	15.11	121	81.46	86	37.98	55.90	4.80	12.26	1.58	0.17

续表

样号	岩性	Sc	Cr	Co	Ni	Cu	Ga	Rb	Sr	Y	Zr	Nb	Ba	La	Ce	Pr	Nd	Sm	Eu
RY0907b			6.13					473	23	12.27	99	72.56	141	31.61	47.24	4.16	10.54	1.39	0.16
RY09-1			6.18					444	28	18.23	114	79.42	90	30.95	48.77	4.60	12.72	1.96	0.19
RY09-2			5.69					453	29	19.18	121	78.97	103	31.29	49.92	4.62	12.62	1.95	0.20
RY09-3			12.12					445	33	17.99	128	78.88	125	32.05	51.10	4.65	12.68	1.87	0.18
RY09-4			6.72					364	32	15.22	93	80.99	194	26.05	41.66	3.85	10.44	1.47	0.22
RY09-5			7.07					408	23	18.35	124	82.53	67	34.57	54.35	4.95	13.35	1.93	0.15
RY09-6			7.41					432	48	16.93	118	75.98	138	28.35	44.05	4.14	11.51	1.76	0.18
RY09-7			14.68					699	44	12.70	58	36.26	235	23.94	39.36	3.61	9.92	1.40	0.29
RY09-8			13.57					466	30	15.91	113	70.73	120	44.69	68.40	6.02	15.82	1.99	0.22
太山庙																			
TSM1	钾长花岗斑岩	3.00	5.00	25	7.50		21.4	318	89	15.77	230	62.10	517	44.92	104.01	7.88	28.10	4.43	0.74
TSM2	正长花岗岩	3.90	5.00	24	6.50		23.9	272	172	23.37	222	40.20	902	61.05	102.80	12.25	38.58	6.33	0.80
TSM3	正长花岗岩	1.50	5.00	25	5.60		23.5	331	31	26.21	157	64.30	171	39.06	75.81	8.12	23.78	4.12	0.34
211B1	钾长花岗岩		3.38	2	0.30	0.30	16.7	258	45	44.53	145	42.06	181	37.98	79.41	9.25	31.17	5.48	0.35
208B1	钾长花岗岩		9.17	2	0.49	0.00	20.2	442	19	45.34	143	69.40	38	46.10	88.95	9.03	27.54	4.35	0.06
207B1	钾长花岗岩		3.44	2	0.40	1.25	18.3	316	34	17.00	140	45.33	77	47.80	85.98	7.84	21.06	2.41	0.10
B1-1	钾长花岗岩	0.44	3.86	3	2.24	5.12	19.9	188	161	36.10	246	35.30	660	80.70	155.00	15.30	49.50	8.06	1.07
B1-2	钾长花岗岩	2.56	5.19	3	2.93	29.70	19.0	203	142	29.10	254	31.10	650	76.70	143.00	13.40	42.60	6.55	0.94
B1-3	钾长花岗岩	2.46	7.69	3	5.40	5.82	19.7	191	171	34.80	252	35.20	681	63.80	126.00	13.10	43.80	7.47	1.02
B2-1	钾长花岗岩	0.64	7.69	2	7.79	10.30	18.0	202	369	21.00	128	26.50	1341	47.80	87.00	9.15	30.40	5.05	0.92
B2-2	钾长花岗岩	0.76	3.77	2	2.06	5.62	20.0	190	338	23.20	168	28.90	918	58.20	105.00	10.80	35.90	5.87	0.94
B2-3	钾长花岗岩	0.92	4.34	2	3.20	8.32	21.0	203	345	20.00	148	28.20	1038	39.80	80.90	8.12	27.50	4.81	0.89
B3-1	钾长花岗岩	2.51	6.19	1	3.82	5.02	20.0	381	29	17.90	144	48.70	63	39.90	70.20	6.10	16.40	2.28	0.19
B3-2	钾长花岗岩	2.45	6.35	1	3.10	5.82	21.0	377	28	17.10	140	45.00	62	40.10	73.70	6.43	17.20	2.27	0.19
B3-3	钾长花岗岩	2.41	5.74	1	2.37	4.32	21.8	419	21	12.10	109	49.50	39	29.80	53.50	4.48	11.50	1.50	0.13
H0710	钾长花岗岩								187	29.70				84.10	141.00			7.76	1.13

续表

样号	岩性	Sc	Cr	Co	Ni	Cu	Ga	Rb	Sr	Y	Zr	Nb	Ba	La	Ce	Pr	Nd	Sm	Eu
D-027A	钾长花岗岩								28	33.20				73.70	129.00			6.35	0.45
D-024	钾长花岗岩								27	23.70				44.00	70.90			3.63	0.24
D-026	钾长花岗岩								9	37.50				32.10	56.00			3.56	0.13
D-042	钾长花岗岩								21	15.10				24.60	43.80			1.76	0.13
D-043	钾长花岗岩								8	19.50				24.40	42.70			2.03	0.12
D-046A	钾长花岗岩								19	37.50				81.10	130.00			5.38	0.23
D-023	钾长花岗岩								6	34.80				36.40	61.10			2.98	0.09
D-018A	钾长花岗岩								95	34.00				63.40	117.00			7.53	0.74
D-035	钾长花岗岩								35	8.70				35.20	53.60			1.53	0.17
D-036	钾长花岗岩								140	12.50				46.30	74.90			3.35	0.46
Tsm-2	粗粒正长花岗岩						23.8	161	380	8.90	157	45.90	1531	52.60	92.50	9.09	29.10	4.20	0.83
Tsm-5	粗粒正长花岗岩						21.3	226	3	2.60	100	71.50	13	12.00	28.30	2.54	7.14	0.98	0.03
Tsm-7	粗粒正长花岗岩						17.0	153	6	1.21	115	13.20	43	5.68	15.80	1.00	2.93	0.38	0.04
Tsm-18	粗粒正长花岗岩						17.9	155	7	5.71	185	59.90	45	15.10	37.40	3.90	12.70	2.15	0.10
Tsm-20	粗粒正长花岗岩						23.9	294	39	38.00	168	56.00	82	36.60	77.50	7.77	24.50	4.39	0.28
Tsm-21	粗粒正长花岗岩						17.9	197	4	5.68	123	63.40	16	7.74	15.50	1.76	6.01	1.19	0.07
Tsm-23	粗粒正长花岗岩						19.0	93	57	11.80	102	39.70	384	18.70	39.20	4.91	17.70	3.92	0.43
Tsm-38	粗粒正长花岗岩						17.1	75	67	21.50	92	42.40	362	32.80	65.00	8.30	29.00	5.37	0.66
Tsm-39	粗粒正长花岗岩						19.1	94	72	16.70	119	42.20	407	36.90	65.30	8.01	26.90	4.64	0.55
Tsm-42	粗粒正长花岗岩						17.7	171	22	11.20	93	53.10	102	20.50	42.80	4.43	14.10	2.38	0.19
Tsm-44	粗粒正长花岗岩						17.6	155	15	10.50	142	45.50	83	19.20	41.80	4.48	14.60	2.73	0.18
Tsm-62	粗粒正长花岗岩						18.0	161	34	4.67	123	42.10	206	13.90	27.90	2.85	9.18	1.61	0.16
Tsm-47	中粒正长花岗岩						20.1	240	2	6.20	164	69.10	7	8.71	19.30	1.68	4.65	0.77	0.03
Tsm-50	中粒正长花岗岩						20.5	258	4	7.11	172	87.10	17	12.50	27.20	2.63	7.57	1.21	0.04
Tsm-52	中粒正长花岗岩						18.2	112	97	8.78	128	34.20	633	16.00	34.30	4.29	15.80	3.14	0.37
Tsm-53	中粒正长花岗岩						18.0	142	29	6.16	97	34.20	113	11.80	25.40	2.92	9.68	1.70	0.18

续表

样号	岩性	Sc	Cr	Co	Ni	Cu	Ga	Rb	Sr	Y	Zr	Nb	Ba	La	Ce	Pr	Nd	Sm	Eu
Tsm-54	中粒正长花岗岩						18.3	165	32	6.04	112	36.60	366	15.60	32.70	3.02	10.00	1.69	0.22
Tsm-55	中粒正长花岗岩						19.7	172	10	5.92	134	76.50	29	21.50	35.40	2.89	7.41	1.00	0.07
Tsm-57	中粒正长花岗岩						18.1	161	74	5.61	149	32.00	588	15.60	31.70	3.80	13.20	2.37	0.26
Tsm-58	中粒正长花岗岩						17.8	182	3	5.42	99	49.40	11	19.60	37.50	3.58	10.50	1.55	0.07
TSM-60	中粒正长花岗岩						25.4	293	9	35.10	169	76.30	16	36.00	68.40	6.97	21.20	3.97	0.15
Tsm-1-2	中粒正长花岗岩						20.6	200	4	2.83	152	59.90	13	17.80	34.90	2.96	7.58	0.87	0.05
Tsm-1-4	中粒正长花岗岩						20.5	200	8	5.79	158	67.90	27	23.90	51.20	4.64	13.50	1.92	0.08
Tsm-1-5	中粒正长花岗岩						20.4	217	7	4.50	142	57.50	24	13.60	30.70	2.65	7.79	1.07	0.06
TSM13	中粗粒钾长花岗岩	2.56		4	6.64	5.17	20.5	242	88	43.40	231	51.20	483	62.30	115.00	13.20	43.10	8.15	0.88
TSM14	大斑中细粒钾长花岗岩	1.72		2	6.66	1.28	24.2	700	9	39.40	144	79.80	44	49.60	90.50	8.63	24.20	4.18	0.18
TSM15	细粒似斑状花岗岩	0.66		2	7.48	1.93	23.1	540	4	33.80	231	104.00	9	37.20	56.40	5.82	16.10	2.86	0.11
TSM16	大斑中细粒钾长花岗岩	1.34		2	7.44	1.50	22.5	552	8	37.90	185	71.50	40	67.10	119.00	11.30	32.20	5.75	0.24
TSM17	大斑中细粒钾长花岗岩	2.13		2	7.61	2.48	26.7	767	4	46.00	245	94.90	11	47.60	83.50	8.17	22.80	4.20	0.12
TSM18	中粗粒钾长花岗岩	0.97		2	6.27	1.01	21.5	577	8	32.10	161	70.10	42	29.20	53.90	5.61	17.10	3.69	0.20
TSM19	中粗粒钾长花岗岩	3.66		4	5.82	3.99	21.2	199	185	36.70	143	46.30	750	87.20	209.00	16.60	52.60	8.83	1.22
LHK1307-1		3.50	1.00	1	1.40	2.20	23.4	297	43	31.80	171	62.20	188	55.30	93.00	11.10	36.60	6.54	0.47
LHK1307-2		2.60	1.26	0	0.88	1.10	17.8	364	16	26.10	105	90.10	86	22.30	37.10	4.21	13.20	2.41	0.17
LHK1307-3		4.50	0.99	3	1.10	5.30	15.7	220	151	29.60	88	36.90	653	68.70	113.00	13.40	43.60	7.04	0.94
LHK1307-4		2.70	0.60	1	0.50	1.10	22.5	374	24	36.40	175	60.70	101	46.90	84.10	8.86	27.80	5.06	0.35
LHK1307-51		2.90	1.15	1	0.98	1.70	22.8	263	33	30.70	202	66.30	175	58.20	106.00	11.20	35.90	6.24	0.43
LHK1307-52		2.80	1.03	1	0.80	1.60	23.4	229	33	32.10	201	62.10	135	68.90	132.00	12.50	38.30	6.81	0.43
LHK1404B1		4.68	3.48	3	2.44	4.41	21.7	282	152	33.70	256	47.70	866	68.50	125.00	12.60	44.40	7.56	0.92
LHK1404B2		4.40	2.40	3	2.33	5.27	21.2	283	133	31.90	263	46.50	843	74.10	136.00	13.70	50.00	7.84	0.92
老君山																			
LJS-1	二长花岗岩	6.28	9.30		5.47			130	317	35.23	244	32.26	852	54.71	103.00	12.22	42.50	7.88	1.29
LJS-2	二长花岗岩	5.44	20.10		4.32			156	341	36.89	276	35.20	1067	49.24	95.81	13.00	44.38	8.48	1.36

续表

样号	岩性	Sc	Cr	Co	Ni	Cu	Ga	Rb	Sr	Y	Zr	Nb	Ba	La	Ce	Pr	Nd	Sm	Eu
LJS-3	二长花岗岩	4.59	18.40		6.45			166	303	37.51	309	32.51	1127	60.27	99.32	13.57	45.69	8.31	1.35
LJS-4	二长花岗岩	4.60	7.70		6.90			155	302	34.62	285	29.00	992	47.83	96.29	10.42	39.54	6.99	1.19
LJS-5	二长花岗岩	4.41	15.90		2.70			200	195	28.02	159	34.78	695	31.90	54.12	7.20	23.78	4.90	0.74
LJS-6	二长花岗岩	4.98	4.50		3.05			215	134	28.55	133	37.60	408	26.72	51.12	6.58	22.15	4.59	0.59
LJS-7	二长花岗岩	4.33	5.70		3.43			197	270	24.45	186	36.04	734	41.17	70.93	8.61	29.05	5.23	0.87
LJS-8	二长花岗岩	4.10			6.50			278	104	20.15	167	30.50	580	45.20	79.17	8.74	29.98	5.06	0.95
LJS-9	二长花岗岩	5.01	10.10		4.06			194	200	27.50	179	28.27	764	41.65	76.57	8.85	31.00	5.98	0.89
LJS-10	二长花岗岩	3.80	117.00		7.30			208	200	23.06	175	25.30	765	33.80	66.80	7.27	26.27	4.63	0.73
LJS4-B4	细中粒黑云母二长花岗岩	4.69	30.10	2	15.70	9.99	18.7	194	183	25.70	186	25.40	642	36.70	66.20	7.31	25.50	4.78	0.71
LJS4-B5	细中粒黑云母二长花岗岩	4.18	7.79	2	4.76	4.47	18.6	174	203	24.10	196	24.10	742	41.80	74.40	8.13	28.10	5.15	0.80
LJS4-B6	细中粒黑云母二长花岗岩	4.01	2.96	2	1.92	4.53	18.5	188	160	26.50	167	26.80	634	30.00	54.30	6.15	22.30	4.34	0.71
LJS-B5	细中粒黑云母二长花岗岩	3.97	5.07	2	3.13	7.99	18.4	190	185	22.50	186	24.50	739	35.70	66.00	7.12	25.40	4.88	0.72
LJS-B6	细中粒黑云母二长花岗岩	5.14	5.11	2	3.30	9.01	19.2	205	198	25.30	209	26.80	708	43.70	82.20	8.40	29.20	5.22	0.76
LJS2-B8	中粒黑云母二长花岗岩	3.83	2.65	1	1.87	23.30	18.6	205	198	23.30	189	41.00	572	39.70	64.80	7.22	24.10	4.18	0.66
LJS2-B9	中粒黑云母二长花岗岩	3.92	1.81	1	1.34	3.08	19.3	237	85	19.80	139	44.10	277	21.50	30.00	4.21	14.50	2.65	0.38
LJS2-B11	中粒黑云母二长花岗岩	2.05	6.41	1	3.49	10.10	15.5	251	78	12.90	74	23.20	275	16.00	21.60	3.02	10.60	2.03	0.35
LJS-B11	中粒黑云母二长花岗岩	4.16	2.90	2	1.89	13.70	17.8	209	163	26.10	222	39.60	465	38.30	64.10	7.32	25.00	4.34	0.64
LJS1-B2	中粗粒黑云母二长花岗岩	3.57	3.02	2	2.18	3.63	17.1	177	238	22.20	188	29.20	672	32.60	53.60	6.19	21.60	3.86	0.70
LJS1-B3	中粗粒黑云母二长花岗岩	1.93	3.04	1	2.02	1.98	14.0	245	116	9.82	62	26.40	270	14.60	18.30	2.46	7.95	1.54	0.29
LJS-B2	中粗粒黑云母二长花岗岩	6.18	5.55	6	4.99	15.50	19.9	133	382	43.70	292	32.90	872	44.80	110.00	12.40	45.50	8.48	1.28
LJS-B3	中粗粒黑云母二长花岗岩	4.38	6.18	4	3.93	8.91	19.2	163	314	33.30	307	22.40	1249	50.00	97.00	10.30	37.20	6.93	1.10
LJS-B17	中粗粒黑云母二长花岗岩	4.38	2.49	2	1.87	8.47	18.7	202	173	27.70	179	24.80	609	41.20	76.40	8.07	28.20	5.35	0.76
LJS-01		3.27		4	5.75	3.80	18.2	187	221	31.70	345	28.20	680	54.40	135.00	11.20	39.00	7.24	1.02
LJS-02		5.39		5	6.64	6.19	19.9	201	275	38.50	367	32.10	735	48.60	119.00	11.90	42.40	8.07	1.22
LJS-03		3.60		5	8.84	7.00	19.0	225	296	37.60	256	28.60	872	44.80	89.20	10.50	38.20	7.52	1.13
LJS-04		4.88		5	6.00	8.34	20.4	208	337	37.30	331	27.90	1204	68.80	149.00	11.70	40.10	7.42	1.20

续表

样号	岩性	Sc	Cr	Co	Ni	Cu	Ga	Rb	Sr	Y	Zr	Nb	Ba	La	Ce	Pr	Nd	Sm	Eu
LJS-05		3.69		5	11.10	6.84	19.3	253	341	37.50	331	27.30	1496	49.60	100.00	11.50	41.00	7.79	1.23
LJS-06		4.73		5	6.63	11.20	20.7	187	313	40.70	450	27.20	999	62.30	157.00	12.80	45.00	8.52	1.24
LJS-07		2.88		3	6.34	2.35	18.2	225	253	25.70	204	11.00	597	32.90	61.30	6.69	23.40	4.91	0.73
LJS-08		4.04		4	7.84	4.66	20.6	294	203	28.90	245	31.00	667	46.60	87.40	9.48	32.50	5.97	0.84
LJS-09		4.33		4	7.14	14.40	20.2	290	186	31.30	213	17.10	650	33.90	69.30	7.89	29.00	6.08	0.81
LJS-10		3.36		3	6.83	3.64	18.1	252	88	27.70	123	30.00	461	27.70	54.20	6.11	21.80	4.46	0.55
石门沟（南沟）																			
HLG-N3	二长花岗斑岩	3.72	3.77	210	1.33	24.40		217	83	28.30	45	45.20	233	84.30	50.00	5.40	19.70	3.52	0.49
HLG-N22	二长花岗斑岩	3.65	2.79	153	1.12	47.50		211	66	14.60	38	35.40	196	70.50	42.70	4.60	16.20	2.64	0.41
HLG-N26	二长花岗斑岩	2.17	0.97	169	1.89	6.27		60	88	10.50	12	8.71	581	38.40	16.40	2.70	9.40	1.61	0.51
HLG-S1	二长花岗斑岩	5.71	2.74	162	2.22	110.00		181	180	20.80	26	29.90	289	68.70	44.10	4.50	16.20	2.87	0.64
HLG-S4	二长花岗斑岩	3.12	5.17	187	2.03	162.00		154	111	15.00	31	24.40	298	63.80	38.70	4.30	15.60	2.65	0.58
HLG-M3	二长花岗斑岩	3.85	0.42	146	1.65	40.30		220	29	12.20	20	30.00	62	31.60	16.80	1.90	6.40	1.08	0.17
HLG-M4	二长花岗斑岩	3.78	1.15	171	12.80	24.10		263	28	9.35	31	29.10	58	15.30	8.10	1.00	3.50	0.57	0.11
NNH-03	二长花岗斑岩	1.84	2.70	169	1.20	16.50		384	112	6.62	39	35.00	405	102.00	48.10	4.90	15.50	1.91	0.54
NNH-13	二长花岗斑岩	0.64	0.55	141	1.38	11.00		170	55	1.06	42	29.90	352	14.80	6.80	0.80	2.60	0.36	0.20
TSM1	二长花岗斑岩	2.25	2.03	237	0.96	1.60		331	15	17.50	103	77.60	26	100.00	47.00	4.20	10.50	1.21	0.11
JJJ-1	二长花岗斑岩	1.91	0.75	115	1.52	8.69		110	159	6.09	46	20.40	460	21.50	11.30	1.40	5.00	0.87	0.37
JJJ-2	二长花岗斑岩	3.25	2.34	196	0.89	3.06		210	10	8.83	26	33.80	19	14.50	9.60	1.30	5.10	1.21	0.12
ZJDZ-1	二长花岗斑岩	3.19	1.15	193	1.75	7.09		75	161	16.20	12	7.40	660	46.30	23.10	3.60	13.30	2.18	0.64
LJS-1	二长花岗斑岩	2.84	4.37	229	2.26	5.38		193	194	27.20	24	26.40	295	99.00	55.30	5.50	19.10	3.12	0.63
SGS-03	二长花岗斑岩	8.41	3.28	123	3.27	4.34		455	37	8.39	30	44.20	76	46.70	25.80	2.60	7.92	0.97	0.15
SGS-07	二长花岗斑岩	4.59	0.32	97	0.44	31.80		276	19	7.01	23	52.00	38	37.40	18.30	2.00	5.91	0.83	0.10
秋树湾																			
Q1-2	花岗斑岩		12.1		3.59			103	268	10.5	94.5	20.4	1291	22.4	38.6	4.53	16.4	3.19	0.83
Q1-6	花岗斑岩		12.6		3.6			103	416	8.93	127	12.4	2534	35.8	59.5	6.55	22.6	3.74	1.03
Q1-13	花岗斑岩		11.8		4.5			59.4	500	8.77	88.7	18.3	1806	22.9	38.9	4.37	14.9	2.62	0.77

续表

样号	Gd	Tb	Dy	Ho	Er	Tm	Yb	Lu	ΣREE	$(La/Yb)_N$	δEu	Hf	Ta	W	Pb	Th	U	Sr/Y	参考文献
温泉																			
1358/1	5.07	0.66	4.47	0.87	2.37	0.31	1.84	0.24	230.0	24.1	0.80	6.20	2.90	1.50		24.60		38.07	李永军等，2003a，2003b
1040/1b	2.53	0.46	2.68	0.44	1.62	0.25	1.34	0.19	91.0	9.0	0.65	5.20	2.90	18.80		25.20		14.16	李永军等，2003a，2003b
1022/1b	3.08	0.51	2.76	0.60	1.51	0.22	1.29	0.16	112.5	15.0	0.58	3.70	2.60	3.00		21.00		16.10	李永军等，2003a，2003b
1021/1b	2.78	0.45	2.63	0.50	1.48	0.24	1.10	0.16	114.8	18.6	0.62	3.80	1.50	18.20		22.20		16.96	李永军等，2003a，2003b
1027/1	3.72	0.65	3.25	0.49	1.44	0.20	1.16	0.15	178.7	30.4	0.63	5.50	3.10	0.70		23.80		22.83	李永军等，2003a，2003b
1025/1	3.27	0.51	3.08	0.58	1.46	0.20	1.16	0.16	143.2	24.6	0.72	5.20	2.90	0.30		21.60		21.49	李永军等，2003a，2003b
1043/1	3.51	0.52	3.26	0.63	1.57	0.20	1.17	0.16	120.7	16.5	0.61	4.30	2.30	0.20		27.00		17.46	李永军等，2003a，2003b
1041/1	2.30	0.42	2.32	0.52	1.22	0.20	1.04	0.15	108.2	17.7	0.69	4.40	3.50	1.20		26.00		14.63	李永军等，2003a，2003b
1372/1	4.80	0.66	4.36	0.83	2.21	0.30	1.77	0.23	226.0	24.5	0.74	5.70	3.40	0.40		25.10		34.68	李永军等，2003a，2003b
1044/1	3.00	0.41	2.57	0.64	1.38	0.21	1.13	0.16	124.9	18.9	0.64	4.60	2.00	0.20		24.90		19.63	李永军等，2003a，2003b
1026/2b	3.35	0.51	3.29	0.53	1.54	0.26	1.35	0.18	141.7	19.6	0.66	6.00	2.50	1.00		24.90		21.26	李永军等，2003a，2003b
WQ66	4.46	0.70	4.77	0.86	2.23	0.31	2.40	0.36	125.0	8.0	0.44	5.97	6.20			22.72		7.83	张宏飞等，2005
WQ66-1	5.25	0.68	3.11	0.59	1.62	0.23	1.49	0.22	182.9	21.0	0.78	4.39	6.91			16.52		25.09	张宏飞等，2005
WQ66-2	5.68	0.74	4.41	0.79	1.98	0.25	1.87	0.28	200.1	16.2	0.69	5.41	7.63			19.15		23.80	张宏飞等，2005
WQ66-3	4.46	0.56	3.36	0.56	1.39	0.20	1.42	0.20	160.5	19.1	0.75	4.34	6.25			16.36		28.12	张宏飞等，2005
W17-1	2.91	0.42	2.34	0.47	1.28	0.20	1.27	0.20	119.5	16.4	0.58								Cao et al.，2011
W27-2	2.22	0.35	2.04	0.42	1.23	0.22	1.45	0.24	108.9	14.5	0.65								Cao et al.，2011
W-PD1-4	3.10	0.44	2.43	0.47	1.32	0.20	1.33	0.21	139.8	19.3	0.68								Cao et al.，2011
W01-1	2.43	0.38	1.99	0.40	1.09	0.18	1.11	0.18	83.6	11.5	0.74								Cao et al.，2011
W02-1	4.21	0.65	3.28	0.60	1.46	0.22	1.25	0.18	160.6	21.4	0.68								Cao et al.，2011
W48-1	3.44	0.48	2.47	0.44	1.06	0.14	0.84	0.12	159.9	33.9	0.69								Cao et al.，2011
W49-1	3.70	0.55	2.94	0.54	1.44	0.24	1.46	0.22	157.0	18.7	0.71								Cao et al.，2011
CJ-1	2.75	0.38	1.88	0.35	0.80	0.11	0.61	0.09	180.9	57.9	0.70								Cao et al.，2011
CJ-3	1.20	0.20	1.14	0.23	0.82	0.17	1.31	0.25	57.7	8.0	0.43								Cao et al.，2011
CJ-4	0.75	0.13	0.77	0.17	0.59	0.13	0.96	0.18	42.0	8.0	0.51								Cao et al.，2011
W22-1	3.73	0.48	2.22	0.44	1.23	0.17	1.14	0.17	135.1	18.8	0.54	4.96	3.01		19.10	20.30	15.10	10.94	Zhu et al.，2011

续表

样号	Gd	Tb	Dy	Ho	Er	Tm	Yb	Lu	ΣREE	$(La/Yb)_N$	δEu	Hf	Ta	W	Pb	Th	U	Sr/Y	参考文献
W3-2	2. 76	0. 34	1. 69	0. 32	0. 83	0. 13	0. 84	0. 14	129. 7	26. 5	0. 71	4. 67	2. 06		27. 90	24. 80	5. 09	20. 94	Zhu et al. , 2011
W3-3	3. 23	0. 42	1. 95	0. 38	0. 98	0. 14	0. 91	0. 15	142. 6	26. 7	0. 65	4. 50	2. 16		26. 30	25. 40	4. 95	17. 04	Zhu et al. , 2011
W8-1	3. 29	0. 48	2. 57	0. 50	1. 32	0. 19	1. 27	0. 19	108. 9	13. 3	0. 75	4. 01	1. 95		24. 60	17. 90	4. 88	20. 91	Zhu et al. , 2011
W8-2	4. 05	0. 59	3. 17	0. 63	1. 58	0. 24	1. 52	0. 23	136. 9	14. 6	0. 64	4. 82	2. 21		27. 80	20. 30	6. 11	15. 24	Zhu et al. , 2011
W8-3	4. 56	0. 65	3. 49	0. 68	1. 74	0. 26	1. 65	0. 24	153. 8	14. 5	0. 66	5. 53	2. 45		18. 60	19. 10	6. 50	15. 82	Zhu et al. , 2011
W9-3	3. 33	0. 48	2. 20	0. 44	1. 11	0. 16	0. 99	0. 15	110. 8	17. 2	0. 75	4. 36	1. 78		25. 80	21. 10	5. 64	18. 91	Zhu et al. , 2011
W-15	4. 15	0. 55	2. 62	0. 50	1. 32	0. 18	1. 13	0. 17	153. 3	22. 0	0. 62	4. 92	2. 24		24. 10	25. 60	11. 90	15. 11	Zhu et al. , 2011
W17-1	4. 29	0. 65	3. 71	0. 76	2. 03	0. 29	1. 94	0. 27	137. 9	10. 9	0. 62	5. 15	2. 23		30. 90	14. 10	10. 90	9. 30	Zhu et al. , 2011
W17-2	4. 17	0. 69	3. 83	0. 79	1. 99	0. 28	1. 91	0. 29	100. 6	7. 2	0. 74	5. 60	1. 77		28. 90	15. 10	24. 30	13. 65	Zhu et al. , 2011
W17-3	4. 23	0. 63	3. 41	0. 71	1. 90	0. 28	1. 76	0. 27	122. 0	10. 3	0. 74	5. 63	1. 60		29. 00	14. 40	7. 09	13. 59	Zhu et al. , 2011
W17-4	4. 57	0. 66	3. 37	0. 67	1. 67	0. 22	1. 44	0. 22	140. 9	15. 2	0. 59	5. 00	1. 65		32. 50	15. 10	6. 41	12. 21	Zhu et al. , 2011
W23-2	4. 11	0. 55	2. 76	0. 55	1. 48	0. 21	1. 46	0. 24	157. 9	17. 3	0. 61	5. 56	2. 81		26. 10	25. 60	12. 00	9. 67	Zhu et al. , 2011
W23-4	4. 51	0. 60	2. 94	0. 59	1. 59	0. 24	1. 60	0. 27	174. 4	17. 8	0. 52	6. 62	2. 85		27. 70	32. 40	17. 10	8. 65	Zhu et al. , 2011
W23-5	4. 31	0. 61	2. 83	0. 59	1. 55	0. 22	1. 46	0. 24	161. 4	17. 5	0. 61	7. 02	2. 37		27. 30	25. 20	11. 20	9. 67	Zhu et al. , 2011
W25-1	3. 61	0. 48	2. 29	0. 47	1. 23	0. 17	1. 18	0. 18	146. 5	21. 7	0. 64	4. 83	2. 62		27. 20	26. 20	14. 20	16. 37	Zhu et al. , 2011
W25-2	4. 03	0. 56	2. 76	0. 53	1. 45	0. 21	1. 40	0. 21	155. 6	18. 6	0. 61	5. 50	2. 68		28. 10	26. 90	13. 30	14. 58	Zhu et al. , 2011
W25-3	3. 31	0. 45	2. 29	0. 43	1. 16	0. 16	1. 05	0. 16	135. 3	22. 3	0. 71	4. 57	2. 16		27. 00	24. 60	11. 30	15. 11	Zhu et al. , 2011
W26-3	3. 87	0. 52	2. 61	0. 51	1. 37	0. 19	1. 28	0. 19	152. 6	19. 8	0. 71	5. 18	2. 73		29. 00	25. 10	7. 02	19. 92	Zhu et al. , 2011
YX-9	4. 84	0. 68	3. 54	0. 68	1. 72	0. 24	1. 57	0. 23	162. 0	15. 4	0. 71	5. 34	2. 17		29. 20	28. 10	6. 98	12. 85	Zhu et al. , 2011
胭脂坝																			
XK-04	5. 74	0. 88	4. 64	0. 88	2. 24	0. 32	1. 92	0. 26	179. 0	14. 3	0. 48	5. 45	1. 26		21. 10	15. 90	1. 56	17. 17	骆金诚等，2010
XK-11	6. 00	0. 89	4. 62	0. 88	2. 26	0. 33	1. 94	0. 27	190. 0	15. 0	0. 42	4. 53	0. 87		27. 40	21. 50	2. 15	10. 51	骆金诚等，2010
XK-12	5. 08	0. 74	3. 73	0. 70	1. 77	0. 26	1. 50	0. 22	164. 2	16. 9	0. 47	4. 28	0. 78		28. 30	18. 30	1. 81	13. 25	骆金诚等，2010
XK-14	5. 06	0. 80	4. 44	0. 89	2. 44	0. 38	2. 33	0. 34	174. 6	11. 6	0. 51	5. 54	1. 15		27. 10	14. 30	2. 10	11. 39	骆金诚等，2010
YZB-01	4. 12	0. 67	3. 77	0. 77	2. 13	0. 34	2. 13	0. 31	146. 3	11. 0	0. 47	4. 26	2. 16		29. 90	22. 60	9. 90	8. 58	骆金诚等，2010
YZB-02	3. 92	0. 66	3. 90	0. 81	2. 24	0. 36	2. 23	0. 33	130. 0	9. 2	0. 49	4. 06	2. 34		30. 80	20. 60	10. 60	7. 76	骆金诚等，2010
YZB-03	3. 84	0. 61	3. 37	0. 67	1. 82	0. 28	1. 78	0. 26	139. 0	12. 7	0. 49	4. 16	1. 83		30. 10	22. 50	6. 48	9. 03	骆金诚等，2010

续表

样号	Gd	Tb	Dy	Ho	Er	Tm	Yb	Lu	ΣREE	$(La/Yb)_N$	δEu	Hf	Ta	W	Pb	Th	U	Sr/Y	参考文献
YZB-04	4.35	0.71	3.92	0.80	2.19	0.34	2.14	0.31	155.6	11.8	0.46	4.38	2.17		28.90	23.40	7.31	8.51	骆金诚等，2010
YZB-06	4.36	0.71	3.93	0.80	2.18	0.34	2.20	0.32	156.4	11.4	0.47	4.30	2.33		31.40	23.20	9.97	8.67	骆金诚等，2010
YZB-07	3.95	0.64	3.59	0.73	1.99	0.31	1.97	0.29	131.2	10.5	0.49	4.14	2.02		30.20	21.40	7.31	9.14	骆金诚等，2010
YZB-08	3.76	0.60	3.33	0.67	1.84	0.29	1.80	0.26	130.1	11.5	0.50	4.06	1.83		29.60	21.90	5.55	9.47	骆金诚等，2010
YZB-16	3.99	0.64	3.57	0.71	1.93	0.30	1.91	0.28	141.4	11.9	0.50	3.98	2.26		30.60	23.40	7.58	9.26	骆金诚等，2010
NS-1	1.80	0.37	2.72	0.57	1.75	0.27	2.21	0.29	35.5	1.7	0.12	2.00	5.53		17.00	5.20	2.30	1.59	Jiang et al., 2010
NS-2	4.11	0.59	4.17	0.97	2.84	0.42	2.85	0.42	146.0	7.7	0.39	5.00	2.28		23.00	20.80	2.90	7.90	Jiang et al., 2010
NS-3	3.95	0.57	3.79	0.81	2.39	0.35	2.32	0.34	149.2	10.1	0.41	4.50	1.45		23.00	18.70	2.60	9.91	Jiang et al., 2010
NS-14	3.81	0.57	3.97	0.85	2.49	0.32	2.37	0.33	130.5	8.5	0.48	3.50	1.14		24.00	12.20	3.00	10.82	Jiang et al., 2010
NS-15	3.68	0.53	3.71	0.75	2.36	0.33	2.39	0.34	128.7	8.4	0.45	4.30	3.16		25.00	16.70	4.80	9.13	Jiang et al., 2010
NS-16	3.74	0.52	3.29	0.70	1.91	0.27	1.83	0.27	138.2	12.0	0.51	4.30	1.92		25.00	19.70	5.70	11.93	Jiang et al., 2010
10NS-01	3.54	0.47	2.59	0.51	1.37	0.20	1.29	0.20	147.1	18.8	0.63	4.79	0.95		22.90	14.80	2.11	25.10	Dong et al., 2011
10NS-02	3.63	0.47	2.61	0.50	1.34	0.20	1.27	0.20	157.1	20.7	0.64	5.02	0.90		22.50	13.70	2.14	27.67	Dong et al., 2011
10NS-03	3.91	0.51	2.85	0.55	1.49	0.22	1.43	0.22	163.8	19.1	0.56	4.88	1.02		21.50	16.60	2.96	22.54	Dong et al., 2011
10NS-04	3.89	0.51	2.75	0.53	1.40	0.21	1.32	0.21	161.9	20.2	0.56	4.74	0.96		22.00	18.50	5.60	22.49	Dong et al., 2011
10NS-05	3.38	0.44	2.45	0.48	1.28	0.20	1.25	0.20	148.3	19.8	0.68	4.76	0.88		22.30	13.40	2.25	27.32	Dong et al., 2011
10NS-05R	3.32	0.43	2.38	0.46	1.25	0.19	1.22	0.19	145.5	20.0	0.69	4.54	0.87		22.30	13.00	1.92	27.79	Dong et al., 2011
10NS-06	3.41	0.46	2.52	0.49	1.30	0.19	1.20	0.19	141.1	19.7	0.63	4.15	0.86		24.30	11.40	1.82	23.27	Dong et al., 2011
梨园堂																			
11LY1-1	2.74	0.43	2.46	0.47	1.3	0.2	1.36	0.2	76.7	8.1	0.50	3.6	1.39		52	20	7.54	4.34	Xiao et al., 2014
11LY1-4	2.67	0.43	2.45	0.48	1.3	0.2	1.32	0.19	67.7	7.1	0.34	3.08	1.16		23	14.7	7.91	2.61	Xiao et al., 2014
11LY1-5	3	0.47	2.63	0.51	1.39	0.22	1.43	0.2	81.4	8.0	0.34	3.58	1.49		23	20	4.8	3.99	Xiao et al., 2014
11LY1-6	2.77	0.43	2.4	0.46	1.26	0.2	1.3	0.18	77.6	8.4	0.41	3.08	1.17		43	18	7.23	6.46	Xiao et al., 2014
111Y1-18	3.2	0.49	2.69	0.51	1.39	0.22	1.46	0.21	88.7	8.8	0.40	3.49	1.9		25	21	6.88	5.06	Xiao et al., 2014
111Y1-19	3.17	0.49	2.67	0.51	1.37	0.21	1.38	0.19	85.7	8.8	0.38	3.33	1.88		21	20	7.14	3.00	Xiao et al., 2014
11LY1-20	3.69	0.59	3.25	0.62	1.68	0.26	1.72	0.24	98.7	8.3	0.33	4.19	1.57		21	22	8.3	3.42	Xiao et al., 2014
11LY1-21	3.24	0.51	2.79	0.54	1.44	0.22	1.47	0.21	86.3	8.3	0.35	3.82	1.99		34	19	6.75	3.31	Xiao et al., 2014

续表

样号	Gd	Tb	Dy	Ho	Er	Tm	Yb	Lu	ΣREE	$(La/Yb)_N$	δEu	Hf	Ta	W	Pb	Th	U	Sr/Y	参考文献
111Y1-22	3.32	0.53	2.92	0.56	1.52	0.23	1.49	0.21	87.8	8.2	0.36	3.57	1.87		32	21	6.65	3.18	Xiao et al. , 2014
冷水沟																			
LS02	3.79	0.74	4.60	0.91	2.69	0.40	2.53	0.38	104	6.5	0.81	4.39	0.95		6.00	12.00	2.42	2.12	杨恺，2009
LS03	2.65	0.43	2.30	0.42	1.22	0.18	1.23	0.19	110	14.6	1.19	2.12	0.38		23.00	3.10	0.62	21.22	杨恺，2009
LS05	1.62	0.27	1.43	0.27	0.81	0.13	0.83	0.15	49	8.6	1.25	1.69	0.31		13.00	0.90	0.30	35.46	杨恺，2009
LS06	8.07	1.65	10.20	1.98	6.55	1.18	8.10	1.31	249	4.5	0.29	5.78	0.72		35.00	51.10	18.80	1.71	杨恺，2009
LS15	2.08	0.34	1.68	0.31	0.88	0.14	0.88	0.13	91	18.7	1.12	1.88	0.28		10.00	1.28	0.30	28.22	杨恺，2009
LS16	2.79	0.42	2.49	0.46	1.32	0.21	1.24	0.18	113	16.8	1.18	1.72	0.29		9.00	2.46	0.33	20.54	杨恺，2009
LS18	3.35	0.49	2.57	0.48	1.49	0.24	1.57	0.24	126	12.3	1.02	3.78	0.44		70.00	4.99	1.71	52.97	杨恺，2009
LS19	2.05	0.31	1.60	0.30	0.89	0.16	1.10	0.18	82	12.4	1.10	2.83	0.37		15.00	5.09	3.26	53.13	杨恺，2009
LSG-3	3.16	0.50	2.32	0.46	1.51	0.22	1.45	0.22	107	9.6	1.01	4.47	0.49		14.10	4.25	1.49	86.77	吴发富，2013
LSG-9	4.02	0.63	3.31	0.65	2.12	0.27	1.81	0.29	169	14.7	1.04	4.46	0.51		14.00	6.37	1.69	68.31	吴发富，2013
LSG-32	2.19	0.36	1.82	0.37	1.09	0.14	1.01	0.16	90	13.7	0.93	2.85	0.35		179.00	4.13	1.60	31.67	吴发富，2013
LSG-33	2.36	0.37	2.25	0.44	1.34	0.18	1.23	0.19	85	10.3	0.80	3.98	0.42		6.65	4.52	1.12	25.66	吴发富，2013
LSG-29	2.09	0.32	1.85	0.41	1.22	0.18	1.19	0.19	82	9.9	0.94	3.60	0.39		13.90	3.81	1.25	25.75	吴发富，2013
LSG-30	2.14	0.40	2.13	0.43	1.38	0.17	1.26	0.18	84	9.2	0.84	4.05	0.45		16.10	3.80	1.16	24.90	吴发富，2013
LSG-31	2.37	0.34	2.23	0.42	1.51	0.18	1.24	0.19	96	11.5	0.89	3.88	0.44		17.80	4.67	1.12	21.57	吴发富，2013
八里坡																			
B0001-3	1.89	0.19	1.21	0.21	0.80	0.11	1.01	0.15	41.4	5.9	0.75	3.48	0.98		108.50	3.59	6.16	2.90	焦建刚等，2010b
B0001-4	1.91	0.19	1.21	0.21	0.79	0.11	1.00	0.15	47.4	7.8	0.74	3.81	0.99		50.81	4.06	5.52	2.51	焦建刚等，2010b
B0001-7	1.73	0.19	1.22	0.22	0.79	0.11	0.98	0.15	39.4	6.0	0.76	3.90	1.24		39.78	5.16	17.13	2.29	焦建刚等，2010b
B0003-8	2.75	0.26	1.59	0.27	0.94	0.12	1.03	0.15	72.5	11.2	0.79	4.06	0.91		40.00	4.37	3.30	3.52	焦建刚等，2010b
B0003-9	3.30	0.30	1.78	0.30	1.04	0.13	1.19	0.17	90.5	12.2	0.78	4.41	0.98		43.90	5.33	3.36	3.39	焦建刚等，2010b
B2101-10	3.14	0.29	1.75	0.29	1.03	0.13	1.12	0.16	81.5	11.3	0.78	4.91	0.89		46.65	4.69	3.27	2.80	焦建刚等，2010b
B2101-11	4.46	0.44	2.79	0.48	1.71	0.22	1.86	0.26	124.5	10.2	0.71	6.01	1.13		44.95	6.31	4.82	2.53	焦建刚等，2010b
B0802-17	3.18	0.29	1.77	0.30	1.07	0.14	1.24	0.18	83.7	10.6	0.79	4.81	1.05		46.09	5.06	5.55	2.97	焦建刚等，2010b
B0802-18	2.36	0.22	1.36	0.24	0.85	0.11	1.01	0.15	58.0	8.9	0.79	4.71	1.09		54.05	4.14	7.77	2.75	焦建刚等，2010b

续表

样号	Gd	Tb	Dy	Ho	Er	Tm	Yb	Lu	ΣREE	$(La/Yb)_N$	δEu	Hf	Ta	W	Pb	Th	U	Sr/Y	参考文献
ZK0001-1	2.65	0.33	1.74	0.33	0.96	0.14	1.06	0.17	128.7	21.0	1.02	3.88	0.83			6.55	7.10	60.16	李洪英等，2011
ZK001-1	2.67	0.34	1.77	0.33	0.98	0.14	1.02	0.16	125.2	21.1	1.08	3.63	0.81			5.66	3.85	65.06	李洪英等，2011
XLYT-01	2.69	0.32	1.64	0.30	0.80	0.12	0.74	0.11	139.6	34.1	1.07	3.94	0.68			6.09	4.72	83.82	李洪英等，2011
金堆城																			
B33	2.25	0.38	1.56	0.32	0.89	0.17	1.02	0.16	140	23.1	0.66								孙晓明和刘孝善，1987
B22	3.23	0.56	3.09	0.62	1.86	0.32	2.12	0.31	119	9.4	0.57								孙晓明和刘孝善，1987
B03	2.47	0.44	2.21	0.46	1.37	0.21	1.56	0.23	103	10.9	0.68								孙晓明和刘孝善，1987
金 8401	5.62		5.62		2.82		2.43			9.0	0.42								聂凤军和樊建廷，1989
金 8402	5.58		4.96		2.73		2.28			8.1	0.42								聂凤军和樊建廷，1989
金 8403	4.34		4.65		2.52		2.18			7.5	0.57								聂凤军和樊建廷，1989
金 8404	4.32		4.03		2.22		1.91			7.8	0.46								聂凤军和樊建廷，1989
L101												2.62	7.18		78.44	19.29	25.14	1.97	王新，2001
L103												17.04	6.34		35.48	86.42	20.50	0.23	王新，2001
L303												3.92	4.73		38.72	17.55	25.57	1.82	王新，2001
L401												3.85	3.02		49.72	21.16	18.93	1.55	王新，2001
L403												4.56	3.60		41.63	21.93	14.45	2.32	王新，2001
JD-1	1.08	0.18	1.13	0.21	0.62	0.10	0.75	0.12	30	5.8	0.92	3.10	2.14			11.60	9.64	14.26	Zhu et al.，2010
JD-2	0.69	0.10	0.61	0.11	0.34	0.06	0.42	0.07	18	6.0	0.73	1.90	1.31			4.30	2.50	10.88	Zhu et al.，2010
JD-3	1.58	0.25	1.45	0.28	0.87	0.14	0.97	0.17	60	10.1	0.97	4.00	2.31			22.20	27.10	25.00	Zhu et al.，2010
JD11	3.26	0.42	2.17	0.42	1.14	0.18	1.25	0.20	146	20.0	0.72	3.58	2.48			12.66	3.38	8.16	Zhu et al.，2010
JD12	1.41	0.20	1.15	0.23	0.63	0.10	0.69	0.11	46	10.3	0.77	2.19	2.99			11.34	6.91	7.74	Zhu et al.，2010
JD13	3.40	0.43	2.22	0.43	1.17	0.18	1.26	0.21	159	21.8	0.70	3.79	2.83			13.14	3.83	8.02	Zhu et al.，2010
JD14	1.37	0.20	1.12	0.22	0.62	0.10	0.68	0.11	47	11.2	0.79	1.91	2.72			10.56	6.76	7.62	Zhu et al.，2010
JD21	2.47	0.34	1.88	0.37	1.05	0.17	1.25	0.20	110	14.3	0.73	4.07	3.77			21.69	6.98	16.04	Zhu et al.，2010
JDC-54c	3.18	0.50	2.90	0.58	1.86	0.28	1.96	0.30	94	7.9	0.44	3.94	3.51			22.00	13.50	5.41	李洪英等，2011
JDC-54d	1.81	0.30	1.71	0.36	1.15	0.18	1.20	0.19	53	7.2	0.52	4.02	3.67			15.10	10.90	5.21	李洪英等，2011
JDC-82	2.45	0.38	2.36	0.46	1.46	0.23	1.75	0.28	74	7.5	0.68	4.42	3.59			17.70	15.20	6.20	李洪英等，2011

续表

样号	Gd	Tb	Dy	Ho	Er	Tm	Yb	Lu	ΣREE	$(La/Yb)_N$	δEu	Hf	Ta	W	Pb	Th	U	Sr/Y	参考文献
JDC-96	1.52	0.25	1.46	0.28	0.85	0.12	0.85	0.13	43	8.7	0.77	2.33	1.62			9.45	9.43	14.21	李洪英等，2011
JDC-100	2.06	0.33	1.71	0.34	1.04	0.17	1.06	0.19	70	11.1	0.80	4.05	2.93			12.40	5.72	22.65	李洪英等，2011
石家湾																			
ZK13113	3.28	0.54	2.28	0.46	1.24	0.23	1.33	0.20	202	28.6	0.78								孙晓明和刘孝善，1987
ZK13116	2.91	0.42	1.77	0.37	0.94	0.19	1.02	0.14	189	35.3	0.76								孙晓明和刘孝善，1987
石 8401	4.65		3.41		1.57		1.33			25.9	0.49								聂凤军和樊建廷，1989
石 8402	4.34		3.56		1.79		1.48			23.4	0.51								聂凤军和樊建廷，1989
Sjw-1	2.55	0.45	2.08	0.38	1.1	0.17	1.12	0.16	135.4	24.5	0.68	5.01	1.1		29.7	13.7	6.51	1.95	赵海杰等，2010
Sjw-2	2.6	0.45	2.3	0.41	1.25	0.2	1.31	0.2	146.0	21.5	0.75	6.26	1.05		32.8	15.5	6.45	3.26	赵海杰等，2010
木龙沟																			
MLG-01	4.57	0.65	3.18	0.62	1.75	0.26	1.68	0.26		26.0	0.88	7	1.1		5.1	16.7	1.40	80.49	柯昌辉等，2013
MLG-06	4.16	0.58	3	0.56	1.65	0.25	1.62	0.25		18.2	1.03	5.6	1.1		10	10.9	2.40	46.63	柯昌辉等，2013
夜长坪																			
YB2Y-1	1.31	0.26	1.6	0.4	1.76	0.4	3.62	0.71	70.9	3.2	0.42	7.16	8.74		65.4	24.0	14.70	1.22	肖光富等，2014
YB2Y-2	1.55	0.33	2.23	0.57	2.6	0.62	5.44	1.05	91.6	2.7	0.37	7.56	8.5		72.5	40.2	27.90	0.89	肖光富等，2014
YB2Y-3	1.77	0.31	1.94	0.49	2.02	0.45	3.91	0.72	96.9	4.3	0.40	6.56	7.88		81	37.8	26.30	1.65	肖光富等，2014
YB2Y-4	1.8	0.33	2.05	0.47	1.97	0.45	3.86	0.71	106.8	4.9	0.39	6.51	7.98		87.8	36.2	12.60	1.61	肖光富等，2014
YB2Y-5	1.64	0.31	2.08	0.5	2.17	0.51	4.43	0.84	91.3	3.4	0.35	6.75	8.48		51.6	37.9	25.90	1.31	肖光富等，2014
银家沟																			
LY3-4	3.41	0.45	2.25	0.4	1.15	0.19	1.3	0.22	163.9	19.8	0.58	7.14	1.83			23.2	3.18	8.41	李铁刚等，2013
LY3-5	4.71	0.65	3.03	0.52	1.42	0.23	1.5	0.24	243.6	25.5	0.67	7.66	1.86			27	2.55	7.58	李铁刚等，2013
LY3-7	4	0.57	2.74	0.49	1.31	0.23	1.5	0.23	173.8	17.1	0.72	6.95	1.83			19.1	3.91	9.39	李铁刚等，2013
LY3-8	3.82	0.54	2.67	0.46	1.32	0.22	1.42	0.24	189.5	21.7	0.65	7.71	1.84			25	3.18	7.59	李铁刚等，2013
LY3-9	3.83	0.55	2.76	0.49	1.37	0.24	1.55	0.25	182.1	18.6	0.74	7.33	1.73			22.7	3.36	9.05	李铁刚等，2013
LY3-10	3.87	0.54	2.55	0.46	1.22	0.21	1.34	0.21	188.1	22.0	0.72	7	1.81			23.9	2.73	7.99	李铁刚等，2013
LY3-11	4.09	0.52	2.89	0.51	1.48	0.22	1.51	0.25	210.9	20.4	0.77	6.86	1.87			24.4	2.57	6.84	李铁刚等，2013
LY7-1	3.31	0.48	2.4	0.43	1.2	0.2	1.34	0.22	163.3	20.2	0.76	7.44	1.85			22.5	4.82	19.22	李铁刚等，2013

续表

样号	Gd	Tb	Dy	Ho	Er	Tm	Yb	Lu	ΣREE	$(La/Yb)_N$	δEu	Hf	Ta	W	Pb	Th	U	Sr/Y	参考文献
LY7-2	3.02	0.41	1.94	0.34	0.96	0.17	1.13	0.18	144.1	20.0	0.67	7.79	1.84			23.5	3.45	13.70	李铁刚等，2013
LY7-3	3.25	0.47	2.32	0.41	1.15	0.19	1.26	0.19	157.1	20.6	0.76	6.09	1.9			23.4	4.27	19.52	李铁刚等，2013
LY7-4	3.12	0.42	2.34	0.41	1.25	0.18	1.28	0.2	160.3	19.6	0.87	6.77	1.86			20.2	4.62	22.00	李铁刚等，2013
LY10-8	2.82	0.33	1.4	0.24	0.7	0.13	0.92	0.15	159.4	26.4	0.88	7.49	1.44			27.1	2.82	24.38	李铁刚等，2013
LY10-9	3.18	0.45	2.16	0.37	1.03	0.18	1.16	0.19	150.7	19.9	0.75	7.18	1.86			24.7	4.82	11.23	李铁刚等，2013
LY10-10	2.85	0.38	1.7	0.28	0.79	0.13	0.9	0.15	149.8	26.1	0.77	7.09	1.86			25.3	4.45	15.64	李铁刚等，2013
LY10-11	2.98	0.4	1.97	0.35	0.97	0.17	1.21	0.2	145.9	18.9	0.75	7.11	1.75			24	4.09	18.87	李铁刚等，2013
LY6-1	2.28	0.39	2.2	0.43	1.18	0.18	1.2	0.18	71.4	7.4	0.87	7.52	0.53			19.5	4.09	17.85	李铁刚等，2013
LY6-2	3.01	0.44	2.42	0.44	1.17	0.19	1.14	0.17	114.4	13.8	0.75	8.66	0.65			21.1	3.82	14.85	李铁刚等，2013
LY6-3	4.93	0.74	3.95	0.72	1.87	0.32	1.94	0.27	217.2	16.8	0.90	8.02	0.65			19.9	6.73	9.47	李铁刚等，2013
LY6-4	3.79	0.54	2.69	0.48	1.28	0.21	1.32	0.2	176.0	19.9	0.84	7.75	0.52			20.4	5	17.78	李铁刚等，2013
LY6-5	5.44	0.74	3.68	0.63	1.61	0.26	1.56	0.22	250.2	24.6	0.69	9.35	0.7			24	3.64	11.39	李铁刚等，2013
LY6-6	5.8	0.81	3.93	0.68	1.81	0.3	1.81	0.25	276.0	23.9	0.68	8.11	0.68			23.4	4.09	10.55	李铁刚等，2013
LY6-7	2.62	0.4	2.22	0.41	1.09	0.17	1.09	0.17	101.5	13.7	0.82	8.2	0.65			20.7	4.18	13.41	李铁刚等，2013
LY6-8	3.48	0.55	3.33	0.64	1.85	0.26	1.66	0.25	123.3	8.5	0.87	7.42	0.8			22.9	4.18	10.21	李铁刚等，2013
LY9-1	3.76	0.5	2.2	0.37	1	0.17	1.12	0.19	215.1	32.1	0.77	7.89	1.98			26.2	4.18	14.84	李铁刚等，2013
LY9-2	3.12	0.43	1.99	0.35	0.92	0.16	1.1	0.18	151.2	22.4	0.76	6.97	2.02			27	4.36	21.43	李铁刚等，2013
LH1-1	5.01	0.75	3.79	0.71	1.97	0.34	2.1	0.32	214.2	16.5	0.80	6.92	1.79			20	6.09	23.05	李铁刚等，2013
LH1-2	4.07	0.57	3.17	0.59	1.76	0.25	1.72	0.27	177.2	14.5	0.90	7.41	1.75			24.6	6.38	23.46	李铁刚等，2013
LH1-3	4.16	0.59	3.08	0.59	1.67	0.27	1.81	0.27	167.1	14.1	0.81	6.89	1.61			20.3	5.64	18.73	李铁刚等，2013
LH1-4	3.63	0.52	2.7	0.49	1.37	0.23	1.56	0.24	155.5	14.2	0.87	5.88	1.32			18.4	5.36	29.06	李铁刚等，2013
LY16-7	4.7	0.66	3.45	0.62	1.77	0.31	1.96	0.29	222.2	18.6	0.82	7.71	1.57			23.1	5.55	18.12	李铁刚等，2013
火神庙																			
6															25.00				徐兆文等，1995
7															23.00				徐兆文等，1995
8															41.00				徐兆文等，1995
9															55.00				徐兆文等，1995

续表

样号	Gd	Tb	Dy	Ho	Er	Tm	Yb	Lu	ΣREE	$(La/Yb)_N$	δEu	Hf	Ta	W	Pb	Th	U	Sr/Y	参考文献
10															13.00				徐兆文等，1995
4	3.60	0.90	2.50	1.00	1.50	0.01	1.90	0.30	143	9.3	0.86								徐兆文等，1995
5	2.70	0.40	2.20	0.50	1.40	0.01	1.60	0.30	83	7.5	0.78								徐兆文等，1995
6	3.90	0.40	2.70	0.06	1.40	0.01	1.50	0.20	222	26.2	1.04								徐兆文等，1995
7	5.80	0.60	4.20	0.90	2.20	0.01	7.00	0.30	272	6.7	0.86								徐兆文等，1995
8	3.00	0.50	2.30	0.70	1.40	0.01	1.70	0.30	139	12.2	0.69								徐兆文等，1995
HSM-1	4.51	0.67	3.61	0.73	1.95	0.29	2.01	0.33	225	18.9	1.04	6.70	1.80			13.10	2.70	58.34	Li et al.，2012a
HSM-2	3.43	0.53	2.94	0.59	1.82	0.29	2.06	0.31	186	15.5	0.76	7.10	3.30			25.80	5.40	23.12	Li et al.，2012a
B1/HSM	6.90	0.87	4.64	0.88	2.43	0.33	1.76	0.32	325	31.1	0.84	3.66	1.42		69.90	13.30	3.12	67.50	王赛等，2016
B22/HSM	5.86	0.73	3.91	0.72	1.94	0.25	1.69	0.23	261	26.4	0.96	3.18	1.29		59.00	11.30	2.44	87.41	王赛等，2016
B24/HSM	3.99	0.50	2.81	0.55	1.61	0.24	1.63	0.25	210	23.5	0.97	3.87	1.82		57.30	18.00	3.85	65.56	王赛等，2016
B25/HSM	5.75	0.74	4.10	0.80	2.29	0.32	1.73	0.30	288	29.9	0.87	3.85	1.85		48.60	18.10	3.63	69.56	王赛等，2016
B6	2.88	0.46	2.68	0.53	1.69	0.22	1.53	0.28	134	10.6	0.81	5.10	2.98		29.10	24.80	2.28	23.88	王赛等，2016
B10	2.81	0.43	2.40	0.51	1.53	0.22	1.56	0.25	128	11.0	0.94	4.70	2.24		38.00	20.90	1.31	40.29	王赛等，2016
B19	2.64	0.39	2.11	0.43	1.27	0.16	1.33	0.21	120	14.3	0.97	3.90	2.03		42.40	17.10	2.43	36.72	王赛等，2016
B28	2.80	0.44	2.65	0.56	1.52	0.23	1.66	0.27	99	7.0	1.04	5.10	2.61		20.40	20.60	1.33	34.86	王赛等，2016
B9/HSM	3.11	0.44	2.69	0.56	1.75	0.29	1.88	0.33	187	19.3	0.65	6.25	2.66		51.60	24.90	5.28	10.94	王赛等，2016
B11/HSM	2.98	0.41	2.46	0.51	1.60	0.28	1.65	0.29	178	21.5	0.69	3.90	1.70		35.30	23.50	4.18	13.97	王赛等，2016
B33/HSM	3.35	0.52	3.36	0.64	1.89	0.32	2.18	0.33	160	12.8	0.67	5.90	2.03		47.30	24.50	4.94	9.08	王赛等，2016
B65/HSM	3.32	0.52	2.90	0.61	1.85	0.30	2.12	0.33	189	16.1	0.69	5.70	1.92		52.00	23.80	5.21	12.89	王赛等，2016
上房																			
SFG-1	0.57	0.11	0.62	0.15	0.43	0.08	0.62	0.11	36	11.3	0.68	2.90	2.40			28.30	2.80	8.83	Li et al.，2012a
LS-6	0.88	0.14	0.87	0.18	0.61	0.10	0.82	0.15	50	9.5	0.59	3.46	2.44		14.30	39.80	20.00	6.06	Bao et al.，2014
LS-9	0.54	0.07	0.43	0.09	0.32	0.06	0.54	0.11	41	15.0	0.64	2.92	2.07		18.80	32.40	3.96	11.50	Bao et al.，2014
SF-1	0.88	0.14	0.87	0.18	0.61	0.10	0.82	0.15	50	9.5	0.59	3.46	2.44			39.80	25.50	3.49	张云辉，2014
SF-2	0.54	0.07	0.43	0.09	0.32	0.06	0.54	0.11	41	14.9	0.65	2.92	2.07			32.40	20.80	6.60	张云辉，2014
ZK02-KY61	1.28	0.21	1.18	0.22	0.76	0.16	1.04	0.19	45	5.9	0.74	4.08	3.25		15.80	24.50	8.44	45.54	韩江伟等，2015

续表

样号	Gd	Tb	Dy	Ho	Er	Tm	Yb	Lu	ΣREE	$(La/Yb)_N$	δEu	Hf	Ta	W	Pb	Th	U	Sr/Y	参考文献
南泥湖																			
1															39.00				徐兆文等，1995
1	0.66	0.16	0.51	0.26	0.47	1.07	0.24	4.93	82	65.6	0.60								徐兆文等，1995
NNH-1	2.42	0.36	1.92	0.36	0.99	0.16	1.01	0.16	160	33.2	0.63	4.80	3.60			25.30	18.10	12.31	Li et al.，2012a
LN-1	2.03	0.29	1.44	0.27	0.82	0.13	1.03	0.19	154	30.4	0.64	4.99	4.08		25.80	34.20	29.60	12.77	Bao et al.，2014
LN-2	0.72	0.12	0.76	0.16	0.54	0.11	1.03	0.24	58	11.8	0.74	6.84	7.64		13.40	41.80	7.37	8.69	Bao et al.，2014
LN-3	2.11	0.28	1.53	0.28	0.86	0.14	1.09	0.20	173	31.8	0.63	6.23	6.35		17.50	32.90	25.20	15.27	Bao et al.，2014
LN-4	3.56	0.44	2.19	0.40	1.21	0.17	1.29	0.22	252	40.5	0.48	4.52	4.22		43.30	39.60	20.80	5.20	Bao et al.，2014
NNH-1	2.03	0.29	1.44	0.27	0.82	0.13	1.03	0.19	154	30.4	0.64	4.99	4.08			34.20	29.60	9.89	张云辉，2014
NNH-2	0.72	0.12	0.76	0.16	0.54	0.11	1.03	0.24	58	11.8	0.75	6.84	7.64			41.80	7.37	17.86	张云辉，2014
鱼池岭																			
YC08628-03	4.71	0.61	3.29	0.63	1.68	0.23	1.53	0.23	240.0	27.3	0.83	5.78	1.56	9.49	22.77	19.00	3.32	44.04	许道学，2009
YC15-03	1.65	0.21	1.11	0.22	0.69	0.11	0.80	0.14	91.3	23.3	0.73	4.62	1.60	6.45	22.33	40.10	5.34	35.69	许道学，2009
YC15-04	1.42	0.20	1.18	0.24	0.72	0.12	0.93	0.16	75.2	14.3	0.68	5.45	1.73	3.62	22.33	23.40	4.77	31.05	许道学，2009
YC15-05	1.88	0.22	1.22	0.23	0.70	0.12	0.84	0.15	90.9	22.4	0.70	5.41	1.75	7.23	30.47	22.10	5.17	34.33	许道学，2009
YC545J-100	3.29	0.42	2.15	0.40	1.13	0.16	1.13	0.17	167.2	29.8	0.83	5.64	1.42	2.52	26.51	17.10	5.91	53.47	许道学，2009
YC545J-113	3.20	0.40	2.10	0.40	1.08	0.16	1.08	0.17	156.9	29.4	0.82	4.92	1.52	3.51	26.62	19.90	4.87	53.15	许道学，2009
YC545J-94	3.29	0.42	2.18	0.40	1.10	0.15	1.03	0.16	167.7	29.3	0.83	4.96	1.19	25.40	40.26	13.40	3.90	29.44	许道学，2009
YC590-73	5.27	0.66	3.55	0.67	1.97	0.27	1.77	0.26	296.3	31.5	0.85	5.90	1.41	6.27	35.20	22.50	8.27	41.42	许道学，2009
YC628-50	3.04	0.40	2.18	0.41	1.18	0.17	1.19	0.19	151.8	23.9	0.77	6.63	1.88	17.60	31.35	22.30	9.56	29.11	许道学，2009
YC628-55	3.12	0.39	2.08	0.39	1.10	0.16	1.09	0.18	172.2	26.8	0.77	5.82	1.38	27.15	28.77	18.85	6.48	41.46	许道学，2009
YC628-56	4.71	0.64	3.39	0.65	1.80	0.25	1.62	0.26	230.9	29.4	0.87	5.75	1.47	5.67	25.63	17.50	4.06	43.74	许道学，2009
YC628-57	4.02	0.51	2.72	0.52	1.48	0.22	1.41	0.22	228.1	30.5	0.84	4.97	1.38	2.46	27.61	18.30	6.06	39.89	许道学，2009
YC628-59	4.03	0.52	2.79	0.52	1.47	0.21	1.39	0.22	201.5	27.7	0.82	5.64	1.32	13.40	27.50	18.85	5.79	47.83	许道学，2009
YC628-61	4.43	0.58	3.13	0.60	1.65	0.24	1.57	0.24	218.6	27.3	0.82	5.91	1.57	25.90	29.48	19.30	5.03	40.39	许道学，2009
YC628-65	4.30	0.55	2.88	0.54	1.50	0.22	1.40	0.22	213.4	26.9	0.87	5.27	1.51	19.90	24.42	20.80	4.26	46.88	许道学，2009
YC628-66	4.53	0.57	3.03	0.56	1.60	0.22	1.51	0.22	253.0	30.8	0.81	5.62	1.47	26.90	22.66	22.10	7.10	36.49	许道学，2009

续表

样号	Gd	Tb	Dy	Ho	Er	Tm	Yb	Lu	ΣREE	$(La/Yb)_N$	δEu	Hf	Ta	W	Pb	Th	U	Sr/Y	参考文献
YC628-41	3.12	0.41	2.10	0.40	1.15	0.15	1.03	0.16	142.9	27.5	0.74	5.81	1.66	7.74	28.27	17.40	3.20	43.41	许道学，2009
ZK0801-23.4	3.19	0.42	2.13	0.38	1.12	0.16	1.10	0.17	171.3	29.3	0.74	6.53	1.93	19.30	27.61	21.00	3.50	35.18	许道学，2009
ZK0808-0.5	3.37	0.41	2.25	0.42	1.16	0.17	1.12	0.18	163.6	27.2	0.79	4.61	1.49	2.01	26.29	19.30	4.50	42.13	许道学，2009
ZK0808-203.3	3.70	0.46	2.42	0.43	1.22	0.18	1.20	0.19	178.8	28.1	0.80	5.88	1.51	2.87	28.82	18.60	6.00	46.41	许道学，2009
ZK0812-1.0	3.58	0.43	2.20	0.43	1.18	0.17	1.13	0.18	186.7	32.2	0.79	4.99	1.51	11.20	27.28	25.00	7.15	32.29	许道学，2009
ZK0812-314.9	3.41	0.44	2.28	0.43	1.19	0.17	1.20	0.18	147.4	25.0	0.83	5.60	1.50	8.15	25.96	15.60	5.69	49.82	许道学，2009
YC08-01	3.61	0.46	2.52	0.43	1.23	0.17	1.20	0.19	175.7	26.4	0.76	5.59	1.74	1.60	31.30	21.30	3.35	53.69	许道学，2009
YC08-02	3.61	0.45	2.46	0.44	1.21	0.17	1.23	0.18	181.1	27.8	0.74	5.24	1.79	6.68	50.60	18.60	4.83	49.92	许道学，2009
	3.31	0.44	2.32	0.40	1.17	0.17	1.14	0.18	163.7		0.77		1.75	3.39	23.80	16.70	5.05	55.77	许道学，2009
YC08-05	3.49	0.45	2.51	0.43	1.23	0.17	1.20	0.19	177.2	27.6	0.75	5.20	1.73	3.75	31.40	25.80	4.37	49.76	许道学，2009
YC08-06	3.64	0.46	2.47	0.43	1.21	0.18	1.23	0.19	184.8	27.4	0.78	5.00	1.71	1.43	25.20	18.10	3.77	56.72	许道学，2009
YC08-07	2.63	0.35	1.89	0.35	1.04	0.16	1.17	0.20	160.4	26.1	0.74	5.38	2.37	22.90	28.70	30.40	20.90	35.83	许道学，2009
YC08-08	2.15	0.30	1.55	0.27	0.76	0.12	0.89	0.14	118.3	23.3	0.77	3.43	1.65	12.30	24.90	28.00	7.03	40.71	许道学，2009
YC08-09	2.70	0.33	1.83	0.31	0.92	0.14	1.03	0.17	129.6	23.1	0.76	3.59	2.04	20.10	31.80	24.20	17.60	50.41	许道学，2009
YC08-11	2.81	0.37	2.02	0.35	1.06	0.16	1.17	0.19	179.8	33.0	0.74	4.65	2.27	4.61	26.20	34.50	13.10	34.26	许道学，2009
YC2401N-02	1.02	0.16	0.84	0.18	0.51	0.08	0.71	0.13	56.2	14.6	0.81	4.56	1.89	11.20	24.64	25.20	5.92	28.49	许道学，2009
YC2401N-03	1.19	0.17	0.92	0.19	0.60	0.09	0.76	0.14	51.4	15.7	0.78	4.66	1.92	9.83	22.99	24.80	3.48	25.34	许道学，2009
YC2401N-07	1.53	0.24	1.42	0.30	0.89	0.14	1.10	0.19	77.1	13.2	0.83	4.67	1.97	25.00	17.16	25.10	3.05	18.96	许道学，2009
YCL-116	3.59	0.46	2.38	0.43	1.23	0.17	1.16	0.18	164.0	24.6	0.59	4.50	1.80	23.30	30.70	20.90	4.80	14.89	倪智勇，2009
东沟																			
DG4	1.59	0.22	1.20	0.28	1.22	0.24	2.14	0.39	84	8.8	0.32	3.45	4.94			34.10		2.18	叶会寿等，2006a
DG5	2.03	0.29	1.78	0.41	1.73	0.32	2.70	0.47	89	6.8	0.33	4.32	5.57			40.70		2.65	叶会寿等，2006a
07DG-01	0.77	0.11	0.86	0.22	0.79	0.15	1.21	0.24	48	8.1	0.29	5.50	7.28		7.36	19.17	4.72	3.06	戴宝章等，2009
07DG-02	0.62	0.07	0.50	0.13	0.47	0.09	0.76	0.14	54	14.4	0.29	4.77	4.29		13.26	17.38	5.51	5.30	戴宝章等，2009
07DG-03	0.66	0.05	0.31	0.08	0.29	0.06	0.50	0.10	90	38.6	0.23	5.18	3.61		23.31	22.28	3.91	4.63	戴宝章等，2009
07DG-04	0.78	0.11	1.03	0.28	1.15	0.24	1.97	0.39	47	4.2	0.19	6.41	8.47		17.65	29.45	11.01	0.98	戴宝章等，2009
07DG-05	0.77	0.11	0.87	0.23	0.94	0.18	1.48	0.30	56	7.0	0.26	4.92	7.34		15.17	27.79	7.15	1.37	戴宝章等，2009

续表

样号	Gd	Tb	Dy	Ho	Er	Tm	Yb	Lu	ΣREE	$(La/Yb)_N$	δEu	Hf	Ta	W	Pb	Th	U	Sr/Y	参考文献
07DG-06	1.02	0.13	1.11	0.31	1.21	0.24	2.13	0.43	78	8.0	0.21	5.88	5.63		9.22	28.66	7.55	1.01	戴宝章等，2009
H0706	1.03						1.93			11.7	0.39							1.81	黄凡等，2009
D-049A	1.97						4.60			8.7	0.30							0.56	黄凡等，2009
RY0907a	1.69	0.27	1.66	0.44	1.68	0.37	3.27	0.61	123	8.3	0.32	5.77	8.39		26.28	42.05	7.76	1.28	Yang L et al.，2013
RY0907b	1.46	0.23	1.42	0.36	1.39	0.32	2.74	0.51	104	8.3	0.34	5.05	7.49		27.14	39.54	9.55	1.86	Yang L et al.，2013
RY09-1	2.02	0.34	2.16	0.54	2.02	0.43	3.53	0.63	111	6.3	0.29	5.47	7.50		26.51	47.35	20.61	1.52	Yang L et al.，2013
RY09-2	1.95	0.34	2.12	0.54	2.03	0.42	3.60	0.63	112	6.2	0.31	5.80	7.11		26.69	44.96	19.45	1.50	Yang L et al.，2013
RY09-3	1.89	0.32	2.01	0.52	1.92	0.41	3.42	0.63	114	6.7	0.29	6.19	7.42		25.07	46.17	19.99	1.83	Yang L et al.，2013
RY09-4	1.55	0.26	1.64	0.43	1.63	0.37	3.24	0.60	93	5.8	0.45	5.28	9.13		18.15	42.49	24.26	2.10	Yang L et al.，2013
RY09-5	1.96	0.34	2.14	0.55	2.03	0.43	3.60	0.64	121	6.9	0.24	5.80	7.16		26.03	47.54	20.07	1.27	Yang L et al.，2013
RY09-6	1.75	0.30	1.87	0.48	1.79	0.38	3.19	0.56	100	6.4	0.31	5.72	7.37		25.91	42.82	20.87	2.85	Yang L et al.，2013
RY09-7	1.31	0.19	0.96	0.24	0.89	0.22	1.92	0.37	85	8.9	0.65	2.76	2.61		22.01	31.20	7.34	3.45	Yang L et al.，2013
RY09-8	1.97	0.31	1.83	0.46	1.69	0.37	3.02	0.55	147	10.6	0.34	5.49	6.49		25.13	44.63	17.46	1.87	Yang L et al.，2013
太山庙																			
TSM1	2.70	0.43	2.77	0.56	1.76	0.30	2.13	0.32	201	15.1	0.65	7.40	7.70			52.60		5.64	叶会寿等，2006
TSM2	4.81	0.79	4.22	0.80	2.37	0.40	2.64	0.40	238	16.6	0.44	7.30	5.60			39.90		7.36	叶会寿等，2006
TSM3	3.30	0.64	3.88	0.82	2.84	0.52	3.71	0.53	167	7.6	0.28	6.10	9.10			63.00		1.18	叶会寿等，2006
211B1	4.62	0.97	5.87	1.25	3.96	0.80	5.02	0.71	187	5.4	0.21	5.45	4.82		19.33	44.87	7.29	1.01	Han et al.，2007
208B1	3.83	0.77	5.24	1.20	4.31	0.90	6.92	1.05	200	4.8	0.04	6.93	7.60		26.60	66.54	23.93	0.42	Han et al.，2007
207B1	2.15	0.33	2.32	0.48	1.71	0.40	3.07	0.49	176	11.2	0.13	6.11	5.50		38.45	56.94	10.65	2.00	Han et al.，2007
B1-1	6.85	1.03	5.97	1.21	3.74	0.56	3.81	0.57	333	15.2	0.44	7.94	2.92		22.70	34.20	4.38	4.46	叶会寿等，2008
B1-2	5.50	0.83	4.84	0.96	3.02	0.46	3.17	0.50	302	17.4	0.48	6.79	2.61		26.70	37.00	5.27	4.88	叶会寿等，2008
B1-3	6.29	0.96	5.73	1.17	3.53	0.53	3.56	0.55	278	12.9	0.45	6.91	2.97		23.50	31.10	4.31	4.91	叶会寿等，2008
B2-1	4.17	0.62	3.48	0.67	2.05	0.31	2.00	0.28	194	17.1	0.61	3.13	3.92		43.50	17.50	4.30	17.57	叶会寿等，2008
B2-2	4.58	0.69	3.84	0.75	2.33	0.33	2.35	0.34	232	17.8	0.55	4.66	4.10		38.30	26.70	4.05	14.57	叶会寿等，2008
B2-3	3.95	0.60	3.41	0.65	2.06	0.31	2.11	0.32	175	13.5	0.62	6.25	4.07		43.40	25.50	2.74	17.25	叶会寿等，2008
B3-1	1.90	0.31	1.93	0.46	1.74	0.35	2.95	0.53	145	9.7	0.28	4.25	5.01		25.50	50.90	7.95	1.60	叶会寿等，2008

续表

样号	Gd	Tb	Dy	Ho	Er	Tm	Yb	Lu	ΣREE	$(La/Yb)_N$	δEu	Hf	Ta	W	Pb	Th	U	Sr/Y	参考文献
B3-2	1.91	0.29	1.85	0.43	1.66	0.31	2.65	0.50	149	10.9	0.28	4.41	4.46		23.40	53.80	7.28	1.65	叶会寿等，2008
B3-3	1.29	0.19	1.24	0.30	1.17	0.23	2.10	0.39	108	10.2	0.29	5.66	4.85		27.70	50.60	7.26	1.77	叶会寿等，2008
H0710	6.25						3.57			16.9	0.50							6.30	黄凡等，2009
D-027A	4.34						4.08			13.0	0.26							0.85	黄凡等，2009
D-024	2.54						3.60			8.8	0.24							1.13	黄凡等，2009
D-026	3.24						6.19			3.7	0.12							0.24	黄凡等，2009
D-042	1.37						2.88			6.1	0.26							1.42	黄凡等，2009
D-043	1.59						3.51			5.0	0.20							0.43	黄凡等，2009
D-046A	3.73						5.32			10.9	0.16							0.50	黄凡等，2009
D-023	2.49						6.02			4.3	0.10							0.17	黄凡等，2009
D-018A	6.00						4.49			10.1	0.34							2.80	黄凡等，2009
D-035	0.87						1.70			14.9	0.45							4.05	黄凡等，2009
D-036	2.54						1.63			20.4	0.48							11.20	黄凡等，2009
Tsm-2	2.66	0.35	1.70	0.32	0.90	0.14	0.91	0.14	195	41.5	0.76	4.80	2.74			38.10	15.10	42.70	Gao et al.，2014
Tsm-5	0.67	0.08	0.46	0.10	0.33	0.07	0.56	0.10	53	15.4	0.11	5.60	6.88			10.90	2.66	1.26	Gao et al.，2014
Tsm-7	0.31	0.04	0.21	0.05	0.16	0.03	0.21	0.04	27	19.4	0.36	4.63	1.37			4.64	1.90	4.69	Gao et al.，2014
Tsm-18	1.37	0.23	1.32	0.28	0.94	0.14	1.00	0.12	77	10.8	0.18	6.86	5.48			14.50	4.06	1.25	Gao et al.，2014
Tsm-20	3.52	0.67	4.64	1.03	3.39	0.60	3.95	0.62	169	6.6	0.22	5.65	4.81			50.40	11.90	1.03	Gao et al.，2014
Tsm-21	0.82	0.16	0.98	0.21	0.74	0.12	0.79	0.11	36	7.0	0.22	4.94	6.70			9.69	4.73	0.75	Gao et al.，2014
Tsm-23	2.86	0.54	3.30	0.65	2.00	0.31	1.89	0.28	97	7.1	0.39	3.56	2.74			14.70	2.40	4.86	Gao et al.，2014
Tsm-38	3.97	0.71	4.26	0.91	2.74	0.41	2.68	0.40	157	8.8	0.44	3.55	3.50			21.10	3.34	3.12	Gao et al.，2014
Tsm-39	3.39	0.59	3.49	0.76	2.24	0.36	2.36	0.36	156	11.2	0.42	4.53	3.30			22.00	3.46	4.29	Gao et al.，2014
Tsm-42	1.94	0.34	2.24	0.49	1.65	0.27	1.77	0.28	93	8.3	0.27	4.06	4.92			20.80	4.33	1.96	Gao et al.，2014
Tsm-44	2.03	0.38	2.40	0.51	1.53	0.24	1.54	0.24	92	8.9	0.23	5.33	4.82			24.40	9.49	1.38	Gao et al.，2014
Tsm-62	1.24	0.19	1.06	0.24	0.71	0.12	0.86	0.15	60	11.6	0.35	4.79	4.00			15.70	3.64	7.19	Gao et al.，2014
Tsm-47	0.64	0.14	1.05	0.26	1.07	0.21	1.59	0.27	40	3.9	0.13	7.16	5.18			22.20	4.54	0.32	Gao et al.，2014
Tsm-50	0.95	0.18	1.10	0.31	1.09	0.22	1.84	0.32	57	4.9	0.11	8.28	8.73			26.70	9.17	0.59	Gao et al.，2014

续表

样号	Gd	Tb	Dy	Ho	Er	Tm	Yb	Lu	ΣREE	$(La/Yb)_N$	δEu	Hf	Ta	W	Pb	Th	U	Sr/Y	参考文献
Tsm-52	2.27	0.38	2.20	0.47	1.34	0.23	1.51	0.23	83	7.6	0.42	4.37	3.00			17.40	5.03	11.01	Gao etal., 2014
Tsm-53	1.20	0.22	1.33	0.28	0.98	0.16	1.09	0.17	57	7.8	0.39	3.70	2.94			16.40	3.06	4.68	Gao et al., 2014
Tsm-54	1.33	0.21	1.35	0.26	0.87	0.14	1.01	0.16	69	11.1	0.45	3.98	2.91			12.50	5.76	5.25	Gao et al., 2014
Tsm-55	0.88	0.14	0.94	0.24	0.88	0.19	1.40	0.25	73	11.0	0.23	6.16	6.63			25.10	15.90	1.74	Gao et al., 2014
Tsm-57	1.75	0.25	1.37	0.28	0.79	0.13	0.89	0.15	73	12.6	0.39	5.05	3.12			17.50	5.76	13.24	Gao et al., 2014
Tsm-58	1.07	0.19	1.01	0.23	0.78	0.13	0.95	0.15	77	14.8	0.17	4.82	6.01			18.40	3.51	0.59	Gao et al., 2014
TSM-60	2.96	0.64	4.50	1.02	3.36	0.63	4.39	0.66	155	5.9	0.13	6.50	6.73			78.50	6.48	0.25	Gao et al., 2014
Tsm-1-2	0.66	0.09	0.51	0.11	0.41	0.09	0.81	0.14	67	15.8	0.20	6.79	6.07			23.40	5.20	1.27	Gao et al., 2014
Tsm-1-4	1.28	0.18	1.00	0.24	0.79	0.15	1.08	0.19	100	15.9	0.16	7.11	7.06			22.30	6.77	1.30	Gao et al., 2014
Tsm-1-5	0.80	0.13	0.81	0.18	0.70	0.12	0.95	0.17	60	10.3	0.20	6.84	6.70			18.80	2.67	1.48	Gao et al., 2014
TSM13	6.78	1.09	6.80	1.38	4.16	0.68	4.45	0.65	269	10.0	0.36	6.56	3.51		23.50	38.00	4.78	2.02	齐玥, 2014
TSM14	3.81	0.65	4.44	1.04	3.75	0.73	5.55	0.90	198	6.4	0.14	6.65	7.87		30.00	69.90	10.10	0.22	齐玥, 2014
TSM15	2.73	0.50	3.69	0.92	3.51	0.74	5.82	1.00	137	4.6	0.12	9.08	4.12		28.40	79.50	16.80	0.12	齐玥, 2014
TSM16	5.00	0.82	5.31	1.13	3.74	0.69	4.94	0.77	258	9.7	0.14	6.68	4.84		29.00	80.40	22.60	0.20	齐玥, 2014
TSM17	3.71	0.67	4.91	1.23	4.75	1.03	8.46	1.46	193	4.0	0.09	11.70	11.80		30.50	78.30	21.60	0.08	齐玥, 2014
TSM18	3.31	0.61	4.16	0.94	3.22	0.61	4.53	0.71	128	4.6	0.17	6.25	5.14		29.80	62.80	16.60	0.25	齐玥, 2014
TSM19	7.30	1.06	6.24	1.23	3.67	0.59	3.88	0.59	400	16.1	0.46	4.72	2.97		28.60	37.60	5.72	5.04	齐玥, 2014
LHK1307-1	5.10	0.93	5.12	1.02	3.14	0.56	3.86	0.58	223	10.3	0.25	6.38	6.53		28.90	55.30	7.19	1.35	Wang et al., 2015
LHK1307-2	2.29	0.50	3.21	0.72	2.58	0.51	4.05	0.65	94	3.9	0.22	5.88	10.20		22.70	45.30	11.50	0.61	Wang et al., 2015
LHK1307-3	6.06	1.00	5.11	1.03	3.03	0.53	3.72	0.51	268	13.2	0.44	3.65	3.62		56.50	37.50	3.20	5.10	Wang et al., 2015
LHK1307-4	4.49	0.90	5.46	1.16	3.77	0.70	5.18	0.80	196	6.5	0.22	7.88	6.06		26.70	50.30	5.69	0.66	Wang et al., 2015
LHK1307-51	5.17	0.98	5.68	1.09	3.44	0.63	4.41	0.65	240	9.5	0.23	8.07	6.85		24.00	49.20	9.26	1.07	Wang et al., 2015
LHK1307-52	5.57	1.06	5.94	1.13	3.47	0.60	4.21	0.59	282	11.7	0.21	8.22	6.82		20.90	78.20	11.10	1.03	Wang et al., 2015
LHK1404B1	5.58	0.91	5.32	1.06	3.13	0.49	3.14	0.52	279	15.6	0.43	7.75	4.00		24.50	38.00	6.94	4.51	Wang et al., 2015
LHK1404B2	5.69	0.94	5.61	1.10	3.20	0.50	3.27	0.54	303	16.3	0.42	8.33	4.04		37.80	39.30	7.90	4.17	Wang et al., 2015
老君山																			
LJS-1	6.71	1.07	6.29	1.35	3.92	0.68	4.38	0.70	247	9.0	0.54	6.80	2.90			47.36	11.66	9.01	Li D et al., 2012

续表

样号	Gd	Tb	Dy	Ho	Er	Tm	Yb	Lu	ΣREE	$(La/Yb)_N$	δEu	Hf	Ta	W	Pb	Th	U	Sr/Y	参考文献
LJS-2	7. 13	1. 12	6. 73	1. 44	4. 17	0. 70	4. 64	0. 72	239	7. 6	0. 54	8. 60	3. 20			21. 84	3. 34	9. 24	Li D et al. , 2012
LJS-3	7. 60	1. 21	6. 87	1. 44	4. 11	0. 69	4. 61	0. 72	256	9. 4	0. 52	9. 40	3. 04			22. 84	3. 67	8. 07	Li D et al. , 2012
LJS-4	5. 96	0. 93	5. 57	1. 12	3. 41	0. 55	3. 78	0. 55	224	9. 1	0. 56	7. 00	3. 60			18. 70	—	8. 72	Li D et al. , 2012
LJS-5	4. 75	0. 80	4. 61	1. 00	2. 95	0. 51	3. 52	0. 56	141	6. 5	0. 47	5. 00	3. 27			23. 30	10. 11	6. 95	Li D et al. , 2012
LJS-6	4. 33	0. 74	4. 37	1. 03	3. 11	0. 56	3. 91	0. 65	130	4. 9	0. 40	4. 80	3. 46			27. 02	11. 55	4. 68	Li D et al. , 2012
LJS-7	4. 46	0. 73	4. 16	0. 92	2. 70	0. 47	3. 37	0. 58	173	8. 8	0. 55	6. 70	2. 98			25. 57	7. 93	11. 06	Li D et al. , 2012
LJS-8		0. 69	3. 43	0. 69	2. 02	0. 35	2. 39	0. 39	179	13. 6			5. 10			23. 70		5. 16	Li D et al. , 2012
LJS-9	5. 29	0. 82	4. 71	1. 02	2. 96	0. 50	3. 23	0. 53	184	9. 2	0. 48		2. 59			25. 19	7. 05	7. 26	Li D et al. , 2012
LJS-10	4. 03	0. 65	3. 88	0. 78	2. 35	0. 40	2. 81	0. 43	155	8. 6	0. 52	5. 40	3. 30			21. 70		8. 67	Li D et al. , 2012
LJS4-B4	4. 77	0. 72	4. 39	0. 92	2. 95	0. 47	3. 35	0. 51	159	7. 9	0. 45	5. 17	3. 03		24. 30	24. 10	6. 61	7. 12	孟芳等, 2012a
LJS4-B5	5. 00	0. 73	4. 49	0. 90	2. 71	0. 43	2. 95	0. 46	176	10. 2	0. 48	5. 26	2. 47		22. 80	22. 80	5. 40	8. 42	孟芳等, 2012a
LJS4-B6	4. 61	0. 76	4. 86	1. 00	3. 20	0. 48	3. 57	0. 55	137	6. 0	0. 49	5. 17	3. 08		27. 20	23. 40	7. 10	6. 04	孟芳等, 2012a
LJS-B5	4. 70	0. 68	4. 08	0. 86	2. 62	0. 40	2. 92	0. 45	157	8. 8	0. 46	5. 07	2. 80		25. 30	24. 20	7. 35	8. 22	孟芳等, 2012a
LJS-B6	5. 04	0. 73	4. 55	0. 90	2. 78	0. 45	3. 05	0. 50	187	10. 3	0. 45	5. 66	2. 76		25. 90	26. 50	7. 30	7. 83	孟芳等, 2012a
LJS2-B8	3. 96	0. 61	3. 98	0. 82	2. 72	0. 47	3. 51	0. 57	157	8. 1	0. 50	5. 44	4. 51		22. 20	23. 50	8. 18	8. 50	孟芳等, 2012a
LJS2-B9	2. 76	0. 46	3. 09	0. 66	2. 41	0. 44	3. 84	0. 69	88	4. 0	0. 43	5. 22	6. 78		25. 00	22. 20	7. 64	4. 27	孟芳等, 2012a
LJS2-B11	2. 13	0. 35	2. 25	0. 49	1. 54	0. 25	2. 04	0. 34	63	5. 6	0. 51	2. 67	2. 63		24. 40	16. 10	6. 20	6. 06	孟芳等, 2012a
LJS-B11	4. 36	0. 68	4. 32	0. 94	3. 01	0. 50	3. 68	0. 59	158	7. 5	0. 45	5. 88	3. 89		22. 90	25. 20	4. 71	6. 25	孟芳等, 2012a
LJS1-B2	3. 93	0. 61	3. 98	0. 82	2. 64	0. 43	3. 07	0. 49	135	7. 6	0. 55	5. 11	3. 35		23. 50	21. 50	6. 21	10. 72	孟芳等, 2012a
LJS1-B3	1. 65	0. 25	1. 65	0. 36	1. 22	0. 23	1. 84	0. 35	53	5. 7	0. 56	2. 23	2. 27		24. 40	17. 70	9. 14	11. 81	孟芳等, 2012a
LJS-B2	8. 36	1. 26	7. 96	1. 64	5. 03	0. 78	5. 37	0. 79	254	6. 0	0. 46	6. 84	3. 99		24. 20	21. 50	7. 46	8. 74	孟芳等, 2012a
LJS-B3	6. 71	1. 03	6. 43	1. 30	3. 93	0. 59	4. 07	0. 59	227	8. 8	0. 49	7. 30	2. 59		24. 30	28. 90	5. 04	9. 43	孟芳等, 2012a
LJS-B17	5. 28	0. 80	5. 03	1. 01	3. 08	0. 49	3. 56	0. 54	180	8. 3	0. 44	5. 23	3. 10		24. 80	27. 00	7. 69	6. 25	孟芳等, 2012a
LJS-01	5. 66	0. 89	5. 37	1. 07	3. 27	0. 53	3. 54	0. 53	269	11. 0	0. 49	6. 74	2. 33		27. 00	27. 00	4. 58	6. 97	齐玥, 2014
LJS-02	6. 35	1. 04	6. 29	1. 25	3. 78	0. 62	4. 15	0. 62	255	8. 4	0. 52	7. 58	3. 03		41. 90	26. 10	7. 70	7. 14	齐玥, 2014
LJS-03	5. 89	0. 99	6. 13	1. 23	3. 70	0. 60	4. 00	0. 59	214	8. 0	0. 52	5. 49	2. 91		30. 60	18. 50	5. 03	7. 87	齐玥, 2014
LJS-04	6. 11	0. 98	6. 03	1. 21	3. 68	0. 60	3. 98	0. 59	301	12. 4	0. 54	6. 72	2. 58		30. 10	24. 90	7. 41	9. 03	齐玥, 2014

续表

样号	Gd	Tb	Dy	Ho	Er	Tm	Yb	Lu	ΣREE	$(La/Yb)_N$	δEu	Hf	Ta	W	Pb	Th	U	Sr/Y	参考文献
LJS-05	6.18	1.01	6.18	1.23	3.69	0.60	3.95	0.58	235	9.0	0.54	6.72	2.55		25.70	22.20	4.14	9.09	齐玥，2014
LJS-06	6.93	1.12	6.81	1.34	4.03	0.64	4.23	0.62	313	10.6	0.49	9.17	2.51		23.20	23.90	5.04	7.69	齐玥，2014
LJS-07	4.17	0.74	4.58	0.89	2.57	0.39	2.39	0.33	146	9.9	0.49	4.78	0.91		34.50	40.60	5.81	9.84	齐玥，2014
LJS-08	4.82	0.77	4.61	0.91	2.80	0.47	3.28	0.51	201	10.2	0.48	5.65	2.95		29.20	29.50	11.00	7.02	齐玥，2014
LJS-09	5.05	0.85	5.15	1.01	2.96	0.47	3.16	0.48	166	7.7	0.45	5.05	1.80		25.20	21.30	5.37	5.94	齐玥，2014
LJS-10	3.82	0.66	4.20	0.88	2.73	0.47	3.33	0.52	131	6.0	0.41	4.08	2.91		31.10	28.00	11.40	3.19	齐玥，2014
石门沟（南沟）																			
HLG-N3	3.15	0.56	3.57	0.72	2.22	0.41	2.72	0.38	177	22.2	0.45	1.39	3.56		33.50	18.10	12.70	2.94	杨晓勇等，2010
HLG-N22	2.22	0.34	1.93	0.37	1.13	0.22	1.48	0.21	145	34.2	0.52	1.15	1.97		24.00	15.90	4.03	4.53	杨晓勇等，2010
HLG-N26	1.54	0.23	1.40	0.28	0.83	0.16	0.88	0.14	74	31.3	0.99	0.31	0.70		4.60	6.31	1.22	8.36	杨晓勇等，2010
HLG-S1	2.58	0.42	2.49	0.47	1.45	0.27	1.74	0.25	147	28.3	0.72	0.89	2.20		29.00	15.40	7.68	8.65	杨晓勇等，2010
HLG-S4	2.30	0.37	2.18	0.42	1.30	0.23	1.56	0.21	134	29.3	0.72	1.00	1.39		26.20	14.50	4.63	7.42	杨晓勇等，2010
HLG-M3	0.98	0.18	1.23	0.26	0.91	0.18	1.54	0.23	63	14.7	0.51	0.78	1.76		26.20	15.90	11.80	2.34	杨晓勇等，2010
HLG-M4	0.59	0.12	0.76	0.16	0.59	0.10	1.06	0.17	32	10.4	0.58	1.46	3.74		32.70	20.60	16.70	3.04	杨晓勇等，2010
NNH-03	1.55	0.18	0.86	0.15	0.47	0.08	0.56	0.10	177	130.7	0.96	1.25	1.51		30.30	25.40	7.99	16.92	杨晓勇等，2010
NNH-13	0.37	0.04	0.18	0.03	0.11	0.02	0.14	0.03	26	75.8	1.68	1.31	1.06		9.80	4.19	8.62	51.98	杨晓勇等，2010
TSM1	1.15	0.18	1.25	0.31	1.33	0.34	3.12	0.55	171	23.0	0.29	5.14	2.61		35.50	51.50	14.80	0.88	杨晓勇等，2010
JJJ-1	0.88	0.14	0.83	0.17	0.53	0.09	0.68	0.10	44	22.7	1.29	1.43	0.97		28.30	5.48	4.15	26.11	杨晓勇等，2010
JJJ-2	1.15	0.25	1.72	0.36	1.20	0.20	1.60	0.22	39	6.5	0.31	1.36	2.50		40.30	12.56	9.31	1.09	杨晓勇等，2010
ZJDZ-1	2.00	0.30	1.81	0.35	1.02	0.14	1.06	0.13	96	31.3	0.94	0.33	0.52		9.15	8.57	2.36	9.94	杨晓勇等，2010
LJS-1	2.77	0.45	2.74	0.54	1.62	0.26	1.91	0.25	193	37.2	0.66	0.76	1.87		31.70	17.20	3.80	7.13	杨晓勇等，2010
SGS-03	0.76	0.10	0.63	0.14	0.55	0.13	1.07	0.20	88	31.3	0.53	1.59	2.01		40.90	22.10	8.80	4.40	杨晓勇等，2010
SGS-07	0.67	0.11	0.71	0.15	0.57	0.15	1.09	0.21	68	24.6	0.41	1.42	2.38		19.50	10.20	9.97	2.77	杨晓勇等，2010
秋树湾																			
Q1-2	2.62	0.35	1.83	0.34	0.97	0.15	1.13	0.17	93	14.2	0.87	3.9				11		25.52	秦臻等，2011
Q1-6	2.86	0.35	1.66	0.3	0.85	0.13	0.93	0.15	136	27.6	0.96	4.28				13		46.58	秦臻等，2011
Q1-13	2.07	0.27	1.41	0.26	0.81	0.13	0.93	0.16	90	17.7	1.01	3.54				11		57.01	秦臻等，2011

注：附表2所引文献参见第7章参考文献列表。

附表 3　秦岭地区成钼岩体全岩 Sr-Nd 同位素组成

岩体	年龄/Ma	样号	岩性	Rb $/10^{-6}$	Sr $/10^{-6}$	$^{87}Rb/^{86}Sr$	$^{87}Sr/^{86}Sr$	I_{Sr}	Sm $/10^{-6}$	Nd $/10^{-6}$	$^{147}Sm/^{144}Nd$	$^{143}Nd/^{144}Nd$	$\varepsilon_{Nd}(t)$	T_{DM2}/Ma	资料来源
温泉	220	WQ66	二长花岗岩	229.3	187.8	3.539	0.718578	0.707716	4.94	22.17	0.135	0.512291	−5.04	1406	张宏飞等，2005
温泉	220	WQ66/1	二长花岗岩	207.0	429.1	1.398	0.710777	0.706486	5.83	31.29	0.113	0.512232	−5.57	1450	张宏飞等，2005
温泉	220	WQ66/3	二长花岗岩	152.3	447.1	0.988	0.710721	0.707689	5.31	28.05	0.114	0.512260	−5.05	1408	张宏飞等，2005
胭脂坝	215	Q9461	黑云母二长花岗岩	192.1	225.0	2.471	0.712810	0.705398	5.26	27.14	0.117	0.512345	−3.54	1281	张宗清等，2006
胭脂坝	215	Q9462	花岗闪长岩	155.7	453.6	0.993	0.707110	0.704131	2.33	13.41	0.105	0.512388	−2.36	1185	张宗清等，2006
胭脂坝	215	NS-1	钾长花岗岩	338.0	24.0				1.80	5.00	0.220	0.512368	−5.92	1560	Jiang et al.，2010
胭脂坝	215	NS-2	二长花岗岩	223.0	188.0	3.434	0.715524	0.705224	4.60	23.50	0.118	0.512319	−4.06	1323	Jiang et al.，2010
胭脂坝	215	NS-3	二长花岗岩	175.0	210.0	2.410	0.712637	0.705408	4.60	24.80	0.114	0.512265	−5.00	1400	Jiang et al.，2010
胭脂坝	215	NS-14	二长花岗岩	177.0	238.0	2.161	0.711947	0.705465	3.90	21.40	0.111	0.512303	−4.17	1333	Jiang et al.，2010
胭脂坝	215	NS-15	二长花岗岩	230.0	190.0	3.497	0.716715	0.706226	4.00	21.00	0.117	0.512190	−6.55	1525	Jiang et al.，2010
胭脂坝	215	NS-16	二长花岗岩	193.0	210.0	2.659	0.714607	0.706631	4.00	22.90	0.107	0.512218	−5.73	1459	Jiang et al.，2010
八里坡	155	B0001-7	二长花岗岩	125.5	256.8	1.415	0.711650	0.708593	1.56	8.26	0.114	0.511508	−20.42	2599	焦建刚等，2010a
八里坡	155	B0003-9	二长花岗岩	114.8	602.2	0.552	0.710329	0.709137	2.98	18.46	0.095	0.511502	−20.15	2580	焦建刚等，2010a
八里坡	155	B2101-11	二长花岗岩	115.9	637.6	0.526	0.711488	0.710351	4.03	24.33	0.100	0.511405	−22.15	2741	焦建刚等，2010a
八里坡	155	ZK001	花岗斑岩	724.8	3.3	0.668	0.710200	0.708756	21.02	167.52	0.095	0.511500	−20.20	2585	李洪英等，2011
八里坡	155	ZK001-1	花岗斑岩	679.8	3.4	0.744	0.710400	0.708791	21.52	174.98	0.095	0.511500	−20.20	2584	李洪英等，2011
金堆城	140	G35-03/1	花岗斑岩	185.4	71.7	7.484	0.728100	0.713491							尚瑞均和严阵，1988
金堆城	140	G35-07/1	花岗斑岩	252.6	50.3	14.529	0.740300	0.711938							尚瑞均和严阵，1988
金堆城	140	G35-08/1	花岗斑岩	186.2	68.9	7.826	0.735500	0.720223							尚瑞均和严阵，1988
金堆城	140	G35-09/1	花岗斑岩	260.2	123.3	6.110	0.716600	0.704673							尚瑞均和严阵，1988
金堆城	140	G35-010/1	花岗斑岩	241.1	31.8	21.980	0.766100	0.723193							尚瑞均和严阵，1988
金堆城	140	G35-04/1	花岗斑岩	202.2	96.8	6.046	0.722900	0.711099							尚瑞均和严阵，1988
金堆城	140	G35-06/1	花岗斑岩	222.2	92.0	6.994	0.725100	0.711448							尚瑞均和严阵，1988
金堆城	140	G35-011/1	花岗斑岩	247.7	94.4	8.428	0.728600	0.712147							尚瑞均和严阵，1988
金堆城	140	JD11	花岗斑岩	283.0	117.0	7.009	0.723148	0.709466	4.24	24.97	0.103	0.511749	−15.67	2205	郭波，2009
金堆城	140	JD12	花岗斑岩	193.0	60.0	9.327	0.729830	0.711623	1.70	8.09	0.127	0.511810	−14.91	2140	郭波，2009
金堆城	140	JD13	花岗斑岩	299.0	117.0	7.405	0.723080	0.708625	4.50	27.67	0.098	0.511751	−15.55	2196	郭波，2009
金堆城	140	JD14	花岗斑岩	195.0	60.0	9.423	0.729817	0.711422							郭波，2009
金堆城	140	Q-JD-2	花岗斑岩	303.6	85.1	10.350	0.732141	0.711937	2.51	8.60	0.177	0.511995	−12.19	1905	焦建刚等，2010a
金堆城	140	Q-JD-1	花岗斑岩	303.9	51.9	17.010	0.743934	0.710729	2.38	12.27	0.117	0.511857	−13.82	2053	焦建刚等，2010a

续表

岩体	年龄/Ma	样号	岩性	Rb/10^{-6}	Sr/10^{-6}	$^{87}Rb/^{86}Sr$	$^{87}Sr/^{86}Sr$	I_{Sr}	Sm/10^{-6}	Nd/10^{-6}	$^{147}Sm/^{144}Nd$	$^{143}Nd/^{144}Nd$	$\varepsilon_{Nd}(t)$	T_{DM2}/Ma	资料来源
金堆城	140	Q-JD-3	花岗斑岩	288. 6	130. 8	6. 390	0. 721431	0. 708957	3. 37	17. 24	0. 118	0. 511891	−13. 18	2001	焦建刚等，2010a
金堆城	143	JDC-7	花岗斑岩	92. 0	2. 4	11. 093	0. 725900	0. 703781	12. 90	353. 00	0. 113	0. 511800	−14. 82	2138	李洪英等，2011
金堆城	143	JDC-36	花岗斑岩	129. 0	2. 8	6. 925	0. 718300	0. 704491	14. 40	309. 00	0. 119	0. 511800	−14. 94	2146	李洪英等，2011
金堆城	143	JDC-82h	花岗斑岩	79. 3	2. 4	12. 140	0. 727800	0. 703593	13. 20	333. 00	0. 110	0. 511800	−14. 76	2133	李洪英等，2011
金堆城	143	JDC-100	花岗斑岩	212. 0	2. 4	5. 250	0. 716800	0. 706331	13. 10	385. 00	0. 110	0. 511700	−16. 73	2292	李洪英等，2011
石家湾	140	sjwb-1	花岗斑岩	149. 0	294. 0	1. 466	0. 710210	0. 707348	3. 50	22. 20	0. 095	0. 511727	−15. 96	2230	赵海杰等，2010
石家湾	140	sjwb-2	花岗斑岩	144. 0	638. 0	0. 653	0. 708990	0. 707715	3. 87	24. 30	0. 096	0. 511788	−14. 79	2135	赵海杰等，2010
木龙沟	145	MLG-01	花岗闪长斑岩	111. 0	1481. 0	0. 217	0. 710242	0. 709802	6. 09	40. 35	0. 091	0. 511596	−18. 38	2430	柯昌辉等，2013
木龙沟	145	MLG-06	花岗闪长斑岩	103. 0	802. 0	0. 372	0. 709526	0. 708774	5. 35	32. 20	0. 100	0. 511597	−18. 53	2441	柯昌辉等，2013
银家沟	148	LY3-4	二长花岗斑岩	266. 0	106. 0	7. 266	0. 722242	0. 707297	4. 27	29. 10	0. 089	0. 511946	−11. 47	1872	李铁刚等，2013
银家沟	148	LY3-5	二长花岗斑岩	305. 0	119. 0	7. 421	0. 723091	0. 707828	6. 10	40. 80	0. 090	0. 511872	−12. 95	1991	李铁刚等，2013
银家沟	148	LY3-10	二长花岗斑岩	288. 0	107. 0	7. 793	0. 723217	0. 707188	4. 97	33. 00	0. 091	0. 511943	−11. 57	1880	李铁刚等，2013
银家沟	148	LY3-11	二长花岗斑岩	310. 0	104. 0	8. 631	0. 726234	0. 708482	5. 69	36. 90	0. 093	0. 511957	−11. 34	1861	李铁刚等，2013
银家沟	148	LY7-1	二长花岗斑岩	249. 0	246. 0	2. 931	0. 714325	0. 708297	4. 13	28. 10	0. 089	0. 511969	−11. 03	1836	李铁刚等，2013
银家沟	148	LY7-4	二长花岗斑岩	240. 0	264. 0	2. 632	0. 713793	0. 708380	4. 36	27. 90	0. 095	0. 511998	−10. 57	1798	李铁刚等，2013
银家沟	148	LY10-8	二长花岗斑岩	299. 0	178. 0	4. 864	0. 718887	0. 708883	4. 24	30. 00	0. 086	0. 511963	−11. 08	1840	李铁刚等，2013
银家沟	148	LY10-10	二长花岗斑岩	355. 0	122. 0	8. 425	0. 726146	0. 708818	3. 89	27. 00	0. 087	0. 511960	−11. 17	1847	李铁刚等，2013
银家沟	148	LY6-1	钾长花岗斑岩	281. 0	241. 0	3. 376	0. 714721	0. 707763	2. 44	14. 30	0. 103	0. 511951	−11. 64	1885	李铁刚等，2013
银家沟	148	LY6-6	钾长花岗斑岩	158. 0	210. 0	2. 179	0. 712258	0. 707767	7. 36	47. 90	0. 093	0. 511996	−10. 57	1799	李铁刚等，2013
银家沟	148	LY6-7	钾长花岗斑岩	263. 0	169. 0	4. 506	0. 716900	0. 707613	3. 08	19. 10	0. 098	0. 511970	−11. 16	1847	李铁刚等，2013
银家沟	148	LY6-8	钾长花岗斑岩	198. 0	193. 0	2. 971	0. 714268	0. 708145	4. 11	23. 60	0. 105	0. 511974	−11. 23	1852	李铁刚等，2013
银家沟	148	LY9-1	钾长花岗斑岩	323. 0	135. 0	6. 928	0. 722795	0. 708517	5. 15	36. 40	0. 086	0. 511962	−11. 09	1842	李铁刚等，2013
银家沟	142	LH1-2	黑云二长花岗斑岩	176. 0	380. 0	1. 341	0. 711775	0. 709120	5. 43	33. 40	0. 098	0. 511813	−14. 32	2097	李铁刚等，2013
银家沟	142	LH1-4	黑云二长花岗斑岩	177. 0	404. 0	1. 269	0. 711179	0. 708666	4. 43	28. 90	0. 093	0. 511773	−14. 99	2153	李铁刚等，2013
火神庙	150	YH-99	花岗斑岩	145. 1	52. 6	8. 176	0. 727177	0. 710075							杨荣勇等，1997
火神庙	150	YH-101	花岗闪长岩	147. 1	507. 9	0. 838	0. 710346	0. 708594	4. 80	31. 50	0. 092	0. 511772	−14. 90	2151	杨荣勇等，1997
火神庙	150	YH-102	二长花岗岩	116. 3	551. 0	0. 611	0. 710040	0. 708763							杨荣勇等，1997
上房沟	150	6231	花岗斑岩	271. 8	37. 6	20. 928	0. 749120	0. 705345							尚瑞均和严阵，1988
上房沟	150	6233	花岗斑岩	284. 8	68. 6	12. 023	0. 732160	0. 707012							尚瑞均和严阵，1988
上房沟	150	6237	花岗斑岩	227. 3	27. 4	24. 053	0. 755320	0. 705009							尚瑞均和严阵，1988

续表

岩体	年龄/Ma	样号	岩性	Rb/10^{-6}	Sr/10^{-6}	$^{87}Rb/^{86}Sr$	$^{87}Sr/^{86}Sr$	I_{Sr}	Sm/10^{-6}	Nd/10^{-6}	$^{147}Sm/^{144}Nd$	$^{143}Nd/^{144}Nd$	$\varepsilon_{Nd}(t)$	T_{DM2}/Ma	资料来源
上房沟	150	6241	花岗斑岩	119. 9	36. 7	15. 788	0. 738970	0. 705946							尚瑞均和严阵，1988
上房沟	150	6242	花岗斑岩	212. 5	66. 2	9. 293	0. 726820	0. 707383							尚瑞均和严阵，1988
上房沟	150	6244	花岗斑岩	256. 1	26. 2	28. 243	0. 761720	0. 702645							尚瑞均和严阵，1988
上房沟	150	6247	花岗斑岩	245. 1	190. 5	3. 725	0. 715030	0. 707239							尚瑞均和严阵，1988
上房沟	150	LS-6	钾长花岗斑岩						1. 21	8. 26	0. 089	0. 511805	-14. 19	2094	Bao et al., 2014
上房沟	150	LS-9	钾长花岗斑岩						0. 69	5. 19	0. 080	0. 511852	-13. 10	2007	Bao et al., 2014
南泥湖	150	6216	二长花岗斑岩	300. 0	132. 4	6. 561	0. 721420	0. 707698							尚瑞均和严阵，1988
南泥湖	150	6225	二长花岗斑岩	296. 4	179. 0	4. 794	0. 715270	0. 705243							尚瑞均和严阵，1988
南泥湖	150	6227	二长花岗斑岩	422. 1	106. 5	11. 472	0. 728680	0. 704684							尚瑞均和严阵，1988
南泥湖	150	6228	二长花岗斑岩	353. 3	118. 2	8. 653	0. 725220	0. 707120							尚瑞均和严阵，1988
南泥湖	150	6229	二长花岗斑岩	455. 5	104. 7	12. 589	0. 732690	0. 706358							尚瑞均和严阵，1988
南泥湖	150	LN-1	花岗斑岩						3. 25	22. 12	0. 089	0. 511775	-14. 78	2142	Bao et al., 2014
南泥湖	150	LN-2	花岗斑岩						1. 03	7. 20	0. 087	0. 511880	-12. 68	1972	Bao et al., 2014
南泥湖	150	LN-3	花岗斑岩						3. 42	24. 34	0. 085	0. 511755	-15. 09	2168	Bao et al., 2014
南泥湖	150	LN-4	花岗斑岩						5. 02	34. 46	0. 088	0. 511738	-15. 48	2199	Bao et al., 2014
东沟	115	07DG-02	花岗斑岩	425. 5	20. 6	58. 320	0. 774046	0. 680545	5. 08	0. 64	0. 080	0. 511661	-17. 35	2323	戴宝章等，2009
东沟	115	07DG-04	花岗斑岩	309. 0	8. 8	99. 580	0. 793793	0. 634143	5. 31	0. 82	0. 100	0. 511820	-14. 54	2094	戴宝章等，2009
东沟	115	07DG-05	花岗斑岩	416. 9	10. 8	108. 980	0. 803554	0. 628834	6. 21	0. 89	0. 090	0. 511782	-15. 14	2143	戴宝章等，2009
东沟	115	07DG-06	花岗斑岩	370. 1	9. 5	110. 060	0. 822858	0. 646406	7. 54	1. 00	0. 080	0. 511822	-14. 21	2068	戴宝章等，2009
太山庙	115	TSM-2	正长花岗岩	161. 0	380. 0	1. 197	0. 710996	0. 709077	4. 20	29. 10	0. 092	0. 511727	-16. 23	2232	Gao et al., 2014
太山庙	115	TSM-20	正长花岗岩	294. 0	39. 1	21. 238	0. 752127	0. 718077	4. 39	24. 50	0. 114	0. 511921	-12. 77	1949	Gao et al., 2014
太山庙	115	TSM-38	正长花岗岩	75. 0	67. 1	3. 157	0. 715564	0. 710502	5. 37	29. 00	0. 118	0. 511897	-13. 30	1991	Gao et al., 2014
太山庙	115	TSM-57	正长花岗岩	161. 0	74. 3	6. 121	0. 719604	0. 709791	2. 37	13. 20	0. 114	0. 512172	-7. 88	1552	Gao et al., 2014
太山庙	115	TSM-1-2	正长花岗岩	200. 0	3. 6				0. 87	7. 58	0. 073	0. 511913	-12. 33	1916	Gao et al., 2014
太山庙	115	TSM-5	正长花岗岩	226. 0	3. 3				0. 98	7. 14	0. 087	0. 512164	-7. 64	1534	Gao et al., 2014
太山庙	115	TSM-7	正长花岗岩	153. 0	5. 7				0. 38	2. 93	0. 082	0. 511947	-11. 80	1873	Gao et al., 2014
太山庙	115	TSM-21	正长花岗岩	197. 0	4. 3				1. 19	6. 01	0. 126	0. 512055	-10. 33	1750	Gao et al., 2014
太山庙	115	TSM-60	正长花岗岩	293. 0	8. 9				3. 97	21. 20	0. 119	0. 511897	-13. 32	1992	Gao et al., 2014
太山庙	115	TSM13	中粗粒钾长花岗岩						8. 44	44. 13	0. 116	0. 511922	-12. 78	1949	齐玥，2014
太山庙	115	TSM14	大斑中细粒钾长花岗岩						4. 23	23. 37	0. 109	0. 511876	-13. 59	2015	齐玥，2014

续表

岩体	年龄/Ma	样号	岩性	Rb/10^{-6}	Sr/10^{-6}	$^{87}Rb/^{86}Sr$	$^{87}Sr/^{86}Sr$	I_{Sr}	Sm/10^{-6}	Nd/10^{-6}	$^{147}Sm/^{144}Nd$	$^{143}Nd/^{144}Nd$	$\varepsilon_{Nd}(t)$	T_{DM2}/Ma	资料来源
太山庙	115	TSM15	细粒似斑状花岗岩						2. 97	15. 31	0. 117	0. 511910	-13. 04	1970	齐玥，2014
太山庙	115	TSM16	大斑中细粒钾长花岗岩						5. 55	27. 47	0. 122	0. 511923	-12. 86	1955	齐玥，2014
太山庙	115	TSM18	中粗粒钾长花岗岩						3. 94	17. 51	0. 136	0. 511926	-13. 00	1964	齐玥，2014
太山庙	115	TSM19	中粗粒钾长花岗岩						8. 80	51. 83	0. 103	0. 511911	-12. 80	1953	齐玥，2014
太山庙	115	LHK1307-1		297. 0	42. 8	20. 134	0. 736652	0. 704372	6. 54	36. 60	0. 160	0. 511956	-12. 76	1939	Wang et al.，2015
太山庙	115	LHK1307-3		220. 0	151. 0	4. 219	0. 715795	0. 709031	7. 04	43. 60	0. 147	0. 511883	-14. 00	2043	Wang et al.，2015
太山庙	115	LHK1307-4		374. 0	23. 5	46. 377	0. 780673	0. 706320	5. 06	27. 80	0. 150	0. 511966	-12. 42	1915	Wang et al.，2015
太山庙	115	LHK1307-51		263. 0	33. 1	23. 073	0. 744899	0. 707908	6. 24	35. 90	0. 179	0. 512007	-12. 05	1872	Wang et al.，2015
老君山	110	Q9308-1	黑云二长花岗岩	209. 8	159. 3	3. 807	0. 711430	0. 705593	5. 41	30. 43	0. 108	0. 512298	-5. 38	1346	张宗清等，2006
老君山	110	Q9308-2	黑云二长花岗岩	213. 5	184. 6	3. 342	0. 711530	0. 706406	4. 26	22. 13	0. 117	0. 512312	-5. 23	1333	张宗清等，2006
老君山	110	Q9308-3	黑云二长花岗岩	320. 6	30. 6	30. 310	0. 755350	0. 708870							张宗清等，2006
老君山	110	Q9308-4	黑云二长花岗岩	204. 0	175. 0	3. 369	0. 710240	0. 705074	5. 16	28. 90	0. 108	0. 512339	-4. 59	1281	张宗清等，2006
老君山	110	Q9308-5	黑云二长花岗岩						4. 97	27. 48	0. 109	0. 512355	-4. 29	1257	张宗清等，2006
老君山	110	Q9308-6	黑云二长花岗岩						5. 01	27. 28	0. 111	0. 512304	-5. 32	1340	张宗清等，2006
老君山	110	Q9308-8	黑云二长花岗岩	273. 7	157. 2	5. 032	0. 714340	0. 706623	6. 98	33. 73	0. 125	0. 512219	-7. 17	1490	张宗清等，2006
老君山	110	Q9308-9	黑云二长花岗岩						8. 51	44. 67	0. 115	0. 512267	-6. 10	1403	张宗清等，2006
老君山	110	Q9309	黑云二长花岗岩						9. 13	43. 88	0. 126	0. 512190	-7. 75	1536	张宗清等，2006
老君山	110	L01		135. 2	193. 6	2. 021	0. 708271	0. 705172	7. 55	40. 10	0. 114	0. 512441	-2. 68	1125	齐玥，2014
老君山	110	L02		149. 9	242. 1	1. 792	0. 707874	0. 705127	8. 01	41. 87	0. 116	0. 512434	-2. 84	1138	齐玥，2014
老君山	110	L03		143. 4	250. 9	1. 654	0. 708080	0. 705544	7. 55	37. 19	0. 123	0. 512400	-3. 61	1200	齐玥，2014
老君山	110	L04		138. 1	279. 5	1. 430	0. 707293	0. 705101	7. 52	40. 15	0. 113	0. 512425	-2. 98	1150	齐玥，2014
老君山	110	L05		154. 6	284. 8	1. 571	0. 707741	0. 705333	7. 23	37. 03	0. 118	0. 512427	-3. 01	1152	齐玥，2014
老君山	110	L07		141. 0	207. 2	1. 970	0. 708924	0. 705904	4. 42	20. 54	0. 130	0. 512290	-5. 85	1383	齐玥，2014
老君山	110	L08		179. 9	162. 5	3. 205	0. 711071	0. 706157	6. 07	32. 86	0. 112	0. 512321	-4. 99	1313	齐玥，2014
老君山	110	L09		175. 0	149. 7	3. 384	0. 712355	0. 707166	5. 96	28. 10	0. 128	0. 512394	-3. 80	1216	齐玥，2014

注：为消除计算过程中所用参数不同带来的影响，本书依据原始数据重新进行了计算，所用参数如下：$(^{143}Nd/^{144}Nd)_{CHUR}=0.512638$，$(^{143}Sm/^{144}Nd)_{CHUR}=0.1967$（Jacobsen and Wasserburg，1980），$(^{143}Nd/^{144}Nd)_{DM}=0.513151$，$(^{143}Sm/^{144}Nd)_{DM}=0.2136$（Liew and Hofmann，1988），$(^{143}Sm/^{144}Nd)_{C}=0.118$（Jahn and Condie，1995），$^{87}Rb$ 衰变常数 $\lambda=1.42\times10^{-11}a^{-1}$（Steiger and Jager，1977），^{147}Sm 衰变常数 $\lambda=6.54\times10^{-12}a^{-1}$（Lugmair and Marti，1978）。附表 3 所引文献参见第 7 章参考文献列表。

附表4　秦岭地区成钼岩体 Pb 同位素组成

岩体	样品号	测试对象	年龄/Ma	$^{208}Pb/^{204}Pb$	$^{207}Pb/^{204}Pb$	$^{206}Pb/^{204}Pb$	参考文献
温泉	WQ66	全岩	220	38.697	15.591	18.481	张宏飞等，2005
温泉	WQ66/1	全岩	220	38.629	15.589	18.521	张宏飞等，2005
温泉	WQ66/3	全岩	220	38.667	15.595	18.498	张宏飞等，2005
温泉	W3-3	长石	220	37.957	15.485	18.067	Zhu et al.，2011
温泉	W8-2	长石	220	38.098	15.529	18.080	Zhu et al.，2011
温泉	W9-2	长石	220	38.278	15.577	18.084	Zhu et al.，2011
温泉	W17-5	长石	220	38.245	15.570	18.077	Zhu et al.，2011
温泉	W25-4	长石	220	38.236	15.564	18.128	Zhu et al.，2011
温泉	W25-5	长石	220	38.142	15.561	18.070	Zhu et al.，2011
胭脂坝	Q9461	长石	200	37.619	15.432	17.737	张宗清等，2006
八里坡	B0001-7	全岩	155	37.722	15.430	17.136	焦建刚等，2010b
八里坡	B0003-9	全岩	155	37.719	15.427	17.046	焦建刚等，2010b
八里坡	B2101-11	全岩	155	37.795	15.440	17.177	焦建刚等，2010b
八里坡	ZK001	全岩	155	37.576	15.388	16.987	李洪英等，2011
八里坡	ZK002	全岩	155	37.464	15.371	16.797	李洪英等，2011
八里坡	ZK003	全岩	155	39.217	15.916	22.230	李洪英等，2011
八里坡	ZK0001-1	全岩	155	37.586	15.393	17.052	李洪英等，2011
金堆城	21	全岩	142	38.049	15.511	18.129	黄典豪等，1984
金堆城	6	长石	142	37.680	15.438	17.536	李英和任崔锁，1990
金堆城	15	全岩	142	38.049	15.511	18.129	李英和任崔锁，1990
金堆城	Q-JD-1	全岩	142	38.090	15.530	17.725	焦建刚等，2010a
金堆城	Q-JD-2	全岩	142	38.099	15.528	17.696	焦建刚等，2010a
金堆城	Q-JD-3	全岩	142	38.109	15.503	17.969	焦建刚等，2010a
金堆城	JD-1	长石	142	37.919	15.471	17.564	焦建刚等，2010a
金堆城	JD-2	长石	142	37.896	15.462	17.594	焦建刚等，2010a
金堆城	JD-3	长石	142	37.876	15.462	17.594	焦建刚等，2010a
金堆城	JD01	长石	142	38.082	15.508	17.872	郭波等，2009
金堆城	JD02	长石	142	38.115	15.528	18.251	郭波等，2009
金堆城	JDC-7	全岩	142	37.976	15.463	17.812	李洪英等，2011
金堆城	JDC-34	全岩	142	38.039	15.462	17.690	李洪英等，2011
金堆城	JDC-36	全岩	142	38.139	15.498	18.026	李洪英等，2011
金堆城	JDC-54a	全岩	142	38.104	15.483	18.079	李洪英等，2011
金堆城	JDC-54b	全岩	142	38.031	15.469	17.946	李洪英等，2011
金堆城	JDC-55	全岩	142	38.109	15.468	17.788	李洪英等，2011
金堆城	JDC-80	全岩	142	37.963	15.458	17.630	李洪英等，2011

续表

岩体	样品号	测试对象	年龄/Ma	$^{208}Pb/^{204}Pb$	$^{207}Pb/^{204}Pb$	$^{206}Pb/^{204}Pb$	参考文献
金堆城	JDC-82	全岩	142	37.856	15.445	17.568	李洪英等，2011
金堆城	JDC-100	全岩	142	37.990	15.469	17.800	李洪英等，2011
金堆城	JDC-101	全岩	142	38.006	15.471	17.908	李洪英等，2011
银家沟	1802-909-K	长石	145	37.870	15.370	17.550	陈岳龙和张本仁，1994
银家沟	6405-150-K	长石	145	37.810	15.460	17.470	陈岳龙和张本仁，1994
银家沟	LY3-4	长石	145	37.960	15.502	17.493	李铁刚等，2013
银家沟	LY3-10	长石	145	37.997	15.472	17.520	李铁刚等，2013
银家沟	LY3-11	长石	145	38.005	15.477	17.514	李铁刚等，2013
银家沟	LY7-4	长石	145	38.007	15.477	17.573	李铁刚等，2013
银家沟	LY10-8	长石	145	37.955	15.469	17.532	李铁刚等，2013
银家沟	LY10-10	长石	145	38.008	15.480	17.591	李铁刚等，2013
银家沟	LY6-1	长石	145	38.024	15.477	17.561	李铁刚等，2013
银家沟	LY6-6	长石	145	38.001	15.483	17.567	李铁刚等，2013
银家沟	LY6-7	长石	145	38.046	15.478	17.599	李铁刚等，2013
银家沟	LY6-8	长石	145	38.090	15.491	17.628	李铁刚等，2013
银家沟	LY9-1	长石	145	38.007	15.477	17.537	李铁刚等，2013
银家沟	LH1-4	长石	145	37.867	15.455	17.376	李铁刚等，2013
南泥湖	3	长石	145	38.509	15.569	17.809	李英和任崔锁，1990
南泥湖	4	长石	145	38.139	15.482	17.894	李英和任崔锁，1990
南泥湖	J-5	长石	145	38.508	15.569	17.806	陈岳龙和张本仁，1994
南泥湖	J-4	长石	145	38.093	15.482	17.894	陈岳龙和张本仁，1994
东沟		全岩	115	38.172	15.461	17.672	付治国等，2006
东沟	RY0907a	全岩	115	38.127	15.488	18.057	Yang L et al., 2013
东沟	RY0907b	全岩	115	38.220	15.514	17.935	Yang L et al., 2013
东沟	RY09-1	全岩	115	38.277	15.513	17.701	Yang L et al., 2013
东沟	RY09-2	全岩	115	38.278	15.512	17.693	Yang L et al., 2013
东沟	RY09-3	全岩	115	38.031	15.447	17.511	Yang L et al., 2013
东沟	RY09-4	全岩	115	38.056	15.429	17.569	Yang L et al., 2013
东沟	RY09-5	全岩	115	38.187	15.495	17.689	Yang L et al., 2013
东沟	RY09-6	全岩	115	38.150	15.465	17.459	Yang L et al., 2013
东沟	RY09-7	全岩	115	38.080	15.473	17.509	Yang L et al., 2013
太山庙		全岩	115	38.084	15.480	17.430	付治国等，2006
老君山	LJ-1	长石	110	37.731	15.430	17.833	张宏飞等，1997
老君山	Q9308	长石	110	37.670	15.405	17.716	张宗清等，2006

注：附表4所引文献参见第7章参考文献列表。

附表 5　秦岭地区成钼岩体锆石 Lu-Hf 同位素组成

岩体	岩性	样号	年龄 /Ma	$^{176}Hf/^{177}Hf$	$^{176}Yb/^{177}Hf$	$^{176}Lu/^{177}Hf$	$\varepsilon_{Hf}(t)$	T_{DM1} /Ma	T_{DM2} /Ma	$f_{Lu/Hf}$	参考文献
温泉	花岗斑岩	W17-4-01	213	0. 282637	0. 031611	0. 000899	−0. 2	868	1259	−0. 97	Zhu et al., 2011
		W17-4-02	226	0. 282541	0. 023167	0. 000668	−3. 3	997	1464	−0. 98	Zhu et al., 2011
		W17-4-03	219	0. 282647	0. 029315	0. 000844	0. 3	853	1232	−0. 97	Zhu et al., 2011
		W17-4-04	218	0. 282693	0. 032322	0. 000957	1. 9	791	1131	−0. 97	Zhu et al., 2011
		W17-4-06	214	0. 282680	0. 049974	0. 001486	1. 2	821	1167	−0. 96	Zhu et al., 2011
		W17-4-07	215	0. 282617	0. 034846	0. 000995	−0. 9	899	1303	−0. 97	Zhu et al., 2011
		W17-4-08	217	0. 282609	0. 029288	0. 000880	−1. 1	907	1319	−0. 97	Zhu et al., 2011
		W17-4-09	214	0. 282564	0. 024003	0. 000726	−2. 8	967	1420	−0. 98	Zhu et al., 2011
		W17-4-10	216	0. 282619	0. 044399	0. 001299	−0. 9	903	1301	−0. 96	Zhu et al., 2011
		W17-4-12	218	0. 282561	0. 023912	0. 000727	−2. 8	971	1425	−0. 98	Zhu et al., 2011
		W17-4-13	218	0. 282622	0. 020972	0. 000641	−0. 6	884	1287	−0. 98	Zhu et al., 2011
		W17-4-14	208	0. 282567	0. 034290	0. 000995	−2. 8	969	1420	−0. 97	Zhu et al., 2011
		W17-4-15	221	0. 282617	0. 031595	0. 000908	−0. 8	897	1299	−0. 97	Zhu et al., 2011
		W17-4-16	217	0. 282650	0. 042029	0. 001212	0. 3	857	1230	−0. 96	Zhu et al., 2011
		W17-4-18	218	0. 282608	0. 029260	0. 000848	−1. 1	908	1320	−0. 97	Zhu et al., 2011
		W17-4-19	220	0. 282598	0. 032218	0. 000917	−1. 5	924	1342	−0. 97	Zhu et al., 2011
		W17-4-20	220	0. 282629	0. 025684	0. 000736	−0. 3	876	1271	−0. 98	Zhu et al., 2011
温泉	二长花岗岩	W23-5-01	207	0. 282618	0. 028600	0. 000798	−1. 0	893	1304	−0. 98	Zhu et al., 2011
		W23-5-02	219	0. 282631	0. 034254	0. 000996	−0. 3	879	1270	−0. 97	Zhu et al., 2011
		W23-5-03	215	0. 282648	0. 036063	0. 001013	0. 2	856	1234	−0. 97	Zhu et al., 2011
		W23-5-04	212	0. 282613	0. 028154	0. 000810	−1. 1	900	1313	−0. 98	Zhu et al., 2011
		W23-5-05	208	0. 282624	0. 011712	0. 000372	−0. 7	875	1286	−0. 99	Zhu et al., 2011
		W23-5-06	210	0. 282598	0. 013534	0. 000438	−1. 6	912	1344	−0. 99	Zhu et al., 2011
		W23-5-07	220	0. 282603	0. 016483	0. 000491	−1. 2	906	1327	−0. 99	Zhu et al., 2011
		W23-5-08	212	0. 282606	0. 038222	0. 001103	−1. 4	917	1331	−0. 97	Zhu et al., 2011
		W23-5-09	214	0. 282572	0. 019871	0. 000595	−2. 5	952	1401	−0. 98	Zhu et al., 2011
		W23-5-10	217	0. 282622	0. 033517	0. 000947	−0. 7	891	1291	−0. 97	Zhu et al., 2011

续表

岩体	岩性	样号	年龄/Ma	$^{176}Hf/^{177}Hf$	$^{176}Yb/^{177}Hf$	$^{176}Lu/^{177}Hf$	$\varepsilon_{Hf}(t)$	T_{DM1}/Ma	T_{DM2}/Ma	$f_{Lu/Hf}$	参考文献
		W23-5-11	219	0. 282618	0. 029956	0. 000869	-0. 8	894	1298	-0. 97	Zhu et al., 2011
		W23-5-12	213	0. 282661	0. 037593	0. 001073	0. 6	839	1207	-0. 97	Zhu et al., 2011
		W23-5-13	219	0. 282558	0. 022343	0. 000657	-2. 9	973	1430	-0. 98	Zhu et al., 2011
		W23-5-14	216	0. 282575	0. 034588	0. 000944	-2. 4	957	1396	-0. 97	Zhu et al., 2011
		W23-5-15	221	0. 282601	0. 041897	0. 001188	-1. 4	926	1337	-0. 96	Zhu et al., 2011
		W23-5-16	219	0. 282595	0. 031092	0. 000882	-1. 6	927	1349	-0. 97	Zhu et al., 2011
		W23-5-17	219	0. 282570	0. 016280	0. 000508	-2. 4	953	1402	-0. 98	Zhu et al., 2011
		W23-5-18	218	0. 282604	0. 016327	0. 000518	-1. 2	906	1326	-0. 98	Zhu et al., 2011
		W23-5-19	219	0. 282617	0. 021236	0. 000637	-0. 8	890	1298	-0. 98	Zhu et al., 2011
		W23-5-20	217	0. 282596	0. 023945	0. 000681	-1. 6	921	1346	-0. 98	Zhu et al., 2011
		W23-5-21	223	0. 282580	0. 021239	0. 000643	-2. 0	942	1378	-0. 98	Zhu et al., 2011
		W23-5-22	220	0. 282575	0. 022772	0. 000658	-2. 2	949	1391	-0. 98	Zhu et al., 2011
		W23-5-23	215	0. 282560	0. 030892	0. 000876	-2. 9	976	1430	-0. 97	Zhu et al., 2011
		W23-5-24	216	0. 282609	0. 030543	0. 000860	-1. 1	907	1320	-0. 97	Zhu et al., 2011
胭脂坝	二长花岗岩	1. 1	216	0. 282554		0. 000583	-3. 1	977	1440	-0. 98	Jiang et al., 2010
		2. 1	212	0. 282603		0. 000790	-1. 4	914	1334	-0. 98	Jiang et al., 2010
		3. 1	194	0. 282556		0. 001428	-3. 6	996	1456	-0. 96	Jiang et al., 2010
		4. 1	205	0. 282651		0. 002835	-0. 2	895	1249	-0. 91	Jiang et al., 2010
		5. 1	228	0. 282749		0. 001482	4. 0	722	1004	-0. 96	Jiang et al., 2010
		6. 1	198	0. 282799		0. 002506	5. 0	669	917	-0. 92	Jiang et al., 2010
		7. 1	211	0. 282665		0. 003185	0. 4	882	1217	-0. 90	Jiang et al., 2010
		8. 1	218	0. 282559		0. 004204	-3. 4	1072	1460	-0. 87	Jiang et al., 2010
		13. 1	195	0. 282550		0. 001153	-3. 7	997	1466	-0. 97	Jiang et al., 2010
梨园堂	二长花岗岩	11LY1-1-01	210	0. 282668	0. 039200	0. 001132	0. 8	830	1193	-0. 97	Xiao et al., 2014
		11LY1-1-02	209	0. 282643	0. 054900	0. 001493	-0. 2	874	1253	-0. 96	Xiao et al., 2014
		11LY1-1-03	213	0. 282669	0. 045800	0. 001344	0. 8	833	1191	-0. 96	Xiao et al., 2014
		11LY1-1-04	215	0. 282652	0. 040800	0. 001461	0. 3	860	1229	-0. 96	Xiao et al., 2014

续表

岩体	岩性	样号	年龄/Ma	$^{176}Hf/^{177}Hf$	$^{176}Yb/^{177}Hf$	$^{176}Lu/^{177}Hf$	$\varepsilon_{Hf}(t)$	T_{DM1}/Ma	T_{DM2}/Ma	$f_{Lu/Hf}$	参考文献
		11LY1-1-05	214	0. 282686	0. 044200	0. 001269	1. 5	807	1152	−0. 96	Xiao et al., 2014
		11LY1-1-06	210	0. 282540	0. 019500	0. 000575	−3. 7	996	1475	−0. 98	Xiao et al., 2014
		11LY1-1-07	214	0. 282653	0. 049700	0. 001397	0. 3	857	1227	−0. 96	Xiao et al., 2014
		11LY1-1-09	211	0. 282530	0. 012800	0. 000381	−4. 0	1005	1495	−0. 99	Xiao et al., 2014
		11LY1-1-10	212	0. 282679	0. 047200	0. 001355	1. 2	819	1169	−0. 96	Xiao et al., 2014
		11LY1-1-11	211	0. 282666	0. 039400	0. 001151	0. 7	833	1197	−0. 97	Xiao et al., 2014
梨园堂	花岗岩	09CL290-3-1	204	0. 282641	0. 123419	0. 003082	−0. 6	916	1274	−0. 91	刘春花等, 2014
		09CL290-3-2	204	0. 282680	0. 208618	0. 004462	0. 6	892	1198	−0. 87	刘春花等, 2014
		09CL290-3-3	204	0. 282685	0. 132848	0. 003014	1. 0	848	1175	−0. 91	刘春花等, 2014
		09CL290-3-4	204	0. 282633	0. 081461	0. 001343	−0. 6	884	1277	−0. 96	刘春花等, 2014
		09CL290-3-5	204	0. 282766	0. 308055	0. 007004	3. 3	819	1027	−0. 79	刘春花等, 2014
		09CL290-3-6	204	0. 282715	0. 120279	0. 002612	2. 1	795	1104	−0. 92	刘春花等, 2014
		09CL290-3-7	204	0. 282733	0. 236184	0. 003977	2. 6	798	1075	−0. 88	刘春花等, 2014
		09CL290-3-8	204	0. 282650	0. 131847	0. 003272	−0. 3	907	1255	−0. 90	刘春花等, 2014
		09CL290-3-9	204	0. 282715	0. 127478	0. 003306	2. 0	810	1110	−0. 90	刘春花等, 2014
		09CL290-3-10	204	0. 282724	0. 141040	0. 003165	2. 4	794	1088	−0. 90	刘春花等, 2014
		09CL290-3-11	204	0. 282732	0. 111050	0. 002877	2. 7	775	1068	−0. 91	刘春花等, 2014
		09CL290-3-12	204	0. 282643	0. 301368	0. 006261	−0. 9	1002	1296	−0. 81	刘春花等, 2014
		09CL290-3-13	204	0. 282806	0. 248109	0. 005519	4. 9	718	924	−0. 83	刘春花等, 2014
		09CL290-3-14	204	0. 282756	0. 180851	0. 004563	3. 3	776	1028	−0. 86	刘春花等, 2014
		09CL290-3-15	204	0. 282795	0. 248348	0. 005988	4. 5	747	953	−0. 82	刘春花等, 2014
冷水沟	花岗闪长斑岩	LSG-10. 01	145	0. 282608	0. 062228	0. 001347	−2. 7	920	1367	−0. 96	吴发富, 2013
		LSG-10. 02	142	0. 282647	0. 049537	0. 001086	−1. 4	859	1280	−0. 97	吴发富, 2013
		LSG-10. 03	144	0. 282632	0. 068390	0. 001500	−1. 9	890	1315	−0. 95	吴发富, 2013
		LSG-10. 04	142	0. 282656	0. 055396	0. 001274	−1. 1	850	1261	−0. 96	吴发富, 2013
		LSG-10. 05	145	0. 282635	0. 059482	0. 001300	−1. 8	881	1306	−0. 96	吴发富, 2013
		LSG-10. 06	146	0. 282721	0. 069398	0. 001524	1. 3	763	1114	−0. 95	吴发富, 2013

续表

岩体	岩性	样号	年龄/Ma	$^{176}Hf/^{177}Hf$	$^{176}Yb/^{177}Hf$	$^{176}Lu/^{177}Hf$	$\varepsilon_{Hf}(t)$	T_{DM1}/Ma	T_{DM2}/Ma	$f_{Lu/Hf}$	参考文献
		LSG-10.07	146	0.282653	0.054608	0.001178	-1.1	852	1265	-0.96	吴发富，2013
		LSG-10.08	145	0.282696	0.043354	0.001009	0.4	788	1168	-0.97	吴发富，2013
		LSG-10.09	144	0.282631	0.030395	0.000721	-1.9	873	1312	-0.98	吴发富，2013
		LSG-10.10	145	0.282647	0.049493	0.001063	-1.3	858	1278	-0.97	吴发富，2013
		LSG-10.11	143	0.282642	0.058450	0.001322	-1.6	871	1292	-0.96	吴发富，2013
		LSG-10.12	144	0.282578	0.046641	0.000960	-3.8	953	1433	-0.97	吴发富，2013
		LSG-10.13	145	0.282724	0.042288	0.000886	1.4	746	1104	-0.97	吴发富，2013
		LSG-10.14	145	0.282613	0.067050	0.001481	-2.6	916	1357	-0.96	吴发富，2013
		LSG-10.15	147	0.282682	0.069865	0.001429	-0.1	817	1200	-0.96	吴发富，2013
		LSG-10.16	144	0.282686	0.064640	0.001396	0.0	810	1193	-0.96	吴发富，2013
		LSG-10.17	143	0.282673	0.061634	0.001346	-0.5	828	1222	-0.96	吴发富，2013
		LSG-10.18	143	0.282696	0.047324	0.001095	0.3	790	1169	-0.97	吴发富，2013
		LSG-10.19	144	0.282604	0.047303	0.001133	-2.9	921	1375	-0.97	吴发富，2013
		LSG-10.20	143	0.282698	0.062707	0.001536	0.4	796	1167	-0.95	吴发富，2013
冷水沟	花岗斑岩	LSG-28.01	142	0.282669	0.055294	0.001214	-0.6	830	1231	-0.96	吴发富，2013
		LSG-28.02	144	0.282644	0.049738	0.001067	-1.5	862	1285	-0.97	吴发富，2013
		LSG-28.03	142	0.282664	0.049964	0.001147	-0.8	836	1242	-0.97	吴发富，2013
		LSG-28.04	143	0.282660	0.044506	0.000950	-0.9	837	1249	-0.97	吴发富，2013
		LSG-28.05	144	0.282747	0.054365	0.001283	2.2	721	1055	-0.96	吴发富，2013
		LSG-28.06	118	0.282609	0.058524	0.001272	-3.3	917	1380	-0.96	吴发富，2013
		LSG-28.07	143	0.282676	0.059197	0.001534	-0.4	828	1217	-0.95	吴发富，2013
		LSG-28.08	165	0.282650	0.060975	0.001348	-0.8	860	1261	-0.96	吴发富，2013
		LSG-28.09	144	0.282698	0.062263	0.001491	0.4	795	1167	-0.96	吴发富，2013
		LSG-28.10	142	0.282685	0.073144	0.001522	-0.1	814	1197	-0.95	吴发富，2013
		LSG-28.11	144	0.282671	0.087898	0.002042	-0.6	846	1231	-0.94	吴发富，2013
		LSG-28.12	146	0.282678	0.070061	0.001630	-0.3	827	1211	-0.95	吴发富，2013
		LSG-28.13	142	0.282591	0.041864	0.001032	-3.4	936	1405	-0.97	吴发富，2013

续表

岩体	岩性	样号	年龄/Ma	$^{176}Hf/^{177}Hf$	$^{176}Yb/^{177}Hf$	$^{176}Lu/^{177}Hf$	$\varepsilon_{Hf}(t)$	T_{DM1}/Ma	T_{DM2}/Ma	$f_{Lu/Hf}$	参考文献
		LSG-28. 14	145	0. 282596	0. 067126	0. 001409	-3. 2	939	1394	-0. 96	吴发富，2013
		LSG-28. 15	143	0. 282650	0. 050897	0. 001149	-1. 3	856	1273	-0. 97	吴发富，2013
		LSG-28. 16	146	0. 282673	0. 048295	0. 001188	-0. 4	824	1220	-0. 96	吴发富，2013
		LSG-28. 17	145	0. 282626	0. 056084	0. 001248	-2. 1	892	1326	-0. 96	吴发富，2013
		LSG-28. 18	151	0. 282641	0. 044726	0. 000999	-1. 4	865	1287	-0. 97	吴发富，2013
		LSG-28. 19	144	0. 282620	0. 057779	0. 001283	-2. 3	901	1340	-0. 96	吴发富，2013
		LSG-28. 20	145	0. 282656	0. 063498	0. 001564	-1. 1	857	1261	-0. 95	吴发富，2013
八里坡	花岗斑岩	ZK0001-2-1	161	0. 281992	0. 042805	0. 001563	-24. 2	1799	2728	-0. 95	Li H Y et al., 2012
		ZK0001-2-2	157	0. 281983	0. 036053	0. 001431	-24. 6	1805	2749	-0. 96	Li H Y et al., 2012
		ZK0001-2-3	156	0. 281458	0. 024846	0. 000740	-43. 1	2490	3896	-0. 98	Li H Y et al., 2012
		ZK0001-2-4	165	0. 281470	0. 019965	0. 000616	-42. 5	2466	3864	-0. 98	Li H Y et al., 2012
		ZK0001-2-5	159	0. 282127	0. 044461	0. 001529	-19. 5	1607	2431	-0. 95	Li H Y et al., 2012
		ZK0001-2-6	159	0. 282018	0. 037593	0. 001644	-23. 4	1766	2672	-0. 95	Li H Y et al., 2012
		ZK0001-2-7	158	0. 281977	0. 034274	0. 001519	-24. 8	1818	2762	-0. 95	Li H Y et al., 2012
		ZK0001-2-8	160	0. 281952	0. 038345	0. 001605	-25. 7	1857	2817	-0. 95	Li H Y et al., 2012
		ZK0001-2-9	160	0. 281803	0. 031982	0. 001354	-30. 9	2052	3143	-0. 96	Li H Y et al., 2012
		ZK0001-2-10	161	0. 281618	0. 033336	0. 001216	-37. 4	2301	3546	-0. 96	Li H Y et al., 2012
		ZK0001-2-11	162	0. 281840	0. 021903	0. 000702	-29. 5	1967	3057	-0. 98	Li H Y et al., 2012
		ZK0001-2-12	163	0. 281911	0. 045928	0. 001889	-27. 1	1929	2907	-0. 94	Li H Y et al., 2012
		ZK0001-2-13	163	0. 281446	0. 013085	0. 000430	-43. 4	2486	3916	-0. 99	Li H Y et al., 2012
		ZK0001-2-14	158	0. 281934	0. 034747	0. 001098	-26. 3	1857	2855	-0. 97	Li H Y et al., 2012
		ZK0001-2-15	159	0. 281766	0. 029121	0. 001047	-32. 2	2087	3223	-0. 97	Li H Y et al., 2012
		ZK0001-2-16	157	0. 282034	0. 040127	0. 001437	-22. 8	1734	2637	-0. 96	Li H Y et al., 2012
		ZK0001-2-17	162	0. 281956	0. 033242	0. 001365	-25. 5	1839	2806	-0. 96	Li H Y et al., 2012
		ZK0001-2-18	159	0. 281882	0. 046909	0. 001816	-28. 2	1966	2973	-0. 95	Li H Y et al., 2012
		ZK0001-2-19	163	0. 281763	0. 049110	0. 001515	-32. 3	2117	3230	-0. 95	Li H Y et al., 2012
		ZK0001-2-20	161	0. 281567	0. 018185	0. 000608	-39. 2	2334	3655	-0. 98	Li H Y et al., 2012

续表

岩体	岩性	样号	年龄 /Ma	$^{176}Hf/^{177}Hf$	$^{176}Yb/^{177}Hf$	$^{176}Lu/^{177}Hf$	$\varepsilon_{Hf}(t)$	T_{DM1} /Ma	T_{DM2} /Ma	$f_{Lu/Hf}$	参考文献
		ZK0001-2-21	157	0. 281962	0. 042224	0. 001410	−25. 4	1833	2795	−0. 96	Li H Y et al., 2012
		ZK0001-2-22	159	0. 281728	0. 003026	0. 001072	−33. 6	2141	3306	−0. 97	Li H Y et al., 2012
		ZK0001-2-23	162	0. 282036	0. 058526	0. 002109	−22. 7	1762	2634	−0. 94	Li H Y et al., 2012
		ZK0001-2-24	161	0. 281945	0. 040346	0. 001383	−25. 9	1856	2830	−0. 96	Li H Y et al., 2012
		ZK0001-2-25	158	0. 281951	0. 043409	0. 001582	−25. 7	1857	2820	−0. 95	Li H Y et al., 2012
		ZK0001-2-26	159	0. 282031	0. 048958	0. 001998	−22. 9	1764	2646	−0. 94	Li H Y et al., 2012
		ZK0001-2-27	156	0. 281713	0. 031042	0. 001189	−34. 2	2168	3342	−0. 96	Li H Y et al., 2012
		ZK0001-2-28	162	0. 281893	0. 039661	0. 001489	−27. 7	1934	2945	−0. 96	Li H Y et al., 2012
金堆城	花岗斑岩	JD23-01	137	0. 282229	0. 029815	0. 000799	−16. 3	1435	2214	−0. 98	Zhu et al., 2010
		JD23-03	143	0. 282303	0. 011245	0. 000320	−13. 5	1316	2043	−0. 99	Zhu et al., 2010
		JD23-04	143	0. 282250	0. 024938	0. 000700	−15. 4	1402	2163	−0. 98	Zhu et al., 2010
		JD23-05	143	0. 282393	0. 058262	0. 001612	−10. 4	1233	1850	−0. 95	Zhu et al., 2010
		JD23-06	137	0. 282120	0. 028323	0. 000757	−20. 1	1584	2455	−0. 98	Zhu et al., 2010
		JD23-07	134	0. 282241	0. 010165	0. 000287	−15. 9	1400	2186	−0. 99	Zhu et al., 2010
		JD23-08	141	0. 282210	0. 034633	0. 001010	−16. 9	1469	2255	−0. 97	Zhu et al., 2010
		JD23-09	146	0. 282363	0. 066116	0. 001846	−11. 4	1284	1916	−0. 94	Zhu et al., 2010
		JD23-10	138	0. 282020	0. 039200	0. 001074	−23. 7	1737	2677	−0. 97	Zhu et al., 2010
		JD23-11	145	0. 282021	0. 051085	0. 001369	−23. 5	1749	2672	−0. 96	Zhu et al., 2010
		JD23-12	140	0. 282264	0. 038054	0. 001078	−15. 0	1397	2136	−0. 97	Zhu et al., 2010
		JD23-13	138	0. 282212	0. 029692	0. 000865	−16. 9	1461	2251	−0. 97	Zhu et al., 2010
		JD23-14	141	0. 282247	0. 010856	0. 000293	−15. 5	1392	2169	−0. 99	Zhu et al., 2010
		JD23-15	139	0. 282325	0. 012886	0. 000347	−12. 8	1286	1997	−0. 99	Zhu et al., 2010
		JD23-16	138	0. 282266	0. 023317	0. 000607	−14. 9	1377	2130	−0. 98	Zhu et al., 2010
		JD23-17	141	0. 282224	0. 028287	0. 000763	−16. 4	1441	2222	−0. 98	Zhu et al., 2010
		JD23-18	148	0. 282240	0. 023573	0. 000618	−15. 6	1413	2182	−0. 98	Zhu et al., 2010
		JD23-19	137	0. 282425	0. 017817	0. 000457	−9. 3	1152	1776	−0. 99	Zhu et al., 2010
		JD23-20	139	0. 282436	0. 014773	0. 000385	−8. 9	1135	1750	−0. 99	Zhu et al., 2010

续表

岩体	岩性	样号	年龄/Ma	$^{176}Hf/^{177}Hf$	$^{176}Yb/^{177}Hf$	$^{176}Lu/^{177}Hf$	$\varepsilon_{Hf}(t)$	T_{DM1}/Ma	T_{DM2}/Ma	$f_{Lu/Hf}$	参考文献
		JD23-21	144	0. 282265	0. 023628	0. 000620	−14. 8	1379	2129	−0. 98	Zhu et al., 2010
		JD23-23	144	0. 282351	0. 068784	0. 001862	−11. 9	1302	1944	−0. 94	Zhu et al., 2010
		JD23-24	148	0. 282377	0. 063749	0. 001685	−10. 9	1259	1883	−0. 95	Zhu et al., 2010
		JD23-26	137	0. 282374	0. 023394	0. 000605	−11. 1	1227	1890	−0. 98	Zhu et al., 2010
		JD23-27	144	0. 282224	0. 043058	0. 001336	−16. 4	1463	2224	−0. 96	Zhu et al., 2010
		JD23-28	146	0. 282209	0. 027265	0. 000734	−16. 8	1460	2252	−0. 98	Zhu et al., 2010
		JD23-30	144	0. 282217	0. 016539	0. 000444	−16. 5	1438	2234	−0. 99	Zhu et al., 2010
金堆城	花岗斑岩	JDC-34-1	140	0. 282310	0. 056966	0. 000812	−13. 3	1323	2032	−0. 98	Li H Y et al., 2012
		JDC-34-2	137	0. 282228	0. 066791	0. 000977	−16. 3	1443	2217	−0. 97	Li H Y et al., 2012
		JDC-34-3	144	0. 282418	0. 191620	0. 001458	−9. 5	1193	1793	−0. 96	Li H Y et al., 2012
		JDC-34-4	140	0. 282384	0. 097356	0. 001447	−10. 8	1241	1871	−0. 96	Li H Y et al., 2012
		JDC-34-5	142	0. 282258	0. 076902	0. 001385	−15. 2	1417	2149	−0. 96	Li H Y et al., 2012
		JDC-34-6	139	0. 282492	0. 184184	0. 001367	−7. 0	1085	1630	−0. 96	Li H Y et al., 2012
		JDC-34-7	143	0. 282335	0. 113026	0. 002069	−12. 5	1332	1982	−0. 94	Li H Y et al., 2012
		JDC-34-8	139	0. 282161	0. 059738	0. 000969	−18. 7	1536	2364	−0. 97	Li H Y et al., 2012
		JDC-34-9	148	0. 281705	0. 071196	0. 001081	−34. 6	2173	3363	−0. 97	Li H Y et al., 2012
		JDC-34-10	138	0. 282231	0. 065146	0. 000977	−16. 2	1439	2210	−0. 97	Li H Y et al., 2012
		JDC-34-11	137	0. 282008	0. 091982	0. 001183	−24. 1	1758	2704	−0. 96	Li H Y et al., 2012
		JDC-34-12	141	0. 282278	0. 108337	0. 002046	−14. 6	1413	2109	−0. 94	Li H Y et al., 2012
		JDC-34-13	143	0. 282352	0. 127229	0. 001685	−11. 9	1294	1942	−0. 95	Li H Y et al., 2012
		JDC-34-14	142	0. 282273	0. 108658	0. 001348	−14. 7	1394	2116	−0. 96	Li H Y et al., 2012
		JDC-34-15	139	0. 282041	0. 086821	0. 001583	−23. 0	1731	2632	−0. 95	Li H Y et al., 2012
		JDC-34-16	142	0. 282061	0. 100448	0. 001482	−22. 2	1698	2586	−0. 96	Li H Y et al., 2012
		JDC-34-17	138	0. 281990	0. 064692	0. 000921	−24. 7	1771	2742	−0. 97	Li H Y et al., 2012
		JDC-34-18	143	0. 282019	0. 070888	0. 000911	−23. 6	1731	2675	−0. 97	Li H Y et al., 2012
		JDC-34-19	142	0. 282100	0. 047817	0. 000607	−20. 7	1606	2495	−0. 98	Li H Y et al., 2012
		JDC-34-20	141	0. 282034	0. 067751	0. 000880	−23. 1	1708	2643	−0. 97	Li H Y et al., 2012

续表

岩体	岩性	样号	年龄/Ma	$^{176}Hf/^{177}Hf$	$^{176}Yb/^{177}Hf$	$^{176}Lu/^{177}Hf$	$\varepsilon_{Hf}(t)$	T_{DM1}/Ma	T_{DM2}/Ma	$f_{Lu/Hf}$	参考文献
石家湾	花岗斑岩	sj1-1	141	0.282056	0.040662	0.001040	−22.3	1685	2595	−0.97	赵海杰等，2010
		sj1-2	142	0.282243	0.044906	0.001322	−15.7	1435	2182	−0.96	赵海杰等，2010
		sj1-3	140	0.282277	0.055484	0.001494	−14.6	1394	2109	−0.96	赵海杰等，2010
		sj1-4	144	0.282068	0.041225	0.001238	−21.9	1677	2568	−0.96	赵海杰等，2010
		sj1-5	141	0.282312	0.040489	0.001088	−13.3	1330	2028	−0.97	赵海杰等，2010
		sj1-6	144	0.282189	0.034336	0.000823	−17.6	1491	2299	−0.98	赵海杰等，2010
		sj1-7	140	0.282083	0.053077	0.001663	−21.4	1675	2539	−0.95	赵海杰等，2010
		sj1-8	143	0.282111	0.049399	0.001284	−20.4	1619	2474	−0.96	赵海杰等，2010
		sj1-9	139	0.282228	0.041870	0.001340	−16.3	1457	2217	−0.96	赵海杰等，2010
		sj1-10	143	0.282223	0.043934	0.001352	−16.4	1465	2227	−0.96	赵海杰等，2010
		sj1-12	141	0.282268	0.043093	0.001315	−14.9	1400	2128	−0.96	赵海杰等，2010
		sj1-14	141	0.282135	0.040145	0.001237	−19.5	1583	2422	−0.96	赵海杰等，2010
		sj1-15	140	0.282126	0.050086	0.001610	−19.9	1612	2444	−0.95	赵海杰等，2010
		sj1-16	141	0.282238	0.035409	0.001022	−15.9	1431	2193	−0.97	赵海杰等，2010
		sj1-17	146	0.282151	0.044476	0.001434	−18.9	1569	2385	−0.96	赵海杰等，2010
		sj1-18	142	0.282085	0.024591	0.000623	−21.3	1627	2529	−0.98	赵海杰等，2010
		sj1-19	141	0.282263	0.038669	0.000933	−15.0	1393	2136	−0.97	赵海杰等，2010
木龙沟	花岗闪长斑岩	MLG-06-1	150	0.281922	0.081462	0.001612	−26.9	1899	2889	−0.95	柯昌辉等，2013
		MLG-06-2	151	0.281977	0.098426	0.001810	−25.0	1832	2768	−0.95	柯昌辉等，2013
		MLG-06-3	150	0.281997	0.064882	0.001235	−24.2	1776	2721	−0.96	柯昌辉等，2013
		MLG-06-4	151	0.281993	0.070150	0.001400	−24.4	1789	2731	−0.96	柯昌辉等，2013
		MLG-06-5	151	0.281975	0.068214	0.001225	−25.0	1806	2769	−0.96	柯昌辉等，2013
		MLG-06-6	151	0.281984	0.074326	0.001523	−24.7	1808	2751	−0.95	柯昌辉等，2013
		MLG-06-7	152	0.281886	0.086749	0.001725	−28.2	1956	2967	−0.95	柯昌辉等，2013
		MLG-06-8	151	0.281946	0.066457	0.001346	−26.0	1853	2834	−0.96	柯昌辉等，2013
		MLG-06-9	151	0.281931	0.066863	0.001371	−26.6	1875	2867	−0.96	柯昌辉等，2013
		MLG-06-10	150	0.281921	0.097816	0.001807	−27.0	1911	2892	−0.95	柯昌辉等，2013

续表

岩体	岩性	样号	年龄/Ma	$^{176}Hf/^{177}Hf$	$^{176}Yb/^{177}Hf$	$^{176}Lu/^{177}Hf$	$\varepsilon_{Hf}(t)$	T_{DM1}/Ma	T_{DM2}/Ma	$f_{Lu/Hf}$	参考文献
		MLG-06-11	149	0. 281835	0. 055960	0. 001099	-30. 0	1994	3078	-0. 97	柯昌辉等，2013
		MLG-06-12	151	0. 282006	0. 100473	0. 001803	-24. 0	1790	2704	-0. 95	柯昌辉等，2013
		MLG-06-13	150	0. 281928	0. 072240	0. 001423	-26. 7	1882	2874	-0. 96	柯昌辉等，2013
		MLG-06-14	151	0. 281951	0. 091145	0. 001659	-25. 9	1861	2824	-0. 95	柯昌辉等，2013
		MLG-06-15	152	0. 281918	0. 082664	0. 001559	-27. 0	1902	2896	-0. 95	柯昌辉等，2013
		MLG-06-16	152	0. 281897	0. 089155	0. 001571	-27. 8	1932	2942	-0. 95	柯昌辉等，2013
		MLG-06-17	151	0. 281926	0. 085172	0. 001548	-26. 8	1891	2879	-0. 95	柯昌辉等，2013
		MLG-06-18	150	0. 281928	0. 087598	0. 001531	-26. 7	1887	2875	-0. 95	柯昌辉等，2013
		MLG-06-19	151	0. 281935	0. 084323	0. 001428	-26. 4	1872	2858	-0. 96	柯昌辉等，2013
		MLG-06-20	152	0. 281939	0. 078800	0. 001368	-26. 3	1863	2849	-0. 96	柯昌辉等，2013
火神庙	石英闪长岩	B34-HSM-1	151	0. 282164	0. 018591	0. 000844	-18. 3	1527	2350	-0. 97	王赛等，2016
		B34-HSM-2	151	0. 282200	0. 020692	0. 000938	-17. 0	1481	2271	-0. 97	王赛等，2016
		B34-HSM-3	151	0. 282208	0. 024327	0. 001090	-16. 8	1475	2254	-0. 97	王赛等，2016
		B34-HSM-4	149	0. 282199	0. 019685	0. 000886	-17. 1	1480	2273	-0. 97	王赛等，2016
		B34-HSM-5	151	0. 282239	0. 024672	0. 001110	-15. 7	1433	2185	-0. 97	王赛等，2016
		B34-HSM-6	151	0. 282240	0. 021276	0. 000977	-15. 6	1426	2182	-0. 97	王赛等，2016
		B34-HSM-7	150	0. 282208	0. 024471	0. 001076	-16. 8	1475	2254	-0. 97	王赛等，2016
		B34-HSM-8	150	0. 282222	0. 017605	0. 000783	-16. 2	1444	2221	-0. 98	王赛等，2016
		B34-HSM-9	150	0. 282186	0. 024608	0. 001104	-17. 5	1507	2303	-0. 97	王赛等，2016
		B34-HSM-10	150	0. 282127	0. 014042	0. 000641	-19. 6	1570	2431	-0. 98	王赛等，2016
		B34-HSM-11	150	0. 282238	0. 018052	0. 000807	-15. 7	1423	2186	-0. 98	王赛等，2016
		B34-HSM-12	150	0. 282225	0. 021176	0. 000970	-16. 2	1447	2216	-0. 97	王赛等，2016
		B34-HSM-13	150	0. 282203	0. 022847	0. 001042	-16. 9	1480	2265	-0. 97	王赛等，2016
		B34-HSM-14	151	0. 282262	0. 021699	0. 000963	-14. 8	1395	2133	-0. 97	王赛等，2016
		B34-HSM-15	150	0. 282189	0. 030340	0. 001324	-17. 5	1511	2298	-0. 96	王赛等，2016
		B34-HSM-16	151	0. 282198	0. 028744	0. 001169	-17. 1	1492	2276	-0. 96	王赛等，2016
		B34-HSM-17	151	0. 282152	0. 017027	0. 000727	-18. 7	1539	2376	-0. 98	王赛等，2016

续表

岩体	岩性	样号	年龄/Ma	$^{176}Hf/^{177}Hf$	$^{176}Yb/^{177}Hf$	$^{176}Lu/^{177}Hf$	$\varepsilon_{Hf}(t)$	T_{DM1}/Ma	T_{DM2}/Ma	$f_{Lu/Hf}$	参考文献
		B34-HSM-18	149	0.282233	0.020268	0.000897	-15.9	1433	2198	-0.97	王赛等，2016
		B34-HSM-19	149	0.282198	0.020957	0.000929	-17.1	1483	2276	-0.97	王赛等，2016
		B34-HSM-20	151	0.282193	0.017157	0.000768	-17.3	1484	2285	-0.98	王赛等，2016
火神庙	二长花岗岩	B64/HSM-2	146	0.282215	0.062678	0.001776	-16.7	1493	2245	-0.95	王赛等，2016
		B64/HSM-3	146	0.282147	0.086674	0.002499	-19.1	1621	2399	-0.92	王赛等，2016
		B64/HSM-4	146	0.282005	0.086041	0.002449	-24.2	1823	2712	-0.93	王赛等，2016
		B64/HSM-5	146	0.282129	0.075861	0.002098	-19.7	1629	2437	-0.94	王赛等，2016
		B64/HSM-6	146	0.282071	0.068784	0.001907	-21.8	1703	2564	-0.94	王赛等，2016
		B64/HSM-9	147	0.282079	0.078074	0.002465	-21.5	1718	2549	-0.93	王赛等，2016
		B64/HSM-10	146	0.282142	0.081658	0.002413	-19.3	1624	2410	-0.93	王赛等，2016
		B64/HSM-11	146	0.282068	0.103577	0.002919	-22.0	1755	2576	-0.91	王赛等，2016
		B64/HSM-12	146	0.282132	0.093207	0.002458	-19.7	1641	2432	-0.93	王赛等，2016
		B64/HSM-13	146	0.282132	0.082043	0.002161	-19.6	1627	2431	-0.93	王赛等，2016
		B64/HSM-15	146	0.282053	0.077833	0.002103	-22.4	1738	2605	-0.94	王赛等，2016
		B64/HSM-16	146	0.282044	0.086980	0.002270	-22.8	1759	2626	-0.93	王赛等，2016
		B64/HSM-18	146	0.282046	0.070262	0.001851	-22.7	1736	2619	-0.94	王赛等，2016
		B64/HSM-19	146	0.282169	0.082071	0.002452	-18.4	1587	2350	-0.93	王赛等，2016
		B64/HSM-20	146	0.282184	0.106288	0.002679	-17.9	1575	2318	-0.92	王赛等，2016
		B64/HSM-21	146	0.282086	0.080087	0.002110	-21.3	1691	2532	-0.94	王赛等，2016
		B64/HSM-22	146	0.282127	0.059791	0.001771	-19.8	1617	2440	-0.95	王赛等，2016
		B64/HSM-23	146	0.282068	0.071882	0.001942	-21.9	1709	2571	-0.94	王赛等，2016
		B64/HSM-24	146	0.282101	0.073187	0.001883	-20.7	1659	2498	-0.94	王赛等，2016
火神庙	花岗斑岩	B33HSM-1	144	0.282063	0.059567	0.002304	-22.1	1733	2585	-0.93	王赛等，2016
		B33HSM-2	146	0.282027	0.051845	0.002094	-23.4	1775	2662	-0.94	王赛等，2016
		B33HSM-3	143	0.282110	0.087118	0.003313	-20.6	1713	2487	-0.90	王赛等，2016
		B33HSM-4	144	0.281986	0.057238	0.002296	-24.9	1843	2755	-0.93	王赛等，2016
		B33HSM-5	143	0.282005	0.047320	0.001895	-24.2	1796	2711	-0.94	王赛等，2016

续表

岩体	岩性	样号	年龄/Ma	$^{176}Hf/^{177}Hf$	$^{176}Yb/^{177}Hf$	$^{176}Lu/^{177}Hf$	$\varepsilon_{Hf}(t)$	T_{DM1}/Ma	T_{DM2}/Ma	$f_{Lu/Hf}$	参考文献
		B33HSM-6	144	0. 282012	0. 055502	0. 002218	-23. 9	1802	2697	-0. 93	王赛等，2016
		B33HSM-7	145	0. 282026	0. 050196	0. 002038	-23. 4	1773	2664	-0. 94	王赛等，2016
		B33HSM-8	146	0. 282156	0. 045996	0. 001832	-18. 8	1579	2376	-0. 94	王赛等，2016
		B33HSM-9	144	0. 281782	0. 013993	0. 000564	-31. 9	2039	3194	-0. 98	王赛等，2016
		B33HSM-10	145	0. 282014	0. 050278	0. 002057	-23. 8	1791	2691	-0. 94	王赛等，2016
		B33HSM-11	146	0. 282112	0. 064744	0. 002488	-20. 4	1671	2477	-0. 93	王赛等，2016
		B33HSM-12	146	0. 282032	0. 082368	0. 003161	-23. 3	1820	2657	-0. 90	王赛等，2016
		B33HSM-13	146	0. 282080	0. 043282	0. 001750	-21. 4	1683	2543	-0. 95	王赛等，2016
		B33HSM-14	146	0. 282102	0. 056086	0. 002168	-20. 7	1671	2497	-0. 93	王赛等，2016
		B33HSM-15	146	0. 282026	0. 047132	0. 001883	-23. 4	1766	2663	-0. 94	王赛等，2016
		B33HSM-16	146	0. 282093	0. 041251	0. 001646	-21. 0	1660	2514	-0. 95	王赛等，2016
		B33HSM-17	147	0. 282018	0. 053522	0. 002131	-23. 7	1789	2682	-0. 94	王赛等，2016
		B33HSM-18	145	0. 282022	0. 049323	0. 001949	-23. 5	1775	2673	-0. 94	王赛等，2016
		B33HSM-19	145	0. 282027	0. 064493	0. 002550	-23. 4	1797	2665	-0. 92	王赛等，2016
		B33HSM-20	146	0. 282082	0. 040575	0. 001599	-21. 4	1674	2538	-0. 95	王赛等，2016
南泥湖	花岗斑岩	LN-3-1	151	0. 281964	0. 022378	0. 001007	-25. 4	1811	2792	-0. 97	Bao et al.，2014
		LN-3-2	148	0. 282081	0. 031203	0. 001285	-21. 3	1661	2537	-0. 96	Bao et al.，2014
		LN-3-3	149	0. 281861	0. 031749	0. 001387	-29. 1	1973	3022	-0. 96	Bao et al.，2014
		LN-3-4	150	0. 282209	0. 015746	0. 000655	-16. 7	1457	2249	-0. 98	Bao et al.，2014
		LN-3-5	151	0. 282101	0. 031795	0. 001650	-20. 6	1649	2494	-0. 95	Bao et al.，2014
		LN-3-6	149	0. 282133	0. 037763	0. 001588	-19. 5	1601	2424	-0. 95	Bao et al.，2014
		LN-3-7	150	0. 282206	0. 023955	0. 001104	-16. 8	1479	2259	-0. 97	Bao et al.，2014
		LN-3-8	150	0. 282100	0. 032958	0. 001407	-20. 6	1640	2495	-0. 96	Bao et al.，2014
		LN-3-9	139	0. 281958	0. 023107	0. 001167	-25. 9	1827	2813	-0. 96	Bao et al.，2014
		LN-3-10	150	0. 282327	0. 021701	0. 001073	-12. 6	1308	1990	-0. 97	Bao et al.，2014
鱼池岭	二长花岗斑岩	YCL0722 01	133	0. 282328	0. 052465	0. 002220	-13. 0	1347	2003	-0. 93	Li et al.，2012a
		YCL0722 02	131	0. 282118	0. 019064	0. 000894	-20. 3	1592	2463	-0. 97	Li et al.，2012a

续表

岩体	岩性	样号	年龄/Ma	$^{176}Hf/^{177}Hf$	$^{176}Yb/^{177}Hf$	$^{176}Lu/^{177}Hf$	$\varepsilon_{Hf}(t)$	T_{DM1}/Ma	T_{DM2}/Ma	$f_{Lu/Hf}$	参考文献
		YCL0722 03	134	0. 282441	0. 016166	0. 000734	-8. 8	1138	1743	-0. 98	Li et al., 2012a
		YCL0722 04	135	0. 282106	0. 024401	0. 001109	-20. 7	1618	2488	-0. 97	Li et al., 2012a
		YCL0722 05	134	0. 282353	0. 015121	0. 000736	-11. 9	1260	1939	-0. 98	Li et al., 2012a
		YCL0722 06	136	0. 282365	0. 014921	0. 000691	-11. 5	1242	1911	-0. 98	Li et al., 2012a
		YCL0722 07	136	0. 282111	0. 029698	0. 001223	-20. 5	1616	2478	-0. 96	Li et al., 2012a
		YCL0722 08	136	0. 281908	0. 019341	0. 000944	-27. 7	1886	2924	-0. 97	Li et al., 2012a
		YCL0722 09	133	0. 282168	0. 012825	0. 000607	-18. 5	1512	2351	-0. 98	Li et al., 2012a
		YCL0722 10	135	0. 282100	0. 012784	0. 000561	-20. 9	1604	2500	-0. 98	Li et al., 2012a
		YCL0722 11	136	0. 282280	0. 011600	0. 000443	-14. 5	1352	2099	-0. 99	Li et al., 2012a
		YCL0722 12	139	0. 282064	0. 028569	0. 001201	-22. 1	1681	2580	-0. 96	Li et al., 2012a
鱼池岭	花岗斑岩	YCL-2-01	135	0. 282284	0. 056775	0. 001181	-14. 4	1372	2095	-0. 96	程知言等, 2013
		YCL-2-02	135	0. 281625	0. 051570	0. 001058	-37. 7	2282	3546	-0. 97	程知言等, 2013
		YCL-2-03	135	0. 282076	0. 085689	0. 002147	-21. 8	1707	2560	-0. 94	程知言等, 2013
		YCL-2-04	135	0. 282066	0. 106405	0. 002238	-22. 2	1726	2583	-0. 93	程知言等, 2013
		YCL-2-05	135	0. 281904	0. 045977	0. 001074	-27. 8	1897	2934	-0. 97	程知言等, 2013
		YCL-2-06	135	0. 282401	0. 052249	0. 001016	-10. 2	1203	1833	-0. 97	程知言等, 2013
		YCL-2-07	135	0. 282030	0. 045612	0. 001032	-23. 4	1721	2656	-0. 97	程知言等, 2013
		YCL-2-08	135	0. 282381	0. 118587	0. 002217	-11. 1	1271	1884	-0. 93	程知言等, 2013
		YCL-2-09	135	0. 281425	0. 045486	0. 000833	-44. 8	2541	3980	-0. 97	程知言等, 2013
		YCL-2-10	135	0. 282305	0. 083716	0. 001716	-13. 7	1362	2051	-0. 95	程知言等, 2013
		YCL-2-11	135	0. 282363	0. 057988	0. 001370	-11. 6	1268	1920	-0. 96	程知言等, 2013
		YCL-2-12	135	0. 282331	0. 049267	0. 001065	-12. 7	1302	1990	-0. 97	程知言等, 2013
		YCL-2-13	135	0. 282420	0. 048638	0. 000989	-9. 6	1175	1791	-0. 97	程知言等, 2013
		YCL-2-14	135	0. 282181	0. 028652	0. 000652	-18. 0	1496	2320	-0. 98	程知言等, 2013
		YCL-2-15	135	0. 282272	0. 127066	0. 002415	-14. 9	1436	2128	-0. 93	程知言等, 2013
		YCL-2-16	135	0. 281364	0. 040944	0. 000710	-46. 9	2615	4113	-0. 98	程知言等, 2013
		YCL-2-17	135	0. 282223	0. 199552	0. 003739	-16. 8	1564	2243	-0. 89	程知言等, 2013

续表

岩体	岩性	样号	年龄/Ma	$^{176}Hf/^{177}Hf$	$^{176}Yb/^{177}Hf$	$^{176}Lu/^{177}Hf$	$\varepsilon_{Hf}(t)$	T_{DM1}/Ma	T_{DM2}/Ma	$f_{Lu/Hf}$	参考文献
		YCL-2-18	135	0. 281746	0. 105435	0. 001752	-33. 5	2154	3284	-0. 95	程知言等，2013
东沟	花岗斑岩	DG2-01	113	0. 282178	0. 057666	0. 002226	-18. 7	1564	2347	-0. 93	戴宝章等，2009
		DG2-02	112	0. 282242	0. 021386	0. 000840	-16. 4	1418	2200	-0. 97	戴宝章等，2009
		DG2-03	113	0. 282286	0. 021499	0. 000853	-14. 8	1358	2102	-0. 97	戴宝章等，2009
		DG2-04	112	0. 282238	0. 022430	0. 001020	-16. 5	1431	2210	-0. 97	戴宝章等，2009
		DG2-05	112	0. 282261	0. 035489	0. 001526	-15. 7	1418	2161	-0. 95	戴宝章等，2009
		DG2-07	115	0. 282337	0. 052013	0. 002064	-13. 0	1329	1992	-0. 94	戴宝章等，2009
		DG2-08	112	0. 282299	0. 062498	0. 003012	-14. 5	1420	2082	-0. 91	戴宝章等，2009
		DG2-10	113	0. 282301	0. 032425	0. 001421	-14. 3	1357	2071	-0. 96	戴宝章等，2009
		DG2-11	115	0. 282297	0. 027546	0. 001062	-14. 4	1350	2077	-0. 97	戴宝章等，2009
		DG2-12	114	0. 282301	0. 052011	0. 002297	-14. 3	1390	2074	-0. 93	戴宝章等，2009
		DG2-13	116	0. 282341	0. 023714	0. 001051	-12. 8	1288	1979	-0. 97	戴宝章等，2009
		DG2-14	116	0. 282258	0. 045666	0. 001789	-15. 8	1432	2166	-0. 95	戴宝章等，2009
		DG2-15	116	0. 282245	0. 030133	0. 001307	-16. 2	1432	2193	-0. 96	戴宝章等，2009
		DG2-17	114	0. 282200	0. 116427	0. 005528	-18. 1	1684	2311	-0. 83	戴宝章等，2009
		DG2-19	115	0. 282337	0. 045689	0. 002182	-13. 0	1333	1993	-0. 93	戴宝章等，2009
		DG5-01	119	0. 282241	0. 061958	0. 002778	-16. 4	1496	2207	-0. 92	戴宝章等，2009
		DG5-02	115	0. 282268	0. 075443	0. 003246	-15. 6	1476	2151	-0. 90	戴宝章等，2009
		DG5-04-1	115	0. 282434	0. 096931	0. 004660	-9. 8	1280	1788	-0. 86	戴宝章等，2009
		DG5-04-2	117	0. 282340	0. 077755	0. 003550	-13. 0	1381	1991	-0. 89	戴宝章等，2009
		DG5-05	119	0. 282275	0. 022172	0. 000977	-15. 0	1378	2123	-0. 97	戴宝章等，2009
		DG5-06	117	0. 282292	0. 044923	0. 001685	-14. 5	1380	2090	-0. 95	戴宝章等，2009
		DG5-07	116	0. 282293	0. 081347	0. 003737	-14. 7	1459	2097	-0. 89	戴宝章等，2009
		DG5-08-1	117	0. 282320	0. 031364	0. 001182	-13. 5	1322	2025	-0. 96	戴宝章等，2009
		DG5-08-2	117	0. 282608	0. 035178	0. 001323	-3. 3	920	1383	-0. 96	戴宝章等，2009
		DG5-09	117	0. 282243	0. 029385	0. 001109	-16. 2	1427	2196	-0. 97	戴宝章等，2009
		DG5-11	119	0. 282260	0. 057412	0. 002389	-15. 7	1453	2163	-0. 93	戴宝章等，2009

续表

岩体	岩性	样号	年龄/Ma	$^{176}Hf/^{177}Hf$	$^{176}Yb/^{177}Hf$	$^{176}Lu/^{177}Hf$	$\varepsilon_{Hf}(t)$	T_{DM1}/Ma	T_{DM2}/Ma	$f_{Lu/Hf}$	参考文献
		DG5-14	119	0. 282236	0. 053359	0. 002426	-16. 5	1489	2216	-0. 93	戴宝章等，2009
		DG5-15	117	0. 282298	0. 079321	0. 003042	-14. 4	1423	2082	-0. 91	戴宝章等，2009
		DG5-16	116	0. 282314	0. 051382	0. 002307	-13. 8	1371	2044	-0. 93	戴宝章等，2009
		DG5-17	115	0. 282275	0. 040982	0. 001604	-15. 2	1401	2128	-0. 95	戴宝章等，2009
		DG5-19	116	0. 282344	0. 053845	0. 002171	-12. 8	1323	1977	-0. 93	戴宝章等，2009
		DG5-20	118	0. 282290	0. 072210	0. 002754	-14. 7	1423	2098	-0. 92	戴宝章等，2009
东沟	花岗斑岩	DG0908 1	118	0. 282371	0. 151992	0. 003411	-11. 9	1329	1921	-0. 90	Yang L et al.，2013
		2	118	0. 282291	0. 060098	0. 001257	-14. 5	1365	2089	-0. 96	Yang L et al.，2013
		3	117	0. 282248	0. 153726	0. 004253	-16. 3	1549	2198	-0. 87	Yang L et al.，2013
		4	116	0. 282349	0. 093918	0. 002187	-12. 6	1316	1966	-0. 93	Yang L et al.，2013
		5	117	0. 282330	0. 065529	0. 001355	-13. 2	1314	2004	-0. 96	Yang L et al.，2013
		6	117	0. 282285	0. 169537	0. 004408	-15. 0	1499	2117	-0. 87	Yang L et al.，2013
		7	117	0. 282303	0. 066751	0. 001376	-14. 1	1353	2064	-0. 96	Yang L et al.，2013
		8	118	0. 282420	0. 075416	0. 001720	-10. 0	1198	1804	-0. 95	Yang L et al.，2013
		9	117	0. 282329	0. 106267	0. 002207	-13. 3	1346	2010	-0. 93	Yang L et al.，2013
		10	117	0. 282262	0. 056451	0. 001199	-15. 6	1404	2154	-0. 96	Yang L et al.，2013
		11	117	0. 282330	0. 068283	0. 001477	-13. 2	1318	2004	-0. 96	Yang L et al.，2013
		12	118	0. 282458	0. 153163	0. 003368	-8. 8	1197	1727	-0. 90	Yang L et al.，2013
		13	118	0. 282341	0. 074442	0. 001604	-12. 8	1307	1980	-0. 95	Yang L et al.，2013
		14	115	0. 282300	0. 084744	0. 001781	-14. 3	1372	2073	-0. 95	Yang L et al.，2013
		15	114	0. 282341	0. 207219	0. 005358	-13. 1	1454	1998	-0. 84	Yang L et al.，2013
		16	117	0. 282366	0. 217502	0. 006425	-12. 3	1461	1946	-0. 81	Yang L et al.，2013
		17	117	0. 282364	0. 126929	0. 003817	-12. 2	1355	1939	-0. 89	Yang L et al.，2013
		18	119	0. 282250	0. 055967	0. 001689	-16. 0	1439	2182	-0. 95	Yang L et al.，2013
		19	116	0. 282311	0. 060178	0. 001573	-13. 9	1349	2048	-0. 95	Yang L et al.，2013
		20	117	0. 282263	0. 088754	0. 002571	-15. 6	1456	2158	-0. 92	Yang L et al.，2013
		21	117	0. 282305	0. 069553	0. 001784	-14. 1	1365	2061	-0. 95	Yang L et al.，2013

续表

岩体	岩性	样号	年龄/Ma	$^{176}Hf/^{177}Hf$	$^{176}Yb/^{177}Hf$	$^{176}Lu/^{177}Hf$	$\varepsilon_{Hf}(t)$	T_{DM1}/Ma	T_{DM2}/Ma	$f_{Lu/Hf}$	参考文献
		22	118	0. 282225	0. 070412	0. 001873	-16. 9	1482	2239	-0. 94	Yang L et al., 2013
		23	116	0. 282215	0. 033141	0. 000924	-17. 2	1459	2258	-0. 97	Yang L et al., 2013
		24	118	0. 282313	0. 069342	0. 001554	-13. 8	1345	2042	-0. 95	Yang L et al., 2013
东沟	花岗斑岩	RY0709 1	120	0. 282301	0. 066129	0. 001925	-14. 2	1376	2069	-0. 94	Yang L et al., 2013
		2	118	0. 282318	0. 102095	0. 002714	-13. 7	1381	2036	-0. 92	Yang L et al., 2013
		3	117	0. 282285	0. 058084	0. 001555	-14. 8	1385	2105	-0. 95	Yang L et al., 2013
		4	120	0. 282274	0. 077102	0. 002095	-15. 1	1421	2130	-0. 94	Yang L et al., 2013
		5	119	0. 282213	0. 063889	0. 001681	-17. 3	1492	2264	-0. 95	Yang L et al., 2013
		6	118	0. 282263	0. 094311	0. 002975	-15. 6	1472	2159	-0. 91	Yang L et al., 2013
		7	117	0. 282330	0. 046794	0. 001363	-13. 2	1314	2004	-0. 96	Yang L et al., 2013
		8	118	0. 282321	0. 057819	0. 001663	-13. 5	1338	2025	-0. 95	Yang L et al., 2013
		9	119	0. 282554	0. 409093	0. 011470	-6. 0	1367	1550	-0. 65	Yang L et al., 2013
		10	121	0. 282360	0. 103071	0. 004404	-12. 3	1384	1949	-0. 87	Yang L et al., 2013
		11	118	0. 282282	0. 063632	0. 001956	-14. 9	1404	2113	-0. 94	Yang L et al., 2013
		12	118	0. 282276	0. 079825	0. 002737	-15. 2	1443	2129	-0. 92	Yang L et al., 2013
		13	116	0. 282291	0. 051250	0. 001519	-14. 6	1375	2092	-0. 95	Yang L et al., 2013
		14	120	0. 282286	0. 058119	0. 001714	-14. 7	1389	2101	-0. 95	Yang L et al., 2013
		15	118	0. 282280	0. 053281	0. 001594	-14. 9	1393	2115	-0. 95	Yang L et al., 2013
		16	118	0. 282276	0. 116033	0. 003068	-15. 2	1457	2131	-0. 91	Yang L et al., 2013
		17	118	0. 282304	0. 054711	0. 001324	-14. 1	1349	2061	-0. 96	Yang L et al., 2013
		18	117	0. 282318	0. 112572	0. 004422	-13. 8	1449	2044	-0. 87	Yang L et al., 2013
		19	119	0. 282286	0. 150374	0. 004508	-14. 9	1502	2114	-0. 86	Yang L et al., 2013
		20	118	0. 282268	0. 066745	0. 001979	-15. 4	1425	2144	-0. 94	Yang L et al., 2013
太山庙		TSM-31-01	125	0. 282196	0. 035003	0. 000888	-17. 7	1484	2294	-0. 97	Gao et al., 2014
		TSM-31-02	125	0. 282455	0. 086127	0. 002065	-8. 6	1159	1724	-0. 94	Gao et al., 2014
		TSM-31-03	125	0. 282449	0. 074919	0. 001681	-8. 8	1156	1736	-0. 95	Gao et al., 2014
		TSM-31-04	125	0. 282408	0. 069738	0. 001468	-10. 3	1207	1826	-0. 96	Gao et al., 2014

续表

岩体	岩性	样号	年龄/Ma	$^{176}Hf/^{177}Hf$	$^{176}Yb/^{177}Hf$	$^{176}Lu/^{177}Hf$	$\varepsilon_{Hf}(t)$	T_{DM1}/Ma	T_{DM2}/Ma	$f_{Lu/Hf}$	参考文献
		TSM-31-05	125	0. 282107	0. 023911	0. 000577	-20. 8	1595	2490	-0. 98	Gao et al., 2014
		TSM-31-06	125	0. 282135	0. 036237	0. 000927	-19. 9	1570	2430	-0. 97	Gao et al., 2014
		TSM-31-07	125	0. 282483	0. 052122	0. 001441	-7. 6	1100	1659	-0. 96	Gao et al., 2014
		TSM-31-08	125	0. 281606	0. 037293	0. 001442	-38. 6	2331	3594	-0. 96	Gao et al., 2014
		TSM-31-09	125	0. 282456	0. 044410	0. 001332	-8. 5	1135	1718	-0. 96	Gao et al., 2014
		TSM-31-10	125	0. 282518	0. 053207	0. 001447	-6. 4	1051	1580	-0. 96	Gao et al., 2014
		TSM-31-11	125	0. 282487	0. 052871	0. 001762	-7. 5	1104	1651	-0. 95	Gao et al., 2014
		TSM-31-12	125	0. 282485	0. 051007	0. 001629	-7. 5	1103	1655	-0. 95	Gao et al., 2014
		TSM-31-13	125	0. 282470	0. 081302	0. 002472	-8. 1	1150	1693	-0. 93	Gao et al., 2014
		TSM-31-14	125	0. 282490	0. 056192	0. 001739	-7. 4	1099	1644	-0. 95	Gao et al., 2014
		TSM-31-15	125	0. 282492	0. 053862	0. 001442	-7. 3	1087	1639	-0. 96	Gao et al., 2014
		TSM-31-16	125	0. 282469	0. 056181	0. 001666	-8. 1	1127	1691	-0. 95	Gao et al., 2014
		TSM-31-17	125	0. 282511	0. 040544	0. 001111	-6. 6	1051	1594	-0. 97	Gao et al., 2014
		TSM-31-18	125	0. 282527	0. 047846	0. 001359	-6. 0	1035	1560	-0. 96	Gao et al., 2014
		TSM-31-19	125	0. 282506	0. 061666	0. 001657	-6. 8	1074	1608	-0. 95	Gao et al., 2014
太山庙		TSM-20-01	115	0. 282336	0. 038715	0. 001302	-13. 0	1304	1991	-0. 96	Gao et al., 2014
		TSM-20-02	115	0. 282308	0. 059712	0. 001995	-14. 0	1368	2057	-0. 94	Gao et al., 2014
		TSM-20-03	115	0. 282392	0. 021785	0. 000766	-11. 0	1207	1864	-0. 98	Gao et al., 2014
		TSM-20-04	115	0. 282347	0. 116064	0. 003917	-12. 8	1385	1978	-0. 88	Gao et al., 2014
		TSM-20-05	115	0. 282311	0. 052463	0. 001690	-13. 9	1353	2049	-0. 95	Gao et al., 2014
		TSM-20-06	115	0. 282364	0. 092827	0. 003120	-12. 1	1329	1937	-0. 91	Gao et al., 2014
		TSM-20-07	115	0. 282290	0. 044948	0. 001547	-14. 6	1377	2095	-0. 95	Gao et al., 2014
		TSM-20-08	115	0. 282349	0. 070669	0. 002351	-12. 6	1322	1967	-0. 93	Gao et al., 2014
		TSM-20-09	115	0. 282150	0. 035987	0. 001250	-19. 6	1563	2404	-0. 96	Gao et al., 2014
		TSM-20-10	115	0. 282375	0. 070758	0. 002528	-11. 7	1291	1910	-0. 92	Gao et al., 2014

续表

岩体	岩性	样号	年龄/Ma	$^{176}Hf/^{177}Hf$	$^{176}Yb/^{177}Hf$	$^{176}Lu/^{177}Hf$	$\varepsilon_{Hf}(t)$	T_{DM1}/Ma	T_{DM2}/Ma	$f_{Lu/Hf}$	参考文献
		TSM-20-11	115	0. 282343	0. 029465	0. 001024	−12. 7	1284	1975	−0. 97	Gao et al., 2014
		TSM-20-12	115	0. 282322	0. 031349	0. 001104	−13. 5	1316	2022	−0. 97	Gao et al., 2014
		TSM-20-13	115	0. 282364	0. 037289	0. 001302	−12. 0	1264	1929	−0. 96	Gao et al., 2014
		TSM-20-14	115	0. 282356	0. 107156	0. 003783	−12. 5	1366	1958	−0. 89	Gao et al., 2014
		TSM-20-15	115	0. 282415	0. 025820	0. 000929	−10. 2	1180	1814	−0. 97	Gao et al., 2014
		TSM-20-16	115	0. 282304	0. 042745	0. 001513	−14. 1	1356	2063	−0. 95	Gao et al., 2014
		TSM-20-17	115	0. 282320	0. 034441	0. 001190	−13. 6	1322	2026	−0. 96	Gao et al., 2014
		TSM-20-19	115	0. 282367	0. 032566	0. 001140	−11. 9	1255	1922	−0. 97	Gao et al., 2014
		TSM-20-20	115	0. 282310	0. 026022	0. 000937	−13. 9	1327	2048	−0. 97	Gao et al., 2014
太山庙		LHK 1307-1 1	109	0. 282454	0. 136864	0. 003440	−9. 1	1206	1741	−0. 90	Wang et al., 2015
		2	117	0. 282598	0. 151194	0. 003851	−3. 9	1001	1417	−0. 88	Wang et al., 2015
		3	117	0. 282185	0. 028419	0. 000896	−18. 3	1500	2324	−0. 97	Wang et al., 2015
		4	114	0. 282442	0. 081998	0. 001913	−9. 3	1173	1759	−0. 94	Wang et al., 2015
		5	115	0. 282658	0. 098208	0. 002391	−1. 7	873	1277	−0. 93	Wang et al., 2015
		6	119	0. 282509	0. 078933	0. 001856	−6. 8	1075	1606	−0. 94	Wang et al., 2015
		7	123	0. 282512	0. 060355	0. 001502	−6. 6	1061	1595	−0. 95	Wang et al., 2015
		8	117	0. 282578	0. 097406	0. 002287	−4. 5	988	1455	−0. 93	Wang et al., 2015
		9	119	0. 282584	0. 110153	0. 002893	−4. 3	995	1443	−0. 91	Wang et al., 2015
		10	118	0. 282464	0. 055161	0. 001418	−8. 4	1126	1705	−0. 96	Wang et al., 2015
		11	119	0. 282598	0. 044753	0. 001094	−3. 6	928	1403	−0. 97	Wang et al., 2015
		12	118	0. 282558	0. 108317	0. 002535	−5. 2	1024	1500	−0. 92	Wang et al., 2015
		13	114	0. 282341	0. 092300	0. 002523	−12. 9	1340	1986	−0. 92	Wang et al., 2015
太山庙		LHK1307-3 1	126	0. 282243	0. 045442	0. 001317	−16. 1	1435	2192	−0. 96	Wang et al., 2015
		2	127	0. 282287	0. 066091	0. 001826	−14. 5	1392	2096	−0. 95	Wang et al., 2015
		3	126	0. 282460	0. 078176	0. 002056	−8. 4	1152	1712	−0. 94	Wang et al., 2015

续表

岩体	岩性	样号	年龄/Ma	$^{176}Hf/^{177}Hf$	$^{176}Yb/^{177}Hf$	$^{176}Lu/^{177}Hf$	$\varepsilon_{Hf}(t)$	T_{DM1}/Ma	T_{DM2}/Ma	$f_{Lu/Hf}$	参考文献
		4	126	0. 282246	0. 044000	0. 001177	−15. 9	1426	2184	−0. 96	Wang et al., 2015
		7	119	0. 282328	0. 050058	0. 001346	−13. 2	1316	2007	−0. 96	Wang et al., 2015
		9	2276	0. 281402	0. 037240	0. 001085	0. 9	2589	2773	−0. 97	Wang et al., 2015
		10	125	0. 282232	0. 048734	0. 001327	−16. 5	1451	2217	−0. 96	Wang et al., 2015
		11	123	0. 282353	0. 064247	0. 001954	−12. 3	1302	1952	−0. 94	Wang et al., 2015
		12	125	0. 282214	0. 051376	0. 001464	−17. 1	1482	2257	−0. 96	Wang et al., 2015
		13	126	0. 282185	0. 112395	0. 003159	−18. 3	1595	2329	−0. 90	Wang et al., 2015
		14	124	0. 282289	0. 048266	0. 001288	−14. 5	1369	2091	−0. 96	Wang et al., 2015
		15	141	0. 282321	0. 068441	0. 002086	−13. 1	1353	2014	−0. 94	Wang et al., 2015
		16	116	0. 282285	0. 040703	0. 001157	−14. 8	1370	2103	−0. 97	Wang et al., 2015
		17	120	0. 282204	0. 050863	0. 001501	−17. 6	1497	2282	−0. 95	Wang et al., 2015
		18	123	0. 282265	0. 043187	0. 001140	−15. 3	1398	2144	−0. 97	Wang et al., 2015
太山庙		LHK 1307-4 1	119	0. 282326	0. 053527	0. 001348	−13. 3	1319	2011	−0. 96	Wang et al., 2015
		2	121	0. 282322	0. 077319	0. 002152	−13. 4	1354	2023	−0. 94	Wang et al., 2015
		5	114	0. 282312	0. 047053	0. 001190	−13. 9	1333	2045	−0. 96	Wang et al., 2015
		6	122	0. 282310	0. 061319	0. 001554	−13. 8	1349	2046	−0. 95	Wang et al., 2015
		7	119	0. 282324	0. 051735	0. 001338	−13. 3	1322	2016	−0. 96	Wang et al., 2015
		8	113	0. 282311	0. 065767	0. 001641	−13. 9	1351	2050	−0. 95	Wang et al., 2015
		10	124	0. 282300	0. 052938	0. 001335	−14. 1	1356	2066	−0. 96	Wang et al., 2015
		11	125	0. 282290	0. 059432	0. 001574	−14. 4	1378	2089	−0. 95	Wang et al., 2015
		12	121	0. 282261	0. 056005	0. 001415	−15. 5	1413	2155	−0. 96	Wang et al., 2015
		13	123	0. 282296	0. 066153	0. 001679	−14. 3	1374	2077	−0. 95	Wang et al., 2015
		14	143	0. 282304	0. 055608	0. 001467	−13. 6	1355	2047	−0. 96	Wang et al., 2015
		15	127	0. 282298	0. 047513	0. 001260	−14. 1	1356	2069	−0. 96	Wang et al., 2015
		16	108	0. 282326	0. 069050	0. 001717	−13. 5	1332	2019	−0. 95	Wang et al., 2015

续表

岩体	岩性	样号	年龄/Ma	$^{176}Hf/^{177}Hf$	$^{176}Yb/^{177}Hf$	$^{176}Lu/^{177}Hf$	$\varepsilon_{Hf}(t)$	T_{DM1}/Ma	T_{DM2}/Ma	$f_{Lu/Hf}$	参考文献
		17	126	0.282318	0.063917	0.001629	−13.4	1341	2027	−0.95	Wang et al., 2015
		18	108	0.282297	0.078434	0.001862	−14.6	1379	2084	−0.94	Wang et al., 2015
		20	103	0.282332	0.063001	0.001801	−13.4	1327	2009	−0.95	Wang et al., 2015
老君山	黑云母二长花岗岩	LJS-B1-1	108	0.282767	0.049457	0.001645	2.1	699	1033	−0.95	孟芳，2010
		LJS-B1-3	108	0.282704	0.076299	0.002861	−0.2	817	1180	−0.91	孟芳，2010
		LJS-B1-4	109	0.282753	0.059497	0.002269	1.5	732	1067	−0.93	孟芳，2010
		LJS-B1-7	107	0.282741	0.061743	0.002222	1.1	748	1094	−0.93	孟芳，2010
		LJS-B1-8	109	0.282633	0.072669	0.002768	−2.7	920	1338	−0.92	孟芳，2010
		LJS-B1-9	108	0.282710	0.035572	0.001513	0.1	778	1161	−0.95	孟芳，2010
		LJS-B1-10	108	0.282717	0.042720	0.001690	0.3	772	1146	−0.95	孟芳，2010
		LJS-B1-11	109	0.282749	0.054290	0.002226	1.4	737	1075	−0.93	孟芳，2010
		LJS-B1-12	108	0.282742	0.081353	0.003309	1.1	770	1097	−0.90	孟芳，2010
		LJS-B1-15	108	0.282738	0.049388	0.001699	1.1	742	1098	−0.95	孟芳，2010
老君山	黑云母二长花岗岩	LJS2-B8-4	112	0.282683	0.072423	0.003371	−0.9	860	1227	−0.90	孟芳，2010
		LJS2-B8-6	111	0.282680	0.115755	0.003902	−1.1	878	1237	−0.88	孟芳，2010
		LJS2-B8-7	112	0.282668	0.063721	0.002574	−1.4	863	1257	−0.92	孟芳，2010
		LJS2-B8-8	110	0.282740	0.060223	0.002660	1.1	759	1097	−0.92	孟芳，2010
		LJS2-B8-10	112	0.282650	0.056285	0.002232	−2.0	881	1296	−0.93	孟芳，2010
		LJS2-B8-11	111	0.282682	0.075738	0.003679	−1.0	869	1231	−0.89	孟芳，2010
		LJS2-B8-12	112	0.282746	0.044076	0.001631	1.4	729	1078	−0.95	孟芳，2010
		LJS2-B8-13	111	0.282705	0.084631	0.003780	−0.2	837	1180	−0.89	孟芳，2010
		LJS2-B8-15	110	0.282700	0.062675	0.002141	−0.3	806	1184	−0.94	孟芳，2010

注：为消除计算过程中所用参数不同带来的影响，本书依据原始数据重新进行了计算，所用参数如下：$(^{176}Lu/^{177}Hf)_{CHUR}=0.0332$，$(^{176}Hf/^{177}Hf)_{CHUR,0}=0.282772$，$(^{176}Lu/^{177}Hf)_{DM}=0.0384$，$(^{176}Hf/^{177}Hf)_{DM,0}=0.28325$（Blichert-Toft and Albarède，1997）；$^{176}Lu/^{177}Hf$（平均上地壳）= 0.0093（Vervoort and Patchett，1996；Vervoort and Blichert-Toft，1999）；^{176}Lu 衰变常数 $\lambda=1.867\times10^{-11}a^{-1}$（Söderlund et al.，2004）。附表 5 所引文献参见第 7 章参考文献列表。